RUSSIAN-ENGLISH POLYTECHNICAL DICTIONARY

OTHER PERGAMON RUSSIAN SCIENTIFIC DICTIONARIES

CONCISE ILLUSTRATED RUSSIAN-ENGLISH DICTIONARY OF MECHANICAL ENGINEERING
V. V. Shvarts

ENGLISH-RUSSIAN BIOLOGICAL DICTIONARY
O. I. Chibisova and L. A. Koziar

ENGLISH-RUSSIAN DICTIONARY OF RELIABILITY AND QUALITY CONTROL
Ye. G. Kovalenko

ENGLISH-RUSSIAN DICTIONARY OF REFRIGERATION AND LOW-TEMPERATURE TECHNOLOGY
M. B. Rozenberg

ENGLISH-RUSSIAN PHYSICS DICTIONARY
D. M. Tolstoi

ENGLISH-RUSSIAN POLYTECHNICAL DICTIONARY
A. E. Chernukhin

RUSSIAN-ENGLISH SCIENTIFIC AND TECHNICAL DICTIONARY (in two volumes)
M. H. T. and V. L. Alford

RUSSIAN-ENGLISH SPACE TECHNOLOGY DICTIONARY
M. M. Konarski

RUSSIAN-ENGLISH POLYTECHNICAL DICTIONARY

About 90,000 terms

Edited by
B. V. KUZNETSOV

PERGAMON PRESS

OXFORD · NEW YORK · TORONTO · SYDNEY · PARIS · FRANKFURT

U.K.	Pergamon Press Ltd., Headington Hill Hall, Oxford OX3 0BW, England
U.S.A.	Pergamon Press Inc., Maxwell House, Fairview Park, Elmsford, New York 10523, U.S.A.
CANADA	Pergamon Press Canada Ltd., Suite 104, 150 Consumers Rd., Willowdale, Ontario M2J 1P9, Canada
AUSTRALIA	Pergamon Press (Aust.) Pty. Ltd., P.O. Box 544, Potts Point, N.S.W. 2011, Australia
FRANCE	Pergamon Press SARL, 24 rue des Ecoles, 75240 Paris, Cedex 05, France
FEDERAL REPUBLIC OF GERMANY	Pergamon Press GmbH, 6242 Kronberg-Taunus, Hammerweg 6, Federal Republic of Germany

First English edition 1981

British Library Cataloguing in Publication Data

Kuznetzov, B V
Russian - English polytechnical dictionary.
1. Science - Dictionaries - Russian
2. Russian language - Dictionaries - English
3. Technology - Dictionaries - Russian
I. Title
503 Q123 80-41193

ISBN 0-08-023609-X

Made in Great Britain

ПРЕДИСЛОВИЕ

Вряд ли есть необходимость говорить о том, насколько важен международный обмен научно-технической информацией в наше время. Можно лишь отметить, что русский язык, ставший одним из ведущих языков мировой науки, играет в этом обмене все большую роль.

Однако языковой барьер все еще остается серьезным препятствием между иностранным читателем и русскоязычной литературой и требует высококвалифицированного труда переводчика. Все больше и чаще этот важный и нелегкий труд выполняют люди, выучившие иностранный язык. Не нужно быть провидцем для того, чтобы представить, какие трудности, лингвистические и технические, возникают перед ними. Все это полностью относится и к переводу на английский.

Именно в свете этих трудностей и опираясь на более чем 30-летний опыт работы переводчиком, титульный редактор Словаря подошел к его структуре и лексике.

В основу работы над словарем был положен принцип — сделать его общетехническим, включающим лексику, общую для многих отраслей. В первую очередь в Словаре нашла отражение лексика практического применения математики, статистики, теории информации, вычислительной техники, электроники и т. д., являющаяся обиходной во многих областях. Не забыты и более традиционные области (химическая технология, металлургия и машиностроение). Однако подчеркнем — это не означает, что пользователь найдет в нашем словаре всю лексику по математике, всю лексику по электронике и т. п. Отнюдь нет. Во-первых, у словаря ограниченный, заранее заданный объем. Во-вторых, он дублировал бы соответствующие отраслевые словари. Вместе с тем объективность требует признать, что в таком ограничении наибольшая уязвимость этого, как, впрочем и любого политехнического словаря.

Помимо стремления к универсальности, мы пытались отразить наиболее новые достижения науки и техники. Все же читатель может не найти в словаре «самое-самое» новое. Дело в том, что работа над словарем длится годы, и что было новым и свежим в начале, может оказаться устаревшим в конце, поэтому определенное отставание неизбежно.

Чем же отличается данный словарь от аналогичных словарей, выходивших ранее?

Прежде всего разработкой многозначности термина. Любой профессиональный переводчик знает, что простое реестровое перечисление в словарной статье всех возможных английских переводов одного русского заглавного слова мало чем может помочь ему. Рассмотрим несколько примеров.

Русское **якорь** может означать и якорь электрической машины, и якорь судна. Зачастую технические словари забывают предупредить переводчика о возможной ловушке; в лучшем случае они разделяют английские эквиваленты точкой с запятой, как бы подсказывая, что эти эквиваленты не синонимы. В данном словаре разграничение дается в явной форме:

якорь 1. *эл.* armature **2.** *мор.* anchor

Возьмем русское **габарит.** Обычно в словарях соответствующая статья выглядит так:

габарит overall dimensions, clearance

Действительно, русское **габарит** — двузначно, но английские эквиваленты overall dimensions и clearance не являются синонимами, а имеют различное значение. Так, overall dimensions соответствует ненормативному сокращению от нормативного **габаритные размеры**; clearance соответствует русскому **габарит**, относящемуся к транспортным средствам и движущимся частям стационарных машин. Таким образом, эта статья должна выглядеть так:

габарит *м.* **1.** *трансп., маш.* clearance (limit) **2.** (*в значении габаритных размеров*) overall dimensions

Еще один пример. Большинство словарей дают:

шаг step, spacing; pitch

Из такого представления переводчик может предположить, что step и spacing — синонимы, а pitch чем-то от них отличается. Безусловно, переводчику от таких сведений проку мало. Во-первых, следовало бы разграничить step и spacing; во-вторых, дать помету к pitch.

шаг *м.* **1.** (*при ходьбе*) pace, step **2.** (*ступень, стадия в работе машины или механизма*) step **3.** (*резьбы, зубьев, воздушного и гребного винтов*) pitch **4.** (*интервал*) spacing **5.** (*операция*) *вчт.* step

Особый подход потребовался к переводам слов, которые становятся эквивалентами русского заглавного слова только в определенном контексте (здесь — употребление, а не значение слова в строгом смысле). Например, русское **преобразователь** встречается в таких сочетаниях:

измерительный преобразователь (датчик) transducer
аналого-дискретный преобразователь A/D converter
функциональный преобразователь function generator

Большинство словарей организуют соответствующую статью примерно так: **преобразователь** converter, generator, transducer, не считаясь с тем, что лишь converter является эквивалентом русского заглавного слова, а generator и transducer передают понятие **преобразователь** лишь при наличии соответствующего определения. В данном словаре в таких случаях к заглавному слову дается только тот английский эквивалент, который передает значение, а не употребление слова. В приведенном примере будет: **преобразователь** converter, в то время как generator и transducer помещены в гнезде вместе с соответствующими определениями.

Чтобы еще больше уменьшить недифференцированность в словарных статьях, словарь поясняет сами предметы и явления (правда только в рамках, которые необходимы для правильного выбора и употребления слов).

Однако знание терминов как таковых еще недостаточно для перевода связного текста. Переводчик должен также знать, с какими другими частями речи выбранный термин может сочетаться. Нередки случаи, когда каждое слово в переведенной фразе строго соответствует словарному значению каждого слова оригинала, а мысль автора потеряна. Профессиональный переводчик хорошо знает, что такое репродуцирование «словарных» значений может полностью исказить смысл. Эта сторона также учтена в данном словаре с помощью соответствующих помет и примеров.

При выборе «сочетающихся» слов мы руководствовались тремя критериями: 1. частотность, 2. возможность использования в качестве модели для максимально широкого круга употреблений и 3. наличие несовпадений между русским и английским оборотами. Безусловно, приведенные сочетания не исчерпывают всех языковых возможностей. Они лишь подсказывают правильный подход. Вот несколько примеров.

По-русски мы говорим: **схема охвачена глубокой обратной связью**. Обращение к общему словарю дает: для **охватывать** — cover, embrace, encompass, include, для **глубокий** — deep.

Переводчик, не знающий английской идиоматики, обычно переводит: the circuit is covered by deep feedback. Конечно, для неспециалиста неясно, в чем ошибочность такого перевода, тем не менее, это так. Чтобы избежать ошибки, наш словарь дает один из наиболее часто встречающихся оборотов: a large amount of feedback is applied to the circuit.

По-русски мы говорим: **замерить ток в цепи.** Вполне естественно, переводят: measure the current in the circuit. Перевод правильный, потому что амперметр включается в цепь последовательно. По аналогии **замерить напряжение в цепи** переводят: measure the voltage in the circuit, что физически неверно, поскольку вольтметр включается поперек цепи, отсюда и английский перевод: measure the voltage across the circuit.

Особо необходимо остановиться на отборе прилагательных. Лишь немногие русские прилагательные однозначно переводятся на английский язык. В большинстве же случаев такая однозначность отсутствует. Например, не имеет никакого смысла давать самостоятельно прилагательное **кипящий**: **кипящая вода** boiling water, **кипящая сталь** rimmed [rimming] steel, **кипящий слой** fluidized bed. Очевидно, что в статье **кипящий** понадобилось бы дать большое (и, тем не менее, не исчерпывающее) число помет, примечаний, пояснений и т. п. В силу этого, почти все прилагательные даются при соответствующих существительных либо как элемент примера, либо как составная часть сложного термина.

В этой связи уместно отметить, что из словаря исключены сочетания типа **перегоревший предохранитель, перевернувшееся судно** и т. п. Во-первых, это — свободные словосочетания (в отличие от четкого и однозначного термина **направленная антенна**). Во-вторых, прежде чем стать перегоревшим, **предохранитель** должен перегореть. Другими словами, глагол **перегорать** необходимо давать в статье на **предохранитель,** поскольку для **резистора** глагол **перегорать** будет переводиться совершенно иным английским глаголом, и мы опять оказались бы в той же ситуации, как и с прилагательным **кипящий.** Поэтому глаголы приводятся в статье на существительное:

> **предохранитель** fuse **предохранитель перегорает** a fuse blows
> **резистор** resistor **резистор перегорает** a resistor burns out

Немало примеров, где различие между оригиналом и переводом лишь в предлогах. Однако переводчики-практики не раз испытали на себе «коварство» английских предлогов. Например, по аналогии с attend *e.g.* a meeting, переводчик может пропустить предлог to в attend to a machine.

Немало внимания в словаре уделено русским терминам, которые восходят к иностранным фирменным названиям. Из-за неразборчивого употребления таких «терминов» у иностранного читателя создается впечатление, что речь идет об иностранной продукции и, что более важно, читатель может быть введен в заблуждение относительно устройства прибора, состава материала и т. п., поскольку (кроме названия) сами предметы, изготовленные в СССР, зачастую не имеют ничего общего с их аналогами заграницей. Например, русское **радиола** является названием американской фирмы «Радиола Ко.», выпускающей не только бытовую радиоаппаратуру. Русские авторы пользуются словом **сельсин,** вовсе не имея в виду изделия американской фирмы «Дженерал Электрик», а именно такое впечатление может создаться, если перевести **сельсин** как selsyn. В нашем словаре в таких случаях дается соответствующее разъяснение и нейтральный термин (напр., synchro для **сельсин,** decade-counting tube для **декатрон** или acrylic plastic для **плексиглас**).

В словаре отражены также частично или полностью безэквивалентные термины. Примером первых является **угол отсечки.** Как такового, **угла отсечки** нет ни в английской, ни в американской литературе, но есть величина в два раза большая. Словарь дает и английский термин angle of (anode) current flow, и американский термин operating angle, но сопровождает перевод пояснением, как следует понимать и применять эти термины. Что касается полностью безэквивалентных терминов, то словарь дает лишь совет по переводу, ибо точный перевод зависит от того, для какого читателя предназначен перевод, и от контекста.

Несколько слов об употреблении артикля. Наличие определенного артикля в переводе заглавного слова — это указание на обязательность определенного артикля. Например:

> **земной шар** the Globe

Отсутствие артикля в примерах — это указание на обязательное опущение артикля при переводе. Например:

> **включать в цепь** (без конкретизации цепи — без артикля) bring in(to) circuit
>
> **включать,** ***напр.*** **нагрузочный резистор в цепь анода** (с конкретизацией цепи — с артиклем) place, *e.g.*, a load resistor in the anode [plate] circuit.

Наличие определенного или неопределенного артикля

в иллюстративных примерах, не сопровождаемых специальными пояснениями, зависит от источника, из которого примеры брались, и от заданности ситуации, к которой относится пример. В любом случае переводчик не должен слепо переписывать пример из словаря. Пример лишь указывает, что какой-то артикль нужен.

В этой связи необходимо отметить, что словарь вообще рассчитан на людей с языковым образованием. Было бы наивно думать, что, вооружившись нашим словарем, любой и всякий сразу же станет сносным переводчиком. Чудес в переводе, как и везде, не бывает.

По возможности учтены интересы иностранного читателя. Почти во всех случаях, где возможно смешение понятий, стоит «*Not to be confused with* ...». Например, русское **СВЧ** не эквивалентно русскому **свч**. Первое переводится как microwave, а второе как SHF. Об этом весьма подробно сказано в примечаниях к соответствующей словарной статье.

В заключение хотелось бы отметить, что ни один словарь, как бы полон и правилен он ни был, не избавляет переводчика или просто читателя от необходимости думать, проявлять языковую сообразительность и понимать, о чем идет речь в материале, который он переводит или читает.

Кстати, о словарях вообще. Как в свое время сказал Сэмуэл Джонсон: «Словари подобны часам. Даже плохие лучше, чем ничего. Но и самый хороший не может быть абсолютно точным».

Б. В. КУЗНЕЦОВ

От издательства

Все замечания и предложения по словарю просьба направлять по адресу: 103009, Москва, К-9, Пушкинская ул., 23, издательство «Русский язык».

PREFACE

It is hardly necessary to stress how important the exchange of information in science and technology is in today's world. We may only add that an increasing contribution is coming in Russian which is a leading language of international science now.

Yet, the language barrier still remains a serious obstacle between the foreign reader and publications in Russian — a fact which makes intelligible translation a necessity.

To-day translations are made increasingly more often and on an ever wider scale by persons who have learned their foreign language(s) at college. One need not read a crystal-ball to realize what difficulties, both linguistic and technical, are likely to arise. This fully applies to translation from Russian into English.

It is awareness of these difficulties and the title editor's personal experience as a translator for over 30 years that have guided him in his choice of the structure and words for this dictionary.

The overriding consideration has been to turn out a dictionary that would encompass words commom to as many fields as practicable. Above all, these are words related to the practical applications of mathematics, statistics, information theory, computers, electronics, etc. Nor has the dictionary left out the more traditional fields (chemical engineering, metallurgy or mechanical engineering). This is not meant to say that the user will find in this book all the words on mathematics, all the words on electronics, etc. No, he will not. For one thing, the dictionary is of necessity limited in size. For another, it would duplicate specialized dictionaries. Probably, this incompleteness is the most vulnerable aspect.

No effort has been spared to ensure that the terms are up to date. Yet, the reader may find some of the "newest" and "latest" missing. The fact is that it takes years to compile a dictionary, and what was fresh and new at the start may well turn out obsolete at the finish.

Now, what sets this dictionary apart from similar publications turned out before?

Above all, special pains have been taken to delineate areas of usage. Any practicing translator has learned that a mere listing of all likely English translations for a Russian head-word, as is done in most dictionaries, can do no or little good to him. A few examples will give better insight into the matter.

One is the Russian **якорь**. It may come across into English as "armature" (in electrical engineering) or as "anchor" (in maritime practice). Often, dictionaries fail to warn the translator that he may fall in a trap; the best they do is to insert a semicolon between the words to suggest that they are not synonyms. In this dictionary, this is done explicitly by naming the respective areas of usage:

якорь 1. *el.* armature **2.** *naut.* anchor

Another example is the Russian **габарит.** Ordinarily, this entry in a dictionary looks like this:

габарит overall dimensions, clearance

What is true is that the Russian **габарит** has two senses, but its English equivalents, "overall dimension" and "clearance", are not synonyms. Thus, "overall dimension" is the equivalent of a loose Russian abbreviation for **габаритные размеры**, and "clearance" is the equivalent of **габарит** proper which applies to vehicles and the moving parts of stationary machines. So, this entry might be presented as:

габарит 1. *transp., mech. eng.* clearance **2.** (*a loose abbreviation of* **габаритные размеры**) overall dimensions...

One more example. Most dictionaries give **шаг** step, spacing; pitch. From what the user can see, he may construe that "step" and "spacing" are synonyms whereas "pitch" is something different. Obviously, he can learn little, if anything, from this information. So, firstly, "step" and "spacing" ought to be delineated; secondly, "pitch" must be identified in a more explicit way:

шаг 1. (*in walking*) pace, step **2.** (*an elementary operation in a process or of a machine*) step **3.** (*one operation in a computer routine*) step **4.** (*an interval between things or elements of a thing*) spacing **5.** *av., mech. eng.* (*the distance a propeller or a screw would advance in one revolution*) pitch

Special treatment has been given to unrelated English words which become the equivalents of a Russian head-word only in the context. For example, the Russian **преобразователь** may be a part of several composite terms:

измерительный преобразователь (датчик) transducer
аналого-дискретный преобразователь analog-to-digital converter
функциональный преобразователь function generator

Usually, this entry is set up thus: **преобразователь** converter, generator, transducer ignoring the fact that only "converter" is the true equivalent of the Russian head-word, whereas "generator" and "transducer" are not, unless accompanied by suitable attributes. In such cases, this dictionary pairs a head-word only with its true English equivalent. In our example, the entry will be **преобразователь** "converter" while "generator" and "transducer" are placed as subentries together with their attributes.

Another feature serving the same purpose is that at crucial points this dictionary explains the things for which its entries stand (of course, only so far as correct use of the words depends on knowledge of the things).

Knowledge of terms, however, is not enough to make a readable translation of a sentence. The translator also needs to know which of the other parts of speech will usually go together with the term he has chosen in the tar-

In the text, "*el.*", "*naut.*" and other remarks are in Russian.

get language. The point is that a sentence in the target language may be a perfect "word-for-word" replica of the original, yet fail to convey its idea. The professional translator knows full well that reproducing the "dictionary" words may utterly distort the meaning. For no two languages organize meaningful expressions identically. This aspect has been taken care of in this dictionary, and this is another of its important distinctions.

In selecting these "mating" parts of speech, we have been guided by three considerations, namely (1) they must be most frequently used, (2) the sentence given must be able to serve as a pattern with a wide range of reference, and (3) there must be lack of "word-for-word" correspondence between the Russian original and its English equivalent. Of course, there are at least a half-dozen of ways for clothing the same idea in an outer garment of words, and we would fail to cover them all, even if we tried to. The examples given only suggest a correct approach. A few examples follow.

In Russian, we say: **цепь охвачена глубокой обратной связью.** Reference to a nontechnical dictionary would give: "cover, embrace, encompass, include" for **охватывать** and "deep, profound" for **глубокий**. A translator not familiar with the way this idea is stated in English would most probably translate it as: "the circuit is covered by deep feedback". Of course, to the layman it may be unclear why such a translation sounds "fishy", yet, it does sound so. This dictionary suggests "a large amount of feedback is applied to the circuit" as an example of the most commonly used expression.

Special mention should be made of adjectives. In most cases, the same Russian adjective must be translated differently each time it is mated with another noun. So it would be useless to assign a separate entry to each adjective. This is true, for example, of the Russian **кипящий.** Some of its uses are: **кипящая вода** boiling water, **кипящая сталь** rimmed or rimming steel, **кипящий слой** fluidized bed. Obviously, a separate entry for **кипящий** would have to be extended to include an unwieldly large (yet incomplete) list of notes. This is why almost all adjectives in this dictionary accompany the respective nouns either as parts of illustrative examples or parts of composite terms.

We have dropped from the dictionary combinations like **перегоревший предохранитель** (a blown fuse) or **перевернувшееся судно** (a capsized ship). Firstly, they are not terms in contrast to, say **направленная антенна** (a directional antenna), which is a term. Secondly, before we can have "a blown fuse", the fuse must blow. So, what the user needs is the verb **перегорать** and its English equivalent in the entry on **предохранитель**, because for, say **резистор** (resistor) the verb **перегорать** usually has a different English equivalent. If we gave **перегорать** as a separate entry, we would find ourselves in the same situation as with **кипящий.** So the verbs are included in the respective entries with nouns:

> **предохранитель** fuse **предохранитель перегорает** a fuse blows
> **резистор** resistor **резистор перегорает** a resistor burns

To the foreign reader this may appear superfluous. However, what comes naturally to the English must be explained to the Russian. This also applies to the use of prepositions. For example, in Russian we use the same preposition in **замерить ток в цепи** and **замерить напряжение в цепи.** For the former case the translator would naturally choose "in", which is correct. For the latter, he might take, by analogy, the same "in", which is incorrect for physical reasons. So the dictionary warns that one "measures voltage across a circuit".

Similarly, taking "attend a meeting" as a pattern, the translator may drop the preposition from "attend to a machine; or taking "add to" as a pattern, he may confuse it with "add up to".

Special treatment has been given to the Russian terms that have their origin in English or American trade names. This matter is not at all as simple as it might appear. Firstly, an indiscriminate use of a trade name for a thing that has nothing to do with the maker thus implied may lead the foreign reader to believe that the product described does come from that maker. Secondly, and this is most important, the reader may be misled as regards the design of a device, the composition of a material and so on, because (leaving out the wrong choice of a name) the Soviet-made things often have nothing in common with their namesakes abroad. For example, the Russian **радиола** (radio-record player) is in no way related to the Radiola Co. of the United States. When they use the word **сельсин**, Russian authors do not have in mind the product of the General Electric, but the reader may think so if the translation is "selsyn". To avoid ambiguity, this dictionary includes an appropriate note and a neutral term. Thus, it gives "synchro" for **сельсин**, "decade-counting tube" for **декатрон**, or "acrylic plastic" for **плексиглас.**

The dictionary also includes Russian terms for which the English language has partial or no equivalents. In the former group is the Russian **угол отсечки.** As such, it is non-existent in the UK or US literature on vacuum tubes. Instead, there is a quantity twice as large. The dictionary gives the British term (angle of anode current flow) and the American term (operating angle), together with notes on their meaning and use. For Russian terms having no English equivalents, the dictionary limits itself to advice, because the actual translation will depend on the context and on whether the translation is intended for an expert in the field or a layman.

The needs of the foreign reader have not been overlooked either. Wherever he is likely to misinterpret a Russian word, he is reminded of the danger. For example, the Russian **СВЧ** is not equivalent to the Russian **свч**. The former comes across as "microwave", and the latter as "SHF". The difference is explained in detail in the accompanying note.

On the whole, the dictionary has been conceived as a practical guide for those with an adequate language background and an understanding of the respective technical field. Also, no dictionary, however complete, can relieve the translator of the need to think, be linguistically resourceful, and try to get to the root of the matter he is translating or reading. It would be naive to think that the mere possession of this dictionary can make anyone a passable translator overnight. In translation, as anywhere, miracles just do not happen.

And on dictionaries in general. In Samuel Johnson's words, "Dictionaries are like watches. The worst is better than none, and the best cannot be absolutely true".

BORIS V. KUZNETSOV

О ПОЛЬЗОВАНИИ СЛОВАРЕМ

I. Принцип расположения слов (словарных единиц).

В словаре принята алфавитно-гнездовая система. Заглавные слова — однословные термины — расположены в алфавитном порядке. Например:

пол ...
пола ...
полагать ...

Термины, состоящие из слов, пишущихся через дефис, располагаются как слитно написанные слова также по алфавиту начальных букв. Например:

полозок ...
полозок-ограничитель ...
полоида ...

Составные термины, состоящие из определяемого и определяющих компонентов, следует искать по определяемому слову. Например, термин **статическое поле** следует искать в гнезде **поле**.

В случае, когда в гнезде имеется группа терминов, тематически связанных между собой и имеющих при себе 2—3 определения, гнездо дается по алфавитно-тематическому принципу. Например:

двигатель *м.*
ракетный ~ rocket engine
ракетный ~ двухкомпонентного топлива bipropellant rocket engine
ракетный, жидкостный ~ liquid-propellant rocket engine
ракетный ~ малой тяги low-thrust rocket engine и т. д.

Устойчивые словосочетания, идиоматические выражения следует искать по алфавиту по структурно-организующему компоненту — заглавному слову (термину). Они даются в подбор и отделяются знаком квадрата (□). Например:

выдерживать *гл.* ... □ **~ нагрузку** take [endure, withstand] a load; **~ перегрузки** withstand overload, accept an overload condition
перемычк/а *ж.* ...
короткозамыкающая ~ short-circuiting jumper, short □ **устанавливать короткозамыкающую ~у** apply a short

Если заглавное слово по своему значению не относится к специальной лексике, оно дается без перевода, а фразеологическое сочетание с этим заглавным словом дается сразу после него и отделяется знаком квадрата (□). Например:

сходить *гл.* □ **~ на нет** decrease to zero; **~ с орбиты** deorbit

На всех русских словах, кроме входящих в пояснения, проставлены ударения.

Для облегчения пользования словарем иностранным читателям к русским терминам даются краткие грамматические сведения: при существительных указывается род — *м., ж., с.*, при глаголах, прилагательных, наречиях даются соответствующие пометы, указывающие на часть речи — *гл., прил., нареч.*

Если заглавное слово — существительное — дается во множественном числе, то оно сопровождается пометой *мн.* (множественное число) и пометой грамматического рода. Например:

гидроресурсы *мн. м.*

Заглавное слово при последующем упоминании в тексте словарной статьи не пишется, а заменяется специальным знаком **~** (тильдой). В случае препозитивного или постпозитивного определения тильда ставится после или перед определением. Например:

вагон *м.*
~ прямого сообщения through carriage
спальный ~ sleeping car

В тех случаях, когда при последующем употреблении в тексте словарной статьи заглавное слово выступает не в исходной форме, в нем косой чертой (/) отделяется неизменяемая часть слова и вместо нее в тексте также ставится знак **~** (тильда) с измененным окончанием. Например:

глубин/а *ж.* depth □ **на** (*значительную, незначительную и т. п.*) **~у** for a (*considerable, shallow etc.*) depth; **ощущение ~ы** *опт.* sense of depth, depth perception; **по ~е** in depth

В словаре широко принята система отраслевых помет и пояснений. Пояснения рассчитаны как на советского, так и зарубежного потребителя. Они служат для раскрытия значения заглавного слова, несут какую-либо дополнительную информацию, помогают дифференцировать основные значения заглавного слова (если отраслевой пометы недостаточно). Например:

гравирование *с.* 1. (*режущим инструментом*) engraving, cutting 2. (*травлением*) etching
армировать *гл.* **1.** (*железобетонные конструкции*) reinforce **2.** (*кабели, рукава и т. п.*) armour, sheathe **3.** (*пластмассы*) reinforce **4.** *эл.* (*выводы*) cement
давильщик *м.* (*рабочий на токарно-давильном станке*) spinner
бит *м.* (*внесистемная двоичная единица измерения количества информации*) bit
бельтинг *м.* belt(ing) duck (*Note: In Russian, only* fabric belting *is meant*)

Кроме того, для иллюстрирования употребления термина в контексте даются примеры:

чётко *нареч.* □ **срабатывать ~** operate with positive action, operate smartly *пример*: **контакты срабатывают ~** the contacts close smartly

II. Оформление английских переводов.

Синонимичные варианты переводов или синонимичные эквиваленты даются через запятую. Например:

чеканк/а *ж.* **1. ...** embossing, coining

В случае, если при одном составном термине имеется несколько определений, то они даются в квадратных скобках. Например:

статическое поле static [constant, stationary] field

Перевод следует читать: static field, constant field, stationary field

Английский и американский варианты перевода снабжены пометами *англ.* и *амер.* в случае, если они являются эквивалентами одного и того же русского термина. Например:

ламповый приёмник *англ.* valve receiver; *амер.* tube receiver

Если одно из значений многозначного русского термина имеет в свою очередь несколько подзначений, то каждое из этих подзначений обозначается светлой арабской цифрой. Например:

засаливание *с.* **1.** salting; (*в рассоле*) pickling **2.** (*полировального круга*) 1. (*затупление*) glazing 2. (*забивание снимаемым материалом*) loading

Когда фразеологическое сочетание с заглавным словом не относится ни к одному из приведенных в словарной статье значений, оно отделяется от них знаком квадрата под соответствующей цифрой и снабжается отраслевой пометой. Например:

просвет *м.* ... **3.** □ **проверка на ~** (*перфокарт*) sight check

Далекие по значению варианты переводов даются через точку с запятой, различные значения — через цифры.

HOW TO USE THIS DICTIONARY

I. Arrangement of Words

Single-word terms are arranged in alphabetical order, e.g.:

пол ...
пола ...
полагать ...

Hyphenated terms are arranged in alphabetical order as if they were written in one, e.g.:

полозок ...
полозок-ограничитель ...
полоида ...

Terms consisting of a generic word and a modifier are alphabetized according to the generic word (head-word) as an entry and according to the modifiers within the entry, e.g.:

поле *с.* field
магнитное ~ magnetic field
статическое ~ static field

If an entry contains several terms related to the same thing or concept, they are grouped together to keep this relation intact and alphabetized within the group according to their modifiers, e.g.:

двигатель *м.*
ракетный ~ rocket engine
ракетный ~ двухкомпонентного топлива bipropellant rocket engine
ракетный, жидкостный ~ liquid-propellant rocket engine
ракетный ~ малой тяги low-thrust rocket engine

Phrases or expressions included as usage patterns run on in the body of the entry in alphabetical order, following a square sign (□), e.g.:

выдерживать *гл.* ... □ **~ нагрузку** take [endure, withstand] a load; **~ перегрузки** withstand overload, accept an overload condition
перемычк/а *ж.*
короткозамыкающая ~ short-circuiting jumper, short □ **устанавливать короткозамыка́ющую ~у** apply a short

Examples supplied in the Dictionary to illustrate usage are arranged as follows:

четко *нареч.* □ **срабатывать ~** operate with positive action, operate smartly *пример:* **контакты срабатывают ~** the contacts close smartly

If a head-word is not a technical term when used alone, but acts so in a phrase, no English translation is given for the head-word itself; the phrase runs on, separated by a square sign (□), e.g.:

сходить *гл.* □ **~ на нет** decrease to zero; **~ с орбиты** deorbit

All Russian words, except those used in explanations, are stressed.

To help the foreign user, each Russian noun is accompanied by reference to its gender (*м.* for "masculine", *ж.* for "feminine", and *с.* for "neuter"), and each verb, adjective or adverb is marked as *гл.*, *прил.* or *нареч.*, respectively.

If a Russian term is only used in plural, it is marked "*мн.*", followed by the label of gender, e.g.:

гидроресурсы *мн. м.*

When the head-word is repeated in the entry, it is represented by a "swung dash" or "tilde" (~) following or preceding the modifier, as the case may be, e.g.:

вагон *м.*
~ прямого сообщения through carriage
спальный ~ sleeping car

If the head-word is repeated in the body of the entry in its inflected form, its ending is separated from the stem by a solidus (/), and the stem is represented by a swung dash, e.g.:

глубин/а *ж.* depth □ **на (значительную, незначительную) ~у** for a (*considerable, shallow*) depth; **ощущение ~ы** *опт.* sense of depth, depth perception; **по ~е** in depth

Appropriate usage labels and brief remarks are supplied to define more accurately the meaning or submeaning(s) of the head-word, e.g.:

гравирование *с.* **1.** (*режущим инструментом*) engraving, cutting **2.** (*травлением*) etching
армировать *гл.* **1.** (*железобетонные конструкции*) reinforce **2.** (*кабели, рукава и т. п.*) armour, sheathe **3.** (*пластмассы*) reinforce **4.** *эл.* (*выводы*) cement
давильщик *м.* (*рабочий на токарно-давильном станке*) spinner
бит *м.* (*внесистемная двоичная единица измерения количества информации*) bit
бельтинг *м.* belt(ing) duck (*Note: In Russian, only* fabric belting *is meant*)

II. English Translations

Synonymous translations or synonymous equivalents are separated by commas, e.g.:

чеканк/а *ж.* **1.** embossing, coining

Variant modifiers of a translated term are given in square brackets, e.g.:

статическое поле static [constant, stationary] field

This should be read as any one of the following: static field, constant field, stationary field.

Whether the translation of a term is British or American is indicated by the labels *англ.* and *амер.*, e.g.:

ламповый приемник *англ.* valve receiver; *амер.* tube receiver

When one of the meanings of a polysemantic Russian term has several submeanings, each is preceded by an Arabic numeral printed in light type, e.g.:

засаливание *с.* **1.** salting; (*в рассоле*) pickling **2.** (*полировального круга*) 1. (*затупление*) glazing 2. (*забивание снимаемым материалом*) loading

If a generic word and its modifier(s) form a single concept not related to any of the meanings carried by the generic word when used alone, the compound term is separated from the body of the entry by an appropriate numeral and a square sign and supplied with a reference to the branch of science or technology where it is used, e.g.:

просвет *м.* ... **3.** □ **проверка на ~** (*перфокарт*) sight check

Semicolons separate translations remotely related in meaning; numerals separate translations unrelated in meaning.

СПИСОК ПОМЕТ

ав. авиация
авт. автоматика
авто автодело и автотракторная техника
ак. акустика
амер. американский термин
англ. английский термин
аргд. аэрогидродинамика
арх. архитектура
астр. астрономия
афс. аэрофотосъемка
вак. вакуумная техника
взр. взрывные работы
вчт. вычислительная техника
геод. геодезия
геол. геология
геофиз. геофизика
гидр. гидрология и гидротехника
гидравл. гидравлика и пневматика
гл. глагол
горн. горное дело
двс. двигатели внутреннего сгорания
дер.-об. деревообрабатывающая промышленность
ж. женский род
жарг. профессиональный жаргон
ж.-д. железнодорожный транспорт
изм. измерительная техника
инф. информатика
карт. картография
киб. кибернетика
кож. кожевенно-обувная промышленность
косм. космонавтика
крист. кристаллография
кфт. кинофототехника
лес. лесное хозяйство и лесная промышленность
лит. литейное производство
м. мужской род
мат. математика
маш. машиностроение и детали машин
мед. медицина
мет. металлургия
метео метеорология
мет-об. металлообработка
метр. метрология
мех. механика
мн. множественное число
мор. морской транспорт и судостроение
напр. например
нареч. наречие
нвг. навигационная техника
нефт. нефтегазовая промышленность и нефтепереработка
опт. оптика
особ. особенно
осцил. осциллография
пищ. пищевая промышленность
пласт. технология пластмасс
полигр. полиграфия
пп полупроводниковая техника
преим. преимущественно
прок. прокатка
рад. радиотехника
рез. технология каучука и резины
ркт. ракетная техника
рлк. радиолокация
рлн. радиоэлектроника
с. средний род
сан. сантехника
св. сварка
свз. связь
свт. светотехника
сопр. сопротивление материалов
стат. статистика
стр. строительство
с.-х. сельское хозяйство
текст. текстильная промышленность
тепл. теплотехника
тж. также
тлв. телевидение
тлг. телеграфная связь
тлм. телемеханика
тлф. телефонная связь
т. над. теория надежности
топ. топография
трансп. транспорт
уст. устаревший термин, малоупотребляемый или неупотребляемый
физ. физика
фирм. фирменное название
фр. французский термин
хим. химия и химическая технология
хол. холодильная и криогенная техника
цел.-бум. целлюлозно-бумажное производство
час. часовое дело
числ. числительное
эк. экономика
эл. электротехника
элн. электроника
яд. физ. ядерная физика

РУССКИЙ АЛФАВИТ

Аа	Ии	Рр	Шш
Бб	Йй	Сс	Щщ
Вв	Кк	Тт	ъ
Гг	Лл	Уу	ы
Дд	Мм	Фф	ь
Ее, Ёё	Нн	Хх	Ээ
Жж	Оо	Цц	Юю
Зз	Пп	Чч	Яя

A

аба́к *м. арх., мат.* abacus
аббревиату́ра *ж.* **1.** abbreviation **2.** (*инициальный тип сложносокращённых слов*) acronym (*e.g., radar*)
абгра́т-пресс *м.* burring press
абгра́т-штамп *м.* trimming die
а́белев *прил.* (*о группе, интеграле*) Abelian
а́белевость *ж.* commutativity
А́беля (*об уравнении, задаче*) Abel's
аберра́ци/я *ж.* aberration □ **внести́ попра́вку на ~ю** adjust for aberration, cancel aberration; **исправля́ть ~ю** correct aberration; **исправлять на ~ю, *напр.* ли́нзу *или* систе́му линз** correct, *e. g.*, a lens *or* a lens system for aberration
  астрономи́ческая ~ astronomical aberration
  векова́я ~ *астр.* secular aberration
  геометри́ческая ~ geometrical aberration
  ~ гла́за eye [ocular, ophthalmic] aberration
  годи́чная ~ *астр.* annual aberration
  ~ объекти́ва lens aberration
  ~ опти́ческих систе́м optical aberration □ **устраня́ть ~ю опти́ческих систе́м** correct optical aberration
  ~ све́та aberration of light
  су́точная ~ *астр.* diurnal aberration
  сфери́ческая ~ spherical aberration □ **устраня́ть сфери́ческую ~ю диафрагми́рованием ли́нзы** eliminate spherical aberration by stopping-down the lens, eliminate spherical aberration by working at low [small] angular apertures
  сферохромати́ческая ~ spherochromatic aberration
  хромати́ческая ~ chromatic [colour] aberration □ **исправля́ть ли́нзу на хромати́ческую ~ю** achromatize a lens
  цветова́я ~ chromatic [colour] aberration
  ~ электро́нных линз electron-optical aberration
абза́ц *м. полигр.* indention, paragraph
а́бзетцер *м. горн.* overburden stripper
абисса́ль *ж.* abyssal zone
аблакти́ровать *гл.* (*прививать растения*) graft by approach [by inarching]
аблактиро́вка *ж.* (*способ прививки растений*) grafting by approach, ablactation, inarching
аблеге́р *м.* peat conveyer
аблятогра́мма *ж.* ablatogram
аблято́граф *м.* ablatograph
абля́ция *ж.* ablation
  адвекти́вная ~ advective ablation
  интегра́льная ~ cumulative ablation
  ~ испаре́нием vaporizing ablation
  ~ плавле́нием melting ablation
  ~ сублима́цией subliming ablation
абоне́нт *м. свз.* **1.** subscriber, user, party □ **входи́ть в связь с други́м ~ом** contact [establish communication with] the wanted party; **вызыва́ть ~а** signal [ring] the wanted party; **опра́шивать ~а** obtain the identification of the calling telephone; **осуществля́ть соедине́ние ~ов** set up a connection (*between the calling and the called parties*); **посыла́ть вы́зов ~у** signal [ring] the wanted party; **разъединя́ть ~ов** clear the line [the connection] between the calling and the called subscribers [parties] **2.** (*аппаратура*) station, set
  вызыва́емый ~ called subscriber, called party
  вызыва́ющий ~ calling subscriber, calling party □ **опра́шивать вызыва́ющего ~а** answer the calling party, challenge the calling party for the number wanted, ascertain the number required
  ~ основно́го аппара́та major station, major set
  ~ с доба́вочным аппара́том extension station, extension set
  ~ с индивидуа́льной ли́нией private-line subscriber
  теплово́й ~ heat consumer
абони́ровать *гл.* rent from □ **~ кана́лы для телеуправле́ния у организа́ций свя́зи** rent channels for remote control from communication authorities
абрази́в *м.* abrasive (material) □ **классифици́ровать ~ по разме́ру зерна́** grade an abrasive; **рассе́ивать ~ по разме́ру зерна́** screen an abrasive for size; **скрепля́ть ~ свя́зкой** bond an abrasive
абрази́в
  есте́ственный ~ natural abrasive
  иску́сственный ~ manufactured [artificial] abrasive
  несвя́занный ~ loose abrasive
  приро́дный ~ natural abrasive
абрази́вность *ж.* abrasivity, abrasiveness
абра́зия *ж.* abrasion
а́брис *м.* **1.** *геод.* outline, sketch □ **вести́ ~** sketch a location **2.** *полигр.* key transfer **3.** (*угол отрыва контактов прерывателя магнето*) E-angle
  полево́й ~ field [ground] sketch
  ситуацио́нный ~ location outline, location sketch
абсолюти́рование *с.* (*спиртов, эфиров*) dehydration
абсолюти́ровать *гл.* (*спирты, эфиры*) dehydrate
абсолю́тный *прил.* absolute
абсорба́т *м.* absorbate
абсорбе́нт *м.* absorbent □ **извлека́ть абсорба́т из ~а** strip the absorbent; **~ поглоща́ет ...** the absorbent takes up ...
абсо́рбер *м.* absorber
  наса́дочный ~ packed absorber
  распы́ливающе-разбры́згивающий ~ spray absorber
  таре́льчатый ~ plate absorber
абсорби́ровать *гл.* absorb □ **~ *что-л.*, дава́я *какое-л.* соедине́ние** absorb *smth.* yielding a compound; **~ *что-л.* с образова́нием *какого-л.* соедине́ния** absorb *smth.* to form a compound
абсорби́руемый absorbable
абсорби́рующий absorbing, absorbent, absorptive
абсорбти́в *м. см.* **абсорба́т**
абсорбциоме́тр *м.* absorptiometer, absorption meter
абсорбциоме́трия *ж.* absorptiometry
  рентге́новская ~ X-ray absorptiometry
абсорбцио́нный *прил.* absorptive, absorption
абсо́рбция *ж.* absorption
  актини́ческая ~ actinic absorption
  избира́тельная ~ selective absorption
  ма́сляная ~ oil absorption
  монохромати́ческая ~ monochromatic absorption

абсóрбция
  ~ пластификáтора plasticizer absorption
  ~ свéта light absorption
абстрагúровать *гл.* abstract
абстрагúрова/ться *гл.* separate (itself) from □ **понятие числá ~лось от предмéта** the idea of number separated itself from the objects counted
абстрагúруясь abstracting, generalizing, if we abstract
абстрáктность *ж.* abstractness, abstraction
абстрáктный *прил.* abstract
абстрáкция *ж.* abstraction
абсцúсса *ж.* 1. *мат.* abscissa, x-coordinate, horizontal coordinate 2. *карт.* x-coordinate, x-value, difference of latitude
абштрúх *м.* (*в производстве свинца*) arsenic-antimony slag
авандéк *м.* (*концевые участки плавучего дока*) end platform
аванзáл *м. горн.* forehole
аванкáмера *ж. гидр.* forebay
аванпóрт *м.* outer harbour
авáнс *м.* advance (payment)
авансúровать *гл.* advance
аварúйность *ж.* accident [fault] rate
авáри/я *ж.* break-down, failure, accident, emergency; *ав.*, *авто* crash; *ж.-д.* wreck □ **в слýчае ~и** in an emergency; **оставáться в живы́х пóсле ~и** survive an accident [crash, *etc.*]; **терпéть ~ю** be damaged, fail; crash; be wrecked; **терпéть ~ю при посáдке** crash on landing
  ~ в полёте in-flight accident
  ~ на землé ground accident
авиабензúн *м. англ.* aviation petrol; *амер.* aviation gasoline
авиагоризóнт *м.* automatic [artificial, gyro] horizon, attitude gyro, attitude indicator □ **~ выбивáется** the gyro horizon topples [tumbles]; **(за)арретúровать ~** cage the gyro horizon; **разарретúровать ~** uncage the gyro horizon
  дистанциóнный ~ [АГД] remote-indicating automatic horizon
авиадиспéтчер *м.* air-traffic controller
авиакомпáния *ж.* airline, air carrier
авиакóмпас *м.* aircraft [flight] compass
авиаконстрýктор *м.* aircraft designer
авиалúния *ж.* 1. (*организация*) airline, air carrier 2. (*трасса*) airway 3. (*маршрут*) air-route
авиамагистрáль *ж.* major [trunk] airline, major air-route
авиаметеоролóгия *ж.* aeronautical meteorology
авиаметеослýжба *ж.* aeronautical meteorological [weather] service
авиаметеостáнция *ж.* aeronautical weather station
авиамехáник *м.* aircraft mechanic
авиаопры́скивание *с.* aerial (crop) spraying
авиаопры́скиватель *м.* aerial sprayer, aerial applicator, aerosprayer
авиаопы́ливание *с.* aerial (crop) dusting
авиаопы́ливатель *м.* aerial dust applicator, airplane duster, aeroduster
авиапневмáтик *м.* aircraft tyre
авиаподкóрмк/а *ж.* aerial top-dressing, top-dressing from air □ **осуществля́ть [производúть] ~у** spread fertilizer by plane, top-dress plants from air [by plane]
авиапóчт/а *ж.* air mail □ **доставля́ть [отправля́ть] ~ой** deliver [send] by air mail
авиапредприя́тие *с.* airline
авиаприбóры *мн. м.* aircraft instruments
авиаразвéдк/а *ж.* aerial reconnaissance □ **осуществля́ть [проводúть] ~у** fly reconnaissance missions
авиасéв *м.* aerosowing
авиастроéние *с.* aircraft industry
авиáтор *м.* airman
авиатрáнспорт *м.* air transport □ **перевозúть [отправля́ть] ~ом** carry [dispatch] by air
авиатрáсса *ж.* air-route
авиациóнно-космúческий *прил.* aerospace
авиáция *ж.* 1. (*теория и практика полётов, служба, вид транспорта*) aviation 2. (*совокупность самолётов, вертолётов*) aircraft
  гиперзвуковáя ~ hypersonic aircraft
  граждáнская ~ 1. civil aviation 2. civil aircraft
  дозвуковáя ~ subsonic aircraft
  санитáрная ~ air medical service, ambulance aircraft
  сверхзвуковáя ~ supersonic aircraft
  сельскохозя́йственная ~ 1. agricultural aviation 2. agricultural aircraft
  трáнспортная ~ 1. (air-)transport aviation 2. (air-)transport aircraft
  учéбно-тренирóвочная ~ instructional [training] aircraft
авúзо *с. эк.* advice note, letter of advice
авиóника *ж.* avionics
авомéтр *м.* [**ампервольтоммéтр**] multimeter (Avometer — *фирм. название*)
авóст *м.* [**аварúйный останóв**] emergency stop
автоалáрм *м.* [**автоматúческий приёмник сигнáлов бéдствия**] autoalarm
автобáза *ж.* motor depot; (*для легковых автомобилей*) car fleet; (*для грузовых автомобилей*) truck fleet
автобензоцистéрна *ж. англ.* petrol tanker; *амер.* gasoline truck
автобетоновóз *м.* ready-mix delivery truck
автобетономешáлка *ж.* (*бетоновоз с мешалкой, перевозит готовую смесь*) agitator truck
автобетоносмесúтель *м.* (*смешивает и перевозит бетон*) transit mixer, mixer truck
автоблокирóвк/а *ж.* 1. (*автоматическое изменение режима работы или останов в аварийной или предаварийной ситуации*) (automatic) lock-out (feature), safety interlock □ **~ останáвливает оборýдование до устранéния нарушéния режúма** the lock-out feature (*e.g., a locking-out relay*) shuts down and holds the equipment out of service until the abnormal condition is cleared; **~ срабáтывает в слýчае нарушéния режúма рабóты** the lock-out feature (*e. g., a locking-out relay*) functions on the occurrence of abnormal conditions 2. (*в реле*) 1. (*механическим способом*) (automatic) latching 2. (*магнитным или электрическим способом*) (automatic) locking □ **вставáть на ~у** be latched [be locked] in the operated position 3. *ж.-д.* (automatic) block system
  абсолю́тно-разрешúтельная ~ absolute permissive (automatic) block system
  двусторóнняя ~ either-direction (automatic) block system
  двухпýтная ~ double-line [double-track] (automatic) block system
  кóдовая ~ coded current (automatic) block system
  непреры́вная ~ continuous (automatic) block system
  однопýтная ~ single-line [single-track] (automatic) block system
  одностóронняя ~ single-direction [single-track] (automatic) block system
  полуавтоматúческая ~ semi-automatic block system
  проводнáя ~ (automatic) wire block system
  тóчечная ~ intermittent (automatic) block system
автóбус *м.* bus
  аккумуля́торный ~ electric battery bus
  бензоэлектрúческий ~ *англ.* petrol-electric bus; *амер.* gasoline-electric bus
  ~ вагóнного тúпа wagon-body bus
  городскóй ~ city [town-service] bus
  ~ дáльнего слéдования coach
  двухэтáжный ~ double-[twin-]deck bus, double-decker
  дúзель-электрúческий ~ Diesel-electric bus
  междугорóдный ~ intercity (-service) bus
  ~ мéстного сообщéния local-service bus
  одноэтáжный ~ single-deck bus, single-decker
  почтóвый ~ mail bus
  прúгородный ~ suburban (-service) bus

авто́бус
~ с несу́щим ку́зовом frameless [integral] bus
сочленённый ~ articulated bus
авто́бус-экспре́сс *м.* express (motor) coach
автовокза́л *м.* (motor-)coach terminal
автоге́зия *ж.* autoadhesion
автогенера́тор *м.* self-excited [self-sustained, feedback] oscillator
фантастро́нный ~ phantastron
автоге́нщик *м.* oxy-acetylene welder
автогидроочи́стка *ж. нефт.* autohydrofining
автогравю́ра *ж.* auto-engraving
авто́граф *м.* 1. *полигр.* autograph 2. *кфт.* setting device
автогра́фия *ж.* autography
автогре́йдер *м.* motor [self-propelled] grader
автогудрона́тор *м.* tar paver
автодезоустано́вка *ж.* disinfection truck
автоди́н *м.* 1. *рад.* autodyne receiver 2. *эл.* autodyne rotary amplifier
автодиспе́тчер *м.* 1. (*система управления*) supervisory (computer control) system 2. (*управляющая вычислительная машина*) supervisory control computer
~ энергосисте́мы automatic dispatching system
автодрези́на *ж.* rail [motor] trolley
автодро́м *м.* (motor-vehicle) proving ground(s), (motor-vehicle) testing track, (motor-vehicle) testing course
автожижеразбра́сыватель *м.* liquid manure (bulk) spreading truck
автожи́р *м.* gyroplane (Autogiro — *фирм. название*)
автозаво́д *м.* automobile plant, automobile factory; *англ.* motor works
автозапра́вщик *м.* bowser
автоиониза́ция *ж.* autoionization
автока́р *м.* engine-driven industrial [shop] truck, autotruck
автокарто́граф *м.* autocartograph
автоката́лиз *м.* (auto)catalysis, self-catalysis
автокла́в *м.* autoclave
вулканизацио́нный ~ vulcanizing autoclave
~ для вы́топки жи́ра мо́крым ме́тодом wet [steam] rendering tank
~ для выщела́чивания (*напр. бокситов*) digester, leaching autoclave
~ для гидрогениза́ции жиро́в oil converter
~ для пастериза́ции pasteurizer
~ для стерилиза́ции консе́рвов cannery autoclave, cannery retort
краси́льный ~ pressure-dyeing machine
медици́нский ~ sterilizer
~, обогрева́емый о́стрым па́ром steam-bubbling autoclave, steam-bubbling digester
электри́ческий ~ electric autoclave
автоклави́ровать *гл.* autoclave, digest, retort
автокла́вный *прил.* (*о материалах*) *стр.* steam(-and-pressure) cured
автоковариа́ция *ж.* autocovariance
автоколеба́ни/я *мн. с.* self-excited [self-sustained] oscillations □ **рабо́тать в режи́ме ~й** (*напр. о мультивибраторе*) run free, operate as, *e. g.*, a free-running multivibrator
механи́ческие ~ self-sustained vibrations
паразитные ~ parasitic oscillations □ **предотвраща́ть паразитные ~** suppress parasitic oscillations
разрывны́е ~ relaxation oscillations
релаксацио́нные ~ relaxation oscillations
автоколлима́тор *м.* autocollimator
автоколлима́ция *ж.* autocollimation
автоколо́нна *ж.* truck convoy
автокомпенса́тор *м.* self-balancing potentiometer □ **~ позволя́ет производи́ть отсчёт до ... зна́ка по́сле запято́й** the self-balancing potentiometer reads to the ... th decimal place; **~ рабо́тает в режи́ме по́лного уравнове́шивания** the self-balancing potentiometer secures [operates at] full balance
поля́рно-координа́тный ~ polar self-balancing potentiometer
прямоуго́льно-координа́тный ~ Cartesian [rectangular] self-balancing potentiometer
автокомпенса́ция *ж.* self-compensation, self-cancellation
автокомпре́ссор *м.* engine-driven compressor
автоконве́кция *ж.* autoconvection
автокорму́шка *ж.* automatic feeder
автокоррелогра́мма *ж.* autocorrelogram
автокорреля́тор *м.* autocorrelator
автокорреля́ция *ж.* autocorrelation
автокра́н *м.* truck crane
автоксилогравю́ра *ж.* wood engraving
авто́л *м.* motor [automotive engine] oil
автола́вка *ж.* shop-van
автолебёдка *ж.* winch truck
автолесово́з *м.* lumber carrier
автоле́стница *ж.*, **пожа́рная** fire aerial ladder
авто́лиз *м.* autolysis
автоли́ст *м.* automobile body sheet
автолитогра́фия *ж.* autolithography
автомагистра́ль *ж. англ.* motor road, motor-way; *амер.* major [trunk] highway
автома́т *м.* 1. (*автоматический выключатель*) (automatic) circuit-breaker □ **включа́ть ~** close the circuit-breaker; **включа́ть ~ повто́рно** reclose the circuit-breaker; **выключа́ть ~** open the circuit-breaker; **~ коммути́рует то́ки коро́ткого замыка́ния** the circuit-breaker interrupts [switches, breaks] short-circuit currents; **обесто́чивать ~** (*напр. для ревизии, ремонта*) isolate the circuit-breaker; **отключа́ть ~** trip the circuit-breaker; **расцепля́ть ~** trip the circuit-breaker 2. (*в значении* **стано́к** *см.* **стано́к-автома́т**) 3. (*абстрактный*) *киб.* automaton, machine
автома́т
абстра́ктный ~ abstract automaton
актуа́льный ~ actual automaton
~ балансиро́вки *ав.* trim controller
балансиро́вочный ~ automatic balancer, automatic balancing machine
барометри́ческий ~ *ав.* barometric switch, baroswitch
~ безопа́сности (*паровой турбины*) overspeed governor, disengaging clutch
~ безопа́сности, скоростно́й emergency governor
~ без па́мяти memoryless automaton, memoryless machine
бесконе́чный ~ infinite automaton, infinite machine
бу́нкерный ~ automatic hopper-feed machine
вероя́тностный ~ probabilistic automaton, probabilistic machine
весово́й ~ automatic weighing machine, automatic weigher
весово́й, дози́рующий ~ automatic weigher
~ включе́ния резе́рва [АВР] automatic throw-over [transfer] circuit-breaker
возду́шный ~ air circuit-breaker
~ выглубле́ния (плу́га) lift clutch
вы́сший ~ "higher" automaton
гальванопласти́ческий ~ plating machine
~ гаше́ния по́ля automatic field killer, automatic field-suppression circuit-breaker
~ давле́ния (*в высотном скафандре*) automatic pressure control
детермини́рованный ~ (finite) deterministic automaton, (finite) deterministic machine
дискре́тный ~ discrete automaton, discrete machine
~ для вы́емки буты́лок из я́щика decrater
~ для дугово́й сва́рки arc-welding machine
~ для дугово́й сва́рки под флю́сом submerged arc-welding machine
~ для изготовле́ния оболо́чковых форм *лит.* automatic shell moulding machine
~ для обвя́зки руло́нов automatic bonding unit
~ для обма́зки спи́чечных коро́бок box painting machine
~ для сме́ны грампласти́нок record (auto-)changer
~ для укла́дки буты́лок в я́щик crater
дыха́тельный ~ lung-governed breathing apparatus

автома́т

~ загру́зки *ав.* artificial feel (system), artificial feel unit, feel simulator
запа́ечно-откачно́й ~ *элн.* sealing-exhausting machine
зато́чный ~ automatic grinder
зато́чный ~ для кру́глых пил automatic circular-saw grinder
~ защи́ты от погаса́ния фа́кела (*в топке*) flame safeguard system
~ защи́ты се́ти [АЗС] (automatic) circuit-breaker □ **~ защи́ты се́ти отключа́ется авари́йно** the circuit-breaker opens on a fault (current) [under abnormal conditions]
избы́точный ~ redundant automaton, redundant machine
квазиэквивале́нтный ~ quasi-equivalent automaton, quasi-equivalent machine
кокономота́льный ~ *текст.* automatic cocoon-reeling machine
комбинато́рный ~ combinatorial automaton
коммутати́вный ~ commutative automaton, commutative machine
коне́чный ~ finite(-state) automaton, finite(-state) machine
коне́чный, бло́чный ~ finite modular automaton
контро́льно-весово́й ~ *пищ.* automatic checking balance
контро́льно-измери́тельный ~ inspection machine
контро́льный ~ automatic checking machine
~ контро́ля пла́мени (*топки*) flame detector
копирова́льный ~ automatic tracer(-equipped) machine
кромкоги́бочный ~ automatic flanger, automatic crimper
круглочуло́чный ~ automatic seamless hosiery machine
кулачко́вый ~ automatic cam-controlled machine
лёгочный ~ (*респиратора*) lung-governed oxygen inlet [admission] valve
листоштампо́вочный ~ (*для тонкого листа*) automatic sheet stamping press; (*для толстого листа*) automatic plate stamping press
лите́йный ~ automatic casting machine
~ максима́льного напряже́ния overvoltage circuit-breaker
ма́сляный ~ oil circuit-breaker
~ механи́ческой настро́йки переда́тчика *или* приёмника autopositioner, auto-tune system
~ Мили́ Mealy automaton
многокулачко́вый ~ automatic multicam machine
многолине́йный ~ multiple line automaton
многопозицио́нный ~ automatic multistation machine

автома́т

многошпи́ндельный ~ automatic multispindle machine
мота́льный ~ automatic winding machine
~ Му́ра Moore automaton
~ нави́вки се́ток *элн.* grid machine, grid lathe
навигацио́нный ~ ground-position indicator, automatic navigator
недетермини́рованный ~ stochastic automaton, stochastic machine
неинициа́льный ~ noninitial automaton
~ непреры́вного де́йствия automatic continuously operating machine
ниткошве́йный ~ *полигр.* automatic book sewer
носо́чный ~ automatic half-hose machine
обёрточный ~ packaging machine
однопозицио́нный ~ automatic single-station machine
одношпи́ндельный ~ automatic single-spindle machine
~ опа́ливания монти́рованных но́жек *элн.* bulb blowing machine
определённый ~ definite automaton
основопробо́рный ~ automatic drawing-in [entering, warp-drawing] machine
~ паралле́льного де́йствия automatic parallel-action machine
патро́нный ~ automatic chucking machine
па́чечно-укла́дочный ~ automatic cigarette bundler
~ переключе́ния скоросте́й automatic speed selection device
~ переко́са *ав. англ.* swashplate; *амер.* wobble plate
пескостру́йный ~ automatic sand-blasting machine
пескостру́йный, стержнево́й ~ *лит.* automatic core sand-blasting machine
пламечувстви́тельный ~ *тепл.* burner-flame controller, combustion safeguard equipment, flame-failure detector
~ повто́рного включе́ния reclosing circuit-breaker, automatic circuit recloser
~ пода́чи то́плива *ав.* fuel-flow proportioner
~ подъёма плу́га plough clutch
~ подъёма плу́га, крючко́вый hook lift
~ подъёма плу́га, ре́ечный rack lift
~ подъёма плу́га, храпово́й ratchet lift
~ подъёма плу́га, шестерёнчатый gear lift
полиграфи́ческий ~ automatic printer
~ после́довательного де́йствия automatic step-by-step action machine

автома́т

~ приёмистости *ав.* (automatic) acceleration control (unit)
~ продо́льно-фасо́нного точе́ния Swiss-type [sliding-head type] automatic lathe
прутко́вый ~ automatic bar-stock machine
разли́вочно-уку́порочный ~ automatic filling-and-capping machine
разме́нный ~ coin changer
Ра́сселов ~ Russell's slot-machine
~ растормаже́ния *авто* anti-skid device, skid-sensing unit
расту́щий ~ growing automaton
расцепля́ющий ~ releaser
самовоспроизводя́щийся ~ self-reproducing automaton
самодви́жущийся ~ self-mooving automaton
самонастра́ивающийся ~ self-adaptive automaton
~ с бесконе́чным коли́чеством состоя́ний infinite-state automaton, infinite-state machine
сбо́рочный ~ automatic assembly machine
сбо́рочный ~ для шарикоподши́пников automatic ball-bearing assembly machine
сва́рочный ~ automatic welding machine, automatic welder
сва́рочный, двухдугово́й ~ two-head automatic arc-welding machine
сва́рочный, дугово́й ~ automatic arc-welding machine
сва́рочный, многодугово́й ~ multi-arc automatic welding machine
склее́чный ~ *кфт.* automatic splicer
~ с коне́чной па́мятью finite-memory automaton
~ с кулачко́вым управле́нием automatic cam-controlled machine
~ с магази́нной загру́зкой загото́вок automatic magazine-feed machine
~ с механи́змом свобо́дного расцепле́ния trip-free circuit-breaker
~ с ограниче́нием на вхо́де input-restricted automaton
соломкополирова́льный ~ *лес.* splint-shaping machine
соломкоруби́льный ~ *лес.* splint-chopping [splint-cutting] machine
соломкоукла́дочный ~ *лес.* splint-levelling machine
сортиро́вочный ~ automatic sorting machine
спи́чечный универса́льный ~ universal match machine
~ с програ́ммным управле́нием programme-controlled machine
стереоти́пный отливно́й ~ fully automatic stereoplate [stereotype] caster, automatic casting machine
стохасти́ческий ~ stochastic automaton, stochastic machine
тка́цкий ~ automatic loom

автома́т
торго́вый ~ по прода́же газе́т, спи́чек *и т. п.* *англ.* newspaper, matches *etc.* slot-machine; *амер.* newspaper, matches *etc.* vending machine
тривиа́льный ~ trivial automaton, trivial machine
универса́льный ~ universal circuit-breaker
устано́вочный ~ current-limiting circuit-breaker
уто́чно-перемо́точный ~ *текст.* automatic weft [pirn] winder
фасо́вочный ~ (*напр. для масла, муки и т. п.*) weighing-and-packing machine
фикси́рованный ~ fixed automaton, fixed machine
~ франки́рования пи́сем postage permit printer
цепевяза́льный ~ automatic chain-bending machine
цифрово́й ~ 1. digital automaton **2.** digital [switching] network, digital [switching] circuit
части́чно-определённый ~ partially specified automaton, partially specified machine
чуло́чный ~ automatic hosiery machine
этикетиро́вочный ~ automatic labeller

автоматиза́ция *ж.* automation, automatization, automatic control
~ информацио́нных рабо́т automatic data processing, data processing automation
~ иссле́дований режи́мов энергосисте́м computer-assisted power-system analysis
ко́мплексная ~ integrated automation
по́лная ~ full [complete] automation
после́довательная ~ sequential automation
~ программи́рования automatic programming
~ проекти́рования computer-aided design, design automation
~ произво́дства automatic production
промы́шленная ~ 1. (*применение автоматики*) industrial automation **2.** (*автоматическое управление*) (automatic) industrial control
~ управле́нческих рабо́т management automation
части́чная ~ partial [non-integrated] automation

автоматизи́ровать *гл.* automate, render automatic

автомати́зм *м* automaticity, automatic action □ **доводи́ть до ~а** practise some action *or* movement until it becomes second nature

автома́тик/а *ж.* **1.** (*отрасль науки и техники*) automation, automatics **2.** (*оборудование, устройство*) automatic equipment **3.** (*совокупность реле управления*) control relays □ **настра́ивать ~у** (*о реле*) adjust the settings **4.** (*настройки передатчика или приёмника*) automatic frequency selection [auto-tune] system □ **настра́ивать ~у на ну́жный кана́л *или* частоту́** preset the frequency control system to the desired channel *or* frequency

автома́тик/а
познава́тельная ~ *киб.* cognitive automation
стру́йная ~ fluidics

автомати́чность *ж.* automaticity
автомато́граф *м. мед.* automatograph
автома́т-стан *м.* plug mill
автома́т-экзамена́тор *м.* test-grading machine
автомаши́на *ж. см.* **автомоби́ль**
автомаши́ни́ст *м. ж.-д.* automatic train driver
автомеха́ник *м.* car mechanic
автомехани́ческий *прил.* automotive
автомобилеопроки́дыватель *м.* truck tipper
автомобилеразгру́зчик *м.* truck tipper
автомобилестрое́ние *с. англ.* motor industry; *амер.* automotive industry
автомобилиза́ция *ж.* motorization
автомобили́зм *м.* motoring
автомобили́ст *м.* motorist; *амер.* autoist, automobilist

автомоби́л/ь *м. англ.* motor vehicle; *амер.* automobile; (*легковой*) *англ.* (motor) car; *амер.* car; (*грузовой*) *англ.* lorry; *амер.* truck □ **вести́ ~ «нака́том»** let a car free-wheel; **вести́ ~ на 1-й, 2-й, 3-й ско́рости** the car drives in first, second, third gear, drive the car in first, second, third gear; **запуска́ть ~ «на ско́рости»** (*с включённой передачей*) start a car in gear; **~ «клюёт»** (*при резком торможении*) the car nose-dives; **консерви́ровать ~ на зи́му** lay up a car for winter; **~ «нае́здил» (*сто́лько-то*) км** the car has (*so many*) km on it; **обка́тывать ~** break in a (new) car; **~ облада́ет хоро́шей *или* плохо́й обтека́емостью** the car has good *or* poor wind [air] shape; **оформля́ть вне́шний вид ~я** style a car; **переводи́ть ~ на зи́мнюю эксплуата́цию** winterize a car; **пуска́ть ~ в эксплуата́цию** put a (new) car on the road; **~ «слу́шается» руля́ изли́шне легко́** the car oversteers; **~ «слу́шается» руля́ с замедле́нием [«ту́го»]** the car understeers; **содержа́ть ~ в хоро́шем состоя́нии** keep a car properly tuned up; **эксплуати́ровать ~ на ши́нах завы́шенного разме́ра** overtyre a car; **эксплуати́ровать ~ на ши́нах зани́женного разме́ра** undertyre a car
~ авари́йной слу́жбы emergency service vehicle
аккумуля́торный ~ battery car

автомоби́л/ь
безопа́сный ~ wreck-resistant car
безра́мный ~ frameless vehicle, unit-construction car
~ высо́кой [повы́шенной] проходи́мости cross-country vehicle
газобалло́нный ~ compressed gas vehicle
газогенера́торный ~ gas-producer vehicle
газотурби́нный ~ (gas) turbine vehicle
грузово́й ~ *англ.* lorry; *амер.* truck
грузово́й ~ большо́й грузоподъёмности heavy(-duty) truck
грузово́й, лёгкий ~ light(-duty) truck
грузово́й ~ ма́лой грузоподъёмности light(-duty) truck
грузово́й ~ с каби́ной над двигателем cab-over-engine truck
грузово́й ~ с ку́зовом-платфо́рмой platform [plank-body, flat bed] truck
грузово́й ~ с откидны́ми борта́ми drop-side truck
грузово́й ~ сре́дней грузоподъёмности medium(-duty) truck
грузово́й, тяжёлый ~ heavy(-duty) truck
гру́зо-пассажи́рский ~ *англ.* estate car; *амер.* station wagon, utility car
гу́сеничный ~ track-type [crawler-type, track-laying, tracked] vehicle
двухо́сный ~ two-axle vehicle
ди́зельный ~ Diesel-powered [Diesel-engined] vehicle, Diesel-powered truck
~ для вы́возки му́сора garbage [removal, refuse collecting] truck
~ для перево́зки скота́ cattle truck
~ для поли́вки у́лиц street watering motor car
~ для убо́рки у́лиц communal truck, road sweeper, road broom, street cleaner
изотерми́ческий ~ refrigerated truck
легково́й ~ *англ.* (motor) car; *амер.* car
лесово́зный ~ lumber carrier, timber truck
малолитра́жный ~ economy [compact] car
микролитра́жный ~ baby car, minicar
~ о́бщего назначе́ния utility vehicle
опера́торский ~ *кфт.* camera car
о́пытный ~ prototype car
парово́й ~ steam car
пассажи́рский ~ passenger car, passenger vehicle
~ по доста́вке това́ров delivery truck
пожа́рный ~ fire-fighting vehicle, fire engine, fire appliance
полноприводно́й ~ all-wheel-drive vehicle
почто́вый ~ postal car, mail van, mail wag(g)on

автомоби́л/ь
прока́тный ~ hire [rental] car
~, пу́щенный в произво́дство production motor vehicle
~, рабо́тающий на сжи́женном га́зе liquid-gas vehicle
санита́рный ~ medical vehicle
~ с бензи́новым дви́гателем и электри́ческой трансми́ссией *англ.* petrol-electric vehicle; *амер.* gasoline-electric vehicle
~ с двумя́ дви́гателями two-[twin-] engined vehicle
~ с жёстким ве́рхом hardtop (car)
~ с за́дним расположе́нием дви́гателя rear-engined car
~ с карбюра́торным дви́гателем *англ.* petrol-powered lorry; *амер.* gasoline-powered truck
~ с карда́нной переда́чей line axle car
~ ско́рой по́мощи ambulance (car)
~ с ку́зовом «Универса́л» station wag(g)on, estate car
снегоубо́рочный ~ snow-fighting vehicle
~ с незави́симой подве́ской колёс independently sprung car
~ с несу́щим ку́зовом frameless vehicle, unit-construction car
~ с откидны́м ве́рхом convertible [soft-top] car
~ с пере́дними веду́щими колёсами front wheel drive car
спорти́вный ~ sports car
~ с при́водом на все колёса all-wheel drive vehicle
~ с управля́емыми за́дними колёсами rear-steering car
~ с цепно́й гла́вной переда́чей chain driven car
~ с четырьмя́ веду́щими колёсами four-wheel drive vehicle
тра́нспортный ~ transport vehicle
трёхо́сный ~ three-axle vehicle
эксперимента́льный ~ experimental car
электри́ческий ~ electric-battery car
автомоби́ль-амфи́бия *м.* amphibian car, amphibian vehicle
автомоби́ль-вы́шка *м.* tower truck
автомоби́ль-кран *м.* truck crane
автомоби́ль-мастерска́я *м.* workshop truck
автомоби́ль-молоково́з *м.* milk float
автомоби́ль-мукою́з *м.* flour truck
автомоби́ль-пескомёт *м.* sanding vehicle
автомоби́ль-рефрижера́тор *м.* refrigerated truck
автомоби́ль-фурго́н *м.* van; *англ.* pantechnicon
~для перево́зки ме́бели furniture-moving van
автомоби́ль-цисте́рна *м.* tank truck
автомодели́рование *с.* model-car construction
автомоде́льность *ж.* self-similarity
автомодуля́ция *ж.* self-modulation
автомонито́р *м. вчт.* automonitor
автоморфи́зм *м. мат.* automorphism
автомотошко́ла *ж.* driving school
автомотри́са *ж.* railway motor car, railcar
автомукоме́р *м.* automatic flour meter
автонаве́ска *ж. с.-х.* automatic hitch
автонастро́йка *ж.* **1.** (*процесс*) auto-tuning, automatic frequency selection **2.** (*устройство*) automatic frequency selection [auto-tune] system
автоно́мность *ж.* **1.** *мат.*, *киб.* non-interaction **2.** (*режима работы, использования и т. п.*) independence **3.** *эк.* self-sufficiency
~ (пла́вания) корабля́ (sea) endurance of a ship
автоно́мный *прил.* **1.** *мат.*, *киб.* autonomous, non-interacting **2.** (*об устройстве, станции и т. п.*) self-contained **3.** (*о режиме работы, использования и т. п.*) independent
автоокисле́ние *с.* auto-oxidation □ **~ возника́ет в результа́те ...** auto-oxidation proceeds through ...; **вызыва́ть ~** initiate auto-oxidation
автоопера́тор *м. маш.* transfer arm
~ гидроста́нции generating-unit control computer
автоотве́т *м. свз.* answer-back
автоотве́тчик *м. свз.* automatic answer-back device
автопавильо́н *м.* enclosed bus-stop
автопансиона́т *м.* motorists' camp
автопа́рк *м.* (*легковых автомобилей*) car fleet; (*грузовых автомобилей*) truck fleet
автоперево́зк/а *ж.* road haulage
грузова́я ~ truck haulage □ **осуществля́ть грузову́ю ~у** operate [run] truck haulage
автопило́т *м.* (*самолётный*) autopilot; (*ракетный*) gyropilot □ **включа́ть ~** engage an autopilot; **выключа́ть [отключа́ть] ~** disengage [disable] an autopilot; **контроли́ровать ~** monitor an autopilot; **лете́ть на ~е** fly by an autopilot; **перейти́ на ~** change [switch] to automatic flight [to auto-controlled flight]; **переси́ливать ~** overpower an autopilot; **создава́емый ~ом** (*напр. усилие на рули, манёвр самолёта и т. п.*) autopilot-induced (*e. g., control force, manoeuvre, etc.*)
астати́ческий ~ rate (velocity-) -feedback [integral] autopilot
изодро́мный ~ proportional-integral [PI] autopilot
стати́ческий ~ proportional [position-feedback] autopilot
автопогру́зчик *м.* truck loader, lift truck
~ с ви́лочным захва́том fork-lift truck
автопода́ча *ж.* automatic feed
автоподстро́йка *ж.* **частоты́** *см.* **АПЧ**
автопо́езд *м.* road train, articulated vehicle
автопо́йлка *ж.* automatic water bowl
автопокры́шка *ж. англ.* tyre; *амер.* tire
беска́мерная ~ tubeless tyre
грузова́я ~ lorry tyre, truck tire
легкова́я ~ car tyre
автополиме́р *м.* autopolymer
автополимериза́ция *ж.* autopolymerization
автоприво́дка *ж. полигр.* automatic register
автоправка *ж. полигр.* mechanical overlay
автоприце́п *м.* trailer
автопрограмми́рование *с.* self-programming
автопрокла́дчик *м.* (**ку́рса**) *нвг.* automatic position plotter, automatic position tracer
автопу́ск *м.* automatic start(-up)
авторадиогра́мма *ж.* autoradiogram, radioautogram
авторадио́граф *м.* autoradiograph, radioautograph
авторадиографи́рование *с.* autoradiography, radioautography
авторадиогра́фия *ж.* **1.** (*процесс*) autoradiography, radioautography **2.** (*изображение*) autoradiograph, radioautograph
конта́ктная ~ contact autoradiography, contact radioautography
авторегре́ссия *ж.* autoregression
автореду́кция *ж.* autoreduction
авторези́на *ж.* car tyres and tubes
авторезона́нс *м.* autoresonance
авторемо́нт *м.* car repair
авторе́тушь *ж.* manual colour-correcting of photographic intermediates
авторефрижера́тор *м.* refrigerated truck
~ с зеро́торным охлажде́нием hold-over truck
~ с изотерми́ческим ку́зовом insulated van
~ с механи́ческим охлажде́нием reefer, mechanically refrigerated truck
~ с сухолёдным охлажде́нием dry ice truck
авторота́ци/я *ж.* **1.** *ав.* autorotation, windmilling □ **переводи́ть на ~ю** place in autorotation; **переходи́ть в режи́м ~и** go windmilling **2.** (*компрессора*) windmilling
авторoти́ровать *гл.* **1.** *ав.* autorotate, windmill □ **~ в режи́ме большо́го ша́га** windmill in coarse pitch; **~ в режи́ме ма́лого ша́га** windmill in fine pitch **2.** (*о компрессоре*) windmill
авторулево́й *м. мор.* automatic steering device, automatic helmsman
автору́чка *ж.* (*с поршневой или пипеточной заправкой*) fountain pen: (*с заправкой сменным баллончиком*) cartridge pen
ша́риковая ~ ball pen
ша́риковая ~ без перезапра́вки disposable ball pen
автосамосва́л *м. англ.* tip-lorry; *амер.* dump truck

автоса́ни *мн.* motor-sleigh, sledge-car, snowmobile
автосва́рка *ж.* automatic welding
автосе́рвис *м.* car-care centre
автоси́н *м.* synchro (Autosyn — *фирм. название*)
автоскле́йка *ж. полигр.* automatic splicer
автоскре́пер *м.* motorscraper
автосма́зка *ж.* automotive lubricant(s)
автосопровожде́ние *с.* **це́ли** *ркт.* automatic tracking
автоспу́ск *м. кфт.* automatic [delayed action] release
автоста́нция *ж.* (motor-)coach terminal
автосто́п *м.* automatic stop
поездно́й ~ automatic train stop
автостоя́нка *ж.* parking lot, car park
автостра́да *ж.* superhighway, (divided) motor road
автосце́пка *ж.* **1.** *ж.-д.* automatic coupling, automatic coupler **2.** *с.-х.* automatic [pick-up] hitch
жёсткая ~ automatic tightlock coupler
~ с замко́вым устро́йством snap-lock hitch
автотеле́жка *ж.* (self-propelled) industrial [freight] truck
автотелеуправле́ние *с.* automatic telecontrol
автоти́пия *ж. полигр.* autotype, half-tone (engraving)
безра́стровая ~ autotype
глубо́кая ~ intaglio half-tone
корешко́вая ~ grain screen autotype
трёхцве́тная ~ three-colour autotype
чёрная ~ black-and-white half-tone
автотитра́тор *м.* autotitrator
автотопливозапра́вщик *м.* bowser, refueller, (re)fuelling truck
автото́рмоз *м.* automatic [mechanical, self-acting] brake
автотрансду́ктор *м.* autotransductor
автотра́нспорт *м.* motor transport
автотранспортёр *м.* self-propelled conveyer
автотрансформа́тор *м.* autotransformer
измери́тельный ~ instrument autotransformer
регули́руемый ~ adjustable-ratio [variable-ratio] autotransformer; *англ.* moving-coil voltage regulator
автофазиро́вка *ж.* **1.** (automatic) phasing **2.** (*в ускорителях*) phase stability
автофокусиро́вка *ж.* autofocusing
автофреза́ *ж. с.-х.* self-propelling cultivator
автофурго́н *м.* van
хле́бный ~ bread van
автохозя́йство *с.* (*грузовых автомобилей*) *англ.* lorry fleet; *амер.* truck fleet; (*легковых автомобилей*) car fleet
автоцинкогра́фия *ж.* photoengraving
автоцисте́рна *ж.* (highway) tank truck, road tanker
ассенизацио́нная ~ cesspool [cesspit] emptier, cesspoolage truck
~ для бензи́на *англ.* petrol tanker; *амер.* gasoline truck
~ для воды́ water-truck
~ для нефтепроду́ктов oil tank truck
охлажда́емая ~ refrigerated tank truck
пищева́я изотерми́ческая ~ insulated food tank truck
пожа́рная ~ fire-extinguishing tanker, fire-tank wag(g)on
автоши́на *ж. англ.* automobile tyre; *амер.* automobile tire
автоштри́х *м.* line drawing on embossed paper
автошту́рман *м.* autonavigator, ground-position indicator, GPI □ **~ отраба́тывает курс и расстоя́ние до ...** the GPI reads course and distance to ...; **~ отраба́тывает местоположе́ние (самолёта) по широте́ и долготе́** the GPI reads position as latitude and longitude; **~ получа́ет,** *напр.* **курсову́ю информа́цию от...** the GPI derives [accepts], *e.g.*, directional information from...; **~ реша́ет зада́чу счисле́ния пути́** the GPI advances the known position by dead-reckoning
автоэма́ль *ж.* nitrocellulose paint for car bodies
автоэми́ссия *ж.* autoelectronic [field] emission
авту́р *м.* [**автомати́ческий уровнеме́р**] automatic level gauge
авуа́ры *мн.* bank deposits abroad
ага́р-ага́р *м.* agar
~ двойно́й фермента́ции double-digest agar
косо́й ~ slant [slope] agar
моло́чный ~ milk agar
мясопепто́нный ~ beef-extract [meat-infusion] agar
~ на (пивно́м) су́сле (beer-)wort agar
просто́й ~ plain agar
~ с дрожжевы́м экстра́ктом yeastrel agar
~ с жёлчью и фиоле́товым кра́сным violet-red bile agar
~ с эози́ном и метиле́новым си́ним eosin methylene blue agar
ага́т *м.* (*типографский шрифт*) agate □ **набира́ть ~ом** set in agate
агглютина́ция *ж.* agglutination, clumping
агглютини́ровать *гл.* agglutinate
агглютиноско́п *м. мед.* agglutinoscope
аге́нт *м*:
алкили́рующий ~ alkylation agent
вентили́рующий ~ aerating agent, aerating medium
вуали́рующий ~ *кфт.* fogging agent
дезактиви́рующий ~ decontaminating agent, decontaminant
аге́нт
денатури́рующий ~ denature □ **ацето́н испо́льзуется в ка́честве денатури́рующего ~а для эти́лового спи́рта** acetone is used as a denature for ethyl alcohol
желатинизи́рующий ~ gelling agent
загрязня́ющий ~ pollutant
корроди́рующий ~ corrosive agent, corrodent
мати́рующий ~ flatting agent
~ набуха́ния swelling agent
охлажда́ющий ~ cooling agent
~, придаю́щий блеск glossing agent
рабо́чий ~ working substance, working medium, working fluid
регули́рующий ~ control agent
суши́льный ~ drying agent
тормозя́щий ~ *хим.* inhibitor, inhibiting agent
хлори́рующий ~ chlorinating agent
холоди́льный ~ cooling [refrigerant] agent, coolant
эмульги́рующий ~ emulsifying agent, emulsifier
аге́нтство *с.* agency
аглоле́нта *ж.* (*спекательная машина ленточного типа*) travelling-grate sintering machine
агломера́т *м.* sinter (cake)
высокофлюсо́ванный ~ superfluxed sinter
измельчённый ~ broken (crushed) sinter
кру́пный ~ oversize sinter
неофлюсо́ванный ~ non-fluxed sinter
окомко́ванный ~ pellet sinter
офлюсо́ванный ~ fluxed sinter
самопла́вкий ~ self-fluxing sinter
агломератопенобето́н *м.* agglomerate-foam concrete
агломера́ция *ж.* sintering, agglomeration [agglomerating] by sintering
~ в кипя́щем сло́е fluidized-bed sintering
~ во взве́шенном состоя́нии flash sintering
~ во враща́ющихся печа́х rotary-kiln sintering
~ в ча́шах pan sintering
га́зовая ~ gas sintering
~ с проса́сыванием во́здуха down-draft sintering
агломери́ровать *гл.* sinter
аглофа́брика *ж.* sinter(ing) plant
аго́на *ж.* agonic line
агрега́т *м.* **1.** (*совокупность машин или механизмов*) assembly, unit, set **2.** (*часть установки*) plant item □ **снима́ть [демонти́ровать] ~ы с дви́гателя** *ав.* tear down a power plant; **устана́вливать ~ы на дви́гатель** *ав.* build up a power plant **3.** (*совокупность частиц, минералов и т. п.*) aggregate
~ аэродро́много пита́ния ground [external] power unit

агрегáт
бензоэлектрúческий ~ *англ.* petrol-electric [generating] set; *амер.* gasoline engine generating set
блокообрабáтывающий ~ *полигр.* rounding and backing machine
брошюрóвочный ~ *полигр.* binding machine, binder
буровóй ~ drilling rig and accessories
вáкуум-эжéкторный ~ vacuum ejector
~ **вальцóв** *рез.* mill line
ветровóй электрúческий ~ wind turbine electro-generator
вызывнóй ~ *свз.* ringing set, ringing dynamotor
газéтный многорóльный ~ *полигр.* multiple web (newspaper) press
газогенерáторный ~ (gas-) producer set
газосвáрочный ~ gas welding unit
газотурбúнный ~ gas turbine unit
генерáторный ~ generating set
генерáторный, гидроэлектрúческий ~ hydro-electric generating set
~ **горя́чего лужéния** hot-dip tinning stack
двúгатель-генерáторный ~ motor-generator set
двúгательно-двúжительный ~ propulsion [drive] unit
~**ы двúгателя** engine accessory
дúзель-электрúческий ~ Diesel-electric set
~ **для вы́бивки отлúвок** shake-out installation
~ **для вы́емки угля́** coal-getting [coal-winning] set
~ **для зачúстки заготóвок** billet cleaning unit
~ **для непреры́вного травлéния полосы́** continuous strip pickler
~ **для отдéлки рéльсов** *прок.* rail-conditioning unit
~ **для предварúтельного рафинúрования метáлла** pre-refining vessel, pre-refining unit
~ **для предпосевнóй обрабóтки пóчвы** seedbed maker
дождевáльный ~ sprinkler plant, sprinkler unit
заря́дный ~ battery charger, battery charging set
~ **из сéялки и каткá** roller-seeder
кольцедéлательный ~ *рез.* bead-making unit
кóрдный ~ *рез.* cord unit
кормоприготовúтельный ~ feed processing plant
котéльный ~ boiler unit
котéльный, барабáнный ~ drum-boiler unit
лудúльный ~ tinning stack
льнообрабáтывающий ~ flax processing plant
~ **наземного питáния** *ав.* external [ground] power unit
насóсно-аккумулúрующий ~ pump-storage set
насóсный ~ pump unit

агрегáт
~ **непреры́вной вулканизáции** continuous vulcanization equipment
окрáсочный ~ painting unit
~ **оплавлéния** (*жести*) reflow unit
отопúтельный ~ unit heater
отопúтельный, вентиляциóнный ~ air-vent unit heater
отопúтельный, водянóй ~ hot-water heater
отопúтельный, воздýшный ~ warm-air heater
отопúтельный, гáзовый ~ gas-fired unit heater
отопúтельный, пароводянóй ~ steam-water unit heater
отопúтельный, паровóй ~ steam unit heater
отопúтельный, притóчный ~ blow-through heater
отопúтельный, рециркуляциóнный ~ draw-through heater
отопúтельный ~ **с огневоздýшным калорúфером** air-fired unit heater
пастеризациóнный ~ pasteurizing plant
печнóй ~ furnace unit
погрýзочно-трáнспортный ~ loading and transportation unit, loader-transporter
подзаря́дный ~ trickle [floating] charger
посевнóй ~ sowing unit
почвообрабáтывающе-посевнóй ~ till-plant outfit
почвообрабáтывающий ~ tillage outfit, tillage combine
преобразовáтельный ~ *эл.* converting unit, converter set
преобразовáтельный, тирúсторный ~ thyristor converter
~ **продóльной рéзки полосы́** *прок.* slitting unit, slitter
пропúточно-сушúльный ~ *рез.* dipping-and-drying unit
пропúточный ~ *рез.* dipping unit
пропóлочный ~ weeding outfit
протéкторный ~ *рез.* tread-extruding unit
прохóдческий ~ shaft-sinking set
прохóдческий, грéйферный ~ shaft-sinking grab digger
пусковóй ~ *ав.*, *ркт.* starting unit
пылеприготовúтельный ~ *тепл.* (coal-) pulverizer (unit)
разрыхлúтельно-трепáльный ~ *текст.* opening and lap-forming machine
разрыхлúтельный ~ *текст.* opener plant
~ **рóспуска полосы́** *прок.* slitting unit, slitter
~**ы самолёта** aeroplane units
свáрочный ~ welding plant, welding unit, welding set
силовóй ~ power-generating set
силовóй, аэродрóмный ~ ground power-supply unit
силовóй, дúзель-генерáторный ~ Diesel-generator set

агрегáт
силовóй, резéрвный ~ stand-by unit, stand-by set
~ **сóбственных нужд (электростáнции)** house set
содорегенерациóнный ~ *тепл.* black-liquor recovery unit, black-liquor boiler
сортирóвочно-сплóточный ~ sorting-and-bundling unit
сортирóвочный ~ sorting unit
сортирóвочный ~ **для фасóнного прокáта** rolled-shape sorting unit
сталеплавúльный ~ steel-making vessel, steel-making unit
тепловóй электрогенерáторный ~ thermoelectric generating set
тестоприготовúтельный ~ doughing plant
тетрáдный ~ *полигр.* ruling and exercise-book making machine
травúльный ~ pickler
трубопрокáтный ~ pipe-rolling plant (*см. тж.* **трубопрокáтный стан**)
трубосвáрочный ~ pipe-welding machine
турбогенерáторный ~ turbine-driven [turbo-generator] set
турбонаддýвный ~ turbo-supercharger
турбонасóсный ~ turbo-driven pump assembly
убóрочный ~ harvesting unit
уравнúтельный ~ compensation [balancer, equalizer] set, compensator
штампóвочно-укýпорочный ~ stamping-and-capping unit
электросвáрочный ~ electric welding set, electric welding unit
энергетúческий ~ (power-) generating unit □ **доводúть энергетúческий** ~ **до расчётной нагрýзки** take a generating unit to the design load; **останáвливать энергетúческий** ~ shut down a generating unit; **пускáть энергетúческий** ~ start up a generating unit

агрегатúровани/е *с. маш.* building-block design, building-block approach, building-block principle □ **станкú проектúруются на оснóве** ~**я** machine-tools embody the building-block approach

агрегатúр/овать *гл.* **1.** *маш.* gang up □ **дробúлка** ~**уется с грóхотом** a crusher is ganged up with a sieve **2.** (*станок*) use building-block units (*in a machine-tool*)

агрегáтная *ж.* (*помещение*) power [converter, motor-generator] room

агрегáтный *прил.* (*о принципе построения некоторых приборов и систем*) modular

агрегáция *ж.* **1.** (*слипание частиц*) tendency to form [formation of] aggregates, agglomeration **2.** *физ.* aggregation, clustering

агрегúрование *с.* **1.** *физ.* aggregation, clustering **2.** *с.-х.* aggregation, pellet

formation 3. (*слёживание*) slugging (*of granular materials*)
агресси́вный *прил.* (*о веществе или воздействии*) corrosive
агрогидроло́гия *ж.* agrohydrology
агроклиматоло́гия *ж.* agroclimatology
агролесомелиора́ция *ж.* agrosilviculture, agricultural afforestation
агромелиора́ция *ж.* land improvement, land reclamation, soil-conservation practices, irrigation and drainage
агрометеороло́гия *ж.* agricultural meteorology
агро́метр *м.* agrometer
агроно́м *м.* agronomist
агроно́мия *ж.* agronomy
агропочвове́дение *с.* science of soil improvement
агроте́хник *м.* agricultural technician
агроте́хника *ж.* agricultural [farming] practices, field management
агрофи́зика *ж.* agrophysics, agricultural physics
агрофо́н *м.* soil fertility, agricultural background
агрохи́мик *м.* agrochemist, plant nutritionist
агрохи́мия *ж.* agrochemistry, agricultural chemistry
АГ-цеме́нт *м.* anhydride cement
адапта́ци/я *ж.* adaptation □ **спосо́бность к ~и** the ability to adapt
светова́я ~ light adaptation
~ сетча́тки гла́за retinal adaptation
темнова́я ~ dark adaptation
физиологи́ческая ~ physiological adaptation
цветова́я ~ colour adaptation
ада́птер *м.* 1. (*звукосниматель*) (phono) pick-up 2. *кфт.* adapter, film-holder, plate-holder
~ для кату́шечной плёнки roll film adapter
адапти́роваться *гл.* adapt □ **~ к различным усло́виям освещённости** adapt for light conditions over a wide range; **~ к све́ту** adapt for light (conditions)
адапто́метр *м.* adaptometer
адве́кция *ж.* advection
адгезиогра́мма *ж.* adhesiogram
адгезио́метр *м.* adhesiometer, adhesive-meter
адге́зия *ж.* adhesion, adherence
молекуля́рная ~ molecular adhesion
уде́льная ~ specific adhesion
электростати́ческая ~ electrostatic adhesion
аддити́вность *ж. мат.* additivity
~ облуче́ния additivity [additive effect] of irradiation; additivity of exposure
~ сре́дних additivity of means
адду́кт *м. хим.* adduct, inclusion complex
адеква́т *м.* correspondence, model
адеква́тно *нареч.* □ **эмпири́ческие да́нные ~ опи́сываются да́нным уравне́нием** empiric data are well fitted by this equation, this equation fits empiric data well
адеква́тность *ж.* adequacy, goodness of fit, fit □ **проверя́ть ~** *стат.* test for goodness of fit; **э́то уравне́ние обеспе́чивает лу́чшую ~ при бо́лее высо́ких давле́ниях** this equation gives a better fit at higher pressures
адеква́тн/ый *прил.* (to fit) adequately □ **быть ~ым проце́ссу** (*напр. о модели*) fit the process adequately
адиаба́т/а *ж.* adiabat, adiabatic curve, adiabatic path □ **изменя́ться по зако́ну ~ы** vary adiabatically
вла́жная ~ moist adiabat
суха́я ~ dry adiabat
уда́рная ~ percussive [impact, shock] adiabat
адиабати́чески *нареч.* adiabatically
адиабати́ческий *прил.* adiabatic
адипо́лиз *м.* adipolysis
адмита́нс *м.*, **эквивале́нтный** *киб.*, *авт.* describing function
а́дрес *м.* 1. (*цепи, провода на схемах*) destination 2. *вчт.* address; (*ячейки запоминающего устройства*) location (number) □ **выбира́ть ~** select an address; **за́пись произво́дится по... ~у** data are written [read] at... address; **засыла́ть ~ в...** send an address to...; **извлека́ть ~ из** (*напр. команды*) extract an address from...; **назнача́ть ~** allot an address to...; **образо́вывать по́лный ~** derive an absolute address from...; **~ определя́ет но́мер яче́йки па́мяти** the address designates a particular storage location; **~ определя́ет яче́йку па́мяти** the address identifies a storage location; **определя́ть ~** define an address; **определя́ть по ~у яче́йку па́мяти** locate a memory cell by (its) address; **переводи́ть ~** translate an address; **преобразо́вывать ~ в управля́ющий сигна́л** convert an address into a control signal; **присва́ивать ~** (*напр. команде*) assign an address to...; **расшифро́вывать ~** decode an address; **счи́тывание произво́дится по ~у** data are read (out) at... address; **ука́зывать ~** (*напр. в команде*) specify an address; **формирова́ть ~** develop [generate] an address
абсолю́тный ~ absolute [true] address
ба́зовый ~ base address
виртуа́льный ~ virtual address
вну́тренний ~ address within the block
~ возвра́та return address
вспомога́тельный ~ auxiliary address
генери́рованный ~ generated address
действи́тельный ~ absolute address
исполни́тельный ~ execution [executive] address
и́стинный ~ absolute address
исхо́дный ~ start [initial] address
~ ключево́го сло́ва key word address
~ кома́нды instruction address
коне́чный ~ final address
коро́ткий ~ degenerate address
ко́свенный ~ indirect address
~ масси́ва да́нных block address
нача́льный ~ start [initial] address
непосре́дственный ~ direct address
непрямо́й ~ indirect address
нулево́й ~ zero address
~ опера́нда operand address
~ опера́ции operation address
относи́тельный ~ relative [differential] address
пе́рвый ~ (*команды*) leading address
перемеща́емый ~ relocatable address
~ перехо́да jump address
пла́вающий ~ floating address
после́дний ~ (*команды*) last field address
постоя́нный ~ fixed [constant, invariable] address
~ програ́ммы program address
прямо́й ~ direct address
~ разгру́зки unload address
~ результа́та result address
символи́ческий ~ symbolic address
~ сле́дующей кома́нды next-instruction address
~ сло́ва word address
~ смеще́ния relocation address
теку́щий ~ present address
усло́вный ~ symbolic address
фикси́рованный ~ fixed [constant, invariable] address
фикти́вный ~ dummy address
~ числа́ number address
~ яче́йки па́мяти memory [storage] location, memory address
адреса́т *м.* addressee, destination
адреса́ция *ж.* addressing
абсолю́тная ~ reference by an actual address, absolute addressing
вну́тренняя intrinsic addressing
ко́свенная ~ indirect addressing
нея́вная ~ implied addressing
относи́тельная ~ reference by a relative address, relative addressing
повто́рная ~ repetitive addressing
пряма́я ~ direct addressing
символи́ческая ~ symbolic addressing
я́вная ~ explicit addressing
а́дресность *ж.* number of addresses
~ ЦВМ number of addresses per instruction
адресова́ть *гл.* address
адресо́граф *м.* addressing machine
адсорба́т *м.* adsorbate
адсорбе́нт *м.* adsorbent
адсо́рбер *м.* adsorber
адсорби́рование *с.* adsorption
адсорби́ровать *гл.* adsorb
адсорби́р/оваться *гл.* (*физически или химически*) be adsorbed by [on] □ **газ ~уется у́глем** the gas is adsorbed by [on] charcoal; **кислоро́д ~уется хими́чески на желе́зе** oxygen chemisorbs on iron; **~ на по-**

вéрхности (*напр. твёрдого тела*) be adsorbed onto the surface of (*e.g., a solid*)
адсóрбция *ж.* adsorption □ **~ обусло́влена...** adsorption occurs through (the operation of)...; **~ является селекти́вным [избира́тельным] проце́ссом** adsorption is (highly) specific
активи́рованная ~ activated adsorption
~ га́за на твёрдой пове́рхности gas solid adsorption
~ жи́дкости на жи́дкости liquid-liquid adsorption
~ жи́дкости на твёрдом те́ле liquid-gas adsorption
избира́тельная ~ preferential [specific] adsorption
мономолекуля́рная ~ monomolecular adsorption
~ на ионообме́нной смоле́ ion-exchange resin adsorption
необрати́мая ~ irreversible adsorption
обрати́мая ~ reversible adsorption
полимолекуля́рная ~ multimolecular adsorption
физи́ческая ~ physical adsorption
хими́ческая ~ (*хемосорбция*) chemical adsorption, chemisorption
адъю́нкта *ж. мат.* cofactor
~ определи́теля signed minor
адъюста́ж *м. прок.* auxiliaries, adjustage
а́збук/а *ж.* alphabet
~ для глухонемы́х deaf-and-dumb alphabet
~ Мо́рзе Morse code, Morse alphabet □ **передава́ть ~ой Мо́рзе** transmit [send, write] in Morse (code); **принима́ть ~у Мо́рзе** receive [write] Morse (code)
азеотро́пия *ж.* azeotropy
ази́д *м.* azide *примеры*: **~ серебра́** silver azide; **~ свинца́** lead azide
а́зимут *м.* (*при отсчёте от 0° до 360° по часовой стрелке от северного направления меридиана*) azimuth; (*при отсчёте от 0° до 90° по-квадрантно*) bearing □ **вводи́ть ~** set in an azimuth; **выставля́ть ~** set an azimuth; **вычисля́ть ~** derive [find] an azimuth; **определя́ть ~** take [observe] an azimuth; **определя́ть ~ дальне́йшего хо́да** carry forward an azimuth; **определя́ть ~ по Поля́рной звезде́** obtain an azimuth by observation on Polaris; **передава́ть ~** carry forward an azimuth
абсолю́тный ~ absolute azimuth
астрономи́ческий ~ true [astronomical] azimuth
ви́димый ~ apparent azimuth
~ в систе́ме поля́рных координа́т polar azimuth
географи́ческий ~ geographic(al) azimuth
геодези́ческий ~ geodetic [surveying] azimuth

а́зимут
изме́ренный ~ observed azimuth
имити́рованный ~ simulated azimuth
инструмента́льный ~ instrumental azimuth
и́стинный ~ true [astronomical] azimuth
исхо́дный ~ reference [initial] azimuth
ко́мпасный ~ compass azimuth
магни́тный ~ magnetic azimuth
наблюдённый ~ observed azimuth
нача́льный ~ reference [initial] azimuth
обра́тный ~ back [reverse] azimuth
опо́рный ~ reference azimuth
~ основно́го направле́ния compass of a base point
относи́тельный ~ relative azimuth
~ по наблюде́ниям высоты́ Со́лнца solar-altitude azimuth
~ после́дующего направле́ния forward azimuth
~ привя́зки angle of attachment
~ при смыка́нии final azimuth
~ про́йденного направле́ния back azimuth
прямо́й ~ forward azimuth
ра́вный ~ isoazimuth
~ радиомаяка́ radial of a radio range □ **выходи́ть на ~ радиомаяка́** intercept [capture] a radial to a radio range
~ свети́ла (star) azimuth
счисли́мый ~ computed azimuth
упреждённый ~ future [predicted] azimuth
~ хо́да azimuth of a traverse
азимута́льность *ж.* azimuthality
азимута́льный *прил.* azimuthal
а́зимут-квадра́нт *м.* azimuth dial
ази́н *м.* azine
азобензо́л *м.* azobenzene
азогру́ппа *ж.* azo linkage
азокраси́тель *м.* azo dye
жирорастворимый ~ fat-soluble azo dye
кисло́тный ~ acid azo dye
осно́вный ~ basic azo dye
протравно́й ~ mordant azo dye
прямо́й ~ direct azo dye
спирторастворимый ~ alcohol-soluble azo dye
азопигме́нт *м.* azo pigment
азосоедине́ние *с.* azo compound
азосочета́ние *с.* diazotization, diazo [Griess] reaction, coupling of diazo compounds with...
азо́т *м.* nitrogen
акти́вный ~ active nitrogen
аммиа́чный ~ ammonia nitrogen
белко́вый ~ protein nitrogen
гидролизу́емый ~ hydrolyzable nitrogen
досту́пный ~ available nitrogen
жи́дкий ~ liquid nitrogen
известко́вый ~ lime [calcium] cyanamide
нитра́тный ~ nitrate nitrogen

азо́т
нитри́тный ~ nitrite nitrogen
о́бщий ~ total nitrogen
оста́точный ~ residual nitrogen
протеи́новый ~ protein nitrogen
раствори́мый ~ soluble nitrogen
свя́занный ~ bound [fixed] nitrogen
усвоя́емый ~ available nitrogen
фикси́рованный ~ bound [fixed] nitrogen
азотиза́ция *ж.* nitrogenization
азоти́рование *с.* nitriding (*e. g., of steel*)
азоти́ровать *гл.* nitride (*e. g., steel*) □ **~ в пото́ке аммиа́ка** nitride in a stream of ammonia
азотистоки́слый *прил.* nitrite *примеры*: **~ ка́лий** potassium nitrite; **~ ка́льций** calcium nitrite
азо́тист/ый *прил.* **1.** (*о соли*) nitride *пример*: **~ое желе́зо** iron nitride **2.** (*о кислоте*) nitrous
азотнова́тистый *прил.* hyponitrous
азотнова́тый *прил.* hyponitric
азотноки́сл/ый *прил.* nitrate *примеры*: **~ цинк** zinc nitrate; **~ то́рий** thorium nitrate; **~ое серебро́** silver nitrate; **~ ма́гний** magnesium nitrate
азо́тный *прил.* nitric
азотоба́ктер *м.* azotobacter, nitrogen-fixing bacteria
азотобактери́н *м. с.-х.* bacterial fertilizer
азотоме́тр *м.* nitrometer, azotometer
азотсодержа́щий *прил.* nitrogen bearing
азотфикса́тор *м.* nitrogen fixer
азотфикса́ция *ж.* nitrogen fixation
азофо́ска *ж.* azophoska
азулéн *м.* azulene
азу́р *м.* Azure blue
айсби́мс *м. мор.* ice beam
акарици́д *м.* acaricide
аквада́г *м.* aquadag
аквала́нг *м.* SCUBA, self-contained underwater breathing apparatus (Aqualung — *фирм. название*)
акваметри́я *ж.* aquametry
аквана́вт *м. мор.* aquanaut
аквапла́н *м.* aquaplane
акваполи(соедине́ния) *мн. с. пример*: **акваполивольфрама́т** aquapolytungstate; **акваполимолибда́т** aquapolymolybdate
аквари́ды *мн. астр.* aquarids
аквасоедине́ние *с.* aquacompound
аквати́нта *ж. полигр.* aquatint
аквати́пия *ж. полигр.* aquatone printing
аквато́рия *ж.* water area
акведу́к *м.* aqueduct □ **~ слу́жит для пода́чи воды́** an aqueduct is built to carry [to convey] water, an aqueduct is built for conveyance of water
~ с пода́чей воды́ под давле́нием pressure aqueduct
~ с пода́чей воды́ самотёком gradient-line [open] aqueduct

акклиматиза́тор *м. с.-х.* acclimatizator, acclimatization house
акклиматиза́ция *ж.* acclimatization
 ~ бума́ги seasoning of paper
 высо́тная ~ altitude acclimatization
акклиматизи́ровать *гл.* acclimatize
акклиматизи́роваться *гл.* (*к чему-л.*) acclimatize oneself (*to smth.*)
аккомода́ция *ж.* accomodation
 ~ гла́за accomodation of the eye
 ~ зре́ния visual accomodation
 магни́тная ~ magnetic accomodation
 ~ эне́ргии energy accomodation
аккредити́в *м.* letter of credit □ **отзыва́ть ~** revoke a letter of credit; **открыва́ть ~ в,** *напр.* **ба́нке** open a letter of credit with, *e. g.*, a bank; **передава́ть ~** (*другому лицу*) transfer a letter of credit (*to another person*); **подтвержда́ть ~** confirm a letter of credit; **получа́ть де́ньги по ~у** draw money under a letter of credit
 подтверждённый ~ confirmed letter of credit
аккре́ция *ж.* accretion
аккумули́рование *с. см.* **аккумуля́ция**
аккумули́ровать *гл.* accumulate, store
аккумуля́тор *м. эл.* **1.** (*элемент*) storage [secondary] cell; *англ.* accumulator, cell **2.** (*батарея элементов*) (storage) battery (*см. тж.* **аккумуля́торная батаре́я**) □ **включа́ть ~ на заря́д** *или* **разря́д** put [place] a battery on charge *or* discharge; **заряжа́ть ~** charge a battery; **~ кипи́т** the battery is gassing; **на ~е образу́ются ползу́чие со́ли** the battery accumulates moss; **~ рабо́тает в бу́фере с генера́тором [се́тью]** the battery floats on the generator [the mains]; **~ рабо́тает в режи́ме глубо́кого разря́да и по́лного заря́да** the battery is deeply cycled; **регенери́ровать ~** rejuvenate a (dead) battery; **~ сел** the cell *or* battery has run down; **уде́льная характери́стика ~а** capacity per unit weight *or* volume
 аэродро́мный ~ battery cart
 безламе́льный ~ tubular-plate cell
 бортово́й ~ vehicle-borne battery
 возду́шно-гидравли́ческий ~ air-hydraulic accumulator
 возду́шный ~ (compressed-) air accumulator
 гидравли́ческий ~ hydraulic accumulator
 гидравли́ческий, беспоршнево́й ~ diaphragm-type hydraulic accumulator
 гидравли́ческий, поршнево́й ~ plunger-type hydraulic accumulator
 ~ давле́ния 1. pressure accumulator **2.** *ркт.* pressure bottle
 желе́зо-ни́келевый ~ nickel-iron cell
 инерцио́нный ~ inertial energy-storage device
 ка́дмиево-ни́келевый ~ nickel-cadmium cell
аккумуля́тор
 кисло́тно-свинцо́вый ~ lead-acid cell
 кисло́тный ~ lead-acid cell
 контро́льный ~ (*элемент батареи*) pilot cell
 ~ ламе́льной констру́кции pocket-plate cell
 ни́кель-ци́нковый ~ nickel-zinc cell
 парово́й ~ steam accumulator
 радиоано́дный ~ anode battery
 реле́йный ~ relay-supply battery
 свинцо́вый ~ lead-acid cell
 серебряно-ка́дмиевый ~ silver (oxide)-cadmium cell
 серебряно-ци́нковый ~ silver (oxide)-zinc cell
 ~ с металлокерами́ческими электро́дами sintered plate cell
 ~ с пасти́рованными пласти́нами pasted-plate [Faure] cell
 ста́ртовый ~ starter battery
 ~ с формо́ванными пласти́нами formed-type [Planté] cell
 теплово́й ~ heat accumulator
 ~ уравнове́шивания валко́в *мет.* roll balance accumulator
 ци́нково-возду́шный ~ zinc-air battery
 ци́нково-рту́тный гермети́чный ~ sealed zinc-mercury cell
 щелочно́й ~ (*объединяет кадмиево-никелевые и железо-никелевые*) alkaline cell
 я́дерный ~ nuclear cell
аккумуля́торная *ж.* (storage-) battery room
аккумуля́ция *ж.* accumulation, storage
 ~ носи́телей *крист.*, *рад.* carrier accumulation
 ~ оши́бок *геод.* error accumulation
акли́на *ж.* acline, aclinic line, magnetic equator
ако́м *м.* (*единица акустического сопротивления в системе СГС*) acoustic ohm
акри́л *м.* acryl
акрила́т *м.* acrylate
акри́ловый *прил.* acrylic
акс *м.* **бала́нса** (*в часовом механизме*) balance staff
акселера́тор *м.* accelerator □ **ре́зко нажима́ть ~** tromp the gas
 ручно́й ~ hand accelerator, throttle (control)
акселера́ция *ж. см.* **акцелера́ция**
акселерогра́мма *ж.* accelerogram
акселеро́граф *м.* accelerograph, recording accelerometer
акселеро́метр *м.* accelerometer (unit), G-meter, g-meter □ **аррети́ровать ~** cage an accelerometer; **~ воспринима́ет,** *напр.* **лине́йные, углов́ые ускоре́ния** the accelerometer responds to [senses], *e.g.*, linear, angular accelerations; **демпфи́ровать ~** damp an accelerometer; **~ реаги́рует на измене́ния в** (*скорости, направлении или высоте*) the accelerometer senses any shift in (*speed, direction or altitude*)
акселеро́метр
 гидравли́ческий ~ hydraulic accelerometer
 гироскопи́ческий ~ gyro(scopic) accelerometer
 ёмкостный ~ capacitance accelerometer
 индукцио́нный ~ induction accelerometer
 интегри́рующий ~ integrating accelerometer
 кре́шерный ~ crush accelerometer
 криоге́нный ~ cryogenic accelerometer
 лине́йный ~ linear accelerometer
 магни́тный ~ magnetic accelerometer
 максима́льный ~ peak(-value) accelerometer
 ма́ятниковый ~ pendulous accelerometer
 механи́ческий ~ mechanical accelerometer
 навигацио́нный ~ navigational accelerometer
 ~, нечувстви́тельный к направле́нию ускоре́ния omnidirectional accelerometer
 одно́-[двух-, трёх-] компоне́нтный ~ single-[two-, three-] axis accelerometer
 ~ отрица́тельных ускоре́ний deselerometer
 ~ попере́чных ускоре́ний lateral [transverse] accelerometer
 ~ продо́льных ускоре́ний fore-and-aft [longitudinal] accelerometer
 пружи́нный ~ spring-restrained accelerometer
 пьезоэлектри́ческий ~ piezoelectric accelerometer
 регистри́рующий ~ recording accelerometer
 ~ с гидромехани́ческим подве́сом hydraulic accelerometer
 ~ со счётчиком counting accelerometer
 статисти́ческий ~ statistical accelerometer
 ~ с электромехани́ческим подве́сом electromechanical accelerometer
 тензометри́ческий ~ strain-gauge (-type) accelerometer
 углово́й ~ angular accelerometer
 ~ уда́рных ускоре́ний impact accelerometer
 электри́ческий ~ electrical accelerometer
 электромехани́ческий ~ electromechanical accelerometer
 электро́нный ~ valve [vacuum-tube, electronic] accelerometer
 электростати́ческий ~ electrostatic [electrostatically suspended] accelerometer
аксиа́тор *м.* (*в испытательной машине*) self-centering holders
аксио́м/а *ж.* axiom, postulate, principle □ **~ не тре́бует доказа́тельства** an axiom needs no proof; **принима́ть**

~у без доказа́тельства accept an axiom as primitive and therefore not subject to proof; **принима́ть в ка́честве ~ы** take *smth.* as an axiom, take as an axiom that...
аксио́м/а
~ Архиме́да axiom of Archimedes, Archimedean axiom, Archimedean assumption
~ вы́бора axiom of choice
~ математи́ческой инду́кции axiom of complete [perfect] induction
~ мо́щности axiom of power
~ о паралле́льных parallel axiom
~ отдели́мости axiom of separability
~ полноты́ completeness axiom, axiom of completeness
~ сохране́ния retention axiom
~ счётности denumberability axiom
~ треуго́льника triangle axiom
аксиоматиза́ция *ж.* axiomatization
аксиоматизи́ровать *гл.* axiomatize
аксиоматизи́руемость *ж.* axiomatization, axiomatizability
аксиоматизи́руемый *прил.* axiomatizable
аксиома́тика *ж.* axiomatics
содержа́тельная ~ informal axiomatics
аксо́граф *м. мед.* axograph
аксо́ид *м.* axoid
неподви́жный ~ fixed axoid
подви́жный ~ loose axoid
аксо́н *м.* axon(e), neurite
аксонометри́ческий *прил.* axonometric
аксономе́трия *ж.* axonometry, perspective geometry
акт *м.* **1.** (*документ*) certificate, report, statement **2.** (*явление*) event, act **3.** (*закон*) act
авари́йный ~ *мор.* survey report
~ деле́ния *яд. физ.* fission event
~ захва́та *яд. физ.* capture event
~ ионизя́ции ionization event, ionization act
~ об испыта́нии certificate of proof, test report
~ приёмки acceptance certificate
приёмо-сда́точный ~ acceptance certificate
рекламацио́нный ~ unsatisfactory-equipment report, UER
~ техни́ческого испыта́ния technical test report
~ техни́ческого осмо́тра technical inspection report
актива́тор *м.* activator, activating agent, promoter
вспомога́тельный ~ auxiliary activator
~ катализа́тора promoter of a catalyst
~ люминофо́ра phosphor activator
основно́й ~ dominant activator
~ полимериза́ции polymerization activator
~ ро́ста *с.-х.* growth promoter
~ фотоэму́льсии accelerator
~ хими́ческой реа́кции catalyst
~ цеме́нта cement activator

актива́ция *ж.* activation
~ га́мма-излуче́нием gamma-activation
~ нейтро́нами neutron activation
повто́рная ~ (*радиоламп*) reactivation, rejuvenation
~ приса́дками impurity activation
активиза́ция *ж.* activation, intensification
акти́в *м.* **и пасси́в** assets and liabilities
активи́рование *с.* activation
активи́рованн/ый *прил.* **1.** activated **2.** (*в лазерной технике*) doped ☐ **стекло́, ~ое неоди́мом** neodymium-doped glass
активи́ровать *гл.* **1.** activate **2.** (*в лазерной технике*) dope ☐ **~ стекло́ неоди́мом** dope glass with neodymium
акти́вность *ж.* activity; (*радиоактивного излучения*) radioactivity, intensity of radioactivity
~ броже́ния fermentation [enzymic] activity
втори́чная ~ *яд. физ.* second-order activity
~ индика́тора *яд. физ.* tracer activity
~ исто́чника (*радиоактивного излучения*) source activity
коррозио́нная ~ corrosivity
о́бщая ~ total activity
окисли́тельная ~ oxidative activity
опти́ческая ~ optical activity
оско́лочная ~ *яд. физ.* fission-fragment activity
оста́точная ~ residual activity
относи́тельная ~ relative activity
пове́рхностная ~ surface activity
пове́рхностная ~ при флота́ции (*напр. минерала*) flotation surface activity
~ при насыще́нии saturation activity, activity at saturation
сма́чивающая ~ wetting activity
со́лнечная ~ solar activity
уде́льная ~ specific activity
флотацио́нная ~ flotation activity
акти́вный *прил.* active ☐ **~ в инфракра́сной о́бласти** infrared active
актини́д *м.* actinide
акти́ний *м.* actinium, Ac
актини́чность *ж.* actinism
актини́чный *прил.* actinic
актиногра́мма *ж.* actinographic record
актино́граф *м.* actinograph
актино́ид *м.* actinoid
актинокардиогра́фия *ж. мед.* actinocardiography
актиноло́гия *ж.* actinology
актино́метр *м.* actinometer
актинометри́я *ж.* actinometry
актино́н *м.* actinon, actinium emanation
актиноско́п *м.* actinoscope, solar radiation meter
актиноскопи́я *ж.* actinoscopy
актинотерапи́я *ж.* actinotherapy
актинофото́метр *м.* actinic photometer
актинохи́мия *ж.* actinochemistry

актиноэлектри́чество *с.* actinoelectricity
а́ктор *м.* actor
акуме́тр *м. мед.* acoumeter
аку́стика *ж.* **1.** (*наука*) acoustics (*употребляется с глаголом в ед. числе*) **2.** (*совокупность свойств конструкции*) acoustics (*употребляется с глаголом во мн. числе*)
авиацио́нная ~ aeronautical [aviation] acoustics, aeroacoustics
архитекту́рная ~ architectural acoustics
атмосфе́рная ~ atmospheric acoustics
возду́шно-косми́ческая ~ aerospace acoustics
волнова́я ~ wave [physical] acoustics
геометри́ческая ~ geometrical acoustics
~ дви́жущихся сред acoustics of flowing media, moving-media acoustics
музыка́льная ~ musical acoustics
о́бщая ~ general acoustics
подво́дная ~ underwater acoustics
~ помеще́ний room acoustics
прикладна́я ~ applied [engineering] acoustics
статисти́ческая ~ statistical acoustics
строи́тельная ~ acoustics of buildings
техни́ческая ~ applied [engineering] acoustics
акустиме́тр *м.* acoustimeter
акцелера́ция *ж.* acceleration
акце́пт *м. фин.* **1.** (*действие*) acceptance **2.** (*документ*) bill of acceptance
акцепта́нт *м.* acceptor
акцептова́ни/е *с.* acceptance ☐ **представля́ть к ~ю** present for acceptance
акцептова́ть *гл.* accept, provide with an acceptance
акце́птор *м.* **1.** (*примесь в полупроводниках*) acceptor (impurity) ☐ **вводи́ть ~ в полупроводни́к** dope a semi-conductor with an acceptor impurity; **~ отбира́ет электро́н у криста́лла** the acceptor (atom) takes up an electron from the crystal; **~ создаёт приме́сную ды́рочную проводи́мость** the acceptor gives rise to impurity [extrinsic] conduction by holes **2.** (*атом или группа атомов, образующие связь за счёт свободной орбиты и неопределённой пары электронов донора*) acceptor **3.** *хим.* scavenger
~ ио́нов ion acceptor
~ прото́нов proton acceptor
~ радика́лов radical acceptor
~ электро́нов electron acceptor
акциде́нт-гроте́ск *м. полигр.* jobbing grotesque
акциде́нция *ж. полигр.* jobbing [printing] work

а́лгебра *ж.* algebra
аннигиля́торная ~ annihilator algebra
ассоциати́вная ~ associative algebra
бу́лева ~ Boolean algebra
ве́кторная ~ vector algebra
~ выска́зываний propositional algebra
вы́сшая ~ higher algebra
гомологи́ческая ~ homological algebra
~ кватернио́нов quaternion algebra
коммутати́вная ~ commutative algebra
лине́йная ~ linear algebra
~ Ли, свобо́дная free Lie algebra
~ ло́гики Boolean algebra
~ ма́триц matrix algebra
~ мер measure algebra
~ мно́жеств algebra of sets
~ над по́лем algebra over a field
~ ограниче́ний constraint algebra
проста́я ~ simple algebra
~ реле́йных схем switching algebra
~ с деле́нием division algebra
~ схем circuit algebra
топологи́ческая ~ topological algebra
элемента́рная ~ elementary algebra
алгебраиза́ция *ж.* algebraization
алгебраи́ческий *прил.* algebraic
алгебро́идный *прил.* algebroidal
АЛГО́Л *м.* ALGOL (*ALGOrithmic Language*)
алгори́тм *м.* algorithm □ **конструи́ровать ~** synthesize an algorithm; **по (*такому-то*) ~у** by a (*so and so*) program [algorithm]; **распи́сывать ~ в...** (*напр. команды*) break down an algorithm in... (*e. g., commands*); **(с)формули́ровать ~** develop an algorithm
~ выполне́ния execution [performance] algorithm
вычисли́тельный ~ computational algorithm
декоди́рующий ~ decoding algorithm
~ деле́ния Эвкли́да Euclidean division algorithm
детермини́рованный ~ deterministic algorithm
~ Ква́йна Quine algorithm
логи́ческий ~ logical algorithm
лока́льный ~ local algorithm
~ Мак-Кла́ски McCluskey algorithm
норма́льный ~ normal algorithm
обобщённый ~ generalized algorithm
~ обуче́ния распознава́ния pattern-recognition algorithm
~ перево́да 1. (*до ввода в машину*) translation algorithm **2.** (*в ходе работы программы*) interpretation algorithm
после́довательный ~ sequential algorithm
~ По́ста Post algorithm
по́стовский ~ *см.* **алгори́тм По́ста**
алгори́тм
~ приведе́ния reduction algorithm
~ распределе́ния scheduling algorithm
рекурси́вный ~ recursive algorithm
самоизменя́ющийся ~ self-adaptive algorithm
~ сложе́ния addition algorithm
~ с непо́лной па́мятью partial-memory algorithm
~ составле́ния гра́фика *или* расписа́ния scheduling algorithm
~ с по́лной па́мятью full-memory algorithm
табли́чный ~ table algorithm
~ трансля́ции compilation [translation] algorithm
~ Тью́ринга Turing algorithm
универса́льный ~ universal algorithm
~ управле́ния control algorithm
~ управля́ющего устро́йства controller algorithm
челно́чный ~ shuttle algorithm
~ чи́сленного ана́лиза numerical analysis algorithm
~ Эвкли́да Euclidean algorithm
эквивале́нтные ~ы equivalent algorithms
элемента́рный ~ elementary algorithm
алгоритмиза́ция *ж.* algorithm(ic) presentation
алгоритми́чески *нареч.* by an algorithm, algorithmically
алгоритми́ческий *прил.* algorithmic
алеба́стр *м.* plaster of Paris
алейро́метр *м. пищ.* aleurometer
алида́да *ж.* alidade
~ квадра́нта index arm, index bar
~ кипреге́ля plane-table alidade
~ с дио́птрами peep-sight alidade
~ секста́на index arm, index bar
~ теодоли́та vernier plate
ализари́н *м.* alizarin
~ си́ний alizarin blue
аликва́нтный *прил. мат.* aliquant
аликво́тный *прил. мат.* aliquot
алити́рование *с.* (*диффузионное насыщение алюминием*) *англ.* aluminizing; *амер.* calorizing
~ в жи́дкой среде́ aluminizing by dipping; «hot-dip» calorizing, calorizing by the dip process
~ в твёрдой среде́ solid-medium aluminizing, «pack» calorizing, calorizing by the powder process
алити́ровать *гл. англ.* aluminize; *амер.* calorize
алифати́ческий *прил.* aliphatic
алицикли́ческий *прил.* alicyclic
алкализи́ровать *гл.* alkalize
алкали́метр *м.* alkalimeter
алкалиме́трия *ж.* alkalimetry
алкало́ид *м.* alkaloid
алки́дный *прил.* alkyd
алки́л- *м.* alkyl *примеры:* **алкилбензо́л** alkyl benzene; **алкилнафтали́н** alkyl naphtalene
алкили́рование *с.* alkylation
~ на холоду́ cold alkylation
~ с разложе́нием destructive alkylation
алкили́ровать *гл.* alkylate, introduce an alkyl radical into a compound □ **~ замеще́нием** alkylate by substitution; **~ присоедине́нием** alkylate by addition
алкоголи́з *м.* alcoholysis
алкого́ль *м.* alcohol (*см. тж.* **спирт**)
алкого́льный *прил.* alcohol(ic)
алкоголя́т *м.* alcoholate
алкоксисоедине́ние *с.* alkoxy compound
аллелотропи́ческий *прил.* allelotropic
аллелотро́пия *ж.* allelotropism
аллелотро́пный *прил.* allelotropic
алле́н *м.* allene, propadiene
алли́л- *м.* allyl *примеры:* **аллилбензо́л** allyl benzene; **аллилхлори́д** allyl chloride
алли́ловый *прил.* allylic
аллоба́р *м.* allobar
аллометри́я *ж.* allomerism
алломорфи́зм *м.* allomorphism
аллотриомо́рфность *ж. крист.* allotriomorphism
аллотропи́ческий *прил.* allotropic
аллотро́пия *ж.* allotropy
аллотро́пный *прил.* allotropic
аллювиа́льный *прил.* alluvial, alluvian, superficial
аллю́вий *м.* alluvium, alluvion
алма́з *м.* diamond □ **грани́ть ~** cut a diamond; **грани́ть ~ притиро́м** cut a diamond on a lap; **добыва́ть ~ы** mine diamonds; **извлека́ть ~ы** recover diamonds; **подверга́ть ~ распило́вке** *см.* **распи́ливать алма́з**; **раска́лывать ~** cleave a diamond; **распи́ливать ~** saw a diamond
~ для пра́вки шлифова́льных круго́в dresser [wheel-truing] diamond
~ для ре́зки стекла́ diamond glass cutter
обди́рочный ~ roughing diamond
огранённый ~ cut diamond
приро́дный ~ natural diamond
синтети́ческий ~ synthetic [man-made] diamond
сырьево́й ~ rough diamond
сырьево́й, техни́ческий ~ industrial rough diamond
сырьево́й ~ ювели́рного ка́чества cuttable rough diamond
техни́ческий ~ industrial diamond
техни́ческий, чёрный ~ black [carbon] diamond
шлихто́вочный ~ dressing diamond
~ ювели́рного ка́чества gem-quality diamond
ювели́рный ~ gem diamond
алма́зка *ж.* (*правка шлифовального круга*) diamond wheel-truing, diamond wheel-dressing
алмазодержа́тель *м.* diamond holder
алмазозамени́тель *м.* diamond substitute (alloy)

ални́ (*сплав алюминия, никеля и железа*) Al-Ni alloy (Alni *относится к сплавам этого типа, производимым вне СССР*)
ални́ко (*сплав алюминия, никеля с феррокобальтовой основой*) Al-Ni-Co alloy (Alnico *относится к сплавам этого типа, производимым вне СССР*)
алниси́ (*сплав алюминия, никеля и кремния*) Al-Ni-Si alloy (Alnisi *относится к сплавам этого типа, производимым вне СССР*)
ало́нж *м.* (*насадка конденсатора цинковой реторты*) prolong
алу́нд *м.* (*нормальный электрокорунд*) aluminium-oxide abrasive (Alundum — *фирм. название*)
алфави́т *м. мат., вчт.* alphabet □ **по ~у** alphabetically, in alphabetic order
  абстра́ктный ~ abstract alphabet
  вну́тренний ~ internal alphabet
  входно́й ~ input alphabet
  выходно́й ~ output alphabet
  двои́чный ~ binary alphabet
  ~ из N си́мволов N-symbol [N-ary] alphabet
  маши́нный ~ machine [computer] alphabet
  ~ пятизна́чного ко́да five-unit [5-unit] alphabet
  сигна́льный ~ signalling alphabet
  телегра́фный ~ telegraph alphabet
алфави́тно-цифрово́й *прил.* alpha(nu)meric
алфави́тный *прил.* alphabetic(al)
альбе́до *с.* albedo
  ви́димое ~ apparent albedo
  геометри́ческое ~ geometric(al) albedo
  и́стинное ~ plane albedo
  ~ нейтро́нов neutron albedo
  сфери́ческое ~ spherical albedo
альбедоме́тр *м.* albedometer
альбо́м *м.* **схем** (*электрических, монтажных и т. п.*) (*circuit, wiring, etc.*) diagram manual
альбуми́н *м.* albumin
альбумино́метр *м.* albuminometer
альве́йер *м.* wobble pump
альвеогра́мма *ж.* alveogram
альвео́граф *м.* alveograph
альголо́гия *ж.* algology
альгра́фия *ж. полигр.* aluminography, algraphy
альдеги́д *м.* aldehyde
альдре́й (*сплав алюминия и магния*) Al-Mg alloy, Aldrey-type alloy (Aldrey *относится к сплавам этого типа, производимым вне СССР*)
алькатро́н *м.* unipolar field-effect transistor (Alcatron — *фирм. название*)
алькле́д alclad aluminium (alloy) (Alclad — *фирм. название, США*)
алько́в *м. арх.* alcove
алькуси́н *м.* (*сплав алюминия, меди и кремния*) Al-Cu-Si alloy (Alcusin *относится к сплавам этого типа, производимым вне СССР*)

альмале́к (*сплав алюминия, магния и кремния*) Al-Mg-Si alloy, Almelec-type alloy (Almelec *относится к сплавам этого типа, производимым вне СССР*)
альманди́н *м.* (*природный абразив*) almandite
альмукантара́т *м. астр.* almucantar, circle of equal altitude
альни́ко (*сплав алюминия, никеля и кобальта*) Al-Ni-Co alloy (Alnico *относится к сплавам этого типа, производимым вне СССР*)
альси́фер (*сплав алюминия, кремния и железа*) Al-Si-Fe alloy (Alsifer *относится к сплавам этого типа, производимым вне СССР*)
альтерна́нт *м.* alternant
альтернати́ва *ж.* alternative
альтерна́ция *ж.* alternation
альтерни́рование *с.* alternation
альтиме́тр *м.* (*см. тж.* **высотоме́р**) altimeter
а́льфа *ж.* alpha, α
а́льфа-акти́вный *прил.* alpha-active
а́льфа-волна́ *ж.* alpha wave
а́льфа-желе́зо *с.* alpha iron
а́льфа-излуча́тель *м.* alpha(-ray) emitter
а́льфа-излуче́ние *с.* alpha radiation, alpha rays
а́льфа-кварц *м.* alpha quartz
а́льфа-лучи́ *мн. м.* alpha rays, alpha radiation
а́льфа-мартенси́т *м.* alpha martensite
а́льфа-нафто́л *м.* alpha-naphthol
а́льфа-радиоакти́вный *прил.* alpha-radioactive
а́льфа-распа́д *м.* alpha decay, alpha disintegration
а́льфа-спектр *м.* alpha spectrum
а́льфа-спектро́метр *м.* alpha(-ray) spectrometer
а́льфа-спектроскопи́я *ж.* alpha spectroscopy
альфатро́н *м.* radioactive-ionization vacuum gauge (Alphatron — *фирм. название*)
  ~ на сте́нке wall radioactive-ionization vacuum gauge
  ~ то́чки по́лного торможе́ния impact radioactive-ionization vacuum gauge
а́льфа-ура́н *м.* alpha-uranium
а́льфа-целлюло́за *ж.* alpha cellulose
а́льфа-части́ца *ж.* alpha-particle
алюме́ль *м.* alumel
алюмина́т *м.* aluminate *примеры*: **~ ба́рия** barium aluminate; **~ на́трия** sodium aluminate
алюми́ний *м. англ.* aluminium; *амер.* aluminum
  брусково́й ~ aluminium bars
  втори́чный ~ secondary aluminium
  ~ высо́кой чистоты́ high-purity aluminium
  зернёный ~ grained aluminium
  листово́й ~ sheet aluminium
  металли́ческий ~ metallic aluminium

алюми́ний
  перви́чный ~ primary aluminium
  прутко́вый ~ aluminium rods
  сверхчи́стый ~ superpurity aluminium
  техни́чески чи́стый ~ commercially pure aluminium
  чи́стый ~ pure aluminium
  чу́шковый ~ aluminium ingots, aluminium pigs
алюмини́рование *с. см.* **алити́рование**
алюмини́ровать *гл. см.* **алити́ровать**
алюминогра́фия *ж. полигр.* algraphy
алюминотерми́я *ж.* aluminothermy
алюмоге́ль *м.* alumina gel
алюмосилика́т *м.* aluminosilicate
алюмотерми́я *ж. см.* **алюминотерми́я**
амага́ *ж.* (*внесистемная единица плотности газа или пара*) Amagat unit
амальга́м/а *ж.* amalgam □ **отделя́ть ~у фильтрова́нием под давле́нием** (*в производстве золота*) squeeze the amalgam through a filter; **отпа́ривать ~у** (*для извлечения ртути*) retort [distill off] the amalgam; **~ разбры́згивается** (*при отпарке*) the amalgam sputters
амальгама́тор *м.* amalgamator
амальгама́ция *ж.* amalgamation
  ~ в бо́чке barrel amalgamation
  вне́шняя ~ outside amalgamation
  вну́тренняя ~ inside amalgamation
амба́р *м.* barn, storehouse
  хле́бный ~ granary, cornhouse, cornloft
амбиполя́рный *прил.* ambipolar
а́мбра *ж.* ambergris
  се́рая ~ *см.* **а́мбра**
амбразу́ра *ж.* embrasure
  ~ окна́ window flaring
  фу́рменная ~ tuyere arch
  эжекцио́нная ~ ejection embrasure
амбротипи́я *ж. полигр.* ambrotype
а́мбус *м.* anvil bed, anvil stake
амбушю́р *м.* (*телефона*) mouthpiece
амери́ций *м.* americium, Am
аметропи́я *ж.* ametropy
ами́д *м.* **1.** (*металла*) amide *пример*: **~ на́трия** sodium amide **2.** (*органической кислоты*) amide *примеры*: **~ муравьи́ной кислоты́** formamide; **~ у́ксусной кислоты́** acetamide
амиди́н *м.* amidine
амиди́рование *с.* amidation
амиди́ровать *гл.* amidate, convert into an amide
амидопроизво́дные *мн. с.* amide products, amide derivatives
амикро́н *м.* amicron
ами́л *м.* amyl
амилобензо́л *м.* amylobenzene
ами́ловый *прил.* amyl
амилогра́мма *ж.* amylogram
амило́граф *м.* amylograph
амило́ид *м.* amyloid
ами́н *м.* amine
  ~ жи́рного ря́да fatty amine
амини́рование *с.* amination
  ~ аммоно́лизом amination by ammonolysis

аминирование
~ восстановлением amination by reduction
аминировать *гл.* aminate
амино- amino- *примеры*: **аминокапролактам** amino caprolactam; **аминокетон** amino keton
аминогруппа *ж.* amino group
аминокислота *ж.* amino acid
аминопласт *м.* aminoplast
аминосмолы *мн. ж.* amine resins
аминоспирт *м.* amino alcohol
аммиак *м.* ammonia
безводный ~ anhydrous ammonia
безводный, технический ~ commercial-grade anhydrous ammonia
безводный, холодильный ~ refrigeration-grade anhydrous ammonia
газообразный ~ ammonia gas, gaseous ammonia
жидкий ~ liquid ammonia
аммиакат *м.* ammoniate
~ кальциевой селитры calcsaltpeter-ammonia liquor
~ мочевины urea-ammonia liquor
аммонал *м. мин.* ammonal
аммонизатор *м.* ammoniator, ammoniation tank
аммонизация *ж.* ammonation
аммонизировать *гл.* ammon(i)ate
аммоний *м.* ammonium
аммонит *м.* ammonite
аммонификация *ж.* ammonification
аммонолиз *м.* ammonolysis
аммофос *м.* (*удобрение*) ammophos
аммофоска *ж.* (*удобрение*) ammophoska
амортизатор *м.* shock-absorber □ **~ испытывает сжатие** a shock-absorber contracts; **~ подвергается растяжению [испытывает растяжение]** a shock-absorber extends; **~ работает на, *напр.* гидравлическом принципе** a shock-absorber operates on, *e. g.*, hydraulic action; **~ смягчает удары** a shock-absorber cushions [serves to cushion] shocks
воздушный ~ air [pneumatic] shock-absorber
гидравлический ~ hydraulic shock-absorber
гидропневматический ~ hydropneumatic shock-absorber
~ двустороннего действия double-acting [two-way] shock-absorber
жидкостный ~ liquid-spring shock-absorber
~ иглы *с.-х.* needle brake
масляно-воздушный ~ oil [oleo] pneumatic shock-absorber
масляный ~ oil [oleo] shock-absorber
механический ~ mechanical shock-absorber
~ одностороннего действия single-acting shock-absorber
олео-пневматический ~ oil [oleo] pneumatic shock-absorber
пластинчатый ~ block shock-absorber

амортизатор
пневматический ~ air [pneumatic] shock-absorber
~ подвески *ж.-д.* rebound check; *авто* suspension bumper
поршневой ~ lever-type [lever-arm, piston-type] shock-absorber
пружинно-гидравлический ~ spring-hydraulic shock-absorber
пружинно-масляный ~ oil [oleo] spring shock-absorber
пружинный ~ spring [coil] shock-absorber
регулируемый ~ adjustable shock-absorber
резиновый ~ rubber shock-absorber
рессорный ~ snubber, concussion spring
рессорный, фрикционный ~ friction-snubber
~ рулевого управления steering shock-absorber
рычажный ~ lever shock-absorber
~ с регулировкой в зависимости от дорожных условий ride-control shock-absorber
телескопический ~ telescopic shock-absorber
фрикционно-пружинный ~ spring-friction shock-absorber
фрикционный ~ friction shock-absorber
~ шасси *англ.* undercarriage shock-absorber; *амер.* landing-gear shock-absorber
шнуровой ~ shock-absorber cord, cord shock-absorber
амортизаци/я *ж.* **1.** (*износ оборудования*) depreciation □ **начислять ~ю** (*основных фондов*) **на ...** depreciate ...; **норма ~и** rate of depreciation; **относить ~ю на ...** charge off the depreciation over ... **2.** (*поглощение толчков, ударов, вибрации и т. п.*) absorption
прогрессивная ~ progressive [accelerated] depreciation
амортизированный *прил.* shock-mounted, shock-proof, flexibly mounted
амортизировать *гл.* (*поглощать толчки, удары, вибрации и т. п.*) absorb; (*смягчать удары, толчки, вибрации и т. п.*) cushion
аморфность *ж.* amorphism
аморфный *прил.* amorphous
ампер *м.* ampere, A
ампер-весы *мн.* current balance
ампер-витки *мн. м.* ampere-turns, magneto-motive force, mmf □ **~ катушки создают магнитный поток...** the ampere-turns of the coil give rise to a magnetic flux...
активные ~ effective ampere-turns
~ возбуждения field ampere-turns
размагничивающие ~ demagnetizing [bucking] ampere-turns
ампер-виток *м.* (*устаревшее наименование единицы магнитодвижущей силы, см.* **ампер**) ampere-turn

ампервольтваттметр *м.* amvoltwattmeter
ампервольтметр *м.* voltammeter
ампервольтомметр *м.* multimeter
амперметр *м.* ammeter □ **градуировать ~ на переменном *или* постоянном токе** calibrate an ammeter on a.c. *or* d.c.; **~ даёт завышенные *или* заниженные показания** the ammeter reads high or low; **растягивать предел измерения ~а** expand the scale of an ammeter; **расширять предел измерения ~а** extend the range of an ammeter
вибрационный ~ vibrating-reed ammeter
~ детекторной системы rectifier ammeter
детекторный ~ rectifier ammeter
~ индукционной системы induction ammeter
~ индукционной системы с бегущим полем travelling-field induction ammeter
~ индукционной системы с вращающимся полем revolving-field induction ammeter
индукционный ~ induction ammeter
контактный ~ contact ammeter
магнитоэлектрический ~ moving-coil ammeter
~ магнитоэлектрической системы moving-coil ammeter
~ магнитоэлектрической системы с внешним магнитом external-magnet moving-coil ammeter
~ магнитоэлектрической системы с внутренним магнитом internal-magnet moving-coil ammeter
~ магнитоэлектрической системы с постоянным магнитом permanent-magnet moving-coil ammeter
~ максимального спроса maximum-demand ammeter
многопредельный ~ multi-range ammeter
перегрузочный ~ overload ammeter
~ переменного тока alternating-current [a. c.] ammeter
переносный ~ portable ammeter
пиковый ~ maximum-demand ammeter
~ постоянного тока direct-current [d. c.] ammeter
самопишущий ~ recording ammeter
тепловой ~ hot-wire [thermal(-expansion)] ammeter
~ тепловой системы hot-wire [thermal(-expansion)] ammeter
термоэлектрический ~ thermo-emf ammeter
~ термоэлектрической системы thermo-emf ammeter
ферродинамический ~ iron-cored electrodynamic ammeter, ferrodynamic ammeter
щитовой ~ switchboard ammeter
электродинамический ~ electrodynamic [dynamometer] ammeter

амперме́тр
~ электродинами́ческой систе́мы electrodynamic [dynamometer] ammeter
~ электромагни́тной систе́мы moving-iron ammeter
~ электромагни́тной систе́мы с кру́глой кату́шкой repulsion-type moving-iron ammeter
~ электромагни́тной систе́мы с пло́ской кату́шкой attraction-type moving-iron ammeter
электромагни́тный ~ moving-iron ammeter
электро́нный ~ electronic ammeter
электростати́ческий ~ electrostatic ammeter
~ электростати́ческой систе́мы electrostatic ammeter
амперме́тр-клещи *мн.* bus-bar [split-electromagnet] ammeter
ампе́р-мину́та *ж.* ampere-minute
амперометри́я *ж.* amperometric titration, amperometry
ампе́р-секу́нда *ж.* ampere-second
ампе́р-час *м.* ampere-hour
амплиди́н *м.* cross-field rotary [rotating] amplifier (Amplidyne — *фирм. название*)
амплитро́н *м.* M-type [cross-field microwave] amplifier tube (Amplitron — *фирм. название*)
амплиту́да *ж.* amplitude, peak value
~ вероя́тности (*состояния*) probability amplitude
~ вы́броса на и́мпульсе pulse-spike amplitude
де́йствующая ~ root-mean-square [rms, effective] amplitude
~ и́мпульса pulse amplitude, pulse height
ко́мплексная ~ complex amplitude
максима́льная ~ peak amplitude, crest value
~ отклоне́ния deviation amplitude
~ отражённой волны́ reflection amplitude
~ переме́нного напряже́ния на се́тке grid swing
~ перехо́дного проце́сса transient amplitude
~ прили́ва tidal range
~ сбро́са *геол.* fault throw
~ сигна́ла на се́тке grid swing
~ смеще́ния по простира́нию *геол.* horizontal strike amplitude of a fault
сре́дняя ~ average amplitude
сре́дняя, абсолю́тная ~ average absolute amplitude
структу́рная ~ structure amplitude
углова́я ~ angular amplitude
удво́енная ~ peak-to-peak [double] amplitude
установи́вшаяся ~ steady-state amplitude
эффекти́вная ~ root-mean-square [rms, effective] amplitude
амплиту́дно-модули́рованный *прил.* amplitude-modulated, AM, am

а́мпула *ж.* ampoule
~ у́ровня level vial
амфио́н *м.* amphion, dipolar ion, zwitterion
амфитеа́тр *м.* amphitheater
амфоли́т *м.* ampholyte, amphoteric electrolyte
амфоте́рность *ж.* amphoterism, amphoteric behaviour □ **проявля́ть ~** manifest amphoterism, behave amphoterically, be amphoteric
амфоте́рный *прил.* amphoteric
анабази́н *м.* anabasine
анабати́ческий *прил.* anabatic
анагли́ф *м. арх., карт., кфт.* anaglyph
анагли́фия *ж. карт., кфт.* anaglyphy, anaglyptics, anaglyptography
анаглифоско́п *м. карт., кфт.* anaglyphoscope
анаксиа́льный *прил.* anaxial
ана́лиз *м.* analysis, determination; (*визуальный*) examination □ **не попада́ть в ~** (*о сплавах и т. п.*) be out of control; **подверга́ть,** *напр.* **люминесце́нтному ~у** analyze by, *e. g.*, fluorescence; **подверга́ть стро́гому ~у** *мат.* subject to a rigorous analysis, analyze rigorously [in rigorous terms]; **поддава́ться ~у** be analysable; **попада́ть в ~** (*о сплавах и т. п.*) be in control; **при ~е систе́ма разделя́ется [разбива́ется] на...** a system is analyzed into...; **проводи́ть ~** carry out [make, perform] an analysis; **проводи́ть ~ на...** carry out an analysis for..., analyze for...
абсорбцио́нный ~ absorption analysis
адсорбцио́нный ~ adsorption analysis
активацио́нный ~ (radio) activation analysis
активацио́нный, радиохими́ческий ~ activation analysis with radiochemical separation
арбитра́жный ~ arbitrary [arbitration] analysis
~ бесконе́чно ма́лых *мат.* infinitesimal calculus
биохими́ческий ~ biochemical analysis
валово́й ~ bulk [total, gross] analysis
вариацио́нный ~ analysis of variance
ве́кторный ~ vector analysis
весово́й ~ weight [gravimetric] analysis
веще́ственный ~ substantial [material] analysis
волюмометри́ческий ~ volumetric analysis
временно́й ~ analysis in the time domain
га́зовый ~ gas analysis
гармони́ческий ~ harmonic [Fourier] analysis
гравиметри́ческий ~ gravimetric analysis

ана́лиз
~ грани́чных усло́вий limit analysis
гранулометри́ческий ~ particle-size [grain-size] analysis
динамометри́ческий ~ dynamic force analysis
дискре́тный ~ sampling analysis
дисперсио́нный ~ *мат., стат.* analysis of variance
дифракцио́нный ~ diffraction analysis
дифференциа́льно-терми́ческий ~ differential thermal analysis
дро́бный ~ fractional analysis
~ дымовы́х га́зов flue-gas analysis
зо́льный ~ ash analysis
~ изло́ма fracture test
изото́пный ~ isotopic analysis
~ изото́пным разбавле́нием isotope-dilution analysis
иммерсио́нный ~ immersion analysis
и́мпульсный ~ pulse analysis
~ и́мпульсов, амплиту́дный pulse-height analysis
инфракра́сный спектра́льный ~ analysis by infrared spectroscopy
калориметри́ческий ~ calorimetric analysis
ка́пельный ~ drop analysis
ка́чественный ~ qualitative analysis □ **ка́чественный ~ позволя́ет установи́ть нали́чие веще́ств** qualitative analysis detects substances
кинемати́ческий ~ kinematic analysis
~ ковшо́вой про́бы ladle analysis
коли́чественный ~ quantitative analysis □ **коли́чественный ~ позволя́ет определи́ть коли́чества веще́ств** quantitative analysis determines substances
колориметри́ческий ~ colorimetric analysis
комбинато́рный ~ *мат.* combinatorial analysis
кондуктометри́ческий ~ conductimetric analysis
контро́льный ~ check analysis
конформацио́нный ~ conformational analysis
корреляцио́нный ~ correlation analysis
~ кривы́х разго́на *хим.* transient response analysis
кристаллографи́ческий ~ crystallographic analysis
кристаллохими́ческий ~ chemical analysis of crystals
кулонометри́ческий ~ coulometric analysis
люминесце́нтный ~ fluorimetric [fluorescence] analysis, chemical analysis by fluorescence
магнитострукту́рный ~ magnetic structural analysis
масс-спектра́льный ~ mass spectrometric analysis

ана́лиз
масс-спектрографи́ческий ~ mass spectrographic analysis
математи́ческий ~ mathematical analysis
металлографи́ческий ~ metallographic analysis
~ **ме́тодом ме́ченых а́томов** tracer analysis
~ **ме́тодом оплавле́ния** fusion analysis
~ **ме́тодом сухо́го озоле́ния** blowpipe analysis
~ **ме́тодом титрова́ния** titrimetric analysis, analysis by titration
механи́ческий ~ mechanical analysis
многоме́рный ~ multivariate analysis
мо́крый ~ wet analysis
~ **на микроэлеме́нты** trace analysis
~ **на моде́ли** model analysis
~ **напряже́ний** *мех.* stress analysis
нейтронографи́ческий ~ *крист.* neutron diffraction analysis
~ **нелине́йных систе́м** non-linear system analysis
~ **нелине́йных систе́м ме́тодом гармони́ческого бала́нса** non-linear system analysis by the describing function method
~ **нелине́йных систе́м ме́тодом ма́лого пара́метра** non-linear system analysis by the perturbation theory [method]
неоргани́ческий ~ inorganic analysis
непреры́вный ~ on-stream analysis
нефелометри́ческий ~ nephelometric analysis, nephelometric determination
объёмный ~ volumetric analysis
опережа́ющий ~ (*в автоматическом регулировании*) anticipatory analysis
органи́ческий ~ organic analysis
органолепти́ческий ~ organoleptic analysis
~ **отка́зов** failure analysis
~ **отму́чиванием** decantation analysis
~ **перехо́дных проце́ссов** transient (response) analysis
петрографи́ческий ~ petrographic analysis
пирохими́ческий ~ pyrochemical analysis
~ **плавле́нием в ва́кууме** vacuum-fusion analysis
пламефотометри́ческий ~ flame photometric analysis
по́лный ~ complete [total] analysis
полуколи́чественный ~ semiquantitative analysis
поляриметри́ческий ~ polarimetric analysis
полярографи́ческий ~ polarographic analysis
после́довательный ~ sequential [successive] analysis

ана́лиз
потенциометри́ческий ~ potentiometric analysis
~ **пото́ка, квазистациона́рный** quasi-steady flow analysis
~ **потреби́тельского спро́са** marketing analysis
~ **преде́льных состоя́ний** limit analysis
приближённый ~ approximate analysis
причи́нный ~ cause-and-effect analysis
проби́рный ~ assay(ing)
проби́рный, мо́крый ~ wet assay(ing)
проби́рный, сухо́й ~ dry [fire] assay(ing)
~ **про́бы из ковша́** ladle analysis
радиоактивацио́нный ~ radioactivation analysis
~ **радиоакти́вности** radioactivity determination
радиометри́ческий ~ radiometric analysis
~ **разго́нкой** distillation analysis, distillation test
~ **разме́рностей** dimensional analysis
ра́стровый ~ scanning analysis
регрессио́нный ~ regression analysis
рентгенографи́ческий ~ radiographic analysis
рентгеноспектра́льный ~ (analysis by) X-ray spectrometry
рентгеноспектра́льный, лока́льный ~ X-ray microanalysis, electron probe X-ray analysis
рентгеноструктýрный ~ X-ray (diffraction) analysis
рентгенофа́зовый ~ X-ray phase analysis
рефрактометри́ческий ~ refractometric analysis
~ **руд** ore analysis, ore assay
седиментацио́нный ~ sedimentation analysis
седиментометри́ческий ~ sedimetric [sedimentometric] analysis
~ **сжига́нием** combustion analysis
системати́ческий ~ systematic analysis
си́товый ~ mesh [sieve, screen] analysis
~ **скани́рованием** analysis by scanning
~ **спе́ктра вибра́ции** vibration spectrum analysis
спектра́льный ~ spectrum [spectral] analysis
спектра́льный, молекуля́рный ~ molecular spectrum analysis
спектра́льный, эмиссио́нный ~ emission (spectrum) analysis
спектрографи́ческий ~ spectrographic analysis
спектрофотометри́ческий ~ spectrophotometric [absorptimetric] analysis

ана́лиз
спектрофотометри́ческий ~ **в види́мой ча́сти спе́ктра** visible spectrophotometric analysis, spectrophotometric analysis in the visible region
спектрофотометри́ческий ~ **в инфракра́сной о́бласти** infrared spectrophotometric analysis, spectrophotometric analysis in the infrared region
спектрофотометри́ческий ~ **в ультрафиоле́товой о́бласти** ultraviolet spectrophotometric analysis, spectrophotometric analysis in the ultraviolet region
~ **ста́ли при вы́пуске пла́вки** tapping analysis
статисти́ческий ~ statistical analysis
~ **сто́чных вод** sewage analysis
стробоскопи́ческий ~ stroboscopic analysis
стру́йный ~ jet analysis
структу́рный ~ structural analysis
сухо́й ~ dry analysis
те́нзорный ~ tensor analysis
теплово́й ~ thermoanalysis
терми́ческий ~ thermoanalysis
термогравиметри́ческий ~ thermogravimetric analysis
термомагни́тный ~ magnetothermal analysis
те́хнико-экономи́ческий ~ technical-economical analysis
техни́ческий ~ proximate analysis
титриметри́ческий ~ titrimetric analysis, analysis by titration
турбидиметри́ческий ~ turbidimetric analysis
фа́зовый ~ phase analysis
факториа́льный ~ factor analysis
фотометри́ческий ~ photometric analysis
фракцио́нный ~ fractional analysis
фракцио́нный ~ **по пло́тности** float-and-sink [densimetric, specific gravity] analysis
функциона́льный ~ functional analysis
хими́ческий ~ chemical analysis
хроматографи́ческий ~ chromatographic analysis
цветово́й ~ colour separation
~ **цепе́й** circuit analysis
~ **цепе́й, маши́нный** computerized circuit analysis
части́чный ~ partial analysis
часто́тно-временно́й ~ time-and-frequency analysis, analysis in the time and frequency domain
часто́тный ~ frequency (response) analysis, analysis in the frequency domain
~ **че́рез си́нтез** *вчт.* analysis by synthesis
чи́сленный ~ numerical analysis
~ **шу́ма** noise analysis
электрографи́ческий ~ *крист.* electron diffraction analysis
элемента́рный ~ ultimate [elementary] analysis

анализа́тор *м.* analyser
амплиту́дный ~ pulse-height analyser
ве́кторный ~ vectorlyser
~ гармо́ник harmonic [Fourier, frequency] analyser
гармони́ческий ~ harmonic [Fourier, frequency (response) analyser
~ диагра́ммы напра́вленности анте́нны radiation-pattern analyser
дифференциа́льный, механи́ческий mechanical differential analyser
дифференциа́льный, цифрово́й ~ [ЦДА] digital differential analyser; incremental computer
дифференциа́льный, цифрово́й ~ mechanical differential analyser
дифференциа́льный, цифрово́й ~ паралле́льного де́йствия parallel digital differential analyser
дифференциа́льный, цифрово́й ~ после́довательного де́йствия serial digital differential analyser
~ для дыха́тельной сме́си, га́зовый фотоэлектри́ческий breathing-mixture photoelectric gas analyser
~ ды́ма flue gas analyser
~ зву́ка sound analyser
и́мпульсный ~ pulse analyser
~ и́мпульсов pulse analyser
~ и́мпульсов, амплиту́дный pulse-height analyser
~ искаже́ний (*фо́рмы сигнала*) distortion analyser
ма́тричный ~ matrix analyser
механи́ческий ~ mechanical analyser
~ непреры́вного де́йствия continuous analyser
~ усто́йчивости *мор.* stability analyser
~, паралле́льный поляриза́тору *опт.* parallel analyser
~ переда́точной фу́нкции transfer function analyser
~ перехо́дных проце́ссов transient response analyser
~ пло́тностей распределе́ния (probability) density function [p. d. f.] analyser
~ распределе́ния по разме́ру size distribution analyser
регистри́рующий ~ recording analyser
~ реле́йных схем switching circuit analyser
~ ре́чи speech analyser
~ систе́мы регули́рования control system analyser
си́товый ~ testing sieve, testing sifter
~ скоросте́й speed [velocity] analyser
~, скрещённый с поляриза́тором *опт.* crossed analyser
~ следя́щих систе́м servoanalyser
~ сме́си mixture analyser
~ с непосре́дственным отсчётом direct reading analyser
~ спе́ктра spectrum analyser

анализа́тор
~ спе́ктра (часто́т) с запомина́нием storage-type spectrum analyser
статисти́ческий ~ statistical analyser
трохоида́льный ~ trochoidal (mass) analyser
~ уда́рного шу́ма impact-noise analyser
~ фо́рмы сигна́ла waveform analyser; (*прибор с полосовым фильтром, настроенным на частоту сигнала*) wave analyser; (*прибор с заграждающим фильтром на частоте сигнала*) distortion analyser
~ фу́нкции распределе́ния (probability) distribution function [spectral-density] analyser
цифрово́й ~ digital analyser
~ шу́ма noise analyser
электро́нный ~ electronic analyser
электростати́ческий ~ electrostatic analyser
анализи́ровать *гл.* analyse
ана́лиз-си́тус *м. мат.* analysis situs
анали́тик *м.* analyst
анали́тика *ж.* analytics
аналити́чески *нареч.* analytically tractable □ **~ находи́мое реше́ние** an analytically tractable solution
аналити́ческий *прил.* analytic(al)
аналити́чность *ж.* analyticity
ана́лог *м. англ.* analogue; *амер.* analog □ **явля́ться [быть] ~ *чего-л.*** be an analogue of ..., be an analogy for..., be analogous to...; **явля́ться [быть] стро́гим [то́чным] ~ом *чего-л.*** be rigorously analogous to *smth.*
маши́нный ~ machine analogue
статисти́ческий ~ statistical image
физи́ческий ~ physical analogue
цифрово́й ~ digital analogue [digital operational] computer
анало́ги/я *ж.* analogy □ **переноси́ть ~ю на...** carry the analogy over to...
и́стинная ~ true analogy
пряма́я ~ direct analogy
стро́гая ~ rigorous analogy
электри́ческая ~ electrical analogy
анало́говый *прил.* analogue, analogous
ана́лого-цифрово́й *прил.* analogue-digital
анаморфи́рование *с. опт.* anamorphosing
анаморфо́за *ж. опт.* anamorphism, anamorphosis
анаморфо́т *м. опт.* anamorphic lens, anamorphote □ **~ растя́гивает изображе́ние** an anamorphic lens unsqueezes the image; **~ сжима́ет изображе́ние** an anamorphic lens squeezes the image
анастигма́т *м. опт.* anastigmat(ic lens)
асимметри́чный ~ unsymmetrical anastigmat
полусимметри́чный ~ convertible unsymmetrical anastigmat
анастигмати́зм *м. опт.* anastigmatism
анафоре́з *м.* anaphoresis
анга́р *м.* hangar, shed

ангармони́зм *м.* anharmonicity
ангармони́чность *ж.* anharmonicity
ангидри́д *м.* anhydride *примеры*: **~ азо́тной кислоты́** nitric anhydride; **~ бо́рной кислоты́** boric anhydride
ангидро́н *м.* magnesium perchlorate
анго́б *м. кер.* engobe
ангоби́рование *с. кер.* engobing
а́нгстрем *м.* Ångström (unit), Å (10^{-10} m)
анемогра́мма *ж.* anemogram
анемо́граф *м.* anemograph
анемоклино́граф *м.* anemoclinograph
анемоклино́метр *м.* anemoclinometer
анемо́метр *м.* anemometer
индукцио́нный ~ induction-type anemometer
кры́льчатый ~ (revolving-)vane anemometer
манометри́ческий ~ pressure-(Pitot-)tube anemometer
ручно́й ~ hand-held anemometer
сигна́льный ~ alarm [warning] anemometer
теплово́й ~ hot-wire anemometer
флажко́вый ~ swinging-vane anemometer
ча́шечный ~ (revolving-)cup anemometer
анемоме́трия *ж.* anemometry
анеморумбо́граф *м.* anemograph
анемоско́п *м.* anemoscope
анемоста́т *м.* anemostat
анеро́ид *м.* aneroid, aneroid-barometer
анестези́ровать *гл.* administer [apply] an anaesthetic, induce [apply] anaesthesia
анестези́я *ж. англ.* anaesthesia; *амер.* anesthesia
ме́стная ~ local anaesthesia
о́бщая ~ general anaesthesia
ани́д *м.* anide (*Soviet-made counterpart of nylon*)
анизо́метр *м.*, **магни́тный** torque magnetometer
анизометропи́я *ж.* anisometropia
анизотропи́я *ж.* anisotropy
~ кристалли́ческой структу́ры crystal(line) anisotropy
кристаллографи́ческая ~ crystal(line) anisotropy
магни́тная ~ magnetic anisotropy
механи́ческая ~ mechanical anisotropy
опти́ческая ~ optical anisotropy
упру́гая ~ elastic anisotropy
~ фо́рмы shape anisotropy
анизотро́пность *ж.* anisotropy
анизоупру́гость *ж.* anisoelasticity
анили́н *м.* aniline
анио́н *м.* acid ion, anion
аниони́рование *с.* anion-exchange process
противото́чное ~ counter-current anion-exchange process
аниони́т *м.* anionite, anion-exchange resin, anion-exchange material
сильноосно́вный ~ strong(ly) basic anion-exchange resin

анализáтор
слабоосновный ~ weak(ly) basic anion-exchange resin
аниóнный *прил.* anionic
анионообмéнник *м.* anion exchanger
анионопроницáемость *ж.* anion permeability
анионотропия *ж.* anionotropy
анйсовый *прил.* 1. (*о воде, масле и т. п.*) anise 2. (*о кислоте, спирте и т. п.*) anisic
анкер *м.* 1. *стр.* anchor, stay, tie rod 2. (*в часах*) pallet
винтовóй ~ screw-in anchor
клиновóй ~ wedge anchor
конйческий ~ (*в предварительно напряжённых конструкциях*) conical plug
концевóй ~ (*в предварительно напряжённом бетоне*) end anchorage
~ **оттяжки** backstay [guy] anchor
поперéчный ~ cross tie
продóльный ~ longitudinal tie
~ **с гребёнкой** rack anchor
~ **с ершóм** expanding anchor
стяжнóй ~ tie anchor
анкерáж *м. см.* **анкерóвка**
анкеровáние *с. см.* **анкерóвка**
анкеровáть *гл.* (*закреплять*) anchor
анкерóвка *ж.* 1. anchorage 2. *горн.* anchoring, bolting
~ **арматýры** bar anchorage
прямáя ~ straight anchorage
анкерóк *м.* (water) breaker
áннекс *м. свз.* end panel
аннигиля́ция *ж.* annihilation
~ **электрóн-позитрóнной пáры** positron-electron annihilation
аннотáция *ж.* abstract, resumé
аннуитéт *м.* annuity
аннулйрование *с.* cancellation
~ **отсчёта** *тлф.* cancellation of metering, nonmetering
анóд *м.* 1. (*положительный электрод источника тока*) anode □ **включáть в кáчестве** ~**а** (*в электролизёре*) set up as anode; **осаждáться, разлагáться** *и т. п.* **на** ~**е** (*при электролизе*) deposit, decompose, *etc.* at the anode; **соединя́ть издéлие с** ~**ом** make the workpiece the anode 2. (*электрод электровакуумного прибора*) *англ.* anode; *амер.* plate; *жарг.* anode circuit, anode lead □ **включáть в** ~ place [connect] in the anode circuit [anode lead]
~ **катóдно-лучевóй трýбки, вторóй** second [accelerating] anode
~ **катóдно-лучевóй трýбки, оконéчный** final anode
~ **катóдно-лучевóй трýбки, пéрвый** first [focusing] anode
~ **катóдно-лучевóй трýбки, послеускорйтельный** post-acceleration [intensifier] electrode
~ **катóдно-лучевóй трýбки, трéтий** post-acceleration [intensifier] electrode
~ **катóдно-лучевóй трýбки, ускоря́ющий** second [accelerating] anode

анóд
~ **катóдно-лучевóй трýбки, фокусйрующий** first [focusing] anode
~ **радиолáмпы** *англ.* anode; *амер.* plate
~ **рентгéновской трýбки, вращáющийся** rotating target, rotating anode
~ **рентгéновской трýбки прострéльного тйпа** through-[transmission-] type target
~ **ртýтного выпрямйтеля, возбуждáющий** keep-alive [excitation, holding] anode
~ **ртýтного выпрямйтеля, глáвный** main anode
~ **ртýтного выпрямйтеля, дежýрный** keep-alive [excitation, holding] anode
~ **ртýтного выпрямйтеля, зажигáющий** ignition [starting] anode
свобóдный ~ *рад.* floating anode
~ **тóпливного элемéнта** fuel anode
~ **трýбки с пáмятью, записывающий** writing anode
~ **трýбки с пáмятью, считывающий** reading anode
~ **электролизёра** (electrolytic-cell) anode
~ **электролизёра, жйдкий** liquid anode, anode layer
~ **электролизёра, самоспекáющийся** self-baking [Söderberg] anode
анодизáция *ж. см.* **анодйрование**
анодйрование *с.* anodic oxidation, anodization, anodizing, anodic treatment
~ **в (газоразря́дной) плáзме** (gaseous) plasma anodizing
анодйровать *гл.* anodize
анóдный *прил.* 1. (*относящийся к аноду*) anode (*e.g., current, structure*) 2. (*относящийся к химическим реакциям*) anodic (*e. g., reaction, oxidation*)
анододержáтель *м.* anode mount
анодолюминесцéнция *ж.* anodoluminescence
анолйт *м.* anolyte
аномáлия *ж.* anomaly; abnormality
~ **Бугé** (*в гравиметрии*) Bouguer gravity anomaly
~ **в свобóдном вóздухе** free-air anomaly
гравиметрйческая ~ gravimetric anomaly
гравитациóнная ~ gravity [gravitational] anomaly
йстинная ~ *астр.* true anomaly
локáльная ~ local anomaly
магнйтная ~ magnetic anomaly
остáточная ~ residual anomaly
радиоактйвная ~ radioactive anomaly
регионáльная ~ regional anomaly
рефракциóнная ~ refraction anomaly
~ **сйлы тя́жести** gravity [gravitational] anomaly
срéдняя ~ *астр.* mean anomaly

аномáлия
эксцентрйческая ~ *астр.* eccentric anomaly
аномалоскóп *м. опт.* anomaloscope
анормáльность *ж.* **осéй** abnormality of axes
аномéр *м. хим.* anomer
анотрóн *м. рад.* anotron
ансáмбл/ь *м.* ensemble □ **усреднённый по** ~**ю** *стат.* ensemble average; **усредня́ть по** ~**ю** *стат.* take an ensemble average, average over an ensemble
гйббсовский ~ *мат.* Gibbs ensemble
~ **сообщéний** ensemble [set] of messages
статистйческий ~ statistical ensemble
антаблемéнт *м. арх.* entablature
антагонйзм *м.* **иóнов** ion antagonism
антéнн/а *ж. англ.* aerial; *амер.* antenna □ **возбуждáть [питáть] элемéнты** ~**ы синфáзно** excite [feed] aerial elements in phase; **выставля́ть** ~**у** (*радиолокатора на столько-то*) **по áзимуту, дáльности** *или* **углý мéста** set an aerial at [to] an azimuth, range *or* elevation of...; **выставля́ть** ~**у** (*радиолокатора*) **по áзимуту, дáльности** *или* **углý мéста** (*без указания конкретного значения*) set an aerial in azimuth, range or elevation; **замыкáть** ~**у на волновóе сопротивлéние** terminate an aerial in its characteristic impedance; ~ **излучáет высокочастóтную энéргию** the aerial radiates r. f. energy; **изолйровать лйнзовую** ~**у от воздéйствия внéшней средь́і** seal the lens against atmospheric conditions; **наводйть** ~**у на объéкт** set an aerial to bear on the target; **натя́гивать [устанáвливать]** ~**у на (подрýчных) опóрах** rig an aerial on (improvised) supports; ~ **обладáет хорóшей диапазóнностью** an aerial has a flat gain over [across] the frequency range; **ориентйровать** ~**у на истóчник сигнáла** beam an aerial onto the signal; **подвéшивать** ~**у на столбáх** support an aerial on poles; **поднимáть** ~**у над землёй** elevate an aerial; ~ **принимáет излучéние, сигнáл** *или* **волнý** the aerial picks up radiation, a signal *or* wave; ~ **рабóтает в режйме удлинéния** the aerial is inductance-loaded; ~ **рабóтает в режйме укорóчения** the aerial is capacitance-loaded; **рабóтать на** ~**у** operate on [into] an aerial; **согласóвывать** ~**у с фйдером** match (the impedance of) an aerial to a transmission line [feeder]; **удлиня́ть** ~**у** load an aerial inductively; **укорáчивать** ~**у** load an aerial capacitively; ~ **улáвливает сигнáл** the aerial picks [catches] the signal; ~ **формирýет диагрáмму напрáвленности** the aerial generates a beam

антéнн/а

~ автомати́ческого радиокóмпаса ADF [automatic direction finder] aerial
~ автомати́ческого радиокóмпаса, ненапрáвленная ADF sense aerial
азимутáльная ~ azimuth aerial
антифéдинговая ~ anti-fading aerial
апериоди́ческая ~ aperiodic aerial
~ Бéвереджа Beverage aerial
~ бегýщей волны́ travelling-wave aerial
биконическая ~ biconical aerial
бортовáя ~ vehicle-borne aerial
~ вéрхнего питáния top-fed aerial
вибрáторная ~ dipole aerial
волновóдно-щелевáя ~ slotted-guide aerial
всенапрáвленная ~ omnidirectional aerial
встрóенная ~ built-in aerial
выпускнáя (*самолётная*) **~** trailing aerial □ **выпускáть выпускнýю ~у** reel in an aerial
глиссáдная ~ glide-path aeiral
Г-образная ~ inverted L aerial
гофриро́ванная ~ corrugated-surface aerial
грибообрáзная ~ mushroom aerial
~ дáльней косми́ческой свя́зи deep-space (communications) aerial
~ ДВ [дли́нных волн] LF [low-frequency] aerial
двунапрáвленная ~ bidirectional [bilateral] aerial
двускáтная ~ inverted V aerial
двухзеркáльная ~ Cassegrainian aerial
двухпроводнáя ~ two-wire [twin-wire] aerial
диапазóнная ~ wide-band untuned aerial
дирéкторная ~ Yagi aerial
дискокóнусная ~ discone (aerial)
диэлектри́ческая (стержневáя) ~ dielectric(-rod) aerial
зеркáльная ~ reflector(-type) aerial
зóнтичная ~ umbrella(-type) aerial
измери́тельная ~ pick-up antenna
изотрóпная ~ isotropic aerial
~ Кассегрéна Cassegrainian aerial
качáющаяся ~ rocking horse [nodding] aerial
квадрáнтная ~ quadrant aerial
коллекти́вная ~ community [master] aerial
коллинеáрная ~ collinear array
контрóльная ~ monitoring aerial
кóнусная ~ conical aerial
корóбчатая ~ box aerial
~ КВ [корóтких волн] HF [high-frequency] aerial
крестообрáзная ~ cross(ed) aerial
круговáя ~ circular [ring] aerial
~ курсовóго приёмника (*системы посадки*) localizer (receiving) aerial
лéнточная ~ ribbon aerial
линéйная ~ uniform linear array

антéнн/а

ли́нзовая ~ lens (aerial)
логарифми́ческая ~ log-periodic [LP] antenna
логопериоди́ческая ~ log-periodic [LP] antenna
лучевáя ~ beam aerial
магни́тная ~ magnetic aerial
мни́мая ~ (*зеркальное изображение*) image aerial
многовибрáторная ~ dipole array
многопроводнáя ~ multiwire aerial
многорýпорная ~ multiple-horn aerial
многоря́дная ~ mattress array
многоэлемéнтная ~ multielement aerial
многоя́русная ~ stacked dipole aerial
моноимпульсная ~ monopulse aerial
надкýзовная ~ top [roof] aerial
назéмная ~ ground aerial
напрáвленная ~ directional [directive] aerial
настрóенная ~ tuned aerial
ненапрáвленная ~ nondirectional [omnidirectional] aerial
~ ни́жнего питáния base-driven [base-fed] aerial
~ обнаружéния search antenna
~ обратноосевóго излучéния back-fire antenna
обтекáемая ~ stream-line(d) aerial
однонапрáвленная ~ unidirectional [unilateral] aerial
остронапрáвленная ~ pencil-[narrow-]beam aerial
откры́тая ~ open aerial
параболи́ческая ~ parabolic [reflector] aerial
параболóидная ~ paraboloid(-reflector) aerial
параболóидная ~ с дипóльным облучáтелем dipole-feed paraboloid
параболóидная ~ с рýпорным облучáтелем horn-fed paraboloid
пеленгациóнная ~ direction-finding [DF] aerial
передаю́щая ~ transmitting [sending] aerial
пневмати́ческая ~ air-inflated aerial
~ повéрхностных волн surface-wave aerial
поворóтная ~ steerable aerial
подвóдная ~ underwater [submarine] aerial
подзéмная ~ buried [underground, subsurface] aerial
подкýзовная ~ undercar [chassis] aerial
пóднятая ~ elevated aerial
поисковáя ~ search antenna
полистирóловая ~ polyrod [polystyrene rod] aerial
полувóлновая ~ half-wave aerial
помехозащищённая ~ anti-interference aerial
~ послéдовательного питáния series-fed aerial

антéнн/а

приводнáя ~ homing aerial
приёмная ~ receiving aerial
прóволочная ~ wire aerial
~ продóльного излучéния end-fire aerial
прострáнственно-разнесённая ~ spaced [diversity] aerial
противопомéховая ~ anti-interference aerial
прóфильно-лучевáя ~ shaped-beam aerial
прóфильно-отражáтельная ~ shaped-reflector aerial
радиолокациóнная ~ radar aerial
радиотелеметри́ческая ~ radiotelemetering [radiotelemetry] aerial
рáмочная ~ loop aerial
ребри́стая стержневáя ~ cigar aerial
резонáнсная ~ resonant aerial
ромби́ческая ~ rhombic aerial
рýпорная ~ horn aerial
рýпорно-зеркáльная ~ horn-reflector aerial
рýпорно-ли́нзовая ~ horn-lens aerial
самолётная ~ aircraft(-type) aerial
самофази́рующая ~ self-phasing aerial
самофокуси́рующая ~ self-focusing aerial
~ СВ [срéдних волн] MF [medium-frequency] aerial
~ с вéерной диагрáммой напрáвленности beam aerial
сверхнапрáвленная ~ superdirective [supergain] aerial
~ СВЧ-диапазóна microwave aerial
связнáя ~ communications aerial
~ СДВ [сверхдли́нных волн] VLF [very-low-frequency] aerial
сéтчатая ~ grid aerial
~ с игóльчатой диагрáммой напрáвленности pencil-beam aerial
симметри́чная ~ balanced aerial
синфáзная ~ broadside array
синфáзная, многовибрáторная ~ pine-tree array
~ с квадрати́чно-косéкансной диагрáммой напрáвленности cosecant-squared (beam) aerial
склáдывающаяся ~ folding-type [collapsible] aerial
~ слежéния tracking aerial
~ сопровождéния tracking aerial
спáренная ~ twin aerial
~ с переключéнием лепесткóв lobe-switching aerial
~ с переключéнием равносигнáльной зóны lobing aerial
спирáльная ~ helical aerial
~ с плóским отражáтелем plane-reflector aerial
~ с прижáтым излучéнием low-angle aerial
~ с регули́руемым наклóном tiltable aerial
~ с синтези́рованным раскры́вом synthetic(-aperture) aerial
стержневáя ~ rod aerial

антéнн/а
~ стоя́чей волны́ standing-wave aerial
~ с уголко́вым отража́телем corner-reflector aerial
сфери́ческая ~ spherical aerial
сфероида́льная ~ spheroidal aerial
~ с электро́нным скани́рованием electronically scanned aerial
таре́лочная ~ dish-shaped aerial
телевизио́нная ~ television aerial
телескопи́ческая ~ telescopic aerial
~ ти́па «волново́й кана́л» Yagi aerial
Т-обра́зная ~ T[-shaped] aerial
турнике́тная ~ turnstile aerial
угломе́стная ~ elevation aerial
уголко́вая ~ corner aerial
узкополо́сная ~ narrow-banded aerial
~ УКВ [ультракоро́тких волн] VHF-UHF aerial
уто́пленная ~ flush-mounted aerial
фази́рованная ~ phase-(locked) aerial
ферри́товая ~ ferrite-rod aerial
фи́дерная ~ TL aerial
хвостова́я ~ tail aerial
цилиндри́ческая, косе́кансная ~ cylindrical cosecant aerial
цилиндри́ческая, широкополо́сная ~ squirrel (cage) aerial
~ части́тного скани́рования frequency-scanned aerial
часто́тно-незави́симая ~ frequency-independent antenna
четвертьво́лновая ~ quarter-wave aerial
широкополо́сная ~ broadband aerial
штырева́я ~ rod aerial
штырева́я, ги́бкая ~ whip aerial
~ шунтово́го пита́ния shunt-fed aerial
щелева́я ~ slot aerial
щелева́я, кольцева́я ~ annular slot aerial
экрани́рованная ~ screened aerial
эллипти́ческая ~ elliptical aerial
этало́нная ~ standard aerial

анте́нна-ба́шня *ж.* tower [pylon] aerial
анте́нна-вибра́тор *ж.* dipole (aerial)
анте́нна-ли́нза *ж.* lens (aerial)
анте́нна-ма́чта *ж.* mast aerial
антиа́пекс *м. астр.* antapex
антибалло́ник *м. текст.* antiballooning ring
антибарио́н *м.* antibaryon
антиба́тный *прил.* antibate
антибио́тик/и *мн. м.* antibiotics □ **вводи́ть ~** (*больному*) administer antibiotics; **извлека́ть ~** (*при произво́дстве*) isolate antibiotics; **~ ока́зывают бактерици́дное де́йствие** antibiotics are bactericidal in action, antibiotics exert bactericidal effects; **~ ока́зывают специфи́ческое де́йствие** (*на бакте́рии*) antibiotics have [produce, display] selective action [activity]; **очища́ть ~** purify antibiotics; **~ подавля́ют рост бакте́рий** antibiotics are bacteriostatic in action, antibiotics inhibit microbial growth; **~ спосо́бны убива́ть микро́бов** antibiotics are bactericidal; **усто́йчивый к ~ам** resistant to antibiotics

антивещество́ *с.* antimatter
антивибра́тор *м.* damper, snubber, dash-pot
антивитами́н *м.* antivitamin
антигиперо́н *м. физ.* antihyperon
антигравита́ция *ж.* antigravitation, antigravity
антидетона́тор *м.* antiknock agent, antiknock dope, antiknock additive, antiknock substance □ **добавля́ть ~ к бензи́ну** dope petrol with an antiknock agent
антидо́т *м.* antidote □ **~ де́йствует противополо́жно я́ду** an antidote gives an opposite [antagonistic] effect to that produced by the poison; **~ обезвре́живает яд** an antidote counteracts a poisonous dose of a drug
антиизоморфи́зм *м.* anti-isomorphism
антикатализа́тор *м.* anticatalyst
антикато́д *м.* anticathode, target cathode
анти́ква *ж. полигр.* antiqua, antique (type)
антиклина́ль *ж.* anticlinal, anticline
опроки́нутая ~ recumbent anticline
проста́я ~ single anticline
антикоагуля́нт *м.* anticoagulant □ **~ предупрежда́ет образова́ние тро́мбов** an anticoagulant diminishes the likelihood of thrombosis; **~ препя́тствует свёртыванию кро́ви** an anticoagulant prevents clotting of blood
антикоагуля́тор *м. см.* **антикоагуля́нт**
антикоммутати́вность *ж. мат.* anticommutativity
антикоммутати́вный *прил. мат.* anticommutative
антикомпенса́тор *м. ав.* antiservo [antibalance] tab
антикомпенса́ция *ж. ав.* antibalance
антикоррозио́нный *прил.* anticorrosive, corrosion-resisting, antirust, rust preventive
антилогари́фм *м.* antilogarithm, antilog, inverse logarithm
антилуна́ *ж.* antiselena
антимагни́тность *ж.* antimagnetism
антимате́рия *ж.* antimatter
антимезо́н *м.* antimeson
антимона́т *м.* antimonate
антимони́д *м.* antimonide
антимони́т *м.* antimonite
антинакипи́н *м.* descaler, antifouling [antiscaling] compound
антинейтри́но *с.* antineutrino
мюо́нное ~ antineutretto
электро́нное ~ antineutrino
антинейтро́н *м.* antineutron
антино́мия *ж.* antinomy

антинукло́н *м.* antinucleon
антиобледени́тель *м.* anti-icing device, de-icer, de-icing apparatus
антиозона́нт *м.* antiozonant
антиокисли́тел/ь *м.* antioxidant □ **де́йствие ~я состои́т в обры́ве реакцио́нных цепе́й моле́кулы** an antioxidant functions by breaking the reacting chain of a molecule; **~ замедля́ет окисле́ние** an antioxidant retards oxidation; **механи́зм де́йствия ~я состои́т в...** antioxidation proceeds by a ... mechanism
~ для пищевы́х проду́ктов food antioxidant
~ для сма́зочных материа́лов lubricant antioxidant, lubricant inhibitor
~ для эластоме́ров rubber antioxidant
антиоксида́нт *м. см.* **антиокисли́тель**
антиотраже́ние *с.* antireflection
антипараллелогра́мм *м. мех.* antiparallel link mechanism
антипаралле́льный *прил.* antiparallel
антипире́н *м.* fire-retardant □ **обраба́тывать ~ом** give a fire-retarding treatment
антипироге́н *м. горн.* antipyrogen
антипо́д *м.* antipode □ **явле́ние ~а** *рад., рлк.* image effect
опти́ческий ~ optical antipode □ **опти́ческие ~ы явля́ются зерка́льным изображе́нием друг дру́га** optical antipodes are the mirror images of each other
антипо́дный *прил.* antipodal
антиполимериза́тор *м.* antipolymerization agent
антипо́люс *м.* antipole
антипредставле́ние *с.* antirepresentation
антипроекти́вный *прил.* antiprojective
антипроизво́дная *ж.* antiderivative
антипрото́н *м.* antiproton
антира́д *м.* (*вещество, повыша́ющее сто́йкость полиме́ров к де́йствию излуче́ний*) antirad
антирезона́нс *м.* antiresonance, parallel resonance
антирефлекси́вность *ж.* antireflexiveness, skew-reflexivity
антисегнетоэле́ктрик *м.* antiferroelectric
антисейсми́ческий *прил.* antiseismic, earthquake-proof, earthquake-resistant
антисе́птик *м.* 1. antiseptic 2. (*для древеси́ны*) wood preservative □ **наноси́ть ~ из краскопу́льта** apply (wood) preservative by spraying; **наноси́ть ~ на пове́рхность ки́стью** brush on (a coat of) wood preservative, apply (wood) preservative by brush; **наноси́ть ~ погруже́нием** apply (wood) preservative by dipping; **обраба́тывать ~ом** treat (wood) with a preservative; **обраба́тывать ~ом ме́тодом глубо́кой пропи́тки** apply an antiseptic by the full-cell pressure process; **обраба́ты-**

вать ~ом под давлением give wood pressure treatment with a preservative, apply (wood) preservative by pressure treatment; ~ подвержен выщелачиванию (wood) preservative is subject to leaching; пропитывать ~ом в горячей и холодной ванне treat by the open-tank [non-pressure] method, apply preservative treatment by the open-tank method; пропитывать ~ом под давлением apply [obtain] preservative treatment by the pressure method

антисептик
водорастворимый ~ water-borne wood preservative
маслянистый ~ oil-borne wood preservative
предоперационный ~ preoperative antiseptic

антисептика *ж.* antisepsis

антисептирование *с.* (*древесины*) preservative treatment (of wood), wood preservation
~ нанесением на поверхность preservative treatment by superficial application
~ пропиткой preservative treatment by impregnation

антисимметрический *прил.* antisymmetric(al), skew-symmetric, alternating

антисимметричный *прил. см.* **антисимметрический**

антисимметрия *ж.* antisymmetry, skew-symmetry

антисовпадение *с.* anticoincidence

антисолнце *с.* anti-sun

антиспутник *м.* antisatellite

антистаритель *м.* (*резины*) ageing [deterioration] retarder

антистатик *м.* antistatic agent

антитеза *ж.* antithesis

антитело *с.* antibody

антитетический *прил.* (*напр. о переменной величине*) antithetic

антитон *м. полигр.* antitone

антиузел *м.* (*пучность*) antinode

антиупорядоченный *прил.* antiordered, star-ordered, inversely ordered

антифазный *прил.* antiphased, oppositely phased, in antiphase, in phase opposition

антифермент *м.* antienzyme

антиферромагнетизм *м.* antiferromagnetism
нескомпенсированный ~ non-enquilibrated [non-compensated] antiferromagnetism
скомпенсированный ~ equilibrated [compensated] antiferromagnetism

антиферромагнетик *м.* antiferromagnet(ic)

антифидинг *м.* feeding [animal] repellent

антифламинг *м. ав.* flame damper, back-fire screen

антиформа *ж.* antiform

антифриз *м.* antifreeze, antifreezing agent, antifreezing solution □ заливать ~ в систему put in antifreeze; разбавлять ~ water down antifreeze

антифриз
~ с (антикоррозийной) присадкой inhibited antifreeze

антицепь *ж.* antichain, inverse chain

антициклон *м.* anticyclone

античастиц/а *ж.* antiparticle □ ~ по отношению к... the antiparticle of... *пример*: антинейтрон является ~ей по отношению к нейтрону the antineutron is the antiparticle of the neutron

антиэмульгатор *м.* demulsifier, demulsifying agent

антиэрмитовый *прил. мат.* anti-Hermitian

антрацен *м.* anthracene

антрацит *м.* anthracite, hard coal
брикетированный ~ briquetted anthracite

антрацит-орешек *м.* anthracite nuts

антрвольт *м. стр.* spandrel □ заполнять ~ами spandrel-fill, fill with spandrels; крепить ~ами spandrel-brace, brace with spandrels

антресоль *ж.* **1.** *стр.* entresol, mezzanine **2.** (*в комнате*) ceiling cabinet, gallery

анты *мн. арх.* antae, parastades

антье *с. мат.* greatest integer in...

анфилада *ж. арх.* suite, enfilade

аншлиф *м.* metallographic specimen, polished (micro)section

апатит *м.* apatite

АПВ [автоматическое повторное включение] **1.** (*действие*) automatic reclosure **2.** (*устройство*) automatic recloser □ ~ (автоматически) возвращается в состояние готовности к новому действию the automatic recloser resets [is reset] automatically; ~ остаётся во включённом состоянии the automatic recloser holds closed; ~ становится на блокировку в отключённом состоянии the automatic recloser locks open

апекс *м. астр.* apex

апериодический *прил.* aperiodic, non-periodic

апериодичность *ж.* aperiodicity

апертометр *м. опт.* apertometer

апертура *ж.* aperture
входная ~ entrance aperture
выходная ~ exit aperture
относительная ~ **1.** relative aperture **2.** (*фотообъектива*) f-number
полутоновая ~ *тлг.* tone control aperture
приёмная ~ receiving [collecting] aperture
~ пучка beam aperture
развёртывающая ~ scanning aperture
синтезированная ~ synthetic aperture
угловая ~ angular aperture
числовая ~ numerical aperture

апланат *м. кфт.* aplanat, aplanatic lens

апланатизм *м. кфт.* aplanatism

апоастр(ий) *м. астр.* apastron

апоге/й *м.* apogee □ ~ находиться в ~е be at apogee

аполярность *ж.* apolarity, non-polarity

апория *ж.* **Зенона** *мат.* Zeno's paradox

апоселений *м. астр.* apolune, apocynthion

апосиндетический *прил.* aposyndetic

апосиндетично *нареч.* aposyndetically

апостериори *лат.* a posteriori

апостериорный *прил.* posterior

апостильб *м. уст.* (*единица яркости освещённой поверхности*) apostilb, asb

апосфера *ж.* aposphere

апофема *ж. мат.* apothem

апофиза *ж. геол.* apophysis, tongue

апохромат *м.* apochromat, apochromatic lens

апохроматизм *м.* apochromatism

апоцентр *м. астр.* apocentre

аппарат *м.* apparatus
абсорбционный ~ absorber
аэрационный ~ aerator
аэрозольный ~ aerosol generator
~ Бекка paper smoothness and air flow measuring apparatus
ботвоотводящий ~ vine dividing unit
ботвосрезающий ~ vine cutter
бродильный ~ fermenter
брызгальный ~ *текст.* sprinkling apparatus
буквопечатающий ~ printer
буквопечатающий, ленточный ~ tape printer
буквопечатающий, рулонный ~ page printer
буквопечатающий, синхронный ~ synchronous printer
буквопечатающий, стартстопный ~ start-stop printer
~ Варбурга Warburg vessel
варочно-промывной ~ boiling and washing apparatus
варочный ~ boiling apparatus; cooker
воздухоразделительный ~ air-fractionating apparatus
выбойный ~ *пищ.* flour packing machine, flour packer, flour sacker
выбойный, весовой автоматический ~ auto-weigher flour packer
выпарной ~ **1.** evaporator **2.** *хим.* concentrator (*e. g., phosphoric acid concentrator*)
выпарной, вакуумный ~ с трубчатым калоризатором calandria-type vacuum pan
выпарной, вертикальный ~ vertical-tube evaporator
выпарной, горизонтальный ~ horizontal-tube evaporator
выпарной ~ Кестнера Kestner evaporator
выпарной, многокорпусный ~ multiple-effect evaporator
выпарной, однокорпусный ~ single-effect evaporator

аппара́т
выпарно́й, плёночный ~ climbing-film evaporator
выпарно́й ~ с гре́ющей ка́мерой calandria evaporator
выпарно́й ~ с есте́ственной циркуля́цией natural circulation evaporator
выпарно́й ~ с змеевико́вой пове́рхностью нагре́ва coil evaporator
выпарно́й ~ с интенси́вной циркуля́цией flash boiler, high-speed evaporator
выпарно́й ~ с иску́сственной циркуля́цией forced-circulation evaporator
выпарно́й ~ с калориза́тором calandria evaporator
выпарно́й ~ с парово́й руба́шкой steam-jacketed evaporator
выпарно́й ~ с принуди́тельной циркуля́цией forced-circulation evaporator
выпарно́й ~ с распыле́нием жи́дкости spray evaporator
выпарно́й, сунду́чный ~ steam-chest evaporator
выра́внивающий ~ *с.-х.* levelling device, leveller
выра́внивающий, ди́сковый ~ *с.-х.* disk-type levelling device
выра́внивающий, па́льчатый ~ *с.-х.* finger-type levelling device
выра́внивающий, ремённый ~ *с.-х.* belt-type levelling device
выра́внивающий, цепно́й ~ *с.-х.* chain-type levelling device
выра́внивающий, шне́ковый ~ *с.-х.* worm-type levelling device
выса́живающий ~ planting attachment, planting mechanism
выса́ливающий ~ desalting apparatus
высева́ющий ~ (seed) distributor, seeding apparatus, seed-feeding [seeding, seed-sowing] mechanism, feed run
высева́ющий, ба́ночный ~ seed hopper
высева́ющий, ди́сковый ~ disk seeding mechanism
высева́ющий, кату́шечный ~ roller seeding mechanism
высева́ющий, мотылько́вый ~ agitator [rotary-winged] feed
высева́ющий, ячеи́сто-ди́сковый ~ disk-cell seeding mechanism
~ высо́кой вытя́жки *текст.* high-draft mechanism
выщела́чивающий ~ leaching vat
газоопа́ливающий ~ *текст.* gassing frame, gas singeing machine, gas singer
~ гальваниза́ции galvanization apparatus
~ гаше́ния и́звести lime slaking apparatus
гвоздеподаю́щий ~ nail delivery apparatus
гра́бельный ~ *с.-х.* rake apparatus

аппара́т
грамза́писи ~ phonograph recorder
двукра́тный ~ *свз.* double multiplex apparatus
двухпрочёсный ~ *текст.* double card
двухпрочёсный, камво́льный ~ *текст.* double-worsted card
декатиро́вочный ~ *текст.* steaming apparatus
дели́тельный ~ indexing head
диатерми́ческий ~ *мед.* diathermic apparatus
диффузио́нный ~ diffuser
~ для автомати́ческого подъёма воды́ water ram
~ для доза́ривания плодо́в after-ripening apparatus
~ для извлече́ния семя́н из плодо́в seed extractor
~ для ка́рдной ле́нты, обтяжно́й card-mounting machine
~ для краше́ния пря́жи в мотка́х hank dyeing machine
~ для мо́крого обогаще́ния ру́дной ме́лочи fine-ore wet concentrator
~ для обогаще́ния шла́мов sludge mill
~ для оглуше́ния скота́ пе́ред убо́ем stunner
~ для омыле́ния жиро́в saponifier, fatt splitting tank
~ для определе́ния молекуля́рного ве́са molecular-weight apparatus
~ для определе́ния то́чки кипе́ния boiling-point apparatus
~ для предотвраще́ния на́кипи, ультразвуково́й ultrasonic descaler
~ для приготовле́ния сы́воротки *мед.* inspissator
~ для приёма ко́да code detecting apparatus
~ для прожига́ния лётки tapping apparatus, electrical tapper
~ для ре́зки кирпи́чного бру́са brick cutter
~ для чте́ния микрофи́льмов microfilm reader, microfilm viewer
~ для шли́хты, заме́шивающий *текст.* sizing mixing apparatus
дождева́льный ~ sprinkler
дождева́льный, дальнестру́йный ~ long-range sprinkler
дождева́льный, короткостру́йный ~ short-range sprinkler
дождева́льный, среднестру́йный ~ medium-range sprinkler
до́йльный ~ milking unit, milker
до́йльный, двухта́ктный ~ two-phase milking unit
до́йльный, трёхта́ктный ~ three-phase milking unit
~ до́менной пе́чи, засыпно́й double bell-and-hopper, cup-and-cone
дробестру́йный ~ shot-blaster
дрожжерасти́льный ~ yeast-growing apparatus, yeast machine
дыха́тельный ~ (*напр. горноспаса́тельный*) breathing apparatus, respirator

аппара́т
жезлово́й ~ token instrument
закру́чивающий ~ (*турбины*) swirling device, swirling vanes
запа́рочный ~ *текст.* steam chamber, steam chest
запа́рочный ~ для кро́мок *текст.* selvedge steaming apparatus
заряжа́ющий ~ *горн.* blast loading apparatus
звукозапи́сывающий ~ sound recorder
звукомонта́жный ~ (film) editing machine, (picture and sound) editor
золосмывно́й ~ ash-sluicing device
золоула́вливающий ~ ash collector
известегаси́льный ~ slaker, lime slaking apparatus
~ измере́ния вя́зкости смол tar tester
~ иску́сственного дыха́ния *мед.* reviving [resuscitation] apparatus
~ иску́сственного кровообраще́ния heart-lung machine, artificial blood-circulation apparatus
~ испыта́ния труб pipe prover
кантова́льный ~ tilter, turn-over device, manipulator, positioner
карамелева́рочный ~ sugar cooker
карамелева́рочный ~ плёночного ти́па microfilm sugar cooker
карбонизацио́нный ~ carbonizing apparatus
ка́ссовый ~ cash register
ка́ссовый, электри́ческий ~ electric cash register
кинокопирова́льный ~ (motion-picture) film printer
кинопроекцио́нный ~ motion-picture [cine] projector
киносъёмочный ~ cine [motion-picture] camera
киносъёмочный, подво́дный ~ underwater cine camera
киносъёмочный, скоростно́й ~ high-speed cine camera
киносъёмочный, узкоплёночный ~ substandard cine camera
~ Ки́ппа *хим.* Kipp generator
клеево́й ~ (*в сигаретной машине*) glu(e)ing apparatus
коммутацио́нный ~ switching device
конденсацио́нный ~ condenser
кондицио́нный ~ *текст.* conditioning oven
конта́ктный ~ *хим.* catalytic reactor
конта́ктный ~ окисле́ния хло́ристого водоро́да decomposing furnace
копирова́льный ~ 1. (*в фотографии*) printer; (*в кинематографии*) film printer 2. *мет.* tracer 3. (*множительный*) duplicator
копирова́льный, электрофотографи́ческий ~ electrophotographic copying machine
копти́льный ~ smoking apparatus
копти́льный, конве́йерный ~ conveyer smoking apparatus

аппара́т

копти́льный, стациона́рный ~ stationary smoking apparatus

косми́ческий лета́тельный ~ [КЛА] spacecraft, space [interplanetary, interstellar, space-borne] vehicle □ **возвраща́ть косми́ческий лета́тельный ~** recover a spacecraft; **выводи́ть косми́ческий лета́тельный ~ на орби́ту** orbit a spacecraft, place [put, inject] a spacecraft in orbit; **запуска́ть косми́ческий лета́тельный ~** launch a spacecraft; **косми́ческий лета́тельный ~ сближа́ется с,** *напр.* **други́м КЛА** the spacecraft closes with, *e. g.*, another space vehicle; **развёртывать косми́ческий лета́тельный ~ на 180° пе́ред стыко́вкой** transpose a space vehicle before docking; **следи́ть за косми́ческим лета́тельным ~ом** track a space vehicle; **состыко́вывать косми́ческий лета́тельный ~** dock a spacecraft; **спуска́ть косми́ческий лета́тельный ~ с орби́ты** de-orbit a space vehicle

косми́ческий лета́тельный, авари́йно-спаса́тельный ~ rescue space vehicle

косми́ческий лета́тельный, автомати́ческий ~ automatic(ally controlled) [unmanned] space vehicle

косми́ческий лета́тельный, возвраща́емый ~ recoverable space vehicle

косми́ческий лета́тельный ~ для иссле́дований space probe

косми́ческий лета́тельный ~ для полёта на Луну́ Moon-mission spacecraft

косми́ческий лета́тельный ~ для поса́дки на Луну́ lunar-landing vehicle

косми́ческий лета́тельный, маневри́рующий ~ manoeuvrable space vehicle

косми́ческий лета́тельный, межплане́тный ~ interplanetary space vehicle

косми́ческий лета́тельный ~ многора́зового примене́ния reusable space vehicle

косми́ческий лета́тельный, многоступе́нчатый ~ multistage space vehicle

косми́ческий лета́тельный, одноступе́нчатый ~ one-stage space vehicle

косми́ческий лета́тельный, орбита́льный ~ orbital space vehicle, orbiting spacecraft, orbiter

косми́ческий лета́тельный, орбита́льный тра́нспортный ~ earth-orbital transport

косми́ческий лета́тельный ~, рассчи́танный на вход в атмосфе́ру re-entry space vehicle

косми́ческий лета́тельный ~ с аэродинами́ческим вхо́дом в атмосфе́ру aerodynamic-re-entry space vehicle

косми́ческий лета́тельный ~ с баллисти́ческим вхо́дом в атмосфе́ру ballistic-re-entry space vehicle

аппара́т

косми́ческий лета́тельный ~ с жёсткой поса́дкой rough-landing spacecraft

косми́ческий лета́тельный ~ с мя́гкой поса́дкой soft-landing spacecraft

косми́ческий лета́тельный ~ со сме́нным экипа́жем crew-exchange space vehicle

косми́ческий лета́тельный, спуска́емый ~ descent stage, descent module, descent space vehicle, descent capsule, landing module

косми́ческий лета́тельный, стабилизи́рованный ~ non-tumbling [stabilized] space vehicle

косми́ческий лета́тельный ~ с экипа́жем на борту́ manned spacecraft

косми́ческий лета́тельный, управля́емый ~ piloted space vehicle

косми́ческий лета́тельный, челно́чный ~ space ferry

краси́льный ~ dyeing machine

краси́льный ~ для пря́жи на пако́вках package dyeing machine

краси́льный ~ для шерстяно́го волокна́ loose wool dyeing machine

краси́льный, проходно́й ~ continuous dyeing machine

кра́сочный, каска́дный ~ *полигр.* continuous ink feed system

муфтова́льный ~ *текст.* knotting machine

лета́тельный ~ [ЛА] flying vehicle

лета́тельный, атмосфе́рный ~ atmospheric vehicle

лета́тельный, аэродинами́ческий ~ aerodynamic vehicle

лета́тельный ~ без ускори́теля unboosted vehicle

лета́тельный, беспило́тный ~ pilotless [unmanned] vehicle, pilotless [unmanned] aircraft, drone

лета́тельный, винтокры́лый ~ rotorcraft

лета́тельный, возду́шно-косми́ческий ~ aerospace [space-air] vehicle, aerospacecraft

лета́тельный, возду́шный ~ aircraft

лета́тельный, гиперзвуково́й ~ hypersonic aircraft

лета́тельный ~ да́льнего де́йствия long-range aircraft

лета́тельный ~ для испыта́ния систе́м управле́ния control-test vehicle

лета́тельный, дозвуково́й ~ subsonic aircraft, subsonic vehicle

лета́тельный ~ жёсткой поса́дки impactor

лета́тельный, крыла́тый ~ lifting [winged, aerodynamic] vehicle

лета́тельный ~ *ле́гче во́здуха* lighter-than-air aircraft

лета́тельный ~ многокра́тного примене́ния reusable vehicle

лета́тельный, невозвраща́емый ~ nonrecoverable vehicle

лета́тельный, неуправля́емый ~ unguided [free-flight, ballistic] vehicle

аппара́т

лета́тельный ~ однора́зового примене́ния expendable aircraft

лета́тельный, околозвуково́й ~ transonic aircraft, transonic vehicle

лета́тельный, пилоти́руемый ~ piloted [manned] aircraft

лета́тельный, плани́рующий крыла́тый ~ winged glider

лета́тельный ~ радиолокацио́нного дозо́ра radar picket aircraft

лета́тельный, раке́тный ~ rocket-propelled vehicle

лета́тельный, рикошети́рующий ~ skip vehicle

лета́тельный ~ с большо́й да́льностью полёта long-range aircraft

лета́тельный ~ с вертика́льными взлётом и поса́дкой vertical take-off and landing [VTOL] aircraft

лета́тельный, с вертика́льными взлётом и поса́дкой, винтокры́лый ~ VTOL rotorcraft

лета́тельный ~ с вертика́льными и укоро́ченными взлётом и поса́дкой vertical/short take-off and landing [V/STOL] aircraft

лета́тельный, сверхзвуково́й ~ supersonic aircraft

лета́тельный ~ с высо́ким аэродинами́ческим ка́чеством high lift-to-drag [-L/D] vehicle

лета́тельный ~ с двухто́пливным дви́гателем dual-fuel vehicle

лета́тельный ~ с ма́лым аэродинами́ческим ка́чеством low lift-to-drag [-L/D] aircraft

лета́тельный ~ с несу́щим ко́рпусом lifting(-body) aircraft

лета́тельный ~ с ни́зким аэродинами́ческим ка́чеством low lift-to-drag [-L/D] vehicle

лета́тельный ~, создаю́щий подъёмную си́лу lifting aircraft

лета́тельный ~ с прямото́чным возду́шно-реакти́вным дви́гателем ram-jet aircraft

лета́тельный ~ с ускори́телем boosted vehicle

лета́тельный ~ тяжеле́е во́здуха heavier-than-air aircraft

лета́тельный, управля́емый ~ controlled [guided] vehicle

лета́тельный, эксперимента́льный ~ experimental aircraft

лопа́точный ~ (*турбины*) blading, blade system

луди́льный ~ tinning stack

лущи́льный ~ hulling unit

люминесце́нтный диагности́ческий ~ fluorescent diagnostic apparatus

~ магни́тной звукоза́писи magnetic tape recorder

маркиро́вочный ~ brander

массообме́нный ~ mass-transfer apparatus

математи́ческий ~ (*совокупность математических зависимостей и отношений, используемых в данной науке*) a body of mathematics

аппара́т

ма́трично-суши́льный ~ matrix dryer

~ микши́рования зву́ка *кфт.* re-recorder

многокра́тный ~ *свз.* multiplex apparatus

мо́ечный ~ washing unit, washer

мо́ечный ~ для пипе́ток pipette rinsing machine

молоти́льный ~ threshing mechanism

молоти́льный, би́льный ~ rasp-bar threshing mechanism

молоти́льный, зубово́й ~ peg-type threshing mechanism

молоти́льный, штифтово́й ~ peg-type threshing mechanism

морози́льный ~ freezing apparatus

мя́льный ~ breaking unit

набо́рный ~ composing apparatus, composing machine

~ на возду́шной поду́шке hovercraft, cushioncraft, ground-effect machine, air-cushion vehicle, ACV

~ на возду́шной поду́шке с боковы́ми сте́нками sidewaller, sidewall hovercraft

~ на возду́шной поду́шке с колёсным шасси́ wheeled ACV, wheeled air-cushion vehicle

~ на возду́шной поду́шке с кольцево́й струёй annular jet ACV, annular jet air-cushion vehicle

намагни́чивающий ~ magnetizing device

намо́точный ~ coiling [winding] apparatus

направля́ющий ~ акти́вной турби́ны nozzle

направля́ющий ~ вентиля́тора guide vanes

направля́ющий, входно́й ~ вентиля́тора inlet vanes, inlet vane device

направля́ющий, прямо́й ~ центробе́жного компре́ссора forward channel

направля́ющий ~ реакти́вной турби́ны guide case

направля́ющий, ули́точный ~ scroll

направля́ющий, упрощённый ~ louver-damper device

направля́ющий ~ центробе́жного компре́ссора return channel

нумерова́льный ~ *полигр.* paging machine

обводно́й ~ *прок.* repeater

обду́вочный ~ *тепл.* sootblower, blower

обду́вочный, выдвижно́й ~ *тепл.* retractable sootblower

обду́вочный, глубоковыдвижно́й ~ *тепл.* long-retracting sootblower

обду́вочный, кача́ющийся ~ *тепл.* oscillating sootblower

обду́вочный, маловыдвижно́й ~ *тепл.* short-retracting sootblower

обду́вочный, невыдвижно́й ~ *тепл.* non-retractable [non-retracting] sootblower

аппара́т

обду́вочный, неподви́жный ~ *тепл.* stationary sootblower

обду́вочный, парово́й ~ *тепл.* steam sootblower

обду́вочный, поворо́тный ~ *тепл.* rotating sootblower

обезжи́ривающий ~ fat extraction apparatus

обжа́рочный ~ roasting machine, roaster

обжа́рочный, парово́й ~ steam heated roasting machine

обжа́рочный, сфери́ческий ~ globe [spherical] roaster

обжа́рочный, цилиндри́ческий ~ cylinder roaster

обжи́мный ~ (*в укупорочной машине*) squeezer

обогати́тельный ~ ore-dressing apparatus

однопрочёсный ~ single-cylinder card

опа́лочный ~ singer

~ определе́ния то́чки плавле́ния fusing-point tester

отбе́ливающий ~ bleacher

отбе́льный ~ *пищ.* bleaching vessel, bleaching tank, bleacher

отбе́льный ~ для ма́сла oil-bleaching apparatus

отде́лочный стереоти́пный ~ stereo-type shaver-miller

отжи́мный ~ squeezing arrangement

отливно́й ~ *полигр.* casting mechanism, casting machine, caster

отливно́й, стереоти́пный ~ stereotype caster, stereotype casting machine

отсто́йный ~ settler

очёсывающий ~ *с.-х.* combing unit

~ очи́стки шля́пок *текст.* flat stripping apparatus

очистно́й ~ *с.-х.* cleaning unit

пая́льный ~ (*для твёрдых припоев*) brazing apparatus

пая́льный ~ для пил saw-brazing clamp

перего́нный ~ distiller, distillatory kettle, still

перего́нный, ва́куумный ~ vacuum still

перего́нный ~ для отго́на лёгких фра́кций stripping still

перего́нный ~ с па́дающей плёнкой falling-film still

перего́нный, тру́бчатый ~ pipe still

~ переза́писи зву́ка re-recorder

пескостру́йный ~ sand blaster

пита́ющий ~ feed unit

платиро́вочный ~ plating attachment

полимеризацио́нный ~ polymerizer

полирова́льный ~ polishing apparatus

~ порцио́нного сбро́са *с.-х.* batch dropper

посудомо́ечный электри́ческий ~ electric dish washer

аппара́т

початкоотделя́ющий ~ snapping unit

проекцио́нный ~ (*в фотографии*) projector; (*в кинематографии*) motion-picture projector

~ промы́вки, охлажде́ния и осуше́ния во́здуха cooling and dehumidifying air washer

промывно́й ~ 1. *текст.* rinser 2. *бум., рез.* washer

промывно́й ~ для пивно́й дроби́ны sparger

промывно́й ~ под давле́нием pressure washing kettle

пропи́точный ~ impregnator

противоотма́рочный ~ *полигр.* anti-set-off equipment

разбры́згивающий ~ sprayer

разли́вочный ~ racker, racking machine

распыли́тельный ~ atomizer, sprayer

реакцио́нный ~ *хим.* reactor, reaction vessel

реакцио́нный ~ непреры́вного де́йствия *хим.* continuous (chemical) reactor

реакцио́нный ~ периоди́ческого де́йствия *хим.* bath (chemical) reactor

реакцио́нный ~ с меша́лкой *хим.* stirred-tank reactor

ре́жущий ~ *с.-х.* cutterbar

ре́жущий, ди́сковый ~ *с.-х.* disk cutterbar, disk cutterhead

ректификацио́нный ~ rectifying still, rectifying apparatus, rectifier

рентге́новский ~ X-ray unit

рентге́новский, передвижно́й ~ mobile X-ray unit

рентге́новский, переносно́й ~ portable X-ray unit

самопи́шущий ~ (automatic) recorder

сва́рочный ~ welding apparatus, welding unit, welding set, welder

сва́рочный, а́томно-водоро́дный ~ atomic-hydrogen welding apparatus

сва́рочный, двухдугово́й ~ twin-arc welding set

сва́рочный, дугово́й ~ arc welder, arc welding set, arc welding unit

сва́рочный, многопостово́й ~ multi-operator welding set

сва́рочный, однопостово́й ~ single-operator welding set

светокопирова́льный ~ blue-printing machine

скороморози́льный ~ quick-freezing machine, quick-freezing plant

скороморози́льный, конве́йерный ~ conveyer quick-freezer, quick-freezing tunnel

скороморози́льный, мембра́нный ~ diaphragm quick-freezer

скороморози́льный, пли́точный ~ plate quick-freezer, platen-type quick-freezing machine, platen-type quick-freezing plant

аппара́т

скороморози́льный, тунне́льный ~ tunnel quick-freezer
слухово́й ~ hearing aid
слухово́й ~ в опра́ве очко́в eyeglass hearing aid
слухово́й, зау́шный ~ behind-the-ear hearing aid
смеси́тельный ~ mixer
~ Со́кслета *хим.* Soxhlet apparatus
соплово́й ~ nozzle block, nozzle set
соплово́й ~ турби́ны nozzle diaphragm
сортиро́вочный ~ sorter, separator, grader, classifier
~ с панто́графом, газоре́зательный pantograph cutter
спаса́тельный ~ *горн.* rescue apparatus
спрямля́ющий ~ вентиля́тора directing vanes, flow straightener
спрямля́ющий, лопа́точный ~ вентиля́тора straightening vanes
стрига́льный ~ *текст.* shearing device
стру́йный ~ jet device
суши́льный ~ drying apparatus, dryer, desiccator, drying cabinet
суши́льный ~ в кипя́щем сло́е fluidized-bed dryer
телегра́фный ~ telegraph apparatus, telegraph (set) □ телегра́фный ~ рабо́тает двухполя́рными [двухто́ковыми] посы́лками the telegraph apparatus uses polar [double-current] pulse signals; телегра́фный ~ рабо́тает ду́плексом the telegraph set operates on a duplex basis; телегра́фный ~ рабо́тает однополя́рными [однното́ковыми] посы́лками the telegraph apparatus uses neutral [single-current] pulse signals; телегра́фный ~ рабо́тает си́мплексом the telegraph set operates on a simplex basis
телегра́фный, буквопеча́тающий ~ type-printing apparatus, type printer, (tele)printer □ буквопеча́тающий телегра́фный ~ печа́тает на, *напр.* ле́нте the (tele)printer imprints on, *e. g.*, tape; рабо́тать на буквопеча́тающем телегра́фном ~е operate a (tele)printer
телегра́фный, буквопеча́тающий ~ Бодо́ Boudot type printer
телегра́фный, буквопеча́тающий ле́нточный ~ tape (tele)printer
телегра́фный, буквопеча́тающий руло́нный ~ page printing apparatus, page (tele)printer □ буквопеча́тающий телегра́фный руло́нный ~ печа́тает на руло́не бума́ги the page (tele)printer uses a paper roll
телегра́фный, буквопеча́тающий ~ Ю́за Hughes type printer
телегра́фный ~ Мо́рзе Morse apparatus
телегра́фный, передаю́щий ~ sender, sending set
телегра́фный, приёмный ~ telegraph receiver

аппара́т

телегра́фный, синхро́нный ~ synchronous apparatus
телегра́фный, стартсто́пный ~ start-stop apparatus
телегра́фный, трёхкра́тный ~ triple-multiplex apparatus
телегра́фный, цифрово́й ~ digital telegraph apparatus
телегра́фный, четырёхкра́тный ~ quadruple multiplex apparatus
телегра́фный ~ Ю́за Hughes telegraph
телефо́нный ~ telephone (instrument), telephone (set) □ включа́ть телефо́нный ~ в ли́нию connect [switch] a telephone set to [into] the line; включа́ть телефо́нный ~ паралле́льно bridge a telephone to (*e. g.*, *a main telephone*); подавля́ть щелчки́ в телефо́нном ~е mute clicks in a telephone; телефо́нный ~ включён the telephone is off-hook [in use]; телефо́нный ~ вы́ключен the telephone is on-hook [out of use]
телефо́нный, абоне́нтский ~ (*устано́вленный у абоне́нта*) station [sub(scriber's)] set
телефо́нный, абоне́нтский основно́й ~ main telephone (set)
телефо́нный, автомати́ческий ~ *англ.* automatic telephone (set); *амер.* dial telephone (set)
телефо́нный ~ АТС dial(-operated) telephone (set)
телефо́нный, безбатаре́йный ~ sound-powered [voice-operated] telephone (set)
телефо́нный, бескоммута́торный ~ intercommunication telephone (set)
телефо́нный ~ вну́тренней свя́зи intercommunication telephone (set)
телефо́нный, горноспаса́тельный ~ mine rescue telephone (set)
телефо́нный, громкоговоря́щий ~ (loud)speaker phone, loudspeaking telephone (set)
телефо́нный, диспе́тчерский ~ dispatching [dispatcher's] telephone (set)
телефо́нный, доба́вочный ~ extension telephone (set)
телефо́нный, моне́тный ~ coin(-operated) telephone (set)
телефо́нный, насте́нный ~ wall telephone, wall set
телефо́нный, насто́льный ~ *англ.* table telephone (instrument); *амер.* desk telephone, desk set
телефо́нный, паралле́льный ~ extension telephone (set)
телефо́нный, полево́й ~ field telephone (set)
телефо́нный, противоме́стный ~ anti-sidetone telephone (set)
телефо́нный ~ ручно́й ста́нции manual [manually operated] telephone (set)
телефо́нный ~ с автомати́ческим отбо́ем automatic clearing telephone (set)

аппара́т

телефо́нный ~ систе́мы ме́стной батаре́и [МБ] local-battery [magneto] telephone (set)
телефо́нный ~ систе́мы центра́льной батаре́и [ЦБ] common-battery telephone (set)
телефо́нный ~ с кно́почным набо́ром key telephone (set)
телефо́нный ~ с ме́стным эффе́ктом sidetone telephone (set)
телефо́нный ~ с микротелефо́нной тру́бкой handset [hand] telephone
телефо́нный ~ ЦБ — АТС central-battery dial telephone (set)
телефо́нный, ша́хтный ~ mine telephone (set)
теплообме́нный ~ heat-exchange apparatus
~ терапи́и УВЧ microwave therapy apparatus
титрова́льный ~ titrating [volumetric] apparatus
~ трево́жной сигнализа́ции alarm
трубоиспыта́тельный ~ pipe testing apparatus, pipe prover
туковысева́ющий ~ *с.-х.* fertilizer distributor, fertilizer feed
тя́говый фрикцио́нный ~ friction draft gear
уку́порочный ~ (*для буты́лок*) capping apparatus
фальцева́льно-ре́зальный ~ *полигр.* folding-and-cutting mechanism
фальцева́льный ~ *полигр.* folder
фальцева́льный, четырёхтетра́дный ~ *полигр.* four-up folder
фильтрова́льный ~ filtering apparatus
фотографи́ческий ~ photographic camera (*см. тж.* фотоаппара́т)
фототелегра́фный ~ facsimile apparatus
фототелегра́фный, передаю́щий ~ с бараба́нной развёрткой drum transmitter
фототелегра́фный, приёмный ~ facsimile receiver
фототелегра́фный, приёмный ~ с бараба́нной развёрткой drum recorder
фототелегра́фный ~ с закры́той за́писью photofacsimile apparatus
фототелегра́фный ~ с откры́той за́писью direct-recording facsimile apparatus
фототелегра́фный ~ с плоскостно́й развёрткой flat-bed facsimile apparatus
хмелево́й ~ hop apparatus
хроматографи́ческий ~ chromatography apparatus
централизацио́нный ~ *ж.-д.* interlocker, interlocking device, interlocking gear
централизацио́нный, пневмати́ческий ~ pneumatic interlocking machine

аппарáт
централизациóнный, электрúческий~ electric interlocking machine
централизациóнный, электромеханúческий ~ electromechanical interlocking machine
централизациóнный, электропневматúческий ~ electropneumatic interlocking machine
чаесбóрочный ~ tea-leaf harvesting (picking) device
чесáльный ~ *текст.* card
~ **чúстых культýр** (*дрожжей или бактерий*) pure culture machine
швéйный ~ *полигр.* sewing bench, sewing press, sewing frame
шлакосмывнóй ~ slag-sluicing nozzle
шприцевáльный ~ sprayer, sprinkler
экстракциóнный ~ *пищ.* extraction vessel, extraction unit
электрографúческий ~ *полигр.* electrographic machine
электрожезловóй ~ *ж.-д.* token [electrotoken] instrument
~ **электронаркóза** electronarcosis apparatus
~ **электрофорéза** electrophoresis apparatus

аппарáтная *ж.* (*в мобильных установках*) equipment truck, equipment vehicle; (*в стационарных установках*) control [equipment, instrument, operating] room
центрáльная ~ central [master] control room, control central

аппарáтно *нареч. вчт.* by hardware, under hardware control □ **все прерывáния блокúруются** ~ hardware disables all interrupts; **заявки на прерывáние распознаются** ~ interrupt requests are recognized by hardware

аппарáтный *прил. вчт.* hardware-controlled

аппаратýр/а *ж.* **1.** apparatus, equipment, gear; (*приборы*) instrumentation (*см. тж.* **систéма**) □ **дорабáтывать** ~**у** update equipment *or* a system; **обеспéчивается пóлное резервúрование** ~**ы** there is full redundancy of all equipment; **оснащáть** ~**ой (для...)** equip (for...); ~ **пóлностью резервúрована** there is full redundancy of all equipment; **резервúровать** ~**у** 1. (*обеспечивать резервирование*) provide redundancy in the equipment, use duplicate items of equipment 2. (*переходить на резерв*) change over to a stand-by equipment; **сопрягáть** ~**у** gang up one type of equipment with another, provide interfacing between, *e. g.*, equipment A and equipment B **2.** (*в отличие от математического обеспечения*) *вчт.* hardware (*contrasted with software*)
абонéнтская ~ *тлф. англ.* subscriber's apparatus; *амер.* (telephone) station apparatus, telephone station (apparatus)

аппаратýр/а
авари́йно-спасáтельная ~ (*используемая экипажем и/или пассажирами*) survival equipment; (*используемая спасателями*) (search-and-)rescue equipment
аэрофотосъёмочная ~ aerial photography [aerial surveying] equipment
~ **бдúтельности** (*в поездной авторегулировке*) acknowledger
бортовáя ~ (*для самолёта*) airborne equipment; (*для корабля*) ship-borne equipment; (*для любого средства передвижения*) vehicle-borne equipment
гидроакустúческая ~ *англ.* asdic equipment; *амер.* sonar equipment
голографúческая ~ holographic equipment
горноспасáтельная ~ mine rescue apparatus
~ **громкоговорящей связи** public-address equipment
дальномéрная ~ range instrumentation, range-finding equipment
двухчастóтная ~ *тлф.* dual-[two-] frequency equipment
~ **диспéтчерского управлéния** supervisory control apparatus
~ **для вычислéний с удвóенной тóчностью** double-precision hardware
дыхáтельная ~ (*горноспасательная*) breathing apparatus
запаснáя ~ reserve [stand-by] equipment (*не путать с* аппаратурой резервирования)
~ **зáписи на магнúтную лéнту** magnetic-type recording equipment
~ **звуковоспроизведéния** sound-reproducing equipment
звукозапúсывающая ~ sound-recording equipment
звукоприёмная ~ *тлв.* sound-pick-up equipment
~ **индивидуáльного преобразовáния** (*для в. ч. телефонии*) channel equipment (*for carrier telephony*)
индикáторная ~ *рлк.* display [presentation] equipment
испытáтельная ~ test equipment, test gear
~ **исслéдования вéрхних слоёв атмосфéры** upper atmosphere instrumentation
кинокопировáльная ~ motion-picture printing equipment
киноосветúтельная ~ set lighting equipment
кинопроекциóнная ~ motion-picture projection equipment
киносъёмочная ~ filming equipment
кислорóдная ~ oxygen equipment
коммутациóнная ~ *тлф.* switching equipment

аппаратýр/а
коммутациóнная ~ **шáговой систéмы** *тлф.* step-by-step switching equipment
контрóльно-измерúтельная ~ instrumentation; (*для проверок и испытаний*) test equipment, test gear □ **оснащáть контрóльно-измерúтельной** ~**ой** instrument
контрóльно-измерúтельная ~ **для биологúческих исслéдований** bioinstrumentation
контрóльно-измерúтельная, технологúческая ~ process instrumentation
контрóльно-измерúтельная, электрóнная ~ electronic instrumentation
~ **контрóля** monitoring equipment
лáзерная ~ laser equipment
линéйная ~ *тлф.* line equipment
микроголографúческая ~ holomicrographic equipment
микрофотографúческая ~ photomicrographic equipment
~ **набóра нóмера** *тлф.* dialling equipment
назéмная ~ ground(-based) equipment
~ **на транзúсторах** transistorized equipment
наýчная ~ experimental gear
неспасáемая ~ non-recoverable [non-retrievable] equipment
~ **обрабóтки дáнных** data-processing equipment
оконéчная ~ terminal (equipment)
опознавáтельная ~ *ав., косм.* identification equipment
опрóсная ~ *тлф.* answering equipment
~ **оптúческой звукозáписи** optical [photographic] sound-on-film recording apparatus, optical [photographic] sound-on-film recording equipment
~ **ориентáции** *косм.* attitude-control equipment
~ **передáчи дáнных** data transmission equipment
~ **передáчи соединéния** *тлф.* transfer equipment
~ **предупредúтельной сигнализáции** warning apparatus
~ **предупреждéния столкновéния** (*в воздухе или на море*) anti-collision [collision-warning] equipment
приводнáя ~ *нвг.* homing facilities
приёмная ~ receiving equipment
провéрочная ~ test equipment, test gear
~ **радиопротиводéйствия** electronic countermeasures [ECM] equipment
радиорелéйная ~ microwave-link [radio-relay] equipment
радиотелеметрúческая ~ telemetry [telemetering] equipment
~ **разделéния канáлов** demultiplexer
~ **распределúтельных устрóйств** switchgear components, switchgear devices

аппарату́р/а
~ регули́рования control equipment
~ резерви́рования 1. (*избыточная аппаратура для повышения надёжности системы*) redundant equipment; (*дублирующая аппаратура*) duplicate equipment **2.** (*для осуществления перехода на резерв*) change-over [throw-over] control (facility)
резе́рвная ~ reserve [stand-by] equipment (*не путать с аппаратурой резервирования*)
самолётная ~ airborne equipment
светосигна́льная ~ light signalling equipment
~ свя́зи communication(s) equipment
~ свя́зи двукра́тного уплотне́ния double-multiplex equipment
сери́йно выпуска́емая ~ production-run [stock-produced] equipment
сигнализацио́нная ~ signalling apparatus
~ систе́мы обнаруже́ния *ав., косм.* detection equipment
~ сопряже́ния 1. (*для обеспечения сопряжения*) interface (facility) **2.** (*сопряжённая*) associated equipment; dependent equipment
~ спу́тниковой свя́зи satellite-communication equipment
стереофони́ческая ~ stereo sound equipment
~ счи́тывания и за́писи read-write equipment
тариро́вочная ~ calibration equipment
~ телегра́фной свя́зи telegraph equipment
~ телеизмере́ния remote measuring [remote metering, telemetry] equipment
~ телеконтро́ля telemetry and supervisory indication equipment
телеметри́ческая ~ remote measuring [remote metering, telemetry] equipment
~ телесигнализа́ции supervisory [remote] indication equipment
~ телеуправле́ния telecontrol equipment
~ телефо́нной свя́зи telephone equipment
~ уплотне́ния multiplexing equipment
~ управле́ния control equipment
~ управле́ния, электро́нная control electronics
~ фотографи́ческой звукоза́писи *см.* **аппарату́ра опти́ческой звукоза́писи**
фототелегра́фная ~ facsimile equipment
цифрова́я ~ digital equipment
электро́нная ~ electronic equipment

аппаре́л/ь *ж.* **1.** *стр.* ramp **2.** *мор.* ramp, slipway □ **вта́скивать по ~и** haul up the ramp

аппаре́л/ь
кормова́я ~ stern ramp
носова́я ~ bow ramp

апплика́т/а *ж. мат.* z-axis, z-coordinate □ **по ~е** (in) z-direction

аппликáция *ж. текст.* **1.** overlaying, application work **2.** application

аппре́т *м. текст., кож.* **1.** (*вещество*) finishing agent **2.** (*слой аппрета на изделии*) finish coat

аппрети́рование *с. текст., кож.* finishing

аппрети́ровать *гл. текст., кож.* finish □ **~ вручну́ю** apply a finish by hand swabbing; **~ разбры́згиванием** spray on a finish, apply a finish by spraying; **~ щётками** brush on a finish, apply a finish by brushing [on a brush machine]

аппрету́р/а *ж. текст., кож.* finish, season(ing) □ **наноси́ть ~у** apply a finish
во́дная ~ water-based finish
восково́я ~ wax finish
гля́нцевая ~ lustre □ **получа́ть гля́нцевую ~у** develop lustre by glazing
заключи́тельная ~ top [final] finish
отде́лочная ~ top [final] finish
спиртова́я ~ spirit finish
шелла́чная ~ shellac finish

аппрету́рщик *м.* finisher

аппроксимати́вный *прил.* approximate

аппроксима́ци/я *ж.* approximation □ **~ действи́тельна для...** the approximation is valid for...; **определя́ть то́чность ~и** estimate the accuracy of an approximation
дифференциа́льная ~ differential approximation
информацио́нная ~ informational approximation
кусо́чно-лине́йная ~ piecewise-linear approximation
~ полино́мами polynomial approximation

аппроксими́рование *с.* approximation

аппроксими́ровать *гл.* approximate

аппроксими́руемость *ж.* aproximability

аппроксими́руя approximating, if we approximate

априо́ри *нареч.* a priori

априо́рный *прил.* a priori

апси́да *ж. арх.* apse

апси́ды *мн. ж. астр.* apsides

апте́чка *ж.* first aid kit, medicinal chest

АПЧ [**автомати́ческая подстро́йка частоты́**] **1.** (*процесс*) automatic-frequency control, AFC **2.** (*устройство*) AFC circuit, AFC system □ **~ захва́тывает частоту́, лежа́щую на... мГц вы́ше частоты́ переда́тчика** the AFC circuit locks in at a frequency (which is)... mHz above the transmitter frequency; **~ обеспе́чивает поддержа́ние настро́йки приёмника в за́данных преде́лах** the AFC (circuit) maintains the turing of a receiver within specified limits; **~ осуществля́ет по́иск и захва́т ну́жной частоты́** the AFC searches for and locks on the valid frequency

АПЧ
двухкана́льная ~ double-mixer AFC
одноканáльная ~ single-mixer AFC
~, рабо́тающая по абсолю́тной величине́ сигна́ла absolute AFC
~, рабо́тающая по ра́зностному сигна́лу difference AFC
следя́щая ~ lock [tracking] AFC
~ с по́иском hunting-type [swept, search-and-lock] AFC
фа́зовая ~ [**ФАПЧ**] **1.** (*процесс, явление*) phase locking **2.** (*схема*) phase-lock loop
часто́тная ~ [**ЧАПЧ**] **1.** (*процесс*) automatic frequency control, AFC **2.** (*устройство*) AFC circuit, AFC system

апьезо́н *м.* apiezon wax

арабе́ски *мн. ж. арх.* arabesque

арабино́за *ж.* arabinose, gum sugar

арборици́д *м.* silvicide □ **опры́скивать ~ом по́росли** use a silvicide as a post-emergence spray [for post-emergence control]; **опры́скивать ~ом све́жие пни** use a silvicide as a cut-stump spray

аргеноти́пия *ж.* silver print

аргентоме́тр *м.* argentometer

аргентометри́я *ж.* agrentometric titration

аргилли́т *м.* argillite, claystone

арго́н *м.* argon, Ar

аргуме́нт *м.* argument
~ ко́мплексного числа́ argument [amplitude] of a complex number
~ фу́нкции argument, independent variable

аргумента́ция *ж.* argumentation

арео́метр *м.* hydrometer
~ Ба́ллинга Balling hydrometer
~ Боме́ Baumé hydrometer
~ Бри́кса Brix hydrometer
~ для рассо́ла sali(no)meter
кисло́тный ~ acidometer, acidimeter
ма́сляный ~ oleometer
нефтяно́й ~ petroleum hydrometer
~ постоя́нного ве́са constant-weight hydrometer
~ постоя́нного объёма constant-volume hydrometer
самопи́шущий ~ density recorder

ареометри́ческий *прил.* areometric

ареоме́трия *ж.* hydrometry

ари́л *м.* aryl

арили́рование *с.* arylation

аристо́телевский *прил.* Aristotelian

аритми́чный *прил.* ar(r)hythmic, erratic, irregular

арифметиза́ция *ж.* arithmetization

арифме́тика *ж.* arithmetic
двои́чная ~ binary arithmetic
десяти́чная ~ decimal arithmetic
маши́нная ~ machine arithmetic
~ поря́дков exponent arithmetic

арифме́тико-геометри́ческий *прил.* arithmetic-geometrical

арифмети́ческий *прил.* arithmetic(al), number-theoretic
арифмо́метр *м.* (desk) calculator, adding [(desk) calculating, desk computing] machine
АРК [**автомати́ческий радиоко́мпас**] automatic direction finder, ADF
а́рк/а *ж.* arch □ ~ **де́йствует на опо́ры** the arch develops reactions at its two end supports; **соединя́ть ~у с опо́рой жёстко** anchor [fix] the arch rigidly [securely] to [at] the abutments; **стя́гивать ~у** tie (the ends of) the arch
бесшарни́рная ~ fixed [hingeless, no-hinged] arch
коса́я ~ skew [oblique] arch
кругова́я, пло́ская ~ segmental arch
кругова́я, поло́гая ~ scheme arch
многопролётная ~ multispan arch
мостова́я ~ bridge arch
обра́тная ~ inverted arch
одно-, двух-, трёхцентрова́я ~ one-, two-, three-centred arch
одно-, двух-, трёхшарни́рная ~ single-, doube-, three-hinged arch
однопролётная ~ single-span arch
опроки́нутая ~ inverted arch
ползу́чая ~ rampant [rising] arch
разгру́зочная ~ relieving arch
сбо́рная ~ built-up [composite] arch
~ **с затя́жкой** tied arch
~ **с криволине́йными пояса́ми** curved rib arch
составна́я ~ built-up [composite] arch
сплошна́я ~ solid-webbed arch
шарни́рная ~ hinged arch
эллипсови́дная ~ elliptic arch
арка́да *ж.* arcade
арккосе́канс *м.* arc [inverse] cosecant, anti-cosecant, arc csc, csc^{-1}
аркко́синус arc [inverse] cosine, anti-cosine, arc cos, cos^{-1}
арккота́нгенс *м.* arc [inverse] cotangent, anti-cotangent, arc cot, cot^{-1}
аркообра́зный *прил.* arcuate
арксе́канс *м.* arc [inverse] secant, anti-secant, arc sec, sec^{-1}
аркси́нус *м.* arc [inverse] sine, anti-sine, arc sin, sin^{-1}
аркта́нгенс *м.* arc [inverse] tangent, anti-tangent, arc tan, tan^{-1}
а́ркус-фу́нкция *см.* **аркфу́нкция**
аркфу́нкция *ж.* inverse trigonometric function
армату́р/а *ж.* 1. (*принадлежности*) accessories, fitting(s), fixtures 2. (*элемент усиления железобетонных конструкций*) reinforcement □ **заде́лывать ~у** embed the steel; **закрепля́ть ~у (в бето́не)** anchor reinforcing bars to (concrete); **захва́тывать ~у** grip the bars [wires]; **насыща́ть ~ой** congest with reinforcement; **насы́щенный ~ой** congested with reinforcement; **натя́гивать ~у** (*в случае напряжённого армирования*) stress the steel; **натя́гивать ~у упо́ры** pre-tension the tendons; **натя́гивать ~у механи́ческим спо́собом** tension the tendons with jacks; **натя́гивать ~у на бето́н** post-tension the tendons; **натя́гивать ~у электротерми́ческим спо́собом** tension the tendons by electrical heating; **опрессо́вывать ~у в обо́йме** swage a fitting on (a strand of) bars; ~ **передаёт предвари́тельное напряже́ние на бето́н** (*напр. посредством сцепления*) the tendons transfer the prestress to the concrete; **сцепля́ть ~у с бето́ном** bond the concrete to the bars; **устана́вливать ~у** place the steel

армату́р/а
~ **для железобето́на** reinforcement
~ **для железобето́на, вспомога́тельная** secondary [auxiliary] reinforcement
~ **для железобето́на, вя́заная** spliced bars, tied reinforcement
~ **для железобето́на, ги́бкая** flexible reinforcement
~ **для железобето́на, гла́вная** principal reinforcement
~ **для железобето́на, гла́дкая** plain (reinforcing) bars
~ **для железобето́на, гну́тая** bent bars
~ **для железобето́на, двойна́я** double [twin] bars
~ **для железобето́на, двойна́я кручёная** twin-twisted bars
~ **для железобето́на, двухсло́йная** two-layer reinforcement
~ **для железобето́на, диспе́рсная** dispersed [distributed] reinforcement
~ **для железобето́на, жёсткая** stiff [rigid] reinforcement
~ **для железобето́на, заанкеро́ванная** end-anchored reinforcement
~ **для железобето́на заводско́го изготовле́ния** prefabricated reinforcement
~ **для железобето́на, защемлённая** gripped reinforcement
~ **для железобето́на, из про́волочной се́тки** wire-fabric reinforcement
~ **для железобето́на, карка́сная** 1. (*плоская*) bar mat (reinforcement) 2. (*пространственная*) cage reinforcement
~ **для железобето́на, квадра́тного сече́ния** square bars
~ **для железобето́на, концева́я** end reinforcement
~ **для железобето́на, коса́я** diagonal reinforcement
~ **для железобето́на, кру́глая** round (reinforcing) bars
~ **для железобето́на, кручёная** twisted steel bars
~ **для железобето́на, монта́жная** auxiliary [secondary] reinforcement
~ **для железобето́на, накло́нная** pitch reinforcement

армату́р/а
~ **для железобо́тона, напряга́емая** tendons □ **отпуска́ть напряга́емую ~у для железобето́на** relieve the external pull on the tendons; **растя́гивать напряга́емую ~у для железобето́на** stretch (the) tendons
~ **для железобето́на, несу́щая** bearing (steel) bars
~ **для железобето́на, неразрезна́я** continuous (steel) bars
~ **для железобето́на, ото́гнутая** bent-up (reinforcing) bars
~ **для железобето́на, перекрёстная** two-way reinforcement
~ **для железобето́на, периоди́ческого про́филя** deformed (reinforcing steel) bars
~ **для железобето́на, попере́чная** lateral [transverse] reinforcement
~ **для железобето́на, про́волочная** wire reinforcement, wire binders
~ **для железобето́на, продо́льная** longitudinal reinforcement
~ **для железобето́на, прутко́вая** bar [rod] reinforcement
~ **для железобето́на, пря́девая** strand reinforcement
~ **для железобето́на, пучко́вая** cable reinforcement
~ **для железобето́на, рабо́тающая на изги́б** reinforcement bending
~ **для железобето́на, рабо́тающая на растяже́ние** tensile reinforcement
~ **для железобето́на, рабо́тающая на сжа́тие** compression reinforcement
~ **для железобето́на, рабо́тающая на срез** shear reinforcement
~ **для железобето́на, рабо́чая** principal [main] reinforcement
~ **для железобето́на, распредели́тельная** distribution reinforcement
~ **для железобето́на, растя́нутая** tensile reinforcement
~ **для железобето́на, самоанкеру́ющаяся** bond-anchored bars
~ **для железобето́на, сварна́я** welding rods
~ **для железобето́на, се́тчатая** fabric reinforcement
~ **для железобето́на, сжа́тая** compressive reinforcement
~ **для железобето́на, спира́льная** spiral [hooped] reinforcement
~ **для железобето́на, стальна́я** steel rods, steel bars
~ **для железобето́на, стержнева́я** bar reinforcement
~ **для железобето́на, тавро́вая** tee bars
~ **для железобето́на, уса́дочная** shrinkage bars
коте́льная ~ boiler valves (and accessories)
лине́йная ~ *эл.* line accessories
~ **ли́нии электропереда́чи для опо́р** pole fittings, pole attachments

армату́р/а
~ ли́нии электропереда́чи для проводо́в line accessories
~ ли́нии электропереда́чи для тро́са заземле́ния earth-[ground-]wire attachments
~ ли́нии электропереда́чи, изоля́торная insulator attachments
~ ли́нии электропереда́чи, сцепна́я line accessories
освети́тельная ~ *англ.* lighting fittings; *амер.* lighting fixtures
освети́тельная, брызгозащищённая ~ splash-proof lighting fittings
освети́тельная, взрывобезопа́сная ~ *англ.* flame-proof lighting fittings; *амер.* explosion-proof lighting fixtures
освети́тельная, вибропро́чная ~ vibration-proof lighting fitting
освети́тельная, вибросто́йкая ~ vibration-resistant lighting fitting
освети́тельная, водонепроница́емая ~ water-proof lighting fitting
освети́тельная, подвесна́я ~ pendant lighting fitting
освети́тельная, потоло́чная ~ ceiling lighting fitting
освети́тельная, струезащи́тная ~ hose-proof lighting fitting
печна́я ~ furnace accessories
~ прока́тного ста́на, валко́вая guide [roll] fittings
~ прока́тного ста́на, канту́ющая twist guide
~ прока́тного ста́на, приводна́я driving bars
~ прока́тного ста́на, проводко́вая guide unit
~ прока́тного ста́на, распредели́тельная distributing bars
~ прока́тного ста́на, ро́ликовая roller guide unit
сма́зочная ~ lubrication fittings
трубопрово́дная ~ valves
трубопрово́дная, бесфла́нцевая ~ welding-end valves
трубопрово́дная, га́зовая ~ gas-line valves (and accessories)
трубопрово́дная, дро́ссельная ~ throttling valves
трубопрово́дная, забо́ртная ~ *мор.* sea valves
трубопрово́дная, запо́рная ~ stop valves
трубопрово́дная, защи́тная ~ relief [safety] valves
трубопрово́дная, му́фтовая ~ screwed valves
трубопрово́дная, предохрани́тельная ~ relief [safety] valves
трубопрово́дная, приварна́я ~ welding-end valves
трубопрово́дная, приводна́я ~ power(-operated) valves
трубопрово́дная, проду́вочная ~ blow-off valves
трубопрово́дная, регули́рующая ~ control valves

армату́р/а
трубопрово́дная, фла́нцевая ~ flanged valves
~ цили́ндра cylinder fittings
электроустано́вочная ~ wiring accessories

армату́рщик *м. стр.* steelman

арми́ровани/е *с.* 1. (*совокупность арматуры*) reinforcement (*см. тж.* **армату́ра**) 2. (*усиление железобетонных конструкций*) reinforcement, reinforcing □ **с больши́м проце́нтом ~я** heavily reinforced 3. (*кабелей, рукавов и т. п.*) armouring 4. (*пластмасс*) reinforcement 5. *эл.* (*выводов*) cementing

арми́рованный *прил.* reinforced

арми́ровать *гл.* 1. (*железобетонные конструкции*) reinforce 2. (*кабели, рукава и т. п.*) armour, sheathe 3. (*пластмассы*) reinforce 4. *эл.* (*выводы*) cement

армиро́вка *ж.* 1. *свз.* armour(ing) 2. *горн.* equipment
~ ка́беля (cable) armour(ing)
~ ша́хтного ствола́ mine shaft equipment
~ шнура́ *тлф.* cord armouring

а́рмко-желе́зо *с.* armco-iron

армопенобето́н *м.* reinforced foam concrete

армополибето́н *м.* reinforced polymer concrete

армоцеме́нт *м.* fine-mesh wire-fabric reinforced concrete

армоэлеме́нт *м.* reinforcing member

ароматиза́ция *ж.* aromatization

ароматизи́ровать *гл.* aromatize

аррети́р *м.* arrester, cage, clamp, stop □ **поста́вить на ~** cage; **снять с ~а** uncage

аррети́ровать *гл.* arrest, cage, clamp, stop

арсена́зо *с.* arsen-azo indicators

арсена́т *м.* arsenate *примеры*: **~ ви́смута** bismuth arsenate; **~ свинца́** lead arsenate

арсени́д *м.* arsenide *примеры*: **~ на́трия** sodium arsenide; **~ ма́гния** magnesium arsenide

арсени́т *м.* arsenite *примеры*: **~ ка́льция** calcium arsenite; **~ ме́ди** cupric arsenite

арсеносоедине́ние *с.* arseno-compound *примеры*: **арсенобензо́л** arseno-benzene; **арсеномета́н** arseno-methane; **арсенови́смутит** arsenobismuthite

арте́рия *ж.* **грунтовы́х вод** ground water artery

артикуля́тор *м. мед.* articulator

артикуля́ция *ж.* (per cent) articulation
звукова́я ~ sound articulation
слове́сная ~ word articulation
слогова́я ~ syllable articulation, per cent of syllabic articulation
фа́зовая ~ sentence articulation

АРУ [автомати́ческая регулиро́вка усиле́ния] *рад., элн.* AGC, automatic gain control □ **~ рабо́тает по сигна́лу** (*напр. ответчика*) the AGC (circuit) is controlled by the (*e. g., transponder*) signal

АРУ
быстроде́йствующая ~ fast-acting AGC, fast-time gain control, FTG
ключева́я ~ gated AGC
заде́ржанная ~ delayed AGC
простá я ~ simple AGC
~, рабо́тающая по сре́днему у́ровню сигна́ла mean-signal-level AGC
уси́ленная ~ amplified AGC

архи́в *м.* archive, file

архиме́дов *прил.* (*о классе, спирали*) Archimedes'

архиме́довость *ж.* property of being Archimedean

архитекто́ника *ж.* architectonics

архите́ктор *м.* architect

архитекту́ра *ж.* architecture
гражда́нская ~ civil architecture
корабе́льная ~ naval architecture
ландша́фтная ~ landscape architecture, landscape gardening, landscaping
промы́шленная ~ industrial architecture
функциона́льная ~ functional architecture

архитекту́рный *прил.* architectural

ары́к *м.* irrigating ditch

асбе́ст *м.* asbestos □ **вылёживать ~** age asbestos ore; **обогаща́ть ~** dress asbestos ore; **производи́ть отбо́рку ~а** pick up the (loosened) fibres; **распу́шивать ~** crush asbestos, fluff [liberate, open] the fibres
актиноли́товый ~ actinolite asbestos
голубо́й ~ blue asbestos, crocidolite
длинноволокни́стый ~ long-fibre asbestos
коротковолокни́стый ~ short-fibre asbestos
листово́й ~ asbestos sheets
порошкообра́зный ~ pulverized asbestos
руло́нный ~ asbestos rool(s), roll asbestos
си́ний ~ blue asbestos, crocidolite

асбе́ст-амфибо́л *м.* amphibole asbestos

асбе́ст-антофилли́т *м.* anthophyllite asbestos

асбести́н *м.* asbestine, fibrous talc (filler)

асбе́ст-крокидоли́т *м.* crocidolite, blue asbestos

асбестово́йлок *м.* asbestos felt

асбестосилика́т *м.* asbestos silicate

асбестоцеме́нт *м.* asbestos cement

асбе́ст-сыре́ц *м.* raw [crude] asbestos

асбе́ст-тремоли́т *м.* tremolite asbestos

асбе́ст-хризоти́л *м.* chrysotile asbestos

асбобума́га *ж.* asbestos paper (*см. тж.* **асбе́стовая бума́га**)

асбогетина́кс *м.* asbestos paper laminate

асбозури́т *м.* diatomaceous-silica asbestos

асбокарто́н *м.* asbestos sheet mill-board

асболе́нта *ж.* asbestos tape
асболи́т *м.* asbestos sheet millboard
асбопла́стики *мн. м.* asbestos-filled plastics
асбослюда́ *ж.* asbestos-backed mica insulation
асботекстоли́т *м.* asbestos-cloth laminate
асботка́нь *ж.* asbestos cloth
асботру́бы *мн. ж.* asbestos cement pipes
асбофане́ра *ж.* asbestos board, asbestos lumber
асбоцеме́нт *м. см.* **асбестоцеме́нт**
асбоши́фер *м.* corrugated asbestos sheets
асимметри́ческий *прил. см.* **асимметри́чный**
асимметри́чный *прил.* asymmetric(al), non-central, unsymmetric
асимметри́я *ж.* asymmetry, non-symmetry, skewness
  азимута́льная ~ (*поля*) azimuthal asymmetry
  ёмкостная ~ capacitive unbalance
  молекуля́рная ~ molecular asymmetry
  ~ наблюда́емого предме́та asymmetry of an object
асимпто́та *ж. мат.* asymptote
асимптоти́чески *нареч. мат.* □ **приближа́ться ~ к** *чему-л.* be [become] asymptotic to *smth.*
асимптоти́ческий *прил. мат.* asymptotic(al)
асимптоти́чность *ж. мат.* asymptotic property
аспира́тор *м.* aspirator
  гидравли́ческий ~ water-operating aspirator
  ~ с двойно́й очи́сткой зерна́ duo-aspirator
  ~ с за́мкнутым ци́клом во́здуха closed air aspirator
  центробе́жный ~ centrifugal aspirator
аспира́тор-пылеотдели́тель *м.* dust aspirator
аспира́ция *ж.* aspiration
ассе́мблер *м.* (*программа вычислительной машины*) assembler (program)
ассембли́рование *с.* (*трансляция программы, записанной на языке ассемблера, на машинный язык*) assembling
ассениза́ция *ж.* sanitation, sewage disposal
ассигнова́ние *с.* appropriation, allocation
ассимили́ровать *гл.* assimilate
ассимиля́т *м.* assimilator
ассимиля́ция *ж.* assimilation
ассортиме́нт *м.* assortment, range (of products), choice, selection
ассоциати́вность *ж.* associativity, associativeness
ассоциати́вный *прил.* associative
ассоциа́тор *м. мат.* associator

ассоциа́ция *ж.* association
  звёздная ~ stellar association
  ~ ио́нов ion association, ion combination
ассоции́ровать *гл.* associate
ассюре́ *с.* (*типографская линейка от 12 до 24 пунктов*) pica gauge
астази́рование *с.* astatization
астази́ровать *гл.* astatize
аста́т *м.* astatine, At
астати́зм *м.* (*следящих систем*) servo system type number *пример*: **систе́ма с ~ом 1-го поря́дка** a type 1 servo system
астати́ческий *прил.* (*об измерительных приборах*) astatic; (*о следящих системах управления*) zero-constant-error *пример*: **астати́ческая систе́ма 1-го *или* 2-го поря́дка** type 1 servo *or* 2 servo system
астати́чность *ж.* astaticism
астери́зм *м.* asterism
астери́ск *м. полигр.* asterisk
астеро́ид *м.* asteroid, planetoid
астигмати́зм *м.* astigmatism
астигмати́ческий *прил.* astigmatic
астигмато́метр *м. мед.* astigmatometer, astigmometer
астигматоско́п *м. мед.* astigmatoscope
астра́льный *прил.* astral
астрио́ника *ж.* astrionics, astronomical electronics
астробаллистика *ж.* astroballistics
астрогра́мма *ж.* astrogram
астро́граф *м.* astrograph
астрода́тчик *м.* star tracker
астродина́мика *ж.* astrodynamics
астро́ида *ж.* ast(e)roid
астрока́мера *ж.* astronomical camera
астроко́мпас *м.* astro-compass, celestial compass
  дистанцио́нный ~ remote-indicating astro-compass
астрокорре́кци/я *ж.* stellar monitoring □ **(гироприбо́р) с ~ей** celestially slaved (gyro)
астроку́пол *м.* astrodome
астроло́н *м. полигр.* astrolon
астролю́к *м. косм., ав.* astrohatch
астроля́бия *ж.* astrolabe
  при́зменная ~ prism astrolabe
  ~ с алида́дой planispheric alidade
астроме́трия *ж.* astrometry
  фотографи́ческая ~ photographic astrometry
  фундамента́льная ~ fundamental astrometry
астро́н *м.* astron, relativistic electron beam
астронавига́ция *ж.* astronavigation, celestial navigation, star-tracking
  возду́шная ~ air celestial navigation
  морска́я ~ marine celestial navigation
астрона́вт *м.* astronaut (*термин относится к иностранным космонавтам*)
астрона́втика *ж.* astronautics
астроно́м *м.* astronomer
астрономи́ческий *прил.* astronomical

астроно́мия *ж.* astronomy
  авиацио́нная ~ aviation astronomy
  внеатмосфе́рная ~ extra-terrestrial astronomy
  внегалакти́ческая ~ extra-galactical astronomy
  галакти́ческая ~ stellar astronomy
  геодези́ческая ~ field astronomy
  звёздная ~ stellar astronomy
  косми́ческая ~ space astronomy
  ла́зерная ~ laser astronomy
  мореходная ~ nautical astronomy
  наблюда́тельная ~ observational astronomy
  нейтри́нная ~ neutrino astronomy
  опти́ческая ~ optical astronomy
  полева́я ~ field astronomy
  практи́ческая ~ practical astronomy
  радиолокацио́нная ~ radar astronomy
  рентге́новская ~ X-ray astronomy
  сфери́ческая ~ spherical astronomy
  теорети́ческая ~ theoretical astronomy
астроориента́тор *м.* astrotracker, star-tracker
астроориента́ция *ж.* astroorientation, star-tracking
астрополяриме́трия *ж.* astropolarimetry, celestial polarimetry
астроспектро́граф *м.* astronomical spectrograph
астроспектроскопи́я *ж.* astronomical [stellar] spectroscopy
астроспектрофотометри́я *ж.* astronomical spectrophotometry
астротелеско́п *м.* star-tracking telescope
астрофи́зик astrophysicist
астрофи́зика *ж.* astrophysics
  наблюда́тельная ~ observational astrophysics
  практи́ческая ~ practical astrophysics
  релятиви́стская ~ relativistic astrophysics
  теорети́ческая ~ theoretical astrophysics
астрофизи́ческий *прил.* astrophysical
астрофотогра́фия *ж.* astronomical photography, astrophotography
астрофото́метр *м.* astronomical photometer
астрофотоме́трия *ж.* astronomical photometry, astrophotometry
астрохи́мия *ж.* astrochemistry
астроэлектро́ника *ж.* astroelectronics, astrionics
АСУ [**автоматизи́рованная систе́ма управле́ния**] automatic control system
асфа́льт *м.* asphalt □ **~ про́чно сцепля́ется с** (*напр. подстилающей поверхностью*) the asphalt is keyed well to (*e. g., the underlying surface*); **разра́внивать ~** smoothe asphalt; **укла́дывать ~** lay [spread] asphalt; **уплотня́ть ~ катка́ми** roll asphalt

асфальти́ровать *гл.* (*покрывать, напр. дорогу*) cover [coat, pave] with asphalt
асфальти́т *м.* asphaltite
асфальтобето́н *м.* asphalt(ic) [bituminous] concrete □ **загла́живать ~** smooth asphalt concrete; **загла́живать ~ плу́гом автогре́йдера** blade asphalt concrete; **распределя́ть ~ по пове́рхности** (*напр. дороги*) spread asphalt concrete on the surface (*e.g., of a road*); **уплотня́ть ~** compact asphalt concrete; **уплотня́ть ~ катка́ми** roll asphalt concrete
горя́чий ~ hot-lay asphalt concrete
доро́жный ~ road [paving] asphalt concrete
крупнозерни́стый ~ coarse-graded asphalt concrete
мелкозерни́стый ~ fine-graded asphalt concrete
песча́ный ~ sand asphalt concrete
среднезерни́стый ~ medium-graded asphalt concrete
холо́дный ~ cold-lay asphalt concrete
асфальтобетоносмеси́тель *м.* asphalt concrete mixer
асфальтобетоноукла́дчик *м.* asphalt concrete paver
асфальторазогрева́тель *м.* asphalt heater
асфальтоукла́дчик *м.* asphalt placer, asphalt spreader
асфери́ческий *прил.* aspherical, non-spherical
асфери́чность *ж.* asphericity
АТ (*амплитудная манипуляция*) *свз.* A1
у́зкая ~ A1 sharp
широ́кая ~ A1 broad
ата́ка *ж. хим.* break-down decomposition
атакоусто́йчивость *ж.* impingement resistance
атаксиагра́мма *ж. мед.* ataxiagram
атерми́ческий *прил.* athermanous, adiathermal
а́тлас *м.* **1.** (*напр. географический*) atlas **2.** (*формат бумаги*) atlas
атмо́граф *м.* atmograph
атмо́метр *м.* atmometer
атмосфе́р/а *ж.* **1.** (*единица давления*) atmosphere, atm **2.** atmosphere, air □ **возмуща́ть ~у** disturb the atmosphere, disturb the air; **входи́ть в ~у** enter the atmosphere; (*о возвращающемся космическом летательном аппарате*) re-enter the atmosphere; **загрязня́ть ~у** pollute the atmosphere; **заража́ть ~у** (*напр. при ядерном взрыве*) contaminate the air; **зонди́ровать ~у** (*напр. ракетами*) sound [probe] the atmosphere; **перепуска́ть, напр. пар, во́здух в ~у** bypass, *e. g.,* steam, air to waste; **сообща́ться с ~ой** be vented to atmosphere *пример*: **вну́треннее простра́нство прибо́ра сообща́ется с ~ой** the insides of the meter are vented to atmosphere; **~ стано́вится неприго́дной для дыха́ния** the air is rendered [becomes] irrespirable
атмосфе́р/а
абсолю́тная ~ [атм] (*единица давления*) absolute atmosphere, atm(abs)
адиабати́ческая ~ adiabatic atmosphere
барокли́нная ~ baroclinic atmosphere
барометри́ческая ~ barometric atmosphere
безопа́сная ~ non-hazardous [safe] atmosphere
ве́рхняя ~ upper atmosphere
взрывоопа́сная ~ explosive atmosphere
вла́жная ~ damp atmosphere
восстанови́тельная ~ reducing atmosphere
га́зовая ~ gaseous atmosphere
загазо́ванная ~ gas-laden atmosphere
защи́тная ~ protective atmosphere
звёздная ~ stellar atmosphere
~ Земли́ Eearth [terrestrial] atmosphere
земна́я ~ terrestrial atmosphere
избы́точная ~ (*единица давления*) gauge atmosphere, atm gauge
ио́нная ~ ionic atmoshere, ionic medium
иску́сственная ~ prepared atmosphere
нейтра́льная ~ neutral atmosphere
~, неприго́дная для дыха́ния irrespirable atmosphere
ни́жняя ~ lower atmosphere
норма́льная ~ [атм] (*единица давления*) atmosphere, atm
окисли́тельная ~ oxidizing atmosphere
окружа́ющая ~ ambient air
опа́сная ~ hazardous atmosphere
~ пе́чи furnace atmosphere
печна́я ~ furnace atmosphere
пло́тная ~ dense atmosphere
политро́пная ~ polytropic atmosphere
разрежённая ~ rarefied [tenuous] atmosphere
рудни́чная ~ underground air, mine atmosphere
~ с за́данными сво́йствами controlled atmosphere
со́лнечная ~ solar atmosphere
станда́ртная ~ [СА] (*единица давления*) standard atmosphere, SA (*не путать с* нормальной атмосферой, атм) □ **...в усло́виях станда́ртной ~ы** in standard atmosphere, in SA
техни́ческая ~ [ат] (*единица давления*) technical atmosphere, at
турбуле́нтная ~ turbulent atmosphere, turbulent [rough] air □ **соверша́ть полёт в турбуле́нтной ~е** fly in turbulent [rough] air
атмосфе́ра
уду́шливая ~ irrespirable atmosphere
усло́вная ~ *см.* **станда́ртная атмосфе́ра**
физи́ческая ~ [атм] (*единица давления*) (physical) atmosphere, atm
этало́нная лаборато́рная ~ standard laboratory atmosphere
атмосфе́рики *мн. м.* atmospherics, atmospheric noise, sferics
свистя́щие ~ whistling atmospherics, whistlers
свистя́щие, многокомпоне́нтные ~ multiple-path whistlers
атмосфе́рный *прил.* atmospheric
атмосферосто́йкий *прил.* weather-proof, weather-resistant
атмосферосто́йкость *ж.* atmospheric durability
а́том *м.* atom □ **возбужда́ть ~** excite an atom; **выбива́ть ~** knock out an atom; **отрыва́ть ~** break loose an atom; **расщепля́ть ~** split an atom
~ Бо́ра Bohr atom
~ внедре́ния interstitial atom
возбуждённый ~ excited atom
«горя́чий» ~ hot [high-energy recoil, energetic recoil] atom
~ замеще́ния substitutional atom
ионизи́рованный ~ ionized atom; atomic ion
ме́ченый ~ labelled [tagged] atom, tracer
~ основно́го криста́лла host crystal atom
~ отда́чи recoil atom
отсортиро́ванный ~ selected atom
подви́жный ~ labile atom
по́лностью ионизи́рованный ~ stripped atom
при́месный ~ impurity atom
радиоакти́вный ~ radioactive atom
расщеплённый ~ disintegrated [split, fissioned] atom
~ Резерфо́рда — Бо́ра Rutherford-Bohr atom
свя́занный ~ bound atom
~ с запо́лненными электро́нными оболо́чками closed-shell atom
смещённый ~ displaced atom
а́том-акце́птор *м.* acceptor atom
атома́рный *прил.* monatomic
а́том-до́нор *м.* donor atom
атомиза́тор *м.* sprayer, spray gun
атомиза́ция *ж.* atomization
атоми́зм *м.* atomism, atomic theory
атоми́стика *ж. см.* **атоми́зм**
атомисти́ческий *прил.* atomistic
атоми́ческий *прил.* atomic
а́том-мише́нь *м.* target [struck] atom
а́томность *ж.* atomicity
а́томный *прил.* atomic
атомохо́д *м.* nuclear-powered vessel
атрибу́т *м. вчт.* attribute
АТС [**автомати́ческая телефо́нная ста́нция**] ATX, automatic telephone exchange, automatic [dial] telephone office

АТС
~ **координатной системы** cross-bar (automatic telephone) system
~ **маркёрной системы** marker-control (automatic telephone) exchange
~ **машинной системы** revertive-impulse-control (automatic telephone) exchange, power-driven [machine switching (telephone)] system
~ **шаговой системы** step-by-step (automatic telephone) exchange

аттенюатор *м.* attenuator □ **вводить** ~ **полностью** *или* **частично** bring an attenuator fully *or* partly in...; ~ **вносит ослабление** an attenuator introduces an attenuation; **выводить** ~ **полностью** *или* **частично** bring an attenuator fully *or* partly out...; ~ **выполнен со ступенчато изменяемым коэффициентом ослабления** an attenuator is variable in switched steps; ~ **выполнен с плавно регулируемым коэффициентом ослабления** an attenuator is continuously variable (in value), an attenuator is variable by continuous control; ~ **выполнен с постоянным [фиксированным] коэффициентом ослабления** an attenuator is fixed in value; ~ **обеспечивает плавное уменьшение,** *напр.* **напряжения, тока** an attenuator reduces, *e. g.*, voltage, current by a continuously variable amount; ~ **обеспечивает ступенчатое ослабление,** *напр.* **напряжения, тока** an attenuator reduces, *e. g.*, voltage, current in steps; ~ **обеспечивает фиксированное ослабление,** *напр.* **напряжения, тока** an attenuator reduces, *e.g.*, voltage, current by a fixed amount; ~ **ослабляет сигнал до...** an attenuator reduces the signal to...
волноводный ~ waveguide attenuator
индуктивный ~ mutual-induction attenuator
калиброванный ~ calibrated attenuator
поглощающий ~ absorptive [power-absorbing] attenuator
предельный ~ cut-off attenuator
рассеивающий ~ dissipative attenuator
шаговый ~ step attenuator

аттестат *м.*, **квалификационный** certificate of competence □ **получать квалификационный** ~ be issued a certificate of competence

аттестовывать *гл.* certify □ ~ **по** (*напр. качеству или чистоте*) certify for (*e.g., quality or purity*)

атто... [а] (*приставка, означающая* 10^{-18}) atto...

аттрактант *м.* attractant

аттрибут *м. вчт.* attribute
~ **возвращаемого значения** return attribute

аттрибут
~ **размерности** dimension attribute

аудиограмма *ж.* audiogram
~ **порога слышимости** threshold audiogram

аудиограф *м.* audiograph

аудиометр *м.* audiometer
речевой ~ speech audiometer
тональный ~ tone audiometer

аудиометрия *ж.* audiometry

аудитория *ж.* (*помещение*) auditorium, lecture hall, lecture room

ауксанограф *м.* auxanograph

ауксанометр *м.* auxanometer

АУС [**агрегатная унифицированная система**] (*советская система пневматических средств автоматики*) standard-module [modular] pneumatic instrumentation system

аустенизация *ж.* austenization

аустенит *м.* austenite
остаточный ~ retained austenite

аутокатализ *м. см.* **автокатализ**

аутолиз *м. см.* **автолиз**

аутооксидация *ж.* autoxidation, pro-oxidation

аутоскоп *м. мед.* autoscope

аутригер *м. мор.* outrigger; *авто* bracing jack

афелий *м. астр.* aphelion □ **проходить через** ~ pass aphelion

афокальный *прил.* afocal

аффикс *м.* **комплексного числа** affix of a complex variable

аффинаж *м.* refining
~ **золота электролизом** the Wohlwill process
~ **серебра электролизом** the Moebius process

аффинация *ж.* (*сахара*) affination

аффинность *ж. мат.* affinity, affineness

аффинный *прил. мат.* affine, related, adjoining

аффинор *м. мат.* affinor
единичный ~ idemfactor

ахромат *м.* achromatic lens

ахроматизация *ж.* achromatization, achromatizing

ахроматизм *м.* achromatism, colourlessness
видимый ~ visual achromatism
кажущийся ~ apparent achromatism
полный ~ perfect achromatism
~ **положения** achromatism of position
~ **размера изображения** achromatism of picture size
~ **увеличения** achromatism of magnification

ахтерлюк *м. мор.* after-hatch

ахтерпик *м. мор.* after-peak

ахтерштевень *м. мор.* stern-frame, stern-post

ацетальдегид *м.* acetaldehyde

ацетамид *м.* acetamide

ацетат *м.* acetate *примеры*: ~ **кадмия** cadmium acetate; ~ **калия** potassium acetate; ~ **целлюлозы** *ж.* cellulose acetate

ацетил *м.* acetyl

ацетилен *м.* acetylene □ **очищать** ~ purify acetylene; **подвергать** ~ **закалке** quench acetylene; **получать** ~ (*напр. из карбида кальция*) manufacture acetylene; **получать** ~ **термоокислительным крекингом [пиролизом] метана подогретым кислородом** manufacture acetylene by the Sachsse process [by partial oxidation]; **получать** ~ **термоокислительным крекингом метана путём частичного сгорания** manufacture acetylene by the Wulff process; **получать** ~ **электрокрекингом [электропиролизом]** manufacture acetylene by the Schoch process
растворённый ~ dissolved acetylene

ацетилирование *с.* acetylation, acetylization

ацетилировать *гл.* acetylate, acetylize

ацетилмочевина *ж.* acetyl urea

ацетилхлорид *м.* acetyl chloride

ацетилцеллюлоза *ж.* cellulose acetate

ацетобутират *м.* **целлюлозы** cellulose acetate butyrate

ацетолиз *м.* acetolysis

ацетометр *м.* acetometer, acetimeter

ацетометрия *ж.* acetometry

ацетон *м.* acetone

ацетопропионат *м.* **целлюлозы** cellulose acetate propionate

ацетоуксусный *прил.* acetoacetic

ацидиметрия *ж.* acidimetry

ацидоанабиоз *м.* acidoanabiosis

ацидолиз *м.* acidolysis

ацидометр *м.* acidometer, acidimeter

ациклический *прил.* acyclic, non-cyclic

ацилирование *с.* acylation

ацинитросоединение *с.* acinitrocompound

аэратор *м.* aerator

аэраци/я *ж.* aeration □ ~ **воды осуществляется,** *напр.* **для удаления растворённых газов** water is aerated, *e.g.*, to remove dissolved gases; **в результате** ~**и вода насыщается кислородом** aeration furnishes oxygen to water; ~ **применяется,** *напр.* **для удаления растворённых газов из воды** aeration is used, *e. g.*, to release dissolved gases from water
контактная ~ contact aeration, biflocculation
предварительная ~ preaeration

аэрирование *с.* aeration

аэрированность *ж.* degree [extent] of aeration

аэрировать *гл.* aerate

аэроакустика *ж.* aeroacoustics

аэробаллистика *ж.* aeroballistics

аэробус *м.* airbus

аэровокзал *м.* air terminal (building)
~ **аэропорта** airport terminal (building)
городской ~ air-line(s) terminal (building)

аэрогазодина́мика *ж.* aerogasdynamics
аэрогаммарадио́метр *м.* airborne gamma-radiometer
аэроге́ль *м.* aerogel
аэрогеоразве́дка *ж.* aerial prospecting
аэрогеосъёмка *ж.* aerial geological survey
аэрогидродина́мика *ж.* aerohydrodynamics
аэрогидроупру́гость *ж.* aerohydroelasticity
аэро́граф *м.* airbrush, paint sprayer
аэродиапозити́в *м.* aerial transparency
аэроди́н *м.* aerodyne
аэродина́мика *ж.* aerodynamics
вну́тренняя ~ internal aerodynamics
~ **вхо́да в атмосфе́ру** re-entry aerodynamics
~ **гиперзвуковы́х скоросте́й** hypersonic aerodynamics, hypersonics
голографи́ческая ~ aerodynamic holography
~ **дозвуковы́х скоросте́й** subsonic aerodynamics, subsonics
~ **до-, о́коло- и сверхзвуковы́х скоросте́й** trisonics
~ **до-, о́коло-, сверх- и гиперзвуковы́х скоросте́й** polysonics
индукти́вная ~ induced aerodynamics
нестациона́рная ~ transient aerodynamics
~ **околозвуковы́х скоросте́й** transonic aerodynamic, transonics
~ **пото́ков со скольже́нием** slip-flow aerodynamics
прикладна́я ~ applied aerodynamics
промы́шленная ~ industrial aerodynamics
~ **разрежённых га́зов** aerodynamics of rarefied gas(es)
~ **сверхзвуковы́х скоросте́й** supersonic aerodynamics, supersonics
~ **сжима́емой жи́дкости** compressible aerodynamics
стациона́рная ~ steady-state aerodynamics
теорети́ческая ~ theoretical aerodynamics
техни́ческая ~ engineering aerodynamics
эксперимента́льная ~ experimental aerodynamics
аэродро́м *м.* **1.** (*совокупность лётного поля, ангаров, служб и пр.*) *англ.* aerodrome; *амер.* airdrome **2.** (*лётное поле*) airfield
~ **аэропо́рта** airport airfield
~ **вы́лета** aerodrome of departure
~ **гражда́нской авиа́ции** civil aerodrome
грунтово́й ~ unpaved [unimproved, grass] aerodrome
де́йствующий ~ active [operating] aerodrome
заводско́й ~ factory airfield
запасно́й ~ alternate airfield
клу́бно-спорти́вный ~ flying-club airfield

аэродро́м
ледо́вый ~ ice airfield
лесно́й ~ forest airfield
~ **коне́чной то́чки маршру́та** airdrome of destination, destination aerodrome
~ **назначе́ния** aerodrome of destination, destination aerodrome
наме́ченный (первонача́льно) ~ airdrome of intended landing
~ **нача́льной то́чки маршру́та** aerodrome of departure
основно́й ~ regular aerodrome
постоя́нный ~ permanent aerodrome
резе́рвный ~ supplementary aerodrome
~ **с бето́нным покры́тием** concrete-surfaced airfield
сельскохозя́йственный ~ farm airfield
~ **с металли́ческим покры́тием** metal-surfaced airfield
сухопу́тный ~ land aerodrome
уче́бный ~ training aerodrome
аэрожёлоб *м.* pneumatic tube, airslide
аэрозолиза́ция *ж.* aerosolization
аэрозо́ль *м.* aerosol
аэрозо́нд *м.* sounding weather balloon □ **запуска́ть** ~ send a sounding weather balloon aloft
аэрозонди́рование *с.* air [atmospheric] sounding
аэроиониза́тор *м.* aeroionizer
аэроклу́б *м.* flying club
аэрола́г *м.* air log
аэрола́к *м.* aircraft dope
аэроли́фт *м.* air-lift (pump)
аэроло́гия *ж.* aerology
аэролото́к *м.* pneumatic tube, airslide
аэромагнито́метр *м.* airborne magnetometer
аэрометеоро́граф *м.* aerometeorograph □ ~ **непреры́вно регистри́рует** (*температуру, давление и т. п.*) an aerometeorograph makes a running record of (*atmospheric pressure, temperature, etc.*); ~ **применя́ется при зонди́ровании атмосфе́ры** an aerometeorograph is carried for making an air sounding
аэроме́тод *м.* **изуче́ния Земли́** the Earth's study by an aerial method [with airborne instrumentation]
аэро́метр *м.* aerometer
аэронавига́ция *ж.* air navigation
аэрона́вт *м.* aeronaut
аэрона́втика *ж.* aeronautics
аэронивели́рование *с.* aerolevel(l)ing
аэроно́мия *ж.* aeronomy
аэрообсле́дование *с.* **лесо́в** air survey [aerial surveying] of forests
аэроопы́ливание *с.* dusting from an airplane
аэроопы́ливатель *м.* aeroduster, airborne duster
аэропа́уза *ж.* aeropause
аэроплёнка *ж.* aerial film

аэропо́рт *м.* airport
ба́зовый ~ base airport
вну́тренний ~ (*внутренних линий*) domestic airport
~ **вы́лета** airport of departure
~ **для вертолётов** heliport
запасно́й ~ alternate airport
комбини́рованный ~ land-and-water airport
междунаро́дный ~ international airport
~ **ме́стного значе́ния** local airport
~ **назначе́ния** airport of destination
откры́тый ~ free airport
~ **отправле́ния** airport of departure
промежу́точный ~ intermediate [en-route] airport
тамо́женный ~ customs airport, airport of entry
аэропрое́ктор *м.* aerial-photograph projector
аэропрофило́граф *м.* airborne profile recorder
аэропы́л *м.* aeroduster, airborne duster
аэрорадионивели́рование *с.* levelling by a radio altimeter, radio-altimeter levelling
аэроса́ни *мн.* snowplane
аэросе́в *м.* aerial sowing
аэросни́м/ок *м.* aerial photograph □ **дешифри́ровать** ~ identify an aerial photograph; **исправля́ть** ~ rectify an aerial photograph; **ориенти́ровать** ~ orient an aerial photograph; **отождествля́ть** ~ identify an aerial photograph; ~ **перекрыва́ет** (*другой снимок*) aerial photographs overlap; **привя́зывать** ~ **к ...** reference an aerial photograph to ...; **трансформи́ровать** ~ rectify an aerial photograph
анаглифи́ческий ~ (aero) anaglyph
вертика́льно-конверге́нтный ~ low-oblique convergent aerial photograph
взаи́мно ориенти́рованные ~**ки** relative aerial photographs, relatively oriented prints
~ **в ортографи́ческой прое́кции** (*отработанный на ортофотоскопе*) orthophoto(graph)
горизонта́льный ~ vertical aerial photograph
~, **искажённый за снос самолёта** crabbed aerial photograph
конверге́нтный ~ convergent aerial photograph
панора́мный ~ panoramic aerial photograph
перспекти́вно искажённый ~ unrectified aerial photograph
перспекти́вный ~ oblique aerial photograph
перспекти́вный ~ **без захва́та ли́нии горизо́нта** low-oblique aerial photograph
перспекти́вный ~ **с захва́том ли́нии горизо́нта** high-oblique aerial photograph

аэросни́мок
пла́новый ~ vertical aerial photograph
после́довательные ~**ки** consecutive [serial, successive] aerial photographs
радиолокацио́нный ~ radar (scope) aerial photograph
~, **свобо́дный от искаже́ния за накло́н** equivalent aerial photograph
аэросни́мок-дублика́т *м.* air-photo duplicate
аэроста́т *м.* aerostat, balloon, lighter-than-air aircraft □ **запуска́ть** ~ launch a balloon; **наполня́ть** ~ (*газом*) inflate a balloon; ~ **подде́рживается в во́здухе** an aerostat sustains flight in the atmosphere; **привя́зывать** ~ anchor [tether] a balloon
баллоне́тный ~ ballonnet balloon
беспило́тный ~ unmanned balloon
зме́йковый ~ kite balloon
~ **наблюде́ния** observation balloon
привязно́й ~ captive [tethered] balloon
свобо́дный ~ free balloon
управля́емый ~ dirigible balloon, air ship (*см. тж.* **дирижа́бль**)
аэроста́тика *ж.* aerostatics
аэросъёмка *ж.* aerial photography, aerophotography
аэротакса́ция *ж.* aerotaxation
аэрота́нк *м. см.* **аэроте́нк**
аэроте́нк *м.* (*для биологической очистки сточных вод*) aeration tank, aerotank
аэротермодина́мика *ж.* aerothermodynamics
аэротермоупру́гость *ж.* aerothermoelasticity
аэротермохи́мия *ж.* aerothermochemistry
аэрото́рия *м.* aerodrome limits
аэротра́верс *м.* aerial traverse
аэроупру́гость *ж.* aeroelasticity
аэрофи́зика *ж.* aerophysics, atmospheric physics
аэрофи́льм *м.* aerial film
аэрофи́льтр *м.* aeration filter, forced-draft percolating filter
аэрофинишёр *м.* arresting gear, aircraft arresting unit
аэрофлокула *ж. горн.* airfloccule
Аэрофло́т *м.* Aeroflot, Soviet airlines
аэрофотоаппара́т *м.* (*включает аэрофотокамеру, аэрофотоустановку и командный прибор*) (aerial) camera (*with mounting and control box*) (*см. тж.* **фотоаппара́т**)
~ **для панора́мной съёмки** panoramic camera
~ **для перспекти́вной съёмки** oblique camera
~ **для пла́новой съёмки** vertical camera
ка́дровый ~ framing camera

аэрофотоаппара́т
кассе́тный ~ plate [magazine] camera
маршру́тный ~ continuous-strip camera
многообъекти́вный ~ multiple-lens camera
нормальноуго́льный ~ normal-angle camera
однообъекти́вный ~ single-lens camera
откомпари́рованный ~ precision camera
плёночный ~ film camera
прецизио́нный ~ precision camera
ручно́й ~ hand(-held) camera
сверхширокоуго́льный ~ superwide-angle camera
~ **с захва́том вперёд по ли́нии залёта** forward-looking camera
~ **с захва́том наза́д по ли́нии залёта** backward-looking camera
~ **с предвари́тельно наре́занной плёнкой** cut-film camera
топографи́ческий ~ topographic camera
широкоуго́льный ~ wide-angle camera
щелево́й ~ moving-film camera
аэрофотовизи́р *м.* aerial camera aiming sight
аэрофотогеоде́зия *ж. см.* **аэрофотототопогра́фия**
аэрофотограмме́трия *ж.* aerial photogrammetry
аэрофото́граф *м.* (aerial) cameraman
аэрофотогра́фия *ж.* aerial photography
аэрофотока́мера *ж.* (*составная часть аэрофотоаппарата*) aerial camera
аэрофотообъекти́в *м.* aerial camera lens
аэрофоторазве́дка *ж.* aerial [aerophotographic(al)] reconnaissance
аэрофотосни́мок *м.* aerial photograph
аэрофотосъёмка *ж.* aerial photography, aerophotography
маршру́тная ~ strip aerial photography
панора́мная ~ panoramic aerial photography
перспекти́вная ~ oblique aerial photography
пла́новая ~ vertical aerial photography
площа́дная ~ (*по площади*) general coverage photography
~ **с перекры́тиями** mosaic photography
аэрофототопогра́фия *ж.* aerophototopography, aerial phototopography
аэрофототрансформа́тор *м.* aerial photograph transformer
аэрофотоустано́вка *ж.* aerial camera mounting
аэроэкспоно́метр *м.* aerial exposure meter
аэроэлектроразве́дка *ж.* aerial prospecting by electric methods

Б

ба́ба *ж.* ram
~ **(механи́ческого) мо́лота** hammer head
ручна́я ~ hand ram
баба́шка *ж. полигр.* blank
баббит *м.* babbitt(metal) □ **залива́ть** ~**ом** (*напр. подшипник*) babbitt (*e.g., a bearing*), deposit babbitt (*e. g., in a bearing*), line (*e. g., a bearing*) with babbitt (metal)
ба́бка *ж.* **1.** *маш.* head, stock **2.** *стр.* post
дели́тельная ~ index(ing) head
за́дняя ~ tailstock
~ **изде́лия** work head
пере́дняя ~ headstock
расто́чная ~ boring head
сверли́льная ~ drilling (spindle) head
упо́рная ~ loose head
шлифова́льная ~ (grinding) wheel head
шпи́ндельная ~ spindle head
бага́жник *м.* **1.** (*в кузове автомобиля*) *англ.* boot; *амер.* trunk **2.** (*на крыше автомобиля*) roof rack **3.** (*велосипедный*) carrier
бага́сса *ж.* bagasse
ба́гер *м.* dredger, excavator
баге́т *м.* moulding, baguette
баго́р *м.* hitcher, lifting [boat] hook
сплавно́й ~ pike lever, pike pole
бадья́ *ж.* bucket, tub
водоотли́вная ~ bailer
загру́зочная ~ *мет.* charging bucket
загру́зочная ~ **с подогре́вом для ло́ма** scrap-preheating bucket
кра́новая ~ crane bucket
опроки́дывающаяся ~ tipping bucket
подъёмная ша́хтная ~ hoisting bucket, *англ.* kibble
поро́дная ~ muck(ing) bucket
проходческая ~ sinking [shaft] bucket
~ **с откидны́м дном** drop-bottom bucket, drop-bottom basket
~ **с це́льным дном** solid-bottomed bucket
ба́за *ж.* **1.** base, basis **2.** (*колёсных транспортных средств*) wheelbase **3.** *арх.* (*основание, подножие*) foundation; (*нижняя опорная часть колонны*) base, foot **4.** (*склад*) depot **5.** (*базовый адрес*) *вчт.* base address **6.** (*в гиперболических системах навигации*) base-line **7.** *геод.* base(-line), initial line **8.** *маш.* datum surface; reference surface; locating surface
~ **дальноме́ра** base length of a rangefinder
жёсткая ~ *ж.-д.* rigid wheelset
измери́тельная ~ (*образца для испытания материалов*) gauge length

ба́за
~ интерфероме́тра interferometer base
километра́жная ~ *ав.* (ground) speed course, speed base
китобо́йная ~ floating whale factory, whale-oil factory [whaling mother] ship, whale tanker
кормова́я ~ fodder supplies, fodder in stock
лите́йная ~ *см.* **черновая ба́за**
ме́рная ~ (*контрольный участок для замера скорости*) *ав.* (ground) speed course, speed base
~ механи́ческой обрабо́тки machining datum surface; machining datum axis
осева́я ~ (*ось отверстий бобышки*) datum axis
плаву́чая ~ (*по обслуживанию других судов*) depot ship, tender
плаву́чая, китобо́йная ~ whaling factory ship
плаву́чая, рыбопромысло́вая ~ (fishing) factory ship
пролётная ~ (*электровакуумного прибора*) path length
ра́зностная ~ *мат.* difference base
ремо́нтная ~ repair depot
сбо́рочная ~ (*при сборке деталей*) assembly datum surface; assembly datum axis
~ сигна́ла *рад., рлк.* bandwidth-duration product
~ тензода́тчика nominal length of a strain gauge
технологи́ческая ~ processing datum surface; processing datum axis
~ транзи́стора (transistor) base
~ триангуляцио́нной се́ти, контро́льная base of verification
чернова́я ~ (*поверхность или ось, по которой производят первую операцию механической обработки*) rough [as cast, as forged] datum surface
штампо́вочная ~ *см.* **черновая ба́за**
база́льт *м.* basalt
ба́зис *м.* **1.** *геод.* base(-line), initial line **2.** *мат.* basis(set) **3.** *крист.* basal plane
безусло́вный ~ *мат.* absolute basis
~ ве́кторного простра́нства *мат.* basis of a vector space
геодези́ческий ~ base(-line) □ **переходи́ть от геодези́ческого ~а к (исхо́дной) стороне́ треуго́льника** connect the base(-line) with the triangle side
контро́льный ~ *геод.* check [comparison, control] base(-line)
~ кристалли́ческой решётки crystal lattice basis
~ окре́стностей *мат.* neighbourhood base
ортогона́льный ~ *мат.* orthogonal basis
ортонорми́рованный ~ *мат.* orthonormal [normal orthogonal] basis

ба́зис
постоя́нный ~ *геод.* substance bar
стереоскопи́ческий ~ stereoscopic base(-line)
~ съёмки 1. observation base(-line) **2.** *кфт.* photographic (image) base(-line)
съёмочный ~ camera base(-line), interaxial separation (*of the camera lenses*)
трансценде́нтный ~ *мат.* transcendental basis
~ триангуля́ции triangulation base(-line)
фотограмметри́ческий ~ photogrammetric base(-line)
~ фотографи́рования air base
~ фотографи́рования в масшта́бе аэросни́мка scale distance of an air base(-line)
~ фотографи́рования в масшта́бе стереомоде́ли picture-edge distance
этало́нный ~ *геод.* calibration base(-line)
ба́йка *ж.*, **фильтрацио́нная ~** filtering cloth
байни́т *м.* bainite
байоне́т *м.* (*штыковое соединение деталей*) bayonet joint
байпа́с *м.* by-pass
байт *м.* (*часть машинного слова из нескольких, чаще всего 8—9 двоичных разрядов или битов*) *вчт.* byte
мла́дший ~ low-order byte
ста́рший ~ high-order byte
бак *м.* **1.** (*ёмкость*) tank, vat □ **продува́ть ~** purge the tank **2.** (*корабельный*) forecastle
~ аккумуля́торной батаре́и storage battery container, storage battery tank
антиобледени́тельный ~ de-icer tank
бели́льный ~ bleacher, bleach tank
бензи́новый ~ *англ.* petrol tank; *амер.* gas(oline) tank
бензи́новый ~ с пода́чей самотёком gravity petrol [gasoline] tank
бортово́й ~ *авто* side [sponson] tank
весово́й ~ *пищ.* weigh(ing) tank (*for liquids*)
водоме́рный ~ water-gauge tank
водонапо́рный ~ elevated water tank, water tower
водоразбо́рный ~ water-dispensing tank
водосто́чный ~ catch tank, catch pan
водяно́й ~ water tank
глазиро́вочный ~ glazing tank (*for fish*)
деаэра́торный ~ deaerator (storage) tank
~ для замора́живания *пищ.* freezing tank
дрена́жный ~ *тепл.* drain tank, hot well
зака́лочный ~ hardening tank

бак
~ запа́са конденса́та condensate storage tank
кислоро́дный ~ oxygen tank
конденса́тный ~ hot well
краси́льный ~ dyeing vat
лакоотсто́йный ~ varnish-settling tank
маслоразда́точный ~ oil-dispenser
маслосбо́рный ~ oil-catch [oil-sump] tank
ма́сляный ~ oil tank
ме́рный ~ gauging tank
напо́рный ~ pressure tank
отмо́чный ~ (*бутылкомоечной машины*) soaking tank
отсто́йный ~ settling tank
переду́вочный ~ blow(-up) tank
переливно́й ~ decantation [overflow] tank
прова́рочный ~ *дер.-об.* cooking vat
~ промы́вочной воды́ *тепл.* wash-rinse tank
пропа́рочный ~ steaming(-out) tank
пропи́точный ~ impregnation tank
проя́вочный ~ *кфт.* developing [developer] tank
~ радиа́тора radiator tank
разбо́рный ~ knock-down tank
рассо́льный ~ *хол.* brine reservoir
расхо́дный ~ service [day] tank
расшири́тельный ~ surge tank
расшири́тельный ~ трансформа́тора oil conservator
сбо́рный ~ prefabricated tank
~ с жи́дким кислоро́дом liquid-oxygen (LOX) tank
~ систе́мы пода́чи, вытесни́тельный *ркт.* pressure tank
~ с окисли́телем oxidant tank
~ с самозатя́гивающимся проте́ктором *ав.* self-sealing tank
темпериро́вочный ~ tempering tank
те́ндерный ~ tender tank
то́пливный ~ fuel tank; *ркт.* propellant tank □ **дрени́ровать то́пливный ~** vent a (propellant) tank; **заправля́ть [заполня́ть] то́пливный ~** load a (fuel) tank; **опорожня́ть то́пливный ~** defuel a tank; **сбра́сывать то́пливный ~** (*после выработки горючего*) drop a tank; (*в аварийной обстановке*) jettison a tank
то́пливный, жёсткий ~ rigid fuel tank
то́пливный, мя́гкий ~ flexible [bag-type, cell-type] fuel tank
то́пливный, подвесно́й ~ auxiliary fuel tank; (*наружный*) external fuel tank
то́пливный, полужёсткий ~ semi-rigid fuel tank
трави́льный ~ pickling tank
~ трансформа́тора transformer tank
уравни́тельный ~ surge tank
фека́льный ~ sewage tank
фикса́жный ~ *кфт.* hypo tank
форва́куумный ~ rough-vacuum tank

бак
цеди́льный ~ *пищ.* strainer
~ (я́дерного) реа́ктора reactor tank, reactor vessel, reactor housing, reactor container
бак-аккумуля́тор *м.* (*деаэратора*) storage tank
ба́кан *м.* **1.** *мор.* buoy **2.** (*краситель*) lake
бакбо́рт *м. мор.* port side
бакелиза́ция *ж.* bakelization
бакелизи́ровать *гл.* bakelize
бакели́т *м.* phenolic resin plastic (Bakelite — *фирм. название*)
ба́кен *м.* buoy, floating beacon □ **~ обознача́ет навигацио́нную опа́сность** a buoy indicates the presence of a navigating danger
радиоуправля́емый ~ radio-controlled buoy
ба́кенщик *м.* buoy keeper
бак-ме́рник *м.* gauging tank
бактериоло́гия *ж.* bacteriology
бактериоскопи́я *ж.* bacterioscopy
бактерици́д *м.* bactericide
бактофуга́ция *ж.* bactofugation
бактофу́гер *м. пищ.* bactofugeur
бакшта́г *м.* (*снасть*) backstay
бакшто́в *м. мор.* guess-warp, guest-rope □ **заводи́ть [завози́ть] ~ на ...** run out the guess-warp to ...
бала́нс *м.* **1.** (*состояние*) balance **2.** (*документ*) balance-sheet □ **~ по ...** a balance on ...; **своди́ть ~** strike a balance; **составля́ть ~** draw up a balance
акти́вный ~ favourable balance
валово́й ~ gross balance
во́дный ~ water balance
возду́шный ~ air balance
гармони́ческий ~ harmonic balance
ёмкостный ~ *свз.* capacitance balance
материа́льный ~ material balance
межотраслево́й ~ intersectoral balance
оми́ческий ~ *эл.* resistance balance
пасси́вный ~ unfavourable [adverse] balance
платёжный ~ balance of payments
~ произво́дственных мо́щностей productive capacity balance-sheet
~ рабо́чей си́лы labour-force [manpower] balance-sheet
сво́дный ~ master balance-sheet
теплово́й ~ heat [thermal] balance
торго́вый ~ trade balance
~ трудовы́х ресу́рсов labour-force [manpower] balance-sheet
~ часо́в balance(-wheel)
~ часо́в, разрезно́й split balance(-wheel)
энергети́ческий ~ energy balance
баланси́р *м.* **1.** *мех.* balance [equalizing] beam **2.** *стр.* sway-beam **3.** (*доменной печи*) balance beam
~ бурово́го станка́ walking beam
весово́й ~ mass-balance weight
~ ко́нуса (*доменной печи*) bell beam

баланси́р
~ кривоши́па crank back-balance
~ лета́тельного аппара́та balance (weight)
баланси́ровать *гл.* **1.** (*вращающиеся части механизмов*) balance **2.** (*летательный аппарат*) trim □ **неве́рно ~ самолёт** mistrim an aeroplane
балансиро́вк/а *ж.* **1.** (*вращающихся частей механизмов*) (*процесс*) balancing; (*состояние*) balance □ **производи́ть ~у без разбо́рки механи́зма** balance "on location" **2.** (*летательного аппарата по усилиям*) **1.** (*процесс*) trimming **2.** (*состояние*) trim
аэродинами́ческая ~ aerodynamic balance
динами́ческая ~ running balance
~ по ма́ссе *ав.* mass [weight] balance
~ по уси́лиям с освобождённым управле́нием stick-free trimming
разде́льная ~ separate balance
стати́ческая ~ static balance
балансоме́р *м.* radiation balance gauge
бала́нс-шпанго́ут *м. мор.* balance-frame
бала́нсы *мн. м.* (*балансовая древесина*) paper wood; pulpwood
бала́та *ж.* balata
балда́ *ж.* (*тип кувалды*) sledge hammer, hand sledge
ба́лк/а *ж. стр., мех.* beam, girder (*when any distinction is made between beams and girders, the beam is the smaller member and may be supported by the girder*) □ **загружа́ть ~у сосредото́ченной си́лой** subject a beam to a concentrated load; **заде́лывать ~у в бето́н** embed a beam in concrete; **заде́лывать ~у одни́м концо́м** build in a beam at one end; **закрепля́ть ~у одни́м концо́м** fix a beam at one end; **закрепля́ть ~у шарни́рно с по́мощью опо́ры** hinge a beam to a support; **~ изгиба́ется под де́йствием моме́нта** the moment bends the beam; **опира́ть ~у на ...** support a beam on [up] ...; **опира́ть ~у одни́м** *или* **двумя́ конца́ми** support a beam at one *or* two ends; **рассека́ть ~у** pass a section through a beam; **~ свобо́дно удлиня́ется** the beam is free to elongate; **свя́зывать ~у сто́йками** truss a beam with struts [rods]
а́нкерная ~ anchorage [tie] beam
би́мсовая ~ bulb beam
~ веду́щего моста́ автомоби́ля, неразъёмная banjo case, banjo casing
вспомога́тельная ~ pony girder
высо́кая ~ deep beam
двута́вровая ~ flange [I] beam
двута́вровая, широкопо́лочная ~ brood flange beam
двухконсо́льная ~ beam with overhanging ends, overhanging beam

ба́лк/а
двухопо́рная, проста́я ~ simple [simply supported] beam
двухпролётная ~ beam with a central prop
деревя́нная ~ wooden beam
железобето́нная ~ (reinforced) concrete beam
железобето́нная, предвари́тельно напряжённая ~ prestressed (reinforced) concrete beam
~ жёсткости stiffening girder □ **с ~ой жёсткости** girder-stiffened
~, заде́ланная (жёстко) (*одним или двумя концами*) constrained beam
~, заде́ланная (жёстко) двумя́ конца́ми fixed [restrained] beam
~, заде́ланная (жёстко) одни́м концо́м cantilever beam
зе́товая ~ Z-[zee] beam
килева́я ~ *мор.* keel girder
клёпаная ~ riveted girder
колоснико́вая ~ *тепл.* grate bearer
консо́льная ~ cantilever beam
консо́льная ~ с опёртым концо́м propped cantilever beam
коро́бчатая ~ box girder
кра́новая ~ crane jib
металли́ческая ~ steel beam
многоопо́рная ~ multisupport beam
многопролётная ~ multispan beam
монта́жная ~ top-trolley beam
мостова́я ~ bridge beam
~ насти́ла boarding joist
~ на упру́гих опо́рах beam on elastic supports
~ на шарни́рных опо́рах hinged beam
незакреплённая ~ simply supported beam
неразрезна́я ~ continuous beam □ **неразрезна́я ~ перекрыва́ет не́сколько пролётов** continuous beam rests on several supports
ни́зкая ~ shallow beam
обвя́зочная ~ binder, framing beam
одноконсо́льная ~ beam with overhang
однопролётная ~ single beam
одནота́вровая ~ T-beam
опо́рная ~ support(ing) beam
основна́я ~ main [prime] beam
~ перекры́тия joist
подкра́новая ~ crane(-runway) girder
по́довая ~ bottom [hearth] beam
подстропи́льная ~ footing beam
подфунда́ментная ~ foundation beam
~ прое́зжей ча́сти моста́, продо́льная bridge deck stringer
прямоуго́льная ~ square beam
~ ра́вного сопротивле́ния изги́бу uniform-strength beam
равнопролётная ~ equispan beam
разрезна́я ~ simply supported beam
распо́рная ~ (*свода мартеновской печи*) hold-down beam

ба́лка
решётчатая ~ lattice [trellis] girder
сбо́рно-разбо́рная ~ collapsible beam
сварна́я ~ welded beam
свободноопёртая ~ freely supported beam
~ с ву́тами haunched beam
связу́ющая ~ bond beam
составна́я ~ built-up beam
стати́чески неопредели́мая ~ statically indeterminate beam
стати́чески определи́мая ~ statically determinate beam
струнобето́нная ~ wire-prestressed reinforced beam
тавро́вая ~ T-[shaped] beam, tee girder
тонкосте́нная ~ thin-web(bed) beam
тру́бчатая ~ tubular beam, tubular girder
упру́гая ~ spring beam
хвостова́я ~ *ав.* tail boom
шандо́рная ~ dam beam
шпре́нгельная ~ trussed beam
штампо́ванная ~ pressed girder
ба́лка-обвя́зка *ж.* spandrel girder
ба́лка-распо́рка *ж.* roof beam, purlin
ба́лка-спи́ца *ж.* needle beam
ба́лка-сте́нка *ж.* wall-beam
балко́н *м.* balcony
балл *м.*:
коррозио́нный ~ corrosion severity, amount of corrosion
~ о́блачности cloud amount
~ шкалы́ Бо́форта Beaufort number
балла́с *м.* (*разновидность технического алмаза*) ballas (type of) diamond
балла́ст *м.* ballast □ **в ~е** (*без груза*) *мор.* in ballast; **перераспредели́ть ~** *мор.* shift the ballast; **принима́ть ~** *мор.* take on ballast; **рассыпа́ть ~** (*напр. при железнодорожном строительстве*) spread the ballast; **сбра́сывать ~** *мор.* jettison the ballast
водяно́й ~ *мор.* water ballast □ **сменя́ть водяно́й ~** freshen the ballast
вспомога́тельный ~ (*подводной лодки*) variable ballast
га́лечный ~ pebble ballast
гла́вный ~ (*подводной лодки*) diving [main] ballast
грави́йный ~ gravel ballast
органи́ческий ~ (*топливо*) organic ballast
подви́жный ~ *мор.* shifting ballast
постоя́нный ~ *мор.* permanent ballast
твёрдый ~ solid ballast
~ то́плива dead matter, fuel ballast, non-combustibles
щебёночный ~ large ballast
балла́стер *м. ж.-д.* ballaster, ballasting machine
балла́стина *ж.* ballast pig
балласти́рование *с.* **то́пки** neutralizing
балласти́ровать *гл.* ballast
балластиро́вка *ж.* ballasting
~ гра́вием gravelling, gravel ballasting
~ подби́вкой ballasting by beater packing
~ щébнем broken stone ballasting
балла́ст-порт *м. мор.* ballast port
ба́ллер *м. мор.* stock
~ руля́ rudder head shaft, rudder pin, rudder stock
~ шпи́ля spindle of a capstan
балли́стик *м.* (*специалист*) ballistician
балли́стика *ж.* ballistics
вне́шняя ~ exterior ballistics
вну́тренняя ~ interior ballistics
~ вхо́да в атмосфе́ру *косм.* re-entry ballistics
баллисти́т *м.* ballistite
балло́н *м.* **1.** (*ёмкость*) bottle, cylinder, vessel □ **заполня́ть ~** charge [fill] a cylinder; **заряжа́ть ~ до давле́ния ...** charge a cylinder to a pressure of ...; **клейми́ть ~** stamp a cylinder; **перезаряжа́ть ~** refill a (gas) cylinder; **подверга́ть ~ гидравли́ческому испыта́нию** subject a cylinder to a hydrostatic test; **подверга́ть ~ гидравли́ческому испыта́нию на давле́ние ...** test a cylinder hydrostatically to a pressure of ... **2.** (*часть электровакуумного прибора*) bulb, envelope □ **запа́ивать ~** seal in the envelope; **запа́ивать ~ к но́жке** seal the envelope to the stem; **отка́чивать ~** evacuate [exhaust] the envelope; **отпа́ивать ~** seal off the envelope **3.** (*шина автомобиля*) balloon, low-pressure tire
бесшо́вный ~ seamless cylinder
~ ни́ти *текст.* balloon of yarn □ **образова́ние ~а ни́ти** ballooning
противопожа́рный ~ *ав.* fire-extinguisher [fire-suppression] bottle
пусково́й ~ *ав.* starting bottle
сварно́й ~ welded cylinder
уравни́тельный ~ surge bottle
балло́н-комкодави́тель *м. с.-х.* clod breaking roller
баллоноограничи́тель *м. текст.* antiballooning [balloon] separator
бальза́м *м.* balsam
кана́дский ~ Canada balsam, balsam of fir, Canada turpentine
копа́йский ~ copaiba (balsam)
перуа́нский ~ balsam of Peru
расти́тельный ~ vegetable balsam
толуа́нский ~ tolu, balsam of Tolu
~ Шостако́вского Shostakovsky balsam
балюстра́да *ж.* balustrade
баля́сина *ж.* baluster, rail post
ба́мпер *м.* bumper
банда́ж *м.* **1.** *маш.* band(ing), shroud(ing), strap(ping) **2.** (*колёсный*) *ж.-д.* tyre □ **наса́живать ~ на колесо́** set a tyre on a wheel **3.** *эл.* serving □ **накла́дывать ~ на ...** apply (a) serving (of ...) to ...
банда́ж
безребо́рдный ~ flangeless tyre
~ валка́ (*прокатного стана*) roll sleeve
~ верёвочный 1. twine binding **2.** twine serving
~ заплéчиков до́менной пе́чи bosh band
~ лабири́нтного уплотне́ния соплово́го аппара́та турби́ны turbine static shroud
про́волочный ~ wire binding
~ рабо́чего колеса́ турби́ны turbine rotary shroud
сва́йный ~ pile band(ing)
бандажи́рованный 1. (*напр. о турбине*) shrouded **2.** (*о колесе*) *ж.-д.* tyred
ба́нить *гл. мор.* swab (out)
банк *м.* **да́нных** *вчт.* data bank
ба́нка *ж.* **1.** (*сосуд*) can, jar, pot **2.** (*отмель*) bar, bank, shoal **3.** (*сиденье на шлюпке*) thwart
~ аккумуля́тора cell jar
~ высева́ющего аппара́та *с.-х.* seed can
консе́рвная, бомба́жная ~ blown can
консе́рвная, жестяна́я ~ *англ.* tin; *амер.* (tin) can
консе́рвная, металли́ческая сбо́рная ~ built-up can
консе́рвная, металли́ческая сварна́я ~ (vacuum-)sealed can
консе́рвная, металли́ческая сшивна́я ~ seamed can
консе́рвная, металли́ческая цельнотя́нутая ~ seamless [drawn] can
консе́рвная, стекля́нная ~ glass can
ле́йденская ~ *эл.* Leyden jar
~ с аэрозо́лем spray can
~ туковысева́ющего аппара́та *с.-х.* fertilizer can
банкабро́ш *м. мет.* fly [flyer] frame
перего́нный ~ intermediate frame
та́зовый ~ slubbing frame
то́лстый ~ slubbing frame
то́нкий ~ roving frame
то́нкий, второ́й ~ fine roving frame
банке́т *м.* **1.** *ж.-д.* bench **2.** (*дорожный*) banquette
ба́нник *м.* brush, cleaner, swab
коте́льный ~ boiler [tube] brush
ба́ня *ж.* bath
водяна́я ~ water bath
возду́шная ~ (hot) air bath
ма́сляная ~ oil bath
парова́я ~ steam bath
песо́чная ~ sand bath
солева́я ~ salt bath
бар *м.* **1.** (*внесистемная единица давления и механического напряжения*) bar **2.** (*врубовой машины*) jib □ **заводи́ть ~** jib in the cutter **3.** (*отмель*) bar
~ для вертика́льного вру́ба shearing jib

бар
~ для зару́бки по подо́шве floor jib
изо́гнутый ~ curved jib
ко́нтурный ~ frame jib
отбо́йный ~ breaking-down jib
отрезно́й вертика́льный ~ severing jib
~ с ороше́нием пы́ли dust-suppression jib

бараба́н *м.* 1. *маш.* drum, barrel, cylinder 2. *арх.* dome drum
бесшо́вный ~ seamless drum
волочи́льный ~ draw(ing) block
волочи́льный, веду́щий ~ intermediate block
волочи́льный, отде́лочный ~ finishing block
волочи́льный, приёмный ~ take-up block
волочи́льный, промежу́точный ~ intermediate block
волочи́льный, тя́нущий ~ intermediate block
волочи́льный, чистово́й ~ finishing block
ворсова́льный ~ *текст.* pile cylinder
вулканизацио́нный ~ curing drum
галто́вочный ~ tumbling barrel, tumbler □ очища́ть в галто́вочном ~е tumble
гра́бельный ~ *с.-х.* rake drum, rake cylinder
гравиесортиро́вочный ~ gravel-screening trommel
гребнево́й ~ *с.-х.* comber cylinder
грузово́й ~ load(-lifting) drum
грузоподъёмный ~ load(-lifting) drum
дели́тельный ~ graduated [index] barrel
дробестру́йный ~ short-blasting barrel
дроби́льный ~ crushing drum
дуби́льный ~ *кож.* tan(ning) drum, (tanning) tumbler
жело́бчатый ~ grooved [fluted] drum
жирова́льный ~ *кож.* oiling drum
загру́зочный ~ load barrel
зернообди́рочный ~ scourer cylinder
зо́льный ~ *кож.* liming drum
зубча́тый ~ *кфт.* sprocket (roller)
зубча́тый, заде́рживающий ~ *кфт.* holdback sprocket
зубча́тый, подаю́щий ~ *кфт.* feed sprocket
зубча́тый, скачко́вый ~ *кфт.* intermittent sprocket
зубча́тый, транспорти́рующий ~ *кфт.* drive sprocket
измельча́ющий ~ *с.-х.* shredding drum
кана́тный ~ rope drum
клеема́зальный ~ *полигр.* pasting cylinder
ко́довый ~ *свз.* coding drum

бараба́н
~ конве́йера, отклоня́ющий snub pulley
~ конве́йера, хвостово́й tail pulley
~ котла́ boiler drum; *мор.* boiler barrel
краси́льный ~ dyeing [colouring] drum
купа́жный ~ *пищ.* drum mixer, blender
магни́тный ~ magnetic drum
молоти́льный ~ thrashing drum
молоти́льный, би́льный ~ beater drum
молоти́льный, бичево́й ~ beater drum
молоти́льный, зубча́тый ~ peg-tooth drum
молоти́льный, тёрочный ~ rubbing drum
молоти́льный, штифтово́й ~ peg-tooth drum
~ мота́лки (*в волочильном стане*) reel block
~ мота́лки, нама́тывающий (*в волочильном стане*) coiling block
нави́вочный ~ (*в подъёмно-транспортных машинах*) winding drum
намо́точный ~ 1. winding [wind-up] drum 2. (*патентировочной печи*) take-up frame
натяжно́й ~ *прок.* tension reel
ножево́й ~ *с.-х.* cutting drum
обмо́точный ~ (*в подъёмно-транспортных машинах*) winding drum
обо́ечный ~ *с.-х.* scouring cage
обрыва́ющий ~ *с.-х.* picker drum, picker cylinder
око́рочный ~ *лес.* barker, barking drum
отсчётный ~ *геод., топ.* measuring drum
очёсывающий ~ *с.-х.* stripping cylinder, rotary-comb dresser
очистно́й ~ *лит.* fettling barrel, fettling drum
пескостру́йный ~ sandblast barrel
пи́льный ~ *с.-х.* saw cylinder
подаю́щий ~ *с.-х.* feed rolle(er)
подбо́рочный ~ *с.-х.* gathering cylinder
~ подъёмной маши́ны *горн.* hoist(ing) drum
~ подъёмной маши́ны, кони́ческий *горн.* conical hoist(ing) drum
~ подъёмной маши́ны, плоскоремённый *горн.* (flat-rope) reel
~ подъёмной маши́ны, цилиндри́ческий *горн.* cylindrical hoist(ing) drum
~ подъёмной маши́ны, цилиндроконический *горн.* cylindro-conical hoist(ing) drum
полирова́льный ~ burnishing barrel
полудо́рновый ~ *рез.* shoulder drum
приёмный ~ *текст.* taker-in, licker-in
промывно́й ~ washing drum

бараба́н
развёртывающий ~ (*фототелеграфа*) scanning drum
разгру́зочный ~ *тепл.* balance [dummy] piston
разра́внивающий ~ *текст.* evener cylinder
разъёмный ~ split drum
ремённый ~ belt drum
решётчатый ~ grate drum
~ рулонодержа́теля (*для стальной полосы*) coil-holder head
самозаруба́ющийся ~ *горн.* self-sumping cutter drum
сбо́рочный ~ *рез.* assembly drum
~ с во́гнутой пове́рхностью concave drum
сепарацио́нный ~ *тепл.* steam-and-water separating drum
силосоре́зный ~ silage chopping drum
смеси́тельный ~ mixing drum
снова́льный ~ *текст.* warping drum
солодорасти́льный ~ germinating drum
сортирова́льный ~ sorting drum, grading cylinder
стерилизацио́нный ~ steam sterilizer
суши́льный ~ drying drum
съёмный ~ 1. *с.-х.* doffing drum 2. *текст.* doffer
трепа́льный ~ scutching drum, scutching cylinder
ту́ковый ~ fertilizer(-spreading) drum
тя́говый ~ *горн.* hauling [traction] drum
увлажни́тельный ~ (*для табака*) humidifying [moistening] drum
фрéзерный ~ 1. (*фрезы, культиватора*) rotor 2. (*навозоразбрасывателя*) shredding drum
~ хлопкоубо́рочной маши́ны cotton-picker drum
цéвочный ~ spool drum
цепно́й ~ chain drum
цепово́й ~ *с.-х.* flail rotor
цифрово́й ~ *вчт.* digital drum
~ часо́в, дополни́тельный fusee
чешуеочисти́тельный ~ *с.-х.* rotary drum scaler
шварто́вный ~ *мор.* warping drum
шлифова́льный ~ grinding drum
~ шпи́ля *мор.* capstan drum

бара́нчик *м. текст.* winch
гребенно́й ~ comber cylinder

бара́шек *м.* 1. (*гайка; винт*) wing [fly] nut, thumbscrew 2. (*завиток провода, троса*) kink

барбота́ж *м.* (*тип смазки*) oiling by splashing

барботёр *м.* bubbler, sparger
~ для па́ра perforated steam sprayer

барботи́рование *с.* bubbling, sparging

барботи́ровать *гл.* bubble, sparge

барго́ут *м. см.* **бархо́ут**

барда́ *ж.* malt-residue, distillers' spent grains slop

барелье́ф *м.* bas-relief, low-relief
баре́ттер *м.* ballast tube, ballast lamp
ба́ржа *ж.* barge
беспа́лубная ~ open barge
водоналивна́я ~ water barge
грузова́я ~ cargo barge
грунтоотво́зная ~ sludge (removal) barge
морска́я ~ sea-going barge
му́сорная ~ rubbish barge
наливна́я ~ tank barge
несамохо́дная ~ dumb [non-self-propelled] barge
нефтеналивна́я ~ oil barge
па́лубная ~ covered barge
порто́вая ~ utility barge
разбо́рная ~ knock-down barge
рефрижера́торная ~ refrigerated barge
саморазгружа́ющаяся ~ (self-) dumping barge
самохо́дная ~ self-propelled barge
сухогру́зная ~ dry-cargo barge
баржево́з *м.* barge carrier
ба́рий *м.* barium, Ba
барилье́т *м.* (*газогенератора*) hydraulic main
барио́н *м.* baryon
барита́ж *м.* *бум.* barytage, baryta coating
барице́нтр *м.* barycentre
барицентри́ческий *прил.* barycentric
ба́рка *ж.* **1.** (*ёмкость*) vat, bowl **2.** *мор.* wooden barge
краси́льная ~ dye(ing) vat
краси́льная ~ с бара́нчиком *текст.* reel dying machine
мо́ечная ~ wash [scouring] bowl
отбе́льная ~ bleaching vat
полоска́тельная ~ *текст.* rinsing bowl
пропи́точная ~ steeping vat
барка́с *м.* **1.** (*судно*) launch **2.** (*чан*) *кож.* paddle vat, launch
мягчи́льный ~ bating paddle
порто́вый ~ harbour launch
барко́метр *м.* (*денсиметр для дубящих растворов*) barkometer, tannometer
барн *м.* (*внесистемная единица площади для измерений эффективных сечений*) *яд. физ.* barn
барогра́мма *ж.* barogram
~ подъёма *ав.* climb curve
баро́граф *м.* barograph
анеро́идный ~ aneroidograph, aneroid barograph
рту́тный ~ mercury barograph
бародиффу́зия *ж.* pressure diffusion
барока́мера *ж.*:
ва́куумная ~ altitude [stratospheric] chamber
компрессио́нная ~ compression [high-pressure] chamber
косми́ческая ~ space simulation test chamber
бароклина *ж.* barocline
бароклинность *ж.* baroclinic distribution

баро́метр *м.* barometer □ **компенсировать (шкалу́) ~(а) для учёта измене́ния у́ровня рту́ти в ча́шке** adjust (the scale of) a barometer to compensate for changes in height of mercury in the well; **~ па́дает** *или* **поднима́ется** the pressure is falling *or* rising; **приводи́ть (показа́ния) ~(а) к норма́льному ускоре́нию** correct (readings of) a barometer for elevation of the barometer site; **приводи́ть (показа́ния) ~(а) к 0 °С** correct (readings of) a barometer for temperature deviation from 0 °C
дифференциа́льный ~ differential barometer
жи́дкостный ~ liquid-column barometer
морско́й ~ marine barometer
норма́льный ~ normal barometer
регистри́рующий ~ barograph, recording barometer
рту́тный ~ mercury barometer
самопи́шущий ~ barograph, recording barometer
сифо́нно-ча́шечный ~ syphon-cup barometer
сифо́нный ~ syphon barometer
станцио́нный ~ station barometer
ча́шечный ~ well-type liquid column [cistern, cup] barometer
баро́метр-анеро́ид *м.* aneroid barometer
баро́метр-высотоме́р *м.* aneroid altimeter
барометри́я *ж.* barometry
бароперключа́тель *м.* baroswitch
бароре́ле *с.* barometric (pressure) switch
бароско́п *м.* open-end manometer
бароспидо́граф *м.* VH [velocity--height] recorder
бароста́т *м.* barostat, baroswitch
баротермо́граф *м.* barothermograph
баротро́пность *ж.* barotropic distribution
барофоре́з *м.* barophoresis
барс *м.* **для запра́вки бури́льного долота́** bucking ram
барсе́ние *с.* *ав.* porpoising
бархо́ут *м.* *мор.* rubbing strip, rubbing strake
барье́р *м.* barrier □ **установи́ть ~** lower a barrier
га́зовый ~ gas barrier
~ для я́дерного деле́ния fission barrier
звуково́й ~ *ав.* sound [sonic] barrier □ **преодолева́ть звуково́й ~** break through the sound barrier
изоляцио́нный ~ insulating barrier
конта́ктно-потенциа́льный ~ contact-potential barrier
куло́новский ~ Coulomb [electrostatic potential] barrier
~ многоме́рности *мат.* course of dimensionality
потенциа́льный ~ *элн.* potential barrier □ **преодолева́ть потенциа́льный ~** escape the potential barrier

барье́р
теплово́й ~ heat barrier
~ Шо́тки Schottky barrier
энергети́ческий ~ energy barrier
я́дерный ~ nuclear barrier
бассе́йн *м.* **1.** (*водоём*) basin, pond, pool **2.** (*область залегания и разработки полезных ископаемых*) field; *редко* basin
аэрацио́нный ~ aeration pond
бессто́чный ~ inland basin
бревенно́й ~ *лес.* log pond
брызга́льный ~ *тепл.* spray[-cooling] pond
водосбо́рный ~ catchment [drainage] basin
водосли́вный ~ spillway basin
~ вы́держки *яд. физ.* cooling pond
выра́внивающий ~ (*в нижнем бьефе*) compensating basin
~ гидроаккумули́рующей электроста́нции storage pool
гидроакусти́ческий ~ hydroacoustic tank
~ гра́фика *мат.* basin of a graph
~ для грануля́ции шла́ка slag-granulation pit
достро́ечный ~ *мор.* fitting-out [outfitting] basin
запа́сный ~ recharging [retention] basin
испари́тельный ~ evaporating basin, evaporating field
~ канализова́ния sewer basin, sewer territory
~ лесопи́льного заво́да mill pond
маши́нный ~ *цел.-бум.* paper-machine feed vat
напо́рный ~ head-pond, forebay
о́пытовый ~ *мор.* experimental [testing] tank, model (testing) basin
о́пытовый, буксиро́вочный ~ (*для протаски*) *мор.* tow(ing) tank
о́пытовый, гравитацио́нный ~ *мор.* gravitation exeprimental [testing] tank
о́пытовый ~ с волнопроду́ктором *мор.* wave tank
отсто́йный ~ sedimentation [settling] basin; (*в системах орошения*) desilt(ing) basin
пла́вательный ~ swimming pool
пла́вательный, де́тский ~ paddling pool
пла́вательный, закры́тый ~ indoor swimming pool
пла́вательный, откры́тый ~ outdoor swimming pool
подготови́тельный ~ (*в производстве соли*) concentrating pond
порто́вый ~ dock basin
прили́вный ~ tidal basin
речно́й ~ river basin
са́дочный ~ (*в производстве соли*) crystallizing [salt] pond
сортиро́вочный ~ *лес.* sorting basin
спусково́й ~ *мор.* launching basin
судострои́тельный ~ building [ship construction] basin

бассе́йн
~ су́точного регули́рования *гидр.* daily run-off pond
у́гольный ~ coal field, coal basin
успокои́тельный ~ *гидр.* stilling basin
усредни́тельный ~ *гидр.* equalizing basin
бата́н *м. текст.* (loom) slay, lathe
~ для сме́нных челноко́в change-box [multiple-box] slay
~ для челнока́-самолёта fly shuttle lathe
подвесно́й ~ suspended [overswung] slay
пружи́нный ~ flyer lathe
револьве́рный ~ circular box lathe
~, свобо́дно па́дающий free falling slay, free falling lathe
батаре́/я *ж.* **1.** (*источник тока*) battery □ **законсерви́ровать ~ю** lay up a battery, put a battery into storage; **~ обеспе́чивает непреры́вную рабо́ту в тече́ние ... часо́в** battery capacity is adequate to maintain ... hours of operation; **пита́емый от ~и** battery-powered; **рабо́тающий от ~и** battery-operated; **расконсерви́ровать ~ю** put a battery back in(to) operation [service]; **с приво́дом от ~и** battery-driven **2.** (*совокупность однотипных приборов, устройств и т. п.*) bank, battery, gang
авари́йная ~ emergency battery
аккумуля́торная ~ storage battery □ **аккумуля́торная ~ не заряжа́ется [не поддаётся заря́ду]** the (storage) battery will not take (a) charge; **аккумуля́торная ~ пло́хо де́ржит заря́д** the (storage) battery will not hold its charge; **аккумуля́торная ~ рабо́тает в режи́ме заря́д-разря́д** a (storage) battery is cycled, a (storage) battery is used in cycle service; **включа́ть аккумуля́торную ~ю на заря́д** put a (storage) battery on charge; **включа́ть аккумуля́торную ~ю на разря́д** put a (storage) battery on discharge; **гото́вить но́вую аккумуля́торную ~ к эксплуата́ции** process a new battery for service; **допуска́ть сульфата́цию аккумуля́торной ~и** let a (storage) battery develop sulphated plates; **испо́льзовать аккумуля́торную ~ю в бу́ферном режи́ме** (*в сочетании с генератором, сетью и т. п.*) float a (storage) battery on (*e. g.*, *a generator*, *the mains*, *etc.*); **испо́льзовать аккумуля́торную ~ю в режи́ме глубо́кого разря́да и непреры́вного заря́да** subject a (storage) battery to deep cycling; **«сажа́ть» аккумуля́торную ~ю** run down a (storage) battery
аккумуля́торная, автомоби́льная ~ automobile (storage) battery
аккумуля́торная, аэродро́мная ~ battery (storage) cart
аккумуля́торная, бу́ферная ~ buffer [floating] (storage) battery

батаре́/я
аккумуля́торная, возду́шно-ци́нковая ~ zinc-air (storage) battery
аккумуля́торная, железони́келевая ~ nickel-iron (storage) battery
аккумуля́торная, ка́дмиево-ни́келевая ~ nickel-cadmium (storage) battery
аккумуля́торная, свинцо́вая ~ lead-acid (storage) battery
аккумуля́торная, серебряная ~ silver (storage) battery
аккумуля́торная, сухозаря́женная ~ (*для хранения без электролита*) dry-charged (storage) battery
аккумуля́торная, у́гольно-ци́нковая ~ zinc-carbon (storage) battery
аккумуля́торная, щелочна́я ~ alkaline (storage) battery
а́мпульная ~ self-activating [ampule] battery
ано́дная ~ *англ.* B-battery, anode battery; *амер.* plate battery
а́томная ~ nuclear [atomic] battery
~ бесто́ковых посы́лок *тлг.* spacing battery
бу́ферная ~ buffer [floating] battery
~ возду́шной деполяриза́ции air-depolarized battery
вспомога́тельная ~ auxiliary battery
втори́чная ~ secondary battery
вызывна́я ~ *тлф.* ringing [signalling] battery
выпарна́я ~ *тепл.* multieffect evaporator, evaporator plant
гале́тная ~ disk [pancake] battery
гальвани́ческая ~ primary-cell battery
ди́сковая ~ *с.-х.* disk gang
диффузио́нная ~ *пищ.* diffusion battery, batch-type diffuser
диффузио́нная, кольцева́я ~ *пищ.* circular diffusion battery
диффузио́нная, цепна́я ~ *пищ.* straight diffusion battery
~ жидкостны́х элеме́нтов wet(-cell) battery
кислоро́дная распредели́тельная ~ *св.* battery of oxygen cylinders
ко́ксовая ~ coke-oven battery
ко́ксовая ~ с перекидны́м хо́дом то́почных га́зов crossover-flued coke-oven battery
конденса́торная ~ bank of capacitors, capasitor bank
лине́йная ~ *тлг.*, *тлф.* line battery
ме́стная ~ *тлф.* local battery
микрофо́нная ~ *тлф.* microphone [speaking] battery
~ нака́ла A-battery, filament battery
~ непосре́дственного охлажде́ния direct-expansion cooling battery
охлажда́ющая ~ cooling battery
перви́чная ~ primary battery
переносна́я ~ portable battery
рассо́льная ~ *хол.* brine pipe battery, brine pipe grid

батаре́/я
резе́рвная ~ stand-by battery
самолётная ~ aircraft-type [airborne] battery
се́точная ~ C-[grid(-bias)] battery
со́лнечная ~ solar battery
ста́ртерная ~ starter [starting] battery
стациона́рная ~ stationary battery
теплова́я ~ thermal battery
термоэлектри́ческая ~ thermo (electric) battery, thermo(electric) pile
термоя́дерная ~ thermonuclear battery
~ то́ковых посы́лок *тлг.* marking battery
~ то́пливных элеме́нтов fuel(-cell) battery
~ то́пливных элеме́нтов с ионоо́бме́нной мембра́ной ion-exchange (fuel-cell) battery
~ труб-распыли́телей bank of Venturi tubes
тя́говая ~ traction battery
центра́льная ~ *тлф. англ.* central battery; *амер.* common battery
я́дерная ~ nuclear [atomic] battery
ба́тенсы *мн. лес.* battens
батиме́трия *ж.* bathymetry, deep-sea sounding
батипла́н *м.* captive [towed] submersible craft, bathyplane
батиска́ф *м.* bathyscaph □ **~ всплыва́ет** the bathyscaph surfaces, the bathyscaph returns to the surface; **~ погружа́ется на глубину́ ... км** the bathyscaph dives to a depth of ... km; **~ соверши́л ... погруже́ний** the bathyscaph (has) made ... descents [plunges]
батисфе́ра *ж.* bathysphere
батитермо́граф *м.* bathythermograph
ба́токс *м.* **1.** (*линии на теоретическом чертеже судна*) buttock lines **2.** (*часть судна*) buttock
бато́метр *м.* water sampler, water-sampling bottle
батопо́рт *м.* (*плавучий гидротехнический затвор*) pontoon dock-gate
ба́фтинг *м. ав.* buffet(ing)
докрити́ческий ~ prestall buffet(ing)
срывно́й ~ stall(-type) buffet(ing)
бахрома́ *ж. тлв.* fringe
цветна́я ~ colour fringing
бахро́мчатость *ж. тлв.* fringing
бахтарма́ *ж. кож.* flesh side [back] of a hide
бачо́к *м.* tank
ва́куумный ~ vacuum tank
семенно́й ~ *с.-х.* seed canister
смывно́й ~ flush tank
уравни́тельный ~ surge tank
ба́шенка *ж.* turret
башма́к *м.*:
~ гу́сеничной це́пи track shoe
~ ковшо́вого элева́тора elevator boot
конта́ктный ~ ramp shoe

башма́к
копи́рующий ~ *с.-х.* gauge shoe
направля́ющий ~ *горн.* guide shoe
нивели́рный ~ pointed shoe
~ **обса́дной трубы́** casing [drive] shoe, well casing starter
опо́рный ~ bearing [supporting] shoe
~ **подбо́рщика** *с.-х.* pick-up runner
полево́й ~ *с.-х.* outer shoe
по́люсный ~ *эл.* pole-piece, pole shoe
~ **ре́жущего аппара́та** *с.-х.* cutter-bar shoe
ре́жущий ~ *горн.* cutting shoe
~ **ре́йки** *геод.* rod foot, sight carrier
ре́льсовый ~ rail shoe
рессо́рный ~ spring shoe
сбра́сывающий ~ *ж.-д.* derailing shoe, derailing block
сва́йный ~ pile shoe
~ **стрелы́ кра́на** boom seat
технологи́ческий ~ adjusting [levelling, seating] shoe
~ **токоснима́теля** trolley shoe
~ **толче́й** stamp shoe
тормозно́й ~ brake shoe
тролле́йный ~ trolley shoe
ба́шн/я *ж.* tower
абсорбцио́нная ~ absorption tower ☐ **снабжа́ть абсорбцио́нную ~ю наса́дкой** pack the (absorption) tower
безнаса́дочная ~ *хим.* void [wetted-wall] tower
водонапо́рная ~ water tower, elevated water tank
~ **вру́бовой маши́ны** cutter turret
вытяжна́я ~ *тепл.* stack
девулканизацио́нная ~ devulcanizing tower
~ **для оплавле́ния покры́тия** *мет.* coat melting tower
ка́бель-запра́вочная ~ *косм.* umbilical tower
~ **кра́на** crane tower
~ **ли́нии оцинкова́ния** *мет.* spangle tower
обогати́тельная ~ concentrating tower
~ **обслу́живания** *косм.* service tower ☐ **отводи́ть ~ю обслу́живания** (*откидного типа*) fold back a service tower; (*рельсового или возимого типа*) roll away a service tower
~ **оплавле́ния (же́сти)** (tinplate) reflow tower
охлажда́ющая ~ cooling tower
~ **пароотделе́ния** steam-stripping tower
петлева́я ~ *прок.* looping tower, tower-type looper
петлева́я, механи́ческая ~ *прок.* mechanical looping tower
петлева́я, приёмная ~ *прок.* infeed accumulator
петлева́я, разгру́зочная ~ *прок.* outfeed accumulator
поглоти́тельная ~ (*в производстве кокса*) scrubber, tower washer

ба́шн/я
~ **поле́й кла́ссов** *мат.* class field tower
приёмная ~ (*элеватора*) intake tower
реакцио́нная ~ reaction tower
ре́жущая ~ *горн.* cutting turret
сило́сная ~ tower silo
~ **с направле́нием пото́ка све́рху вниз** *хим.* down-flow tower
~ **с направле́нием пото́ка сни́зу вверх** *хим.* up-flow tower
~ **с наса́дкой** packed [filled] tower
~ **с петлево́й я́мой** *прок.* looping pit tower
суши́льная ~ drying tower
телевизио́нная ~ television tower
трави́льная ~ tower pickler
туши́льная ~ (*в производстве кокса*) quenching [watering] house, quenching tower
у́гольная ~ *пищ.* char tower
уравни́тельная ~ surge tower
~ **элева́тора** elevator tower
беватро́н *м.* bevatron
бегу́н *м.* **1.** (*измельчающий орган в дробильной машине*) runner, roll **2.** (*у талей или шкива*) leading [running] pulley **3.** (*в чесальной машине*) clearer **4.** (*холостая ось*) *ж.-д.* free axle **5.** *мн.* (*дробильная машина*) edge runner, Chile mill; *бум.* kollergang, kollermill
~ы́ гру́бого помо́ла crushing mill
~ы́ ме́лкого помо́ла grinding mill
~ы́ мо́крого помо́ла wet crushing mill
~ы́ с враща́ющейся ча́шей rotary-pan mill
~ы́ сухо́го помо́ла dry grinding mill
бегуно́к *м.* **1.** (*в прядильной машине*) traveller ☐ **устана́вливать** ~ apply a traveller **2.** (*у локомотива*) front carrying wheels, front bogie **3.** (*логарифмической линейки*) indicator, cursor, runner
бе́дствие *с.* distress ☐ **те́рпящий** ~ in distress (*e. g., a ship*)
безво́дный *прил.* **1.** (*о химическом соединении*) anhydrous **2.** (*о местности*) arid **3.** (*не содержащий воды*) free of water, dry, moisture-free
бездоро́жь/е *с.* lack of (proper) roads, impassable roads ☐ **передвига́ться по ~ю** travel off road(s), travel across country
безме́н *м.* steelyard
безопа́сность *ж.* safety, security
~ **автомоби́ля, акти́вная** active car safety
~ **автомоби́ля, пасси́вная** passive car safety
~ **доро́жного движе́ния** road safety
~ **обслу́живания** operation [handling] safety
~ **пешехо́дного движе́ния** pedestrian safety
радиацио́нная ~ radiation [radiological] safety

безотка́зность *ж.* no-failure operation, freedom from failure, failure-free performance
безразме́рный *прил.* dimensionless, nondimensional
безубы́точность *ж.* *эк.* break-even
безусло́вность *ж.* absoluteness, certainty
бейни́т *м.* *мет.* bainite
бел *м.* (*внесистемная единица логарифмической величины*) Bel, B
беле́ние *с.* (*отбеливание*) bleaching
~ **жгуто́м** rope bleaching
лугово́е ~ grass [sun] bleaching
мо́крое ~ wet bleaching
белесова́тость *ж.* (*лакового покрытия*) blushing
белизна́ *ж.* whiteness
бели́ла *мн.* **1.** (*белый пигмент*) white pigment **2.** (*краска*) white paint ☐ ~ **укры́висты** white has a good hiding power
свинцо́вые ~ **1.** (*пигмент*) white lead **2.** (*краска*) white lead paint
серни́стые ~ lithopone
ци́нковые ~ **1.** (*пигмент*) zinc white **2.** (*краска*) zinc white paint
бели́льня *ж.* bleachery, bleaching works
бели́ть *гл.* **1.** (*покрывать побелкой*) white-wash **2.** (*отбеливать*) bleach **3.** (*обесцвечивать*) blanch **4.** (*придавать белый цвет*) whiten
бело́к *м.* protein(e)
бель *ж.* (*непрокрас в набивной ткани*) gap (*in printed cloth*)
бе́льтинг *м.* (*техническая ткань*) belt(ing) duck (*Note: In Russian, only* fabric belting *is meant*)
беля́к *м.* (*рамка для шкурок*) hand stake, draw beam
бенза́ль *м.* benzal
бе́нзель *м.* *мор.* seizing ☐ **класть** ~ seize
коренно́й ~ throat seizing
кру́глый ~ round seizing
пло́ский ~ eye seizing
прямо́й ~ round seizing
бензи́н *м.* *англ.* petrol; *амер.* gasoline ☐ **добавля́ть в** ~ **антидетонацио́нную приса́дку** dope petrol with an anti-knock agent; ~ **проявля́ет скло́нность к образова́нию отложе́ний** petrol tends to coking; ~ **проявля́ет скло́нность к осмоле́нию** petrol tends to gumming; **сме́шивать** ~ **ра́зных ма́рок** blend petrol components
авиацио́нный ~ aviation spirit, aviation petrol
автомоби́льный ~ motor spirit, motor petrol
~ **без приса́дки** blank petrol
высокоокта́новый ~ high-octane petrol
высокосо́ртный ~ premium petrol
га́зовый ~ (*полученный конденсацией*) casing-head petrol; (*полученный абсорбированием*) natural petrol

бензи́н
га́зовый, компрессио́нный ~ compression petrol
га́зовый, нестабилизи́рованный ~ raw natural petrol
зи́мний ~ winter-grade petrol
~ **каталити́ческого кре́кинга** cat-cracked petrol
ле́тний ~ summer-grade petrol
неочи́щенный ~ crude petrol
нестабилизи́рованный ~ wild petrol
неэтили́рованный ~ clear petrol
низкоокта́новый ~ low-octane petrol
низкосо́ртный ~ low-test petrol
отверждённый ~ jellied petrol
очи́щенный ~ purified petrol
пожелте́вший ~ off-colour petrol
~ **прямо́й го́нки** straight-run petrol
пусково́й ~ priming fuel
рядово́й ~ regular petrol
сбаланси́рованый ~ balanced petrol
~ **с доба́вкой антидетона́тора** antiknock petrol
сезо́нный ~ climatic petrol
синтети́ческий ~ *амер.* synthetic gasoline
смоли́стый ~ gumming petrol
стабилизи́рованный ~ stabilized petrol
сыро́й ~ crude petrol
~ **терми́ческого кре́кинга** thermal petrol
това́рный ~ commercial petrol
тяжёлый ~ heavy petrol
этили́рованный ~ *англ.* ethyl(ated) petrol; *амер.* leaded gasoline
бензи́н-«кало́ша» *м.* rubber solvent, benzine
бензиноме́р *м. англ.* petrol gauge; *амер.* gasoline gage
поплавко́вый ~ electric float gauge
бензиноуловитель *м.* petrol [gasoline] recuperator
бензи́н-раствори́тель *м.* benzine
бензин-экстраге́нт *м. англ.* extraction petrol; *амер.* extraction gasoline
бензоба́к *м. англ.* petrol tank; *амер.* gasoline tank
бензово́з *м.* (*автомобиль*) *англ.* petrol tanker, tank truck; *амер.* gasoline tanker
бензозапра́вщик *м. англ.* petrol bowser; *амер.* gasoline bowser
бензоколо́нка *ж.* filling station; *амер.* gas station
бензокра́н *м.* fuel cock
бензокраси́тель *м.* benzo-colour
бензо́л *м.* benzene
сыро́й ~ crude benzene
бензомано́метр *м. англ.* petrol pressure gauge; *амер.* gasoline pressure gage
бензоме́р *м. см.* **бензиноме́р**
бензонасо́с *м.* fuel pump
диафра́гменный ~ diaphragm fuel pump
сдво́енный ~ duplex fuel pump
~ **с электроприво́дом** electric fuel pump
бензопо́мпа *ж.* fuel pump
бензопрово́д *м.* fuel (pipe) line
бензоре́з *м.* oxygen petrol cutting torch
бензосисте́ма *ж.* fuel system
бензосто́йкий *прил. англ.* petrol-resistant, petrol-proof; *амер.* gasoline-resistant, gasoline-proof
бензоуказа́тель *м. англ.* petrol (fuel) gauge; *амер.* gasoline gage
бензофи́льтр *м. англ.* petrol filter; *амер.* gasoline filter
бензохрани́лище *с. англ.* petrol storage; *амер.* gasoline storage
бентони́т *м.* bentonite
бёрдо *с.* **1.** *текст.* reed □ ~ **прибива́ет нить утка́ к опу́шке тка́ни** the reed battens the filling yarns against the fabric already formed; ~ **прибива́ет уто́к** the reed beats up weft; ~ **распределя́ет ни́ти осно́вы** the reed separates threads of warp **2.** *мор.* loom
веерообра́зное ~ fan reed
кру́глое ~ circular reed
неподви́жное ~ fast reed
откидно́е ~ loose reed
пружи́нное ~ spring reed
раздвижно́е ~ expanding reed
бе́рег *м.* (*канала, реки, озера*) bank; (*моря, озера*) shore □ **выбра́сывать на** ~ cast up on the shore; **у** ~**а** off-shore
противополо́жный ~ the far bank
свой ~ the home [near] bank
берёст/а *ж.* birch bark □ **драть** ~**у** strip the birch bark
курна́я ~ distillation birch bark
това́рная ~ commercial birch bark
бери́лл *м.* beryl
берилли́д *м.* beryllide
бериллиза́ция *ж.* beryllium diffusion hardening, beryllium surface impregnation
бери́ллий *м.* beryllium, Be
металли́ческий ~ beryllium metal, the metal beryllium
бе́рк(е́)лий *м.* berkelium, Bk
бе́рма *ж.* bench, berm
~ **безопа́сности** safety bench, safety berm
предохрани́тельная ~ safety bench, safety berm
тра́нспортная ~ haulage bench, haulage berm
бертини́рование *с.* bertinization
бертолли́ды *мн.* berthollides
берцо́ *с. кож.* leg, quater, front quater
бесконе́чно *нареч.* infinitely □ ~ **бли́зкий от A** infinitesimally close to A; ~ **большо́й** infinitely large; ~ **ма́лый** infinitesimal; ~ **удалённый** infinitely far; (*о точке*) at infinity
бесконечнокра́тный *прил.* infinite-to-one
бесконечноли́стный *прил.* infinite sheeted
бесконечноме́рный *прил.* infinite-dimensional, of infinite dimensions
бесконечносвя́зный *прил.* of infinite connectivity
бесконе́чност/ь *ж.* infinity □ **в** ~**и** at infinity; **до** ~**и** *лат.* ad infinitum, to infinity; **на** ~**и** at infinity; **обраща́ться в** ~ become infinite; **стреми́ться в** ~ tend to infinity, approach infinity; **удалённый в** ~ infinitely distant, placed at infinity
актуа́льная ~ completed [actual] infinity
конструкти́вная ~ constructive infinity
потенциа́льная ~ potential infinity
бесконе́чный *прил.* infinite
бесперебо́йность *ж.* **1.** (*работы, функционирования*) uninterrupted operation **2.** (*преим. снабжения, обслуживания*) continuity of service
~ **снабже́ния** (*напр. электроэнергией, теплом, газом*) continuity of (*e. g., power, heat, gas*) supply □ **обеспе́чивать** ~ **снабже́ния** maintain the continuity of service
бесперебо́йный *прил.* uninterrupted; trouble-free, smooth (*of engine running*)
бесподстро́ечн/ый *прил. рад.* free from (fine) tuning □ ... **обеспе́чивает** ~**ое вхожде́ние в связь ...** offers freedom from fine tuning
беспоря́дочно *нареч.* at random, out of order, in disorder
беспоря́дочный *прил.* random, disordered, out-of-order
беспреде́льный *прил.* unbounded
беспри́месный *прил.* pure
бессвя́зность *ж.* incoherence
бессеме́рование *с.* **1.** (*в производстве стали*) the (acid) Bessemer process; conversion (of iron) by the Bessemer process **2.** (*в производстве меди*) bessemerizing [conversion] (of copper-matte)
ма́лое ~ side-blown converter process, side-blown converting
бессемерова́ть *гл.* bessemerize
бесспи́новый *прил.* spin-free, zero-spin
беста́рный *прил.* unpacked (*of foodstuffs*); in bulk (*of cargo*)
бест-бар *м.* (*промежуточный продукт ручного пудлингования*) best bar
бесцве́тность *м.* colourlessness
«бесшу́мка» *ж. жарг.* (*шумопоглощающее покрытие в автомобиле*) sound-deadening material
бе́та *ж.* beta, β
бе́та-акти́вный *прил.* beta-active
бе́та-волна́ *ж.* beta wave
бе́та-дефектоскопи́я *ж.* beta-ray flaw detection, beta-ray (materials) inspection
бе́та-желе́зо *с.* beta iron
бе́та-излуча́тель *м.* beta(-ray) emitter
бе́та-излуче́ние *с.* beta rays, beta radiation
бе́та-лучи́ *мн. м.* beta rays, beta radiation
бе́та-нафто́л *м.* beta-naphtol

бе́та-радиоакти́вный *прил.* beta-radioactive
бе́та-распа́д *м.* beta decay, beta disintegration
бе́та-спектр *м.* beta spectrum
бе́та-спектро́метр *м.* beta(-ray) spectrometer
бе́та-спектроскопи́я *м.* beta spectroscopy
бе́та-толщиноме́р *м.* beta ray thickness gauge
бетатро́н *м.* betatron
бе́та-части́ца *ж.* beta particle
бето́н *м.* concrete □ **арми́ровать ~** reinforce concrete; **вакууми́ровать ~** compact [consolidate] concrete by vacuum; **виброуплотня́ть ~** compact [consolidate] concrete by vibration; **вспе́нивать ~** foam the concrete; **вспу́чивать ~** bloat (the) concrete; **~ выделя́ет во́ду** the concrete bleeds; **выде́рживать ~** cure the concrete; **загла́живать ~** (*с помощью гладилки*) float the concrete; (*с помощью тёрки*) trowel the concrete; **обжима́ть ~** (*при предварительном напряжении*) transfer the stress from the reinforcing steel to the concrete, apply a compressive prestress to the concrete; **обраба́тывать ~ в автокла́ве** autoclave (the) concrete; **отде́лывать ~ буча́рдой** bush-hammer the concrete (surface); **подава́ть ~ к ме́сту укла́дки** convey concrete to the job [to the point of placement]; **пригота́вливать ~ на стройплоща́дке** mix the concrete on the job; **проекти́ровать ~** proportion [design] a concrete mix(ture); **проекти́ровать соста́в ~а** *см.* **проекти́ровать бето́н**; **пропа́ривать ~** steam-cure (the) concrete; **пропа́ривать ~ в автокла́ве** autoclave (the) concrete; **разра́внивать ~** screed [rub] the concrete (*with a flying screed*); **распределя́ть ~** (*напр. в опалубке*) spread (the) concrete; **~ рассла́ивается** the concrete mix segregates; **снима́ть [среза́ть] изли́шки ~а** strike off excess concrete; **снима́ть фо́рму с ~а** demould the concrete; **сопряга́ть ра́нее уло́женный ~ с но́вым** bond fresh [new] concrete to hardened [set] concrete; **~ схва́тывает(ся)** the concrete sets; **~ тверде́ет** the concrete hardens; **укла́дывать ~** place concrete; **укла́дывать ~ в опа́лубку** place concrete against forms; **уплотня́ть ~** compact [consolidate] concrete; (*до заполнения всего пространства внутри опалубки*) ram concrete in place; **уплотня́ть ~ вакууми́рованием** compact [consolidate] concrete by vacuum; **уплотня́ть ~ вручну́ю** consolidate the concrete by hand (tamping); **уплотня́ть ~ центрифуги́рованием** consolidate concrete by spinning [centrifuging]; **ута́птывать ~** boot (the) concrete

бето́н
- **арми́рованный ~** reinforced concrete
- **атмосферосто́йкий ~** weather-resistant concrete
- **аэродро́мный ~** airfield-grade concrete
- **~ без воздухововлека́ющих доба́вок** nonair-entraining concrete
- **безоса́дочный ~** no-slump concrete
- **беспесча́ный ~** no-sand concrete
- **быстротверде́ющий ~** fast hardening [early strength] concrete
- **водонепроница́емый ~** watertight concrete
- **гидротехни́ческий ~** hydraulic concrete
- **грави́йный ~** gravel concrete
- **доро́жный ~** road [pavement] concrete
- **жаросто́йкий ~** heat-resistant concrete
- **жароупо́рный ~** high-temperature concrete
- **жёсткий ~** dry [harsh] concrete
- **жи́рный ~** rich concrete
- **земляно́й ~** earth concrete
- **известняко́вый ~** limestone concrete
- **кислотоупо́рный ~** acid-resisting concrete
- **крупнозерни́стый ~** coarse (aggregate) concrete
- **лёгкий ~** light-weight concrete
- **лито́й ~** mushy concrete, concrete of slush consistency
- **мелкозерни́стый ~** fine (aggregate) concrete
- **молодо́й ~** green concrete
- **моноли́тный ~** monolithic [(cast-)-in-situ, poured-in-place] concrete
- **~ на гра́вии** gravel aggregate concrete
- **~ на грани́тном щёбне** granite concrete
- **надво́дный ~** above-water concrete
- **~ на кли́нкере** clinker concrete
- **~ на коте́льном шла́ке** slag [breeze] concrete
- **~ на неоргани́ческих вя́жущих** inorganic-bonding agent concrete
- **~ на органи́ческих вя́жущих** organic-bonding agent concrete
- **~ на песча́но-грави́йной сме́си** sand-and-gravel concrete
- **~ на портландцеме́нте** Portland-cement concrete
- **~ на щёбне** crushed-stone concrete
- **неарми́рованный ~** plain [mass] concrete
- **огнеупо́рный ~** refractory concrete
- **опи́лочный ~** sawdust concrete
- **осо́бо лёгкий ~** very light concrete
- **осо́бо тяжёлый ~** extra heavy [heavy weight] concrete
- **отде́лочный ~** finishing concrete
- **песча́ный ~** fine (aggregate) concrete
- **пло́тный ~** dense concrete

бето́н
- **подво́дный ~** underwater concrete
- **подзе́мный ~** undeground concrete
- **предвари́тельно напряжённый ~** prestressed concrete
- **ра́ковистый ~** honeycombing concrete
- **~ с акти́вным заполни́телем** reactive-aggregate concrete
- **~ с больши́м содержа́нием цеме́нта** rich concrete
- **сбо́рный ~** precast [prefabricated] concrete
- **~ с воздухововлека́ющими доба́вками** air-entraining concrete
- **~ с волокни́стым заполни́телем** fibrous concrete
- **~ с доба́вкой льда́** ice concrete
- **~ с за́данными сво́йствами** controlled-quality concrete
- **~ с заполни́телем из твёрдой поро́ды** hard rock concrete
- **силика́тный ~** lime concrete
- **~ с кру́пным заполни́телем** coarse (aggregate) concrete
- **~ с лёгким заполни́телем** light-weight-aggregate concrete
- **слои́стый ~** sandwich concrete
- **~ с ма́лым содержа́нием цеме́нта** lean concrete
- **~ с обнажённым заполни́телем** exposed aggregate concrete
- **строи́тельный ~** structural concrete
- **теплоизоляцио́нный ~** insulating concrete
- **термоизоляцио́нный ~** insulating concrete
- **това́рный ~** ready-mixed concrete
- **то́щий ~** lean concrete
- **тяжёлый ~** heavy-weight concrete
- **~, уплотне́нный центрифуги́рованием** spun [centrifuged] concrete
- **холо́дный ~** cold-weather concrete
- **цеме́нтный ~** cement concrete
- **циклопи́ческий ~** cyclopean concrete
- **щебёночный ~** stone concrete
- **яче́истый ~** cellular concrete

бетони́рование *с.* **1.** (*укладка и уплотнение бетона*) placement (and consolidation) of concrete **2.** (*изготовление бетонных конструкций*) concreting
- **зи́мнее ~** cold-weather concreting
- **непреры́вное ~** continuous placement and consolidation of concrete
- **подво́дное ~** underwater concrete placement
- **подво́дное ~ ме́тодом вертика́льно перемеща́емой трубы́** tremie concrete placement
- **разде́льное ~** packed aggregate-and-grout process

бетони́ровать *гл.* concrete, place [cast] concrete, encase in concrete
бетоново́д *м.* concrete-delivery [concrete-conveying] pipeline
бетоново́з *м.* **1.** (*без приспособления для перемешивания бетона*) concrete-delivery (non-agitating) truck

2. (*с приспособлением для перемешивания бетона*) concrete-delivery agitator truck
бетонолóм *м.* concrete breaker
бетономешáлка *ж. см.* **бетоносмеситель**
бетононасóс *м.* concrete pump
бетонораздáтчик *м.* concrete pouring machine
бетоносмеси́тель *м.* concrete mixer
гравитациóнный ~ gravity concrete mixer
~ **непреры́вного дéйствия** continuous concrete mixer
передвижнóй ~ portable concrete mixer
~ **с принуди́тельным перемéшиванием** fixed-drum concrete mixer
стационáрный ~ construction concrete mixer
~ **цикли́чного дéйствия** batch concrete mixer
бетоноуклáдчик *м.* concrete placer, concrete-placing machine
дорóжный ~ road concrete placer, concrete spreader
бечёвка *ж.* (binder) twine, string, packthread
биáкс *м. авт., вчт.* biaxial ferrite core
запоминáющий ~ memory biaxial ferrite core
логи́ческий ~ logic biaxial ferrite core
библиотéка *ж. вчт.* library
~ **лент** library of tapes
~ **подпрогрáмм** subprogram [subroutine] library
~ **прогрáмм** program [routine] library
бивéктор *м.* bivector, director
бивибрáтор *м.* double dipole
биг *м. полигр.* score, crease
бигóвк/а *ж. полигр.* scoring, creasing □ **производи́ть ~у картóна** produce a score [crease] in a sheet of board
биградуи́рованный *прил.* bigraded, double-graded
бидифференци́руемый *прил.* bidifferentiable, twice differentiable
бидóн *м.* can (*см. тж.* **бáнка**)
биéни/я *мн. с.* 1. (*в теории колебаний*) beating, beats 2. (*в машинах и механизмах*) run(ning) out of true, wobbling, wobble □ **принимáть,** *напр.* **телегрáфные сигнáлы на слух мéтодом ~й** recieve, *e.g.*, telegraph signals as audible beats
затухáющие ~ damped beats
~ **несýщего винтá вертолёта** wobbling of the rotor
нулевы́е ~ *рад., ак.* zero beat □ **добивáться нулевы́х ~й** secure zero beat; **настрáивать** (*напр. передатчик*) **на нулевы́е ~ с частотомéром** tune (*e.g., a transmitter*) for zero beat with the signal of a frequency meter
радиáльные ~ (*в машинах и механизмах*) radial run-out
торцóвые ~ (*в машинах и механизмах*) end play
бизáнь-мáчта *ж.* miz(z)en mast
бикарбонáт *м.* bicarbonate *примеры*: ~ **нáтрия** sodium bicarbonate; ~ **кáльция** calcium bicarbonate
бикатегóрия *ж.* bicategory
биквадрáт *м.* fourth power, biquadratic
биквáрц *м.* biquartz
бикомпáкт *м. мат.* bicompact(um)
бикомпáктность *ж. мат.* compactness
бикристáлл *м.* bicrystal
бикс *м.* steam sterilizer
билéт *м.*:
лесорýбочный ~ felling permit
сезóнный ~ *англ.* season ticket; *амер.* commutation ticket
билинéйность *ж.* bilinearity
билинéйный *прил.* bilinear
били́нза *ж.* bilens, split [divided] lens
биллетирóвка *ж.* (*обжатие рёбер заготовки для придания ей формы тела вращения*) roughing-up
биллиóн *м. англ.* thousand million, milliard; *амер.* billion
би́ло *с.* beater
~, **трепáльное** scutching blade
билодержáтель *м.* beater arm
бильдаппарáт *м. уст. см.* **фототелегрáф**
биметáлл *м.* 1. clad [composite] metal (*e. g. clad steel*) 2. (*в термостатах, тепловых реле и измерительных приборах*) bimetal(lic) plate, bimetal(lic) strip
бимóдуль *м.* bimodule
бимомéнт *м.* bitorque
бимс *м. мор.* beam
концевóй ~ hatch-end beam
люкóвый ~ hatch(way) beam
поворóтный ~ cant beam
рáмный ~ deep [web] beam
рóстерный ~ skid beam
съёмный ~ portable [shifting] beam
трю́мный ~ hold beam
холостóй ~ undecked beam
бимтрáл *м.* beam trawl
бинáнт *м.* binant
бинаризáция *ж.* binarization
бинáрный *прил.* binary
бинейтрóн *м.* bineutron, dineutron
бини́стор *м.* binistor
бинóкль *м.* binoculars
~ **большóго увеличéния** high-power [high-magnification] binoculars
~ **Галилéя** Galilean binoculars
~ **мáлого увеличéния** low-power [low-magnification] binoculars
полевóй ~ field glasses, binoculars
при́зменный ~ prism binoculars
~ **с панкрати́ческим изменéнием увеличéния** zoom binoculars
~ **с раздéльной фокусирóвкой** binoculars with separately focused telescopes
~ **срéднего увеличéния** medium-power [medium-magnification] binoculars
~ **с центрáльной фокусирóвкой** binoculars with centrally focused telescopes
бинóкль
театрáльный ~ opera glasses
бинокуля́рный *прил.* binocular
бинóм *м.* binomial
дифференциáльный ~ binomial differential
~ **Ньютона** binomial theorem
биномиáльный *прил.* binomial
бинормáль *ж.* binormal
бинт *м.* (*книжного переплёта*) band
биоакýстика *ж.* bioacoustics
биогенерáтор *м.* biogenerator
биогеохи́мия *ж.* biogeochemistry
биогидроакýстика *ж.* biological hydroacoustics
биоголográфия *ж.* bioholography
биодáтчик *м.* biosensor
биодозимéтр *м.* biodosimeter
биокатáлиз *м.* biocatalysis
биокатализáтор *м.* biocatalyst
биокибернéтика *ж.* biocybernetics
биокоррóзия *ж.* biocorrosion
биолюминесцéнция *ж.* bioluminescence
биомáсса *ж.* biomass
биомéтрия *ж.* biometry, statistical biology
биомехáника *ж.* biomechanics
биóника *ж.* bionics
биополимéр *м.* biopolymer
биопотенциáл *м.* biopotential, action potential
биопрепарáт *м.* biological preparation
биортогонализáция *ж. мат.* biorthogonalization
биортогонáльность *ж. мат.* biorthogonality
биортонорми́рование *с. мат.* biorthonormalization
биоси́нтез *м.* biosythesis
биосистéма *ж.* biological system, biosystem
самоприспосáбливающаяся ~ self-adaptive biosystem
биоспýтник *ж.* biosatellite
биостáнция *ж.* biological station
биосфéра *ж.* biosphere
биотелеметри́я *ж.* biomedical telemetry, biotelemetry
биотéнк *м.* biotank
биотéхния *ж.* bioengineering, biotechnology
биотóк *м.* action current (*Примечание. Часто употребляется в значении* **биопотенциáл** action potential)
биотрóн *м.* biotron, bioclimatic chamber
биоуправлéние *с.* biopotential control, action-potential control
биофи́зика *ж.* biophysics
биофи́льтр *м.* biological filter, biofilter
кáпельный ~ trickling biofilter
кáпельный, погружнóй ~ immersion trickling biofilter
биофильтрáция *ж.* biofiltration
биохи́мия *ж.* biochemistry
биоэлектрóника *ж.* bioelectronics
биоэнергéтика *м.* bioenergetics
биплáн *м.* biplane
биполя́рность *ж.* bipolarity

бипри́зма *ж.* biprism
би́ржа *ж.* exchange
това́рная ~ commodity [goods] exchange
~ труда́ labour exchange
фо́ндовая ~ stock exchange
би́рк/а *ж.* tally, (identification) tag □ **снабжа́ть** (*напр. кабель*) **~ой для маркиро́вки** tag (*e. g., a cable*) for identification
бирко́вать *гл.* tag
биссе́ктор *м.* bisector
биссектри́са *ж.* bisector, bisectrix
~ диагра́ммы напра́вленности *рлк., рад.* beam axis
~ се́ктора скани́рования *рлк.* sector-scan axis
бисульфа́т *м.* bisulphate *примеры*: **~ на́трия** sodium bisulphate; **~ ка́лия** potassium bisulphate
бисульфи́т *м.* bisulphite *примеры*: **~ на́трия** sodium bisulphite; **~ ка́лия** potassium bisulphite
бисфено́ид *м.* bisphenoid
бит *м.* (*внесистемная двоичная единица измерения количества информации*) bit
би́тенг *м. мор.* bitt
би́тенг-кра́спица *ж. мор.* cross bitt
би́тер *м. с.-х.* beater
~ навозоразбра́сывателя manure spreading rotor
обра́тный ~ check beater
отбо́йный ~ stripper [behind] beater
приёмный ~ feeder [feed(ing)] beater
прутко́вый ~ rod beater
разбросно́й ~ scattering beater, spreading rotor
сбра́сывающий ~ flicker rotor
би́тер-сороудали́тель *м.* trash beater
би́тум *м.* bitumen
буроу́гольный ~ brown coal bitumen
вя́зкий ~ heavy asphalt
доро́жный ~ road asphalt, road oil, paving bitumen
жи́дкий ~ liquid [cut-back] bitumen
иску́сственный ~ artificial bitumen
компаунди́рованный ~ compaunded bitumen
мя́гкий ~ fluxing asphalt
нефтяно́й ~ oil [petroleum] asphalt
окислённый ~ blown petroleum
оста́точный ~ residual [straight-run] asphalt
полутвёрдый ~ semisolid bitumen
приро́дный ~ (*свободный от минеральных примесей*) natural bitumen; (*с минеральными примесями*) natural asphalt
приро́дный, асфа́льтовый ~ rock asphalt
проду́тый ~ blown petroleum
сла́нцевый ~ shore bitumen
~ твёрдого то́плива solid fuel bitumen
твёрдый ~ hard bitumen
торфяно́й ~ peat bitumen

биту́м
у́гольный ~ coal bitumen
флюсиро́ванный ~ cut-back asphalt
битумиза́ция *ж.* bituminous grouting
би́тумный *прил.* bituminous
битумово́з *м.* bitumen distributor
бить *гл.* **1.** beat **2.** (*ударять*) hit **3.** (*о ремне*) flap **4.** (*давать сигнал*) sound **5.** (*работать с биениями; о вращающемся механизме*) wobble, run out of true
бифа́кторный *прил.* bifactor(ial)
бифо́рма *ж.* biform, double form
бифункто́р *м.* bifunctor
бифуркацио́нный *прил.* bifurcational, branching
бифурка́ция *ж.* bifurcation, branching
бихарактери́стика *ж.* bicharacteristic
бихевиори́зм *м.* behaviorism
бихевиористи́ческий *прил.* behavioral
бицикли́ческий *прил.* bicyclic
бицили́ндр *м.* bicylinder
бициркуля́рный *прил.* bicircular
бич *м. с.-х.* bar
~ дезинтегра́тора radial bar [arm] of a disintegrator
~ молоти́льного бараба́на drum bar, beaterbar, cylinder (rasp) bar
рифлёный ~ corrugated bar
уголко́вый ~ angle bar
биэквивале́нтность *ж.* biequivalence
бланк *м.* **1.** form, blank **2.** *свз.* blank
бу́квенный ~ *свз.* letter blank
~ для за́писи record sheet
~ для программи́рования *вчт.* coding form
запро́сный ~ request sheet, RQ-sheet
~ с автомати́ческим перехо́дом на бу́квы unshift-on-space form
телегра́фный ~ message form, message blank
фи́рменный ~ letter-head
цифрово́й ~ figure blank
бланки́рование *с. тлв.* blanking
стро́чное ~ horizontal blanking
бланфи́кс *м.* blanc fixe
бланши́р *м. кож.* (whitening) slicker
бланширова́ние *с.* **1.** *пищ* blanching **2.** *кож.* blanching, whitening
~ в автокла́ве retort blanching
~ в ма́сле oil blanching
~ па́ром steam blanching
~ погруже́нием dip [tank] blanching
ступе́нчатое ~ series blanching
бланширова́тель *м. пищ.* blancher, blanching machine
~ бараба́нного ти́па rotatory blancher
водяно́й ~ water blancher
~ непреры́вного де́йствия с не́сколькими конве́йерами multibelt continuous blancher
парово́й ~ steam blancher
скребко́вый ~ scraper-blancher
~ шка́фного ти́па cabinet blancher
бланширова́ть *гл.* **1.** *пищ.* blanch **2.** *кож.* blanch, whiten

бла́угаз *м. уст., хим.* blau gas (*not to be confused with blue gas*)
бле́дный *прил.* pale, faint, weak (*of colour*)
блейве́йс *полигр.* lead white
бле́нда *ж.* **1.** *астр.* blend **2.** *photo* lens hood
бленди́рование *с.* blending
бле́нкер *м. тлф.* drop indicator
блеск *м.* **1.** (*характеристика свойств поверхности, отражающей свет*) lustre, glitter **2.** *астр.* (*яркость*) brightness **3.** (*минералов*) glance
абсолю́тный ~ absolute brightness
алма́зный ~ adamontine glance
ви́димый ~ apparent brightness
жи́рный ~ greasy lustre
звёздный ~ stellar brightness
~ звезды́ stellar brightness
интегра́льный ~ integrated brightness
ма́товый ~ dull lustre
полуметалли́ческий ~ submetallic lustre
смоли́стый ~ pitchy lustre
стекля́нный ~ vitreous [glassy] lustre
шелкови́стый ~ silky lustre
бле́скость *ж.* glaze
близкоде́йствие *с.* short-range interaction
близкоде́йствующий *прил.* short-range
близна́ *ж.* flash mark
близне́ц *м. мат.* twin
близору́кий *прил.* short-sighted, myopic
близору́кость *ж.* myopia
бли́зость *ж.* proximity, vicinity, neighborhood
непосре́дственная ~ close proximity, immediate vicinity
~ нулево́го поря́дка *мат.* proximity of zero order
блик *м.* glare
бли́ки *мн. м.*, **блужда́ющие** *свз.* ghosts, ghost images
блинд *м. тлф.* blind □ **передава́ть «~ом»** transmit (messages) in the blind
блинк-компара́тор *м. астр.* blink-comparator
блинк-микроско́п *м. астр.* blink-microscope
бли́стер *м. ав., мор.* blister
блок *м.* **1.** (*механизм в форме колеса с жёлобом по окружности*) block, pulley **2.** (*узел машины*) unit **3.** *стр.* block
авари́йный ~ *яд. физ.* safety block
автоно́мный ~ *вчт.* off-line unit
~ аккумуля́торных пласти́н одно́й поля́рности positive *or* negative plate group
арифмети́ческий ~ *вчт.* arithmetic unit
бето́нный ~ concrete block
~ вво́да-вы́вода *вчт.* input-output unit
~ веретена́ *текст.* wharve, pulley
вертлю́жный ~ swivel block

блок

восприимáющий ~ sensing unit
~ воспроизведéния *вчт.* reproducing unit
~ вы́борки (числá) *вчт.* selection unit
~ вы́дачи дáнных read-out unit
~ выделéния (сигнáла) оши́бки error detector
~ выпускнóго отвéрстия *мет.* tap-hole block
высокочастóтный ~ (*передатчика, приёмника*) radio-frequency [r. f., RF] unit, radio-frequency [r. f., RF] section
вычисли́тельный ~ computing unit
~ генерáтор — трансформáтор generator-transformer unit
~ генерáтор — усили́тель oscillator-amplifier unit
ги́псовый ~ gypsum block
ги́псовый, перегорóдочный ~ plaster slab
глухóй ~ dummy block
глухóй торцóвый ~ girder end block
~ горéлок burner assembly
~ грузовы́х тáлей cargo-hoist block
~ дáнных *вчт.* data unit, data block □ **дополня́ть ~ дáнных до трéбуемой длины́** (*напр. двоичными нулями*) pad a data block with (*e. g., binary zeroes*)
~ дáтчиков data-transmitter unit
~ дви́гателя engine block
двойнóй ~ double (sheaved) block
двушки́вный ~ double (sheaved) block
диатóмовый ~ *геол.* diatomaceous block
дифференциáльный ~ differential block
~ для заполнéния перекры́тия filler block
~ дози́рующих клáпанов *прок.* metering block
дóковый ~ dock block
задаю́щий ~ *вчт.* set (up) unit
~ задéржки 1. *см.* **блок запáздывания 2.** *вчт.* delay unit
закладнóй ~ *стр.* blockout
~ замедли́теля (*реактора*) moderator block
~ запáздывания (*для моделирования транспортного запаздывания в системах автоматического управления*) time-delay simulator, time-delay unit
запаснóй ~ spare unit
~ зáписей *вчт.* record block □ **компоновáть ~ из зáписей** pack a block with records; **разбивáть ~ зáписей на сегмéнты** split a (record) block into segments
защи́тный ~ *стр.* shielding block
звуковóй ~ sound unit, sound head
звуковóй, магни́тный ~ magnetic sound head
~ зýбчатых колёс gear cluster

блок

~ имитáции гистерéзиса hysteresis unit
~ имитáции зóны нечувстви́тельности dead zone unit
~ и́мпульсного генерáтора pulser box
~ индикáции display unit
~ информáции information block
исполни́тельный ~ actuating [final-control] unit, actuator; *вчт.* executive unit
кáбельный, многоканáльный ~ multiple-duct conduit
кáбельный, моноли́тный ~ monolithic conduit
кáбельный, одноканáльный ~ single-duct conduit, one-duct bank
кни́жный ~ inner book
~ компенсáции чередýющимися возмущéниями *киб.* posicast compensating section
конденсáторный ~ gang capacitor
контрóльный ~ (*монитор*) *тлв.* monitor unit
~ котёл — турби́на single-boiler single-turbine combination
котéльный, заводскóй ~ shop-assembled boiler module
котéльный, монтáжный ~ field-assembled boiler module
лепнóй потолóчный ~ stucco ceiling block
ли́тóй ~ slip-cast block
лонг-тáкельный ~ long-tackle block
~ магни́тных головóк head stack
~ манипуля́тора keying unit
многошки́вный ~ multiple (sheaved) block
мнóжительно-дели́тельный ~ multiplier-divider (unit)
мóдульный ~ modular unit
~ мозаи́чной структýры mosaic block
~ на грузовóй стрелé head block
накопи́тельный ~ (*в запоминающем устройстве*) stack
~ намóточных барабáнов *прок.* winding frame
направля́ющий ~ lead(ing) block
~ настрóйки 1. *рад.* tuner **2.** *авт.* adjusting [setting] unit
~ настрóйки антéнны aerial [antenna] tuning unit
~ настрóйки соплá *ркт.* nozzle-trim unit
натяжнóй ~ tension block
неавтонóмный ~ *вчт.* on-line unit
невосстанáвливаемый ~ "throw-away" unit
~ незави́симой перемéнной independent variable unit
неподви́жный ~ *стр.* fixed [standing] block
~ обрабóтки дáнных processing unit
объёмный ~ *стр.* (concrete) box unit
объёмный, кварти́рный ~ factory-assembled box-formed dwelling unit

блок

огнеупóрный шамóтный ~ refractory fireclay block
однопустóтный ~ *стр.* unicell block
одношки́вный ~ single(-sheaved) block
операциóнный ~ operational unit
основнóй ~ (*в системе параллельного резервирования или дублирования*) nonredundant unit
отводнóй ~ angle block
открывáющийся ~ *стр.* snatch block
~ отрабóтки магни́тных вариáций magnetic variation unit
~ оцéнки estimation [evaluation] unit
~ пáмяти memory [storage] unit
~ пáмяти, бýферный buffer unit
~ переключáтелей gang switch
~ печéй *мет.* bench
печнóй ~ *мет.* furnace block
~ питáния 1. power [supply] unit **2.** *хим.* feeding block
~ плавýчести *мор.* foam buoyancy
подви́жный ~ running block
подъёмный ~ (*в отличие от приводного*) load [lifting] block
~ полиспáста tackle block
~ полиспáста, ни́жний hoisting block (*of a purchase tackle*)
~ постоя́нных коэффициéнтов scaler
~и постоя́нных прогрáмм firmware
приводнóй ~ hauling [operating] block
приёмно-усили́тельный ~ receiver-amplifier unit
~ проби́вки перфокáрт card punching unit
~ прогнóза *киб.* prediction unit
~ произвóдных *авт.* derivative block
простóй ~ single purchase
~ радиотелеметри́ческой зáписи, кáдровый histogram recorder
~ развёртки (*осциллоскопа, радиолокационного индикатора, электроннолучевой трубки*) *англ.* time-base circuit, time-base unit; *амер.* sweep circuit, sweep unit
~, распределя́ющий нагрýзку distributing block
регистри́рующий ~ recording unit
~ регулирóвки adjustment unit
регули́рующий ~ regulating unit
резéрвный ~ standby unit; (*в системе резервирования*) redundant [duplicate] unit, redundant [duplicate] component
релéйный ~ relay unit
рýдный ~ ore block
свóдовый магнези́то-хроми́товый ~ magnesite-chrome roof block
~ свя́зи coupling unit, coupler
~ свя́зи с канáлом (*в системе передачи данных*) line adapter
~ сдви́га shift unit
сдвóенный ~ twin pulley block
селéкторный ~ strobe unit
~ селéкции и́мпульсов pulse gating unit

блок
сельси́нный ~ synchro unit
~ се́точного управле́ния grid control unit
~ синхрониза́ции synchronizer, timer, timing unit
скре́перный ~ *горн.* scraper block
скулово́й ~ *мор.* bilge block
сло́жный, кана́тный ~ rope tackle
сло́жный, цепно́й ~ chain tackle, chain purchase
случа́йный ~ (*в системах управления*) randomized block
сме́нный ~ plug-in [pluggable] unit
смолодоломи́товый ~ tar-dolomite block
~ согласова́ния анте́нны aerial-[antenna-]matching unit, aerial [antenna] coupler
~ сопровожде́ния *рлк.* tracking unit
~ сравне́ния comparator (unit)
станда́ртный ~ standard unit
стекля́нный ~ glass block
стеново́й ~ building block
стеново́й, керами́ческий пустоте́лый ~ clay building tile
стеново́й, пустоте́лый ~ hollow building block
строи́тельный ~ building block □ **применя́ть строи́тельные ~и под облицо́вку [обкла́дку]** use building blocks for backing up a facing material
стыково́й ~ joint block
съёмный ~ *вчт.* plug-in [pluggable] unit
сырцо́вый ~ adobe block
~ телеметри́ческой аппарату́ры telemetry unit
~ трансля́ции translator unit
~ укóсины, направля́ющий jib sheave
~ умноже́ния multiplier (unit)
~ управле́ния control unit, control block
ура́новый ~ (*ядерного реактора*) slug
~ ускори́телей *ркт.* boost cluster
~ у шпо́ра грузово́й стрелы́ heel block
~ фазиро́вки анте́нны aerial [antenna] phasing unit
~ фокусиро́вки focusing block
~ формирова́ния и́мпульсов pulse shaping [generating] unit
~ формирова́ния пусково́го и́мпульса trigger-pulse generator
~ фототриангуля́ции (aerial) triangulation block, aeropolygon
~ фунда́мента concrete foundation block
функциона́льный ~ *вчт.* functional block, functional unit
~ футеро́вки *мет.* lining block
хрони́рующий ~ *рад.* clock unit
цепно́й ~ chain sheave
~ цепны́х та́лей chain-hoist block
~ цикло́нов cyclone battery
цилиндри́ческий, а́нкерный ~ cylindrical block

блок
~ цили́ндров cylinder block
цифрово́й ~ digital unit
~ часто́тной развя́зки diplexer
~ шестерён gear cluster
шлакобето́нный ~ slag-concrete [cinder] block
шнурово́й ~ (*ручного телефонного коммутатора*) cord pulley wieght
~ штукату́рки, ма́ячный spacer block
блок-аппара́т *м.* *ж.-д.* (interlocking) block instrument
блок-бала́нс derrick sheave
блок-двойни́к *м.* *полигр.* two-up bound book
блок-диагра́мма *ж.* *топ.*, *карт.* block-diagram, relief diagram
бло́кинг-генера́тор *м.* blocking oscillator
~ в затормо́женном режи́ме biassed blocking oscillator
ждý́щий ~ triggered blocking oscillator
затормо́женный ~ biassed blocking oscillator
бло́кинг-проце́сс *м.* (*в блокинг-генераторе*) regeneration
блоки́ровать *гл.* **цепь** hold [block] a circuit
блокиро́вк/а *ж.* **1.** *ж.-д.* block(-system), blocking **2.** (*зависимость действия одного устройства от другого*) interlock(ing) □ **замыка́ть ~у** cheat an interlock **3.** (*прохождение сигнала или срабатывания устройства*) blocking **4.** *тлф.* bar
автомати́ческая ~ automatic block(-system)
~ вы́зова, обра́тная bar for originating call
~ горизо́нтов *горн.* level blocking
защи́тная ~ protective interlocking
механи́ческая ~ mechanical interlocking
неавтомати́ческая ~ manual block(-system)
~ нормализа́ции *вчт.* normalizing interlocking
~ от встре́чного вы́зова bar for originating call
перего́нная ~ *ж.-д.* section blocking
~ перено́са *вчт.* carry suppression
реле́йная ~ relay-type blocking
ручна́я ~ manual block(-system)
светофо́рная ~ *ж.-д.* colour light signal blocking
станцио́нная *ж.-д.* station blocking
~ це́пи, автомати́ческая automatic holding
~ це́пи вы́звавшего абоне́нта number checking arrangement
электри́ческая ~ electrical interlocking
электропневмати́ческая ~ electro-pneumatic interlocking
блок-конта́кт *м.* (*для переключения цепей управления или сигнализации*) auxiliary contact; (*для блокировки*) interlock contact

блок-конта́ктор *м.* (*для переключения цепей управления или сигнализации*) auxiliary contactor; (*для блокировки*) interlock contactor
блок-механи́зм *м.* block mechanism
блок-обо́йма *ж.* block shell
блокоукла́дчик *м.* *стр.* (*для монтажа сборной отделки туннелей*) erector arm tunnel driver
блок-перего́н *м.* *ж.-д.* block section
блокпо́ст *м.* *ж.-д.* signal box
блок-прокла́дка *ж.* *стр.* fill block
блок-противове́с *м.* counterweight block
блок-реле́ *с.* blocking [holding] relay
блок-светофо́р *м.* block-colour light signal
блок-сигна́л *м.* *ж.-д.* block-signal
разреши́тельный ~ permissive block-signal
блоксополиме́р *м.* block (co)polymer
блоксополимериза́ция *ж.* block (co)-polymerization
блок-схе́ма *м.* flow chart, block [skeleton] diagram □ **составля́ть ~у** (*при проектировании*) block out (*a system, equipment, etc.*)
иерархи́ческая ~ multilevel flow chart
блок-счётчик *м.* *мор.* meter wheel
блок-та́ли *мн.* purchase tackle
блок-уча́сток *м.* *ж.-д.* block (section)
абсолю́тно-разреши́тельный ~ absolute permissive block
разреши́тельный ~ permissive block
бло́чный *прил.* unitized, in unit form; modular
блужда́ние *с.* **1.** *мат.* walk **2.** *рад.* wandering
~ радиосигна́лов wandering of radiosignals
случа́йное ~ random walk
блюм *м.* *мет.* bloom
~ в перека́тном состоя́нии (*без зачистки дефектов*) rerolling quality bloom
неподогре́тый ~ unreheated bloom
обжа́тый ~ cogged bloom
пло́ский ~ bloom slab
~, подве́ргнутый огнево́й зачи́стке scarfed bloom
подогре́тый ~ reheat bloom
~ фигу́рного сече́ния bloom block
блю́минг *м.* bloomer, blooming mill
ма́лый ~ "baby" bloomer
непреры́вный ~ continuous blooming mill
нереверси́вный, трёхвалко́вый ~ three-high nonreversing blooming mill
одноклетьево́й ~ single-stand blooming mill
промежу́точный ~ intermediate blooming mill
реверси́вный ~ reversing blooming mill
реверси́вный, двухвалко́вый ~ two-high reversing blooming mill

блю́минг
~ с больши́м подъёмом ве́рхнего валка́ high-lift blooming mill
сдво́енный ~ double-stand blooming mill
блю́минг-ду́о *м.* two-high reversing blooming mill
блю́минг-сля́бинг *м.* blooming-slabbing mill
боби́на *ж.* **1.** *текст.* bobbin, spool **2.** *двс* ignition coil **3.** (*катушка для намотки магнитной ленты*) *вчт.* reel, spool **4.** *кфт.* reel, spool
коническая снова́льная ~ *текст.* warping cone
~ крестово́й мо́тки cross-wound bobbin
подаю́щая ~ 1. *кфт.* feed [supply] spool, feed [supply] reel **2.** *вчт.* feed [take-off] reel, feed spool
приёмная ~ *вчт.* take-up reel, take-up spool
принима́ющая ~ *кфт.* take-up spool, take-up reel
фи́льмовая ~ film spool, projection reel
бобинодержа́тель *м.* *текст.* bobbin carrier
бобы́шка *ж.* boss
бод *м.* (*внесистемная единица скорости телеграфирования*) baud
боёк *м.*:
~ взрыва́теля firing pin
~ грунтоно́са (sample) bullet □ **выстре́ливать ~ грунтоно́са** fire a (sample) bullet; **вытя́гивать ~ грунтоно́са из пласта́** (*после выстрела*) retrieve [pull loose] a (sample) bullet from the formation
~ механи́ческого мо́лота block head of a hammer
Бозе́-газ *м.* Bose gas
бозо́н *м.* (*частица с нулевым или целочисленным спином*) boson, Bose particle
бой *м.* (*разбитый предмет, обломки*) breakage, scrap □ **~ при перева́лке** breakage in handling; **~ при транспортиро́вке** breakage in transit
~ изло́жниц (ingot) mould scrap
~ кирпича́ brickbats
шла́ковый ~ crushed slag
бо́йлер *м* hot-water [high-temperature water] heater; heating water converter
основно́й ~ main hot-water heater
пи́ковый ~ peaking hot-water heater
бо́йня *ж.* slaughterhouse
бойсогра́мма *ж.* Boys-camera photograph
бок *м.* **1.** (*проекция обводов судна на диаметральную плоскость; на теоретическом чертеже*) sheer plan **2.** *горн.* wall
вися́чий ~ *горн.* hanging wall
~ вы́работки *горн.* wall of a working

бок
лежа́чий ~ *горн.* footwall, lying [bottom] wall
бокови́к *м.* *полигр.* side head, marginal
бокови́на *ж.* side-frame, side member
~ капо́та hood side panel, hood shield
~ ши́ны side wall of a tyre
бокс *м.* **1.** (*камера*) box **2.** (*отсек скотного двора*) stall **3.** *кфт.* blimp
водонепроница́емый ~ underwater blimp, underwater [waterproof] case
звукозаглуша́ющий ~ sound-proof(ing) blimp
бокси́т *м.* bauxite □ **вари́ть [выщела́чивать] ~** digest bauxite; **вскрыва́ть ~** break down bauxite
болва́нка *ж.* **1.** (*заготовка*) blank **2.** (*чушка металла*) pig, billet, ingot
боле́знь *ж.* disease
возду́шная ~ aerial sickness
высо́тная ~ altitude sickness
кесо́нная ~ the bends
лучева́я ~ radiation sickness
боли́д *м.* *астр.* bolide, fire-ball
болограмма *ж.* bologram
боло́граф *м.* bolograph, recording bolometer
боло́метр *м.* barretter
криоге́нный ~ cryogenic bolometer
полупроводнико́вый ~ semiconductor bolometer
сверхпроводя́щий ~ superconducting bolometer
терми́сторный ~ thermistor mount
тонкоплёночный ~ thin-film bolometer
болометри́ческий *прил.* bolometric
болт *м.* bolt □ **завинчивать ~ с перeко́сом** cross-thread a bolt; **«отдава́ть» ~** ease off [slacken] a bolt; **расклепа́ть коне́ц ~а́** rivet [clinch] a bolt; **скрепля́ть ~а́ми** bolt; **ста́вить ~ на кра́ске** secure a bolt with a drop of paint
а́нкерный ~ anchor [foundation] bolt, staybolt
а́нкерный, винтово́й ~ screw anchor
а́нкерный, сквозно́й ~ through [crab] bolt
а́нкерный, соедини́тельный ~ binding bolt
бара́шковый ~ butterfly bolt
~ без наре́зки blank bolt
~ быстросъёмный ~ quick detachable bolt
вертлю́жный ~ swivel [shackle] bolt
взрывно́й ~ (*пироболт*) explosive bolt
ви́лочный ~ shackle bolt
вы́саженный ~ upset bolt
двухсре́зный ~ double-shear bolt
заершённый ~ sprig [barb, rag, hacked, fang] bolt
зажи́мный ~ clamp bolt

болт
~ заземле́ния *англ.* earthing bolt; *амер.* grounding bolt
затяжно́й ~ draw bolt
конта́ктный ~ contact bolt
контря́щий ~ safety bolt
крепёжный ~ fastening bolt
кры́шечный ~ cap [bonnet] bolt
ла́пчатый ~ hook bolt
маши́нный ~ machine bolt
~ ма́ятника pendulum bolt
монта́жный ~ assembling [erection] bolt
нажимно́й ~ pressure bolt
нажимно́й ~ са́льника gland bolt
направля́ющий ~ guide bolt
нарезно́й ~ screw bolt
натяжно́й ~ adjuster bolt
односре́зный ~ single-shear bolt
отжи́мный ~ (*для отжимания одной детали от другой*) puller bolt
откидно́й ~ swing [link] bolt
па́лубный ~ *мор.* deck bolt
подвесно́й ~ *горн.* hanger bolt
~ под развёртку *мор.* reamed bolt
получи́стый ~ semi-finished [half-bright] bolt
предохрани́тельный ~ safety bolt
прижимно́й ~ pressure bolt
призо́нный ~ templet [tight-fitting] bolt
путево́й ~ track [fish] bolt
разрывно́й ~ (*пироболт*) explosive bolt
распо́рный ~ stay bolt
расшири́тельный ~ expansion bolt
регулиро́вочный ~ adjusting bolt
ре́льсовый ~ joint [rail] bolt
~ рессо́ры spring bolt
~ рессо́ры, центра́льный spring tie bolt
самосто́порящий ~ self-locking bolt
~ с бу́ртиком flange bolt
~ с га́йкой nut bolt
~ с голо́вкой и у́сом spiked [head-and-split] bolt
~ с голо́вкой под чеку́ cotter [key] bolt
~ с двойно́й наре́зкой double-screw bolt
~ с квадра́тной голо́вкой square-head bolt
сквозно́й ~ through bolt
~ с кони́ческой голо́вкой cone-headed bolt
~ с костылько́вой голо́вкой hook [gib-headed] bolt
~ с кру́глой голо́вкой round-head bolt
~ с крючкообра́зной голо́вкой hook [gib-headed] bolt
соедини́тельный ~ connecting [tie] bolt
~ с отве́рстием под шплинт clevis bolt
~ с пло́ско-вы́пуклой голо́вкой deck bolt
~ с пло́ской голо́вкой flat-head bolt
~ с потайно́й голо́вкой countersunk-headed bolt

болт
~ с проу́шиной strap bolt
срезно́й ~ shear bolt
~ с Т-обра́зной голо́вкой T-(head)-bolt
сто́порный ~ locking [set, binder] bolt
~ ступи́цы hub bolt
стыково́й ~ track [fish] bolt
стяжно́й ~ coupling [pinch, tie] bolt
~ с у́сом spiked [fin-neck] bolt
~ с ушко́м eye bolt
~ с цилиндри́ческой голо́вкой cheese head bolt
~ с чеко́й cotter [key] bolt
~ с шарово́й голо́вкой ball-headed bolt
~ с шестигра́нной голо́вкой hexagon-head bolt
~ с шипо́м nibbed bolt
тра́нспортный ~ shipping bolt
упо́рный ~ stop bolt
установо́чный ~ adjusting bolt
фунда́ментный ~ anchor [foundation] bolt, staybolt
~ це́пи chain pin
чёрный ~ black [rough-finished] bolt
чи́стый ~ bright bolt
шарни́рный ~ swing [link] bolt
шату́нный ~ connecting rod bolt
шпо́ночный ~ key bolt

болта́нка *ж.* rough [gusty] air, bump

бо́лтик *м.*, **конта́ктный** contact stud

бо́мба *ж.* **1.** bomb **2.** (*в производстве никеля карбонильным способом*) volatilizer
калориметри́ческая ~ calorimetric bomb
ко́бальтовая ~ cobalt bomb

бомба́ж *м.* bloat(ing), buckling, puffer
микробиа́льный ~ microbiological bloat
хими́ческий ~ chemical bloat

бомба́жный *прил.* (*о консервах*) bloated, buckling

бомбардиро́вка *ж.* bombardment, bombarding
~ а́льфа-части́цами alpha bombardment
~ заря́женными части́цами charged-particle bombardment
ио́нная ~ ion bombardment
~ нейтро́нами neutron bombardment
~ прото́нами proton bombardment
~ электро́нами electron bombardment

бомбици́на *ж.* coarse rag paper

бон *м. мор.*, *лес.* boom
многоопо́рный ~ *лес.* fence boom
направля́ющий ~ *лес.* glancing boom
ре́евый ~ *лес.* finboom

бонда́рня *ж.* cooper's shop

бо́ндарь *м.* cooper, hooper

бондериза́ция *ж. мет.* bonderizing

бonите́т *м.* site [quality] class, estimated productivity

бонитиро́вка *ж.* valuation, graduation

бонифика́ция *ж. эк.* bonification

бор *м.* boron, Br

боразо́н *м.* borazon

бора́т *м.* borate *примеры*: **~ на́трия** sodium borate; **~ ма́гния** magnesium borate

бо́ргес *м. полигр.* bourgeois

бордю́р *м.* **1.** (*дорожный*) curb, border stone **2.** *полигр.* border
вертика́льный ~ vertical curb
въездно́й ~ lip curb
~ доро́жного покры́тия edge of pavement
закруглённый ~ rolled curb
~ с накло́ном sloped curb

бореа́льный *прил.* boreal

бори́д *м.* boride *примеры*: **~ алюми́ния** aluminium boride; **~ ка́льция** calcium boride

бори́рование *с. мет.* borating, boronizing
электро́лизное ~ electrolysis borating

бори́ровать *гл.* borate, boronize

бормаши́на *ж.* dentist's drill

борн *м.* (*вывод аккумуляторной батареи*) terminal

бо́ров *м.* (*часть дымохода*) flue, breeching, chimney intake
гла́вный ~ main flue
~ к дымово́й трубе́ flue to stack
обводно́й ~ by-pass flue
сбо́рный ~ collecting flue

бороводоро́д *м.* boron hydride

borово́к *м.* **пе́чи** baffle, furnace bridge

боро́дка *ж.*:
~ волокна́ *текст.* tuft
~ ключа́ bit of a key

бородо́к *м.* (*кузнечный инструмент*) driftpin

борозда́ *ж. с.-х.* furrow
ко́нтурная ~ contour furrow
кра́йняя ~ boundary furrow
межева́я ~ boundary furrow
полива́я ~ irrigation furrow
разва́льная ~ open furrow
разме́точная ~ marking furrow
разъёмная ~ open furrow
сва́льная ~ double furrow

боро́здка *ж.* groove, furrow; cut, incision

бороздня́к *м.* (*скрап при разливке из параллельных желобов в песок*) sow scrap

бороздова́ние *с.* furrowing

бороздоде́л *м.* furrower, furrow opener
ди́сковый ~ disk furrow opener
полозко́вый ~ shoe coulter

бороздоде́латель *м. см.* **бороздоде́л**

бороздоме́р *м.* furrow measuring rod, furrow depth indicator

бороздоре́з *м. см.* **бороздоде́л**

борона́ *ж.* harrow
боло́тная ~ bog harrow
враща́ющаяся ~ rotary harrow
гвоздева́я ~ nail harrow
ди́сковая ~ disk harrow

борона́
ди́сковая, двухсле́дная ~ double-disk harrow
зубова́я ~ spike-tooth [tine, toothed] harrow
зубова́я ~ «зигза́г» zigzag harrow
карусе́льная ~ circular [spike] harrow
куста́рниковая ~ bush harrow
ла́пчатая ~ chisel-type harrow
лёгкая ~ seed harrow
лугова́я ~ grassland harrow
многосекцио́нная ~ section harrow
навесна́я ~ mounted harrow
ножева́я ~ knife harrow
односекцио́нная ~ single-section harrow
односле́дная ~ single harrow
односторо́нняя ~ offset harrow
па́стбищная ~ pasture harrow
полева́я ~ arable [field] harrow
полунавесна́я ~ semi-mounted harrow
посевна́я ~ seed harrow
прицепна́я ~ trailing harrow
пропо́лочная ~ weeder, weeding harrow
пружи́нная ~ spring-tooth harrow
садо́вая ~ orchard harrow
се́тчатая ~ chain harrow
тра́кторная ~ tractor harrow
тяжёлая ~ heavy-duty harrow
универса́льная ~ universal harrow
шарни́рная ~ flexible harrow
широкозахва́тная ~ wide-level harrow

борона́-волоку́ша *ж.* toothless drag harrow

борона́-като́к *ж.* cultimulcher

боронова́ние *с.* harrowing, braking
двусле́дное ~ double harrowing
попере́чное ~ cross-harrowing, crosswise harrowing

боронова́ть *гл.* harrow

бороско́п *м.* (*система зеркал для осмотра внутренних поверхностей тонких труб*) borescope

борт *м.* **1.** (*разновидность алмаза*) bort **2.** (*судна, самолёта*) side, board □ **выбра́сывать за ~** throw overboard; (*столько-то*) **гра́дусов ле́вого ~а** ...° to port; (*столько-то*) **гра́дусов пра́вого ~а** ...° to starboard; **принима́ть на ~** (*напр. груз или пассажиров*) take (in) (*e. g., cargo or passengers*) aboard **3.** (*автомобиля*) side
~ ваго́нетки car edge
за́дний ~ *авто* gate □ **откры́ть за́дний ~** drop the gate
~ карье́ра pit edge, flank of an opencast
~ карье́ра, нерабо́чий non-mining flank of an opencast
~ карье́ра, рабо́чий working flank of an opencast
~ ла́вы face edge, wall of a face
ле́вый ~ (*судна*) port side
~ ле́нты конве́йера edge surface of a conveyer belt

борт
надво́дный ~ (*судна*) freeboard
откидно́й ~ (*автомобиля*) drop side, flap
откидно́й, за́дний ~ (*автомобиля*) tailgate
~ покры́шки bead of a tyre
пра́вый ~ (*судна*) starboard
~ ро́ссыпи placer edge
бортинжене́р *м.* flight engineer
бортмеха́ник *м.* flight mechanic
бортово́й *прил.* (*напр. об оборудовании*) *ав.* airborne; *мор.* shipborne; *авто* vehicle-borne
борторасшири́тель *м.* (*для покрышек*) tyre spreader
бортпроводни́к *м.* air steward, cabin attendant
бортпроводни́ца *ж.* cabin attendant, air stewardess
бортради́ст *м.* flight radio operator
бортсе́т/ь *ж. ав.* airplane power, airplane (electrical) system, airplane bus □ **включа́ть,** *напр.* **генера́тор, нагру́зку** *и т. п.* **в ~** connect, *e.g.*, a generator, a load, *etc.* to the airplane bus; **навигацио́нная систе́ма рабо́тает от ~и** the navigation system operate on airplane power
бору́шистость *ж.* wrinkles, cockles
боршта́нга *ж.* boring bar
дифференциа́льная ~ differential boring bar
борьба́ *ж.*:
~ за непотопля́емость (*судна*) flood control
~ с вреди́телями pest control
~ с вреди́телями биологи́ческими сре́дствами biological pest control
~ с вреди́телями хими́ческими сре́дствами chemical pest control
~ с запыле́нием dust control
~ с корро́зией corrosion control
~ с пожа́ром fire control
~ с пы́лью dust control
~ с шу́мом noise control
бот *м.* (*судно*) boat
водола́зный ~ diving boat, diving tender
краболо́вный ~ crab boat
проме́рный ~ sounding boat
тра́ловый ~ trawler boat
ботводроби́тель *м.* haulm pulverizer, haulm shredder
ботволову́шка *ж.* trash-catcher, leaf catcher
ботвоотво́д *м.* vine fender, vine guard, vine turner
ботвоподъёмник *м.* vine lifter
ботворе́з *м.* haulm [topper] cutter
ботвособира́тель *м.* top gatherer
ботвоудали́тель *м.* haulm remover, deviner, haulm separator
бо́ты *мн.*, **диэлектри́ческие** non-conducting boots
бо́чк/а *ж.* **1.** cask, barrel **2.** *ав.* roll
амальгамацио́нная ~ amalgamator
бы́страя ~ snap roll
заливна́я ~ tight cask, tight cooperage
бо́чка
ме́дленная ~ slow roll
насадна́я зубча́тая ~ (*шестерённых валков*) *прок.* pinion ring
оки́сшая ~ acetified cask
прича́льная ~ *мор.* mooring buoy
~ прока́тного валка́ roll barrel, roll body
~ прока́тного валка́, гла́дкая flat body
~ прока́тного валка́, насадна́я sleeve body
ре́йдовая ~ *мор.* anchorage buoy
сухота́рная ~ slack barrel
швартóвная ~ *мор.* mooring buoy
бочконаполни́тель *м.* barrel filler
бочкопогру́зчик *м.* barrel loader
бочкоподъёмник *м.* barrel lifter
бочо́нок *м.* rundlet, keg
бра *с.* wall bracket, wall lamp
бра-ве́ктор *м. мат.* bra vector
бра́га *ж.* (*цепь или стальной трос вокруг судна*) span
бра́йтсток *м.* (*высоковязкое цилиндровое масло*) bright stock
брак *м.* spoilage, reject □ **исправля́ть ~** reclaim spoilage, recover rejects
восстана́вливаемый ~ rework
исправля́емый ~ reclaimable [recoverable] spoilage
произво́дственный ~ reject
бракера́ж *м.* sorting, grading
бракéта *ж. мор.* bracket
бракова́ть *гл.* reject
брако́вка *ж.* sorting, grading
брако́вщик *м.* quality checker
бракомота́лка (*проволоки*) *ж.* scrap baller
брандва́хта *ж.* **1.** (*пост*) fire-watch **2.** (*судно*) guard ship
плаву́чая ~ guard ship
бра́ндер *м.* fire-ship, fire-boat
брандма́уэр *м.* (*противопожарная стена*) fire-wall
брандсбо́йт *м.* **1.** (*пожарный ствол*) *уст.* (fire-)hose barrel, (fire-)hose lance **2.** (*ручной насос*) high-pressure fire-fighting hose, small portable pump
~ для пропа́ривания обору́дования *пищ.* steam gun washer
мо́ечный ~ wash gun
~ опры́скивателя *с.-х.* spray rod
широкозахва́тный ~ wide-spray fire pump
брас *м.* (*корабельная снасть*) brace
бра́сик *м. мор.* tiller becket
брасле́тчик *м.* (*в шинном производстве*) band-building operator
брахио́сь *ж.* brachyaxis
брахипирами́да *ж.* brachypyramid
брахистохро́на *ж. мат.* brachistochrone
брахистохро́нный *прил. мат.* brachistochronic
бра́шпиль *м.* windlass
бреве́нчатый *прил.* log, timber(ed)
бревн/о́ *с.* log □ **подверга́ть ~ перви́чной распило́вке** break in a log; **раскряжёвывать ~** buck a log; **ска́тывать брёвна в во́ду** break in a landing; **спуска́ть брёвна по жёлобу** chute logs; **спуска́ть брёвна со скло́на** ballhoot; **трелева́ть брёвна** drag [skid] logs; **трелева́ть брёвна на передка́х** *или* **поло́зьях** bob logs; **трелева́ть брёвна по земле́** snake logs
бревн/о́
верши́нное ~ top log
гидростро́ительное ~ piles
здоро́вое ~ sound log
ко́млевое ~ butt log, butt cut
ма́чтовое ~ mast log
окорённое ~ wany log
пило́вочное ~ sawlog
строи́тельное ~ building log
тёсаное ~ hewn log
бревнока́тка *ж.* log roller, log elevator
бревноме́р *м.* log scale
бревносбра́сыватель *м.* log kicker
бревноспу́ск *м.* log slide
бревнота́ска *ж.* log haulway
бревноукла́дчик *м.* log stacker
бре́день *м.* drag net
брезе́нт *м.* tarpaulin
бреква́тер *м.* **1.** (*береговое сооружение*) breakwater **2.** (*на палубе судна*) manger board
бре́кер (*шины*) breaker
бре́кчия *ж. геол.* breccia
бре́мза *ж. текст.* swivel tension
бре́мсберг *м. горн.* brake [rope] incline, inclined drift, slope, gravity plane
пане́льный ~ panel brake incline
полево́й ~ stone brake incline
бресмадру́к *м. полигр.* reflectography
брешту́к *м. мор.* breasthook
брешь *ж.* break, gap, breach
бриг *м.* brig
брига́да *ж.* crew, gang, team
авари́йная ~ emergency [repair] team
бурова́я ~ drill team
горноспаса́тельная ~ mine rescue team
добы́чная ~ *горн.* winning team
забо́йная ~ face team
маневро́вая ~ *ж.-д.* switching crew
поездна́я ~ train crew
произво́дственная ~ production team
произво́дственная, ко́мплексная ~ integrated production team
произво́дственная, сквозна́я ~ start-to-finish production team
произво́дственная, сме́нная ~ shift production crew
проxо́дческая ~ heading [tunnelling] team
ремо́нтная ~ maintenance [repair] team
бригади́р *м.* team leader, foreman
бриганти́на *ж.* brigantine
бри́дель *м.* (mooring) bridle
бри́дер *м.* (*ядерный реактор-размножитель*) breeder
бри́дерный *прил.* breeder, converter, conversion

бриза́нтность *ж.* brisance, shattering effect
брике́т *м.* **1.** briquette **2.** *с.-х.* pellet, wafer
~ горя́чего прессова́ния (*скрапа*) hot-pressed briquette
кормово́й ~ feed pellet
пылеу́гольный ~ coal-dust briquette
~ се́на wafer of hay
стру́жечный ~ chip briquette
торфяно́й ~ peat brick
у́гольный ~ coal brick
формо́ванный ~ moulded briquette
~ холо́дного прессова́ния (*скрапа*) cold-pressed briquette
брикети́рование *с.* briquetting
взрывно́е ~ explosive briquetting
горя́чее ~ hot briquetting
~ на пре́ссе press briquetting
~ под мо́лотом hammer briquetting
~ стру́жки *мет.* swarf briquetting
холо́дное ~ cold briquetting
брикети́ровать *гл.* briquette
брикетиро́вщик *м.* (*кормов*) pelleter, waferer
брике́т-лизуне́ц *м.* lick-salt brick
бриллиа́нт *м.* **1.** *полигр.* (*шрифт*) brilliant **2.** (*огранённый алмаз*) (cut) diamond
бриллиа́нтовый зелёный *м.* brilliant green
бри́тва *ж.* razor
культива́торная ~ scuffle knife, weeding hoe
поло́льная ~ one-side weeding [one-side scuffle] knife
бро́вка *ж.* brow, edge
~ борозды́ furrow brow
~ кана́вы edge of a ditch
~ усту́па, ве́рхняя *горн.* crest of a bench
~ усту́па, ни́жняя *горн.* toe of a bench
броди́льный *прил.* fermentative, zymotic
броди́ть *гл.* ferment
броже́ние *с.* fermentation
анаэро́бное ~ anaerobic fermentation
ацето́но-бути́ловое ~ acetone-butanol fermentation
ацето́но-эти́ловое ~ acetone-ethanol fermentation
аэро́бное ~ aerobic fermentation
бактериа́льное ~ bacterial fermentation
глюконовоки́слое ~ gluconic acid fermentation
лимоннoки́слое ~ citric acid fermentation
маслянoки́слое ~ butyric fermentation
молочнoки́слое ~ lactic acid fermentation
направля́емое ~ controlled fermentation
низово́е ~ bottom fermentation
пропионовоки́слое ~ propionic acid fermentation
броже́ние
самопроизво́льное ~ spontaneous fermentation
спиртово́е ~ alcoholic fermentation
уксуснoки́слое ~ acetic fermentation
бром *м.* bromine, Br
брома́т *м.* bromate *примеры*: **~ ба́рия** barium bromate; **~ на́трия** sodium bromate
броматоло́гия *ж.* bromatology
броматометри́я *ж.* bromometry
бромбутилкаучу́к *м.* brom(o)butyl-(rubber), brominated butyl rubber
броми́д *м.* bromide *примеры*: **~ ка́дмия** cadmium bromide; **~ желе́за** iron bromide
броми́рование *с.* bromination
бро́мистый *прил.* bromide
броми́т *м.* bromite *примеры*: **~ ка́лия** potassium bromite; **~ на́трия** sodium bromite
бро́мный *прил.* bromine
бромопре́н *м.* bromoprene
бронеле́нта *ж.* **ка́беля** armouring tape
бронепро́волока *ж.* **ка́беля** armouring wire
бро́нза *ж.* bronze
адмиралте́йская ~ Admiralty bronze
алюми́ниевая ~ aluminium bronze
архитекту́рная ~ architectural bronze
безолова́нная ~ tinless bronze
бери́ллиевая ~ beryllium bronze
~ для худо́жественного литья́ statuary bronze
кислосто́йкая ~ acid bronze
кла́панная ~ steam [valve] bronze
колоко́льная ~ bell metal
кремнени́келевая ~ nickel-silicon bronze
марганцо́вистая ~ manganese bronze
оловя́нная ~ tin bronze
оловя́нно-свинцо́вистая подши́пниковая ~ plastic bronze
пу́шечная ~ gunmetal
свинцо́вистая ~ leaded bronze
фо́сфористая ~ phosphor bronze
бронзи́рование *с.* bronzing
бронто́граф *м.* brontograph
бронто́метр *м.* brontometer
броня́ *ж.*:
~ дроби́льного обору́дования wear plate, liner, lining
ка́бельная ~ armour(ing)
ка́бельная, ле́нточная ~ tape armour(ing)
ка́бельная, ле́нточная двойна́я ~ double-tape armour(ing)
ка́бельная ~ из кру́глой про́волоки round-wire armour(ing)
ка́бельная ~ из пло́ской про́волоки flat-wire armour(ing)
ка́бельная ~ из фасо́нной про́волоки armour(ing) with interlocking wires
броса́ние *с.*:
~ игра́льных косте́й throw [toss, cast] of dice
~ моне́ты (*напр. при проведении случайного эксперимента*) coin tossing; coin flipping
бросо́к *м.*:
~ воды́ в котле́ flashing
~ напряже́ния voltage surge, surge of a voltage
~ обра́тного напряже́ния kickback voltage
~ стре́лки прибо́ра kick of a pointer
~ то́ка current inrush, inrush of a current
брошюрова́ние *с.* stitching
брошюро́вка *ж.* stitching
брошюро́вщик *м.* stitcher
бру́дер *м. с.-х.* brooder (house)
батаре́йный ~ battery brooder
брульо́н *м. топ., карт.* field map, topographic(al) manuscript
брус *м.* **1.** beam, bar **2.** (*пиломатериал*) cant
~ автосце́пки shank of an automatic coupler
баланси́рный ~ equalizing (balance] beam
~ бата́на *текст.* slay check, slay beam
бордю́рный ~ *стр.* curb girder
бу́ферный ~ (*напр. локомотива*) buffer beam
ва́личный ~ *текст.* roller beam
веретённый ~ *текст.* spindle bearing pate, spindle rail
~ ве́рхней каре́тки *текст.* bobbin rail
гра́бельный ~ (*у тракторных грабель*) rake bar
~ дверно́й обвя́зки, вертика́льной stile
~ дверно́й обвя́зки, горизонта́льной rail
двухка́нтный ~ *дер.-об.* two-edged cant
деревя́нный упо́рный ~ stop timber
~ для деревя́нных перекры́тий floor timber
запра́вочные ~ья *текст.* tension bars
иго́льный ~ *текст.* needle bar
конько́вый ~ *стр.* ridge pole, ridge piece, ridge covering
~ья кру́пных разме́ров *дер.-об.* dimension timber
~ ку́зова, продо́льный runner
~ мостово́го быка́, отбо́йный pier fender
направля́ющий ~ **1.** *текст.* thread guide rail **2.** (*склизов, стеллажей*) *прок.* slide bar
несу́щий ~ *прок.* carrier bar
~ ни́жней каре́тки *текст.* bolster [step] rail
опо́рный ~ **1.** *стр.* pole plate **2.** *прок.* cramp bar
опо́рный ~ для прово́док *прок.* rest bar

брус
отбо́йный ~ 1. *горн.* bumper bar, bumper beam 2. (*на спусковом волоке*) *дер.-об.* fender skid
охра́нный ~ *стр.* guard beam
па́льцевый ~ *с.-х.* finger bar, finger beam
пеноотдели́тельный ~ (*питателя стеклоформующей машины*) foam-separating beam
перево́дный ~ *стр.* switch tie
по́довый ~ (*печи*) skid billet
поса́дочный ~ *горн.* landing beam
прива́льный ~ *мор.* (side) fender, fender guard, guard rail
продо́льный ~ longitudinal beam, frame girder, longitudinal bearer
противоре́жущий ~ *с.-х.* shear bar
~ ра́вного сопротивле́ния *стр.* beam of uniform resistance
сцепно́й ~ draw bar
сцепно́й, шарни́рный ~ free draw bar
трёхка́нтный ~ *дер.-об.* three-edged cant
уплотня́ющий ~ (*трамбовка*) ramming board
цилиндровый ~ *текст.* roller beam
четырёхка́нтный ~ *дер.-об.* square
эквивале́нтный ~ *мех.* equivalent girder
брусова́ть *гл.* **брёвно** break down [open up] a log
брусо́вка *ж.* 1. (*бревна*) breaking down, opening up a log 2. (*напильник*) block [arm] file
брусо́к *м.* (*пиломатериал*) bar
абрази́вный ~ hone, honing stick
ватерве́йсовый ~ *мор.* waterway [margin] plank
деревя́нный ~ stud, fillet, riffle
~ для закрепле́ния (*столярных изделий*) fixing block
измери́тельный ~ calibration bar
магни́тный ~ magnetic bar, bar magnet
раство́рный ~ *стр.* mortar bar
ри́гельный ~ nogging strip
~ с надре́зом notched bar
точи́льный ~ whetstone, grindstone
упо́рный ~ (*для удержания нижнего ряда черепицы*) eaves lath
цеме́нтный ~ cement bar
шлифова́льный ~ hone, honing stick
штукату́рный мая́чный ~ screed strip
брусоре́зка *ж.* rod bench
брус-помо́ст *м.* scaffold plank
бру́ствер *м.* breastwork, parapet
брусча́тка *ж.* paving block, paving stone, stone block
глазуро́ванная керами́ческая ~ vitrified block
грани́тная ~ granite block
рядова́я ~ pavement in rows
брус-шта́нга *ж.*, **продо́льная** (*уширительной клети*) *прок.* spreader bar
бру́тто *прил.* gross

бры́згала *мн. с. мет.* sprays, sprayers
ве́рхние ~ top (water) sprays
водяны́е ~ (fresh-)water sprays
~ для сби́ва ока́лины descaling sprays
бры́зги *мн.* splashes
~ мета́лла metal spray, metal splashes
брызгови́к *м. авто* splash apron, splash guard, splash board, mudguard
рези́новый ~ mud flap
брызгонепроница́емый *прил.* spray-tight
брызгоотража́тель *м.* spray deflector
брюшко́ *с.* **ло́пасти** *ав.* blade [thrust] face
бу́гель *м.* 1. (*охватывающая деталь эксцентрикового механизма*) clip 2. (*вставка токоприёмника*) bow (collector) 3. (*кольцо на верхнем конце сваи*) band, ring, hoop
ма́чтовый ~ mast band
~ молотови́ща hurst
подъёмный ~ stirrup
предохрани́тельный ~ safety stirrup
бу́дка *ж.* booth, cabin
ка́бельная ~ cable hut
~ машини́ста локомоти́ва cab
проекцио́нная ~ projection booth
проходна́я ~ (*табельная, напр. на заво́де*) clock house
реле́йная ~ relay housing, relay cabin
съёмочная ~ *кфт.* camera booth
телефо́нная ~ *англ.* public-call box; *амер.* telephone booth
телефо́нная, у́личная ~ outdoor telephone booth
трансформа́торная ~ transformer vault
фи́льтровая ~ *эл.* filter hut
бу́ер *м.* iceboat, ice yacht
буй *м.* buoy
ды́мный ~ smoke buoy
светя́щийся ~ light buoy
спаса́тельный ~ rescue buoy
сторожево́й ~ (*для указания места маяка*) watch buoy
тума́нный ~ fog buoy
буйре́п *м. мор.* buoy line, buoy rope
бу́ква *ж.* letter, character □ **свя́занность букв** letter constraints
~ ключа́ (*кода*) key letter
~ ко́да code letter
предика́тная ~ proposition [predicate] letter
пропозицио́нная ~ proposition [predicate] letter
прописна́я ~ upper case [capital] letter
строчна́я ~ lower case letter
бу́квенно-цифрово́й *прил.* alpha(nu)-meric
бу́квенный *прил.* letter, graphic
буквопеча́тающий *прил.* letter-printing
буке́т *м.* **сфер** union of spheres
букети́ровать *гл. с.-х.* block, single
букетиро́вка *ж. с.-х.* blocking, singling, gapping

букетиро́вка
механи́ческая ~ mechanized [mechanical] blocking
ручна́я ~ hand blocking
хими́ческая ~ chemical gapping
букетиро́вщик *м. с.-х.* blocker, singler, gapper
огнево́й ~ flame blocker
бу́ккер *м. с.-х.* drill plough
бу́кса *ж.* axle [journal] box □ **~ «гори́т»** the journal box is "hot"; a "hot box" occurred; **~ рабо́тает «всуху́ю»** the journal box is running low on oil
веду́щая ~ leading axle box
~ веду́щей оси́ driving axle box
изоли́рующая ~ insulated axle box
осева́я ~ nave box
разъёмная ~ divided axle box
~теле́жки truck axle box
челюстна́я ~ pedestal axle box
букси́р *м.* 1. (*судно*) tug, tugboat, towboat 2. (*трос*) tow(ing) line, tow(ing) rope
ди́зельный ~ motor tug
ледоко́льный ~ icebraking tug
морско́й ~ seagoing [ocean-going] tug
паро́вой ~ steam tug
порто́вый ~ harbour tug
ре́йдовый ~ harbour tug
спаса́тельный ~ rescue [salvage] tug
букси́рование *с. см.* **буксиро́вка**
букси́ровать *гл.* tow, tug; haul
буксиро́вка *ж.* towing, tugging; hauling
~ в во́здухе *ав.* midair towing
~ на земле́ *ав.* ground towing
буксиро́вщик *м.* towing aircraft
букси́р-толка́ч *м.* pusher (tug), push boat
буксова́ние *с.* slip, slippage, slipping
буксова́ть *гл.* slip
була́т *м.* Damascus steel, damascene
були́нь *м. мор.* bowline
булы́жник *м.* cobble stone
бульдо́зер *м.* bulldozer
~ с кача́ющимся ножо́м tilting-blade dozer
скребко́вый ~ rake dozer
~ с опрокидны́м ковшо́м tiltdozer
~ с поворо́тным отва́лом swinging bulldozer
универса́льный ~ angledozer
бульдозери́ст *м.* bulldozer operator
бума́г/а *ж.* paper □ **гумми́ровать ~у** (*для последующего смачивания и наклеивания*) gum the paper; **накле́ивать ~у на** (*что-л.*) paste the paper to (*smth.*); **прокле́ивать ~у** size the paper
абрази́вная ~ abrasive paper
автогра́фская ~ autographic paper
акваре́льная ~ (*для акварельной живописи и гравюр*) aquarel [water colour] paper
александри́йская ~ royal paper
арми́рованная ~ reinforced paper
асбе́стовая ~ asbestos paper

бума́г/а
асбе́стовая, электроизоляцио́нная ~ asbestos insulating paper
афи́шная ~ poster paper
ацетили́рованная ~ acetylated paper
бакелизи́рованная ~ bakelized paper
бактерици́дная ~ desinfectant [antiseptic] paper
бандеро́льная ~ band stock
барити́рованная ~ baryta [coated] paper
ба́рхатная ~ velour paper
~ без отде́лки unfinished paper
бе́лая переводна́я ~ transfer paper
биле́тная ~ ticket paper
боби́нная ~ coil paper
бристо́льская ~ Bristol paper
буты́лочная ~ bottle packing [wrapping] paper
веле́невая ~ vellum paper
влагопро́чная ~ wet strength paper
водонепроница́емая ~ waterproof paper
~ воско́вка stencil paper
впи́тывающая ~ absorbent paper
всходозащи́тная ~ sprout [young-growth] protection paper
высокозо́льная ~ high-ash content paper
высококле́еная ~ hard-sized paper
газе́тная ~ newsprint
гигиени́ческая ~ toilet paper
глазиро́ванная ~ glazed paper
грунто́ванная ~ pre-coated paper
гумми́рованная ~ gummed paper
диагра́ммная ~ chart paper
диагра́ммная ~, сло́женная гармо́шкой Z-fold, chart paper
диазоти́пная ~ diazo-type paper
длинноволокни́стая ~ long-fibred paper
~ для глубо́кой печа́ти copper printing paper
~ для мно́жительных аппара́тов duplication paper
~ для мульчи́рования mulch paper
~ для обо́ев wall-paper
~ для печа́ти printing paper, printings
долева́я ~ grain long paper
зерни́стая ~ grained paper
изоляцио́нная ~ insulating paper
индика́торная ~ test [indicator] paper
инсектици́дная ~ insecticide paper
ка́бельная ~ cable(-insulating) paper
кала́ндровая ~ calender bowl paper
картографи́ческая ~ map [chart] paper
картона́жная ~ pasteboard paper
клеёная ~ sized paper
«ко́жаная» ~ leather-imitation paper
конденса́торная ~ capacitor paper
копирова́льная ~ carbon paper

бума́г/а
крепи́рованная ~ crepe paper
ла́кмусовая ~ litmus paper
листова́я ~ sheet paper
литогра́фская ~ lithographic paper
логарифми́ческая ~ logarithmic paper
лощёная ~ supercalendered paper
малозо́льная ~ low-ash content paper
ма́товая ~ mat paper
машинопи́сная ~ copying paper
мело́ванная ~ chalk-overlay [-coated] paper
металлизи́рованная ~ metallized paper
мешо́чная ~ bag [sack] paper
микани́товая ~ micanite paper
моноти́пная ~ keyboard paper
нажда́чная ~ abrasive [emery] paper
обёрточная ~ wrapping paper
обло́жечная ~ cover paper
офсе́тная ~ offset paper
папиро́сная ~ cigarette [tissue] paper
парафини́рованная ~ paraffined [wax(ed)] paper
па́чечная ~ box-cover paper
пи́счая ~ writing paper
~ попере́чной ре́зки cross direction paper
почто́вая ~ post [letter] paper
~ продо́льной ре́зки machine direction paper
промока́тельная ~ blotting paper
пропи́точная ~ impregnated paper
равнопро́чная ~ square paper
реакти́вная ~ reagent paper
реакти́вная, курку́мовая ~ turmeric (test) paper
рисова́льная ~ drawing paper
ро́левая ~ web paper
рота́торная ~ mimeo paper
руло́нная ~ web paper
светокопирова́льная ~ heliographic paper
светочувстви́тельная ~ light-sensitive [sensitized] paper
слабоклеёная ~ semi-sized paper
слюдяна́я ~ mica(-loaded) paper
спи́чечная ~ match box paper
телефо́нная ~ telephone cable paper
теплочувстви́тельная ~ heat-sensitive paper
техни́ческая ~ non-printing paper
токопроводна́я ~ (*для аналоговых моделей*) resistance paper
типогра́фская ~ letterpress paper
тиснёная ~ embossed paper
упако́вочная ~ packaging paper
упако́вочная, антикоррози́йная ~ anti-corrosive [anti-rust] packaging paper
упако́вочная, битуми́рованная ~ bituminized packaging paper
упако́вочная, двухсло́йная ~ double layer packaging bituminized paper

бума́г/а
упако́вочная, жиронепроница́емая ~ grease-proof packaging paper
фильтрова́льная ~ filter paper
фла́товая ~ flat paper
фотографи́ческая ~ photographic paper
фототи́пная ~ phototype paper
цветна́я ~ coloured paper
чертёжная ~ drawing paper
чертёжная, прозра́чная ~ tracing paper
чертёжно-копирова́льная ~ tracing paper
шлифова́льная ~ abrasive paper □ **шлифова́льная ~ забива́ется** abrasive paper fills up
шпага́тная ~ thread [twisting, cord] paper
щёлочесто́йкая ~ alkali-proof paper
электроизоляцио́нная ~ electrical insulating paper
электропроводя́щая ~ electrical conductive paper
этике́точная ~ label paper
бума́га-осно́ва *ж.* base [body] paper, body stock
бу́на *ж.* (*запруда*) spur dike, dike dam, groin
бу́нкер *м.* bin, hopper, bunker
~ акти́вного вентили́рования (*для зерна*) aerated bin
ве́рхний ~ (*рудного двора*) overhead bin
весово́й ~ weigh(ing) hopper
весово́й, передвижно́й ~ travelling weigh hopper
вибрацио́нный ~ vibrating discharge hopper
гермети́чный ~ sealed bin
гравитацио́нный ~ gravity bin
грануляцио́нный ~ granulating bunker
двуска́тный ~ double-hopper bin
ди́сковый щелево́й ~ disk-slot hopper
~ для доба́вок *мет.* addition bunker
~ для зерна́ grain tank, grain hopper
~ для корне́й (*в уборочных машинах*) root hopper
~ для льда (*в рефрижераторах*) ice bunker
~ для металли́ческой стру́жки *мет.* swarf bin
~ для опи́лок saw dust box
~ для отхо́дов *с.-х.* offal bin
~ для песка́ sand tank
~ для пы́ли dust [fly-ash] hopper
~ для скра́па *мет.* scrap bin
~ для удобре́ний fertilizer tank
дози́рующий ~ metering [batching] bin, metering [batching] hopper
зава́лочный ~ *с.-х.* filling hopper
загру́зочный ~ loading [feed] hopper, loading [feed] bin
за́дний ~ *текст.* back hopper
запа́сный ~ spare bin
засыпно́й ~ filling hopper

бу́нкер
зо́льный ~ ash hopper
~ **ковшо́вых доба́вок** *мет.* ladle-addition bunker
ко́ксовый ~ coke bin
кормораздáтчика ~ feed hopper
ме́рный ~ measuring bin
надсуши́льный ~ over-the-drier hopper
надша́хтный ~ headgear bin
накопи́тельный ~ *мет.* collecting bin
околостволь́ный ~ pitbottom bunker; shaft station bunker
опроки́дывающийся ~ tipping bin
~ **основно́го горизо́нта** *горн.* station bin
охлажда́ющий ~ *с.-х.* cooler bin
перегру́зочный ~ *горн.* conveyer hopper, transfer bin
перегру́зочный, самохо́дный ~ self-propelled transfer bin
передвижно́й ~ **1.** *стр.* batch truck **2.** *горн.* travelling [portable] bin, mobile bunker
печно́й ~ furnace bin
пита́ющий ~ loading [feed] hopper, loading [feed] bin
погру́зочный ~ loading [feed] hopper, loading [feed] bin
поро́дный ~ muck [refuse, waste, gob] bin
приёмный ~ receiving bin, receiving hopper
промежу́точный ~ **1.** *с.-х.* holding bin **2.** *горн.* transfer hopper **3.** *мет.* surge bin, transfer hopper
разгру́зочный ~ unloading bunker, discharge hopper
распредели́тельный ~ distributing bin, distributing bunker
расхо́дный ~ service bunker
саморазгружа́ющийся ~ self-emptying bin, self-unloading hopper
се́кторный ~ sector bin
секцио́нный ~ **1.** sectional bunker **2.** *мет.* organ-pipe bin
си́лосный ~ silo bin
смеси́тельный ~ mixing bin
суши́льный ~ drying bin
~ **сыпу́чих доба́вок в конве́ртер** converter additions bunker
~ **сыро́го у́гля** raw-coal storage hopper
~ **то́плива** fuel bunker, fuel hopper
у́гольный ~ coal hopper
ши́хтовый ~ stock [storage] bin
шла́ковый ~ (*в топке котла*) ash hopper
штре́ковый ~ gate-end bunker
эстака́дный ~ *мет.* trestle bin
бункеро́вка *ж.* bunkerage
бункеро́вщик *м.* (*судно*) fueler
бу́нкер-по́езд *м.* bunker-train
бу́нкер-смеси́тель *м.* blending hopper
бунт *м.* bundle □ **обвя́зывать** ~ **лéнтой** band a bundle
~ **про́волоки** wire coil, wire bundle
бунтодержа́тель *м. прок.* coil holder
бур *м.* auger, bore(r), drill
алма́зный ~ diamond drill
враща́тельный ~ rotary drill
~ **для взя́тия образцо́в** (*почвы*) coring tube
доло́тчатый ~ chisel(-shaped) bit, chisel jumper
дробово́й ~ shot drill
зату́пленный ~ blunt drill
земляно́й ~ earch auger, earth borer
кана́тный ~ cable drill
ковшо́вый ~ bucket auger
колонко́вый ~ core drill
коро́нчатый ~ crown drill
ло́жечный ~ spoon bit, gouge auger, post-hole borer
по́чвенный ~ soil auger
ручно́й ~ hand drill
~ **со съёмной коро́нкой** crown drill
спира́льный ~ auger drill, worm auger
сплошно́й ~ one-piece [integral] drill
уда́рный ~ percussion [hammer] drill
шне́ковый ~ auger drill, worm auger
бура́ *ж.* borax, sodium tetraborate
прокалённая ~ borax glass
бура́в *м.* auger, borer, bit, drill
пло́тничий ~ gimlet
~ **Пре́сслера** increment borer
приростно́й ~ increment borer
ручно́й ~ hand drill
бура́вчик *м.* gimlet, borer
бура́т *м.* **1.** (*для угля, руды и т. п.*) trommel **2.** (*для зерна, муки и т. п.*) bolter, reel
контро́льный ~ redressing reel
призмати́ческий ~ hexagonal reel
сортирова́льный ~ grading reel
схо́довый ~ tailings [return] reel
центробе́жный ~ centrifugal reel
цилиндри́ческий ~ round reel
шестигра́нный ~ hexagonal reel
бура́чная *пищ.* beet shed
буре́ние *с.* drilling
алма́зное ~ diamond drilling
взрывно́е ~ blast hole drilling
вибрацио́нное ~ high-frequency drilling
враща́тельное ~ rotary drilling
враща́тельно-уда́рное rotary-percussion drilling
гидравли́ческое ~ hydraulic drilling
дробово́е ~ (chilled-)shot drilling
кана́тное ~ cable tool drilling
кана́тно-уда́рное ~ churn drilling
ке́рновое ~ core drilling
кустово́е ~ multiple drilling
мо́крое ~ wet [water-flush] drilling
накло́нное ~ down-the-hole drilling
накло́нно-напра́вленное ~ controlled directional drilling
напра́вленное ~ controlled [directed] drilling
перфора́торное ~ rotary pneumatic drilling
буре́ние
пневмати́ческое ~ pneumatic [compressed-air] drilling
пневмоуда́рное ~ air percussion drilling
~ **по поро́де** rock drilling
разве́дочное ~ exploration drilling
~ **с проду́вкой сжа́тым во́здухом** air-flush drilling
~ **с промы́вкой** wash drilling
терми́ческое ~ flame-jet [thermic] drilling
турби́нное ~ turbodrilling
уда́рно-враща́тельное ~ percussion-rotary drilling
уда́рное ~ percussion drilling
уда́рно-поворо́тное ~ percussion-rotary drilling
шаро́шечное ~ roller-bit drilling
шне́ковое ~ auger drilling
шта́нговое ~ rod drilling
~ **электри́ческой дезинтегра́цией** electrical disintegration drilling
электрогидравли́ческое ~ electro-hydraulic drilling
~ **электро́нным лучо́м** electron beam drilling
бури́льщик *м.* drillman, driller
бури́мость *ж.* drillability
бури́ть *гл.* drill □ ~ **без механи́ческой пода́чи** (*инструмента на забой*) drill under the weight of the drilling string: ~ **в обхо́д** (*напр. препятствия*) drill by (*e. g., an obstacle, etc.*); ~ **на глубину́ ...** drill to a depth of ...; ~ **сква́жину** drill a borehole; sink a well; ~ **с механи́ческой пода́чей** (*инструмента на забой*) drill with power feed
буродержа́тель *м.* drill chuck
бурт *м.* clamp, (storage) pill
бу́ртик *м.* **1.** *маш.* bead, collar, shoulder **2.** *мор.* belting, fender (bar), sheer moulding (*of a boat*)
буртова́ние *с.* clamping, piling
полево́е ~ field clamping, field piling
буртоукла́дчик *м.* clamp forming [piling] machine
буртоукры́вщик *м.* clamp coverer, earth clamping machine
буруңду́к *м. мор.* after-guy
бур-расшири́тель enlarging bit
бу́ря *ж.* storm, gale
геомагни́тная ~ geomagnetic storm
магни́тная ~ magnetic storm □ **магни́тная** ~ **вызыва́ет переры́вы в радиосвя́зи** a magnetic storm blackouts radio communications
ионосфе́рная ~ ionospheric storm
шумова́я ~ noise storm
бу́синка *ж. эл.* bead
изоляцио́нная ~ insulating bead
керами́ческая ~ ceramic bead
~ **но́жки ла́мпы** stem bead
~ **термисто́ра** thermistor bead
буссо́ль *ж.* aiming circle, compass (circle)
зерка́льная ~ mirror [reflecting] compass

буссо́ль
коро́бчатая ~ box compass
~ магни́тного наклоне́ния dip compass, inclinometer
~ магни́тного склоне́ния declinometer
маркше́йдерская ~ miner's compass
мензу́льная ~ plane-table [surveyor's] compass
накладна́я ~ striding compass
подвесна́я ~ suspension compass
при́зменная ~ prismatic compass
~ с дио́птрами sight compass
буссо́ль-теодоли́т *м.* compass-theodolite
бу́стер *м.* (*гидроусилитель*) booster
дифференциа́льный ~ differential booster
обрати́мый ~ reversible booster
бут *м.* quarrystone, rubble, rubblestone
бутадие́н *м.* butadiene
бута́н *м.* butane
бута́ра *ж.* (*барабан для промывки металлосодержащих песков*) *горн.* sizing trommel, washing drum
буте́н *м.* butene, butylene
бути́л *м.* butyl
бутиле́н *м.* butene, butylene
бутилка́учук *м.* butyl rubber
бутиро́метр *м.* butyrometer
бути́ть *гл.* **1.** fill in, pack **2.** fill with rubble
бутобето́н *м.* rubble concrete
буты́лка *ж.* bottle
апте́карская ~ gallipot
возвра́тная ~ returnable bottle
~ Кле́йна *мат.* Klein bottle
однора́зовая ~ throw-away bottle
пла́зменная ~ plasma bottle
широкого́рлая ~ wide-neck bottle
буты́ль *ж.* (*тара*) large bottle; (*для кислот, промышленных жидкостей*) carboy
~ в оплётке demijohn, carboy
бу́фер *м.* buffer
возду́шный ~ air bumper, air dashpot
гидравли́ческий ~ hydraulic buffer
~ две́ри *авто* door bumper
ма́сляный ~ oil buffer, oil dashpot
паров́ой ~ steam cushion
пневмати́ческий ~ pneumatic [compression] bumper
пружи́нный ~ spring buffer
~ сжа́тия (*подвески*) bump stop
буфериза́ция *ж.* *вчт.* buffering
бу́фер-компенса́тор *м.* compensating buffer
бу́ферность *ж.* **1.** (*почвы*) buffering, buffer state **2.** *пищ.* buffer value
буферо́вка *ж.* (*металла*) buffing, polishing
бухгалте́рия *ж.* book-keeping
бу́хта *ж.* **1.** (*залив*) bay **2.** (*круг сложенного витком каната, проволоки и т. п.*) coil
~ ка́беля coil [hank] of cable
~ кана́та fake
~ про́волоки wire bundle, wire coil

бухтодержа́тель *м.* (wire-)reel stand
буча́рда *ж.* (*металлический молоток для обработки каменистых пород*) bush hammer, tooth axe
бу́чение *с.* (*заполнение бутом*) *стр.* filling with rubble
бушпри́т *м.* *мор.* bowsprit
бык *м.* (*опора моста*) pier
а́нкерный ~ anchor pier
бето́нный ~ concrete pier
деревя́нный ~ timber pier
~ из куста́ свай pile pier
~ кони́ческой фо́рмы battered pier
~ на кессо́нном основа́нии pneumatic pier
~ на масси́вной сте́нке dumb bell pier
~ ни́же горизо́нта воды́ submerged pier
~ пролётного строе́ния моста́ pivot pier
~ разводно́го пролётного строе́ния моста́ rest pier
~ с ледоре́зом sharp-nose pier
быстроде́йствие *с.* speed of response
~ арифмети́ческого устро́йства arithmetic speed
~ вычисли́тельной маши́ны computer speed
~ запомина́ющего устро́йства storage speed
~ па́мяти memory speed
быстросхва́тывающийся *прил.* quick-setting (*e.g.*, *of concrete*)
быстрота́ *ж.* speed, rapidity, rate
~ отка́чки (*вакуум-насоса*) (*объём в единицу времени*) (pumping) speed
~ реаги́рования responsiveness
~ реа́кции responsiveness
~ сходи́мости *мат.* speed of convergence, rapidity of convergence
быстрото́к *м.* (*сооружение*) chute
быстрохо́дность *ж.* speed; (*насоса, вентилятора и т. п.*) specific speed
бычи́на *ж.* *кож.* steer [ox] hide, bulls, steers
бьеф *м.* **1.** (*плотины, шлюза*) pool, reach **2.** (*перегороженной реки*) race
ве́рхний ~ 1. head water, waterhead, upper pool, upper reach **2.** head race, upstream wall
ни́жний ~ 1. downstream, after bay, tail-water **2.** tail race, downstream wall
бэватро́н *м.* bevatron
бэр *м.* [**биологи́ческий эквивале́нт рентге́на**] rem, roentgen equivalent man
бюдже́т *м.* budget □ **представля́ть прое́кт ~а на рассмотре́ние** bring in the budget; **утвержда́ть ~** approve the budget
~ нейтро́нов neutron budget
бю́кса *ж.* weighing bottle
бюллете́нь *м.* bulletin, report
синопти́ческий ~ synoptic report
бюре́тка *ж.* burette
бюро́ *с.* bureau; office
констру́кторское ~ design office

В

ва́га *ж.* **1.** (*весы*) balance **2.** (*рычаг*) pry(ing) lever
желе́зная ~ crowbar
ваго́н *м.* (*железнодорожный*) *англ.* van; *амер.* car □ **в ~е «гори́т» бу́кса** the car is developing a hot box; **испо́льзовать ~ с непо́лной загру́зкой** use [operate] a car on a less-than-carload basis; **испо́льзовать ~ с по́лной загру́зкой** use [operate] a car on a full-carload basis; **опроки́дывать ~** tip [tipple] a car; **оши́бочно засыла́ть ~** divert a car; **пополня́ть запа́сы воды́ в ~е** re-water the car; **пополня́ть запа́сы льда в ~е** re-ice the car; **разгружа́ть ~ опроки́дыванием** dump a car; **сортирова́ть ~ы** marshal [assemble] cars
бага́жный ~ *англ.* luggage van; *амер.* baggage car
балла́стный ~ ballast car
горноспаса́тельный ~ mine-rescue car
грузово́й ~ *англ.* goods van; *амер.* freight car
грузово́й, кры́тый ~ boxcar
динамометри́ческий ~ dynamometer car
~ для сбо́ра колошнико́вой пы́ли *мет.* flue dust car
измери́тельный ~ track-testing car
изотерми́ческий ~ refrigerator car
монта́жный ~ installation car
мото́рный ~ (*электропоезда*) (electric) motor coach
пассажи́рский ~ *англ.* coach; *амер.* passenger car
пассажи́рский, купе́йный ~ *англ.* sleeping carriage; *амер.* sleeping (berth) car
пассажи́рский, некупе́йный ~ *англ.* (railway) passenger coach; *амер.* (railroad) passenger car
пассажи́рский, плацка́ртный ~ *англ.* (railway) passenger coach with reserved seats; *амер.* (railroad) passenger car with reserved seats
почто́вый ~ *англ.* mail [parcel, postal] van; *амер.* mail car
прицепно́й ~ trailer car
прицепно́й ~ с посто́м управле́ния driving trailer car
~ прямо́го сообще́ния through carriage
саморазгружа́ющийся ~ tipping [self-clearing] car
санита́рный ~ hospital car
~ с опроки́дывающимся дном hopper car
~ с опроки́дывающимся ку́зовом dump-type truck
~ с откидны́м дном bottom dump car
спа́льный ~ sleeping car
това́рный ~ *англ.* goods van; *амер.* freight car
тормозно́й ~ brake car

вагóн-вертýшка *м.* merry-go-round wagon
вагóн-весы́ *м.* scale car
вагонéтка *ж.* industrial car; buggy □ **~ «дéржит» колею́** the car travels easily through curves; **загружáть ~у в клеть** (*шахтного подъёмника*) deck a car (*of a mine hoist*); **захвáтывать ~у спéреди** *или* **сзáди** attack the front *or* rear of a car; **опроки́дывать ~у** (*целиком*) tip [tipple] a car (*bodily*); **откáтывать ~у вручнýю** tram a car by hand; **откáтывать ~у канáтной систéмой** rope-haul a car; **приподнимáть ~у над колеёй** lift a car clear of the track; **разгружáть ~у** empty a car; **~ сошлá с рéльсов** the car derailed; **~ устóйчива на поворóтах** the car travels easily through curves; **~ устóйчива на ходý** the car keeps to the track safely
~ внутризаводскóго трáнспорта industrial car
~ для бетóна concrete buggy
~ для мульд charging-pan car
завáлочная ~ charging car
загрýзочная ~ charging car
коксотуши́льная ~ coke-quenching car
лесодостáвочная ~ *англ.* timber trolley
литéйная ~ casting bogie, casting buggy
~, опроки́дывающаяся на óбе стóроны double-side tipping wagon
рýдничная ~ mine car
рýдничная, пассажи́рская ~ man-rider, man-riding car
саморазгружáющаяся ~ self-discharge car
самохóдная ~ self-propelled trolley
самохóдная, кáбельная ~ cable-reel car
~ с дóнной разгрýзкой drop-bottom [hinged bottom] car
~ с жёстко закреплённым кýзовом box [rigid-body, non-tipping] car
~ с опроки́дывающимся кýзовом rocker side-dump car
~ с откиднóй стéнкой door-type [hinged side] car
шáхтная ~ (*небольшая*) tub
шлáковая ~ cinder car
вагóн-крáн *м.* crane car
вагóн-лаборатóрия *м.* track-test car
вагóн-лáвка *м.* store-wagon
вагóн-лéдник *м.* ice-cooled [iced] car
вагóн-мастерскáя *м.* repair car
вагонооборóт *м. ж.-д.* wagon traffic, wagon turnover
вагоноопроки́дыватель *м.* car dump(er)
бáшенный ~ tipping car dump(er)
боковóй ~ tippler
передвижнóй ~ mobile car dump(er)
рóторный ~ rotary car dump(er)
торцóвый ~ cross-over dump(er)
вагонопогрýзчик *м.* railway car loader
вагоноподъёмник *м.* wagon hoist, wagon lift
вагоностроéние *с.* car building
вагоносýтки *мн.* wagon-day (*of 24 hours*)
вагóн-перегружáтель *м.* transfer car, larry
вагóн-платфóрма *м.* flat car, wagon
вагóн-ресторáн *м.* dining car
вагóн-рефрижерáтор *м.* refrigerator car
вагóн-цистéрна *м.* tank car, tank wagon
вагóн-электростáнция *м.* power car
вагрáнк/а *ж.* (blast) cupola □ **разжигáть ~у** light a cupola
~ без копи́льника non-receiver cupola
мáлая ~ cupolette
~ с копи́льником receiver(-tank) cupola
~ с подогрéвом дутья́ hot-blast cupola
~ с уравновéшенным дутьём balanced-blast cupola
вазели́н *м.* petrolatum, petroleum jelly, liquid paraffin (Vaseline — *фирм. название*)
вайсенбергогрáмма *ж.* Weissenberg rotating-crystal photograph
вакáнси/я *ж. физ.* vacancy, hole □ **заполня́ть ~ю** fill a vacancy
~ в электрóнной оболóчке shell vacancy
~ кристалли́ческой решётки lattice vacancy
пáрная ~ pair of vacancies
электрóнная ~ electron vacancy, hole
вакáнтный *прил.* vacant, empty, unoccupied
вакáт *м. полигр.* blank page, white [blank] strip
вáкуум *м.* vacuum □ **дéйствующий от ~а** vacuum-operated, vacuum-controlled; **нарушáть ~** (*напр. в электронном микроскопе*) break (the) vacuum (*e. g., in an electron microscope*); **откáчивать на высóкий ~** pump to [for] a high [fine] vacuum; **откáчивать на предвари́тельный ~** rough down, pump to [for] a fore [rough] vacuum; **поддéрживать ~ на** (*таком-то давлении*) maintain vacuum at ...
абсолю́тный ~ perfect vacuum
высóкий ~ high [fine] vacuum
глубóкий ~ high [fine] vacuum
конéчный ~ ultimate vacuum
начáльный ~ initial [first] vacuum
ни́зкий ~ low vacuum
парциáльный ~ partial vacuum
предвари́тельный ~ fore [rough] vacuum
предéльный ~ ultimate vacuum
~ рентгéновских трýбок X-ray vacuum
сверхвысóкий ~ ultrahigh vacuum
совершéнный ~ perfect vacuum
вáкуум
срéдний ~ medium vacuum
части́чный ~ partial vacuum
вáкуум-аппарáт *м.* vacuum pan
змеевикóвый ~ vacuum pan with ring-element calandria
плёночный ~ microfilm vacuum pan
вáкуум-бачóк *м.* vacuum tank
вáкуум-бетóн *м.* vacuum(-processed) concrete
вáкуум-дренáж *м.* vacuum-drainage
вáкуум-инфильтрáция *ж.* vacuum infiltration
вакууми́рование *с.* **1.** (*обработка под вакуумом*) vacuum processing, vacuum treatment **2.** (*откачка*) evacuation **3.** (*стали*) degassing
~ в ковшé ladle degassing
порциóнное ~ cycling degassing
~ струи́ при перели́ве из ковшá в ковш ladle-to-ladle degassing
~ струи́ при разли́вке ladle-to-ingot (stream) degassing
~ циркуляциóнным спóсобом circulation degassing
вакууми́рованный 1. (*обработанный под вакуумом*) vacuum-processed, vacuum-treated **2.** (*откачанный*) evacuated
вакууми́ровать *гл.* **1.** (*обрабатывать под вакуумом*) treat under vacuum, vacuumize **2.** (*откачивать*) evacuate
вáкуум-кáмера *ж.* vacuum chamber
вáкуум-клáпан *м.* vacuum valve
вáкуум-ковш *м.* vacuum ladle
вáкуум-копмлéктор *м.* vacuum complector
вáкуум-коррéктор *м.* **опережéния зажигáния** vacuum (spark) advance control
вакуумéтр *м.* vacuum gauge
вя́зкостный ~ viscosity(-type) vacuum gauge
гидростати́ческий ~ hydrostatic vacuum gauge
грýбый ~ vacuum indicator
жи́дкостный ~ hydrostatic vacuum gauge
ионизациóнный ~ ionization vacuum gauge
компрессиóнный ~ hydrostatic-pressure vacuum gauge
магни́тный электроразря́дный ~ (electric) discharge vacuum gauge
механи́ческий ~ elastic vacuum gauge
молекуля́рный ~ molecular vacuum gauge
радиометри́ческий ~ radiometer (-type) vacuum gauge
ртýтный ~ mercury vacuum gauge
~ с горя́чим катóдом hot [filament] cathode gauge
~ с холóдным катóдом cold cathode gauge
теплоэлектри́ческий ~ thermal-conductivity vacuum gauge
вáкуум-мешáлка *ж.* vacuum mixer
вáкуум-наполни́тель *м.* vacuum filler, vacuum filling machine

ва́куум-насо́с *м.* vacuum pump □ **заполня́ть ~ балла́стным га́зом** bleed in ballast gas
вытесни́тельный ~ positive-displacement vacuum pump
ге́ттерно-ио́нный ~ getter-ion (vacuum) pump
диффузио́нный ~ diffusion vacuum pump
конденсацио́нный ~ condensation vacuum pump
механи́ческий ~ mechanical-displacement vacuum pump
многостру́йный ~ multi-jet vacuum pump
молекуля́рный ~ molecular vacuum pump
пароводяно́й ~ water-steam vacuum pump
парома́сляный ~ oil-vapour vacuum pump
поршнево́й ~ reciprocating vacuum [suction] pump
промежу́точный ~ booster pump
ро́торный ~ rotary vacuum pump
стру́йный ~ vapour-entrainment vacuum pump
центробе́жный ~ centrifugal vacuum pump
эже́кторный ~ ejector vacuum pump
ва́куумный *прил.* vacuum
ва́куум-отсо́с *м.* vacuum-suction
ва́куум-пастериза́тор *м.* vacuum pasteurizer
~ мгнове́нного де́йствия vacuum flash pasteurizer
~ с инже́кцией па́ра steam-injection vacuum pasteurizer
ва́куум-пло́тный *прил.* vacuum-tight
ва́куум-по́мпа *ж.* vacuum pump
ва́куум-пресс *м.* vacuum press
ва́куум-прово́д *м.* vacuum line
ва́куум-ро́злив *м.* vacuum filling
ва́куум-сква́жина *ж.* vacuum hole
ва́куум-смеси́тель *м.* vacuum blender
ва́куум-спектро́граф *м.* vacuum spectrograph
ва́куум-суши́лка *ж.* vacuum drier
ва́куум-то́рмоз *м.* vacuum brake
ва́куум-увлажне́ние *с.* vacuum humidification
ва́куум-уку́порка *ж.* vacuum sealing
ва́куум-упако́вка *ж.* vacuum pack(ag)ing
ва́куум-фа́ктор *м.* vacuum factor; *элн.* gas ratio
ва́куум-фильтр *м.* vacuum filter
бараба́нный ~ drum-type vacuum filter
ди́сковый ~ disk vacuum filter
карусе́льный ~ rotary vacuum filter
ле́нточный ~ band vacuum filter
~ периоди́ческого де́йствия Nutsch filter
ра́мный ~ leaf vacuum filter
таре́льчатый ~ plate vacuum filter
ва́куум-формова́ние *с.* vacuum moulding
ва́куум-формо́вка *ж. см.* **ва́куум-формова́ние**
ва́куум-щит *м.* vacuum moulding machine
ва́куум-экстра́ктор *м.* 1. *пищ.* vacuum extraction still 2. *мед.* vacuum-extractor
вал *м.* 1. *маш.* shaft □ **~ бьёт** the shaft whips; **~ враща́ется в подши́пниках** the shaft runs in bearings, the shaft is carried by bearings; **изгота́вливать ~ за одно́ це́лое** (*напр. с гасителями колебаний*) make a shaft integral (*e. g., with vibration dampers*); **~ изна́шивается равноме́рно** the shaft wears true; **на ~у появля́ются вы́работки** the shaft wears out of true; **(от)центрова́ть ~** align a shaft; **прота́чивать ~** turn down a shaft in a lathe; **уравнове́шивать ~** (*динамически или статически*) balance a shaft (*dynamically or statically*); **устана́вливать ~ по у́ровню** level a shaft 2. (*насыпь*) bank, embankment
бата́нный ~ *текст.* lathe axe; rocking shaft
~ би́тера beater shaft
боево́й ~ *текст.* pick shaft
ведо́мый ~ driven shaft
веду́щий ~ drive [driving] shaft
включа́ющий ~ *тлф.* interrupter shaft
включа́ющий ~ иска́теля *тлф.* selector shaft
враща́ющийся ~ torsion [rotary] shaft
входно́й ~ input [intake] shaft
вы́несенный ~ outrigger shaft
высева́ющий ~ drill shaft
~ высева́ющих аппара́тов ~ drill shaft
выходно́й ~ output shaft
~ вяза́льного аппара́та *с.-х.* knotter shaft
ги́бкий ~ flexible shaft
ги́бкий, про́волочный ~ flexible cable shaft
~ гнездообразу́ющего устро́йства *с.-х.* check shaft
~ гнездообразу́ющих кла́панов *с.-х.* valve shaft
голо́вочный ~ *текст.* rim shaft
горизонта́льный ~ lay shaft
гребно́й ~ propeller shaft
~ гру́нта soil bank
дейдву́дный ~ *мор.* stern [tail] shaft
~ для валя́ния *текст.* fulling roller, fulling cylinder
~ ду́кторный ~ *полигр.* ductor drop roller
жёсткий ~ stiff shaft
земляно́й ~ earth bank
карда́нный ~ cardan shaft
карда́нный, закры́тый ~ enclosed cardan shaft
карда́нный, откры́тый ~ exposed propeller shaft
карда́нный ~ с двумя́ карда́нными шарни́рами double-jointed shaft

вал
каре́точный ~ *текст.* back shaft
кача́ющийся ~ rocking shaft
коле́нчатый ~ crankshaft
коле́нчатый, двухколе́нный ~ two- [double-]throw crankshaft
коле́нчатый, двухопо́рный ~ two-bearing crankshaft
коле́нчатый, многоколе́нный ~ multithrow [multiple-throw] crankshaft
коле́нчатый ~ на ро́ликовых подши́пниках roller-bearing crankshaft
коле́нчатый ~ на ша́риковых подши́пниках ball-bearing crankshaft
коле́нчатый, одноколе́нный ~ single-throw crankshaft
коле́нчатый, составно́й ~ built-up crankshaft
коле́нчатый ~ с противове́сами counter-weighted crankshaft
коле́нчатый, трёхколе́нный ~ three-throw crankshaft
коле́нчатый, уравнове́шенный ~ balanced crankshaft
коле́нчатый, це́льный ~ one-piece crankshaft
коле́нчатый, четырёхопо́рный ~ four-bearing crankshaft
~ контрпри́вода countershaft
концево́й ~ end [terminal] shaft
коренно́й ~ main shaft
коренно́й ~ прока́тного ста́на leading spindle
~ коро́бки переда́ч, втори́чный main [output] shaft
~ кру́глой пилы́ saw spindle
кулачко́вый ~ camshaft
кулачко́вый, ве́рхний ~ overhead camshaft
кулачко́вый ~ переключе́ния shifting camshaft
мажо́рный ~ *текст.* side [mutator] shaft
многоопо́рный ~ multiple-bearing shaft
~ молоти́льного бараба́на cylinder shaft
настро́ечный ~ adjustment shaft
неподви́жный ~ fixed spindle
ножево́й ~ *с.-х.* cutter shaft
~ обра́тного хо́да reverse shaft
~ отбо́ра мо́щности power take-off [pto] shaft
~ отбо́ра мо́щности, многоскоростно́й multispeed power take-off shaft
~ отбо́ра мо́щности, полузави́симый live power take-off shaft
~ отбо́ра мо́щности, реверси́вный reverse power take-off shaft
~ отбо́ра мо́щности, синхро́нный ground-speed power take-off shaft
~ отбо́ра мо́щности с переключе́нием скоросте́й variable-drive power take-off shaft
отжи́мный ~ squeeze roll
переда́точный ~ lay shaft
печа́тный ~ *текст.* printing roller
полирова́льный ~ polishing shaft
по́лый ~ hollow [tubular] shaft

вал
попере́чный ~ transverse [cross] shaft
~ при́вода, гла́вный main drive shaft
приводно́й ~ drive [power] shaft
~ приёмного бараба́на *текст.* licker-in [taker-in] shaft
прижимно́й ~ pressure roller
разбросно́й ~ *с.-х.* spinner shaft
разрезно́й ~ divided shaft
распредели́тельный ~ camshaft
распредели́тельный, ве́рхний ~ overhead camshaft
распредели́тельный ~ впускны́х кла́панов inlet camshaft
распредели́тельный ~ выпускны́х кла́панов exhaust camshaft
реверси́вный ~ reverse shaft
рифлёный ~ corrugated [ribbed] roller
~ рулево́го колеса́ ~ steering-wheel shaft
рулево́й ~ steering-wheel shaft
~ рулево́й со́шки pitman arm shaft
сквозно́й ~ through(-going) shaft
скру́чивающий ~ *с.-х.* kinker shaft
составно́й ~ built-up shaft
сотряса́тельный ~ *с.-х.* shaker shaft
~ со́шки руля́ pitman arm shaft
сплошно́й ~ solid shaft
ступе́нчатый ~ multidiameter shaft
сукнова́льный ~ fulling roller, fulling cylinder
~ сцепле́ния clutch shaft
телескопи́ческий ~ telescopic shaft
~ тка́цкого станка́, ни́жний low [wiper, tappet] shaft
~ тока́рного станка́ по де́реву wood-lathe spindle
толче́йный ~ stamp shaft
трансмиссио́нный ~ transmission shaft
тро́совый ~ cable shaft
тру́бчатый ~ quill shaft
~ туковысева́ющих аппара́тов fertilizer (feed) shaft
турби́нный ~ turbine spindle
~ ули́тки *текст.* back shaft
упо́рный ~ thrust shaft
~ управле́ния control shaft
ходово́й ~ feed shaft
холосто́й ~ idle shaft
цепно́й ~ chain pinion shaft
червя́чный ~ worm shaft
шарни́рный ~ articulated shaft
~ шестерни́ pinion shaft
шлифова́льный ~ grinding shaft
шлихтова́льный ~ sizing roller, size roll
шли́цевый ~ spline shaft
~ шне́ка auger shaft
шпо́ночный ~ splined [fluted] shaft
~ эксце́нтрика eccentric shaft
эксце́нтриковый ~ 1. eccentric shaft 2. *текст.* supplementary shaft

валёк *м. полигр.* roller

вале́нтность *ж.* **1.** *англ.* valency; *амер.* valence □ **~, отнесённая к ...** valency referred to ...; **~ по ...** valency referred to ... *пример:* **~ по водоро́ду, кислоро́ду ...** valency referred to hydrogen, oxygen **2.** valency bond **3.** *мат.* rank [order] of tensor

ва́лентность
гла́вная ~ chief [principal] valency
ио́нная ~ ionic valency
ко́мплексная ~ complex valency
координацио́нная ~ coordination valency
максима́льная ~ maximum [absolute] valency
напра́вленная ~ directional valency
ненасы́щенная ~ unsaturated valency
норма́льная ~ normal [ordinary] valency
нулева́я ~ null [zero] valency, arbitrary zero
оста́точная ~ residual valency
отрица́тельная ~ negative valency
парциа́льная ~ partial valency
побо́чная ~ secondary [subsidiary, auxiliary] valency
положи́тельная ~ positive valency
поля́рная ~ polar valency
свобо́дная ~ free valency
скры́тая ~ latent valency
~ элеме́нта в соедине́нии active valency

вале́нтный *прил. англ.* valency; *амер.* valence

ва́л/ец *м.* roll(er)
~ высева́ющего аппара́та (*вальцового типа*) distributing roller
гу́бочные ~ьцы́ bending rolls, roll-bending machine
~ьцы́ для пластика́ции каучу́ка masticating [break-down] mill
дроби́льный ~ crushing roller
ко́вочные ~ьцы́ forging rolls
листоправи́льные ~ьцы́ roller sheet-straightening machine
льномя́льный ~ flax-breaking roller
ме́льничные ~ьцы́ mill rolls
ме́льничные, гла́дкие ~ьцы́ plain rolls
ме́льничные, рифлёные ~ьцы́ embossed rolls
мя́льный ~ breaker roll
отрыва́ющий ~ *с.-х.* snapping roll
пита́ющий ~ feed roller
плющи́льные ~ьцы́ flattening rolls
подбира́ющий ~ *с.-х.* pick-up roller
подогрева́тельные ~ьцы́ *пласт.* warming mill
початкоотрыва́ющий ~ snapping roller
початкоочисти́тельный ~ husking roll
прессу́ющий ~ press roller
равня́льные ~ьцы *пищ.* equalizing rollers
смеси́тельные ~ьцы́ *пласт.* mixing rolls
углоправи́льные ~ьцы́ roller angle-straightening machine

ва́лик *м.* **1.** roller **2.** (*сварной шов*) bead □ **направля́ть ~** deposit [run] a bead; **формирова́ть ~** form a bead
боково́й ~ *арх.* lateral ridge
бры́згальный ~ *текст.* sprinkling roller
вальцма́ссный ~ *полигр.* composition roller
ворсова́льный ~ *текст.* raising roller
во́рсовый ~ *полигр.* nap [friezed] roller
выра́внивающий ~ aligning roller
гла́дкий ~ smooth roller
грузово́й ~ *текст.* pressing roller, press roll, pressure beam
~ для раска́та кра́ски, ручно́й *полигр.* brayer
жело́бчатый ~ grooved [fluted] roller
загру́зочный ~ *текст.* immersion roll
зака́точный ~ *рез.* winding-up roll
иго́льчатый ~ *текст.* spiked [porcupine] roller
клеево́й ~ *цел.-бум.* glueing roller
кра́сочный ~ *полигр.* inking roller
кру́глый ~ *арх.* round fillet, boltel
лентоведу́щий ~ *полигр.* carrier roller
~ магнитофо́на, прижимно́й pinch roller
мери́льный ~ *текст.* measuring roller
мота́льный ~ *пласт.* winding-up roller
мя́льный ~ *текст.* breaking roller
нажимно́й ~ pressure roller
нака́тный ~ *полигр.* form roller
нака́точный ~ *маш.* knurling roller
напла́вленный ~ deposited [weld] bead
направля́ющий ~ guide roller
ножево́й ~ *текст.* knife roller
обезрепе́ивающий ~ *текст.* burring roller
обрези́ненный ~ rubber roller
опо́рный ~ bearing [supporting] roller
опускно́й ~ *текст.* drop roller
отбо́йный ~ *текст.* burr beater
отжига́ющий ~ annealing weld
отжи́мный ~ squeeze roll(er)
очёсывающий ~ *пласт.* stripping roller
печа́тающий ~ (*пишущей машины, буквопечатающего телеграфа и т. п.*) platen
печа́тный ~ *полигр.* impression [printing] roller
пита́ющий ~ feed roller
пла́вающий ~ *полигр.* dancer [floating] roller
плющи́льный ~ *текст.* calender roll
подпо́рный ~ supporting roller
полукру́глый ~ *арх.* half-round fillet
приёмный ~ receiving [take-up] roll(er)

ва́лик
прика́тный ~ *полигр.* squeegee roller
прома́зочный ~ smearing roller
противоворсова́льный ~ counter-pile roller
рабо́чий ~ *текст.* worker
размо́точный ~ *пласт.* winding-out roller
разра́внивающий ~ *текст.* evener roller
раскатно́й ~ *полигр.* distributing roller
раска́точный ~ (*напр. кабеля*) pay-out [take-off] roller
распределя́ющий ~ (*краскотёрочной машины*) distributing roller
реми́зный ~ *текст.* heald roller
рифлёный ~ ribbed [corrugated] roll
сбива́ющий ~ *текст.* stripping roller
ска́тывающий ~ *текст.* lap roller
~ **с колко́вой гарниту́рой** *текст.* spiked [porcupine] roller
сма́чивающий ~ dampening roller, dampener
со́рный ~ *текст.* dirt roller
~ **со сквозны́м проплавле́нием, корнево́й** penetration [root] bead
сто́порный ~ stop [locking, retaining] roller
съёмный ~ *текст.* discharging roller, doffing roll
това́рный ~ *текст.* combing [batching] roll, cloth beam
увлажня́ющий ~ dampening roller, dampener
углово́й ~ *арх.* corner fillet
у́зкий ~ string(er) bead
~ **усиле́ния** reinforcing bead
уши́ренный ~ spread(ing) bead
факти́совый ~ *полигр.* factice [vulcanized oil] roller
фальцева́льный ~ folding roller
~ **фо́рмы** *арх.* moulding fillet
холсто́вый ~ *текст.* lap roll(er)
четвертно́й ~ *арх.* quarter-round fillet
чисти́тельный ~ *текст.* stripper
шири́льный ~ *текст.* full-width roller
шири́тельный ~ *рез.* expanding roll
щёточный ~ brush roller
вали́ть *гл.* **лес** fell trees
ва́лка *ж. текст.* fulling
~ **ле́са** (trees) felling
~ **муки́** flour blend(ing)
~ **сукна́** fulling (of cloth)
ва́лкий *прил.* (*о корабле*) crank(y), tender
валкова́ние *с.* **1.** (*уборка хлебов или трав полосами или рядами*) swathing, windrowing **2.** (*окопка валиками земли*) ridging, bunding
валкова́тель *м.* swath collector
валкова́ть *гл.* (*хлеба или травы*) swath, windrow
валкоубора́чиватель *м.* swath turner
ва́лкость *ж.* (*судна*) crankiness, tenderness
валкоукла́дчик *м.* swather, swathmaker
валогенера́тор *м.* shaft generator
вал/о́к *м.* **1.** (*прокатный, каландра*) roll **2.** *с.-х.* swath
бочкообра́зный ~ barrel-shaped roll
вертика́льный ~ (*слябинга*) vertical roll; (*листового или полосового стана*) edging roll
ве́рхний ~ top roll; (*при закрытом ручье*) tongue roll
вспомога́тельно-чернов́ой ~ (*мелкосортного стана*) pony-roughing roll
гла́дкий ~ plain roll
ди́сковый ~ piercer disk; disk-shaped roll
~ **для гофрирова́ния** corrugating roll
~ **для раска́тки ди́ска колеса́** web roll
для раска́тки о́бода колеса́ tread roll
~ **для холо́дной прока́тки** cold roll
дрессиро́вочный ~ planishing roll
задающий ~ feed roll
калибро́ванный ~ grooved roll
калибро́вочный ~ size [sizing] roll
консо́льный ~ overhanging roll
листово́й ~ plain roll
ме́льничные ~**ки́** (grinding) rolls
направля́ющий ~ sink roll
ни́жний ~ bottom roll
обжи́мный ~ cogging(-down) roll
опо́рный ~ back(ing)-up roll
отде́лочный ~ finishing roll
прави́льный ~ leveller [straightening] roll
предчистово́й ~ (*сортового и мелкосортного стана*) leader roll
приёмный ~ *пласт.* batch-off roll
прока́тный ~ roll □ **восстана́вливать прока́тный** ~ refit a roll; **восстана́вливать прока́тный** ~ **перето́чкой** turn down a roll to the correct size (*in a lathe*); **восстана́вливать прока́тный** ~ **шлифо́вкой** dress down a roll to the correct size; **приводно́й коне́ц прока́тного** ~**ка́** wobbler; **ту́го поджима́ть прока́тный** ~ close the roller tight(ly)
профили́рованный ~ cambered roll
рабо́чий ~ working roll
~ **с закалёнными ручья́ми** chill-pass roll
соедини́тельный ~ *мет.* spindle
сортово́й ~ grooved roll
~ **с пружи́нным уравнове́шиванием** spring balanced roll
сре́дний ~ middle roll
ступе́нчатый ~ step roll
тестораска́тывающие ~**ки́** dough sheeting rolls
толстолистово́й ~ plate roll
тонколистово́й ~ sheet roll
фасо́нный ~ grooved roll
чернов́ой ~ roughing [breaking-down] roll
чистово́й ~ finishing roll
валопрово́д *м.* (*на судне*) shaft line, shafting
вальцева́ние *с.* **1.** (*объёмное штампование заготовок вращающимися штампами*) forge-rolling **2.** (*в трубном производстве*) flaring **3.** (*каучука, резиновых смесей и т. п.*) milling, rolling **4.** (*пилы*) stretching
вальцева́ть *гл.* **1.** (*металлические заготовки вращающимися штампами*) forge-roll **2.** (*трубы*) roll, expand, flare **3.** (*каучук, резиновые смеси и т. п.*) mill, roll, pass through rolls, work in rolls
вальцма́сс/а *ж. полигр.* roller composition □ **кре́пость** ~**ы** gelatine content of roller composition
вальцо́вка *ж.* **1.** *см.* **вальцева́ние** **2.** (*инструмент для развальцовки концов труб*) expander **3.** (*вальцевальный станок для пил*) stretching rolls
~ **для те́ста** dough roller
вальцо́вщик *м.* miller, millman, mill operator, roller
валья́н *м. текст.* doffer
валя́ние *с. текст.* fulling
валя́ть *текст. гл.* full
ванада́т *м.* vanadate
ванадатометри́я *ж.* vanadatometry
вана́дий *м.* vanadium, V
ванили́н *м.* vanillin
ва́нн/а *ж.* **1.** (*сосуд, аппарат*) tank, vat, tub, bath **2.** (*содержимое*) bath □ **загрязня́ть** ~**у** adulterate [contaminate] the bath; **переме́шивать** ~**у** agitate the bath; **применя́ть разба́вленную** ~**у** work on a diluted bath; **рабо́тать на концентри́рованной** ~**е** use a full-strength bath; **слива́ть истощённую** ~**у** dump [discard] the spent bath
бели́льная ~ blacking bath
бланширо́вочная ~ blanching tank
бучи́льная ~ steeping [scouring] bath
восстанови́тельная ~ reducing bath
гальвани́ческая ~ (electro)plating bath [cell, tank, vat]
ге́лиевая ~ (liquid) helium bath
гидроэлектри́ческая ~ hydroelectric bath
гипосульфи́тная ~ hypo bath
~ **для вы́держки** holding vat
~ **для жи́дкой цемента́ции** liquid carbonizing bath
~ **для нормализа́ции молока́** milk standardizing [milk composition control] vat
~ **для охлажде́ния (формовы́х) сте́ржней** core cooling bath
~ **для очи́стки от ока́лины** descaling bath
~ **для парафини́рования** paraffin tank, paraffiner
~ **для платини́рования** platinum bath
~ **для ручно́й глазиро́вки** (coating) dipping pan
~ **для свинцева́ния** lead bath
~ **для цинкова́ния** spelter bath
дрожжева́я ~ yeast tub

ва́нн/а
 ~ **жи́дкого мета́лла** (molten-)metal pool
 жирова́я ~ oil bath
 зака́лочная ~ quenching bath
 закрепля́ющая ~ *кфт.* fixing bath
 каусти́ческая ~ caustic bath
 клеева́я ~ (*в этикетировочной машине*) glue pan
 коагуляцио́нная ~ coagulating tank
 конве́йерные ~ы conveyer baths
 краси́льная ~ dye bath
 луди́льная ~ tin(ning) pot
 мака́тельная ~ *пласт.* dipping tank, dipping bath
 мо́ечная ~ washing [scouring] bath
 мягчи́льная ~ *текст.* partial boiling bath, bate-drench
 нагрева́тельная ~ heating [hot] pot
 ни́келевая ~ nickel-plating bath
 ни́келевая, «ме́дленная» ~ slow-acting nickel-plating bath
 ни́келевая, «ско́рая» ~ quick-acting nickel-plating bath
 обезуглеро́живающая ~ decarburizing bath
 обескле́ивающая ~ *текст.* degumming bath
 омыля́ющая ~ saponifying bath
 осади́тельная ~ setting bath
 охлади́тельная ~ cooling [chilling] vat
 пастеризацио́нная ~ pasteurizing tank
 переме́шиваемая ~ agitated bath
 по́лностью распла́вленная ~ clear-melted bath
 полоска́тельная ~ *текст.* rinsing bath
 промы́вочная ~ **1.** *текст.* rinsing bath **2.** (*в гальваностегии, прокате*) rinse [swill] bath
 пропи́точная ~ **1.** *пласт.* dipping tank **2.** *текст.* impregnating bath
 пряди́льная ~ spinning bath
 сва́рочная ~ weldpool
 сливкосозрева́тельная ~ cream ageing vat cream ripening tank, cream ripener
 ~ **со свинцовооловя́нным распла́вом** (*в производстве белой жести*) terne pot
 ~ **с распла́вленным ци́нком** (*для оцинкования*) spelter pot
 трави́льная ~ pickling bath
 фикси́рующая ~ *текст.* fixing bath
 цинкова́льная ~ galvanizing bath
 шла́ковая ~ slag bath; slag tank
 электро́лизная ~ electrolysis bath
 электролити́ческая ~ plating bath, plating cell, plating tank
 электроли́тная ~ electrolytic bath
ва́нночка *ж.* **1.** *кфт.* tray **2.** (*расплавленного металла*) puddle
ва́нта *ж.* stay (rope), guy
ванту́з *м.* **1.** (*воздушный клапан*) air escape valve, air hole, vent **2.** (*приспособление для прочистки раковин, канализации и т. п.*) force cup

ва́пор *м.* (*нефтяное масло*) (steam-engine) cylinder oil
вапори́метр *м.* vaporimeter
вар *м.* **1.** (*смолистое вещество*) pitch, tar **2.** (*единица реактивной мощности в системе СИ*) VAr, volt-ampere reactive
 асфа́льтовый ~ asphalt tar
 све́тлый ~ shoemaker's paste, cobbler's wax
 чёрный ~ black pitch
вара́ктор *м.* varactor
вариа́к *м.* autotransformer, variable transformer
вариа́нт *м.* variant, modification, alternative, alternate
 ~ **взаимоде́йствия** interaction type
вариа́нта *ж.* variant
 возраста́ющая ~ increasing sequence
 ограни́ченная ~ bounded sequence
вариа́нтность *ж.* variance, number of degrees of freedom
вариа́нтный *прил.* variant, varying, alternate, alternative
вариа́тор *м.* **1.** *маш.* variable-speed drive **2.** *элн.* buncher, input resonator, variator **3.** *эл.* variable-ratio transformer
 клиноремённый ~ V-belt variable-speed drive
 ко́нусный ~ cone variable-speed drive
 лобово́й ~ frontal variable-speed drive
 фрикцио́нный ~ friction variable-speed drive
вариацио́нный *прил.* variational
вариа́ци/я *ж. мат., астр.* variation
 апериоди́ческие ~и aperiodic variations
 барометри́ческие ~и barometric variations
 вековы́е ~и secular variations
 геомагни́тные ~и geomagnetic variations
 звёздные ~и sidereal variations
 иррегуля́рные ~и irregular variations
 короткопериоди́ческие ~и short-periodic variations
 лунносу́точные ~и lunar daily [diurnal] variations
 магни́тные ~и magnetic variations
 ограни́ченная ~ bounded [limited] variation
 ~ **пара́метров** variation of parameters
 периоди́чески годовы́е ~и annual periodic variations
 ~ **показа́ний** (*измерительного прибора*) hysteretic [hysteresis] error
 ~ **постоя́нных** variation of parameters
 ~и **си́лы тя́жести** gravity variations
 солнечносу́точные ~и solar daily [diurnal] variations
 су́точные ~и diurnal variations

варика́п *м.* variable capacity, varicap
варико́нд *м.* varicond, variable condenser
варио́граф *м.* variograph, recording variometer
вариокомбине́кс *м. полигр.* vertical step-and-repeat machine
варио́метр *м.* **1.** *рад.* variometer, variocoupler **2.** *ав.* rate-of-climb indicator, rate-of-climb meter
 ~ **вертика́льной составля́ющей** vertical-force [dip, vertical intensity, Z-] variometer
 ~ **горизонта́льной составля́ющей** horizontal intensity variometer
 гравитацио́нный ~ gravitational [gravity] variometer
 магни́тный ~ magnetic variometer
 ~ **наклоне́ния** dip [vertical intensity, Z-] variometer
 ~ **склоне́ния** declination [horizontal intensity, H-] variometer
вари́стор *м.* varistor, variable resistor
 карбидокре́мниевый ~ silicon-carbide varistor
 меднокупоро́сный ~ copper-sulphate varistor
 объёмный ~ bulk varistor
 полево́й ~ field varistor
 селе́новый ~ selenium varistor
 ~ **с то́чечным конта́ктом** point-contact varistor
 тонкоплёночный ~ thin-film varistor
вари́ть *гл.* **1.** (*паром*) boil **2.** (*готовить*) cook □ ~ **бокси́ты** digest [autoclave] bauxites; ~ **древеси́ну** (*на массу*) cook [digest] wood; ~ **на пару́** steam; ~, **не доводя́ до кипе́ния** simmer; ~ **сталь** *жарг.* make steel
ва́рка *ж.* **1.** (*паром*) boiling **2.** (*готовка*) cooking **3.** (*загрузка автоклава и т. п.*) cook (*portion of cooked mass*)
 ~ **бокси́тов** digestion of bauxites
 ~ **древеси́ны** (*на массу*) wood cooking
 ~ **древеси́ны, чернова́я** (*на массу*) black cooking
 ~ **консисте́нтной сма́зки** grease compounding
 многокра́тная ~ *пищ.* multiple cooking
 ~ **мы́ла на е́дком на́тре** soda boiling of soap
 ~ **мы́ла на подмы́льном щёлоке** boiling of soap upon spent lye
 однокра́тная ~ *пищ.* single-stage cooking
 ~ **па́ром** steam boiling
 ~ **са́хара на криста́лл** boiling of sugar to grain
варме́тр *м.* varmeter
варьи́рование *с.* variation
варьи́ровать *гл.* vary, modify
варьи́роваться *гл.* vary, range
ва́та *ж.* cotton (wool)
 гигроскопи́ческая ~ absorbent cotton

ва́та
медици́нская ~ medical cotton
металли́ческая ~ metal wool
минера́льная ~ mineral [rock] wool
свинцо́вая ~ lead wool
стекля́нная ~ glass wool
целлюло́зная ~ cellulose wool
шла́ковая ~ slag wool
ватерве́йс *м. стр.* waterway
ватержаке́т *м.* (*печи*) water jacket
ватерклозе́т *м.* water closet
ватерли́ния *ж.* waterline
грузова́я ~ load waterline
конструкти́вная ~ design(ed) waterline
ватерпа́с *м.* water level
ва́тман *м.* Whatman('s) paper
ватт *м.* watt, W
ватт-варме́тр *м.* watt-and-varmeter
ваттме́тр *м.* wattmeter □ **включа́ть ~ че́рез измери́тельный трансформа́тор** connect a wattmeter (*to the circuit*) with the interposition of an instrument transformer; **расширя́ть преде́л ~а** extend the range of a wattmeter; **экрани́ровать ~ от вне́шних поле́й** shield a wattmeter from external fields
астати́ческий ~ astatic wattmeter
болометри́ческий ~ balometric power meter
возду́шный ~ air-flow wattmeter
~ для СВЧ microwave wattmeter, microwave power meter
зерка́льный ~ reflecting wattmeter
интегри́рующий ~ integrating wattmeter
колориметри́ческий ~ calorimetric power meter
многофа́зный ~ polyphase wattmeter
переносно́й ~ portable wattmeter
~ поглоща́емой мо́щности terminoting power meter
пондеромото́рный ~ radiation-pressure power meter
~ проходя́щей мо́щности feed-through power meter
реакти́вный ~ idle-current wattmeter
самопи́шущий ~ recording wattmeter
~ с компенси́рующей кату́шкой composite-coil wattmeter
теплово́й ~ thermal wattmeter
ферродинами́ческий ~ ferrodynamic wattmeter
щитово́й ~ switchboard wattmeter
электродинами́ческий ~ dynamometer wattmeter
электро́нный ~ electronic power meter
электростати́ческий ~ electrostatic wattmeter
ва́ттность *ж.* wattage
ватт-секу́нда *ж.* watt-second
ватт-час *м.* watt-hour
ва́фельница *ж.* wafer iron, wafer tongs
ва́фля *ж.*:
керами́ческая ~ ceramic wafer

ва́фля
кре́мниевая ~ silicon wafer
ва́хтер *м.* janitor
вбива́ть *гл.* drive (in) hammer; ram (into) □ **~ до отка́за** drive home, drive as far as (it) will go
вбра́сывать *гл.* throw in
вбры́згивать *гл.* inject, spray in, squirt into
введе́ние *с.* **1.** (*новой техники или системы учёта*) advent, introduction □ **с ~ем** with the advent [introduction] of (*e.g., high frequency heating*) **2.** (*вещества в рабочее пространство, напр. топлива, сжатого воздуха*) injection □ **~ вещества́ под давле́нием** injection of a substance under pressure; **~ лека́рства в органи́зм шпри́цем** injection of a drug into the body by means of a hypodermic syringe
~ дифференци́рующего звена́ *авт.* differentiator introduction
~ ды́рок *рад.* hole injection
~ ине́ртного га́за inert gas introduction
~ интегри́рующего звена́ *авт.* integrating-circuit introduction
~ ме́ченых а́томов tagged-atom administration
~ мно́жителя под знак ко́рня introducing a factor under the radical
~ попра́вок (*в системах управления*) corrective action
~ пучка́ (*в ускоритель частиц*) beam injection, injection of a beam
~ сте́ржня (*в реактор*) rod insertion
~ цветно́й програ́ммы *тлв.* colour programming
~ чёрно-бе́лой програ́ммы *тлв.* monochrome programming
ввёртывать *гл.* screw in
ввёртыш *м.* screw cap, screw stopper
вверх *нареч.* upward □ **~ по тече́нию реки́** upstream; (*по отношению к шлюзу*) above lock
вверху́ *нареч.* □ **~ сле́ва** *или* **спра́ва** (*напр. панели, кожуха и т. п.*) at the upper left *or* right (*e.g., of a panel, case etc.*)
ввинчивать *гл.* screw in
ввод *м.* **1.** *эл.* (*изолятор*) bushing **2.** (*вход*) entrance, entry; (*кабеля*) lead-in **3.** *вчт.* input, inlet **4.** (*процесс*) introduction □ **~ в де́йствие** putting into operation; **~ в эксплуата́цию** putting into operation, commissioning, placing in service
абоне́нтский ~ telephone drop (wire)
~ анте́нны antenna lead(-in)
высоково́льтный ~ high-voltage bushing
~ да́нных data input
~ да́нных, автомати́ческий automatic input
~ да́нных го́лосом vocal [voice] input
~ да́нных, ручно́й manual input

ввод
~ да́нных с бума́жной перфоле́нты punched paper tape input
~ да́нных с перфока́рт punched card input
~ да́нных с перфоле́нты punched tape input
домо́вый ~ building service entrance, house service pipes
~ информа́ции data input
~ конденса́торного ти́па capacitance bushing
маслонапо́лненный ~ oil-filled entrance bushing
нару́жный ~ outer lead-in
~ програ́ммы program(me) input
~ рту́тного ве́нтиля (*анодный, катодный, сеточный*) seal
то́ковый ~ lead-in wire
ввод-вы́вод *м. вчт.* input-output
вводи́ть *гл.* introduce □ **~ в произво́дство** (*оборудование, завод*) put into operation (*an equipment, a plant*); **~ в цепь превраще́ний** (*молекулу*) introduce (*molecule*) into the chain of transformations; **~ да́нные в ...** set data into ...; **~ да́нные вручну́ю** set data manually; **~ доба́вку в меша́лке** add an admixture at the mixer; **~ доба́вку при дробле́нии кли́нкера** grind in an admixture with the clinker
ввоз *м.* (*из-за границы*) import
ввози́ть *гл.* (*из-за границы*) import
вгоня́ть *гл.* (*вбивать с силой*) drive in, force in □ **~ строку́** *полигр.* take in a line
вда́вливани/е *с.* **1.** (*процесс*) pressing in(to), forcing in(to) **2.** (*результат*) indentation, impression *пример*: **твёрдость по Бринéллю определя́ется путём ~я ша́рика и измере́ния диа́метра ~я** Brinell hardness is determined by forcing a sphere into the material and measuring the diameter of the indentation
вда́вливать *гл.* press in(to), force in(to), impress in(to), indent in □ **~ с фикса́цией** embed in
вдвига́ть *гл.* slide in, move in, push in
вдева́ть *гл.* thread
вде́лывать *гл.* build in, set in, fit in, embed
вдоль 1. *нареч.* lengthwise, longitudinally **2.** *предлог* along, by
вдува́ние *с.* blow(-in), injection
~ и́звести lime injection
~ кислоро́да oxygen blow
~ па́ра steam injection
~ холо́дного во́здуха cold-air blast
вдува́ть *гл.* blow in, inject, force in
ве́бер *м.* (*единица магнитного потока в системе СИ*) weber
веберме́тр *м.* fluxmeter
вегета́ция *ж.* vegetation
веде́ние *с.* **телеско́па** telescope driving
ве́джер-бот *м.* wager boat
ве́домость *ж.* register
дефе́ктная ~ repair request form

ве́домость
доро́жная ~ railway memorandum bill
~ материа́лов bill of materials
платёжная ~ payroll, paysheet
поездна́я ~ train list
упако́вочная ~ packing slip
упако́вочная, сво́дная ~ master packing slip
ве́домство *с.* authorities, service
ведо́мый *прил.* **1.** *мех.* driven **2.** *рад.* slave
ведро́ *с.* pail, bucket
водопо́йное ~ watering bucket
веду́щий *прил.* **1.** chief, leading **2.** *мех.* drive, driving **3.** *рад.* master
ве́ер *м.* fan
~ взрывны́х сква́жин blast hole ring
~ распы́ла spray fan
вездехо́д *м.* cross-country vehicle
вековой *прил. мат.* secular
ве́ксель *м.* note □ **~ к опла́те** note payable
краткосро́чный ~ short-term note
обеспе́ченный ~ collateral note
переводно́й ~ draft; bill of exchange
просто́й ~ promissory note, note of hand
ве́ктор *м.* vector □ **но́рма ~а** length [norm] of a vector; **прое́кция [составля́ющая] ~а** vector component
аксиа́льный ~ axial vector, pseudovector
ба́зисный ~ basis vector
безвихрево́й ~ irrotational vector
бесконечноме́рный ~ vector of infinite number of dimensions, ∞ dimensional vector
~ Бю́ргерса Burgers [slip] vector
взаи́мные ~ы reciprocal vectors
~ возду́шной ско́рости heading velocity, air speed [heading] vector
волново́й ~ wave vector
враща́ющийся ~ rotating vector
двойно́й ~ divector
едини́чный ~ unit vector
ковариа́нтный ~ covariant vector
коллинеа́рные ~ы collinear vectors
компланáрные ~ы coplanar vectors
контравариа́нтный ~ contravariant vector
координа́тный ~ position vector
~ кривизны́ buckling vector
лине́йно-зави́симые ~ы linear-dependent vectors
лине́йно-незави́симые ~ы linear-independent vectors
магни́тный ~ magnetic vector
n-ме́рный ~ n-dimensional vector
ненулево́й ~ non-vanishing vector
~ норма́ли normal vector
нулево́й ~ null vector
обращённый ~ reversed vector
ортогона́льные ~ы orthogonal vectors
осево́й ~ axial vector, pseudovector
~ По́йнтинга Pounting's [energy-flux] vector

ве́ктор
~ положе́ния то́чки radius vector
поля́рный ~ polar vector
простра́нственный ~ space vector
~ путево́й ско́рости track velocity, ground-speed [track] vector
ра́вные ~ы equipollent vectors
результи́рующий ~ resultant vector
свобо́дный ~ free vector
свя́занный ~ localized vector
~ сдви́га Burgers [slip] vector
символи́ческий ~ symbolic vector
~ скольже́ния Burgers [slip] vector
скользя́щий ~ non-localized vector
~ ско́рости velocity vector
свя́занный ~ localized vector
со́бственный ~ eigenvector, proper [latent] vector
соленоида́льный ~ solenoidal vector
составля́ющий ~ component vector
~ состоя́ния state vector
тангенциа́льный ~ tangent vector
~ то́ка current vector
управля́ющий ~ control vector
электри́ческий ~ electric vector
векторкардио́граф *м.* vectorcardiograph
вектормéтр *м.* vectormeter
ве́кторно-ма́тричный *прил.* vector-matrix
ве́кторный *прил.* vector, vectorial
ве́ктор-потенциа́л *м.* vector(-)potential
ве́ктор-столбе́ц *м.* column vector
ве́ктор-строка́ *м.* row vector
ве́ктор-фу́нкция *м.* vector function
величин/а́ *ж.* **1.** (*явление, свойство, напр. ток, напряжение, скорость и т. п.*) quantity □ **измеря́ть ~у** measure a quantity; **определя́ть ~у** define a quantity; **пренебрега́ть ~о́й** neglect [ignore] a quantity **2.** (*значение*) value, magnitude □ **вычи́сленная ~ не о́чень точна́** the calculated value is of limited accuracy; **на поря́док ~ы́** (*больше, меньше*) by an order of magnitude (*greater, smaller*); **поря́док ~ы́** the order of (the) magnitude **3.** (*размер или размеры*) size □ **в натура́льную ~у́** life-size **4.** (*количество*) amount □ **на значи́тельную ~у́** by a large amount
абсолю́тная ~ (*комплексного числа*) absolute value, modulus
аддити́вная ~ additive quantity
ана́логовая ~ analogue quantity
безразме́рная ~ non-dimensional [dimensionless] quantity
бесконе́чно больша́я ~ infinite quantity
бесконе́чно ма́лая ~ infinitesimal quantity
~ ве́ктора, абсолю́тная magnitude of a vector
ве́кторная ~ vector quantity
взаи́мно незави́симые ~ы mutually independent variables
взве́шенная ~ weighted quantity

величин/а́
вспомога́тельная ~ auxiliary quantity
входна́я ~ 1. input quantity **2.** input value
входна́я, переме́нная ~ input variable
~ вы́тяжки *текст.* degree of draught
выходна́я ~ 1. output quantity **2.** output value
гармони́ческая ~ harmonic quantity
грани́чная ~ boundary value
~ детона́ции (*топлива*) knock rating
динами́ческая ~ dynamic quantity
дискре́тная ~ discrete quantity
дополни́тельная ~ complement
допуска́емая ~ allowable [permissible] value
за́данная ~ specified [predetermined] value
~ задающая ~ specifying value
~ заря́да ВВ size of an explosive charge
идеа́льная ~ ideal value
измеря́емая ~ measurable quantity
имено́ванная ~ denominate quantity
интегра́льная ~ integral quantity
информацио́нная ~ informational value
иррациона́льная ~ irrational quantity
иско́мая ~ the unknown (quantity), the quantity sought for
и́стинная ~ true value
колеба́тельная ~ oscillating quantity
ко́мплексная ~ complex quantity
ко́мплесно-сопряжённая ~ complex conjugate
коне́чная ~ 1. (*имеющая определённые зафиксированные пределы*) finite quantity; (*окончательная*) final quantity **2.** finite value
корреля́рованная ~ correlated value
крити́ческая ~ critical value
локализо́ванная ~ local quantity
мни́мая ~ imaginary quantity
моното́нная ~ monotonic [monotone] quantity
моното́нно возраста́ющая ~ monotone [monotonic] increasing quantity
моното́нно убыва́ющая ~ monotone [monotonic] decreasing quantity
наблюда́емая ~ observable value
напра́вленная ~ directed quantity
натура́льная ~ actual [full] size
~, не зави́сящая от объёма volume-independent quantity
неизве́стная ~ the unknown (quantity)
~ неопределённости amount of uncertainty
непреры́вная ~ analogue quantity

величин/á
нерегули́руемая ~ incontrolled quantity
несоизмери́мые ~ы incommensurable quantities
несу́щая ~ load-bearing [load-carrying] value
неэлектри́ческая ~ nonelectric(al) quantity
номина́льная ~ nominal [rated] value
нормиро́ванная ~ standardized value
~ нулево́го поря́дка zeroth-order quantity
обобщённая ~ generalized quantity
обра́тная ~ reciprocal (quantity), inverse (value)
обра́тно пропорциона́льные ~ы inversely proportional quantities
ограни́ченная ~ bounded quantity
опо́рная ~ reference value
оптима́льная ~ optimal [optimum] value
относи́тельная ~ relative value
отрица́тельная ~ negative (value)
парциа́льная ~ partial quantity
парциа́льная, мо́льная ~ partial mole quantity
переме́нная ~ variable (quantity) (*см. тж.* **переме́нная**)
периоди́ческая ~ periodic quantity
периоди́ческая, уравнове́шенная ~ balanced periodic quantity
~ погре́шности magnitude of error
~ поко́я quiescent value
положи́тельная ~ positive (value)
поро́говая ~ threshold (value)
~ (*2, 3-го и т. п.*) **поря́дка ма́лости** (*second-, third-, etc.*) order infinitesimal
постоя́нная ~ constant (quantity) (*см. тж.* **постоя́нная**)
постоя́нная во вре́мени ~ time-independent quantity
преде́льная ~ limiting value
преде́льно постоя́нная ~ quantity constant in the limit
пренебрежи́мо ма́лая ~ negligible [ignorable] quantity
приближённая ~ approximate value
произво́дная ~ derivative
пря́мо пропорциона́льные ~ы directly proportional quantities
псевдопереме́нная ~ pseudovariable
псевдопериоди́ческая ~ pseudoperiodic quantity
псевдоскаля́рная ковариа́нтная ~ pseudoscalar covariant
пульси́рующая ~ pulsating quantity
разме́рная ~ denominate quantity
расчётная ~ design quantity, design variable, design parameter
регули́руемая ~ controlled quantity, controlled variable
регули́рующая ~ regulated condition, manipulated variable

величин/á
~ с ве́сом weighted quantity
светова́я ~ photometric quantity
синусоида́льная, затуха́ющая ~ damped sinusoidal quantity
синусоида́льная, ко́мплексная ~ complex sinusoidal quantity
скаля́рная ~ scalar (quantity)
случа́йная ~ random [stochastic, chance] quantity, random [stochastic, chance] variable, variate
случа́йная, незави́симая ~ independent random variable
случа́йная, непреры́вная ~ continuous random variable
соизмери́мые ~ы commensurable quantities
сопряжённая ~ conjugate
средневзве́шенная ~ weighted average, weighted mean
среднеквадрати́чная ~ root-mean-square [rms] value
сре́дняя ~ average [mean] value
стохасти́ческая ~ stochastic [random] variable
сумма́рная ~ total value
углова́я ~ angular value
уде́льная ~ specific quantity
управля́емая ~ controlled variable, controlled quantity
управля́ющая ~ controlling [manipulated] variable, controlling quantity
уравнённая ~ adjusted quantity
установи́вшаяся ~ steady-state value
факти́ческая ~ actual value
физи́ческая ~ physical quantity
фотометри́ческая ~ photometric quantity
характеристи́ческая ~ characteristic quantity
це́лая ~ integer quantity
цифрова́я ~ digital quantity
чи́сленная ~ numerical value
электри́ческая ~ electrical quantity
этало́нная ~ reference quantity
эффекти́вная ~ effective value, root-mean-square [rms] value
велодро́м *м.* velodrome
велосиме́тр *м.* velocimeter
велосипе́д *м.* bicycle
велотре́к *м.* cycle track
ве́льбот *м.* whaleboat
вельцева́ние *с.* (*процесс переработки полиметаллических отходов*) Waelz process (*fuming in a rotary kiln*)
вельцева́ть *гл.* fume in a rotary kiln
вельц-печь *ж.* Waelz-kiln
велю́р *м.* (*хромовая замша*) nappa
вене́ц *м.* **1.** *стр.* (*сруба*) timber set **2.** *маш.* ring **3.** (*ореол*) halo, aureole, corona; heiligenschein **4.** *горн.* curb
впускно́й ~ ring of admission ports
выпускно́й ~ ring of exhaust ports
зубча́тый ~ 1. *маш.* gear ring, ring gear **2.** (*печи*) girth gear

вене́ц
зубча́тый ~ кру́глой пилы́ rim of a circular saw
зубча́тый ~ маховика́ flywheel ring gear
зубча́тый ~ с вну́тренним зацепле́нием internal gear ring
~ кре́пи crown, chaplet
лопа́точный ~ (*турбины*) blading
~ направля́ющего колеса́ (*турбины*) guide wheel rim
опо́рный ~ *горн.* foundation curb
основно́й ~ *горн.* foundation curb
~ рабо́чего колеса́ (*турбины*) blade [impeller] rim
~ ствола́ (ша́хты) shaft crown
венирова́ть *гл.* veneer
вентили́ровать *гл.* ventilate, air
ве́нтил/ь *м.* **1.** (*трубопроводный*) valve □ **строи́тельная длина́ ~я** face-to-face dimension **2.** (*электрический*) rectifier (*при наличии слов* ве́нтиль и выпрями́тель *в одном предложении рекомендуется переводить* rectifier valve [tube] *или* rectifier cell [element, circuit] *соответственно*) □ **~ име́ет ни́зкое** *или* **высо́кое сопротивле́ние в проводя́щем** *или* **непроводя́щем направле́нии** the rectifier offers a low *or* high resistance in the forward *or* reverse direction; **набира́ть (полупроводнико́вые) ~и в сто́лбики** arrange rectifier cells in stacks; **отводи́ть тепло́ от ~я** abstract heat from a rectifier (cell); **~ перехо́дит в откры́тое** *или* **закры́тое состоя́ние** the rectifier changes [switches] to the ON *or* OFF state; **смеща́ть (полупроводнико́вый) ~ в прямо́м** *или* **обра́тном направле́нии** bias a rectifier in the forward *or* backward direction **3.** (*электронная схема*) gate (*если употребляется без определения*) AND gate □ **~ закрыва́ется** (*не проводит*) the gate closes; **~ осуществля́ет [реализу́ет] логи́ческую опера́цию,** *напр.* **И над входны́ми сигна́лами** the gate performs *e. g.*, the AND function for input pulses; **~ осуществля́ется техни́чески с по́мощью разли́чных устро́йств** the gate is mechanized in a variety of ways; **~ открыва́ется** (*проводит*) the gate opens **4.** (*волноводный, СВЧ*) isolator □ **~ не ослабля́ет волну́ в прямо́м направле́нии** the isolator allows the wave to pass in the forward direction
бесфла́нцевый ~ welding-end valve
вибрацио́нный ~ vibrating [reed-type] rectifier
входно́й ~ in-gate
~ вы́дачи су́ммы sum-out [sum read-out] gate
выпускно́й ~ discharge valve
высокова́куумный ~ thermionic rectifier
вытяжно́й ~ exhaust valve
выходно́й ~ out-gate; read-out gate

ве́нтил/ь

газоразря́дный ~ с се́ткой grid-pool tube, grid-pool tank
герма́ниевый ~ germanium rectifier
гиромагни́тный ~ gyromagnetic isolator
грязево́й ~ mud valve
двухходово́й ~ two-way valve
диафра́гмовый ~ diaphragm valve
дио́дный ~ diode gate
дрена́жный ~ drain valve
дро́ссельный ~ throttle valve
~, запира́емый по ба́зе base turn-off rectifier
запира́ющий ~ locking gate
запо́рный, проходно́й ~ globe valve
запо́рный, углово́й ~ angle valve
~ запре́та inhibitory gate
~ И AND gate
~ ИЛИ OR gate
и́мпульсный ~ pulse gate
интегра́льный ~ integrated circuit gate
ио́нный ~ gas-filled rectifier valve, gas-filled tube
~ исключа́ющее ИЛИ exclusive OR gate
~ ка́меры ши́ны inner tube [tyre] valve
коаксиа́льный ~ coaxial isolator
кре́мниевый ~ silicon rectifier
кре́мниевый, управля́емый ~ silicon controlled rectifier, SCR
кре́мниевый, управля́емый плана́рный ~ planar silicon controlled rectifier
кре́мниевый, управля́емый ~ с контроли́руемым лавинообразова́нием controlled avalanche rectifier
кре́мниевый, управля́емый эпитаксиа́льный ~ epitaxial silicon controlled rectifier
ку́проксный ~ copper-oxide rectifier
лави́нный ~ avalanche rectifier
ла́мповый ~ *англ.* rectifier valve; *амер.* valve tube
лине́йный ~ linear rectifier
логи́ческий ~ logic(al) gate
мажорита́рный ~ majority [linear-input] gate
меднозакисный ~ copper-oxide rectifier
металли́ческий ~ metal rectifier
многоходово́й ~ multiway valve
му́фтовый ~ coupled valve
~ на многоэми́ттерном транзи́сторе multiemitter gate
~ на осно́ве враще́ния пло́скости поляриза́ции (*волноводный*) Faraday isolator
~ на́пуска *вак.* (air-)admission valve
~ на то́ковых переключа́телях current mode gate
~ на эффе́кте Хо́лла Hall-effect isolator
~ НЕ ИЛИ NOR gate

ве́нтил/ь

~ НЕ И NAND gate
~ несовпаде́ния anti-coincidence circuit
неуправля́емый ~ diode (rectifier), uncontrolled rectifier
обводно́й ~ by-pass valve
окси́дный ~ metal-oxide rectifier
опти́ческий ~ optical isolator
опти́ческий ~ бегу́щей волны́ travelling-wave optical isolator
~, отпира́емый по ба́зе base turn-on rectifier
~ перено́са carry gate
поглоти́тельный ~ absorption isolator
полупроводнико́вый ~ semiconductor rectifier
полупроводнико́вый ~ с масси́вным основа́нием heavy-base semiconductor rectifier
полупроводнико́вый, сплавно́й ~ alloyed rectifier
проходно́й ~ globe valve
прямото́чный ~ straight-through valve
распредели́тельный ~ distribution valve
рту́тный ~ mercury-arc valve, mercury-arc rectifier (tube), mercury-arc tube □ **запа́ивать рту́тный ~** seal off; **отжига́ть рту́тный ~** bake out; **формова́ть рту́тный ~ под то́ком** degas with current
рту́тный, запа́янный ~ pumpless [sealed] mercury-arc rectifier
рту́тный, многоано́дный ~ multi-anode mercury-arc rectifier
рту́тный, одноано́дный ~ single-anode mercury-arc rectifier
рту́тный, отка́чиваемый ~ demountable [pumped] mercury-arc rectifier
рту́тный ~ со стальны́м ко́рпусом steel-tank mercury-arc rectifier
рту́тный ~ с се́точным управле́нием grid-controlled mercury-arc rectifier
рту́тный, стекля́нный ~ glass-bulb mercury-arc rectifier
сверхпроводя́щий ~ superconductor rectifier
~ сдви́га shift gate
селе́новый ~ selenium cell, selenium diode
~ с жи́дким като́дом pool(-cathode) rectifier
силово́й ~ power rectifier
~ синхронизи́рующих и́мпульсов clock pulse gate
~ с ко́нусным уплотне́нием taper disk-and-seal valve
~ сложе́ния add gate
совмести́мый ~ compatible gate
~ с пло́ским уплотне́нием flat disk-and-seal valve
~ с пове́рхностным конта́ктом surface contact rectifier
~ с тле́ющим разря́дом glow-discharge rectifier
сухо́й ~ dry-disk rectifier

ве́нтил/ь

~ с холо́дным като́дом cold-cathode rectifier
~ счи́тывания read-out gate
~ с электроприво́дом motorized valve
твёрдый ~ dry-disk rectifier
тита́новый ~ titanium-dioxide rectifier
тонкоплёночный ~ thin-film rectifier
то́чечно-конта́ктный ~ point contact rectifier
трёхходово́й ~ three-way valve
управля́емый ~ controlled rectifier
управля́ющий ~ control valve
уравни́тельный ~ equalizing valve
уравнове́шенный ~ balanced valve
~ устано́вки на нуль zero gate
фараде́евский ~ Faraday isolator
ферри́товый ~ ferrite isolator, isolator ferrite
фла́нцевый ~ flanged valve
четырёхсло́йный ~ four-layer semiconductor rectifier
четырёхходово́й ~ four-way valve
ши́берный ~ gate valve
электрова́куумный ~ *англ.* rectifier valve; *амер.* valve tube
электролити́ческий ~ electrolytic rectifier
электролити́ческий, танта́ловый ~ tantalum electrolytic rectifier
электро́нный ~ thermionic rectifier
электроопти́ческий ~ electrooptic isolator
электрохими́ческий ~ chemotronic rectifier

вентиля́тор *м.* fan
~ ве́ялки fanner
винтово́й ~ helical fan
вса́сывающий ~ drawing fan
~ второ́й очи́стки *с.-х.* recleaner fan
~ вытесне́ния positive-displacement fan
вытяжно́й ~ (air) exhauster, exhaust [air-ejector, suction] fan
~ вытяжно́й вентиля́ции exhaust-ventilation fan
газоочи́стный ~ gas-cleaning fan
~ горя́чего дутья́ hot-blast fan
~ двусторо́ннего вса́сывания double-suction fan
диагона́льный ~ mixed-flow fan
~ для иску́сственной тя́ги induced-draught fan
~ для обду́вки сво́да (*мартена*) roof cleaning fan
~ для пода́чи во́здуха горе́ния (*в мартен*) combustion air fan
дутьево́й ~ blow [blast (air)] fan
ме́льничный ~ mill exhauster fan
ме́лющий ~ grinding fan
многоло́пастный ~ multiblade fan
~ молоти́лки separator fan
нагнета́тельный ~ forced-draught fan
~ обду́ва blower

вентиля́тор
объёмный ~ positive-displacement fan
~ односторо́ннего вса́сывания single-suction fan
осево́й ~ axial(-flow) fan
~ о́строго дутья́ overfire-air fan
отса́сывающий ~ suction [exhaust] fan
~ очи́стки *с.-х.* separator fan
~ перви́чного во́здуха primary-air fan
~ пе́рвой очи́стки *с.-х.* straw-carrier fan
~ пневмотра́нспорта material handling [conveying] fan
подъёмный ~ *ав.* lift(ing) fan
попере́чно-прото́чный ~ cross-flow fan
потоло́чный ~ ceiling fan
~ принуди́тельной тя́ги forced-draught fan
~ прито́чной вентиля́ции forced-ventilation fan
проду́вочный ~ scavenger fan
пропе́ллерный ~ propeller fan
пылево́й ~ dust exhaust fan
радиа́льный ~ centrifugal fan
реверси́вный ~ reversible fan
рециркуляцио́нный ~ recirculating fan
ротацио́нный ~ rotary blower
~ с ло́пастным колесо́м paddle-wheel fan
~ с пневмати́ческим при́водом compressed air operated fan
~ с увлажни́телем wet-suction fan
суши́льный ~ crop-conditioning [drying] fan
тунне́льный ~ *ав.* ducted fan
турби́нный ~ turbine blower
центробе́жный ~ centrifugal fan □ **входна́я коро́бка центробе́жного ~а** inlet box, inlet duct; **кожу́х центробе́жного ~а** casing, spiral, scroll; **отво́д центробе́жного ~а** casing, spiral, scroll; **язы́к центробе́жного ~а** cut-off sheet
ша́хтный ~ mine fan
ша́хтный ~ гла́вного прове́тривания main mine fan
вентиля́тор-измельчи́тель *м. с.-х.* chopper fan
вентиля́ция *ж.* ventilation
бессквозняко́вая ~ *авто* draughtless [no-draught] ventilation
восходя́щая ~ upward ventillation
вспомога́тельная ~ secondary ventilation
вытяжна́я ~ exhaust ventilation
~ диффу́зией diffusion ventilation
есте́ственная ~ natural (draught) ventilation
за́мкнутая ~ closed-circuit ventilation
иску́сственная ~ mechanical ventilation
ме́стная ~ local ventilation
механи́ческая ~ mechanical ventilation

вентиля́ция
~ нагре́тым во́здухом heated air circulation
незави́симая ~ independent ventilation
общеобме́нная ~ general ventilation by dilution
прито́чная ~ forced [plenum] ventilation
прито́чно-вытяжна́я ~ plenum-exhaust ventilation
радиа́льная ~ (*в электрических машинах*) radial ventilation
рудни́чная ~ mine ventilation
сквозна́я ~ cross ventilation
сме́шанная ~ compound ventilation
уравнове́шенная ~ balanced ventilation
фла́нговая ~ *горн.* radical ventilation
центра́льная ~ *горн.* central ventilation
вера́нда *ж.* veranda(h)
верёвка *ж.* rope, cord, string
веретено́ *с.* spindle
~ весла́ oar shaft
~ двойно́го круче́ния double-twist spindle
крути́льное ~ twisting spindle
мота́льное ~ winding spindle
подвесно́е ~ flexibly mounted spindle
пряди́льное ~ spinning spindle
самоцентри́рующее ~ flexible [gravity] spindle
~ я́коря *мор.* anchor shaft, anchor shank
верже́ *с.* cream laid paper
ве́рзор *м. мат.* versor
верифика́тор *м. вчт.* verifier
верифика́ция *ж. вчт.* verification
ве́ркблей *м.* lead bullion
вермикулитобето́н *м.* vermiculite concrete
ве́рность *ж.*:
~воспроизведе́ния *ак.*, *рад.* fidelity
~ воспроизведе́ния, высо́кая high fidelity
~ воспроизведе́ния электри́ческих сигна́лов electric fidelity
~ звуковоспроизведе́ния acoustic fidelity
верньéр *м.* **1.** vernier **2.** *рад.* vernier dial
вероя́тностный *прил.* probabilistic, probability
вероя́тность *ж.* probability
абсолю́тная ~ absolute probability
апостерио́рная ~ a posteriori [posterior, inverse] probability
априо́рная ~ a priori [prior] probability
~ безотка́зной рабо́ты probability of survival
безусло́вная ~ absolute [unconditional] probability
~ выжива́ния *мат.* survival probability

вероя́тность
~ вы́лета (*части́цы*) escape probability
геометри́ческая ~ geometrical probability, probabilistic geometry
~ гипо́тез probability of hypotheses
довери́тельная ~ confidence level, level of confidence, confidence coefficient
~ долгове́чности survival probability
~ наступле́ния собы́тия probability of occurence
нулева́я ~ zero probability
обра́тная ~ inverse probability
обращённая ~ inverse probability
о́бщая ~ general probability
относи́тельная ~ relative probability
по́лная ~ composite [total] probability
~ приёмки chance [probability] of acceptance
производя́щая ~ productive probability
сло́жная ~ compound probability
сре́дняя ~ average probability
сумма́рная ~ total probability
термодинами́ческая ~ thermodynamic probability
усло́вная ~ conditional probability
элемента́рная ~ elementary probability
эмпири́ческая ~ empiric(al) probability
верп(-а́нкер) *м.* kedge (anchor)
верста́к *м.* (work)bench
гнута́рный ~ bending trestle, bending horse
слеса́рный ~ fitter's bench
столя́рный ~ carpenter's [joiner's] bench
строга́льный ~ planing [shaping] bench
верста́льщик *м.* make-up man
верста́ть *гл.* compose, make up
вёрстка *ж.* **1.** (*процесс изготовления печатной формы*) make-up **2.** (*оттиск со свёрстанного набора*) page proof
набо́рная ~ composing stick, galley
версье́ра *ж. мат.* witch (of Agnesi), versiera
ве́ртекс *м. астр.* vertex
ве́ртел *м.* skewer, roaster
верте́лка *ж. текст.* warp loom
вертика́л *м.* **1.** *астр.*, *нвг.* vertical (circle) **2.** (*печи*) vertical flue
пе́рвый ~ prime vertical
вертика́ль *ж.* (the) vertical
~ аэросни́мка, гла́вная principal line, principal meridian
гироинерциа́льная ~ vertical inertia gyroscope
гравитацио́нная ~ gravity vertical
вертика́льность *ж.* vertical position, verticality
вертика́льный *прил.* vertical, erect, plumb, upright
вертлю́г *м.* swivel, shackle

вертля́вость *ж.* (*парусника*) restlessness
вертодро́м *м.* heliport, helipad
вертолёт *м.* helicopter □ ~ **перехо́дит в режи́м самовраще́ния** [**авторота́ции**] the helicopter goes windmilling; ~ **«флюгери́т»** (*использует авторотацию*) the helicopter windmills
~ **большо́й гру́зоподъёмности** heavy-lift helicopter
двухвинтово́й ~ twin-rotor helicopter
комбини́рованный ~ compound helicopter
~ **«лета́ющий кран»** crane helicopter
многовинтово́й ~ multirotor helicopter
одновинтово́й ~ single-rotor helicopter
~ **пожа́рный** fire helicopter
~ **попере́чной схе́мы** side-by-side (twin) rotor helicopter
~ **продо́льной схе́мы** tandem-rotor helicopter
~ **соо́сной схе́мы** coaxial (-rotor) helicopter
~ **с перекре́щивающимися ося́ми несу́щих винто́в** intermeshing-rotor helicopter
~ **с хвостовы́м винто́м** helicopter with anti-torque tail rotor
турбореакти́вный ~ turbojet helicopter
вертолёт-амфи́бия *м.* amphibious helicopter
верту́шка *ж.* **1.** (*гидрометрическая*) 1. (*прибор*) hydrometric current meter 2. (*часть прибора*) hydrometric propeller, hydrometric impeller **2.** (*лага*) screw-propeller, screw rotator
верфь *ж.* shipyard, dockyard
судосбо́рочная ~ ship-assembly yard
судострои́тельная ~ ship-building yard
верх *м.* **1.** (*верхняя часть*) top, head □ **избы́точный во́здух выхо́дит че́рез** ~ **ба́ка** excess air is released from the top of the tank; **материа́л загружа́ется че́рез** ~ the material is fed in at the top **2.** (*автомобиля*) top **3.** (*надпись на упаковке*) "This Side Up"
брезе́нтовый ~ *авто* canvas top
жёсткий ~ *авто* hard top
неоткидно́й ~ *авто* canopy top
нескладно́й ~ *авто* canopy top
~ **о́буви** upper
откидно́й ~ *авто* convertible top
верхнеброди́льный *прил.* top-fermented, top-fermenting
верхнекла́панный *прил.* overhead-valve
верхня́к *м.* (*горизонтальный элемент крепи забоя*) *англ.* beam; *амер.* capping
выдвижно́й ~ slide roof beam
~ **дверно́го окла́да** cross-beam
верховóдка *ж.* upper layer of ground water
верхо́вье *с.* (*реки*) upper reaches, riverhead
верче́ние *с. мор.* whirl (ing)
ве́рша *ж.* (fish) bow net
верши́на *ж.* **1.** peak, apex **2.** *мат.* vertex
~ **антиклина́ли** apex top of an anticlinal fold
~ **а́рки** apex of an arch
~ **волны́** wave crest
~ **гипе́рболы** vertex of a hyperbola
~ **го́рки** hump crest, hump summit
го́рная ~ peak, mountain top summit
~ **гра́фа** *мат.* node of a graph
~ **зу́ба** (*шестерни, пилы*) tooth point
~ **ко́нуса** vertex of a cone
концева́я ~ end vertex
~ **криво́й** peak of a curve
~ **лопа́тки** blade head
нейтра́льная ~ neutral vertex
~ **пе́тли гистере́зиса** cusp [tip] of a hysteresis loop
~ **пирами́ды** vertex of a pyramid
~ **резца́** tool nose, tool point
~ **резьбы́** crest of a thread
~ **сверла́** drill point
~ **траекто́рии** culminating point of a trajectory
~ **треуго́льника** vertex [corner] of a triangle
~ **тре́щины** apex of a crack
~ **угла́** vertex of an angle
~ **э́ллипса** vertex of an ellipse
верши́нк/а *ж.* **де́рева** tip of a tree □ **обруба́ть** ~**и** lop
верши́нник *м.* top log
вершкова́ние *с.* tipping, topping
~ **таба́чного листа́** tobacco tipping
вес *м.* weight (*см. тж.* **ма́сса**) □ **припи́сывать** ~ (*числу, функции*) assign a weight (*to a number, function*)
уде́льный ~ *уст.* density (*Примечание.* Specific gravity — *величина безразмерная: отношение массы 1 см³ вещества к массе 1 см³ воды*) (*см.* **пло́тность**)
веса́ *мн.-м.* **вхо́дов** (*веса входных данных или сигналов*) input weights
весло́ *с.* oar
безвальково́е ~ single-bank oar
вальково́е ~ double-bank [square-loom] oar
загребно́е ~ stroke oar
па́рное ~ scull
распашно́е ~ single-bank oar
весовщи́к *м.* weigher, weigh master
весо́граф *м.* weightograph
есо́к *м.* plumb bob, plummet
весо́мость *ж.* ponderability, weightiness
вестибю́ль *м.* entrance hall, vestibule, lobby
вес/ы́ *м.* scales, balance □ **аррети́ровать** ~ arrest the balance; **горизонти́ровать** ~ level the balance; **разаррети́ровать** ~ release the balance; **уравнове́шивать** ~ bring to equilibrium, adjust for equilibrium; **успока́ивать (колеба́ния)** ~**ов** dampen the balance
автомати́ческие ~ automatic scales, weightometer
автомати́ческие ~ **непреры́вного де́йствия** continuous weigher
автомати́ческие, порцио́нные ~ batch weigher
автомоби́льные ~ truck scales
аналити́ческие ~ analytical balance
аэродинами́ческие ~ aerodynamic [(wind) tunnel] balance
ваго́нные ~ track scales
га́зовые ~ gas balance
гидравли́ческие ~ hydraulic scales, hydraulic balance
гидростати́ческие ~ hydrostatic balance
~ **для гру́бого взве́шивания** gross weigher
~ **для скота́** livestock scales
~ **для сли́тков** ingot weigher
дозиро́вочные ~ batching scales, feeder-weigher
индукцио́нные ~ induction balance
квадра́нтные ~ quadrant scales
ковшо́вые ~ pan scales
кольцевы́е ~ ring balance
конве́йерные ~ belt-conveyer weigher
крути́льные ~ torsion balance
лаборато́рные ~ laboratory balance
магни́тные ~ magnetic balance
магни́тные, вертика́льные ~ vertical field balance
медици́нские ~ medical balance
микроаналити́ческие ~ microchemical [microanalytical] balance
насто́льные ~ bench scales, table balance
~ **о́бщего назначе́ния** general-purpose balance
платфо́рменные ~ platform balance, weighbridge
прецизио́нные ~ precision balance
проби́рные ~ assay balance
пружи́нные ~ spring balance
рецепта́рные ~ prescription balance
рыча́жные ~ beam balance, scales
рыча́жные, неравнопле́чие ~ beam balance with arms of unequal length
рыча́жные, однопле́чие ~ single-arm beam balance
рыча́жные, равнопле́чие ~ equal-arm beam balance
самопи́шущие ~ recording balance
~ **с дистанцио́нной переда́чей и регистра́цией показа́ний** remote-indicating balance
~ **с дифференциа́льной систе́мой управле́ния** differential scales
~ **со счётным устро́йством** computing weighing scales
~ **с проекцио́нной шкало́й** projection (-indicating) scales
счётные ~ totalizing [integrating] scales

вес/ы́
техни́ческие ~ counter balance
то́ковые ~ current [electric, electrodynamic, Kelvin] balance
торсио́нные ~ torsion balance
хи́мико-аналити́ческие ~ analytical balance
цепны́е ~ chain balance
циферблáтные ~ dial(-indicating) scales
ши́хтовые ~ charging scales
электри́ческие ~ electric(al) balance
электро́нные ~ electronic balance
весы́-дозáтор *мн.* weigh-hopper, hopper scales
ветви́стый *прил.* branching, remified
ветвлéние *с.* branching, ramification
глáвное ~ (*напр. многозначной функции*) principal branching
~ прогрáммы *вчт.* program branching
ветвь *ж.* branch
аналити́ческая ~ *мат.* analytic branch
~ волново́да waveguide arm
восходя́щая ~ *мат.* ascending [rising] branch
~ дéрева *вчт.* branch of a tree
~ конвéйера run, side
~ конвéйера, несу́щая carrying run
~ конвéйера, холостáя return run
~ криво́й *мат.* branch of a curve
нисходя́щая ~ *мат.* descending branch
~ обмо́тки path of a winding
опти́ческая ~ optical branch
~ пéтли гистерéзиса branch of a hysteresis loop
~ ремённой передáчи side of a belt transmission
~ ремённой передáчи, веду́щая driving [tight] side of belt transmission
~ ремённой передáчи, обегáющая following [slack] side of belt transmission
спирáльная ~ (*галактики*) spiral arm
~ термопáры arm of a thermocouple
~ трубопрово́да branch of a pipeline
~ цепно́го при́вода chain strand
~ цепно́го при́вода, веду́щая leading chain strand
~ цепно́го при́вода, обрáтная return chain strand
~ цепно́го при́вода, хвостовáя trailing chain strand
~ электри́ческой схéмы arm [branch] of a network
~ я́дерного распáда branch of decay
вéт/ер *м.* wind ☐ **двигáться при встрéчном ~ре** move against a headwind; **двигáться с попу́тным ~ром** move with a tail [fair] wind; **на ~** windward; **по ~ру** down-wind; **под ~** leeward; **про́тив ~ра** upwind

вéт/ер
акусти́ческий ~ acoustic streaming, acoustical wind
баллисти́ческий ~ ballistic wind
боково́й ~ cross [side] wind
встрéчный ~ head [adverse] wind
~ в тропосфéре tropospheric wind
геострофи́ческий ~ geostrophic wind
звуково́й ~ acoustic streaming, acoustical wind
ионосфéрный ~ ionospheric wind
катабати́ческий ~ katabatic wind
попу́тный ~ tail [fair] wind
со́лнечный ~ solar wind
терми́ческий ~ thermal wind
штормово́й ~ storm wind
электри́ческий ~ electric wind aura
вéтка *ж.*, **железнодоро́жная** branch line, spur track
веткорéз *м.* branch cutter
вéтошь *ж.* cleaning cloth
ветровáл *м.* windfall
ветроводоподъёмник *м.* windmill-driven water lift
ветродви́гатель *м.* windmill, wind motor ☐ **агрегати́ровать ~ с генерáтором, насо́сом** *и т. п.* gear a windmill to a generator, pump, *etc.*
барабáнный ~ turbine-type windmill
быстрохо́дный ~ high-speed windmill
карусéльный ~ rotor-type windmill
кры́льчатый ~ propeller-type windmill
ро́торный ~ rotor-type windmill
тихохо́дный ~ slow-speed windmill
ветрозащи́тный *прил.* wind-proof
ветроколесо́ *с.* windwheel ☐ **выводи́ть ~ из-под вéтра** swing a windwheel out of the wind; **ориенти́ровать ~ по направлéнию вéтра** face a windwheel into the wind
ветроло́м *м.* windbreak
ветромéр *м.* wind gauge, anemometer
ветроотбо́йник *м.* wind deflector
ветроуказáтель *м.* wind cone, wind indicator
светя́щийся ~ illuminated wind indicator
ветрочёт *м.* drift [wind] computer, drift meter
ветроэлектростáнция *ж.* windmill-electric generating unit, windmill-electric generating [wind-electric] plant
ветроэнергéтика *ж.* wind-power engineering
ветря́к *м.* windmill
ветчинорéзка *ж.* ham slicer
вéха *ж.* **1.** *геод.* (surveyor's) stake **2.** *мор.* beacon, buoy **3.** *дор.* way-mark, guide-post
привя́зочная ~ identification post, witness stake
разби́вочная ~ *геод.* range [ranging] pole

вéшала *мн.* **1.** (*приспособление для сушки*) rack **2.** (*защепки*) clips
вешéние *с.* (*провешивание*) **ли́нии, дуги́** *и т. п.* ranging [setting out] of a line, curve, *etc.* ☐ **производи́ть ~ ли́нии, дуги́** *и т. п.* range [set out] a line, curve, *etc.*
вéшка *ж. геод.* (surveyor's) stake
вещáние *с.* broadcasting
внестуди́йное ~ outside [live] broadcasting, outdoor pickup
звукозри́тельное ~ television broadcasting, telecasting
проводно́е ~ wire broadcasting, wire program(me) distribution
проводно́е ~ на несу́щей частотé carrier-frequency wire broadcasting
телевизио́нное ~ television broadcasting, telecasting
вещáть *гл.* broadcast
вещéственно-зáмкнутый *прил.* real-closed
вещéственнознáчный *прил.* real-valued
вещéственный *прил.* real
веществ/о́ *с.* substance, material, matter ☐ **образу́ющееся в результáте реáкции ~ определя́ется ...** the resultant substance is ditermined ...; **проходи́ть чéрез ~** traverse the material
абсорби́руемое ~ absorbate
абсорби́рующее ~ absorbent
агглютини́рующее ~ agglutinating matter
адсорби́руемое ~ adsorbate
адсорби́рующее ~ adsorbent
активи́рованное ~ activated material
активи́рующее ~ activating agent
акти́вное ~ active substance, active matter
акти́вное, опти́чески ~ optically active substance
акти́вное, эмити́рующее ~ active emitting material
áльфа-(радио)акти́вное ~ alpha-(radio) active substance
амо́рфное ~ amorphous substance
амфотéрное ~ amphoteric substance
анизотро́пное ~ anisotropic substance
антипéнное ~ anti-foam (agent), anti-foam substance
бéта-(радио)акти́вное ~ beta-(radio) active substance
бу́ферное ~ buffer
взвéшенное ~ suspended matter
взрывоопáсное ~ explosive material
взры́вчатое ~ explosive, blasting agent ☐ **заклáдывать взры́вчатое ~ в скважи́ну** load a charge in a drill-hole; **заряжáть взры́вчатое ~ в скважи́ну** charge a drill-hole with an explosive; **осуществля́ть забо́йку взры́вчатого ~а** stem [confine, tamp] an explosive; **предохрани́-**

веществ/о́

тельность взры́вчатого ~а́ по пы́ли, га́зу *и т. п.* safety of an explosive in dusty, gaseous mines, *etc.*
взры́вчатое, бриза́нтное ~ high explosive
взры́вчатое, водонапо́лненное ~ explosive slurry
взры́вчатое, детони́рующее ~ detonating explosive
взры́вчатое ~ для го́рных рабо́т mining explosive
взры́вчатое, иници́ирующее ~ priming explosive
взры́вчатое, металлизи́рованное ~ metallized blasting agent
взры́вчатое, пласти́чное ~ gelatin explosive
взры́вчатое, порошкообра́зное ~ blasting powder
взры́вчатое, предохрани́тельное ~ permissible explosive
взры́вчатое, сыпу́чее ~ free flowing explosive
взры́вчатое, эквивале́нтное ~ equal-strength explosive
вкусово́е ~ flavouring agent
водоумягча́ющее ~ water softener
возбужда́ющее ~ stimulant
вспе́нивающее ~ (*пенообразователь*) foaming agent; (*во флотации*) frothing agent, frother
вспу́чивающее ~ bloating agent
вулканизи́рующее ~ vulcanizing agent
вырожденное ~ degenerate matter
высокомолекуля́рное ~ high-molecular [macromolecular] substance
высокорадиоакти́вное ~ highly radioactive ["hot"] material
вя́жущее ~ binder, binding material
вя́жущее, асфа́льтовое ~ asphalt cement
вя́жущее, гли́нистое ~ clay binder
газообра́зное ~ gaseous substance
га́мма-(радио)акти́вное ~ gamma-(radio)active substance
гольево́е ~ *кож.* hide substance, hide matter
горю́чее ~ combustible
дегидрати́рующее ~ dehydrating agent, dehydrator, dehydrant
дезинфекцио́нное ~ disinfectant agent
де́лящееся ~ fissible [fissionable] material, fissible [fissionable] substance
де́лящееся, поро́говое ~ threshold fissible [fissionable] material
диамагни́тное ~ diamagnetic material
дисперги́рующее ~ continuous phase (*e.g., in colloids*)
диспе́рсное ~ disperse(d) material; disperse phase (*e. g., in colloids*)
дубя́щее ~ tanning agent
е́дкое ~ caustic substance
загрязня́ющее ~ contaminant
жи́дкое ~ liquid substance
жирово́е ~ fatty matter

веществ/о́

замедля́ющее ~ 1. *кфт.* restrainer 2. *яд. физ.* moderating [stopping] material, moderator
звёздное ~ stellar matter, stellar material
изомо́рфное ~ isomorphous substance
изотро́пное ~ isotropic substance
инкрусти́рующее ~ incrusting matter
инородное ~ foreign matter, foreign material
иссле́дуемое ~ investigated material, material under investigation
истира́ющее ~ abrasive
исхо́дное ~ source [parent] material; *пласт.* starting material
канцероге́нное ~ carcinogenic [cancer-producing] substance
капилля́рно-акти́вное ~ capillary active substance
кле́йкое ~ adhesive (substance)
кле́ящее ~ sizing agent
ко́жевое ~ leather substance
конденси́рованное ~ condensed (*solid or liquid*) substance
консерви́рующее ~ preservative agent
конта́ктное ~ contact agent
кра́сящее ~ colouring matter
кра́сящее, приро́дное ~ natural dye-stuff
кристалли́ческое ~ crystalline substance, crystalline matter
~ ла́зера, акти́вное laser material, laser medium
~ ла́зера, рабо́чее working laser material, working laser medium
леги́рующее ~ doping material
лету́чее ~ volatile matter
лу́нное ~ lunar material
люминесце́нтное ~ luminescent material
магни́тно-мя́гкое ~ magnetically soft material
магни́тно-твёрдое ~ magnetically hard material
~ ма́зера, акти́вное maser material, maser medium
~ ма́зера, рабо́чее working maser material, working maser medium
мати́рующее ~ mat substance
межволоко́нное ~ interfibrillary substance
межгалакти́ческое ~ intergalactic material, intergalactic matter
межзвёздное ~ interstellar material, interstellar matter
межплане́тное ~ interplanetary material, interplanetary matter
метео́рное ~ meteoric material, meteoric matter
минера́льное ~ mineral substance
мо́ющее ~ detergent, cleansing agent
намагни́ченное ~ magnetized material
недубя́щее ~ non-tanning substance

веществ/о́

нейтрализу́ющее ~ neutralizer
неомыля́емое ~ unsaponifiable matter
неоргани́ческое ~ inorganic matter
нерастворимо́е ~ insoluble matter
обеднённое ~ depleted material
обезво́живающее ~ dehydrating agent
обезжи́ривающее ~ degreasing agent
обесцве́чивающее ~ discolouring agent
обогащённое ~ enriched material
огнеопа́сное ~ *англ.* inflammable; *амер.* flammable
огнесто́йкое ~ fire-proof agent
одноро́дное ~ homogeneous substance
окисля́ющее ~ oxidizing agent, oxidizer, oxidant
окра́шивающее ~ colouring agent
омыля́емое ~ saponifiable matter
органи́ческое ~ organic matter
осажда́ющее ~ pricipitating [flocculating] agent, precipitant
осно́вное ~ base material
осуша́ющее ~ drying agent, desiccant
отбе́ливающее ~ bleaching agent, bleacher
отбе́ливающее, опти́ческое ~ optical bleaching agent
отвержда́ющее ~ hardener
отоща́ющее ~ thinning agent
отрабо́тавшее ~ depleted material
отравля́ющее ~ toxic agent
отравля́ющее, сто́йкое ~ persistent toxic agent
отража́ющее ~ reflecting material
охлажда́ющее ~ coolant, cooling agent
очища́ющее ~ purifier
парамагни́тное ~ paramagnetic material
паху́чее ~ odorous material
пенообразу́ющее ~ (*во флотации*) frothing agent, frother
первонача́льное ~ sourse [parent] material
пита́тельное ~ nutrient (substance)
плёнкообразу́ющее ~ film-forming substance, film-forming material
плёнкообразу́ющее, натура́льное ~ natural film-forming substance
плёнкообразу́ющее, непревраща́емое ~ untrasformable film-forming substance
плёнкообразу́ющее, превраща́емое ~ transformable film-forming substance
плёнкообразу́ющее, синтети́ческое ~ synthetic film-forming substance
плёнкообразу́ющее, термопласти́чное ~ thermoplastic film-forming substance
плёнкообразу́ющее, термореакти́вное ~ thermosetting film-forming substance

веществ/о́

пове́рхностно-акти́вное ~ surface-active substance, surfactant
пове́рхностно-акти́вное, анионоакти́вное ~ anionic surfactant
пове́рхностно-акти́вное, катионоакти́вное ~ cationic surfactant
пове́рхностно-акти́вное, мылоподо́бное ~ soap-like surfactant
пове́рхностно-акти́вное, неионоге́нное ~ non-ionic surfactant
пове́рхностно-неакти́вное ~ surface-inactive substance
поликристалли́ческое ~ polycrystalline material
полуколло́идное ~ semi-colloidal product
поля́рное ~ polar substance
порообразу́ющее ~ pore-forming material
посторо́ннее ~ foreign matter, foreign material, extraneous agent
преломля́ющее ~ refracting material
припы́ливающее ~ *мет.* powder, dust, parting medium
прозра́чное ~ transparent material
пропи́тывающее ~ impregnant
пропи́тывающее ~ для прида́ния влагопро́чности wet-strengthening impregnant
просве́чивающееся ~ translucent material
просто́е ~ elementary substance
противовуали́рующее ~ *кфт.* anti-fogging agent
противогни́лостное ~ anti-rot substance
противокоррозио́нное ~ corrosion inhibitor
противоосажда́ющее ~ anti-settling agent
рабо́чее ~ working medium, working substance
радиоакти́вное ~ radioactive substance, radioactive material
разбавля́ющее ~ diluent
разжижа́ющее ~ (*напр. для красок, лаков*) thinning agent
разъеда́ющее ~ corrosive substance
распада́ющееся ~ decaying substance
рассе́ивающее ~ scattering substance, scattering material
растворённое ~ solute
раствори́мое ~ soluble substance
растворя́ющее ~ solvent
расти́тельное ~ vegetable substance
расщепля́емое ~ fissionable material
реаги́рующее ~ reacting agent, reactant
самовоспламеня́ющееся ~ self-igniting substance
сверхпроводя́щее ~ superconductive material
связу́ющее ~ binder, binding material
сгуща́ющее ~ thickener
сенсибилизи́рующее ~ sensitizer
скле́ивающее ~ adhesive

веществ/о́

сма́зочное ~ lubricant
сма́зочное, полужи́дкое ~ paste lubricant
сма́чивающее ~ wetting agent
со́лнечное ~ solar material, solar matter
сорби́рующее ~ sorbent
сохраня́ющее ~ *кфт.* preservative
стабилизи́рующее ~ stabilizing substance
сухо́е ~ dry substance
су́шащее ~ drying agent
твёрдое ~ solid (matter), solid substance
термосенсибилизи́рующее ~ thermal-sensitizing agent
тормозя́щее ~ *яд. физ.* stopping substance
увлажня́ющее ~ moistening agent
ускоря́ющее ~ accelerator
ферромагни́тное ~ ferromagnetic material
фикси́рующее ~ fixing agent
флюоресци́рующее ~ fluorescent substance, fluorescent material
фосфоресци́рующее ~ phosphorescent substance, phosphorescent material
хелати́рующее ~ chelating agent
цветосдвига́ющее ~ colour shifter
цементи́рующее ~ 1. (*скрепляющее*) cement, bond **2.** *мет.* carbonizer
чи́стое ~ pure [individual] substance
экстраги́руемое ~ extractable (substance)
экстракти́вное ~ extractive (substance)
эмити́рующее ~ emitting material
этало́нное ~ reference substance

ве́ялка *ж.* winnower, fanning mill
ве́яние *с.* winnowing
ве́ять *гл.* winnow, fan
вживле́ние *с.* (*напр. электрода в живой организм*) implantation
вживля́емый *прил.* (*напр. об электроде*) implantable
вжима́ть *гл.* force [press, squeeze] in
взаи́мно-дополни́тельный *прил.* mutually disjoint, mutually complementary
взаи́мно-непреры́вный *прил.* bicontinuous
взаи́мно-обра́тный *прил.* inverse, reciprocal
взаи́мно-однозна́чный *прил.* one-to-one
взаи́мно-поля́рный *прил.* polar-reciprocal
взаи́мно-причи́нный *прил.* mutually causal
взаи́мно-просто́й *прил.* relatively prime, coprime, mutually disjoint
взаи́мность *ж.* reciprocity, duality, mutuality
взаи́мный *прил.* **1.** (*о расположении*) relative **2.** (*о воздействии*) mutual, reciprocal
взаимовлия́ние *с.* interaction

взаимоде́йстви/е *с.* interaction □ **~ А с Б** interaction between A and B, A-B interaction; **при нали́чии инерцио́нного ~я** inertia-coupled
ангармони́ческое ~ anharmonic interaction
аэродинами́ческое ~ aerodynamic interference, aerodynamic intercoupling
аэроинерцио́нное ~ dynamic roll (cross-)coupling
бли́зкое ~ close-range interaction
ве́кторное ~ vector interaction
ви́гнеровское ~ Wigner interaction
~ ви́дов колеба́ний coupling of modes
внутримолекуля́рное ~ intramolecular interaction
избира́тельное ~ selective interaction
инерцио́нное ~ inertial intercoupling, inertial cross-coupling
кванто́ванное ~ quantized interaction
когере́нтное ~ coherent interaction
конструкти́вное ~ structural interaction
магнитоупру́гое ~ magnetoelastic interaction
межмолекуля́рное ~ intermolecular interaction
нелока́льное ~ non-local interaction
обме́нное ~ exchange interaction
обы́чное ~ Wigner interaction
ориенти́рующее ~ aligning interaction
~ отражённых волн reflection interaction
перекрёстное ~ intercoupling, interaction, interference, cross-coupling
перифери́ческое ~ peripheral interaction
~ пла́змы с СВЧ колеба́ниями microwave-plasma interaction
распределённое ~ distributed interaction
сверхобме́нное ~ superexchange interaction
сверхто́нкое ~ hyperfine interaction
си́льное ~ strong interaction
сла́бое ~ weak interaction
~ спи́на с орбита́льным моме́нтом spin-orbital interaction
~ спи́нов spin-spin interaction
спин-орбита́льное ~ spin-orbit interaction
спин-решёточное ~ spin-lattice interaction
спин-спи́новое ~ spin-spin interaction
~ струи́ со скачко́м уплотне́ния jet-shock interaction
те́нзорное ~ tensor (force) interaction
упоря́дочивающее ~ aligning interaction
~ Ферми́, универса́льное universal Fermi interaction
центра́льное ~ central-force interaction

взаимоде́йствие
~ **электро́нного пучка́ с пла́змой** electron beam-plasma interaction
взаимоде́йствовать *гл.* interact
взаимозави́симость *ж.* interdependence
взаимозаменя́емость *ж.* interchangeability
взаимозамыка́ние *с. ж.-д.* interlocking
взаимозамыка́ющий(ся) *прил. ж.-д.* interlocking
взаимоиндукти́вность *ж.* mutual inductance
взаимоинду́кция *ж.* mutual induction
взаимоисключа́ющий *прил.* mutually exclusive
взаимообме́н *м.* interchange
взаимообрати́мый *прил.* interconvertible
взаимообра́тный *прил.* inverse; reciprocal
взаимоотноше́ние *с.* interrelation
взаимопревраще́ние *с.* **1.** *физ.* transmutation **2.** *хим.* interconversion
взаимопроника́ющий *прил.* interpenetrating, interpenetrative
взаимопроникнове́ние *с.* mutual penetration, interpenetration
взаимосвя́занный **1.** interconnected **2.** (*отношениями*) (inter)related **3.** (*сблокированный*) interlocked
взаимосвя́зь *ж.* (inter)relation(ship)
~ **ма́ссы и эне́ргии** mass-energy relation
взаимосогласо́ванность *ж.* (inter)consistency
взба́лтывать *гл.* shake up
взбива́лка *ж. пищ.* beater, whipper, whisk
взбива́ть *гл. пищ.* beat (up), whip, whisk
взве́сь *ж.* suspension
взве́шенно-полиномиа́льный *прил.* weighted polynomial
взве́шивание *с.* weighing
гидростати́ческое ~ hydrostatic weighing
контро́льное ~ check weighing
~ **по ра́зности** weighing by difference
взве́шивать *гл.* weigh □ ~ **разнове́сами** weigh against weights
взводи́ть *гл.* **затво́р** (*фотокамеры*) cock a shutter
взгляд *м.* □ **на пе́рвый** ~ at first sight [glance]; **определя́ть** ~ (*вперёд, назад*) *геод.* read the (*minus, plus*) sight, take the (*minus, plus*) sight reading; **подтвержде́ние э́того** ~**а мо́жно найти́ в ...** confirmation of this view comes from ...
~ **вперёд** (*в нивелировании*) foresight, minus sight
~ **наза́д** (*в нивелировании*) backsight, plus sight
взду́тие *с.* swelling, bulging, bulge
~ **жи́лы** swelling [bulging] of a vein
~ **отли́вки** bulging of a casting
~ **пласта́** swelling [bulging] of a seam

взлёт *м.* take-off □ **получа́ть разреше́ние на** ~ **от КП** be cleared for take-off from the (control) tower; **прекраща́ть** ~ abandon take-off
~ **без разбе́га** no-run take-off
~ **без ускори́телей** unaided take-off
вертика́льный ~ vertical take-off
~ **по прибо́рам** instrument take-off
пре́рванный ~ balked [aborted] take-off
~ **при боково́м ве́тре** cross-wind take-off
~ **при отсу́тствии ви́димости** blind take-off
~ **с катапу́льты** catapult(-assisted) launching
~ **с по́лной нагру́зкой** full-load take-off
~ **с разбе́гом** running take-off
~ **с раке́тным ускори́телем** rocket-assisted take-off
взлета́ть *гл.* take off □ ~ **по ве́тру** take off down the wind; ~ **по прибо́рам** take off by instruments; ~ **про́тив ве́тра** take off into the wind; ~ **с па́лубы** take from the deck
взму́чивание *с.* stirring-up
взму́чивать *гл.* (*раствор*) make turbid, (*в пробирке*) muddle; (*осадок*) stir up, (*внезапно*) rouse
взрыв *м.* explosion □ **га́зы, выделя́емые при** ~**е** fumes from an explosion; **заглуша́ть** ~ muffle an explosion; **удаля́ть люде́й из зо́ны** ~**а** remove men to a safe distance from the shot
~ **в глуши́теле** (*вспышка*) explosion in the muffler [silencer]
~ **в за́мкнутом объёме** confined explosion
~ **в карбюра́торе** (*вспышка*) backfire [explosion] in the carburettor
~ **в ка́ртере** (*вспышка*) explosion in the crankcase, crankcase explosion
~ **в откры́том объёме** unconfined explosion
затяжно́й ~ hangfire
~ **на вы́брос** excavating explosion
напра́вленный ~ pin-point blast(ing) [explosion]
о́пытный ~ trial blast
~ **ру́дничного га́за** firedamp explosion
~ **сверхно́вой звезды́** supernova explosion, supernova outburst
~ **с образова́нием транше́й, кана́лов** ***или*** **котлова́нов** trenching *or* ditching by explosions [explosives]
~ **че́рез влия́ние** propagated blast
я́дерный ~ nuclear explosion
взрыва́емость *ж.* explosibility
взрыва́ние *с.* (*см. тж.* **взрыв**) blasting, firing
~ **без вру́ба** no-cut-hole blasting
беспла́менное ~ non-flame [flame-free] blasting
короткозаме́дленное ~ short-delay firing, short-delay blasting

взрыва́ние
котлово́е ~ (hole-)springing, (hole-)-chambering, (hole-)squibbing
огнево́е ~ (cap-and-)fuse blasting
~ **по поро́де** ***или*** **у́глю** rock *or* coal blasting
электри́ческое ~ electric firing
взрыва́ть *гл.* blast, blow up, demolish; (*заряд, шпур и т. п.*) blast, explode, fire, detonate □ ~ **гру́ппу заря́дов** fire [blast] a multiple shot; ~ **забо́й** blast [fire] the face; ~ **заря́д** fire a shot, explode a charge; ~ **масси́в** blast off the solid; ~ **огнепрово́дным шнуро́м** (*взрывчатое вещество*) fire (*an explosive*) with fuze; ~ **це́лик** blast a pillar [stump]; ~ **шпу́ры гру́ппами** fire holes in multiples; ~ **шпу́ры цикла́ми** fire shots in rounds; ~ **электродетона́тором** (*взрывчатое вещество*) fire (*an explosive*) with an electric blasting cap
взрывни́к *м.* shot-firer, blaster
взрывобезопа́сный *прил.* (*об электроаппаратуре*) explosion-proof; *англ.* flame-proof
взрывоопа́сность *ж.* explosion hazard
взрывоопа́сный *прил.* explosive, explosible
взры́вчатость *ж.* explosibility, explosiveness
взры́вчатый *прил.* explosive
взрыхле́ние *с.* (*почвы*) loosening
взъеро́шивание *с.* (*кожи*) roughing
взя́тие *с.*:
~ **дополне́ния** *мат.* (operation of) taking the complement
~ **про́бы** sampling
~ **про́бы для микроана́лиза** microsubsampling
~ **про́бы, повто́рное** resampling
виаду́к *м.* viaduct
вибра́тор *м.* **1.** (*антенна*) dipole (*см. тж.* **анте́нна**) □ **возбужда́ть** ~ drive [feed] a dipole **2.** (*механизм для уплотнения грунта и т. п.*) vibrator **3.** (*вибрационный преобразователь, часть вибропреобразователя*) vibrator (*part of vibrator power supply*) **4.** (*преобразователь электрического сигнала в механические колебания или наоборот*) vibrator, transducer, oscillator
асинхро́нный ~ non-synchronous vibrator
~ **в коаксиа́льной оболо́чке** sleeve-dipole (aerial)
вну́тренний ~ internal vibrator
всплыва́ющий ~ float vibrator
высокочасто́тный ~ high-speed vibrator
~ **Ге́рца** Hertz(ian) dipole
глуби́нный ~ internal vibrator
диапазо́нный wide-band dipole
~ **для укла́дки полосы́ зме́йкой** *прок.* oscillating guide
дополни́тельный ~ complementary dipole

вибра́тор
камерто́нный ~ tuning-fork oscillator
ква́рцевый ~ (*датчик ультразвуковых установок, гидролокатора и т. п.*) crystal transducer
магнитострикцио́нный ~ magnetostriction vibrator
магнитоэлектри́ческий ~ moving-coil vibrator
навесно́й ~ suspended vibrator
нару́жный ~ external vibrator
пасси́вный ~ passive dipole
петлеобра́зный ~ folded antenna
пневмати́ческий ~ air-operated vibrator
П-обра́зный ~ bent dipole
синхро́нный ~ synchronous vibrator
поршнево́й ~ reciprocating vibrator
пьезоэлектри́ческий ~ piezoelectric vibrator
турнике́тный ~ turnstile dipole
синхро́нный ~ synchronous vibrator
станко́вый ~ table vibrator
стержнево́й ~ needle vibrator
~ с шабло́ном screed vibrator
турнике́тный ~ turnstill dipole
штыково́й ~ rod [poker] vibrator
эксце́нтриковый ~ eccentric-type vibrator
электромагни́тный, резона́нсный ~ electromagnetic resonance vibrator
электромагни́тный, уда́рный ~ electromagnetic impact vibrator
электромото́рный ~ 1. *маш., стр.* electric(al) vibrator 2. *рад.* oscillator
вибратро́н *м.* vibratron
вибра́ци/я *ж.* (*механические колебания*) vibration □ **под де́йствием ~и** under vibration
~ конта́ктов contact chatter
отве́тная ~ sympathetic vibration
~ поршнево́го кольца́ piston-ring flutter
резона́нсная ~ sympathetic vibration
~ самолёта aeroplane vibration
~ щётки (*шагового искателя*) *тлф.* wiper chatter
вибри́рование *с.* vibration
~ бето́на compaction of concrete by vibration
~ бето́на, высокочасто́тное compaction of concrete by high-speed vibration
~ бето́на, глуби́нное compaction of concrete by internal vibration
~ бето́на, нару́жное compaction of concrete by external vibration
~ бето́на, пове́рхностное compaction of concrete by surface vibration
вибри́ровать *гл.* vibrate
виброанализа́тор *м.* vibration analyser
вибробулава́ *ж.* spud vibrator
вибробу́нкер *м.* vibrating (feed) bin
вибробу́р *м.* vibratory drill, vibrodrill
вибробуре́ние *с.* vibrodrilling
вибровозбуди́тель *м.* (*для механических колебаний*) vibration exciter
дебала́нсный ~ unbalance vibration exciter
зубча́то-планета́рный ~ gear planetary vibration exciter
инерцио́нный ~ inertial vibration exciter
магнитострикцио́нный ~ magnetostriction vibration exciter
планета́рный ~ planetary vibration exciter
поводко́во-планета́рный ~ carrier planetary vibration exciter
поршнево́й ~ piston vibration exciter
поршнево́й ~ вну́треннего сгора́ния combustion piston vibration exciter
поршнево́й, гидравли́ческий ~ hydraulic piston vibration exciter
поршнево́й, парово́й ~ steam piston vibration exciter
поршнево́й, пневмати́ческий ~ pneumatic piston vibration exciter
фрикцио́нно-планета́рный ~ frictional planetary vibration exciter
центробе́жный ~ centrifugal vibration exciter
электродинами́ческий ~ electrodynamic vibration exciter
электромагни́тный ~ electromagnetic vibration exciter
вибровыпрями́тель *м.* vibrating(-reed) rectifier
виброгаси́тель *м.* vibration damper
виброглади́лка *ж.* vibrating trowel
виброгра́мма *ж.* vibration record
вибро́граф *м.* vibrograph
виброгре́йфер *м.* vibrating grab
виброгро́хот *м.* vibroshaker, vibrocribble, racking screen
виброда́тчик *м.* vibration pick-up, vibration transducer
~ зо́ндовый ~ vibration probe
вибродоза́тор *м.* vibrating batcher, vibrating proportioner
виброжёлоб *м.* vibrating chute
виброзати́рка *ж.* vibrating float
виброигла́ *ж.* needle vibrator
виброизоля́ция *ж.* vibration isolator, vibration isolation
виброинве́ртор *м.* vibrator power supply
виброинструме́нт *м.* vibrating tools
виброкато́к *м.* vibroroller
виброконве́йер *м. см.* **вибротранспортёр**
виброкорчева́тель *м.* stump vibroextractor
вибролитьё *с.* vibratory casting
вибролопа́та *ж.* vibrospade, spade vibrator
вибролото́к *м.* vibrating chute
вибро́метр *м.* vibration meter
вибромо́лот *м.* vibrating hammer, vibrohammer
виброочисти́тель *м.* **ваго́неток** car shaker
вибропита́тель *м.* vibrating feeder
виброплита́ *ж.* vibroplate
виброплоща́дка *ж.* table vibrator
виброплу́г *м.* oscillating plough
вибропогружа́тель *м.* vibratory pile driver
вибропреобразова́тель *м.* vibrator power supply
конта́ктный ~ (electro)magnetic vibrator power supply
вибропре́сс *м.* vibropress
вибропрессова́ние *с.* vibrocompression
вибропрока́т *м.* vibrorolling
вибропрофили́рование *с.* vibroforming
вибропро́чность *ж.* vibration strength
вибросито *с.* vibrosieve
виброско́п *м.* vibroscope
вибросте́нд *м.* vibration-testing machine
вибросто́йкий *прил.* vibration-proof, vibration-resistant
вибросто́л *м.* vibrating table
вибротрамбо́вка *ж.* vibrating tamper
вибротранспортёр *м.* oscillating conveyer
виброусто́йчивость *ж.* vibration resistance
виброусто́йчивый *прил.* vibration-proof, vibration-resistant
виброустро́йство *с.* **для разгру́зки ваго́нов** car shaker
виброформова́ние *с.* vibroforming, forming by vibration
виброцентрифу́га *ж.* vibrating centrifuge
виброшабло́н *м.* vibrating screed
виброшта́мп *м.* vibrostamp
виброштампова́ние *с.* vibrostamping
виброшта́нга *ж.* vibrating boom
виброшты́к *м.* pin vibrator
виброшу́мы *мн.* vibronoise
виброщу́п *м.* vibroprobe
вид *м.* 1. (*на чертеже*) view □ **располага́ть ~ы** arrange the views 2. *мат.* form □ **в ~е** as, in the form of; **принима́ть ~** assume [take (on)] the form 3. (*колебаний, волн, импульсов*) mode 4. (*внешний*) appearance
гла́вный ~ front view
дополни́тельный ~ auxiliary view
канони́ческий ~ canonical form
коне́чный ~ final form
ме́стный ~ detail (*on drawings*)
основно́й ~ principal view (*on drawings*)
~ пове́рхности изло́ма appearance of fracture
~ сбо́ку side view
~ све́рху top view
~ сза́ди rear [back] view
~ сле́ва left-side view
~ сни́зу bottom view
~ спе́реди front view
~ спра́ва right-side view
ви́дение *с.* vision, viewing
ортоскопи́ческое ~ orthoscopic viewing
псевдоскопи́ческое ~ pseudoscopic viewing
стробоскопи́ческое ~ stroboscopic viewing

видеоза́пись *ж.* video recording
видеои́мпульс *м.* video pulse
видеокана́л *м.* video channel
видеомагнитофо́н *м.* video tape recorder
видеонесу́щая *ж.* video carrier
видеопереда́тчик *м.* visual transmitter
видеопоме́хи *мн.* video cross-talk
видеосигна́л *м.* video signal
видеотелефо́н *м.* picturephone, video-(tele)phone
видеоусили́тель *м.* video amplifier
  многорезона́нсный ~ stagger-peaked video amplifier
  смеси́тельный ~ video-mixing amplifier
  ~ **с расстро́енными ко́нтурами** stagger(ed)-tuned video amplifier
видеочастота́ *ж.* video frequency
видико́н *м.* vidicon
ви́димость *ж.* (*различимость*) visibility; (*дальность*) visual range
  ~ **в вертика́льном [накло́нном] направле́нии** slant [oblique] visibility
  ~ **в приземно́м сло́е** land surface visibility
  горизонта́льная ~ horizontal visibility
  ночна́я ~ night visibility
  пряма́я ~ *рад.* line of sight □ **в преде́лах прямо́й** ~**и** within the line-of-sight distance [range]; **за преде́лами прямо́й** ~**и** beyond the line-of-sight range [distance], over-the-horizon
ви́димый *прил.* visible
  ~ **в микроско́п** visible by the microscope
  ~ **невооружённым гла́зом** visible to [seen by] an unaided eye
  ~ **просты́м гла́зом** visible to [seen by] a naked eye
ви́дность *ж.* luminosity
  ~ **излуче́ния** luminous efficiency of radiation
видоизмене́ние *с.* modification
  аллотропи́ческое ~ allotropic modification; allotropic transformation
видоизменённый *прил.* 1. (*о процессе, цикле*) modified 2. (*о веществе*) altered
видоиска́тель *м. кфт.* viewfinder
  зерка́льный ~ reflex finder
  опти́ческий ~ optical viewfinder
  ~ **прямо́го ви́дения** direct-vision viewfinder
  ра́мочный ~ frame finder
  ~ **с визи́рной ма́ркой** frame viewfinder
  ~ **с переме́нным фо́кусным расстоя́нием** zoom finder
  телескопи́ческий ~ telescopic viewfinder
  универса́льный ~ universal viewfinder
  электро́нный ~ electronic viewfinder
визг *м.* (*напр. тормозов*) squeak(ing), squeal
визжа́ть *гл.* (*напр. о тормозах*) squeak

визи́р *м.* **1.** *астр., геод.* sihth(ing device) **2.** (*отсчётное приспособление, передвигаемое относительно неподвижной шкалы*) cursor **3.** *ав.* drift indicator **4.** *кфт.* viewfinder (*см. тж.* **видоиска́тель**) **5.** (*устройство удержания визирной линии на движущемся объекте*) tracker
  маршру́тный ~ (*в аэрофотографии*) strip finder
  навигацио́нный ~ drift indicator
визи́р-иска́тель *м.* open sight
визи́рование *с.* **1.** (*совмещение визирной линии с движущимся объектом*) sight(ing) □ **производи́ть** ~ **на ...** (*напр. дальнюю точку*) do sight(ing) on ..., take a sight on [to] ... (*e.g., a distant point*) **2.** (*удержание визирной линии на движущемся объекте*) tracking
  ~ **вперёд** forward sight(ing)
  двусторо́ннее ~ reciprocal sight(ing)
  ~ **наза́д** backward sight(ing)
  обра́тное ~ backward sight(ing)
  тахеометри́ческое ~ tacheometric sight(ing)
визи́ровать *гл.* **1.** (*совмещать визирную линию с движущимся объектом*) sight on, sight to **2.** (*удерживать визирную линию на движущемся объекте*) track
визуализа́тор *м.* **пото́ка** flow visualizer
визуализа́ция *ж.* visualization
визуа́льный *прил.* visual
ви́лка *ж.* **1.** (*деталь*) fork; (*в шарнирном соединении*) jaw **2.** (*штепсельная*) plug
  за́лочная ~ *лес.* kilbig, push pole
  ~ **выключе́ния сцепле́ния** clutch fork, clutch throw-out yoke
  двухконта́ктная ~ two-pin plug
  двухлучева́я ~ two-prong(ed) fork
  двухштырько́вая ~ two-pin plug
  захва́тывающая ~ gripping fork
  ~ **карда́на** universal-joint fork, universal-joint yoke
  ловя́щая ~ *полигр.* cylinder catch
  ма́ятниковая, короткорыча́жная ~ leading link fork
  ма́ятниковая ~ **толка́ющего ти́па** leading arm, leading fork
  ма́ятниковая ~ **тя́нущего ти́па** trailing arm, trailing fork
  ме́рная ~ *лес.* tree calliper
  микротелефо́нная ~ cradle switch, receiver rest
  нагру́зочная ~ (*для проверки аккумуляторных батарей*) high-rate discharge tester
  нитево́дная ~ *текст.* traverse guide fork
  ответви́тельная ~ *эл.* socket-outlet adaptor
  отводна́я ~ disengaging fork
  ~ **переключе́ния переда́ч** gear shift(ing) fork
  перехо́дная ~ *эл.* plug adaptor
  подрессо́ренная ~ spring fork

ви́лка
  трёхконта́ктная ~ three-pin plug
  трёхштырько́вая ~ three-pin plug
  тя́говая ~ towing yoke
ви́лы *мн.* fork
  гре́йферные ~ grapple fork
  камнепогру́зочные ~ stone fork
  наво́зные ~ manure [dung] fork
  перекóпочные ~ digging [spading] fork
  решётчатые ~ sieve fork
  сенны́е ~ hayfork, pitch fork
ви́льчатый *прил.* forked, forkline, Y-shaped
виля́ние *с.* (*колеса*) wobble
виндро́за *ж.* (*ветродвигателя*) tail-vane
виндро́уэр *м.* windrower
  навесно́й ~ mounted windrower
  самохо́дный ~ self-propelled windrower
вини́л *м.* vinyl
винили́рование *с.* vinylation
винипла́ст *м.* rigid-vinyl plastic, rigid PVC
  листово́й ~ rigid PVC sheet
виннoки́слый *прил.* (*напр. о висмуте*) tartrate
виногра́дарство *с.* viticulture, viniculture
виногра́дник *м.* vineyard
виноде́лие *с.* wine-making
виноде́льня *ж.* winery
винокуре́ние *с.* (alcohol) distillation
виноматериа́л *м.* wine material
виноме́р *м.* wine-level gauge
винт *м.* screw □ **выви́нчивать** ~ remove [take out] a screw, unscrew; **зави́нчивать** ~ screw on; **зави́нчивать** ~ **с переко́сом** cross-thread a screw; **затяну́ть** ~ **до отка́за** tighten a screw as far as it will go; **освобожда́ть** ~ loosen [slacken] a screw; **«отдава́ть»** ~ ease off [slacken] a screw; **повёртывать** ~ **на** (*четверть, один, два и т. п.*) **оборо́та** give a screw a (*quater, one, two, etc.*) turn; **ста́вить самонареза́ющий** ~ **молотко́м [из-под молотка́]** drive into place; **ста́вить самонареза́ющий** ~ **отвёрткой** screw into place; **ста́вить [устана́вливать]** ~ set a screw; **(ту́го) поджима́ть** ~ tighten a screw
  бара́шковый ~ wing-head screw, thumbscrew
  ~ **без голо́вки** (*установочный*) grub screw
  ~ **вертолёта** rotor
  ~ **вертолёта, несу́щий** main (lift) rotor
  ~**ы вертолёта, перекре́щивающиеся** intermeshing rotors
  ~ **вертолёта, рулево́й** tail [steering, anti-torque] rotor
  ~ **вертолёта с гиростабилиза́тором** gyro-controlled rotor
  ~ **вертолёта с жёстким крепле́нием лопасте́й** rigid rotor

винт

~ вертолёта, убира́ющийся stowable rotor
~ вертолёта, хвостово́й tail [steering, anti-torque] rotor
~ вертолёта, шарни́рный hinged rotor
возду́шные, соо́сные ~ы contrarotating [coaxial] propellers
возду́шный ~ (*самолёта*) propeller □ **включа́ть ре́верс возду́шного ~а** reverse a propeller; **зафлюгерова́ть возду́шный ~** feather a propeller; **испо́льзовать торможе́ние возду́шным ~ом на пробе́жке** use propeller braking on the landing roll
возду́шный, аэромехани́ческий ~ aerodynamic propeller
возду́шный, гидравли́ческий ~ hydraulically controlled propeller
возду́шный ~ изменя́емого ша́га [ВИШ] controllable-[variable-] pitch propeller
возду́шный ~ ле́вого враще́ния left-handed propeller
возду́шный, многоло́пастный ~ multiblade propeller
возду́шный ~ неизменя́емого ша́га fixed-pitch propeller
возду́шный ~ переставно́го ша́га adjustable-pitch propeller
возду́шный ~ пра́вого враще́ния right-handed propeller
возду́шный, реакти́вный ~ jet propeller
возду́шный, реверси́вный ~ reversible propeller
возду́шный ~ с автомати́чески изменя́емым ша́гом constant-speed propeller
возду́шный, сдво́енный ~ twin propeller
возду́шный, толка́ющий ~ pusher propeller
возду́шный, трёхло́пастный ~ three-blade propeller
возду́шный, тунне́льный ~ ducted propeller
возду́шный, тя́нущий ~ tractor propeller
возду́шный ~ фикси́рованного ша́га fixed-pitch propeller
возду́шный, флю́герный ~ feathering propeller
гребно́й ~ (*судна*) (screw) propeller, screw
гребно́й, вентили́руемый ~ vented [ventilated] propeller
гребно́й ~ в направля́ющей наса́дке shrouded propeller
гребно́й, некавити́рующий ~ subcavitating propeller
гребно́й, реверси́вный ~ reversible propeller
гребно́й ~ регули́руемого ша́га controllable-pitch [variable-pitch] propeller
гребно́й ~ со съёмными лопастя́ми detachable-[removable-]blade propeller

винт

гребно́й ~ с поворо́тными лопастя́ми feathering propeller
гребно́й, суперкавити́рующий ~ supercavitating propeller
гребно́й ~ фикси́рованного ша́га fixed-pitch propeller
гребно́й, цельноли́тый ~ solid propeller
гребны́е, соо́сные, противополо́жно враща́ющиеся ~ы coaxial contrarotating propellers
грузово́й ~ (*в подъёмных машинах*) eye [lifting] screw
двухзахо́дный ~ double-threaded screw
зажи́мный ~ (*геодезического инструмента*) clamp
исправи́тельный ~ (*геодезического инструмента*) reticule adjusting screw
контро́вочный ~ lockscrew
крепёжный, кру́пный ~ (*класс винтов сверх 6 мм диаметром*) cap screw
крепёжный, ме́лкий ~ (*класс винтов до 6 мм диаметром*) machine screw
микрометри́ческий ~ fine adjustment [micrometer] screw
многозахо́дный ~ multiple-thread screw
нажимно́й ~ pressure (adjusting) [forcing] screw; *прок.* housing screw
нажимно́й ~ с ручны́м при́водом manually operated screw
нажимно́й ~ с электропри́водом motor-operated screw
натяжно́й ~ (*напр. в ремённой передаче, ленте конвейера и т. п.*) tightening [slack-adjusting, tension(ing)] screw
невыпада́ющий ~ captive screw
однозахо́дный ~ single-threaded screw
подающий ~ lead screw
подъёмный ~ (*геодезического инструмента*) foot [levelling] screw
потайно́й ~ countersunk screw
регулиро́вочный ~ adjusting screw
самоконтря́щийся ~ self-lapping screw
самонареза́ющий ~ self-tapping screw
самонареза́ющий ~ для поса́дки молотко́м self-tapping drive screw
~ с бара́шком butterfly thumb screw
~ с бу́ртиком collar-head screw
~ с вну́тренним шестигра́нником Allen-head screw
~ с (за)сверлённым концо́м cup-point set screw
силово́й ~ power-transmission screw
~ с квадра́тной голо́вкой square-head screw
~ с кони́ческим концо́м cone-point screw

винт

~ с ле́вой резьбо́й left-hand screw
~ с нака́танной голо́вкой knurled-head screw
~ со сфери́ческим концо́м oval-point screw
~ со шли́цевой голо́вкой (*установочный*) headless set screw
~ с перекидно́й рукоя́ткой (*в тисках*) tommy screw
~ с полукру́глой голо́вкой (*мелкий крепёжный*) round-head screw; (*крупный крепёжный*) button-head screw
~ с потайно́й голо́вкой *англ.* counter-sunk screw; *амер.* flat-head screw
~ с пра́вой резьбо́й right-hand screw
станово́й ~ (*геодезического инструмента*) attachment screw
~ с у́сом под голо́вкой nibbed screw
~ с цилиндри́ческим концо́м flat-dog point screw
~ с цилиндри́ческой голо́вкой (*крупный крепёжный*) round-head (cap) screw
~ с цилиндри́ческой голо́вкой и сфери́ческим ве́рхом fillister head screw
~ с шестигра́нной голо́вкой hexagon(-head) screw
транспорти́рующий ~ 1. (*для удержания груза в таре при перевозке*) transit screw **2.** (*конвейера*) helix (*of a screw or spiral conveyer*)
транспорти́рующий, архиме́дов ~ Archimedes' screw
транспорти́рующий, бесконе́чный ~ endless screw
транспорти́рующий, ле́нточный ~ ribbon helix
транспорти́рующий, сплошно́й ~ spiral helix
транспорти́рующий, фасо́нный ~ cut-flight helix
упо́рный ~ stop [fixing] screw
устано́вочный ~ set screw
ходово́й ~ lead screw
шарни́рный ~ swing screw
юстиро́вочный ~ adjusting screw
винтовёрт *м.* screwdriver
винтово́й *прил.* screw, spiral, helical
винтокры́л *м.* rotorcraft
винтообра́зный *прил.* screw-shaped, helical
винторе́з *м.* screw tap, threading tool, thread-cutting die
~ для труб pipe tap
виньети́рование *с.* vignetting
винье́тка *ж.* vignette
вира́ж *м.* **1.** (*поворот*) turn **2.** *ав.* bank, (banked) turn □ **вводи́ть в ~** bank; **выполня́ть ~** bank **3.** *авто* banking **4.** (*в фотографии*) toning
пра́вильный ~ 360° coordinated (banked) turn
преде́льный ~ power limited 360° (banked) turn

винт
серийный ~ multiple 360° constant (banked) turn
установившийся ~ 360° steady (banked) turn
вириáл *м.* virial
вириáльный *прил.* virial
вири́рование *с.* (*в фотографии*) toning
вири́ровать *гл.* (*в фотографии*) tone
виртуáльный *прил.* virtual; image
висбрéкинг *м.* (*нефтепродуктов*) viscosity breaking
висéние *с.* (*вертолёта*) hovering
висéть *гл.* (*о вертолёте*) hover
вискóграф *м.* viscograph
вискóз/а *ж.* **1.** (*раствор ксантогената целлюлозы — исходное сырьё для вискозного волокна*) viscose □ **вакууми́ровать** ~**у** deaerate the xanthate spinning solution; ~ **созревáет** the xanthate spinning solution ripens; **формовáть** ~**у** (*в волокно*) **чéрез фильéры в осади́тельную вáнну** extrude the xanthate through a spinneret into a regenerating bath **2.** (*вискозное волокно*) viscous rayon
кóрдная ~ tyre-cord viscose rayon
пряди́льная ~ xanthate spinning solution
штáпельная ~ (*для штапельного волокна*) staple viscose rayon
вискозимéтр *м.* visco(si)meter
ёмкостный ~ variable-capacitance viscometer
~ **истечéния** efflux [outflow] viscometer
капилля́рный ~ capillary viscometer
крути́льный ~ torsion [torque] viscometer
лéнточный ~ band viscometer
мáятниковый ~ pendulum visco(si)meter
ротациóнный ~ rotary [rotational, coaxial-cylinder] viscometer
~ **со скользя́щим шáриком** rolling-ball viscosimeter
~ **с пáдающим шáриком** falling-sphere viscosimeter
~ **с подвéшенным ýровнем** suspended level viscometer
ультразвуковóй ~ ultrasonic viscometer
шáриковый ~ ball viscometer
эффузиóнный ~ effusion viscometer
вискозимéтрия *ж.* visco(si)metry
вискози́н *м.* (*вид цилиндрового масла*) viscosine
вискоскóп *м.* viscoscope
ви́смут *м.* bismuth
саморóдный ~ native bismuth
витамéр *м.* vitameter
витами́н *м.* vitamin
витаминизáция *ж.* vitaminization
вит/óк *м.* **1.** (*ленточный сердечник*) wrap (*of tape or strip in a tape core*) □ **намáтывать** ~**ки в шáхматном поря́дке** stagger wraps **2.** (*обмотки электроаппарата*) turn □ **заглушáть концы́** ~**ка** tape the turn ends (*so as to completely insulate it*); ~ **замыкáется на себя́** the turn closes on itself; **конéц** ~**ка** the finish of a turn; **начáло** ~**ка** the start of a turn **3.** (*пружины*) coil □ **намáтывать** ~**ки вплотнýю** wind the coils touching, wind with the coils closing together **4.** *рад.* loop **5.** (*стружки*) curl **6.** (*шнека*) flight
витóк
коммути́рующие ~**ки́** commutation turns
короткозамыкáющий ~ shading coil
мёртвый ~ dead turn
настрóенный ~ resonance loop
настрóечный ~ tuning loop
~ **обрáтной свя́зи** feedback loop
рабóчий ~ operating [working] coil
размагни́чивающие ~**ки́** demagnetizing turns
~ **свя́зи** coupling loop
торцóвый ~ end coil
~ **транспорти́рующего винтá** flight of a helix
холосты́е ~**ки́** dead turns
витрáж *м.* stained glass, stained-glass panel
витри́н/а *ж.* shop-window, show-window □ **оформля́ть** ~**у** arrange a shop-window
витрификáция *ж.* vitrification
вихля́ние *с.* **колёс** wheel wobble
вихрéние *с.* vorticity
вихреобразовáние *с.* vorticity, vortex formation
вихрь *м.* (*жидкости, газа, воздуха и т. п.*) vortex, eddy
~ **вéкторного пóля** (*обозначается символом* rot) curl of a vector function, rotation of a vector
вицинáль *ж. крист.* vicinal form
вицинáльный *прил. крист.* vicinal
вклáдка *ж. полигр.* insert, inset, insertion
вклáдыш *м.* (*подшипника*) shell, insert □ **стóпорить** ~ (*в гнезде*) anchor [lock] a shell [an insert] (*in the housing*)
~ **подпя́тника** collar step
~ **соплá** (*ракетного двигателя*) nozzle insert
тонкостéнный ~ thin-shell bearing
~ **штéпсельного разъёма** connector insert
вклéивать *гл.* paste in (*with glue, cement, etc.*)
вклéйка *ж.* **1.** (*процесс*) pasting-in **2.** (*вклеиваемый оттиск*) insert, inset, insertion
вкли́нивание *с.* wedging-in
вкли́нивать *гл.* wedge in
включáтель *м.* switch
включáть *гл.* **1.** (*подавать питание на двигатель, аппарат и т. п.*) switch on, turn on, cut in **2.** (*реле*) energize **3.** (*подключать что-л. в цепь или к цепи*) bring [switch] in(to) circuit **4.** (*контактор, пускатель, рубильник и т. п.*) close **5.** (*соединять*) connect □ ~ **ампермéтр в цепь** connect an ammeter in(to) a circuit; ~ **вольтмéтр в цепь** connect a voltmeter across a circuit; ~ **в рассéчку** interpose (in a circuit) ... in series (with ...); ~ **параллéльно** connect in parallel; ~ **послéдовательно** connect in series; ~ **послéдовательно с** ... place in series with ... **6.** (*в состав чего-л.*) contain, include, incorporate **7.** (*зацепление, сцепление*) engage □ ~ (*первую, вторую и т. д.*) **передáчу** put in (*first, second, etc.*) gear; ~ **скóрость** *см.* **включáть передáчу**; ~ **сцеплéние** engage [let in, throw in] a clutch
включéни/е *с.* **1.** (*подача питания*) switch(ing) (on), turn(ing) on **2.** (*реле*) energizing **3.** (*контактора, пускателя, рубильника и т. п.*) closing **4.** (*соединение*) connection **5.** (*постороннее тело*) inclusion
~ **в гнездó зáнятой ли́нии** *тлф.* overplugging
~ **в мнóжестве** *мат.* inclusion in a set
гáзовое ~ occluded [entrapped] gas
гáлечное ~ boulder-like inclusion
дендритообрáзное ~ (*в металле*) fern-shaped precipitate
дистанциóнное ~ remote switching
дифференциáльное ~ differential connection
~ **для сквознóго транзи́тного разговóра** *тлф.* through-line [-traffic] connection
каскáдное ~ cascade connection, cascading
квадрáнтное ~ (*соединения*) asymmetrical heterostatic circuit
~ **на возврáт** circuit-opening connection
~ **на срабáтывание** circuit-closing connection
неметалли́ческое ~ non-metallic inclusion
непóлное ~ (*колебательного контура*) tapping(-down)
образýющее золý ~ *горн.* ash-forming impurity
параллéльное ~ parallel connection
повéрхностные ~**я** skin inclusions
повтóрное ~ reclosing
послéдовательное ~ series connection
прóбное ~ trial closing (operation)
~**я продýктов раскислéния** deoxidation-type inclusions
прямóе ~ *тлф.* straight multiple
ручнóе ~ closing by hand, manual closing
сдви́нутое многокрáтное ~ *тлф.* slip multiple
соглáсное ~ aiding connection
ступéнчатое ~ *тлф.* grading
ступéнчатое, асимметри́чное ~ *тлф.* unsymmetrical grading
~ **сцеплéния** clutch engagement
твёрдое ~ (*в отливке*) hard spot

включéни/е
шлáковое ~ slag inclusion
штéкерное ~ plug-in connection
экзогéнное ~ exogenous inclusion
включённый (*о конденсаторе*) connected (into); (*о реле*) included (in); (*о сопротивлении*) incorporated (in)
параллéльно ~ placed in parallel
послéдовательно ~ connected [placed] in series with, series connected
вколáчивать *гл.* drive □ **~ до откáза** drive as far as it will go, drive home
вкраплéние *с.* **1.** (*посторонних частиц*) embedment **2.** (*минералов, руд и т. п. в породе*) dissemination, impregnation
вкрáпленник *м.* phenocryst
вкрáпленность *ж.* dissemination, impregnation
влáг/а *ж.* moisture
аналити́ческая ~ moisture of analysis sample
внéшняя ~ air-dried moisture
гигроскопи́ческая ~ hygroscopic moisture
достýпная ~ available moisture
захвáченная ~ entrapped moisture
кáпельная ~ condensed moisture
капилля́рная ~ cellular moisture
коллóидная ~ colloid moisture
конденси́рованная ~ condensed moisture
кристаллизациóнная ~ crystal [combined] water
недостýпная ~ unavailable moisture
несвя́занная ~ free moisture
остáточная ~ residual moisture
плёночная ~ pellicular moisture
повéрхностная ~ surface moisture
пóчвенная ~ soil moisture
свобóдная ~ free moisture
свя́занная ~ bound moisture
влагоёмкость *ж.* moisture capacity; specific retention (*of moisture by soil, rock, etc.*)
абсолю́тная ~ absolute moisture capacity
весовáя ~ gravimetric moisture capacity
капилля́рная ~ capillary moisture capacity
молекуля́рная ~ molecular moisture capacity
полевáя ~ field water capacity
полéзная ~ available moisture capacity
пóлная ~ total moisture capacity
влагоизоля́ция *ж.* moisture insulation, moisture seal; (*зданий*) vapour barrier
влагомéр *м.* **1.** (*прибор для определения влажности материалов*) moisture meter, moisture tester **2.** (*прибор для определения влажности воздуха*) hygrometer (*см. тж.* **гигрóметр**)
диэлектри́ческий ~ dielectric-type moisture meter
ёмкостный ~ capacitance moisture meter

влагомéр
кондуктометри́ческий ~ conductivity moisture meter
нейтрóнный ~ neutron (scattering) moisture meter
пóчвенный ~ soil moisture meter
электрóнный ~ electronic moisture meter
влагонепроницáемый *прил.* moisture-proof, damp-proof
влагообмéн *м.* moisture exchange
влагооборóт *м.* (*в глобальном масштабе*) moisture rotation; (*в локальном масштабе*) moisture circulation
влагоотдáча *ж.* water yielding capacity
влагоотдели́тель *м.* moisture separator, water trap
влагооттáлкивающий *прил.* moisture-repelling
влагоперенóс *м.* moisture transfer
влагопоглоти́тель *м.* **1.** (*вещество*) desiccant **2.** (*аппарат*) desiccator
влагопоглощéние *с.* moisture absorption
влагопроницáемость *ж.* moisture permeability
влагорегуля́тор *м.* humidistat
влагоснимáтель *м. пищ.* humectant
влагосодержáние *с.* moisture content
влагостóйкий *прил.* moisture-resistant, moisture-proof
влагостóйкость *ж.* moisture resistance
влагоудéрживающий *прил.* water-holding, water-retentive
влагоустóйчивый *прил.* moisture-resistant, moisture-proof
влáжно-адиабати́ческий *прил.* moist-adiabatic
влáжность *ж.* humidity, dampness, moisture content
абсолю́тная ~ absolute humidity
атмосфéрная ~ atmospheric humidity
весовáя ~ gravimetric humidity
вóздуха ~ air humidity
гигроскопи́ческая ~ hygroscopic moisture content
избы́точная ~ excess moisture content
крити́ческая ~ critical moisture content
óбщая ~ integral moisture content
относи́тельная ~ relative humidity
повéрхностная ~ surface moisture
полéзная ~ available moisture content
~ пóчвы, конéчная final soil moisture content
~ пóчвы, начáльная initial soil moisture content
приведённая ~ reduced moisture content
равновéсная ~ equilibrium moisture content
~ тóплива, рабóчая moisture of fuel as received
удéльная ~ specific humidity

влáжный *прил.* damp, humid, moist, wet
влечéние *с.* **собы́тий** *мат.* implication of events
влечь *гл.* **за собóй** imply, involve, entail □ **операция влечёт за собóй потéрю тóка** the operation entails a waste of current
вливáть *гл.* pour in (to), run in, infuse
влия́ни/е *с.* effect, influence □ **~ закóна Авогáдро на развúтие хи́мии** the impact of Avogadro's law upon the development of chemistry; **избегáть ~я** (*напр. о процессе*) escape the influence (*e. g., of a process*); **окáзывать отрицáтельное ~ на ...** exert a detrimental effect on ..., adversely affect; **~ температýры на ...** the action of temperature on ...
возмущáющее ~ perturbation
врéдное ~ deleterious [adverse, harmful, unfavourable] effect
~ врéмени time effect
~ земли́ ground effect
индукти́вное ~ induction effect
~ кóрпуса *ркт.* body effect
~ масштáба scale effect
~ мёртвых виткóв *эл.* dead-end effect
~ помéх interference effect
посторóннее ~ irrelevant influence
~ сжимáемости Mach [compressibility] effect
~ спýтной струи́ *аргд.* wake effect
~ стéнок wall constraint
влия́ть *гл.* affect, influence, have [produce] an effect on ...
вложéние *с. мат.* embedding, imbedding; *вчт.* nesting
~ в цéлом global embedding
естéственное ~ natural injection
инвариáнтное ~ invariant embedding
~ оперáторов *вчт.* nesting of statements
прáвильное ~ tame embedding
стрóгое ~ strict embedding
влóженный *мат.* embedded, imbedded □ **~ оди́н в другóй** (*напр. об операторах*) *вчт.* nested
ди́ко ~ wildly embedded
прáвильно ~ tamely embedded
вмáзывать *гл.* set in with (*cement, putty, etc.*)
вмерзáть *гл.* freeze in
вмести́мость *ж.* **1.** capacity **2.** (*пассажирского вагона, зрительного зала и т. п.*) seating capacity **3.** (*судна*) 1. (*в единицах объёма*) capacity 2. (*в единицах массы*) tonnage
валовáя ~ gross tonnage
~ водохрани́лища, резéрвная flood retention capacity
пóлная ~ gross tonnage
реги́стровая ~ registered tonnage
~ резервуáра tankage
~ тóпливных бáков, óбщая total fuel capacity
удéльная ~ specific capacity
чи́стая ~ net tonnage

вмеша́тельство *с.* interference
~ телефони́стки (operator) intercepting
~ челове́ка human intervention
вме́шивать *гл.* (*одно вещество в другое*) stir into
вмеща́/ть *гл.* **1.** (*количество вещества, материала и т. п.*) hold *пример*: **ведро́ ~ет 10 ли́тров воды́** the pail holds 10 litres of water **2.** (*людей в зале, вагоне и т. п.*) seat, accommodate *примеры*: **автомоби́ль ~ет пять пассажи́ров** the car accommodates five passengers; **зал ~ет 500 челове́к** the auditorium seats 500 people
вмеще́ние *с. мат.* embedding, imbedding
вмонти́рованный 1. built-in, incorporated (into) **2.** (*в отличие от передвижного*) fixed, stationary
вморо́женность *ж.* (*магнитных силовых линий*) freezing-in
вмыва́ние *с.* illuviation, inwash
вмя́тина *ж.* **1.** (*от удара в листовом материале*) dent, hollow **2.** (*надрез, наддав*) nick **3.** (*след от инструмента*) tool-mark
внакро́й *нареч.* lapped, in overlap
внахлёстку *нареч.* lapped, in overlap
вне *нареч.* **1.** external to, exterior to; outside of, without **2.** (*помимо*) in addition (to) □ **~ помеще́ния** out of doors
внеатмосфе́рный *прил.* extra-atmospheric
вневи́санный escribed, circumscribed
внегалакти́ческий *прил.* extragalactic
внегравитацио́нный *прил.* gravity-free
внедре́ние *с.* **1.** (*передовых методов производства, нового оборудования*) introduction **2.** (*новых правил техники безопасности в практику*) adoption (*for everyday use*) **3.** (*в существующую практику производства*) integration
~ га́за в мета́лл introduction of gas in metal
~ ио́нов ion implantation
внезе́мный *прил.* extraterrestrial
внеинтегра́льный *прил.* outside the integral, integrated
внеконкуре́нтный *прил.* uncompetitive
внеконтро́льный *прил.* out of control
внеосево́й *прил.* off-axis, extra-axial
внеочерёдность *ж.* (*напр. обслуживания*) (top) priority
внеплане́тный *прил.* extraplanetary
внесе́ние *с.* **1.** introduction **2.** (*в математической логике*) importation
~ ды́рок *пп* hole injection (*into a semiconductor*)
~ удобре́ний fertilizer application, dressing, fertilization
внестуди́йный *прил. тлв., рад.* live
внетабли́чный *прил.* extratabular
внефока́льный *прил.* extrafocal
внеце́нтренный *прил.* eccentric
вне́шний *прил.* **1.** (*о виде*) exterior, external **2.** (*о давлении*) external **3.** (*о слое, о поверхности*) outer **4.** (*о силе*) outside
внея́дерный *прил.* extranuclear
вноси́ть *гл.* **1.** introduce, bring in □ **~ в табли́цу** tabulate; **~** (*делать*) **за́писи в журна́л** enter (*notes*) in the log; **~ измене́ния** produce changes, make modifications, make [introduce] changes in ...; **~ оши́бку в измере́ния** introduce the error into the measurement; **~ попра́вку** correct (for), apply correction (for); **~ удобре́ния** fertilize, apply fertilizer **2.** (*что-л. в электрическую цепь, схему и т. п.*) couple into □ **~ парази́тную ёмкость в цепь** couple stray capacitance in the circuit **3.** (*плату*) pay
вну́тренний *прил.* **1.** (*о виде*) inside, interior **2.** (*о давлении*) internal **3.** (*о слое, о поверхности*) inner **4.** (*об обшивке*) interior **5.** (*об установке*) indoor
вну́тренность *ж.*:
~ мно́жества interior of a set
~ угла́ angular domain, angular region
внутри́ *нареч.* in, inside, interior to, within □ **стро́го ~** proper interior (*e. g., point*)
внутриа́томный *прил.* intratomic, subatomic
внутрикристалли́ческий *прил.* intracrystalline
внутриметалли́ческий *прил.* intrametallic
внутримолекуля́рный *прил.* intramolecular
внутринукло́нный *прил.* subnucleonic
внутриря́дный *прил.* in-row
внутрия́дерный *прил.* intranuclear; nuclear (*of energy*)
вня́тность *ж.* (*разборчивость речи*) intelligibility
вовлече́ние *с.* **во́здуха** (*в бетон*) (*естественное*) air entrapment; (*искусственное*) air entrainment
во́гнуто-вы́пуклый *прил.* concavo-convex
во́гнутость *ж.* concavity
~ криво́й concavity of a curve
во́гнутый *прил.* **1.** (*о зеркале, линзе, поверхности, кривой*) concave **2.** (*о кровле шахты, трубе и т. п.*) caved-in **3.** (*о форме зеркала антенны*) dished
~ вверх concave up
~ вниз concave down
вогну́ть *гл. мат.* deform (isometrically)
вод/а́ *ж.* water □ **обраба́тывать ~у** condition water; **опресня́ть солёную ~у** desalinate salty [brackish] (sea-)water; **осветля́ть ~у** clarify water; **отста́ивать ~у** settle water; **получа́ть пре́сную ~у из солёной ~ы** convert salty [brackish] water into fresh water; **умягча́ть ~у** soften water, remove hardness from water
вод/а́
абрази́вная ~ abrasive [gritty] water
абсорбцио́нная ~ absorption water
агресси́вная ~ agressive [corrosive] water
адсорби́рованная ~ adsorbed water
адсорбцио́нная ~ adsorption water
аммиа́чная ~ ammonia water, ammonia liquor
артезиа́нская ~ deep-well water
атмосфе́рная ~ meteoric water
ве́рхняя ~ headwater
верхова́я ~ upstream water
водопрово́дная ~ tap water
газиро́ванная ~ aerated water
га́зовая ~ (coal) gas liquor
гигроскопи́ческая ~ hygroscopic water
гидра́тная ~ hydration water
гравитацио́нная ~ gravitational water
грунтова́я ~ (under)ground water
деаэри́рованная ~ deaerated water
деминерализо́ванная ~ demineralized water
дистиллиро́ванная ~ distilled water
доба́вочная ~ (*парового котла*) make-up water
дрена́жная ~ drainage water
жёсткая ~ hard water
загрязнённая ~ polluted water
заде́ржанная ~ (*в бетоне*) entrapped [retained] water
~ заме́шивания (*раствора бетона*) mixing water
замо́чная ~ steep(ing) water
запру́женная ~ impounded water
засто́йная ~ stagnant water
~ затворе́ния (*цемента, бетона*) tempering water
~ затворе́ния бето́нной сме́си mixing water
защи́тная ~ (*для биологической защиты ядерного реактора*) shield water
известко́вая ~ lime water
инфильтрацио́нная ~ infiltration water
капилля́рная ~ capillary water
ки́слая ~ acidic water
конденсацио́нная ~ condensation water
кондуктометри́ческая ~ conductivity water
конституцио́нная ~ water of constitution
ко́нтурная ~ edge water
котло́вая ~ boiler water
кристаллизацио́нная ~ crystal water
лёгкая ~ light [ordinary] water
ли́вневая ~ storm water
лизиметри́ческая ~ lysimetric water
минерализо́ванная ~ mineralized water
минера́льная ~ mineral water
морска́я ~ sea-water
мытьева́я ~ (*на судне*) bath [washing] water

вод/á
мя́гкая ~ soft water
надсмо́льная ~ tar-water
напо́рная ~ pressure water
несвя́занная ~ free water
обессо́ленная ~ desalted water
облучённая ~ activated water
оборо́тная ~ circulating water
оборо́тная, сетева́я ~ *тепл.* return heating water
обыкнове́нная ~ ordinary [light] water
опреснённая ~ desalinated water
ороша́ющая ~ (*в химическом производстве*) reflux water
осветлённая ~ clarified water
отмо́чная ~ soak liquor
отрабо́тавшая ~ waste water
отсто́йная ~ settling-vat water
отходя́щая ~ discharge [waste] water
охлажда́ющая ~ cooling water
охлаждённая ~ chilled water
очи́щенная ~ purified water
перегре́тая ~ superheated water
пита́тельная ~ (*котла*) feed water
питьева́я ~ potable [drinkable] water
пласто́вая ~ stratal water
плёночная ~ film water
пове́рхностная ~ surface water
подпёртая ~ backwater
подпи́точная ~ (*котла*) make-up water
подсе́точная ~ *цел.-бум.* tray water
подсмо́льная ~ tar water
по́лая ~ high water, freshet
по́ровая ~ void water
по́чвенная ~ soil water
пре́сная ~ sweet [fresh] water
приро́дная ~ natural water
проду́вочная ~ blowdown water
произво́дственная ~ process water
промывна́я ~ rinsing [flushing, wash] water
промы́шленная ~ industrial water
прото́чная ~ running water
прочносвя́занная ~ adsorbed water
радиоакти́вная ~ radioactive water
рекупериро́ванная ~ reclaimed water
ру́дничная ~ mine water
рыхлосвя́занная ~ film water
сбросна́я ~ waste water
свобо́дная ~ free water
свя́занная ~ bound water
сетева́я ~ *тепл.* heating(-system) water
силова́я ~ power water
стоя́чая ~ stagnant water
сульфа́тная ~ sulphate water
терма́льная ~ thermal water
техни́ческая ~ service water
технологи́ческая ~ process water
трю́мная ~ bilge water
тяжёлая ~ heavy water
умягчённая ~ softened water
уса́дочная ~ shrinkage water
фильтрацио́нная ~ seepage water
формо́вочная ~ water of plasticity

вод/á
хими́чески свя́занная ~ chemically bound water
хлори́рованная ~ chlorinated water
циркуляцио́нная ~ circulating water
чи́стая ~ pure water
ша́хтная ~ mine water
шла́мовая ~ slime water
щелочна́я ~ alkaline water
энергети́ческая ~ power water
води́лка *ж.* thread rail, traverse guide
води́ло *с.* carrier
води́тель *м.* driver
во́дка *ж.*, **ца́рская** *хим.* aqua regia
во́дность *ж.* water content
водобо́й *м.* **1.** (*плотины*) (water) apron **2.** (*гидромонитор*) monitor
водово́д *м.* water (pipe-)line, water conduit
безнапо́рный ~ free-flow [gravity-flow] conduit
деривацио́нный ~ diversion canal
~ за́мкнутого попере́чного сече́ния closed (water) conduit
магистра́льный ~ water main
напо́рный ~ pressure tunnel
подзе́мный ~ culvert
турби́нный ~ penstock, power conduit
во́до-водяно́й *прил.* **1.** (*о теплообменнике*) water-to-water **2.** (*о ядерном реакторе*) water-moderated, water-cooled
водоворо́т *м.* whirlpool
водовы́пуск *м.* water outlet
вододели́тель *м.* water divider
водоём *м.* pond, pool, basin, water reservoir
~ для дра́ги flotation pond
~ для регули́рования па́водков flood control reservoir
водозабо́р *м.* water intake; *амер.* water inlet □ **~ осуществля́ет забо́р воды́ [забира́ет во́ду] из водохрани́лища** the intake draws water from the reservoir; **~ совмещён с плоти́ной** the intake is integrated with the dam
ба́шенный ~ intake tower
безнапо́рный ~ free-flow (water) intake
напо́рный ~ pressure (water) intake
плоти́нный ~ dam (water) intake
водозабо́рник *м.* water scoop
водозащищённый (*об электрических машинах*) *англ.* hose-proof; *амер.* watertight, waterproof
водоизмеще́ние *с.* displacement
весово́е ~ displacement tonnage
~ в (по́лном) гру́зе (full-)load displacement
надво́дное ~ surface displacement (*of a submarine*)
норма́льное ~ normal displacement
объёмное ~ volume displacement, displacement volume
подво́дное ~ submerged displacement (*of a submarine*)

водоизмеще́ние
по́лное ~ total displacement
~ порожнём light displacement
станда́ртное ~ standard displacement
водока́чка *ж.* water-pump(ing) station, water-pump(ing) house
водола́з *м.* diver
лёгкий ~ skin-diver
водола́з-аквалангист *м.* scuba [Self-Contained Underwater Breathing Apparatus] diver
водоле́й *м.* water(-tank) boat, water carrier
водомаслоотдели́тель *м.* water-oil separator
водоме́р *м.* water meter □ **до ~а** upstream from the water meter; **за ~ом** downstream from the water meter
бараба́нный ~ drum water meter
безнапо́рный ~ free-flow water meter
винтово́й ~ propeller water meter
диафра́гмовый ~ diaphragm water meter
ди́сковый ~ nutating-disk [wobbling-plate] water meter
дро́ссельный ~ differential-pressure [constriction] water meter
кры́льчатый ~ vane water meter
~ «мокрохо́д» "wet" water meter
объёмный ~ displacement water meter
поршнево́й ~ piston water meter
ротацио́нный ~ rotary water meter
~ с кольцевы́м по́ршнем semi-rotary piston water meter
скоростно́й ~ velocity water meter
~ с ова́льными шестерня́ми oval gear water meter
~ с трубо́й Ве́нтури Venturi(-tube) water meter
~ «сухохо́д» "dry" water meter
турби́нный ~ turbine water meter
водомёт *м.* **1.** (*водомётный движитель*) water-jet (propeller) **2.** (*гидромонитор*) monitor
водонагрева́тель *м.* water heater
водоопресни́тель *м.* water-desalination apparatus
водоотведе́ние *с.* water disposal, water removal
водоотво́д *м.* water-way
водоотво́дчик *м.* (*конденсационный горшок*) steam trap
~ га́зовой се́ти gas-line water drainage
водоотда́ча *ж.* yield of water; water loss
водоотдели́тель *м.* water trap, water separator, water eliminator
водоотли́в *м.* (*в шахтном стволе*) water pumping, water drainage
водоотсто́йник *м.* water sedimentation tank, water sedimentation vat
водоотта́лкивающий *прил.* water-repelling
водоохлади́тель *м.* water cooler; water-cooling system

водоохладительный *прил.* water-cooling
водоохлаждаемый *прил.* water-cooled
водоочиститель *м.* water purifier
водоочистка *ж.* water treatment
водопоглощающий *прил.* water-absorbing, hygroscopic
водопоглощение *с.* water absorption
водоподготовка *ж.* water treatment
водоподогреватель *м.* water heater
абонентский ~ domestic [apartment] hot water converter
газовый ~ gas water heater
ёмкостный ~ storage water heater
паровой ~ steam water heater
~ поверхностного типа surface water heater
смесительный ~ mixing water heater
солнечный ~ solar water heater
стационарный ~ stationary water heater
трубчатый ~ tube water heater
электрический ~ electric water heater
водоподъёмник *м.* water elevator, water lift
газоструйный ~ air lift
цепной ~ chain pump
водопользование *с.* water management
водопользователь *м.* water consumer
водопотребитель *м.* water consumer
водопотребление *с.* water consumption, water use
коммунальное ~ public water consumption
питьевое ~ drinking water consumption
производственное ~ industrial water consumption
сельскохозяйственное ~ agricultural water consumption
хозяйственное ~ domestic-water consumption
водопотребность *ж.* water requirements
водоприёмник *м.* **1.** (*водозабор*) water intake **2.** (*в осушительной мелиорации*) catch-water
водопровод *м.* **1.** (*устройство для подачи воды*) water conduit, water pipe-line **2.** (*водоснабжение*) water supply **3.** (*домовый*) running water
питьевой ~ drinking water pipe-line
промышленный ~ industrial water pipe-line
противопожарный ~ fire main, fire line
технический ~ industrial water pipe-line
~ хозяйственной воды utility [service] water-line
водопроводность *ж.* water conductivity
водопроводчик *м.* plumber
водопроницаемость *ж.* water permeability, permeability to water
водопроницаемый *прил.* water-permeable
водопрочность *ж.* water stability, resistance to water
водопрочный *прил.* water-stable
водораздатчик *м.* water dispenser
водораздел *м.* water shed
водораспределитель *м.* water distributor
водораспылитель *м.* water sprayer, water pulverizer
водорастворимый *прил.* water-soluble
водорез *м.* cutwater
водород *м.* hydrogen, H
атомарный ~ atomic [nascent] hydrogen
жидкий ~ liquid hydrogen
лёгкий ~ light [ordinary] hydrogen, protium
межгалактический ~ intergalactic hydrogen
межзвёздный ~ interstellar hydrogen
молекулярный ~ molecular hydrogen
тяжёлый ~ heavy hydrogen, deuterium
водородистый *прил.* hydride
водородкатионирование *с.* hydrogen zeolite softening
водородный *прил.* hydrogen(ous)
водородсодержащий *прил.* hydrogenous
водосбор *м.* (*водосборная площадь*) water catchment area
водосборник *м.* **1.** (*ёмкость*) water tank, water catcher **2.** (*коллектор*) water header **3.** *горн.* water [drain] sump
водосброс *м.* spillway
береговой ~ shore [coast] spillway
верхний ~ (*водослив*) spillway, overflow
глубинный ~ (*водоспуск*) bottom discharge
донный ~ (*водоспуск*) bottom discharge
сифонный ~ syphon spillway
шахтный ~ shaft spillway
водосвязный *прил.* water-bound
водослив *м.* **1.** (*водосброс со свободным переливом*) spillway **2.** (*водосливная стенка*) weir (bulkhead) **3.** (*водосливное отверстие*) notch **4.** (*процесс*) overflow, overfall, discharge over a weir
затопленный ~ submerged weir
мерный ~ weir gauge
незатопленный ~ unsubmerged weir
открытый ~ free [open] spillway
~ практического профиля nappe-crested weir
~ с тонкой стенкой sharp-crested weir
~ с широким порогом broad-crested weir
водоснабжение *с.* water supply
горячее ~ hot water supply
коммунальное ~ public water supply
оборотное ~ circulating water supply
питьевое ~ drinking water supply
промышленное ~ industrial water supply
противопожарное ~ fire prevention water supply
сельскохозяйственное ~ agricultural water supply
техническое ~ process water supply
водосодержащий *прил.* water-bear
водоспуск *м.* floodgate, bottom water outlet, drain weir, outlet conduit
водостойкий *прил.* water-resistant
водостойкость *ж.* water resistance, water-resisting property, stability in water
водосток *м.* (*система труб*) drain sewerage system
~ двери (*автомобиля*) rain [roof drip] rail
дренажный ~ drain(age)
канализационный ~ sewage, sewerage
уличный ~ sewer
водоток *м.* **1.** (*канал*) channel, water course **2.** (*течение*) stream flow, water course
водоудерживающий water-retaining
водоуказатель *м.* water gauge
водоуловитель *м.* water catcher
водоумягчитель *м.* water softener
водоупор *м.* (*водоупорный слой*) confining layer, water confining stratum
водоупорный *прил.* water-resisting
водохозяйство *с.* water supply (system), water distribution system
водохранилище *с.* water storage, reservoir □ **срабатывать ~** draw off
водочерпалка *ж.* water engine
воды *мн. ж.*:
сточные ~ sewage
сточные, застойные ~ stale sewage
сточные, промышленные ~ industrial sewage
водяной *прил.* **1.** water, aqueous **2.** (*гидравлический*) hydraulic
возбудимость *ж.*, **электрическая** electrical excitability
возбудитель *м.* **1.** *эл.* exciter **2.** *рад.* exciter, driver
статический ~ static exciter
возбуждать *гл.* **1.** give rise to **2.** *эл.* excite □ **~ колебания** excite oscillations; **~ (магнитное, электрическое) поле** establish [set up] a (magnetic, electric) field
возбуждение *с.* **1.** *эл.* excitation □ **повышать ~** build up (the) excitation; **снимать ~** remove excitation **2.** *рад.* drive signal □ **подавать ~** (*на управляющую сетку радиолампы*) apply the drive (signal) (*to the control grid of a valve*) **3.** (*повышение энергетического уровня электронов,*

фотонов и т. п.) excitation 4. (*колебаний*) excitation
возбужде́ние
~ а́тома, ступе́нчатое step-by-step excitation
жёсткое ~ (*автоколебаний*) hard excitation
~ излуче́нием radiant [radiation] excitation
и́мпульсное ~ impulse excitation
искрово́е ~ (*колебаний*) spark excitation
компа́ундное ~ compound excitation
ко́свенное ~ indirect excitation
кулóновское ~ Coulomb excitation
многокра́тное ~ multiple excitation
мя́гкое ~ (*автоколебаний*) soft excitation
незави́симое ~ separate excitation
паралле́льное ~ shunt excitation
параметри́ческое ~ (*колебаний*) parametric excitation
~ пла́змы plasma generation
после́довательное ~ series excitation
прямо́е ~ direct excitation
~ разря́да discharge initiation
се́риесное ~ series excitation
сме́шанное ~ compound excitation
сме́шанное, встре́чное ~ differential compound excitation
сме́шанное, согла́сное ~ cumulative compound excitation
сто́ксово ~ Stokes-law excitation
терми́ческое ~ thermal excitation
трёхта́ктное ~ three-phase excitation
уда́рное ~ (*колебаний*) shock-excitation
~ фото́нами photoexcitation, radiative [radiation] excitation
шунтово́е ~ shunt excitation
элемента́рное ~ quasi-particle
возведе́ние *с.* 1. *стр.* erection, construction 2. □ **~ в ... сте́пень** *мат.* involution, raising to the ... power
возведённый □ **~ в квадра́т** squared; **~ в куб** cubed; **~ в ... сте́пень** raised to the ... power
возводи́ть *гл.* 1. *стр.* build, construct, erect 2. □ **~ в квадра́т** square; **~ в куб** cube; **~ в ... сте́пень** involve, raise to the ... power
возвра́т *м.* 1. (*в исходное положение*) reset(ting), return, restore 2. (*продукта, агента и т. п. в технологическом процессе*) return, recycling, reinjection
автомати́ческий ~ automatic reset
~ агломера́та sinter return
~ в атмосфе́ру atmospheric re-entry
~ каре́тки (*телетайпа, самописца и т. п.*) carriage return
~ мета́ллов (*восстановление кристаллографических свойств*) recovery of metals
~ нуля́ zero reset
ручно́й ~ hand reset

возвра́т
~ тепла́ heat recovery
~ уно́са cinder return
~ уно́са в то́пку ash reinjection
~ (*цели*) **че́рез зе́млю** earth [ground] return
возвра́тно-поступа́тельный *прил.* reciprocating
возвра́тность *ж.* recurrence; reflexivity
возвраща́/ть *гл.* (*в исходное положение*) reset, return, restore □ **~ в проце́сс** recycle *пример*: **проду́кт части́чно ~ется в проце́сс** some of the product is recycled; **~ к но́рме** return to a normal level
возвраще́ние *с.* (*в исходное положение*) reset(ting), return, restoration
возго́нка *ж.* sublimation
возгоня́ть *гл.* sublimate, sublime □ **~ шлак** (*в производстве свинца*) fume the slag
возгора́емость *ж.* combustibility, inflammability, ignitability
возгора́ние *с.* ignition
возгора́ться *гл.* ignite, catch fire
воздвига́ть *гл.* build, erect, raise, set up
возде́йстви/е *с.* 1. (*действие*) action, effect 2. (*внешних факторов*) exposure (to) □ **подверга́ться ~ю** be exposed, be subject to; **при ~и** on [from] exposure to (*e. g., heat*) 3. (*разрушающее, химически активное и т. п.*) attack (*e. g., by acid*) □ **мета́лл не поддаётся ~ю кислоты́** metal stands up to attack by acid; **мета́лл разруша́ется под ~ем кислоты́** metal succumbs to attack by acid 4. (*регулятора на регулируемый объект*) action, control
астати́ческое ~ integral [floating] action, integral [floating] control
вне́шнее ~ external action
вну́треннее ~ internal action
возмуща́ющее ~ disturbing influence, disturbance
входно́е ~ input action
выходно́е ~ output action
едини́чное, и́мпульсное ~ unit impulse function, delta-function, unit impulse input
едини́чное, ступе́нчатое ~ unit step excitation, unit step function, unit step input
изодро́мное ~ proportional-plus-integral [PI] action, proportional-plus-integral [PI] control
изодро́мное ~ с предваре́нием proportional-plus-integral-plus-derivative [PID] action [control]
и́мпульсное ~ impulse excitation, impulse function, impulse input
корректи́рующее ~ corrective action
лине́йно-нараста́ющее ~ ramp excitation, ramp function, ramp input
~ по интегра́лу (отклоне́ния) integral [floating] action, integral [floating] control

возде́йстви/е
поиско́вое ~ (*в экстремальных системах регулирования*) trial input, test signal (perturbation)
~ по отклоне́нию proportional action, proportional control
~ по произво́дной derivative [rate] action, derivative [rate] control
~ по ско́рости rate response, rate action
про́бное ~ (*в экстремальных системах регулирования*) trial input, test signal (perturbation)
пропорциона́льное ~ proportional action
сло́жное ~ compound action
случа́йное ~ (*на систему автоматического регулирования*) random input, random function
составно́е ~ compound action
стабилизи́рующее ~ (*в следящих системах, приводах и т. п.*) anti-hunt action
ступе́нчатое ~ step excitation, step function, step input
типово́е ~ (*при испытании систем автоматического управления, переходных процессов в целях и т. п.*) standard test excitation, standard test function, standard test input, standard [input] test stimulus
управля́ющее ~ control action
возде́йствовать *гл.* attack, act on, actuate, influence, affect
возде́лывание *с. с.-х.* cultivation
возде́лывать *гл.* *с.-х.* cultivate, till, farm
во́здух *м.* 1. air □ **вовлека́ть ~** entrain air; **впуска́ть ~** admit air; **захва́тывать ~** entrap air; **распространя́ющийся в ~е** air-borne; **рассе́янный ~ом** air-scattered; **удаля́ть ~** (*из материала*) deaerate; (*из объёма*) evacuate, pump out 2. *полигр.* (*пробелы между заголовками, текстом, таблицами и т. п.*) white-out
атмосфе́рный ~ free air
вла́жный ~ damp [moist, humid, moisture-laden] air
вовлечённый ~ entrained air
возмущённый ~ turbulent air
втори́чный ~ auxiliary [secondary] air
~ горе́ния combustion air
доба́вочный ~ auxiliary air
~ дутья́ blast air
жи́дкий ~ liquid air
загрязнённый ~ polluted air
запылённый ~ dusty [dust-laden] air
засо́санный ~ inducted air
засто́йный ~ stagnant [dead] air
захва́ченный ~ entraped air
избы́точный ~ excess air
и́мпульсный ~ (*в системах пневморегулирования*) control air
ионизи́рованный ~ ionized [conducting] air
испо́рченный ~ foul air
карбюри́рованный ~ carburetted air

кондиционированный ~ conditioned air, artificial atmosphere
во́здух
мёртвый ~ *горн.* black damp, dead air
нару́жный ~ outdoor air
насы́щенный ~ saturated air
насы́щенный пы́лью ~ dusty [dust-laden] air
неподви́жный ~ still [stagnant] air
неспоко́йный ~ turbulent air
~ нисходя́щей струи́ downcast air
обогащённый кислоро́дом ~ oxygen-enriched [oxygenated] air
озони́рованный ~ ozonized air
окружа́ющий ~ ambient air
отрабо́танный ~ foul [used] air
охлажда́ющий ~ cooling air
очи́щенный ~ purified air
перви́чный ~ primary air
поднима́ющийся ~ ascending air
по́чвенный ~ soil air
предвари́тельно подогре́тый ~ preheated air
предвари́тельно сжа́тый ~ precompressed air
~ при норма́льных усло́виях standard air
прито́чный ~ incoming [induced, plenum] air
проводя́щий ~ conducting air
проду́вочный ~ scavenging air
проса́сывающийся ~ seeping air
пусково́й ~ (*в двигателях с пневматическим пуском*) starting air
пы́льный ~ dusty [dust-laden] air
рабо́чий ~ (*в пневмоприводе*) actuating air
разрежённый ~ rarefied air
распы́ливающий ~ injection air
рециркули́рующий ~ return [recycled] air
рудни́чный ~ mine air
сбросно́й ~ exhaust air
све́жий ~ fresh air
свобо́дный ~ free air
сжа́тый ~ compressed air
транспорти́рующий ~ (*в системах пневмотранспорта*) carrier [conveying] air
турбуле́нтный ~ turbulent air
уплотня́ющий ~ seal(ing) air
форсу́ночный ~ injection air
циклово́й ~ cycle air
чи́стый ~ pure [unpolluted] air
ша́хтный ~ mine air
эжекти́рованный ~ induced air
эжекти́рующий ~ inducing air
воздухово́д *м.* air conduit, air duct.
воздухово́з *м. горн.* compressed-air locomotive
воздуходу́вка *ж.* blower, blast engine
га́зовая ~ gas-engine blower, gas-driven blowing engine
~ до́менной пе́чи stove blower
коро́бчатая ~ cased-in blower
лопа́точная ~ vane blower
многоло́пастная ~ bucket-wheel blower
воздуходу́вка
нагнета́ющая ~ pressure blower, blast engine
осева́я ~ axial-flow blower
поршнева́я ~ piston [reciprocating] blower
ротацио́нная ~ rotary blower
смеси́тельная ~ blower-agitator, agitating blower
стру́йная ~ jet blower
центробе́жная ~ centrifugal blower
воздухозабо́рник *м.* air intake (vent)
боково́й ~ side intake
лобово́й ~ forward [facing] intake
носово́й ~ nose intake
подфюзеля́жный ~ ventral intake
регули́руемый ~ controllable [variable-geometry, variable-ramp] intake
совко́вый ~ (air-)scoop intake
совко́вый, безнапо́рный ~ non-ramming air scoop
~ с центра́льным те́лом central-body inlet, centrebody intake
тунне́льный ~ ducted air intake
хвостово́й ~ aft intake
воздухоме́р *м.* air(-flow) meter
воздухонагрева́тел/ь *м.* **1.** air (pre)-heater **2.** (*доменной печи*) stove □ перекидывать ~и change the stoves
вентиля́торный ~ heat blower
~ с боково́й ка́мерой горе́ния side-combustion stove
~ систе́мы Ка́упера Cowper stove
~ с центра́льной ка́мерой горе́ния central-combustion stove
электри́ческий ~ electric air heater
воздухонепроница́емый *прил.* **1.** (*о свойстве материала*) impermeable to air; (*о свойстве материала, полученном в результате обработки*) air-proof **2.** (*о швах, соединениях и т. п.*) air-tight
воздухообме́н *м.* air exchange
воздухоосуши́тель *м.* air drier
воздухоотво́д *м.* air offtake, air draw-off
воздухоотво́дчик *м.* air bleeder
воздухоотдели́тель *м.* air separator
воздухоотража́тель *м.* air baffle, air deflector
воздухоотсо́с *м.* air ejector
воздухоохлади́тель *м.* air cooler
комбини́рованный ~ combination spray-surface-type air cooler
мо́крый ~ wet air cooler
ороси́тельный ~ spray air cooler
пове́рхностный ~ surface(-type) air cooler
рассо́льный ~ brine air cooler
регенерати́вный ~ regenerative air cooler
рекуперати́вный ~ recuperative air cooler
сухо́й ~ dry air cooler, dry coil air-cooling unit
воздухоочисти́тель *м.* air purifier, air cleaner
жи́дкостный ~ air washer
ма́сляный ~ oil bath air cleaner
воздухоочисти́тель
центробе́жный ~ centrifugal air cleaner
воздухопла́вание *с.* aerostation
воздухоподогрева́тель *м.* air heater, air preheater
~ втори́чного во́здуха main air heater
га́зовый ~ gas-heated air heater
двухпото́чный ~ split-flow [double-flow] air heater
двухступе́нчатый ~ two-stage air heater
дробепото́чный ~ pebble air heater
многоходово́й ~ multipass air heater
одноступе́нчатый ~ single-stage air heater
одноходово́й ~ single-pass air heater
парово́й ~ steam-coil air heater
~ перви́чного во́здуха mill air heater
пласти́нчатый ~ plate air heater
предвари́тельный ~ air preheater
ребри́стый ~ gilled air heater
регенерати́вный ~ regenerative-(-type) air heater
регенерати́вный, враща́ющийся ~ rotary regenerative air heater
рекуперати́вный ~ recuperative-(-type) air heater
трёхходово́й ~ three-pass air heater
тру́бчатый ~ tubular air heater
воздухоприёмник *м.* **1.** (*ёмкость*) air receiver **2.** (*отверстие или трубопровод*) air inlet, air intake
воздухопрово́д *м.* air duct, air (pipe-)-line, air conduit
вса́сывающий ~ suction air duct
гла́вный ~ (*для подачи дутья*) main blast line
~ горя́чего во́здуха hot air duct
~ горя́чего дутья́ hot blast main(s), hot blast line
кольцево́й ~ (*доменной печи*) bustle [blast] pipe
~ ни́жнего дутья́ bottom-blowing air main(s), bottom-blowing air line
сбо́рный ~ air manifold
~ холо́дного во́здуха cold air duct
~ холо́дного дутья́ cold blast main(s), cold blast line
воздухопроница́емость *ж.* air permeability, permeability to air
воздухораспределе́ние *с.* air distribution
воздухораспредели́тель *м.* air distributor, air manifold
воздухосбо́рник *м.* air collector, air holder, air receiver
воздухоэквивале́нтный *прил.* air-equivalent
возду́шно-косми́ческий *прил.* aerospace, air-space
возду́шно-сухо́й *прил.* air-dry
возду́шный *прил.* air, aerial
возмуща́ть *гл.* disturb; perturb
возмуща́ющий disturbing; perturbing

возмущéние *с.* disturbance; (*малое*) perturbation
адиабатúческое ~ adiabatic perturbation
асимптотúчески затухáющее ~ subsidence
атмосфéрное ~ (atmospheric) disturbance
внезáпное ~ sudden perturbation
волновóе ~ wave disturbance
~ вращáтельного движéния rotational disturbance
длиннопериодúческое ~ long-period disturbance
долговрéменное ~ long-term perturbation
земнóе ~ terrestrial disturbance
изгибáющее ~ (*плазмы*) kinking perturbation
úмпульсное ~ pulse disturbance
~ ионосфéры ionospheric disturbance
короткопериодúческое ~ short-period disturbance
линéйное ~ linear perturbation
линéйно-нарастáющее ~ ramp disturbance
магнúтное ~ magnetic disturbance
мáлое ~ perturbation
мгновéнное ~ momentary disturbance
мéстное ~ local perturbation
~ орбúты perturbation of an orbit
~ от скачкá уплотнéния shock-wave disturbance
периодúческое ~ periodical perturbation
постоя́нное ~ time-independent perturbation
~ потóка flow disturbance
систематúческое ~ systematic perturbation
скачкообрáзное ~ step disturbance
слóжное ~ compound disturbance
случáйное ~ random disturbance
тóчечное ~ point disturbance
упрýгое ~ elastic disturbance
~ ýровней энéргии energy level perturbation
циклонúческое ~ cyclonic disturbance
возмущённый disturbed; perturbed
возник/áть *гл.* (*начинаться*) occur, originate, result from, start, set in, take place □ **~ в результáте** arise [originate, result] from; **в трубопровóде ~ла течь** the pipe developed a leak; **деформáции ~áют в стáли** the strains are brought about in steel; **э́та волнá ~áет в тóчке s** this wave originates at point s
возникновéние *с.* (*начало*) origin, beginning
~ колебáний onset of oscillations
~ потóка initiation of the flow
~ электрúческой дугú arcing
возобновлéние *с.* (*напр. подачи электроэнергии, работы линии связи и т. п.*) restoration
возобновля́ть *гл.* restore, renew, recommence □ **~ запáсы** restock
вóзраст *м.* age
~ нейтрóнов neutron age
~ по аргóну argon age
~ по радиоуглерóду radiocarbon age
~ по Фермú Fermi age
~ пóчвы soil age, soil chronology
~ пóчвы, абсолю́тный absolute soil age
~ пóчвы, относúтельный relative soil age
~ рýбки cutting [felling] age
возрастáни/е *с.* **1.** (*увеличение*) increase □ **в поря́дке ~я велúчин** in increasing order of magnitude; **~ в** (*таком-то*) **размéре ...** an increase of ... *пример*: **~ сигнáла на 10 вольт** an increase of 10 volts in the signal **2.** (*подъём*) rise □ **~ потенциáла на электрóде** rise of potential at the electrode
возрастáть *гл.* **1.** (*увеличиваться*) increase □ **~ в размéрах** increase [grow] in size; **~ неограни́ченно** increase beyond all bounds, increase without bound; **~ по закóну** (*линейному, экспоненциальному и т. п.*) increase, rise (*linearly, exponentially, etc.*) **2.** (*подниматься*) rise
вóйлок *м.* felt
вокзáл *м.* station, terminal
железнодорóжный ~ railroad station, depot
морскóй ~ seaport buildings
речнóй ~ riverside station
вокóдер *м.* vocoder, voice coder, speech processing system
автокорреляциóнный ~ autocorrelation vocoder
гармонúческий ~ harmonic vocoder
корреляциóнный ~ correlation vocoder
~, оснóванный на разложéнии Лáгерра Laguerre expansion vocoder
~, рабóтающий по прúнципу сравнéния с эталóнными спéктрами pattern-matching vocoder
~ с возбуждéнием от гóлоса voice-excited vocoder
~ с высóкой тóчностью воспроизведéния high-fidelity vocoder
спектрáльно-полосовóй ~ spectrum-channel vocoder
тактúльный ~ tactile vocoder
фáзовый ~ phase vocoder
формáтный ~ formant [resonance] vocoder
волáн *м. текст.* fancy roller
волн/á *ж.* wave □ **~ вычитáется** the wave interferes destructively; **поднять ~ý** (*о ветре*) *мор.* raise a choppy sea (*of wind*); **рабóтать на (корóткой) ~é** operate at [on] (short) wavelength; **~ распространя́ется в результáте многокрáтного отражéния** the wave travels by multiple reflection; **~ распространя́ется по прямолинéйным траектóриям** *рад.* the wave is propagated in straight lines; **~ склáдывается** the wave interferes constructively
волн/á
альфéновские ~ы Alfen waves
атмосфéрные ~ы atmospheric waves
бегýщая ~ travelling wave
блуждáющие ~ы stray waves
бортовáя ~ *мор.* athwart [beam] sea
~ы веровя́тности waves of probability, probability waves
вертикáльно поляризóванная ~ vertically polarized wave
взрывнáя ~ blast wave
возврáтная ~ back(ward) wave
воздýшная ~ air wave
~ возмущéний *аргд.* Mach wave
~ в свобóдном прострáнстве free-space wave
встрéчная ~ *мор.* head [meeting] sea
гармонúческая ~ harmonic wave
горизонтáльно поляризóванная ~ horizontally polarized wave
гравитациóнные ~ы gravitational waves
гранúчная ~ (*в волноводе*) boundary [critical, limiting, cut-off] wave
~ы де Брóйля associated [de Broglie, matter, particle] waves
детонациóнная ~ detonation wave
дефлаграциóнная ~ deflagration wave
дециметрóвые ~ы (*диапазон ультравысоких частот*) decimetric waves (*ultra-high-frequency [UHF] band, 300 MHz — 3 GHz*)
дифрагúрованная ~ diffracted wave
длúнные ~ы (*диапазон низких частот*) long [kilometric] waves (*low-frequency [LF] band, 30—300 kHz*)
звуковáя ~ acoustic [sound] wave
земнáя ~ ground wave
зондúрующая ~ transmitted wave
~ изгúба *мех.* flexural wave
úмпульсная ~ impulse wave
интерференциóнная ~ interferential wave
инфракрáсные ~ы infra-red waves
ионосфéрная ~ ionospheric [sky] wave
капилля́рные ~ы capillary waves
километрóвые ~ы long [kilometric] waves (*low-frequency [LF] band, 30—300 kHz*)
когерéнтная ~ coherent wave
~ы конвекциóнного тóка convection current modes
кормовáя ~ quarter(ing) sea
корóткие ~ы (*диапазон высоких частот*) short [decametric] waves (*high-frequency [HF] band, 3—30 MHz*)
критúческая ~ boundary [critical, limiting, cut-off] wave
левополяризóванная ~ left-handed polarized [counter-clockwise-polarized] wave

волн/а́

линейно-поляризо́ванная ~ plane-polarized [linearly polarized] wave
магнитогидродинами́ческие ~ы magnetohydrodynamic waves
магно́нная ~ magnon wave
~ы мате́рии associated [de Broglie, matter, particle] waves
метро́вые ~ы (*диапазон весьма высоких частот*) metric waves (*very high-frequency* [*VHF*] *band, 30—300 MHz*)
миллиметро́вые ~ы (*диапазон чрезвычайно высоких частот*) millimetric waves (*extremely-high-frequency* [*EHF*] *band, 30—300 GHz*)
мириаметро́вые ~ы *см.* **сверхдли́нные во́лны**
многокра́тно отражённая ~ multiple reflection wave
монохромати́ческая ~ monochromatic wave
~ы на пове́рхности жи́дкости capillary waves
~ напряже́ний (*механических*) stress wave
~ напряже́ния, прямоуго́льная rectangular voltage wave
необыкнове́нная ~ extroordinary [E] wave
неоднoро́дная ~ inhomogeneous wave
неотражённая ~ direct [non-reflected] wave
носова́я ~ *мор.* bow sea
обыкнове́нная ~ ordinary [O] wave
опо́рная ~ (*в голографии*) reference wave
опти́ческая ~ optical wave
ортогона́льная ~ orthogonal wave
основна́я ~ fundamental [principal] wave, principal mode
отражённая ~ (*от земли, предметов и т. п.*) reflected wave; (*от ионосферы*) ionospheric [sky] wave
па́дающая ~ incident wave
параметри́чески свя́занные ~ы parametrically coupled waves
первичная ~ primary wave
~ перенапряже́ния voltage surge
пла́зменная ~ plasma wave
пло́ская ~ plane wave
плоскополяризо́ванная ~ plane-polarized [linearly polarized] wave
~ пло́тности density wave
пове́рхностная ~ 1. *мех.* surface wave **2.** (*земная*) ground wave
поляризо́ванная ~ polarized wave
~ поляризо́ванная, циркуля́рно circularly polarized wave
~ поляризо́ванная, эллипти́чески elliptically polarized wave
попере́чная ~ transverse wave
попере́чная, магни́тная ~ transverse magnetic [TM] wave, transverse magnetic [TM] mode
попере́чная, электри́ческая ~ transverse electric [TE] wave, transverse electric [TE] mode

волн/а́

попере́чная, электромагни́тная ~ transverse electromagnetic [TEM] wave
попу́тная ~ following sea
посторо́нние ~ы extraneous waves
правополяризо́ванная ~ right-handed polarized [clockwise-polarized] wave
преломлённая ~ refracted wave
преоблада́ющая ~ dominant wave, dominant mode
продо́льная ~ longitudinal wave
промежу́точные ~ы medium high-frequency waves (*50—200 m*)
простра́нственная ~ ionospheric [sky] wave
проходя́щая ~ (*в волноводах, линиях передачи*) transmitted wave
пряма́я ~ 1. *рад.* space wave **2.** *эл.* forward wave
рассе́янная ~ scattered wave
расходя́щиеся ~ы diverging waves
результи́рующая ~ resultant wave
~ы Ре́лея Rayleigh waves
сантиметро́вые ~ы (*диапазон сверхвысоких частот*) centimetric waves (*super-high-frequency* [*SHF*] *band, 3—30 GHz*)
сверхдли́нные ~ы (*диапазон весьма низких частот*) very long [myriametric] waves (*very-low-frequency* [*VLF*] *band, 3—30 kHz*)
~ с вращáющейся пло́скостью поляриза́ции rotated-plane wave
~ свя́зи frequency (setting), channel □ **выбира́ть ~у́ свя́зи зара́нее** preset a frequency [a channel]; **зафикси́ровать ~у́ свя́зи зара́нее** detent a frequency [a channel]; **набрать ~у́ свя́зи** set up a frequency [a channel]
~ сдви́га *мех.* shear wave
сейсми́ческие ~ы seismic waves
~ сжа́тия compression wave
синусоида́льная ~ sine wave
сопряжённая ~ partial [associated] wave
спада́ющая ~ decaying [collapsing] wave
сре́дние ~ы (*диапазон средних частот*) medium [hectometric] waves (*medium-frequency* [*MF*] *band, 300 kHz — 3 MHz*)
стоя́чая ~ standing wave
субмиллиметро́вые ~ы submillimetric waves
сфери́ческая ~ spherical wave
сходя́щиеся ~ы converging [convergent] waves
температу́рные ~ы temperature waves
тепловы́е ~ы heat waves
~ ти́па E E-wave, TM wave
~ ти́па EH EH [TEM] wave
~ ти́па H H-wave, TE wave
~ ти́па TE TE wave, H-wave
~ ти́па TM TM wave, E-wave
~ то́ка current wave
тропосфе́рная ~ tropospheric wave

волн/а́

~ы тяготе́ния gravitational waves
уда́рная ~ shock wave
уда́рная, головна́я ~ bow shock wave
ультразвукова́я ~ supersonic wave
ультракоро́ткие ~ы (*все диапазоны короче 10 м*) ultrashort waves (*shorter than 10 m*)
упру́гая ~ elastic wave
фа́зовые ~ы associated [de Broglie, matter, particle] waves
фокуси́рованная ~ beam (sound) wave
фоно́нная ~ phonon wave
холостáя ~ idler wave
центри́рованная ~ centered [focused] wave
циклотро́нная ~ cyclotron wave
цилиндри́ческая ~ cylindrical wave
шарова́я ~ spherical wave
электромагни́тные ~ы electromagnetic waves

волне́ние *с. мор.* sea(s), sea-way
беспоря́дочное ~ random sea

волни́стость *ж.* **1.** (*на листовом металле*) buckles **2.** (*дефект проката из лёгких сплавов*) ripple markings **3.** (*на поверхности изложницы*) waviness **4.** (*кромки листа*) cockles
~ бума́ги curl

волново́д *м.* waveguide
акусти́ческий ~ acoustic waveguide
атмосфе́рный ~ atmospheric duct(ing), atmospheric waveguide
гребнево́й ~ ridge waveguide
диафрагми́рованный ~ diaphragmatic waveguide
диэлектри́ческий ~ dielectric waveguide
есте́ственный ~ terrestrial waveguide
зме́йковый ~ sinuous waveguide
измери́тельный ~ slotted line
квадра́тный ~ square waveguide
коаксиа́льный ~ coaxial waveguide
кру́глый ~ circular guide
ли́нзовый ~ lens guide
π-обра́зный ~ π-waveguide
H-обра́зный ~ H-waveguide
опти́ческий ~ light pipe
~ откры́того ти́па free-space waveguide
~ переме́нного сече́ния tapered waveguide
печа́тный ~ printed-circuite waveguide
пла́зменный ~ plasma waveguide
пло́ский ~ planar waveguide
полоско́вый ~ strip line (waveguide)
по́лый ~ hollow waveguide
прямоуго́льный ~ rectangular waveguide
сжима́ющийся ~ squeezable waveguide
согласо́ванный ~ matched waveguide
~ с одни́м ти́пом колеба́ний standard-size [single-mode] waveguide

волново́д
~ со мно́гими ти́пами колеба́ний overmoded waveguide
~ с основны́м ти́пом колеба́ний dominant mode waveguide
~ со стоя́чими во́лнами standing waveguide
сплошно́й ~ solid guide
цилиндри́ческий ~ cylindrical waveguide
щелево́й ~ leaky waveguide
эллипти́ческий ~ elliptical waveguide
волнога́ситель *м.* beach wave suppressor (*in an experimental model tank*)
волногра́ф *м.* wave recorder
волноло́м *м.* **1.** (*береговое сооружение*) breakwater **2.** (*на палубе судна*) manger board
плаву́чий ~ floating breakwater
волноме́р *м.* frequency meter, wavemeter
гетероди́нный ~ heterodyne wavemeter
зу́ммерный ~ buzzer wavemeter
коаксиа́льный ~ coaxial wavemeter
ла́мповый ~ valve [vacuum-tube] wavemeter
проходно́й ~ transmission-type frequency meter
реакти́вный ~ reacton-type wavemeter
резона́нсный ~ absorption frequency meter, resonant-circuit wavemeter
~ с ла́мповым дете́ктором rectifier-type wavemeter
~ с объёмным резона́тором cavity resonator wavemeter
~ с цилиндри́ческим резона́тором cylindrical-cavity wavemeter
волнообра́зный *прил.* **1.** (*напр. о движении*) in waves **2.** (*имеющий характер волны или волн*) wavy, wave-like
волноотво́д *м.* (*на палубе судна*) manger board
волнопроду́ктор *м.* (*устройство при испытании судов*) wave generator, wavemaker
волноре́з *м.* (*береговое сооружение*) breakwater
волноусто́йчивость *ж.* (*плота*) wave resistance
во́лок *м.* logway
магистра́льный ~ main [principal] logway
трелёвочный ~ logway, gutter road, skidding trail
воло́ка *ж.* (drawing) die, reducing die, drawhole
алма́зная ~ diamond die
разъёмная ~ split (drawing) die
составна́я ~ collapsible die
~ с регули́руемыми разме́рами кана́ла adjustable die
твердоспла́вная ~ cored [sintered-carbide] die
чистова́я ~ finishing (drawing) die

волокни́стость *ж.* fibration, fibrousness, fibrous structure
волокни́стый *прил.* fibrous
волокн/о́ *с.* fibre □ **в направле́нии ~а́** with grain; **мати́ровать ~** mat fibres; **паралле́льно ~у́** parallel to grain; **перпендикуля́рно ~у́** perpendicular to grain; **получа́ть ~ по мо́крому спо́собу пряде́ния** wet-spin a fibre; **получа́ть ~ по сухо́му спо́собу пряде́ния** dry-spin a fibre; **получа́ть ~ пряде́нием из распла́ва** melt-spin a fibre; **прода́вливать ~ че́рез филье́ру** extrude through a spinneret; **про́тив (направле́ния) ~а́** against grain; **прясть ~** spin fibres; **руби́ть ~ на шта́пель** chop [cut, break] into staple fibres; **~ сопротивля́ется смина́нию** (*хорошо, плохо*) the fibre resists wrinkling (*well, poorly*); **трепа́ть ~** scutch fibres; **чеса́ть ~** hackle fibres
акри́ловое ~ acrylic fibre
акрилонитри́льное ~ acrylonitrile fibre
альгина́тное ~ alginate rayon
~ «ани́д» Anide polyamide fibre (*Soviet brand of nylon*)
асбе́стовое ~ asbestos fibre
ацета́тное ~ cellulose acetate rayon
база́льтовое ~ basalt fibre, basalt wool
~а ба́лки *мех.* fibres of beam
белко́вое ~ regenerated protein fibre
ве́рхнее ~ *мех.* top [upper] fibre
~ «вино́л» Vinol polyvinyl fibre (*proprietary name of Soviet-made fibre*)
виско́зное ~ viscose fibre, viscose rayon
гетероцепно́е ~ heterochain fibre
гидратцеллюло́зное ~ cellulose-regenerated fibre
гольево́е ~ *кож.* hide fibre
диацета́тное ~ cellulose acetate rayon
~ древеси́ны (*структура дерева*) (wood) grain
древе́сное ~ (*получаемое из древесины*) wood [ligneous] fibre
~ живо́тного происхожде́ния animal fibre
~ из фторопла́ста polytetrafluorethylene [PTFE] fibre
иску́сственное ~ rayon
иску́сственное, белко́вое ~ regenerated protein fibre
иску́сственное, целлюло́зное ~ regenerated cellulose fibre
капро́новое ~ kapron (polycaprolactam) fibre (*proprietary name of a Soviet-made fibre*)
карбоцепно́е ~ carbochain fibre
~ ко́жи (*структура*) leather fibre
коллаге́новое ~ collagen fibre
ко́рдное ~ cordage fibre
~ «лавса́н» Lavsan polyester fibre (*proprietary name of a Soviet-made fibre*)

волокн/о́
листово́е ~ leaf fibre
ло́мкое ~ brittle fibre
лубяно́е ~ bast fibre
льняно́е ~ flax fibre
ме́дно-аммиа́чное ~ cuprammonium [copper] rayon
минера́льное ~ mineral fibre
натура́льное ~ natural fibre
незре́лое ~ unripe [immature] fibre
неоргани́ческое ~ inorganic fibre
~ «нитро́н» Nitron polyacrylic fibre (*proprietary name of a Soviet-made fibre*)
нитратцеллюло́зное ~ cellulose nitrate fibre, nitrate rayon
опти́ческое ~ (*в волоконной оптике*) optical fibre
органи́ческое ~ organic fibre
пенько́вое ~ hemp fibre
перхлорвини́ловое ~ perchlorovinyl fibre
плодо́вое ~ fruit-hair fibre
полиакри́ловое ~ polyacrylic fibre
полиакрилонитри́ловое ~ polyacrilonitrile fibre
полиами́дное ~ polyamide fibre
поливинилакри́ловое ~ polyvinyl-acrylic fibre
поливинилацета́тное ~ polyvinyl-acetate fibre
поливини́ловое ~ polyvinyl fibre
поливинилспиртово́е ~ polyvinyl alcohol fibre (*in the USSR, manufactured under the trade name of Vinol*)
поливинилхлори́дное ~ polyvinyl-chloride [PVC] fibre
полипропиле́новое ~ polypropylene fibre
полистиро́льное ~ polystyrene fibre
полиурета́новое ~ polyurethane fibre
полихлорвини́ловое ~ polyvinylchloride [PVC] fibre
полиэтиле́новое ~ polyethylene fibre
полиэфи́рное ~ polyester fibre
попере́чное ~ *мех.* transverse fibre
расти́тельное ~ vegetable fibre
растя́нутое ~ *мех.* tension fibre
регенери́рованное ~ regenerated fibre
семенно́е ~ seed-hair fibre
сжа́тое ~ *мех.* compression fibre
синтети́ческое ~ (*из синтетических исходных материалов*) synthesized [synthetic(-base)] fibre
смоли́стое ~ gummy fibre
стекля́нное ~ glass fibre
~ сте́ржня *мех.* fibre of a bar
тексти́льное ~ textile fibre
тексти́льное, натура́льное ~ natural textile fibre
теплоизоляцио́нное ~ heat-insulation fibre
техни́ческое ~ industrial fibre
торфяно́е ~ peat fibre

волокн/о́
триацета́тное ~ cellulose triacetate fibre
хими́ческое ~ chemical [man-made] fibre
хру́пкое ~ brittle fibre
шта́пельное ~ staple fibre
волокнодержа́тель *м.* lint retainer
волокноотво́д *м.* lint flue
волокноотдели́тель *м.* gin
ва́лично-ножево́й ~ knife-roller gin
ва́личный ~ roller gin
пи́льный ~ saw gin
пневмати́ческий ~ air-blast gin
волокноочисти́тель *м.* lint cotton [post-ginning] cleaner
волокноочи́стка *ж.* post-ginning cleaning
волоку́ша *ж.* **1.** *с.-х.* drag (harrow), sweep **2.** (*бесколёсная повозка*) sledge
навесна́я тра́кторная ~ tractor-mounted buckrake, haysweep, haycock lifter
сенна́я ~ buckrake, haysweep
тро́совая ~ (*для сена*) rope sweep
во́лос *м.*, **штукату́рный** plasterer hair
во́лосность *ж.* (*в жидкостях*) capillarity
волосови́на *ж.* (*дефект металла*) hair-line crack, hair seam
волосо́к *м.* **1.** hair **2.** (*тонкая нить, пружина в каком-л. механизме*) hair spring
волоче́ние *с.* **1.** (*способ обработки металлов*) drawing **2.** (*процесс*) draft
~ без опра́вки (*трубы*) sink drawing
горя́чее ~ hot drawing
заготови́тельное ~ preliminary drawing
многокра́тное ~ multiple drawing
мо́крое ~ wet drawing
~ на дли́нной опра́вке mandrel [bar] drawing
~ на закреплённой опра́вке fixed plug drawing
~ на подви́жной опра́вке moving-mandrel drawing
~ на ре́ечном волочи́льном ста́не bench drawing
~ на ста́не бараба́нного ти́па bull-block drawing
однокра́тное ~ single-pass drawing
осесимметри́чное ~ axisymmetric drawing
све́тлое ~ bright drawing
~ с мы́льной сма́зкой soap drawing
~ со сверхвысо́кими обжа́тиями holow drawing
~ с получе́нием ма́товой пове́рхности matt drawing
~ с противонатяже́нием back-pull drawing
сухо́е ~ dry drawing
то́нкое ~ fine drawing
холо́дное ~ cold drawing
чернов́ое ~ first drawing
чистово́е ~ finishing drawing

волочённый на волочи́льном ста́не bench-drawn
волочи́льщик *м.* drawer
волочи́ть *гл.* **1.** (*производить волочение*) draw **2.** (*тащить, тянуть*) drag, trail, pull
волчо́к *м.* **1.** (*гироскопа*) gyroscope weel **2.** (*мясорубка*) meat hasher, meat mincing machine, meat mincer **3.** *полигр.* rotary abrasive disk **4.** *текст.* willowing machine
волье́р *м.* open-air cage
вольт *м.* volt, V
вольта́ж *м.* voltage
вольтаме́тр *м.* voltameter
весово́й ~ weight voltameter
объёмный ~ volume voltameter
вольтаметри́ческий *прил.* voltametric
вольт-ампе́р *м.* volt-ampere, VA
акти́вный ~ active volt-ampere, watt
реакти́вный ~ reactive volt-ampere, VAr
вольтампермéтр *м.* voltammeter
вольтме́тр *м.* voltmeter □ **включа́ть ~ в цепь** connect [place] the voltmeter across a circuit; **включа́ть дополни́тельное сопротивле́ние в ~** switch a multiplier into the voltmeter; **откорректи́ровать нуль ~а** set [adjust] the voltmeter to zero; **расши́рить диапазо́н [преде́л] ~а** extend the range of the voltmeter
аккумуля́торный ~ cell voltmeter, cell tester, battery gauge
амплиту́дный ~ peak [crest] voltmeter
амплиту́дный, двойно́й ~ peak-to-peak voltmeter
~ выпрями́тельной систе́мы rectifier voltmeter
~ высо́кого напряже́ния high-tension [high-voltage] voltmeter
высокоо́мный ~ high-resistance voltmeter
~ дете́кторной систе́мы rectifier voltmeter
~ индукти́вной систе́мы induction voltmeter
индукти́вный ~ induction voltmeter
компенсацио́нный ~ null-balance voltmeter
коро́нный ~ corona voltmeter
ла́мповый ~ *англ.* electronic voltmeter; *амер.* vacuum tube voltmeter, VTVM
магнитоэлектри́ческий ~ moving-coil voltmeter
~ магнитоэлектри́ческой систе́мы moving-coil voltmeter
многопреде́льный ~ multirange voltmeter
~ ни́зкого напряже́ния low-tension [low-voltage] voltmeter
перено́сный ~ portable voltmeter
пи́ковый ~ peak [crest] voltmeter
самопи́шущий ~ recording voltmeter
селекти́вный ~ frequency selective voltmeter

вольтме́тр
теплово́й ~ hot-wire voltmeter
~ теплово́й систе́мы hot-wire voltmeter
термоэлектри́ческий ~ thermo-emf voltmeter
усредня́ющий ~ averaging voltmeter
цифрово́й ~ digital voltmeter
щитово́й ~ switchboard voltmeter
электродинами́ческий ~ dynamometer [electrodynamic] voltmeter
~ электродинами́ческой систе́мы dynamometer [electrodynamic] voltmeter
~ электромагни́тной систе́мы moving-iron voltmeter
электромагни́тный ~ moving-iron voltmeter
электроннолучево́й ~ cathode-ray voltmeter
электро́нный ~ *англ.* electronic voltmeter; *амер.* vacuum tube voltmeter, VTVM
электростати́ческий ~ electrostatic voltmeter
~ электростати́ческой систе́мы electrostatic voltmeter
вольтомме́тр *м.* volt-ohmmeter
вольтомиллиамперме́тр *м.* volt-ohm-milliammeter, multimeter
вольфра́м *м.* tungsten, W
ко́вкий ~ ductile tungsten
компа́ктный ~ compacted tungsten
порошкообра́зный ~ tungsten metal powder
вольфрама́т *м.* tungstate *примеры*: **~ ка́лия** potassium tungstate; **~ ка́льция** calcium tungstate
волюм(ен)о́метр *м.* volumeter
волю́та *ж. арх.* scroll, volute
вооруже́ние *с.*, **противопожа́рное** fire-fighting equipment
вороне́ние *с. мет.* (colour-)blueing
~ в атмосфе́ре водяно́го па́ра steam-blueing
~ в возду́шной атмосфе́ре air blueing
воронёный *прил. мет.* blued
ворони́ло *м. полигр.* planing block, planer
ворони́ть *гл. мет.* blue
воро́нка *ж.* funnel
~ Бю́хнера Büchner funnel
вво́дная ~ 1. *эл.* inlet funnel **2.** *текст.* feed [inlet] funnel
взрывна́я ~ explosion funnel, blasting cone
водосли́вная ~ drain box
волочи́льная ~ drawing block
враща́ющаяся ~ *текст.* revolving funnel
выводна́я ~ *мет.* outlet hopper
выпускна́я ~ *текст.* emptying funnel
дели́тельная ~ (*для разделения несмешивающихся жидкостей*) separating funnel
~ депре́ссии cone of influence

воро́нка
~ для фильтрова́ния filtering funnel
загру́зочная ~ (feed) hopper, feed box, filling funnel
~ ка́беля cable pothead
ка́пельная ~ drop(ping) funnel
концева́я ~ (*кабеля*) sealing end bell
литнико́вая ~ sprue [pouring] cup
наливна́я ~ filling funnel
направля́ющая ~ *текст.* collector [conductor] funnel
пита́ющая ~ (*пресс-формы*) feed hopper
предохрани́тельная ~ safety funnel
приёмная ~ (*колошниковая*) receiving hopper
пряди́льная ~ *текст.* spinning funnel
разгру́зочная ~ discharge hopper
растру́бная ~ flaring funnel
~ семяпрово́да seed funnel
~ собира́теля (*в линотипе*) assembler (box)
сортиро́вочная ~ separating funnel
уплотни́тельная ~ *текст.* condensing [sliver] funnel
фальцева́льная ~ (*фальцевального аппарата*) *полигр.* former
~ Фо́рда (*вискозиметр*) Ford cup
холо́дная ~ (*топки*) (dry-bottom) ash hopper
шла́ковая ~ (*топки*) ash hopper
воронкообра́зный *прил.* funnel-shaped
во́рот *м.* windlass, winch
~ для бо́чек, стяжно́й cask windlassing machine, trussing apparatus
воро́та *мн.* gate(way)
габари́тные ~ *ж.-д.* clearance gate
за́панные ~ boom gate
шлю́зные ~ sluice [lock, check] gate
шлю́зные, авари́йные ~ lock guard gate
шлю́зные, ве́рхние ~ upper gate
шлю́зные, двуство́рчатые ~ mitre gate
шлю́зные, кла́панные ~ pivot-leaf gate
шлю́зные, ни́жние ~ tail [aft] gate
шлю́зные, опускны́е ~ overpour gate
шлю́зные, откатны́е ~ rolling gate
шлю́зные, поворо́тные ~ hinged gate
шлю́зные, подъёмные ~ vertical lift gate
воротни́к *м.* **ствола́** (*шахты*) shaft collar
ворото́к *м.* **1.** (*рычаг*) tommy bar **2.** (*клупп*) tap wrench **3.** (*часть шкуры*) shoulder, front
во́рох *м.* (thrashed) heap
ворохоочисти́тель *м.* cotton extractor, precleaner
вороши́лка *ж.* agitator
вороши́тель *м.* *текст.* agitator
ворс *м.* pile, nap
лосня́щийся ~ shiny nap

ворс
мохна́тый ~ shaggy nap
пло́тный ~ closed nap
ворси́стость *ж.* (*бумаги или картона*) fluffiness
ворсова́ние *с.* (*ткани*) teasing
ворсова́ть *гл.* (*ткань*) tease (*cloth*), raise the nap (*on a fabric*), comb the surface of cloth into nap
воск *м.* wax
го́рный ~ mineral wax, ozocerite
живо́тный ~ animal wax
ископа́емый ~ mineral wax
канделильский ~ candelilla wax
карна́убский ~ carnauba wax
монта́нный ~ montan wax
па́льмовый ~ palm wax
пчели́ный ~ beewax
расти́тельный ~ vegetable wax
шерстяно́й ~ wool wax, wool grease, degras
воскиро́вка *м.* waxing
воскобо́йня *ж.* wax refinery
воско́вка *ж.* **1.** (*для чертежей*) wax(ed) paper **2.** (*для ротапринта и др. множительных аппаратов*) mimeograph, stencil(s)
воскообра́зный *прил.* wax-like, waxy
воскопре́сс *м.* wax press
воското́пка *ж.* wax extractor
воспламене́ние *с.* ignition, inflammation
заме́дленное ~ delayed ignition
~ кали́льной тру́бкой hot-tube ignition
непо́лное ~ incomplete ignition
~ от сжа́тия compression ignition
~ от уда́ра inpact [shock] ignition
по́лное ~ complete inflammation
после́довательное ~ multistep [multistage, train-type] ignition
воспламени́тель *м.* igniter, ignitor
~ раке́тного дви́гателя rocket igniter
~ раке́тного дви́гателя, первичный primary igniter
~ раке́тного дви́гателя, пиротехни́ческий pyrotechnic igniter
~ раке́тного дви́гателя, порохово́й powder(-charge) igniter
~ раке́тного дви́гателя с зернёным заря́дом pelleted-type igniter
~ раке́тного дви́гателя с пусковы́м фа́келом pilot-flame igniter
~ раке́тного дви́гателя ста́ртового заря́да boost igniter
воспламеня́ть *гл.* ignite, inflame, kindle
воспламеня́ться *гл.* ignite, catch fire
воспламеня́ющийся ignitable, (in)-flammable
восприи́мчивость *ж.* susceptibility
диамагни́тная ~ diamagnetic susceptibility
диэлектри́ческая ~ dielectric susceptibility
изотерми́ческая ~ isothermal susceptibility
инве́рсная ~ inverted susceptibility

восприи́мчивость
~ к и́мпульсным помéхам impulse-noise susceptibility
магни́тная ~ magnetic susceptibility
обрати́мая ~ reversible susceptibility
обра́тная ~ inverse susceptibility
парамагни́тная ~ paramagnetic susceptibility
пьезоэлектри́ческая ~ piezoelectric susceptibility
скаля́рная ~ scalar susceptibility
спи́новая ~ spin susceptibility
электри́ческая ~ electric susceptibility
воспринима́ть *гл.* **1.** (*принимать, получать*) take, receive **2.** (*напр. тепло, влагу*) absorb **3.** recognize □ **~ опера́тор** *вчт.* recognize a statement **4.** □ **~ звук** perceive sound **5.** □ **~ нагру́зку** take up load
восприя́тие *с.* perception, sensing
звуково́е ~ sound perception
зри́тельное ~ visual perception
~ проби́вок *вчт.* (punched) hole sensing
~ ре́чи speech perception
~ сигна́ла signal perception
слухово́е ~ aural perception
стереоскопи́ческое ~ stereoscopic perception
цветово́е ~ colour sensation
чу́вственное ~ sensory perception
воспроизведе́ние *с.* **1.** reproduction, representation **2.** (*восстановление прежней формы, зависимостей и т. п.*) regeneration
~ в масшта́бе scale representation, representation to (a) scale
~ гологра́ммы hologram playback
~ да́нных data reproduction, data presentation
~ да́нных, ана́логовое analog data presentation
~ да́нных, визуа́льное data display
~ да́нных, дискре́тное digital data presentation
~ да́нных на экра́не data display
~ да́нных на электроннолучево́й тру́бке CRT display
~ запа́здывания delay simulation
~ зву́ка sound reproduction
~ зву́ка, стереофони́ческое stereophonic (sound) reproduction
~ звукоза́писи playback
~ звукоза́писи, прямо́е instantaneous recording playback
~ изображе́ния reproduction [reconstruction] of image, imaging
~ о́бразов pattern reproduction
~ сигна́ла signal presentation, signal reproduction
воспроизводи́мость *ж.* (*данных*) reproducibility
воспроизводи́ть *гл.* **1.** reproduce □ **~ да́нные** present [reproduce] data; **~ звукоза́пись** play back a record; **~ магни́тную за́пись** play back a tape record; **~ проце́сс** reproduce

[duplicate] a process 2. (*восстанавливать прежнюю форму, зависимость и т. п.*) regenerate
воспроизводство *с.* reproduction
простое ~ *эк.* simple reproduction
расширенное ~ *эк.* extended reproduction
~ **ядерного топлива** nuclear fuel conversion
~ **ядерного топлива, расширенное** nuclear fuel breeding
воссоединение *с.* (*носителей зарядов*) recombination
воссоединяться *гл.* (*о носителях зарядов*) recombine
восстанавливаемость *ж.* 1. (*явление*) restorability, recoverability 2. (*величина*) restorability rate
восстанавливать *гл.* 1. restore, recover, reclaim 2. *хим.* reduce □ ~ **протектор шины** recap [retread] a tyre; ~ **цикл** reset a cycle
восстани/е *с. горн.* rise □ **по** ~**ю** up-dip; to the rise
восстановитель *м.* 1. restorer 2. *хим.* reducing agent, reducer, reductant
~ **постоянной составляющей** *элн.* direct-current [d. c.] restorer
~ **постоянной составляющей, диодный** diode d. c. restorer
~ **постоянной составляющей сигнала цветности** chrominance d. c. restorer
~ **речи** speech restorer
восстановлени/е *с.* 1. restoration 2. *хим.* reduction
~ **в кипящем слое** fluidized-bed reduction
~ **в кислой среде** acid reduction
~ **в стационарном слое** fixed bed(-type) reduction
~ **в шелочной среде** alkaline reduction
~ **голограммы** reconstruction of a hologram
~ **давления** pressure recovery
~ **двигателя** engine reconditioning
~ **железа из руд, прямое** direct reduction process
~ **зерна** (*в структуре металла*) grain recovery
~ **импульсов** pulse regeneration
~ **исходного состояния памяти** *вчт.* memory reset
катодное ~ cathodic reduction
~ **кокса углеродом** coke reduction
косвенное ~ gaseous [indirect] reduction
~ **ламп** tube [valve] reclamation, tube [valve] rejuvenation
~ **ламповых цоколей** base reclamation
металлотермическое ~ metallic [metallothermic] reduction
~ **напряжения** voltage recovery
~ **несущей** carrier reinsertion
~ **оборудования** (*восстановительный ремонт*) reconditioning
~ **постоянной составляющей** direct-current [d.c.] restoration

восстановлени/е
~ **предыскажённого сигнала** de-emphasis
~ **при ударе, неполное** partial restitution (*in impact theory*)
~ **при ударе, пластическое** plastic recovery, plastic restitution (*in impact theory*)
~ **при ударе, упругое** elastic recovery, elastic restitution (*in impact theory*)
~ **при ударе, частичное** partial restitution (*in impact theory*)
~ **протектора** (*шины*) retreading, recapping
прямое ~ direct reduction
~ **регулируемого параметра** controlled variable recovery
~ **сигнала** signal restoration
~ **твёрдым углеродом** direct reduction
~ **телеграфных сигналов** telegraphic restitution
~ **телеграфных сигналов, идеальное** perfect telegraphic restitution
~ **телеграфных сигналов, изохронное** isochronous telegraphic restitution
~ **формы импульса** pulse regeneration
~ **формы сигнала** signal waveform recovery
~ **фронта волны** wave-front reconstruction
химическое ~ chemical reduction
электролитическое ~ electrolytic reduction
электрохимическое ~ electrochemical reduction
восстающий *горн.* raise
вентиляционный ~ air raise
закладочный ~ rock fill raise
нарезной ~ development [corner] raise
передовой ~ pilot raise
рудоспускной ~ ore-pass raise
восходящий rising, ascending
восхождение *с. астр.* ascension □ **отсчитывать** ~ **от точки весеннего равноденствия против часовой стрелки** measure the (right) ascension eastward from the vernal equinox
прямое ~ right ascension
восьмеричный *прил.* octal, octonary
восьмёрка *ж.* 1. *мат.* (figure of) eight 2. (*из раствора*) mortar briquettes
восьмигранник *м.* octahedron
восьмигранный *прил.* octahedral, eight-faced
восьмизначный *прил.* eight-digit, eight-figure, eight-unit
восьмикратный *прил.* octuple
восьмиполюсник *м.* octopole, eight-terminal network, four-port
восьмиугольник *м.* octagon
восьмиугольный *прил.* octagonal, octangular
вощение *с.* wax finish(ing)
вощёный waxed (*e. g., of paper*)

вощить *гл.* wax
впадание *с.* **в синхронизм** lockin
впадина *ж.* 1. hollow, cavity 2. *геол.* depression, cavity 3. (*на кривой*) valley 4. (*дефект на поверхности раската*) scallops
~ **волны** wave trough
~ **между зубьями** (*шестерни*) tooth space
~ **на горизонтальной части импульса** pulse valley
породная ~ rock cavity
~ **профиля резьбы** bottom of thread
впаивание *с.* 1. (*припаем*) soldering-in 2. (*металла в стекло или керамику*) sealing-in
впаивать *гл.* 1. (*припаем*) solder in 2. (*металл в стекло или керамику*) seal in
впай *м.* 1. (*припаем*) soldering-in 2. (*металла в стекло или керамику*) sealing-in, seal(-in) 3. (*лампы*) lead, seal-in
внутренний ~ inner lead
дисковый ~ disk seal
зажимный ~ hook lead
круглый ~ round lead
наружный ~ outer lead
плавкий ~ fused lead
простой ~ tip lead
стеклянный ~ (*лампы*) glass(-bead) seal
трубочный ~ tubed lead
~ **штенгеля в колбу** stem-to-bulb seal
впайка *см.* **впаивание**
вперекрой *нареч.* lap(ped), overlap
вписан/ный 1. *мат.* inscribed 2. (*в топологии*) refinement *пример*: **A** ~**о в B** A is a refinement of B
вписывать *гл.* 1. *мат.* inscribe 2. (*в топологии*) refine 3. (*данные в формуляр и т. п.*) enter (data) in, make entries in
впитывание *с.* absorption, seepage, imbibition
впластованный embedded, interbedded, interstratified
вплетание *с.* interweaving, intertwining
вплетать *гл.* interweave, intertwine, interplace, plait in
вплотную *нареч.* **к** immediately adjacent to, right up to
вплоть *нареч.* **до** down to *пример*: ... **проволока размером** ~ **до 0,005 мм** ... wire in size down to 0,005 mm
вполнеприменимость *ж.* complete applicability
впотай *нареч.* flush, even
впрессованный pressed in, embedded
впритык *нареч.* butt-jointed
впрыск *м.* 1. (*процесс*) injection 2. (*доза введённого материала*) *пласт.* shot
безвоздушный ~ solid injection
бескомпрессорный ~ solid injection
~ **в цилиндр** direct injection
направленный ~ vectored injection
непосредственный ~ direct injection

впрыск
~ по пото́ку downstream injection
противото́чный ~ contrastream [reverse(-flow)] injection
~ с завихре́нием swirl injection
~ то́плива fuel injection
~ то́плива, двухфа́зный two-stage fuel injection
~ то́плива, дро́бный intermittent fuel injection
~ то́плива, ступе́нчатый stepped fuel injection
впры́скивание *с.* injection
впры́скиватель *м.* injector
впры́скивать *гл.* inject □ **~ в фо́рму** inject into a mould
впуск *м.* inlet, intake, admission
~ основно́го во́здуха main air intake
впуска́ть *гл.* let in, take in, admit
вразби́вку *нареч.* haphazardly
вразбро́с *нареч.* randomly, haphazardly
вразре́з *нареч.* **1.** across **2.** *эл.* in series
врассе́чку *нареч. эл.* in series
враста́ние *с.* (*кристалла*) growing-in, intergrowth (*of crystal*)
враща́тель *м.* rotator
анте́нный ~ *англ.* aerial spinner; *амер.* antenna spinner
~ бурово́го станка́ swivel head
~ бурово́го станка́ ро́торного ти́па rotor-type swivel head
~ бурово́го станка́ шпи́ндельного ти́па spindle-type swivel head
~ на осно́ве горя́чих электро́нов hot electron rotator
~ ра́мки loop rotator
враща́тельный *прил.* rotary
враща́ть *гл.* rotate, turn □ **~ за (коле́нчатую) рукоя́тку** crank
враща́ться *гл.* **1.** (*вокруг своей оси*) rotate (about), turn (on), pivot around; spin □ **~ по часово́й стре́лке** rotate clockwise; **~ про́тив часово́й стре́лки** rotate anti-[counter-]-clockwise; **~ синхро́нно и синфа́зно с** *чем-л.* rotate at the same rate and through the same angle with ... **2.** (*вокруг другого тела*) revolve (around) **3.** (*о вращающихся механизмах*) run □ **~ без бие́ния** run true **4.** (*по круговой траектории*) gyrate
враща́ющий □ **~ вле́во** *опт.* laevo-rotatory; **~ впра́во** *опт.* dextro-rotatory
враща́ющийся rotatable
враще́ни/е *с.* **1.** (*вокруг своей оси*) rotation; spinning □ **ле́вого ~я** left-hand(ed), L. H.; **пра́вого ~я** right-hand(ed), R. H.; **при ~и** as [when] *smth.* rotates **2.** (*вокруг другого тела*) revolution **3.** (*по круговой траектории*) gyration
~ анте́нны, принуди́тельное (power) slewing
~ вле́во anti-[counter-]clockwise rotation

враще́ни/е
вну́треннее ~ (*молекулы*) internal rotation
~ впра́во clockwise rotation
встре́чное ~ counterrotation
~ Гала́ктики galactic rotation, rotation of the Galaxy
~ доме́нов domain rotation
жёсткое ~ rigid rotation
заторможённое ~ (*молекулы*) hindered rotation
затруднённое ~ (*молекулы*) hindered rotation
~ звёзд stellar rotation
ле́вое ~ anti-[counter-]clockwise rotation
молекуля́рное ~ molecular rotation
~ неизменя́емой систе́мы rigid rotation
несо́бственное ~ *мат.* improper rotation
обра́тное ~ 1. reverse rotation **2.** *астр.* retrograde rotation
опти́ческое ~ optical rotation
~ относи́тельно оси X (*ось проходит через тело*) rotation about the X-axis
~ пло́скости поляриза́ции rotation of the plane of polarization
~ пло́скости поляриза́ции, магни́тное Faraday effect
~ по часово́й стре́лке clockwise rotation
пра́вое ~ 1. clockwise rotation **2.** *опт.* dextro-rotation
простра́нственное ~ spatial [three-dimensional] rotation
~ про́тив часово́й стре́лки anti-[counter-]clockwise rotation
равноме́рное ~ uniform rotation
равноме́рно-переме́нное ~ uniformly variable rotation
свобо́дное ~ free rotation
~ систе́мы координа́т rotation of a coordinate system
со́бственное ~ proper rotation
су́точное ~ *астр.* diurnal rotation
трёхме́рное ~ spatial [three-dimensional] rotation
установи́вшееся ~ steady-state rotation
чи́стое ~ pure [simple] rotation
~ электро́на, со́бственное spin
~ э́хо-сигна́лов, цикло́нное cyclonic rotation of echo signals
вре́дный *прил.* detrimental, deleterious, harmful
вреза́ние *с. см.* **вре́зка**
вреза́ть *гл.* cut in; incise; set in
вре́зка *ж.* cutting-in; incision; setting-in
врезно́й *прил.* cut-in; set-in; (*о замке*) mortise
времениподо́бный *прил.* time-like
временно́й *прил.* time, temporal
вре́менный *прил.* **1.** (*об ограниченном периоде времени*) temporary **2.** (*о мероприятии*) provisional **3.** (*некапитальный*) makeshift (*e. g., of shelter, building etc.*) **4.** (*предварительный*) tentative (*e. g., of specifications*)
вре́м/я *с.* time □ **в дневно́е ~** during daylight hours, in the daytime, by day; **в и́стинном масшта́бе ~ени** on a real time basis; **в ночно́е ~** during the hours of darkness, at night; **в реа́льном масшта́бе ~ени** on a real time basis; **до после́днего ~ени** until recently; **зави́сящий от ~ени** time-dependent (*e. g., of current*); **испо́льзуемый в настоя́щее ~** be now in use; **не зави́сящий от ~ени** time-independent; **обращённый во ~ени** time-reversed; **отнима́ть мно́го ~ени** be time-consuming (*e. g., of experiment*); **отсчи́тывать ~** (*о часах*) keep time; **отсчи́тывать ~ в обра́тном поря́дке** count down (time); **отсчи́тывать ~ от нуля́ вверх** count up (time); **постоя́нный во ~ени** time-constant, stationary; **со ~енем** in due course, in the course of time, in time; **сре́дний по ~ени** time-average; **с тече́нием ~ени** in the course of time
абсолю́тное ~ absolute time
астрономи́ческое ~ astronomical time
а́томное ~ atomic time
~ безде́йствия (*линии связи*) unoccupied [idle] time
~ безотка́зной рабо́ты time between failures, TBF
~ безызлуча́тельной релакса́ции non-radiative relaxation time
~ бла́нка *тлв., рлк.* blanking time
~ блокиро́вки приёмника receiver blocking time
~ блокиро́вки э́хо-загради́теля hangover time of an echo suppressor
~ взаимоде́йствия interaction time
~ включе́ния 1. (*полупроводниковых приборов*) (turn-)on time **2.** (*контактов реле, автомата и т. п.*) make-time
~ возвра́та (*в исходное состояние*) reset time
~ восстановле́ния recovery time
~ восстановле́ния управле́ния тиратро́ном по се́тке grid-recovery time
всеми́рное ~ universal time
вспомога́тельное ~ (*на вспомогательные операции*) auxiliary [handling] time
~ втя́гивания (*реле*) pull-in time
~ вхожде́ния в синхрони́зм (*генератора колебаний*) locking time
~ вы́борки (*из памяти*) access time
~ вы́дачи информа́ции information access time
~ выде́рживания (*радиоактивных продуктов*) decay ["cooling"] time
~ вы́держки 1. (*напр. бетона*) curing time **2.** (*в нагревательных печах*) holding time
~ выключе́ния (*полупроводниковых приборов*) turn-off time

врéм/я

~ **вы́лета** (*самолёта*) departure time
~ **высвéчивания** de-excitation [luminescence] time, fluorescent lifetime
~ **вычислéния** computing time
~ **гашéния обрáтного хóда** (*развёртки*) blanking period
~ **гóда** season
~ **горéния дуги́** arc-duration, arcing time
граждáнское ~ civil time
гри́нвичское ~ Greenwich time
~ **дéйствия защи́ты** time of operation (*of protective gear, e. g., relays*)
декрéтное ~ legal time
дискрéтное ~ discrete time
~ **диффýзии** diffusion time (*in semiconductors*)
~ **диффузиóнного перенóса** diffusion transit time (*in semiconductors*)
~ **диэлектри́ческой релаксáции** dielectric relaxation time (*in semiconductors*)
~ **до разрушéния** time to failure
~ **до разры́ва** time to rupture
~ **дрéйфа** (*носителей заряда в полупроводниках*) drift time
едини́чное ~ unit time
~ **жи́зни** (*носителей зарядов*) life(time), survival time
~ **жи́зни, излучáтельное** radiative lifetime
зáданное ~ preset time
~**, зáданное по грáфику** scheduled time
~ **задéржки** delay time
~ **задéржки и́мпульса** pulse-delay time
~ **замедлéния** slowing-down time
~ **занятия** *свз.* holding time
~ **запáздывания** time lag, lag time
~ **запáздывания и́мпульса** pulse delay time (*Примечание. Русский термин* время запаздывания импульса *обозначает интервал времени между передними фронтами входного и выходного импульсов на уровне 50% от максимального значения, английский термин* pulse delay time — *на уровне 10% от максимального значения*; *пример*: pulse delay time is ... (at 50% peak)
~ **зáписи** recording [writing] time
~ **заря́дки** (*батареи*) charging time
~ **заступлéния** (*напр. на дежурство*) check-in time
~ **затухáния** (*импульса*) fall time
~ **захвáта** (*носителей зарядов в полупроводниках*) capture time
звёздное ~ sidereal time
~ **звóна** *рад.* ringing time
зонáльное ~ zone time
~ **изготовлéния** production time
~ **излучáтельной релаксáции** radiative relaxation time
~ **изодрóма** integral action time
~ **интегрáции** (*сигналов*) integration time
~ **искáния** *тлф.* selection time
~ **испóльзования цéпи** (*в проводной связи*) circuit time
истéкшее ~ the time elapsed after
и́стинное ~ **1.** *ав.* true time **2.** *астр.* apparent time
~ **когерéнтности** (*лазера, мазера*) coherence time
маши́нное ~ machine time
~ **междоли́нного рассéяния** intervalley scattering time (*in semiconductors*)
~ **мéжду сéриями и́мпульсов набóра нóмера** *тлф.* interdigit hunting time
мéстное ~ local time
~ **на перемещéние** (*слитка*) ingot manipulation time
~ **на перемещéние нажимны́х винтóв** (*прокатного стана*) screwdown time
~ **нарастáния и́мпульса** pulse rise time
~ **нарастáния колебáний** build-up time
~ **нарастáния тóка** current-rise time
~ **на установлéние и разъединéние соединéния** *тлф.* operating time
~ **начáла разговóра** *тлф.* "time on", starting time of a call
непреры́вное ~ *вчт.* continuous time
нерабóчее ~ down [idle] time
~ **облучéния** exposure [irradiation] time
~ **обрабóтки** processing time
~ **обрáтного хóда** (*строчной и кадровой развёрток*) retrace [return] time
~ **обращéния 1.** *вчт.* access time **2.** *эл.* time of circulation
~ **обслýживания** *мат.* holding time
~ **ожидáния** (*в теории массового обслуживания*) waiting time
~ **ожидáния отвéта стáнции** *тлф.* answering interval
~ **ожидáния установлéния междунарóдного соединéния** service interval of an international call
~ **окончáния разговóра** "time off", finish time of a call
операциóнное ~ operation time
~ **опроки́дывания** (*спусковой схемы*) flip-over time
~ **опрóса** (*в телеметрической системе*) sampling time
~ **опустошéния ловýшки** trap release time
~ **осаждéния** (*покрытия*) deposition time
~ **откáчки** *вак.* pump-down time
~ **отключéния** (*повреждения, короткого замыкания и т. п.*) clearing time (*of a circuit-breaker, fuse, etc.*)
~ **откры́тия клáпана** valve-opening time, valve-opening period
~ **отлáдки** debug time
~ **отлáдки прогрáммы** program(me) testing time
~ **отпускáния** (*реле*) release [drop-out] time
~ **отсýтствия колебáний** *рлк.* resting time
~ **переключéния** switching time
~ **переключéния в закры́тое состоя́ние** turn-off time (*in semiconductors*)
~ **переключéния в откры́тое состоя́ние** turn-on time (*in semiconductors*)
~ **перенóса носи́телей заря́дов** transit [transport] time
~ **перехóда** (*из одного состояния в другое*) transition time
~ **перехóда из нормáльного в сверхпроводя́щее состоя́ние** normal-superconducting transition [n-s transition] time
~ **перехóда из сверхпроводя́щего в нормáльное состоя́ние** superconducting-normal transition [s-n transition] time
~ **перехóдного процéсса** response time, transient response
перехóдное ~ (*движущего контакта*) transit time
~ **поворóта антéнны** slew time
~ **повтóрного включéния** reclosing time
подготови́тельное ~ preparation time
подготови́тельно-заключи́тельное ~ setting-up time
~ **пóиска** (*информации*) retrieval time
полётное ~ flight time
~ **полувырáвнивания** rise time at 50% (*of self-regulation*)
~ **по расписáнию** schedule time
~ **последéйствия э́хо-заградителя** hangover time of an echo suppressor
~ **послесвечéния экрáна** after-glow time, persistence
~ **посы́лки вы́зова** *тлф.* ringing time
пояснóе ~ standard [zone] time
~ **пребывáния** (*напр. материала в аппарате*) dwell time, stay period, duration of stay
~ **преобразовáния** conversion time
~ **прибы́тия** arrival time
~ **приёма закáза на разговóр** *тлф.* booking [filing] time
~ **приёмистости** (*двигателя*) acceleration period, acceleration time
~ **прилипáния носи́телей заря́да** trapping time (*in semiconductors*)
~ **прирабóтки двигателя** running-in [breaking-in] period
~ **прогрéва** (*двигателя*) warm-up time
производи́тельное ~ production time
~ **прокáтки** rolling time, time in rolls

врем/я
~ пролёта (*напр. электронов*) transit time
~ пролёта домена (*в устройствах, использующих эффект Ганна*) domain transit time
~ просмотра (*потенциалоскопа*) viewing time
~ простоя down [idle] time
~ простоя канала цепи связи circuit outage [lost circuit] time
~ простоя радиостанции off-air time
~ прохождения сигнала propagation [transmission] time
~ прохождения сигнала до цели и обратно *рлк.* round-trip travel [round-trip propagation] time
~ прохождения через афелий the time of aphelion passage
~ прохождения шкалы (*в измерительных приборах*) periodic time
~ прямого восстановления forward recovery time (*in semiconductors*)
пусковое ~ (*двигателя*) starting time
рабочее ~ operating time
~ развёртывания (*напр. радиостанции*) installation [set-up] time
~ разгона (*двигателя*) acceleration period, acceleration time
~ разогрева warm-up time
разрешающее ~ resolving [resolution] time
~ разряда discharge time
~ раскачки (*контура*) build-up time
~ распада decay time
~ распознавания (*образа*) (pattern) recognition time
~ распространения (*сигнала*) propagation time
расчётное ~ estimated time
~ реакции reaction time, time lag
~ реверберации reverberation time
~ регулирования (*время перехода системы к определённому установившемуся состоянию*) settling time
~ релаксации relaxation time
ручное ~ manual time
~ самовыравнивания rise time (*of a self-regulating system*)
~ свободного искания *тлф.* hunting time
~ свободного пробега (*электрона*) mean free time
солнечное ~ solar time
солнечное, среднее ~ mean solar time
~ спада импульса pulse decay [fall] time
~ сплавления alloying time (*in semiconductors*)
~ срабатывания (*реле*) operate [actuation] time
~ срабатывания счётчика частиц resolving time of a radiation counter

врем/я
~ счёта (*импульсов*) count(ing) time
~ считывания read-out time
тарифицируемое ~ *тлф.* paid [toll, chargeable] time
~ тепловой релаксации thermal relaxation [thermal recovery] time (*in semiconductors*)
~ технического обслуживания servicing time
~ трогания (*реле*) time for motion to start
~ удержания абонента *тлф.* period of number reservation in long-distance service
~ успокоения (*приборов*) damping time
~ установления 1. (*в импульсной технике*) rise time **2.** (*в системах авторегулирования*) settling time
~ установления равновесия equilibration [equilibrium] time
~ установления соединения *тлф.* connection [setting-up] time
~ ухода (*напр. с дежурства, смены*) check-out time
~ формования moulding time
характеристическое ~ characteristic time
~ холостого хода idle time
~ хранения storage time
~ цикла cycle time
~ цикла памяти memory cycle time
~ частичного перехода в положение покоя partial restoring time
~ чувствительности sensitive period, sensitive time
штучное ~ time per piece, floor-to-floor time
экспонирования time of exposure, exposure
эфемеридное ~ *астр.* ephemeris time
ядерное ~ nuclear traversal time
времянка *ж.* (*электрическое соединение*) temporary [haywire] connection
времяподобный *прил.* time-like
вровень *нареч.* level (with), square (with), flush with
вронскиан *м. мат.* Wronskian (determinant)
вруб *м. горн.* cut, kerf
боковой ~ side(-draw) cut
воронкообразный ~ cone cut
кольцевой ~ circular cut
косой ~ (*под косым углом*) slanting cut
~ «ножницы» X-cut
односторонний, боковой ~ (side-)-draw cut
односторонний, веерный ~ fan cut
односторонний, верхний ~ top-(draw) cut
односторонний, нижний ~ bottom side cut
прямой ~ burn(ed) [parallel] cut

вруб
прямой, бочкообразный ~ cylinder cut
прямой, призматический ~ box-(-type) [shatter] cut
уступный ~ bench(ing) cut
центральный, клиновой ~ centre plough [wedge(-shaped)] cut
центральный, пирамидальный ~ centre pyramid(al) cut
щелевой ~ slot cut
врубать *гл.* **1.** *горн.* cut (in) **2.** *стр.* frame into
врубка *ж.* (*плотницкое соединение*) joint
~ вполдерева cross-halved [straight halved, lapped] joint
~ гребнем cogged joint
~ зубом step joint
односторонняя ~ dapping, gaining
стропильная ~ bridle joint
треугольная ~ birdsmouthing joint
~ шипом в гнезде housed joint
врубовый *прил. горн.* (coal-)cutting
вручную *нареч.* manually, by hand
всас *м.* suction
всасывание *с.* suction
двустороннее ~ two-side suction
всасывать *гл.* suck (in), draw (in)
всеволновый *прил.* all-wave
всеканальный *прил.* all-channel
Вселенная *ж.* the Universe
всенаправленный *прил.* omnidirectional
всеобщность *ж.* generality, universality
всережимный *прил.* variable(-speed)
вскапывание *с.* digging-up, excavating
вскипание *с.* **1.** (*жидкости*) boiling, ebullition **2.** (*дефект глазури*) blistering, seeds
~ почвы soil effervescence
вскрывать *гл.* **1.** (*напр. упаковку*) open (up) **2.** *мет.* break down (*e. g., tungsten concentrate*) **3.** *горн.* (*для открытой разработки*) strip (*the overburden*); (*для подземной разработки*) open (*e. g., an ore body, a coal seam*) **4.** □ **~ дорожное покрытие** rip up the pavement
вскрытие *с. мет.* break-down of (*e.g., tungsten concentrate*)
~ дорожного покрытия ripping-(-up) of a pavement
~ месторождения для разработки development (*driving of openings to and in proved deposits for mining and handling the product*)
вскрыша *ж. горн.* **1.** (*вскрышные работы*) stripping **2.** (*пустые породы*) overburden
вспахивать *гл.* plough, till, cultivate
вспашка *ж.* ploughing
вспенивание *с.* **1.** (*пенообразование*) foaming **2.** (*при флотации*) frothing
бурное ~ effervescence
~ шлаков frothing of slags

вспе́ниватель *м.* (*пенообразователь*) foaming agent; (*при флотации*) frother, frothing agent
вспе́ниваться *гл.* (*пениться*) foam; (*при флотации*) froth
всплеск *м.* **1.** splash **2.** (*радиоизлучения*) burst, eruption **3.** (*бросок тока*) bump **4.** (*металла*) splashing **5.** (*на импульсе*) spike
~ радиоизлуче́ния Со́лнца solar radio burst, solar radio outburst
~ рентге́новского излуче́ния X-ray burst
~ шла́ка slag splashing
всплыва́ние *с.* floating(-up), surfacing, emersion
~ заполни́теля floating of aggregate
всплыва́ть *гл.* **1.** float (up), come [rise] to the surface, emerge; (*при флотации*) buoy to the surface **2.** (*о подводной лодке*) surface
вспомога́тельный *прил.* ancillary, auxilliary
вспу́чиваемость *ж.* (*угля*) bloating
вспу́чивание *с.* **1.** (*грунта*) heaving **2.** (*при изготовлении стройматериалов*) bloating, bulking **3.** (*разбухание*) swelling
~ глазу́ри boiling
вспу́чиватель *м.* (*для стройматериалов*) bloater
вспы́хивать *гл.* **1.** (*воспламеняться*) catch [take] fire; (*о паровоздушной смеси*) flash **2.** (*об огнях*) flash (out), flare up **3.** (*о пламени*) blaze up, flare up **4.** (*о сцинтилляционных счётчиках*) scintillate
вспы́шка *ж.* **1.** burst **2.** (*воспламенение*) flash **3.** (*в карбюраторе или д. в. с.*) explosion
запа́льная ~ igniting flash
~ излуче́ния burst of radiation
~ косми́ческого излуче́ния cosmic-ray burst
метео́рная ~ meteor burst
~ нейтро́нов burst of neutrons
~ но́вой звезды́ nova outburst
обра́тная ~ *двс* backfire
преждевре́менная ~ *двс* advanced fire
светова́я ~ light flash, scintillation
со́лнечная ~ solar flare, solar eruption
су́меречная ~ twilight flash
теплова́я ~ thermal spike
хромосфе́рная ~ chromospheric flare
вста́вка *ж.* **1.** (*деталь*) insert **2.** (*действие*) insertion **3.** (*выемная часть штепсельного разъёма*) plug **4.** *вчт.* embedding **5.** *полигр.* casing-in
~ бло́ка *полигр.* block fitting, casing-in
винтова́я тру́бная ~ twisted strip
~ в подъёме *кож.* apron
защи́тная ка́бельная ~ protective cable
инварна́нтная ~ invariant embedding

вста́вка
пла́вкая ~ fuse link
промежу́точная ~ *маш.* distance piece, spacer
соплова́я ~ nozzle lining
цилиндри́ческая ~ (*корпуса корабля*) parallel middlebody
~ шта́мпа die insert
вставля́ть *гл.* (*одно в другое*) insert, set [fit, put] into □ **~ в опра́ву** (*напр. линзу*) mount (*e. g., a lens*); **~ инструме́нт** enter the instrument; **~ стёкла** (*напр. в окна*) glaze (*e. g., windows*)
встра́ивать *гл.* build in
встреча́ться *гл.* occur, be found, be encountered □ **~ в ви́де** (*напр. кристаллов*) occur as (*e.g., crystals*); **~ в приро́де** (*напр. о рудах, минералах и т. п.*) occur in nature (*e. g., of ores, minerals, etc.*)
встре́чно-паралле́льный *прил.* anti-parallel
встро́енный built-in, built into, embedded into
встря́хивание *с.* shaking (up)
встря́хиватель *м.* shaker
~ для сит sieve [screen] shaker
пневмати́ческий ~ compressed-air shaker
садо́вый ~ tree shaker
~ с поворо́тным столо́м turntable shaker
встря́хивать *гл.* shake (up)
вступа́ть *гл.* □ **~ в де́йствие** come into force, come into effect, become valid; **~ в конта́кт** come into contact with, make contact with; **~ в реа́кцию** (*о химическом соединении*) react (with), undergo a reaction (*of a chemical compound*); **~ в соедине́ние с** combine with; **~ в строй** *см.* **вступа́ть в эксплуата́цию**; **~ в эксплуата́цию** become operational, go into operation, go into production, go on line, come into service
всыпа́ть *гл.* pour in
всю́ду *нареч. мат.* completely, everywhere □ **~ определённый** completely [everywhere] defined; **~ пло́тный** everywhere dense
вта́лкивание *с.* pushing [forcing, thrusting] in
вта́лкиватель *м.* pusher
вта́лкивать *гл.* push [force, thrust] in
втека́ние *с.* inflow, influx
втека́ть *гл.* flow [run, discharge] into
втира́ть *гл.* rub in
вти́скивать *гл.* press [thrust, force, squeeze] into
втори́чный *прил.* secondary
второсо́ртный *прил.* second-rate, inferior
второстепе́нный *прил.* minor, secondary, supplementary
втро́е *нареч.* **1.** (*больше*) (*о неисчисляемой величине*) three times as much; (*об исчисляемой величине*) three times as many; (*о размере*) three times as great [big, large] **2.** (*меньше*) (*о неисчисляемой величине*) one-third as much; (*об исчисляемой величине*) one-third as many; (*о размере*) one-third as great [big, large]
вту́лк/а *ж.* **1.** bush(ing), sleeve □ **вставля́ть ~у в подши́пник** bush a bearing **2.** *полигр.* core
ввёртная ~ screw bushing
~ веретена́ bolster
~ возду́шного винта́ propeller hub
динамометри́ческая ~ dynamometric hub
дистанцио́нная ~ distance [spacing] sleeve
закрепи́тельная ~ adapter [clamping] sleeve
замедля́ющая ~ (*реле*) copper slug
защи́тная ~ protection sleeve
изоли́рующая ~ insulating sleeve, insulating bush(ing), lead-in insulator
канту́ющая ~ *прок.* tumbling device
~ колеса́ boss
~ колле́ктора *эл.* commutator shell, commutator sleeve
конду́кторная ~ jig bush(ing)
литнико́вая ~ sprue bush(ing)
~ маховика́ flywheel boss, flywheel hub
направля́ющая ~ guide [pilot] bush(ing)
осева́я ~ axle box
па́лубная ~ deck plate, deck socket
перехо́дная ~ adapter, reducing bush(ing)
пла́вающая ~ floating bush(ing)
подши́пниковая ~ bearing bush-(ing)
~ по́ршня piston-boss bush(ing)
проходна́я изоли́рующая ~ (*для провода*) grommet
разрезна́я ~ split bush(ing)
распо́рная ~ distance [spacing] sleeve
резьбова́я ~ thread bush(ing)
~ рулево́го колеса́ steering-wheel hub
самосма́зывающаяся ~ oil(ing) bush(ing)
~ с запле́чиком collar [flanged] bush(ing)
~ со сма́зочной кана́вкой oil-grooved bush(ing)
~ с про́резью slotted sleeve
стяжна́я ~ clamping sleeve
~ уплотни́тельная ~ sealing bush-(ing)
упо́рная ~ thrust bush(ing)
эксце́нтриковая ~ eccentric bush-(ing), eccentric sleeve
втя́гивать *гл.* draw (in), pull (in)
втя́жка *ж. полигр.* **1.** (*в тексте*) motto indention **2.** (*деформация поверхности стереотипа*) concavity
вуали́рование *с.* (*в фотографии*) fogging
вуа́ль *ж.* (*в фотографии*) fog

вулканизáт *м.* vulcanizate
напóлненный ~ filled vulcanizate
ненапóлненный ~ unfilled vulcanizate
пéрекисный ~ peroxide vulcanizate
радиациóнный ~ radiation vulcanizate
саженапóлненный ~ carbon black vulcanizate
сéрный ~ sulphur vulcanizate
вулканизáтор *м.* **1.** (*аппарат*) vulcanizer **2.** (*вещество*) vulcanizing agent
бандáжный ~ (tread-)band vulcanizer
барабáнный ~ drum vulcanizer
высокочастóтный ~ high-frequency vulcanizer
индивидуáльный ~ unit vulcanizer
~ карусéльного тúпа rotary vulcanizer
кольцевóй ~ (*для восстановления покрышек*) retreader
многогнёздный ~ multiform unit vulcanizer
многомéстный ~ multiform unit vulcanizer
паровóй ~ steam vulcanizer
электрúческий ~ electric(-type) vulcanizer
вулканизáторщик *м.* vulcanizer (operator)
вулканизáция *ж.* vulcanization, curing
бессéрная ~ non-sulphur vulcanization
~ в автоклáве autoclave vulcanization
~ в воздýшной средé vulcanization in air
~ в горя́чей водé vulcanization in hot water
~ в кипя́щем слóе fluid bed vulcanization
~ в кислóтной средé acid vulcanization
~ в откры́том вúде open vulcanization
~ в паровóй средé vulcanization in steam
~ в прéссе press vulcanization
высокотемператýрная ~ high-temperature vulcanization
~ гáзами gas vulcanization
горя́чая ~ hot vulcanization
~ в средé горя́чего вóздуха vulcanization in heated air
кáмерная ~ chamber vulcanization
мéстная ~ spot vulcanization
непреры́вная ~ continuous vulcanization
низкотемператýрная ~ low-temperature vulcanization
оптимáльная ~ optimum vulcanization
~ óстрым пáром steam vulcanization
паровоздýшная ~ hor-air steam vulcanization
пéрекисная ~ peroxide vulcanization

вулканизáция
повтóрная ~ repeat vulcanization
предварúтельная ~ prevulcanization
преждеврéменная ~ premature vulcanization
прéссовая ~ press vulcanization
радиациóнная ~ radiation vulcanization
сéрная ~ sulphur vulcanization
скоростнáя ~ high-speed vulcanization
совмéстная ~ covulcanization
ступéнчатая ~ step-up vulcanization
~ тóками высóкой частоты́ high-frequency vulcanization
формовáя ~ mould vulcanization
хими́ческая ~ chemical vulcanization
холóдная ~ cold vulcanization
вулканизовáть *гл.* vulcanize, cure □ **~ в воздýшной, паровóй *и т. п.* средé** vulcanize in air, steam, *etc.*
вход *м.* **1.** (*в помещение, здание, на территорию и т. п.*) entrance, entry **2.** (*в системах, работающих на жидкостях или газах*) inlet **3.** (*электрической, электронной и т. п. схемы или цепи*) input **4.** (*пара входных полюсов или зажимов у четырёхполюсника*) input, port **5.** (*электрической цепи*) (*в теории цепей*) driving point **6.** (*разрешение на вход*) admission **7.** (*обозначение на схемах, чертежах и т. п.*) in
зáдний ~ rear [back] entrance
~ звукоснимáтеля (*у радиоприёмника*) "phono" jack
микрофóнный ~ microphone [speech] input
перéдний ~ front entrance
~ свéрху (*напр. в кабину самолёта*) overhead entrance
симметрúчный ~ (*схемы или цепи*) floating input
~ синхронизáции (*по частоте*) sync input; (*по фазе*) lock input
счётный ~ (*триггера*) complementing [inverting] input
центрáльный ~ central entrance
~ X (*вход горизонтального отклонения осциллоскопа*) X-input
~ Y (*вход вертикального отклонения осциллоскопа*) Y-input
входú/ть *гл.* enter (in, into), be present, appear, occur □ **величинá X ~т в выражéние в вúде ...** the quantity X enters in the expression as ...; **~ в зацеплéние** *маш.* mesh; **~ в синхронúзм** drop [pull] in synchronism; **~ в соединéния** enter into compounds; **~ в состáв** form, be (a) part of ...; **~ в уравнéние** appear in the equation, enter into the equation; **в числó ... ~т** among these factor is ..., be among ...; **~ тýго в** fit tightly in
входнóй *прил.* input; entrance; inlet

вхождéние *с.* **1.** entering **2.** *мат.* occurrence
~ в атмосфéру re-entry
~ в связь *рад.* establishment of communication [a contact] (with)
~ в синхронúзм coming into step [synchronism]
вчернé *нареч.* **1.** (*об обработанной, напр. на станке, детали*) (in the) rough **2.** (*о документе*) in draft form
вчистýю *нареч.* (*обрабатывать*) clean, final, in final form
въезд *м.* entrance, entry
~ карéтки *текст.* taking-in [run-in] of a carriage
наклóнный ~ ramp
вы́бег *м.*:
~ машúны run-out
~ сýдна (*при торможении*) stopping distance, stopway
~ температýры excursion of temperature
~ частоты́ frequency drift (*due to warm-up*)
выбивáть *гл.* **1.** (*частицы, электроны и т. п. из материала*) knock out, dislodge **2.** (*выколачивать, напр. одну деталь из другой*) hammer [drive, knock] out **3.** (*рисунок на поверхности металла и т. п.*) emboss; coin □ **~ клеймó** stamp a mark **4.** □ **~ прóбку** force a plug out
выбивáться *гл.* (*об авиагоризонте*) tumble
вы́бивка *ж.* (*литья*) knock-out, shake-out
гидравлúческая ~ hydraulic knock-out
~ отлúвок casting knock-out
~ стéржней core knock-out
~ форм mould knock-out
выбирáть *гл.* choose, select, pick (out) □ **~ материáл по стóйкости, мáссе *и т. п.*** choose [select] a material for (chemical) stability, weight, *etc.*; **~ канáт** haul in a rope; **~ люфт, слабинý *и т. п.*** take up lost motion, slack, *etc.*
вы́боина *ж.* **1.** (*на поверхности детали, изделия и т. п.*) dint, dent **2.** (*на дороге*) pot-hole
вы́бойка *ж.* *текст.* printed linen
вы́бор *м.* **1.** choice, selection; option **2.** (*выборочный метод*) sampling
~ без возвращéния sampling without replacement
~ без повторéния sampling without replacement
беспристрáстный ~ unbiased sampling
~ из бесконéчной совокýпности sampling from an infinite set
~ из конéчной совокýпности sampling from a finite set
~ из кýчи bulk sampling
многоступéнчатый ~ multistage sampling
многофáзный ~ multiphase sampling
необъектúвный ~ biased sampling

вы́бор
непреры́вный ~ continuous sampling
неравновероя́тный ~ unequal-probability [unequiprobable] sampling
объекти́вный ~ unbiased sampling
однокра́тный ~ unitary sampling
пристра́стный ~ biased sampling
произво́льный ~ optional sampling
пропорциона́льный ~ proportional sampling
просто́й ~ simple sampling
псевдослуча́йный ~ quasi-random sampling
равновероя́тный ~ equiprobable sampling
~ с возвраще́нием sampling with replacement
системати́ческий ~ systematic sampling
случа́йный ~ random sampling
~ с повторе́нием samping with replacement
вы́борка *ж.* **1.** (*результат выбора*) *стат.* sample **2.** (*из памяти или запоминающего устройства*) access
~ без ограниче́ний unrestricted sample
беспристра́стная ~ unbiased sample
гнездова́я ~ cluster sample
двойна́я ~ double sample
дефе́ктная ~ defective sample
жёсткая ~ non-random access
~ из вы́борки subsample
~ из спи́ска list sample
исключи́тельная ~ exceptional sample
ко́мплексная ~ complex sample
лотере́йная ~ lottery sample
не вполне́ случа́йная ~ judgement sample
непосре́дственная ~ direct access
неслуча́йная ~ non-random sample
однокра́тная ~ single sample
~ по гру́ппам quota sample
представи́тельная ~ representative sample
произво́льная ~ random access
проста́я ~ simple sample
пряма́я ~ direct access
равновероя́тная ~ equiprobable sample
~ с возвраще́нием sample with replacement
системати́ческая ~ systematic sample
случа́йная ~ random sample
уравнове́шенная ~ balanced sample
~ чи́сленностью ... a sample of size ...
шумова́я ~ noise sample
вы́борочность *ж.* optionality
выбрако́вка *ж.* **1.** *с.-х.* culling **2.** (*сортировка*) sorting **3.** (*изъятие*) discard, rejection
выбра́сыватель *м.* ejector, extractor
вы́брос *м.* **1.** (*вещества, материи*) ejection **2.** (*отходящих продуктов производства*) effluent **3.** (*породы, полезного ископаемого*) outburst

вы́брос
~ и́мпульса, обра́тный backswing, undershoot
~ и́мпульса, прямо́й overshoot
~ мета́лла slopping [spitting] of metal
пусково́й ~ *рад.* trigger spike
~ со́лнечного радиоизлуче́ния solar radio outburst
вы́вал *м. горн.* inrush
выва́ривать *гл.* **1.** extract by boiling **2.** *горн.* digest **3.** *текст.* scour
вы́варка *ж.* **1.** boiling extraction **2.** *горн.* digestion **3.** *текст.* scouring
выведе́ние *с.*:
~ на орби́ту (*КЛА*) orbital injection
~ пя́тен spot [stain] cleaning
~ фо́рмулы derivation of a formula
вы́верка *ж.* alignment, adjustment
~ на вертика́льность (*по отвесу*) plumbing
~ на горизонта́льность (*по уровню*) levelling
вывёртывать *гл.* undo, unscrew, screw out
выверя́ть *гл.* align, adjust □ **~ по отве́су** (*напр. взаимное расположение*) plumb; **~ по у́ровню** level
вы́веска *ж.* sign-board
предостерега́ющая ~ caution sign-board
выве́тривание *с.* weathering
выви́нчивать *гл.* undo, unscrew, screw out
вы́вод *м.* **1.** (*удаление*) removal, withdrawal □ **~ из эксплуата́ции** removal from service **2.** (*умозаключение*) deduction, inference **3.** (*формулы, уравнения*) derivation **4.** (*процесс*) output **5.** (*устройство*) output, outlet **6.** (*соединительный провод*) lead **7.** (*зажим*) *эл.* terminal **8.** (*отвод*) tap **9.** *вчт.* output, read-out
ано́дный ~ anode lead
~ да́нных data output
~ да́нных в бу́квенно-цифрово́й фо́рме alphanumeric data read-out
~ да́нных в двои́чной фо́рме binary data output
~ да́нных, визуа́льный visual data output
~ да́нных в цифрово́й фо́рме digital data read-out
~ да́нных на печа́тающее устро́йство data print-out
~ да́нных на экра́н data display
~ заземле́ния earthing terminal
заземля́ющий ~ earthing terminal
като́дный ~ cathode lead
лине́йный ~ line terminal
~ на орби́ту (*КЛА*) orbital injection
нулево́й ~ neutral terminal
~ от сре́дней то́чки centre tap
писто́нный ~ stack-mounting terminal
~ пучка́ (*из ускорителя частиц*) extraction of particles, beam extraction

вы́вод
се́точный ~ grid lead
~ хими́ческого исто́чника terminal
экрани́рованный ~ shielded [screened] lead
~ электро́да electrode lead
~ эне́ргии (*из магнетрона, СВЧ устройств и т. п.*) **1.** (*устройство*) output (circuit) **2.** (*процесс*) extraction of energy [power] from ...
~ эне́ргии, волново́дный waveguide output (circuit)
~ эне́ргии, коаксиа́льный coaxial-line output (circuit)
выводи́мость *ж.* (*формулы, уравнения*) deducibility, derivability
выводи́мый *прил.* (*о формуле, уравнении*) deducible, derivable
взаи́мно ~ interdeducible
выводи́ть *гл.* **1.** (*удалять*) remove, withdraw **2.** (*формулу, уравнение*) deduce, derive **3.** *эл.* bring out, take (out) to ..., terminate at **4.** □ **~ из зацепле́ния** disengage, throw out of gear, unmesh; **~ из равнове́сия** disturb the equilibrium, disturb from equilibrium (condition); **~ из стро́я** disable, damage, put out of action; **~ из ци́кла** remove from the cycle; **~ из эксплуата́ции** remove from [take out of] service; **~ концы́** bring out leads; **~ на орби́ту** place on [in] orbit; **~ на пане́ли** bring out to sockets
вы́воз *м.* **1.** removal **2.** *эк.* export
вы́возка *ж.* removal
~ ле́са removal of logs
~ ле́са, хлысто́вая removal of tree-length logs
вы́воротка *ж. полигр.* reversing
вы́гиб *м.* outward [upward] bend, curve, camber
выгиба́ть *гл.* camber, hog
выгиба́ться *гл.* (*деформироваться*) buckle, warp
выгла́живание *с.* (*полировка под давлением*) burnishing
выглубля́ть *гл. с.-х.* raise, shallow up (*out of the ground*)
выгова́ривать *гл.* (*номера, позывные и т. п.*) enunciate
вы́годность *ж.* **ко́да** efficiency of a code
вы́гон *м.* pasture, grazing ground
вы́гонка *ж.*:
~ расте́ний forcing (treatment)
~ строки́ *полигр.* driving-out
выгора́ние *с.* burn-out
~ обмуро́вки fluxing
~ то́плива burn-out, fluxing
~ цве́та fade, fading
~ экра́на screen burn-out
~ я́дерного то́плива depletion of nuclear fuel
выгора́ть *гл.* burn out, burn away
вы́греб *м.* **1.** (*золы*) rake-out **2.** (*приёмник для отбросов*) cesspool
выгреба́ть *гл.* **1.** (*золу*) rake out **2.** (*очищать*) clean out
выгружа́ть *гл.* unload

вы́грузка *ж.* unloading
вы́гул *м.* pasture
выдава́ть *гл.* 1. (*сигнал и т. п.*) generate □ ~ **сигна́л на** ... generate a signal which goes to ... 2. (*отпускать, поставлять*) issue, deliver 3. (*на-гора́*) output, produce 4. □ ~ **пате́нт** grant a patent
выдава́ться *гл.* (*выступать*) protrude, project, jut (out)
вы́давка *ж. мет.* extrusion
выда́вливание *с.* 1. pressing-out, squeezing-out 2. (*на прессе*) extrusion 3. (*на токарно-давильном станке*) spinning
~ **релье́фа** (*на поверхности металла*) relief embossing
выда́вливать *гл.* 1. press out, squeeze out 2. (*на прессе*) extrude 3. (*на токарно-давильном станке*) spin □ ~ **релье́ф** (*на поверхности металла*) emboss
выда́лбливать *гл.* 1. (*выемку, полость*) hollow out 2. (*убежище, яму*) cave, dig out, excavate 3. (*пазы*) slot
вы́дача *ж.* 1. (*сигнала и т. п.*) generation 2. (*оборудования, имущества, инструмента*) issue 3. (*выработка на-гора́*) output, production 4. (*данных*) output
~ **листовы́х загото́вок** cast section discharge
~ **сли́тка** (*из печи*) ingot discharge
вы́двиг *м.* (*судна при развороте*) advance
выдвига́ть *гл.* 1. (*одну деталь из другой, напр. колена телескопической мачты*) extend 2. (*блок, ящик и т. п. из шкафа*) withdraw, draw out of
выделе́ние *с.* 1. (*извлечение, напр. определённого сигнала или частоты из совокупности сигналов или частот, вещества из смеси или соединения*) extraction, segregation, separation, isolation, selection 2. (*испускание, напр. света, тепла*) emission, expulsion, evolution, liberation, release 3. (*образование, напр. осадка*) formation, precipitation 4. (*утечка*) escape, loss 5. (*в тексте*) *полигр.* display (matter) 6. (*металла на аноде или катоде при электролизе*) deposition
~ **синхронизи́рующих и́мпульсов** sync(hronizing pulse) separation
~ **те́кста** display matter
выдели́тель *м.*:
~ **семя́н** (*из плодов*) seed extractor
~ **синхронизи́рующих и́мпульсов** sync(hronizing pulse) separator
~ **синхронизи́рующих и́мпульсов ка́дровой развёртки** vertical sync(hronizing pulse) separator
~ **синхронизи́рующих и́мпульсов стро́чной развёртки** horizontal sync (hronizing pulse) separator
~ **та́ктовых и́мпульсов** discriminator

вы́делка *ж.* 1. (*производство*) manufacture 2. (*обработка*) dressing 3. (*качество*) make
выде́лывать *гл.* 1. (*производить*) manufacture, make 2. (*обрабатывать*) dress
выделя́ть *гл.* 1. (*извлекать, отделять*) extract, separate, isolate 2. (*испускать, напр. свет, тепло*) give off, evolve, exude, liberate, release □ ~ **ядови́тые га́зы** give off (noxious) fumes (*of an explosive*) 3. (*предоставлять для использования, напр. частоты связи*) allocate, assign
выделя́ться *гл.* (*о металле при электролизе на аноде или катоде*) deposit, plate out
выдёргивать *гл.* pull out, draw out
выде́рживание *с.* (*при взлёте*) flare-up
выде́рживатель *м. пищ.* holder
выде́ржива/ть *гл.* 1. (*подвергаться действию давления, движения и т. п.*) endure, withstand, stand up to □ ~ **нагру́зку** take [endure, withstand] a load; ~ **перегру́зки** withstand overload, accept an overload condition 2. (*переносить*) (with)-stand, bear, endure, sustain, maintain □ ~ **температу́ру** withstand temperature 3. (*раствор, смесь и т. п.*) stand, allow; (*бетон*) cure; (*древесину*) season; (*металл в нагревательной печи*) hold, soak; (*радиоактивные отходы*) cool; (*руду на рудном дворе*) weather 4. (*работать в течение какого-то времени*) last for ... *пример*: **футеро́вка ~ет рабо́ту в тече́ние 100 пла́вок** the lining lasts for 100 heats 5. □ ~ **до́пуски** hold tolerance
вы́держк/а *ж.* 1. endurance, stand-up 2. (*выносливость*) endurance, maintenance 3. (*раствора, смеси*) stand, allowance; (*бетона*) cure; (*древесины*) seasoning; (*металла*) soaking, holding 4. (*время освещения*) time of exposure, exposure □ **с (ра́зной) ~ой** at (different) exposures (*e. g., of photographs*)
~ **вре́мени** time lag, time delay
~ **вре́мени, зави́симая** indefinite [independent] time lag, indefinite [independent] time delay
~ **вре́мени, незави́симая** definite [dependent] time lag, definite [dependent] time delay
~ **вре́мени, обратнозави́симая** inverse time lag, inverse time delay
~ **вре́мени, после́довательная** sequential time delay
~ **вре́мени при отбо́е** *тлф.* splitting time
выдува́ние *с.* blowing-out, blowing-off
~ **в до́нной о́бласти** *ав.* base bleed
~ **по́чвы** wind erosion
~ **стекла́** glass blowing
выдува́ть *гл.* blow out, blow down

вы́дувка *ж.* (*доменной печи*) blowing-out, blowing-down (*the end of a furnace's campaign*)
~ **ма́ссы** *цел.-бум.* brown-stock blowing-down
выеда́ть *гл.* (*разрушать действием едких веществ*) attack, corrode, eat away
вы́езд *м.* 1. (*место, через которое выезжают*) exit 2. (*отъезд*) departure
~ **каре́тки** *текст.* run-out [drawing-out] of carriage
вы́емк/а *ж.* 1. (*извлечение одного из другого*) removal from 2. (*грунта*) excavation □ **дра́га произво́дит ~у на глубину́ ... (ме́тров)** a dredge cuts [makes a cut] to a depth of ... (metres) 3. *горн.* mining extraction; (*угля*) getting, winning 4. (*углубление*) depression, groove, pit, recess; (*в штампе*) sprue □ ~ **для бёрда** groove of lay for the reed; ~ **для махови́ка** fly-wheel pit 5. *мн. прок.* scallops
~ **пла́тины** *текст.* sinker throat
цо́кольная ~ (*радиолампы*) base dimple
выжива́емость *ж.* survival rate
выжива́ние *с.* survival
выжига́ть *гл.* burn out; (*клеймо*) brand
выжима́ть *гл.* squeeze (out), press (out)
вы́жимка *ж.* 1. squeezing (out), pressing (out) 2. *пласт.* release, rind, spew
вы́зов *м.* (*посылка вызывного сигнала*) ringing, signalling; (*разговор*) call □ **контро́ль ~а** revertive ringing [signalling]; **осуществля́ть ~ абоне́нта** signal [ring] to a subscriber; **принима́ть ~** (*об операторе*) answer a call; **~ ста́нции (абоне́нтом) осуществля́ется инду́ктором** the subscriber uses a magneto to signal the operator
зу́ммерный ~ phonic signalling
избира́тельный ~ selective ringing
инду́кторный ~ magneto ringing
маши́нный ~ generator ringing
~ **по вну́треннему телефо́ну** intercom call
полуавтомати́ческий ~ manually started machine ringing
полуизбира́тельный ~ semiselective ringing
~ **по ме́стной свя́зи** local(-circuit) call
служе́бный ~ service call
телефо́нный ~ telephone call
телефо́нный, заде́ржанный ~ delayed telephone call
телефо́нный, повто́рный ~ repeated telephone call
телефо́нный, поте́рянный ~ lost [ineffective] telephone call
~ **то́ком промы́шленной частоты́** power ringing
тона́льный ~ voice-frequency ringing

вызыва́ть *гл.* 1. (*являться причиной*) induce, cause, give rise to □ ~ **вибра́цию** set up [give rise to] vibrations; ~ **изно́с** (*напр. оборудования*) give rise to [result in, bring about] wear (*e.g., of equipment*); ~ **отве́тную реа́кцию** evoke response; ~ **появле́ние** (*напр. трещин*) initiate (*e. g., cracks*); ~ **прекраще́ние проце́сса** (*напр. окисления*) result in a cessation (*e.g., of oxidation process*); ~ **(чрезме́рное) напряже́ние** put (unnecessary) strain on ...; ~ **эффе́кт** lead to effect 2. (*посылать вызывной сигнал*) ring, signal

вы́игрыш *м.* 1. (*количественный*) gain 2. (*механический*) advantage □ **полиспа́ст даёт четырёхкра́тный ~ в си́ле** the mechanical advantage of a tackle is 4-to-1 3. (*в теории игр*) gain, win
  ~ **мо́щности при по́лном согласова́нии** completely matched power gain

вы́ка́лывать *гл.* (*долбить*) chip out

выка́пывать *гл.* dig up, dig out, excavate

вы́катывать *гл.* roll out, wheel out

выка́чивать *гл.* pump out

выки́дывать *гл.* throw out, discard, reject

выкипа́ть *гл.* boil away, evaporate by boiling, distil off

вы́кладка *ж.* 1. (*покрытие поверхности*) lining, facing 2. *мат.* calculations, computations
  ~ **бето́на** spreading of concrete
  ~ **костра́** *горн.* crib building

выкла́дывать *гл.* 1. (*покрывать, выстилать поверхность*) line, face □ ~ **кирпичо́м** line with bricks 2. (*вынимать наружу*) lay out, take out, unpack

выкли́нивание *с. горн.* thinning □ ~ **на пове́рхность** (*жилы*) cropping out to the surface (*of a vein*)

выключа́тель *м. эл.* 1. (*устройство для включения и отключения цепей и установок преимущественно при нормальных режимах и для целей управления*) switch □ **включа́ть** ~ close the switch; ~ **вы́веден на ...** (*переднюю, заднюю и т. п. панель*) the switch is brought out to ...; **выключа́ть** ~ open the switch; ~ **замыка́ет цепь** the switch makes [completes] the circuit; ~ **размыка́ет [разрыва́ет] цепь** the switch breaks [interrupts] the circuit; **ста́вить** ~ **в положе́ние ВКЛ** *или* **ВЫКЛ** move [set, place] the switch to [in] the ON *or* OFF position 2. (*автомат для отключения цепей и установок преимущественно в аварийных режимах*) (automatic) circuit breaker □ **включа́ть** ~ **повто́рно** reclose the circuit breaker; **включа́ть** ~, **стоя́щий на защёлке** trip the circuit breaker; **довключа́ть** ~ push past the closed position; ~ **отключа́ет ток коро́ткого замыка́ния** the circuit breaker interrupts short-circuit current; ~ **отключён** the circuit breaker in open

выключа́тель
  автога́зовый ~ hard-gas [self-generated, gas-blast] circuit breaker
  быстроде́йствующий ~ 1. high-speed switch 2. high-speed circuit breaker
  ва́куумный ~ vacuum switch
  взрывозащищённый ~ *англ.* flame-proof switch; *амер.* explosion-proof switch
  возду́шный ~ 1. air-(break) switch 2. air (-break) circuit breaker
  ~ **в це́пи управле́ния** control switch
  генера́торный ~ generating-station circuit breaker
  герко́новый ~ reed switch
  гермети́ческий ~ hermetically sealed switch
  горшко́вый ~ small-oil volume separate-pole porcelain-insulated circuit breaker
  группово́й ~ group switch
  дверно́й ~ door-(operated) switch
  двухпо́люсный ~ double-pole switch
  дистанцио́нный ~ remote switch
  дифманометри́ческий ~ differential-pressure switch
  ~ **для откры́той прово́дки** surface switch
  ~ **для скры́той прово́дки** flush-(-mounting) switch
  заземля́ющий ~ *англ.* earthing switch; *амер.* grounding switch
  закры́тый ~ enclosed [safety] switch
  и́мпульсный ~ impulse switch
  кно́почный ~ push-button switch
  конта́ктный ~ contact switch
  концево́й ~ limit switch
  кулачко́вый ~ cam(-operated) switch
  лине́йный ~ line circuit breaker
  максима́льный ~ overcurrent [overvoltage] circuit breaker
  малоё́мкостный ~ anti-capacitance switch
  малома́сляный ~ small-oil volume [low-oil content] circuit breaker
  ма́сляный ~ 1. oil-(immersed) switch 2. oil circuit breaker
  ма́сляный, ба́ковый ~ single-tank oil circuit breaker
  ма́сляный, ка́мерный ~ multitank oil circuit breaker
  ~ **мгнове́нного де́йствия** snap(action) switch
  минима́льный ~ low-voltage [under-voltage] circuit breaker, low-current [under-current] circuit breaker
  многоконта́ктный ~ multi(ple-)contact switch
  многопозицио́нный ~ multi(ple-)position switch
  ~ **нагру́зки** load-breaking isolator
  ~ **нака́ла** filament switch
  ~ **на одно́** *или* **два направле́ния** single- *or* double- way switch
  ~ **на одно́** *или* **два фикси́рованных положе́ния** single *or* double throw switch
  ~ **на ответвле́нии** branch switch
  ножево́й ~ knife(-blade) switch
  ножно́й ~ foot(-operated) switch
  норма́льно за́мкнутый ~ normally closed [N. C.] switch
  норма́льно разо́мкнутый ~ normally open [N. O.] switch
  ~ **обхо́дов** by-pass switch
  однопо́люсный ~ single-pole switch
  ~ **освеще́ния, дверно́й** door light switch
  паке́тный ~ rotary [packet] switch
  ~ **пита́ния** power switch
  пневмати́ческий ~ air-pressure switch
  подстанцио́нный ~ substation circuit breaker
  поплавко́вый ~ float [liquid-level] switch
  пусково́й ~ starting switch
  путево́й ~ limit switch
  рту́тный ~ mercury switch
  ручно́й ~ hand-operated [manual] switch
  ~ **с автомати́ческим повто́рным включе́нием** auto(matic)-reclosing circuit breaker
  ~ **с автомати́ческим повто́рным включе́нием, многокра́тный** multi-shot auto-reclosing circuit breaker
  ~ **с автомати́ческим повто́рным включе́нием, однора́зовый** single-shot auto-reclosing circuit breaker
  сблоки́рованный ~ interlocked switch
  ~ **с блоки́рующим устро́йством** lock-out circuit breaker
  ~ **с больши́м объёмом ма́сла** bulk-oil circuit breaker
  ~ **с возду́шным дутьём** air-blast circuit breaker
  ~ **с вы́держкой вре́мени** delayed-action switch
  ~ **с вы́держкой вре́мени на замыка́ние** delayed make switch
  ~ **с вы́держкой вре́мени на размыка́ние** delayed break switch
  ~ **с га́зовым дутьём** gas-blast circuit breaker
  секцио́нный ~ 1. sectionalizing switch 2. sectionalizing circuit breaker, sectionalizer
  сетево́й ~ mains switch
  силово́й ~ power switch
  ~ **с магни́тным дутьём** magnetic blow-out [blast] circuit breaker
  ~ **с магни́тным при́водом** magnetically operated switch
  ~ **с одни́м** *или* **двумя́ разры́вами** single- *or* double-break switch
  солено́идный ~ solenoid switch
  ~ **со свобо́дным расцепле́нием** trip-free circuit breaker

выключа́тель
~ с пла́вким предохрани́телем fuse(d) switch
~ с пневмати́ческим при́водом pneumatically operated circuit breaker
~ с пружи́нным возвра́том spring-return switch
~ с рогови́м искрогаси́телем horn-gap switch
столбово́й ~ pole switch
ступе́нчатый ~ step switch
с часовы́м механи́змом clock-controlled switch
теплово́й ~ thermal cut-out
тири́сторный ~ thyristor switch
флажко́вый ~ (mechanical) flag switch
центробе́жный ~ centrifugal switch
шиносоедини́тельный ~ busbar coupler, bus-tie switch
ште́псельный ~ plug-(in) switch
щелчко́вый ~ snap switch
элега́зовый ~ sulphur hexafluoride switch
электромагни́тный ~ solenoid-(operated) switch
электромехани́ческий ~ motor(-operated) switch
выключа́ть *гл.* **1.** (*ток, напряжение, питание*) turn [switch] off, remove **2.** (*электро- или радиоустройство*) turn [switch] off, de-energize **3.** (*из цепи, напр. сопротивление, конденсатор и т. п.*) bring [take] out of circuit, switch out **4.** (*двигатель внутреннего сгорания, ядерный реактор*) shut down **5.** (*сцепление*) disengage, throw out **6.** (*контактор, командоаппарат, выключатель-автомат и т. п.*) open **7.** (*воду, газ и т. п.*) turn off
«вы́ключено» OFF; (*о сцеплении*) OUT; (*о контакторе, выключателе*) OPEN
вы́ключка *ж.* **(строки́)** *полигр.* line justification
выкола́чивание *с.* **1.** knocking [beating] out; tapping **2.** *полигр.* (*корешков книг*) hammering up; (*формы*) planing down; (*при ручном матрицировании*) brush moulding
выкола́чивать *гл.* knock [beat] out; tap
вы́колотка *ж.* **1.** *см.* **выкола́чивание** **2.** (*прут для выколачивания*) *мет.* knock-out **3.** (*болт для выколачивания*) drift-bolt **4.** (*брусок для выколачивания печатной формы*) planer
выкорчёвывание *с.* grubbing, stubbing, uprooting
выкорчёвывать *гл.* grub up, stub
выкра́шивание *с.* **1.** (*с поверхности*) flaking, spalling **2.** (*скалывание*) breaking off, chipping **3.** (*износ зубчатых колёс*) pitting **4.** (*образование ямок на поверхности трения*) pitting
~ валко́в *прок.* spalling of rolls

выкра́шивание
уста́лостное ~ (fatigue) flaking, fatigue spalling
выкра́шиваться *гл.* **1.** (*с поверхности*) flake, spall **2.** (*скалываться*) break off, chip **3.** (*о зубьях шестерён*) chip out
вы́кружка *ж.* **1.** *арх.* cavetto, cove, scotia **2.** *мор.* bossing (*in the shell plating of a vessel*)
выкру́чивание *с.* **алюмина́тного раство́ра** (*в производстве алюминия*) precipitation [decomposition] of sodium-aluminate solution
выкрыва́ние *с.* *полигр.* stopping-out
выла́вливать *гл.* catch, recover
выла́мывать *гл.* break out, break open
вылёживание *с.* weathering
вы́лет *м.* **1.** (*самолёта*) departure (*of a plane*); (*боевой*) sortie **2.** (*стремительное действие*) escapement, emergement **3.** (*ядерной частицы*) escape, emission, emergence (*of a particle*) **4.** (*свободная длина выступающей части конструкции или машины*) overhang
~ ба́лки (*свес*) overhang of a beam
~ сва́рочной маши́ны throat [gap depth] of a welder
~ станка́ sweep of a lathe
~ челнока́ flight of shuttle
вылета́ть *гл.* **1.** (*о самолёте*) depart **2.** (*стремительно вырываться или выпадать*) escape, emerge **3.** (*о частицах*) escape
вылива́ть *гл.* pour (out); discharge; empty
вылива́ться *гл.* pour (out), run [flow] out; be discharged
вылу́щивание *с.* husking, shelling
выма́чивание *с.* steeping, soaking; (*льна*) retting
вымбо́вка *ж.* *мор.* capstan bar, handspike
вымерза́ние *с.* winterkill, frost injury
вымётывание *с.* ear emergence, tasseling
вы́моина *ж.* gully, wash-out, gulch, ravine
вымока́ть *гл.* get wet, be soaked
вымола́чивать *гл.* thresh
вы́молот *м.* threshing
вымора́живание *с.* freezing
~ волокна́ *текст.* freezing of the fibre
~ зёрен мета́лла shotting
~ носи́телей заря́дов carrier freeze-out
вы́мочка *ж.* **1.** *см.* **выма́чивание** **2.** (*дефект*) wet spot
вы́мпел *м.* droppable message bag
вымыва́ние *с.* **1.** wash-out, leaching **2.** *геол.* erosion
вы́мывка *ж.* **ма́ссы** *цел.-бум.* brown-stock flushing
вынима́ть *гл.* **1.** (*извлекать один из другого*) take *smth.* out of [from], remove [produce] from **2.** (*выдвигать, напр. ящик или блок из шкафа*) extend, draw out, withdraw **3.** (*грунт*) excavate **4.** □ **~ сверло́** (*для избежания перегрева*) back the drill out (*to prevent scorching*) **5.** □ **~ ште́псель** withdraw a plug
вы́нос *м.* **1.** (*удаление*) removal, carrying out, carrying away **2.** (*реки*) drift, removal
~ ба́лки overhanging length of a beam [girder]
~ крыла́ stagger
~ ло́пасти blade deflection
~ пы́ли flue dust escape
~ руды́ (*отходящими газами*) ore loss (*with flue gases*)
~ соле́й *м.* carry-over
выноси́ть *гл.* **1.** (*удалять*) remove, carry out [away, off] **2.** (*выдерживать*) endure, withstand, stand up to (*e.g., temperature, load*) **3.** □ **~ за зна́к** take [place] outside; **~ за ско́бки** factor out [from]; **~ мно́житель из-под зна́ка ко́рня** remove a factor from the radicand
вы́носка *ж.* *полигр.* (*примечание*) note; (*на полях*) marginal note; (*под строкой*) foot-note
выно́сливость *ж.* endurance, durability, hardiness
акусти́ческая ~ sonic endurance
вибрацио́нная ~ vibration endurance
уда́рная ~ impact endurance
выпада́ть *гл.* **1.** (*об атмосферных осадках*) fall out **2.** (*осаждаться из раствора*) precipitate, be rejected, separate, be separated (*from solution*) **3.** (*при бросании жребия, кости, монеты*) occur, turn up; fall out **4.** □ **~ из синхрони́зма** fall out of synchronism, fall out of step
выпаде́ние *с.* **1.** (*атмосферных осадков*) fall-out **2.** (*осаждение из раствора*) precipitation, separation
~ полука́дра из ка́дра *тлв.* displacement out of frame
~ разря́да bit loss
~ сигна́ла signal loss
вы́пар *м.* flash steam
выпа́ривание *с.* evaporation □ **отделя́ть [разделя́ть] ~м** boil off
выпа́ривать *гл.* evaporate
вы́парка *ж.* *см.* **выпа́ривание**
вы́печка *ж.* baking
о́пытная ~ test baking
выпи́ливать *гл.* **1.** (*пилой*) saw (out) **2.** (*напильником*) file out
выпира́ть *гл.* protrude, bulge out
вы́писка *ж.*:
контро́льная ~ *тлф.* observation report
~ счето́в billing
вы́плавка *ж.* **1.** (*производство*) making, manufacture, production, smelting **2.** (*стали*) melting **3.** (*количество полученного металла*) output **4.** (*дефект в огнеупорах*) spalling
выплавля́ть *гл.* **1.** (*производить*) make, manufacture, produce,

smelt 2. (*извлекать расплавлением*) melt out, extract by melting
выплавля́ться *гл.* (*о вкладыше подшипника*) melt (and run) out
вы́плеск *м.* **мета́лла** metal splashing
вы́плыв *м.* (*каучука*) spew
выполне́ние *с.* **1.** (*завершение*) completion **2.** (*осуществление операции, плана действий*) execution, performance
~ контра́кта implementation of a contract
~ обяза́тельств fulfilment of engagements [commitments]
выполненный fulfilled, filled-out, made □ **~ за одно́ це́лое с** *чем-л.* (made) integral with ...; **~ по зака́зу** custom-built, custom-made
выполни́мость *ж. мат.* satisfiability
выполни́мый feasible, practicable
выполня́ть *гл.* **1.** (*завершать*) complete (*e. g., the design of the equipment*) **2.** (*осуществлять операцию, план*) carry out, execute, accomplish, perform □ **~ вычисле́ния** perform computations; **~ на зака́з** make to order; **~ согла́сно техни́ческим усло́виям** make in accordance with [in conformity with] specifications; **~ указа́ния** follow the directions [instruction]; **~ усло́вие** satisfy a condition; **~ фу́нкцию** act [serve, function, operate] as (*e. g., a switch*)
вы́пор *м. мет.* air gate; flow-off [pop-off] vent
вы́пороток *м. кож.* still-born calf-skin, deacon
вы́пот *м.* sweat, exudation
~ о́лова из чу́шек sweat tin bars
выпотева́ние *с.* sweating, exudation
вы́правка *ж.* **пути́, ме́стная** spot surfacing of track
выправле́ние *с.* **расфокуси́рования** debunching correction
выправля́ть *гл.* **1.** (*исправить*) correct, set right **2.** (*расправить*) straighten, smoothen, flatten, planish □ **~ без разбо́рки** (*напр. помятое крыло автомобиля*) fair in place
выпрессо́вка *ж. пласт.* release, rind, spew
выпрессо́вывание *с. мет.* **1.** pressing off, squeezing **2.** (*удаление прессовки из пресс-формы*) ejecting of compact
выпрессо́вывать *гл.* press off, squeeze □ **~ кри́цу** (*в пудлинговании*) squeeze the ball
выпрями́тель *м.* **1.** (*вентиль, элемент выпрямителя*) rectifier, rectifying element **2.** (*устройство, схема*) rectifier circuit, rectifier (unit)
~ ано́дного пита́ния *англ.* anode-supply rectifier; *амер.* plate-supply rectifier
газотро́нный ~ gas-filled thermionic-diode [gas-diode] rectifier (unit
двухполуперио́дный ~ full-wave rectifier
выпрями́тель
двухполуперио́дный ~ по мостово́й схе́ме Ларио́нова Graetz rectifier
двухполуперио́дный ~ с нулевы́м вы́водом solidly earthed full-wave rectifier
дио́дный ~ diode rectifier
заря́дный ~ battery charging rectifier, battery charger
заря́дный, бу́ферный ~ trickle charger
и́мпульсный ~ pulsed rectifier
кенотро́нный ~ thermionic rectifier
магнетро́нный ~ rectifying magnetron
механи́ческий ~ mechanical rectifier
мо́щный ~ heavy-duty [power] rectifier
однополуперио́дный ~ half-wave rectifier
однофа́зный ~ single-phase rectifier
полупроводнико́вый ~ semiconductor [*p-n*-junction] rectifier
~ по мостово́й схе́ме bridge rectifier
путево́й ~ *ж.-д.* track rectifier
рту́тный ~ (*совокупность одного или нескольких ртутных вентилей и вспомогательных цепей*) mercury-arc rectifier unit
сва́рочный ~ welding rectifier
селе́новый ~ selenium-rectifier stack
~ смеще́ния bias rectifier
~ с обра́тной свя́зью feedback(-regulated) rectifier
~ со сре́дней то́чкой centre-tap rectifier
стабилизи́рованный ~ *англ.* stabilized rectifier; *амер.* regulated rectifier
тиратро́нный ~ thyratron rectifier
тири́сторный ~ thyristor rectifier
~ трёхфа́зного то́ка three-phase rectifier
усредня́ющий ~ averaging rectifier
фазочувстви́тельный ~ phase-sensitive rectifier
электроконта́ктный ~ mechanical rectifier
электролити́ческий ~ electrolytic rectifier
электро́нный ~ electronic rectifier
электрохими́ческий ~ electrochemical rectifier
выпрямле́ние *с. эл.* rectification
двухполуперио́дное ~ full-wave rectification
однополуперио́дное ~ half-wave rectification
выпрямля́ть *гл.* **1.** (*механически*) straighten; (*по вертикали*) set upright [erect] **2.** *эл.* rectify
выпрямля́ющий **1.** (*механически*) straightening **2.** *эл.* rectifying
вы́пукло-во́гнутый *прил.* convexo-concave
вы́пукло-компа́ктный *прил.* convexo-compact
вы́пуклост/ь *ж.* **1.** convexity; camber □ **с ~ями** (*о поверхности*) bossy **2.** *мет.* side strain
~ боково́й кро́мки *мет.* side camber
~ бо́чки валка́ *мет.* roll camber, roll crowning
~ валка́ *мет.* crown
~ доро́жного покры́тия barrel camber of road
~ мостово́й camber of paving
вы́пуклый *прил.* **1.** convex □ **~ вверх** convex upwards; **~ вниз** convex down(wards) **2.** (*выступающий над чем-л.*) protruding, prominent (*from*) **3.** (*о рельефе, рисунке и т. п.*) embossed, raised
вы́пуск *м.* **1.** (*напр. воздуха, газа, давления и т. п.*) release **2.** (*опорожнение, разгрузка*) discharge **3.** (*выходное отверстие*) outlet □ **температу́ра на ~е** outlet temperature **4.** (*выхлоп*) exhaust **5.** (*объём производства*) output, production **6.** (*расплавленного металла, шлака из печи*) tapping
~ армату́ры free length of reinforcement bars
~ неуспоко́енной пла́вки open tapping
~ пла́вки heat tapping; (*чугуна*) hot metal [iron] tapping; (*стали*) steel tapping
~ ручья́ (*прокатного валка*) taper of groove
~ стены́ projection of wall
~ тормозно́го парашю́та drogue-chute ejection
~ шла́ка tapping of slag
выпуска́ть *гл.* **1.** (*давать выход, напр. воздуху, газу*) release **2.** (*опорожнять, выбрасывать*) discharge **3.** (*изготавливать*) make, manufacture, produce, turn out □ **~ сери́йно** produce in lots, produce in quantity **4.** (*плавку из печи*) tap (a heat) □ **~ пла́вку на за́данном содержа́нии углеро́да** tap (a heat) on carbon
выпуска́/ться *гл.* **в ... модифика́циях** (*об изделиях*) be made [come] in ... modifications *пример*: **двигатели ~ются в двух модифика́циях** engines come in two modifications
выпу́чивани/е *с.* (*напр. грунта, опалубки и т. п.*) bulging
~ стéржня (*продольный изгиб*) buckling of a column □ **теря́ть усто́йчивость в результа́те ~я стéржня** fail by buckling
вы́пучина *ж.* bulge
вырабáтывать *гл.* **1.** (*тщательно изготовлять*) make, manufacture, produce, turn out **2.** (*генерировать*) generate, produce **3.** (*составлять инструкции, наставления*) work out; (*составлять график, план*) draw up **4.** (*истощать, исчерпывать запасы*) exhaust, deplete □ **~ запа́с то́плива** burn up, burn out; **~ информа́цию** produce [generate] information [data]

вы́работк/а *ж.* **1.** (*изготовление*) manufacture, production **2.** (*объём или количество продукции*) output **3.** (*генерация*) generation **4.** (*истощение, исчерпывание запасов*) exhaustion, depletion **5.** (*износ при вращении*) wear out of true □ **дета́ль име́ет ~у** the part wears out of true **6.** *горн.* working, opening, roadway, entry, heading □ **выводи́ть ~у на пове́рхность** open a working to daylight; **гаси́ть ~у** fill [gob] a slope; **затопля́ть ~у** waterlog a working; **оставля́ть [забра́сывать] ~у** abandon a working; **проходи́ть [проводи́ть] ~у** drive a working; (*вертикальную*) sink a working
аккумули́рующая ~ main roadway
бурова́я ~ drilling room (*place underground to install drilling machines*)
вентиляцио́нная ~ air heading, airway
вентиляцио́нная, входна́я ~ intake airway
вертика́льная ~ vertical opening
восстаю́щая ~ entry, raise
горизонта́льная ~ level [horizontal] working
~ для размино́вки branch heading
капита́льная ~ permanent working, permanent opening
накло́нная ~ incline working, slope
нарезна́я ~ development working
обходна́я ~ by-way
отка́точная ~ haulageway
очи́стная ~ stope
пога́шенная ~ filled stope, gob working
подготови́тельная ~ development working
полева́я ~ lateral working
~ поня́тий concept formation
разве́дочная ~ exploratory [exploring] working
сбо́рная ~ main roadway
скре́перная ~ scraper working
выра́внивание *с.* **1.** (*по уровню*) levelling **2.** (*по величине*) equalization
автомати́ческое ~ *с.-х.* self-levelling
~ давле́ния pressure equalization
изостати́ческое ~ *геод.* isostatic adjustment, isostatic compensation
~ кривизны́ по́ля изображе́ния flattening of image field
~ подо́швы sole splitting
~ по ме́тоду наиме́ньших квадра́тов fitting of data [curve-fitting] by least squares
попере́чное ~ *с.-х.* cross(wise) levelling
продо́льное ~ *с.-х.* fore-and-aft levelling
выра́вниватель *м.* **1.** *с.-х.* land leveller **2.** *рад., эл.* equalizer □ **~ устраня́ет неравноме́рность часто́тной характери́стики** the equalizer adjusts the gain-frequency response, the equalizer equalizes variations of attenuation with frequency
выра́вниватель
~ консе́рвных ба́нок can unscrambler
~ фа́зы phase compensator
выра́внивать *гл.* **1.** (*делать гладким*) smooth out, smooth down **2.** (*планировать*) grade, level (*the surface, road, etc.*) **3.** (*располагать на одной прямой*) align, line up □ **~ валки́** *прок.* align rolls; **~ ве́шки по высоте́** *геод.* bring to grade **4.** (*уравнивать по всему объёму, материалу*) equalize □ **~ давле́ние** equalize pressure; **~ напряже́ния в ко́рде** equalize tension; **~ соста́в** equalize the composition [analysis] **5.** (*подгонять по размеру, величине и т. п.*) match **6.** □ **~ поря́дки** *мат.* match exponents
выража́ть *гл.* express □ **~ в проце́нтах** express as a percentage [in per cent]; **~ общепри́нятым о́бразом** express in the conventional way; **~ относи́тельно** *чего-л.* express relative to *smth.*; **~ че́рез ...** express in terms of ..., express as ...
выраже́ни/е *с. мат.* expression
алгебраи́ческое ~ algebraic expression □ **найти́ чи́сленное значе́ние алгебраи́ческого ~я** evaluate an algebraic expression
аналити́ческое ~ analytic(al) expression
~ в коне́чном ви́де expression in closed form, finite formula
~ в ско́бках bracketed [parenthetical] expression
вы́деленное ~ singled-out expression
имену́ющее ~ designational expression
и́стинное ~ true expression
неопределённое ~ indeterminate form
обра́тное ~ reciprocal expression
определя́емое ~ definiendum
определя́ющее ~ definiens
подкоренно́е ~ radicand, expression under the radical
подынтегра́льное ~ integrand, integration element, expression under the integral sign
приближённое ~ approximate expression
содержа́тельное ~ semantic expression
степенно́е ~ exponential expression, exponentiation
чи́сленное ~ numerical expression
вы́раженный □ **~ че́рез** expressed in terms of; **~ чётко** clearly defined, clearly marked
выра́щивание *с.* **1.** growing, growth **2.** *с.-х.* (*растений*) growing, cultivation; (*животных*) raising, breeding
~ криста́ллов crystal growing
эпитаксиа́льное ~ (*кристаллов*) epitaxial growth
вы́рез *м.* (*выемка*) cut-out, opening; notch
выреза́ть *гл.* cut out □ **~ зубцы́** (*по краям листа материала*) scallop; **~ образцы́** (*металла*) **для испыта́ний** remove coupons for tests
вы́резка *ж.* **1.** cutting out **2.** *полигр.* spotting-up, patching
вырожда́ться *гл.* degenerate (into)
вырожде́ние *с.* degeneracy, degeneration
вы́рожденный 1. *физ.* degenerate **2.** *мат.* confluent, singular
вы́росток *м. кож.* kip
выруба́ть *гл.* **1.** cut out □ **~ загото́вки** *мет.* cut blanks, blank out parts; **~ лес** fell trees; **~** (*пробивать*) **отве́рстия** punch holes **2.** (*стамеской, зубилом и т. п.*) chip out **3.** (*штамповать*) punch, stamp **4.** (*дефекты сварного шва*) chip out (*with a chisel or gouge*) **5.** (*о рубильнике*) *жарг.* cut out a knife switch
вы́рубка *ж.* **1.** cutting out **2.** (*холодная штамповка*) punching, stamping **3.** *полигр.* die-cutting **4.** (*дефектов на металле*) chipping out **5.** (*леса*) felling area
~ дета́лей о́буви blocking of a shoe
~ загото́вок (*в прессе*) blanking
пневмати́ческая ~ chipping with an air-operated chisel *or* gouge
вы́рубщик *м.* (*дефектов на металле*) chipper
вырыва́ть *гл.* **1.** (*рыть*) dig out, excavate **2.** (*удалять силой*) break away [break loose] from
вы́садка *гл.* **1.** (*кузнечная операция*) (*головок, труб, заклёпок и т. п.*) heading; (*труб, поковок и т. п.*) upset(ting) **2.** (*деревьев и т. п.*) transplantation, planting out **3.** (*из транспорта*) landing, debarkation, getting off
горя́чая ~ hot heading; hot upset(ting)
холо́дная ~ cold heading; cold upset(ting)
выса́живать *гл.* **голо́вку болта́** head a bolt
выса́ливание *с.* salting out
выса́чивание *с.* oozing, leaking
высве́рливать *гл.* (*напр.* **болт,** *винт*) drill out
высве́чивание *с.* de-excitation, fluorescence, luminescence
высвобожде́ние *с. хим.* release (*e. g., of a hydrogen ion*)
вы́сев *м.* seeding
ве́рхний ~ upper seeding
ни́жний ~ under seeding
высева́ть *гл.* seed
вы́севки *мн. ж.* **1.** (*при рассеве руды, минералов и т. п.*) fines, screenings **2.** (*при рассеве зерна, муки и т. п.*) chaff, siftings, screenings
ко́ксовые ~ coke breeze
~ щéбня crushed-stone screenings
высека́ть *гл.* (*вырубать из цельного куска*) hew, cut (out), carve

вы́сечка *ж.* 1. (*вырубка из цельного куска*) hewing, cutting out, carving 2. *горн.* trench, cutting 3. *полигр.* die-cutting
выска́зывание *с.* (*в математической логике*) sentence □ **отрица́ть ~** negate a sentence; **составля́ть ~** form a sentence
вы́сов *м* **фу́рмы** tuyere projection
высоко́- (*первая составная часть сложных слов, соответствующая по значению очень, в высшей степени*) high- *примеры*: **высокова́куумный** high-vacuum; **высокозо́льный** high-ash
высокопла́н *м.* high-wing monoplane
высокостволь́ник *м.* high forest
высот/а́ *ж.* 1. (*расстояние по вертикали*) height; (*геометрическая*) altitude, height; *ав.* altitude; (*над местностью или наблюдателем*) height 2. (*звука*) pitch 3. (*вертикальный размер балки, сосуда и т. п.*) depth 4. (*возвышенность*) elevation 5. (*небесного тела*) altitude, elevation
абсолю́тная ~ (*над уровнем моря*) true altitude (*Не путать с* absolute altitude истинная высота — *высота над местностью. Note. Not to be confused with* absolute altitude *which comes over as* истинная высота *in Russian*)
~ анте́нны height of an aerial
~ анте́нны, эффекти́вная effective aerial height
~ апоге́я altitude at apogee
~ ба́лки depth of a girder
~ ба́ра (*врубовой машины*) cutting height
бароме́три́ческая ~ barometric altitude
безопа́сная ~ (*полёта самолёта*) safe height, safe altitude
~ бёрда depth of the reed
~ бо́рта (*судна*) depth
~ бо́рта, обме́рная tonnage depth
~ бо́рта, расчётная moulded depth
~ бо́рта, теорети́ческая moulded depth
~ вса́сывания (*насоса*) suction lift, suction head
~ в свету́ clear height
габари́тная ~ overall height; (*для перевозок по железной дороге и т. п.*) clearance height
~ гео́ида geoidal rise
~ гла́за наблюда́теля height of the eye
~ гнезда́ почáтка *текст.* length of a cop bit, length of a cop bottom
~ голо́вки зу́ба (*шестерни*) (tooth) addendum
~ забо́я working head
~ зава́лки *мет.* charging level
~ зару́бной ще́ли cut height, kerf thickness
~ за́сыпи (*доменной печи*) position of a stock line, stock-line level
~ зву́ка pitch of a tone

высот/а́
~ зо́ны охлажде́ния *тепл.* dew-point depression
~ зу́ба (*шестерни*) depth of a tooth
~ зу́ба, по́лная total depth of a tooth
~ зу́ба, рабо́чая working [contact] depth of a tooth
~ зу́ба, теорети́ческая total [whole] depth of a tooth
~ инструме́нта *топ.* the horizon of an instrument
испра́вленная ~ *нвг.* corrected altitude
и́стинная ~ absolute altitude
исхо́дная ~ reference altitude
клинометри́ческая ~ clinometric height
кома́ндная ~ *топ.* commanding ground
кре́йсерская ~ *ав.* cruising height, cruising altitude
меридиона́льная ~ meridian altitude
метацентри́ческая ~ metacentric height
наблюда́емая ~ apparent altitude
~ надво́дного бо́рта (*судна*) free-board
~ над у́ровнем мо́ря altitude above sea-level
~ на́сыпи depth of a fill
~ начи́нка *текст.* length of a cop bit, length of a cop bottom
~ небе́сного свети́ла celestial altitude
неприведённая ~ apparent altitude
~ но́жки зу́ба (*шестерни*) (tooth) dedendum
околомеридиа́нная ~ circummeridian altitude
ортометри́ческая ~ orthometric elevation, orthometric height
~ от пове́рхности гео́ида geoidal rise
~ от сферо́ида spheroidal height
~ очка́ (*литеры*) depth of a letter [body]
~ паре́ния (*летательного аппарата на воздушной подушке*) hovering height
~ периге́я perigee altitude, altitude at perigee
~ по давле́нию pressure altitude
~ пода́чи насо́са the lift of a pump
~ подбо́рки (*травы, сена и т. п.*) collecting height
~ подъёма 1. *с.-х.* (*машины, орудия и т. п.*) lifting height 2. (*судна на подводных крыльях*) clearance height 3. (*подъёмно-транспортных средств*) hoisting height, height of lift
~ подъёма домкра́та the lift of a jack
~ подъёма кла́пана degree [height] of valve lift
~ подъёма кра́на the stroke of a crane
~ подъёма на ходу́ (*аппарата на воздушной подушке*) cruising height

высот/а́
~ подъёма сло́я намо́тки pitch of a coil
~ подэтажа́ *горн.* sublevel interval
~ по инструме́нту *геод.* instrumental height
~ полёта flight altitude
~ по́люса polar [pole] altitude
~ помеще́ния head room
~ по пло́тности density altitude
~ по́ршня piston depth
~ по температу́ре temperature altitude
прибо́рная ~ *ав.* indicated altitude
~ прое́зжей ча́сти моста́ depth of bridge floor
~ пропи́ла *лес.* the length of a stroke
~ про́филя резьбы́ depth of thread
пьезометри́ческая ~ piezometric head
~ разли́вки (*металла из ковша*) pouring height
~ самовса́сывания (*насоса*) self-suction lift
~ сбро́са *горн.* fault throw
~ сегме́нта *геод.* middle ordinate
~ сече́ния cross-sectional height
~ сече́ния релье́фа contour [vertical] interval
~ сече́ния, эффекти́вная effective depth of section
~ сре́за *с.-х.* (*режущего аппарата*) cutting height
строи́тельная ~ structural [constructional] depth
~ то́чки фотографи́рования altimetric point
углова́я ~ angle of elevation, angle of altitude
уравнённая ~ *геод.* standard elevation, standard height
~ фе́рмы depth of truss
~ хо́да пи́льной ра́мки length of stroke, delivery head
~ це́нтров (*над направляющими станка*) *англ.* swing; *амер.* height of centers
~ че́рпания (*экскаватора*) digging height
~ шва, расчётная *мет.* throat
~ штабелёвки (*проката*) piling height
~ эта́жной укла́дки (*рулонов или пакетов*) *прок.* stacking height
высо́тность *ж.* altitude performance, altitude capability
~ дви́гателя critical height of an engine
~ сопла́ (*двигателя*) design altitude of a nozzle
высо́тный *прил.* 1. (*предназначенный для работы на большой высоте*) high-altitude (*e. g., of an engine*) 2. (*многоэтажный*) high-rise (*of a building*)
высотоме́р *м.* 1. (*для определения высоты полёта летательного аппарата над землёй*) altimeter □ **вноси́ть**

поправку в ~ на отметку места посадки set the altimeter 2. (*для определения высоты полёта летательного аппарата с земли*) height finder
высотомер
абсолютный ~ absolute altimeter, ground-clearance indicator
акустический ~ acoustic(al) [sonic] altimeter
барометрический ~ aneroid altimeter
высокоточный ~ sensitive altimeter
ёмкостный ~ (electrical-)capacity altimeter
звуковой ~ sonar altimeter
импульсный ~ pulse altimeter
оптический ~ optical altimeter
радиотехнический ~ radio altimeter
самолётный ~ airborne altimeter
самопишущий ~ altitude recorder, altigraph
электростатический ~ electrostatic altimeter
выставка *ж.* 1. (*установка показаний прибора, выходного сигнала и т. п.*) adjustment, setting □ **~ нулей** zero adjustment, zero setting 2. (*показ*) show, display, exhibition
выставлять *гл.* 1. (*устанавливать, отрегулировать*) adjust, set □ **~ реостатом ток ... ампер по прибору** adjust the rheostat to obtain ... amperes on the meter 2. display, exhibit
выстилать *гл.* pave, floor, cover, lay; (*изнутри*) line; (*теплоизоляцией*) lag
выстилка *ж.* (*нижний слой, подстилка, постель*) bed
~ пода шлаковика slag bottom paving
выстраивание *с.* **ядер** nuclear alignment
выстрел *м.* (*часть рангоута судна*) boom
шлюпочный ~ boat [riding] boom
выступ *м.* 1. (*выпуклость*) bulge, protuberance 2. (*выпячивание*) projection, protrusion 3. (*бобышка, прилив*) boss 4. (*буртик, заплечик для крепления*) flange 5. (*свес*) overhang 6. (*горизонтальная узкая планка, рейка*) ledge
~ горловины конвертера shoulder of the vessel
~ кладки projection of a course
~ кулачка lobe of a cam
~ перекрытия drop of a floor
полюсный ~ *эл.* pole horn
~ фланца flange ridge
выступать *гл.* 1. (*выдаваться вперёд*) bulge (out) 2. (*выпячиваться*) project, protrude 3. (*свисать*) overhang
высушенный на воздухе air-dried
высушивание *с.* 1. drying(-out) 2. (*в печи*) baking
~ осушающими веществами cold drying

высушивание
переменное ~ cyclic drying
преждевременное ~ premature drying
~ шамотного кирпича перед обжигом water-smoking
высушивать *гл.* 1. dry 2. (*в печи*) bake
высчитывать *гл.* calculate, compute
высыпать *гл.* (*опорожнивать*) pour out, empty
высыхать *гл.* to dry (out)
выталкивание *с.* pushing out, ejection
выталкиватель *м.* pusher, ejector
печной ~ furnace pusher
~ семян seed ejector blade
~ слитков ingot pusher
~ центрального литника sprue ejector
выталкивать *гл.* push out, eject, force out □ **~ заготовку компактного металла** strip the compact
вытапливать *гл.* 1. melt out; (*масло*) clarify; (*жир*) render, melt □ **~ жир в автоклаве** render fat in a pressure tank 2. (*разделять твёрдые сплавы на составные части*; *в цветной металлургии*) liquate
вытаскивать *гл.* pull out of, extract from, draw from, draw (out) of, haul out of, withdraw from □ **~ блок из шкафа** *элн.* extend [withdraw] a unit from the cabinet; **~ слитки, слябы** *и т. п.* **из нагревательной печи** *или* **колодца** draw ingots, slabs, *etc.* from a re-heating furnace *or* a soaking pit
вытачивать *гл.* turn (*on a lathe*)
вытачк/а *ж.* (*складка*) tuck □ **делать ~у** put tuck in
вытекание *с.* run-out, outflow; escape; (*утечка*) leak(age)
~ металла metal run-out (*of the weld pool*)
вытека/ть *гл.* 1. flow out, run out, discharge, pour; escape 2. *мат.* follow from, be a consequence of, imply □ **отсюда ~ет** from this it follows, this implies, hence, therefore
вытеснение *с.* displacement, replacement (by), substitution (for) *пример*: **~ цинка кадмием усиливает активность ...** substitution of cadmium for zinc enhances the activity ...
вытеснитель *м.* 1. (*беспоршневой насос*) direct fluid pressure displacement pump, ejector (pump), expulsor pump 2. (*в поплавковых инструментах*) displacer 3. (*экстрагирующий агент*) extractant
вытесня/ть *гл.* 1. (*о теле, погруженном в жидкость, газ*) displace 2. (*о действии одного вещества на другое*) expel, displace 3. (*из обихода, эксплуатации*) drive [force] out, oust
вытирать *гл.* wipe (out) □ **~ дочиста** wipe clean; **~ насухо** wipedry; **~ пыль с** *чего-л.* dust *smth.*

вытопка *ж.*:
~ жира fat rendering, fat melting
~ жира в автоклаве pressure (tank) fat rendering
~ жира мокрым методом wet fat rendering
~ жира, паровая steam fat rendering
~ жира сухим методом dry fat rendering
выточка *ж.* 1. (*вокруг цилиндрической детали*) neck 2. (*выемка, глухое отверстие*) recess 3. (*канавка*) groove 4. (*подрез*) undercut
~ под прокладку gasket seat
вытягивание *с.* 1. (*удлинение*) extending, lengthening, stretching, elongation 2. (*извлечение*) extraction, withdrawal 3. *текст.* (*утонение ленты и ровницы*) drafting **~ ремня** stretching of a belt
вытягивать *гл.* 1. (*удлинять*) extend, lengthen, stretch, elongate 2. (*извлекать*) extract, withdraw
вытяжка *ж.* 1. (*удлинение*) stretching 2. *мет.* drawing 3. (*вентиляционное отверстие*) air hole 4. *текст., кож.* draft 5. *хим.* extract
~ в несколько переходов *мет.* drawing in several runs
водная ~ aqueous extract
глубокая ~ deep drawing
кислая ~ acid extract
~ кристалла crystal pulling
общая ~ total draft
окончательная ~ finishing draft
частная ~ intermediate draft
выхват *м.* flay mark
выхлоп *м.* exhaust
выход *м.* 1. (*место выхода*) exit, outlet □ **температура на ~е** outlet temperature; **скорость на ~е** outlet velocity 2. (*объём или количество конечного продукта*; *отношение результата к затратам и т. п.*) yield; efficiency; output 3. *геол., горн.* outcrop 4. *вчт.* output
валовой ~ gross [total] yield
~ в космосе extravehicular activity, EVA
~ в лабораторных условиях laboratory yield
~ воздуха, газов *и т. п.* air, gas, *etc.* outlet
~ годного из слитков ingot-to-product yield
двоично-кодированный ~ binary coded output
двоичный ~ binary output
запасный ~ 1. (*в зданиях*) emergency exit, emergency door 2. *горн.* safety escape
~ из-под контроля *вчт.* runaway
~ из строя failure
~ кокса coke yield
~ коммутационной системы *тлг.* outlet of a switching system □ **занимать ~ коммутационной системы**

occupy an outlet from a switching system
выход
~ **лáвы на штрек** end face, face-on end
~ **перенóса** (*в следующий разряд*) carry output
~ **пиломатериáлов, полéзный** yield of a log
~ **пластá на повéрхность** seam outcrop
~ **пластá на повéрхность, смещённый** displaced outcrop
пожáрный ~ fire escape
~ **по напряжéнию** voltage efficiency
~ **по тóку** current efficiency
~ **по тóку, анóдный** anode current efficiency
~ **по тóку, катóдный** cathode current efficiency
~ **по энéргии** power efficiency
промы́шленный ~ commercial yield
~ **фрáкций** fractional yield
функционáльный ~ *вчт.* functional output
выход/и́ть *гл.* 1. (*о газе, воздухе и т. п.*) leave, emanate □ ~ **в атмосфéру** (*о воздухе*) pass to atmosphere 2. (*быть выпущенным, изданным*) issue, be published, appear 3. (*о сроке*) run out □ **врéмя ~ит** the time is running out 4. □ ~ **из стрóя** fail, go out of service, become disable; ~ **из употреблéния** go out of use, pass out of existence 5. □ ~ **на орби́ту** go into orbit, be orbited, settle into orbit
вы́цвет *м.* efflorescence, bloom
выцветáние *с.* fading, discolouration, bleaching
выцветáть *гл.* fade, lose colour
вычёркивание *с.* 1. crossing out, deletion, striking out 2. *мат.* deletion, cancellation
вычёркивать *гл.* cross out, delete, strike out □ ~ **из цепóчки** *хим.* delete from the chain
вычéрпывать *гл.* (*воду*) bail out
вычéрчивание *с.* drawing
~ **и́нком** *кфт.* ink drafting
полевóе ~ *карт., топ.* field sketching
расчленённое ~ *карт.* (colour-)separation drafting, separation drawing
чистовóе ~ *карт.* line [fair] drawing
вычéрчивать *гл.* draw; plot □ ~ **горизонтáли** *карт.* contour, draw contours; ~ **кривýю по тóчкам** draw [plot] a curve by the point-by-point method; ~ **кáрту** draw a map
вы́чет *м* 1. *мат., вчт.* residue 2. (*удержанная сумма*) deduction
квадрати́ческий ~ quadratic residue
логарифми́ческий ~ logarithmic residue
наимéньший положи́тельный ~ least positive residue
нóрменный ~ norm residue
вы́чет
~ **по мóдулю** representative (*e. g., in a residue class*)
~ **стéпени *n* по мóдулю *m*** a power residue of *m* of the nth order
степеннóй ~ power residue
~ **числá *a* по мóдулю *m*** residue of a number *a* to the modulus *m*
вычислéни/е *с.* computation, calculation
~ **áзимутов** measurement of azimuths
анáлоговые ~я analogue computations
анáлого-цифровы́е ~я hybrid computations
~ **бáзиса** base measurement
~ **в и́стинном масштáбе врéмени** real-time computation
камерáльные ~я office computations
~ **координáт** position computation, measurement of coordinates
~ **масштáба** scale computation
~ **мéтодом неявных фýнкций** implicit computation
~ **на маши́не** machine computation
~я на мéстности field computations
повéрочные ~я adjustment computations
полигонометри́ческие ~я traverse computations
приближённое ~ (*определённых интегралов*) approximating (*definite integrals*)
~ **с плáвающей запятóй** floating point computation
~ **с тóчностью до поря́дка величины́** order-of-magnitude calculation
~ **с фикси́рованной запятóй** fixed point computation
триангуляциóнные ~я trigonometric(al) calculations
тригонометри́ческие ~я trigonometric(al) calculations
уравни́тельные ~я compensation [compensating] computations
~ **частóтности** statistical calculation
~ **эфемери́д** *астр.* ephemeris computation
вычисли́мый *прил.* computable
вычисли́тель *м.* computer, calculator
~ **пери́ода** period-computing circuit
вычисли́тельный *прил.* computational
вычисля́ть *гл.* compute, calculate □ ~ **до ... (десяти́чного) знáка** calculate to the ... decimal place; ~ **по ...** compute [calculate] from; ~ **с пóмощью тригонометри́ческих фóрмул** calculate (*smth.*) by trigonometry; ~ **с тóчностью до ... деся-ти́чных знáков** calculate to ... decimals
вычитáемое *с.* subtrahend
вычитáние *с.* subtraction
~ **цветóв** *полигр.* subtractive mixing of inks
вычитáтель *м.* (*устройство*) subtracter
вычитáть *гл.* subtract
вычленя́ть *гл. мат.* divide into parts
вы́шка *ж.* tower
буровáя ~ (drilling) rig; *нефт.* derrick
диспéтчерская ~ (traffic) control tower
нефтянáя ~ oil derrick
пусковáя ~ *косм.* launching tower, launching rig
садóвая ~ orchard tower
вышлифóвывать *гл.* grind out
выштампóвывать *гл.* stamp, press, punch
выщелáчивание *с.* leaching, lixiviation
~ **в автоклáве** pressure leaching
~ **в пýльпе** leaching by agitation, leaching by the all-slime technique
~ **просáчиванием** leaching by percolation
выщелáчиватель *м.* leaching vat
выщелáчивать *гл.* leach, lixiviate
выщи́пывание *с. полигр.* picking
выяви́тель *м.* detector
выявлéние *с.* reveal, emergence
~ **неисправностей** trouble-shooting
~ **оши́бок** detection of errors
выявля́ть *гл.* bring out, disclose, indicate, reveal
выявля́ться *гл.* be brought out, be disclosed, emerge, be indicated, be revealed, reveal itself
вьюк *м.* pack
вьюрóк *м. текст.* scroll tube
вьюшка *ж.* cable drum, cable reel
вя́жущее *с.* binder, binding agent
вязáние *с. текст.* knitting
вязáть *гл.* 1. bind 2. *текст.* knit
вя́зка *ж.* 1. (*проволокой, шпагатом и т. п.*) binding 2. *текст.* knitting 3. (*связка*) bundle 4. (*колбас*) tie-off
~ **деревя́нных частéй** joining of timbers
вя́зкий *прил.* 1. (*о жидкости, газе*) viscous 2. (*о металле*) tough, tenacious; (*ковкий*) ductile, malleable 3. (*тягучий*) (*о жидкости*) stringy 4. (*липкий*) sticky
вя́зкость *ж.* 1. (*свойство жидкости, газа*) viscosity 2. (*металла*) stickiness, stringiness, toughness, tenacity; (*ковкость*) ductility
аномáльная ~ non-Newtonian viscosity
вихревáя ~ eddy viscosity
внýтренняя ~ intrinsic [internal] viscosity
динами́ческая ~ dynamic viscosity
и́стинная ~ intrinsic [internal] viscosity
кáжущаяся ~ apparent viscosity
кинемати́ческая ~ 1. *нефт.* kinematic viscosity 2. *рез.* viscosity [density] ratio
крити́ческая ~ ultimate viscosity
лучи́стая ~ radiative viscosity

вя́зкость
магни́тная ~ magnetic viscosity
норма́льная ~ Newtonian viscosity
ньютоновская ~ Newtonian viscosity
объёмная ~ volume [bulk] viscosity
оста́точная ~ residual viscosity
~ под давле́нием pressure viscosity
сдвиговая ~ shear viscosity
структу́рная ~ structural viscosity
турбуле́нтная ~ eddy viscosity
уда́рная ~ impact strength, impact elasticity
уде́льная ~ specific viscosity
упру́гая ~ elastic viscosity
характеристи́ческая ~ intrinsic [internal] viscosity
вязкотеку́чий *прил.* viscous-flow, plastic
вязкоупру́гий *прил.* viscoelastic
вя́лить *гл.* dry-cure; (*особ. мясо*) jerk
вя́нуть *гл.* wilt, wither

Г

габари́т *м.* **1.** *трансп., маш.* clearance (limit) □ **вписываться в ~** fall [lie] within clearance limits; **не вписываться в ~** fall [extend] beyond [outside] clearance limits **2.** (*в значении габаритных размеров*) overall dimensions □ **~ устро́йства 4×5 м** the unit measures 4 m by 5 m overall
вертика́льный ~ vertical clearance
горизонта́льный ~ horizontal clearance
~ гру́за loading gauge
~ по высоте́ height clearance, clear height
~ по глубине́ depth clearance
~ погру́зки loading gauge
~ подвижно́го соста́ва vehicle gauge
подмостово́й ~ 1. bridge clearance, clear headway of a bridge **2.** (*графическое изображение*) clearance diagram for a bridge
~ по ширине́ width clearance, clear width
~ приближе́ния строе́ний *ж.-д.* clearance to obstructions, obstruction clearance
~ про́вода (*в пролёте*) electrical [conductor] clearance to earth
габаритоме́р *м.* clearance [clearway] gauge
га́ббро *с. геол.* gabbro
га́ббровый *прил. геол.* gabbro, gabbroic, gabbroitic
га́битус *м.* **криста́лла** (crystal line) habit, habit of a crystal
га́ван/ь *ж.* harbour □ **бро́сить я́корь в ~и** come to anchor in a harbour; **находи́ться в ~и** lie in a harbour; **~ обеспе́чивает укры́тие суда́м** a harbour affords (effectual) shelter for vessels; **~ слу́жит ме́стом стоя́нки судо́в** a harbour affords (safe) anchorage for vessels; **~ сообща́ется с мо́рем** a harbour is open to sea
га́вань
закры́тая ~ close harbour
зимо́вочная ~ wintering harbour
откры́тая ~ open harbour
ремо́нтная ~ (ship-)repair harbour
гадоли́ний gadolinium, Gd
газ *м.* **1.** (*агрегатное состояние вещества*) gas □ **внеза́пное выделе́ние ~а** (*в шахте*) (violent) gas outburst; **~ выделя́ется из раство́ра** a dissolved gas flashes out of solution; **выделя́ть ~** evolve [liberate, give up] gas; **выпуска́ть ли́шний ~** (*в атмосферу*) allow surplus gas to escape; **напо́лненный ~ом** gas-filled; **очища́ть ~** (*от механических примесей*) clean a gas, (*от нежелательных соединений*) purify a gas; **охлажда́емый ~ом** gas-cooled; **промыва́ть ~** scrub [wash] a gas; **рабо́тать на ~е** (*о двигателе и т. п.*) gas-fire; **разбавля́ть ~** dilute a gas; **сжига́ть ~ в фа́келе** (*напр. на промысле*) flare a gas; **сжижа́ть ~** liquefy a gas; **трави́ть** (*выпускать*) **~ из аэроста́та** valve the gas **2.** □ *авто* **дава́ть по́лный ~** give full throttle; **рабо́тать на по́лном ~у** operate at full throttle; **сбавля́ть ~** throttle down; **сбра́сывать ~** release the accelerator
агресси́вный ~ corrosive [aggressive] gas
адсорби́рованный ~ adsorbed gas
балло́нный ~ bottled [cylinder] gas
бе́дный ~ lean gas
безокисли́тельный ~ noncorrosive gas
биологи́ческий ~ sewage [sludge] gas
биохими́ческий ~ biochemical gas
благоро́дный ~ noble [inert] gas
бога́тый ~ rich gas
боло́тный ~ marsh gas
бу́ферный ~ buffer gas
бу́ферный, неразориенти́рующий ~ nondisorienting buffer gas
бу́ферный, разориенти́рующий ~ disorienting buffer gas
вагра́ночный ~ cupola gas
веселя́щий ~ laughing gas, nitrous oxide
~ы в заплечиках (*доменной печи*) bosh gases
взрывоопа́сный ~ explosive gas
вла́жный ~ wet gas
водяно́й ~ water gas
возбуждённый ~ pumped gas
возду́шный ~ (*полученный на воздушном дутье*) air-blast gas
восстанови́тельный ~ reducing gas
вре́дный ~ noxious gas
~ втори́чной очи́стки secondary gas
выделя́ющийся ~ evolved gas
газ
вы́рожденный ~ degenerate gas
высококалори́йный ~ rich [high calorific] gas
выхлопно́й ~ exhaust gas
генера́торный ~ producer gas
генера́торный, эндотерми́ческий ~ RX [generator] gas
горново́й ~ (*доменной печи*) hearth gas
городско́й ~ town gas
горю́чий ~ (*используемый в качестве топлива*) fuel gas; (*обладающий способностью к горению*) combustible gas
гремý́чий ~ fire-damp
~ гру́бой очи́стки primary cleaned gas
гря́зный ~ (*неочищенный*) fume-laden gas; (*колошниковый*) crude gas
~ для коммуна́льно-бытовы́х нужд gas for public-utility use(s)
до́менный ~ blast-furnace [top] gas
до́менный, чи́стый ~ clean blast-furnace [top] gas
дутьево́й ~ blast gas
дымово́й ~ flue [stack] gas
запылённый ~ dust-laden gas; *мет.* ash-laden gas
заторможённый ~ stagnated gas
защи́тный ~ shielding gas □ **в среде́ защи́тного ~а** in an atmosphere of shielding gas
идеа́льный ~ ideal [perfect] gas
ине́ртный ~ inert [noble] gas
иску́сственный ~ artificial [manufactured] gas
каменноу́гольный ~ coal gas
канализацио́нный ~ sewer gas
карбюри́рованный ~ carburetted gas
кислоро́дно-конве́ртерный ~ oxygen-converter gas
ко́ксовый ~ coke-oven gas
ко́ксовый, прямо́й ~ volatile matter (of the coking process)
колошнико́вый ~ blast-furnace [top] gas
конве́ртерный ~ converter (waste) gas
коте́льный ~ boiler flue gas
~ ле́гче во́здуха lighter-than-air [lifting] gas
магнитоио́нный ~ magnetoionic gas
невы́рожденный ~ nondegenerate gas
неконденси́рующийся ~ permanent gas
неочи́щенный ~ raw [crude] gas
~ нефтеперерабо́тки (oil-)refinery gas
нефтяно́й ~ oil [petroleum] gas
нефтяно́й, попу́тный ~ casing-head gas
низкокалори́йный ~ poor [low calorific] gas
о́бжиговый ~ roaster gas
оборо́тный ~ recycle gas
одноа́томный ~ monatomic gas
озолённый ~ ash-laden gas

газ
окклюди́рованный ~ occluded gas
оста́точный ~ residual gas
отрабо́тавший ~ exhaust [burnt] gas
отходя́щий ~ waste [flue, exit, effluent] gas, off-gas
печно́й ~ kiln gas
пло́тный ~ solid gas
полуводяно́й ~ Dowson [semi-water] gas
приро́дный ~ natural gas
псевдоожижа́ющий ~ fluidizing gas
рабо́чий ~ working fluid; (*в плазменном напылении*) plasma-forming gas
разрежённый ~ rarefied gas
реа́льный ~ real [imperfect] gas
ре́дкий ~ rare gas
ре́жущий ~ cutting gas
релакси́рующий ~ relaxing gas
рудни́чный ~ mine gas
рудни́чный ~ по́сле взры́ва afterdamp
свети́льный ~ illuminating [lighting] gas
свобо́дный ~ free gas
~ с возбуждёнными колеба́тельными степеня́ми свобо́ды vibrationally excited gas
серни́стый ~ (gaseous) sulphur dioxide
се́рный ~ (gaseous) sulphur trioxide
сжа́тый ~ compressed gas
сжи́женный ~ liquefied [condensed] gas
силово́й ~ power gas
сме́шанный ~ mixed gas
~, содержа́щий дым fume-laden gas
сухо́й ~ residue gas
суши́льный ~ drying gas
технологи́ческий ~ process gas
токси́чный ~ toxic gas
~ то́нкой очи́стки finally cleaned gas
то́пливный ~ fuel gas
то́почный ~ flue gas
торфяно́й ~ peat gas
то́щий ~ lean gas
транспорти́рующий ~ carrier gas
трёхато́мный ~ triatomic gas
тропосфе́рный ~ tropospheric gas
уга́рный ~ carbon monoxide; *горн.* whitedamp
углеки́слый ~ carbon dioxide
уду́шливый ~ chokedamp
фреати́ческий ~ phreatic gas
фу́рменный ~ tuyere gas
хвостово́й ~ tail gas
электро́нный ~ electron gas
электроотрица́тельный ~ electronegative gas
энергети́ческий ~ power gas
~ ядови́тый ~ poison gas
газа́ция *ж. см.* **гази́рование**
газго́льдер *м.* gas-holder; (*лабораторный*) gasometer
мо́крый ~ wet gas-holder
~ переме́нного объёма wet gas-holder

газго́льдер
~ постоя́нного объёма dry gas-holder
спира́льный ~ screw-type gas-holder
сухо́й ~ dry gas-holder
гази́рование *с.* aeration; (*насыщение углекислым газом*) carbonation
гази́рованный aerated; (*насыщенный углекислым газом*) carbonated
гази́ровать *гл.* aerate; (*насыщать углекислым газом*) carbonate
газифика́тор *м.* gasifier, gas generator
~ высо́кого давле́ния high-pressure gasifier
~ жи́дкого кислоро́да liquid oxygen gasifier
криоге́нный ~ cryogenic evaporator
~ ни́зкого давле́ния low-pressure gasifier
тёплый ~ high-pressure gasifier
холо́дный ~ low-pressure gasifier
газифика́ция *ж.* **1.** (*снабжение газом*) provision of gas supply, installation of gas service **2.** (*превращение твёрдого или жидкого топлива в газ*) gasification
бытова́я ~ (installation *or* provision of) gas supply for domestic uses
подзе́мная ~ underground gasification
промы́шленная ~ (installation *or* provision of) gas supply for industrial applications
~ у́глей, пото́чная continuous [stream] gasification of coal
газифици́ровать *гл.* **1.** (*снабжать газом*) install [provide] gas (supply) **2.** (*превращать твёрдое или жидкое топливо в газ*) gasify □ **~ на ме́сте** (*без выемки угля*) gasify coal in place
газли́фт *м.* gas [air] lift
бескомпре́ссорный ~ natural-pressure gas lift
газ-носи́тель *м.* carrier gas
газоанализа́тор *м.* gas analyser
абсорбцио́нный ~ absorption gas analyser
акусти́ческий ~ acoustic gas analyser
возду́шный ~ air analyser
волю(мо)метри́ческий ~ volumetric gas analyser
денси(то)метри́ческий ~ densimetric gas analyser
интерференцио́нный ~ interferometric gas analyser
магни́тный ~ magnetic gas analyser
магнитовискозиметри́ческий ~ magneto-viscosimetric gas analyser
магнитомехани́ческий ~ magnetomechanical gas analyser
магнитотермокондуктометри́ческий ~ magnetothermal conductivity gas analyser

газоанализа́тор
~ на азо́т, мета́н, кислоро́д и т. п. nitrogen, methane, oxygen, *etc.* analyser
объёмно-манометри́ческий ~ volumetric gas analyser
о́птико-акусти́ческий ~ optical-acoustic gas analyser
опти́ческий ~ optical gas analyser
радиоизото́пный ~ radiological gas analyser
термокондуктометри́ческий ~ thermal conductivity gas analyser
термомагни́тный ~ thermomagnetic gas analyser
термохими́ческий ~ thermochemical gas analyser
~ ультрафиоле́тового поглоще́ния ultraviolet absorption gas analyser
фотоколориметри́ческий ~ photocolorimetric gas analyser
электрохими́ческий ~ electrochemical gas analyser
газобалло́н *м.* gas bottle, gas cylinder
газобезопа́сность *ж.* **1.** prevention of gas poisoning **2.** prevention of gas explosions
газобето́н *м.* aerated concrete
газово́з *м.* gas carrier
газовоздухопрово́д *м.* gas-air duct, gas-air conduit, gas-air line
газовыделе́ние *с.* **1.** gas emission, gas evolution, gas liberation **2.** (*«кипение» аккумулятора при зарядке*) gassing
внеза́пное ~ sudden gas emission, gas outburst
газовы́рубка *ж.* (*удаление поверхностных дефектов со слитков или проката*) (oxy-acetylene) scarfing
газовы́рубщик *м.* (*рабочий, удаляющий поверхностные дефекты со слитков или проката*) scarfer
газогенера́тор *м.* gas generator, gas producer
свободнопоршнево́й ~ [СПГГ] free-piston [power] gas generator
~ с кипя́щим сло́ем fluidized-bed gas producer
~ со взве́шенным сло́ем suspension-bed gas producer
~ с пло́тным сло́ем fixed-bed gas producer
газоги́пс *м.* gas gypsum, gas alabaster
газодина́мика *ж.* gas dynamics
гиперзвукова́я ~ hypersonic gas dynamics
радиацио́нная ~ radiation gas dynamics
~ то́нких тел thin-body gas dynamics
газоду́вка *ж.* gas blower
ацетиле́новая ~ acetylene booster, acetylene torch
газоёмкость *ж.* gas capacity
газозолобето́н *м.* gas-ash concrete
газозолосилика́т *м.* gas-ash silicate
газо́йль *м.* gas oil
газока́мера *ж.* fumigating chamber

газокине́тика *ж.* gas kinetics
газоли́н *м.* gasolene
газоме́р *м.* gas (flow) meter
мо́крый ~ wet gas (flow) meter
сухо́й ~ dry gas (flow) meter
электри́ческий ~ electric gas (flow) meter
газо́метр *м.* gasometer, gas holder
газоме́трия *ж.* gasometry
газомотово́з *м.* gas-engine locomotive
газонапо́лненный *прил.* gas-filled
газонепроница́емость *ж.* (*стыка, шва и т. п.*) gas tightness; (*свойство вещества, материала и т. п.*) gas impermeability
газонепроница́емый *прил.* (*о стыке, шве и т. п.*) gas-proof, gas-tight; (*о веществе, материале и т. п.*) gas-impermeable
газонокоси́лка *ж.* lawn mower
фронта́льная ~ front-mounted lawn mower
газоно́сность *ж.* gas content, gas-bearing capacity, presence of gas
газооби́льность *ж.* volume of gas
газообме́н *м.* gas exchange
газообра́зный *прил.* gaseous
газообразова́ние *с.* generation of gas
бу́рное ~ violent gassing; (gas) boiling
газоотво́д *м.* (gas) vent
вертика́льный ~ (*в доменной печи*) vertical offtake [uptake] pipe
восходя́щий ~ (*в доменной печи*) vertical offtake [uptake] pipe
нисходя́щий ~ (*в доменной печи*) downtake [downcomer] pipe
~ конве́ртера Кал-До fume hood
газоотдели́тель *м.* gas separator, gas trap, gas catcher
газоохлади́тель *м.* gas condenser, gas cooler
газоочисти́тель *м.* gas cleaner
мо́крый ~ gas washer, wet gas cleaner, scrubber
мо́крый, динами́ческий ~ rotary spray scrubber
мо́крый, стати́ческий ~ static spray scrubber
мо́крый ~ то́нкой очи́стки secondary wet cleaner
~ полуто́нкой очи́стки primary cleaner
сухо́й ~ dry gas cleaner
центробе́жный ~ centrifugal gas cleaner
электростати́ческий ~ (electrical) precipitator
газоочи́стка *ж.* gas cleaning
мо́края ~ wet gas cleaning, scrubbing
суха́я ~ dry gas cleaning
газопаропроница́емость *ж.* permeability to gas and vapour
газопло́тный *прил.* gas-tight
газопоглоти́тель *м.* **1.** gas absorber **2.** (*в производстве электровакуумных приборов*) getter (*см. тж.* **ге́ттер**)
газопоглоще́ние *с.* **1.** gas absorption **2.** (*в производстве электровакуумных приборов*) getter action
газоподогрева́тель *м.* gas (pre) heater
газопо́лный *прил. см.* **газонапо́лненный**
газоприёмник *м.* gas receiver
газопрово́д *м.* gas conduit, gas (pipe-) line, gas main
вну́тренний ~ indoor gas (pipe-) -line
магистра́льный ~ cross-country gas (pipe-) line, gas main
ме́стный ~ local gas (pipe-) line
газопромыва́тель *м.* wet gas cleaner, gas washer, scrubber
динами́ческий ~ dynamic spray scrubber
~ полуто́нкой очи́стки primary wet cleaner, primary (gas) washer, primary scrubber
стати́ческий ~ static spray scrubber
~ то́нкой очи́стки secondary [final] (gas) washer, secondary [final] scrubber
газопроница́емость *ж.* gas permeability, permeability to gas
газопроница́емый *прил.* gas-permeable, permeable to gas
газораспределе́ние *с.* gas distribution
кла́панное ~ valve gear
газораспредели́тель *м.* gas distributor
газоре́зчик *м.* gas cutter
газосбо́рник *м.* gas collector, gas collecting main
газосва́рка *ж.* gas welding
газосва́рщик *м.* gas welder
газосигнализа́тор *м.* gas alarm, gas indicator
газосилика́т *м.* gas silicate
газоснабже́ние *с.* gas supply
газосуши́тель *м.* gas drier
газотро́н *м.* gas-filled rectifier diode
газотурбово́з *м.* gas turbine locomotive
газотурбогенера́тор *м.* gas turbine (driven) generator
газотурбонагнета́тель *м.* gas turboblower
газотурбохо́д *м.* gas turbine ship
газоула́вливание *с.* gas trapping
газоулови́тель *м.* gas collector, gas trap
газохо́д *м.* gas conduit, gas duct
байпа́сный ~ (*котла*) by-pass
опускно́й ~ (*котла*) downtake (gas duct)
отсто́йный ~ baffle collector
перепускно́й ~ (*котла*) by-pass
свобо́дный ~ (*котла*) open pass
газохрани́лище *с.* gas storage (tank)
газошлакобето́н *м.* gas-slag concrete
газошлакозолобето́н *м.* gas-slag-ash concrete
гайдро́п *м.* (*аэростата*) guide rope
га́йк/а *ж.* nut □ **завёртывать ~у от руки́** screw up [down] a nut finger-tight; **заверну́ть ~у с переко́сом** cross-thread a nut; **зако́нтривать ~у** lock a nut; **зако́нтривать ~у про́волокой** safety-wire a nut; **зако́нтривать ~у шплинто́м** cotter a nut, lock a nut with a cotter-pin; **затя́гивать ~у** tighten (up) a nut; **затя́гивать ~у на,** *напр.* **две — три** **ни́тки** tighten a nut, *e.g.*, two — three turns; **навíнчивать ~у с переко́сом** cross-thread a nut (*on a screw*); **наре́зать резьбу́ у ~и** tap a nut; **ослабля́ть ~у** loosen a nut; **отви́нчивать ~у** undo a nut; **отдава́ть [отпуска́ть] ~у** slacken a nut; **подтя́гивать ~у** draw up a nut tight; **~ самоотви́нчивается** a nut works loose; **смина́ть гра́ни ~и** crush a nut
га́йка
а́нкерная ~ anchor nut
~ ба́ра, натяжна́я *горн.* jib tension nut
бара́шковая ~ wing [butterfly] nut
быстронатяжна́я ~ fast-tension nut, fast nut clamp
~ винтово́й переда́чи lead nut
~ винтово́й стя́жки turnbuckle nut
высо́кая ~ thick nut
герметизи́рующая ~ packing [sealing] nut
глуха́я ~ blind nut
зажи́мная ~ lock-nut
квадра́тная ~ square nut
колпачко́вая ~ cap nut
коро́нчатая ~ castle nut
крепёжная ~ fastening nut
~ крепле́ния колеса́ hub [wheel] nut
кру́глая ~ round nut
кры́льчатая ~ wing [butterfly] nut
нака́танная ~ knurled nut
накидна́я ~ coupling nut
невыпада́ющая ~ captive nut
ни́зкая ~ thin nut
~ по́лной высоты́ full-thick nut
~ полови́нной высоты́ half-thick nut
получёрная ~ semi-finished nut
получи́стая ~ semi-bright nut
потайна́я ~ countersunk nut
предохрани́тельная ~ safety nut
прорезна́я ~ slotted nut
пружи́нная ~ spring nut
разрезна́я ~ slit nut
регулиро́вочная ~ adjusting nut
~ са́льника gland nut
самоконтря́щаяся ~ self-locking nut
~ с бу́ртиком collar nut
свёртная ~ screw cap, cap screw
сго́нная ~ cap [blind, box] nut
~ с заплёчиком collar nut
~ с ле́вой резьбо́й left-handed [L. H.] nut
~ с отве́рстиями под ключ capstan [pin-driven] nut
~ с пра́вой резьбо́й right-handed [R. H.] nut
~ с ры́мом eye nut
сто́порная ~ check nut
стяжна́я ~ coupling nut
~ с фла́нцем collar nut

га́йк/а
устано́вочная ~ adjusting nut
ходова́я ~ sliding nut
чёрная ~ rough nut
чи́стая ~ finished nut
ша́риковая ~ ball nut
шестигра́нная ~ hexagon nut
шли́цевая ~ slotted nut
гайковёрт *м.* power nut-driver, power nut-setter
гак *м.* hook
букси́рный ~ towing hook
вертлю́жный ~ swivel hook
грузово́й ~ cargo hook
двойно́й ~ double hook
караби́нный ~ drop lip hook
подъёмный ~ lifting hook
пружи́нный ~ spring hook
самовыкла́дывающийся ~ self-releasing hook
складно́й ~ clasp hook
~ **та́лей** tackle hook
тормозно́й ~ arrester hook
гакабо́рт *м.* taffrail
гал *м.* (*единица ускорения в системе СГС*) gal
гала́ктика *ж.* galaxy
галакто́за *ж.* galactose
галакто́метр *м.* galactometer
галактоско́п *м.* galactoscope
галали́т *м.* (*белковый пластик*) galalith
га́лево *с. текст.* heald, heddle
металли́ческое ~ wire heald
нитяно́е ~ cotton heald, heald of knitted cotton
ремизно́е ~ heald, heddle
галени́т *м.* galena, galenite, lead glance
галере́я *ж.* gallery
бу́нкерная ~ bunker bay
дрена́жная ~ drainage gallery
инфильтрацио́нная ~ infiltration gallery
ороси́тельная ~ irrigation gallery
~ **пода́чи агломера́та** sinter conveyer gallery
смотрова́я ~ inspection gallery
тра́нспортная ~ *мет.* conveyer gallery
~ **шлю́за, гравитацио́нная** gravity culvert
гале́та *ж.* (*галетного выключателя*) wafer, deck
га́лечник *м.* gravel
галле́й-кабине́т *м. полигр.* galley cabinet
галле́й-реа́л *м. полигр.* galley rack
галле́рта *ж.* jelly-like animal glue
га́ллий *м.* gallium, Ga
гало́ *с.* halo
22-гра́дусное ~ 22-degree halo
ра́дужное ~ coloured halo
галоге́н *м.* halogen
галогени́рование *с.* halogenation
галогени́ровать *гл.* halogenate
гало́ид *м. см.* **галоге́н**
галоидопроизво́дные *мн. с.* halogen derivatives
галоме́тр *м.* halometer
галоме́трия *ж.* halometry
галохи́мия *ж.* halochemistry
галс *м. мор.* tack
проме́рный ~ sounding tack
галте́ль *м.* **1.** (*скругление внутреннего угла металлического или деревянного изделия*) fillet **2.** (*полукруглый желобок в столярных изделиях*) hollow chamfer **3.** (*профилированная рейка для прикрытия щелей, рёбер, краёв и т. п.*) moulding
~ **коле́нчатого ва́ла** bearing fillet
галтова́ть *гл.* tumble
галто́вка *ж.* tumbling
галу́н *м.* galloon
галу́ргия *ж.* mineral-salt production
гальба́н *м.* (*камедесмола*) galbanum
гальваниза́ция *ж.* electroplating
гальванизи́ровать *гл.* electroplate
гальва́но *с. полигр.* electrotype
гальваногли́фия *ж. полигр.* galvanoglyphy
гальвано́граф *м.* galvanograph
гальваногра́фия *ж.* galvanography
гальваноклише́ *с.* galvano
гальванолюминесце́нция *ж.* galvanoluminescence
гальваномагнети́зм *м.* galvanomagnetism
гальваномагни́тный *прил.* galvanomagnetic
гальвано́метр *м.* galvanometer
абсолю́тный ~ absolute galvanometer
апериоди́ческий ~ dead-beat [aperiodic] galvanometer
астати́ческий ~ astatic galvanometer
баллисти́ческий ~ ballistic galvanometer
вибрацио́нный ~ vibration galvanometer
~ **Дарсонва́ля** d'Arsonval galvanometer
дифференциа́льный ~ differential galvanometer
зерка́льный ~ reflecting [mirror] galvanometer
интегри́рующий ~ integrating galvanometer
магнитоэлектри́ческий ~ moving-coil galvanometer
магнитоэлектри́ческий ~ **с постоя́нным магни́том** permanent-magnet moving-coil galvanometer
магнитоэлектри́ческий ~ **с электромагни́том** electromagnet-field moving-coil galvanometer
~ **магнитоэлектри́ческой систе́мы** moving-coil galvanometer
осциллографи́ческий ~ oscillograph galvanometer
петлево́й ~ single-turn moving-coil galvanometer
пружи́нный ~ spring galvanometer
радиоакти́вный ~ radioactive galvanometer
ра́мочный ~ multi-turn moving-coil galvanometer
гальвано́метр
резона́нсный ~ vibration galvanometer
сверхпроводя́щий ~ superconducting galvanometer
~ **с зерка́льным отсчётом** reflecting [mirror] galvanometer
~ **со светово́м отсчётом** multiple-reflection galvanometer
стробарезона́нсный ~ stroboresonance galvanometer
стру́нный ~ string galvanometer
тенево́й ~ shadow galvanometer
теплово́й ~ hot-wire [thermal] galvanometer
~ **теплово́й систе́мы** hot-wire [thermal] galvanometer
термоэлектри́ческий ~ thermo-emf [thermocouple] galvanometer
~ **термоэлектри́ческой систе́мы** thermo-emf [thermocouple] galvanometer
шле́йфовый ~ mirror galvanometer
экрани́рованный ~ screened [shielded] galvanometer
электродинами́ческий ~ electrodynamic galvanometer
~ **электродинами́ческой систе́мы** electrodynamic galvanometer
электромагни́тный ~ moving-iron galvanometer
~ **электромагни́тной систе́мы** moving-iron galvanometer
гальваноотложе́ние *с.* electrotype shell
гальванопла́стика *ж.* galvanoplasty, galvanoplastics, electroforming
~ **в псевдоожи́женном сло́е** electroforming in fluidized bed
гальванопокры́тие *с.* electrochemical facing
конта́ктное ~ contact plating
гальваноско́п *м.* galvanoscope
гальваносте́г *м.* electrodepositor
гальваносте́гия *ж.* electroplating
гальваностереоти́п *м.* electrotype
гальваностереоти́пия *ж.* electrotyping
гальванота́ксис *м.* galvanotaxis
гальваноте́хник *м.* electrodepositor
гальваноте́хника *ж.* electrodeposition
гальваноти́пия *ж.* electrotyping
гальванохро́мия *ж.* electrocolouring
га́лька *ж.* pebble
морска́я ~ shingle
гамильто́ниан *м.* Hamiltonian function
га́мма *ж.* **1.** (*внесистемная единица напряжённости магнитного поля*) gamma **2.** (*звукоряд*) scale
~ **телевизио́нной переда́чи** gamma
га́мма-акти́вность *ж.* gamma activity
га́мма-акти́вный *прил.* gamma-active, gamma-emitting
га́мма-актино́метр *м.* gamma-ray actinometer
га́мма-аппара́т *м.* gamma (therapy) unit
га́мма-астроно́мия *ж.* gamma-ray astronomy
гаммагра́мма *ж.* gammagram, gamma-ray radioautograph

гаммаграфи́рование *с.* gamma-ray examination, gamma-ray inspection
гаммагра́фия *ж.* gammagraphy, gamma(-ray) radiography
га́мма-дефектоско́п *м.* gamma-ray flaw detector
га́мма-дефектоскопи́я *ж.* (industrial) gamma(-ray) radiography, gamma-ray inspection, gamma-ray flaw detection, gamma-ray testing
га́мма-дозиметри́я *ж.* gamma-monitoring
га́мма-желе́зо *с.* gamma iron
га́мма-излуча́тель *м.* gamma-emitter, gamma-radiator; (*в дефектоскопии*) gamma-ray source
га́мма-излуче́ни/е *с.* gamma-ray emission, gamma radiation, gamma rays, gammas □ **вы́званный ~ем** gamma-induced, gamma-initiated; **нечувстви́тельный к ~ю** gamma-insensitive; **чувстви́тельный к ~ю** gamma-sensitive
  ~ деле́ния fission gammas
  захва́тное ~ capture gamma-rays
  каска́дное ~ gamma-cascade, cascade gammas, successive [cascade] gamma-rays
  мгнове́нное ~ prompt gammas
га́мма-карота́ж *м.* gamma logging
га́мма-квант *м.* gamma(-ray) quantum, gamma-ray photon
га́мма-лучи́ *мн. м.* gamma rays, gamma radiation
  косми́ческие ~ cosmic gamma-rays
  ~ радиацио́нного захва́та capture gamma-radiation
га́мма-ме́тод *м.* gamma-ray prospecting
га́мма-облуче́ние *с.* gamma irradiation
га́мма-перехо́д *м.* gamma(-ray) [radiative] transition
га́мма-радиоакти́вность *ж.* gamma radioactivity
га́мма-радио́метр *м.* gamma-radiometer
га́мма-спектр *м.* gamma(-ray) spectrum
га́мма-спектро́метр *м.* gamma(-ray) spectrometer
га́мма-спектроскопи́я *ж.* gamma(-ray) spectroscopy
га́мма-толщиноме́р *м.* gamma(-ray) thickness gauge
га́мма-устано́вка *ж.* gamma(-ray) unit
га́мма-фа́ктор *м.* (*коэффициент контрастности*) gamma
га́мма-фото́метр *м.* gamma photometer
га́мма-фото́н *м.* gamma(-ray) photon, gamma(-ray) quantum
га́мма-фу́нкция *ж.* gamma function
га́мма-число́ *с.* gamma number
га́ндшпуг *м. мор.* handspike
га́нза *ж.* yellow pigments
гара́ж *м.* garage □ **ста́вить (маши́ну) в ~** garage (a vehicle)
  бо́ксовый ~ box garage
гаранти́ровать *гл.* guarantee □ **~ возмеще́ние убы́тков** guarantee against loss
гара́нтия *ж.* guaranty; warranty
гаргро́т *м. ав.* middle fuselage fairing
гармо́ник/а *ж.* **1.** (*колебание с частотой, кратной основной частоте, или периодическая функция*) harmonic □ **выделя́ть (ну́жную) ~у** extract [derive] a (desired) harmonic **2.** (*гофрированный чехол*) bellows
  вы́сшая ~ higher [upper] harmonic, overtone
  дро́бная ~ fractional harmonic
  ~и, кра́тные трём triplen harmonics
  ~и крутя́щего моме́нта torque harmonics
  нечётная ~ odd harmonic
  объёмная ~ solid harmonic
  основна́я ~ first [fundamental] harmonic
  пе́рвая ~ first [fundamental] harmonic
  пове́рхностная ~ space [spatial] harmonic
  сфери́ческая ~ (solid) spherical harmonic
  чётная ~ even harmonic
гармони́ческий *прил.* harmonic
гармони́чность *ж.* harmonicity
гармо́ния *ж.* harmony
гарниери́т *м.* (*никелевая руда*) garnierite
гарниса́ж *м.* (*защитный шлаковый слой футеровки*) skull, slag lining
гарниту́р *м.*, **головно́й** (*респиратора*) webbing cap, head-dress
гарниту́ра *ж.* **1.** (*котлоагрегата*) fittings **2.** *текст.* fillet, clothing **3.** *полигр.* (*тип шрифта*) type
  авиацио́нная ~ *рад.* airman's headset
  газе́тная ~ newspaper type
  головна́я ~ *тлф.* headset
  журна́льная ~ magazine type
  игольчатая ~ card fillet, card clothing, filleting card, card covering, clothing wire
  каллиграфи́ческая ~ hand [script] type
  лати́нская ~ Roman type
  машинопи́сная ~ typewriter type
  микротелефо́нная ~ handset
  пи́льчатая ~ saw-toothed fillet
  плака́тная ~ poster type
  ру́бленая ~ san-serif type
  ~ съёмного ва́лика *текст.* stripper card
  табли́чная ~ Elzevir type
  ~ телефони́стки operator's set
  шлемофо́нная ~ *рад.* communication helmet
га́рпиус *м.* colophony, resin, white resin
гарпу́н *м.* harpoon
гарт *м.* type metal
га́ртлинг *м.* hard head
гартова́рка *ж. полигр.* remelting division
гартоплави́лка *ж. полигр.* melting furnace
гарь *ж.* **1.** *лес.* slash **2.** *мет.* ash, cinder **3.** (*дым*) smoke, fume
гаси́тель *м.* (*устройство, замедляющее продвижение брёвен на воде*) flow damper
  ~ автоколеба́ний носово́го колеса́ *ав.* shimmy damper
  ~ вибра́ций (vibration) damper, (vibration) suppressor
  ~ гидравли́ческого уда́ра water-hammer alleviator
  ~ колеба́ний damper
  ~ крути́льных колеба́ний torsional vibration damper
  ~ люминесце́нции quencher
  ~ пла́мени flame arrester
  ~ по́ля *эл.* field killer
  ~ тя́ги *ав.* thrust spoiler
гаси́ть *гл.* **1.** (*огонь*) extinguish, put out **2.** (*кокс, шлак и т. п.*) quench **3.** (*механические колебания*) dampen, suppress **4.** (*люминесценцию, газовый разряд, сцинтилляцию*) quench **5.** (*известь*) slake **6.** (*свет, газ*) turn off **7.** (*обратный ход луча электроннолучевой трубки, осциллоскопа и т. п.*) blank **8.** (*счётчик, напр. в ЭВМ*) clear **9.** (*тиратрон*) extinguish
га́снуть *гл.* **1.** (*об огне*) die out **2.** (*о колебаниях*) die out **3.** (*о свете*) go out **4.** (*об электрической дуге*) go out, die out, extinguish
гать *ж.* corduroy road; (*из брёвен*) log-road; (*из хвороста*) brushwood-road □ **настила́ть ~** lay a log-road
гаусзи́стор *м. пп* gaussistor
га́усс *м.* (*единица измерения магнитной индукции в системе СГС*) gauss
гауссме́тр *м.* gaussmeter
га́уч-вал *м. цел.-бум.* couch roll
га́уч-пресс *м. цел.-бум.* couch press
га́фель *м. мор.* gaff
га́фний *м.* hafnium, Hf
гач *м.*, **парафи́новый** slack wax
гаше́ние *с.* **1.** (*огня*) extinction **2.** (*кокса, шлака и т. п.*) quenching **3.** (*механических колебаний*) dampening, suppression **4.** (*извести*) slaking **5.** (*люминесценции, газового разряда, сцинтилляции*) quenching
  ~ дуги́ arc extinction
  ~ и́звести, возду́шное air slaking
  ~ луча́ beam suppression, beam blanking
  ~ магни́тного по́ля field killing
  ~ обра́тного хо́да луча́ *или* **разве́ртки** flyback [retrace] suppression
  ~ пе́ны foam suppression
  ~ реа́ктора shut-down
  ~ счётчика (*в ЭВМ*) clearance
га́шпиль *м. кож.* paddle-wheel tank, reel
гвоздёвка *ж. с.-х.* spike [nail] harrow
гвозди́льня *ж.* nail header
гвозди́мый nailable

гвоздодёр *м.* nail extractor, nail puller, tack claw
гвозд/ь *м.* nail □ **вытаскивать ~** extract [draw] a nail; **забивать ~** drive (in) a nail; **загибать ~** clinch a nail; **крепить [скреплять, прибивать] ~ями** nail (down); **прибивать ~ями** *что-л.* **к** *чему-л.* nail *smth.* on *smth.*; **сколачивать ~ями** nail up
~ без шляпки brad
бондарный ~ barrel nail
гонтовой ~ shingle nail
деревянный ~ peg
заершённый ~ barbed nail
затяжной ~ *кож.* lasting tack
кованый ~ wrought nail
кровельный ~ roofing nail
машинный ~ (*конусный, прямоугольного сечения*) cut nail
обойный ~ upholsterer's tack
отделочный ~ finishing nail
паркетный ~ brad
подковный ~ horse-shoe nail
проволочный ~ wire nail
резаный ~ cut nail
реечный ~ batten nail
сапожный ~ shoe nail
стержневой ~ *лит.* core nail
стропильный ~ rafter nail
тарный ~ casing [box] nail
трёхлопастный ~ three-flange nail
трубчатый ~ tubular nail
формовочный ~ moulder's brad, moulder's sprig
шиферный ~ slating nail
шлюпочный ~ boat [spike] nail
штукатурный ~ plaster [clout] nail
гвоздь-холодильник *м. лит.* chill nail
гезенк *м. горн.* winze □ **проходить ~** sink a winze
гейзер *м.* geyser □ **~ выбрасывает горячую воду, пар регулярно** *или* **нерегулярно** a geyser throws a column of hot water, steam into the air regularly *or* irregularly
гексагональный *прил.* hexagonal, six-sided
гексан *м.* hexane
гексаэдр *м.* haxahedron
гексаэдрический *прил.* hexahedral, cubic
гексоген *м.* RDX
гексод *м.* hexode
гексоктаэдр *м.* hexoctahedron
гектар *м.* hectare
гекто ... (*десятичная кратная приставка, означающая* 10^2) hecto ... *пример*: **гектоватт** hectowatt
гектограф *м.* hectograph □ **размножать текст на ~е** hectograph
гектографирование *с.* hectography
гелеобразный *прил.* gellike
гелеобразование *с.* gelation, gel-formation, gelling
гелий *м.* helium, He
геликоид *м.* helicoid
наклонный ~ oblique helicoid
геликоид
прямой ~ right helicoid
геликоидальный *прил.* helical, helicoidal
гелиоводонагреватель *м.* solar water-heater
гелиогравюра *ж.* heliogravure, photogravure
гелиограф *м.* heliograph
гелиография *ж.* heliography
гелиоконцентратор *м.* sun-light [solar-heat] collector
гелиометр *м.* heliometer
гелион *м.* helion, alpha-particle
гелиоприёмник *м.* sun-light [solar-heat] collector
гелиоскоп *м.* helioscope
гелиостат *м.* heliostat
гелиотерапия *ж.* heliotherapy
гелиотехника *ж.* solar-energy technology, solar-energy engineering
гелиотроп *м.* heliotrope
гелиотропист *м. геод.* heliotroper
гелиоустановка *ж.* sun [solar] (power) plant
гелиофизика *ж.* solar physics, physics of the Sun
гелиохимия *ж.* cosmochemistry
гелиоцентрический *прил.* heliocentric
гелиоэнергетика *ж.* solar [sun] power engineering
гель *м.* gel
необратимый ~ irreversible gel
обратимый ~ reversible gel
плотный ~ firm [dense] gel
рыхлый ~ loose gel
гельмпорт *м. мор.* helmport, rudder hole, rudder port
гемицеллюлоза *ж.* hemicellulose
гемиэдрия *ж.* hemihedry, hemihedrism
гемодинамика *ж.* hemodynamics
генерализация *ж.*:
картографическая ~ cartographic(al) generalization
~ карты overlay compilation
генератор *м.* **1.** (*электромашинный*) generator □ **включать ~ на нагрузку** cause a generator to pick up (the) load; **~ возбуждается** the generator builds up; **в случае выхода ~а из строя ...** upon loss of a generator ...; **~ выдерживает нагрузку (напр. номинальную) в течение ...** the generator carries its (*e.g., rated*) load for ...; **~ искрит под щётками** the generator sparks under the brushes; **~ы нагружаются равномерно** (*при параллельной работе*) the generators divide the load well; **~ нагружен нормально** (*при параллельной работе*) the generator takes its share of load; **~ начинает возбуждаться** the generator picks up; **~ недогружен** (*при параллельной работе*) the generator takes less than its share of the load; **~ перегружен** (*при параллельной работе*) the generator takes more than its share of the load; **~ переходит в режим электродвигателя** the generator goes motoring; **~ работает на холостом ходу** the generator operates at no load; **~ работает параллельно с ...** the generator operates in parallel with ...; **разгонять ~** allow a generator to come up to speed, bring up a generator to speed; **~ы синхронизированы** (*при параллельной работе*) the generators are in synchronism; **синхронизировать ~ы по загоранию ламп** synchronize the generators by the light-lamp method, synchronize light; **синхронизировать ~ы по погасанию ламп** synchronize the generators by the dark-lamp method, synchronize dark; **ставить ~ под нагрузку** throw a generator on (the) load **2.** (*источник электрических или электромагнитных колебаний*) 1. (*первичный источник колебаний*) oscillator 2. (*источник сигналов*) generator □ **возбуждать ~** drive an oscillator; **запускать ~** activate [enable, turn on] an oscillator; **настраивать ~ изменением ёмкости** tune an oscillator capacitively [by varying the tuned-circuit capacitance]; **настраивать ~ изменением индуктивности** tune an oscillator inductively [by varying the tuned-circuit inductance]; **~ начинает генерировать** the oscillator is kicked into oscillations; **отключать ~** disable [turn off] an oscillator; **переводить ~ в двухтактный режим** convert an oscillator to push-pull operation; **~ построен на лампе ...** the oscillator uses [is based on, is built around] a ... valve; **~ построен по схеме** (*напр. ёмкостной трёхточки*) the oscillator is (set up as) a ... (*e. g., Colpitts circuit*); **~ раскачивается** the oscillator is building [builds] up (oscillation); **синхронизировать ~** *какой-л.* **частотой** lock an oscillator to a frequency; **срывать колебания в ~е** quench [turn off] an oscillator
генератор
аварийный ~ emergency generator
асинхронный ~ induction generator
ацетиленовый ~ acetylene generator
ацетиленовый ~ системы «вода на карбид» water-to-carbide acetylene generator
ацетиленовый ~ системы вытеснения recession(-type) acetylene generator
ацетиленовый ~ системы «карбид в воду» carbide-to-water acetylene generator
ацетиленовый ~ системы погружения dipping(-type) acetylene generator
ацетиленовый ~ сухого типа dry-residue acetylene generator
аэрозольный ~ aerosol generator, fogger
балансный ~ balanced oscillator

генера́тор

~ **бегу́щей волны́** traveling-wave-tube [TWT] oscillator
бесколле́кторный ~ brushless generator
бесщёточный ~ brushless generator
~ **бие́ний** beat-frequency oscillator
брызгозащищённый [брызгонепроница́емый] ~ splash-proof generator
~ **Ван-де-Гра́афа** Van de Graaf [(electrostatic) belt] generator
вертика́льный ~ vertical-shaft generator
~ **видеочастоты́** video-frequency signal generator
~ **возбужда́ющих и́мпульсов** drive-pulse generator, driver
вольтодоба́вочный ~ booster (generator)
вспомога́тельный ~ auxiliary generator
~ **вызывно́го то́ка** ringing generator
~ **высо́кой частоты́** **1.** (*исходный или задающий источник в. ч. колебаний*) radio-frequency oscillator **2.** (*блок, включающий задающий в. ч. генератор, усилители, множители частоты и т. п.*) radio-frequency generator
га́нновский ~ Gunn(-effect) oscillator
~ **гармо́ник** (*не путать с* генераторами гармонических *или* синусоидальных колебаний) harmonic generator (*not to be confused with* a harmonic *or* sinusoidal oscillator)
гетерополя́рный ~ cross-field [heteropolar] generator
гла́вный ~ *мор.* propulsion generator
~ **гла́вных синхронизи́рующих и́мпульсов** master clock
гомополя́рный ~ homopolar generator
горизонта́льный ~ horizontal-shaft generator
двухко́нтурный ~ tuned-input, tuned-output oscillator
двухполя́рный ~ bipolar generator
двухта́ктный ~ push-pull oscillator
джозефсо́новский ~ Josephson source
диапазо́нный ~ variable-frequency oscillator, VFO
динатро́нный ~ dynatron oscillator
дугово́й ~ arc converter
ёмкостно-резисти́вный ~ RC-oscillator
задаю́щий ~ master oscillator
~ **заде́ржанных и́мпульсов** delayed pulse oscillator
~ **заде́ржки** delay generator
~ **за́днего полустро́ба** late-gate generator
закры́тый ~ (totally) enclosed generator
запира́ющий ~ blanking-pulse generator

генера́тор

заря́дный ~ charging generator
звуково́й ~ audio-signal [tone] generator
~ **звуково́й частоты́** audio-signal [tone] generator, audio(-frequency) oscillator
~ **звуково́й частоты́, вызывно́й** voice-frequency ringing generator, low-frequency signalling set
зу́ммерный ~ buzzer oscillator
измери́тельный ~ (*без модуляции выходного сигнала*) test oscillator; (*с модуляцией выходного сигнала*) signal generator
~ **и́мпульсного напряже́ния** high-voltage impulse generator
~ **и́мпульсного то́ка** surge current generator
и́мпульсный ~ (*источник колебаний, генерирующий под воздействием собственных или внешних импульсов*) pulse oscillator
и́мпульсный, хрони́рованный ~ timed pulse oscillator
~ **и́мпульсов** (*любой источник управляемых последовательностей импульсов, в том числе механический, электромеханический, электронный и т. п.*) pulse generator, pulser
~ **и́мпульсов за́данной фо́рмы** pulse waveform generator
~ **и́мпульсов, маломо́щный** low-level pulser
~ **и́мпульсов, ма́тричный** matrix-type pulse generator
~ **и́мпульсов, мо́щный** power pulser
~ **и́мпульсов, электро́нный** electronic pulse generator
~ **инду́кторного вы́зова** subharmonic generator, ringing converter
инду́кторный ~ inductor generator
интегра́льный ~ integrated(-circuit) oscillator
интерполяцио́нный ~ interpolation oscillator
искрово́й ~ (*напр. для индукционного нагрева*) spark-gap converter (*e. g., for induction heating*)
~ **ка́дровой развёртки** vertical-scanning [frame-scan, frame-sweep, vertical sweep] generator [circuit]
калибро́вочный ~ calibration oscillator
камерто́нный ~ tuning-fork oscillator
~ **кача́ющейся частоты́ [ГКЧ]** sweep-frequency [swept-frequency] generator; (*без конкретизации типа*) swept-signal source □ ~ **кача́ющейся частоты́ осуществля́ет кача́ние** (*в пределах нужного диапазона*) the swept-frequency sourse sweeps (*across the frequency range of interest*)
квадрату́рный ~ quadrature oscillator
ква́нтовый ~ quantum-mechanical oscillator
ква́нтовый ~ **ИК-диапазо́на** infrared [IR] laser, iraser

генера́тор

ква́нтовый, опти́ческий ~ **[ОКГ]** (*см. тж.* **ла́зер**) laser
ква́нтовый, опти́ческий ~ **бегу́щей волны́** travelling wave laser
ква́нтовый, опти́ческий жи́дкостный ~ liquid laser
ква́нтовый, опти́ческий и́мпульсный ~ pulse(d) laser
ква́нтовый, опти́ческий инжекцио́нный ~ injection laser
ква́нтовый, опти́ческий ио́нный ~ ion(ic) (gas) laser
ква́нтовый, опти́ческий комбинацио́нный ~ Raman laser
ква́нтовый, опти́ческий молекуля́рный ~ molecular laser
ква́нтовый, опти́ческий моноимпульсный ~ giant-pulse laser
ква́нтовый, опти́ческий ~ **на пигме́нтах** dye laser
ква́нтовый, опти́ческий ~ **на руби́не** ruby laser
ква́нтовый, опти́ческий ~ **на стекле́ с неоди́мом** Nd: glass laser
ква́нтовый, опти́ческий полупроводнико́вый ~ semiconduction laser
ква́нтовый, опти́ческий регенерати́вный ~ cavity laser
ква́нтовый, опти́ческий ~ **с модуля́цией добро́тности** Q-switched laser
ква́нтовый, опти́ческий ~ **с непреры́вным режи́мом генера́ции** CW laser
ква́нтовый, опти́ческий ~ **с электро́нной нака́чкой** electron-beam-pumped laser
ква́нтовый, опти́ческий твердоте́льный ~ solid-state laser
ква́нтовый, опти́ческий хими́ческий ~ chemical laser
ква́нтовый ~ **СВЧ(-диапазо́на)** (*см. тж.* **ма́зер**) maser
ква́нтовый ~ **СВЧ, акусти́ческий** acoustic maser
ква́нтовый ~ **СВЧ, га́зовый** gas maser
ква́нтовый ~ **СВЧ, и́мпульсный** pulse(d) maser
ква́нтовый ~ **СВЧ на аммиа́ке** ammonia gas maser
ква́нтовый ~ **СВЧ на осно́ве циклотро́нного резона́нса** cyclotron resonance [electron cyclotron] maser
ква́нтовый ~ **СВЧ на порошке́** powder maser
ква́нтовый ~ **СВЧ на пучке́ моле́кул** molecular-beam maser
ва́нтовый ~ **СВЧ на руби́не** ruby maser
ква́нтовый ~ **СВЧ, полупроводнико́вый** semiconductor maser
ква́нтовый ~ **СВЧ, регенерати́вный** cavity maser
ква́нтовый ~ **СВЧ, регенерати́вный отража́тельный** reflection-type cavity maser
ква́нтовый ~ **СВЧ, регенерати́вный**

генера́тор

проходно́й transmission-type cavity maser

ква́нтовый ~ СВЧ, полупроводнико́вый semiconductor maser

ква́нтовый ~ СВЧ с интерферо́метром Фабри́ — Перо́ Fabry-Perot maser

ква́нтовый ~ СВЧ с опти́ческой нака́чкой optically pumped maser

ква́нтовый ~ СВЧ, твердоте́льный solid-state maser

ква́нтовый ~ СВЧ, фоно́нный phonon maser

ква́нтовый ~ с нака́чкой ла́зером laser pumped maser

ква́нтовый ~ субмиллиметро́вого диапазо́на submillimeter (wave) maser, smaser

ква́рцевый ~ crystal oscillator

клистро́нный ~ 1. (*источник сигнала, подсоединён прямо к волноводу*) klystron generator **2.** (*источник высокочастотных колебаний, напр. гетеродин*) klystron oscillator

когере́нтный ~ coherent oscillator, Coho

~ (колеба́ний) с вне́шним возбужде́нием radio-frequency [r.f.] power amplifier

кольцево́й ~ ring oscillator

~ компенса́ции парази́тных сигна́лов передающей тру́бки *тлв.* shading generator

~ компенса́ции тёмного пятна́ *тлв.* shading(-correction) generator

~ коро́тких и́мпульсов narrow-pulse generator

ла́мповый ~ *англ.* valve oscillator; *амер.* vacuum-tube oscillator

~ лине́йно-возраста́ющего напряже́ния (то́ка) saw-tooth (voltage, current) generator

~ лине́йно-па́дающего напряже́ния (то́ка) phantastron

магнетро́нный ~ magnetron oscillator

магнитогидродинами́ческий ~ magnetohycrodynamic [MHD] generator, magneto-fluid-dynamic [MFD] generator

магнитогидродинами́ческий ~ на неравнове́сной пла́зме non-equilibrium magnetohydrodynamic generator

магнитострикцио́нный ~ magnetostriction oscillator

магнитоэлектри́ческий ~ permanent-magnet generator

~ масшта́бных ме́ток да́льности calibration mark(er) generator

~ ме́ток вре́мени time-mark generator

~ ме́ток да́льности range-mark(er) generator

многото́ковый ~ multiple-current generator

~, моделúрующий диагра́мму напра́вленности beam-pattern generator

молекуля́рный ~ molecular-beam maser

генера́тор

надтона́льный ~ (*в синтезаторах частоты, возбудителях дискретного спектра и т. п.*) interpolation oscillator

~ нака́чки pump oscillator; (*параметрического усилителя*) pump

~ на кре́мниевом дио́де, транзи́сторах, R и C *и т. п.* silicon-diode, transistor, RC-, *etc.* oscillator

~ на то́пливных элеме́нтах fuel-cell generator

~ незатуха́ющих колеба́ний continuous-wave [CW] oscillator

~ нейтро́нов neutron generator

~ несу́щей частоты́ (*в вч телефонии*) carrier oscillator; (*в системах на боковых частотах*) carrier generator

неявнопо́люсный ~ implicit-pole generator

~ ни́зкой частоты́ audio(-frequency) oscillator; audio signal generator

~ одино́чных и́мпульсов single-pulse generator

опо́рный ~ (*в синтезаторах частоты и возбудителях дискретного спектра*) frequency standard (assembly) *пример*: **опо́рный ~ явля́ется исто́чником высокостаби́льной опо́рной частоты́, на осно́ве кото́рой получа́ются все остальны́е часто́ты, испо́льзуемые в радиоста́нции** the frequency standard produces an accurate, stable reference frequency upon which all frequencies used in the radio set are based

~ па́ра steam generator

параметри́ческий ~ parametric oscillator

~ па́чек и́мпульсов pulse-burst [series] generator

педа́льный ~ foot-operated [pedal] generator

~ пе́ны *горн.* froth generator

~ пере́днего полустро́ба early-gate generator

~ переме́нного то́ка alternating current [a. c.] generator, alternator

~ переме́нного то́ка, многочасто́тный multifrequency alternator

~ пилообра́зного напряже́ния (то́ка) saw-tooth voltage (current) generator

~ пла́вного диапазо́на variable frequency oscillator, VFO

пла́зменный ~ plasma oscillator

~ пла́змы, дугово́й arc plasma generator

~ повы́шенной частоты́ rotary frequency changer, rotary changer converter

~ погружно́го исполне́ния submerged [submersible] generator

погружно́й ~ submerged [submersible] generator

~ постоя́нного то́ка direct-current [d. c.] generator

~ по схе́ме ёмкостной трёхто́чки Colpitts oscillator

генера́тор

~ по схе́ме индукти́вной трёхто́чки Hartley oscillator

~ по схе́ме моста́ Ви́на Wien-bridge oscillator

~ по схе́ме Ше́мбеля electron-coupled oscillator, ECO

~ преры́вистого де́йствия chopping oscillator

~ прямоуго́льных и́мпульсов square-wave generator

~ псевдослуча́йной после́довательности PR sequence generator

~ пусковы́х и́мпульсов trigger(-pulse) generator

~ равновероя́тных цифр equiprobable number generator

~ развёртки *англ.* time-base (generator), time-base circuit; *амер.* sweep generator

~ развёртки да́льности range-sweep generator

реакти́вный ~ reluctance generator

резе́рвный ~ stand-by generator

релаксацио́нный ~ relaxation oscillator

~ релаксацио́нных колеба́ний relaxation oscillator

реле́йный ~ relay pulse generator

самовозбужда́ющийся ~ self-excited generator

самохрони́рующийся ~ self-pulsed oscillator

~ сантиметро́вого диапазо́на SHF oscillator

~ с вну́тренней самовентиля́цией built-in-fan-cooled generator

~ с водоро́дным охлажде́нием hydrogen-cooled generator

~ СВЧ (*не путать с* генератором сантиметрового диапазона) microwave oscillator (*not to be confused with* SHF oscillator)

сельси́нный ~ synchro generator

~ се́тки часто́т (frequency) spectrum generator *пример*: **~ се́тки часто́т с ша́гом 10 кГц** a 10 kHz spectrum generator

~ сигна́лов signal generator

~ сигна́лов, часто́тно-модули́рованный FM signal generator

~ си́мволов symbol generator

~ синусоида́льных колеба́ний (*не путать с* генератором гармоник) harmonic [sinusoidal] oscillator (*not to be confused with* harmonic generator)

~ синхроимпульсов *тлв.* synchronizing(-signal) [sync] generator

синхро́нный ~ 1. *эл.* synchronous generator **2.** *рад., тлв.* locked oscillator

~ с искровы́м возбужде́нием spark-excited oscillator

~ с ква́рцевой стабилиза́цией crystal-controlled oscillator

~ с колеба́тельным ко́нтуром в це́пи ано́да *англ.* tuned-anode oscillator; *амер.* tuned-plate oscillator

генера́тор
~ с колеба́тельным ко́нтуром в це́пи ано́да и се́тки *англ.* tuned-anode, tuned-grid [TATG) oscillator; *амер.* tuned-grid, tuned-plate [TGTP] oscillator
~ с колеба́тельным ко́нтуром в це́пи се́тки tuned-grid oscillator
~ случа́йных сигна́лов (*в информационных системах*) random-signal generator
~ случа́йных собы́тий random event generator, randomizer
~ случа́йных чи́сел *мат.* random number generator, randomizer
~ с нару́жной самовентиля́цией built-in blower-cooled generator
~ с незави́симым возбужде́нием 1. *эл.* separately excited generator 2. *рад.* r. f. power amplifier
~ с незави́симым охлажде́нием separate fan-cooled generator
~с непо́лным включе́нием колеба́тельного ко́нтура tapped-down oscillator
~с нея́вно вы́раженными по́люсами non-salient pole generator
~ со́бственных нужд (*станции, подстанции и т. п.*) house generator
~ со сќоростно́й модуля́цией velocity-modulated oscillator
~ со сме́шанным возбужде́нием compound generator
~ с отрица́тельной крутизно́й negative-transconductance oscillator
~ с отрица́тельным сопротивле́нием negative-resistance oscillator
~ с паралле́льным возбужде́нием shunt(-wound) generator
~ с попере́чным по́лем cross-field [heteropolar] generator
~ с после́довательным возбужде́нием series(-wound) generator
~ с посторо́нним возбужде́нием r.f. power amplifier
~ с постоя́нными магни́тами permanent magnet generator
~ с продо́льным по́лем homopolar generator
~ с протяжённым взаимоде́йствием extended interaction oscillator
~ срыва́ющей частоты́ quench(ing) oscillator
~ с самовозбужде́нием (*автогенератор*) self-excited [feedback] oscillator
~, стабилизи́рованный ква́рцем crystal-controlled oscillator
~, стабилизи́рованный ли́нией line-controlled oscillator
~ станда́ртных сигна́лов standard-signal generator
~ с тормозя́щим по́лем retarding-field [positive-grid] oscillator
стоя́ночный ~ *мор.* harbour generator
~ строб-и́мпульсов gate generator
~ стро́чной развёртки horizontal-scanning [line-scan, line-sweep, horizontal-sweep] generator [circuit]

генера́тор
стру́йный ~ fluid oscillator
~ ступе́нчатой фу́нкции step-function generator
~ субгармо́ник subharmonic generator
~ с фа́зовым сдви́гом phase-shift oscillator
~ с часто́тной модуля́цией frequency-modulated oscillator
~ с электро́нной перестро́йкой частоты́ voltage-tuned oscillator
~ с я́вно вы́раженными по́люсами salient-pole generator
~ та́ктовых и́мпульсов clock pulse generator
тахометри́ческий ~ tacho(meter-)-generator
твердоте́льный ~ solid-state oscillator
теплово́й ~ heat generator
термоаэрозо́льный ~ thermal aerosol generator
термоэлектри́ческий ~ thermoelectric generator
термоэлектри́ческий, изото́пный ~ isotopic thermoelectric generator
термоэлектро́нный ~ thermionic generator, thermionic converter
тиратро́нный ~ thyratron oscillator
~ тона́льного вы́зова (*без конкретизации частоты*) v.f. [voice-frequency] ringer; (*с точным указанием частоты*) 2100-Hz ringer; 500-Hz ringer
транзитро́нный ~ transitron oscillator
трёхто́чечный ~ (*обобщённое название*) impedance voltage divider oscillator
трёхто́чечный ~ с ёмкостной обра́тной свя́зью Colpitts oscillator
трёхто́чечный ~ с индукти́вной обра́тной свя́зью Hartley oscillator
трёхфа́зный ~ three-phase generator
~ уда́рного возбужде́ния shock-excited oscillator
~ уда́рных волн *ав.* shock-wave generator
~ у́зких строб-и́мпульсов narrow gate [strobe-pulse] generator
у́ксусный ~ vinegar generator
ультразвуково́й ~ ultrasonic generator
ультразвуково́й ~ для сня́тия на́кипи ultrasonic descaler
униполя́рный ~ homopolar [unipolar] generator
~, управля́емый напряже́нием voltage-controlled oscillator, VCO
фотоэлектри́ческий ~ photoelectric generator
~ Хо́лла Hall generator
хрони́рующий ~ timing oscillator
~ чи́сел number generator
~ ЧМ (*для измерений методом качающейся частоты*) sweep generator, swept-signal source

генера́тор
~ широ́ких строб-и́мпульсов wide gate [strobe-pulse] generator
~ шу́ма noise generator
эквивале́нтный ~ напряже́ния constant-voltage generator (Thevenin equivalent)
эквивале́нтный ~ то́ка constant-current generator (Norton equivalent)
электростати́ческий ~ electrostatic generator
электростати́ческий, ле́нточный ~ belt-type electrostatic generator
электростати́ческий, ро́торный ~ rotary electrostatic generator
электрофо́рный ~ influence machine
этало́нный ~ reference [standard] oscillator
явнопо́люсный ~ explicit-pole generator

генера́торная *ж.* generator house; *эл.* generating station

генератри́са *ж.* generatrix

генера́ци/я *ж.* 1. generation, production 2. (*действие генератора колебаний*) oscillation(s) □ гаси́ть ~ю force the oscillator completely out of oscillation(s); ~ наступа́ет при соблюде́нии сле́дующих усло́вий . . . oscillation(s) sets in when the following conditions are satisfied; подде́рживать ~ю sustain oscillation(s); срыва́ть ~ю quench [kill] oscillation(s)
~ в ква́нтовом генера́торе субмиллиметро́вого диапазо́на smasing
~ в ла́зере lasing
~ в ла́зере одновреме́нно на не́скольких дли́нах волн multiple lasing
~ в ла́зере, послеи́мпульсная post-lasing
~ в ма́зере masing
~ второ́й гармо́ники [ГВГ] second-harmonic generation, SHG
~ гармо́ник harmonic generation
~ зву́ка sound generation
~ и́мпульсов pulse generation
многомо́довая ~ multimode oscillation(s)
~ на двух часто́тах double-frequency oscillation(s)
~ на не́скольких часто́тах multiple oscillation(s)
~ на одно́й мо́де single-mode oscillation(s)
~ на одно́й частоте́ single-frequency oscillation(s)
~ носи́телей (*в полупроводнике*) carrier generation
одномо́довая ~ single-mode oscillation(s)
параметри́ческая ~ parametric oscillation(s)
разрывна́я ~ relaxation oscillation(s)
~ электро́нно-ды́рочных пар electron-hole pair generation, electron-hole pair production

генери́рование *с.* generation

генери́ровать *гл.* 1. (*получать, производить*) generate, produce 2. (*о генераторе электрических или электромагнитных колебаний*) oscillate □ **~ в. ч. сигна́л** oscillate (at) a radio frequency; **~ на ... частоте́** *или* **... длине́ волны́** emit at ...; **начина́ть ~** break into oscillations; **~ продо́льные** *или* **попере́чные колеба́ния** oscillate an axial *or* transverse modes, operate in axial *or* transverse modes
гене́тика *ж.* genetics
ге́нри *м.* henry, H
генриме́тр *м.* henrymeter, inductance meter
геобаллистика *ж.* geoballistics
геобота́ника *ж.* geobotanics
геогра́фия *ж.* geography
геодези́ст *м.* geodesist, surveyor
геодези́ст-вычисли́тель *m* geodetic computer
геодези́ст-землеустрои́тель *м.* field [land] surveyor
геодези́ст-полеви́к *м.* field [land] surveyor
геодези́ст-программи́ст *м.* geodetic computer programmer
геодези́ст-триангуля́тор *м.* triangulator
геодези́ческий *прил.* 1. *геод.* geodetic 2. *мат.* geodesic
геоде́зия *ж.* geodesy
гравиметри́ческая ~ physical geodesy
математи́ческая ~ mathematical geodesy
~ на пло́скости plane geodesy
полева́я ~ surveying
простра́нственная ~ three-dimensional geodesy
спу́тниковая ~ satellite geodesy
сфероиди́ческая ~ spheroid geodesy
физи́ческая ~ physical geodesy
геоди́метр *м.* geodimeter
геодина́мика *ж.* geodynamics
гео́ид *м.* geoid
геоло́гия *ж.* geology
динами́ческая ~ dynamic geology
инжене́рная ~ engineering geology
истори́ческая ~ historical geology
~ поле́зных ископа́емых mining geology
прикладна́я ~ practical geology
геомагнети́зм *м.* geomagnetism, terrestrial magnetism
геомагни́тный *прил.* geomagnetic
геомагнитофо́н *м.* recording geophone
геометриза́ция *ж.* **месторожде́ний** geometrization of deposits
геометри́ческий *прил.* geometric(al)
геоме́трия *ж.* 1. (*наука*) geometry 2. (*форма, относительное расположение составных элементов*) geometry, configuration
алгебраи́ческая ~ algebraic geometry
аналити́ческая ~ analytic geometry
аффи́нная ~ affine geometry

геоме́трия
вы́сшая ~ higher geometry
гиперболи́ческая ~ hyperbolic geometry
гребе́нчатая ~ (*напр. анодного блока митрона*) interdigitated geometry
дифференциа́льная ~ differential geometry
евкли́дова ~ Euclidean geometry
изменя́емая ~ *ав.* variable geometry
~ Лобаче́вского Lobachevski geometry
метри́ческая ~ metrical geometry
~ Минко́вского Minkowski(an) geometry
начерта́тельная ~ descriptive geometry
неевкли́дова ~ non-Euclidean geometry
«плоха́я» ~ poor [low] geometry
проекти́вная ~ projective geometry
~ резца́ cutting-tool geometry, (cutting-)tool nomenclature
ри́манова ~ Riemannian geometry
сфери́ческая ~ spherics
«хоро́шая» ~ good [high] geometry
эллипти́ческая ~ elliptic(al) geometry
геометродина́мика *ж.* geometrodynamics
геоморфоло́гия *ж.* geomorphology
геопотенциа́л *м.* geopotential
геосинклина́ль *ж.* geosyncline
геосфе́ра *ж.* geosphere
геотекто́ника *ж.* geotectonics, geotectonic [structural] geology
геоте́рмика *ж.* geothermy, geothermometry
геотерми́ческий *прил.* geothermal
геотерми́я *ж. см.* **геоте́рмика**
геотермо́метр *м.* geothermometer
геотехноло́гия *ж.* geotechnology
геофи́зика *ж.* geophysics
промысло́вая ~ well logging
геофо́н *м.* geophone
геохи́мия *ж.* geochemistry
геохроноло́гия *ж.* geochronology, geochronometry, geological [rock] dating
абсолю́тная ~ absolute geochronology, absolute geochronometry, absolute (geological) dating, absolute age determination
относи́тельная ~ relative geochronology, relative geochronometry, relative dating, relative age determination
я́дерная ~ isotopic geochronology, isotopic geochronometry, radiochemical [radioisotope] dating, radioisotope age determination
геоце́нтр *м.* geocentre
геоцентри́ческий *прил.* geocentric
геоэлектри́чество *с.* geoelectricity
гептагона́льный *прил.* heptagonal
гепта́н *м.* heptane
гепта́эдр *м.* heptahedron
гептаэдри́ческий *прил.* heptahedral
гепто́д *м.* heptode, pentagrid

гербици́д *м.* herbicide □ **вноси́ть ~ опры́скиванием** use a herbicide as a spray; **вноси́ть ~ разбра́сыванием** apply a herbicide by direct spreading; **вноси́ть ~ разбры́згиванием** use a herbicide as a spray; **~ убива́ет все ви́ды расте́ний** a herbicide kills all growth; **~ угнета́ет расте́ния** a herbicide inhibits the activity of (undesired) plants; **чувстви́тельный к ~у** susceptible to a herbicide
гранули́рованный ~ granulated herbicide
довсхо́довый ~ pre-emergence herbicide
~ избира́тельного де́йствия selective herbicide
~ конта́ктного де́йствия contact herbicide
листово́й ~ foliar herbicide
послевсхо́довый ~ post-emergence herbicide
~ сплошно́го де́йствия non-selective herbicide
герко́н *м.* (hermetically sealed) reed relay, sealed-contact reed relay
герма́ний *м.* germanium, Ge
леги́рованный ~ doped germanium
монокристалли́ческий ~ single-crystal germanium
поликристалли́ческий ~ polycrystalline germanium
сильнолеги́рованный ~ heavily doped germanium
~ с со́бственной проводи́мостью intrinsic germanium
эпитаксиа́льный ~ epitaxial germanium
герметиза́ция *ж.* 1. (*уплотнение швов, соединений*) (hermetic) sealing, making air-tight □ **~ от возде́йствия вла́ги** sealing against moisture 2. (*заключение в оболочку, обычно пластмассовую*) encapsulation 3. (*заливка компаундом*) potting 4. (*гермокабины, гермошлема и т. п.*) pressurization
гермéтик *м.* sealant, sealing compound
гермети́чность *ж.* air-tightness, leak-proofness □ **испы́тывать** [**прове-ря́ть**] **на ~** test for leak-proofness [leaks]
гермети́чный *прил.* (hermetically) sealed; air-tight; gas-tight; pressure-tight
гермици́д *м.* germicide
гермоввóд *м.* pressure-seal feed-through
гермовы́вод *м.* sealed lead(-out)
гермокаби́н/а *ж.* pressure [pressurized] cabin, pressure [pressurized] cockpit □ **пробива́ть ~у** puncture a pressure [pressurized] cabin [cockpit]
гермоперегоро́дка *ж.* pressure bulkhead
гермоперехо́дник *м.* sealed adapter connector
герморазъём *м.* pressure-seal [-sealed] connector

гермошле́м *м.* pressurized helmet
герц *м.* Hertz, Hz
герцме́тр *м.* frequency indicator
гессиа́н *м. мат.* Hessian
гетероа́том *м.* heteroatom
гетероге́нность *ж.* heterogeneity
гетероге́нный *прил.* heterogeneous
гетероди́н *м.* **1.** (*в приёмнике*) local oscillator **2.** (*в передатчике*) conversion [injection] frequency source
  клистро́нный ~ klystron (local) oscillator
  когере́нтный ~ coherent (local) oscillator, Coho
  навигацио́нный ~ beacon (local) oscillator
  ~ телегра́фного приёма beat-frequency (local) oscillator, BFO
гетеродини́рование *с.* heterodyning
гетеродио́д *м.* heterodiode
гетероморфи́зм *м.* heteromorphism
гетеропереxо́д *м.* heterojunction
  ды́рочно-ды́рочный ~ p-p heterojunction
  прямосмещённый ~ forward biased heterojunction
  электро́нно-электро́нный ~ n-n heterojunction
гетерополиконденса́ция *ж.* heteropolycondensation
гетерополя́рность *ж.* heteropolarity
гетерополя́рный *прил.* heteropolar
гетеростати́ческий *прил.* heterostatic
гетерохро́мный *прил.* heterochrome, heterochromatic
гетероцепно́й *прил.* heterochain
гетероцикли́ческий *прил.* heterocyclic
гетина́кс *м.* paper-based laminate, *англ.* synthetic-resin bonded [SRB] paper laminate
  фольги́рованный ~ foil-clad paper-based laminate
ге́ттер *м.* getter □ **испаря́ть ~** (*внутри лампы перед отпайкой*) flash [fire] a getter; **наноси́ть ~ испаре́нием** deposit a getter by (the) distillation (method)
  жело́бчатый ~ channel getter
  ле́нточный ~ ribbon getter
  напра́вленный ~ directive getter
  спира́льный ~ coil getter
  табле́точный ~ pellet getter
геттери́рование *с.* gettering
гиалоти́пия *ж. полигр.* glass printing
гиб *м.* bend(ing)
  двойно́й ~ tangent bend
  ~ с переги́бом (*вид испытания металлов*) bend(ing)-unbend(ing) test
гиббси́т *м.* gibbsite, hydrargillite
ги́бка *ж.* bending
  ~ листово́го мета́лла sheet bending
  холо́дная ~ cold bending
ги́бкий *прил.* flexible
ги́бкость *ж.* flexibility
  ~ вычисле́ния computing flexibility
  ~ сте́ржня slenderness ratio of a column
  ~ сте́ржня, преде́льная critical slenderness ratio of a column

гибридиза́ция *ж.* hybridization
  ~ вале́нтностей valence hybridization
  ~ состоя́ний state hybridization
гига ... (*десятичная кратная приставка, означающая* 10^9) giga ..., G *пример*: **гигаге́рц** gigahertz, GHz
гигро́граф *м.* hygrograph, recording hygrometer
гигро́метр *м.* hygrometer
  абсорбцио́нный ~ absorption [chemical] hygrometer
  весово́й ~ balance hygrometer
  волосно́й ~ hair hygrometer
  инфракра́сный ~ infra-red hygrometer
  конденсацио́нный ~ dew-point hygrometer
  электролити́ческий ~ electrolytic hygrometer
гигроме́трия *ж.* hygrometry
гигроскопи́ческий *прил.* hygroscopic
гигроскопи́чность *ж.* hygroscopicity
гигроста́т *м.* constant-humidity cabinet, humidistat
гигротермо́граф *м.* hygrothermograph
гигроэлектро́метр *м.* hygroelectrometer
гид *м. астр.* guiding telescope, guiding device
  фотоэлектри́ческий ~ photoelectric guiding device
гиди́рование *с. астр.* guiding
гидра́влика *ж.* **1.** (*наука*) hydraulics **2.** (*оборудование или устройство*) hydraulic system, hydraulic controls, hydraulic drive
  инжене́рная ~ hydraulics of construction, engineering hydraulics
  ~ сооруже́ний hydraulics of construction, engineering hydraulics
гидрази́н *м.* hydrazine
гидра́нт *м.*, **пожа́рный** (fire) hydrant
гидра́т *м.* hydrate *примеры*: **~ бро́ма** bromine hydrate; **~ за́киси** (*гидрозакись*) (lower) hydroxide; **~ за́киси желе́за** ferrous hydroxide; **~ о́киси** hydroxide; **~ о́киси бери́ллия** beryllium hydroxide; **~ пе́рекиси** hydroperoxide; **~ пе́рекиси кумо́ла** cumene hydroperoxide; **~ хло́ра** chlorine hydrate
гидрата́ци/я *ж.* hydration □ **подверга́ться ~и** be hydrated; **претерпева́ть ~ю** be hydrated; **~ происхо́дит по ... свя́зям** the hydration takes place by means of ... bonds
  избира́тельная ~ selective hydration
  предвари́тельная ~ prehydration
гидрати́ровать *гл.* hydrate
гидра́тор *м.* hydrator
гидратцеллюло́за *ж.* hydrated [regenerated] cellulose
гидри́д *м.* hydride *примеры*: **~ ка́лия** potassium hydride; **~ ка́льция** calcium hydride
гидри́рование *с.* hydrogenation
гидри́рованный hydrogenated

гидри́ровать *гл.* hydrogenate, hydrogenize
гидроагрега́т *м.* **1.** (*электростанции*) hydroelectric unit, hydroelectric generating set **2.** (*механизм*) hydraulic unit
гидроаккумули́рование *с.* water storage, pumped (water) storage
гидроаккумуля́тор *м.* hydraulic accumulator
гидроаку́стик *м. англ.* asdic operator; *амер.* sonar operator
гидроаку́стика *ж.* underwater acoustics
гидроанало́гия *ж.* hydraulic analogy
гидроаппара́т *м.* hydrojet, jet pump
гидроаэродро́м *м.* seadrome, seaplane station
гидроаэроиониза́тор *м.* hydroaeroionizer
гидроаэромеха́ника *ж.* fluid mechanics
гидроба́к *м.* hydraulic reservoir
гидробалли́стика *ж.* hydroballistics
гидробиоло́гия *ж.* hydrobiology
гидробу́р *м.* hydroborer, water-jet borer
гидровзрыва́ние *с.* hydraulic blasting
гидровибра́тор *м.* hydrovibrator
гидровскры́ша *ж.* hydraulic stripping
гидроге́ль *м.* hydrogel
гидрогена́тор *м.* hydrotreater
гидрогенера́тор *м.* water-wheel [hydraulic-turbine] generator
  ~ с вертика́льной о́сью враще́ния vertical(-shaft) water-wheel [hydraulic-turbine] generator
  ~ с горизонта́льной о́сью враще́ния horizontal(-shaft) water-wheel [hydraulic-turbine] generator
гидрогениза́тор *м.* hydrogenator
гидрогениза́ция *ж.* hydrogenation
  деструкти́вная ~ hydrocracking, hydrogenative splitting (*английские термины* destructive hydrogenation, hydrogenolysis *охватывают все виды деструктивной гидрогенизации*)
  недеструкти́вная ~ addition [saturation] hydrogenation
гидрогенизи́рованный hydrogenated
гидрогенизи́ровать *гл.* hydrogenate, hydrogenize
гидрогено́лиз *м.* hydrogenolysis (*русский термин* гидрогенолиз — *одна из разновидностей деструктивной гидрогенизации; английский термин* hydrogenolysis = destructive hydrogenation)
гидрогеоло́гия *ж.* hydrogeology
  го́рная ~ mining hydrogeology
  инжене́рная ~ engineering hydrogeology
гидрогеохи́мия *ж.* hydrogeochemistry
гидро́граф *м.* **1.** (*график*) hydrograph **2.** (*специальность*) hydrographer
  едини́чный ~ unit hydrograph
  ~ па́водка flood hydrograph
  прито́чный ~ inflow hydrograph
  элемента́рный ~ unit hydrograph
гидрогра́фия *ж.* hydrography

гидродви́гатель *м.* hydraulic [fluid-power] prime mover (*см. тж.* **гидромото́р**)
объёмный ~ positive-displacement hydraulic [fluid-power] prime mover
поворо́тный ~ rotary hydraulic [fluid-power] prime mover
гидродимериза́ция *ж.* hydrodimerization
гидродина́мика *ж.* hydrodynamics
ква́нтовая ~ quantum hydrodynamics
класси́ческая ~ classical hydrodynamics
магни́тная ~ magnetohydrodynamics
~ откры́тых кана́лов open-channel hydrodynamics
релятиви́стская ~ relativistic hydrodynamics
статисти́ческая ~ statistical hydrodynamics
техни́ческая ~ engineering hydrodynamics
фи́зико-хими́ческая ~ physical-chemical hydrodynamics
гидродобы́ча *ж.* hydraulic mining, hydraulicking
гидродомкра́т *м.* hydraulic jack
~ двойно́го де́йствия double-action hydraulic jack
гидродро́ссель *м.* throttle valve
гидрожи́дкость *ж.* hydraulic fluid
гидроза́кись *ж.* (lower) hydroxide
гидрозакла́дка *ж. горн. англ.* hydraulic filling; *амер.* hydraulic stowing
гидрозамо́к *м.* pilot controlled check valve
гидрозолоудале́ние *с.* hydraulic ash handling, hydraulic ash disposal
гидрозо́ль *м.* hydrosol
гидрозо́нд *м.* bathysonde
гидроизоги́пса *ж.* water-table contour
гидроизоля́ция *ж.* 1. (*защита от воздействия воды*) water proofing 2. (*защита от проникновения воды по капиллярам*) damp proofing 3. (*устройство*) wet seal, damp course
гидроионизáтор *м.* hydroionizer
гидроионизáтор-распыли́тель *м.* hydroionizer-nebulizer
гидрокарбона́т *м.* hydrocarbonate
гидрокаучу́к *м.* hydrorubber, hydrogenated rubber
гидрокине́тика *ж.* kinetics of liquids
гидрокла́пан *м.* hydraulic valve
гидрокре́кинг *м.* hydrocracking, hydrogenative splitting
гидрокрыло́ *с.* hydrofoil
гидрокрю́к *м.* hydraulic pick-up hitch
гидро́кс *м.* 1. (*способ отбойки*) Hydrox coal blasting 2. (*патрон для беспламенного взрывания*) hydrox (cartridge)
гидрокси́д *м.* hydroxide
гидрокси́л *м.* hydroxyl
гидроксилами́н *м.* hydroxylamine
гидроксили́рование *с.* hydroxylation
гидроксили́ровать *гл.* hydroxylate
гидро́л *м.* hydrol syrup
гидро́лиз *м.* hydrolysis
гидро́лизер *м.* hydrolyzer
гидролизова́ть(ся) *гл.* hydrolyze □ **~ на ...** hydrolyze into ...
гидро́лог *м.* hydrologist
гидроло́гия *ж.* hydrology
гидролока́тор *м. англ.* asdic (equipment); *амер.* sonar (system)
акти́вный ~ active [echo-ranging] sonar □ **акти́вный ~ определя́ет да́льность до це́ли по отражённому сигна́лу [по э́ху]** active sonar echo-ranges on the target
глубоково́дный ~ deep-water [deep-sea] sonar
инфразвуково́й ~ subsonic sonar
~ кругово́го обзо́ра scanning sonar
опуска́емый ~ dip(ping) sonar
пасси́вный ~ passive [listening] sonar □ **пасси́вный ~ обнару́живает шумя́щий объе́кт с по́мощью распределённых звукоприёмников** passive sonar uses an array of hydrophones to detect the presence of a sound-producing vessel
~ ша́гового по́иска searchlight sonar
гидролока́ция *ж.* sonar
гидролото́к *м.* flume
гидролы́жи *мн.* (*гидросамолёта*) hydroski
гидромаши́на *ж.* hydraulic machine; (*на гидроаккумулирующей электростанции*) hydraulic unit
обрати́мая ~ combined pump-turbine unit
гидрометаллу́ргия *ж.* hydrometallurgy
автокла́вная ~ pressure hydrometallurgy
гидрометео́р *м.* hydrometeor
гидрометеороло́гия *ж.* hydrometeorology
гидро́метр *м.* hydrometer
гидроме́трия *ж.* hydrometry
гидромеханиза́ция *ж.* (*земляных работ*) hydraulic excavation; (*горных работ*) hydraulic mining
гидромехани́зм *м.* hydraulic mechanism, hydraulic actuator
единоагрега́тный ~ hydraulic (power) pack
~ регули́рования высоты́ сре́за *с.-х.* hydraulic height control
гидромеха́ника *ж.* hydromechanics, mechanics of liquids
гидромо́дуль *м.* water consumption per unit time and area, water duty
гидромонито́р *м.* (hydraulic) giant, monitor □ **враща́ть ~ вокру́г вертика́льной о́си** swing a giant horizontally; **отклоня́ть ~ вверх и вниз** swing a giant vertically; **~ разруша́ет поро́ду** the giant loosens [cuts, caves] the rock; **~ смыва́ет поро́ду** the giant washes [sluices] off the rock
~ бли́жнего бо́я short-range giant
гидромонито́р
вру́бовый ~ cutting [caving] giant
подвесно́й ~ suspended giant
самохо́дный ~ self-propelled giant
~ с дистанцио́нным управле́нием remotely operated giant
смывно́й ~ sluicing giant
~ с ручны́м управле́нием manually operated giant
гидромото́р *м.* hydraulic [fluid-power] motor
акси́ально-поршнево́й ~ swash-plate [axial-piston] hydraulic motor
лопастно́й ~ guided-vane hydraulic motor
поршнево́й ~ (*название класса гидромоторов*) reciprocating hydraulic motor; (*собственно поршневой мотор*) piston(-type) hydraulic motor
радиа́льно-поршнево́й ~ rotary-plunger hydraulic motor
ро́торный ~ rotary hydraulic motor
гидрому́фта *ж.* fluid [hydraulic] coupling
гидрона́втика *ж.* hydronautics
гидронасо́с *м.* hydraulic pump
гидронефело́метр *м.* sea-water nephelometer
гидрообогаще́ние *с.* hydraulic ore dressing
гидро́окись *ж.* hydroxide *примеры*: **~ алюми́ния** aluminium hydroxide; **~ на́трия** sodium hydroxide
гидроотва́л *м.* hydraulic-mine dump
гидроочисти́тель *м.* fluid cleaner
гидроочи́стка *ж.* 1. (*нефтепродукта*) hydrofining 2. (*отливок*) hydraulic cleaning
гидропереда́ча *ж.* hydraulic transmission
гидростати́ческая ~ (positive-) displacement hydraulic transmission
динами́ческая ~ hydrokinetic transmission
объёмная ~ (positive-) displacement hydraulic transmission
объёмная ~ с дро́ссельным регули́рованием valve-controlled hydraulic transmission
объёмная ~ с объёмным регули́рованием pump-controlled hydraulic transmission
гидропе́рекись *м.* hydroperoxide
гидропла́ст *м.* PVC [polyvinylchloride] paste
гидропневмати́ческий *прил.* hydropneumatic, oleopneumatic
гидропогру́зчик *м.* hydraulic loader
гидроподъём *м.*, **ша́хтный** hydraulic handling (system), slurry hoisting (equipment)
гидроподъёмник *м.* hydraulically operated hoist, hydraulically operated lift
гидрополимериза́ция *ж.* hydropolymerization
гидропо́мпа *ж.* hydraulic pump
гидропо́ник *м.* hydroponic bed
гидропо́ника *ж.* hydroponics
гидропре́сс *м.* hydraulic press

гидропри́вод *м.* **1.** (*устройство*) hydraulic [fluid-power] drive **2.** (*метод*) hydraulic power
~ враща́тельного движе́ния rotary hydraulic drive
гидростати́ческий ~ positive-displacement [pump-controlled] hydraulic drive
динами́ческий ~ (*с использованием гидромуфты*) fluid-coupling drive; (*с использованием гидротрансформатора*) torque-converter drive
объёмный ~ positive-displacement [pump-controlled] hydraulic drive
~ поворо́тного движе́ния limited rotary hydraulic drive
~ поступа́тельного движе́ния linear hydraulic drive
следя́щий ~ hydraulic servomechanism, hydraulic servo system
гидропрово́д *м.* hydraulic line
гидропу́льпа *ж.* pulp, slurry
гидропу́льт *м.* hydraulic sprayer, spray gun
гидропята́ *ж.* hydraulic balancing device
гидроразбива́тель *м.* hydrobeater, hydraulic beater, hydraulic disintegrator, hydropulper
гидрораспредели́тель *м.* hydraulic control valve
гидрорегуля́тор *м.* hydraulic control
~ заглубле́ния *с.-х.* hydraulic depth control
гидроресу́рсы *мн. м.* water resources
гидросамолёт *м.* seaplane □ **~ взлета́ет [произво́дит взлёт] с во́дной пове́рхности** a seaplane takes off [rises] from water; **~ сади́тся [произво́дит поса́дку] на во́дную пове́рхность** a seaplane alights on water
поплавко́вый ~ float seaplane
~ ти́па «лета́ющая ло́дка» flying boat
гидросби́в *м.* **ока́лины** hydraulic scale-breaking, hydraulic descaling
гидросепара́тор *м.* hydroseparator
гидросепара́тор-сгусти́тель *м.* hydrotator-thickener
гидросе́ялка *ж.* hydroseeder
гидросисте́м/а *ж.* hydraulic system □ **долива́ть гидрожи́дкость в ~у** top the hydraulic system; **опрессо́вывать ~у** give the hydraulic system a hydrostatic test; **прока́чивать ~у** (*для удаления воздуха*) bleed the hydraulic system (of air), beed (air from) the hydraulic system; (*для проверки функционирования*) circulate fluid through the hydraulic system; **промыва́ть ~у** flush the hydraulic system
~ навесно́го устро́йства hydraulic lift system
незави́симая ~ live hydraulic system
разде́льно-агрега́тная ~ remote-cylinder hydraulic system
~ с аккумуля́тором accumulator hydraulic system

гидросме́сь *ж.* **1.** slurry **2.** (*рабочая жидкость для гидросистем*) hydraulic fluid
гидроспу́ск *м.* seaplane ramp, seaplane slipway
гидростабилиза́ция *ж.* stabilization (*of liquid fuel*) by hydrogenation
гидроста́тика *ж.* hydrostatics
гидростати́ческий *прил.* hydrostatic
гидросто́йка *ж.* hydraulic prop
гидросульфа́т *м.* hydrosulphate
гидросульфи́д *м.* hydrosulphide
гидросульфи́т *м.* hydrosulphite
гидросфе́ра *ж.* hydrosphere
гидроте́рма *ж.* thermal spring
гидротерма́льный *прил.* hydrothermal
гидроте́хника *ж.* hydraulic engineering
гидроти́пия *ж.* hydrotypy
гидрото́рф *м.* hydropeat
гидротра́нспорт *м.* hydrotransport
напо́рный ~ pressurized hydrotransport
гидротранспортёр *м.* hydraulic conveyer
гидротрансформа́тор *м.* torque converter
гидротурби́н/а *ж.* hydraulic turbine, water wheel □ **~ идёт в разно́с** the hydraulic turbine runs away; **осуша́ть ~у** (*для ремонта, ревизии и т. п.*) unwater a hydraulic turbine; **проточная часть ~ы** setting of a turbine
акти́вная ~ impulse turbine
диагона́льная ~ adjustable-blade Francis [radial-flow] turbine
ковшо́вая ~ Pelton turbine
моде́льная ~ model(-test) turbine, turbine test model
напорностру́йная ~ reaction turbine
осева́я ~ axial-flow turbine
поворо́тно-ло́пастная ~ propeller [Kaplan] turbine
радиа́льно-осева́я ~ Francis [radial-flow] turbine
реакти́вная ~ reaction turbine
реакти́вная, осева́я ~ parallel-flow reaction turbine
реакти́вная, радиа́льно-осева́я ~ Francis [radial-flow] reaction turbine
реа́льная ~ (*по отношению к модельной*) the (proposed) field unit
гидротурбогенера́тор *м.* hydroelectric generator
гидрouда́рник *м.* (*буровая забойная машина*) hydraulic hammer
гидроу́зел *м.* (integrated) hydroscheme, (integrated) water (power) development
высоко-, низко-, средненапо́рный ~ high-, low-, medium-head water (power) development
гидроуправле́ние *с.* (*управление с гидроприводом*) hydraulic control
~ навесны́ми ору́диями hydraulic lift control
~ сце́пкой hydraulic draw-bar control
гидроупру́гий *прил.* hydroelastic

гидроупру́гость *ж.* hydroelasticity
гидроусили́тель *м.* **1.** *авто* hydraulic booster **2.** *ав.* hydraulic actuator
гидрофи́зика *ж.* hydrophysics
гидрофилиза́ция *ж.* *полигр.* desensitization
гидрофи́льность *ж.* wetting ability, water receptivity
гидрофи́льный ~ *прил.* hydrophilic, water-receptive
гидрофобиза́тор *м.* water-repelling agent, water repellent
гидрофобиза́ция *ж.* water-repellency treatment
гидрофо́бность *ж.* hydrophoby, water-repellent property, water-repellency
гидрофо́бный *прил.* hydrophobic, hydrofuge, water-repellent; *полигр.* ink-receptive
гидрофо́н *м.* hydrophone
магнитострикцио́нный ~ magnetostrictive hydrophone
поршнево́й ~ piston hydrophone
пьезоэлектри́ческий ~ piezoelectric hydrophone
шарово́й ~ spherical hydrophone
гидрофо́р *м.* hydrophore
гидрофо́рминг *м.* hydroforming
гидрофото́метр *м.* hydrophotometer
гидрохи́мия *ж.* chemical hydrology
гидрохино́н *м.* hydroquinone
гидроцикло́н *м.* hydraulic cyclone, hydrocyclone
флотацио́нный ~ floatation hydrocyclone
гидроцили́ндр *м.* hydraulic cylinder
выносно́й ~ remote(-operation) hydraulic cylinder
мо́ментный ~ single-vane hydraulic actuator, rotary ram
~ с запира́ющим кла́паном-ограни́чителем hydrostop cylinder
силово́й ~ hydraulic power cylinder, single-piston actuator, ram
~ усили́теля управля́емых колёс steering cylinder
гидроша́хта *ж.* hydraulic mine, hydraulic colliery
гидроэкстра́ктор *м.* *текст.* hydroextractor, whizzer
гидроэкстру́зия *ж.* hydrostatic [fluid(-pressure)] extrusion
гидроэлева́тор *м.* hydraulic elevator, jet pump
пожа́рный ~ suction fitting
гидроэлектроста́нция [ГЭС] *ж.* **1.** (*комплекс сооружений и оборудования*) hydroelectric [water-power] station (*Примечание. С именами собственными часто употребляется* Hydro; *пример*: Вахшская гидроэлектростанция Vakhsh Hydro) **2.** (*оборудование*) hydroelectric plant
аккумули́рующая ~ pumped-storage hydroelectric station
высоко-, низко-, средненапо́рная ~ high-, low-, medium-head hydroelectric station
прили́вная ~ tidal power station

гидроэнерге́тика *ж.* hydraulic power engineering
гидроэне́ргия *ж.* water power
гидрояркоме́р *м.* underwater luminance meter
гик *м. мор.* sail boom
ги́ка-топена́нт *м. мор.* topping lift
ги́льберт *м.* (*единица магнитодвижущей силы в системе СГС*) gilbert
ги́льза *ж.* sleeve
 ~ гнезда́ sleeve of a jack
 ~ для термо́метра thermometer pocket, thermometer well
 ~ дои́льного стака́на teat cup shell
 замедля́ющая ~ (*реле*) copper slug
 защи́тная ~ protection sleeve, liner
 като́дная ~ cathode sleeve
 ~ руже́йного патро́на cartridge case
 ~ тормозно́го бараба́на brake drum liner
 ~ тру́бной загото́вки hollow billet, shell
 ~ тру́бной загото́вки, проши́тая pierced shell
 ~ тру́бной загото́вки, толстосте́нная лату́нная brass shell
 ~ цили́ндра cylinder liner, cylinder sleeve
 ~ цили́ндра, мо́края wet cylinder liner, wet cylinder sleeve
 ~ цили́ндра, суха́я dry cylinder liner, dry cylinder sleeve
 ~ шпи́нделя quill
гильзова́ть *гл.* (*цилиндры двигателя*) line down
гильоти́на *ж.* **для обре́зки фане́ры** guillotine veneer clippers
ги́ни *мн. мор.* gin tackle
гинь-блок *м. мор.* gin block
гипербалли́стика *ж.* hyperballistics
гипе́рбола *ж.* hyperbola □ **~ вырожда́ется** *нвг.* a hyperbola collapses
 вы́рожденная ~ *нвг.* collapsed hyperbola
 равнобо́чная ~ equiangular [equilateral, rectangular] hyperbola
 равносторо́нняя ~ equiangular [equilateral, rectangular] hyperbola
гиперболи́ческий *прил.* hyperbolic
гиперболо́ид *м.* hyperboloid
 ~ враще́ния hyperboloid of revolution
 ~ враще́ния, двупо́лостный hyperboloid of revolution of two nappes
 ~ враще́ния, однопо́лостный hyperboloid of revolution of one nappe
 двупо́лостный ~ hyperboloid of two sheets
 однопо́лостный ~ hyperboloid of one sheet
гипервентиля́ция *ж.* hyperventilation
гипергармони́ческий *прил.* hyperharmonic
гипергеометри́ческий *прил.* hypergeometric
гиперзаря́д *м.* hypercharge
гиперзву́к *м.* hypersound
гиперзвуково́й *прил.* hypersonic
гиперква́дрика *м. мат.* hyperquadric
гиперко́мплексный *прил.* hypercomplex
гиперко́нус *м.* hypercone
гиперконъюга́ция *ж.* hyperconjugation
гиперку́б *м.* hypercube
гипернорма́льный *прил.* hypernormal
гиперо́н *м.* hyperon
 каска́дный ~ cascade hyperon
 резона́нсный ~ resonance hyperon
гипероско́лок *м.* hyperfragment, hypernucleus
гиперпло́скость *ж.* hyperplane
гиперпове́рхность *ж.* hypersurface
гиперсенсибилиза́ция *ж.* hypersensitizing, hypersensibilization
гиперсинхро́нный *прил.* hypersynchronous
гиперсо́рбция *ж.* hypersorption
гиперстати́ческий *прил.* hyperstatical
гиперсфе́ра *ж.* hypersphere
гипертеплово́й *прил.* hyperthermal
гиперфрагме́нт *м.* hyperfragment, hypernucleus
гиперхро́мный *прил.* hyperchromic
гиперъядро́ *с.* hypernucleus, hyperfragment
гиперэкспоненциа́льный *прил.* hyperexponential
гиперэллипсо́ид *м.* hyperellipsoid
гиперэллипти́ческий *прил.* hyperelliptic
гипосинхро́нный *прил.* hyposynchronous
гипосульфи́т *м.* sodium thiosulphate
гипо́тез/а *ж.* hypothesis □ **выдвига́ть ~у** make a hypothesis; **проверя́ть (статисти́ческую) ~у** test a (statistical) hypothesis; **~ согласу́ется с,** *напр.* **о́пытом** the hypothesis fits, *e. g.*, the experimental data; **стро́ить ~у** frame a hypothesis, hypothesize
 альтернати́вная ~ alternative hypothesis
 допусти́мая ~ admissible hypothesis
 нулева́я ~ null hupothesis
 основна́я ~ null hypothesis
 проста́я ~ simple hypothesis
 сло́жная ~ composite hypothesis
 статисти́ческая ~ statistical hypothesis
гипотену́за *ж.* hypotenuse
гипотерма́льный *прил.* hypothermal
гипотерми́я *ж.* hypothermia
гипотрохо́ида *ж. мат.* epitrochoid, hypotrochoid
гипофосфа́т *м.* hypophosphate
гипофосфи́т *м.* hypophosphite
гипохлори́т *м.* hypochlorite
гипоце́нтр *м.* hypocentre, centre of origin
гипоциклои́да *ж.* hypocycloid
гипоэллипти́ческий *прил.* hypoelliptic
гипс *м.* (*приро́дный*) gypsum □ **дроби́ть ~** crush gypsum; **затворя́ть ~** temper the (gypsum) plaster; **измельча́ть ~ по́сле о́бжига** pulverize the calcine; **обжига́ть ~** calcine [burn] gypsum
 высокоо́бжиговый ~ flooring plaster
гипс
 строи́тельный ~ (*для внутренних работ*) gypsum [cement, hard-wall] plaster; (*для наружных работ*) stucco
 сыро́й ~ crude gypsum
 штукату́рный ~ gypsum wall plaster
гипсобето́н *м.* gypsum concrete
гипсова́ние *с.* **1.** *хим.* gypsuming **2.** *стр.* application of gypsum
 избы́точное ~ overgypsuming
гипсова́ть *гл.* gypsum, treat with gypsum
гипсо́граф *м.* hypsograph
гипсогра́фия *ж.* hypsography
гипсо́метр *м.* hypsometer
гипсоме́трия *ж.* hypsometry
 тона́льная ~ tint layering hill toning
 цветова́я ~ colour layering
гипсотермо́метр *м.* hypsometer
гира́тор *м.* gyrator
 ёмкостно-трансформа́торный ~ capacitor-transformer gyrator
 криотро́нный ~ cryotron gyrator
 транзи́сторный ~ transistor gyrator
 четырёхпо́люсный ~ two-port gyrator
гирля́нда *ж.*:
 ~ изоля́торов insulator string
 ~ изоля́торов, натяжна́я dead-end [strain, tension] insulator string
 ~ изоля́торов, сдво́енная double insulator string
 ~ лине́йных изоля́торов line insulator string
 ~ подвесны́х изоля́торов suspension insulator string
гироа́зимут *м.* directional gyro (scope) □ **~ испо́льзует азимута́льную корре́кцию по магни́тному ко́мпасу** the directional gyro is slaved to the earth's magnetic meridian by a magnetic compass; **~ рассогласо́ван по а́зимуту** the directional gyro is misaligned with the (sensed) direction; **согласо́вывать ~ с магни́тным ко́мпасом** synchronize a gyro with a magnetic compass
гировертика́ль *ж.* vertical gyro (scope), vertical gyro reference
 ~ с ма́ятниковой корре́кцией pendulum-positioned vertical gyro
 центра́льная ~ master vertical gyro
гирово́з *м.* inertia-type locomotive
гирогоризо́нт *м.* gyro [artificial] horizon, attitude gyro
гирода́тчик *м.* gyro (scopic) sensor
 ~ кре́на roll gyro
 ~ ку́рса heading gyro (transmitter)
 ~ ры́скания yaw gyro
 ~ ско́рости кре́на roll-rate gyro
 ~ ско́рости разворо́та turn-rate gyro
 ~ ско́рости ры́скания yaw-rate gyro
 ~ ско́рости тангажа́ pitch-rate gyro
 ~ тангажа́ pitch gyro
гиро́ида *ж.* rotoinversion axis

гироинтегра́тор *м.* integrating gyro
гироко́мпас *м.* gyrocompass
ла́зерный ~ laser gyrocompass
маркше́йдерский ~ survey gyrocompass
~ с корре́кцией по магни́тному ко́мпасу magnetically slaved gyrocompass
гирома́ятник *м.* gyroscopic pendulum
гиро́метр *м.* gyrometer
гиромото́р *м.* gyromotor
гирополуко́мпас *м.* directional gyro(scope)
гирорезона́нс *м.* gyroresonance
гирорулево́й *м.* autohelmsman
гироско́п *м.* gyro(scope) □ **арре́тировать ~** cage a gyro; **вводи́ть ~ в меридиа́н** settle a gyro on the meridian, align a gyro to the meridian; **восстана́вливать ~** erect a gyro, bring a gyro to the vertical; **~ враща́ется** the gyro(scope) spins; **второ́е сво́йство ~а** (gyroscope) precession; **~ вхо́дит в меридиа́н** the gyro settles on the meridian; **выверя́ть ~ по фикси́рованному ориенти́ру** align a gyro against a fixed marker; **~ зава́ливается** the gyro tilts [tumbles]; **корректи́ровать ~** position a gyro; **пе́рвое сво́йство ~а** (gyroscope) rigidity, gyroscopic inertia; **~ прецесси́рует** the gyro precesses; **приводи́ть ~ в де́йствие** spin a gyro; **приводи́ть ~ к вертика́ли** erect a gyro; **~ рабо́тает на вы́беге** the gyro spins by inertia, the gyro coasts [is coasting]; **разарре́тировать ~** uncage a gyro; **~ (само)ориенти́руется на се́вер** *или* **юг** the gyro seeks North *or* South; **согласо́вывать ~ с пло́скостью меридиа́на** slave a gyro to the meridian; **~ стреми́тся сохрани́ть первонача́льное положе́ние [направле́ние] относи́тельно мирово́го простра́нства** the gyro tends to remain rigid in space; **уде́рживать ~ в пло́скости меридиа́на** slave a gyro to the meridian
астати́ческий ~ balanced gyro
вибрацио́нный ~ vibratory [vibrating] gyro
двухстепенно́й ~ single-degree-of-freedom gyro
демпфи́рующий ~ damping gyro
интегри́рующий ~ integrating gyro, gyro(scopic) integrator
криоге́нный ~ cryogenic gyro
курсово́й ~ heading gyro
ла́зерный ~ laser gyroscope
магнитогидродинами́ческий ~ MHD-gyro
~ направле́ния directional gyro
несвобо́дный ~ powered gyroscope
одноосево́й ~ single-axis gyroscope
опти́ческий ~ light gyroscope
позицио́нный ~ position gyro
поплавко́вый ~ floated(-type) gyroscope
прецессио́нный ~ rate gyro
~ с ва́куумным при́водом ро́тора vacuum-driven gyro
светово́й ~ light gyroscope
свобо́дный ~ free [master] gyro
~ с жи́дкостным ро́тором fluid rotor gyro
силово́й ~ powered gyroscope
симметри́ческий ~ symmetrical gyro
скоростно́й ~ rate gyro
~ с корре́кцией от магни́тного ко́мпаса compass-controlled [-slaved, -positioned] gyro
~ с ма́ятниковой корре́кцией pendulum(-positioned) gyro
трёхстепенно́й ~ two-degree-of-freedom gyro
тяжёлый ~ heavy gyro
уравнове́шенный ~ balanced gyro
я́дерный ~ nuclear gyro
гироскопи́ческий *прил.* gyroscopic
гиросервомото́р *м.* gyro-servo motor
гиростабилиза́ция *ж.* gyrostabilization
гироста́тика *ж.* gyrostatics
гиростати́ческий *прил.* gyrostatic
гиротахо́метр *м.* rate gyro(scope)
гиротеодоли́т *м.* gyrotheodolite
гиротро́н *м.* vibrating gyro (Gyrotron — *фирм. название*)
гиротро́пный *прил.* gyrotropic
гироуспоко́итель *м.* gyro(scopic) stabilizer
гирочастота́ *ж.* gyrofrequency
ги́ря *ж.* (scale) weight, balance weight □ **~ ма́ссой в,** ***напр.*** **5 кг** a, *e. g.*, 5-kg piece
заводна́я ~ driving weight
передвижна́я ~ (scale-beam) rider, sliding weight, poise
ги́ря-противове́с *ж.* (*весового дозатора*) tare
гистерезиме́тр *м.* hysteresis meter
гистере́зис *м.* hysteresis
диэлектри́ческий ~ dielectric hysteresis
~ кла́пана valve lag
магнитомехани́ческий ~ magnetoelastic hysteresis
~ магнитостри́кции magnetostriction hysteresis
магни́тный ~ magnetic hysteresis
сорбцио́нный ~ sorption hysteresis
термомагни́тный ~ thermomagnetic hysteresis
упру́гий ~ elastic hysteresis
гистогра́мма *ж.* bar [column] chart, bar graph, histogram
гита́ра *ж.* **1.** (*станка*) swing frame, (swing) bracket, quadrant **2.** (*зубчатых колёс*) change-gear train
~ деле́ния index change gear train
~ дифференциа́льных колёс differential change gear train
~ обка́та generation change gear [rolling change gear] train
~ пода́чи feed change gear train
ги́тов *м. мор.* brail, clew line
глаго́ль-гак *м. мор.* pelican [slip] hook
глади́лка *ж.* **1.** (*по металлу*) sleeker, slicker, planishing hammer **2.** *полигр.* planing block, planer; (*в брошюровочно-переплётном процессе*) creasing tool, creaser **3.** (*стоматологическая*) smoother **4.** (*штукатура*) (smoothing) trowel, float
фасо́нная ~ (*по металлу*) smoother
гла́дкий *прил.* smooth
гла́дкость *ж.* smoothness
~ бума́ги, маши́нная machine finish of paper
опти́ческая ~ optical flatness
глаз *м.* eye □ **вооружённым ~ом** to [with] an aided eye; **выставля́ть по ~у** (*напр. окуляр*) adjust (*e. g., an eyepiece*) to (accomodate) the observer's eye; **невооружённым ~ом** to [with] the naked eye, to [with] an unaided eye; **оце́нивать** (*напр. показания прибора*) **на ~** take a reading by estimation, estimate a reading; **устана́вливать по ~у** (*напр. окуляр*) adjust (*e. g., an eyepiece*) to (accommodate) the observer's eye
глазирова́ть *гл.* **1.** (*бумагу*) glaze **2.** (*керамику*) vitrefy **3.** (*рыбу*) ice, glaze **4.** (*конфеты*) enrobe
глазиро́вка *с.* **1.** (*бумаги*) glazing **2.** (*керамики*) vitrefying **3.** (*рыбы*) icing, glazing **4.** (*конфет*) enrobing
глазо́к *м.* **1.** eye **2.** (*смотровое отверстие*) peep-hole, inspection hole, eyesight
~ волочи́льной доски́ drawing pass, die hole
~ нитеводи́теля *текст.* thread guide eye
~ реми́зки mail
~ фу́рмы (*доменной печи*) tuyere eyesight
цо́кольный ~ *эл.* base eyelet
~ челнока́ shuttle eye
глазоме́рный *прил.* estimated by eye [by sight]
глазурова́ние *с.* glazing
глазурова́ть *гл.* glaze
глазу́рь *ж.* glaze □ **обжига́ть ~** burn [fire] the glaze
глуха́я ~ opaque glaze
земли́стая ~ earthy glaze
легкопла́вкая ~ low-melting glaze
ма́товая ~ mat glaze
непрозра́чная ~ opaque glaze
окра́шенная ~ pigmented glaze
полива́я ~ slip (glaze) □ **наноси́ть полива́ю ~ на изде́лие** dip an article in a slip
прозра́чная ~ transparent [translucent] glaze
свинцо́вая ~ lead glaze
свинцо́во-оловя́нная ~ leaden-tin glaze
свинцо́во-силика́тная ~ leaden-silicate glaze
соляна́я ~ salt glaze
тугопла́вкая ~ hard [high-melting] glaze
фри́ттовая ~ fritted glaze
цветна́я ~ colour glaze

гле́зер *м.* 1. *мет.* glazer 2. *полигр.* calender
глей *м.* gley
глёт *м.* litharge
гликоге́н *м.* glycogen, animal starch
глико́лиз *м.* glycolysis
глико́ль *м.* (ethylene) glycol
гли́н/а *ж.* clay □ **вспу́чивать ~у** expand [foam] clay; **выве́тривать ~у** (*при производстве кирпича*) weather clay; **~ затвердева́ет [отвердева́ет]** the clay indurates [clunches]; **мять ~у** pug [knead] clay; **~ набуха́ет** the clay swells; **обжига́ть ~у** burn clay; **отму́чивать ~у** wash clay; **получа́ть отощённую ~у** extend clay; **~ слёживается** the clay clumps; **спека́ть ~у** sinter clay; **утрамбо́вывать ~у** ram clay
активи́рованная ~ activated clay
бентони́товая ~ bentonite clay
вая́льная ~ modelling clay
гонча́рная ~ potter's clay
горше́чная ~ pottery clay
грубокерами́ческая ~ brick clay
жи́рная ~ fat [rich, soapy] clay, loam
кирпи́чная ~ brick clay
лёточная ~ tapping clay
обезвозду́шенная ~ deaired clay
облицо́вочная ~ coating clay
огнеупо́рная ~ fireclay
отбе́ливающая ~ bleaching clay
стержнева́я ~ core clay
суконова́льная ~ fuller's earth
то́щая ~ lean clay
формо́вочная ~ moulding clay, moulding loam
цементи́рующая ~ bond clay
шамо́тная ~ fireclay
глиниза́ция *ж.* 1. (*грунта*) *стр.* clay grouting 2. (*накопление глины в почве*) argillization 3. (*буровой скважины*) mudding
глинизи́ровать *гл.* **бурову́ю сква́жину** mud (off, up) a borehole
глини́т-цеме́нт *м.* brick cement
глинобето́н *м.* sand-gravel-clay building mixture
глиноби́тный *прил.* clay adobe
глинова́ние *с.* addition of clay
глинозём *м.* alumina □ **кальцини́ровать ~** calcine alumina; **получа́ть ~ автокла́вным спо́собом** prepare alumina by the autoclave [Bayer] process; **получа́ть ~ спека́нием** prepare alumina by the Deville-Pechiney [le Chatelier-Morin] process
глиномеша́лка *ж. см.* **глиномя́лка**
глиномя́лка *ж.* clay mixer, clay kneader, pug [clay] mill
глиноре́зка *ж.* clay cutting machine
гли́птика *ж.* glyptic, engraving
глиптогра́фия *ж.* glyptography, glyptic
глисса́да *ж. ав.* 1. (*траектория снижения*) glide path 2. (*луч, образуемый глиссадным передатчиком*) glide slope
гли́ссер *м.* planing [skimming] boat
глисси́рование *с.* (hydro)planing
~ колёс (*автомобиля или самолёта при посадке*) (tyre) hydroplaning
глисси́ровать *гл.* plane [skim] on the water surface
глифогра́фия *ж.* glyphography
гли́фы *мн. м. арх.* glyphs
глицери́д *м.* glyceride
глицери́н *м.* glycerol, glycerin(e)
сыро́й ~ crude glycerin(e)
чи́стый ~ pure glycerin(e)
щелочно́й ~ soap lye glycerin(e)
глици́н *м.* glycin(e)
глоба́льный *прил.* global
гло́була *ж. астр.* globule
гло́бус *м.* globe
небе́сный ~ celestial globe
гло́рия *ж. опт.* glory
гло́хнуть *гл.* (*о двигателе*) stall
глубин/а́ *ж.* depth □ **на** (*значительную, незначительную и т. п.*) **~у** for a (*considerable, shallow, etc.*) depth; **ощуще́ние ~ы** *опт.* sense of depth, depth perception; **по ~е** in depth
~ вло́женности структу́ры *вчт.* logical structural level
~ впа́дины ме́жду зу́бьями depth of a root
~ вру́ба cutting depth
~ вспа́шки ploughing depth
~ вы́работки землесо́сного снаря́да dredging depth
~ вы́сева depth of drilling, depth of planting
~ горизо́нта dip of the horizon
~ го́рных рабо́т depth of mining
~ заби́вки свай hold of piles
~ заде́лки семя́н depth of seeding
~ закалённого сло́я depth of the hardening zone
~ залега́ния depth of occurence
~ заложе́ния фунда́мента depth of foundation
~ замира́ния (*радиосигнала*) depth of fading
~ захва́та *горн.* web depth
~ захо́да (*ножниц*) depth of throat
~ изобража́емого простра́нства depth of focus, depth of field
~ изображе́ния *афс.* definition in depth
~ модуля́ции (*при амплитудной модуляции*) 1. (*выраженная в процентах*) *англ.* modulation depth, depth of modulation; *амер.* modulation percentage, per cent of modulation 2. (*выраженная безразмерной дробью*) modulation factor, *амер.* degree of modulation
~ модуля́ции, преде́льная modulation capability
~ на поро́ге 1. (*дока*) depth on sill 2. (*верфи*) depth on the way ends
~ наре́зки depth of a thread
~ ни́же горизо́нта промерза́ния frost-proof depth
~ обрабо́тки по́чвы operating depth
~ отбе́ла (*чугунной отливки*) depth of chill
глубин/а́
~ откры́тых го́рных рабо́т, преде́льная ultimate depth of open-cut mining
~ отпеча́тка (*при испытании на твёрдость*) depth of cup, depth of impression, depth of indentation
~ па́хотного сло́я ploughing horizon, ploughing depth
~ погруже́ния (*подводной лодки*) depth of submergence, diving depth
~ погруже́ния, преде́льная (*подводной лодки*) maximum diving depth, test depth
~ погруже́ния, рабо́чая (*подводной лодки*) operating depth
~ погруже́ния, расчётная (*подводной лодки*) collapse depth
~ подъёма *горн.* hoisting depth
~ поса́дки *с.-х.* planting depth
~ пото́ка, сре́дняя hydraulic mean depth
~ прока́ливаемости depth of the hardening zone
~ прома́чивания wetted depth
~ проникнове́ния а́льфа-части́ц alpha-penetration
~ проникнове́ния бе́та-части́ц beta-penetration
~ проникнове́ния по́ля *эл.* depth of field penetration, skin depth
~ проникнове́ния то́ка (*в массу проводника*) penetration of current
~ ре́зкости depth of focus, depth of field
~ реми́зки *текст.* harness depth
~ спа́да и́мпульса absolute droop [sag] of a pulse
~ че́рпания экскава́тора digging depth of an excavator
глубиноме́р *м.* 1. *маш.*, *с.-х.* depth gauge 2. *полигр.* half-tone meter
~ для затыло́ванных пове́рхностей gear-milling depth gauge
индика́торный ~ dial depth gauge
комбини́рованный ~ combination depth-and-angle gauge
микрометри́ческий ~ micrometer depth indicator
микростати́ческий ~ microstatic depth indicator
регистри́рующий ~ *с.-х.* depth recorder
глубоково́дный *прил.* deep-sea, deep-water
глубокоизлуча́тель *м.* narrow angle luminaire
глубокопрока́ливающийся deep-hardening
глубокорыхли́тель *м. с.-х.* deep ripper
глуши́тель *м.* silencer, muffler
~ вы́хлопа (exhaust) silencer, (exhaust) muffler
~ шу́ма вса́сывания intake silencer, intake muffler
глуши́ть *гл.* 1. (*двигатель*) shut down 2. (*звук*) deaden, silence, muffle □ **~ вы́хлоп** silence the exhaust; **~ радиопереда́чи** jam a radio station

3. (*ставить заглушку*) plug (*e. g.*, *a pipe*) 4. (*рыбу*) stun
глыбодроби́тель *м.* clod breaker, clod crusher
глюко́за *ж.* glucose
пищева́я ~ alimentary glucose
гляде́лка *ж.* inspection hole, peep-hole, eye-sight
гля́нец *м.* 1. (*на дереве, коже*) polish □ **придава́ть ~** give polish 2. (*на бумаге, ткани*) gloss, lustre 3. *кфт.* glaze
глянцева́ние *с.* 1. (*дерева, кожи*) polishing 2. (*бумаги, ткани*) glossing, lustring 3. *кфт.* glazing
глянцева́тель *м. кфт.* glazer
глянцева́ть *гл.* 1. (*по дереву, коже*) polish 2. (*по бумаге, ткани*) gloss, lustre 3. *кфт.* glaze
глянцла́к *м.* gloss varnish
гляри́метр *м. полигр.* glossmeter
гляциоло́гия *ж.* glaciology
гнездо́ *с.* 1. *маш., мех.* seat, pocket, socket 2. *свз., эл., элн.* jack 3. *вчт.* nest □ **формирова́ть ~** nest
~ ба́лки wall pocket, beam aperture
вызывно́е ~ *тлф.* calling jack
га́зовое ~ *горн.* gas nest
~ гарниту́ры телефони́стки operator's telephone set jack
двухразры́вное ~ *тлф.* double-break jack
~ для термо́метра thermometer well, thermometer pocket
испыта́тельное ~ test jack
каблу́чное ~ *кож.* heel seat
~ кла́пана *двс* valve cage
~ коммута́тора switchboard jack
~ коммутацио́нной доски́ patchhole, plugboard hub
конта́ктное ~ pin jack
~ ла́мповой пане́ли valve-pin jack
~ ме́стного по́ля *тлф.* answering [line] jack
~ многокра́тного по́ля *тлф.* multiple jack
~ навоя *текст.* warp beam support
ни́ппельное ~ threaded socket
опро́сное ~ *тлф.* answering [line] jack
паралле́льное ~ *тлф.* bridging [branch(ing)] jack
переда́точное ~ *тлф.* transfer jack
~ под прокла́дку gasket seat
~ под шип mortise (hole) □ **вы-да́лбливать ~ под шип** mortise
~ подши́пника bearing housing
~ поча́тка *текст.* cop bottom, cop bit
~ прослу́шивания monitoring jack
~ пружи́ны spring seat
разъедини́тельное ~ cut-off jack
~ розе́тки socket
ру́дное ~ *горн.* ore pocket, ore nest
~ сто́йки stake pocket, stake socket
~ транзи́тного соедине́ния through-line jack
~ ца́пфы trunnion bed
~ челно́чной коро́бки *текст.* shuttle compartment

гнездо́
ште́ккерное ~ pin jack
~ ште́псельного разъёма female contact, female connector
гне́йс *м.* gneiss
гнёт *м.* press
гние́ние *с.* putrefaction, rot(ting), decomposition
гниль *ж.* decay, rot
верши́нная ~ top rot
заболо́нная ~ sap-wood rot
ко́млевая ~ butt rot
корнева́я ~ root rot
мо́края ~ wet rot
напённая ~ stump rot
суха́я ~ dry rot
стволова́я ~ rotting of the stem, trunk rot
гно́мон *м. астр.* gnomon
гнутьё *с.*:
астрономи́ческое ~ instrumental flexure
~ древеси́ны wood bending
гнуть *гл.* 1. (*дерево*) flex, bend 2. (*металл*) bend □ **~ в горя́чем состоя́нии** bend hot; **~ в холо́дном состоя́нии** bend cold
гобеле́н *м.* gobelin
го́бель *м. полигр.* plough
год *м.* year
аномалисти́ческий ~ anomalistic year
дракони́ческий ~ eclipse year
звёздный ~ sidereal year
календа́рный ~ calendar year
лу́нный ~ lunar year
светово́й ~ light year
семенно́й ~ *лес.* mast year
сидери́ческий ~ sidereal year
тропи́ческий ~ tropical year
годи́чный *прил.* annual, yearly
го́дность *ж.* fitness
~ к пла́ванию seaworthiness
~ к полётам airworthiness
годо́граф *м.* locus
амплиту́дный ~ amplitude locus
~ ве́ктора hodograph
корнево́й ~ root locus
~ орби́ты orbit hodograph
~ переда́точной фу́нкции transfer (function) locus
~ постоя́нного вре́мени constant-time locus
часто́тный ~ frequency locus
часто́тный, двойно́й ~ dual locus diagram
годоско́п *м.* hodoscope
голени́ще *с.* 1. (*обуви*) top 2. (*дефект слитка*) single lap, receding metal
голла́ндер *м. цел.-бум.* hollander
голова́ *ж.*:
~ по́езда head end of a train
~ сва́и crown of a pile, pile crown
~ шлю́за end of a lock
~ шлю́за, ве́рхняя upstream end of a lock
~ шлю́за, ни́жняя downstream end of a lock
~ шпи́ля drumhead

голо́вк/а *ж.* head
агрега́тная ~ (*станка*) unit-type head
~ бло́ка цили́ндров (*двигателя*) head
~ бло́ка цили́ндров с двусторо́нним расположе́нием кана́лов cross-flow head
~ болта́ bolt head □ **заёршить ~у болта́** barb [rag] the bolt head
болторе́зная ~ threading die
~ бу́ра drill bit
~ ветродви́гателя headpiece, turntable
винторе́зная ~ screw-cutting head
волново́дная ~ waveguide mount
волочи́льная ~ drawhead, drawing head
~ волочи́льной теле́жки carriage head
воспроизводя́щая ~ reproducing head
выдувна́я ~ *пласт.* blow head
высокочасто́тная ~ radio-frequency [RF] head
гравирова́льная ~ *полигр.* engraving head
гранули́рующая ~ *пласт.* pelletizing head
дели́тельная ~ index(ing) head; *пласт.* dividing head
~ деревообде́лочного станка́, ноже-ва́я cutterhead
дете́кторная ~ detector head, detector mount
дио́дная ~ diode mount
~ дистилла́та top fraction
зака́лочная ~ quench head
~ заклёпки head of a rivet, rivet head □ **раздава́ть ~у заклёпки** expand a rivet head; **сруба́ть заподлицо́ ~у заклёпки** chip a rivet head flush with the surface; **формирова́ть (замыка́ющую) ~у заклёпки** form the point
~ заклёпки, высадна́я closing [snap] head of a rivet
~ заклёпки, закладна́я manufactured head of a rivet
~ заклёпки, замыка́ющая the point of a rivet
~ заклёпки под обжи́мку cup head of a rivet
запи́сывающая ~ recording [write] head
зато́чная ~ grinding head
захва́тывающая ~ *прок.* grip head
звукова́я ~ sound head, sound pick-up
звукозапи́сывающая ~ recording head
~ звукосними́теля pick-up head
~ зу́ба (*шестерни*) point of a tooth
зуборе́зная ~ gear-shaping cutter head
зубострога́льная резцо́вая ~ face-mill type gear cutter
~ иглы́ *текст.* needle hook
~ изоля́тора insulator cap
кали́льная ~ *двс* hot bulb

голо́вк/а
~ клейми́теля marking head
~ ключа́ *свз.* key button
~ кни́ги top
листу́ющая ~ *пласт.* slabbing [sheeting] head
~ ли́теры *полигр.* beard
литьева́я ~ *пласт.* injection head
~ манипуля́тора manipulator head
~ марте́новской пе́чи port end
~ ма́чты pinnacle, pole top
~ микроско́па, револьве́рная revolving nosepiece of a microscope
многодоро́жечная ~ *вчт.* multitrack head
многоручьева́я ~ *пласт.* multiple head
многошпи́ндельная ~ multispindle head
накладна́я ~ (*металлообрабатывающего станка*) attachment head
неподви́жная ~ fixed head
~ ножа́ ре́жущего аппара́та *с.-х.* sickle head
~ ножа́, шарова́я *с.-х.* knife head ball
~ обра́тной перемо́тки *кфт.* rewind knob
~ огнево́го культива́тора *с.-х.* flaming head
панора́мная ~ *кфт.* pan-and-tilt head
~ пая́льника bit of a soldering iron
~ пая́льника, молотко́вая 90-degree [right-angle] bit
~ пая́льника, торцо́вая ~ straight bit
печа́тающая ~ printing heat
пла́вающая (магни́тная) ~ air-floated (magnetic) head
пластици́рующая ~ *пласт.* smear head
поворо́тная ~ (*токарного станка*) swivel head
подви́жная ~ movable head
~ по́ршня piston crown
профили́рующая ~ *пласт.* profiling head
~ пуансо́на nose of punch
разбры́згивающая ~ shower head
развёртывающая ~ *полигр.* scanning head
распредели́тельная ~ distributor head
распыли́тельная ~ (*реактивного двигателя*) injector
распыли́тельная, кольцева́я ~ (*реактивного двигателя*) ring-type injector
распыли́тельная, пло́ская ~ (*реактивного двигателя*) plate injector
расто́чная ~ boring head
револьве́рная ~ turret head
револьве́рная ~ для крепле́ния загото́вок turret stock head
револьве́рная ~ для крепле́ния инструме́нта turret tool head
револьве́рная, объекти́вная ~ lens turret (head)

голо́вк/а
револьве́рная ~ тока́рного станка́ capstan of a lathe
резцо́вая ~ 1. (*станка*) tool head **2.** (*режущего инструмента*) inserted blade milling cutter
резьбонака́тная ~ thread-rolling head
резьбонарезна́я ~ thread-cutting head
~ рогу́льки *текст.* flyer top
самораскрыва́ющаяся ~ (*для завинчивания шпилек*) self-opening stud socket
сва́рочная ~ welding head
~ сверла́ drill bit
сверли́льная ~ drilling head
сверли́льно-расто́чная ~ drilling-boring head
силова́я ~ unit-type spindle head
следя́щая ~ лентопроводя́щего устро́йства *полигр.* web guiding sensing head
следя́щая, фотоэлектри́ческая ~ *полигр.* electric eye scanner
~ с распы́ливающими наконе́чниками *с.-х.* spray head
стира́ющая ~ erase [erasing] head
стрига́льная ~ *с.-х.* shear head
~ счи́тывания playback [read(ing), sensing] head
счи́тывающая ~ playback [(read-(ing), sensing] head
съёмная ~ detachable head
~ табли́цы box heading
телеметри́ческая ~ telemetering head
~ телефо́нного ште́пселя plug tip
~ транспортёра, натяжна́я tension head of a conveyer
~ транспортёра, приводна́я drive head of a conveyer
~ транспортёра, разгру́зочная delivery end of a conveyer
универса́льная ~ (*напр. магнитофона*) read-record head
фотометри́ческая ~ photometer head
фре́зерная ~ 1. (*станка*) milling head **2.** (*режущего инструмента*) inserted blade milling cutter
~ фунда́мента footing cap
~ фу́рмы top of a tuyere, top of a lance
~ цили́ндра cylinder head
~ цили́ндра, неотъёмная integral cylinder head
~ цили́ндра, ребри́стая finned cylinder head
~ цили́ндра, съёмная detachable [removable] cylinder head
~ часо́в, заводна́я clock winder, watch-winding stem
шаро́шечная ~ cutter block
~ шатуна́ connecting-rod end
~ шатуна́, больша́я connecting-rod big end
~ шатуна́, кривоши́пная connecting-rod big end

голо́вк/а
~ шатуна́, ма́лая connecting-rod small end
~ шатуна́, ни́жняя connecting-rod big end
~ шатуна́, поршнева́я connecting-rod small end
~ шве́йного аппара́та *полигр.* stitching head
шипоре́зная ~ tenoning head
шлифова́льная ~ 1. (*станка*) wheel-head **2.** (*шлифовального инструмента*) mounted (grinding) wheel, mounted (grinding) point
штати́вная ~ *кфт.* tripod head
штати́вная, шарова́я ~ *кфт.* ball-and-socket head
~ ште́пселя (plug) tip
экструзио́нная ~ die [extrusion, discharge] head

гологра́мм/а *ж.* hologram (*см. тж.* **гологра́фия**) □ **восстановле́ние изображе́ния с по́мощью ~ы** hologram reconstruction of an original object; **запи́сывать ~у** record a hologram; **просве́чивать ~у** illuminate a hologram
аберрацио́нная ~ aberrated hologram
адресу́ющая ~ addressing hologram
акусти́ческая ~ acoustical [acoustically formed] hologram
амплиту́дная ~ absorption [amplitude] hologram
амплиту́дно-фа́зовая ~ absorption-phase [mixed] hologram
безли́нзовая ~ lensless hologram
бина́рная ~ binary hologram
бихромати́ческая ~ two-colour hologram
~ в ви́димом све́те visible-light hologram
~ в га́мма-луча́х gamma-ray hologram
внеосева́я ~ off-axis [offset, spatial carrier] hologram
~ высо́кого разреше́ния high-resolution hologram
дви́жущаяся ~ animated hologram
двухчасто́тная ~ two-frequency hologram
двухэкспозицио́нная ~ double-exposed [double-exposure, double-pulse] hologram
жи́дкостная ~ liquid hologram
запи́санная ~ recorded hologram
запи́санная ~ с протяжённым исто́чником extended source hologram
избы́точная ~ redundant hologram
ла́зерная ~ laser hologram
лине́йно зарегистри́рованная ~ linearly recorded hologram
маши́нная ~ computed [computer] hologram
многоцве́тная ~ multicolour hologram
многоэкспозицио́нная ~ multiexposed [multiple(-exposed), multiple-exposure] hologram

гологра́мм/а
монохромати́ческая ~ monochrome [single-colour] hologram
мультиплици́руемая ~ master hologram
нало́женные ~ы superimposed holograms
~ на несу́щей частоте́ carrier frequency [spatial carrier] hologram
нелине́йно зарегистри́рованная ~ nonlinearly recorded hologram
неотбелённая ~ unbleached hologram
неподви́жная ~ still hologram
объёмная ~ volume [deep] hologram
однокра́тно экспони́рованная ~ single-exposed hologram
однослойная ~ single-layer hologram
осева́я ~ uniaxial [in-line] hologram
отбелённая ~ bleached hologram
отража́тельная ~ reflectance [reflection] hologram
панора́мная ~ panoramic hologram
пове́рхностная ~ surface hologram
полуто́новая ~ gray [half-tone] hologram
~, полу́ченная при некогере́нтном освеще́нии incoherent hologram
~ преобразова́ния Фурье́ Fourier-transform hologram
пропуска́ющая ~ transmission hologram
проя́вленная ~ developed hologram
реконструи́рованная ~ reconstructed hologram
релье́фная ~ relief hologram
рентге́новская ~ X-ray hologram
~ с высо́кой избы́точностью highly redundant hologram
синтези́рованная ~ synthesized [synthesizing, synthetic] hologram
~, синтези́рованная ЭВМ computer-synthesized [-generated] hologram
скаля́рная ~ scalar hologram
~ с коди́рованным опо́рным пучко́м coding reference beam hologram
~ с ни́зким у́ровнем шумо́в low-noise hologram
~ с опти́ческим стира́нием optically erasable hologram
стира́емая ~ erasable hologram
~ с уме́ньшенной ширино́й полосы́ reduced bandwidth hologram
~ сфокуси́рованного изображе́ния focused-image [in-focus] hologram
телевизио́нная ~ television [TV] hologram
термопласти́ческая ~ thermoplastic hologram
то́лстая ~ thick hologram
то́нкая ~ thin hologram
то́чечная ~ point hologram
уплотнённая ~ multiplex(ed) [multiplexing] hologram
фа́зовая ~ phase hologram

гологра́мм/а
фазоконтра́стная ~ phase-contrast hologram
фотохро́мная ~ photochromic hologram
фраунго́ферова ~ Fraunhofer (diffraction) hologram
френе́лева ~ Fresnel (diffraction) hologram
фурье́- ~ Fourier(-transform) hologram
цветна́я ~ colour hologram
цилиндри́ческая ~ cylindrical hologram
чистофа́зовая ~ pure phase [only phase, phase-only] hologram
экспони́рованная ~ exposed [exposure] hologram
этало́нная ~ master hologram
голографи́рование *с.* holographing, holography
голографи́ческий *прил.* holographic
гологра́фия *ж.* holography
акусти́ческая ~ acoustic holography
амплиту́дно-контра́стная ~ amplitude-contrast holography
внеосева́я ~ two-beam [side-band] holography
двухме́рная ~ two-dimensional holography
двухэкспозицио́нная ~ double-exposed [double-exposure] holography
диагности́ческая ~ diagnostic holography
динами́ческая ~ dynamic holography
звукова́я ~ sonic holography
изобрази́тельная ~ pictorial [picture] holography
ИК ~ infra-red holography
и́мпульсная ~ pulse holography
и́мпульсно-ла́зерная ~ pulsed laser holography
интерферометри́ческая ~ interferometric holography
ла́зерная ~ laser holography
многолучева́я ~ multi-beam holography
многоцве́тная ~ multicolour holography
мультипликати́вная ~ product holography
неопти́ческая ~ non-optical holography
объёмная ~ volume holography
опти́ческая ~ optical holography
осева́я ~ single-beam [in-line] holography
отража́тельная ~ reflecting(-type) [reflection] holography
панора́мная ~ panoramic holography
поляризацио́нная ~ polarization [polarizing] holography
рентге́новская ~ X-ray holography
сверхвысокочасто́тная ~ microwave holography
СВЧ ~ microwave holography
~ сфокуси́рованных изображе́ний focused(-image) holography

гологра́фия
трёхме́рная ~ three-dimensional holography
ультразвукова́я ~ ultrasonic holography
фа́зовая ~ phase holography
цветна́я ~ colour holography
чёрно-бе́лая ~ black-and-white holography
широкоуго́льная ~ wide-angle holography
голода́ние *с.*, **кислоро́дное** oxygen starvation
гололёд *м. англ.* glazed frost; *амер.* glaze, sleet
гололе́диц/а *ж.* ice-slick, glare [glaze] ice □ ... **в ~у** on an ice-slick
голомикроскопи́я *ж.* holomicroscopy
голомо́рф *м.* holomorph
голомо́рфный *прил.* holomorphic
голоно́мность *ж.* holonomy
голоно́мный *прил.* holonomic
го́лос *м.*, **синтети́ческий** voder, voice operation demonstrator
голо́эдр *м.* holohedron
голоэдри́ческий *прил.* holohedral
голубо́й *прил.* blue, sky-blue
го́рный ~ mineral blue, blue verditer
спиртово́й ~ spirit blue
толуиди́новый ~ toluydine blue
толуиле́новый ~ toluylene blue
голы́ш *м.* pebble, small gravel
голье́ *с.* hide
мягчёное ~ bated hide
набу́хшее ~ swollen pelt
опа́вшее ~ fallen pelt
пикелёваное ~ pickled skin
распи́ленное ~ split hide
фасони́рованное ~ scudded pelt
го́льмий *м.* holmium, Ho
гомеоморфи́зм *м.* topological isomorphism, topological transformation, homeomorphism
гомеомо́рфный *прил.* homeomorphic
гомеополя́рность *ж.* homeopolarity
гомеополя́рный *прил.* homopolar, covalent
гомеоста́зис *м.* homeostasis
гомеоста́т *м.* homeostat
гомогениза́тор *м.* homogenizer
двухступе́нчатый ~ two-stage homogenizer
ультразвуково́й ~ ultrasonic homogenizer
гомогениза́ция *ж.* **1.** *пищ.* homogenization **2.** *мет.* diffusion annealing
гомогенизи́ровать *гл.* homogenize
гомоге́нность *ж.* homogeneity, uniformity
гомоге́нный *прил.* homogeneous, uniform
гомографи́ческий *прил.* homographic
гомо́лог *м.* homolog
гомологи́ческий *прил.* homological
гомологи́чный *прил.* homologous
вну́тренне ~ intrinsically homologous, cobordant
гомоло́гия *ж.* homology
ве́рхняя ~ cohomology

гомоло́гия
вну́тренняя ~ intrinsic homology, cobordism
инволюти́вная ~ involutory homology
гомоморфи́зм *м.* homomorphism □ ~ **гру́ппы А на гру́ппу Б** homomorphism of A onto B
есте́ственный ~ canonical homomorphism
инве́рсный ~ antihomomorphism
скрещённый ~ crossed homomorphism
тривиа́льный ~ trivial homomorphism
гомомо́рфный *прил.* homomorphic
гомопа́уза *ж.* homopause
гомополиконденса́ция *ж.* homopolycondensation
гомополиме́р *м.* homopolymer
гомополимериза́ция *ж.* homopolymerization
гомополя́рный *прил.* homopolar
гомосфе́ра *ж.* homosphere
гомотети́ческий *прил.* radially related, homothetic
гомоте́тия *ж.* homothetic transformation, transformation of similitude; dilation, dilatation
гомотопи́ческий *прил.* homotopic
гомото́пия *ж.* homotopy
гомото́пный *прил.* homotopic
гомоцентри́ческий *прил.* homocentric
гомоцикли́ческий *прил.* homocyclic
гон *м.* (*внесистемная метрическая единица плоского угла, равная 0,01 прямого угла*) grade, g (*hundredth part of the right angle*)
гондо́л/а *ж.* **1.** *ав.* (*встроенная под крылом, в крыло или фюзеляж*) nacelle; (*на пилоне*) pod **2.** (*летательного аппарата*) car □ **подве́шивать ~у сни́зу возду́шного ша́ра** sling the car beneath the balloon, suspend the car below the balloon **3.** (*железнодорожного вагона*) gondola-car
~ дви́гателя engine nacelle, pod
подкры́льева́я ~ underwing pod
~ самолётного магнито́метра streamlined bird
хвостова́я ~ aft-fuselage-mounted nacelle
гонио́метр *м.* goniometer
двукриста́льный ~ double-crystal goniometer
двукру́жный ~ two-circle goniometer
дифрактометри́ческий ~ diffractometer goniometer
однокру́жный ~ one-circle goniometer
отража́тельный ~ reflecting goniometer
прикладно́й ~ contact goniometer
рентге́новский ~ X-ray goniometer
гониоме́трия *ж.* goniometry
гониоско́п *м.* gonioscope

го́нка *ж.* **1.** (*перегонка*) distillation **2.** (*плот*) raft; (*сплав плотов*) rafting
~ дви́гателя *жарг., ав.* rev(ving)-up [run(ning)-up] an engine
~ дви́гателя на коло́дках *жарг., ав.* rev(ving)-up an engine against chocks
~ дви́гателя на тормоза́х *жарг., ав.* rev(ving)-up an engine against brakes
гоно́к *м.* **1.** (*направляющая*) guide, slat **2.** *текст.* picker
гонт *м.* (wood) shingles
гонти́н/а *ж.* (wood) shingle □ **выпуска́ть ~у на, напр. 10 см** give a shingle, *e. g.*, 10 cm weather exposure, the shingle length laid to the weather should be, *e. g.*, 10 cm; **~ име́ет клинообра́зное сече́ние** a (wood) shingle is tapered in thickness; **~ коро́бится** a (wood) shingle curls [cups]; **~ раска́лывается** a (wood) shingle splits
гонча́р *м.* potter
гонча́рня *ж.* pottery
гонча́рство *с.* pottery
гоня́ть *гл.* **дви́гатель** rev up [run up] an engine
горб *м.* (*волны, кривой и т. п.*) hump
горба́тик *м.* *дер.-об.* spout plane
горбы́ль *м.* slab, half log
горе́лк/а *ж.* **1.** (*устройство для сжигания топлива*) burner □ **зажига́ть ~у** light a burner **2.** (*устройство для сварки, резки, огневой зачистки и т. п.*) torch □ **в ~е происхо́дит обра́тный уда́р** the torch is popping; **~ рабо́тает на ацетиле́не, водоро́де *и т. п.*** the torch burns acetylene, hydrogene *etc.*
атмосфе́рная ~ atmospheric burner
ацетиле́новая ~ 1. acetylene burner **2.** acetylene torch
безынже́кторная ~ balanced-pressure torch
беспла́менная ~ radiant [surface combustion] burner
~ воздухонагрева́теля stove burner
водоохлажда́емая стациона́рная ~ fixed water-cooled burner
водоро́дная ~ hydrogen torch
водоро́дно-кислоро́дная ~ oxydric torch
га́зовая ~ gas burner
га́зовая ~ Арга́на Argand burner
га́зовая ~ Бу́нзена Bunsen burner
га́зовая ~ высо́кого давле́ния high-pressure gas burner
га́зовая, лаборато́рная ~ laboratory gas burner
га́зовая ~ Ме́кера Meker burner
га́зовая ~ ни́зкого давле́ния low-pressure gas burner
га́зовая ~ Теклю Teclu burner
газовозду́шная ~ gas(-and)-air torch
газокислоро́дная ~ gas-oxygen burner
газомазу́тная ~ oil-gas burner
двухпла́менная ~ two-tip torch

горе́лк/а
двухули́точная ~ two-scroll burner
двухходо́вая ~ fish-tail burner
дежу́рная ~ pilot burner
диффузио́нная ~ diffusion-flame burner
~ для возду́шно-дугово́й ре́зки arc-air torch
~ для газопла́менной очи́стки flame cleaning burner
~ для газоэлектри́ческой сва́рки arc torch
~ для зачи́стки дефе́ктов deseaming burner
~ для кислоро́дно-флю́совой зачи́стки дефе́ктов powder deseaming burner
~ для пла́менной очи́стки (*от окалины*) descaling [flame cleaning, flame conditioning] torch
~ для сва́рки и ре́зки welding and cutting blowpipe, welding and cutting torch
~ для су́шки конве́ртера converter drying burner
дугова́я ~ обра́тной поля́рности transferred arc torch
дугова́я ~ прямо́й поля́рности non-transferred arc [plasma-jet] torch
завихря́ющая ~ turbulent [cyclone-type] burner
инже́кторная ~ injector [low-pressure] torch
~ инфракра́сного излуче́ния infrared radiant burner
кислородото́пливная ~ oxyfuel burner
кольцева́я ~ ring torch
комбини́рованная ~ multifuel burner
короткопла́менная ~ short-flame burner
короткофа́кельная ~ short-flame burner
кру́глая ~ circular burner
мазу́тная ~ oil burner
многопла́менная ~ multijet [multiflame] torch
многощелева́я ~ multitip burner
му́фельная ~ muffle burner
нефтяна́я ~ oil burner
~ огнево́й зачи́стки scarfing torch
односо́пловая ~ single-nozzle burner
одностру́йная ~ rat-tail burner
основна́я ~ main burner
пая́льная ~ (*для стеклодувных работ в лабораторных условиях*) glass blowers' burner
пла́зменная ~ plasma torch
пла́зменная, дугова́я ~ arc-plasma torch
поворо́тная ~ tiltable burner
потоло́чная ~ elevation [vertical] burner
~ предвари́тельного смеше́ния premix burner
прямото́чная ~ straight-flow burner
пылева́я ~ pulverized-coal burner

горе́лк/а
пылега́зовая ~ pulverized-coal and gas burner
пылеу́гольная ~ pulverized-coal burner
расто́почная ~ lighting-up burner, lighter
сва́рочная ~ welding torch
сва́рочная, га́зовая ~ gas welding torch
~ с вихревы́м пла́менем turbulent [cyclone-type] burner
~ с вну́тренним смесеобразова́нием premix burner
стру́йная ~ jet burner
турбуле́нтная ~ turbulent [cyclone-type] burner
углова́я ~ corner-fired burner
холоста́я ~ idle burner
щелева́я ~ fantail burner
горе́лость *ж.* (*дефект слитков и литья*) hot tear
горелье́ф *м.* high relief
горе́ние *с.* **1.** combustion □ **вызыва́ть [иниции́ровать] ~** initiate combustion; **подде́рживать ~** sustain combustion **2.** (*сжигание*) burning
безды́мное ~ smokeless combustion
беспла́менное ~ surface combustion
~ в за́мкнутом объёме confined combustion
взрывно́е ~ detonation
вибрацио́нное ~ vibrating combustion
~ в кипя́щем сло́е fluidized-bed combustion
гетероге́нное ~ heterogeneous combustion
гомоге́нное ~ homogeneous combustion
диффузио́нное ~ diffusion combustion
~ дуги́ arcing
заме́дленное ~ delayed combustion
каталити́ческое ~ catalytic combustion
кра́терное ~ crater-like combustion
ламина́рное ~ laminar combustion
~ наво́за manure heating
непо́лное ~ incomplete combustion
пове́рхностное ~ surface combustion
погружно́е ~ immersion combustion
по́лное ~ complete combustion
предка́мерное ~ precombustion
~ се́на hay-burn, hay-heating
стехиометри́ческое ~ stoichiometric combustion
установи́вшееся ~ steady-state combustion
горе́ть *гл.* burn
горизо́нт *м.* **1.** (*линия горизонта*) horizon □ **захвати́ть ~** *афс.* include the horizon; **производи́ть съёмку с захва́том ~а** *афс.* take pictures which include the horizon **2.** *горн.*, *геол.* horizon, level, floor
аккумуляти́вный ~ accumulative horizon

горизо́нт
вентиляцио́нный ~ *горн.* airway horizon, airway level
~ ве́рхнего бьефа upstream water line, upper pond level □ **понижа́ть ~ ве́рхнего бьефа** draw down the upstream water line
ви́димый ~ apparent horizon
~ визи́рования *геод.* elevation head
водоно́сный ~ water-bearing horizon, water-bearing level
водоуде́рживающий ~ water-holding horizon
~ воды́ elevation of water
~ воды́, рабо́чий service water level
~ вы́пуска *горн.* draw level
глее́вый ~ gley
~ дробле́ния *горн.* grizzly level
закла́дочный ~ *горн.* waste floor
~ за́сыпи *мет.* charging level
земно́й ~ terrestrial horizon
~инструме́нта *геод.* height of the instrument, H. I.
иску́сственный ~ *нвг.* artificial horizon
и́стинный ~ *нвг.* observer's horizon
исхо́дный ~ *геод.*, *стр.* datum line
маркиру́ющий ~ 1. *геол.* reference [key] horizon **2.** *горн.* marker
математи́ческий ~ observer's horizon
~ ни́жнего бьефа downstream water line, down pond level
~ околоство́льного двора́ *горн.* shaft bottom level
основно́й ~ *горн.* main level, main floor
отка́точный ~ *горн.* haulage horizon, haulage level
па́хотный ~ ploughing horizon
~ подру́бки *горн.* cutting horizon
~ подсе́чки under mining sublevel, stope drift
подэта́жный ~ *горн.* sublevel
~ по́пуска воды́ (*из водохранилища*) drawdown level
промежу́точный ~ *горн.* intermediate level
рабо́чий ~ *горн.* working [producing] level, mining floor
рабо́чий ~ площа́дки отва́ла working level of the heap
радиолокацио́нный ~ radar horizon
рту́тный ~ *астр.* mercury basin
~ скреперова́ния *горн.* scraping level, scraping drift
усло́вный ~ *геод.* reference level, datum line □ **установи́ть усло́вный ~** set up a datum line
~ эта́жного штре́ка sill floor
горизонта́л/ь *ж.* **1.** (*линия, параллельная горизонту*) the horizontal □ **составля́ть у́гол с ~ью** make an angle to the horizontal **2.** *геод.*, *карт.* contour (line) □ **замыка́ть ~** close a contour (line); **изобража́ть релье́ф ~ями** contour an area; **оцифро́вывать ~** number [figure, index] a contour (line); **проводи́ть ~** run out a contour (line)
горизонта́л/ь
~ аэросни́мка a parallel to the axis of tilt
~ ме́ста local horizontal
горизонта́льность *ж.* horizontal position
горизонти́ровать *гл.* level
го́рк/а *ж.* **1.** *ав.* zoom, steep climb □ **набира́ть высоту́ ~ой** zoom **2.** *ж.-д.* hump
семяочисти́тельная ~ friction [gravity] seed separator, friction [gravity] seed cleaner
семяочисти́тельная, вальцо́вая ~ roll seed separator
семяочисти́тельная, карусе́льная ~ horizontal-disk seed separator
семяочисти́тельная, поло́тенная ~ inclined-belt[-apron] separator
сортиро́вочная ~ *ж.-д.* gravity hump
го́рло *с.* *мат.* gorge circle
горлови́на *ж.* **1.** neck **2.** (*для чистки или ремонта на судне*) scuttle
~ ка́бельного коло́дца manhole frame
~ кана́ла *свз.* duct entrance
~ кани́стры fuel can nozzle
~ ко́лбы (*лампы*) bulb neck
~ коло́дца *свз.* manhole chimney
~ конве́ртера *мет.* (vessel) mouth
~ конве́ртера, симметри́чная concentric mouth
~ конве́ртера, несимметри́чная eccentric mouth, mouth placed to one side
наливна́я ~ filler (neck)
~ ру́пора (*антенны*) horn throat
~ ста́нции *ж.-д.* yard neck, rail bottleneck
горлово́й *прил.* *мат.* striction
гормониза́ция *ж.* **семя́н** hormonization of seeds
горн *м.* hearth □ **набива́ть ~** ram the hearth
выносно́й ~ external forge
~ для зейгерова́ния liquation hearth
~ для нагре́ва буровы́х штанг jack-rod furnace
~ для о́бжига фая́нсовых *или* **фарфо́ровых изде́лий** China kiln
зажига́тельный ~ ignition hearth
кали́льный ~ annealing hearth
кузне́чный ~ smith's [forge] hearth, smith forge
ни́жний ~ bottom hearth
обжига́тельный ~ roasting hearth
пере́дний ~ forehearth, settler, receiver
перено́сный ~ transportable hearth
проби́рный ~ assay hearth
раздели́тельный ~ separating hearth
сва́рочный ~ bloomery hearth
~ ша́хтной пе́чи crucible
горново́й *м.* furnace attendant
горнорабо́чий *м.* miner
горнору́дный *прил.* mining
горноспаса́тельный *прил.* mine rescue

горня́к *м.* miner
го́род-спу́тник *м.* satellite town
горообразова́ние *с.* orogeny, orogenesis
горообразова́тельный *прил.* orogenic
горообразу́ющий *прил.* orogenic
горохолущи́тель *м.* pea huller, pea shelling mill
горохомо́йка *ж.* pea washing machine, pea washer
горохомолоти́лка *ж.* pea viner
горшо́к *м.* pot
 ~ автомати́ческого выключа́теля pot
 агломерацио́нный ~ sintering pan
 конденсацио́нный ~ steam trap, condensing pot
 конденсацио́нный ~ с закры́тым попла́вком float(-type) steam trap
 конденсацио́нный ~ с откры́тым попла́вком inverted bucket(-type) steam trap
 отжига́тельный ~ annealing pot
 расса́дный ~ *с.-х.* planting pot
 сбо́рный ~ *мет.* receiver
 стеклова́ренный ~ glass pot, glass crucible
 стеклоплави́льный ~ glass pot, glass crucible
 торфоперегно́йный ~ peat plant [peat compost] block, peat pot
горшочкоде́латель *м.* soil block [soil pot] maker
горю́ч/ее *с.* 1. (*вещество, способное гореть*) combustible 2. (*вещество, сжигаемое в двигателе*) fuel □ **~ воспламеня́ется** (*при запуске двигателя*) fuel lights up, the engine lights up
 ~ для раке́тных дви́гателей (*не путать с* ракетным топливом) rocket fuel
горю́честь *ж.* combustibility
горю́чий *прил.* combustible
горячека́таный *прил.* hot-rolled
горячело́мкий *прил.* hot-short
горячело́мкость *ж.* hot-shortness
горячетя́нутый *прил.* hot-drawn
гости́ниц/а *ж.* hotel □ **зарегистри́роваться при въе́зде в ~у** check in; **зарегистри́роваться при вы́езде из ~ы** check out
 ~ для автотури́стов (*мотель*) motel
готова́льня *ж.* set of drawing instruments
гото́вность *ж.* □ **~ к рабо́те** availability for service; **приводи́ть в ~** bring to readiness
гото́вый *прил.* (*об изделии; в отличие от сделанного на заказ, специально*) off-the-shelf, stock-produced
гофр *м.* 1. (*на металле*) corrugation 2. (*на ткани*) crimp, goffer
 попере́чные ~ы (*дефект листового проката*) buckles
гофри́рование *с.* 1. (*металла*) corrugating 2. (*ткани*) crimping, goffering
гофри́ровать *гл.* 1. (*металл*) corrugate 2. (*ткань*) crimp, goffer

гра́бл/и *мн.* rake □ **выгреба́ть ~ями** rake out; **грести́ ~ями** rake
 бараба́нные ~ rotary rake
 боковы́е ~ side(-delivery) rake
 волоча́щиеся ~ drag-type rake
 ~ для сгреба́ния сорняко́в и пожнивны́х оста́тков trash rake
 колёсно-пальцевы́е ~ finger-wheel rake, spider-wheel side-rake, pull-rake
 ко́нные ~ horse(-drawn) rake
 корчева́льные ~ root rake
 косоуго́льные ~ oblique rake
 куста́рниковые ~ shrub rake
 мотови́льные ~ reel rake
 навесны́е ~ mounted rake
 навесны́е, фронта́льные ~ front-mounted rake
 попере́чные ~ self-dump rake
 попере́чные ~ с гидравли́ческим подъёмом зу́бьев hydraulic dump rake
 попере́чные ~ с сиде́ньем sulky rake
 прицепны́е ~ trailed rake
 сенны́е ~ hayrake
 тра́кторные ~ tractor rake
грабли́на *ж.*:
 ~ мотови́ла reel bar
 ~ сенопогру́зчика hayrack
 ~ соломотря́са rack riser
грабшти́хель *м.* engraver's tool
граве́листый *прил.* semi-gravel
гравели́т *м.* gravelite
гравёр *м.* engraver
гравиемо́йка *ж.* gravel washer
гравиесортиро́вка *ж.* gravel sorter
гра́ви/й *м.* gravel □ **балласти́ровать ~ем** (*напр. железнодорожную насыпь*) gravel (*e. g., a railroad embankment*)
 горохообра́зный ~ pea gravel
 дроблёный ~ crushed gravel
 карье́рный ~ pit gravel
 кру́пный ~ coarse gravel
 ме́лкий ~ grit, fine gravel
 морско́й ~ sea gravel
 нано́сный ~ run gravel
 насыпно́й ~ loose gravel
 ока́танный ~ gravel pebbles
 речно́й ~ bank [bar] gravel
гравиме́тр *м.* gravimeter, gravity meter □ **астази́ровать ~** astatize [stabilize] a gravimeter; **настра́ивать диапазо́н ~а** set the scale for the expected values of gravity; **эталони́ровать ~** calibrate a gravimeter
 астази́рованный ~ astatic gravimeter
 астати́ческий ~ astatic gravimeter
 геодези́ческий ~ geodetic gravimeter
 назе́мный ~ surface gravimeter
 пружи́нный ~ spring gravimeter
 сква́жинный ~ down-hole [drill-hole, bore-hole] gravimeter
 стати́ческий ~ static [stabilized] gravimeter
гравиметри́ческий *прил.* gravimetric
гравиме́трия *ж.* gravimetry

гравирова́ние *с.* 1. (*режущим инструментом*) engraving, cutting 2. (*травлением*) etching
 гальвани́ческое ~ galvanocautery
 ~ на стекле́ glass engraving, glass-etch process
 фотографи́ческое ~ photoengraving
 фотохими́ческое ~ photochemigraphy
 электро́нное ~ electronic engraving
гравирова́ть *гл.* 1. (*режущим инструментом*) engrave, cut 2. (*травлением*) etch □ **~ по ...** (*напр. дереву*) engrave on [in] ... (*e. g., wood*)
гравиро́вк/а *ж.* 1. *см.* **гравирова́ние** 2. (*надписи на панели и т. п.*) legend(s), engraving(s) □ **залива́ть ~у бели́лами** fill the engraving with white
гравитахео́метр *м.* gravitacheometer
гравитацио́нный *прил.* gravitation, gravitational, gravity
гравита́ция *ж.* gravitation
 земна́я ~ gravity, terrestrial gravitation
гравити́рующий gravitating
гравито́н *м.* graviton
гравитопла́н *м.* *ав.* gravity plane
гравю́ра *ж.* 1. (*офорт*) etching 2. (*эстамп*) (colour) print
 ~ на де́реве wood block, wood cut
 ~ на лино́леуме (*линогравюра*) linocut
 ~ на ме́ди copper-plate engraving
 «пло́ская» ~ lithograph
 цветна́я ~ coloured engraving
 ~ шта́мпа die impression
град *м.* 1. *метео.* hail 2. *см.* **гон**
града́ция *ж.* gradation, grading, scale
 ~ изображе́ния image gradation
 ~ квантова́ния quantizing step, quantizing level
 промежу́точная ~ intervening gradation
 ~ се́рого (*в фототелеграфии*) shade [shading] of grey
 ~ тоно́в range of tones, tonal range, shading
градие́нт *м.* 1. gradient 2. *мат.* gradient; (*в формулах*) grad
 бари́ческий ~ baric [barometric, pressure] gradient
 барометри́ческий ~ baric [barometric, pressure] gradient
 большо́й ~ heavy [steep] gradient
 ~ вла́жности humidity [moisture] gradient
 ~ всплыва́ния flotation gradient
 ~ давле́ния pressure gradient
 ~ давле́ния, вертика́льный pressure lapse rate
 ~ давле́ния, положи́тельный adverse pressure gradient
 знакопереме́нный ~ alternating gradient
 ~ концентра́ции при́меси impurity gradient
 ма́лый ~ flat [low] gradient
 ~ набо́ра высоты́ climb gradient

градие́нт
~ **пло́тности** density gradient
попере́чный ~ transverse gradient
~ **си́лы тя́жести** gravity gradient
~ **си́лы тя́жести, вертика́льный** vertical gravity gradient
~ **си́лы тя́жести, горизонта́льный** horizontal gravity gradient
~ **ско́рости** velocity gradient
~ **температу́ры** temperature [thermal] gradient
~ **температу́ры, вертика́льный** lapse rate
градие́нт-зонд *м.* gradient sonde
градиенто́метр *м.* gradiometer
гравитацио́нный ~ gravity gradiometer
магни́тный ~ magnetic gradiometer, flux-gate magnetometer
гради́рня *ж.* (water-)cooling tower
атмосфе́рная ~ open-type cooling tower
ба́шенная ~ chimney-type cooling tower
бры́згальная ~ spray-type cooling tower
вентиля́торная ~ mechanical-draft tower
ка́пельная ~ drip-type cooling tower
откры́тая ~ open-type cooling tower
плёночная ~ film-type cooling tower
попере́чно-то́чная ~ crossflow cooling tower
противото́чная ~ counterflow cooling tower
секцио́нная ~ cell-type cooling tower
~ **с есте́ственной тя́гой** natural draft cooling tower
градоби́тие *с.* nail-damage
градострои́тельство *с.* town planning
градуи́рование *с.* graduation
градуи́ровать *гл.* **1.** (*снабжать шкалой, наносить деления*) graduate **2.** (*определять или устанавливать цену деления шкалы*) calibrate □ **спидо́метр отградуи́рован в км/час** the speedometer is calibrated to read in km/h; **шкала́ градуи́рована в едини́цах частоты́** the dial is calibrated in terms of frequency, the scale is calibrated to read frequency directly; ~ **шкалу́** calibrate a scale, calibrate a dial
градуиро́вк/а *ж.* **1.** (*процесс*) graduation, calibration **2.** (*деления шкалы*) calibrations, graduation marks, graduation lines
~ **переда́тчика — приёмника** tuning-dial calibration of a transmitter/receiver □ **корректи́ровать ~у переда́тчика — приёмника** adjust the tuning-dial calibration; **проверя́ть ~у переда́тчика — приёмника** check the tuning-dial calibration
гра́дус *м.* **1.** (*угловой*) degree **2.** (*температурный*) degree □ (*сто́лько-то*) **~ов Це́льсия ...** ... degrees Celsius
гра́дус
~ **Бомэ́** Baume degree
~ **жёсткости** degree of hardness
~ **Ке́львина** Kelvin, K
~ **Фаренге́йта** Farenheit degree
~ **Це́льсия** Celsius degree
электри́ческий ~ electrical degree
~ **Э́нглера** Engler degree
гра́дусо-день *м.* degree-day
грамза́пись *ж.* disk [sound(-on-disk)] recording
грамм *м.* gram(me)
грамма́тика *ж.* grammar
автома́тная ~ finite state grammar
бесконте́кстная ~ context-free grammar
категориа́льная ~ categorial grammar
порожда́ющая ~ generative grammar
~ **составля́ющих** phrase-structure grammar
трансформацио́нная ~ transformational grammar
грамм-а́том *м.* (*внесистемная единица массы*) gram-atom
грамм-ио́н *м.* (*внесистемная единица количества вещества*) gram-ion
грамм-моле́кула *ж.* (*внесистемная единица количества вещества*) mole, grammolecule
граммоме́тр *м.* gram gauge
граммофо́н *м.* gramophone
грамм-ра́д *м.* (*внесистемная единица поглощённой дозы излучения*) gram-rad
грамм-рентге́н *м.* (*внесистемная единица гамма-излучения*) gram-roentgen
грамм-си́ла *ж.* (*внесистемная единица силы*) gram-force
грамм-эквивале́нт *м.* (*внесистемная единица массы*) gram-equivalent
грампласти́нк/а *ж.* phonograph [disk] record □ **за́пись на ~е** title; **изготовля́ть ~и штампо́вкой** (mass-)produce (disk) records by pressing
долгоигра́ющая ~ (*33*$^1/_2$ *об/м*) long-play [LP] record; (*45 об/м*) extended-play [EP] record
гране́ние *с.* (*драгоценных камней*) cutting
гранёный *прил.* **1.** (*обработанный гранением*) cut **2.** (*имеющий грани*) faceted
гранецентри́рованный *прил.* face-centred
грани́льник *м.* graver, graving instrument, graving tool
грани́льщик *м.* (*драгоценных камней*) cutter
грани́т *м.* granite
гранитиза́ция *ж.* granitization
грани́то-гнейс *м.* gneissoid [gneissic] granite
граните́ль *ж.* nitrocellulose-treated cloth
грани́ть *гл.* (*драгоценные камни*) cut
грани́ц/а *ж.* **1.** (*линия раздела*) boundary **2.** *мат.* bound, limit
ве́рхняя ~ *мат.* upper bound
~ **вихрево́й зо́ны** wake boundary
~ **возмо́жного вы́пуска проду́кции** production-possibility frontier
~ **возмуще́ний** *аргд.* Mach line
~ **гру́ппы** (*в гистограммах*) class interval
~ **двойникова́ния** twin boundary
~ **диффу́зии** diffusion barrier
довери́тельная ~ confidence limit
~ **доме́на** (magnetic) domain wall, domain boundary
~ **до́пуска** tolerance limit
~ **зерна́** (*кристаллической структуры*) grain boundary □ **... по ~ам зёрен** at the grain boundaries
~ **зри́тельного ощуще́ния** limit of vision
~ **сумми́рования** singing point
~ **измере́ния масси́ва** *вчт.* bound of an array
~ **интерва́ла измене́ний переме́нной** bound on a variable
~ **кипе́ния фра́кций** cut point
~ **компто́новского поглоще́ния** Compton edge
~ **луча́** beam boundary
межфа́зная ~ phase boundary
~ **нару́жной пове́рхности шва** *мет.* toe
~ **о́бласти** *мат.* domain boundary
~ **оши́бок** error bound
~ **поглоще́ния** absorption edge
~ **погре́шности** error bound
~ **по́иска** *вчт.* search limit
~ **по́лной сольвата́ции** complete solvation limit
~ **прозра́чности** transmission cut-off
~ **пропуска́ния** transmission cut-off
~ **разде́ла** interface, boundary, line of demarcation
~ **разде́ла фаз** phase boundary, interface
~ **разруше́ния** *хим.* interfacial failure
~ **раствори́мости** *мет.* miscibility gap
ре́зкая ~ sharp cut-off
~ **Фе́рми** Fermi level, Fermi limit
~ **фотопроводи́мости** photoconduction limit
~ **фотоэффе́кта, кра́сная** photoelectric threshold
электро́нно-ды́рочная ~ *p-n* boundary (*in a semiconductor*)
~ **я́ркости** brightness contrast border
грани́чить *гл.* border (on), be contiguous (to), abut with
гра́нка *ж.* *полигр.* **1.** (*столбец строк набора*) galley **2.** (*оттиск с набора для чтения корректуры*) galley proof **3.** (*доска для хранения, переноски и установки набора*) galley
гранкореа́л *м.* *полигр.* board rack
гра́нула *ж.* **1.** granule, grain **2.** *мет.* (*окатыш*) pellet
гранули́рование *см.* **грануля́ция**

гранули́ровать *гл* 1. granulate 2. *мет.* pelletize
грануло́метр *м.* granulometer
грануломе́трия *ж.* grading
~ **заполни́телей** aggregate grading
~ **по разме́ру** size grading
грануля́тор *м.* 1. granulator, granulating mill 2. *лит.* (*для получения окатышей*) pelletizer
~ **кормо́в** feeding stuff cuber
таре́льчатый ~ plate granulator
ча́шечный ~ pan granulator
грануля́тор-аммониза́тор *м. с.-х.* granulator-ammoniator
грануля́ция *ж.* 1. granulation, granulating 2. *мет.* (*в окатыши*) pelletization, pelletizing 3. *астр.* granulation
мо́края ~ (*напр. шлака*) water-stream granulation
со́лнечная ~ solar granulation
суха́я ~ (*напр. шлака*) air-stream granulation
грань *ж* 1. (*плоскость*) face, side 2. (*драгоценного камня*) facet
бокова́я ~ lateral face
ве́рхняя, суще́ственная ~ (*в теории множеств*) essential upper bound
ве́рхняя, то́чная ~ (*в теории множеств*) least upper bound
едини́чная ~ unit face
~ **зу́ба пилы́, пере́дняя** front of a tooth
~ **кирпича́, бокова́я** side of a brick
~ **кирпича́, лицева́я** face of a brick
~ **кирпича́, ни́жняя** bed of a brick
~ **криста́лла** face of a crystal □ **ска́лывать [отка́лывать]** ~ **криста́лла** cleave a face of a crystal; **ска́шивать** ~ **криста́лла** bevel a face of a crystal
~ **многоуго́льника** face of a polyhedron
ни́жняя, то́чная ~ (*в теории множеств*) greatest lower bound
~ **плоти́ны, напо́рная** upstream face
~ **плоти́ны, низова́я** downstream face
~ **подпо́рной стены́, вертика́льная** vertical interior face
~ **ско́ла по пло́скости спа́йности** cleavage surface
грат *м.* 1. (*излишек материала, выдавливаемого из формы или штампа*) flash, fin □ **снима́ть** ~ (*напр. со штамповок*) trim the fin (*e. g., from a forging*) 2. (*заусенец*) burr
гратоснима́тель *м.* flash trimmer; (*для штамповочного грата*) burr-grinder
граф *м.* graph □ **задава́ть** ~ (*напр. вершинами и рёбрами*) specify a graph (*with, e.g., vertexes and edges*); **стро́ить** ~ construct a graph
альтерни́рующий ~ alternating graph
бесконе́чный ~ infinite graph
бихромати́ческий ~ bichromatic graph

граф
вы́рожденный ~ singular graph
двусвя́зный ~ doubly connected graph
двухме́рный ~ two-dimensional graph
древови́дный ~ tree graph
коне́чный ~ finite graph
напра́вленный ~ directed graph
ориенти́рованный ~ oriented graph
плана́рный ~ flat [planar] graph
пло́ский ~ flat [planar] graph
по́лный ~ complete graph
свя́зный ~ connected graph
~ **сигна́ла** signal-flow graph
сингуля́рный ~ singular graph
соста́вленный ~ superposed graph
~ **состоя́ния** state graph
цикли́ческий ~ cyclic graph
графа́ *ж.* column
графеко́н *м.* graphechon
гра́фик *м.* 1. (*изображение функциональных зависимостей*) plot, chart, graph □ ~ **зави́симости** $y = f(x)$ **представля́ет собо́й пряму́ю ли́нию** a plot of *y* as a function of *x* yields a straight line; **стро́ить** ~ graph, construct [plot] a graph; **стро́ить** ~ **в, напр. дека́ртовых координа́тах** construct a plot on, *e. g.*, Cartesian coordinates 2. (*расписание, план*) schedule □ **выде́рживать** ~ (*работ, движения и т. п.*) maintain a schedule, operate [work] to schedule; **заверша́ть рабо́ту согла́сно** ~**у** meet a schedule; **отстава́ть от** ~**а на** (*столько-то дней, недель и т. п.*) be (*a day, week, etc.*) behind the schedule; **рабо́тать с опереже́нием** ~**а** meet a schedule at an earlier date; **рабо́тать стро́го по** ~**у** run (*e. g. a plant*) on schedule, work to the schedule 3. (*в табличной форме*) chart
бала́нсовый ~ balance chart
~ **в логарифми́ческом масшта́бе** logarithmic graph, log plot
~ **в два́жды логарифми́ческом масшта́бе** log-log plot
~ **в полулогарифми́ческом масшта́бе** semilog plot
~ **вы́пусков** (*плавки*) tapping schedule
~ **вы́ходов на рабо́ту** attendance chart
градуиро́вочный ~ calibration chart
~ **движе́ния поездо́в** train schedule
~ **движе́ния поездо́в, диспе́тчерский** dispatcher's train sheet
~ **движе́ния ша́хтных локомоти́вов** movement chart of underground locomotives
~ **движе́ния ша́хтных локомоти́вов, горизонта́льный** horizon movement chart of underground locomotives
~ **движе́ния ша́хтных локомоти́вов, маршру́тный** route movement chart of underground locomotives

гра́фик
девиацио́нный ~ compass correction card
~ **дежу́рств** duty chart, duty table
~ **дли́тельности нагру́зки** *эл.* load-duration curve
~ **зави́симости** *y* **от** *x* graph [plot] of *y* against [versus] *x*, graph [plot] of *y* as a function of *x* □ **стро́ить** ~ **зави́симости** *y* **от** *x* plot *y* against [versus] *x*, plot *y* as a function of *x*, show *y* related to *x*
~ **изодо́з** isodose chart
~ **исполне́ния рабо́т** work schedule, progress chart
календа́рный ~ schedule
календа́рный, произво́дственный ~ production schedule
ко́мплексный ~ executive [master] schedule
~ **кру́тостей** *карт.* scale of slope
лине́йный ~ line graph
~ **нагру́зки** *эл.* load curve
~ **организа́ции рабо́т в забо́е** face schedule, organization face chart
~ **остано́вок** (*напр. доменной печи*) down-time schedule
~ **оши́бок** diagram [graph] of errors
~ **параллакти́ческих попра́вок** parallax-correction graph
~ **периоди́ческого осмо́тра** inspection schedule
~ **пла́вки** heat schedule
пла́ново-контро́льный ~ progress chart
~ **пла́ново-предупреди́тельного ремо́нта** preventive maintenance schedule
~ **полёта** flight schedule
~ **попра́вок** correction diagram, correction graph
~ **проги́ба** chart of flexure
~ **произво́дства рабо́т** work schedule
произво́дственный ~ production schedule
~ **рабо́ты** operating schedule; force-displacement diagram
~ **размеще́ния рабо́чей си́лы** man-power deployment chart
~ **распределе́ния обжа́тий** *прок.* reduction [drafting] schedule
расчётный ~ nomogram, conversion [alignment] chart
сетево́й ~ network
~ **сме́нности** shift schedule, shift time-table
~ **сто́ка, сумма́рный** mass diagram of run-off
~ **теку́щего ремо́нта** maintenance schedule
~ **технологи́ческого ци́кла** schedule of operating times
~ **цикли́чности** (*производства*) cycle schedule
~ **электропотребле́ния** load curve
гра́фика *ж.* graphics
графи́т *м.* graphite, blacklead, plumbago □ **выделя́ть** ~ reject [liberate] graphite; **извлека́ть** ~ (*из руды,*

напр. флотацией) beneficiate natural graphite by (*e. g., flotation*)

графи́т
глобуля́рный ~ globular [spheroidal] graphite
до́менный ~ blast-furnace graphite
каранда́шный ~ pencil lead
карби́дный ~ carbide graphite
колло́идный ~ colloidal graphite
кристалли́ческий ~ (*приро́дный*) crystalline [vein] graphite
кусково́й ~ (*иску́сственный*) (artificial) bulk graphite
свя́занный ~ fixed graphite
силици́рованный ~ silicicated graphite
скрытокристалли́ческий ~ cryptocrystalline graphite
сфероида́льный ~ spheroidal graphite
то́чечный ~ spotted graphite
чешу́йчатый ~ (*приро́дный*) flake graphite, "flake"
шарови́дный ~ globular [spheroidal] graphite
эвтекти́ческий ~ eutectic graphite
эвтекто́идный ~ eutectoid graphite

графитиза́ци/я *ж.* graphitization □ **замедля́ть ~ю** hinder graphitization; **регули́ровать ~ю** control graphitization; **ускоря́ть ~ю** promote graphitization

графити́рование *с. полигр.* graphite coating

графити́ровать *гл.* graphitize

графитопла́ст *м.* graphite-reinforced [graphitized] plastics

графи́ть *гл.* rule, draw lines

графопострои́тель *м.* plotting device, graph plotter
автомати́ческий ~ autoplotter

графоста́тика *ж.* graphostatics

графт-полиме́р *м.* graft polymer

графт-полимериза́ция *ж.* graft polymerization

графт-сополиме́р *м.* graft copolymer

гребёнка *ж.* **1.** *ав.* (*приёмников давле́ния, температу́ры*) comb, rake **2.** *текст.* comb
~ **волокноотдели́теля** *с.-х.* gin rib
~ **волокноотдели́теля, семенна́я** *с.-х.* seed grid
зубодолбёжная ~ rack-tooth (gear-shaping) tool
зубоpе́зная ~ rack-type gear, shaping cutter
колосова́я ~ *с.-х.* tail rake
лентонаправля́ющая ~ *текст.* sliver guide
~ **пьезоэлектри́ческих фи́льтров** comb filter
резьбова́я ~ thread chaser
~ **хлопкоубо́рочной маши́ны, съёмная** doffer comb

гре́бень *м.* **1.** *метео* ridge **2.** *текст.* comb
аэродинами́ческий ~ (wing) fence, aerodynamic vane □ **аэродинами́ческий ~ препя́тствует перетека́нию пограни́чного сло́я вдоль разма́ха стрелови́дного крыла́** a fence prevents the spanwise flow of the boundary layer on sweptback wings

гре́бень
бари́ческий ~ wedge, pressure ridge
~ **борозды́** furrow ridge
~ **борозды́, сва́льный** back [centre] ridge
~ **водосли́ва** weir [spillway] crest, crest [crown] of overfall
~ **водосли́ва, незато́пленный** free crest of spillway
~ **волны́** wave crest, crest of a wave
~ **высо́кого давле́ния** ridge of high pressure
~ **затво́ра плоти́ны** crest of a weir shutter
мостово́й ~ crown of a pavement
~ **плоти́ны** crest of a dam
~ **уплотне́ния** *тепл.* seal strip
~ **фла́нца** flange ridge
~ **шпунтово́го соедине́ния** tongue, feather piece

гребешки́ *мн. м.* **колле́ктора** *эл.* commutator lugs, commutator risers, commutator necks

гребнева́ние *с. с.-х.* ridging

гребнедержа́тель *м. текст.* comb holder

гребнеобразова́тель *м. с.-х.* ridge former, ridger

гребнеотдели́тель *м. с.-х.* grape clustercomb, grape stemming machine, grape stemmer

гребнеукла́дчик *м. с.-х.* ridge filler

гребнечеса́ние *с. текст.* combing

гребо́к *м.* **1.** (*весло*) paddle **2.** (*сгусти́теля*) rake

гре́йдер *м.* grader
прицепно́й ~ pull-type grader
самохо́дный ~ power [motor] grader
скребко́вый ~ scraping grader
~ **с профили́рующим ножо́м** blade grader

гре́йдер-бульдо́зер *м.* bullgrader

гре́йдер-элева́тор *м.* elevating grader

гре́йфер *м.* **1.** (*грузозахватное приспособле́ние*) grab (bucket), clamshell, grapple □ **замыка́ть [смыка́ть] че́люсти ~а** close a (grab) bucket; **опорожня́ть** ~ dump a grab (bucket); **подве́шивать ~ к крюку́ [наве́шивать на крюк] кра́на за скобу́** hang a grab (bucket) from a crane hook by an eye; ~ **углубля́ется [внедря́ется] в материа́л** the grab (bucket) digs [crowds] into the material **2.** (*в кинотехнике*) claw
гидравли́ческий ~ hydraulic grab
~ **для захва́та ло́ма** scrap grapple
кана́тный ~ rope grab bucket
многочелюстно́й ~ multijaw [multiprong, cactus] grab, orange-peel grab bucket
пневмати́ческий ~ pneumatic [air-operated] grab
приводно́й ~ power(-operated) grab bucket

гре́йфер
самозахва́тывающий ~ automatic grab
~ **с незави́симым перемеще́нием че́люстей** independent-tine grab
~ **с рыча́жным управле́нием** lever-operated clamshell
съёмный ~ suspended clamshell
электри́ческий ~ electric grab bucket
электромото́рный ~ electric grab bucket

гре́лка *ж.*, **садо́вая** orchard heater

грена́ж *м. с.-х.* silkworm breeding

грена́рня *ж. с.-х.* silkworm nursery

грени́рование *с. полигр.* backing

грибови́дный ~ *прил.* mushroom(-shaped)

грибо́к *м.*:
~ **кла́пана** valve head
~ **распы́ливания** atomizing [atomizer] cone

гриди́стор *м.* gridistor

гри́длик *м. эл.* grid leak

гризути́н *м.* granulated dynamite

гриф *м.* **1.** (*образец подписи*) signature stamp **2.** *арх.* griffon **3.** *полигр.* facsimile signature

гри́фель *м.* pencil lead □ **вставля́ть (но́вый)** ~ fit a (new) lead

грифо́н *м. арх.* griffon

грозозащи́та *ж.* **1.** (*действие*) lightning(-discharge) protection **2.** (*устройство*) lightning(-discharge) protector

грозозащищённость *ж.* lightning proofness

грозоразря́дник *м.* lightning arrester

грозорегистра́тор *м.* lightning recorder, sferics receiver

грозосто́йкий *прил.* lightning-proof

грозоупо́рность *ж.* (*линии*) lightning-surge proofness

громкоговори́тел/ь *м.* (loud)speaker □ **придава́ть напра́вленность ~ю** baffle a (loud)speaker
динами́ческий ~ moving-coil [(electro)dynamic] (loud)speaker
~ **для ве́рхних часто́т** tweeter
~ **для ни́зких часто́т** woofer
конденса́торный ~ capacitor [electrostatic, condenser] (loud)speaker
контро́льный ~ monitor(ing) (loud)speaker
магни́тный ~ magnetic (loud)speaker
пневмати́ческий ~ pneumatic (loud)speaker
пьезоэлектри́ческий ~ crystal (loud)speaker
ру́порный ~ horn (loud)speaker
~ **тонме́йстера** monitorman [monitoring] (loud)speaker
электродинами́ческий ~ moving-coil [(electro)dynamic] (loud)speaker
электромагни́тный ~ moving-conductor (loud)speaker

громкоговори́тель
электростати́ческий ~ capacitor [electrostatic, condenser] (loud)-speaker
гро́мкость *ж.* 1. (*звука*) loudness 2. (*приёмника, усилителя*) volume 3. (*название ручки регулировки*) volume (control)
громо́здкость *ж. мат.* awkwardness
громоотво́д *м.* (*стержневой*) lightning rod
грот *м.* 1. *арх.* grotto 2. *мор.* mainsail
гроте́ск *м.* (*вид типографского шрифта*) block type
грот-ма́чта *ж.* mainmast
гро́хот *м.* 1. (*для сортировки по крупности*) (sizing) screen; grizzly □ **забива́ть [зама́зывать]** ~ clog a screen 2. (*для муки*) bolter 3. *с.-х.* rack
бараба́нный ~ cylinder [revolving] screen trommel (screen)
валко́вый ~ roller grizzly
вибрацио́нный ~ vibrating screen
головно́й ~ scalping screen
~ **гру́бого грохоче́ния** coarse screen
~ **гру́бой сортиро́вки** coarse screen
двухси́тный ~ double-deck screen
ди́сковый ~ revolving [disk] grizzly
~ **для кру́пного у́гля** lump coal screen
~ **для сепара́ции ботвы́** vine rack
~ **для у́гольной ме́лочи** slack screen
дугово́й ~ arch screen
инерцио́нный ~ unbalanced-throw screen
~ **картофелеубо́рочного комба́йна** potato separating grid
кача́ющийся ~ shaking screen
колоснико́вый ~ fixed-bar grizzly, bar screen
кони́ческий ~ conical screen
~ **кукуру́зной молоти́лки** cob rack
ле́нточный ~ belt screen
неподви́жный ~ stationary [fixed] screen
обди́рочный ~ scalping screen
обезво́живающий ~ washing screen
одноря́дный ~ single-deck screen
пита́ющий ~ feeder screen
~ **повто́рного грохоче́ния** rescreener
подви́жный ~ movable screen
промы́вочный ~ washing screen
резона́нсный ~ resonance screen
ро́ликовый ~ roller screen
рудоразбо́рный ~ ore-sorting grizzly
сортиро́вочный ~ sorting grizzly
уда́рно-кулачко́вый ~ impact-cam grizzly
уда́рный ~ impact screen
центробе́жный ~ centrifugal screen
цепно́й ~ chain grizzly
шла́мовый ~ slurry screen
щелево́й ~ wedge wire screen
эксце́нтриковый ~ shaker, shaking screen
электромагни́тный ~ electromagnetically vibrated screen

грохоти́ть *гл.* 1. (*сортировать по крупности*) screen 2. (*просеивать*) sieve, sift, bolt, riddle
грохоче́ние *с.* 1. (*сортировка по крупности*) screening, screen sizing 2. (*просеивание*) sieving, sifting, bolting, riddling
~ **в бараба́нном гро́хоте** trommeling
~ **в воде́** wet screening
гру́бое ~ coarse screening
мо́крое ~ wet screening
обезво́живающее ~ dewatering screening
пове́рочное ~ check screening
повто́рное ~ rescreening
после́довательное ~ step sizing
предвари́тельное ~ scalping
сухо́е ~ dry screening
то́нкое ~ fine screening
гру́ббер-культивато́р *м.* grubber
грудни́ца *ж. текст.* breast beam
груз *м.* 1. (*предназначенный для перевозки, за исключением людей и животных*) *мор.* cargo; *ав., ж.-д.* freight □ **брать** ~ take in cargo; **крепи́ть** ~ lash [bind, brace, fasten] cargo [freight]; **нача́ть вы́грузку** ~**а** break out cargo; **обраба́тывать** ~**ы** handle cargo [freight]; **производи́ть тра́нспортную обрабо́тку** ~**ов** handle cargo [freight]; **производи́ть шти́вку** ~**а** stow cargo [freight]; **пропуска́ть** ~**ы** handle cargo [freight]; **укла́дывать и крепи́ть** ~ stow cargo; **экспеди́ровать [отправля́ть, доставля́ть]** ~ forward cargo 2. (*готовые изделия*) goods 3. (*товары, реализуемые в торговой сети*) commodity 4. (*весовой признак*) weight, load
~ **большо́й ско́рости** express [fast] cargo [freight]
габари́тный ~ cargo [freight] within loading gauge
генера́льный ~ general cargo
~ **для обра́тных ре́йсов** backhaul cargo [freight]
комме́рческий ~ commercial cargo [freight]
конте́йнерный ~ container(ized) cargo [freight]
лесно́й ~ timber cargo [freight]
~ **ма́лой ско́рости** slow cargo [freight]
~ **ме́стного назначе́ния** local cargo [freight]
насыпно́й ~ bulk cargo [freight]
~ **нава́лом** bulk cargo [freight]
объёмный ~ 1. measurement cargo 2. measurement goods
~ **отве́са** (plumb-)bob
отправля́емый ~ outbound [outgoing] cargo [freight]
охлаждённый ~ refrigerated [frozen] cargo
пакетизи́рованный ~ palletized cargo [freight]
па́лубный ~ deck cargo

груз
~ **пе́рвой о́череди** essential cargo [freight]
повато́нный ~ carload
поле́зный ~ 1. (*груз с оплаченной перевозкой транспортным средством*) payload 2. (*весь груз, исключая собственный вес транспортного средства*) useful load 3. (*груз, оказывающий влияние, напр. на строительную конструкцию*) effective load
~ **регуля́тора** governor weight
~ **сква́жинного перфора́тора** bull-nose
скоропо́ртящийся ~ perishable cargo [freight, goods]
сро́чный ~ time cargo [freight], high priority shipment
~, **сто́йкий к по́рче** nonperishable cargo [freight]
груз-заполни́тель *м. горн.* filler-cargo
гру́зик *м.* □ **снабжа́ться** ~**ом** be weighted *пример*: **арео́метр состои́т из тру́бки, снабжённой на конце́** ~**ом** a hydrometer is a glass tube weighted at the end
балансиро́вочный ~ correction weight
~ **весо́в, уравнове́шивающий** rider
~ **отве́са** (plumb) bob, plumb
грузи́ло *с.* plummet, sinker
грузи́ть *гл.* (*напр. судно, вагон*) load; freight □ ~ **нава́лом** load in bulk
грузови́к *м. англ.* lorry; *амер.* truck (*см. тж.* **грузово́й автомоби́ль**)
грузовмести́мость *ж.* (cubic) cargo-carrying capacity; tonnage
зернова́я ~ grain capacity
ки́повая ~ bale capacity
грузозахва́т *м.* 1. load [weight] handling fixture [device] 2. (*для подъёма груза*) hoisting device 3. (*для перемещения груза*) hauling device
кана́тный ~ (lifting) sling(s)
клещево́й ~ lifting tongs
эксце́нтриковый ~ eccentric grip
электромагни́тный ~ lifting magnet
грузонапряжённость *ж.* density of freight traffic
грузооборо́т *м.* freight turnover
грузоотправи́тель *м.* consigner
грузоподъёмность *ж.* (*транспортного средства*) load-[weight-]carrying capacity; (*самолёта*) load-carrying [load-lifting] capacity; (*судна*) (weight-)carrying capacity; tonnage; (*подъёмного оборудования*) rated load capacity
~ **вагоноопроки́дывателя** tonnage of a car dumper
по́лная ~ (*судна*) dead weight
уде́льная ~ (*судна*) dead-weight efficiency, dead-weight (displacement) ratio
чи́стая ~ (*судна*) cargo dead weight
грузополуча́тель *м.* consignee

грузопото́к *м.* **1.** (*количество перевозимого груза*) freight [cargo] traffic **2.** (*количество перевозимых готовых изделий*) goods traffic **3.** (*количество перевозимых товаров, реализуемых в торговой сети*) commodity traffic
гру́зчик *м.* loader; (*портовый*) *англ.* stevedore; *амер.* longshoreman
гре́йферный ~ *горн.* grab loader
грундбу́кса *ж.* (journal) box; *англ.* axle box
грунт *м.* **1.** ground **2.** *стр.* earth, soil ☐ **перемеща́ть ~** move the earth [soil]; **уплотня́ть ~** (*укаткой, трамбованием, вибрированием*) compact the earth [soil] by (*rolling, tamping, vibrating*); **утрамбо́вывать ~** tamp the earth [soil] **3.** (*штукатурный, второй слой*) brown coat **4.** (*для земляных плотин, насыпей и т. п.*) earth **5.** (*в живописи*) primer
вы́нутый ~ (*при земляных работах*) the spoil ☐ **вывози́ть вы́нутый ~** dispose of the spoil; **вы́нутый ~ увели́чивается в объёме** the spoil bulks up; **отсыпа́ть вы́нутый ~ в отва́л** dispose of the spoil by dumping, dump the spoil; **переки́дывать вы́нутый ~** rehandle the spoil; **перемеща́ть вы́нутый ~ с переки́дкой** move the spoil with rehandling; **разра́внивать вы́нутый ~** spread the spoil
гли́нистый ~ clay soil
многолетнемёрзлый ~ permafrost
насыпно́й ~ fill-up soil [earth], backfilling
нека́льный ~ soil, earth
неусто́йчивый ~ unstable ground
песча́ный ~ sandy soil
пло́тный ~ firm ground
подстила́ющий ~ bedrock
ры́хлый ~ soil, earth
ска́льный ~ rock
сла́бый ~ soft ground
грунтобето́н *м.* sand-clay concrete
грунтова́ние *с.* **1.** priming, application of the priming coat (*of paint*) **2.** (*пропитка грунтовой краской*) padding
грунтова́ть *гл.* prime, apply the priming coat (*of paint*)
грунтове́дение *с.* soil science, pedology
грунто́вк/а *ж.* **1.** (*грунтовочный состав*) (paint) primer **2.** (*нижний слой покрытия*) prime coat (*of paint*) ☐ **наноси́ть ~у ки́стью** (*вручную*) apply the primer by hand brushing [with a brush]; **наноси́ть ~у распыле́нием** apply the primer by (air) spraying
~ кни́жного переплёта top-sizing
грунтозаце́п *м.* (*гусеницы, шины*) grouser, lug, cleat
грунтоно́с *м.* sample taker, sampler, formation tester ☐ **заряжа́ть ~** load a sample taker; **опуска́ть ~** (*в скважину*) run a sample taker (*into a bore-hole*); **~ рабо́тает на ка́беле** the sample taker is run on a cable
боково́й ~ side-wall sample taker
поршнево́й ~ piston-type sample taker
стреля́ющий ~ gun-type sample taker, gun sampler, sampling gun
стреля́ющий, многоство́льный ~ multishot gun-type sample taker, multishot sample gun
грунтопрово́д *м.* hydraulic fill pipe-line
~ земснаря́да floating pipe-line
грунтосмеси́тель *м.* soil [ground] mixer
грунтоцеме́нт *м.* soil cement
гру́ппа *ж.* group
а́белева ~ *мат.* Abelian [commutative] group
~ автоморфи́змов *мат.* automorphism group
ари́льная ~ aryl residue
архе́йская ~ *геол.* Archean group
~ а́томов cluster of atoms
бесконе́чная ~ *мат.* infinite group, group of infinite order
~ бло́ков па́мяти memory bank
винтомото́рная ~ aircraft power plant, propulsion unit
возрастна́я ~ age group, age bracket
~ враще́ния *мех.* rotational group, group of rotations
втори́чная ~ *свз.* supergroup
~ доро́жек *вчт.* track group
дро́бно-лине́йная ~ *мат.* linear fractional group
замеща́ющая ~ *хим.* substituting group
знакопереме́нная ~ alternating group
~ ио́нов ionic cluster
кана́льная, втори́чная ~ (*60 каналов*) (60-)channel supergroup
кана́льная, перви́чная ~ (*12 каналов*) (12-)channel bank
кана́льная, трети́чная ~ (*300 каналов*) (300-)channel master group
киносъёмочная ~ film production staff
~ клете́й (*прокатного стана*) train
~ клете́й, непреры́вная continuous train
~ клете́й, располо́женных в ша́хматном поря́дке staggered train
~ клете́й, черновáя roughing train
~ клете́й, чистова́я finishing train
~ коло́нок (перфо)ка́рты card field
коммутати́вная ~ *мат.* commutative [Abelian] group
компа́ктная ~ *мат.* compact group
компа́ктная, лока́льная ~ *мат.* locally compact group
коне́чная ~ *мат.* finite group
конта́ктная ~ contact set
конта́ктная ~ на замыка́ние make contact springs
конта́ктная ~ на размыка́ние break contact springs
~ Ли *мат.* Lie group

гру́ппа
мультиопера́торная ~ *мат.* group with multiple operators
~ нагрева́тельных коло́дцев battery [bank] of soaking [reheating] pits
накрыва́ющая ~ *мат.* covering group
~ направле́ний, непо́лная *геод.* broken round
некоммутати́вная ~ *мат.* non-commutative group
непреры́вная ~ *мат.* continuous group
нильпоте́нтная ~ *мат.* nilpotent group
однопараметри́ческая ~ *мат.* one-parameter group
периоди́ческая ~ *мат.* torsion group
~ подстано́вок *мат.* substitution [permutation] group
полупроста́я ~ *мат.* semi-simple group
~ преобразова́ний transformation group
прима́рная ~ *мат.* primary group
примити́вная ~ *мат.* primitive group
проекти́вная ~ *мат.* projective group
прое́ктная ~ design team
проста́я ~ *мат.* simple group
радика́льная ~ radical group
разреши́мая ~ *мат.* solvable [integrable] group
~ свай clump of piles
силова́я ~ *ав.* power plant, propulsion unit
~ симме́трии symmetry group
~ слов *вчт.* block of words
~ соедине́ния обмо́ток (*трансформатора*) (group) reference, vector [phase-displacement] group
~ сопротивле́ний bank of resistors
~ ста́на, чернова́я *прок.* roughing mill group
~ ста́на, чистова́я *прок.* finishing mill group
~ сто́ек *свз.* row of bays
~ ступе́нчатого включе́ния *свз., тлф.* grading group
~ счётчиков (*напр. частиц*) bank of counters
~ тепловыделя́ющих элеме́нтов (*ядерного реактора*) cluster of fuel elements
топологи́ческая ~ topological group
~ то́чек cluster of points
унита́рная ~ *мат.* unitary group
фанто́мная ~ *свз.* phantom group
фёдоровская ~ *мат.* Fedorov group
функциона́льная ~ functional group
цикли́ческая ~ cyclic(al) group
~ части́ц (*движущихся*) particle group; (*неподвижных*) cluster of particles, particle cluster
~ шри́фта family of type
~ электро́нов bunch of electrons

группирова́ние *с.* **1.** grouping; (*классификация*) classification **2.** (*ядерных частиц*) clustering; (*в ускорителях*) bunching
~ за́писей *вчт.* grouping of records
~ четвёрок ка́беля squaring
~ электро́нов electron bunching
~ электро́нов, недоста́точное underbunching
~ электро́нов при скоростно́й модуля́ции velocity-modulation bunching
~ электро́нов, чрезме́рное overbunching
группирова́тель *м.* (*ядерных частиц в ускорителях*) buncher
каска́дный ~ cascade buncher
группирова́ть *гл.* **1.** group; (*классифицировать*) classify □ **~ подо́бные чле́ны** collect like [similar] terms **2.** (*ядерные частицы*) clust; (*в ускорителях*) bunch
группиро́вка *ж.* group(ing)
~ кла́ссов *мат.* pooling of classes
скобо́чная ~ *мат.* parenthetic grouping
~ строк *полигр.* typographic design
~ строк, бло́чная *полигр.* boxing of type lines
фа́зовая ~ phase-focusing action
~ чле́нов *мат.* grouping of terms
групповыбира́тель *м. тлф.* group selector
группо́ид *м. мат.* groupoid
гру́ша *ж.*, **конве́ртерная** (converter) vessel
гряда́ *ж.* **1.** *с.-х.* (seed)bed, row **2.** *геол.* ridge **3.** *метео* bank (*of clouds*)
гряди́ль *м.* **(плу́га)** (plough) beam
жёстко закреплённый ~ rigid (plough) beam
крючко́вый ~ curved (plough) beam
~ с предохрани́телем safety-trip (plough) beam
~ с пружи́нным предохрани́телем spring-trip (plough) beam
тру́бчатый ~ cylinder (plough) beam
гря́дка *ж. с.-х.* (seed)bed, row
~ стремя́нки ladder step
грядкоподъёмник *м. с.-х.* ridge digger
ди́сковый ~ disk ridge digger
грядоде́латель *м. с.-х.* bed-former, bed-maker, bedder
грязеотсто́йник *м.* mud sump, mud settler, mud [sludge] pan, sediment tank
грязеулови́тель *м.* dirt [mud] collector, dirt [mud] trap
грязь *ж.* (*сухая*) dirt; (*мокрая*) mud; (*шлам*) sludge, slurry
гуа́шь *ж.* water-soluble colour
губа́ *ж.* (*зажимная*) (gripping) jaw (*см. тж.* **гу́бка**)
~ сте́льки *кож.* insole lip, insole channel
гу́бк/а *ж.* **1.** (*зажимная*) (gripping) jaw **2.** (*пористое вещество*) sponge
вставна́я ~ insert jaw
~и га́ечного ключа́ wrench jaws
~и га́ечного разводно́го ключа́ jaws of an adjustable wrench □ **раздвига́ть ~и разводно́го га́ечного ключа́** open the jaws of an adjustable wrench; **раздвига́ть ~и разводно́го га́ечного ключа́ по разме́ру** (*напр. гайки или головки болта*) set the jaws of an adjustable wrench to fit (*e. g. the flats of a nut or the bolt head*)
металли́ческая ~ *мет.* (*спечённая масса из металла*) metallic sponge, sponge metal
рези́новая ~ rubber sponge
~ тиско́в vise [gripping] jaw
~ тиско́в, ве́рхняя (*гребнечесальной машины*) top nipper
~ тиско́в, ни́жняя (*гребнечесальной машины*) bottom nipper
~ тита́на titanium sponge, sponge titanium
гу́бчатость *ж.* sponginess
гудо́к *м. авто* horn; *ж.-д., мор.* whistle; (*фабричный*) siren, hooter
электри́ческий ~ electric horn, electric hooter; *ж.-д.* electric horn
гудро́н *м.* **1.** (*дорожный*) road tar **2.** (*продукт нефтеперегонки*) flux, tar
ки́слый ~ 1. acid tar **2.** (*остаток в котельном топливе*) acid sludge
ма́сляный ~ residual tar
оста́точный ~ residual tar
гудрона́тор *м.* tar paver, road oiler, oil-tar spreader
гудрони́рование *с.* blacktopping, tarring
гудрони́ровать *гл.* tar
гужо́н *м.* blunt bolt
гу́зка *ж.* **стереоти́па** tang
гузне́к *м. мет.* goose-neck, gooseneck
гузокорчева́тель *м. с.-х.* cotton-plant puller
гу́лкость *ж.* boominess
гумифика́ция *ж.* humification
гу́мми *мн.* gum elemi, gum mastic
гуммиара́бик *м.* gum arabic
гуммигу́т *м.* gum ghatti(e)
гуммила́к *м.* gum lac, lac wax
гумми́рование *с.* gumming, rubberizing
гумми́ровать *гл.* gum, coat [line, cover] with rubber
гуммиро́вка *ж.* rubber coating
гу́мми-смола́ *ж.* gummed tar
гумоли́т *м.* (*гумусовый уголь*) humus coal
гу́мус *м.* humus
гумусообразова́ние *с.* humus formation
гурт *м.* (*группа крупных домашних животных*) herd
гусёк *м. арх.* moulding ogee
~ у ни́за плоти́ны bucket of a dam
гу́сениц/а *ж.* **1.** (*транспортная*) crawler belt, crawler track, caterpillar □ **передвига́ться на ~ах** lay tracks **2.** (*шарнирно-параллелограммный кронштейн*) lazy-tongs **3.** (*тип гибкого соединения или разъёма*) *жарг.* accordion [concertina] connector
густе́ть *гл.* thicken, become thick
густота́ *ж.* **1.** thickness **2.** (*цвета*) depth, richness **3.** (*лопаток, решёток профилей в газотурбинном двигателе*) solidity, chord-spacing ratio
~ лесонасажде́ния thickness of stand
~ ма́сла body of an oil
~ пассажиропото́ка density of passenger traffic
~ посе́ва thickness of sowing, seed spacing
~ травостоя́ thickness of stand
~ штрихо́вки (*диффракционной решётки*) density of ruling
гу́тта *ж.* gutta
гуттапе́рча *ж.* gutta-percha
гюйс *м. мор.* jack(-flag)
гюйс-што́к *м. мор.* jack staff

Д

дави́лка *ж.* fulling board
виногра́дная ~ wine-press
~ для (са́харного) тростника́ cane-crushing mill
дави́льник *м.* (*для обработки металла выдавливанием на токарно-давильном станке*) spinning-tool, spinner
дави́льщик *м.* (*рабочий на токарно-давильном станке*) spinner
дави́ть *гл.* **1.** (*виноград и т. п.*) press; (*сахарный тростник*) crush **2.** (*оказывать давление*) press, bring pressure to, bear upon
давле́ни/е *с.* pressure □ **воспринима́ть ~** (*о конструкции*) take up pressure; (*о датчике*) sense the pressure; **выде́рживать ~** withstand pressure; **~ до** (*напр. вентиля, клапана*) the pressure upstream; **~ за** (*напр. вентилем, клапаном*) the pressure downstream; **~ па́дает** the pressure falls [drops, decreases]; **повыша́ть [поднима́ть] ~** build up [raise] pressure; **повыше́ние ~я** (*в воздухозаборнике воздушно-реактивного двигателя*) **за счёт скоростно́го напо́ра** ramming; **под ~ем** under pressure; (*с указанием величины давления*) under a pressure of, *e. g.*, 10 atmospheres; **подава́ть ~** apply pressure; **~ поднима́ется** the pressure rises; **приводи́ть ~ к этало́нному у́ровню** correct air-pressure readings to a common datum; **развива́ть ~** build up [apply, generate] a pressure of ...; **~ растёт** the pressure rises; **создава́ть ~** pressurize; **спуска́ть [стра́вливать] ~** release [exhaust] pressure; **уде́рживать ~** hold pressure
абсолю́тное ~ absolute pressure
акспа́льное ~ 1. *маш.* (end) thrust **2.** (*напр. нагрузка вала на подпятник*) axial [end] thrust

давлéни/е

атмосфéрное ~ atmospheric [barometric] pressure
бáксовое ~ (*при спуске судна на воду*) end poppet [pivoting] pressure
барометри́ческое ~ atmospheric [barometric] pressure
боковóе ~ lateral [side] thrust, lateral [side] pressure
вакуумметри́ческое ~ vacuum-gauge pressure
~ вентиля́тора, динами́ческое velocity pressure
~ вентиля́тора, пóлное total pressure rise
весовóе ~ equilibrium pressure
~ вéтра wind pressure
~ в крити́ческой тóчке (*в потоке газа или жидкости*) stagnation pressure
внéшнее ~ ambient [external] pressure
вну́треннее ~ intrinsic [internal] pressure
~ возникновéния кавитáции cavitation pressure
~ в перехóдном режи́ме transient pressure
~ впры́ска тóплива injection pressure
~ впу́ска тóплива intake [admission] pressure
~ в равновéсной систéме equilibrium pressure
~ всáсывания тóплива intake [admission] pressure
~ вспы́шки *двс* explosion pressure
вторúчное ~ *горн.* secondary pressure
~ в услóвиях естéственной тя́ги natural draught pressure
~ в ши́не inflation [tyre] pressure □ **~ в ши́не недостáточное** the tyre is underinflated; **~ в ши́не чрезмéрное** the tyre is overinflated
~ вы́садки *мет.-об.* upsetting pressure
высóкое ~ heavy [high] pressure
~ вытáлкивания *мет.* repressing pressure
~ вытеснéния (*топлива в ЖРД*) pressurization pressure
~ гáзов на колошникé *мет.* top gas pressure
гидростати́ческое ~ hydrostatic pressure
гóрное ~ rock pressure
~ гру́нта soil pressure
действи́тельное ~ effective pressure
динами́ческое ~ dynamic pressure
~ диссоциáции dissociation pressure
дóнное ~ *ркт.* base pressure
допусти́мое выпускнóе ~ (*вакуум-насоса*) blank-off pressure
~ дутья́ blast pressure
забóйное ~ *горн.* seam pressure

давлéни/е

закрити́ческое ~ supercritical pressure
~ звуковóго излучéния sound pressure
звуковóе ~ sound pressure
избы́точное ~ 1. (*измеренное манометром по отношению к местному атмосферному давлению*) gauge pressure **2.** (*внутри замкнутого объёма здания и т. п. по отношению к окружающей среде*) positive pressure **3.** (*наддува гермокабины*) differential pressure, pressure differential **4.** *мет.* surplus [excessive] pressure
~ излучéния radiation pressure
индикáторное ~ indicated pressure
инерциóнное ~ inertia [mass] pressure
ионизациóнное ~ (*газа*) ionization pressure
испытáтельное ~ test pressure
~ истечéния flow pressure
капилля́рное ~ capillary pressure
касáтельное ~ *авто* circumferential [peripheral] pressure
квазигидростати́ческое ~ quasihydrostatic pressure
кинети́ческое ~ kinetic pressure
когезиóнное ~ cohesive [cohesion] pressure
коллóидно-осмоти́ческое ~ colloid-osmotic pressure
конéчное ~ terminal pressure
контáктное ~ contact pressure
~ контáктной повéрхности электрóда *св.* point pressure
крити́ческое ~ critical pressure
~ крóвли *горн.* roof [top] pressure
лобовóе ~ *ав.* ram
манометри́ческое ~ gauge pressure
мгновéнное ~ dynamic pressure
мéстное ~ localized pressure
~ метáлла на валки́ *прок.* roll force, rolling pressure
~ метáлла на валки́, удéльное *прок.* roll-separating force
~ набегáния (*одной детали на другую*) climbing [running-on] pressure
~ набегáющего потóка wind-blast pressure
~ на вхóде inlet pressure
~ на вы́ходе outlet pressure
~ нагнетáния discharge pressure
~ нагру́зки load pressure
~ на грунт soil pressure
~ надду́ва (*в системах подачи топлива в ЖРД*) pressurization pressure; (*в поршневых двигателях*) boost [supercharge] pressure
~, напрáвленное внутрь inward pressure
~, напрáвленное вовнé outward pressure
~ насыщéния saturation pressure
~ на у́ровне мóря sea level pressure
начáльное ~ initial pressure

давлéни/е

~ на щётку *эл.* brush pressure
ни́зкое ~ (*по сравнению с требуемым*) underpressure
номинáльное ~ nominal pressure
нормáльное ~ 1. (*направленное перпендикулярно к плоскости*) pressure at right angles **2.** (*соответствующее норме*) normal pressure
~ обжáтия *прок.* draught pressure
односторóннее ~ one-sided pressure
опóрное ~ bearing [support] pressure
осевóе ~ 1. *маш.* (end) thrust **2.** (*напр. нагрузка вала на подпятник*) axial [end] thrust
осмоти́ческое ~ osmotic pressure
остáточное ~ residual pressure
~ отбóра *тепл.* extraction pressure
~ пáра (*напр., в котле, турбине*) steam pressure
парциáльное ~ partial pressure
~ перá на бумáгу (*в самописцах*) pen-to-paper pressure
перемéнное ~ alternating pressure
~ печáти printing pressure
пи́ковое ~ peak pressure
пластовóе ~ *горн.* seam pressure
повéрхностное ~ surface pressure
~ подáчи (*напр. топлива, масла, кислорода и т. п.*) delivery pressure
~ под колошникóм (*доменной печи*) top pressure
~ под свóдом (*мартеновской печи*) roof pressure
пóлное ~ (*потока*) impact [Pitot] pressure
~ порообразовáния *рез.* blowing pressure
постоя́нное ~ constant pressure
пояснóе ~ *стр.* circumferential pressure
предéльное ~ limiting pressure
предéльное, допусти́мое ~ maximum safe pressure
~ прессовáния *мет.* compacting pressure
приведённое ~ reduced pressure
~ проду́вки scavenging pressure
~ прокáтки rolling pressure
промежу́точное ~ intermediate pressure
равновéсное ~ equilibrium pressure
радиáльное ~ (*нагрузка*) radial thrust
~ разрежéния expansion pressure
разрушáющее ~ collapsing pressure
разрывнóе ~ bursting pressure
расклúнивающее ~ disjoining [wedging] pressure
расчётное ~ design pressure
реакти́вное ~ reaction pressure
сверхвысóкое ~ ultrahigh pressure
сверхкрити́ческое ~ supercritical pressure
~ свéта light pressure
~ сгорáния combustion pressure
~ сду́ва *аргд.* blowing-off pressure
~ сжáтия compression pressure

давлéни/е
сплю́щивающее ~ (*в производстве труб*) collapsing pressure
статúческое ~ static pressure
~ сцеплéния 1. *авто* clutch pressure 2. (*молекулярное*) cohesive pressure
тангенциáльное ~ circumferential [peripheral] pressure
~ торможéния 1. *авто* brake pressure 2. *аргд.* stagnation pressure
удéльное ~ unit (area) pressure
~ у землú ground-level pressure
управля́ющее ~ control pressure
уравновéшивающее ~ balancing pressure
установúвшееся ~ steady-state pressure
~ фильтрáции percolation pressure
~ формовáния *пласт.* moulding [shaping] pressure
электростатúческое ~ electrostatic pressure
эталóнное ~ reference pressure
эффектúвное ~ effective pressure
дагерротúпия *ж. полигр.* daguerreotype
даламбертиáн *м. мат.* d'Alembertian, Dalembertian
дальнобóйность *ж.* range
~ струú распы́ла carry of spray
дальнодéйствие *с.* long-range interaction, remote action
дальномéр *м.* range finder □ **наводúть ~ на ...** sight the range finder on ...; **фокусúровать ~ по рéйке** *геод.* set the range finder on a rod
акустúческий ~ sound ranger
бинокуля́рный ~ stereoscopic range finder
вертикáльно-бáзисный ~ depression range finder
лáзерный ~ laser ranger
монокуля́рный ~ coincidence range finder
монокуля́рный ~ двойнóго изображéния (*с совмещением двух половин изображения*) split-field range finder; (*с совмещением двух цельных изображений*) superposed-field range finder
нитянóй ~ *геод.* stadia (transit) □ **коэффициéнт нитянóго ~а** instrumental constant of the stadia
радиолокациóнный ~ range-only radar
сопряжённый ~ coupled range finder
~ с перевёрнутым изображéнием inverted-image range finder
стереоскопúческий ~ stereoscopic range finder
тангенциáльный ~ tangent-reading tacheometer
элéктрооптúческий ~ geodimeter
дальнометрúя *ж.* distance measurement
лáзерная ~ laser ranging, laser distance measurement
радиолокациóнная ~ radar distance measurement, radar ranging
дáльност/ь *ж.* distance, range □ **определéние ~и** ranging
~ бросќа range [distance] of throw
~ вúдения range [distance] of vision
~ вúдимого горизóнта horizon distance
~ вúдимости visible [visibility] range, range [distance] of visibility
~ вúдимости, предéльная limiting range [distance] of visibility
~ вы́броса distance of throw
горизонтáльная ~ horizontal range
~ дéйствия радиолокациóнной стáнции (*абстрактное понятие*) radar range, range of detection; (*характеристика конкретного оборудования*) range of a radar (set)
~ дéйствия радиолокациóнной стáнции в свобóдном пространстве free-space (radar) range
наклóнная ~ slant range
~ обнаружéния detection range
~ опрóса interrogation range
~ перевóзок length of haul
~ плáвания cruising range
~ полёта (*самолёта и т. п.*) (flight) range
~ полёта в крéйсерском режúме cruising range
~ полёта в экономúчном режúме range at economic speed
~ полёта, перегóночная ferry range
~ полёта, технúческая dry-tank range
~ по орбúте orbital range
предéльная ~ limiting [maximum] range
~ приёма сигнáлов signal range
~ прямóй вúдимости line-of-sight distance, line-of-sight range
~ рабóты (*радиостанции*) distance range
~ распространéния (*радиоволн*) propagation distance
~ свя́зи communication range; (*радиостанции*) distance range
~ слы́шимости range [distance] of audibility
текýщая ~ *рлк.* present range
дальтонúзм *м.* colour blindness, daltonism
дамáск *м.* Damascus steel, damascene
дамаскúрование *с.* damasking
дáмба *ж.* embankment, dike, levee
~ обваловáния (river) embankment
оградúтельная ~ dike
~ с проéздом по грéбню causeway
струенаправля́ющая ~ training wall, repelling groyne, guide bank
даммáра *ж.* (gum) dam(m)ar
даммарлáк *м.* dam(m)ar varnish
данаúда *ж.* orifice gauging tank
дáнн/ые *мн.* data; information; (*заключение, выводы*) findings □ **блокúровать ~** block data; **вводúть ~** insert [enter, feed, introduce] data in(to); **вводúть ~ в ЭВМ с** (*напр. носителя*) enter data into a computer from (*e. g., a medium*); **вводúть ~ в ЭВМ с перфокáрт** *или* **перфолéнты** read punch(ed) cards *or* tape into a computer; **выбирáть ~** retrieve [access] data; **выводúть ~ из ЭВМ на** (*напр. носитель*) output data from a computer to (*e. g., a medium*); **выдавáть ~** generate data; **вызывáть ~ из пáмяти** call up data from memory; **загружáть ~** load data; **заносúть ~** enter data (*e. g., in a logbook*); **запоминáть ~** store data; **извлекáть ~** withdraw data; **набирáть ~ на клавиатýре** key data onto a keyboard; **накáпливать ~** accumulate data; **наносúть ~ на метеорологúческую кáрту** apply information to a weather chart, enter information on a weather chart; **~ нанóсятся на кáрту** a card is punched with data, data are punched into a card; **нахождéние ~ых определя́ется áдресом** data are located by an address; **обмéниваться ~ыми** (*с кем-л.*) exchange [share] data (*with smb.*); **обновля́ть ~** update data; **обобщáть ~ из нéскольких истóчников** pool data; **обрабáтывать ~** process [reduce] data; **отображáть ~** display data; **отрабáтывать ~** 1. (*в сервосистемах; после решения задачи*) reproduce data 2. (*в процессе решения задачи*) generate [derive] data; **оты́скивать [находúть] ~ по таблúце** look up a data item [a quantity] in a table; **перемещáть ~** move data; **переносúть ~ с (лéнты) на (кáрты)** convert data from (a tape) (to cards) [to a card format]; **представля́ть ~ (о чём-л.)** present [represent] data (*on smth.*); **разблокúровать ~** unblock data; **разгружáть ~** unload data; **создавáть ~** create data; **упоря́дочивать ~** rank data
дáнн/ые
анáлоговые ~ analog(ue) data
бáзисные ~ basic data
бýквенно-цифровы́е ~ alpha(nu)meric data
бýквенные ~ alphabetic data
~ в двоúчной фóрме binary data
входны́е ~ input (data)
вы́борочные ~ sampled data
выдавáемые ~ read-out, output (data)
выходны́е ~ output (data)
графúческие ~ graphic data
двоúчные ~ binary data
дискрéтные ~ digital data
имитúрованные ~ simulated data
~ испытáний test findings
исхóдные ~ initial data
итóговые ~ summarized data; total □ **образóвывать итóговые ~** develop a total
кодúрованные ~ coded data
лаборатóрные ~ laboratory findings

да́нн/ые
лётно-техни́ческие ~ flight performance
наблюдённые ~ observed data
нача́льные ~ initial data
необрабо́танные ~ raw data
непреры́вные ~ analog(ue) data
обрабо́танные ~ processed information
~ ограни́ченного испо́льзования (*секретные данные*) confidential data
о́пытные ~ (*найденные практическим путём*) empirical data; (*экспериментальные*) experimental data
основны́е ~ basic data; basic specifications
па́спортные ~ rating(s), rated values, nameplate data
~ полево́го обсле́дования field data
~ полево́й съёмки field survey data
попра́вочные ~ correction data
~ по себесто́имости cost data
предвари́тельные ~ preliminary [tentative] data
~ приёмо-сда́точных испыта́ний acceptance-test data
~ прогно́за predicted data
прое́ктные ~ design data
протоко́льные ~ performance-test data
рабо́чие ~ working data
радиотелеметри́ческие ~ radio-link telemetry data
радиотехни́ческие ~ radio data
расчётные ~ (*проектные*) design data; (*в противоположность экспериментальным*) calculated data
систематизи́рованные ~ regular [systematical] data
спра́вочные ~ reference data
статисти́ческие ~ statistical data
сумма́рные ~ summarized data
табли́чные ~ tabular [tabulated] data
телеметри́ческие ~ telemetered data
техни́ческие ~ technical data, technical characteristics, technical specifications
упоря́доченные ~ ranked [ordered] data
цифровы́е ~ (*числовые*) numerical data; (*в цифровой форме*) digital data
эксперимента́льные ~ experimental data
эксплуатацио́нные ~ service [operating] data
дано́ *мат.* given, we are given
дарси́ *ж.* (*внесистемная единица пористости горных пород*) darcy
да́та *ж.* date
~ внесе́ния измене́ния date of change
~ вступле́ния в си́лу effective date
~ демонтажа́ date removed
~ зачисле́ния на до́лжность date on

да́та
~ истече́ния сро́ка (*напр. хранения данных*) expiration date
~ нача́ла веде́ния формуля́ра, па́пки, де́ла и т. п. (*обычно на обложке*) date started
~ оконча́ния формуля́ра, па́пки, де́ла и т. п. (*обычно на обложке*) date closed, date completed
~ отпра́вки (*в таблицах и т. п.*) date despatched
~ получе́ния (*в таблицах и т. п.*) date received
~ поста́вки обору́дования и т. п. (*в таблицах и т. п.*) delivery date
~ постано́вки на учёт date on
~ приёмки (*в таблицах и т. п.*) date on
~ сня́тия обору́дования и т. п. (*в таблицах и т. п.*) date off, date removed
~ сня́тия с до́лжности date off
~ сня́тия с учёта date off
~ устано́вки обору́дования и т. п. (*в таблицах и т. п.*) date installed
дати́рование *с.* **1.** dating **2.** (*определение возраста пород*) rock dating, age determination
~ по радиоакти́вному углеро́ду radiocarbon dating
~ по радиоизото́пу radioisotope dating
дати́рованный dated *пример*: **~ 15-м января́** dated Jan. 15 ...
дати́ровать *гл.* date □ **~ собы́тия** date, fix the date of ...
датиро́вка *ж.* dating
да́тчик *м.* **1.** (*преобразователь контролируемой величины в сигнал*) transducer; (*в конкретных сочетаниях*) gauge, *англ.* pick-off; *амер.* pickup □ **~ воспринима́ет** (*физическую, электрическую и т. п.*) **величину́** a transducer responds to [senses] a (*physical, electrical, etc.*) variable [quantity, stimulus]; **тари́ровать ~** calibrate a transducer **2.** (*источник информации*) (data) transmitter **3.** (*чувствительный или измерительный элемент*) measuring [sensing] element, sensor, detector □ **~ преобразу́ет одну́ величину́ в другу́ю** a sensor converts one quantity into another
~ а́зимута azimuth (data) transmitter
~ акти́вного сопротивле́ния variable-resistance [potentiometric] transducer
акусти́ческий ~ acoustic transducer
астронавигацио́нный ~ star sensor, star seeker
бесконта́ктный ~ contactless pickup
биологи́ческий ~ biomedical sensor
болометри́ческий ~ bolometric transducer
ва́куумный манометри́ческий ~ filled-system vacuum transducer
~ вре́мени timer (clock)

да́тчик
~ вре́мени с самовозвра́том self-resetting timer
вре́мя-и́мпульсный ~ cycle-repeat timer
~ вспы́шечных сигна́лов *геод.* flashing beacon
~ высоты́ altitude sensor
газоразря́дный ~ gas-discharge transducer
генера́торный ~ (self-)generating transducer
гидравли́ческий ~ hydraulic pickup
~ гидролока́тора sonar transducer
гироскопи́ческий ~ gyro(scope) transmitter, gyroscopic pickup
~ глубины́ depth sensor
~ горизо́нта horizon scanner
~ давле́ния pressure transducer, pressure pickup
~ давле́ния ма́сла *авто* oil-pressure sending unit, oil-pressure sender
~ давле́ния по́чвы soil-pressure cell
~ деформа́ций ~ strain gauge
динами́ческий ~ dynamic transducer
динамометри́ческий ~ force transducer
дистанцио́нный ~ remote pickup
дифференциа́льный ~ differential transducer
ёмкостный ~ variable-capacitance transducer, capacitive pickup
жи́дкостно-потенциометри́ческий ~ liquid-resistance transducer
жи́дкостный ~ liquid pickup
и́мпульсный ~ pulse transducer
~ и́мпульсов (*источник импульсных сигналов*) pulser
индукти́вный ~ variable-induction [inductive] pickup
индукцио́нный ~ variable reluctance pickup
индукцио́нный ~ ко́мпаса magnetic field sensor
индукцио́нный ~ с переме́нной пло́щадью variable-coupling inductance transducer
индукцио́нный ~ с переме́нным зазо́ром variable air gap inductance transducer
инерциа́льный ~ inertial sensor
компенсацио́нный ~ force-balance transducer
~ конта́ктного сопротивле́ния contact-resistance transducer
конта́ктный ~ contact pickup
~ кре́на roll sensor
~ лине́йного перемеще́ния и угло́в поворо́та linear-and-angular movement pickup
лине́йный ~ linear transducer
~ лине́йных ускоре́ний linear accelerometer
магни́тный ~ magnetic transducer
магниторезисти́вный ~ variable-resistance transducer
магнитострикцио́нный ~ magnetostrictive transducer

да́тчик
магнитоупру́гий ~ magneto-elastic transducer
магнитоэлектри́ческий ~ moving-coil transducer
манометри́ческий ~ filled-system transducer
мембра́нный ~ diaphragm pickup
микрова́ттный ~ micropower transmitter
~ **микрометеори́тной эро́зии** micrometeorite erosion gauge
~ **моме́нта** (*в гироскопе*) torque motor, torque generator
моме́нтный ~ (*в гироскопе*) torque motor, torque generator
~ **моме́нтов** (*в гиромагнитном компасе*) slaving-torque motor
~ **нау́чной информа́ции** scientific sensor
нейтро́нный ~ neutron-sensitive element
~ **опо́рных часто́т [ДОЧ]** frequency synthesizer, frequency standard assembly
опти́ческий ~ optical sensor
~ **ориента́тора** sensor, seeker
параметри́ческий ~ modulating transducer
~ **перемеще́ния** displacement transducer
~ **перепа́да давле́ния** differential pressure pickup
плёночный ~ *косм.* film gauge
пневмати́ческий ~ pneumatic transmitter
погружно́й ~ displacer-type transducer
~ **пожа́рной сигнализа́ции** fire detector
~ **положе́ния** position pickup
потенциометри́ческий ~ potentiometer transducer
~ **пото́ка** flow transducer
програ́ммный ~ program(me) transmitter
~ **продо́льных ускоре́ний** fore-and-aft accelerometer
прото́чный ~ flow-type transducer, flow-type pickup, flow-type sensor
~ **прямо́го де́йствия** direct-acting transducer
путево́й ~ *маш.*, *мет.-об.* path-control transducer
пьезорезисти́вный ~ piezoresistive transducer
пьезоэлектри́ческий ~ piezoelectric transducer
~ **работоспосо́бности** health sensor
радиоакти́вный ~ radiotracer
разме́рный ~ measuring transmitter, gauge
~ **разме́ров** gauging transducer
~ **рассогласова́ния** error sensor
расходоме́рный ~ flow transducer
резисти́вный ~ resistance transducer
реоста́тный ~ variable-resistance transducer
реохо́рдный ~ slide-wire gauge

да́тчик
рыча́жный ~ lever pickup
светочувстви́тельный ~ photosensitive transducer
сельси́нный ~ synchro pickup
~ **систе́мы ориента́ции** attitude-(-control) sensor
~ **систе́мы ориента́ции, звёздный** star [stellar] tracker
~ **систе́мы ориента́ции, со́лнечный** sun [solar] sensor
сква́жинный ~ borehole caliper
скоростно́й ~ velocity-type [rate] transducer
~ **случа́йных чи́сел** random-number generator
стру́йный ~ jet-pipe [flapper-nozzle] transducer
стру́нный ~ vibrating wire transducer
~ **с часто́тным вы́ходом** oscillatory-type transducer
твердоте́льный ~ solid-state probe
телеметри́ческий ~ telemeter (transducer)
температу́рный ~ temperature-sensitive element
~ **температу́ры воды́** *авто* water-temperature sending unit, water-temperature sender
тензометри́ческий ~ strain-gauge transducer (*см. тж.* **тензода́тчик**)
термоэлектри́ческий ~ thermocouple sensor
~ **техни́ческой информа́ции** engineering sensor
трансформа́торный ~ differential-transformer transducer
~ **тя́гового уси́лия** draw-bar load sensing mechanism
~ **угла́** angle-data transmitter
~ **у́голь — поро́да** coal sensor
ультразвуково́й ~ ultrasonic transducer
~ **у́ровня** level detector, level gauge
~ **у́ровня, накладно́й** tankside level transmitter
~ **у́ровня, поплавко́вый** float-level gauge
~ **уси́лия** force cell
~ **ускоре́ний** acceleration transducer
~ **уста́лостных разруше́ний** fatigue failure gauge
фотохими́ческий ~ photochemical pickup
фотоэлектри́ческий ~ photoelectric sensor, photoelectric transducer
хемотро́нный ~ solion
центробе́жный ~ centrifugal transducer
~ **ци́клов** *вчт.* cycler
~ **эдс Хо́лла** Hall generator
электрогидравли́ческий ~ electro-hydraulic pickup
электрокинети́ческий ~ electrokinetic transducer
электромагни́тный ~ electromagnetic transducer

да́тчик
электромехани́ческий ~ electromechanical sensor
электро́нный ~ electronic pickup
электрохими́ческий ~ solion
да́утерм *м.* dowtherm
да́ч/а *ж.* (*количество вещества, задаваемого в* (*любую*) *систему*) intake, rate
~ **доба́вок** *мет.* feeding of additions
~ **руле́й** *ав.* step (control) input
~ **руле́й, и́мпульсная** *ав.* pulse (control) input
~ **руля́** □ **выполня́ть ~у руля́** apply a step (control) input; **выполня́ть ~у руля́,** *напр.* **высоты́** apply the, *e. g.*, elevator control; ... **обра́тной ~ей руля́ направле́ния** *или* **высоты́** by applying opposite rudder *or* opposite elevator; ... **~ей руля́ высоты́** by applying elevator; ... **~ей руля́ направле́ния** by applying rudder
су́точная ~ daily rate
двадцатигра́нник *м.* icosahedron
двадцатигра́нный *прил.* icosahedral
двадцатиуго́льник *м.* icosagon
двадцатичетырёхгра́нник *м.* icositetrahedron
два́жды *нареч.* twice, twofold, two times
двенадцатери́чный *прил.* duodecimal, duodenary, base-twelve
двенадцатигра́нник *м.* dodecahedron, duodecahedron
двенадцатигра́нный *прил.* dodecahedral
двенадцатиуго́льник *м.* dodecagon, duodecagon
двереэкстра́ктор *м.* (*в коксовой печи*) door extractor, door extracting machine
две́рка *ж.* door (*см. тж.* **две́рца**)
загру́зочная ~ charging door
~ **ла́за** (*для руки*) handhole door; (*в рост человека*) manhole door
смотрова́я ~ inspection door
шуро́вочная ~ poking door
две́рца *ж.* door (*см. тж.* **две́рка**)
~ **в капо́те** bonnet door
~ **для чи́стки** clean-out door
~ **кла́пана (дро́пса)** drop shutter
~ **лю́ка** access door
откидна́я ~ flap [hinged] door
разгру́зочная ~ discharging door
раздвижна́я ~ sliding door
~ **то́пки** fire box door
~ **фа́ры** lamp [headlamp] door
шла́ковая ~ slag door
дверь *ж.* door □ **наве́шивать** ~ hang a door; **наве́шивать раздвижну́ю** ~ suspend a sliding door (*from a hanger*); **обива́ть** ~ pad a door; ~ **открыва́ется вну́трь** *или* **нару́жу** the door swings inward *or* outward; **открыва́ть** ~ **принуди́тельно** (*напр. при замерзании петель и т. п.*) force a door open; ~ **уплотня́ется рези́новым про́филем** a door seals on a moulded rubber strip, when closed

дверь
вентиляцио́нная ~ air door
вну́тренняя ~ inside door
водонепроница́емая ~ watertight door
враща́ющаяся ~ revolving door
выдвижна́я ~ sliding door
гла́дкая ~ flush door
глуха́я ~ blank door
двухпо́льная ~ double(-wing) [two-leafed] door
двухство́рчатая ~ double(-wing) [two-leafed] door
жалюзи́йная ~ louvred door
загру́зочная ~ charging door
за́дняя ~ (*в автомобиле с кузовом «универсал»*) tail gate
защи́тная ~ safety door
защи́тно-гермети́ческая ~ pressurized safety door
клинке́тная ~ sliding door
~ ку́зова автомоби́ля body [car] door
навесна́я ~ hinged door
нару́жная ~ external door
огнесто́йкая ~ fire-proof [fire-resisting] door
однопо́льная ~ single(-wing) [single-leaf] door
одноство́рчатая ~ single(-wing) [single-leaf] door
~, опроки́дывающаяся вверх turn-over door
опускна́я ~ vertical-sliding door
остеклённая ~ glass door
~, открыва́ющаяся вле́во left-hand door
~, открыва́ющаяся в о́бе сто́роны double-acting door
~, открыва́ющаяся впра́во right-hand door
пло́ская ~ slab [flush] door
пожа́рная ~ fire door
пожа́рная, автомати́ческая ~ heat-actuated fire door
противопожа́рная ~ fire-proof [fire-resisting] door
пустоте́лая ~ hollow-core door
разгру́зочная ~ discharging door
раздвижна́я ~ sliding door
скла́дывающаяся ~ (*в сложенном состоянии створки выступают по обе стороны плоскости двери*) accordion door; (*в сложенном состоянии створки находятся по одну сторону плоскости двери*) folding door
~ то́пки fire-box door
филёнчатая ~ framed door
щитова́я ~ solid door

дверь-наве́с *ж.* (*в открытом положении служит навесом*) canopy door

дви́гател/ь *м.* **1.** (*внутреннего сгорания*) engine ☐ **~ «берёт»** the engine picks up; **~ выключен** the engine is dead; **~ выхо́дит на рабо́чую ско́рость** the engine comes up to operating speed; **~ гло́хнет** the engine stalls; **глуши́ть ~** shut down [cut] an engine; **гоня́ть ~** *ав.* run up [rev up] an engine; **дава́ть ~ю прирабо́таться** run in an engine; **~ дыми́т** the engine smokes, the engine gives a smoky exhaust; **залива́ть ~** prime an engine; **запуска́ть ~ без нагру́зки** start the engine light; **запуска́ть ~ в тёплом состоя́нии** (*после подогрева*) start the engine warm [hot]; **запуска́ть ~ в холо́дном состоя́нии** (*без прогрева*) start the engine from the cold, start the engine cold; **запуска́ть ~ с включённой переда́чей** start up the engine in gear; **комплектова́ть ~** build up an engine; **~ «обреза́ет»** the engine cuts out; **отрегули́ровать ~** tune (up) an engine; **~ отрыва́ется** the engine breaks loose; **переводи́ть ~ на друго́е горю́чее** convert an engine to another fuel; **перезалива́ть ~** flood [overprime] an engine; **повто́рно запуска́ть ~** relight an engine; **прогрева́ть ~** allow an engine to warm up; **прокру́чивать ~** motor an engine round; **промыва́ть ~** flush an engine; **~ рабо́тает** the engine is running; **~ рабо́тает бесшу́мно** the engine runs quiet(ly); **~ рабо́тает в номина́льном режи́ме** the engine operates at the maximum continuous power; **~ рабо́тает жёстко [неро́вно]** the engine is running rough; **~ рабо́тает на заря́дку** the engine is generating; **~ рабо́тает неусто́йчиво** the engine runs rough(ly); **~ рабо́тает неусто́йчиво на холосто́м ходу́** the engine idles rough; **~ стучи́т** the engine pings; **~ «схва́тывает»** the engine picks up **2.** (*реактивный*) engine **3.** (*электрический*) motor

дви́гател/ь
авари́йный ~ emergency engine
авиацио́нный ~ aircraft engine, aeroengine ☐ **разукомплекто́вывать авиацио́нный ~** tear down a power plant; **укомплекто́вывать авиацио́нный ~ (агрега́тами)** build up a power plant
автомоби́льный ~ automobile [motor-car] engine
а́томный ~ nuclear engine
~ без надду́ва unsupercharged engine
бензи́новый ~ *англ.* petrol engine; *амер.* gasoline engine
бескомпре́ссорный ~ 1. (*внутреннего сгорания*) airless injection Diesel engine **2.** (*реактивный*) compressorless jet engine
бескрейцко́пфный ~ piston engine
бескривоши́пный ~ axial engine
биротацио́нный ~ birotary engine
быстрохо́дный ~ high-speed engine
~ Ва́нкеля Wankel engine
верхнекла́панный ~ overhead engine
ветряно́й ~ wind motor, windmill (*см. тж.* **ветродви́гатель**)
ве́чный ~ perpetual motion
ве́чный ~ второ́го ро́да perpetual motion of the second kind

дви́гател/ь
ве́чный ~ пе́рвого ро́да perpetual motion of the first kind
~ взрывно́го де́йствия explosion engine
~ вне́шне-вну́треннего сгора́ния external-internal combustion engine
~ вне́шнего сгора́ния external combustion engine
~ вну́треннего сгора́ния internal combustion engine
~ вну́треннего сгора́ния, малолитра́жный small-displacement engine
водомётный ~ pump-jet propulsion unit
~ водяно́го охлажде́ния water-cooled engine
~ возду́шного охлажде́ния air-cooled engine
возду́шно-реакти́вный ~ (air-breathing) jet engine
возду́шно-реакти́вный, прямото́чный ~ ramjet (engine)
возду́шно-реакти́вный, пульси́рующий ~ pulse jet engine, pulsojet, resojet
возду́шно-реакти́вный, турбовинтово́й ~ turboprop engine
возду́шно-реакти́вный, турбокомпре́ссорный ~ turbojet (engine)
возду́шно-реакти́вный, турбопрямото́чный ~ turboramjet [turboram] engine
возду́шный ~ air motor
высокооборо́тный ~ high-speed engine
высо́тный ~ altitude engine
га́зовый ~ gas engine
газотурби́нный ~ gas-turbine engine
гидравли́ческий ~ hydraulic [fluid-power] motor (*см. тж.* **гидромото́р**)
гиперзвуково́й ~ hypersonic engine
гла́вный ~ main propulsion engine
«го́лый» ~ (*без агрегатов*) basic engine
~ двойно́го де́йствия double-acting engine
двухря́дный ~ double-row engine
двухта́ктный ~ two-stroke [two-cycle] engine
диафра́гменный ~ diaphragm engine
ди́зельный ~ *англ.* Diesel engine; *амер.* diesel (engine) (*см. тж.* **ди́зель**)
~ для тяжёлого то́плива heavy-oil engine
~ жи́дкостного охлажде́ния liquid-cooled engine
забо́ртный ~ outboard motor
звездообра́зный ~ radial engine
калориза́торный ~ hot-bulb engine
карбюра́торный ~ carburettor engine
комбини́рованный ~ compound engine
компре́ссорный ~ (*внутреннего сгорания*) air-injection engine
коромы́словый ~ beam engine

двигател/ь

коротконо́дный ~ short-stroke engine
крейцко́пфный ~ cross-head engine
кривоши́пный ~ crank engine
~ ле́вого враще́ния left-hand engine
ло́дочный ~ boat engine
ло́дочный, подвесно́й ~ outboard engine
малооборо́тный ~ low-speed engine
многобло́чный ~ multibank engine
многокривоши́пный ~ multicrank engine
многоря́дный ~ multirow engine
многото́пливный ~ 1. *ркт.* multipropellant engine **2.** *авто* multifuel engine
неохлажда́емый ~ uncooled engine
нереверси́вный ~ non-reversible engine
нефтяно́й ~ crude oil engine
о́пытный ~ prototype engine
парово́й ~ steam engine
перви́чный ~ prime mover
пневмати́ческий ~ pneumatic motor
подъёмный ~ lift engine
поршнево́й ~ piston engine
поршнево́й, возвра́тно-поступа́тельный ~ reciprocating piston engine
~ пра́вого враще́ния right-hand engine
предка́мерный ~ precombustion chamber engine
~ промы́шленного назначе́ния industrial engine
~ просто́го де́йствия single-acting engine
пусково́й ~ starting engine
радиа́льный ~ radial engine
раке́тный ~ rocket engine □ **запуска́ть раке́тный ~** fire [ignite] a rocket engine
раке́тный ~ двухкомпоне́нтного то́плива bipropellant rocket motor
раке́тный, жи́дкостный ~ liquid-propellant rocket engine
раке́тный ~ ма́лой тя́ги low-thrust rocket engine
раке́тный, ма́ршевый ~ sustainer rocket engine
раке́тный ~ многокра́тного примене́ния re-usable [non-expendable] rocket engine
раке́тный, многото́пливный ~ multipropellant rocket engine
раке́тный ~ на газообра́зном то́пливе gaseous propellant rocket engine
раке́тный ~ на однокомпоне́нтном то́пливе monopropellant rocket engine
раке́тный ~ на твёрдом то́пливе solid-propellant rocket engine
раке́тный ~ однокра́тного примене́ния one-shot [expendable] rocket engine
раке́тный, поворо́тный ~ steerable rocket motor

двигател/ь

раке́тный, порохово́й ~ solid-propellant rocket motor
раке́тный, рулево́й ~ control rocket motor, steering rocket motor
раке́тный ~ с вытесни́тельной газобалло́нной пода́чей то́плива gas-pressurized rocket motor
раке́тный ~ систе́мы ориента́ции attitude-control rocket engine
раке́тный ~ с насо́сной пода́чей pump-pressurized rocket motor
раке́тный ~ с плёночным охлажде́нием film-cooled rocket engine
раке́тный ~ с регенерати́вным охлажде́нием regenerative (cooled) rocket engine
раке́тный, ста́ртовый ~ launching rocket engine
раке́тный, тормозно́й ~ retroengine
раке́тный, ускори́тельный ~ boost rocket engine
реакти́вный ~ 1. jet engine, reaction-propulsion unit **2.** *эл.* reluctance motor
реакти́вный, газотурби́нный ~ turbojet engine
реакти́вный, жи́дкостный ~ [ЖРД] liquid-propellant rocket engine
реакти́вный, ио́нный ~ ion rocket engine
реакти́вный, магнитогидродинами́ческий ~ MHD rocket engine
реакти́вный, магнитопла́зменный ~ electromagnetic rocket engine
реакти́вный, многосо́пловый ~ multinozzle engine
реакти́вный, пла́зменный ~ plasma-jet motor
реакти́вный ~ систе́мы попере́чного управле́ния roll-control jet (engine)
реакти́вный ~ систе́мы продо́льного управле́ния pitch-control jet (engine)
реакти́вный ~ систе́мы путево́го управле́ния yaw-control jet (engine)
реакти́вный ~ с регули́руемой тя́гой variable-thrust [controllable-thrust] jet engine
реакти́вный, фото́нный ~ photon rocket engine
реакти́вный, электродинами́ческий ~ electromagnetic rocket engine
реакти́вный, электродугово́й ~ arc-heating rocket engine, plasma-jet (engine)
реакти́вный, электромагни́тный ~ electromagnetic rocket engine
реакти́вный, электростати́ческий ~ electrostatic rocket engine
реакти́вный, электротерми́ческий ~ thermal-electric rocket engine
реакти́вный, я́дерный ~ nuclear rocket engine
реверси́вный ~ reversible engine
реду́кторный ~ geared engine
резе́рвный ~ stand-by [back-up] engine
ремо́нтный ~ *ав.* overhauled engine
ротати́вный ~ rotary engine

двигател/ь

ря́дный ~ in-line [row] engine
сверхзвуково́й ~ supersonic engine
свободнопоршнево́й ~ free-piston engine
~ с воспламене́нием от сжа́тия Diesel engine
~ с впры́ском то́плива fuel-injection engine
~ с высо́кими эксплуатацио́нными характери́стиками high-performance engine
~ с высо́кой сте́пенью сжа́тия high-compression engine
~ с ги́льзовым распределе́нием sleeve-valve engine
сдво́енный ~ twin-engine
~ сельскохозя́йственного назначе́ния agricultural engine
сери́йный ~ production engine, regular engine
~ с искровы́м зажига́нием spark-ignition engine
~ с кривоши́пно-ка́мерной проду́вкой crankcase-scavenged engine
~ с надду́вом supercharged engine
~ с непосре́дственным впры́ском direct-injection engine
~ с не́сколькими карбюра́торами multicarburettor engine
~ с ни́зкой сте́пенью сжа́тия low-compression engine
спа́ренный ~ twin-engine
~ с перевёрнутыми цили́ндрами inverted engine
~ с переме́нной сте́пенью сжа́тия variable-compression engine
~ с переме́нным хо́дом variable-stroke engine
~ с пересжа́тием supercompression engine
~ с принуди́тельным возду́шным охлажде́нием blower-cooled engine
~ с самовоспламене́нием self-ignition engine
ста́ртерный ~ starting engine
стациона́рный ~ stationary [fixed] engine
~ с турбонадду́вом turbocharged engine
судово́й ~ marine engine
~ с V-обра́зным расположе́нием цили́ндров V-engine, vee-engine, V-type engine
~ с X-обра́зным расположе́нием цили́ндров X-engine
теплово́й ~ thermal [heat] engine
тормозно́й ~ engine brake
тро́нковый ~ trunk-piston Diesel engine
турбовентиля́торный ~ ducted-fan [turbofan] engine
турбовентиля́торный ~ с большо́й сте́пенью двухко́нтурности high-by-pass-ratio turbofan engine
турбовинтово́й ~ turboprop engine
турбопрямото́чный ~ turbo-ramjet engine
турборакéтный ~ turborocket engine

двигател/ь
турбореакти́вный ~ turbojet engine
турбореакти́вный, двухко́нтурный ~ by-pass engine
турбореакти́вный ~ с форса́жной ка́мерой turbojet engine with reheat
тя́говый ~ traction engine
форси́рованный ~ augmented engine
четырёхта́ктный ~ four-stroke [four-cycle] engine
эксперимента́льный ~ experimental engine
электри́ческий ~ (electric) motor (*см. тж.* **электродвигатель**)

дви́гать *гл.* move □ **~ толчка́ми** jog

дви́гаться *гл.* move, travel □ **~ возвра́тно-поступа́тельно** reciprocate; **~ за́дним хо́дом** *авто* drive in reverse (gear), back out; **~ заме́дленно** be in [have] decelerated motion; **~ на спу́ске** drive downhill; **~ по́д го́ру** drive downhill; **~ под де́йствием со́бственного ве́са** move by gravity; **~ по дуге́** move [travel] in [along] an arc of a circle; **~ по кру́гу** move [travel] in a circle; **~ по отноше́нию к ...** move relative to ...; **~ по пара́боле** move [travel] in a parabola; **~ по прямо́й** move [travel] in a straight line; **~ поступа́тельно** move translationally; **~ по траекто́рии** move [travel] in a path; **~ по часово́й стре́лке** move clockwise **~ про́тив часово́й стре́лки** move counter-clockwise [anti-clockwise]; **~ прямолине́йно** move rectilinearly; **~ равноме́рно** move [travel] uniformly; **~ уско́ренно** be in [have] accelerated motion

движе́ни/е *с.* **1.** *мех., физ.* motion □ **без ~я** idle, stationary *пример*: **дви́гатель нахо́дится без ~я в тече́ние до́лгого вре́мени** the engine is stationary [idle] for a long period; **~ прекраща́ется** the motion (*of smth.*) ceases [stops]; **приводи́ть в ~** set in motion; **при ~и за́дним хо́дом** when moving in reverse ..., when backing out ...; **разлага́ть ~ на составля́ющие** resolve a motion into component motions [components]; **скла́дывать ~я** (*напр. геометрически*) combine motions; **соверша́ть ~** be in [have] motion; (*напр. о звеньях механизмов*) carry out movements **2.** (*перемещение элементов машин, механизмов*) movement, motion, travel **3.** (*приведение в движение, напр. самолётов, судов*) propulsion; (*транспорта*) traffic □ **направля́ть ~ в объе́зд** divert traffic; **организо́вывать ~** arrange traffic; **перекрыва́ть ~** block off traffic
абсолю́тное ~ absolute motion
апериоди́ческое ~ aperiodic motion
апсида́льное ~ apsidal motion
безвихрево́е ~ vortex-free [stream-line, steady] flow

движе́ни/е
~ без проска́льзывания positive motion
беспоря́дочное ~ random motion
боково́е ~ lateral motion
бро́уновское ~ Brownian motion
~ вверх movement upward, upward movement; (*поршня*) upstroke
ви́димое ~ apparent motion
винтово́е ~ helical [screw] motion
вихрево́е ~ vortex [swirl] motion, eddy
~ вниз movement downward, downward movement; (*поршня*) downstroke □ **при ~и вниз, по́ршень ...** in its movement downward [downward movement], the piston ...
внутригородско́е ~ intertown traffic
внутримолекуля́рное ~ intramolecular motion
возвра́тно-поступа́тельное ~ reciprocating motion □ **соверша́ть возвра́тно-поступа́тельное ~** reciprocate
возду́шное ~ air traffic
возмущённое ~ perturbed motion
~ в перехо́дном режи́ме transient motion
~ в простра́нстве spatial [three-dimensional] motion
враща́тельное ~ rotary motion
встре́чное ~ opposing traffic
гармони́ческое ~ harmonic motion
~ грани́ц доме́нов domain wall motion
грузово́е ~ goods [freight] traffic
гужево́е ~ horse-drawn traffic
двусторо́ннее ~ two-way traffic
двухпу́тное ~ two-way traffic
двухря́дное ~ two-lane traffic
железнодоро́жное ~ railway traffic
~ жи́дкости flow
за́городное ~ suburban traffic
заме́дленное ~ decelerated [retarded] motion
затуха́ющее ~ damped motion
~ звёзд stellar motions
~ Земли́ Earth's motion
и́мпульсное ~ impulsive motion
интенси́вное ~ heavy traffic
и́стинное ~ proper motion
ка́жущееся ~ apparent motion
капилля́рное ~ capillary flow
кача́тельное ~ wobbling [swinging] motion
квазипериоди́ческое ~ quasi-periodic motion
колеба́тельное ~ oscillatory motion
коловра́тное ~ gyration
конвекцио́нное ~ convective motion
коррели́рованное ~ correlated motion
косо́е ~ inclined motion
криволине́йное ~ curvilinear motion
кругово́е ~ circular movement
круговраща́тельное ~ gyration
кругообра́зное ~ circular motion
ламина́рное ~ laminar flow

движе́ни/е
левосторо́ннее ~ (*транспорта*) left driving
лине́йное ~ linear motion
~ Луны́ Moon's motion
магистра́льное ~ main-line [trunk-line] traffic
макроскопи́ческое ~ macroscopic motion
ма́ятниковое ~ pendular [pendulum] motion
мгнове́нное ~ instantaneous motion
молекуля́рное ~ molecular motion
напо́рное ~ (*экскаватора, бульдозера и т. п.*) crowding motion
напра́вленное ~ ordered motion
направля́ющие ~я direction parameters of motion
~ на я́дерной тя́ге nuclear propulsion
неорганизо́ванное ~ *физ.* commotion
непреры́вное ~ continuous motion
неравноме́рное ~ irregular motion, non-uniform movement
~ несвобо́дного те́ла forced motion
несвобо́дное ~ forced motion
неустанови́вшееся ~ unsteady motion
неусто́йчивое ~ unstable motion
нисходя́щее ~ downward motion
обра́тное ~ 1. *мех.* inverse [reverse] motion **2.** *астр.* retrograde motion
одноме́рное ~ one-dimensional motion
однопу́тное ~ one-way traffic
одноря́дное ~ single-lane traffic
односторо́ннее ~ one-way traffic
орбита́льное ~ orbital motion
относи́тельное ~ relative motion
параллакти́ческое ~ parallactic motion
пассажи́рское ~ passenger traffic
пекуля́рное ~ *астр.* peculiar motion
переме́нное ~ variable motion
переносно́е ~ transportation (motion)
периоди́ческое ~ periodic motion
пешехо́дное ~ pedestrian traffic
~я плане́т planetary motions, planetary movement
пло́ское ~ plane motion
плоскопаралле́льное ~ plane-parallel motion
~ по вертика́ли vertical motion
~ по горизонта́ли horizontal motion
~ пода́чи на глубину́ depth feed motion
~ поездо́в train operation, train movement
~ поездо́в по телегра́фному соглаше́нию telegraph block system
~ по ине́рции coasting
~ по каса́тельной tangential motion
по́лное ~ *мат.* general motion
~ по́люсов (Земли́) polar motion, polar wandering

движе́ни/е
~ по о́си X, Y, Z motion in the X, Y, Z coordinate, X, Y, Z-motion
попере́чное ~ lateral [transverse] motion
попя́тное ~ *астр.* retrograde motion, backward movement
~ порожняко́м empty traffic
~ по спира́ли helical [spiral] motion
поступа́тельное ~ translational motion
потенциа́льное ~ potential motion; (*жидкости*) irrotational motion
~ по часово́й стре́лке clockwise motion
правосторо́ннее ~ (*транспорта*) right driving
преры́вистое ~ intermittent motion
при́городное ~ commuter traffic
про́бное ~ (*в градиентных методах оптимизации*) exploratory move
продо́льное ~ longitudinal motion
просто́е ~ simple motion
простра́нственное ~ three-dimensional motion
~ про́тив часово́й стре́лки counter-clockwise motion
прямо́е ~ *астр.* direct motion
прямолине́йное ~ straight-line [rectilinear] motion
равноме́рное ~ uniform motion
равноме́рно заме́дленное ~ uniformly retarded [decelerated] motion
равноме́рно-переме́нное ~ uniformly variable motion
равноме́рное ускоре́нное ~ uniformly accelerated motion
раке́тное ~ rocket propulsion
реакти́вное ~ jet [reaction] propulsion
реакти́вное ~ с испо́льзованием пла́змы plasma propulsion
реакти́вное ~ с испо́льзованием хими́ческих то́плив chemical propulsion
регуля́рное regular traffic, regular service
~ ре́зания cutting motion
~ свобо́дного те́ла free motion
свобо́дное ~ free [unrestricted, unbounded] motion
скачкообра́зное ~ (*в теории машин и механизмов*) stick-slip motion
сло́жное ~ compound [combined] motion
со́бственное ~ *астр.* proper motion
~ Со́лнца Solar motion
составля́ющее ~ component motion
~ сплошно́й среды́ motion of continuum
стациона́рное ~ stationary motion
~ сте́нок доме́нов domain wall motion
стру́йное ~ stream-line motion
су́точное ~ *астр.* diurnal [daily] motion
теплово́е ~ thermal motion

движе́ни/е
~ толчка́ми jogging motion
транзи́тное ~ transit [through] traffic
трансляцио́нное ~ translational motion
турбуле́нтное ~ turbulent motion
упоря́доченное ~ ordered motion
ускоре́нное ~ accelerated motion
установи́вшееся ~ steady-state motion
усто́йчивое ~ steady motion
хаоти́ческое ~ random motion
~ це́нтра тя́жести centre-of-gravity motion

дви́житель *м.* propeller, propulsive device
водомётный ~ water-jet (propeller)
водомётный, насо́сный ~ pump-jet
гидрореакти́вный ~ water-jet (propeller)
гидрореакти́вный, прямото́чный ~ water ramjet
идеа́льный ~ ideal propeller
ко́нусный ~ internal-cone propeller
кры́льчатый ~ rotating-blade vertical-axis propeller

движо́к *м.* **1.** slide, slider, wiper **2.** (*логарифмической линейки*) slide □ **устана́вливать ~ на ...** set the slide to [at] ...
~ переключа́теля switch arm
~ потенцио́метра wiper, contact arm
~ реохо́рда slider, contact arm of a slide-wire

дви́жущий motive, driving; propelling

двое́ние *с.*:
~ изображе́ния *тлв.* ghosting
~ ко́жи splitting
~ ко́жи в голье́ lime splitting
~ па́ра *с.-х.* second ploughing, re-ploughing

двои́ть *гл.* **1.** (*об изображении*) *тлв.* ghost **2.** (*кожу*) split

двои́чно-десяти́чный *прил.* binary-decimal

двои́чный *прил.* binary

дво́йка *ж.* (*цифра*) two

двойни́к *м.* **1.** *крист.* twin (crystal) **2.** (*двойной блок*) *полигр.* two-up bound book
механи́ческий ~ mechanical [deformation] twin
~ о́тжига annealing twin
полисинтети́ческий ~ polysynthetic twin
~ проникнове́ния penetration [interpenetration] twin
~ прораста́ния penetration [interpenetration] twin
~ рекристаллиза́ции recrystallization twin
~ ро́ста growth twin
сме́жный ~ juxtaposition [contact] twin

двойникова́ние *с.* *крист.* twinning

двойно́й *прил.* double

дво́йственность *ж.* dualism, duality, double character (nature) □ **~ себе́** *мат.* self-duality

дво́йственный *прил.* dual □ **~ себе́** *мат.* self-dual

двор *м.* yard
вы́гульный ~ exercise yard
грузово́й ~ goods [freight] yard, goods [freight] terminal
~ изло́жниц mould yard
лите́йный ~ casting yard, cast house
маши́нный ~ engine yard
моне́тный ~ mint
околоство́льный ~ *горн.* pit-bottom
пти́чий ~ henyard, poultry yard
рудни́чный ~ *горн.* pit-bottom
ру́дный ~ *мет.* ore (stock) yard
ско́тный ~ stockyard
скотопримго́нный ~ stockyard
скра́пный ~ scrap yard
скрапоразде́лочный ~ scrap(-preparation) [processing] yard
суши́льный ~ dry(ing) yard
ши́хтовый ~ stockyard
шла́ковый ~ slag yard

дво́рик *м.*, **сортиро́вочный** *лес.* pocket boom

двузна́чность *ж.* two-valued property, two-valuedness, ambiguity
~ и́мпульса pulse ambiguity

двуме́рность *ж.* two-dimensionality

двуно́га *ж.* bipod
~ с бло́ком, монта́жная shear-legs

двуо́кись *ж.* dioxide *примеры*: **~ азо́та** nitrogen dioxide; **~ вольфра́ма** tungsten dioxide; **~ герма́ния** germanium dioxide

двупреломле́ние *с.* birefringence, double-refraction

двуство́лка *ж.* double-barreled gun

двууглеки́слый *прил.* bicarbonate

двууго́льник *м.* lune, gore
сфери́ческий ~ spherical lune

двухвале́нтность *ж.* bivalence

двухо́сность *ж.* biaxiality

двухпо́люсник *м.* two-terminal [one-port] network
акти́вный ~ active one-port
пасси́вный ~ passive one-port

двучле́н *м.* binomial (expression)

двучле́нный *прил.* binomial

деазоти́рование *с.* denitration, denitrating

деазоти́ровать *гл.* denitride

деактива́тор *м.* deactivator

деалкили́рование *с.* dealkylation

деасфальтиза́ция *ж.* deasphalting

деацетили́рование *с.* deacetylation

деаэра́тор *м.* deaerator
атмосфе́рный ~ open(-type) deaerator
~ барбота́жного ти́па direct-contact deaerator
бесколо́нковый ~ low-headroom deaerator
бры́згальный ~ spray-type deaerator
ва́куумный ~ vacuum deaerator
десорбцио́нный ~ desorption deaerator
плёночный ~ film-type deaerator

деаэра́тор
сме́шивающий ~ direct-contact deaerator
стру́йный ~ jet-type deaerator
таре́льчатый ~ tray-type deaerator
терми́ческий ~ deaerating heater, thermal deaerator
хими́ческий ~ chemical deaerator
деаэра́ция *ж.* **1.** (*процесс*) deaeration **2.** (*устройство*) vent
ва́куумная ~ vacuum [mechanical] deaeration
терми́ческая ~ thermal deaeration
хими́ческая ~ chemical deaeration, scavenging
деаэри́ровать *гл.* deaerate
дебаегра́мма *ж.* Debye-Sherrer-Hull powder photograph, X-ray powder photograph
деба́й *м.* Debye (unit)
дебала́нс *м. маш.* unbalanced mass
дебарка́дер *м.* landing stage
де́бет *м. эк.* debit □ **вноси́ть (су́мму) в ~** *кому-л.* debit (sum) against [to] (*person*); **заноси́ть в ~** carry to the debit side of account; **запи́сывать в ~** *кому-л.* debit (*person*) with (*sum*)
дебетова́ть *гл.* debit
деби́т *м.* discharge, flow (rate), yield, output □ **регули́ровать ~** control (the) discharge, control (the) flow (rate)
~ вы́работки yield of a heading
~ коло́дца (*газового, нефтяного*) discharge [flow (rate)] of a well
мгнове́нный ~ instantaneous discharge, instantaneous flow (rate)
~ сква́жины (*газовой, нефтяной*) discharge [flow (rate)] of a well
сумма́рный ~ total discharge, total flow (rate)
дебитоме́р *м.* flowmeter
га́зовый ~ gas flowmeter
дебу́стер *м.* debooster
девиа́та *ж.* variance
девиа́тор *м. мех.* deviator
девиа́ци/я *ж.* deviation □ **компенси́ровать ~ю** correct (the) deviation; **рабо́та по компенси́рованию ~и** deviation adjustment [correction] procedure; **спи́сывать (оста́точную) ~ю** *ав.* swing the compass; *мор.* swing the ship; **уничтожа́ть ~ю** correct the deviation
~ ко́мпаса compass deviation
~ ко́мпаса, восто́чная easterly [plus] deviation
~ ко́мпаса, за́падная westerly [minus] deviation
~ ко́мпаса, кре́новая heeling deviation, heeling error
~ ко́мпаса, четвертна́я quadrantal deviation, quadrantal error
магни́тная ~ magnetic deviation
~ часто́ты (*в частотной модуляции*) (frequency) deviation
девио́метр *м.* deviometer
девитрифика́ция *ж. геол.* devitrification
девтерано́пия *ж.* green blindness, deuteranopia
девулканиза́т *м.* devulcanizate, reclaim
девулканиза́тор *м.* devulcanizer, digester
червя́чный ~ screw [extrusion] devulcanizer
девулканиза́ция *ж.* devulcanization, digestion
девятери́чный *прил.* no(ve)nary
девятикра́тный *прил.* ninefold
девятисторо́нник *м.* nonagon
девятиуго́льник *м.* nonagon
девя́тка *ж.* (*цифра*) nine, nonary
девятнадцатери́чный *прил.* novendenary
дегаза́тор *м.* (*устройство для удаления растворённых газов гл. обр. из воды*) (*см. тж.* **деаэра́тор**) deaerator
дегаза́ция *ж.* **1.** (*удаление растворённых газов гл. обр. из воды*) degassing, outgassing (*см. тж.* **деаэра́ция**) **2.** (*обработка в случае поражения ОВ*) chemical decontamination
~ в ва́кууме vacuum degassing
~ в ковше́ (*жидкого металла*) ladle degassing
~ в струе́ (*жидкого металла*) stream degassing
дегази́ровать *гл.* **1.** (*удалять растворённые газы гл. обр. из воды*) degas, outgas **2.** (*подвергать обработке в случае поражения ОВ*) decontaminate chemically
дегенера́ция *ж.* degeneration
дегидрата́ция *ж.* dehydration
внутримолекуля́рная ~ intramolecular dehydration
межмолекуля́рная ~ intermolecular dehydration
дегидра́тор *м.* dehydrator
дегидри́рование *с.* dehydrogenation
дегидри́ровать *гл.* dehydrogenate, dehydrogenize
дегидроброми́рование *с.* dehydrobromination
дегидрогениза́ция *ж.* dehydrogenation
каталити́ческая ~ catalytic dehydrogenation
окисли́тельная ~ oxidative dehydrogenation
~ нефтепроду́ктов hydroforming
дегидрогенизова́ть *гл.* dehydrogenate
дегидрофтори́рование *с.* dehydrofluorination
дегидрохлори́рование *с.* dehydrochlorination
дегидроцикliза́ция *ж.* dehydrocyclization
дегоржа́ж *м.* disgorge, disgorging
дегоржи́рование *с.* disgorge, disgorging
дегоржи́ровать *гл.* disgorge
дёготь *м.* tar □ **обезво́живать ~** dehydrate [boil] tar; **оса́живать ~** settle tar
буроу́гольный ~ brown coal tar
ко́ксовый ~ coke-oven tar
дёготь
ото́гнанный ~ refined tar
первичный ~ primary tar
сла́нцевый ~ shale tar
сыро́й ~ crude tar
торфяно́й ~ peat tar
де́гра *ж. кож.* degras, tanning grease
деграда́ция *ж.* degradation
деградировать *гл.* deteriorate, degenerate
дёгтебето́н *м.* tar-macadam
дёгтеотделе́ние *м.* tar separation
дёгтеотдели́тель *м.* tar separator, tar extractor
дегуста́тор *м.* degustator, valuer, taster
дегуста́ция *ж.* degustation
дегусти́ровать *гл.* degust(ate)
дедве́йт *м.* dead weight, dead-weight
дедукти́вно *нареч.* deductively □ **~ ра́вные** interdeducible
деду́кция *ж.* deduction
гипотети́ческая ~ hypothetic(al) deduction
дежа́ *ж.* dough [kneading] trough
дежеопроки́дыватель *м.* dough trough tilter
дежу́рить *гл.* be on duty □ **~ на часто́те** *рад.* guard the frequency
дежу́рный *м.* duty operator, duty attendant
~ коммута́тора switchboard position
~ переговóрного пу́нкта call office attendant
дежу́рство *с.* tour of duty, attendance, watch □ **заступа́ть на ~** take over, go on duty, assume the watch; **заступа́ющий на ~** the relieving attendant, the relieving [incoming] operator; **сдава́ть ~** go off duty, stand down from duty, relinquish the watch; **сдаю́щий ~** the relieved attendant, the relieved [outgoing] operator
дезактива́ция *ж.* **1.** (*в химической кинетике*) deactivation **2.** (*обработка в случае радиоактивного заражения*) radioactive [radiological] decontamination
~ бе́та-акти́вности beta-decontamination
уда́рная ~ collisional deactivation
дезактиви́ровать *гл.* **1.** (*в химической кинетике*) deactivate **2.** (*подвергать обработке в случае радиоактивного заражения*) decontaminate
дезалкили́рование *с.* dealkylation
дезамини́рование *с.* deamination, deamidization
дезанаморфи́рование *с.* deanamorphosing
дезинсе́кция *ж.* disinsectization
дезинтегра́тор *м.* **1.** (*измельчитель*) disintegrator; (*для волокнистых материалов*) shredder **2.** (*газоочиститель*) disintegrator, dynamic spray scrubber
бараба́нный ~ drum scrubber

дезинтегра́тор
~ Тейзе́на Theisen disintegrator, Theisen gas cleaner, Theisen gas scrubber
центробе́жный ~ centrifugal mill
дезинтегри́ровать *гл.* disintegrate
дезинтоксика́ция *ж.* disintoxication
дезинфекта́нт *м.* disinfectant
дезинфе́ктор *м.* disinfector
дезинфе́кция *ж.* **1.** (*обеззараживание*) disinfection **2.** (*обработка в случае поражения биологическими веществами*) biological [bacteriological] decontamination
дезинфици́ровать *гл.* **1.** (*обеззараживать*) disinfect **2.** (*подвергать обработке в случае поражения биологическими веществами*) decontaminate biologically
дезодора́нт *м.* deodorant, deodorizer
дезодора́тор *м.* deodorizer
ба́шенный промывно́й ~ deodorizing scrubbing tower
противото́чный ~ counterflow deodorizer
дезодора́ция *ж.* deodorization
~ под возде́йствием па́ра (*в производстве растительных масел*) steam deodorization
дезодори́ровать *гл.* deodorize
дезоксида́ция *ж.* deoxid(iz)ation
дезоксисоедине́ние *с.* desoxycompound *пример*: **дезоксирибо́за** desoxyribose
дезориента́ция *ж.* disorientation
дезориенти́рованный disoriented, randomly oriented
деиониза́тор *м.* deionizer
деиониза́ция *ж.* deionization
деионизи́ровать *гл.* deionize
дейдву́д *м. мор.* deadwood
де́йстви/е *с.* **1.** (*функционирование*) action, operation □ **бли́жнего ~я** short-haul, short-range; **вводи́ть в ~** put in(to) operation [action]; *хим.* put on stream; **да́льнего ~я** long-range; **двойно́го ~я** double-acting, double-action; **двусторо́ннего ~я** double-acting; double-action; **периоди́ческого ~я** batch(-operated); **подавля́ть ~** (*какого-л. устройства или фактора*) suppress the action of ...; *вчт.* quiesce activities; **приводи́ть в ~** actuate; **просто́го ~я** single-acting **2.** (*функционирование, чаще с качественной оценкой*) performance **3.** (*результат, эффект, воздействие*) action, effect □ **возыме́ть ~** take effect; **ока́зывать ~ на ...** have an effect on ..., act (up)on, influence, take effect on; **ока́зывать стабилизи́рующее, регули́рующее** *и т. п.* **~** give [effect, furnish, supply] stabilizing, control, *etc.* action; **под ~ем** by [under] the action (of) (*см. тж.* **возде́йствие**) **4.** *мат.* operation □ **производи́ть ~** (*напр. арифметическое*) **над ...** perform an (*e. g., arithmetic*) operation on ... **5.** (*физическая величина с размерностью произведения энергии на время*) action
де́йстви/е
абрази́вное ~ abrasive action, abrasive effect
алгебраи́ческое ~ algebraic operation
арифмети́ческое ~ arithmetic operation
бесшу́мное ~ silent action
бриза́нтное ~ (*взрывчатки*) shattering [percussive] action
волново́е ~ wave action, wave effect
дробя́щее ~ shattering action, shattering effect
заро́дышевое ~ *крист.* germinating effect
измельча́ющее ~ comminuting action, comminuting effect
коне́чное ~ end action, end function
~ конта́ктов, самозачища́ющее wiping action
коррозио́нное ~ corrosive action, corrosive effect, attack (by)
логи́ческое ~ logical operation
меша́ющее ~ interference, disturbance, disturbing action
наиме́ньшее ~ *мех.* least action
напо́рное ~ (*ковша экскаватора*) crowding action
~ на расстоя́нии operation from a distance, remote operation
неарифмети́ческое ~ non-arithmetical operation
непреры́вное ~ continuous action, continuous operation □ **... непреры́вного ~я** continuous(-action)
обра́тное ~ back action, retroaction
осмоти́ческое ~ osmotic action
отве́тное ~ response
отко́льное ~ (*взрывчатки*) slabbing action
периоди́ческое ~ batch action, batch operation □ **... периоди́ческого ~я** batch(-operated)
пове́рхностное ~ surface action
поршнево́е ~ (*громкоговорителя*) piston action
~ прегра́ды obstacle effect
противопомпа́жное ~ anti-hunting action
разруша́ющее ~ destructive effect; *хим.* attack □ **не поддава́ться разруша́ющему ~ю** stand attack (*e.g., by an acid*); **поддава́ться разруша́ющему ~ю** succumb [yield] to attack (*e. g., by an acid*); **разруша́ющее ~ кислоты́ на мета́лл** attack of a metal by an acid
разъеда́ющее ~ corrosive action
растворя́ющее ~ solvent action
реакти́вное ~ reaction
~ респира́тора, защи́тное respiratory protection □ **обеспе́чивать защи́тное ~ респира́тора в тече́ние ...** give respiratory protection for (a period of) ... hours
де́йстви/е
~ рычага́ leverage, purchase
самоочища́ющее ~ self-cleaning action
~ си́лы тя́жести gravity action □ **под ~ем си́лы тя́жести** by [under] gravity
совме́стное ~ joint action
структури́рующее ~ *рез.* structure-forming effect, structure-forming action
теплово́е ~ thermal [temperature] effect
теплово́е ~ то́ка heating effect of current
уда́рное ~ percussion, impact
~ уда́рной волны́ blast effect
~ фар, слепя́щее dazzle [dazzling effect] of headlights
четы́ре основны́е арифмети́ческие ~я the four rules of arithmetic
действи́тельно *нареч.* (*вводное слово в выкладках, выводе зависимостей и т. п.*) to see this, let us ...; this can be proved as follows ..., to demonstrate ...
действи́тельный *прил.* valid □ **докуме́нт действи́телен в тече́ние ...** a document is valid for a period of ...
действительнозна́чный *прил. мат.* real-valued
де́йствовать *гл.* **1.** (*поступать; выступать в каком-л. качестве*) act(as) **2.** (*работать, функционировать*) operate, function, work, run
дейте́ри/й *м.* deuterium, heavy hydrogen, D □ **насыща́ть ~ем** load with deuterium
дейтери́рование *с.* deuteration
дейтеро́н *м.* deuteron, deuton
дейтероо́кись *ж.* deuterium oxide, heavy water
дейт(р)о́н *м.* deuteron, deuton
де́ка *ж.* **1.** (*музыкального инструмента*) sounding board **2.** (*комбайна, молотилки*) concave
решётчатая ~ grate-type concave
решётчатая, цилиндри́ческая ~ cylinder grate
дека- (*компонент сложных слов для обозначения десятикратного увеличения единицы измерения*) deca- *пример*: **декали́тр** decalitre
декаго́н *м. мат.* decagon
дека́д/а *ж.* **1.** (*промежуток времени*) ten-day interval, ten-day period **2.** (*интервал изменений величины в 10 раз и соответствующее устройство*) decade **3.** (*декадно-шагового искателя*) level of a two-motion selector (*in the case of decimal selection*) □ **проходи́ть по всей ~е** hunt over a complete level
дека́дный *прил.* decade, decadic
декалесце́нция *ж.* decalescence
декалькома́ния *ж. полигр.* decalcomania, decal, transfer printing
сдвижна́я ~ slide-off decalcomania
декальцина́ция *ж.* decalcification

декальцини́ровать *гл.* decalcify
дека́н *м. хим.* decane
деканта́тор *м.* decanting vessel
деканта́ция *ж.* decantation
деканти́ровать *гл.* decant, pour off
декапи́р *м. мет.* pickled sheet
декапи́рование *с. мет.* pickling
декапи́ровать *гл. мет.* pickle
декарбоксили́рование *с.* decarboxylation
декарбоксили́ровать *гл.* decarboxylate
декарбюриза́ция *ж.* (*стали, чугуна*) decarburization
дека́ртов *прил.* Cartesian
декати́р *м. текст.* decating [decatizing] machine
декати́ровать *гл. текст.* decate, decatize □ **~ враспра́вку** decatize in width
декатиро́вка *ж. текст.* decating, decatizing, steaming
гля́нцевая ~ lustre decating
ма́товая ~ dull decating
мо́края ~ wet decating
парова́я ~ steam decating
декатро́н *м.* decade-counting tube (Dekatron — *фирм. название*)
двухи́мпульсный ~ two-pulse decade-counting tube
коммута́торный ~ commutator decade-counting tube
одноимпульсный ~ single-pulse decade-counting tube
дека́эдр *м.* decahedron
декаэдри́ческий *прил.* decahedral
де́кель *м. полигр.* tympan (sheet) packing
мя́гкий ~ soft packing
полужёсткий ~ semi-hard packing
про́бковый ~ cork packing
деклина́тор *м.* declination compass, declinometer
деклина́ция *ж.* declination
деклино́метр *м.* declination compass, declinometer
декогере́р *м.* decoherer
декогери́ровать *гл.* decohere
деко́дер *м.* decoder
декоди́рование *с.* decoding
декоди́ровать *гл.* decode
декомпо́зер *м.* decomposer
декомпре́ссия *ж.* decompression
взрывна́я ~ explosive decompression
декомпре́ссор *м.* decompressor, exhaust valve, relief gear
декори́рование *с. крист.* decoration
декортика́тор *м.* decorticator, stripping machine
декортика́ция *ж.* decortication, stripping
декре́йтер *м. пищ.* decrater, (bottle) decrating machine, (bottle) uncrating machine, uncrater
декреме́нт *м.* decrement
~ затуха́ния, логарифми́ческий logarithmic decrement, damping factor
~ эне́ргии energy decrement, logarithmic energy loss

декреме́нт
~ эне́ргии, сре́дний average energy decrement
декреме́тр *м.* decremeter
декристаллиза́ция *ж.* decrystallization; *пласт.* thawing
декстри́н *м.* dextrin, starch [British] gum
декстриниза́тор *м.* dextrin(e) kettle
декстриниза́ция *ж.* dextrinization
де́лать *гл.* **1.** (*выполнять*) do (*e. g., work*) **2.** (*изготовлять*) make, manufacture, fabricate **3.** (*превращать*) render, turn *smth.* into
деле́ни/е 1. *мат.* division **2.** *маш.* indexing; (*на шкале*) division, point □ **в преде́лах одного́-трёх ~й шкалы́** one to three scale divisions **3.** *яд. физ.* fission □ **вызыва́ть ~ на ...** cause fission into ...; **иниции́ровать ~** trigger the fission process
~ без восстановле́ния оста́тка *вчт.* non-restoring division
~ без оста́тка exact division ...
~ в двои́чной систе́ме *вчт.* binary division
~ в кра́йнем и сре́днем отноше́нии division (*of a line*) into extreme and mean ratio
дифференциа́льное ~ differential indexing
дихотоми́ческое ~ dichotomous division
~ колле́ктора unit interval at the commutator
комбини́рованное ~ compound indexing
~ кру́га cyclotomy
~ на бы́стрых нейтро́нах fast-neutron fission
~ на́ два halving
~ на́двое, после́довательное dichotomy
~ на отре́зки segmentation
~ на тепловы́х нейтро́нах thermal-neutron fission, thermofission
~ на три ча́сти tripartition
~ на́цело exact division
непосре́дственное ~ plain indexing
~ отре́зка в да́нном отноше́нии division of a straight line in a given ratio
~ переда́тчика телета́йпа, конта́ктное total unit intervals per character
по́люсное ~ *эл.* pole pitch
~ попола́м bisection, dividing in half
просто́е ~ simple indexing
простра́нственное ~ (*метод коммутации в связи*) space division, space multiplexing
самопроизво́льное ~ spontaneous fission
~ с восстановле́нием оста́тка *вчт.* restoring division
сокращённое ~ abridged division, short (cut) division
уско́ренное ~ short division
~ частоты́ frequency division

деле́ни/е
~ частоты́ за́пуска trigger countdown
~ частоты́ и́мпульсов repetition-rate scaling
~ шкалы́ scale division, scale graduation, graduation line, graduation [scale] mark
~ шкалы́ в гра́дусах sexagesimal division, sexagesimal graduation
~ шкалы́, гра́довое (*на 400 частей*) centesimal circle graduation
~ шкалы́, нулево́е zero mark
~ шкалы́, со́тенное centesimal graduation
~ ядра́ нейтро́ном neutron-induced fission
~ ядра́ прото́ном proton-induced fission
~ ядра́, тройно́е ternary fission
~ ядра́ ура́на uranium fission
~ ядра́ фото́нами photofission
дели́мое *с.* the dividend
дели́мость *ж.* **1.** *мат.* divisibility, partibility **2.** *яд. физ.* fissionability, fissility
безграни́чная ~ infinite divisibility
дели́мый 1. *мат.* divisible **2.** *яд. физ.* fissionable, fissible
дели́нтер *м.* delinter
делинтерова́ние *с.* delinting
делинтерова́ть *гл.* delint
дели́тель *м.* **1.** *мат.* divisor **2.** (*устройство*) divider
~ ва́тки проче́са *текст.* web divider
вну́тренний ~ *с.-х.* inside divider
~ жа́тки grain divider
многоремешко́вый ~ *текст.* multiple tape divider, multiple tape condenser
~ на́ два *вчт.* scale-of-two circuit
~ напряже́ния voltage divider
~ напряже́ния, ёмкостный capacitive voltage divider
~ напряже́ния, оми́ческий potentiometer-type voltage divider
~ напряже́ния, секцио́нный sectionalized voltage divider
~ на пять *вчт.* scale-of-five circuit
нару́жный ~ *с.-х.* clearway divider
ножево́й ~ *с.-х.* knife divider
норма́льный ~ normal divisor, normal subgroup
~ нуля́ zero divisor
~ нуля́, по́лный absolute zero divisor
о́бщий ~ common divisor
о́бщий наибо́льший ~ greatest common divisor, GCD □ **находи́ть о́бщий наибо́льший ~ прямы́м деле́нием** find the GCD by direct division; **находи́ть о́бщий наибо́льший ~ разложе́нием на мно́жители** find the GCD by factoring
полево́й ~ *с.-х.* outside divider
~ пото́ка (*гидроклапан соотношения расходов*) flow dividing valve
пропорциона́льный ~ *с.-х.* proportional divider
прутко́вый ~ *с.-х.* rod divider

дели́тель
прутко́вый, дугообра́зный ~ *с.-х.* loop divider
~ **пы́ли, слои́стый** *тепл.* multiply divider
ремешко́вый ~ *текст.* tape divider, tape condenser
~ **с вертика́льным ре́жущим аппара́том** *с.-х.* vertical-knife divider
сдви́нутый ~ shifted divisor
~ **с ре́жущим аппара́том** *с.-х.* cutting divider
строчно́й ~ *тлв.* line divider
~ **то́ка** current divider
торпе́дный ~ *с.-х.* torpedo divider
~ **частоты́** frequency divider □ ~ **частоты́ осуществля́ет деле́ние с коэффицие́нтом, *напр.*** 32 : 1 the divider gives a 32 : 1 countdown [a countdown of 32 : 1], the divider counts down in the ratio 32 : 1, the divider counts down by 32 : 1
~ **частоты́ за́пуска** trigger countdown circuit
~ **частоты́ на ту́ннельном дио́де** tunnel-diode frequency divider
~ **частоты́ повторе́ния и́мпульсов** repetition-rate scaler
шнекови́дный ~ *с.-х.* auger divider
электро́нный ~ electronic divider

дели́ть *гл.* **1.** *мат.* divide □ ~ **дифференциа́льным ме́тодом** divide by the differential method; ~ **на ча́сти** divide into parts; ~ **на число́** divide by [into] a number; ~ **попола́м** (*величину, число, количество*) divide in two, halve (*value, number, quantity*); ~ **попола́м у́гол** bisect an angle; ~ **почле́нно** (*напр. все члены уравнения*) **на** ... divide (*e. g., an equation*) through by ... **2.** (*классифицировать, разбивать, группировать*) break down (into), classify, group **3.** (*шкалу, циферблат*) graduate into (*so many divisions*)

дели́ться *гл.* **1.** *мат.* divide, go into, be divisible □ ~ **без оста́тка** be even divisible (by), divide without remainder, be prime to ... **2.** (*на классы, группы, категории*) come under (*groups*), fall into (*classes*) **3.** *яд. физ.* (*обладать свойством деления*) be fissionable; (*претерпевать деление*) break down, break into, disintegrate

де́ло *с.* **1.** (*занятие, профессия, род деятельности*) art, practice, trade, work **2.** (*канцелярия, делопроизводство*) file, records □ **зака́нчивать** ~ complete a file; **начина́ть** ~ start a file
го́рное ~ mining art
горноспаса́тельное ~ mine rescue work
доро́жное ~ road making
книгоизда́тельское ~ book-making, publishing
лите́йное ~ foundry practice, foundry work, casting

де́ло
маля́рное ~ house-painting
маркше́йдерское ~ mine surveying
морско́е ~ seamanship
переплётное ~ bookbinding (art)
печа́тное ~ typographic art; printing
пло́тничье ~ carpentry
слеса́рное ~ bench work
столя́рное ~ joinery
чертёжное ~ draftsmanship; *англ. тж.* drauhtsmanship

делопроизво́дство *с.* clerical work
де́льта *ж.* **1.** *мат.* delta **2.** (*реки*) delta
де́льта-волна́ *ж.* delta wave
де́льта-древеси́на *ж.* phenol-impregnated modified wood
де́льта-желе́зо *с.* delta iron
де́льта-излуче́ние *с.* delta radiation
де́льта-лучи́ *мн.* delta rays
де́льта-мета́лл *м.* delta metal
де́льта-модуля́тор *м.* delta modulator
де́льта-модуля́ция *ж.* delta modulation
де́льта-опера́тор *м.* Laplacian operator
де́льта-фу́нкция *ж.* (Dirac) delta function, unit impulse function
де́льта-части́ца *ж.* delta particle, knock-on particle
де́льта-шум *м.* delta noise
де́льта-электро́н *м.* delta electron, knock-on electron
дельто́ид *м. мат.* deltoid
дельфини́рование *с.* (*скоростных катеров*) porpoising
дельфини́ровать *гл.* (*о скоростном катере*) porpoise, jump clear of water
делю́вий *м.* deluvium, talus, slide rocks, talus deposits
деля́нка *ж.* plot, lot, patch, parcel (*of land*)
дро́бная ~ split plot
контро́льная ~ control [check] plot, check strip
сортова́я ~ varietal plot
учётная ~ record plot
де́лящийся *яд. физ.* fissionable, fissile
демагнетиза́тор *м.* demagnetizer
демаргаринiза́ция *ж.* winterization
демаргаринизи́ровать *гл.* winterize
деметили́рование *с.* demethylation
деминерализа́тор *м.* demineralizer
деминерализа́ция *ж.* demineralization, desalting
демодули́ровать *гл.* demodulate
демодуля́тор *м.* demodulator
амплиту́дный ~ amplitude demodulator
бала́нсный ~ balanced demodulator
вре́мя-и́мпульсный ~ pulse-position demodulator
группово́й ~ *свз.* group demodulator
~ **звуково́го сопровожде́ния** sound demodulator
и́мпульсно-ко́довый ~ pulse-code demodulator

демодуля́тор
индивидуа́льный ~ *свз.* channel demodulator
кольцево́й ~ ring demodulator
логарифми́ческий ~ logarithmic demodulator
~ **многокана́льной систе́мы свя́зи** multiplex demodulator
фазочувстви́тельный ~ phase-sensitive demodulator

демодуля́ция *ж.* **1.** demodulation **2.** *тлг.* restitution
идеа́льная ~ perfect restitution
изохро́нная ~ isochronous restitution
магни́тная ~ magnetic demodulation
~ **по вре́мени** time demodulation
~ **с характеристи́ческими искаже́ниями** incorrect modulation
фа́зовая ~ phase demodulation
часто́тная ~ frequency demodulation

демонстра́ция *ж.* demonstration
демонстри́ровать *гл.* demonstrate
демонта́ж *м.* disassembly, dismounting, dismantling
~ **агрега́тов с дви́гателя** *ав.* tear-down of an engine
части́чный ~ partial dismantling, (field) stripping
демонти́ровать *гл.* disassemble, dismount, dismantle, knock down, strip, take apart
де́мпфер *м.* **1.** damper (*см. тж.* **успоко́итель**) **2.** (*механический различных типов*) dash-pot **3.** (*в системах управления, сервосистемах и т. п.*) anti-hunt (device), anti-hunt circuit
~ **вибра́ций** vibration damper
вихрево́й ~ **1.** (*электрический*) eddy-current damper **2.** (*механический*) vane dash-pot
возду́шный ~ air damper
гидравли́ческий ~ **1.** liquid damper **2.** liquid dash-pot
~ **кре́на** *ав.* roll(-rate) [lateral] damper
~ **крути́льных колеба́ний** torsional damper, torsional balancer
магнитоиндукцио́нный ~ magnetic damper
междуло́пастный ~ (*вертолёта*) blade damper
пневмати́ческий ~ air dash-pot
~ **ры́скания** *ав.* yaw(-rate) [directional] (-control) damper
~ **тангажа́** *ав.* pitch(-rate) [longitudinal] damper
~ **ши́мми** *ав.* shimmy damper, anti-shimmy device
демпфи́рование *с.* damping
~ **анте́нны радиолока́тора** anti-hunt
~ **анте́нны радиолока́тора по а́зимуту** azimuth anti-hunt
~ **анте́нны радиолока́тора по углу́ це́ли** elevation anti-hunt
апериоди́ческое ~ aperiodic damping, over-damping

демпфи́рование
аэродинами́ческое ~ aerodynamic damping
возду́шное ~ air damping
вя́зкостное ~ viscous damping
жи́дкостно-фрикцио́нное ~ fluid friction damping
интенси́вное ~ high [heavy] damping
квазикрити́ческое ~ quasi-critical damping
~ ко́рпуса body damping
крити́ческое ~ critical damping
Кулóново ~ Coulomb damping
лёгкое ~ light [low] damping
лине́йное ~ linear damping
нелине́йное ~ non-linear damping
управля́емое ~ controlled damping
демпфи́ровать *гл.* damp(en), bring (a system) to rest; prevent hunting
демультипликáтор *м.* dual high transmission, supplementary gear box
денатурáнт *м.* denaturant, denaturating agent □ **испо́льзоваться в кáчестве ~а** (*напр. этилового спирта*) be used as a denaturant for (*e. g., ethyl alcohol*)
денатурáт *м.* (*денатурированный спирт*) denatured alcohol
денатурáция *ж.* (*белков*) denaturation
денатури́ровать *гл.* (*получать денатурат*) denaturate
дендиро́ль *м. целл.-бум.* dandy roll
дендри́т *м. крист.* dendrite
дендроло́гия *ж.* dendrology
дендро́метр *м.* dendrometer
дендро́н *м. мат.* dendron
денитрáция *ж.* denitration
денитри́ровать *гл.* denitrate
денитрификáция *ж.* denitrification
денитрифици́ровать *гл.* denitrify
деннáж *м. мор.* dunnage
денсиме́тр *м.* (*измеритель плотности растворов*) densimeter; (*типа ареометра*) hydrometer
денсиме́трия *ж.* densimetry
денсито́метр *м.* densitometer, opacity meter, (*редко*) densimeter
~ с модули́рованным светов́ым пучко́м modulated-light densitometer
цветно́й ~ colour densitometer
электроннолучево́й ~ electron-beam densitometer
денситоме́трия *ж.* densitometry
денсо́граф *м.* recording densitometer
денудáция *ж.* denudation
день *м.* day □ **... в ~** (*напр. выработка, производительность*) ... per day, a day; **днём** (*в дневное время суток*) during daylight hours, in the day time, by day
де́ньг/и *мн.* money, currency □ **плати́ть нали́чными ~áми** pay in cash
бумáжные ~ paper money, paper currency
денье́ *с.* (*внесистемная единица измерения линейной плотности волокна*) denier
денье́-титр *м. текст.* denier
депарафинизáция *ж.* (*нефтепродуктов*) dewaxing
депарафинизи́ровать *гл.* (*нефтепродукты*) dewax
депектинизáтор *м.* depectinization tank
депектинизáция *ж.* depectinization
депилято́рий *м.* depilatory
депиля́ция *ж.* depilation
депланáция *ж.* warping
депо́ *с.*:
вагóнное ~ (railway) car shed, (railway) car shop
~ ковше́й *мет.* ladle car depot
локомоти́вное ~ locomotive shed
оборо́тное ~ intermediate [transfer] depot
паровóзное ~ enginehouse, steam locomotive shed
пожáрное ~ fire station
шáхтное ~ mine barn, mine locomotive garage
экипиро́вочное ~ running shed, servicing shop
депози́т *м. эк.* deposit □ **вноси́ть де́ньги в ~** place money on deposit
деполимеризáция *ж.* depolymerization
окисли́тельная ~ depolymerization by oxidation
радикáльно-цепнáя ~ radical depolymerization
деполяризáтор *м.* depolarizer
деполяризáция *ж.* depolarization
деполяризовáть *гл.* depolarize
депоне́нт *м.* 1. *эк.* depositor 2. *полигр.* type gauge
депони́рование *с.* deposition
депони́ровать *гл.* deposit
депрессáнт *м.* depressant, depressor, depressing agent
депрессио́метр *м.* depression meter
депре́ссия *ж.* depression
барометри́ческая ~ barometric depression
втори́чная ~ *метео* secondary depression
~ горизо́нта dip of the horizon
тектони́ческая ~ tectonic depression
температу́рная ~ temperature depression
депре́ссор *м.* (*флотореагент*) depressor
дерапáж *м.* (*юз*) skidding
ератизáция *ж. с.-х.* deratization
де́рево *с.* 1. (*растение*) tree □ **вали́ть ~** fell a tree; **вали́ть ~ с зависáнием** lodge a tree; **вали́ть с по́мощью кли́на** trip; **заподсо́чить ~** tap a tree; **клейми́ть ~** nick a tree; **окоря́ть ~** bark a tree; **подпи́ливать ~** notch a tree; **подрубáть ~** fit [notch] a tree; **подсо́чивать ~** (*на латекс, скипидар*) bleed [tap] a tree 2. (*древесина*) wood 3. *мат.* tree
каучуконо́сное ~ rubber tree
ко́довое ~ code tree
контáктное ~ contact tree
краси́льное ~ dyewood
де́рево
~ ли́ственной поро́ды (broad-)leaved tree
ло́вчее ~ trap tree
мáчтовое ~ mast tree
моде́льное ~ test [type] tree
низкоро́слое ~ bushy tree, scrub
~, предназнáченное к ру́бке crop tree
про́бковое ~ corkwood
смолоно́сное ~ pitch-yielding tree
строево́е ~ timber tree
сухосто́йное ~ dead-wood
угнетённое ~ suppressed [stunted] tree
~ хво́йной поро́ды conifer, coniferous tree
деревобето́н *м.* cement wood
деревообрабо́тка *ж.* woodworking
держáвк/а *ж.* holder
~ для вставно́го резцá tool bit holder
~ зубкá вру́бовой маши́ны cutter pick box
изо́гнутая ~ offset holder
~ клáпана valve holder
копировáльная ~ copying [duplicating] tool-holder
~ моде́ли (*в аэродинамической трубе*) sting □ **устанáвливать ~у моде́ли навстре́чу пото́ку** point a sting upwind
~ моде́ли (*в аэродинамической трубе*), **тензометри́ческая** strain-gauge sting
~ ножá *с.-х.* knife carrier
~ ножá плу́га colter clamp
~ опрáвки mandrel [arbor] holder
плáвающая ~ floating toolholder
~ предплу́жника colter clip
~ протя́жки broach holder
резцо́вая ~ toolholder, cutter holder, cutter toolholder
~ сто́йки культивáтора shank clamp
держáние *с.* **доро́ги** road-holding property, roadability, road stability
держáтель *м.* holder, mount
пружи́нный ~ (*фары*) spring clip
рáстровый ~ screen holder
~ сателли́тов (*дифференциал*) pinion carriage, spider
~ чи́па *рлн.* chip header
деривáция *ж.* 1. (*процесс*) diversion 2. (*совокупность сооружений*) diversion system; diversion works
безнапо́рная ~ open-flow intake system, open-flow intake works
напо́рная ~ pressure intake system, pressure intake works
отводя́щая ~ tailrace system, tailrace works
подводя́щая ~ intake system, intake works
де́рма *ж.* corium, middle skin
дермати́н *м.* imitation-leather cloth
дёрн *м.* sod, piece [block] of turf □ **выстилáть ~ом** turf, cover with turf, sward; **обклáдывать ~ом** sod
дерни́на *ж.* turf, vegetable layer
дерноре́з *м.* turf cutter, sod harvester

дерносни́м *м.* skimmer, skim-coulter
дёррик *м.* derrick (crane)
ва́нтовый ~ guyed derrick
двуно́гий ~ shear pole derrick
жестконо́гий ~ stiff-leg derrick
ма́чтовый ~ pole derrick
~ на поло́зьях skid derrick
децелеро́метр *м.* decelerometer
десенсибилиза́тор *м.* desensitizer
десенсибилиза́ция *м.* desensitizing, desensitization
десика́нт *м. с.-х.* desiccant
десика́ция *ж. с.-х.* desiccation
десилика́ция *ж.* desilication
десквама́ция *ж. геол.* desquamation
дескрипти́вный *прил.* descriptive
дескри́птор *м.* descriptor
дескри́пция *ж.* description
десорби́ровать *гл.* desorb
десо́рбция *ж.* desorption
дестабилиза́тор *м.* destabilizer
неподви́жный ~ *ав.* strake, canard surface
дестабилизи́ровать *гл.* destabilize
деstру́кция *ж.* **1.** *физ.* destruction, decomposition **2.** *хим.* break-down
гидролити́ческая ~ hydrolytic break-down
механи́ческая ~ mechanical break-down
окисли́тельная ~ oxidative break-down
радиацио́нная ~ radiation destruction
терми́ческая ~ thermal destruction
термоокисли́тельная ~ thermal-oxidative break-down
термохими́ческая ~ thermochemical break-down
фотохими́ческая ~ photochemical break-down
десульфита́ция *ж.* desulphitation
десульфура́тор *м.* desulphurizer
десульфура́ци/я *ж.* sulphur removal, desulphurization □ **спосо́бность к ~и** desulphurizing power; **спосо́бствовать ~и** favour [promote] desulphurization
десульфури́ровать *гл.* desulphurize
десятигра́нник *м.* decahedron
десятигра́нный *прил.* decahedral
десятиуго́льник *м.* decagon
десятиуго́льный *прил.* decagonal
десяти́чно-двои́чный *прил.* decimal-binary
десяти́чный *прил.* decimal
деся́т/ок *м.* ten □ **не́сколько ~ков** a few tens of ...
де́сять *числ.* ten
детализи́ровать *гл.* **1.** (*чертёж*) present detail drawings, present details **2.** □ **~ выраже́ние** *мат.* extend an expression
деталиро́ванность *ж.* **негати́ва** details of negative
деталиро́вка *ж.* (*чертежа*) detail drawing
дета́л/ь *ж.* **1.** (*изображения, чертежа*) detail **2.** (*часть физического целого*) piece, part, component, member □ **бракова́ть ~** reject a part, reject a workpiece, **пригоня́ть [подгоня́ть] ~** fit (up) a part; **разбрако́вывать ~и** inspect for quality; **сопряга́ть ~и** mate (up) parts
дета́л/ь
армату́рная ~ reinforcing member
ба́зовая ~ location [locating] part, positioning [adjuster] piece
брако́ванная ~ rejected part
ведо́мая ~ driven member
веду́щая ~ driving member
взаимозаменя́емые ~и interchangeable parts
враща́ющаяся ~ revolving [rotating] part
второстепе́нная ~ minor part
глубокотя́нутая ~ deep-drawn piece
гото́вая ~ finished part, finished piece
дистанцио́нная ~ spacer
закладны́е ~и *стр.* embedded fittings, embedded metals; inserts; blockouts
запасна́я ~ spare part
изна́шиваемая ~ (*рассчитанная на износ*) wearing member, wearing part
износосто́йкая ~ wear-resisting part
изно́шенная ~ worn-out part
~ изображе́ния detail
комплекту́ющая ~ (*вспомогательная*) accessory; (*часть целого*) component, part
конструкти́вная ~ (*элемент конструкции*) structural member; (*конструктивная особенность*) design feature
~ констру́кции (*на чертеже*) detail
ко́рпусные ~и (*машин*) (stationary) base members
крепёжная ~ fastener, fastening part
листовы́е ~и sheet articles
литы́е ~и moulded pieces
~и маши́н (*название научной дисциплины*) machine elements
~и маши́нной обрабо́тки machined parts
неотве́тственная ~ minor part
неподви́жная ~ stationary part
несу́щая ~ (load-)bearing part
нормализо́ванная ~ standard component
обраба́тываемая ~ workpiece
обрабо́танная ~ finished part
одноти́пные ~и duplicate parts
опо́рная ~ bearing part
основна́я ~ (*в системе допусков и посадок*) basic part
отве́тственная ~ critical [vital] part
отъёмные ~и removable parts
охва́тываемая ~ male part
охва́тывающая ~ female part
па́рная ~ mate, mating part
перехо́дная ~ reducer
покупна́я ~ purchased part, foreign part
дета́л/ь
поса́дочная ~ (*в системе допусков и посадок*) mating part
пригоно́чная ~ make-up part, make-up piece
про́бная ~ sample piece, test part
распо́рная ~ distance piece, spacer
резьбова́я ~ thread piece
ремо́нтная ~ repair piece
сва́риваемая ~ weldment
сварна́я ~ welded part, weldment
сме́нная ~ (*для настройки рабочего диапазона*) change part; (*вместо изношенной, негодной и т. п.*) replacement part
соедини́тельная ~ fastener, fastening part
сопряжённые ~и mating parts
станда́ртная ~ standard part
строи́тельные ~и structural elements
съёмная ~ removable part
тру́щаяся ~ rubbing part
~ увели́ченных разме́ров oversize part
~ уме́ньшенных разме́ров undersize part
уплотня́ющая ~ sealing part
устано́вочная ~ location [locating] part, positioning [adjuster] piece
фасо́нная ~ (odd-)shaped [profiled] part
фикси́рующая ~ retainer
дета́ндер *м.* **1.** (*машина*) gas-expansion machine **2.** (*вентиль*) expansion [reducer] valve
поршнево́й ~ reciprocating expander
деташёр *м. пищ.* scroll mill
детекти́рование *с.* detection
амплиту́дное ~ amplitude detection
ано́дное ~ *англ.* anode-bend detection; *амер.* plate detection
~ видеосигна́ла video detection
гетероди́нное ~ heterodyne detection
дио́дное ~ diode detection
като́дное ~ infinite-impedance detection
квадрати́чное ~ square-law detection
~ когере́нтного излуче́ния coherent-light detection
корреляцио́нное ~ correlation detection
лине́йное ~ linear detection
многосе́точное ~ multigrid-injection detection
некогере́нтное ~ incoherent detection
~ огиба́ющей envelope detection
опти́ческое ~ optical rectification
прямо́е ~ baseband [envelope] detection
се́точное ~ *англ.* grid detection; *амер.* grid-leak rectification
синхро́нное ~ synchronous detection
~ сла́бых сигна́лов low-level detection
фа́зовое ~ phase detection

детекти́рование
~ часто́тно-модули́рованных сигна́лов FM detection
детекти́ровать *гл.* detect
дете́ктор *м.* detector, probe, pick-up; *рад.* detector
активацио́нный ~ *яд. физ.* activation detector
~, активи́рованный при́месью impurity-activated detector
~ а́льфа-части́ц alpha-detector, alpha-radiation [alpha-particle] detector
амплиту́дный ~ amplitude detector
ано́дный ~ *англ.* anode-bend detector; *амер.* plate detector
бала́нсный ~ *рад.* balanced detector
~ бе́та-излуче́ния beta-detector, beta-radiation detector
быстроде́йствующий ~ *яд. физ.* fast detector
~ бы́стрых нейтро́нов fast neutron detector
гале́новый ~ galena detector
гало́идный ~ halogen detector
~ га́мма-излуче́ния gamma-ray detector
герма́ниевый ~ germanium rectifier
двухкриста́льный ~ combination-crystal detector
двухта́ктный ~ push-pull detector
~ деле́ний *яд. физ.* fission detector
дио́дный ~ diode detector
дифференциа́льный ~ difference detector
дро́бный ~ ratio detector
и́мпульсный ~ pulse-type detector
ионизацио́нный ~ ionization detector
~ ионизи́рующего излуче́ния ionizing-radiation detector
карбору́ндовый ~ carborundum detector
като́дный ~ infinite-impedance detector
квадрати́чный ~ (*для обычной обработки сигналов*) square-law detector; (*для статистической обработки или детектирования дискретных сигналов*) quadratic detector
конта́ктный ~ contact detector
корреляцио́нный ~ correlation detector
кре́мниевый ~ silicon detector
кристалли́ческий ~ crystal [natural] detector
ла́мповый ~ *англ.* valve detector; *амер.* electron-tube detector
лине́йный ~ linear detector
логи́ческий ~ logic detector
~ ме́дленных нейтро́нов slow neutron detector
мо́щный ~ power [high-amplitude] detector
~ на горя́чих носи́телях hot-carrier detector
~ наибо́лее вероя́тной оши́бки (*в коде*) maximum likelihood detector
~ напряже́ний 1. *мех.* stress detector **2.** *эл.* voltage detector
~ нейтро́нов neutron detector

дете́ктор
объёмно-фоторези́сторный ~ bulk photoconductive detector
~ огиба́ющей envelope detector
опти́ческий ~ optical detector
пи́ковый ~ peak detector
пла́зменный ~ plasma detector
~ пла́мени flame detector
пове́рхностно-барье́рный ~ surface-barrier detector
полупроводнико́вый ~ semiconductor detector
поро́говый ~ threshold detector
~ с автопрерыва́нием, сверхрегенерати́вный self-quenching superregenerative detector
се́точный ~ grid detector
синхро́нный ~ synchronous detector
~ с пове́рхностной иониза́цией surface ionization detector
статисти́ческий ~ statistical detector
сцинтилляцио́нный ~ scintillation detector
~ с 4π-геоме́трией 4π-detector
твердоте́льный ~ solid-state detector
теплово́й ~ thermal detector
фа́зовый ~ (*для детектирования фазово-модулированных сигналов*) phase discriminator
фа́зовый ~ систе́мы подстро́йки частоты́ phase(-lock) detector
фазочувстви́тельный ~ phase-sensitive detector
фотопараметри́ческий ~ photoparametric detector
фотоэмиссио́нный ~ photoemissive detector
фотоэмульсио́нный ~ photographic detector
часто́тный ~ frequency discriminator
часто́тный ~ с настро́енными ко́нтурами centre-tuned [Foster-Seeley] discriminator
~ я́дер отда́чи recoil detector
детерге́нт *м.* detergent □ **~ применя́ется для очи́стки предме́тов от гря́зи** a detergent is used for cleansing
детермина́нт *м.* determinant
детермина́нтный *прил.* determinantal
детермини́зм *м.* determinism
лока́льный ~ local determinism
детермини́рованность *ж.* determinancy
детермини́рованный *прил.* deterministic, determinate
детоксика́ция *ж.* detoxication
детона́тор *м.* detonator □ **устана́вливать ~ в заря́д** prime a charge (with a detonator)
~ заме́дленного де́йствия delay detonator
~ короткозаме́дленного де́йствия short-delay detonator
~ мгнове́нного де́йствия instantaneous detonator
электри́ческий ~ electric detonator, electric squib

детона́ци/я *ж.* detonation; *двс* combustion knock, knocking; **устраня́ть ~ю** suppress (combustion) knock
~ зву́ка, высокочасто́тная flutter
~ зву́ка, низкочасто́тная wow
спи́новая ~ spin detonation
детони́ровать *гл.* **1.** detonate; *двс* knock **2.** (*высокочастотный звук*) flutter; (*низкочастотный звук*) wow
детономе́тр *м.* **1.** detonation meter **2.** *ак.* flutter meter, flutter measuring instrument
дефазиро́вка *ж.* dephasing
дефека́тор *м.* (*в сахарном производстве*) liming tank
дефека́ция *ж.* (*в сахарном производстве*) liming
прогресси́вная ~ progressive liming
ступе́нчатая ~ fractional liming
дефекосатура́ция *ж.* (*в сахарном производстве*) defecosaturation
дефе́кт *м.* **1.** (*структуры вещества*) defect, imperfection **2.** (*различных изделий и технологических процессов*) defect, flaw □ **без ~а** flawless; defectless; **выявля́ть ~** bring out [expose, reveal, show up] a defect; **обнару́живать ~** detect a defect; **устана́вливать расположе́ние ~а** locate a defect; **устраня́ть ~** rectify [correct] a defect **3.** *полигр.* incomplete fount
~ аналити́ческой фу́нкции defect of an analytic function
~ а́нти-Шо́тки anti-Schottky defect
аперту́рный ~ aperture defect
~ в ко́рне сварно́го шва root defect
~ внедре́ния interstitial defect
вну́тренний ~ internal defect, internal flaw
~ в пло́скости листа́ *мет.* laminal defect
~ в твёрдом те́ле imperfection in a solid
~ каландрова́ния calendering defect
катио́нный ~ cation defect
ква́нтовый ~ quantum defect
~ констру́кции construction defect
~ криста́лла crystal defect, lattice imperfection □ **вы́звать ~ в криста́лле** disturb the order in a crystal
~ кристалли́ческой решётки (crystal-) lattice defect, lattice imperfection
~ литья́ casting defect
~ лица́ (*кожи*) grain defects
локализо́ванный ~ spot defect
макроскопи́ческий ~ macroscopic defect
~ масс *яд. физ.* mass defect
нару́жный ~ external defect
~ отли́вки casting defect
~ от непра́вильной зали́вки *мет.* pouring defect
пове́рхностный ~ surface defect
~ по Френе́лю Fresnel defect
~ по Фре́нкелю Frenkel defect

дефект
~ по Шóтки Schottky defect
~ прокáтки rolling defect
радиациóнный ~ radiation-induced defect
рассéянные ~ы dispersed defects
~ свáрки welding defect
скры́тый ~ hidden [latent] flaw
~ снóвки warping defect
~ структу́ры structural defect
~ ти́па вакáнсия — междоу́злие interstitial-vacancy pair
тóчечный ~ 1. *физ.* point defect **2.** *мет.* pin-hole
угловóй ~ *мат.* angular defect
угловóй ~ треугóльника excess of a triangle
~ уклáдки *физ.* stacking fault
хими́ческий ~ chemical defect
~ ядрá *мат.* nullity, defect of kernel

дефéктность *ж.* presence of defects □ **проверя́ть на ~** test for defects

дефектоскóп *м.* flaw detector; (*прибор, основанный на принципах неразрушающего контроля*) non-destructive test(ing) [inspection] instrument, non-destructive test(ing) [inspection] equipment, non-destructive test(ing) [inspection] unit
гáмма-лучевóй ~ gamma-ray flaw detector; gamma-ray test [inspection] instrument
капилля́рный ~ liquid-penetrant flaw detector
магни́тно-порошкóвый ~ magnetic-particle flaw detector; magnetic-particle test [inspection] instrument
магни́тный ~ magnetic-field flaw detector
прокáтный ~ scanner
прокáтный ~ для обнаружéния прокóлов в рулóнной полосé (pin-)hole detector
прокáтный ~ для рулóнной полосы́ edge (strip) scanner
рéльсовый ~ rail detector, rail tester
рентгéновский ~ X-ray flaw detector; X-ray test [inspection] instrument
теневóй ~ (*ультразвуковой*) (through-)transmission flaw detector
ультразвуковóй ~ ultrasonic flaw detector; ultrasonic test [inspection] instrument
феррозóндовый ~ probe-type magnetic-field flaw detector; probe-type magnetic-field test [inspection] instrument
фотоэлектри́ческий ~ photo-electric scanner
электроиндукти́вный ~ magnetic-field flaw detector

дефектоскопи́я *ж.* flaw detection; (*основанная на принципах неразрушающего контроля*) non-destructive test(ing)
акусти́ческая ~ sonic test(ing)

дефектоскопи́я
индукциóнная ~ eddy-current test(ing)
инфракрáсная ~ infra-red test(ing)
капилля́рная ~ liquid-penetrant test(ing)
капилля́рная ~ с применéнием люминесцéнтного мéтода fluorescent dye penetrant test(ing)
капилля́рная ~ с применéнием цветнóго мéтода visible dye penetrant test(ing)
люминесцéнтная ~ fluoroscopic flaw detection
магни́тная ~ magnetic-field test(ing)
магни́тно-люминесцéнтная ~ fluorescent magnetic-particle test(ing)
магни́тно-порошкóвая ~ magnetic-particle test(ing)
магнитографи́ческая ~ magnetic-tape test(ing)
термоэлектри́ческая ~ thermoelectric test(ing)
ультразвуковáя ~ ultrasonic inspection, ultrasonic test(ing)
ультразвуковáя ~ резонáнсным мéтодом resonance-type ultrasonic test(ing)
ультразвуковáя ~ теневы́м мéтодом (through-)transmission ultrasonic test(ing)
ультразвуковáя ~ э́хо-мéтодом pulse-reflection ultrasonic test(ing)
ультрафиолéтовая ~ ultraviolet test(ing)
электроиндукти́вная ~ eddy-current test(ing)
электростати́ческая ~ electrostatic test(ing)

дефибрáтор *м.* defibrator

дефибрéр *м.* fibre separator, pulp grinder

дефибрилля́тор *м.* defibrillator
и́мпульсный ~ impulse defibrillator

дефици́т *м.* deficit; deficiency, shortage, scarcity; (*в балансе материалов, напр. одного из компонентов*) shortfall □ **воспóлнить ~** make good the deficit [deficiency, shortfall]; **покрывáть ~** close [fill] the gap
~ влáжности moisture [saturation] deficit
~ мóщности power shortage
~ энéргии energy gap

дефици́тность *ж.* deficiency, shortage, scarcity, unavailability, short supply

дефици́тный *прил.* difficult-to-obtain, scarce, in short supply, not readily available

дефлагрáция *ж.* deflagration

дефлегмáтор *м.* partial [reflux] condenser, dephlegmator

дефлегмáция *ж.* (*частичная конденсация паров разгоняемой смеси*) partial condensation; (*возврат флегмы для обогащения дистиллята*) refluxing

дефлегми́ровать *гл.* (*осуществлять частичную конденсацию паров разгоняемой смеси*) effect partial condensation; (*вводить флегму для обогащения дистиллята*) reflux

дефлектóграф *м.* deflectograph

дефлектóметр *м.* deflectometer

дефлéктор *м.* baffle, deflector
~ кóмпаса compass deflector
~ светов́ых пучкóв light beam deflector
электроопти́ческий ~ electrooptic deflector

дефлокули́рование *с.* deflocculation

дефлокули́ровать *гл.* deflocculate

дефлокуля́ция *ж.* deflocculation

дефля́ция *ж.* (*горных пород*) deflation, wind erosion

дефокуси́рование *с.* defocusing

дефокуси́ровать *гл.* (*сознательное действие*) defocus; (*непреднамеренное или вредное воздействие*) disturb focus

дефокусирóвка *ж.* defocusing
~ при отклонéнии (*луча*) deflection defocusing

дефолиáнт *м.* defoliant

дефолиáция *ж.* defoliation

дефóметр *м.* deformeter

деформáци/я *ж.* **1.** (*изменение формы или размеров тела в целом*) deformation □ **при ~и** under deformation **2.** (*состояние тела*) strain □ **претерпевáть ~ю** be strained, be in a state of strain
вну́тренняя ~ internal strain; *прок.* internal flow
горя́чая ~ hot deformation, hot strain
закáлочная ~ quenching strain
знакопеременная ~ alternating strain
~ изги́ба flexural strain
изостати́ческая ~ *геод.* isostatic deformation
~ констру́кции structural deformation
~ концóв рéльсов (*в эксплуатации*) batter
кратковрéменная ~ short-term deformation
~ кручéния torsional strain
линéйная ~ linear deformation
мгновéнная ~ instantaneous deformation
мéстная ~ local distortion, local deformation
необрати́мая ~ irreversible deformation
неоднорóдная ~ inhomogeneous deformation
неравновéсная ~ non-equilibrium deformation
неупру́гая ~ inelastic deformation
обрати́мая ~ reversible deformation
объёмная ~ cubic strain
однорóдная ~ homogeneous deformation
~ основáния bedding [foundation] deformation

деформа́ци/я
оста́точная ~ residual deformation, permanent set
~ отли́вки casting strain
относи́тельная ~ relative deformation
отрица́тельная ~ negative strain
~ от сотрясе́ний chatter bump
~ охлажде́ния cooling strain
пласти́ческая ~ plastic deformation
пласти́ческая ~ бето́на plastic flow of concrete
пло́ская ~ plane deformation
~ ползу́чести creep flow
~ ползу́чести, сумма́рная total creep
попере́чная ~ 1. lateral deformation **2.** lateral strain
преде́льная ~ ultimate strain
предше́ствующая ~ prior strain
~ при нулевы́х удлине́ниях inextensional deformation
~ при охлажде́нии cooling strain
~ при преде́ле теку́чести yield(-point) strain
продо́льная ~ longitudinal strain
~ продо́льного изги́ба buckling strain
проста́я ~ simple strain
простра́нственная ~ polydimensional deformation
равнове́сная ~ equilibrium deformation
равноме́рная ~ (*по времени*) uniform deformation
разруша́ющая ~ breaking strain
~ растяже́ния 1. tensile deformation **2.** tensile strain
~ ре́льсовой коле́й deflection of rail track
сверхупру́гая ~ hyperelastic deformation
свя́занная ~ restrained strain
~ сдви́га 1. shear deformation **2.** shearing strain
~ сдви́га при круче́нии shear deformation in torsion
~ сжа́тия compressive strain
~ скру́чивания torsion(al) strain
~ смя́тия crushing deformation
стати́ческая ~ static deformation
сумма́рная ~ total deformation
температу́рная ~ temperature strain
теплова́я ~ thermal deformation
термоупру́гая ~ thermoelastic deformation
углова́я ~ angular deformation
уде́льная ~ unit strain
упру́гая ~ elastic [Hooke(an)] deformation
упру́гая ~ валка́ roll springing
упру́гая ~ клети́ stand springing
упругопласти́ческая ~ plasto-elastic deformation
уса́дочная ~ shrinkage, shrinking deformation
уста́лостная ~ fatigue deformation
~ усто́я abutment deformation
~ фотоплёнки film distortion
холо́дная ~ cold strain

деформа́ци/я
цикли́ческая ~ cyclic deformation
чи́стая ~ pure strain
электрострикцио́нная ~ electrostrictive strain
деформи́ровать *гл.* **1.** (*изменять форму*) deform; (*искажать форму*) distort **2.** (*модель процесса или объекта при моделировании*) strain a model
деформи́роваться *гл.* (*претерпевать изменения формы*) be distorted; (*поперечно*) warp; (*продольно*) buckle □ **~ по дуге́** hog
деформи́руемость *ж.* deformability
дефосфора́ция *ж.* dephosphorization, phosphor removal
дефро́стер *м.* defroster, defrosting [thawing] unit
дехлори́рование *с.* dechlorination
дехлори́ровать *гл.* dechlorinate
деци- (*приставка дольных единиц измерения*) deci-
децибе́л *м.* decibel, dB
децибелме́тр *м.* decibelmeter
деци́ль *ж. мат.* decile
децима́льный *прил.* decimal
децимоля́рный *прил.* decimolar
децинорма́льный *прил.* tenth-normal
дешифра́тор *м.* decoder
~ а́дреса address decoder
дио́дный ~ diode decoder
~ для ка́бельного ко́да Мо́рзе, печа́тающий приёмный cable-code direct printer
~ кома́нд command decoder
магни́тный ~ magnetic decoder
ма́тричный ~ matrix decoder
~ после́довательного де́йствия, цифрово́й serial digital decoder
~ с ли́нией заде́ржки delay line decoder
счётный ~ counting decoder
дешифра́ция *ж.* **1.** decoding **2.** (*перенос частоты*) translation **3.** (*в телетайпе*) transfer (operation)
~ ко́да code translation
дешифри́рование *с.* **1.** decoding **2.** *геод.* identification, interpretation
~ аэросни́мков photo identification, airphoto interpretation, photoreading
оши́бочное ~ misidentification, misinterpretation
полево́е ~ field classification, field interpretation
дешифри́ровать *гл.* **1.** decode **2.** (*переносить частоту*) translate **3.** (*в телетайпе*) transfer
дешифро́вщик *м.* **аэросни́мков** image interpreter, air photographer
деэмульга́тор *м.* demulsifier, emulsion breaker
деэмульги́рование *с.* demulsification, demulsifying
деэмульги́ровать *гл.* demulsify
джин *м. с.-х.* gin
пи́льный ~ saw gin
джини́рование *с. с.-х.* ginning
джо́уль *м.* joule, J
джоульме́тр *м.* joulemeter

джут *м.* jute
джутотка́чество *с.* jute weaving
дзе́та-фу́нкция *ж.* zeta-function
диа́гноз *м.* diagnosis
диагно́стика *ж.* diagnostics
дистанцио́нная ~ remote diagnosis
~ инфракра́сным излуче́нием infra-red diagnostics
~ неиспра́вностей malfunction diagnosis
диагонализа́ция *ж.* (*матрицы*) diagonalization
диагонализу́емость *ж.* (*матрицы*) diagonalizability
диагонализу́емый (*о матрице*) diagonalizable
диагона́ль *ж.* **1.** diagonal **2.** (*теоретического чертежа судна*) diagonal [ribband] line
больша́я ~ main diagonal (*in magic squares*)
гла́вная ~ principal [leading, main] diagonal
гла́вная, домини́рующая ~ dominant main diagonal
~ измери́тельного моста́ diagonally opposite pair of junctions [terminals] of a bridge □ **включи́ть в ~ измери́тельного моста́** connect [place] across [between] a diagonally opposite pair of junctions [terminals] of a bridge
~ определи́теля diagonal of a determinant
~ определи́теля, втора́я secondary diagonal of a determinant
~ определи́теля, побо́чная secondary diagonal of a determinant
диагра́мм/а *ж.* **1.** diagram, plot **2.** (*диаграммная бумага*) chart □ **~ фикси́руется вту́лкой о́си** the chart is located by a hub
~ в дека́ртовых координа́тах Cartesian diagram
ве́кторная ~ vector diagram
~ в поля́рных координа́тах polar diagram
~ в прямоуго́льных координа́тах diagram in rectangular coordinates
временна́я ~ time diagram; time [timing] chart
~ газораспределе́ния (*в двс*) distribution [timing] diagram
~ да́льности де́йствия *рад., рлк.* coverage diagram
~ деформа́ций strain diagram
~ для самопи́сцев chart
~ для самопи́сцев, кру́глая circular chart
~ для самопи́сцев, ле́нточная strip chart
~ затвердева́ния solidification curve
~ излуче́ния по по́лю radiation field pattern
~ изодо́з isodose chart
~ изотерми́ческих превраще́ний isothermal transformation diagram
индика́торная ~ indicator diagram; *мет.* force-distance diagram

диагра́мма

~ испыта́ния (*материалов*) test diagram
~ истече́ния effluogram
~ и́стинности *киб.* truth diagram
конструкти́вная ~ assumption diagram
кругова́я ~ circle [locus] diagram
кругова́я, ве́кторная ~ clock diagram
лине́йная ~ line diagram
~ металлурги́ческих равнове́сий metallurgical equilibrium diagram
~ нагру́зки *свз.* traffic diagram
~ напра́вленности анте́нны 1. (*графическое представление*) directional [radiation] pattern, directivity [polar] diagram □ **стро́ить ~у напра́вленности анте́нны** construct a directional [radiation] pattern **2.** (*луч антенны*) beam □ **враща́ть ~у напра́вленности анте́нны** rotate a beam; **испо́льзовать широ́кую** *или* **у́зкую ~у напра́вленности анте́нны** use a wide *or* narrow beam; **управля́ть ~ой напра́вленности анте́нны по а́зимуту, да́льности, углу́ ме́ста** control a beam in azimuth, range, elevation; **формирова́ть ~у напра́вленности анте́нны** shape a beam
~ напра́вленности анте́нны, азимута́льная azimuth directional [radiation] pattern
~ напра́вленности анте́нны, асимметри́чная asymmetric directional [radiation] pattern
~ напра́вленности анте́нны, асимметри́чная треуго́льная asymmetrically flared beam
~ напра́вленности анте́нны в вертика́льной пло́скости vertical directional [radiation] pattern [beam]
~ напра́вленности анте́нны в горизонта́льной пло́скости horizontal directional [radiation] pattern [beam]
~ напра́вленности анте́нны, ве́ерная 1. fan-shaped directional [radiation] pattern **2.** fan-shaped beam
~ напра́вленности анте́нны, двухлучева́я bidirectional beam
~ напра́вленности анте́нны, иго́льчатая 1. pencil-beam directional [radiation] pattern **2.** pencil beam
~ напра́вленности анте́нны, кардио́идная cardioid directional [radiation] pattern
~ напра́вленности анте́нны, квадрати́чно-косе́канская cosecant-squared beam
~ напра́вленности анте́нны, лопастеобра́зная beavertail beam
~ напра́вленности анте́нны, многолепестко́вая 1. multilobe directional [radiation] pattern **2.** multilobed beam
~ напра́вленности анте́нны на приём reception directional [radiation] pattern
~ напра́вленности анте́нны, ножева́я knife-edge pattern [beam]

диагра́мма

~ напра́вленности анте́нны, се́кторная 1. sector-shaped directional [radiation] pattern **2.** sector-shaped beam
~ напра́вленности анте́нны, треуго́льная 1. flat-top directional [radiation] pattern **2.** flat-top flared beam
~ напра́вленности облуча́теля feed directional [radiation] pattern
~ напра́вленности радиотелеско́па radio telescope beam
~ напряже́ний stress-strain diagram
~ напряжённости по́ля field strength pattern
~ неопределённости ambiguity diagram
~ усто́йчивости stability curve
~ парораспределе́ния (*паровой машины*) valve diagram
~ пла́вкости fusibility curve
~ плавле́ния melting-point diagram
~ по́ля field pattern
поля́рная ~ polar diagram
потенциа́льная ~ potential diagram
~ превраще́ний transformation diagram
психрометри́ческая ~ psychrometric chart
~ равнове́сия equilibrium diagram
~ распределе́ния нагру́зки loading chart
~ распределе́ния освещённости isocandle diagram
~ распределе́ния пото́ка flux pattern
~ раствори́мости solubility diagram
~ режи́мов (*паровой турбины*) steam-consumption diagram
~ рекристаллиза́ции recrystallization curve
сво́дная ~ cumulative diagram
~ скоросте́й velocity diagram
~ слы́шимости audition diagram
~ сопротивле́ний и проводи́мостей immittance chart
~ состоя́ния constitution diagram
~ состоя́ния двухкомпоне́нтной систе́мы binary constitution diagram
~ состоя́ния, неравнове́сная metastable diagram
~ состоя́ния тройны́х спла́вов ternary constitution diagram
сто́лбчатая ~ column [bar] diagram, histogram
теплова́я ~ thermal diagram
термокинети́ческая ~ continuous cooling transformation diagram
~ ти́пов колеба́ний mode chart
топографи́ческая ~ topographical diagram
то́чечная ~ point-by-point diagram, point-by-point plot
~ тра́фика traffic curve, traffic record
трёхо́сная ~ triaxial diagram
узлова́я ~ nodal diagram

диагра́мма

~ фаз газораспределе́ния *двс* distribution [timing] diagram
фа́зовая ~ phase diagram
фотометри́ческая ~ isocandle diagram
~ ци́кла дви́гателя cycle curve
циклова́я ~ cyclogram
шта́пельная ~ *текст.* fibre (array) [staple] diagram
энергети́ческая ~ energy (level) diagram
~ энергети́ческих у́ровней energy-band diagram
энтропи́йная ~ entropy(-temperature) diagram

диагра́ф *м.* diagraph
диаграфи́я *ж.* diagraphy
диа́да *ж. мат.* dyad
диа́дик *м. мат.* dyadic
диади́ческий *прил. мат.* dyadic
диазоамино́л *м.* diazoaminol dye
диазоаминосоедине́ние *с.* diazoamino compound *пример*: **диазоаминобензо́л** diazoamino benzene
диазобума́га *эл.* diazo paper
диазокопи́рование *с.* diazotype copying
диазосоедине́ние *с.* diazo compound *примеры*: **диазомета́н** diazomethane; **диазоэфи́р** diazo ester
диазоти́пия *ж.* diazotype, diazo(type) process
диазоти́рование *с.* diazotization
диазоти́ровать *гл.* diazotize
диа́к *м.* bidirectional triode thyristor, diac
диака́устика *ж.* diacaustic
диаку́стика *ж.* diacoustics
диа́лиз *м.* dialysis
мембра́нный ~ dialysis through a septum [membrane]
диализи́ровать(ся) *гл.* dialyze
диамагнети́зм *м.* diamagnetism
диамагне́тик *м.* diamagnetic material, diamagnetic substance
диамагни́тный *прил.* diamagnetic
диама́нт *м.* (*типографский шрифт*) diamond
диа́метр *м.* **1.** (*размер*) diameter □ **в ~е** across [in] diameter; **по (но́вому) ~у** to (the new) diameter **2.** (*линия*) diametric(al) line
~ без коры́ (*о бревне*) diameter under bark
~ в ве́рхнем отру́бе (*о бревне*) diameter at the top, top diameter
ви́димый ~ apparent diameter
~ в коре́ (*о бревне*) diameter inside bark
~ в ни́жнем отру́бе (*о бревне*) diameter at the butt
вну́тренний ~ inside [internal] diameter
~ волново́да, крити́ческий critical diameter
~ в свету́ clear diameter
~ вхо́да (*вентилятора*), **относи́тельный** specific diameter

диа́метр

~ выходно́го сече́ния (*сопла*) exit diameter
гла́вный ~ principal diameter
~ гнезда́ кла́пана valve diameter
~ голо́вки кла́пана valve head diameter
~ го́рной вы́работки в прохо́дке excavated diameter of a mine working
~ го́рной вы́работки вчерне́ excavated diameter of a mine working
~ гребно́го винта́ по ося́м ло́пастей blade-circle diameter of a propeller
~ дели́тельной окру́жности pitch diameter
~ Земли́, поля́рный polar diameter of the Earth
~ Земли́, экваториа́льный equatorial diameter of the Earth
крепёжный ~ (*радиолампы*) holding diameter
~ крити́ческого сече́ния (*сопла*) throat diameter
~ навива́ния про́вода (*без разруше́ния*) coiling diameter of a wire
нару́жный ~ external [outside] diameter
нецентри́рующий ~ *мет.-об.* non-centr(e)ing diameter
номина́льный ~ nominal diameter
~ обто́чки, максима́льный turning [machining] diameter
опо́рный ~ (*радиолампы*) seating diameter
~ пузыря́, отрывно́й diameter of a bubble at departure
~ разду́ва inflation diameter
разрывно́й ~ breaking diameter
~ раскры́тия ку́пола парашю́та mouth diameter of a parachute
~ расто́чки bore (diameter)
~ резьбы́, вну́тренний root [minor] diameter of a thread
~ резьбы́, нару́жный major diameter of a thread
~ резьбы́, сре́дний angle diameter of a thread
~ резьбы́, эффекти́вный effective diameter of a thread
~ сверле́ния drilled diameter
светово́й ~ clear [free] aperture
~ скважи́ны borehole diameter, borehole section □ **измеря́ть ~ сква́жины** caliper a borehole, gauge a hole section
сопряжённые ~ы conjugate diameters
~ столкнове́ния части́ц collision diameter
~ ступе́ни турби́ны, сре́дний pitch diameter; blade diameter
~ то́чечного мно́жества diameter of a set of points
трансфини́тный ~ transfinite diameter
углово́й ~ angular diameter
усло́вный ~ nominal diameter
~ фа́кела (*форсунки*) jet diameter
~ фюзеля́жа fuselage diameter

диа́метр

~ фюзеля́жа в ми́деле maximum diameter of a fuselage
центри́рующий ~ *мет.-об.* centr(e)-ing diameter
~ цили́ндра (cylinder) bore
~ циркуля́ции (*судна*) diameter of gyration, diameter of a turning circle

диаммофо́с *м.* diammophos, diammonium phosphate

диапазо́н *м.* **1.** range; (*часть диапазона*) band □ **в ~е** over the range; **выде́рживать** (*напр. усиление*) **постоя́нным по ~у** maintain (*e. g., gain*) constant over the range [band]; **переключа́ть ~** change [select, switch] bands; **по ~у** over the range [band] **2.** (*объём, охват*) gamut, spectrum
веща́тельный ~ broadcast band
веща́тельный, станда́ртный ~ standard broadcast band
~ волн (*в длинах волн*) wave band; (*в единицах частоты*) frequency band
~ вы́держек *кфт.* exposure range
~ высо́т полёта flight altitude envelope
~ гектометро́вых волн hectometric wave [medium-frequency, MF] band
~ гро́мкости volume range
~ декаметро́вых волн decametric wave [high-frequency, HF] band
~ дециметро́вых волн decimetric wave [ultrahigh frequency, UHF] band
динами́ческий ~ dynamic range
~ досры́вных скоросте́й полёта unstalled flight range
~ дроссели́рования throttling band
~ замира́ний fading range
~ за́писи, полночасто́тный high-fidelity [full-frequency] recording range
~ затя́гивания *рад.* pulling range
~ захва́та (*в системе АПЧ*) lock-in range
~ измене́ния регули́руемой величины́ control range
~ измере́ний range of measurement
~ километро́вых волн kilometric wave [low-frequency, LF] band
~ криоге́нных температу́р range of cryogenic temperature(s)
люби́тельский ~ *рад.* amateur band
~ метро́вых волн metric wave [very-high-frequency, VHF] band
~ миллиметро́вых волн millimetric wave [extremely high-frequency, EHF] band
~ мириаметро́вых волн miriametric wave [very-low-frequency, VLF] band
~ настро́йки 1. tuning range **2.** (*уставок*) range of adjustment
~ непреры́вных значе́ний *мат.* continuum of values
~ ни́зких часто́т 1. (*часть общего спектра электромагнитных колебаний*) low-frequency band **2.** (*часть рабочего диапазона приёмника, усилителя и т. п.*) low-frequency range; (*по отношению к тракту передатчика или приёмника*) audio-frequency range

диапазо́н

~ ослабле́ния attenuation range
~ оши́бок *вчт.* error range
перекрыва́емый ~ range of coverage
~ перехва́та interception range
~ по́иска (*в системе АПЧ*) search range
рабо́чий ~ (*напр. шкалы*) effective range; (*напр. температур*) operating range
радиовеща́тельный ~ broadcast band
радиовеща́тельный, коротково́лновый ~ short-wave broadcast band
~ регули́рования (*управления*) control range
~ регулиро́вки зажига́ния timing range
~ сантиметро́вых волн centimetric wave [superhigh frequency, SHF] band
~ сверхзвуковы́х скоросте́й supersonic range
СВЧ ~ microwave range, microwave band
~ свя́зи communication band
~ синхрониза́ции (*в генераторе развёртки*) lock-in range
~ скоросте́й velocity range, velocity interval
~ слеже́ния (*в системе АПЧ*) hold-in range
~ слы́шимости range of hearing
~ сре́дних часто́т 1. (*часть общего спектра электромагнитных колебаний*) medium-frequency band **2.** (*часть рабочего диапазона приёмника, усилителя и т. п.*) mid-(band) frequency range
телевизио́нный ~ television (broadcast) band
~ температу́р temperature span, temperature interval
~ центро́вок *ав.* range of centre of gravity positions
~ часто́т frequency range; frequency band □ **растя́гивать ~ часто́т** spread a (frequency) range [band]
~ часто́т, номина́льный assigned frequency band
~ часто́т свя́зи communication band
~ эксплуатацио́нных режи́мов полёта flight envelope
~ экспози́ций *кфт.* exposure range

диапазо́нность *ж.* bandpass [flat-top] response □ **облада́ть** (*напр. хорошей*) **~ю** have [show] a flat gain over the (frequency) range

диапозити́в *м.* slide, transparency □ **устана́вливать ~ в ра́мку** mount a transparency, set up a transparency in a mount

диапозити́в
стереоскопи́ческий ~ 3-D [stereoscopic] slide, 3-D [stereoscopic] transparency
цветно́й ~ colour transparency
диапрое́ктор *м. см.* **диаско́п**
диаско́п *м.* diascope, slide [transparency] projector
диаскопи́я *ж.* diascopy
диатерми́я *ж.* diathermy
длинново́лновая ~ long-wave diathermy
коротково́лновая ~ short-wave diathermy
диатермокоагуля́тор *м.* diathermocoagulator
диатермокоагуля́ция *ж.* diathermocoagulation
диатермо́метр *м.* diathermometer
диатоми́т *м.* diatomite, diatomaceous earth
диафа́н *м.* unglazed porcelain
диафани́я *ж.* (*прозрачное изображение на стекле, полученное методом декалькомании*) diaphaneia
диафано́метр *м.* diaphanometer
диафаноско́п *м.* diaphanoscope
диафи́льм *м.* slide [transparency] strip
диафо́ния *ж.* crosstalk
диафра́гм/а *ж.* **1.** diaphragm **2.** (*фотографическая*) stop
апертýрная ~ aperture diaphragm
де́йствующая ~ aperture diaphragm
~ **деле́ния мо́щности** power-dividing iris
ёмкостная ~ (*в волноводе*) capacitive diaphragm, capacitive window
~ **жёсткости** stiffening diaphragm
измери́тельная ~ orifice plate □ **пе́ред измери́тельной ~ой** upstream of the orifice plate; **по́сле измери́тельной ~ы** downstream from the orifice plate; **тари́ровать измери́тельную ~у** calibrate an orifice plate
измери́тельная, станда́ртная ~ standard orifice plate
индукти́вная ~ (*в волноводе*) inductive diaphragm, inductive window
иони́товая ~ ionite diaphragm
и́рисовая ~ iris diaphragm
катиони́товая ~ cationite diaphragm
коллими́рующая ~ collimating aperture
~ **ма́лого сече́ния** pin-hole
~ **объекти́ва 1.** (*конструктивный элемент*) diaphragm **2.** (*раскрытие объектива*) lens [f] stop □ **уме́ньшить ~у объекти́ва** step down the lens; **устана́вливать ~у объекти́ва на** (*напр.* 22) set the lens stop to (*e. g.*, f/22)
ограни́чивающая ~ limiting [defining] diaphragm
о́страя ~ *изм.* sharp-edge orifice plate
~ **плоти́ны** core wall
поворо́тная ~ (*в водозаборном сооружении*) grid valve

диафра́гм/а
полуто́новая ~ half-tone stop
развёртывающая ~ scanning diaphragm
разрывна́я ~ *ркт.* blow-out diaphragm, blow-out disk
револьве́рная ~ turret diaphragm
регули́рующая ~ *гидр.* regulating orifice, grid valve
светова́я ~ highlight stop
~ **сцепле́ния** clutch diaphragm
тенева́я ~ shadow stop
~ **форма́тора-вулканиза́тора** *рез.* bladder of a shaper-vulcanizer
~ **фототелегра́фа** aperture (plate)
щелева́я ~ slit diaphragm
эласти́чная ~ flexible diaphragm
~ **электролизёра** (*напр. никеля*) bag
диафрагми́ровать *гл.* **1.** (*устанавливать диафрагму*) provide a diaphragm; (*регулировать диафрагму*) set [adjust] a diaphragm **2.** *кфт.*, *опт.* set [adjust, select] an f-stop; stop (*e.g., a lens*)
дивариа́нтный *прил.* bivariant
диве́ктор *м. мат.* divector
диверге́нтный *прил.* divergent
диверге́нция *ж.* divergence
~ **пото́ка масс** mass divergence
диверги́ровать *гл.* diverge
диверги́рующий divergent
диви́зор *м. мат.* divisor
гла́вный ~ principal divisor
дивини́л *м.* divinyl
дивини́л-ректифика́т *м.* rectified [purified] butadiene
дигедра́льный *прил.* dihedral
дигексагона́льный *прил.* dihexagonal
дигидра́т *м.* dihydrate
дигидри́т *м.* dihydrite
дигра́ф *м. мат.* digraph
дида́ктика *ж.*, **информацио́нная** informational didactic
дидодека́эдр *м.* didodecahedron, diploid
дидодекаэдри́ческий *прил.* didodecahedral
дие́ны *мн.* (*диеновые углеводороды*) dienes, diolefins
диза́йн *м.* (industrial) design
диза́йнер *м.* (industrial) designer
дизелево́з *м.* mine diesel locomotive
ди́зель *м. англ.* Diesel engine; *амер.* diesel (engine) □ ~ **рабо́тает без надду́ва** the Diesel engine aspirates [is aspirated] normally; ~ **рабо́тает с надду́вом** the Diesel engine is supercharged
безнадду́вный ~ normally aspirated Diesel engine
бескомпре́ссорный ~ solid [airless] injection Diesel engine
вихрека́мерный ~ swirl-chamber Diesel engine
возду́шно-ка́мерный ~ air-cell Diesel engine
~ **двойно́го де́йствия** double-acting Diesel engine

ди́зель
двухта́ктный ~ two-stroke Diesel engine
двухто́пливный ~ dual-fuel Diesel engine
компре́ссорный ~ air-injection Diesel engine
~ **констру́кции «ка́мера в по́ршне»** air-cell Diesel engine
крейцко́пфный ~ cross-head Diesel engine
морско́й ~ marine Diesel engine
предка́мерный ~ precombustion chamber [prechamber] Diesel engine
~ **просто́го де́йствия** single-acting Diesel engine
ря́дный ~ in-line [row] Diesel engine
~ **с надду́вом** supercharged Diesel engine
~ **с неразделённой ка́мерой** open-chamber Diesel engine
тро́нковый ~ trunk-piston Diesel engine
четырёхта́ктный ~ four-cycle Diesel engine
ди́зель-генера́тор *м.* Diesel-generator [Diesel-electric] set
ди́зель-компре́ссор *м.* Diesel-compressor
ди́зель-по́езд *м.* Diesel train
ди́зель-трамбо́вка *ж.* power rammer
ди́зель-троллейво́з *м.* Diesel-trolley car
ди́зель-электрово́з *м.* Diesel-electric locomotive
ди́зель-электрохо́д *м.* Diesel-electric ship
дизъюнкти́вный *прил.* disjunctive
дизъю́нктность *ж.* disjointness, disjunction
дизъю́нктный *прил.* disjoint, disjunct
дизъю́нкция *ж.* disjunction, alternation
неразделúтельная ~ inclusive disjunction
раздели́тельная ~ exclusive disjunction
диктофо́н *м.* dictating machine
дилато́метр *м.* dilatometer
дилатометри́я *ж.* dilatometry
диле́ны *мн. лес.* deal ends
ди́льсы *мн. лес.* deals
диме́р *м.* dimer
димериза́ция *ж.* dimerization
димети́л- *м.* dimethyl- *примеры*: **диметилами́н** dimethylamine; **диметилфтала́т** dimethyl phthalate
диметри́ческий *прил.* dimetric, oblique
диморфи́зм *м.* dimorphism
ди́на *ж.* dyne
динакво́д *м.* dynaquad
дина́мик *м.* dynamic loudspeaker
дина́мика *ж.* dynamics
~ **автомоби́ля** (car) performance
~ **адсо́рбции** adsorption dynamics
~ **вхо́да в атмосфе́ру** *косм.* (re-)entry dynamics
га́зовая ~ gas dynamics
~ **жи́дкостей и га́зов** fluid [flow] dynamics

дина́мика
звёздная ~ stellar dynamics
~ измене́ния (*какого-л. явления*) time history (*of a phenomenon*)
класси́ческая ~ classical [Newtonian] dynamics
~ материа́льной то́чки particle dynamics
~ неизменя́емых систе́м rigid-body dynamics
~ нелине́йных систе́м non-linear dynamics
о́бщая ~ general dynamics
~ полёта flight dynamics
~ пучка́ (*частиц*) beam dynamics
~ раке́т rocket dynamics
~ реа́ктора reactor dynamics
реологи́ческая ~ rheological dynamics
~ ру́словых пото́ков stream dynamics
~ систе́мы (материа́льных) то́чек dynamics of mass points
~ сооруже́ний dynamics of structures, structural dynamics
~ твёрдого те́ла dynamics of rigid body, rigid (-body) dynamics
~ то́чки particle dynamics
динами́т *м.* dynamite
~ для откры́тых рабо́т quarry dynamite
желатини́рованный ~ gelatine dynamite
морозосто́йкий ~ uncongealable dynamite
предохрани́тельный ~ permissible dynamite
динамобаллистокардио́граф *м. мед.* dynamoballistocardiograph
динамогра́мма *ж.* dynamogram
динамо́граф *м.* dynamograph, (self-)recording dynamometer
динамомаши́на *ж. уст.* dynamo, d. c. generator
динамо́метр *м.* **1.** (*для измерения мощности, работы или вращающего момента*) dynamometer **2.** (*испытательная машина*) testing machine **3.** (*для измерения усилия*) load gauge, spring balance
гидравли́ческий ~ hydraulic dynamometer
крути́льный ~ torsion dynamometer
образцо́вый ~ (certified) master proving ring
пружи́нный ~ spring dynamometer
рабо́чий ~ working load gauge, working dynamometer
рыча́жный ~ lever-type dynamometer
стре́лочный ~ dial dynamometer
тензометри́ческий ~ strain-gauge dynamometer
тормозно́й ~ absorption dynamometer
тя́говый ~ traction dynamometer
электри́ческий ~ electrodynamometer
динамометри́рование *с.* dynamometer test
динамоме́трия *ж.* dynamometry
динамооптиме́тр *м.* dynamo-optimeter
динамоско́п *м.* dynamoscope
дина́с *м.* silica brick
динатро́н *м.* dynatron
динейтро́н *м.* dineutron
дини́стор *м.* dinistor, dynistor, diode thyristor
дино́д *м.* dynode
~ ти́па жалюзи́ louvered dynode
дио́д *м.* diode □ **~ закры́т** the diode is not conducting [is cut off, is held at cut-off]; **~ облада́ет ве́нтильными сво́йствами** the diode exhibits electrical valve-like action; **~ откры́т** the diode is conducting; **~ проявля́ет односторо́ннюю проводи́мость** the diode shows unidirectional conduction
ва́куумный ~ thermionic diode
волново́дный ~ waveguide diode
вплавно́й ~ alloyed diode
выпрями́тельный ~ rectifier diode
высокочасто́тный ~ R. F. diode
га́нновский ~ Gunn (-effect) diode
генери́рующий ~ lasing diode
герма́ниевый ~ germanium diode
герметизи́рованный ~ sealed [packaged] diode
двухба́зовый ~ double-base diode
дискре́тный ~ discrete diode
диффузио́нный ~ diffused diode
~ интегра́льной схе́мы integrated (circuit) [IC] diode
интегра́льный ~ integrated diode
ио́нный ~ gas-filled diode
ключево́й ~ switching diode
кре́мниевый ~ silicon diode
кристалли́ческий ~ semiconductor [crystal] diode
лави́нно-пролётный ~ avalanche transit time diode
лави́нный ~ avalanche diode
~ маячко́вого ти́па lighthouse diode
миниатю́рный ~ miniature diode
обратносмещённый ~ reverse-biased diode
обращённый ~ backward diode
параметри́ческий ~ varactor
переключа́ющий ~ switching diode
пла́зменный ~ plasma diode
плана́рный ~ planar diode
плёночный ~ film diode
плоскостно́й ~ junction diode
полупроводнико́вый ~ semiconductor [crystal] diode
прямосмещённый ~ forward-biased diode
раздели́тельный ~ isolation diode
сварно́й ~ bonded diode
сверхпроводя́щий ~ superconducting diode
силово́й ~ power diode
смеси́тельный ~ mixer diode
~ с отрица́тельным сопротивле́нием negative-resistance diode
сплавно́й ~ alloyed diode
таблéточный ~ pill diode
дио́д
то́чечный ~ point (-contact) diode
тунне́льный ~ tunnel diode
управля́емый ~ controlled diode
~, формо́ванный излуче́нием ла́зера laser formed diode
шумово́й ~ noise diode
эквивале́нтный ~ equivalent diode
электрова́куумный ~ diode tube
эпитаксиа́льный ~ epitaxial diode
диокса́н *м.* dioxane
диокта́эдр *м.* dioctahedron, ditetragonal pyramid
дио́птр *м.* (*визир у некоторых буссолей*) sight
дио́птрика *ж.* dioptrics
диоптри́метр *м.* dioptrimeter
диоптри́я *ж.* **1.** (*единица оптической силы линзы*) diopter **2.** (*единица оптической силы призмы*) prism diopter, dioptry
дипирами́да *ж.* bipyramid, dipyramid
ди́плекс *м.* diplex operation, diplex working □ **рабо́та ~ом с часто́тной модуля́цией** frequency-shift diplex [twinplex] operation
диплоско́п *м.* diploscope
поляро́идный ~ polaroid diploscope
дипло́т *м.* deep-sea (sounding) lead
дипло́эдр *м.* diplohedron
дипо́ль *м.* **1.** (*система двух зарядов*) dipole, doublet **2.** (*тип антенны*) dipole (aerial) (*см. тж.* **вибра́тор**)
магни́тный ~ magnetic dipole
пасси́вный ~ director, passive dipole
электри́ческий ~ electrical dipole
элемента́рный ~ infinitesimal [elementary] dipole
диполя́рный *прил.* dipolar
дипта́нк *м.* deep tank
дире́ктор *м.* (*многовибраторной антенны*) director
директоско́п *м.* directoscope
директри́са *м. мат.* directrix (*мн.* directrices)
~ коническoго сече́ния directrix of a conic
дирижа́бль *м.* airship, dirigible
~ жёсткой систе́мы rigid airship
~ мя́гкой систе́мы non-rigid airship, blimp
~ полужёсткой систе́мы semi-rigid airship
дисазокраси́тель *м.* disazo dye
дисбала́нс *м.* **1.** *мат.* disbalancement **2.** *мех.* disbalance, lack of balance, out-of-balance, unbalance □ **регистри́ровать ~** indicate the amount of unbalance; **устраня́ть ~** correct unbalance
диск *м.* disk, disc, plate □ **«облопа́чивать» ~ турби́ны** blade the turbine disk
~ винта́ (*площадь, ометаемая винтом*) *ав.* disk area
вырезно́й ~ (*дисковой бороны*) cut-out disk
выса́живающий ~ planting disk

диск
высева́ющий ~ seed [feed] disk, seed plate
грануляцио́нный ~ pelletizing plate
дели́тельный ~ *с.-х.* indexing disk, indexing plate
householder
дово́дочный ~ (*в доводочном станке*) lap, lapping disk
~ **доза́тора** feeding disk
заде́лывающий ~ *с.-х.* covering disk, disk coverer
~ **зажи́ма узловяза́теля** *с.-х.* knotter disk
защи́тный ~ (*культиватора*) plant blocker [shielding] wheel
иго́льчатый ~ *с.-х.* wheel spider
~ **измельчи́теля** chopping flywheel rotor
коди́рующий ~ code wheel
коди́рующий, цифрово́й ~ digital code wheel
~ **колеса́** (*автомобиля*) wheel disk, wheel web □ **выгиба́ть** ~ **колеса́** (*на прессе*) cone a wheel disk
~ **колеса́ вентиля́тора, за́дний** hub plate
~ **колеса́ вентиля́тора, пере́дний** cover plate
~ **колеса́ центробе́жного насо́са** shroud
комбина́торный ~ *тлг.* combiner wheel
кривоши́пный ~ crank plate
кулачко́вый ~ cam plate
ли́нзовый ~ *тлв.* lens scanning disk
ли́терный ~ (*в телетайпе*) printing [character] disk
мери́льный ~ *текст.* notched bowl, notched disk
~ **молоти́льного бараба́на** thrashing cylinder head
~ **наво́я** flange of a loom beam
~ **несу́щего винта́** (*площадь, ометаемая лопастями несущего винта вертолёта*) disk area
~ **Ни́пкова** *опт.* Nipkow [exploring, spiral] disk
ножево́й ~ *с.-х.* cutting [knife] wheel
~ **номеронабира́теля, заводно́й** finger [rotatable dial] plate, finger wheel □ **враща́ть [провора́чивать] заводно́й** ~ **номеронабира́теля до упо́ра** rotate the finger plate to the finger stop
~ **номеронабира́теля, номерно́й** number [fixed dial] plate
пи́льный ~ saw blade
плу́жный ~ plough disk
плющи́льный ~ squeeze disk
подгреба́ющий ~ *с.-х.* raking disk
подка́пывающий ~ *с.-х.* digging-(-up) wheel
~ **поса́дочного аппара́та, ло́жечный** picker head disk
~ **прерыва́теля** breaker plate
~ **проигрыва́теля** turn-table (platen)
проре́живающий ~ *с.-х.* thinner head

диск
пряди́льный ~ godet wheel
~ **рабо́чего колеса́ центробе́жного насо́са** side plate
~ **ра́вного сопротивле́ния** disk of constant strength
разбросно́й ~ *с.-х.* spreading disk
разбросно́й, центробе́жный ~ *с.-х.* spinner plate
развёртывающий ~ *тлв.* scanning disk
разгру́зочный ~ (*центробежной машины*) balancing ring, balancing face
распредели́тельный ~ *тлг.* distributor disk, distributor plate, plate of distributor
~ **руби́льной маши́ны** chipper disk
рыхля́щий ~ *с.-х.* ripper disk
~ **Ре́лея** *ак.* Rayleigh disk
~ **с отве́рстиями** *тлв.* apertured disk
стробоскопи́ческий ~ stroboscope [stroboscopic] disk
сфери́ческий ~ (*дисковой бороны*) concave disk
~ **сцепле́ния** clutch plate
~ **сцепле́ния, ведо́мый** clutch driven plate
~ **сцепле́ния, веду́щий** clutch drive plate
~ **сцепле́ния, нажимно́й** pressure clutch plate
~ **сцепле́ния, упру́гий** cushion clutch disk
счётный ~ circular slide rule
тереби́льный ~ *с.-х.* pulling disk
тормозно́й ~ brake disk
~ **тормозны́х коло́док, опо́рный** (brake) backing plate
~ **турби́ны** turbine disk
~ **турби́ны, одновене́чный** single-row turbine disk
~ **узловяза́теля, распредели́тельный** *с.-х.* knotter cam disk
шелуши́льный ~ hulling disk
шка́льный ~ scale plate, dial
дискова́ние *с.* disking, disk harrowing
дискова́ть *гл.* disk
диско́нт *м. эк.* discount
дисконти́нуум *м. мат.* discontinuum
двои́чный ~ dyadic discontinuum
дискретиза́ция *ж.* analog(ue)-to-digital conversion, digitization
~ **аргуме́нта фу́нкции** (*квантование по времени*) sampling
~ **значе́ния фу́нкции** (*по амплитуде*) (amplitude) quantization, quantizing
~ **по вре́мени** time sampling
~ **по у́ровню** (amplitude) quantization, quantizing
дискре́тно *нареч.* discretely
дискре́тность *ж.* discreteness □ **измеря́ться с** ~**ю** ... be measured in steps [in increments] of ...
дискре́тный *прил.* discrete, discontinuous; digital
дискримина́нт *м.* discriminant

дискримина́тор *м.* discriminator
временно́й ~ time discriminator
двоякопреломля́ющий ~ birefringent discriminator
двухта́ктный ~ push-pull discriminator
дио́дный ~ diode discriminator
дро́бный ~ ratio detector
~ **и́мпульсов, амплиту́дный** pulse-height discriminator
~ **и́мпульсов по дли́тельности** pulse-length discriminator
~ **и́мпульсов по пери́оду** time discriminator
~ **и́мпульсов по ширине́** pulse-width discriminator
лине́йный ~ linear discriminator
однота́ктный ~ single-ended discriminator
равнопле́чий ~ equal arm discriminator
~ **с взаи́мно расстро́енными ко́нтурами** stagger-tuned discriminator
фа́зовый ~ phase discriminator
часто́тный ~ frequency discriminator
диск-сигна́л *м. ж.-д.* signal disk □ ~ **«путь закры́т»** "closed" disk; ~ **«путь свобо́ден»** "open" disk
дислока́ци/я *ж. крист.* (crystal) dislocation, (*редко*) disturbance □ **образо́вывать** ~**ю** generate a dislocation; ~ **перемеща́ется в криста́лле** the dislocation moves through the lattice
ба́зисная ~ basal dislocation
винтова́я ~ screw dislocation
краева́я ~ edge dislocation
расши́ренная ~ extended dislocation
расщеплённая ~ extended dislocation
сме́шанная ~ mixed dislocation
части́чная ~ partial dislocation
дисперга́тор *м.* **1.** (*вещество*) dispersant, dispersing agent **2.** (*устройство*) powder distributing device, powder dispenser
ультразвуково́й гидродинами́ческий ~ hydrodynamic ultrasonic disperser
дисперги́рование *с.* dispersion
дисперги́рованный, то́нко finely divided
дисперги́ровать *гл.* disperse
дисперги́руемость *ж.* **по́чвы** soil detachability
дисперсио́нный *прил.* dispersive, dispersion
диспе́рсия *ж.* **1.** dispersion **2.** *мат.* variance □ ~ **характеризу́ет разбро́с величины́ о́коло сре́днего значе́ния** variance is a measure of the spread of a variable about its mean
атмосфе́рная ~ atmospheric dispersion
во́дная ~ aqueous dispersion
~ **волн** wave dispersion
~ **воспроизводи́мости** (*в вариационном анализе*) error mean square

диспе́рсия
~ вы́борки sampling variance
диэлектри́ческой проница́емости permittivity dispersion
~ диэлектри́ческой проница́емости, резона́нсная resonance dispersion of permittivity
~ диэлектри́ческой проница́емости, релаксацио́нная relaxation dispersion of permittivity
~ зву́ка acoustic [sound] dispersion
~ зву́ка, отрица́тельная negative acoustic [sound] dispersion
~ зву́ка, положи́тельная positive acoustic [sound] dispersion
обобщённая ~ generalized variance
ожида́емая ~ *мат.* desired [predicted] variance
оста́точная ~ residual variance
~ оши́бок 1. error variance 2. *нвг.* error scatter
~ прибо́ра dispersion of an instrument
регенерати́вная ~ reclaim dispersion
са́жевая ~ *рез.* carbon-black dispersion
~ све́та dispersion of light, light dispersion
~ све́та, анома́льная anomalous light dispersion
~ све́та, враща́тельная rotary light dispersion
~ све́та, норма́льная normal light dispersion
случа́йная ~ accidental variance
~ случа́йного проце́сса random-process variance
усло́вная ~ conditional variance
диспе́рсность *ж.* dispersivity, degree of dispersion, range of particle dimensions
дисперсо́ид *м.* dispersoid
диспе́тчер *м.* 1. dispatcher 2. *вчт.* dispatcher, supervisor (programme), monitor (programme), executive [manager] programme
~ слу́жбы управле́ния возду́шным движе́нием air-traffic-controller
~ УВД *ав.* AT controller
диспетчериза́ция *ж.* 1. (*производственного процесса*) dispatching control 2. (*движения*) traffic control
межзаводска́я ~ interplant dispatching, interplant dispatch control
диспе́тчерская *ж.* 1. control room 2. *ав.* control tower
диспле́й *м.* visual display
диспро́зий *м.* dysprosium, Dy
диспропорциони́рование *с.* disproportionation
диспропо́рция *ж.* disproportion
диссе́ктор *м.* (*передающая телевизионная трубка*) dissector tube, image dissector
диссимметри́я *ж.* dissymmetry, asymmetry
диссипа́ция *ж.* dissipation
~ эне́ргии energy [power] dissipation
диссоциа́тор *м. св.* cracker
аммиа́чный ~ ammonia cracker
диссоциа́ция *ж.* dissociation □ **~ на ио́ны** dissociation into ions; **~ на моле́кулы** dissociation into molecules
самопроизво́льная ~ spontaneous dissociation
споnта́нная ~ spontaneous dissociation
терми́ческая ~ thermal dissociation
фотохими́ческая ~ photodissociation, photochemical dissociation
электролити́ческая ~ electrolytic dissociation
диссоции́ровать *гл.* dissociate, break down, break up, split up □ **~ на ...** % be ... per cent dissociated; **~ на полови́ну, треть** *и т. п.* be half, one-third, *etc.* dissociated; **~ при нагре́ве** dissociate upon heating [by heat]
дистанциометри́рование *с.* ranging
дистанцио́нность *ж.* remotability
~ управле́ния remotability of control
диста́нция *ж.* 1. distance 2. *ж.-д.* division 3. (*расстояние между автомашинами, самолётами и т. п. в продольном направлении*) longitudinal separation
~ взлёта, потре́бная take-off distance required
~ взлёта, располага́емая take-off distance available
взлётная ~ take-off distance
поса́дочная ~ landing distance
~ пре́рванного взлёта accelerate-stop distance
~ пути́ permanent way division
~ свя́зи communication division
дисте́ктика *ж.* distectic point
дистилли́рование *с.* distillation, distilling
дистилли́ровать *гл.* distil
дистилля́т *м.* distillate, distillate [overhead] product □ **отбира́ть ~** draw off the overhead product
дистилля́тор *м.* still, distiller, distilling apparatus
дистилля́ция *ж.* distillation, distilling (*см. тж.* **перего́нка**)
дисто́рсия *ж.* distortion
анаморфи́ческая ~ anamorphic distortion
анизотро́пная ~ anisotropic distortion
бочкообра́зная ~ barrel-shaped distortion
~ объекти́ва lens distortion
относи́тельная ~ relative distortion
отрица́тельная ~ barrel-shaped distortion
платкообра́зная ~ pocket-handkerchief distortion
подушкообра́зная ~ pin(-)cushion [pillow] distortion
дисто́рсия
положи́тельная ~ pin(-)cushion distortion
~ по́ля изображе́ний field distortion
радиа́льная ~ curvilinear distortion
углова́я ~ distortion in angle, angular distortion
дистрибути́вность *ж.* distributivity
дисульфа́т *м.* disulphate, bisulphate
дисульфи́д *м.* disulphide
дисульфона́т *м.* disulphonate
дитетра́эдр *м. крист.* ditetrahedron
дифени́л *м.* diphenyl *примеры*: **дифениламин** diphenylamine; **дифенилхлорарси́н** diphenylchloroarsine
дифмано́метр *м.* (*на малые перепады; обычно жидкостный*) (differential) manometer; (*на большие перепады; обычно механический*) differential pressure gauge (*см. тж.* **дифференциа́льный мано́метр**)
бесшка́льный ~ differential pressure transmitter, remote-indicating differential pressure gauge
двухтру́бный ~ U-tube manometer
жи́дкостный ~ liquid (differential) manometer
колоко́льный ~ floating-bell manometer
кольцево́й ~ ring-balance manometer
мембра́нный ~ diaphragm differential pressure gauge
однотру́бный ~ well-type manometer
пока́зывающий ~ indicating differential pressure gauge, differential-pressure indicator
поплавко́вый ~ float-type manometer
самопи́шущий ~ differential-pressure recorder, recording differential pressure gauge
сильфо́нный ~ bellows differential pressure gauge
~ с накло́нной тру́бкой inclined(-tube) manometer
U-обра́зный ~ U-tube manometer
дифосфа́т *м.* diphosphate
дифраги́ровать *гл.* diffract
дифракто́метр *м.* diffractometer
рентге́новский ~ X-ray diffractometer
дифра́кция *ж.* diffraction
~ Брэ́гга Bragg diffraction, Bragg scattering
изотро́пная ~ isotropic diffraction
~ на краю́ edge diffraction
~ на криста́лле crystal(line) diffraction
~ на кру́глом экра́не diffraction by a disk
~ на о́стром краю́ knife-edge diffraction
~ на отве́рстии diffraction by an aperture
~ на порошке́ powder diffraction
~ на трёхме́рной решётке diffraction by a crystal lattice

дифра́кция
~ **на ще́ли** slit diffraction
~ **нейтро́нов** neutron diffraction
~ **радиово́лн** radio-wave diffraction
~ **рентге́новских луче́й** X-ray diffraction
~ **Рама́на — На́та** Raman-Nath diffraction
~ **све́та** diffraction of light
~ **све́та на звуковы́х во́лнах** optical-acoustic diffraction
~ **у клинови́дного препя́тствия** knife-edge diffraction
~ **Фраунго́фера** Fraunhofer diffraction
~ **Френе́ля** Fresnel diffraction
~ **части́ц** particle diffraction
~ **электро́нов** electron diffraction
дифсисте́ма *ж. свз.* hybrid set
диффеоморфи́зм *м. мат.* diffeomorphism
диффере́нт *м.* (*судна*) trim □ **регули́ровать ~** trim a vessel, change the trim of a vessel; **су́дно сиди́т с ~ом в ... дю́ймов на корму́** *или* **нос** the vessel has a trim of ... inches by the stern *or* bow
~ **на корму́** trim by the stern
~ **на корму́, конструкти́вный** drag
~ **на нос** trim by the bow [the head, the stem]
ходово́й ~ running trim
дифференто́вка *ж.* fore-and-aft [longitudinal] trimming
дифференциа́л *м.* 1. *мех.* differential (gear) 2. *мат.* differential □ **найти́ ~ от** *x* find the differential of *x*
~ **второ́го, тре́тьего** *и т. п.* **поря́дка** second, third, *etc.* differential
двойно́й ~ double differential (gear)
гармони́ческий ~ harmonic differential
кони́ческий ~ bevel gear, differential (gear)
межосево́й ~ centre differential (gear)
непо́лный ~ inexact differential
по́лный ~ exact [complete, perfect, total] differential
самоблоки́рующийся ~ self-locking [limited slip] differential (gear)
счётный ~ computing differential
цилиндри́ческий ~ spur differential (gear)
ча́стный ~ partial differential
дифференциа́тор *м.* differentiator
гидравли́ческий ~ hydraulic differentiator
пневмати́ческий ~ pneumatic [air-operated] differentiator
фрикцио́нный ди́сковый ~ friction-plate differentiator
дифференци́рование *с.* differentiation
двукра́тное ~ double differentiation
многокра́тное ~ repeated differentiation
~ **нея́вной фу́нкции** implicit differentiation

дифференци́рование
параметри́ческое ~ parametric differentiation
после́довательное ~ successive differentiation
~ **при по́мощи логарифми́рования** logarithmic differentiation
~ **сло́жной фу́нкции** indirect differentiation
чи́сленное ~ numerical differentiation
дифференци́ровать *гл.* differentiate □ ~ **многокра́тно** differentiate repeatedly; ~ **по** *x* differentiate with respect to *x*
дифференци́руемость *ж.* differentiability
дифференци́руемый differentiable □ ~ **в то́чке** x_0 differentiable at x_0; ~ **непреры́вно** continuously differentiable
диффуза́нс *м.* diffusance
диффуза́нт *м.* diffusant
диффуза́т *м.* diffusate
диффузио́метр *м.* diffusiometer
диффузио́нный *прил.* diffusion(al), diffusive
диффу́зи/я *ж.* diffusion □ **де́йствует не́сколько механи́змов ~и** diffusion occurs by several mechanisms; ~ **ведёт к равноме́рному распределе́нию вещества́ по всему́ занима́емому объёму** diffusion establishes a uniform concentration of a component in all parts of the enclosure; ~ **происхо́дит в направле́нии паде́ния концентра́ции вещества́** diffusion occurs in the direction of decreasing concentration gradient
взаи́мная ~ interdiffusion
вихрева́я ~ eddy diffusion
вну́тренняя ~ pore diffraction
~ **внутрь** inward diffraction
вы́нужденная ~ forced diffraction
га́зовая ~ gas(ous) diffraction
ды́рочная ~ hole diffraction
конвекти́вная ~ convective diffusion
лока́льная ~ localized diffusion
молекуля́рная ~ molecular diffusion
~ **нару́жу** outward diffusion
неглубо́кая ~ shallow diffusion
нестациона́рная ~ unsteady-state diffusion
обра́тная ~ reverse diffusion
объёмная ~ volume diffusion
однокра́тная ~ single diffusion
одноме́рная ~ one-dimensional diffusion
~ **по вака́нсиям** diffusion by the vacancy mechanism
пове́рхностная ~ surface diffusion
~ **по грани́цам зёрен** diffusion along grain boundaries, diffusion by the (sub-)boundary mechanism
~ **по междоу́злиям** (*без вытеснения соседнего атома в междоузлие*) interstitial diffusion, diffusion by the (simple) interstitial mechanism; (*с вытеснением соседнего атома в междоузлие*) interstitialcy, diffusion by the interstitialcy mechanism

диффу́зи/я
после́довательная ~ sequential diffusion
~ **прямы́м обме́ном** (*местами атомов*) diffusion by direct interchange (*of positions or sites between atoms*)
свобо́дная ~ free diffusion
стациона́рная ~ steady-state diffusion
терми́ческая ~ thermal diffusion
турбуле́нтная ~ turbulent diffusion
управля́емая ~ controlled diffusion
~ **че́рез перегоро́дку** barrier diffusion
диффу́зно *нареч.* diffusely
диффу́зор *м.* 1. diffuser 2. (*громкоговорителя*) diaphragm, cone
безлопа́точный ~ open diffuser
входно́й ~ inlet diffuser
глухо́й ~ dummy diffuser
двухскачко́вый ~ double-shock diffuser
дозвуково́й ~ subsonic diffuser
изоэнтропи́ческий ~ isentropic diffuser
~ **карбюра́тора** throat
кольцево́й ~ annular diffuser
лопа́точный ~ vaned diffuser
нерегули́руемый ~ fixed-geometry diffuser
одноколо́нный ~ *пищ.* single-column diffuser
противото́чный ~ *пищ.* counter-current diffuser
расширя́ющийся ~ divergent diffuser
ротацио́нный ~ *пищ.* rotary diffuser
~ **с больши́м угло́м раство́ра** wide-angle diffuser
сверхзвуково́й ~ *аргд.* supersonic diffuser
свобо́дно подве́шенный ~ floating cone
~ **с попере́чным кли́ном** bridge diffuser
~ **с прямы́м скачко́м уплотне́ния** normal-shock diffuser
сужа́ющийся ~ convergent diffuser
шне́ковый ~ *пищ.* screw diffuser
щелево́й ~ open diffuser
диффунди́ровать *гл.* diffuse □ ~ **взаи́мно** interdiffuse; ~ **че́рез мембра́ну** diffuse through a septum
диффунди́рующий diffusing
дихотоми́я *мат.* dichotomy
биномиа́льная ~ binomial dichotomy
дихрои́зм *м.* dichroism
дихрома́зия *ж.* dichromatism
дихрома́т *м.* dichromate, bichromate
дихромати́зм *м.* dichromatism
дихроско́п dichroscope
дичь *ж.* 1. (*дикая птица*) fowl 2. (*мелкие животные*) (small) game

диэ́др *м.* dihedron □ **систе́ма пе́рвого, тре́тьего ~а** (*первого, третьего пространственного угла*) the first, third angle system

диэдра́льный *прил.* dihedral

диэле́ктрик *м.* dielectric
анизотро́пный ~ anisotropic dielectric
~ без поте́рь loss-free dielectric
высокочастóтный ~ radio-frequency [r. f.] dielectric
газообра́зный ~ gaseous dielectric
жи́дкий ~ liquid dielectric
идеа́льный ~ perfect dielectric
изотро́пный ~ isotropic dielectric
кремнийоргани́ческий ~ silicone dielectric
листово́й ~ sheet dielectric
многосло́йный ~ laminated dielectric
неидеа́льный ~ imperfect dielectric
непоглоща́ющий ~ non-absorptive dielectric
поглоща́ющий ~ lossy dielectric
~ с ма́лыми поте́рями low-loss dielectric
соверше́нный ~ perfect dielectric
~ с поте́рями lossy dielectric
~ с широ́кой запрещённой зо́ной wide energy gap dielectric
твёрдый ~ solid dielectric
тонкоплёночный ~ thin-film dielectric
ферримагни́тный ~ ferrimagnetic dielectric
чи́стый ~ pure dielectric

длин/а́ *ж.* length □ **в ~у́** endways, endwise, lengthwise; **во всю ~у́** the full length; **на едини́цу ~ы** per unit (of) length; **нареза́ть [отреза́ть]** *что-л.* **по ~е́** cut *smth.* to the length of ...; **по всей ~е́** along [through] the full length (*e. g., of the building*)
~ анкеро́вки anchorage length
~ анте́нны, действи́тельная effective [radiation] length of an aerial
~ ба́зиса base length
~ ба́зы 1. *геод.* base length **2.** (*в гиперболических системах навигации*) base-line distance
~ ве́ктора modulus [absolute value] of a vector
~ взаимоде́йствия (*частиц*) interaction length
~ взлётно-поса́дочной полосы́, исхо́дная selected basic length of a runway
~ витка́, сре́дняя (в обмо́тках) length of an average [mean] turn of a coil, average [mean] length of a coil turn
~ волны́ wave-length
~ волны́, грани́чная cut-off [critical] wave-length
~ волны́ де-Бро́йля de Broglie wave-length
~ волны́, комптóновская Compton wave-length

длин/а́
~ волны́, крити́ческая cut-off [critical] wave length
~ волны́, основна́я fundamental wave-length
~ волны́, поро́говая threshold wave-length
~ волны́, преоблада́ющая dominant wave-length
~ волны́, со́бственная natural wave-length
~ вы́бега coasting distance
~ вы́лета (*напр. струи воды*) range
габари́тная ~ overall length
~ геодези́ческой ли́нии geodetic distance
деба́евская ~ Debye length
~ деба́евского экрани́рования Debye shielding length
диффузио́нная ~ diffusion length
~ дуги́ *геод.* arc distance
едини́чная ~ unit length
~ забо́рной ча́сти (*метчика*) chamfer length
~ заде́лки армату́ры length of an embedment
~ заклёпки, защемлённая grip of a rivet
~ зацепле́ния (*шестерён*) gear contact [engagement] length, length of action
~ зо́нда spacing of the sonde
~ ка́меры *горн.* depth of a room
~ ка́меры сгора́ния *ркт.* combustion-chamber length
~ ка́меры сгора́ния, характеристи́ческая *ркт.* characteristic combustion-chamber length
~ когере́нтности coherent wave [interrupted wave-train] length
~ ко́довой комбина́ции *вчт.* word length
компари́рованная ~ *геод.* standard length
~ консо́ли *стр.* length of overhang, unsupported length
кра́тная ~ multiple length
~ кривоши́па throw of a crank
~ лётного по́ля field length
~ ма́зера, рабо́чая active length of a maser
~ математи́ческого ма́ятника length of a simple pendulum, length of a pendulum
~ ма́ятника, приведённая the equivalent length of a pendulum
~ нахлёстки lap of a splice
несу́щая ~ bearing length
~ о́бласти генера́ции lasing length
~ образу́ющей ко́нуса slant height of a cone
~ образца́ до испыта́ния original length of a specimen
~ образца́, расчётная (*для испытания материалов*) gauge length of a specimen
обра́тная ~ reciprocal [inverse] length
~ обто́чки turning [machining] length

длин/а́
опо́рная ~ bearing length
~ опти́ческой волны́ optical wave-length
~ орби́ты orbit circumference
~ перено́са *физ.* transport mean free path, transport length
~ плато́ plateau length
~ плеча́ reach of an arm
~ поглоще́ния absorption length, absorption path; *опт.* absorption thickness
~ полосы́ набо́ра *полигр.* depth of a page
приведённая ~ (*напр. вала*) reduced length
приведённая ~ ма́ятника length of an equivalent simple pendulum
~ при продо́льном изги́бе, расчётная effective length
~ пробе́га 1. (*частица*) range, track (path) [path] length **2.** (*самолёта*) landing run
~ пробе́га (*частиц*) **до захва́та** capture length
~ пробе́га (*частиц*), **по́лная** maximum range, integral track [path] length
~ прока́тки mill length
~ пролёта *стр.* span length
~ прохо́дки *горн.* amount of advance
~ пути́ (*напр. распространения волн, частиц*) path length
~ пути́ луча́ beam path length
~ пути́, опти́ческая optical length, optical path
~ пути́, фа́зовая phase-path length
~ рабо́чей ча́сти шкалы́ effective scale length
~ разбе́га (*самолёта*) take-off run
~ разго́на волны́ (*расстояние, пройденное ветром*) the fetch (*the distance over which the wind has been blowing*)
разрывна́я ~ (*напр. волокна*) breaking length
~ распростране́ния propagation distance
~ рассе́яния scattering length, scattering mean free path
~ ре́зания cutting length
~ ре́зки прока́та, кра́тная multiple length
~ ре́зки прока́та, ме́рная cut length
~ ре́зки прока́та, неме́рная random length
~ руло́на *прок.* coil length
~ свобо́дного пробе́га (*частиц*) (mean) free path
~ свобо́дного пробе́га (*частиц*) **для рассе́яния, столкнове́ния** *и т. п.* scattering, collision, *etc.* (mean) free path
~ свобо́дного пробе́га (*частиц*), **сре́дняя** mean free path length
~ свя́зи *хим.* bond length
~ сло́ва *вчт.* word length, (word) format
со́бственная ~ proper length

длин/á
~ сообщéния message length
~ спáйки *текст.* length of overlapping
~ стéржня заклёпки grip length of a rivet
~ стéржня, приведённая unsupported length of a column
~ стéржня, свобóдная unsupported length of a column
~ стороны́ lateral length
~ строгáния planing length
строительная ~ face-to-face length
~ строки́ *тлг.* length of a scanning line
~ строки́, полéзная *тлг.* available line
~ сýдна мéжду перпендикуля́рами (ship's) length between perpendiculars
~ сýдна, наибóльшая (ship's) length overall
~ сýдна по ватерли́нии (ship's) length on the water-line
~ сýдна по конструкти́вной ватерли́нии (ship's) length on the designed water-line
~ сýдна, пóлная (ship's) extreme length, (ship's) length overall
~ торгóвого прокáта, нормáльная commercial stock length
~ траектóрии (*частиц*) path length
~ учáстка разгóна *ав.* (gross) distance to accelerate
~ хóда пóршня stroke
электри́ческая ~ (*линии передачи*) phase(-path) [electric] length
эталóнная ~ standard length
длиномéр *м.* mining surveyor's tape [wire] measure
длиноограничи́тель *м.* (*мерный брусок*) gauge block
дли́тельность *ж.* duration
~ азоти́рования nitriding time
~ высвéчивания fluorescence duration
~ жи́зни lifetime, life span
~ зáднего фрóнта и́мпульса pulse decay [fall, trailing-edge] time
~ зри́тельного восприя́тия duration of vision
~ и́мпульса pulse duration, pulse width, pulse length
~ и́мпульса засвéтки gate length
~ искáния *тлф.* selection time
~ кампáнии (*печи, котлоагрегата*) operation period, campaign
~ квантовáния quantization time
~ нагрéва (*при шовной сварке*) heat time
~ нагрýзки load duration
~ оплавлéния (*при стыковой сварке оплавлением*) flashing time
~ осáдки (*при стыковой сварке оплавлением*) upsetting time
~ остывáния cooling time
~ отбóя *тлф.* clearing time
~ óтпуска (*при контáктной свáрке*) temper time

дли́тельность
~ передавáемого сигнáла significant interval of a modulation
~ перéднего фрóнта и́мпульса pulse rise [pulse leading-edge] time
~ перехóдного процéсса transient time
~ перехóдного режи́ма transient time
~ послесвечéния (*электроннолучевой трубки*) afterglow [persistence] time; (*индикаторной запоминающей трубки*) (screen) storage time
~ посы́лки и́мпульса pulse duration, pulse width, pulse length
~ принимáемого сигнáла significant interval of a restitution
~ прокáтки time in rolls
~ прокóвки (*при стыковой сварке оплавлением*) hold time
~ простóя down [idle] time
~ рабóты running time
~ развёртки sweep duration, sweep width, sweep length
~ разговóра call duration, conversation time
~ разря́да discharge time
~ растворéния time of solution
~ спáда и́мпульса pulse decay [fall] time
~ срéза и́мпульса pulse decay [fall] time
~ стрóба gate [strobe] length, gate [strobe] duration
~ телевизиóнного изображéния picture [frame] duration
~ торможéния braking [retardation] time
~ флюоресцéнции fluorescence duration
~ элементáрной посы́лки *тлг.* unit interval
дни́ще *с.* bottom
~ бассéйна (*стекловаренной печи*) bath bottom
~ кóлбы (*электроннолучевой трубки*) bulb face
~ конвéртера converter bottom □ **набивáть ~ конвéртера** ram [pack, tamp] the bottom in place
~ конвéртера, монолúтное solid bottom
~ конвéртера, откиднóе drop bottom
~ конвéртера, отъёмное loose [removable] bottom
~ котлá (drum) head, drum end, bottom
~ котлá, вы́пуклое dished head
~ котлá, кóробовое torispherical head
~ котлá, плóское flat head
~ котлá, сфери́ческое hemispherical head
~ котлá, эллипти́ческое ellipsoidal head
~ кýзова floor, floorpan
~ кýзова, несýщее platform-type chassis, platform-type frame

дни́ще
~ пóршня piston head, piston crown, piston top
~ сýдна ship's bottom
~ сýдна, откиднóе drop bottom
~ с фýрменным блóком tuyere-block bottom
дно *с.* **1.** bottom □ **вверх ~м** upside-down **2.** (*океана, моря*) floor
~ борозды́ furrow bottom, furrow pan, furrow sole
~ бóчки barrel head, head of a cask □ **вставля́ть ~ у бóчки** head a cask
внýтреннее ~ (*судна*) inner bottom
~ зóны проводи́мости bottom of a conduction band
~ кали́бра *прок.* base of a groove
подви́жное ~ (*прицепа-разбрасывателя*) *с.-х.* moving bed
~ резьбы́ base [bottom] of a thread
~ ручья́ *прок.* base of a groove
~ шлю́за bottom [floor] of a lock
~ шпýра the back of a shot-hole
дноуглуби́тель *м.* dredger, dredge
дночерпáтель *м.* dredger, dredge
добáвк/а *ж.* **1.** additive, dope, agent **2.** *стр.* admixture, agent **3.** *мет.* addition □ **вводи́ть ~и руды́ в плáвку** ore down the heat; **вводи́ть ~и чугунá в плáвку** pig up the heat; **давáть [присáживать] ~у** (*напр. ферросилиция*) **в вáнну, жёлоб** *или* **излóжницу** add [make an addition of] (*e. g., ferrosilicon*) to the steel in the furnace, runner *or* mould; **давáть [присáживать] ~у для получéния нýжного содержáния углерóда, мáрганца и т. п.** make additions for carbon, manganese, *etc.*
акти́вная ~ active admixture
блескообразýющая ~ (*в гальваническую ванну*) brightener
~, введённая при дроблéнии interground addition
~ в излóжницу addition in the mould
~ в ковш ladle addition
воздухововлекáющая ~ air-entraining [-entrainment] admixture
~ в печь furnace addition, addition in the furnace
вспýчивающая ~ (*в бетон*) expansion [bloating] agent
выгорáющая ~ combustible [burning] addition
газообразýющая ~ gas-generating agent
гася́щая ~ (*в люминофор*) quenching admixture, quencher (*to a phosphor*)
гидравли́ческая ~ hydraulic admixture
гидравли́ческая, свя́зывающая ~ hydraulic binding admixture
гидрофóбная ~ water-repelling [waterproofing] agent
дисперги́рующая ~ dispersing agent
~ для размóла цемéнта cement-dispersion admixture
~ для улучшéния удобоуклáдывае-

мости бето́на workability admixture, workability agent
добáвк/а
~ к пищевы́м продýктам food additive
крáсящая ~ colouring admixture
~ к рациóну (*питательная*) dietary supplement
леги́рующая ~ alloying addition
мати́рующая ~ flatting agent
мóющая ~ detergent additive
пенообразýющая ~ foaming agent
пластифици́рующая ~ plasticizer
повéрхностно-акти́вная ~ surfactant admixture
противоморóзная ~ antifreeze admixture
пуццолáновая ~ (*в бетон*) pozzolanic admixture
~ раскисли́теля ~ finishing addition
рассéивающая ~ scattering diluent
~ руды́ (*в мартеновском процессе*) oreing down
спекáющая ~ fusing [sintering] addition
твёрдая ~ solid addition
флюсýющая ~ fluxing addition
формýющая ~ workability admixture
цветосдвигáющая ~ colour shifter
~ чугунá в плáвку (*жидкого*) hot metal addition; (*твёрдого*) iron addition, pigging up
шлакообразýющая ~ slag-forming addition
добáвка-замедли́тель *м.* retarder
добáвка-ускори́тель *м.* accelerator
добавлéние *с.* 1. (*процесс*) addition 2. (*к тексту*) appendix; addendum
~ при́меси *пп* doping
добавля́ть *гл.* 1. (*к чему-л.*) add to 2. (*восполнять, напр. израсходованный запас*) replenish 3. (*доливать до прежнего уровня*) top up
добáвок *м.*, компенси́рующий *кфт.* replenisher
добрáживание *с.* after-fermentation, end-fermentation, secondary fermentation
доброкáчественность *ж.* high quality, soundness
~ дуби́льного раствóра purity (number) of a tanning solution
доброкáчественный *прил.* high-quality, sound
добрóтность *ж.* quality (factor), Q (-factor), figure of merit
внéшняя ~ external Q(-factor)
~ втори́чного кóнтура secondary Q(-factor)
~ измери́тельного прибóра torque/weight ratio
~ изображéния picture quality
~ кóнтура tuned-circuit Q(-factor)
~ лáзера Q(-factor) of a laser □ включáть ~ лáзера switch the (laser) Q to a high value; выключáть ~ лáзера switch the (laser) Q to a low value, spoil the (laser) Q; модули́ровать ~ лáзера switch the (laser) Q
добрóтность
~ лáмпы (*пригодность использования в данном диапазоне частот*) band merit (of a valve)
~ нагрýженного кóнтура loaded Q(-factor)
~ ненагрýженного кóнтура unloaded Q(-factor)
~ одинóчного кóнтура unloaded Q (-factor)
~ первúчного кóнтура primary Q (-factor)
приведённая ~ reduced Q-(factor)
~ приёмника figure-of-merit of a receiver
сóбственная ~ unloaded Q(-factor)
~ спектрáльной ли́нии spectral line Q(-factor)
~ упрýгих систéм mechanical Q (-factor)
~ усили́теля gain-bandwidth product
~ электрóнной лáмпы figure-of-merit of a valve
добывáть *гл.* (*в шахтах, рудниках*) mine; (*в карьерах, особ. камень*) quarry; (*нефть, газ и т. п.*) produce
добы́ча *ж.* 1. (*процесс*) (*в шахтах, рудниках*) mining; (*в карьерах, особ. камня*) quarrying; (*нефти, газа и т. п.*) production 2. (*результат*) yield, output, production
валовáя ~ gross [total] output
гидравли́ческая ~ hydromining, hydraulic mining, hydraulicking
откры́тая ~ open-cast [open-cut] mining; *амер.* strip mining
~ пескá sand recovery
подвóдная ~ underwater mining
потóчная ~ continuous mining
~ растворéнием solution mining
товáрная ~ saleable output
довери́тельность *ж. стат.* confidence
дóвод *м. мат.* reason, argument
обоснóванный ~ sound argument
доводи́ть *гл.* 1. *мет.-об.* finish; (*с притиром*) lap; (*оселком*) hone 2. (*в обогащении руд*) retreat, condition 3. *мет.* refine 4. □ ~ (*напр. реакцию*) до завершéния carry (*e. g., a reaction*) to completion; ~ до зáданного размéра bring up to size; size; ~ до мáксимума maximize; ~ до ми́нимума minimize; ~ до проéктной ли́нии *стр.* bring to grade; ~ до проéктной мóщности bring up to design output; ~ испытáние до разрушéния образцá carry a test to failure of a specimen; ~ нóвую конструкцию de-bug; ~ плáвку work the heat
довóдка *ж.* 1. operational development; *мет.-об.* finishing; (*с притиром*) lapping; (*оселком*) honing 2. (*в обогащении руд*) retreating, final concentration 3. *мет.* refining
доворáчивать *гл.* □ ~ на ось ВПП (*о самолёте*) decrab, kick off drift, align (*the aeroplane*) with the runway
доворóт *м.*:
~ антéнны correction angle □ осуществля́ть ~ антéнны turn the aerial through a correction angle
~ стереотрубы́ total diflection (*till the requisite direction*)
довспéнивание *с.* after-foaming, final foaming
довулканизáция *ж.* after-vulcanization, aftercure
договóр *м.* agreement, contract □ аннули́ровать ~ rescind an agreement; заключáть [подпи́сывать] ~ sign a contract [agreement]; расторгáть ~ dissolve an agreement, cancel a contract; составля́ть ~ draw up a contract
~ с субподря́дчиком subcontract
догорáние *с.* after-burning, after-combustion
додáивание *с.* stripping
додекагóн *м. мат.* dodecagon
додекáэдр *м.* dodecahedron
додекаэдри́ческий *прил.* dodecahedral
додýбливать *гл. кож.* retan
додýвка *ж. мет.* re-blow
доéние *с.* milking
~ в вёдра bucket milking
~ в молокопровóд pipe-line milking
двукрáтное ~ twice-a-day milking
маши́нное ~ mechanical milking
однокрáтное ~ once-a-day milking
ручнóе ~ hand milking
трёхкрáтное ~ three times a day milking
дождевáние *с.* sprinkler [overhead] irrigation, sprinkling (irrigation)
искýсственное ~ artificial sprinkling
~ стóчными вóдами sludge sprinkling
удобри́тельное ~ fertilizer sprinkling
дождемéр *м.* pluviograph, rain gauge, pluviometer
дождеприёмник *м.* storm-water [street] inlet, storm-water overflow
дождь *м.* rain
искýсственный ~ artificial rain
ли́вневый ~ shower
метеóрный ~ meteor shower
морося́щий ~ drizzle
радиоакти́вный ~ radioactive rain, radioactive fall-out
дожигáние *с.* 1. *ав., косм.* after-burning, reheat 2. *тепл.* reburning
дожигáть *гл.* тóпливо (*в форсажной камере*) use reheat, use after-burning
дóз/а *ж.* dose
~ внесéния (*напр. удобрения*) rate of application
~ внесéния, высóкая heavy rate
~ внесéния, избы́точная overdos(ag)e

до́з/а

~ внесе́ния, рациона́льная sure rate

~ внесе́ния, стимули́рующая stimulative dose

~ впры́ска (*в форму*) *пласт.* shot, charge

~ впры́ска, максима́льная capacity shot

~ ионизи́рующего излуче́ния ionizing (radiation) dose

~ ионизи́рующего излуче́ния, поглощённая absorbed (radiation) dose

~ ионизи́рующего излуче́ния, эквивале́нтная equivalent (radiation) dose

~ ионизи́рующего излуче́ния, экспозицио́нная exposure (radiation) dose

~ облуче́ния radiation [irradiation] dose □ **контроли́ровать ~у облуче́ния** monitor a radiation dose; **получа́ть ~у (облуче́ния) в результа́те прямо́го облуче́ния** take [receive] a dose by direct exposure to the radiation; **сообща́ть ~у облуче́ния** *како́му-л.* **о́ргану** (*при диагнозе, лечении*) administer a dose of ... to an organ (*in a diagnostic examination, therapeutic treatment*)

~ облуче́ния, безопа́сная safe radiation dose

~ облуче́ния, допусти́мая safe radiation dose

~ облуче́ния, лета́льная lethal radiation dose

~ облуче́ния, максима́льная безопа́сная tolerance radiation dose

~ облуче́ния полови́нной выжива́емости median lethal radiation dose

~ облуче́ния, профессиона́льная occupational radiation dose

дозапра́вка *ж.* refuel(ing), refill(ing), (oil [fuel]) replenishment

дозаправля́ть *гл.* refuel, fill up, refill, replenish

доза́ривание *с.* artificial ripening, after-ripening

доза́ривать *гл.* after-ripen

дозаря́д *м.* (*окончательный заряд элементов батареи до «кипения»*) milking

доза́тор *м.*:

весово́й ~ weigher, weighing machine □ **опора́жнивать весово́й ~** dump a scale

весово́й, автомати́ческий ~ automatic (weighing) scale

весово́й, бу́нкерный ~ hopper-type batch-weigher

весово́й ~ для бето́на weighing batchbox, weighing batcher

весово́й, ле́нточный ~ belt-conveyer weigher

весово́й, многокомпоне́нтный ~ multiple weigher

весово́й ~ непреры́вного дози́рования continuous weigher, continuous-weight scale

доза́тор

весово́й ~ периоди́ческого де́йствия batch-type [batch-weighing] scale

весово́й, порцио́нный ~ batch-type [batch-weighing] scale

весово́й ~ постоя́нного ве́са constant-weight batch-type scale

весово́й ~ постоя́нного объёма constant-volume weigher

весово́й, теле́жечный ~ weighing car

~ для жи́дкостей, непреры́вного де́йствия metering pump

~ для жи́дкостей, порцио́нный metering tank

~ для наполне́ния консе́рвных ба́нок can portioner

~ кормо́в feed meter

объёмный ~ batch [measuring] box

~ опы́ливателя *с.-х.* dust meter

~ скипового подъёма measuring [loading] bin

~ соотноше́ния proportioner

доза́тор-наполни́тель *м.* measuring and filling machine

доза́тор-смеси́тель *м.* meter-mixer

дозиме́тр *м.* radiation monitor, dosimeter, dose-meter

~ а́льфа-излуче́ния alpha-dosimeter, alpha survey monitor

индивидуа́льный ~ personnel [personal] radiation monitor, personnel [personal] dosimeter

индивидуа́льный ~ каранда́шного ти́па fountain-pen radiation monitor

индивидуа́льный ~ ти́па ве́чное перо́ fountain-pen radiation monitor

индивидуа́льный ~ ти́па электро́метра pocket electrometer

ионизацио́нный ~ ionization dosimeter

карма́нный ~ pocket dosimeter

клини́ческий ~ clinical dosimeter

люминесце́нтный ~ fluorescent dosimeter

~ ме́стности area monitor

плёночный ~ (photographic-) film badge

~ с непосре́дственным отсчётом direct reading dosimeter

сцинтилляцио́нный ~ scintillation (counter) dosimeter

фотографи́ческий ~ photographic-film badge

дозиметри́рование *с.* **помеще́ний** area (radiation) monitoring, area (radiation) survey

дозиме́трия *ж.* dosimetry, radiation monitoring, radiation control

индивидуа́льная ~ personnel monitoring

~ ме́стности area (radiation) monitoring, area (radiation) survey

хими́ческая ~ chemical dosimetry

дозиме́тр-«светофо́р» *м.* go-no-go radiation detector

дози́рование *с.* **1.** measuring **2.** (*по массе*) weighing; (*текучих материалов*) metering (out) **3.** (*составление смеси, напр. бетонной*) proportioning, batching

дози́ровать *гл.* **1.** measure **2.** (*по массе*) weigh; (*текучий материал*) meter out **3.** (*составлять смесь, напр. бетонную*) proportion, batch □ **~ по зерново́му соста́ву** blend; **~ по объёму** batch by volume

дозиро́вка *ж.* **1.** (*количество*) dosage, amount, weight **2.** (*процесс*) *см.* **дози́рование**

дозрева́ние *с.* after-ripening

дозрева́тель *м.* maturing tank

дозрева́ть *гл.* ripen

доизмельче́ние *с.* re-grinding

дои́ть *гл.* milk

до́йка *ж.* milking

док *м.* dock □ **осуша́ть ~** pump a dock dry, pump out a dock; **прита́пливать ~** submerge a dock; **ста́вить (су́дно) в ~** place (a vessel) in a dock

наливно́й ~ flooding dock

плаву́чий ~ floating dock

сухо́й ~ dry dock

тра́нспортный ~ transport dock

доказа́тельство *с.* proof □ **име́ется [существу́ет] ~, что ...** there is evidence that; **не приводя́ доказа́тельств** without proof; **~ предлага́ется привести́ чита́телю** proof will be left to the reader

дедукти́вное ~ deductive proof

ко́свенное ~ indirect proof

~ ме́тодом математи́ческой индукции proof by perfect induction

несводи́мое ~ irreducible proof

нестро́гое ~ nonrigorous proof

~ от проти́вного proof by contradiction

~ перебо́ром всех возмо́жных значе́ний переме́нных proof by exhaustion

стро́гое ~ rigorous proof

~ существова́ния existence proof

доказа́ть *гл.* □ **что и тре́бовалось ~** which was to be proved, as was to be proved, this completes the proof, q. e. d., Q. E. D.

дока́зывать *гл.* prove □ **~ стро́го** prove rigorously [in rigorous terms], give a rigorous proof; **~ теоре́му** *и т. п.* construct the proof of a theorem, *etc.*

до́кер *м.* docker

док-ка́мера *ж.* launching dock; testing tank

докова́ние *с.* docking

докова́ть *гл.* dock

докуме́нт *м.* document; record □ **вводи́ть ~** (*в поисковую систему*) enter a document (*into a retrieval system*); **дати́ровать ~** date a document; **~ действи́телен в тече́ние ...** a document is valid for a period of ...; **обновля́ть ~** update a record; **осуществля́ть по́иск ~а** retrieve a document; **размножа́ть ~** copy [duplicate] a document

исхо́дный ~ source document

документали́ст *м.* documentalist
документали́стика *ж.* documentation activities
документа́ци/я *ж.* a collection [file] of documents, documentation □
оформля́ть ~ю execute records
прое́ктная ~ design plans and specification
техни́ческая ~ (*производственная*) production forms and records; (*при эксплуатации*) service forms and records; (*наставления*) instruction [technical] manual(s)
долби́ть *гл.* **1.** *мет.-об.* slot; (*зубья шестерён*) shape **2.** *дер.-об.* mortise
долбле́ние *с.* **1.** *мет.-об.* slotting; (*зубьев шестерён*) shaping **2.** *дер.-об.* mortising
ано́дно-механи́ческое ~ anodic-mechanical slotting
долбя́к *м.* (*зуборе́зный*) gear(-shaping) [pinion-shaped gear] cutter □
~ соверша́ет движе́ние вреза́ния на ну́жную глубину́ the (pinion-shaped) cutter is brought [fed in] to the proper depth
вту́лочный ~ hub-type gear cutter
ди́сковый ~ disk-type gear cutter
косозу́бый ~ helical gear cutter
прямозу́бый ~ spur-type gear cutter
хвостово́й ~ shank-type gear cutter
ча́шечный ~ deep counterbore-type gear cutter
долгове́чность *ж.* **1.** durability **2.** (*в теории надёжности*) longevity, life
гаранти́рованная ~ guaranteed [specified] longevity
индивидуа́льная ~ individual longevity
номина́льная ~ rated life
~ при хране́нии shelf longevity
расчётная ~ design longevity
~ сооруже́ний, мора́льная obsolescence period
~ сооруже́ний, физи́ческая decrepitude [physical decay] period
сре́дняя ~ mean longevity
эксплуатацио́нная ~ operating longevity, normal operating period
долгове́чный *прил.* lasting, durable
долгот/а́ *ж.* longitude □ (*сто́лько-то*) **гра́дусов, мину́т и секу́нд восто́чной и́ли за́падной ~ы** Long ...°...′...″ E or W; **определя́ть ~у счисле́нием пути́** determine longitude by dead reckoning
астрономи́ческая ~ celestial longitude
~ в углово́й ме́ре longitude in arc
~ в часово́й ме́ре longitude in time
галакти́ческая ~ galactic longitude
географи́ческая ~ geographic(al) longitude
геодези́ческая ~ geodetic [spheroidal] longitude
и́стинная ~ true longitude
небе́сная ~ ecliptic(al) longitude
~ от Гри́нвича Greenwich value
~ отше́ствия *нвг.* the longitude left

долгот/а́
~ периге́лия longitude of perihelion
~ прише́ствия *нвг.* the longitude arrived at
эклипти́ческая ~ ecliptic(al) longitude
долготьё *с.* *лес.* long log, long-tailed timber
долива́ть *гл.* top up, fill up; (*горючее*) refuel; (*систему*) refill □ **~** (*напр. электролит*) **до норма́льного у́ровня** top up the (*e.g.*, *electrolyte*) level
доли́на *эл.* valley
~ зо́ны проводи́мости conduction band valley
~ зо́ны проводи́мости, бокова́я outer [satellite] valley
доломи́т *м.* dolomite
низкообожжённый ~ single-burnt dolomite
~, обожжённый на́мертво dead-burnt dolomite
по́лностью уплотнённый ~ fully shrunk dolomite
сыро́й ~ raw dolomite
доломитиза́ция *ж.* dolomitization
долот/о́ *с.* chisel
бурово́е ~ drill bit □ **арми́ровать бурово́е ~ алма́зами, зубка́ми и т. п.** set a drill bit with diamonds, tips *etc.*; **арми́ровать бурово́е ~ твёрдым спла́вом** hard-face a drill bit; **заправля́ть бурово́е ~ алма́зами, твердоспла́вными вста́вками и т. п.** (re)set a drill bit with diamonds, hard-alloy inserts, *etc*; **зата́чивать бурово́е ~** sharpen a drill bit
бурово́е, алма́зное ~ diamond drill bit
бурово́е, двухшаро́шечное ~ two-cone drill bit
бурово́е ~ кана́тно-уда́рного буре́ния churn-drill bit
бурово́е, коло́нковое ~ core-drill bit
бурово́е, ло́пастное ~ drag drill bit
бурово́е ~, оснащённое твердоспла́вными зубка́ми hard-alloy-tipped drill bit
бурово́е, прове́рочное ~ reamer [reaming] drill bit
бурово́е, складно́е ~ collapsible drill bit
бурово́е ~ ти́па РХ fishtail drill bit
бурово́е ~ ти́па ры́бий хвост fishtail drill bit
бурово́е, трёхшаро́шечное ~ three cone drill bit
бурово́е, трёхшаро́шечное ~ для буре́ния реакти́вно-турби́нным спо́собом jet three cone drill bit
бурово́е ~ уда́рного буре́ния chopping [percussive] drill bit
бурово́е, шаро́шечное ~ cone drill bit
бурово́е, шестиуго́льное ~ six-point drill bit

долот/о́
~ для вы́борки желобко́в bar channeller
долбёжное ~ ripping [firmer] chisel
желобча́тое ~ fluting gouge
камнетёсное ~ stone chisel
ло́жечное ~ auger [spoon] gouge
~ плу́жного ко́рпуса, выдвижно́е point bar
по́лое ~ hollow chisel
полукру́глое ~ gouge □ **долби́ть полукру́глым ~ом** gouge
рыхли́тельное ~ *с.-х.* chisel (point), chisel-type cultivating tine
столя́рное ~ joiner's chisel
шипово́е ~ cant chisel
до́льные деся́тки *мн.* submultiples of ten
до́льный *прил.* submultiple
до́л/я *ж.* fraction, share □ **за ~ю секу́нды** in a fraction of a second; **на ~ю А прихо́дится, напр.** 40% **всего́ коли́чества** A accounts for, *e.g.*, 40% of the total; **на ~ю маши́нного произво́дства прихо́дится, напр.** 90% the share of machine production is, *e. g.*, 90%
а́томная ~ atomic fraction
~ вы́борки sampling fraction
~ листа́ *полигр.* mo (*e. g.*, 10-mo, 32-mo, 64-mo, *etc.*)
ма́ссовая ~ fraction of total mass
мо́льная ~ mole fraction
моля́рная ~ mole fraction
объёмная ~ volume fraction
~ реаге́нта, непревращённая fraction of a reactant remaining unreacted
дом *м.* (*здание*) house; (*очаг*) home, dwelling □ **сноси́ть ~а́** pull down [tear down, demolish, clear] dwellings (*listed as slums*)
многокварти́рный ~ *англ.* block of flats; *амер.* apartment house
многокварти́рный, секцио́нный ~ slab block (of flats)
многокварти́рный, то́чечный ~ point block (of flats)
односеме́йный ~ single-family [detached] house
о́пытный ~ study house
пане́льный ~ apartment house [block of flats] of bearing-wall construction
сблоки́рованный ~ semi-detached house
сбо́рно-пане́льный ~ prefabricated bearing-wall house
сбо́рный ~ prefabricated house
станда́ртный ~ standard [type] building
~ стро́чечной застро́йки row block of flats
типово́й ~ type house
доме́н *м. физ.* domain
антисегнетоэлектри́ческий ~ anti-ferroelectric domain
дви́жущийся ~ travelling domain

домéн
замыкáющий ~ domain of closure, flux-closure domain
~ игóльчатой фóрмы spike-shaped domain
клиновúдный ~ tapered domain
одинóчный ~ single domain
оптúчески актúвный ~ optically active domain
полосовóй ~ strip domain
сегнетоэлектрúческий ~ ferroelectric domain
~ сúльного пóля high-field domain
ферромагнúтный ~ ferromagnetic domain
цилиндрúческий магнúтный ~ [ЦМД] bubble
дóмик *м.*:
вегетациóнный ~ green-house, glass-house
свинцóвый ~ lead housing
доминáнта *ж.* dominant, majorant
доминáнтность *ж.* dominance
доминúрование *с.* dominance
доминúровать *гл.* dominate, predominate
домкрáт *м.* jack □ **~ поднимáет груз на высотý ... см** the jack lifts [raises] a load through ... cm; **поднимáть ~ом** jack up *smth.*
автомобúльный ~ car jack
винтовóй ~ screw jack
вырáвнивающий ~ levelling jack
гидравлúческий ~ hydraulic jack
~ для предварúтельного напряжéния бетóна prestressing jack
кáрликовый ~ little gaint jack
клепáльный ~ screw dolly
механúческий ~ mechanical jack
педáльный ~ foot-operated [pedal] jack
~ передвúжки *горн.* ram
передвижнóй ~ roller-type [wheeled] jack
путевóй ~ track jack
рéечный ~ rack jack
рéечный ~ с зубчáтой передáчей gear-and-rack jack
рéечный ~ с рычáжной передáчей rack-and-lever [lever-and-rack] jack
ручнóй ~ hand(-operated) jack
~ снúцы draw-bar jack
стоя́ночный ~ parking jack
телескопúческий ~ telescopic [telescope] jack
тренóгий ~ tripod jack
шарнúрный ~ articulated jack
дóмн/а *ж.* blast furnace (*см. тж.* **дóменная печь**) □ **выдувáть ~у** (*конец кампании*) blow out a blast furnace; **задувáть ~у** (*начало кампании*) blow in a blast furnace; **начинáть кампáнию ~ы** begin the (active) campaign of a blast furnace; **разжигáть ~у** light a blast furnace
домóл *м.* (*грубый*) re-crushing; (*средний*) re-grinding; (*тонкий*) re-milling

домостроéние *с.* house-building (industry)
~ промы́шленными мéтодами industrialized house-building
дóнка *ж. мор.* donkey
дóнник *м.* (*у бочки*) heading
дóнор *м. физ.* donor
~ иóнов ion donor
~ электрóнов electron donor
доопределéние *с.* extension [supplementing, refinement] of a definition
доопределя́ть *гл.* redefine, extend [complete] a definition
доохлаждáть *гл.* recool
доохлаждéние *с.* after-cooling, recooling
доочúстка *ж.* (*сточных вод*) tertiary treatment
дополнéние *с.* supplement, addition; *мат.* complement □ **взять ~ чего-л. ...** take the complement of ...
алгебраúческое ~ algebraic(al) adjunct, signed minor, cofactor
~ до двух, десятú, единúцы и т. п. two's, ten's, one's, *etc.* complement, complement with respect to two, ten, one, the 2's, 10's, 1's complement of ...
~ до квадрáта completion of a square
~ до пóлного квадрáта completing the square
~ до широты́ colatitude
~ мнóжества complement of a set
поразря́дное ~ base minus one [diminished radix] complement
тóчное ~ radix [true] complement
~ углá explement of an angle (*to* 360°)
дополнúтель *м.* (*в счётных машинах*) complementer
дополнúтельность *ж. физ.* complementarity
дополня́ть *гл.* complement, complete, supplement, add to □ **~ до квадрáта** complete the square
дóппель-машúна *ж.* sole-stitching machine
допрессóвывание *с.* 1. *мет.* recompacting, repressing 2. (*кирпича*) repressing
допрессóвывать *гл.* 1. *мет.* recompact, repress 2. (*кирпич*) repress
доприпрáвка *полигр.* correcting make-ready
дóпуск *м.* tolerance □ **выдéрживать ~и** adhere to assigned [specified] tolerances; **изготáвливать, рабóтать и т. п. по жёстким ~ам** manufacture, operate, *etc.* to close tolerances; **~ на, напр. диáметр** a tolerance for [on], *e.g.*, the diameter; **назначáть ~и** specify tolerances; **с ~ом** to a tolerance of
жёсткий ~ close [stringent] tolerance
мúнусовый ~ negative tolerance
~ на изготовлéние manufacturing [fabrication] tolerance
~ на изнóс wear tolerance

дóпуск
~ на коррóзию corrosion allowance
~ на нелинéйное искажéние harmonic [non-linear distortion] tolerance
~ на отклонéние фáзы phase tolerance
~ на течь leak tolerance
~ на угловóй размéр tolerance for angular dimension
~ на фóрму form tolerance
~ на элемéнт схéмы component tolerance
основнóй ~ basic tolerance
плю́совый ~ positive tolerance
~ по парáметру parameter tolerance
~ по размéрам size tolerance, tolerance for [on] dimensions
~ посáдки fit tolerance
~ по частотé frequency tolerance
~ по шáгу pitch tolerance
произвóдственный ~ the manufacturer's tolerance
ремóнтный ~ maintenance tolerance
эксплуатациóнный ~ operating tolerance
допускáть *гл.* (*в рассуждениях, доказательствах*) assume, suppose, let *smth.* be *пример*: **допýстим, что ...** assume [suppose] that ..., let it be (*so-and-so*)
допущéни/е *с.* assumption □ **оснóвываться на том ~и, что ...** be based [base oneself] on the assumption that ...; **при ~и** under the assumption of; **при при́нятых ~ях** under the assumptions made, ...
допýщенный к применéнию в каких-л. услóвиях approved for (*so-and-so*) use
доработка *ж.* 1. (*в производстве*) finishing 2. (*оборудования на месте эксплуатации*) field change(s)
доремóнтный *прил.* pre-repair
дорúко-кáмера *ж.* floor-type dark-room camera
дорисóвка *ж.* (composite) matte shot
дорн *м.* 1. *рез.* core; mandrel 2. *мет.-об.* drift-pin
вулканизациóнный ~ curing core
~ для ремóнта шин curing core
~ для сбóрки шин или покры́шек tyre chuck
жёсткий ~ rigid mandrel
изóгнутый ~ curved mandrel
калибрýющий ~ *мет.-об.* burnishing broach
крýглый ~ annular core
мя́гкий ~ soft core
полировáльный ~ *мет.-об.* burnishing broach
разбóрный ~ knock-down core
разъёмный ~ collapsible mandrel
складнóй ~ collapsible mandrel
центрúрующий ~ centr(e)ing core
дорновáние *с. рез., мет.-об.* mandrelling, burnishing by mandrel
дорнодержáтель *м. рез., мет.-об.* mandrel [core] holder

дорóга *ж.* road
автомоби́льная ~ automobile [motor] road
второстепéнная ~ minor road
городскáя ~ urban motorway
грунтовáя ~ dirt road
гужевáя ~ cart road
желéзная ~ *англ.* railway; *амер.* railroad
желéзная, двухпу́тная ~ double-track railway, double-track line
желéзная, однопу́тная ~ single-track railway, single-track line
желéзная, окружнáя ~ transfer [belt, circular] railway
желéзная, подъезднáя ~ access railway
желéзная, при́городная ~ suburban railway
желéзная, узкоколéйная ~ narrow-gauge railway
желéзная, ширококолéйная ~ full gauge [broad-gauge] railway
желéзная, электрифици́рованная ~ electrified [electric] railway
круглолежневáя ~ pole tram road
лежневáя ~ plank road
лесовóзная ~ wood-road, forest-road
лесовóзная, ледянáя ~ iced road
лесовóзная, сáнная ~ logging sled [snow] road
магистрáльная ~ backbone road, arterial [main trunk] highway
~ мéстного движéния local(-service) road
~ мéстного значéния local road
монорéльсовая ~ monorail
объезднáя ~ by-pass highway
~ по дáмбе *или* **плоти́не** causeway
подвеснáя ~ tramway
подвеснáя канáтная ~ с кольцевы́м движéнием continuous aerial tramway
подвеснáя канáтная ~ с мáятниковым движéнием jig-back [to-and-fro] aerial tramway, reversible aerial tramway
подвеснáя монорéльсовая ~ overhead monorail
подъезднáя ~ access [approach] road
просёлочная ~ cart road
~ с вы́пуклым прóфилем crowned road
сéльская ~ rural road
скоростнáя ~ expressway, freeway, highway
~ с упру́гим покры́тием flexible-type road
шоссéйная ~ highway

дорóжк/а *ж.* (*на носителе записи*) track □ **испóльзовать ~у совмéстно** share a track; **переполня́ть ~у** overflow a track
беговáя ~ подши́пника race
беговáя ~ протéктора tyre tread
вихревáя ~ vortex trail, vortex street

дорóжк/а
диэлектри́ческая ~ rubber blanket
закрóмочная ~ wake
~ зáписи (recording) track
~ зáписи изображéния video track
звуковáя ~ sound track
звуковáя ~ перемéнной плóтности variable-density sound track
~ информáции information [storage] track
~ качéния (*в подшипнике*) raceway
кóдовая ~ code track
контрóльная ~ control track
направля́ющая ~ клю́ва узловязáтеля knotter hook jaw cam
направля́ющая ~ шпи́ндельного аппарáта хлопкоубóрочной маши́ны picker bar cam
опóрная центрáльная ~ central load-carrying rib (*on a tyre*)
проводя́щая ~ (*дефект изоляционных материалов*) conducting track
~ режиссёрских указáний (*в видеомагнитофоне*) cueing track
рулёжная ~ taxi track, taxiway
синхронизи́рующая ~ clock [reference, timing] track
тáктовая ~ clock track
управля́ющая ~ control track
цифровáя ~ digital track

доск/á *ж.* **1.** (*деревянная*) board, plank; strake □ **калевáть ~у** mould a board, run a board through a moulder; **обрабáтывать ~у на станкé** run a board through a machine; **обрабáтывать ~у по повéрхности** surface a board, dress a board in a planer; **строгáть ~у** run [dress] a board through [in] a planer; **строгáть ~у на фальц** shiplap a board **2.** *маш.* board, plate
боковáя ~ *лес.* outer plank
вагóнные ~и wagon stock
винтовáльная ~ screw plate
волочи́льная ~ die, die [drawing] plate
ги́псовая арми́рованная ~ gypsum-steel plank
~ гитáры change gear bracket
гравировáльная ~ copper [steel] plate
гри́фельная ~ slate
груднáя ~ *с.-х.* breast board
дели́тельная ~ *с.-х.* dividing board
~и для вну́тренней обши́вки linings
~ для врéзки замкá lock block
~ для шагрени́рования кóжи cork board
~ забóра, цóкольная gravel plank
заспи́нная ~ (*лодки*) backboard
кали́берная ~ wire gauge, wire gauge plate
ключевáя ~ *тлф.* keyboard
коммутациóнная ~ 1. plugboard, patchboard **2.** (*для набора программ*) problem board; programming pinboard
конькóвая ~ ridge pole
~ крéпи, забивнáя forepole

доск/á
кружáльная ~ curve piece
мáлочная ~ *мор.* bevel board
модéльная ~ matchboard
мрáморная ~ marble slab
наби́вные ~и print stamps, engraving plates
набóрная ~ *полигр.* letter board, galley
нажимнáя ~ (*резцедержателя*) clamp plate
накáтная ~ *кож.* board
накладнáя ~ *полигр.* feed [laying-on] board
~ на ребрó *стр.* cant board
~ насти́ла flooring board
необрезнáя ~ unedged board
нестрóганая ~ rough board
обрезнáя ~ edged board
обши́вочная ~ doubling plank
отводнáя ~ *с.-х.* swathboard, grass board
отражáтельная ~ (*громкоговорителя*) baffle
подмодéльная ~ *лит.* stamping board
поднóжная ~ *с.-х.* foot board
полевáя ~ (*косилки*) swathboard, grass board; (*плуга*) landside
половáя ~ flooring board
полуобрезнáя ~ outer plank
посáдочная ~ *с.-х.* planting board
посевнáя ~ seeding board
потолóчная ~ ceiling board
предохрани́тельная ~ guard board
прибóрная ~ instrument board
проклáдочная ~ spacing board
прóфильные ~и patterned lumber
~и разжелóбка valley boards
размéточная ~ *полигр.* lay-out board
распóрная ~ (*щековой дробилки*) toggle
распредели́тельная ~ *с.-х.* scattering board
сердцóвая ~ *лес.* heart plank
~ с калёвкой moulded board
скáтная ~ *с.-х.* grain [slide] board, grain chute
сливнáя ~ fascia board
сливнáя, подокóнная ~ slip sill
~ с мáтрицами die plate
спускáльная ~ *полигр.* galley
стáпельная ~ *полигр.* stockpile board, pile board
столя́рная ~ joiner's board, joiner's deal
стрóганые ~и surfaced lumber
стряснáя ~ *с.-х.* shuttle [shaking] board, shake(r) pan
счётная ~ calculating board; abac(us)
транспорти́рующая ~ *с.-х.* delivery board
трáнцевая ~ (*лодки*) transom board
трепáльная ~ *с.-х.* scutching board
трубная ~ (*котла*) tube plate, tube sheet

доск/á
трýбная, плáвающая ~ floating tube plate
трýбная, подвижнáя ~ floating tube plate
ýзкая ~ strip board
улю́чная ~ *с.-х.* mote board
фасóнная ~ moulded board
фацéтная ~ patent base, patent block
фри́зовая ~ frame board
центрáльная ~ *лес.* centre plank
чертёжная ~ drawing board
чистообрезнáя ~ square board, edge shot
шпунтóванная ~ matched board
доскораспредели́тель *м.* pointer, tripper
достáвка *ж.* (*транспортировка*) delivery, forwarding
конвéйерная ~ (*в шахте по горизонтали безрельсовым транспортом*) conveyance, conveying
~ по лáве face conveying
скрéперная ~ scraper [slusher] transportation, scraper [slusher] delivery
срóчная ~ express delivery
доставля́ть *гл.* deliver, forward
достáточность *ж. мат.* sufficiency
совмéстная ~ joint sufficiency
достáточный *прил.* sufficient, ample
достигá/ть *гл.* achieve, attain, reach, run into □ **анóдное напряжéние ~ет нéскольких десяткóв вольт** anode voltage runs into tens of volts; **не ~** fall short (*e.g., of power*); **~ равновéсия** attain [establish] equilibrium
достижéние *с.* **прóчности** (*напр. бетоном*) attainment of strength
достижи́мость *ж.* **подпространств** reachability of subspaces
достижи́мый *прил.* accessible, achievable, attainable
достовéрность *ж.* **óпыта** truth of the trial
дóступ *м.* access □ **получáть ~ к** *чему-л.* **или для** *чего-л.* gain access to ... *or* for ...
~ вóздуха (free) access for air
~ к пáмяти (ЭВМ), послéдовательный sequential access
~ к пáмяти (ЭВМ), произвóльный random access
достýпность *ж.* accessibility, free access, ease of access
~ вы́ходов ли́ний (*в теории сообщений*) availability
~ вы́ходов ли́ний, неполная (*в теории сообщений*) limited availability
~ вы́ходов ли́ний, пóлная (*в теории сообщений*) full availability
телефóнная ~ telephone availability
достýпный ~ *прил.* accessible
дóсуха *нареч.* to dryness
досыпáть *гл.* **до проéктной высоты́** fill up to grade

досягáемост/ь *ж.* □ **вне (предéлов) ~и** out of range, beyond the reach of ...
дотáция *ж.* subsidy
доупоря́дочение *с.* ordering
дочи́стка *ж.* trimming
доши́к *м. пищ.* cabbage pickling vat
дощéчка *ж.*:
карандáшная ~ slat
пáспортная ~ name-plate, rating plate
~ с указáнием маршрýта destination board
тáрная ~ box board
доэвтекти́ческий *прил.* hypoeutectic
доэвтектóидный *прил.* hypoeutectoid
дрáг/а *ж.* dredge, (*редко*) dredger; (*для добычи морских моллюсков, крабов и т. п.*) *тж.* drag □ **водоём перемещáется одновремéнно с продвижéнием ~и** as the dredge advances, its pond is carried along with it; **~ осуществляéт прохóдку сóбственного водоёма** the dredge cuts its own flotation; **~ чéрпает** a dredge cuts [digs]
гидровсáсывающая ~ hydrosuction dredge
грéйферная ~ clamshell [grapple, grab-bucket] dredge
драглáйновая ~ dragline dredge
землесóсная ~ с гидравли́ческим разрыхли́телем hydraulic suction dredge
землесóсная ~ с механи́ческим рыхли́телем mechanical-agitator [cutter-head] suction dredge
многочерпакóвая ~ chain-bucket [(bucket-)ladder, bucket-elevator] dredge
многочерпакóвая ~ со сплошнóй цéпью черпакóв close-connected chain-bucket dredge
многочерпакóвая ~ с прерывистóй цéпью черпакóв open-connected chain-bucket dredge
одночерпакóвая ~ dipper dredge
пневмовсáсывающая ~ pneumatic-suction dredge
спусковáя ~ launching drag
цепнáя ~ chain drag, drag chain
эжéкторная ~ jet dredge
эрли́фтная ~ airlift dredge
драги́рование *с.* dredging
драги́ровать *гл.* dredge, scoop, drag (out)
драглáйн *м.* dragline (excavator) □ **~ перемещáет грунт в отвáл без (вторúчной) перекúдки** the dragline (excavator) deposits material directly on the spoil bank
бáшенный ~ slackline cableway
вскрышнóй ~ stripping dragline
~ с длиннóй стрелóй long-boom dragline
~ с корóткой стрелóй short-boom dragline
шагáющий ~ walking dragline

дражи́рование *с.* **1.** (*семян*) coating, pelleting **2.** (*конфет и т. п.*) panning
дразнéние *с. мет.* (*на плотность*) poling (down), shaking down; (*на ковкость*) toughening
дрáить *гл.* scrub
дрáйвер *м. рад.* driver
дрáница *ж.* slat, lath (*см. тж.* **дрань**)
дрáнка *ж.* slat, lath (*см. тж.* **дрань**)
дрань *ж.* slat, lath □ **драть [изготáвливать] ~** render [slat] lath
крóвельная roofing slat, roofing lath
штукатýрная plasterer's [rendering] slat, plasterer's [rendering] lath
драпирýемость *ж.* (*ткани*) drapability
дрáтва *ж.* cobble's thread, tarred twine, wax(en)-end
дребезжáние *с.* **коммутациóнных контáктов** chatter of switching contacts
древеси́н/а *ж.* **1.** wood □ **вы́держивать ~у** season wood; **вымáчивать ~у в (солевы́х) растворáх** steep wood in (salt) solutions; **защищáть ~у от возгорáния** treat wood with fire retardants, give wood fire-retarding [fire-retardant] treatment; **защищáть ~у от гниéния** preserve wood by treatment, give wood preservative treatment; **клейми́ть ~у** mark ... wood; **консерви́ровать ~у** treat wood with preservatives, give wood preservation treatment; **модифици́ровать ~у** modify wood; **обрабáтывать ~у антисéптиками** treat wood with decay preservatives; **окоря́ть ~у** disbark wood; **окоря́ть ~у по всей длинé** disbark logs in full; **~ поддаётся отдéлке** wood takes a finish; **пропи́тывать ~у** impregnate wood; **пропи́тывать ~у послéдовательно в горя́чей и холóдной вáнне** give wood hot-and-cold bath treatment; **уплотня́ть ~у** compress [densify] wood **2.** (*лесоматериал*) timber
балáнсовая ~ paper [pulp] wood
~ вóздушной сýшки air-dry wood
гнилáя ~ spunk
деловáя ~ merchantable [industrial] wood
дровянáя ~ firewood, fuelwood
заболóнная ~ sap-wood
здорóвая ~ sound wood
~ кáмерной сýшки oven-dry wood
клеёная ~ glued wood
кособлóйная ~ cross-fibred wood
~ ли́ственных порóд hardwood, leaf wood
мелкослóйная ~ close-grained wood
мелкотовáрная ~ small merchantable wood
~ на корню́ standing wood, standing forest
натурáльная ~ natural wood
невы́держанная ~ unseasoned wood
подéлочная ~ carpentry timber
пóздняя ~ latewood

древеси́н/а
прессо́ванная ~ compressed wood
пропа́ренная ~ steamed wood
пропи́танная ~ impregnated wood
прямосло́йная ~ straight-grown timber
ра́нняя ~ early wood
свежесру́бленная ~ green wood
свилева́тая ~ wave-grown timber
слои́стая ~ laminated wood
смоли́стая ~ highly resinous wood
спе́лая ~ ripe wood
сплавна́я ~ float wood; float timber
сухосто́йная ~ deadwood
сучкова́тая ~ lopwood
та́рная ~ packing case wood
това́рная ~ merchantable [industrial] wood
фа́утная ~ defective [rotten] wood
хво́йная ~ softwood
~ це́нных поро́д finewood
чи́стая ~ clear wood
широкосло́йная ~ coarse-grained [wide-ringed] wood
ядро́вая ~ heart-wood
древесинове́дение *с.* wood science, wood technology
древосто́й *м.* stand (of trees), stand of timber □ **образо́вывать ~** produce a stand of trees; **прорежа́ть ~** thin (out) a stand (of trees); **такси́ровать ~** appraise [valuate] a stand of trees [a stand of timber]
пло́тный ~ dense stand
ре́дкий ~ open stand of trees
сме́шанный ~ stand of mixed trees
чи́стый ~ pure stand (*e. g., of pine, fur*)
дрези́на *ж.* railway inspection trolley, railway inspection car
мото́рная ~ motor car
ручна́я ~ hand car
дрейф *м.* drift
~ заря́женных части́ц charged particle drift
~ на циркуля́ции *мор.* drift while turning
~ нуля́ 1. zero drift **2.** (*операционного усилителя*) drift
теплово́й ~ thermal drift
углово́й ~ angular drift
дрейфова́ть *гл.* drift
дрек *м.* grapnel [grappling] anchor, grapple
дрель *ж.* drill
грудна́я ~ breast drill
лучко́вая ~ bow drill
пневмати́ческая ~ air(-operated) [pneumatic] drill
электри́ческая ~ electric drill
дре́на *ж.* drain
авари́йная ~ accidental drain
гонча́рная ~ tile drain
грави́йная ~ rock(-fill) drain
доща́тая ~ wooden box drain
закры́тая ~ culvert, subdrain, covered drain
ка́менная ~ stone(-filled) drain
кротóвая ~ mole drain

дре́на
магистра́льная ~ arterial drain
перехва́тывающая ~ intercepting drain
пластма́ссовая ~ plastic drain
собира́ющая ~ collecting drain
тру́бчатая ~ pipe drain
фаши́нная ~ faggot [bush] drain
хворостяна́я ~ bush drain
дрена́ж *м.* drainage (*см. тж.* **дре́на**) □ **выполня́ть [устра́ивать] ~** form (a system of) drainage
~ ба́ков (*самолёта*) **1.** (*процесс*) (fuel) tank venting **2.** (*устройство*) vent
бороздово́й ~ furrow drainage
вертика́льный ~ vertical [pump] drainage
возду́шный ~ aerial drainage
гонча́рный ~ tile drainage
горизонта́льный ~ horizontal drainage
деревя́нный ~ wooden drainage
закры́тый ~ closed drainage
избы́точный ~ overdrainage
комбини́рованный ~ combined drainage
ко́нтурный ~ contour drainage
кротóвый ~ mole drainage
осла́бленный ~ maldrainage
откры́тый ~ open-out [open-ditch] drainage
пове́рхностный ~ surface drainage
попере́чный ~ cross-drainage
продо́льный ~ longitudinal drainage
тру́бчатый ~ tube drainage
шпале́рный ~ trellis drainage
щелево́й ~ fissure [crevice] drainage
дре́нер *м.* mole
дрени́рование *с.* draining, drainage
дрени́ровать *гл.* draw (off), carry away, carry off
дрени́руемость *ж.* drainability
дреноочисти́тель *м.* drain cleaner
дреноукла́дчик *м.* drain(-tube) layer
дресва́ *ж.* gruss, landwaste
дрессирова́ть *гл. прок.* skin-roll (*the strip*)
дрессиро́вка *ж. прок.* temper [skin] rolling
дрилломе́тр *м.* weight indicator
дрильбо́р *м. мед.* burr
маши́нный ~ mechanical burr
ручно́й ~ hand-operated burr
дри́фтанс *м.* driftance
дри́фтер *м.* drifter, drift boat
дробемёт *м.* shot blaster, shot-blasting machine
дробеочи́стка *ж.* **1.** (*процесс*) shot(-blast) cleaning **2.** (*установка*) shot(-blast) cleaning plant, shot(-blast) cleaning system
дробеулови́тель *м.* shot catcher
дроби́лк/а *ж.* breaker, crusher □ **испо́льзовать ~у в за́мкнутом ци́кле с гро́хотом** apply [use] a crusher in a circuit closed with a screen; **испо́льзовать ~у в откры́том ци́кле** use a crusher in an open circuit
дроби́лк/а
агломерацио́нная ~ sinter breaker
валко́вая ~ rolls, roll crusher
валко́вая, зубча́тая ~ toothed-roll crusher
валко́во-молотко́вая ~ roll-hammer crusher
валко́во-щёковая ~ roll-jaw crusher
~ втори́чного дробле́ния secondary crusher
ди́сковая ~ disk crusher, disk breaker
~ для древе́сных отхо́дов wood chipper, chipping machine
~ для му́сора garbage grinder
~ для (са́харного) тростника́ cane crusher
жернова́я ~ stone mill
зернова́я ~ grain grinder
ко́ксовая ~ coke mill
ко́нусная ~ cone(-type) [gyratory-(cone)] crusher
ко́нусная ~ кру́пного дробле́ния primary gyratory (cone) crusher
ко́нусная ~ сре́днего дробле́ния secondary cone(-type) crusher
~ кормо́в fodder grinder
ма́ятниковая ~ blade crusher
~ ме́лкого дробле́ния fine crusher
молотко́вая ~ hammer crusher, hammer breaker
отбо́йная ~ baffle crusher
~ перви́чного дробле́ния primary crusher, breaker
ро́торная ~ rotary crusher
~ Са́ймонса, стандáртная Symons standard cone crusher
~ с ноже́вым бараба́ном knife grinder
стержнева́я ~ disintegrator
~ стержне́й поча́тков cob crusher
ту́ковая ~ fertilizer crusher
уда́рная ~ impact crusher
щёковая ~ jaw crusher
щёковая ~ с одно́й распо́рной пли́той single-toggle jaw crusher
дроби́лка-гребнеотдели́тель *м.* crusher-stemmer
дроби́лка-смеси́тель *м.* blender-grinder, mill-mixer, grinder-mixer
дроби́льщик *м.* crusher attendant, crusher operator
дроби́мость *ж.* crushability
дроби́на *ж.* barley-corn, mash, grains
пивна́я ~ brewing waste, brewer's [spent] grains
дроби́нка *ж.* pellet, small shot
дроби́ть *гл.* break, crush
дробле́ние *с.* breaking, crushing
~ в за́мкнутом ци́кле closed-circuit crushing □ **применя́ть ~ в за́мкнутом ци́кле с грохоче́нием** close the crushing circuit with screening
~ в откры́том ци́кле open-circuit crushing
~ зерна́ shattering of grain
кру́пное ~ breaking, primary [coarse] crushing

дробле́ние
мелкое ~ fine crushing
~ **ока́лины валка́ми ста́на** *англ.* spellerizing
~ **сигна́ла** (*в системе Морзе*) split
сре́днее ~ secondary crushing
~ **частоты́** frequency splitting
дроблёнка *ж.* 1. *тепл.* crushed coal 2. *дер.-об.* fractured particles, hogged chips
дро́бно-квадрати́чный *прил.* quadratic-fractional
дро́бно-лине́йный *прил.* linear-fractional
дро́бно-рациона́льный *прил.* rational, bilinear
дро́бный *прил.* fractional
дроб/ь *ж.* 1. (*число*) fraction □ **освобожда́ться от ~ей** clear fractions; **сокраща́ть ~ (на ...)** reduce a fraction by a factor of ... 2. (*косая черта дроби*) slant (line), stroke □ **де́вять ~ два** nine stroke two, nine slant two 3. (*металлическая*) shot; *лит.* grit
алгебраи́ческая ~ algebraic fraction
бесконе́чная ~ unending [infinite] fraction
бурова́я ~ drilling shot
десяти́чная ~ decimal fraction
~ **для очи́стки отли́вок** descaling grit
коне́чная ~ terminating fraction
ме́лкая ~ fine shot
непериоди́ческая ~ non-repeating fraction
непра́вильная ~ improper fraction
непреры́вная ~ continued fraction
несократи́мая ~ irreducible fraction
нисходя́щая ~ descending fraction
обра́тная ~ reciprocal fraction
периоди́ческая ~ periodic(al) [recurrent, recurring] fraction
подходя́щая ~ convergent of a continued fraction
пра́вильная ~ proper fraction
проста́я ~ simple [common, vulgar] fraction
просте́йшая ~ partial fraction
рациона́льная ~ rational fraction
свинцо́вая ~ lead shot
сло́жная ~ complex fraction
сме́шанная ~ mixed number, mixed quantity
сократи́мая ~ reducible fraction
цепна́я ~ continued fraction
чугу́нная ~ iron shot
элемента́рная ~ partial fraction
дрова́ *мн.* firewood
~ **для ро́зжига вагра́нки** kindling wood for a cupola
дровоко́л *м.* woodchopper, cleaver, wood-splitter
дрожа́ние *с.* jitter
~ **изображе́ния** 1. *астр.* image tremor 2. *тлв.* jitters, picture bounce
~ **и́мпульса** pulse jitter
~ **отме́тки** *рлк.* bobbing
~ **светово́го пятна́** (*в фототелеграфе*) flutter

дрожа́ние
~ **стре́лки** (*прибора*) quiver of a pointer
~ **строк** *тлв.* interline flicker
~ **частоты́** frequency jitter
дрожжева́ние *с.* **кормо́в** yeasting of fodder
дрожжегенера́тор *м.* yeast machine
дро́жжи *мн.* yeast; (*для хлебопечения тж.*) leaven □ **выра́щивать [получа́ть, производи́ть]** ~ grow [farm] yeast; **разводи́ть** ~ break up the yeast; ~ **размножа́ются (в пита́тельной среде́)** yeast propagate (in a nutrient)
верховы́е ~ top [surface] yeast
виноку́ренные ~ distillers' yeast
кормовы́е ~ nutrient [dietary] yeast
~ **низово́го броже́ния** bottom yeast
пе́карские ~ bakery [bakers'] yeast
пивны́е ~ brewers' yeast
прессо́ванные ~ compressed yeast, yeast cake
~ **с высо́кой броди́льной спосо́бностью** fast-working yeast
дро́мгед *м. мор.* drumhead
дропмаши́на *ж.* (*для формовки теста*) drop machine
дроссели́рование *с.* 1. (*расширение жидкости, пара или газа при прохождении через сужение*) throttling, wire-drawing 2. *двс* throttling, choking 3. *ав.* deceleration
дроссели́ровать *гл.* 1. (*поток газа, пара или жидкости*) throttle, wire-draw, restrict [constrict] (the) flow 2. *двс* choke, throttle 3. *ав.* decelerate
дро́ссел/ь 1. *двс* throttle (valve) □ **прикрыва́ть** ~ throttle back [down] the engine; **рабо́тать на по́лном ~е** operate with the throttle fully [wide] open, operate at full [wide-open] throttle 2. *эл.*, *рад.* choke, reactor 3. *мех.* orifice (plate), constrictor, restrictor, pressure-differential producer □ **до ~я** upstream of a restrictor *пример*: **забо́р во́здуха произво́дится до ~я** air is tapped upstream of the restrictor
высокочасто́тный ~ radio-frequency [r. f.] choke
гидравли́ческий ~ throttling valve
гидравли́ческий, переме́нный ~ liquid-flow throttling valve
гидравли́ческий, постоя́нный ~ liquid-flow throttling orifice, liquid-flow constrictor, liquid-flow restrictor, liquid-flow pressure-differential producer
ламина́рный ~ laminar-flow orifice, laminar-flow constrictor, laminar-flow restrictor
~ **насыще́ния** *эл.* saturable (core) [saturated-core] reactor
пневмати́ческий ~ air-flow constrictor, air-flow restrictor

дро́ссел/ь
помехоподавля́ющий ~ interference-suppressing choke
самонасыща́ющийся ~ *эл.* self-saturating reactor
~ **сверхвысо́кой частоты́** *рад.* microwave choke
~ **ти́па сопло́ — засло́нка** nozzle-flapper valve
турбуле́нтный ~ turbulent-flow constrictor, turbulent-flow restrictor
~ **фи́льтра** *эл.*, *рад.* filter choke, filter inductor
электри́ческий ~ choke, reactor
дро́ссель-эффе́кт *м.* Joule-Thomson [throttling] effect
дру́за *ж. геол.* druse
дуали́зм *м.* dualism, duality
дуа́льный *прил.* dual □ **сам себе́** ~ be one's own dual, be self dual
дуа́нт *м.* dee, duant
дуби́льня *ж.* tannery, tanyard
дуби́льщик *м.* tanner
дуби́тель *м.* 1. *кож.* tanning material, tanning agent 2. *полигр.*, *кфт.* hardener
жирово́й ~ oil tanning agent
минера́льный ~ mineral tanning agent
синтети́ческий ~ syntan
формальдеги́дный ~ aldehyde tanning agent
хро́мовый ~ chrome tanning agent
дуби́ть *гл.* tan
дубле́ние *с.* 1. *кож.* tanning, tannage □ ~ **придаёт ко́же усто́йчивость к де́йствию ...** tanning renders leather immune to ... 2. *полигр.*, *кфт.* hardening
валоне́йное ~ valonia tannage
~ **в барка́сах** paddle tannage
двухва́нное ~ 2-bath tannage, 2-bath process
жирово́е ~ oil tannage
комбини́рованное ~ combination tannage
~ **минера́льными дубя́щими вещества́ми** mineral tannage
недоста́точное ~ hungry tannage
несветово́е ~ non-exposed hardening
однова́нное ~ one-bath tannage, one-bath process
~ **синта́нами** syntan tannage
~ **танни́дами** vegetable tannage
темново́е ~ non-exposed hardening
формальдеги́дное ~ formaldehyde tannage
хро́мовое ~ chrome tannage
хромтанни́дное ~ chrome-vegetable tannage
дублёр *м.* 1. stand-by 2. *прок.* sheet doubler 3. *рез.* doubling machine, doubler
дубле́т *м.* doublet
конта́ктный ~ *опт.* contact doublet
ли́нзовый ~ objective doublet
дублика́т *м.* copy, duplicate
~ **клише́** duplicate (plate)

дубли́рование *с.* **1.** (*однократное резервирование*) duplication □ **предусмо́трено ~ аппарату́ры РЛС** the radar istallation will use duplicate facilities (*one in use, the other on the hot stand-by basis*) **2.** (*фильма*) dubbing **3.** *прок.* doubling
~ замеще́нием stand-by duplication
о́бщее ~ system duplication
постоя́нное ~ "hot" stand-by [parallel] duplication
разде́льное ~ component duplication
дубли́ровать *гл.* **1.** (*однократно резервировать*) duplicate **2.** (*фильм*) dub **3.** *прок.* double
дубли́рующий (*об элементе системы резервирования*) back-up, duplicate
дубль *м.* (*в фильме*) take
дубль-блок *м.* two-boiler single-turbine unit
дубль-негати́в *м.* duplicate [(intermediate) dupe] negative, internegative
дубль-позити́в *м.* duplicate ([intermediate) dupe] positive, interpositive
дубльто́н *м.* *полигр.* duotone ink
дубля́ж *м.* (*фильма*) dubbing
дубови́на *ж.* (oak) tanbark
дуга́ arc □ **~ га́снет** an arc decays; **опи́сывать ~у́** *мат.* describe an arc; **переводи́ть [пересчи́тывать] ~у́ во вре́мя** *нвг.* change [convert] arc into time; **проводи́ть ~у́ че́рез то́чки А и Б** *мат.* swing an arc from A to B; **стя́гивать ~у́** *мат.* subtent an arc
анома́льная ~ *эл.* abnormal arc
~ большо́го кру́га (*ортодромия*) great-circle arc
букси́рная ~ tow(ing) rail
во́льтова ~ electric arc (*см. тж.* **электри́ческая дуга́**)
вспомога́тельная ~ (*в игнитроне*) ignitor discharge
ги́бкая ~ (*чесальной машины*) flexible bend
~ захва́та *прок.* arc of contact
защи́тная ~ *авто* crash-bar, roll-bar, safety-bar, roll-over bar, roll-cage
~ криво́й *мат.* arc of a curve
~ меридиа́на meridian arc
надколе́сная ~ *авто* wheel housing, wheel house frame
~ окру́жности arc [segment] of a circle
~ панто́графа *ж.-д.* bow of a pantograph
~ паралле́ли arc of a parallel
~ проте́ктора (*шины*) tread arc
~ складно́го ве́рха *авто* folding-top bow
сопряга́ющая ~ *мат.* rounding-off curve
сопряжённые ~и conjugate arcs
~ те́нта *авто* (canopy) bow
тра́ловая ~ trawl gallow
~ триангуля́ции triangulation arc, triangulated strip
части́чная ~ *мат.* subarc

дуга́
шири́тельная ~ (*кордного каландра*) stentering arc
электри́ческая ~ electric arc □ **гаси́ть (электри́ческую) ~у** extinguish [quench] an arc; **гаси́ть (электри́ческую) ~у дутьём** (*напр. в выключателях-автоматах*) blow out an arc; **локализова́ть (электри́ческую) ~у** localize an arc; **переноси́ть (электри́ческую) ~у на дугогаси́тельные конта́кты** transfer the arc to arcing contacts; **электри́ческая ~ возника́ет на конта́ктах выключа́теля** an arc is drawn between the contacts of a circuit-breaker; **электри́ческая ~ возника́ет на (разря́дном) промежу́тке** an arc strikes [is drawn] across the gap; **электри́ческая ~ возника́ет при размыка́нии це́пи** an arc strikes upon interruption of a circuit; **электри́ческая ~ га́снет** an arc goes out
электри́ческая ~ высо́кой интенси́вности high-intensity electric arc
электри́ческая ~ интенси́вного горе́ния high-intensity electric arc
электри́ческая, мо́щная ~ high-power electric arc
электри́ческая, обра́тная ~ arc-back, reverse electric arc
электри́ческая, «пою́щая» ~ singing electric arc
дугогаше́ние *с.* (*в высоковольтных выключателях-автоматах*) arc control, arc blow-out
дугосто́йкость *ж.* arc resistance
ду́жка *ж.* shackle, U-link
~ весо́в arch
~ (*профиль*) **крыла́** *ав., англ.* aerofoil section; *амер.* airfoil section
дук *м.* *полигр.* duck
дуктило́метр *м.* **1.** ductilometer **2.** *полигр.* inkometer
дуктиломе́трия *ж.* ductilometry
дукти́льность *ж.* **1.** (*растяжимость, тягучесть битумов*) ductility **2.** *полигр.* tack (of ink)
думпка́р *м.* dump car
поро́дный ~ overburden dumper, rock dump car
ду́нсты *мн.* *м.* dunsts, finest middlings
дуокле́ть *ж.* two-high mill stand
дуоплазматро́н *м.* duoplasmatron
дуоста́н *м.* two-high mill
ду́плекс *м.* *свз.* duplex (working), duplexing
двухкана́льный ~ two-channel duplex
двухчасто́тный ~ two-frequency duplex
дифференциа́льный ~ incremental duplex, differential duplex system
мостово́й ~ bridge duplex station, bridge duplex system
однополо́сный ~ single-band duplex
одночасто́тный ~ single-frequency duplex

ду́плекс
~ с вычита́нием эдс opposition duplex
~ со сложе́нием эдс incremental duplex
ду́плекс-автоти́пия *ж.* duplex-autotype
ду́плекс-клавиату́ра *ж.* duplex keyboard
ду́плекс-проце́сс *м.* *мет.* duplex(ing) process
дуралюми́н *м.* duralumin
ду́сты *мн.* *м.* pesticide dusts
ду́тик *м.* **1.** (*дефект кирпича от гашения свободной извести*) bulge(s) **2.** *мн.* (*на штукатурке*) blisters
дуть/ё *с.* **1.** *мет.* blast □ **включа́ть ~** put on [turn on] the blast; **выключа́ть ~** take off the blast; **держа́ть печь под ~ём** keep a furnace in blast; **подава́ть ~** put on [turn on] the blast; **пуска́ть ~** put on [turn on] the blast **2.** (*в топках*) draught
вентиля́торное ~ forced draught
ве́рхнее ~ top blast
горя́чее ~ hot blast
кислоро́дное ~ oxygen blast
магни́тное ~ (*в автоматических выключателях*) magnetic blow-out
ма́сляное ~ (*в автоматических выключателях*) oil blow-out
~, обогащённое кислоро́дом oxygen-enriched blast
о́строе ~ (*в топках*) overfire air
паро́вое ~ (*в топках*) steam-jet forced draught
холо́дное ~ cold blast
дух/и́ *мн.* perfume □ **~ должны́ облада́ть сто́йким за́пахом** a perfume must have a sufficiently lasting fragrance [a sufficient lasting power]; **приготовля́ть компози́цию ~ов** compound a perfume; **сто́йкость (за́паха) ~ов должна́ быть ... часо́в** a perfume must keep the character of fragrance for ... hours
духо́вка *ж.* bake oven
ду́чка *ж.*, **выпускна́я** *горн.* draw hole
душ *м.* shower (bath)
~ для мо́йки туш carcass spray washer
душни́к *м.* air vent
дым *м.* smoke; fume □ **оку́танный ~ом** enveloped in smoke; **отводи́ть ~** carry off smoke
бу́рый ~ red fume
промы́шленный ~ industrial smoke
дыма́рь *м.* smoke nozzle, smoke generator
дыми́ть(ся) *гл.* smoke; fume
ды́мка *ж.*, **атмосфе́рная** haze
дымле́ние *с.* smoking; fuming
дымогенера́тор *м.* smoke generator, smoke unit, smoke tender
дымоме́р *м.* smoke density indicator
дымоотво́д *м.* offtake
дымоощути́тель *м.* smoke detector
дымосжига́ние *с.* smoke combustion
дымосо́с *м.* smoke exhauster, induced-draught fan

дымохо́д *м.* chimney, smoke stack, smoke flue
вытяжно́й ~ up-take flue
отводя́щий ~ discharge flue
дыра́ *ж.* **1.** hole **2.** *мн. прок.* roaks
ды́рка *ж.* (*в теории твёрдого тела*) hole, vacancy
дыроиска́тель *м.* hole-sensing pin
дыроко́л *м.* puncher, perforator
дыроме́р *м.* hole gauge
дыропробо́йник *м.* hole drift
дыря́вить *гл.* make a hole, pierce, perforate
дыха́ни/е *с.* breathing, respiration □ **не приго́дный для** ~**я** irrespirable
иску́сственное ~ artificial respiration, resuscitation □ **де́лать иску́сственное** ~ apply artificial respiration
ды́шло *с.* pole, shaft, draught [tow] bar
сцепно́е ~ coupling rod
дьюа́р *м.* Dewar flask, Dewar vessel, dewar
дю́бель *м. эл.* expansion bolt, expansion anchor
дю́за *ж. уст.* nozzle
дюймо́вка *ж.* (*доска*) inch plank
дю́кер *м.* siphon, tunnel, inverted [return] siphon
дюра́ль *м. см.* **дуралюми́н**
дюралюми́н(ий) *м. см.* **дуралюми́н**
дюроме́тр *м.* durometer

Е

евкли́дов *прил.* Euclidean
едини́ц/а *ж.* **1.** (*измерения*) unit **2.** (*число*) unity, one □ **в** ~**ах** in units; **в [на]** ~**у** per unit; **на** ~**у бо́льше** *или* **ме́ньше** greater *or* less by one; **принима́ть за** ~**у** take as a unit
абсолю́тная ~ absolute unit
~ **акти́вности** activity unit
акусти́ческая ~ acoustical unit
астрономи́ческая ~ astronomical unit
а́томная ~ atomic unit
а́томная ~ **ма́ссы** atomic mass unit, amu
безразме́рная ~ dimensionless unit
бонитиро́вочная ~ evaluation unit
внесисте́мная ~ off-system [arbitrary] unit
~ **вы́зова** unit call
двои́чная ~ (*в теории информации*) binary unit
~ **до́зы, энергети́ческая** energy dose
до́льные ~**ы** submultiple units
~ **до́пуска** tolerance unit
~ **измере́ния** unit of measurement
~ **интенси́вности нагру́зки** (*в теории массового обслуживания*) unit of traffic intensity
~ **информа́ции** unit of information, information unit
~ **информа́ции, двои́чная** bit
~ **информа́ции, десяти́чная** the Hartley
~ **информа́ции, натура́льная** natural unit (of information)
~ **информа́ции, энтропи́ческая** entropy unit (of information)
кормова́я ~ feed [fodder] unit
кра́тные ~**ы** multiple units
магни́тные ~**ы** magnetic units
~ **ма́ссы** mass unit, unit of mass
маши́нная ~ machine unit
междунаро́дные ~**ы** international units
метри́ческие ~**ы** metric units
механи́ческие ~**ы** mechanical units
мни́мая ~ imaginary unit
моне́тная ~ monetary unit
~ **мо́щности** power unit
некогере́нтная ~ noncoherent unit
норми́рованная ~ normalized [reduced] unit
~ **объёма** volume unit
основны́е ~**ы** fundamental [basic] units
относи́тельная ~ relative unit
~ **перехо́дных поме́х** *свз.* crosstalk unit
~ **пло́щади** unit of area
~ **по́езда, тормозна́я** braked carriage [car] unit
приведённые ~**ы** reduced [normalized] units
произво́дные ~**ы** derived units
произво́льная ~ arbitrary unit
~ **рабо́ты** unit of work
радиологи́ческие ~**ы** radiological units
~**, разру́шенная то́ком за́писи** write-disturbed one
~**, разру́шенная то́ком счи́тывания** read-disturbed one
сбо́рочная ~ assembly unit
светові́е ~**ы** photometric units
~ **систе́мы СГС** centimeter-gramme-second unit
~ **систе́мы МКС** meter-kilogramme-second unit
~ **сообще́ния** message unit
спло́точная ~ *лес.* raft section
сре́дняя ~ middle unit
структу́рная ~ *рез.* base unit
~ **счёта** count
таксономи́ческая ~ taxonomic unit, taxon
тари́фная ~ charge unit
теплова́я ~ caloricity [thermal] unit
техни́ческие ~**ы** practical units
тя́говая ~ traction unit
усло́вная ~ arbitrary unit
~**ы фи́зико-хими́ческих величи́н** units of physical and chemical quantities
~ **физи́ческой величины́** physical unit
фотометри́ческая ~ photometric unit
эквивале́нтная ~ equivalent unit
эксплуатацио́нная ~ operational unit
~ **электри́ческого то́ка** electrical unit
электромагни́тная ~ electromagnetic unit, emu
электростати́ческая ~ electrostatic unit, esu
единообра́зие *с.* uniformity
еди́нственность *ж.* uniqueness
еди́нственный *прил.* unique, (only) one
е́дкий *прил.* caustic
езда́ *ж.* (*на автомобиле*) driving; (*на мотоцикле*) riding
~ **по го́роду** city driving
~ **по за́городным доро́гам** turnpike driving
~ **нака́том** free-wheeling
е́здить *гл.* (*на автомобиле*) drive; (*на мотоцикле*) ride
е́здка *ж.* trip, round, run, haul
«ёлка» *ж.* (*дефект на каландрованной поверхности*) *рез.* cold checks, "crow's feet", calender flow mark
ёмкость *ж.* **1.** *эл.* capacitance **2.** (*вместимость*) capacity (*см. тж.* **вмести́мость**) **3.** (*сосуд*) tank, vessel, reservoir **4.** (*конденсатор*) capacitor □ ~ **... по отноше́нию к ...** capacitance of ... to ...
~ **аккумуля́торной батаре́и** capacity of a storage battery
~ **аккумуля́торной батаре́и в ампе́р-часа́х** ampere-hour capacity of a storage battery
~ **аккумуля́торной батаре́и в ватт-часа́х** watt-hour capacity of a storage battery
~ **аккумуля́торной батаре́и, номина́льная** rating of a storage battery
~ **ано́да** *англ.* anode capacitance; *амер.* plate capacitance
~ **ано́д — като́д** anode-cathode [plate-cathode] capacitance
~ **ано́д — нить нака́ла** anode-filament [plate-filament] capacitance
барье́рная ~ barrier (layer) capacitance
бу́ферная ~ buffer vessel
~ **в режи́ме отсе́чки** cut-off capacitance
входна́я ~ input capacitance
выходна́я ~ output capacitance
гаранти́рованная ~ *хим.* guaranteed capacity
~ **го́рной поро́ды** water-absorbing capacity of rock
~ **грани́чного сло́я** boundary(-layer) capacitance
де́йствующая ~ effective capacitance
динами́ческая ~ dynamic capacitance
дифференциа́льная ~ incremental capacitance
диффузио́нная ~ diffusion (storage] capacitance
доба́вочная ~ series capacitor

ёмкость
задействованная ~ (*телефонной станции*) equipped [fitted] capacity
~ **запирающего слоя** barrier (-layer) capacitance
~ **запоминающего устройства** memory [storage] capacity
зарядная ~ charge capacity
~ **затвор — исток** gate-source capacitance
~ **затвор — сток** gate-drain capacitance
защитная ~ surge-protection capacitor
информационная ~ information capacity
~ **ионита, обменная** bed capacity
~ **ионного обмена** ion-exchange capacity
~ **катионного обмена** cation-exchange capacity
~ **катода** cathode capacitance
~ **катушки индуктивности** inter-turn capacitance
коллекторная ~ collector capacitance
~ **коллекторного перехода** collector (junction) capacitance
конденсаторная ~ (capacitor) capacitance
конечная ~ *тлф.* ultimate [end] capacity
~ **короткого замыкания, входная** short-circuit input capacitance
~ **корпуса** case [package] capacitance
логарифмическая ~ logarithmic capacity
междувитковая ~ inter-turn capacitance
междуобмоточная ~ inter-winding capacitance
междупарная ~ *тлф.* pair-to-pair capacitance
~ **между проводами** wire-to-wire capacitance
междуфазная ~ interphase capacity
междуэлектродная ~ interelectrode capacitance
~ **монтажа** circuit [package, wire] capacitance
~ **на «землю»** capacitance to case [to chassis earth]
незадействованная ~ *тлф.* unequipped [marginal] capacity
нелинейная ~ non-linear capacitance
~ **неоднородности** (*в коаксиальной линии*) discontinuity capacitance
номинальная ~ rated capacity
~ **обмена** exchange capacity
обратимая ~ reversible capacitance
остаточная ~ residual capacitance
~ **относительно корпуса** capacitance to case [to chassis earth]
паразитная ~ stray [spurious] capacitance

ёмкость
параллельная ~ 1. (*величина*) shunt capacitance 2. (*конденсатор*) shunt capacitor
~ **перехода** junction capacitance
полная ~ *тлф.* available capacity
проходная ~ (*лампы*) transfer capacitance
разрядная ~ 1. discharge capacity (*of a storage battery*) 2. discharge capacitance (*of a spark gap*)
распределённая ~ distributed capacitance
~ **рассеяния** diffusion capacitance
~ **регистра** register length, register capacity
регулирующая ~ control capacitor
резервная ~ idle capacity
~ **связи** coupling capacitor
~ **сетка — анод** grid-anode [grid-plate] capacitance
~ **сетка — катод** grid-cathode capacitance
~ **сетки** grid capacitance
собственная ~ self-capacitance
сосредоточенная ~ lumped capacitance
~ **станции** *свз.* capacity of the office
~ **станции, установленная** installed capacity of the office
статическая обменная ~ static exchange capacity (*of ion-exchange resins*)
~ **счётчика** counter capacity
~ **управляющего электрода** gate capacitance
частичная ~ direct capacitance
частичная ~ **на земле** direct capacitance to earth [ground]
шунтирующая ~ shunt capacitance
эксплуатационная ~ (*аккумулятора*) service capacity
~ **электрода** electrode capacitance
электростатическая ~ electrostatic capacitance
~ **эмиттерного перехода** emitter (-junction) capacitance
эффективная ~ effective capacitance
ендова *ж. стр.* valley
ёрш *м.* 1. (*щётка*) (wire) brush 2. (*зазубренный гвоздь*) barbed nail, rag [barb] bolt
ловильный ~ (*для захвата и извлечения каната или кабеля из скважины*) wire line grab
трубопрочистный ~ tube cleaning brush

Ж

жакет *м.* **литейной формы** mold jacket
жало *с.* **паяльника** tip of a soldering bit
жалюзи *с.* 1. (*на окнах*) shutters, louvers, louverboards 2. (*радиатора двигателя*) gills, shutters
~ **верхнего решета** (*молотилки*) chaffer fin
подъёмные ~ (*на окнах*) Venetian blinds
жанр *м. мат.* genre, genus
жар *м.* heat, glow
белокалильный ~ incandescence, white heat
плавильный ~ fusion temperature
сварочный ~ welding heat
жаровня *ж.* fryer, roaster, brazier, chafing dish
~ **с непрямым обогревом, электрическая** indirectly heated electric fryer
жаропрочность *ж.* high-temperature strength
жаростойкость *ж.* refractoriness, heat-resistance
~ **огнеупоров** spalling resistance of refractories
жароупорность *ж.* heat-proofness
жатка *ж.* 1. (*машина*) reaper, reaping machine 2. (*комбайна*) header
валковая ~ windrower
навесная ~ mounted reaper
платформенная ~ (*комбайна*) cutting platform, cutting table
полнопрямоточная ~ scoop-type header
прицепная ~ trailed reaper
прямоточная ~ straight-through windrower
~ **с боковым сбросом** side-delivery reaper
~ **с гидравлическим подъёмом** hydraulic lift header
~ **сплошного среза** (*комбайна*) cutting table
фронтальная ~ front-mounted reaper
~ **фронтальной навески** T-type header
широкозахватная ~ 1. wide-cut reaper 2. wide-cut header
шнековая ~ auger header
жатка-декортикатор *ж.* harvester-decorticator
жатка-лобогрейка *ж.* self-rake reaper
жатка-плющилка *ж.* windrower-conditioner
жатка-самосброска *ж.* self-rake reaper
жвака-галс *м.* (*якорной цепи*) bitter end
жгут *м.* braid, braided strap
вихревой ~ *гидр.* vortex core
карамельный ~ candy strick
кровеостанавливающий ~ tourniquet
~ **кудели** tow
~ **набивки сальника** packing material
~ **проводов** cable (assemly), bundled conductors □ ~ **проводов состоит из 20 проводников** the cable assembly consists of 20 wires cabled together

жгут
солóменный ~ straw wisp, straw band
жгутопровóд *м. текст.* rope feeding device
жгутораспрaвитель *м. текст.* guide [opening, scrimp] rail, scutcher
жгутоуклáдчик *м. текст.* piler
жезл *м.* 1. *геод.* bar 2. *ж.-д.* staff, token
блокúрующий ~ block staff
желатúн *м.* gelatin(e)
желатúна *ж.* gelatin(e)
пищевáя ~ edible [food] gelatin(e)
технúческая ~ technical gelatin(e)
фотографúческая ~ photographic gelatin(e)
желатинизáция *ж.* 1. *см.* **желатинúрование** 2. *полигр.* livering
желатинúрование *с.* 1. (*застудневание*) gelation, gel formation 2. (*введение желатины*) gelatinization
желатинúровать(ся) *гл.* set to a gel
желéзистый *прил.* (*о трёхвалентных соединениях*) ferric; (*о двухвалентных соединениях*) ferrous
желéзка *ж.* **рубáнка** plane iron
желéзко *с.* (*режущая деталь в деревообрабатывающих инструментах*) iron
железнéние *с.* 1. (*гальваническое покрытие металлических изделий железом*) iron plating 2. (*обработка бетона*) floating with cement
железнодорóжник *м.* railroader, railwayman
железнодорóжный *прил.* railroad, railway
железнокúслый *прил.* ferrate
желéзный *прил.* 1. (*содержащий железо*) ferrous 2. (*сделанный из железа*) iron
железня́к *м.* iron(-)ore, iron(-)stone
бýрый ~ limonite, brown (iron) ore
крáсный ~ hematite, red (iron) ore
магнúтный ~ magnetite, black (iron) ore
шпáтовый ~ siderite
желéзо *с.* iron
гýбчатое ~ sponge iron
двухвалéнтное ~ ferrous iron
карбонúльное ~ carbonyl iron
кóваное ~ forge [wrought] iron
крúчное ~ ball [bloomery] iron
крóвельное ~ roofing iron, roofing sheets
металлúческое ~ metallic iron
мя́гкое ~ soft iron
некондициóнное ~ off-grade iron
оцинкóванное ~ galvanized iron
пакетúрованное ~ fagotted iron
порошкóвое ~ powdered iron
~ **прямóго восстановлéния** direct-reduced iron
саморóдное ~ native iron
саморóдное, метеорúтное ~ native cosmic iron
саморóдное, теллурúческое ~ native telluric iron

желéзо
свáрочное ~ welding [forge, wrought] iron
случáйное ~ (*примесь, напр. в сыпучем материале*) "tramp" iron
сыродýтное пýдлинговое ~ puddling iron
текстурóванное ~ oriented(-grain) iron
технúчески чúстое ~ technically pure [ingot] iron
трёхвалéнтное ~ ferric iron
углерóдистое ~ carbon iron
чúстое ~ pure iron
электролитúческое ~ electrolytic iron
железобетóн *м. англ.* ferroconcrete, reinforced concrete; *амер.* reinforced concrete □ **заклáдывать** ***что-л.*** **в** ~ embed *smth.* in reinforced concrete; **пропáривать** ~ cure reinforced concrete by steam; **уплотня́ть** ~ compact reinforced concrete; **формовáть** ~ form reinforced concrete
жаростóйкий ~ refractory reinforced concrete
лёгкий ~ light-weight reinforced concrete
~ **на лёгких заполнúтелях** light-weight aggregate reinforced concrete
предварúтельно напряжённый ~ prestressed reinforced concrete
сбóрный ~ prefabricated [precast] reinforced concrete
~ **с перекрёстной арматýрой** two-way reinforced concrete
тяжёлый ~ heavy reinforced concrete
ячéистый ~ wire-mesh reinforced concrete
железографúт *м.* iron graphite, ferrographite
железокирпúч *м.* reinforced brick
железокóкс *м.* ferrous coke, ferrocoke
железостеклó *с.* ferroglass
желúрование *с.* jellification, gelatinization
жёлоб *м.* 1. chute, trough; spout □ **загружáть** ***или*** **разгружáть по** ~**у** charge *or* discharge by chute 2. *текст.* (*рабочий орган желобовой машины*) singeing plate
вибрациóнный ~ vibrating chute
водостóчный ~ gutter □ **водостóчный** ~ **дóлжен имéть наклóн ... грáдусов** a gutter should slope ... degrees; **навéшивать водостóчный** ~ **с наклóном ...** hang a gutter with a slope of ...
водостóчный, карнúзный ~ eaves trough, trough gutter
водостóчный, настéнный ~ V-gutter
водостóчный, подвеснóй ~ hanging gutter
выпускнóй ~ (*мартена*) tapping spout, runner
~ **для залúвки чугунá** iron runner

жёлоб
~ **для залúвки чугунá, глáвный** main runner
~ **для окáлины** scale chute
~ **для сбóра камнéй** (*на картофелеуборочном комбайне*) stone collecting trough
~ **для сыпýчих материáлов** spill chute
загрýзочный ~ charging chute, charging trough
кáбельный ~ cable trough
магнúтный ~ magnetic chute
переливнóй ~ launder
петлевóй ~ (*обводного аппарата*) *прок.* looping trough
~ **подшúпника качéния** raceway
разгрýзочный ~ discharging chute, discharging trough
разлúвочный ~ (*для жидкого металла*) pouring spout
спирáльный ~ spiral chute
спускнóй ~ discharging chute, discharging trough
строúтельный ~ gutter
транспортúрующий ~ conveying trough
шлáковый ~ (*в доменном цехе*) slag [cinder] runner
желоблéние *с.* **стéльки** *кож.* insole flexing
желоб/óк *м.* channel, groove; (*между рифлями*) riffle; (*полуцилиндрический*) flute □ **дéлать [нарезáть]** ~**кú** groove; flute; riffle
~ **высевáющей катýшки** (*высевающего аппарата*) seed cell
~**кú дверéй, направля́ющие** floor guides
~ **для гúбких тяг** *ж.-д.* boxing
~ **для подвúжного окóнного стеклá** (*в кузове автомобиля*) window glass channel
~ **катýшки, тормознóй** *текст.* groove bobbin for weighted cord
желóметр *м. пищ.* gelometer
желóнк/а *ж.* (*для буровой грязи*) bailer, sludge pump; (*для подъёма песка*) sand pump □ **ловúть** ~**у** grab a bailer; **опускáть** ~**у в сквáжину** run in a bailer
буровáя ~ dart bailer
грéйферная ~ clam-shell bailer
очистúтельная ~ cleanout bailer
пневматúческая ~ pneumatic bailer
поршневáя ~ piston bailer
тартáльная ~ oil bailer
желтéние *с.* (*прутка перед волочением в проволоку*) 1. (*процесс*) sulling, rusting 2. (*результат*) sull [water-rust] coating
желтúть *гл.* **прутóк** (*перед волочением в проволоку*) sull the rod
желтолóмкость *ж.* yellow brittleness
жéмчуг *м.* pearl
жемчýжина *ж.* pearl
жердь *ж.* (thin) pole
жеребéйк/а *ж.* (*опора для установки литейных стержней в литейной*

форме) chaplet □ **закрепля́ть [уде́рживать] сте́ржень ~ой** anchor [secure] a core with chaplet
жеребьёвка *ж.* (*в теории игр*) toss-up
жерло́ *с.* orifice
жёрнов *м.* mill-stone
ве́рхний ~ runner
ни́жний ~ bed stone, groundsel, ground brace
же́ртвовать *гл.* trade *smth.* for *smth.* □ **~ ка́чеством ра́ди коли́чества** trade quality for quantity
жестепеча́тание *с. полигр.* tin printing
жёсткий *прил.* **1.** (*о конструкции*) stiff, rigid **2.** (*о воде*) hard **3.** (*о требованиях*) stringent, rigid **4.** (*о режиме*) arduous, severe, tough
жёсткость *ж.* (*конструкции*) **1.** stiffness, rigidity □ **придава́ть ~** stiffen, strengthen, reinforce, brace; **уси́ливать ~ констру́кции ко́льцами** girdle with rings for stiffness **2.** (*воды*) hardness
акусти́ческая ~ acoustic stiffness
~ бето́нной сме́си hardness of concrete
бокова́я ~ lateral rigidity
~ бума́ги paper rigidity
~ воды́ hardness of water □ **снижа́ть ~ воды́** remove hardness of water
~ воды́, вре́менная temporary hardness of water
~ воды́, ка́льциевая calcium hardness of water
~ воды́, карбона́тная carbonate hardness of water
~ воды́, магнезиа́льная magnesia hardness of water
~ воды́, ма́гниевая magnesium hardness of water
~ воды́, некарбона́тная non-carbonate hardness of water
~ воды́, о́бщая total hardness of water
~ воды́, постоя́нная permanent hardness of water
диэлектри́ческая ~ elastance
~ излуче́ния hardness of radiation, radiation hardness
~ крыла́ wing stiffness
~ пласти́ны rigidity of a plate
~ пласти́ны, цилиндри́ческая flexural rigidity of a plate
~ подве́ски *авто* suspension rate
~ подве́ски, углова́я *авто* roll stiffness of suspension
~ при изги́бе rigidity in bending, flexural rigidity
~ при круче́нии torsion(al) rigidity
~ при растяже́нии rigidity in tension
~ при сжа́тии rigidity in compression
~ рессо́ры *авто* spring rate
~ треуго́льника *геод.* triangle strength
~ це́пи *горн.* rigidity [stiffness] of a chain

жёсткость
~ ши́ны *авто* tyre rate
электри́ческая ~ elastance
жестче́ние *с.* hardening
~ нейтро́нов neutron hardening
~ пучка́ beam hardening
~ электронноваку́умных ламп degassing, gas clean-up
~ электроннолучево́й тру́бки hardening [ageing] of a tube
жесть *ж.* plate, sheet; (*с оловянным покрытием*) tin-plate □ **получа́ть ~ горя́чим луже́нием** apply tin to plate by hot dipping; **получа́ть ~ ме́тодом электролити́ческого осажде́ния** apply tin to plate by electrodeposition
бе́лая ~ tin-plate
бе́лая, брако́ванная ~ dry tin-plate
бе́лая ~ с то́лстым оловя́нным покры́тием charcoal tin-plate
горячелужёная ~ hot-dipped tin-plate
~ для консе́рвных ба́нок (*для корпуса*) body-stock; (*для крышек, донышка*) can-end stock
лакиро́ванная ~ lacquered tin-plate
лужёная ~ tin-plate
~, лужёная ме́тодом электролити́ческого осажде́ния electrodeposited [electrolytic] tin-plate
~ с двусторо́нним покры́тием dual-coat tin-plate
чёрная ~ black plate
жестя́ницкая *ж.* tin-smithery
жестя́нщик *м.* tinsmith
жето́н *м.* tag, badge
живи́ц/а *ж.* (turpentine) gum, (oleo)-resin □ **~ выделя́ется дере́вьями при подсо́чке** (turpentine) gum is exuded by (softwood) trees when scarred [tapped]; **добыва́ть ~у из надре́зов на расту́щих дере́вьях** collect (terpentine) gum from scars on living trees; **получа́ть ~у подсо́чкой (де́рева)** tap trees for gum [resin]
сосно́вая ~ pine pitch
жи́вопись *ж.*, **стенна́я** mural [wall] painting; murals
животново́д *м.* stock [animal] breeder
животново́дство *с.* animal husbandry, livestock farming, cattle production, animal [livestock] raising
моло́чное ~ dairy cattle production
мясно́е ~ beef cattle production
отго́нное ~ distant-pasture cattle rearing, distant-pasture cattle tending
па́стбищное ~ grazing, grassland farming
живу́честь *ж.* survivability
жи́дк/ий *прил.* liquid □ **в ~ом ви́де** in the liquid state
жидкоподви́жность *ж.* fluidity, flowability in liquid state
жи́дкость *ж.* **1.** (*агрегатное состояние вещества*) liquid □ **~ принима́ет фо́рму сосу́да, в кото́ром она́ нахо́дится** a liquid conforms to the shape of the containing vessel **2.** (*искусственная жидкая смесь разного назначения*) fluid
~ 3, 5 (*огнегасительная жидкость*) ethyl bromide-carbon dioxide fire-extinguishing fluid
~ 40 (*антифриз до 40° С*) —40° C anti-freeze solution
~ 65 (*антифриз до 65° С*) —65° C anti-freeze solution
амортиза́торная ~ 1. shock absorber liquid **2.** shock absorber fluid
анизотро́пная ~ anisotropic liquid
ассоции́рованная ~ associated liquid
бели́льная ~ bleach liquor
бордо́сская ~ Bordeaux mixture, Bordeaux liquid
бургу́ндская ~ Burgundy mixture
ва́рочная ~ digestion [cooking] liquor
высоковя́зкая ~ high-viscosity liquid
выщела́чивающая ~ leaching-out liquid
вя́зкая ~ viscous fluid
вя́зкоупру́гая ~ viscous-elastic liquid
гигроскопи́чная ~ hygroscopic liquid
гидравли́ческая ~ pressure fluid
дви́жущаяся ~ liquid in motion, flowing liquid
двухфа́зная ~ two-phase fluid
дегазацио́нная ~ liquid chemical decontaminating agent
~ дистилля́ции, исхо́дная distilland
диэлектри́ческая ~ dielectric liquid
~ для мано́метров, заполня́ющая manometer liquid, manometer fluid
~ для хонингова́ния honing fluid
зака́лочная ~ quenching bath, quenching medium, quench
зо́льная ~ lime liquor
идеа́льная ~ perfect [ideal] liquid
изоляцио́нная ~ insulating liquid
иммерсио́нная ~ immersion oil
ионоге́нная ~ (*в электростатической дефектоскопии*) negative-ion source; negative-ion wetting agent
ка́пельная ~ dropping liquid
ква́нтовая ~ quantum liquid
копти́льная ~ liquid smoke
криоге́нная ~ cryogenic liquid
легкоподви́жная ~ thin fluid
манометри́ческая ~ manometer liquid, manometer fluid
металли́ческая ~ metallic liquid
мягчи́льная ~ bating liquor
неассоции́рованная ~ non-associated liquid
невя́зкая ~ non-viscous [frictionless, inviscid] liquid
нью́тоновская ~ (*структурно-вязкая*) non-Newtonian [complex] fluid
несжима́емая ~ incompressible liquid
несма́чивающая ~ non-wetting liquid

жи́дкость
низкозамерза́ющая ~ low-freezing (-point) liquid
низкокипя́щая ~ low-boiling-(-point) liquid
ньюто́новская ~ Newtonian [normal] fluid
однокомпоне́нтная ~ single fluid
однoро́дная ~ (*с одинаковой плотностью во всех точках*) homogeneous liquid
отрабо́тавшая ~ spent [discharge] water; discharge liquor
охлажда́ющая ~ coolant, cooling liquid
пая́льная ~ soldering liquid
пита́тельная ~ nutrient liquid
поко́ящаяся *гидр.* liquid at rest
покрыва́ющая ~ (*в сантехнике*) supernatant liquor
полирова́льная ~ polishing fluid
промы́вочная ~ flushing fluid
противообледени́тельная ~ anti-icer [de-icing] fluid
рабо́чая ~ working fluid
рабо́чая ~ ва́куум-насо́са pump-(ing) fluid
резьбоуплотня́ющая ~ thread sealing liquid
сверхтеку́чая ~ superfluid liquid
сжима́емая ~ compressible fluid
сма́зочно-охлажда́ющая ~ lubricant-coolant
сма́чивающая ~ wetting liquid
сцинтилли́рующая ~ scintillating liquid
тепловыделя́ющая ~ heat-generating liquid
термометри́ческая ~ thermometer [bulb] liquid
технологи́ческая ~ process liquid
тормозна́я ~ braking fluid
уплотня́ющая ~ sealing [packing] liquid
упру́гая ~ elastic liquid
упруговя́зкая ~ viscoelastic liquid
чи́стая ~ single fluid
электроизоляцио́нная ~ insulating liquid
электропрово́дная ~ (electrically) conducting liquid
эти́ловая ~ ethyl fluid, tetraethyl lead
жи́дкость-теплоноси́тель *ж.* heat-transfer liquid
жидкотеку́честь *ж.* fluidity, flowability in liquid state
жижеразбра́сыватель *м.* liquid manure spreader
жижесбо́рник *м.* (*на скотном дворе*) liquid-manure pit, liquid-manure tank
жизнеобеспече́ние *с. ав., косм.* life-support (and survival) system (*см. тж.* **систе́ма жизнеобеспече́ния**)
жиклёр *м.* calibrated [metering] orifice; (*карбюратора*) jet, nozzle □ **засоря́ть ~** clog a jet [nozzle]; **продува́ть ~** blow a jet [nozzle]
возду́шный ~ air jet, air nozzle
жиклёр
гла́вный ~ main jet, main nozzle
~ дополни́тельной систе́мы auxiliary jet, auxiliary nozzle
компенсацио́нный ~ compensating jet, compensating nozzle
~ по́лной мо́щности (full-) power jet, (full-) power nozzle
то́пливный ~ fuel jet, fuel nozzle
~ ускори́тельного насо́са, перепускно́й accelerating jet, accelerating nozzle
ускори́тельный ~ accelerating jet, accelerating nozzle
~ холосто́го хо́да idling [low-speed] jet, idling [low-speed] nozzle
~ холосто́го хо́да, то́пливный idling [low-speed] jet, idling [low-speed] nozzle
жи́л/а *ж. горн.* vein □ **~ выкли́нивается на пове́рхность** a vein crops out to the surface; **выкли́нивание [вы́ход] ~ы** the outcrop of a vein; **~ обнажена́ вы́ходами** a vein is exposed by outcrops; **открыва́ть ~у** strike a vein; **паде́ние ~ы** the dip of a vein; **простира́ние ~ы** the strike of a vein
бокова́я ~ dropper
гла́вная ~ main vein
~ ка́беля (*изолированная и снабжённая механической защитой*) cable conductor; (*изолированная, но без механической защиты*) *англ.* core of a cable; *амер.* cable conductor
~ ка́беля, контро́льная pilot wire
~ ка́беля, многопро́волочная stranded cable conductor
~ ка́беля, плетёная braided cable conductor
~ ка́беля, скру́ченная twisted cable conductor
ка́мерная ~ chambered vein
конта́ктная ~ contact vein
ле́стничная ~ ladder [linked] vein
пластова́я ~ bedded [sheet] vein
проста́я ~ simple vein
рубцо́вая ~ gash vein
ру́дная ~ ore vein
седлови́дная ~ saddle vein
секу́щая ~ cross vein
се́тчатая ~ reticulated vein
сло́жная ~ complex vein
чётковидная ~ beaded vein
жи́ла-проводни́к *ж. горн.* lead vein, leader
жиле́т *м.*, **спаса́тельный** life jacket
жи́листость *ж. кож.* veininess
жили́ще *с.* dwelling, home
жилкова́ние *с.* venation, veining
жилпло́щадь *ж.* **1.** (*помещение для жилья*) housing, accommodation □ **предоставля́ть ~** provide housing [accommodation] for ... **2.** (*жилая площадь*) floor area, floor space
опла́чиваемая ~ rentable floor area
жильё *с.* **1.** (*жилое место*) inhabited place **2.** *разг.* (*жилище*) home, dwelling
жир *м.* fat □ **витаминизи́ровать ~** fortify fat with vitamins; **вытáпливать ~** render fat, obtain fat by rendering; **отвержда́ть ~ гидрогениза́цией** harden fat by hydrogenation; **получа́ть ~ из жирово́й тка́ни** recover fat from fatty tissues; **расщепля́ть ~ы** split fats
гидрогенизи́рованный ~ hydrogenated fat
дуби́льный ~ tanners' oil
живо́тный ~ animal fat
жи́дкий ~ soft [oleo] oil
ко́стный ~ bone fat; bone tallow
пищево́й ~ edible fat
расти́тельный ~ vegetable fat
расщеплённый ~ split fat
ры́бий ~ fish oil
синтети́ческий ~ artificial fat
~ сто́чных вод sewage grease
твёрдый ~ hard fat, oleostearine; tallow
техни́ческий ~ inedible [industrial] fat
топлёный ~ rendered fat
чи́стый ~ refined fat
жирноизвестко́вый *прил.* rich-in-lime
жирномоло́чность *ж.* butter-fat yielding capacity
жи́рность *ж.* fat content
~ бето́на fatness of concrete
~ бума́жной ма́ссы wetness of paper pulp
~ графи́та unctuousness
~ по́чвы richness [fertility] of soil
жирова́ние *с.* **ко́жи** stuffing
~ ко́жи, бараба́нное drumming
~ ко́жи, намазно́е brushing
~ ко́жи, эмульсио́нное fat-liquoring
жирова́ть *гл.* **ко́жу** (*в барабане*) drum the leather; (*жировой эмульсией*) fat-liquor the leather; (*расплавленным жиром*) stuff the leather
жироло́вка *ж.* grease trap
жиронепроница́емый *прил.* oil-proof, grease-proof
жироотдели́тель *м.* fat separator
жиропо́т *м.* suint and yolk, suint and wool-oil
жирораствори́мый *прил.* fat-soluble, oil-soluble, liposoluble
жирорасщепле́ние *с.* fat cleavage, fat splitting, lipolysis
жиротопле́ние *с.* fat rendering, fat melting
жмыходроби́лка *ж.* oil-cake grinder, cake breaker
жнивьё *с.* stubble
жом *м.* **1.** bagasse, beet pulp **2.** (*в пудлинговании*) squeezer
жомосуши́лка *ж.* beet pulp drier
жомохрани́лище *с.* wet pulp silo
жорда́н *м. бум.* Jordan, conical refiner
«жуки́» *мн. м. прок.* slivers (*defects of sheets*)
журна́л *м.* **1.** (*периодическое издание*) journal, magazine **2.** (*технической документации*) log (book), register

□ вести́ ~ keep [execute] a log; заноси́ть *что-л.* в ~ log *smth.*

журна́л
аппара́тный ~ *тлф.* message log, message registry
бортово́й ~ flight log
бурово́й ~ drill log
ва́хтенный, чернов́ой ~ deck [rough] log
ва́хтенный, чистово́й ~ chief officer's [smooth] log
геодези́ческий ~ geodetic book
маши́нный ~ *мор.* engine log
навигацио́нный ~ navigation data log
нивели́рный ~ field (levelling) book
операти́вный ~ log (book)
пла́вочный ~ *мет.* heat log
~ **поврежде́ний** trouble record log
полево́й ~ field book
промысло́вый ~ ship's fishing log
~ **радиосвя́зи** (*по телеграфу*) radio [wireless, radio-telegraph] log; (*по радиотелефону*) radio-telephone log
реферати́вный ~ abstract journal
~ **строи́тельных рабо́т** builder's diary
~ **съёмки** field record book
~ **учёта рабо́ты** operation log

З

заанкеро́вывать *гл.* anchor
заарретирова́ть *гл.* cage
забе́г *м.* **стре́лки** overshoot [overswing] of a pointer
за́берег *м.* (*прибрежный лёд*) submerged off-shore [submerged land-fast] ice
забива́ние *с.* 1. (*гвоздей, свай*) driving (in), hammering in, knocking in 2. (*засорение*) blocking (up), clogging (up), choking (up), stopping (up) 3. *рад.* jamming
~ **оши́бок** *свз.* error erasure
~ **фо́рмы** *полигр.* form filling-in
забива́ть *гл.* 1. (*гвозди, сваи*) drive [hammer, knock] in □ ~ **до отка́за** drive home 2. (*засорять*) block up, clog (up), choke (up), stop (up) 3. (*заделывать, напр. трещины*) stuff, fill in, pack □ ~ **до́сками** board up 4. *рад.* jam 5. (*скот*) slaughter □ ~ **скот на мя́со** slaughter cattle for meat
забива́ться *гл.* block (up), clog (up), choke (up), stop up
заби́рка *ж.* (*вокруг котлованов и т. п.*) (safety) fencing, bracing
заби́ть *гл.* (*о нефтяном фонтане*) gush
забо́й *м.* 1. face, stope □ **подвига́ть** ~ **по восста́нию** advance [run] the face to the rise; **подвига́ть** ~ **по паде́нию** advance [run] the face to the dip; **подвига́ть** ~ **по простира́нию** advance [run] the face to the strike

забо́й
глухо́й ~ dead face
де́йствующий ~ active [working] face
иску́сственный ~ (*в буровой скважине*) artificial bottom plug
накло́нный ~ rill face
~ **нефтяно́й сква́жины** hole bottom
очистно́й ~ breakage [stoping] face, stope
очистно́й ~ **по восста́нию** raise face
очистно́й ~ **по диагона́ли** oblique [slanting] face
~ **оши́бок** *свз.* error erasure
потолкоусту́пный ~ back [overhead] stope
почвоусту́пный ~ bottom [underhead] stope
резе́рвный ~ reserve face
~ **скота́** slaughtering
сплошно́й ~ continuous [straight] face
забо́йк/а *ж. взр.* 1. (*процесс*) tamping □ **производи́ть** ~**у шпу́ра** tamp the stemming over the charge, tamp the charge into the hole 2. (*материал*) stemming
забо́йник *м.* (*при взрывных работах*) tamping stick, tamping bar
забо́йщик *м.* coal cutter
забола́чивание *с.* bogging, swamping
забола́чивать *гл.* bog, swamp
заболева́ние *с.* disease, illness, sickness
декомпрессио́нное ~ decompression disease, decompression injury, the bends, caisson disease
профессиона́льное ~ occupation(al) disease
за́болонь *ж.* sap-wood
забо́р *м.* 1. (*ограда*) fence, enclosure □ **обноси́ть** ~**ом** fence in, enclose 2. (*напр. воды, воздуха*) intake
забо́рка *ж.* 1. *стр.* boarding, covering of boards; (*перегородка*) partition 2. *полигр.* correct linotype slug
забо́рник *м.* intake, scoop
~ **во́здуха** air intake, air scoop
забрако́вывать *гл.* reject, condemn
забра́ло *с.* 1. (*водозаборное сооружение*) boom 2. (*гермошлема*) visor
забра́сывание *с.* **свече́й ма́слом** *авто* fouling [oiling-up] of plugs
забра́сыватель *м.*:
~ **то́плива** spreader
~ **то́плива, враща́ющийся** rotary [rotating] spreader
~ **то́плива, механи́ческий** mechanical spreader
~ **то́плива, парово́й** steam-jet spreader
~ **то́плива, пневмати́ческий** air-jet spreader
~ **то́плива, пневмомехани́ческий** pneumatic rotary spreader
забра́сывать *гл.* 1. (*бросать*) cast, throw □ ~ **скрап, руду́** *и т. п.* (*в конвертер*) add scrap, ore, *etc.*; ~ **то́пливо** (*в топку*) spread the coal 2. (*заполнять*) fill up
забро́с *м.* 1. casting, throwing □ ~ **ковша́ драгла́йна** throw of the dragline bucket; **рабо́тать с** ~**ом ковша́** (*о драглайне*) operate with the bucket thrown [cast] beyond the end of the boom (*of a dragline*) 2. (*заполнение*) filling up
~ **и́мпульса** overshoot
~ **оборо́тов** overspeed(ing) (*of an engine or propeller*)
~ **регули́руемого пара́метра** overshoot
~ **стре́лки прибо́ра** off-scale swing, off-scale sweep
~ **то́плива** (*в топку*) spreading, spreader feed
забу́ривать *гл.* (*скважину*) collar; (*при канатном бурении*) spud (in)
забу́рник *м.* burster
забу́тка *ж. стр.* backing, backfill(ing); rubble fill(ing); packing
забуто́вка *ж. см.* **забу́тка**
забу́чивать *гл. стр.* rubble, fill with; larry up
зава́л *м.* 1. *горн.* rock burst, goaf 2. (*бортов судна*) fall(ing) home, tumblehome
~ **верши́ны и́мпульса** droop [sag] of [on] a pulse
~ **ко́нуса ло́пастей вертолёта** rotor tilt(ing)
~ **на верши́не и́мпульса** droop [sag] of [on] a pulse
~ **часто́тной характери́стики** roll-off of a frequency response (curve)
зава́лка *ж. мет.* charging
бокова́я ~ side charging
завальцо́вывать *гл.* expand (into place), flare out
зава́льщик *м. мет.* charger
зава́ривать *гл.* 1. *мет.* weld up 2. (*пластмассовые мешки*) seal
зава́рка *ж. мет.* welding-up
заве́дующий *м.* manager, superintendent, head
заве́дывание *с.* management, superintendence
завёртка *ж.* 1. (*процесс*) wrapping 2. (*обёртка*) wrapper
завёртывать *гл.* 1. (*упаковывать*) wrap (up) 2. (*плотно завинчивать, напр. кран*) turn off 3. (*снасть*) belay 4. (*напр. чехол*) roll [turn, tuck] up
заверя́ть *гл.* 1. (*документ, поправку и т. п.*) authenticate 2. (*накладную, чек и т. п.*) certify
заве́са *ж.* curtain, screen
заве́шивать *гл.* curtain, screen
завива́ние *с.* curling, twisting
завива́ть *гл.* curl (up), twist, wave
зави́вка *ж.* (*образование закруглений на концах проволочной заготовки*) coiling
зави́нчивать *гл.* screw up, screw down, screw in □ ~ **винт** drive a screw (into); ~ **до отка́за** screw right

home, screw as far as (it) will go; **~ туго** screw in hard

зависание *с.* **1.** (*летательного аппарата*) hovering **2.** (*материала в трубопроводе и т. п.*) hanging (up); (*в бункере, питателе и т. п.*) bridging **3.** (*шихты*) *мет.* scaffolding, hanging

~ клапана sticking of a valve

зависать *гл.* **1.** (*о летательном аппарате*) hover **2.** (*о материале в трубопроводе и т. п.*) hang up; (*в бункере, питателе и т. п.*) bridge

завис/еть *гл.* depend on, be dependent on, be a function of ... □ **не ~ от ...** be independent of ...; **непосредственно ~** be directly related to ... *пример*: **скорость распада изотопов непосредственно ~ит от ...** the rate of isotope disintegration is directly related ot ...; **~ неявно** be an implicit function of ...; **~ от ... в отношении ...** depend on ... for; **~ от растворителя** be solvent dependent; **~ от температуры** be temperature dependent; **~ полностью** be completely dependent, show a complete dependency; **~ явно** be an explicit function of ...

зависимост/ь *ж.* **1.** (*от чего-л.*) dependence; (*между чем-л.*) relation(ship) □ **в ~и от ...** depending on ..., according to ..., (plotted) against ..., as a function of ...; **связывать ~ю** connect by a relationship **2.** (*график*) plot □ **построить ~ А от Б** plot A against [versus] B, plot A as a function of B, show A related to B

алгебраическая ~ algebraical dependence

взаимная ~ interdependency interrelationship

временная ~ time dependence

линейная ~ linear dependence

непрерывная ~ continuous dependence

обратная ~ inverse relationship

однозначная ~ unique dependence

случайная ~ random dependence

функциональная ~ functional dependence

частотная ~ frequency dependence

экспоненциальная ~ exponential dependence

зависимый *прил.* dependent (on), related to

завиток *м.* **1.** *мат.* volute **2.** *маш., стр.* scroll, curl **3.** (*в древесине*) knot

завихрени/е *с.* **1.** (*воды, воздуха*) eddy **2.** *аргд.* vortex; *мн.* vortices □ **образовывать ~я** shed vortices; **~я срываются с крыла самолёта** the vortices shed by an airplane's wing **3.** (*в аэродинамической трубе, перед входом в камеру сгорания двигателя*) swirl

завихрённость *ж.* vorticity

завихритель *м.* swirler, vortex generator

лопаточный ~ vane swirler

завод *м.* **1.** (*предприятие*) factory, works, plant, mill **2.** (*приведение в действие механизма*) winding-(up) □ **~ (часов) без ключа** stem winding; **~ (часов) головкой** pendant winding **3.** (*приспособление в механизме*) winding mechanism **4.** (*срок действия заведённого механизма*) wind **5.** *полигр.* duplication of the run

автомобильный ~ *англ.* motor-works; *амер.* automobile plant

аффинажный ~ (gold, silver) refinery

бетонный ~ concrete-mixing plant

бондарный ~ barrel factory

бумажно-целлюлозный ~ wood-pulp and paper mill

вагоностроительный ~ carriage [wagon] works

газовый ~ gas works

~ железобетонных изделий concrete product plant

зерноспиртовой ~ grain-alcohol distillery

кабельный ~ cable works

кирпичный ~ brick works, brick yard

кожевенный ~ tannery

коксовый ~ coking plant

коксохимический ~ by-product coke plant

комбикормовый ~ (animal) formula-feed plant

конный ~ stud farm

консервный ~ cannery, canning plant, canning factory

коптильный ~ smoke-house

кузовостроительный ~ coachbuilding factory

ледоделательный ~ ice-making plant

лесопильный ~ saw mill

ликёро-водочный ~ distillery

литейный ~ foundry

локомотивостроительный ~ locomotive works

льнообрабатывающий ~ flax-mill

маслобойный ~ oilery, oil mill

маслодельный ~ butter factory

маслоэкстракционный ~ oil-extraction plant

машиностроительный ~ engineering works, engineering plant

медеплавильный ~ copper smeltery

меднорафинировочный ~ copper refinery

металлообрабатывающий ~ metal-working plant

металлургический ~ metallurgical works

метизный ~ *мет.* hardware plant

молочный ~ dairy factory, dairy plant

моторостроительный ~ engine works

завод

мыловаренный ~ soap works, soap plant

нефтеперегонный ~ oil refinery

оловоплавильный ~ tin smeltery

опытный ~ pilot-production plant

~ основной химии heavy-chemicals plant

передельный ~ semi-integrated steelworks

~ первичной обработки льна rettery

пивоваренный ~ brewery

~ плодовых соков fruit-juice plant

плодоовощеперерабатывающий ~ fruit-and-vegetable processing plant

~ полного (технологического) цикла integrated works

~ по обработке рыбы, береговой shore-based fish factory

посольный ~ saltery

рафинадный ~ sugar refinery

рафинировочный ~ *мет.* refinery

рыбоводный ~ fish hatchery, fish farm

рыбоконсервный ~ fish cannery, fish canning plant

рыбоконсервный, береговой ~ shore-based fish cannery

рыбоконсервный, плавучий ~ floating fish cannery

сахарный ~ (*первичной обработки сырья*) sugar-mill, sugar-house

сахарорафинадный ~ sugar refinery

сборочный ~ assembly plant

свинцовоплавильный ~ lead smeltery

~ сельскохозяйственного машиностроения farm implement works, farm equipment factory

семеочистительный ~ seed cleaning plant

смолоперегонный ~ coal-tar processing plant

~ с неполным (технологическим) циклом non-integrated works

солеваренный ~ salt-making plant, saltworks

солеочистительный ~ salt refinery

солодовенный ~ malt-house

~ с прокатными цехами (*без доменного и сталеплавильного цехов*) non-integrated steel works

сталеплавильный ~ steel works, steel plant

станкостроительный ~ machine-tool plant

стекольный ~ glass works

судостроительный ~ ship-building yard(s)

суперфосфатный ~ superphosphate plant

сыромятный ~ tawery

тарный ~ box factory

тракторный ~ tractor works, tractor plant

утилизационный ~ (*по вытопке жиров*) rendering plant

заво́д
 ~ фая́нсовых изде́лий earthenware factory
 хими́ческий ~ chemicals plant
 хлопкоочисти́тельный ~ gin house, ginnery
 хозрасчётный ~ self-supporting [self-paying] factory
 цеме́нтный ~ cement plant, cement mill
 цинкоплави́льный ~ zinc smeltery
 чугунолите́йный ~ ironworks
 чугуноплави́льный ~ ironworks
 шрифтолите́йный ~ *полигр.* type foundry
заво́д-изготови́тель *м.* factory of origin, manufacturer
заводи́т/ь *гл.* **1.** (*механизм*) wind (up) □ **~ бар** (*врубовой машины*) jib in a coal-cutter; **~ дви́гатель** (*заводной рукояткой*) crank an engine; **~ уто́к** (*в челнок*) thread the yarn; **~ часы́** wind up; **~ электродви́гатель** start an engine **2.** (*провод, кабель и т. п.*) bring [lead] in ... □ **ка́бель ~ся с вне́шней стороны́** the cable is brought [led] in from the outside
заводне́ние *с.* (*нефтяных месторождений*) (water) flood(ing)
 внутрико́нтурное ~ circle water flood(ing)
 зако́нтурное ~ edge water flood(ing)
 площадно́е ~ grid water flood(ing)
 прико́нтурное ~ boundary [contour] flood(ing)
заводня́ть *гл.* (*нефтяное месторождение*) flood, inject water
заводоуправле́ние *с.* works [plant, factory] management
заво́д-поставщи́к *м.* supplier, supplying factory
заво́д-сме́жник *м.* subcontractor, subcontracting factory
за́водь *ж.* backwater
завола́кивание *с.* **фи́льтра** *мор.* filter sludging
за́ворот *м.* (*стальной брусок для правки струга*) scraper beading tool
 ~ ко́рки *лит.* rippled surface
 ~ ко́рки, холо́дный *лит.* cold shut, cold lap teeming arrest
 ~ кро́мок (*браслета шины*) **вверх** turn-up
 ~ кро́мок (*браслета шины*) **вниз** turn-down
завыва́ние *с.* howl (sound), howling (sound)
завыша́ть □ **~ номина́л** *и т. п.* overrate; **~ оце́нку** overestimate; **~ сто́имость** overvalue
заги́б *м.* **1.** (*изгиб*) bend □ **испы́тывать на ~** give a bend test; (*фальц*) crease, fold **2.** (*симистора*) reverse break-down
 а́нкерный ~ anchorage bend
 ~ крючка́ *текст.* bend [crown] of a hook

заги́б
 ~ прока́тываемой полосы́ вверх turn-up
 ~ прока́тываемой полосы́ вниз turn-down
загиба́ть *гл.* bend, fold, crease □ **~ коне́ц гвоздя́** clinch a nail; **~ кро́мку** bead, form a bead, crease, crimp; **~ на опра́вке** bend round a mandrel; **~ по ра́диусу** bend round a radius
загла́живать *гл.* (*обмазку, обклейку и т. п.*) work smooth
заглинизи́ровать *гл.* (*нефтяную скважину*) mud off, mud up
заглубле́ние *с.* (*плуга, лемеха и т. п.*) depth, entry, penetration
 принуди́тельное ~ positive penetration
 силово́е ~ power penetration
 ~ це́нтра тя́жести отве́рстия (*под уровнем жидкости*) the head above the centre of gravity
заглубля́ть *гл.* (*плуг, лемех и т. п.*) work [put] deeper
заглуша́ть *гл.* **1.** (*звук*) deaden, muffle □ **~ взрыв** muffle an explosion; **~ вы́хлоп дви́гателя** muffle an exhaust; **~ радиопереда́чи** jam a radio station **2.** (*закрывать отверстие*) 1. (*колпачком*) cap 2. (*пробкой*) plug 3. (*глухим фланцем*) blank off
заглу́шк/а *ж.* (blank) plug, stopper (plug); end-cap, end-piece, blank flange
 вышибна́я ~ (*предохранительная*) blow-out plug
 резьбова́я ~ screw cap
 соплова́я ~ nozzle (dust) cover
 ~ ште́псельного разъёма cap □ **устана́вливать ~у на ште́псельный разъём** cap a connector [plug, receptacle]
загнива́ть *гл.* rot, decay
заголо́вник *м.* head-rest
 мя́гкий ~ padded head-rest
заголо́в/ок *м.* title, head(ing), head-line □ **ме́жду ~ками** heading to heading
 ~ процеду́ры *вчт.* procedure head(ing)
 фла́говый ~ *полигр.* streamer head
 ~ ци́кла *вчт.* FOR clause (*in ALGOL*)
заго́н *м.* (*для скота на пастбище*) enclosure; (*небольшой*) pen(-fold)
заго́нка *ж. текст.* scribbler
загоня́ть *гл.* **1.** (*скот*) pen, corral **2.** (*вбивать с силой*) drive in (*e. g., rivets*)
загора́живать *гл.* **1.** (*обносить оградой*) enclose with [in], fence in **2.** (*закрывать подъезд, подход и т. д.*) shut in **3.** (*заставлять чем-л.*) screen (off) from **4.** (*преграждать путь, создавать преграду*) bar, block, obstruct
загора́ние *с.* ignition
 ~ электри́ческой дуги́ arc initiation

загора́ться *гл.* **1.** ignite, catch [take] fire **2.** (*об электрической дуге*) fire, strike, be initiated
загоро́дка *ж.* fence, enclosure, partition
загорта́ч *м. с.-х.* covering device, covering body, coverer
загото́вк/а *ж.* **1.** (*для деталей машин*) blank **2.** (*крупносортная*) bar; (*круглого, квадратного или прямоугольного сечения*) billet; (*крупная квадратного сечения или прокатанная на блюминге*) bloom; (*плоская или прокатанная на слябинге*) slab □ **зачища́ть ~у от пове́рхностных дефе́ктов** condition a billet; **кантова́ть ~у на ребро́ в ручье́** edge a piece in a (certain) pass; **прока́тывать ~у в лист** roll a billet to sheet **3.** (*материал, поступающий в прокатку*) feed **4.** (*деревянная*) (timber) blank
 бруско́вая ~ (*деревянная*) bar blank
 ~ для про́волоки wire rod
 ~ для профили́рования (*деревянная*) blank
 ~ для профили́рования, пло́ская flat blank
 ~ для профили́рования, фасо́нная shaped blank
 доско́вая ~ (*деревянная*) board blank
 ко́ваная ~ forging, forged blank
 кузне́чная ~ forged piece, forged stock
 ~ ле́са logging
 лита́я ~ casting
 ната́нная ~ (*викель*) *рез., прок.* rolled-up stock
 невулканизи́рованная ~ uncured blank
 обка́танная по́лая ~ (*для бесшовных труб*) rolled hollow, rolled shell
 обувна́я ~ upper, (bar-)shoe upper
 перека́танная ~ rerolling feed
 пло́ская ~ (*сутунка*) sheet bar
 пло́ская ~ для прока́тки полосы́ sheet slab
 пло́ская, прока́танная ~ slab
 полосова́я ~ (*для сварных труб*) skelp
 проте́кторная ~ (*для ремонта шин*) camelback
 сортова́я ~ billet
 спечённая ~ (*в порошковой металлургии*) sintered bar
 тру́бная ~ (*для цельнокатаных труб*) round billet □ **обдира́ть тру́бную ~у** peel a round billet
 тру́бная, кру́глая ~ (*для бесшовных труб*) (seamless-tube) round billet □ **прошива́ть кру́глую тру́бную ~у** pierce a round billet; **торцева́ть кру́глую тру́бную ~у** crop a round billet
 ~ тру́бная, кру́глая непроши́тая ~ (*для бесшовных труб*) solid (seamless-tube) round billet

заготóвк/а
~ трýбная, прошúтая ~ (*для бесшовных труб*) pierced billet, pierced hollow, pierced shell □ **раскáтывать прошúтую трýбную ~у** reel a pierced billet [hollow, shell]
штампóванная ~ (*листовая*) stamping, stamped blank; (*объёмная*) die forging
штрúпсовая ~ skelp feed, tube [pipe] strip
штýчная ~ piece blank
заградúтель *м.* 1. *рад.* wavetrap, rejector 2. *вчт.* trap
линéйный ~ line trap
заграждáть *гл.* bar, block, obstruct
заграждéние *с.* enclosure, barrage
бóновое ~ harbour boom
полезащúтное ~ field windbreak, shelter belt
снегозащúтное ~ snow (break) fence
загребáть *гл.* 1. *мор.* rake in, rake up, rake together 2. □ **~ жар в тóпке** bank (up) the fire
загромождáть *гл.* block up, encumber, jam
загружáть *гл.* load, charge □ **~ в пáмять** load a memory; **~ в печь, конвéртер** *и т. п.* (*напр.*, *шихту*) charge (*e.g.*, *ore*) into a furnace, converter, *etc.*; **~ канáл связи** load a channel; **~ тóпку** stoke a fire-box; **~ трáнспортное срéдство** load a vehicle; **~ электродвúгатель, генерáтор** *и т. п.* put load on an electromotor, generator, *etc.*
загрýзка *ж.* 1. (*процесс*) loading, charging 2. (*загружаемый материал*) feed, charge 3. (*обеспеченность работой оборудования, машины и т. п.*) utilization
бадьевáя ~ *мет.* basket [bucket] charging
~ вагонéток в клеть car decking
вáкуумная ~ *пласт.* vacuum loading
~ пáмяти memory loading
~ прогрáммы program(me) loading
~ реáктора reactor loading, reactor feed
~ реáктора, критúческая critical reactor loading
~ реáктора, рабóчая operating mass
ручнáя ~ *мет.* hand charging
скúповая ~ *мет.* skip charging
~ тóплива, вéрхняя overfire feed
~ тóплива, нúжняя underfire feed
~ фúльтра filter media
загрýзчик *м.* loader
~ картóфеля potato loader
~ картóфеля крáнового тúпа crane-type potato loader
~ сúлосных бáшен tower silo distributor
загрунтóвывать *гл.* prime, apply a prime, apply a prime coating
загрязнéние *с.* 1. soiling, contamination, pollution, fouling 2. (*примесь*) impurity, contaminant

загрязнéние
~ атмосфéры atmospheric pollution
бактериáльное ~ bacterial pollution
внéшнее ~ (*поверхности нагрева*) fouling
внýтреннее ~ (*поверхности нагрева*) scale (deposit)
~ вóздуха air pollution
~ гáмма-актúвным веществóм gamma-contamination
зóльное ~ ash deposit
изотопúческое ~ isotopic contamination
~ клáпана valve fouling
~ контáктов contact greasing
~ окружáющей среды́ environmental contamination, environmental pollution
~ пáра steam contamination
~ продýктами делéния fission-product contamination
промы́шленное ~ industrial pollution
радиоактúвное ~ radioactive contamination, radiocontamination
~ рек river [stream] pollution
сúльное ~ severe contamination
слáбое ~ mild contamination
~ стóчными вóдами sewage pollution
~ фúльтра filter clogging, filter plugging
~ флю́сом flux contamination
загрязня́емость *ж.* dirt retention
загрязня́ть *гл.* soil, contaminate, pollute, foul
загýбник *м.* (*респиратора*) mouth-piece
загустевáние *с.* stiffening, thickening, solidification, concentration
загустевáть *гл.* condense, stiffen, thicken, solidify, get sluggish; (*о масле, краске*) liver
загустúтель *м.* stiffener, thickening agent
загущённость *ж.* **посéва** crowdedness of crop
задавáть *гл.* (*величину*, *условие*) *мат.* assign, assume, specify, give, set, define, prescribe □ **~ напервёд** assign in advance; **~ нея́вно** define implicitly; **~ произвóльно** prescribe arbitrarily; **~ состáв** *хим.* determine the composition
задавáться *гл.* (*о величине*, *условии*) be given, be described, be designated, be prescribed □ **для определéния *x* зададúмся нéкоей температýрой *t*** to obtain *x*, we assume a (reasonable) value of *t*; **задавáясь определённым напряжéнием и меня́я сопротивлéние, мы получáем . . .** by holding the voltage constant and varying the resistance . . .; **задавáясь разлúчными значéниями *x*, мы решáем уравнéние** setting *x* equal to *n*, we solve the equation; **задавáясь разлúчными значéниями *x*, по таблúце нахóдим *y*** entering the table with different values of *x*, we find *y*; **~ параметрúчески** be represented parametrically
задáние *с.* 1. (*поручение*) task, assignment 2. *мат.* specification, assignment, representation
~ кривы́х в параметрúческой фóрме parametric representation of curves
~ на проéкт, техничéское request for proposal, RFP
производственное ~ production goal
задáнн/ый □ **обрезáть блок по ~ому размéру** trim the block to prearranged size; **при ~ой величинé** at prescribed [predetermined, pre-assigned, preset, specified] value; **при ~ом давлéнии и температýре . . .** at designed pressure and temperature . . .; **при ~ых услóвиях** under given conditions
задáтчик *м.* 1. *авт.* set-point device, reference-input element 2. *ав.*, *нвг.* selector
~ манипуля́тора master (control)
задáч/а *ж.* problem, task, job □ **вводúть ~у в вычислúтельную машúну** load a computer; **~ на . . .** a problem on [in] . . .; **постанóвка ~и** statement of a problem; **по услóвиям ~и** under the conditions [statement] of the problem; **решáть ~у на вычислúтельной машúне** solve [run] a problem on a computer; **стáвить ~у** state a problem; **стáвить ~у найтú *x*** seek to find *x*; **уточня́ть ~у** refine the (formulation of a) problem; **формулúровать ~у** formulate a problem
бухгáлтерская ~ accounting problem
вариациóнная ~ variational problem
вычислúтельная ~ computational problem
гранúчная ~ boundary(-value) problem
~ двух тел *астр.* two-body problem
~ Дирихлé *мат.* Dirichlet's problem
контрóльная ~ check [test] problem
~ Кошú *мат.* Cauchy problem
краевáя ~ boundary(-value) problem
логúческая ~ logic problem
~ на нахождéние сóбственных значéний eigenvalue problem
нестационáрная ~ non-stationary problem
обрáтная ~ inverse problem
~ о четвёртой тóчке *геод.* three-point problem, three-point intersection, trilinear surveying
плóская ~ plane problem
постáвленная ~ a problem put by . . .
прикладнáя ~ applied problem
~ прогнозúрования prediction problem
прямáя ~ primal problem

задáч/а
разреши́мая ~ solvable problem
~ регули́рования control problem
~ с нача́льными усло́виями initial-value problem
~ с подвижно́й грани́цей moving-boundary problem
~ с разделя́ющимися переме́нными a problem with variables separable
~ с реше́нием, уче́бная worked example, worked problem
теку́щая ~ current task
тра́нспортная ~ traffic [transportation] problem
тра́нспортная ~ с крите́рием вре́мени time traffic [transportation] problem

зада́чник *м.* problem book
задвига́ть *гл.* push in
задви́жк/а *ж.* **1.** (*запорное приспособление для трубопровода*) gate valve **2.** (*засов для двери*) latch, door bolt
бесфла́нцевая ~ welding-end gate valve
гла́вная парова́я ~ main (stream) stop valve
клинке́тная ~ clinket gate
клинова́я ~ wedge gate valve
клинова́я, двухди́сковая ~ double-disk wedge gate valve
кольцева́я ~ cylinder gate
кони́ческая ~ cone [plug] valve
ме́рная ~ sliding-gate measuring valve
око́нная ~ window bar, casement window bolt, window fastener
паралле́льная ~ parallel-seat gate valve
предохрани́тельная ~ (*защёлка*) safety catch
приварна́я ~ welding-end gate valve
пружи́нная ~ (*запор*) spring bolt
~ с выдвижны́м шпи́нделем rising-stem gate valve
~ с махови́ком manually operated gate valve
~ с невыдвижны́м шпи́нделем non-rising-stem gate valve
~ с ручны́м приво́дом manually operated gate valve
~ с составны́м кли́ном sectional-wedge gate valve
~ с це́льным кли́ном solid-wedge gate valve
фла́нцевая ~ flanged gate valve
фу́рменная ~ tuyere valve
шандо́рная ~ sluice gate
ши́берная ~ gate

заде́л *м.* **1.** (*запас*) back-log **2.** (*в производстве*) process stock
заде́лка *ж.* **1.** (*напр. отверстий, трещин*) closing, stuffing, sealing **2.** (*стержня, балки*) restraint, attachment, fixation **3.** (*для оконцевания кабелей*) termination **4.** (*устройство для вязки проводов на изоляторе*) binder

заде́лка
~ ка́беля, концева́я cable termination, seal(ing end)
~ ка́беля, суха́я dry cable termination
~ прово́дов termination of wires
~ прово́дов, оконе́чная dead-end tie, termination of wires on insulators
~ прово́дов, промежу́точная termination of wires on intermediate poles
~ удобре́ния placement of fertilizer(s)

заде́лывать *гл.* (*напр. отверстия, трещины*) close, stuff, seal □ **~ в бето́н** embed in concrete; **~ вход** *или* **вы́ход ка́бельного кана́ла** seal a cable duct; **~ жи́лы ка́беля** (*для протягивания*) dress cable conductors; **~ коне́ц ка́беля** seal off a cable; **~ лётку** (*доменной печи*) plug [stopper] a tap-hole; **~ паке́т** seal a bag; **~ по́жнивные оста́тки** cover the trash; **~ семена́** cover [drill, embed] seeds; **~ течь** stop a leak; **~ швы** *стр.* close [seal, stop] joints
заде́рживать *гл.* **1.** (*замедлять*) retard; (*реакцию*) inhibit **2.** (*останавливать*) arrest (*the motion of a moving part*) **3.** (*по времени*) delay □ **~ волну́** delay a wave for ...; **~ сигна́л** delay a signal by ... **4.** (*фильтровать*) retain **5.** (*улавливать*) trap **6.** (*сдерживать*) hold back
заде́ржка *ж.* **1.** (*по времени*) delay, lag **2.** (*срабатывания механизма*) stoppage
~ воспламене́ния ignition delay
~ временна́я time delay
группова́я ~ group delay, group lag
~ и́мпульса pulse delay
~ на каска́д stage delay
~ на оди́н разря́д (one-)digit delay
~ на оди́н такт one (clock-)pulse delay
~ на распростране́ние (*сигналов*) propagation delay
~ огиба́ющей envelope delay
~ освобожде́ния ли́нии *тлф.* extended hold
~ переда́чи (*сигналов*) transmission delay
~ перено́са *вчт.* carry delay
~ при включе́нии *рад.* turn-on delay
~ при выключе́нии *рад.* turn-off delay
~ реле́ при отпуска́нии the release lag of a relay
~ реле́ при сраба́тывании the operate lag of a relay
фа́зовая ~ phase delay

заде́ржник *м.*, **листово́й носово́й** *мор.* sole piece, sole plate
задерне́ние *с.* turfing, sod formation
зади́р *м.* (*повреждение поверхности*) score, scoring, scuffing
~ зе́ркала цили́ндра *авто* bore scuffing, scuffing of the bore
задира́ние *с.* **1.** (*повреждение поверхности*) tearing (up), scoring **2.** (*истирание металла металлом*) fretting, galling
задира́ть *гл.* **1.** (*поверхность*) tear (up), score **2.** □ **~ нос** (*о самолёте*) pitch [nose] up
задра́ивать *гл. мор.* dog down, batten down, clip up
задра́йка *ж. мор.* dog (catch), bolt bar, clip
дверна́я ~ door dog
~ лю́ка bolt bar, hatch dog, hatch-batten

задроссели́ровать *гл.* throttle back, throttle down
заду́б *м.* **лица́** *кож.* case hardening of grain
заду́бливание *с.* **1.** *карт., полигр.* hardening **2.** *кож.* pretanning, setting of grain
заду́бливать *гл. кож.* pretan, set the grain
задува́ть *гл.* **1.** (*пламя*) blow out **2.** (*доменную печь*) blow in
заду́вка *ж.* **до́менной пе́чи** blowing-in (of) a blast furnace
задымлённость *ж.* smoke content
заеда́/ть *гл.* **1.** (*защемлять*) bind in, jam **2.** (*захватывать, зажимать*) seize, grip □ **из-за плохо́й сма́зки подши́пник ~ет** for lack of lubricant, the bearing seizes [grips the shaft] **3.** (*застревать*) stick (*e.g., of a valve*) **4.** (*полотно ножовки в резе*) catch in the kerf [the cut]
заём *м. вчт.* borrow
кругово́й ~ end-around borrow

заёршивать *гл.* (*болт, шпильку*) jag, rag
зажига́лка *ж.* lighter
зажига́ни/е *с.* (*в двигателе внутреннего сгорания*) ignition □ **определя́ть причи́ну про́пуска ~я** locate "a miss"; **поря́док ~я** firing order of the engine; **про́пуск [перебо́й] ~я** "miss"; **~ рабо́тает с перебо́ями** the ignition (system) operates erratically; **регули́ровать [меня́ть] ~** control [vary] the ignition timing; **устана́вливать [производи́ть устано́вку] ~я** adjust the ignition timing; **устано́вка ~я** ignition timing
батаре́йное ~ battery ignition
втори́чное ~ reignition
двойно́е ~ two-spark [dual-spark] ignition
двухискрово́е ~ two-spark [dual-spark] ignition
~ дуги́ initiation [firing, striking] of an arc
искрово́е ~ spark(-plug) ignition
кали́льное ~ (*от калильной головки*) hot-bulb ignition

зажига́ни/е
каталити́ческое ~ catalytic ignition
~ като́дного пятна́ (*ртутного вентиля*) initiation [formation, production, establishment] of a cathode spot
обра́тное ~ (*ртутного вентиля*) arc-back
одноискрово́е ~ single ignition
~ от запа́льной свечи́ glow-plug ignition
~ от магне́то magneto ignition
пиротехни́ческое ~ pyrotechnic ignition
по́зднее ~ late [delayed, retarded] ignition
предка́мерное ~ precombustion chamber ignition
ра́ннее ~ early ignition
сли́шком ра́ннее ~ overadvance
~ тиратро́на firing of a thyratron
фа́кельное ~ pilot-flame ignition
фити́льное ~ wick ignition
форка́мерное ~ precombustion chamber ignition
хими́ческое ~ hypergolic ignition
~ электрозапа́лом bridge wire ignition

зажига́тель *м.* **1.** (*газоразрядной лампы*) firing [starting] electrode **2.** (*ртутного вентиля*) ignitor **3.** (*спекательной машины*) *мет.* ignition hood

зажига́ть *гл.* set fire to, kindle, light, ignite □ ~ **дугу́** initiate [fire, strike, start] an arc; ~ **като́дное пятно́** (*ртутного вентиля*) initiate [form, produce, establish] a cathode spot; ~ **огнепрово́дный шнур** light (the end of) fuse; ~ **рабо́чую смесь** *двс* ignite the charge; ~ **свет, ла́мпу** *и т. п.* switch [turn] on light [a lamp], *etc.*; ~ **спи́чку** strike a match

зажига́ться *гл.* **1.** catch fire (*см. тж.* **зажига́ть**) **2.** (*о дуге*) strike, be initiated **3.** (*об индикаторной или сигнальной лампе*) go on, light, illuminate

зажи́м *м.* **1.** clamp **2.** *эл.* terminal **3.** (*струбцина, скоба*) cramp
~ **аккумуля́тора** battery terminal
аппара́тный ~ (*для соединения провода с выводом аппарата*) terminal
винтово́й ~ **1.** screw clamp **2.** screw terminal
~ **воло́кон** *текст.* grip(ping) nip
выпада́ющий ~ drop-out terminal
~ **вычёрпывающего аппара́та** *с.-х.* picker finger
~ **заземле́ния** *англ.* earth terminal; *амер.* ground terminal
ка́бельный ~ cable clamp
клиново́й ~ wedge-operated clamp
контро́льный ~ test terminal
~ **«крокоди́л»** *эл.* alligator clip
кулачко́вый тангенциа́льный ~ eccentric clamp
лаборато́рный ~ test-tube clamp
монта́жный ~ *эл.* stringing clamp

зажи́м
монта́жный, клиново́й ~ *эл.* wedge-type stringing clamp
набо́рный ~ *эл.* terminal block
натяжно́й ~ (*высоковольтной линии*) tension [dead-end] clamp
натяжно́й, болтово́й ~ (*высоковольтной линии*) bolted-type tension [dead-end] clamp
натяжно́й, прессу́емый ~ (*высоковольтной линии*) compression-type tension [dead-end] clamp
неподви́жный ~ dead lock
носово́й ~ (*респиратора*) nose-clip
о́бщий ~ common terminal
пережимно́й ~ (*для резиновой трубы*) pinch-cock
~ **печа́тной фо́рмы** plate clamp
пневмати́ческий ~ air-operated clamp
подвесно́й ~ suspension clamp
подви́жный ~ movable [sliding] clamp
подде́рживающий ~ suspension clamp
по́люсный ~ pole terminal
промежу́точный ~ suspension clamp
пружи́нный ~ (*для удерживания оригинала или бланка в фототелеграфном аппарате*) paper clamp
соедини́тельный ~ (*воздушной линии электропередач*) joint(ing) sleeve
сува́льдный ~ lever lock
~ **ти́па болта́ и га́йки** binding post
~ **узловяза́теля** *с.-х.* twine grip
фаце́тный ~ *полигр.* locking-up quoin
холосто́й ~ vacant terminal
эксце́нтриковый ~ eccentric clamp
~ **элеме́нта** (*аккумуляторной батареи*) cell terminal

зажима́ть *гл.* **1.** grip **2.** (*в патроне металлообрабатывающего станка, дрели и т. п.*) chuck **3.** (*в струбцине, скобе*) cramp **4.** (*стискивать*) squeeze

зажиривание *с.* **фо́рмы** *полигр.* filling-in

заземле́ни/е *с.* **1.** (*совокупность мероприятий*) *англ.* earthing; *амер.* grounding □ **измеря́ть сопротивле́ние** ~**я** measure earth-electrode resistance; **устра́ивать** ~ carry out earthing [grounding] **2.** (*устройство для соединения, «земля»*) *англ.* earth; *амер.* ground □ **устана́вливать** ~ install a (safety) earth [ground]
вре́менное ~ temporary earth, temporary ground
глухо́е ~ dead earth, dead ground
защи́тное ~ protective [safety] earthing, protective [safety] grounding
~ **из труб** pipe earth
переносно́е ~ temporary earth, temporary ground
рабо́чее ~ system earthing, system grounding

заземле́ни/е
ремо́нтное ~ temporary earth, temporary ground
станцио́нное ~ station earth, station ground

заземли́тел/ь *м.* **1.** *англ.* earth electrode, earth rod, earth stake; *амер.* ground(ing) electrode, ground(ing) rod, ground(ing) stake **2.** (*«земля»*) *англ.* earth(ing) connection, earth; *амер.* ground(ing) connection, ground □ **объединя́ть** ~**и в о́бщий ко́нтур** tie earth connections into the main ground(ing mat)
ле́нточный ~ strip earthing conductor
пласти́нчатый ~ earth plate
полосово́й ~ earthing bus

заземля́ть *гл. англ.* earth, connect [return] to earth; *амер.* ground □ ~ **по ... [для ...]** earth for ... [at ...] *пример*: **се́тка заземлена́ по высо́кой частоте́ [для высо́кой частоты́]** the grid is earthed for [at] r. f.

зазо́р *м.* **1.** *маш.* clearance □ **выбира́ть** ~ take up clearance; **предусма́тривать** ~ allow a clearance (*between mating or companion parts*) **2.** *эл., св.* gap □ **перекрыва́ть** ~ jump the gap *пример*: **и́скра перекрыва́ет** ~ **ме́жду электро́дами свечи́** a spark jumps the gap between the spark-plug points [electrodes]; **регули́ровать** ~ **конта́ктов прерыва́теля** set the breaker points
безопа́сный ~ safety clearance
~ **в верши́не разде́лки** *св.* root gap
возду́шный ~ *эл.* air gap
~ **в подши́пнике** bearing clearance
~ **в прерыва́теле** (*между контактами системы зажигания*) *авто* breaker-point gap
~ **в свече́ зажига́ния** (*между электродами свечи*) spark-plug gap □ **регули́ровать** ~ **в свече́ зажига́ния** set the spark-plug gap
~ **в соедине́нии** *св.* joint gap
гаранти́рованный ~ (*в системе посадок*) minimum positive allowance, minimum clearance
диаметра́льный ~ diametral clearance
искрово́й ~ spark gap
кольцево́й ~ *эл.* annular gap
компенсацио́нный ~ expansion clearance
конта́ктный ~ *эл.* contact gap
лопа́точный, осево́й ~ (*в турбине*) impeller clearance
лопа́точный, радиа́льный ~ (*в турбине*) peripherial clearance
междувенцо́вый ~ rim clearance
~ **ме́жду дни́щем по́ршня и пло́скостью голо́вки цили́ндра** piston-to-head clearance
~ **ме́жду по́ршнем и сте́нкой цили́ндра** cylinder clearance
~ **ме́жду сте́ржнем кла́пана и толка́телем** tappet clearance

зазо́р
осево́й ~ axial clearance
~ отлипа́ния (*реле*) residual gap
по́люсный ~ pole gap
~ при отпу́щенном я́коре (*реле*) released gap
~ при притя́нутом я́коре (*реле*) operated gap
рабо́чий ~ running clearance
радиа́льный ~ radial clearance
~ развёртки reamer clearance
~ ре́льсового сты́ка rail joint gap
сбо́рочный ~ *св.* fit-up gap
температу́рный ~ expansion clearance
торцо́вый ~ end clearance
зазу́бник *м.* (*кислородной маски*) mouth-piece
зазу́бривать *гл.* **1.** (*засекать*) notch **2.** jag, notch, serrate
зазу́брина *ж.* **1.** (*засечка*) notch **2.** (*острый выступ, неровная или рваная зарубка*) jag **3.** (*пилообразной формы*) serration(s)
заиле́ние *с. см.* **заи́ливание 1.**
заи́ливание *с.* **1.** (*водоёмов песком, илом и т. п.*) silting, siltation, accumulation of mud **2.** (*для борьбы с пожарами*) (*угольной шахты*) silting, flushing, slushing; (*рудника*) sand-filling
профилакти́ческое ~ preventive [fire prevention] silting
за́йчик *м.* (movable) light spot
закабо́ливать *гл.* **гак** *мор.* mouse a hook
зака́з *м.* order □ **аннули́ровать [отменя́ть] ~ на (телефо́нный) разгово́р** cancel a call; **де́лать на ~** make to order (*e.g., a unit*); **де́лать ~ на (телефо́нный) разгово́р** place a call; **де́лать предвари́тельный ~ на (телефо́нный) разгово́р** book a call; **~ на** *что-л.* an order for *smth.*, an order to do *smth.*; **~ на о́череди** *англ.* a call in the queue; *амер.* a call on the waiting list; **подтвержде́ние ~а** confirmation of an order; **получа́ть по ~у** obtain to order; **поставля́ть по специа́льному [отде́льному, осо́бому] ~у** supply to [in, on] special [separate] order; **принима́ть ~ на (телефо́нный) разгово́р** accept a call
~ на междугоро́дный (телефо́нный) разгово́р с вы́зовом на переговóрный пункт messenger call
~ на телефо́нный разгово́р call
~ на телефо́нный разгово́р на определённое вре́мя appointment call
первоочередно́й ~ first-priority call
~ (телефо́нный) разгово́р place a call
зака́зчик *м.* customer □ **на усмотре́ние ~а** at the customer's discretion; **по вы́бору ~а** at the customer's option; **по тре́бованию ~а** on [at the customer's] request
зака́зывать *гл.* order, place an order (*for smth. with smb.*) □ **~ биле́т** book a seat on (*a plane, train, etc.*);
зака́ливаемость *ж.* (*способность принимать закалку*) hardenability
зака́ливание *с. см.* **зака́лка**
зака́ливать *гл.* **1.** (*нагревать и охлаждать*) harden **2.** (*резко охлаждать*) quench
зака́лк/а *ж.* **1.** (*нагрев материалов и последующее быстрое охлаждение*) hardening □ **нагре́в под ~у** heating for hardening **2.** (*резкое охлаждение материалов*) quenching
~ в воде́ 1. water hardening **2.** water quenching, quenching in water
~ в во́ду *см.* **зака́лка в воде́**
~ в двух сре́дах two-medium quenching
~ в жи́дкой среде́ quench-hardening
~ в зажа́том состоя́нии fixture quenching
~ в ма́сле 1. oil hardening **2.** oil quenching
~ в мелкораспылённой среде́ fog quenching
~ в одно́м охлади́теле single-step hardening
возду́шная ~ air hardening
~ в свинцо́вой ва́нне lead-bath hardening
втори́чная ~ secondary hardening
~ в шта́мпе die quenching
высокочасто́тная ~ induction hardening
дифференциа́льная ~ differential [progressive] hardening
изотерми́ческая ~ austempering, isothermal hardening
индукцио́нная ~ induction hardening
~ концо́в ре́льсов rail-end hardening (*by quenching*)
ме́стная ~ local hardening
~ на бейни́т bainite quenching
~ на мартенси́т martempering
пла́менная ~ flame [torch] hardening
пове́рхностная ~ surface hardening
по́лная ~ full hardening
преры́вистая ~ 1. (*в двух охладителях*) broken hardening **2.** interrupted quenching
радиацио́нная ~ radiation hardening
~ с нагре́вом в соляно́й ва́нне salt-bath hardening
~ с охлажде́нием в воде́ water hardening
~ с охлажде́нием в ма́сле oil hardening
~ с охлажде́нием в соляно́м раство́ре salt-bath hardening
~ с охлажде́нием на во́здухе air hardening
~ с после́дующим о́тпуском temper hardening
~ с прока́тного нагре́ва quenching from rolling heat
зака́лк/а
~ старе́ющих спла́вов age hardening
ступе́нчатая ~ graded hardening
~ то́ком высо́кой частоты́ induction hardening
~ упоря́дочивающихся спла́вов order superlattice hardening
части́чная ~ selective hardening
электромагни́тная ~ electromagnetic hardening
зака́лочная *ж.* hardening shop
зака́лывать *гл.* (*скот*) slaughter, butcher
закамуфли́ровать *гл.* camouflage
закапоти́ровать *гл.* **дви́гатель** *ав.* cowl the engine, install a cowl on the engine
зака́пчивать *гл.* smoke, cure
зака́пывать *гл.* **1.** (*зарывать в землю*) bury **2.** (*засыпать землёй*) fill up
зака́т *м.* (*дефект проката*) lap
ока́линный ~ rolled-in scale
зака́тка *ж.* **1.** *маш.* (*образование пустотелого бортика*) beading; (*то же с проволокой*) wire cramping **2.** (*металлической тары*) seaming **3.** *рез.* wrapping
зака́тывание *с.* **ко́пий** *полигр.* application of copying ink
зака́тывать *гл.* **1.** (*в рулон, трубку и т. п.*) roll (up) □ **~ металли́ческие ба́нки** seam cans; **~ кро́мку ва́ликом** curle the sheet edge; **~ тре́щину** roll down a seam **2.** *рез.* wrap
зака́чивать *гл.* □ **~ бури́льную жи́дкость в сква́жину** pump drilling mud down the bore-hole; **~ во́ду** (*при заводнении нефтяных скважин*) inject water
заква́ска *ж.* (*для вина, молочнокислых продуктов*) starter; (*для теста*) leaven
заква́сочник *м.* starter vat
заква́шивать *гл.* sour, make soured; (*вино, молочные продукты*) start; (*тесто*) leaven
закипа́ние *с.* start of boiling
закипа́ть *гл.* start boiling, simmer
закиса́ть *гл.* sour, get sour
за́кись *ж.* lower oxide, monoxide, protoxide *пример*: **~ желе́за** lower iron [ferrous] oxide, iron monoxide, iron protoxide
закла́дка *ж.* **1.** (*здания*) breaking ground for **2.** (*выработанного пространства*) *англ.* stowing; *амер.* filling
~ ва́рочной ка́меры в невулканизи́рованную ши́ну bagging (of) a tyre
мета́тельная ~ centrifugal stowing
~ о́пыта establishment of a trial
~ отхо́дами обогати́тельных фа́брик (*в рудниках*) filling with tailings, sand-filling
~ отхо́дами обогати́тельных фа́брик, пневмати́ческая (*в рудниках*) *амер.* sand-blowing

заклáдка
~ **пустóй породы** filling by [with] waste rock
~ **порóдой** stone gobbing
самотёчная ~ gravity stowing
~ **с уплотнéнием** (*выработанного пространства*) packing
~ **фундáмента** laying of a foundation
~ **шлаковикá** *мет.* slag wicket

заклáдывать *гл.* **1.** (*начинать постройку здания*) break ground for ... □ ~ **дрéну** place [install] a drain; ~ **траншéю** carry down a trench, carry a trench (*to a depth of ... metres*); ~ **фундáмент** lay a foundation **2.** (*заделывать во что-л.*) embed (in) (*e.g., concrete*) □ ~ **в клáдку** immure **3.** (*заполнять чем-л. пустое пространство*) block [wall] up □ ~ **вáрочную кáмеру в невулканизи́рованную ши́ну** bag a tyre; ~ **вы́работанное простра́нство** *англ.* stow the waste; *амер.* fill with waste rock

заклéивать *гл.* **1.** glue up, seal (up), stick up **2.** (*обклеивать*) paste over

заклёпк/а *ж.* rivet □ **высáживать [расклёпывать]** ~**у** (*с высадной стороны*) close up a rivet (*with side heading*); **осáживать** ~**у** upset a rivet; **(по)стáвить** ~**у** set [drive] a rivet; **сруби́ть** ~**у** chop off a rivet
бондáрная ~ cooper's rivet
взрывнáя ~ explosive rivet
винтовáя ~ screw rivet
врéменная ~ tack [temporary, dummy] rivet
гермети́чная ~ (self-)sealing rivet
глухáя ~ blind rivet
дистанциóнная ~ spacer rivet
заводскáя ~ shop[-driven] rivet
закладнáя ~ blind rivet
монтáжная ~ field rivet
односторóнняя ~ blind rivet
пистóнная ~ flanged-tubular rivet
пóлая ~ tubular rivet
полупустотéлая ~ (*полутрубчатая*) semi-tubular rivet
ремённая ~ belt rivet
~ **с кони́ческой голóвкой** cone-head rivet
~ **с крýглой голóвкой** round-head rivet
~ **с оставляéмой прошивкой** pull-through solid-core rivet
~ **с оставляéмым пуансóном** drive-pin [push-through solid-core] rivet
~ **с плóской голóвкой** flat-head rivet
~ **с плоскокони́ческой голóвкой** pan-head rivet
~ **с полукрýглой голóвкой** button-head rivet
~ **с полукрýглой ни́зкой голóвкой** brazier-head rivet
~ **с полупотайнóй голóвкой** round-top countersunk-head rivet
~ **с потайнóй голóвкой** flat-top countersunk-head rivet
стержневáя ~ soft-collar rivet
трýбчатая ~ tubular rivet
цепнáя ~ chain rivet

заклини́вание *с.* **1.** (*прижатие одной детали механизма к другой*) seizure **2.** (*клином*) wedging
аэродинами́ческое ~ locking

заклини́вать *гл.* **1.** (*в результате прижатия одной детали механизма к другой*) seize **2.** (*крепить клином*) wedge **3.** (*захватывать или быть захваченным между двумя поверхностями*) jam, be jammed □ ~ **на валý шпóнкой** key (*smth.*) to the shaft

заключáть *гл.* **1.** (*помещать куда-л., напр. в оболочку, кожух*) enclose, encase, confine □ ~ **в оболóчку** (*напр. кабель*) sheathe; ~ **в скóбки** put in brackets, bracket; ~ **рéку в трубопровóд** pipe a river **2.** (*содержать в качестве составной части*) contain, include, incorporate **3.** (*делать вывод*) conclude, come to the conclusion, deduce, infer

заключá/ться *гл.* consist in *пример*: **дáнная операция** ~**ется в нагревáнии материáла до температýры свы́ше 50 °C** the operation consists in heating the material to above 50 °C; lie in *пример*: **основнóе преимýщество нóвого прибóра** ~**ется ...** the chief advantage of the new device lies in ...; reside in *пример*: **огрóмная цéнность э́той таблицы** ~**ется в том ...** the greatest value of this table resides in ...

заключéние *с.* **1.** (*напр. в оболочку, кожух*) enclosure, encasement **2.** (*вывод*) conclusion (from), inference (from) □ **дéлать** ~ **о ...** *мат.* conclude about ... **3.** (*комиссии, инспекции и т. п.*) findings, final report
~ **в скóбки** aggregation, enclosing of symbols by grouping
~ **теорéмы** conclusion of a theorem

заклю́чка *ж. полигр.* quoin
винтовáя ~ screw quoin
клиновáя ~ wedge quoin
клинови́дная ~ locking-up quoin
магни́тная ~ magnetic quoin
прецизиóнная ~ precision quoin
рóликовая ~ self-aligning quoin
самовырáвнивающаяся ~ self-aligning quoin
~ **фóрмы** lock(ing)-up
шурýшечная ~ self-aligning quoin

закоксовáться *гл.* **1.** (*о нефтяном оборудовании*) clog with coke, coke **2.** (*о двигателе внутреннего сгорания*) gum up, be gummed **3.** (*о масле*) coke

закоксóвывание *с.* **1.** (*нефтяного оборудования*) clogging with coke **2.** (*двигателя внутреннего сгорания*) gumming-up **3.** (*масла*) coking
~ **катализáтора** carburization [coke lay-down] of a catalyst

закóл *м.* fishweir, fishgarth, fish stake

заколáчивать *гл.* **1.** (*прибивать гвоздями*) nail □ ~ **наискось** use skew nailing **2.** (*прибивать досками*) board up **3.** (*вбивать, забивать куда-л.*) drive in, hammer in

закомéлистость *ж.* (*дерева*) bulging [churn, bottle, swell] butt

закóн *м.* law; rule; principle □ **изменя́ться по (зáданному)** ~**у** change [vary] in a (predetermined) manner [fashion] *пример*: **сигнáл изменя́ется по** ~**у модули́рующего напряжéния** the signal follows the modulating voltage; **находи́ть по** ~**у** find [determine, give] by the law; ~ **о том, что ...** the law that ...; **по** ~**у** under the law; **подчиня́ться** ~**у** obey the law; **соглáсно** ~**у** by [according to] the law
~ **Авогáдро** Avogadro's hypothesis, Avogadro's law
~ **аддити́вности** additivity law, principle of additivity
адиабати́ческий ~ adiabatic law
~ **Архимéда** Archimedes' principle
~ **ассоциати́вности** associative law
~ **Бабó** (*в физической химии*) Babo's law
~ **Бавенó** *крист.* Baveno twin law
~ **Бернýлли** (*в теории вероятностей*) Bernoulli's theorem
~ **биномиáльного распределéния** binomial (-distribution) law
~ **Био — Савáра** (*в электродинамике*) Biot-Savart's law
~ **Бóйля — Мариóтта** Boyle's law, Mariotte's law
~ **Бóльцмана** (*в статистической механике*) Boltzmann distribution law
~ **бóльших чи́сел** law of large numbers, law of averages
~ **Бýгера — Ламбéрта — Бéера** (*в аналитической химии*) Bouguer-Lambert-Beer law, Beer-Lambert-Bouguer law
~ **Вант-Гóффа** Van't Hoff law
вероя́тностный ~ probability law, law of probability
~ **взаи́мности** (*в теории чисел*) reciprocity law
~ **взаи́мности квадрáтных вы́четов** quadratic reciprocity law
~ **взаимозамести́мости** *кфт.* reciprocity law, Bunsen-Roscoe law
~ **виртуáльных скоростéй** law of virtual velocities
~ **возрастáния энтропи́и** law of degradation of energy
~ **всеми́рного тяготéния Ньютóна** (Newton's) law ot gravitation
~ **Гéйгера — Неттóла** *яд. физ.* Geiger-Nuttall rule
~ **Гей-Люссáка** (*в термодинамике*) Gay-Lussac's law, combining volumes principle, Charle's law
~ **Гéнри** (*в термодинамике*) Henry's law

зако́н

~ Ге́сса (*в термохимии*) Hess's law, law of constant heat summation
гиперболи́ческий ~ hyperbolic law
~ Грэ́ма (*в коллоидной химии*) Graham's law
~ Гу́ка (*в механике*) Hooke's law
~ Дальто́на (*в кинетической теории газов*) Dalton's law, law of partial pressures
~ Да́рси (*в гидродинамике*) Darcy's law
~ движе́ния электро́нов в электри́ческом по́ле behaviour of electrons in an electric field
~ двойно́го отрица́ния law of double negation
двучле́нный ~ binomial law
~ де́йствия и противоде́йствия law of action and reaction
~ де́йствующих масс law of mass action, mass action law
~ Джо́уля — Ле́нца Joule's law
~ дистрибути́вности distributive law
~ дистрибути́вности дизъю́нкции относи́тельно конъю́нкции distributive law of disjunction over conjunction
~ дистрибути́вности конъю́нкции относи́тельно дизъю́нкции distribution law of conjunction over disjunction
~ идеа́льного га́за ideal gas law
~ излуче́ния Пла́нка Planck distribution law, Planck radiation formula
~ излуче́ния Рэ́лея — Джи́нса (*в статистической механике*) Rayleigh-Jeans law
~ ине́рции Galileo's law of inertia, first law of motion
~ исключённого тре́тьего law of the excluded middle
квадрати́чный ~ square law
ква́нтовый ~ quantum law
~ Ке́плера *астр.* Kepler's law
~ы Кирхго́фа Kirchhoff's laws
~ Кольра́уша (*в физической химии*) Kohlrausch's law
~ коммутати́вности commutative law
~ конве́кции law of convection
~ ко́синуса cosine law
~ кра́сного смеще́ния *астр.* the red-shift law, Hubble law
~ кра́тных отноше́ний (Dalton's) law of multiple proportions
~ Куло́на Coulomb's law
лине́йный ~ linear law
~ ма́лых чи́сел law of small numbers
~ Менделе́ева, периоди́ческий Mendeleev's periodic law
~ наиме́ньшего де́йствия principle of least action
неква́нтовый ~ unquantized law
~ы меха́ники Нью́тона Newton's laws of motion

зако́н

~ обрати́мости *опт.* principle of reversibility
~ обра́тных квадра́тов inverse-square law
~ объёмных отноше́ний law of combining volumes
~ О́ма Ohm's law
основно́й ~ fundamental law
~ оши́бок error function
~ паёв law of multiple proportions
~ парциа́льных давле́ний Dalton's law, law of partial pressures
~ Паска́ля (*в гидростатике*) Pascal's law
~ Па́шена (*в теории газовых разрядов*) Paschen's law
перемести́тельный ~ commutative law
~ площаде́й law of areas
~ поглоще́ния law of absorption
~ подо́бия scaling [similarity, similitude] law
~ по́лного то́ка Ampere's circuital law
~ постоя́нства соста́ва law of constant [definite] proportions
~ постоя́нства сумм тепла́ (*в термохимии*) Hess's law, law of constant heat summation
~ постоя́нства угло́в law of constant angles
~ преобразова́ния transformation law
~ простра́нственного заря́да space-charge law
~ просты́х объёмных отноше́ний Gay-Lussac's law, combining volumes principle, Charle's law
~ противоре́чия law of contradiction
~ Пуазе́йля (*закон ламинарного течения вязкой жидкости через тонкую трубку*) Poiseuille's law
~ равноме́рного распределе́ния equipartition law
~ радиоакти́вного распа́да radioactive decay law
~ радиоакти́вного смеще́ния radioactive-displacement law
~ развёртывания law of development
~ распределе́ния distribution [partition] law
~ распределе́ния вероя́тностей probability [distribution] law
~ распределе́ния оши́бок law (of propagation) of errors
распредели́тельный ~ distributive law
~ Рау́ля (*в физической химии*) Raoult's law
~ регули́рования control (mode), control action
~ регули́рования, астати́ческий integral [I-]control (mode), integral [I-]control action
~ регули́рования, изодро́мный proportional-plus-integral [PI-]control (action)
~ регули́рования, изодро́мный с предваре́нием [по произво́дной] proportional-plus integral-plus derivative [PID-]control (action)
~ регули́рования, стати́ческий proportional [P-]control (mode), proportional [P-]control (action)
~ рефлекти́вности reflexive law
~ Рэ́лея (*в теории рассеяния света*) Rayleigh law
~ самодистрибути́вности self-distributive law
~ свобо́дного паде́ния free-fall law
~ симме́трии symmetry law
~ си́нусов sine law
~ сло́жных проце́нтов law of compound interest
~ случа́йных оши́бок law of accidental errors
~ смеще́ния Ви́на Wien's (displacement) law
~ сохране́ния коли́чества движе́ния law of conservation of momentum
~ сохране́ния ма́ссы law of conservation of mass
~ сохране́ния мате́рии law of conservation of matter
~ сохране́ния эне́ргии law of conservation of energy
сочета́тельный ~ associative law
~ тавтоло́гии law of tautology
~ термодина́мики law of thermodynamics
~ то́ждества law of identity, idempotent law
~ транзити́вности transitive law
~ трёх вторы́х three-halves power law
~ тройно́го отрица́ния law of triple negation
~ тяготе́ния Эйнште́йна Einstein's law of gravitation, Einstein's field equations
~ упру́гости law of elasticity
~ы Фараде́я (*основные законы электролиза*) Faraday's laws of electrolysis
~ Фараде́я — Ма́ксвелла — Ле́нца Faraday's law of induction, law of electromagnetic induction
~ хими́ческих эквивале́нтов law of multiple proportions
~ це́лых чи́сел law of rational induces
~ Эйнште́йна (*в фотохимии*) Einstein law of photochemical equivalences
~ эквивале́нтов law of multiple proportions
экспоненциа́льный ~ exponential law

зако́нность *ж.* legitimacy, admissibility, validity
закономе́рность *ж.* **1.** (*закон явления*) law **2.** (*механизм явления*) mecha-

nism; behaviour 3. (*повторяемость явления*) regularity; relationships
законопа́чивать *гл.* caulk up, pack, plug
законсерви́ровать *гл.* 1. (*пищевые продукты*) preserve 2. (*изъять из эксплуатации оборудование и т. п.*) remove from operation [service], put in dead [prolonged] storage □ ~ **су́дно** (*поставить на прикол*) lay up a ship 3. (*подвергать обработке на предмет защиты от коррозии и т. п.*) treat for preservation, give preservation treatment, apply rust preventive (compound)
зако́нтривать *гл.* lock □ ~ **от враще́ния, проска́льзывания** *и т. п.* secure against rotation, slipping, *etc.*; ~ **шплинто́м** cotter-pin
законцо́вка *ж.* tip
закора́чиватель *м.* short(-circuiter)
~ **волново́да** waveguide plunger
закора́чивать *гл.* short-circuit, short out
закоро́тк/а *ж.* (*в электроустановках*) short-circuit □ **накла́дывать ~у** apply a short-circuit; **снима́ть ~у** remove a short-circuit
закра́ина *ж.* 1. (*закруглённый край, кромка*) bead; (*реборда, приподнятая кромка*) rim; (*отогнутая кромка*) flange 2. *полигр.* ridge shoulder
маслоуде́рживающая ~ (*напр. на поддоне*) oil retaining rim
закра́йка *ж.* selvage, selvedge
закра́ска *ж.* painting
~ **ка́рты** filling-in a map
~ **обре́за** *полигр.* book edge tinting
закре́па *ж.* 1. (*полотнища пилы*) buckle 2. (*тип шпонки*) key
закрепи́тель *м.* fixing agent
~ **окра́ски** colour fixing agent
~ **по́чвы** soil conserver
закре́пка *ж.* clip, fastener, holdfast
закрепле́ние *с.* 1. *мех.* attaching, fastening, fixing, securing 2. *кфт.* fixing
~ **а́нкерными болта́ми** anchoring
~ **грунто́в** soil stabilization, (consolidation) grouting
~ **грунто́в битуминиза́цией** asphalt [bituminous] grouting
~ **грунто́в глиниза́цией** clay grouting
~ **грунто́в, хими́ческое** chemical grouting
~ **грунто́в цемента́цией** soil stabilization by cement injection
~ **дислока́ций** *крист.* pinning of dislocations
~ **концо́в сте́ржня** *или* **ба́лки** end restraint, end anchorage
~ **краси́теля** fixation of a dye
~ **кра́ски** *полигр.* ink fixing
~ **кро́мок** edge restraint
~ **по́чвы** soil stabilization
~ **проводо́в у а́нкерных опо́р** dead-ending conductors

закрепле́ние
~ **фунда́ментной плиты́** anchoring of a bedplate
закрепля́ть *гл.* 1. *мех.* attach, fasten, fix, secure □ ~ **а́нкерами** *или* **свя́зями** grapple (by anchors); ~ **болто́м** bolt; ~ **в конду́кторе** jig; ~ **га́йками** lock with nuts; ~ **жёстко** make fast; ~ **кли́ном** secure with a wedge, wedge in place; ~ **на ме́сте** fasten [lock] in place; ~ **на чём-л.** fasten [lock] to [on] *smth.*; ~ **неподви́жно** attach fixedly; ~ **пункт триангуля́ции на ме́стности** mark a triangulation station; ~ **пу́нкты опо́рных сете́й** mark stations; ~ **стро́пами** *или* **на́йтовами** (*груз на транспортном средстве*) lash down [on, to]; ~ **шпо́нкой** key (*e. g., on a shaft*) 2. *кфт.* fix
закрити́ческий *прил.* supercritical
закро́йник *м. мет.* moulding plane
закро́м *м.* (corn-)bin, silo; crib
вентили́руемый ~ aerated bin
саморазгружа́ющийся ~ self-emptying bin
закругле́ние *с.* 1. rounding (off), chamfering 2. (*закруглённая часть чего-л., изгиб*) curvature, curve, chamfer
~ **голо́вки** (*зуба*) tip relief
~ **доро́ги** curve of a road
закругля́ть *гл.* round (off) make round, chamfer □ ~ **зу́бья** (*шестерён*) chamfer [round off] gear teeth
закру́тка *ж.* 1. (*скручивание*) twisting; (*загибание*) curling 2. (*приспособление для закручивания*) tommy bar 3. (*потока газа, жидкости*) swirl, whirl, spin, vortex
~ **лопа́ток** (*турбины*) blade twist
~ **пото́ка, предвари́тельная** prerotation; prewhirl
закру́ченность *ж.*:
~ **крыла́** *ав.* wing-warping
~ **крыла́, отрица́тельная** wash-out
~ **крыла́, положи́тельная** wash-in
закру́чивание *с.* 1. (*скручивание*) twisting; (*загибание*) curling 2. *аргд.* spinning, swirling; whirling
закру́чивать *гл.* 1. (*скручивать*) twist; (*загибать*) curl 2. (*придавать потоку газа, жидкости вращательное движение*) spin, swirl; whirl □ ~ **пото́к во́здуха пе́ред колесо́м вентиля́тора** spin the air stream [produce a spin] at the fan inlet
закрыва́ть *гл.* close, shut □ ~ **кран** turn off a fauce [cock]; ~ **кры́шкой** put down the lid [cover]; ~ **отве́рстие** stop a hole; ~ **чехло́м** put on a dust [slip]cover
закры́л/ок *м.* (trailing-edge) flap □ **выпуска́ть ~ки** extend flaps; **«вы́пустить закры́лки!»** (*команда*) "flaps down!"; **отклони́ть** ~ deflect a flap; **убира́ть ~ки** retract flaps; **«убра́ть закры́лки!»** (*команда*) "flaps up!"
выдвижно́й ~ extension flap
двухщелево́й ~ double-slotted flap

закры́л/ок
просто́й ~ plain flap
разрезно́й ~ split flap
стру́йный ~ jet flap
~ **Фа́улера** extension flap
закры́тие *с.* closing
~ **кла́пана** valve closing, valve return
~ **кла́пана, по́зднее** retarded [late] closing of a valve
~ **свя́зи** closing-down, end of service [work]
заку́поривание *с.* 1. (*засорение*) clogging, stoppage, plugging, choking 2. (*герметизация*) encapsulation, sealing, capping
~ **буты́лки** bottle sealing, bottle capping
~ **изло́жницы** capping
~ **изло́жницы, хими́ческое** chemical capping
заку́поривать *гл.* 1. (*засорять*) clog, stop, plug, choke 2. (*герметизировать*) encapsulate, seal □ ~ **буты́лку** (*пробкой*) cork (up) a bottle; (*колпачком*) cap a bottle; ~ **изло́жницу** cap a mould
заку́порка *ж. см.* **заку́поривание**
зал *м.* hall, room
автома́тный ~ *тлф.* switchroom
аккумуля́торный ~ battery room
аппара́тный ~ 1. *тлф.* apparatus room 2. *тлг.* instrument room
вы́ставочный ~ exhibit room, exposition hall
гимнасти́ческий ~ gymnasium
до́йльный ~ milking parlour
до́йльный, одноу́ровневый ~ single-level milking parlour
до́йльный ~ с до́йльными станка́ми ти́па «ёлочка» herring-bone milking parlour
до́йльный ~ с проходны́ми паралле́льными станка́ми abreast milking parlour
зри́тельный ~ auditorium
коммута́торный ~ operating [manual switch] room
лекцио́нный ~ lecture-hall
лине́йно-аппара́тный ~ *тлф.* line equipment room
маши́нный ~ engine [machine] room; *вчт.* computer room
~ **ожида́ния** waiting room
проекцио́нный ~ screening room
просмо́тровый ~ review room
трениро́вочный ~ practice hall
турби́нный ~ turbine room
~ **управле́ния** control room
чита́льный ~ reading room, reading hall
залега́ние *с.* (*горных пород*) bedding, occurence, position
несогла́сное ~ unconformability, discordant [irregular] bedding
регресси́вное ~ off-lap
согла́сное ~ conformability, conformable [regular] bedding
трансгресси́вное ~ transgressive overlapping

залега́ть *гл.* (*о горных породах*) occur, be deposited □ **~ вы́ше** overlay; **~ кру́то** dip at high [steep] angle; **~ ме́жду пласта́ми** interlay, be interbedded; **~ на глубине́** (*без уточнения глубины*) occur at depth; (*с указанием глубины*) occur at a depth of ...; **~ ни́же** underlie; **~ с небольши́м накло́ном** dip gently, dip at low angle

за́лежь *ж.* **1.** *геол.* bed, deposit, (ore)-body; (*нефти*) oil pool **2.** *с.-х.* lea, layland
масси́вная ~ massive deposit
пластова́я ~ sheet deposit

залёт *м. афс.* flight, photographic mission, photographic sortie
~ по прямо́й straight-line flight
про́бный ~ trial flight, dry run
рекогносциро́вочный ~ reconnaissance flight

залива́ть *гл.* **1.** (*затоплять*) flood **2.** (*вливать, затоплять чем-л.*) fill in (*e. g., refrigerant, hydraulic fluid etc.*) □ **~ дви́гатель** *или* **насо́с** prime an engine *or* pump; **~ деле́ния шкалы́ бе́лой кра́ской** fill scale divisions white; **~ компа́ундом** pot; **~ мы́ло в фо́рмы** frame soap; **~ подши́пник** line [babbit] a bearing; **~ фо́рму** *мет.* cast **3.** (*тушить огонь*) extinguish **4.** (*раствором*) grout (in) (*e. g., concrete*) □ **~ асфа́льтом** lay [spread] asphalt **5.** (*в эпоксидную или другие смолы или пластмассу радиоэлектронные детали*) encapsulate

зали́вина *ж.* (*дефект литья*) flash, fin
~ головно́го конца́ top flash

зали́вка *ж.* **1.** (*затопление*) flooding **2.** (*вливание, заполнение*) filling(-in)
~ вкла́дыша подши́пника (*часть вкладыша*) shell lining
~ гальваностереоти́па *полигр.* backing up
~ дви́гателя priming
~ дефе́ктов на отли́вках casting-in
~ жи́дкого мета́лла (*чугуна*) charging [addition] (of) hot-metal
~ ка́рты filling, (solid) colour
~ компа́ундом potting
~ мета́лла (*в изложницы*) pouring; (*в формы*) casting
~ насо́са priming
~ перколя́тора (*при цианидировании зо́лота*) flooding of the charge in a percolator
~ подши́пников babbitting
~ раство́ра grouting
~ форм casting
~ форм ва́куумным вса́сыванием vacuum suction casting
~ форм, вертика́льная vertical casting
~ форм, горизонта́льная horizontal casting
~ форм под давле́нием pressure die casting
~ форм, свобо́дная gravity casting
~ форм, сто́почная stack casting

зали́з *м. ав.* fillet, fairing

зали́зывать *гл.* **обво́ды** *ав.* fair (*a hull, fuselage, bodywork*)

залипа́ние *с.*:
~ поршневы́х коле́ц sticking of piston rings
~ рабо́чих о́рганов *с.-х.* non-scouring
~ реле́ sealing

зали́чка *ж. кож.* preliminary tannage, pretannage, setting the grain
кислоро́дная ~ plumping liquor

зало́г *м. с.-х.* lea, layland

заложе́ние *с. геод.* contour interval

зало́м *м.* **1.** (*беспорядочное скопление на реке лесоматериалов*) jam **2.** *текст.* crease

замагне́зирование *с. полигр.* dusting magnesia into the plate to expose details

зама́зк/а *ж.* putty, paste, cement □ **разра́внивать [сгла́живать] ~у ножо́м** (*при остеклении*) smooth off putty with a knife; **ста́вить на ~е** putty [lute, cement, paste] in place
асбе́стовая ~ asbestos putty
ва́куумная ~ vacuum cement
влагоусто́йчивая ~ waterproof cement
водонепроница́емая ~ watertight putty
водопрово́дная ~ plumbers' black
глёто-глицери́новая ~ litharge-glycerine paste
~ для укрепле́ния конденса́тора на рето́рте (*в производстве цинка*) loam
желе́зная ~ iron putty
железосу́риковая ~ iron putty
изоляцио́нная ~ insulating cement
ка́менная ~ stone putty
керами́ческая ~ lute
клеева́я ~ glue putty
ма́сляная ~ whiting putty
мелова́я ~ whiting putty
~ на оли́фе linseed-oil putty
око́нная ~ (*мел и олифа с добавлением или без добавления белил*) glaziers' putty; (*заменители*) glazing compounds
садо́вая ~ grafting clay
свинцо́во-су́риковая ~ red-lead putty
силика́тная ~ silicate putty
смоляна́я ~ resin putty
стекля́нная ~ glass putty
су́риковая ~ red-lead putty, red-lead cement
уплотня́ющая ~ («*герметик*») sealant
фарфо́ровая ~ porcelain cement
цеме́нтная ~ cement putty, lute
цоколёвочная ~ (*в производстве ламп*) cap [base] cement

зама́зывать *гл.* (*заделывать замазкой*) fill up (*a crack*); stop (*a hole, leak*)

зама́сливание *с. текст.* oiling
~ свечи́ зажига́ния fouling, oiling-up

зама́сливатель *м. текст.* oil

зама́сливаться *гл.* (*о свече зажигания*) be [get] fouled

зама́чивать *гл.* **1.** steep **2.** *кож.* soak **3.** *текст.* ret (*e. g., flax*)

замедле́ние *с.* **1.** (*движения*) slowing-down, deceleration **2.** (*реакции*) inhibition, retardation, moderation
нейтро́нное ~ neutron moderation, neutron thermalization
~ реле́ при отпуска́нии the release lag of a relay
~ реле́ при сраба́тывании the operate lag of a relay

замедли́тель *м.* **1.** (*механизм*) retarder, delay mechanism **2.** (*вещество*) inhibitor
ваго́нный ~ car retarder
~ корро́зии corrosion inhibitor
~ молоти́лки retarder cylinder
~ нейтро́нов moderator (of neutrons)
~ подвулканиза́ции anti-scorcher
~ реа́ктора moderator
~ реа́кции inhibitor
~ схва́тывания (setting) retarder

замедли́тель-охлади́тель *м.* (*реактора*) moderator-coolant

замедля́ть *гл.* **1.** (*движение*) retard, decelerate, slow down **2.** (*реакцию*) inhibit, retard, moderate □ **~ нейтро́ны до теплово́й ско́рости** thermalize

замедля́ться *гл.* slow down, decelerate

заме́н/а *ж.* **1.** substitution, change **2.** (*изношенных частей*) renewal, replacement
~ обозначе́ний transcription
~ переме́нной change [substitution] of a variable □ **де́лать ~у переме́нной** change the variable, make the substitution of variable
поузлова́я ~ (*изношенных частей*) assembly replacement

замени́тель *м.* **1.** (*материал*) substitute (for) **2.** (*устройство*) eliminator, substitute
~ анте́нны aerial [antenna] eliminator
~ вальцма́ссы roller composition substitute
~ ко́жи leather-substitute, imitation leather
~ расти́тельных дуби́телей tannin substitute

заменя́ть *гл.* **1.** substitute, replace, supplant □ **~ «б» на «а»** replace *b* with [by] *a*

заме́р *м.* **1.** (*процесс измерения*) measurement, test, determination **2.** (*отметка на шкале*) indication, reading

замерза́ние *с.* freezing; congealation; solidification

замерза́ть *гл.* freeze; congeal; solidify

замеря́ть *гл.* measure; (*преим. толщину, уровень*) gauge

заме́с *м.* batch, mix
про́бный ~ (*бетона, раствора*) trial batch, trial mix □ **проекти́ровать [составля́ть] про́бный ~** proportion [design] a trial batch

замéс
 ~ тéста dough kneading
 ~ типогрáфской крáски ink mix
заместúтель *м. хим.* substituent
замёт *м.* **нéвода** casting [setting, shooting] of a net
замéшивать *гл.* (*бетон, раствор*) mix □ **~ глúняную обмáзку** puddle clay and sand, knead clay and sand into a puddle; **~ тéсто** knead dough [paste]
замещáть *гл.* replace by [with], substitute for
замещéние *с.* replacement, substitution
замётывать *гл.* **нéвод** cast [set, shoot] a net
замирáние *с.* **1.** (*радиосигнала*) fading **2.** (*колебаний, звука и т. п.*) dying-away, dying-down
 амплитýдное ~ amplitude fading
 бы́строе ~ fast fading
 избирáтельное ~ selective fading
 интерференциóнное ~ interference [multi-path] fading
 мéдленное ~ absorption [slow] fading
 многолучевóе ~ multi-path fading
 неодноврéменное ~ non-simultaneous fading
 неселектúвное ~ non-selective fading
 одноврéменное ~ simultaneous fading
 поляризациóнное ~ Faraday fading
 фáзовое ~ phase fading
 частóтно-избирáтельное ~ frequency-selective fading
замирáть *гл.* **1.** (*о радиосигнале*) fade **2.** (*о колебаниях, звуке и т. п.*) die away, die down
зáмкнутый *прил.* **1.** *мат., эл.* closed **2.** *авт.* closed-loop (*e.g., of system*)
 алгебраúчески ~ algebraically closed
 ковариáнтно ~ coclosed
 ~ нáкоротко short circuited
замóк *м.* **1.** (*устройство для запирания*) lock, latch, catch, fastener **2.** (*соединение деревянных конструкций*) joint; (*жестяницкое соединение*) seam **3.** *арх.* (*замковый камень*) keystone
 ~ автосцéпки automatic coupler lock
 байонéтный ~ bayonet lock
 бессувáльдный ~ leverless lock
 буксирóвочный ~ towing lock
 бурúльный ~ (*для соединения бурильных свечей в колонну*) tool joint
 вися́чий ~ padlock
 врезнóй ~ mortise lock, dead-lock
 встрóенный ~ built-in lock
 ~ вязáльной машúны lock, cam box
 гáечный ~ nut lock, nut retainer
 двернóй ~ door lock
 двернóй, американский ~ Yale lock
 двернóй, ударобезопáсный ~ burst-proof (door)-lock

замóк
 ~ Дзýса *ав.* Dzus fastener
 жаккáрдовый ~ *текст.* Jacquard lock
 ~ зажигáния ignition lock
 игóльный ~ *текст.* needle cam
 ~ из трамбóванной глúны *стр.* puddled clay cut-off
 ~ из шпунтовóй стéнки *стр.* sheet-piling cut-off
 канáтный ~ (*соединяет канат с ударной штангой в буровом снаряде*) rope socket
 ~ капóта (*двигателя*) *ав.* cowl fastener
 ~ клáпана valve lock ring
 крóвельный ~ seam
 ~ лопáтки (*турбины*) blade locking piece; *ав.* blade footing, root attachment
 ~ лопáтки (*турбины*), **ёлочный** *ав.* fir-tree root
 ~ лопáтки (*турбины*), **пáзовый** *ав.* groove-type root
 магнúтный ~ magnetic latch
 накладнóй ~ hasp [rim] lock
 накладнóй, косóй ~ scarf joint
 накладнóй, прямóй ~ tabled scarf joint
 натяжнóй ~ *дер.-об.* tabled scarf with key
 непóлный ~ *стр.* partial cut-off
 ~ патефóнного тúпа catch clip
 петлевязáльный фáнговый ~ *текст.* nap lock
 поперéчный ~ внаклáдку *дер.-об.* bare faced tenon, straight halving
 поперéчный ~ в простóй скóвородень *дер.-об.* dovetail halving
 ~ поршневóго кольцá, пружúнный piston circlip
 предохранúтельный ~ safety lock
 ~ привязны́х ремнéй belt holding pawl, harness lock
 простóй ~ half-lap joint
 прямóй ~ вполдéрева halved joint
 прямоугóльный ~ вполдéрева halved joint
 рéльсовый ~ rail lock
 рúгельный, оконéчный ~ *ж.-д.* facing point lock
 рúгельный, стрéлочный ~ *ж.-д.* bolt lock
 ~ рулевóго механúзма steering-wheel lock
 ~ рулевóй колóнки steering head lock
 сбáвочный ~ *текст.* narrowing cam
 ~ с диагонáльным прирýбом, торцóвый double-halved joint
 ~ седлá бáра *горн.* jibhead lock
 секрéтный ~ combination [trick] lock
 ~ с защёлкой latch lock
 ~ стóйки трéния *горн.* friction prop lock
 стрéлочный ~ *ж.-д.* point lock
 ~ стыкóвочного устрóйства *косм.* docking latch

замóк
 стяжнóй ~ swivel, turn-buckle, stretching screw, tension shackle, coupling nut
 трýбчатый ~ *текст.* circular [tubular] cam
 угловóй ~ *дер.-об.* corner halving
 фáнговый ~ *текст.* cardigan cam
 цилúндровый ~ cylinder lock
 ~ шассú landing gear (safety) lock □ **постáвить шассú на ~** lock
 ~ шúны tyre lock
 штыковóй ~ bayonet joint
замóк-вертýшка *м.* (*кожгалантерейный*) turnlock
замóк-задвúжка *м.* (*кожгалантерейный*) lock
замóк-кнóпка *м.* (*кожгалантерейный*) snap lock
замóк-крючóк *м.* (*кожгалантерейный*) hook lock
замóк-пружúна *м.* (*кожгалантерейный*) framelock with spring hinge
замóк-скобá *м.* (*кожгалантерейный*) clamp-fixing lock
замóк-упóр *м.* (*рамочный замок*) purse lock
замóк-шпенёк *м.* (*рамочный замок*) framelock with clip fitting
заморáживание *с.* freezing
 бы́строе ~ quick freezing
 ~ в блóках block freezing
 ~ в кипя́щем слóе fluidized-bed freezing
 ~ в спокóйном вóздухе still air [slow] freezing
 ~ грунтóв soil freezing
 контáктное ~ contact freezing
 мгновéнное ~ instantaneous freezing
 низкотемператýрное ~ deep [low-temperature] freezing
 ~ орбитáльных момéнтов quenching of orbital angular momenta
 ~ орошéнием spray freezing
 ~ погружéнием в жúдкость immersion freezing
 ~ пищевы́х продýктов freezing, refrigeration for freezer storage
 рассóльное ~ brine freezing
 ступéнчатое ~ step freezing
 ~ сухúм льдом carbon-dioxide [dry-ice] freezing
заморáживать *гл.* freeze
замóчка *ж. текст.* retting (*e. g., of flax*)
замурóвывать *гл.* wall up, immure □ **~ отвéрстие кирпичóм** brick up an opening
зáмша *ж.* (*жирового дубления*) chamois (leather), shammy(-leather); (*из выворотка*) suede, sueded leather
 искýсственная ~ imitation chamois leather
 ткáная ~ cloth suede, suedine
замшевáние *с.* chamoising, chamois finish(ing), suede finish(ing)

замыка́ние *с.* 1. *эл.* short circuit, shorting 2. *ж.-д.* interlocking, locking
геометри́ческое ~ (*в теории машин и механизмов*) form [body] closure, form constraint
~ кольца́ *хим.* ring closure, cyclization
коро́ткое ~ short circuit □ **устраня́ть коро́ткое ~** clear a circuit
коро́ткое ~ в электроустано́вках fault
коро́ткое, междувитко́вое ~ turn-to-turn short circuit
коро́ткое ~ на ли́нии permanent loop
~ маршру́та track [route] locking
~ маршру́тного рычага́ route-lever locking
механи́ческое ~ mechanical locking
~ на зе́млю, непо́лное *англ.* partial earth; *амер.* partial ground
~ на ко́рпус *англ.* earth fault; *амер.* ground fault
~ полиго́на *геод.* circuit closure
предвари́тельное ~ approach locking
предмаршру́тное ~ approach route locking
~ сети́ *геод.* circuit closure
силово́е ~ (*в теории машин и механизмов*) force closure
~ стре́лки point locking
~ ци́клов *хим.* ring closure

замыка́тель *м.* 1. *эл.* contactor, switch 2. *ж.-д.* locking mechanism

замыка́ть *гл.* 1. *эл.* close, make, complete □ **~ выключа́тель** close the switch; **~ конта́кты** close [make] contacts; **~ на́коротко** short-circuit, short out; **~ цепь** close [complete] a circuit; **~ цепь гальвани́чески** close [complete] (a circuit) conductively 2. *ж.-д.* lock 3. *мат.* complete □ **~ многоуго́льник** complete a polygon

замыка́/ться *гл.* close(up); (*о контактах*) close, make □ **~ в кольцо́** form a circle, form a ring; **~ на́коротко** be faulted *пример*: **две фа́зы ~ются на́коротко** two phases are faulted; **~ на себя́** close on itself; **~ че́рез** complete through

замы́чка *ж.* bolt, catch, lock
~ на линейке *ж.-д.* locking dog
~ рычага́ управле́ния стре́лочным при́водом *ж.-д.* switch machine lever lock

замя́тие *с.* **перфока́рты** punch(ed) card jam

за́навес *м.* curtain, screen

занижа́ть *гл.* 1. (*оценку*) under-estimate 2. (*техническую характеристику*) underrate

занима́/ть *гл.* occupy □ **~ ли́нию (свя́зи)** (*в момент установления соединения*) seize a line; (*после установления соединения*) hold [engage] a line [connection]; **~ ме́сто** fill the place, take up space; **~ пе́рвое ме́сто** come first, be first, head the list *пример*; **добы́ча не́фти ~ет пе́рвое ме́сто** oil production heads the list; **~ про́чное ме́сто** hold a firm place; **~ энергети́ческий у́ровень** occupy an energy level (*of electron*)

занима́ться *гл.* be concerned with (*problems*); be engaged in (*research*)

зано́с *м.* 1. (*при движении*) skid(ding) 2. (*отложение*) drift
сне́жный ~ snow bank, snow drift

заноси́ть *гл.* 1. (*при движении*) skid 2. (*вписывать куда-л.*) register, put down 3. (*снегом, песком*) drift

зануле́ние *с.* *эл.* earthing of the neutral wire, neutral earthing

занумеро́вывать *гл.* number

заня́тие *с.* 1. (*линии связи*) holding, busying 2. (*энергетического уровня*) occupation
~ ли́нии, предвари́тельное advance holding, advance assignment
телефо́нное ~ telephone seizure

«за́нято» 1. *тлф.* (*сигнал*) "busy", "engaged" 2. (*сигнал на такси*) "hired"

за́нятост/ь *ж.* (*линии связи*) busy [engaged] condition □ **производи́ть прове́рку ~и** test for the engaged condition

заостре́ние *с.* 1. (*острый конец*) point 2. (*сужение к концу*) taper 3. (*на кривой*) cusp, point
~ и́мпульс pulse sharpening
~ конца́ про́волоки slendering

заостря́ть *гл.* sharpen, point, taper down □ **~ коне́ц сва́и** point a pile

запада́ть *гл.* drop into, fall in(to), sink (into)

запа́здывание *с.* delay, retard(ation), (time) lag
аэродинами́ческое ~ aerodynamic lag
~ во вре́мени time lag
~ восстановле́ния *тлг.* restitution lag
динами́ческое ~ dynamic lag
~ зажига́ния ignition delay, ignition lag, ignition retard
~ закры́тия кла́пана valve-closing retard, late closing of a valve
~ и́скры spark lag
~ кла́пана valve lag, valve bounce
магни́тное ~ magnetic lag
нулево́е ~ zero lag
переда́точное ~ transfer lag
~ показа́ний прибо́ра instrument lag
~ по ско́рости velocity lag; rate lag
~ по ускоре́нию acceleration lag
~ по фа́зе phase lag
распределённое ~ distributed lag
~ реаги́рования (*на действие оператора, регулятора, рулей и т. п.*) response lag
~ регули́рования dead time of a control system
термометри́ческое ~ thermometer lag
тра́нспортное ~ *авт.* transportation lag
~ фа́зы phase lag

запа́здывать *гл.* 1. (*об одном явлении по отношению к другому*) lag behind 2. (*о движении транспортёра*) be overdue

запа́ивать *гл.* (*обычными припоями*) solder; (*металл в стекле*) seal in(to) □ **~ на́глухо** (*напр. колбу лампы*) seal off

запа́йка *ж.* (*обычными припоями*) soldering; (*металла в стекле*) sealing in(to)

запа́л 1. (*средство воспламенения*) fuse, primer 2. (*повреждение растений*) premature drying (*of seeds*)
~ от калориза́тора *двс* hot-bulb ignition
~ стреля́ющего грунтоно́са ignition wire

запа́льник *м.* **горе́лки** ignition torch

за́пань *ж.* (*наплавное лесозадерживающее сооружение*) holding [pocket, receiving] boom, holding ground
вре́менная ~ pokelogan
попере́чная ~ catch boom, transverse holding ground
продо́льная ~ parallel holding ground
сортиро́вочная ~ sorting boom

запаралле́ливать 1. (*соединять параллельно*) connect in parallel 2. (*использовать в параллельной работе*) run [operate] in parallel

запа́ривание *с.* 1. (*обработка паром*) steaming 2. *текст.* steam printing
~ насо́са steam flashing

запа́ривать *гл.* steam □ **~ под давле́нием** autoclave

запа́рка *ж.* 1. (*обработка паром*) steaming 2. *текст.* steamer, steam-printing plant

запа́рник *м.* (*кормов*) steamer, steaming plant

запа́с *м.* 1. supply; (*преим. готовых изделий*) stock; (*преим. сырья*) store(s) □ **име́ть в ~е** have in store; hold [keep] in stock; **откла́дывать про ~** lay up in store, store up; **расхо́довать [истоща́ть] ~ы** deplete stocks; exhaust [drain] the supply (of ...) *пример*: **на скла́де истощи́лся ~ бума́ги** the storehouse has run out of paper; **создава́ть ~ чего-л.** lay in the stock [supply] of *smth.* 2. (*резерв*) reserve, spare, stock-pile 3. (*характеристика конструкции*) allowance, margin
~ водоизмеще́ния moulded displacement allowance
~ древеси́ны forest yield
кавитацио́нный ~ (*насоса*) positive suction head
~ мо́щности power reserve
неприкоснове́нный авари́йный ~ [НАЗ] survival kit, survival pack
~ плаву́чести reserve buoyancy

запа́с
~ы подзе́мных вод underground [subsurface] water storage
~ подъёмной си́лы *ав.* lift margin, margin of lift
~ по ёмкости *тлф.* marginal capacity (*of an office*)
~ по зумми́рованию *свз.* singing margin
~ы поле́зных ископа́емых катего́рии А (*детально разведанные и с точно определёнными границами*) explored and blocked-out reserves
~ы поле́зных ископа́емых катего́рии В (*предварительно разведанные*) prospected reserves
~ы поле́зных ископа́емых катего́рии C_1 (*разведанные месторождения сложного геологического строения или слабо разведанные на новых площадях*) extrapolated [indicated] reserves
~ы поле́зных ископа́емых катего́рии C_2 (*перспективные запасы, выявленные за пределами разведанных частей*) inferred reserves
~ы поле́зных ископа́емых, промы́шленные workable [payable, commercial] reserves
~ помехоусто́йчивости noise margin
~ по усиле́нию gain margin
~ по фа́зе phase margin
произво́дственные ~ы stores (and supplies) □ **вести́ учёт произво́дственных ~ов** keep a balance-of-stores ledger
~ про́чности safety margin; safety [assurance] factor □ **с больши́м ~ом про́чности** loaded conservatively
~ реакти́вности reactivity margin
~ тепла́ heat storage
~ то́плива, акти́вный active [live] storage of fuel
~ тя́ги thrust margin, thrust reserve
~ усто́йчивости stability margin
~ хо́да по ма́слу oil distance endurance
~ хо́да по то́пливу fuel distance endurance
~ эне́ргии energy content, store of energy □ **облада́ть ~ом эне́ргии** possess a store of energy
запаса́ние *с.* storage, accumulation, stock-piling
запаса́ть *гл.* lay (up) in store, store (up); accumulate; (*дефицитные материалы*) stock-pile
запасо́вка *ж.* (*троса, каната*) reeving
запасо́вывать *гл.* □ **~ кана́т** reeve a rope; **~ кана́т в бло́ке** reeve off a rope in a block; **~ кана́т в отве́рстие** reeve a rope in an eye
запатенто́вывать *гл.* take out a patent for ...
за́пах *м.* odour □ **поглоща́ть ~** absorb odour; **~ распространя́ется** odour spreads; **удаля́ть [устраня́ть] ~** (*напр. при обработке воды*) remove odour
запа́хивать *гл.* bury, cover, plough (under), turn in, turn under
запа́шка *ж.* ploughing under, ploughing in, turning under
запашни́к *м.* ridger, shallow plough, coverer
запека́ть *гл.* bake
запеленго́вывать *гл.* take a bearing on [of] ...
запесо́чивать *гл.* oversand
запеча́тывание *с.* sealing
~ кле́йкой ле́нтой adhesive tape sealing
запеча́тывать *гл.* seal (up)
запёк *м.* *кож.* sunburnt
запи́л *м.* **1.** (*рез пилой*) (saw) kerf **2.** (*на образце для испытания на удар*) notch
запи́ливать *гл.* (*делать запил*) **1.** (*пилой*) start the kerf **2.** (*на образце для испытания на удар*) notch a test specimen
запира́ние *с.* **1.** (*на замок*) locking in, locking up **2.** *рад.* cut-off
~ пото́ка flow choking
~ пучка́ beam blanking, beam suppression
запира́ть *гл.* **1.** (*на замок*) lock in, lock up **2.** (*радиолампу*) cut off, drive (a valve) to cut-off □ **~ радиола́мпу по ано́ду, се́тке *и т. п.*** cut off a valve on the anode, grid, *etc.* 3. (*бланкировать радиоустройство, электроннолучевую трубку и т. п.*) blank **4.** □ **~ аэродинами́ческую трубу́** choke a wind tunnel
запи́ска *ж.* note; report
путева́я ~ *ж.-д.* clearance card, train ticket
запи́сывать *гл.* **1.** write down, record **2.** *вчт.* write in, record 3. (*звук*) record **4.** (*в журнал, в формуляр и т. п.*) enter
за́пис/ь *ж.* **1.** (*процесс*) recording; (*результат*) record □ **вести́ ~** keep a record of ...; **обновля́ть ~** update records; **стира́ть ~** erase a record **2.** *вчт.* writing, write-in, recording 3. (*единица количества данных*) record **4.** (*в журнале, формуляре и т. п.*) entry □ **де́лать ~** make an entry **5.** (*система записи чисел*) notation, representation □ **в двои́чной, десяти́чной *и т. п.* ~и** in binary, decimal, *etc.* notation [representation] **6.** (*при каротаже*) 1. (*процесс*) logging, plotting 2. (*результат*) log
автомати́ческая ~ automatic recording, self-recording
~ без возвраще́ния к нулю́ non-return-to-zero recording, non-return-to-zero representation
бесско́бочная ~ parenthesis-free [Polish] notation
бистаби́льная ~ (*в запоминающей трубке*) bistable writing
ве́кторная ~ vector notation
за́пис/ь
~ величи́н при обега́ющем контро́ле data logging
~ возбуждённой проводи́мостью induced-conduction writing
~ в опера́торной фо́рме operator notation
глуби́нная ~ depth recording
голографи́ческая ~ hologram, holographic recording
~ зву́ка sound recording
~ зву́ка до киносъёмки prescoring
избы́точная ~ redundant recording
~ конта́ктная ~ contact recording
контро́льная ~ *тлг.* local [supervisory] record
магни́тная ~ magnetic recording
механи́ческая ~ mechanical recording
многодоро́жечная ~ multitrack recording
~ на бараба́н(е) drum recording
~ на киноплёнку filming, film recording
~ на ле́нту tape recording
~ на перфока́рты card recording
неравнове́сная ~ non-equilibrium writing
однодоро́жечная ~ single-track recording
перпендикуля́рная ~ perpendicular recording
~ по двум у́ровням bistable writing (*in a storage tube*)
попере́чная ~ transverse recording
продо́льная ~ longitudinal recording
пряма́я ~ direct recording
равнове́сная ~ equilibrium writing
~ с возвраще́нием к нулю́ return-to-zero recording; return-to-zero representation
~ с высо́кой пло́тностью high-density recording
~ с насыще́нием saturation recording
сокращённая ~ abbreviated notation, abbreviated symbolism
~ с переме́нной пло́тностью variable density recording
спино́рная ~ spinor notation
стереофони́ческая ~ stereophonic recording
телеметри́ческая ~ telemetry recording
то́чная ~ instrumentation recording
фотографи́ческая ~ photographic recording
цифрова́я ~ digital recording
~ че́рез копирова́льную бума́гу (*в фототелеграфии*) carbon pressure [transfer] recording
заплавля́ть *гл.* close [seal] by fusion [melting]
запла́т/а *ж.* **1.** patch □ **ста́вить ~у** put in a patch; **ста́вить ~у на заклёпках** rivet on a patch **2.** *вчт.* patch, amendment
заплётка *ж.* **троса** splicing of a rope

заплéчики *мн.* 1. *маш.* shoulders, collar bead □ **скáшивать ~** bevel shoulders 2. *мет.* bosh 3. *полигр.* shoulders
заплы́в *м. полигр.* dead metal
заподбóрка *ж. полигр.* wrong gathering
заподлицó *нареч.* flush with, flush-mounted
заполнéни/е *с.* 1. (*наполнение*) filling (in), filling up 2. (*энергетического уровня*) occupation, population
кáменное ~ stone filling
~ каркáса frame covering, frame filling
моноли́тное ~ solid filling
~ пáмяти memory fill(ing)
~ пустóт packing of voids
~ числá number filling
заполни́тель *м.* (*для бетона, раствора*) aggregate; (*для пластмасс, резины*) filling material, filler □ **просевáть ~** (*после дробления*) screen crushed material into the desired sizes; **разделя́ть ~ на фрáкции** grade an aggregate; **фракциони́ровать ~** grade an aggregate
акти́вный ~ reactive aggregate
естéственный ~ natural aggregate
инéртный ~ inert [non-reactive] aggregate
искýсственный ~ (*специального изготовления*) manufactured aggregate
~ кáбеля cable filler
крýпный ~ coarse aggregate
лёгкий ~ light-weight aggregate
мéлкий ~ fine aggregate
многофракциóнный ~ multiple-size aggregate
~ непреры́вной гранулометри́и fully graded aggregate
~, не разделённый на фрáкции ungraded aggregate
нефракциони́рованный ~ ungraded aggregate
однофракциóнный ~ single-sized aggregate
плóтный ~ dense aggregate
пóристый ~ porous aggregate
ры́хлый ~ loose filler
рядовóй ~ pit-run [run-of-the-pit] aggregate
~ с искýсственно подóбранным зерновы́м состáвом artificially graded aggregate
~ с непреры́вным гранулометри́ческим состáвом fully graded aggregate
~ с преры́вистым гранулометри́ческим состáвом open [gap]-graded aggregate
~ с хорóшим зерновы́м состáвом well-graded aggregate
твёрдый ~ tough aggregate
тяжёлый ~ heavy (weight) aggregate
фракциони́рованный ~ graded aggregate
~ швов joint filler

заполни́тель
шлáковый ~ cinder aggregate
щебёночный ~ crushed-stone aggregate
заполня́ть *гл.* fill(in), fill up
запоминáние *с. вчт.* storage
запоминáть *гл. вчт.* store
запóр *м.* bolt, bar, lock, latch, hasp, fastener, catch, stop
бортовóй ~ *авто* body bolt
~ контéйнера, двернóй door(-fastening [locking]) gear
~ рéльсов разводнóго мостá drawbridge rail lock
~ рычагá с защёлкой lever latch block
~ с защёлкой и пружи́ной snap [spring] lock
~ со щекóлдой latch lock
«запорóть» *гл.* **детáль** *жарг.* spoil a part [work(piece)]
запотевáние *с.* sweating
запотевáть *гл.* mist up, sweat
заправка *ж.* 1. (*приготовление к действию для работы, к использованию*) preparation, setting-up 2. *мет.* fettling
~ тóпливом в вóздухе re-fueling in flight
~ тóпливом на орби́те orbital re-fueling
заправля́ть *гл.* (*приготовить к действию для работы, к использованию*) prepare, set up □ **~ бур** dress a drill bit; **~ горю́чим** fuel, re-fuel, fill up (*a fuel tank, a car, etc.*); **~ зубки́ врýбовой маши́ны** sharpen picks; **~ кино-** *или* **фотоплёнку** thread a film; **~ лéнту** *вчт.* load a tape; **~ лéнту магнитофóна** thread a tape; **~ материáл в маши́ну** *и т. п.* feed a material into a machine, *etc.*; **~ оснóву** *текст.* loom up; **~ откóсы** *или* **под** (*мартеновской печи*) fettle the banks *or* hearth (*of an open-hearth furnace*); **~ полосý в прокáтный стан** engage the strip end; **~ рéжущий инструмéнт** dress [grind, sharpen] cutting tools; **~ рулóнную печáтную маши́ну лéнтой** track; **~ удобрéние** dress with fertilizer; **~ швéйную маши́ну** thread in
заправщик *м.* **горючего** bowser
запрáшивать *гл.* 1. *ав.* request □ **~ разрешéние на взлёт, набóр высоты́** *и т. п.* request clearance to take off, to climb, *etc.* 2. *рлк.* (*в целях опознавания*) interrogate
запрессóвывать *гл.* 1. (*вдавливать внутрь*) press in; (*вдавливать снаружи*) press on 2. (*в пресс-материал*) embed 3. (*устанавливать с тугой посадкой*) press-fit
запрéт *м.* 1. prohibition 2. *физ.* exclusion 3. *авт., вчт.* inhibition
запрещáть *гл.* 1. prohibit, forbid 2. *авт., вчт.* inhibit
запрещéние *с. авт., вчт.* inhibition, inhibitory action
запрещённость *ж. физ.* forbiddenness

запрограмми́ровать *гл.* program
запродавáть *гл.* sell for future delivery
запродáжа *ж.* sale for future delivery
запрóс *м.* 1. inquiry, request 2. *рлк.* interrogation
~ боковы́м лепесткóм side-lobe interrogation
~ и́мпульсами pulse interrogation
~ на óчередь query
~ повторéния передáчи, автомати́ческий automatic request for repetition, ARQ
~ погóды weather request
запрóсчик *м. рлк.* interrogator, challenger
запрýда *ж.* 1. (*гидротехническое сооружение*) dam, bar 2. (*водоём*) (artificial) pond
запрýживать *гл.* 1. dam (up) 2. impound
запýдривание *с. полигр.* powdering
зáпуск *м.* 1. (*механизма*) actuation, start(ing) □ **производи́ть ~ дви́гателя** start the engine 2. (*схемы или цепи*) start(ing), triggering, trigger action
~ дви́гателя в полёте start(ing) in-flight
~ дви́гателя, повтóрный restart(ing) (of engine)
~ дви́гателя, холóдный (*прокрутка*) 1. *ав.* cranking, motoring 2. *авто* cold start(ing), start(ing) from a cold
~ дви́гателя электри́ческим стáртером electric start(ing)
и́мпульсный ~ pulse triggering
~ косми́ческого корабля́ launching □ **готóвность к ~у косми́ческого корабля́** readiness for launch
лóжный ~ false triggering
повтóрный ~ restart
~ процéсса *рад., элн.* initiation
~ ракéтного дви́гателя start(ing), firing
~ ракéтного дви́гателя в полёте (in-)flight firing
~ ракéтного дви́гателя, повтóрный restart(ing), relight
~ ракéтного дви́гателя с задéржкой воспламенéния delayed start(ing)
ручнóй ~ hand triggering
тепловóй ~ temperature triggering
запускáть *гл.* 1. (*механизм*) actuate, energize, start □ **~ дви́гатель** start the engine; **~ дви́гатель пусковóй рукоя́ткой** crank up the engine 2. (*схему или цепь*) start, trigger 3. (*космический корабль, спутник*) launch, fire □ **~ с промежýточной орби́ты** launch (*a spaceship*) in a piggy-back fashion [manner]
запýтанность *ж. текст.* entanglement
запýтывать *гл.* entangle, tangle
запчáсти *мн. ж.* spares, spare parts
запылённость *ж.* dust loading, dust content

запылённый (*напр. о воздухе*) dust-laden
запят/ая *ж. мат., вчт.* (radix) point □ **зафиксировать ~ую** fix the (radix) point in position, locate [place] the (radix) point
двоичная ~ binary point
десятичная ~ decimal point □ **отделять десятичной ~ой целую часть от дробной** point off the decimal places; **передвинуть десятичную ~ую на один, два *и т. п.* знака вправо *или* влево** move the point one, two, *etc.* decimal places right *or* left
плавающая ~ floating point
фиксированная ~ fixed point
заравниватель *м. с.-х.* leveler
заравнивать *гл.* level, even up, flatten, smooth
заражение *с.*:
биохимическое ~ biochemical contamination
радиоактивное ~ radioactive contamination
зарегистрировать *гл.* **заявку на патент** file a patent application
зарезинивание *с.* **краски** *полигр.* livering
зарисовк/а *ж.* sketch □ **(с)делать ~у** draw a sketch
~ рельефа (*при мензульной съёмке*) filling in [sketching] topography
зарисовывать *гл.* draw a sketch, sketch
зародыш *м.*:
~ кристалла nucleus of a crystal
~ кристаллизации nucleating centre, nucleation centre
~ перемагничивания magnetic reversal centre
зародышеотделитель *пищ.* germ separator
зарождение *с.*:
~ кристалла nucleation
~ пузыря *тепл.* nucleation
~ фронта frontogenesis
зарубать *гл.* notch, cut, make a cut
зарубина *ж.* notch, nick, incision, chop, cut
зарубк/а *ж.* **1.** notch, nick, incision, chop, cut □ **делать ~и** notch **2.** *горн.* cut □ **производить ~у** bench out, make a cut
заруханиe *с.* (*расстекловывание*) devitrification
зарыбление *с.* stocking with fish
зарывать *гл.* bury, dig (in)
зарываться 1. dig in **2.** (*о судне*) pitch forward, plunge in a head sea
заряд *м. эл., взр.* charge □ **взрывать ~ в шпуре** set off [fire] a charge in a blast-hole; **во время ~а *или* разряда** on charge *or* discharge (*of a storage battery*); **восстанавливать ~** recharge a (storage) battery; **держать ~** retain the charge (*of a storage battery*); **досылать ~** *взр.* push back [in] a charge; **приобретать ~** acquire [assume, come by] a [the] charge; **производить забойку ~а ВВ** *взр.* tamp [steam] a charge; **ставить на ~** put on charge (*of a storage battery*)
заряд
~ аккумуляторной батареи charge
~ аккумуляторной батареи при постоянном напряжении constant-voltage charge
~ аккумуляторной батареи, уравнительный equalizing charge
~ аккумуляторной батареи, ускоренный (*подзаряд*) boost charge
~ аккумуляторной батареи, форсированный forced charge
~ атома atomic charge
~ взрывчатого вещества explosive charge
глубоко заложенный ~ *взр.* deep-seated charge
единичный ~ *эл.* unit charge
избыточный ~ *эл.* surplus charge
инициирующий ~ *взр.* detonating [initiating] charge
камерный ~ *взр.* chamber charge
котловой ~ *взр.* sprung-hole charge
кумулятивный ~ *взр.* shaped charge
линейный ~ *эл.* linear charge
наведённый ~ *эл.* induced charge
нулевой ~ *эл.* zero charge
объёмный ~ *эл.* space [bulk] charge
остаточный ~ *эл.* residual charge, electric residue
отказавший ~ *взр.* misfire(d charge)
предельный ~ *взр.* charge limit
пространственный ~ *эл.* space charge
разноимённый ~ *эл.* unlike charge
рассредоточенный ~ *взр.* decked [divided] charge
результирующий ~ *эл.* net charge
свободный ~ *эл.* free charge
~ с воздушным промежутком *взр.* (air-)cushioned charge
связанный ~ *эл.* bound charge
скважинный ~ deep-hole charge
собственный ~ *эл.* self-charge
сосредоточенный ~ *взр.* concentrated charge
сплошной ~ *эл.* continuous charge
статический ~ *эл.* electrostatic charge
точечный ~ *эл.* point charge
удлинённый ~ *взр.* extended charge
фиктивный ~ *эл.* fictitious charge
шпуровой ~ *взр.* blast-hole charge
элементарный ~ *эл.* elementary charge
~ ядра nuclear [nucleus] charge
зарядк/а *ж.* charging
аккумуляторной батареи charging □ **во время ~и аккумуляторной батареи** (with a battery) in charge; **при ~е аккумуляторной батареи** (with a battery) in charge; **ставить аккумуляторную батарею на ~у** put a (storage) battery on charge
зарядк/а
~ кино(фото)плёнки (*в камеру*) loading; (*в проектор, в фильмопротяжный механизм*) threading
~ кино(фото)плёнки на свету daylight loading
~ копра (*испытательной машины*) rise of the pendulum
~ тормоза *ж.-д.* charging of a brake
зарядчик *м. горн.* chargeman, charger
заряжание *с. эл., взр.* charging
~ шпура (blast-hole) charging, placing a charge in a blast-hole
заряжать *гл.* **1.** *эл., взр.* charge **2.** (*кинофотоплёнку*) load
заряжённость *ж.* the state of charge (*of a storage battery*)
засаливание *с.* **1.** salting; (*в рассоле*) pickling **2.** (*полировального круга*) 1. (*затупление*) glazing 2. (*забивание снимаемым материалом*) loading
~ формы *полигр.* filling-in
засаливать *гл.* salt, corn; (*рассолом*) pickle
засаливаться *гл.* (*о полировальном круге*) 1. (*затупляться*) be glazed 2. (*забиваться снимаемым материалом*) be loaded
засасывание *с.* suction; (*в реактивном двигателе*) ingestion
засасывать *гл.* suck in; (*о реактивном двигателе*) ingest
засахаривание *с.* candying, sugaring
засахариваться *гл.* saccharify, crystallize into sugar
засвет *м.* **развёртки** *рлк.* gating, strobing
засветка *ж.* **1.** *кфт.* illumination, exposure **2.** *рлк.* gating, strobing
~ от земли (*помеха на экране радиолокатора*) ground clutter [return]
~ развёртки *рлк.* gating, strobing
фоновая ~ (*помеха на экране радиолокатора*) background noise
~ фотоматериала exposure, light-mark, fog
засветление *с.* **поверхности** (*напр. зубьев*) scuffing
засвечивать *гл.* illuminate, expose to light □ **~ развёртку** *рлк.* brighten [intensify] the sweep; **~ экран индикатора** *рлк.* clutter [swamp] a screen [scope]
засвечиваться *гл.* be illuminated, be exposed to light □ **~ за счёт отражения от земли** (*об экране радиолокатора*) be illuminated by ground clutter
засвидетельствование *с.* (*подлинности документа*) authentication
засвидетельствовать *гл.* (*подлинность документа*) authenticate
засека *ж.* abatis, felled-tree barrier
засекать *гл.* **1.** (*делать зарубки*) notch **2.** *лес.* intersect **3.** *геод.* locate (a point) by intersection [resection]
засекречивание *с.* **речи** scrambling, speech inversion

засекре́чиватель *м.* **ре́чи** scrambler (circuit), speech scrambler
заселённость *ж.* (*энергетического уровня*) population
засе́чк/а 1. *лес.* dawk 2. *полигр.* serif, hair stroke 3. *геод.* cross bearing, intersection □ **де́лать ~и дуго́й** strike an arc (*with x as centre and Th as radius*) *пример*: **иско́мая то́чка получа́ется ~ой ли́нии** ***са*** **ли́нией** ***вс*** the desired point is located as the line *bc* cuts the line *ca*
обра́тная ~ *геод.* resection
пряма́я ~ *геод.* intersection □ **определя́ть [находи́ть] (расстоя́ние до) то́чки прямы́ми ~ами** locate a point by (the method of) intersection
~ **тка́ни** crease, break
~ **тка́ни от кра́шения** dyeing strip
заска́кивать *гл.* (*зацепляться*) catch, engage, snap (into), get into place
заслóн *м.* 1. *см.* **заслóнка** 2. barrier
противопожа́рный ~ fire barrier
заслóнк/а *ж.* 1. (*поворотный дисковый затвор*) butterfly-type valve 2. (*бункера, лоткового питателя и т. п.*) gate 3. (*в дросселе типа «сопло — заслонка»*) flap (per)
~ **вентиля́тора** fan shutter
вентиляцио́нная ~ ventilating damper
возду́шная ~ air damper
~ **волново́да** waveguide shutter
~ **добавля́емого во́здуха** tempering air damper
дро́ссельная ~ *двс* throttle (valve), butterfly throttle □ **с прикры́той дро́ссельной ~ой** throttled down
дымова́я ~ smoke damper
~ **дымохо́да** flue damper
~ **карбюра́тора, возду́шная** air choke, choke valve
откидна́я ~ hinged flap
отража́тельная ~ baffle, deflector
отсека́ющая ~ shut-off damper
поворо́тная ~ butterfly valve
предохрани́тельная ~ safety flap
~ **рабо́чего окна́** (*в мартеновской печи*) doorplate
регули́рующая ~ control valve
~ **фу́рменного глазка́** tuyere cap
засма́ливать *гл.* 1. (*заливать смолой*) pitch, tar 2. (*осмаливать в д. в. с.*) gum
засмоле́ние *с.* 1. (*заливание смолой*) pitching, tarring 2. (*осмоление в д. в. с.*) gumming
засо́в *м.* locking bolt, locking bar
дверно́й ~ door bolt
засо́л *м.* salting; (*в рассоле*) pickling
засоле́ние *с.* **по́чвы** salinization
засолённость *ж.* **по́чвы** salinity, salt content
засо́лка *ж.* **шкур** salting of hides
засоре́ние *с.* (*отверстия*) blockage, choking, stoppage, clogging, fouling
~ **метчика́** loading, pick-up of metal

засоре́ние
~ **пор фи́льтра** bridging
~ **си́та** blinding of a screen
засорённость *ж.* **семя́н** dockage of grain
засоря́ть *гл.* 1. (*отверстие*) block, choke, clog, stop (up); (*отложениями*) foul 2. (*поры фильтра*) bridge 3. (*сито*) blind
заспирто́вывать *гл.* preserve in alcohol, alcoholize
заста́в/ить *гл.* □ *мат.* **~им** ***x*** **стреми́ться к** ***а*** let *x* approach *a*
заста́вка *ж.* *полигр.* head-piece
заста́иваться *гл.* stagnate
застёжка *ж.* 1. fastener 2. (*пряжка*) clasp, buckle, hasp
ремённая ~ belt fastener
застёжка-мо́лния *ж.* zipper, zip-fastener
гермети́ческая ~ *ав.* pressure-sealing zipper
застекля́ть *гл.* glaze, fit with glass
засти́л *м.* *текст.* cover
засто́й *м.* stagnation
~ **карту́шки ко́мпаса** lag error of a compass
засто́йный *прил.* stagnant
засто́поривание *с.* stopping, locking
засто́поривать *гл.* stop (up), lock; (*в измерительных приборах*) cage
застра́ивать *гл.* build over, erect buildings on
застрева́ние *с.* seizing, jamming
застрева́ть *гл.* 1. be jammed; jam 2. (*о слитке в изложнице*) stick in a mould, stick to the stool
застро́йка *ж.* building, development
беспла́новая ~ sporadic building, sporadic development
группова́я ~ cluster housing
пла́новая ~ planned development
застропи́ть *гл.* attach [secure] slings to (*a piece of cargo*)
застудневáние *с.* *хим.* gelatinization; *пищ.* jellying, gelatinization
застудневáть *гл.* *хим.* gel, set to a gel; *пищ.* turn into [make] a jelly, gel
за́ступ *м.* spade
застыва́ние *с.* solidification, congelation, setting
застыва́ть *гл.* solidify, congeal, set
за́суха *ж.* drought
засу́шивать *гл.* dry (up)
засы́лка *ж.* (*информации в ячейку*) assignment; (*массива данных*) data transfer instruction
засыпа́ть *гл.* 1. (*покрывать слоем*) cover, bury 2. (*заполнять*) fill (in), fill up 3. (*загружать*) *мет.* charge 4. *кож.* □ ~ **на плаву́** lay away
засы́пк/а *ж.* 1. (*покрытие слоем*) covering, burying 2. (*заполнение*) filling, backfilling 3. (*материал для заполнения*) (back)fill □ **(у)трамбова́ть ~у** tamp the (back)fill 4. (*шихта*) *мет.* charge, burden 5. (*процесс*) *мет.* charging, filling
зата́ривание *с.* packaging

зата́ривать *гл.* package □ ~ **в бо́чки** pack in barrels, fill barrels; ~ **в мешки́** bag, sack
зата́ск *м.* (*дефект*) *текст.* streak
зата́чивание *с.* (*металлорежущего инструмента*) grinding, sharpening
ано́дно-механи́ческое ~ electric-contact tool grinding
электроискрово́е ~ electric-erosion [electric-spark] tool grinding
зата́чивать *гл.* (*металлорежущий инструмент*) grind, sharpen □ ~ **на оселке́** whet; ~ **сверло́** (re-)point a drill
затвердева́ние *с.* 1. setting, solidification, induration 2. *пищ.* setting, solidification 3. *мет.* freezing, solidification
~ **в ковше́** ladle chill
~ **при старе́нии** age hardening
светово́е ~ *рез.* light stiffening
затвердева́ть *гл.* set, solidify
затверди́тель *м.* hardener
затво́р *м.* 1. (*запор*) bolt, bar 2. (*гидротехнический*) gate 3. (*фотографический*) shutter
авари́йный ~ emergency gate
бу́нкерный ~ bin gate, bin door
бу́нкерный, бараба́нный ~ roller gate
бу́нкерный, дози́рующий ~ proportioning [metering] bin gate
бу́нкерный, перекрыва́ющий ~ overlapping bin gate
бу́нкерный, регули́рующий ~ bin control gate
ва́куумный ~ vacuum seal
вальцо́вый ~ (cylindrical) rolling gate
~ **весово́го бу́нкера** weigh-hopper gate
водяно́й ~ waterlock, water seal, water-sealed joint, hydraulic back-pressure valve
водяно́й, постово́й ~ welding outfit back-pressure valve
водяно́й, предохрани́тельный ~ hydraulic back-pressure valve
водяно́й, центра́льный ~ central back-pressure valve
враща́ющийся ~ *опт.* rotating shutter
га́зовый ~ gas seal (*in blast furnace*)
гидравли́ческий ~ waterlock, water seal, water-sealed joint, hydraulic back-pressure valve
глуби́нный ~ deep [low-level] gate
~ **для про́пуска льда** ice gate
дро́ссельный ~ butterfly valve, butterfly gate
жи́дкостный ~ liquid seal
~ **задви́жки** valve gate
~ **задви́жки, клинов́ой** wedge gate
золоспускно́й ~ ash-discharge gate
иго́льчатый ~ needle gate
катко́вый ~ roller-bearing gate
кла́панный ~ 1. pivot-leaf [tilting] gate 2. *тепл.* swing valve

затво́р
колошнико́вый ~ throat stopper, top gate (*in blast-furnace*)
ко́нусный ~ (*кран*) plug valve, plug cock
крышеви́дный ~ roof [bear-trap] gate
ла́зовый ~ *м.* man-hole cover
~ ли́фта, автомати́ческий safety lock
ло́пастный ~ *тепл.* rotary valve
~ лотка́ chute gate
~ на яче́йке Ке́рра, электроопти́ческий Kerr(-cell) shutter
откидно́й ~ flap gate
па́льцевый ~ *горн.* finger gate
плаву́чий ~ caisson [flood, water] gate
пло́ский ~ plain gate
пове́рхностный ~ crest [spillway crest] gate
поворо́тный ~ wicket gate
подъёмный ~ (vertical) lift gate
~ полево́го транзи́стора (control) gate
~ полево́го транзи́стора, изоли́рованный insulated gate
рабо́чий ~ service gate
~ резиносмеси́теля, ве́рхний upper arm
~ резиносмеси́теля, ни́жний lower arm
ремо́нтный ~ duplicate [guard] gate
рту́тный ~ mercury seal, mercury cut-off
сбро́совый ~ waste gate
сегме́нтный ~ radial gate
се́кторный ~ sector [tainter] gate
сухо́й (предохрани́тельный) ~ (*в ацетиленовом генераторе*) dry back-pressure valve
~ трубы́ pipe seal
уравнове́шенный ~ balanced gate
фотографи́ческий ~ shutter □ **взводи́ть фотографи́ческий ~** cock [wind] a shutter; **синхронизи́ровать фотографи́ческий ~ с блиц-ла́мпой** synch(ronize) a shutter for an electronic flash unit; **спуска́ть фотографи́ческий ~** release a shutter
фотографи́ческий, па́дающий ~ drop shutter
фотографи́ческий, центра́льный ~ diaphragm [between-lens] shutter
фотографи́ческий, што́рный ~ curtain [focal-plane] shutter
фотографи́ческий, щелево́й ~ slit [slot, split] shutter
цепно́й ~ *горн.* chain gate
ша́ндорный ~ bulkhead [stop log] gate
шарово́й ~ ball lock
ши́берный ~ slide gate
шла́ковый ~ ash gate
шпи́ндельный ~ stem gate
электро́нно-опти́ческий ~ electronic shutter

затворе́ние *с.*:
бето́нной сме́си addition of water to a concrete mix; mixing concrete ingredients with water
~ ги́пса tempering
затворя́ть *гл.* **1.** (*закрывать*) close, shut (off) **2.** (*известь*) slake; (*бетон, раствор*) mix with water, add water to a mix
затёк *м.* flow, streak, pocket
затека́ть *гл.* flow in, streak
затемне́ние *с.* **1.** (*освещения*) dim-out **2.** (*светомаскировка*) black-out **3.** (*кинематографическое*) fade-out
опти́ческое ~ optical obscurity
затемни́тель *м.* (*освещения*) dimmer
сцени́ческий ~ theatre dimmer
затене́ние *с.* **1.** shading, shadowing **2.** *аргд.* blanket(ing), shading, shielding
аэродинами́ческое ~ aerodynamic shading, blanket(ing) (effect), shielding (effect)
~ опере́ния tail blanket(ing)
затени́тель *м.* shade
затеня́ть *гл.* **1.** shade, shadow **2.** *аргд.* blanket, shade, shield
затёс *м.* (*отметка на бревне*) blaze
затёсывать *гл.* blaze, jag, rough-hew
затира́ние *с.* rubbing, grinding
~ кра́ски 1. *полигр.* ink mixing **2.** *стр.* paint grinding, paint milling
~ со́лода (malt) mashing
затира́ть *гл.* rub down, rub off, grind □ **~ цеме́нтом** float with cement; **~ штукату́рку** (*для получения гладкой поверхности*) trowel the plaster; (*для получения песчаной поверхности*) float the plaster
зати́рка *ж.* **штукату́рки** (*для получения гладкой поверхности*) trowel finish, troweling; (*для получения песчаной поверхности*) float finish, floating
затл *м.* (*бумагорезательной машины*) *полигр.* back gauge
~с механи́ческим при́водом power-operated back gauge
ступе́нчатый ~ split back gauge
затме́ние *с.* *астр.* eclipse
кольцеобра́зное ~ annular eclipse
лу́нное ~ eclipse of the Moon, lunar eclipse
по́лное ~ total eclipse
со́лнечное ~ eclipse of the Sun, solar eclipse
ча́стное ~ partial eclipse
зато́н *м.* backwater, cove
затопи́ть *гл.* **1.** inundate, flood **2.** (*печь*) light, make a fire
затопле́ние *с.* **1.** (*местности в результате разлива рек*) flooding **2.** (*местности при строительстве плотин и водохранилищ*) flowage **3.** (*орошение*) flooding **4.** (*погружение в воду*) submersion **5.** (*наводнение*) inundation
~ го́рных вы́работок (*намеренное*) flooding a working with water; (*аварийное*) inundation

затопле́ние
~ плоти́ны overdamming
зато́р *м.* **1.** (*задержка в движении на дороге*) congestion, jam(ming) **2.** (*помеха*) obstruction, blockage **3.** (*смесь для брожения*) mash
ледяно́й ~ ice jam
затормáживать *гл.* **1.** (*с помощью тормоза*) brake, apply the brakes **2.** (*замедлять движение*) slow down, retard **3.** (*замедлять реакцию*) inhibit
зато́чка *ж.* (*металлорежущего инструмента*) grinding, sharpening
коса́я ~ (*зубьев пилы*) bevelled sharpening
затра́вк/а *ж.* **1.** (*при выращивании кристаллов*) seed □ **вводи́ть ~у** inoculate, seed **2.** (*при непрерывной разливке металлов*) dummy bar **3.** *полигр.* first bite **4.** *хим.* primer □ **служи́ть ~ой** prime
затра́ты *мн. ж.* expenditure, expenses
капита́льные ~ capital outlays
~ труда́, пря́мые direct labour expenditure
затупля́ть *гл.* dull, blunt □ **~ зу́бья пилы́** dull the teeth of a saw
затупля́ться *гл.* grow blunt, grow dull
затуха́ние *с.* **1.** (*ослабление волн и сигналов при распространении в линиях, воздухе и т. п.*) attenuation **2.** (*колебаний*) damping **3.** (*замирание, спадание*) dying down
вноси́мое ~ *свз.* insertion loss
вя́зко(стно)е ~ viscous damping
диафони́ческое ~ crosstalk attenuation
километри́ческое ~ (*линии связи*) attenuation per unit length
~ колеба́ний oscillation [vibration] damping
~ ко́нтура decrement coefficient (of a resonant circuit) at resonance
крити́ческое ~ critical damping
максима́льное ~ peak attenuation
~ несогласова́ния mismatch attenuation
~ отраже́ния return [reflection] loss
перекрыва́емое ~ *свз.* attenuation span
перехо́дное ~ crosstalk attenuation; (*в волноводах*) isolation
со́бственное ~ natural attenuation
уда́рное ~ (*спектральных линий*) collision damping
затуха́ть *гл.* **1.** (*ослабляться*) be attenuated **2.** (*гаситься*) be damped **3.** (*замирать, гаснуть, спадать*) die down, subside
затыка́ть *гл.* stop (up), plug
~ про́бкой plug *smth.* with [by] a stopper
затылова́ние *с.* backing-off, relieving
затылова́ть *гл.* back off, relieve □ **~ зу́бья** (*шестерни*) relieve (the) teeth
затыло́вка *ж.* backing-off, relieving
заты́чка *ж.* stop-gap, stopper, plug

затя́гивание *с.* **1.** (*закрепление*) tightening **2.** *рад.* pulling **3.** (*образование хвостов за сигналами в фототелеграфе*) hang-over, tailing
~ в пики́рование *ав.* tuck-under
~ частоты́ frequency pulling
затя́гивать *гл.* **1.** (*туго закреплять*) turn tight, tighten □ **~ башма́к** (*при изготовлении*) last a shoe; **~ га́йку** screw up [tighten] a nut; **~ с моме́нтом ... кгм** torque (*a nut, bolt, etc.*) to ... kg m **2.** *горн.* lace, lag
затя́гиваться *гл.* work up between (*e.g., a journal and a bearing*)
затя́жка *ж.* **1.** (*элемент конструкции*) tie-bar [-beam, -rod], brace **2.** (*в обувном производстве*) lasting **3.** *горн.* lagging
клеева́я ~ stick [cement] lasting
несплошна́я ~ open lagging
осева́я ~ (*шлицевых соединений*) axial drawing-up
подвесна́я ~ hanging brace
радиа́льная ~ (*шлицевых соединений*) radial drawing-up
силова́я ~ positive drawing-up
сплошна́я ~ tight lagging
стропи́льная ~ *стр.* footing beam, stay piece, stay collar
заусе́н/ец *м.* **1.** (*при прокатке*) fin; (*при металлообработке*) burr; (*при литье*) seam, (*при ковке, сварке*) flash □ **с ~цами** burred (*e. g., of edges*); **снима́ть ~цы** deburr; **снима́ть ~цы опило́вкой** file (off, down) burrs **2.** (*при обработке пластмасс*) flash, fin, spew
заформо́вывать *гл.* mould
зафрахто́вывать *гл.* **су́дно** charter a vessel
захва́т *м.* **1.** (*воды, воздуха, пыли, газа и т. п.*) entrainment, entrapment, pickup **2.** (*механизм, устройство*) grip, gripper, clamp, catch **3.** (*валков*) *прок.* bite, nip **4.** (*ядерных частиц*) capture; (*носителей зарядов*) trapping **5.** *рлк.* lock-on **6.** (*луча радионавигационного оборудования*) capture **7.** (*охват*) covering **8.** *горн.* web
ба́лочный ~ girder dog
брёвенный ~ timber clip, timber dog
ви́льчатый ~ forklift, fork, catch
враща́ющийся ~ *полигр.* rotary gripper
гарпу́нный ~ harpoon fork
гарпу́нный ~ для погру́зки се́на hay harpoon
~ для выкла́дывания о́ттисков, пневмати́ческий *полигр.* suction lay-down gripper
~ для тюко́в bale fork
~ для тюко́в, когтево́й bale grab
~ для тюко́в, решётчатый bale cage
кана́тный ~ rope gripper
кача́ющийся ~ *полигр.* swinging gripper
клещево́й ~ tongs

захва́т
когтево́й ~ grapple fork
мешково́й ~ sack grip
му́льдовый ~ charging-box [pan] holder
~ на лесопи́льной теле́жке dog
пло́тницкий ~ claw bar
~ пло́щади аэрофотосни́мком coverage
пневмати́ческий, клиново́й ~ (*сверлильной машины*) pneumatic wedge clamp
~ рабо́чего о́ргана *с.-х.* operating [working] width
~ разрывно́й маши́ны grip of a tension testing machine
~ рассадопоса́дочной маши́ны plant grip
рыча́жный ~ lever tongs
~ стря́хивателя shaker hookup
~ це́ли радиолока́тором target lock-on
челюстно́й ~ (*фронтального одноковшового погрузчика*) clamp
~ электро́на electron capture
захва́тка *ж.* (*механизм в прокатном оборудовании*) dog, catch, grip
~ для заклёпок rivet grip
жёсткая ~ (*шлеппера*) stationary dog
кана́тная ~ (*шлеппера*) cable-drawn dog
ныря́ющая ~ (*шлеппера*) ducking dog
па́дающая ~ (*шлеппера*) disappearing dog
сбра́сывающая ~ (*шлеппера*) drag-on dog
захва́тывание *с.* **частоты́** frequency lock(ing)-in
захва́тывать *гл.* **1.** (*воду, воздух, пыль, газ и т. п.*) entrain, entrap, pick up **2.** (*при помощи механизма*) grip, catch **3.** (*ядерные частицы*) capture; (*носители зарядов*) trap **4.** (*охватывать*) cover **5.** □ **~ загото́вку** (*о валках*) *прок.* bite the work(piece) **6.** □ **~ цель** *рлк.* lock on a target
захлёбывание *с.* **ректификацио́нной коло́нны** flood(ing)
захлёбываться *гл.* (*о ректификационной колонне*) be [get] flooded
захлёстывание *с.* (*напр. верёвки, каната*) lashing
~ балло́нов *текст.* lashing of balloons
~ полосы́ (*на барабан моталки*) *прок.* collaring, wrapping
~ проводо́в (*линий электропередачи*) whipping of wires
захлёстыватель *м.* *прок.* (*устройство для наматывания первых витков полосы вокруг барабана моталки*) wrapper
захлёстывать *гл.* **1.** (*напр. верёвку, канат*) lash (round) **2.** (*полосу на барабан моталки*) *прок.* collar, wrap **3.** (*провода линий электропередачи*) whip

захло́пка *ж.* clack [clapper swing-check] valve
захло́пывание *с.* **пузырька́** (*при кавитации*) collapse of a cavitation bubble
захо́д *м.* **1.** *ав.* approach **2.** (*резьбы*) entry, start
~на поса́дку final approach
~ на поса́дку по кома́ндам с земли́ ground-controlled final approach
~ на поса́дку по прибо́рам instrument final approach
~ на поса́дку с рабо́тающим дви́гателем power final approach
~ стре́лки за шкалу́ overswing [overshoot] of a pointer
захо́дка *ж.* (*часть горной выработки, проходимая за один производственный цикл*) stope
захороне́ние *с.* **радиоакти́вных отхо́дов** burial of radioactive waste
зацентро́вка *ж.* centr(e)ing
зацентро́вывать *гл.* drill [form] centres, centre-drill, centre (*a workpiece, an end of a part*)
зацепле́ни/е *с.* **1.** catching, hooking **2.** (*шестерён*) engagement, mesh(ing) □ **вводи́ть в ~** throw into engagement [mesh]; **вводи́ть в ~ путём поворо́та** swing in engagement [mesh]; **входи́ть в ~** engage [move, slide] into mesh; **находи́ться в ~и** be in engagement [in mesh], mesh with
бесшу́мное ~ silent engagement, silent mesh
втори́чное ~ reengagement
зубча́тое ~ **1.** (*состояние*) engagement, mesh; contact **2.** (*устройство*) (toothed wheel) gearing, gears **3.** (*форма зуба или зубьев*) (gear-tooth) form, (gear-tooth) system
зубча́тое, винтово́е ~ crossed(-axis) helical gearing, crossed helical gears
зубча́тое, вне́шнее ~ external gearing
зубча́тое, вну́треннее ~ internal gearing
зубча́тое, гиперболи́ческое ~ hyperbolical gearing
зубча́тое, гипо́идное ~ hypoid gearing
зубча́тое, кони́ческое ~ bevel gearing
зубча́тое, корриги́рованное ~ corrected gearing, corrected tooth form
зубча́тое, косозу́бое ~ (single-)helical gearing
зубча́тое, некорриги́рованное ~ non-corrected gearing, non-corrected tooth form
зубча́тое, повыша́ющее ~ step-up gearing
зубча́тое, понижа́ющее ~ step-down gearing
зубча́тое, прямозу́бое ~ (straight-tooth) spur gearing

зацепле́ни/е
зубча́тое, ре́ечное ~ rack gearing
зубча́тое, цилиндри́ческое ~ spur [helical, herringbone] cylindrical gearing, gears cylindrical in form
зубча́тое, червя́чное ~ worm gearing
зубча́тое, шевро́нное ~ herringbone [double-helical] gearing
зубча́тое, эвольве́нтное ~ involute gearing, involute gear-tooth form system
по́лное ~ full mesh
постоя́нное ~ constant mesh
зацепля́ть(ся) *гл.* 1. catch, hook 2. (*о шестернях*) engage, mesh
заци́кливание *с.* (re)cycling
зача́ливать *гл.* fasten, make fast, fix, tie down, tie to
зачека́нивать *гл.* caulk in □ **~ проковкой** caulk in by peening
зачека́нка *ж.* (*кольцевых деталей на валках*) staking-on
зачи́стка *ж.* 1. *лит.* (*отливок*) fettling; (*стержней*) (core) grinding 2. *прок.* surface conditioning 3. *кож.* (*удаление изъянов*) paring 4. *эл.* (*снятие изоляции с проводов*) stripping, skinning 5. (*труб, шпал и т. п.*) dressing 6. (*металлической поверхности*) scraping bright; (*напильником*) filing bright
~ вы́рубкой *прок.* chipping
~ гра́та [заусе́нцев] *лит.* trimming
~ гра́та в шта́мпе *лит.* die trimming
зачища́ть *гл.* 1. *лит.* (*отливку*) fettle (a casting); (*стержень*) grind (a core) 2. *прок.* condition the surface (*of an ingot, bloom, billet, etc.*) □ **~**, *напр.* **загото́вку абрази́вом** condition the surface of, *e.g.*, a billet by grinding; **~ пове́рхность вы́рубкой** condition the surface by chipping; **~ пове́рхность огнево́й вы́рубкой** condition the surface by flame planing [scarfing, deseaming] 3. *кож.* pare the leather 4. *эл.* (*провод от изоляции*) strip a wire (*of its insulation*), skin a wire; (*контакты реле, прерывателя*) dress the contacts (*of a relay*), dress the breaker points 5. (*металлическую поверхность*) scrape bright, (*напильником*) file bright
зашка́ливание *с.* (*прибора*) off-scale reading
зашка́ливать *гл.* 1. (*о стрелке*) go [sweep] off-scale 2. (*о приборе*) read off-scale
зашлако́вывание *с.* slagging
зашпаклёвывать *гл.* fill with putty, putty
зашпатлёвывать *гл. см.* **зашпаклёвывать**
зашплинто́вывать *гл.* cotter-pin
заштифто́вывать *гл.* lock [control] with dowels
заштрихо́вывать *гл.* cross-hatch, shade
зашты́бо́вка *ж. горн.* gumming, jamming
защебе́нивать *гл.* fill up with rubble
защёлка *ж.* (stop) catch, latch, trip, pawl
~ включе́ния пода́чи *мет.* feed-trip trigger
предохрани́тельная ~ safety catch
пускова́я ~ *мет.-об.* starting trigger
разобща́ющая ~ disengaging latch
реверси́рующая ~ *мет.* reversing trip
~ сцепле́ния clutch interlock
трещо́точная ~ ratchet
защёлкивать *гл.* latch, snap
защемле́ние *с.* 1. pinching, sticking, jamming 2. *стр., мех.* restraint
боково́е ~ sidewise [lateral] restraint
~ про́тив круче́ния torsional restraint
защемля́ть *гл. стр., мех.* restrain, fix
защи́т/а *ж.* protection; (*от излучения*) shielding, screening; (*от воздействия влаги и т. п.*) proofing □ **~ отключа́ет повреждённый уча́сток от сети́** protective gear isolates the fault from the running system; **ста́вить ~у** protect
бала́нсная ~ *эл.* balance(d) protection
биологи́ческая ~ 1. biological shield(ing) 2. (*методы защиты*) environmental control
быстроде́йствующая ~ *эл.* high-speed protection
высокочасто́тная ~ carrier-current protection
дистанцио́нная ~ distance protection
дистанцио́нная ~ с накло́нной характери́стикой linear distance protection
земляна́я ~ earth [ground] fault protection, earth [ground] leakage protection
~ ко́да на ... code check for ..., ... check of a code *пример*: **~ ко́да на чётность** parity check of a code, code check for parity
~ ли́нии контро́льными провода́ми pilot-wire relaying, pilot-wire protection
напра́вленная ~ directional protection
~ нулево́й после́довательности *эл.* zero phase-sequence protection
основна́я ~ *эл.* main protection
~ от аэродинами́ческого нагре́ва aerodynamic heating protection
~ от витко́вых коро́тких замыка́ний interturn short circuit protection
~ от возде́йствия окружа́ющей среды́ environmental protection
~ от выпаде́ния из синхрони́зма out-of-step protection
~ от га́мма-излуче́ния gamma-shielding
по́лная ~ full [overall] protection
~ от замыка́ния на зе́млю earth [ground] fault protection, earth [ground] leakage protection
защи́т/а
~ от излуче́ния radiation protection
~ от коро́нного разря́да corona prevention
~ от коро́тких замыка́ний short-circuit protection
~ от корро́зии rust protection
~ от корро́зии, ано́дная anodic protection
~ от корро́зии, като́дная cathodic protection
~ от корро́зии, проте́кторная protector [sacrificial] protection
~ от несинхро́нной рабо́ты loss-of-synchronism protection
~ от обры́ва фаз open-phase protection
~ от па́водков flood protection
~ от перегру́зок *эл.* overload protection
~ от перенапряже́ний overvoltage protection
~ от поте́ри синхрони́зма loss-of-synchronism protection
~ от приёма сигна́ла с обра́тного направле́ния *рад., свз.* discrimination against the rearward direction
~ от сверхто́ков overcurrent protection
~ па́мяти memory [storage] protection
~ по напряже́нию, максима́льная over-voltage protection
~ по напряже́нию, минима́льная under-voltage protection
противопожа́рная ~ fire protection
противоуда́рная ~ *мор.* collision protection
~ реа́ктора reactor shielding
реле́йная ~ relay protection □ **втора́я ли́ния реле́йной ~ы** back-up protection; **селекти́вность реле́йной ~ы** discrimination of protective gear (*against smth.*)
реле́йная, дифференциа́льная ~ differential protection
реле́йная, резе́рвная ~ back-up protection
реле́йная ~ с незави́симой вы́держкой вре́мени definite-time graded protective gear
~ с блокиро́вкой locking (protection) system
~ сбо́рных [собира́тельных] шин *эл.* busbar protection
секцио́нная ~ sectionalizing protection
селекти́вная ~ discriminating protection
теплова́я ~ thermal protection
то́ковая ~ current protection
то́ковая, максима́льная ~ overcurrent protection
то́ковая, минима́льная ~ under-current protection
электрохими́ческая ~ electrolytic protection
защища́ть *гл.* protect; (*от излучения*) shield, screen; (*от воздействия влаги*) proof □ **~ ва́лом** embank

заэвтектический *прил.* hypereutectic
заэвтектоидный *прил.* hypereutectoid
заявк/а *ж.* application; request; (*на материалы, инструмент и т. п.*) requisition □ **подавать ~у** file an application; **удовлетворять ~у** grant a request
 авторская ~ inventor's application
 патентная ~ patent application
звезда *ж.* 1. *маш.* spider 2. *астр.* star
 ролевая ~ *полигр.* reel stand, spider
звёздочка *ж.* 1. (*в цепной передаче*) sprocket 2. (*в галтовочном барабане*) *мет.* pick 3. *полигр.* asterisk, star
 встряхивающая ~ *с.-х.* agitating sprocket
 ~ вторичного вала *авто* countershaft sprocket
 высевающая ~ *с.-х.* star-feed wheel
 натяжная ~ tension sprocket
 цепная ~ chain sprocket
звёздочка-выталкиватель *м. с.-х.* star knock-out
звено *с.* 1. *мех.* link, member 2. *авт., вчт.* element, unit 3. *хим.* unit, link(age), bond
 автоколебательное oscillatory element, oscillatory unit
 ~ без контрфорса (*якорной цепи*) open link
 безынерционное ~ instantaneous element
 ведомое ~ 1. driven member, driver 2. slave unit
 ведущее ~ driving member, driver
 вертлюжное ~ *мех.* swivel link
 Г-образное ~ *элн.* L-section
 ~ гусеницы track link, track shoe, track block
 динамическое ~ dynamic element, dynamic unit
 дифференцирующее ~ *авт., вчт.* differentiator
 жёсткое ~ *геод.* strong chain
 запаздывающее ~ time-lag [time-delay] element [unit]
 интегрирующее ~ *авт., вчт.* integrator
 ~ кинематической цепи link [member] of a kinematic chain
 консервативное ~ conservative element, conservative unit
 концевое ~ (*якорной цепи*) end link
 ~ кривой *мат.* segment of a curve
 ~ механизма link [member] of a mechanism
 множительное ~ *авт., вчт.* multiplier
 нелинейное ~ *авт., вчт.* nonlinear element
 неподвижное ~ (*в теории механизмов и машин*) base [fixed] member
 общее ~ (*якорной цепи*) common link
 обыкновенное ~ (*якорной цепи*) common link

звено
 ~ пильной цепи, промежуточное spacer link
 ~ пильной цепи, соединительное side link
 П-образное ~ *элн.* π-section, pi-section
 ~ полимера, мономерное monomeric unit of polymer
 ~ приведения reduction link
 ~ пути rail length
 свободное ~ *геод.* uncontrolled chain
 ~ с задержкой time-lag [time-delay] element [unit]
 ~ с контрфорсом (*якорной цепи*) stud(ded) link
 соединительное ~ 1. connector 2. (*якорной цепи*) connecting link
 стабилизирующее ~ *авт., вчт.* equalizer
 Т-образное ~ *элн.* T-section, tee-section
 ~ триангуляции *геод.* chain of triangles, chain of triangulation, triangulation [trigonometric] chain
 увеличенное ~ (*якорной цепи*) enlarged link
 ~ фильтра filter section
 ~ ходовой цепи (*полотна гусеницы*) track lug
 ~ цепи chain link
 ~ цепи с вставной распоркой bar link
звероводство *с.* fur farming
звон *м. рлн., рлк.* ringing
звонок *м.* (*электрический*) ringer, bell
 абонентский ~ *тлф.* station ringer
 аварийный ~ emergency [alarm] bell
 ~ в номернике *тлф.* indicating bell
 вызывной ~ *тлф.* (call) ringer, call bell
 дверной ~ doorbell
 контрольный ~ pilot bell
 одноударный ~ single-stroke bell
 пожарный ~ fire bell
 поляризованный ~ polarized bell; *англ.* magneto bell
 ~ с двумя чашками double-gong bell
 сигнальный ~ alarm (bell)
звук *м.* sound □ **воспроизводить ~** reproduce sound; **заглушать ~** dampen sound; **записывать ~** record sound; **издавать ~** emit sound (from); **~ «плывёт»** (*о звукозаписи и воспроизведении*) the record produces flutter; **~ «плывёт» медленно** the record wows; **усиливать ~** reinforce sound
 высокий ~ high-pitched sound
 глухой ~ dull sound
 диффузный ~ random sound
 нетональный ~ unpitched sound
 низкий ~ low-pitched sound
 оглушающий ~ deafening sound
 порывистый ~ rushing sound
 проникающий ~ entrant sound

звук
 ~, распространяющийся в воздухе или воде air-borne or water-borne sound
 рассеянный ~ diffuse(d) sound
 реверберирующий ~ reverberant sound
 слабый ~ faint sound
 слышимый ~ audible sound
 ~ с преобладанием высоких частот all-top sound
 ~ с преобладанием низких частот all-bottom sound
 стационарный ~ steady-state sound
 стереофонический ~ stereo sound
звукоанализатор *м.* sound analyzer
звуковидение *с.* (*визуализация звука*) acousto-optical imaging, sonic holography
звуковоспроизведение *с.* sound reproduction
звукозапись *ж.* 1. (*процесс*) sound recording 2. (*результат*) sound record □ **стирать ~** erase a sound record
 магнитная ~ magnetic sound recording
 механическая ~ disk recording
 монофоническая ~ monophonic recording
 стереофоническая ~ stereo(phonic) recording
 фотографическая ~ photographic sound recording
звукоизлучатель *м.* acoustic(al) radiator, sound projector
звукоизоляция *ж.* sound-proofing
звуколокатор *м. англ.* asdic; *амер.* sonar
звукометрия *ж.* sound ranging
звуконепроницаемость *ж.* sound-proofness
звуконоситель *м.* sound recording medium, sound recording material
звукооператор *м.* sound man, sound engineer
звукопеленгатор *м.* sound direction finder
звукопередатчик *м.* sound transmitter
звукопередача *ж.* sound transmission
звукопоглотитель *м.* 1. (*устройство*) sound absorber 2. (*материал, облицовка*) sound-absorbing lagging
звукопоглощение *с.* sound absorption, muffling, quieting
звукоприёмник *м.* sound detector; (*гидроакустический*) hydrophone
звукопровод *м.* acoustic line
звукопроводность *ж.* sound conductivity
звукопроницаемость *ж.* acoustic permeability
звукосниматель *м.* phono(graph) pick-up
 динамический ~ dynamic phono(graph) pick-up
 ёмкостный ~ capacitor phono(graph) pick-up
 пьезоэлектрический ~ crystal phono(graph) pick-up

звукоснима́тель
у́гольный ~ carbon-contact phono-(graph) pick-up
фотоэлектри́ческий ~ photoelectric phono(graph) pick-up
электромагни́тный ~ (electro)magnetic phono(graph) pick-up
звукоте́нь *ж.* sound shadow
звукоте́хника *ж.* audio [acoustic] engineering
звукоула́вливатель *м.* sound detector
звукоусиле́ние *с.* sound reinforcement
звукоусили́тель *м.* sound amplifier
звукофика́ция *ж.* provision [installation] of sound-reinforcement equipment
звуча́ть *гл.* sound
зда́ние *с.* building
администрати́вное ~ office building
~ без ли́фта walk-up building
бурово́е ~ (*для размещения и защиты бурового агрегата*) shelter
взрывосто́йкое ~ blast-resistant building
высо́тное ~ high-rise building
~ ГЭС power house
железнодоро́жное ~ *англ.* railway building; *амер.* railroad building
жило́е ~ *англ.* block of flats; *амер.* residential building; apartment house; (*на семью*) house
заводско́е ~ factory building
~ из сбо́рных элеме́нтов prefabricated building
карка́сное ~ skeleton-type building
маши́нное ~ power house (*of hydroelectric station*)
многокварти́рное ~ *англ.* block of flats; *амер.* apartment house
многоэта́жное ~ multistorey building
назе́мное ~ *горн.* surface building
обще́ственное ~ public building
одноэта́жное ~ single-storey building
пане́льное ~ bearing-wall building
промы́шленное ~ industrial building
сейсмосто́йкое ~ earthquake-proof building
складско́е ~ storage building, warehouse
станцио́нное ~ station building
зев *м. текст.* shed, lease □ **закрыва́ть ~** close the shed; **замыка́ть ~** close the shed; **образо́вывать ~** form the shed; **открыва́ть ~** open the shed
~ валко́в roll gap
~ га́ечного ключа́ mouth of a spanner, span
~ га́ечного ключа́, за́мкнутый box end of a spanner
~ дроби́лки mouth of a grinder
~ клеще́й tong jaw
~ крюка́ mouth of a hook
~ но́жниц throat of shears
зе́ер *м. пищ.* moulder
зевообразова́ние *с. текст.* shedding

зейгерова́ние *с. мет.* liquation, segregation
зейгерова́ть *гл. мет.* liquate, segregate
земледе́л *м.* (*смеситель формовочной смеси*) *лит.* sand mixer
земледе́лие *с.* farming agriculture
земледе́льная *ж. лит.* sand shop
землеко́п *м.* navvy
землеме́р *м.* land surveyor
землепо́льзование *с.* land use; land tenure
землесо́с *м.* dredge pump
землетрясе́ние *с.* earthquake
землеустро́йство *с.* land management
землечерпа́лка *ж.* dredger
землечерпа́ние *с.* dredging
Земля́ *ж.* (*планета*) the Earth
земл/я́ *ж.* (*грунт, почва*) earth, ground, soil **2.** (*территория*) land **3.** (*поверхность*) ground **4.** *рад., свз., эл. англ.* earth; *амер.* ground □ **подава́ть ~ю на ...** apply earth to ...; **размыка́ть соедине́ние на ~ю** break the earth connection for ...; **снять ~ю с ...** remove earth from ..; **соединя́ть на ~ю** complete the earth connection for ...
зе́мник *м. горн.* cropper [floor] coal
земснаря́д *м.* suction-tube dredge(r)
зензу́бель *м.* rabbet plane (*carpenter's tool*)
зени́т *м.* zenith
зени́т-телеско́п *м.* zenith telescope
зе́нкер *м.* **1.** multiflute drill; (*для обработки предварительно просверлённых поверхностей отверстий*) hole--enlarging multiflute drill; (*для промежуточных операций после сверления перед развёртыванием*) hole-trueing multiflute drill **2.** (*цековка*) spot-facer **3.** *см.* **зенко́вка**
насадно́й ~ shell (hole-enlarging) multiflute drill
сбо́рный ~ inserted-blade (hole-enlarging) multiflute drill
це́льный ~ solid (hole-enlarging) multiflute drill
зенкерова́ние *с.* **1.** (*обработка поверхностей отверстий предварительно просверлённых, полученных штамповкой или литьём*) hole-enlarging; (*промежуточная операция после сверления до развёртывания*) hole trueing **2.** *см.* **зенкова́ние 2.**
зенкова́ние *с.* **1.** (*коническое*) countersinking; (*цилиндрическое*) counter-boring **2.** (*цекование, торцевание*) spot-facing, squaring
зенко́вка *ж.* (*для конических отверстий*) countersink drill; (*для цилиндрических отверстий*) counter-bore (tool); (*торцовая*) squaring, spot--facer, facing cutter
зе́ркало *с.* **1.** mirror **2.** *рад.* reflector
~ анте́нны aerial [antenna] reflector
беспаралла́ксное ~ parallax-free mirror
во́гнутое ~ concave mirror
~ вод water table, water surface

зе́ркало
вы́пуклое ~ convex mirror
~ горе́ния firebed surface
двугра́нное ~ flat-roof mirror
дихро́ичное ~ dichroic mirror
~ за́днего ви́да *авто* rear-view mirror
~ золотника́ slide valve face
интерференцио́нное ~ cold(-light) mirror
~ испаре́ния 1. *физ.* evaporation surface **2.** *тепл.* steam relieving area, disengagement surface
~ микроско́па illuminating mirror
~ нару́жного покры́тия front-surface mirror
нейтро́нное ~ neutron-reflecting mirror
неослепля́ющее ~ anti-dazzle [glare-proof] mirror
~ объёмного резона́тора cavity mirror
пло́ское ~ plane [flat] mirror
полупрозра́чное ~ semireflecting [semitransparent] mirror
посеребрённое ~ silvered mirror
противопаралла́ксное ~ anti-parallax mirror
~ рентге́новской тру́бки target
светодели́тельное ~ beam-splitting mirror
~ секста́на, большо́е index glass, index mirror
~ секста́на, ма́лое horizon glass, horizon mirror
~ с изменя́емым накло́ном tilting mirror
~ скольже́ния *горн.* slickensides
смотрово́е ~ viewing mirror
~ ты́льного покры́тия back-surface mirror
~ фла́нца *тепл.* face
цветоизбира́ющее ~ colour-selective mirror
~ цили́ндра *авто* cylinder face
~ шли́рен-систе́мы schlieren mirror
электро́нно-опти́ческое ~ electron--optical mirror
зе́ркало-отража́тель *с.* mirror-reflector
зе́ркало-проже́ктор *с.* mirror searchlight
зерне́ние *с.* **1.** graining **2.** *мет.* shotting
электролити́ческое ~ *полигр.* electrolytic graining
зерни́стость *ж.* **1.** graininess, grain effect **2.** *пищ.* grainy texture
зерн/о́ *с.* **1.** (*плод хлебных злаков и семя зернобобовых*) kernel; (*продукт зернового производства*) grain □ **дроби́ть ~** crack [break] the kernel; **заража́ть ~** infest the grain; **лущи́ть ~** shell the kernel; **молоти́ть ~** thresh the grain; **обдира́ть ~** scour the kernel; **обру́шивать ~** (de-)hull the kernel; **протра́вливать ~** treat the grain; **разме́р ~а** grain size; **тормози́ть рост ~а** retard grain growth; **укрупне́ние ~а** grain coarsening; **шелуши́ть ~** (de-)husk

the kernel 2. (*элемент структуры вещества*) grain, granule 3. *мет.* grain, crystallite
зерн/о́
аустени́тное ~ *мет.* austenitic grain
гру́бое ~ coarse grain
кормово́е ~ fodder grain
крахма́льное ~ starch grain
кристалли́ческое ~ crystal grain
кру́пное ~ coarse grain
ме́лкое ~ fine grain
морозобо́йное ~ frosted grain
продово́льственное ~ bread grain
това́рное ~ marketable grain
то́нкое ~ fine grain
~ фотоэму́льсии emulsion grain
фура́жное ~ forage grain
зерноанализа́тор *м.* grain tester
зерноаспира́тор *м.* grain aspirator, air-operated grain cleaner
зерново́з *м.* (*судно*) (bulk) grain carrier
зернодроби́лка *ж.* grain mill, grain crusher
вальцо́вая ~ grain roller
молотко́вая ~ hammer mill
зернomета́тель *м.* grain blower, grain thrower
зерномо́йка *ж.* grain washing machine, grain washer
зерноотдели́тель *м.* kernel scourer; grain separator
зерноочи́стка *ж.* 1. (*часть комбайна*) cleaning shoe 2. (*процесс*) grain cleaning
зерноплющи́лка *ж.* grain flattener
зернопогру́зчик *м.* grain loader, grain conveyor
скребко́вый ~ cleat-type grain loader
~ с подбо́рочным устро́йством pick-up grain loader
шне́ковый ~ auger(-type) grain loader
зернопочаткодроби́лка *ж.* corn-and-cob crusher
зернопрово́д *м.* grain pipe
зернопу́льт *м.* grain blower, grain projector
зернosли́в *м.* grain overflow, grain flue
зерносуши́лка *ж.* grain drier
зерноте́рка *ж.* burr, attrition mill
зерноувлажни́тель *м.* grain humidifier
зерноулови́тель *м.* grain catcher, grain saving pan
зернохрани́лище *с.* granary, grain storage
си́лосное ~ grain silo(store), silo granary
зерноэлева́тор *м.* grain elevator
зиг-маши́на *ж.* bead-forming [beading, creasing] machine
зиго́вка *ж.* bead forming, creasing
зик-маши́на *ж. см.* **зиг-маши́на**
зико́вка *ж. см.* **зиго́вка**
зимо́вник *м.* (*помещение для содержания пчёл зимой*) winter hive
зимосто́йкость *ж.* winter-hardiness
зла́ки *мн. м.* cereals
зерновы́е ~ cereals, small grains

зла́ки
кормовы́е ~ fodder [animal-feed] cereals
змееви́к *м.* 1. coil (pipe) 2. *геол.* serpentine
гладкотру́бный ~ plain-tube coil
ребри́стый ~ finned (type) [gilled (type)] coil
зме́йка-сортиро́вка *ж.* screw [helical] separator
знак *м.* 1. sign 2. (*для записи математических действий*) sign □ **без ~а** signless (*of a number*); **вводи́ть мно́житель под ~ ко́рня** introduce a factor [a quantity] under the (radical) sign [the radicand]; **выноси́ть мно́житель из-под ~а ко́рня** remove a factor from the radicand [the (radical) sign]; **до ... ~а** to ... figure, to ... place; **име́ть обра́тный ~** be opposite in sign to ...; **меня́ть ~ на обра́тный** reverse [change] sign; **под ~ом ...** under the ... sign; **под ~ом интегра́ла** under the integration sign; **ра́вный по величине́ и противополо́жный по ~у** equal in magnitude but opposite in sign; **с обра́тным ~ом** with the sign reversed, reversed in sign, with the opposite sign; **со ~ом** signed 3. (*символ*) symbol *пример*: **э́та связь обознача́ется ~ом ...** *хим.* this bond is designated by the symbol ... 4. (*след, отметка*) mark 5. (*сигнал*) signal *пример*: **зафикси́рованная комбина́ция ~а на приёме** (recorded) signal 6. (*в числе*) digit, place 7. (*кода, машинного слова и т. п.*) character 8. (*товарный*) trade-mark
акце́нтный ~ stress mark
астрономи́ческий ~ astronomical symbol
бу́квенно-цифрово́й ~ *вчт.* alpha(nu)meric character
бу́квенный ~ *вчт.* alphabetic character
водяно́й ~ *полигр.* water-mark
~ вычита́ния minus sign
геодези́ческий ~ geodetic beacon
геометри́ческий ~ geometric mark
~ госуда́рственной принадле́жности nationality sign, nationality mark
двои́чный ~ binary digit, bit
~ де́йствия symbol of operation
~ деле́ния division mark, division sign
десяти́чный ~ decimal digit □ **до десяти́чного ~а** to decimal digit
диакрити́ческий ~ diacritical mark
доро́жный ~ road sign □ **устана́вливать доро́жный ~** post a road sign
доро́жный, предупрежда́ющий ~ warning sign
доро́жный, указа́тельный ~ direction sign
железнодоро́жный ~ railway sign
запрещённый ~ *вчт.* forbidden [unpermitted] character

знак
~ зодиа́ка zodiac symbol
~ извлече́ния ко́рня radical (sign)
календа́рный ~ calendar symbol
~ ка́чества, госуда́рственный quality mark
кни́жный ~ book mark
~ конца́ телегра́ммы end-of-copy-signal
~ ко́рня radical (sign)
корректу́рный ~ proofreader's mark
~ кривизны́ *мат.* sense of curvature
маркше́йдерский ~ survey mark
математи́ческий ~ mathematical sign
мнемони́ческий ~ mnemonic symbol
надстро́чный ~ superior character
~ на кла́вишах перфора́тора perforator character
нену́жный ~ (*в уравнении*) superfluous sign □ **отбра́сывать нену́жный ~** discard the superfluous sign
номерно́й ~ *авто* number [licence] plate
номерно́й, интернациона́льный ~ *авто* international licence [identity] plate
~ нумера́ции number sign, No.
~ обслу́живания service mark
~ объедине́ния *мат.* sign of aggregation, symbol of grouping
одина́ковые ~и like signs
~ оконча́ния переда́чи *свз.* end-of-transmission sign
опознава́тельный ~ identification sign
печа́тный ~ printed character
плаву́чий ~ *мор.* floating marker
подбу́квенный ~ sedilla
подстро́чный ~ inferior character
~ поля́рности polarity mark, polarity sign
~ поря́дка *мат.* exponent sign
поса́дочный ~ landing mark, landing sign
поса́дочный ~ T landing T
противополо́жный ~ opposite sign
путево́й ~ track sign
~ ра́венства equals sign
раздели́тельный ~ *вчт.* separator symbol, separating charactor
ра́зные ~и unlike signs
светово́й ~ light sign
~ сложе́ния summation [plus] sign
стержнево́й ~ (*формы*) *лит.* core print
~ сто́имости symbol of value
това́рный ~ trade-mark
това́рный, зарегистри́рованный ~ registered trade-mark
~ умноже́ния multiplication sign
~ управля́ющий ~ *вчт.* control [functional] character
усло́вный ~ conventional sign, conventional symbol
~ функциона́льной зави́симости functional symbol
хими́ческий ~ chemical symbol
цифрово́й ~ digital [numeric] character

знак
~ числá number sign, sign of a number
знакоинвéртор *м. вчт.* sign invertor
знаменáтел/ь *м.* denominator
~ геометри́ческой прогрéссии (common) ratio
~ масштáба scale denominator, scale number
óбщий ~ common denominator □ **приводи́ть к óбщему ~ю** reduce to a common denominator
знaчéние *с.* **1.** (*размер величины*) value, magnitude □ **вычисля́ть ~** compute [calculate] a value; **задавáть ~** pre-assign [preset, prescribe, predetermine, specify] a value; **нормировáть ~** normalize a value; **ожидáть ~** expect a value; **определя́ть [оцéнивать] ~** estimate a value; **принимáть ~ 1.** (*в расчётах, проектах*) adopt [specify] a value **2.** (*о какой-л. величине*) take (on) [assume] a value; **уточня́ть ~** (*определять окончательное значение*) finalize a value; (*проверять*) verify a value **2.** (*важность*) significance **3.** (*смысл, содержание*) meaning, sense
абсолю́тное ~ absolute value, magnitude
амплиту́дное ~ peak [crest] value
асимптоти́ческое ~ asymptotic value
бифуркациóнное ~ bifurcational value
виртуáльное ~ virtual value
глáвное ~ principal value
грани́чное ~ boundary value
двоя́кое ~ bifurcational value
действи́тельное ~ actual [real] value
дéйствующее ~ effective [root-mean-square, rms] value
допусти́мое ~ legitimate [admissible, allowed, allowable] value
еди́нственное ~ unique value
запрещённое ~ forbidden [unpermitted] value
и́стинное ~ *стат., мат.* ideal value; (*в логике*) truth value
~ и́стинности truth value
конéчное ~ finite value
максимáльное ~ 1. maximum value **2.** *эл.* peak value
мгновéнное ~ instantaneous value
начáльное ~ initial value
ненулевóе ~ non-zero value
нулевóе ~ zero value
окончáтельное ~ final value
предвари́тельное ~ tentative value
предéльное ~ limiting value
произвóльное ~ arbitrary value
равновéсное ~ equilibrium value
разрешённое ~ allowed [permitted] value
разря́дное ~ place value
сóбственное ~ characteristic [proper] value, eigenvalue; (*матрицы*) latent root
значéние
средневзвéшенное ~ weighted mean value
срéднее ~ mean, mean [average] value □ **срéднее ~ по всем состоя́ниям** value averaged over all states
срéднее арифмети́ческое ~ arithmetical average, arithmetical mean
срéднее геометри́ческое ~ geometrical mean
среднеквадрати́чное ~ root-mean-square [effective, rms] value
стационáрное ~ steady-state [stationary] value
установи́вшееся ~ steady-state [stationary] value
уточнённое ~ (*в методе последовательных приближений*) improved value
характéрное ~ representative value
целочи́сленное ~ integral value
чáстное ~ particular [special] value
чи́сленное ~ numerical value □ **находи́ть чи́сленное ~ алгебраи́ческого выражéния** evaluate an (algebraic) expression
~ шкалы́, конéчное full scale value
эффекти́вное ~ effective [root-mean-square, rms] value
знáчимость *ж. мат.* significance
знáчность *ж. хим.* atomicity
~ кóда number of unit elements per code combination, word length of a code
знáчн/ый *прил.* □ ***n*-~ое числó** *n*-digit [n-ary] number; ***n*-~ код** *n*-unit code; ***n*-~ое решéние** *n*-valued solution
зодиáк *м.* zodiac
зол/á *ж.* ash □ **улáвливать ~у** catch [collect] the ash; **улáвливать ~у в электрофи́льтре** precipitate the ash electrostatically
внéшняя ~ free ash
вну́тренняя ~ fixed ash
втори́чная ~ extraneous ash
древесноу́гольная ~ charcoal ash
костянáя ~ bone ash
легкоплáвкая ~ low-fusion-point [low-fusing] ash
летýчая ~ fly [light] ash
первúчная ~ intrinsic ash
расти́тельная ~ plant ash
тугоплáвкая ~ high-fusing [refractory] ash
золéние *с. кож.* liming (process)
зóли *мн. м.* sols
лиофи́льные ~ lyophilic sols
лиофóбные ~ lyophobic sols
твёрдые ~ solid sols
золи́ть *гл. кож.* lime, soak in lime
золообдувáтель *м.* soot blower
золоотвáл *м.* ash dump, ash disposal area
золоотстóйник *м. тепл.* ash sump; *мет.* dust-settling tank
золопровóд *м.* sluice discharge pipe-line
золоти́н/а *ж.* gold grain □ **обнажáть ~ы** (*при амальгамации*) scour gold grains
золотни́к *м.* **1.** (*преим. в паровых машинах*) slide valve **2.** (*клапан управления в гидро- или пневмоусилителях и исполнительных механизмах*) control valve □ **~ закрывáет окнó** the valve covers a port; **~ открывáет окнó** the valve uncovers a port; **~ перекрывáет окнó** the valve overlaps a port **3.** *авто* valve core, inner valve
~ вакуумфи́льтра, распредели́тельный multiple-valve hub
корóбчатый ~ (*обычно в системах парораспределения*) simple [plain] slide valve
крáновый ~ cock plug; valve cock disk
отсéчный ~ riding cut-off valve
протóчный ~ open-centre valve
разгру́женный ~ balanced valve
~ с начáльным осевы́м зазóром open-centre valve
~ с начáльным осевы́м перекры́тием closed-centre valve
~ с нулевы́м перекры́тием zero-lap valve
~ с перекры́тием overlapping [closed-centre] valve
цилиндри́ческий ~ spool valve
зóлото *с.* gold □ **обогащáть ~ на шлю́зах** sluice gold ore; **подвергáть ~ аффинáжу** refine gold (bullion)
гремýчее ~ fulminating gold
~ кореннóго месторождéния vein [reef] gold
лигату́рное ~ base bullion
листовóе ~ gold leaf, gold foil
рóссыпное ~ placer [alluvial] gold
саморóдное ~ native gold
спечённое ~ retort gold, mill bullion
сусáльное ~ (artificial) gold leaf, (artificial) leaf gold
шли́ховое ~ placer [bullion] gold
золоудалéние *с.* (*из зольных и шлаковых бункеров*) ash handling; (*с нагревательных поверхностей*) ash removal; (*в отвал*) ash disposal
золоулáвливание *с.* ash collection
золоуловúтель *м.* (fly-)ash collector
жалюзи́йный ~ louver-type [baffle] separator
механи́ческий ~ mechanical ash collector
мóкрый ~ fly-ash scrubber
циклóнный ~ cyclonic ash collector
электростати́ческий ~ electrostatic ash collector
золочéние *с.* gilding
гальвани́ческое ~ gold plating
~ обрéза *полигр.* edge gilding
золошлакоотвáл *м.* ash dump
золь-каучýк *м.* sol rubber
зóльник *м.* **1.** (*поддувало*) ash bin, ash dump, ash pan, ash pit **2.** *кож.*

(*жидкость*) lime (liquor) 3. (*ёмкость*) lime pit
зо́льник
обжо́рный ~ white lime
обострённый ~ sharpened sodium sulphide lime, gas lime
све́жий ~ head lime
сла́бый ~ mellow lime
ста́рый ~ stale lime
зо́льность *ж.* ash content
~ на суху́ю ма́ссу dry ash, ash on the dry basis
зо́н/а *ж.* 1. area; zone; band; range 2. (*на магнитной ленте*) record
акти́вная ~ (*ядерного реактора*) fuel [fissile, nuclear, reacting] core, active section
~ аэропо́рта airport zone
вале́нтная ~ valence band
~ ви́димости visibility range, visibility zone
вихрева́я ~ eddy zone
~ воспламене́ния *тепл.* ignition zone
~ воспроизво́дства (*ядерного реактора*) breeding blanket
выбросоопа́сная ~ outburst zone
~ вы́держки (*металла в печи*) soaking [holding] zone
~ вытя́гивания *текст.* drafting zone
~ генера́ции клистро́на (*диапазон напряжений отражателя, при которых клистрон генерирует*) voltage mode; (*конструктивная часть отражательного клистрона*) resonator gap
~ горе́ния combustion zone
~ группирова́ния (*в ускорителе частиц*) bunching section
~ де́йствия РЛС по вертика́ли vertical coverage
~ де́йствия РЛС по да́льности range coverage
~ де́йствия РЛС по углу́ ме́ста elevation coverage
~ де́йствия телефо́нной ста́нции central office [exchange] area
~ де́йствия централизацио́нной устано́вки *ж.-д.* interlocking limits
дутьева́я ~ *тепл.* pressure zone
~ замедле́ния (*ядерного реактора*) slowing-down area
запо́лненная ~ *элн.* filled band
запре́тная ~ prohibited zone
запре́тная, возду́шная ~ prohibited air area, prohibited air zone
запрещённая ~ *элн.* forbidden zone, forbidden gap
засто́йная ~ 1. (*воздуха, жидкости*) zone of stagnation, stagnant pocket, stall zone, stall cell 2. *мет.-об.* built-up edge; dig-in zone
~ защи́ты *эл.* protected zone
~ инду́кции induction zone
~ интерфере́нции interference zone
инфракра́сная, бли́жняя ~ near infrared (region)
инфракра́сная, да́льняя ~ far infrared (region)
инфракра́сная, сре́дняя ~ middle infrared (region)

зо́н/а
~ испаре́ния evaporation zone
координа́тная ~ *геод.* gore, grid zone
ко́рковая ~ (*слитка*) skin zone
коро́нная ~ (*шины или протектора*) crown
краева́я ~ (*слитка*) rim zone
ликвацио́нная ~ *мет.* segregation (range)
~ максима́льной теплоёмкости conversion [transition] zone
меридиа́нная ~ meridional belt, meridional zone
мёртвая ~ 1. (*регулятора и т. п.*) dead band, dead zone 2. *рад., ак.* skip zone, zone of silence, skip distance
~ молча́ния *рад., ак.* skip zone, zone of silence, skip distance
незапо́лненная ~ *элн.* empty band
~ неоднозна́чности *вчт.* zone of ambiguity
~ нечувстви́тельности (*регулятора и т. п.*) dead band, dead zone
~ нумера́ции *тлф.* numbering zone
~ обру́шения го́рных поро́д rock breakage [caving] zone
~ ожида́ния поса́дки *ав.* holding zone, holding area □ **находи́ться в ~е ожида́ния поса́дки** fly a holding pattern
околошо́вная ~ *св.* heat [weld] affected zone
~ освещённости illuminated zone
~ охлажде́ния пита́теля (*примыкающая к стекловаренной печи*) feeder cooling zone
~ перекристаллиза́ции refined-grain zone
перехо́дная ~ conversion [transition] zone; phase-change boiler section
~ плавле́ния *св.* melting zone
подпя́товая ~ (*в мартеновской печи*) gutter area
~ полуте́ни semi-shadow zone
призабо́йная ~ face zone
~ прилипа́ния *мет.* stick zone
при́месная ~ *элн.* extrinsic zone, impurity band
~ проводи́мости conduction band
~ прозра́чности фи́льтра transmission [pass] band
~ проплавле́ния *св.* fusion zone
~ пропорциона́льности регули́рования proportional (control) band
~ прямо́й ви́димости line-of-sight range
равносигна́льная ~ equisignal zone
равнофа́зная ~ equiphase zone
~ размы́тости *тлв.* blurring zone
разрешённая ~ *элн.* allowed band
~ сва́рки weld area, weld zone
свобо́дная ~ *элн.* empty band
~ скольже́ния (*валков*) *прок.* zone of slippage, slip zone
~ слы́шимости audibility zone
су́меречная ~ twilight zone
~ те́ни shadow zone

зо́н/а
~ терми́ческого влия́ния *св.* heat-affected area, heat-affected zone
томи́льная ~ (*металла в печи*) soaking [holding] zone
энергети́ческая ~ energy band
зона́льность *ж.* zonality, zonation, zoning
зонд *м.* probe; sonde
акусти́ческий ~ sound probe
ионосфе́рный ~ ionosphere sonde, ionosphere sounder
карота́жный ~ (*для геофизической разведки*) sonde
карота́жный, кро́вельный ~ reciprocally arranged gradient sonde
карота́жный, обращённый ~ reciprocal [reciprocally arranged] sonde
карота́жный, станда́ртный ~ normal sonde
метеорологи́ческий ~ meteorological sounder, meteorological probe
приёмный ~ pick-up probe
радиометри́ческий ~ radiometer probe
~ свя́зи (*в волноводе*) coupling probe
термоизмери́тельный ~ pyrometer [thermometer] probe
термоэлектри́ческий ~ thermocouple probe
электри́ческий ~ electric probe
электроннолучево́й ~ electron-beam probe
электро́нный ~ electron [electron-beam] probe, electron microprobe
электростати́ческий ~ electrostatic probe
зонди́рование *с.* sounding, probing
~ атмосфе́ры atmospheric sounding
~ ионосфе́ры ionospheric sounding
~ ионосфе́ры, вертика́льное vertical-incidence (ionospheric) sounding
~ ионосфе́ры, возвра́тно-накло́нное oblique incidence-backscatter (ionospheric) sounding
~ ионосфе́ры, накло́нное oblique-incidence (ionospheric) sounding
зонди́ровать *гл.* sound, probe; search, explore
зонд-масс-спектро́метр *м.* mass-spectrometer probe
зони́рование *с.* (*в градостроительстве*) zoning
зонт *м.*:
вытяжно́й ~ exhaust hood
~ дымово́й трубы́ chimney [smoke stack] hood, chimney aspirator
~ над две́рью canopy
~ над плито́й stove canopy
зрачо́к *м.* *опт.* pupil
входно́й ~ entrance pupil
выходно́й ~ exit pupil
зре́лость *ж.* (*напр. бетона, волокна*) maturity
зре́ние *с.* vision, eyesight
бинокуля́рное ~ binocular vision
дневно́е ~ photopic [daylight] vision
монокуля́рное ~ monocular vision

зре́ние
ночно́е ~ scotopic vision
перифери́ческое ~ peripheral vision
стереоскопи́ческое ~ stereovision
су́меречное ~ twilight vision
цветово́е ~ colour vision
зуб *м.* tooth □ **назу́бривать [продоро́живать]** ~**ья** nick the teeth; **нареза́ть** ~**ья** (*шестерни*) cut the teeth; **строга́ть** ~**ья** (*шестерни*) shape [plane] the teeth; **шлифова́ть** ~**ья** (*шестерни*) grind the teeth
~ **автосце́пки** automatic coupler [coupling] lug
~ **бёдра** *текст.* split [dent] of reed, reed blade
~ **бороны́** harrow tooth, harrow point
~ **бороны́, пружи́нный** spring harrow tooth
гра́бельный ~ rake finger, rake tine
~ **гребка́** (*напр. в сгустителе обжиговой печи и т. п.*) rabble blade
~ **ковша́** bucket tooth
корчева́льный ~ rooter bit
очёсывающий ~ combing tooth
~**ья пилы́** saw teeth □ **разводи́ть** ~**ья пилы́** set the saw; **разводи́ть** ~**ья пилы́ по полотну́** wave-set the teeth
~ **пилы́, во́лчий** gullet tooth
~ **пилы́, вставно́й** insert tooth
~ **пилы́, плю́щеный** swage-set tooth
~ **пилы́, серпови́дный** parrot [briar] tooth
~ **пилы́ с косо́й зато́чкой** bevelled tooth
~ **пилы́ с прямо́й зато́чкой** straight tooth
~**ья пилы́ с разво́дкой по полотну́** wave-set teeth
~ **пи́льной це́пи, долотообра́зный** chisel-type tooth
~ **пи́льной це́пи, зачища́ющий** scratch-type tooth, raker (tooth)
~ **пи́льной це́пи, подреза́ющий** cutter tooth
~ **пи́льной це́пи, ре́жущий** chipper tooth, router
~ **пи́льной це́пи, ска́лывающий** raker [side dresser] tooth
поло́льный ~ *с.-х.* weeding tooth
ре́ечный ~ rack tooth
~ **рыхли́теля** ripper tooth
~ **три́ба** (*в часовом механизме*) leaf
~ **флю́тбета** cut-off apron
храпово́й ~ ratchet tooth
це́вочный ~ pin tooth
шевро́нный ~ herring-bone tooth
эвольве́нтный ~ involute tooth
эпициклоида́льный ~ epicycloidal tooth
зуба́рь *м.* toothed plane
зуба́тка *ж.* 1. (*цельный боёк с широким фасонным лицом*) bush hammer 2. (*наборный боёк из узких лезвий*) crandall 3. (*цельный боёк с узким лицом*) tooth ax(e)
зуб-выта́лкиватель *м. с.-х.* knock-out pawl

зубе́ц *м.* tooth, spur, prong
~ *желе́за* (*ротора или статора электрической машины*) (rotor or stator) tooth
~ **коро́нчатой га́йки** castellation
ме́лкий ~ serration
зуби́л/о *с.* chisel □ **выруба́ть** ~**ом** chisel [chip] out; **обруба́ть** ~**ом** chisel [chip] off, trim with a chisel; **расклёпывать голо́вку** ~**а** mushroom the chisel head; **руби́ть** ~**ом** chisel [chip] a metal
гвозди́льное ~ nail smith's chisel
~ **для око́лки** (*грубой обработки*) **ка́мня** boasting chisel
~ **для сня́тия гра́та и́ли заусе́нцев** burring chisel
~ **для сруба́ния заклёпочных голо́вок** set chisel
кана́вочное ~ gouge, grooving chisel
кузне́чное ~ anvil chisel
обрубно́е ~ *лит.* fettling [flogging] chisel
пневмати́ческое ~ pneumatic chipper
прорубно́е ~ top chisel
ручно́е ~ bench chisel
слеса́рное ~ cold chisel
зубодолбле́ние *с.* gear shaping
зубозакругле́ние *с.* gear-tooth chamfering, gear-tooth rounding-off
зубо́к *м.*, **ре́жущий** (*врубовой машины*) cutting pick, cutting bit
зубоме́р *м.* gear tooth gauge, gear tooth caliper
зубонака́тывание *с.* gear rolling
зубонареза́ние *с.* gear cutting
~ **ме́тодом копи́рования** gear cutting by the template [former] method
~ **ме́тодом обка́тки** gear cutting by the generating process
зубообка́тка *ж.* gear-burnishing
зубоотде́лка *ж.* gear(-tooth) finishing
зубопри́тирка *ж.* gear(-tooth) lapping
зубострога́ние *с.* gear(-tooth) shaping, gear(-tooth) planing
зуб-отража́тель *м. с.-х.* cut-off pawl
зубофрезерова́ние *с.* gear(-tooth) milling
зубохонингова́ние *с.* gear(-tooth) honing
зубошевингова́ние *с.* gear(-tooth) shaving
зубошлифова́ние *с.* gear(-tooth) grinding
зубча́тка *ж.* 1. *стр.* serrated pick; indented chisel 2. *маш.* gear (*см. тж.* **колесо́, зубча́тое**)
подъёмная ~ (*шагового искателя*) *тлф.* vertical hub
зу́ммер *м.* 1. (*устройство*) buzzer, hummer 2. (*тон*) audio signal, tone
гетероди́нный ~ heterodyne buzzer [warbler] oscillator
~ **для фони́ческого вы́зова абоне́нта** howler

зу́ммер
~ **за́нятости** busy tone
~ **измене́ния но́мера абоне́нта** changed-number tone
~ **контро́ля посы́лки вы́зова** audible ringing signal, ringing tone
ла́мповый ~ (electron-)tube [valve] buzzer
микрофо́нный ~ microphone hummer
~ **оконча́ния разгово́ра** clearing signal buzzer
зу́ммер-прерыва́тель *м.* buzzer
зумми́ровани/е *с.* (*свист в линии передачи*) singing □ **грани́ца** ~**я** singing point; **скло́нный к** ~**ю** near singing, tending to sing
зумпф *м. горн.* sump
зы́бкость *ж.* vacillation
зыбле́ние *с.* vacillation

И

И (*логическая функция или операция*) AND
игла́ *ж.* needle
амортизи́рующая ~ *косм.* (*многократного использования*) landing spike
~ **Вика́** (*для определения консистенции бетона*) Vicat needle
~ **воздухозабо́рника** *ав.* intake bullet, intake cone
воспроизводя́щая ~ reproducing [playback] stylus, reproducing needle
вяза́льная ~ knitting [fillet] needle, knitting pin
вяза́льная, двухголо́вочная ~ double-headed needle
вяза́льная, двухизна́ночная ~ double-ended needle
вяза́льная, жакка́рдная ~ Jacquard needle
вяза́льная, ке́ттельная ~ looping needle
вяза́льная, сба́вочная ~ narrowing needle
вяза́льная, ушко́вая ~ guide needle
вяза́льная, язычко́вая ~ latch needle
гравирова́льная ~ etching needle
дро́ссельная ~ throttle needle
звукозапи́сывающая ~ recording stylus □ **звукозапи́сывающая** ~ **оставля́ет след звуково́го колеба́ния** the stylus cuts [embosses] a sound record groove
~ **звукоснима́теля** needle [stylus] of a phono(graph) pick-up, phono stylus □ ~ **звукоснима́теля вибри́рует** the phono stylus [needle] chatters; ~ **звукоснима́теля да́вит на грампласти́нку** the phono stylus exerts a downward [vertical] force [pressure] on the record plate; ~ **звукоснима́теля трётся о грампла-**

сти́нку the phono stylus drags on the record plate

игла́

~ кла́пана valve needle

крючко́вая ~ spring beard needle

литогра́фская ~ lithographer's needle

носова́я ~ *ав.* nose spike

ощу́пывающая ~ (*в устройстве считывания с перфокарт*) sensing needle

~ поплавко́вого кла́пана карбюра́тора *ав.* float needle, float spindle

проби́рная ~ test needle

~ про́бника (*для прозвонки жил кабелей и проводов*) needle test point

ра́диевая ~ radium needle

~ распыли́теля (*форсунки двигателя*) (injector) nozzle needle

~ регули́руемого сопла́ *ркт.* throat bullet

сапо́жная ~ bristle

«суха́я» ~ *полигр.* drypoint

хирурги́ческая ~ suture needle

~ цили́ндра cylinder needle

шве́йная ~ sewing needle

~ шпри́ца syringe needle

юстиро́вочная ~ *полигр.* matrix gauge

иглофи́льтр *м.* well point *пример*: **~ слу́жит для пониже́ния у́ровня грунто́вых вод** a well point is a means to control ground-water [to lower water-table] level

игнитро́н *м.* ignitron □ **вызыва́ть зажига́ние ~а** cause the ignitron to fire, start the ignitron; **открыва́ть ~** turn on [start] the ignitron; **поджига́ть ~** ignite the ignitron

~ в металли́ческом ко́рпусе metal-tank ignitron

неразбо́рный ~ permanently sealed [pumpless] ignitron

разбо́рный ~ pumped ignitron, ignitron with demountable vacuum joints

~ с водяны́м охлажде́нием water-cooled ignitron

~ с возду́шным охлажде́нием air-cooled ignitron

~ со стекля́нной оболо́чкой glass-bulb ignitron

игнори́ровать *гл.* ignore, neglect, disregard

иго́лка *ж.* needle

иго́льник *м.* needle-book, needle-case

иго́льница *ж.* needle bed, needle-holder

игр/а́ *ж.* **1.** (*свободный ход детали*) play, lost motion □ **выбира́ть ~у́** take up lost motion [play] **2.** *мат.* game

бескоалицио́нная ~ noncooperative game

бесконе́чная ~ infinite game

бокова́я ~ side play

дифференциа́льная ~ differential game

игр/а́

осева́я ~ end [axial] play

позицио́нная ~ positional game

продо́льная ~ axial play

~ с нулево́й су́ммой zero-sum game

статисти́ческая ~ statistical game

эксперимента́льная ~ game test

идеа́л *м. мат.* ideal

идеализа́ция *ж.* idealization

идеализи́ровать *гл.* idealize

идеа́льно *нареч.* ideally, perfectly, completely

идемпоте́нт *м. мат.* idempotent

идемпоте́нтность *ж. мат.* idempotency

идемпоте́нтный *прил. мат.* idempotent

идемфа́ктор *м. мат.* idemfactor

идентифика́тор *м.* identifier

~ да́нных *вчт.* data descriptor

идентифика́ция *ж.* identification

идентифици́ровать *гл.* identify, attach a (unique) code to ...

иденти́чность *ж.* identity

иденти́чный *прил.* identical

идентогра́фия *ж.* autographic printing

идеогра́мма *ж.* ideogram

иера́рхия *ж. мат.* hierarchy

изаллоба́ра *ж.* isallobar

изаллоте́рма *ж.* isallotherm

изанемо́на *ж.* isanemone

изанома́ла *ж.* isanomal, isanomalous line

избега́ть *гл.* avoid, obviate

избежа́ние *с.* avoidance

~ резона́нсного захва́та (*о нейтронах в ядерном реакторе*) resonance escape

избира́ние *с.* selection

избира́тель *м.* **переключе́ния переда́ч** *авто* (*непосредственно на коробке*) gearbox selector; (*на рулевой колонке*) steering column selector

избира́тельность *ж.* selective action, selectance, selectivity factor, discrimination

~ катализа́тора selective action of a catalyst

~ колеба́тельного ко́нтура discrimination of a tuned circuit

~ радиоприёмника selectivity of a receiver

~ радиоприёмника, амплиту́дная amplitude selectivity

~ радиоприёмника по высо́кой частоте́ radio-frequency [r.f.] selectivity

~ радиоприёмника по сосе́днему кана́лу adjacent-channel selectivity

~ радиоприёмника по частоте́ frequency selectivity

~ фи́льтра discrimination of a filter

избы́ток *м.* excess, surplus

~ во́здуха excess air

~ жи́дкости surplus liquid

~ заря́дов excess charge

~ нейтро́нов neutron excess; isotopic number

сфери́ческий ~ *мат.* spherical excess

избы́ток

~ цве́та colour excess

избы́точность *ж. т. над.* redundancy □ **вводи́ть ~** introduce [insert] a redundancy

аппарату́рная ~ equipment duplication, duplication in equipment (*см. тж.* **резерви́рование**)

временна́я ~ (*повторная передача сообщения*) time duplication, duplication in time

информацио́нная ~ message redundancy

известегаси́тель *м.* lime slaker

известемеша́лка *ж.* lime mixer

извести́тель *м.* signalling device; indicator

маршру́тный ~ *ж.-д.* route indicating signal, route indicator

поездно́й ~ для маневро́вого движе́ния shunters describer

пожа́рный ~ fire-alarm box, call box, fire-alarm call point

пожа́рный ~ с разбива́емым стекло́м break-glass station

пожа́рный, у́личный ~ street fire-alarm box

изве́стка *ж. жарг.* (slaked) lime

известкова́ние *с.* lime pretreatment

известкова́ть *гл.* **по́чву** chalk the soil

известня́к *м.* limestone □ **обжига́ть ~ до выделе́ния** CO_2 burn limestone to drive off CO_2

доломитизи́рованный ~ dolomitic limestone

магнезиа́льный ~ magnesian limestone

металлурги́ческий ~ metallurgical limestone

флю́совый ~ fluxing limestone

чи́стый ~ straight limestone

и́звесть *ж.* (quick)lime □ **~ га́сится водо́й** (quick)lime slakes with water **~ га́сится с большо́й** *или* **ма́лой ско́ростью** (quick)lime slakes quickly *or* slowly; **гаси́ть ~** slake (quick)lime; **гаси́ть ~ в пушо́нку** slake (quick)lime to the hydrated condition; **гаси́ть ~ в те́сто** slake (quick)lime into lime putty [lime paste]; **получа́ть ~ о́бжигом известняка́** make [manufacture] (quick) lime by burning limestone; **превраща́ться в ~** calcify; **~ теря́ет акти́вность** lime decrepitates

бели́льная ~ bleaching powder, hypochloride [chlorinated] lime

быстрогася́щаяся ~ quick-slaking lime

возду́шная ~ (*твердеющая на воздухе*) common lime, quicklime, air-hardening lime

гашёная ~ slaked lime

гидравли́ческая ~ hydraulic lime

гидра́тная ~ hydrated lime

~ для удобре́ния manuring lime

е́дкая ~ caustic lime

жи́рная ~ rich [fat] lime

кормова́я ~ fodder lime

кускова́я ~ lump lime

весть
медленногася́щаяся ~ slow-slaking lime
на́тровая ~ soda lime
негашёная ~ quicklime
обожжённая ~ burned lime
побе́лочная ~ whitewash
порошкообра́зная ~ pulverized lime
свя́занная ~ combined lime
строи́тельная ~ construction lime
то́щая ~ lean [brown, meagre] lime
хло́рная ~ bleaching powder, hypochloride [chlorinated] lime
чи́стая ~ pure [neat] lime
весть-кипе́лка *ж.* lump quicklime
весть-пушо́нка *ж.* hydrated lime
веща́тель *м.*:
пожа́рный ~ fire alarm, fire detector
пожа́рный, дымово́й ~ smoke detector
пожа́рный, светово́й ~ light detector
пожа́рный, теплово́й ~ heat detector
веще́ние *с.* notification, notice
сигна́льное ~ *ж.-д.* signal indication
ви́тость *ж.* (*волокна́*) crimp, crimpiness
ви́тый *прил.* (*о волокне*) crimped
влека́/ть *гл.* 1. (*получать продукт, особ. в химической технологии*) extract 2. (*обычно сопутствующий или побочный продукт*) recover *пример*: ре́ний ~ется (в ка́честве сопу́тствующего проду́кта) из молибде́новой руды́ rhenium is recovered from molybdenum ore 3. (*удалять*) withdraw, remove 4. (*вынимать из чего-л.*) produce, take out 5. □ ~ ко́рень из числа́ take [extract] the root of a number
влече́ние *с.* 1. (*получение какого-л. продукта, особ. в химической технологии*) extraction 2. (*обычно сопутствующего или побочного продукта*) recovery 3. (*удаление*) withdrawal 4. (*из статьи и т. п.*) excerpt; resumé; abstract; extract (from)
абсорбцио́нное ~ absorption extraction
~ ко́рня evolution, extraction [extracting] of a root, taking the root of a number
~ ко́рня, квадра́тного square-rooting, finding a square root of a number
~ ко́рня, куби́ческого cube-root extraction
~ ма́сла oil extraction
~ моде́ли *лит.* pattern draw
поглоти́тельное ~ absorption extraction
противото́чное ~ counter-current extraction
~ це́ликов *горн.* pillar [stump] extraction
щелочно́е ~ alkali extraction

и́згарь *ж. мет.* dross
изги́б *м.* 1. (*вид деформации*) bending; (*продольный*) buckling □ вызыва́ть ~ cause bending; испы́тывать на ~ test by bending, subject to a bending test; рабо́тать на ~ work in bending; разруша́ться при ~е fail [collapse] in bending 2. (*в различных значениях*) bend; elbow; curve
~ вверх *прок.* turn-up
~ вниз *прок.* turn-down
волново́дный ~ waveguide bend, waveguide elbow
волново́дный ~ в пло́скости Н H plane waveguide bend
~ в пласти́ческой ста́дии inelastic bending, bending in the inelastic range
~ в упру́гой ста́дии elastic bending, bending in the elastic range
знакопереме́нный ~ alternating bending
косо́й ~ unsymmetrical bending
круто́й ~ sharp bend
обра́тный ~ counter-camber, contraflexure
~ пла́зменного шнура́ plasma kink
пло́ский ~ simple bending
попере́чный ~ lateral bending, lateral flexure
продо́льно-попере́чный ~ transverse-longitudinal bending
продо́льный ~ buckling
продо́льный, ме́стный ~ local buckling
продо́льный, неупру́гий ~ inelastic buckling
продо́льный, упру́гий ~ elastic buckling
просто́й ~ simple bending
~ ра́мы над за́дним мосто́м *авто* kick-up [upsweep] of the frame, frame kick-up
~ с двумя́ кривизна́ми double-curvature bending
сло́жный ~ compound bending
упру́гий ~ elastic bending
~ характери́стики inflection of a curve, knee [kink] of a curve
цилиндри́ческий ~ cylindrical bending
чи́стый ~ pure bending
изгиба́ние *с.* bending; curving
изгиба́ть *гл.* bend; curve □ ~ на ... гра́дусов bend through ... deg
и́згородь *ж.* fence
жива́я ~ hedge(row), green [quick] hedge
снегозащи́тная ~ snow-barrier
электри́ческая ~ electric fence
изготови́тель *м.* maker, manufacturer, producer
изготовле́ни/е *с.* making, manufacture; (*соединение готовых элементов*) fabrication □ (вы́йти из стро́я) из-за некачественного ~я (fail) because of poor [bad] workmanship; (гаранти́ровать) высо́кое ка́чество ~я (guarantee) good workmanship

изготовле́ни/е
заводско́е ~ (*напр. строительных элементов*) prefabrication
~ (лите́йных) моде́лей patternmaking
~ про́бных образцо́в тка́ни pattern [random] weaving
~ таблёток tabletting, pelleting
~ тексти́льно-галантере́йных изде́лий small-ware weaving
~ тка́ни fabric weaving
изгото́вленный □ ~ в промы́шленном масшта́бе quantity-produced, produced in quantity; ~ вручну́ю hand-made; ~ зара́нее prefabricated; ~ по зака́зу custom-built, custom-made; ~ специа́льно для ... tailored for ...
изготовля́ть *гл.* manufacture, produce; (*соединять готовые элементы*) fabricate
изде́ли/е *с.* article, piece (of work); product; (*в перечнях оборудования, спецификациях*) item
го́дное ~ effective
гонча́рные ~я pottery, earthenware
гото́вое ~ 1. finished product, finished article 2. (*покупное*) purchased item
дефе́ктное ~ defective
железоскобяны́е ~я hardware
кана́тно-верёвочные ~я cordage
кана́тные ~я cordage
керами́ческие ~я pottery (work)
керами́ческие, тонкока́менные ~я fine stoneware
кузне́чное ~ forged piece, forged product, forging
ла́тексное, бесшо́вное ~ seamless latex article
ла́тексное, выдувно́е ~ blown latex article
ла́тексное, ма́каное ~ dipped latex article
лите́йное ~ foundry product
лито́е пластма́ссовое ~ moulded article
металли́ческие ~я hardware
некондицио́нное ~ substandard [off-standard] product
неремонти́руемое ~ pluck-out [unmaintainable] item, pluck-out [unmaintainable] device
неремонтопригодное ~ pluck-out [unmaintainable] item, pluck-out [unmaintainable] device
обраба́тываемое ~ work(piece)
огнеупо́рные ~я refractory products, refractories
парфюме́рные ~я perfumes, perfumery
полуобрабо́танное ~ semi-manufactured product
прессо́ванные ~я presswork
прока́тное ~ rolled product
промы́шленные ~я manufactured goods
ремонти́руемое ~ maintainable item, maintainable device

изде́ли/е
ремонтопригóдное ~ maintainable item, maintainable device
санита́рно-техни́ческое ~ sanitary ware
сбóрные железобетóнные ~я pre-cast concrete (products)
сери́йное ~ an article [item] from stock, stock-produced item
скобяны́е ~я locksmith's work, iron-mongery
столя́рные ~я millwork
таба́чные ~я tobacco goods
тка́ное ~ loomwork
тока́рные ~я turned work
у́гольные ~я formed-carbon products
установочное ~ *эл.* wiring accessory
чулóчное ~ hosiery
издéржки *мн. ж.* cost(s), expenses
~ обращéния distribution cost(s), expenses of circulation
~ произвóдства cost(s) of production, expenses of production
торгóвые ~ cost(s) of marketing, selling expenses
тра́нспортные ~ shipping cost(s), cost(s) of transportation
~ хранéния cost(s) of storage
излива́ться *гл.* flow out (of ...), pour out (of ...), issue (from ...)
изли́шек *м.* excess, surplus □ **снима́ть [среза́ть, счища́ть] ~** (*напр. формовочной земли или бетона из формы*) strike off surplus material
излóжниц/а *ж.* ingot mould; (*в цветной металлургии*) lingot □ **извлека́ть сли́ток из ~ы** strip [pull, remove] the ingot from a mould; **сма́зывать ~у** lime [smoke] a mould; **снима́ть ~у со сли́тка** strip a mould from the ingot; **устана́вливать ~у на поддóн** set an ingot mould on a bottom plate
буты́лочная ~ bottle-top mould
волни́стая ~ corrugated [fluted, rippled] mould
глуходóнная ~ closed-bottom mould
~ для ка́пельного опрóбования свинца́ gum drop mould
~ для плóских сли́тков ingot slab mould
~, заполня́емая свéрху top-poured ingot mould
~, заполня́емая сни́зу bottom-poured ingot mould
листова́я ~ slab mould
~, освобождённая от сли́тка off-load mould
~ сифóнной разли́вки bottom-poured ingot mould
сквозна́я ~ open-bottom mould
~ с расширéнием квéрху big end-up mould
~ с расширéнием кни́зу small end-up mould
~ с утеплённой надста́вкой hot-top mould

излóм *м.* 1. (*поверхность, образующаяся после разрушения образца или изделия*) fracture □ **вид ~а характеризу́ет ряд механи́ческих свóйств материа́ла** (the type of) fracture gives an indication of some mechanical properties of the material; **дава́ть ~** show (a) fracture; **~ наступа́ет** fracture occurs [appears] 2. bend, break
блестя́щий ~ bright fracture
волокни́стый ~ fibrous fracture
~ в характери́стике break in a characteristic curve
вя́зкий ~ tough fracture
гла́дкий ~ even fracture
дли́тельный ~ prolonged fracture
~ дымохóда flue bend
зерни́стый ~ granular fracture
камневи́дный ~ conchoidal fracture
косóй ~ oblique fracture
кривóй ~ break of a curve
кристалли́ческий ~ crystalline fracture
крупнозерни́стый ~ coarse-grained fracture
межкристалли́ческий ~ intercrystalline fracture
мелкозерни́стый ~ fine (granular) fracture
мра́морный ~ marmorized fracture
нафтали́нистый ~ silky fracture
неплóский ~ uneven fracture
нерóвный ~ irregular fracture
плóский ~ plane fracture
~ по плóскости спа́йности cleavage fracture
~ при растяжéнии tension fracture, fracture in tension, fracture of the tensile type
~ при сжа́тии compression fracture, fracture in compression, fracture of the compression type
~ при срéзе shear fracture, fracture in shear, fracture of the shear type
ра́ковистый ~ conchoidal fracture
слои́стый ~ foliated fracture
стеклови́дный ~ vitreous fracture
транскристалли́ческий ~ transgranular [transcrystalline] fracture
уста́лостный ~ fatigue fracture
хру́пкий ~ brittle fracture
шелкови́стый ~ silky fracture
ши́ферный ~ fish-scale fracture
излуча́тел/ь *м.* 1. (*радиоволн*) radiator, radiating element □ **возбужда́ть ~** drive [excite] a radiator 2. (*частиц, энергии*) radiator, emitter 3. (*в гидролокаторе*) projector, transducer (array) □ **направля́ть ~** (*на объект, в определённом направлении*) train a projector
абсолю́тный ~ complete [perfect, total, black-body] radiator
звуковóй ~ acoustic radiator
изотрóпный ~ isotropic radiator □ **изотрóпный ~ создаёт излучéние с интенси́вностью, постоя́нной во всех направлéниях** an isotropic radiator produces the same radiation intensity in all directions, an isotropic radiator sends out equal amounts of energy in all directions

излуча́тел/ь
инфракра́сный ~ infra-red source
линéйный ~ linear radiator
ма́ссовый ~ mass radiator
ненапра́вленный ~ non-directional [omnidirectional] radiator
пóлный ~ complete [full] radiator
~ радиовóлн, волновóдный wave-guide radiator
~ радиовóлн, диэлектри́ческий dielectric radiator
~ радиовóлн, диэлектри́ческий стержневóй polyrod dielectric radiator
~ радиовóлн, откры́тый open radiator
~ радиовóлн, полоскóвый strip-line radiator
~ радиовóлн, полувóлновый half-wave radiator
~ радиовóлн, ра́мочный loop radiator
~ радиовóлн, ру́порный horn radiator
~ радиовóлн с осевóй симмéтрией axially symmetrical radiator
~ радиовóлн, щелевóй slot radiator
тепловóй ~ thermal radiator
тóчечный ~ point radiator
ультразвуковóй ~ ultrasonic vibrator; (*в гидролокаторе, дефектоскопе и т. п.*) (ultrasonic) transducer
элемента́рный ~ (*в антенных решётках*) elementary radiator, radiating element □ **размеща́ть [располага́ть] элемента́рные ~и** arrange radiators (*e. g., in a circle*), stack radiators (vertically); **сфази́ровать элемента́рные ~и [радиа́торы]** phase (the) array radiators, use co-phasal excitation for the elements
излуча́ть *гл.* emit, radiate
излучéни/е *с.* 1. radiation, emission □ **активи́рованный ~ем** radioactivated; **вы́званный ~ем** radiation-induced; **~ вызыва́ет поражéние** radiation causes damage (to ...); **вынужда́ть ~** induce [stimulate] (the emission of) radiation; **защищённый от ~я** ray-proof; **индуци́ровать ~** induce [stimulate] (the emission of) radiation; **испуска́ть ~** emit radiation; **испуска́ть ~ самопроизвóльно** emit radiation spontaneously; **канализи́ровать ~** channel [contain, constrain, guide] radiation; **непроница́емый для ~я** radiopaque, radio-opaque; **ослабля́ть ~** attenuate radiation; **переводи́ть передáтчик в режи́м ~я** put a transmitter on the air; **поглоща́ть ~** absorb radiation; **подверга́ть (воздéйствию) ~я** (*облучать*) expose to radiation, irradiate; **поляризова́ть ~** polarize radiation; **проводи́ть испыта́ния радиоаппарату́ры без ~я** carry out tests of a radio off the air [under closed-cir-

cuit conditions]; **прозрáчный для ~я** radio(trans)lucent, transparent to radiation, radiation-transparent; **проницáемый для ~я** *см.* **прозрáчный для излучéния**; **рассéивать ~** scatter radiation; **усиливать ~** (*напр. с помощью рефлектора*) *рад.* reinforce radiation **2.** (*вид излучения, включая вид модуляции, используемый для радиосвязи*) (type of) emission *примеры*: **~ типа АО** (*немодулированное непрерывное излучение*) АО emission, **~ типа А3** (*телефония*) А3 emission; **~ типа F1** (*телеграф*) F1 emission (*frequency-shift keying*)

излучéни/е

~ абсолю́тно чёрного тéла black-body radiation
активи́рующее ~ activating radiation
актини́чное ~ actinic radiation
альфа-, бета- *или* **гамма- ~** alpha-, beta- *or* gamma-radiation
анизотрóпное ~ anisotropic emission
аннигиляциóнное ~ annihilation radiation
безопáсное ~ nonhazardous emission
бетатрóнное ~ betatron radiation, betatron emission
~ Вави́лова — Черенкóва Čerenkov radiation
ви́димое ~ visible radiation, visible light
~ внеземнóго происхождéния extraterrestrial radiation
возбуждáющее ~ exciting radiation
~ волн однóй частоты́ monofrequency radiation
восходя́щее ~ upwelling radiation
втори́чное ~ secondary radiation
вы́нужденное ~ induced [stimulated] (emission of) radiation
~ высóкой энéргии high-energy radiation
дипóльное ~ dipole radiation
жёсткое ~ hard radiation
запáздывающее ~ delayed radiation, delayed emission
захвáтное ~ capture radiation
земнóе ~ terrestrial radiation
избирáтельное ~ selective radiation
изотрóпное ~ isotropic radiation, isotropic emission
интегрáльное ~ total radiation
интенси́вное ~ strong radiation
инфракрáсное ~ infra-red radiation
инфракрáсное, бли́жнее ~ near infra-red radiation
инфракрáсное, далёкое ~ far infra-red radiation
ионизи́рующее ~ ionizing radiation
исходя́щее ~ emergent radiation
квадрупóльное ~ quadrupole radiation
когерéнтное ~ coherent radiation, coherent emission

излучéни/е

коротковóлновое ~ short-wave length radiation
корпускуля́рное ~ corpuscular [particle, particulate] radiation, corpuscular [particle, particulate] emission
косми́ческое ~ cosmic radiation
краевóе ~ (*антенны*) fringe radiation
~ лáзера laser radiation, laser emission, laser(-emitted) light □ **выводи́ть ~ лáзера из резонáтора** couple the laser beam out of the cavity
~ лáзера, многомóдовое multimode laser radiation
~ лáзера, одномóдовое unimode laser radiation
магни́тно-тормознóе ~ cyclotron radiation
~ мáзера maser radiation, maser emission
~ мáлой энéргии low-energy radiation
мгновéнное ~ prompt radiation, prompt emission
монои́мпульсное ~ giant-pulse radiation
монохромати́ческое ~ monochromatic radiation
моноэнергети́ческое ~ monochromatic radiation
мультипóльное ~ multipole radiation
мя́гкое ~ soft radiation
~ накáчки (*лазера*) pumping radiation, pumping light
напрáвленное ~ directional radiation
неви́димое ~ invisible radiation
некогерéнтное ~ noncoherent [incoherent] radiation
немонохромати́ческое ~ heterogeneous [polyenergetic, polychromatic] radiation
ненапрáвленное ~ omnidirectional radiation
непреры́вное ~ continuous radiation, continuous emission
~ ни́зкой энéргии low-energy radiation
нисходя́щее ~ downwelling radiation
обрáтное ~ backscatter radiation, back-fire, reradiation
одночастóтное ~ single-frequency [monofrequency] radiation
опти́ческое ~ optical radiation
основнóе характеристи́ческое ~ characteristic X-ray spectrum, characteristic radiation
~ остановленного реáктора residual radiation
остáточное ~ residual radiation
отражённое ~ reflected [(back-) scattered] radiation
пáдающее ~ incident radiation
паразити́ное ~ stray [spurious] radiation, spurious emission
перви́чное ~ primary radiation

излучéни/е

~ плáзмы plasma radiation
~ повéрхности surface emittance
полихромати́ческое ~ polychromatic radiation
почти́ монохромати́ческое ~ near-monochromatic radiation
проникáющее ~ penetrating radiation
проходя́щее ~ transmitted radiation
прямóе ~ direct radiation
прямонапрáвленное ~ head-on radiation
равновéсное ~ thermal radiation
радиоакти́вное ~ radioactive radiation
радиотепловóе ~ thermal radio radiation
радиочастóтное ~ radio-frequency radiation
рассéянное ~ scattered radiation
резонáнсное ~ resonance radiation
рекомбинациóнное ~ recombination radiation
рентгéновское ~ X-radiation
рентгéновское, смéшанное ~ white radiation, white X-rays
самопроизвóльное ~ spontaneous (emission of) radiation
световóе ~ luminous radiation
~ СВЧ 1. (*энергия*) microwave radiation **2.** (*испускание*) microwave emission
селекти́вное ~ selective radiation
~ сéрого тéла gray body radiation
си́льное ~ strong radiation
сильнопроникáющее ~ highly penetrating radiation
синхротрóнное ~ synchrotron radiation
слабопроникáющее ~ low-penetrating radiation
смéшанное ~ mixed [complex] radiation
сóбственное ~ self-radiation
сóлнечное ~ solar radiation
спектрáльное ~ spectral radiation
спонтáнное ~ spontaneous (emission of) radiation
стационáрное ~ steady-state radiation
суммáрное ~ total [integrated] radiation
температу́рное ~ thermal radiation
тепловóе ~ thermal radiation
тормознóе ~ bremsstrahlung, braking radiation
тормознóе, непреры́вное ~ bremsstrahlung continuum
удáрное ~ impact [collision] radiation
ультрафиолéтовое ~ ultra-violet radiation
ультрафиолéтовое, бли́жнее ~ near ultra-violet radiation
ультрафиолéтовое, далёкое ~ far ultra-violet radiation
~ флюоресцéнции fluorescent [fluorescence] radiation

излучéни/е
фóновое ~ background radiation
циклотрóнное ~ cyclotron radiation
~ чёрного тéла black-body radiation
электромагни́тное ~ electromagnetic radiation □ электромагни́тное ~ распространя́ется в ви́де отдéльных пóрций энéргии electromagnetic radiation occurs as a sequence of discrete energy packets
я́дерное ~ nuclear radiation

измельчáемость ж. (материáла) comminutability, grindability (of a material)

измельчáть гл. grind; mill; comminute □ ~ в порошóк powder, pulverize; ~ истирáнием grind by attrition; ~ мéлко divide finely

измельчéние с. grinding; milling; comminution □ осуществля́ть ~ в зáмкнутом ци́кле с классификáтором carry out grinding in a close circuit with classification, gang [team] a grinder with a classifier
~ истирáнием grinding by attrition
мóкрое ~ wet grinding
~ раздáвливанием grinding by crushing
сухóе ~ dry milling
тончáйшее ~ atomization, atomizing
~ ýгля (непреднамеренное) breakage [degradation] of coal
~ удáрным дéйствием impact grinding, grinding by impact

измельчи́тель м. mincer, mincing machine; shredder
~ бахчевы́х культýр melon macerator
~ кормóв fodder shredder
~ мя́са, эмульсиóнный meat emulsifying machine
~ овощéй или плодóв vegetable or fruit shredder
~ удобрéний fertilizer grinder

изменéние с. change; variation; modification □ ~ А в зави́симости от Б change in A with B; ~ на какýю-л. величинý или коли́чество a change of ...; ~ напряжéния сигнáла на 5 вольт a change of 5 V in the signal voltage; ~ чего-л. или в чём-л. a change in ... пример: ~ температýры на 10° a change of 10° in temperature
бесконéчно мáлое ~ infinitesimal change
вековóе ~ secular variation
~ во врéмени time variation, variation in [with] time, behaviour in the time domain
допусти́мое ~ в ... tolerance on ...
~ знáка change of sign
~ знáка числá (на обрáтный) sign reversal of a number
~ масштáба change of scale, scale change, rescaling
~ направлéния (на обрáтное) change of direction, reversal

изменéние
~ направлéния ли́нии зáданного пути́ [ЛЗП] нвг. track change
~ нормирóвки renormalization
ограни́ченное ~ bounded variation
~ основáния (логари́фма) change of base (of a logarithm)
относи́тельное ~ в ... (в виде дроби) fractional change in ...; (в %) percent change in ...
плáвное ~ smooth variation
~ размéров dimensional change, change in dimensions
рéзкое ~ abrupt change
~ свóйств какóй-л. систéмы, напр. во врéмени behaviour of a system, e. g., in the time domain
~ сечéния change in cross-section
~ сечéния, рéзкое abrupt change in section
скачкообрáзное ~ 1. мат. discontinuous change 2. (напр. частоты, яркости) jump-in, sudden [step] change
~ соотношéний reproportioning
~ состоя́ния change of state
~ состоя́ния ионосфéры (напр. суточное, сезонное) behaviour of the ionosphere
ступéнчатое ~ step change
сýточное ~ diurnal variation
~ фáзы phase change
~ фáзы на 180° phase reversal
~ фóрмы deformation
~ фýнкции variation of a function
цикли́ческое ~ напряжéний cyclic variation of stresses
цикли́ческое ~ температýры thermal cycling
~ широ́т latitude alternation, latitude variation

измéнчивость ж. variability

изменя́ть гл. change; vary; modify □ ~ направлéние ли́нии зáданного пути́ нвг. change the track; ~ поря́док интегри́рования change the order of integration

изменя́/ться гл. 1. vary, change □ ~ в зави́симости от ... change [vary] as a function of ...; ~ дискрéтно change [vary] in steps; ~ на ... change by ...; ~ обрáтно пропорционáльно чему-л. vary inversely as smth., vary in inverse proportion to ...; ~ плáвно [непреры́вно] change [vary] continuously; ~ пря́мо пропорционáльно чему-л. vary in proportion to smth., vary directly as smth. 2. (колебаться по величине) fluctuate □ напряжéние сети́ ~ется в предéлах ±10% mains [supply-line] voltage fluctuates [varies] within ±10%

измерéни/е с. 1. (нахождение численного значения величины посредством сравнения с единицей меры) measurement □ подтверждáть ~ями (напр. теоретические выкладки) verify by measurement(s) (e.g., theoretical computations); производи́ть ~ make [take] a measuremen 2. (определение) determinatio 3. (проверка параметров, испытани и т. п.) test 4. (функций) degree □ однорóдная фýнкция n-го ~я function is homogeneous of degre n; ~ относи́тельно ... degree in ... пéрвого ~я относи́тельно ... o the first degree in ... 5. (в сочета ниях типа «в одном, двух, трёх из мерениях») dimension □ в трё ~ях in three dimensions, three-di mensional

измерéни/е
абсолю́тное ~ absolute measure ment
~ бáзиса геод. base measuremen base-line surveying
~ врéмени chronometry, time-keep ing
~ в свобóдном полёте free-fligh measurement
вы́равненные ~я adjusted measure ments
~ высóт level(l)ing, altimetri [height] measurement, altimetry
~ глубины́ воды́ depth-finding sounding □ производи́ть ~я глу бины́ воды́, напр. лóтом take sounding, e.g., by [with] a lead-lin
~ глубины́ эхолóтом depth-finding [sounding] by the acoustic ech method, echo sounding
~ дáльности distance measurement рлк. ranging
дистанциóнное ~ remote measure ment
~ замещéнием measurement b (the) substitution (method)
инструментáльное ~ instrumenta measurement
кóсвенное ~ indirect measurement
~ однорóдной фýнкции degree
относи́тельное ~ relative measure ment
~ по тóчкам point-by-point meas urement, point-by-point determinatio
прямóе ~ direct measurement

измери́мый □ коли́чественно ~ quan tifiable

измери́тель м. meter
~ ви́димости метео visibility mete
~ влагопроницáемости (бумаги water penetration tester
~ воздухопроницáемости (бумаги air permeability tester
~ временны́х интервáлов time-inter val counter
~ высоты́ (ни́жней грани́цы) обла кóв ceilometer
~ вы́хода (выходной мощности output meter
~ глубины́ отпечáтка (твердомера imprint depth [indentation depth indicator
~ деформáции strain gauge
~ диáметра сквáжины hole caliper ing [section] gauge
~ добрóтности Q-meter, quality-fac tor meter

измери́тель
доплеровский ~ (*скорости и сноса*) *ав.* Doppler navigator
~ ды́рчатости (*бумаги*) hole detector
~ ёмкости capacitance meter, capacitometer
~ жёсткости rigidimeter
~ заземле́ния earth-electrode resistance tester
~ затуха́ния тра́кта transmission measuring set
~ звукового давле́ния acoustic radiometer
~ зо́льности (*бумаги*) ash meter
~ интенси́вности излуче́ния radiation rate meter
~ искаже́ний distortion meter
~ истира́емости abrasion tester
~ капилля́рной впи́тываемости (*бумаги*) capillarity tester
~ колеба́ний vibration meter
~ коэффицие́нта детона́ций *ак.* wow-and-flutter meter
~ коэффицие́нта мо́щности power-factor meter
~ коэффицие́нта отраже́ния reflection [return loss] measuring set
~ коэффицие́нта шумо́в noise-figure meter
~ лине́йной деформа́ции (*бумаги*) expansion tester
~ магни́тного пото́ка fluxmeter
~ модуля́ции modulation meter, modulation monitor
~ мо́щности power meter
~ мо́щности до́зы радиа́ции dose-rate meter
~ мо́щности поглоща́ющего ти́па terminating power meter
~ накло́на бурово́й сква́жины borehole dipmeter
~ направле́ния ве́тра wind indicator
~ напряжённости по́ля field-intensity [field-strength] meter
~ нелине́йных искаже́ний distortion meter, distortion analyzer
~ неоднор́одности цепи́ reflection [return loss] measuring set
~ оседа́ния кро́вли *горн.* convergence recorder
~ отклоне́ния частоты́ frequency-deviation meter
~ отрица́тельных ускоре́ний decelerometer
~ перехо́дных поме́х cross-talk measuring set, cross-talk meter
~ преломле́ния refractometer
~ проходя́щей мо́щности feed-through power meter
~ пыле́ния (*бумаги*) fluff tester
~ радиоакти́вности radioactivity meter
~ радиопоме́х radio-noise meter
~ расхо́да (*газа, жидкости*) flow (rate) meter
~ расхо́да то́плива fuel flow meter
самопи́шущий ~ у́ровня переда́чи transmission level recorder

измери́тель
~ си́лы звука sound level meter
~ си́лы сигна́ла signal-strength meter, S-meter
~ ско́рости испаре́ния evaporimeter
~ ско́рости проце́сса rate meter
~ ско́рости ре́зания cut meter
~ ско́рости счёта count rate meter
~ ско́рости тече́ния current meter
~ слы́шимости audibility meter
~ солёности морско́й воды́ salinity meter
~ сопротивле́ния изоля́ции insulation tester
~ толщины́ строки́ *рад.* linewidth gauge
~ угла́ сно́са drift indicator, drift meter
~ угловы́х ускоре́ний angular accelerometer
~ укло́на gradient indicator
~ у́ровня level [depth] gauge
~ у́ровня гро́мкости volume-unit meter
~ у́ровня жи́дкости liquidometer
~ у́ровня ма́сла oil-depth [oil-content] gauge
~ ускоре́ния accelerometer
~ цветово́й температу́ры colour temperature meter
~ часто́тной характери́стики frequency-response analyser, frequency-response tracer
~ ширины́ полосы́ *прок.* width gauge
~ ширины́ полосы́, инфракра́сный *прок.* infra-red width gauge
~ ширины́ полосы́, рентге́новский *прок.* X-ray width gauge
~ ширины́ полосы́, электро́нный *прок.* electronic width gauge
~ электри́ческого по́ля (*в атмосфере*) electric field meter

измеря́ть *гл.* **1.** (*находить численное значение величины*) measure □ ~ **с дискре́тностью ...** measure in steps of ... **2.** (*толщину, уровень*) gauge □ ~ **кронци́ркулем [нутроме́ром]** calliper **3.** *хим.* measure, estimate □ ~ **по ме́тоду** estimate by the method

изна́нк/а *ж.* reverse, inside □ **вывора́чивать на** ~**у** turn inside out

изна́шиваемость *ж.* wearability

изна́шивание *с.* deterioration, wear-and-tear
абрази́вное ~ abrasive wear
гидроабрази́вное ~ hydroabrasive wear
кавитацио́нное ~ cavitation erosion
коррозио́нно-механи́ческое ~ mechanochemical wear
механи́ческое ~ mechanical wear
окисли́тельное ~ oxidative wear
~ при заеда́нии adhesive [seizure] wear
~ при фре́ттинг-корро́зии fretting
уста́лостное ~ fatigue wear
эрозио́нное ~ erosive wear

изна́шиваться *гл.* deteriorate, wear

изно́с *м.* wear □ **вызыва́ть** ~ give rise [bring about] wear of ...; ... **для обеспе́чения равноме́рного** ~**а** to give even wear; **компенси́ровать** ~ **регулиро́вкой** adjust for wear; **регули́ровать по ме́ре** ~**а** adjust for wear
~ **бу́ра по диа́метру** drill-gauge wear
~ **в пери́од прирабо́тки** run-in wear
есте́ственный ~ natural wear-and-tear
золово́й ~ ash erosion
~ **истира́нием** attrition [detrition] wear
коррозио́нный ~ corrosive wear
механи́ческий ~ mechanical wear
мора́льный ~ obsolescence
нараста́ющий ~ cumulative wear
неравноме́рный ~ spotty [irregular] wear
о́бщий ~ (*физический и моральный*) deterioration
по́лный ~ (*состояние, при котором дальнейшая эксплуатация и ремонт экономически нецелесообразны*) wear-out
равноме́рный ~ regular [smooth] wear

износосто́йкость *ж.* wear resistance
относи́тельная ~ comparative wear resistance

изоба́р *м. яд. физ.* isobar

изоба́ра *ж.* isobar □ ~ **соединя́ет места́ с одина́ковым атмосфе́рным давле́нием** an isobar denotes places having the same atmospheric pressure at a given time

изоба́та *ж.* isobath

изобатите́рма *ж.* isobathytherm

изоби́ловать *гл.* abound (in), be rich (in)

изобража́/ть *гл.* express, represent, depict, indicate *пример*: **то́чка** *M* ~**ет число́** *a* point *M* represents [expresses] the number *a*

изображе́ни/е *с.* **1.** *опт.* image □ ~ **ви́дно несовмещённым** (*в дальномере*) the images are seen [appear] unmatched (*in a range finder*); **восстана́вливать** ~ (*в голографии*) reconstruct the image (*in holography*); **дава́ть перевёрнутое** ~ form an inverted image; **дава́ть прямо́е** ~ form an erect image; **искажа́ть** ~ distort the image; **(ме́тод) получе́ния** ~**я** imagery; **наблюда́ть** ~ view the image; **накла́дывать одно́** ~ **на друго́е** superimpose two images [one image onto another]; **получа́ть** ~ *чего-л.* **с по́мощью электро́нного луча́** image *smth.* by [with] an electron beam; **проеци́ровать** ~ **на экра́не** project [throw] the image on the screen; **развёртывать** ~ scan the image [picture]; ~**я слива́ются** (two) images fuse together; **слия́ние** ~**й** the fusion of (two) images; **«сма́зать»** ~ (*в фотографии*) blur the picture [image];

совмеща́ть (полови́нки *или* **два) ~я** (*в дальномере*) match the images; **увели́чивать ~** blow up [enlarge, magnify] the image; **уменьша́ть ~** reduce [scale down] the image; **уменьша́ть ~** (*напр. в приборах электронного зондирования*) demagnify the image; **чётко фокуси́ровать ~** bring the image into a sharp focus **2.** *тлв.* image, picture □ **~ сжа́то,** *напр.* **све́рху, сни́зу** the picture is cramped at, *e. g.*, top, bottom **3.** *рлк.*, *осцил.* representation, display, pattern □ **смеща́ть [перемеща́ть] ~** shift the display [pattern] **4.** *мат.* representation; transform

изображе́ни/е
аксонометри́ческое ~ axonometric drawing
ви́димое ~ visible image
внеосево́е ~ off-axis image
~ в рентге́новских луча́х X-ray image
голографи́ческое ~ holographic image
графи́ческое ~ graphic representation
двойно́е ~ double image
действи́тельное ~ real image
дифракцио́нное ~ diffraction image
зерка́льное ~ mirror image
зерка́льное ~ анте́нны image antenna
искажённое ~ distorted image
~ исто́чника source image
~ исто́чника, зерка́льное image source
картографи́ческое ~ cartographic(al) representation
кванто́ванное ~ по вре́мени sampled picture
~ ко́да code pattern
конгру́энтное ~ true-sided image
контра́стное ~ contrast [hard] image
лапла́сово ~ Laplace transform □ **находи́ть лапла́сово ~ фу́нкции** apply the Laplace transform to a function; **находи́ть оригина́л по лапла́сову ~ю** recover the original function from its Laplace transform; **оты́скивать лапла́сово ~ фу́нкции** find the Laplace transform of a function
лате́нтное ~ latent image
мни́мое ~ virtual image
негати́вное ~ negative image
неконтра́стное ~ soft image
неподви́жное ~ 1. *тлв.* static image **2.** *рлк.* stationary pattern
нечёткое ~ blind image
обра́тное ~ reversed [inverted] image
объёмное ~ stereoscopic picture, three-dimensional presentation, 3-d image
опти́ческое ~ optical image
оста́точное ~ (*на ЭЛТ*) after-image, retained image, image retention
параксиа́льное ~ paraxial image

изображе́ни/е
перевёрнутое ~ reversed [inverted] image
перспекти́вное ~ perspective, panorama [panoramic] sketch
побо́чное ~ false [ghost] image
позити́вное ~ positive image
по́лное ~ composite picture
полутенево́е ~ scale-of-gray [gray-scale] image
полуто́новое ~ half-tone image, half-tone picture
~, полу́ченное шли́рен-ме́тодом schlieren image
простра́нственное ~ stereoscopic picture, three-dimensional presentation, 3-d image
прямо́е ~ 1. *опт.* erect image **2.** *полигр.* direct copy
радиолокацио́нное ~ radar display □ **ориенти́ровать радиолокацио́нное ~** orient [stabilize] the radar display
радиолокацио́нное ~, ориенти́рованное относи́тельно и́стинного се́вера (меридиа́на) north(-upwards)-stabilized [north-oriented, azimuth-stabilized] display
радиолокацио́нное ~ с ориента́цией по ку́рсу heading-stabilized [vessel-oriented, relative] display
радиолокацио́нное ~ с ориента́цией по се́веру north(-upwards)-stabilized [north-oriented, azimuth-stabilized] display
раздво́енное ~ *тлв.* split picture
размы́тое ~ diffuse image
расплы́вчатое ~ blurred image
ра́стровое ~ 1. *полигр.* half-tone (photography), screening, half-tone reproduction **2.** *свз.* half-tone image
расфокуси́рованное ~ out-of-focus [defocused] image
ре́зкое ~ sharp [crisp] image
~ релье́фа relief representation
~ релье́фа, гипсометри́ческое colour-relief presentation, graded colouring, tonal printing
~ релье́фа, стереоскопи́ческое stereoscopic relief presentation
~ релье́фа, фотографи́ческое gelatin relief image
светлопо́льное ~ (*микроскопа*) bright-field image
серебря́ное ~ (*в фотографии*) silver image
скры́тое ~ latent image
сма́занное ~ smeared picture
~ с рва́ными края́ми ragged picture
стереоскопи́ческое ~ stereoscopic picture, three-dimensional presentation, 3-d image
стигмати́ческое ~ stigmatic [punctual] image
стробоскопи́ческое ~ stroboscopic [frozen] image
сфери́ческое ~ spherical representation

изображе́ни/е
сфокуси́рованное ~ in-focus image
схемати́ческое ~ diagrammatic representation, sketch
темнопо́льное ~ (*микроскопа*) dark-field image
тенево́е ~ shadowgraph, direct-shadow image, skiagraph
топографи́ческое ~ topographic(al) expression, representation of ground, terrain representation
то́чечное ~ point image
трёхме́рное ~ stereoscopic picture, three-dimensional presentation, 3-d image
~ усло́вными зна́ками symbolization
фотографи́ческое ~ photographic image
фотоэлектростати́ческое ~ photoelectrostatic image
~ фу́нкции по Лапла́су Laplace transform of a function
цветно́е ~ colour image
чёрно-бе́лое ~ black-and-white picture
чёткое ~ sharp [crisp] image
чрезме́рно контра́стное ~ hard [harsh] image
штрихово́е ~ line image
электри́ческое ~ electrical image
электро́нное ~ electronic image

изображе́ние-оригина́л *м.* (*в фототелеграфе*) subject copy □ **разбиват[ь] ~ на развёртывающие [ра́стровые, анализи́рующие] элеме́нты** break u[p] the subject copy into picture ele[-]ments, resolve the subject-copy int[o] dots
изобрета́тель *м.* inventor; originato[r]
изобрета́ть *гл.* invent; devise, con[-]trive
изобрете́ние *с.* invention □ **внедря́т[ь] ~** reduce an invention to practice
изобута́н *м.* isobutane
изогали́на *ж.* isohaline
изогие́та *ж.* isohyet, isohyetal line
изоги́пса *ж.* hypsographic(al) curve, isohypse, contour line
изоги́ра *ж.* isogyre
изого́н/а *ж.* isogonic line □ **вдоль ~ы магни́тное склоне́ние име́ет одина́ковое значе́ние** on an isogonic lin[e] the magnetic variation is the sam[e]
изоградие́нт *м.* isogradient
изогра́мма *ж.* isogram
изогра́ф *м.* isograph
изоде́нса *ж.* isodence, isopycnic lin[e]
изодиафе́р *м.* isodiaphere
изодиморфи́зм *м.* isodimorphism, double isomorphism
изоди́на *ж.* isodyne
изодина́ма *ж.* isodynamic line
изодо́за *ж.* isocount contour
~ нейтро́нного пото́ка isoflux
изодро́м *м.* **1.** (*корректирующее уст[-]ройство*) lead network, feedbac[k] compensator, rate-signal stabilizin[g] network **2.** (*устройство в автомати[-]ческих регуляторах*) proportional

plus-integral element, proportional plus-integral device, PI-element, PI-device
изоклина *ж.* isoclinic line
изолиния *ж.* isoline, isogram, isometric line
изолировать *гл.* 1. (*предотвращать контакт, перенос тепла, влаги и т. п.*) insulate, install insulation, apply [put on] insulation 2. (*защищать трубы, котлы, цилиндры и т. п. обмоткой*) lag 3. (*предотвращать взаимодействие, разобщать*) isolate, segregate, separate
изолюкс *м.* (*линия равной освещённости в люксах*) isolux (line), isophote
изолятор *м.* (*материал, устройство*) insulator □ **армировать ~, напр. цементом, сплавом** *эл.* assemble an insulator, *e.g.*, with cement, alloy; **набирать ~ы в гирлянду** build up a (suspension) insulator string, build up a number of insulator units to form a string; **произошёл пробой ~а** the insulator is punctured; **~ы служат для крепления проводов** (*напр. к опорам*) insulators carry wires (*e. g.*, *on supports*)
аппаратный ~ apparatus insulator
бакелитовый ~ bakelized-paper insulator
~ ввода (*от распределительной сети в здание*) service(-entrance) insulator
гирляндный ~ string insulator unit
горшковый ~ pot insulator
двухжелобковый ~ double-groove insulator
двухъюбочный ~ double-shed [double-petticoat] insulator
дистанционный ~ stand-off insulator
~ для внутренней установки indoor insulator
~ для наружной установки outdoor insulator
~ для шестовых линий pony insulator
~ затвора (*в полевом транзисторе*) gate insulator
керамический ~ ceramic insulator
колпачковый ~ cap insulator
крюковой ~ swan-neck insulator
линейный ~ *эл.* (overhead) line insulator
линейный, подвесной ~ *эл.* suspension (line) insulator
линейный, штыревой ~ *эл.* pin(-type) (line) insulator
маслобарьерный ~ oil-filled insulator
мастиконаполненный ~ compound-filled insulator
металлический ~ metal insulator, supporting stub
натяжной ~ strain insulator
одноюбочный ~ single-shed insulator

изолятор
опорный ~ (*для антенны*) base insulator; (*для силовых выключателей-автоматов, шин и т. п.*) pedestal insulator
опорный, штыревой ~ (*станционный*) station post insulator; (*линейный*) line post insulator
орешковый ~ *эл.* egg insulator
подвесной ~ suspension insulator
подкладочный ~ (*под аккумуляторный сосуд*) accumulator [battery] insulator
проходной ~ bushing insulator
распределительный ~ switch-gear insulator
ребристый ~ ribbed insulator
роликовый ~ knob [spool] insulator
секционный ~ section insulator
слаботочный ~ electrocommunication-type insulator
станционный ~ station insulator
стержневой ~ shackle [stick] insulator
тарельчатый ~ disk [cap-and-pin] insulator
фарфоровый ~ porcelain insulator
шинный ~ bus insulator
штыревой ~ pin-type insulator
юбочный ~ bell [petticoat] insulator
изоляци/я *ж.* 1. (*предотвращение электрического или другого контакта, переноса тепла, влаги и т. п.*) insulation 2. (*предотвращение взаимодействия, разобщение*) isolation, segregation, separation 3. (*материал*) insulation, insulator □ **армировать ~ю** (*материал*) reinforce insulation; **зачищать ~ю** (*напр. с провода*) strip insulation, strip the wire; **диаметр (провода) по ~и** insulated diameter (of a wire); **~ нарушена** (*напр. из-за старения*) the insulation breaks down (*e.g.*, *because of deterioration*); **с бумажной ~ей** paper-insulated; **с воздушной ~ей** air-insulated; **сдвинуть ~ю** (*на проводе*) push back insulation (*on a wire*); **с резиновой ~ей** rubber-insulated; **~ стареет** the insulation ages [deteriorates with time]; **устанавливать ~ю** apply [install] insulation; **устраивать (тепловую) ~ю** install (thermal) insulation
антикоррозионная ~ anticorrosive [corrosion-resistant] insulation
асбестовая ~ asbestos insulation
битумная ~ bitumen insulation
блочная ~ *стр.* block insulation
бумажная ~ paper insulation
бумажная ~ с вязкой пропиткой mass-impregnated paper insulation
бумажно-масляная ~ paper-oil insulation
воздушная ~ air insulation
второстепенная ~ (*в трансформаторе*) minor insulator

изоляци/я
высоковольтная ~ high-voltage [H. V.] insulation
газообразная ~ gaseous insulation
главная ~ (*в трансформаторах*) major insulation
дугостойкая ~ arc-resistant insulation
жидкая ~ liquid insulation
звуковая ~ sound insulation, sound-proofing
кабельная ~ cable insulation
кабельная, жильная ~ cable-core insulation
~ класса А, В, С ... *эл.* class A, B, C, ... insulation
комбинированная ~ composite insulation
конденсаторная ~ capacitor insulation
кремнийорганическая ~ silicone insulation
лакотканевая ~ cambric [varnished-cotton] insulation
маслобарьерная ~ oil-barrier insulation
маслобумажная ~ oil-paper insulation
масляная ~ oil insulation
междуфазная ~ (*в трансформаторах*) phase-to-phase insulation
огнеупорная ~ refractory insulation
~ плазмы confinement [containment] of plasma
поглощающая ~ absorbent insulation
пробковая ~ cork insulation
противопожарная ~ fire-resistant insulation
~ *p-n*-переходом junction isolation
~ рудничного пожара mine-fire confinement
слюдяная ~ mica insulation
~ с обеднённой пропиткой mass-impregnated and drained insulation
~ с полной пропиткой fully impregnated insulation
стабилизированная ~ mass-impregnated non-draining insulation
стеклянная ~ glass insulation
тепловая ~ heat [thermal] insulation; (*особ. на котлах, паропроводах*) lagging
тепловая, гибкая ~ flexible heat [thermal] insulation, flexible heat [thermal] insulator, blanket insulator
тепловая, жёсткая ~ rigid heat [thermal] insulation, rigid heat [thermal] insulator
тепловая, засыпная ~ loose-fill heat [thermal] insulation, loose-fill heat [thermal] insulator
тепловая, мастичная ~ plastic heat [thermal] insulation
тепловая, набивная ~ pour-in-place heat [thermal] insulation, pour-in-place heat [thermal] insulator
тепловая, рыхлая ~ fill heat [thermal] insulation, fill heat [thermal] insulator

изоля́ци/я
теплова́я, сыпу́чая ~ loose-fill heat [thermal] insulation, loose-fill heat [thermal] insulator
теплова́я, формо́ванная ~ moulded heat [thermal] insulation, moulded heat [thermal] insulator
теплова́я, шту́чная ~ moulded heat [thermal] insulation, moulded heat [thermal] insulator
теплосто́йкая ~ high-temperature insulation
хлопчатобума́жная ~ cotton insulation
хлопчатобума́жная, провощённая ~ waxed cotton insulation
шёлковая ~ *эл.* silk covering
~ электродви́гателя, кату́шечная coil insulation
~ электродви́гателя, корпусна́я frame insulation
~ электродви́гателя, межвитко́вая turn insulation
~ электродви́гателя, па́зовая slot insulation
~ электродви́гателя, по́люсная pole insulation
~ электродви́гателя, пояснáя belt insulation
~ электродви́гателя, секцио́нная coil insulation
~ электродви́гателя, фа́зовая phase insulation
изоме́р *м.* isomer *пример*: **вещества́ А и Б явля́ются ~ами** substances A and B are isomers (of each other), substances A and B are isomeric, A and B are isomeric substances
опти́ческий ~ optical antipode
поворо́тный ~ rotational isomer
я́дерный ~ nuclear isomer
изомериза́ци/я *ж.* isomerization □ **осуществля́ть ~ю А в Б** carry out isomerization of A to B; **э́та реа́кция заключа́ется в перемеще́нии мети́льной гру́ппы в ~ю** this reaction consists of the migration of a methyl group isomerization
изомериз/ова́ть(ся) *гл.* isomerize □ **вещество́ А ~у́ется в вещество́ Б** A isomerizes (in) to B, A is isomerized to B; **~ че́рез промежу́точное, *напр.*, эно́льное соедине́ние** isomerize by the way of, *e.g.*, an enolic intermediate
изомери́я *ж.* isomerism
~ а́томных я́дер nuclear isomerism
геометри́ческая ~ geometrical isomerism
опти́ческая ~ optical isomerism
поворо́тная ~ rotational isomerism
~ положе́ния position isomerism
простра́нственная ~ space isomerism, stereoisomerism
скеле́тная ~ skeleton isomerism
структу́рная ~ plane isomerism
я́дерная ~ nuclear isomerism
изометри́я *ж.* isometry, isometric projection

изоморфи́зм *м.* isomorphism
гетеровале́нтный ~ heterovalent isomorphism
изовале́нтный ~ isovalent isomorphism
инве́рсный ~ *мат.* anti-isomorphism
топологи́ческий ~ *мат.* topological isomorphism, topological transformation
изомо́рфный *прил.* isomorphic to ... [with ...]
изонитросоедине́ние *с.* isonitrocompound
изопи́кна *ж.* isopycnal, isopycnic line
изопле́та *ж.* isopleth, index line
изопове́рхность *ж.* isosurface
изопо́ра *ж.* isopor
изопре́н *м.* isoprene
изопье́за *ж.* isopiestic line
изорефра́кт *м.* isorefract, line of equal refractive indices
изосе́йста *ж.* isoseismal (line)
изота́ха *ж.* isotach, isovel
изоте́рма *ж.* isotherm(al), isothermic line
изото́н *м.* isotone
изото́п *м.* isotope □ **~ А превраща́ется в результа́те, *напр.* бе́та-распа́да в ~ Б** isotope A transforms by, *e. g.*, beta-emission to isotope B; **выделя́ть (чи́стый) ~ (из сме́си)** isolate a (pure) isotope (from a mixture); **~ испы́тывает позитро́нный распа́д** the isotope undergoes positron decay, the isotope decays by positron emission; **~ испы́тывает электро́нный захва́т** the isotope undergoes electron capture; **обнару́живать ~ по излуче́нию** detect an isotope by radiation; **обнару́живать ~ у, *напр.* нео́на, ге́лия *и т. п.*** find isotopes in, *e.g.*, neon, helium, *etc.*; **обогаща́ть ~** enrich an isotope; **разделя́ть ~ы** separate (the) isotopes; **синтези́ровать ~** synthesize an isotope; **собира́ть ~ы в коро́бки** (*при электромагнитном разделении*) collect isotopes in collection pots (*under electromagnetic separation*); **~ усто́йчив *или* неусто́йчив к, *напр.* бе́та-распа́ду** the isotope is stable *or* unstable towards, *e. g.*, beta-decay; **~ явля́ется, *напр.* бе́та-акти́вным** the isotope is, *e.g.*, beta-emitting
де́лящийся ~ fissionable [fissile] isotope
долгоживу́щий ~ long-lived isotope
доче́рний ~ daughter isotope
есте́ственный ~ natural(ly occurring) isotope
иску́сственный ~ man-made isotope, transmutation product
короткоживу́щий ~ short-lived isotope
лёгкий ~ light isotope
матери́нский ~ parent isotope
нейтронодефици́тный ~ neutron-deficient isotope

изото́п
нейтроноизбы́точный ~ neutron-excess isotope
нейтронообеднённый ~ neutron-impoverished isotope
нейтронообогащённый ~ neutron-rich isotope
неусто́йчивый ~ unstable isotope
приро́дный ~ natural(ly occurring) isotope
радиоакти́вный ~ radioactive isotope, radioisotope
~ с избы́тком нейтро́нов neutron-rich isotope
~ с недоста́тком нейтро́нов neutron-deficient isotope
среднетяжёлый ~ intermediate isotope
стаби́льный ~ stable isotope
тяжёлый ~ heavy isotope
усто́йчивый ~ stable isotope
чи́стый ~ pure isotope
изотопи́я *ж.* isotopy
изотропи́я *ж.* isotropy, isotropism
изотро́пность *ж.* isotropy, isotropism
изофо́т *м.* (*линия равной освещённости в фотах*) isophot
изохо́ра *ж.* isochore □ **~ изобража́е процесс, происходя́щий при по стоя́нном объёме** an isochore repre sents a process occurring without change of volume
изохрома́та *ж.* isochromatic curve
изохро́на *ж.* isochrone □ **~ представ ля́ет одновреме́нность тех *или* ины́ явле́ний** an isochrone connect events having the same time value
изохро́нность *ж.* isochronism
изоце́нтр *м.* centre of homology, isc centre, conjugate focal point; *амер* moving point
изоэнта́льпа *м.* isenthalpy
изразе́ц/е́ц *м.* ceramic tile □ **~цы́ ис по́льзуются для украше́ния** cerami tiles are used for decorative effects **~цы́ крепя́т в кла́дке раство́ро** ceramic tiles are applied on masonr by a mortar
изумру́д *м.* emerald
изъязвле́ние *с.* pitting
изъя́н *м.* flaw
изыска́ни/е *с.* **1.** (*научно-исследов тельская работа*) exploration, inves tigation, research, study **2.** (*предв рительный этап строительства*) su vey(ing) (for construction)
гидротехни́ческие ~я hydraulic e gineering research
дета́льные ~я detailed surve (ing)
инжене́рные ~я (civil-)engineerin survey(ing)
о́бщие ~я general survey(ing)
предвари́тельные ~я prelimina survey(ing)
тра́ссовые ~я route survey(ing)
ИК-наведе́ние *с.* infra-red homing
иконоско́п *м.* iconoscope
икоса́эдр *м.* icosahedron
икоситетра́эдр *м.* icositetrahedron

ИК-приёмник *м.* infra-red [IR] detector, infra-red [IR] receiver
кс-едини́ца *ж.* (*внесистемная единица длины для выражения длин волн рентгеновского и гамма-излучений*) X-unit, XU
ИК-систе́ма *ж.* **наведе́ния** (infra-red [IR]) heat-seeking system
ИК-спе́ктр *м.* infra-red [IR] spectrum
л *м.* (*осадок в водоёмах*) silt; (*осадок в очистных канализационных сооружениях*) sludge □ **~ выпада́ет из сто́чных вод** sludge settles out of the sewage; **подверга́ть сыро́й ~ броже́нию** digest the fresh [raw] sludge
аккумуля́торный ~ battery mud
акти́вный ~ activated sludge
ано́дный ~ (*в электролизном производстве*) anode mud
сбро́женный ~ digested sludge
сыро́й ~ fresh [raw] sludge
ЛИ (*логическая функция или операция*) OR
ллю́зия *ж.*, **опти́ческая** optical illusion
ллюмина́тор *м. мор.* port-light, port-hole, air-port; *ав.* window; *косм.* viewport □ **~ име́ет водонепроница́емую кры́шку** the port-hole is provided with a dead-light (*for protection against heavy weather*); **~ предназна́чен для освеще́ния, вентиля́ции и наблюде́ния** a port-light provides light, ventilation and vision
бортово́й ~ side port-hole, side port-light, side air-port; side window
глухо́й ~ dead-light
па́лубный ~ deck light
ру́бочный ~ deck-house air-port
ллюмини́рование *с.* illumination
ллюстра́ция *ж.* illustration
нагля́дная ~ (*в переносном значении*) case history
цветна́я ~ colour illustration
чёрно-бе́лая ~ black-and-white illustration
оотсто́йник *м.* silt-detention basin, silt-settling tank
оочисти́тель *м.* desilter
оуловите́ль *м.* silt pit
ювио́граф *м.* ombrograph
ита́тор *м.* simulator
дви́жущейся це́ли moving target simulator
~ полёта flight simulator
радиолокацио́нный ~ radar simulator
ита́ция *ж.* **1.** (*подделка, подражание*) imitation; substitute **2.** (*моделирование, воспроизведение процесса или системы механическими, электромеханическими или электронными средствами*) simulation
~ больши́х высо́т *ав.* high-altitude simulation
~ кла́дки *стр.* brickwork imitation
~ ко́жи leather substitute

имита́ция
реалисти́ческая ~ realistic simulation
имити́р/овать *гл.* **1.** (*материал, изделие и т. п.*) imitate **2.** (*моделировать процесс или систему для изучения, проектирования и т. п., а также воспроизводить ситуацию, близкую к действительной*) simulate □ **~ обстано́вку на автодоро́ге** duplicate the roadway, simulate the highway; **~ пожа́р** simulate a fire; **~ поса́дку** simulate a landing; **трена-жёр по́лностью ~ует рабо́ту систе́мы управле́ния и руле́й самолёта** the simulator precisely duplicates the operation and responses of the aeroplane's controls
имме́рсия *ж.* immersion
имми́танс *м.* immittance
входно́й ~ input immittance
выходно́й ~ output immittance
~ нагру́зки load immittance
импеда́нс *м.* impedance
акусти́ческий ~ acoustic impedance
механи́ческий ~ mechanical impedance
электри́ческий ~ *уст. см.* **по́лное сопротивле́ние**
имплика́ция *ж.* implication
и́мпульс *м.* **1.** (*механический; синоним — количество движения*) momentum **2.** (*волновой*) (wave) pulse □ **выделя́ть [стробировать] ~** select [gate] a pulse; **е́сли ~ы повторя́ются, ...** in the case of recurring pulses ...; **заде́рживать ~** delay a pulse; **~ зака́нчивается** the pulse ceases; **заполня́ть ~ (несу́щей) частото́й** modulate a pulse on a carrier (frequency); **~ запуска́ет развёртку** the pulse triggers [initiates] the sweep; **мо́щность в ~е** *рлк.* peak (pulse) power; **обостря́ть ~** sharpen a pulse; **ограни́чивать ~** clip [chop off] a pulse; **~ отража́ется от це́ли** the pulse is reflected from a target; **~ы перекрыва́ются** pulses overlap; **~ подаётся на ...** the pulse is applied [fed] to ...; **по́сле прохожде́ния ~а** after (when) a pulse ceases, after cessation of a pulse; **привя́зывать ~ к, напр. потенциа́лу земли́** clamp a pulse to, *e.g.*, earth potential; **пропуска́ть ~** skip a pulse; **расширя́ть ~** stretch a pulse; **сжима́ть ~** compress a pulse; **~ы сле́дуют с частото́й повторе́ния ...** pulses follow at a repetition rate [frequency] of ...; **формирова́ть ~** (*генерировать*) generate [produce] a pulse; (*придавать нужную форму*) form [shape] a pulse; (*из другого сигнала*) derive a pulse
бланки́рующий ~ blanking pulse
вибрацио́нный ~ vibratory impulse
~ возбужде́ния (*из предшествующего каскада по отношению к последующему*) drive pulse

и́мпульс
враща́тельный ~ angular impulse
входно́й ~ input [incoming] pulse
выходно́й ~ output pulse
~ вычита́ния *вчт.* subtract pulse
габя́щий ~ *тлв.* blanking pulse; (*радиационного счётчика*) quench [extinction] pulse; (*генератора колебаний*) termination [turn-off] pulse
гига́нтский ~ (*лазера*) giant pulse
двухполя́рный ~ bidirectional pulse
едини́чный ~ (*вид испытательного сигнала в системах автоматического управления*) unit impulse [delta] function
~ заде́ржки delay pulse
запира́ющий ~ disabling pulse
~ за́писи *вчт.* write pulse
~ заполне́ния (*ложный*) squitter [fill-in] pulse
~ запре́та inhibit pulse
~ запро́са interrogation [interrogating] pulse
~ за́пуска развёртки *рлк.* sweep trigger; *осцил.* time-base trigger
запуска́ющий ~ 1. *вчт.* firing [initiating, start(ing), trigger(ing)] pulse **2.** *рлк.* trigger pulse
~ засве́та шкалы́ *или* **тру́бки гру́бого отсчёта** *рлк.* coarse range intensifier
~ засве́та шкалы́ *или* **тру́бки то́чного отсчёта** *рлк.* fine range intensifier
звуково́й ~ acoustic impulse, sound pulse
зонди́рующий ~ *рлк.* outgoing [main, transmitter, transmitted] pulse
~ информа́ции information [message] pulse
ионизацио́нный ~ ionization pulse
исполни́тельный ~ execute pulse
испыта́тельный ~ test pulse
ка́дровый ~ *тлв.* frame [vertical] pulse
~ ко́дового зна́ка (*в системе КИМ*) *свз.* digit pulse
ко́довый ~ code pulse
колоколообра́зный ~ Gaussian [bell-shaped] pulse
кома́ндный ~ command pulse
коммути́рующий ~ switching pulse
~ манипуля́ции *тлг.* keying pulse
маркёрный ~ *тлв.* reference-time mark
~ масшта́бной отме́тки marker pulse
меша́ющий ~ *тлв.* interfering [disturbing] pulse
мо́щный ~ high-power [strong] pulse
мо́щный, одино́чный ~ single giant pulse
~ набо́ра но́мера *тлф.* dialing pulse; *англ.* impulsing signal
~ набо́ра ци́фры *тлф.* digit pulse
~ на вхо́де пересчётного устро́йства unscaled pulse
~ на вы́ходе пересчётного устро́йства scaled pulse

и́мпульс

~ нака́чки pump(ing) pulse
~ несовпаде́ния anticoincidence pulse
~ несу́щей частоты́ carrier-frequency pulse
обобщённый ~ generalized momentum
~ обра́тного хо́да луча́ flyback [retrace] pulse
одино́чный ~ single pulse
однополя́рный ~ unidirectional [single-polarity] pulse
~ опознава́ния цве́та *тлв.* (*в системе SECAM*) colour-identification pulse
опознава́тельный ~ identification pulse
опо́рный ~ reference pulse
~ опро́са (*в элементах памяти*) drive [excitation, interrogation] pulse
~ остано́ва stop pulse
оста́точный ~ afterpulse
о́стрый ~ peaky pulse
~ отда́чи recoil momentum
~ отме́тки (*напр. дальности*) *рлк.* marker pulse
отпира́ющий ~ enabling pulse
отражённый ~ echo [reflected] pulse
отрица́тельный ~ negative(-going) pulse
паразы́тный ~ parasitic [spurious, stray] pulse
па́рный ~ paired pulse
~ перено́са *вчт.* carry pulse
периоди́ческий ~ repetitive pulse
пилообра́зный ~ saw-tooth pulse
побо́чный ~ spurious pulse
повторя́ющийся ~ repetitive pulse
~ подавле́ния (*в системах подавления боковых лепестков самолётных ответчиков*) control pulse
~ подсве́та прямо́го хо́да развёртки *рлк.* brightening [intensifier] pulse
подсве́чивающий ~ *рлк.* brightening [intensifier] pulse
~ поко́я *тлг.* space pulse
по́лный ~ total momentum, aggregate momentum
~ поме́хи interfering pulse
попере́чный ~ transverse momentum
поро́говый ~ threshold pulse
прямо́й ~ *рлк.* main [transmitted] pulse
прямоуго́льный ~ square [rectangular] pulse
пусково́й ~ 1. *вчт.* firing [initiating, start(ing), trigger(ing)] pulse 2. *рлк.* trigger pulse
равноотстоя́щий ~ equispaced pulse
разруша́ющий ~ disturbing pulse
разря́дный ~ 1. discharge pulse 2. *вчт.* digit pulse
~ раке́тного дви́гателя, уде́льный net specific thrust
~ раке́тного то́плива, уде́льный propellant specific pulse
~ раке́тного ускори́теля boosting impulse
релятиви́стский ~ relativistic momentum
~ руля́ *ав.* control(-surface) impulse [pulse-type] input □ выполня́ть ~ руля́ apply a control impulse input
~ сбро́са *вчт.* reset pulse
светово́й ~ light pulse
~ с вре́зками *тлв.* serrated pulse
СВЧ ~ microwave pulse
~ сдви́га *вчт.* shift pulse
селе́кторный ~ *рлк.* gate (pulse) □ селе́кторный ~ засве́чивает развёртку the gate (pulse) intensifies [brightens] the sweep trace
селе́кторный ~ да́льности *рлк.* range gate (pulse)
селе́кторный, у́зкий ~ *рлк.* narrow gate (pulse) □ селе́кторный, у́зкий ~ высве́чивает (рабо́чую) часть развёртки то́чного индика́тора да́льности the narrow gate (pulse) intensifies [brightens] a portion of the fine range sweep
селе́кторный, ультрау́зкий ~ *рлк.* narrow-narrow [N^2-] gate (pulse)
селе́кторный, широ́кий ~ *рлк.* wide gate (pulse)
~ си́лы impulse of force
~ синхрониза́ции ко́довых зна́ков digit sync pulse
синхронизи́рующий ~ clock [synchronizing, timing] pulse
синхронизи́рующий, ка́дровый ~ *тлв.* vertical [frame] sync pulse
синхронизи́рующий, строчно́й ~ *тлв.* horizontal [line] sync pulse
~ с лине́йным ЧМ заполне́нием chirp [linear FM] pulse
~ сложе́ния *вчт.* add pulse
случа́йный ~ random pulse
~ смеще́ния biasing pulse
~ совпаде́ния coincidence pulse
сопряжённый ~ conjugate momentum
сопу́тствующий ~ afterpulse
~ с пло́ской верши́ной square-topped [flat-topped] pulse
~ спонта́нного излуче́ния spontaneous pulse
~ сры́ва генера́ции turn-off [termination] pulse
стира́ющий ~ erase pulse
строби́рующий ~ strobe (pulse) gate, gate [gating] pulse
сумма́рный ~ total pulse
~ счёта *вчт.* count pulse
~ счи́тывания *вчт.* read pulse
та́ктовый ~ clock pulse; *англ.* strobe (pulse)
то́ковый ~ (*посылка в противовес импульсу паузы*) *тлг.* make pulse
треуго́льный ~ triangular pulse
уда́рный ~ collision momentum; impact momentum
уде́льный ~ specific impulse
узкополо́сный ~ narrow-band pulse
управля́ющий ~ control pulse; drive pulse
ура́внивающий ~ *тлв.* equalizing pulse
ура́внивающий, за́дний ~ (*за кад ровым синхроимпульсом*) post -equalizing pulse
ура́внивающий, пере́дний ~ (*перед кадровым синхроимпульсом*) pre -equalizing pulse
~ ускори́теля *ркт.* boosting pulse
~ устано́вки в состоя́ние едини́ца set pulse
~ устано́вки в состоя́ние нуль re set pulse
устано́вочный ~ (*в трансфлюксоре*) unblocking pulse
хрони́рующий ~ clock [timing] pulse
~ части́цы particle momentum, ki netic momentum of a particle
~ части́чной вы́борки partial-rea pulse
~ электромагни́тного по́ля electro magnetic field momentum; pulse o electromagnetic waves
этало́нный ~ standard pulse

и́мпульс-вре́зка *м. тлв.* (*в кадрово синхроимпульсе*) serration, serrate pulse
и́мпульсник *м.* pulser
иму́щество *с.*, шта́тное ~ issue [stand ard] facilities
и́мя *с.*, альтернати́вное *вчт.* alias
инактива́тор *м.* inactivator
инактива́ция *ж.* inactivation
инактиви́ровать *гл.* inactivate
инва́р *м.* (*никележелезный сплав с ма лым коэффициентом линейного со противления*) Invar
инвариа́нт *м.* invariant
инвариа́нтно *нареч.* относи́тельно ... *мат.* invariant under [to, with re spect to] ...
инвариа́нтность *ж.* invariance
~ относи́тельно преобразова́ни invariance under transforma tion
релятиви́стская ~ relativistic inva riance
инвариа́нтный *прил.* invariant □ ~ себе́ self-invariant
инвентариза́ция *ж.* ле́са inventory forest
инвента́рь *м.*, сельскохозя́йственны agricultural [farm] implements
инве́рсия *ж.* inversion
~ вла́жности humidity inversion
временна́я ~ time inversion
~ входны́х сигна́лов input inve sion
~ населённости *элн.* population i version
относи́тельная ~ inversion ratio
по́лная ~ complete [full, total] i version
поро́говая ~ threshold inversion
приземна́я ~ ground [surface] i version

нве́рсия
радиацио́нная ~ radiation inversion
~ температу́ры temperature inversion
части́чная ~ partial inversion
нве́рсор *м.* 1. *мат.* inversor 2. *полигр.* automatic focusing device
нверти́рование *с.* inversion, inverting □ **~ постоя́нного то́ка в переме́нный** inversion of direct to alternating current
нверти́ровать *гл.* invert
нве́ртор *м.* 1. *рад.*, *эл.* inverter 2. (*логическая схема*) *вчт.* inverter, NOT-circuit, NOT-gate, NOT-element □ **~ обеспе́чивает ни́зкий у́ровень на вы́ходе при высо́ком у́ровне на вхо́де** the inverter output is [goes] low when the input is high; **~ реализу́ет логи́ческую фу́нкцию отрица́ния [логи́ческую опера́цию НЕ]** the inverter [NOT-gate] implements logical negation 3. (*операционный или решающий усилитель постоянного тока соответствующего включения*) sign-inverter, sign-inverting d.c. amplifier
автоно́мный ~ *эл.* self-excited inverter
~, ведо́мый се́тью *эл.* grid-controlled inverter
зави́симый ~ *эл.* grid-controlled inverter
и́мпульсный ~ pulse inverter, pulse NOT-gate
пневмати́ческий ~ fluidic inverter, fluidic NOT-gate
потенциа́льно-и́мпульсный ~ pulse-level inverter, pulse-level NOT-gate
потенциа́льный ~ level inverter, level NOT-gate
релаксацио́нный ~ *эл.* relaxation inverter
рту́тный ~ *эл.* mercury-arc inverter
самоуправля́емый ~ *эл.* free-running inverter
стати́ческий ~ *эл.* static inverter
тиратро́нный ~ thyratron inverter
волю́та *ж. мат.* evolvent, involute (*of a curve*)
волю́ция *ж. мат.* involution
биаксиа́льная ~ biaxial involution
~ на прямо́й involution on a line
ортогона́льная ~ orthogonal involution
экстрема́льная ~ extremal involution
галя́тор *м.* inhalator
гиби́рование *с.* inhibition
гиби́тор *м.* inhibitor, inhibitory factor □ **добавля́ть ~ в реакцио́нную среду́** add [incorporate] an inhibitor to [in] the reaction stock; **~ предотвраща́ет измене́ния в материа́ле** the inhibitor eliminates changes in the material; **~ тормози́т хими́ческий проце́сс** the inhibitor retards a chemical change in a material
~ детона́ции antiknock agent

ингиби́тор
конта́ктный ~ contact inhibitor
~ корро́зии corrosion inhibitor □ **~ корро́зии снижа́ет ско́рость корро́зии** the inhibitor controls [reduces] the rate of corrosion
~ корро́зии, ано́дный anodic (corrosion) inhibitor
~ корро́зии, като́дный cathodic (corrosion) inhibitor
~ корро́зии, сме́шанный mixed (corrosion) inhibitor
кро́ющий ~ covering inhibitor
лету́чий ~ volatile [vapour-phase] inhibitor
миграцио́нный ~ migration inhibitor
~ окисли́тельных реа́кций antioxidant
~ полимериза́ции polymerization inhibitor
ингредие́нт *м.* ingredient, component
и́ндекс *м.* 1. *мат.* index □ **~ ука́зывает на систе́мные набо́ры да́нных** the index references to system data sets 2. *стат.* index number
ве́рхний ~ upper index, superscript
~ выцвета́ния fading index
~ вя́зкости viscosity index
~ гра́ни криста́лла crystal-face index
~ за́данного ку́рса *нвг.* heading [HDG] command marker
~ инфильтра́ции infiltration index
~ испаря́емости volatility index
~ итера́ции *мат.* iteration index
~ местоположе́ния (*четырёхбуквенный индекс ИКАО для обозначения местоположения стационарной станции*) location indicator (*a four-letter ICAO code group assigned to the location of a fixed aeronautical station*)
ми́ллеровские ~ы Miller indexes
мла́дший ~ (*при двойной индексации*) *вчт.* fine index
~ модуля́ции (*в частотной модуляции*) modulation index
надстро́чный ~ superscript
немо́й ~ *мат.* dummy [umbral] index
ни́жний ~ subscript
ни́жний, ле́вый ~ presubscript, presub, preceding subscript
ни́жний, пра́вый ~ post-subscript, post-sub
~ объёма произво́дства production index
ограни́ченный ~ bounded index
~ отсчёта ку́рса, неподви́жный (*в радиомагнитном индикаторе, планово-навигационном приборе и т. п.*) lubber line
~ пересече́ния intersection coefficient, intersection number
подстро́чный ~ subscript
~ прерыва́ния interruptibility index
~ ревербера́ции reverberation index

и́ндекс
свобо́дный ~ free index
сгла́женный ~ *мат.* rectified index (-number)
сингуля́рный ~ singular index
составно́й ~ aggregative index
ста́рший ~ (*при двойной индексации*) *вчт.* main index
~ сто́имости жи́зни index of cost of living
~ сумми́рования dummy [umbral] index
~ температу́рной уста́вки (*автоматического регулятора*) temperature setting index
~ цен price index
цепно́й ~ *стат.* chain index
~ ци́кла (*число выполненных циклов*) cycle(-)index
~ часто́тной модуля́ции frequency modulation index
индекса́ция *ж.* **шрифто́в** *полигр.* type indexing
индекси́рование *с.* 1. (*поворот стола на один шаг*) *маш.* indexing 2. (*в информационно-поисковых системах*) indexing
координа́тное ~ coordinate indexing
инде́нтор *м.* (*наконечник твердомера*) indenter, penetrator □ **вда́вливать ~ в образе́ц** force an indenter into the specimen; **~ внедря́ется в материа́л образца́** the indenter penetrates into the specimen; **~ оставля́ет отпеча́ток в образце́** the indenter leaves an impression on the specimen, the penetrator produces an identation on the surface
алма́зный ~ (Ви́ккерса) diamond-pointed pyramid
алма́зный ~ (Ро́кведла) diamond cone
кони́ческий ~ conical indenter
пирамида́льный ~ pyramidal indenter
сфери́ческий ~ sphere penetrator, hardness-tester ball
индиви́д *м.*, **хими́ческий** chemical individual
инди́го *с.* indigo
и́ндий *м.* indium, In
индика́тор *м.* 1. (*сигнальный*) indicator, display, annunciator □ **~ отобража́ет, напр. возду́шную обстано́вку** the indicator represents, *e. g.*, the air situation 2. *хим.* indicator, tracer (material) □ **вводи́ть ~ в ви́де (напр. ступе́нчатого, и́мпульсного, цикли́ческого) возмуще́ния** impose the tracer (material) as a (*e.g.*, step, impulse, sinewave) stimulus
акусти́ческий ~ aural indicator
~ бие́ний beat indicator
~ боково́го уклоне́ния *нвг.* course deviation indicator, deviometer
бу́квенно-цифрово́й ~ alpha(nu)-meric indicator
бу́квенный ~ alphabet indicator

индика́тор

~ **ва́куума** vacuum indicator

вибрацио́нный ~ tuned-reed indicator

визуа́льный ~ visual display (*не следует путать с русским термином* дисплей)

~ **вла́жности** moisture indicator, hygrometer

волоконнооптический ~ fibre-optic indicator

~ **га́за, предохрани́тельный** *горн.* approved gas detector

газоразря́дный ~ gas-discharge indicator

голографи́ческий ~ holographic indicator

~ **да́нных, вы́несенный** remote data indicator

~ **ды́ма** smoke indicator

звуково́й ~ aural indicator

зна́ковый ~ character display

~ **зо́ны** zone-position indicator

~ **излуче́ния** radiation indicator

~ **изно́са ле́нты** (*конвейера*) belt fray detector

изото́пный ~ isotopic indicator, isotopic tracer

ионизацио́нный ~ ionization indicator

~ **колеба́ний** oscillation indicator, cymoscope

~ **колеба́ний, тле́ющий** ondoscope

~ **ку́рса (курсово́го) маяка́, бортово́й** (*система слепой посадки*) airborne localizer indicator

ла́зерный ~ laser indicator, laser display

лине́йный ана́логовый ~ linear analog(ue) indicator

маршру́тный ~ *ж.-д.* route indicator

~ **мета́на** methane indicator, firedamp detector, methanometer

~ **мета́на, самопи́шущий** recording methane indicator, recording methanometer

многото́чечный ~ multipoint [multi-reading] indicator

~ **мо́щности** power-level indicator

~ **навигацио́нной обстано́вки, проекцио́нный** *ав.* map display □ **проекцио́нный** ~ **навигацио́нной обстано́вки изобража́ет ме́сто самолёта с по́мощью неподви́жного и́ндекса** the map display is continuously giving the position of the airplane by an airplane symbol; **проекцио́нный** ~ **навигацио́нной обстано́вки нагля́дно представля́ет ме́сто самолёта на фо́не изображе́ния ме́стности** the map display images a symbol representing the airplane on a map of the terrain

~ **направле́ния** azimuth [bearing, direction] indicator

~ **настро́йки** (visual) tuning indicator

~ **настро́йки, опти́ческий** optical tuning indicator

нео́новый ~ neon indicator

~ **обледене́ния** ice detector

обобщённый ~ integrated [multi-function] display; (*теоретическое понятие*) generalized display (system)

~ **обры́ва про́вода** wire breakage detector

~ **о́киси углеро́да** carbon monoxide detector

оптоэлектро́нный ~ optoelectronic indicator

~ **остано́ва програ́ммы** *вчт.* program stop light

~ **отделе́ния каби́ны** *косм.* separation capsule indicator

~ **отклоне́ния ле́нты** (*конвейера*) belt misalignment detector

~ **отклоне́ния напряже́ния от номина́ла** voltage deviation indicator

~ **перегре́ва** overheat detector

~ **перегру́зки** overload indicator, overload detector

~ **переключе́ния диапазо́нов** band-selector indicator

~ **пла́мени** flame detector

~ **погаса́ния пла́мени** loss-of-flame detector

~ **положе́ния** position indicator

~ **предвари́тельного натяже́ния** *горн.* pre-tension indicator

~ **про́пуска и́мпульсов** missing-pulse detector

пьезоэлектри́ческий ~ piezoelectric indicator

~ **рабо́ты переда́тчика** *рад.* TRANSMIT indicator

~ **равнове́сных схем** (*в электрических мостах и потенциометрах*) null indicator □ ~ **равнове́сных схем фикси́рует отсу́тствие,** *напр.* **(электро)то́ка в цепи́** the null indicator indicates when, *e. g.*, current in a circuit is zero

~ **радиоакти́вности** radioactivity indicator

радиоакти́вный ~ radioisotopic [radioactive] tracer, radiotracer

радиолокацио́нный ~ radar indicator, radar display, radar scope □ **радиолокацио́нный** ~ **испо́льзует я́ркостную отме́тку це́ли** the radar indicator presents the target by intensity modulation of the CRT beam; **радиолокацио́нный** ~ **обеспе́чивает визуа́льное наблюде́ние радиолокацио́нных объе́ктов** the radar indicator presents radar data in observable form; **радиолокацио́нный** ~ **рабо́тает в,** *напр.* **двух диапазо́нах измере́ния да́льности** the indicator has a choice of, *e.g.*, two range scales

радиолокацио́нный ~ **а́зимута** azimuth [bearing, direction] indicator

радиолокацио́нный, выносно́й ~ **кругово́го обзо́ра [ВИКО]** plan-position (indicator) repeater, PPR

радиолокацио́нный ~ **да́льности** range indicator, R(-only) scope

радиолокацио́нный ~ **да́льност высо́кой то́чности** precision range i dicator

радиолокацио́нный ~ **«да́льность высота́»** height-range indicator

радиолокацио́нный ~ **дви́жущих це́лей** moving-target indicator, M

радиолокацио́нный, двухме́рный two-dimensional (radar) display

радиолокацио́нный ~ **кругово́го о зо́ра [ИКО]** plan-position [type I indicator, PPI, P-scope □ **радиол каци́онный** ~ **кругово́го обзо́ра о ределя́ет положе́ние це́ли в поля́ ной систе́ме координа́т** the PPI pr sents the target position [target d ta] as a polar plot (of range a angle)

радиолокацио́нный ~ **кругово́го о зо́ра с враща́ющимися кату́шка** rotating-yoke PPI

радиолокацио́нный ~ **кругово́го о зо́ра с заде́ржанной развёртк** (*иногда неверно называют* ИКО кольцево́й развёрткой) delayed P

радиолокацио́нный ~ **кругово́го о зо́ра с неподви́жными кату́шка** fixed-yoke rotary-transformer PP

радиолокацио́нный ~ **кругово́го о зо́ра со смещённым це́нтром** o -centre PPI

радиолокацио́нный ~ **кругово́го о зо́ра с откры́тым це́нтром** open-ce tre PPI

радиолокацио́нный ~ **кругово́го о зо́ра с растя́нутой развёртк** stretched PPI

радиолокацио́нный ~ **кругово обзо́ра с растя́нутым це́нтром** panded-centre PPI

радиолокацио́нный ~ **микропла ме́стности** micro-B display, micr indicator

радиолокацио́нный, одноме́рный one-dimensional indicator □ **од ме́рный радиолокацио́нный** ~ **пользует амплиту́дную отме́тку ли** one-dimensional indicator p sents a deflection-modulated disp

радиолокацио́нный ~ **с амплит ной отме́ткой це́ли** deflecti -modulated display

радиолокацио́нный ~ **с изобра нием, ориенти́рованным по ку́** heading-stabilized [vessel-orien relative] display

радиолокацио́нный ~ **с изобра нием, ориенти́рованным по се́в** north(-upwards)-stabilized [no -oriented, azimuth-stabilized] play

радиолокацио́нный ~ **с кольце развёрткой** (*иногда неверно на вают* ИКО с заде́ржанной разв кой) type I-indicator, I-scope, I-play

радиолокацио́нный ~ **с лине́й развёрткой** A-scope, type A-disp type A-indicator

дикáтор
радиолокациóнный ~ с линéйно-трансформи́рованной развёрткой linearly deformed display
радиолокациóнный ~ с нетрансформи́рованной развёрткой undeformed display
радиолокациóнный ~ со стрóчной [рáстровой] развёрткой (*дальность — азимут*) B-scope, type B-indicator; (*азимут — угол места*) type C-indicator □ радиолокациóнный ~ со стрóчной развёрткой определя́ет положéние в прямоугóльной систéме координáт the B-scope indicates the position of the target in rectangular coordinates
радиолокациóнный ~ с радиáльно-круговóй развёрткой plan-position [type P] indicator, PPI, P-scope
радиолокациóнный ~ с радиáльно-трансформи́рованной развёрткой radially deformed display
радиолокациóнный ~ с сéкторным обзóром sector PPI
радиолокациóнный ~ с трансформи́рованной развёрткой deformed display
радиолокациóнный ~ с я́ркостной отмéткой цéли intensity-modulated display
радиолокациóнный, тóчный ~ precision range indicator
радиолокациóнный ~ углá мéста elevation indicator
радиомагни́тный ~ [РМИ] radio-magnetic indicator, RMI
~ рассогласовáния (*в гиромагнитном компасе*) synchronization annunciator
~ резонáнса resonance indicator
световóй ~ indicator lamp, light indicator
~ систéмы бли́жней навигáции short-range ground position indicator
~ скольжéния лéнты (*конвейера*) belt slip detector
стереоскопи́ческий ~ stereoscopic display
стрéлочный ~ pointer(-type) [needle] indicator
твердотéльный ~ solid-state indicator
~ температýры temperature indicator
~ тлéющего разря́да, знáковый glow discharge sign indicator
~ тлéющего разря́да, сигнáльный signal (electron ray) indicator tube
~ тóчки росы́ dew-point indicator
трёхмерный ~ three-dimensional display
~ углóв колебáний *рад.* nodalizer
~ ультрафиолéтового излучéния ultra-violet indicator
~ утéчки leak detector
фотóнный ~ photon detector
хими́ческий ~ (chemical) indicator, (chemical) tracer (material) □ подавáть хими́ческий ~ в потóк inject (an amount of) a tracer (material) into the stream

индикáтор
хими́ческий, адсорбциóнный ~ adsorption indicator
хими́ческий ~ вне титрýемой жи́дкости external indicator
хими́ческий, внéшний ~ external indicator
хими́ческий, внýтренний ~ internal indicator
хими́ческий, диффунди́рующий ~ diffusing tracer
хими́ческий ~ для титровáния в невóдной средé non-water medium titration indicator
хими́ческий, кислóтно-щелочнóй ~ acid-base indicator
хими́ческий, комплексометри́ческий ~ complexometric indicator
хими́ческий, люминесцéнтный ~ fluorescent indicator
хими́ческий, многокомпонéнтный ~ multiple tracer
хими́ческий ~ нейтрализáции neutralization indicator
хими́ческий ~ окисли́тельно-восстанови́тельной реáкции redox indicator
хими́ческий, универсáльный ~ all-purpose indicator
хими́ческий, хемилюминесцéнтный ~ chemiluminescent indicator
хими́ческий pH-~ acid-base indicator
цифербла́тный ~ dial indicator
цифровóй ~ digital indicator
электроннолучевóй ~ electron-ray indicator
электроопти́ческий ~ electrooptic display

индикатри́са *ж. мат., опт.* indicatrix, characteristic curve
опти́ческая ~ optical indicatrix
~ повéрхности spherical representation of a surface
~ рассéяния indicatrix of diffusion
сфери́ческая ~ spherical indicatrix

индикáци/я *ж.* indication, presentation, display □ давáть [обеспéчивать] чёткую ~ю give clear display (*of smth.*)
визуáльная ~ visual indication, visual display
графи́ческая ~ graphic display
~ дáнных (*на выходе системы*) (data) read-out
дистанциóнная ~ remote indication
звуковáя ~ audible [aural] indication, audible [aural] presentation
нагля́дная ~ (*графическая*) pictorial indication, display [pictorial] presentation (*легко воспринимаемая*) easy-to-interpret [straightforward, direct] indication
~ на лобовóм стеклé *ав.* head-up display on the windscreen
обобщённая ~ (*теоретическое понятие*) generalized display, generalized presentation; (*устройство*) integrated multifunction] display, integrated [multifunction] presentation

индикáци/я
~ по прибóру meter display
радиолокациóнная ~ radar display, radar indication, radar presentation
световáя ~ 1. (*способ*) light indication 2. (*устройство*) indicating light, indicating lamp
такти́льная ~ tactile presentation
цифровáя ~ digital (form of) presentation, digital read-out

инди́стор *м.* indistor
индитрóн *м.* inditron tube
индици́ровать *гл.* дáнные о дáльности и áзимуте *рлк.* display range and azimuth [bearing] intelligence
индукти́вно *нареч.* □ определя́ть ~ *мат.* prove by induction
индукти́вность *ж.* 1. (*физическая величина*) inductance 2. (*устройство*) inductance coil, inductor
взаи́мная ~ mutual inductance
внéшняя ~ external inductance
внýтренняя ~ internal inductance
~ втори́чной обмóтки secondary inductance
~ вы́вода lead inductance
динами́ческая ~ dynamic inductance; (*пьезоэлектрического резонатора*) motional inductance
дифференциáльная ~ incremental inductance
избы́точная ~ (*в туннельном диоде*) excess series inductance
кáжущаяся ~ apparent inductance
~ колебáтельного кóнтура tuned-circuit inductance
конструкти́вная ~ integral inductor
нагрýзочная ~ load inductance
~ настрóйки tuning inductance
паразúтная ~ spurious [stray] inductance
~ первúчной обмóтки primary inductance
перемéнная ~ variable inductance
подстрóечная ~ trimming inductance
послéдовательная ~ series inductance
распределённая ~ distributed inductance
~ рассéяния leakage inductance
сóбственная ~ internal inductance
сосредотóченная ~ lumped inductance
управля́емая ~ controlled inductance

индукти́ровать *гл.* induce (into)
индуктóметр *м.* inductometer
индýктор *м.* 1. (*катушка индукционного нагревателя*) work-coil 2. (*часть электрической машины*) field structure
нагревáтельный ~ induction heater
путевóй ~ *ж.-д.* track inductor
телефóнный, маши́нный ~ power ringing generator, low-frequency ringing-set

индуктор
телефонный, ручной ~ hand ringing generator, magneto (ringing generator)
индуктосин *м.* inductosyn
индукция *ж.* induction
взаимная ~ mutual induction
~ движением (*плазмы*) motional induction
магнитная ~ magnetic induction, magnetic flux density
магнитная, остаточная ~ residual magnetic induction, remanence
математическая ~ mathematical [complete] induction
~ насыщения saturation induction, saturation flux density
обратная ~ back induction
остаточная ~ residual induction
полная ~ complete [mathematical] induction
трансфинитная ~ transfinite induction
униполярная ~ homopolar induction, unipolar (electromagnetic) induction
фотохимическая ~ photochemical induction
химическая ~ chemical induction
электрическая ~ electric induction, electric flux [electric displacement] density
электромагнитная ~ electromagnetic induction
электростатическая ~ electrostatic induction
ядерная ~ nuclear induction
ядерная, свободная ~ free nuclear induction
индустриализация *ж.* industrialization
индуцировать *гл.* **1.** (*наводить магнитную или электрическую индукцию*) induce **2.** (*вызывать, способствовать*) induce, stimulate
инертность *ж.* inertia
акустическая ~ acoustic inertance, acoustic inertia
инерт/ный *прил.* inert □ **~ (по отношению) к** (be) inert to *пример*: **графит ~ен по отношению к большинству кислот** graphite is inert to most acids
инерционность *ж.* sluggishness, lag
~ зрительного восприятия *тлв.* persistence of vision
~ электроннолучевых трубок after-image
инерци/я *ж.* **1.** *мех.* inertia □ **мерой ~и является масса** mass is the quantative measure of inertia **2.** (*свойство системы реагировать на возмущение или воздействие*) time lag
виртуальная ~ virtual inertia
~ вращения rotary inertia
~ гироскопа gyroscope inertia
~ зрительного восприятия persistence of vision
механическая ~ mass inertia
тепловая ~ thermal lag
инжектировать *гл.* inject
инжектор *м.* injector, jet pump
~ дырок *пп* hole injector
плазменный ~ plasma injector
~ электронов electron injector
инжектрон *м.* (*трёхэлектродная импульсная лампа*) injectron
инжекция *ж.* injection
двойная ~ double injection
~ дырок *пп* hole injection
лавинная ~ *пп* avalanche injection
~ неосновных носителей *пп* minority carrier injection
~ носителей заряда *пп* (charge) carrier injection, charge injection
~ носителей одного типа *пп* single injection
~ частиц (*в ускоритель*) particle injection
~ электронов electron injection
инженер *м.* engineer
главный ~ (*на предприятии*) chief engineer
дежурный ~ shift engineer
~ ОТК quality-control engineer
~ по производительности труда efficiency engineer
~ по технике безопасности safety engineer
инженер-инструментальщик *м.* tool engineer
инженер-испытатель *м.* test(ing) engineer
инженер-конструктор *м.* design engineer
инженер-консультант *м.* advisory [consulting] engineer
инженер-механизатор *м.* agricultural machinery engineer
инженер-механик *м.* mechanical engineer
инженер-монтажник *м.* installation engineer
инженер-нормировщик *м.* time-study engineer
инженер-сантехник *м.* plumbing engineer
инженер-строитель *м.* civil engineer
инженер-технолог *м.* industrial engineer
инженер-хронометражист *м.* time-study engineer
инженер-эксплуатационник *м.* maintenance engineer
инженер-электрик *м.* electrical engineer
инициализация *ж.* (*установление в исходное состояние*) *вчт.* initialization
инициирование *с.* initiation
инициировать *гл.* initiate
ин-кварто *с.* *полигр.* in quarto
инклинатор *м.* magnetic inclinometer
индукционный ~ induction [flux-gate] inclinometer
стрелочный ~ dip-needle, dipping compass □ **стрелочный ~ представляет собой магнитную стрелку с горизонтальной осью вращения** a dip-needle is essentially a magnetic needle poised to swing on a horizontal pivot; **устанавливать стрелочный ~ по магнитному меридиан**[у] adjust a dip-needle to the magneti[c] meridian
инклинометр *м.* inclinometer □ **~ из**[**меряет угол и азимут искривлени**[я]] **буровой скважины** an inclinomete[r] determines drill-hole deviation i[n] both dip and direction; **~ опреде**[**ляет угол и азимут искривлени**[я]] **буровой скважины** an inclinomete[r] determines the inclination and direc[tion] of a drill-hole
инклинометрия *ж.* determination o[f] drill-hole dip and direction, determi[]nation of drill-hole inclination an[d] direction
инкремент *м.* increment
логарифмический ~ logarithmic increment
инкрустация *ж.* incrustation, inlai[d] work
инкрустировать *гл.* inlay
инкубатор *м.* incubator, hatcher □ [~] **служит для искусственного вывод**[а] **молодняка птицы** an incubator i[s] an apparatus for hatching birds b[y] artificial heat
кабинетный ~ cabinet incubator
секционно-проходной ~ sectional incubator
шкафной ~ cupboard incubator
инкубаторий *м.* incubator hous[e], hatchery
инкубация *ж.* incubation
инкубировать *гл.* incubate [hatch] eggs by artificial heat
ин-октаво *с.* *полигр.* in-octavo
инокуляция *ж.* inoculation
ин-плано *с.* *полигр.* in-plano
инсектицид *м.* insecticide, insect kille[r], insect poison □ **применять** [~] **опрыскиванием** use [apply] an insecticide as a spray; **применять** [~] **опыливанием** use [apply] an insecticide by dusting in a fine dry powder; **применять ~ фумигацией** u[se] [apply] an insecticide as a fumiga[nt] [by fumigaton]; **~ проникает в ор**[**ганизм насекомых**] the insecticide enters the organism of insects; **~ является химическим средством бор**[**ьбы**] **с вредными насекомыми** an insecticide is a chemical control age[nt] against insect pests
дыхательный ~ fumigant (insecticide)
кишечный ~ stomach insecticide
контактный ~ contact insecticide
системный ~ systemic insecticide
инсектофунгицид *м.* insecto-fungicid[e]
инсоляция *ж.* insolation, exposure [to] sun light
инспектор *м.* inspector
~ по технике безопасности safe[ty] inspector
инспекция *ж.* **1.** inspection **2.** (*учр*[*еждение, организация*]) inspectorate
институт *м.* institute
научно-исследовательский ~ (scie[n]tific) research institute

инструкта́ж *м.* **по ...** briefing on ...
инструкти́ровать *гл.* **по ...** brief on ...
инстру́кци\я *ж.* instruction(s), manual □ **наруша́ть ~ю** violate [depart from] the instruction(s); **сле́довать ~и** follow [obey] the instruction(s), comply with the instruction(s); **согла́сно ~и** as prescribed [directed, stipulated] by the instruction(s), in accordance with [according to, in compliance with] the instruction(s)
должностна́я ~ duty regulation(s)
заводска́я ~ manufacturer's instruction(s)
~ по ремо́нту overhaul manual, repair manual
~ по техни́ческому обслу́живанию maintenance manual
~ по устано́вке installation direction(s)
~ по эксплуата́ции (*исключая регламентные работы, техобслуживание и т. п.*) operating instruction(s); (*включая регламентные работы, техобслуживание и т. п.*) maintenance manual

инструме́нт *м.* **1.** (*единичное орудие труда*) tool; (*собирательно*) tools, tooling □ **зата́чивать (ре́жущий) ~** grind [sharpen] a (cutting) tool **2.** (*медицинский, музыкальный, научный*) instrument
абрази́вный ~ abrasive tool(s) □ **пра́вить абрази́вный ~** true an abrasive tool
абрази́вный, ги́бкий ~ coated abrasive
алма́зный ~ diamond tool
астрономи́ческий ~ astronomical instrument
астрофизи́ческий ~ astrophysical instrument
безопа́сный ~ (*не дающий искру при ударе, немагнитный, некорродирующий*) safety tool(s)
бурово́й ~ boring [drilling] tool(s)
вырубно́й ~ blanking tool(s)
высотоме́рный ~ height-measuring device, height-finding instrument
геодези́ческий ~ geodetic instrument
геодези́ческий, высокото́чный ~ first-order geodetic instrument
ги́бочный ~ bending tool(s)
горново́й ~ forge tool(s)
гравирова́льный ~ etching device, (en)graver
давя́щий ~ *маш.* spinning tool
дели́тельный ~ indexing head
деревообраба́тывающий ~ wood-working tool(s)
~ для ампути́рования (*в ветеринарии*) ablator
~ для гла́жения *кож.* ironing tool
~ для горя́чего клейме́ния *кож.* heated tool
~ для мездре́ния *кож.* scoop
~ для монтажа́ цепи́ *авто* chain tool
~ для отде́лки ко́жи currier's tool
~ для пра́вки шлифова́льных круго́в truing tool, wheel dresser, truing crusher
~ для раска́тки труб tube expander
дово́дочный ~ lapping [finishing] tool(s)
дыропробивно́й ~ punch
зажи́мный ~ clamping [gripping] tool(s)
зуборе́зный ~ gear cutting tool(s)
контро́льный ~ inspection tool(s)
концево́й ~ point tool
кузне́чный ~ blacksmith's [forging] tool(s)
лови́льный ~ **1.** *стр.* grab iron **2.** *геол.* fishing tool
меридиа́нный ~ meridian [transit] instrument, transit
мери́тельный ~ measuring tool(s)
мери́тельный, эталóнный ~ master measuring tool
металлокерами́ческий ~ cermet(-tipped) tool(s)
металлоре́жущий ~ metal-cutting tool(s)
механизи́рованный ~ power tool(s)
монта́жный ~ erection tool(s), installation (kit of) tools
обраба́тывающий ~ machining tool(s)
окола́чивающий ~ *кож.* beating tool
опрессо́вочный ~ (*для беспаячного соединения проводов*) compression tool
отде́лочный ~ finishing tool(s)
пасса́жный ~ meridian [transit] instrument, transit
пасса́жный, горизонта́льный ~ horizontal meridian [transit] instrument
пасса́жный, интерференцио́нный ~ interference meridian [transit] instrument
пасса́жный ~ с ло́маной трубо́й bent [prismatic] transit instrument, bent [broken-telescope] transit
переплётный ~ book-binding tool
печно́й ~ furnace tool(s)
пневмати́ческий ~ pneumatic [air-operated] tool(s)
по́довый ~ bottom tool
полирова́льный ~ polishing tool
породоразруша́ющий ~ (*непосредственно разрушает породу при бурении скважин*) drill bits and diamond tool(s)
прецизио́нный ~ precision instrument
путево́й ~ track instrument
радиоастрономи́ческий ~ radioastronomical instrument
разме́точный ~ marking tool(s)
ре́жущий ~ cutting tool(s) □ **оснаща́ть ре́жущий ~ твердоспла́вной пласти́нкой** carbide-tip a tool
ре́жущий, многоле́звийный ~ multipoint [multiedged] (cutting) tool
ре́жущий, одноле́звийный ~ single-point [single-edged] (cutting) tool
ре́жущий, самоустана́вливающийся ~ self-aligning (cutting) tool
резьбонака́тный ~ threal-rolling tool
резьбонарезно́й ~ thread-cutting tool
ручно́й ~ hand tool(s)
слеса́рный ~ bench (work) tool(s)
со́лнечный ~ solar instrument
съёмочный ~ *геод.* surveying instrument
твердоспла́вный ~ cemented-carbide [hard-carbide] (tipped) tool(s)
технологи́ческий ~ (*для бурения скважины*) drill string, drilling supply
тока́рный ~ lathe [turning] tool(s)
то́чный ~ precision tool(s)
угломе́рный ~ angular [azimuth] instrument, azimuth-indicating device, angle gauge, subtense instrument, anglemeter
уда́рный ~ impact [percussive] tool
универса́льный ~ universal [multi-purpose] tool(s)
формо́вочный ~ moulder tool(s)
чертёжный ~ draftsman's [draughtsman's] instrument
шлифова́льный ~ polishing tool(s) □ **шаржи́ровать шлифова́льный ~** charge a polishing tool
шта́тный ~ authorized [issue] tools
шурова́льный ~ firing tool
эксплуатацио́нный ~ maintenance tools
электрифици́рованный ~ electric hand tools

инструмента́льная *ж.* (*кладовая*) tool (store-)room
инструмента́льщик *м.* tool maker, tool man
инструмента́рий *м.* tooling, tools
инта́рсия *ж.* (*вид инкрустации на деревянных предметах*) intarsia
интегра́л *м.* integral □ **~ берётся по ...** the integral is taken around [over] ..., integration is over ...; **брать ~ вдоль ко́нтура** take the integral along the contour; **брать ~ вдоль окру́жности** take the integral around the circle; **~ в преде́лах от *a* до *b*** the integral between the limits *a* and *b*; **~ от фу́нкции** f(x) the integral of (the function) f(x); **выноси́ть за знак ~а** factor outside the integral sign; **вы́числить ~** compute the value of an integral, evaluate the integral; **~ не берётся в элемента́рных фу́нкциях** the integral cannot be expressed as elementary functions; **~ от ...** integral of ...; **~ по ...** integral (taken) over ..., integral extended along ...; **под ~ом** under the integral
а́белев ~ Abelian integral
~ актива́ции activation integral
~ вероя́тности probability integral

интегра́л
~ вероя́тности оши́бки error function, error (function) integral, erf, erfi
вну́тренний ~ inner [inside] integral
~ во вре́мени time integral
гиперэллипти́ческий ~ hyperelliptic integral
двойно́й ~ double integral
двукра́тный ~ double [twofold iterated, double-iterated] integral
~ де́йствия action integral
~ дифференциа́льного уравне́ния primitive integral, solution of a differential equation
~ дифференциа́льного уравне́ния, о́бщий complete integral of a differential equation, general solution of a differential equation
~ дро́бного поря́дка fractional integral
~ Дюаме́ля Duhamel integral
ко́нтурный ~ contour [circulatory] integral
корреляцио́нный ~ correlation integral
~ Коши́ Cauchy integral
кра́тный ~ multiple integral
***n*-кра́тный ~** *n*-fold multiple integral
(криво)лине́йный ~ line [contour] integral
кругово́й ~ circuital integral, integral (taken) round a closed circuit
~ Ле́бега Lebesgue integral
лине́йный ~ line integral
неопределённый ~ indefinite integral
несо́бственный ~ improper integral
о́бщий ~ general integral, general solution (*of a differential equation*)
определённый ~ definite integral
~ от показа́тельной фу́нкции exponential integral
~ от тригонометри́ческой фу́нкции trigonometric integral
~ от фу́нкции действи́тельной переме́нной real integral
~ оши́бок error function, error (function) integral, erf, erfi
повто́рный ~ iterated [repeated] integral
по́лный ~ complete integral
~ по объёму volume [space] integral, integral (taken) over space
~ по пове́рхности surface integral, integral (taken) through a surface
~ рассе́яния scattering integral
~ Рима́на Riemann integral
~ с бесконе́чным преде́лом infinite integral
сингуля́рный ~ singular integral
скаля́рный (криво)лине́йный ~ scalar line integral
~ Сти́лтьеса Stieltjes integral
трёхкра́тный ~ threefold iterated integral
тройно́й ~ triple integral
фа́зовый ~ phase integral

интегра́л
ча́стный ~ particular integral, particular solution (*of a differential equation*)
эллипти́ческий ~ elliptic integral
интегра́тор integrator
анало́говый ~ analog(ue) integrator
гидравли́ческий ~ hydraulic integrator
идеа́льный ~ perfect integrator
и́мпульсный ~ pulse integrator
~ ио́нного то́ка ion-current integrator
механи́ческий ~ mechanical integrator
опти́ческий ~ optic(al) integrator
пневмати́ческий ~ pneumatic integrator
поплавко́вый гироскопи́ческий ~ hermetically sealed integrating gyro, HIG
~ светово́го пото́ка light integrator
се́точный ~ net integrator
~ с обра́тной свя́зью feedback integrator
сумми́рующий ~ summing integrator
~ то́ка current integrator
фотометри́ческий ~ photometric integrator
фотоэлектри́ческий ~ photoelectric integrator
фрикцио́нный ~ friction(-driven) integrator
фрикцио́нный, ро́ликовый ~ wheel-and-disk integrator
цифрово́й ~ digital integrator
электромагни́тный ~ electromagnetic integrator
электромехани́ческий ~ electromechanical integrator
электро́нный ~ electronic integrator
электрохими́ческий ~ solion integrator
интегра́ф *м.* analog(ue) integrator
интегра́ция *ж. элн.* integration
~ второ́й сте́пени (10—100 *элементов в интегральной схеме*) medium-scale integration (10—100 *elements on a single chip*)
~ на у́ровне прибо́ров devices integration
~ на у́ровне систе́м systems integration
~ пе́рвой сте́пени (*до* 10 *элементов в интегральной схеме*) small-scale integration (*not over* 10 *elements on a single chip*)
по́лная ~ complete [full] integration
~ тре́тьей сте́пени (*свыше* 100 *элементов в интегральной схеме*) large-scale integration (*over* 100 *elements on a single chip*)
интегри́метр *м.* analog(ue) integrator
интегри́рование *с.* integration □ **~ есть опера́ция нахожде́ния неопределённого интегра́ла** integration is the process of finding an indefinite integral; **~ есть опера́ция, обра́тная дифференци́рованию** integration is the process inverse to differentiation
интегри́рование
~ в ко́мплексной пло́скости complex integration
~ в коне́чном ви́де integration in closed form
графи́ческое ~ graphical integration
дискре́тное ~ digital integration
дро́бное ~ fractional integration
~ и́мпульсов pulse integration
инвариа́нтное ~ invariant integration
когере́нтное ~ coherent integration
ко́нтурное ~ contour integration
~ ме́жду коне́чными преде́лами integration in finite terms
~ ме́тодом проб и оши́бок integration by trial and error
~ ме́тодом прямоуго́льников rectangular integration (technique)
~ ме́тодом трапе́ций trapezoidal integration (technique)
многокра́тное ~ multiple integration
~ на гру́ппы group integration
некогере́нтное ~ incoherent integration
~ подстано́вкой integration by substitution
~ по ко́нтуру contour integration
по́лное ~ complete integration
~ по то́чкам point-by-point integration
~ по частя́м integration by parts
почле́нное ~ termwise integration, term-by-term integration, integration performed term by term
приближённое ~ approximative integration
простра́нственное ~ spatial integration
чи́сленное ~ numerical integration
электри́ческое ~ electrical integration
интегри́ровать *гл.* integrate, evaluate an integral, find an integral □ **~ в интерва́ле ...** integrate over an interval (*e. g.*, over $-\infty < t < \infty$); **~ся в квадрату́рах** be solved [be integrated] by quadratures; **~ в преде́лах от ... до ...** integrate between ... and ..., integrate between the limits from ... to ...; **~ многокра́тно** integrate multiply; **~ по ...** integrate with respect to ...; **~ *dn* по *E* в преде́лах ...** integrate *dn* for *E* going from ... to ...; **~ по частя́м** integrate by parts; **~ почле́нно** integrate term by term, integrate termwise; **~ с то́чностью до постоя́нной** integrate up to a constant
интегри́руемость *ж.* integrability
интегри́руемый integrable
квадрати́чно ~ quadratically integrable

интегри́руемый
~ равноме́рно ... по ... uniformly integrable in ...
интегросумма́тор *м.* (*вид операционного или решающего усилителя*) summing integrator
интелле́кт *м. киб.* intelligence
искусственный ~ artificial intelligence
интенси́вность *ж.* **1.** (*сила, мощность и т. п.*) intensity **2.** (*скорость, темп и т. п.*) rate
~ а́льфа-, бе́та- *или* га́мма-излуче́ния alpha-, beta- *or* gamma-intensity
~ горе́ния combustion rate
~ движе́ния volume of traffic
~ движе́ния, часова́я hourly traffic volume
~ деле́ния *яд. физ.* fission rate
~ до́зы (*облучения, излучения*) dosage [dose] rate
~ зву́ка volume of sound, loudness
~ звуково́й волны́ sound-wave intensity
~ излуче́ния radiant [radiation] intensity
~ изна́шивания *маш.* wear(-out) rate
~ и́мпульса pulse intensity
интегра́льная ~ integrated intensity, total intensity
~ ионизации ionization rate
~ испаре́ния evaporation rate
~ испуска́ния emission rate
~ исто́чника source strength
~ косми́ческого излуче́ния cosmic-ray intensity
~ ли́нии (спе́ктра) (spectral) line strength, intensity of a spectral line
~ нака́чки (*лазера*) pumping intensity
~ намагни́чения intensity of magnetization
~ освеще́ния illumination [light] intensity
~ отка́зов failure rate
~ па́дающего излуче́ния incident intensity
~ парообразова́ния rate of evaporation per unit heating surface
~ пита́ния реа́ктора feed rate
~ пода́чи кислоро́да rate of oxygen input
по́лная ~ total intensity
поро́говая ~ threshold intensity
~ пото́ка flux level
~ пото́ка излуче́ния radiation flux
~ проше́дшего излуче́ния transmitted intensity
~ пучка́ beam intensity
~ разрабо́тки у́гля coal mining intensity, coal mining rate
~ све́та light intensity
~ сигна́ла signal strength
~ скачка́ уплотне́ния shock (wave) strength
~ спектра́льной ли́нии line intensity

интенси́вность
~ су́шки drying rate
~ счёта (и́мпульсов) counting rate
~ телефо́нной нагру́зки telephone traffic intensity, telephone traffic pressure
~ то́ка current intensity
~ уда́рной волны́ intensity of a shock wave, shock wave strength
~ флота́ции flotation rate
фо́новая ~ background (radiation) intensity
~ хо́да пе́чи (furnace-)driving rate
~ шу́ма noise level
~ эксплуата́ции (*изделия*) operation rate
интенси́метр *м.* ratemeter □ ~ даёт отсчёт в и́мпульсах в едини́цу вре́мени the ratemeter reads in counts per unit time; ~ измеря́ет число́ и́мпульсов, поступа́ющих от счётчика the ratemeter measures the rate at which counts are received from a counter
логарифми́ческий ~ log-counting ratemeter
~ ме́ченых а́томов tracer ratemeter
поиско́вый ~ *горн.* prospecting ratemeter
интенсифика́тор *м.* intensifier
интенсифика́ция *ж.* intensification
~ кра́ски *полигр.* intensification of ink
интенсифици́ровать *гл.* intensify; (*напр. производственный процесс*) step up
интерва́л *м.* interval □ в ~е in the interval *пример*: переме́нная принима́ет не́которое значе́ние в ~е ($a < x < b$) the variable takes a value in the interval ($a < x < b$); на ~е on the interval *пример*: фу́нкция за́дана на ~е (O, T) a function is defined on the interval (O, T); подверга́ть ~ разбие́нию divide up an interval into subintervals; (*располагать, следовать и т. п.*) с ~ом в ... (*arrange, follow, etc.*) at an interval of ...
априо́рный ~ prior [a priori] interval
бесконе́чный ~ infinite interval
временно́й ~ time interval
~ гаше́ния blanking interval
~ гаше́ния, ка́дровый vertical blanking interval
~ гаше́ния, строчно́й line blanking interval
диатони́ческий ~ diatonic interval
дискре́тный ~ discrete interval
довери́тельный ~ confidence interval
едини́чный ~ unit interval
за́мкнутый ~ closed interval
защи́тный ~ *свз.* guard space, guard band, guard interval
защи́тный, временно́й ~ time guard space

интерва́л
защи́тный, часто́тный ~ frequency guard space
и́мпульсный ~ (*между передними или задними фронтами двух соседних импульсов*) pulse spacing; (*от заднего фронта одного импульса до переднего фронта следующего импульса*) pulse separation (*Примечание.* Pulse interval *может означать* pulse separation *и* pulse spacing)
~ и́мпульсов *мех.* momentum range
~ кипе́ния boiling range
~ концентра́ции concentration range
~ кристаллиза́ции crystallization range
крити́ческий ~ critical range
~ мартенси́тного превраще́ния martensite range
~ ме́жду автомаши́нами, самолётами *и т. п.* (*расстояние по фронту*) lateral separation between vehicles, aircraft, *etc.*
~ ме́жду изоли́ниями contour interval
~ ме́жду зо́нами (*на магнитной ленте*) interrecord gap
~ ме́жду строк (*для пишущих, наборных и др. машин*) line [vertical] spacing □ печа́тать [набира́ть] с двойны́м ~ом ме́жду строк write at double line [vertical] spacing; устана́вливать ~ ме́жду строк set the line [vertical] spacing
~ напряже́ний ци́кла stress cycle range
~ насыще́ния saturation range
~ остано́ва поворо́тного механи́зма (*в теории механизмов и машин*) rest [pausing] period
~ перемеще́ния поворо́тного механи́зма (*в теории механизмов и машин*) indexing time
~ плавле́ния melting [fusion] range
~ пласти́чности plastic range
~ пло́тностей (фотографи́ческого изображе́ния) density range
полубесконе́чный ~ semi-infinite interval
полуоткры́тый ~ *мат.* half-open interval
~ превраще́ния *крист.* transformation range
~ пропорциона́льности (*между нагрузкой и деформацией*) proportional region, elastic range (for strain)
рабо́чий ~ operating range
~ свя́зи (*в дискретных системах*) signalling interval
спектра́льный ~ interval of wave-lengths, spectral range
~ сходи́мости (*степенного ряда*) interval of convergence
счётный ~ counting period
~ температу́р temperature range
~ температу́р кристаллиза́ции solidification range

интервáл
температýрный ~ temperature range
тóновый ~ *ак.* pitch interval
хроматúческий ~ *ак.* chromatic interval
частóтный незáнятый ~ (frequency-spectrum) gap
~ чувствúтельности range of sensitivity
~ экспозúции (*фотоматериала*) exposure latitude □ **дáнный фотоматериáл мóжет испóльзоваться в ширóком ~е экспозúций** this material has an exposure latitude
энергетúческий ~ energy range, energy interval
~ энéргий energy range, energy interval
интервúдение *с.* intervision
интерметаллúд *м.* intermetallic (compound)
интерполúрование *с.* interpolating
~ вперёд forward interpolating
~ назáд backward interpolating
интерполúровать *гл.* interpolate
интерполя́тор *м.* interpolator □ **~ отрабáтывает кривýю, по котóрой двúжется рабóчий óрган станкá** the interpolator interpolates the (curved) path to be followed by the tool; **~ отрабáтывает, *напр.* парáболу** the interpolator interpolates (the tool path) according to, *e.g.*, the parabolic law; **~ отрабáтывает, *напр.* парáболу трéтьей стéпени** the interpolator generates, *e.g.*, a third-degree parabola; **~ произвóдит управлéние по, *напр.* двум координáтам** the interpolator controls (tool motion) along, *e. g.*, two axes
~ дискрéтного дéйствия digital interpolator
линéйный ~ linear interpolator
~ непреры́вного дéйствия analog(ue) interpolator
цифровóй ~ digital interpolator
интерполя́ция *ж.* interpolation □ **~ есть процéсс нахождéния промежýточного значéния фýнкции, зáданной таблúчно** interpolation is a process by which an appropriate value is placed between tabulated values of a function
двумéрная ~ bivariate interpolation
крáтная ~ osculatory interpolation
линéйная ~ linear interpolation
обрáтная ~ inverse interpolation
оскулятóрная ~ osculatory interpolation
полиномиáльная ~ polynomial interpolation
прямáя ~ direct interpolation
чúсленная ~ numerical interpolation
интерпретáтор *м. вчт.* **1.** (*программа*) interpretive program, interpretive routine, interpreter **2.** (*устройство*) interpreter
интерпретáция *ж.* interpretation

интерпретúровать *гл.* interpret
интерфéйс *м.* (*совокупность средств подключения, выполненных однотипно для определённых целей*) *вчт.* interface
интерферéнци/я *ж.* interference □ **~ есть сложéние волн в прострáнстве, вызывáющее изменéние амплитýды результúрующей волны́** wave interference is the variation of wave amplitude with distance, caused by the superposition of waves; **испы́тывать [претерпевáть] ~ю** experience [suffer, undergo] interference; **с вóлнами происхóдит ~** interference occurs with waves
аэродинамúческая ~ aerodynamic interference
~ волн wave interference
~ гармонúческих колебáний harmonic interference
~ двух лучéй two-beam interference
деструктúвная ~ destructive interference □ **претерпевáть деструктúвную ~ю** (*о волнах*) interfere destructively
~ звуковы́х волн sound interference
~ когерéнтных волн coherent interference
конструктúвная ~ constructive interference □ **испы́тывать конструктúвную ~ю** (*о волнах*) interfere constructively
~ крылá и фюзеля́жа wing-fuselage interference, wing-body interaction
межсúмвольная ~ intersymbol interference
многолучевáя ~ multibeam [multiple-beam, multipath] interference
~ на двух щéлях two-slit interference
ослабля́ющая ~ destructive interference
~ радиовóлн radio wave interference
~ свéта interference of light waves, optical interference
~ сквáжин drill-hole interference
усúливающая ~ constructive interference
устóйчивая ~ coherent interference
интерферúровать *гл.* interfere
интерферогрáмма *ж.* interferogram, interference pattern
~ в отражённом свéте reflection interferogram
голографúческая ~ holographic interferogram
многолучевáя ~ multibeam [multiple-beam] interferogram
~ с высóким временны́м разрешéнием time-resolved interferogram
~ с высóким прострáнственным разрешéнием space-resolved interferogram

интерферóметр *м.* interferometer
акустúческий ~ acoustic(al) interferometer
ахроматúческий ~ achromatic interferometer
голографúческий ~ holographic interferometer, holometer
~ Дáйсона Dyson(-type) interferometer
двухлучевóй ~ double-reflecting [-beam] interferometer
двухчастóтный ~ double-frequency interferometer
дифракциóнный ~ grating interferometer
~ Жамéна Jamin interferometer
звёздный ~ stellar interferometer
лáзерный ~ laser interferometer
лучевóй ~ beam interferometer
мáзерный ~ maser interferometer
~ Майкельсóна Michelson interferometer
~ Мáха — Цéндера Mach-Zehnder interferometer
многолучевóй ~ multiple-reflection [-beam] interferometer
модуляциóнный ~ switching interferometer
окуля́рный ~ eyepiece interferometer
оптúческий ~ optical interferometer
поляризациóнный ~ polarization interferometer
~ Рáйла phase-switching interferometer
~ Рэ́лея (*газовый*) Rayleigh interferometer
~ с автоматúческим подсчётом числá интерференциóнных полóс automatic fringe-counting interferometer
~ с большóй бáзой long base-line interferometer
сканúрующий ~ scanning interferometer
~ с качáющейся диагрáммой swept-lobe interferometer
~ с магнитострикциóнным сканúрованием magnetostrictively scanned interferometer
~ со скачкообрáзно управля́емой диагрáммой напрáвленности switched-lobe interferometer
~ со слежéнием за фáзой phase-tracking interferometer
~ с плáвным изменéнием фáзы phase-sweeping interferometer
~ Твáймана Twyman interferometer
ультразвуковóй ~ ultrasonic interferometer
~ Фабрú — Перó Fabry-Perot interferometer □ **~ Фабрú — Перó образýет интерференциóнные кóльца с рéзкими мáксимумами** the Fabry-Perot interferometer produces very sharp fringes
фотоэлектрúческий ~ photoelectric interferometer
щелевóй ~ slit interferometer
интерферóметр-дальномéр *м.* distance-measuring interferometer

интерфероме́трия *ж.* interferometry
голографи́ческая ~ interference [interferometric] holography
интерце́птор *м. ав.* (*приспособление для срыва воздушного потока*) 1. (*расположенное непосредственно за щелью в крыле*) interceptor 2. (*расположенное перед элероном*) spoiler □ **~ выполня́ет вспомога́тельную фу́нкцию по отноше́нию к элеро́ну** an interceptor is (sometimes) used as an aid to the aileron control: **~ компенси́рует эффе́кт предкры́лка на больши́х угла́х ата́ки** an interceptor spoils the effect of the slot at high angles of attack; **~ прерыва́ет пото́к, проходя́щий че́рез щель в крыле́** an interceptor interrupts the (air) flow through a slot in a wing; **~ применя́ется для улучше́ния попере́чной усто́йчивости** a spoiler [interceptor] is used for lateral control; **~ срыва́ет возду́шный пото́к** a spoiler disturbs the (smooth) air flow (*over the wing*); **~ увели́чивает лобово́е сопротивле́ние** a spoiler increases the drag (*on the wing or airfoil surface*); **~ устана́вливается на крыле́ самолёта** a spoiler is raised [projects] above (the upper surface of) a wing
возду́шно-стру́йный ~ air-jet spoiler
поворо́тный ~ hinged spoiler
интерье́р *м* interior
интроскопи́я *ж.* introscopy
ультразвукова́я ~ sonoradiography, ultrasonic imaging, ultrasonic visualization
инфильтра́ция *ж.* seepage, infiltration
~ во́здуха inleakage [ingress, inflow] of air
капилля́рная ~ capillary seepage
инфильтро́метр *м.* infiltrometer; seepage gauge
инфле́ктор *м.* inflector
ин-фо́лио *с. полигр.* in folio
информа́тика *ж.* information science (*в зарубежной литературе часто* documentation science)
информа́ци/я *ж.* (*в точном значении*) information; (*в свободном словоупотреблении*) data, intelligence □ **вводи́ть ~ю** enter [input, put in] information [data]; **вводи́ть ~ю вручну́ю с по́мощью клавиату́ры** enter information manually via a keyboard; **восприни́мать ~ю** acquire information; **воспроизводи́ть ~ю в цифрово́й фо́рме визуа́льно** give visual numerical read-out; **выдава́ть ~ю в ви́де ...** display [present] information as ...; **выдава́ть ~ю, напр. экипа́жу самолёта о ...** present information about ... to, *e. g.*, a flight crew; **вызыва́ть ~ю из запомина́ющего устро́йства** call up information [data] from memory; **дубли́ровать ~ю с ка́рты-шабло́на** duplicate data from a master card; **закла́дывать ~ю в, напр. измене́ния амплиту́ды** (*при модуляции*) embed information [intelligence] in, *e.g.*, amplitude variations (*under modulation*); **запомина́ть ~ю** enter information [data] for storage, store information, store data; **коли́чество ~и** amount of information; **набива́ть ~ю на перфока́рту** ***или*** **перфоле́нту** punch data into punch card *or* tape; **набира́ть ~ю** (*первый период работы двухпериодного перфоратора*) key in data; **~ облада́ет сво́йством адди́тивности** information is additive; **обновля́ть ~ю** update information; **обобща́ть ~ю** (*напр. в уме*) integrate (pieces of) information (*e.g., mentally*); **обраба́тывать ~ю** process information; **осуществля́ть вы́борку ~и из храни́лища** retrieve information from storage; **передава́ть ~ю** (*по каналу связи*) transmit [relay] information (*напр. из системы в систему*) transfer [convey, transport] information (*e. g., between systems*); **перераба́тывать ~ю** process information; **представля́ть ~ю** (*в какой-л. форме*) (re)present information [data], (*визуально*) display information [data]; **преобразо́вывать ~ю** convert information [data]; **распространя́ть ~ю** disseminate information; **стира́ть ~ю** erase information [data] (stored); **счи́тывать ~ю** read (out) information [data]; **храни́ть ~ю** store information
информа́ци/я
бу́квенная ~ alphabetic information
взаи́мная ~ mutual information
входна́я ~ input information, input data
графи́ческая ~ graphic information
двои́чная ~ binary information
десяти́чная ~ decimal information
дискре́тная ~ digital [discrete] information
избы́точная ~ redundant [superfluous] information
изобрази́тельная ~ pictorial information
исхо́дная ~ source information
ито́говая ~ summarized information
коди́рованная ~ coded information
контро́льная ~ checking [parity-check] information
нагля́дная ~ pictorial information
нау́чная ~ scientific documentation
нечислова́я ~ non-numerical information
~ об осто́йчивости *мор.* stability information
~ о ре́йсе (*в аэропорте*) flight information □ **сообща́ть ~ю о ре́йсе** communicate flight information (*at an airline terminal*)
первичная ~ source information
посторо́нняя ~ extraneous information
информа́ци/я
сре́дняя ~ average information
субъекти́вная ~ subjective information
фикти́вная ~ dummy information
цифрова́я ~ digital information
числова́я ~ numerical information
инфразву́к *м.* infra(audible) sound
инфралюминесце́нция *ж.* infraluminescence
инфрамногочле́н *м.* infrapolynomial
инфунди́ровать *гл.* infuse
инъе́кция *ж.* injection
ио́д *м.* iodine
иода́т *м.* iodate
иоди́д *м.* iodide
иоди́рование *с.* iodination, iodization
иоди́ровать *гл.* iodinate, iodize, iodate
иодоме́трия *ж.* iodometry
иодосоедине́ние *с.* iodo [iodine] compound
ио́н *м.* ion □ **бомбарди́руемый ~ами** ion-bombarded; **диссоции́ровать на ~ы** dissociate into ions; **~ несёт, напр. положи́тельный заря́д** an ion has [bears, carries], *e. g.*, a positive charge; **обме́ниваться ~ами** exchange ions; **~ образу́ется в результа́те, напр. излуче́ния** an ion is created [formed, produced, generated] by the action of, *e.g.*, radiation; **~ образу́ется при поте́ре электро́нов а́томом** an ion is formed [produced, generated] as an atom loses [surrenders] electrons; **~ образу́ется при присоедине́нии электро́нов а́томом** an ion is formed [produced, generated] as an atom gains [takes up] electrons; **переноси́ть ~ы** transport ions; **разделя́ть ~ы** separate ions; **~ сольвати́руется** an ion becomes solvated
акти́вный ~ active ion
амфоте́рный ~ zwitterion, amphoteric [dual] ion
атмосфе́рный ~ atmospheric ion
атома́рный ~ ionized atom, atomic ion
биполя́рный ~ bipolar ion
блужда́ющий ~ vagabond [roaming] ion
~ внедре́ния interstitial ion
возбуждённый ~ excited ion
втори́чный ~ secondary ion
га́зовый ~ gaseous ion
генери́рующий ~ laserable [lasing] ion
гидрати́рованный ~ aquated ion
гидрокси́льный ~ hydroxyl ion
гидроперокси́льный ~ hydroperoxide ion
двухзаря́дный ~ doubly charged ion
~ы, заря́женные одноиме́нно ions of like charge, likely charged ions
~ы, заря́женные разноиме́нно ions of opposite charge, oppositely charged ions
исхо́дный ~ parent ion
кисло́тный ~ acid ion

ио́н
ко́мплексный ~ complex ion
магни́тный ~ magnetic ion
многозаря́дный ~ multiply charged ion
молекуля́рный ~ ionized molecule, molecular ion
однозаря́дный ~ singly charged ion
~ отда́чи recoil ion
отрица́тельный ~ negative(ly charged) ion
перви́чный ~ primary ion
положи́тельный ~ positive(ly charged) ion
регуля́рный ~ regular ion
сольвати́рованный ~ solvated ion
составно́й ~ complex ion
теплово́й ~ thermal ion
иониза́тор *м.* ionizer
ионизаци/я *ж.* ionization □ **дава́ть эффе́кт за счёт ~и** produce effect because of the ionization; **~ мо́жет происходи́ть не́сколькими путя́ми** ionization can occur by several mechanisms; **~ осуществля́ется в результа́те поглоще́ния излуче́ния** ionization occurs by absorption of radiation; **~ осуществля́ется под де́йствием,** *напр.* **излуче́ния на моле́кулы** ionization occurs by the action of, *e.g.*, radiation on molecules; **подверга́ться ~и** undergo ionization
~, вы́званная га́мма-излуче́нием gamma-induced ionization
двукра́тная ~ second-order ionization
диссоциати́вная ~ dissociative ionization
дро́бная ~ fractional ionization
«коло́нная» ~ columnar ionization
лави́нная ~ cumulative [avalanche, Townsend] ionization
ла́зерная ~ laser(-beam induced) ionization
метео́рная ~ meteoric ionization
многокра́тная ~ multiple ionization
~ на пове́рхности surface ionization
нача́льная ~ initial ionization
неравнове́сная ~ non-equilibrium ionization
объёмная ~ volume ionization
однокра́тная ~ single [first-order] ionization
оста́точная ~ residual ionization
пове́рхностная ~ surface ionization
по́лная ~ total [cumulative] ionization
предвари́тельная ~ pre-ionization
~ при́меси impurity ionization
спонта́нная ~ spontaneous ionization
ступе́нчатая ~ step ionization
терми́ческая ~ thermal ionization
уда́рная ~ ionization by (a) collision (process), collision ionization
уде́льная ~ specific ionization
фо́новая ~ background ionization
ионизи́рованный ionized □ **два́жды ~** doubly ionized; **однокра́тно ~** singly ionized; **предвари́тельно ~** pre-ionized; **си́льно ~** heavily ionized; **~ скачко́м уплотне́ния** shock-ionized; **~ уда́рной волно́й** shock-ionized
ионизи́ровать *гл.* ionize □ **~ диссоциа́цией** dissociate into ions; **~ ко́свенно** ionize indirectly; **~ непосре́дственно** ionize directly; **~ под де́йствием излуче́ния** ionize by absorption of radiation; **~ уда́рами электро́нов** ionize by electron collision
ионизи́роваться *гл.* be ionized, be dissociated into ions
иони́т *м.* ion exchanger
ио́нность *гл.* ionicity
ионогальваниза́ция *ж.* therapeutic electrophoresis
ионогра́фия *ж.* ion diffraction analysis
ионozо́нд *м.* ionosonde
ионоколори́метр *м.* ionocolorimeter
ионолюминесце́нция *ж.* ionoluminescence
ионо́метр *м.* ionometer
ионообме́нник *м. см.* **иони́т**
ионопа́уза *ж.* ionopause
ионосфе́р/а *ж.* ionosphere □ **возмуща́ть ~у** disturb the ionosphere; **зонди́ровать ~у** sound the ionosphere; **~ непреры́вно изменя́ется** the ionosphere is subject to continuous variations; **~ подве́ржена измене́ниям, свя́занным с,** *напр.* **одиннадцатиле́тними вариа́циями со́лнечной акти́вности** the ionosphere varies with, *e.g.*, the 11-year solar sunspot cycle; **~ подве́ржена измене́ниям, свя́занным с у́ровнем со́лнечной акти́вности** the ionosphere is subject to variations associated with the sunspot cycle
ионотро́н *м.* ionotron
ионотропи́я *ж.* ionotropy
ионофо́н *м.* ionophone
ипри́т *м.* yperite, mustard gas
ира́зер *м.* iraser, infra-red laser, IR laser
полупроводнико́вый ~ semiconductor iraser
ири́дий *м.* iridium, Ir
ириза́ция *ж.* iridescence □ **~ заключа́ется в ра́дужной игре́ цвето́в** iridescence is the exhibition of the colours of the rainbow
иррадиа́ция *ж.* irradiation
иррациона́льност/ь *ж.* irrational, surd □ **освободи́ться от ~и** rationalize (*e. g., the denominator*); **уничтожа́ть ~ в** (*напр. знаменателе*) rationalize (*e. g., the denominator*)
квадрати́чная ~ quadratic surd
куби́ческая ~ cubic surd
присоединённая ~ accessory irrational
иррегуля́рность *ж.* irregularity, randomness
пове́рхностная ~ *мат.* superficial irregularity
искажа́/ть *гл.* distort; deform □ **шум ~ет сигна́л** noise corrupts [perturbs] the signal
искаже́ни/е *с.* distortion □ **без ~я** undistorted, of true (*e. g., shape, size, etc.*); **корректи́ровать ~** compensate for distortion
амплиту́дное ~ amplitude distortion
амплиту́дно-часто́тное ~ amplitude(-versus) frequency distortion
аперту́рное ~ *тлв.* aperture distortion □ **корректи́ровать аперту́рное ~** apply [introduce] aperture compensation; **(рабо́тать) без корре́кции аперту́рных ~й** (operate) without aperture compensation [with uncompensated aperture distortion]
бочкообра́зное ~ (*изображения или растра*) *тлв.* barrel distortion
~ второ́го ро́да phase distortion
гармони́ческое ~ harmonic distortion
геометри́ческое ~ geometric distortion
допусти́мое ~ tolerable distortion
~ за рельеф *геод.* deformation due to relief
~ зву́ка в результа́те перегру́зки усили́теля *или* **громкоговори́теля** blasting
~ изображе́ния image [picture] distortion
~ и́мпульса pulse distortion
~ и́мпульсов набо́ра *тлф.* dialing distortion
~ ка́дра *тлв.* frame distortion
~ квантова́ния quantization distortion
~ ко́довой посы́лки code garbling
краево́е ~ *тлф.* arrival curve distortion
лине́йное ~ linear distortion
~ ли́ний изображе́ния (*в фототелеграфе*) raggedness in the received copy
~ масшта́ба *карт.* distortion in scale
модуляцио́нное ~ modulation distortion
~ направле́ний *карт.* direction alteration, direction deformation, direction distortion
нелине́йное ~ non-linear distortion
~ от запа́здывания delay distortion
~ пе́рвого ро́да amplitude distortion
перекрёстные ~я 1. *тлв.* cross-colour **2.** *рад.* intermodulation [IM] distortions
перехо́дное ~ transient distortion
~ площаде́й *карт.* area alteration, area deformation, area distortion
~ по долготе́ *карт.* error in longitude, longitude [longitudinal] error
подушкообра́зное ~ (*изображения или растра*) *тлв.* pin-cushion distortion
~ по́ля field distortion
~ по широте́ *карт.* error in latitude, latitude error

искажéни/е
~ при передáче sending-end [transmitter] distortion
прострáнственное ~ spatial distortion
~ прóфиля shape distortion
~ пятнá spot distortion
~ расстоя́ний *карт.* distance alteration, distance deformation, distance distortion
~ рáстра *тлв.* raster distortion
регуля́рное ~ (*разновидность краевого искажения телеграфных посылок*) bias distortion
регуля́рное, амплитýдное ~ amplitude bias distortion
регуля́рное, временнóе ~ time bias distortion *пример*: **в результáте временнóго регуля́рного ~я все тóковые посы́лки преобладáют по длительности над бестóковыми** time bias distortion lengthens all mark pulses alike and shortens all space pulses alike
~ решётки (*кристалла*) lattice distortion
случáйное ~ (*разновидность краевого искажения телеграфных посылок*) fortuitous distortion
стрóчное ~ *тлв.* line [horizontal] distortion
трапецеидáльное ~ (*изображения или растра*) keystone distortion
~ трéтьего поря́дка third-order distortion
~ углóв *карт.* angular alteration, angular deformation, angular distortion
угловóе ~ angular distortion
фáзовое ~ phase(-frequency) distortion
фазочастóтное ~ phase(-frequency) distortion
~ фóрмы distortion, deformation
~ фóрмы изображéния *тлв.* picture-shape distortion
~ фóрмы и́мпульсов pulse-shape distortion
~ фóрмы сигнáла signal waveform distortion
характеристи́ческое ~ (*разновидность краевого искажения телеграфных посылок*) characteristic distortion
частóтное ~ frequency distortion
искáние *с.* *тлф.* (*действие коммутирующего элемента*) (switch) action; (*действие коммутирующего элемента конкретного типа*) finding, hunting, selection □ **~ в декáде** hunting within a level [within a terminal group]; sweeping across a level [across a terminal group]; **~ незавершенó** the selection is mutilated [is unfinished]
~ вы́зова line-finding (action)
вы́нужденное ~ numerical [dial-controlled] action
~ декáды (*свободное*) hunting for a level [for a terminal group]; (*вынужденное*) be stepped up to a level [a terminal group]
искáние
одноступéнчатое ~ single-step selection
одночастóтное ~ one-frequency selection
прямóе ~ straight-through selection
свобóдное ~ non-numerical action, hunting
транзи́тное ~ tandem selection
шáговое ~ step-by-step selection
искáтел/ь *м.* **1.** *астр.* finder **2.** *тлф.* finder, selector □ **~ привóдится в свобóдное вращáтельное движéние** the finder [selector] hunts for ...; **управлéние ~ями** control of selection
~ вы́зова *тлф.* *англ.* call finder; *амер.* finder switch, line finder □ **~ вы́зова оты́скивает ли́нию вызывáющего абонéнта** the line finder [finder switch] hunts for the calling line; **~ вы́зова передвигáет щётки до установки на ламéлях, в котóрые включенá ли́ния вызывáющего абонéнта** the fingers of a line finder sweep through different lines and pause on the particular one where the user is calling
группово́й ~ selector □ **группово́й ~ оты́скивает вы́ход к свобóдному искáтелю слéдующей ступéни и останáвливается на свобóдном вы́ходе** the selector rotates across [sweeps through] the horizontal terminals until it finds an idle terminal leading to the next selector; **группово́й ~ оты́скивает грýппу, соотвéтствующую нáбранной ци́фре** the selector steps up to the contact level corresponding to the dialled digit
группово́й ~ транзи́тной свя́зи tandem selector
~ жил (*кабеля*) wire finder
линéйный ~ *англ.* final selector; *амер.* connector (switch) □ **линéйный ~ вынужденными подъёмным и вращáтельным движéниями устанáвливает щётки на ламéлях пóля, кудá включенá ли́ния вызывáемого абонéнта** the dial pulses cause the connector switch to step up to the corresponding contact level and rotate the wiper to the terminal of the desired [called] user's line
линéйный, испытáтельный ~ test connector
~ маши́нной систéмы power-drive selector
~ междугорóдных ли́ний toll offering switch
многокрáтный, координáтный ~ cross-bar switch
~ обрáтного дéйствия reverse motion selector
~ повреждéний fault finder, fault locator
искáтел/ь
подъёмно-вращáтельный ~ two-motion [Strowger] switch
~ прямóго дéйствия direct-action finder, direct-action selector
релéйный ~ all-relay finder, all-relay selector, relay unit, relay group
~ с вы́нужденным движéнием numerical-action switch
~ с двумя́ вращáтельными движéниями two-motion (selector) switch, two-motion [Strowger] selector (switch), two-motion (selector) finder
~ с кóсвенным управлéнием register-controlling selector
~ с одни́м вращáтельным движéнием single-dimensional step-by-step selector (switch), one-motion (selector) switch
сóтенный ~ hundreds selector
~ Стрóуджера Strowger [two-motion] switch
~ тéчи leak detector
транзи́тный ~ tandem selector
ты́сячный ~ thousands selector
шáговый ~ step-by-step (selector) switch, bank-and-wiper switch
шáговый, вращáтельный ~ one-motion [rotary] switch; *англ.* uniselector
искáть *гл.* □ **и́щется . . .** *мат.* is sought
исключáть *гл.* **1.** (*не включать, не допускать*) exclude, except **2.** (*удалять из состава*) expel □ **~ из тéкста** (*слово, фразу, страницу*) delete **3.** *мат.* eliminate, exclude □ **~ какóй-л. член** (*напр. x*) **из** (**свя́занных**) **уравнéний** eliminate (*e. g., x*) between the equations
исключáющие □ **взаи́мно ~** (*напр. о событиях*) *мат.* mutually exclusive
исключéние *с.* **1.** (*невключение, недопущение*) exclusion, exception **2.** (*удаление*) expulsion **3.** *мат.* elimination
~ спóсобом подстанóвки elimination by substitution
~ спóсобом урáвнивания коэффициéнтов elimination by comparison
искóмое *с.* the unknown (quantity), the sought-for [desired] quantity
искóмый *прил.* desired, be determined, be found, be sought, be required
ископáемые *мн. с.*:
полéзные ~ mineral resources
полéзные, нерýдные ~ non-metallic mineral resources
полéзные, рýдные ~ ore mineral resources
и́скр/а *ж.* spark □ **гаси́ть ~у** quench [kill, suppress] a spark; **~ возникáет** (*в системе зажигания д. в. с.*) a spark strikes, a spark passes; **не дáющий ~у** non-sparking; **~ пробивáет воздýшный промежýток** [**зазóр**] a spark breaks down the air gap; **~ проскáкивает** (*напр. между*

электродами свечи) a spark jumps (*e. g., across the plug points*); **усиливать ~у** (*в системе зажигания*) boost a spark

искр/а
горячая ~ *авто* fat spark
~ зажигания ignition spark
запальная ~ ignition spark
звучащая ~ musical [singing] spark
лазерная ~ laser(-induced) spark
поджигающая ~ trigger [pilot] spark
~ при размыкании break spark
пробивающая ~ disruptive spark
~ размыкания spark at breaking
световая ~ laser(-induced) spark

искрение *с.* sparking
~ на коллекторе sparking at [in] the commutator
сильное ~ heavy sparking
~ щёток brush sparking, sparking at the brushes

искривление *с.* bend(ing); curvature, curving
~ глиссады (*в системе слепой посадки*) *ав.* glide-path bend
~ изображения *тлв.* curvature of the image field
~ линии курса курсового маяка *ав.* localizer course bend
~ скважины hole distortion
~ скважины, азимутальное deviation of a hole in direction

искривлять *гл.* bend

искрить *гл.* spark, give up [produce] sparks □ **не ~ при ударе** (*напр. о металлах*) be non-sparking on impact (*e. g., of metals*); **~ при ударе** (*напр. о металлах*) be sparking on impact (*e. g., of metals*)

искрогаситель *м. эл.* spark-killer, spark-quench network, spark trap
~ ключа *тлг.* key filter, key spark suppressor

искрогашение *с.* spark quenching, spark suppression

искрообразование *с.* spark formation

ИСО [**Международная организация по стандартизации**] International Organization for Standardization

испарение *с.* vaporization, evaporation, volatilization □ **потерянный на ~** lost by evaporation
~ в вакууме vacuum evaporation
мгновенное ~ flash vaporization
повторное ~ re-evaporation
~ твёрдых веществ sublimation

испаритель *м.* **1.** (*теплообменный аппарат*) evaporator □ **из ~я пар поступает в конденсатор** the evaporator disposes of vapour to a condenser; **~ осуществляет испарение жидкости** the evaporator volatilizes a liquid; **~ предназначен для (таких-то) жидкостей** the evaporator can handle (such and such) liquids **2.** (*прибор для измерения испарения с различных поверхностей*) *метео* evaporimeter
газовый ~ gas heated evaporator

испарител/ь
двухступенчатый ~ two-effect evaporator
кожухотрубный ~ shell-tube evaporator
многоступенчатый ~ multiple-effect evaporator
одноступенчатый ~ single-effect evaporator
паровой ~ steam-heated evaporator
плёночный ~ film evaporator
почвенный ~ evaporation soil tank
прямоточный ~ parallel feed evaporator
~, работающий под давлением pressure evaporator
~ топлива fuel vaporizer
трубчатый ~ tubular evaporator
трубчатый, вертикальный ~ vertical-tube evaporator
трубчатый, горизонтальный ~ horizontal-tube evaporator
~ холодильника refrigerator evaporator □ **~ холодильника обледеневает** the evaporator ices up; **~ холодильника обмерзает** the evaporator freezes up

испарительность *ж.* **топлива** steam generated/fuel burned ratio; ratio $\frac{\text{steam generated}}{\text{fuel burned}}$

испарометр *м.* evaporimeter

испаряемость *ж.* vaporability

испарять *гл.* evaporate, vaporize, volatilize; (*особ. металл*) sublime, evaporate

испаряться *гл.* evaporate, vaporize, volatilize □ **~ мгновенно** flash out

исполнени/е *с.* **1.** design; construction, make; version, modification, (*электроаппаратуры*) *тж.* (type of) enclosure; (*в патентной литературе*) embodiment □ **индивидуального ~я** custom-made, specifically tailored **2.** (*выполнение, осуществление*) fulfilment
брызгонепроницаемое ~ splash-proof construction; splash-proof enclosure
взрывобезопасное ~ *англ.* flame-proof construction; flame-proof enclosure; *амер.* explosion-proof construction; explosion-proof enclosure
взрывозащищённое ~ dust-ignition-proof construction; dust-ignition-proof enclosure (*не путать с* взрывобезопасным исполнением)
~ в уменьшенном масштабе scaled-down version, scaled model
герметическое ~ watertight construction; watertight enclosure
защищённое ~ guarded construction
открытое ~ open construction, exposed equipment
предпочтительное ~ preferred embodiment
пыленепроницаемое ~ dust-tight construction; dust-tight enclosure
стандартное ~ standard model

исполнени/е
тропическое ~ tropicalized construction
экспортное ~ export model, export version, export modification, export type

использование *с.* **1.** utilization **2.** (*применение*) use, employment, application **3.** (*потребление*) consumption **4.** (*извлечение из отходов, побочных продуктов и т. п.*) recovery
~ атомной энергии в мирных целях peaceful uses of atomic energy
повторное ~ reuse
~ тепла heat utilization
~ электрической энергии utilization of electrical energy

использовать *гл.* **1.** utilize **2.** (*применять*) use, employ, apply **3.** (*потреблять*) consume □ **~ совместно** share

исправление *с.* correction □ **вносить ~** correct, remove a mistake [error], apply a correction
~ двойных ошибок (*в передаче данных*) double-error correction
~ импульсов *тлв.* pulse regeneration
~ одиночных ошибок (*в передаче данных*) single-error correction
~ ошибок (*в передаче данных*) error correction
~ профиля пути *ж.-д.* profile revision

исправлять *гл.* correct, apply a correction □ **~ высоту небесного тела на время наблюдения** correlate the altitude of a star with the time of observation

исправност/ь *ж.* serviceability □ **в ~и** in good repair, in running order

исправны/й *прил.* healthy, sound, serviceable *примеры*: **~е пластины аккумулятора** healthy plates of a battery; **~ инструмент** serviceable tools

испускание *с.* emission, release

испускать *гл.* emit, give up, release □ **~ энергию** emit energy

испытани/е *с.* **1.** (*единичный акт*) test; *особ. мор.* trial; (*совокупность действий*) testing □ **в случае успешного результата ~й ...** if the test is satisfactory ...; **выдерживать ~** pass [stand] a test; **доводить ~ до разрушения (образца)** carry a test to failure [destruction] (of a specimen); **доводить ~ до разрыва образца** carry a test to rupture of a specimen; **не пройти ~я** fail the test; **объявить (результаты) ~я недействительными** invalidate a test; **подвергать ~ю** test, put to test, try out, subject to [apply] a test; **представлять на ~я** present for tests; **проводить ~** carry out [run] a test; **успешно проходить ~** pass the test to satisfaction **2.** (*в теории вероятностей*) trial, run, experiment □ **в *k*-м ~и** in the *k*th trial; **~ завершается неудачей** a trial fails; **~**

завершáется успéхом a trial succeeds; **~ мóжет имéть оди́н (и тóлько оди́н) исхóд** a trial may have one (and only one) outcome

испытáни/е

арбитрáжное ~ arbitration test
аттестациóнные ~я certification test
балáнсовое ~ *тепл.* heat losses test; boiler efficiency test
~ без нагрýзки no-load test
~ без разрушéния (*образца*) non-destructive test
биологи́ческое ~ biological test
буксирóвочное ~ (*в опытовом бассейне*) *мор.* towing test
~ в аэродинами́ческой трубé (wind-)tunnel test
~ в аэродинами́ческой трубé крупномасштáбной модéли large-scale wind-tunnel test(ing)
~ в вáкууме vacuum test(ing)
~ в непреры́вном режи́ме continuous test
~ в полевы́х услóвиях field test
~ в потóке flow test
~ в прерыви́стом режи́ме intermittent test
~ в свобóдном падéнии free-fall test(ing)
~ в свобóдном полёте free-flight test(ing)
~ в солевóм тумáне salt-mist test
вы́борочное ~ random [percent] test
~ в эксплуатациóнных услóвиях field (service) test
гаранти́йное ~ warranty test
гидравли́ческое ~ (*ёмкостей, труб и т. п.*) hydrostatic test
госудáрственные ~я state testing, governmental tests
~ грохочéнием screen test
~ двигáтеля на эффекти́вную тормозну́ю мóщность brake horse-power test
диагности́ческое ~ *вчт., элн.* marginal check, marginal test □ **диагности́ческое ~ выявля́ет возмóжные неиспрáвности до их наступлéния** marginal testing locates defects before they become serious; **диагности́ческое ~ провóдится в рáмках реглáментных рабóт** marginal testing is a form of preventive maintenance
динами́ческое ~ 1. (*как вид механического испытания материалов*) dynamic (impact) test **2.** (*в условиях меняющихся параметров*) *рад., элн.* dynamic test, dynamic run
динамометри́ческое ~ 1. *текст.* tensile test **2.** *маш.* dynamometer test
дли́тельное ~ long-run [long-duration, long-time, long-term] test
довóдочное ~ development(al) test
~ дождевáнием *текст.* spray test
дорóжное ~ (on-the-)road test
заводски́е ~я factory [shop] tests, tests at the manufacturer's works
~ запи́ленного образцá notch-bar test

испытáни/е

и́мпульсное ~ impulse test
и́мпульсное ~ без прóбоя impulse-withstand [withstand-impulse] test
инерциóнное ~ *мор.* stopping [stopway] test
исслéдовательские ~я investigation tests
калориметри́ческое ~ calorimeter test
климати́ческие ~я environmental tests
~ кóжи leather control, leather examination
колориметри́ческое ~ colorimetric test
кóмплексное ~ comprehensive test
контрóльное ~ (*производится на каждом изделии для контроля качества в отличие от типового испытания*) routine test; (*поверочное*) check test
~ краси́теля на всáсывание волокнóм dye suction test
~ краси́теля на раствори́мость dye solubility test
~ крáски на высыхáние paint drying test
~ крáски на истирáние paint rub test
~ крáски на смáзывание paint smear test
кратковрéменное ~ short-term [short-time] test
~ купели́рованием *мет.* cupel(ling) test
лаборатóрное ~ laboratory test
лётное ~ flight test(ing)
манёвренное ~ *мор.* manoeuvrability [manoeuvring] trial
~ мáсел на коксýемость oil carbonization test
~ мáсел на разжижéние oil dilution test
~ материáлов material(s) test(ing)
~ материáлов, неразрушáющее non-destructive material(s) testing
~ материáлов, огневóе test of materials for fire-proofness *or* for fire-resistance
~ материáлов, разрушáющее destructive material(s) testing
~ мéтодом интерференциóнных полóс schlieren test
~ мéтодом моделирóвания (на ЭВМ) simulation test
~ мéтодом торцóвой закáлки end quench test
~ мéтодом (физи́ческого) модели́рования (physical) model test(ing)
~ мéтодом экстрáкции (портландцемéнта) extraction test (on portland cement)
механи́ческие ~я mechanical testing
мореxóдное ~ seakeeping [seaworthiness] trial
~ на адеквáтность (*напр. уравнения регрессии*) *стат.* test for goodness of fit (*e. g., of a regression equation*)

испытáни/е

~ на артикуля́цию *свз.* articulation test
~ на баллисти́ческом динамóметре *текст.* ballistic test
~ на вибропрóчность vibration-survival test
~ на виброустóйчивость vibration-resistance test
~ на водооттáлкиваемость *текст.* water repulsion test
~ на воздýшную закáливаемость air-hardenability test
~ на воспламеня́емость flammability test
~ на выживáние survival test
~ на выносливость endurance test
~ на вы́тяжку cupping test
~ на вы́тяжку по Ольсéну Olsen cupping test
~ на вы́тяжку по Эриксéну Erichsen cupping test
~ на вя́зкость (*твёрдых материалов*) toughness test; (*жидкостей*) viscosity test
~ на гермети́чность leakage [tightness] test
~ на гидратáцию slaking test
~ на глубóкую вы́тяжку deep-drawing test
~ на гнилостóйкость *текст.* soil burial test
~ на горя́чее кручéние hot twist test
~ на горя́чий изги́б hot bend(ing) test
~ на горя́чую осáдку hot upset test
~ на долговéчность durability [service-life] test
~ надрéзанного образцá notched-bar [notched-specimen] test
~ на жидкотекýчесть fluidity test
~ на заги́б bend-over test
~ на задИр galling test
~ на заморáживание freezing test
~ на заморáживание и оттáивание freeze-thaw test
~ на зáпуск холóдного двигáтеля cold start test
назéмное ~ *ав., косм.* ground test(ing)
~ на изги́б bend(ing) test
~ на изги́б с переги́бом bending-and-unbending [alternating bending] test
~ на излóм 1. fracture test **2.** *текст.* folding test
~ на изнóс wear(ing) test
~ на интенси́вность откáзов failure-rate test
~ на испаря́емость evaporation test
~ на истирáние abrasion test
~ на истирáние при смя́тии *текст.* crease-abrasion test
~ на кип *кож.* boiling (water) test
~ на корóткое замыкáние short-circuit test
~ на коррóзию corrosion test
~ на кпд efficiency test

испыта́ни/е

~ на круче́ние torsion test; twist(ing) test
~ на лаборато́рном маке́те *элн.* breadboard test(ing)
~ на лакообразова́ние lacquer test
~ нали́вом *мор.* floading test
~ на ли́пкость *кож.* tackiness test
~ на ло́мкость friability test
~ на ме́сте устано́вки site test(ing)
~ на ме́сте эксплуата́ции site test(ing)
~ на микротвёрдость microhardness test
~ на многокра́тное растяже́ние *текст.* repeated stress test
~ на моде́ли model [mock-up, dummy] test
~ на морозосто́йкость freezing [subzero] test
~ на нагре́в 1. (*электродвигателей*) heat run 2. (*материалов*) heat(ing) test
~ на надёжность reliability test
~ на надры́в tear test
~ на обледене́ние icing [ice-formation] test
~ на обраба́тываемость ре́занием machinability [machining] test
~ на облу́живание (*жил кабелей*) tinning test
~ на огнесто́йкость (*материалов*) fire resistance test; (*тканей*) burning test
~ на окисля́емость oxidation test
~ на оса́дку jumping-up [upsetting] test
~ на отборто́вку flanging test
~ на отка́з fault testing
~ на перегру́зку overload test
~ на пла́вкость melting [fusion] test
~ на пло́тность (*соединений, швов и т. п.*) leak testing
~ на повто́рное растяже́ние repeated tension test
~ на поглоще́ние absorption test
~ на ползу́честь creep test
~ на ползу́честь до разры́ва rupture [stress-rupture, creep-rupture] test
~ на по́лный расхо́д то́плива *ав.* fuel run-out test
~ на принуди́тельный отка́з forced-failure test
~ на проги́б flexure test
~ на продо́льный изги́б buckling test
~ на прока́ливаемость hardenability test
~ на прохожде́ние вы́зова *тлф.* signalling [ringing] test
~ на про́чность strength test
~ на про́чность к декатиро́вке *текст.* ironing test
~ на про́чность к изги́бу *текст.* deflection test
~ на про́чность кипяче́нием *текст.* boiling [boil-off] test

испыта́ни/е

~ на про́чность окра́ски *текст.* fastness test
~ на про́чность прода́вливанием *текст.* bursting(-strength) test
~ на про́чность шва *текст.* seam-slippage test
~ на разбо́рчивость ре́чи *тлв.* (*без учёта смысла*) articulation test; (*с учётом смысла*) intelligibility test
~ на разда́вливание crushing test
~ на разда́чу (*труб*) flare test
~ на разма́лываемость grindability test
~ на разры́в 1. *мех.* break(ing) test 2. *текст.* breaking [strength] test
~ на разры́в поло́ски тка́ни grab [strip] test
~ на раска́лывание splitting test
~ на расплю́щивание flattening test
~ на рассла́ивание *кож.* peel [separation] test
~ на рассыпа́ние *лит.* collapsibility test
~ на раствори́мость solubility test
~ на растре́скивание cracking test
~ на растяже́ние tensile [tension] test(ing)
~ на растяже́ние при переме́нной нагру́зке varying-rate tensile [tension] test
~ на расхо́д то́плива *ав.* consumption test
~ на релакса́цию (напряже́ний) (stress-)relaxation test
~ на сва́риваемость 1. *мет.* weldability test 2. *кож.* boiling (water) test
~ на свойла́чиваемость *текст.* milling test
~ на сгора́емость combustibility test
~ на сжа́тие compression test
~ на скоростны́е показа́тели *авто* performance [speed] test
~ на ско́рость старе́ния *элн.* degradation rate test
~ на сохраня́емость storage test
~ на спека́емость sintering test
~ на срез shearing test
~ на срок слу́жбы life test(ing)
~ на срок хране́ния shelf-life test
~ на старе́ние ageing test
~ на сто́йкость к микрооргани́змам *текст.* pure-culture test
~ на сто́йкость к пле́сени и гриба́м (*электрического и электронного оборудования*) mould-growth test
~ на сто́йкость к пятнообразова́нию *текст.* spotting test
~ на сцепле́ние bond [adhesion] test
~ на сцепле́ние отры́вом *стр.* strip-off adhesion test
~ на твёрдость hardness test(ing) (*Примечание. Отдельные виды* испыта́ний на твёрдость *см. в статье* определе́ние твёрдости)
~ на твёрдость опило́вкой file test
~ на твёрдость, стати́ческое static hardness test

испыта́ни/е

~ на техни́ческий преде́л (*напр. прочности*) proof test
~ на то́пливную экономи́чность fuel-consumption test
~ на транспорта́бельность transportability test
~ на трещинообразова́ние cracking test
~ на тропи́ческие усло́вия tropical-exposure test
нату́рное ~ full-scale test
нату́рное, фрагмента́рное ~ partial system test, physical [test] simulation
~ на уда́рную вя́зкость impact test
~ на уда́рную вя́зкость по Изо́ду Izod [cantilever-beam] impact test
~ на уда́рную вя́зкость по Шарпи́ Charpy [simple-beam] impact test
~ на уплотне́ние гру́нта compaction [consolidation] test
~ на упру́гость 1. elasticity test 2. *текст.* extension [recovery, restorability] test
~ на уста́лость fatigue test
~ на уста́лость при изги́бе fatigue bending [endurance bending, repeated bending-stress] test
~ на уста́лость при растяже́нии fatigue tension test
~ на фла́ттер flutter test(ing)
~ на холо́дную уса́дку (*шерсти*) cold test
~ на холосто́м ходу́ no-load test
~ на центрифу́ге centrifuge test(ing)
~ на эксплуатацио́нные показа́тели performance testing
~ на эласти́чность *текст.* elasticity test
~ на электри́ческую про́чность под напряже́нием, вызыва́ющим пробо́й disruptive-discharge test, break-down test, puncture test
~ на электри́ческую про́чность под напряже́нием ни́же пробивно́го withstand-voltage test
неразруша́ющее ~ non-destructive test(ing)
~ одино́чной ни́ти *текст.* single-end [single-strand] test
~ отму́чиванием decantation test
~ па́смой *текст.* skein test
~ пая́льной ла́мпой blow-pipe test
первичное ~ primary test
~ перего́нкой distillation test
повто́рное ~ duplicate test
~ погруже́нием immersion test
~ под давле́нием pressure test
~ под нагру́зкой load(ing) test
~ под напряже́нием *эл.* voltage test (*on a cable*)
полево́е ~ field test
~ по сокращённой програ́мме abbreviated testing, abbreviated tests
предвари́тельное ~ preliminary test
предмонта́жное ~ pre-installation test

испыта́ни/е
предпусково́е ~ pre-operational test
~ при высо́кой температу́ре high-temperature test
приёмо-сда́точные ~я approval tests
приёмочные ~я (official) acceptance tests
~ при заме́дленном хо́де проце́сса slow test
~ при ко́мнатной температу́ре room-temperature test
~ при ни́зкой температу́ре subzero [low-temperature, cold] test
~ при постоя́нной нагру́зке steady [constant] load test
~ при стати́ческой нагру́зке static test
~ при цикли́ческих нагру́зках cyclic load test
~ прозво́нкой [прозва́ниванием] *жарг., эл.* continuity test(ing)
~ прока́ткой на клин taper rolling test
промы́шленные ~я commercial [production] tests
пропульси́вное ~ *мор.* propulsion trial
~ прямы́м окисле́нием direct oxidation test
разго́нное ~ overspeed test
~ раке́тного дви́гателя, огнево́е test(bed) firing
рекурси́вное ~ life (service) test
~ сбра́сыванием (*напр. кокса, огнеупора*) shatter test
~ сварно́го соедине́ния weld test
~ сварно́го шва weld test
сда́точное ~ *мор.* delivery trial
сенситометри́ческое ~ *кфт.* sensitometric test
склерометри́ческое ~ scratch(-hardness) test
скоростно́е ~ *мор.* speed trial
сокращённое ~ abbreviated test
~ с разруше́нием (*образца*) destruction test
~ сро́стков (*жил кабеля*) joint [splice] test
стати́ческое ~ static test
сте́ндовое ~ bench test; *ркт.* captive test; *мор.* testbed trial
стопроце́нтное ~ total-lot [100%] test
~ с части́чным разруше́нием (*образца́*) semi-destructive test
теплово́е ~ thermal test
техни́ческие ~я engineering tests
~ ти́па (*проводится в соответствии с требованиями ИКАО при определении пслётопригодности данного типа самолёта и выдачи сертификации*) *ав.* type test
типово́е ~ (*испытывается, как правило, первый экземпляр данного типа конструкции; проводится по полной и/или расширенной программе, в отличие от контро́льного испыта́ния*) type test
~ травле́нием pickle test

испыта́ни/е
~ тре́нием friction test
тя́говое ~ pull test
уско́ренное ~ accelerated test
фациа́льные ~я *горн.* environmental testing
физи́ческие ~я physical testing
~ форму́емости remoulding test
хими́ческие ~я chemical testing
ходово́е ~ 1. *авто* (on-the-)road test **2.** *мор.* performance [sea] trial
ходово́е, прогресси́вное ~ *мор.* standardization trial
~ холо́дной штампо́вкой cold-pressing test
цикли́ческое ~ cyclic test
~ чугуна́ на толщину́ отбелённого сло́я chill test
швартовное ~ *мор.* dock(side) trial
эксплуатацио́нные ~я service tests
испы́танный (*напр. о методе, способе, конструкции*) proven □ **~ в полевы́х усло́виях** field-proved, field-tested; **~ в полёте** flight-tested, test-flown; **~ на моде́ли** model-tested
испыта́тель *м.* (*прибор*) tester
~ ква́рцевых резона́торов crystal test set
~ прохожде́ния сигна́ла signal-tracing instrument
~ радиола́мп tube tester, tube checker
~ радиола́мп, вибрацио́нный tube shaker (unit), tube vibration table, tube testing tapper
~ радиотехни́ческих устро́йств set analyzer
испы́тываемый under test, being tested; (*об образце или материале*) test *пример*: **~ образе́ц** test specimen
испы́тывать *гл.* test, put to test, subject to a test □ **~ давле́нием** be pressure tested; **~ до разруше́ния** test to failure; **~ на** (*напр. утечку*) test for (*e.g., leaks*); **~ на доро́гах** be road tested
иссле́дование *с.* **1.** (*научно-исследовательская работа*) research **2.** (*изучение, как правило, конкретных проблем*) investigation, study **3.** (*лётное; географическое; космическое и т. п.*) exploration **3.** (*анализ*) analysis, examination □ **производи́ть ~** investigate, research, study, inquire (into); **~ с це́лью ...** investigation to find, investigation aimed at finding
авиацио́нное ~ aeronautical research
~ в аэродинами́ческой трубе́ (wind-)tunnel investigation, (wind-)-tunnel study
~ в о́бласти больши́х скоросте́й *ав.* high-speed research
геофизи́ческое ~ geophysical exploration
ка́чественное ~ qualitative investigation
коли́чественное ~ quantitative investigation

иссле́дование
~ косми́ческого простра́нства space exploration
~ криво́й *мат.* curve tracing
макроскопи́ческое ~ macroexamination
металлографи́ческое ~ metallographic examination
~ ме́тодом «возбужде́ние — о́тклик» stimulus-response analysis
~ ме́тодом ме́ченых а́томов tracer study
микроскопи́ческое ~ microexamination
~ опера́ций operations research
повариа́нтное ~ (comparative) analysis of alternative designs [of alternatives]
прикладно́е ~ applied research
пробле́мное ~ basic [fundamental] research
радиоавтографи́ческое ~ autoradiographic study
рентгеноструктýрное ~ X-ray diffraction study, X-ray diffraction analysis
~ спе́ктра обтека́ния ме́тодом шелкови́нок tuft test, tuft observation
фотометри́ческое ~ photometric study
эксперимента́льное ~ experimental investigation
электронографи́ческое ~ electron diffraction study
иссле́довать *гл.* **1.** (*заниматься научно-исследовательской работой*) research **2.** (*изучать конкретные проблемы*) investigate, study **3.** (*заниматься изучением, напр. космоса, полётов и т. п.*) explore **4.** (*проводить анализ*) analyse, examine
иссле́дуемый under study, under investigation, in question
истека́ть *гл.* **1.** (*о времени*) elapse; expire **2.** (*о действии документа*) expire, become void, reach its term **3.** (*вытекать*) flow out (of), run out (of), issue (from)
истече́ние *с.* **1.** (*о времени*) lapse **2.** (*о действии документа*) expiration **3.** (*о жидкости, воздухе и т. п.*) efflux, outflow
несвобо́дное ~ (*через водослив*) discharge without free access of air (*under the falling sheet of water*)
~ реакти́вной струи́ jet exhaust
свобо́дное ~ (*через водослив*) discharge with free access of air (*under the falling sheet of water*)
и́стина *ж. мат.* truth
и́стинность *ж. мат.* truth
истира́ние *с.* attrition, abrasion, detrition; (*соприкасающихся металлических поверхностей при скользящем или вращательном контакте*) galling, fretting
истира́тель *м.* **по́чвы** *с.-х.* soil grinder
истира́ть(ся) *гл.* abrade, wear out by abrasion [attrition, detrition]; (*о соприкасающихся металлических по-*

верхностях при скользящем или вращательном контакте) gall, fret
исто́к *м.* (*исходный узел графа, сетевого графика или электрод полевого транзистора*) source
исто́чник *м.* source □ **служи́ть ~ом** be a source (of), give rise (to), cause, originate
~ а́льфа-, бе́та- *или* **га́мма-излуче́ния** alpha, beta, *or* gamma source
бе́лый ~ (*лучистой энергии*) white source
бесконе́чный ~ infinite source
~ вихреобразова́ния vorticity source
вне́шний ~ external [extraneous] source
~ возбужде́ния excitation source
~ возбужде́ния пла́змы plasma-excitation source
~ возмуще́ний perturbation source
~ газовыделе́ния gas emission source
~ дислока́ций dislocation [Frank-Read] source
дугово́й ~ arc source
~ зву́ка sound source
~ зву́ка, мни́мый acoustic(al) image
~ излуче́ния radiation source; radiator, emitter
~ излуче́ния, дипо́льный dipole source
~ излуче́ния, изото́пный isotope (radiation) source
~ излуче́ния с попере́чной поляриза́цией transversely polarized source
~ излуче́ния с продо́льной поляриза́цией longitudinally polarized source
~ излуче́ния, я́дерный nuclear (radiaton) source
и́мпульсный ~ pulsed source
~ и́мпульсов impulse source
~ инфе́кции focal point of infection
~ информа́ции information source, information generator
~ иониза́ции ionization source
-type ion source
~ ио́нов, капилля́рный capillary-type ion source
искрово́й ~ spark source
капилля́рно-дугово́й ~ capillary-arc source
когере́нтный ~ coherent source
кольцево́й ~ ring source
~ корпускуля́рного излуче́ния particle source
косми́ческий ~ cosmic source
лине́йный ~ line [linear] source
мни́мый ~ virtual [image] source
~ молекуля́рного пучка́ molecular gun
монохромати́ческий ~ monochromatic source
~ нака́чки *рлн.* pump(ing) source
напра́вленный ~ directional source
~ напряже́ния voltage source
нейтро́нный ~ neutron source
некогере́нтный ~ incoherent source
нестациона́рный ~ transient source

исто́чник
объёмный ~ volume source
откры́тый ~ bare source
~ оши́бок error source
первичный ~ primary source
~ пита́ния power [supply] source, power supply
~ пита́ния, авари́йный emergency source
~ пита́ния, бортово́й (*на любом транспортном средстве*) on-board power source; (*на самолёте*) airborne [airplane] power source; (*на автомобиле*) car [truck, vehicle-born] power source; (*на судне*) shipboard power source □ **переходи́ть на бортово́й ~ пита́ния** transfer load(s) to the on-board power source
~ пита́ния, запасно́й alternate supply source
~ пита́ния, наземной ground power source
~ пита́ния на то́пливных элеме́нтах fuel-cell power source
~ пита́ния, опо́рный reference supply source
~ пита́ния, основно́й (*по отношению к аварийному*) normal supply source
~ пита́ния, сва́рочный welding (power) source
~ пита́ния, сва́рочный, для дугово́й сва́рки arc welding (power) source
~ пита́ния, сва́рочный, с жёсткой характери́стикой constant-potential welding [flat V/I-curve] source
~ пита́ния, стабилизи́рованный *англ.* stabilized power supply; *амер.* regulated power supply
пла́зменный ~ plasma source
пло́ский ~ plane [two-dimensional] source
~ пожароопа́сности fire hazard *пример*: **откры́тое пла́мя представля́ет ~ пожароопа́сности** an open flame constitutes [is] a fire hazard
по́лый ~ hollow source
~ по́ля field source
~ постоя́нного (*фикси́рованного*) **напряже́ния** constant-voltage source
~ постоя́нного (*фиксированного*) **то́ка** constant-current source
постоя́нный ~ steady source
протяжённый ~ distributed [extended, spread] source
~ пылеобразова́ния dust source
равноэнергети́ческий ~ equal-energy source
радиоакти́вный ~ radioactive source
~ радиоизлуче́ния source of radio-frequency radiation, radio source
~ радиоизлуче́ния, внегалакти́ческий extragalactic radio source
~ радиоизлуче́ния, галакти́ческий galactic radio source
распределённый ~ distributed [extended, spread] source
~ рентге́новского излуче́ния X-ray source

исто́чник
~ све́та light source
~ све́та, газоразря́дный gas-discharge light source
~ све́та, искрово́й spark light source
~ све́та, иску́сственный artificial light source
~ све́та, люминесце́нтный luminescent light source
~ све́та, модули́рованный modulated light source
~ све́та, радиоакти́вный radioactive light source
~ све́та с а́томным пучко́м atomic-beam light source
~ све́та, твердоте́льный solid-state light source
~ све́та, температу́рный incandescent source
~ синхронизи́рующих и́мпульсов clock source
«слоёный» ~ sandwiched [sandwich-type] source
сосредото́ченный ~ lumped source
~ с пове́рхностной иониза́цией surface ionization source
стациона́рный ~ stationary source
~ с широ́ким энергети́ческим спе́ктром broad-energy-spectrum source
~ телефо́нной нагру́зки (*линия, прибор или устройство*) telephone traffic source
~ тепла́ heat source
~ тепла́, холо́дный (*в термодинамике*) (heat) sink
~ теплову́х нейтро́нов thermal-neutron source
~ то́ка (*собственно источник тока, в отличие от источника напряжения*) current source; (*часто как* источник питания) power supply, power [supply] source
~ то́ка, втори́чный (*единичный элемент*) secondary cell; (*батарея*) storage battery
~ то́ка, перви́чный (*единичный элемент*) primary cell; (*батарея*) primary-cell battery
~ то́ка, резе́рвный emergency current generator cell
~ то́ка, физи́ческий physical source of electric energy
~ то́ка, хими́ческий chemical source of electric energy
то́чечный ~ point source
то́чечный, осево́й ~ axial point source
то́чечный ~ с ра́вной фа́зой cophasal point source
~ шу́ма noise source
щелево́й ~ slit source
~ электро́нов electron-emitting source
~ эне́ргии energy [power] source
~ эне́ргии, биологи́ческий bioelectric power source
~ эне́ргии, биоэлектри́ческий bioelectric power source
эргоди́ческий ~ ergodic source

источник
эталонный ~ standard source
~ ядерного излучения nuclear radiation source
истощать *гл.* deplete, exhaust □ **~ запас** exhaust the supply of ...
истощение *с.* depletion, exhaustion
исход *м.* (*в теории вероятностей*) outcome □ **в случае благоприятствующего ~а** if the outcome is favourable, in the case of a favourable outcome; **каждому ~у ставится в соответствие некоторая вероятность** to each outcome is assigned a probability; **~ опыта в результате некоторого испытания** an outcome of the experiment on a particular trial [on a particular run]; **~ рассматривается как событие, имеющее определённую вероятность** an outcome is an event having a certain probability of occurrence
благоприятный ~ success, successful outcome
равновероятный ~ equiprobable outcome
исходить *гл.* □ **~ из предположения** proceed from the assumption that, start from assumptions of ...
исчезновение *с.* disappearance
~ магнитного поля collapse of the magnetc field
исчисление *с.* calculus
~ бесконечно малых infinitesimal calculus
вариационное ~ calculus of variations
векторное ~ vector calculus, vector analysis
~ вероятностей calculus of probability
~ высказываний sentential [propositional] calculus
дифференциальное ~ differential calculus
~ задач problem calculus
интегральное ~ integral calculus
логическое ~ logical calculus
матричное ~ matrix calculus
операционное ~ operational calculus
~ предикатов predicate calculus
пропозициональное ~ propositional calculus
расширенное ~ extended calculus
спинорное ~ spinor calculus
тензорное ~ tensor calculus
функциональное ~ functional calculus
исчислимый numerable, countable, denumerable, calculable
исчислять *гл.* calculate, determine, evaluate □ **~ся тысячами** number in the thousands, reckon by the thousands
итеративный *прил.* iterative, iterated, repeated, repetitive
итерационный *прил.* iterative, iterated, repeated, repetitive

итерация *ж.* (*результат применения итерирования*) iteration
итерировани/е *с.* (*применение итерационной методики*) iteration (procedure), iterative process □ **~ продолжается** the iteration proceeds; **(процесс) ~я сходится** (*напр. быстро, медленно*) the iterative process [iteration] converges (*e.g., quickly, slowly*); **решать, напр. систему уравнений ~ем** solve, *e. g.*, a set of equations by iteration
итерировать *гл.* iterate
итог *м.* **1.** (*общая сумма*) total, balance **2.** (*сводка, резюме*) summary
иттербий *м.* ytterbium, Yb
иттрий *м.* yttrium, Y
ихтиология *ж.* ichthyology

К

кабан *м. уст., ав.* cabane
~ несущего винта (*вертолёта*) main-rotor pylon
V-образный ~ Vee-cabane
кабанчик *м. ав.* horn
кабелеискатель *м.* cable locator
кабелейтор *м. свз.* fanning strip
кабелепровод *м.* cable duct
кабелепроводка *ж.* cabling
кабелеукладчик *м.* cable-laying machine
кабел/ь *м.* cable □ **заделывать [подсоединять] ~** (*напр. в разъём, в наконечник и т. п.*) terminate a cable in (*e. g., a connector, lug, etc.*); **наматывать ~ на барабан** coil a cable on a drum; **~ натягивается ветром** a cable is tugged by the wind; **передавать по ~ю** send [signal, transmit] over [through] a cable; **прокладывать ~** install a cable; **прокладывать ~ в земле** bury a cable (underground), install a cable in ground; **прокладывать ~ на лотках в траншее** lay a cable in troughs in an open trench; **прокладывать ~ на опорах** raise a cable to poles; **прокладывать ~ на поверхности земли** lay a cable on the ground; **прокладывать несколько ~ей в одном канале** run several cables together; **прокладывать ~ под водой** lay [install] a cable in water [underwater]; **прокладывать ~ через водную преграду** lay a cable for water crossing; **протаскивать ~** (*в кабельную канализацию*) draw in a cable (*into a conduit or duct*); **протягивать ~ в канал** pull a cable into a duct; **разделывать ~** dress [prepare, fan out] a cable; **раскатывать ~** lay [reel] out a cable; **сращивать ~** splice a cable; **~ «трёт»** (*задевает о стенки, заедает*) the cable (rope) chafes
бронированный ~ armoured cable

кабел/ь
взрывной ~ shot-firing [blasting] cable
~ в металлической оболочке metal-sheathed cable
воздушный ~ aerial [overhead] cable
~ в пластмассовой оболочке plastic-sheathed cable
~ высокого напряжения high-tension [high-voltage] cable
газонаполненный ~ gas-filled cable
газонаполненный ~ под давлением high-pressure gas-filled cable
гибкий ~ flexible cable; (*в щёточном механизме электромашины*) flexible lead, pig-tail □ **передача тока от щётки к пальцу осуществляется гибким ~ем** a flexible lead [pig-tail] is provided from the brush to the finger
городской телефонный ~ exchange cable
двухжильный ~ *англ.* double-core cable; *амер.* double-conductor cable
двухпарный ~ double-D cable
~ для внутренней установки indoor cable
~ для наружной установки external [outdoor] cable
~ звёздной скрутки spiral-quad cable; *англ.* star-quad cable
каротажный ~ borehole [logging] cable
коаксиальный ~ coaxial cable
контрольный ~ (*в электроприборах*) control cable; (*на линиях электропередачи*) pilot cable
короностойкий ~ corona-proof cable
крарупизированный ~ continuously loaded [Krarup] cable
круглый ~ round cable
ленточный ~ ribbon cable
лифтовой ~ *англ.* lift cable; *амер.* elevator cable
магистральный ~ *тфн.* trunk [toll, long-distance] cable
маслонаполненный ~ oil-filled cable
междугородный ~ trunk [toll, long-distance] cable
межстанционный ~ interoffice cable
многожильный ~ *англ.* multicore cable; *амер.* multiple-conductor cable
~ на опорах aerial [overhead] cable
одножильный ~ *англ.* single-core cable; *амер.* single-conductor cable
осветительный ~ lighting cable
освинцованный ~ lead-covered cable
особогибкий ~ flexible trailing cable
~ парной скрутки paired [nonquadded] cable
плоский ~ flat cable
пневматический ~ pneumatic long line

ка́бел/ь
подвесно́й ~ aerial [overhead] cable
подво́дный ~ subaqueous [underwater] cable
подзе́мный ~ (*проложенный прямо в траншее*) buried cable; (*проложенный в кабельной канализации*) underground cable
пупинизи́рованный ~ coil-loaded cable
радиочасто́тный ~ radio-frequency [r. f.] cable
размагни́чивающий ~ degaussing cable
~ **с бума́жной изоля́цией** paper-insulated cable
сва́рочный ~ welding cable
~ **сверхвысо́кого напряже́ния** extra-high-voltage cable
сверхпроводя́щий ~ superconducting cable
светово́й ~ light-conducting [light-transmitting] cable
~ **с возду́шно-бума́жной изоля́цией** air-space [dry-core] cable
~ **свя́зи** communication cable
~ **силово́го вво́да** service cable
силово́й ~ power cable
симметри́чный ~ balanced cable
~ **систе́мы поса́дки, веду́щий** *ав.* leader cable
слабото́чный ~ communication cable
~ **с ла́ковой изоля́цией** varnished cable
~ **с ма́лыми поте́рями** low-loss cable
~ **с ма́сляным охлажде́нием** oil-cooled cable
~ **с на́триевой жи́лой** sodium cable
~ **с неоргани́ческой изоля́цией** mineral-insulated cable
~ **с несу́щим тро́сом** self-supporting cable
~ **с пластма́ссовой изоля́цией** plastic-insulated cable
~ **с поясно́й изоля́цией** belted cable
~ **с рези́новой изоля́цией** rubber-insulated cable
станцио́нный ~ *тлф.* office [inside] cable
ступе́нчатый ~ graded cable
~ **с хлопчатобума́жной изоля́цией** cotton-covered cable
~ **с центра́льным кана́лом** annular cable
~ **с эма́левой изоля́цией** enameled (-wire) cable
телевизио́нный ~ (tele)vision [TV] cable
телевизио́нный, ка́мерный ~ TV camera cable
~ **управле́ния** control cable
~ **це́пи зажига́ния двигателя** *ркт.* ignition cable
~ **це́пи пу́ска** *ркт.* firing cable
четвёрочный ~ quadded cable
ша́хтный ~ shaft cable
шла́нговый ~ flexible trailing cable

ка́бел/ь
экрани́рованный ~ screened [shielded] cable
ка́бель-кран *м.* cableway
ка́бель-ма́чта *ж. косм.* umbilical tower
ка́бель-план *м.* cable lay-out
ка́бель-ро́ст *м.* overhead cable rack(ing)
ка́бельтов *м.* cable's length
ка́бельщик *м.* cableman, cable splicer, jointer
кабеста́н *м.* capstan (*см. тж.* **шпиль**)
каби́на *ж.* cab, cabin, booth
~ **води́теля** *авто* driver's cab
гермети́ческая ~ pressurized cabin
душева́я ~ shower cubicle
катапульти́руемая ~ ejectable cabin
~ **лётчика** cockpit
~ **лётчика, отделя́емая** (ejection) cockpit capsule
~ **ли́фта** *англ.* lift cabin; *амер.* elevator car
отделя́емая ~ *ав.* jettisonable cabin
пассажи́рская ~ *ав.* passenger cabin, passenger compartment
перегово́рная ~ telephone booth, telephone cabin
~ **подъёмника** hoist box
~ **экипа́жа** (*многоместная*) flight compartment, flight deck
~ **экскава́тора** excavator cab
каблирова́ние *с.* cabling, cable installation
каблу́к *м.* heel
кабо́лк/а *ж.* (*канатная или верёвочная пряжа*) yarn □ **вытя́гивать** ~**и** draw out yarns; **прясть** ~**у из ле́нты** spin [twist] yarn(s) from sliver; **свива́ть [скру́чивать]** ~**и в пря́ди** form [twist] yarns into a strand
кабота́ж *м.* coastwise navigation; coasting trade □ **занима́ться** ~**ем** be engaged in the coasting trade
кабриоле́т *м.* cabriolet
кабри́рование *с.* pitchup, nose-up pitch(ing) □ **прекраща́ть** ~ stop the nose-up pitch(ing); **создава́ть моме́нт на** ~ pitch upward
кабри́ровать *гл.* pitch the nose upward, pitch nose-up
кавалье́р *м.* spoil bank
каве́рна *ж.* **1.** (*дефект металла*) cavity, flaw **2.** *горн.* cavity
кавитацио́нная ~ cavity □ **кавитацио́нная** ~ **замыка́ется** the cavity collapses
каверноме́р *м.* borehole caliper □ ~ **повторя́ет очерта́ния сква́жины** the caliper follows the contour of the borehole
механи́ческий ~ expanding-cage logging caliper
~ **раскрыва́ющийся карота́жный** ~ expanding [expandable] logging caliper
кавернометри́я *ж.* borehole gauging
кавита́ци/я *ж.* cavitation □ ~ **вызыва́ет изъязвле́ние [эро́зию] мета́лла** cavitation causes pitting; ~ **охва́тывает значи́тельную пло́щадь** cavitation spreads over a large area; **рабо́тать в усло́виях** ~**и** operate in cavitation, cavitate
кавита́ция
акусти́ческая ~ ultrasonic cavitation
гидродинами́ческая ~ hydrodynamic cavitation
парова́я ~ vaporous cavitation
плёночная ~ sheet cavitation
пузы́рчатая ~ bubble cavitation
кавы́чки *мн. ж. вчт.* quotes, quotation marks
кага́т *м. с.-х.* pile
кагати́рование *с.* piling
кагатоукла́дчик *м.* beet piler
када́стр *м.* cadastre
во́дный ~ water cadastre
земе́льный ~ land cadastre
лесно́й ~ forest cadastre
ка́дка *ж.* tub, vat
ка́дмий *м.* cadmium, Cd
кадми́рование *с.* cadmium plating
кадр *м.* **1.** (*композиция снимаемого объекта*) scene **2.** (*отдельный снимок*) exposure, frame; (*неподвижное изображение*) still **3.** (*полное однократное изображение*) *тлв.* frame
кадри́рование *с.* framing
ка́дры *мн.*, **нау́чные** scientific brainpower
казеи́н *ж.* casein
казёнка *ж.* (*площадка перед пилорамой*) log deck
кайла́ *ж. горн.* pick, axe pick
кака́о *с.* **1.** (*растение*) cacao **2.** (*пищевой продукт*) cocoa
кака́о-ма́сло *с.* cocoa butter, cocoa fat
както́ид *м. мат.* cactoid
кала́ндр *м.* calender
~ **без скольже́ния, многова́льный** *текст.* swissing calender
гофриро́вочный ~ *текст.* goffer [embossing] calender
дублиро́вочный ~ *рез.* doubling calender
ко́рдный ~ *рез.* cord calender
кре́повый ~ *текст.* creping calender, creping machine
листова́льный ~ *рез.* sheeting calender; (*для тряпичных смесей*) rags calender
мати́рующий ~ *текст.* mat calender
маши́нный ~ *цел.-бум.* paper-machine calender
облицо́вочный ~ *рез.* coating [skim-coat(ing), skimming] calender
L-обра́зный ~ L-calender, L-type calender
Z-обра́зный ~ Z(-type) calender
отде́лочный ~ *кож.* finishing calender
парово́й ~ *текст.* steam calender
подо́швенный ~ *кож.* sole calender
прома́зочный ~ *рез.* spreader [friction] calender
пропи́точный ~ *рез.* friction calender

кала́ндр
прослóечный ~ *рез.* interlayer [squeegee] calender
прóфильный ~ *рез.* profiling calender
спáренные ~**ы** tandem calenders, calender train
тисни́льный ~ *цел.-бум.* embossing calender
каландри́рование *с.* calendering
каландрóвщик *м.* calender operator
калáч *м. тепл.* return bend
калевáть *гл.* (*выстрачивать калёвкой*) mould
калёвка *ж.* **1.** (*операция*) moulding **2.** (*рубанок с фигурным резцом*) moulding plane **3.** (*фигурный профиль бруска или доски*) fillet mould, bevel
калейдоскóп *м.* kaleidoscope
календáрь *м.* calendar
калéни/е *с.* heat □ **доводи́ть** [**нагревáть**] **до,** *напр.* **крáсного, бéлого** *и т. п.* ~ bring [raise] to, *e. g.*, red, white, *etc.* heat
кáли *с.*, **éдкое** caustic potash, potassium hydroxide
калиаппарáт *м.* potash bulb
кали́бр *м.* **1.** (*измерительный*) gauge **2.** (*совокупность ручьёв двух валков*) *прок.* pass (*combination of grooves in two rolls at the line of contact*) □ **заполня́ть** ~ fill the pass; **заполня́ть** ~ **непóлностью** leave the pass underfilled; **переполня́ть** ~ fill the pass overfull
входя́щий ~ male gauge
вытяжнóй ~ break-down pass
глáдкий ~ plain gauge
двусторóнний ~ double-end(ed) gauge
двухпредéльный ~ double-limit gauge
~ **для шпóночных канáвок** keyway [keyseat] gauge
дoскóвый ~ lumber gauge
затóчный ~ grinding gauge
кольцевóй ~ ring gauge
контрóльный ~ reference [master, check] gauge □ **контрóльным** ~**ом поверя́ют приёмные** ~**ы** a master [reference] gauge is used for verifying [testing, checking] inspection gauges
кóнтурный ~ contour gauge
кóнусный ~ taper gauge
непроходнóй ~ no-go gauge □ **гóдное издéлие не прохóдит в непроходнóй** ~ (*выполненный по наибольшему размеру вала*) a no-go gauge will not pass over the work of correct size; **непроходнóй** ~ (*выполненный по наибольшему размеру отверстия*) **не вхóдит в гóдное издéлие** a no-go gauge will not pass into the work of correct size
нормáльный ~ normal gauge
обжимнóй ~ roughing pass
одностoрóнний ~ single-end gauge
отдéлочный ~ finishing pass

кали́бр
охвáтывающий ~ female gauge
пли́точный ~ gauge block
подготови́тельный ~ former pass
предéльный ~ limit [go-no-go] gauge
приёмный ~ inspection gauge
прóфильный ~ contour gauge; template
проходнóй ~ go-gauge □ **проходнóй** ~ (*выполненный по наименьшему размеру отверстия*) **вхóдит в гóдное издéлие** a go-gauge will pass into the work of correct size; **гóдное издéлие прохóдит в проходнóй** ~ (*выполненный по наименьшему размеру вала*) a go-gauge will pass over the work of correct size
рабóчий ~ working gauge □ **рабóчий** ~ **применя́ется для провéрки издéлия на рабóчем мéсте** a working gauge is used to test the piece at the bench (*or* machine)
резьбовóй ~ thread gauge
чистовóй ~ finishing pass
шли́цевый ~ spline gauge
калибрáтор *м. эл., рад.* calibrator
квáрцевый ~ crystal calibrator □ **настрáивать,** *напр.* **приёмник по квáрцевому** ~**у** set the frequency tuning [tuning frequency] of, *e.g.*, a reciever against [by] a crystal calibrator; **проверя́ть частотý настрóйки,** *напр.* **приёмника по квáрцевому** ~**у** check the frequency tuning [tuning frequency] of, *e. g.*, a receiver against [by] a crystal calibrator
кали́бр-втýлка *ж.* ring-gauge
калибровáние *с. см.* **калибрóвка**
калибровáть *гл.* **1.** (*измерительные приборы*) calibrate □ ~ **по ...** calibrate against ...; ~ **шкалý** (*правильное словоупотребление* — поверка *или* определение погрешностей шкалы) calibrate a scale, (*неправильное, но часто встречаемое словоупотребление в значении* градуировать — *делить шкалу в принятых единицах*) graduate a scale, lay out a dial (*in some units*) *пример*: **шкалá откалибрóвана в едини́цах частоты́** the dial is laid out in terms [units] of frequency **2.** *прок.* size
калибрóвка *ж.* **1.** (*измерительных приборов*) calibration, verification □ ~ **определя́ет попрáвки к показáниям прибóров** calibration is used to correct meter readings; ~ **устанáвливает погрéшности в показáниях прибóров сравнéнием с эталóном** calibration ascertains variations in meter readings by comparison with a standard **2.** *прок.* sizing, grooving
взаи́мная ~ *метр.* intercalibration
~ **в штáмпе** coining
~ **плодóв и семя́н** sizing
повтóрная ~ recalibration
~ **прокáтных валкóв** roll pass [roll groove] design, roll grooving
~ **частоты́** frequency calibration

кали́бр-прóбка *ж.* plug [internal] gauge
кали́бр-скобá *ж.* snap gauge
кáлий *м.* potassium, K
обмéнный ~ (*почвы*) exchange potassium
фикси́рованный ~ (*почвы*) fixed potassium
калифóрний *м.* californium, Cf
калоресцéнция *ж.* caloreseence
калоризáтор *м.* hot bulb
калори́йность *ж.* calorific value, calorific power
калори́метр *м.* calorimeter
адиабати́ческий ~ adiabatic calorimeter
гáзовый ~ gas calorimeter
двойнóй ~ double calorimeter
дифференциáльный ~ differential calorimeter
дрóссельный ~ throttling calorimeter
жи́дкостный ~ liquid calorimeter
изотерми́ческий ~ isothermal calorimeter
ионизациóнный ~ ionization calorimeter
кислорóдный ~ oxicalorimeter
компенсациóнный ~ compensation calorimeter
ледянóй ~ ice calorimeter
масси́вный ~ massive calorimeter
непротóчный ~ static calorimeter
паровóй ~ steam calorimeter
протóчный ~ (continuous-) flow calorimeter
~ **с изотерми́ческой оболóчкой** isothermal calorimeter
~ **с перемéнной температýрой** variable-temperature calorimeter
~ **с плáвящимся твёрдым тéлом** fusible solid calorimeter
~ **с постоя́нной температýрой** constant-temperature calorimeter
калориметри́рование *с.* calorimetric measurement(s), calorimetric study, calorimetric determination(s)
калоримéтрия *ж.* calorimetry
калори́метр-контéйнер *м.* container calorimeter
калори́фер *м.* air heater
калóрия *ж.* calorie
большáя ~ kilocalorie, large calorie, kilogram(me)-calorie
мáлая ~ small calorie, gram-calorie
техни́ческая ~ kilocalorie, large calorie, kilogram(me)-calorie
кáльк/а *ж.* **1.** (*материал*) 1. (*бумажная*) tracing paper 2. (*тканевая*) tracing cloth □ **мáслить** ~**у** oil tracing cloth; **обезжи́ривать** (**промáсленную**) ~**у мéлом** chalk tracing cloth; **прикрепля́ть** ~**у кнóпками** tack down the (tracing) cloth **2.** (*копия чертежа или рисунка на кальке*) tracing □ **копи́ровать чертёж на** ~**у** trace a drawing; **получáть (свето)кóпии с** ~**и** make (blue)prints from a tracing

ка́льк/а
диазоти́пная ~ diazotype tracing paper
кальки́рование *с.* tracing
кальки́ровать *гл.* trace
калькули́ровать *гл. эк.* find [determine] the cost
калькуля́тор *м.* **1.** (*специалист по калькуляции*) cost accountant **2.** (*вычислительное устройство*) calculator
насто́льный ~ desktop calculator
портати́вный ~ hand-held calculator
калькуля́ция *ж.* accounting (*determination, reporting, analysis and control of the cost of unit product or job done*)
типогра́фская ~ estimate of composition
ка́льций *м.* calcium, Ca
кальцина́ция *ж.* (*обжиг, прокаливание*) calcination, roasting
кальцини́рование *с.* **1.** (*обжиг, прокаливание*) calcination, roasting **2.** (*обработка известью*) calcifying
кальцини́ровать *гл.* **1.** (*обжигать, прокаливать*) calcine, calcinate, roast **2.** (*обрабатывать известью*) calcify
ка́мбуз *м.* galley; (*на малых судах*) caboose
каме́дь *ж.* gum □ **~ выделя́ется на ме́сте поврежде́ния** gum exudates [is formed] at the site of injury; **~ набуха́ет** gum swells; **~ образу́ет кле́йкий** *или* **ли́пкий раство́р** gum forms a tacky *or* sticky solution; **собира́ть ~ вручну́ю** pick gum by hand
арави́йская ~ gum arabic
смоли́стая ~ gum resin
трагака́нтовая ~ gum tragacanth
каменоло́мня *ж.* quarry, stone quarry, stone pit
каменотёс *м.* stonecutter, stonemason
ка́менщик *м.* bricklayer, brickmason
ка́м/ень *м.* **1.** stone □ **... в ~не** in stone; **добыва́ть ~** quarry [produce] stone; **дроби́ть ~** crush stone; **обраба́тывать ~** work [mill] (the) stone; **оканто́вывать ~** cut stone to size; **отде́лывать ~ по лицево́й пове́рхности** surface-tool stone; **отёсывать ~** surface-tool [dress] stone; **подверга́ть ~ факту́рной обрабо́тке по пове́рхности** surface-tool stone; **~ полиру́ется** [**поддаётся полиро́вке**] stone takes a polish; **рабо́тать** (*напр. ре́зать*) **по ~ню** work (*e. g., carve*) in stone; **разва́ливать** [**разде́лывать**] **~ кли́ньями** split the stone by plug and feathers [by wedge and shims]; **распи́ливать ~ на загото́вки** saw stone into blocks; **~ сохраня́ет полиро́вку** stone holds a polish **2.** (*строительный*) (building) stone **3.** (*в часовом механизме*) jewel (bearing)
бордю́рный ~ kerb stone, curbstone
бортово́й ~ border stone, curbstone

ка́м/ень
бортово́й, лека́льный ~ curved curbstone
булы́жный ~ cobblestone
бу́товый ~ rubble (stone)
грубооко́лотый ~ rock-faced [rough building] stone
декорати́вный ~ ornamental stone, trimstone
~ для мостово́й paving stone
драгоце́нный ~ precious stone, gem
дроблёный ~ (*щебёнка*) crushed stone
жернов́ой ~ stone, burrstone, buhrstone
карье́рный ~ run-of-the-quarry stone
керами́ческий ~ structural clay [hollow clay] tile
ко́лотый ~ sledged stone
корешко́вый ~ *полигр.* grained lithographic stone
корно́ванный ~ *полигр.* grained lithographic stone
кули́сный ~ *маш.* slide block
литогра́фский ~ lithographic limestone
маши́нный ~ *полигр.* machine-printing (lithographic) stone
нажда́чный ~ emery stone
необтёсаный ~ untooled stone
облицо́вочный ~ facing stone
оригина́льный ~ *полигр.* original lithographic stone
отде́лочный ~ trim stone
пилёный ~ sawn stone
плитняко́вый ~ flag stone
подéлочный ~ semi-precious stone
проби́рный ~ (*для анализа благородных металлов*) touchstone
рва́ный ~ quarry stone
тёсаный ~ surface-tooled stone
точи́льный ~ grindstone
фасо́нный ~ figurate stone
черни́льный ~ inkstone, copperas stone
шту́чный ~ dimension stone; (*малого размера*) ashlar
ка́мер/а *ж.* **1.** (*помещение*) chamber, compartment □ **герметизи́ровать ~у** 1. (*уплотнять*) seal the chamber 2. (*создавать положительный перепад давления*) pressurize the chamber **2.** (*внутренняя оболочка шины*) (inner) tube **3.** (*внутренняя часть фотоаппарата*) camera **4.** *горн.* chamber
~ Бо́йса Boys rotating lens-type camera
броди́льная ~ fermentation room
бурова́я ~ drill chamber
ва́куумная ~ vacuum chamber
ва́куумно-косми́ческая ~ space chamber
ва́рочная ~ (*для вулканизации шин*) curing bag
вентиляцио́нная ~ air-ventilation chamber
взрывна́я ~ *горн.* blasting chamber

ка́мер/а
~ Ви́льсона (Wilson) cloud chamber
~ Ви́льсона, диффузио́нная diffusion cloud chamber
вла́жная ~ moist chamber
водоприёмная ~ *гидр.* water intake chamber
возду́шная ~ wind chamber
~ вса́сывания (*в насосе*) inlet chamber
вулканизацио́нная ~ vulcanization [curing] chamber
высо́тная ~ altitude chamber □ (**высо́тная**) **~ воспроизво́дит усло́вия, существу́ющие на больши́х высо́тах** an altitude chamber simulates conditions up to extreme hights
вытяжна́я ~ exhaust chamber
~ глазирова́ния *пищ.* glazing chamber
~ глуши́теля baffle chamber
~ горе́ния (*в печи*) primary furnace
~ грохоче́ния *горн.* grizzly chamber
грязева́я ~ mud chamber
~ давле́ния pressure vessel; pressure chamber
дезактивацио́нная ~ (*для обработки после поражения радиоактивными веществами*) decontamination chamber
дезинфекцио́нная ~ disinfector
декомпрессио́нная ~ decompression chamber
~ деле́ния *яд. физ.* fission chamber
~ деле́ния, многоэлектро́дная multiplate fission chamber
дели́тельная ~ *яд. физ.* fission chamber
дистилляцио́нная ~ distillation chamber
диффузио́нно-конденсацио́нная ~ diffusion (cloud) chamber
~ для дожига́ния (*отходящих газов*) combustion chamber
~ для запа́рки поча́тков *текст.* cop steaming box
~ для испыта́ния в солево́м тума́не, коррозио́нная salt-spray chamber
~ для окра́ски распыле́нием *авто* (paint) spray booth
~ догора́ния (*в печи*) secondary furnace, secondary combustion space
~ дожига́ния *ав.* reheat [afterburner] chamber
дожига́тельная ~ (*в печи*) secondary furnace, secondary combustion space
дробестру́йная ~ shot-blasting chamber
~ дробле́ния 1. *горн.* crusher chamber 2. (*щековой дробилки*) breaking space
дугогаси́тельная ~ (*в выключателях-автоматах*) arc chute
дутьева́я ~ (*в печи*) wind box

ка́мер/а
заглушённая ~ *ак.* anechoic [echo-free] chamber, dead [free-field] room
загру́зочная ~ 1. loading chamber **2.** *с.-х.* feed chamber
зака́лочная ~ hardening [quenching] chamber
заря́дная ~ *горн.* charging room, battery (charging) room
измельчи́тельная ~ *с.-х.* chopper chamber
ионизацио́нная ~ ionization [ion] chamber
ионизацио́нная, воздухоэквивале́нтная ~ air-equivalent ionization chamber
ионизацио́нная, возду́шная ~ free-air ionization chamber
ионизацио́нная, двойна́я ~ back-to-back ionization [double ionization] chamber
ионизацио́нная, дифференциа́льная ~ differential ionization chamber
ионизацио́нная, и́мпульсная ~ pulse ionization chamber
ионизацио́нная, интегри́рующая ~ integrating ionization chamber
ионизацио́нная, компенсацио́нная ~ compensated ionization chamber
ионизацио́нная, напёрстковая ~ thimble ionization chamber
ионизацио́нная, прото́чная ~ flow-type ionization chamber
ионизацио́нная ~ с электро́нным и́мпульсом fast ionization chamber
ионизацио́нная, тканеэквивале́нтная ~ tissue-equivalent ionization chamber
ионизацио́нная, экстраполяцио́нная ~ extrapolation ionization chamber
искроулови́тельная ~ *мет.* spark condensing chamber
~ иску́сственного кли́мата environmental [climatic] chamber, climatizer
~ ка́бельной ли́нии cable line cell
киносъёмочная ~ motion-picture [cine] camera
киносъёмочная, люби́тельская ~ amateur cine camera
киносъёмочная, многообъекти́вная ~ multiple-lens camera
киносъёмочная, мультипликацио́нная ~ animation-cartoon camera
киносъёмочная, подво́дная ~ underwater motion-picture [underwater cine] camera
киносъёмочная, регистрацио́нная ~ instrumentation camera
киносъёмочная, ручна́я ~ hand-held motion-picture [hand-held cine] camera
киносъёмочная, скоростна́я ~ high-speed cine camera
кла́панная ~ valve chamber
коагуляцио́нная ~ coagulation tank
~ коксова́ния coking chamber
компрессио́нная ~ compression chamber
конденсацио́нная ~ (Wilson) cloud [condensing] chamber
~ кондициони́рования conditioning chamber
копти́льная ~ smoking [smoke] chamber, smoke-room, smoke cabinet
~ котла́, водяна́я heater of a boiler
лучева́я ~ (*для электроннолучевой плавки*) beam chamber
манипуляцио́нная ручна́я ~ (*для работы с радиоактивными веществами*) glove box
~ молоти́лки, приёмная feeder house
молоти́льная ~ beating chamber
морози́льная ~ freezing room, freezing chamber
~ нагнета́ния (*насоса*) discharge [pressure] chamber
напо́рная ~ (*насоса*) discharge [pressure] chamber
направля́ющая ~ (*для ленты видеомагнитофона*) concave guide
насо́сная ~ *горн.* pump chamber, pump room
низкотемперату́рная ~ cold chamber
~ облуче́ния irradiation chamber
~ оку́ривания fumigating chamber, fumigator room
осади́тельная ~ settling chamber
оса́дочная ~ settling vessel
отжига́тельная ~ annealing chamber
~ отрыва́ющего аппара́та *с.-х.* stripping chamber
отсто́йная ~ settling chamber
~ охлажде́ния (*топки*) secondary furnace
~ очёса *с.-х.* combing chamber
парова́я ~ steam chamber
пека́рная ~ baking chamber
плави́льная ~ melt(ing) chamber
~ подава́теля комба́йна feeder house
~ подогре́ва *двс* (pre)heating chamber
помо́льная ~ *мет.* grinding chamber
поплавко́вая ~ *тепл.* float chamber
~ предвари́тельного прессова́ния *с.-х.* precompression chamber
предсоплова́я ~ (*летательного аппарата на воздушной подушке*) plenum chamber
прессова́льная ~ *с.-х.* bale [baling] chamber
~ прессова́ния (*в литье под давлением*) pressure chamber
приёмная ~ 1. inlet chamber **2.** *с.-х.* feed chamber
промы́вочная ~ washing chamber
пропа́рочная ~ steam-curing chamber
пряди́льная ~ spinning cell
пузырько́вая ~ *яд. физ.* bubble chamber
пузырько́вая, «чи́стая» ~ *яд. физ.* clean-type bubble chamber
пускова́я ~ *ркт.* precombustion chamber
пылеосади́тельная ~ dust-collecting chamber
пылеотдели́тельная ~ dust-separation chamber
разгру́зочная ~ 1. *с.-х.* discharge chamber **2.** *тепл.* balancing chamber
разря́дная ~ discharge chamber
распа́рочная ~ *рез.* steam-softening chamber
~ распредели́тельного устро́йства *эл.* switchgear cell
распыли́тельная ~ 1. spray [atomizing] chamber **2.** *двс* jet chamber
расшири́тельная ~ expansion chamber
реверберацио́нная ~ reverberation chamber
рентге́новская ~ X-ray camera
рентге́новская, порошко́вая ~ powder X-ray camera
~ сгора́ния combustion chamber □ **... происхо́дит прога́р ~ы сгора́ния** *ркт.* ... then the combustion chamber burns up [burns out]; **удаля́ть нага́р из ~ы сгора́ния** *двс* de-gum the combustion chamber
~ сгора́ния, вихрева́я high-turbulence [vortex, swirl-type] combustion chamber
~ сгора́ния, кольцева́я (*газотурбинного двигателя*) annular combustion chamber
~ сгора́ния ма́ршевого дви́гателя sustainer [cruising] chamber
~ сгора́ния, противото́чная reverse-flow combustion chamber
~ сгора́ния, прямото́чная straight-[direct-]flow combustion chamber
~ сгора́ния, сверхзвукова́я supersonic combustor
~ сгора́ния со стабилиза́торами пла́мени can combustor
~ сгора́ния с плёночным охлажде́нием film-cooled combustion chamber
~ сгора́ния с турбулиза́торами пото́ка baffle-type combustor
~ сгора́ния, тру́бчатая tubular-[can-]type combustion chamber
~ сгора́ния, тру́бчато-кольцева́я canular combustion chamber
~ сгора́ния, поворо́тная swivelling combustion chamber
семенна́я ~ *с.-х.* seed vessel
~ сжа́тия *двс* compression chamber
смеси́тельная ~ plenum [mixing] chamber
смеси́тельная ~ карбюра́тора mixing tube
соплова́я ~ *тепл.* steam belt, nozzle chamber
сортиру́ющая ~ (*масс-спектрометра*) sorting chamber
~ спектро́графа spectrograph camera

ка́мер/а
спира́льная ~ (*гидротурбины*) spiral case
стереофотограмметри́ческая ~ stereometric camera, photogrammetric stereocamera
стерилизацио́нная ~ *с.-х.* sterilizing box
сульфитацио́нная ~ *пищ.* sulphitation chamber
суши́льная ~ drying cell, drying chamber
суши́льная ~ непреры́вного де́йствия *дер.-об.* continuous kiln
суши́льная ~ периоди́ческого де́йствия *дер.-об.* intermittent kiln
телевизио́нная (передаю́щая) ~ television [TV] camera □ **повора́чивать телевизио́нную ~у в вертика́льном направле́нии** tilt the camera; **повора́чивать телевизио́нную ~у в горизонта́льном направле́нии** pan the camera
телевизио́нная, переносна́я ~ portable pick-up TV camera
телевизио́нная, репорта́жная ~ field TV camera
телевизио́нная ~ с бегу́щим лучо́м flying-spot TV camera
телевизио́нная, студи́йная ~ studio TV camera
телевизио́нная, цветна́я ~ colour TV camera
телевизио́нная, чёрно-бе́лая ~ monochrome TV camera
то́почная ~ *тепл.* furnace
тороида́льная ~ (*ускорителя частиц*) toroidal chamber, doughnut
~ увлажне́ния *дер.-об.* humidifying chamber
увлажни́тельная ~ *пищ.* humidifying chamber
уравни́тельная ~ surge tank
успоко́ительная ~ (*аэродинамической трубы*) plenum chamber
фермента́цио́нная ~ *пищ.* fermentation room
форса́жная ~ *ав.* afterburner
~ форсу́нки *ав.* nozzle chamber
фотографи́ческая ~ (photographic) camera
фотографи́ческая, зерка́льная ~ reflex (photographic) camera
фотографи́ческая ~ кругово́го обзо́ра all-sky (photographic) camera
фотографи́ческая, лу́нная ~ *астр.* moon (photographic) camera
фотографи́ческая, широкоуго́льная ~ wide-angle (photographic) camera
фоторепродукцио́нная ~ process [reproducing] camera
~ хлопкоубо́рочной маши́ны, приё́мная cotton receiving chamber
~ хлопкоубо́рочной маши́ны, рабо́чая picking throat, cotton picking receptacle
холоди́льная ~ refrigerating chamber
холоди́льная, сбо́рная ~ sectional cooler
~ хране́ния бага́жа cloakroom, luggage room
циклó́нная ~ vortex chamber
швицева́льная ~ *кож.* sweat pit
~ ши́ны tyre (inner) tube
~ ши́ны, автомоби́льная automobile (inner) tube
~ ши́ны, велосипе́дная bicycle (inner) tube
~ ши́ны, самозакле́ивающаяся self-sealing (inner) tube
~ шлакови́ка slag chamber
шлюзова́я ~ sluice [lock] chamber
щитова́я ~ *горн.* shield chamber
экологи́ческая ~ *с.-х.* environmental cabinet
электроли́тная ~ electrolyte chamber
эмульсио́нная ~ *яд. физ.* emulsion chamber, pellicle stack

ка́мера-сбо́рник *м.* *тепл.* plenum chamber
ка́мера-убе́жище *с.* *горн.* refuge chamber, refuge room
камерто́н *м.* tuning fork □ **возбужда́ть ~** drive a tuning fork; **возбужда́ть ~ уда́ром деревя́нного молото́чка** set a tuning fork vibrating by striking (one prong) with a mallet; **настра́ивать ~ передвижны́ми гру́зиками на ветвя́х** tune a fork by sliding weights on the prongs [tines]; **применя́ть ~ в то́не** c^2 use a tuning fork vibrating at c^2
ками́н *м.* **1.** fireplace **2.** (*кислородного конвертера*) hood; (*конвертера Кал-До*) offtake
водоохлажда́емый ~ water-cooled hood
газоотводя́щий ~ gas-collecting hood
дымоотводя́щий ~ fume-collecting hood
подви́жный ~ movable offtake
электри́ческий ~ electric radiant heater

камнедроби́лка *ж.* stone crusher
щекова́я ~ jaw crusher

камнеобрабо́тка *ж.* stone milling, stone working
камнеотдели́тель *м.* *с.-х.* stone separator, stone eliminator, stone extractor, derocker, stoner
камнере́зка *ж.* stone saw
камнеубо́рщик stone gatherer, stone collector, rock mover, stone picker
камнешлифо́вка *ж.* *полигр.* lithographic stone graining machine
кампа́ния *ж.* operating period, run, campaign
~ до́менной пе́чи campaign [life(-cycle)] of a blast furnace □ **~ до́менной пе́чи характеризу́ется пери́одом ме́жду двумя́ заду́вками** the campaign [life(-cycle)] of a blast furnace is the interval from blow-in to blow-in

кампа́ния
о́бжиговая ~ roasting period
посевна́я ~ sowing season, sowing campaign, seedtime
рабо́чая ~ operation period
~ реа́ктора reactor life-time
убо́рочная ~ harvest campaign, harvesting time

камуфля́ж *м.* camouflage [dazzle] paint
камфара́ *ж.* (*тж.* **ка́мфора**) camphor
камышекоси́лка *ж.* reed cutter
камыши́т *м.* *стр.* cane-[reed-] fibre board(s)
кана́ва *ж.* ditch
водоотво́дная ~ water-diversion ditch
водосто́чная ~ gutter
гла́вная ~ *мет.* run-out trough
дрена́жная ~ drainage ditch
дрена́жная, щебё́ночная ~ rock drainage ditch
инфильтрацио́нная ~ infiltration ditch
лите́йная ~ casting pit
мо́ечная ~ *авто* washing pit
наво́зная ~ *с.-х.* dung channel
наго́рная ~ hillside [berm] ditch
ороси́тельная ~ irrigation ditch
осуши́тельная ~ drainage ditch
отводна́я ~ diversion ditch
подводя́щая ~ tributary ditch
противопожа́рная ~ *лес.* gutter trench
разве́дочная ~ *горн.* explorating trench
разли́вочная ~ *мет.* teeming pit
сма́зочная ~ greasing [lubricating] pit
смотрова́я ~ *авто* repair [inspection, service] pit
сто́чная ~ gutter

кана́вк/а *ж.* (*продолговатое углубление*) groove; (*режущего инструмента: свёрл, фрез, развёрток и т. п.*) flute □ **нареза́ть ~у в ре́жущем инструме́нте** cut a flute in a tool; **~ образу́ет прохо́д для вы́хода стру́жки** a flute leaves room [furnishes a path] for the escape of the chips; **~ образу́ет ре́жущую кро́мку инструме́нта** a flute forms a cutting edge on a tool
дро́ссельная ~ (*в волноводе*) choke groove
зарезьбова́я ~ clearance groove
кольцева́я ~ annular groove
кругова́я ~ circular [circumferential] groove
~ о́бода rim gutter
~ огнево́й зачи́стки *мет.-об.* hot scarfing ditch
~ поршнево́го кольца́ piston-ring groove
посевна́я ~ *с.-х.* sowing furrow
~ проте́ктора ши́ны tread groove
сма́зочная ~ oil groove, oilway, oil way
спира́льная ~ helical [spiral] flute

кана́вк/а
стружколо́мная ~ chip-breaking flute
чугу́нная ~ iron runner
шла́ковая ~ slag runner
шпо́ночная ~ keyway
канавокопа́тель *м.* trenching machine, ditcher □ ~ **образу́ет кана́ву за,** *напр.* **два прохо́да** a trenching machine digs [excavates] a complete trench [ditch] in, *e. g.*, two passes; ~ **прокла́дывает кана́вы для ...** a trenching machine digs [excavates] ditches for ...; ~ **рабо́тает по любо́му гру́нту** a trenching machine can dig [is capable of digging] any type of soil; ~ **устано́влен на гу́сеничном ходу́** the trenching machine is crawler-mounted
гидравли́ческий ~ hydrotrencher
двухотва́льный ~ bull ditcher
дрена́жный ~ drain digger
многоковшо́вый ~ ladder-type trenching machine
навесно́й ~ mounted ditcher
плу́жный ~ plough-type trencher
ро́торный ~ rotary trenching machine
самохо́дный ~ self-propelled trenching machine
~ **с вертика́льной ра́мой** vertical boom trenching machine
фре́зерный ~ wheel-type trenching machine
цепно́й ~ chain-type trenching machine
черпако́вый ~ bucket trenching machine
канавоочисти́тель *м.* ditch dredge(r), ditch cleaner
драгла́йновый ~ dragline ditch cleaner
кана́л *м.* **1.** (*искусственное сооружение*) canal □ ~ **закры́т** *или* **откры́т для прохо́да судо́в** the canal is closed *or* opened to traffic; **облицо́вывать** ~ line a canal; **осуществля́ть судохо́дство по** ~**у** navigate a canal; ~ **подаёт во́ду ...** a canal conveys water from ... to ...; **по** ~**у перево́зится** (*сто́лько-то*) **тонн гру́за** the canal handles [carries] (*so-many*) tons of cargo **2.** *свз.* channel □ **выделя́ть** ~ drop (off) a channel; **занима́ть** ~ capture a channel; ~ **мо́жно уплотни́ть телефо́нным и телегра́фным кана́лами** a telephone channel may be combined with telegraph channels; **организова́ть** ~ derive a channel; **освобожда́ть** ~ relinquish a channel; **ответвля́ть** ~ drop a channel; **отводи́ть [назнача́ть]** ~ assign [allocate] a channel; **перегружа́ть** ~ congest a channel; ~ **поражён** the channel is disturbed [perturbed, victimized]; **разделя́ть** ~**ы** separate channels; ~ **свобо́ден** the channel is clear; **укла́дывать** ~**ы** insert (blocks of) channels into proper position in the base-band frequency spectrum; **уплотня́ть** ~ **с временны́м разделе́нием** time-multiplex a channel, use a channel on a time-division multiplex basis; **уплотня́ть** ~ **с часто́тным разделе́нием** frequency-multiplex a channel, use a channel on a frequency-division multiplex basis; ~ **явля́ется исто́чником перехо́дных поме́х** this is a disturbing [offending] channel **3.** (*в полупроводниковых приборах*) channel **4.** (*в печах и подобных устройствах*) flue **5.** (*проход*) conduit, duct, passage
кана́л
абоне́нтский ~ local [subscriber's] loop
безнапо́рный ~ gravity-flow conduit
~ **без обра́тной свя́зи** one-way channel
вентиляцио́нный ~ **1.** air [ventilation, cooling] duct **2.** (*линейный*) venting channel
вертика́льный ~ (*мартена*) downtake, uptake
вертика́льный, возду́шный ~ (*мартена*) air uptake
водоотво́дный ~ catch drain, drainage canal
водопрово́дный ~ water-supply [water-conveying] canal
водосли́вный ~ overflow canal
волочи́льный ~ *мет.* die hole
~ **воспроизведе́ния** reproducing channel
впускно́й ~ admission [intake, inlet, induction] port
выпускно́й ~ exhaust [outlet] port
вытяжно́й ~ **1.** exhaust duct **2.** *горн.* foul air flue
газоотводя́щий ~ gas-escape channel
деривацио́нный ~ diversion canal
~ **для прово́док** *стр.* service duct
~ **для сбро́са па́водка** floodway, flood control canal
~ **для уравне́ния давле́ния** pressure equalizing passage
зали́вочный ~ *пласт.* sprue channel
~ **за́писи** recording channel
~ **запро́са** *нвг.* interrogation link
~ **звуково́го сопровожде́ния** *тлв.* sound channel
зерка́льный ~ *рад.* image channel
золово́й ~ *тепл.* sluiceway
~ **изображе́ния** *тлв.* video channel
искрово́й ~ *физ.* spark channel
ка́бельный ~ cable duct
ка́бельный, бето́нный ~ concrete trough
~ **ка́бельной канализа́ции** cable duct
кла́панный ~ *авто* valve port
~ **ко́ксовой батаре́и, подо́вый** sole flue
~ **ко́ксовой пе́чи, перекидно́й** crossover flue
кана́л
контро́льный ~ (*системы передачи по ЛЭП*) pilot channel
лесоспла́вный ~ (*в составе гидроузла*) log chute □ **лесоспла́вный** ~ **слу́жит для про́пуска сплавно́го ле́са че́рез плоти́ну** the log chute puts logs through the dam
ли́тниковый ~ **1.** *лит.* gate **2.** *пласт.* sprue channel
лопа́точный ~ (*турбины*) blade passage
маслопрово́дный ~ *авто* oil duct, oil passage
ма́сляный ~ *двс* oil gallery
межлопа́точный ~ (*турбины*) blade passage
мелиорати́вный ~ soil-reclamation canal
морско́й ~ maritime canal
мультипле́ксный ~ multiplexor channel □ **мультипле́ксный** ~ **мо́жет рабо́тать в мультипле́ксном** *или* **монопо́льном режи́ме** the multiplexor channel can operate in the multiplex *or* burst modes; **мультипле́ксный** ~ **освобожда́ет проце́ссор от непосре́дственной свя́зи с устро́йствами вво́да-вы́вода** the multiplexor channel relieves the processor of communicating directly with I/O devices; **мультипле́ксный** ~ **осуществля́ет непосре́дственное управле́ние устро́йствами вво́да-вы́вода** the multiplexor channel is the direct controller of I/O devices; **мультипле́ксный** ~ **рабо́тает по запро́сам** the multiplexor channel operates on demand
мультипле́ксный, ба́йтовый ~ byte multiplexor channel
мультипле́ксный, бло́ковый ~ block multiplexor channel
~ **мундштука́** *пласт.* die channel
~ **наса́дки регенера́тора** *тепл.* checker flue
обводни́тельный ~ water supply canal
обводно́й ~ *гидр.* by-pass (channel)
объёмный ~ *пп* bulk channel
ороси́тельный ~ irrigation [irrigating] channel
ороси́тельный, магистра́льный ~ irrigating main
осуши́тельный ~ drainage channel
~ **переда́чи да́нных** data (communication) channel
~ **переда́чи да́нных, дискре́тный** digital data (communication) channel
~ **переда́чи да́нных, подтона́льный** subvoice grade channel
~ **переда́чи да́нных тона́льной частоты́** voice-band data (communication) channel
~ **переда́чи да́нных, цифрово́й** digital data (communication) channel
перепускно́й ~ by-pass (channel)
~ **пе́чи, дымово́й** waste gas [chimney] flue
~ **пе́чи, отводя́щий** offtake

канал

~ печи, охлаждающий cooling flue
подводящий ~ intake conduit
~ поддона *мет.* runner
подходный ~ *гидр.* approach channel
~ полевого транзистора channel of a field-effect transistor
приточный ~ influent channel, intake duct
прямой ~ (*в передаче данных*) private line
пылеосадительный ~ dust-collecting [precipitating] duct
~ рабочей решётки (*турбины*) blade passage
радиорелейный ~ radio-relay [microwave] channel
~ радиосвязи, вещательный broadcast channel
радиотелеметрический ~ radiotelemetry channel
~ релейной защиты relay-protection channel
~ релейной защиты, блокировочный carrier-blocking channel
~ релейной защиты телеблокировки pilot channel
самотёчный ~ *гидр.* gravity-flow conduit
сбросной ~ *гидр.* escape [discharge) canal
~ связи communication channel □ **набирать ~ связи** set up a channel
~ связи, авиационный aeronautical service channel
~ связи без памяти memoryless channel
~ связи без помех noiseless channel
~ связи, бинарный симметричный symmetric binary channel
~ связи, высокочастотный carrier channel, carrier link
~ связи дежурного приёма *ав.* guard channel
~ связи, дискретный discrete [digital] channel
~ связи, коммутируемый switched [dial-up] circuit, switched [dial-up] channel
~ связи на орбитальных диполях dipole channel
~ связи, некоммутируемый leased [rented, unswitched] channel
~ связи, односторонний one-way channel
~ связи, оптический optical channel
~ связи по линии электропередачи power-line-carrier [p. l. c.] channel
~ связи с аддитивной помехой additive-noise channel
~ связи с асинхронным уплотнением asynchronously multiplexed channel
~ связи с временным разделением time-shared channel
~ связи, симплексный simplex [one-way] channel

канал

~ связи, служебный engineering channel, engineering circuit
~ связи с памятью channel with memory
~ связи с помехами noisy channel
~ связи с частотным разделением frequency-division multiplexed channel
~ связи с частотным уплотнением frequency-division-multiplex line
~ связи, уплотнённый multiplexed channel
селекторный ~ (*в системах обработки и передачи информации*) selector channel □ **селекторный ~ позволяет подключать к процессору до, *напр.* 8 устройств ввода-вывода** the selector channel attaches up to, *e. g.*, 8 I/O devices; **селекторный ~ работает в монопольном режиме** the selector channel operates in the burst mode
сливной ~ *гидр.* escape [discharge] channel
~ с неукреплёнными откосами unlined canal
~ с обратной связью feedback [two-way] channel
сопловой ~ (*турбины*) nozzle passage
сточный ~ escape canal, house drain
судоходный ~ navigation [navigable, ship] canal
телевизионный ~ television channel
телеграфный ~ telegraph channel
телеграфный ~ по средним точкам телефонных цепей simplexed [superimposed] telegraph circuit
телеметрический ~ telemeter(ing) channel
телефонный, высокочастотный ~ carrier telephone channel
тональный ~ voice-frequency [v. f.] channel
топочный ~ heating flue
~ управления control channel
фильмовый ~ (*кинокамеры или кинопроектора*) film gate
формующий ~ *пласт.* moulding channel
шлаковый ~ *тепл.* sluiceway
шлюзованный ~ lock canal
~ экструдера, рабочий screw channel of an extruder
энергетический ~ hydraulic-power canal
эпитаксиальный ~ *пп* epitaxial channel
~ ядерного реактора, аварийный safety channel
~ ядерного реактора, боковой by-pass, side channel
~ ядерного реактора для (вывода) пучка beam port, beam hole, beam tube

канал

~ ядерного реактора для облучения exposure [radiation] hole, irradiation tunnel, irradiation port
~ ядерного реактора для образцов sample hole
~ ядерного реактора для приборов instrumental hole
~ ядерного реактора, рабочий reactor fuel tube, reactor fuel channel
~ ядерного реактора, технологический reactor fuel channel
~ ядерного реактора, экспериментальный experimental port, test [experimental] hole

канализация *ж.* **1.** waste-water disposal system; canalization **2.** (*кабельная*) 1. (*совокупность устройств*) cable-conduit [duct] system, cable-conduit [duct] line 2. (*трубопровод*) conduit **3.** (*направленная передача энергии, сигнала и т. п.*) channelling
бестраншейная ~ (*кабельная*) draw-in conduit [duct] system
внутренняя ~ plumbing, waste piping □ **внутренняя ~ отводит сточные воды из здания** plumbing [a plumbing system] disposes wastes resulting from building occupancy
наружная ~ sewerage □ **наружная ~ транспортирует сточные воды вне зданий** sewerage carries waste water outside buildings
~ русла channelling, channelization

канализирование *с.* (*энергии, частиц и т. п.*) canalization, channelling

каналокопатель trenching machine, ditcher

каналопроходчик *м.* (*устройство для проверки и очистки каналов кабельной канализации*) mandrel

канат *м.* rope □ **~ бьёт о борт** a rope flails against the hull side; **волочить ~ по земле** drag a rope on the ground; **запутывать ~** foul a rope; **~ изготавливают с направлением свивки, противоположным свивке прядей** a rope is laid with a twist opposite to that of the strands; **~ «мочалится»** the rope frays; **найтовить ~** frap a rope; **ослаблять ~** slack (off) a rope; **перекидывать ~ вокруг блока** pass a rope over a block; **пропускать ~ через блок** rove a rope through a block; **расплетать повив ~а** unlay a rope; **распустить [распушить] конец ~а** feaze a rope; **свёртывать ~ в бухту** coil a rope; **свёртывать ~ в плоскую бухту** flemish down a rope; **тащить ~ по земле** drag a rope on the ground; **травить ~** ease away [pay out] a rope; **~ трёт о блок *или* шкив** a rope chafes against a pulley block *or* sheave
бесконечный ~ endless rope
буксирный ~ towing rope, tow-rope
буровой ~ drilling cable
витой ~ twisted rope

канат
~ грейфера, замыкающий closing rope of a grab bucket
~ грейфера, поддерживающий holding rope of a grab bucket
~ грейфера, подъёмный holding rope of a grab bucket
грузоподъёмный ~ hoisting rope
джутовый ~ jute rope
~ драглайна, подъёмный hoist cable
~ драглайна, тяговый drag cable
~ закрытой конструкции locked-coil rope
~ кабельтовой свивки cable-laid [water-laid] rope
кабельтовый ~ cable-laid [water-laid] rope
~ канатной дороги, несущий track cable
~ канатной дороги, тяговый traction cable
кручёный ~ twisted rope
~ левой свивки left lay rope
многопрядный ~ stranded rope
направляющий ~ guide rope
нераскручивающийся ~ non-spinning [non-rotating] rope
отбойный ~ balance rope
пеньковый ~ hemp rope
плетёный ~ plaited rope
плоский ~ flat rope
подъёмный ~ hoist rope
~ полиспаста runner
~ правой свивки right lay rope
приводной ~ driving [transmission] rope
проволочный ~ wire rope
раскручивающийся ~ spinning rope
рудничный ~ mining rope
~ с секторообразным сечением прядей sector-shaped rope
стальной ~ wire rope
трёхпрядный ~ three-stranded rope
трёхстренговый ~ three-stranded rope
~ тросовой свивки plain-laid rope
тросовый ~ plain-laid rope
тяговый ~ haulage rope
уравновешивающий ~ balancing rope
хвостовой ~ tail rope
чалочный ~ pull(ing) rope
якорный ~ anchor cable, anchor chain

канатик *м.* stranded wire
антенный ~ antenna wire
гибкий ~ *эл.* pigtail (wire)

канатоёмкость *ж.* **барабана** coiling length of a drum

канва *ж.* canvas

кандела *ж.* (*единица силы света в системе СИ*) candela

канделябр *м.* sconce

кандолюминесценция *ж.* candoluminescence

канистра *ж.* (safety) fuel can

канифас-блок *м.* notch [snatch] block

канифоль *ж.* rosin, colophony

канифоль
живичная ~ gum rosin, gallipot colophony □ **живичная ~ получается отгонкой скипидара из живицы** gum rosin is produced by separating gum turpentine from (pine) pitch
талловая ~ tall hard rosin, tall colophony
экстракционная ~ wood rosin □ **экстракционная ~ получается экстракцией (древесины) сосновых пней** wood rosing is obtained by gasoline extraction of (old) pine stumps

каннелюра *ж. арх.* flute

канон *м. полигр.* canon

кант *м.* **1.** (*край*) edge **2.** *полигр.* score; overhung [extended] cover **3.** (*в одежде*) piping □ **выпустить ~** trim with a piping, pipe the dress
рантовой ~ *кож.* welt

кантователь *м.* **1.** (*любое устройство для переворачивания*) turn-over device, turner, tipper, tilter **2.** (*устройство для поворачивания, напр. заготовок, деталей, при их обработке, осмотре, упаковке и т. п.*) positioner, manipulator
~ брёвен overhead canter
кузнечный ~ forging manipulator
прокатный ~ (*блюминга*) (blooming-mill) manipulator
~ рельсов rail turner
сварочный ~ (welding) positioner
сварочный, вращающийся ~ rotator
~ слитков ingot manipulator
~ штучных грузов (*с упорами или сталкивателями*) tipper

кантовать *гл.* **1.** (*переворачивать*) turn over □ (*предупредительная надпись*) **«Не кантовать!»** "Do not turn over!" **2.** (*устанавливать, напр. заготовки, детали, при их обработке, осмотре, упаковке и т. п.*) position, manipulate **3.** (*в камнеобработке*) cut to size and shape

каньон *м.* **радиационной установки** canyon of radiation plant

каолин *м.* kaolin(e), porcelain clay, China clay

каон *м.* K-meson

кап *м.* **1.** *лес.* burl, curly grain, knag **2.** (*люк с задвигающейся крышкой*) *мор.* cape

капать *гл.* drip

капелирование *с.* cupellation

капельница *ж.* **1.** dropping bottle **2.** (*для смазки*) drop oiler

капёж *м. горн.* downpour

капилляр *м.* **1.** capillary (tube) **2.** (*в пневматических измерительных приборах*) restrictor

капилляриметр *м.* capillarimeter

капиллярность *ж.* capillarity

капиталовложени/я *мн. с.* investment; (capital) outlay □ **это оборудование потребует значительных ~й** this plant will involve heavy (capital) outlay(s)

капиталоёмкий *прил.* capital-intensive (*e. g., of development, project*)

капитель *ж.* **1.** *полигр.* small capitals **2.** *арх., стр.* capital
~ дымовой трубы chimney capital
~ колонны column cap, column head, capital
~ пилона pierhead
~ пилястра pilaster capital

каплеотбойник *м.* entrainment separator

каплесдуватель *м. кфт.* air [film] squeegee

каплеуловитель *м.* drip pan

каплеуказатель *м.* feed [drop sight] glass

капл/я *ж.* drop, droplet □ **~ висит** a drop is pendent, a drop hangs; **~ отрывается [отделяется]** a drop detaches itself; **~ падает** a drop falls; **по ~ям** drop-by-drop; **~ растекается** a drop spreads

капнометрия *ж.* capnometry

капноскоп *м.* capnoscope, smoke gauge

капок *м.* (*вид волокна*) kapok

капот *м.* (*кожух двигателя*) *англ.* bonnet; *амер.* hood; *ав.* cowling
безнапорный ~ non-pressure [sealed]; cowling □ **безнапорный ~ предотвращает подсос наружного воздуха в гондолу двигателя** a non-pressure [sealed] cowling prevents entry of the surrounding air into the engine nacelle
напорный ~ pressure [unsealed] cowling □ **в напорном ~е повышенное давление воздуха создаётся за счёт встречного потока** *или* **нагнетателя** in a pressure [unsealed] cowling the air pressure is increased by ram *or* a fan

капотирование *с.* (*опрокидывание самолёта на спину или нос через передние колёса*) nose-over

капотировать *гл.* **1.** (*устанавливать капот(ы)*) cowl (*e. g., the engine*) **2.** (*опрокидываться на спину или нос через передние колёса*) *ав.* nose over

капрон *м.* kapron (*Soviet-made brand of nylon; some foreign-made equivalents: nylon-6, perlon, bodanyl, amylan*)
кордный ~ tyre cord kapron

капсель *м.* sagger

капсула *ж.* (*одно из наименований спускаемого аппарата американского космического корабля*) capsule

капсюль *м.* **1.** (*средство воспламенения и детонации заряда*) cap **2.** (*микрофонный*) inset

капсюль-воспламенитель *м.* percussion cap

капсюль-детонатор *м.* blasting cap

каптаж *м.* **1.** *гидр.* catchment **2.** *горн.* capping
~ скважины capping a well

каптал *м. полигр.* headband, footband, tailband

капталорéзка *ж. полигр.* headband cutter
каптúровать *гл.* capture, catch
карабúн *м.* clasp, snap [latch] hook
~ для креплéния рáмной пилы́ saw [top] buckle
каравáн *м.* **1.** *мор.* convoy **2.** (*торфа*) peat storage pile
карактрóн *м.* (*ЭЛТ для представления знаковой информации*) character [alphanumeric] display tube (the Charactron — *фирм. название*)
карáкуль *м.* (*шкурки каракульских ягнят в возрасте от 1 до 3 дней*) karakul (*pelts of Karakul lambs 1 to 3 days old*)
каракульчá *ж.* (*шкурки недоношенных каракульских ягнят*) karakulcha (*pelts of unborn Karakul lambs*)
карамелизáция *ж.* caramelization
карамелизовáть *гл.* caramelize
карандáш *м.* **1.** pencil □ **в ~е** in pencil; **~óм** in pencil; **~ пáчкает** the pencil smudges; **твёрдость ~éй обозначáется бýквами** pencils are graded by letters; **чинúть ~** sharpen a pencil **2.** (*остаток лущения фанерного кряжа*) centre
абразúвный ~ abrasive pencil
графúтный ~ lead pencil
литогрáфский ~ (lithographic) crayon
маркирóвочный ~ marking crayon
стеклографúческий ~ hectographic pencil
химúческий ~ indelible pencil
цветнóй ~ crayon
чертёжный ~ drawing pencil
карáт *м.* (*внесистемная единица массы драгоценных камней и жемчуга*) carat
карбúд *м.* carbide *примеры*: **~ желéза** ferric [ferrous] carbide; **~ кáльция** calcium carbide □ **дробúть ~ кáльция** crush calcium carbide; **~ кáльция зайливается** calcium carbide is covered with slaked lime; **~ кáльция разлагáется атмосфéрной влáгой** calcium carbide is slaked by atmospheric moisture; **разлагáть ~ кáльция водóй** decompose calcium carbide by causing water to react upon; **сливáть (расплáвленный) ~ кáльция** tap (molten) calcium carbide
~ кáльция, технúческий commercial calcium carbide
карболúт *м.* (*советская марка пластмассы*) karbolit (Carbolite — *фирм. название*)
карбонáдо *с.* (*разновидность технического алмаза*) black carbon, black diamond
карбонáт *м.* carbonate
карбонизáция *ж.* carbonization
карбонизúровать *гл.* carbonize
карбонúл *м.* carbonyl
карборýнд *м.* (*советская марка карбида кремния*) silicon-carbide abrasive, Karborund (Carborundum — *фирм. название*)
карботермúя *ж.* carbothermy
карбюрáтор *м. англ.* carburettor; *амер.* carbureter □ **~ дозúрует тóпливо** a carburettor meters the fuel; **заливáть ~** tickle a carburettor; **перезаливáть ~** flood a carburettor; **подкáчивать горючее в ~** tickle a carburettor; **~ приготáвливает смесь из жúдкого тóплива и вóздуха** a carburettor mixes the fuel with the air; **~ распы́ливает (жúдкое) тóпливо** a carburettor atomizes the (liquid) fuel; **регулúровать ~** tune (up) a carburettor; **с нéсколькими ~ами** multi-carburettor
впры́скивающий ~ spraying carburettor
~ для тяжёлого тóплива heavy-oil carburettor
добáвочный ~ booster carburettor
испарúтельный ~ vaporizing carburettor
поплавкóвый ~ float(-type) carburettor
пусковóй ~ starter carburettor
распылúтельный ~ atomizing carburettor
~ с восходя́щим потóком вóздуха updraught carburettor
~ с горизонтáльным потóком вóздуха side-draught carburettor
сдвóенный ~ two-barrel [twin] carburettor
~ с нисходя́щим потóком вóздуха down-draught carburettor
~ с пáдающим потóком вóздуха down-draught carburettor
~ с подогрéвом смесúтельной кáмеры водóй water-jacketed carburettor
~ с подогрéвом смесúтельной кáмеры отработáвшими гáзами exhaust-jacketed carburettor
~ с термостатúческой регулирóвкой thermostatic carburettor
карбюрáция *ж.* carburetion
двойнáя ~ double carburetion
карбюризáтор *м. мет.* carburizer, carburizing compound, carburizing agent □ **набивáть ~ в цементациóнный я́щик** pack the carburizing box with carburizer
гáзовый ~ carburizing gas
жúдкий ~ liquid carburizing agent
твёрдый ~ solid carburizing agent
кáрго-план *м. мор.* cargo-plan
кардáн *м.* **1.** (*механизм для передачи вращения между валами*) universal [Cardan] joint, Hooke's coupling **2.** (*карданная подвеска в приборах, напр. гироскопах*) gimbal
кардиогрáмма *ж.* cardiogram
кардиогрáфия *ж.* cardiography
кардиóид *м.* cardioid
кардиóид-кондéнсор *м.* cardioid condenser
кардиостимуля́тор *м.* pacemaker, heartbeat timer □ **вживля́ть ~** implant a pacemaker
кардóкс *м.* (*средство беспламенного взрывания*) cardox □ **~ осуществля́ет бесплáменную отбóйку, напр.** **ýгля** cardox blasts, *e.g.*, coal without flame; **~ явля́ется срéдством бесплáменной отбóйки** cardox is a substitute for blasting explosive
кардолéнта *ж.* card
кардочесáние *с.* carding
карéтка *ж.* carriage
буровáя ~ track-mounted drill
~ воздýшно-трелёвочной установки trolley
волочúльная ~ drawing carriage
~ вращáтельной бурúльной машúны rotary drill jumbo
~ для кислорóдной фýрмы (oxygen-)lance carriage
~ для установки штáнговой крéпи roof bolting jumbo
~ кáрточного перфорáтора card bed
катýшечная ~ bobbin rail
~ круглопúльного станкá saw carriage
~ набóрной верстáтки *полигр.* composing carriage
~ направлéний (*в аэросъёмке*) direction slide
~ ножеточúльного станкá *лес.* knife carriage
~ параллáксов *геод.* parallax slide
передвижнáя ~ *прок.* gauge carriage
ремизоподъёмная ~ dobby
~ сýппорта main carriage
~ токáрного станкá lathe carriage
э́джерная ~ *прок.* edger carriage
каркáс *м.* frame(work)
арматýрный ~ *стр.* reinforcing cage
~ без заполнéния *стр.* naked frame
жёсткий ~ *стр.* rigid framework
~ катýшки индуктúвности coil form
кóрдный ~ cord body
многопролётный ~ *стр.* multiple-bay frame
несýщий ~ supporting structure
~ передáтчика приёмника panel (-and-) chassis assembly
~ пéчи furnace binding
~ покры́шки tyre carcass, tyre casing
~ покры́шки, металлокóрдный ~ steel-cord casing
~ покры́шки, резúновый rubber-cord casing
~ резúстора resistor core
стальнóй ~ steelwork
шúшечный ~ *лит.* core mandrel, core rod
кáрлингс *м. мор.* carling
кармáн *м.* pocket
вáкуумный ~ *гидр.* eddy pocket of reduced pressure
~ вентиля́тора, всáсывающий inlet box
~ для золы́ *мет.* cinder pot

карма́н
~ для перфока́рт, входно́й *вчт.* card hopper
~ для перфока́рт, выходно́й *вчт.* card stacker
~ для перфока́рт, подающий *вчт.* card hopper
~ для перфока́рт, приёмный *вчт.* card stacker
песо́чный ~ *авто* sand blister, sand boil
петлево́й ~ *прок.* loop pocket
печно́й ~ furnace hopper
карматро́н *м.* (*электровакуумный прибор магнетронного типа*) carmatron (*voltage-tuned backward-wave tube*)
карми́н *м.* carmine
карни́з *м.* cornice □ **вытя́гивать ~** (*в штукатурных работах*) run a cornice
карота́ж *м.* (*исследование скважин геофизическими методами*) (well) logging □ **вести́ ~ на одно́м ка́беле** run a survey on a singe-conductor cable; **проводи́ть [осуществля́ть] ~** run a log
га́зовый ~ mud logging
га́мма-~ gamma-ray logging
индукцио́нный ~ inductive electromagnetic logging
коло́нковый ~ (*отбором колонковых образцов или кернов*) coring
коло́нковый, боково́й ~ side-wall coring, side-wall sampling, side-wall testing
~ ме́тодом вы́званной поляриза́ции induced polarization logging
~ ме́тодом ка́жущегося сопротивле́ния (apparent) resistivity logging
~ ме́тодом самопроизво́льной поляриза́ции spontaneous-polarization [self-potential, SP] logging
нейтро́нный ~ neutron logging
радиоакти́вный ~ radiation [radioactivity] logging
электри́ческий ~ resistivity logging
электри́ческий, боково́й ~ shielded-electrode [lateral resistivity] logging
ка́рра *ж. лес.* resin blaze
карсинотро́н *м.* carcinotron
карт *м.* (*гоночный автомобиль*) cart
ка́рт/а *ж.* 1. map; (*особ. навигационная*) chart □ **вести́ ~у** fill in a map; **наноси́ть на ~у** plot on a map *or* a chart; **определя́ть по ~е** determine by chart; **ориенти́ровать ~у** set a map; **поднима́ть ~у** bring conventional signs on the map into relief; **стро́ить ~у,** ***напр.*** **в мерка́торской прое́кции** draw a map [a chart], *e. g.*, on the Mercator projection 2. (*перфорационная*) card 3. (*игральная*) card
анаглифи́ческая ~ anaglyph, anaglyphic(al) map
аэронавигацио́нная ~ air-navigation chart
аэронавигацио́нная, маршру́тная ~ strip air-navigation map
батиметри́ческая ~ bathygraphic chart
геологи́ческая ~ geological map
гидрографи́ческая ~ hydrographic chart
гидрологи́ческая ~ marine (survey) chart
гипсометри́ческая ~ hypsometric(al) [hypsographic, altimetric] chart, hypsometric(al) [hypsographic, altimetric, isohypsic, relief] map
гравиметри́ческая ~ gravimetric map
гравитацио́нная ~ gravity (anomaly) map
~ грунто́вых вод depth-to-water map
доро́жная ~ highway [route, road] map
када́стровая ~ cadastral map, cadastral plan
~ Карно́ *мат., киб.* Karnaugh map
ко́нтурная ~ blank [contour, outline] map
крупномасшта́бная ~ large-scale map
магни́тная ~ *вчт.* magnetic card
мелкомасшта́бная ~ small-scale map
метеорологи́ческая ~ meteorological [weather] chart
навигацио́нная ~ nautical chart
нема́я ~ outline map
обзо́рная ~ general chart, general (purpose) map
операцио́нная ~ operation sheet, flowsheet
перфори́рованная ~ punch(ed) card (*см. тж.* **перфока́рта**) □ **откла́дывать перфори́рованную ~у** (*в перфораторе*) stack a card (*in a card punch*)
перфори́рованная ~ складско́го учёта inventory card
перфори́рованная ~ с краево́й перфора́цией edge-punched [margin-punched] card
~ проводи́мости по́чвы surface-conductivity map (*Примечание.* "Surface", *а не* "soil", *так как учитываются все виды поверхности, в том числе озёра, моря*)
радионавигацио́нная ~ (radio) direction-finding [radiogoniometric] chart
релье́фная ~ relief map
синопти́ческая ~ synoptic chart
~ сма́зки lubrication chart
схемати́ческая ~ schematic [skeleton, sketch] map
технологи́ческая ~ process chart, process sheet, flowsheet; (*для обслуживания, регламентных работ и т. п.*) maintenance requirement card, MRC
~ технологи́ческой осна́стки tool write-up card
ка́рт/а
топографи́ческая ~ topographic [ground, land, surface contour] map □ **привя́зывать топографи́ческую ~у к опо́рным то́чкам** control a (topographic) map by accurately located points, a (topographic) map is controlled by ...
фи́зико-географи́ческая ~ physiographic(al) map
эконо́мико-географи́ческая ~ economic map
электрокалибро́вочная ~ напряже́ний voltage chart
электрокалибро́вочная ~ сопротивле́ний resistance chart
ка́ртер *м.* case, casing
~ дви́гателя engine case, crankcase
~ дви́гателя, неразъёмный barrel (-type) crankcase
~ дви́гателя, разъёмный split(-type) crankcase
~ дви́гателя, сухо́й dry crankcase
карти́на *ж.* 1. (*изображение*) picture 2. (*визуализация какого-л. физического явления, механизма, поведения и т. п.*) pattern
автоэмиссио́нная ~ field emission pattern
волнова́я ~ wave pattern
гидродинами́ческая ~ flow pattern
~ двойно́го лучепреломле́ния birefringence pattern
дифракцио́нная ~ diffraction pattern
дифракцио́нная, обра́тная ~ back-reflection pattern
дифракцио́нная, пряма́я ~ transmission pattern
дифракцио́нная, рентге́новская ~ X-ray diffraction pattern
дымова́я ~ smoke pattern
~ земны́х отраже́ний ground-echo pattern
интерференцио́нная ~ fringe [interference] pattern
лучева́я ~ ray picture
муа́ровая ~ moiré pattern
~ по́ля field pattern
радиолокацио́нная ~ indication, display, presentation
~ распределе́ния distribution pattern
~ скачко́в уплотне́ния shock(-wave) pattern
~ сры́ва пото́ка stall pattern
ка́ртинг *м.* (*соревнования на гоночных автомашинах — картах*) carting
карти́рование *с.* mapping
по́чвенное ~ soil mapping
карти́ровать *гл.* map
картове́дение *с.* map science
картогра́мма *ж.* cartogram
карто́граф *м.* cartographer, map maker, mapper
картографи́рование *с.* map-making, chart-making
картогра́фия *ж.* cartography

картодиагра́мма *ж.* diagrammatic map, diagrammatic chart
картоме́трия *ж.* cartometry
карто́н *м.* board □ **глянцева́ть ~** glaze the board; **каландрова́ть ~** calender the board; **отлива́ть ~** cast the board; **прокле́ивать ~** size the board; **скле́ивать ~** (*листы картона*) paste board (sheets)
асбе́стовый ~ asbestos board
биле́тный ~ ticket board, ticket paper, ticket stock
водонепроница́емый ~ waterproof carton
гофриро́ванный ~ corrugated board, corrugator
коже́венный ~ leather board
коро́бочный ~ boxboard
кро́вельный ~ roofing paper
макулату́рный ~ chipboard
ма́тричный ~ *полигр.* matrix paper (*made in moulds for casting printing plates*)
мело́ванный ~ coated board
многосло́йный ~ pasteboard
оби́вочный ~ panel board
облицо́вочный ~ linerboard
обувно́й ~ shoe [boot] board
переплётный ~ binders board
пло́тный ~ pressboard
прокла́дочный ~ (*для изготовления уплотнительных прокладок*) gasket board
строи́тельный ~ building paper
та́рный ~ container board
тексти́льный ~ card
тексти́льный, ко́лышковый ~ peg card
тексти́льный, узо́рный ~ pattern card
упако́вочный ~ (*для заполнения пустого пространства в упаковочной таре*) packing board
фильтрова́льный ~ filter board, filter paper
электроизоляцио́нный ~ electrical insulating board
электротехни́ческий ~ electrical pressboard
картона́ж *м.* paperboard containers
картопеча́тание *с.* map printing
картосхе́ма *ж.* diagrammatic [sketch, schematic] map
картоте́ка *ж.* file
механизи́рованная ~ mechanized file
картофелезапа́рник *м.* potato steamer
картофелекомба́йн *м.*, **элева́торный** elevator-type potato combine
картофелекопа́тель *м.* potato digger
гро́хотный ~ shaker-type potato digger
навесно́й ~ mounted potato digger
швыря́льный ~ spinner-type potato digger
элева́торный ~ elevator potato digger
картофелемо́йка *ж.* potato washer
картофелемя́лка *ж.* potato pulper, potato masher
картофелепогру́зчик *м.* potato loader
картофелере́зка *ж.* potato chopper
картофелесажа́лка *ж.* potato planter
картофелесортиро́вка *ж.* potato sizer, potato grader
картофелетёрка *ж.* potato grating machine, potato grater
картофелехрани́лище *с.* potato storage
картофелечи́стка *ж.* potato-peeling machine, potato peeler
ка́рточка-квита́нция *ж.* (*подтверждение радиоконтакта между любителями-коротковолновиками*) QSL-card □ **~ высыла́ется в подтвержде́ние фа́кта установле́ния свя́зи ме́жду радиолюби́телями** QSL-card is exchanged by radio amateurs to confirm radio communications with each other
карту́шка *ж.* (*компаса*) (compass) card □ **~ отградуи́рована в 360°** the card is laid out in 360 degrees; **~ отградуи́рована в гра́дусах направле́ния** the card of a magnetic compass is laid out in degrees of course; **~ отклоня́ется, *напр.* к за́паду** the card is drawn, *e. g.*, to the left *or* westward; **~ отклоня́ется от и́стинного меридиа́на** the card is drawn off the true meridian; **~ успока́ивается** the compass card settles (on true north)
карцинотро́н *м.* carcinotron
карье́р *м.* (*каменоломня*) quarry; (*угольный — называется* разре́з) *англ.* opencast colliery; *амер.* stripping; (*горнорудный — называется* рудни́к) *амер.* open cut, open pit, open cast
каса́ни/е *с.* **1.** *мат.* tangency **2.** (*механическое соприкосновение*) contact □ **при ~и про́бником одного́ из вы́водов ...** when the probe is touched to a wire ...
каса́тельн/ая *ж.* *мат.* tangent (line) □ **~ в то́чке переги́ба криво́й** inflectional [inflexional] tangent to a curve □ **дви́гаться по ~ой** move tangentially; **~ к ...** a line tangent to ...
каса́ться *гл.* *мат.* be tangent(ial) to ..., touch (to)
ка́ска *ж.*, **предохрани́тельная** safety [crash] helmet
каска́д *м.* **1.** (*последовательное расположение объектов*) cascade; series, chain **2.** (*радиоэлектронная схема*) stage
выходно́й ~ ка́дровой развёртки *тлв.* vertical output stage
выходно́й ~ строчно́й развёртки *тлв.* horizontal output stage
~ гидроэлектроста́нций series [chain, cascade] of hydroelectric stations
двухко́нтурный ~ double-tuned stage
~ защи́ты (*приёмников СВЧ*) protection cascade
каска́д
мо́щный ~ power-amplifier stage
оконе́чный ~ final stage
подмодуля́торный ~ driver stage
предоконе́чный ~ penultimate stage
~ с разделённой нагру́зкой split-load stage
управля́ющий ~ driving stage
~ усиле́ния amplifier [amplifying] stage
ка́сса *ж.* **1.** (*кассовый аппарат*) cash-register **2.** (*железнодорожная*) booking office **3.** (*наборная*) *полигр.* case **4.** *эк.* cash
набо́рная, лине́ечная ~ rule case
набо́рная, математи́ческая ~ mathematical sign case
набо́рная, материа́льная ~ lead-and-slug case
набо́рная, но́тная ~ music type case
набо́рная, системати́ческая ~ rule case
набо́рная, универса́льная ~ universal [math & chemistry] case
набо́рная, шрифтова́я ~ type case
кассе́т/а *ж.*:
~ аэрофотока́меры magazine
магнитофо́нная ~ (*бобина*) tape spool, tape reel; (*компакт*) tape cassette □ **извлека́ть магнитофо́нную ~у** eject a cassette; **переставля́ть магнитофо́нную ~у** transfer a (tape) spool [reel] (*from spindle to spindle*); **устана́вливать магнитофо́нную ~у** (*бобину*) mount a (tape) spool [reel]; (*компакт*) drop a cassette in place
магнитофо́нная, нама́тывающая ~ take-up (tape) spool, take-up (tape) reel
магнитофо́нная, подаю́щая ~ feed [supply] (tape) spool, feed [supply] (tape) reel
магнитофо́нная, принима́ющая ~ take-up (tape) spool, take-up (tape) reel
магнитофо́нная, сма́тывающая ~ feed [pay-out] (tape) spool, feed [pay-out] (tape) reel
~ печа́тного монтажа́ *рлн.* **1.** (*рамка платы печатного монтажа*) printed-circuit board mount **2.** (*собственно плата, конструктивно законченная*) printed-circuit board
пряжекраси́льная ~ hank supporting frame
светонепроница́емая ~ (*в фототелеграфе*) light-tight drum container
~ с ферри́товыми серде́чниками (*элемент ферритового куба*) (magnetic-)core plane □ **собира́ть ~ы с ферри́товыми серде́чниками в куб** stack (magnetic-)core planes into a core stack
~ тепловыделя́ющих элеме́нтов (*ядерного реактора*) fuel assembly
фальцева́льная ~ *полигр.* fold plate

кассе́т/а
фотографи́ческая ~ cassette □ **заряжа́ть фотографи́ческую ~у** load a cassette; **разряжа́ть фотографи́ческую ~у** unload a cassette
фотографи́ческая, пласти́ночная ~ plate holder
фотографи́ческая, плёночная ~ film cassette; (*кино*) film magazine
~ шпи́нделей *с.-х.* spindle slate
касси́ровать *гл.* **моне́ту** (*в монетных телефонных аппаратах*) collect a coin
кассореа́л *м. полигр.* cabinet, case rack
ката́лиз *м.* catalysis
гетероге́нный ~ heterogeneous catalysis
гетеролити́ческий ~ acid-base catalysis
гомоге́нный ~ homogeneous catalysis
гомолити́ческий ~ oxidation-reduction catalysis
ионообме́нный ~ ion-exchange catalysis
~ кисло́тами acid catalysis
кисло́тно-осно́вный ~ acid-base catalysis
микрогетероге́нный ~ microheterogeneous catalysis
мо́крый ~ wet catalysis
~ на мета́лле metal catalysis
~ на полупроводнике́ semiconductor catalysis
окисли́тельно-восстанови́тельный ~ redox catalysis
~ основа́ниями base catalysis
отрица́тельный ~ negative catalysis
положи́тельный ~ positive catalysis
промы́шленный ~ industrial catalysis
катализа́тор *м.* catalyst □ **~ акти́вен *или* не акти́вен в отноше́нии *како́й-л.* реа́кции** a catalyst is active *or* inactive for a reaction; **бело́к явля́ется чрезвыча́йно многосторо́нним ~ом** a protein is an exceptionally versatile catalyst; **~ возде́йствует на ско́рость реа́кции** a catalyst alters the rate of a chemical reaction; **восстана́вливать акти́вность ~а** regenerate a catalyst, restore a catalyst to its (initial) activity; **в прису́тствии ~а** over a catalyst; **обновля́ть ~** replenish a catalyst; **~ ока́зывает специфи́ческое де́йствие** a catalyst is specific in its action; **осажда́ть ~ на носи́тель** precipitate [settle] a catalyst on a support; **пла́вить [сплавля́ть] ~** fuse a catalyst; **~ подве́ржен отравле́нию** a catalyst is subject to poisoning; **распределя́ть ~** (*в химическом реакторе*) **по слоя́м** stage the catalyst (*in a chemical reactor*); **~ регенери́руется** a catalyst is regenerated; **спека́ть ~** sinter a catalyst; **~ ускоря́ет реа́кцию** a catalyst promotes [increases the rate of] a reaction; **формова́ть ~** mould [extrude] a catalyst; **явля́ться ~ом** catalyze, to be a catalyst
катализа́тор
акти́вный ~ active catalyst
зернёный ~ beaded catalyst
ки́слый ~ acid catalyst
креки́рующий ~ cracking catalyst
металли́ческий ~ metallic catalyst
о́кисный ~ oxide catalyst
отрабо́танный ~ dead [spent] catalyst
отрица́тельный ~ inhibitor, negative catalyst □ **отрица́тельный ~ замедля́ет реа́кцию** a negative catalyst decreases the rate of a reaction [retards a reaction]
~ полимериза́ции polymerization catalyst
положи́тельный ~ positive catalyst
промоти́рованный ~ promotor catalyst
псевдоожи́женный ~ fluidized catalyst
пылеви́дный ~ dust catalyst
«скеле́тный» ~ skeletal [skeleton] catalyst
стереоспецифи́ческий ~ stereospecific catalyst
твёрдый ~ solid catalyst
катализа́ция *ж.* catalyzation
катализи́ровать *гл.* catalyze, act as a catalyst for
катало́г *м.* catalogue □ **выводи́ть из ~а** *вчт.* uncatalogue
алфави́тно-системати́ческий ~ classed [classified] catalogue
болк-ка́рточный ~ card-volume catalogue
генера́льный ~ full [general] catalogue
ка́рточный ~ card catalogue
печа́тный ~ printed catalogue
предме́тный ~ alphabetic subject catalogue
сво́дный ~ joint catalogue
системати́ческий ~ systematic catalogue
служе́бный ~ official catalogue
типово́й ~ standard catalogue
чита́тельский ~ public catalogue
каталогиза́ция *ж.* catalogueing
каталогизи́ровать *гл.* catalogue
катамара́н *м.* catamaran
ката́ние *с.* 1. *прок.* rolling 2. *текст.* mangling
ка́танк/а *ж.* (wire) rod □ **~ идёт на произво́дство про́волоки** (wire) rod is drawn [worked] into wire; **~у получа́ют на про́волочных ста́нах** (wire) rod is hot-rolled on rod mills; **ржа́вить ~у** (*перед переработкой в проволоку*) sull the (wire) rod; **~ сма́тывается в бунты́** wire rod is wound into coils
~ кру́глого сече́ния round (wire) rod
катапу́льта *ж. ав.* catapult □ **~ испо́льзует эне́ргию, *напр.* па́ра** the power for driving a catapult is, *e. g.*, steam; **~ придаёт ста́ртовую ско́рость лета́тельному аппара́ту** a catapult accelerates an aircraft to flying speed
катапульти́рование *с.* 1. (*использование катапульты при взлёте*) catapulting 2. (*аварийное покидание самолёта*) ejection
катапульти́ровать *гл.* (*использовать катапульту для взлёта*) catapult
катапульти́роваться *гл.* (*покидать самолёт в случае аварии*) eject oneself from an aircraft
катара́кт *м.* (*гаситель или поглотитель колебаний и ослабления ударов в измерительных инструментах*) dash-pot
катастро́ф/а *ж.* catastrophe
авиацио́нная ~ fatal [catastrophic] air crash □ **остава́ться в живы́х по́сле авиацио́нной ~ы** survive a fatal air crash
кататермо́метр *м.* katathermometer
ката́ть *гл.* 1. *прок.* roll 2. *текст.* mangle
катафоре́з *м. уст. см.* **электрофоре́з**
катафо́т *м.* (*световозвращатель*) *опт.* cat's eye
кат-ба́лка *ж.* cat davit
катего́рия *ж.* category, class
~ гру́нта (*в землеройных работах*) class of material
~ сро́чности (*в системах связи и системах обмена информации*) priority rank
то́чная ~ exact category
катено́ид *м. мат.* catenoid
ка́тер *м.* boat, launch
водомётный ~ hydro-jet [jet-propelled] boat
глисси́рующий ~ planing boat
гребно́й ~ cutter
мото́рный ~ motor boat
~ на подво́дных кры́льях hydrofoil boat
пожа́рный ~ fire(-fighting) boat
прогу́лочный ~ pleasure boat, launch
проме́рный ~ sounding boat
рабо́чий ~ utility [work] boat
разъездно́й ~ crew boat
ре́йдовый ~ inshore boat
спаса́тельный ~ rescue boat
ка́тет *м.* 1. (*прямоугольного треугольника*) side, leg 2. (*сварного шва*) leg □ **вы́полнить шов с зани́женным ~ом** give the fillet an insufficient leg
прилежа́щий ~ adjacent side
противолежа́щий ~ opposite side
катето́метр *м.* cathetometer
кате́ху *с.* catechu
катио́н *м.* basic ion, cation
катиони́рование *с.* zeolite softening (process)
катиони́т *м.* cationic exchanger
като́д *м.* cathode □ **активи́ровать ~** (*электровакуумного прибора*) activate a cathode (*of an electronic device*); **включа́ть в ~** *жарг.* place

[connect] in the cathode lead [in the cathode circuit]; **выгружа́ть ~ из ва́нны** (*в электролитическом произво́дстве меди*) draw a cathode from the (electrolytic) cell; **~ испуска́ет электро́ны** a cathode emits electrons; **обезга́живать ~** exhaust a cathode; **осажда́ться на ~е** deposit at a cathode; **~ отравля́ется** the (oxide-coated) cathode is blacked out; **спека́ть ~** (*при изготовлении из порошкообразных материалов*) sinter a cathode; **спрессо́вывать ~** (*при изготовлении из порошкообразных материалов*) compact a cathode; **трениро́вать ~** age a cathode

като́д
ба́риево-вольфра́мовый ~ L-type [Lemmens] cathode
виртуа́льный ~ virtual cathode
вольфра́мовый ~ tungsten cathode
втори́чно-эмиссио́нный ~ secondary-emission cathode
де́йствующий ~ virtual cathode
~ дугово́го разря́да arc cathode
дугово́й ~ arc cathode
жи́дкий ~ pool cathode
жидкометалли́ческий ~ pool cathode
карбиди́рованный ~ tungsten-carbide cathode
~ ко́свенного нака́ла heater [indirectly heated] cathode
ле́нточный ~ ribbon-type cathode
лучево́й ~ beam cathode
лучеобразу́ющий ~ beam-forming cathode
ма́тричный ~ matrix cathode
металлопо́ристый ~ dispenser cathode
окси́дный ~ (oxide-)coated cathode
подогре́вный ~ heater [indirectly heated] cathode
полупроводнико́вый ~ oxide-coated cathode
полупрозра́чный ~ translucent cathode
просто́й ~ pure (*e. g., tungsten*) cathode
~ прямо́го нака́ла filamentary [directly heated] cathode
пусково́й ~ starter cathode
распределённый ~ (*в потенциалоскопах*) flood-gun cathode
рту́тный ~ mercury-pool cathode
~ с запа́сом акти́вного вещества́ dispenser cathode
~ с запрессо́ванным эми́ттером pressed cathode
сло́жный ~ activated cathode
термоэлектро́нный ~ thermionic [hot] cathode
~ тле́ющего разря́да glow-discharge cathode
тори́рованный ~ thoriated-tungsten cathode
то́чечный ~ point cathode
тру́бчатый ~ sleeve cathode
тунне́льный ~ tunnel cathode
фотоэлектро́нный ~ photoemissive cathode, photocathode

като́д
холо́дный ~ cold [field-emission] cathode
эквипотенциа́льный ~ equipotential [unipotential] cathode

катодолюминесце́нция *ж.* cathodoluminescence

катодофосфоресце́нция *ж.* cathodophosphorescence

като́к *м.* roller □ **~ уплотня́ет грунт** a roller compacts the soil; **~ штыку́ет [трамбу́ет] грунт** a roller applies tamping action to the ground
боло́тный ~ bog roller
газо́нный ~ lawn roller
доро́жный, вибрацио́нный ~ vibration roller
доро́жный, двухвальцо́вый ~ two-wheel tandem roller
доро́жный, кулачко́вый ~ sheep's foot roller
доро́жный, многосекцио́нный ~ segmented roller
доро́жный, пневмоколёсный ~ pneumatic-tyred roller
доро́жный ~ с гла́дкими вальца́ми smooth-wheel roller
доро́жный, стати́ческий ~ static-weight roller
доро́жный ~ стати́ческого де́йствия static-weight roller
доро́жный ~ с шипа́ми sheep's foot roller
доро́жный, трёхвальцо́вый двухо́сный ~ three-wheel tandem roller
доро́жный, трёхо́сный ~ three-axle roller
ма́ятниковый подо́швенный ~ leather rolling jack
навесно́й ~ mounted roller
полево́й, водоналивно́й ~ water-filled roller
полево́й, гла́дкий ~ plain roller
полево́й, гребнево́й ~ ridge roller
полево́й, грядно́й ~ ridge roller
полево́й, зубча́тый ~ toothed roller
полево́й, кольчатозубча́тый ~ sprocket packer
полево́й, ко́льчатый ~ disk [ring] roller
полево́й, отва́льный ~ turning roller
полево́й, шпо́ровый ~ crowfoot packer, crowfoot roller
прицепно́й ~ trailed [towed, tractor-hauled, tractor-pulled] roller
садо́вый ~ garden roller
самохо́дный ~ self-propelled roller

католи́т *м.* catholyte

като́птрика *ж.* catoptrics

като́чек *м.*:
заде́лывающий ~ *с.-х.* (seed) press wheel, covering roller
прика́тывающий ~ *с.-х.* (seed) press wheel, covering roller

кат-та́ли *мн.* cat tackle

кату́шк/а *ж.* **1.** *эл.* coil □ **включа́ть ~у в цепь не по́лностью** connect to a tap down on the coil, tap down a coil; **укла́дывать ~у (обмо́тки) в пазы́** (*напр. статора или ротора*) drop a (winding) coil in (*e. g., stator or rotor*) slots **2.** *полигр.* proof press **3.** *текст.* bobbin, spool, reel □ **надева́ть ~у** creel the bobbin

кату́шк/а
бинокуля́рная ~ binocular coil
биспира́льная ~ coiled coil
бифиля́рная ~ bifilar coil
бочкообра́зная ~ convex [barrel shaped] bobbin
во́гнутая ~ concave bobbin
~ возбужде́ния excitation [field] coil; (*индуктивного аттенюатора*) launching coil; (*камертонного генератора*) drive coil
восприними́ющая ~ (*индуктивного аттенюатора*) pick-up coil
ди́сковая ~ disk [pancake] coil
ди́сковая, пло́ская ~ spider-web coil
дро́ссельная ~ choke coil
дугогася́щая ~ arc-suppression coil
дутьева́я ~ blow-out coil
~ зажига́ния ignition coil
звукова́я ~ (*громкоговорителя*) voice coil
зо́ндовая ~ probe [exploring] coil
измери́тельная ~ search coil, pick-up loop
~ индукти́вности inductance coil, inductor
индукцио́нная ~ induction [Ruhmkorff] coil
иска́тельная ~ (*дефектоскопа*) search coil
~ колеба́тельного ко́нтура tuned-circuit [tank] coil
корзи́ночная ~ basket [stagger-wound, Lorenz] coil
крути́льная ~ doubler bobbin
~ магни́тного дутья́ magnetic blow-out coil
~ механи́зма расцепле́ния (*выключателя-автомата*) trip coil
многосло́йная ~ multilayer coil
нагрева́тельная ~ heater coil
настро́ечная ~ tuning coil
~ обра́тной свя́зи, ано́дная *англ.* tickler
односло́йная ~ single-layer coil
осно́вная ~ warp bobbin
отклоня́ющая ~ (*ЭЛТ*) deflecting coil
отклоня́ющая, ка́дровая ~ vertical [frame] deflection coil
отклоня́ющая, строчна́я ~ horizontal [line] deflection coil
~ переме́нной индукти́вности variable inductor, variable inductance coil
пупи́новская ~ Pupin [loading] coil
пускова́я ~ *авто* boost(er) coil
расцепля́ющая ~ trip coil
~ реле́, включа́ющая closing coil
~ реле́, втя́гивающая operating coil
~ реле́, отключа́ющая opening coil
~ реле́, уде́рживающая restraining [holding] coil
ро́вничная ~ flyer bobbin

катушк/а
рукавная ~ (*пожарного рукава*) hose reel
~ самоиндукции self-inductor, self--induction coil
~ с воздушным зазором air-gap coil
~ с воздушным сердечником air--core coil
~ связи coupling coil
~ с двойным конусом double-conical bobbin
секционная ~ sectionalized coil
~ с железным сердечником iron--core(d) coil
~ с насыщением saturable inductor
сновальная ~ warper's bobbin
~ с одним фланцем end-capped bobbin
~ сопротивления resistance coil
~ с отводами tapped coil
сотовая ~ honeycomb [lattice, diamond-weave] coil
~ с раздвинутыми витками *рад.* air-spaced coil
~ с ровницей roving bobbin
~ с ферритовым сердечником ferrite-cored coil
~ с феррокартом ferrocart coil
тороидальная ~ toroidal [doughnut] coil
удлинительная ~ loading [lengthening] coil
установочная ~ current-limiting inductor
фланцевая ~ flanged bobbin
фокусирующая ~ focus(ing) coil
~ формирования импульсов pulse--forming coil
цилиндрическая ~ cylindrical [straight] bobbin
шаблонная ~ form-wound coil
шунтовая ~ shunt coil
экранированная ~ shielded coil
~ электромагнита electromagnet [solenoid] coil
~ якоря armature coil
каупер *м.* blast-furnace [Cowper, hot--blast] stove
каустизация *ж.* щёлока *цел.-бум.* causticization of liquor
каустик *м.* caustic (soda)
каустика *ж.* (*каустическая поверхность*) *опт.* caustic □ ~ обращается в точку the caustic degenerates [reduces] to a point; ~ является огибающей the caustic is an envelope curve
каустичность *ж.* causticity
каустобиолиты *мн. м.* caustobioliths
каутер *м мед.* cautery □ ~ разрушает ткань a cautery destroys tissue
каучук *м.* (raw) rubber □ армировать ~ reinforce the rubber; армировать ~ тканью embed a fabric in the body of the rubber for strength; вальцевать ~ mill the rubber; вспенивать ~ foam the rubber; вулканизовать ~ vulcanize the rubber; гидрировать ~ hydrogenate the rubber; гранулировать ~ granulate the rubber; декристаллизовать ~ defrost the rubber; коптить ~ smoke the rubber; листовать ~ sheet out the rubber; мягчить ~ soften the rubber; наполнять ~ (*вводить наполнители*) 1. (*на стадии латекса*) extend the rubber 2. (*на стадии приготовления резиновой смеси*) compound the rubber (mix); обезвоживать ~ dehydrate the rubber; обессмоливать ~ de-resin the rubber; очищать ~ purify the rubber; пептизировать ~ peptize the rubber; перевальцевать ~ dead-mill [dead--roll] the rubber, mill [roll] the rubber dead; перерабатывать ~ process the rubber; пластифицировать ~ 1. (*вводить пластификатор*) plasticize the rubber 2. (*механически обрабатывать*) break down [masticate] the rubber; разбавлять ~ dilute the rubber; рафинировать ~ refine the rubber; упаковывать ~ в кипы bale the rubber; усиливать ~ reinforce the rubber; фракционировать ~ fractionate the rubber; хлорировать ~ chlorinate the rubber; эмульгировать ~ emulsify the rubber
каучук
бутадиен-нитрильный ~ butadiene--(acrylo)nitrile rubber
бутадиеновый ~ butadiene rubber
бутадиен-стирольный ~ butadiene--styrene rubber
дикий ~ wild rubber
жёсткий ~ hard [tough] rubber
износостойкий ~ abrasion resistant rubber
изопреновый ~ isoprene rubber
исходный ~ initial [source] rubber
корневой ~ root rubber
латексный ~ latex rubber
листовой ~ sheet rubber
маслонаполненный ~ oil-extended rubber
морозостойкий ~ cold-resistant [low-temperature] rubber
мягкий ~ soft rubber
натуральный ~ natural rubber
несортный ~ off-grade rubber
низкокачественный ~ low-quality rubber
~ общего назначения general-purpose rubber
пенный ~ (*собранный с поверхности коагуляционной ванны*) scum rubber
плантационный ~ estate [plantation] rubber
плёночный ~ hull rubber
плиточный ~ slab rubber
полисульфидный ~ polysulphide rubber
полиэфирный ~ ester rubber
порошкообразный ~ powder(ed) rubber
сажевый ~ carbon black(-extended) [black-filled] rubber
каучук
сажемасляный ~ oil-black masterbatch rubber
саженаполненный ~ carbon black-(-extended) [black-filled] rubber
синтетический ~ synthetic rubber
смолонаполненный ~ resin-filled rubber
сополимерный ~ copolymer rubber
~ специального назначения special--purpose rubber
стандартный ~ regular rubber
стержневой ~ rod rubber
сырой ~ crude [raw] rubber
твёрдый ~ solid rubber
товарный ~ commercial rubber
уретановый ~ urethane rubber
фторсодержащий ~ fluorine(-containing) rubber
химически модифицированный ~ chemical rubber
хлоропреновый ~ chloroprene rubber
цельный ~ whole latex rubber
циклизированный ~ cyclized rubber
чистый ~ pure rubber
шинный ~ tyre rubber
этилен-пропиленовый ~ ethylene--propylene rubber
кафель *м.* ceramic tile (*см. тж.* изразец)
качалка *ж.* 1. *текст.* rocker, swing [balance, reversing] lever 2. *полигр.* rocker 3. (*двухплечий рычаг*) bell-crank
секторная ~ quadrant
~ управления (*в проводке управления самолётом*) control crank
качание *с.* 1. (*непериодическое механическое движение*) rocking, swinging 2. (*периодическое колебание*) oscillation 3. (*насосом*) pumping
~ в фототелеграфе jitter
~ регулятора hunting of a controller
~ частоты wobbling, sweeping
качать *гл.* 1. (*производить механическое движение*) rock, swing 2. (*накачивать, откачивать*) pump
качаться *гл.* 1. (*двигаться непериодически*) rock, swing 2. (*колебаться периодически*) oscillate
качение *с.* rolling (motion)
качеств/о *с.* (*свойство*) quality; (*сорт*) grade □ в ~е as, in the capacity of; контролировать ~ продукта [изделия] без разрушения образца control [inspect] the quality of a product non-destructively; проверять ~ изделия check a product for quality, check the quality of a product; снижать ~ изделия lower the quality of a product; улучшать ~ продукции upgrade [valorize] a product
аэродинамическое ~ lift/drag [lift--(-to)-drag] ratio, aerodynamic efficiency, aerodynamic fineness
~ воспроизведения (*напр. звука, информации*) fidelity
~ воспроизведения цветов *тлв.* colour reproduction, colour rendition

ка́честв/о
ездовы́е ~а (*автомобиля*) rideability
~ изготовле́ния workmanship
~ изображе́ния *тлв.* picture quality
морехо́дные ~а seagoing [seakeeping] ability, seaworthiness
~ обслу́живания (*телефонных вызовов*) quality of service (*percentage of calls lost*)
~ перехо́дного проце́сса transient performance
пилота́жные ~а (*самолёта*) handling qualities
пищево́е ~ edible quality
положи́тельное ~ merit, advantage
~ проду́кции quality of product
сма́зочное ~ lubricative property
хлебопека́рное ~ baking quality
~ хране́ния keeping [storage) quality
эксплуатацио́нные ~а performance
эксплуатацио́нные ~а доро́жного покры́тия rideability
ка́чк/а *ж.* (*судна*) oscillating motions
бортова́я ~ rolling (motion), roll ☐ **испы́тывать бортову́ю ~у** roll
вертика́льная ~ heaving (motion)
килева́я ~ pitching (motion), pitch ☐ **испы́тывать килеву́ю ~у** pitch
~ на встре́чном волне́нии pitching *or* rolling in a head sea [in head-on sea conditions]
~ на попу́тном волне́нии pitching *or* rolling in a following sea
попере́чная ~ rolling and heaving in a beam sea
продо́льная ~ pitching and heaving in a head-on sea [in a following sea]
си́льная ~ (*бортовая или килевая*) heavy pitching, heavy rolling
ка́ша *ж.*, **снегова́я** slush
каше́ *с. кфт.* matte, mask
кашúрова́ние *с.* **1.** *полигр.* backing **2.** *цел.-бум.* pasting, laminating **3.** *кфт.* masking
каширо́вка *ж. полигр.* backing
каши́ца *ж.* **1.** *стр.* slurry, paste **2.** *цел.-бум.* pulp
кашу́ *с.* catechu
каю́та *ж.* (state) cabin, state room
каю́т-компа́ния *ж.* mess(room)
кая́к *м. мор.* k(a)yak
квадр *м. стр.* cut stone
квадра́нт *м.* **1.** *мат.* quadrant **2.** *гидравл., авт.* single-vane hydraulic motor, single-vane hydraulic actuator, rotary ram
~ централизацио́нного аппара́та *ж.-д.* machine quadrant
квадра́т *м.* **1.** (*геометрическая фигура*) square; (*фигура на схемах*) box, block ☐ **со стороно́й, напр. 10 см** a square, *e. g.*, 10 cm on side **2.** (*вторая степень числа*) number squared, the square of (a number) ☐ **возводи́ть в ~** square (*e. g., a number*), raise to the square [to the second power]; **сре́днее значе́ние ~а** $\overline{[x^2]}$ mean-square value **3.** *полигр.* quad
квадра́т
квадра́тный ~ *полигр.* pica em
лине́йный ~ *полигр.* 8-point pica em
маги́ческий ~ magic square
по́лный ~ perfect square
~ сме́шанной корреля́ции coefficient of determination
квадрати́чность *ж. рад., элн.* square-law characteristic
квадра́тность *ж.* squareness
квадра́тор *м.* squarer, square-law function generator
интерполи́рующий ~ interpolating squarer
каска́дный ~ cascade squarer
квадратри́са *ж.* quadratrix
квадрату́р/а *ж.* quadrature ☐ **вы́полнить ~у** perform a quadrature; **определя́ться ~ой** be determined [be integrated, be given] by a quadrature; **реша́ться в ~ах** be solvable by quadrature; **своди́ться к ~ам** be reduced to quadrature
~ во вре́мени time quadrature
~ в простра́нстве space quadrature
~ кру́га squaring the circle, quadrature of the circle
чи́сленная ~ numerical quadrature
ква́дрика *ж.* quadric
лине́йчатая ~ ruled quadric
квадрилльо́н *м.* [10^{15}] *англ.* thousand billion; *амер.* quadrillion
квадри́руемость *ж.* squareability, rectifiability
квадру́плекс *м. свз.* quadruplex (system)
~ по схе́ме постоя́нного то́ка direct-current quadruplex system
квадрупо́ль *м.* quadrupole
квадруполяриза́ция *ж.* quadrupolarization
кваза́р *м.* quasar, quasi-stellar radiosource
квазии́мпульс *м.* quasi-momentum
квазиразма́х *м. мат.* semirange
квазичасти́ца *ж.* quasi-particle
квалифика́ци/я *ж.* **1.** (*уровень профессиональной подготовки*) qualification, proficiency; (*особ. научно-технических кадров*) expertize **2.** (*официально присваиваемый разряд или категория*) rating, qualification(s) ☐ **име́ть ~ю, напр., пило́та** hold, *e. g.*, a pilot's qualifications
~ обслу́живающего персона́ла proficiency of attending personnel
квалифици́ровать *гл.* qualify
квант *м.* **1.** quantum ☐ **отдава́ть ~** give up [liberate, release] a quantum; **поглоща́ть ~** absorb a quantum; **рассе́ивать ~** scatter a quantum **2.** (*шаг квантования*) quantization level, quantization subrange
~ виртуа́льный ~ virtual quantum
~ возбужде́ния excitation quantum
~ высо́кой эне́ргии high-energy quantum
квант
~ де́йствия quantum of action, Planck's constant
индуци́рованный ~ induced [stimulated] quantum
~ ма́лой эне́ргии low-energy quantum
па́дающий ~ incident quantum
рассе́янный ~ scattered quantum
~ све́та light quantum, photon
стимули́рованный ~ stimulated [induced] quantum
~ эне́ргии energy quantum
ква́нтика *ж. мат.* quantic
кванти́ль *ж. мат., стат.* quantile, fractile
квантифика́ция *ж. мат.* quantification
квантифици́ровать *гл. мат.* quantify
квантова́ние *с.* quantization
~ вре́мени *вчт.* time slicing
~ сигна́ла по вре́мени sampling, time quantization ☐ **~ сигна́ла по вре́мени преобразу́ет непреры́вный сигна́л в после́довательность и́мпульсных сигна́лов [отсчётов], разделённых ра́вными промежу́тками вре́мени** in sampling [time quantization], a continuous function is represented by a sequence of samples taken at equal time intervals
~ сигна́ла, по́лное (*по времени и уровню*) digitization, quantizing and sampling, amplitude and time quantization
~ сигна́ла по у́ровню quantizing, amplitude quantization ☐ **~ сигна́ла по у́ровню заменя́ет мгнове́нные значе́ния непреры́вного сигна́ла ближа́йшими дискре́тными** in quantizing [amplitude quantization], each instantaneous value of an analog waveform is represented by the nearest standard value
квантова́тель *м.* (*по уровню*) quantizer; (*полный*) digitizer
квантова́ть *гл.* quantize ☐ **~ сигна́л** (*по уровню*) quantize; (*по времени*) sample
кванто́метр *м. мет.* quantometer
ква́нтор *м. мат.* quantifier ☐ **наве́шивать ~ы** quantify
~ о́бщности generality [universal] quantifier
ограни́ченный ~ bounded quantifier
~ существова́ния existential quantifier
кварк *м.* quark
кварта́л *м.* **1.** block of houses; district of a town **2.** (*лесной*) compartment
квартерде́к *м.* quarterdeck
кварти́ль *ж. мат., стат.* quartile
кварти́ра *ж.* flat, apartment
квартова́ние *с.* **проб** (*руд драгоценных металлов*) quartation; (*прочих руд и материалов*) quartering
квартова́ть *гл.* quarter
кварц *м.* **1.** (*минерал*) quartz ☐ **наре́зать ~ на пласти́нки** *или* **бруски́** cut quartz into slabs **2.** (*резонатор в колебательных схемах*) (quartz)

crystal □ **помещать ~ в держатель** mount a crystal in a holder; **~ работает на высших механических гармониках** *рад.* the crystal vibrates in the mechanical overtones; **~ работает на** *напр.* **1-й гармонике** *рад.* the crystal vibrates in the, *e.g.*, fundamental mode; **термостатировать ~** enclose [place] the crystal in a (constant-temperature) oven **3.** *жарг.* (*кварцевый резонатор*) crystal unit

кварц
левый ~ left-handed quartz
~ параллельного среза Y-cut crystal
переключаемый ~ switch-selected [switchable] crystal
~ перпендикулярного среза X-cut crystal
плавленый ~ fused quartz
правый ~ right-handed quartz
~ среза XX Y-cut crystal (*Примечание. По-русски срез определяется вдоль оси X, по-английски — поперёк оси Y*)
~ среза YY X-cut crystal (*Примечание. По-русски срез определяется вдоль оси Y, по-английски — поперёк оси X*)

кварцит *м.* quartzite
железистый ~ ferruginous quartzite

кварцованный *элн.* crystal-controlled

квасцевание *с.* **1.** *кож.* aluming, tawing, tanning with alum **2.** *полигр.* sensitizing

квасцы *мн.* alum
алюминиевые ~ alum
алюмокалиевые ~ potassium alum
железные ~ iron alum, halotrichite
хромовые ~ chrome alum

кватернион *м. мат.* quaternion

квашение *с.* **1.** (*капусты и некоторых овощей*) fermentation of vegetables (in weak brine) **2.** *кож.* souring

квашня *ж.* kneading [dough] trough

квершлаг *м. англ.* crosscut, cross heading; *амер.* cross-entry
вентиляционный ~ airway [ventilation] crosscut
вспомогательный ~ auxiliary [subsidiary] crosscut
главный ~ main crosscut
откаточный ~ haulage crosscut
участковый ~ district crosscut
этажный ~ level crosscut

квинтиль *мат., стат.* quintil

квинтильон *м.* [10^{18}] *англ.* trillion; *амер.* quintillion

квитанция *ж.* **1.** receipt (slip) □ **выписывать ~ю** make out a receipt (slip) **2.** *свз.* (*подтверждение приёма*) acknowledge signal, ACK □ **посылать ~ю** signal an acknowledgement, receipt for the message, acknowledge receipt
багажная ~ baggage [luggage] receipt, luggage ticket
отрицательная ~ negative acknowledgement, NACK

квитирование *с. тлф.* acknowledgement of receipt, receipting

квота *ж.* quota

кегельмашина *ж.* batch rolling machine, batch roller

кегельная *ж. полигр.* em

кегль *м.* point
~ литеры size
~ основного шрифта набора body size
~ шрифта type size

кек *м.* **1.** cake **2.** (*осадок на фильтре*) filter cake □ **~ нарастает** the filter cake builds; **отдувать ~** blow back the filter cake

кельвин *м.* (*единица термодинамической температуры в системе СИ*) Kelvin, K (*обозначение °K устарело*)

кельма *ж. стр.* trowel

кемпинг *м.* motorists' camp

кеннель *м.* (*сорт угля*) cannel coal

кенотрон *м.* (*русский термин относится ко всем выпрямительным лампам*) **1.** (*в радиосхемах и т. п.; маломощный*) high-vacuum hot-cathode rectifier tube **2.** (*в промышленных и рентгеновских установках*) kenotron

кеньга *ж.* (*случайный завиток, калышка в канате или кабеле*) kink

керамзит *м.* expanded clay aggregate

керамзитобетон *м.* expanded-clay lightweight concrete

керамика *ж.* ceramics
бытовая ~ pottery
вакуумная ~ vacuum ceramics
глазурованная ~ (*плотная, высокообожжённая*) enamelled stoneware; (*фаянс*) enamelled earthenware
~ для токов высокой частоты r. f. ceramics
~ для токов промышленной частоты industrial frequency ceramics
жаростойкая ~ high-temperature ceramics
конденсаторная ~ capacitor ceramics
литая ~ cast ceramics
огнеупорная ~ refractories
пьезоэлектрическая ~ piezoelectric ceramics
радиотехническая ~ radio ceramics
строительная ~ structural clay products
тальковая ~ steatitic ceramics
термостойкая ~ heat-resistant ceramics
техническая ~ engineering ceramics
электротехническая ~ electric-grade ceramics

кермет *м.* (*керамикометаллический материал*) cermet

керн *м.* **1.** (*образец горной породы, извлекаемый при бурении*) core, sample □ **извлекать ~** (*из кернприёмной трубы*) extract a core; **отбирать ~ы из скважины** core a borehole; **поднимать ~** (*из скважины*) lift a core (*out of a borehole*); **рвать ~** cut a core **2.** (*точка, получаемая при разметке заготовки кернером*) centre-pop, centre-prick **3.** (*измерительного прибора*) pivot □ **устанавливать,** *напр.* **рамку прибора на ~ах** pivot, *e. g.*, the coil

керн
~ катода cathode base
~ нити filament base
~ трансформатора core [leg, limb] of a transformer

кернер *м.* centre-punch □ **ударять по ~у** strike the centre-punch; **устанавливать ~** set the centre-punch

кернить *гл.* (*размечать кернером*) centre-pop

кернорватель *м.* core gripper, core catcher, (split-ring) core lifter

керн-пункт *м. топ.* epipole

керн-функция *ж. мат.* kernel function

керосин *м.* kerosene, kerosine
авиационный ~ aviation kerosene
~ для бытовых нагревательных приборов domestic kerosene
осветительный ~ burning kerosene
тракторный ~ tractor fuel kerosene

керосинозаправщик *м.* kerosene bowser, kerosene fueller

керосинорез *м.* oxy-kerosene cutter

кессон *м.* **1.** *стр., мор.* caisson **2.** *ав.* torsion box
~ мартеновской печи dog-house
~ медеплавильной печи water jacket
~ медеплавильной печи, выпускной breast jacket
плавучий ~ floating caisson

кетлевать *гл. текст.* loop

кетон *м.* ketone

кеч *м.* (*двухмачтовое парусное судно*) ketch

кибернетика *ж.* cybernetics
техническая ~ engineering cybernetics
экономическая ~ economic cybernetics
~ электроэнергетических систем (electric-) power-system cybernetics

кидка *ж.* **челнока** shot, pick(ing)

кизельгур *м.* kieselguhr, diatomaceous [infusorial] earth

кикстартер *м. авто* kickstarter

кил *м.* (*название бентонитовой глины*) kil

килевание *с.* careenage, careening

килеватость *ж.* deadrise

килевать *гл.* careen

килоампер *м.* kiloampere, kA

килобит *м.* [K] *вчт.* kilobit, K (*1024 bits*)

киловар *м.* (*реактивный киловольт-ампер*) kiloVAr, kVAr

киловатт *м.* [кВт] kilowatt, kW

киловаттметр *м.* kilowattmeter

киловатт-час *м.* [кВт·ч] kilowatt-hour, kWh

киловольт *м.* kilovolt, kV

киловольт-ампер *м.* kilovoltampere, kVA
реактивный ~ kiloVar, kVAr

киловóльт-амперме́тр *м.* kilovoltammeter
киловольтме́тр *м.* kilovoltmeter
килогáусс *м.* kilogauss
килоге́рц *м.* [кГц] kilohertz, kHz
килогрáмм *м.* [кг] kilogram(me), kg
килогрáмм-калóрия *ж.* [ккал] kilogram(me) calorie, large calorie, kcal
килогрáмм-molе́кула *ж.* kilogram-molecule
килограммоме́тр *м.* [кг-м] kilogram-meter, kg m
килогрáмм-си́ла *ж.* [кгс, кГ] kilogram-force, kg(f)
килоджóуль *м.* [кДж] large joule, kilojoule, kJ
килоди́на *ж.* kilodyne
килокалóрия *ж.* [ккал] kilogram(me) calorie, large calorie, kcal
килокюри́ *с.* kilocurie, kC
килоли́тр *м.* kilolitre
киломе́тр *м.* [км] kilometre, km
километрáж *м.* *авто* kilometres travelled; *ав.* kilometres flown
киломóль *м.* [кмоль] kilomole, kmol
килоóм *м.* kilohm, kΩ
килопарсе́к *м.* *астр.* kiloparsec
килорезерфóрд *м.* kilorutherford
килотóнна *ж.* kiloton
килоэлектронвóльт *м.* kiloelectron-volt, keV
кил/ь *м.* **1.** (*летательного аппарата*) (tail) fin, vertical stabilizer □ **~ обеспе́чивает путеву́ю усто́йчивость** the fin affords directional stability **2.** (*судна*) keel □ **опроки́дываться вверх ~ем** keel over; **~ прохо́дит посреди́не дни́ща су́дна** the keel runs along the centre line of the ship's bottom
  боково́й ~ bilge keel
  ве́рхний ~ dorsal fin
  выдвижно́й ~ centre-board, drop [sliding] keel
  коро́бчатый ~ duct keel
  надфюзеля́жный ~ dorsal fin
  ни́жний ~ ventral fin
  опускно́й ~ centre-board, drop [sliding] keel
  подфюзеля́жный ~ ventral fin
  скулово́й ~ bilge keel
  тунне́льный ~ duct keel
кильбло́к *м.* (*судна*) keel-block □ **~и образу́ют килеву́ю доро́жку** keel-blocks are laid for a bed on which a vessel's keel rests; **~ устана́вливается попере́к ки́ля су́дна** a keel-block is laid athwartships
  ~, разбира́ющийся под нагру́зкой collapsible keel-block
кильва́тер *м.* wake □ **в ~е за ...** in the wake of ...
кимберли́т *м.* kimberlite, blue earth
кимо́граф *м.* kymograph
кингсто́н *м.* kingston [sea] valve
кинема́тика *ж.* kinematics
кинемато́граф *м. см.* **кинематогра́фия**
кинематогра́фия *ж.* cinematography, motion pictures
кинемо́метр *м.* kinemometer
кинеско́п *м.* picture tube, kinescope □ **~ взрыва́ется** the picture tube implodes; **восстана́вливать [регенери́ровать] ~** rejuvenate a picture tube
  однопроже́кторный ~ single (electron-)gun picture tube
  пло́ский ~ flat-faced picture tube
  ~ с алюминизи́рованным экра́ном aluminized(-screen) picture tube
  ~ с магни́тным отклоне́нием луча́ magnetically deflected picture tube
  ~ с разме́ром по диагона́ли, *напр.* 59 см *e.g.*, 59-cm picture tube
  ~ с тенево́й ма́ской shadow-mask picture tube
  ~ с угло́м отклоне́ния луча́, *напр.* 110° *e.g.*, 110-deg picture tube
  ~ с электростати́ческой фокусиро́вкой electrostatically focused picture tube
  трёхпроже́кторный ~ tri-gun picture tube
  цветно́й ~ colour picture tube
  чёрно-бе́лый ~ black-and-white picture tube
кине́тика *ж.* kinetics
кинетогра́фия *ж.* kinetography
кинетоско́п *м.* kinetoscope
кинетоста́тика *ж.* kinetostatics
кинетофо́н *м.* kinetophone
киноаппара́т *м.* cine [motion-picture] camera
киноаппарату́ра *ж.* cine equipment
ки́новарь *ж.* cinnabar
кинока́др *м.* cinema frame
кинока́мера *ж.* cine [motion-picture] camera
кинолаборато́рия *ж.* cine [motion-picture] laboratory
киномеха́ник *м.* projectionist
кинообору́дование *с.* cine equipment
кинооперáтор *м.* (motion-picture) cameraman
кинопередви́жка *ж.* travelling projector
киноплёнка *ж.* cine [motion-picture] film, film
  ацетилцеллюло́зная ~ cellulose acetate film
  безопа́сная ~ safety film
  ~ для звукоза́писи sound-recording film
  контра́стная ~ duplicating [intermediate] film
  ли́нзово-ра́стровая ~ lenticular cine film
  мелкозерни́стая ~ fine-grain cine film
  негати́вная ~ negative cine film
  негорю́чая ~ non-flammable film
  неэкспони́рованная ~ raw film
  нитроцеллюло́зная ~ cellulose nitrate film
  обрати́мая ~ reversal cine film
  позити́вная ~ positive cine film
  у́зкая ~ sub-standard [narrow-gauge] cine film
  цветна́я ~ colour cine film
  чёрно-бе́лая ~ black-and-white cine film
киноплёнка
  широкоформа́тная ~ large [wide-gauge] film
кинопозити́в *м.* motion-picture positive
кинопрое́ктор *м.* motion-picture [cine] projector
  телевизио́нный ~ film scanner, telecine
кинопроекцио́нная *ж.* projection room
кинопрое́кция *ж.* motion-picture projection
кинопромы́шленность *ж.* motion-picture [film] industry
кинорадиогра́фия *ж.* cine-radiography
киносенсито́метр *м.* scene tester
киноско́п *м.* film [animated] viewer
киносту́дия *ж.* motion-picture [film] studio
киносъёмк/а *ж.* filming, shooting □ **производи́ть ~у** film, take motion pictures
  возду́шная ~ aerial [air] shooting
  заме́дленная ~ time-lapse filming
  комбини́рованная ~ special effects shots
  мультипликацио́нная ~ animation
  нату́рная ~ location shooting
  обра́тная ~ backward take, reverse action
  павильо́нная ~ stage shooting
  подво́дная ~ underwater shooting
  регистрацио́нная ~ instrumentation filming
  ~ с рирпрое́кцией process [background projection] photography, process shots
  ~ с рук hand-held filming
  ~ с экра́на кинеско́па kinescope recording
  ускóренная ~ rapid filming
  цейтра́ферная ~ time-lapse filming
кинотеа́тр *м.* motion-picture theatre, cinema(theatre)
кинотеодоли́т *м.* cine-theodolite
киноте́хника *ж.* cine [film] technique
киноустано́вка *ж.* **1.** (*съёмочная*) camera unit, camera set-up **2.** (*демонстрационная*) motion-picture installation
кинофи́льм *м.* (cine) film, motion picture
  документа́льный ~ documentary (film)
  звуково́й ~ sound film
  короткометра́жный ~ short film
  мультипликацио́нный ~ animation [animated-cartoon] film
  панора́мный ~ panoramic film
  полнометра́жный ~ full-length film
  рисо́ванный ~ drawn [cartoon] film
  стереофони́ческий ~ stereophonic film
  телевизио́нный ~ television film
  узкоплёночный ~ substandard film
  уче́бный ~ training film
  хроника́льный ~ newsreel
  худо́жественный ~ feature film
  цветно́й ~ colour film

кинофи́льм
чёрно-бе́лый ~ black-and-white film
широкоэкра́нный ~ wide-screen film
кинофо́рм *м.* phase-only synthetic hologram
кинофотокле́й *м.* film cement
кинофотопулемёт *м.* camera gun
киноэкра́н *м.* cine projection [cinema] screen
алюмини́рованный ~ aluminized (projection) screen
бе́ло-ма́товый ~ matt white (projection) screen
би́серный ~ beaded (projection) screen
металлизи́рованный ~ metalized (projection) screen
панора́мный ~ panoramic (projection) screen
перфори́рованный ~ perforated (projection) screen
просве́тный ~ translucent (projection) screen
~ с напра́вленным де́йствием directional (projection) screen
широ́кий ~ wide (projection) screen
кио́ск *м.* (*кабельный*) kiosk, cabin
кни́жный ~ bookstall
кип *м.* **пла́вки** (*в мартеновском процессе*) boil
ки́п/а *ж.* **1.** (*пачка, связка*) pile **2.** (*крупная упаковочная мера*) bale □ **упако́вывать в ~ы** bale
кипе́ние *с.* boiling
~ аккумуля́тора gassing
~ жи́дкости в большо́м объёме *тепл.* pool boiling
~ жи́дкости в свобо́дном объёме *тепл.* pool boiling
~ жи́дкости в тру́бах *тепл.* in-tube boiling
~ жи́дкости, объёмное *тепл.* bulk [saturated] boiling
~ жи́дкости, плёночное *тепл.* film boiling
~ жи́дкости, пове́рхностное surface boiling
~ жи́дкости при пони́женном давле́нии subcooled boiling
~ жи́дкости, пузы́рчатое nucleate boiling
~ жи́дкости, ра́звитое developed boiling
~ жи́дкости с вы́нужденной циркуля́цией forced-circulation boiling
~ на дне ва́нны bottom boil
~ пла́вки boil (*см. тж.* **кип пла́вки**)
~ пла́вки, безру́дное (*в производстве стали*) oreless boil
~ пла́вки, известко́вое lime boil
~ пла́вки, ру́дное ore boil
~ пла́вки, углеро́дистое carbon boil
~ пла́вки, чи́стое (*в основном мартеновском процессе*) lime boil
~ электроли́та gassing

кипе́ние
~ электроли́та, бу́рное violent gassing
~ электроли́та, си́льное violent gassing
кипе́ть *гл.* boil □ **~ при бо́лее ни́зкой температу́ре [то́чке], чем ...** boil lower than ...
кипоразбива́тель *м.* bale breaker
кипоразбо́рщик *м.* bale opener
кипп-реле́ *с.* multivibrator
кипре́гель *м.* plane-table [telescopic (sighting) alidade □ **перекла́дывать ~** reverse the alidade end-for-end
кипсе́йка *ж. полигр.* ink fountain
ки́псы *мн. кож.* kips
кипяти́льник *м.* hot-water boiler
дезинфекцио́нный ~ boiling water sterilizer
дезинфекцио́нный, паров́ой ~ steam heated disinfection boiler
дезинфекцио́нный, электри́ческий ~ electrically heated disinfection boiler
~ непреры́вного де́йствия, электри́ческий electrically heated continuous-type boiler
погружно́й ~ immersion heater (element)
~ ректификацио́нной устано́вки reboiler
кирза́ *ж. кож.* kirsa, kersey
кирка́ *ж.* pick, pickaxe
кирко́вка *ж.* scarifying
кирпи́ч *м.* **1.** brick □ **~ вспу́чивается** (*напр. при нагреве*) brick bloats (*e.g., on heating*); **глазурова́ть ~** glaze the brick; **допрессо́вывать ~** re-press the brick; **заде́лывать [замуро́вывать] ~о́м** (*напр. отверстие*) brick up (*e. g., a hole*); **закла́дывать ~о́м** brick in [up]; **класть ~** lay brick; **класть ~ вперевя́зку** bond the brick(work); **класть ~ «на ребро́»** lay brick on edge; **класть ~ «на торе́ц»** lay brick on end; **обжига́ть ~** burn [fire] brick; **обжига́ть ~ «на́мертво»** dead-burn the brick; **оплавля́ть ~** fuse the brick; **отлива́ть ~** cast the brick; **подверга́ть ~ теплово́й обрабо́тке** bake [temper] the brick; **получа́ть ~ на ле́нточном пре́ссе** extrude the brick; **прессова́ть ~** press the brick; **пуска́ть ~ на бой** crush the brick; **~ ска́лывается** the brick spalls; **формова́ть ~** mould the brick; **футерова́ть ~о́м** line with brick, brick-line **2.** *мат.* parallelotope, cube
~ возду́шной су́шки air-dried brick, adobe
гвозди́мый ~ nailable brick
гли́няный ~ clay brick
ди́насовый ~ silica brick
доломи́товый ~ dolomite brick
доро́жный ~ paving brick
ды́рчатый ~ perforated brick
известко́во-песча́ный ~ lime-and-sand brick

кирпи́ч
ки́слый ~ acid brick
кли́нкерный ~ clinker brick
клиново́й ~ feather-edge brick
лёгкий ~ light-weight brick
лека́льный ~ circle [curved] brick
лито́й ~ cast brick
лицево́й ~ face brick
магнезиа́льный ~ magnesia brick
~ маши́нной формо́вки machine-made brick
мо́дульный ~ modular brick
на́мертво обожжённый ~ very hard-fired brick
недожжённый ~ pale brick
необожжённый ~ green [unburnt] brick
облицо́вочный face [facing] brick
обожжённый ~ burnt brick
огнеупо́рный ~ fire [refractory] brick
огнеупо́рный, ковшо́вый ~ ladle (fire) brick
основно́й ~ basic brick
отрабо́танный ~ used brick
печно́й ~ kiln brick
плавленолито́й ~ fusion-cast brick
~ пласти́ческого формова́ния stiff-mud brick
полноме́рный ~ full brick
по́ристый ~ porous brick
прессо́ванный ~ pressed brick
радиа́льный ~ radial brick
силика́тный ~ lime-and-sand brick
сла́нцевый ~ shale brick
смолодоломи́товый ~ tar(-bonded) dolomite brick
стеново́й ~ wall brick
строи́тельный ~ building brick
~ сухо́го прессова́ния dry-press(ed) brick
футеро́вочный ~ lining brick
це́льный ~ whole brick
шамо́тный ~ chamotte [fire-clay, grog] brick
шла́ковый ~ slag brick
эффекти́вный ~ hollow [cellular] clay unit
яче́истый ~ cellular brick
кирпи́ч-сыре́ц *м.* air(-dried) brick
киселева́ние *с. кож.* drenching
киселева́ть *гл. кож.* drench
кисе́ль *м. кож.* drench (liquor)
кислова́ние *с.* acidification
кисло́вка *ж.* (*волокнистого полуфабриката*) *цел.-бум.* acid treatment souring
кислоро́д *м.* oxygen, O □ **очища́ть ~** purify oxygen; **~ подде́рживает горе́ние, жи́зненные проце́ссы** oxygen sustains combustion, life processes; **сжижа́ть ~** liquefy oxygen
акти́вный ~ active oxygen
атмосфе́рный ~ atmospheric oxygen
газообра́зный ~ oxygen gas, gaseous oxygen
дыха́тельный ~ breathing oxygen
жи́дкий ~ (*в ракетной технике*) liquid oxygen, LOX □ **заправля́ть жи́дким ~ом** lox (*e. g., a rocket*)

кислоро́д
медици́нский ~ medically pure oxygen
молекуля́рный ~ molecular oxygen
обогащённый ~ enriched oxygen
приро́дный ~ native oxygen
ре́жущий ~ *св.* cutting oxygen
свобо́дный ~ free oxygen
свя́занный ~ bound oxygen
техни́ческий ~ industrial oxygen
технологи́ческий ~ process oxygen
чи́стый ~ pure oxygen
кислот/а́ *ж.* acid □ **~ возде́йствует разруша́юще** (*напр. на металл*) an acid attacks (*e. g., a metal*); **концентри́ровать ~у́** concentrate an acid; **разводи́ть ~у́** dilute an acid; **сжига́ть в ~е́** digest in an acid; **~ сме́шивается с водо́й в любы́х соотноше́ниях** an acid is miscible with water in all proportions; **~ тра́вит материа́л селекти́вно** (*в производстве полупроводниковых приборов*) the acid etches the material selectively (*in semiconductor manufacture*)
азо́тная ~ nitric acid □ **азо́тная ~ получа́ется разложе́нием нитра́та на́трия се́рной кислото́й** nitric acid is made by attack of sulphuric acid on sodium nitrate
аккумуля́торная ~ battery acid
акри́ловая ~ acrylic acid
аскорби́новая ~ ascorbic acid
бескислоро́дная ~ hydrogen acid
бо́рная ~ boric acid
ва́рочная ~ cooking [digester] acid, cooking liquor
грему́чая ~ fulminic acid
двухосно́вная ~ dihydric acid
древе́сно-у́ксусная ~ wood vinegar
дуби́льная ~ tannin, tannic acid
дымя́щая ~ fuming acid (*e. g., sulphuric or nitric*)
жи́рная ~ fatty acid
карбо́ловая ~ carbolic acid
кислоро́дная ~ oxyacid
кремнефтористоводоро́дная ~ (hydro)fluosilicic acid
кре́пкая ~ (*характеристика концентрации*) strong acid
лигносульфо́новая ~ spruce wood tannin
ло́жная ~ pseudo-acid
многоосно́вная ~ polybasic acid
муравьи́ная ~ formic acid
насы́щенная ~ saturated acid
ненасы́щенная ~ unsaturated acid
неоргани́ческая ~ inorganic [mineral] acid
непреде́льная ~ unsaturated acid
несвя́занная ~ unbound acid
нитру́ющая ~ mixed (nitric and sulphuric) acid
одноосно́вная ~ monobasic acid
органи́ческая ~ organic acid
отрабо́танная ~ waste acid
пая́льная ~ *англ.* killed spirit □ **трави́ть пая́льную ~у́** kill the acid
пла́виковая ~ hydrofluoric acid
преде́льная ~ saturated acid

кислот/а́
продукцио́нная ~ product acid
свобо́дная ~ free acid
свя́занная ~ combined acid
се́рная ~ sulphuric acid
се́рная, ба́шенная ~ (Glover) tower acid
се́рная, ка́мерная ~ chamber sulphuric acid
се́рная, конта́ктная ~ contact(-process) sulphuric acid
се́рная, суха́я ~ dry sulphuric acid
сероводоро́дная ~ hydrosulphuric acid, hydrogen sulphide
си́льная ~ (*характеристика способности диссоциировать*) strong acid
сини́льная ~ prussic [hydrocyanic] acid
сла́бая ~ weak acid
соля́ная ~ hydrochloric acid
сопряжённая ~ conjugate acid
сыра́я ~ raw [tower] (sulphite) acid
технологи́ческая ~ process acid
титро́ванная ~ titrating [standard] acid
у́гольная ~ carbonic acid
у́ксусная ~ acetic [ethanoic] acid
у́ксусная, ледяна́я ~ glacial acetic acid
формо́вочная ~ forming acid
фо́сфорная ~ phosphoric acid □ **получа́ть фо́сфорную ~у́ экстракцио́нным спо́собом** obtain phosphoric acid by the wet process
фо́сфорная, экстракцио́нная ~ wet-process phosphoric acid
фо́сфорная, электротерми́ческая ~ dry-process phosphoric acid
фтористоводоро́дная ~ hydrofluoric acid
хлористоводоро́дная ~ hydrochloric acid
хло́рная ~ perchloric acid
четырёхосно́вная ~ tetrabasic acid, tetracid
щаве́левая ~ oxalic [ethanedioic] acid
кисло́тность *ж.* acidity
актуа́льная ~ (*почвы*) actual acidity
гидролити́ческая ~ (*почвы*) hydrolytic acidity
обме́нная ~ exchange acidity
о́бщая ~ total acidity
потенциа́льная ~ (*почвы*) potential acidity
титру́емая ~ titratable acidity
кислотоизмере́ние *с.* acidimetry
кислотоме́р *м.* acidometer, acidimeter
кислотораствори́мость *ж.* solubility in acids
кислотосто́йкость *ж.* acid resistance
кислотоупо́рность *ж.* acid resistance
кислотоусто́йчивость *ж.* (*тканей, бактерий*) acid resistance, acid fastness
кисть *ж.* brush □ **наноси́ть, обраба́тывать *и т. п.* ~ю** apply, treat, *etc.* by brushing
бели́льная ~ lime brush

кисть
волосяна́я ~ hair brush
канцеля́рская ~ library-paste-type brush
клеева́я ~ library-paste-type brush
маля́рная ~ paint brush
пло́ская побе́лочная ~ flat limewash brush
штукату́рная ~ mason's whitewashing brush
китобо́ец *м.* whale-killer boat, whale catcher
китобо́й *м.* whaler, whaleman
киу́р *м.* peen [pane, stonemason's] hammer
кич *м.* (*в гранильном деле*) dop
кия́нка *ж.* maul
КЛА spacecraft, space [interplanetary, interstellar, space-borne] vehicle (*см. тж.* **косми́ческий лета́тельный аппара́т**)
клавиату́ра *ж. вчт.* keyboard
~ Бодо́ Baudot keyboard
бу́квенно-цифрова́я ~ alpha-numeric keyboard
двои́чная ~ binary keyboard
десятикла́вишная цифрова́я ~ ten-key numerical keyboard
десяти́чная ~ decimal keyboard
~ для ручно́го вво́да информа́ции manual-entry keyboard
~ печа́тающего устро́йства printer keyboard
~ пи́шущей маши́нки (typewriter) keyboard
кла́виша *ж.* key
~ вы́ключки строки́ *полигр.* justification key
~ подава́теля *с.-х.* feeder fishback, feeder raddle
~ соломотря́са strawwalker (section), walker
шрифтова́я ~ character key
кла́дк/а *ж. стр.* **1.** (*конструкция из камней*) masonry; (*кирпичная*) brickwork □ **разбира́ть ~у** demolish brickwork **2.** (*процесс*) (brick-)laying **3.** (*перевязка, т. е. характерный рисунок разделки шва или порядок чередования слоёв*) bond
~ кро́вли (*из плиток, гонта, шифера*) laying of a roof □ **вести́ ~у кро́вли** (*напр. от свеса к коньку*) lay the roof (*e. g., from the eaves up*)
кладова́я *ж.* store(room); (*для продовольствия*) larder
маля́рная ~ *мор.* paint store
те́нтовая ~ *мор.* awning store
тро́совая ~ *мор.* cordage store
шки́перская ~ *мор.* boatswain's store
кла́ксон *м.* horn
кла́пан *м.* **1.** (*устройство управления потоком жидкости, пара или газа в системе, двигателе и т. п.*) valve (*см. тж.* **ве́нтиль**) □ **~ заеда́ет, *напр.* в откры́том состоя́нии** a valve sticks, *e. g.*, open; **~ закрыва́ет прохо́д** a valve covers a port; **~ закрыва́ется навстре́чу движе́нию сре-**

ды́ a valve closes against the pressure; **~ закрыва́ется по движе́нию среды́** a valve closes with the pressure; **~ изъе́ден** a valve is pitted; **~ открыва́ет прохо́д** a valve uncovers a port; **перекла́дывать ~ы** (*мартена*) reverse the valves; **~ перекрыва́ет прохо́д** a valve covers a port; **перета́чивать ~** reface a valve; **притира́ть [пришлифо́вывать] ~** grind a valve; **~ прогора́ет** *двс* a valve burns; **~ы рабо́тают с перекры́тием** valves overlap; **регули́ровать (зазо́р) ~а** set the valve; **~ стучи́т** a valve chatters **2.** (*деталь вентиля*) valve plate, valve disk, valve plug (*английский эквивалент даётся в зависимости от формы*) □ **движе́ние среды́ «на ~»** the pressure is on the top side of the valve disk; **движе́ние среды́ «под ~»** the pressure is against the underside of the valve disk **3.** (*телефонного коммутатора*) drop **4.** (*тангента микрофона*) push-to-talk button **5.** (*загнутый край суперобложки*) (dust-jacket) flap

кла́пан
- **авари́йный ~** emergency valve
- **антипомпа́жный ~** (*компрессора*) blow-off valve
- **атмосфе́рный ~** *тепл.* explosion vent; dump steam atmospheric valve
- **байпа́сный ~** (valve) by-pass, by-pass valve
- **быстроде́йствующий ~** quick-acting valve
- **быстрозакрыва́ющийся ~** quick-closing valve
- **быстрооткрыва́ющийся ~** quick-opening valve
- **~ вдо́ха** (*в респираторе*) inhalation valve
- **впускно́й ~** inlet [intake, admission] valve
- **~ вы́доха** (*в респираторе*) exhalation valve
- **выпускно́й ~** discharge [exhaust] valve
- **~ вытесни́тельной пода́чи то́плива** *ркт.* fuel pressurization valve
- **~ д. в. с., выхлопно́й** exhaust valve
- **~ д. в. с. доба́вочного во́здуха** auxiliary [extra, supplementary] air valve
- **~ д. в. с. с боковы́м расположе́нием** side valve
- **~ д. в. с. с ве́рхним расположе́нием** overhead valve
- **~ д. в. с. с горизонта́льным расположе́нием** horizontal valve
- **~ д. в. с. с накло́нным расположе́нием** inclined valve
- **~ д. в. с. с ни́жним расположе́нием** lower valve
- **двухседе́льный ~** double-seated valve
- **декомпрессио́нный ~** pressure release valve

кла́пан
- **дози́рующий ~** metering valve
- **~ до́менной пе́чи, возду́шный разгру́зочный** snort valve
- **дрена́жный ~** (*вентиляции ёмкости, бака*) vent (valve)
- **дро́ссельный ~** throttle valve
- **дымово́й ~** chimney valve
- **забо́ртный ~** *мор.* kingston [sea] valve, sea connection
- **запо́рно-регули́рующий ~** multipurpose valve
- **запо́рный ~** stop [shut-off] valve
- **~ затопле́ния** *мор.* flood(ing) valve
- **захло́почный ~** drop valve
- **золотнико́вый ~** (*в системе парораспределения*) slide valve; (*в исполнительных механизмах систем управления*) spool valve; sleeve valve (*в зависимости от формы*)
- **иго́льчатый ~** needle valve
- **кача́ющийся ~** swinging valve
- **~ колошнико́вого устро́йства, га́зовый** explosion [relief] valve
- **маневро́вый ~** manoeuvring valve
- **~ марте́на, возду́шный** air(-port) valve
- **~ марте́на горя́чего дутья́** hot-blast valve
- **мембра́нный ~** diaphragm valve
- **многоходово́й ~** multi-way valve
- **~ на стороне́ вса́сывания** suction valve
- **~ на стороне́ нагнета́ния** discharge valve
- **низкоподъёмный ~** low-lift valve
- **обра́тный ~** check [non-return] valve
- **обра́тный, поворо́тный ~** (*захлопка*) clack [clapper swing-check] valve
- **обра́тный, подъёмный ~** vertical check valve
- **односеде́льный ~** single-seated valve
- **~ отбо́ра во́здуха** (*из двигателя*) *ав.* air bleed(er) valve
- **~ о́тпуска тормозо́в** *ж.-д.* brake release valve
- **отсечно́й ~ 1.** *тепл.* shut-off valve **2.** *ав.* cut-off valve
- **паровпускно́й ~** steam-admission valve
- **перегру́зочный ~** overload valve
- **переключа́ющий ~** selector valve
- **перепускно́й ~** relief valve
- **пита́тельный ~** feed control valve
- **подпружи́ненный ~** spring(-loaded) [spring-controlled] valve
- **полноподъёмный ~** high-lift valve
- **поплавко́вый ~** float(ing) valve
- **предохрани́тельный ~** safety valve; relief valve □ **предохрани́тельный ~** (*напр. автоматически*) **срабатывает [стра́вливает] давле́ние** the relief valve blows off (*e. g., automatically*)
- **~ приса́дки во́здуха** tempering air valve
- **продува́чный ~** blow-down valve

кла́пан
- **~ прока́чки тормозо́в** bleeding valve
- **~ противоперегру́зочного костю́ма** *ав., косм.* anti-G valve
- **проходно́й ~** straightway valve
- **~ прямо́го де́йствия** direct-acting [single-stage] valve
- **пусково́й ~** starting valve
- **разгру́женный ~** balanced valve
- **разгру́зочный ~** relief valve
- **разрывно́й ~** explosion vent, rupture disk
- **расшири́тельный ~** expansion valve
- **регули́рующий ~** actuator [final-control] valve
- **редукцио́нный ~** (pressure-)reducing valve
- **~ респира́тора, авари́йный** by-pass valve
- **~ респира́тора, дыха́тельный** respiration valve
- **~ респира́тора, изб́ыточный** relief valve
- **рыча́жный ~** weight-and-lever loaded valve
- **~ сбро́са давле́ния** pressure-relief valve
- **сбросно́й ~** dump valve
- **ска́льчатый ~** plunger valve
- **~ сли́ва то́плива** *ав.* (*в аварийных условиях*) fuel dump valve; (*в нормальных условиях*) defuel [fuel drain] valve
- **~ со следа́ми пи́ттинга** pitted valve
- **~ с пневмати́ческим при́водом** air-operated valve
- **стра́вливающий ~** release valve
- **таре́льчатый ~** poppet valve
- **~ телефо́нного коммута́тора, вызывно́й** line drop
- **~ телефо́нного коммута́тора, отбо́йный** clearing-out drop
- **то́пливный ~** fuel valve
- **топливодози́рующий ~** propellant-control valve
- **тормозно́й ~** brake valve
- **трёхходово́й ~** three-way valve
- **углово́й ~** angle valve
- **~ управле́ния сцепле́нием** clutch application valve
- **~ управле́ния тормоза́ми** brake valve
- **управля́ющий, вспомога́тельный ~** pilot valve
- **управля́ющий, двухкаска́дный ~** two-stage (control) valve
- **управля́ющий, золотнико́вый ~** spool valve, sleeve valve
- **управля́ющий, однокаска́дный ~** single-stage (control) valve
- **управля́ющий, перекидно́й ~** bang-bang (control) valve
- **управля́ющий, переливно́й ~** bleed-type pilot valve
- **управля́ющий, промежу́точный ~** pilot valve
- **управля́ющий ~ реле́йного де́йствия** bang-bang (control) valve
- **управля́ющий, струйный ~** jet-pipe valve

кла́пан
управля́ющий ~ ти́па «сопло́ — засло́нка» flapper(-nozzle) valve
уравни́тельный ~ equalizing [compensation] valve
~ челно́чной коро́бки closing flap, brake tongue, shuttle box swell
ша́риковый пружи́нный ~ spring--and-ball valve
ши́берный ~ slide valve
~ э́кстренного торможе́ния emergency stop valve
электромагни́тный ~ solenoid(-operated) valve
электропневмати́ческий ~ electro-pneumatic valve
кла́пан-вантуз *м.* vent
кла́пан-мига́лка *м. тепл.* clapper; swing valve
клап-ка́мера *ж.* (*фотоаппарат*) folding camera
кларифика́тор *м.* **со́ка** juice separator
кларифика́ция *ж.* clarification
кларк *м.* (*число, выражающее процентное содержание химического элемента в земной коре, гидросфере и т. п.*) percent [percentage] abundance (of an element)
класс *м.* **1.** (*разряд, группа*) class **2.** *мат.* class, set **3.** (*помещение*) class-room
~ автоматизи́рованного обуче́ния (computer-) programmed instruction class-room
~ бони́тета *лес.* quality class
~ во́зраста *лес.* age class
~ вы́четов *мат.* residue class
~ геодези́ческих рабо́т position order
~ кана́лов *свз.* (*напр. широкополосный, узкополосный*) circuit grade
кристалли́ческий ~ crystal (symmetry) class, symmetry class
кристаллографи́ческий ~ crystal (symmetry) class, symmetry class
~ кру́пности (*материала при грохочении*) size □ **разделя́ть (материа́л) на ~ы кру́пности** grade (a material) according to size
~ кру́пности, ве́рхний the oversize, the plus material
~ кру́пности, ни́жний the undersize, the minus material
~ нивели́рных рабо́т elevation order
пусто́й ~ *вчт.* empty class
сме́жный ~ *мат.* coset
~ то́чности (*измерительного прибора*) accuracy rating, accuracy class
~ то́чности сельси́на tolerance factor of a synchro
~ триангуля́ции triangulation system
тури́стский ~ □ **е́здить [лета́ть] тури́стским ~ом** travel tourist (*e.g., in planes*)
~ чистоты́ (обрабо́тки) surface finish class
классифика́тор *м.* classifier □ **~ разделя́ет [сортиру́ет] материа́л на кла́ссы по кру́пности** a classifier grades a material to size
классифика́тор
винтово́й ~ spiral classifier
возду́шный ~ air classifier
возду́шный, двухко́нусный ~ double-cone air classifier
гидравли́ческий ~ hydraulic classifier
гравитацио́нный ~ gravity classifier
гребко́вый ~ Dorr classifier
дра́жный ~ drag [dredging] classifier
ко́нусный ~ cone classifier
коры́тный ~ launder classifier
механи́ческий ~ mechanical classifier
мо́крый ~ wet classifier
обезво́живающий ~ dewatering classifier
пневмати́ческий ~ air classifier
ре́ечный ~ Dorr classifier
спира́льный ~ Akins classifier
центробе́жный ~ centrifugal classifier
ча́новый ~ tank classifier
элева́торный ~ elevator classifier
классифика́ция *ж.* (*материалов на классы по крупности, напр. в обогащении руд*) sizing, classifying
бесси́товая ~ screenless classifying
~ в кипя́щем сло́е fluidized-bed classifying
возду́шная ~ air classifying
гидравли́ческая ~ hydraulic classifying
~ грохоче́нием screen sizing
мо́края ~ water [wet] classifying
пневмати́ческая ~ air classifying
повто́рная ~ re-sizing
~ по двум при́знакам two-way classification
~ рассе́вом screen sizing
суха́я ~ dry classification
Универса́льная Десяти́чная ~ [УДК] Universal Decimal [Brussels] Classification
классифици́ровать *гл.* classify, class, sort, grade □ **~ материа́л на кла́ссы по кру́пности** grade a material by [to] size, classify a material by size; **~, напр. абрази́вный материа́л ме́тодом си́тового ана́лиза** grade, *e. g.*, an abrasive by the use of screens *or* sieves
клеверотёрка *ж.* clover huller, clover dehuller
клеева́рка *ж.* glue boiler, glue heater
клеедроби́лка *ж.* glue grinder
клеемеша́лка *ж.* glue mixer, dough mill
клеёнка *ж.* oilcloth
кле́ить *гл.* **1.** (*соединять клеем*) bond, stick together with glue *or* cement **2.** (*оклеивать*) paste (over) with ...
кле/й *м.* **1.** adhesive; (*преим. природный*) glue; (*некоторые специальные виды*) cement □ **прома́зывать ~ем** (*в производстве резиновых изделий*) spread; **сма́зывать ~ем** smear with glue; **ста́вить на ~ю** secure [bond] with glue *or* cement; **~ схва́тывается и образу́ет соедине́ние [связь]** an adhesive sets to form a bond **2.** (*в производстве бумаги*) sizing (material), size □ **обраба́тывать ~ем** size
кле/й
альбуми́новый ~ albumine glue
асфа́льтовый ~ asphalt adhesive
~ БФ butvar-phenolic adhesive
быстроотвержда́ющийся ~ 1. quick--setting adhesive **2.** quick-setting size
водосто́йкий ~ waterproof adhesive
глюти́новый ~ hide-and-bone glue
гуммиара́биковый ~ gum arabic size
декстри́новый ~ dextrin glue
~ для стыковы́х соедине́ний edge joining adhesive
живо́тный ~ animal glue
казеи́новый ~ casein glue
канифо́льный ~ rosin [brown] size
карбами́дный ~ carbamide [urea--formaldehyde] adhesive
карбино́льный ~ carbinol cement
костяно́й ~ bone glue
крахма́льный ~ starch glue
кремнийоргани́ческий ~ silicone adhesive
кровяно́й ~ blood wood
ла́тексный ~ 1. latex adhesive **2.** latex size
мездро́вый ~ hide glue, hide adhesive
метилцеллюло́зный ~ methylcellulose size
морско́й ~ marine glue
мочевино-формальдеги́дный ~ carbamide [urea-formaldehyde] adhesive
неводоупо́рный ~ water absorbent glue
невысыха́ющий ~ non-drying glue
нитроцеллюло́зный ~ nitrocellulose size
обувно́й ~ shoe adhesive
опти́ческий ~ lens cement
пекти́новый ~ pectic size
плёночный ~ film-forming adhesive
пчели́ный ~ bee glue, propolis
расти́тельный ~ vegetable adhesive
рези́новый ~ (*промышленный*) elastomeric adhesive; (*для домашних целей*) rubber cement, rubber solution
резорци́новый ~ resorcinol resin adhesive
ры́бий ~ fish glue, isinglass
самовулканизи́рующийся ~ self-vulcanizing adhesive
самоотвержда́ющийся ~ self-curing adhesive
силика́тный ~ silicate glue
синтети́ческий ~ synthetic resin adhesive
столя́рный ~ joiner's glue
термопласти́чный ~ thermoplastic adhesive

кле/й
термореакти́вный ~ thermosetting adhesive
универса́льный ~ all-purpose adhesive
фено́ло-формальдеги́дный ~ phenol-formaldehyde adhesive
фено́льно-каучу́ковый ~ phenolic-elastomer adhesive
фено́льно-поливинилацета́тный ~ phenol-polyvinylacetate adhesive
~ холо́дного отвержде́ния cold-setting adhesive
целлюло́зный ~ cellulosic glue
эмульсио́нный ~ emulsion adhesive
эпокси́дный ~ epoxy adhesive
кле́йка *ж.* **1.** (*получение соединений на клею*) bonding **2.** (*сборка или конфекция изделий*) *рез.* building-up
кле́йкость *ж.* adhesiveness, stickiness, tackiness
клейме́ние *с.* marking, stamping, branding
~ древеси́ны blazing [marking] of the wood
~ живо́тных branding
релье́фное ~ raised marking, raised branding
хими́ческое ~ (*деталей*) chemical marking
клейми́ть *гл.* mark, stamp, brand; (*слитки, блюмсы, заготовки и т. п.*) stamp; (*прокат*) mark, brand □ **~ вда́вленными бу́квами** (*прокат*) mark [brand] intaglio; **~ вы́пуклыми бу́квами** (*прокат*) mark [brand] in raised characters
клеймо́ *с.* **1.** stamp, seal, brand **2.** *лес.* catch mark, chop, nick
~ на бревне́ bark mark
~ на де́реве, предназна́ченном к вы́рубке felling notch
пове́рочное ~ (*напр. на лабораторной посуде*) stamp [mark] of certification
приёмочное ~ acceptance stamp
проби́рное ~ assay mark
кле́йстер *м.* dextrin glue
крахма́льный ~ starch glue
кле́мма *ж.* terminal
~ аккумуля́тора battery terminal
винтова́я ~ («*под гайку*») binding post, bolt-and-nut terminal
~ о́бщего про́вода common terminal
по́люсная ~ pole [clamp] terminal
кле́ммник *м.* terminal block
клепа́ть *гл.* rivet
клёпка *ж.* **1.** (*способ соединения деталей*) rivet(t)ing □ **производи́ть ~у** rivet, join by rivets [rivet(t)ing] **2.** (*древесный материал в виде узких дощечек*) stave
~ бо́чки, до́нная head piece
~ бо́чки, ко́лотая slate, split(ting) stave
~ взры́вом explosion rivet(t)ing
гидравли́ческая ~ hydraulic rivet(t)ing
горя́чая ~ hot rivet(t)ing

клёпка
~ давле́нием compression rivet(t)ing
маши́нная ~ machine [power] rivet(t)ing
парке́тная ~ parquet stave
пилёная ~ sawn stave
пневмати́ческая ~ pneumatic rivet(t)ing
пре́ссовая ~ impact rivet(t)ing
уда́рная ~ impact rivet(t)ing
холо́дная ~ cold rivet(t)ing
электри́ческая ~ electric rivet(t)ing process
кле́тка *ж.* **1.** (*помещение для животных*) box, cell, cage **2.** (*геометрическая фигура, напр. в таблицах*) square **3.** *мат.* cell, mesh, square **4.** (*способ укладки некоторых материалов, напр. брёвен, дров*) cage **5.** *киб.* cell
ба́зисная ~ *физ.* elementary [unit] cell
«бе́личья ~» (*в асинхронной электрической машине*) "squirrel-cage" (structure)
ле́стничная ~ staircase, stairway
не́рвная ~ *киб.* nerve cell
~ Фараде́я Faraday cage
клетнева́ть *гл.* apply serving, serve
клетнёвка *ж.* serving
клетча́тка *ж.* cellulose
клеть *ж.* **1.** (*прокатного стана*) stand (of rolls) **2.** (*шахтная*) cage
ба́лочная ~ structural stand
калибро́вочная ~ sizing stand
~ ква́рто four-high mill stand
обжи́мная ~ break-down [cogging] stand
рабо́чая ~ working stand
сме́нная ~ change stand
трёхвалко́вая ~ three-high stand
тя́нущая ~ (*установка непрерывного литья*) withdrawal-roll set
чернова́я ~ roughing stand
четырёхвалко́вая ~ four-high mill stand
чистова́я ~ finishing stand
ша́хтная, грузова́я ~ cargo cage
ша́хтная, людска́я ~ man-riding cage
ша́хтная, многоэта́жная ~ multi-deck cage
ша́хтная, одноэта́жная ~ single-decked cage
ша́хтная, опрокидна́я ~ self-dumping [tilting] cage
шестерённая ~ pinion stand
э́джерная ~ edger stand
клеть-трио́ *ж.* three-high (mill) stand
клещи *мн.* (pair of) tongs
волочи́льные ~ draw tongs
га́зовые ~ gas tongs
го́рновые ~ forge tongs
~ для брёвен, зажи́мные gripping dogs
~ для предохрани́телей fuse puller, fuse tongs
изоли́рующие ~ insulated tongs
кла́панные ~ valve remover

кле́щи
кри́чные ~ shingling tongs
кузне́чные ~ (black)smith's tongs
лови́льные ~ fishing tongs
опрессо́вочные ~ (*для беспаечного соединения проводников*) hand crimp tool
пая́льные ~ soldering tongs
ре́льсовые ~ rail tongs
рыча́жные ~ lever tongs
столя́рные ~ pincers
стри́пперные ~ stripping tongs
ти́гельные ~ crucible tongs
токоизмери́тельные ~ clip-on [tong-test] instrument, split-electromagnet instrument
тру́бные ~ pipe tongs
фальцо́вочные ~ folding tongs
цепны́е ~ chain tongs
шпа́льные ~ sleeper tongs
электроизмери́тельные ~ clip-on [tong-test] instrument; split-electromagnet instrument
кле́щи-куса́чки *мн.* (pair of) nail nippers
клея́нка *ж.* glue pot
клива́ж *м.* cleavage □ **вдоль гла́вного ~а** on end
гла́вный ~ main cleavage
ло́жный ~ false cleavage
~ по напластова́нию bedding cleavage
~ разло́ма fracture cleavage
я́сно выраженный ~ distinct cleavage
клидоно́граф *м.* klydonograph, Lichtenburg figure camera, surge voltage recorder
кли́мат *м.* climate
вла́жный ~ humid climate
сухо́й ~ arid climate
тропи́ческий ~ tropical climate
уме́ренный ~ temperate climate
климатизёр *м.* (*комнатный испарительный кондиционер*) room air conditioner-humidifier
климатогра́фия *ж.* climatography
климатоло́гия *ж.* climatology
климо́граф *м. мед.* climograph
клин *м.* wedge □ **ослабить ~** loosen a wedge; **своди́ть на ~** taper (off)
бу́ксовый ~ *ж.-д.* axlebox wedge
вы́верочный ~ 1. *геод., опт.* correction wedge **2.** (*по высоте*) *маш.* levelling wedge
~ дальноме́ра measuring prism
двойно́й ~ fox wedge
~ для ва́лки дере́вьев falling wedge, gun
~ для вы́ключки строки́ *полигр.* justification wedge
~ задви́жки, разрезно́й split wedge, double disk
~ задви́жки, це́льный solid wedge, solid disk
закладно́й ~ filling wedge
заполни́тельный ~ *полигр.* type transfer wedge
кули́рный ~ *текст.* slur
ма́сляный ~ oil wedge

клин
оптический ~ optical wedge
пазовый ~ *эл.* slot wedge
подъёмный ~ *текст.* throw [central] cam
~ ползуна́ crosshead cotter
полутоново́й ~ *кфт.* tone wedge
прижимно́й ~ gib
пробе́льный ~ *полигр.* wedge spacer
раздвижно́й ~ *полигр.* quoin space
~ ра́мы *ж.-д.* frame wedge
распо́рный ~ cleat [stay] wedge
сбра́сывающий ~ *текст.* knocking-over [cast-off] cam
сенситометри́ческий ~ *кфт.* sensitometric wedge
се́рый ~ *опт.* grey wedge
ступе́нчатый ~ step wedge
тангенциа́льный ~ tangent wedge
~ тормозно́й коло́дки *ж.-д.* brake shoe key
то́чный ~ *полигр.* fine wedge
~ тя́гового хомута́ *ж.-д.* coupler key
шпацио́нный ~ *полигр.* spaceband
кли́нкер *м.* **1.** (*высокопрочный кирпич*) clinker **2.** (*продукт переработки цинка, свинца и т. п. возгонкой в трубчатой печи*) Waelz slag
~ возду́шной су́шки air-dried clinker
доро́жный ~ paving clinker
цеме́нтный ~ cement clinker
кли́нкет *м. мор.* gate valve
клино́метр *м.* **1.** clinometer, inclinometer, inclinatorium **2.** (*жидкостный кренометр*) *мор.* liquid clinometer
клиноо́сь *ж.* clino-axis
клинопирами́да *ж.* clinopyramid
кли́пер *м. мор.* clipper
кли́ренс *м.* ground [road] clearance
клирфа́ктор *м. уст.* nonlinear distortion factor
клистро́н *м.* klystron (tube)
бессе́точный ~ gridless klystron
генера́торный ~ oscillator klystron
двухко́нтурный ~ double-cavity [two-cavity, double-resonator] klystron
двухрезона́торный ~ double-cavity [two-cavity, double-resonator] klystron
~ миллиметро́вого диапазо́на millimeter-wave klystron
многорезона́торный ~ multiple-cavity [multi-resonator] klystron
мо́щный ~ power klystron
отража́тельный ~ reflex klystron
пролётный ~ double- *or* multi-resonator [drift-tube] klystron
прямопролётный ~ double- *or* multi-resonator [drift-tube] klystron
~ СВЧ-диапазо́на microwave klystron
~ с изменя́емым простра́нством дре́йфа floating drift-tube klystron
~ с колеба́ниями ви́да π π-mode klystron

клистро́н
~ с распределённым взаимоде́йствием distributed interaction klystron
~ с се́тками gridded klystron
твердоте́льный ~ solid-state klystron
усили́тельный ~ amplifier klystron
кли́ца *ж. эл.* (*фарфоровый зажим*) cleat
клише́ *с.* cliche, block, plate
полуто́новое ~ halftone block, halftone plate, halftone engraving
штрихово́е ~ line-process block
клиши́рование *с.* block-making, plate-making
кло́пфер *м.* sounder
кло́т(ик) *м. мор.* acorn (button), mast truck
клубо́к *м. текст.* ball
клу́мпсы *мн.* clogs
клупп *м.* **1.** (*инструмент для нарезания резьбы*) threading die holder **2.** (*инструмент для текстильного волокна*) clip
клюв *м.* **узловяза́теля** *с.-х.* billhook, knotter hook, knotting bill
клюз *м.* hawse(hole), hawsepipe
букси́рный ~ towing chock pipe, towing chock port
па́лубный ~ chain(-locker) [deck] pipe
цепно́й ~ chain-locker pipe
швартовный ~ hawser [mooring] port
ключ *м.* **1.** (*инструмент, напр. гаечный*) *англ.* spanner; *амер.* wrench **2.** *эл.* switch **3.** *элн.* gate □ **по сигна́лу «посы́лка» ~ открыва́ется и пропуска́ет выходно́й сигна́л генера́тора посы́лки** the "mark" signal causes the gate to pass the output of the mark oscillator **4.** *свз.* key □ **рабо́тать ~о́м** send with a key **5.** (*ножка радиолампы*) alignment pin **6.** (*бьющий из земли источник*) spring
га́ечный, га́зовый ~ gas spanner, alligator wrench
га́ечный, двусторо́нний ~ double-ended spanner, double-ended wrench
га́ечный, динамометри́ческий ~ dynamometric [torque] wrench
га́ечный ~ для кру́глых га́ек с нару́жным па́зом pin-type spanner wrench
га́ечный ~ для тру́бных муфт union wrench
га́ечный, коле́нчатый ~ bent spanner, bent wrench
га́ечный, косо́й ~ skew spanner, angle wrench
га́ечный, крючко́вый ~ hook-type spanner, hook-type wrench
га́ечный, накидно́й ~ ring spanner, box wrench
га́ечный, односторо́нний ~ single-ended spanner, single-ended wrench
га́ечный, прямо́й ~ straight spanner

ключ
га́ечный, разводно́й ~ adjustable spanner, adjustable wrench
га́ечный, рожко́вый ~ для кру́глых га́ек double-pin spanner wrench
га́ечный ~ с откры́тым зёвом open spanner
га́ечный ~ с трещо́ткой ratchet wrench
га́ечный, тари́рованный ~ torque wrench
га́ечный, торцо́вый ~ box spanner, socket wrench
га́ечный, универса́льный ~ universal spanner, general utility [universal] wrench
га́ечный, шестигра́нный ~ hexagon spanner, hex-nut wrench
дверно́й ~ door key
~ для регулиро́вки кла́панов valve spanner, valve wrench
~ зажига́ния ignition key
~ ко́да key letter
коммута́торный ~ (switchboard) key
коммута́торный ~ без аррети́ра nonlocking key
коммута́торный, вызывно́й ~ ringing [signalling] key
коммута́торный ~ за́нятости busy key
коммута́торный ~ избира́тельного вы́зова selector key
коммута́торный, испыта́тельный ~ test key
коммута́торный ~ обра́тного вы́зова ring-back key
коммута́торный, опро́сно-вызывно́й ~ *англ.* speak-ring key; *амер.* listening key
коммута́торный, отбо́йный ~ release [clearing] key
коммута́торный, переда́точный ~ transfer switch
коммута́торный ~ повто́рного вы́зова recalling key
коммута́торный, про́бный ~ test key
коммута́торный, разгово́рный ~ talking [speaking] key
коммута́торный, разъедини́тельный ~ interruption [cut-off] key
коммута́торный ~ с аррети́ром locking key
маршру́тный ~ *ж.-д.* route switch, route key
патро́нный ~ chuck [socket] wrench
~ резцедержа́теля toolpost wrench
свечно́й ~ spark-plug spanner; spark-plug wrench
телегра́фный ~ telegraph [sender, operating, manipulating, Morse] key □ **опера́тор хорошо́ рабо́тает телегра́фным ~о́м** this operator has a clean-cut method of sending; **передава́ть телегра́фным ~о́м** send with a hand key; **приобрета́ть уве́ренные на́выки рабо́ты телегра́фным ~о́м** develop a good "fist"; **рабо́тать телегра́фным ~о́м** send with a hand

key; **тренирова́ться в рабо́те телегра́фным ~о́м** practise Morse-code keying; **уме́ние хорошо́ рабо́тать телегра́фным ~о́м прихо́дит с пра́ктикой** good sending is a matter of practice
ключ
телегра́фный ~ Мо́рзе Morse key
теплово́й ~ thermal switch
тру́бный ~ pipe wrench
тру́бный, аллига́торный ~ alligator wrench
тру́бный, цепно́й ~ chain pipe wrench
~ управле́ния control key, control switch
цепно́й ~ chain wrench
электро́нный ~ electronic switch
ключ-жезл *м. ж.-д.* key token
кля́ммер/а *ж.* (*элемент крепления кровли*) cleat □ **закла́дывать ~у в фальц** lock a cleat into a seam
К-мезо́н *м.* K-meson
кнехт *м.* bitts
букси́рный ~ towing bitts
шварто́вный ~ mooring [warping] bitts
кни́га *ж.* book
бло́чная ~ block book
~ в переплёте bound book
книгодержа́тель *м.* book clamp
книгопеча́тание *с.* book printing
книгохрани́лище *с.* book depository
кни́ца *ж.* bracket, knee, gusset
би́мсовая ~ beam bracket, beam knee
горизонта́льная ~ gusset (plate)
скулова́я ~ bilge bracket, bilge knee, margin(-plate) bracket
тра́нцевая ~ transom knee
кно́пка *ж.* (push) button
~ без аррети́ра nonlocking key
вися́чая ~ pendant button
~ включе́ния ста́ртера starter (push) button
вызывна́я ~ call button
~ загру́зки *вчт.* load button
~ иску́сственного размыка́ния маршру́та *ж.-д.* route release button
маршру́тная ~ *ж.-д.* routing button
~ мгнове́нного де́йствия momentary-action (push) button
монобло́чная ~ single-unit button
нажи́мная ~ push [press] button
нака́танная ~ knurled button
отжи́мная ~ pull button
~ остано́ва stop button
~ повто́рного пу́ска 1. *вчт.* restart button **2.** *ркт.* relight button
~ пу́ска 1. *вчт.* start button **2.** *ркт.* firing [launching] button
~ с аррети́ром stay-put [locking] button
~ сбра́сывания cancel button
~ с принуди́тельным возвра́том push-to-release button
спускова́я ~ *кфт.* (shutter) release button
~ ста́ртера starter button
~ с фикса́цией push-to-lock button
кно́пка
~ управле́ния control button
~ фикси́рованной настро́йки *рад.* preset-tuning button
чертёжная ~ thumb tack
шарова́я ~ ball button
кно́пка-ла́мпочка *ж.* illuminated push [light] button
кнутови́на *ж. кож.* lash mark
кню́ппель *м. ркк.* joy-strick (control)
коаге́ль *м.* coagel, coagulated gel
коагули́рование *с.* coagulation
коагули́ровать *гл.* coagulate, flocculate, coalesce
коагуло́метр *м.* coagulometer
коагуля́нт *м.* coagulant, coagulating agent, coagulator
коагуля́т *м.* coagulate, coagulum □ **вальцева́ть ~** pass the coagulum through rolls, squeeze the coagulum between rolls, mill the coagulate; **подверга́ть ~ уси́ленной вальцо́вке** mill the coagulum heavily
коагуля́тор *м.* **1.** (*коагулирующий агент*) coagulant, coagulating agent, coagulator **2.** (*аппарат для коагулирования*) coagulator
ма́зерный ~ maser coagulator
коагуля́ци/я *ж.* coagulation □ **подверга́ть ~и кислото́й** (*напр. латекс в производстве каучука*) coagulate (*e. g., latex*) with an acid
гравитацио́нная ~ gravity coagulation
неограни́ченная ~ unrestricted coagulation
преждевре́менная ~ premature coagulation
самопроизво́льная ~ spontaneous coagulation
скры́тая ~ latent [dormant] coagulation
теплова́я ~ thermal coagulation
я́вная ~ evident coagulation
коалесце́нция *ж.* coalescence
коацерва́ция *ж.* coacervation
ко́бальт *м.* cobalt, Co
радиоакти́вный ~ radioactive cobalt
кобальти́рование *с.* cobalt plating
КОБО́Л *м.* (*язык программирования ЭВМ*) COBOL, COmmon Business-Oriented Language
ковале́нтность *ж.* covalence
кова́р *м.* (*сплав железа, кобальта и никеля*) Kovar
ковариа́нтность *ж.* covariance
ковариа́ция *ж.* covariance
кова́ть *гл.* **1.** forge; (*без штампов, под молотом*) hammer; (*в штампах*) press □ **~ в горя́чем состоя́нии** (*вгорячую*) forge hot; **~ в разме́р** forge to size; **~ в холо́дном состоя́нии** (*вхолодную*) forge cold; **~ из прутка́** forge out of a bar; **~ из шту́чной загото́вки** forge out of a piece; **~ на́черно** forge rough **2.** (*из порошковой заготовки в производстве тугоплавких металлов*) swage
ковёр *м.* **1.** (*художественное текстильное изделие*) carpet **2.** (*защитный древесно-стружечный и т. п.*) mat
ко́вка *ж.* **1.** forging; (*без штампов, под молотом*) hammering; (*в штампах*) pressing **2.** (*в производстве тугоплавких металлов*) swaging
ко́вкость *ж.* (*технологическое свойство*) forgeability, malleability; (*пластическое свойство*) ductility
коволю́м *м.* covolume, incompressible volume
ко́врик *м.* mat
изоли́рующий ~ insulating mat
ковротка́чество *с.* carpet weaving
ковш *м.* **1.** *мет.* ladle **2.** (*подъёмно-транспортных машин*) bucket, dipper; (*черпак*) scoop
бетонораздаточный ~ placing bucket
двухчелюстно́й ~ two-leaf grab [clamshell] bucket
доза́торный ~ weigh bucket
~ дра́глайна dragline bucket □ **забра́сывать ~ дра́глайна в рабо́чее положе́ние** swing the (dragline) bucket to the digging position; **забра́сывать ~ дра́глайна да́льше головы́ стрелы́** throw the (dragline) bucket beyond the end of the boom; **опора́жнивать ~ дра́глайна** let the (dragline) bucket dump its contents; **подтя́гивать ~ дра́глайна к стреле́** pull the (dragline) bucket toward(s) the machine
золотопромы́вочный ~ gold pan
лите́йный ~ foundary ladle
лите́йный, ручно́й ~ shank ladle
~ механи́ческой лопа́ты shovel dipper
~ промежу́точный *мет.* intermediate [pony] ladle
~ скре́пера bowl (of a scraper), scraper bowl □ **~ скре́пера среза́ет грунт посло́йно** the scraper bowl removes a strip of earth at a time
~ скре́пера с элева́торной загру́зкой elevating scraper bowl
сталеразли́вочный ~ casting [pouring, teeming] ladle
сталеразли́вочный, бараба́нный ~ barrel-type ladle
сталеразли́вочный ~ на теле́жке bogie-mounted steel-teeming ladle
сталеразли́вочный ~ с двумя́ сто́порными устро́йствами double nozzle-and-stopper steel ladle
сталеразли́вочный ~ со шлакоотдели́телем skimming ladle
сталеразли́вочный, сто́порный ~ bottom-tap [bottom-pour] ladle
сталеразли́вочный, теле́жечный ~ truck ladle
сталеразли́вочный, ча́йниковый ~ teapot-spout ladle
~ транспортёра conveyer bucket
~ фронта́льного одноковшо́вого погру́зчика bowl
чугуново́зный ~ hot-metal transfer ladle

ковш
шла́ковый ~ slag [cinder] ladle, slag thimble
~ экскава́тора excavator bucket, dipper □ **заполня́ть ~ экскава́тора** fill the dipper; **~ экскава́тора вхо́дит в грунт** the dipper bites into soil; **~ экскава́тора выгружа́ется в отва́л** the dipper dumps the load; **~ экскава́тора набира́ет грунт** the dipper picks up soil; **~ экскава́тора получа́ет напо́рное движе́ние** the dipper is given a crowding force, a crowding force is applied to the dipper
~ элева́тора elevator cup
ковшево́й *м. мет.* ladle man
коге́зия *ж.* cohesion
когео́ид *м. геод.* cogeoid
когере́нтность *ж.* coherence, coherency
временна́я ~ time [longitudinal] coherence
простра́нственная ~ spatial [transverse] coherence
~ све́та coherence of light (beams)
спектра́льная ~ spectral coherence
фа́зовая ~ phase coherence
коге́рер *м. рад.* coherer
~ Бра́нли Branly [filings] coherer
когрань́ица *м. мат.* coboundary
ко́гти *мн. м.*:
монтёрские ~ lineman's climbers
подъёмные ~ grab
код *м.* **1.** (*система символов и правил представления информации*) code **2.** (*закодированный элемент информации — знак, слово*) code combination, code (*Примечание. При переводе на английский язык слово* code *часто опускается, напр.* **код числа́** number; **ши́на ко́да числа́** number bus; **код си́мвола** character) □ **осуществля́ть ~ аппарату́рно** instrument a code; **преобразо́вывать (оди́н) ~ (в друго́й)** translate (from) a code (into another); **присва́ивать ~** *свз.* assign a code to ...; **реализова́ть ~** instrument a code *пример*: **э́тот ~ мо́жно реализова́ть с по́мощью просто́го реги́стра сдви́га** this code may be instrumented using a simple shift register; **реализова́ть ~ аппарату́рно** instrument a code; **снима́ть ~** (*напр. с кодирующего диска*) pick off [read] the code
~ автоотве́тчика answer-back code
~ а́дреса address (code)
~ а́дреса числа́ number address (code)
алфави́тный ~ alphabetic code
амплиту́дно-и́мпульсный ~ pulse-amplitude code
бло́чный ~ block code
~ Бодо́ Baudot code
~ Бозе́ — Чаудху́ри Bose-Chaudhuri code
~ Бофо́рта Beaufort notation
бу́квенно-цифрово́й ~ alpha(nu)-meric code

код
бу́квенный ~ alphabetic code
взве́шенный ~ weighted code
вре́мя-и́мпульсный ~ pulse-position code (*Примечание. Не следует путать этот термин с* pulse-time code, *который относится ко всем видам импульсной модуляции*)
~ Гре́я Gray [reflected binary] code
группово́й ~ group code
~ «два из пяти́» two-out-of-five code
двои́чно-десяти́чный ~ binary-coded decimal [BCD] code
двои́чно-пятери́чный ~ biquinary code
двои́чный ~ binary code
двои́чный, натура́льный ~ straight [normal, true] binary code
двои́чный, норма́льный ~ straight [normal, true] binary code
двои́чный, рефле́ксный ~ reflected binary code
двои́чный ~ с прове́ркой *или* **защи́той на чётность** *или* **нечётность** even- *or* odd-parity check code
двухпозицио́нный ~ double-current [two-condition] code
двухрегистро́вый ~ two-case code
десяти́чный ~ decimal code
десяти́чный, число́-и́мпульсный ~ decimal unit-counting code
~ ДКОИ (*десятичный код обмена информацией*) EBCDI code
едини́чно-десяти́чный ~ decimal unit-counting code
~ запро́са interrogation code
~ зна́ка sign code
и́мпульсный ~ pulse code
интерва́льно-и́мпульсный ~ pulse-interval code
~ кома́нды instruction code
корректи́рующий ~ error-correcting code
маши́нный ~ machine code
метеорологи́ческий ~ meteorological notation
мнемони́ческий ~ mnemonic code
~ Мо́рзе Morse code
~ Мо́рзе, Междунаро́дный International Morse Code
неравноме́рный ~ variable-length code
несистемати́ческий ~ non-systematic code
~ опера́ции operation code, opcode □ **по** (*такому-то*) **~у опера́ции никаки́х де́йствий маши́на не соверша́ет** (*so-and-so*) operation code performs no operations; **по** (*такому-то*) **~у (опера́ции) содержи́мое яче́йки засыла́ется в ...** (*so-and-so*) operation code causes the contents of the ... location to be placed in [copied, sent, transferred to] ...
~ опознава́ния identity code
паралле́льный ~ parallel code
~ переме́нной длины́ variable-length code

код
перестано́вочный ~ permutation code
~ перфока́рт(ы) punched card code
~ перфоле́нт(ы) punched tape code
позицио́нный ~ position code
по́лный ~ complete code
помехоусто́йчивый ~ noise-immune code
~ поря́дка числа́ exponent (code)
после́довательный ~ serial code
~ представле́ния числа́ form, representation
~ представле́ния числа́, дополни́тельный 1. (*двоичная система*) two's [2's] complement form, two's [2's] complement representation 2. (*десятичная система*) ten's [10's] complement form, ten's [10's] complement representation 3. (*любая система счисления*) radix [true] complement form, radix [true] complement representation
~ представле́ния числа́, обра́тный 1. (*двоичная система*) one's [1's] complement form, one's [1's] complement representation 2. (*десятичная система*) nine's [9's] complement form, nine's [9's] complement representation 3. (*любая система счисления*) diminished radix [radix-minus-one] complement form, diminished radix [radix-minus-one] complement representation
~ представле́ния числа́, прямо́й sign-and-magnitude form, sign-and-magnitude representation
пятизна́чный ~ five-digit [five-unit] code
пятиразря́дный ~ (*двоичный*) five-bit code; (*любой*) five-digit [five-unit] code
равноме́рный ~ equal-length [uniform] code
равноме́рный, многоэлеме́нтный ~ equal-length multiunit code
рефле́ксный ~ reflected code
самодополня́ющийся ~ self-complementing code
самопроверя́ющийся ~ self-checking code
~ серьёзности оши́бки severity code
сигна́льный ~ signalling code
~ с избы́тком три excess-three code
си́мвольный ~ character code
~ с исправле́нием двойны́х оши́бок double-error correcting code
~ с исправле́нием одино́чных оши́бок single-error correcting code
~ с исправле́нием оши́бок error-correcting code
системати́ческий ~ systematic code
~ с контро́лем по чётности parity-check code
слу́жебный ~ *свз.* service code, service abbreviations
~ с минима́льной избы́точностью minimum redundancy code
~ с минима́льным ко́довым расстоя́нием minimum-distance code

код
~ с обнаружéнием и исправлéнием ошѝбок error detecting-and-correcting code
~ с обнаружéнием одино́чных ошѝбок single-error-detecting code
~ с обнаружéнием ошѝбок error-detecting code
сокращённый ~ short [brevity] code
~ с расстоя́нием едини́ца continuous progressive [unit-distance] code
телегрáфный ~ telegraph code
~ телетáйпа teleprinter code
трои́чный ~ ternary code
~ управлéния передáчей информáции information control code
управля́ющий ~ control code
фáзово-и́мпульсный ~ pulse-position code
~ Хэ́мминга Hamming code
цикли́ческий ~ cyclic code
цифрово́й ~ numeric(al) code
частóтно-и́мпульсный ~ pulse-frequency code
частóтный ~ frequency code
~ числá (*число в закодированном виде*) coded number, number (code)
числó-и́мпульсный ~ unit-counting code
ширóтно-и́мпульсный ~ pulse-width [pulse-duration] code
шифровáльный ~ cipher code
кóдекс *м.* code
кóдер *м. тлв.* encoder
коди́рование *с.* coding, encoding (*конкретные виды* **кодирования** *см. в гнезде* **код**)
оптимáльное ~ optimum coding
статисти́ческое ~ economical [statistical] matching
коди́ровать *гл.* code, encode □ **~ числó в дополни́тельном** *или* **обрáтном кóде** represent a number in radix [true] complement *or* diminished radix [radix-minus-one] complement form [representation]; **~ числó в прямóм кóде** represent a number as magnitude and sign [as sign and magnitude, as sign-and-absolute value], represent a number in sign-and-magnitude form [representation]
кодопреобразовáтель *м.* code translator
кóж/а *ж.* **1.** (*наружный покров тела*) skin **2.** (*из цельного полуфабриката, не подвергнутого распиловке*) hide; (*выделанная*) leather □ **аппрети́ровать ~у** top-finish the leather, give the leather a top-finish; **двои́ть ~у** split the leather; **дуби́ть ~у** tan the leather; **крыть ~ей** leather; **лощи́ть ~у** glaze the leather; **мять ~у** (*в барабане*) tumble the leather; **отволáживать ~у** sam(m) the leather; **отдéлывать ~у** curry [dress] the leather; **подвя́ливать ~у** sam(m) the leather; **подмéздривать ~у** reflesh the leather; **строгáть ~у** shave the leather; **тисни́ть ~у** emboss [print] the leather
кóж/а
~ алюми́ниевого дублéния alum(ed) [alum-tanned] leather
~ анили́новой отдéлки aniline-dyed [aniline-stained] leather
бланширóванная ~ buff leather
боруши́стая ~ wrinkled leather
вáличная ~ roller leather
водонепроницáемая ~ water-proof [water-repellent] leather
галантерéйная ~ fancy leather
~ для вéрха óбуви (shoe) upper leather
~ для ни́за óбуви bottom leather
~ для рáнтов welt(ing) leather
жестеобрáзная ~ papery leather
жиродублёная ~ oil [wash] leather
жироустóйчивая ~ oil-resistant leather
запóлистая ~ spready leather
искýсственная ~ artificial leather
~ квасцóвого дублéния alum(ed) [alum-tanned] leather
«клеёная» ~ pasted skin
~ комбини́рованного дублéния combination tanned leather
лáковая ~ enamelled [patent, japanned] leather
лицевáя ~ (full-)grain leather
~ минерáльного дублéния mineral-tanned leather
недодýбленная ~ hungry tanned [undertanned] leather
недозолённая ~ underlimed leather
недублёная ~ untanned leather
неотдéланная ~ undressed leather
несортовáя ~ offal [broken] leather
обувнáя ~ shoe leather
одёжно-галантерéйная ~ garment-and-fancy leather
олéнья ~ deer leather
опóйковая ~ calf leather
осклѝзлая ~ pitted [pricked] leather
пережирóванная ~ overstuffed leather
перезолённая ~ overlimed leather
переплётная ~ book(-binding) leather
перчáточная ~ gloving leather
плóская ~ flat leather
плóтная ~ compact leather
подклáдочная ~ facing [lining] leather
подóшвенная ~ sole leather
проклáдочная ~ gasket leather
~ расти́тельно-хрóмового дублéния reverse retan leather
ремневáя ~ band leather
ры́хлая ~ loose leather
свинáя ~ hog-leather, pigskin (leather)
свищевáтая ~ warbled leather
синтети́ческая ~ synthetic leather
~ с искýсственным лицóм artificial-grain leather
~ с нарéзкой printed leather
~ собáки dogskin
кóж/а
~ с облагорóженным лицóм buffed [snuffed (grain)] leather
~ со стя́нутым лицóм wrinkled leather, leather with wrinckled grain
~ с сохранённым прирóдным лицóм (full) grain leather
сыромя́тная ~ rawhide
техни́ческая ~ industrial leather
тóщая ~ empty leather
утяжелённая ~ weighting leather
~ хрóмового дублéния chrome-tanned leather
чёртова ~ moleskin
шагрéневая ~ shagreen (leather)
шóрно-седéльная ~ harness [saddle] leather
кожéвник *м.* tanner
кожеéдина *ж.* grease beetle damage
кожзамени́тель *м.* leather substitute
кожсырьё *с.* hides □ **комплектовáть ~ в пáртии** sort hides into lots; **консерви́ровать ~** cure [salt] hides
кожýх *м.* housing, enclosure
~ антéнны, обтекáемый blister
~ антéнны, радиопрозрáчный radome
~ гóрна (*доменной печи*) hearth jacket
~ дóменной пéчи blast-furnace jacket
~ дымовóй трубы́ funnel casing
~ заплéчиков (*доменной печи*) bosh jacket, bosh plates
защи́тный ~ protective housing
колёсный ~ *мор.* paddle(-wheel) box
~ конвéртера (converter) shell
котéльный ~ *мор.* boiler casing
~ маховикá fly-wheel casing, fly-wheel housing
обтекáемый ~ stream-lined housing
разгрýзочный ~ *тепл.* pressure shell
разъёмный ~ (*насоса, компрессора и т. п.*) split casing
спирáльный ~ (*насоса, компрессора*) volute casing
«козёл» *м.* **1.** (*застывший металл в печи*) saw, salamander **2.** (*при посадке*) *ав.* bounce
~ в ковшé ladle chill
козелóк *м.* (*подставка, опора*) horse, trestle
козли́на *ж.* kid(skin), goat leather
козли́ть *гл.* (*при посадке*) *ав.* bounce
кóзлы *мн.* (*опора*) trestle
пи́льные ~ saw-horse, saw block
~ подъёмного крáна gantry
рáмные ~ gallows frame
козырёк *м.*:
~ ветровóго стеклá side screen, windshield visor
~ ковшá экскавáтора bucket nose, bucket lip
~ над каби́ной води́теля, защи́тный cab guard [cab shield] canopy
отбóйный ~ *тепл.* deflector baffle
противоослепля́ющий ~ *авто* sun visor

козырёк
~ тубуса радиолокацио́нного инди-ка́тора eyeguard, eyecup
ко́йка *ж.* **1.** *мор.* (*с деревянной рамой*) cot; (*подвесная*) hammock; (*полка*) bunk **2.** (*односпальная, простого устройства кровать*) bed
кок *м.* **возду́шного винта́** spinner
ко́киль *м.* **1.** (*металлическая литейная форма*) metal mould □ **лить в ~** cast in a metal mould **2.** (*наружный холодильник литейной формы*) external chill
~ без разъёма single-piece metal mould
неразъёмный ~ single-piece metal mould
~ с разъёмом в вертика́льной пло́скости vertically split metal mould
~ с разъёмом в горизонта́льной пло́скости horizontally split metal mould
футеро́ванный ~ luted chill mould
ко́кон *м.* cocoon □ **~ы моря́т пе́ред размо́ткой па́ром *или* горя́чим во́здухом** cocoons are steamed *or* roasted to kill the worm prior to reeling; **разма́тывать ~** reel the silk
кокономота́ние *с.* (*размотка коконов*) cocoon reeling
коконосуши́лка *ж.* cocoon roaster
ко́кпит *м.* cockpit
кокс *м.* **1.** (*топливо*) coke □ **выгру-жа́ть ~ из пе́чи** draw (out) the coke; **выта́лкивать ~ из пе́чи** push the coke out of the oven; **гаси́ть ~ мо́крым спо́собом** *см.* **туши́ть кокс мо́крым спо́собом;** **испы́тывать ~ на механи́ческую про́чность** subject the coke to a shatter test; **получа́ть ~ в ви́де удлинённых куско́в** make the coke blocky; **просева́ть ~** sift [screen] the coke; **туши́ть ~ мо́крым спо́собом** quench the (red-hot) coke by a water spray, subject the coke to wet quenching; **туши́ть ~ сухи́м спо́собом** quench the (red-hot) coke by a stream of inert gas, subject the coke to dry quenching **2.** *двс* (*нагар*) gum
га́зовый ~ gas coke
до́менный ~ blast-furnace coke
заду́вочный ~ bed-charge coke
каменноу́гольный ~ coal coke
лите́йный ~ foundry coke
металлурги́ческий ~ metallurgical coke
нефтяно́й ~ petroleum coke
рето́ртный ~ retort coke
ски́повый ~ skip coke
торфяно́й ~ peat coke, coked peat
формо́ванный ~ formcoke
электро́дный, пе́ковый ~ electrode pitch coke
ко́ксик *м.* coke breeze
коксобрике́т *м.* coke briquette
коксова́ние *с.* **1.** (*получение кокса*) carbonization, coking process **2.** (*нагарообразование при сгорании масла*) carbonization

коксова́ние
~ в псевдоожи́женном сло́е fluidized-bed coking
~ ка́менного у́гля coal carbonization
коксова́ть *гл.* (*уголь*) carbonize
кокс/ова́ться *гл.* **1.** (*обладать способностью к коксованию*) coke □ **э́тот у́голь пло́хо ~у́ется** this coal is weakly coking, this coaldoes not coke well; **э́тот у́голь хорошо́ ~у́ется** this coal cokes well **2.** (*о масле*) become carbonized □ **е́сли ма́сло «за-коксова́лось» ...** if the oil has become carbonized ...
коксовыта́лкиватель *м.* coke pusher, coke pushing machine
коксообразова́ние *с.* **1.** (*получение топлива*) coke formation, coking **2.** (*образование нагара*) gumming **3.** (*деградация масла*) oil carbonization
коксосортиро́вка *ж.* coke screen
коксохи́мия *ж.* chemical-recovery (coal) carbonization, by-product coke industry
коксу́емость *ж.* coking capacity
кол *м.* stake, peg, picket □ **забива́ть ~ в зе́млю** drive a stake into the ground; **размеча́ть, *напр.* площа́дку ~ья́ми** stake out, *e. g.*, a ground
нивели́рный ~ levelling peg
сажа́льный ~ planting peg, planting stick
колатиту́да *ж.* *геод.*, *карт.* colatitude
ко́лб/а *ж.* **1.** (*лабораторная посуда*) flask □ **~ закрыва́ется притёртой про́бкой** the flask takes a ground-in stopper; **~ закрыва́ется про́бкой** (*такого-то*) **разме́ра** the flask takes stopper No. ..., the flask takes a ... diameter stopper **2.** (*лампы накаливания или электронной лампы*) bulb, envelope □ **отка́чивать ~у** exhaust the bulb; **отпа́ивать ~у** seal off the bulb; **~ темне́ет** the bulb blackens; **штенгелева́ть ~у** tubulate the bulb
лаборато́рная, длинного́рлая ~ long-necked flask
лаборато́рная, коническая ~ Erlenmeyer [conical] flask
лаборато́рная, короткого́рлая ~ short-necked flask
лаборато́рная, круглодо́нная ~ round-bottom flask
лаборато́рная, ме́рная ~ volumetric flask
лаборато́рная, ме́рная неградуи́рованная ~ blank volumetric flask
лаборато́рная, отсо́сная ~ suction flask
лаборато́рная, перего́нная ~ distillation flask
лаборато́рная, плоскодо́нная ~ flat-bottom(ed) flask
лаборато́рная, промывна́я ~ washing flask
лаборато́рная, толстосте́нная ~ heavy-walled flask

ко́лб/а
лаборато́рная, трёхго́рлая ~ three-neck flask
лаборато́рная, широкого́рлая ~ broad-mouth flask
~ ла́мпы, ква́рцевая quartz envelope
~ ла́мпы, мати́рованная frosted bulb
~ ла́мпы, ма́товая frosted bulb
~ ла́мпы, металлизи́рованная silvered bowl
~ ла́мпы, полупрозра́чная translucent bulb
~ ла́мпы, прозра́чная transparent bulb
~ ла́мпы, стекля́нная glass bulb
~ ла́мпы, стекля́нная бесцве́тная clear (glass) bulb
~ ла́мпы, стекля́нная моло́чная white bowl
~ ла́мпы, стекля́нная цветна́я coloured (glass) bulb
колеба́ние *с.* *см.* **колеба́ния**
колеба́ния *мн. с.* **1.** (*форма движения*) **1.** (*обычно механические*) vibration(s) **2.** (*механические и особ. электрические*) oscillation(s) □ **вводи́ть ~** (*в систему*) couple in oscillation(s); **возбужда́ть ~** excite [induce] oscillation(s); **~ возника́ют** oscillation(s) are set up; **выводи́ть ~** (*из системы*) couple out oscillation(s); **вызыва́ть ~** give rise to oscillation(s); **вынужда́ть ~** force the oscillation(s); **~ га́снут** the oscillation(s) die out [collapse, decay]; **~ затуха́ют** the oscillation(s) die out [collapse, decay]; **модули́ровать ~** modulate the oscillation(s); **накла́дывать ~ друг на дру́га** superimpose the oscillation(s); **подде́рживать ~** sustain oscillation(s); **привя́зывать ~ жёстко** (*к чему-л.*) lock the oscillation(s) to ...; **привя́зывать ~ по фа́зе** phase-lock the oscillation(s), lock the oscillation(s) in phase; **раска́чивать ~** build up oscillation(s); **~ распространя́ются** oscillation(s) are propagated; **свя́зывать ~** couple the oscillation(s); **синхронизи́ровать ~** synchronize the oscillation(s); **синхронизи́ровать ~ по фа́зе** phase-lock the oscillation(s), lock the oscillation(s) in phase; **срыва́ть ~** terminate oscillation(s); cause oscillation(s) to cease; **успока́ивать ~** dampen oscillation(s); **успока́ивать ~ стре́лки (прибо́ра)** dampen pointer fluctuations **2.** (*изменения значения, состояния и т. п.*) variation(s), fluctuation(s) **3.** (*обычно в системах регулирования и т. п.*) hunting **4.** modes
акусти́ческие ~ acoustic vibrations
амплиту́дно-модули́рованные ~ amplitude-modulated oscillations
ангармони́ческие ~ anharmonic oscillations

колеба́ния
безвихревы́е ~ irrotational vibrations
беспоря́дочные ~ random oscillations
боковы́е ~ *ав.* lateral oscillations
вале́нтные ~ stretching vibrations
~ ви́да π pi-modes, π-modes
~ в режи́ме ограни́ченного накопле́ния объёмного заря́да LSC oscillations
га́нновские ~ Gann instability
гармони́ческие ~ harmonic oscillations
гидроупру́гие ~ hydroelastic oscillations
~ двух часто́т double-frequency oscillations
деформацио́нные ~ deformation vibrations
жёсткие ~ hard oscillations
затуха́ющие ~ damped vibrations, damped [convergent] oscillations
звуковы́е ~ sound [acoustic] vibrations
знакопереме́нные ~ reversal vibrations
~ изги́ба по ширине́ width flexure modes
изги́бно-крути́льные ~ flexural-and-torsional vibrations
изги́бные ~ flexural vibrations
изохро́нные ~ isochronal vibrations
ио́нно-звуковы́е ~ ion-sound modes
ио́нные пла́зменные ~ ion plasma oscillations
квазигармони́ческие ~ quasi-harmonic oscillations
квазистациона́рные ~ quasi-static oscillations
коллекти́вные ~ collective [cooperative] oscillations
~ кристалли́ческой решётки lattice modes
крути́льные ~ torsional vibrations
лине́йные ~ linear vibrations
ма́ятниковые ~ pendular oscillations
~, модули́рованные по амплиту́де amplitude-modulated oscillations
~, модули́рованные по фа́зе phase-modulated oscillations
~, модули́рованные по частоте́ frequency-modulated oscillations
мя́гкие ~ soft oscillations
нараста́ющие ~ divergent oscillations
незатуха́ющие ~ undamped vibrations, continuous oscillations
нелине́йные ~ non-linear oscillations
неперио́дические ~ non-periodic vibrations
непло́ские ~ out-of-plane vibrations
неустанови́вшиеся ~ transient oscillations
неусто́йчивые ~ unstable oscillations
норма́льные ~ normal (oscillatory) modes

колеба́ния
нулевы́е ~ zero-point oscillations
~ объёмного ти́па (*ультразвуковые*) bulk-mode waves
объёмные ~ volume oscillations
односторо́нние ~ unidirectional vibrations
опти́ческие ~ optical vibrations
основны́е ~ fundamental oscillations
паразити́ные ~ parasitic oscillations
параметри́ческие ~ parametric vibrations
перехо́дные ~ transient oscillations
периоди́ческие ~ periodic oscillations
пилообра́зные ~ saw-tooth(ed) oscillations
~ пла́змы, магнитостати́ческие magnetostatic plasma oscillations, cyclotron oscillations of the plasma
~ пла́змы, электро́нные electron plasma modes
~ пове́рхности жи́дкости (*напр. топлива в баке*) sloshing (a fluid surface tilt)
~ пове́рхностного ти́па (*ультразвуковые*) surface-mode waves
попере́чные ~ lateral [transverse] oscillations
~ по сре́зу shear oscillations
~ по толщине́ thickness modes
прецессио́нные ~ gyroscopic wobbling
продо́льно-изги́бные ~ longitudinal-and-flexural vibrations
продо́льные ~ longitudinal oscillations
разрывны́е ~ relaxation oscillations
резона́нсные ~ resonance oscillations
релаксацио́нные ~ relaxation oscillations
самовозбужда́ющиеся ~ self-excited vibrations
свобо́дные ~ free vibrations; free oscillations
~ сдви́га shear modes
~ сдви́га в пло́скости пласти́ны face shear modes
~ сдви́га по толщине́ thickness shear modes
~ сдви́га по ширине́ width shear modes
сдви́говые ~ shear vibrations
симметри́чные ~ symmetrical oscillations
синусоида́льные ~ sinusoidal vibrations; sine wave oscillations
синхро́нные ~ synchronous vibrations
скры́тые ~ latent oscillations
~ с ма́лой амплиту́дой small-amplitude oscillations
со́бственные ~ natural oscillations
~ с переме́нной амплиту́дой variable amplitude vibrations
~ с переме́нной частото́й variable frequency vibrations
субгармони́ческие ~ subharmonic oscillations

колеба́ния
углов́ые ~ angular oscillations
упру́гие ~ elastic vibrations
установи́вшиеся ~ steady-state oscillations
усто́йчивые ~ stable oscillations
часто́тно-модули́рованные ~ frequency-modulated oscillations
шумовы́е ~ noise waves
электромагни́тные ~ electromagnetic modes
электромехани́ческие ~ electromechanical oscillations

колеба́ться *гл.* **1.** (*совершать движение*) 1. (*обычно механические*) vibrate 2. (*механические и особ. электрические*) oscillate **2.** (*претерпевать изменения по величине, состоянию и т. п.*) vary, fluctuate **3.** (*обычно в системах регулирования и т. п.*) hunt □ **~ вокру́г, *напр.* положе́ния равнове́сия** hunt about, *e. g.*, an equilibrium position

коле́но *с.* (*изгиб*) bend
~ баро́метра leg
~ ва́ла crank
~ воздухопрово́да (*доменной печи*), **неподви́жное** fixed goose-neck pipe
~ воздухопрово́да (*доменной печи*), **откидно́е** movable goose-neck pipe
~ волново́да waveguide bend, waveguide elbow
~ криво́й knee of a curve
~ манометри́ческой тру́бки leg of a manometer tube
окуля́рное ~ eye-piece slide, eye-piece tube
~ рычага́ bend of a lever
~ трубы́ pipe bend, elbow pipe, knee of a pipe
~ трубы́, входя́щее male pipe bend
~ трубы́, двойно́е set-off [double] pipe bend
~ трубы́, S-обра́зное swan-neck [goose-neck] pipe bend
~ трубы́, охва́тывающее female pipe bend
~ трубы́, перехо́дное reducing pipe bend
~ трубы́, скла́дчатое creased pipe bend
~ трубы́ с фла́нцами flanged pipe bend

ко́лер *м.* colour (scheme)

колес/о́ *с.* wheel □ **~ буксу́ет** the wheel slips [is slipping]; **заблоки́ровать** (*полностью затормозить*) **~а** *ав.* lock the wheels; **~ закли́нило** *ав.* the wheel is jamned; **~ идёт ю́зом** the wheel skids [is skidding]; **«обува́ть» ~** *жарг., авто* tyre (up) a wheel; **раскру́чивать ~а** *ав.* spin up wheels; **~ спосо́бно ориенти́роваться в преде́лах 360°** *ав.* the wheel is fully castoring; **~ увяза́ет в гру́нте** the wheel bogs [is bogged] down; **управля́ть ~ами** steer the wheels; **~ хорошо́ вхо́дит в зацепле́ние с гру́нтом** the wheel grips the ground well

колес/о́
беличье ~ squirrel cage
ведо́мое ~ driven wheel
веду́щее ~ drive wheel
винтово́е ~ spiral [helical] wheel
водяно́е ~ water-wheel
гребно́е ~ paddle-wheel
двухска́тное ~ twin-wheel, double-tyre [dual-tyre, dual] wheel
~ жа́тки, полево́е grain-wheel
железнодоро́жное ~ (railway) wheel □ обта́чивать железнодоро́жное ~ turn the wheel
железнодоро́жное, бандажи́рованное ~ built-up wheel
железнодоро́жное ~ двукра́тной обто́чки (*для восстановления изношенной поверхности*) two-wear wheel
железнодоро́жное ~ многокра́тной обто́чки (*для восстановления изношенной поверхности*) multiple-wear wheel
железнодоро́жное, невосстана́вливаемое ~ (*неперетачиваемое после износа*) one-wear wheel
железнодоро́жное, сцепно́е ~ driver (wheel)
железнодоро́жное, цельнока́таное ~ solid wheel
запасно́е ~ spare [extra] wheel
зубча́тое ~ gear(-wheel) (*см. тж.* шестерня́) □ зубча́тое ~ вхо́дит в зацепле́ние the gear(-wheel) engages [meshes with]; зубча́тое ~ выхо́дит из зацепле́ния the gear(-wheel) disengages [unmeshes with]; обка́тывать зубча́тое ~ (*операция отделки*) roll the gear(-wheel) to be finished in contact with a master burnishing gear; сопряга́ть зубча́тые ~а match the gears [gear-wheels]
зубча́тое, веду́щее ~ (*в паре*) pinion
зубча́тое, винтово́е ~ helical (wheel)
зубча́тое ~ вну́треннего зацепле́ния internal gear(-wheel)
зубча́тое, гипо́идное ~ hypoid gear(-wheel)
зубча́тое, двухвенцо́вое ~ double wheel gear
зубча́тое, дели́тельное ~ index gear(-wheel)
зубча́тое, кони́ческое ~ bevel gear(-wheel)
зубча́тое, коро́нное ~ crown gear(-wheel)
зубча́тое, лобово́е ~ crown gear(-wheel), crown bevel gear
зубча́тое, ма́лое ~ (*в паре*) pinion
зубча́тое, планета́рное ~ planetary pinion
зубча́тое ~ ре́ечной переда́чи (rack) pinion
зубча́тое, сме́нное ~ change gear(-wheel)
зубча́тое, со́лнечное ~ sun gear(-wheel)

колес/о́
зубча́тое, цилиндри́ческое ~ spur gear(-wheel)
зубча́тое, цилиндри́ческое эвольве́нтное ~ involute spur-wheel
зубча́тое, шевро́нное ~ herring-bone [double-helical] gear(-wheel)
зубча́тое, эллипти́ческое ~ elliptical gear(-wheel)
зубча́тое, эчало́нное reference gear(-wheel)
лентопротя́жное ~ *вчт.* feed wheel
махово́е ~ fly-wheel
ме́льничное ~ mill-wheel
мери́тельное ~ *с.-х.* metering wheel, wheel meter
нака́лывающее ~ (*свеклокомбайна*) pick-up [spiked] wheel, spiked cylinder
~ направля́ющего аппара́та (*гидротрансформатора*) stator
насо́сное ~ (*гидромуфты, гидротрансформатора*) impeller
носово́е ~ *ав.* nose-wheel □ уде́рживать носово́е ~ в по́днятом положе́нии hold off the nose-wheel
отливно́е ~ *полигр.* mould wheel
печа́тающее ~ *вчт.* print wheel
~ плу́га, борозднóе furrow wheel
~ плу́га, за́днее rear furrow-wheel, plough trail-wheel
~ плу́га, копи́рующее gauge-wheel
~ плу́га, полево́е land-wheel
подрессо́ренное ~ spring-wheel
рабо́чее ~ (*компрессора, вентилятора*) impeller
рабо́чее, закры́тое ~ closed(-type) impeller
рабо́чее, откры́тое ~ open(-type) impeller
рабо́чее, полуоткры́тое ~ semi-open(-type) impeller
разъёмное ~ split wheel
~ регуля́тора заглубле́ния, копи́рующее *с.-х.* depth-control wheel
рулево́е ~ steering wheel
рулево́е ~ с уто́пленной ступи́цей dished steering wheel
рулево́е, упру́гое ~ spring [resilient] steering wheel
самоустана́вливающееся ~ *с.-х.* castor [swivelling] wheel
~ со спи́цами spoke(d) wheel
~ с ребо́рдой flanged wheel
счётное ~ *вчт.* counting wheel
типово́е ~ (*телетайпа или стартстопного телеграфного аппарата*) type wheel
тормозно́е ~ brake-wheel
турби́нное ~ (*гидрому́фты, гидротрансформатора*) runner
~ турби́ны, акти́вное impulse [impact] wheel
~ турби́ны, рабо́чее turbine-wheel
~ турби́ны, рабо́чее двухвене́чное two-row turbine wheel
~ турбовоздуходу́вки (turbo-blower) impeller
фрикцио́нное ~ friction-wheel

колес/о́
фрикцио́нное, жело́бчатое ~ grooved friction-wheel
фрикцио́нное, кони́ческое ~ bevel friction-wheel
хвостово́е ~ *ав.* tail-wheel
ходово́е ~ running wheel
ходово́е, приводно́е ~ bull-wheel
храпово́е ~ ratchet-wheel
це́вочное ~ pin- [lantern-] wheel
~ цепно́й переда́чи (*звёздочка*) sprocket, chain-wheel
цифрово́е ~ *вчт.* number wheel
~ часово́го бараба́на main wheel
~ часово́го механи́зма, а́нкерное escape-wheel
~ часово́го механи́зма, ве́ксельное change wheel
~ часово́го механи́зма, переводно́е setting wheel
~ часово́го механи́зма, часово́е hour-wheel
~ часово́го механи́зма, шпи́ндельное verge-wheel
~ часово́го механи́зма, штифтово́е cam-wheel
червя́чное ~ worm (gear-)wheel
~ шасси́, гла́вное main wheel
~ шасси́, самоориенти́рующееся castor(ing) wheel
швыря́льное ~ *с.-х.* spinner [spinning] wheel
шрифтово́е ~ *вчт.* type wheel

коле́я *ж.* **1.** (*ширина железнодорожного пути*) gauge (line) **2.** (*расстояние между осями безрельсового транспортного средства*) wheel track, wheelspan **3.** (*линия пути*) track **4.** (*след от транспорта*) run
железнодоро́жная, норма́льная ~ standard railway gauge (line)
железнодоро́жная, у́зкая ~ narrow gauge (line)
железнодоро́жная, широ́кая ~ wide gauge (line)

количественно-неизмери́мый *прил.* non-quantifiable, unquantifiable

коли́чество *с.* quantity, amount
~ движе́ния momentum
~ дутья́ blast capacity
~ информа́ции quantity [amount] of information
~ магнети́зма quantity of magnetism, magnetic charge
незначи́тельное ~ minute quantity
ничто́жное ~ trace amount
~ облуче́ния energy exposure
~ освеще́ния exposure, quantity of light, quantity of illumination
~ подводи́мого тепла́ heat input
~ подводи́мого то́плива fuel input
равнове́сное ~ equilibrium amount
~ разнообра́зия quantity of variety
~ тепла́ quantity of heat
~ тепла́, потре́бное heat [calorific] requirement
~ электри́чества quantity of electricity, electric charge

колла́пс *м. астр.* collapse

коллекти́в *м.* 1. association, (organized) body, team 2. *опт.* collecting lens 3. *мат.* collective
коллективиза́ция *ж.* (*электронов*) collectivization, sharing
коллективизи́ровать *гл.* (*электроны*) collectivize, share
колле́ктор *м.* 1. (*устройство для сбора чего-л.*) collector; (*для жидкостей и газов*) header 2. (*двигателя внутреннего сгорания*) manifold 3. (*осушительной сети*) drainage intercepting ditch
  всасывающий ~ *двс* suction [intake] manifold
  выпускно́й ~ *двс* exhaust manifold
  ~ **горя́чего во́здуха** (*мартена*) hot air header
  ~ **до́йльного аппара́та** cluster, claw (piece)
  канализацио́нный ~ sewage header, sewage collector
  ~ **коте́льной устано́вки, выпускно́й** outlet header
  ~ **коте́льной устано́вки гре́ющего па́ра** heating steam header
  ~ **коте́льной устано́вки, опускно́й** downtake header
  ~ **коте́льной устано́вки, парово́й** steam drum
  ~ **коте́льной устано́вки перви́чного во́здуха** primary air duct
  ~ **коте́льной устано́вки, пита́ющий** supply header
  ~ **коте́льной устано́вки, смеси́тельный** mixing header
  ли́тниковый ~ skim bob
  ~ **не́фти** oil trap
  ~ **полупроводнико́вого прибо́ра** (*напр. транзистора*) collector
  ~ **полупроводнико́вого прибо́ра с гетеропереходо́м** heterojunction collector
  ~ **полупроводнико́вого прибо́ра с лову́шкой** hook collector
  ~ **полупроводнико́вого прибо́ра с пони́женным напряже́нием** depressed collector
  электромаши́нный ~ (*генератор переменного тока*) collector, slip-rings, slip-ring assembly; (*генератор постоянного тока*) commutator □ **продоро́жить электромаши́нный** ~ undercut the mica (insulation), slot the commutator; **проточи́ть электромаши́нный** ~ turn down the commutator, turn off the commutator true; **прошлифова́ть электромаши́нный** ~ grind the commutator; **электромаши́нный** ~ **име́ет неравноме́рную вы́работку** the commutator is rough [is worn in grooves and ridges, is out of round]
  электромаши́нный, деформи́рованный ~ rough commutator
коллима́тор *м.* collimator
коллима́ция *ж.* collimation
коллими́рование *с.* collimation
колло́дий *м.* collodion
колло́ид *м.* colloid
  то́нко дисперги́рованный ~ finely divided colloid
коловда́вливатель *м.* *с.-х.* stake press
коловоро́т *м.* brace
  грудно́й ~ breast brace
  ручно́й ~ hand brace
кологари́фм *м.* cologarithm
коло́да *ж.* 1. (*опора, подставка*) block 2. (*короткое толстое бревно*) chunk, log
  ~ **перфока́рт** deck of punched cards, (punched-)card deck
коло́дец *м.* well
  артезиа́нский ~ artesian well
  водобо́йный ~ toe basin
  водозабо́рный ~ water intake well
  водопонижа́ющий ~ *горн.* water lowering sump
  водоприёмный ~ *горн.* water receiving sump
  водосто́чный ~ catch pit
  ~ **для ока́лины** *мет.* scale pit
  дрена́жный ~ drain well
  ка́бельный ~ cable man-hole
  ка́бельный, проходно́й ~ straight-type man-hole
  ка́бельный, разветви́тельный ~ X-type man-hole
  ка́бельный, станцио́нный ~ *тлф.* station man-hole; office man-hole
  ка́бельный, углово́й ~ L-type man-hole
  конденса́тный ~ *тепл.* hot [condensate] well
  нагрева́тельный ~ *мет.* soaking pit, soaker, pit furnace
  нагрева́тельный, одноме́стный ~ *мет.* single-ingot soaking pit
  осуши́тельный ~ *мор.* drainage sump
  поглоща́ющий ~ seepage pit, leaking well
  ~ **прока́тного ста́на, петлево́й** looping pit
  смотрово́й ~ inspection pit, inspection chamber, access gully, man-hole
  смотрово́й, канализацио́нный ~ man-hole □ **канализацио́нный смотрово́й** ~ **обеспе́чивает до́ступ для осмо́тра и очи́стки** a man-hole gives access for inspection and cleaning
  томи́льный ~ *мет.* soaking pit, soaker, pit furnace
  тру́бчатый ~ wellpoint system, point [pipe] well
  ша́хтный ~ shaft well
  шве́ртовый ~ *мор.* centre-board trunk, centre-board well
коло́дк/а *ж.* 1. *маш.* shoe, block 2. (*приспособление для колёс, напр. автомобиля или самолёта на стоянке*) chock □ **ста́вить** ~**и под колёса** chock the wheels
  ка́бельная ~ (*элемент разъёма, закреплённый на кабеле*) cable connector
  конта́ктная ~ terminal block
  микрофо́нная ~ (*угольного микрофона*) microphone button
коло́дк/а
  обувна́я ~ last
  перехо́дная, ла́мповая ~ *англ.* valve adapter; *амер.* tube adapter
  перехо́дная, патро́нная ~ plug adapter
  прибо́рная ~ (*элемент разъёма, установленный на корпусе или шасси прибора*) chassis [case] connector, chassis [case] receptacle
  ~ **руба́нка** plane stock, plane-wood
  тормозна́я ~ brake block
  ~ **упо́рного подши́пника** pad
  фрикцио́нная ~ friction block
  ~ **ште́псельного разъёма** (*неподвижная часть разъёма*) receptacle □ **отсоединя́ть [разъединя́ть]** ~**у ште́псельного разъёма** unmate the plug and receptacle; **соединя́ть** ~**у ште́псельного разъёма со вста́вкой** mate a plug and a receptacle
  ~ **ште́псельного разъёма, гнездова́я** female receptacle
ко́локол *м.* bell
  водола́зный ~ diving bell
  лови́льный ~ (*бурильное оборудование*) bell socket
  сигна́льный ~ *ж.-д.* alarm bell
  сигна́льный, переездно́й ~ *ж.-д.* highway crossing bell
  судово́й ~ ship's bell
  ~ **трансформа́тора** drop-over tank
коло́нка *ж.* column
  бензозапра́вочная ~ (fuel) filling station
  водоме́рная ~ water column
  водоразбо́рная ~ hydrant
  воздухоразда́точная ~ air dispenser
  деаэрацио́нная ~ *тепл.* deaerating head
  дегазацио́нная ~ *тепл.* degasification head
  ~ **изоля́торов** *эл.* insulator stack
  ~ **карту́шки ко́мпаса** compass-card point
  маневро́вая ~ *ж.-д.* instrument [shunting] column
  пожа́рная ~ fire hydrant
  ~ **поро́ды** (*напр. при колонковом бурении*) core
  ~ **пряди́льной маши́ны** lifter rail
  распо́рная ~ *горн.* jack column
  рулева́я ~ steering column
  рулева́я, безопа́сная скла́дывающаяся ~ collapsible steering column
  хроматографи́ческая ~ chromatograph column
  ~ **часово́го механи́зма, и́мпульсная** impulse pin
  штурва́льная ~ *ав.* control (-wheel) column
коло́нна *ж.* column
  абсорбцио́нная ~ absorption column, absorption tower, absorber
  аммиа́чная ~ (*в коксохимическом производстве*) ammonia still
  аниони́товая ~ anionite column
  анионообме́нная ~ anion-exchange column

коло́нна
барбота́жная ~ bubble column
бра́жная ~ beer column
бури́льная ~ drill pipe string
ва́куумная ~ vacuum column
дефлегмацио́нная ~ reflux tower
дистилляцио́нная ~ distilling tower
~ дро́бной перего́нки fractionating tower
ионообме́нная ~ ion-exchange column
испари́тельная ~ flash column
концентрацио́нная ~ evaporation tower
наса́дочная ~ *хим.* packed column, packed tower
обса́дная ~ (*для бурения*) casing string
опережа́ющая ~ (*для бурения*) advance column
осади́тельная ~ precipitation column
отпарна́я ~ stripping tower
перего́нная ~ distillation column
перколяцио́нная ~ percolation column
раздели́тельная ~ separation column
ректификацио́нная ~ fractionating [rectifying] tower, cracking fractionator
~ с колпачко́выми таре́лками bubble-cap column, bubble-cap tower
~ с си́тчатыми таре́лками perforated-plate [perforated-tray] column, perforated-plate [perforated-tray] tower
таре́льчатая ~ plate-type [tray-type] column, plate-type [tray-type] tower
теплова́я ~ *яд. физ.* thermal column, sigma pile
ходова́я ~ (*для бурения*) mobile rig
эксплуатацио́нная ~ (*для бурения*) production string
экстракцио́нная ~ extraction column

колонна́да *ж.* colonnade
колонти́тул *м.* running title, catch letters
переме́нный ~ running headline
постоя́нный ~ permanent running headline

колонци́фра *ж.* folio
колори́метр *м.* colorimeter
визуа́льный ~ visual colorimeter
дифференциа́льный ~ colour-difference meter
объекти́вный ~ objective colorimeter
опти́ческий ~ optical colorimeter
~ погруже́ния immersion colorimeter
се́кторный ~ sector colorimeter
спектрографи́ческий ~ spectrographic colorimeter
трёхцве́тный ~ trichromatic colorimeter

колори́метр
хими́ческий ~ chemical colorimeter
фотоэлектри́ческий ~ photoelectric colorimeter

колориме́трия *ж.* colorimetry
колори́метр-нефело́метр *м.* colorimeter-nephelometer
колори́ст *м.* **1.** *текст.* colour stylist **2.** *полигр.* colour matcher
колористи́ческая *ж.* *полигр.* ink room
ко́лор-эксце́сс *м.* excess colour, colour excess
колосни́к *м.* (*то́пки*) fire [grate] bar
колосоподбо́рщик *м.* ear retriever
колосоподъёмник *м.* crop pick-up, crop lifter
коло́ша *ж.* *мет.* burden, charge
до́менная ~ blast-furnace burden
до́менная, заду́вочная ~ blow(ing)-in burden
ко́ксовая ~ coke burden, coke charge
ру́дная ~ ore charge
то́пливная ~ fuel bed
холоста́я ~ (*в вагранке*) bed charge
чугу́нная ~ iron charge

колошни́к *м.* furnace top
колпа́к *м.* cap
~ анте́нны, обтека́емый blister
~ анте́нны, радиопрозра́чный radome
ветрово́й ~ (*дымовой трубы*) wind cap
вытяжно́й ~ exhaust [vent] hood
дымово́й ~ chimney cap, chimney top
защи́тный ~ (*напр. для ацетиленового баллона*) protector cap
парово́й ~ steam dome, steam header
~ поршнево́го насо́са, возду́шный air [pulsation dampener] chamber
предохрани́тельный ~ protecting [protective, shield] cap
~ пружи́ны spring cap
пылезащи́тный ~ dust cap
~ свети́льника globe
~ ступи́цы колеса́ hub cap
сухопа́рный ~ *стр.* steam dome

колпачо́к *м.* cap
~ авторучки cap
ано́дный ~ (*радиолампы*) *англ.* anode cap; *амер.* plate cap
~ ве́нтиля (*ка́меры или шины*) valve (dust) cap
нави́нчивающийся ~ (*напр. для аптекарских флаконов*) screw cap
пылезащи́тный ~ dust (protecting) cap
~ распы́ливающего наконе́чника nozzle cap
~ ректификацио́нной коло́нны tray cap
стекля́нный ~ (*для лабораторного оборудования*) bell jar

колу́н *м.* *лес.* wood cleave, splitting axe, wood chopper
механи́ческий ~ power cleaver

колчеда́н *м.* pyrite □ **выщела́чивать ~** leach the pyrite; **обжига́ть ~** roast the pyrite ore
желе́зный ~ iron pyrite
железони́келевый ~ iron-nickel pyrite
магни́тный ~ magnetic pyrite
ме́дный ~ copper pyrite
мышьяко́вый ~ arsenopyrite
рядово́й ~ run-of-the-mine pyrite
се́рный ~ iron pyrite
флотацио́нный ~ flotation pyrite

ко́лышек *м.* peg, picket
нивели́рный ~ levelling peg
разби́вочный ~ stake-out [stake-off] peg

ко́лышка *ж.* (*вид узла в тросе или канате*) kink
кольмата́ж *м.* **1.** (*вмыв илистых или глинистых частиц в поры грунта для уменьшения его фильтрации*) mud grouting, mud injection **2.** (*осаждение взвешенных частиц*) sedimentation
кольпомикроско́п *м.* *мед.* colpomicroscope
кольцева́ние *с.* **1.** (*топливной системы на самолёте*) cross-feeding **2.** (*ствола дерева*) ringing, notching, girdling **3.** (*птиц*) banding
кольцева́ть *гл.* **1.** (*сигары*) band **2.** (*ствол дерева*) ring, notch, girdle **3.** (*птиц*) band
кольцо́ *с.* ring
азимута́льное ~ *геод.*, *топ.* bearing circle, azimuth dial
аромати́ческое ~ aromatic ring
банда́жное ~ (*колеса*) tread ring
бензо́льное ~ benzene ring
бортово́е ~ (*шины*) bead ring
вихрево́е ~ *аргд.* vortex ring, vortex loop
водосбо́рное ~ water collecting ring, water catcher
воздухораспредели́тельное ~ (*доменной печи*) bustle [blast] pipe
вытяжно́е ~ (*парашюта*) D-[pull] ring
годи́чное ~ *лес.* annual [growth] ring, annual zone
грязево́е ~ *ж.-д.* mud ring
~ да́льности *рлк.* range ring
~ дислока́ций dislocation ring
дистанцио́нное ~ spacer ring
дифракцио́нное ~ diffraction ring
~ жёсткости *рез.* reinforcing [stiffening] ring
замко́вое ~ lock ring
замыка́ющее ~ end ring
защи́тное ~ guard ring
интерференцио́нное ~ Newton [interference] ring
~ карда́нной подве́ски (*напр. гироскопа*) gimbal
~ колле́ктора, стяжно́е (commutator) V-ring
колле́кторное ~ (*токосъёмное*) collector ring
коммутати́вное ~ *мат.* commutative ring

кольцо́

компенсацио́нное ~ (*компенсатор износа*) wearing ring
конта́ктное ~ *эл.* slip-ring
короткозамыка́ющее ~ (*асинхронного двигателя с ротором типа «беличья клетка»*) end ring
~ ко́уша eye ring
лабири́нтное ~ (*лабиринтного уплотнения*) labyrinth packing ring
~ наво́дки *кфт.* focusing ring, focusing collar
~ о́бода колеса́ rim ring
~ о́бода колеса́, декорати́вное rim embellisher
~ обса́дной трубы́, башма́чное casing shoe
окуля́рное ~ eye-piece [ocular] collar
опо́рное ~ (*доменной печи*) mantle ring
охра́нное ~ guard ring
~ подши́пника каче́ния race
~ подши́пника каче́ния, вну́треннее inner race; (*конического подшипника*) bearing cone
~ подши́пника каче́ния, нару́жное outer race; (*конического подшипника*) bearing cup
~ подши́пника каче́ния, сепара́торное cage
~ подши́пника, сма́зочное slinger [oil] ring
подъёмное ~ (*рым*) lifting ring
поршнево́е ~ piston ring □ **поршнево́е ~ выда́вливается из кана́вки** the piston ring is pressed out of its groove; **поршнево́е ~ закоксо́вано** the piston ring is gummed up; **поршнево́е ~ застрева́ет в кана́вке** the piston ring is locked in its groove; **поршнево́е ~ пло́тно прилега́ет к сте́нкам кана́вки** the piston ring fits truly against the sides of the groove; **поршнево́е ~ пригора́ет** (*напр. в результате коксования масла*) the piston ring sticks (*e. g., due to carbonized oil*); **поршнево́е ~ прираба́тывается** the piston ring seats in; **ста́вить поршнево́е ~ в кана́вку с натя́гом** a piston ring should be (made) a close fit in its groove
поршнево́е, компрессио́нное ~ compression piston ring
поршнево́е, маслоотража́тельное ~ oil catch piston ring
поршнево́е, маслосбра́сывающее ~ oil-control [oil scraper] piston ring
поршнево́е, маслосъёмное ~ oil-control [oil scraper] piston ring □ **маслосъёмное поршнево́е ~ снима́ет изли́шек ма́сла со сте́нок цили́ндра** an oil-control (piston) ring scrapes off excess oil from the cylinder walls
поршнево́е, маслоуде́рживающее ~ oil-retaining ring
предохрани́тельное ~ guard ring; (*на ручке инструмента*) ferrule
промежу́точное ~ *кфт.* (lens) extension tube

кольцо́

проста́вочное ~ ring spacer, distance ring
проте́кторное ~ (*шины*) tread ring
размо́льное ~ race
разрезно́е ~ split ring
распо́рное ~ distance [spacer] ring
~ Ра́шига Rashig ring
~ са́льника gland [packing] ring
~ сво́да пе́чи roof ring
соплово́е ~ thrust ring
сто́порное ~ retaining ring
сто́порное ~ поршнево́го па́льца piston pin lock ring
стяжно́е ~ clamping ring
стяжно́е ~ горя́чей поса́дки shrink ring
токосъёмное ~ collector ring, slip-ring
уплотни́тельное ~ packing [seal] ring
упо́рное ~ thrust ring
устано́вочное ~ locating [setting] ring
~ Фабри́ — Перо́, интерференцио́нное Fabry-Perot ring
фази́рующее ~ phasing ring
фу́рменное ~ (*доменной печи*) tuyere belt
ца́пфенное ~ (*напр. бессемеровского конвертера*) trunnion belt
центри́рующее ~ centering ring
швартóвочное ~ *ав.* tie-down ring
шпацио́нное ~ *полигр.* space ring

кольцо́-ска́т *с.* **подбо́рщика** *с.-х.* tine guard, stripper band, finger cover

коля́ска *ж.* (*мотоцикла*) side-car

ко́ма *ж. опт.* coma

кома́нд/а *ж.* **1.** *вчт.* (*преим., но не обязательно*) 1. (*для отдельного шага*) command 2. (*для решения из нескольких шагов*) instruction □ **видоизменя́ть ~у** modify an instruction; **выбира́ть ~у** (*из программы*) fetch an instruction (*from a program*); **выбира́ть ~у (из па́мяти) на, напр. реги́стр кома́нд** fetch an instruction (from memory and place it) in, *e. g.*, the instruction register; **~ы выбира́ются (для исполне́ния) в той после́довательности, в кото́рой они нахо́дятся в ЗУ** instructions are executed in the sequence they are stored in memory cells; **~ выполня́ется за оди́н маши́нный цикл [такт]** the instruction is executable in one machine phase; **выполня́ть ~у** execute an instruction; **задава́ть ~у с по́мощью ...** specify an instruction by ...; **~ы мо́гут объединя́ться в многооперацио́нные** instructions are combinable to form a multiple instruction; **~ на** (*напр. включение, выравнивание и т. п.*) command to (*e. g., start, flare, etc.*); **опознава́ть ~у** recognize an instruction; **переходи́ть к выполне́нию очередно́й ~ы** proceed to [take] the next instruction in sequence; **по ~е** in response to a command, under a command, by a command, a command causes (*something to do or to be done*) *пример*: **проце́сс счи́тывания начина́ется по ~е с ЭВМ** the process of reading is initiated by an instruction from the computer; **пропусти́ть ~у** skip an instruction; **трактова́ть ~у** treat [interpret] an instruction as ...; **~ тре́бует ... мкс для своего́ выполне́ния** the instruction is executable in ... µs **2.** (*группа людей*) crew, gang, party **авари́йная ~** crash crew, break-down gang; *мор.* damage control party

кома́нд/а

авари́йная, аэродро́мная ~ crash crew
беза́дресная ~ zero-adress instruction
~ безусло́вного перехо́да unconditional transfer [jump] instruction
~ блокиро́вки ignore [disable] instruction
~ ветвле́ния branch instruction
~ возвра́та return instruction
~ вы́хода exit instruction
горноспаса́тельная ~ mine rescue crew, mine rescue party
~ избира́ния select command
~ исполне́ния operate command
~ контро́льного перехо́да break-point instruction
ло́жная ~ false [spurious] command
маши́нная ~ computer [machine] instruction
многоа́дресная ~ multiaddress [multiple-address] instruction
~ назе́много техни́ческого обслу́живания ground crew
неве́рная ~ illegal instruction
неразрешённая ~ illegal instruction
~ обме́на (информа́цией) exchange instruction
~ обраще́ния к носи́телю на бараба́не drum (reference) instruction
~ обраще́ния к носи́телю на ле́нте tape (reference) instruction
~ обраще́ния к па́мяти memory reference instruction
~ обраще́ния к реги́стру register reference instruction
~ обслу́живания, аэродро́мная airfield servicing crew
одноа́дресная ~ single-address instruction
~ переда́чи управле́ния (control) transfer [transfer-of-control] instruction
~ переполне́ния overflow instruction
~ перехо́да transfer [jump] instruction
~ перехо́да при невыполне́нии усло́вия "jump if NOT" ["jump on NOT"] instruction
~ перехо́да при переполне́нии "jump on overflow" instruction

кома́нд/а
~ про́пуска (*напр. одной или нескольких команд*) skip instruction
ремо́нтная ~ repair gang
~ сдви́га shift instruction
~ сортиро́вки sort instruction
~ сравне́ния compare instruction
станда́ртная ~ standard instruction
теку́щая ~ current instruction
~ телеуправле́ния telecontrol command
~ управле́ния control instruction
~ управле́ния опера́цией вво́да — вы́вода input-output [I/O] instruction
~ усло́вного перехо́да conditional transfer [branch] instruction
холоста́я ~ dummy instruction
цикли́ческая ~ loop instruction
команди́р *м.*:
~ возду́шного корабля́ aircraft commander
~ экипа́жа crew commander
кома́ндо-аппара́т *м.* master controller
комба́йн *м.* combine (harvester)
безмото́рный ~ pto-driven combine (harvester)
бетони́рующий ~ *стр.* concrete placing plant, concrete placing combine
Г-обра́зный ~ side-cutting combine (harvester)
го́рный ~ cutter-loader, (continuous) miner
го́рный ~ двусторо́ннего де́йствия double-ended [bidirectional] cutter-loader
го́рный, прохо́дческий ~ heading machine, road header, tunnelling machine, tunnel borer
го́рный, узкозахва́тный ~ narrow-cut cutter-loader
железнодоро́жный путево́й ~ track-laying machine
зерноубо́рочный ~ grain combine (harvester)
картофелеубо́рочный ~ potato combine (harvester)
коноплеубо́рочный ~ hemp harvester
косого́рный ~ hillside combine (harvester)
кукурузоубо́рочный ~ *англ.* maize combine (harvester); *амер.* corn combine
ку́хонный ~ kitchen machine
навесно́й ~ tractor-mounted combine (harvester)
навесно́й ~ с трёхто́чечным крепле́нием three-point mounted combine (harvester)
~ на гу́сеничном ходу́ track(-mounted) [crawler] combine
~ на полугу́сеничном ходу́ half-track combine (harvester)
полунавесно́й ~ semi-mounted combine (harvester)
полунавесно́й ~ с веду́щими колёсами semi-self-propelled combine (harvester)

комба́йн
прицепно́й ~ pull-type [tractor-drawn) combine (harvester)
прямото́чный ~ straight-through [in-line] combine (harvester)
равни́нный ~ level-land combine (harvester)
самохо́дный ~ self-propelled combine (harvester)
~ с боково́й жа́ткой offset-header combine (harvester)
~ с бу́нкером tanker-type combine (harvester)
свеклоубо́рочный ~ beet harvester
силосоубо́рочный ~ harvester-shredder, field forage chopper, silage combine
~ с подбо́рщиком pick-up combine (harvester)
у́гольный ~ coal cutter-loader, coal miner, coal shearer (*см. тж.* **го́рный комба́йн**)
хлопкоубо́рочный ~ cotton combine (harvester)
широкозахва́тный ~ wide-cut combine (harvester)
комбико́рм *м.* animal (formula) feed □ **приготовля́ть ~** manufacture formula feed
комбина́т *м.* integrated works
~ бытово́го обслу́живания service centre
домострои́тельный ~ integrated house-[home-] building factory
металлурги́ческий ~ (*чёрной металлургии*) integrated iron-and-steel works
промы́шленный ~ integrated industrial plant
хи́мико-металлурги́ческий ~ по произво́дству ме́ди и се́рной кислоты́ integrated copper smelter and sulphuric acid plant
целлюло́зно-бума́жный ~ integrated pulp-and-paper mill
комбина́тор *м. тлф.* combiner
комбинато́рика *ж.* combinatorics, combinatorial analysis, combinatorial mathematics, theory of combinations
комбина́ци/я *ж.* combination
~ вака́нсия — междоу́злие interstitial-vacancy pair
группова́я защи́тная ~ block total
~ забо́я *свз.* erasure character
ко́довая ~ code combination □ **развёртывать ко́довую ~ю во вре́мени** convert the (parallel representation of a) code group [code combination] into a time sequential group
ко́довая, запрещённая ~ forbidden [illegal, invalid] (code) combination
ко́довая ~ «Кто там?» Who Are You [WRU] signal, Who Are You [WRU] function
ко́довая ~ перево́да реги́стра case-shift character
ко́довая, реги́стровая ~ case-shift function signal, case-shift code group

комбина́ци/я
ко́довая, служе́бная ~ function character, (printer) manipulating [machine] function
ко́довая, управля́ющая ~ control combination
ко́довая, функциона́льная ~ function character
~ прибо́ров instrument cluster
комбинезо́н *м.* overalls
комбини́ровать *гл.* combine
ко́мель *м.*:
~ де́рева butt (end)
~ ло́пасти винта́ *ав* blade root, blade shank
~ сва́и pile butt
коме́та *ж.* comet
кометоиска́тель *м.* comet seeker, comet finder
ко́мингс *м. мор.* coaming
~ две́ри door sill
~ лю́ка hatch coaming
комкодроби́тель *м.* clod breaker, clod crusher
комколома́тель *м.* (*для обработки чайного листа*) roll breaker
коммуника́ци/и *мн. ж.* (service) lines □ **дава́ть разби́вку ~й** map [show the lay-out of] the services; **прокла́дывать ~и** lay [run] the (service) lines [the services]
коммутати́вност/ь *ж.* commutativity □ **облада́ть (сво́йством) ~и** be commutative; **не облада́ть ~ью** be non-commutative; **подчиня́ться (зако́ну) ~и** be commutative, obey the commutative law
коммута́тор *м.* **1.** (*переключатель, распределитель*) commutator, switch **2.** *тлф., тлг.* switchboard; switching centre □ **обслу́живать ~** operate [attend to] a switchboard
анте́нный ~ antenna switch
батаре́йный ~ end-cell switch
бесконта́ктный ~ static [solid-state] switch, static [solid-state] commutator
~ в электропри́воде, управля́емый controlled-rectifier [thyristor] commutator
~ заме́дленных соедине́ний *тлф.* delay position, delay desk
~ опера́ций *вчт.* operations commutator
~ регистра́тора произво́дства, входно́й scanner □ **входно́й ~ регистра́тора произво́дства периоди́чески опра́шивает да́тчики измеря́емых величи́н** the scanner samples the measured quantities in a repetitive manner
~ регистра́тора произво́дства, выходно́й distributor
~ систе́мы переда́чи да́нных, входно́й scanner
~ систе́мы переда́чи да́нных, выходно́й distributor
~ с ме́стным по́лем *тлф.* simple switchboard

коммута́тор
телеметри́ческий ~ telemetry commutator
телефо́нный ~ telephone switchboard
телефо́нный ~ без многокра́тного по́ля nonmultiple switchboard
телефо́нный, бесшнурово́й ~ cordless switchboard
телефо́нный ~ вну́тренней свя́зи intercom(munication) switchboard
телефо́нный ~ входя́щей свя́зи incoming (trunk) position
телефо́нный ~ исходя́щей свя́зи outgoing position
телефо́нный, ключево́й ~ key box, keyboard
телефо́нный, междугоро́дный ~ long-distance switchboard, toll board
телефо́нный, переда́точный ~ transfer board
телефо́нный, ручно́й ~ manual switchboard; attendant cabinet
телефо́нный ~ систе́мы ме́стной батаре́и local-battery switchboard
~ транзи́тных соедине́ний *тлф.* through position, through desk
электромехани́ческий ~ mechanical commutator
электроннолучево́й ~ beam-switching tube
электро́нный ~ electronic commutator
элеме́нтный ~ (*аккумулятора*) cell switch
коммута́ци/я *ж.* **1.** (*в электрических машинах*) commutation **2.** (*цепей, каналов*) switching **3.** (*явление, сопровождающее работу переключающих устройств*) switching action □ **перехо́дные шу́мы вызыва́ются ~ей** transient noise is due to the switching action
автомати́ческая ~ dial switching
бездугова́я ~ arcless commutation
бесконта́ктная ~ static [solid-state] commutation
~ да́нных data switching
~ кана́лов channel [circuit] switching
ко́довая ~ code switching
~ соедине́ний switching □ **(проце́сс) ~и соедине́ния начина́ется абоне́нтом** a telephone user originates the switching action
~ сообще́ний message switching □ **~ сообще́ний состои́т в том, что прямо́го соедине́ния ме́жду абоне́нтами не устана́вливается** with message switching, no direct circuit is completed from sender to receiver
~ цепе́й circuit [line] switching □ **~ цепе́й состои́т в том, что соедине́ние ме́жду абоне́нтами устана́вливается в моме́нт переда́чи** with circuit [line] switching a circuit from sender to receiver is completed at the time of transmission
коммути́рование *с. мат.* commutation
коммути́р/овать *гл.* **1.** (*в электрических машинах*) commutate **2.** (*цепи, каналы*) switch **3.** (*подключать, подсоединять*) *жарг.* carry to, terminate at [in] □ **уравни́тель генера́тора закоммути́рован на распредели́тельный щит** the generator equalizer is carried to a switchboard **4.** (*логические схемы, селекторы и т. п.*) gate □ **схе́ма совпаде́ния ~уется положи́тельным и́мпульсом по пенто́дной се́тке** the coincidence circuit is gated by a positive pulse applied to the suppression grid
комо́д *м.*, **шла́ковый** *тепл.* ash pit
комо́к *м.* lump, clot
компа́кт *м. мат.* compact
компа́кт-кассе́та *ж.* casette
компа́ктность *ж.* compactness
компа́ктный *прил.* compact □ **~ в себе́** *мат.* absolutely compact
компа́ктор *м.* compactor
компа́ния *ж.*, **авиатра́нспортная** airline, air carrier
компанова́ть *гл.* arrange, lay out, put together
компараско́п *м. мед.* comparascope
компара́тор *м.* **1.** comparator, comparison circuit □ **~ выдаёт сигна́л в слу́чае совпаде́ния *или* несовпаде́ния сра́вниваемых величи́н** the comparator supplies an indication of agreement *or* disagreement; **~ сра́внивает две величи́ны** the comparator matches two quantities (*to discover agreement or disagreement*) **2.** *геод.* comparator, comparison [control, standard] base
компари́рование *с. геод.* calibration, comparison, standardization
~ аэрофотока́меры camera calibration
полево́е ~ field comparison
ко́мпас *м.* compass □ **выверя́ть ~** align the compass initially; **... гра́дусов по ~у ...** degrees on the compass; **корректи́ровать ~** correct [adjust] the compass; **по ~у** by (the) compass *пример*: **брать пе́ленг по ~у** take [observe] bearing by (the) compass; **~ пока́зывает на се́вер** the compass points to the North pole, the compass seeks North; **приводи́ть ~ в меридиа́н** cause the compass to lie in the (magnetic) meridian, align the compass to the meridian; **уничтожа́ть девиа́цию ~а** compensate the compass; **~ успока́ивается** the compass settles down
а́зимутный ~ azimuth compass
астрономи́ческий ~ astrocompass
гидроиндукцио́нный ~ gyro-stabilized earth-inductor [gyro-stabilized flux-valve] compass (Gyro Flux Gate Compass — *фирм. название*)
гиромагни́тный ~ gyro-magnetic compass □ **(гиромагни́тный) ~ рабо́тает в режи́ме гироа́зимута [ГА]** the gyromagnetic compass operates [is operated] in the free-gyro mode; **(гиромагни́тный) ~ рабо́тает в режи́ме ГМК** the gyromagnetic compass is operated in the magnetic slave mode
ко́мпас
гироскопи́ческий ~ gyro compass □ **гироскопи́ческий ~ измеря́ет курс относи́тельно географи́ческого меридиа́на** a gyro compass measures directions according to the geographic [true] meridian; **корректи́ровать гироскопи́ческий ~ с по́мощью си́лы тя́жести** (*относительно поверхности земли*) control a gyro compass by gravity
го́рный ~ miner's [surveyor's] compass
дистанцио́нный ~ *англ.* transmitting compass; *амер.* distant-reading compass
индукцио́нный ~ earth-inductor [flux valve] compass
магни́тный ~ magnetic compass
магнитострикцио́нный ~ magnetostrictive compass
путево́й ~ steering compass
со́лнечный ~ sun [solar] compass
судово́й ~ mariner's compass
ко́мпас-этало́н *м.*, **назе́мный** landing compass
компа́унд *м.* compound □ **залива́ть ~ом** encapsulate [pot] in a compound; **заполня́ть ~ом** fill with a compound; **пропи́тывать ~ом** impregnate with a compound
герметизи́рующий ~ (*для сухих батарей, трансформаторов и т. п.*) sealing compound
зали́вочный ~ (*для герметизации схемных элементов в корпусе*) potting compound
полиме́рные ~ы polymeric compounds
пропи́точный ~ impregnating compound
уплотня́ющий ~ sealing compound
электроизоляцио́нный ~ electrical compound
компаунди́рование *с.* (*электрических машин*) compound excitation; (*применение литой изоляции*) compound-impregnation; compound-filling; compound-potting
компе́ндиум *м. кфт.* effect [matte] box, special-effect device
компенса́тор *м.* compensator
аэродинами́ческий, весово́й ~ aerodynamic mass balance
аэродинами́ческий, рогово́й ~ horn balance
~ дальноме́ра, вы́верочный internal adjustment compensator
~ затуха́ния attenuation equalizer
измери́тельный ~ potentiometer
измери́тельный, автомати́ческий ~ self-balancing [automatic] potentiometer
измери́тельный, самопи́шущий ~ recording potentiometer, potentiometric recorder

компенсáтор
~ износа (*сменная деталь, напр. в дробилках*) wearing piece
~ микроскóпа accessory plate
~ на лúнии задéржки delay line equalizer
~ объёма pressurizer, volume compensator
оптúческий ~ optical compensator
~ сдвúга фаз phase compensator, phase corrector
синхрóнный ~ synchronous condenser
трýбный ~ (*стык*) expansion joint; (*петля, колено*) expansion loop
трýбный, кольцевóй ~ circle bend
трýбный, лирообрáзный ~ lyre loop
трýбный, П-обрáзный ~ expansion U-bend
трýбный, сильфóнный ~ bellows [corrugated] expansion joint
трýбный, температýрный ~ expansion bend
~ удлинéния шин expansion compensator
электрóнный ~ electronic potentiometer
электрóнный, покáзывающий ~ potentiometric indicator, indicating potentiometer
электрóнный, регистрúрующий ~ potentiometric recorder, recording potentiometer
электрóнный, регулúрующий ~ potentiometric controller
компенсáция *ж.* compensation
~ астигматúзма astigmatism control, astigmatism correction
аэродинамúческая ~ (aerodynamic) balance
барометрúческая ~ barometric(al) compensation
~ внýтренней обрáтной свя́зи (*в транзисторных схемах*) unilateralization
~ гироскóпа по скóрости ухóда вслéдствие сýточного вращéния Землú earth rate torquing
~ гироскóпа по ухóду вслéдствие сýточного вращéния Землú earth torquing
~ заря́да charge neutralization
~ опережéнием по фáзе phase lead compensation
~ погрéшности error reduction
прúмесная ~ impurity [doping] compensation
~ простра́нственного заря́да space-charge neutralization
~ проявúтеля *кфт.* developer regeneration, developer replenishment
~ реактúвной мóщности reactive power compensation
~ сдвúга фаз inductive drop compensation, power factor correction
~ (я́ркости) цвéта colour [tone] compensation
компенсúрование *с. см.* **компенсáция**
компенсúр/овать *гл.* compensate, balance; equalize, neutralize □ **напряжéние рассогласовáния ~уется нормáльным элемéнтом** the error voltage is balanced (out) with [by] a standard Weston cell
компилúрование *с. вчт.* compilation, compiling
компиля́тор *м. вчт.* compiler (program), compiling program
однопрохóдный ~ single-pass compiler
ко(м)планáрный *прил.* coplanar
кóмплекс *м.* **1.** *хим., мат.* complex **2.** (*совокупность производственных зданий и т. п.*) complex; system; scheme
активúрованный ~ *хим.* activated [active] complex
аппарáтно-студúйный ~ [**АСК**] TV studio complex
безразмéрный ~ (*в теории подобия*) dimensionless group, dimensionless number
водохозя́йственный ~ water utilization system, water utilization scheme
вы́емочный механизúрованный ~ powered mining complex, powered mining set
испытáтельный ~ (*напр. комплекс стендов для различных видов испытаний*) test complex
~ рабóт work package
комплексúрование *с.* **ЭВМ** multi-computer organization, multi-computer operation
комплексонометрúя *ж.* chelatometry
комплéкт *м.* (complete) set □ **в ~е** as a unit *пример*: **селекциóнные линéйки снимáются в ~е** the code rings should be removed as a unit; **в ~е с ...** complete with ...
абонéнтский ~ subscriber's line equipment
аварúйно-спасáтельный ~ *ав.* survival pack
антéнный ~ antenna assembly
~ валкóв *прок.* roll set-up
~ запчастéй kit of spares
~ инструмéнтов tool kit, tool set; (*в перечнях, таблицах и т. п.*) assorted tools
~ канáлов, укрупнённый *инф.* superset of channels
~ ламп, рабóчий (запаснóй) *рад.* working (spare) tube complement
линéйный ~ terminal line equipment; *тлф.* line switch
монтáжный ~ installation kit
оконéчный ~ terminal set
~ пружúн (*реле*) spring pile-up, spring assembly, spring set
ремóнтный ~ (*напр. двигателя, тормозной системы и т. п.*) maintenance [repair] kit
~ шрúфта (type) fount
я́щичный ~ *лес.* box shook; top, bottom and sides
комплектáци/я *ж.* **1.** (*совокупность оборудования, частей и т. п., составляющих полную установку, производство и т. п.*) complete plant, complete equipment, complete set, *etc.* □ **провéрить ~ю радиостáнции** check the radio set for completeness [for missing items] **2.** (*обеспечение оборудованием, частями и т. п., составляющими полную установку, производство и т. п.*) delivery [supply] as a complete plant, complete equipment, complete set, *etc.*
комплéктность *ж. см.* **комплектáция 1.**
комплектовáние *с. см.* **комплектáция 2.**
комплект/овáть *гл.* (*включать одно изделие в состав другого*) furnish [supply] a product as part of another □ **~ запчастя́ми** stock (with) *пример*: **кáждый двúгатель ~ýется запасны́м я́корем** each motor is stocked with a spare armature, a spare armature is stocked for each motor; **~ издéлие** build up a product; **~ людьмú** staff (*e.g., an organization*); **устрóйство А ~ýется элемéнтом Б** element B is (regularly) furnished [supplied] as part of device A, device A comes complete with element B
композúци/я *ж.* composition
~ бумáжной мáссы furnish
парфюмéрная ~ perfume compound □ **приготáвливать [составля́ть] парфюмéрную ~ю** compound a perfume
~ полосы́, асимметрúчная *полигр.* dynamic arrangement
~ полосы́, симметрúчная *полигр.* static arrangement
компонéнт *м.* component
~ вéктора component of a vector, vector component
легúрующий ~ alloying constituent
летýчий ~ volatile component
микроминиатю́рный ~ *элн.* microcomponent
печáтный ~ *элн.* printed component
~ ракéтного тóплива, горю́чий fuel (component) of a rocket propellant
~ ракéтного тóплива, окисля́ющий oxidant
~ реáкции, ключевóй limiting reactant
рýдный ~ ore constituent
~ световóго потóка, цветовóй tristimulus value (*в системе* RGB: r′, g′, b′; *в системе* CIE: x′, y′, z′)
~ смáзочного материáла, основнóй lubricant base
твердотéльный ~ solid-state circuit component
~ Фурьé Fourier's [harmonic] component
компонéнта *ж.* component (*см. тж.* **составля́ющая**)
~ единúцы component of the identity
краскообразýющая ~ *кфт.* dye-forming [colour] coupler
~ нулевóй послéдовательности фаз zero-sequence component

компонента
цветная ~ *кфт.* dye-forming [colour] coupler
компоновать *гл.* arrange, lay out, design
компоновка *ж.* arrangement, lay-out, assembly; configuration
~ **аппаратуры** packaging of equipment, packaging of apparatus
аэродинамическая ~ aerodynamic [airframe] configuration
базовая ~ base-line configuration
башенная ~ (*котла*) tower-type [up-draft] arrangement
~ **блока** *полигр.* collating
~ **гидроузла** arrangement [lay-out] of a water-power development
конструктивная ~ design arrangement
~ **по отсекам** *ав.* compartmentation
компост *м.* compost, composted fertilizer
компостер *м.* ticket punch, ticket-stamping machine
компрессия *ж.* compression
~ **в картере** crankcase compression
магнитная ~ magnetic compression
компрессометр *м.* compression gauge, compressometer
компрессор *м.* compressor
~ **большой мощности** heavy-duty compressor
водокольцевой ~ liquid-packed ring [liquid-piston] compressor
водоструйный ~ water-jet compressor
воздушный ~ air compressor
~ **высокого давления** high-pressure compressor
~ **вытеснения** positive-displacement compressor
газоструйный ~ gas-jet compressor
гидравлический ~ hydraulic air compressor
~ **двойного действия** double-acting (piston) compressor
двухступенчатый ~ double-stage compressor
кислородный ~ oxygen compressor
лопастный ~ rotary compressor
лопаточный ~ vane compressor
маломощный ~ light-duty compressor
многоступенчатый ~ multistage compressor
навесной ~ *с.-х.* mounted compressor
~ **низкого давления** low-pressure compressor
объёмный ~ positive-displacement compressor
~ **одинарного действия** single-action (piston) compressor
одноступенчатый ~ single-stage compressor
осевой ~ axial-flow compressor
пароструйный ~ steam-jet compressor, steam-jet ejector
поршневой ~ piston [reciprocating] compressor

компрессор
ротационный ~ rotary compressor
ротационный, пластинчатый ~ sliding-vane (rotary) compressor
ротационный, шиберный ~ sliding-vane (rotary) compressor
~ **с воздушным охлаждением** air-cooled compressor; *горн.* dry compressor
~ **с двусторонним входом** double-entry compressor
~ **с односторонним входом** single-entry compressor
~ **со свободно движущимся поршнем** free-piston compressor
~ **с приводом от вала отбора мощности** power take-off compressor
струйный ~ jet(-type) compressor
тронковый ~ trunk-piston compressor
холодильный ~ refrigerant compressor
центробежный ~ centrifugal compressor
компрессорная *ж.* compressor house
компромисс *м.* (*компромиссное решение*) trade-off □ **выбор средств связи сводится к** ~**у между стоимостью и надёжностью** the choice of communication equipment reduces to a trade-off of reliability against cost
компьютер *м.* (*одно из названий электронно-вычислительной машины*) computer
комфорт *м.*, **зрительный** visual comfort
конвейер *м. англ.* conveyer; *амер.* conveyor □ **использовать** ~ **на горизонтальной трассе** use [operate] a conveyer on a level [horizontal] path; **использовать** ~ **на наклонной трассе** use [operate] a conveyer on an incline; ~ **загружается** a conveyer is loaded; ~ **запускается без груза** a conveyer is started empty; ~ **может перемещать груз в одной** *или* **разных плоскостях** a conveyer may move [handle] material at the same *or* at different elevation; ~ **перемещает груз из одной точки в другую** a conveyer moves [handles] material from one point to another; ~ **разгружается** a conveyer discharges
вибрационный ~ vibrating conveyer
винтовой ~ screw [spiral] conveyer □ **винтовой** ~ **служит для перемещения пылевидных** *или* **мелкокусковых грузов** a screw [spiral] conveyer is used for pulverized *or* granular materials
выдвижной ~ *горн.* extensible conveyer
двухприводной ~ double-drive conveyer
дисковый ~ disk conveyer
~ **для насыпных грузов** bulk-load conveyer
~ **для штучных грузов** unit-load conveyer

конвейер
инерционный ~ inertia conveyer
инспекционный ~ inspection belt, inspection conveyer
канатно-ленточный ~ cable-belt conveyer
канатный ~ cable [rope] conveyer
качающийся ~ oscillating conveyer
ковшовый ~ (pivoted) bucket conveyer
ленточно-канатный ~ cable-belt conveyer
ленточно-цепной ~ chain-belt conveyer
ленточный ~ belt conveyer
ленточный ~ **с нижней рабочей ветвью** bottom-loaded belt conveyer
люлечный ~ cradle conveyer
напольный ~ floor-type conveyer
передвижной ~ mobile conveyer
переносный ~ portable conveyer
~ **периодического действия** intermittent(-action) conveyer
пластинчатый ~ apron conveyer □ **пластинчатый** ~ **всегда перемещает груз в направлении приводной станции** the apron conveyer always pulls the material towards the driving end
подвесной ~ overhead conveyer
приёмно-выводной тесёмочный ~ *полигр.* tape delivery conveyer
реверсивный ~ shuttle conveyer
роликовый ~ roller conveyer
роликовый, гравитационный ~ gravity roller conveyer
роликовый, приводной ~ powered roller conveyer
сборочный ~ assembly conveyer, assembly line
скребковый ~ flight conveyer
скребковый ~ **с погружёнными скребками** suspended-flight conveyer □ **в скребковом** ~**е с погружёнными скребками скребки перекрывают часть сечения жёлоба** in a suspended-flight conveyer, the flights are carried clear of the trough
скребковый, трубчатый ~ continuous-flow conveyer
скребковый, цепной ~ drag-chain conveyer
тележечный ~ car conveyer
фартучный ~ apron conveyer
цепной ~ chain conveyer
~ **шагающего типа** walking-beam conveyer
шахтный, бункерный ~ bunker conveyer
шахтный, забойный ~ face conveyer
шахтный, магистральный ~ trunk conveyer
штрековый ~ gate conveyer
конвектор *м.* convector
конвекция *ж.* convection
вынужденная ~ forced convection
естественная ~ free [natural] convection
принудительная ~ forced convection
свободная ~ free [natural] convection

конве́кция
теплова́я ~ thermal [heat] convection
турбуле́нтная ~ turbulent convection
конверге́нция *ж.* convergence
~ отве́сов *геод.* plummet convergence
конве́рсия *ж.* conversion
конве́ртер *м.* (*нормативный термин*) converter; (*в свободном словоупотреблении*) vessel □ **зава́ливать [класть] ~ в горизонта́льное положе́ние** tilt the converter to the horizontal position; **меня́ть футеро́вку ~а** reline the converter; **наклоня́ть ~ для вы́пуска проду́того мета́лла** tilt the converter for pouring the blown metal; **наклоня́ть ~ для приёма чугуна́** tilt the converter for charging hot metal; **переводи́ть ~ в вертика́льное положе́ние** rack [right] the converter [vessel] to the vertical position; **рабо́тать на сме́нных ~ах** alternate the converters (in operation); **футерова́ть ~** line the converter
бессеме́ровский ~ acid Bessemer converter
бессеме́ровский, ма́лый ~ side-blown (Bessemer) converter
враща́ющийся ~ rotary converter
~ для проду́вки ме́дных штейно́в copper-matte converter
~ для проду́вки ни́келевого штейна nickel-matte converter
кислоро́дный ~ oxygen steel-making converter, basic oxygen furnace
кислоро́дный ~ Кал-До Kaldo vessel
медеплави́льный ~ copper converter
парокислоро́дный ~ steam oxygen [VLN] converter
~ с ве́рхним дутьём top-blown converter
~ с ди́насовой футеро́вкой silica-lined vessel
~ с ки́слой футеро́вкой silica brick-lined converter, acid-lined vessel
~ с ни́жним дутьём bottom-blown converter
~ с основно́й футеро́вкой basic converter
тома́совский ~ acid Bessemer converter
конве́ртер-реа́ктор *м. яд. физ.* converter reactor
конверти́рование *с.* bessemerizing, converting
конвертопла́н *м.* convertiplane
конгломера́т *м.* conglomerate
золотоно́сный ~ gold-bearing conglomerate
конденса́т *м.* condensate □ **возвраща́ть ~** (*в систему*) recycle [return] the condensate; **~ зама́сливается** the condensate picks up oil [is oiled]; **обессо́ливать ~** polish the condensate; **очища́ть ~ от соле́й** polish the condensate
конденса́т
основно́й ~ turbine [full-flow] condensate
~ основны́х эже́кторов steam-jet condensate
~ охлади́телей вы́пара vapour condensate
промы́шленный ~ industrial condensate
технологи́ческий ~ process condensate
турби́нный ~ turbine condensate
уплотни́тельный ~ gland steam condensate
конденсатотво́дчик *м.* steam trap
поплавко́вый ~ float steam trap
соплово́й ~ nozzle steam trap
термостати́ческий ~ thermostatic steam trap
конденса́тор *м.* **1.** *хим., тепл.* condenser **2.** *эл.* capacitor □ **~ блоки́рует прохожде́ние постоя́нного то́ка** a capacitor blocks the passage of direct current; **герметизи́ровать ~** encapsulate a capacitor; **~ заряжа́ется** a capacitor charges; **опрессо́вывать ~** mould a capacitor; **получа́ть ~ ме́тодом напыле́ния** evaporate a capacitor; **~ пробива́ет** a capacitor breaks down [is punctured]; **~ разделя́ет це́пи с ра́зными часто́тами** a capacitor decouples [isolates] circuits operating at different frequencies; **~ разряжа́ется** a capacitor discharges; **~ слу́жит для накопле́ния электри́ческой эне́ргии** a capacitor stores electrical energy; **~ шунти́рует рези́стор по высо́кой частоте́** a capacitor by-passes r.f. around a resistor
аммиа́чный ~ ammonia condenser
барометри́ческий ~ barometric condenser
блокиро́вочный ~ by-pass capacitor
боково́й ~ side-entry [side-inlet] condenser
бума́жный ~ paper capacitor
ва́куумный ~ vacuum capacitor
~ возду́шного охлажде́ния air-cooled condenser
возду́шный ~ air capacitor
~ вольтодоба́вки *тлв.* boost capacitor
выра́внивающий ~ roll-off capacitor
высоково́льтный ~ high-voltage capacitor
~ высо́кого у́ровня high-level condenser
газонапо́лненный ~ gas-filled capacitor
двухко́рпусный ~ twin condenser
двухпото́чный ~ two-flow condenser
двухтру́бный ~ (*«труба в трубе»*) double-pipe condenser
двухходово́й ~ two-pass condenser
дифференциа́льный ~ differential capacitor
конденса́тор
диффузио́нный ~ diffused capacitor
заря́дный ~ charging capacitor
защи́тный ~ protective capacitor
измери́тельный ~ instrument capacitor
и́мпульсный ~ pulse capacitor
~ интегра́льной схе́мы integrated-circuit [IC] capacitor
интегра́льный ~ integrated capacitor
интегри́рующий ~ integrating capacitor
ио́нный ~ gas-filled capacitor
искрогаси́тельный ~ spark-quench capacitor
испари́тельный ~ evaporative condenser
квадрупо́льный ~ quadrupole condenser
керами́ческий ~ ceramic capacitor
керами́ческий, высокочасто́тный ~ r. f. ceramic capacitor
керами́ческий, низкочасто́тный ~ a. f. ceramic capacitor
кожухотру́бный ~ shell-and-tube condenser
~ колеба́тельного ко́нтура tuned-circuit capacitor
~ колеба́тельного ко́нтура, выходно́го tank capacitor
конта́ктный ~ direct-contact condenser
кре́мниевый ~ silicon capacitor, varactor
логарифми́ческий ~ logarithmic capacitor
ма́сляный ~ oil(-filled) capacitor
металлобума́жный ~ metallized paper capacitor
мета́лл-о́кисел - полупроводнико́вый [МОП] ~ metal oxide semiconductor [MOS] capacitor
микроминиатю́рный ~ microcapacitor
~ микросхе́мы microcapacitor
многоходово́й ~ multipass condenser
накопи́тельный ~ reservoir capacitor
~ на осно́ве поликарбона́тной плёнки polycarbonate capacitor
настро́ечный ~ tuning capacitor
нейтроди́нный ~ neutralizing capacitor
нелине́йный ~ non-linear capacitor
нерегенерати́вный ~ non-regenerative condenser
~ ни́зкого у́ровня low-level condenser
~ обра́тной свя́зи feedback capacitor
однопото́чный ~ single-flow condenser
одноходово́й ~ single-pass condenser
ороси́тельный ~ reflux condenser
~ па́мяти *вчт.* memory capacitor
~ переме́нной ёмкости variable capacitor

конденсатор
переходный ~ interstage capacitor
печатный ~ printed capacitor
плёночный ~ film-type condenser
плёночный, полистирольный ~ metallized polystyrene capacitor
плоский ~ flat [parallel-plate, plane] capacitor
поверхностный ~ surface condenser
погружной ~ shell-and-coil condenser
~, подбираемый при регулировке alignment [aligning] capacitor
подстроечный ~ (*параллельный*) trimmer (capacitor); (*последовательный*) padder
полный ~ (total) condenser
полупеременный ~ adjustable capacitor
помехоподавляющий ~ *авто* interference suppression capacitor
~ постоянной ёмкости fixed capacitor
предварительный ~ precondenser
промежуточный ~ intercondenser
противоточный ~ counter-current condenser
проходной ~ feed-through capacitor
прямоточный ~ parallel-current [co-current] condenser
пусковой ~ starting capacitor
развязывающий ~ decoupling capacitor
разделительный ~ **(по постоянному току)** (d. c.) blocking capacitor
~ растяжки диапазона band-spreading capacitor
регенеративный ~ regenerative condenser
самопроточный ~ scoop condenser
светочувствительный ~ light-sensitive capacitor
~ связи coupling condenser
~ связи (по переменному току) (a. c.) coupling capacitor
сегнетоэлектрический ~ ferroelectric capacitor
силовой ~ power capacitor
слюдяной ~ mica capacitor
~ смешения direct-contact condenser
сопрягающий ~ tracking capacitor
~ со структурой металл-нитрид-кремний metal-nitride-silicon capacitor
~ с разбрызгиванием, цинковый splash condenser
танталовый ~ tantalum capacitor
телефонный ~ telephone capacitor
толстоплёночный ~ thick-film capacitor
тонкоплёночный ~ thin-film capacitor
укорачивающий ~ (*в антенне*) loading capacitor
фазосдвигающий ~ phase-shifting capacitor
цилиндрический ~ tubular capacitor
эжекторный ~ ejector-jet condenser

конденсатор
электролитический ~ electrolytic capacitor
электролитический, жидкостный ~ wet electrolytic capacitor
электролитический, поляризованный ~ polarized electrolytic capacitor
электролитический, сухой ~ dry electrolytic capacitor
электролитический, фольговый ~ foil-type electrolytic capacitor
конденсатосборник *м.* hot well
конденсация *ж.* condensation
вакуумная ~ vacuum condensation
~ влаги moisture condensation
капельная ~ dropwise [rain-like] condensation
капиллярная ~ capillary condensation
~ на ионах ion condensation
начальная ~ initial [cylinder] condensation
~ на ядрах nuclear condensation
~ пара (*водяного*) steam condensation; (*паровой фазы*) vapour condensation
плёночная ~ film-type condensation
~ смешением direct-contact condensation
фракционная ~ fractional condensation
частичная ~ partial condensation
конденсировать(ся) *гл.* condense
конденсор *м.* (optical) condenser
~ микроскопа substage condenser
трёхлинзовый ~ triple [three-element] condenser
кондиционер *м.* air conditioner
автономный ~ self-contained [unitary] air conditioner
аэродромный ~ ground air-conditioning unit
водяной ~ water conditioner
воздушно-водяной ~ air-water conditioner
воздушный ~ air conditioner
неавтономный ~ externally supplied air conditioner
~ рабочей жидкости fluid conditioner
кондиционирование *с.* conditioning
~ бумаги paper conditioning
~ воздуха air conditioning
кондуктометр *м.* conductivity apparatus
кондуктор *м. маш.* jig □ **~ исключает необходимость разметки** a jig makes unnecessary any preliminary marking-out [laying-out]; **~ определяет положение инструмента относительно детали** a jig locates the tool relative to the work
многоместный ~ multiple jig
накладной ~ lay-on jig
сборочный ~ assembly rig
сварочный ~ welding jig
коневодство *с.* horse-breeding
конёк *м.* **крыши** ridge
конеферма *ж.* horse-breeding farm

кон/éц *м.* 1. (*завершение чего-л.*) end, finish, termination 2. (*оконечность, напр. винта*) end, point □ **с раструбом на ~цé** (*напр. о трубе*) bell-ended (*e. g., of a pipe*) 3. (*вывод, провод*) lead □ **оголять [зачищать] ~** strip the (end of a) lead 4. *мор.* (*верёвка, трос*) line □ **бросать [подавать] ~** heave a line
~ балки beam end □ **заделывать [защемлять] ~ балки** build in [fix] the beam end
ближний ~ near end
бросательный ~ *мор.* heaving line
~ вектора extreme point [tip] of a vector
~ гона *с.-х.* headland
дальний ~ far [distant] end
~ долота nose of a chisel
~ интервала *мат.* end (point) of an interval
испытательный ~ *эл.* test lead
~ кабеля cable end □ **заделывать ~ кабеля** cap [seal] the cable end
~ кабеля, холостой dead end
~ каната, грузовой load side
~ каната, сбегающий running off side
~ каната, тяговый pull side
~ конвейера, разгрузочный discharge end
~ крыла *ав.* wing tip
~ нерегулируемой вилки *ж.-д.* butt end
~ обмотки *эл.* finish of a winding *or* a coil
острый ~ point, pointed end
передающий ~ *свз.* sending end
~ поршневого штока piston-rod end
приёмный ~ *свз.* receiving end
причальный ~ mooring line, mooring rope □ **отдать кормовой** *или* **носовой причальный** ~ cast off the stern *or* bow rope, cast off from the stern *or* bow; **отдать причальный** ~ cast off the mooring rope
~ реакции end-point of a reaction
трефовый ~ *прок.* tenon end
~ трубы, входной mouth of a pipe
~ тяги с заточкой *ж.-д.* tang end
~ шпинделя станка, передний nose of a spindle
конечномерность *ж. мат.* finite dimensionality
конечность *ж. мат.* finiteness, finitude
конечный *прил.* **относительно** ... *мат.* finite over ...
кониометр *м.* coniometer, konimeter
конина *ж.* (*конская шкура*) horse hide; (*выделанная кожа*) horse leather
конкуренция *ж. физ.* competition; (*одновременное существование, напр. разных типов колебаний*) concurrence (*e.g., of modes*)
коноид *м.* 1. *мат.* conoid 2. *маш.* 3-D [three-dimensional] cam 3. *текст.* cone drum
конопатить *гл.* caulk □ **~ швы** tighten the seams
конопатка *ж.* caulker's iron

конопа́чение *с.* caulking
коноплежа́тка *ж.* hemp cutter
коноплемолоти́лка *ж.* hemp thresher
коноплемя́лка *ж.* hemp(-crushing) mill, hemp breaker, hemp scutcher
коноплеобора́чиватель *м.* hemp turner
коноплесноповяза́лка *ж.* hemp binder
коносаме́нт *м.* bill of lading
коноско́п *м.* conoscope
консерва́нт *м.* preservative
консервати́зм *м.* (*системы*) conservatism
консерва́тор *м.* **ма́сла** (*в масляном трансформаторе*) (oil) conservator □ **~ ма́сла обеспе́чивает ёмкость для избы́тка ма́сла при его́ нагре́ве и расшире́нии** the conservator takes care of the excess oil on heating and expansion; **при охлажде́нии ~ ма́сла возвраща́ет ма́сло в бак** on cooling the conservator restores oil level in the tank
консерва́ция *ж.* **1.** (*защита от коррозии без уточнения способа*) preservation, rust-preventive treatment; (*защита от коррозии нанесением специальных смазок или компаундов*) slushing **2.** (*прекращение эксплуатации*) lay(ing)-up, putting in dead [prolonged] storage; (*самолёта*) cocooning; (*судна*) moth-balling
  ~ древеси́ны wood preservation
консерви́рование *с.* preservation
  ~ в металли́ческой та́ре canning
  ~ в стекля́нной та́ре preservation in glass (containers)
  ~ замора́живанием preservation by freezing
  ~ копче́нием preservation by smoke(-curing)
  ~ маринова́нием preservation by vinegar pickling
  ~ обезво́живанием preservation by dehydration
  ~ облуче́нием preservation by irradiation
  ~ пищевы́х проду́ктов food preservation
  ~ посо́лом preservation by salt-curing
  ~ су́шкой preservation by dehydration
  ~ шкур hide cure, hide curing
  ~ шкур мокросоле́нием green-salting cure
  ~ шкур пикелева́нием pickle cure
  ~ шкур посре́дством «кха́ри» khari curing
  ~ шкур со́лнечной су́шкой sun-curing
  ~ шкур су́шкой dry cure
  ~ шкур, тузлу́чное brine cure
консерви́ровать *гл.* preserve
консе́рвы *мн.* preserved food (stuffs), preserves
  ~ в металли́ческой та́ре canned food (stuffs)
  ~ в стекля́нной та́ре glassed food
консе́рвы
  моло́чные ~ preserved milk products
  мясны́е ~ canned meat
  овощны́е ~ canned vegetables
  ры́бные ~ canned fish
  фрукто́вые ~ canned fruit
консисте́нция *ж.* consistency; (*красок, лака*) body
  рабо́чая ~ working consistency
консисто́метр *м.* consistometer
  ма́ссовый ~ mass consistometer
  ~ погруже́ния dipping consistometer
консо́ль *ж.* cantilever
  заде́ланная ~ cantilever beam
  ~ крыла́ *ав.* wing panel
  односторо́нняя сигна́льная ~ *ж.-д.* one-side signalling bracket
  ~ с подко́сом knee-braced bracket
  ~ фре́зерного станка́ knee
консо́льно *нареч.* in cantilever □ **ба́лка устано́влена ~** the beam extends in cantilever; **закрепля́ть ~** support as a cantilever
конста́нта *ж.* constant (*см. тж.* **постоя́нная**)
  акусти́ческая ~ acoustical [sound propagation] constant
  ~ анизотропи́и anisotropy constant
  ~ взаимоде́йствия coupling [interaction] constant; force constant
  ~ диссоциа́ции equilibrium constant for dissociation
  ~ диффу́зии diffusion constant
  зави́симая ~ contiguous constant
  ~ иониза́ции (*кислот*) dissociation [ionization] constant
  ~ кисло́тности acidity constant
  логи́ческая ~ logical constant
  материа́льная ~ material constant
  незави́симая ~ independent constant
  ~ осно́вности *хим.* basicity constant
  ~ равнове́сия equilibrium constant
  ~ равнове́сия, адсорбцио́нная adsorption equilibrium constant
  ~ равнове́сия изото́пного обме́на isotope exchange equilibrium constant
  ~ равнове́сия реа́кции reaction equilibrium constant
  ~ равнове́сия, термодинами́ческая thermodynamic equilibrium constant
  ~ распа́да decay [disintegration] constant, decay coefficient
  ~ ско́рости реа́кции reaction rate constant
  ~ ти́па (опера́торной) ме́тки *вчт.* (statement) label constant
  ~ эне́ргии актива́ции activation energy constant
константа́н *м.* (*медно-никелевый сплав*) constantan
конструи́рование *с.* disign(ing); (*этап создания продукции, предшествующий изготовлению*) engineering
конструи́ровать *гл.* design; (*на стадии, предшествующей изготовлению*) engineer
конструкти́вно *нареч.* mechanically, structurally □ **быть ~ незави́симым** *вчт.* be a stand-alone unit; **~ приёмник состои́т из пере́дней пане́ли и ша́сси** mechanically [structurally, physically] the receiver is a panel-and-chassis assembly
констру́ктор *м.* designer
  авиацио́нный ~ aircraft [aeronautical] designer
  автомоби́льный ~ automotive [car] designer
  генера́льный ~ chief designer
  ~ судо́в naval architect
констру́кци/я *ж* (*инженерное решение*) design; (*сооружение, строение*) construction, structure □ **~ А бо́лее разрабо́тана, чем констру́кция Б** A is a more advanced design than B; **отраба́тывать ~ю** (*усовершенствовать*) refine a design; (*опробывать*) try out a design; **пересма́тривать ~ю** re-design; **просто́й по ~и** simple in design *or* construction; **разраба́тывать ~ю** develop a design *or* a construction; **рассчи́тывать ~ю на про́чность** analyse the structure for stresses and strains; **создава́ть ~ю с учётом бу́дущих усло́вий эксплуата́ции** adapt the design to future needs; **убра́ть изли́шества из ~и** reduce the design to bare necessities, cut the frills from the design; **уси́ливать ~ю** ruggedize the design *or* the construction
  агрега́тная ~ unit-type design
  ажу́рная ~ open work
  безра́мная ~ *авто* frameless [integral chassis and body] construction
  бло́чная ~ 1. *вчт.* block [modular] design; modular construction **2.** (*котла*) panelized construction
  вися́чая ~ suspension construction
  вне́шне неопредели́мая ~ externally indeterminate construction
  вну́тренне неопредели́мая ~ internally indeterminate construction
  жёсткая ~ (*снабжённая элементами или связями жёсткости*) braced [trussed] structure
  ~ ка́беля cable make-up
  карка́сная ~ skeleton construction
  ко́мплексная ~ composite structure
  крупнобло́чная ~ large-block construction
  крупнопане́льная ~ large-panel construction
  маке́тная ~ *элн.* breadboard construction
  металли́ческая ~ metalwork
  многопролётная ~ multispan structure
  мо́дульная ~ modular design, modular construction
  моноко́ковая ~ *ав.* monocoque structure

конструкци/я
монолитная ~ cast-in-place [cast-in-situ] construction
несущая ~ load-carrying structure
оболочковая ~ shell-type construction
~ обуви shoe construction
панельная ~ bearing-wall construction
~ печи (*мартеновской*), **верхняя** superstructure
~ повышенной живучести fail-safe structure
предварительно напряжённая ~ prestressed construction
сборная ~ built-up [prefabricated, precast] construction
сборно-монолитная ~ composite [precast-cast-in-place] construction
сварная ~ welded construction
сейсмостойкая ~ earthquake resistant structure
~ с заполнителем *ав.* sandwich construction
силовая ~ load-bearing unit
складчатая ~ *стр.* folded plate construction
смешанная ~ composite structure
сотовая ~ honeycomb sandwich
~ с работающей обшивкой *ав.* stressed-skin structure
стальная ~ steel construction, steelwork
статически неопределимая ~ statically indeterminable [statically indeterminate, redundant] construction
статически определимая ~ statically determinate structure
консультант *м.* consultant
консультация *ж.* consultation
контакт *м.* **1.** (*поверхность соприкосновения составных частей электрической цепи*) contact; (*устройство, осуществляющее соприкосновение*) contact (point) □ **замыкать ~** close [make] a contact; **зачищать** (*напр. подгоревший*) **~** face up a (*e. g., pitted*) contact; **зачищать ~ напильником** file a contact point to smoothness; **~ы искрят** there is sparking at the contacts; **переключать ~ы** switch contacts; **размыкать ~** break [open] contact; **~ы располагаются с шагом, напр.** 5 см contacts are arranged on, *e. g.*, 5 cm centres; **~ы** (*напр. реле, выключателя-автомата*) **расходятся [размыкаются]** the contacts (*e. g., of a relay, circuit-breaker*) part **2.** (*часто, но неточно — место подсоединения провода*) terminal
беспаечный ~ crimp contact
биметаллический ~ bimetallic contact
блокировочный ~ (*в реле, автомате-выключателе*) auxiliary contact
вакуум-плотный ~ (*между, напр. двумя металлами*) gas-tight contact
выпрямляющий ~ rectifying contact, rectifying junction

контакт
герметический ~ [геркон] hermetically sealed [sealed contact] reed relay
гнездовой ~ female contact
дугогасительный ~ arcing contact
заземлённый ~ earthed [grounded] terminal
замыкающий ~ make [normally open, N. O.] contact
извлекаемый ~ front-release [rear-release] contact
импульсный ~ (*номеронабирателя*) impulse spring
~ искателя вращательного движения rotary contact
~ искателя подъёмного движения vertical contact
катящийся ~ rolling contact
~ ключа, рабочий нижний anvil
кромочный ~ (*зубьев шестерён*) edge contact
линейный ~ line contact
магнитоуправляемый ~ ferreed contact, ferreed switch
~ металлов, непосредственный metal-to-metal contact
мостиковый ~ bridge contact
~ на массу frame [ground] connection
невыпрямляющий ~ barrier-free [nonrectifying, ohmic] contact
неподвижный ~ fixed contact
ножевой ~ jack-in [knife-type] contact, contact [switch] blade
ножной ~ floor push, pedal
нормально замкнутый ~ break [normally closed, N.C.] contact
нормально открытый ~ make [normally open, N. O.] contact
нормально разомкнутый ~ make [normally open, N. O.] contact
обжимный ~ crimp contact
омический ~ ohmic contact
оптический ~ optical contact
пальцевый ~ finger contact
перекидной ~ two-way break-before-make contact
переключающий ~ transfer contact
переходный ~ two-way make-before-break contact
печатный ~ printed contact
плавающий ~ floating contact
плохой ~ contact is poor
поверхностный ~ surface contact
подвижный ~ movable [moving] contact
поляризованный ~ polarized contact
~ прерывателя *авто* breaker point □ **зачищать ~ прерывателя** dress the breaker point
рабочий ~ load-carrying contact
раздвоенный ~ split contact
размыкающий ~ break [normally closed, N.C.] contact
разрывной ~ interrupting contact; (*выключателя-автомата*) arcing tip
розеточный ~ cluster contact

контакт
самозачищающийся ~ wiping contact
самоудерживающийся ~ self-holding [self-latching] contact
~ свечи зажигания spark-plug point
~ с двойным замыканием make-make contact
сигнально-блокировочный ~ auxiliary switch contact
скользящий ~ sliding contact
слоистый ~ laminated contact
тесный ~ intimate contact
тормозной ~ braking contact
торцовый ~ butt contact
точечный ~ point contact
холостой ~ dead contact, dummy stud
~ штепсельного разъёма (*на стороне подсоединения проводов*) terminal; (*гнездо или штырь*) contact
штыковой ~ bayonet contact
штырьковый ~ male contact
щёточный ~ brush contact
контактирование *с.* the quality of contact; (*соприкосновение*) engagement
контактировать *гл.* contact, come in contact, make contact
контактор *м.* contactor □ **включать ~** (*подавать питание*) energize a contactor; **выключать ~** (*снимать питание*) de-energize a contactor; **~ коммутирует** (*напр. силовую*) **цепь** a contactor establishes [closes] and interrupts [opens] a (*e. g., power*) circuit repeatedly, a contactor controls a (*e. g., power*) circuit; **~ отпускает** a contactor opens [releases, drops out]; **~ срабатывает** a contactor closes [operates]
~ бдительности *ж.-д.* acknowledging contactor
~ возбуждения excitation contactor
главный ~ main contactor
двухполюсный ~ double-pole contactor
групповой ~ group contactor
замедляющий ~ slowdown contactor
игнитронный ~ ignitron (tube) contactor
кулачковый ~ cam contactor
линейный ~ line contactor
магнитный ~ magnetically operated [magnetic] contactor switch
масляный ~ oil-immersed contactor
многополюсный ~ multipole contactor
однополюсный ~ single-pole contactor
пусковой ~ starting contactor
реверсивный ~ reversing contactor
силовой ~ power contactor
тиристорный ~ thyristor contactor
тормозной ~ braking contactor
~ ускорения accelerating contactor
электромагнитный ~ (electro)magnetic contactor
электропневматический ~ electropneumatic contactor

контейнер *м.* container □ **грузить в ~ы** containerize
автомобильный ~ automobile container
влагонепроницаемый ~ moisture-proof container
грузовой ~ freight container
~ для насыпных грузов bulk container
~ для сбора мусора refuse collection container
защитный транспортный ~ (*для радиоактивных веществ*) cask
изотермический ~ thermally insulated container
неохлаждаемый ~ unrefrigerated container
низкотемпературный ~ low-temperature container
охлаждаемый ~ refrigerated container
промежуточный ~ (*радиоизотопной установки*) operational container
разборный ~ collapsible container
складной ~ folding container
~ с механическим охлаждением mechanically refrigerated container
~ с сухолёдным охлаждением dry ice container
универсальный ~ universal container
цельнометаллический ~ all-metal container
контейнеризация *ж.* containerization
контейнеровоз *м.* **1.** *мор.* container carrier **2.** *авто* container truck
контейнер-цистерна *м.* tank-container
континуум *м.* *мат.* continuum
~ энергетических уровней energy continuum
контракт *м.* contract □ **аннулировать ~** declare the contract null and void; **оформлять ~** execute a contract; **~ «под ключ»** turnkey contract; **составлять ~** draw up a contract
контраст *м.* contrast
~ изображения image contrast □ **~ изображения недостаточен** *тлв.* the picture is soft; **уменьшать ~ изображения** *тлв.* soften contrast; **устанавливать недостаточный ~ изображения** *тлв.* set the picture contrast low, set a low contrast
~ объекта *кфт.* subject contrast, contrast range of the subject
одновременный ~ simultaneous contrast
определяющий ~ (*в планировании эксперимента*) defining contrast
последовательный ~ successive contrast
тепловой ~ infra-red contrast
фазовый ~ phase contrast
фотографический ~ photographic contrast
цветовой ~ colour contrast
яркостный ~ brightness contrast
контрастность *ж.* contrast range, (scale of) gradations
контратип *м.* duplicate [(intermediate) dupe] negative, internegative
контратипирование *с.* negative duplication, duping
контрафорс *м.* (*якорной цепи*) stud
контрбалансир *м.* mass-balance weight, counterweight
контрбукса *ж.* bottom [lower] box
контргайка *ж.* check-nut, jam-nut, lock-nut
контргрейфер *м.* *кфт.* pilot [registration] pins
контрдиск *м.* relief plate
контрейлер *м.* (*контейнер, оборудованный колёсным ходом*) contrailer
контрить *гл.* lock, secure, safety; (*проволокой*) lock-wire, safety-wire
контркалибр *м.* reference [master] gauge
контрклин *м.* counterwedge, gib-and-cotter
контрконус *м.* **фрикционной муфты** female friction cone
контркривошип *м.* fly crank
контрнож *м.* (*свеклорезки*) counter-knife
контровк/а *ж.* **1.** locking, securing, safetying **2.** (*устройство*) lock, lock-wire, safety-wire □ **проверять ~у чего-л.** check *smth.* for safetying
контролёр *м.* checker, supervisor; inspector
билетный ~ ticket-collector, ticket examiner, ticket inspector
~ ОТК quality inspector
~ пламени, фотоэлектрический photoelectric flame-failure detector
контролир/овать *гл.* check, supervise, inspect, monitor □ **~, *напр.* напряжение, ток по ...** check, *e.g.*, voltage, current by [on] ...; **напряжение ~уют по вольтметру** voltage is read on a voltmeter; **~ состояние аппаратуры** monitor the status of apparature [equipment]
контролируемость *ж.* controllability
контроллер *м.* **1.** (*для управления электродвигателями*) controller **2.** (*в системах обработки и передачи информации*) control unit, controller
барабанный ~ cylindrical [drum] controller
~ ввода-вывода I/O [input-output] controller, I/O [input-output] control unit
главный ~ master controller
групповой ~ multipath control unit □ **групповой ~ может управлять несколькими устройствами ввода-вывода, работающими одновременно** a multipath control unit can control several I/O devices operativing concurrently
индивидуальный ~ single-path control unit □ **индивидуальный ~ управляет одним устройством ввода-вывода** single-path control unit controls one I/O device
кулачковый ~ cam controller
контроллер
пусковой ~ starting controller
разделённый ~ shared-path control unit □ **разделённый ~ управляет несколькими устройствами ввода-вывода, работающими поочерёдно** shared-path control unit can control several I/O devices operating in turn
~ с программным управлением programmable controller
контроль *м.* (*периодический*) check(ing), control, inspection; (*обычно непрерывный*) monitoring
автоматический ~ *маш.* automatic gauging, automatic inspection
активный ~ in-process [on-line] gauging
визуальный ~ (*качества*) visual inspection
входной ~ (*потребителем от других предприятий*) incoming control
выборочный ~ random inspection, spot check, sampling
выборочный, двукратный ~ double sampling
выборочный, многократный ~ multiple sampling
выборочный, однократный ~ single sampling
выборочный, последовательный ~ sequential test
градационный ~ *полигр.* tonal gradation control
дистанционный ~ remote monitoring
дозиметрический ~ radiation monitoring; (*помещений, местности*) radiation survey
дозиметрический, индивидуальный ~ personal monitoring
~ излучения антенны radiation monitoring
~ качества (продукции) quality control, product inspection
~ материалов вихревыми токами (*в дефектоскопии*) eddy-current test(ing), eddy-current inspection
~ материалов вихревыми токами с накладной катушкой (*в дефектоскопии*) solenoid-coil eddy-current test(ing)
~ материалов вихревыми токами с проходной катушкой (*в дефектоскопии*) inside-coil eddy-current test(ing)
~ материалов гамма-просвечиванием (*в дефектоскопии*) gamma-ray radiography, gamma-ray inspection
~ материалов, люминесцентный (*в дефектоскопии*) fluorescent-penetrant inspection
~ материалов, магнитно-порошковый (*в дефектоскопии*) magnetic-particle test(ing), magnetic-particle inspection
~ материалов, магнитографический (*в дефектоскопии*) magnetic-tape test(ing), magnetic-tape inspection

контро́ль

~ материа́лов ме́тодом кра́сок (*в дефектоскопии*) dye-penetrant test(ing)

~ материа́лов, неразруша́ющий (*в дефектоскопии*) nondestructive (materials) testing

~ материа́лов рентгенопросве́чиванием (*в дефектоскопии*) X-ray test(ing), X-ray inspection

~ материа́лов, ультразвуково́й (*в дефектоскопии*) ultrasonic test(ing), ultrasonic inspection

~ материа́лов, цветно́й (*в дефектоскопии*) dye-penetrant test(ing)

~ материа́лов, феррозо́ндовый (*в дефектоскопии*) probe-coil magnetic-field test(ing)

обега́ющий ~ scanning-type data logging (system)

обра́тный ~ *свз.* revertive monitoring

~ оши́бок error control, error check

~ переда́чи, печа́тный *свз.* home copy □ **рабо́тать [передава́ть] без печа́тного ~я переда́чи** send blind, send with the home copy suppressed

~ переполне́ния *вчт.* overflow check

~ перфока́рт на просве́т sight check of punch(ed) cards

~ перфока́рт, счётный ~ punch(ed)-card verification by batch totals

поопераци́онный ~ *маш.* step-by-step [operation] checking

~ пра́вильности реше́ния ***или*** **результа́тов** check on the solution *or* results

приёмочный ~ acceptance inspection, acceptance testing

програ́ммный ~ (*с помощью программы*) program(me) check

пылево́й ~ *горн.* dust control

~ радиоакти́вности radiation [radioactivity] monitoring

~ радиоакти́вности атмосфе́ры air monitoring

~ разме́ров gauging, dimension inspection

~ систе́мы (в це́лом) system check

сплошно́й ~ complete control

техни́ческий ~ technical control

~ технологи́ческого проце́сса process monitoring

~ хими́ческого соста́ва chemical analysis inspection

~ ЦВМ [цифрово́й вычисли́тельной маши́ны], аппара́т(ур)ный automatic [built-in, hardware] check

~ ЦВМ, логи́ческий logical check

~ ЦВМ по запрещённым комбина́циям forbidden-combination [forbidden-character] check

~ ЦВМ по избы́точности redundancy check

~ ЦВМ по мо́дулю N mod(ulo) N check

~ ЦВМ по оста́тку residue check

~ ЦВМ по су́мме sum check

~ ЦВМ по чётности (even-)parity [(odd-)parity, odd-even] check

контро́ль

~ ЦВМ, програ́ммный programmed check

~ ЦВМ, профилакти́ческий marginal check

~ ЦВМ сумми́рованием summation check

~ ЦВМ, схе́мный automatic [built-in, hardware] check

~ ЦВМ, теку́щий current [running] check

~ частоты́ frequency monitoring

эксплуатацио́нный ~ field inspection

~ электро́нной аппарату́ры, диагности́ческий marginal check(ing), marginal testing

контро́льник *м.* **для перфока́рт** punch(ed)-card verifier

контроття́жка *ж.* stub guy

контрпа́р *м.* countersteam, counterpressure [back] steam

контрперево́д *м.* double transfer

контрпо́ршень *м.* counterpiston

контрпре́сс *м.* transfer press

контрприво́д *м.* countershaft

контрпружи́на *ж.* antagonistic [opposing] spring, counterspring

контрпуансо́н *м.* counterpunch

контрра́кля *ж. текст.* lint doctor

контрре́льс *м.* check [guard, safety] rail

контррефле́ктор *м.* (*антенны*) subdish

контрру́ль *м.* contrarudder

контрти́тул *м.* duplicate title

контрули́тка *ж. текст.* counterscroll

контрупо́р *м.* matching dog

контрфикса́тор *м.* counterstop

контрфла́нец *м.* counterflange

контрфо́рс *м.* counterfort, buttress, abutment

контрцили́ндр *м.* countercylinder

контршки́в *м.* countersheave

контрштамп *м.* counterdie, female die

ко́нтур *м.* **1.** (*очертание*) contour, outline **2.** (*цепь, схема*) circuit; loop □ **взаи́мно расстра́ивать ~ы** (*настраивать на разные частоты*) stagger-tune the circuits; **включа́ть ~ непо́лностью** tap down the tuned-circuit coil; **замыка́ть ~** (*напр. управления*) close the (*e. g., control*) loop; **изоли́ровать ~ы** (*устранять взаимодействие*) isolate (tuned) circuits; **~ «звени́т»** *жарг.* the (tuned) circuit rings; **настра́ивать ~ на резона́нс** tune the circuit to resonance; **развя́зывать ~ы** decouple (tuned) circuits; **размыка́ть ~** (*напр. управления*) open the (*e. g., control*) loop; **свя́зывать ~ы** couple (tuned) circuits; **сопряга́ть ~ы** align (tuned) circuits for proper tracking; (*для настройки одной ручкой*) align (tuned) circuits for gang tuning

~ автопило́та autopilot loop

ано́дный ~ *англ.* anode tuned circuit; *амер.* plate tuned circuit, plate tuned tank

ко́нтур

анте́нный ~ *англ.* aerial tuned circuit; *амер.* antenna tuned circuit

бала́нсный ~ *свз.* balancing network

бала́нсный, доба́вочный ~ *свз.* building-out (balancing) network, building-out section

бала́нсный, основно́й ~ *свз.* basis (balancing) network

балла́стный ~ (*в параметрическом усилителе*) idler circuit

взаи́мно расстро́енные ~ы staggered-tuned circuits

втори́чный ~ secondary tuned circuit

входно́й ~ input tuned circuit

выходно́й ~ output tuned circuit, output tuned tank

~ гра́фа *вчт.* (feed)back loop of a graph

~ гро́мкости (*кривая зависимости акустического давления частоты*) loudness contour

~ заземле́ния ground(ing) mat, ground(ing) grid

~ интегри́рования path of integration

испари́тельный ~ *тепл.* steam-generating circuit

колеба́тельный ~ oscillatory [resonant] circuit; (*в практических радиосхемах*) tuned circuit

колеба́тельный, апериоди́ческий ~ aperiodic [overdamped] oscillatory circuit

колеба́тельный ~ второ́го ви́да tapped-inductance [tapped-coil] parallel oscillatory circuit

колеба́тельный, настро́енный ~ (*в частотном детекторе*) centre-tuned circuit

колеба́тельный, объёмный ~ cavity resonator, resonant cavity

колеба́тельный, одино́чный ~ unloaded tuned circuit

колеба́тельный, паралле́льный ~ parallel oscillatory circuit

колеба́тельный, периоди́ческий ~ periodic [underdamped] oscillatory circuit

колеба́тельный, после́довательный ~ series oscillatory circuit

колеба́тельный, расстро́енный ~ (*в частотном детекторе*) staggered tuned circuit

колеба́тельный ~ с крити́ческим затуха́нием critically damped oscillatory circuit

колеба́тельный ~ с резона́нсом напряже́ний series oscillatory circuit

колеба́тельный ~ с резона́нсом то́ков parallel-resonant [antiresonance] circuit

колеба́тельный ~ тре́тьего ви́да tapped-capacitor oscillatory circuit

колеба́тельный ~ уда́рного возбужде́ния shock-excited oscillatory circuit

~ крыла́ *ав.* wing outline

ко́нтур
~ кулачка́, рабо́чий operating [working] groove, operating [working] edge
~ ло́пасти гребно́го винта́ propeller blade profile
отса́сывающий ~ absorption circuit
охлажда́ющий ~ *тепл.* cooling system, coolant loop
~ па́дающей те́ни *мат.* line of shadow, shade line
~ параметри́ческого усили́теля, холосто́й idler circuit
первичный ~ primary tuned circuit
промежу́точный ~ *тепл.* intermediate loop
~ про́филя крыла́ *ав.* airfoil outline
режекторный ~ band-elimination [rejector] circuit
резона́нсный ~ resonant [tuned] circuit
~ СВЧ microwave circuit
свя́занный ~ coupled circuit
се́точный ~ grid tuned circuit, grid tank
~ с индукти́вностью и ёмкостью *LC*-circuit
~ смеси́теля, гетероди́нный injection circuit
~ со́бственной те́ни *мат.* line of shade, shade line
~ сопла́ *ав.* nozzle contour
~ со сосредото́ченными постоя́нными lumped-constant (tuned) circuit
~ с распределёнными постоя́нными distributed-constant (tuned) circuit
~ управле́ния control loop
циркуляцио́нный ~ *тепл.* circuit
циркуляцио́нный, просто́й ~ *тепл.* single tube circuit
циркуляцио́нный, сло́жный ~ *тепл.* multiple (parallel) circuit
электри́ческий ~ (*неразветвлённый*) loop; (*разветвлённый*) multiloop, mesh
~ электри́ческой це́пи (*неразветвлённый*) loop; (*разветвлённый*) multiloop, mesh
~ я́дерного реа́ктора, нерадиоакти́вный cold loop [cold circuit] of a nuclear reactor
~ я́дерного реа́ктора, радиоакти́вный hot loop [hot circuit] of a nuclear reactor
конурба́ция *ж.* (*слияние городов*) conurbation
ко́нус *м.* cone □ **(своди́ть) на ~** taper off
~ аэрофотоаппара́та, вну́тренний inner lens cone
ветрово́й ~ wind cone, wind sleeve, wind sock □ **ветрово́й ~ надува́ется** the wind cone fills out with air; **ветрово́й ~ пока́зывает направле́ние ве́тра** the wind cone holds the direction of the wind; **ветрово́й ~ «флюгери́т» по ве́тру** the wind cone "weathervanes"
вихрево́й ~ vortex cone
~ возмуще́ний *аргд.* Mach cone

ко́нус
~ впа́дин (*шестерни*) dedendum [root] cone
~ враще́ния cone of revolution
~ вы́носа *гидр.* debris cone
~ высту́пов (*шестерни*) addendum [face] cone
дели́тельный ~ (*шестерни*) pitch cone
~ дроби́лки, неподви́жный concave of a gyratory crusher
~ дроби́лки, подви́жный inner crushing head of a gyratory crusher □ **подви́жный ~ дроби́лки враща́ется вокру́г оси́ неподви́жного ко́нуса** the inner crushing head gyrates around the axis of the concave
~ Зе́гера Seger (temperature) cone
изотро́пный ~ isotropic [null] cone
~ инже́ктора, водяно́й combining tube of an injector
~ инже́ктора, нагнета́тельный delivery tube of an injector
~ инже́ктора, парово́й steam nozzle of an injector
инструмента́льный ~ machine [tool] taper, taper shank
~ колошнико́вого устро́йства, большо́й (*в доменной печи*) large bell of the top arrangement
~ колошнико́вого устро́йства, ма́лый (*в доменной печи*) small bell of the top arrangement
косо́й ~ scalene cone
кру́глый ~ circular cone
~ лопасте́й несу́щего винта́ rotor blade cone
~ Ма́ха Mach cone
~ молча́ния cone of silence
~ мо́тки *текст.* winding cone
направля́ющий ~ director cone, cone director
полирова́льный ~ polishing [buffing] cone
~ поча́тка *текст.* conical end of a bobbin
~ проши́вки (*прокат бесшовных труб*) (tapered) piercing mandrel
прямо́й ~ right cone
~ ра́вных моме́нтов ине́рции equimomental cone
~ раска́тки (*прокат бесшовных труб*) reeling mandrel
~ распростране́ния реакти́вной струи́ jet cone
распыля́ющий ~ atomizing [atomizer] cone
~ реакти́вного сопла́ exhaust [tail] cone
~ сбе́га резьбы́ vanish cone
~ ско́рости velocity cone
~ стыко́вочного устро́йства, приёмный *ркт.* drogue
ступе́нчатый ~ gear cone
~ твердоме́ра, алма́зный conical diamond penetrator, diamond conical point, brale □ **алма́зный ~ твердоме́ра оставля́ет отпеча́ток** the conical diamond penetrator produces an indentation; **вда́вливать алма́зный ~ твердоме́ра в образе́ц** force the conical diamond penetrator into the test specimen

ко́нус
тенево́й ~ shadow cone, umbra
тормозно́й ~ brake cone
усечённый ~ frustum of a cone, truncated cone
центри́рующий ~ centring cone
ко́нусность *ж.* **1.** taper **2.** *маш.* conicity, (angle of) taper
конфе́кция *ж.* (*в производстве резиновых изделий и сварке пластмасс*) building-up
конфетти́ *мн. с.* (*перфоленты или перфокарты*) chads, chips
конфигура́ция *ж.* configuration
ба́зовая ~ (*конструкция, вариант*) base-line configuration
норма́льная ~ *кож.* correct pattern
~ по́ля field pattern
простра́нственная ~ spatial [space] configuration
~ реа́ктора reactor arrangement
~ самолёта (*напр. взлётная, посадочная, захода на посадку*) airplane configuration
седлообра́зная ~ saddle-point configuration
сфери́ческая ~ spherical shape
конфиденциа́льность *ж.* (*связи, передачи данных и т. п.*) privacy
конфлюэ́нтность *ж. мат.* confluence
конфо́рка *ж.* (*газовой плиты*) burner
конформа́ция *ж.* conformation
конфо́рмность *ж.* conformality, orthomorphism
конфузо́р *м.* confuser, confraction, contractor, reducer
конхо́ида *ж. мат.* conchoid
концентра́т *м.* **1.** (*продукт обогащения руд*) concentrate □ **агломери́ровать [спека́ть] ~** sinter the concentrate; **обжига́ть ~** roast the concentrate; **окуско́вывать ~** agglomerate the concentrate; (*в грануляторе*) pelletize the concentrate; **отса́живать ~** jig the concentrate; **подверга́ть ~ перечи́стке** scour the concentrate **2.** (*пищевой продукт*) dehydrated cooked [ready-made] food, dehydrated cooked [ready-made] meal, food concentrate
гру́бый ~ rough concentrate
коне́чный ~ final concentrate
ме́лкий ~ fine concentrate
металлурги́ческий ~ metallurgical concentrate
пе́нный ~ froth concentrate
первичный ~ primary concentrate
пири́товый ~ pyrite concentrate
ру́дный ~ ore concentrate
ру́дный, коллекти́вный ~ collective ore concentrate
ру́дный, селекти́вный ~ selective ore concentrate
сумма́рный ~ ultimate concentrate
~ сухо́й сепара́ции dry-separation concentrate

концентра́т
флотацио́нный ~ flotation concentrate
концентратоме́р *м.* 1. *пищ.* concentration meter 2. *цел.-бум.* consistency meter
концентра́тор *м.* concentrator
~ да́нных *вчт.* data concentrator
~ напряже́ний stress concentrator
концентра́ция *ж.* 1. (*величина, выражающая относительное количество компонентов, напр. в растворе*) concentration, density 2. (*увеличение содержания относительного количества вещества в чём-л.*) concentration
безопа́сная ~ safe concentration
~ (вещества́) на вхо́де (*в аппарат*) *хим.* inlet concentration
долева́я, объёмная ~ volume-part concentration, concentration in so-many parts by volume
долева́я ~ по ма́ссе weight-part concentration, concentration in so-many parts by weight
избы́точная ~ excess concentration
крити́ческая ~ critical concentration, critical density
~ леги́рующей при́меси doping [concentration] level
мо́льная ~ mole concentration
мо́льно-объёмная ~ volumetric molar concentration
моля́рная ~ molar concentration
~ напряже́ний stress concentration
~ на столе́ (*минералов*) table concentration, tabling
неравнове́сная ~ nonequilibrium concentration, nonequilibrium density
проце́нтная, объёмная ~ volume percent concentration, concentration in so-many percent by volume
проце́нтная ~ по ма́ссе weight percent concentration, concentration in so-many percent by weight
равнове́сная ~ equilibrium concentration, equilibrium density
~ раство́ра solution strength
эквивале́нтная ~ equivalent concentration
концентри́ровать *гл.* concentrate
концентри́ческий *прил.* concentric □ **~ относи́тельно ...** concentric on ...
концентри́чность *ж.* concentricity
концеравни́тель *м.* trimming saw, cross-cut saw
двухпи́льный ~ two-saw trimmer
многопи́льный ~ multiple cut-off saw
концо́вка *ж. полигр.* tailpiece, endpiece
концы́ *мн. м.* (*обтирочные*) waste
коншироза́ть *гл. пищ.* conche
конш(маши́на) *ж.* conching machine, conche
конъю́нктор *м. вчт., элн.* AND gate, AND circuit
конъю́нкция *ж.* conjunction, AND function, AND operation

коо́браз *м. мат.* coimage
координа́т/а *ж.* coordinate □ **вводи́ть ~ы** (*в решающее устройство*) enter [set] the coordinates; **гра́фик в ~ах «x—y»** an "*x—y*" plot; **зави́симость в ~ах «x—y» даёт пряму́ю** an "*x—y*" plot yields a straight line; **исправля́ть ~ы** correct the coordinates; **нанос́ить ~ы ме́ста** (*на карту*) plot the position; **~ы определя́ют положе́ние то́чки относи́тельно ...** coordinates locate the point relative to ...; **стро́ить гра́фик в ~ах «x—y»** plot a curve on the "*x—y*" coordinates, plot on a graph of y versus *x*, plot *y* against *x*; **ура́внивать ~ы** *нвг.* adjust the position
~ы аэросни́мка plate coordinates
входна́я ~ input coordinate
выходна́я ~ output coordinate
географи́ческие ~ы geographic(al) coordinates, geographic(al) position(s), geographic(al) values
геодези́ческие ~ы geodesic coordinates
геоцентри́ческие ~ы geocentric [terrestrial] coordinates
дека́ртовы ~ы Cartesian coordinates
дека́ртовы, косоуго́льные ~ы oblique Cartesian coordinates
дека́ртовы, прямоуго́льные ~ы rectangular Cartesian coordinates
дугова́я ~ angular position
лагра́нжевы ~ы material coordinates
~ы маршру́та strip coordinates
~ы ме́ста *нвг.* position
навигацио́нная ~ navigational coordinate
нача́льные ~ы coordinates of the origin
небе́сные ~ы celestial coordinates
обобщённая ~ generalized coordinate
ортогона́льные ~ы orthogonal coordinates
пла́новые ~ы plane [planimetric] coordinates
пло́ские ~ы planimetric coordinates
по́лные ~ы full coordinates
поля́рные ~ы polar coordinates
простра́нственные ~ы space coordinates, space positions
реакцио́нная ~ reaction coordinate
сфери́ческие ~ы spherical coordinates
сфери́ческие ~ы с по́люсом на эква́торе Greenwich grid directions
теку́щие ~ы running [current] coordinates, current position
~ы то́чки position of a point □ **определя́ть ~ы то́чки, напр. ста́нции** establish the position of, *e. g.*, a station
усло́вные ортодроми́ческие ~ы *нвг.* grid directions
фотограмметри́ческие ~ photogrammetric coordinates

координа́т/а
~ы цве́тности chromaticity coordinates
~ы це́ли *рлк.* target position
координа́тник *м.* traverse gear, traversing probe
координато́граф *м.* coordinatograph
поля́рный ~ polar coordinatograph
~ стереоприбо́ра plotting table (unit)
координатоме́р *м.* coordinate protractor
координа́тор *м.* (air) position indicator
координа́ция *ж.* coordination
координи́ровать *гл.* coordinate
копа́ние *с.* digging, excavating
копа́тель *м.* digger, excavator
~ ша́хтных коло́дцев shaft well digger
копа́ть *гл.* dig, excavate
копа́ч *м.* digger, lifting plough, lifter (point)
ви́льчатый ~ digging prong
ди́сковый ~ lifter [digging(-up)] wheel
леме́шный ~ share lifter
цепно́й ~ chain lifter
шне́ковый ~ screw lifter
копёр *м.* 1. *стр.* pile driver 2. (*устройство для ударных механических испытаний*) impact testing machine
бо́йный ~ (*для разбивки лома, настылей и т. п.*) drop (hammer)
бо́йный, двухъя́русный ~ double-stage drop hammer
бо́йный ~ для ло́ма scrapbreaker, scrap drop
бо́йный, до́менный ~ tower-type hammer
бо́йный ~ с шарово́й ба́бой skull-cracker ball
бурово́й ~ boring tower
испыта́тельный ~ impact testing machine
испыта́тельный ~ Шарпи́ *сопр.* Charpy impact machine
надша́хтный ~ (mine [pit]) head-frame, (mine) head-gear
строи́тельный ~ pile driver
строи́тельный, консо́льный ~ overhanging pile driver
строи́тельный, ма́ятниковый ~ pendulum pile driver
строи́тельный, механи́ческий ~ automatic ram pile driver
строи́тельный, парово́й ~ steam pile driver
строи́тельный, плаву́чий ~ floating pile driver
строи́тельный, поворо́тный ~ swiveling pile driver
строи́тельный, понто́нный ~ pontoon pile driver
строи́тельный, ручно́й ~ hand pile driver
строи́тельный ~ с ба́бой drop-hammer pile driver
строи́тельный, уда́рный ~ impact pile driver

копёр
ша́хтный ~ (mine [pit]) head-frame, (mine) head-gear
ша́хтный, проходческий ~ sinking head-frame
ша́хтный, разбо́рный ~ demountable head-frame
ша́хтный, шатро́вый ~ tent head-frame
ша́хтный, эксплуатацио́нный permanent head-frame

копи́льник *м.* (*металлоприёмник в передней части вагранки*) forehearth
кача́ющийся ~ shaking forehearth, shaking receiver
опроки́дывающийся ~ dumping receiver
шла́ковый ~ slag receiver

копи́р *м.* master cam, former, template
~ для резьбы́ по де́реву master spindle
резьбово́й ~ threading block
этало́нный ~ master template

копи́рование *с.* **1.** (*изготовление копий*) copying **2.** *маш.* (*при обработке изделий*) contour [template] machining, profiling **3.** *кфт.* printing **4.** *полигр.* (*перенос*) printing-down; (*размножение*) duplication
ксерографи́ческое ~ xerographic copying
~ ле́нты *вчт.* tape duplication
~ на ка́льку tracing
обводно́е ~ *маш.* circumferential copying
~ по координа́там *маш.* coordinate copying
прямо́е ~ direct copying, direct reproduction
~ с ка́льки duplication from a tracing
фотомехани́ческое ~ photomechanical copying, photomechanical process
электрографи́ческое ~ electrographic copying, electrographic duplication
электростати́ческое ~ electrostatic copying

копи́ровать *гл.* **1.** (*изготовлять копии*) copy **2.** *маш.* (*при обработке изделий*) machine to a template, profile **3.** *кфт.* print **4.** *полигр.* (*переносить*) print-down; (*размножать*) duplicate

копиро́вщик *м. полигр.* printer-down

копиродержа́тель *м.* template-holder

копирэффе́кт *м.* print-effect, (magnetic) print-through

ко́пи/я *ж.* **1.** copy □ **заверя́ть ~ю** authenticate a copy **2.** *полигр.* duplicate, copy **3.** *кфт.* print
а́брисная ~ *карт., топ.* guide copy, deletion guide, guide image
диазоти́пная ~ *полигр.* diazo copy
контро́льная ~ 1. *кфт.* answer print **2.** *полигр.* master sheet of tissue paper
прока́тная ~ *кфт.* release print

ко́пи/я
светова́я ~ dye-line copy
фотоста́тная ~ photostat (copy)
~ чертежа́ (*на кальке*) tracing □ **размножа́ть ~ю чертежа́** duplicate a tracing, duplicate a drawing from its tracing; **снима́ть ~ю чертежа́ на ка́льку** trace a drawing

копне́ние *с.* stacking

копи́лка *ж.* (*в телефоне-автомате*) coin box

копни́тель *м.* harvester-stacker
навесно́й ~ mounted stacker

копни́ть *гл.* stack, heap up

копново́з *м.* cocklifter, sweep rake, shock hauler

копномёт *м.* cock thrower

копноподъёмник *м.* rick lifter

ко́поть *ж.* fly ash

копти́льня *ж.* smokehouse, smokery

копти́ть *гл.* smoke

копче́ние *с.* (*пищевых продуктов, каучука*) smoking □ **~ произво́дится ды́мом от непо́лного сгора́ния опи́лок или дров** smoking utilizes the vapours distilled from smouldering sawdust
горя́чее ~ hot smoking
мо́крое ~ liquid smoking
холо́дное ~ cold smoking
электростати́ческое ~ electrostatic smoking

копчёности *мн. ж.* smoked meat product

копы́л *м. мор.* poppet

копьё *с.*, **кислоро́дное** oxygen lance

кор/а́ *ж.* **1.** (*древесная*) bark; (*старая*) rind □ **измельча́ть ~у** chop the bark; **моло́ть ~у** grind the bark; **снима́ть ~у с де́рева** strip bark from a tree **2.** (*земная*) (Earth's) crust
дуби́льная ~ tanbark

кора́бль *м.* ship, vessel, craft (*см. тж.* **су́дно**)
вое́нный ~ warship
возду́шный ~ (*нетерминологическое употребление для крупных самолётов, дирижаблей*) (*самолёт*) airliner; (*дирижабль*) airship
косми́ческий ~ space vehicle, spacecraft, space ship
межплане́тный ~ interplanetary vehicle

корд *м.* **1.** (*кручёная нить*) cord □ **обрези́нивать [прорези́нивать] ~** rubberize the cord; **пропи́тывать ~** impregnate the cord; **пропи́тывать ~ ла́тексом** latex the cord **2.** (*шерстяная ткань*) ribbed woollen fabric
виско́зный ~ viscose [rayon] cord
капро́новый ~ kapron cord
ре́дкий ~ loosely woven cord
стально́й ~ steel-wire cord
хлопчатобума́жный ~ cotton cord
ши́нный ~ tyre cord

корди́т *м.* (*порох*) cordite

корд-шну́р *м.* cord

ко́р/ень *м. мат.* root □ **извлека́ть ~** extract the root of ..., take the root of ...; **находи́ть ~** evaluate [find] the root; **отделя́ть ~** isolate the root; **подбира́ть ~ни** adjust rootes; **с ~нем** rooted
двукра́тный ~ double root
действи́тельный ~ real root
~ де́рева root of a tree
~ де́рева, стержнево́й spur
~ из числа́ root of a number
квадра́тный ~ square root
ко́мплексный ~ complex root
~ кра́тности *k* *k*-fold root, root of multiplicity *k*
кра́тный ~ repeated [multiple] root (*of an equation*)
кра́тный ~ поря́дка *m* multiple root of order *m*
куби́ческий ~ cube root
~ лопа́тки (*турбины*) (blade) root
мни́мый ~ imaginary root
одина́ковые ~ни coincident roots
первообра́зный ~ primitive root
посторо́нний ~ extraneous [unwanted] root
просто́й ~ simple root
разли́чные ~ни distinct roots
сопряжённые ~ни conjugate roots (*of an equation*)
~ *n*-й сте́пени *n*th root (*of a number*)
~ тре́тьей сте́пени cube root
~ уравне́ния root [solution, zero] of an equation

корешо́к *м.* **книги** spine, backbone

корзи́на *ж.* basket
приёмная ~ (*установки непрерывного литья*) discharge basket
~ с откидны́м дни́щем dump-bottom basket

коридо́р *м.* **1.** (*здания*) corridor **2.** (*на судне*) alley(way)
~ обслу́живания телефо́нного коммута́тора switchboard gallery
тру́бный ~ lane
~ управле́ния подста́нции control aisle of a substation

ко́рка *ж.* **1.** crust **2.** *мет.* scum **3.** (*краски в банке*) skin
~ отли́вки skin of a casting
~ сли́тка (*образуемая при кристаллизации*) rim; (*поверхностный слой слитка*) skin

корм *м.* feed, fodder
брикети́рованный ~ pelletized feed
гранули́рованный ~ pelletized feed
гру́бый ~ roughage, coarse fodder
жи́дкий ~ feeding slop
зелёный ~ green fodder, green food
комбини́рованный ~ (*комбикорм*) formula feed
концентри́рованный ~ concentrated food
минера́льный ~ mineral food
подно́жный ~ pasturing grass grazing fodder
сило́сный ~ ensilage fodder
со́чный ~ succulent feed, succulent fodder, succulent food

кормá *м. мор.* stern
бульбообрáзная ~ bulb(ous) stern
трáнцевая ~ transom stern
туннéльная ~ tunnel stern
кормодробилка *ж.* fodder grinder
кормозагрýзчик *м.* feed loader
кормозапáрник *м.* fodder steamer, feed steaming plant
кормоизмельчи́тель *м.* food chopper
кормокýхня *ж.* food-preparing house
кормомешáлка *ж.* food mixer
кормораздáтчик *м.* bunk feeder, fodder distributor
скребкóвый ~ flight-type feeder
трóсовый ~ cable-type feeder
цепнóй ~ chain(-type bunk) feeder
шнéковый ~ auger feeder
корморéзка *ж.* food cutter, fodder chopper
кормосмеси́тель *м.* food mixer
кормоцéх *м.* feed preparation shop, feed preparation section
кормýшка *ж.* feeder, feeding trough, feeding rack, manger
корнеизмельчи́тель *м.* root shredder
корнеискáтель *м. вчт.* root solver, polynomial evaluator
корнеклубнемя́лка *ж.* root pulper
корнемóйка *ж.* root washer
корнерéзка *ж.* root cutter, root slicer
корнечи́стка *ж.* root peeler
кóроб *м.* duct
вентиляциóнный ~ ventilation skip
~ для обрéзи *мет.* crop end bucket
~ для óтжига annealing pot
загрýзочный ~ *мет.* charging box
напóрный ~ *тепл.* delivery duct
отсóсный ~ *тепл.* suction duct
раздающий ~ *тепл.* delivery duct
цементациóнный ~ *мет.* case-hardening [carburizing] box
корóбиться *гл.* (*преимущественно в продольном направлении*) buckle; (*преимущественно в поперечном направлении, перекручиваться*) warp
корóбк/а *ж.* box
анерóидная ~ evacuated capsule
~ блóка (*полиспаста*) pulley casing
ввóдная ~ *эл.* inlet box
воздýшная ~ (*конвертера*) wind-box, air chest
входнáя ~ (*центробежного вентилятора*) inlet box
~ вы́водов *эл.* terminal box
дверная ~ door frame ☐ **укреплять дверную ~у деревя́нными вклáдышами [прóбками]** anchor the door frame to built-in wooden blocks; **укреплять дверную ~у к клáдке ершáми** anchor the door frame to the masonry by metal anchors
~ для киноплёнки film can
~ дóма *стр.* shell of a house
дымовáя ~ smokebox
золотникóвая ~ (*паровой машины*) steam chest
кáбельная ~ *эл.* cable [splice] box

корóбк/а
кáбельная, ввóдная ~ (*ввод в здание*) cable service box
кáбельная, оконéчная ~ cable head, cable end box, sealing chamber
кингстóнная ~ *мор.* sea chest
клáпанная ~ 1. valve box, valve chest **2.** (*паровой машины*) steam chest; nozzle box, nozzle chamber
клéммная ~ *эл.* terminal box
манометри́ческая ~ (*в высотомере*) barometric capsule
мундштýчная ~ (*респиратора*) mouthpiece box
огневáя ~ *тепл.* fire-box
окóнная ~ window casing
ответви́тельная ~ *эл.* junction box
паровáя ~ (*паровой машины*) steam belt, steam chest
парораспредели́тельная ~ *ж.-д.* steam box
~ передáч gear-box, transmission
~ передáч, бесшýмная silent-mesh gear-box, silent-mesh transmission
~ передáч, гидравли́ческая hydraulic gear-box
~ передáч, гидромехани́ческая hydromechanic transmission
~ передáч, дополни́тельная auxiliary gear-box
~ передáч, раздáточная transfer gear-box, transfer case
~ передáч с ручны́м управлéнием manual gear-box, manual [stick] transmission
~ передáч, ступéнчатая fixed-ratio transmission
~ передáч, фрикциóнная friction gear-box
~ плáвких предохрани́телей fuse box
~ подáч (*станка*) feed gear-box
распредели́тельная ~ *эл.* distribution [distributing, branch] box
сильфóнная ~ bellows element
~ скоростéй speed gear-box, speed-change box
сопловáя ~ (*паровой машины*) nozzle box, nozzle chamber
тóпочная ~ fire-box
формóвочная ~ *стр.* mould box
фýрменная ~ blast [tuyere] box
челнóчная ~ *текст.* shuttle box
челнóчная, выдвижнáя ~ *текст.* horizontal-motion multiple box
челнóчная, револьвéрная ~ *текст.* circular [revolver] shuttle box
ши́берная ~ damper hood, damper housing
шпациóнная ~ *полигр.* spaceband box
штéпсельная ~ plug box
короблéние *с.* **1.** (*преимущественно в продольном направлении*) buckling; (*преимущественно в поперечном направлении с перекручиванием*) warpage, warping; (*дефект в виде искажения конфигурации чугунной отливки*) distortion

коробле́ние
~ древеси́ны, попере́чное (transverse) warping
~ древеси́ны, продóльное bowing, twisting
~ пруткá, поперéчное kink
~ пруткá, продóльное buckle
коробовáтость *ж.* (*листа*) *мет.-об.* camber, warpage
корóбочка *ж.* box
~ катýшечного высевáющего аппарáта feed chamber
корóвник *м.* cowhouse
~ для беспри́вязного содержáния скотá loose-housing barn
~ для при́вязного содержáния скотá tie barn
~ для стóйлового содержáния скотá stall barn
однорядный ~ single-row cowhouse
королёк *м.* **1.** bead; button **2.** (*в металле*) entrapped cold shot
~ метáлла в шлáке metal(lic) shot
корóль *м.* **шлюза** pointing sill
коромы́сло *с. маш.* rocker
~ весóв (*весового дозатора*) weigh beam
~ клáпана *двс* valve rocker
~ уравни́теля тóрмоза brake equalizer
корóна *ж.* (*коронный разряд*) corona (discharge)
высокочастóтная ~ r.f. corona (discharge)
сóлнечная ~ solar corona
корони́рование *с.* corona (discharge)
корони́ровать *гл.* display [exhibit] a corona
корóнк/а *ж.*:
буровáя ~ *горн.* drill bit ☐ **арми́ровать буровýю ~у наплáвкой твёрдого сплáва** hard-face a drill bit; **арми́ровать буровýю ~у твердосплáвными пласти́нками** tip a drill bit with a diamond substitute [with a sintered carbide]; **заправля́ть буровýю ~у** dress [sharpen] a drill bit; **перезатáчивать буровýю ~у** (*с уменьшением размера*) re-grind a drill bit
буровáя, алмáзная ~ diamond drill bit
буровáя, бескéрновая ~ full-hole drill bit
буровáя ~ для выбýривания кéрна coring drill bit
буровáя, дробовáя ~ drag drill bit
буровáя, звёздчатая ~ star [rose] drill bit
буровáя, зуби́льная ~ chisel drill bit
буровáя, крестóвая ~ cross drill bit
буровáя, перфорáторная ~ hammer drill bit
буровáя, ступéнчатая ~ pilot drill bit
буровáя, съёмная ~ detachable drill bit
буровáя, твердосплáвная ~ carbide-insert [diamond-substitute-insert] drill bit

коро́нк/а
бурова́я, трёхпе́рная ~ three-point [three-wing] drill bit
короно́граф *м. астр.* coronograph
короносто́йкость *ж.* corona resistance
корообди́рка *ж.* 1. (*процесс*) (de)barking 2. (*устройство*) barker
бараба́нная ~ drum barker
короткозамыка́тель *м.* short-circuiting [earthing, grounding] switch
коротьё *с. лес.* (*короткомерный сортимент*) short log
ко́рпус *м.* 1. *маш.* body, case, housing, frame 2. (*двигателя, трансформатора и т. п. в качестве «земли»*) *эл.* frame, case; (*шасси в качестве «земли»*) *эл., рад. англ.* chassis earth; *амер.* chassis ground □ **выдава́ть [подключа́ть] ~ на ...** *эл.* apply earth [ground] to ...; **замыка́ть на ~** earth [ground] to the frame [to the case], return to chassis ground; **замыка́ть на ~ на самолёте** connect to ground on the structure of the airplane 3. (*«земляная» шина или провод схемы*) *эл., рад.* return wire 4. *полигр.* long primer [10-point] type 5. (*здание*) building; block
~ авторучки barrel
~ автосце́пки automatic coupler casing, automatic coupler body
~ амортиза́тора shock absorber body
~ ве́нтиля valve body
~ вентиля́тора fan case, fan casing
~ выпарно́го аппара́та (*многокорпусного*) effect
~ выпарно́го аппара́та, пе́рвый the 1st effect
~ высева́ющего аппара́та *с.-х.* feed cup, feed shell
герметизи́рованный ~ pressurized body
~ гироузла́ gyro case
~ глуши́теля *авто англ.* muffler body; *амер.* silencer body
~ горе́лки burner body
~ громкоговори́теля basket
~ дроби́лки crusher shell
~ землечерпа́лки dredge hull
~ измери́тельного прибо́ра instrument case
~ карбюра́тора carburettor body
~ кла́пана valve body
~ ко́мпаса compass bowl
~ компре́ссора compressor casing
~ конденса́тора condenser shell, condenser casing
~ котла́ boiler shell
~ кра́на (*трубная арматура*) cock body
~ логарифми́ческой лине́йки body of a slide rule
~ многоко́рпусного котлоагрега́та furnace; half-boiler
~ мундштука́ (*экструдера*) *пласт.* die base
~ насо́са (pump) case, casing
~ отопи́тельного радиа́тора radiator box

ко́рпус
~ пе́чи furnace body
плу́жный ~ plough body, plough bottom
~ подши́пника bearing housing, bearing body, bearing case
~ по́ршня piston barrel
~ пьезоэлектри́ческого резона́тора enclosure
~ ра́дио- *или* ТВ приёмника cabinet
~ раке́тного дви́гателя rocket motor case
~ раке́ты rocket airframe
~ распредели́теля *авто* distributor body
~ су́дна (ship) hull; (*на теоретическом чертеже*) body plan
~ су́дна, го́лый naked (ship) hull
~ телефо́нного ште́пселя plug sleeve
~ теплообме́нника shell
~ транзи́стора transistor case, transistor enclosure
~ тру́бной армату́ры valve body
~ турби́ны turbine casing
~ турби́ны, вну́тренний inner (turbine) shell
~ турби́ны с двойны́ми сте́нками double (turbine) casing
~ у́гольного стру́га plough body
~ челнока́ *текст.* shuttle body
~ электро́нного устро́йства 1. (*оболочка*) case, package □ **блок размеща́ется в ~е электро́нного устро́йства разме́ром 20 × 10 × 8 см** the unit is housed in a package 20 cm long by 10 cm wide by 8 cm high 2. (*основной блок, в котором располагаются сменные блоки или модули*) mainframe
корпу́скула *ж.* corpuscle
ко́ррекс *м.* (*лента для обработки фотоплёнки*) apron
корректи́рование *с.* correction, adjustment
корректи́ровать *гл.* 1. correct, adjust 2. (*курсовую систему*) *нвг.* maintain by reference □ **~ по (встро́енным) гироско́пам** maintain by reference to (built-in) gyros
корректиро́вка *ж.* correction, adjustment
корре́ктность *ж. мат.* correctness, reasonableness
корре́ктор *м.* 1. (*устройство*) corrector, adjuster 2. (*издательский работник*) proof-reader
амплиту́дный ~ *свз.* attenuation equalizer
возду́шный ~ *двс* air valve
высо́тный ~ altitude compensator
~ девиа́ции ко́мпаса compass adjuster
~ нуля́ (*измерительного прибора*) zero adjuster
~ оста́точного затуха́ния line residual equalizer
~ оши́бки (*гирокомпаса*) **по ку́рсу и ско́рости** course-and-speed corrector

корре́ктор
~ оши́бок error corrector
фа́зовый ~ phase corrector
~ цветоделе́ния colour corrector
~ широ́тной оши́бки (*гирокомпаса*) latitude corrector
корре́кторская *ж.* proof-room
корректу́ра *ж.* 1. (*оттиск*) proof 2. (*проверка и исправление*) proof reading
~ в гра́нках galley proof
пе́рвая ~ first proof
подписна́я ~ foundry proof
цветодели́тельная ~ colour correction
корре́кци/я *ж.* 1. correction 2. (*процесс*) slaving
амплиту́дная ~ *свз.* amplitude equalization, frequency correction
амплиту́дно-часто́тная ~ frequency-response equalization
амплиту́дно-часто́тная ~ на ве́рхних часто́тах (*полосы пропускания*) high-frequency compensation
амплиту́дно-часто́тная ~ на ни́зких часто́тах (*полосы пропускания*) low-frequency compensation
~ аперту́рных искаже́ний aperture compensation
~ астигмати́зма astigmatism correction
~ бочкообра́зного искаже́ния ра́стра *тлв.* barrel correction
высокочасто́тная ~ high-frequency compensation
высо́тная ~ altitude correction, altitude compensation
~ гироко́мпаса, азимута́льная *нвг.* slaving to [synchronization with] the earth's meridian
~ гироко́мпаса, инерциа́льная *нвг.* inertial slaving
~ гироко́мпаса, магни́тная *нвг.* magnetic slaving □ **вводи́ть магни́тную ~ю гироко́мпаса по магни́тному ко́мпасу** reset the directional gyro with a magnetic compass
~ гиромагни́тного ко́мпаса по магни́тному ко́мпасу, азимута́льная *нвг.* slaving [synchronization] via [by means of] a magnetic compass
~ гироско́па (gyro) monitoring, (gyro) slaving □ **выключа́ть ~ю гироско́па** disconnect [disable] the monitor; **~ гироско́па осуществля́ется генера́тором-корре́ктором** a torque generator inserts correcting signals to re-align the gyro to the correct position
~ гироско́па, ма́ятниковая gravity monitoring, gravity slaving
~ града́ций я́ркости gamma correction
~ движе́ния (*в космическом полёте*) motion correction
~ динами́ческих свойств *авт.* dynamic correction
~ ку́рса сле́дования *нвг.* course correction

корре́кци/я
низкочасто́тная ~ low-frequency compensation
~ по возде́йствию *авт.* position [proportional] (corrective) action
~ подушкообра́зного искаже́ния ра́стра *тлв.* pin-cushion correction
~ по произво́дной *авт.* derivative (corrective) action
~ по ско́рости *авт.* rate (corrective) action
~ постискаже́ния *свз.*, *тлв.* de-emphasis, post-emphasis, post-equalization
~ предыскаже́ния *свз.*, *тлв.* pre-emphasis, predistortion, pre-equalization
~ систе́мы регули́рования improvement of control-system performance; (*устранение нежелательного фактора*) compensation; (*стабилизация*) stabilization
~ систе́мы регули́рования, паралле́льная feedback [parallel] compensation; feedback [parallel] stabilization
~ систе́мы регули́рования, после́довательная series [cascade] compensation; series [cascade] stabilization
~ трапецеида́льного искаже́ния *тлв.* keystone correction
~ фа́зовых искаже́ний phase correction
хромати́ческая ~ colour correction
~ часто́тной характери́стики frequency(-response) compensation; frequency-response equalization
~ часто́тной характери́стики, форси́рованная паралле́льная shunt-peaking frequency compensation
коррели́рованность *ж.* correlation
коррели́ровать *гл.* correlate
коррелогра́мма *ж.* correlogram, correlation curve
корреломе́тр *м.* correlator
анало́говый ~ analogue correlator
цифрово́й ~ digital correlator
коррелятогра́мма *ж.* correlatogram
коррелято́граф *м.* plotting correlator
корреля́тор *м.* correlator (*см. тж.* **корреломе́тр**)
корреля́ция *ж.* correlation, (*автокорреляция*) autocorrelation
взаи́мная ~ cross-correlation
мно́жественная ~ multiple correlation
~ по вре́мени time correlation, correlation in time
статисти́ческая ~ statistical correlation
упоря́доченная ~ ordered correlation
ча́стная ~ partial correlation
корреспонде́нт *м.* (*в радиосвязи*) distant station □ **вызыва́ть ~а** signal the distant station; **уведомля́ть ~а о ...** notify the distant station as to ...; **устана́вливать связь с ~ом** contact the distant station
корреспонде́нция *ж. тлф.*, *тлг.* traffic
входя́щая ~ incoming traffic
исходя́щая ~ outgoing traffic
транзи́тная ~ transit [through-line] traffic
корриги́рование *с.* correlation adjustment
корроди́рование *с.* corrosion
корроди́ровать *гл.* corrode
коррозио́нность *ж.* corrodibility
корро́зи/я *ж.* corrosion □ **предотвраща́ть ~ю** inhibit corrosion; **предотвраща́ть распростране́ние ~и** lock out further corrosion; **спосо́бствовать ~и** promote corrosion
атмосфе́рная ~ atmospheric corrosion
~ блужда́ющим то́ком leakage-current [stray-current] corrosion
~ вне́шним то́ком external current corrosion
внутрикристалли́тная ~ intragranular corrosion
водоро́дная ~ hydrogen corrosion, hydrogen attack
га́зовая ~ gas corrosion
защи́тная ~ sacrificial corrosion
избира́тельная ~ selective corrosion
интеркристалли́тная ~ intercrystalline corrosion
кавитацио́нная ~ cavitation corrosion
кисло́тная ~ acid corrosion, acid attack
конта́ктная ~ galvanic [two-metal] corrosion
кристалли́тная ~ crystalline corrosion
межкристалли́тная ~ intercrystalline corrosion
ме́стная ~ isolated [local(lized)] corrosion
морска́я ~ sea-water corrosion
неравноме́рная ~ (*протекающая с разной скоростью*) nonequal(-rate) corrosion
нитеви́дная ~ thread-line corrosion
ножева́я ~ knife-line attack, knife-line corrosion
о́спенная ~ tubecular corrosion
парова́я ~ steam corrosion
подво́дная ~ immersed corrosion
подзе́мная ~ underground corrosion
~ под напряже́нием stress corrosion
подпове́рхностная ~ subsurface corrosion
по́ристая ~ pin-hole corrosion
посло́йная ~ layer corrosion
~ при тре́нии fretting [chafing] corrosion
~ пя́тнами spot(s) corrosion
равноме́рная ~ uniform attack
серни́стая ~ sulphur attack
сквозна́я ~ penetration corrosion
~ с образова́нием глубо́ких язв honeycomb corrosion
солева́я ~ salt attack
сплошна́я ~ general wastage
корро́зи/я
структу́рная ~ structural corrosion
суха́я ~ dry corrosion
то́чечная ~ point(ed) corrosion
транскристалли́тная ~ transcrystalline corrosion
уда́рная ~ impingement attack
хими́ческая ~ chemical corrosion
щелева́я ~ crevice corrosion
электролити́ческая ~ electrolytic corrosion
электрохими́ческая ~ electrochemical [galvanic] corrosion
я́звенная ~ pitting
кору́нд *м.* corundum □ **спека́ть ~** sinter corundum
иску́сственный ~ manufactured corundum □ **пла́вить иску́сственный ~** prepare manufactured corundum by fusion
корчева́тель *м.* (*пней*) stump-puller, stumper; (*корней, кустарников*) uprooter, grubber
корчева́тель-бульдо́зер *м.* tree-dozer
корчева́ть *гл.* (*пни*) stump out, pull stumps; (*корни, кустарники*) uproot
коры́то *с.* trough, pan
балла́стное ~ *ж.-д.* ballast tank, ballast pocket
~ для стру́жки *маш.* chip [swarf] pan
коте́льное ~ (*элемент котла*) half-cylinder
кра́сочное ~ *полигр.* ink trough
ма́сляное ~ drain [oil] pan
меси́льное ~ kneading trough
~ мо́ста, балла́стное *стр.* mallet [buckled] plate
отса́дочное ~ *мет.* jigging pan
перечистно́е ~ *мет.* scouring pan
толче́йное ~ *мет.* stamp vat
корьё *с.* (*дубильное или пробочное*) bark
корьедроби́лка *ж.* bark [tan(ning)] mill
корьело́мка *ж.* bark-breaker
корьере́зка *ж.* bark-cutter, bark-chopper
коса́ *ж.* (*намывная полоса суши*) (sand) bar
косе́канс *м.* cosecant, cosec, csc
гиперболи́ческий ~ hyperbolic cosecant, cosech, csch
косеканcóида *ж.* cosecant curve
коси́лка *ж.* mower, mowing machine
навесна́я ~ mounted mower
прицепна́я ~ trail-behind mower
самохо́дная ~ self-propelled mower
ко́синус *м.* cosine, cos
гиперболи́ческий ~ hyperbolic cosine, cosh
интегра́льный ~ cosine integral
~ направле́ния *геод.*, *топ.* cosine of direction (arm), direction cosine
обращённый ~ versed cosine
ко́синус-ве́рзус *м.* versed cosine
косинусо́ида *ж.* cosinusoid, cosine curve

косинусо́ида
 двойна́я ~ figure-of-eight curve
ко́синус фи *м.* power factor, cos φ
коси́ть *гл.* mow, cut
космови́дение *с.* space television
космого́ния *ж.* cosmogony
космодро́м *м.* space-launch complex
космоло́гия *ж.* cosmology
космона́вт *м.* (*термин относится только к советским лётчикам-космонавтам*) cosmonaut (*американский термин* — **астрона́вт** astronaut)
космона́втика *ж.* cosmonautics, astronautics
ко́смос *м.* the cosmos, (outer) space □ **вы́ход в откры́тый** ~ extravehicular activity, EVA; **иссле́довать** ~ explore outer space
 бли́жний ~ near(-the-earth) space
 да́льний ~ deep space
космохи́мия *ж.* space chemistry
косови́чник *м. горн.* back entry
кососве́т *м.* oblique luminaire
кососло́й *м.* **1.** (*залегание породы*) oblique bed **2.** (*порок строения древесины*) cross [diagonal] grain
косоу́р *м. стр.* stair carriage, string(er); bridge board
костедроби́лка *ж.* bone mill, bone crusher, bone grinder
костёр *м.* **1.** wood fire **2.** *горн.* (*клеть*) chock, crib
костра́ *ж.* awn, shave, chaff, shive, boon
костыледёр *м.* spike drawer, spike puller
 механи́ческий ~ power-driven spike puller
костылезаби́вщик *м.* spike-driver
косты́ль *м.* **1.** (*деталь для крепления рельсов*) spike **2.** *ав.* skid
 подкры́лый ~ balancer skid
 хвостово́й ~ tail skid
кость *ж.* bone
 игра́льная ~ die; *мн.* dice □ **броса́ть игра́льную** ~ cast [toss] a die
 игра́льная, *n*-гра́нная ~ *n*-faced die
 пра́вильная ~ fair [honest, unbiased] die
костю́м *м.* suit
 высо́тно-компенсацио́нный ~ **[ВКК]** (high-) altitude [(partial-)pressure, pressurized] suit
 косми́ческий ~ spacesuit
 противоперегру́зочный ~ anti-g suit
 противоперегру́зочный ~ **с гидравли́ческим обжа́тием** water suit
 ~ **с систе́мой жизнеобеспече́ния, защи́тный** survival suit
косы́нка *ж. тепл.* gusset plate
кося́к *м.*:
 дверно́й ~ door jamb
 око́нный ~ window post
кота́нгенс *м.* cotangent, cot, ctn
 гиперболи́ческий ~ hyperbolic cotangent, coth, ctnh
контангенсо́ида *ж.* cotangent curve
котёл *м.* (*паровой*) boiler; (*технологический, варочный и т. п.*) kettle, pan □ **подде́рживать** ~ **в горя́чем резе́рве** *тепл.* bank a boiler; **раста́пливать** ~ kindle a boiler
котёл
 ба́зисный ~ base-load boiler
 бесто́почный ~ unfired boiler
 би́тумный ~ asphalt heater
 бланширо́вочный ~ *пищ.* blancher, blanching boiler
 бло́чный ~ modular boiler
 ва́рочный ~ digester, cooker; (*для гипса*) kettle
 водогре́йный ~ hot-water boiler
 водотру́бный ~ water-tube boiler
 га́зовый ~ gas-fired boiler
 газомазу́тный ~ gas-and-oil-fired boiler
 газотру́бный ~ gas-tube [fire-tube] boiler
 двухко́нтурный ~ double-pressure boiler
 двухко́рпусный ~ two-furnace boiler
 девулканизацио́нный ~ devulcanizing pan, devulcanizer
 ~ **для вы́топки жи́ра** rendering tank, fat melter
 ~ **для вы́топки жи́ра под давле́нием** pressure fat melter
 ~ **для вы́топки жи́ра сухи́м ме́тодом** dry rendering melter
 дражиро́вочный ~ dragée pan
 дымога́рный ~ fire-tube boiler
 жаротру́бный ~ shell(-type) [flue] boiler
 зато́рный ~ *пищ.* mash tank, mash tub, wort kettle
 клеева́рочный ~ glue kettle
 мазу́тный ~ oil-fired boiler
 мылова́ренный ~ soap pan, soap (boiling) kettle, soap copper
 огнетру́бный ~ fire-tube [smoke-tube] boiler
 однoко́рпусный ~ single-furnace boiler
 отливно́й ~ *полигр.* metal pot, crucible
 отопи́тельный ~ heating boiler
 парово́й ~ steam boiler, steam generator
 пи́ковый ~ peak-load boiler
 пролётный ~ single pass boiler
 промы́шленный ~ industrial boiler
 пропа́рочный ~ autoclave
 пропи́точный ~ impregnating vessel
 прямото́чный ~ straight-through boiler
 пылеу́гольный ~ pulverized-coal fired boiler
 рафиниро́вочный ~ *пищ.* refining tank
 сатурацио́нный ~ *пищ.* carbonation tank, carbonation pan
 сиропова́рочный ~ syrup pan
 ~ **с меша́лкой** agitator kettle
 ~ **с надду́вом** pressure-fired boiler
 ~ **с непосре́дственным обогре́вом, огнево́й** direct-fired kettle
котёл
 ~ **с принуди́тельной циркуля́цией** forced-circulation boiler
 ~ **с противото́ком** counter-current boiler
 судово́й ~ marine boiler
 суслова́рочный ~ brew kettle
 тру́бчатый ~ tubular boiler
 упа́рочный ~ concentrating tank, evaporator
 шатро́вый ~ *тепл.* A-type boiler
 экра́нный ~ *мет.* baffle boiler
 электри́ческий ~ electric boiler
 энергети́ческий ~ power-generating boiler
котело́к *м.* bowl
 ~ **ко́мпаса** compass bowl
 парово́й ~ baby boiler
котёл-утилиза́тор *м.* waste-heat [recovery] boiler
коте́льная *ж.* (*помещение*) boiler room; (*отдельное здание*) boiler house
котлоагрега́т *м.* boiler unit
котлова́н *м.* foundation pit
котлонадзо́р *м.* boiler inspection
котлострое́ние *с.* boiler fabrication, boiler manufacture
котониза́ция *ж. текст.* cottonizing
ко́уш *м.* thimble, dead-eye, eye(let)
кофа́ктор *м.* cofactor
кофева́рка *ж.* coffee-making machine, coffee maker
кофемо́лка *ж.* coffee mill
кофу́нкция *ж.* cofunction
коффердáм *м.* cofferdam
кочега́р *м.* stoker, fireman
кочега́рка *ж.* stokehold, fireroom
кочерга́ *ж.* rake, fire iron, poker
 пу́длинговая ~ rabble
кочерыговысве́рливатель *м.* cabbage-stump corer
кочкоре́з *м.* hillcutter
коша́ра *ж.* sheepyard
коше́ль *м.* (*для сплава леса*) bag boom
ко́шка *ж.* **1.** (*приспособление для подвешивания талей*) crab, trolley **2.** (*приспособление для отыскания затонувших предметов*) drag, grapnel, grapple **3.** (*скоба для подъёма на столбы, мачты*) climbing iron, grappler
кошма́ *ж.* felt(ing)
коэрцити́вность *ж.* coerci(ti)vity
коэрцити́метр *м.* coercimeter, coercive force meter
коэффицие́нт *м.* coefficient □ ~ **при** ... the coefficient of ...; ~ **учи́тывает** (*напр. трение, турбулентность и т. п.*) the coefficient corrects for (*e. g., friction, turbulence, etc.*)
 ~ **абрази́вности** abrasion factor
 ~ **абсо́рбции** absorption factor, absorptance, absorptivity
 ~ **авари́йного просто́я** emergency shut-down coefficient
 аку́стико-электри́ческий ~ acoustic-electric factor, acousto-electric index

коэффициéнт
~ амплитýдного искажéния amplitude distortion factor
~ амплитýды (*напряжения тока и т. п.*) peak factor
~ амплитýды и́мпульса crest factor of a pulse
~ анамoрфóзы *опт.* anamorphic ratio, anamorphosing factor
~ ассимéтрии индикатри́сы рассéяния scattering indicatrix, asymmetry coefficient
барометри́ческий ~ barometric coefficient
~ бегýщей волны́ travelling-wave factor
~ безопáсности safety factor, margin of safety □ **~ безопáсности по отношéнию к ...** factor of safety on ...
~ блокирóвки *вчт.* blocking factor
бýквенный ~ *вчт.* literal coefficient
~ быстрохóдности (*гидротурбины*) specific speed, type characteristic
вариациóнный ~ coefficient of variation
~ вертикáльной полноты́ *мор.* vertical prismatic coefficient
весовóй ~ weight coefficient, weight factor
~ взаи́мной индýкции mutual inductance
~ ви́димости visibility factor
~ вихревóго сопротивлéния eddy-making resistance coefficient
~ влия́ния кóрпуса *мор.* hull efficiency
~ возврáта reset ratio
~ возврáта теплá reheat factor
~ воздéйствия по интегрáлу integral action coefficient
~ воздéйствия по произвóдной derivative action coefficient
~ волновóго сопротивлéния wave-resistance [wave-drag] coefficient
~ волочéния drag coefficient
~ воспроизводи́мости repeatability factor
~ воспроизвóдства (*ядерного горючего*) breeding ratio
~ воспроизвóдства (*ядерного горючего*), **избы́точный** breeding gain
~ втори́чной эми́ссии secondary emission ratio
вы́годности автотрансформáтора co-ratio of an autotransformer
~ гáзового усилéния gas amplification factor
~ геометри́ческого подóбия coefficient of geometric similarity
~ гистерéзиса hysteresis constant
~ готóвности availability (factor)
~ дальномéра stadia factor
~ делéния (*делителя частоты, пересчётной схемы и т. п.*) count-down (ratio), division ratio
~ демпфи́рования damping factor
~ диэлектри́ческих потéрь dielectric loss factor

коэффициéнт
~ дневнóго освещéния daylight factor
~ добрóтности (*контура, катушки и т. п.*) factor of merit, Q-factor; (*измерительного прибора*) torque-to-weight ratio
~ довéрия *стат.* confidence coefficient
~ дросселúрования throttling coefficient
~ дýбности degree of tannage, tanning number
~ естéственной освещённости daylight factor
~ жёсткости stiffness coefficient
жи́дкостный ~ *кож.* volume [water-to-goods, water-to-pelt] ratio
~ загрýзки loading factor
~ загрýзки турби́ны turbine load factor
~ загрязнéния fouling factor
~ заня́тия *тлф.* call fill
~ запáздывания lag coefficient
~ запáса при отпускáнии релé safety factor for drop-out
~ запáса при срабáтывании релé safety factor for pick-up
~ заполнéния (*отношение длительности импульса к периоду повторения*) pulse ratio, pulse duty factor
~ заполнéния обмóтки space factor of a winding
~ заполнéния сýдна block coefficient of a ship
~ затухáния damping factor; (*линии передачи*) attenuation constant
~ защи́тного дéйствия антéнны front-to-back ratio of an antenna
~ звукопоглощéния sound absorption coefficient, acoustical absorptivity
~ звукопропускáния sound transmission coefficient, acoustical transmittivity
~ зеркáльных помéх *рад.* image ratio
~ избы́тка вóздуха excess-air coefficient
~ излучéния emissivity
~ инвéрсии inversion level ratio
~ индýкции self-inductance
~ ионизáции ionization coefficient
~ искажéния distortion factor
~ искажéния площадéй *карт.* area-distortion ratio
~ искажéния форм *карт.* shape-distortion ratio
~ испóльзования utilization factor
~ кáчества (*в радиобиологии*) relative biological effectiveness
~ кáчества (телегрáфной) свя́зи error rate of (telegraph) communication
~ кислóтности acid number
~ когерéнтности normalized coherence function
~ контрáстности gamma
~ концентрáции *свз.* demand [load, capacity] factor

коэффициéнт
~ концентрáции напряжéний (*напр. в металле*) notch-sensitivity index
~ концентрáции телефóнной нагрýзки telephone traffic load factor
~ крýтки coefficient of twist, twist factor
~ летýчести fugacity coefficient
~ линéйного расширéния coefficient of linear expansion
~ лобовóго сопротивлéния drag coefficient
~ массообмéна mass-transfer coefficient
~ массопередáчи mass-transfer coefficient
масштáбный ~ *вчт.* scale factor □ **уточня́ть масштáбный ~** revise (and improve) scale factor
~ модéли (*в моделировании*) coefficient of the model equation □ **деформи́ровать ~ы модéли** strain the coefficients in the model equation(s)
~ модуля́ции (*при амплитудной модуляции*) *англ.* depth of modulation; *амер.* percent modulation; (*при частотной модуляции*) modulation index
~ момéнта torque coefficient
~ мóщности power factor, cos φ
~ нагрýзки *эл.* load factor
~ надёжности reliability index
~ накáчки *элн.* pumping ratio
~ напрáвленного дéйствия антéнны directive (antenna) gain
~ нелинéйного искажéния non-linear distortion [klirr] factor
~ неодновремéнности diversity factor
неопределённый ~ undetermined coefficient
~ обжáтия *прок.* draft ratio, reduction coefficient
~ обрáтной свя́зи feedback factor
~ óбщей полноты́ *мор.* block coefficient
~ объединéния по вхóду *элн.* fan-in
~ объёмного расширéния coefficient of volumetric expansion
~ ослаблéния синфáзных сигнáлов common-mode rejection ratio
~ остáточного сопротивлéния residual-resistance coefficient
~ отдáчи yield efficiency
~ отпускáния релé reset factor of a relay
~ отражéния reflectance, reflectivity, reflection factor
переводнóй ~ conversion factor
~ передáчи *элн.*, *авт.*, gain (factor)
~ передáчи дифференциáльного регуля́тора derivative gain (factor)
~ передáчи интегрáльного регуля́тора integral gain (factor)
~ передáчи по напряжéнию voltage transfer ratio
~ передáчи преобразовáтеля transducer gain

коэффицие́нт

~ **переда́чи пропорциона́льного регуля́тора** proportional gain [factor]
~ **переда́чи прямо́го тра́кта** forward-circuit gain
~ **перекрёстных поме́х** crosstalk factor
~ **перено́са** (base) transport factor
~ **переориенти́рования** *топ.* overcorrection factor
~ **пересчёта** scaling ratio, scaling factor
~ **пло́тности укла́дки** (*лесоматериалов*) stacking factor
~ **пове́рхностного расшире́ния** coefficient of surface expansion
~ **повторе́ния** *вчт.* replication factor
~ **поглоще́ния** absorption factor, absorptance, absorptivity
~ **подавле́ния синфа́зной поме́хи** common-mode rejection factor
~ **подъёмной си́лы** lift coefficient
~ **поле́зного де́йствия** [кпд] efficiency
~ **поле́зного де́йствия излуче́ния анте́нны** radiation efficiency
~ **поле́зного де́йствия, индика́торный** indicated efficiency
~ **поле́зного де́йствия по ано́ду** plate efficiency
~ **поле́зного де́йствия, тя́говый** propulsion efficiency
~ **поле́зного де́йствия, эффекти́вный** effective [net] efficiency
~ **по́лного сопротивле́ния** total-resistance coefficient
~ **полнодреве́сности** stacking factor
~ **полноты́ водоизмеще́ния** block coefficient
~ **полноты́ ми́дель-шпанго́ута** midship(-section) coefficient
~ **полноты́ пло́щади ватерли́нии** waterplane (area) coefficient
~ **полноты́ пло́щади пла́вания** waterplane (area) coefficient
~ **полноты́ сгора́ния** combustion efficiency
~ **по́лных затра́т** coefficient of overall outlays
~ **по́ля** *эл.* field-form factor
~ **попере́чной полноты́** *мор.* transverse prismatic coefficient
попра́вочный ~ correction factor
~ **попу́тного пото́ка** *мор.* wake fraction
~ **по́ристости** voids ratio
~ **поры́вистости** gust factor
постоя́нный ~ constant coefficient
~ **поте́рь** loss factor
~ **потокосцепле́ния** linkage coefficient
~ **преломле́ния** index of refraction, refractive index
~ **продо́льной полноты́** *мор.* prismatic coefficient
~ **проница́емости се́тки** (*лампы*) penetration factor, durchgriff, through-grip

коэффицие́нт

~ **пропорциона́льного возде́йствия** proportional action (factor)
~ **пропорциона́льности** coefficient [factor] of proportionality, proportionality factor
пропульси́вный ~ *мор.* propulsive coefficient
~ **просто́я** downtime rate, downtime ratio
~ **профила́ктики** preventive maintenance ratio
~ **прямоуго́льности** 1. (*магнитных материалов*) squareness ratio 2. (*усилителей, приёмников*) bandwidth ratio, (bandwidth) shape factor, relative bandwidth
~ **прямы́х затра́т** cost coefficient
~ **Пуассо́на** *сопр.* Poisson's ratio
~ **пульса́ции** ripple factor, ripple ratio, percent ripple
~ **пусто́тности** void ratio
~ **разбавле́ния** dilution ratio
~ **разветвле́ния по вы́ходу** *элн.* fan-out
~ **распростране́ния** propagation factor; (*линии передачи*) propagation constant
~ **расшире́ния, терми́ческий** thermal coefficient of expansion
~ **регре́ссии** coefficient of regression
~ **регули́рования** control factor
~ **самовыра́внивания** self-regulation
~ **самоинду́кции** (self-)inductance
~ **свя́зи** coupling coefficient
~ **скольже́ния** coefficient of sliding [kinetic] friction
~ **скру́тки** (*кабеля*) lay ratio
~ **слы́шимости** audibility factor
~ **стабилиза́ции** stabilization factor
~ **стати́ческой оши́бки** position error coefficient
~ **стоя́чей волны́** standing-wave ratio, SWR
~ **стоя́чей волны́ по напряже́нию** voltage standing-wave ratio, VSWR
~ **суже́ния струи́** contraction coefficient
~ **та́ры ваго́на** tare-load ratio of a railway car
~ **температу́рного расшире́ния** coefficient of thermal expansion
температу́рный ~ temperature coefficient
температу́рный ~ **ёмкости** temperature coefficient of capacitance
температу́рный ~ **индукти́вности** temperature coefficient of inductance
температу́рный ~ **сопротивле́ния** temperature coefficient of resistance
температу́рный ~ **частоты́** temperature coefficient of frequency
температу́рный ~ **электродви́жущей си́лы** temperature coefficient of electromotive force
~ **температуропрово́дности** thermal diffusivity

коэффицие́нт

~ **тензочувстви́тельности** the gauge factor of a strain gauge
~ **теплово́го расшире́ния** coefficient of thermal expansion
~ **термоэлектродви́жущей си́лы** thermoelectric coefficient
~ **трансформа́ции** transformation ratio
~ **тре́ния** friction coefficient
~ **тре́ния движе́ния** coefficient of sliding [kinetic] friction
~ **тре́ния поко́я** coefficient of friction of rest, coefficient of static friction
трёхцве́тный ~ (*в колориметрии, телевидении*) trichromatic coefficient, chromaticity coordinate
углово́й ~ (*прямой линии*) slope
уде́льный ~ (*в колориметрии*) relative trichromatic coordinate, distribution coefficient
~ **уплотне́ния** (*в порошковой металлургии*) compression ratio
~ **уса́дки** shrinkage factor, shrinkage ratio
~ **усиле́ния** 1. (*лампы*) amplification factor 2. (*каскада, схемы*) gain (factor)
~ **усиле́ния анте́нны** antenna gain
~ **усиле́ния без обра́тной свя́зи** open-loop gain
~ **усиле́ния по то́ку** current gain
~ **уста́лости** fatigue ratio
~ **утри́рования релье́фной ка́рты** ratio of exaggeration
~ **фа́зового регули́рования** phase control factor
~ **фа́зы** (*линии передачи*) phase (shift) constant
~ **фо́рмы** 1. (*напряжения, тока*) form factor 2. (*лесоматериала*) diameter quotient
холоди́льный ~ coefficient of performance of a refrigerating machine
числово́й ~ numerical coefficient
~ **шерохова́тости** roughness factor, roughness coefficient
~ **шу́ма** noise factor, noise figure
~ **шунти́рования** *изм.* multiplying power of a shunt
~ **экрани́рования** screening number, screening constant
~ **электровооружённости труда́** electric power (available) per worker
~ **эффекти́вности усили́теля** root gain-bandwidth product
~ **я́ркости** luminance factor

край *м.* (*кромка*) edge; (*граница*) boundary
~ **кры́ши** verge of a roof
набега́ющий ~ (*щётки электрической машины*) entering edge
~ **полосы́ пропуска́ния** band edge
сбега́ющий ~ (*щётки электрической машины*) leaving edge

краковя́н *м. мат.* cracovian

кран *м.* 1. (*трубная арматура*) cock □
~ **выпуска́ет среду́** (*наружу, в от-*

водную линию) the cock discharges (*outside, into the return line*); ~ «прикипа́ет» the cock sticks; присоединя́ть ~ к трубопрово́ду mount a cock on a line; ~ пропуска́ет среду́ [течёт] the cock leaks; ~ «схва́тывает» the cock galls; управля́ть ~ом (*рукояткой, ключом*) operate a cock (*by a handle, wrench*) 2. (*подъёмный*) crane □ в ка́честве грузозахва́тных о́рганов ~ испо́льзует крюки́, бадьи́ *или* гре́йферы the crane handles loads by hook, in tubs or grab buckets; ~ передвига́ется [перемеща́ется] на ходовы́х колёсах the crane is carried by wheels; ~ передвига́ется [перемеща́ется] по ре́льсовому пути́ the crane rides a (rail) track, the crane is moved along a track

кран

аварийный ~ emergency cock
автомоби́льный ~ truck (mounted) crane, crane truck
ба́шенный ~ tower crane
водопро́бный ~ (*парового котла*) water-gauge cock
водопрово́дный ~ *англ.* tap, water tap, cock; *амер.* faucet
гре́йферный ~ clamshell [grab-bucket] crane
грузово́й ~ (*на судне*) cargo crane
гу́сеничный ~ crawler(-mounted) crane
двухходово́й ~ angle cock
декомпрессио́нный ~ pressure-release cock
~ для разде́лывания сли́тков ingot-stripping crane
до́ковый ~ dock crane
железнодоро́жный ~ locomotive [rail] crane
загру́зочный ~ *мет.* charging crane
зали́вочный ~ *мет.* hot-metal crane
запо́рный ~ shut-off cock
ка́бельный ~ cableway, cable crane
ка́пельный ~ dripcock
кату́чий насте́нный ~ (*неповоротный*) wall-track jib crane
козлово́й ~ travelling gantry [travelling bridge] crane
~ кольцева́ния (*подачи топлива*) *ав.* cross-feed valve
консо́льно-поворо́тный ~ bracket-swing crane
консо́льный ~ jib crane
консо́льный, велосипе́дный ~ mono-rail-wheeled column jib crane
консо́льный ~ на коло́нне column jib crane
консо́льный, насте́нный ~ wall-track jib crane
конте́йнерный ~ transtainer
контро́льный ~ gauge cock
ко́нусный ~ (*конусный затвор*) lifting-plug cock
магни́тный ~ magnetic crane
ма́чтовый ~ mast [derrick] crane
~ машини́ста driver's brake valve
мостово́й ~ (overhead) travelling crane □ мостово́й ~ перемеща́ется по путя́м, располо́женным в ве́рхней ча́сти це́ха a travelling crane rides an overhead [elevated] track

кран

мостово́й, двухба́лочный ~ double-I-beam [double-girder] travelling crane
мостово́й, одноба́лочный ~ single-I-beam [single-girder] travelling crane
му́фтовый ~ coupler-joined cock
~ на колёсном ходу́ wheeled crane
натяжно́й ~ non-gland cock
па́лубный ~ deck(-mounted) crane
передвижно́й ~ travelling crane
плаву́чий ~ floating crane
поворо́тный ~ rotary crane □ повора́чивать (поворо́тный) ~ swing the crane; повора́чивать (поворо́тный) ~ вручну́ю hand-slew the crane, slew the crane by hand
поворо́тный ~ на коло́нне с переме́нным вы́летом (*колонка закреплена на опоре здания*) column jib crane; (*свободностоящая колонна*) yard jib crane
поворо́тный ~ на коло́нне с постоя́нным вы́летом стрелы́ pillar jib crane
подвесно́й, одноба́лочный ~ mono-rail hoist
пожа́рный ~ fire cock; (*в системе подачи топлива на самолёте*) fuel emergency shut-off cock
полноповоро́тный ~ full-swing crane
полукозлово́й ~ semi-gantry crane
полупорта́льный ~ half-portal crane
понто́нный ~ pontoon crane
порта́льный ~ gantry unloader, gantry crane
приварно́й ~ welding-end cock
пробноспусково́й ~ pet cock
проду́вочный ~ blow-off cock
проходно́й ~ straight through cock
разли́вочный ~ (*для разливки металла в слитки*) casting [ladle] crane
ре́льсовый ~ locomotive [rail] crane
са́льниковый ~ gland cock
самоуплотня́ющийся ~ self-sealing cock
~ с выдвижно́й про́бкой lifting-plug cock
сливно́й ~ bib [drain] cock
~ с механи́ческим при́водом power-driven crane
~ с паровы́м обогре́вом steam-jacketed cock
~ с постоя́нным вы́летом стрелы́ fixed-radius crane
~ с реду́кторным при́водом gear-operated cock, gear-operated cock-type valve
~ с ручны́м при́водом hand-power crane
то́пливный ~ fuel cock
тормозно́й ~ brake valve

кран

трёхходово́й ~ three-way cock
углово́й ~ angular cock
~ управле́ния (*какой-л. системой, напр. выпуском и уборкой шасси на самолёте*) control cock
фла́нцевый ~ flanged cock
ца́пковый ~ threaded-end cock
шарово́й ~ ball cock
~ э́кстренного торможе́ния emergency brake valve

кран-ба́лка *м.* overhead-track hoist; (*катабалка*) *мор.* cat-crane, cat-davit
кату́чая ~ monorail hoist
кран-бры́згалка *м.* spray cock
кра́нец *м. мор.* fender
кормово́й ~ aft(er) [stern] fender
носово́й ~ bow [stem] fender
кранио́граф *м. мед.* craniograph
кранио́метр *м. мед.* craniometer
крановщи́к *м.* crane driver, crane operator
кран-уко́сина *м.* wall-mounted derrick crane
кранцеводи́тель *м. кож.* rand guide
кран-штабелёр *м.* (*для штабелирования грузов*) piler crane
крарупиза́ция *ж. тлф.* continuous loading
крарупизи́ровать *гл. тлф.* load continuously
краси́тель *м.* (*для тканей, мехов и т. п.*) dye (staff), colour; (*в лаке, краске*) pigment □ ~ выцвета́ет (на свету́) a dye fades; ~ закрепля́ется на волокне́ (*напр. Ван-дер-Ваальсовыми силами*) the dye is bonded to the fibre by (*e.g., Van-der-Waals forces*); ~ не линя́ет при сти́рке a dye is wash-fast; ~ не меня́ет окра́ски под де́йствием све́та a dye is light-fast; ~ несто́ек на ше́рсти a dye is unfast on wool; ~ поглоща́ет ви́димый свет избира́тельно a dye absorbs (visible) light in a selected region of the spectrum; ~ применя́ется для окра́ски (*напр. тка́ней, бума́ги*) a dye is used for the coloration of (*e. g., textiles, paper*); ~ про́чен на ше́рсти a dye is fast on wool; ~ усто́йчив к све́ту a dye is light-fast; ~ усто́йчив к сти́рке a dye is wash-fast
акти́вный ~ reactive dye
ацетонораствори́мый ~ acetone-soluble dye
десенсибилизи́рующий ~ desensitizing dye
диспе́рсный ~ disperse(d) dye
жирораствори́мый ~ fat [oil-soluble] dye, fat colour
катио́нный ~ cationic dye
кисло́тный ~ acid dye
ку́бовый ~ vat dye, vat colour □ восстана́вливать ку́бовый ~ reduce [vat] the dye; проявля́ть ку́бовый ~ re-oxidize the dye
легколиня́ющий ~ unfast dye
натура́льный ~ natural dye

краси́тель
невыра́внивающий ~ uneven colour
нераствори́мый в воде́ ~ water-insoluble dye
несмыва́емый ~ washfast
окисли́тельный ~ oxidation dye, oxidation colour
органи́ческий ~ organic dye
осно́вный ~ basic dye, basic colour
пищево́й ~ colouring matter for foodstuffs, food colour
противоорео́льный ~ anti-halo dye
протравно́й ~ mordant dye
прямо́й ~ direct [substantive] dye
раствори́мый в воде́ ~ water-soluble dye
расти́тельный ~ vegetable colour, vegetable dye (stuff)
светопро́чный ~ light-fast dye
сенсибилизи́рующий ~ sensitizing dye (stuff)
серни́стый ~ sulphur dye
синтети́ческий ~ synthetic dye
спирторастворимый ~ spirit-soluble dye
~ холо́дного [ледяно́го] кра́шения azoic dye □ **~ холо́дного кра́шения синтези́руется непосре́дственно на волокне́** an azoic dye is synthesized on the fibre
хро́мовый ~ chrome dye, chrome colour

кра́сить *гл.* (*красителем*) dye, colour; (*краской*) paint □ **~ клеево́й кра́ской** distemp

кра́ск/а *ж.* paint □ **держа́ть ~у** (*об окрашиваемом материале*) take paint (*well or poorly*); **проверя́ть на ~у** *маш.* check by blueing, apply an engineer's blue test; **разбавля́ть [разводи́ть] ~у** (*напр. водой, растворителем*) thin a paint with (*e. g., water, solvent*); **разме́шивать ~у** (*после длительного хранения*) break the paint; **~ рассла́ивается** the paint settles out in layers; **снима́ть ~у** (*напр. огнём*) peel the paint (*e.g., with a flame torch*); **составля́ть ~у** (*напр. для внутреннего или наружного применения*) formulate a paint for (*e. g., interior or exterior use*); **ста́вить, напр. винт на ~е** secure, *e. g.*, a screw with a drop of paint
акваре́льная ~ watercolour
антикоррози́йная ~ anticorrosive [anticorrosion, antirusting] paint
аэрозо́льная ~ aerosol spray-on paint
бактерици́дная ~ bactericidal [germicidal] paint
быстроотвержда́ющаяся ~ quick-setting paint
во́дная ~ water paint
водоотта́лкивающая ~ water-repellant paint
водораствори́мая ~ water-thinned paint
водосто́йкая ~ waterproof paint
~ в ту́бах tube paint
гля́нцевая ~ gloss paint

кра́ск/а
грунто́вочная ~ ground-coat [priming] paint
гуа́шевая ~ gouache
густотёртая ~ paste paint
~ для вну́треннего примене́ния interior paint
~ для нару́жного примене́ния exterior paint
~ для прове́рки конта́кта пове́рхностей engineer's paint
доро́жная маркиро́вочная ~ road [traffic] paint
жаросто́йкая ~ heat-resisting [heat-resistant] paint
жароупо́рная ~ high-temperature paint
звукоизоли́рующая ~ sound-deadening paint
звукопоглоща́ющая ~ sound-absorbing paint
инсектици́дная ~ insecticidal paint
кислотосто́йкая ~ acid-resistant [acid-proof] paint
клеева́я ~ calcimine, distemper
кро́ющая ~ *стр.* hiding [masking] paint; *кож.* pigment finish
ла́тексная ~ latex paint
лите́йная ~ mould wash, parting mixture □ **наноси́ть лите́йную ~у** apply the mould wash, wash a mould with a parting mixture
литогра́фская ~ printing ink
люминесце́нтная ~ fluorescent paint
маля́рная ~ house paint
ма́сляная ~ oil(-base) paint
ма́сляная ~, гото́вая к употребле́нию ready-mixed [prepared] oil paint
ма́сляная, густотёртая ~ oil-paint paste
ма́товая ~ dull [deadening] paint
медленноотвержда́ющаяся ~ slow-setting paint
надглазу́рная ~ overglaze
~ на раствори́мом стекле́ water-glass paint
натура́льная ~ natural paint
необраста́ющая ~ *мор.* antifouling paint
несмыва́емая ~ indelible paint
огнеупо́рная ~ refractory paint
остекло́вывающаяся ~ vitrifiable paint
отде́лочная ~ finishing paint
патини́рующая ~ greening paint
печа́тная ~ printing ink
пигме́нтная ~ pigment finish
погодоусто́йчивая ~ weather-proof paint
подглазу́рная ~ underglaze
~ по де́реву wood paint
покро́вная ~ *кож.* pigment finish
полиграфи́ческая ~ printing ink
прозра́чная ~ clear paint
противокоррози́йная ~ anticorrosive [anticorrosion, antirusting] paint
противоприга́рная ~ *лит.* parting compound, parting paint
светя́щаяся ~ luminous paint

кра́ск/а
светя́щаяся, флюоресце́нтная ~ (*светится при возбуждении внешним источником излучения*) fluorescent paint
светя́щаяся, фосфоресце́нтная ~ (*светится без возбуждения внешним источником излучения*) phosphorescent paint
силика́тная ~ silicate paint
синтети́ческая ~ synthetic-paint
строи́тельная ~ building paint
судова́я ~ ship paint
теплосто́йкая ~ heat-resisting [heat-resistant] paint
теплоупо́рная ~ high-temperature paint
термочувстви́тельная ~ heat-sensitive paint
типогра́фская ~ printing ink
фо́новая ~ base colour
формо́вочная ~ *лит.* mould wash, parting mixture
фунгици́дная ~ fungicidal paint
худо́жественная ~ decorative [painter's] paint
эма́левая ~ enamel paint
эмульсио́нная ~ emulsion paint

краскоёмкость *ж.* **бума́ги** paper colouring power

краскомеша́лка *ж.* paint agitator; *полигр.* ink agitator; *кож.* stain agitating machine

краскопу́льт *м.* paint sprayer, paint blower, pneumatic paint brush, □ **наноси́ть, обраба́тывать *и т. п.* ~ом** apply, treat, *etc.* by spraying

краскосмеси́тель *м. полигр.* ink mixer

краскотёрка *ж.* paint grinder; *полигр.* ink mill, ink grinder

краснoло́мкость *ж.* red-shortness

кра́сочность *ж. полигр.* number of colour inks

кра́тер *м. эл.* crater
дугово́й ~ arc crater

кра́тно *нареч.* divisible □ **16 ~ 4** 16 is divisible by [into] 4

кра́тное *с.* multiple
о́бщее ~ common multiple
о́бщее наиме́ньшее ~ least [lowest] common multiple

кра́тность *ж.* ratio; *мат.* multiplicity
~ дробле́ния (size) reduction ratio
~ ко́рня the (order of) multiplicity of a root
~ растяже́ния extension ratio
~ резерви́рования redundancy multipleness
~ светофи́льтра filter factor
~ уменьше́ния reduction ratio
~ циркуля́ции circulating factor

кра́тн/ый *прил.* multiple □ **в 5 ~ом разме́ре** five-fold; **де́вять есть число́ ~ое трём** nine is a multiple of three
***n*-~** *n*-tuple, *n*-fold

крафт-бума́га *ж.* kraft paper

крафт-целлюло́за *ж.* kraft-pulp

крахма́л *м.* starch
живо́тный ~ animal starch, glycogen

крахма́л
модифици́рованный ~ modified starch
раствори́мый ~ soluble starch
крахма́ление *с.* starching
крахма́лить *гл.* starch
крацева́ние *с.* scratch-brushing
крацо́вка *ж.* scratch brush
кра́шение *с.* dyeing, colouring
аппара́тное ~ machine dyeing
гла́дкое ~ uniform dyeing
двухва́нное ~ double-bath dyeing
~ диспе́рсными краси́телями disperse dyeing
кисло́тное ~ acid dyeing
ку́бовое ~ vat-dyeing
ледяно́е ~ azoic dyeing
одনова́нное ~ one-bath dyeing
оку́нкой dip-dyeing
осно́вное ~ basic dyeing
покры́вное ~ topping
про́бное ~ colouring test
протравно́е ~ mordant dyeing
прямо́е ~ direct dyeing
холо́дное ~ azoic dyeing
щёточное ~ brush dyeing
креди́т *м.* credit □ (*напр. покупать*) **в ~** on credit; **заноси́ть в ~** carry to the credit side of account
кредитоспосо́бность *ж.* credit status
кре́йтер *м. пищ.* crating machine, crater
крейцко́пф *м.* crosshead
крейцме́йсель *м.* groove chisel
кре́кинг *м.* cracking □ **вести́ ~ до по́лной перерабо́тки исхо́дного сырья́** crack the charging stock to extinction; **подверга́ть нефть ~у** crack petroleum
каталити́ческий ~ catalytic cracking
~ на неподви́жном сло́е катализа́тора fixed-bed catalytic cracking
~ на псевдоожи́женном сло́е катализа́тора fluidized-bed catalytic cracking
~ под высо́ким давле́нием high-pressure cracking
терми́ческий ~ thermal cracking
кре́кинг-бензи́н *м.* cracked gasoline
кре́кинг-би́тум *м.* cracked asphalt
кре́кинг-газ *м.* cracked still gas
кре́кинг-гудро́н *м.* pressure-still tar
кре́кинг-дистилля́т *м.* cracked distillate
кре́кинг-лигрои́н *м.* cracked [pressure] naphtha
кре́кинг-мазу́т *м.* cracked fuel oil
кре́кинг-оста́ток *м.* cracking residue
кре́кинг-печь *ж.* cracking still
кре́кинг-смола́ *ж.* cracking tar
кре́кинг-устано́вка *ж.* cracking plant
креки́руемость *ж.* crackability
кремалье́ра *ж.* rack-and-pinion
креме́нь *м.* 1. flint 2. (*для зажигалки*) flint
кремнезём *м.* silica
кремнеки́слый *прил.* siliceous
кре́мний *м.* silicon, Si
пассиви́рованный нитри́дом ~ nitride-passivated silicon

кре́мний
пассиви́рованный о́кислом ~ oxide-passivated silicon
полуизоли́рующий ~ semi-insulating silicon
~ с ды́рочной проводи́мостью hole-conduction [*p*-type] silicon
~ с со́бственной проводи́мостью intrinsic silicon
~ с электро́нной проводи́мостью electron-conduction [*n*-type] silicon
эпитаксиа́льно вы́ращенный ~ epitaxial silicon
крен *м.* 1. (*наклон самолёта вокруг продольной оси*) roll; (*обычно в сочетании с разворотом*) bank □ **без ~а** with wings level; **вводи́ть (самолёт) в ~** bank (the plane), roll (the plane), roll in; **выводи́ть (самолёт) из ~а** level (the plane), roll out; **выде́рживать (за́данный) ~** hold off the bank; **по ~у** in roll; **с ~ом** banked; **создава́ть ~** apply (some) bank 2. (*наклонение судна в поперечной плоскости, вызванное распределением груза или веса внутри судна*) list(ing); (*в результате внешних сил*) heel(ing); (*в результате внешних сил, сознательное*) careen(ing) □ **идти́ с ~ом,** ***напр.*** **5° на ле́вый борт** have a, *e. g.*, 5° list to port; **~ на ле́вый борт** list to port; **~ на пра́вый борт** list to starboard; ... **при ~е** ... ... when heeled ...; ... **при отсу́тствии ~а** ... when level
кренгова́ние *с. мор.* careening, heaving down, heeling
кренгова́ть *гл. мор.* careen, heave down, heel
кренова́ние *с. см.* **кренгова́ние**
кренóме(т)р *м. мор.* clinometer
креозо́т *м.* creosote
креп *м.* (*сорт натурального каучука*) crepe
~ в пласти́нах blanket crepe
све́тлый ~ pale crepe
тёмный ~ dark crepe
крепёж *м.* (*крепёжные детали*) fasteners, mounting [attach] hardware
крепеукла́дчик *м.* lining placer, beam lifter
переставно́й ~ adjustable lining placer
порта́льный ~ portal lining placer
крепи́рование *с.* **бума́ги** paper creping
крепи́тель *м.* (*связующее вещество*) binder, bond
лите́йный ~ casting binder
стержнево́й ~ core binder
сыро́й ~ green bond
крепи́ть *гл.* 1. (*прочно прикреплять*) attach, fasten, fix 2. (*устанавливать крепь*) support □ **~ про́вод по конта́ктным болта́м** grip a wire under terminal screw heads
крепле́ние *с.* 1. (*прикрепление*) attaching, fastening, fixing 2. (*установление крепи*) supporting 3. (*узел*) attachment; (*устройство*) mounting

крепле́ние
амортизи́рующее ~ shock-absorbing mount(ing)
кре́пость *ж.* 1. (*напр. раствора*) strength 2. (*породы, угля*) hardness
крепь *ж.* support, lining □ **извлека́ть ~** withdraw (the) supports
агрега́тная ~ aggregated support
а́нкерная ~ roof bolting
а́рочная ~ arch(ed) support
венцо́вая ~ curbing
жёсткая ~ unyielding [rigid] support
забивна́я ~ spilling, spills, spiles, forepoling
забо́йная ~ face support
кольцева́я ~ circular support
костро́вая ~ chock (support)
кустова́я ~ clustered breaker props
механизи́рованная ~ powered support
орга́нная ~ cutting-off support
передвижна́я ~ self-advancing support
пода́тливая ~ yielding support
полигона́льная ~ polygonal support
призабо́йная ~ face support
ру́дничная ~ shaft lining
~ с ручны́м управле́нием manually operated support
тю́бинговая ~ tubbing, segmental lining
шарни́рная ~ joint-shaped support
ша́хтная ~ shaft lining
шта́нговая ~ roof bolting
щитова́я ~ shield support
креско́граф *м. мед.* crescograph
кре́сло *с.,* **катапульти́руемое** ejection seat
крест *м.* 1. cross 2. *полигр.* cross-line register mark □ **~-на́крест** crosswise, criss-cross, in a criss-cross manner
волново́дный ~ crossed guides
мальти́йский ~ Maltese cross
кре́стик *м.* (*знак заполнения графы в таблице*) check (mark) □ **поста́вить ~** enter a check (mark) (*Примечание. В английских текстах ставится «галочка»*)
кре́стики-но́лики *мн., м. мат.* tic-tac-toe, noughts and crosses
крестови́на *ж.* spider
~ ро́тора *эл.* field spider
~ стре́лки *ж.-д.* frog
тру́бная ~ four-way pipe union, pipe cross
~ я́коря *эл.* armature spider
крив/а́я *ж.* curve □ **аппроксими́ровать ~у́ю отре́зками прямо́й** approximate a curve by straight-line segments; **возвраща́ться по (первонача́льной) ~о́й** re-trace a curve; **предвычисля́ть ~у́ю** predict a curve; **припасо́вывать ~у́ю** fit a curve; **сгла́живать ~у́ю** fair [smoothe] a curve; **стро́ить ~у́ю** plot a curve; **стро́ить ~у́ю по то́чкам** plot a curve by

points [point-by-point]; **усреднять ~ую** fair [smoothe] a curve
крив/ая
батиграфическая ~ bathigraphic profile
безразмерная ~ non-dimensional curve
бинодальная ~ (*в жидких системах*) binodal curve
~ большого радиуса wide [easy] curve
~ величины А в функции величины В A(-versus)-B curve, plot of A as a function of B, plot of A against B
верёвочная ~ funicular curve
~ второго класса *мат.* line conic
~ второго порядка *мат.* quadratic curve
~ входящего тока *тлг.* arrival curve
~ высшего порядка *мат.* higher plane curve
выходная ~ С *хим.* C-diagram
выходная ~ F *хим.* F-diagram
градуировочная ~ calibration curve
~ гранулометрического состава grading [granulometric, particle-size distribution] curve
двугорбая ~ double-humped curve
декрементная ~ decrement curve
~ зависимости величины А от величины В plot of A against B, A(-versus)-B curve *пример*: **~ зависимости температуры от давления** temperature(-versus)-pressure curve
замкнутая ~ closed curve, closed path
~ изменения величины А в зависимости от величины В A(-versus)-B curve, plot of A as a function of B, plot of A against B
интегральная ~ integral curve
калибровочная ~ standard curve □ **определять** *что-л.* **по калибровочной ~ой** derive *smth.* from a standard curve
каустическая ~ *мат.* caustic curve
колоколообразная ~ bell-shaped [Gaussian] curve
крутая ~ steep curve
~ КС *геофиз.* resistivity curve
логарифмическая ~ logarithmic [log] curve
~ малого радиуса narrow [tight] curve
мнимая ~ imaginary curve
многосвязная ~ multiply connected curve
~ намагничивания magnetization [B-H] curve
~ намагничивания, прямоугольная rectangular [square] magnetization curve
незамкнутая ~ open curve
непрерывная ~ continuous curve
несимметричная ~ skew curve
обратная ~ return [reverse] curve
S-образная ~ sigmoid curve; reverse curve
остроконечная ~ peaked curve

крив/ая
~ ошибок error curve
параболическая ~ parabolic curve
переходная ~ (*сопряжения*) easement curve
~ переходного процесса transient response curve
~ плотности (распределения) distribution density [frequency] curve
пограничная ~ boundary curve
~ поправок calibration curve
~ равной громкости equal loudness contour
~ разгона *хим.* transient response (curve)
~ разгона при ступенчатом возмущении *хим.* step function [unit step] response curve
~ распределения distribution [percentile] curve
рваная ~ jagged curve
~ регрессии regression curve
резонансная ~ resonance curve
сигмоидальная ~ *мат.* sigmoid curve
синусоидальная ~ sinusoid, sine curve
~ сопряжения connecting [easement, transition] curve
спектральная ~ spectral distribution curve
сплошная ~ full curve
тарировочная ~ calibration curve
~ термического цикла time-temperature curve
~ тока в приёмнике *тлг.* arrival curve
трансцендентная ~ transcendental curve
~ третьего порядка *мат.* cubic (curve)
усечённая ~ truncated curve
характеристическая ~ characteristic curve
штриховая ~ dotted [dashed] curve
эквипотенциальная ~ equipotential curve
кривизна *ж.* curvature
~ брёвен sweep of the wood
~ Земли curvature of the Earth
~ меридиана curvature of a meridian
~ параллели curvature of a parallel
~ свода bending of a vault
~ с переменой знака *геод.* reversed curvature
~ уровенной поверхности *англ.* horizontal directive tendency, H. D. T.; *амер.* R-line value, curvature quantity
кривошип *м.* crank □ **~ы расположены в одну линию** the cranks are (arranged) in line; **~ы смещены на 180° по отношению друг к другу** the cranks are at 180° from each other
внутренний ~ inner crank
концевой ~ outer crank
составной ~ built-up crank
спаренный ~ twin crank

кризис *м.* *физ.* crisis
волновой ~ critical region of Reynolds numbers
~ кипения burn-out
~ обтекания critical region of Reynolds numbers
~ сопротивления critical region of Reynolds numbers
кринолин *м.* *мор.* crinoline
криовискозиметр *м.* cryoviscometer
криогеника *ж.* cryogenics
криосар *м.* cryosar
криоскопия *ж.* cryoscopy
криосорбент *м.* cryogetter
криосорбция *ж.* cryosorption
криостат *м.* cryostat
криостатирование *с.* cryostatting
криотехника *ж.* cryogenic engineering
криотрон *м.* cryotron
входной ~ read-in cryotron
выходной ~ read-out cryotron
планарный тонкоплёночный ~ planar thin-film cryotron
плёночный ~ без сверхпроводящего экрана open-field cryotron
плёночный, крестообразный ~ cross-film [cross-strip] cryotron
плёночный ~ со сверхпроводящим экраном closed field cryotron
плоский ~ film cryotron
проволочный ~ wire-wound cryotron
продольный ~ in-line cryotron
разрешающий ~ enable cryotron
~ с большим коэффициентом усиления high-gain cryotron
~ с малым коэффициентом усиления low-gain cryotron
~ с несколькими управляющими плёнками multiple-control cryotron
~ с одной управляющей плёнкой single-control cryotron, simple cryotron
туннельный ~ tunnelling cryotron
криофизика *ж.* cryophysics
криоэлектроника *ж.* cryotronics
крип *м.* (*малоупотребительный синоним* ползучести) creep
криптон *м.* krypton, Kr
кристалл *м.* crystal □ **выращивать ~ из расплава** grow the crystal from a melt; **выращивать ~ из раствора** grow the crystal from a solution; **вытягивать ~** (*при выращивании*) pull the crystal (*while growing*); **легировать ~** dope the crystal; **металлизировать ~** plate the crystal; **нарезать ~ на пластинки** slice a crystal into wafers
анизотропный ~ anisotropic [aeolotropic] crystal
атомный ~ atomic crystal
~ без центра симметрии acentric crystal
~, выращенный из расплава melt-grown crystal
~, выращенный из раствора solution-grown crystal
~, выращенный по методу Вернейля Verneuil grown crystal

криста́лл

~, вы́ращенный по ме́тоду Чохра́льского Czochralski grown crystal
гетерополя́рный ~ heteropolar crystal
гранецентри́рованный (куби́ческий) ~ face-centred (cubic) crystal
двойнико́вый ~ twin (crystal)
двоякопреломля́ющий ~ birefringent crystal
двухо́сный ~ biaxial [double-axial] crystal
дендри́тный ~ arborescent [dendritic, pine-tree] crystal
древови́дный ~ arborescent [dendritic, pine-tree] crystal
жи́дкий ~ liquid crystal
жи́дкий ~ с гомеотро́пной ориента́цией homeotropic aligned liquid crystal
жи́дкий ~ с гомоге́нной ориента́цией homogeneous aligned liquid crystal
затра́вочный ~ seed (crystal), inoculating crystal
иго́льчатый ~ acicular crystal
идеа́льный ~ perfect crystal
ио́нный ~ ionic crystal
ква́рцевый ~ quartz crystal
левовраща́ющий ~ left-handed crystal
металли́ческий ~ metallic crystal
мозаи́чный ~ mosaic [ideally imperfect] crystal
молекуля́рный ~ molecular crystal
недора́звитый ~ skeleton crystal
неидеа́льный ~ imperfect crystal
нея́вный ~ cryptocrystal
нитеви́дный ~ filamentary crystal, whisker
объёмно-центри́рованный (куби́ческий) ~ body-centred (cubic) crystal
одноо́сный ~ uniaxial crystal
опти́чески акти́вный ~ optically active crystal
парамагни́тный ~ paramagnetic crystal
пироэлектри́ческий ~ pyroelectric crystal
полупроводнико́вый ~ semiconductor crystal
правовраща́ющий ~ right-handed crystal
пьезоэлектри́ческий ~ piezoelectric crystal
равноо́сный ~ equiaxed crystal
реа́льный ~ real [imperfect] crystal
сегнетоэлектри́ческий ~ ferroelectric crystal
синтети́ческий ~ synthetic crystal
~ с водоро́дной свя́зью hydrogen-bonded crystal
~ с ковале́нтной свя́зью valence crystal
сто́лбчатый ~ columnar crystal
сцинтилли́рующий ~ scintillation crystal, crystal scintillator
униполя́рный ~ homopolar crystal
чи́стый ~ pure crystal

криста́лл
электроопти́ческий ~ electrooptic crystal

кристаллиза́тор *м.* 1. (*в производстве полупроводников*) crystallizer, crystallizing tank, crystallization vat 2. (*в непрерывной разливке стали*) mould 3. *пищ.* crystallizer
~ маши́ны непреры́вного литья́ continuous-casting mould
~ непреры́вного де́йствия continuous crystallizer
~ периоди́ческого де́йствия batch crystallizer
пласти́нчатый ~ plate mould
сбо́рный ~ composite mould
составно́й ~ composite mould
~ с поступа́тельно-возвра́тным движе́нием reciprocating mould
~ с принуди́тельным переме́шиванием forced-circulation crystallizer

кристаллиза́ция *ж.* crystallization
~ в равнове́сных усло́виях equilibrium crystallization
втори́чная ~ recrystallization
двукра́тная ~ double crystallization
~ из га́зовой фа́зы gaseous-phase crystallization
~ из раство́ра solution crystallization
многокра́тная ~ repeated crystallization
напра́вленная ~ oriented crystallization
однокра́тная ~ single crystallization
перви́чная ~ primary crystallization
принуди́тельная ~ forced crystallization
раство́р-распла́вная ~ solution-melt crystallization

кристаллиз/ова́ть(ся) *гл.* crystallize □ **~ в куби́ческую систе́му** crystallize as cubes; **~ в ... решётку** crystallize as ..., crystallize into a ... lattice *пример*: **алма́з ~у́ется в куби́ческую решётку** diamond crystallizes as cubes

кристаллизу́емость *ж.* crystallizability

криста́ллик *м.* (*чип*) *пп* chip, die; *мн.* dice

кристалли́т *м.* crystallite, crystalline grain

кристалли́чность *ж.* crystallinity

кристаллогидра́т *м.* crystalline hydrate

кристаллогра́фия *ж.* crystallography
рентге́новская ~ X-ray crystallography
структу́рная ~ structural crystallography
электронографи́ческая ~ electron-diffraction crystallography

кристаллодержа́тель *м.* crystal mount, crystal can

кристаллолюминесце́нция *ж.* crystalloluminescence

кристаллоо́птика *ж.* crystal optics

кристаллофи́зика *ж.* crystal physics

кристаллохи́мия *ж.* crystal chemistry

криста́лл-спектро́метр *м.* crystal spectrometer

криста́лл-хозя́ин *м.* host crystal

крите́рий *м.* criterion; *мн.* criteria
~ автоно́мности criterion of noninteraction
~ адеква́тности goodness of fit
~ Боде́ Bode criterion
~ Грасго́фа Grashof number
~ Дамке́лера Damköhler [Da] number
~ ка́чества figure of merit
~ Колмого́рова Kolmogoroff-Smirnoff's test
~ конта́кта *хим.* contact [Co] number
минима́ксный ~ minimax criterion
~ ми́нимума сре́днего квадра́та оши́бки integral square error criterion
~ надёжности reliability index
~ На́йквиста Nyquist's criterion
несмещённый ~ unbiased test
~ Ну́ссельта Nusselt [Nu] number
~ оптима́льности optimization
~ отноше́ния вероя́тностей, после́довательный [ПКОВ] sequential probability ratio test, SPRT
~ Пекле́ Peclét number
~ подо́бия similarity [similitude] parameter, similarity criterion
~ Пра́ндтля Prandtl [Pr] number
~ равнове́сия *хим.* equilibrium [Pa] number
~ Ра́уса-Гу́рвица Routh-Hurwitz criterion
~ Ре́йнольдса Reynolds number
~ Ста́нтона Stanton number
~ Стьюде́нта Student t-test
~ усто́йчивости stability criterion
~ усто́йчивости Ра́уса Routh's stability criterion
~ Фи́шера Fisher's variance ratio, Fisher's [F-]ratio test
~ Фру́да Froude [Fr] number
~ Шми́дта Schmidt [Sc] number

крити́чность *ж.* (*ядерного реактора*) criticality

кри́ц/а *ж.* (iron) ball
пу́длинговая ~ (puddle) ball □ **обжима́ть пу́длинговую ~у** squeeze the (puddle) ball

кро́вельщик *м.* roofer

кро́вл/я *ж.* 1. *стр.* roofing □ **устра́ивать [укла́дывать] ~ю** lay [install] the roofing; **устра́ивать [укла́дывать] ~ю по ...** lay the roofing over ... 2. *горн.* roof, top □ **обнажа́ть ~ю** expose the roof; **осту́кивать ~ю** jowl [knock, tap] the roof; **подрыва́ть ~ю** rip the roof
го́нтовая ~ wood shingle roofing
~ из асбестоцеме́нтных волни́стых листо́в (*из шифера*) corrugated asbestos board roofing
~ из руло́нных материа́лов roll [prepared] roofing

кро́вл/я
кре́пкая ~ hard roof
ло́жная ~ false roof
масти́чная ~ built-up roofing
металли́ческая ~ sheet-metal roofing
непосре́дственная ~ immediate [nether] roof
неро́вная ~ undulating roof
неусто́йчивая ~ poor roof
основна́я ~ main roof
~ пласта́ seam roof
сла́бая ~ soft [bad] roof
усто́йчивая ~ solid roof
~ усту́па bench roof
черепи́чная ~ tile roofing
ши́ферная ~ (*из искусственного шифера*) asbestos shingle; roofing; (*из натура́льного ши́фера*) slate roofing
этерни́товая ~ asbestos-shingle roofing
кроки́ *мн.* field sketch
крокиро́вка *ж.* field sketching
кролиководство *с.* rabbit husbandry
крольча́тник *м.* rabbit pen
кро́мк/а *ж.* edge, rim □ **«зава́ливать» ~у** (*при обработке детали*) break the corner; **завора́чивать ~у** curle the edge; **загиба́ть ~у** crimp the edge; **подчека́нивать ~у** caulk the edge; **ска́шивать ~у** bevel [chamfer] the edge; **с о́строй ~ой** sharp-edged
~ гну́того про́филя edge
~ доски́, нешпунто́ванная plain edge
~ ковша́, рабо́чая attacking edge of a bucket
~ ковша́, ре́жущая dipper lip
~ крыла́ вне ко́нуса возмуще́ний free edge of a wing
~ крыла́, за́дняя trailing edge of a wing
~ крыла́, пере́дняя leading edge of a wing
~ крыла́, тупа́я blunt(ed) edge of a wing
~ лопа́тки (турби́ны), входна́я leading edge of a blade
~ лопа́тки (турби́ны), выходна́я trailing edge of a blade
~ облако́в cloud level □ **вы́ше ~и облако́в, ды́мки** *или* **тума́на** above all clouds, haze *or* fog level
~ облако́в, ве́рхняя top edge of clouds
~ облако́в, ни́жняя cloud base, ceiling edge of clouds
~ пиломатериа́ла sawn timber edge
~ прока́та (*полосы, листа и т. п.*) edge □ **деформи́ровать ~у прока́та** scuff the edge; **обреза́ть ~у прока́та** trim [shear] the edge
ре́жущая ~ cutting edge, lip □ **ре́жущая ~ ту́пится** the cutting edge [lip] dulls
ре́жущая ~ зу́ба (*пильной цепи*) cutter plate

кро́мк/а
~ тка́ни edge of cloth, selvage, selvedge, hem
кромкорасправи́тель *м.* (*полотна*) *текст.* selvage uncurler
крон *м. см.* **кронгла́с**
кро́на *ж.* chrome green
кронбло́к *м.* (*грузоподъёмное устройство талевой системы*) crown block
кронгла́с *м.* crown glass
кронци́ркуль *м. англ.* calliper; *амер.* caliper □ **~ измеря́ет путём сравне́ния разме́ров дета́ли с разме́рами, взя́тыми по масшта́бной лине́йке** a calliper makes measurements by comparing the calliper setting with the graduations of a scale; **~ охва́тывает дета́ль** the legs of the (external) calliper straddle the work
вну́тренний ~ inside calliper
двусторо́нний ~ outside-inside calliper
нару́жный ~ outside calliper
кроншт́ейн *м.* arm, bracket
кросс *м. свз.* distributing frame; *англ.* distribution frame, terminal room
гла́вный ~ main distributing frame, MDF
промежу́точный ~ intermediate distributing frame, IDF
трансляцио́нный ~ repeater distributing frame
шнурово́й ~ trunk distributing frame
кро́ссинг *м. горн.* air-bridge
кроссиро́вка *ж. свз.* cross [jumper] connection
кротова́ние *с.* mole draining, mole ploughing
кротова́тель *м.* mole plough
кроши́ться *гл.* crumble; (*о зубьях шестерни*) chip
кро́шка *ж.* crumb
каучу́ковая ~ rubber crumb
металли́ческая ~ metallic grit
мра́морная ~ marble aggregate
круг *м.* circle
абрази́вный ~ abrasive wheel
азимута́льный ~ azimuth circle
алида́дный ~ vernier plate
большо́й ~ *мат.* great circle (*of a sphere*)
второ́й ~ *ав.* go-around □ **уйти́ на второ́й ~** execute a go-around; **уйти́ на второ́й ~ с захо́да на поса́дку** take discontinued approach action; **уйти́ на второ́й ~ с (неуда́вшейся) поса́дки** take balked-landing action
гонча́рный ~ potter's wheel
гонча́рный ~ с ножны́м при́водом kick wheel
градуи́рованный ~ graduated [divided, index] circle
дели́тельный ~ indexing dial
~ для зато́чки пил saw sharpening wheel
зато́чный ~ tool-grinding wheel

круг
зато́чный, карбору́ндовый ~ silicon carbide [carborundum] grinding wheel
~ кривизны́ circle of curvature
~ «ле́во» *геод.* angle to the left, face left
ма́лый ~ *геод.* small circle
меридиа́нный ~ meridian [transit] circle, meridian instrument
меридиа́нный, горизонта́льный ~ horizontal meridian [transit] circle
меридиа́нный ~ с перекладно́й трубо́й reversible meridian [transit] circle
нажда́чный ~ emery wheel
omeта́емый ~ (*напр. воздушным винтом, лопастной мешалкой*) the circle swept by (*e. g., the air propeller, paddle mixer*)
основно́й ~ fundamental [primary] circle
поворо́тный ~ turntable
~ подъёмного кра́на, поворо́тный curb ring
~ полётов, аэродро́мный airdrome traffic circuit □ **входи́ть в аэродро́мный ~ полётов** enter the traffic circuit; **выходи́ть из аэродро́много ~а полётов** leave the traffic circuit
полирова́льный ~ (*кожаный, кожано-войлочный, войлочный*) polishing bob; (*из хлопчатобумажных дисков*) polishing mop □ **шаржи́ровать полирова́льный ~** (*напр. наждаком*) dress a bob *or* mop with (*e. g., emery*)
поля́рный ~ Polar circle □ **за поля́рным ~ом** within the Polar circle
~ «пра́во» *геод.* angle to the right, direct angle, face right
сегме́нтный ~ (*сборный шлифовальный круг*) segmental wheel
~ склоне́ния (*небесной сферы*) circle of declination
~ сходи́мости *мат.* circle of convergence
~ телегра́фной ле́нты telegraph-tape reel
точи́льный ~ grinding wheel
часово́й ~ *геод.* hour circle
шлифова́льный ~ 1. *мет.* grinding wheel □ **алма́зить [пра́вить] шлифова́льный ~** dress a grinding wheel; **пра́вить шлифова́льный ~ шаро́шкой** crush a grinding wheel 2. *кож.* rubstone
шлифова́льный, мелкозерни́стый ~ fine-grain grinding wheel
шлифова́льный, многосло́йный ~ laminated grinding wheel
шлифова́льный, односторо́нний ~ one-side grinding wheel
круг-иска́тель *м. геод.* finder-circle
кру́глая *ж.* (*шпация*) quad, em quad, em
кругле́ние *с. полигр.* rounding
~ корешка́ бло́ка back-rounding, spin-rolling
~ угло́в *полигр.* tucking of corners

круглогу́бцы *мн.* (pair of) round(-nose) pliers
кругломе́р *м.* out-of-round gauge
круглосу́точно *нареч.* round the clock, on a round-the-clock basis, 24 hours a day
кругля́к *м.* rough logs, timber in the round
круговоро́т *м.* turnover, rotation
кругооборо́т *м.* circulation
кружа́ло *с. стр.* bow member
кружевни́ца *ж. текст.* lace-maker
кру́жево *с.* lace
кру́жка *ж.*, **пряди́льная** (*для вискозных нитей*) spinning pot
кружо́к *м.* **1.** disk; small circle **2.** (*символ на схемах и диаграммах*) circle
  заштрихо́ванный ~ full circle
  незаштрихо́ванный ~ open circle
крупа́ *ж. пищ.* cereal, (*преим. овсяная*) groats
  ледяна́я ~ small hail
  снёжная ~ snow pellets
крупи́нка *ж.* grain, granule
кру́пка *ж.* middlings, grist
кру́пност/ь *ж.* (*комкового материала*) lump size; (*гранулированного материала*) grain size ☐ **разделя́ть по ~и** screen into sizes
  гидравли́ческая ~ fall diameter, fall velocity
  коне́чная ~ (*при измельчении материала*) product size
  нача́льная ~ (*при измельчении материала*) feed size
крупове́йка *ж.* middlings purifier
крупо́н *м. кож.* butt, corps, crop
крупони́ровать *гл. кож.* crop
крупопропа́риватель *м.* groats parboiling unit
крупоре́зка *ж.* groat(s) grinder
крупору́шка *ж.* sheller, shucker
крупосортиро́вка *ж.* groats grader
крутизна́ *ж.* **1.** (*отвесность*) steepness **2.** (*отношение изменения выходной величины — ординаты к изменению входной — абсциссы*) slope, tangent, derivative; rate of change
  ~ волны́ *мор.* wave steepness (ratio)
  ~ и́мпульса по за́днему фро́нту rate of pulse decay
  ~ и́мпульса по пере́днему фро́нту rate of pulse rise
  ~ криво́й slope of a curve
  ~ отсе́чки фи́льтра rate of cut-off of a filter
  ~ преобразова́ния conversion transconductance
  ~ сигна́ла slope [rate of change] of a signal
  ~ фи́льтра filter discrimination
  ~ характери́стики радиола́мпы *англ.* mutual conductance; *амер.* transconductance
  ~ (электро́нной) настро́йки клистро́на (electronic) tuning rate, frequency sensitivity
кру́тка *ж.* twist
  высо́кая ~ hard twist

кру́тка
  коне́чная ~ final twist
  ле́вая ~ left twist
  ло́жная ~ false twist
  ~ ло́пасти (*воздушного винта*) blade twist
  нулева́я ~ zero twist
  оста́точная ~ permanent twist
  пра́вая ~ right twist
  сла́бая ~ soft [loose] twist
круткоме́р *м.* twist tester, twist counter
кру́тость *ж.* **распределе́ния** *стат.* kurtosis of a distribution
круче́ние *с.* **1.** *сопр.* (*деформация*) torsion, (*закручивание*) twist **2.** *текст.* twisting (*см. тж.* **кру́тка**)
  мо́крое ~ wet twisting
  сухо́е ~ dry twisting
круше́ние *с.* (railway) accident; (railway) wreck
крыла́ч *м.*:
  ~ измельча́ющего аппара́та lacerator fan, shredder rotor
  ~ швыря́лки blower impeller
крыл/о́ *с.* **1.** wing ☐ **пока́чивать ~ья́ми** *ав.* rock the wings **2.** *геол.* limb
  ~ автомоби́ля *англ.* wing; *амер.* fender
  ~ автомоби́ля, разъёмное divided wing
  ~ зда́ния aisle
  ~ лета́тельного аппара́та [ЛА] (*теоретическое*) aerofoil; (*практическое*) wing ☐ **~ ЛА поднима́ется вверх *или* вниз** the wing goes up *or* down
  ~ ЛА, высокорасполо́женное high(-mounted, -set) wing, shoulder(-height) wing
  ~ ЛА изменя́емой геоме́трии variable-geometry wing
  ~ ЛА изменя́емой стрелови́дности variable-sweep wing
  ~ ЛА, кессо́нное torsion-box [cell] type wing
  ~ ЛА, консо́льное (full-)cantilever wing
  ~ ЛА, ма́шущее flapping wing
  ~ ЛА, монобло́чное monocoque wing
  ~ ЛА, низкорасполо́женное low(-mounted) wing
  ~ ЛА, обра́тной стрелови́дности swept-forward wing
  ~ ЛА, отъёмное detachable wing
  ~ ЛА, переставно́е adjustable wing
  ~ ЛА, пло́ское planar wing
  ~ ЛА, поворо́тное all-moving wing
  ~ ЛА, подви́жное movable wing
  ~ ЛА, прямо́е straight [upswept] wing
  ~ ЛА, прямоуго́льное parallel [untapered, rectangular] wing
  ~ ЛА, скла́дывающееся folding wing
  ~ ЛА с кру́ткой warped wing
  ~ ЛА с механиза́цией high-lift wing
  ~ ЛА с обра́тным попере́чным V negative dihedral wing

крыл/о́
  ~ ЛА с попере́чным V dihedral wing
  ~ ЛА, стрелови́дное swept(-back) wing
  ~ ЛА, трапециеви́дное tapered wing
  ~ ЛА, треуго́льное triangular [triangle] wing
  ~ ЛА, це́льное one-piece wing
  ~ ЛА, цельноповоро́тное all-moving wing
  ~ ЛА, эвольве́нтное ogival wing
  ~ мо́стика (*судна*) bridge wing
  ~ отва́ла *с.-х.* mouldboard wing
  подво́дное ~ hydrofoil
  подво́дное, вентили́руемое ~ vented hydrofoil
  подво́дное, кавити́рующее ~ cavitating hydrofoil
  подво́дное, некавити́рующее ~ subcavitating hydrofoil
  подво́дное, пересека́ющее пове́рхность воды́ ~ surface-piercing hydrofoil
  подво́дное, по́лностью погружённое ~ fully-submerged hydrofoil
  подво́дное, суперкавити́рующее ~ supercavitating hydrofoil
  ~ разводно́го моста́ bascule leaf
  ~ семафо́ра semaphore arm, semaphore blade
  ~ семафо́ра, пригласи́тельное calling-on arm
крылова́тость *ж. лес.* twist warp
  ~ доски́ crook warp
крыльча́тка *ж.* impeller
крытьё *с. полигр.* covering
кры́ша *ж.* (*здания*) roof (*классификацию крыши по типу кровли см. в статье* **кро́вля**)
  ~ автомоби́ля top
  ва́льмовая ~ hip roof
  двуска́тная ~ gable roof
  манса́рдная ~ (*на четыре стороны*) mansard [curb] roof; (*на две стороны*) gambrel roof
  односка́тная ~ shed roof
  пло́ская ~ flat roof
  ~ с парапе́том flat roof with a parapet wall
  ше́довая ~ shed roof
  щипцо́вая ~ gable [saddle] roof
кры́шк/а *ж.* cover ☐ **нави́нчивать ~у** screw on the cap [cover]; **~ пло́тно прилега́ет к ко́рпусу** the cover fits snugly [tightly] to the case; **снима́ть ~у** lift off the cover
  водонепроница́емая ~ water-tight cover
  воздухонепроница́емая ~ air-tight cover
  ~ жестяно́й консе́рвной ба́нки top [lid] of a (tin) can ☐ **закрыва́ть ~у жестяно́й консе́рвной ба́нки** attach the top (end) to the (can) body, clinch [roll] the lid to the can; **прика́тывать ~у к жестяно́й консе́рвной ба́нке** (*перед окончательной закаткой*) spin the lid lightly on the can

крышк/а
~ жестяной консервной банки с закаткой clinched [rolled, seamed, spun] can lid
~ заливной горловины filler cap
~ колодца (*кабельного или канализационного*) man-hole cover
~ подшипника bearing cap
предохранительная ~ *авто* protective cover
притёртая стеклянная ~ ground stopper
пылезащитная ~ dust cover, dust guard
~ сальника gland cap
~ смотрового окна *мет.* peep-hole cover
~ трепала *текст.* beater cover
утепляющая ~ (*батарейного колодца*) *эл.* frost board
крюк *м.* hook
буксирный ~ tow(ing) hook
вагонной стяжки, захватывающий drop hook
вертлюжный ~ swivel [shackle] hook
грузовой ~ load hook
двурогий ~ sister hook
запирающий ~ locking hook
канатный ~ rope hook
~ крана crane hook
однорогий ~ single hook
откидной ~ slip hook
подъёмный ~ lifting hook
посадочный ~ *ав.* arrester hook
тормозной ~ *ав.* arrester hook
упряжной ~ draw-bar [hitch] hook
хвостовой ~ *ав.* tail hook
шлюпочный ~ boat [pole] hook
крючок *м.* hook
вязальный ~ crochet hook
~ иглы needle hook, needle beard
нитеводный ~ yarn guide hook
пружинный ~ spring [elastic] hook
ремизный ~ *текст.* harness hook
сбавочный ~ *текст.* transfer jack
крючок-переключатель *м.* *тлф.* hook switch
кряж *м.* (*крупный деловой сортимент*) log, billet, block
клёпочный ~ bolt, barrel log
спичечный ~ matchlog
тарный ~ packing case wood
ксантогенератор *м.* (*аппарат для ксантогенирования целлюлозы*) xanthator
ксантогенирование *с.* (*целлюлозы*) xanthation
ксенон *м.* xenon, Xe
ксерограф *м.* xerographic recorder
ксерография *ж.* xerography
ксерорадиограф *м.* xeroradiograph
ксерорадиография *ж.* xeroradiography
ксилогравюра *ж.* xylograph, woodcut, wood engraving
ксилография *ж.* xylography, woodcut, wood engraving
многоцветная ~ colour wood engraving
ксилометр *м.* xylometer

куб *м.* **1.** *мат.* cube □ **в ~е** cubed, raised to the third power; **возводить в ~** cube, raise to third power; **~ с ребром, напр. 10 см** a cube, *e. g.*, 10 cm on edge **2.** (*перегонный*) still
~ вторичной перегонки бензина sweetening still
гранецентрированный ~ face-centred cube
дистилляционный ~ с паровым обогрёвом boiler, reboiler, still pot
~ запоминающего устройства magnetic core array
~ непрерывной перегонки continuous still
объёмноцентрированный ~ body-centred [space-centred] cube
перегонный ~ still
элементарный ~ unit cube
кубатура *ж.* volume
~ здания bulk of a building
кубатурник *м.* *лес.* volumetric table
кубик *м.*:
~ Люммера — Бродхуна *опт.* Lummer-Brodhun sight box
питательный ~ feeding block
торфоперегнойный ~ peat soil block
кубоид *м.* cuboid
кубометр *м.* cubic meter
кубрик *м.* crew's accomodation
кувалда *ж.* sledge (hammer)
кудель *ж.* tow
кузбасс-лак *м.* coal-tar varnish
кузнец *м.* blacksmith
кузница *ж.* blacksmith's shop
кузов *м.* (*автомобиля, автобуса*) body □ **устанавливать ~ на шасси** (*при сборке*) drop the body on the chassis
безрамный ~ frameless [unitized] body
~ вагона *англ.* wag(g)on body; *амер.* car body
~ грузового автомобиля *англ.* lorry body; *амер.* truck body
~ грузового автомобиля, крытый canopy body
грузо-пассажирский ~ estate-car [station-wag(g)on] body
~ для насыпных грузов bulk body
~ для перевозки зерна grain body
изотермический ~ refrigerator body
~ легкового автомобиля (motor) car body
несущий ~ frameless [unitized] body
опрокидывающийся ~ dump [tipping] body
открытый ~ open body
~ с откидными бортами drop-sided body
~ с убирающимся верхом convertible body
цельнометаллический ~ all-metal body
кузовостроение *с.* coach-building, coach work, body-making
куколеотборник *м.* cockle separator, cockler

кулак *м.* knuckle
~ автосцепки knuckle of automatic coupling
поворотный ~ *авто* steering knuckle
подклетевой ~ *горн.* cage seat
посадочный ~ *горн.* landing kep
кулачок *м.* cam □ **~ нажимает на ...** the cam bears against ...; **~ осуществляет требуемый закон движения ведомого звена** the cam imparts the desired motion to the driven member; **~ поднимает клапан** the cam lifts the valve; **~ расцепляет защёлку** the cam trips the latch
зажимный ~ (*патрона*) chuck jaw
кардиоидный ~ heart cam
~ планшайбы face-chuck jaw
плоский ~ с наружным рабочим контуром radial [plate, disk, peripheral] cam
плоский ~ с торцевым рабочим контуром face cam
~ прерывателя *авто* breaker (-point) cam
~ режущей цепи *горн.* pick box
~ с силовым замыканием пары positive-motion cam
управляющий ~ control cam
цилиндрический ~ cylinder [barrel] cam
эксцентриковый ~ eccentric cam
кулирование *с.* *текст.* sinking the loops
кулировать *гл.* **петли** *текст.* sink the loops
кулиса *ж.* (*звено кулисного механизма*) link
вращающаяся ~ rotating link
качающаяся ~ bar link
поступательно-движущаяся ~ reciprocating link
кулон *м.* coulomb, C
кулонметр *м.* coulometer
кульман *м.* (*чертёжный прибор*) Kuhlman drafting unit
культиватор *м.* cultivator
~ глубокого рыхления grubber
~ для междурядной обработки inter-row hoe, inter-row cultivator
многорядный ~ gang cultivator
навесной тракторный ~ tractor mounted cultivator
паровой ~ field cultivator
пропашной ~ inter-row hoe, inter-row cultivator
штанговый ~ rod weeder
культиватор-окучник *м.* hiller hoe, cultivator-cum-ridger
культиватор-плоскорез *м.* land clearer, subsurface tiller
культиватор-растениепитатель *м.* cultivator-fertilizer
культиватор-рыхлитель *м.* scarifier, shovel cultivator
культивация *ж.* cultivation
культивировать *гл.* **1.** (*выращивать, производить*) grow, raise, farm **2.** (*рыхлить, полоть, подкармливать и т. п.*) cultivate

культу́р/а *ж.* **1.** (*совокупность сельскохозяйственных методов*) culture **2.** (*вид растения*) crop □ **выра́щивать ~у на** (*напр. силос*) raise the crop for (*e. g., silage*); **(с)меня́ть ~ы** rotate [shift] crops **3.** *мед.* culture □ **выра́щивать ~у тка́ни** to culture tissue(s)
зернова́я ~ cereal crop
зла́ковая ~ grain crop
кормова́я ~ fodder crop
техни́ческая ~ industrial crop
това́рная ~ commercial crop
фура́жная ~ forage crop
куме́тр *м.* quality-factor meter, Q-meter
купа́ж *м.*:
~ вина́ wine blending
~ табака́ tobacco blending
купе́ *с.* compartment
купели́рование *с.* cupellation
купеля́ция *ж.* cupellation
ку́пол *м.* dome
~ ла́мпы bulb bowl
~ парашю́та canopy of a parachute □ **гаси́ть ~ парашю́та** collapse the parachute
купоро́с *м.* vitriol
желе́зный ~ iron vitriol
ме́дный ~ copper vitriol
ни́келевый ~ nickel vitriol
свинцо́вый ~ lead vitriol
ци́нковый ~ zinc vitriol
куракосбо́рщик *м.* cotton boll harvester
курвиме́тр *м.* curvimeter
курово́дство *с.* poultry breeding, poultry farming
куро́к *м.*:
заводно́й ~ *кфт.* winding lever
спусково́й ~ *мор.* launching trigger
курс *м.* **1.** (*угол между одним из меридианов и продольной осью самолёта, судна*) heading □ **брать ~ на ...** head for ...; **выде́рживать ~** hold [stay on] a heading; **задава́ть ~** (*на приборе*) set the (required) heading; **лете́ть ~ом ... °** fly a heading of ... °; **отсчи́тывать ~ про́тив и́ндекса** read the heading at the index marker **2.** (*курсовая линия по лучу курсового передатчика системы посадки по приборам*) course **3.** *эк.* rate of exchange
за́данный ~ [ЗК] (*на плановом навигационном приборе*) (the) heading set, HDG
и́стинный ~ true heading
ко́мпасный ~ compass heading
магни́тный ~ magnetic heading
~ сле́дования (*линия, соединяющая пункты отправления и назначения*) course (line) □ **лечь на ~ сле́дования** settle [steady down] on the course (line); **меня́ть ~ сле́дования** alter the course (line); **прокла́дывать ~ сле́дования** lay out the course (line)
курси́в *м.* **1.** (*шрифт*) italic type **2.** (*текст, набранный курсивом*) italics □ **выделя́ть ~ом** italicize, supply italics; **«курси́в мой»** (*примечание рецензента, критика или автора, цитирующего другое лицо*) "italics supplied"
курсовертика́ль *ж.* attitude-and-heading reference (system)
курсо́граф *м.* course recorder
курсопрокла́дчик *м.* automatic ground position indicator
курсоуказа́тель *м.* air-position indicator
курсоцентра́ль *ж.*, **гироскопи́ческая** gyro heading reference
ку́ртка *ж.*, **надувна́я спаса́тельная** inflatable life vest, inflatable life jacket
курча́товий *м.* kurchatovium, Ku
куса́чки *мн.* cutting pliers, nippers, wire cutter(s)
комбини́рованные ~ (*пассатижи*) combination pliers
куса́чки-бокоре́зы *мн.* side cutting pliers
куса́чки-плоскогу́бцы *мн.* flatnose cutting pliers
кускова́тость *ж.* *горн.* lumpiness
куст *м.* bush
~ свай pile cluster, cluster of piles
кустоизмельчи́тель *м.* scrub slasher, scrub cutter
кусторе́з *м.* bush [shrub] saw
куто́к *м.* *горн.* heel
ку́ттер *м.* **1.** *мор.* cutter **2.** *пищ.* chopper, mincer
ку́ттер-меша́лка *ж.* *пищ.* mincer-and-blender
ку́хня *ж.* **1.** kitchen **2.** (*на борту самолёта*) galley
кормова́я ~ feed cook-house, feeding centre, fodder kitchen
кюве́т *м.* road-side ditch
кюве́та *ж.* *кфт.* cell, dish
~ для проявле́ния developing dish
кача́ющаяся ~ tilting tray
фотографи́ческая ~ processing dish
кюветокопа́тель *м.* road-side ditch excavator
кюветоочисти́тель *м.* road-ditch cleaner
кюри́ *с.* curie
кюригра́мма *ж.* curiegram
кюригра́ф *м.* curiegraph
кю́рий *м.* curium, Cm
кюри́-эквивале́нт *м.* curie-equivalent

Л

лаби́льность *ж.* lability
лабири́нт *м.* **1.** *маш.* labyrinth (seal), labyrinth packing □ **~ препя́тствует перетека́нию жи́дкости** a labyrinth (seal) [labyrinth packing] prevents transfer of fluid (*between moving parts*); **~ применя́ется в ка́честве уплотне́ния** a labyrinth (seal) functions as a seal **2.** *киб.* labyrinth, maze
лабири́нт
прямото́чный ~ straight-through labyrinth
ступе́нчатый ~ stepped labyrinth
~ Шенно́на Shannon's maze
лабора́нт *м.* laboratory technician, laboratory assistant
лаборато́ри/я *ж.* laboratory □ **в усло́виях ~и** under laboratory conditions, in the laboratory
авиацио́нная ~ aeronautical laboratory
агрохими́ческая ~ agrochemical laboratory
аэродинами́ческая ~ aerodynamic laboratory
виброизмери́тельная ~ vibration-survey laboratory
~ высокорадиоакти́вных материа́лов *яд. физ.* "hot" laboratory
«горя́чая» ~ *яд. физ.* "hot" laboratory
заводска́я ~ works [factory] laboratory
испыта́тельная ~ testing laboratory
косми́ческая ~ space laboratory
криоге́нная ~ cryogenic laboratory
металлографи́ческая ~ metallography laboratory
~ механи́ческих испыта́ний materials-testing laboratory
нау́чно-иссле́довательская ~ research laboratory
отраслева́я ~ applied-research laboratory
полева́я ~ field laboratory
похо́дная ~ field laboratory
пробле́мная ~ basic [fundamental] research laboratory
произво́дственно-контро́льная ~ (*в зависимости от назначения*) industrial laboratory; materials-testing laboratory; quality-control laboratory
сенситометри́ческая ~ *кфт.* sensitometric laboratory
~ слабоакти́вных материа́лов *яд. физ.* "warm" laboratory
~ среднеакти́вных материа́лов *яд. физ.* "semi-hot" laboratory
учёбная ~ (*в зависимости от учебного заведения*) school laboratory; college laboratory; university laboratory
фотографи́ческая ~ dark-room
фотоиспыта́тельная ~ film testing laboratory
центра́льная заводска́я ~ main laboratory
ла́в/а *ж.* *горн.* wall, (long) face, longwall (face) □ **автоматизи́ровать ~у** operate the face remotely; **подвига́ть ~у по восста́нию** advance the face to the rise; **подвига́ть ~у по паде́нию** advance the face to the dip; **подвига́ть ~у по простира́нию** advance the face to the strike; **производи́ть вы́емку у́гля ~ами** work a coal seam by the wall method [system]

ла́в/а
безлю́дная ~ manless face
диагона́льная ~ oblique face
комба́йновая ~ cutter-loading face
маши́нная ~ cutter face, cutter longwall (face)
молотко́вая ~ pick hammer face
одино́чная ~ single face
спа́ренная ~ double face
стру́говая ~ plough face
~ с управле́нием кро́влей закла́дкой stowing face
~ с управле́нием кро́влей обру́шением caving face
ла́ва-эта́ж *м. горн.* horizon-face
лави́на *ж.* avalanche
та́унсендовская ~ Townsend avalanche
лави́с *м. полигр.* **1.** (*процесс*) copperplate engraving, copperplate printing **2.** (*гравюра*) copperplate
лавса́н *м.* (*полиэфирное волокно*) lavsan (*эквиваленты* — Therylene, Daeron, Tergal)
лаг *м.* **1.** (*прибор*) log □ **броса́ть ~** heave the log; **~ измеря́ет про́йденное расстоя́ние** a log registers the distance travelled [run] through the water; **~ измеря́ет ско́рость хо́да су́дна** a log measures a ship's speed through the water; **определя́ть ско́рость по ~у** heave the log; **расстоя́ние, про́йденное су́дном по ~у, составля́ет ... миль** the ship has logged ... miles; **ско́рость су́дна по ~у составля́ет ... узло́в** the ship is logging ... knots **2.** (*положение судна бортом к ветру, волне, причалу и т. п., употребляется только в выражениях*) □ **~ом к волне́** beam on to the sea [to the swell]; **стать ~ом к ...** turn broadside on to the sea [to the swell]
верту́шечный ~ (*вертушка, механизм и счётчик в одном корпусе*) harpoon log; (*механизм и счётчик отделены от буксируемой вертушки*) taffrail log
гидродинами́ческий ~ pitometer log
до́нный ~ ground log
носово́й ~ bow log
подво́дный ~ underwater log
пружи́нный ~ spring log
ручно́й ~ chip [hand] log
самопи́шущий ~ recording log
электромагни́тный ~ electromagnetic log
ла́ген *м.* (*сложенный в один или несколько сгибов лист бумаги*) lager, signature
ла́гер *м. геод.* bearing
лагли́нь *м.* log-line □ **трави́ть ~** pay out [run out] the log-line
лагра́нжиан *м. мат.* Lagrangian
лаж *м. эк.* agio
лаз *м.* man-hole; (*особ. на самолёте*) crawlway
ла́зер *м.* laser □ **в ~е возбужда́ются** (*напр.* **продо́льные**) **ти́пы колеба́ний** (*e. g.*, longitudinal) modes oscillate in a laser, a laser generates (*e. g.*, longitudinal) modes; **~ генери́рует в,** ***напр.*** **бли́жней инфракра́сной о́бласти спе́ктра** a laser emits in the, *e.g.*, near infra-red; **~ генери́рует (свет) не́скольких часто́т** a laser oscillates at several frequencies; **~ генери́рует свет с длино́й волны́ λ** a laser emits light of wavelength λ [emits at wavelength λ]; **нака́чивать ~ с торца́ ди́ска** face-pump the (disk of a) laser; **~ рабо́тает в непреры́вном режи́ме** a laser emits continuously [in the CW mode]; **~ рабо́тает в о́бласти длин волн от ... до ...** a laser emits in the wavelength range from ... to ...; **~ рабо́тает в одномо́довом режи́ме генера́ции** a single mode oscillates in a laser, a laser generates a single mode, a laser is used in unimodal operation; **~ рабо́тает в режи́ме генера́ции** a laser operates as an oscillator; **~ рабо́тает в режи́ме усиле́ния** a laser operates as an amplifier; **~ рабо́тает на перехо́дах,** ***напр.*** **$\varepsilon_2 \to \varepsilon_1$** a laser operates by, *e. g.*, $\varepsilon_2 \to \varepsilon_1$ transitions
ла́зер
арго́новый ~ argon laser
~ бегу́щей волны́ travelling wave laser
~ взрывно́го ти́па explosion laser
~, возбужда́емый постоя́нным то́ком dc-excited laser
га́зовый ~ gas laser
газоразря́дный ~ gas discharge laser
ге́лий-нео́новый ~ helium-neon (gas) [He-Ne] laser
~, генери́рующий в беспи́чковом режи́ме non-spiking pulse laser
~, генери́рующий в зелёной о́бласти ви́димого спе́ктра green (light) laser
~, генери́рующий в кра́сной о́бласти ви́димого спе́ктра red (light) laser
~, генери́рующий в пи́чковом режи́ме regularly pulsating laser
~ гига́нтских и́мпульсов giant-pulse laser, GPL
~ гига́нтских и́мпульсов с селе́кцией мод mode-controlled giant-pulse laser
~ далёкого ИК диапазо́на far infrared laser
двухмо́довый ~ double-[two-]mode laser
двухпри́месный ~ double-doped laser
двухрезона́торный ~ dual-cavity laser
двухфото́нный ~ two-photon laser
жидкостный ~ liquid laser
задающий ~ initiating laser
~ ИК диапазо́на infra-red laser, iraser, IR laser
и́мпульсный ~ pulsed [pulsing] laser
инжекцио́нный ~ injection [diode] laser
ио́нный ~ ion laser
кольцево́й ~ ring laser
комбинацио́нный ~ Raman laser
лави́нный ~ avalanche laser
~ миллиметро́вого диапазо́на millimeter (wave) laser
моноимпульсный ~ giant-pulse laser, GPL
многомо́довый ~ multimode [multimodal] laser
мо́щный ~ high-power [high-light] laser
~ на враща́тельных энергети́ческих у́ровнях rotation laser
~ на осно́ве фотодиссоциа́ции photodissociation laser
~ на руби́не, неоди́мовом стекле́ и т. п. ruby, neodymium-doped glass, *etc.*, laser
~ непреры́вного излуче́ния continuous wave [CW] laser
несинхронизи́рованный ~ free-running laser
одномо́довый ~ single-mode [unimodal] laser
одночасто́тный ~ single-frequency laser
перестра́иваемый ~ tunable laser
полупроводнико́вый ~ semiconductor laser
резона́торный ~ cavity [resonant] laser
~ рентге́новского диапазо́на X-ray laser
самосинхронизи́рующийся ~ self--locked laser
сверхизлуча́ющий ~ superradiant laser
~ с вне́шней модуля́цией externally modulated laser
~ с вне́шними зеркала́ми external--mirror laser
~ с вну́тренней модуля́цией internally modulated laser
~ с вну́тренними зеркала́ми internal-mirror laser
~ с возбужде́нием электро́нным пучко́м electron-beam-pumped laser
~ с ВЧ нака́чкой RF excited laser
~ с вы́деленной мо́дой mode-selected laser
~ с высокочасто́тной генера́цией high-PRF laser
~ с двойно́й поляриза́цией (излуче́ния) dual-polarization laser
~ с двухфото́нным возбужде́нием two-photon laser
~ с модуля́цией добро́тности Q--switching [Q-switched, Q-spoiled, Q-sw] laser
~ с непреры́вной генера́цией CW laser
~ с ограниче́нием числа́ генери́рующих мод mode-limited laser
~ с опти́ческой нака́чкой optically pumped laser
~ со свя́занными мо́дами mode-coupled [mode-locked] laser

ла́зер
~ с переда́чей нака́чки cross-pumped laser
~ с резона́тором Фабри́ — Перо́ Fabry-Ferot [FP] laser
~ с составны́м сте́ржнем composite rod laser
~, стабилизи́рованный по амплиту́де amplitude stabilized laser
~ с тунне́льной инже́кцией tunnel(-injection) laser
~ с хими́ческой нака́чкой chemically pumped laser
~ с электри́ческим возбужде́нием electrically exited laser
~ с электроопти́ческой настро́йкой electrooptically tuned laser
твердоте́льный ~ solid-state laser
термостати́рованный ~ temperature-controlled [thermostatted] laser
тороида́льный ~ toroidal laser
треуго́льный ~ triangular laser
трёху́ровневый ~ three-level laser
узкополо́сный ~ narrow-band laser
~ ультрафиоле́тового диапазо́на ultraviolet [UV] laser
хими́ческий ~ chemical laser
часто́тно-модули́рованный ~ frequency-modulated [FM] laser
эпитаксиа́льный ~ epitaxial (-grown) laser
ла́зер-дальноме́р *м.* laser range finder
лазу́рь *ж.* azure, sky [ethereal] blue
берли́нская ~ Berlin [Prussian] blue, ferric ferrocyanide
желе́зная ~ Prussian [milori] blue
ла́йк/а *ж.* kid (leather), taw □ **выде́лывать ~у** taw leather
ла́йнер *м.* liner □ **~ соверша́ет регуля́рные ре́йсы по расписа́нию** a liner is employed on regular (scheduled) runs
возду́шный ~ airliner
грузово́й ~ cargo liner
пассажи́рский ~ passenger liner
лак *м.* (*на масляной или спиртовой основе*) varnish; (*на целлюлозной или полимерной основе*) lacquer □ **~ высыха́ет с образова́нием твёрдой, блестя́щей и прозра́чной плёнки** a varnish dries to a hard, glossy and transparent coat; **доводи́ть ~ до рабо́чей консисте́нции** adjust the consistency of a varnish [a lacquer] for easy application; **классифици́ровать ~ по содержа́нию ма́сла** class a varnish according to oil length; **наноси́ть ~ ва́ликом [нака́ткой]** apply a varnish by roller; **наноси́ть ~ ки́стью** brush on a varnish [a lacquer], apply a varnish [a lacquer] by brushing; **наноси́ть ~ облива́нием** apply a varnish [a lacquer] by flooding; **наноси́ть ~ окуна́нием** apply a varnish [a lacquer] by dipping; **наноси́ть ~ по** (*напр. грунту*) apply a varnish over (*e.g., a primer*); **наноси́ть ~ распыле́нием** spray on a varnish [a lacquer], apply a varnish [a lacquer] by spraying; **наноси́ть ~ шпа́телем** apply a varnish [a lacquer] by troweling; **~ не выцвета́ет** a varnish [a lacquer] is light-fast; **~ образу́ет гла́дкое покры́тие** a varnish [a lacquer] flows out to a smooth coat; **~ образу́ет наплы́вы** the varnish (coating) sags; **подверга́ть ~ горя́чей су́шке (в печи́)** bake a varnish (coating); **покрыва́ть ~ом** give a coat of varnish [lacquer]; **составля́ть ~** formulate a varnish [a lacquer]; **~ со́хнет до твёрдого состоя́ния** a varnish [a lacquer] dries hard; **~ сохраня́ет блеск и цвет** a varnish [a lacquer] has good gloss and colour retention; **~ тре́скается при ни́зкой температу́ре** a lacquer cold-checks; **уплотня́ть ~** thicken [body] a varnish [a lacquer]
лак
автомоби́льный ~ automobile [automotive] lacquer
акри́ловый ~ acrylic lacquer
алки́дный ~ alkyd lacquer
ацетилцеллюло́зный ~ cellulose-acetate lacquer
ацетобутиратцеллюло́зный ~ acetobutyrate cellulose lacquer
бакели́товый ~ phenol-formaldehyde lacquer
бесцве́тный ~ clear varnish; clear lacquer
би́тумный ~ bituminous [asphalt] varnish
влагосто́йкий ~ moisture-proof varnish
~ возду́шной су́шки air-drying varnish
глифта́левый ~ glyceryl-phtalate varnish (Glyptal — *фирм. название*)
~ горя́чей су́шки stoving varnish
грунто́вочный ~ undercoating [priming] varnish
дамма́ровый ~ dammar varnish
~ для вну́тренних рабо́т interior [indoor] varnish
~ для нару́жных рабо́т exterior [outdoor] varnish
защи́тный ~ protective varnish; stop-off lacquer
звукоизоляцио́нный ~ soundproofing varnish
каменноу́гольный ~ coal-tar varnish
канифо́льный ~ colophonic [rosin] varnish
кислотоупо́рный ~ acid-resistant varnish
кра́сочный ~ colour varnish
кремнийоргани́ческий ~ silicone lacquer
кумаро́новый ~ cumarone resin varnish
лету́чий ~ volatile solvent varnish
люминесце́нтный ~ luminescent lacquer
маслосто́йкий ~ oil-resistant varnish
ма́сляный ~ oleoresinous [oil] varnish
лак
ма́сляный, жи́рный ~ long oil varnish
ма́сляный, то́щий ~ short oil varnish
ма́товый ~ flat [mat] varnish
ме́бельный ~ furniture lacquer
мелами́но-алки́дный ~ melamine alkyd lacquer
мочевиноалки́дный ~ urea-alkyd lacquer
мочевиноформальдеги́дный ~ urea-formaldehyde lacquer
нитроцеллюло́зный ~ nitrocellulose lacquer
окра́шенный ~ pigmented lacquer
отде́лочный ~ finishing varnish
парке́тный ~ parquet varnish
пе́ковый ~ coal-tar varnish
перхлорвини́ловый ~ perchlorovinyl lacquer
печно́й ~ stoving varnish
покро́вный ~ coating varnish; *полигр.* overprint varnish
полиакри́ловый ~ polyacrylic lacquer
поливинилацета́льный ~ polyvinyl acetal lacquer
поливинилхлори́дный ~ polyvinyl chloride lacquer
полиро́вочный ~ polishing varnish
полистиро́льный ~ polystyrene lacquer
полиурета́новый ~ polyurethane lacquer
полиэфи́рный ~ polyester lacquer
пропи́точный ~ impregnating varnish
светочувстви́тельный ~ light-sensitive varnish
синтети́ческий ~ synthetic (-resin) lacquer
смоляно́й ~ synthetic varnish
спиртово́й ~ spirit varnish
срывно́й ~ *полигр.* parting [stripping] varnish
фенол(о)формальдеги́дный ~ phenol-formaldehyde lacquer
фено́льно-ма́сляный ~ spar varnish
~ холо́дной су́шки air-drying varnish
цапо́новый ~ nitrocellulose lacquer
цветно́й ~ pigmented lacquer
целлюло́зный ~ cellulose lacquer
шелла́чный ~ (shel)lac varnish
шлифова́льный ~ flatting varnish
шпатлёвочный ~ putty [filling] varnish
щёлочесто́йкий ~ alkali-resistant varnish
электроизоляцио́нный ~ insulating varnish
эма́левый ~ enamel lacquer
эмульсио́нный ~ emulsion varnish
эпокси́дный ~ epoxy [epoxide] lacquer
эфироцеллюло́зный ~ cellulose lacquer
янта́рный ~ amber varnish

лакирова́ние *с.* **бума́ги** lacquering [varnishing, glazing] of paper
лакирова́ть *гл.* lacquer, varnish, apply a varnish [a lacquer]
ла́кмус *м.* litmus □ **реа́кция на ~** reaction for [towards] litmus
лак-опо́ек *м.* patent calf leather
лакотка́нь *ж.* varnished cloth, varnished fabric
электроизоляцио́нная ~ varnished cambric, varnished cloth
лактобутиро́метр *м.* lactobutyrometer
лактоденсиме́тр *м.* lactometer, milk-gauge
лакто́метр *м.* lactometer, milk-gauge
лактоско́п *м.* lactoscope
лак-шевро́ *м.* patent kid
лаку́на *ж. мат.* gap, lacuna
лакуна́рный *прил. мат.* lacunar(y), lacunal, gap
ламбе́рт *м.* lambert
ламе́л/ь *ж.* **1.** *текст.* dropper **2.** *эл.* bar
~ ано́дного бло́ка (*магнетрона*) anode segment
~ колле́ктора (*электродвигателя*) commutator bar, commutator segment □ **~ колле́ктора выступа́ет** a commutator bar is high; **~ колле́ктора пло́хо закреплена́ [зажа́та]** a commutator bar is loose; **оса́живать (выступа́ющие) ~и колле́ктора** set down high bars
~ переключа́теля commutator bar, commutator strip
~ потенцио́метра (potentiometer) section
~ щелочно́го аккумуля́тора lamella
ламинариза́ция *ж.* laminarization
ламина́рность *гл.* laminarity
ламина́тор *м.* laminator
ла́мп/а *ж.* **1.** (*электрическая*) lamp □ **включа́ть ~у в цепь [в схе́му]** bring a lamp into circuit; **~ га́снет** a lamp goes out; **~ гори́т вполнака́ла** a lamp is at half-glow; **~ загора́ется** a lamp illuminates [lights (up), comes on]; **~ загора́ется при напряже́нии** (*напр. 220* V) a lamp starts on [from] (*e.g., 220* V); **~ не све́тится** the (signal) lamp is dark; **~ перегора́ет** a lamp blows; **~ рабо́тает от исто́чника то́ка напряже́нием** (*напр. 220* V); a lamp runs on [from] (*e.g., 220* V); **~ све́тится** the (signal) lamp is lighted [illuminated, ON]; **уме́ньшить нака́л ~ы** dim a lamp [a light] **2.** *рад. англ.* valve; *амер.* tube (*Примечание. В современной английской литературе наблюдается тенденция пользоваться термином* tube) □ **включа́ть ~у в цепь [в схе́му]** bring a valve [a tube] into circuit; **включа́ть ~у по схе́ме с о́бщим като́дом** connect a valve [a tube] in a common-cathode circuit; **запира́ть ~у по** (*напр. аноду, сетке и т. п.*) cut off a valve [a tube] on (*e. g., the anode, grid, etc.*); **пока́чивать ~у** rock [jiggle] a valve [a tube]; **~ с «га́зом»** *жарг.* the valve [the tube] is "gassy"

ла́мп/а
~ авари́йной сигнализа́ции alarm lamp, alarm light
бактерици́дная ~ germicidal lamp
~ бегу́щей волны́ [ЛБВ] travelling wave valve, travelling wave tube, TWT
биспира́льная ~ coiled-coil lamp
ве́нтильная ~ rectifier valve, rectifier tube, valve tube
вибросто́йкая ~ vibration-service lamp
вихрева́я ~ vortex valve, vortex tube
вольфра́мовая ~ tungsten lamp
вольфра́мово-гало́идная ~ tungsten-halogen lamp
вызывна́я ~ *тлф.* calling lamp; (*коммутатора системы ЦБ*) line lamp
выпрями́тельная ~ rectifier valve, rectifier tube
выпрями́тельная, одноано́дная ~ single-anode rectifier valve, single-anode rectifier tube
высокова́куумная ~ high-vacuum [hard] valve, high-vacuum [hard] tube
высоково́льтная ~ high-voltage lamp
~ высо́кого давле́ния high-pressure lamp
~ высо́кого давле́ния с пара́ми мета́ллов high-pressure metal-vapour lamp
высокочасто́тная ~ high-frequency [h. f.] valve, radio-frequency [r-f] tube
газопо́лная ~ gas-filled lamp
газоразря́дная ~ (gaseous-) discharge lamp
газосве́тная ~ glow-discharge lamp
генера́торная ~ transmitting valve, transmitting tube
головна́я ~ *горн.* head [cap] lamp
двуханóдная ~ double-anode valve, double-plate tube
двухлучева́я ~ double-beam valve, double-beam tube
двухсве́тная ~ *авто* double-filament [bifilar, two-filament] bulb
двухсе́точная ~ (*с катодной сеткой*) space-charge tetrode
двухцо́кольная ~ double-base [double-ended] valve, double-base [double-ended] tube
двухэлектро́дная ~ two-electrode valve, two-electrode tube
дека́дная ~ decade counting valve, decade counting tube
де́мпферная ~ damper valve, damper tube
дете́кторная ~ detector valve, detector tube
~ дневно́го све́та daylight lamp
дугова́я ~ arc lamp

ла́мп/а
~ дугово́го разря́да arc-discharge lamp
~ Дэ́ви *горн.* Davy lamp
жёсткая ~ hard [high-vacuum] valve, hard [high-vacuum] tube
задающая ~ driver valve, driver tube
~ за́нятости *свз.* busy [engaged] lamp
~ за́нятости всех реги́стров *свз.* all-senders-busy lamp
запи́сывающая ~ recording lamp
зерка́льная ~ reflector lamp
и́мпульсная ~ flash lamp, flash tube
инве́рторная ~ inverter valve, inverter tube
индика́торная ~ indicating [signal] lamp, indicating light
индика́торная, цифрова́я ~ numerical read-out [digital indicator] tube
~ инфракра́сного излуче́ния infra-red [IR-] lamp
ио́нная ~ gas-filled valve, gas-filled tube
ква́рцевая ~ quartz lamp
кинопроекцио́нная ~ projection lamp
комбини́рованная ~ multi-unit [multiple, multisection] valve, multiunit [multiple, multisection] tube
коммута́торная ~ switchboard lamp
контро́льная ~ pilot [supervisory, indicating] lamp
контро́льная ~ включе́ния да́льнего све́та фар high-beam headlight [headlight main-beam] indicator, blue control [beam indicator] lamp
контро́льная ~ заря́дки charge indicator lamp
контро́льная ~ сигна́ла поворо́та turn-signal control lamp
~ контро́ля вре́мени *тлф.* time-check lamp
копирова́льная ~ *кнф.* printer lamp
~ ко́свенного нака́ла indirectly-heated [heater] valve, indirectly-heated [heater] tube
кра́терная ~ crater lamp
люминесце́нтная ~ luminescent lamp
манипуля́торная ~ keying [keyer] valve, keying [keyer] tube
мати́рованная ~ frosted lamp
маячко́вая ~ lighthouse tube, disk-seal tube
мига́ющая ~ указа́теля поворо́та flasher [turn indicator] bulb
многосе́точная ~ multigrid valve, multigrid tube
многоэлектро́дная ~ multielectrode valve, multielectrode tube
модуля́торная ~ modulator valve, modulator tube
мя́гкая ~ soft [low-vacuum, gassy] valve, soft [low-vacuum, gassy] tube

лáмп/а
~ накáливания incandescent [filament] lamp
~ накáливания с иóдным циклом iodine-cycle incandescent lamp
~ накáчки (*лазера*) pump(ing) lamp, pump tube
~ накáчки (*лазера*), импульсная pump(ing) flashtube
~ накáчки (*лазера*) непрерывного излучéния continuous pump(ing) lamp, continuous pump(ing) tube
нáтриевая ~ sodium (vapour) lamp
неóновая ~ neon-filled [neon-glow] lamp, neon tube
неразбóрная ~ permanently sealed tube
~ номернóго знáка licence plate lamp
~ обрáтной волны́ backward-wave valve, backward-wave tube, BWT
общевызывнáя ~ (*коммутатора системы ЦБ*) pilot lamp
однонитевая ~ single-filament [one-filament] bulb
опáловая ~ opal lamp
~ оптической накáчки (*лазера*) optical pump(ing) lamp, optical pump(ing) tube
осветительная ~ illuminating [lighting] lamp
~ освещéния поднóжки *авто* courtesy lamp
отбóйная ~ *тлф.* clearing lamp; (*коммутатора системы ЦБ*) supervisory lamp
пáльчиковая ~ small-button glass [bantam] tube
паросвéтная ~ metal vapour lamp
паяльная ~ brazing [blow, soldering] torch
перекáльная ~ *кфт.* photoflood
~ перемéнной ёмкости variable-capacitance valve, variable-capacitance tube
~ перемéнной крутизны́ variable-mu valve, variable-mu tube
перенóсная ~ hand [inspection, portable] lamp
плоскоэлектрóдная ~ planar-electrode valve, planar-electrode tube
пневмоэлектрическая ~ compressed air electric lamp
~ подсвéта шкалы́ dial lamp
подсвéчивающая ~ bright-up [exciter] lamp
поперéчно-лучевáя ~ transverse-current valve, transverse-current tube
~ послéдовательного включéния series lamp
предохранительная ~ *эл.* safety lamp
преобразовáтельная ~ converter tube, heterodyne conversion transducer
~ прибóрного щиткá panel lamp, panel light, dash(-board) [facial] light, instrument [instrument cluster] lamp

лáмп/а
приёмно-передающая широкополóсная ~ broadband TR valve, broadband TR tube
приёмно-усилительная ~ receiving valve, receiving tube
проекциóнная ~ projector lamp
промежýточная ~ intertube
~ прямóго накáла directly heated [battery, filamentary-cathode] valve, directly heated [battery, filamentary-cathode] tube
пятиэлектрóдная ~ five-electrode tube, pentode
радиáльно-лучевáя ~ radial-beam valve, radial-beam tube
радиоусилительная ~ amplifying valve, amplifying tube
разбóрная ~ demountable [knock-down] valve, demountable [assembled, knock-down] tube
разделительная ~ pulse separator valve, pulse separator tube
разрядная ~ discharge lamp
реактивная ~ reactance valve, reactance tube
~ регулируемого усилéния fading tube; fading hexode
регулирующая ~ control valve, control tube
~ резнатрóнного типа resnatron
резонáнсная ~ resonance (fluorescence) lamp
рефлéкторная ~ reflector lamp
ртýтная ~ mercury(-vapour) lamp
ртýтная, дуговáя ~ mercury-arc lamp
~ с автоэлектрóнной эмиссией cold-cathode valve, cold-cathode tube
сверхминиатю́рная ~ subminiature valve, subminiature tube
~ с вéрхним вы́водом anode-cap valve, plate-cap tube
светодиóдная ~ light-emitting-diode [LED] lamp
светомаскирóвочная ~ black-out lamp
~ с водяны́м охлаждéнием water-cooled valve, water-cooled tube
~ с вольфрáмовой нитью tungsten lamp
~ с вторичной эмиссией secondary-emission valve, secondary-emission tube
~ СВЧ (*не путать с* лáмпой сантимéтрового диапазóна) microwave valve, microwave tube (*not to be confused with* a SHF valve *or* tube)
~ связи (*в схеме, напр. приёмника*) coupling valve, coupling tube
сдвóенная ~ dual valve, dual tube
~ с дисковыми вы́водами disk-seal valve, disk-seal tube
сигнáльная ~ indicating [signal] lamp, indicating light
сигнáльная ~ свобóдной линии idle indicating lamp, free line signal
~ с катóдной сéткой space-charge valve, space-charge tube

лáмп/а
смесительная ~ mixer valve, mixer tube
~ с металлической нитью metal-filament lamp
~ смéшанного свéта mixed-light lamp
~ смещéния bias valve, bias tube
~ с накалённым катóдом hot-cathode [thermionic] valve, hot-cathode [thermionic] tube
~ со скоростнóй модуляцией velocity-modulation valve, velocity-modulation tube
~ с отклоняемым лучóм beam-deflection valve, beam-deflection tube
~ с отрицáтельным сопротивлéнием negative-resistance valve, negative-resistance tube
софитная ~ double-ended lamp
спектрáльная ~ spectral [spectroscopic] lamp
спирáльно-лучевáя ~ spiral-beam valve, spiral-beam tube
~ с плóскими электрóдами planar-electrode valve, planar-electrode tube
~ с подвижны́м анóдом movable-anode valve, movable-plate tube
~ с подогрéвным катóдом cathode-heater valve, cathode-heater tube
~ с поперéчным управлéнием babitron valve, babitron tube
~ с простóй спирáльной нитью single-coil lamp
~ с сéточным управлéнием grid-control valve, grid-control tube
стерилизациóнная ~ sterilamp
~ с тормозя́щим пóлем retarding field valve, retarding field tube
стробирующая ~ gate valve, gate tube
стробоскопическая ~ stroboscopic tube
~ с тýсклым накáлом dull-emitter valve, dull-emitter tube
~ с ýгольной нитью carbon (filament) lamp
~ с удлинённой характеристикой remote-cut-off valve, remote-cut-off tube
суммирующая ~ adder valve, adder tube
~ с холóдным катóдом cold-cathode valve, cold-cathode tube
счётная ~ counting tube
счётная, десятичная ~ decimal counting tube
термокатóдная ~ hot-cathode [thermionic] valve, hot-cathode [thermionic] tube
термоэлектрóнная ~ thermionic valve, thermionic tube
~ тлéющего разря́да glow-discharge tube
тóчечная ~ point-source lamp
ýгольная ~ carbon (filament) lamp
ударопрóчная ~ rough-service lamp

ла́мп/а
~ ультрафиоле́тового излуче́ния ultra-violet [UV-] lamp
управля́ющая ~ control valve, control tube
усили́тельная ~ amplifying valve, amplifying tube
фикси́рующая ~ clamping valve, clamping tube
цветна́я ~ coloured lamp
цельнометалли́ческая ~ all-metal tube
четырёхэлектро́дная ~ four-electrode valve, four-electrode tube, tetrode
чита́ющая ~ *кфт.* exciter lamp
ша́говая ~ step valve, step tube
шнурова́я ~ *тлф.* cord lamp
шумова́я ~ *тлф.* noisy valve, noisy tube
электри́ческая ~ electric lamp, electric bulb
электролюминесце́нтная ~ electroluminescent lamp
электрометри́ческая ~ electrometer tube, tube electrometer
электро́нная ~ (*в отличие от ионной лампы*) vacuum valve, vacuum tube (*as distinct from a gas-filled tube*)
электроннолучева́я ~ (*не путать с* электроннолучево́й тру́бкой, ЭЛТ) electron-ray tube, "magic eye" (*not to be confused with* cathode-ray tube, CRT)
эрите́мная ~ sunlamp
этало́нная ~ comparison [standard] lamp

ла́мпа-вспы́шка *ж.* (*одноразового действия*) flash bulb
ла́мпа-жёлудь *ж.* acorn valve, acorn tube
лампара́ *ж.* lampara, lampara net
ла́мповая *ж. горн.* lamproom
~ с самообслу́живанием self-service lamproom
ламповынима́тель *м. тлф.* lamp extractor, lamp puller
ламподержа́тель *м.* valve [tube] retainer
лантан(о)и́ды *мн. м.* lanthanides
ланце́т *м.* 1. *лит.* spatula 2. *мед.* lancet
ла́п/а *ж.* 1. *маш.* (*захват*) claw, grip; (*опора*) leg, foot; (*шип*) tenon, dovetail □ **вяза́ть в ~у** dovetail; (*прилив на корпусе*) lug 2. *с.-х.* foot, blade, shovel, sweep, tine, point 3. *кож.* shank
~ для разде́лки гре́бней sweep blade
~ для яче́истой па́хоты pit blade
загреба́ющая ~ (*погрузчика*) gathering arm
загру́зочная ~ (*погрузчика*) loading arm
~ клёти *горн.* cage shoe
~ крепле́ния *маш.* mounting foot
культива́торная ~ hoe (blade), tine, shovel, cultivator tooth

ла́п/а
культива́торная ~ на пружи́нной сто́йке или предохрани́теле spring hoe
~ маркёра *с.-х.* marker point
односторо́нняя ~ side shovel
односторо́нняя, плоскоре́жущая ~ L-hoe, scuffle knife
оку́чивающая ~ earthing blade
опо́рная ~ 1. *маш.* pick-up 2. *с.-х.* stabilizer blade
откидна́я ~ *маш.* tiltable claw
поло́льная ~ weed shovel, weeder tine
~ почвоуглуби́теля subsoiling blade, subsoil shank, subsoil tine
пропо́лочная ~ weed-cutting blade
~ проре́живателя thinner [gapping] blade
пружи́нная ~ resilient tine
рыхли́тельная ~ cultivator [chisel] point, cultivating tine, ripping tooth
рыхли́тельная, копьеви́дная ~ spear-head [spear-point] shovel
рыхли́тельная, оборо́тная ~ double-pointed shovel
самозата́чивающаяся ~ self-sharpering sweep
~ с твердоспла́вной напла́вкой hard-faced sweep
стре́льчатая ~ A(-hoe) blade, duckfoot shovel, duckfoot tine, V-shaped sweep
~ я́коря anchor blade, anchor fluke, anchor palm

ла́пка *ж. маш.* (*зажимная*) claw, clutch; (*выступ*) lug; (*выступ в виде зубца*) pawl; (*удлинённый выступ*) tab; (*пальцевидная*) toe; (*заострённая*) tongue
захва́тывающая ~ grip pawl
ка́бельная ~ *эл.* cable grip
нажимна́я ~ *с.-х.* clip
С-обра́зная ~ cramp iron
~ рогу́льки *текст.* leg [arm] of flyer
~ сверла́ drill tang
«ла́пки» *мн. ж. полигр.* double quotes, inverted commas
~ для натя́жки прово́дов draw-vice, draw-tongs
лапласиа́н *м. мат.* Laplacian, Laplace operator
лапо́рты *мн. мет.* coke-oven doors
лаппингова́ние *с.* lapping (process)
вибрацио́нное ~ vibration lapping
тройно́е ~ triplex lapping
лаппингова́ть *гл.* lap
лапшере́зка *ж.* noodle cutter
ларваци́д *м.* larvicide
ларингофо́н *м.* laryngaphone, throat microphone □ **~ воспринима́ет механи́ческие колеба́ния горта́ни** a laryngaphone picks up larynx vibrations (directly); **~ не реаги́рует на посторо́нние шу́мы** a throat microphone picks up no outside noise; **~ одева́ется на го́рло** a laryngaphone is applied to the speaker's throat

ла́ск/а *ж. маш.* scarf □ **отпуска́ть ~у** (*на дета́ли*) scarf (*the edge of a part*)
ла́стик *м. текст.* lasting
ла́текс *м.* latex □ **вальцева́ть ~** mill the latex; **вводи́ть (ингредие́нты сме́си) в ~** compound the latex with (rubber-mix ingredients); **вспе́нивать ~** foam the latex; **выпа́ривать ~** evaporate the latex; **загуща́ть ~** bulk the latex; **консерви́ровать ~** conserve the latex; **обраба́тывать ~ для сливкоотделе́ния** cream the latex; **отста́ивать ~ для удале́ния при́месей** settle the latex to remove impurities; **предупрежда́ть преждевре́менную коагуля́цию ~а** forestall hasty coagulation of the latex; **разбавля́ть ~** dilute the latex; **распыля́ть ~** spray the latex; **сгуща́ть ~ выпа́риванием** evaporate the latex, thicken the latex by evaporation; **сенсибилизи́ровать ~** sensibilize the latex; **сме́шивать ~ с ускори́телями, антиокисли́телями и т. п.** compound the latex with accelerators, antioxidants, *etc.*; **стабилизи́ровать ~** stabilize [conserve] the latex; **фильтрова́ть [проце́живать] ~** strain the latex
иску́сственный ~ artificial latex
карбоксила́тный ~ carboxylated butadiene latex
каучу́ковый ~ rubber latex
натура́льный ~ natural latex
синтети́ческий ~ synthetic latex
хлоропре́новый ~ chloroprene latex
щелочно́й ~ alkali latex

латенсифика́ция *ж.* latensification, latent-image intensification
лате́нтность *ж.* 1. (*скрытое состояние*) latency 2. (*состояние покоя в данный момент*) quiescence, quiescency 3. (*неактивное состояние в течение некоторого времени*) dormancy; (*неактивное состояние в данный момент*) abeyance, abeyancy
лате́нтный *прил.* 1. (*скрытый, неочевидный*) latent 2. (*не работающий, бездействующий в данный момент*) quiescent 3. (*неактивный некоторое время*) dormant; (*неактивный, неиспользуемый в данный момент*) abeyant, in abeyance
латеритиза́ция *ж.* lateritization
лати́ница *ж. полигр.* Roman type
латуни́рование *с.* brassing, brass plating
лату́нь *ж.* brass
автома́тная ~ free-cutting brass
адмиралте́йская ~ admiralty brass
высокопро́чная ~ high-tensile brass
высокоци́нковая ~ high brass
деформи́руемая ~ wrought brass
~ для гравирова́ния etching brass
ко́вкая ~ wrought brass
листова́я ~ sheet brass
листова́я ~ для глубо́кой вы́тяжки eyelet brass
лите́йная ~ cast(ing) brass

лату́нь
марганцо́вистая ~ manganese bronze (*actually, not a bronze, but a brass composition*)
морска́я ~ naval brass
низкоци́нковая ~ low brass
ни́келевая ~ nickel brass
~, обраба́тываемая давле́нием wrought brass
оловя́нная ~ tin brass
патро́нная ~ cartridge brass
ро́льная ~ brass for rolled flat products
свинцо́вая ~ leaded brass
специа́льная ~ alloy brass
часова́я ~ clock brass
лауэгра́мма *ж.* Laue (X-ray diffraction) pattern
лафе́т *м.* carriage
лацпо́рт *м. мор.* port
входно́й ~ entrance [gangway] port
грузово́й ~ cargo [side loading] port
лебёдка *ж.* winch □ **~ поднима́ет груз** a winch hoists a load
автомати́ческая ~ automatic tensioning [self-tensioning] winch
анте́нная ~ antenna reel
батитермогра́фная ~ bathythermograph winch
букси́рная ~ towing winch
вспомога́тельная ~ auxiliary winch
гидравли́ческая ~ hydraulic winch
гидрографи́ческая ~ hydrographical winch
грузова́я ~ cargo winch
двухбараба́нная ~ double-drum winch
~ для возду́шной трелёвки cableway skidder
ка́бельная ~ cable winch
корчева́льная ~ grubbing [stumping] winch
~ ли́фта *англ.* lift drive; *амер.* elevator drive, elevator machine
~ ли́фта, бараба́нная *англ.* rope drum; *амер.* winding drum (elevator machine)
~ ли́фта с канатоведу́щим шки́вом *англ.* vee-sheave drive; *амер.* traction-sheave drive, traction-type elevator machine
маневро́вая ~ auxiliary winch
навесна́я ~ linkage winch
океанографи́ческая ~ oceanographic winch
отка́точная ~ *горн.* haulage winch
парова́я ~ steam winch
переносна́я ~ crab (winch)
поворо́тная ~ swinger
подъёмная ~ hoist(ing) winch
реверси́вная ~ reversible winch
самохо́дная ~ для карота́жа well-logging winch truck
~ с гидроприво́дом hydraulic winch
скипова́я ~ skip winch
скре́перная ~ scraper winch
~ с при́водом от ва́ла отбо́ра мо́щности pto-driven winch

лебёдка
стенна́я ~ bracket winch
тра́кторная ~ tractor winch
тра́ловая ~ trawl winch
трелёвочная ~ skidder
тяга́льная ~ pulling winch
фрикцио́нная ~ friction-drive winch
цепна́я ~ chain winch; *авто* chain jack
швартóвная ~ docking [mooring, warping] winch
шпи́левая ~ capstan winch
леге́нда *ж.* (*карты*) (explanatory) legend, descriptive [marginal] data, explanatory [marginal] notes
леги́рование *с.* **1.** *мет.* alloying **2.** *пп* doping
~ ме́тодом ио́нного внедре́ния ion-implanted doping
леги́ровать *гл.* **1.** *мет.* alloy **2.** *пп* dope
лёд *м.* ice □ **вса́сывать ~** (*о двигателе самолёта*) ingest ice (blocks, lumps); **~ нараста́ет** ice builds up [forms accretions]; **пригота́вливать (иску́сственный) ~ в фо́рмах** make (manufactured) ice in cans; **раста́пливать ~** melt ice; **сбра́сывать ~** (*о проводах линий электропередачи, связи и т. п.*) shed ice; **удаля́ть ~ с крыла́ самолёта** de-ice the wings
бло́чный ~ block ice
до́нный ~ anchor [bottom] ice
дрейфу́ющий ~ drift ice
дроблёный ~ crushed ice
иску́сственный ~ manufactured ice
кристалли́ческий ~ crystal ice
крупнокусково́й ~ chunk [coarse] ice
пищево́й ~ food service ice
сублими́рованный ~ sublimated ice
сухо́й ~ dry [carbon dioxide] ice, solid carbon dioxide
~ с хими́ческими доба́вками chemical ice
тяжёлый ~ heavy [thick] ice
ледебури́т *м. мет.* ledeburite
ледери́н *м.* (*ткань*) leather-cloth
бума́жный ~ leather-paper
лéдник *м.* ice-house
дома́шний ~ freeze box, ice-box, ice-(-cooled) refrigerator
ледоко́л *м.* ice-breaker
а́томный ~ nuclear-powered ice-breaker
ледоко́л-букси́р *м.* ice-breaking tug
ледоре́з *м.* **1.** (*судно*) ice-cutter **2.** (*устройство для защиты мостового быка*) ice-apron, ice-breaker
ледору́б *м.* ice-ax(e)
ледосбро́с *м.* ice chute
ледофо́рма *ж.* ice can, ice mould, ice form
ледя́нка *ж.* ice-boat, ice-canoe
ле́ер *м.* **(судово́й)** (*жёсткий*) hand-rail; (*тро́совый*) handrope, manrope
бельево́й ~ cloth(es) line
спаса́тельный ~ life line
лéжень *м.* groundsel, ground brace
лёжкоспосо́бность *ж. пищ.* storage life, shelf life

лежня́к *м.* bottom millstone, bed stone
ле́звие *с.* blade □ **зата́чивать ~** sharpen the edge; (*на точильном круге*) grind the blade; **отбива́ть ~** scarf the blade; **~ ту́пится** the blade becomes dull [blunt]
~ голо́вки пая́льника tip of a soldering bit
~ долота́ nose of a chisel
оборо́тное ~ *с.-х.* reversible blade
попере́чное ~ cross edge; chisel edge (*of a twist drill*)
разме́точное ~ marking blade
~ ре́жущего инструме́нта (cutting-) tool edge
сме́нное ~ *с.-х.* detachable blade
~ стру́га plane bit
~ топора́ ax(e) blade
уда́рное ~ impact-knife edge
ле́йка *ж.* **1.** (*для откачки воды из шлюпки*) (boat) bailer **2.** (*для поливки*) watering pot, watering can
лейкооснова́ние *с.* leuco base
лейкопла́стырь *м.* adhesive bandage
лейкосоедине́ние *с.* leuco compound
лека́ло *с.* **1.** *маш.* curve, template, templet **2.** (*в измерительных приборах*) profile cam **3.** (*чертёжный инструмент*) French [draftsman's, irregular] curve
резьбово́е ~ profile gauge
углово́е ~ angle [direction] gauge
фасо́нное ~ curve gauge
лека́льщик *м.* gauge [pattern] maker, gauger
ле́мех *м.* **(плу́га)** (plough) share
безремо́нтный ~ throw-away share
вы́копочный ~ undercutter
двусторо́нний ~ reversible share
~ для камени́стых почв cobble-stone share
долотообра́зный ~ wedge-shaped share
зу́бчатый ~ notch-edged [toothed] share
корытообра́зный ~ channel share
отва́льный ~ (*угольного комбайна*) loading blade
подка́пывающий ~ digging [lifting] share, digger shovel
~ почвоуглуби́теля subsoiling share
~ предплу́жника jointer [fore, skim] share
самозата́чивающийся ~ self-sharpening share
~ с вставны́м носко́м slip-nose [slip-point] share
~ с выдвижны́м долото́м bar-(-point) share
секцио́нный ~ divided share
~ со сме́нным носко́м renewable point share
трапецеида́льный ~ straight [trapezoidal] share
ле́мма *ж. мат.* lemma
лемниска́та *ж.* (*плоская кривая*) lemniscate
~ Берну́лли Bernoulli's lemniscate

лемниска́та
~ Бу́та Booth's lemniscate
~ Геро́но lemniscate of Gerono
лён *м.* flax □ **жать ~** cut the flax; **зама́чивать ~** ret the flax; **запа́ривать ~** steam the flux; **культиви́ровать ~ для получе́ния ма́сла** cultivate [grow] flax for oil; **культиви́ровать ~ на волокно́** cultivate [grow] flax for the fibres; **мять ~** break the flux; **тереби́ть ~** pull the flax; **трепа́ть ~** scutch [dress] the flax; **чеса́ть ~** hackle the flux
ле́никс *м.* (*натяжной ролик*) tension [pinch] roller
ле́нт/а *ж.* (*в прядении*) sliver; (*тканая*) tape, ribbon, band □ **верну́ть ~у** (*напр. для исправления ошибок*) *вчт.* retract the tape; **выта́скивать ~у из,** *напр.* **бобины** unthread the tape [ribbon, band] from, *e. g.*, a spool; **заправля́ть ~у в,** *напр.* **приёмную бобину** thread the tape [ribbon, band] into, *e. g.*, the take-up spool; **помеча́ть ~у** *вчт.* label the tape; **с управле́нием от ~ы** *вчт.* tape-controlled
абрази́вная ~ abrasive band
агломерацио́нная ~ sinter belt
арми́рованная ~ armoured belt
асбе́стовая ~ asbestos tape
броневая ~ (*кабеля*) band iron
бума́жная ~ paper tape
~ ввода програ́ммы *вчт.* program tape
видеомагнитофо́нная ~ video tape
~ входны́х да́нных *вчт.* input tape
~ выходны́х да́нных *вчт.* output tape
герметизи́рующая ~ sealing tape
~ гребенно́го проче́са *текст.* combed sliver, tops
~ да́нных data tape
диагра́ммная ~ chart strip
~ для пи́шущих маши́н type-writer ribbon
***n*-доро́жечная ~** *n*-channel [*n*-track] tape
заря́дная ~ charging belt
иго́льчатая ~ *текст.* card fillet, card clothing, card covering, filleting card, clothing wire
изоляцио́нная ~ insulating [electric] tape
ка́рдная ~ card clothing
ке́мбриковая ~ cambric tape
ки́перная ~ surgical [herring-bone] tape
кле́йкая ~ adhesive [Scotch] tape
~ кома́нд instructions tape
~ конве́йера conveyer belt
конве́йерная ~ conveyer belt □ **конве́йерная ~ бьёт** the conveyer belt flails [flaps]; **конве́йерная ~ проска́льзывает по шки́ву** the conveyer belt slips on the (drive) pulley; **скле́ивать конве́йерную ~у** cement a (conveyer) belt (joint); **сшива́ть конве́йерную ~у** lace (up) a conveyer belt

ле́нт/а
конве́йерная, бесконе́чная ~ endless conveyer belt
кра́сящая ~ (*для телетайпа и т. п.*) (inking) [inked] ribbon
крыльева́я ~ (*борта шины*) flipper
лакотка́невая ~ varnished tape
ли́пкая ~ adhesive [Scotch] tape
лотко́вая ~ *горн.* troughed belt
магни́тная ~ magnetic tape
магни́тная, измери́тельная ~ reference tape
ме́рная ~ measuring tape
ме́рная, ба́зисная ~ base(-line) tape
ме́рная, геодези́ческая ~ geodetic surveying tape
~ металлиза́ции (*напр. на самолётах, в схёмах и т. п.*) bonding strip
многосло́йная ~ (*напр. транспортёрная*) multiply band; (*тканая*) sandwich tape
нажда́чношлифова́льная ~ emery belt
непропи́танная ~ untreated tape
нивелиро́вочная ~ *геол.* levelling tape
обвя́зочная ~ strapping tape
перфори́рованная ~ punched tape □ **перфори́рованная ~ перемеща́ется,** *напр.* **тра́нспортным устро́йством** the punched tape is advanced, *e. g.*, by a tape feed mechanism
пи́льная ~ *лес.* saw blade, saw web
пи́льчатая ~ *текст.* saw-toothed card clothing
~ подпрогра́ммы *вчт.* subroutine tape
полулотко́вая ~ *горн.* semitroughed belt
породоотбо́рная ~ rock collecting belt, rock collecting band
про́бная ~ *тлг., тлф.* specimen [trial] slip
про́волочная ~ wire tape
програ́ммная ~ *вчт.* program tape
прорези́ненная ~ rubberized tape
просмолённая ~ tarred tape
проте́кторная ~ *авто* tread strip
пуста́я ~ (*незаполненная*) *вчт.* blank tape
~ распеча́тки *вчт.* printing-out tape
рези́новая ~ rubber band, rubber tape
рудоразбо́рная ~ ore-picking belt
рудосортиро́вочная ~ ore-picking belt
~ самопи́сца recorder chart, recorder strip
смоляна́я ~ tarred tape
сортиро́вочная ~ picking belt
телегра́фная ~ telegraph tape □ **накле́ивать телегра́фную ~у на бланк** paste tape onto a message blank
телета́йпная, бесконфетти́йная ~ chadless tape

ле́нт/а
телета́йпная ~ с конфетти́ (*полными пробивками*) chad-type tape
тормозна́я ~ brake band
транспортёрная ~ conveyer belt
тру́бная ~ (*парового котла*) water-wall panel
упако́вочная ~ sealing tape
уплотни́тельная ~ sealing tape
~ управле́ния графопострои́телем plotter control tape
ферромагни́тная ~ magnetic tape
холоднока́таная ~ cold (rolled) strip
чеса́льная ~ card sliver, cardend
чи́стая (*неразмеченная*) **~** *вчт.* virgin tape
шлифова́льная ~ abrasive belt
лентонаправи́тель *м. текст.* sliver guide
лентотка́чество *с.* ribbon [tape] weaving
лентоукла́дчик *м. текст.* coiler
ле́нточка *ж.* (*на сверле*) margin; (*на другом инструменте*) land
ле́нточка-закла́дка *ж. полигр.* register, ribbon (marker)
лепест/о́к *м.* **1.** *маш.* tab **2.** (*диаграммы направленности антенны*) lobe
боково́й ~ side [minor] lobe □ **вызыва́ть рост боковы́х ~ко́в** raise side lobes; **подавля́ть боково́й ~** suppress the side lobe
второстепе́нный ~ minor lobe
гла́вный ~ major lobe
~ для па́яного соедине́ния *англ.* soldering tag; *амер.* soldering lug
~ интерфере́нции interference lobe
~ ко́мы coma lobe
~ ла́мповой пане́льки *англ.* valve socket lug; *амер.* tube socket lug □ **замеря́ть напряже́ние на ~ка́х ла́мповой пане́льки** measure voltage at [across] valve [tube] pins
лепёшка *ж.*, **шла́ковая** slag pancake
лепи́ть *гл.* model
ле́пка *ж.* model(l)ing
ле́рка *ж.* (*см. тж.* **прого́нка**) die chaser
лес *м.* **1.** (*растительность*) wood(s), forest □ **вали́ть ~** fell trees; **охраня́ть ~а** conserve woods [forests]; **своди́ть ~а хи́щнически** devastate forests; **террито́рия за́нята ~ом [нахо́дится под ~ом]** (so much) area is in forest **2.** (*материал*) timber, wood; (*пиломатериал*) lumber □ **истоща́ть (запа́сы) ~а** drain the stand of timber; **производи́ть такса́цию ~а** valuate a stand of timber; **сплавля́ть ~ (по реке́)** float logs (down a river); **трелева́ть (загото́вленный) ~** transport (felled) trees [logs, timber]
защи́тный ~ protection forest
корабе́льный ~ ship timber
пересто́йный ~ overmature [overripe] forest
спе́лый ~ mature forest
строево́й ~ lumber wood, timber

леса́ *мн. м.*:
осветительные ~ (*для киносъёмок*) scaffolding, parallel
строительные ~ scaffolding
строительные, вися́чие ~ suspended scaffolding
строительные, выпускны́е ~ outrigger scaffolding
строительные, деревя́нные ~ timber scaffolding
строительные, инвента́рные ~ (*сборно-разборные*) ~ knock-down scaffolds, knock-down scaffolding
строительные, подвесны́е ~ suspended scaffolding
строительные, самоподъёмные ~ climbing scaffolding
строительные, тру́бчатые ~ pipe [tubular] scaffolding
лесни́к *м.* forest ranger
лесни́чество *с.* **1.** (*участок леса*) forestry **2.** (*учреждение*) forest ranger station
лесни́чий *м.* forester
лесоавтопо́езд *м.* timber [log, lumber] truck (tractor)
лесове́дение *с.* dendrology
лесово́д *м.* silviculturist
лесово́дство *с.* **1.** (*научная дисциплина*) silviculture, forestry **2.** forest-growing
лесово́з *м. мор.* timber carrier, lumber [timber-carrying] vessel, timber [lumber] ship
лесовозобновле́ние *с.* reforestation, forest regeneration
лесозаготови́тель *м.* woodsman, lumber-jack
лесозаготовки *мн. ж.* logging, lumbering
лесозащи́та *ж.* forest conservation
лесоинвентариза́ция *ж.* forest survey(ing), forest valuation
лесоматериа́л *м.* timber, wood □ **выде́рживать** ~ season (the) timber; **ко́мплексно испо́льзовать** ~ utilize timber completely; **подверга́ть** ~ **возду́шной** *или* **печно́й су́шке** air-(kiln-) dry the timber
бессо́ртный ~ assorted timber
длинноме́рный ~ long-cut timber
ко́лотый ~ cleaving [cleft] timber
крепёжный ~ mine timbers
кру́глый ~ round timber
необрабо́танный ~ logs, unsawn timber
обрабо́танный ~ sawn timber, lumber
пи́льный ~ saw timber
строи́тельный ~ structural timber
тёсаный ~ hewn timber
лесонасажде́ние *с.* **1.** forest stand **2.** (*процесс*) forest planting
высокополно́тное ~ fully stocked forest stand
высокостводьное ~ long-boled forest stand
изре́женное ~ light [open] forest
низкополно́тное ~ incomplete forest stand

лесонасажде́ние
норма́льное ~ all-aged forest stand
одновозрастное ~ even-aged forest stand
пересто́йное ~ overmature forest stand
полезащи́тное ~ shelterbelt forest
по́лное ~ complete forest stand
сме́шанное ~ mixed forest stand
спе́лое ~ mature forest stand
средневозрастно́е ~ middle-aged forest stand
чи́стое ~ pure forest stand, pure forest
лесопито́мник *м.* forest (tree) nursery
лесопо́льзование *с.* forest utilization
лесопрово́д *м.* logway
лесопу́нкт *м.* logging unit
лесоразведе́ние *с.* forest-growing
лесоразрабо́тка *ж.* forest exploitation
лесора́ма *ж.* frame saw, saw frame
брусу́ющая ~ log-edging [side-log] frame
двухпоста́вная ~ double log frame, double blade frame saw
двухшату́нная ~ central-driven log frame
однопоста́вная ~ single deal frame
одношату́нная ~ one rod log frame
передвижна́я ~ portable log frame
разва́ливающая ~ dividing gang saw
лесору́б *м.* lumber-jack, feller, wood-cutter
лесосе́ка *ж.* cutting [felling] area
лесоспла́в *м.* timber rafting
коше́льный ~ bag boom towing
молево́й ~ loose floating
первонача́льный ~ spring floating
плотово́й ~ rafting
~ ро́ссыпью loose floating
лесоспу́ск *м.* timber slide, timber [raft] chute
лесосуши́лка *ж.* lumber kiln, timber dryer, timber-drying plant
лесота́ска *ж.* log chain
лесотранспортёр *м.* log chain, log haul, log conveyer
лесоустро́йство *с.* forest management
лесохи́мия *ж.* wood chemistry, dendrochemistry, silvichemistry
лесохрани́лище *с.* log storage ground
леспромхо́з *м.* integrated logging-lumbering enterprise
ле́стниц/а *ж.* stair; (*лестничная клетка*) staircase, stairway □ **выбира́ть разме́ры** ~ы proportion a stair; **поднима́ться по** ~е mount a stairway; **придава́ть** ~е **поло́гий накло́н** give a stair a flat pitch *or* slope
авари́йная ~ (*на самолёте*) emergency ladder
верёвочная ~ rope ladder
винтова́я ~ spiral [winding] stairs
выдвижна́я ~ extension ladder
запасна́я ~ (*напр. пожарная*) emergency ladder
иерархи́ческая ~ hierarchy

ле́стниц/а
изоли́рующая ~ *эл.* insulated ladder
монта́жная ~ erecting ladder
пара́дная ~ main staircase
пожа́рная ~ fire escape
служе́бная ~ (*ведущая на чердак или в подвал*) backstairs
чёрная ~ backstairs
ле́стница-стремя́нка *ж.* step-ladder; (*на крыше*) walking strip
лесхо́з *м.* district [regional] forestry (administration)
летарги́я *ж. яд. физ.* lethargy
лета́ть *гл.* fly □ ~ **на автопило́те** fly on the autopilot; ~ **на,** *напр.* **ИЛ-18** (*об экипаже*) fly, pilot, *e. g.*, an IL-18; (*о пассажирах*) fly by, *e.g.*, an IL-18; ~ **над сло́жными метеороло́гическими усло́виями** fly above weather; ~ **не по тра́ссам** fly off air-ways; ~ **по кратча́йшему маршру́ту** fly by the shortest route; ~ **по лучу́ радиоприводно́й ста́нции** fly the beam; ~ **по прибо́рам** fly IFR, fly by the Instrument Flight Rules, fly on instruments; ~ **с бро́шенным управле́нием** fly with hands off; ~ **стро́го по наставле́нию** fly "by the book"
летеро́ид *м.* fish paper
лётк/а *ж.* (*в плавильных печах*) tap-hole □ **вскрыва́ть [пробива́ть]** ~у open the tap-hole; **забива́ть [заде́лывать]** ~у bott [make up, plug up, stop, stopper] the tap-hole
~ **для штейна** (*в медеплавильных печах*) charging thimble
козло́вая ~ salamander-drain hole
сла́бая ~ weak [red] tap-hole
трудновскрыва́емая ~ hard tap-hole
чугу́нная ~ iron tap-hole, iron notch
шла́ковая ~ dross [slag] hole; (*в доменных печах*) slag [cinder] notch
лету́честь *ж.* (*свойство вещества*) volatility, volatileness; (*свойство неоднородного вещества*) fugacity
лету́чие *мн. м.* volatile matter
лету́чий (*о веществе*) volatile; (*о неоднородном веществе*) fugacious, fugaceous
лётчик *м.* (*в обычном словоупотреблении лицо лётного состава*) pilot; (*в строгом значении*) air-crew member, airman, flier
~ **гражда́нской авиа́ции** civil(ian) [commercial, airline] pilot
кла́ссный ~ (*имеющий класс*) rated pilot
лётчик-испыта́тель *м.* test pilot
веду́щий ~ project pilot
лётчик-космона́вт *м.* (*общий термин*) space pilot; (*звание советских космонавтов*) pilot-cosmonaut; (*звание иностранных космонавтов*) astronaut
лёщадка *ж.* (*кирпич*) split
ле́щадь *ж.* bottom; (*в доменной печи*) blast-furnace bottom; (*в вагранке*) cupola bottom □ **выкла́дывать** ~ **из**

углеро́дистых бло́ков line the furnace bottom with carbon blocks; ~ **изна́шивается** the bottom erodes; **набива́ть** ~ ram (in) [pack, tamp] the bottom; **набива́ть** ~ **огнеупо́рной ма́ссой** frit a refractory material into the bottom; **нава́ривать** ~ burn (in) [frit] the bottom

ле́щадь
~ **из углеро́дистой набо́йки** carbon paste bottom

ЛЗП [**ли́ния за́данного пути́**] *ав. англ.* track required, Tr. Req., required [intended] track; *амер.* course (line) □ **выде́рживать** ~ make good the required track; **выходи́ть на** ~ capture [strike, arrive at] the required track; **изменя́ть направле́ние** ~ change the required track; **производи́ть сме́ну** ~ change the required track

либра́ция *ж. астр.* libration
опти́ческая ~ optical libration
~ **по долготе́** libration in longitude
~ **по широте́** libration in latitude
су́точная ~ diurnal [daily] libration
физи́ческая ~ physical libration

ли́вень *м.*:
косми́ческий ~ cosmic-ray shower
~ **части́ц** shower of particles

ливнеобразова́ние *с. физ.* shower production, shower formation

лигату́ра *ж.* 1. *полигр.* ligature 2. (*вспомогательный сплав для введения легирующих добавок*) alloying composition 3. (*присадка к благородным металлам для придания твёрдости*) hardener
~ **в зо́лоте** base, base metal
ме́дная ~ copper hardener

лигни́н *м.* lignin
пиро́лизный ~ pyrolized lignin

лигнофо́ль *м.* lignin-base laminate, laminated lignin plastic

лигрои́н *м.* 1. (*фракция*) naphtha (fraction) 2. (*моторное топливо*) motor naphtha

ли́дер *м.* (*в искровом и грозовом разрядах*) leader
~ **мо́лнии** (lightning) leader

ликва́т *м.* segregated material

ликва́ция *ж.* segregation, liquation
дендри́тная ~ dendritic segregation
зона́льная ~ zonal segregation
макроскопи́ческая ~ macroscopical segregation
обра́тная ~ inverse [negative] segregation
~ **по уде́льному ве́су** gravity segregation
пятни́стая ~ ghost

ликви́дность *ж.* **бала́нса** solvency

ли́квидус *м.* liquidus (curve)

ликтро́с *м.* bolt rope

лимб *м.* 1. (*отсчётное устройство геодезических, оптических и др. инструментов*) limb 2. (*отсчётное устройство станков и т. п.*) dial
микрометри́ческий ~ micrometer dial

лимб
но́ниусный ~ vernier dial
~ **установки ско́рости пода́чи** feed dial

лими́ты *мн. м.* (*напр. на материалы*) allocations (*in materials*)

лимнигра́ф *м.* limnograph

лимноло́гия *ж.* limnology

лимузи́н *м.* limousine (car)

лингви́стика *ж.* linguistics
вычисли́тельная ~ computational linguistics
дескрипти́вная ~ descriptive linguistics
математи́ческая ~ mathematical linguistics
простра́нственная ~ spatial linguistics
структу́рная ~ structural linguistics

линеариза́ция *ж.* linearization
вибрацио́нная ~ linearization by oscillation
гармони́ческая ~ linearization by the describing function method
~ **ме́тодом ма́лых отклоне́ний** linearization by the perturbation method
принуди́тельная ~ forced linearization
статисти́ческая ~ statistical linearization

линеаризова́ть *гл.* linearize

лине́йк/а *ж.* rule
акциде́нтная ~ *полигр.* border (rule)
бигова́льная ~ *полигр.* score rule
борды́рная ~ *полигр.* border (rule)
визи́рная ~ *геод.* aiming [sight] rule, azimuthal lever
волни́стая ~ *полигр.* wave rule
врезны́е ~**и** *полигр.* cut-in rules
~ **высо́т** *геод.* height arm, height slide
га́ртовая ~ *полигр.* lead rule
двойна́я ~ *полигр.* double rule
дешифра́торная ~ (*буквопечатающего телеграфного аппарата*) code bar
диагона́льная ~ *полигр.* diagonal rule
запо́рная ~ (*буквопечатающего телеграфного аппарата*) locking bar
ито́говая ~ *полигр.* sum total rule
ке́гельная ~ *полигр.* em rule
комбинато́рная ~ (*буквопечатающего телеграфного аппарата*) selector bar
лека́льная ~ toolmaker's straight-edge
логарифми́ческая ~ slide rule
литографи́ческая ~ litho rule
~ **манипуля́тора** manipulator head
масшта́бная ~ scale rule
ме́рная ~ *лес.* log scale, dividing [measuring] rule
набо́рная ~ *полигр.* setting rule
накладна́я ~ *полигр.* false rule
~ **направле́ний** *геод.* direction [planimetric] arm
направля́ющая ~ 1. *лес.* guide fence 2. *прок.* guard

лине́йк/а
о́страя ~ *полигр.* thin rule
~ **паралла́ксов** *геод.* parallax arm, parallactic bar, parallax measurer
перфорацио́нная ~ *полигр.* perforating rule
пове́рочная ~ *маш.* (machinist's) straight-edge
пове́рочная, трёхгра́нная ~ V-type straight-edge
полуке́гельная ~ *полигр.* en rule
полутупа́я ~ *полигр.* medium-face rule
приво́дочная ~ *полигр.* register rule
пункти́рная ~ *полигр.* dotted rule
разме́точная ~ *маш.* marking rule
разме́точная, углова́я ~ *маш.* box rule
рантова́я ~ *полигр.* double rule
рихтова́льная ~ (trueing) straight-edge
си́нусная ~ *маш.* sine bar
~ **сплото́чных едини́ц** raft section line
счётная тахеометри́ческая ~ *геод.* tacheometrical rule
типогра́фская ~ line gauge, printer's rule
то́нкая ~ *полигр.* fine-face rule
тупа́я ~ *полигр.* bold-face rule
уса́дочная ~ *маш.* contracting rule
«фальши́вая» ~ *полигр.* "false" rule
формо́вочная ~ (*для срезания излишков смеси*) *мет.* straight-edge
чертёжная ~ draftsman's scale
штрихо́ванная ~ *полигр.* dotted rule
шту́рманская ~ navigation(al) (slide-rule) computer

линейка-пеленга́тор *ж.* sighting-vane bar

линейкоруби́лка *ж. полигр.* rule cutter

лине́йно *нареч.* linearly, as a linear function of ... □ **меня́ться** ~ **с** ... be linear with ...; (**уравне́ние**) ~ **относи́тельно** ... (an equation is) linear in ...

лине́йно-компа́ктный *прил. мат.* linearly compact

лине́йность *ж.* linearity, straight-line relation(ship)
ограни́ченная ~ limited linearity
~ **по ка́драм** *тлв.* vertical linearity
~ **развёртки** *тлв.* scan(ning) [sweep] linearity

лине́йн/ый *прил.* □ ~ **относи́тельно** ... linear with respect to ..., linear in ...; *пример*: **станови́ться** ~**ым относи́тельно,** *напр.* **вре́мени, соста́ва** *и т. п.* (*об уравнении*) become linear in, *e.g.*, time, composition, *etc.*

ли́нз/а *ж.* lens □ ~ **даёт изображе́ние** a lens forms an image; **исправля́ть** ~**у на аберра́цию** correct a lens for aberration; ~ **обора́чивает изображе́ние** a lens forms an inverted image; **подыша́ть на** ~**у** (*для* *чистки*) blow the breath on a lens (*in cleaning*); **~ помутнéла** the lens is cloudy; **склéивать, *напр.* две ~ы** cement, *e. g.*, two lenses together

ли́нз/а

акусти́ческая ~ acoustic [sound] lens
астигмати́ческая ~ astigmatic lens
асфери́ческая ~ aspherical lens
бипотенциáльная ~ bipotential lens
бисфери́ческая ~ bispherical lens
бифокáльная ~ bifocal lens
вóгнутая ~ concave lens
вóгнуто-вы́пуклая ~ concave-convex lens
вы́пуклая ~ convex lens
вы́пукло-вóгнутая ~ convex-concave lens
двояковóгнутая ~ biconcave [double-concave] lens
двояковы́пуклая ~ biconvex [double-convex] lens
длиннофóкусная ~ long-focus [long-focal-length] lens
зáдняя ~ back lens
замедля́ющая ~ decelerating [delay] lens
~ из органи́ческого стеклá [оргстеклá] acrylic-plastic lens
иммерсиóнная ~ immersion lens
исправля́ющая ~ correcting lens
катóдная ~ cathode lens
квадрупóльная ~ quadrupole lens
коллекти́вная ~ collecting lens
~ коммутáторной *или* индикáторной лáмпочки cap, jewel
конденсóрная ~ condenser lens
контáктная ~ contact lens □ **контáктная ~ соответствует кривизнé глазнóго я́блока** the contact lens conforms to the curvature of the eye
короткофóкусная ~ short-focus lens
корриги́рующая ~ correcting lens
~ Лю́неберга (*линзовая антенна*) Luneberg lens
магни́тная ~ magnetic lens
мени́сковая ~ meniscus lens
насáдочная ~ *кфт.* adapter [attachment, auxiliary, accessory] lens
насáдочная, анаморфóтная ~ anamorphic adapter, anamorphic attachment, anamorphoser
насáдочная, анаморфóтная кинопроекциóнная ~ anamorphic projection attachment, de-anamorphoser
насáдочная, анаморфóтная киносъёмочная ~ anamorphic camera attachment, camera anamorphoser
насáдочная, афокáльная телескопи́ческая ~ afocal lens
насáдочная, диффузиóнная ~ diffusion attachment, diffuser
~ объекти́ва objective lens
~ окуля́ра ocular [eyepiece] lens
опти́ческая ~ optical [light] lens
отрицáтельная ~ diverging [negative] lens
перéдняя ~ front lens
плóско-вóгнутая ~ flat-concave [plano-concave] lens

ли́нз/а

плóско-вы́пуклая ~ flat-convex [plano-convex] lens
плоскоцилиндри́ческая ~ plano-cylinder lens
полевáя ~ field lens
полеспрямля́ющая ~ field-flattener lens
положи́тельная ~ collecting lens
поясня́я ~ drum lens
прóволочная ~ wire lens
просветлённая ~ coated [antireflection] lens
простáя ~ simple lens
разрезнáя ~ divided lens
рассéивающая ~ diverging [negative] lens
решётчатая ~ lattice lens
собирáющая ~ collecting lens
составнáя ~ composite [compound] lens
~ с седлообрáзным пóлем saddle-field lens
ступéнчатая ~ Fresnel lens
сфери́ческая ~ spherical lens
сфероцилиндри́ческая ~ spherocylindrical lens
тóлстая ~ thick lens
тóнкая ~ thin lens
тороидáльная ~ drum lens
узколучевáя ~ narrow-angle lens
ультразвуковáя ~ ultrasonic lens
фокуси́рующая ~ focusing lens
~ Френéля Fresnel lens
цилиндри́ческая ~ cylindrical lens
щелевáя ~ slit lens
эквипотенциáльная ~ equipotential lens
электромагни́тная ~ electromagnetic lens
электрóнная ~ electron lens
электростати́ческая ~ electrostatic lens

линзеншти́хель *м.* engraver's tool
линзовыниматéль *м.* cap extractor
линиатýра *ж.* **рáстра** screen line number
линиевыбирáтель *м.* *тлф.* selecting switch
ли́ни/я *ж.* line; (*на графике*) curve □ **по ~и** in the line of ..; **располагáться на однóй ~и** be in line [be lined up] with one another; **~и расхóдятся** lines diverge; **~и схóдятся** lines converge

абонéнтская ~ subscriber's [individual, exchange] line, subscriber's loop □ **абонéнтская ~ заводится в многокрáтное пóле [в пóле остальны́х коммутáторов]** each subscriber's line appears in multiple at several operators' positions
абонéнтская, воздýшная ~ customer open wire line, open wire loop
абонéнтская, индивидуáльная ~ individual [direct exchange] line, one-party telephone
~ áбриса *карт.* planimetric line
~ АВ (*электрокаротаж*) energizing [current, power] line

ли́ни/я

автомати́ческая ~ *маш.* (automatic) transfer line, transfer machine
автомати́ческая, жестянобáночная ~ automatic can-making line
автомати́ческая, кóмплексная ~ *маш.* integrated transfer line; integrated manufacturing system
автомати́ческая, переналáживаемая ~ *маш.* versatile transfer line
автомати́ческая, *n*-позициóнная ~ *маш.* *n*-station transfer line
автомати́ческая, прямолинéйная ~ *маш.* in-line transfer machine
автомати́ческая ~ с ги́бкой свя́зью *маш.* non-synchronous transfer line
автомати́ческая ~ с жёсткой свя́зью *маш.* synchronous transfer line
автомати́ческая ~ со спýтниками *маш.* pallet type transfer line
автомати́ческая, станóчная ~ transfer line
автомати́ческая ~ с управлéнием от ЭВМ *маш.* computer-controlled transfer line
агони́ческая ~ *геод.* zero [agonic] line
~ áзимута azimuth line
акусти́ческая ~ acoustic line
антистóксова ~ anti-Stokes line
~ апси́д *астр.* line of apsides
атмосфéрная ~ *тепл.* air evacuation line
бáзисная ~ 1. *мат.* reference line **2.** *опт.* base-line
бесконéчная ~ 1. *мат.* line at infinity **2.** *эл.* infinite line
вáкуумная (откáчная) ~ vacuum pump line
~ валóв line of shafting
~ верши́н зýбьев шестерéн face line of teeth
~ взлётно-посáдочной полосы́, осевáя runway centre line
~ ви́димого горизóнта sky-line, horizon line
~ ви́димого кóнтура (*на чертеже*) object line
визи́рная ~ (*логарифмической линейки*) hair-line, indicator hair-line
~ визи́рования *геод.* axis [line] of sight, observing [sight(ing)] line
винтовáя ~ helical line, helix, spiral □ **двигаться по винтовóй ~и** move in a helix [in a spiral]
винтовáя, кони́ческая ~ conical helix
вихревáя ~ *мат.* vortex [whirl] line
вихревáя, зáмкнутая ~ *мат.* closed vortex line
~ влия́ния influence line
~ внýтренней свя́зи inland circuit
~ возмущéний Mach line
~ впáдин шестерéн line of dents [dedendum line] of a gear
~ всáсывания suction line
входнáя ~ *вчт.* input line

ли́ни/я
~ входя́щей свя́зи incoming [inward] line
~ вы́борки *вчт.* select(ion) line
выносна́я ~ (*на чертеже*) extension line
выпускна́я ~ exhaust line
~ выру́ливания (*со стоянки*) *ав.* lead-off line
~ вы́ходов *горн.* outcrop line
га́зовая ~ gas line
~ генера́ции (*лазера*) lasing line
геодези́ческая ~ geodetic [geodesic] line
~ горизо́нта sky-line, horizon line
горизонта́льная ~ level [horizontal] line
горлова́я ~ *мат.* striction line, line of striction (*of a ruled surface*)
гребе́нчатая ~ *элн.* comb (transmission) line
~ давле́ния pressure line
~ да́льности *рлк.* range line
~ движе́ния (*частиц, электрона и т. п.*) trajectory
~ двоя́кой кривизны́ line of double curvature, double-curved line
~ действи́тельного горизо́нта true-horizon line
~ де́йствия line of action
~ де́йствия си́лы line of action of a force
~ де́йствия си́лы тя́жести gravitational vertical
~ де́йствия тя́ги thrust line, axis of thrust
~ де́йствующих забо́ев line of active faces
диагра́ммная ~ (X-ray) diagram line
~ дислока́ций dislocation line □ **~ дислока́ций выхо́дит на пове́рхность криста́лла** the dislocation line terminates at the surface of the crystal
дифракцио́нная ~ diffraction [diffracted] line
дрена́жная ~ (*на самолёте*) vent line
~ ду́плекса, бала́нсная *свз.* duplex artificial line
железнодоро́жная, грузонапряжённая ~ heavy-traffic line
железнодоро́жная, двухпу́тная ~ double-track railway line
железнодоро́жная, однопу́тная ~ single-track railway line
~ жёсткой тя́ги pipe-line
жи́рная ~ heavy [heavily drawn] line
~ забо́ев faces line
~ забо́ев, дугообра́зная arched line of faces, arched faces line
~ забо́ев, искривлённая bowed faces line
~ загоризо́нтной свя́зи beyond-the-horizon [over-the-horizon] communication link
~ за́данного пути́ [ЛЗП] *ав. англ.* required [intended] track, track required, Tr. Req.; *амер.* course (line)

ли́ни/я
~ заде́ржки delay line
~ заде́ржки, акусти́ческая acoustic [sonic] delay line
~ заде́ржки без поте́рь dissipationless delay line
~ заде́ржки, водяна́я water delay line
~ заде́ржки, герметизи́рованная potted delay line
~ заде́ржки, иску́сственная artificial delay line
~ заде́ржки, ка́бельная cable delay line
~ заде́ржки, ква́рцевая quartz delay line
~ заде́ржки, компенси́рованная equalized delay line
~ заде́ржки, магнитострикцио́нная magnetostrictive delay line
~ заде́ржки, многокра́тная multiple delay line
~ заде́ржки, ни́келевая nickel delay line
~ заде́ржки, поло́сковая strip delay line
~ заде́ржки, про́волочная wire delay line
~ заде́ржки, регули́руемая variable delay line
~ заде́ржки, рту́тная mercury delay line
~ заде́ржки, спира́льная helical [spiral] delay line
~ заде́ржки с распределёнными пара́метрами distributed-constant delay line
~ заде́ржки с сосредото́ченными пара́метрами lumped-constant delay line
~ заде́ржки, твердоте́льная solid-state (delay) line, solid delay line
~ заде́ржки, ультразвукова́я ultrasonic delay line
~ заде́ржки, электромагни́тная electromagnetic delay line
заказна́я ~ *тлф.* record operator's line, record circuit
~ залёта *топ.* flight line
~ запасны́х забо́ев line of reserved faces
запрещённая ~ forbidden line
~ зару́ливания (*на стоянку*) *ав.* lead-in line
заря́женная ~ line of charge
~ застро́йки building line
~ зацепле́ния голо́вок head-line of contact, top line of action
~ зацепле́ния но́жек зу́бьев dedendum line of contact
зна́ковая ~ *мат.* directed line
золоспускна́я ~ sluice discharge pipe-line
~ зубча́того зацепле́ния line of action
~ изги́ба *ж.-д.* curvature line
~ излуче́ния ла́зера laser emission line
измери́тельная ~ *элн.* slotted [measuring] line, standing-wave meter

ли́ни/я
и́мпульсная ~ (*в гидравлических и пневматических системах*) impulse line
~ инфильтра́ции line of percolation
~ искажённых масшта́бов zero line
иску́сственная ~ *эл.* artificial line
~ исходя́щей свя́зи *тлф.* outward [outgoing] line
~ кали́бра, нейтра́льная *прок.* neutral line of a groove
~ каса́ния line of contact
~ каче́ния line of rolling contact
коаксиа́льная ~ coaxial line
коаксиа́льная, жёсткая ~ rigid coaxial line
~ кольцева́ния *ав.* cross-feed line
кома́ндная ~ *рлк.* command link
кома́ндная, проводна́я ~ *рлк.* wire command link
конверсио́нная ~ conversion line
конта́ктная ~ *эл.* contact-wire line
контро́льная ~ *геод.* check(ing) [control, test] line
ко́нтурная ~ (*напр. на карте*) contour line
~ концентра́ции возмуще́ния Mach line
короткоза́мкнутая ~ short-circuited line
котида́льная ~ *нвг.* co-tidal line
~ крити́ческих то́чек *аргд.* stagnation line
~ ку́рса *ав. англ.* course (line); *амер.* heading
~ ку́рса курсово́го маяка́ localizer course
курсова́я ~ *ав.* heading line
ла́зерная ~ laser line
ло́маная ~ open polygon, broken [polygonal] line
~ Лю́дерса *мет.* Lüder(s) [slip] line
магистра́льная ~ trunk [main] line
~ магни́тной инду́кции line of magnetic flux, magnetic line of flux
ма́зерная ~ maser line
~ Ма́ки *кнф.* Mackie line
меридиа́нная ~ meridian line
ме́рная ~ *мор.* trial course
~ мете́орной свя́зи meteor-burst [meteor-scatter] link
~ нагнета́ния discharge [delivery] line
нагру́женная ~ *эл., рад.* loaded line
назе́мная ~ land [ground] line
~ наибо́льшего ска́та *мат.* line of maximum inclination, steepest line (*in a plane*), line of greatest declivity
~ наиме́ньшего сопротивле́ния line of least resistance
~ напла́вки line of fusion
напо́рная ~ (*в гидравлических и пневматических системах*) pressure line
~ направле́ния съёмки *афс.* course of flight
направля́ющая ~ directrix
~ насыще́ния saturation line

ли́ни/я

~ нача́ла отсчёта fiducial [reference, zero, datum] line
~ неви́димого ко́нтура (*на чертеже*) invisible [hidden] line
недиагра́ммная ~ non-diagram (X--ray) line, X-ray satellite
нейтра́льная ~ neutral line
неоднoро́дная ~ *свз.* non-uniform [heterogeneous] line
непересека́ющаяся ~ skew line
неразрешённая ~ *физ.* unresolved peak
несимметри́чная ~ *свз.* unbalanced line
несо́бственная ~ *мат.* ideal line
нивели́руемая ~ line of levels
нулева́я ~ zero [null] line
~ нулево́го склоне́ния *геод.* zero [agonic] line
~ нулевы́х значе́ний *геод.* zero [agonic] line
обво́дная ~ (*в гидравлических и пневматических системах*) by-pass line
~ обмета́ния (*гребного винта*) sweep line
обра́тная ~ (*в гидравлических и пневматических системах*) return line
~ обру́шения *горн.* line of caving
~ обтека́ния stream-line
одноро́дная ~ *свз.* uniform line
осева́я ~ axis, centre line
~ основа́ния зу́бьев (*шестерни*) bottom line of teeth
~ основа́ния карти́ны *топ.* axis of homology, axis of perspective, perspective axis, ground line
основна́я ~ *мор.* base-line
~ отве́са *геод.* plumb(-bob)-line
отве́сная ~ the vertical (line) □ **отве́сная ~ задаётся отве́сом** the vertical (line) is assumed by a plumb-line
~ отде́лочных клете́й *прок.* finishing mill train
~ отко́са shoulder [slope] line
~ отсчёта reference [datum] line
~ паде́ния *горн.* line of dip
~ па́лубы (*на теоретическом чертеже*) deck line, (*на боковой проекции теоретического чертежа*) sheer line
~ пе́ленга bearing line, line of bearing
~ переда́чи *эл., рад.* (transmission) line □ **включа́ть ~ю (переда́чи) на, напр. согласо́ванную нагру́зку** terminate a (transmission) line into, *e. g.*, a matched load; **закора́чивать ~ю переда́чи** short-circuit a (transmission) line; **~ переда́чи излуча́ет эне́ргию** a (transmission) line radiates
~ переда́чи без потéрь loss-free [lossless] line
~ переда́чи да́нных *вчт.* data line
~ переда́чи, дли́нная long (transmission) line
~ переда́чи, закры́тая close (transmission) line
~ переда́чи, коаксиа́льная coaxial (transmission) line
~ переда́чи, многопроводна́я multiwire (transmission) line
~ переда́чи, опти́ческая optical transmission line
~ переда́чи, откры́тая open (transmission) line
~ переда́чи, печа́тная *элн.* printed line
~ переда́чи, пневмати́ческая air--pressure line
~ переда́чи, поло́сковая strip (transmission) line
~ переда́чи, поло́сковая несимметри́чная microstrip (transmission) line
~ переда́чи, поло́сковая, симметри́чная strip (transmission) line
~ переда́чи, полуволнова́я half--wave (transmission) line
~ переда́чи, разо́мкнутая на конце́ open-ended (transmission) line
~ переда́чи с больши́м затуха́нием lossy line
~ переда́чи, сверхпроводя́щая superconducting (transmission) line
~ переда́чи с поте́рями lossy line
~ переда́чи, трёхпласти́нчатая tri--plate line
~ переда́чи, узкополо́сная narrow--band (transmission) line
~ переда́чи, широкополо́сная wide--band (transmission) line
~ перели́ва overflow line
~ пересече́ния line of intersection
~ перспекти́вы *топ.* perspective line, perspective ray
~ пита́ния supply [power] line
пита́ющая ~ incoming transmission line, feeder
~ погруже́ния, преде́льная *мор.* margin line
подводя́щая ~ (*в гидравлических и пневматических системах*) feeding line
~ полёта flight path
~ положе́ния [ЛП] *нвг.* line of position, position line, LP □ **выходи́ть на ~ю положе́ния** arrive at [strike] an LP; **оцифро́вывать ~ю положе́ния коли́чеством микросеку́нд ра́зности вре́мени** identify a position line by its time-difference in μs
~ положе́ния, высо́тная Sumner (position) line
~ положе́ния самолёта [ЛПС] aircraft-position line, APL
полу́денная ~ *геод.* magnetic north [meridian] line
~ по́ля line of force, field line, line of field
~ постоя́нной интенси́вности ви́хрей isocurlus
~ постоя́нной ско́рости isovel
пото́чная ~ (continuous) production [flow] line □ **сходи́ть с пото́чной ~и** (*с конвейера*) roll off a production [flow] line
поясна́я ~ (*кузова автомобиля*) waistline
~ проги́ба deflection [bending] line
~ прока́тки rolling [mill] train
~ промежу́точного перегре́ва, горя́чая *тепл.* hot reheat line
~ промежу́точного перегре́ва, холо́дная *тепл.* cold reheat line
~ промерза́ния *стр.* frost line
~ простира́ния *горн.* strike line
пряма́я ~ straight line □ **дви́гаться по прямы́м ~ям** move [travel] in straight lines
~ прямо́й ви́димости line-of-sight
пункти́рная ~ dotted line
~ пути́ track line, course line (*Примечание. На практике в английской литературе наблюдается смешение* track *с* course)
рабо́чая ~ проце́сса *хим.* operating line
~ ра́вного потенциа́ла equipotential line
~ равноде́нствия equinoctial line
~ ра́вных высо́т *геод.* line of equal elevation
~ ра́вных пе́ленгов самолёта [ЛРПС] line of bearings □ **получа́ть ~и ра́вных пе́ленгов самолёта** develop lines of bearings
~ ра́вных скоросте́й isotach
радиопроводна́я ~ combined radio and wire link
~ радиосвя́зи radio link, radio circuit
~ радиосвя́зи, реле́йная microwave [line-of-sight] radio link
~ радиосвя́зи, реле́йная бли́жняя short-haul radio link
~ радиосвя́зи, реле́йная да́льняя long-haul radio link
радиотелеметри́ческая ~ radio-telemetry link
~ радиотелефо́нной свя́зи radiotelephone circuit
~ развёртки *рлк., тлв.* beam trace, sweep-trace, scan(ning) trace
~ разде́ла boundary (line)
разме́рная ~ (*на чертеже*) dimension line
~ разре́за (*на чертеже*) cutting line
разрешённая ~ 1. resolved peak **2.** permissible [allowed] line
~ разъёма моде́ли *лит.* parting [joint] line of a pattern
~ разъёма фо́рмы *лит.* parting [joint] line of a mould
~ разъёма шта́мпа die [flash] line
распада́ющаяся ~ *мат.* decomposed line
~ распростране́ния line of propagation
расто́почная ~ *тепл.* start-up line

ли́ни/я

~ расшире́ния expansion line
реги́стровая ~ *свз.* sender link
~ регре́ссии regression line, line of regression
~ ре́зания *горн.* cutting line, cutting horizon
резона́нсная ~ resonance line
ре́перная ~ datum line
~ рециркуля́ции *тепл.* recirculation line
~ сбро́са *горн.* fault line
~ сверхрешётки *крист.* superlattice line
сверхструкту́рная ~ superstructure line
~ свя́зи communication line, communication link □ демонти́ровать ~ю свя́зи dismantle a (communication) line; освобожда́ть ~ю свя́зи (*об абоненте*) get off [clear] the (communication) line; передава́ть ~ю свя́зи в эксплуата́цию open a [the] (communication) line [circuit] for traffic; посыла́ть (сигна́л) в ~ю свя́зи transmit to a (communication) line; ~ свя́зи испо́льзуется для, *напр.* телефони́и the (communication) line carries, *e. g.*, telephony; уплотня́ть ~ю свя́зи use a (communication) line for multichannel operation; уплотня́ть ~ю свя́зи, *напр.* 10 кана́лами multiplex [derive], *e. g.*, 10 channels on a (communication) line; уплотня́ть ~ю свя́зи с вре́менным разделе́нием сигна́лов time-multiplex a (communication) line, use a line for time-division multiplex; уплотня́ть ~ю свя́зи с часто́тным разделе́нием сигна́лов frequency-multiplex a (communication) line, use a line for frequency-division multiplex; уплотня́ть ~ю свя́зи фанто́мной це́лью phantom a (communication) line, set up [derive] a phantom circuit on a (communication) line
~ свя́зи, возду́шная aerial line
~ свя́зи, двухпроводна́я two-wire line, two-wire circuit
~ свя́зи, двухцепна́я double-circuit line
~ свя́зи, ка́бельная cable line
~ свя́зи, комбини́рованная composite communication link
~ свя́зи, ме́стная local circuit
~ свя́зи, объединя́ющая *тлф.*, *тлг.* concentration line
~ свя́зи, однопроводна́я single-wire circuit, single-wire line
~ свя́зи, одноцепна́я single-circuit line
~ свя́зи, отходя́щая outgoing line
~ свя́зи, при́городная *тлф.*, *тлг.* suburban line, short-haul toll circuit
~ свя́зи, пупинизи́рованная coil-loaded line
~ свя́зи, радиореле́йная microwave relay [radio-relay] link

ли́ни/я

~ свя́зи, ретрансляцио́нная relay link
~ свя́зи, служе́бная order circuit, engineer's order wire
~ свя́зи, спа́ренная two-party line
~ свя́зи, спу́тниковая satellite communication link
~ свя́зи, столбова́я pole line
~ свя́зи, тропосфе́рная troposcatter [tropospheric-scatter] link
~ свя́зи, уплотнённая multiplexed [multichannel] line
~ сгора́ния combustion [ignition] line
секу́щая ~ secant
~ се́тки координа́т grid line
~ сжа́тия compression line
силова́я ~ line of force, field line, line of field
силова́я, магни́тная ~ magnetic line of force
~ скачка́ уплотне́ния shock line
~ скольже́ния 1. glide line 2. *мет.* slip [Lüder(s)] line
сливна́я ~ drain line
слоева́я ~ *крист.* layer line
сма́зочная ~ lubrication line
~ сме́ны дат date line
~ смеще́ния displacement line
соедини́тельная ~ (*между коммутационными узлами*) *тлф. англ.* junction (route), (inter-exchange) junction circuit; *амер.* trunk □ назнача́ть соедини́тельную ~ю allot a junction (route), assign a trunk
соедини́тельная, входя́щая ~ *тлф.* incoming junction (route)
соедини́тельная, исходя́щая ~ *тлф.* outgoing junction (route)
соедини́тельная, транзи́тная ~ *тлф.* through-traffic junction (route), tandem [built-up] trunk
~ сопротивле́ния, расчётная calculated line of resistance
спектра́льная ~ spectral [spectrum] line □ выделя́ть спектра́льную ~ю isolate a spectral line; спектра́льная ~ раздва́ивается the spectral line splits; спектра́льные ~и сближа́ются (the) spectral lines crowd together; спектра́льные ~и сгуща́ются (the) spectral lines crowd together; спектра́льные ~и характеризу́ют [позволя́ют определя́ть] вещества́ substances are identified by spectral lines
спектра́льная, враща́тельная ~ rotational spectral line
спектра́льная, интенси́вная ~ strong spectral line
спектра́льная, колеба́тельная ~ vibrational spectral line
спектра́льная, ло́жная ~ ghost spectral line
спектра́льная ~ поглоще́ния absorption spectral line
спектра́льная, размы́тая ~ diffuse spectral line

ли́ни/я

спектра́льная, рентге́новская ~ X-ray spectral line
спектра́льная, сла́бая ~ faint spectral line
спира́льная ~ spiral (line), helix
~ сплавле́ния (weld-)fusion line
сплошна́я ~ (*на чертеже*) full [solid] line
спра́вочная ~ *тлф.* information [inquiry] circuit
сре́дняя ~ валко́в *прок.* roll parting line
сре́дняя ~ про́филя *прок.* camber line
сре́дняя ~ трапе́ции median of a trapezoid
~ степене́й то́чности line of precision
сто́ксова ~ (*спектра*) Stokes line
стрикцио́нная ~ gorge [striction] line, line of striction
~ сходи́мости convergence line
~ теку́чести flow line
телеметри́ческая ~ telemetry link
телефо́нная ~ (*совокупность технических устройств*) telephone line; (*в переносном значении*) connection □ занима́ть (телефо́нную) ~ю hold the connection; освободи́ть (телефо́нную) ~ю clear the line; прове́рить (телефо́нную) ~ю на заня́тость test a line for the engaged condition; «(телефо́нная) ~ заня́та!» (*ответ оператора*) "the line is busy [engaged]!"
теорети́ческая ~ *мор.* moulded line
технологи́ческая ~ production line
~ то́ка 1. *аргд.* stream-line □ визуализи́ровать [де́лать ви́димой] ~ю то́ка visualize the stream-line 2. (*векторного поля*) line of flow
~ то́ка, визуализи́рованная traced stream-line
~ то́ка в крити́ческой то́чке stagnation stream-line
~ то́ка, крити́ческая stagnation stream-line
~ то́ка, раздели́тельная discriminating [dividing] stream-line
то́лстая ~ (*на чертеже*) heavy line
трансмиссио́нная ~ transmission line, continuous line of shafting
~ труб run of pipes
~ тя́ги draft line
~ уда́ра line of impact
узлова́я ~ nodal line
уравни́тельная ~ *тепл.* equalizing line
~ у́ровня *мат.* contour [level] line, level curve
~ факти́ческого пути́ *ав. англ.* track made good, TMG; *амер.* track
фока́льная ~ focal line
~ фо́кусов *аргд.* aerodynamic centre line
форва́куумная ~ roughing-down line

ли́ни/я
~ **форм релье́фа** *геод.* form [landform] line
фраунго́феровы ~**и** Fraunhofer-lines
характеристи́ческая ~ characteristic line
ходова́я ~ *геод., топ.* computation course, computation line, route
холоста́я ~ *эл.* unloaded line
~ **хо́рды** *ав.* chord line
~ **це́нтров** line of centres, centre line
~ **це́нтров давле́ния** centre-of-pressure line
цепна́я ~ *мат.* catenary, catenary curve, catenary line
~ **четырёхвалко́вых клете́й** *прок.* quarto train
чистова́я петлева́я ~ *прок.* looping finishing train
~ **широты́** *нвг.* line of latitude
~ **шри́фта** type line
~ **шри́фта, ве́рхняя** top line of type face
~ **шри́фта, ни́жняя** bottom line of type face
штрихпункти́рная ~ dash-dot line
эквипотенциа́льная ~ equipotential line
~ **электропереда́чи [ЛЭП]** (electric) power line □ **меня́ть** ~**ю электропереда́чи** re-string a power line; **наве́шивать** ~**ю электропереда́чи** string a (power) line; **осуществля́ть высокочасто́тную обрабо́тку** ~**и электропереда́чи** install carrier-frequency trapping and coupling equipment on a power line; ~ **электропереда́чи (нахо́дится) под напряже́нием** the power line is hot [live]
~ **электропереда́чи, возду́шная** aerial power line
~ **электропереда́чи высо́кого напряже́ния** high-voltage power line
~ **электропереда́чи, грозоупо́рная** lightning-resistant power line
~ **электропереда́чи, ка́бельная** cable power line
~ **электропереда́чи, подзе́мная** underground [burried] power line
этало́нная ~ standard line
~ **этало́нной заде́ржки** standard delay line
ли́нкер *м.* (sausage) linking machine, sausage linker
линкру́ст *м.* (*отделочный строительный материал*) flexible paper-base laminate
лино́вка *ж. бум.* ruling
линогравю́ра *ж.* linocut, linoleum engraving
лино́граф *м.* linograph
лино́леум *м.* linoleum, (*любой рулонный материал для покрытия полов*) floor covering (material) □ ~ **бесшу́мен и эласти́чен** linoleum [floor covering] is quiet and resilient; ~ **выпуска́ется в ви́де руло́нов** linoleum [floor covering] comes [is available] in rolls [in roll form]; **настила́ть** ~ **на, напр. бето́нный пол** use linoleum [floor covering] over, *e.g.*, concrete floors; ~ **удо́бен при хожде́нии** linoleum is comfortable underfoot
безосно́вный ~ unsupported floor covering
глифта́левый ~ alkyd floor covering
многоцве́тный ~ variegated linoleum
мраморови́дный ~ marbleized linoleum
~ **на (упрочня́ющей) осно́ве** supported [laminated] floor covering
одноцве́тный ~ plain linoleum
полихлорвини́ловый ~ vinyl [PVC] floor covering
про́бковый ~ battleship linoleum
рези́новый ~ rubber linoleum
линоотдели́тель *м.* delinter
линоти́п *м.* line casting [linotype composing] machine
ли́нтер *м.* linter
линтерова́ние *с.* lintering
линтеро́вка *ж.* lintering
линь *м.* line
китобо́йный ~ whale line
несмолёный ~ white line
плетёный ~ sennit line
смолёный ~ tarred line
~ **спаса́тельной раке́ты** rocket line
лиофилиза́ция *ж.* **1.** (*сушка биопрепаратов*) lyophilic drying **2.** (*усиление лиофильных свойств*) lyophilization
лиофо́бность *ж.* lyophoby
липкоме́тр *м. полигр.* tack(iness) meter, ink meter, inkometer
ли́пкость *ж.* stickiness, tackiness
лист *м.* **1.** (*материала*) sheet; *мор.* plate **2.** (*тонколистовая сталь*) sheet, (*толстолистовая сталь*) plate □ **зачища́ть** ~ dress a sheet *or* plate; **отборто́вывать** ~ flange a sheet; **отбрако́вывать** ~ scrap [reject] a sheet; **перфори́ровать** ~ punch [perforate] a plate; **распуска́ть** ~ **на по́лосы** split sheet into strips; **укла́дывать [штабелева́ть]** ~ pile sheets *or* plates **3.** (*единица измерения печатной продукции*) sheet **4.** *стр.* plate
а́вторский ~ (*40 000 печатных знаков*) author's sheet, signature (*40,000 printed characters, including spaces*)
а́нкерный ~ tie plate
асбе́стовые ~**ы** asbosteel [asbestos-steel] sheeting
белово́й ~ *полигр.* sheet printed on one side
биметалли́ческий ~ composite [clad] sheet, composite [clad] plate
~ **бортово́й обши́вки** (*судна*) side plate
бронево́й ~ armour plate
бума́жный ~ (*единица расчёта количества бумаги на издание*) standard sheet
вкладно́й ~ *полигр.* loose leaf

лист
~ **водоотдели́теля** (*в котле*) baffle plate
волни́стый ~ corrugated sheet
гофриро́ванный ~ corrugated sheet
декапи́рованный ~ picked sheet
дека́ртов ~ *мат.* folium [leaf] of Descartes
~ **дни́ща** *авто* bottom plate, floor-pan
ды́рчатый ~ perforated sheet, perforated plate
~ **жёсткости** stiffening plate
затяжно́й ~ (*декеля*) *полигр.* tympan draw sheet
защи́тный ~ guard plate
~ **кормово́й обши́вки** (*судна*) buttock [stern] plate
коте́льный ~ boiler plate
макулату́рный ~ waste [spoiled] sheet, spoil
~ **Мёбиуса** *мат.* Möbius strip, Möbius band, Möbius loop
монта́жный ~ *полигр.* lay-out sheet, draw sheet
накладно́й ~ (*судна*) cover(ing) plate, doubler [doubling] plate
направля́ющий ~ *тепл.* guide vane, guide baffle
~ **нару́жной обши́вки** (*судна*) shell [skin] plate
~ **насти́ла** *авто* floor plate
~ **носово́й обши́вки** (*судна*) bow plate
~ **обши́вки до́менной пе́чи** mantle sheet
обши́вочный ~ *тепл.* lagging sheet, skin
опо́рный ~ base plate
осо́бо гла́дкий ~ *мет.* dead-flat sheet
отбо́йный ~ dash [swash] plate
отража́тельный ~ *тепл.* deflector, baffle
оцинко́ванный ~ galvanized sheet
пароприёмный ~ *тепл.* distribution plate
пароприёмный, зато́пленный ~ *тепл.* submerged distribution plate
печа́тный ~ (*единица измерения фактического объёма издания*) printer's sheet
печа́тный, «физи́ческий» ~ printer's sheet
потя́рянный ~ (*судна*) stealer plate
~**ы пошту́чной прока́тки** single sheets
поясно́й ~ (*составной балки*) flange plate
~ **пре́сса-подбо́рщика, противоре́жущий** bale chamber blade
приво́дочный ~ *полигр.* register sheet
припра́вочный ~ *полигр.* make-ready sheet
припра́вочный ~ **под фо́рму** *полигр.* underlay
прокла́дочный ~ flitch plate
путево́й ~ **1.** *ж.-д.* train list **2.** *авто* driver's trip ticket

лист
- **~ рези́новой сме́си** sheet of a rubber mix, rubber sheet
- **рессо́рный ~** *авто* spring leaf, spring plate, spring blade
- **~ ри́мановой пове́рхности** *физ.* Riemann surface sheet
- **рифлёный ~** fluted sheet
- **скулово́й ~** (*судна*) bilge plate
- **~ с обре́занными кро́мками** sheared plate
- **соедини́тельный ~** *стр.* joint plate
- **сплошно́й ~** *стр.* solid plate
- **~ с покры́тием** coated sheet
- **съёмный ~** (*судна*) detachable [removable] plate
- **тиснёный ~** embossed sheet
- **ти́тульный ~** title page
- **то́лстый ~** plate
- **то́нкий ~** sheet
- **углово́й ~** *св.* corner plate
- **упако́вочный ~** (*товаросопроводительная документация*) packing list, packing slip
- **устано́вочный ~** *полигр.* lay sheet
- **учётно-изда́тельский ~** (*единица измерения объёма печатного издания*) publisher's signature
- **фасо́нный ~** *прок.* sketch plate
- **хронометра́жный ~** timing [motion-study] sheet
- **ча́йный ~** (tea) leaf □ **завя́ливать ча́йный ~** wither the leaf; **зака́тывать ча́йный ~** roll the leaf; **лома́ть ча́йный ~** break up the leaf; **ферменти́ровать ча́йный ~** ferment the leaf
- **чи́стый ~** *полигр.* blank leaf, blind print, clean sheet

ли́стер *м.* (*плуг*) *с.-х.* lister(-plough)
- **ди́сковый ~** disk lister

листерова́ние *с.* listering

ли́стинг *м. вчт.* listing □ **выводи́ть,** *напр.* **да́нные на ~** produce a listing of, *e.g.*, data

листова́ть *гл.* form sheets, sheet (out)

листоотделе́ние *с. полигр.* sheet separation

листоре́зка *ж. полигр.* sheet cutting machine
- **ротацио́нная ~** *полигр.* rotary cross-cutting machine

лист-о́ттиск *м.*:
- **печа́тный ~** (*произведение объёма одного экземпляра в печатных листах на число экземпляров в тираже*) printer's sheet-copy
- **учётно-изда́тельский ~** (*произведение объёма одного экземпляра в учётно-издательских листах на число экземпляров в тираже*) publisher's sheet-copy

листоукла́дчик *м. прок.* sheet piler

лите́йная *ж.* foundry

лите́йщик *м.* foundry man

ли́тера *ж. полигр.* (type) character, letter, type
- **беспо́льная ~** large type character
- **ко́нусная ~** bottle-necked type
- **подви́жная ~** movable type

ли́тера
- **прописна́я ~** upper-case letter, capital
- **строчна́я ~** lower-case letter

литера́л *м. вчт.* (*литеральная константа в КОБОЛе*) literal

литерату́р/а *ж.*:
- **~ по да́нному вопро́су, специа́льная** the literature of the subject □ **обши́рная специа́льная ~ существу́ет по да́нному вопро́су** a large body of literature exists on this subject, there is an extensive literature of the subject; **пробле́ма рассма́тривается в специа́льной ~е** a (detailed) discussion of the problem will be found in the literature of the subject

литеровыта́лкиватель *м. полигр.* type pusher

ли́тий *м.* lithium, Li

ли́тник *м.* **1.** pouring gate **2.** (*питатель*) gate runner **3.** (*литниковая система*) gating system
- **вертика́льный ~** (*стояк*) downsprue, downgate
- **вилкообра́зный ~** finger gate
- **впускно́й ~** (*питатель*) ingate
- **дождево́й ~** shower gate
- **клинови́дный ~** wedge sprue, finger gate
- **кольцеобра́зный ~** ring gate
- **па́льчиковый ~** finger gate
- **подводя́щий ~** runner
- **разветвлённый ~** spray gate, branched runner
- **разводя́щий ~** runner
- **рожко́вый ~** horn gate
- **~ с рассека́телем** split runner
- **~ с фильтрова́льной се́ткой** filter-gauze funnel
- **то́чечный ~** pin(-point) gate
- **центра́льный ~** central gate; central runner; central pipe
- **центрово́й ~** (*при сифонной разливке стали*) fountain, trumpet
- **щелево́й ~** (*толщиной до 1,5 мм*) lap gate; (*свыше 1,5 мм*) knife gate

лито́граф *м.* lithographer

литогра́фия *ж.* **1.** (*процесс*) lithography **2.** (*изделие*) lithograph
- **цветна́я ~ 1.** (*процесс*) chromolithography **2.** (*изделие*) chromolithograph

литопо́н *м.* (*сернистые белила*) lithopone

литосфе́ра *ж.* lithosphere

литоте́кс *м.* lithotex

литофа́ния *ж.* lithophany

литр *м.* litre

литра́ж *м.* **двигателя** engine capacity, engine displacement

литцендра́т *м.* Litzendraht, Litz wire

лить *гл.* **1.** pour **2.** (*металл, пластмассу*) cast

лить/ё *с.* **1.** (*процесс*) *мет.* casting; *пласт.* moulding, casting □ **хорошо́ заполня́ть фо́рму при ~é** to cast well **2.** (*изделие*) *жарг.* casting(s) (*см. тж.* **отли́вка**)

литьё
- **~ в ва́кууме** vacuum casting
- **~ в ги́псовые фо́рмы** plaster-mould casting
- **~ в гли́няные фо́рмы** loam casting
- **~ в ко́киль** *англ.* chill [gravity die] casting; *амер.* permanent-mould casting
- **~ вмо́крую** green-sand casting
- **~ в не́сколько форм** multiple casting
- **~ в оболо́чковые фо́рмы** shell (mould) casting
- **~ в опо́ках** flask casting
- **~ восходя́щей струёй** uphill casting, rising pouring
- **~ в откры́тые фо́рмы** open (sand) casting
- **~ в перевора́чиваемую фо́рму** slush casting
- **~ в песча́ные фо́рмы** sand (mould) casting
- **~ в полупостоя́нные фо́рмы** semi-permanent mould casting
- **~ в постоя́нные фо́рмы** permanent-mould casting
- **~ в ра́зовые фо́рмы** temporary-mould casting
- **~ вса́сыванием** suction casting
- **~ в стержневу́ю фо́рму** core mould casting
- **~ всуху́ю** dry sand casting
- **~ всыру́ю** green-sand casting
- **~ в фо́рму с не́сколькими сте́ржнями** multiple-core casting
- **~ в я́мах** pit casting
- **~ затво́ра** seal casting
- **маши́нное ~** *лит.* machine casting; *пласт.* machine moulding
- **непреры́вное ~** continuous casting
- **опо́чное ~** box [flask] casting
- **~ по выплавля́емым восковы́м моде́лям** lost-wax process
- **~ по выплавля́емым моде́лям** investment casting
- **~ под давле́нием** *лит.* die casting; *пласт.* (injection) moulding
- **~ под ни́зким давле́нием** low-pressure die casting
- **~ по сухо́му** dry sand casting
- **~ по сыро́му** green-sand casting
- **прецизио́нное ~** precision casting
- **стально́е ~** steel castings
- **стержнево́е ~** core-mould casting
- **строи́тельное ~** structural castings
- **то́чное ~** precision casting
- **фасо́нное ~** *лит.* cast shapes; *пласт.* moulded shapes
- **худо́жественное ~** art [ornamental] castings
- **цветно́е ~** non-ferrous castings
- **центробе́жное ~** centrifugal casting
- **шабло́нное ~** template casting
- **шли́керное ~** slip casting

лифт *м. англ.* lift; *амер.* elevator □ **~ обслу́живает пассажи́ров** a lift carries passengers; **~ поднима́ет гру́зы** a lift carries goods, an elevator carries freight

лифт
грузовой ~ goods lift, freight elevator
грузовой ~ без проводника unattended goods lift, unattended freight elevator
грузовой ~ с проводником attended goods lift; attended freight elevator
грузо-пассажирский ~ goods-passenger lift, freight/passenger elevator
пассажирский ~ passenger lift, passenger elevator
~ с верхним приводом top-drive lift, top-drive elevator
~ с канатоведущим шкивом Vee (-sheave) drive lift, traction(-sheave) elevator
скоростной ~ express lift
~ с нижним приводом bottom-drive lift, bottom-drive elevator
лифтер *м. с.-х.* grain (saving) guard
лифтёр *м. англ.* (lift) car attendant; *амер.* elevator operator
лифт-экспресс *м.* express lift
лихтер *м. мор.* lighter
грузовой ~ cargo lighter
портовый ~ harbour lighter
лихтеровка *ж.* lighterage
лица *ж. текст.* heald, heddle
лицензиат *м.* licence-holder
лицензи/я *ж.* licence □ **выдавать ~ю** grant [issue] a licence; **по ~и** under licence; **приобретать ~ю на** (*производство, продажу и т. п.*) take a licence for (*making and selling* [*to make and sell*], *etc.*)
исключительная ~ exclusive [closed] licence
~ на изготовление licence to manufacture
~ на использование licence to use
~ на перегрузку товара transhipment licence
~ на сбыт licence to sell
полная ~ global licence
простая ~ open licence
лиц/о *с.* **1.** face **2.** *кож.* grain **3.** *текст.* right side
~, допущенное к пилотированию person holding a pilot's licence
~ кожи grain, grain [outer, hair] side □ **~ кожи морщится** the grain wrinkles [shrinks, draws]; **~ кожи стягивается** the grain shrinks [draws]; **облагораживать ~ кожи** correct the grain; **с натуральным ~ом** full-grained; **с отдушистым ~ом** hollow-grained; **с плотным ~ом** close-grained
~ кожи, гладкое smooth grain
~ кожи, искусственное artificial [simulated] grain
~ кожи, ломкое brittle [cracky] grain
~ кожи, отдушистое run [loose, hollow] grain
~ кожи, плотное close grain
~ кожи, приподнятое high grain

лиц/о
~ кожи, пришитое tough [tight] grain
~ кожи, слабое tender grain
~ кожи, тусклое dull grain
~ кожи, шероховатое rough grain
~ молота face of a hammer
передающее ~ transferring party
принимающее ~ receiving party
~, производящее осмотр inspecting officer, inspector
сдающее ~ transferring party
лишн/ий *прил.* □ **сто с ~им ...** the hundred-odd ..., the hundred-some ..., the 100-plus ...
лобзик *м.* fretsaw, scroll [coping, compass] saw
лов *м.* (*рыбы*) fishing
бессетевой ~ (*рыбонасосами и крючковыми орудиями лова*) fishing without nets
близнецовый ~ pair trawling
дрифтерный ~ drift fishing
кошельковый ~ seine-net [purse seine] fishing, purse seining
~ крючковыми орудиями pole and line fishing, long-line fishing
~ на электросвет electric light fishing
пелагический ~ pelagic fishing
прибрежный ~ coastal fishing
~ сетью netting
траловый ~ trawling, trawl(er) fishing
ловитель *м.* **1.** *маш.* catcher; (*деталь штампа*) pilot, guide pin **2.** *горн.* extractor
~ вагонеток car [wag(g)on] arrester, wag(g)on retarder
ловить *гл.* **1.** catch **2.** (*рыбу*) fish
ловушка *ж.* **1.** trap, catcher **2.** *вчт., элн.* trap
акцепторная ~ acceptor trap
вакуумная ~ vacuum trap
всасывающая ~ suction trap
дрейфующая ~ drifting trap
дырочная ~ hole trap
занятая ~ filled [full] trap
заполненная ~ filled [full] trap
ионная ~ ion trap
магнитная ~ magnetic trap
масляная ~ oil trap
~ нейтронов neutron trap
нефтяная ~ oil trap
~ паров vapour trap
пустая ~ empty [free] trap
~ пучка beam trap
пылевая ~ dust trap
рекомбинационная ~ recombination trap
свободная ~ empty [free] trap
тепловая ~ thermal trap
~ увлекаемых частиц entrainment trap
электронная ~ electron trap
логарифм *м.* logarithm □ **находить ~ числа** take the logarithm of a number; **переходить к ~ам** pass to logarithms ...; **~ при основании ...** logarithm to (the) base; **~ числа** *N* **по основанию** *a* the logarithm of the number *N* to (the) base *a*

логарифм
гауссовы ~ы addition logarithms and subtraction logarithms
гиперболический ~ hyperbolic [natural, Napierian] logarithm
двоичный ~ binary logarithm
двойной ~ log-log
десятичный ~ [lg] decimal logarithm, $\log_{10}$, log
интегральный ~ integral logarithm
натуральный ~ [ln] natural [hyperbolic, Napierian] logarithm, $\log_e$, ln
неперов ~ Napierian [natural, hyperbolic] logarithm
обращённый ~ inverse logarithm, antilogarithm of a number
повторный ~ iterated logarithm, log-log
логарифмика *ж.* logarithmic curve
логарифмирование *с.* taking the logarithm of ..., taking logs ...
логарифмировать *гл.* take the logarithm of ..., take logs ...
логарифмически *нареч.* □ **~ нормальный** lognormal, logarithmic-normal; **~ экспоненциальный** log-exponential
логарифмический *прил.* logarithmic
дважды ~ log-log
повторно ~ log-log
логика *ж.* logic
адаптивная ~ adaptive logic
бинарная ~ binary logic
~ «большинства» majority logic
вероятностная ~ probabilistic logic
~ высказываний propositional logic
диалектическая ~ dialectical logic
N-значная ~ N-valued logic
интенсиональная ~ intensional logic
интуиционистская ~ intuitionistic logic
комбинаторная ~ combinational [combinatory] logic
конструктивная ~ constructive logic
мажоритарная ~ majority logic
математическая ~ mathematical logic
многозначная ~ many-valued logic
модальная ~ modal logic
нерегулярная ~ irregular logic
отрицательная ~ negative logic
положительная ~ positive logic
пороговая ~ threshold logic
~ предикатов predicate logic
~ прерывания interrupt logic
программируемая ~ programmable logic
символическая ~ symbolic logic
статическая ~ static logic
теоретическая ~ mathematical logic
троичная ~ ternary logic
формальная ~ formal logic

ло́гико-математи́ческий *прил.* logical-mathematical
логи́стика *ж.* logistics
логи́т *м.* logit
логици́зм *м.* logicism
лого́метр *м.* ratiometer
ло́джия *ж.* loggia
ло́дка *ж.* boat
  ~ гидросамолёта sea-plane hull
  гребна́я ~ rowing [pulling] boat
  летающая ~ (*тип самолёта*) flying boat
  мото́рная ~ outboard runabout
  надувна́я ~ inflatable boat
  надувна́я, прогу́лочная ~ inflatable pleasure boat
  надувна́я, спаса́тельная ~ inflatable dinghy
ло́же *с.*, **игольное** *текст.* needle bed
ложеме́нт *м.* bed, cradle, support (assembly), stand
ложеобразова́тель *м.* (*сошника*) *с.-х.* scraper bar
ло́жечка *ж. лит.* scoop; (*гладилка*) sleeker
  ~ выса́живающего аппара́та planting cup, picking hand
ло́жка *ж.* **1.** spoon **2.** *мет.* (*для скачивания шлака*) skimmer
  бурова́я ~ *горн.* earth auger
  ~ для взя́тия про́бы (*металла*) sample spoon
  лите́йная ~ casting ladle
  формо́вочная ~ *лит.* (*гладилка*) sleeker
ложнокристалли́ческий *прил.* pseudo-crystalline
лозоподбо́рщик *м.* vine pick-up
локализа́тор *м.* **поврежде́ний** fault finder, fault detector, fault indicator
локализа́ция *ж.* localization
  ~ исто́чника зву́ка sound localization
  ~ поврежде́ния fault localization
локализи́ровать *гл.* localize
локализу́емость *ж.* localizability
лока́льно *нареч.* locally, in the small
лока́льно-компа́ктный *прил.* locally compact
лока́льность *ж.* locality
лока́тор *м.*:
  звуково́й ~ sonar
  ла́зерный ~ laser radar, lidar
  ~ муфт, магни́тный (*в скважинах*) magnetic collar locator
  опти́ческий ~ optical radar
лока́ция *ж.* detection and ranging (of objects)
  звукова́я ~ sound [sonic] detection and ranging (of objects)
  инфракра́сная ~ infra-red ranging and detection (of objects)
  ла́зерная ~ laser detection and ranging (of objects)
  опти́ческая ~ optical detection and ranging (of objects)
ло́кер *м. пищ.* locker
ло́кер-морози́льник *м.* frozen food locker
ло́кер-холоди́льник *м.* refrigerated locker
локомоби́ль *м.* locomobile
локомоти́в *м.* locomotive
  веду́щий ~ hauling locomotive
  вспомога́тельный ~ helper locomotive
  грузово́й ~ freight [goods] locomotive
  ди́зельный ~ diesel locomotive
  магистра́льный ~ main-line locomotive
  маневро́вый ~ yard [switching] locomotive
  парово́й ~ steam locomotive
  пассажи́рский ~ passenger locomotive
  пневмати́ческий ~ compressed air locomotive
  промы́шленный ~ industrial locomotive
  сбо́рочный ~ *горн.* gathering locomotive
  скоростно́й ~ fast locomotive
  узкоколе́йный ~ narrow-gauge locomotive
  электри́ческий ~ electric locomotive
локомо́ция *ж.* locomotion
ло́кон *м.* **Аньéзи** *мат.* the witch (of Agnesi), the versiera
локсодро́ма *ж. см.* **локсодро́мия 1.**
локсодро́ми/я *ж.* **1.** *мат.* loxodrome, loxodromic curve, loxodromic line, loxodromic spiral **2.** *нвг.* rhumb-line □ **на ка́ртах в прое́кции Мерка́тора ~ изобража́ется пря́мыми ли́ниями** on a Mercator chart, the rhumb-line appears as a straight line; **прокла́дывать ~ю** lay down a rhumb-line course; **сле́довать [плыть, лета́ть] по ~и** follow [sail, fly] a rhumb-line (course)
ло́линь *м. мор.* lead-line
лом *м.* **1.** (*инструмент*) crow(-bar); pinch(-bar); breaker **2.** (*материал*) scrap, junk □ **дроби́ть ~** fragment the scrap; **измельча́ть ~** reduce [shred, macerate] the scrap; **классифици́ровать ~** classify the scrap; **маркирова́ть ~** brand the scrap; **пакети́ровать ~** bale [bundle, faggot] the scrap; **разде́лывать ~** upgrade [shred, macerate] the scrap; **сортирова́ть ~** sort [segregate, preselect] the scrap
  амортизацио́нный ~ obsolete [obsolescent, old, dormant] scrap
  бытово́й ~ household scrap
  вагра́ночный ~ foundry [cupola] scrap
  валко́вый ~ roll scrap
  высоколеги́рованный стально́й ~ high-alloy scrap
  высокоплóтный ~ high-density scrap
  габари́тный ~ standard-size [sized] scrap
  длинноме́рный ~ long-length scrap
  ~ для вскры́тия лётки *мет.* tapping iron, tapping [tap-out] bar
  ~ для вы́пуска шла́ка skimmer bar
лом
  ~ для кислоро́дных конве́ртеров basic-oxygen furnace scrap
  ~ для пакети́рования faggoting scrap
  ~ для перепла́вки (re)melting scrap
  ~ для пробива́ния лётки *мет.* tapping iron, tapping [tap-cut] bar
  желе́зный ~ scrap [waste] iron
  кантова́льный ~ pinch bar
  кондицио́нный ~ specification scrap
  крупногабари́тный ~ bulky scrap
  кру́пный ~ capital scrap
  кусково́й ~ lump scrap
  ла́пчатый ~ spike drawer
  легкове́сный ~ light scrap
  лите́йный ~ casting scrap
  марте́новский ~ open-hearth scrap
  маши́нный ~ scrap machinery, machinery scrap
  металли́ческий ~ scrap metal
  ~ металлообрабо́тки industrial scrap
  негабари́тный ~ oversize [off-size, irregular] scrap
  неподгото́вленный ~ unprepared [loose] scrap
  низкока́чественный ~ low-grade scrap
  оборо́тный ~ home [plant, return] scrap
  по́довый ~ bottom bar
  сло́жный ~ mixed scrap
  со́ртный ~ graded scrap
  това́рный ~ saleable scrap
  тяжёлый ~ heavy scrap
  шурово́й ~ *лит.* poking bar, poker
ло́маная *ж.* broken [polygonal] line, open polygon
ло́мик *м.* short crow-bar, pointed rabble, jimmy
  ~ для открыва́ния лю́ков man-hole hook
ло́мк/а *ж.* **чу́шек** *лит.* crushing of pigs □ **производи́ть ~у чу́шек** crush the pigs
ло́мкий *прил.* fragile, frangible, friable, breakable □ **~ в холо́дном состоя́нии** cold-short
ло́мкость *ж.* fragility, frangibility, friability
  ~ в холо́дном состоя́нии cold shortness
  ~ лица́ *кож.* cracking of the grain, crackiness
ломтере́зка *ж. пищ.* slicing machine, slicer
лонжеро́н *м.* **1.** *ав.* (*крыла или рулевой поверхности*) spar; (*фюзеляжа*) longeron **2.** *авто* side [frame longitudinal] member, frame girder, side rail
  ба́лочный ~ beam spar
  вспомога́тельный ~ auxiliary [secondary, shear-web] spar
  гла́вный ~ main spar
  коро́бчатый ~ box spar
  ло́жный ~ false spar
  неразрезно́й ~ continuous spar
  по́лый ~ box spar

лонжеро́н
прессо́ванный ~ extruded spar
сплошно́й ~ solid spar
тру́бчатый ~ tubular spar
фе́рменный ~ trussed spar
це́льный ~ one-piece spar
ло́парь *м.* fall
ло́паст/ь *ж* blade □ **закру́чивать ~** twist the blade
~ бата́на *текст.* slay sword
~ весла́ oar blade, oar palm
~ возду́шного винта́ propeller blade □ **зафлюги́ровать ~и возду́шного винта́** feather [stream-line] the propeller (blades); **переставля́ть ~и возду́шного винта́** (*для регулировки шага*) adjust the propeller (blades); **сменя́ть ~и возду́шного винта́** re-blade the propeller
~ возду́шного винта́, веслообра́зная straight (propeller) blade
~ возду́шного винта́, саблеви́дная scimitar-shape (propeller) blade
~ гребно́го винта́ propeller blade
~ гребно́го колеса́ float, paddle
~ крыльча́тки impeller blade
ма́шущая ~ (free-)flapping blade
меси́льная ~ *пищ.* kneading blade
~ меша́лки agitator blade, mixing paddle
накло́нная ~ raked blade
~ несу́щего винта́ (*вертолёта*) rotor blade □ **скла́дывать ~и несу́щего винта́** fold the (rotor) blades
~ несу́щего винта́, обгоня́ющая advancing (rotor) blade
~ несу́щего винта́, отступа́ющая retreating (rotor) blade
~ разбра́сывателя *с.-х.* spreader arm, spreader blade
~ семафо́рного крыла́ semaphore blade
~ с шарни́рным крепле́нием articulated blade
упру́гая ~ flexible blade
фикси́рованная ~ fixed blade
~ швыря́лки *с.-х.* impeller blade
лопа́т/а *ж.* 1. (*ручной инструмент*) spade; (*совковая*) shovel 2. (*тип одноковшового экскаватора*) (power) shovel 3. (*рабочее оборудование одноковшового экскаватора*) dipper (assembly) 4. (*для сгона воды с палубы после мытья*) squilgee
балла́стная ~ *ж.-д.* square shovel
дрена́жная ~ drain spade
мета́тельная ~ *мет.* throwing shovel
механи́ческая ~ (power) shovel □ **механи́ческая ~ применя́ется для землеро́йных рабо́т** a (power) shovel is used to excavate earth; **механи́ческая ~ рабо́тает по,** *напр.* **крупнокусково́му ска́льному гру́нту** the (power) shovel can handle, *e. g.*, large rocks; **устана́вливать механи́ческую ~у на гу́сеничном ходу́** mount a (power) shovel on crawler tracks

лопа́т/а
механи́ческая ~ на автомоби́льном шасси́ truck-mounted (power) shovel
механи́ческая ~ на гу́сеничном ходу́ crawler-mounted (power) shovel
механи́ческая, обра́тная ~ backhoe (dipper), back digger
механи́ческая, пневмати́ческая ~ pneumatic (power) shovel
механи́ческая, поворо́тная ~ rotating (power) shovel
механи́ческая, поро́дная ~ rock (power) shovel
механи́ческая, пряма́я ~ face [dipper, crowd] (power) shovel, shovel dipper
механи́ческая ~ с пневмоколёсным хо́дом rubber-tyre-mounted [wheel-mounted] (power) shovel
механи́ческая, у́гольная ~ coal (power) shovel
парова́я ~ *ж.-д.* steam shovel
сажа́льная ~ *с.-х.* planting spade
тра́кторная ~ tractor shovel, tractor-mounted bucket
формо́вочная ~ *лит.* moulding spade, moulder's peel, moulder's shovel
шахтёрская ~ mining shovel
~ экскава́тора dipper (assembly)
лопа́тить *гл. с.-х.* shovel
лопа́тк/а *ж.* 1. (*часть турбины, компрессора и т. п.*) (*рабочая*) blade; (*направляющая*) vane; *мн.* (*совокупность лопаток турбины, компрессора и т. п.*) blading 2. (*ручной инструмент*) spade
акти́вная ~ impulse blade
бандажи́рованная ~ shrouded blade
~ вентиля́тора fan blade
~ вентиля́тора, за́гнутая вперёд forward curved (fan) blade
~ вентиля́тора, за́гнутая наза́д backward curved (fan) blade
~ вентиля́тора, профили́рованная airfoil (fan) blade
~ вентиля́тора, радиа́льная radial (fan) blade
входна́я ~ inlet (guide) vane
~ для шин, монта́жная tyre iron
зави́хривающая ~ swirl vane
закру́ченная ~ twisted blade
~ компре́ссора compressor blade
ложкообра́зная ~ spoon-shaped blade
направля́ющая ~ guide vane
~ направля́ющего аппара́та guide vane
непрофили́рованная ~ plate blade
~ парово́й турби́ны, направля́ющая nozzle
~ парово́й турби́ны, неподви́жная stationary blade, nozzle
~ парово́й турби́ны, подви́жная rotor blade, bucket
~ парово́й турби́ны, рабо́чая rotor blade, bucket
~ переме́нного сече́ния tapered blade

лопа́тк/а
поворо́тная ~ (*с изменяемым углом*) variable-incidence blade; (*для изменения направления потока*) turning vane
~ постоя́нного сече́ния parallel blade
рабо́чая ~ blade
~ рабо́чего колеса́ impeller vane
реакти́вная ~ reactive blade
~ с испари́тельным охлажде́нием transpiration-cooled blade
~ соплово́го аппара́та (*газовой турбины*) nozzle vane
спрямля́ющая ~ straightener vane
цельнофрезеро́ванная ~ integral blade
~ штукату́ра plasterer's trowel
лоск *м.* 1. gloss 2. *текст.* sheen
~ бума́ги paper gloss
лоску́т *м.*, **коже́венный** scrap [waste] leather
лот *м.* 1. (*прибор для измерения глубины моря*) lead-and-line □ **замеря́ть глубину́ ~ом** take a sounding with a lead-and-line 2. (*груз, прикрепляемый к плоту для уменьшения скорости*) plummet
гидроакусти́ческий ~ sonic echo-sounder, sonic fathometer
механи́ческий ~ sounding machine
ручно́й ~ lead-and-line
лотаппара́т *м.* optical plum(b)-bob
лотли́н/ь *м.* lead line □ **определя́ть глубину́ по длине́ вы́травленного ~я** determine the depth of the water by the length of line paid out; **трави́ть ~** pay out the (lead) line
лото́к *м.* 1. (*подставка*) tray, pan, trough 2. (*лотковый спуск*) chute 3. (*водопроводное сооружение*) flume, channel 4. (*приспособление для промывки породы*) trough
~ акведу́ка water channel of an aqueduct
~ Венту́ри, измери́тельный Venturi flume
вибрацио́нный ~ vibrating chute
водосто́чный ~ spouting chute
гидрометри́ческий ~ measuring flume
~ для дета́лей *маш.* (*металлический*) tote box; work [component] tray
~ для засы́пки в мешки́ bagging spout, bagging chute
жалюзи́йный ~ (*сушилки*) louvre bed
зака́лочный ~ quenching trough
золотопромы́вочный ~ gold pan, rocker
инструмента́льный ~ tool tray
ка́бельный ~ cable tray
кача́ющийся ~ reciprocating tray
колосово́й ~ gleanings [tailings return] spout
лесосплавно́й ~ log-floating channel, log chute
~ лопа́ты blade of a shovel

лото́к
ме́льничный ~ mill-race, mill-course
откры́тый ~ flume, open channel
охлажда́ющий ~ leer [lehr] pan
перепускно́й ~ launder
пита́ющий ~ feed tray
поворо́тный ~ swivel chute
подводя́щий ~ feed tray
приёмный ~ charging trough
сотряса́тельный ~ shaking tray
спускно́й ~ chute
трави́льный ~ etching trough
лоуре́нсий *м.* lawrencium, Lr
ло́ция *ж.* sailing directions
ло́цман *м.* pilot
лоще́ние *с.* **1.** (*бумаги*) glossing **2.** (*кожи*) glazing
лощи́лка *ж. лит.* slicker
лощи́ло *с.*, **кузне́чное** burnisher
лощи́ть *гл.* **1.** (*бумагу*) gloss, give a glossy surface **2.** (*кожу*) glaze
луб *м.* bast
лубоотдели́тель *м.* defibrer
лубрика́тор *м.* (*русский термин относится только к автоматическим устройствам*) (automatic) lubricator
луди́льщик *м.* tinman, tinner, tinker
луди́ть *гл.* tin, apply a coat of tin, tin-plate
луже́ние *с.* tinning, tin-plating
горя́чее ~ hot-dip tinning
конта́ктное ~ contact tinning
холо́дное ~ cold tinning
~ холо́дным спо́собом cold tinning
электролити́ческое ~ electrolytic tinning, tin-plating
лузгове́йка *ж.* hull aspirator
лу́нка *ж.* **1.** (*при измерении твёрдости*) indentation **2.** (*на цилиндрической поверхности ротора гироскопа с воздушным приводом*) turbine bucket
~ изно́са (*на резце*) crater(ing)
опо́рная ~ *горн.* bearing hitch
поса́дочная ~ *с.-х.* hollow
семенна́я ~ *с.-х.* seed hole
лункоде́латель *м. с.-х.* dibb(l)er, hole-digger
лункокопа́тель *м. с.-х.* dibb(l)er, hole-digger
лункообразова́тель *м. с.-х.* basin harrow
лунохо́д *м.* moon rover, lunar vehicle; (*советский аппарат*) Lunokhod
лу́ночка *ж. мат.* lune
лу́па *ж.* magnifying glass, magnifier
монокуля́рная телескопи́ческая ~ telescopic monocular magnifier
отсчётная ~ *геод., топ.* reading magnifier
очко́вая ~ eyeglass loupe
тка́цкая ~ web [cloth counting] glass, cloth prover
луч *м.* **1.** (*в геометрической оптике*) ray □ **~ вхо́дит в, напр. при́зму** the ray enters, *e. g.*, a prism; **~ выхо́дит из, напр. при́змы** the ray emerges from [leaves], *e. g.*, a prism; **~ (отража́ется и) идёт обра́тно по той же прямо́й** the ray returns upon itself **2.** (*пучок, напр. света, электронов*) beam □ **гаси́ть ~ (во вре́мя обра́тного хо́да)** *тлв., рлк.* blank the beam (during flyback *or* retrace); **испуска́ть ~** emit [radiate] the beam; **~ облуча́ет цель** *рлк.* the beam illuminates a target; **ограни́чивать ~** confine the beam; **отклоня́ть ~** *тлв., рлк.* deflect the beam **3.** (*излучение антенны*) beam

луч
азимута́льный ~ azimuth beam
~и́ Беккере́ля Becquerel rays
боково́й ~ marginal ray
визи́рный ~ *геод.* collimating [directional] ray
восстана́вливающий ~ (*в голографии*) reconstruction beam
гла́вный ~ principal ray
глисса́дный ~ glide slope
запи́сывающий ~ writing beam
~ зре́ния line of sight
инфракра́сные ~и́ infra-red rays
кана́ловые ~и́ canal rays
като́дный ~ cathode ray, cathode beam
керно́вый ~ *топ.* epipolar ray
косми́ческие ~и́ cosmic rays
косо́й ~ skew [oblique] ray
краево́й ~ rim ray
курсово́й ~ (*системы посадки по приборам*) localizer beam
~и́ Лена́рда Lenard rays
ле́нточный ~ *вчт.* ribbon beam
~и́ многоуго́льника сил rays of a polygon of forces
~ наведе́ния guide beam □ **лета́ть по ~у́ наведе́ния** ride the beam
напра́вленные ~и́ directed rays
неви́димые ~и́ invisible rays
немонохромати́ческие ~и́ heterogeneous rays
необыкнове́нный ~ extraordinary ray
ножево́й ~ knife-edge beam
обращённый ~ reversed ray
обыкнове́нный ~ ordinary ray
опо́рный ~ (*в голографии*) reference beam
осево́й ~ *тлв.* axial ray
оста́точные ~и́ residual rays, restrahlen
о́стрый ~ pencil [sharp, narrow] beam
отклонённый ~ deflected [diffracted] beam
отражённый ~ reflected beam, reflected ray
па́дающий ~ incident beam, incident ray
параксиа́льный ~ paraxial ray
паралле́льные ~и́ parallel [infinite] rays
перви́чный ~ primary beam
подде́рживающий ~ holding beam
положи́тельные ~и́ positive rays
по́лый ~ hollow beam
поля́рные ~и́ polar rays
преломлённый ~ refracted ray, refracted beam

луч
преры́вистый ~ chopped beam
прижа́тый ~ low-altitude beam
проекти́рующий ~ projecting line, projecting ray, projector
радиоакти́вные ~и́ radioactive rays
~ радиомаяка́ radio-range beam
развёртывающий ~ scanning beam
расходя́щийся ~ divergent beam
~ све́та ray (of light), beam (of light), light □ **~ све́та искривля́ется в сто́рону ...** light bends towards ...
рентге́новские ~и́ X-rays
рентге́новские, втори́чные ~и́ secondary [fluorescent] X-rays
рентге́новские, жёсткие ~и́ hard X-rays
рентге́новские, монохромати́ческие ~и́ monochromatic X-rays
рентге́новские, мя́гкие ~и́ soft X-rays
рентге́новские, перви́чные ~и́ primary X-rays
рентге́новские, рассе́янные ~и́ scattered X-rays
рентге́новские, сверхбы́стрые ~и́ ultraspeed X-rays
рентге́новские, флуоресце́нтные ~и́ fluorescent X-rays
рентге́новские, характеристи́ческие ~и́ characteristic X-rays
светово́й ~ light beam
смещённый ~ shifted [displaced] beam; offset beam
~ со́лнечной коро́ны streamer
стабилизи́рующий ~ holding beam
стира́ющий ~ erasing beam
сходя́щийся ~ convergent beam
счи́тывающий ~ reading beam
теплово́е ~и́ heat [thermal] rays
тороида́льный ~ toroidal beam
~ угла́ *мат.* arm of an angle
у́зкий ~ narrow [pencil] beam
ультрафиоле́товые ~и́ ultra-violet rays
управля́ющий ~ control beam
центра́льный ~ central ray
широкоуго́льный ~ wide-angle beam
электро́нный ~ electron beam
эпиполя́рный ~ *топ.* epipolar ray
этало́нный ~ (*в голографии*) reference beam
лучево́д *м.* light [optical] waveguide, light [beam (mode)] guide
волоко́нный ~ fibre-optic waveguide
отража́ющий ~ reflecting beam (mode) waveguide
~ с распределёнными пара́метрами distributed beam waveguide
лучеиспуска́емость *ж.* emittance
лучеиспуска́ние *с.* radiation, emission
лучепреломле́ние *с.* refraction, refringence
двойно́е ~ birefringence, double refraction
лучи́нки *мн. ж. полигр.* pins, fingers
выводны́е ~ shooflies

лучи́стость *ж.* radiance, radiant intensity
лучо́к *м.*:
~ дре́ли drill bow
~ пилы́ saw bow
луще́ние *с.* **1.** (*зерновых*) shelling, husking, hulling, peeling **2.** (*почвы*) scuffling, paring
~ чурака́ (*в спичечном производстве*) billet peeling
лущи́лка *ж.* sheller, huller, hulling mill
лущи́льник *м.* stubble [shallow, paring] plough, stubble breaker, stubble cleaner
ди́сковый ~ disk stubble plough, disk tiller
леме́шный ~ share scuffler
навесно́й ~ mounted stubble plough
прицепно́й ~ trailed stubble plough
тра́кторный ~ tractor disk tiller
лы́жа *ж.* ski
~ пантогра́фа *ж.-д.* pantograph slide shoe
~ самолёта (landing) ski
~ самолёта, неубира́ющаяся fixed ski
~ самолёта, носова́я nose ski
~ самолёта, основна́я main ski
~ самолёта, убира́ющаяся retractable ski
~ самолёта, хвостова́я tail ski
~ токоприёмника collecting [slide] shoe
~ у́гольного комба́йна skid of a cutter-loader
лы́ска *ж.* flat
льдогенера́тор *м.* ice(-making) machine, ice maker
~ бло́чного льда block ice maker
ди́сковый ~ disk ice maker
~ ку́бикового льда cube ice maker
~ пищево́го льда food service ice maker
рассо́льный ~ brine [can-type] ice maker
~ тру́бчатого льда shell ice machine
~ чешу́йчатого льда flake ice maker
льдодроби́лка *ж.* ice crusher
льдозаво́д *м.* ice-making factory, ice-making plant
льдообразова́ние *с.* ice accretion, ice formation
льдопроизво́дство *с.* ice making, ice manufacture
льдоска́т *м.* ice chute
льдоудале́ние *с.* de-icing
льдоудали́тель *м. ав.* de-icer
льдохрани́лище *с.* ice storage (room), ice store
льново́дство *с.* flax production, flax raising, flax growing
льнозаво́д *м.* flax (primary) treating plant
льнокомба́йн *м.* flax harvester
льноконоплемолоти́лка *ж.* flax-and-hemp thresher
льноконоплемя́лка *ж.* flax-and-hemp breaker
льномолоти́лка *ж.* flax (seed) thresher
вальцо́вая ~ roll-type flax thresher
очёсывающая ~ comber-type flax thresher
льноподбо́рщик *м.* flax gatherer
льноподбо́рщик-очёсыватель *м.* flax gathering-and-combing machine
льнопряде́ние *с.* flax spinning
льносе́ялка *ж.* flax-sowing machine, flax-seed drill
льносуши́лка *ж.* flax (fibre) drier
льнотереби́лка *ж.* flax puller
льнотка́чество *с.* linen weaving
лья́ло *с. мор.* bilgeway
люби́тель-коротковолнови́к *м.* short-wave radio ham
лю́верс *м.* eyelet
люк *м.* **1.** (*лаз*) man-hole; (*отверстие для руки*) hand-hole **2.** (*самолётный, судовой*) hatch □ **задра́ивать ~** *мор.* batten down the hatch; *ав.* seal a hatch **3.** *опт.* port **4.** *горн.* chute, door
~ авари́йного покида́ния *ав.* escape hatch
~ авари́йного покида́ния при поса́дке на́ воду ditching hatch
авари́йный ~ *ав.* emergency hatch
астрономи́ческий ~ *ав.* astrohatch
~ аэрофотоаппара́та camera window, camera hatch
вентиляцио́нный ~ *авто* ventipane, pivoted ventilation window
входно́й ~ entrance port
выпускно́й ~ *горн.* pull chute, chute door
выходно́й ~ 1. exit port **2.** *мор.* companion hatch(way)
грузово́й ~ *мор., ав.* cargo hatch
двойно́й ~ *горн.* two-way chute
колле́кторный ~ *эл.* commutator inspection hole
маши́нный ~ *мор.* engine(-room) hatch
прочистно́й ~ cleanout
светово́й ~ *мор.* skylight
смотрово́й ~ access [inspection] hatch (hole), access [viewing] port
спаса́тельный ~ *мор.* escape hatch
схо́дный ~ *мор.* companion hatch(way)
~ трю́ма hold hatch
эксплуатацио́нный ~ *ав.* maintenance [servicing] hatch
люкс *м.* lux, lx
люксме́тр *м.* lux(o)meter
люкс-секу́нда *ж.* lux second, lx s
лю́лька *ж.* (*строительная*) cradle; cage
~ слитково́за *мет.* ingot chair
~ хлебопека́рной печи́ swinging tray
лю́мен *м.* lumen, lm
люмено́метр *м.* lu(men)meter
лю́мен-секу́нда *ж.* [лм·с] lumen second, lm s
люминесце́нци/я *ж.* luminescence □ **вызыва́ть ~ю** excite [stimulate] luminescence; **гаси́ть ~ю** quench luminescence
люминесце́нци/я
инжекцио́нная ~ injection luminescence
метастаби́льная ~ metastable luminescence
~ под де́йствием рентге́новских луче́й Roentgen [X-ray] luminescence
резона́нсная ~ resonance luminescence
рекомбинацио́нная ~ recombination luminescence
сенсибилизи́рованная ~ sensitized luminescence
спонта́нная ~ spontaneous luminescence
уда́рная ~ impact luminescence
ультразвукова́я ~ ultrasonic luminescence
люминесци́ровать *гл.* luminesce
люминоге́н *м.* luminogen
люминогра́фия *ж.* lumiprinting
люминоско́п *м.* luminoscope
люминофо́р *м.* **1.** (*вещество для покрытия экранов телевизоров, радиолокаторов, осциллоскопов и т. п.*) phosphor □ **активи́ровать ~** activate the phosphor; **наноси́ть ~ осажде́нием** settle the phosphor; **получа́ть ~ прока́лкой ши́хты** produce the phosphor by firing the constituents **2.** (*вещество, обладающее свойствами люминесценции*) luminophor
~, активи́рованный ме́дью copper-activated phosphor
рентге́новский ~ X-ray phosphor
~ с больши́м вре́менем послесвече́ния long-persistence phosphor
~ с больши́м вы́ходом (излуче́ния) high-efficiency phosphor
сло́жный ~ composite [multiple] phosphor
~ с ма́лым вре́менем послесвече́ния short-persistence phosphor
люмита́йп *м.* lumitype
люне́т *м. маш.* (*неподвижный*) steadyrest; (*подвижный*) follow-rest □ **подви́жный ~ передвига́ется вме́сте с каре́ткой станка́** the follow-rest travels with the lathe carriage; **~ предотвраща́ет вибра́цию обраба́тываемой дета́ли** the steadyrest obviates chattering
двухкулачко́вый ~ two-point steadyrest
~ для тока́рных рабо́т turning steadyrest
~ для шлифова́льных рабо́т grinding steadyrest
пла́шечный ~ jaw-type steadyrest
люнетодержа́тель *м.* steady [stay] holder
люстр *м.* flash □ **получе́ние ~а** flashing
~ крахма́ла starch brilliance
лю́стра *ж.* chandelier
прохо́дческая ~ cluster floodlight
люстри́рование *с.* (*меха*) lustring
люте́ций *м.* lutecium, Lu

люфт *м.* **1.** (*зазор между двумя деталями: шестернями, кулачком и толкателем, винтом и гайкой и т. п.*) backlash, lost motion **2.** (*зазор в одной детали*) play □ **выбирáть ~** take up backlash [play]
боковóй ~ side play
осевóй ~ end [axial] play
~ рулевóго колесá steering wheel play
лю́чина *ж. мор.* hatch board
лючóк *м.* (*Примечание. Часто, но неверно применяется в значении «крышка лючка»*)
смотровóй ~ *ав.* **1.** (*отверстие*) inspection hole, peep-hole **2.** (*крышка*) inspection plate, cover plate
ля́да *ж. горн.* trap [folding] door
лязг *м.* clank, clang
ля́мбда-тóчка *ж.* lambda point
ля́мбда-характери́стика *ж.* failure density
ля́мка *ж.* strap
~ подвеснóй систéмы парашю́та lift web
ля́пис *м.* caustic silver

М

мавóметр *м. см.* **миллиампервольтмéтр**
магази́н *м.* **1.** *маш.* magazine; hopper; dispenser **2.** (*предприятие торговли*) shop, store **3.** *изм.* box
декáдный ~ decade box
ди́сковый ~ 1. disk magazine **2.** cartridge drum
~ ёмкостей capacitance box
~ затухáний attenuation box
измери́тельный ~ box
~ индукти́вностей inductance box
качáющийся ~ tilting magazine
~ перфокáрт card hopper, input magazine □ **~ (перфокáрт) выдаёт перфокáрты на механи́змы ввóда** a card hopper makes cards available to a card feed mechanism; **~ (перфокáрт) храни́т перфокáрты** a card hopper holds cards
~ проводи́мостей conductance box
разгру́зочный ~ (*проявительной машины*) *кфт.* take-up elevator
~ рулóнов *прок.* coil magazine
~ самонаклáда *полигр.* feed box
~ самообслу́живания self-service store
~ сопротивлéний resistance box
~ сопротивлéний, рычáжный dial resistance box
~ сопротивлéний, штéпсельный plug-type resistance box
~ строконабóрной маши́ны magazine
трýбчатый ~ tubular magazine
~ укладчика прокáта piler magazine
~ челнокóв shutter magazine
~ шунтóв shunt box

магазини́рование *с.* (*полезного ископаемого*) shrinkage
пóлное ~ block shrinkage
спаевóе ~ slice shrinkage, top slicing
части́чное ~ skeleton shrinkage
магистрáль *ж.* **1.** (*основная линия в путях сообщения*) main road **2.** (*улица с интенсивным движением*) highway **3.** *свз., эл.* trunk (line) **4.** (*трубопровод*) main, pipe-line, manifold **5.** (*при обследовании рек*) (main) traverse line □ **проклáдывать ~** run a traverse line
áдресная ~ *вчт.* address line
вáкуумная ~ vacuum line
внутригородскáя ~ urban highway
водопровóдная ~ water main
возду́шная ~ *ав.* air (-pressure) line
впускнáя ~ *ав.* induction manifold
газопровóдная ~ gas main(s), gas trunk
~ движéния main traffic artery
кáбельная ~ cable trunk
кольцевáя ~ *мор.* ring main
комáндная ~ *вчт.* instruction [command] line
мáсляная ~ oil line
нагнетáющая ~ feed [pressure] line
~ надду́ва *ав.* pressurization line
напóрная ~ pressure line, delivery pipe, pump main
осветѝтельная ~ lighting trunk
осуши́тельная ~ *мор.* bilge main
паровáя ~ steam main, steam (supply) line
питáющая ~ supply main, supply line
пожáрная ~ *мор.* fire main
распредели́тельная ~ distributing manifold
сигнáльная ~ *вчт.* (control) signal line
силовáя ~ *эл.* power trunk
сливнáя ~ drain line, drain pipe; *ав.* service drain line
смáзочная ~ lubrication manifold
тóпливная ~ fuel line
тормознáя ~ *авто* brake line
числовáя ~ *вчт.* number line
мáгма *ж.* magma
магнавóльт *м.* two-stage rotary amplifier
магнези́т *м.* magnesite, magnesium carbonate
магнéзия *ж.* magnesia, magnesium oxide □ **~ получáется óбжигом магнези́та** magnesia is formed by dead-burning [highly calcining] magnesite
бéлая ~ magnesia alba
вóдная ~ magnesia hydroxide
жжёная ~ dead-burned magnesia; *мед.* calcined magnesia
магнеси́н *м.* permanent-magnet rotor synchro (Magnesyn — *фирм. название*) (*см. тж.* **бесконтáктный сельси́н**)

магнети́зм *м.* magnetism
áтомный ~ atomic magnetism
естéственный ~ natural [spontaneous] magnetism
землнóй ~ terrestrial [earth] magnetism
индуци́рованный ~ induced magnetism
наведённый ~ induced magnetism
остáточный ~ remanent [residual] magnetism, remanence
сóбственный ~ intrinsic magnetism
я́дерный ~ nuclear magnetism
магнéтик *м.* (*материал*) magnetic
магнети́т *м.* magnetite, loadstone, lodestone
магнéто *с.* magneto
~ с автомати́ческим опережéнием зажигáния automatic spark advance [automatic timed] magneto
магнетóн *м.* (*внесистемная единица измерения магнитного момента*) magneton
~ Бóра Bohr [electronic] magneton
я́дерный ~ nuclear [proton] magneton
магнетохи́мия *ж.* magnetochemistry
магнетрóн *м.* magnetron □ **~ генери́рует π-вид колебáний** a magnetron operates in the π-mode; **~ генери́рует колебáния диапазóна СВЧ** a magnetron generates microwave power; **~ искри́т** a magnetron sparks; **~ перескáкивает внутри́ [на протяжéнии] и́мпульса** a magnetron shifts its mode (*changes its mode during a pulse*); **~ перескáкивает от и́мпульса к и́мпульсу** a magnetron jumps its mode (*changes its mode from one pulse to the next*); **~ «пропускáет» и́мпульс** a magnetron skips a pulse; **~ рабóтает в и́мпульсном режи́ме** a magnetron is operated [operates] under pulsed conditions; **~ рабóтает в режи́ме непреры́вной генерáции [непреры́вного генери́рования]** a magnetron is operated [operates] under continuous-wave [CW] conditions; **трени́ровать ~** season a magnetron
~ бегу́щей волны́ travelling wave [TW] magnetron
бипериоди́ческий ~ biperiodic magnetron
блóчный ~ packaged magnetron
двухцóкольный ~ double-ended magnetron
и́мпульсный ~ pulsed magnetron
коаксиáльный ~ coaxial-cylinder magnetron
многокáмерный ~ multicavity magnetron
многорезонáторный ~ multicavity magnetron
~, настрáиваемый напряжéнием voltage-tunable magnetron
~ непреры́вной генерáции continuous-wave [CW] magnetron
обращённый ~ inverted magnetron

магнетрон
одноцокольный ~ single-end magnetron
перестраиваемый ~ tunable magnetron
равнорезонаторный ~ vane-type cavity magnetron
равнорезонаторный ~ со связками strapped vane-type magnetron
разнорезонаторный ~ rising-sun magnetron
~ с замедляющей системой встречно-штыревого типа interdigital magnetron
~ с коаксиальным резонатором coaxial-cylinder magnetron
~ со связками strapped magnetron
~ со сферическими резонаторами hole-and-slot magnetron
~ с отрицательным сопротивлением negative-resistance magnetron
~ с разрезным анодом split-anode magnetron
~ типа беличьего колеса squirrel-cage magnetron
щелевой ~ slot magnetron

магний *м.* magnesium, Mg □ **рафинировать ~ возгонкой [сублимацией]** refine magnesium by retorting; **рафинировать ~ переплавкой с флюсами** refine magnesium by fusion with fluxes

магнийкатионирование *с.* magnesium zeolite softening process

магнико *м.* magnico, Co-Ni-Al-Cu diffusion-hardened magnetic alloy

магнистор *м.* hybrid-loop-core saturable reactor (Magnistor — *фирм. название*)

магнит *м.* magnet □ **~ обеспечивает необходимую силу притяжения** a magnet develops adequate pull; **~ отталкивает ...** a magnet repels ...; **~ притягивает ...** a magnet attracts ...; **~ служит для создания магнитного потока в воздушном зазоре** a magnet establishes [sets up] a magnetic flux in the air gap; **~ сохраняет свои магнитные свойства** a magnet retains its magnetism; **~ стареет** a magnet ages
анализирующий ~ (energy-) analysing magnet, magnetic analyser
возбуждающий ~ field [actuating] magnet
~ возвращения стрелки control(ling) magnet
~ вращения (*декадно-шагового искателя*) rotary magnet
~ горизонтального перемещения синего луча *тлв.* blue-lateral magnet
девиационный ~ *нвг.* corrector magnet
демпфирующий ~ damping magnet
~ для нейтрализации внешних полей *тлв.* rim magnet
естественный ~ natural [native] magnet; lodestone, loadstone
заграждающий ~ *ж.-д.* application magnet
искусственный ~ artificial magnet
компенсационный ~ compensating magnet
корректирующий ~ (*в ЭЛТ*) beam-positioning magnet
молекулярный ~ molecular magnet
направляющий ~ control magnet
~ отбоя *ж.-д.* release magnet
отклоняющий ~ deflecting magnet
пластинчатый ~ laminated magnet
подковообразный ~ C-magnet, horseshoe magnet
~ подъёма (*декадно-шагового искателя*) vertical magnet
подъёмный ~ (*для погрузки, разгрузки и т. п.*) lifting magnet □ **подъёмный ~ захватывает груз** a lifting magnet grips the load; **подъёмный ~ отпускает груз** a lifting magnet releases the load; **подъёмный ~ работает по различным грузам** a lifting magnet can handle [is capable of handling] a variety of loads
постоянный ~ permanent magnet
природный ~ natural [native] magnet; lodestone, loadstone
путевой ~ *ж.-д.* application magnet
путевой, восстанавливающий ~ *ж.-д.* reset magnet
путевой, отторможивающий ~ *ж.-д.* reset magnet
сверхпроводящий ~ superconducting [cryogenic] magnet
стержневой ~ bar magnet
тормозной ~ *изм.* braking magnet
удерживающий ~ holding magnet
успокоительный ~ drag [damping] magnet, eddy drag
ферритовый ~ ceramic magnet
фокусирующий ~ focusing magnet
центрирующий ~ (*в ЭЛТ*) centring magnet
элементарный ~ molecular magnet
эталонный ~ (*в магнитометре*) reference magnet
юстировочный ~ positioning magnet

магнитоаэродинамика *ж.* magnetoaerodynamics

магнитогазодинамика *ж.* magnetogasdynamics
~ в условиях полёта flight magnetogasdynamics

магнитогидродинамика *ж.* magnetohydrodynamics
~ тонких тел thin-body magnetohydrodynamics

магнитограмма *ж.* magnetogram

магнитограф *м.* magnetograph
солнечный ~ solar magnetograph

магнитодержатель *м.* magnet support, magnet cradle

магнитодиэлектрик *м.* ferrite

магнитола *ж.* radio-tape recorder (combination)

магнитометр *м.* magnetometer
абсолютный ~ absolute(-type) magnetometer
астатический ~ astatic magnetometer
генераторный ~ generating [earth inductor] magnetometer
~ для измерения вертикальной составляющей vertical-intensity magnetometer
~ для измерения горизонтальной составляющей horizontal-intensity magnetometer
индукционный ~ flux-gate magnetometer
квантовый ~ quantum-mechanical magnetometer
компенсационный ~ null-coil [null-balance] magnetometer
магнитомеханический ~ moving-magnet magnetometer
магнитонасыщенный ~ saturable-core magnetometer
магнитооптический ~ с вращением плоскости поляризации Faraday-rotation magnetometer
магнитооптический ~ с оптической накачкой optical pumping and monitoring magnetometer
магнитостатический ~ moving-magnet magnetometer
магнитоэлектрический ~ torque-coil magnetometer
морской ~ marine magnetometer
оптический ~ optical [absorption] magnetometer
поднимаемый ~ (*на самолётах, аэростатах и т. п.*) airborne magnetometer
скважинный ~ borehole magnetometer
со свободной прецессией, протонный proton free precession magnetometer
электродинамический ~ electrodynamic magnetometer
электромагнитный ~ electromagnetic magnetometer
электронно-парамагнитно-резонансный ~ electron paramagnetic resonance [EPR] magnetometer
электронный ~ electron-beam magnetometer
ядерно-магнитно-резонансный ~ nuclear magnetic resonance [NMR] magnetometer
ядерно-прецессионный ~ spin-precession magnetometer

магнитометрия *ж.* magnetometry

магнитооптика *ж.* magneto-optics

магнитоплазма *ж.* magnetoplasma

магнитоплазмодинамика *ж.* magnetoplasmadynamics

магнитопровод *м.* (*в значении магнитная цепь*) magnetic circuit; (*компонент магнитной цепи, предназначенный для локализации потока магнитной индукции*) 1. (*стержень, несущий обмотку*) core 2. (*замыкающая цепь*) yoke □ **зашихтовывать**

~ blade up a core; **набира́ть ~** stack up laminations [punchings, stampings], assemble a core; **расшихто́вывать ~** unblade a core; **стя́гивать ~** clamp a core
магнитопрово́д
~ бронево́го ти́па shell-type magnetic circuit; shell-type magnetic [E-type] core
бронево́й ~ shell-type magnetic circuit; shell-type magnetic [E-type] core
двухстержнево́й ~ two-leg [two-limb] core
неразветвлённый ~ single-path magnetic circuit
разветвлённый ~ multipath magnetic circuit
сло́жный ~ composite magnetic circuit
~ стержнево́го ти́па core-type [C-type] magnetic circuit
стержнево́й ~ core-type [C-type] magnetic circuit
~ стыково́й констру́кции butt-end core
трёхстержнево́й ~ three-leg [three-limb] core
шихто́ванный ~ (*набранный из пластин*) laminated core; (*соединение элементов магнитопровода, напр. в трансформаторах*) imbricated [interleaved] core
магниторези́стор *м.* magnetoresistor
магнитоско́п *м.* magnetoscope
магнитосопротивле́ние *с.* magnetoresistance
магнитоста́тика *ж.* magnetostatics
магнитостри́ктор *м.* (*магнитострикционный бур*) *геол.* magnetostrictive drill
магнитостри́кция *ж.* magnetostriction
объёмная ~ volume [bulk] magnetostriction
самопроизво́льная ~ spontaneous magnetostriction
магнитосфе́ра *ж.* magnetosphere
магнитоулови́тель *м.* magnetic detector
магнитофо́н *м.* magnetic tape recorder
кассе́тный ~ (*для компакт-кассет*) cassette tape recorder
ле́нточный ~ tape recorder
монофони́ческий ~ mono tape recorder
~ на ди́сках magnetic disk recorder
стереофони́ческий ~ stereo(phonic) magnetic tape recorder
шпу́льный ~ open-reel tape recorder
магнитофоре́з *м.* magnetophoresis
магнитохи́мия *ж. см.* **магнетохи́мия**
магни́т-уничтожи́тель *м. нвг.* magnetic compensator
мади́стор *м.* madistor
мажора́нта *ж. мат.* majorant
гармони́ческая ~ harmonic majorant
мажора́нтный *прил. мат.* majorant, majorizing
мажориро́ванный *мат.* majorized, dominated
мажори́ровать *гл. мат.* majorize, dominate
мажорита́рный *прил. мат.* majority
ма́зер *м.* maser, Microwave Amplification by Stimulated Emission of Radiation (*см. тж.* **ква́нтовый генера́тор СВЧ(-диапазо́на)**)
мазу́т *м.* (residual [residuum]) fuel oil, boiler oil □ **рабо́тать на ~е** (*о топках*) burn [be fired with] fuel oil; **сжига́ть ~** burn fuel oil; **сме́шивать ~ с бо́лее лёгкими фра́кциями** blend [cut back] residual oil with a lighter (cutter) stock
высокосерни́стый ~ high-sulphur residual oil
маловя́зкий ~ low-viscous residual oil
малосерни́стый ~ low-sulphur residual oil
то́почный ~ furnace [industrial] fuel oil
то́почный, судово́й ~ marine residual [bunker] oil
мазутохозя́йство *с.* fuel oil handling system
мазутохрани́лище *с.* fuel oil storage tank
майо́лика *ж.* majolica
майшфи́льтр *м. пищ.* mash filter
мака́ть *гл.* dip
маке́т *м.* **1.** (*модель, напр. автомобиля, самолёта и т. п. в различных масштабах для целей проектирования, обучения и т. п.*) mock-up, dummy; pattern, model **2.** (*временное соединение или приблизительное размещение элементов схемы для целей проектирования, изучения и т. п.*) *элн., вчт.* breadboard (construction), breadboard model **3.** *полигр.* lay-out (sheet)
архитекту́рный ~ (scale) model
~ в натура́льную величину́ full-scale [full-size] mock-up
~ ме́стности sand-box model
объёмный ~ finished lay-out (sheet)
~ перфока́рты punch(ed) card design
~ перфори́рования (*ЭВМ*) punching format
полупромы́шленный ~ brassboard (model)
технологи́ческий ~ engineering mock-up
эски́зный ~ *полигр.* visual, rough
макети́рование *с. элн., вчт.* breadboarding
макети́ровать *гл. элн., вчт.* breadboard
ма́кро ... macro ...; (*в квантовой физике тж.*) mega ...
макрогенера́тор *м. вчт.* macrocommand generator
макродина́мика *ж.* macrodynamics
~ пла́змы continuous plasma dynamics
макроиндика́тор *м.* high-speed indicator
макроиссле́дование *с.* macroexamination
~ на раствори́мость macrosolubility test
макрокине́тика *ж.* macrokinetics
макрокома́нд/а *ж. вчт.* macroinstruction, macrocommand □ **выдава́ть ~у** issue a macroinstruction; **вы́вод на печа́ть выполня́ется с по́мощью ~ы** a macroinstruction prints ...; **закры́тие набо́ра да́нных выполня́ется с по́мощью ~ы** a macroinstruction closes a data set
макроконцентра́ция *ж.* macroscopic concentration
макрокорро́зия *ж.* macrocorrosion
макроко́смос *м.* macrocosm
макроме́тр *м.* macrometer
макромоле́кула *ж.* macromolecule
макронапряже́ние *с.* macrostress
макронеодноро́дность *ж.* macroheterogeneity
макроо́сь *ж. крист.* macroaxis
макropо́лость *ж.* macrocavity, macrovoid
макропрограмми́рование *вчт.* macroprogramming
макропроце́сс *м.* large-scale process
макрорадика́л *м.* macroradical
макрорадиогра́фия *ж.* **1.** radiomacrograph **2.** radiomacrography
макрореоло́гия *ж.* macrorheology
макросисте́ма *ж.* macrosystem, macroscopic system
макроста́тистика *ж.* macrostatistics
макрострукту́ра *ж.* macrostructure, macroscopic structure
макросхе́ма *ж.* macrocircuit
макросъёмка *ж.* ultra-close-up photography
макротвёрдость *ж.* macrohardness
макротурбуле́нтность *ж.* macroturbulence
макрофотогра́фия *ж.* **1.** photomacrography, macrography **2.** photomacrograph
макрофотосни́мок *м.* photomacrograph
макрохи́мия *ж.* macrochemistry
макрошли́ф *м.* macrosection
макроэлеме́нт *м.* macronutrient element
ма́ксвелл *м.* (*единица магнитного потока в системе СГС*) maxwell, Mx
ма́ксвелл-вито́к *м.* maxwell-turn
ма́ксвелл-метр *м.* fluxmeter
максима́льность *ж.* maximality
максима́льн/ый *прил.* maximal, maximum, largest, peak, to be a maximum □ **... в моме́нт ~ого напряже́ния ...** when the voltage is a maximum; **при ~ом показа́нии прибо́ра** when the instrument reading [indication] is a maximum
максимиза́ция *ж.* maximization
максимизи́рование *с.* maximization
максимизи́ровать *гл.* maximize
ма́ксимум *м.* maximum; peak (value) □ **в ~е** at a maximum; **... ~ до**

... to a maximum of; **настра́ивать по ~у** *рад., рлк.* adjust [tune] for a maximum (indication), peak; **настра́ивать по ~у с по́мощью серде́чника** turn the slug for a maximum (signal); **обеспе́чивать ~** (*какого-л. показателя*) maximize (*e. g., a variable*)

ма́ксимум
абсолю́тный ~ absolute maximum
гла́вный ~ principal maximum
дифракцио́нный ~ diffraction maximum, diffraction peak
дифракцио́нный, нулево́й ~ central diffraction maximum
и́стинный ~ vrai maximum
~ нагру́зки peak load
о́стрый ~ sharp [acute] maximum
побо́чный ~ subordinate maximum
~ поглоще́ния maximum absorption
размы́тый ~ diffuse(d) maximum, broad peak
~ рассе́яния вперёд forward peak
резона́нсный ~ resonance peak

макулату́ра *ж.* waste paper
малахи́т *м.* malachite
ма́лка *ж.* bevel (square)
о́страя ~ close [shut] bevel
~ под 45° mitre square
разводна́я ~ open [standing] bevel
сво́дная ~ close [shut] bevel
тупа́я ~ open [standing] bevel

маловя́зкий *прил.* low-viscous, of low viscosity
малогабари́тный *прил.* small-size(d), small-scale, compact; *рад.* miniature
малозо́льный *прил.* low-ash, of low ash content
малоинерцио́нный *прил.* quick-response, low-inertia, of short time lag
малоинтенси́вный *прил.* low-intensity, of low intensity
ма́лость *ж.* **n поря́дка** *мат.* n-order infinitesimal
ма́лочник *м.* bevel tester
ма́л/ый *прил. мат.* □ **в ~ом** in the small, locally *пример*: **это утвержде́ние действи́тельно в ~ом** this statement is valid in the small [locally]
бесконе́чно ~ infinitesimal
пренебрежи́мо ~ negligible

мальм *м.* malm, washed clay; marl
маля́р *м.* house painter
маля́рная *ж.* (*на судне*) paint store
махме́тр *м.* machmeter, mach-indicator □ **~ даёт отсчёт ско́рости в чи́слах Ма́ха** a machmeter gives speed as a (direct reading of the) Mach number
манёвр *м.* manoeuvre □ **вводи́ть самолёт в ~** subject an aeroplane to a manoeuvre; **выводи́ть самолёт из ~а** pull an aeroplane out of a manoeuvre; **выде́рживать ~** maintain a manoeuvre; **выполня́ть ~** execute [fly] a manoeuvre; **выходи́ть из ~а** recover from a manoeuvre; **прекраща́ть ~** break off a manoeuvre
предпоса́дочный ~ let-down procedure(s)

манёвр
ре́зкий ~ (*резкое изменение направления полёта*) violent manoeuvre
синергети́ческий ~ synergetic turn
~ с испо́льзованием аэродинами́ческой си́лы и тя́ги aerodynamic-propulsive manoeuvre

манёвренность *ж.* manoeuvrability, slewability
маневри́рование *с.* 1. manoeuvring 2. *ж.-д.* switching, shunting
~ в атмосфе́ре atmospheric manoeuvring
~ на гиперзвуковы́х скоростя́х hypersonic manoeuvring

маневри́ровать *гл.* 1. manoeuvre 2. *ж.-д.* switch, shunt
манеке́н *м.* dummy
мане́тка *ж.* control lever
манже́та *ж.* sealing ring, collar, cup, boot; cuff
~ ка́беля (*для защиты кабеля при вводе в разъём, муфту и т. п.*) cable guard
ко́жаная ~ leather cup
~ колле́ктора *маш.* sleeve
огнеупо́рная ~ *лит.* brick cup
~ по́ршня piston cup
прорези́ненная ~ rubber-fabric cup
резинотка́невая ~ rubber-fabric cup
~ тормозно́го по́ршня цили́ндра brake cylinder piston cup
уплотня́ющая ~ sealing collar, packing seal; (*колпак*) seal boot

манже́тка *ж. полигр.* book band
манипули́рование *с.* manipulation, handling, operating
манипули́ровать *гл.* 1. manipulate, handle, operate 2. *тлг.* key
манипуля́тор 1. (*сварочный*) positioner; (*прокатный*) manipulator 2. *тлг.* keyer 3. (*приспособление для работы с радиоактивными веществами*) mechanical arms 4. (*механизм буровой каретки*) manipulator
безре́льсовый ~ *мет.-об.* off-track manipulator
~ бли́жнего де́йствия *яд. физ.* handler
двусторо́нний ~ *прок.* double manipulator
двухре́ечный ~ *мет.-об.* double-rack manipulator
дистанцио́нный ~ *яд. физ.* telechiric device
ко́вочный ~ forging manipulator
координа́тный ~ *яд. физ.* rectilinear manipulator
копи́рующий ~ *яд. физ.* (master) slave manipulator
кузне́чный ~ forging manipulator
радиоизото́пный ~ radioisotope manipulator
ре́льсовый ~ *мет.-об.* track-riding manipulator
сва́рочный ~ welding positioner
телегра́фный ~ keyer

манипуля́тор-кантова́тель *м. мет.-об.* universal manipulator
~ для сли́тков ingot tipper

манипуля́ция *ж.* 1. manipulation, handling, operation 2. *тлг.* keying
амплиту́дная [АТ] ~ on-off keying, CW telegraphy
ано́дная ~ *англ.* anode keying; *амер.* plate keying
~ в перви́чной цепи́ primary keying
двухтона́льная ~ two-tone keying
~ на се́тку grid keying
~ с включе́нием иску́сственной нагру́зки при отжа́том ключе́ back-shunt keying
~ смеще́нием blocked-grid keying
фа́зовая ~ phase-shift keying, PSK
часто́тная ~ frequency-shift keying, FSK

мановакуумме́тр *м.* compound pressure and vacuum gauge
мано́граф *м.* recording manometer, manograph
манодета́ндер *м. уст.* (*редукционный клапан*) pressure reducing valve; *хол.* expansion valve
манокрио́метр *м.* manocryometer
мано́метр *м.* (*прибор для измерения давления жидкостей и газов, обычно малых давлений*) manometer; (*для измерения значительных давлений с помощью эластичных чувствительных элементов*) pressure gauge □ **включа́ть ~ на (измеря́емое) давле́ние** open a pressure gauge to pressure; **градуи́ровать ~ в едини́цах** 1. (*разметка шкалы*) graduate a pressure gauge in units of ... 2. (*тарировка механизма*) calibrate a pressure gauge in units of ...; **калиброва́ть ~ по эталóну** calibrate a manometer [pressure gauge] to [against] a standard; **отключа́ть ~ от (измеря́емого) давле́ния** shut off [isolate] a pressure gauge from the tapping point; **~ предназна́чен для,** *напр.* **выступа́ющего, уто́пленного монтажа́** a manometer is, *e. g.*, a surface, flush mounted instrument; **~ предназна́чен для непосре́дственной устано́вки на магистра́ли** a pressure gauge is directly mounted; **производи́ть пове́рку ~а по ...** calibrate a pressure gauge against ...; **стра́вливать давле́ние из ~а** open [vent] a pressure gauge to atmosphere
~ абсолю́тного давле́ния absolute pressure gauge
бесшка́льный ~ pressure transmitter, non-indicating [transmitting] pressure gauge
ва́куумный ~ vacuum manometer, vacuummeter, vacuum gauge
водяно́й ~ water pressure gauge
возду́шный ~ air(-pressure) gauge
вя́зкостный ~ viscosity [molecular, Langmuir] pressure gauge
газоразря́дный ~ gas discharge pressure gauge
грузопоршнево́й ~ dead-weight pressure-gauge tester

мано́метр
деформацио́нный ~ elastic element pressure gauge
дистанцио́нный ~ remote reading [indicating] manometer
дифференциа́льный ~ differential manometer; differential pressure gauge
жи́дкостный ~ liquid(-filled) column manometer
ионизацио́нный ~ ionization gauge
~ Кну́дсена radiometric pressure gauge
колоко́льный ~ liquid-sealed bell manometer
кольцево́й ~ ring-balance manometer
компрессио́нный ~ McLeod gauge
контро́льный ~ test pressure gauge
кре́шерный ~ crusher (pressure) gauge
~ Ленгмю́ра Langmuir [viscosity, molecular] pressure gauge
магнитострикцио́нный ~ induction-type pressure gauge
~ Мак-Лео́да McLeod gauge
ма́сляный ~ oil (pressure) gauge
мембра́нный ~ diaphragm pressure gauge
механи́ческий ~ elastic element pressure gauge
~ надду́ва boost gauge
образцо́вый ~ standard [test] pressure gauge
однотру́бный ~ well-type manometer
~ Пира́ни Pirani [hot-wire] gauge
~ пневмати́ческой систе́мы compressed air gauge
поплавко́вый ~ float-type manometer
поршнево́й ~ piston pressure gauge
потенциометри́ческий ~ potentiometric pressure gauge
пружи́нный ~ spring-element pressure gauge
~ прямо́го де́йствия direct-acting [local] pressure gauge
пьезоэлектри́ческий ~ piezoelectric pressure gauge
рабо́чий ~ working pressure gauge
радиоизото́пный ~ radioisotope pressure gauge
радиометри́ческий ~ radiometric pressure gauge
рту́тный ~ mercury manometer; mercury pressure gauge
самопи́шущий ~ pressure recorder, recording pressure gauge
~ с вя́лой мембра́ной limp-[slack-]-diaphragm pressure gauge
~ с жёсткой мембра́ной stiff-diaphragm pressure gauge
сильфо́нный ~ bellows pressure gauge
~ с накло́нной тру́бкой inclined-tube manometer
~ с неуплотнённым по́ршнем free piston pressure gauge
~ сопротивле́ния resistance pressure gauge

мано́метр
~ с откры́той тру́бкой open-tube manometer
~ с перевёрнутым ко́локолом inverted bell manometer
~ с силово́й компенса́цией force-balance pressure gauge
стекля́нный ~ glass-tube manometer
стеново́й ~ wall-mounted manometer; wall-mounted pressure gauge
стре́лочный ~ indicating pressure gauge
теплово́й ~ hot-wire [Pirani] gauge
термоэлектри́ческий ~ thermocouple gauge
техни́ческий ~ industrial pressure gauge
~ ти́па «кольцевы́е весы́» ring-balance manometer
тру́бчатый ~ Bourdon-tube pressure gauge
ча́шечный ~ well-type manometer
ши́нный ~ tyre (pressure) gauge
щитово́й ~ panel-mounted manometer; panel-mounted pressure gauge
электри́ческий ~ electric pressure gauge
электроконта́ктный ~ electric contact pressure gauge [manometer]
электромагни́тный ~ electromagnetic manometer
электро́нный ~ electronic manometer
электроразря́дный ~ electric-discharge manometer
U-обра́зный ~ U-tube manometer

маноста́т *м.* manostat
манти́сса *ж.* mantissa
~ числа́ (*в представлении чисел с плавающей запятой*) *вчт.* mantissa, fractional [significant] part
ма́нтия *ж.* **Земли́** Earth mantle
марато́р *м.* (*опорное кольцо шахты у домны*) deck [lintel] ring
мара́шка *ж. полигр.* mottle, slur, smear
ма́рганец *м.* manganese, Mn
маргина́лии *мн. ж. полигр.* marginals, sidenotes
ма́рево *с.* superior mirage, looming
мареогра́ф *м.* tide [depth] gauge
берегово́й ~ off-shore depth gauge
~ откры́того мо́ря open-sea depth gauge
поплавко́вый ~ float depth gauge
прибре́жный ~ off-shore depth gauge
марза́н *м. полигр.* clump
ро́стовый ~ type-high clump
маринова́ние *с.* pickling with marinade □ **~ обеспе́чивает сохра́нность скоропо́ртящихся проду́ктов** pickling with marinade protects perishable foods
маринова́ть *гл.* marinate, pickle with marinade
ма́рк/а *ж.* **1.** mark **2.** *полигр.* front lay **3.** *стр.* brand
азимута́льная ~ azimuth mark
ба́зисная ~ base mark

ма́рк/а
визи́рная ~ measuring [sighting] mark, measuring [sighting] target
~ геодези́ческого пу́нкта station mark
~ гравиметри́ческого пу́нкта gravity station mark
грузова́я ~ load [free-board] mark
грузова́я ~ для лесоматериа́лов lumber load mark
грузова́я ~ для пре́сной воды́ fresh-water load mark
грузова́я, зи́мняя ~ winter load mark
грузова́я, ле́тняя ~ summer load mark
грузова́я, тропи́ческая ~ tropical load mark
измери́тельная ~ *геод.* adjusting mark; *афс.* floating [gliding, wandering] mark
~ ка́беля cable make-up
меридиа́нная ~ meridian mark
набо́рная ~ *полигр.* line gauge
нивели́рная ~ bench mark
~ оса́дки (*судна*) draft mark
почто́вая ~ stamp
произво́дственная ~ maker's label
простра́нственная ~ *афс.* space [spatial] mark
~ ста́ли steel quality
стереоскопи́ческая ~ *афс.* space [spatial] mark
триангуляцио́нная ~ triangulation mark □ **закла́дывать триангуляцио́нную ~у** (*напр. в скалу*) countersink a mark (*e. g., in a ledge*)
~ углубле́ния (*судна*) draft mark
~ у́гля rank of coal
устано́вочная ~ *опт.* focussing [sighting] mark
фи́рменная ~ label
~ цеме́нта cement brand
маркёр *м.* **1.** (*разметчик*) *с.-х.* marker **2.** (*вспомогательная радиолокационная точка*) *ав.* marker **3.** *вчт.* label, tag **4.** (*радиоактивный*) tracer
акти́вный ~ *ав.* active marker
аэронавигацио́нный ~ air marker
бли́жний ~ *ав.* inner marker
ве́ерный ~ *ав.* fan marker
вне́шний ~ *ав.* outer marker
вну́тренний ~ *ав.* inner marker
да́льний ~ *ав.* outer marker
ди́сковый ~ *с.-х.* disk(-type) marker
ла́повый ~ *с.-х.* spear marker
радиолокацио́нный ~ ramark, radar marker
сре́дний ~ *ав.* middle marker
теле́жечный ~ *с.-х.* cart-type marker
ма́ркетинг *м. эк.* marketing
марки́за *ж. стр.* marquee, awning
маркирова́ние *с.* marking, stamping, identification; (*по трафарету*) stenciling
маркирова́ть *гл.* mark, identify; (*по трафарету*) stencil □ **~ би́рками** (*напр. провода при демонтаже*) tag

(*e. g., wires*) for identification [for proper reconnection]; **~ кра́ской** (*напр. концы, выводы*) dab (a drop of) paint on (*e. g., leads, terminals*) to mark (them) for identification [for proper reconnection]; **~ ме́тодом декалькома́нии** decal; **~ по трафаре́ту** stencil, mark over a stencil

маркиро́вка *ж.* **1.** (*процесс*) marking, stamping, identification; (*по трафарету*) stenciling **2.** (*обозначение*) symbols of grades, grading
монта́жная ~ match marking
радиоакти́вная ~ radioactive labelling, radioactive tagging
~ усло́вным обозначе́нием identification marking
цветна́я ~ colour code

маркиро́вщик *м.* **1.** marker **2.** marking machine

ма́ркость *ж.* **окра́ски** marking-off

маркше́йдер *м.* mining surveyor

маркшейдери́я *ж.* mine surveying

ма́рля *ж.* **1.** gauze **2.** *полигр.* gauze, mull, crash
переплётная ~ bindery gauze

марми́т *м. пищ.* food warmer
стациона́рный электри́ческий ~ electric stationary food warmer

марми́тница *ж. пищ.* warmer container

марте́н *м.* open-hearth furnace (*см. тж.* **марте́новская печь**)

мартенси́т *м.* martensite
азо́тистый ~ nitrous martensite
бесструкту́рный ~ structureless martensite
иго́льчатый ~ needled [needle-shaped, needle-like] martensite
мелкоиго́льчатый ~ fine-needled martensite
~ о́тпуска tempered martensite
пласти́нчатый ~ laminated martensite

мартинга́л *м. мат.* martingale

марчева́н *м. стр.* forepole
забивно́й ~ poling plate

марш *м.* (*лестничный*) flight

маршру́т *м.* route, itinerary □ **разде́лывать ~ вручну́ю** (*СЦБ*) cancel the route control manually
аэрофотосъёмочный ~ flight line, flight strip, air survey [photographic] strip, aerial traverse
входно́й ~ *ж.-д.* inward track [arrival line] route
выходно́й ~ *ж.-д.* outgoing track route
кольцево́й ~ (*вертушка*) *ж.-д.* circular [loop] route
маневро́вый ~ *ж.-д.* shunting route
отправи́тельский ~ *ж.-д.* exit route
~ полёта *англ.* required track; *амер.* course □ **возвраща́ться на (пре́жний) ~ (полёта)** return to ... track
~ приёма *ж.-д.* entrance [incoming] route
~ сквозно́го прохо́да *ж.-д.* (main) through route

маршру́т
станцио́нный ~ *ж.-д.* station route
технологи́ческий ~ route

ма́ск/а *ж.* mask □ **прове́рить приле-га́ние ~и к лицу́** check the mask for fit to the face
блужда́ющая ~ *кфт. англ.* travelling mask; *амер.* traveling matte
~ для напыле́ния *элн.* evaporation mask
дыха́тельная ~ face-mask
защи́тная ~ face guard, protective mask
~ из фоторези́ста *элн.* photoresist mask
ка́дровая ~ *тлв.* framing mask
кислоро́дная ~ oxygen mask
кислоро́дная, авари́йная ~ emergency oxygen mask
о́кисная ~ *элн.* oxide mask
подвижна́я ~ *элн.* moveable mask
постоя́нная ~ *элн.* permanent mask
регули́руемая ~ *элн.* adjustable mask
сва́рочная ~ welder's helmet
тенева́я ~ *тлв.* aperture [shadow] mask
фикси́рованная ~ *элн.* fixed mask

маскирова́ние *с.* masking
градацио́нное ~ *полигр.* shadow masking
двухступе́нчатое ~ *полигр.* double-staged masking
~ о́кислом *элн.* oxide masking
селекти́вное ~ *элн.* selective masking
~ удаля́емыми ма́сками *элн.* rejection masking
фотографи́ческое ~ photographic masking
~ фоторези́стом *элн.* photoresist masking

маслёнка *ж.* **1.** lubricator, lubrication fitting; (*для жидкой смазки*) oil cup, oiler; (*для густой смазки*) grease cup **2.** (*картонажная бумага*) pasteboard paper
автомати́ческая ~ self-acting lubricator
бу́ксовая ~ axle lubricating box
иго́льчатая ~ needle lubricator
ка́пельная ~ drop lubricator, drop oiler, drop-feed oil cup
колпачко́вая ~ screw pressure [Stauffer('s)] lubricator
~ под шприц nipple
пружи́нная ~ spring lubricator, spring grease cup
ручна́я наливна́я ~ hand oil can
~ с дли́нным но́сиком banjo oiler, squirt can
фити́льная ~ wick-feed lubricator, wick oiler, wick oil cup
~ цепно́й переда́чи chain oiler
~ Шта́уфера Stauffer('s) [screw pressure] lubricator

ма́сло *с.* **1.** (*техническое*) oil □ **ва-ри́ть ~** boil an oil; **вводи́ть загусти́тель в ~** thicken an oil; **вводи́ть приса́дки в ~** dope an oil; **~ вспе́нивается** the oil churns [foams]; **загуща́ть ~** give (more) body to an oil; **~ застыва́ет** the oil solidifies; **~ коксу́ется** the oil has carbon-forming properties; **компаунди́ровать ~** blend (the) oil; **обесцве́чивать ~** decolourize oil; **осветля́ть ~** clarify oil; **отбе́ливать ~** bleach oil; **отжима́ть ~** isolate oil by pressing [by expression]; **очища́ть ~** refine oil; **продува́ть ~** (*для окисления примесей*) blow the oil; **прокача́ть ~** circulate oil (through a system); **уплотня́ть ~** body oil **2.** (*коровье*) butter; (*растительное*) oil □ **~ ма́сло го́ркнет** butter becomes rancid; **па́хтать [сбива́ть] ~** churn butter

ма́сло
авиацио́нное ~ aviation oil
автотра́кторное ~ motor oil
ара́хисовое ~ peanut [ground-nut] oil
ацето́новое ~ acetone oil
бе́лое ~ white oil
вазели́новое ~ petrolatum, petroleum jelly
веретённое ~ spindle oil
всесезо́нное ~ *авто* multigrade oil
высыха́ющее ~ drying oil □ **подверга́ть высыха́ющее ~ обрабо́тке путём нагрева́ния** heat-treat a drying oil
вя́зкое ~ thick oil
га́зовое ~ gas oil
гидравли́ческое ~ hydraulic oil
густо́е ~ thick oil
дегтя́рное ~ tar oil
ди́зельное ~ diesel oil
дисперги́рующее ~ dispersion oil
дистилля́тное ~ distillate oil
~ для волоче́ния *мет.* drawing oil
~ для сма́зки форм mould oil
живо́тное ~ animal oil
зака́лочное ~ quenching oil
зелёное ~ green oil
изоляцио́нное ~ insulating oil
и́мпульсное ~ impulse oil
индустриа́льное ~ industrial oil
ка́бельное ~ cable oil
каменноу́гольное ~ coal-tar oil
канифо́льное ~ resin oil
касто́ровое ~ castor oil
катализи́рованное ~ catalyzed oil
коже́венное ~ currier's [leather] oil
коко́совое ~ coconut oil
компаунди́рованное ~ compounded [blended] oil
компре́ссорное ~ compressor oil
конденса́торное ~ condenser [capacitor] oil
кукуру́зное ~ corn oil
лёгкое ~ light [thin] oil
лету́чее ~ volatile oil
льняно́е ~ linseed oil
льняно́е, ла́ковое ~ varnish linseed oil
маши́нное ~ machine oil
минера́льное ~ petroleum oil

ма́сло
морозосто́йкое ~ non-freezable oil
мото́рное ~ motor oil
напо́рное ~ power oil
нафтали́новое ~ naphthalene oil
невысыха́ющее ~ non-drying oil
непищево́е ~ inedible oil
несма́зочное ~ non-lubricating oil
нефтяно́е ~ petroleum oil
оли́вковое ~ olive oil
осево́е ~ axle oil
осветительное ~ illuminating oil
оста́точное ~ residual oil
отрабо́тавшее ~ used [waste] oil
отсто́йное ~ sump oil
очищенное ~ refined oil
парафи́новое ~ paraffin oil
пери́лловое ~ perilla oil
печа́тное ~ lithographic oil
пищево́е ~ edible oil
поглоти́тельное ~ absorption [absorbent, scrubbing] oil; (*в коксохимическом производстве*) wash [straw] oil
подви́жное ~ thin oil
полимеризо́ванное ~ polymerized [bodied] oil
препари́рованное ~ prepared oil
прибо́рное ~ instrument oil
противозади́рное ~ high-[extreme-] pressure oil
пылесбива́ющее ~ road oil
рабо́чее ~ power oil; pressure oil; relay oil
ра́псовое ~ rapeseed oil
раствори́мое ~ soluble oil
расти́тельное ~ vegetable oil
расти́тельное, жи́рное ~ fatty [fixed] (vegetable) oil
реакти́вное ~ jet-engine oil
регенери́рованное ~ refiltered oil
рези́новое ~ rubber oil
синтети́ческое ~ synthetic oil
скипида́рное ~ turpentine essence
скру́бберное ~ wash oil
сма́зочное ~ lubricating oil
сма́зочное, фильтро́ванное ~ filter stock
сма́зочно-охлажда́ющее ~ cutting oil
смоляно́е ~ resin [tar] oil
со́евое ~ soybean oil
соля́ровое ~ straw oil
сополимеризо́ванное ~ copolymerized oil
сре́днее ~ middle oil
стеари́новое ~ stearine oil
сыро́е ~ crude oil
технологи́ческое ~ process oil
трансмиссио́нное ~ transmission [gear-box] oil
трансформа́торное ~ transformer oil
ту́нговое ~ tung oil
турби́нное ~ turbine oil
углеводоро́дное ~ hydrocarbon oil
уплотнённое ~ bodied oil
фено́льное ~ carbolic oil
флотацио́нное древесносмоляно́е ~ wood-resin flotation oil

ма́сло
хло́пковое ~ cottonseed oil
цили́ндровое ~ cylinder oil
шве́йное ~ sewing(-machine) oil
шпалопропи́точное ~ sleeper impregnation oil
электроизоляцио́нное ~ electrical insulating oil
эмульсио́нное ~ cutting oil
эфи́рное ~ essential oil
маслоба́к *м.* oil tank
маслобензосто́йкость *ж.* oil-and-petrol resistance
маслобо́йка *ж.* butter churn
маслоде́лие *с.* butter manufacture, butter making
маслоёмкость *ж.* oil absorption
маслозаво́д *м.* (*для получения коровьего масла*) creamery; (*для получения растительного масла*) oil-mill
маслозапра́вщик *м.* oil(-servicing) truck
маслоизготови́тель *м.* buttermaker, buttermaking machine, working churn
безвальцо́вый ~ rollerless butter churn
вальцо́вый ~ roller-type butter churn
масломе́р *м.* oil gauge
маслонепроница́емый *прил.* oil-resistant, oil-resisting, oil-proof
маслообрабо́тник *м.* butter-working machine
маслоотдели́тель *м.* oil separator
маслоотжима́тель *м.* butter-squeezer
маслоотража́тель *м.* oil deflector, oil baffle
маслоотсто́йник *м.* oil sump
маслоохлади́тель *м.* oil cooler
маслоочисти́тель *м.* oil filter, oil strainer, oil cleaner
полнопото́чный ~ full-flow oil cleaner
центробе́жный ~ centrifugal oil cleaner
маслопоглоща́емость *ж.* oil absorbing capacity
маслоподогрева́тель *м.* oil heater
маслоприёмник *м.* oil pick-up
маслопрово́д *м.* oil conduit, oil (pipe-)line, oil duct
маслопро́чность *ж.* oil resistance
маслорадиа́тор *м.* oil cooler
маслораспредели́тель *м.* oil distributor, oil dispenser
маслораспыли́тель *м.* oil splasher
капилля́рный ~ capillary lubricator
нерегули́руемый ~ fixed lubricator
регули́руемый ~ variable lubricator
эже́кторный ~ ejector lubricator
маслораствори́мый *прил.* oil-soluble
маслорасшири́тель *м.* (*трансформатора*) oil conservator
маслосбо́рник *м.* oil catcher, oil collector, (oil) drip pan
маслосисте́ма *ж.* oil system
маслосли́в *м.* oil drain

маслосто́йкий *прил.* oil-resistant, oil-resisting, oil-proof
маслоуказа́тель *м.* oil (level) gauge, oil quantity indicator
маслоуловитель *м.* oil trap, oil catcher
маслохрани́лище *с.* oil storage tank
ма́сс/а *ж.* **1.** (*физическая величина*) mass □ **переме́нной ~ы** variable-mass; **постоя́нной ~ы** fixed-mass **2.** (*полужидкое тестообразное вещество*) pulp; paste; mass; compound (*см. конкретные словосочетания*) **3.** (*в производстве бетонных изделий, огнеупоров и т. п.*) body **4.** (*в электрических цепях — эквивалент понятия «земля»*) 1. (*в электрических машинах, трансформаторах, автомобилях*) frame 2. (*в радиоэлектрической аппаратуре*) *англ.* chassis earth, *амер.* chassis ground; (*на самолёте*) aeroplane structure □ **«плюс»** *или* **«ми́нус» за́мкнут на ~у** (*об электрической системе самолёта*) the "+" *or* "—" terminal is earthed [grounded] on the aeroplane structure; **с «ми́нусом»** *или* **«плю́сом» на ~у** (*об электрической системе автомобиля*) with the negative *or* the positive side (*of the electrical system*) to the car's frame **5.** (*большое количество; в выражениях типа «в основной массе»*) bulk
акти́вная ~ (*аккумулятора*) active material □ **акти́вная ~ осыпа́ется с пласти́н** active material is shed from [flakes off, falls out] the plates; **(происхо́дит) выбра́сывание [выпада́ние] акти́вной ~ы** the active material is shed, the plates shed some of their active material
акусти́ческая ~ acoustic mass
~ а́тома atomic mass
бума́жная ~ (paper-making) stock □ **выдава́ть вла́жную бума́жную ~у в ви́де листо́в** put up a moist pulp in laps
вальцо́вая ~ *полигр.* composition
взлётная ~ *ав.* take-off mass
~ в конце́ акти́вного уча́стка *косм.* final mass
~ во́здуха air mass
волокни́стая ~ *цел.-бум.* pulp
враща́ющаяся ~ gyrating mass
газоочи́стная ~ gas purifying mass
гравитацио́нная ~ gravitational mass
~, дви́жущаяся возвра́тно-поступа́тельно reciprocating mass
де́йствующая ~ active mass
~ для заполне́ния швов jointing paste
древе́сная ~ wood pulp
древе́сная, дефибре́рная ~ groundwood pulp
древе́сная, рафинёрная ~ refiner groundwood pulp
древе́сная, рафини́рованная ~ refined groundwood pulp

ма́сс/а

древе́сная, хими́ческая ~ chemi-ground wood
древе́сно-пласти́ческая ~ wood-plastic pulp
желати́но-глицери́новая ~ *полигр.* composition
~ зава́лки (*печи*) charge size
зажига́тельная ~ (*смесь для спичечной головки*) ignition compound
зали́вочная ~ *эл.* filling compound
изоляцио́нная ~ insulating paste
~ изото́па isotopic mass
ине́ртная ~ inertial mass
инерциа́льная ~ inertial mass
ка́бельная ~ cable compound
карбору́ндовая ~ carborundum plastic
коне́чная ~ final mass
~ констру́кции structural mass
крахма́льная ~ starch composition
крити́ческая ~ critical mass
лёточная ~ *мет.* tap-hole clay, tap-hole loam, ball stuff
литьева́я ~ *пласт.* moulding material
молекуля́рная ~ molecular mass
моля́рная ~ molar mass
набивна́я, магнези́товая ~ magnesite ramming mass
набивна́я, смолодоломи́товая ~ tar-dolomite tamping mass
надкрити́ческая ~ supercritical [above-critical] mass
~ на смоляно́й свя́зке, доломи́товая tarred dolomite
нача́льная ~ initial mass
неподрессо́ренная ~ unsprung mass, unsprung parts, unsprung weight
неуравнове́шенная ~ unbalanced mass
обма́зочная ~ 1. *мет.* coating mixture **2.** *св.* electrode compound
огнеупо́рная ~ refractory body
относи́тельная, а́томная ~ **[ат. м.]** atomic weight
относи́тельная, молекуля́рная ~ **[мол. м.]** molecular weight
переме́нная ~ variable mass
пласти́ческая ~ plastic (mass) (*см. тж.* **пластма́сса**)
подкрити́ческая ~ subcritical mass
подрессо́ренная ~ sprung mass, sprung parts, sprung weight
~ поко́я rest [zero rest, stationary] mass, mass at rest
~ поле́зной нагру́зки payload [useful load] mass
~ после́дней ступе́ни *косм.* final mass
преде́льная ~ critical mass
прессо́ванная ~ moulding compound, moulding powder
приведённая ~ reduced mass
присоединённая ~ associated [additional] mass
пропи́точная ~ impregnating compound
пряди́льная ~ spinning paste
распределённая ~ distributed mass

ма́сс/а

рафини́рованная ~ *цел.-бум.* refined screenings
реакцио́нная ~ *хим.* stock
релятиви́стская ~ relativistic mass
ру́дная ~ lode rock, lode stuff, rock mass, rock bulk
~ са́дки charge weight
сверхкрити́ческая ~ supercritical [above-critical] mass
соло́менная ~ *полигр.* straw pulp
сосредото́ченная ~ localized mass
ста́ртовая ~ *косм.* launching mass
тёплая ~ *метео* warm mass
~ то́плива, горю́чая dry-and-ash-free fuel □ **в % от горю́чей ~ы то́плива %**, dry-and-ash basis
~ то́плива, органи́ческая organic part of fuel, organic matter
~ то́плива, рабо́чая fuel as-received □ **в % от рабо́чей ~ы то́плива %**, as-received basis
~ то́плива, суха́я moisture-free fuel □ **в % от сухо́й ~ы то́плива %**, m.m.f. basis
то́чечная ~ point mass, mass point
тяжёлая ~ gravitational mass
~ упако́вки package mass
уплотня́ющая ~ (*для соединений*) sealing material, sealing mass
уравнове́шивающая ~ balance mass
фильтрова́льная ~ filter stock
фо́сфорная ~ (*смесь для спичечной коробки*) friction compound
хроми́товая ~ chrome plastic
хромомагнези́товая ~ chrome-magnesium plastic
целлюло́зная ~ pulp
чётная ~ even mass
шлифова́льная ~ grinding paste, grinding compound
электро́дная ~ anode paste
электрони́товая ~ electronite compound
элемента́рная ~ elementary mass
~ ядра́ nuclear mass

масс-анализа́тор *м.* mass-analyser
масси́в *м.*:
бето́нный ~ (*для армирования*) mass concrete
~ го́рных поро́д rock mass
~ да́нных *вчт.* data array; data file □ **обновля́ть ~ да́нных** update a file; **совмеща́ть,** *напр.* **два ~а да́нных, упоря́доченных по одному́ при́знаку** merge, *e. g.*, two files; **совмеща́ть,** *напр.* **два ~а да́нных, упоря́доченных по ра́зным при́знакам** collate, *e. g.*, two files
~ докуме́нтов *вчт.* document file, document collection
жили́щный ~ residential district
закла́дочный ~ *горн.* filling mass
~ ка́менной кла́дки body of masonry
~ кома́нд *вчт.* instruction file
лесно́й ~ big stand, tract of forest
~ поро́ды, ненару́шенный virgin rock mass
~ у́гля coal massif, coal block

ма́ссовый *прил. мат.* mass
массоме́р *м. цел.-бум.* basis weight gauge
инфракра́сный ~ infra-red basis weight gauge
профилеметри́ческий ~ basis weight profiler
массомо́йка *ж.* pulp washing machine, pulp washer
массообме́н *м.* mass transfer
массопереда́ча *ж.* mass transfer
массосодержа́ние *с.* mass (content)
масс-сепара́тор *м.* mass separator
масс-спектр *м.* mass spectrum
масс-спектрогра́мма *ж.* mass spectrogram
масс-спектро́граф *м.* mass spectrograph
~ с фокусиро́вкой по направле́нию direction-focusing mass spectrograph
масс-спектрогра́фия *ж.* mass spectrography
масс-спектро́метр *м.* mass spectrometer
вре́мя-пролётный ~ time-of-flight mass spectrometer
высокочасто́тный ~ high-frequency [radio-frequency] mass spectrometer
ио́нный ~ ion mass spectrometer
~ с двойно́й фокусиро́вкой double-focusing mass spectrometer
~ с ордина́рной фокусиро́вкой single-focusing mass spectrometer
~ с перекре́щивающимися поля́ми crossed-field mass spectrometer
~ с фокусиро́вкой по направле́ниям direction-focusing mass spectrometer
трохоида́льный ~ trochoidal mass spectrometer, trochotron
цу́говый ~ tandem mass spectrometer
масс-спектрометри́я *ж.* mass spectrometry
масс-спектроскопи́я *ж.* mass spectroscopy
масс-эквивале́нт *м.* mass equivalent
ма́стер *м.* (*руководитель производственного участка*) foreman
~ в забо́е face deputy
сме́нный ~ shift foreman
сме́нный, го́рный ~ shift attendant, shift foreman
ма́стер-копи́р *м.* master cam
ма́стер-моде́ль *ж.* master die model
мастеро́к *м.* trowel, float, darby
ма́стер-пуансо́н *м.* master punch
мастерска́я *ж.* workshop, (job) shop
авиаремо́нтная, подви́жная ~ mobile aircraft repair shop
авиаремо́нтная, полева́я ~ field aircraft repair shop
авторемо́нтная ~ motor repair [auto-repair, car repair] shop, motor workshop
бурозапра́вочная ~ drill bit workshop
вагоноремо́нтная ~ car repair shop
вальцетока́рная ~ roll shop

мастерска́я
вулканизацио́нная ~ tyre repair [tyre recapping] shop
деревообде́лочная ~ wood shop
монта́жная ~ erecting shop
переплётная ~ bindery
плаву́чая ~ floating (work) shop, repair ship
ремо́нтная ~ repair [maintenance] shop; (*внутри цеха*) repair station, repair section
слеса́рная ~ locksmith's workshop; fitting shop
столя́рная ~ joiner's shop
шиноремо́нтная ~ tyre repair [tyre recapping] shop
ма́стер-стано́к *м.* master tool
ма́стер-штамп *м.* master-die
масти́ка *ж.* mastic
асфа́льтовая ~ asphalt mastic
ацето́новая ~ acetone mastic
бакели́товая ~ bakelite cement
би́тумная ~ bitumen mastic
би́тумно-рези́новая ~ bituminous-rubber cement
~ для нати́рки поло́в floor polish
казе́иновая ~ casein mastic
канифо́льная ~ colophony mastic
кислотоупо́рная ~ acid-proof mastic
кро́вельная ~ roof mastic
цеме́нтная ~ mastic cement
цоколёвочная ~ base cement
масшта́б *м.* scale □ **большо́го ~а** large scale; **в и́стинном ~е вре́мени** in real-time; **в промы́шленных ~ах** in production quantities, on industrial scale; **выче́рчивать** *что-л.* **в ~е** (*без указания масштаба*) draw *smth.* to scale; **выче́рчивать** *что-л.* **в ~е 1 : 100** draw on [at] a [the] 1 : 100 scale, draw on [at] a [the] scale of 1 : 100; **ма́лого ~а** small-scale; **~ ... на киломе́тр** scale ... to the kilometre; **пока́зывать [представля́ть] в увели́ченном ~е** scale up; **пока́зывать [представля́ть] в уме́ньшенном ~е** scale down; **растя́гивать ~** exaggerate the scale
~ Бонжа́на *мор.* Bonjean diagram, Bonjean curves
~ в да́нной то́чке point scale
вертика́льный ~ height [vertical] scale
гла́вный ~ base [general, nominal, principal] scale
горизонта́льный ~ horizontal scale
графи́ческий ~ scale line, bar [graphical] scale
~ заложе́ний scale of slope
~ изображе́ния *тлв.* image scale
~ картографи́рования plotting scale
кру́пный ~ large scale
лине́йный ~ scale line, bar [graphical] scale
логарифми́ческий ~ logarithmic scale
ме́лкий ~ small scale
основно́й ~ base [general, nominal, principal] scale

масшта́б
переме́нный ~ variable scale
пла́вающий ~ floating scale
полулогарифми́ческий ~ semi-log(arithmic) scale
~ по меридиа́ну scale in meridian, meridional scale
~ по паралле́ли scale in parallel, parallel scale
попере́чный ~ diagonal [transversal] scale
постоя́нный ~ fixed scale
~ построе́ния plotting scale
~ по эква́тору equatorial scale
предвы́численный ~ predetermined scale
приведённый ~ corrected scale
~ расстоя́ний (*в расчёте распространения радиоволн*) scale distance
~ съёмки scale of surveying
~ уменьше́ния reduction scale
уме́ньшенный ~ reduced scale
уса́дочный ~ shrink(age) rule
усло́вный ~ representative scale
ча́стный ~ local [particular, relative] scale
чи́сленный ~ numerical scale, representative fraction
масштаби́рование *с.* 1. *вчт.* scaling 2. *хим.* scale-up
~ по амплиту́де amplitude scaling
~ по вре́мени time scaling
~ хими́ческих реа́кторов reactor scale-up
мат *м.* mat
диэлектри́ческий ~ insulating mat
~ для ухо́да за бето́ном curing mat
облицо́вочный ~ surface mat
стекля́нный ~ glass mat
математиза́ция *ж.* mathemati(ci)zation
математизи́ровать *гл.* mathematize
матема́тика *м.* mathematics
вы́сшая ~ higher mathematics
вычисли́тельная ~ computing mathematics
прикладна́я ~ applied mathematics
чи́стая ~ pure [abstract] mathematics
элемента́рная ~ elementary mathematics
материа́л *м.* 1. material 2. (*сырьё*) stock
абрази́вный ~ abrasive (material) □ **классифици́ровать абрази́вный ~** (*напр. методом ситового анализа*) grade an abrasive (material) (*e. g., by the use of screens or sieves*)
автокла́вный ~ steam-cured [steam(-and-pressure) cured] material
агломери́рованный ~ sintered material
акти́вный ~ active material 1. (*для лазеров*) laser [lasing] material, laser [lasing] medium □ **выра́щивать акти́вный ~** (*напр. из расплава*) grow a laser material (*e. g., from a melt*) 2. (*для мазеров*) maser [masing] material, maser [masing] medium
материа́л
акусти́ческий ~ acoustical material
амортизи́рующий ~ damping material
анизотро́пный ~ anisotropic material
антикоррозио́нный ~ anticorrosive material
асбе́стовый руло́нный ~ asbestos blanket
асбестоцеме́нтный ~ cementitious [asbestos-cement] material
би́тумный ~ asphaltic material, asphaltic product
бу́товочный ~ filler
виброизоляцио́нный ~ vibrated insulating material
воздухововлека́ющий ~ air-entraining agent
волокни́стый ~ fibrous material
волокно́вый ~ (*в порошковой металлургии*) fibrous material
воспламеня́ющийся ~ inflammable material
воспроизводя́щий ~ *яд. физ.* breeder material
всплыва́ющий ~ floatable material
вспомога́тельный ~ 1. *физ.* accessory material 2. (*для уплотнения*) auxiliary material
вспу́чивающий ~ bloating agent, bloater
~ в технологи́ческом проце́ссе in-process material
высокоогнеупо́рный ~ high refractory
высу́шиваемый ~ dryable material
вя́жущий ~ binding material, binder
вя́жущий, возду́шный ~ air binder
вя́жущий, гидравли́ческий ~ hydraulic binding material
вя́жущий, ги́псовый ~ alabaster binding material
вя́жущий, магнезиа́льный ~ magnesia binding material
вя́жущий, минера́льный ~ mineral binding material
вя́жущий, органи́ческий ~ organic binding material
вязкоупру́гий ~ viscoelastic material
герметизи́рующий ~ sealing material; (*обволакивающий*) encapsulant; (*заливающий*) potting compound
гидроизоляцио́нный ~ hydraulic insulating material
горю́чий ~ combustible material
гу́бчатый ~ sponge material
дефици́тный ~ scarce material
диспе́рсно-упрочнённый ~ dispersion-hardened material
диэлектри́ческий ~ dielectric
~ для уплотне́ния швов joint-sealing material
~ для я́дерного реа́ктора nuclear [pile] material

материа́л
до́норный ~ donor material
доро́жно-строи́тельный ~ road-building material
дуби́льный ~ tanning material
жаропро́чный ~ high-temperature [heat-proof] material
жаросто́йкий ~ heat-resisting material
жёсткий ~ inflexible [rigid, stiff] material
жирова́льный ~ tanner grease, tanning oil
закла́дочный ~ *горн.* stowage material
запра́вочный ~ fettling material; (*в производстве огнеупоров*) make-up material
защи́тный ~ *яд. физ.* shielding [protective] material
звукозаглуша́ющий ~ sound-damping material
звукоизоляцио́нный ~ sound insulator, sound-insulating material
звукоизоляцио́нный, нама́зываемый ~ troweled-on acoustical material
звукоизоляцио́нный, напыля́емый ~ sprayed-on acoustical material
звукопоглоща́ющий ~ sound-absorbing material, acoustical absorbent
звукопоглоща́ющий, моноли́тный ~ monolithic sound-acoustical material
зерни́стый ~ granular material
изоляцио́нный ~ insulating material, insulator, insulation
изотро́пный ~ isotropic material
ине́ртный ~ inert material
инструмента́льный ~ tool material
ионообме́нный ~ ion-exchange material
исхо́дный ~ source material
керами́ческий ~ 1. ceramic [sintered] material 2. (*изделие*) *стр.* (structural) clay product
кислотосто́йкий ~ acid-proof material
кислотоупо́рный ~ acid-proof material
классифици́рованный ~ classified [graded] material
коксу́ющийся уноси́мый ~ charring ablative material
композицио́нный ~ composite material
конструкцио́нный ~ structural material, material of construction
конструкцио́нный, неру́дный ~ non-metallic constructional material
конта́ктный ~ contact material
коррозионносто́йкий ~ corrosion-resistant [rust-resisting] material
кристалли́ческий ~ crystalline material
кро́вельный ~ roofing material
кро́вельный, руло́нный ~ roll roofing material
кро́ющий ~ covering material, coating
кускова́й ~ lump material

материа́л
лакокра́сочный ~ paintwork material
листово́й ~ (*тонкий*) sheet material; (*толстый*) plate material
литьево́й ~ (injection-)moulding material
люминесци́рующий ~ fluorescent material
магни́тно-жёсткий ~ hard magnetic material
магни́тно-мя́гкий ~ soft magnetic material
магни́тно-твёрдый ~ hard magnetic material
магни́тный ~ magnetic material
магнитоопти́ческий ~ magneto-optic material
магнитострикцио́нный ~ magnetostrictive material
маслосто́йкий ~ oil-resistant material
ма́тричный ~ *полигр.* flong
машинострои́тельный ~ engineering material
металлокерами́ческий ~ cermet, sintered powder metal
металлокерами́ческий, магни́тный ~ magnetic cermet
металлокерами́ческий, по́ристый ~ porous cermet
металлокерами́ческий, фрикцио́нный ~ friction cermet
многосло́йный ~ multilayer material
мо́лотый ~ comminuted [ground] material
морозосто́йкий ~ frost-proof material
наби́вочный ~ (*уплотнительный*) packing, stuffing; (*подбивочный*) padding
набо́рный ~ type matter
~ нава́лом bulk material
~ накла́дки facing [lining] material
насыпно́й ~ bulk material
неакти́вный ~ inert material
невоспламеня́ющийся ~ non-flammable material
негати́вный ~ *кфт.* negative material
немагни́тный ~ non-magnetic material
неметалли́ческий ~ non-metallic material
неоднoро́дный ~ heterogeneous material
непо́ристый ~ non-porous material
несжима́емый ~ incompressible material
низкосо́ртный ~ low-grade material
обёрточный ~ wrapping material, wrap(per)
обжига́емый ~ calcinable material
оби́вочный ~ upholstery material
обкла́дочный ~ *полигр.* furniture

материа́л
облицо́вочный ~ (*внешний*) facing material; (*внутренний*) lining material
обогащённый ~ enriched material
обрабо́танный ~ finished stock, finished material
обти́рочный ~ cleaning [wiping] material, wiping rags
огнезащи́тный ~ fire-proof material
огнесто́йкий ~ fire-resistant material
огнеупо́рный ~ refractory
огнеупо́рный, торкрети́рованный ~ sprayed refractory
однокомпоне́нтный ~ single material
однoро́дный ~ homogeneous material
однофа́зовый ~ single-phase material
озоносто́йкий ~ ozone-resisting material
оптоакусти́ческий ~ optoacoustic material
оседа́ющий ~ settling material
~ основа́ния печа́тной пла́ты base material
отде́лочный ~ leather finishing agent
парамагни́тный ~ paramagnetic material
первы́чный ~ raw material
печа́тный ~ *полигр.* printed matter
пласти́чный ~ plastic material
подкисля́ющий ~ acidifier
подкле́ечный ~ adhesive backer
по́довый ~ bottoms material
подо́швенный ~ *кож.* soling
подсо́бный ~ incidental material
подшихто́вочный ~ feed-adjusting [charge-adjusting] material
позити́вный ~ *кфт.* positive material
полиме́рный ~ polymeric material
полирова́льный ~ polish, polishing compound
полупроводнико́вый ~ semiconducting [semiconductor] material
по́ристый ~ porous material
порошкообра́зный ~ powder(ed) material
поса́дочный ~ planting stock
посевно́й ~ seed grain, seeds
приро́дный ~ natural material
приса́дочный ~ filler material
пробе́льный ~ spacing material
пробе́льный и обкла́дочный ~ furniture
пробе́льный, междустро́чный ~ leads
пробе́льный, поло́сный ~ leads and slugs
пробе́льный, строчно́й ~ quads and spaces
проводнико́вый ~ conducting material
произво́дственные, вспомога́тельные ~ы indirect materials

материа́л
произво́дственные, основны́е ~ы direct materials
прока́тный ~ rolled stock
прокла́дочный ~ sealing [packing, leak-proofing] material
противоприга́рный ~ *лит.* parting material, parting paint
про́фильный ~ section material, sections, shapes; (*полученный методом прессования*) extrusions
прутко́вый ~ bar material, bar stock
псевдопласти́чный ~ pseudo-plastic material
пьезорезисти́вный ~ piezoresistive material
рекла́мный ~ advertising matter
сверхпроводя́щий ~ superconductor
светочувстви́тельный ~ *кфт.* light-sensitive material
сегнетоэлектри́ческий ~ ferroelectric material
семенно́й ~ seed grain, seeds
~ с избира́тельным поглоще́нием frequency-selective damping material
силикатобето́нный ~ silicate concrete material
скле́иваемый ~ adherend
сланцезо́льный ~ ash-shale [cinder-shale] material
слежа́вшийся ~ packed material
сма́зочный ~ lubricant
сма́зочный, идеа́льный ~ ideal lubricant
сма́зочный, промы́шленный ~ industrial lubricant
сма́зочный ~ с противозади́рной приса́дкой anti-galling [anti-scoring] lubricant
~ с ма́лым коэффицие́нтом расшире́ния low-expansion material
сме́шиваемый ~ (*способный смешиваться с другим*) miscible material
~ с непрямоуго́льной пе́тлей (гистере́зиса) non-square-loop material
составно́й ~ composite material
спечённый ~ sintered material
~ с прямоуго́льной пе́тлей (гистере́зиса) square-loop [square BH-loop] material
~ с со́бственной проводи́мостью intrinsic material
стекловолокни́стый ~ glass-fibre material
строи́тельный ~ building material
~ с у́зкой запрещённой зо́ной narrow-gap material
~ с широ́кой запрещённой зо́ной wide-gap material
сыпу́чий ~ loose [granular] material
сыро́й ~ raw material
та́рный ~ container material
теплозащи́тный уноси́мый ~ ablative heat shield material
теплоизоляцио́нный ~ heat-insulating material

материа́л
термомагни́тный ~ thermomagnetic material
термопласти́чный ~ thermoplastic material
тонколистово́й ~ sheet material
тонкоплёночный ~ thin-film material
трасси́рующий ~ (*в дефектоскопии*) flaw-detecting material
упако́вочный ~ packaging material
уплотня́ющий ~ sealing [packing, leak-proofing] material, sealant
упру́гий ~ elastic material
упру́го-пласти́ческий ~ elasto-plastic material
устано́вочные ~ы wiring accessories
фа́зовый ~ phase material
ферромагни́тный ~ ferromagnetic material
фильтру́ющий ~ filter medium
флоти́рующийся ~ flotable material
флюсу́ющий ~ fluxing agent
формо́вочный ~ moulding material
фотографи́ческий ~ photographic material
фотоупру́гий ~ photoelastic material
фотоэмиссио́нный ~ photoemissive material
футеро́вочный ~ lining material
хру́пкий ~ brittle material
шиноремо́нтный ~ tyre repair material
ши́хтовый твёрдый ~ cold-charge [solid charge] material
шлакообразу́ющий ~ slag-forming material
шлифова́льный ~ grinding material
штукату́рный отде́лочный ~ fine stuff
щёлочесто́йкий ~ alkali-resisting material
экрани́рующий ~ shielding material
электроизоляцио́нный ~ electrical insulating material
электроопти́ческий ~ electrooptic material
электропроводя́щий ~ current-conducting material
электротехни́ческий ~ electrotechnical material

материа́л-замени́тель *м.* substitute material
материалоёмкость *ж.* specific consumption of materials
мате́рия *ж.* matter
вырожденная ~ *астр.* degenerate matter
диффу́зная ~ *астр.* diffuse matter
жива́я ~ living matter
межгалакти́ческая ~ intergalactic matter
межзвёздная ~ interstellar matter
межплане́тная ~ interplanetary matter

мате́рия
со́лнечная ~ solar [sun's] matter
тёмная ~ *астр.* dark matter
я́дерная ~ nuclear matter

мати́рование *с.* **1.** *мет. об.* mat finishing **2.** (*стекла*) frosting **3.** *полигр.* moulding
мати́ровать *гл.* **1.** *мет.-об.* dull, give a mat surface (to), produce a dull finish **2.** (*стекло*) frost
ма́товость *ж.*:
~ ла́ковой плёнки blushing
~ лица́ *кож.* dulling of grain
ма́точник *м.* mother liquor
матра́ц *м.*:
надувно́й ~ (inflatable) air-bed
теплоизоляцио́нный ~ heat-insulating blanket
ма́триц/а *ж.* **1.** *маш.* (*штампа*) die; (*сплава*) matrix **2.** *мат.* matrix □ **~** m **на** n an m-by-n matrix; **обраща́ть ~у** invert a matrix; **транспони́ровать ~у** transpose a matrix; **умножа́ть ~у сле́ва** multiply a matrix on the left, premultiply a matrix, multiply a matrix by writing the multiplier before the matrix; **умножа́ть ~у спра́ва** multiply a matrix on the right, postmultiply a matrix, multiply a matrix by writing the multiplier after the matrix **3.** *вчт.* plane, matrix **4.** *полигр.* mat, mould; matrix, die **5.** (*алмазной коронки*) *геол.* matrix
~ без повторе́ния non-recurrent matrix
брикетиро́вочная ~ *с.-х.* briquetting die
бу́лева ~ Boolean matrix
волочи́льная ~ drawing die
~ вы́борки на (ферри́товых) серде́чниках selection core matrix
~ вы́пуска output matrix
вычисли́тельная ~ computing matrix
ги́псовая ~ plaster mould
грани́чная ~ boundary matrix
дешифра́торная ~ decoder matrix
дио́дная ~ diode matrix
диспе́рсная ~ dispersion matrix
едини́чная ~ identity [unit] matrix
железобето́нная ~ reinforced concrete jig
~ запомина́ющего устро́йства memory plane, memory matrix
~ запомина́ющего устро́йства на серде́чниках core plane, core matrix
~ имми́тансов *элн.* immittance matrix
~ като́дной осно́вы (*для электролиза меди*) blank of a starting sheet
квадра́тная ~ square [m x m] matrix
кле́точная ~ array, tableau
коди́рующая ~ encoder matrix
ко́мплексная ~ complex matrix
ко́мплексно-сопряжённая ~ adjoint matrix

ма́триц/а
корреляцио́нная ~ correlation matrix
кососимметри́чная ~ skew-symmetric matrix
~ коэффицие́нтов matrix of coefficients
линоти́пная ~ linotype matrix
логи́ческая кре́мниевая ~ silicon-diode logic matrix
~ магни́тного запомина́ющего устро́йства magnetic memory matrix [plane]
моноти́пная ~ monotype matrix
~ на ферри́товых серде́чниках magnetic core matrix [plane]
неосо́бенная ~ non-singular matrix
несо́бственная ~ improper matrix
обрати́мая ~ invertible matrix
обра́тная ~ inverse [reciprocal] matrix
ортогона́льная ~ orthogonal matrix
осо́бенная ~ singular matrix
~ оши́бок error matrix
~ па́мяти memory matrix
~ па́мяти, изгото́вленная ме́тодом проши́вки woven wire memory matrix, woven wire memory plane
переключа́тельная ~ switching matrix
~ перехо́да transition (probability) matrix, matrix of transition probabilities
платёжная ~ (*в теории игр*) pay-off matrix
подвесна́я ~ *полигр.* pi matrix
подо́бные ~ы similar matrices
~ по́лной проводи́мости *элн.* admittance matrix
~ по́лных сопротивле́ний *элн.* impedance matrix
положи́тельно определённая ~ *мат.* positive definite matrix
~ *n*-го поря́дка matrix of order *n*
~ преобразова́ния transformation matrix
присоединённая ~ adjugate matrix
~ приспособле́ния adaptation matrix
прове́рочная ~ parity-check matrix
произво́дная ~ derivative matrix
производя́щая ~ generator matrix
пускова́я ~ *косм.* launching matrix
пуста́я ~ *полигр.* flat type matrix
~ разме́рности $m \times n$ m by n matrix, $m \times n$ matrix, an array of size $m \times n$
~ рассе́яния scattering matrix
расши́ренная ~ augmented matrix
самосопряжённая ~ self-conjugated matrix
сигна́льная ~ *тлв.* signal matrix
симметри́чная ~ symmetric(al) matrix
сингуля́рная ~ singular matrix
~ систе́мы, переда́точная system transfer matrix
сопряжённая ~ adjoint of a matrix
составна́я ~ 1. *маш.* sectional [split] die **2.** *мат.* composite matrix

ма́триц/а
стальна́я ~ *полигр.* steel matrix
~ с *m* столбца́ми *m*-column matrix
~ с *n* строка́ми *n*-rowed matrix
стохасти́ческая ~ stochastic matrix
структу́рная ~ structural matrix
транспони́рованная ~ transpose of a matrix, transposed matrix
унимода́льная ~ unimodal matrix
унимодуля́рная ~ unimodular matrix
унита́рная ~ unitary matrix
ферри́товая ~ magnetic core matrix [plane]
ферри́товая ~ с лине́йной вы́боркой linear [word] selection core matrix, word-organized core matrix [plane]
ферри́товая ~ с пло́ской вы́боркой plane-selection [bit-organized] core matrix [plane]
характеристи́ческая ~ characteristic matrix
цветна́я ~ *тлв.* colour matrix
целлуло́идная ~ celluloid mould
~ це́пи *эл.* circuit matrix
шифра́торная ~ encoder matrix
эквивале́нтные ~ы equivalent matrices
эрми́това ~ Hermitian matrix
эрми́тово-сопряжённая ~ Hermitian conjugate matrix
эта́лонная ~ master die

ма́трица-ве́ктор *ж.* matrix-vector
ма́трица-строка́ *ж.* row matrix
ма́трица-фу́нкция *ж.* matrix-function
матрицедержа́тель *м.* *маш.* die holder
матрици́рование *с.* *полигр.* moulding
горя́чее ~ hot moulding
механи́ческое ~ mechanical moulding
ручно́е ~ brush moulding
ступе́нчатое ~ stepped-pressure lead moulding
холо́дное ~ cold moulding
ма́тричный *прил.* *мат.* matrix
матуро́граф *м.* maturograph
матуро́метр *м.* maturemeter
матча́ст/ь *ж.* (*материальная часть*) materiel, physical plant □ **состоя́ние ~и** the status of materiel
махме́тр *м.* machmeter
махови́к *м.* flywheel; (*ручной*) handwheel □ **~ нака́пливает эне́ргию** a flywheel stores up energy; **~ отдаёт нако́пленную эне́ргию** a flywheel gives up its stored-up energy
неразъёмный ~ one-piece [disk] flywheel
разъёмный ~ sectional [split] flywheel
~ с зубча́тым венцо́м toothed flywheel
~, смонти́рованный сза́ди rear-mounted flywheel
~, смонти́рованный спе́реди front-mounted flywheel
~ со спи́цами spoke flywheel
махови́к-вентиля́тор *м.* fan (spoked) flywheel
махови́к-регуля́тор *м.* flywheel [shaft] governor
маховичо́к *м.* handwheel, knob
устано́вочный ~ adjusting handwheel, setting knob
мацера́ция *ж.* maceration
мацери́ровать *гл.* macerate
ма́чт/а *ж.* mast □ **крепи́ть ~у за ко́лышки** anchor a mast to stakes [pegs]; **крепи́ть ~у растя́жками** guy (up) a mast; **свёртывать ~у** dismantle [pull down, take down] a mast; **скла́дывать ~у** collapse a mast; **ста́вить ~у** erect [install, rig up] a mast
авари́йная ~ jury mast
бурова́я ~ (*для направления штанги с буровым инструментом*) mast
головна́я ~ *лес.* spar tree
зава́ливающаяся ~ *мор.* hinged mast
монта́жная ~ gin pole, erecting mast
ни́зкая сигна́льная ~ *свз.* doll
освети́тельная ~ lighting mast
прича́льная ~ (*дирижабля*) mooring mast
разбо́рная ~ knock-down mast
решётчатая ~ lattice mast
~ семафо́ра signal [semaphore] post
складна́я ~ collapsible mast
~ с растя́жками, погру́зочная *лес.* gin pole
телескопи́ческая ~ telescopic mast □ **развёртывать [раздвига́ть] телескопи́ческую ~у** extend a telescopic mast; **свёртывать [убира́ть] телескопи́ческую ~у** retract a telescopic mast
ма́чта-анте́нна *ж.* top-loaded vertical [tower-type] antenna
мачтотруба́ *ж.* mack
маши́н/а *ж.* **1.** machine **2.** (*двигатель*) engine **3.** (*автомобиль*) car; truck; vehicle
агломерацио́нная ~ sintering machine
агломерацио́нная ~ для пе́рвой ста́дии о́бжига first-pass sintering machine
агломерацио́нная ~ непреры́вного де́йствия continuous sinter machine
агрега́тная ~ integrated machine
адресова́льная ~ *полигр.* addressing machine
алфави́тная ~ *полигр.* alphabet cutting and printing machine
аппретиро́вочная ~ *кож.* finishing [seasoning, sizing] machine
аппретиро́вочная, щёточная ~ *кож.* brushing machine
аппрету́рная ~ *текст.* finishing machine
армату́рно-намо́точная ~ wire-winding machine
ба́герно-элева́торная ~ dredging-and-hoisting machine
балансиро́вочная ~ balancing machine

маши́н/а

балластиро́вочная ~ ballasting machine, ballast router
банда́жно-ги́бочная ~ tyre-bending machine
бандеро́льная ~ banderoling machine
банкоукла́дочная ~ can packing machine
бёрдочная ~ *текст.* reed-making machine
бетони́рующая ~ concreting machine
бетоноотде́лочная ~ concrete-finishing machine
бетонораспредели́тельная ~ concrete-distributing [concrete-spreading] machine
бетоноукла́дочная ~ concrete-placing machine
бетоноукла́дочная ~ с уплотня́ющим вибробру́сом concrete vibratory machine, vibratory concrete placer
бигова́льная ~ *полигр.* bending machine
билетопеча́тающая ~ ticket printing machine
бинторе́зальная ~ *текст.* cloth-slitting machine
бланширо́вочная ~ blanching machine, blancher
бланширо́вочно-очисти́тельная ~ peeling scalder, scalder-peeler
бобине́товая ~ *текст.* curtain-lace machine
бобине́товая, двухря́дная ~ *текст.* double-tier net machine
бобиноре́зальная ~ и перемо́точная ~ *полигр.* slitting-and-rewinding machine
борторе́зательная ~ *рез.* bead cutter, debeading machine
ботвоубо́рочная ~ haulm gatherer, top-gathering machine
ботвоудаля́ющая ~ haulm removing machine
бочкоразли́вочная ~ cask racking machine, cask racker
бракера́жная ~ (*для бутылок*) quality-control machine
брако́вочно-нака́тная ~ *текст.* cloth rolling-and-inspection machine
брикетиро́вочная ~ *с.-х.* tableting machine; (*для сена*) wafering machine, hay cuber
бронзирова́льная ~ *полигр.* bronzing machine
брошюро́вочная ~ bookbinding machine
буквонабо́рная ~ typesetter
буквофотографи́рующая ~ photocomposing machine, photosetter
бумагоде́лательная ~ paper-making machine
бумагообмо́точная ~ paper-lapping machine
бумагоре́зальная ~ paper-cutting machine, (paper) cutter

маши́н/а

бунтовяза́льная ~ *прок.* wire-tying machine
бури́льная ~ 1. rock drill, drilling machine, stoper, drifter **2.** (*для установки столбов электролиний*) pole-hole digger
бури́льная, враща́тельная ~ rotative drill, rotative drilling machine
бури́льная, коло́нковая ~ air-leg rock drill, air drifter
бури́льная, молотко́вая ~ hammer drill, hammer drilling machine
бури́льная, пневмати́ческая ~ compressed-air drill, compressed-air drilling machine
бури́льная, ручна́я ~ hand-held [jack hammer] drill, hand-held drilling machine
бури́льная, телескопи́ческая ~ air-feed [telescopic] drill, air-feed stoper, telescope drilling machine
бури́льная, уда́рно-враща́тельная ~ rotative-percussive drill, rotative-percussive drilling machine
бури́льная, уда́рно-поворо́тная ~ percussive drill, percussive drilling machine
бури́льная, электри́ческая ~ electric drill, electric drilling machine
буросбо́ечная ~ hole drilling machine
бутылкомо́ечная ~ bottle washing machine
бухга́лтерская ~ accounting machine
ва́куум-зака́точная ~ vacuum seaming machine
ва́куум-меси́льная ~ vacuum kneading machine
ва́куум-разли́вочная ~ vacuum filling machine, vacuum filler
ва́куум-уку́порочная ~ vacuum capping [vacuum closing] machine
ва́куум-упако́вочная ~ vacuum packing machine, vacuum packer
ва́куум-формо́вочная ~ vacuum-forming machine
ва́личная ~ *кож.* striking-out machine
ва́личная, разводна́я ~ *кож.* scouring roller
ва́лочная ~ *лес.* felling machine
валя́льная ~ planking machine
валя́льная, цилиндри́ческая ~ rotary milling machine
валя́льно-во́йлочная ~ bumping machine
ва́фельная ~ wafer machine
ве́ечная ~ winnowing machine, winnower
вероя́тностная ~ *киб.* probabilistic machine
вертика́льно-ко́вочная ~ vertical forging machine
взбива́льная ~ *пищ.* beater, beating [whip(ping), whisk(ing)] machine
вибрацио́нная ~ vibration machine
вибрацио́нная, безуда́рная ~ shock-free vibration machine

маши́н/а

вибрацио́нная, резона́нсная ~ resonant vibration machine
виброукла́дочная ~ *пищ.* vibropacker
воздуходу́вная ~ air blower
волокноотдели́тельная ~ fibre-extracting machine
волососго́нная ~ unhairing machine
волочи́льная ~ drawing machine
ворсова́льная ~ carding [raising, nepping] machine
ворсова́льная ~ двойно́го де́йствия double-acting raising machine
ворсова́льная, ши́шечная ~ gig(ging) [raising (teasel)] machine
ворсова́льная, щёточная ~ brushing machine
ворсоре́зная ди́сковая ~ circular knife fustian machine
вру́бовая ~ coal cutter
вру́бовая, ба́шенная ~ turret coal cutter
вру́бовая, ди́сковая ~ disk coal cutter
вру́бовая ~ для ве́рхней подру́бки overcut coal cutter
вру́бовая ~ для дугово́го вру́ба arcwaller, arcwall cutter
вру́бовая ~ для ни́жней зару́бки undercut coal cutter
вру́бовая, короткозабо́йная цепна́я ~ chain breast coal cutter
вру́бовая, многоба́ровая ~ multijib coal cutter
вру́бовая ~ на гу́сеничном ходу́ crawler-mounted coal cutter
вру́бовая ~ на ре́льсовом ходу́ track-mounted coal cutter
вру́бовая, уда́рная ~ percussive coal cutter
вру́бовая, универса́льная ~ 1. long wall — short wall coal cutter **2.** universal coal cutter
вру́бовая ~, устано́вленная на конве́йере conveyer-mounted coal cutter
вру́бовая, электри́ческая ~ electric coal cutter
вру́бо(во)-нава́лочная ~ cutting-loading machine
вру́бо(во)-отбо́йная ~ cutting-winning machine
вста́вочная ~ *полигр.* inserter
вста́вочно-шве́йная ~ *полигр.* inserter-stitcher
встря́хивающая ~ *лит.* jarring machine
выбивна́я ~ shake-out machine
вы́бойная ~ *пищ.* (flour) packing machine, (flour) packer
вы́мольная ~ bran finisher
высадкопоса́дочная ~ planter
вы́садочная ~ *мет.* upsetting [heading] machine
высека́льная ~ *полигр.* die-cutting machine
вычисли́тельная ~ [ВМ] computing machine, computer ◻ **вычисли́тельная ~ рабо́тает в и́стинном мас-**

шта́бе вре́мени a computer operates in real time; **настра́ивать вычисли́тельную ~у на реше́ние зада́чи** set up a computer for a (given) problem; **осуществля́ть обще́ние (челове́ка) с вычисли́тельной ~ой** interact with a computer, carry out a dialogue with a computer; **применя́ть вычисли́тельную ~у для автоматиза́ции прое́ктных рабо́т** use a computer as a design tool [as an aid to design]; **рабо́тать на вычисли́тельной ~е** run a computer

маши́н/а

вычисли́тельная, автокорреляцио́нная ~ autocorrelation computer
вычисли́тельная, ана́логовая ~ [АВМ] analog computer □ **ана́логовая вычисли́тельная ~ не произво́дит дискре́тного счёта** an analog computer does not operate on digital numbers
вычисли́тельная, ана́логовая пневмати́ческая ~ pneumatic analog computer
вычисли́тельная, ана́лого-цифрова́я ~ analog-digital [hybrid] computer
вычисли́тельная, асинхро́нная ~ asynchronous computer
вычисли́тельная, беза́дресная ~ no-address [zero-address] computer
вычисли́тельная, бионическая ~ bionic computer
вычисли́тельная, быстроде́йствующая ~ high-speed computer
вычисли́тельная ~ второ́го поколе́ния second-generation computer
вычисли́тельная, гибри́дная ~ hybrid [analog-digital] computer
вычисли́тельная, двоичная ~ binary [radix two] computer
вычисли́тельная, двуха́дресная ~ two-address computer
вычисли́тельная, десяти́чная ~ decimal computer
вычисли́тельная ~ для автомати́ческого [маши́нного] перево́да translation machine
вычисли́тельная ~ для аэрокосми́ческих иссле́дований aerospace computer
вычисли́тельная ~ для комме́рческих расчётов business computer
вычисли́тельная ~ для нау́чных расчётов scientific computer
вычисли́тельная ~ для обрабо́тки да́нных data-processing computer
вычисли́тельная ~ для обрабо́тки результа́тов пе́реписи census computer
вычисли́тельная ~ для регистра́ции предвари́тельных зака́зов на биле́ты reservation computer
вычисли́тельная ~ для реше́ния экономи́ческих *или* **комме́рческих зада́ч** business computer
вычисли́тельная ~ для управле́ния произво́дственными проце́ссами process control computer

маши́н/а

вычисли́тельная, игрова́я ~ game(-playing) machine
вычисли́тельная, информацио́нно-логи́ческая ~ information-logical machine
вычисли́тельная, информацио́нно-статисти́ческая ~ file computer
вычисли́тельная, кла́вишная ~ keyboard computer
вычисли́тельная, координа́тная ~ point-to-point computer
вычисли́тельная ~ косми́ческого корабля́ spaceborne computer
вычисли́тельная, ла́мповая ~ electron(ic) tube computer
вычисли́тельная ~ ма́лого быстроде́йствия low-speed computer
вычисли́тельная, многоа́дресная ~ multiaddress computer
вычисли́тельная, навигацио́нная ~ navigation computer
вычисли́тельная ~ на микроминиатю́рных бло́ках microcircuit computer
вычисли́тельная ~ на мо́дулях modular(ized) computer
вычисли́тельная ~ на перфока́ртах punch(ed)-card computer
вычисли́тельная, насто́льная ~ desk(-top) computer
вычисли́тельная ~ на стру́йных элеме́нтах fluid [fluidics] computer
вычисли́тельная ~ на твёрдых элеме́нтах solid-state computer
вычисли́тельная ~ на транзи́сторах transistor(ized) computer
вычисли́тельная, обуча́ющая ~ teaching machine
вычисли́тельная, одноа́дресная ~ single-address computer
вычисли́тельная, опти́ческая ~ optical computer
вычисли́тельная ~ паралле́льного де́йствия parallel computer
вычисли́тельная, периферийная ~ peripheral computer
вычисли́тельная, перфорацио́нная ~ (*на картах*) punched-card computer; (*на лентах*) punched-tape computer
вычисли́тельная, полупроводнико́вая ~ solid-state [transistor] computer
вычисли́тельная ~ после́довательного де́йствия serial computer
вычисли́тельная ~ потенциа́льного ти́па direct-current computer
вычисли́тельная ~, рабо́тающая в и́стинном масшта́бе вре́мени real-time computer
вычисли́тельная, реле́йная ~ relay computer
вычисли́тельная ~ с автомати́ческой после́довательностью опера́ций automatic sequence computer
вычисли́тельная, самоорганизу́ющаяся ~ self-organizing computer
вычисли́тельная, самопрограмми́рующая ~ self-programming computer

маши́н/а

вычисли́тельная, сверхма́лая ~ minicomputer
вычисли́тельная ~ с вне́шним программи́рованием externally program computer
вычисли́тельная ~ с жёсткой програ́ммой fixed-program computer
вычисли́тельная ~ с запомина́емой програ́ммой stored-program computer
вычисли́тельная, синхро́нная ~ synchronous computer
вычисли́тельная ~ с набо́рной програ́ммой wired program computer
вычисли́тельная ~ с набо́рными ди́сками dialing set computer
вычисли́тельная ~ с переме́нной длино́й сло́ва variable word length computer
вычисли́тельная ~ с периодиза́цией реше́ния repetitive computer
вычисли́тельная, специализи́рованная ~ special purpose computer
вычисли́тельная ~ с пла́вающей запято́й floating-point computer
вычисли́тельная ~ с програ́ммным управле́нием program-controlled computer
вычисли́тельная ~ с програ́ммным управле́нием от перфока́рт card-programmed computer
вычисли́тельная ~ с совмеще́нием опера́ций simultaneous computer
вычисли́тельная, статисти́ческая ~ statistical machine
вычисли́тельная ~ с фикси́рованной запято́й fixed-point computer
вычисли́тельная, универса́льная ~ general-purpose [universal, all-purpose] computer
вычисли́тельная, управля́ющая ~ control computer
вычисли́тельная, центра́льная ~ central computer
вычисли́тельная, цифрова́я ~ [ЦВМ] digital computer
вычисли́тельная, цифрова́я интегри́рующая ~ incremental computer
вычисли́тельная, электромехани́ческая ~ electromechanical machine
вычисли́тельная, электро́нная ~ electronic computer
вышива́льная ~ embroidery machine
вяза́льная ~ 1. *текст.* knitting machine **2.** *с.-х.* tying [bale tie] machine
вяза́льная ~ ворсово́го переплете́ния burl-knitting machine
вяза́льная, ла́стичная пло́ская ~ flat rib knitting machine
вяза́льная ~ ни́зкого кла́сса coarse-gauge machine
вяза́льная, ова́льная ~ oval knitting machine
вяза́льная, шту́чная ~ body-length machine
газоопа́ливающая ~ *текст.* gassing [gas-singeing] machine

маши́н/а

газоре́зательная ~ gas-cutting [flame-cutting] machine

газоре́зательная, ацетиле́но-кислоро́дная ~ oxyacetylene-cutting machine

газоре́зательная, двухконсо́льная ~ double-cantilever cutting michine

газоре́зательная, копирова́льная ~ flame-profiling machine

газоре́зательная, многопла́менная ~ multiple-blowpipe [multiple-burner] machine

газоре́зательная, поля́рно-координа́тная ~ radial articulated-arm cutting machine

газоре́зательная, порта́льная ~ gantry cutting machine

газоре́зательная, порта́льная ~ для ре́зки двух листо́в double portal cutting machine

газоре́зательная, прямоуго́льно-координа́тная ~ cross carriage cutting machine

газоре́зательная, тру́бная ~ pipe-cutting machine

газосва́рочная ~ gas welding machine, gas welder

галто́вочная ~ tumbling machine

гарди́нно-тю́левая ~ bobbinnet machine

гвоздезабивна́я ~ nailing machine, nailer

гвозди́льная ~ wire-nail machine

ги́бочная ~ bending [forming] machine, bender

ги́бочная, валко́вая ~ roller-bending machine

ги́бочная, полосова́я ~ bar-bending machine

гидравли́ческая ~ hydraulic machine

гидравли́ческая, диагона́льная ~ mixed-flow machine

гидравли́ческая, клепа́льная ~ hydraulic rivet(t)ing machine

гидравли́ческая, лопа́точная ~ impeller machine

гидравли́ческая, объёмная ~ positive-displacement machine

гидравли́ческая, одноколёсная ~ single-impeller machine

гидравли́ческая, осева́я ~ axial-flow machine

гидроочистна́я ~ hydroblasting machine

глади́льная ~ ironing machine, ironer

глазиро́вочная ~ glazing [coating, covering, icing] machine, enrober

глянцева́льная ~ *кфт.* glazing machine

го́рная ~ mining machine

горячевы́садочная ~ hot upsetting machine

~ горя́чей полиро́вки *кож.* burnishing machine

гофриро́вочная ~ 1. *текст.* crimping [pleating] machine **2.** *мет.* corrugator

гравирова́льная ~ *полигр.* engraving machine, engraver

гребнечеса́льная ~ comb(er), combing machine, nip comb(er)

гребнечеса́льная, двупо́льная ~ double-action comber

гребнечеса́льная, двусторо́нняя ~ two-sided rectilinear comber

гребнечеса́льная ~ непреры́вного де́йствия square motion comber

гребнечеса́льная, одина́рная ~ single-nip comber

гребнечеса́льная, односторо́нняя ~ one-sided rectilinear comber

гребнечеса́льная, прямолине́йная ~ continental comber

гребнечеса́льная ~ с кру́глыми гре́бнями circular [round] comber

грузова́я ~ *см.* **грузово́й автомоби́ль**

грузоподъёмные ~ы (*собирательный термин*) hoisting apparatus, hoisting machinery

грунтова́льная ~ *текст.* coating machine

грунтосмеси́тельная ~ soil-mixing machine, soil [ground] mixer

гузоубо́рочная ~ *с.-х.* cotton stalk cutter

двоильная ~ *кож.* splitting machine, (band-knife) splitter

деаэрацио́нная ~ deairing machine

декортикацио́нная ~ decorticator, stripping machine

делинтеро́вочная ~ *с.-х.* delinting machine

дели́тельная ~ 1. *опт.* ruling machine **2.** *мет.* dividing machine

детермини́рованная ~ *киб.* determinate machine

диагона́льно-закро́йная ~ bias-cutting machine

~ для бесшве́йного скрепле́ния бло́ков *полигр.* perfect binder

~ для брикети́рования кормо́в foragizer, forage cuber, forage waferer

~ для буре́ния кро́вли roof drilling machine

~ для внесе́ния аммиака́тов ammonia solution applicator

~ для внесе́ния гербици́дов herbicide applicator

~ для внесе́ния минера́льных удобре́ний и ядохимика́тов chemical applicator

~ для внесе́ния удобре́ний fertilizer placer

~ для возведе́ния кре́пи support-setting machine

~ для волокна́-сырца́, отбе́ливающая raw stock bleaching machine

~ для вскры́тия лётки tapping drill

~ для встря́хивания консе́рвных ба́нок can shaker

~ для выкола́чивания мешко́в sack beating [sack cleaning] machine, sack cleaner

~ для выра́внивания дета́лей о́буви leveller

~ для вы́резки образцо́в *текст.* cloth-pinking machine

~ для выстила́ния та́ры lining machine

~ для гидропескостру́йной очи́стки sand-water cleaner

~ для горя́чей штампо́вки hot die-forging machine

~ для драже́, глянцо́вочная dragée polishing machine

~ для жакка́рдовых карт, копирова́льная card-repeating machine

~ для зака́тки борто́в *мет.* closing machine

~ для зачи́стки *мет.* deseamer

~ для земляны́х рабо́т earth-moving machine

~ для караме́льной ма́ссы, промина́льная sugar mass kneading machine, sugar mass kneader

~ для кислоро́дной ре́зки oxygen-cutting machine

~ для литья́ под давле́нием, литьева́я *пласт.* injection moulding machine

~ для мерсериза́ции пря́жи в мотка́х hank-mercerizing machine

~ для мо́крой декатиро́вки, декатиро́вочная wet decatizing machine

~ для мы́ла, пили́рная soap milling machine

~ для намо́тки кишо́к casing skeining machine

~ для наре́зки мере́й embossing [pebbling, printing] machine

~ для наре́зки ниш *горн.* stable hole machine

~ для объёмной штампо́вки die-forging machine

~ для овоще́й, пучковяза́льная vegetable tier, vegetable buncher

~ для очи́стки отли́вок casting cleaning machine

~ для паке́тов, ва́куум-заде́лочная vacuum bag closing [vacuum bag sealing] machine

~ для перемо́тки с мотко́в на ко́нусные боби́ны, бобина́жная cone winding [coning] machine

~ для пода́чи карто́нной та́ры carton feeding machine

~ для подмета́ния у́лиц street-sweeper

~ для подпо́чвенного внесе́ния удобре́ний subsurface applicator

~ для подре́зки живо́й и́згороди hedgecutter

~ для подры́вки кро́вли *горн.* roof ripping machine

~ для подры́вки по́чвы *горн.* floor ripping machine

~ для поли́вочного кра́шения *кож.* curtain coating machine

~ для прове́рки гермети́чности консе́рвных ба́нок can testing machine, can tester

~ для разли́вки мета́лла, карусе́льная casting wheel

машин/а
~ для разливки металла, ленточная straight-line casting machine
~ для раскатки труб expanding [reeling] machine
~ для расшлихтовки *текст.* desizing machine
~ для резки арматурных стержней bar cutter, bar cropper
~ для резки корнеплодов root vegetable cutter
~ для резки труб tube-cutting machine
~ для резки черенков graft cutter
~ для розлива в бутылки bottle filler
~ для розлива молока во фляги churn filling machine
~ для роспуска рулонов *полигр.* roll slitting machine
~ для рыбы, головоотсекающая fish beheading machine
~ для сборки картонной тары carton erecting machine
~ для снятия заусенцев (de)burring machine
~ для спекания руд ore sintering machine
~ для стекления *кож.* grater
~ для стрижки крупного рогатого скота cattle clipper
~ для сухого протравливания семян seed-dusting machine
~ для сухой очистки яиц egg buffer
~ для сшивания кишок casing sewing machine
~ для твёрдой пайки brazing machine
~ для тендеризации мяса meat tenderizing machine, meat tenderizer
~ для термофиксации ткани fabric-baking machine
~ для ткани, контрольно-браковочная cloth-inspection [cloth-looking, examining] machine
~ для удаления метёлок кукурузы detasseling machine
~ для удаления сердцевины плодов coring machine, corer
~ для удаления щетины со свиных туш hog dehairing machine
~ для упаковки в бочки barrel packing machine
~ для упаковки в картонную тару carton packing machine, carton packer
~ для упаковки в ящики casing [case packing] machine, case packer
~ для установки столбов pole setter
~ для установки штанговой крепи roof bolting machine
~ для чистки ламелей *текст.* drop-wire cleaning machine
~ для чистки лица *кож.* scudding [slating] machine
~ для шитья внакидку *полигр.* saddle stitch machine
~ для шитья втачку *полигр.* side stitch machine

машин/а
~ для штамповки матриц *полигр.* die-making machine
~ для штенгелёвки колб bulb tubulating machine
~ для электролитического лужения electrolytic tinning machine
~ для электроэрозионной обработки electrical discharge machine
~ для эмульсионного травления *полигр.* powderless etcher
добычная ~ *горн.* winning [getting] machine
доводочная ~ lapping machine
дождевальная ~ sprinkling machine, sprinkler
дождевальная, дальнеструйная ~ long-range sprinkling machine
дождевальная, консольная ~ boom(-type) sprinkling machine
дождевальная, короткоструйная ~ short-range sprinkling machine
дождевальная, самоходная ~ self-propelled rainer
дождевальная, среднеструйная ~ medium-range sprinkling machine
доильная ~ milking machine, milker
доильная ~ с вёдрами bucket milking machine
дорожно-строительная ~ road-building machine
древотёрочная ~ *полигр.* pulpwood log grinder
дренажная ~ drainage machine
дренажно-кротовая ~ mole ditcher
дреноукладочная ~ drain-installing machine, drainlayer
дробеструйная ~ shot blasting machine
дробеструйная ~ для очистки проката от окалины blast descaler
дробильная ~ *лес.* hogging machine
дрожжеформовочная ~ yeast extruding machine
дублировочная ~ doubling machine, plying-up equipment
жаккардовая ~ jacquard loom, jacquard machine
жаккардовая, двухподъёмная ~ с полуоткрытым зёвом open shed jacquard loom
жаккардовая, двухпризменная ~ two-cylinder jacquard loom
жаккардовая, одноподъёмная ~ single lift jacquard loom
жаккардовая, одноподъёмная одноремизная ~ single-lift single-cylinder jacquard loom
жаккардовая ~ с падающими крючками dropper jacquard loom
жгутоотжимная ~ *текст.* rope squeezer
жгутопромывная ~ *текст.* dolly [rope-washing] machine
жестепечатная ~ *полигр.* tin printing press
завалочная ~ charging machine, charger

машин/а
завалочная ~ для концентрата concentrate charging machine
завалочная ~ для лома scrap charger
завалочная ~ для слитков ingot charger
завалочная ~ кранового типа overhead(-type) charging machine
завалочная, лотковая ~ Calderon scrap charger
завалочная, напольная ~ low-ground (type) charging machine
завалочная, передвижная ~ mobile box charger
завалочная, поворотная ~ rotary charger
завалочная, подвесная ~ overhead (-type) charging machine
заварочная ~ *свз.* sealing-in machine
завёрточная ~ wrapping machine, wrapper
загибочная ~ collaring machine
загрузочная ~ charging machine, charger
закалочная ~ quenching [hardening] machine
закаточная ~ 1. *мет.* beading machine **2.** (*для консервных банок*) (can-)sealing [seaming, edge-curling] machine, seamer
закаточная ~ для сигар cigar rolling machine, cigar roller
закладочная ~ *горн.* packing [stowing] machine, stower
закладочная, метательная ~ gob stower
закладочная, пневматическая ~ blast stower
закладочная, пневматическая ~ низкого давления low pressure air stower
заклеивающая ~ *пищ.* glu(e)ing [gumming] machine
заклёпочно-обкатная ~ rivet spinner
закрепочная ~ *кож.* bar tacking machine
закройная ~ cloth-cutting machine
замасливающая ~ *текст.* oil padding machine
запаечная ~ (*для запайки концов жестяных консервных банок*) end soldering machine
заправочная ~ *мет.* fettling machine
затяжная ~ *кож.* lasting machine, laster
зацентровочная ~ (*для трубных заготовок*) centring machine
зачистная ~ для огневой зачистки кислородно-ацетиленовым пламенем oxy-acetylene scarfing machine
зачистная ~ для слитков peeling machine
зачистная ~ для шпал tie spot machine

машин/а

зачистная, фрезерная ~ milling machine
зашивочная ~ (*для мешкотары*) (bag-)closing machine
землеройная ~ earth-moving machine
землеройно-фрезерная ~ excavating milling machine
зернильная ~ *полигр.* grainer, graining machine
зерноочистительная ~ grain-cleaning machine, grain cleaner
зерноочистительная, ветрорешётная ~ air-and-screen cleaner
зерносортировочная ~ grain grader
золотопромывочная ~ gold washer
зубозакалочная ~ tooth-quenching machine
известегасильная ~ lime-slaking machine
измельчительная ~ *пищ.* mincer, mincing [reducing] machine, shredder
измерительная ~ *кож.* leather-measuring machine
инерционно-ударная ~ impact power tool
информационная ~ data-processing [information] machine
испытательная ~ testing machine, tester
испытательная ~ для испытания на абразивное изнашивание abrasive tester
испытательная ~ для испытания на растяжение — сжатие direct stress machine
испытательная ~ для испытания на скручивание torsion testing machine
испытательная ~ для испытания на твёрдость hardness testing machine
испытательная ~ для испытания на усталость fatigue [endurance] testing machine
испытательная ~ для испытания на усталость при изгибе rotating beam-type machine
испытательная ~ для испытания при знакопеременной динамической нагрузке alternating impact machine
испытательная ~ для материалов (materials) testing machine
испытательная ~ для рессор spring testing machine, spring testing rig
испытательная ~ для труб pipe-testing machine
испытательная, разрывная ~ tensile-testing machine
кабелеразмоточная ~ paying-out machine
калибровочная ~ 1. *прок.* gauging machine **2.** *пищ.* size-grading [sizing] machine, size grader, sizer
камнебурильная ~ rock-boring [rock-drilling] machine

машин/а

камнеотборочная ~ *пищ.* stoning machine, stoner
камнерезная ~ rock-cutting [stone-cutting] machine
камнеуборочная ~ stone-picking machine, stone [rock] picker
канатокрутильная ~ rope-twisting machine
кантовочная ~ *полигр.* flat-and-back stripping machine
каптально-оклеечная ~ *полигр.* head-banding machine
карбонизационная ~ *текст.* carbonizing machine
кардовязальная ~ card-binding [card-lacing] machine
кардочесальная ~ card, carder, carding machine
картоноделательная ~ cardboard machine
картонораскройная ~ case making machine
картонорезальная ~ cardboard cutter
картоносекательная ~ *текст.* card-cutting [card-punching, card-stamping] machine
кетлёвочная ~ binding-off [looping, linking] machine
кеттельная ~ binding-off [looping, linking] machine
клеемазальная ~ *полигр.* gluer
клеемазальная и оклеечная ~ *полигр.* back glueing-and-stripping machine
клеенамазывающая ~ *пищ.* glu(e)ing [gumming] machine
клеепромазочная ~ *пласт., кож.* spreader
клеймильная ~ *кож.* stamping machine, marker
клеймовочная ~ *маш.* stamping [marking] machine
клепальная ~ rivet(t)ing machine, rivet(t)er
клепальная, пневматическая ~ pneumatic riveting machine
клепальная, ударная ~ percussion riveting machine
книговставочная ~ *полигр.* casing-in machine
ковочная ~ forging machine; (*в производстве ковкого вольфрама*) swager
ковочная, горизонтальная ~ horizontal forging machine
ковочная, осадочная ~ upsetting machine
ковочная, ротационная ~ swaging machine
кокильная ~ chill casting machine
коконокалибровочная ~ cocoon-riddling machine
librarykokономотальная ~ cocoon winding machine
коконорастрясочная ~ cocoon beating [beetling] machine
коллекторная ~ *эл.* commutator machine

машин/а

колотильная ~ *кож.* beetle
кондировочная ~ syrup crystallizing machine
конфетоотсадочная ~ candy depositing machine
концервальная ~ *текст.* pulling machine
координатно-измерительная ~ *астр.* plate-measuring engine
копировально-множительная ~ *полигр.* step-and-repeat (printing down) machine
кормоприготовительная ~ food preparing machine
кормораздаточная ~ feed distributor
корновальная ~ *полигр.* grainer, graining machine
корпусообразующая ~ (*для консервных банок*) body-making machine
корпусоотливочная ~ (*для драже*) core depositing machine; core depositor
корчевальная ~ root extractor, brush plough; stamper
косточковыбивная ~ pitting [stoning] machine, pitter
красильная ~ dyeing machine
красильная ~ для пряжи в мотках hank-dyeing machine
красильная ~ для пряжи на паковках cop-dyeing machine
красильная ~ конвейерного типа conveyer piece dyeing machine
красильная, лопастная ~ paddle dyeing machine
красильная, рециркуляционная ~ circulating dyeing machine
красильная, роликовая ~ jig dyeing machine
красильная, ротационная ~ rotary dyeing machine
красильная ~ с вибратором pulsator dyeing machine
кремовзбивальная ~ cream beating machine, creamer
кромкозагибочная ~ 1. edging machine **2.** (*для консервных банок*) beading machine
круглильно-кашировальная ~ *полигр.* rounder-and-backer
кругловязальная ~ circular knitter, circular knitting machine, round knitting frame
кругловязальная ~ ворсового переплетения circular fleece knitting machine
кругловязальная, корсажная ~ circular bodice machine
кругловязальная, однофонтурная ~ circular knitting machine with one set of needle
кругловязальная ~ с крючковыми иглами circular beard-[spring-]needle knitting machine
кругловязальная ~ с язычковыми иглами circular latch-needle knitting machine

маши́н/а
кругловяза́льная, уто́чная ~ circular weft-knitting machine
кругловяза́льная, шту́чная ~ body-size circular knitting machine
круглочуло́чная ~ circular footwear machine, circular hose knitter
крупосортиро́вочная ~ groats grader
крупошлифова́льная ~ pearl mill, pearler
крути́льная ~ *текст.* twisting frame
крути́льная ~ двойно́го круче́ния double-twist twisting machine
крути́льная, двухъя́русная ~ two-decker machine
крути́льная, реверси́вная ~ *мех.* reversed torsion machine
кры́твенная ~ *полигр.* covering machine
крышкоде́лательная ~ *полигр.* case-making machine, case maker
крышкосбо́рочная ~ *полигр.* case assembling machine
куделеприготови́тельная ~ flax tow preparing machine, tow cleaner, tow scutcher
куколеотбо́рочная ~ cockle separator, cockler
кули́рная ~ loop-forming sinker web machine
куракоубо́рочная ~ cotton-scraping machine
лакирова́льная ~ *полигр.* varnishing machine
ламе́льно-пробо́рная ~ *текст.* dropper pinning machine
ла́стичная ~ *текст.* cotton rib top frame
легкова́я ~ *см.* **легково́й автомоби́ль**
лентоотли́вочная ~ sheet-forming machine
лентосва́рочная ~ strip-welding machine
лентосоедини́тельная ~ *текст.* sliver lap machine
ле́нточная ~ *текст.* drawing frame
лесова́лочная ~ tree breaker, tree dozer
лесопогру́зочная ~ timber loader
лесоса́дочная ~ tree planting machine, tree planter
линова́льная ди́сковая ~ *полигр.* disk ruling machine
ли́нтерная ~ delinter
листоги́бочная ~ plate-[sheet-]bending machine, sheet bender
листоги́бочная, валко́вая ~ roller sheet-metal bending machine
листообразу́ющая ~ *пласт.* sheet-forming machine
листоподбо́рочная ~ *полигр.* collating(-and-gathering) machine, collator
листоправи́льная ~ sheet-straightening [plate-levelling] machine, sheet straightener, sheet leveller
листоправи́льная ~ без регули́рования прогиба валко́в non-pressure regulating roller leveller

маши́н/а
листоправи́льная, многовалко́вая ~ backed-up roller leveller
листоре́зальная ~ *полигр.* sheeting machine
листосва́рочная (стыкова́я) ~ straight-line seam welder
листосортиро́вочная ~ sheet classifier
лите́йная ~ casting [foundry] machine
лите́йная ~ для литья́ в постоя́нные фо́рмы permanent-mould casting machine
лите́йная ~ для литья́ под давле́нием die casting machine
лите́йная ~ для центробе́жного литья́ centrifugal casting machine
литеронабо́рная ~ letter-setting machine
литогра́фская ~ lithographic press
логи́ческая ~ logic(al) machine
ломтере́зальная ~ slicing machine, slicer
лощи́льная ~ *кож.* glazing machine
луди́льная ~ tinning machine
лущи́льная ~ hulling machine, huller
льнорассти́лочная ~ flax spreading machine
льнотрепа́льная ~ flax scutching machine, flax scutcher
магнитоэлектри́ческая ~ permanent-magnet machine
малоформа́тная вкла́дочная ~ *полигр.* stuffer
маркирова́льная ~ (*для почты*) franker
маркиро́вочная ~ labelling [marking] machine
маркиро́вочная, краскопеча́тная ~ ink marker
математи́ческая ~ mathematical machine
ма́трично-гравирова́льная ~ matrix-engraving machine
мездри́льная ~ *кож.* pelt fleshing machine
мере́йная ~ *кож.* boarding machine
мери́льная ~ *текст.* measuring machine
мери́льно-нака́тная ~ *текст.* cloth winding-and-measuring machine
мери́льно-склада́льная ~ *текст.* cloth measuring-and-lapping machine
мерсеризацио́нная ~ mercerizing machine
меси́льная ~ (*напр. тестомесительная машина*) kneading machine, kneader (*e. g., dough-kneading machine, dough-kneader*)
мно́жительная ~ duplicating machine, duplicator
мно́жительная, офсе́тная ~ offset duplicator
мо́ечная ~ washing machine, washer

маши́н/а
мо́ечная, бараба́нная ~ drum-type washer
мо́ечная, бесщёточная ~ brushless washer
мо́ечная, вентиля́торная ~ ventilator washer
мо́ечная, вибрацио́нная ~ shaker washer
мо́ечная, карусе́льная ~ wheel washer
мо́ечная, ло́пастная ~ paddle-type [flapper] washer
мо́ечная, противото́чная ~ counter-current washer
мо́ечная, прямото́чная ~ straight-through [straightway(-type)] washer
мо́ечная, ро́торно-элева́торная ~ squirrel cage washer
мо́ечная, туннéльная ~ tunnel washer
мо́ечная, цепна́я ~ chain-type washer
мо́ечная, шне́ковая ~ screw-type washing machine
мо́ечная, шпри́цевая ~ spray washer
мо́ечная, щёточная ~ brush washer
мо́ечная, элева́торная ~ elevator washing machine, elevator washer
~ мо́крого шлифова́ния *кож.* wet-buffing machine
монпансе́йная ~ drop roller machine
мота́льная ~ *текст.* winding machine, winder
мота́льная, веретённая ~ spindle winding machine
мота́льная, горизонта́льная ~ drum winding machine, winding frame with horizontal spindles
мота́льная, двусторо́нняя ~ double-faced [double-sided] winding machine
мота́льная, клубо́чная ~ balling [ball-winding] machine
мота́льная, паралле́льная ~ cheese-winding machine
мота́льная, перего́нная ~ redrawing [rewinding] machine
мота́льная, поча́точная ~ cop-winding machine
мота́льная ~ с кана́вчатыми бара-ба́нчиками drum winding machine, split drum winder
мота́льная ~ с разрезны́ми бараба́нчиками slit-drum winding machine
мягчи́льная ~ *текст.* cloth mellowing machine
мя́льная ~ *текст.* breaking machine
мя́льно-трепа́льная ~ scutching-and-braking machine, breaker and scutcher
набивна́я ~ *пищ.* stuffing machine, stuffer
набивна́я, поршнева́я ~ piston-type stuffer

машин/а

набо́рная ~ typesetting [composing] machine, typesetter
набо́рная, буквоотливна́я ~ type-casting machine
набо́рная, буквоотливна́я крупноке́гельная ~ display type-casting machine
набо́рная ~ для отли́вки стереоти́пов stereotype plate casting machine
набо́рная, пробе́льно-лине́ечная ~ material maker
набо́рная, строкоотливна́я ~ slug-casting machine
набо́рная, строкоотливна́я крупноке́гельная ~ display type linecaster
набо́рная, строкопеча́тающая ~ composition-by-typing system
набо́рная, строкопроеци́рующая ~ photographic type composition machine
набо́рно-пи́шущая ~ typewriter
набо́рно-фотографи́рующая ~ phototypesetting machine
~ на железнодоро́жном ходу́, бурова́я rail-riding drilling machine
нака́тная ~ 1. *мет.* knurling machine 2. *текст.* rolling(-up) [batching] machine
намо́точная ~ winding machine
наполни́тельная ~ *пищ.* filler, filling machine
наполни́тельная и заде́лочная ~ (*для тары*) filling-and-sealing machine
наполни́тельная, многопатро́нная ~ multihead filler
насти́лочная ~ *текст.* cloth-laying machine
~ непреры́вного де́йствия continuous(-type) machine
~ непреры́вного де́йствия, отва́рочная continuous boil-off machine
~ непреры́вной разли́вки continuous casting machine
ниткошве́йная ~ *полигр.* book sewing machine, book sewer
носо́чная ~ half-hose machine
нумерацио́нная ~ *кфт.* numbering machine
обва́лочная ~ boning machine
обвя́зочная ~ banding machine
обвя́зочная ~ для руло́нов *прок.* coil banding machine
обвя́зочная ~ для таба́чных ли́стьев tobacco looper
обди́рочная ~ shucking machine, shucker; stripping machine
обезрепе́ивающая ~ burring machine
обе́рточная ~ covering [overwrapping] machine, wrapper
обе́рточная ~ для карто́нной та́ры carton wrapping machine, carton wrapper
обе́рточная ~ для плёнки film overwrapping machine, film wrapper

машин/а

обжа́рочная ~ roasting machine, roaster
обо́ечная ~ hulling machine, huller; scouring machine, scourer
обо́ечная, нажда́чная ~ emery scouring machine, emery scourer
обо́ечно-шелуши́льная ~ scouring-and-peeling machine
обрезна́я ~ corner-cutting machine
обрезна́я ~ для кни́жных бло́ков book trimming machine
обручеоса́дочная ~ claw trussing machine
обтяжна́я ~ *кож.* pulling-over machine
обуча́ющая ~ teaching machine
овсюгоотбо́рочная ~ oat separator
~ огнево́й зачи́стки *мет.* scarfing machine, (flame) scarfer
~ огнево́й фасо́нной ре́зки flame-shape cutting machine
оканто́вочная ~ *полигр.* flat-and-back stripping machine
окле́ечно-капта́льная ~ *полигр.* back-lining [lining-and-head-banding] machine, backliner
око́рочная ~ barking machine
опа́ливающая, пли́тная ~ plate singeing machine
опа́ливающая, цилиндри́ческая ~ cylinder [rotary] singeing machine
опа́лочная ~ (*для свиных туш*) singeing machine
оплётočная ~ *текст.* braiding machine
ополаскивающая ~ rinsing machine, rinser
опры́скивающая ~ spraying machine, sprayer
~ опти́ческой печа́ти optical printing machine, optical printer
осмо́лочная ~ pitching machine
основовяза́льная ~ warp-knitting machine, warp loom
основовяза́льная, двойна́я ~ double-tricot machine
основовяза́льная, двухфонту́рная ~ double-warp machine
основовяза́льная, кру́глая ~ circular warp-knitting machine
основовяза́льная, трикота́жная ~ raschel machine
основовяза́льная, филе́йная ~ fillet machine
остри́льная ~ *мет.* bar pointer
остри́льная, ручна́я ~ hand pointer
остри́льная ~ с электропри́водом electric-power pointer
отбрако́вочная ~ quality-control machine
отбрако́вочная ~ для консе́рвных ба́нок can rejecting machine
отде́лочная ~ finishing machine, finisher
отде́лочная ~ для листово́го мета́лла plate-working machine
отде́лочная, нажда́чная ~ *текст.* emerizing machine

машин/а

отде́лочная, противоуса́дочная ~ *текст.* compressive shrinking machine
отжи́мная ~ 1. *кож.* wringing machine, leather wringer, samming machine 2. *текст.* extracting machine
отжи́мно-обезжи́ривающая ~ (*для черёв*) casing stripping-and-fatting machine
отса́дочная ~ *мет.* (*в процессе обогащения*) jigging machine, jig(ger)
отса́дочная, беспоршнева́я ~ air-driven pulsating jig
отса́дочная, быстрохо́дная ~ fast jig washer
отса́дочная, вибрацио́нная ~ pulsator jig
отса́дочная, вибрацио́нно-поршнева́я ~ vibro-piston [vibro-pneumatic] jig
отса́дочная, диафра́гмовая ~ diaphragm jig
отса́дочная, дово́дочная ~ finishing jig
отса́дочная, ло́пастная ~ paddle jig
отса́дочная, пневмати́ческая ~ air-pulsated [-pneumatic] jig
отса́дочная, поршнева́я ~ piston [plunger] jig
отса́дочная с механи́ческой отмы́вкой vanning jig
отса́дочная ~ с неподви́жным решето́м fixed-sieve jig
отса́дочная ~ с подви́жным решето́м buddle [movable sieve] jig
отса́дочно-формо́вочная ~ *пищ.* depositing machine
оцинко́вочная ~ galvanizing machine
очисти́тельная ~ 1. cleaning machine, cleaner 2. (*для снятия кожуры с плодов*) peeling machine, peeler
очисти́тельная, абрази́вная ~ abrasive peeler
очисти́тельная, возду́шно-решётная ~ air-and-screen cleaner
очисти́тельная ~ для дрена́жных труб drain cleaner
очисти́тельная ~ для форм mould cleaning machine
очисти́тельная, решётная ~ screen cleaner
очисти́тельная, щёточная ~ brush cleaner, brusher
очи́стная, галто́вочная ~ cleaning tumbler, tumbling machine
очи́стная ~ для труб pipe-swabbing machine
очи́стная, дробемётная ~ shot-throwing machine
очи́стная, дробестру́йная ~ shot-blasting machine
па́голечная котто́нная ~ cotton legging machine
па́ечная ~ soldering machine
па́ечная ~ для жестяны́х консе́рвных ба́нок can soldering machine

машина

пакетиро́вочная ~ (*для бунтов*) capstan
пакетиро́вочная, шестишта́нговая ~ (*для бунтов*) six pronged capstan
пакетоде́лательная ~ bag making machine, bag maker
пакетоформиру́ющая ~ bag forming machine, bag former
пакова́льная ~ *полигр.* bundling machine
паниро́вочная ~ breading machine, breader
паркетоотде́лочная ~ floor-polisher machine
паркетостро́гальная ~ floor dresser
парова́я ~ steam engine
парова́я ~ компа́унд compound steam engine
парова́я, прямото́чная ~ uniflow steam engine
парова́я ~ с противодавле́нием back-pressure steam engine
парова́я ~ танде́м tandem steam engine
пемзова́льная ~ *кож.* rasping machine
пемзова́льная ~ для отде́лки тка́ни под за́мшу cloth pumicing machine
пензело́вочная ~ *пищ.* casing fatting machine
пенькотрепа́льная ~ hemp-scutching machine
перего́нная ~ *текст.* taping [warp rebeaming] machine
переплётная ~ bookbinding machine
~ периоди́ческого де́йствия batch (-type) machine
перооощи́пывающая ~ defeathering [plucking] machine, plucker
пескостру́йная ~ sandblast machine
петлеобмё́точная ~ button-hole machine
печа́тная ~ printing machine, (printing) press
печа́тная ~ балко́нного ти́па balcony-type (printing) press
печа́тная, ва́личная ~ *текст.* roller printing machine
печа́тная ~ высо́кой печа́ти letter (printing) press, relief printing press
печа́тная ~ глубо́кой печа́ти intaglio (printing) press
печа́тная, двухкра́сочная ~ two-colour (printing) press
печа́тная, двухоборо́тная ~ two-revolution (printing) press
печа́тная, двухсекцио́нная ~ two-unit (printing) press
печа́тная, двухъя́русная ~ two-decker (printing) press
печа́тная ~ для акциде́нтной проду́кции job press, jobber
печа́тная ~ для двусторо́нней печа́ти perfecting machine, perfecting press, perfector

машина

печа́тная ~ для печа́ти с ги́бких форм wrap-around (printing) press
печа́тная ~ для печа́ти спо́собом сухо́го офсе́та dry offset press
печа́тная ~ для термографи́ческой печа́ти thermographic machine
печа́тная ~ для трафаре́тной печа́ти screen (process printing) press
печа́тная ~ для шёлкотрафаре́тной печа́ти silk-screen press
печа́тная, листова́я ~ sheet-fed machine, sheet-fed (printing) press
печа́тная, одноя́русная ~ floor level (printing) press
печа́тная, одноя́русная многосекцио́нная ~ tandem-type press
печа́тная, офсе́тная ~ offset press
печа́тная, офсе́тная ~ для двусторо́нней печа́ти offset perfector
печа́тная, офсе́тная ~ для пло́ской печа́ти flat-bed offset press
печа́тная, ротацио́нная ~ rotary press
печа́тная, руло́нная ~ web(-fed) press
печа́тная ~ с набо́рными шабло́нами *текст.* block printing machine
печа́тная, стоп-цили́ндровая ~ stop-cylinder (printing) press
печа́тная, термографи́ческая ~ thermographic (printing) machine
печа́тная, ти́гельная ~ platen (printing) press
печа́тная, трёхсекцио́нная ~ двойно́й ширины́ sextuple (printing) press
печа́тная, универса́льная ~ multipurpose press
печа́тная, фототи́пная ~ phototype (printing) press
печа́тная, цилиндри́ческая ~ *текст.* cylinder printing machine
печа́тно-высека́льная ~ printing and die-cutting machine
письмосортиро́вочная ~ letter-sorting machine
пластифици́рующая ~ (*для масла*) plasticizing machine
плиссиро́вочная ~ pleating machine
плосковяза́льная ~ flat knitting machine
плоскопечáтная ~ 1. *полигр.* flat-bed printing machine **2.** *текст.* copper-plate printing machine
плющи́льная ~ upsetting machine, upsetter
подбо́рочно-склééчная ~ glueing collector
подбо́рочно-шве́йная ~ gatherer-stitcher
подъёмная ~ hoist engine
подъёмная ~ на копре́ tower winder, tower hoist
подъёмная ~ слепо́го ствола́ *горн.* staple-shaft hoist
подъёмная, ша́хтная ~ mine winder, mine hoist
подъёмная, электри́ческая ~ electric winder, electric hoist

машина

пожа́рная ~ fire engine
поливна́я ~ irrigating machine
поliро́вочная ~ polishing machine
помадовзбива́льная ~ fondant boiling and creaming [fondant cream beating] machine
попере́чно-ре́зальная ~ *полигр.* rotary cross cutter
попере́чно-стрига́льная ~ *текст.* cross-cutting [cross-shearing] machine
породопогру́зочная ~ rock loader, mucker
породоубо́рочная ~ mucker
породоубо́рочная, стволова́я ~ shaft mucker
породоубо́рочная, стволова́я гре́йферная ~ grab-bucket shaft mucker
поса́дочная ~ planting machine, plant setter, transplanter, mechanical planter
посудомо́ечная ~ dish washing machine
почвообраба́тывающая ~ tilling [cultivating] machine
почвообраба́тывающая, фре́зерная ~ rotary cultivator, rotary tiller
прави́льная ~ straightening [gag-straightening, flattening] machine, leveller
прави́льная ~ для ба́лок beam straightener
прави́льная ~ для кру́глой ста́ли round straightener
прави́льная ~ для то́лстых листо́в plate-levelling [plate-straightening] machine
прави́льная ~ для труб и кру́глых штанг bar-and-tube straightening machine
прави́льная ~ для угловы́х про́филей angle straightening machine
прави́льная, многовалко́вая ~ multiroll straightener
прави́льная, многоро́ликовая ~ multiroll straightening machine
прави́льная ~ плу́нжерного ти́па plunger-type leveling machine
прави́льная, прецизио́нная ~ precision leveller
прави́льная, прутко́во-тру́бная ~ bar-and-tube straightening machine
прави́льная, растя́жная ~ stretching machine, stretcher leveller
прави́льная, ро́ликовая ~ roller-type straightening machine, roll straightener
прави́льная, ротацио́нная ~ с косы́ми ро́ликами cross-roll straightener
прави́льная ~ с геликоида́льными ро́ликами concave roll straightener
прави́льная ~ с двумя́ ряда́ми ро́ликов two-high roller leveller
прави́льная ~ с опо́рными ро́ликами backed-up type roller leveller
прави́льная ~ с регули́рованием проги́ба валко́в pressure regulating roller leveller

машина

правильная ~ с четырёхрядным расположением роликов four-high roller leveller
правильно-растяжная, гидравлическая ~ hydraulic stretcher
прессовыдувная ~ press-and-blow machine
прививочная ~ grafting machine
приправочная ~ *полигр.* make-ready machine
пробкоукупорочная ~ corking machine, corker
проволокообвязывающая ~ wire-tying [wiring] machine
проволокошвейная ~ *полигр.* wire stitcher, stapler
проволокошвейная, коробочная ~ wire-stitching box-making machine
проволокошвейная, одноаппаратная ~ single-head wire stitcher
проволокосшивная ~ *пищ.* wire stitching machine, wire stitcher
промазочная ~ *пласт.* spreading [coating] machine
промасливающая ~ oiling machine
промасливающая, роликовая ~ oil roll machine
промывная ~ *текст.* scouring machine, scourer
промывная ~ для кускового товара piece-scouring machine
промывная ~ для пряжи в мотках hank-scouring machine
промывная ~ для ткани враспра́вку broad-washing [full-width scouring] machine
промывная, многобарочная ~ multitube scouring machine
промывная, однобарочная ~ one-tube scouring machine
промывная ~ с отжимными валами roller washing [rollex] machine
промывная ~ с эллиптическими барабанчиками elliptical wince washing machine
пропиточная ~ impregnating machine
пропиточная, красильная ~ penetrating-type dyeing machine
просеивающая ~ sifting [screening, bolting] machine, bolter, bolting mill
просеивающая, щёточная ~ brush sifting machine, brush sifter
протирочная ~ 1. *пищ.* pulping machine, pulper **2.** *с.-х.* triturator
протирочная, центробежная ~ centrifugal pulping machine
профилегибочная ~ profile-iron bending machine
проходческая ~ heading [head-road, tunnelling] machine, head-roader
проходческая, погрузочная ~ tunnelling loading machine; headroad loader
прошивная ~ *кож.* Blake (sewing) machine
проявочная ~ processing [developing] machine

машина

проявочная, струйная ~ spray developing machine
прядильная ~ spinning frame
прядильная, бобинная ~ bobbin spinning machine
прядильная, камвольная ~ worsted spinning machine
прядильная, односторонняя ~ single-sided spinning machine
прядильная ~ периодического действия mule
прядильная, центрифугальная ~ centrifugal spinning machine
пуговичная ~ button machine
пульпоотделяющая ~ depulping machine
путеочистительная ~ (*для откаточных путей*) haulageway cleaner
путерихтовочная ~ *ж.-д.* track-lining machine, track liner
пятновыводная ~ cleansing-and-spotting machine
рабочие ~ы (*собирательный термин*: *технологические*) material-working machinery; (*транспортные*) materials-handling machinery
разбивочная ~ *кож.* staker
разводная ~ *кож.* putting-out [setting-out] machine
разгрузочная ~ discharging machine
разливочная ~ 1. *мет.* casting machine **2.** *пищ.* (liquid) filling machine, filler
разливочная, гравитационная ~ gravity filling machine
разливочная ~ для бутылок bottle filling machine, bottle filler
разливочная, изобарическая ~ pressure-type filling machine
разливочная, поршневая ~ piston filling machine
разливочная, ротационная ~ rotary filling machine, rotary filler
разливочная ~ с противодавлением counter-pressure racker
разливочно-укупорочная ~ filling-and-capping machine
разметочная ~ *прок.* measuring machine
размолёвочная ~ (*устройство для роспуска пучков брёвен*) unbundling machine
размольная ~ milling [grinding] machine
разрывная ~ *полигр.* tearing machine
рантовшивная ~ welt-sewing machine
раскладочно-подборочная ~ (*для перфокарт*) *вчт.* collator □ **раскладочно-подборочная ~ выполняет объединение двух массивов перфокарт, расположенных в порядке возрастания *или* убывания признаков, в один массив с таким же порядком признаков** a collator merges two decks of cards in ascending or descending order into a single deck of the same order; **раскладочно-подборочная ~ осуществляет отбор карт с парными признаками в двух массивах карт** a collator selects pairs of cards having exactly matching keys from two decks; **раскладочно-подборочная ~ отбирает и объединяет массивы карт** a collator carries out a match-merge operations

машина

распаковочная ~ unpacking machine, unpacker
распиловочная ~ *кож.* splitting machine
распылительная ~ pulverizing machine, pulverizer
рассадопосадочная ~ seedling [vegetable] planter, planting machine
растяжная ~ stretching machine
расфасовочно-упаковочная ~ weighing-and-packing machine
расфасовочно-упаковочная ~ в картонную тару carton-filling-and-sealing machine
расфасовочно-упаковочная ~ в пакеты *или* мешки bag-filling-and-closing machine
резальная ~ cutting machine, cutter
резальная ~ гильотинного типа guillotine-type cutting machine, guillotine-type cutter
резальная, двухножевая ~ *полигр.* double-knife cutting machine, duple cutter
резальная, ротационная ~ rotary cutting machine, rotary cutter
резальная ~ с вращающимися лопастями rotary blade cutting machine, rotary blade cutter
резально-упаковочная ~ cut-wrap machine
резательная ~ *кфт.* film-slitting machine
резательная ~ для профильной резки *мет.* profile cutting machine
рельсогибочная ~ rail-cambering machine
рельсоправильная ~ rail straightener
рельсосверлильная ~ rail drilling machine, bonding drill
ремизолачильная ~ varnishing machine
рилевальная ~ *полигр.* creasing machine
рисообдирочная ~ rice-hulling machine, rice scourer, rice mill
рихтовальная ~ flattener
ровничная ~ *текст.* roving frame
ровничная, перегонная ~ intermediate roving frame
ровничная, тазовая ~ slubbing frame
роликовая, закалочно-рихтовочная ~ rolling-quench machine
роликовая, листогибочная ~ roll-bending [roll-forming] machine
роликогибочная, непрерывная ~ continuous roll-forming machine

машина

росткоотбойная ~ germ separating machine, germ separator, degerminating machine, degerminator
ротационно-обжимная ~ rotary-swaging machine
рубильная ~ chipping machine, wood chipper
рулевая ~ steering engine
рулевая, лопастная ~ vane-type steering engine
рыборазделочная ~ fish dressing machine, fish dresser
рыборезальная ~ fish cutting machine, fish cutter
рыборезальная, дисковая ~ disk fish cutting machine
рыбоупаковочная ~ fish packing machine
садочная ~ charging machine, charger
сажальная ~ plant setter, planter
самообучающаяся ~ learning machine
сбавочная ~ *текст.* narrowing knitter
~ с безредукторным приводом direct-driven machine
свaебойная ~ ram, pile driver
сварочная ~ welding machine, welder
сварочная ~ для металлических сеток wire-mesh welding machine
сварочная ~ для рельефной сварки projection welding machine
сварочная ~ для роликовой сварки seam-welding machine
сварочная ~ для роликовой сварки встык butt-seam welding machine
сварочная ~ для роликовой сварки с ленточными накладками foil butt-seam welding machine
сварочная ~ для стыковой контактной сварки resistance [upset] butt-welding machine
сварочная ~ для стыковой сварки butt welding machine, butt welder
сварочная ~ для стыковой сварки оплавлением flash butt welding machine
сварочная ~ для точечной сварки spot-welding machine
сварочная ~ для ударной сварки percussion-welding machine
сварочная ~ для шовно-стыковой сварки butt-seam welding machine
сварочная, импульсная ~ shot welding machine
сварочная, конденсаторная ~ storage-battery welding machine, electrostatic welder
сварочная, контактная ~ spot-welding [resistance welding] machine
сварочная, линейно-роликовая ~ seam-welding machine
сварочная, многодуговая ~ multiple-arc welding machine
сварочная, многоточечная ~ multiple-spot welding machine

машина

сварочная, однопостовая ~ single-operator welding machine
сварочная с педальным приводом foot-operated welding machine
сварочная ~ с ручным приводом hand-operated welding machine
сварочная, стыковая ~ butt welding machine
сварочная, точечная ~ spot-welding machine
сварочная, точечная двусторонняя ~ duplex spot welding machine
сварочная, точечная односторонняя ~ single-spot welder
сварочная, точечно-роликовая ~ stitch welding machine
сварочная, электрическая ~ electric welding machine
свеклорезальная ~ beet slicing machine, beet slicer
светокопировальная ~ blueprinting machine
свивальная ~ *текст.* closing machine
сдваивающе-накатная ~ *текст.* cloth winder-and-doubler machine
семеочистительная ~ seed separator, seed dresser, seed-cleaning machine, seed cleaner, seed sorter
семепротравочная ~ seed-treating machine
сеноуборочная ~ hay-making machine, grass harvester
сигаретная ~ cigarette making machine
сигаретоупаковочная ~ cigarette packing machine
сироподозировочная ~ syruper (-filler)
сиропоразливочная ~ syrup filling [syruping] machine
ситовеечная ~ sieve purifier
ситцепечатная ~ cotton printing machine
складальная ~ *текст.* fabric-packaging machine; cloth-piling machine
следовая чулочно-носочная ~ footer
сливковзбивальная ~ creaming [cream beating] machine, creamer
смесовая ~ *текст.* blending machine
смешивающая ~ blending [mixing] machine, blender, mixer
снеговальная ~ snow making machine
снегоуборочная ~ snow removal machine
сновальная ~ beaming [chain beaming, warping] machine, warping mill
сновальная ~ для жгутовой основы warp-linking machine
сновальная, ленточная ~ cylinder [direct] warping machine
сновальная, партионная ~ beam [ordinary] warping machine

машина

сновальная, партионная ~ для сновки с катушек cheese-warping machine
сновальная, партионная ~ для сновки с конусных бобин cone warping machine
сновальная, секционная ~ section(al) warping machine
сновальная, секционная ~ для сновки с клубков ball warp beaming machine
сновальная, секционная ~ с перегонным механизмом sectional warping-and-beaming machine
сновальная ~ с конусным барабаном cone warping machine
сокоотжимная ~ juicing machine
сортировальная ~ 1. (*для перфокарт*) (card) sorter □ **сортировальная ~ группирует перфокарты по признаковым пробивкам** a (card) sorter arranges (a deck of input) cards in sequence by a common key, a (card) sorter arranges [separates] (punched) cards according to a common key [a set of keys] **2.** *с.-х.* sizer, sorting machine, sorter, grading machine, grader
сортировальная, ремённая ~ *с.-х.* belt sorter
сортировальная, решётная ~ *с.-х.* screen grader, screen sizer
сортировальная, роликовая ~ *с.-х.* roller sizer
сортировально-подборочная ~ *вчт.* collator
сортировочная ~ 1. *пищ.* sorting machine, sorter, grading machine, grader **2.** *прок.* classifier
сортировочная, листовая ~ sheet classifier
сортоправильная ~ *прок.* section [shape, bar] straightener
сортоправильная, многороликовая ~ multiroll bar-straightening machine
сортоправильная, роликовая ~ roller section-straightening [roller shape-straightening] machine
~ с отпаривающим столом, щёточная brushing-and-steaming machine
спекательная ~ *мет.* sintering machine
сплоточная ~ (*для сплотки лесоматериалов*) bundling machine
~ с поворотным рабочим органом *горн.* ranging arm machine
~ с ремённым приводом belt-driven machine
сталкивательная ~ *полигр.* paper sheet jogger
стеклодувная ~ (*в производстве ламп*) bulb-blowing machine
стеклоформующая ~ glass-forming machine
стержневая ~ *лит.* core(-making) machine
стержневая, поворотная ~ *лит.* core roll-over machine

машина
стира́льная ~ washing machine, washer
стрига́льная ~ shearing machine, shearer, blade-shearing machine
стрига́льная, бараба́нная ~ cylinder shearing machine
стрига́льная, двухцили́ндровая ~ double-cutter shearing machine
стрига́льная ~ с ва́куумным приво́дом vacuum-operated clipper
стри́пперная ~ *мет.* stripping [stripper] machine
стро́гальная ~ 1. *пищ.* chipping machine, chipper **2.** *кож.* shaving machine, shaver
струноре́зальная ~ *пищ.* wire cut machine
стыкова́я листосва́рочная ~ straight line seam welder
сучкоре́зная ~ *лес.* lopping [pruning] machine
~ с цепны́м стежко́м, вымётывающая *текст.* chain-stitch basting machine
счётная ~ calculating [adding] machine, calculator
счётная, автомати́ческая ~ automatic calculator
счётная, насто́льная ~ desk calculator
счётная, портати́вная ~ hand-held calculator
счётная, ручна́я ~ manual calculator
счётная ~ с вы́бором после́довательности де́йствий selective-sequence calculator
счётная, сдво́енная ~ duplex calculating machine
счётная, электро́нная ~ electronic calculator
счётно-аналити́ческая ~ punched-card installation, punched-card machine
счётно-перфорацио́нная ~ punched-card installation, punched-card machine
счётно-сортиро́вочная ~ counting-and-sorting machine
сшивна́я ~ *прок.* stitcher
табакоувлажни́тельная ~ tobacco humidifying machine
таблетиро́вочная ~ tablet compressing [powder tabletting] machine
таблетиро́вочная, одношта́мповая ~ single-punch tablet machine
теленабо́рная ~ teletypesetter
темпери́рующая ~ tempering machine
теплова́я ~ heat engine
тёрочная ~ grating [rubbing] machine, grater
тестовальцо́вочная ~ dough rolling machine, dough sheeter, dough sheeting roller
тестодели́тельная ~ dough dividing machine, dough divider
те́стозака́точная ~ dough forming machine

машина
тестомеси́льная ~ doughing [dough-making, dough kneading, dough mixing] machine, dough mixer, dough kneader
тестомеси́льная, ви́лочная ~ fork-type blade dough mixer
тестомеси́льная ~ с вращა́ющимся меси́тельным о́рганом revolving arm dough mixer
тестомеси́льная ~ с двумя́ меси́льными о́рганами Z-обра́зной фо́рмы double-Z-arm dough mixer
тестомеси́льная, скоростна́я автомати́ческая ~ automatic high-speed dough mixer
тестомеси́льная ~ со стациона́рной дежо́й stationary bowl dough mixer
тестоокругли́тельная ~ dough rounding machine, dough rounder, dough baller
тестоотса́дочная ~ dough depositing machine, dough depositor
тесторазде́лочная ~ dough make-up unit
тестоформо́вочная ~ dough moulding [dough forming] machine, dough shaper
трави́льная ~ 1. *полигр.* etching machine, etcher **2.** *мет.* pickling machine
трави́льная, вертика́льная ~ *полигр.* vertical spray etcher
трави́льная, однопроце́ссная ~ *полигр.* powderless etcher
трави́льная ~ периоди́ческого де́йствия *мет.* rocker-type pickling machine
трави́льная ~ с коромы́слом *мет.* arm pickling machine
трамбо́вочная ~ (*коксовой батареи*) ramming machine
трелёвочная ~ skidding machine
трепа́льная ~ spreading machine, scutcher
трепа́льная, бараба́нная ~ turbine scutcher
трепа́льная, ва́тная ~ batting machine
трепа́льная ~ для табака́ tobacco ripping machine
трепа́льная, одноби́льная ~ single-scutcher [swingling] machine
трепа́льная, отде́лочная ~ finisher scutcher
трости́льная ~ *текст.* slubbing frame
трубоги́бочная ~ pipe-[tube-] bending machine
трубонаполни́тельная и уку́порочная ~ tube filling-and-closing machine
трубоправи́льная, ротацио́нная ~ rotary tube straightener
трубоpе́зательная ~ pipe-[tube-]cutting machine
трубосва́рочная ~ pipe-[tube-]welding machine, pipe welder

машина
трубоформо́вочная ~ pipe-moulding machine
~ трю́ковой опти́ческой печа́ти *кфт.* special-effects optical printer
~ Тью́ринга *киб.* Turing('s) machine
тяну́льная ~ *кож.* staking machine, staker
тяну́льная ~ для караме́льной ма́ссы candy pulling machine
убо́рочная ~ *с.-х.* harvester; (*для корнеплодов*) digger; (*для плодов кустовых культур*) picker
убо́рочная, бу́нкерная ~ tanker harvester
убо́рочная, ва́куумная ~ vacuum harvester
убо́рочная ~ для вы́борочной убо́рки selective harvester
убо́рочная ~ для двухфа́зной убо́рки indirect [two-phase] harvester
убо́рочная ~ для са́харного тростника́ cane cutter
убо́рочная, навесна́я ~ linkage-mounted harvester
убо́рочная, одноря́дная ~ single-row harvester
убо́рочная, пневмати́ческая ~ suction harvester
убо́рочная ~ с боковы́м выгрузны́м элева́тором side-elevator harvester
убо́рочная ~ с измельча́ющим аппара́том chopper harvester
убо́рочная ~ с рассти́лочным аппара́том mat harvester
убо́рочная ~ с цепо́вым измельча́ющим аппара́том flail-type harvester
убо́рочная, узкозахва́тная ~ narrow-cut harvester
увлажни́тельная ~ 1. *пищ.* humidifying machine, humidifier **2.** *текст.* damping [dewing] machine
угароочища́ющая ~ waste cleaning machine, waste cleaner
углепогру́зочная ~ coal loader
уда́рно-вибрацио́нная ~ shock-and-vibration machine
узловяза́льная ~ knotting machine
уку́порочная ~ capping machine, capper; (*для укупорки корковой пробкой*) corking machine
уку́порочная, ротацио́нная ~ rotary capping machine, rotary capper
упако́вочная ~ packing machine, packer
упако́вочная, универса́льная ~ multipacking machine
упако́вочно-вяза́льная ~ *полигр.* package-tying [bundle-tying] machine
уплотня́ющая вибрацио́нная ~ vibrotampering machine
уто́чно-мота́льная ~ cop(-winding) [weft-winding] machine
уто́чно-мота́льная, ди́сковая, универса́льная ~ universal winding-and-quilling machine

машина
уто́чно-мота́льная ~ с воро́нками cop-winding machine with guiding cones
уто́чно-насти́лочная ~ cop(-winding) [weft-winding] machine
факту́рная ~ accounting machine
фальцева́льная ~ *полигр.* folding machine, folder
фальцева́льная ~ для бума́жных листо́в *полигр.* paper-folding machine
фальцева́льная, кассе́тная ~ *полигр.* buckle section folder
фальцева́льная, многосекцио́нная ~ *полигр.* section folding machine
фальцева́льная, ножева́я ~ *полигр.* blade [knife-type] folding machine, knife folder
фальцева́льная, ножева́я, двухтетра́дная ~ *полигр.* duplex folder
фальцева́льно-шве́йная ~ *полигр.* section folding-and-stitching machine
фальцо́вочная ~ 1. *дер.-об.* rabbeting machine **2.** *мет.* seaming machine
фасо́вочная ~ weighing-and-filling machine
фасо́вочно-упако́вочная ~ weighing-and-packing machine
филетиро́вочная ~ (fish) filleting machine
фланжиро́вочная ~ flanger
флотацио́нная ~ floatation machine
флотацио́нная, комбини́рованная ~ composite floatation machine
флотацио́нная, механи́ческая ~ mechanical floatation machine
флотацио́нная, многока́мерная ~ multicompartment floatation machine
флотацио́нная, пе́нная ~ с переме́шиванием agitation-froth machine
флотацио́нная, пневмати́ческая ~ pneumatic floatation machine
флотацио́нная ~ с меша́лкой agitator machine
фольгозавёрточная ~ foiling machine
фольгозавёрточная и этикетиро́вочная ~ foiling-and-banding machine
форзацприкле́ечная ~ end-and-front sheet pasting machine
формиру́ющая ~ *дер.-об.* forming machine
формо́вочная ~ 1. *мет.* moulding machine, moulder **2.** *пищ.* moulding [forming] machine, moulder **3.** *кож.* squeezer
формо́вочная, встря́хивающая ~ jolt moulding machine
формо́вочная ~ для по́чвенных горшо́чков soil-block machine
формо́вочная ~ для торфоперегно́йных горшо́чков peat-soil block press, peat-soil block machine
формо́вочная, пескоду́вная ~ mould blower

машина
формо́вочная, пневмати́ческая ~ pneumatic moulding machine
формо́вочная, пре́ссовая ~ squeeze moulding machine
формо́вочная ~ с поворо́тным сто-ло́м *пищ.* rotary table moulding machine
фотокопирова́льная ~ photocopying machine
фотонабо́рная ~ photocomposing machine, photosetter
фотосбо́рочная ~ step-and-repeat machine
франкирова́льная ~ franker
хлопкоубо́рочная ~ cotton picker
хлопкоубо́рочная, бараба́нная шпи́ндельная ~ drum-type spindle picker
хлопкоубо́рочная, двухря́дная ~ two-row cotton picker
хлопкоубо́рочная, цепна́я ~ chain (belt) cotton picker
хлопкоубо́рочная, шпи́ндельная ~ spindle cotton picker
хлопкоубо́рочная, щёточная ~ brush-type cotton harvester
хмелеубо́рочная ~ hop picker
холоди́льная ~ refrigerating machine
холоди́льная, абсорбцио́нная ~ absorption refrigerating machine
холоди́льная, абсорбцио́нная водоаммиа́чная ~ ammonia-water absorption refrigerating machine
холоди́льная, абсорбцио́нно-компрессио́нная ~ absorption-compression refrigerating machine
холоди́льная, агрегати́рованная ~ packaged refrigerating unit
холоди́льная, аммиа́чная ~ ammonia refrigerating machine
холоди́льная, аммиа́чно-компрессио́нная ~ ammonia-compression refrigerating machine
холоди́льная, ва́куумная ~ vacuum refrigerating machine
холоди́льная, возду́шная ~ (cold-) air refrigerating machine
холоди́льная, компрессио́нная ~ compression refrigerating machine
холоди́льная, низкотемперату́рная ~ low-temperature refrigerating machine
холоди́льная, парова́я ~ vapour refrigerating machine
холоди́льная, пароводяна́я ~ water vapour refrigerating machine
холоди́льная, парокомпрессио́нная ~ vapour compression refrigarating machine
холоди́льная, пароэже́кторная ~ steam-jet ejector refrigerating machine
холоди́льная, фрео́новая ~ freon refrigerating machine
холоди́льная, центробе́жная ~ centrifugal refrigerating machine
холодновы́садочная ~ cold-upsetting machine

машина
холстовытяжна́я ~ ribbon lap(ping) machine
цветодели́тельная ~ colour scanner
цементоупако́вочная ~ cement bag packer
циклёвочная ~ floor grinder
чаеглазиро́вочная ~ tea glazing machine, tea glazer
чаезавя́лочная ~ tea leaf withering machine
чаеподре́зочная ~ tea pruner
чаеполирова́льная ~ tea polishing machine, tea polisher
чаесбо́рочная ~ го́рного ти́па hill-side tea-leaf harvester
чаесбо́рочная, гребе́нчатая ~ comb-type tea-leaf harvester
чаесбо́рочная, мотови́льная ~ reel-type tea-leaf harvester
чаесбо́рочная ~ равни́нного ти́па level-land tea-leaf harvester
чаесбо́рочная, самохо́дная ~ self-propelled tea-leaf harvester
чаескру́чивающая ~ tea-leaf roller
чаесортирова́льная ~ tea-leaf sorter
чаесуши́льная ~ tea firing machine
чаеупако́вочная ~ tea packing machine, tea packer, tea packet forming-and-filling machine
чаеутру́сочная ~ tea shaker, tea packer
чаеформо́вочная ~ tea moulding machine
чертёжная ~ drawing machine
чеса́льная ~ 1. *с.-х.* hackle **2.** *текст.* card(er), carding machine
чеса́льная, ва́личная ~ roller card
чеса́льная, ва́лично-шля́почная ~ roller top [mixed, union] card
чеса́льная, ва́тная ~ wadding card
чеса́льная, во́йлочная ~ felt card
чеса́льная, иго́льчатая ~ wire card
чеса́льная, камво́льная ~ worsted card
чеса́льная, приготови́тельная ~ breaker card
чеса́льная, приготови́тельная однобараба́нная ~ single-cylinder breaker card
чеса́льная ~ с двумя́ съёмными бараба́нами double-doffer card
чеса́льная, ро́вничная ~ с ремешко́вым дели́телем condenser card (with tape devider)
чеса́льная, то́нкая ~ finisher card
чи́стильная ~ 1. *кфт.* film-cleaning machine **2.** (*для жести*) branning machine
чи́стильная, щёточная ~ *текст.* cloth brushing machine; brushing machine
чи́стильно-мо́ечная ~ *прок.* scrubbing machine
чи́стильно-реставрацио́нная ~ *кфт.* film-renovating machine
чулочновяза́льная ~ hosiery [stocking] knitter

машина
чулочнокрасильная ~ hosiery dyeing machine
швейная ~ **1.** stitch(ing) machine, stitcher 2. *кож.* seamer
швейная ~ **с цепным стежком** chain-stitch machine
шелушильная ~ hulling machine, huller, dehuller, scouring machine, scourer, sheller, shucker
шерстомойная ~ wool-scouring [wool-washing, fleece-washing, desuinting] machine
шерстомойная, лопастная ~ paddle wool-washing machine
шерстосгонная ~ unhairing machine
шинковальная ~ chopping machine
шинковальная ~ **для капусты** cabbage shredder
шкуросъёмная ~ **1.** skinning machine, skinner 2. hide pulling machine, dehider
шлеечная ~ *текст.* thread extractor, thread picker
шлифовальная ~ **1.** *пищ.* polishing machine, polisher, glazing machine, glazer 2. *кож.* buffing machine
шлифовальная, проходная ~ *кож.* through-put buffing machine
шлихтовальная ~ *текст.* sizing machine
шлихтовальная, барабанная ~ *текст.* cylinder sizing machine
шлихтовальная ~ **для пряжи** *текст.* yarn sizing machine
шлихтовальная, жгутовая ~ *текст.* tape [ball] sizing machine
шлихтовальная ~ **с воздушной сушилкой** hot air sizing machine
шлихтовальная ~ **со щёточным прибором** dressing machine
шлямовочная ~ *пищ.* sliming machine
шлямодробильная ~ *пищ.* slime crushing machine, slime crusher
шнекобуровая ~ augering machine, auger
шнуровальная ~ **для заготовок верха** *кож.* upper-lacing machine
шнуровальная ~ **для табака** tobacco stringing machine, tobacco stringer
шнурочная ~ banding machine
шпулеочистительная ~ bobbin-stripping machine
шпунтовочная ~ *дер.-об.* grooving machine
шрифтолитейная ~ typecasting machine
штабелеразборочная ~ (*для разгрузки с поддонов*) depalletizing machine, depalletizer
штамповочно-ковочная ~ forging-and-stamping machine
штамповысекальная ~ *полигр.* die-cutting machine
штанцевальная ~ *полигр.* punching machine

машина
штемпелевальная ~ (*для писем*) stamping machine
щетиноскручивающая ~ hair curling machine
щипальная ~ *текст.* willowing machine
электрическая ~ (*см. соответствующие термины под рубриками* **электрический генератор и электродвигатель**)
электрическая, вольтодобавочная ~ positive booster
электрическая, вольтопонижающая ~ negative booster
электрографическая ~ *полигр.* electrographic machine
электрографическая, ротационная ~ rotary electrographic [rotary electrographic copy-making] machine
электронно-вычислительная ~ electronic computer (*см. тж.* **ЭВМ**)
электросварочная ~ electric welding machine, electric welder
электростригальная ~ electric clipper
электрофорная ~ electrostatic [induction] machine
эмульсионная ~ emulsifying machine
энергетические ~**ы** (*собирательный термин, общетеоретическое понятие*) energy-converting machinery
эпилировочная ~ fur-cutting machine
этикетировочная ~ labelling machine, labeller

машина-двигатель *ж.* engine
машина-дублёр *ж.* doubling machine
машина-окалиноломатель *ж.*, **правильная** processor-leveller
машина-орудие *ж.* power [machine] tool
машинист *м. горн.* operator; *ж.-д.* engine-driver
~ **скиповой ямы** skipman
машинка *ж.*:
взрывная ~ exploder, blasting [shot-firing] machine
взрывная, батарейная ~ battery shot-firing machine
взрывная, безопасная ~ approved shot-firing exploder
взрывная ~ **группового взрывания** multishot exploder
взрывная ~ **одиночного взрывания** single-shot exploder
взрывная, конденсаторная ~ condenser exploder
~ **для зачистки проводов** wire stripper, wire skinner
пишущая ~ typewriter
рулевая ~ **1.** *косм.* control-surface actuator 2. *ав.* control-surface servo
стригальная ~ (*для овец*) clipper, shearer, shearing machine
машиноведение *с.* science of machines
машиностроение *с.* machine building, machine manufacturing, mechanical engineering, engineering industry
сельскохозяйственное ~ agricultural machinery industry
тяжёлое ~ basic [heavy] engineering industry
энергетическое ~ power engineering industry
машино-час *м.* machine-hour
маяк *м.* lighthouse, beacon
аэродромный ~ aerodrome beacon
аэронавигационный ~ aeronautical beacon
аэропортовый ~ airport beacon
бортовой ~ anticollision light
ведомый ~ slave beacon
ведущий ~ master beacon
вращающийся ~ revolving beacon
гипсовый ~ (*в штукатурных работах*) screed
двухкурсовой ~ two-course beacon
двухлучевой ~ two-beam [double-modulation] beacon
деревянный ~ *стр.* ground
деревянный ~ **со скошенными краями** *стр.* splayed ground
затмевающий ~ occulting beacon
звуковой ~ aural radio range, aural-type beacon
кодовый ~ code beacon
курсовой ~ course light
линейный ~ airway beacon
маркёрный ~ marker beacon
маркёрный, веерный ~ fan marker beacon
маркёрный, входной ~ approach marker beacon
маркёрный, конусный ~ Z-marker beacon
маркёрный, пограничный ~ boundary marker beacon
многоламповый ~ multiple-bulb [multilamp] beacon
наземный ~ ground beacon
направленный ~ directional beacon
ненаправленный ~ non-directional beacon
однопроблесковый ~ single-flash beacon
ориентирный ~ landmark beacon
парашютный ~ parachute beacon
плавучий ~ lightship, light-vessel
посадочный ~ landing beacon
приводной ~ homing beacon
проблесковый ~ flashing beacon
равносигнальный ~ equisignal beacon
радиолокационный ~ radar beacon, racon
световой, заградительный ~ hazard (light) beacon
световой ~ **захода на посадку** approach light beacon
световой, проблесковый ~ flashing (light) beacon
~ **с вращающейся рамочной антенной** rotating loop beacon
маяк-ответчик *м.* responder beacon

ма́ятник *м.* pendulum
астази́рованный ~ astatic pendulum
баллисти́ческий ~ ballistic pendulum
бифиля́рный ~ bifilar pendulum
гравиметри́ческий ~ gravity pendulum
двойно́й ~ double pendulum
изохро́нный ~ isochrone pendulum
кони́ческий ~ conical pendulum
крути́льный ~ torsion pendulum
математи́ческий ~ simple pendulum
оборо́тный ~ reversible [Kater's] pendulum
свобо́дный ~ free pendulum
сфери́ческий ~ spherical pendulum
уравни́тельный ~ compensator, compensation pendulum
физи́ческий ~ physical [compound] pendulum
фрикцио́нный ~ Froude pendulum
~ Фру́да Froude pendulum
~ Фуко́ Foucault pendulum
МГД-генера́тор *м.* **[магнитогидродинами́ческий генера́тор]** MHD-generator □ **~ рабо́тает по,** *напр.* **за́мкнутому** *или* **откры́тому ци́клу** an MHD-generator operates on, *e. g.*, a closed- *or* open- cycle system
~ за́мкнутого ци́кла closed-cycle MHD-generator
~ откры́того ци́кла open-cycle MHD-generator
МГД-гироско́п *м.* **[магнитогидродинами́ческий гироско́п]** MHD-gyro(scope)
МГД-насо́с *м.* **[магнитогидродинами́ческий насо́с]** MHD-pump
мебелево́з *м.* furniture-moving van
ме́бель *ж.* furniture
ко́рпусная ~ cabinet [cabinet-work] furniture
мега ... (*приставка для обозначения наименований кратных единиц физических величин, равных* 10^6) mega-, M *пример:* **мегава́тт = 10^6 ватт** megawatt = 10^6 watts
мегасе́йсм *м.* megaseism
мегаско́п *м.* megascope
мегатро́н *м.* megatron
мегафо́н *м.* megaphone
мегомме́тр *м.* megohmmeter (Megger — *фирм. название*)
медве́дка *ж. жарг. маш.* bear punch
медиа́на *ж.* median
медиатри́са *ж. мат.* midperpendicular
медне́ние *с.* copper plating
меднoза́кисный *прил.* cuprous
меднoки́слый *прил.* cuprate
ме́дный *прил.* cupric, copper
медого́нка *ж.* honey separator
медь *ж.* copper, Cu □ **дразни́ть ~ на,** *напр.* **пло́тность, ко́вкость** pole (down) the copper for, *e.g.*, density, toughness; **зейгерова́ть ~** liquate copper; **извлека́ть ~ пла́вкой** extract copper by smelting, smelt copper; **рафини́ровать ~** refine copper; **снима́ть ~ с като́дной осно́вы** (*в электролитическом процессе*) strip the copper (deposit) from a starting sheet
медь
бе́лая ~ German silver
бескислоро́дная ~ oxygen-free copper
като́дная ~ cathode copper
като́дная, брикети́рованная ~ coalesced copper
конве́ртерная ~ blister copper
листова́я ~ sheet [flat] copper
лите́йная ~ casting copper
нагарто́ванная ~ cold-worked copper
~ обмо́тки возбужде́ния field copper
по́довая ~ (copper) bottoms
полосова́я ~ flat copper
пру́тко́вая ~ bar copper
саморо́дная ~ native copper
станда́ртная ~ standard copper
техни́чески чи́стая ~ tough pitch copper
чернова́я ~ blister copper
чернова́я ~ из оки́сленных руд black copper
чу́шковая ~ pig copper
штыкова́я ~ cake copper
электролити́ческая ~ electrolytic copper
междоу́злие *с.* interstitial site
междупу́тье *с. ж.-д.* centre of tracks, track spacing
междуря́дье *с.* row middle, row-spacing, inter-row spacing, row width
междустро́чие *с. полигр.* interlinear space
межева́ние *с.* (land) surveying, chorometry
межкристалли́ческий *прил.* intercrystalline, intergranular
мезадио́д *м.* mesa diode
кре́мниевый параметри́ческий ~ silicon mesa-type varactor
ме́за-о́бласть *ж.* mesa
мезаструкту́ра *ж.* mesa(-structure)
диффузио́нная ~ diffused mesa (-structure)
подре́занная ~ undercut mesa (-structure)
подтра́вленная ~ undercut mesa (-structure)
~, полу́ченная травле́нием etched mesa(-structure)
мезатранзи́стор *м.* mesa transistor
~, полу́ченный ме́тодом двойно́й диффу́зии double-diffused mesa transistor
сплавно́й ~ alloy mesa [AM] transistor
~ то́чечной геоме́трии dot-mesa transistor
эпитаксиа́льный ~ epitaxial (-growth) mesa transistor
мезголову́шка *ж.* pulp trap
мездра́ *ж.* hide shreds
мездре́ние *с.* scouring, scraping, green-fleshing
мездри́ть *гл.* scour, scrape
мездря́к *м.* beam [fleshing, paring, scraping] knife
мезоа́том *м.* mesonic atom
мезоме́р *м.* mesomer, meso-form
мезомери́я *ж.* mesomerism
мезомоле́кула *ж.* mesonic molecule, mesomolecule
мезоморфи́зм *м.* mesomorphism
мезо́н *м.* meson
мезони́н *м.* attic; mezzanine, penthouse
мезопа́уза *ж.* mesopause
мезопи́к *м.* mesopeak
мезопла́зма *ж.* mesoplasma
мезосфе́ра *ж.* mesosphere
мезотро́н *м. см.* **мезо́н**
мел *м.* **1.** chalk **2.** (*внесистемная единица высоты звука*) mel
меланже́р *м.* melangeur
меланжи́рование *с.* colour blending
мела́сса *ж.* molasses, blackstrap
мелассообразова́тель *м.* molasses-former, molasses-maker
мелиора́ция *ж.* (land) reclamation, amelioration, drainage and irrigation
агротехни́ческая ~ cultivating reclamation
биологи́ческая ~ biological reclamation
во́дная ~ water amelioration hydro-amelioration
инжене́рная ~ engineering amelioration
лесна́я ~ forest reclamation
обводни́тельная ~ irrigation amelioration
осуши́тельная ~ drainage amelioration
по́лная ~ full-scale reclamation
~ по́чвы soil development
сельскохозя́йственная ~ agricultural reclamation
техни́ческая ~ engineering reclamation
хими́ческая ~ chemical reclamation
мелиори́ровать *гл.* ameliorate, reclaim
мелкосло́йность *ж.* **древеси́ны** fineness of wood
ме́лкость *ж. мат.* mesh
мелова́ние *с.* **бума́ги** paper coating
мелоти́пия *ж.* music-printing
ме́лочь *ж.* fines; chips
брике́тная ~ briquet fines
ка́менная ~ stone chips
карье́рная ~ pit-run fines
ко́ксовая ~ coke breeze
неагломери́рованная ~ non-sintered fines
ру́дная ~ ore fines
у́гольная ~ coal fines
мелька́ние *с.* flicker(ing)
~ изображе́ния image flicker(ing)
межто́чечное ~ interdot flicker
~ строк line flicker
~ цвето́в colour flicker
мелька́ть *гл.* flicker
ме́льница *ж.* mill
аэроби́льная ~ paddle-type mill
бараба́нная ~ rattler, tumbling barrel

ме́льница
бараба́нная, га́лечная ~ pebble mill
бараба́нная, стержнева́я ~ rod mill
бараба́нная, шарова́я ~ ball-tube mill
бегунко́вая ~ runner mill
би́льная ~ hammer mill
валко́вая ~ roller (mill)
валко́вая ~ с кони́ческой ча́шей bowl [ring-roller] mill
вентили́руемая ~ aerated mill
ветряна́я ~ windmill
вибрацио́нная ~ vibratory mill
водяна́я ~ watermill
~ гру́бого помо́ла coarse-grinding [crushing] mill
ди́сковая ~ disk mill
жернова́я ~ burr(-stone) mill, millstone
зернова́я ~ grain mill
коллоида́льная ~ colloidal mill
кольцева́я ~ ring mill
кормова́я ~ fodder mill
ко́стная ~ bone mill
кофе́йная ~ coffee grinder
~ ме́лкого помо́ла pulverizing mill, pulverizer
многока́мерная ~ multiple-compartment mill
молотко́вая ~ hammer mill
мукомо́льная ~ flour mill
~ с разгру́зкой че́рез диафра́гму diaphragm-discharge mill
стру́йная ~ jet(-type) [air-stream] mill
~ с центра́льной разгру́зкой centre-discharge mill
~ то́нкого помо́ла pulverizing mill, pulverizer
уда́рная ~ impact mill
центробе́жная ~ vapart mill; centrifugal mill
шарова́я ~ ball mill
ша́хтная ~ hammer mill
ша́хтная, аксиа́льная ~ axial air-inlet hammer mill
ша́хтная, тангенциа́льная ~ tangential air-inlet hammer mill
ме́льница-вентиля́тор *ж.* pulverizing fan
мельхио́р *м.* German silver
мембра́на *ж.* membrane, diaphragm
водонепроница́емая ~ water-impervious membrane
гармо́никовая ~ bellows, sylphon
диффузио́нная ~ diffusion membrane
жёсткая ~ rigid membrane
~ звукового́ сигна́ла horn diaphragm
ионообме́нная ~ ion-exchange membrane (*electrolyte*)
катио́нная ~ cationic membrane
лицева́я ~ *кож.* grain membrane, glassy layer
~ микрофо́на microphone diaphragm
мемі́стор *м.* (*электрохимический элемент с запоминанием*) memistor
мемноско́п *м.* memnoscope
мемотро́н *м.* memotron storage tube
менделе́вий *м.* mendelevium, Md
ме́нзул/а *ж.* plane [surveyor's] table □ **ориенти́ровать ~у по ве́хе** orient the plane table towards a stake; **ориенти́ровать ~у по направле́нию,** *напр.* **АБ** orient the plane table by means of the direction [line] AB; **устана́вливать ~у над то́чкой** station the plane table; **устана́вливать ~у на ме́стности** set up the plane table; **центри́ровать ~у: то́чка *а* на планше́те лежи́т в одно́й отве́сной ли́нии с то́чкой *А* на ме́стности** set the plane table over one end of the base line so that *a* on the map is vertically above *A* on the ground
мензу́рка *ж.* measuring glass
мени́ск *м.* **1.** (*граница раздела между жидкостью и воздухом*) meniscus **2.** (*линза*) meniscus (lens)
ахромати́ческий ~ achromatic meniscus
во́гнутый ~ concave meniscus
вы́пуклый ~ convex meniscus
отрица́тельный ~ negative [diverging] meniscus
положи́тельный ~ positive [converging] meniscus
ме́ньше □ **~ вдво́е** half as great, half as much, half as many; **в зави́симости от того́, кака́я из э́тих величи́н ~ ...** whichever is the smaller; **~ вполови́ну** less by half; **... раз ~** smaller by a factor of ... *пример*: **~ вдво́е, втро́е** *и т. п.* one-half, one-third, *etc.* as great [as much, as many]; **А втро́е** (*и т. п.*) **~ Б** A is one-third (*etc.*) of B; (*Примечание. Неграмотно переводить*: A is three times less than B)
меня́ть *гл.* alter, change □ **~ знак** *мат.* reverse [change] sign; **~ места́ми** trade [change, exchange] places, permute, interchange; **~ места́ми выводны́е концы́** reverse the connections; **~ся как фу́нкция логари́фма частоты́** repeat (periodically) as the logarithm of frequency; **~ места́ми фа́зы** (*напр. у электродвигателя*) interchange (any two) phases (*e. g., of an electric motor*); **~ направле́ние** reverse direction; **~ся обра́тно пропорциона́льно *n*-ой сте́пени** *чего-л.* vary with the inverse *n*th power of ...; **~ся от 0 до ∞** go from 0 to ∞; **~ ся периоди́чески** (*напр., о свойстве*) repeat periodically
ме́р/а *ж.* **1.** (*величина*) measure **2.** (*средство измерений для воспроизведения физической величины заданного размера*) standard □ **градуи́ровать ~у** calibrate a standard; *напр.* **образцо́вая ~ получа́ет значе́ние от,** *напр.* **этало́на** a, *e. g.*, reference standard is calibrated against, *e. g.*, a primary standard, *e. g.*, a primary standard is transferred to, *e. g.*, a reference standard; **передава́ть (разме́ры едини́ц) от,** *напр.* **образцо́вой ~ы,** *напр.* **рабо́чей ~е** transfer (units) from, *e. g.*, a reference to, *e. g.*, a working standard; **поверя́ть,** *напр.* **рабо́чую ~у по,** *напр.* **образцо́вой ~е** recalibrate [test] a, *e. g.*, working standard against, *e. g.*, a reference standard; **создава́ть ~у** construct a standard; **сохраня́ющий ~у** *мат.* measure-preserving; **устана́вливать,** *напр.* **образцо́вую ~у** establish a, *e.g.*, reference standard **3.** (*мероприятие*) measure
ме́р/а
аддити́вная ~ additive measure
~ы безопа́сности safeguards, safety measures, safety precautions
вероя́тностная ~ probability measure
~ вмести́мости *метр.* **1.** measure of capacity **2.** standard of capacity
гармони́ческая ~ harmonic measure
гиперболи́ческая ~ hyperbolic measure
гра́дусная ~ grade measure
~ длины́, концева́я end standard of the metre
~ длины́, штрихова́я line standard (of the) metre
дугова́я ~ arc measure
~ ка́чества (*системы, устройства*) figure of merit
лине́йная ~ linear measure
метри́ческая ~ metric measure
образцо́вая ~ reference [secondary] standard
~ объёма volume measure
однозна́чная ~ *метр.* single-size standard
~ пло́щади measure of area, square measure
~ы предосторо́жности precautionary measures, precautions
предупреди́тельная ~ preventive measure, precaution, safeguard
~ы противоде́йствия countermeasures
противопожа́рные ~ы fire prevention
рабо́чая ~ working standard
радиа́нная ~ radian [circular] measure
~ разбро́са measure of spread
~ сыпу́чих тел dry measure
~ то́чности modulus of precision
углова́я ~ 1. angular measure **2.** angle standard
устано́вочная ~ reference gauge
~ эксце́сса *мат., стат.* measure of kurtosis
~ электри́ческой величины́ (*в измерительных магазинах, в зависимости от типа магазина*) precision resistor, precision capacitor, precision coil [inductor]
эстети́ческая ~ measure of aestetics
~ эффекти́вности measure of effectiveness

мергелева́ние *с.* marling, marl application
ме́ргель *м.* marl, chalky clay
мере́я *ж.* grain, (surface) grain pattern
нака́танная ~ boarded grain
наре́занная ~ embossed grain
мерзлота́ *ж.* frozen state; congelation, congealment
ве́чная ~ permafrost
многоле́тняя ~ permafrost
мерзлотове́дение *с.* permafrostology
мерзлотоме́р *м.* cryopedometer
меридиа́н *м.* meridian □ **выходи́ть из** ~**а** (*о гироскопе*) be drawn out of the meridian; **приводи́ть в** ~ (*о гироскопе*) bring into alignment with the meridian
вспомога́тельный ~ auxiliary meridian
географи́ческий ~ geographic meridian
геодези́ческий ~ geodetic meridian
гла́вный ~ principal [initial, reference] meridian
гри́нвичский ~ Greenwich meridian
~ **да́нной то́чки** local meridian
и́стинный ~ true meridian
исхо́дный ~ meridian of origin, base meridian
магни́тный ~ magnetic meridian
ме́стный ~ local meridian
нача́льный ~ base meridian, meridian of origin
небе́сный ~ celestial meridian
нулево́й ~ prime meridian
осево́й ~ central [mean, prime] meridian
основно́й ~ principal [initial, reference] meridian
сре́дний ~ central [mean, prime] meridian
~ **то́чки наблюде́ния** observer's meridian
~ **то́чки стоя́ния** observer's meridian
центра́льный ~ central meridian (*e. g., of the Sun*)
ме́рить *гл.* measure, gauge
ме́рк/а *ж.* measure □ **снима́ть** ~**у** take the measure
меркапта́н mercaptan
меркуриме́трия *ж.* mercurimetry
меркурогра́фия *ж.* mercury process
меркуроме́трия *ж.* mercurometry
мерлу́шка *ж.* morling, dressed lamb-skin
ме́рник *м.* gauging [measuring] tank, batcher, gauge [batch] box
мероморфи́зм *м. мат.* meromorphism, meromorphic mapping
мероопределе́ние *с.* metric, measure, metrization
мероприя́тие *с.* procedure; provision; practice; measure; function
противопожа́рное ~ antifire measure
мерсериза́ция *ж.* mercerization
ме́ртель *м.* mortar
огнеупо́рный ~ refractory mortar
ме́ртель
шамо́тный ~ fireclay mortar
мерца́ние *с.* flicker; scintillation; blinking, twinkling
~ **ёмкости** (*конденсатора постоянной ёмкости*) short-term stability
~ **звёзд** stellar scintillation, twinkling of stars
~ **като́да** flicker effect
~ **радиоисто́чников** radio (star) scintillation, radio star twinkling
~ **све́та** twinkle, glimmer, intermittent light
мерца́ть *гл.* flicker, scintillate; blink, twinkle
меси́лка *ж.* mixer; kneading machine
меси́ть *гл.* mix; knead; (*глину*) puddle
мессдо́за *ж.* load-cell strain gauge, force cell, pressure capsule
месершти́хель *м.* knife-shaped graver, knife tool
ме́стник *м.* (*отражение от местного предмета*) *жарг., рлк.* permanent echo
ме́стност/ь *ж.* locality, district, region, place □ **определя́ть на** ~**и** (*напр. характерные точки*) locate (*e. g., a characteristic point*)
горизонта́льная ~ level ground
леси́стая ~ woodland
малонаселённая ~ sparcely populated area, sparcely populated locality
населённая ~ (densely) populated area, (densely) populated locality
пересечённая ~ rugged terrain
равни́нная ~ flat ground
~ **с укло́ном** sloping site
холми́стая ~ undulating ground, hilly country
ме́ст/о *с.* location; site, position □ **име́ть** ~ *мат.* obtain, subsist, hold, occur, take place; **испо́льзовать производи́мую проду́кцию на** ~**е (для ...)** use the product captively (in ...); **на ви́дном** ~**е** in plain view; prominently *пример*: **предупреди́тельные на́дписи должны́ быть вы́ставлены на ви́дном** ~**е** have caution signs posted in plain view; **установи́ть предупреди́тельную на́дпись на ви́дном** ~**е** display the caution sign prominently; **положи́ть,** *напр.* **инструме́нт стро́го на своё** ~ return, *e.g.*, a tool to its appropriate place; **поменя́ть** ~**а́ми** exchange, change position *примеры*: **поменя́в** ~**а́ми индукти́вности и ёмкости в схе́ме, полу́чим ёмкостную трёхто́чку** if the inductances and capacitances are exchanged in the circuit the result is a Colpitts oscillator; **сопротивле́ния R_1 и R_2 в уравне́нии поменя́лись** ~**а́ми** the resistors R_1 and R_2 change position in the equation; **по** ~**у** suit job [requirements] *пример*: **сверли́ть отве́рстия по** ~**у** drill the holes to suit job [requirements]
ме́ст/о
асимптоти́ческое ~ *мат.* asymptotic spot
вака́нтное ~ 1. lattice vacancy (*in solids*) 2. shell vacancy (*in atoms*)
ви́димое ~ *астр.* apparent place
~ **включе́ния** *эл.* point of connection
~ **води́теля** driver seat
~ **в решётке** *крист.* lattice site
~ **вы́хода ла́вы на штрек** gatehead
географи́ческое ~ (*светила*) geographical position
геометри́ческое ~ **то́чек** locus
геометри́ческое ~ **то́чек прикоснове́ния** tac-locus
действи́тельное ~ *нвг.* true position
~ **для ног** foot [leg] space, foot room, legroom
~ **для стоя́нки** *трансп.* standing place, standing room
~ **изги́ба** *прок.* bent section
~ **изображе́ния, светлое** *тлв., кфт.* highlight
~ **изображе́ния, тёмное** *тлв., кфт.* low light
и́стинное ~ *астр.* true place
~ **крепле́ния** attaching point
~ **назначе́ния** destination
непрогре́тое ~ (*в слитке*) cold spot
~**, неудо́бное для рабо́ты** awkward position
~ **остано́ва програ́ммы** *вчт.* breakpoint
~ **отпа́йки** tap (point)
~ **отправле́ния** point of departure
~ **перегре́ва** (*в слитке*) hot spot
~ **переда́чи** *свз.* sending end
~ **пересече́ния** point of intersection
подсто́пное ~ *лес.* pile bottom
поса́дочное ~ *маш., мех.* location; (*в сборке деталей*) mounting face, mounting seat; (*в уплотнительном устройстве*) seal housing □ **заштифтова́ть поса́дочное** ~ control a location by dowels
~ **приёма** *свз.* receiving end
пряди́льное ~ (*в прядильной машине*) spinning position
~ **пу́ска** *косм.* launching site
~ **пути́, пучи́нное** soft spot of a track
рабо́чее, входя́щее ~ *тлф.* position A
рабо́чее, ночно́е ~ *тлф.* night [concentration] position
рабо́чее ~ **опера́тора** *тлф.* (operator's) position
рабо́чее, свобо́дное ~ *тлф.* closed position
рабо́чее ~ **с указа́телем номеро́в** *тлф.* call indicator position
рабо́чее, тастату́рное ~ *тлф.* key pulser position
рабо́чее, учёбное ~ *тлф.* practice [learner's] position
~ **самолёта** [МС] the position of an aeroplane, a fix □ **определя́ть** ~ **самолёта** obtain [establish] a fix;

определя́ть ~ самолёта по наблюде́нию, напр. двух звёзд *или* **свети́л** obtain a fix from, *e. g.*, two selected stars *or* celestial bodies; **определя́ть ~ самолёта счисле́нием пути́** obtain the position of an aeroplane [a fix] by dead reckoning; **предвычисля́ть ~ самолёта** advance the position (of an aeroplane); **теку́щее ~ самолёта изобража́ется неподви́жным и́ндексом** the position of the airplane is continuosly given by the airplane symbol

ме́ст/о
~ самолёта, действи́тельное ground position
сидя́чее ~ *трансп.* seat, place
спа́льное ~ *мор.* (sleeping) berth
сре́днее ~ *астр.* mean place
~ стоя́нки самолётов parking area
~ схожде́ния путе́й bottleneck
счисли́мое ~ *нвг.* dead reckoned [DR] position
труднодосту́пное ~ out-of-the-way place, hard-to-reach place
~ установки изоли́рующих сты́ков за крестови́ной *свз.* fouling point

местонахожде́ние *с.* location, position, site, spot, seat

местоположе́ние *с.* location, position, seat; situation □ **определя́ть ~** (*напр. корабля, самолёта*) fix the position (*e. g. of a ship, plane*); **определя́ть ~ с земли́** (*напр. другого корабля, самолёта*) take a position fix on (*e. g., a ship, plane*); **определя́ть ~ (самолёта) путём астрономи́ческих наблюде́ний** take celestial fixes to obtain a positon; **определя́ть ~ то́чки на ме́стности** establish the location [position] of a place on the earth

месторасположе́ние *с.* location; situation

месторожде́ни/е *с.* deposit, field, occurrence □ **проводи́ть дета́льную разве́дку ~я (напр. руды́)** prove a (*e. g.*, *ore*) deposit; **хи́щнически разраба́тывать ~** strip the cream of a deposit [field]
аллювиа́льное ~ alluvial deposit
бе́дное ~ low-grade deposit
бога́тое ~ high-grade deposit
~ вкра́пленных руд disseminated deposit
вскры́тое ~ developed deposit, developed field
га́зовое ~ gas field
гла́вное ~ major deposit
делювиа́льное ~ dealluvial deposit
жи́льное ~ vein deposit
~ зо́лота gold field
конта́ктовое ~ contact deposit
магмати́ческое ~ magmatic deposit
магматоге́нное ~ magmatogene deposit
металлору́дное ~ metallic ore deposit

месторожде́ни/е
метаморфоге́нное ~ metamorphogene deposit
~ минера́льного сырья́ mineral deposit
нару́шенное ~ dislocated deposit
~, нару́шенное сбро́сами faulted deposit
непластово́е ~ non-tabular deposit
нефтяно́е ~ oil deposit, oil field
обводнённое ~ water-bearing [water-logged] deposit
оса́дочное ~ sedimentary deposit
пластово́е ~ bedded [stratified] deposit
~ поле́зного ископа́емого mineral deposit, mine [mining] field
полиметалли́ческое ~ complex deposit
промы́шленное ~ commercial deposit
россыпно́е ~ gravel [placer] deposit
ру́дное ~ ore deposit
седиментоге́нное ~ sedimentogene deposit
~ у́гля coal deposit, coalfield
~ у́гля, обнажённое exposed coalfield
~ у́гля, скры́тое concealed coalfield

ме́сяц *м.* month

мета ... (*приставка, обозначающая промежуточность, переход к чему-л., перемену состояния и т. п.*) meta ...

метагала́ктика *ж.* metagalaxy

мета́лл *м.* metal □ **декати́ровать ~** pickle a metal; **~ застыва́ет** a metal solidifies; **испы́тывать ~ на** (*напр. поперечный изгиб*) test a metal for ...; subject [put] a metal to (*e.g., a transverse*) test; **наплавля́ть ~** build up a metal; **наплавля́ть ~ бо́лее твёрдым** hard-face a metal; **~ облада́ет хоро́шими лите́йными ка́чествами** a metal casts well; **обраба́тывать ~ давле́нием** work [shape] a metal mechanically; **обраба́тывать ~ давле́нием в горя́чем состоя́нии** hot-work a metal, work a metal hot, subject a metal to hot working; **обраба́тывать ~ давле́нием в холо́дном состоя́нии** cold-work a metal, work a metal cold, subject a metal to cold working; **обраба́тывать ~ объёмной штампо́вкой** work [shape] a metal by die forging; **обраба́тывать ~ прессова́нием** work [shape] a metal by extrusion, extrude a metal shape; **обраба́тывать ~ прока́ткой** work [shape] a metal by rolling; **обраба́тывать ~ ре́занием** machine a metal; **обраба́тывать ~ свобо́дной ко́вкой** (*под молотом*) work [shape] a metal by hammering; (*под кузнечным прессом*) work [shape] a metal by press forging [by pressing]; **обта́чивать ~** turn a metal on a lathe; **оцинко́вывать ~** galvanize a metal; **пла́вить [получа́ть пла́вкой] ~** smelt a metal; **~ пла́вится [перехо́дит в жи́дкое состоя́ние]** a metal melts; **плаки́ровать ~** clad a metal; **~ ползёт** a metal creeps; **получа́ть ~ из руды́** extract [recover] a metal from an ore; **~ принима́ет полиро́вку** (*напр. хорошо, плохо*) a metal takes a polish (*e. g., well, poorly*), a metal is capable of taking a polish; **~ раздаётся** (*напр. при прокатке*) a metal spreads (*e. g., in rolling*); **~ течёт** a metal flows [creeps]; **трави́ть ~** pickle a metal

мета́лл
адмиралте́йский ~ admiralty gun metal
«бе́лый» ~ white metal
благоро́дный ~ noble metal
вагра́ночный ~ cupola metal
втори́чный ~ secondary metal
второстепе́нный ~ minor metal
~ высо́кой чистоты́ high-purity metal
высокосо́ртный ~ high-test metal
вя́зкий ~ tough metal
гранули́рованный ~ granulated metal
гото́вый ~ finished metal
жаропро́чный ~ high-temperature metal
жи́дкий ~ molten metal
зерка́льный ~ speculum (metal)
кислотоупо́рный ~ acid-proof metal
кислотоусто́йчивый ~ acid-resistant metal
коррозио́нносто́йкий ~ non-corrosive metal
леги́рующий ~ alloying metal
лёгкий ~ light [low-density] metal
легкопла́вкий ~ low-melting-point [fusible] metal
листово́й ~ sheet metal
листово́й, волни́стый ~ corrugated sheet metal
листово́й, оцинко́ванный ~ galvanized sheet metal
лите́йный ~ cast metal
ма́точный ~ mother metal
~, мя́гко отожжённый soft-annealed metal
~, нанесённый распыле́нием sprayed metal
напла́вленный ~ built-up [deposited] metal
неблагоро́дный ~ base metal
~, недоста́точно теку́чий в жи́дком состоя́нии sluggish metal
~, обраба́тываемый давле́нием wrought metal
основно́й ~ *св.* base [parent] metal
основно́й ~ в зо́не терми́ческого влия́ния *св.* heat-affected base metal
~ осо́бой чистоты́ (extra) high-purity metal
перви́чный ~ primary metal
пережжённый ~ burned metal

мета́лл
переходно́й ~ transition metal
плаки́рованный ~ clad metal
~ **повы́шенной чистоты́** higher-purity metal
подши́пниковый ~ bearing metal
полосово́й ~ flats
~ **пони́женной чистоты́** lower-purity metal
по́ристый ~ foamed metal
порошко́вый ~ powdered metal
приса́дочный ~ *св.* filler metal
проби́рный ~ test metal
просто́й ~ elementary metal
радиоакти́вный ~ radioactive metal
рассе́янный ре́дкий ~ trace rare metal
редкоземе́льный ~ rare-earth metal
саморо́дный ~ native metal
~ **сва́рочного шва** weld metal
связу́ющий ~ binding metal
~ **с ни́зким коэффицие́нтом расшире́ния** low-expansion metal
тугопла́вкий ~ refractory metal
~ **усиле́ния шва** weld-reinforcement metal
хими́чески акти́вный ~ reactive metal
хими́чески чи́стый ~ chemically pure metal
холоднодеформи́руемый ~ cold-shaped metal
хру́пкий ~ brittle metal
цветно́й ~ non-ferrous metal
чернов́ой ~ crude metal
чёрный ~ ferrous metal
чу́шковый ~ pig metal
щёлочноземе́льный ~ alkali(ne)-earth metal
щелочно́й ~ alkali metal
электро́дный ~ electrode metal

мета́лл-замени́тель *м.* emergency metal

металли́д *м.* metallide

металлиза́тор *м.* metal spraying gun, metal spraying pistol, metallizing [metal-spraying] torch, metal sprayer □ ~ **рабо́тает неравноме́рно** the pistol is spraying erratically, the pistol is gulping
газопла́менный ~ gas-stabilized plasma spraying pistol
порошко́вый ~ powder pistol
про́волочный ~ wire (spraying) gun, wire pistol
кислоро́дно-га́зовый ~ oxygas metallizing [metal-spraying] torch
электродугово́й ~ arc spraying pistol

металлиза́ция *ж.* 1. (*общий термин, описывающий все виды нанесения металлических покрытий для защиты от коррозии, декоративных целей и повышения износостойкости*) application [deposition] of a metal coating; **осуществля́ть** ~**ю осажде́нием** (*напр. из газовой фазы*) apply (a coating) by precipitation (*e. g., from a gaseous phase*); **осуществля́ть** ~**ю погруже́нием в распла́в, напр. алюми́ния** apply (a coating) by immersion in molten, *e. g.*, aluminium **осуществля́ть** ~**ю погруже́нием в распла́в ци́нка** produce a zinc coating by hot dipping, apply a zinc coating by dipping in a bath of molten zinc 2. (*вид нанесения металлического покрытия в виде мельчайших капель расплавленного металла*) metallizing (process), metal spraying (process) (*см тж.* **металлиза́ция распыле́нием**) 3. (*электрическое соединение металлических частей, напр. самолёта, автомобиля и т. п.*) bonding

металлиза́ция
ва́куумная ~ **на горя́чей подло́жке** vacuum deposition on a hot substrate
ва́куумная ~ **на холо́дной подло́жке** vacuum deposition on a cold substrate
диффузио́нная ~ surface impregnation, surface absorption, metallic cementation
~ **като́дным распыле́нием** cathode sputtering
пла́зменная ~ plasma spraying process
~ **распыле́нием** spray coating, metal spraying, metallizing □ **подверга́ть дета́ль** ~**и распыле́нием** metal-spray a work-piece; **осуществля́ть** ~**ю распыле́нием порошко́вым спо́собом** carry out metal spraying by the powder process; **осуществля́ть** ~**ю распыле́нием про́волочным спо́собом** carry out metal spraying by the wire process
хими́ческая ~ formation of a coating by chemical conversion, production of a chemically formed coating
~ **электролити́ческим спо́собом** electroplating

металлизи́рование *с.* **бума́ги** metallization of paper

металлизи́ровать *гл.* 1. (*наносить металлопокрытие любым способом*) apply a metal coating 2. (*наносить металлопокрытие распылением расплавленного металла*) metallize, spray-coat 3. (*обеспечивать электрическое соединение между металлическими частями, напр. самолёта, автомобиля и т. п.*) bond

металли́чность *ж.* metallicity

мета́лл-микроско́п *м.* metallographic microscope

металлове́дение *с.* physical metallurgy, metal science

металлогени́ческий *прил.* metallogenic

металлогра́фия *ж.* metallography

металлоёмкий *прил.* metal-intensive

металлоёмкость *ж.* specific quantity [amount] of metal (per structure)
уде́льная ~ specific metal content

металло́ид *м. уст. см.* **немета́лл** non-metal (*Примечание. В английской и американской литературе* metalloid *относится к элементам между металлами и неметаллами*)

металлоизде́лия *мн. с.* metal specialties, fabricated metal products

металлоиска́тель *м.* metal locator, metal detector

металлокера́мика *ж.* cermet (material)

металлоконстру́кция *ж.* metalwork; (*для стальных конструкций*) steelwork

металлоло́м *м.* scrap

металломе́р *м.* metalometer

металлообрабо́тка *ж.* metal working

металлоо́птика *ж.* metal optics

металлопла́ст *м.* metal-base laminate

металлоподава́тель *м. полигр.* automatic metal feeder

металлопокры́тие *с.* metal coating

металлотерми́я *ж.* metallothermy
ва́куумная ~ vacuum metallothermy
внепечна́я ~ out-of-furnace metallothermy
печна́я ~ furnace metallothermy

металлоулови́тель *м.* (*в системах подготовки угля, руды и т. п.*) tramp iron remover, tramp iron catcher

металлофи́зика *ж.* physics of metals, (*редко*) metallophysics

металлохи́мия *ж.* metal chemistry

мета́лл-свя́зка *ж.* (*в металлокерамических твёрдых сплавах*) metal binder, binder metal

металлу́рг *м.* (*теоретик*) metallurgist; (*практик*) metal-maker

металлу́ргия *ж.* metallurgy
ва́куумная ~ vacuum metallurgy
порошко́вая ~ powder metallurgy
~ **сва́рки** welding metallurgy
~ **цветны́х мета́ллов** non-ferrous metallurgy
чёрная ~ ferrous metallurgy

метамагне́тик *м.* metamagnetic

метаме́р *м.* metamer(ide)

метамери́я *ж.* metamerism
ионизацио́нная ~ ionization metamerism

метаморфизи́ровать *гл.* metamorphize

метаморфи́зм *м.* metamorphism

мета́н *м.* methane

метано́л *м.* methanol

метано́метр *м.* methanometer, methane tester

метанте́нк *м.* methane tank

метастаби́льность *ж.* metastability

мета́тель *м. с.-х.* thrower
зерново́й ~ grain-thrower
~ **тюко́в** bale-thrower

метахромоти́пия *ж.* decalcomania

метаце́нтр *м.* metacentre
большо́й ~ longitudinal metacentre
дифференциа́льный ~ pro-metacentre, differential metacentre
ма́лый ~ transverse metacentre
попере́чный ~ transverse metacentre
продо́льный ~ longitudinal metacentre

метаязы́к *м.* metalanguage

метелеме́р *м.* blizzard gauge

метеода́нные *мн.* weather data
метеозо́нд *м.* meteo sounding balloon
метеоми́нимум *м.* **аэродро́ма** aerodrome meteorological minimum
метеообстано́вка *ж.* weather conditions
метео́р *м.* meteor
метеори́т *м.* meteorite
метеори́тика *ж.* meteoritics
метеорогра́мма *ж.* meteorogram
метеоро́граф *м.* meteorograph □ **запуска́ть ~ в атмосфе́ру** send a meteorograph aloft; **~ поднима́ется в атмосфе́ру на ...** (*напр. самолёте, змее*) a meteorograph is carried aloft by (*e.g., an aeroplane, a kite*); **~ приво́дится в де́йствие часовы́м механи́змом** a meteorograph is a clock-operated instrument, a meteorograph is operated by a clockwork; **~ слу́жит для одновреме́нной регистра́ции температу́ры, давле́ния и вла́жности во́здуха** a meteorograph produces concurrent [synchronous] records of air temperature, pressure and relative humidity
аэроста́тный ~ captive-balloon meteorograph
зме́йковый ~ kite-lifted meteorograph
зо́ндовый ~ balloon-borne [balloon-lifted] meteorograph
самолётный ~ airborne meteorograph
метеороло́гия *ж.* meteorology
авиацио́нно-косми́ческая ~ aerospace meteorology
динами́ческая ~ dynamic meteorology
сельскохозя́йственная ~ agricultural meteorology
синопти́ческая ~ synoptic meteorology
физи́ческая ~ (*физика атмосферы*) meteorological physics
метеослу́жба *ж.* meteorological service
метеоспу́тник *м.* weather satellite
метеоста́нция *ж.* weather station
метеоусло́вия *мн. с.* weather conditions
мети́зы *мн.* metalware
мети́к *м. дер.-об.* heartiss, internal shake
мети́л *м.* methyl
метилакрила́т *м.* methyl acrylate
метиле́новый си́ний *м.* methylene blue
метили́рование *с.* methylation
метили́ровать *гл.* methylate
мети́ловый кра́сный *м.* methyl red
мети́ловый ора́нжевый *м.* methyl orange
мети́ловый фиоле́товый *м.* methyl violet
метилцеллюло́за *ж.* methyl cellulose
ме́тить *гл.* **1.** (*животных*) brand; (*рыб, птиц*) tag **2.** (*радиоактивными изотопами*) label, tag
ме́тк/а *ж.* mark(er); label
~ в меридиа́нных инструме́нтах meridian mark

ме́тк/а
временна́я ~ time mark
временна́я, кварцо́ванная ~ crystal-controlled time marker (pulse)
~ да́льности *рлк.* range marker □ **наложи́ть ~у да́льности на отме́тку це́ли** place the (movable) range marker over the target; **подвести́ ~у да́льности к отме́тке це́ли** adjust the (movable) range marker until it lines up with the target
кольцева́я ~ *прок.* collar mark
~ конца́ ле́нты *вчт.* end of tape label
концева́я ~ *вчт.* trailer label
координа́тная ~ collimating [fiducial] mark, collimating [fiducial] point
координа́тная, «за́дняя» ~ background collimating [fiducial] mark, background collimating [fiducial] point
координа́тная, «пере́дняя» ~ foreground collimating [fiducial] mark, foreground collimating [fiducial] point
курсова́я ~ 1. (*компаса*) lubber line **2.** (*на индикаторе радиолокатора*) heading marker □ **отбива́ть курсову́ю ~у** produce the heading marker flash
мни́мая ~ virtual mark
монта́жная ~ matchmark
~ на махови́ке fly-wheel mark
~ на маши́нной но́жке (*в производстве электровакуумных приборов*) stem mark
~ на серде́чнике core mark
нача́льная ~ *вчт.* header label
приво́дочная ~ *полигр.* register line, register cross
приво́дочная ~ на цили́ндре cylinder guide mark
сбо́рочная ~ location mark, matchmark; (*в производстве электровакуумных приборов*) aiming spot
устано́вочная ~ 1. *карт.* adjusting mark **2.** *с.-х.* guide mark
часто́тная ~ frequency mark(er)
метла́ *ж.* broom
ме́тод *м.* method; procedure; technique
агрегатнопото́чный ~ conveyor-type production [production-line] method
аксиомати́ческий ~ axiomatic [postulational] method
~ амплиту́дного ана́лиза kick-sorting method
анаглифи́ческий ~ *карт.* anaglyphic(al) method
~ аналити́ческой вста́вки *топ.* cantilever extension, cantilever (strip) triangulation
~ быстре́йшего спу́ска *стат.* steepest descent method
вариацио́нный ~ variational method
~ Верне́йля *рад.* Verneuil method
весово́й ~ gravimetric method

ме́тод
~ ветве́й и грани́ц *киб.* branch and bound method
~ взба́лтывания shake method
визуа́льный ~ visual method
~ возду́шной прое́кции aero-projection method
~ враще́ния method of revolution
~ вреза́ния plunge-cut method
~ вре́мени пролёта time-of-flight method
вре́мя-и́мпульсный ~ (*преобразования аналоговой информации в дискретную*) pulse-counting method (*of analog-to-digital conversion*)
~ встре́чного фрезерова́ния conventional [cut-up] milling method
~ вы́бега *эл.* retardation method
~ вымета́ния *мат.* sweep(ing)-out method
~ гармони́ческого бала́нса *киб., авт.* describing function method
~ гармони́ческой линеариза́ции describing function method
голографи́ческий ~ holographic method
гравиметри́ческий ~ gravimetric-(al) method
графи́ческий ~ graphical method
~ графи́ческого трансформи́рования *топ.* grid method
графоаналити́ческий ~ semigraphical method
~ гра́фов *мат.* graph method
группово́й ~ (*в высокочастотной телефонии*) grouped-frequency basis *пример*: **систе́ма рабо́тает группо-вы́м ~ом** the system operates on the grouped-frequency basis
~ двух ре́ек *геод., топ.* two-staff [two-base] method
~ двух узло́в (*в анализе электрических цепей*) nodal-pair method
~ дирекцио́нных угло́в *геод.* method of gisements
~ запа́са про́чности (*в расчётах конструкций*) load factor method
~ засе́чек *афс.* resection method
~ зерка́льных изображе́ний *эл.* method of electrical images
~ зо́нной пла́вки (*в производстве монокристаллов полупроводниковых материалов*) floating-zone method, floating-zone technique
~ избы́точных концентра́ций (*для опробования гипотетического механизма реакции*) isolation method (*of testing the rate equations*)
~ измере́ния, абсолю́тный absolute [fundamental] method of measurement
~ измере́ния, конта́ктный contact method of measurement
~ измере́ния, ко́свенный indirect method of measurement
~ измере́ния, относи́тельный relative method of measurement
~ измере́ния по то́чкам point-by-point method

метод
~ измере́ния, прямо́й direct method of measurement
~ измере́ния угло́в по аэросни́мкам photogoniometric method
~ изображе́ний *эл.* method of images, image method
~ изото́пных индика́торов tracer method
иммерсио́нный ~ immersion method
и́мпульсный ~ *св.* pulse method
~ и́мпульсов momentum-transfer method
~ инве́рсии inversion method
и́ндексно-после́довательный ~ до́ступа, основно́й *вчт.* basic indexed sequential access method, BISAM
и́ндексно-после́довательный ~ до́ступа с очередя́ми *вчт.* queued indexed sequential access method, BISAM
интерференцио́нный ~ interferometric method
~ испыта́ний testing procedure, testing method
~ испыта́ний, кисло́тный acid test
~ испыта́ний, пане́льный panel-spalling test
~ испыта́тельной строки́ *тлв.* test-line method
~ иссле́дований напряже́ний, опти́ческий optical stress analysis
~ истече́ния efflux method
~ итера́ции iteration method, iteration technique □ **~ итера́ции прово́дит к сходи́мости проце́сса** the iteration (process) converges to a solution; **~ итера́ции прово́дит к (бы́строй** *или* **ме́дленной) сходи́мости проце́сса** the iteration (process) converges quickly *or* slowly
~ картосоставле́ния map-compilation [plotting] method
~ кача́ющегося криста́лла (*в рентгеноструктурном анализе*) rotating-crystal method
ка́чественный ~ qualitative method
кессо́нный ~ caisson method
коли́чественный ~ quantitative method
колориметри́ческий ~ colorimetric method
~ кольца́ и ша́ра ball-and-ring method
комплексометри́ческий ~ (*для определения жёсткости воды*) complexometric method
кондуктометри́ческий ~ conductance-measuring method
~ коне́чных ра́зностей finite difference method
~ консерви́рования curing method
~ контро́ля, дифференци́рованный differential control method
~ контро́ля ка́чества quality control method
~ ко́нтурных то́ков mesh-current [loop] method
~ ко́нуса cone method

метод
~ корнево́го годо́графа *киб., авт.* root-locus method
корреляцио́нный ~ correlation method
ко́свенный ~ indirect method
~ кра́сок (*в дефектоскопии*) dye-penetrant method
лаборато́рный ~ laboratory method
~ ла́ковых покры́тий (*в сопротивлении материалов*) brittle-varnish method
~ лине́йной интерполя́ции method of proportional parts
~ Ляпуно́ва *аргд.* Lyapunov's method
~ магни́тного порошка́ (*в дефектоскопии*) magnetic particle [magnetic powder] method
магни́тно-люминесце́нтный ~ (*в дефектоскопии*) fluorescent magnetic particle method
~ ма́лого пара́метра *киб., авт.* perturbation theory, perturbation method
~ ма́лых возмуще́ний *аргд.* perturbation method
~ мгнове́нной равносигна́льной зо́ны *рлк.* simultaneous lobing [monopulse] method
~ механи́ческой обрабо́тки machining method
~ ме́ченых а́томов tracer method
~ микрометри́рования micrometer method
~ мно́жителей Лагра́нжа Lagrangian multiplier method, Lagrange's method of undetermined multipliers
~ моме́нтных площаде́й *мех.* area moment method
~ Мо́нте-Ка́рло *мат.* Monte Carlo method
~ навига́ции, дальноме́рный (*пересечение двух окружностей*) rho-rho [ρ-ρ] navigation
~ навига́ции, угломе́рный (*пересечение двух линий пеленга*) theta-theta [θ-θ] navigation
~ наиме́ньших квадра́тов method of least squares, least-squares technique
~ наискоре́йшего спу́ска *мат.* method of steepest descent
~ нака́чки (*лазера*) pumping [excitation] method
~ накопле́ния *яд. физ.* "backing-space" method
~ наложе́ния method of superposition
~ напыле́ния evaporation technique
~ нару́жных заря́дов *горн.* adobe blasting method
~ незави́симых стереопа́р *топ.* method of independent image pairs
ненулево́й ~ deflection method
~ неопределённых мно́жителей Лагра́нжа Lagrangian multiplier method, Lagrange's method of undetermined multipliers

метод
~ неподви́жных то́чек method of fixed points
неразруша́ющий ~ non-destructive method, non-destructive testing
нерекурси́вный ~ non-recursive method
нето́чный ~ inexact method
нефелометри́ческий ~ nephelometric method
~ нивели́рования по частя́м method of fraction levelling
нулево́й ~ null [zero(-deflection)] method
~ нулевы́х бие́ний zero-beat method
~ нулевы́х то́чек neutral-points method
~ обеспе́чения надёжности reliability method
~ обрабо́тки processing [working, tooling] method
~ обра́тной простра́нственной засе́чки *топ.* method of pyramid
обра́тно-ступе́нчатый ~ *св.* step-back method
~ объединённого а́тома associate atom method
объекти́вный ~ objective method
объёмный ~ volumetric method
~ одного́ отсчёта (*преобразование непрерывной информации в дискретную*) the total value method (*of analog-to-digital conversion*)
окисли́тельно-восстанови́тельный ~ redox method
опера́торный ~ operational method
~ определе́ния ме́ста, дальноме́рно-пеленгацио́нный (*пересечение прямой и окружности*) rho-theta [ρ-θ] fixing
~ определе́ния ме́ста, дальноме́рный (*пересечение двух окружностей*) rho-rho [ρ-ρ] fixing
~ определе́ния ме́ста, пеленгацио́нный (*пересечение двух линий пеленга*) theta-theta [θ-θ] fixing
~ определе́ния отбе́ливаемости и цве́тности ма́сел bleach-and-colour method
~ определе́ния положе́ния ли́нии, двухкра́тный *геод.* double-line method
~ опти́ческой корреля́ции optical correlation technique
~ осажде́ния sedimentation method
~ осо́бых возмуще́ний *аргд.* singular perturbation method
~ осредне́ния averaging [smoothing] method
~ отбо́ра проб sampling method, sampling technique
~ отклоне́ния deflection method
~ отопле́ния *мет.* fuel practice
~ отраже́ния reflection method
~ отражённых и́мпульсов pulse-echo method
~ отыска́ния произво́дной, непосре́дственный delta method

ме́тод
~ па́дающего те́ла falling body method
~ парамагни́тного резона́нса paramagnetic-resonance method
~ пе́рвого приближе́ния first approximation method
~ перева́ла *мат.* saddle-point method
~ перено́са коли́чества движе́ния *аргд.* momentum-transfer method
~ перераспределе́ния моме́нтов (*в расчёте конструкций*) moment distribution method
~ пересека́ющихся луче́й crossed beam method
~ перехо́дного состоя́ния (*в аналитической химии*) transition state method
~ перпендикуля́ров offset method
~ перспекти́вных се́ток *топ.* grid method
~ пескова́ния *с.-х.* sanding method
пикнометри́ческий ~ bottle method
~ площаде́й *физ.* area method
~ повторе́ний *геод.* method of reiteration, repetition method
~ подбо́ра trial-and-error [cut-and-try] method
~ подо́бия similitude method
~ подориенти́рования *топ.* setting on points of control
~ по́лной деформа́ции total-strain method
~ полови́нных отклоне́ний half-deflection method
~ положе́ния *геод.* method of bearings, method of gisements
полуколи́чественный ~ semiquantitative method
~ поля́рных координа́т polar method
~ попу́тного фрезерова́ния climb [cut-down] milling method
порошко́вый ~ (*в рентгеноструктурном анализе*) powder [Debye-Scherer-Hull] method
~ посе́ва seeding technique
~ после́довательного счёта (*преобразования аналоговой информации в дискретную*) incremental method (*of analog-to-digital conversion*)
~ после́довательных исключе́ний successive exclusion method
~ после́довательных подстано́вок method of successive substitution, substitution process
~ после́довательных попра́вок successive correction method
~ после́довательных приближе́ний successive approximation method
~ после́довательных элимина́ций method of exhaustion
~ послесплавно́й диффу́зии *пп* post-alloy-diffusion technique
потенциометри́ческий компенсацио́нный ~ potentiometric method
пото́чно-конве́йерный ~ flow-line conveyor method

ме́тод
пото́чный ~ straight-line flow method
~ прерыва́ний (*для измерения скорости света*) chopped-beam method
приближённый ~ approximate method
~ проб и оши́бок trial-and-error [cut-and-try] method
~ программи́рующих програ́мм programming program method
~ продолже́ния *топ.* setting on points of control
~ проекти́рования, моде́льно-маке́тный model-and-mock-up method of design
~ простра́нственного коди́рования (*преобразования аналоговой информации в дискретную*) coded pattern method (*of analog-to-digital conversion*)
~ простра́нственной самофикса́ции self-fixation space method
прямо́й ~ direct method
~ псевдослуча́йных чи́сел pseudo-random number method
равносигна́льной зо́ны *рлк.* lobing, beam [lobe] switching
~ равносигна́льной зо́ны, мгнове́нный *рлк.* simultaneous lobing, monopulse
~ ра́вных высо́т *геод.* equal-altitude method
~ ра́вных деформа́ций (*в проектировании бетонных конструкций*) equal-strain method
~ ра́вных отклоне́ний equal-deflection method
радиацио́нный ~ radiation method
~ радиоавтогра́фии radioautograph technique
~ радиоакти́вных индика́торов tracer method
радиометри́ческий ~ radiometric method
~ разбавле́ния dilution method
~ разделе́ния *тлв.* separation method
~ разделе́ния переме́нных method of separation of variables
~ разли́вки *мет.* teeming [pouring, casting] practice
~ разме́рностей dimensional method
ра́зностный ~ difference method
~ разруша́ющей нагру́зки load-factor method
разруша́ющий ~ destructive check
~ рассе́яния Рэле́я Rayleigh scattering method
~ ра́стра *тлв.* grid method
~ ра́стрового скани́рования raster-scan method
~ расчёта по допусти́мым нагру́зкам working stress design [WSD] method
~ расчёта по разруша́ющим нагру́зкам *стр.* ultimate-strength design [USD] method

ме́тод
~ расчёта при по́мощи про́бной нагру́зки *стр.* trial-load method
~ расчёта, упру́гий *стр.* elastic method
резона́нсный ~ resonance method
~ реитера́ций *геод.* method of reiteration, repetition method
рентгеноструктýрный ~ X-ray diffraction method
~ реше́ния зада́чи о четвёртой то́чке *геод.* three-point method
~ решета́ *мат.* sieve method
ру́порно-ли́нзовый ~ *рад.* horn-and-lens method
~ самоторможе́ния retardation method
~ сви́лей schlieren technique, schlieren method
~ сдви́нутого сигна́ла offset-signal method
~ секу́щих secant method
~ се́рого кли́на *физ.* gray-wedge method
~ се́ток *мат.*, *вчт.* net(-point) method
~ сече́ний (*в расчёте напряжений в фермах*) method of sections
~ сил (*определение усилий в статически неопределимой системе*) work method
символи́ческий ~ method of complex numbers
~ симметри́чных составля́ющих method of symmetrical components, symmetrical component method
~ синхро́нного накопле́ния synchronous storage method
~ скани́рования полосо́й single-line-scan television method
~ скани́рования пятно́м spot-scan photomultiplier method
~ смеще́ния отде́льных узло́в *стр.* method of separate joint displacement
~ совпаде́ний coincidence method
~ сосредото́ченных пара́метров lumped-parameter method
~ спада́ния заря́да fall-of-charge method
спектроскопи́ческий ~ spectroscopic method
~ спира́льного скани́рования spiral-scan method
~ сплавле́ния fusion method
~ сплошны́х сред (*в моделировании*) continuous field analog technique
~ сре́дних квадра́тов midsquare method
статисти́ческий ~ statistical technique
статисти́ческий ~ оце́нки statistical estimation
~ статисти́ческих испыта́ний Monte Carlo method
стробоголографи́ческий ~ strobo-holographic method
стробоскопи́ческий ~ stroboscopic method

ме́тод
стру́йный ~ *мет.* jet test
ступе́нчатый ~ (*сварки или сверления*) step-by-step method
субъекти́вный ~ subjective method
~ **сухо́го озоле́ния** dry combustion method
~ **сухо́го порошка́** (*в дефектоскопии*) dry method
счётно-и́мпульсный ~ pulse-counting method
табли́чный ~ diagram method
телевизио́нный ~ **электро́нной аэросъёмки** television method
телевизио́нный ~ **электро́нной фотограмме́трии** television method
тенево́й ~ (direct-)shadow method
термоанемометри́ческий ~ hot-wire method
топологи́ческий ~ topological method
~ **то́чечного вплавле́ния** *пп* dot alloying method
то́чный ~ exact [precision] method
~ **травле́ния, гидри́дный** sodium hydride descaling
~ **трапецеида́льных характери́стик** Floyd's trapezoidal approximation method, approximation procedure
~ **трёх баз** *геод.* three-base method
~ **триангуля́ции** triangulation method
~ **трилатера́ции** *геод.* trilateration method
~ **углово́й деформа́ции** slope-deflection method
~ **углово́й модуля́ции** angular modulation method
~ **удаля́емого трафаре́та** *пп* rejection mask method
~ **удаля́емой ма́ски** *рад.* rejection mask method
~ **узло́в** (*в расчёте напряжений в фермах*) method of joints
~ **узловы́х потенциа́лов** node-voltage method
~ **ура́внивания по направле́ниям** *геод.* method of directions, direction method
~ **ура́внивания по угла́м** *геод.* method of angles, angle method
~ **уравнове́шивания** balancing method
~ **усредне́ния** averaging [smoothing] method
~ **фа́зового контра́ста** (*в микроскопии*) phase contrast □ **наблюда́ть ~ом фа́зового контра́ста** examine [study] by phase contrast
~ **фа́зовой пло́скости** phase plane method
~ **факториза́ции** factorization method
флотацио́нный ~ floatation method
~ **формирова́ния сигна́лов цве́тности** *тлв.* colour-processing method
~ **центрифуги́рования** centrifuge method
цепно́й ~ *астр.* chain method
чи́сленный ~ numerical method

ме́тод
~ **Чохра́льского** (*в выращивании полупроводниковых кристаллов*) Czochralski method, vertical pulling technique
~ **Шо́ра** Shore hardness
щупово́й ~ stylus method
~ **электрофоре́за** electrophoretic method
эмпири́ческий ~ trial-and-error [cut-and-try] method
энергети́ческий ~ **1.** *косм.* energy method **2.** *стр.* strain energy method
~ **энергети́ческого бала́нса** power balance method
эргати́ческий ~ (*при общении человека с ЭВМ*) interactive [conversational] technique
мето́дика *ж.* technique, procedure; methods, methodology
~ **взя́тия образцо́в** sampling technique
~ **за́пуска** *косм.* launching technique
~ **измере́ний** measurement procedure
~ **расчёта** design procedure
сокращённая ~ abbreviated procedure
~ **экспериме́нта** experimental technique
метр *м. англ.* metre, m; *амер.* meter, m □ ... **на** ~ per metre, $\times m^{-1}$; **на ~ы** by the metre *пример*: **тру́бы поставля́ются на ~ы** piping [tubing] is sold by the metre
архи́вный ~ *метр.* the mètre des archives
~ **водяно́го столба́** metre of water column, m H_2O
геопотенциа́льный ~ geopotential metre
квадра́тный ~ square metre
куби́ческий ~ cubic metre
пого́нный ~ running metre
~ **рту́тного столба́** metre of mercury, m Hg
складно́й ~ folding rule
pH ~ pH meter
метриза́ция *ж.* metrization
метризова́ть *гл.* metrize
метризу́емость *ж.* metrizability
ме́трика *ж. мат.* metric(s)
вну́тренняя ~ intrinsic(al) metric(s)
индефини́тная ~ indefinite metric(s)
~ **простра́нства-вре́мени** *физ.* space-time metric
метро́ *с. см.* **метрополите́н**
метроло́гия *ж.* metrology
законода́тельная ~ legal metrology
прикладна́я ~ applied metrology
теорети́ческая ~ theoretical metrology
метроно́м *м.* metronome
метрополите́н *м.* underground railway, the Metro; *амер.* subway

метр-свеча́ *ж.* metre-candela
метршто́к *м.* sounding rod, sounding stick
метчи́к *м.* (screw) tap
га́ечный ~ nut tap
га́ечный, автома́тный ~ tapper tap
~ **для кони́ческой резьбы́** taper-thread tap
~ **для тру́бной резьбы́** pipe tap
лови́льный ~ (oil-well drilling) grab
ма́точный ~ master [die-calibrating] tap
маши́нный ~ machine tap
насадно́й ~ shell tap
пла́шечный ~ die tap
получистово́й [№ 2] ~ plug tap
прямо́й ~ straight tap
раздвижно́й ~ collapsible tap
ручно́й ~ hand tap
~ **с винтовы́ми кана́вками** spiral-fluted tap; (*на заборной части*) spiral-pointed tap
~ **с изо́гнутым хвостовико́м** bent-shank tap
~ **с механи́ческим при́водом** power-driven tap
~ **с направля́ющей ца́пфой** pilot tap
~ **со вставны́ми гребёнками** chaser tap
~ **с преры́вистой резьбо́й** interrupted-thread tap
чернов́ой [№ 1] ~ taper tap
чистово́й [№ 3] ~ bottoming tap
мех *м.* fur
механиза́тор *м.* mechanic, (machine) operator
механиза́ци/я *ж.* mechanization
ко́мплексная ~ integrated [large-scale, overall] mechanization
~ **крыла́** *ав.* high-lift device(s) □ **с вы́пущенной ~ей крыла́** ... with high-lift devices extended; **с у́бранной ~ей крыла́** ... with high-lift devices retracted
ма́лая ~ small-scale mechanization
~ **очистны́х рабо́т** winning mechanization
~ **погру́зочно-разгру́зочных рабо́т** materials-handling mechanization
~ **се́льского хозя́йства** farm [agricultural] mechanization
механизи́ровать *гл.* mechanize
механи́зм *м.* mechanism; gear; device □ **получа́ть модифика́цию ~а** (*в теории механизмов и машин*) derive a mechanism
~ **автомати́ческой пода́чи** automatic feed mechanism
~ **автомати́ческой регулиро́вки соста́ва то́плива** automatic mixture control
~ **автомати́ческой сме́ны челнока́** automatic shuttle changer
автоно́мный ~ self-reacting device
азимута́льный ~ azimuth gear, azimuth mechanism
~ **блокиро́вки дифференциа́ла** differential lock

механизм
блокировочный ~ (*механического типа*) latching mechanism
блокирующий ~ lock gear, blocking [interlocking] mechanism
~ боя *текст.* picking mechanism
~ боя, кривошипный *текст.* crank picking motion
~ боя, эксцентриковый *текст.* tappet eccentric motion
бумаготранспортирующий ~ paper-ribbon feeding mechanism
~ быстрого хода rapid-traverse mechanism
винтовой ~ screw(-type) mechanism
~ включения 1. *маш.* engaging [starting] mechanism 2. *с.-х.* trip
~ возврата монеты (*в таксофоне*) refund mechanism
~ возврата тележки *прок.* carriage return mechanism
~ возвратно-поступательного движения кристаллизатора (*в установке непрерывной разливки стали*) mould reciprocating mechanism
волочильный ~ *мет.* draw-off gear
впускной ~ admission gear
~ вращающейся кулисы rotating block linkage
~ вращения антенны scanner assembly
временной ~ timing equipment, timing device, timer, timing [time] mechanism
вспомогательные ~ы auxiliary machinery
~ выборки *вчт.* access mechanism
~ выглубления *с.-х.* raising mechanism
~ выглубления сошников colter raising mechanism
~ выгрузки discharge device
выключающий ~ *полигр.* justification mechanism
~ выключения 1. disengaging [trip] mechanism 2. *с.-х.* trip
~ выравнивания *с.-х.* leveling mechanism
~ выравнивания, маятниковый *с.-х.* pendulum leveler
высевающий ~ sowing [seeding] mechanism
выталкивающий ~ *прок.* pull-back mechanism
~ газораспределения valve gear
главные ~ы *мор.* main [propulsion] machinery
гнездообразующий ~ *с.-х.* grouping mechanism
~ горения combustion mechanism
грабельный ~ rake mechanism
грейферный ~ *кфт.* claw mechanism
грузоподъёмный ~ hoisting device
~ движения кристаллизатора (*в установке непрерывной разливки стали*) mould-moving mechanism

механизм
движущий ~ 1. driving mechanism, gear train 2. (*шагового искателя*) *тлф.* stepping mechanism
двухкоромысловый ~ double-lever mechanism
двухкривошипный ~ double-crank mechanism
~ действия коррозии corrosion mechanism □ **~ действия коррозии состоит в ...** corrosion proceeds by a ... mechanism
делительный ~ divider
дифференциальный ~ differential (gear)
~ для вытаскивания оправки *прок.* stripper mechanism
~ для подъёма мульд charging-box lifting device
дозирующий ~ batching device
~ заглубления *с.-х.* lowering mechanism
загрузочный ~ charging device, charger
задающий ~ *прок.* pushing device
зажимной ~ clamping device, clamping mechanism
замыкающий ~ *свз.* closing mechanism, locking device
запирающий ~ locking device
~ захвата *прок.* gripping mechanism
зевообразующий ~ *текст.* shedding motion
знакопечатающий ~ symbol-printing mechanism
зубчатый ~ gear train
~ изменения шага (*гребного винта*) pitch control mechanism
~ (*подвижная часть*) **измерительного прибора** moving element (*Примечание. Перевод* movement *не рекомендован соответствующими стандартами*)
интегрирующий ~ integrating mechanism
исполнительный ~ actuating mechanismus, actuator
исполнительный, гидравлический ~ hydraulic actuator
исполнительный, гидравлический ~ дроссельного управления valve-controlled actuator
исполнительный, гидравлический объёмный ~ pump-controlled hydraulic actuator
исполнительный, гидравлический ~ со струйным управлением jet-pipe actuator
исполнительный, дискретный ~ digital actuator
исполнительный, линейный ~ linear actuator
исполнительный, многопозиционный ~ multiposition actuator
исполнительный, пневматический ~ air actuator
исполнительный, поршневой ~ piston actuator
~ кантования tilting mechanism

механизм
кассирующий ~ coin collector, collecting device
~ качания (*печи*) tilting mechanism
~ качающейся кулисы swinging block linkage
клапанный ~ с двумя верхними валами double overhead camshaft, d. o. h. c.
клапанный ~ с одним верхним валом single overhead camshaft, s. o. h. c.
~ клетевого парашюта *горн.* grip gear
клиновыпускающий ~ *полигр.* space-band key mechanism
коленорычажный ~ toggle
коммутационный ~ *свз.* switch
кривошипно-коромысловый ~ crank-and-rocker mechanism
кривошипно-кулисный ~ oscillating crank gear, block linkage (mechanism)
кривошипно-ползунный ~ slider-crank mechanism
кривошипно-ползунный, аксиальный ~ central crank mechanism
кривошипно-ползунный, дезаксиальный ~ eccentric crank mechanism
кривошипно-шатунный ~ crank mechanism
кривошипный ~ crank mechanism
крутильный ~ twisting mechanism
кулачковый ~ cam mechanism, cam gear
кулачковый, распределительный ~ tappet gear
кулачковый ~ транспортировки киноплёнки harmonic cam movement
кулисный ~ link gear
лентопротяжный ~ 1. (*кинокамеры*) film-pulling [film-movement] mechanism 2. (*вычислительной машины*) tape drive, tape transport
листоотделительный ~ *полигр.* sheet-separating mechanism
ложечный выбрасывающий ~ (*сеялки*) cup feed
~ мальтийского креста Geneva stop-motion, Maltese-cross [Geneva] movement
матрицевыпускающий ~ *полигр.* escapement mechanism
маятниковый ~ pendulum motion
микрометрический ~ micrometer motion
~ мотки winding mechanism
наборный ~ (*приёмно-печатающей части буквопечатающего телеграфа*) selector mechanism
~ наводки на резкость *опт.* focusing system
нажимной ~ *прок.* screwdown mechanism
~ наклона конвертера converter tilting mechanism

механи́зм

~ накло́на платфо́рмы (*жатки*) platform tilting mechanism
намо́точный ~ winding machine
~ наплы́ва *кфт.* dissolve mechanism
напо́рный ~ (*экскаватора*) crowding [racking] gear
~ на́тиска *полигр.* impression mechanism
~ обка́тки (*тип зубчатой передачи*) epicyclic gearing, epicyclic (gear) train
~ обра́тной свя́зи feedback mechanism
обращённый ~ reversed mechanism
окола́чивающий ~ *кож.* beater attachment
~ опереже́ния впры́ска injection advance device, injection advance apparatus
~ опроки́дывания *прок.* tilting mechanism
опроки́дывающий ~ 1. *авто* dumping [tipping] gear, dumping [tipping] mechanism **2.** (*для слитков*) tumbler
оса́дочный ~ upsetting device
~ остано́ва stop motion
~ отво́да рабо́чих о́рганов, предохрани́тельный *с.-х.* break-back mechanism
отводя́щий ~ (*транспортёра*) deflecting mechanism
~ откидно́го берда́ *текст.* loose reed mechanism
оття́гивающий ~ *прок.* pull-back mechanism
очисти́тельный ~ *с.-х.* cleaning mechanism
па́лубные ~ы deck machinery
парораспредели́тельный ~ valve-gear mechanism, steam distributor
~ перево́да реги́стра *свз.* case shifter, case shift (mechanism)
перево́дный ~ *ж.-д.* reverse gear
переда́точный ~ transmission mechanism; transfer device; (*крана, экскаватора*) traversing gear
~ переключе́ния switching mechanism; change-over mechanism
~ переключе́ния переда́ч [**скоросте́й**] gear shift(ing) [speed control] mechanism
~ перемагни́чивания magnetization mechanism
~ перемеще́ния электро́дов (*в ферросплавной печи*) electrode-positioning mechanism
перенабо́рный ~ (*телетайпа или старт-стопного телеграфного аппарата*) transfer mechanism
~ периоди́ческого перемеще́ния indexing mechanism
перфори́рующий ~ perforating mechanism
~ петлева́ния *прок.* looper
печа́тающий ~ printing mechanism
пита́ющий ~ feeder, feeding mechanism

механи́зм

планета́рный ~ planetary train, planetary gear
пло́ский ~ (*в теории механизмов и машин*) plain mechanism
~ поворо́та 1. (*печи*) swinging mechanism **2.** (*кислородного конвертера*) swivelling device
поворо́тный ~ 1. indexing mechanism **2.** *ж.-д.* slewing gear, traversing mechanism
поворо́тный ~ оборо́тного ору́дия *с.-х.* turnover, trip-over, change-over mechanism
~ пода́чи (*в станках*) feed □ **включа́ть ~ пода́чи** apply the feed
~ пода́чи перфока́рт punch(ed) card feeder
~ пода́чи руло́нов *прок.* coil handling apparatus
~ пода́чи электро́дной про́волоки *св.* electrode feeding machine
подаю́щий ~ (*угольного комбайна*) haulage unit
подбира́ющий ~ *с.-х.* pick-up mechanism, pick-up assembly
~ подъёма (*напр. жатки, мотовила, подборщика*) lift
~ подъёма засло́нки *мет.* door-lifting mechanism
~ подъёма фу́рмы (*кислородного конвертера*) lance hoist
подъёмно-тра́нспортные ~ы materials-handling machines
подъёмный ~ lifter, lifting mechanism, hoist
~ предвари́тельного вы́бора (*переключаемой передачи*) *авто* preselector
при́водно-замыка́ющий ~ *ж.-д.* switch-and-lock movement
приводно́й ~ operating [driving] mechanism
рабо́чий ~ operating [working] mechanism
разбра́сывающий ~ *с.-х.* spreading [ejection] mechanism
разводно́й ~ (*моста*) turning machinery
~ раздева́ния сли́тков *мет.* ingot stripper
размыка́ющий ~ trip(ping) mechanism
ра́стровый ~ screen distance adjusting mechanism
растя́гивающий ~ stretcher
расцепля́ющий ~ tripping [disengaging, releasing] gear, trip [release] mechanism
реверси́вный ~ reversing mechanism, tumbler gear
~ реверси́рования ша́га винта́ *ав.* pitch reversing gear
регули́рующий ~ adjusting gear, control mechanism
редукцио́нный ~ reducing [reduction] gear
ре́жущий ~ (*комбайна*) cutter bar
рулево́й ~ steering gear

механи́зм

рулево́й ~ с усили́телем power-assisted steering gear
рыча́жный ~ lever motion, leverage, linkage
~ свобо́дного хо́да (*обгонная муфта*) overrunning [free-wheel] clutch
~ сжа́тия электро́дов *св.* ram
~ сме́ны уто́чных шпуль automatic pirn changer, automatic weft replenisher
~ соба́чек (*шлеппера*) *прок.* ducking dog mechanism
сотряса́тельный ~ *с.-х.* shaker mechanism
стержнево́й ~ (*в теории механизмов и машин*) link mechanism
стержнево́й, четырёхзве́нный ~ four-bar link mechanism
сто́порный ~ arrester, arresting gear, arresting [locking] device, lock mechanism
стри́пперный ~ ingot stripper
~ стыко́вки *косм.* docking mechanism
~ сцепле́ния *ж.-д.* catching [coupling] device, catch gear
счётный ~ counter mechanism; *полигр.* unit-registering mechanism
счётный ~ счётчика register of a meter, counting mechanism of a meter
счи́тывающий ~ reading mechanism
~ съёма поча́тков *текст.* doffing motion
та́нгенсный ~ cross-slide mechanism
тексозабива́ющий ~ *кож.* tack driver
~ы топливопода́чи coal-handling facility
тормозно́й ~ brake [braking] gear
~ то́чного вы́сева precision sowing mechanism
~ три́ммерного эффе́кта *ав.* trimming mechanism
уде́рживающий ~ restraining element, holding device
~ управле́ния ковшо́м bucket control
~ управле́ния накло́ном ковша́ bucket tip control
~ управле́ния сцепле́ния, рыча́жный clutch linkage
управля́ющий ~ operating mechanism
устано́вочный ~ 1. adjusting gear **2.** *прок.* roll-separating mechanism
~ фикса́ции космона́вта retention mechanism
~ фокусиро́вки focusing system; lens-focusing mechanism
фрикцио́нный ~ friction gear
храпово́й ~ ratchet-and-pawl mechanism, ratchet-and-pawl gear
це́вочный ~ lantern wheel mechanism

механи́зм
часово́й ~ 1. (*механизм часов; напр. ручных*) movement **2.** (*в качестве привода других устройств*) clockwork (drive) □ **... с часовы́м ~ом** clock(work)-operated [-driven]
чувстви́тельный ~ sensing mechanism
~ шарни́рного антипараллелогра́мма antiparallel link mechanism
~ шарни́рного параллелогра́мма parallel link mechanism
шарни́рный ~ link mechanism
шарни́рный ~ наве́ски ковша́ bucket linkage
щёткоустано́вочный ~ (*компаса*) brush-setting mechanism
щёточный ~ *эл.* brush gear
меха́ник *м.* mechanic
меха́ника *ж.* mechanics
~ абсолю́тно твёрдого те́ла mechanics of rigid bodies
волнова́я ~ wave mechanics
~ вхо́да в атмосфе́ру *косм.* entry mechanics
~ гиперзвуково́го полёта hypervelocity flight mechanics
го́рная ~ mining mechanical engineering
~ го́рных поро́д rock mechanics
~ грунто́в soil mechanics
~ деформи́руемых тел mechanics of deformable bodies
~ жи́дкостей и га́зов mechanics of fluids, fluid mechanics
ква́нтовая ~ quantum mechanics
класси́ческая ~ classical mechanics
~ материа́льной то́чки particle mechanics
ма́тричная ~ matrix mechanics
небе́сная ~ celestial mechanics
~ неизменя́емых систе́м mechanics of rigid bodies
нелине́йная ~ nonlinear mechanics
ньюто́новская ~ Newtonian mechanics
о́бщая ~ theoretical mechanics
орбита́льная ~ orbit(al) mechanics
~ полёта flight mechanics
прикладна́я ~ applied mechanics
релятиви́стская ~ relativistic mechanics
~ сплошны́х сред mechanics of continua, continuum mechanics
статисти́ческая ~ statistical mechanics
строи́тельная ~ structural mechanics
~ сыпу́чих сред soil mechanics
~ твёрдого те́ла mechanics of rigid body
~ тел переме́нной ма́ссы variable mass mechanics
теорети́ческая ~ theoretical mechanics
то́чная ~ fine mechanics

меха́ника
фи́зико-хими́ческая ~ physical-chemical [physicochemical] mechanics
механодестру́кция *ж.* mechanodestruction
механокре́кинг *м.* mechanocracking, mechanical cracking
механоси́нтез *м.* mechanosynthesis, mechanical synthesis
механостри́кция *ж.* mechanostriction
механотро́н *м.* movable-electrode tube
ио́нный ~ movable-electrode gas-filled tube
электро́нный ~ movable-electrode vacuum tube
механохи́мия *ж.* mechanochemistry, mechanical chemistry
мехи́ *мн. м.* bellows
кузне́чные ~ forge bellows
ме́ццо-ти́нто *с. полигр.* mezzotint
ме́чение *с.* **1.** (*животных*) branding; (*рыб, птиц*) tagging **2.** (*радиоактивными изотопами*) labelling, tagging
~ изото́пным индика́тором tracer labelling
меш *м.* mesh
меша́лк/а *ж.* **1.** (*независимое устройство для перемешивания*) mixer, agitator □ **~ омета́ет, *напр.* дно ба́ка, перифери́ю ба́ка** a mixer sweeps, *e.g.*, the tank bottom, the peripheral area; **~ осуществля́ет переме́шивание** (*напр. пульпы*) a mixer agitates [stirs, mixes] (*e.g., the slurry*); **~ сме́шивает, *напр.* жи́дкости** a mixer blends, *e.g.*, liquids; **~ создаёт вертика́льный ток жи́дкости** a mixer gives a top-to-bottom flow (pattern); **устана́вливать ~у (в ба́ке) накло́нно** mount a mixer angularly (in a tank) **2.** (*часть смесителя*) agitator, stirrer
бараба́нная ~ drum mixer
гидравли́ческая ~ hydraulic agitator
~ для рассо́ла (*в холодильной установке*) brine agitator
~ дозáтора agitator
кача́ющаяся ~ oscillating-type agitator
кулачко́вая ~ cam agitator
лопастна́я ~ impeller mixer, impeller agitator (*Примечание. В более широком смысле этот термин включает* рамную, якорную *и собственно* лопастную мешалки. *В свою очередь англ. термин шире охватывает* пропеллерные *и* турбинные мешалки)
лопастна́я ~ с вертика́льными лопастя́ми flat-paddle mixer
лопастна́я ~ с накло́нными лопастя́ми pitched-paddle mixer
ма́ятниковая ~ balance agitator
мотылько́вая ~ butterfly agitator
перено́сная ~ portable mixer, portable agitator

меша́лк/а
планета́рная ~ planetary-motion mixer, planetary agitator
пропе́ллерная ~ propeller mixer
~ проявля́ющей устано́вки *кфт.* (developer) agitator
ра́мная ~ gate-impeller mixer, gate agitator
~ с геликоида́льными лопастя́ми helical-blade stirrer
скребко́вая ~ scraper-type agitator
стру́йная ~ jet [injection] mixer
турби́нная ~ turbine-type mixer, turbine-type agitator
я́корная ~ anchor-impeller mixer, anchor agitator
меша́лка-кристаллиза́тор *ж.* (*для утфеля*) (agitated) crystallizer, crystallizer tank
меша́лка-охлади́тель *ж.* (*для жира*) mixing-and-cooling tank
ме́шка *ж.* **табака́** tobacco blending
мешкови́на *ж.* sackcloth, sacking
мешковыколáчиватель *м.* sack beating [sack cleaning] machine, sack cleaner
мешковытря́хиватель *м.* bag shaker
мешковяза́тель *м.* bag closer
мешкодержа́тель *м.* bag holder
мешкозашива́тель *м.* sack sewing machine, sack stitcher
мешкоизготови́тель *м.* sack making machine
мешконаполни́тель *м.* sack filling machine
мешкопогру́зчик *м.* sack handling machine, sack loader
мешкоподъёмник *м.* sack hoist
мешкоспу́ск *м.* sack chute, sack shoot
мешкота́ска *ж.* sack conveyer
мешо́к *м.* **1.** (*тара*) bag, sack □ **зава́ривать (полиэтиле́новый) ~** weld (the closing seam of) a bag, seal a bag; **заде́лывать ~ (по́сле наполне́ния)** close [seal] a bag; **зата́ривать в ~** (*напр. муку*) to bag, to sack (*e.g., flour*); **зашива́ть ~** sew a bag; **укла́дывать в ~** put in a bag; **упако́вывать в ~** pack in a bag **2.** (*мера количества*) bagful, sackful
балла́стный ~ *ав.* sandbag
ветрово́й ~ windsack
возду́шный ~ (air) bag
дыха́тельный ~ (*респиратора*) breathing bag
перезаря́дный ~ *кфт.* changing bag
пылеосади́тельный ~ dust collecting bag
мига́ние *с.* blinking; flicker; flashing
~ изображе́ния image flicker
мига́ть *гл.* blink; flicker; flash
мигра́ция *ж. физ.* migration
~ ды́рок *пп* hole migration
~ междоу́злий interstitial migration
~ эне́ргии energy migration
мигри́ровать *гл. физ.* migrate
ми́дель *ж.* midsection

ми́дель-шпанго́ут *м.* middle [midship] frame
практи́ческий ~ midship (section) frame
теорети́ческий ~ midship section
микале́нта *ж.* mica tape
микани́т *м.* micanite
колле́кторный ~ commutator micanite
формо́вочный ~ moulding micanite
мика́рта *ж.* micarta
ми́кро ... (*десятичная дольная приставка единиц измерения, означающая* 10^{-6}, мк) micro ..., μ
микроавторадиогра́фия *ж.* microautoradiography
микроамперме́тр *м.* microammeter
микроана́лиз *м.* microanalysis
объёмный ~ microvolumetric analysis, volume microanalysis
микроанализа́тор *м.* microanalyser
га́зовый ~ gas microanalyser
рентгеноспектра́льный ~ X-ray microanalyser
микроатмосфе́ра *ж.* microatmosphere
микробаро́граф *м.* microbarograph
микробло́к *м.* microassembly
микроваттме́тр *м.* microwattmeter
микровесы́ *мн.* microbalance
крути́льные ~ torsion microbalance
торзио́нные ~ torsion microbalance
микрово́лны *мн. ж.* (*длины волн диапазона СВЧ: дециметрового, сантиметрового и миллиметрового*) microwaves
микровольтме́тр *м.* microvoltmeter
микроволюме́тр *м.* microvolumeter
микровплавле́ние *с.* microalloying
микровыключа́тель *м.* microswitch
микровя́зкость *ж.* microviscosity
микрогеоме́трия *ж.* microgeometry, microgeometrical deviations, microirregularities, surface roughness
микроголограмма *ж.* microhologram, holomicrogram
микроголографи́я *ж.* microholography
микрогра́фия *ж.* photomicrography
микродви́гатель *м.* **1.** *эл.* micromotor **2.** (*двигатель малой тяги*) *косм.* thruster, reaction control jet
микроденсито́метр *м.* microphotometer, microdensitometer
микродеформа́ция *ж.* microdeformation, microstrain
микродио́д *м.* microdiode
микродоба́вки *мн. ж.* microadditives
микродозиме́трия *ж.* microdosimetry
микрозо́нд *м.* microprobe
микроинтерферо́метр *м.* interference microscope □ **~ измеря́ет неро́вности на обрабо́танных нару́жных пове́рхностях** an interference microscope measures minute depths of roughness on finished surfaces
~, рабо́тающий в отражённом све́те interference microscope for incident [reflected] light
~, рабо́тающий в проходя́щем све́те *или* **на просве́т** interference microscope for transmitted light

микроиссле́дование *с.* microanalysis, microexamination
~ на раствори́мость microsolubility test
микрокалори́метр *м.* microcalorimeter
микрока́мера *ж.*, **сва́рочная** welding glove box
микрокана́л *м.* pin-hole
микрока́псула *ж.* microcapsule
микрокапсули́рование *с.* microcapsulation
микрокарота́ж *м.* micrologging
боково́й ~ lateral micrologging
микрока́тор *м.* twisted-spring micrometer
микрокиносъёмка *ж.* cinemicrography, cinephotomicrography
микрокиноустано́вка *ж.* cine-photomicrographic equipment, cine-photomicrographic apparatus
микрокипе́ние *с.* microboiling
микрокни́га *ж.* microfilmed book
микроколи́чество *с.* microquantity, tracer amount
микроколори́метр *м.* microcolorimeter
микроколори́метр-нефело́метр *м.* microcolorimeter-nephelometer
микрокома́нда *ж. выч.* microinstruction
микроконденса́тор *м.* microcapacitor
микрокорро́зия *ж.* microcorrosion
микроко́смос *м.* microcosmos
микрокристаллоскопи́я *ж.* crystalline microchemical analysis
микромагнито́метр *м.* micromagnetometer
микроманипуля́тор *м.* micromanipulator
микромано́метр *м.* micromanometer, micropressure gauge
~ с накло́нной тру́бкой inclined tube micromanometer
микромасшта́б *м.* microscale
микроме́льница *ж. пищ.* microgrinder
микроме́тод *м.* microprocedure, micromethod
микро́метр *м.* micrometer
астрофотографи́ческий ~ astrophotographic micrometer
безли́чный ~ *астр.* impersonal micrometer
бесконта́ктный ~ (*напр. радиоизотопный*) non-contact (*e.g.*, *isotope*) (thickness) gauge
~ двойно́го изображе́ния *геод.* double-image micrometer
ёмкостный ~ (*датчик малых перемещений*) capacitance micrometer
зубоме́рный ~ gear-tooth micrometer
интерференцио́нный ~ interferometer micrometer
кольцево́й ~ *астр.* annular [circular, ring] micrometer
конта́ктный ~ contact micrometer
конта́ктный, электри́ческий ~ (*датчик малых перемещений*) electric contact-making micrometer

микро́метр
лету́чий ~ *прок.* flying micrometer
нитяно́й ~ filar micrometer
объекти́вный ~ objective micrometer
окуля́рный ~ eyepiece [ocular] micrometer
опти́ческий ~ optical micrometer
отсчётный ~ reading micrometer
позицио́нный ~ position micrometer
радиоакти́вный ~ radioactive (thickness) gauge
регистри́рующий ~ registering micrometer
ручно́й ~ micrometer (caliper)
спира́льный ~ spiral micrometer
тру́бный ~ tube micrometer
шка́ловый ~ scale micrometer
электро́нный ~ electronic micrometer
микроме́тр *м.* (*дольная единица длины, равная* 10^{-6} м, мкм) micrometer, μm
микроме́трия *ж.* micrometry
микроминиатюриза́ция *ж.* microminiaturization
~ на СВЧ microwave miniaturization
микроми́р *м.* microcosm
микромо́дул/ь *м.* (*миниатюрный модуль повышенной плотности упаковки радиодеталей, применяемый в качестве функционального узла*) microminiature [microcircuit] module, microassembly (*Примечание.* Micromodule — *одиночный схемный элемент, напр. транзистор, резистор и т. п.* Micromodules — *фирм. система упаковки US Army и RCA*) (*см. тж.* **мо́дуль**) □ **герметизи́ровать ~** encapsulate a microminiature [microcircuit] module; **залива́ть ~ компа́ундом** pot a microminiature [microcircuit] module in a compound; **набира́ть ~ из микроэлеме́нтов** stack microelements into a microminiature [microcircuit] module; **придава́ть ~ю повы́шенную механи́ческую про́чность** ruggedize a microminiature [microcircuit] module; **собира́ть ~ с высо́ким коэффицие́нтом упако́вки** assemble [stack] a microminiature [microcircuit] module to [with] a high packing density [parts]
пло́ский ~ two-dimensional [2-D] microminiature [microcircuit] module
табле́точный ~ pellet microminiature [microcircuit] module
цилиндри́ческий ~ tubular microminiature [microcircuit] module
этаже́рочный ~ cordwood microminiature [microcircuit] module
микро́н *м. уст.* (*наименование дольной единицы длины* — микроме́тра) micrometre, μm
микронапряже́ние *с.* microstress
микронивели́р *м.* microlevel

микрообрабо́тка *ж.* micromachining
~ ио́нным лучо́м ion-beam micromachining
~ ла́зерным лучо́м laser-beam microprocessing
механи́ческая ~ micromachining
~ электро́нным лучо́м electron-beam micromachining
микрообъекти́в *м.* microscope objective
микрообъём *м.* microvolume, microscopic volume
микроомме́тр *м.* microhmmeter
микроосмо́метр *м.* microosmometer
микроосцилло́граф *м.* 1. (*для визуального наблюдения*) microoscilloscope 2. (*с регистрацией*) microoscillograph
микропереключа́тель *м.* microswitch
микропиро́метр *м.* micropyrometer
микропла́зма *ж.* microplasma
микропла́н *м.* **ме́стности** *рлк.* micro-B scan, micro-B display, micro-B presentation
микропланиме́тр *м.* microplanimeter
микроползу́честь *ж.* microcreep
микропо́лость *ж.* microcavity
микропо́ра *ж.* micropore, microscopic pore
микропотенцио́метр *м.* micropotentiometer
микропреры́ватель *м.* microchopper
микропри́вод *м.* miniature drive motor
микропро́вод *м.* microwire
литой ~ cast microwire
микропрогра́мма *ж.* *вчт.* microprogram, firmware
микропрограмми́рование *с.* *вчт.* microprogramming
микропрое́ктор *м.* microscope projector
микропрое́кция *ж.* microprojection
микропрофило́метр *м.* microprofilometer
микропучо́к *м.* microbeam
микрорадиоавто́граф *м.* microautoradiograph
микрорадиово́лны *мн.* *ж.* (*длины волн диапазона СВЧ: дециметрового, сантиметрового и миллиметрового*) microwaves
микрорадиогра́фия *ж.* microradiography
микрорадио́метр *м.* microradiometer
микрорайо́н *м.* micro-district
микрореа́кция *ж.* microreaction
микрорези́стор *м.* microresistor, resistor microelement
плана́рный ~ microplanar resistor
микрореле́ *с.* microrelay
микрорелье́ф *м.* microrelief, underfeature
микрорентгенме́тр *м.* microroentgenmeter
микрорентгеногра́фия *ж.* X-ray micrography, microradiography
микрореоло́гия *ж.* microrheology
микросва́рка *ж.* miniature welding
микросветово́д *м.* microguide
микросе́йсм *м.* microseism
микроси́н *м.* microsyn
микросисте́ма *ж.* microsystem, microscopic system
микроско́п *м.* microscope □ **~ даёт,** *напр.* **прямо́е** *или* **перевёрнутое изображе́ние** a microscope forms an, *e. g.*, erect *or* inverted image; **~ испо́льзуется для наблюде́ния по ме́тоду,** *напр.* **тёмного** *или* **све́тлого по́ля** a microscope can be used for, *e. g.*, dark-field *or* bright-field work; **наблюда́ть в ~** observe with a microscope; **~ предназна́чен для наблюде́ния в,** *напр.* **проходя́щем** *или* **отражённом све́те** a microscope is intended for, *e.g.*, transmitted *or* reflected light work; **~ рабо́тает по при́нципу фа́зового контра́ста** a microscope operates by the phase-contrast method
автоэлектро́нный ~ field-emission microscope
бинокуля́рный ~ binocular microscope
биологи́ческий ~ biological microscope
голографи́ческий ~ holographic microscope
~ для я́дерных эму́льсий nuclear-emulsion microscope
измери́тельный ~ measuring microscope
иммерсио́нный ~ immersion microscope
инверти́рованный ~ inverted-stage microscope
инструмента́льный ~ toolmaker's [tool-room] microscope
интерференцио́нный ~ interference microscope
инфракра́сный ~ infra-red microscope
ио́нный ~ field-ion microscope
ла́зерный ~ laser microscope
люминесце́нтный ~ fluorescence microscope
магни́тный ~ magnetic microscope
металлографи́ческий ~ (*без фотокамеры*) metallurgical microscope; (*с встроенной фотокамерой*) metallographic microscope, metallograph
монокуля́рный ~ monocular microscope
опти́ческий ~ light [optical] microscope
отсчётный ~ reading microscope
поляризацио́нный ~ polarizing microscope
проекцио́нный ~ projection microscope
прото́нный ~ proton microscope
растровый ~ scanning [flying-spot] microscope
рентге́новский ~ X-ray microscope
~ с бегу́щим лучо́м scanning [flying-spot] microscope
~ с больши́м увеличе́нием high-power microscope

микроско́п
светово́й ~ light microscope
~ с ма́лым увеличе́нием low-power microscope
стереоскопи́ческий ~ stereoscopic microscope, stereomicroscope □ **стереоскопи́ческий ~ обеспе́чивает объёмное восприя́тие объе́кта** a stereomicroscope produces the sensation of depth in an object
~ с цифровы́м отсчётом digitized microscope
телевизио́нный ~ television microscope
тенево́й ~ shadow microscope
ультрафиоле́товый ~ ultra-violet microscope
универса́льный ~ universal stage microscope
фа́зоконтра́стный ~ phase-contrast microscope
фотоэлектри́ческий ~ photoelectric microscope
шка́ловый ~ reading microscope
электро́нный ~ electron microscope
электро́нный, отража́тельный ~ reflection electron microscope
электро́нный, просве́чивающий ~ transmission electron microscope
электро́нный, ра́стровый ~ scanning electron microscope
эмиссио́нный ~ field-emission microscope
микроскопи́чность *ж.* microscopicity
микроскопи́я *ж.* microscopy
~ в когере́нтном све́те coherent-light microscopy
~ в косо́м освеще́нии oblique-light microscopy
~ в отражённом све́те reflected-light microscopy
~ в проходя́щем све́те transmitted-light microscopy
~ в ультрафиоле́товых луча́х ultra-violet microscopy
голографи́ческая ~ holographic microscopy
~ по ме́тоду све́тлого по́ля bright-field microscopy
~ по ме́тоду тёмного по́ля dark-field microscopy
~ по ме́тоду фа́зового контра́ста phase-contrast microscopy
телевизио́нная ~ television microscopy
микроско́п-катето́метр *м.* travelling microscope
микроско́п-микро́метр *м.* micrometric microscope
микросостоя́ние *с.* microstate
микроспектро́метр *м.* microspectrometer
микроспектроско́п *м.* microspectroscope
микроспектрофото́метр *м.* microspectrophotometer
микросплавле́ние *с.* microalloying
микростереосъёмка *ж.* stereo-micrography

микросхе́ма *ж.* integrated circuit, IC, microcircuit
ана́логовая ~ analog IC
бескóрпусная ~ unpackaged IC
~ в кóрпусе packaged IC
гибри́дная ~ hybrid IC
гибри́дная, совмещённая ~ compatible hybrid IC
интегра́льная ~ [ИМС] integrated circuit, IC
интегра́льная, больша́я ~ [БИС] large-scale integration [LSI] circuit
интегра́льная ~ второ́й сте́пени интегра́ции medium-scale integration [MSI] circuit
интегра́льная ~ пе́рвой сте́пени интегра́ции small-scale integration [SSI] circuit
интегра́льная ~ тре́тьей сте́пени интегра́ции large-scale integration [LSI] circuit
лине́йная ~ linear IC
плёночная ~ film IC
полупроводникóвая ~ monolithic [semiconductor, solid-state] IC
толстоплёночная ~ thick-film IC
тонкоплёночная ~ thin-film IC
цифрова́я ~ digital IC
микросхемотéхника *ж.* microcircuitry
микросъёмка *ж.* (*фотокамерой*) photomicrography; (*кинокамерой*) cine-photomicrography
микротвёрдость *ж.* microhardness
микротепловидение *с.* microthermography
микротермóметр *м.* microthermometer
микроти́пия *ж.* photomicrograph print; photomicrograph printing
микротóк *м.* microcurrent
микротóм *м.* microtome □ **~ предназна́чен для получе́ния срéзов с объéктов, зали́тых в, *напр.* парафи́н, целлоиди́н** a microtome is adapted for, *e. g.*, paraffin, celloidin work; **~ слу́жит для получе́ния тóнких срéзов, исслéдуемых под микроскóпом** a microtome is designed for cutting microscopic sections
замора́живающий ~ freezing microtome
са́нный ~ sliding microtome
~ с неподви́жным ножóм fixed-knife microtome
микротранзи́стор *м.* microtransistor, transistor microelement
ди́сковый ~ micro disk transistor
~ на керами́ческой подлóжке ceramic microtransistor
плана́рный ~ micro planar transistor
микротрéщина microcrack
микротурбулéнция *ж.* microturbulence
микроудобрéние *с.* microfertilizer
микроу́зел *м.* microassembly
микрофи́льм *м.* microfilm (copy), microfilm record
микрофильми́рование *с.* microfilming, microphotography
микрофи́ша *ж. инф.* microfiche
микрофóн *м.* microphone, (telephone) transmitter
безбатарéйный ~ self-powered microphone
безмембра́нный ~ no-diaphragm [diaphragmless] microphone
~ в кислорóдной ма́ске oxygen-mask microphone
гарниту́рный ~ breastplate microphone
губнóй ~ lip microphone
~ давлéния pressure microphone
двусторóнне напра́вленный ~ bidirectional microphone
дипóльный ~ dipole transmitter
дифференциа́льный ~ differential [double-button carbon] microphone
ка́псюльный ~ button (carbon) microphone
кардиóидный ~ cardioid microphone
конденса́торный ~ capacitor [condenser, electrostatic] microphone
конта́ктный ~ contact microphone
конта́ктный, пла́тино-у́гольный ~ blake transmitter
лéнточный ~ ribbon microphone
магнитострикциóнный ~ magnetostrictive microphone
ненапра́вленный ~ non-directional microphone
одностóронне напра́вленный ~ cardioid microphone
~ перемéнного магни́тного сопротивлéния variable-reluctance microphone
противошумовóй ~ noise-cancelling [close-talking] microphone
пьезоэлектри́ческий ~ piezoelectric [crystal] microphone
ручнóй ~ hand microphone
скоростнóй ~ velocity microphone
~ с параболи́ческим звукоотража́телем parabolic-reflector microphone
стереофони́ческий ~ stereotuner, stereo microphone
~ с у́гольным порошкóм carbon powder microphone
телефóнный ~ telephone transmitter
терми́ческий ~ thermal microphone
у́гольный ~ carbon microphone
у́гольный, однока́псюльный ~ single-button carbon microphone
у́гольный, порошкóвый ~ carbon powder microphone
фа́зовый ~ phase-shift microphone
электрéтный ~ electret microphone
электродинами́ческий ~ кату́шечного ти́па moving-coil [dynamic] microphone
электродинами́ческий ~ лéнточного ти́па ribbon [moving-conductor] microphone
электромагни́тный ~ moving-conductor microphone
микрофоноскóп *м.* microphonoscope
микрофотогра́фия *ж.* (*получение изображения, рассматриваемого в микроскоп*) photomicrography
микрофотогра́фия
электрóнная ~ electron microphotography
микрофотокопи́рование *с.* microfilming, microphotography
микрофотóметр *м.* microphotometer, microdensitometer
регистри́рующий ~ recording microphotometer
фотоэлектри́ческий ~ photoelectric microphotometer
микрофотометри́рование *с.* microphotometry
микрофотонаса́дка *ж.* photomicrographic attachment
микрофотосни́мок *м.* (*увеличенный снимок изображения объекта, видимого в микроскопе*) photomicrograph
микрофотосъёмка *ж.* photomicrography
микрофотоустанóвка *ж.* photomicrographic set-up
микрохи́мия *ж.* microchemistry
микрочасти́ца *ж.* microparticle
микрошли́ф *м.* microsection
микрошпри́ц *м.* microsyringe
микроэлектрóд *м.* microelectrode
микроэлектрóника *ж.* microelectronics, microminiature [microsystem] electronics
гибри́дная ~ hybrid microelectronics
полупроводникóвая ~ solid-state microelectronics
тонкоплёночная ~ thin-film microelectronics
микроэлектрофорéз *м.* microelectrophoresis
микроэлемéнт *м.* microelement, microcomponent
чувстви́тельный ~ microsensor
электрóнный ~ microelectronic element
микроявлéние *с.* microeffect, microphenomenon
микурги́я *ж.* microdissection
ми́ксер *м.* **1.** *мет.* mixer, holding furnace **2.** *с.-х.* mixer, blender
акти́вный ~ *мет.* active mixer
~ бараба́нного ти́па drum-type mixer
лóпастный ~ blade mixer
лопа́точный ~ shovel mixer
неакти́вный ~ *мет.* inactive mixer
перви́чный ~ *мет.* initial mixer
ми́кшер *м. рад.* **1.** mixer, fader, dramatic control unit **2.** monitor man
ла́мповый ~ (electron-) tube mixer, electron fader
немóй ~ dummy fader
милли ... (*десятичная дольная приставка, означающая* 10^{-3}, м) milli ..., m
миллиампермéтр *м.* milliammeter
миллиа́рд *м. англ.* a thousand million; *амер.* billion, (*редко*) milliard, 10^9
миллиба́р *м.* millibar
милливольтампермéтр *м.* millivolt-ammeter

миллившльтме́тр *м.* millivoltmeter
миллигра́мм *м.* milligram
миллигра́мм-эквивале́нт *м.* milligram-equivalent
миллиме́тр *м. англ.* millimetre; *амер.* millimeter
~ водяно́го столба́ millimetre of water (column), mm H_2O
~ рту́тного столба́ millimetre of mercury (column), mm Hg
миллиметро́вка *ж.* cross-section [profile] paper
логарифми́ческая ~ logarithmic cross-section [profile] paper
обы́чная ~ ordinary cross-section [profile] paper
миллимикро́н *м. уст.* (*наименование дольной единицы длины — нанометра*) nanometre, nm
миллиомме́тр *м.* milliohmmeter
миллио́н *м.* million
миллисекундоме́р *м.* millisecond timer
мильба́рс *м. мет.* mill [flat] bar
ми́ля *ж.* mile, m
географи́ческая ~ geographical mile (*7,4204 км*)
морска́я ~ nautical mile, nm (*в СССР = 1,852 км*)
сухопу́тная уста́вная ~ statute mile (*1,609 км*)
мимео́граф *м.* mimeograph
мимеографи́рование *с.* mimeographing
минера́л *м.* mineral
амо́рфный ~ amorphous mineral
втори́чный ~ secondary mineral
жи́льный ~ vein mineral
метами́ктный ~ metamict mineral
первы́чный ~ primary mineral
почвообразу́ющий ~ parent-rock [soil-forming] mineral
ру́дный ~ ore mineral
~, содержа́щий извлека́емый мета́лл ore mineral
минерализа́ция *ж.* mineralization
минерало́гия *ж.* mineralogy
минералогра́фия *ж.* mineralography
минералообразова́ние *с.* mineral formation
минера́л-спу́тник *м.* associate mineral
миниатюриза́ция *ж.* miniaturization
минима́кс *м. мат.* minimax, saddle point
минима́льность *ж.* minimality, minimum
минимиза́ция *ж.* minimization
минимизи́ровать *гл.* minimize
ми́нимум *м.* minimum □ **иссле́довать ~** *мат.* test for a minimum; **от ~а к ~у** peak to peak; **своди́ть до ~а** minimize
~ зави́симости эне́ргии от квази-и́мпульса bottom of a valley
~ зо́ны проводи́мости conduction band valley
~ зо́ны проводи́мости, боково́й outer [satellite] valley
~ зо́ны проводи́мости, параболи́ческий parabolic valley
~ зо́ны проводи́мости, центра́льный central valley
ми́нимум
относи́тельный ~ relative minimum
мино́р *м. мат.* minor, minor determinant, subdeterminant
гла́вный ~ principal minor
дополни́тельный ~ complementary minor
минора́нта *ж. мат.* minorant
ми́нус *м.* negative [minus] sign □ **четы́ре ~ два равно́ двум** four less two is two, four from two leaves two, four minus two equals two
~ исто́чника пита́ния the negative ["—"] side [terminal] of a power supply [source]
о́бщий ~ *эл.* common return, common earth
мину́та *ж.* minute
дугова́я ~ minute of arc
тари́фная ~ *свз.* paid [chargeable] minute
миньо́н *м. полигр.* minion (type)
ми́ра *ж.* **1.** *опт., кфт.* test object **2.** *геод., астр.* mark, mire **3.** (*в резольвометрии*) focus target
мира́ж *м.* mirage
ве́рхний ~ superior mirage, looming
ни́жний ~ inferior mirage
мириаме́тр *м.* myriameter
мириаметро́вый *прил.* myriameter
митралье́з *ж. полигр.* roller mould
митро́н *м.* (*магнетрон, настраиваемый напряжением*) voltage-tunable magnetron
ми́ттель *м. полигр.* English (type), 14-point type
мише́нь *ж. рад., яд. физ.* target
га́зовая ~ gas target
жи́дкая ~ liquid target
неподви́жная ~ fixed target
прозра́чная ~ transmission target
рентге́новская ~ X-ray target
~ рентге́новской тру́бки target, anticathode
М-ме́тр *м.* Mach meter
акусти́ческий ~ acoustic Mach meter
мнемо́ника *ж.* mnemonics
мнемоско́п *м.* mnemoscope
мнемосхе́ма *ж.* mimic panel
мни́мый *прил. мат.* imaginary □ **чи́сто ~** pure imaginary
многоа́дресный *прил.* multiaddress, multiple-address
многогра́нник *м.* polyhedron, N-hedron, polytope
многозна́чность *ж.* **1.** *мат.* multivaluedness, multiple-valuedness **2.** *изм.* ambiguity □ **устраня́ть ~** resolve ambiguity *пример*: **~ в показа́ниях радиоко́мпаса устраня́ется путём ...** ambiguity in radiocompass indications is resolved by ...
многокра́тно *нареч.*:
~ испо́льзуемый reusable
~ объя́вленный *вчт.* multi-declared
многокра́тность *ж. свз.* time multiplex(ing)
многолучёвость *ж.* (*распространение радиоволн*) multipathing, multipath propagation; (*последействие*) multipath effect
многообра́зие *с. мат.* variety
несме́шанное ~ pure variety
по́лное ~ complete variety
получи́стое ~ unirational [semipure] variety
универса́льное накрыва́ющее ~ largest covering manifold
многопо́люсник *м.* multi-port [multi-terminal] circuit, multi-port [multi-terminal] network, multi-port
асимметри́чный ~ dissymmetrical network
многорежи́мность *ж.* variety of operation conditions, multiplicity of states, multiplicity of operating levels
многосвя́зный *прил.* multiply connected
многото́чие *с.* dots, continuation notation
многоуго́льник *м.* polygon, N-gon, n-gon, n-sided polygon □ **опи́сывать ~** circumscribe a polygon; **смыка́ть [замыка́ть] ~** close a polygon
ве́кторный ~ vector polygon
верёвочный ~ funicular [string] polygon
кругово́й ~ arc polygon
опо́рный ~ *мех.* support polygon
пра́вильный ~ regular polygon
простра́нственный ~ skew [space] polygon
~ сил *мех.* polygon of forces
~ скоросте́й velocity polygon
многоцве́тность *ж.* pleochroism, pleochromatism; polychromy
многочи́сленность *ж.* multiplicity
многочле́н *м.* polynomial □ **записа́ть [расположи́ть] ~ в поря́дке убыва́ния показа́телей сте́пени** arrange a polynomial in descending powers; **разложи́ть ~ на мно́жители** factor a polynomial; **скла́дывать ~ы на основа́нии сочета́тельного и перемести́тельного зако́нов** add (*e. g., two*) polynomials by use of associative and commutative properties
~ деле́ния кру́га cyclotomic polynomial
кругово́й ~ cyclotomic polynomial
неприводи́мый ~ irreducible [prime] polynomial
нормиро́ванный ~ monic polynomial
~ от x polynomial in x
~ сте́пени *n* от ... a polynomial of degree *n* in ...
мно́жественность *ж.* multiplicity, plurality, manyness, numerosity
мно́жеств/о *с.* **1.** (*большое количество*) class, collection, aggregate, assemblage **2.** *мат.* set □ **в результа́те (*како́й-то*) опера́ции получа́ется но́вое ~** a new set is generated

by (a certain) operation; **образо́вывать ~** constitute a set; **опера́ция сложе́ния мно́жеств удовлетворя́ет усло́виям сочета́тельности** sets are associative under addition; **~а пересека́ются** sets intersect; **принадлежа́ть ~у** belong to a set; **производи́ть [осуществля́ть] опера́ции над ~ом** accomplish [perform] operations on a set; **э́ти ~а непересека́ющиеся** these are disjoint sets; **~ явля́ется за́мкнутым** the set is closed

мно́жеств/о
бесконе́чное ~ infinite set
~ вну́тренних то́чек interior of a set
вполне́ упоря́доченное ~ well-ordered [normally ordered] set
~ значе́ний фу́нкции range of a function
непреры́вное ~ continuity □ **преобразо́вывать непреры́вное ~** (*в дискретное*) remove continuity
несчётное ~ uncountable set
нигде́ не пло́тное ~ nowhere-dense set
нульме́рное ~ set of measure zero, null [zero-dimensional] set
откры́тое ~ open set
перечисли́мое ~ enumerable set
произво́дное ~ derived [derivative, cluster] set
пусто́е ~ empty [null] set
счётное ~ countable [enumerable, denumerable] set
то́чечное ~ point set, set of points
упоря́доченное ~ ordered [serially ordered, simply ordered] set
части́чно упоря́доченное ~ partially ordered set
~ элемента́рных собы́тий ~ fundamental probability set, set of simple events

мно́жимое *с.* multiplicand

мно́жител/ь *м.* **1.** multiplier **2.** factor □ **разлага́ть на ~и** present (an expression) in factor form, factor (an expression), factor into components
~ асимме́трии asymmetry factor
а́томный ~ atomic scattering factor
бу́квенный ~ literal (factor)
весово́й ~ weight(ing) factor
интегри́рующий ~ integrating factor
~ Ланде́ Landé (splitting) factor
масшта́бный ~ scale factor
нагру́зочный ~ по вхо́ду fan-in
нагру́зочный ~ по вы́ходу fan-out
~ на ЭЛТ cross-field electron-beam multiplier
нормиро́вочный ~ normalization factor, normalization constant
о́бщий ~ common multiplier
одноквадра́тный ~ one-quadrant multiplier
переводно́й ~ conversion [reduction] factor

мно́жител/ь
переме́нный ~ variable factor
попра́вочный ~ correction factor
~ пропорциона́льности proportionality factor, proportionality constant
прямо́й ~ direct factor
статисти́ческий ~ statistical weight factor
упако́вочный ~ packing factor
фа́зовый ~ phase factor
чи́сленный ~ numerical factor
экспоненциа́льный ~ exponential factor

мно́жить *гл.* multiply

мо *уст.* (*наименование электрической единицы проводимости* — сименса) siemens

мобила́нс *м.* mobilance

мобиломе́тр *м.* mobilometer

моби́льность *ж.* mobility

моги́льник *м.* **(радиоакти́вных отхо́дов)** burial

мо́д/а *ж.* **1.** (*вид колебаний*) mode □ **~ А выпада́ет** mode A vanishes [evanesces]; **~ А вырожда́ется** mode A degenerates; **~ А конкури́рует с ~ой Б** mode A competes against mode B; **~ А самосинхронизи́руется** mode A locks itself [self-locks]; **возбужда́ть ~у** excite a mode; (*об устройстве*) be excited in a mode; **искажа́ть ~у** deform a mode; **обеспе́чить развя́зку мод** uncouple modes; **ослабля́ть ~у** attenuate a mode; **осуществля́ть селе́кцию ~ы** select a mode; **подавля́ть ~у** suppress a mode; **подде́рживать ~у** sustain a mode; **свя́зывать ~ы** couple modes; **синхронизи́ровать ~ы по фа́зе** phase-lock modes; **управля́ть ~ой** control a mode **2.** (*характеристика случайной величины в математической статистике и теории вероятностей*) mode
аксиа́льная ~ axial [longitudinal, extensional] mode
антисто́ксова ~ anti-Stokes mode
волново́дная ~ waveguide mode
вы́рожденная ~ degenerate mode
~ вы́сшего поря́дка higher-order mode
~, генери́руемая ла́зером lasing mode
~, генери́руемая ма́зером masing mode
домини́рующая ~ dominant mode
излуча́емая ~ radiating mode
«крити́ческая» ~ cut-off mode
неаксиа́льная ~ angular (dependent) [off-axial] mode
одино́чная ~ single mode
осева́я ~ axial [longitudinal, extensional] mode
основна́я ~ principal [fundamental, dominant] mode
парази́тная ~ spurious mode
продо́льная ~ axial [longitudinal, extensional] mode
«свистя́щая» ~ whistler mode

мо́д/а
со́бственная ~ natural [eigen] mode
сосе́дняя ~ adjacent [consecutive, side] mode
спира́льная ~ twisted mode
углова́я ~ angular (dependent) [off-axial] mode
«ше́пчущая» ~ whispering mode
«ше́пчущая», опти́ческая ~ optical whispering mode

мода́льность *ж. мат.* modality

модели́рование 1. *с.* (*изготовление моделей*) modelling **2.** (*гл. образом с использованием ЭВМ*) simulation
ана́логовое ~ (*с использованием моделей-аналогов в составе АВМ*) analog [direct-(analogy)] simulation
ана́логовое ~ в и́стинном масшта́бе вре́мени real-time simulation
ана́логовое, электри́ческое ~ (*на основе электрических аналогов*) electric simulation
ана́логовое, электро́нное ~ electronic simulation
дискре́тное ~ digital simulation
математи́ческое ~ (*представление оригинала в виде совокупности уравнений*) mathematical modelling
~ ме́тодом «чёрного я́щика» black-box [input-output] modelling
~ на осно́ве анало́гий (*с использованием моделей-аналогов в составе АВМ*) analog [direct-(analogy)] simulation
~ по уравне́ниям indirect (analogy) simulation, modelling by equation solving
~ систе́м с реа́льной аппарату́рой partial system test, physical simulation
теплово́е ~ thermal model testing
~ усло́вий косми́ческого полёта space (flight) simulation
~ усло́вий полёта flight simulation
физи́ческое ~ (*оригинал и модель имеют одинаковую физическую природу*) physical modelling
физи́ческое, фрагмента́рное ~ partial system test, physical [test] simulation

модели́ровать *гл.* **1.** model **2.** (*гл. обр. с использованием ЭВМ*) simulate □ **~ проце́сс на ЭВМ** simulate a process on [with] an electronic computer

моде́ль *ж.* model; *вчт. тж.* analog □ **деформи́ровать ~** strain a model; **конструи́ровать ~** construct [build, develop] a model; **корректи́ровать ~** revise a model; **устана́вливать соотве́тствие ~и (при́нятой гипо́тезе)** test a model; **уточня́ть ~** refine a model; **формирова́ть ~ проце́сса на ана́логовой [цифрово́й] маши́не** develop the problem set-up for simulation on an analog [digital] computer
~ автомоби́ля automobile model

моде́ль

~ автомоби́ля, ба́зовая base (automobile) model

~ автомоби́ля, перехо́дная transitional [interim] (automobile) model

ана́логовая ~ analog

~ атмосфе́ры model atmosphere

~ а́тома atomic model

~ а́тома, я́дерная nuclear model of the atom

аэроупру́гая ~ elastic model

~ без дви́гателя *косм.* non-burning model

вале́нтно-силова́я ~ *физ.* valence-force model

вариацио́нная ~ variational model

вероя́тностная ~ stochastic [probabilistic] model

~ вселе́нной model universe, world model

геометри́чески подо́бная ~ geometrically similar model

гиперзвукова́я ~ hypersonic model

гру́бая ~ crude model

детермини́рованная ~ deterministic model

динами́ческая ~ dynamic model

динами́чески подо́бная ~ dynamically similar model

~ для испыта́ний на фла́ттер flutter model

~ для испыта́ний на што́пор spin model

~ для испыта́ния в аэродинами́ческой трубе́ wind tunnel model

~ для иссле́дований в свобо́дном полёте free-flight model

~ для определе́ния лобово́го сопротивле́ния drag model

~ для проду́вок *ав.* wind tunnel model

дово́дочная ~ development model

звёздная ~ stellar model

зо́нная ~ (*твёрдого тела*) band model

~ ионосфе́ры ionospheric model

класси́ческая ~ classical model

коллекти́вная ~ (*твёрдого тела*) collective model

крупномасшта́бная ~ large-scale model

лите́йная ~ (casting) pattern □ **конструи́ровать лите́йную ~** design a casting pattern; **отлива́ть по лите́йной ~и** cast [pour] against a pattern; **соединя́ть лите́йную ~ на шипа́х** dowel a casting pattern

лите́йная, воскова́я ~ wax pattern

лите́йная, выплавля́емая ~ investment pattern

лите́йная ~ из двух часте́й cope-and-drag pattern

лите́йная, многоразъёмная ~ multiple-part pattern

лите́йная, неразъёмная ~ unsplit pattern

лите́йная, одноразо́вая ~ one-time pattern

лите́йная, пустоте́лая ~ hollow pattern

лите́йная, разъёмная ~ split pattern

лите́йная, скеле́тная ~ skeleton pattern

лите́йная, сло́жная ~ composite pattern

лите́йная ~ с протя́жкой stripping pattern

лите́йная ~ стояка́ gate pin, gate stick

лите́йная, це́льная ~ unsplit pattern

лите́йная, чи́стая ~ loose pattern

~ ли́тниковой систе́мы set of gate patterns

~ ма́ссового обслу́живания queueing model

масшта́бная ~ scale model

математи́ческая ~ mathematical model

~ математи́ческого обеспе́чения software simulator

ма́тричная ~ *эк.* matrix model

~ маши́ны, ба́зовая basic machine

молекуля́рная ~ molecular model, molecular pattern

нату́рная ~ full-scale model

~ непрямо́й анало́гии indirect-analogy [equation-solving] model

огнева́я ~ fire model

о́пытная ~ test [experimental] model

пло́ская ~ two-dimensional [planar] model

прогнози́рующая ~ predictive model

простра́нственная ~ three-dimensional model

~ прямо́й анало́гии direct-analogy model, analog (model)

~ релье́фной ка́рты, негати́вная negative mould

~ релье́фной ка́рты, позити́вная positive mould

самонастра́ивающаяся ~ self-adjusting model

~ с дви́гателем *косм.* powered model

сетева́я расчётная ~ network analyser, network calculator □ **собира́ть сетеву́ю расчётную ~** set up a network analyser

~ сил изображе́ния image force model

стереоскопи́ческая ~ stereoscopic [space] image

стохасти́ческая ~ stochastic [probabilistic] model

теорети́ческая ~ theoretical model

теплова́я ~ heat [thermal] model

термоупру́гая ~ thermoelastic model

физи́ческая ~ physical model

электри́ческая ~ (*напр. ракеты*) an electric analog

электри́ческая, се́точная ~ electric network analog

электро́нная ~ (*напр. процесса*) an electronic analog

этало́нная ~ reference model

моде́ль-болва́нка *ж.*, **уче́бная** (*напр. самолёта*) dummy model

моде́льщик *м.* patternmaker

моде́ль-этало́н *ж.* master pattern

модера́тор *м.* moderator

модерниза́ция *ж.* modernization

модернизи́ровать *гл.* modernize

модифика́тор *м.* **1.** *мет.* modifier; (*чугуна*) inoculant **2.** *вчт.* modifier

модифика́ция *ж.* modification

~ а́дреса *вчт.* address modification

~ ти́па та́ры modification of container type

модифици́рование *с. мет.* modification; (*чугуна*) inoculation

модифици́ровать *гл.* **1.** modify **2.** *мет.* modify; (*чугун*) inoculate

модули́рование *с.* modulation (*см. тж.* **модуля́ция**)

модули́ровать *гл.* modulate □ **~ по амплиту́де** amplitude-modulate, modulate in amplitude; **~ по зако́ну, *напр.* си́нуса ...** vary as, *e. g.*, the sine of ...; **~ по фа́зе** phase-modulate, modulate in phase; **~ по частоте́** frequency-modulate, modulate in frequency

модули́руемость *ж.* modulability, modulation capability

модуло́метр *м.* modulation meter, modulation monitor

мо́дул/ь *м.* **1.** (*абсолютная величина числа*) modulus, magnitude, absolute value □ **вы́чет числа́ *a* по ~ю *m* ...** the residue of *a* to the modulus *m*, the residue of *a* modulo *m*; **по ~ю** (*в значении «по абсолютной величине»*) in absolute value, in magnitude *пример*: **чи́сла А и Б отлича́ются по ~ю** numbers A and B differ in magnitude; **по ~ю N** modulo N; **прове́рка по ~ю, *напр.* 9** a modulo, *e. g.*, 9 check; **су́мма по ~ю, *напр.* 2** the modulo, *e. g.*, 2 sum of ...; **сумми́рование произво́дится по ~ю, *напр.* 2** summation is modulo, *e. g.*, 2, a modulo, *e. g.*, 2 sum is taken **2.** (*блок, элемент конструкции*) module **3.** *элн.* (*унифицированный функциональный узел*) module □ **герметизи́ровать ~** seal a module; **герметизи́ровать ~ зали́вкой в компа́унд** pot a module; **герметизи́ровать ~ обвола́киванием** encapsulate a module; **опрессо́вывать ~** mould a module; **помеща́ть ~ в кожу́х** encase a module **4.** (*величины, характеризующие различные свойства материалов, изделий*) modulus; index

~ ве́ктора length [modulus, absolute value, magnitude, numerical value] of a vector

~ всесторо́ннего сжа́тия compression [bulk] modulus; modulus of dilatation

мо́дул/ь

~ вытя́гивания modulus of stretch
гидравли́ческий ~ *стр.* hydraulic index
дио́дно-рези́сторно-конденса́торный ~ capacitor-resistor-diode [CRD] module
~ затуха́ния decay modulus
~ изги́ба flexural modulus
интегра́льный ~ integrated circuit [IC] module
~ ко́мплексного числа́ complex number modulus
~ кру́пности *горн.* gradation factor
~ круче́ния torsion modulus
логи́ческий ~ logic module
логи́ческий, универса́льный ~ universal logic module
лу́нный ~ *косм.* lunar module
~ мерсериза́ции *цел.-бум.* modulus of mercerization
микроминиатю́рный ~ microminiature module
многоштырько́вый ~ multipin package
молекуля́рный ~ MERA module
~ на керами́ческой осно́ве ceramic-base module
~ на табле́точных элеме́нтах pellet module
~ норма́льной упру́гости modulus of elongation, Young's modulus
~ объёмного сжа́тия modulus of dilatation
~ объёмной упру́гости bulk modulus
объёмный ~ bulk modulus
~ основа́ния *стр.* foundation modulus
основно́й ~ *косм.* orbital module
~ пласти́чности modulus of plasticity
~ по́лного сопротивле́ния (scalar) impedance
~ по́лной проводи́мости (scalar) admittance
~ преломле́ния refractive modulus
~ продо́льной упру́гости modulus of elongation, Young's modulus
пьезоэлектри́ческий ~ piezoelectric modulus
~ разме́ров та́ры module of container dimensions
~ разры́ва modulus of rupture
~ расстоя́ния *астр.* distance modulus
резисти́вно-ёмкостный ~ capristor
~ сдви́га shear [rigidity] modulus
~ с двусторо́нними вы́водами double-ended module
~ скольже́ния shear [rigidity] modulus
сме́нный ~ plug-in module
~ с навесны́ми дета́лями discrete-component module
~ с одностoро́нними вы́водами single-sided module
со́товый ~ honeycomb module

мо́дул/ь

~ сравне́ния modulus of congruence
~ сто́ка *гидр.* modulus of flow, run-off rate
термоэлектри́ческий ~ thermoelectric module
тонкоплёночный ~ thin-film (circuit) module
управля́ющий ~ control module
~ упру́гости modulus of elasticity
~ упру́гости второ́го ро́да shear [rigidity] modulus
~ упру́гости, динами́ческий dynamic modulus of elasticity
~ упру́гости, каса́тельный tangent modulus of elasticity
~ упру́гости пе́рвого ро́да modulus of elongation, Young's modulus
~ упру́гости, приведённый modulus of inelastic buckling
~ упру́гости, тангенциа́льный tangent modulus of elasticity
~ фототелегра́фного аппара́та index of cooperation (*Примечание. В советской литературе обозначает отношение диаметра барабана к шагу подачи. В зарубежной литературе — произведение диаметра барабана на величину, обратную шагу подачи*)
~ шестерни́ pitch of a gear
~ шестерни́, ме́лкий fine pitch of a gear
~ этаже́рочного ти́па cordwood module
~ Ю́нга modulus of elongation, Young's modulus

модуля́тор *м.* modulator
амплиту́дный ~ aplitude modulator
бала́нсный ~ balanced modulator
вре́мя-и́мпульсный ~ pulse-position modulator (*Примечание. Не путать с* pulse-time modulator, *так как этот термин включает* pulse-position *и* pulse-width modulators)
группово́й ~ group modulator
двунапра́вленный ~ bidirectional modulator
двухта́ктный ~ push-pull modulator
~ добро́тности ла́зера Q-spoiler, Q-switch
~ добро́тности ла́зера на яче́йке Ке́рра Kerr-cell switch
и́мпульсный ~ pulse modulator
ко́дово-и́мпульсный ~ pulse-code modulator
кольцево́й ~ ring modulator
~ ла́зера, акти́вный active shutter
~ ла́зера, пасси́вный passive shutter
~ ла́зера, электроопти́ческий electrooptic shutter
лучево́й ~ beam modulator
магни́тный ~ magnetic modulator
механи́ческий ~ mechanical modulator
многокана́льный ~ multiplexer

модуля́тор

мостово́й ~ bridge-circuit modulator
поглоти́тельный ~ absorption modulator
~ све́та light modulator
~ све́та, магнитострикцио́нный magnetostrictive light modulator
~ све́та на яче́йке Ке́рра Kerr(-cell) shutter
~ све́та ти́па «враща́ющийся диск» light chopper
~ све́та, ультразвуково́й, дифракцио́нный ultrasonic diffraction modulator
~ све́та, часто́тный frequency light modulator
сегнетоэлектри́ческий ~ ferroelectric modulator
~ систе́мы многокра́тной [многокана́льной] свя́зи multiplex modulator
~ с реакти́вным элеме́нтом (*ла́мповый*) reactance-valve modulator; (*транзисторный*) reactance-transistor [varicap] modulator
фа́зовый ~ phase modulator
фотомехани́ческий ~ photomechanical modulator
фототелегра́фный ~ facsimile modulator
часто́тно-и́мпульсный ~ pulse-frequency modulator
часто́тный ~ frequency modulator
широ́тно-и́мпульсный ~ pulse-width modulator
~ я́ркости brilliance modulator

модуля́ци/я *ж.* modulation □ **~ испо́льзуется для нанесе́ния информа́ции на перено́счик** modulation impresses information on a carrier; **~ осуществля́ется по, *напр.* ано́ду, се́тке** modulation is applied to, *e. g.*, the anode, grid; **осуществля́ть ~ю по, *напр.* ано́ду, защи́тной се́тке** apply modulation to, *e. g.*, the anode, suppressor grid; **при ~и информа́ция заключа́ется в, *напр.* частоту́ несу́щей** in modulation, the intelligence is embedded in, *e. g.*, the frequency of the carrier; **~ состои́т в измене́нии пара́метра перено́счика под возде́йствием передава́емого сигна́ла** modulation arises when a characteristic of the carrier is changed by the signal [intelligence] transmitted
амплиту́дная ~ [АМ] amplitude modulation, AM
амплиту́дная, асимметри́чная ~ asymmetric amplitude [conjugate] modulation
амплиту́дно-и́мпульсная ~ [АИМ] pulse-amplitude modulation, PAM
ано́дная ~ plate [anode] modulation
взаи́мная ~ intermodulation
~ видеосигна́лами video modulation
~ в каска́дах предвари́тельного усиле́ния prestage modulation
вне́шняя ~ external modulation

модуля́ци/я
вну́тренняя ~ internal modulation
внутрирезона́торная ~ in-cavity modulation
~ вре́мени жи́зни носи́телей те́ла life time modulation
временна́я ~ *см.* **вре́мя-и́мпульсная модуля́ция**
вре́мя-и́мпульсная ~ [ВИМ] pulse-position modulation, PPM (*Примечание. Не путать с* pulse-time modulation, *так как этот термин включает* pulse-position *и* pulse-width, pulse-frequency *и* pulse-interval modulations)
~, вызыва́емая окружа́ющей средо́й environmental modulation
~ группово́го сигна́ла group modulation
двойна́я ~ double modulation
двухта́ктная ~ push-pull modulation
~ дефази́рованием outphasing modulation
динами́ческая ~ dynamic modulation
дифференциа́льная ~ differential modulation
~ длины́ кана́ла (*в полевом транзисторе*) channel length modulation
~ добро́тности ла́зера Q-switching, Q-modulation, Q-spoiling
~ добро́тности ла́зера, акти́вная active Q-switching
~ добро́тности ла́зера, и́мпульсная pulsed Q-switching
~ добро́тности ла́зера, пасси́вная passive Q-switching
~ добро́тности ла́зера, электрооптическая electrooptic Q-switching
дро́бная ~ fractional modulation
звукова́я ~ audio modulation
идеа́льная ~ perfect modulation
~ излуче́ния ла́зера laser-beam modulation
изохро́нная ~ isochronous modulation
и́мпульсная ~ pulse(-type) modulation
и́мпульсная, квантова́нная ~ quantized pulse modulation
~ интенси́вности пучка́ beam intensity modulation
квадрату́рная ~ quadrature modulation
квадрату́рная, бала́нсная ~ balanced quadrature modulation
квадрату́рная, синхро́нная ~ synchronous quadrature modulation
ко́дово-и́мпульсная ~ [КИМ] pulse-code modulation, PCM
ко́дово-и́мпульсная, дифференциа́льная ~ differential pulse-code modulation
лине́йная ~ linear modulation
многокра́тная ~ multiple [compound] modulation
~ на большо́й мо́щности *англ.* high-power modulation; *амер.* high-level modulation

модуля́ци/я
~ на ма́лой мо́щности *англ.* low-power modulation; *амер.* low-level modulation
недоста́точная ~ undermodulation
неискажённая ~ undistorted modulation
непосре́дственная ~ direct modulation
~ ОБП с оста́тком несу́щей *свз.* vestigial sideband modulation
~ одни́м то́ном single-tone modulation
однополо́сная ~ single-sideband [SSB] modulation
однота́ктная ~ single-cycle modulation
~ отклоне́нием deflection modulation □ **~ отклоне́нием мо́жет испо́льзоваться для определе́ния а́зимута це́ли** deflection modulation can indicate target azimuth
парази́тная ~ extraneous [spurious] modulation
парази́тная ~ дли́тельности и́мпульса pulse-width jitter
парази́тная ~ пери́ода повторе́ния и́мпульсов repetition-period jitter
параметри́ческая ~ self-reactance modulation
перекрёстная ~ cross modulation
переме́нная ~ variable modulation
перестано́вочная ~ permutation modulation
~ по амплиту́де amplitude modulation, AM
~ по вре́мени time modulation
~ поглоще́нием absorption [loss] modulation
~ по крутизне́ и́мпульса pulse-slope modulation
~ по́лем field(-effect) modulation
по́лная ~ complete modulation
поляризацио́нная ~ [ПМ] polarization modulation, PM
~ по поляриза́ции polarization modulation, PM
~ по фа́зе phase modulation, PM
~ по частоте́ frequency modulation, FM
~ по элеме́нту свя́зи coupling modulation
~ прерыва́телем chopper modulation
~ проводи́мости conductivity modulation
противофа́зная ~ phase-reversal modulation
~ пучка́ beam modulation
~ пучка́ по пло́тности bunching
~ пучка́ по ско́рости velocity modulation
речева́я ~ speech [voice] modulation, voice control
~ с авторегули́рованием несу́щей частоты́ controlled-carrier [floating-carrier, variable-carrier] modulation
~ све́та light modulation
се́точная ~ grid modulation

модуля́ци/я
~ се́точным смеще́нием grid-bias modulation
~ с подавле́нием несу́щей suppressed carrier modulation
~ толщины́ ба́зы base thickness [base width] modulation
тона́льная ~ buzzer [tone] modulation
углова́я ~ angle modulation
фа́зовая ~ [ФМ] phase modulation, PM
фа́зовая, относи́тельная ~ differential phase shift modulation
фа́зово-и́мпульсная ~ [ФИМ] pulse-position modulation, PPM
~ фо́ном hum modulation
часто́тная ~ [ЧМ] frequency modulation, FM
часто́тная ~ с поднесу́щей subcarrier frequency modulation
часто́тно-и́мпульсная ~ [ЧИМ] pulse-frequency modulation, PFM
широ́тно-и́мпульсная ~ [ШИМ] pulse-duration [pulse-length, pulse-width] modulation, PDM, PWM
шта́рковская ~ Stark modulation
~ шу́мом noise modulation
~ я́ркости intensity modulation □ **~ я́ркости испо́льзуется для вы́дачи отме́тки це́ли** the (presence of a) target is indicated by intensity modulation

моза́ик/а *ж.* mosaic □ **набира́ть ~у** mount a mosaic
деревя́нная ~ marquetry
сма́льтовая ~ smalto
ша́хматная ~ tesselation

моза́ичность *ж.* mosaic structure

мозг *м. киб.* brain
иску́сственный ~ artificial brain
электро́нный ~ electronic brain

мо́йка 1. (*процесс*) washing **2.** (*установка*) washer, washing machine
автомоби́льная ~ car-washing installation, automobile laundry
~ без разбо́рки in-place washing
двушне́ковая ~ twin-screw washer
ку́хонная ~ kitchen sink
лотко́вая ~ *мет.* trough washer
~ погруже́нием immersion washing
стру́йная ~ spray washing
центробе́жная ~ centrifugal washing
циркуляцио́нная ~ circulation washing
шне́ковая ~ screw washer

мо́йка-корнере́зка *ж.* root cutter-and-cleaner

мокра́ *ж.* sprinkling brush

мокросоле́ние *с. кож.* wet salting

мол *м.* pier, jetty

молектро́ника *ж.* molecular electronics, molectronics

моле́кул/а *ж.* molecule □ **~ возбужда́ется** a molecule is excited, molecule is activated; **~ высвобожда́ет [отдаёт] избы́ток эне́ргии** a molecule yields up surplus energy; **ме́-**

тить ~у label [tag] a molecule; ~ распада́ется на бо́лее просты́е a molecule breaks down [is broken down] to form simpler molecules; сло́жная ~ диссоции́рует на бо́лее просты́е a complex molecule dissociates into simpler ones; ~ы соударя́ются molecules collide, molecules undergo [experience] collisions

моле́кул/а
- гомеополя́рная ~ homeopolar molecule
- двуха́томная ~ diatomic [binary, two-atom] molecule
- деформи́руемая ~ nonrigid molecule
- дипо́льная ~ dipole molecule
- жёсткая ~ rigid molecule
- ио́нная ~ ionic molecule
- лине́йная ~ linear molecule
- многоа́томная ~ polyatomic [non-monatomic] molecule
- неполя́рная ~ non-polar molecule
- одноа́томная ~ monatomic molecule
- перви́чная ~ primary [parent] molecule
- поля́рная ~ polar molecule
- свобо́дная ~ free molecule
- свя́занная ~ tie molecule
- сло́жная ~ complex molecule
- хела́тная ~ chelate molecule
- цепна́я ~ chain molecule

моле́кула-акце́птор *ж.* acceptor molecule

моле́кула-до́нор *ж.* donor molecule

молекуля́рность *ж.* molecularity

молибде́н *м.* molybdenum, Mo

молибдени́рование *с.* molybdenizing

молиза́ция *ж.* molecule formation from ions

молниезащи́та *ж.* **1.** (*действие*) lightning(-discharge) protection **2.** (*устройство*) lightning(-discharge) protector

молниеотво́д *м.* lightning rod
- лине́йный ~ leakage conductor
- пласти́нчатый ~ plate protector, film lightning arrester
- ~ с предохрани́телем fuse and protector block
- стержнево́й ~ lightning rod
- тро́совый ~ lightning conductor
- у́гольный ~ carbon protector

мо́лния *ж.* **1.** (*разряд атмосферного электричества*) lightning **2.** (*категория телеграммы*) "lightning" priority **3.** (*изображение на предупредительных щитах*) danger arrow
- зигзагообра́зная ~ zigzag lightning
- ле́нточная ~ ribbon lightning
- лине́йная ~ streak lightning
- разветвлённая ~ forked lightning
- сплошна́я ~ sheet lightning
- чёточная ~ beaded [pearl] lightning
- шарова́я ~ ball [globe, globular] lightning
- штрихова́я ~ streak lightning

молоко́ *с.* milk □ ~ свёртывается milk curdles; ~ свёртывается (*в производстве сыра, под воздействием фермента*) milk is clotted (*by enzyme*)
- известко́вое ~ lime milk
- известко́вое ~ из гашёной и́звести slaked lime milk water
- крахма́льное ~ starch slurry
- сахара́тное ~ saccharate milk
- сухо́е ~ dried milk
- цеме́нтное ~ laitance

молоково́з *м.* milk float

молокоме́р *м.* milk gauge, milk meter
- ~ в систе́ме дое́ния с молокопрово́дом in-line milk meter
- градуи́рованный ~ graduated recording jar
- запи́сывающий ~ milkograph
- пропе́ллерный ~ propeller milk meter

молокоохлади́тель *м.* (dairy) milk cooler

молокоочисти́тель *м.* milk purifier

молокоподъёмник *м.* milk lift
- ва́куумный ~ vacuum-operated milk lift

молокопрово́д *м.* milk (pipe-)line

молокосбо́рник *м.* milk (collecting) tank

мо́лот *м.* hammer
- бесшабо́тный ~ no-anvil hammer
- взрывно́й ~ high-rate-energy [explosion] hammer
- высокоскоростно́й ~ rapid-action hammer
- гидравли́ческий ~ hydraulic hammer
- ~ двойно́го де́йствия double-acting hammer
- дроби́льный ~ granulating hammer
- кача́ющийся ~ helve hammer
- ко́вочный ~ forging hammer
- кривоши́пный ~ crank-operated hammer
- кузне́чный ~ (*механический*) forging hammer; (*кувалда*) sledge (hammer)
- кулачко́вый ~ cam-operated hammer
- листоштампо́вочный ~ stamping hammer
- механи́ческий ~ power hammer
- обжи́мный ~ shingling hammer
- оса́дочный ~ square set hammer
- па́дающий ~ drop [trip] hammer
- па́дающий, фрикцио́нный ~ с доско́й board drop hammer
- паровозду́шный ~ steam-air hammer
- паро́вой ~ steam hammer
- пневмати́ческий ~ compressed air [pneumatic] hammer
- ~ просто́го де́йствия single-acting hammer
- рудоразбо́рный ~ ore picking hammer
- рыча́жный ~ shaft hammer
- сва́йный ~ pile-driving hammer

мо́лот
- ~ с ножны́м [педа́льным] приво́дом treadle hammer
- фальцо́вочный ~ horning [bumping] hammer
- шабо́тный ~ anvil hammer
- штампо́вочный ~ die-forging hammer
- штампо́вочный ~ для листово́й штампо́вки stamping hammer
- штампо́вочный ~ для объёмной штампо́вки swage, swaging hammer

молоти́лка *ж.* thresher, thrasher
- вальцо́вая ~ roller thresher
- двухбараба́нная ~ two-cylinder thresher
- зернова́я ~ *уст.* grain thresher
- ~ комба́йна combine separator
- конопля́ная ~ hemp thresher
- кукуру́зная ~ (*с очистителем початков*) husker-sheller, corn sheller
- кукуру́зная ~ с измельчи́телем husker-shredder
- льняна́я ~ linseed thresher
- околóтная ~ head thresher
- ~ с би́льным молоти́льным аппара́том rasp-bar thresher
- ~ с двумя́ очи́стками finishing thresher
- ~ со штифтовы́м молоти́льным аппара́том peg thresher
- ~ с попере́чной пода́чей снопо́в long thresher
- ~ с предвари́тельным измельче́нием хле́бной ма́ссы chopper-thresher
- ~ с тёрочным молоти́льным аппара́том rubbing-type thresher
- центробе́жная ~ centrifugal thresher

молоти́ть *гл.* thresh, thrash

молото́к *м.* hammer
- бонда́рный деревя́нный ~ (*киянка*) mallet
- бури́льный ~ hammer drill
- бури́льный ~ для буре́ния с промы́вкой wash boring [water hammer] drill
- бури́льный, коло́нковый ~ drifter, air [hammer] drifter
- бури́льный, коло́нковый ~ с автомати́ческим пода́тчиком air-field drifter
- бури́льный, ручно́й ~ jackhammer
- бури́льный, телескопи́ческий ~ telescopic drill; stoper
- гвозди́льный ~ spike driver
- геологи́ческий ~ geological hammer, geologist's pick
- глади́льный ~ planishing hammer
- ~ для око́лки ка́мня scabbling hammer
- ~ для отбива́ния на́кипи scaling hammer
- ~ для отбортóвки кро́мок creasing hammer
- ~ для расколá́чивания моде́лей *лит.* rapping iron

молоток
~ для удаления шлака chipping [deslagging, slagging] hammer
дробильный ~ grinding hammer
камнетёсный ~ boss hammer
клепальный ~ riveting hammer, riveter
клепальный, пневматический ~ pneumatic riveting hammer
кузнечный ~ smith's hammer
маркировочный ~ *лес.* log stamp, marking hammer
отбойный, пневматический ~ jack [air, pneumatic] hammer, pneumatic pick
отбойный, электрический ~ electric hammer, electric pick
пневматический ~ air-operated hammer
пневматический ~ для проковки air-operated peening hammer
правильный ~ 1. *мет.* straightening hammer 2. *лес.* setting hammer
разгонный ~ *мет.* chasing hammer
рихтовальный ~ straightening hammer
~ с квадратным бойком square set hammer
~ с круглым бойком round set hammer
слесарный ~ bench hammer
~ со скошенным бойком bevel set hammer
столярный ~ joiner's hammer
~ с шаровым бойком ball set hammer
хирургический ~ surgical mallet
чеканочный ~ caulking hammer

молоточек *м.*:
~ звонка bell clapper
~ печатающего устройства hammer

молоть *гл.* (*размельчать*) mill, grind

молотьба *ж.* threshing, thrashing

молочная *ж.* 1. dairy(-room), milk house, creamery 2. milk shop

моль *м.* (*единица количества вещества в системе СИ*) mole

мольность *ж.* molarity

мольный *прил.* mole, molar

моляльность *ж.* molality

моляльный *прил.* molal

молярность *ж.* molarity

молярный *прил.* molar

момент *м.* 1. *физ., мех.* moment □ ~ возникает в, *напр.* плоскости moment occurs in, *e. g.*, a plane; ~ возникает в, *напр.* сечении moment occurs in [at], *e.g.*, a cross-section; затягивать (*болт, гайку*) с ~ом ... кг·м torque (*a nut, bolt*) to ... kg m; ~, *напр.* линии *или* поверхности относительно оси moment, *e.g.*, of a line *or* surface with respect to an axis; ~ относительно, *напр.* центра *или* оси a moment about, *e.g.*, the origin *or* axis; прикладывать ~ к оси apply a torque about an axis; развивать (вращающий) ~ develop a torque; уравновешивать ~ balance a moment; уравновешивать ~ы place moments in equilibrium 2. (*время*) moment, instant, time

момент
абсолютный ~ absolute moment
аэродинамический ~ aerodynamic [air] moment
балочный ~ girder moment
ветровой ~ wind moment
~ в колонне column moment
возмущающий ~ disturbing [exciting] moment
восстанавливающий ~ restoring [righting, stabilizing] moment
~ в пролёте moment of span
вращающий ~ torque
~ времени, начальный zero time
~ выгорания топлива burn-out time
~ вызова *тлф.* call moment
~ выключения двигателя cut-off time
гироскопический ~ gyroscopic moment
демпфирующий ~ damping moment
дестабилизирующий ~ destabilizing [disturbing] moment
дипольный ~ dipole moment
дифферентующий ~ trimming moment
дополнительный ~ excess torque
~ жёсткости moment of stiffness
~ зажигания *двс* firing point, firing position
замедляющий ~ retarding moment
~ затухания damping moment
~ затяжки (*напр. винта, гайки*) tightening torque
изгибающий ~ bending moment
изгибающий ~ в консоли cantilever bending moment
изгибающий, волновой ~ wave bending moment
изгибающий ~ на тихой воде still-water bending moment
изгибающий, приведённый ~ equivalent bending moment
~ импульса angular momentum, moment of momentum
~ инерции moment of inertia
~ инерции, главный principal moment of inertia
~ инерции, осевой centroidal moment of inertia
~ инерции относительно нормальной оси directional moment of inertia, inertia yawing moment
~ инерции относительно поперечной оси longitudinal moment of inertia, inertia pitching moment
~ инерции относительно продольной оси lateral moment of inertia, inertia rolling moment
~ инерции, полярный polar moment of inertia
~ инерции, приведённый equivalent moment of inertia
~ инерции, смешанный product of inertia

момент
~ инерции, центробежный product of inertia
квадрупольный ~ quadrupole moment
кинетический ~ angular momentum, moment of momentum
~ количества движения angular momentum, moment of momentum
~ количества движения, собственный intrinsic angular momentum, spin
концевой ~ end moment
~ коррекции (*в гироскопических приборах*) slaving torque
~ крена *ав.* roll(ing) moment
кренящий ~ *мор.* heeling moment
критический ~ critical moment
крутящий ~ torque
крутящий ~ двигателя engine torque
крутящий ~ несущего винта *ав.* rotor torque
крутящий, пиковый ~ maximum [peak] torque
крутящий, пусковой ~ starting torque
~ кручения torsional moment
~ крыла wing moment
магнитный ~ magnetic moment
~ нагрузки load moment, load torque
неуравновешенный ~ unbalanced [unstable] moment
обратный ~ back moment
одноосный ~ single-axis torque
опорный ~ moment of a support
опрокидывающий ~ 1. tilting [overturning] moment; pull-out torque 2. *мор.* capsizing [overturning] moment 3. *ав.* disturbing moment
орбитальный ~ orbital moment
~ остойчивости stability moment
~ остойчивости массы weight-stability moment
~ остойчивости формы form-stability moment
~ относительно передней кромки *ав.* leading-edge moment
~ относительно середины хорды *ав.* half-chord moment
~ отпирания — запирания (*в функциональных преобразователях*) *вчт., элн.* breakpoint
~ от постоянной нагрузки dead-load moment
~ отсечки двигателя *косм.* cut-off time
~ от собственного веса dead-load moment
~ отцепки *косм.* time of release
~ пары сил moment of a couple (of forces)
переходный ~ transient torque
~ площади, статический area-moment ratio
~ по штопору *ав.* prospin(ning) moment
~ прокатки rolling torque

момéнт
противодéйствующий ~ counter torque, restoring torque
~ **прóтив штóпора** *ав.* antispin(ning) moment
пусковóй ~ starting torque
разрушáющий ~ breaking moment, moment of rupture
~ **распределéния вероятности** moment of a frequency distribution
расчётный ~ design moment
реактивный ~ reactive moment; reactive torque
результирующий ~ net [resulting] moment
~ **руля высоты** elevator moment
~ **руля направлéния** rudder moment
~ **рыскания** *ав.* yawing moment
свáливающий ~ *ав.* stalling moment
~ **силы** moment of force
синхронизирующий ~ synchronizing torque
скрýчивающий ~ twisting moment
смéшанный ~ (*в теории вероятностей*) product moment
~ **снóса** *ав.* drifting moment
сóбственный ~ intrinsic moment
~ **сопротивлéния** moment of resistance
~ **сопротивлéния вращéнию** antitorque moment
~ **сопротивлéния поперéчного сечéния** section modulus
спиновый магнитный ~ spin magnetic moment
~ **срéза** moment of shearing
~ **срыва** break-away torque
стабилизирующий ~ stabilizing moment
статический ~ static moment
~ **страгивания на линии стáрта** *ав.* starting point
~ **тангажá** pitching moment
~ **тéла, магнитный** magnetic moment of a body
~ **тéла, электрический** electric moment of a body
тормознóй ~ braking [drag, retarding] torque
~ **трéния** friction(al) torque
~ **трóгания** (*электродвигателя*) break-away torque, *жарг.* kick-off torque
~ **тяги** thrust moment
~ **упрýгости** moment of elasticity
ускоряющий ~ accelerating moment
~ **успокоéния** damping torque
~ **устóйчивости** moment of stability
~ **центробéжной пáры** centrifugal couple moment
~ **центробéжной силы** centrifugal moment
шарнирный ~ hinge moment
электрический ~ electric (dipole) moment
~ **ядрá** nuclear spin; nuclear magnetic moment

моментомéтр *м. стат.* planimeter
монéль-метáлл *м.* Monel metal
монéт/а *ж.* coin □ **бросáть** ~**у** toss a coin; **возвращáть** ~**у** refund [return] a coin; **изымáть** ~**у из обращéния** withdraw a coin from circulation; **кассировать** ~**у** (*в телефоне-автомате, торговом автомате*) collect a coin (*in coin-operated telephone, slot-machine*); **пускáть** ~**у в обращéние** put a coin in circulation; **размéнивать** ~**у** change a coin; **чекáнить** ~**у** mint a coin
монéтница *ж.* (*в таксофоне*) coin box, collection receptacle
монжýс *м. пищ.* montejus, air lift
монитóр *м.* (*в различных значениях*) monitor
кáмерный ~ *тлв.* camera [preview] monitor
моноазокраситель *м.* monoazo dye
моноблóк *м.* 1. *двс* monoblock unit 2. (*респиратора*) feed-gear 3. (*турбокотельный агрегат*) single-boiler single-turbine unit
моногира *ж.* one-fold rotation axis
монодромия *ж. мат.* monodromy
монóид *м. мат.* monoid
моноимпульс *м.* (*лазера*) single giant pulse
моноклинáль *ж.* monocline, homocline
монокóк *м. ав.* monocoque
монокомпарáтор *м.* monocular comparator
монокристáлл *м.* single crystal, monocrystal □ **вводить примесь в** ~ dope a single crystal (with a dopant); **вырáщивать** ~ grow a single crystal; **вытягивать** ~ pull a single crystal; ~ **кристаллизýется с задáнной ориентáцией** a single crystal crystallizes in the desired orientation
~, **вырáщенный мéтодом зóнной плáвки** float(ing)-zone grown crystal
затрáвочный ~ seed crystal
монолит *м.* 1. monolith 2. *геод.* monument 3. (*в добыче камня*) rough block of stone □ **отделять** ~ **от массива** separate a rough block of stone from a rock formation
монóм *м.* monomial
мономéр *м.* monomer
мономéрность *ж.* monomerism
мономорфизм *м. мат.* monomorphism, isomorphy
мононить *ж.* monofilament
моноплáн *м.* monoplane
подкóсный ~ strut-braced monoplane
свободнонесýщий ~ cantilever monoplane
~ **с высокорасполóженным крылóм** (*высокоплан*) high-wing monoplane
~ **с низкорасполóженным крылóм** (*низкоплан*) low-wing monoplane

моноплáн
~ **со срéдним расположéнием крылá** (*среднеплан*) mid-wing monoplane
монопóль *м.* monopole
монорéльс 1. monorail 2. overhead monorail conveyer
моноскóп *м.* monoscope
монослóй *м.* monolayer
монотип *м.* monotype
монотипия *ж.* monotypy
монотóнность *ж. мат.* monotonicity, monotony
монотóнный *прил. мат.* monotonic, monotone
монотропия *ж.* monotropy
монохроматизáция *ж.* monochromatization
монохроматизировать *гл.* monochromate
монохромáтор *м.* monochromator
кристаллический ~ crystal monochromator
механический ~ mechanical monochromator
оптический ~ optical monochromator
рентгéновский ~ X-ray monochromator
~ **с дифракциóнной решёткой** grating monochromator
~ **с прерывáтелем** chopper monochromator
моноэдрический *прил.* hemihedral
моноэнергетичность *ж.* energy homogeneity
монтáж *м.* 1. (*сборка*) assembly, mounting 2. (*строительных и других конструкций*) erection 3. (*промышленного и другого оборудования*) installation, mounting 4. (*электрической и электронной схем*) wiring □ ~ **ведётся проводáми в жгутáх** the (electric) wiring is carried in bundles; **выполнять** ~ **прóводом мáрки N** carry out the wiring with type N wire; ~ **осуществляется на обжимных соединéниях** wiring uses crimped connections; **прозвонить** ~ test the wiring for continuity 5. *кфт.* (*для достижения художественного эффекта*) montage; (*для технических целей*) editing
беспáечный ~ solderless wiring
выдвижнóй ~ drawout [telescopic] mounting
~ **в ячéйках** (*электрооборудования*) cell mounting
~ **гóлым прóводом** piano wiring
~ **диапозитивов** stripping
~ **кáбельной провóдки** cabling
кóнтурный ~ *полигр.* lay-out
многослóйный ~ multilayer wiring
навеснóй ~ (*способ соединения элементов*) point-to-point wiring; (*способ соединения по виду применяемых схемных элементов*) discrete components
~ **на панéли** panel mounting

монта́ж
~ **на пла́тах** terminal-board wiring
~ **на ра́ме** frame mounting
объёмный ~ space-wired interconnections; *элн.* dense-packed point-to-point [three-dimensional] wiring
откры́тый ~ exposed wiring
пере́дний ~ (*на щите, панели*) front-of-panel mounting
печа́тный ~ (*печатные проводники без схемных элементов*) printed wiring; (*печатные проводники и схемные элементы*) printed circuitry (*Примечание. Различие признаётся, но не соблюдается*) □ **изгота́вливать печа́тный** ~ **ва́куумным напыле́нием** manufacture the printed wiring by vacuum evaporation; **изгота́вливать печа́тный** ~ **вы́рубкой** make the printed wiring by stamping [embossing]; **изгота́вливать печа́тный** ~ **травле́нием фольги́рованной пла́ты** make the printed wiring by foil-etching; **изгота́вливать печа́тный** ~ **электроосажде́нием** manufacture the printed wiring by electroplating
полууто́пленный ~ (*на щите, панели*) semiflush mounting
силово́й ~ power wiring
скры́тый ~ concealed wiring
сто́ечный ~ rack mounting
~ **схе́мы** circuit wiring
телескопи́ческий ~ (*на щите, панели*) telescopic mounting
~ **трубопрово́да** pipe laying
~ **фотопла́на** *афс.* assembly [assembling] of a mosaic
~ **фо́рмы** *полигр.* (*в высокой печати*) lay-out; (*в плоской или глубокой печати*) stripping-in
~ **ши́ны** (tyre) mounting, fitting of tyre
монтажи́ст *м. полигр.* stripper
монта́жная *ж. кфт.* cutting [editing] room
монта́жник *м.* erector, installer; *мн.* erection gang
монтежю́ *с.*, **кисло́тный** ~ acid egg, blowcase
монтёр *м.* mounter; fitter; adjuster
ка́бельный ~ cableman, cable splicer
лине́йный ~ line(s)man
~ **свя́зи** communication technician
монтёр-лине́йщик *м.* line(s)man
монтёр-эксплуатацио́нник *м.* maintenance man
монти́ровать *гл.* erect, install, mount; *вчт.* mount
монтиро́вка *ж.* (*телескопа*) (telescope) mount(ing)
азимута́льная ~ altazimuth mount(ing)
англи́йская ~ English mount(ing)
ви́лочная ~ fork mount(ing)
неме́цкая ~ German mount(ing)
параллакти́ческая ~ parallactic [equatorial] mount(ing)

монтиро́вка
экваториа́льная ~ parallactic [equatorial] mount(ing)
монуме́нт *м.* monument
мопе́д *м.* moped
мо́р/е *с.* sea □ **в откры́том** ~ on the open sea, on the high seas; **выходи́ть в** ~ put to sea; (*транспортировать*) ~**ем** (*carry*) by sea; **находи́ться в** ~ (*о судне*) remain at sea
лу́нное ~ lunar mare
морепла́вание *с.* seafaring, navigation
морехо́дность *ж.* seaworthiness, sea-going [seakeeping] ability
морехо́дный *прил.* sea-going, seaworthy
морехо́дство *с.* seafaring, navigation
мори́лк/а *ж.* (wood) preservative □ **трави́ть (де́рево)** ~**ой** stain (wood) with preservative
морози́лка *ж.* freezing chamber, freezer, froster
моро́зить *гл.* freeze, ice
морозобо́ина *ж.* frost crack, frost cleft
морозосто́йкий *прил.* frost-resistant, frost-proof
морозосто́йкость *ж.* frost resistance
морти́ра *ж.*:
баллисти́ческая ~ (*для испытания взрывчатых веществ*) ballistic mortar
~ **судово́го винта́** bossing
морфи́зм *м. мат.* morphism
морфогра́мма *ж.* morphogram
морфогра́фия *ж.* morphography
морфоло́гия *ж.* **почв** soil morphology
морфоме́трия *ж.* morphometry
морфотропи́я *ж.* morphotropism
морщи́н/а *ж.* (*дефект металла*) fold
~**ы бума́ги** paper cockling
~ **на отли́вке** casting lap
повторя́ющаяся ~ recurrent lap
мост *м.* **1.** *стр.* bridge □ **наводи́ть (вре́менный)** ~ launch [put up, put on] a bridge; **постро́ить** ~ **че́рез,** ***напр.*** **ре́ку** bridge [span], *e.g.*, a river; **свёртывать (вре́менный)** ~ delaunch a bridge **2.** *авто* axle
автодоро́жный ~ motor-road bridge
~ **автомоби́ля, веду́щий** drive axle
~ **автомоби́ля, веду́щий двухскоростно́й** ~ two-speed [double-reduction, dual ratio] (drive) axle
~ **автомоби́ля, веду́щий, с повыша́ющей переда́чей** overdrive axle
~ **автомоби́ля, веду́щий, с полуося́ми, разгру́женными на три че́тверти** three-quarter floating (drive) axle
~ **автомоби́ля, веду́щий, с разгру́женными полуося́ми** floating (drive) axle
~ **автомоби́ля, за́дний** back [rear] axle
~ **автомоби́ля, пере́дний** front axle
~ **автомоби́ля, промежу́точный** intermediate axle

мост
~ **автомоби́ля, управля́емый** guiding [leading, steering] axle
~ **а́нкерного колеса́** *час.* escape wheel bridge
~ **а́нкерной ви́лки** *час.* pallet cock
а́рочный ~ arch bridge
бала́нсовый ~ *час.* balance cock
ба́лочно-консо́льный ~ cantilever beam bridge
ба́лочный ~ beam bridge
ба́лочный ~ **с неразрезны́ми ба́лками** continuous bridge
ба́лочный ~ **с разрезны́ми ба́лками** plate-girder bridge
вентиляцио́нный, капита́льный ~ *горн.* permanent air crossing
вентиляцио́нный, участко́вый ~ *горн.* district air crossing
вися́чий ~ suspension bridge
вися́чий, ка́бельный ~ cable suspension bridge
вися́чий, цепно́й ~ chain suspension bridge
возду́шный ~ *горн.* air crossing, air bridge
вре́менный ~ temporary bridge
городско́й ~ town [city] bridge
двукры́лый ~ double-leaf bridge
двухъя́русный ~ double-deck bridge
железнодоро́жный ~ railway bridge
железобето́нный ~ reinforced concrete bridge
железобето́нный, моноли́тный ~ cast-in-situ reinforced concrete bridge
железобето́нный, сбо́рный ~ prefabricated reinforced concrete bridge
измери́тельный ~ *эл.* (electrical) bridge □ **бала́нс измери́тельного** ~**а нару́шен** the bridge is off-balance; **вы́звать разбала́нс измери́тельного** ~**а** disturb [upset] the balance of a bridge; **измери́тельный** ~ **нахо́дится в состоя́нии равнове́сия** the bridge is at balance; **измери́тельный** ~ **сбаланси́рован** the bridge is at balance; **приводи́ть измери́тельный** ~ **в состоя́ние равнове́сия** balance a bridge; **уравнове́шивать измери́тельный** ~ balance a bridge
измери́тельный, автомати́ческий ~ automatic [self-balancing] bridge
измери́тельный, безреохо́рдный ~ fixed-resistance bridge
измери́тельный ~ **Ви́на** Wien bridge
измери́тельный, двойно́й ~ double [Kelvin] bridge
измери́тельный, дека́дный ~ decade bridge
измери́тельный, дифференциа́льный ~ differential bridge
измери́тельный ~ **для измере́ния крутизны́** transconductance bridge
измери́тельный, ёмкостный ~ capacitance bridge
измери́тельный ~ **индукти́вностей** inductance bridge

мост
измерительный, квазиуравновешенный ~ semi-balanced bridge
измерительный, магазинный ~ box-type bridge
измерительный ~ магнитной проницаемости permeability bridge
измерительный, магнитный ~ magnetic bridge
измерительный, магнитный ~ Юинга Ewing permeability balance
измерительный, многоплечий ~ multiple-arm bridge
измерительный, нелинейный ~ non-linear bridge
измерительный, неуравновешенный ~ unbalanced [deflection] bridge
измерительный ~ переменного тока alternating current [a.c.] bridge
измерительный ~ полного сопротивления impedance bridge
измерительный ~ проводимостей conductance bridge
измерительный, процентный ~ limit bridge
измерительный, равноплечий ~ equal-arm bridge
измерительный, резонансный ~ resonance bridge
измерительный, реохордный ~ slidewire bridge
измерительный ~ сопротивлений resistance bridge
измерительный ~ со следящей системой servo-controlled bridge
измерительный ~ Томсона double bridge
измерительный ~ Уитстона Wheatstone bridge
измерительный, уравновешенный ~ balanced [null-type] bridge
измерительный ~ Шеринга Schering bridge
~ из стандартных элементов unit construction bridge
~ из трубчатых элементов tubular bridge
каменный ~ stone bridge
колошниковый ~ (*доменной печи*) top trestle
консольный ~ cantilever bridge
косой ~ skew [oblique] bridge
малопролётный ~ short-span bridge
многопролётный ~ multiple-span bridge
наплавной ~ floating [boat] bridge
~ напольной завалочной машины bottom truck
~ на рамных опорах trestle bridge
~ на свайных опорах pile bridge
неразводной ~ fixed bridge
однокрылый ~ single-leaf bridge
однопролётный ~ single-span bridge
отвальный ~ dumping [conveyer] bridge
откатный ~ traversing [rolling] bridge
перегрузочный ~ (*доменной печи*) transfer trestle
пешеходный ~ pedestrian overpass

мост
поворотный ~ swing bridge
подъёмно-откатный ~ rolling lift bridge
подъёмный ~ vertical-lift bridge
понтонный ~ pontoon bridge
разводной ~ drawbridge, movable bridge
рамный ~ frame [framed-truss] bridge
раскрывающийся ~ bascule bridge
свайный ~ pile bridge
~ с ездой поверху deck [top-road] bridge
~ с ездой понизу bottom-road bridge
~ с ездой посередине (half-) through bridge
скиповый ~ skip bridge
совмещённый ~ combined bridge
сталежелезобетонный ~ steel-reinforced concrete bridge
станционный питающий ~ *свз.* battery supply [transmission] bridge, battery supply circuit, battery supply feed
термисторный ~ thermistor bridge
транспортно-отвальный ~ *горн.* transport and dumping [overburden] bridge
цельносварной ~ all-welded bridge
шинный ~ *эл.* busbar bridge
щелевой ~ *элн.* (slot) bridge hybrid, hybrid junction
щелевой, свёрнутый ~ *элн.* folded bridge hybrid

мост/ик *м.* 1. (*переход, рабочая платформа*) foot-path, walkway, pathway, catwalk 2. (*на судне*) bridge 3. (*расстояние между отверстиями в трубной решётке котла*) ligament
висячие ~ки suspended catwalk
~ высокого сопротивления *горн.* high-tension fuse head
~ высот (*стереоавтографа*) height bridge
измерительный ~ постоянного тока direct current [d.c.] bridge
кормовой ~ after-bridge
навигационный ~ navigating bridge
~ накаливания *горн.* resistance bridge, fuse head
~ низкого сопротивления *горн.* low-tension fuse head
переходной ~ *мор.* catwalk, flying bridge
подвесные ~ки flying gangway
промерный ~ (*на землечерпалке*) sounding bridge
рабочие ~ки gangway
рукавный ~ (*пожарного рукава*) hose ramp
сигнальный ~ *ж.-д.*, *мор.* signal bridge
~ станины gap block
ходовой ~ *мор.* navigating bridge
штурманский ~ navigating bridge

мостить *гл.* pave □ ~ по раствору pave over mortar; ~ посуху pave dry

мостов/ая *ж.* pavement, paving □ вскрывать ~ую break a pavement; ~ даёт сколы a pavement spalls; наносить разделительные линии на ~ую mark a pavement; производить ямочный ремонт ~ой patch a pavement; размечать ~ую mark a pavement; ~ «шелушится» a pavement spalls
асфальтовая ~ asphalt pavement
брусчатая ~ block [stone-block] pavement
булыжная ~ cobblestone pavement
~ из плит flagstone pavement
каменная ~ stone pavement
клинкерная ~ brick pavement
мозаиковая ~ mosaic pavement
рядовая ~ coursed pavement
торцовая ~ block pavement

мостостроение *с.* bridge building, bridge construction

моталка *ж.* 1. *кфт.* rewind(er) 2. *прок.* reel, coiler, coiling machine, winder
~ барабанного типа mandrel-type coiler
~ для бракованной продукции reject reel
~ для недоката unfinished-product reel
~ для обручного железа hoop reel
~ для полосы strip reel
~ для прокладочной бумаги paper winder
ленточная ~ ribbon reel
~ лопастного типа paddle-type coiler
многопазовая ~ multiple-slot coiler
надпольная ~ upcoiler
натяжная ~ pull [tension] reel
печная ~ furnace coiler
«плавающая» ~ shifting winding reel
подпольная ~ downcoiler
разматывающая ~ uncoiler
роликовая ~ roll-type coiler, roller reel
~ с автоматическим вводом automatically fed coiler
~ с внешними приводными роликами surface-driven coiler
скрапная ~ heavy-end [scrap] reel
сматывающая ~ delivery reel
сортовая ~ системы Гаррета Garret [pouring] reel
сортовая ~ системы Эденборна Edenborn [laying] reel
~ с осевой подачей металла dead-head coiler
~ с приводным барабаном centre-driven coiler
~ с разжимным барабаном expanding [collapsible] drum coiler
~ с ручным вводом hand-fed coiler
штрипсовая ~ strip reel

мотать *гл.* wind, reel

мотель *м.* motel

мотобетонолом *м.* motor-concrete [motorized concrete] breaker

мотобур *м.* portable drilling rig

мотови́ло *с.* reel
бараба́нное ~ bird-cage reel
гра́бельное ~ feathering reel
~ для полёглых хлебо́в grain-saving reel
коконмота́льное ~ bobbin reel
копи́рующее ~ gauging reel
кресто́вое ~ six-armed [cross] reel
ло́пастное ~ bat reel
параллелогра́ммное ~ semirevolving reel
раздвижно́е ~ *текст.* expanding reel
~ с гидроуправле́нием hydraulically controlled reel
~ с жёстким закрепле́нием пла́нок fixed-bat reel
~ с регули́рованием накло́на пла́нок adjustable-bat reel
~ с регули́руемой ско́ростью variable-speed reel
суши́льное ~ drying reel
трости́льное ~ doubling reel
универса́льное ~ multipurpose reel
эксце́нтриковое ~ cam-action [pick-up] reel
мотово́з *м.* gasoline locomotive, rail car
мотогондо́ла *ж.* engine nacelle
мотодрези́на *ж.* motor car
мотоинструме́нт *м.* power tool
мото́к *м.*:
~ про́волоки bundle
~ пря́жи *или* ни́ток skein, hank
мотоколя́ска *ж.* cycle-car
мотокомпре́ссор *м.* engine-compressor unit
мотокультива́тор *м.* motor cultivator, motor hoe
мотона́рты *мн.* snow scooter
мотопила́ *ж.* motor(ized) [power] saw
мотопланёр *м.* powered glider
мотопо́мпа *ж.* engine-driven pump
пожа́рная ~ fire power pump
мото́р *м. уст. см.* **двигатель**
мото́р-ваго́н *м.* motor coach
мото́р-генера́тор *м.* motor generator (set)
~ для заря́дки аккумуля́торных батаре́й battery charging motor-generator
моторесу́рс *м.* service life
межремо́нтный ~ overhaul period □ **межремо́нтный ~ дви́гателя составля́ет 1000 часо́в** the engine has an overhaul period of (beginning at) 1000 h
моториза́ция *ж.* motorization
моторизова́ть *гл.* motorize
мотори́ст *м.* motorist
моторо́ллер *м.* motor-scooter
мото́р-реду́ктор *м.* geared motor
мотоци́кл *м.* motocycle
~ с коля́ской motorcycle with side-car
моты́га *ж.*, **враща́ющаяся** crumbler, rotary harrow
моты́жение *с.* hoeing, hacking
моты́ль *м.* (*кривошип*) crank, handle

моча́ло *с.* shredded bast
мочеви́на *ж.* urea, carbamide
мочи́ло *с. жарг.* steeper; (*для льна, конопли*) retting box, retting crate, retting pond
мо́чка *ж.* steeping; (*льна, конопли*) retting
моще́ние *с.* paving
мо́щност/ь *ж.* **1.** (*физическая величина*) power □ **большо́й ~и** high-power; **ма́лой ~и** low-power; **обме́ниваться [осуществля́ть обме́н] ~я́ми** (*между энергосистемами*) exchange power (*between energy systems*); **отбира́ть ~** take off power; **ответвля́ть (часть) ~и** tap some power; **отдава́ть ~** put out [deliver] power; **передава́ть ~** (*напр. из каскада в каскад или в нагрузку*) transfer power (*e.g., from stage to stage or to load*); **передава́ть ~ (по ли́нии)** transmit power (over a line); **поглоща́ть ~** absorb power; **по́лной ~и** full-power; **~ прохо́дит** power is transmitted; **часть ~и рассе́ивается на,** *напр.* **ано́де, колле́кторе** some power is dissipated at, *e.g.*, anode, collector **2.** *мат.* cardinality, cardinal number **3.** (*производственная*) capacity **4.** (*горных пород*) thickness
авари́йная ~ emergency power
акти́вная ~ active [true] power
ба́зисная ~ base power
буксиро́вочная ~ *мор.* tow-rope horse power
~ вагоноопроки́дывателя tonnage of a car dumper
взлётная ~ take-off power
~ в и́мпульсе *рлк.* peak (pulse) power
~ в лошади́ных си́лах horse-power
~ возбужде́ния (*генераторной лампы*) driving power
~ вскры́ши *горн.* thickness of stripping, cover thickness
входна́я ~ input power
выходна́я ~ output power, power output
выходна́я, номина́льная ~ (*радиоприёмника*) maximum undistorted output
~ дви́гателя power [rating] of an engine
~ дви́гателя, литро́вая *мор.* power-to-volume ratio
дли́тельная ~ continuous power
~ до́зы облуче́ния dose [dosage] rate
допусти́мая ~ power-carrying capacity
допусти́мая, максима́льно ~ overload capacity
едини́чная ~ (single-)unit power
~ зажига́ния резона́нсного разря́дника firing power
~ защи́тного устро́йства, поро́говая break-down power
~ зву́ка sound [acoustic] power

мо́щност/ь
~ излуче́ния radiating [emissive] power
индика́торная ~ indicated power
~ исто́чника source strength, source power
ка́жущаяся ~ apparent power
коммути́руемая ~ (*магнитоуправляемого контакта*) power handling
~ коро́ткого замыка́ния short-circuit power
~ котла́ boiler capacity
крюкова́я ~ (*трактора*) draught power
максима́льная ~ maximum (output) power
максима́льная, продолжи́тельная ~ *ав.* maximum continuous power
мгнове́нная ~ instantaneous power
~ мно́жества cardinality [cardinal number] of a set
~ на валу́ shaft power, shaft output
~ на зажи́мах генера́тора generator terminal output, generator terminal capacity
~ на испыта́нии *мор.* trial horse-power
~ нака́чки pump(ing) power
~ на му́фте coupling power
~ на приводно́м валу́ power at the drive shaft
~ на режи́ме ма́лого га́за *ав.* idling power
~ на режи́ме ма́лого га́за, назе́мная *ав.* ground idling power
~ на режи́ме ма́лого га́за, полётная *ав.* flight idling power
~ на согласо́ванной нагру́зке matched-load power
~ несу́щей carrier output
номина́льная ~ rated power, power rating
~ облуче́ния exposure [irradiation] rate
отдава́емая ~ power delivered
~ отражённого сигна́ла *рлк.* echo-signal power
паразитная ~ parasitic losses
~ пи́ка peak power
~ пита́ния supply power
~ пласта́ thickness of a seam, seam thickness
~ пласта́, поле́зная вынима́емая useful worked thickness of a seam
~ пласта́, по́лная full [total] thickness of a seam
~ пласта́, рабо́чая working thickness of a seam
поглоща́емая ~ *изм.* terminating power
подводи́мая ~ power input
~ подогре́ва heater power
поле́зная ~ 1. useful [net] power **2.** net capacity
по́лная ~ total [gross] power
поса́дочная ~ *ав.* landing power
~ пото́ка rate of flow
потребля́емая ~ demand, power consumption

мóщност/ь
потребля́емая ~ в ва́ттах watt consumption, wattage
потрéбная ~ required power
проéктная ~ design output
произвóдственная ~ (productive) capacity
произвóдственная ~ по вы́плавке стáли в сли́тках ingot capacity
произвóдственная ~ по произвóдству сéрной кислоты́ productive capacity for sulphuric acid
произвóдственная ~ шáхты productive capacity of a mine, output of a mine
просáчивающаяся ~ leakage power
проходя́щая ~ feed-through power
пусковáя ~ starting power
рабóчая ~ operating power
~ радиоприёмника, выходнáя receiver output
~ радиоприёмника, выходнáя нормáльная normal test output of a receiver
разрывнáя ~ breaking [rupturing] capacity
располагáемая ~ available [disposable] power
рассéиваемая ~ dissipated power
~ рассéяния power dissipation
~ рассéяния на анóде anode (power) dissipation
~ рассéяния на коллéкторе collector (power) dissipation
расчётная ~ rated capacity
реакти́вная ~ reactive power
резéрвная ~ 1. spare capacity 2. *эл.* reserve power; *рлк.* standby power
срéдняя ~ average [mean] power
срéдняя ~ непреры́вного излучéния *рлк.* average CW power
~ стáнции station capacity
суммáрная ~ 1. total power 2. aggregate capacity
тепловáя ~ heat(ing) rating; heat output; thermal capacity
~ ти́па колебáний modal power
тормознáя ~ brake horse-power
~ турби́ны turbine capacity
~ турби́ны, номинáльная maximum continuous rating
~ турби́ны, электри́ческая generator output of a turbine
тя́говая ~ 1. *авто* tractive power 2. *мор.* towrope horse-power
удéльная ~ power density, specific power
удéльная ~ пéчи specific power rating
~ установки plant capacity
устанóвленная ~ installed capacity, installed power
~ утéчки leakage power
~ холостóго хóда shut-off capacity
шумовáя ~ noise power
шумовáя, относи́тельная ~ noise ratio
шумовáя, эквивалéнтная ~ noise equivalent power
электри́ческая ~ electric power

мóщност/ь
эффекти́вная ~ effective horse-power
мрáмор *м.* marble □ **добывáть ~** quarry marble; **отдéланный под ~** marbled (*e. g., surface*); **отдéлывать под ~** marble; **~ подáтлив в обрабóтке** marble is workable [works readily, is easily worked]; **~ применя́ется из-за свои́х декорати́вных кáчеств** marble is used for its ornamental qualities; **~ принимáет полирóвку [хорошó полирýется]** marble takes a polish well, marble is capable of taking a polish; **распи́ливать ~** saw-cut marble; **тесáть ~** hammer marble
крупнозерни́стый ~ coarse (grained) marble
мелкозерни́стый ~ fine (grained) marble
разноцвéтный ~ variegated marble
мраморизáция *ж.* marbling
муáр *м.* moiré
мук/á *ж.* flour; meal □ **испóльзовать ~ý для приготовлéния хлéба** use flour in making bread; **~ получáется размóлом зернá** flour is made by grinding [milling] grain; **~ прогоркáет** flour becomes rancid; **~ прокисáет** flour becomes sour
буровáя ~ bore meal, borings, drillings
бýтовая ~ stone dust
ги́псовая ~ earthy gypsum
гóрная ~ rock flour, mountain meal
древéсная ~ wood flour
известкóвая ~ ground limestone
кáменная ~ stone powder, stone dust
квáрцевая ~ ground quartz
квасцóвая ~ alum (powder), aluminium potassium sulphate
кормовáя ~ feeding meal
костянáя ~ bone meal
кровянáя ~ blood meal
обóйная ~ flour with 95-96% extraction
~ простóго помóла (coarse) meal
сéяная ~ rye flour with 63% extraction
толчéйная ~ pulverized ore
~ тóнкого помóла fine flour
торфянáя ~ powdered peat
фосфори́тная ~ ground phosphate rock, rock phosphate meal, ground rock phosphate
мукопросéиватель *м.* flour sifting-and-dressing machine
мукосмеси́тель *м.* flour blender, flour mixer
мулинéтка *ж.* fan brake, fan dynamometer
мýльда *ж.* (*в производстве чугуна — изложница*) ingot mould; (*в производстве стали*) charging box, charging pan
мультивéктор *м. мат.* multivector

мультивибрáтор *м.* multivibrator □ **запускáть ~** trigger a multivibrator; **~ нахóдится в состоя́нии неустóйчивого равновéсия** a multivibrator resides in a state which is only temporarily stable; **~ нахóдится в устóйчивом состоя́нии** a multivibrator resides in a stable state; **~ опроки́дывается** a multivibrator changes (the) state, a multivibrator transfers to a new state; **останови́ть ~** turn off a multivibrator
автоколебáтельный ~ astable [free-running] multivibrator □ **автоколебáтельный ~ непреры́вно перехóдит из одногó состоя́ния неустóйчивого равновéсия в другóе** a free-running multivibrator continuously alternates between two momentarily stable states
ждýщий ~ one-shot [single-shot, start-stop, monostable] multivibrator □ **ждýщий ~ генери́рует тóлько оди́н и́мпульс при воздéйствии одногó запускáющего и́мпульса** a single-shot multivibrator requires one trigger pulse to produce one output cycle
задаю́щий ~ master multivibrator
задéржанный ~ delay multivibrator □ **задéржанный ~ генери́рует и́мпульс с задéржкой относи́тельно запускáющего и́мпульса** delay multivibrator produces an output pulse a predetermined time after it is triggered
~ задéржки delay multivibrator
заторможённый ~ one-shot [single-shot, start-stop, monostable] multivibrator
несимметри́чный ~ asymmetric(al) multivibrator
однотáктный ~ one-shot [single-shot, start-stop, monostable] multivibrator
~ прямоугóльных и́мпульсов square-wave multivibrator
~ с двумя́ устóйчивыми положéниями bistable multivibrator
симметри́чный ~ symmetric(al) multivibrator
~ с катóдной свя́зью Schmitt trigger
~ с одни́м устóйчивым положéнием monostable multivibrator
~ с перекрёстными анóдно-сéточными свя́зями cross-coupled multivibrator
~ с положи́тельным смещéнием positive-bias multivibrator
~ с регулирóвкой ширины́ и́мпульса variable-width multivibrator
~ ýзких стрóбов narrow-gate (delay) multivibrator
~ ширóких стрóбов wide-gate (delay) multivibrator
электроннооpти́ческий ~ electro-optical multivibrator
электрóнный ~ electronic multivibrator

мультигармонигра́ф *м.* multiharmonigraph
мультигра́ф *м.* multigraph
мультигру́ппа *ж. мат.* multigroup
мультидифференциа́льный *прил.* multidifferential
мультиколлима́тор *м.* multicollimator
мультиколлинеа́рность *ж. мат., стат.* multicollinearity
мультиномиа́льный *прил.* multinomial, polynomial
мультипле́кс *м.* multiplex
мультипле́ксор *м.* **переда́чи да́нных** terminal multiplexer
мультипле́т *м.* multiplet
мультипле́тность *ж.* multiplicity
мультипликати́вный *прил.* multiplicative
мультиплика́тор *м.* **1.** (*повышающая зубчатая передача*) step-up gear **2.** (*устройство повышения давления жидкости*) booster **3.** *мат.* multiplier **4.** *кфт.* animator
~ гру́ппы multiplier of a group
мультиплика́ция *ж.* **1.** *мат.* multiplication **2.** *кфт.* animation
мультиплици́ровать *гл.* (*повышать скорость через передачу*) gear up
мультипо́ль *м.* multipole
мультипрограмми́рование *с.* multiprogramming
~ с переме́нным число́м зада́ч multiprogramming with a variable number of tasks, MVT
~ с фикси́рованным число́м зада́ч multiprogramming with a fixed number of tasks, MFT
мультипроце́ссор *м. вчт.* multiprocessor
мультирота́ция *ж.* mutarotation, multirotation, birotation
мультиско́п *м.* multiscope
мультистру́г *м.* multiplough
мультиструкту́ра *ж.* multilattice
мультиусто́йчивость *ж.* multistability
мультицикло́н *м.* multiclone, multistage cyclone
мультстано́к *м. кфт.* animation stand
мультфи́льм *м.* animation [animated cartoon] film
му́льча *ж.* mulch
мульчи́рование *с.* mulching
му-мета́лл *м.* mumetal
му́мия *ж.* (*природный железоокисный пигмент*) mummy
мундшту́к *м.* tip, nozzle, jet
~ газосва́рочной голо́вки, вну́тренний cutting jet [cutting-tip] orifice
~ газосва́рочной голо́вки, нару́жный welding-tip orifice, outer nozzle
~ для газопла́менной очи́стки deseaming nozzle
~ для кислоро́дной стро́жки planing nozzle
~ для пове́рхностной кислоро́дной ре́зки flame-gouging nozzle
~ для про́волоки wire nozzle
~ резака́ torch tip, cutting nozzle
~ сва́рочной горе́лки welding tip

мундшту́к
~ семяпрово́да *с.-х.* grain conductor [grain tube] top
фильтру́ющий ~ (*в сигаретах*) filter tip
му́нц-мета́лл *м.* muntz metal (*Примечание. В СССР мунц-металлом называют свинцовистую латунь*)
мура́ва *ж.* (*род поливы в гончарном производстве*) glaze, glazing
мура́вить *гл.* glaze
мура́вление *с.* glazing
му́сор *м.* refuse, garbage; sweepings ☐ **вывози́ть ~** collect refuse [garbage]; **сжига́ть ~** destroy [incinerate] refuse
бытово́й ~ household rubbish, domestic garbage
городско́й ~ town refuse
хозя́йственный ~ household garbage
мусорово́з *м.* refuse [garbage] collector, garbage-removal truck, refuse wagon, dust-cart
мусоропрово́д *м.* refuse chute
мусоросбо́рник *м.* (*напр. на пассажирском самолёте*) garbage container
мусоросжига́тель *м.* incinerator
мусороудале́ние *с.* refuse disposal
муссо́н *м.* monsoon ☐ **~ меня́ет направле́ние** the monsoon breaks [bursts]; **~ характеризу́ется ре́зкими измене́ниями направле́ния** monsoon is characterized by its reversal in direction
вла́жный ~ summer [wet] monsoon
зи́мний ~ winter [dry] monsoon
ле́тний ~ summer [wet] monsoon
сухо́й ~ winter [dry] monsoon
мутарота́ция *ж.* mutarotation, multirotation, birotation
му́тность *ж.* **1.** *опт.* turbidity **2.** muddiness, cloudiness
~ среды́ turbidity of a medium
муть *ж.* slime, dredge
мо́ечная ~ washings
толче́йная ~ ore slime
му́фель *м.* muffle, retort
зака́лочный ~ quenching muffle
му́фт/а *ж.* **1.** (*соединительная для валов*) (shaft) coupling; (*соединительная для труб*) (pipe) coupling; (*глухая компенсирующая для валов*) coupling ☐ **~ закреплена́ на валу́ шпо́нкой** a coupling is keyed to the shaft; **~ компенси́рует радиа́льные** *или* **угловы́е смеще́ния вало́в** a coupling connects shafts misaligned laterally *or* angularly; **наса́живать ~у на вал** slip a coupling over a shaft **2.** (*сцепная или управляемая для валов*) clutch ☐ **включа́ть ~у принуди́тельно** force a clutch into engagement **3.** (*кабельная*) box, head, sleeve
вертлю́жная ~ swivel union
винтова́я ~ threaded sleeve
винтова́я, стяжна́я ~ turn-buckle
~ включе́ния механи́зма пода́чи feed clutch

му́фт/а
враща́ющаяся ~ swivel union
вту́лочная ~ sleeve coupling
вту́лочная, концева́я ~ end sleeve
вту́лочно-па́льцевая ~ coupling with rubber-bushed studs
гидравли́ческая ~ hydraulic [fluid] coupling; hydraulic clutch
гидродинами́ческая ~ fluid coupling
глуха́я ~ rigid coupling ☐ **глуха́я ~ тре́бует то́чного совмеще́ния осе́й вало́в** a rigid coupling may be used only on shafts which are perfectly aligned
двухко́нусная ~ double-cone clutch
ди́сковая ~ (*разновидность управляемой фрикционной муфты*) disk clutch
~ для сме́ны валко́в roll changing sleeve
жёсткая ~ rigid [sleeve-type] coupling
жёсткая, компенси́рующая ~ fast flexible coupling
жёсткая, некомпенси́рующая ~ rigid [sleeve-type] coupling
жи́дкостная ~ **1.** hydraulic [fluid] coupling **2.** hydraulic clutch
зубча́тая ~ (*разновидность компенсирующей муфты*) tooth-type [gear-type] (flexible) coupling
ка́бельная ~ cable box, cable head, cable sleeve
ка́бельная, концева́я ~ cable sealing box, cable sealing end, cable terminator, cable shoe
ка́бельная, ма́чтовая ~ pothead
ка́бельная, проходна́я ~ straight(-through) joint
ка́бельная, соедини́тельная ~ cable connector, cable coupler, cable joint box, cable (jointing) sleeve
компенси́рующая ~ flexible coupling
кони́ческая ~ (*разновидность управляемой муфты*) cone clutch
ко́нусная ~ cone clutch
кресто́вая ~ double-slider [Oldham] coupling
кресто́вая ~ с промежу́точным ди́ском cross-sliding coupling
кулачко́вая ~ (*разновидность муфты сцепления или управляемой*) jaw clutch
кулачко́вая ~ с прямоуго́льными кулачка́ми (*муфта сцепления или управляемая муфта*) square-jaw clutch
кулачко́вая ~ с трапецеида́льными кулачка́ми (*разновидность управляемой муфты*) spiral-jaw clutch
кулачко́во-ди́сковая ~ (*разновидность постоянной соединительной муфты*) double-slider [Oldham] coupling
ламе́льная ~ plate [disk] coupling
ле́нточная ~ band clutch
магни́тная ~ magnetic clutch

му́фт/а

многоди́сковая ~ (*разновидность управляемой фрикционной муфты*) multidisk clutch
многотаре́льчатая ~ multidisk clutch
неразъёмная ~ fixed coupling
нерасцепна́я ~ sleeve-type clutch
нереверси́вная ~ non-reversible clutch
обго́нная ~ overrunning [free-wheel] clutch □ **обго́нная ~ замыка́ется в одно́м направле́нии и размыка́ется в обра́тном** an overrunning clutch engages in one direction and free-wheels in the other
однодисковая ~ single-disk clutch
~ отбо́ра мо́щности power take-off coupling
ответви́тельная ~ tee [branch] joint, tee connection
па́льцевая ~ bolt [pin] coupling
перехо́дная ~ adapter
пла́вающая ~ double-slider [Oldham] coupling
пласти́нчатая ~ plate [disk] coupling
пневмати́ческая ~ pneumatic coupling
поводко́вая ~ quill driver
подви́жная ~ movable coupling
попере́чно-свёртная ~ flange coupling
постоя́нная ~ fixed [permanent] coupling
~ преде́льного моме́нта torque-limiting clutch
предохрани́тельная ~ safety clutch
предохрани́тельная ~ со срезны́м штифто́м shearing clutch
продо́льно-свёртная ~ ribbed-clamp coupling
~ прока́тного валка́, соедини́тельная coupling box
~ прока́тного валка́, тре́фовая coupling box
пружи́нная ~ 1. spring coupling 2. coil clutch
пряма́я ~ straight pipe coupling
раздвижна́я ~ extension coupling
разрезна́я ~ split coupling
расцепна́я ~ disengaging clutch
реверси́вная ~ reversing clutch
резьбова́я ~ (*трубная*) threaded sleeve
самоуправля́емая ~ automatic clutch
самоустана́вливающаяся ~ self-aligning coupling
свёртная ~ clamp shaft [flanged] coupling
~ свобо́дного хо́да overrunning [freewheel] clutch
сго́нная ~ pipe connector
~ скольже́ния slip clutch (*по советской классификации охватывает* hydraulic coupling *и* eddy-current clutch)
~ с натяжно́й ле́нтой band clutch

му́фт/а

соедини́тельная ~ muff, sleeve coupling, union, coupler
соедини́тельная, зажи́мная ~ clamp sleeve
соедини́тельная, постоя́нная ~ coupling
соедини́тельная, постоя́нная жёсткая ~ rigid coupling
спира́льно-кулачко́вая ~ spiral jaw clutch
~ с раздвижны́ми коло́дками block clutch
стержнева́я ~ pin [bar] coupling
стяжна́я ~ turn-buckle
~ сцепле́ния clutch
~ сцепле́ния, пневмати́ческая air clutch
~ сцепле́ния с гидроуправле́нием hydraulic-actuated clutch
~ сцепле́ния с накло́нными зуб-ца́ми bevelled-claw clutch
~ сцепле́ния, центробе́жная centrifugal clutch
таре́льчатая ~ plate [disk] clutch
~ тре́ния 1. friction coupling 2. friction clutch
тре́фовая ~ *прок.* wobbler (coupling)
тройнико́вая ~ I-joint
тру́бная ~ pipe [tube] coupling
тя́говая ~ traction clutch
углова́я ~ (*трубная*) conduit elbow
управля́емая ~ clutch □ **управля́емая ~ обеспе́чивает разъедине́ние вало́в во вре́мя рабо́ты** a clutch (is a coupling which) permits the disengagement of the coupled shafts during operation
упру́гая ~ elastic [flexible] coupling
ферропорошко́вая, жи́дкостная ~ fluid magnetic clutch
ферропорошко́вая, суха́я ~ dry powder magnetic clutch
фла́нцевая ~ flange coupling
фрикцио́нная ~ 1. friction coupling 2. friction clutch
фрикцио́нная, предохрани́тельная ~ slipping clutch
храпова́я ~ jaw clutch
центробе́жная ~ expanding clutch
шарни́рная ~ articulated [joint] coupling
шарни́рная, асинхро́нная ~ universal joint coupling
шарова́я ~ ball socket
шестерённая ~ gear coupling
штифтова́я ~ bolt [pin] coupling
штыкова́я ~ bayonet socket
электроиндукцио́нная ~ eddy-current clutch
электромагни́тная ~ electromagnetic clutch

му́шка *ж.* foresight, front sight
мы́ло *с.* soap □ **облада́ет мо́ющей спосо́бностью** soap has washing ability; **~ облада́ет хоро́шей пенообразу́ющей спосо́бностью** soap forms foam readily; **отса́ливать ~** (*в процессе производства*) salt out a soap-rich phase

мы́ло

~ горя́чей ва́рки hot-process soap
жи́дкое ~ liquid soap
жирово́е ~ fatty [tallow] soap
зелёное ~ green soap
клеево́е ~ adhesive [glue] soap
кусково́е ~ cake [bar] soap
пережи́ренное ~ superfatted soap
порошкообра́зное ~ powder soap
техни́ческое ~ industrial soap
това́рное ~ commercial soap
туале́тное ~ toilet soap
хозя́йственное ~ household [laundry] soap
~ холо́дной ва́рки cold-process soap
ядро́вое ~ grained soap

мылоаре́ние *с.* soap manufacture
мылона́фт *м.* naphthenate soap
мылоре́зка *ж.* soap cutting machine, soap cutter
мы́льница *ж.* soap-box, soap-dish, soap-tray
мыс *м.* **делителя** *с.-х.* divider point, divider shoe
мысо́к *м.* toe
мышь *ж.* **Шено́на** *киб.* Shannon's mouse
мышья́к *м.* arsenic, As

бе́лый ~ white arsenic, arsenic white
жёлтый ~ arsenic yellow, arsenic trisulphide
металли́ческий ~ arsenic metal, metallic arsenic
саморо́дный ~ native arsenic
се́рый ~ arsenic metal, metallic arsenic

мю-мезо́н *м. уст.* mu-meson, muon
мюо́н *м.* muon
мягче́ние *с.* softening

~ ко́жи bating, abating
~ ко́жи, бараба́нное drum bating
~ ко́жи, барка́сное paddle bating
~ ко́жи в киселе́ drenching

мягчи́тель *м.* softener, softening agent; (*голья*) bate; *рез.* plasticizer (*см. тж.* **пластифика́тор**)
мягчи́ть *гл.* **ко́жу** bate
мязга́ *ж.* pulp, septum
мяки́на *ж.* chaff, husk, glume
мя́лка *ж.* 1. (*для льна, конопли и т. п.*) breaker 2. (*для кожи*) stock (crank) blocking machine; tumbler; kicker
мя́с/о *с.* meat □ **вы́ход ~а при забо́е живо́го скота́ составля́ет ... %** live cattle dress out about 60% meat and meat products; **жилова́ть ~** trim meat; **замора́живать ~** freeze meat; **на ~** for meat *пример*: **выра́щивать скот на ~** raise cattle for meat; **охлажда́ть ~** chill meat; **разде́лывать ~** dress meat
мясокомбина́т *м. англ.* meat-preserving factory; *амер.* meat-packing plant

мясопу́нкт *м.* slaughter-house
полево́й ~ travelling slaughter-house
мясоре́зка *ж.* meat cutting machine, meat cutter
мясору́бка *ж.* meat hasher, meat mincer, meat-chopper, meat grinder
мясохладобо́йня *ж.* meat-packing house
мя́тие *с.* **па́ра** steam throttling, steam wire-drawing
мять *гл.* **1.** (*лён, коноплю*) brake, break **2.** (*кожу*) dip **3.** (*пар*) throttle **4.** (*глину*) knead, pug

Н

набега́ние *с.* (*толкателя по отношению к кулачку*) moving to the high part [point] (*of the cam*); (*одной детали по отношению к другой, ремня или цепи по отношению к шкиву или звёздочке*) climbing, run-on
~ зна́ков *тлг.* tailing
~ и́мпульсов *свз.* carry-over (*between pulses or from one pulse to another*)
набега́ть *гл.* (*о толкателе по отношению к кулачку*) move to the high part [point] (*of the cam*); (*об одной детали по отношению к другой, о ремне или цепи по отношению к шкиву или звёздочке*) climb, run on
на́бережная *ж.* embankment
набива́тель *м.* (*пресс-подборщика*) wadboard packer
набива́ть *гл.* **1.** (*сальниковое или иное уплотнение*) stuff, pack **2.** (*под или подину печи*) ram **3.** (*ткань*) print **4.** (*сигареты*) stuff **5.** (*колбасные изделия*) fill
наби́вка *ж.* **1.** (*сальникового или иного уплотнения*) stuffing, packing **2.** (*пода или подины печи*) ramming **3.** (*ткани*) printing **4.** (*сигарет*) stuffing
асбе́стовая ~ asbestos packing
водонепроница́емая ~ watertight packing
воздухонепроница́емая ~ air-tight packing
графити́рованная ~ graphitized packing
жгу́товая ~ cord [rope] packing
~ кож бобы́шками tacking
~ тка́ней cloth printing
~ тка́ней по вырезны́м шабло́нам block [plate] cloth printing
~ тка́ней, резе́рвная reserving [cover] cloth printing
~ тка́ней, ручна́я ~ hand cloth printing
~ тка́ней, цветна́я colour cloth printing
углеро́дистая ~ (*футеровки*) carbon packing
формо́ванная ~ moulded packing
шнурова́я ~ cord [rope] packing

набира́ть *гл.* **1.** *полигр.* compose, set up □ **~ вразря́дку** space out; **~ пло́тно** set solid **2.** (*собирать*) collect, gather □ **~ припо́й на пая́льник** let the iron load up with solder; **~ ши́хтовые материа́лы** (*в доменном производстве*) collect the charge components; **~ ши́хту** make up the charge **3.** □ **~ высоту́** *ав.* climb; **~ ско́рость** pick up speed **4.** □ **~ кана́л свя́зи** set up a channel; **~ но́мер** *тлф.* dial a number
на́бла-опера́тор *м. мат.* del operator
наблюда́емость *ж.* observability
наблюда́тель *м.* observer
колориметри́ческий стандáртный ~ standard colorimetric observer
наблюда́ть *гл.* (*следить за явлением, процессом*) observe, watch; (*за осуществлением какой-л. работы*) supervise
наблюде́ни/е *с.* **1.** (*слежение за явлением, процессом*) observation, watch; (*за осуществлением какой-л. работы*) supervision **2.** *нвг.* sight □ **проводи́ть ~ за чем-л.** take a sight on ...; **проводи́ть ~ на то́чке** occupy a station
визуа́льное ~ visual examination
~ в отражённом све́те (*в микроскопии*) observation by incident light
~ в проходя́щем све́те (*в микроскопии*) observation by transmitted light, transmitted-light work
~ в све́тлом по́ле (*в микроскопии*) observation against a bright background [field], bright-field work, bright-field technique
~ в тёмном по́ле (*в микроскопии*) observation against a dark background [field]
~ за эфи́ром *рад.* listening watch □ **прекраща́ть ~ за эфи́ром** relinquish the (listening) watch; **приступа́ть к ~ю за эфи́ром** assume the (listening) watch
односторо́ннее ~ *геод.* one-way [single] observation
эксцентри́ческое ~ *геод.* eccentric observation
набо́р *м.* **1.** (*комплект*) set, kit **2.** *тлф.* dialling **3.** *мат.* set, collection **4.** *полигр.* (*текст и процесс*) composition (type), typesetting; (*типографские литеры и пробельный материал*) types and spacing (material); (*печатная форма*) type set **5.** (*корпуса судна*) framing
акциде́нтный ~ job composition
~ без шпон solid matter
бло́чный ~ block typesetting
буквоотливно́й ~ metal-type composition
~ вразря́дку letter-spacing
выдели́тельный ~ display work, display matter
~ высоты́ *ав.* climb □ **выде́рживать ~ высоты́** maintain the climb; **выполня́ть ~ высоты́ до ... ме́тров** climb to ... metres; **выполня́ть ~ высоты́ по прямо́й** climb straight ahead; **переходи́ть в ~ высоты́** enter [go into] a climb, (*после взлёта*) climb out; **прекраща́ть ~ высоты́** recover from the climb

набо́р
да́льний ~ trunk [distance] dialling
да́льний, прямо́й ~ subscriber's [direct] trunk [distance] dialling
~ да́нных *вчт.* data set □ **осуществля́ть по́иск ~а да́нных по его́ и́мени** retrieve a data set by name; **совме́стно испо́льзовать ~ да́нных** share a data set; **соединя́ть ~ы да́нных** concatenate data sets
~ да́нных, библиоте́чный partitioned data set
~ да́нных, организо́ванный разде́лами partitioned data set
~ да́нных, после́довательный sequential data set
~ зна́ков set of symbols, character set
~ зубча́тых колёс (*комплект*) set of gears; (*кинематическая цепь*) train of gears
~ инструме́нтов tool set, tool kit
~ концевы́х мер (*комплект плоскопараллельных плиток*) set of gauge blocks; (*на размер*) stack of gauge blocks
~ ко́рпуса су́дна ship framing □ **~ ко́рпуса су́дна подкрепля́ет вне́шние и вну́тренние листовы́е констру́кции** framing provides a structure to which the outer and inner planking [plating] is secured; **~ ко́рпуса су́дна слу́жит карка́сом** framing constitutes the skeleton structure of a vessel
~ ко́рпуса су́дна, попере́чный transverse frames
~ ко́рпуса су́дна, продо́льный longitudinal frames
~ логи́ческих элеме́нтов set of logical elements
~ логи́ческих элеме́нтов, по́лный complete set of logical elements
~ логи́ческих элеме́нтов, универса́льный universal set of logical elements
маши́нный ~ machine composition
ме́стный ~ local dialling
металли́ческий ~ hot-type composition
~ на шпо́ны interlined composition
~ объекти́вов *кфт.* range of lenses
~ опера́ций *вчт.* set of operations
~ переда́точных чи́сел (*шестерён*) scale of (gear) ratios
повто́рный ~ *полигр.* resetting
~ подтона́льной частото́й low-frequency [subaudio] dialling
просто́й ~ straightforward setting
ручно́й ~ hand setting, hand composition

набо́р

~ с вы́ключкой вле́во flush-left composition

~ с вы́ключкой впра́во flush-right composition

~ сигна́лов (*используемых ЭВМ*) repertoire

~ ско́рости acceleration

~ «слепы́м» ме́тодом touch method composition

~ слеса́рно-монта́жных инструме́нтов machinist's kit

строкоотливно́й ~ line composition

текстово́й ~ body matter, straight composition

тона́льный ~ voice-frequency [v. f.] dialling

~ шестерён (*комплект*) set of gears; (*кинематическая цепь*) train of gears

широкоформа́тный ~ wide-measure setting

шрифтово́й ~ type matter

~ уравне́ния (*на ЭВМ*) equation set-up

набо́рка *ж.* **сто́пора** stopper rod setting

набо́рная *ж. полигр.* typesetting room

набо́рщик *м. полигр.* compositor

набро́с *м.* **нагру́зки** *эл.* load surge

набро́ска *ж. стр.* fill(ing)

ка́менная ~ rock fill(ing)

набро́сок *м.* sketch, rough drawing

на́брызг *м. стр.* sprayed plaster base

набуха́ние *с.* **1.** swell(ing) **2.** *кож.* plumping, swelling turgescence

~ водяно́го объёма котла́ boiler water swell

~ котло́вой воды́ boiler water swell

~ у́ровня *тепл.* boiler water swell

набуха́ть *гл.* **1.** swell **2.** *кож.* plump, swell, turgesce

нава́л *м.* **1.** (*форма грузов*) bulk ☐ **~ом** (*о транспортировке продуктов*) in bulk **2.** *кож.* dung

~ лопа́ток offset

нава́лка *ж.* (*погрузка*) loading

~ вручну́ю *горн.* hand loading

механизи́рованная ~ *горн.* mechanized loading

навалоотбо́йка *ж. горн.* coal hewing

навалоотбо́йщик *м. горн.* digger, getter

нава́лочник *м.* (*навалочное судно*) bulk carrier, bulker

нава́ривание *с.* (*восстановление прежней формы сваркой*) building up; (*одной детали на другую*) welding on

нава́ривать *гл.* (*восстанавливать прежнюю форму сваркой*) build up; (*одну деталь на другую*) weld on; (*режущую кромку; более правильно* **арми́ровать**) tip; (*слой на поверхность детали; более правильно* **наплавля́ть**) face; (*твёрдый сплав на более мягкий металл; более правильно* **наплавля́ть**) hard-face ☐ **~** (*заправлять*) **под пе́чи** fettle the bottom; **~ под пе́чи огнеупо́ром** burn in [sinter in] refractory material, burn [sinter] refractory material into the furnace bottom; **~ покры́шку** *авто* recap [retread] a tyre

наведе́ние *с.* (*управление полётом ЛА*) guidance

астроинерциа́льное ~ inertial-celestial guidance

гиперболи́ческое ~ hyperbolic guidance

~ для встре́чи на орби́те rendezvous guidance

инерциа́льное ~ inertial guidance

интерферометри́ческое ~ interferometer [monopulse] guidance

кома́ндное ~ command guidance

магнитометри́ческое ~ magnetometric guidance

~ на коне́чном уча́стке полёта terminal guidance

~ на ма́ршевом уча́стке полёта mid-course guidance

~ на ста́ртовом уча́стке launch guidance

опти́ческое ~ optical guidance

~ по геофизи́ческим пара́метрам terrestrial-reference guidance

~ по земны́м ориенти́рам terrestrial(-reference) guidance

~ по ла́зерному лучу́ laser guidance

~ по лучу́ beam guidance

~ при захо́де на поса́дку approach guidance

~ при стыко́вке docking guidance

радиоинерциа́льное ~ radioinertial guidance

радиолокацио́нное ~ radar guidance

~ с земли́ earth-based guidance

наве́с *м.* (*укрытие*) shed

наве́ска *ж.* **1.** (*петля, на которую навешивается, напр. дверь, ставни*) hinge **2.** (*навесное устройство*) *с.-х.* mounting, (lift) hitch, lift linkage **3.** *хим.* sample, weight

пла́вающая ~ flexible hitch, free linkage

фронта́льная ~ forward [front-end] mounting

наве́шивать *гл.* ☐ **~ дверь** hang a door; **~ ору́дие** *с.-х.* mount an implement

навива́ть *гл.* coil; (*на катушку*) reel, (*на барабан*) wind ☐ **~ осно́ву** *текст.* beam the warp; **~ пружи́ну** coil a spring, wind a spring into a coil; **~ пружи́ну на опра́вке** coil a spring about an arbour

нави́вка *ж.* coiling; (*на катушку*) reeling; (*на барабан*) winding

~ труб *тепл.* (tube) arrangement

~ труб, вертика́льная *тепл.* vertical (tube) arrangement

~ труб, вертика́льная многоходова́я *тепл.* vertical meander (tube) arrangement

нави́вка

~ труб, горизонта́льная *тепл.* horizontal (tube) arrangement; helical arrangement (*of the furnace wall tubes*)

~ труб, горизонта́льно-подъёмная *тепл.* horizontal meander (tube) arrangement

~ труб, U-обра́зная *тепл.* U-type (tube) arrangement

навига́тор *м.* (*специалист в области навигации*) navigator

навига́ция *ж.* **1.** (*судовождение*) navigation **2.** (*сезон*) shipping season

автоно́мная ~ autonomous [self-contained] navigation

астрономи́ческая ~ celestial navigation, astronavigation

бли́жняя ~ short-range navigation

визуа́льная ~ landmark [visual] navigation; *особ. ав.* pilotage, ground-contact navigation

возду́шная ~ air navigation

возду́шно-косми́ческая ~ aerospace navigation

~ в ортодроми́ческой систе́ме координа́т great-circle steering

~ в райо́не аэродро́ма approach navigation

~ в систе́ме усло́вных ортодроми́ческих координа́т grid steering

да́льняя ~ long-range navigation

косми́ческая ~ space navigation

межплане́тная ~ interplanetary navigation

~ ме́тодом счисле́ния пути́ dead-reckoning [DR] navigation

назе́мная ~ ground navigation

~ на маршру́те *ав.* en-route navigation

поля́рная ~ polar navigation

радиолокацио́нная ~ radar navigation

нави́нчивать *гл.* (*гайку, колпачок и т. п.*) screw on ☐ **~ от руки́** screw on finger-tight; **~ пло́тно** screw on tightly [snugly]

наводи́ть *гл.* **1.** (*управлять полётом ЛА*) guide, control **2.** (*ток, эдс*) induce **3.** (*на резкость*) *кфт.* (bring into sharp) focus **4.** ☐ **~ мост** bridge **5.** ☐ **~ шлак** build up [form] slag

наво́дка *ж.* **1.** (*тока, эдс*) inducing **2.** (*на резкость*) *кфт.* focusing

~ моста́ bridging

~ на вычисли́тельный объе́кт noise pickup

~ на ре́зкость, автомати́ческая automatic focusing

~ на ре́зкость по ма́товому стеклу́ ground-glass focusing

~ на ре́зкость, сквозна́я through-the-lens focusing and viewing

~ поме́х (*в какой-л. цепи токами, протекающими в другой цепи, а также электромагнитным полем*) stray pick-up

~ поме́х от мно́гих кана́лов *свз.* babble

наво́дка
~ **поме́х от силовы́х цепе́й** noise due to power induction
~ **поме́х от энерголи́ний** power induction, power-line interference
~ **поме́х, пряма́я** direct pick-up
~ **шла́ка** slag formation
~ **штриха́** (*форма опиловки*) draw filing
навозопогру́зчик *м.* manure [dung] loader
навозоразбра́сыватель *м.* manure [dung] spreader
навозохрани́лище *с.* manure [dung] pit
наво́й *м. текст.* warp [back] beam
навола́кивание *с.* (*металла при трении*) galling
на́вык *м.* skill
нага́р *м.* carbon (deposit)
нагарообразова́ние *с.* carbonization
нагарто́вка *ж.* work [strain] hardening
дробестру́йная ~ shot peening
нагарто́вывать *гл.* **пове́рхность** (*изделия*) hard-work the surface
на́гель *м.* dowel (pin), pin, peg
нагля́дно *нареч.* □ **представля́ть** ~ visualize *пример*: **доказа́тельство легко́ предста́вить** ~ the proof is not difficult to visualize
нагля́дность *ж.* □ **сохраня́ть** ~ keep in evidence
нагля́дн/ый *прил.* (clearly) evident *пример*: **роль элеме́нта стано́вится осо́бенно ~ой ...** the role of the unit becomes clearly evident ...
нагнета́ние *с.* discharge [pumping] under pressure
~ **воды́** *горн.* water injection
~ **воды́ в пласт** water infusion in a seam
~ **раство́ра** *горн.* solution injection
нагнета́тель *м.* **1.** blower (*классификацию и типы см. тж. в статьях* **компре́ссор** *и* **насо́с**) **2.** (*в системе наддува д. в. с.*) supercharger
~ **волново́да** waveguide pump
лопа́точный ~ **1.** vane(-type) blower **2.** vane supercharger
объёмный ~ positive-displacement blower
проду́вочный ~ scavenge blower
сма́зочный ~ lubricating pump unit
нагнета́ть *гл.* discharge [pump feed] under pressure, force
наголо́вник *м. стр.* cap
~ **сва́и** pile [driving] cap, head of a pile
~ **сто́йки** post cap
наго́н *м.* (*повышение уровня воды*) pileup
награ́дка *ж.* (*вид ножовочной пилы*) tenon saw
нагре́в *м.* heating (up) □ ~ **под, *напр.* зака́лку, сва́рку, па́йку, прока́т *и т. п.*** heating for, *e.g.*, quenching, welding, brazing, rolling, *etc.*; ~ **ши́ны** (*при езде*) heat build-up of a tyre

нагре́в
адиабати́ческий ~ adiabatic heating
аэродинами́ческий ~ aerodynamic heating
безокисли́тельный ~ nonoxidation heating, scale-free heating
~ **в ва́нне** bath heating
~ **вихревы́ми то́ками** eddy-current heating
~ **гиперзвуковы́м пото́ком** hypersonic heating
~ **джо́улевым тепло́м** resistance [ohmic, Joule] heating
динами́ческий ~ aerodynamic heating
диэлектри́ческий ~ dielectric heating
~ **излуче́нием** radiant heating
индукцио́нный ~ induction heating
инфракра́сный ~ infra-red heating
ко́свенный ~ indirect heating
лучи́стый ~ radiant heating
оми́ческий ~ resistance [ohmic, Joule] heating
повто́рный ~ reheating
~ **погруже́нием** immersion heating
после́дующий ~ postheating, subsequent heating
предвари́тельный ~ preheating
~ **при сжа́тии** compressional heating
~ **при тре́нии** frictional heating
прямо́й ~ direct heating
радиацио́нный ~ radiant heating
са́дочный ~ *мет.* batch (re)heating
све́тлый ~ bright heating
сквозно́й ~ through heating
сопу́тствующий ~ concurrent heating
~ **то́ками высо́кой частоты́** high-frequency heating
уда́рный ~ shock(-wave) heating
чи́стый ~ clean heating
~ **электри́ческой дуго́й** arc heating
электроннолучево́й ~ electron-beam heating
электро́нный ~ electronic heating
нагрева́тель *м.* heater; (*излучательный*) radiator
индукцио́нный ~ induction heater
инфракра́сный ~ infra-red heating unit, infra-red heater
лучи́стый ~ radiant heater
погружно́й ~ immersion heater
промежу́точный ~ intermediate heater
со́лнечный ~ solar(-heat) collector
то́чечный ~ spot heater
тру́бчатый ~ tubular heater
электри́ческий ~ electric heater
электро́нный ~ electronic heater
нагрева́ть(ся) *гл.* heat (up) □ ~ **до кра́сного, бе́лого *и т. п.* кале́ния** bring to red, white, *etc.*, heat
нагревосто́йкость *ж.* heat resistance, thermal endurance
нагружа́емость *ж.* load-carrying capacity
нагружа́ть *гл.* **1.** *мех.* load □ ~ **внецентренно** *сопр.* load eccentrically; ~ **до разруше́ния** load to destruction; ~ **равноме́рно** load uniformly; ~ **стати́чески** load quiescently **2.** *эл.* put under load
нагруже́ние *с. мех.* loading
аэроупру́гое ~ aeroelastic loading
просто́е ~ simple loading
уда́рное ~ shock loading
цикли́ческое ~ repeated loading
нагру́зк/а *ж.* **1.** *мех., эл.* load □ **без ~и** at no-load; **включа́ть ~у** *эл.* throw on the load; **включа́ть, *напр.* генера́тор на ~у** cause, *e. g.*, the generator to pick up (and carry) the load; **включа́ться на ~у** pick up and carry the load; ~ **возника́ет в результа́те ...** a load arises from ...; ~ **от ...** load due to ...; **воспринима́ть ~у** react a load; **под ~ой** *эл.* under load; **покрыва́ть, *напр.* пи́ковую ~у** supply, *e. g.*, the peak load; **прикла́дывать ~у** *мех.* load; **принима́ть ~у** (*для расчётов*) *мех.* assume [specify] a load (*for calculations*); **рабо́тать на ~у** *эл.* operate [work] into load, carry the load; **распределя́ть ~у ме́жду генера́торами** (*при параллельной работе*) divide the load between the generators (*under parallel operation*); **сбра́сывать ~у** *эл.* throw off [shed] the load; **снима́ть ~у** *мех.* unload; **станови́ться под ~у** take (up the) load **2.** (*вентилятора, насоса и т. п.*) duty **3.** *тлф., тлг.* traffic
~ **авари́йного режи́ма** emergency load
акти́вная ~ *эл.* resistive load
ано́дная ~ *элн. англ.* anode load, *амер.* plate load
аэродинами́ческая ~ aerodynamic [wind] load
ба́зовая ~ *эл.* base load
балла́стная ~ ballast load
безопа́сная ~ safe load
безындукти́вная ~ non-inductive load
бесшлако́вочная ~ *тепл.* boiler rating without wall clinkering
бытова́я ~ (*энергосистемы*) appliance [residential] load
~ **весо́в, преде́льная** capacity
ветрова́я ~ wind load
вибрацио́нная ~ vibratory load
внепи́ковая ~ (*энергосистемы*) off-peak load
внеце́нтренная ~ *мех.* eccentric load
возду́шная ~ *ав.* air load □ **уравнове́шивать возду́шную ~у инерцио́нной** place air load in equilibrium with inertia load
вре́менная ~ temporary load
втори́чная ~ (*измерительного трансформатора*) burden
гидростати́ческая ~ hydrostatic load
гололёдная ~ (*на провода*) sleet [ice] load

нагру́зк/а
~ гради́рни, гидравли́ческая water concentration
динами́ческая ~ dynamic [impact] load
дли́тельная ~ sustained load
ёмкостная ~ capacitive load
~ зе́ркала испаре́ния *тепл.* water surface duty; rate of evaporation per sq.m. of water surface
знакопереме́нная ~ alternating load
изгиба́ющая ~ bending load
и́мпульсная ~ (im)pulse load
индукти́вная ~ inductive load
инерцио́нная ~ inertia(l) load
испыта́тельная ~ test load
испыта́тельная, основна́я ~ (по Ро́кведлу) major load
испыта́тельная, предвари́тельная ~ (по Ро́квеллу) minor load
~ ка́рты map details
~ конденса́тора, парова́я rate of condensation per sq.m. of condenser surface
консо́льная ~ cantilever load
косонапра́вленная ~ oblique load
~ ма́ссы *ав.* mass load
мгнове́нная ~ instantaneous load
~ на крепь support load
~ на ось axle load, load on the axle, axle weight
неподви́жная ~ (static) quiescent load
несимметри́чная ~ *эл.* unbalanced load
несогласо́ванная ~ *эл.* unmatched load
номина́льная ~ rated [nominal] load, power rating
нормати́вная ~ proof load
оконе́чная ~ terminal [terminating] load
освети́тельная ~ (*энергосистемы*) lighting demand, lighting load
осева́я ~ axial [thrust] load
отопи́тельная ~ (*энергосистемы*) heating demand, heating load
~ от поры́ва ве́тра *ав.* gust load
парова́я ~ (*энергосистемы*) steam demand, rate of evaporation
~ парово́го объёма steam space duty, rate of evaporation per cu. m. of steam space
~ переме́нного направле́ния alternating load
периоди́ческая знакопостоя́нная ~ intermittent load
пи́ковая ~ (*энергосистемы*) peak load □ **распределя́ть пи́ковую ~у** smooth out the peak load
пого́нная ~ *стр.* linear load, load per unit length
подви́жная ~ movable (static) [live static] load
поле́зная ~ (*на транспорте*) payload
по́лная ~ full load
поса́дочная ~ *ав.* landing load
постоя́нная ~ permanent [fixed] load

нагру́зк/а
преде́льная ~ ultimate load
~ при торможе́нии brake load
прое́ктная ~ design load
промы́шленная ~ (*энергосистемы*) industrial load, industrial demand
рабо́чая ~ workload □ **распределя́ть рабо́чую ~у равноме́рно** smooth out workload
равноме́рная ~ uniform load
равноме́рно распределённая ~ uniformly distributed load
разде́льная ~ *элн.* split load
разруша́ющая ~ breaking load
разрывна́я ~ *текст.* breaking load
распределённая ~ distributed load
растя́гивающая ~ tensile load
расчётная ~ design load
реакти́вная ~ *эл.* reactive load
сжима́ющая ~ *мех.* compressive load
силова́я ~ (*энергосистемы*) power load, power demand
симметри́чная ~ *эл.* balanced load
согласо́ванная ~ matched load
сосредото́ченная ~ concentrated load
сплошна́я ~ continuous load
стати́ческая, вре́менная ~ temporary static load
стати́ческая, постоя́нная ~ dead load
~ стоя́ночного режи́ма (*на энергетическую установку судна*) anchor load
телефо́нная ~ telephone traffic
телефо́нная, входя́щая ~ called telephone traffic
телефо́нная, избы́точная ~ exuberant telephone traffic
телефо́нная, исходя́щая ~ calling telephone traffic
телефо́нная, поступа́ющая ~ the traffic offered
телефо́нная, поте́рянная ~ the traffic lost
телефо́нная, прове́рочная ~ checking telephone traffic
телефо́нная, пропу́щенная ~ the traffic carried
телефо́нная, чрезме́рная ~ overflow traffic
теплова́я ~ (*энергосистемы*) heat demand, heat duty
тормозна́я ~ brake load
тя́говая ~ *ав.* thrust loading; *трансп.* traction load
уда́рная ~ impact load
уде́льная ~ unit load
~ ходово́го режи́ма (*на энергетическую установку судна*) cruising load
цикли́ческая ~ *мех.* cyclic load
~ электроста́нции station load
надба́вка *ж.* allowance
~ на обраста́ние (*к сопротивлению судна*) fouling allowance
~ на шерохова́тость (*к сопротивлению судна*) roughness allowance
надви́г *м. горн.* overlap

надгру́ппа *ж. мат.* supergroup
надда́вы *мн. м. прок.* collar marks
надду́в *м.* **1.** (*увеличение количества заряда горючей смеси в д. в. с.*) supercharging □ **дви́гатель рабо́тает без ~а** the engine is normally aspirated, the engine operates unsupercharged; **дви́гатель рабо́тает с ~ом** the engine is supercharged; **на дви́гателе применя́ется ~** the engine is supercharged **2.** (*создание внутреннего избыточного давления в замкнутом объёме, герметизация*) pressurization
агрега́тный ~ compressor supercharging
безагрега́тный ~ non-compressor supercharging
динами́ческий ~ inertia supercharging
~ каби́ны *ав.* cabin pressurization
скоростно́й ~ rammed-air supercharging
~ то́пливных ба́ков *ав.* fuel-tank pressurization
надёжность *ж.* reliability
дли́тельно обеспе́чиваемая ~ long-term reliability
кратковре́менно обеспе́чиваемая ~ short-term reliability
~ крепле́ния security of attachment, security of mounting □ **проверя́ть ~ крепле́ния бло́ка** check the unit for security of mounting
расчётная ~ design reliability
резерви́руемая ~ redundant reliability
~ систе́мы system reliability
со́бственная ~ inherent reliability
эксплуатацио́нная ~ operate reliability
надзо́р *м.* inspection; supervision
горнотехни́ческий ~ mine technical inspection, mine supervision
строи́тельный ~ building inspection
техни́ческий ~ technical supervision
нади́р *м.* nadir
надкислота́ *ж.* peracid
надкольцо́ *с. мат.* overring
надкрити́чность *ж.* (*ядерного реактора*) supercriticality
надло́м *м.* incipient fracture, incipient break
надпи́л *м.* score □ **де́лать ~, напр. вокру́г сте́ржня напи́льником** score the bar, *e. g.*, all the way round with a file
на́дпис/ь *ж.* inscription
маршру́тная ~ *авто* destination indicator
предупреди́тельная ~ *ав.* (*на пластинке из металла, оргстекла и т. п.*) placard; (*краской по трафарету*) stencil; (*методом декалькомании*) decal
~ с подсве́том illuminated sign
эксплуатацио́нная ~ legend; *ав.* maintenance stencil □ **все эксплуатацио́нные ~и сде́ланы по трафаре́ту** all legends are paint-stenciled

надпо́ле *с. мат.* overfield
надре́з *м.* nick, notch □ **де́лать ~** (*напр. напильником*) score a wire (*e. g., with a file*)
надреза́ть *гл.* nick □ **~ оплётку** nick the braiding; **~ по длине́** slit lengthwise; **~ про́вод, сте́ржень** *или* **изоля́цию** (*напр. напильником, ножом*) score wire, bar *or* insulation (*e. g., with a file, knife, etc.*)
надре́зка *ж.* (*холодная штамповка*) incomplete cut
надру́б *м.* notch
надруба́ть *гл.* notch
надру́бка *ж.* run-in [lead-in] cut
надры́в *м.* surface tear, surface rupture; *лит.* contraction [shrinkage] crack
  горя́чий ~ hot tear
надсека́ние *с.* incision
надсе́чка *ж.* (*в перфокарте*) zone punch
надсо́ль *ж.* persalt
надста́вка *ж.* extension
  при́быльная ~ *лит.* top
  при́быльная утеплённая ~ *лит.* hot top
  ~ ти́гля crucible top
надстро́йка *ж.* superstructure
  ~ ку́зова (body) superstructure
  судова́я ~ deck-erection, superstructure
  судова́я, ба́ковая ~ forecastle
  судова́я, сре́дняя ~ bridge erection, bridge superstructure
  судова́я, ю́товая ~ poop (erection)
  ~ ци́кла (*энергосистемы*) topping cycle
  ~ энергети́ческой устано́вки superposed [topping] plant
надува́ть *гл.* inflate, blow up, fill with air
на́дфиль *м.* needle file
нае́зд *м.* **1.** (*приём в киносъёмке*) zoom(ing) **2.** (*транспортного средства*) run-over
нажа́ти/е *с.* **1.** pressure, depression **2.** *тлг.* mark (condition) □ **~ на кла́вишу** *тлг.* keystroke *пример*: **опера́ция начина́ется ~ем на кла́вишу** an operation is initiated by a keystroke; **сигна́л формиру́ется при ~и** the signal is produced on mark (condition)
  ~ рукоя́тки бди́тельности *ж.-д.* acknowledging
нажда́к *м.* **1.** emery **2.** *жарг.* (*в значении* наждáчный круг, наждáчное полотнó) emery wheel, emery cloth
нажи́м *м.* pressure
нажима́ть *гл.* press, depress
нажо́р *м. кож.* plumpness, plumping, swelling
  зо́льный ~ lime plumpness
назва́ние *с.* name, title
назнача́ть *гл.* **1.** (*на должность и т. п.*) appoint **2.** (*материал, размер, условия и т. п.*) specify **3.** (*состав, размер, режим*) call for **4.** (*выделять, закреплять*) assign □ **~ высоту́ полёта** *ав.* assign altitude to ...; **~ эшело́н** *ав.* assign a flight-level to ...
назначе́ни/е *с.* **1.** (*на должность и т. п.*) appointment **2.** (*предназначенность для чего-л., выполняемая функция*) duty, purpose □ **испо́льзовать,** *напр.* **инструме́нт по ~ю** use, *e. g.*, a tool for its designated purpose [for the purpose it is designed]; **о́бщего ~я** general-purpose, general-duty **3.** (*предоставление для пользования, выполнения*) assignment
  ~ до́пусков specification of tolerances
наименова́ние *с.* name, title
  ~ абоне́нта *тлф.* address name, listing
  ~ адреса́та name of the addressee
  ~ отправи́теля sender's [originator's] name
  ~ числа́ denomination of a number
найто́в *м. мор.* lashing □ **накла́дывать ~** lash down
найто́вить *гл.* lash (down)
нака́л *м.* **1.** (*испускание света*) glow, incandescence **2.** (*нить накала, особ. радиоламп*) filament □ **... убеди́тесь, что ~ы ламп све́тятся ...** observe whether the tube filaments are lit **3.** *жарг.* (*в значении* напряжение накала, питание накала) filament voltage, filament supply □ **включа́ть ~** turn on filament voltage; **выключа́ть ~** turn off filament voltage
нака́ливать *гл.* heat, incandesce □ **~ добела́** bring to white heat; **~ докрасна́** bring to red heat
нака́пливание *с.* accumulation
нака́пливать *гл.* accumulate, store
нака́т *м.* **1.** *стр.* counter [dead] floor **2.** (*дефект*) *прок.* scab, (back) fin **3.** *авто* coasting □ **дви́гаться ~ом** coast; **е́хать ~ом с вы́жатым сцепле́нием** coast in neutral **4.** (*краски*) *полигр.* application of ink, inking
нака́тина *ж. стр.* sound board
нака́тка *ж.* **1.** (*инструмент*) knurl(ing) tool **2.** (*результат накатывания*) knurling, nurling
нака́тывание *с.* **1.** (*обработка поверхностным пластическим деформированием*) roll forming, rolling **2.** (*нарезание зубьев*) gear generation
  калибру́ющее ~ size rolling
  ~ резьбы́ thread rolling
  ~ ро́ликом (*выглаживание*) rolling; (*полирование путём наклёпа*) roller burnishing
  сгла́живающее ~ rolling finishing
  упрочня́ющее ~ roll work-hardening
  формообразу́ющее ~ form rolling; knurling, nurling
  ~ ша́риком (*полирование*) ball burnishing
нака́чивать *гл.* pump (up), inflate
нака́чка *ж.* (*в квантовой электронике*) pump(ing), excitation
  двухта́ктная ~ push-pull pump(ing)
  квадрату́рная ~ quadrature pump(ing)
  ~ ла́зера laser pump(ing)
  магни́тная ~ magnetic pump(ing)
  многоу́ровневая ~ multilevel pump(ing)
  многочасто́тная ~ multiple-frequency pump(ing)
  ~ на гармо́никах harmonic pump(ing)
  опти́ческая ~ optical [light] pump(ing)
  параметри́ческая ~ parametric pump(ing)
  светова́я ~ light pump(ing)
  селекти́вная ~ selective pump(ing)
  синфа́зная ~ in-phase pump(ing)
  ~ электро́нным пучко́м electron-beam pump(ing)
  ~ эллипти́ческим резона́тором elliptic-cavity pump(ing)
наке́рнивать *гл.* centrepunch, prick-punch
накипеобразова́ние *с.* scaling, scale formation
накипеобразова́тель *м.* scaleforming constituent, scaleforming substance
накипеочисти́тель *м.* scaler
на́кипь *ж.* scale □ **снима́ть ~** descale
  коте́льная ~ boiler scale
накла́д *м. полигр.* sheet feed
накла́дка *ж.* **1.** strap **2.** *полигр.* sheet feed
  безраспо́рная ~ kicking strap
  ~ гра́дусника *час.* regulator cap
  ~ гря́диля *с.-х.* beam block
  ~ заклёпочного стыково́го соедине́ния butt strap, cover plate
  коса́я ~ skew plate
  скулова́я ~ *мор.* gusset (plate)
  стыкова́я ~ cover [lap, fish] plate
  фрикцио́нная ~ friction lining
  фрикцио́нная ~ ди́ска сцепле́ния clutch disk lining, clutch disk facing
  фрикцио́нная, тормозна́я ~ brake lining
  ~ це́пи link plate
  ~ щётки (*электрической машины*) top insert
накладна́я *ж.*:
  железнодоро́жная ~ waybill, *амер.* bill of lading
  това́рная ~ invoice
  тра́нспортная ~ waybill, *амер.* bill of lading
накла́дчик *м.* (*рабочий*) *полигр.* hand feeder
накле́ивать *гл.* □ **~ на ...** paste (on) to, (*в зависимости от клея*) cement (on) to, glue on (to)
накле́йка *ж.* label, sticker
наклёп *м.* (*технологический процесс упрочнения*) cold-work hardening; (*изменение структуры в процессе эксплуатации*) wear [strain] hardening

наклёп
поверхностный ~ [ПН] surface cold working
наклон *м.* inclination, slope, tilt □ **иметь ~ в сторону** be sloping towards, slope towards
~ вершины импульса pulse top tilt
~ волны *рад.* wave tilt
~ глиссады *ав.* glide slope
~ кривой подъёмной силы lift (-curve) slope
~ опоры *эл.* rake of a pole
~ орбиты inclination of the orbit, orbital inclination
~ пласта *горн.* seam inclination
~ поворотного кулака inclination of a steering knuckle
~ поворотного шкворня, продольный wheel caster
поперечный ~ (*аэрофотоснимка*) lateral tilt, X-tilt
продольный ~ (*аэрофотоснимка*) longitudinal tilt, Y-tilt
~ рулевой колонки steering rake
~ ручья *прок.* taper of a groove
~ скважины drift of a bore-hole
~ стрелы крана pitch of a boom
~ характеристики slope of a characteristic
~ шрифта slope of lettering
наклонение *с.* inclination
магнитное ~ dip of the needle, magnetic dip, angle of inclination
~ орбиты inclination of the orbit, orbital inclination
наклономер *м.* clinometer
наковальн/я *ж.* anvil □ **крепить ~ю к деревянной тумбе** strap an anvil to a wooden block
~ для гибки металла (*с хвостовиком*) hatchet stake
зуботехническая ~ dental anvil
ручная ~ (dressing) stake
наколотка *ж.* **клише** *полигр.* nailing
наколы-проколы *мн. м. прок.* pricks
наконечник *м*:
~ газового резака cutting [torch] tip
~ газопламенной строжки gouging tip
~ геофона planting blade of a geophone
~ зуба рыхлителя *с.-х.* cutter point
кабельный ~ cable lug, thimble
полюсный ~ pole piece
почвоуглубляющий ~ subsoil tine
~ провода wire lug, wire tag; (*аккумуляторной батареи*) clamp
~ провода, беспаечный solderless [crimp-on, crimping] lug
~ провода, паечный soldering tag, soldering lug
~ рычага, вильчатый fork [yoke] end, fork bridge, fork head
~ сварочной горелки torch tip
~ спицы spoke head
~ твердомера, вдавливаемый indenter

наконечник
~ шлакового стопора cinder bott
~ шнура cord terminal
накопитель *м. вчт.* memory, *англ.* store; *амер.* storage (*см. тж.* **запоминающее устройство**)
буферный ~ buffer memory
внешний ~ external memory
~ заряда charge integrator
~ наклонного типа *прок.* sloping ramp
односторонний ~ read-only memory, ROM
оперативный ~ internal [working] memory
~ тюков *с.-х.* bale accumulator
накопление *с.* accumulation
~ ошибок *геод.* error accumulation
~ ошибок округления round off accumulation
~ тепла accumulation of heat, heat localization
накрой *м* lap
накрывка *ж.* (*третий слой штукатурки*) finish [white, skin] coat
нактоуз *м. мор.* binnacle
налагать *гл.* □ **~ ограничение на ...** impose a constraint [restriction, restraint] on ...
налагаться *гл.* superimpose
наладка *ж.* (*машин*) adjustment
~ двигателя *авто* engine tune-up
~ станка setting-up of a machine-tool
~ ЭВМ (computer) debugging
~ ЭВМ, автономная off-line debugging
~ ЭВМ, комплексная system debugging
~ ЭВМ, первичная preservice debugging
~ ЭВМ, профилактическая computer trouble-shooting, computer preventive maintenance
эксплуатационная ~ field adjustment
наладчик *м.* (*специалист по наладке*) adjuster
~ станков tool setter-up
налаживать *гл.* **1.** adjust; set up; tune up; *вчт.* debug **2.** (*исправлять*) put *smth.* in order
налёт *м.* **1.** (*тонкий слой чего-л.*) deposit, film **2.** (*самолёта*) time in service **3.** (*количество часов полёта, совершённых, напр. лётчиком за определённый период времени*) flying hours
~ на коже bloom, taint, spew, mud
~ на коже, жировой fish oil bloom, fish oil spew
~ на коже, солевой vegetation of salt
~ шлама residue of slime
налетать *гл.* □ **~ столько-то часов, напр. в качестве первого пилота** log so-many hours, *e. g.*, as first pilot

налив *м.* (*форма груза*) bulk □ **наливом** (*о транспортировке жидких продуктов*) in bulk
налипание *с.* sticking, adherence
налипать *гл.* stick, adhere, cling
наличи/е *с.* availability, presence □ **в ~и** on hand, in stock; **проверять ~, напр. запчастей** check that, *e. g.*, spares are in stock; **проверять ~ напряжения на ...** check that voltage exists at ...; **~ напряжения не обнаружено** no voltage exists at ...
наличник *м.* (*планка вокруг окна, двери*) casing
буксовый ~ *ж.-д.* axle box liner; jaw liner
дверной ~ door casing
~ наковальни pallet
оконный ~ window casing
~ подоконника window apron
налог *м.* tax □ **до вычета ~а** before tax(es); **за вычетом ~а** after tax(es)
наложение *с.* **1.** superposition **2.** *мат.* covering
~ крыльевой ленты (*на сердечник борта шины*) flippering
намагниченность *ж.* magnetization
~ насыщения saturation magnetization
остаточная ~ residual [remanent] magnetization
результирующая ~ net magnetization
самопроизвольная ~ spontaneous magnetization
термоостаточная ~ thermoremanent magnetization
намагничивание *с.* magnetization
мгновенное ~ flash magnetization
необратимое ~ irreversible magnetization
обратимое ~ reversible magnetization
поперечное ~ transverse [perpendicular] magnetization
продольное ~ longitudinal [parallel] magnetization
намагничивать *гл.* magnetize □ **~ одноимённо** magnetize in the same sense
намазка *ж.* (*в производстве электроламп*) filler
~ клеем *кож.* solutioning
намазь *ж. кож.* depilatory paint
наматыватель *м. кфт.* take-up (drive)
наматывать *гл.* (*на катушку*) reel (up); (*в бухту*) coil; (*обмотку*) apply a winding; (*на приёмное устройство*) take up □ **~ ленту на оправку** apply wraps of ribbon on a mandrel, wrap the ribbon [strip] on a mandrel; **~ обмотку виток к витку [вплотную]** apply the winding with turns touching
намачивать *гл.* soak in, steep in (*e. g.*, *water*)
намёт *м.* **штукатурки** coat of plaster, plaster coat □ **набрасывать ~ шту-**

катýрки лопáткой trowel a plaster coat; наносить ~ штукатýрки apply a coat of plaster; наносить ~ штукатýрки по, *напр.* деревянным рéйкам apply a plaster coat on, e.g., wood lath; насекáть ~ штукатýрки scratch [roughen] a plaster coat; разрáвнивать ~ штукатýрки finish a plaster coat (accurately) to a true surface

намёт
 ~ **штукатýрки, вторóй** brown plaster coat
 ~ **штукатýрки, накрывочный** finish plaster coat
 ~ **штукатýрки, пéрвый** scratch plaster coat

намётывать *гл. текст.* tack

намокáемость *ж.* water absorption

намыв *м.* **грýнта** hydraulic deposition of soil, hydraulic filling

нанесéние *с.* (*одного материала на другой*) application; (*особ. в наварке*) deposition
 ~ **газопламéнным спóсобом** (*металлического покрытия*) flame plating
 гальванúческое ~ (*металлического покрытия*) electroplating
 ~ **крáски на печáтную фóрму** inking
 ~ **покрытия** (application of) coating
 ~ **покрытия кúстью** application (of a coating) by brushing
 ~ **покрытия накáтыванием** application (of a coating) by rolling
 ~ **покрытия окунáнием** application (of a coating) by dipping
 ~ **покрытия полúвом** application (of a coating) by flowing
 ~ **покрытия разбрызгиванием** (*краскопультом*) application (of a coating) by spraying
 ~ **покрытия рáклей** application (of a coating) by doctor-blading
 ~ **фольгú** (*на платы печатного монтажа*) foil cladding

нанóс *м.* **1.** (*песок, земля и т. п., нанесённые ветром, водой*) drift **2.** (*покрывающая порода*) *горн.* overburden
 речнóй ~ river drift

наносúть *гл.* **1.** (*один материал на другой*) apply □ ~ **гальванúческим спóсобом** (*металлическое покрытие*) electrodeposit; ~ **испарéнием** (*один материал на другой*) deposit by evaporation; ~ **крáску краскопýльтом** spray on a paint; ~ **крáску окунáнием** apply paint by dipping; ~ **крáску, смáзку *и т. п.* кúстью** brush on a paint, grease, *etc.*; ~ **крáску, смáзку *и т. п.* тóлстым *или* тóнким слóем** apply a thick *or* a thin coat of paint, grease, *etc.*, give a thick *or* a thin coat of paint, grease, *etc.*; ~ **нáмазь** (*на кожу*) paint, paste; ~ **одúн метáлл (А) на другóй (Б)** (*для получения биметалла*) clad metal A to metal B **2.** (*отметить, начертить на чём-л.*) mark □ ~ **делéния** graduate; ~ **лúнию** draw a line; ~ **на кáрту** map; ~ **тóчку** mark a point **3.** (*песок, землю и т. п. ветром, водой*) drift

напáивать *гл.* **1.** (*мягким припоем*) 1. (*по поверхности*) solder on 2. (*одну деталь к другой*) solder to 3. (*облуживать*) tin **2.** (*твёрдым припоем*) braze to □ ~ **твердосплáвную пластúну** braze a cemented-carbide insert in position; ~ **твердосплáвную пластúну на резéц** braze a cemented-carbide tip to a cutting tool

напáйка *ж.* **1.** (*мягким припоем*) soldering on **2.** (*твёрдым припоем*) brazing to

напáлм *м.* napalm

напúльник *м.* file □ ~ **берёт метáлл хорошó *или* плóхо** the file bites the stock well *or* poorly; **дéлать насéчку на ~е** cut the teeth of a file; **обрабáтывать ~ом** file; **придавáть фóрму ~ом** file to shape; **снимáть ~ом** file away, file off
 бáрхатный ~ *англ.* superfine(-cut) file; *амер.* dead-smooth [super-smooth] file
 вращáющийся ~ circular file
 дúсковый ~ circular file
 ~ **для заправки лéнточных пил** band-saw file
 ~ **для заправки поперéчных пил** cant-saw file
 драчёвый ~ bastard file
 квадрáтный ~ square file
 крýглый ~ round file
 личнóй ~ smooth(-cut) file
 личнóй, остронóсый ~ mill file
 ножóвочный ~ knife file
 остронóсый ~ taper(ed) file
 остронóсый, плóский ~ (*сужается на одну треть длины*) flat file
 полукрýглый ~ half-round file
 полуличнóй ~ second-cut file
 ромбúческий ~ lozenge file
 ~ **с двойнóй насéчкой** double-cut file
 ~ **с одинáрной насéчкой** single-cut file, float
 ~ **с рáшпильной насéчкой** rasp-cut file
 трёхгрáнный ~ three-square file
 тупонóсый ~ blunt file
 тупонóсый, плóский ~ (*параллельный по всей длине*) hand file

напúльник-брусóвка *м.* rough(-cut) [coarse] file

напúток *м.* beverage □ **купажúровать** ~ blend a beverage; **разливáть** ~ **по бутылкам** bottle a beverage
 алкогóльный ~ alcoholic beverage
 безалкогóльный ~ nonalcoholic beverage
 газирóванный ~ carbonated beverage

наплáвка *ж.* **1.** (*нанесение одного металла на поверхность другого*) facing, surfacing, overlaying **2.** (*нанесение твёрдого сплава*) hard-facing **3.** (*восстановление формы или толщины, наращивание*) build(ing)-up **4.** (*одной детали на другую*) welding on

наплáвка
 ~ **брóнзой** bronze surfacing
 вибродуговáя ~ dip-transfer [short-circuited-arc] surfacing
 гáзовая ~ oxyacetylene [gas-torch] surfacing
 ~ **газопламéнным напылéнием** flame-spray hard-facing
 ~ **напылéнием** hard-facing by spraying
 ~ **на свáриваемые крóмки** (*промежуточного металла*) buttering
 плáзменная ~ plasma-jet hard-facing
 ~ **электрúческой дугóй** arc deposition
 электрошлáковая ~ electroslag (hard-)facing

наплавлять *гл.* **1.** (*наносить один металл на поверхность другого*) face, surface, overlay **2.** (*наносить твёрдый сплав*) hard-face **3.** (*восстанавливать форму или толщину, наращивать*) build up **4.** (*одну деталь на другую*) weld on

наплыв *м.* **1.** (*дефект сварного шва*) roll; (*термитного шва*) collar **2.** (*дефект лакокрасочного покрытия*) sag **3.** *кфт.* (lap-)dissolve **4.** (*на древесине*) curly grain, burr

наполнéние *с.* filling; (*воздухом, газом*) inflation
 ~ **бумáги** paper loading
 ~ **дубúтелем** *кож.* surtannage
 ~ **смóлами** *кож.* resin tannage
 ~ **цилúндров** *двс* breathing, volumetric efficiency

наполнúтель *м.* **1.** (*вещество*) filler, filling agent □ **вводúть** ~, ***напр.* в пластмáссу** load, *e.g.*, a plastic with a filler **2.** (*машина*) filling machine, filler **3.** (*для лакокрасочных материалов*) pigment extender, filler
 ~ **опóк** flask filler
 ~ **полимéрного материáла, актúвный** active filler
 ~ **полимéрного материáла, армúрующий** reinforcing filler
 ~ **полимéрного материáла, инéртный** inert filler
 поршневóй ~ (*машина*) piston filler
 шнéковый ~ (*машина*) auger filler

наполнять *гл.* fill; (*воздухом, газом*) inflate □ ~ **на, *напр.* однý треть, половúну *и т. п.*** fill, *e.g.*, one-third full, half full, *etc.*; ~ **пóлностью** fill full; ~ **по мáссе** fill by mass; ~ **по объёму** (*тару*) fill by volume

напóр *м. гидравл.* head
 гидростатúческий ~ hydrostatic pressure
 потенциáльный ~ potential head
 потéрянный ~ loss of head, head lost

напо́р
скоростно́й ~ velocity [dynamic, kinetic-energy] head
напоромéр *м.* (*жидкостный*) U-tube manometer; (*пружинный*) Bourdon-tube pressure gauge
направлéни/е *с.* direction □ **в ~и увеличéния напряжéния** up in voltage; **в ~и уменьшéния частоты́** down in frequency; **выдéрживать ~ по ВПП** *ав.* maintain runway alignment, keep the airplane aligned with the runway; **задавáть ~ отвéсом** assume the direction by a plumb-line; **засекáть ~ на ...** take bearing on ...; **изменя́ть ~ сообщéний** reroute, divert the traffic; **измеря́ть ~** *геод.* observe the direction; **слéдовать в ~и** (*о транспортных средствах*) be bound for *пример*: **самолёт слéдует в ~и на N** the plane is bound for N; **слéдовать в восто́чном ~и** be eastbound; **слéдовать в зáпадном ~и** be westbound; **слéдовать в сéверном ~и** be northbound; **слéдовать в ю́жном ~и** be southbound
~ бумáги, маши́нное (*соответствующее направлению движения бумажного полотна*) paper machine direction
~ бумáги, поперéчное (*перпендикулярное машинному*) paper cross direction
~ вéтра bearing of apparent wind
~ включéния, непроводя́щее (*в диодах, полупроводниковых приборах*) reverse [non-conducting] direction
~ включéния, проводя́щее (*в диодах, полупроводниковых приборах*) forward [conducting] direction
~ волокнá (*металла*) grain flow
вы́деленное ~ preferential [preferred] direction
~ движéния traffic route, traffic direction
двумéрное ~ *мат.* section
~ дéйствия подъёмной си́лы lift direction
~ дéйствия си́лы force direction
зáданное ~ *рлк.* (*на индикаторе кругового обзора*) azimuth reference
запирáющее ~ (*в диодах, полупроводниковых приборах*) reverse [inverse] direction
~ интегри́рования sense of integration
~ набегáющего потóка *аргд.* drag direction
~ намагни́чивания, лёгкое easy direction of magnetization
~ намагни́чивания, трýдное hard direction of magnetization
начáльное ~ *геод.* base [initial, reference] direction
~ нулевóй подъёмной си́лы *аргд.* no-lift direction
обрáтное ~ (*в линии связи*) return direction

направлéни/е
~ обхóда 1. *мат.* sense of rotation, direction of traversal **2.** (*по контуру электрической цепи при составлении уравнений Кирхгофа*) direction of summation
~ обхóда кóнтура *мат.* direction of circulation about a contour, direction of traversal
~ оси́ координáт direction of the axis □ **устанáвливать отрицáтельное ~ оси́ координáт спрáва налéво** let the negative direction of the axis run to the left; **устанáвливать положи́тельное ~ оси́ координáт слéва напрáво** let the positive direction of the axis run to the right
~ падéния 1. (*волны, излучения*) direction of incidence **2.** *горн.* direction of dip
~ посáдки *ав.* runway heading
~ по часовóй стрéлке clockwise direction
провéшенное ~ *геод.* orienting line, directional traverse
~ прóтив часовóй стрéлки anti-clockwise [counter-clockwise] direction
прямóе ~ (*диода, полупроводникового прибора*) forward direction
~ развёртки, лéвое (*фототелеграфа*) reverse direction of scanning
~ развёртки, прáвое (*фототелеграфа*) normal direction of scanning
~ сви́вки (*в канате, пряди, каболке*) twist, direction of lay
~ сви́вки, лéвое left [S] twist
~ сви́вки, прáвое right [Z] twist
~ свя́зи route, routing
~ свя́зи, запаснóе reserve route, sidetrack
~ свя́зи, обхóдное by-pass [circuit] routing, alternative trunking, sidetrack(ing)
напрáвленность *ж.* directivity
~ напрáвленного ответви́теля directivity
напрáвленный *прил.* □ **~ внутрь** inward; **~ нарýжу** outward
направля́ть *гл.* direct, guide
направля́ющая *ж.* guide
боковáя ~ *прок.* side guard
бýксовая ~ *ж.-д.* axle guide
~ в ви́де рéльсового прóфиля track
~ лáсточкин хвост wedge slide
~ подýшки в клéти *прок.* chock slide
призмати́ческая ~ vee-slide
~ сидéнья *авто* seat slide, seat rail
напрессóвывать *гл.* assemble by a forced [pressed] fit, give a forced [pressed] fit, make *smth.* a press-fit on ... □ **~ с горя́чей посáдкой** assemble by a shrinkage fit, make *smth.* a shrinkage fit on ..., shrink *smth.* on ...
напрягáть *гл.* stress
напряжéни/е *с.* **1.** *мех.* stress □ **~ возникáет** a stress arises; **вызывáть ~** generate a stress; **концентри́ровать ~я** concentrate stresses; **распределя́ть ~** distribute a stress; **склáдывать ~я** combine stresses; **снимáть ~** relieve [relax] a stress **2.** *эл.* voltage, tension □ **выключáть ~** deenergize; **гаси́ть ~ на рези́сторе** drop (some) voltage across a resistor; **компенси́ровать ~ противонапряжéнием** buck [back off, back out] a voltage; **наводи́ть ~** induce voltage; **повышáть ~** step up voltage; **под ~ем** alive, live, energized; **понижáть ~** step down voltage; **преобразóвывать ~ в код** convert voltage to number; **приклáдывать ~** apply voltage to, impress voltage on; **проверя́ть нали́чие ~я на зажи́мах** check that voltage exists at terminals; **снимáть ~** (*для использования, измерения и т. п.; не путать с* выключáть напряжéние) tap off voltage; **стабилизи́ровать ~** *элн. англ.* stabilize a voltage; *амер.* regulate a voltage; **снимáть** (*выключать*) **~** deenergize

напряжéни/е
амплитýдное ~ peak voltage
~ анóда (*радиолампы*) *англ.* anode voltage; *амер.* plate voltage; (*электроннолучевой трубки, кинескопа*) anode voltage
безопáсное ~ safe stress
бланки́рующее ~ blanking voltage
~ бортовóй сéти *ав.* airborne [airplane-system] voltage; *мор.* ship's system voltage; *авто* car-system voltage
внýтреннее ~ internal [locked-up] stress
~ возбуждéния excitation voltage
~ вольтодобáвки *тлв.* boost voltage
~ впáдины (*в туннельных диодах*) valley voltage
~ в рабóчей тóчке quiescent [Q-point] voltage
~ в тóчке максимáльной крутизны́ (*в туннельных диодах*) inflection-point voltage
~ в тóчке мáксимума тóка (*в туннельных диодах*) peak(-point) voltage
входнóе ~ input voltage
вы́прямленное ~ rectified voltage
высóкое ~ high voltage
выходнóе ~ output voltage
вя́зкостное ~ viscous stress
~ гашéния blanking voltage
генерáторное ~ generator voltage
~ гетероди́на local-oscillator signal, local-oscillator frequency
гетероди́нное ~ (*не путать с* напряжéнием гетероди́на) injection-[conversion-] frequency (signal)
глáвное ~ principal stress
~ двойникования twinning stress
действи́тельное ~ true [actual] stress
дéйствующее ~ r.m.s. voltage (effective voltage — *уст.*)
динами́ческое ~ dynamic stress

напряжéни/е
диффузиóнное ~ diffusion voltage
~ долúны (*в туннельных диодах*) valley voltage
единúчное ~ 1. unit stress **2.** unit voltage
~ зажигáния (*в газоразрядных приборах, напр. тиратроне*) firing potential, firing voltage
закáлочное ~ cooling [quenching] stress
замедляющее ~ decelerating [retarding] voltage
~ запирáния (*в радиолампах, полупроводниковых приборах*) cut-off voltage; (*в схемах*) disabling voltage
зарядное ~ charging voltage
~ зéркала испарéния *тепл.* rate of evaporation per sq. m. of water surface
знакопеременное ~ alternate stress
~ úмпульса обрáтного хóда flyback [retrace] pulse voltage
~ искрéния (*без перехода в дуговой разряд*) sparking voltage; (*с переходом в дуговой разряд*) arcing voltage
испытáтельное ~ test voltage
касáтельное ~ tangential stress
кольцевóе ~ (*в тонких оболочках*) *мор.* hoop stress
~ корóткого замыкáния short-circuit voltage
~ корóткого замыкáния трансформáтора impedance voltage of a transformer
линéйное ~ 1. *мех.* linear stress **2.** *эл.* line voltage
магнúтное ~ magnetic difference of potential, m.d.p.
~ на анóде, катóде, бáзе, коллéкторе ***и т. п.*** plate, cathode, base, collector, *etc.* voltage
~ нагрýзки load voltage
~ на зажúмах истóчника эдс terminal voltage
~ накáла (*прямого*) filament voltage; (*косвенного*) heater voltage (*допустимо* filament voltage *в обоих случаях*)
~ накáчки (*в лазерах, параметрических усилителях*) pump(ing) voltage
~ насыщéния (*в транзисторах*) saturation voltage
номинáльное ~ rated [nominal] voltage
~ обрáтного зажигáния fire-back voltage
обрáтное ~ *пп* reverse [inverse] voltage
объёмное ~ volumetric stress
одноóсное ~ uniaxial stress
окружнóе ~ hoop [tangential] stress
оперативное ~ (*на станциях или подстанциях для управления переключением*) control voltage

напряжéни/е
опóрное ~ reference voltage, voltage reference
осевóе ~ axial stress
осесимметрúчное ~ axisymmetrical stress
основнóе ~ basic stress
остáточное ~ 1. *мех.* residual stress **2.** *эл.* residual voltage
отклоняющее ~ (*в ЭЛТ*) deflection voltage
~ относúтельно землú voltage to earth
~ отпирáния лáмпы *элн.* cut-on voltage
~ отпирáния по пéрвой, вторóй ***или*** **трéтьей сéтке** *элн.* control, screen *or* suppressor grid base
~ отпирáния по сéтке *элн.* grid base
~ отражáтеля (*в клистроне*) repeller voltage
~ от самокомпенсáции extension stress
~ отсéчки cut-off voltage; (*в полевом транзисторе*) pinch-off voltage
~ от торможéния braking stress
~ паровóго объёма rate of evaporation per cu.m. of steam space
первúчное ~ primary voltage
~ переброса turnover voltage
переключáющее ~ switching voltage
~ перекрытия изоляции flashover voltage
~ перемéнного тóка alternating [a.c.] voltage
~ перехóдного процéсса transient voltage
~ пúка (*в туннельных диодах*) peak point voltage
пúковое ~ peak voltage
пилообрáзное ~ sawtooth voltage
~ питáния supply voltage
плáвающее ~ (*в биполярных транзисторах*) floating voltage
~ повéрхности нагрéва *тепл.* rate of evaporation
~ повéрхности нагрéва по испарённой влáге *тепл.* overall rate of evaporation
поверхностное ~ surface stress
~ погасáния (*в газоразрядных приборах*) extinction potential, extinction voltage
~ под нагрýзкой load stress
~ подсвéтки intensifier voltage
подфокусúрующее ~ *элн.* focusing voltage
пóлное ~ 1. *мех.* combined [compound, composite] stress **2.** *эл.* total voltage
порóговое ~ threshold voltage
~ постоянного тóка direct [d.c.] voltage
постоянное ~ (*неизменной величины*) constant [fixed] voltage
предварúтельное ~ (*напр. арматуры, бетона*) prestressing

напряжéни/е
предéльное ~ ultimate [limit, breaking] stress
~ при изгúбе bending stress
~ при кручéнии torsional [twisting] stress
~ при перегúбе (*в корпусе судна*) hogging stress
~ при прогúбе (*в корпусе судна*) sagging stress
~ при разрыве rupture stress
~ при растяжéнии tensile stress
~ при сдвúге shear(ing) stress
~ при сжáтии compressive stress
~ при скрýчивании torsional stress
~ при срéзе shearing stress
~ при ударе impact stress
пробивнóе ~ (*изоляции*) breakdown [disruptive, puncture] voltage
~ пробóя (*в полупроводниковых приборах, разрядниках*) break-down voltage
~ пробóя, динамúческое dynamic break-down voltage
~ пробóя, статúческое static break-down voltage
~ прокóла (*в микросплавных транзисторах*) punch-through [reach-through] voltage
~ промышленной частоты commercial-[power-]frequency voltage
простóе ~ simple stress
прямóе ~ *пп* forward voltage
псофометрúческое ~ psophometric voltage
~ развёртки sweep voltage
разрушáющее ~ breaking stress
разрывнóе ~ rupture stress
~ разряда, конéчное (*в аккумуляторах, элементах*) final voltage
~ рассогласовáния (*в системах регулирования*) error voltage
расчётное ~ design stress
реактúвное ~ reactive voltage
~ сбúвки нуля (*в сельсинах*) anti-stickoff voltage
~ сéти *англ.* mains voltage; *амер.* supply-line voltage
~ сéтки (*в радиолампах*) grid potential, grid voltage □ **рабóтать при положúтельном ~и сéтки** operate [run] a tube with the grid positive
~ сигнáла signal voltage □ **~ сигнáла выделяется на сопротивлéнии нагрýзки $R_н$** the signal voltage is developed across the load resistor R_L
синфáзное ~ (*в дифференциальных усилителях*) common-mode voltage
~ синхронизáции sync voltage
скáлывающее ~ cleavage stress
слóжное ~ combined stress
~ смещéния bias voltage □ **получáть ~ смещéния за счёт протекáния катóдного тóка чéрез резистор** derive [develop] bias voltage by the passage of cathode current through a resistor

напряжéни/е
~ смыкáния (*в транзисторах*) punch-through [reach-through] voltage
~ срабáтывания релé operate voltage (*не путать с* рабочим напряжением)
средневы́прямленное ~ (*напр. синусоидального тока*) half-period average voltage
~ стабилизáции (*в рабочем диапазоне тока*) stabilizing voltage
~ сцеплéния bond stress
~ тáктовой частоты́ clock voltage
тангенциáльное ~ tangential stress
температу́рное ~ temperature stress
тепловóе ~ heat [thermal, temperature] stress
терми́ческое ~ thermal [temperature, heat] stress
~ тóпочного прострáнства heat liberated (*by fuel*) per cu.m. per hour
тормозя́щее ~ breaking [retarding] voltage
~ тренирóвки 1. (*в радиолампах*) pre-burn [ageing] voltage **2.** *т. над.* burn-in voltage
~ трóгания (*в электрической машине*) breakaway voltage
удéльное ~ specific stress
управля́ющее ~ control voltage
упру́гое ~ elastic stress
усáдочное ~ shrinkage stress
ускоря́ющее ~ accelerating voltage
устáлостное ~ fatigue stress
~ устранéния лóжного нуля́ (*в сельсинах*) anti-stickoff voltage
фáзовое ~ phase voltage
фокуси́рующее ~ focusing voltage
~ формовáния ~ forming voltage
~ холостóго хóда (*между двумя зажимами электрической цепи*) open-circuit voltage; (*электрооборудования*) no-load voltage
хрони́рующее ~ timing voltage
цепнóе ~ membrane stress
цикли́ческое ~ cyclic(al) stress
шáговое ~ 1. (*в грозоразрядниках*) pace voltage **2.** (*безопасное для обслуживающего персонала*) step voltage
~ шу́мов noise voltage
~ электрóнного лучá beam voltage
электростати́ческое ~ electrostatic pressure
электрострикциóнное ~ piezoelectric stress
эффекти́вное ~ r.m.s. [effective] voltage

напряжённость *ж.* **1.** *мех.* stress level **2.** (*поля*) *эл.* intensity
~ ви́хря vortex strength
~ завихрéния vorticity
~ магни́тного пóля magnetic field strength, magnetic intensity
~ нагру́зки (*в теории сообщений*) density [rate] of traffic
~ пóля накáчки pump strength

напряжённость
~ пóля шу́мов noise-field strength
~ трáфика (*в теории сообщений*) density [rate] of traffic
~ электри́ческого пóля electric field strength, electric intensity

напряжённый:
предвари́тельно ~ *стр.* prestressed

нáпуск *м.* **1.** (*перекрыша, накрой*) *маш.* lap **2.** (*затопление*) flooding **3.** (*воздуха, газа в вакуумную систему*) bleeding-in, leak-in

напылéние *с.* (*нанесение вещества в дисперсном состоянии на поверхность изделия*) (deposition by) spraying
автотермоиóнно-эмиссиóнное ~ cathode sputtering
~ в вáкууме vacuum deposition (technique)
~ в тлéющем разря́де glow-discharge sputtering
газоплáменное ~ flame spraying, flame plating
гéттерное ~ getter sputtering
катóдное ~ cathode sputtering
лáзерное ~ laser spraying
плáзменное ~ plasma (jet) spraying
~ плёнок film deposition, film evaporation
порошкóвое ~ powder spraying
электродуговóе ~ (electric-) arc deposition; (electric-) arc spraying

наработка *ж.* **1.** operating time **2.** (*при проведении испытаний*) *ав.* run(ning)
гаранти́йная ~ guaranteed [warranty] life
~ до пéрвого откáза, срéдняя mean-time-to-first-failure, MTFF
~ до ремóнта, срéдняя mean-time-to-repair, MTTR
~ на откáз mean-time-between-failures, MTBF

нарáльник *м. с.-х.* point

нарастáние *с.* **1.** (*увеличение физической величины*) build-up, growth, increase, rise **2.** (*отложение на поверхности, накипь и т. п.*) accretion, growth
~ и́мпульса pulse rise
~ колебáний («*раскачка*») oscillation build-up
~ тóка current build-up

нарастáть *гл.* **1.** (*о физических величинах*) build up, grow, increase, rise **2.** (*об отложении, накипи*) accrete, grow

нарáщивать *гл.* **1.** (*кабель, канат*) splice **2.** (*протяжённый объект, напр. водопровод, конвейер*) extend, advance **3.** (*материал по толщине*) build up

нарезáние *с.* cutting
~ зу́бчатых колёс gear cutting
~ пазóв grooving
~ резьбы́ гребёнками chase-threading, thread-chasing

нарезáние
~ резьбы́ резцóм (*на токарном станке*) single-point-tool threading, single-point-tool thread cutting
~ резьбы́ фрезóй thread-hobbing

нарезáть *гл.* cut □ **~ вы́работку** *горн.* cut an entry; **~ зу́бья шестерни́** cut a gear (teeth); **~ зу́бья шестерни́ мéтодом копи́рования** cut gear (teeth) by the template [former] method; **~ зу́бья шестерни́ мéтодом обкáта** cut gear (teeth) by the generating method; **~ канáвки, пазы́** groove, cut a groove; **~ кристáлл** *пп* dice a crystal, cut a block into dice; **~ по длинé** *чего-л.* cut *smth.* to the length of ...; **~ резьбу́** cut a thread; **~ резьбу́ в отвéрстиях** (*метчиком*) tap a hole; **~ резьбу́ гребёнками** chase a thread; **~ резьбу́ по генерáторной схéме** produce a thread by the generating process; **~ резьбу́ по прóфильной схéме** produce a thread by the form process; **~ резьбу́ резцóм** (*на токарном станке*) cut a thread with a single-point tool (*on a lathe*); **~ резьбу́ резьбовóй фрезóй** produce a thread by milling, mill a thread; **~ резьбу́ червя́чной фрезóй ~** produce a thread by hobbing, hob a thread; **~ шли́цы на валу́** spline a shaft, cut splines on a shaft

нарéзка *ж.* (*резьба*) thread
~ лáвы (coal) face development
~ мерéй *кож.* embossing, printing, pebbling
~ ниш *горн.* formation of stables

нарифлéние *с.* **концентрациóнного столá 1.** *горн.* riffles **2.** *дер.-об.* riffle cleats

нарóст *м.* (*дефект литья*) cut, wash, erosion scab
~ на резцé built-up edge
шлáковый ~ slag crust

нарушáть *гл.* **1.** (*мешать действию, прерывать*) break down, disturb □ **~ равновéсие** disturb [upset] balance; **~ регулирóвку** disturb the control setting(s); **~ цéлостность** break [cause] damage to **2.** (*не соблюдать правило, закон*) violate □ **~ закономéрность, услóвие** violate a relation, a condition

нарушéние *с.* **1.** (*прерывание действия*) breakdown, disturbance; fault **2.** (*несоблюдение правил, законов*) violation
~ контáкта contact fault
~ непреры́вности discontinuity
~ прáвила violation [breaking] of a rule
~ радиосвя́зи blackout

наря́д *м.* order
~ на рабóту work order
отлóженный ~ delayed order

наря́д-закáз *м.* nariad-zakaz

насáдк/а *ж.* **1.** (*удлинитель*) extension (piece) **2.** (*тело, служащее для за-*

полнения рабочего пространства теплообменных и реакционных аппаратов) packing, (*решётчатая*) checkerwork □ **забивать [засорять] ~у** plug the checkerwork; **применять ~у,** *напр.* **из колец Рашига** pack with Raschig rings

насадк/а
вертикальная ~ vertical pass checker
~ изложницы, утепляющая hot top
кирпичная регенеративная ~ brickwork regeneration, brick checkerwork
кольцевая ~ ring packing
кольцевая, правильно уложенная ~ stacked packing rings
многозонная ~ zoned checker
многоходовая ~ multi-pass checker
направляющая ~ гребного винта propeller nozzle, propeller shroud(ing)
направляющая, поворотная ~ steering nozzle
нерегулярная ~ random packing
регулярная ~ regular packing
седлообразная ~ saddle packing, packing saddles
хордовая ~ hurdle packing, hurdles, packing grid(s), grid packing(s)

насадок *м. аргд.* head, probe, nozzle
~ Борда *аргд.* Borda mouthpiece
водомерный ~ metering orifice
воздухоприёмный ~ intake spout, air scoop
~ выпускной трубы *авто* exhaust extension
~ для замера скорости потока воздуха air-speed head
~ для измерений в пограничном слое boundary layer probe
~ карбюратора *англ.* trumpet; *амер.* stack
каталитический ~ catalytic probe
клиновидный ~ wedge probe
расширяющийся ~ divergent nozzle
самокалибрующийся ~ self-calibrating probe
самоориентирующийся ~ swivel(l)ing tube
сужающийся ~ convergent nozzle

насаживать *гл.* fit on, put on, set on □ **~ бандаж** (*на колесо*) set a tyre

насекать *гл.* □ **~ зубья напильника** cut the teeth of a file; **~ ручьи** (*на прокатных валках*) rag

население *с.* population

населённость *ж.* occupancy, population
избыточная ~ (*в квантовой электронике*) excess population
инверсная ~ *элн.* inverted population, population inversion □ **накапливать инверсную ~** build up a population inversion

насечка *ж.* **1.** (*напильника*) 1. (*совокупность зубьев*) cut of a file 2. (*получение зубьев*) cutting (of file teeth) 3. (*зубья, полученные насечкой*) teeth of a file, file teeth □ **у этого напильника,** *напр.* **двойная драчёвая ~** this file has, *e.g.*, double-cut bastard teeth **2.** (*на прокатных валках*) ragging

насечка
бархатная ~ *англ.* superfine cut; *амер.* dead-smooth [supersmooth] cut
брусовая ~ rough [coarse] cut
двойная ~ double cut
драчёвая ~ bastard cut
личная ~ smooth cut
одинарная ~ single cut
полуличная ~ second cut
рашпильная ~ rasp cut

насос *м.* pump □ **~ всасывает,** *напр.* **воздух, воду** the pump draws in, *e.g.*, air, water; **заливать ~** prime a pump; **~ отсасывает,** *напр.* **воздух, воду** the pump exhausts, *e.g.*, air, water; **подавать ~ом** pump (up); **~ подаёт,** *напр.* **воздух, воду** the pump discharges, *e.g.*, air, water; **~ создаёт давление** *или* **вакуум в ... мм рт. ст.** a pump develops a pressure *or* vacuum of ... mm Hg
аварийный ~ emergency pump
аксиально-кулачковый ~ swash plate operated pump
аксиально-поршневой ~ axial-plunger pump
аксиально-поршневой, ротационный ~ axial-plunger rotary pump
багерный ~ dredging pump
балластный ~ ballast pump
бензиновый ~ fuel pump
буровой ~ *геол.* slush [mud] pump
бустерный ~ booster pump
вакуумный ~ vacuum pump
вакуумный, адсорбционный ~ adsorption (vacuum) pump
вакуумный, масляный ~ oil vacuum pump
вакуумный, паромасляный ~ diffusion pump
вакуумный, ртутный ~ mercury vacuum pump
вакуумный, струйный ~ ejector
вальный ~ power pump
винтовой ~ screw pump
вихревой ~ peripheral [regenerative] pump
водокольцевой ~ liquid-packed ring [water-packed ring(-type), liquid-piston] pump
водоотливной ~ (*на судне*) bilge [drain(age)] pump; (*в доке*) dewatering pump
водоструйный ~ water-jet pump
водяной ~ water pump
возвратно-поступательный ~ reciprocating [piston] pump
воздушный ~ air pump
впрыскивающий ~ injection pump
вращательный ~ rotary pump
встроенный ~ integral pump
высоковакуумный ~ high-vacuum pump

насос
~ высокого давления ~ high-pressure pump
высоконапорный ~ high-lift pump
газовый ~ gas pump; (*коксовой батареи*) exhauster
герметичный ~ glandless pump
геттерно-ионный ~ getter-ion pump
глубинный ~ *нефт.* well pump
грузовой ~ *мор.* cargo pump
грунтовой ~ (*землесос*) suction dredge
~ двукратного действия double-acting pump
~ двустороннего входа double-entry pump
~ двустороннего действия double-acting pump
двухступенчатый ~ two-stage pump
двухцилиндровый ~ duplex [two-cylinder] pump
диагональный ~ mixed-flow pump
диафрагменный ~ diaphragm(-type) pump
динамический ~ rotodynamic pump
дисковый ~ disk pump
дифферентный ~ *мор.* trim(ming) pump
дифференциальный ~ differential piston pump
диффузионный ~ diffusion pump
~ для впрыска топлива fuel injection pump
~ для холодильного агента refrigerant pump
дозировочный ~ proportioning pump
дренажный ~ drain(age) pump
жомовый ~ beet pulp pump
заливной ~ priming pump
зачистной ~ (*в танкере*) stripping pump
зубчатый ~ gear (wheel) pump
индукционный ~ induction pump
ионно-сорбционный ~ getter ion pump
ионный ~ ion(ic) pump
коловратный ~ lobe [lobar] rotary pump
конденсатный ~ condensate [hot-well] pump
консольный ~ cradle-mounted pump
корпусно-секционный ~ barrel-type pump
креновой ~ *мор.* heeling pump
кривошипный ~ crank pump
криогенный ~ cryogenic pump
криосорбционный ~ cryogetter pump
крыльчатый ~ semi-rotary pump
лопастный ~ impeller pump
магнитогидродинамический ~ MHD-pump
масляный ~ oil pump
машинопитательный ~ *мор.* boiler-feed plunger-type steam-power pump
мембранный ~ membrane pump
многоступенчатый ~ multistage pump

насо́с
мокровозду́шный ~ wet-and-dry pump
молекуля́рный ~ molecular pump
~ **непосре́дственного впры́ска то́плива** direct-injection pump
~ **ни́зкого давле́ния** low-pressure pump
объёмный ~ (positive-)displacement pump
~ **одина́рного де́йствия** single-acting pump
одновинтово́й ~ helical rotor pump
~ **однокра́тного де́йствия** single-acting pump
~ **односторо́ннего де́йствия** single-acting pump
одноступе́нчатый ~ single-stage pump
одноцили́ндровый ~ simplex [single-cylinder] pump
осево́й ~ axial-flow pump
отка́чивающий ~ (*в вакуумной системе*) exhaust pump
парово́й ~ steam pump
парома́сляный ~ oil-vapour pump
перека́чивающий ~ transfer pump
пита́тельный предвключённый ~ primary boiler-feed pump
пита́ющий ~ feed pump
пласти́нчатый ~ guided-vane [sliding-vane] pump
плу́нжерный ~ plunger(-type) pump
поворо́тно-ло́пастный ~ axial flow pump with adjustable pitch blades
погружно́й ~ immersion [submersible] pump
подаю́щий ~ *ав.* delivery pump
подка́чивающий ~ *ав.* booster pump
подпи́точный ~ *тепл.* make-up pump
пожа́рный ~ fire (service) pump
поршнево́й ~ piston pump
приводно́й ~ power pump
приводно́й парово́й ~ steam pump
~ **приёмистости** *ав.* accelerator pump
проду́вочный ~ scavenge pump; (*респиратора*) cleansing pump
прямоде́йствующий ~ direct-acting pump
реверси́вный ~ reversible pump
регули́руемый ~ variable capacity pump
ро́торный ~ rotary pump
ро́торный, поршнево́й осево́й ~ swash-plate pump
ро́торный, поршнево́й радиа́льный ~ radial-plunger pump
рту́тный ~ mercury pump
ручно́й ~ hand(-operated) pump
самовса́сывающий ~ self-priming pump
~ **с боковы́м вхо́дом** side suction pump
свободновихрево́й ~ torque flow pump
секцио́нный ~ stage chamber pump
сильфо́нный ~ bellows pump

насо́с
~ **систе́мы жи́дкой сма́зки** oil lubrication pump
сма́зочный ~ lubricating pump
смывно́й ~ sluice(way) pump
сорбцио́нный ~ sorption pump
~ **с проходны́м по́ршнем** lift [suction] pump
~ **сто́чной систе́мы** sanitary pump
стру́йный ~ jet(-type) pump
судово́й ~ marine pump
~ **с электроприво́дом** motor [electric] pump
теплово́й ~ thermocompressor
то́пливный ~ fuel pump
тормозно́й ~ *ж.-д.* brake pump
трёхцили́ндровый ~ triplex [three-cylinder] pump
трю́мный ~ bilge pump
ускори́тельный ~ *авто* acceleration pump
фа́новый ~ *мор.* sewage(-disposal) pump
фека́льный ~ sanitary pump
форва́куумный ~ roughing-down [backing] pump
футеро́ванный ~ lined pump
цементацио́нный ~ **с пневмати́ческим при́водом** air-operated grouting pump
цементацио́нный ~ **с ручны́м при́водом** hand-operated grouting pump
центробе́жный ~ centrifugal pump
центробе́жный ~ **с двусторо́нним вса́сыванием** double-suction pump
центробе́жный ~ **с лопа́точным отво́дом** turbine centrifugal pump
центробе́жный ~ **со спира́льным отво́дом** volute centrifugal pump
центробе́жный, спира́льный ~ volute centrifugal pump
центробе́жный, турби́нный ~ turbine centrifugal pump
циркуляцио́нный ~ circulating pump, circulator
червя́чный ~ (*шнековый насос с обоймой без нарезки*) scoop pump
ша́хтный ~ mine [shaft] pump
шестерённый ~ gear(-type) pump
ши́берный ~ guided-[sliding-]vane pump
шла́мовый ~ mud [slush, slurry] pump
шла́нговый ~ hose-type pump
шне́ковый ~ inclined Archimedean screw pump
шта́нговый ~ sucker-rod pump
эйрли́фтный ~ air-lift pump
эксце́нтриковый ~ eccentric pump
электромагни́тный ~ electromagnetic pump
насо́с-дозáтор *м.* metering pump
насо́с-лягу́шка *м.* diaphragm pump
насо́с-мото́р *м.* pump-motor
насо́сная *ж.* pump house, pumping station
ба́герная ~ ash-pump house
насо́с-форсу́нка *м.* unit injector
насо́с-эже́ктор *м.* jet [ejector] pump

наста́вка *ж.* extension
~ **снопоура́внивателя** butter board
наставле́ние *с.* manual
~ **по эксплуата́ции** maintenance manual
наставля́ть *гл.* extend
насти́л *м.* (*из досок*) boarding; (*из плит*) plating
~ **второ́го дна** *мор.* inner-bottom [tank-top] plating
~ **кры́ши** roof deck
~ **моста́** bridge deck
~ **па́лубы** (*деревянный*) deck planking; (*металлический*) deck plating
по́довый ~ hearth plates
~ **по́ла** floor boarding
насти́льность *ж.* **криво́й** *мат.* flatness of a curve
настра́ивать *гл.* adjust; *элн.* (*преим. одиночный параметр или элемент*) adjust; (*взаимодействие цепей и устройств*) align □ ~ **по максима́льному** *или* **минима́льному показа́нию** adjust for a maximum *or* minimum indication
настра́иваться *гл.* (*на частоту*) tune □ ~ **зара́нее** pre-tune; ~ **на ну́жную радиоста́нцию** tune in the wanted station; ~ **на частоту́ ста́нции** tune in a station
настро́йк/а *ж.* adjustment; *элн.* (*одиночного параметра или элемента*) adjustment; (*обеспечение взаимодействия цепей или элементов*) alignment
~ **автомати́ческого регуля́тора** 1. (*процесс*) adjustment, tuning 2. (*положение*) controller setting □ **производи́ть** ~**у автомати́ческого регуля́тора** adjust the controller setting
~ **валко́в** *прок.* roll adjustment
~ **кали́бров** *прок.* pass set-up
~ **на частоту́** tuning □ **корректи́ровать** [**осуществля́ть**] ~**у** (**на частоту́**) **по дискримина́тору** derive tuning-error signal [information] from the discriminator, use discriminator voltage as the tuning-error signal [information]; **проходи́ть** [«**проскочи́ть**»] ~**у** (**на частоту́**) scan past the (desired) tuning; **сполза́ть с** (**частоты́**) ~**и** drift out of tune; **уточня́ть** ~**у** (**на частоту́**) refine the tuning
~ **на частоту́, бесшу́мная** quiet [silent] tuning
~ **на частоту́, визуа́льная** visual tuning
~ **на частоту́, гру́бая** coarse tuning
~ **на частоту́, кно́почная** push-button tuning
~ **на частоту́, механи́ческая** mechanical tuning
~ **на частоту́ одно́й ру́чкой** unicontrol station [single-dial, gang, single-knob] tuning
~ **на частоту́, о́страя** sharp tuning
~ **на частоту́ с растя́жкой диапазо́на** band-spread tuning

настро́йк/а
~ на частоту́, тупа́я broad tuning
предвари́тельная ~ initial tune-up
~ реле́, нейтра́льная unbiased [centred] adjustment of a relay
~ реле́ с преоблада́нием biased adjustment of a relay
~ ста́на set-up of a mill
~ то́чки регули́рования 1. (*процесс*) control point adjustment 2. (*состояние*) control-point setting
наступа́ть *гл.* (*ногами*) step ☐ **не ~** (*предупредительная надпись на крыле самолёта*) NO STEP
наступле́ние *с.* (*начало, напр. колебаний*) the onset of (*e.g., oscillations*)
~ генера́ции ла́зера onset of lasing (action)
~ собы́тия *стат.* occurrence of an event
на́стыль *м.* accretion, buildup, crust, scull, skull
~ в разли́вочном ковше́ ladle skull
насчи́тывать(ся) *гл.* number
насы́пка *ж. стр.* fill
намывна́я ~ hydraulic fill
на́сыпь *ж.* 1. embankment 2. (*форма груза*) bulk ☐ **грузи́ть ~ю** load in bulk
доро́жная ~ road embankment
земляна́я ~ earth embankment, earth bank
подхо́дная ~ approach embankment
насыща́емость *ж.* saturability, capacity for saturation
насыща́ть *гл.* saturate
насыще́ни/е *с.* saturation ☐ **выходи́ть из (состоя́ния) ~я** recover from saturation
адиабати́ческое ~ adiabatic saturation
~ ано́дного то́ка *англ.* anode-current saturation, *амер.* plate-current saturation
~ бето́на водо́й concrete inundation
магни́тное ~ magnetic saturation
~ нака́чки *элн.* pump saturation
неоднoро́дное ~ nonuniform saturation
по́лное ~ total saturation
предвари́тельное ~ presaturation
температу́рное ~ temperature saturation
~ то́ка current saturation
части́чное ~ partial saturation
насы́щенность *ж.* saturation
~ отпеча́тка *полигр.* chroma saturation
~ цве́та colour saturation
~ шри́фта weight of type
натека́ние *с.* inleakage, leak-in
натека́тель *м.* (*для вакуумных систем, масс-спектрометров и т. п.*) leak
нати́рка *ж.* **для по́ла** floor polish
на́тиск *м. полигр.* printing pressure
лёгкий ~ "kiss" impression
натр *м.* soda
е́дкий ~ caustic soda, sodium hydroxide
на́трий *м.* sodium, Na
на́трий-катиони́рование sodium zeolite softening process
натя́г *м.* tension
~ поса́дки *маш.* (*в сочетании поса́дка с натя́гом*) interference (*as in* interference fit)
предвари́тельный ~ (*напр. подшипника качения*) preload
натя́гивать *гл.* (*канат, ремень, пружину, цепь*) tension, tighten, stretch, pull taut
натяже́ние *с.* (*каната, ремня, пружины, цепи*) tension, tightening, stretching
~ армату́ры (*в железобетоне*) tensioning of the steel
~ ни́ти в балло́не *текст.* balloon tension
~ на бето́н pre-tension
~ на упо́ры post-tension
предвари́тельное ~ prestressing
~ ро́вницы *текст.* tension in the roving
натя́жка *ж.* **ко́жи зажи́мами** toggling
наугáд *нареч. мат.* at random, randomly
науглеро́живание *с.* 1. (*насыщение углеродом поверхностного слоя стали*) carburizing, carburization (*см. тж.* **цемента́ция**) 2. (*введение углеродсодержащих материалов в жидкую сталь, напр. в конвертере*) recarburizing, recarburization 3. (*образование в доменной печи карбида железа*) carbon pick-up
науго́льник *м.* try square
складно́й ~ level square
нау́шники *мн. м.* earphones, headphones, (*в комплекте с оголовьем и шнуром*) headset
~ ти́па «кли́псы» earclip headphones
нафтали́н *м.* naphthalene
нахлёстка *ж.* lap (joint) ☐ **сва́ривать внахлёстку** lap-weld
нахлёстывание *с.* (over)lapping
находи́ть *гл. мат.* find
находи́ться *гл.* exist, occur; be found ☐ **~ на расстоя́нии, напр. ... км от ...** be ... km distant from ...
на́цело *нареч.* ☐ **дели́ться ~** *мат.* divide evenly, without a remainder, integrally
нача́л/о *с.* beginning ☐ **бра́ть ~** spring [rise] from, originate in; **вести́ ~** date [stem] from; **положи́ть ~** initiate, give rise to; **(сле́дует заме́тить) с са́мого ~а** (it is to be noted) from the outset
~ ВПП *ав.* the approach end of a runway
~ затвердева́ния onset of solidification
~ координа́т origin of coordinates
~ обмо́тки start of a winding
~ отсчёта 1. *мат.* reference point, origin of a scale 2. *стат.* computing origin
~ отсчёта вре́мени zero time reference
нача́л/о
~ пода́чи то́плива, геометри́ческое *двс* geometric commencement of fuel delivery
~ пода́чи то́плива, действи́тельное *двс* actual commencement of fuel delivery
~ разруше́ния initiation of a fracture
~ термодина́мики law [principle] of thermodynamics
~ (технологи́ческого) проце́сса start-up
нача́льник *м.*:
~ ОТК chief quality inspector, quality-control chief
~ сме́ны shift supervisor, shift superintendent
на́черно *нареч.* ☐ **вычёрчивать ~** rough-draw; **кова́ть ~** rough-forge; **обраба́тывать [проходи́ть] ~** rough-machine; **раста́чивать ~** rough-bore; **составля́ть ~** (*документ, план и т. п.*) draw up in draft form, draw up a draft; **шлифова́ть ~** rough-grind
начерта́ние *с.* sketch, outline
~ логи́ческих схем, усло́вное logic symbol, logic(al) representation
~ шри́фта design of type face
начёс *м. текст.* pile, raising
начи́нок *м. текст.* cop bottom, cop base
нашаты́рь *м* sal ammoniac, ammonium chloride
наэлектризо́вывать *гл.* electrify
НЕ (*логическая функция или операция*) NOT
небала́нс *м.* (*энергосистемы*) imbalance ☐ **~ ме́жду произво́дством и потребле́нием эне́ргии** imbalance between generation and demand
небью́щийся (*напр. о стекле*) shatterproof
невесо́мость *ж.* weightlessness, weightless state; *косм.* zero-gravity state, zero-g condition
не́вод *м.* seine ☐ **выбира́ть [подни-ма́ть] ~** (*на борт сейнера*) boat a seine; **вымётывать ~** set a seine; **вытя́гивать ~ на бе́рег** haul a seine to shore; **испо́льзовать ~, напр. с бе́рега, с су́дна** work a seine from, *e.g.*, shore, a boat; **удержи-ва́ть ~ в вертика́льном положе́нии** set a seine in a vertical position
до́нный ~ ground seine
закидно́й ~ beach [shore] seine
кольцево́й ~ ring net
кошелько́вый ~ purse [tuck] seine
пелаги́ческий ~ deep-sea seine
ставно́й ~ stationary net
тя́говый ~ drag seine
невостре́бованный (*о письме, посылке*) dead
невы́чет *м. мат.* nonresidue
невя́зк/а *ж. геод.* error of closure, closing [closure] error, error of connection, misclosure ☐ **«разброса́ть» ~у** distribute the error of closure

невя́зк/а
~ бала́нса (*энергосистемы*) imbalance
высо́тная ~ elevation discrepancy
координа́тная ~ error of position, position error, position misclosure
лине́йная ~ linear error, linear misclosure, linear discrepancy, error of traverse
нивели́рная ~ error of closure in level(l)ing, level(l)ing discrepancy
углова́я ~ closure error of angles, angular difference, angular discrepancy
негабари́т *м.* oversize, outsize
негати́в *м.* negative □ корректи́ровать ~ по цве́ту *полигр.* correct a negative for colour; маркирова́ть [надреза́ть] ~ для печа́ти notch a negative; монти́ровать ~ cut a negative; обраща́ть ~ reverse a negative; ослабля́ть ~ reduce a negative; собира́ть ~ *полигр.* combine a negative
анаморфи́рованный ~ anamorphosed negative
вя́лый ~ flat [soft] negative
контра́стный ~ hard negative
мя́гкий ~ flat [soft] negative
неконтра́стный ~ flat [soft] negative
основно́й ~ *полигр.* key negative
плёночный ~ film negative
полуто́новый ~ *полигр.* half-tone negative
ра́стровый ~ half-tone negative
стекля́нный ~ plate negative
цветно́й ~ colour negative
цветоделённый ~ (colour) separation negative
чёрно-бе́лый ~ black-and-white negative
широкоформа́тный ~ large-area negative
шрифтово́й ~ *полигр.* master negative
штрихово́й ~ *полигр.* line negative
него́дность *ж.* unfitness, unsuitability □ приходи́ть в ~ become unfit for use
неголоно́мность *ж. мат.* anholonomity
негэнтропи́я *ж.* negentropy, negative entropy
недовальцо́вка *ж.* underexpanding
недове́с *м.* underweight, short weight
недогре́в *м.* underheating
недогру́з *м.* underloading
недогру́зка *ж.* underload
недоде́лка *ж.* fault in workmanship, subquality work, off-standard work
недодержка *ж. кфт.* underexposure
недожо́г *м.* incomplete burning
механи́ческий ~ unburned carbon, combustible loss
~ то́плива в прова́ле carbon loss in riddlings
~ то́плива в уно́се carbon loss in fly ash
~ то́плива в шла́ках carbon loss in ashes

недожо́г
хими́ческий ~ incomplete combustion
недокры́тие *с.* underlap
недоли́в *м.* (*дефект отливки*) short-run (casting)
недоме́рок *м.* undersize
недоме́с *м.* underkneading
недооце́нка *ж.* underestimation, underrating
недопека́ние *с.* (*в порошковой металлургии*) undersintering
недопроявле́ние *с.* underdevelopment
недорегули́рование *с.* undershoot
недосе́ка *ж. текст.* miss of weft, set mark, starting mark
недосмо́тр *м.* oversight
недоста́т/ок *мн.* 1. (*нехватка*) deficiency, deficit, shortage □ восполня́ть ~ fill [make up for] the deficiency [deficit, shortage]; с ~ком *мат.* in defect, too small 2. (*отрицательное свойство*) demerit, disadvantage, drawback, limitation, shortcoming □ устраня́ть ~ avoid a disadvantage, rectify a drawback
~ нейтро́нов neutron deficiency
~ про́чности констру́кции structural weakness
недостающ/ий deficit □ ввести́ ~ее коли́чество, *напр.* ма́рганца в ста́ль supply, *e.g.*, the manganese deficit in steel
недосту́пность *ж.* inaccessibility
недотра́в *м.* (*дефект поверхности при травлении окалины*) underpickling
недофокусиро́вка *ж.* underfocusing
недрени́руемость *ж.* nondrainability
неевкли́довость *ж. мат.* non-Euclideanism, non-Euclidicity
незавершёнка *ж. жарг. эк.* work in process [in progress]
незави́симость *ж.* independence
заря́довая ~ *яд. физ.* charge independence
незави́симый *прил.* independent
лине́йно-~ linearly independent
попа́рно-~ pairwise independent
незаде́йствованный idle, vacant, spare, dead
незаполне́ние *с.* (*профиля*) *мет.* underfilling
незапо́лненн/ый □ оста́вить (*напр. графу, заголовок*) ~ой leave (*e.g.*, *a column, heading*) blank
незна́ние *с.* (*в математической логике*) ignorance
априо́рное ~ prior ignorance
коне́чное ~ final ignorance
нача́льное ~ initial ignorance
НЕ — И (*логическая функция или операция*) NOT—AND, NAND
неизве́стное *с.* the unknown, unknown quantity
НЕ — ИЛИ (*логическая функция или операция*) NOT—OR, NOR
неиспра́вност/ь *ж.* fault, malfunction, trouble □ ~ возника́ет в приёмнике the receiver develops a trouble; оты́скивать ~ find [locate] a fault; устана́вливать ~ в схе́ме (*устанавливать неисправную схему — первый этап отыскания неисправности*) sectionalize a trouble; устана́вливать ~ в схе́мном элеме́нте (*устанавливать неисправный схемный элемент — третий этап отыскания неисправности*) isolate a trouble; устана́вливать ~ в узле́ схе́мы (*устанавливать неисправный узел схемы — второй этап отыскания неисправности*) localize a trouble; установи́ть ме́сто ~и (*напр. в цепи, элементе*) trace a trouble to (*e.g.*, *a circuit, a component*); устраня́ть ~ clear [rectify] a fault, correct a malfunction, remove [shoot] a trouble
неиспра́вный *прил.* faulty, defective, out of repair, unhealthy
нейзи́льбер *м.* (*сплав меди, цинка и никеля*) German silver
нейри́стор *м.* (*устройство с распределёнными параметрами*) *элн.* neuristor
нейробио́ника *ж.* neurobionics
нейро́н *м.* nerve cell, neuron(e) □ модели́ровать ~ simulate [model] a neuron
нейтрализа́тор *м.* neutralizer; neutralizing tank
~ стати́ческого электри́чества static eliminator
нейтрализа́ция *ж.* neutralization
нейтрализова́ть *гл.* neutralize
нейтра́ль *ж. эл.* (*точка*) neutral (point); (*проводник*) neutral conductor □ заземля́ть ~ (на́глухо) ground the neutral (solidly); изоли́ровать ~ insulate the neutral; с вы́веденной ~ю with the neutral available (for connection); устана́вливать (щётки) на ~ adjust (the brushes) to the correct neutral position
о́бщая ~ common neutral
нейтри́но *с.* neutrino
мю-мезо́нное [мюо́нное] ~ neutretto, muon-type neutrino
электро́нное ~ electron-type neutrino
нейтри́са *ж. мат.* neutrice
нейтро́н *м.* neutron □ ~ вылета́ет из ... a neutron escapes from ...; замедля́ть ~ moderate a neutron; замедля́ть ~ до теплово́й ско́рости thermalize a neutron; испуска́ть ~ emit [eject, release] a neutron; поглоща́ть ~ absorb a neutron; рассе́ивать ~ы scatter neutrons; ~ соударя́ется с ... a neutron collides with ...; теря́ть ~ waste a neutron
втори́чный ~ secondary neutron
~ деле́ния fission neutron
доче́рний ~ daughter neutron
мгнове́нный ~ prompt [instantaneous] neutron
перви́чный ~ primary neutron
теплово́й ~ thermal(-velocity) neutron

нейтронограмма *ж.* neutron-diffraction pattern
нейтронограф *м.* neutron-diffractometer
нейтронография *ж.* neutron diffraction analysis, neutron-diffractometry
нейтропауза *ж.* neutropause
нейтросфера *ж.* neutrosphere
некачественный *прил.* unsound, of poor quality
некондиционный *прил.* sub-standard, off-grade
некорректность *ж. мат.* incorrectness, unreasonableness
некоррелированность *ж. мат.* noncorrelatedness, lack of correlation
нелинейность *ж.* non-linearity
асимметричная ~ asymmetrical non-linearity
~ диэлектрика dielectric non-linearity
дополнительная ~ complementary non-linearity
несущественная ~ incidental [parasitic] non-linearity
плавная ~ continuous [smooth] non-linearity
~ потенциометра (non-)linearity of a potentiometer
~ с гистерезисом hysteresis [backlash] non-linearity
~ с зоной нечувствительности dead-zone [dead-band] non-linearity
~ с кулоновским трением Coulomb friction non-linearity
слабая ~ small non-linearity
~ с насыщением saturation [limiting] non-linearity
~ с релейной характеристикой relay non-linearity
~ с симметричной характеристикой symmetrical non-linearity
существенная ~ essential [intentional] non-linearity
неметалл *м.* non-metal
ненаблюдаемый unobservable
ненадёжность *ж.* unreliability
ненасыщенность *ж.* nonsaturation
необслуживаемый *прил.* (*об аппаратуре, работающей без обслуживающего персонала*) unattended
необходимост/ь *ж.* necessity □ **по ~и** if (and when) necessary, to suit requirements
неограниченно *нареч.* without bound, beyond all bounds
неограниченность *ж.* unboundedness, unrestrictedness
неоднозначность *ж.* ambiguity, lack of uniqueness, non-single-valued nature □ **устранять ~** resolve an ambiguity
неоднородность *ж.* **1.** (*разрывность*) discontinuity **2.** (*наличие разнородных элементов*) heterogeneity **3.** (*неравномерность свойств, состояния*) inhomogeneity, non-uniformity
атмосферная ~ atmospheric inhomogeneity
неоднородность
ионосферная ~ ionospheric inhomogeneity
~ линии *свз.* line discontinuity
литейная ~ casting discontinuity
оптическая ~ optical inhomogeneity
неон *м.* neon, Ne
неопределённость *ж.* **1.** (*неопределённое выражение*) *мат.* indeterminate form □ **раскрыть ~** evaluate an indeterminate form **2.** (*неточность в знании, измерении, определении*) uncertainty (in ...) □ **~ координаты *x*** the uncertainty in the *x*-coordinate **3.** (*в представлении Гейзенберга*) indeterminacy, indeterminancy, uncertainty
неопределимость *ж.* indefinability
неопрен *м.* neoprene
неотрицательность *ж. мат.* non-negativity, non-negative character, non-negativeness
непараллельность *ж.* error in parallelism, lack of parallelism, out-of-parallelism, nonparallelism □ **~ торцов не превышает 10″** the ends are parallel to within 10″
непер *м.* neper, napier
неплоскостность *ж.* (*дефект формы листа*) *прок.* nonflatness
~ торцов кристалла (*определяемая числом интерференционных колец*) fringe count
неплотный ~ *прил.* leaky □ **нигде ~** *мат.* nowhere dense
неповреждённый *прил.* undamaged, intact
неподатливый *прил.* unmanageable
неполадка *ж.* maladjustment, malfunction, trouble
неположительный *прил.* nonpositive
непостоянство *с.* inconstancy; variability, variation(s)
непотопляемость *ж.* floodability
непоявление *с. мат.* nonoccurrence
непрерывность *ж.* continuity; *физ.* continuum
равномерная ~ uniform continuity
равностепенная ~ equicontinuity
непрерывный *прил.* continuous
абсолютно ~ totally continuous
~ в точке continuous at a point
равностепенно ~ equicontinuous
~ слева continuous on the left
~ справа continuous on the right
непригодный *прил.* unfit, unsuitable □ **~ к дальнейшей эксплуатации** unfit for further service
непровар *м. св.* faulty [incomplete, poor, lack of] fusion, poor penetration, lack of penetration
~ в корне шва incomplete root penetration
~ по кромке lack of side fusion
~ по сечению incomplete joint penetration
непроводник *м.* non-conductor
непрозрачность *ж.* opacity
непрозрачный *прил.* opaque □ **~ для ...** opaque to ...
непроницаемость *ж.* impenetrability; (*сквозь материал*) proofness; (*по разъёмам, швам, стыкам*) tightness
непроницаемый *прил.* (*сквозь материал*) proof; (*по разъёмам, швам, стыкам*) tight
непропечатка *ж. полигр.* missing type
непрореагировавший (*о реагенте*) unreacted
непротиворечивость *ж. мат.* consistency
непрочность *ж.* **к истиранию** (*о коже*) liability to rub-off
нептуний *м.* neptunium, Np
неравенство *с.* inequality
абсолютное ~ absolute [unconditional] inequality
жёсткое ~ nonslack inequality
нежёсткое ~ slack inequality
~ одинакового смысла inequality that has the same sense
~ противоположного смысла inequality that has an opposite sense
строгое ~ strict inequality
неравновесие *с.* disbalance, unbalance
неравномерность *ж.* irregularity, nonuniformity, variation
~ амплитуды импульсов в пачке pulse train jitter
~ вершины импульса overshoot (and ringing [ripple]) on the pulse top
~ в паузе (*между импульсами*) undershoot (and ringing) between pulses
~ затухания в полосе пропускания пьезоэлектрического фильтра pass-band ripple
~ расположения строк (*фототелеграфа*) grouping
~ регулирования, остаточная offset
~ частотной характеристики variation(s) in frequency response, (*часто выражается обратным понятием* — равномерность) flatness of frequency response □ **~ частотной характеристики составляют 3 дБ** the frequency response is flat within 3dB
~ частотной характеристики в полосе пропускания *элн.* bandpass flatness
~ частотной характеристики отдачи (*микрофона, телефона*) irregularity of the efficiency frequency response
~ частотной характеристики чувствительности (*микрофона, телефона*) irregularity of the sensitivity frequency response
~ чувствительности (*фотоприёмника*) **по элементу** spacing response nonuniformity
неразборчивость *ж.* unintelligibility
неразличимость *ж.* (*химических соединений, частиц*) indistinguishability

неразреши́мость *ж.* insolubility, unsolvability
рекурси́вная ~ recursive unsolvability
неразры́вность *ж.* continuity
нераствори́мость *ж.* insolubility
нерв *м.* nerve
нервю́ра *ж.* rib
ба́лочная ~ girder rib
вспомога́тельная ~ false [form(er)] rib □ **вспомога́тельная ~ слу́жит для прида́ния крылу́ определённого про́филя** a false [form(er)] rib assists in maintaining the airfoil form of the wing
за́дняя ~ aft [trailing-edge] rib
коро́бчатая ~ box rib
ло́жная ~ false [form(er)] rib
~ носка́ leading-edge [nose] rib
ра́мная ~ braced rib
силова́я ~ stiff [strong] rib
фе́рменная ~ truss rib
фе́рменно-ба́лочная ~ truss-girder rib
нерегуля́рность *ж.* irregularity
нере́зкость *ж.* *кфт.* unsharpness, blur
неровнота́ *ж.*:
~ окра́ски unevenness in colour
~ пря́жи irregularity of yarn
несво́дка *ж.* *геод.*, *карт.* misfit, misregistration
несгора́емый *прил.* incombustible, noncombustible
несери́йный *прил.* custom-built, custom-made
несжима́емый *прил.* incompressible
несимметри́чность *ж.* **распределе́ния вероя́тностей** skewness
несимметри́я *ж.* asymmetry, dissymmetry
несме́шиваемость *ж.* immiscibility
несовмести́мость *ж.* incompatibility
несовмести́мый *прил.* incompatible
попа́рно-~ mutually exclusive
несовмеще́ние *с.* misfit, mismatch
~ цвето́в colour misregistration
несовпаде́ние *с.* discrepancy, noncoincidence
~ кра́сок colour misregister
~ осе́й misalignment
~ фа́зы out of phase
несогла́сие *с.* *мат.* variance, discord, disagreement
несоо́сность *ж.* misalignment
несоотве́тствие *с.* (*между эпитаксиальным слоем и подложкой*) misfit □ **~ в ...** (*напр. теоретических и экспериментальных данных*) discrepancy between ...
несостоя́тельность *ж.* **уравне́ния** failure of an equation
несостоя́тельный *прил.* *мат.* inconsistent, insolvent, untenable
несохране́ние *с.* **эне́ргии** nonconservation of energy, violation of energy conservation
несплавле́ние *с.* faulty [incomplete, poor, lack of] fusion

несрабатывание *с.* nonoperation, failure to operate
нестаби́льность *ж.* instability
несу́щ/ая *ж.* carrier □ **восстана́вливать ~ую** reinsert the carrier; **модули́ровать ~ую ни́зкой частото́й** modulate an a.f. signal onto the carrier, modulate the carrier by an a.f. signal; **подавля́ть ~ую** suppress the carrier; **снижа́ть у́ровень ~ей** reduce the carrier
~ звуково́го сопровожде́ния *тлв.* sound [voice] carrier
~ изображе́ния *тлв.* picture [video] carrier
и́мпульсная ~ pulse carrier
контро́льная ~ pilot carrier
несходи́мость *ж.* divergence
несхо́дство *с.* discrepancy, dissimilarity, difference
геометри́ческое ~ geometrical dissimilarity
несчётность *ж.* nondenumerability, innumerableness
несчётный *прил.* uncountable, noncountable, nonenumerable, nondenumerable
нета́бельный *прил.* expedient, improvised
нетанни́ды [НТ] *мн.* *м.* nontanning matter, nontannins, nontanning substances
нетожде́ственно *нареч.* not identically
нето́ждество *с.* nonidentity
нето́чность *ж.* inaccuracy
не́тто net
неуравнове́шенность *ж.* disbalance, out-of-balance, unbalance
неусто́йчивость *ж.* instability
попере́чная ~ *ав.* lateral [roll(ing)] instability
~ при изги́бе *сопр.* buckling; lateral instability due to bending
продо́льная ~ *ав.* longitudinal [pitch(ing)] instability
путева́я ~ *ав.* directional instability
~ ти́пов колеба́ний mode instability
неучёт *м.* *мат.* neglect, failure to take account of ...
нефело́метр *м.* nephelometer
нефеломе́трия *ж.* nephelometry
нефоско́п *м.* nephoscope
нефтеба́за *ж.* oil tank farm
перева́лочная ~ oil handling terminal
призаводска́я ~ crude-oil [oil-stock] yard
распредели́тельная ~ oil distribution centres
нефтедобы́ча *ж.* oil production
нефтелову́шка *ж.* oil trap
нефтеме́р *м.* oil meter
нефтеотда́ча *ж.* (oil) recovery
нефтеподогрева́тель *м.* oil heater
нефтепрово́д oil [petroleum] pipe-line
нефтепроду́кт *м.* petroleum product, petroleum derivative

нефтепро́мысел *м.* oil field
морско́й ~ off-shore oil field
нефтеразве́дка *ж.* (*поисковый этап*) oil prospecting; (*разведочный этап*) oil exploration
нефтерудово́з *м.* *мор.* ore(-bulk)-oil carrier
нефтето́пливо *с.* fuel oil
нефтехи́мия *ж.* petroleum chemistry
нефтехрани́лище *с.* oil storage
нефть *ж.* petroleum, oil □ **встре́тить ~** (*при разведке*) strike oil *or* an oil deposit; **добыва́ть ~ вытесне́нием из пласта́** recover oil under drive; **добыва́ть ~ при водонапо́рном режи́ме пласта́** recover oil under water drive; **обезга́живать ~** degas oil; **освобожда́ть ~ от лёгких фра́кций** reduce the oil; **отбензи́нивать ~** strip the oil; **перегоня́ть ~** distill the oil; **перераба́тывать ~** process [refine] oil
сыра́я ~ crude oil, petroleum crude
то́пливная ~ fuel oil
чи́стая ~ clean oil
нефтя́нка *ж.* hot-bulb engine
нехва́тк/а *ж.* lack, deficiency, shortage □ **покры́ть ~у углеро́да** (*в стали*) make up the deficit in carbon [the carbon deficiency]
неце́лое *с.* nonintegral, noninteger
нецелочи́сленный *прил.* nonintegral, fractional
неце́лый *прил.* nonintegral, fractional
нечёткий *прил.* **1.** (*о надписи, почерке*) illegible **2.** (*об изображении, особ. оптическом*) indistinct
нечётность *ж.* oddness
нечувстви́тельность *ж.* insensibility
неэквивале́нтность *ж.* nonequivalence
неэквипотенциа́льность *ж.* nonequipotentionality
нивели́р *м.* (geodetic) level □ **наклоня́ть ~** tilt a level; **поверя́ть ~** test the adjustment of a level; **устана́вливать ~** set up a level
бинокуля́рный ~ binocular level
высокото́чный ~ precise [first-order] level
глухо́й ~ dumpy level
ручно́й ~ hand level
~ со спиртовы́м у́ровнем spirit levelling instrument
~ с перекладно́й трубо́й и у́ровнем при подста́вке Egault level
~ с перекладно́й трубо́й и у́ровнем при трубе́ wye [Y-] level
~ с самоустана́вливающейся ли́нией визи́рования self-levelling level
~ с элевацио́нными винта́ми tilting level
нивели́рование *с.* levelling
астрономи́ческое ~ astronomical levelling
барометри́ческое ~ barometric levelling
во́дное ~ water levelling
геодези́ческое ~ geodetic levelling

нивели́рование
геометри́ческое ~ geometric levelling
гидростати́ческое ~ hydrostatic levelling
гипсометри́ческое ~ hypsometric levelling
магистра́льное ~ primary [principal] levelling
механи́ческое ~ mechanical levelling
радиовысотоме́рное ~ airborne height finding
~ **теодоли́том** theodolite levelling
техни́ческое ~ technical levelling
топографи́ческое ~ topographic(al) levelling
тригонометри́ческое ~ trigonometric levelling
нивели́ровать *гл.* run a level, do level(l)ing; (*устанавливать по уровню*) bring into a level position, level
нивелиро́вка *ж.* levelling
нивели́р-теодоли́т *м.* level-theodolite
нигро́л *м.* (*отфильтрованный масляный гудрон*) gearbox oil
ни́жник *м. маш.* bottom (part), bottom section; (*поддержка*) dolly
низ *м.* **1.** lower part, bottom half **2.** *авто* underbody **3.** (*нижняя часть формы*) *лит.* drag
~ **отли́вки** drag side (of a casting)
низкостволь́ник *м.* coppice wood
никелирова́ние *с.* nickel plating
блестя́щее ~ bright nickel plating
хими́ческое ~ electroless nickel plating
никелирова́ть *гл.* nickel-plate
ни́кель *м.* nickel, Ni □ **получа́ть** ~ **карбони́льным спо́собом** manufacture nickel by the Mond process
зернёный ~ nickel shot
листово́й ~ sheet nickel
никоти́н *м.* nicotine
нильсбо́рий *м.* nielsbohrium, Ns
нимб *м.* aureole, nimbus
нио́бий *м.* niobium, Nb
ни́ппель *м.* nipple
перехо́дный ~ reducing nipple
резьбово́й ~ screwed nipple
сма́зочный ~ lubricating nipple
соедини́тельный ~ union nipple
тру́бный ~ pipe nipple
~ **шла́нга** hose fitting
нитеводи́тель *м.* **1.** *текст.* thread carrier, traverse motion **2.** *полигр.* looper
нитепрово́дник *м. текст.* thread guide
нитеразделитель *м. текст.* thread separator
ни́тк/а *ж.* **1.** (*швейная*) thread **2.** (*производственная линия, трубопровод*) line **3.** (*технологического процесса*) *хим.* stream, train □ **в две** ~**и** two-stream (plant, installation); **в одну́** ~**у** single-train (process)
~ **резьбы́** thread of a screw

нитралло́й *м.* (*общее название группы сталей, предназначенных для изготовления азотируемых деталей*) nitralloy
нитра́ты *мн. м.* nitrates
нитри́ды *мн. м.* nitrides
нитри́лы *мн. м.* nitriles
нитри́рование *с.* nitriding
нитри́ты *мн. м.* nitrites
нитрифика́ция *ж.* nitrification
нитробензо́л *м.* nitrobenzene
нитрова́ние *с.* nitration
нитроглицери́н *м.* nitroglycerin(e), explosive [blasting] oil
нитрозокраси́тель *м.* nitroso dye
нитрокраси́тель *м.* nitro dye
нитрокра́ска *ж.* nitrocellulose enamel
нитрола́к *м.* nitrocellulose lacquer
нитро́н *м.* Nitron (*Soviet-made brand of polyacryl nitrile fibre; equivalents: Orlon, Acrylon*)
нитросоедине́ние *с.* nitrocompound
нитроспи́рт *м.* nitrated alcohol
нитрофосфа́т *м.* nitrophosphate
нитроцеллюло́за *ж.* nitrocellulose
нитроцемента́ция *ж.* carbonitriding
нитроэма́ль *ж.* nitrocellulose enamel
нить *ж.* filament, ligament
арми́рованная ~ reinforced filament
виско́зная ~ viscose filament
вихрева́я ~ *аргд.* vortex line, vortex filament
волласто́новская ~ Wollaston wire
дальноме́рная ~ (*в нитяном дальномере*) stadia hair
~ **кана́та** (*в производстве канатов*) yarn
капро́новая ~ capron thread
ква́рцевая ~ quartz fibre
ко́конная ~ cocoon filament
ко́рдная ~ cord thread
~ **ла́мпы нака́ливания** filament
~ **ла́мпы нака́ливания, бифиля́рная** coiled-coil filament
тексти́льная ~ fibre
тексти́льная, иску́сственная ~ man-made fibre
тексти́льная, кручёная ~ twisted fibre
тексти́льная, натура́льная ~ native fibre
уто́чная ~ shoot wire
элемента́рная ~ filament
нихро́м *м.* (*хромоникелевый сплав*) Ni-Cr alloy
ни́ша *ж.* **1.** (*углубление*) recess **2.** (*в груди забоя*) stable (hole), hole
~ **в пери́лах моста́** bridge refuge
~ **колеса́** *авто* wheel arch
~ **под гардеро́б** (*на самолёте*) coat closet
~ **шасси́** (*самолёта*) wheel well
я́корная ~ anchor pocket, anchor recess
нога́ *ж.* (*опора, нижний конец механизма*) leg, foot
стропи́льная ~ rafter, principal truss

нож *м.* knife
~ **аттенюа́тора** flap
бороздоре́жущий ~ furrowing blade, topping knife
~ **бульдо́зера** bulldozer blade
~ **гре́йдера** grader blade
гу́зочный ~ *полигр.* mould [trimming] knife
~ **для отво́да камне́й** (*камнеподборщика*) *с.-х.* rock deflector
~ **для пове́рхностного рыхле́ния дерни́ны** scarifying blade
~ **для сня́тия оса́дка с фи́льтра** cake scalper
~ **для съёмки шкур** cleaver
ду́кторный ~ ink-feeding [ink fountain] blade
калёвочный ~ *лес.* moulding cutter
~ **канавокопа́теля** ditching blade
~ **ковша́** bucket lip
консе́рвный ~ can opener
~ **коси́лки** mover knife
кра́сочный ~ ink-feeding [ink fountain] blade
ли́тниковый ~ *полигр.* mould [trimming] knife
~ **лущи́льного станка́** *лес.* veneer knife
отбо́йный ~ *текст.* mote knife
~ **плу́га** skim cutter, skim coulter
подко́рмочный ~ *с.-х.* side-dressing shank, applicator foot
подре́зочный ~ *с.-х.* pruning knife
прома́зочный ~ *рез.* spreading knife
противоре́жущий ~ *с.-х.* shear-bar [shearing] knife
~ **разъедини́теля без ла́мелей** *эл.* male blade
~ **разъедини́теля с ла́мелями** *эл.* female blade
ра́кельный ~ *полигр.* doctor [wiping] blade
раскли́нивающий ~ *лес.* riving knife
~ **ре́зального бараба́на** *полигр.* rotary blade
садо́вый ~ garden [pruning] knife
~ **скре́пера** cutting edge [blade] of a scraper bowl
~ **стрига́льной маши́нки** *с.-х.* shearer cutter
стрига́льный ~ (*стригальной машины*) *текст.* shearing knife
строга́льный ~ *лес.* plane knife, planing cutter
~ **стру́га** plough blade
~ **узловяза́теля** *с.-х.* twine cutter
фальцу́ющий ~ *полигр.* folding blade
фасо́нный ~ *лес.* profiling tool
черенко́вый ~ (*плуга*) hanging knife
штрихова́льный ~ *полигр.* joint-forming knife, joint-forming nipper
~ **электроме́тра** blade of an electrometer
но́жка *ж.* (*опора, стойка*) leg, foot
~ **зу́ба** (*высота зуба*) (tooth) dedendum, root of a tooth
~ **камерто́на** tine of a tuning fork

но́жка
~ като́да (*в магнетроне*) cathode stem
~ кронци́ркуля, дугообра́зная bowed [curved] leg of a calliper
~ ла́мпы stem
~ ла́мпы, пу́говичная button stem
~ ли́теры *полигр.* body of type
~ лопа́тки root of a blade
~ фа́ры headlamp base
~ це́лика *горн.* pillar stump, pillar residue
~ цили́ндра cylinder foot
но́жницы *мн.* 1. (*бытовые*) scissors 2. *маш. мет.* shears, cutter
аллига́торные ~ alligator shears
~ бараба́нного ти́па drum-type shears
~ блю́минга bloom shears
верста́чные ~ bench shears
вибрацио́нные ~ upcut shears
вырубны́е ~ nibble shears, nibbler
вы́сечные ~ downcut shears
гильоти́нные ~ inclined throat [guillotine] shears
~ горя́чей ре́зки hot shears
ди́сковые ~ circular [circle] shears
жестяны́е ~ tin shears
загото́вочные ~ billet shears
кривоши́пные ~ crank shears
кромкообрезны́е ~ side trimming shears
летў́чие ~ flying shears
ма́ятниковые ~ pendulum shears
механи́ческие ~ power shears
многопа́рные ~ gang shears
обрезны́е ~ crop(ping) shears
~ откры́того ти́па gap shears
отрезны́е ~ cut-off shears
про́волочные ~ wire (cutting) shears
~ продо́льной ре́зки (*полосы*) slitting shears
про́фильные ~ beam-and-channel shears
прутко́вые ~ bar shears
ручны́е ~ hand shears
рыча́жные ~ lever shears
садо́вые ~ garden [pruning] shears, secateur
~ с ве́рхним ре́зом downcut shears
~ с двойны́м ре́зом double-cut shears
скрапны́е ~ scrap shears
сля́бовые ~ slab shears
~ с накло́нными ножа́ми inclined throat [guillotine] shears
~ с ни́жним ре́зом upcut shears
~ с паралле́льными ножа́ми parallel shears
стрига́льные ~ *с.-х.* sheep shears
стуловы́е ~ bench shears
суту́ночные ~ sheet-bar shears
толстолистовы́е ~ plate shears
тонколистовы́е ~ sheet-mill shears
уголко́вые ~ (*для резки угловой стали*) angle shears
универса́льные ~ multi-purpose shearing machine
фанерообрезны́е ~ trimming shears
~ холо́дной ре́зки cold shears

но́жницы
шпале́рные ~ hedge trimmer, hedge shears
ножо́вка *ж.* (*по дереву*) hand-saw; (*по металлу*) hack-saw
приводна́я ~ power hack-saw
садо́вая ~ hack-saw, compass [pruning] saw, hack file
столя́рная ~ hand-saw
у́зкая ~ keyhole saw
номенклату́ра *ж.* nomenclature
~ проду́кции range of products
но́мер *м.* 1. (*порядковое число*) number □ **чи́слиться за [под] ~ом ...** be itemized under No ,.. 2. (*размер*) size
~ абоне́нта, зо́новый zone customer number
~ абоне́нта, междугоро́дный trunk customer number
~ абоне́нта, междунаро́дный international customer number
~ абоне́нта, ме́стный local customer number
а́томный ~ atomic number
бортово́й ~ *мор.* hull No; (*самолёта*) side number
заводско́й ~ serial No
~ зерни́стости абрази́ва abrasive grit number
~ иглы́ needle size
поря́дковый ~ ordinal [consecutive] number
~ про́волоки wire gauge
~ пря́жи (fibre, yarn) count
~ пря́жи, метри́ческий metric count
~ пря́жи, номина́льный nominal count
регистрацио́нный ~ *авто* registration [license plate] number
~ ре́йса *ав.* flight number
~ си́та size of a sieve
та́бельный ~ (*сотрудника*) clock number
~ телефо́на telephone number □ **набира́ть ~ телефо́на** dial a (telephone) number; **«~ телефо́на не отвеча́ет»** "the number (is) unobtainable"
~ телефо́на, вызыва́емый called number
~ элеме́нта, поря́дковый atomic number
номерни́к *м.*:
разрезно́й ~ (*для определения диаметра проволоки*) angular wire gauge
телефо́нный ~ drop annunciator, drop indicator; number switch
телефо́нный ~ с вызывны́ми кла́панами drop indicator
номеронабира́тель *м.* (telephone) dial
ди́сковый ~ [ННД] rotary [telephone] dial
кно́почный ~ [ННК] push-button (telephone) dial
номеруказа́тель *м. тлф. амер.* call indicator; *англ.* display panel

номина́л *м.* nominal value □ **подгоня́ть ~** adjust to value; **подгоня́ть ~, напр. рези́стора** (*в процессе производства*) trim, *e.g.*, a resistor (*during the production*)
~ радиодета́лей rating
станда́ртный ~ standard rating
номогра́мма *ж.* alignment chart, abac, nomograph
~ замыка́ния *авт.* Nichols chart, L-plane plot
механи́ческая ~ calculating board
номогра́фия *ж.* nomography
но́ниус *м.* vernier
нонпаре́ль *м. полигр.* nonpareil
но́рия *ж.* noria, bucket chain, chain pump, chain bucket elevator
но́рм/а *ж.* 1. norm □ **сохраня́ющий ~у** norm-preserving 2. (*установленные мера, количество, число и т. п.*) normal □ **вы́ше ~ы** above normal; **ни́же ~ы** below normal 3. (*нормальное состояние*) normal □ **отклоне́ние от ~ы** departure from normal 4. *мн.* specifications
~ ве́ктора norm
~ внесе́ния удобре́ний fertilizer sowing rate
~ водопотребле́ния water use rate
~ вре́мени (*в нормировании труда*) standard time, time rate
~ вы́работки маши́ны machine output
~ вы́работки рабо́чего piece rate, standard output, performance standard
~ вы́сева seeding [sowing, planting] rate
де́йствующие ~ы current standards, current specifications
ороси́тельная ~ irrigation rate
~ отка́зов failure rate
~ профила́ктики preventive maintenance rate
строи́тельные ~ы building code
нормалеме́р *м. маш.* gear-tooth micrometer
нормализа́тор *м.* normalizer
нормализа́ция *ж.* 1. *маш.* normalization, normalizing 2. (*вид термообработки стали*) normalizing
нормализова́ть *гл.* normalize
норма́ль *ж.* 1. (*прямая к кривой, перпендикулярная к касательной в данной точке*) normal 2. (*нормативно-технический документ*) standard
норма́льность *ж.* normality
~ раство́ра normality of a solution
норма́льный *прил.* (*об объёме, давлении и др. характеристиках газов при нормальном давлении и температуре*) at NTP
нормати́в *м.* specification, norm
норми́рование *с. мат.* normalization, valuation
норми́ровать *гл. мат.* normalize; standardize
нормиро́вщик *м.* time-and-cost clerk
нос *м.* (*передняя часть предмета*) nose

нос
~ наковáльни horn (of an anvil)
~ сýдна bow (of a ship)
нóсик *м.*:
~ лáмпы tip
~ лáмпы, отпáечный exhaust tip
~ сосýда spout, beak
носи́лки *мн. стр.* hand-barrow
носи́тель *м.*:
~ входны́х дáнных (*ЭВМ*) input medium
~ зáписи recording [data-storage] medium
~ заря́да charge carrier
~ заря́да, избы́точный excess carrier
~ заря́да, неосновнóй minority carrier
~ заря́да, неравновéсный ~ non-equilibrium carrier
~ заря́да, основнóй majority carrier
~ исхóдной информáции *вчт.* input medium
~ катализáтора catalyst carrier
магни́тный ~ magnetic medium
~ тóка charge carrier
носóк *м.*:
~ ковшá pouring lip, ladle spout
~ лéмеха share point, point nose, plough [share] tip
переливнóй ~ overflow lip
~ я́коря bill [peak, pick] of an anchor
НОТ [**наýчная организáция трудá**] industrial engineering
нóта *ж. ак.* note, tone
нотогравировáние *с.* note-engraving
нотопечáтание *с.* music printing
нóу-хáу *с.* (*общий комплекс технических знаний и производственного опыта, необходимых для изготовления изделия, воспроизведения производственного процесса и т. п.*) know-how
ночь *ж.* □ **~ю** (*в ночное время*) during the hours of darkness, at night
нуви́стор *м.* (*миниатюрная электронная лампа*) nuvistor
нýжды *мн. ж.*, **сóбственные** (*энергосистемы*) □ **оборýдование сóбственных нужд стáнции** station auxiliaries; **расхóд энéргии на сóбственные ~** auxiliary power
нукли́д *м.* nuclide
нуклóн *м.* nucleon
~ отдáчи recoil nucleon
нул/ь *м.* zero, naught, nought, cipher, cypher, null, nil □ **быть** [**станови́ться**] **рáвным ~ю одновремéнно** vanish simultaneously; **обращáться в ~** go to zero, become zero, vanish; **отли́чный от ~я́** nonzero, different from zero, other than zero; **стреми́ться к ~ю** *мат.* tend to zero; (*о сельсине*) seek a null position; **устанáвливать в** [**на**] **~** *вчт.* set to zero, zeroize; (*счётчик, регистр*) clear to zero
абсолю́тный ~ absolute zero

нул/ь
внешкáльный ~ inferred zero
~ высóт *геод., карт.* datum level
~ глуби́н *геод., карт.* hydrographic [sounding] datum
~ грáдусов zero degress
~ дискриминáтора (*в системе автоподстройки частоты*) crossover (frequency)
и́стинный ~ (*в сельсинных передачах*) the proper [true] null position
лóжный ~ 1. false zero **2.** (*сельсина*) false null position
маши́нный ~ computer zero
незнáчащий ~ *вчт.* nonsignificant zero
плáвающий ~ *вчт.* floating zero
~ постá *мор.* datum
нуль-вéктор *м.* zero vector
нуль-гипóтеза *ж.* null hypothesis
нуль-индикáтор *м.* **1.** (*в мостовых схемах измерения*) null-indicator (*не путать с* аэронавигациóнным прибóром) **2.** (*указатель отклонения от заданного пеленга относительно радиомаяка*) LEFT-RIGHT deviation indicator, LEFT-RIGHT deviation needle, LEFT-RIGHT deviation bar (*не путать с* нуль-индикáтором *в мостовых схемах измерения*)
нуль-кóрпус *м.* **многокóрпусного вы́парнóго аппарáта** pre-evaporator of a multiple-effect evaporator
нуль-мéрность *ж. мат.* zero dimensionality
нуль-óрган *м. изм.* null detector
нуль-пункт *м. геод., топ.* zero-mark, null-point, zero-point, zero; zero-division □ **исправля́ть показáния гравимéтра за ~** correct [adjust] gravimeter data for the instrument drift; **исправля́ть показáния гравимéтра за сползáние** [**ухóд**] **~а** (*жарг.* «**за нуль-пункт**») correct for zero-drift; **устанáвливать ýровень** (**нивели́ра**) **в ~** centre the level bubble
нумерáтор *м.* **1.** *тлф.* annunciator, indicator board, numerator **2.** (*маркировочное устройство*) numbering machine; numbering unit
бли́нкерный ~ drop annunciator
стрéлочный ~ needle annunciator
электрóнный ~ electronic annunciator
нумерáция *ж.* **1.** (*счисление*) number system **2.** (*цифровое обозначение*) numbering, enumeration □ **~ даётся по часовóй стрéлке *или* прóтив часовóй стрéлки** numbering proceeds clockwise *or* anti-clockwise [counter-clockwise]
~ пря́жи yarn numbering, yarn counting
~ страни́ц pagination
нумер/овáть *гл.* number, label (*with numbers*) □ **~ с ... по ...** number ... to ... *пример*: **разря́ды ~ýются с 0 по 15** the bits are numbered 0 to 15

нутáция *ж. астр.* nutation
нути́ровать *гл.* nutate
нутромéр *м.* inside calliper □ **~ «зажимáет»** (*застревает*) the calliper catches
индикáторный ~ internal dial [dial bore] gauge
микрометри́ческий ~ inside micrometer
нутч-фильтр *м.* Nutsche filter
ныря́ло *с.* plunger
ньютон *м.* newton, N

О

обандерóливать *гл.* (*оклеивать пачки полосой прочной бумаги*) band
обапóл *м. дер.-об.* slab
оббóрка *ж.* **крóвли** *горн.* roof cleaning
обвáл *м.* landslide
~ вы́работки *горн.* collapse
обвáливать *гл.* (*обрушивать, вызывать обвал, пускать на слом*) knock down, pull down
обваловáние *с.* **1.** (*ограждение местности защитными дамбами*) diking, dyking **2.** (*окапывание грунтом*) banking-up
обвáривание *с.* (*ошпаривание*) scalding
обвéс *м. мор.* dodger, weather cloth
обвóд *м.* (*внешнее очертание*) contour, outline; (*в профиль*) profile; **~ы** (*самолёта, судна, домны*) lines □ **подгоня́ть *какую-л.* детáль по ~у** fair a part with the contour
~ на трубопровóде by-pass
обводи́ть *гл.* **1.** (*делать внешнее очертание*) outline; (*тушью, чернилами линии чертёжа*) ink □ **~ чертёж тýшью** ink a drawing **2.** □ **~ кружкóм** encircle
обвóдка *ж.* **1.** (*тушью, чернилами линий чертежа*) inking **2.** *прок.* repeater
выводня́я ~ escapement repeater
обводнéние *с.* (*комплекс гидротехнических мероприятий по обеспечению водой и для орошения*) water-supply development, augmentation of water supply
недостáточное ~ *кож.* poor rehydration
~ пластá *нефт.* water encroachment
обводнённость *ж.* **месторождéния** water content of a deposit
обводня́ть *гл.* **1.** (*строить гидротехнические сооружения для водоснабжения и орошения*) develop water supply **2.** (*заливать водой*) flood
обволáкивание *с.* (*в целях герметизации радиоэлектронной аппаратуры*) encapsulation
обволáкивать *гл.* **1.** envelop, wrap around **2.** (*в целях герметизации радиоэлектронной аппаратуры*) encapsulate (in)

обвя́зка *ж.* binding, strapping
дверна́я, вертика́льная ~ stiles
дверна́я, горизонта́льная ~ rails
дверна́я, стоёмная ~ stiles
~ лéнтой banding
пучко́вая ~ *лес.* bundle binding
обго́н *м.* overtaking
обгоня́ть *гл.* overtake
обгора́ние *с.* **1.** (*в результате воздействия пламени*) burning, scorching **2.** (*контактов*) *эл.* burning, spark-wearing
обгора́ть *гл.* **1.** (*в результате воздействия пламени*) burn, scorch **2.** (*о контактах*) *эл.* burn, be pitted, wear by sparking, spark-wear
обде́лка *ж.* (*подземного сооружения*) lining
моноли́тная ~ cast in-situ lining
сбо́рная ~ precast [prefabricated] lining
обдира́ть *гл.* **1.** (*обрабатывать детали на станке начерно*) rough □ **~ абрази́вом** snag **2.** (*лущить зерно*) hull, shell
обди́рка *ж.* **1.** (*обработка деталей на станке начерно*) roughing **2.** (*лущение зерна*) hulling, shelling
обду́в *м.* **1.** (*принудительное охлаждение*) forced air cooling **2.** (*система или устройство принудительного охлаждения*) *жарг.* forced air cooling system, blower □ **включа́ть ~** start [turn on] the blower, apply forced air cooling **3.** (*обтекание воздушным потоком*) *аргд.* air-flow
косо́й ~ (*винтов*) asymmetric airflow (*at entry to the propeller disk*)
обдува́ть *гл.* **1.** (*обрабатывать поверхность*) *маш.* blast **2.** (*очищать струёй пара или воздуха*) blow over
обду́вка *ж.* **1.** (*обработка поверхности*) *маш.* blasting **2.** (*обтекание воздушным потоком*) *аргд.* airflow
~ металли́ческой дро́бью shot blasting
~ песко́м sand blasting
~ сжа́тым во́здухом air blasting
обедне́ние *с.* **1.** *пп* depletion **2.** (*руды*) impoverishment **3.** (*рабочей смеси в д. в. с.*) leaning
обезво́живать *гл.* **1.** (*преим. за счёт какой-л. реакции*) dehydration **2.** (*с помощью влагопоглотителей*) desiccation **3.** (*преим. механическими способами: откачкой, фильтрами, прессами и т. п.*) dewatering
обезвола́шивание *кож.* unhairing, scouring, unwooling, dehairing
окисли́тельное ~ oxidative unhairing
ферментати́вное ~ enzyme unhairing
~ швицева́нием unhairing by sweating
обезвола́шивать *гл. кож.* unhair, unwool, depilate, free from hair
обезга́живать *гл.* degas, outgas
обезгла́вливание *с.* (*рыбы*) decapitation

обезду́бливать *гл. кож.* detan, free from tannic acid
обезжеле́зивание *с.* deironing, iron removal
обезжи́ривание *с.* **1.** (*удаление жировых загрязнений с поверхности, напр. перед покраской*) degreasing **2.** (*извлечение жира из вещества*) fat extraction, defatting
ано́дное ~ anode cleaning
~ в пара́х раствори́теля solvent-vapour degreasing
като́дное ~ cathode cleaning
~ ко́жи бензи́ном Crouse process
~ органи́ческим раствори́телем solvent cleaning
~ щелочны́м раство́ром alkaline cleaning
электролити́ческое ~ electrolytic cleaning
обеззара́живание *с.* disinfection
~ воды́ disinfection [decontamination] of water
обеззо́ливание *с.* deashing, ash removal
обезме́дивание *с.* decopperization
обезуглеро́живание *с.* decarburization
по́лное ~ complete decarburization
пове́рхностное ~ surface decarburization
части́чное ~ partial decarburization
обёртка *ж.* **1.** (*материал*) wrap(per) **2.** (*действие*) wrapping
оберто́н *м.* overtone, harmonic
обёртывать *гл.* wrap □ **~ вокру́г** (*напр. провод вокруг зажима, верёвку вокруг столба*) loop [wrap] around
обескислоро́живание *с.* deoxygenation
десорбцио́нное ~ desorption deoxygenation
хими́ческое ~ chemical deoxygenation
обескре́мнивание *с.* desiliconization
обеспа́ривание *с.* vapour evacuation, devaporation
обеспече́ние *с.* **1.** (*снабжение*) supply **2.** (*поддержка, помощь*) support **3.** (*предусмотрение возможности чего-л. или для чего-л.*) provision **4.** (*осуществление контроля, ответственность за реализацию*) control
аэронавигацио́нное,назе́мное ~ ground-based air navigation support, ground-based air navigation aids
~ сохра́нности докуме́нтов (*архивное дело*) preservation of documents
~ ЭВМ, математи́ческое software
~ ЭВМ, програ́ммное software
~ ЭВМ, техни́ческое hardware
обеспы́ливание *с.* dust control, dust removal
обесса́харивание *с.* desugarization
обессере́брение *с.* (*свинцовых руд*) extraction of silver; (*сплавов*) desilverization
обессе́ривание *с.* sulphur removal, desulphurization
внедо́менное ~ ladle desulphurizing
обессе́риватель *м.* desulphurizer

обессмо́ливание *с. цел.-бум.* pitch extraction, pitch removal
обессо́ливание *с.* (*в водоподготовке, не путать с* опреснéнием) demineralization (*not to be confused with* desalination)
аниони́товое ~ anion-exchange demineralization
катиони́товое ~ cation-exchange demineralization
~ не́фти oil demineralization
обесто́чивать *гл.* de-energize
обесфо́сфоривание *с.* dephosphorization
обесфто́ривание *с.* defluorination
обесцве́чивание *с.* (*потеря цвета*) decolouration; (*изменение или порча цвета*) discolouration
обесцве́чивать *гл.* **1.** (*делать бесцветным или менее ярким*) decolourize; (*портить цвет*) discolour; *кож.* tone down
обесци́нкование *с.* dezincing, dezincification
обесшку́ривание *с.* skinning
обесшла́мливание *с.* slime [sludge] removal
обесшу́мливание *с.* (*фонограммы*) noise reduction
обеча́йка *ж.* shell
~ диффу́зора diffuser cowl(ing)
обжа́ти/е *с.* (*нормативное значение: уменьшение толщины заготовки при прокатке, ковке и т. п.*) reduction; (*в свободном словоупотреблении: уменьшение площади поперечного сечения*) draft
абсолю́тное ~ reduction in thickness
большо́е ~ heavy reduction □ **прока́тывать** (*напр. заготовку*) **с больши́м ~ем** give (*e.g., an ingot*) a heavy reduction [a heavy pass], take a heavy reduction
~ за (оди́н) прохо́д reduction per pass
ма́лое ~ light reduction □ **прока́тывать** (*напр. заготовку*) **с ма́лым ~ем** give (*e.g., an ingot*) a light reduction [a light pass], take a light reduction
относи́тельное ~ per cent reduction (*Примечание. В советской литературе означает отношение абсолютного обжатия к первоначальной толщине; в американской — отношение к первоначальной площади поперечного сечения*)
по́лное ~ (*пневматиков, стоек*) *ав.* bottoming
~ при поса́дке (*напр. колеса, стойки*) *ав.* closure (*e.g., wheel closure, strut closure*) at landing, degree of compression
~ сто́йки шасси́ (*шасси нагружено весом самолёта*) strut compression (*due to the weight resting on the landing gear*)
о́бжиг *м.* **1.** (*руды или рудных концентратов*) roasting **2.** (*керамических изделий*) burning, firing

3. (*прокаливание сырых материалов*) calcination

о́бжиг

бискви́тный ~ biscuit firing

~ в кипя́щем сло́е fluidized-bed roasting

~ в ку́чах heap roasting

~ во взве́шенном состоя́нии flash [suspension] roasting

восстанови́тельный ~ reducing roasting

дистилляцио́нный ~ distillate roasting

~ до спека́ния dead burning

кальцини́рующий ~ calcination, calcining

~ на́мертво 1. dead roasting 2. dead burning

окисли́тельный ~ oxidizing roasting

сульфати́рующий ~ sulphatizing roasting

хлори́рующий ~ chloridizing roasting

обжига́ние *с. см.* **о́бжиг**

обжига́ть *гл.* 1. (*руду или рудные концентраты*) roast 2. (*керамические изделия*) burn, fire □ **~ на́мертво** (*напр. кирпич, огнеупор*) burn dead 3. (*прокаливать сырые материалы*) calcine

обжи́м *м.* 1. (*ковка*) swaging 2. (*уменьшение периметра заготовки в результате обжима*) reduction

~ бло́ка *бум.* block pressing

высо́кий ~ high rate [large amount] of reduction

~ лите́йной фо́рмы crush in a mould

~ по диа́метру (*полой заготовки*) diameter reduction

~ по толщине́ (*полой заготовки*) reduction in wall thickness

обжима́ть *гл.* 1. (*в ковке*) swage 2. (*зажим, наконечник на проводе*) crimp 3. (*слитки при прокатке*) break down, rough

обжи́мка *ж.* 1. (*кузнечный инструмент*) swage 2. (*заклёпочный инструмент*) hobby

~ клепа́льного станка́ snap set

~ клепа́льной маши́ны rivet(ting) die

кру́глая ~ dolly

патро́нная ~ (cartridge) crimper

обжо́р *м.*, **ла́йковый** *кож.* emulsion, nourishing paste, food

обзо́л *м. дер.-об.* wane, cant

обзо́ливать *гл.* char

обзо́р *м.* 1. (*обобщённое представление информации из первоисточников*) review, survey, digest 2. (*видимость*) *ав.* view

ве́рхний ~ view upwards, the upwards limit of view

ни́жний ~ view downwards, the downwards limit of view

пере́дний ~ view forward, forward view *пример*: **при установле́нии преде́лов пере́днего ~а ...** on deciding on limits of the forward [on forward view] ...

обзо́р

~ по ле́вому бо́рту view to port

~ по пра́вому бо́рту view to starboard

радиолокацио́нный ~ (*не путать с видом развёртки и изображения*) radar scan(ning), radar scanning pattern (*not to be confused with* type of CRT sweep and display)

радиолокацио́нный, винтово́й ~ helical scan(ning)

радиолокацио́нный, кони́ческий ~ conical scan(ning)

радиолокацио́нный, кругово́й ~ circular scan(ning)

радиолокацио́нный, се́кторный ~ sector scan(ning)

радиолокацио́нный, спира́льный ~ spiral scan(ning)

радиолокацио́нный, стро́чный ~ television-type scan(ning)

обзо́рность *ж. авто* visibility □ **~ наруша́ется частя́ми ку́зова** the visibility is intermittent due to bodywork parts

за́дняя ~ (*с места водителя*) rearward visibility

кругова́я ~ all-round [circle-of-sight] visibility

пере́дняя ~ (*с места водителя*) forward visibility

оби́вка *ж.* (*материал*) upholstery, trimming; lining

~ в галто́вочном бараба́не tumbling

~ две́ри *авто* door lining

~ каби́ны *ав.* cabin lining

~ ку́зова *авто* body upholstery, body (interior) trim

~ сиде́нья seat upholstery

обита́емость *ж.* **су́дна** habitability

обка́т *м.* 1. (*способ нарезания зубьев шестерён*) generating process 2. *полигр.* inking failure

обка́тка *ж.* 1. (*операция формообразования на давильном станке*) spinning 2. (*двигателя*) running-in; (*нового двигателя*) green run

обка́тыва/ться *гл.* □ **~ вокру́г** *или* **относи́тельно** *чего-л.* revolve around *smth.* *пример*: **сателли́товые колёса ~ются вокру́г со́лнечной шестерни́** the satellite gears revolve around the sun gear

обкла́дка *ж.* cover, coat(ing), encasing

~ конденса́тора capacitor plate

~ подно́жки *авто* running board [step] mat, step pad

обкола́чивать *гл.* (*обстукивать*) rap

обку́сывать *гл.* (*провод, вывод*) trim

облагора́живание *с.*:

~ бума́ги paper surface treatment

~ древеси́ны wood modification

облак/а́ *мн. с.* clouds □ **вне ~о́в** *ав.* clear of clouds; **входи́ть в ~** *ав.* enter the clouds; **выходи́ть из ~о́в** *ав.* break out of the clouds; **затя́нутый ~а́ми** (*о виде земной поверхности с воздуха*) overcast; **над ~а́ми** *ав.* on top of [over] the clouds; **покры́тый ~а́ми** (*о виде земной поверхности с воздуха*) cloud-covered; **пробива́ть ~** *ав.* penetrate the clouds

облак/а́

~ ве́рхнего я́руса high clouds

кучевы́е ~ heap clouds

~ ни́жнего я́руса low clouds

отде́льные ~ scattered clouds

разо́рванные ~ broken clouds

сплошны́е ~ continuous clouds

~ сре́днего я́руса medium(-level) clouds

облакоме́р *м.* cloud-range meter

о́бласть *ж.* 1. (*часть территории*) area, region 2. (*отрасль знаний, деятельности, науки и т. п.*) field

~ ба́зы *пп* base region

~ высо́ких эне́ргий high-energy region

~ высо́кого барометри́ческого давле́ния high, area of high pressure, anticyclone

довери́тельная ~ *стат.* confidence interval

~ допусти́мого режи́ма (*оптимизация процессов*) feasible area

~ допусти́мых значе́ний, многосвя́зная multiply connected feasible area

~ дре́йфа *элн.* drift space

~ ды́рочной проводи́мости *пп* *p*-region

запрещённая ~ *физ.* forbidden region

~ затво́ра *пп* gate region

~ значе́ний *мат.* range (of values)

~ измене́ния значе́ний *мат.* range, domain

~ интегри́рования range [region, domain] of integration

инфракра́сная ~ infra-red region, the infra-red

инфракра́сная, бли́жняя ~ near-infra-red region, the near-infra-red

инфракра́сная, да́льняя ~ far-infra-red region, the far-infra-red

~ D ионосфе́ры D-region

~ E ионосфе́ры E-region

~ E_s ионосфе́ры the sporadic E-region

~ F ионосфе́ры F-region

~ исто́ка *пп* source region

~ колле́ктора *пп* collector region

~ лави́нного пробо́я *элн.* avalanche region

~ ми́нимума (*на вольт-амперной характеристике туннельного диода*) valley region

~ неприня́тия гипо́тезы *мат.* (hypothesis-)rejection region

~ непрозра́чности (*фильтра*) *элн.* stop-region

~ неуве́ренного приёма сигна́лов *рад.* marginal reception area

о́бласть

~ ни́зкого барометри́ческого давле́ния low, area of low pressure, cyclone
обеднённая ~ *пп* depletion layer, depletion region
~ объёмного заря́да *элн.* space-charge region
~ определе́ния (*напр. оператора*) *вчт.* domain of definition
~ определе́ния фу́нкции *мат.* domain of a function, the interval on which a function is defined
~ отрица́тельного сопротивле́ния negative resistance region
~ отсе́чки *элн.* cut-off region
~ перехо́да *пп* transition [junction] region
~ плохо́го приёма *рад.* poor reception [mush] area
пограни́чная ~ *физ.* border zone, boundary region
~ примене́ния field of application
~ при́месной проводи́мости *пп* extrinsic region
~ приня́тия гипо́тезы *мат.* (hypothesis-) acceptance region
~ прозра́чности (*фильтра*) transmission band, transmission region
~ пропорциона́льности 1. (*в системах регулирования и приборах*) proportionality band **2.** *сопр.* elastic range
~ простра́нственного заря́да *элн.* space-charge region
~ прямо́й проводи́мости *пп* forward conduction region
~ реа́ктора, запа́льная (reactor) seed region
~ синхрониза́ции *элн.* locking range
~ со́бственной проводи́мости *пп* intrinsic region
~ спе́ктра spectral region
~ спе́ктра, ви́димая visible spectrum
~ спе́ктра, инфракра́сная infra-red spectrum
~ спе́ктра, опти́ческая optical spectrum
~ спе́ктра, ультрафиоле́товая ultra-violet spectrum
~ старе́ния *мет.* ageing range
~ сходи́мости *мат.* convergence set
~ температу́р превраще́ния *мет.* transformation range
~ удержа́ния (*системы АПЧ*) hold-in range
ультрафиоле́товая ~ ultra-violet region, the ultra-violet
ультрафиоле́товая, бли́жняя ~ near-ultra-violet region, the near-ultra-violet
~ це́лостности *мат.* domain of integrity, integral domain
~ чи́сел number field, number domain
~ электро́нной проводи́мости *пп* *n*-region
~ эми́ттера *пп* emitter region

о́бласть

энергети́ческая, запрещённая ~ forbidden band
о́блачность *ж.* (*количество облаков*) cloud amount; (*совокупность облаков*) cloud cover
~ бума́ги poor [wild] formation of paper
обледене́ние *с.* **1.** ice formation **2.** *ав.* ice formation, icing □ **предупрежда́ть ~** provide anti-icing (facilities); **устраня́ть ~** de-ice
~ испари́теля icing-up (of the evaporator)
~ проводо́в (*в гололёд*) ice formation due to sleet
си́льное ~ *ав.* severe icing
сла́бое ~ *ав.* light icing
уме́ренное ~ *ав.* moderate icing
облесе́ние *с.* (af)forestation
облёт *м.* flight
контро́льный ~ check flight, flight check
контро́льный ~ лета́тельного аппара́та functional check flight
контро́льный ~ радиолокацио́нных устано́вок radar(-evaluation) flight check
~ но́вого самолёта fly-out
~ препя́тствия fly-around
облипа́ние *с.* **валка́** roll coating
облицо́вка *ж. стр.* (*наружная*) facing; (*внутренняя*) lining
облицо́вывать *гл.* **1.** *стр.* (*снаружи*) face; (*внутри*) line **2.** (*футеровать*) *мет.* fettle, line
обложе́ни/е *с.* impost □ **подлежа́ть ~ю, напр.** **по́шлиной** be subject to, *e.g.*, (duty) impost
обло́жка *ж.* cover
обло́й *м.* (*по разъёму штампа*) fin; (*выдавленный в облойник*) flash □ **удаля́ть ~ с изде́лия** trim the part to remove the flash, trim the flash from the forging
обло́йник *м.* flash (recess)
обло́м *м. арх.* mould(ing)
обло́мки *мн. м.* **1.** debris, fragments **2.** (*разбившегося транспортного средства*) wreckage
облопа́тывание *с.* (*совокупность лопаток и сопел турбины*) *мор.* blading
облопа́чивание *с.* (*сборка и установка лопаток на роторе и корпусе турбины*) *тепл.* blading
облу́живать *гл.* tin
облуча́тель *м.* radiation source
анте́нный ~ antenna feed, excitation source
анте́нный, лине́йный ~ line-source feed
анте́нный, многору́порный ~ multiple-horn feed
анте́нный, напра́вленный ~ directive feed
анте́нный, перви́чный ~ primary feed
анте́нный, ру́порный ~ horn feed, feed horn

облуча́тель

анте́нный, смещённый ~ offset feed
анте́нный, то́чечный ~ point-source feed
промы́шленный ~ (*для облучения материалов, управления реакциями и т. п.*) (materials-)processing radiation source
облуча́ть *гл.* **1.** (*с воздействием на свойства материала или организма*) irradiate; expose to radiation **2.** (*направлять излучение на объект в целях обнаружения, измерения дальности и т. п.*) illuminate
облуча́ться *гл.* (*особ. непреднамеренно*) be exposed to radiation, take a dose of radiation; (*в лечебных целях*) be treated with radiation
облуче́ни/е *с.* **1.** (*с воздействием на свойства материала или организма*) irradiation; (*для технологических целей*) radiation processing, radiation treatment □ **подверга́ться ~ю** be exposed to radiation, be irradiated **2.** (*направление излучения на объект в целях обнаружения, измерения дальности и т. п.*) illumination
лета́льное ~ lethal exposure
~ ма́лой до́зой light exposure
профессиона́льное ~ occupational exposure
прямо́е ~ direct exposure
радиоакти́вное ~ radioactive irradiation, radiation exposure
~ радиолока́тором radar illumination
си́льное ~ acute irradiation, acute exposure
~ ультразвуковы́ми во́лнами ultrasonic irradiation, insonifying, insonification
~ це́ли *рлк.* target illumination
облучённость *ж.* irradiancy, irradiance
простра́нственная ~ scalar irradiance
~ све́рху downward irradiance
~ сни́зу upward irradiance
обма́зка *ж.* (*сварочных электродов*) covering, coating
обма́зывать *гл.* **1.** (*сварочные электроды*) coat, cover, give a coat (of ... to ...); smear with **2.** (*напр. глиной*) daub
обма́н *м.*, **опти́ческий** optical illusion
обма́нка *ж.* blende
обма́тывать *гл.* (*особ. вокруг*) loop [wrap] (around); (*лентой, тесьмой*) tape (around)
обме́н *м.* **1.** exchange; interchange; *особ. свз.* traffic **2.** (*веществ*) metabolism
~ во́здуха (*в помещении*) air change, perflation □ **обеспе́чивать ~ во́здуха в помеще́нии** replace foul air by fresh air
~ да́нными *вчт.* swapping
двусторо́нний ~ two-way traffic
почто́вый ~ postal traffic

обме́н
телегра́фный ~ telegraph traffic □ **вести́ телегра́фный ~** exchange the telegraph traffic
~ эне́ргии interchange of energy
обме́р *м.* measure, measurement
~ древеси́ны, контро́льный check scale
обмерза́ние *с.* frosting-up
~ испари́теля frosting-up (of the evaporator)
обмерза́ть *гл.* frost up
обмола́чиваемость *ж.* thrashability
обмола́чивать *гл.* thrash
обмоло́т *м.* thrashing
обмороже́ние *с.* frostbite
обмо́тк/а *ж. эл.* winding □ **выводи́ть ~у на кле́ммник** bring out the winding to the terminal box; **закора́чивать ~у** short-circuit [short out] the winding; **~ нама́тывается мота́льной маши́ной** the winding is applied by a winding machine; **прозва́нивать ~у** test the winding for continuity; **укла́дывать ~у в пазы́** drop the winding in slots
безындукцио́нная ~ noninductive winding
~ возбужде́ния 1. *эл.* excitation [field] winding **2.** (*ферритового куба, матрицы, сердечника запоминающего устройства*) drive winding □ **~ возбужде́ния по оси́ X** X-drive winding; **~ возбужде́ния по оси Y** Y-drive winding
втори́чная ~ secondary winding
~ вы́сшего напряже́ния high-voltage winding
де́мпферная ~ damper winding
диаметра́льная ~ full-pitch winding
~ за́писи write winding
~ за́писи, разря́дная bit-write winding
~ запре́та inhibit winding
кату́шечная ~ bobbin [coil] winding
ле́вая ~ (*витки намотаны против часовой стрелки*) left-hand winding
многофа́зная ~ polyphase winding
нака́льная ~ *рад.* filament [heater] winding
~ напряже́ния potential [pressure] winding
~ ни́зшего напряже́ния low-voltage winding
перви́чная ~ primary winding
~ подмагни́чивания bias winding
полношáговая ~ full-pitch winding
пра́вая ~ (*витки намотаны по часовой стрелке*) right-hand winding
рабо́чая ~ inducing winding
~ размагни́чивания *мор.* degaussing coil
размагни́чивающая ~ bucking winding
разря́дная ~ *вчт.* bit [digit] winding

обмо́тк/а
распределённая ~ distributed winding
~ сдви́га shift winding
силова́я ~ control power winding
станцио́нная ~ (*линейного трансформатора*) switchboard winding (*of a repeating coil*)
~ счи́тывания read(-out) winding
трети́чная ~ tertiary winding
уде́рживающая ~ holding winding
~ управле́ния control winding
уравни́тельная ~ compensating winding
успокои́тельная ~ damper winding
числова́я ~ *вчт.* word winding
шабло́нная ~ preformed [diamond] winding
обмуро́вка *ж.* setting, brickwork
натру́бная ~ water-cooled setting
облегчённая ~ sectionally supported setting
огнеупо́рная ~ refractory setting
пане́льная щитова́я ~ bagging
тяжёлая ~ solid brick setting
обмуро́вывать *гл.* brick-line
обмы́вка *ж.* washing
обнаже́ние *с.*:
~ го́рных поро́д rock exposure, rock outcrop
~ пласта́ seam [bed] outcrop
обнаруже́ние *с.* detection
да́льнее ~ long-range detection, early warning
~ неспра́вности fault finding
~ оши́бки error detection
~ препя́тствий obstacle detection
обнару́живаемость *с.* **дефе́кта** detectability of a defect
обнару́живать *гл.* detect □ **~ цель** (*напр. визуально*) detect a target
обнаружи́тель *м.* detector; finder
~ стру́жки в ма́сле *двс* chip detector
обновле́ние *с.* renovation, renewal
~ да́нных data updating
~ па́мяти storage regeneration
обновля́ть *гл.* **за́пись** update records
обобщ/а́ть *гл.* □ **~ на ...** generalize to ... *пример*: **э́тот вы́вод мо́жно ~и́ть на други́е слу́чаи** this observation may be generalized to other cases; **~ся на ...** *мат.* be generalized to ...
обобще́ние *с. мат.* generalization, extension
обобществле́ние *с.* **электро́нов** collectivization of electrons
обогати́мость *ж.* concentrating, capacity, dressability
обогати́тель *м.* dresser
обогаща́ть *гл.* **1.** (*увеличивать содержание чего-л.*) enrich in [with] **2.** (*руду*) beneficiate [concentrate, dress] an ore
обогаще́ние *с.* **1.** (*увеличение содержания чего-л.*) enrichment **2.** (*руды*) beneficiation, concentration, dressing
~ в тяжёлых сре́дах float-and-sink [heavy-media] separation

обогаще́ние
гравитацио́нное ~ gravity separation; gravity concentration
магни́тное ~ magnetic separation
~ на жировы́х покры́тиях greased-surface concentration
~ на шлю́зах sluicing
радиометри́ческое ~ radiation separation
~ у́гля coal cleaning, coal preparation, coal dressing
~ у́гля, мо́крое coal washing
флотацио́нное ~ flotation
электромагни́тное ~ magnetic separation
электростати́ческое ~ electrostatic separation
обогре́в *м.* heating
водяно́й ~ water heating
индукцио́нный ~ induction heating
огнево́й ~ firing
парово́й ~ steam heating
со́лнечный ~ sun heating
обогрева́тель *м.* heater
~ ветрово́го стекла́ windshield heater, windshield defroster
~ дви́гателя, назе́мный *ав.* ground engine heater
обогрева́ть *гл.* heat
обод *м.* rim □ **е́хать на ~е** drive [run] on the rim
~ бло́ка sheave rim
быстросъёмный ~ *авто* quick demountable [quick detachable] rim
глубо́кий ~ *авто* well-base [drop-base, drop-centre] rim
~ зубча́того колеса́ (*венец*) gear rim
~ колеса́ wheel [tyre] rim □ **перета́чивать ~ колеса́** (*для восстановления формы*) retread a wheel, redress the tread of a wheel
напрессо́ванный ~ built-up [pressed-on] rim
нару́жный ~ (*радиально-осевой гидротурбины*) band, shroud ring (*of the runner in a Frencis turbine*)
неразъёмный ~ one-piece [single-piece] rim
разъёмный ~ split rim
це́льный ~ one-piece [single-piece] rim
~ шки́ва pulley rim
ободо́к *м.* ring, ferrule
обознач/а́ть *гл.* denote, designate, label, symbolize, mark; (*столбец, строку таблицы, матрицы и т. п.*) define by □ **~ая X че́рез Y ...** with Y to denote X, letting Y represent X; **~им информацио́нные разря́ды це́лыми чи́слами** label the information positions by integers; **~им напряже́ние че́рез V, а ток — че́рез I** write V for voltage and I for current; **~им че́рез A произво́льный си́мвол** let A denote an arbitrary symbol
обозначе́ни/е *с.* (*система символов*) notation, symbolism
~ госуда́рственной принадле́жности nationality marking

обозначéни/е
~ тúпа type designation
услóвные ~я legend, convention
услóвные ~я на кáрте map symbols
обóи *мн.* wall-paper □ **наклéивать ~** hang wall-paper; **снимáть (стáрые) ~** unhang wall-paper
мóющиеся ~ washable wall-paper
обóйма *ж.* yoke, stirrup
~ блóка pulley fork, pulley yoke, pulley casing
~ волóки die holder, die case
~ колóнны column casing
~ крюкá hook casing
~ подшúпника bearing race
притúрочная ~ lapping cartridge, lapping carrier
~ пружúны spring holder
рóликовая ~ roller cage
~ свáи pile casing
~ стóйки stake pocket, stake socket
~ щёткодержáтеля (*электрической машины*) brush box
óболонь *ж. лес.* sapwood
оболóчк/а *ж.* **1.** *стр.* (*в теории упругости*) shell **2.** (*ограждение*) enclosure; (*кожух*) jacket; (*преим. гибкая*) envelope □ **заключáть в ~у, *напр.* паропровóд** encase, *e.g.*, a steam pipe in a jacket **3.** (*в термодинамике*) wall, membrane
адиабатúческая ~ adiabatic membrane
~ áтома atom shell
большепролётная ~ large-span shell
вáнтовая ~ guy [catenary, suspension] shell
~ вращéния shell of revolution
~ дирижáбля (*полужёсткой и жёсткой систем*) hull of an airship; (*мягкой системы*) envelope of an airship □ **обеспéчивать неизмéнность внéшней фóрмы ~и дирижáбля** maintain the shape of the envelope [hull]
~ кáбеля cable sheath
~ кáбеля, шлáнговая cable sheathing
колбáсная ~ sausage casing
колбáсная, искýсственная ~ artificial sausage casing
колбáсная, кишéчная ~ natural sausage casing
неподкреплённая ~ *ав., косм.* unstiffened shell
плáзменная ~ plasma sheath
подкреплённая ~ *ав., косм.* stiffened shell
резинокóрдная ~ rubber-cord casing
~ световедýщей жúлы (*в волоконной оптике*) cladding, coating **~ покрывáет световедýщую жúлу** the cladding sheaths the fibre core
электрóнная ~ electron shell □ **заполнять электрóнную ~у** fill [close, complete] an electron shell

оболóчк/а
электрóнная, внéшняя ~ outermost electron shell
электрóнная, внýтренняя ~ inner electron shell
обóлтка *ж.* **в галтóвочном барабáне** tumbling
обóр *м.* (*грязные края руна*) abb
оборáчиваемость *ж.* turn-over
оборáчиватель *м.* **валкóв** (*комбайна*) *с-х.* swath turner
оборóт *м.* **1.** (*полный круг при вращении*) revolution □ **~ов в минýту** revolutions per minute, RPM; **за одúн ~** per revolution; **совершáть *стóлько-то* ~ов** complete [make] *so-many* revolutions **2.** (*спутника*) orbit **3.** *эк.* turn-over **4.** (*совокупность работ, операций, а также время, необходимое для их выполнения*) turn-over **5.** (*возврат в процесс, особ. в химическом производстве*) recycle □ **поступáть в ~** be recycled, be returned to the process **6.** *мн.* (*скорость*) speed □ **набирáть ~ы** *жарг.* pick up speed; **сбавлять ~ы** drop speed, slow down; **сбрóсить ~ы** drop speed, slow down; **увелúчивать ~ы** accelerate the engine; **уменьшáть ~ы** decelerate the engine
~ вагóна wagon turn-over
~ вáрки *цел.-бум.* cooking cycle
~ излóжниц mould turn-over
~ капитáла turn-over of capital
~ котлá cooking cycle
~ локомотúва locomotive turn-over
~ месторождéния development, preparation
~ подвижнóго состáва rolling stock turn-over
~ тáры trip of a container
оборýдование *с.* equipment □ **выполнять ~ в тропúческом вариáнте** tropicalize an equipment; **демонтúровать [снимáть] ~** remove an equipment; **отлáживать ~** work bugs out of equipment; **приспосáбливать ~ к тяжёлым услóвиям эксплуатáции** ruggedize an equipment; **устанáвливать ~** install an equipment
~ аварúйного приводнéния самолёта ditching equipment
автонóмное ~ *вчт.* off-line equipment
автотормознóе ~ *ж.-д.* train-stop equipment
аппарáтное ~ (*в отличие от программного*) *вчт.* hardware
бортовóе ~ airborne equipment
буровóе ~ drilling equipment
бытовóе ~ (*самолёта*) furnishings
внéшнее ~ *вчт.* peripherals
водоподготовúтельное ~ water-treatment equipment
воздухоочúстное ~ air pollution control equipment

оборýдование
вскрышное ~ *горн.* stripping equipment
высóтное ~ *ав.* high-altitude equipment
гóрное ~ mining equipment
горноспасáтельное ~ mine-rescue equipment
~ диспéтчерской централизáции automatic train control equipment
дистанциометрúческое ~ distance measuring equipment, DME
~ для взрывных рабóт blasting equipment, blasting gear
дробúльное ~ *горн.* crushing equipment
~ жизнеобеспéчения life-support equipment
забóйное ~ *горн.* face equipment
~ завóда, комплéктное complete plant
землерóйное ~ earth-moving equipment
камвóльное ~ worsted machinery
кардочесáльное ~ carding machinery
карьéрное ~ quarry equipment
кóвочно-штампóвочное ~ die-forging plant
коммутациóнное ~ switching equipment
контрóльно-измерúтельное ~ test equipment
кузнéчно-прéссовое ~ press-forging plant
литéйное ~ foundry equipment
машúнное ~ machinery
металлообрабáтывающее ~ metal-working equipment
монтáжное ~ erection facilities
мотáльное ~ winding machinery
навигациóнное ~ navigational aids, navigational equipment
наземное ~ ground(-based) equipment
~ несýщих частóт, генерáторное *свз.* carrier supply equipment
~ отпýгивания птиц (*на аэродроме*) bird-scaring equipment
~ передáчи дáнных, оконéчное data terminal equipment
периферúйное ~ *вчт.* peripheral equipment
подъёмно-трáнспортное ~ *англ.* lifting-and-conveying machines; *амер.* hoisting-and-conveying machinery, hoisting-and-conveying plant
пожáрное ~ fire-fighting equipment
прогрáммное ~ (*в отличие от аппаратного*) *вчт.* software
~ прокáтного стáна, вспомогáтельное rolling mill accessories
противообледенúтельное ~ *ав.* (*устраняющее обледенение*) de-icing equipment; (*предотвращающее обледенение*) anti-icing equipment
прядúльное ~ spinning machinery
пылеприготовúтельное ~ coal-pulverizing equipment

оборýдование
радиотехни́ческое ~ radio equipment
разрыхли́тельно-трепа́льное ~ *текст.* opening-and-lap forming machinery
резе́рвное ~ stand-by [reserve] equipment
резе́рвное, ме́стное ~ (*расположенное в том же помещении*) on-premise stand-by equipment
резе́рвное, дистанцио́нное ~ (*расположение в другом помещении*) off-premise stand-by equipment
рудообогати́тельное ~ ore-dressing plant
рыхли́тельное ~ *с.-х.* ripper's equipment
рыхли́тельное ~ с жёстким крепле́нием зу́бьев fixed shank ripper
рыхли́тельное ~ с шарни́рным крепле́нием зу́бьев swivel mounted shank ripper
санита́рно-техни́ческое ~ plumbing fixture(s), hygiene [bathroom-and--lavatory] equipment
сваебо́йное ~ pile-driving equipment
сва́рочное ~ welding equipment
сери́йное ~ standard [off-the-shelf] equipment
силово́е ~ power facilities
~ систе́мы поса́дки landing facilities
снегоубо́рочное ~ snow cleaning equipment
снова́льное ~ *текст.* beaming machinery
технологи́ческое ~ production equipment
трепа́льное ~ *текст.* picking machinery
тя́говое ~ haulage equipment
тягодутьево́е ~ draught equipment
~ уга́рного произво́дства *текст.* waste machinery
уто́чно-мота́льное ~ *текст.* cop winding [weft winding] machinery
формово́е ~ moulding equipment
шлихтова́льное ~ *текст.* sizing machinery
энергети́ческое ~ power-generating plant
оборýдовать *гл.* equip
обоснова́ние *с.*:
высо́тное ~ *геод., топ.* height [vertical] control
геодези́ческое ~ geodetic control
пла́ново-высо́тное ~ *геод., топ.* (field) compilation survey
пла́новое ~ *геод. топ.* plan [horizontal] control
полево́е ~ ground (survey) [field] control
те́хнико-экономи́ческое ~ feasibility study
обостре́ние *с.* **(сигна́ла)** *рад.* (signal) peaking
обостри́тель *м.* **и́мпульсов** peaker
обо́чина *ж.* shoulder, wayside

обраба́тываемость *ж.* workability
~ ре́занием machinability
обраба́тыва/ть *гл.* work; (*придавать нужные свойства*) treat; (*перерабатывать*) process □ **~ гру́зы** handle goods; **~ да́нные** process data; **~ на то́чный разме́р** finish to size; **~ на́черно** rough; *мет.* rough-machine; **~ на́чисто** finish; *мет.* finish-machine; **~ торе́ц по сфе́ре** machine [shape] the end to a sphere; **~ по шабло́ну** profile [shape] to template; **поясо́к ~ется по скользя́щей поса́дке** the shoulder is machined to a sliding fit; **~ ре́занием** (*на станке*) machine; **~ ре́занием заодно́** machine in block; **~ ре́занием по кали́бру** machine (accurate) to gauge; **~ ре́занием по разме́тке** machine to (the) scribe lines; **~ ре́занием (то́чно) по чертежу́** machine (accurate) to drawing; **~, напр. самолёт, су́дно** (*перед обратным или повторным рейсом*) turn around, *e.g.*, an airplane, a ship
обрабо́тк/а *ж.* working, machining; (*придание нужных свойств*) treatment; (*перерабатывание*) processing □ **быть пода́тливым в ~е** work readily, be workable, be easily worked; **поддава́ться ~е легко́ *или* с трудо́м** lend itself to machining favourably *or* with difficulty
ано́дно-механи́ческая ~ combination ED/EC machining
ано́дно-хими́ческая ~ electrochemical machining, ECM
~ без сня́тия стру́жки chipless material-removal process, chipless machining
~ воды́ water treatment
~ воды́, внутрикотлова́я internal (water) treatment
~ воды́, известко́во-со́довая sode-lime water treatment
~ воды́, коррекцио́нная coordinated phosphate (water) control
~ воды́ ме́тодом ионообме́на ion-exchange water treatment
~ в патро́не chucking work
~ в центра́х machining of parts held between centres
газопла́менная ~ flame machining
группова́я ~ batch processing
~ да́нных data processing
~ да́нных, автоно́мная off-line data processing
~ да́нных в и́стинном масшта́бе вре́мени real-time data processing
~ да́нных, операти́вная on-line data processing
~ докуме́нтов document handling
дробестру́йная ~ shot-blasting
~ кож leather working
~ кож в барка́се paddling
~ кож в га́шпеле paddling
~ кож в зо́льнике liming
~ кож во фло́те vatting
~ кож на кри́спель-маши́не boarding

обрабо́тк/а
~ кож на отжи́мной маши́не putting-out
~ кож на суши́льно-шири́льной маши́не tentering
~ кож, перви́чная taking-up of hides
~ кож, противогни́лостная rot-resistant treatment
ла́зерная ~ laser treatment
~ ли́нии электропереда́чи, высокочасто́тная provision of carrier-frequency trapping and coupling equipment on a power line
~ материа́лов, ультразвукова́я ultrasonic machining
~ мета́ллов, горя́чая hot (metal) working
~ мета́ллов давле́нием plastic metal working
~ мета́ллов ре́занием machining
~ мета́ллов, слеса́рная benchwork
~ мета́ллов, хи́мико-терми́ческая surface impregnation
~ мета́ллов, холо́дная cold (metal) working
~ мета́ллов, электроискрова́я electro-spark [spark-discharge] machining
металлостру́йная ~ grit-blasting
мо́края ~ wet treatment
~ наблюде́ний reduction of observations
~ на огнесто́йкость fire-proofing
~ на станке́, то́чная precision machining
отде́лочная ~ finishing treatment
пескостру́йная ~ sand-blasting
после́дующая ~ aftertreatment
предвари́тельная ~ pretreatment
~ сто́чных вод sewage [waste-water] treatment
терми́ческая ~ 1. (*металлов*) heat treatment **2.** (*воды*) hot processing
тока́рная ~ turning
тока́рная ~ фасо́нных пове́рхностей обы́чным резцо́м contour turning
тока́рная ~ фасо́нных пове́рхностей фасо́нным резцо́м contour forming
упрочня́ющая ~ (*создающая упрочнение*) strengthening treatment
фи́нишная ~ finishing treatment
хими́ческая ~ (*придание свойств*) chemical treatment; (*снятие материала*) chemical milling
чернова́я ~ roughing □ **подверга́ть дета́ль чернов́ой ~е** rough-machine a work(piece)
чистова́я ~ finishing □ **подверга́ть дета́ль чистово́й ~е** finish-machine a work(piece)
щелочна́я ~ alkaline treatment
электроимпу́льсная ~ electric pulse machining
электроконта́ктная ~ electric resistance machining
~ электро́нным лучо́м electron--beam machining
электрохими́ческая ~ electrochemical machining

обрабо́тк/а
электроэрозио́нная ~ electric discharge [spark erosion] machining
обрабо́тчик *м.* **оши́бок** *вчт.* error handler
~ маши́нных сбо́ев *вчт.* machine check handler
о́браз *м.* **1.** (*изображение, отображение*) image **2.** (*способ, средство*) way, manner □ **аппара́тным ~ом** *вчт.* by hardware, under hardware control; **каки́м ~ом ...** how it is that ...; **програ́ммным ~ом** *вчт.* under software control, software-controlled
голографи́ческий ~ holographic image(ry)
~ докуме́нта, поиско́вый search pattern of a document, notational pattern
зри́тельный ~ visual image
радиографи́ческий ~ radiographic image
слухово́й ~ auditory image
такти́льный ~ tactile image
~ то́чки *мат.* image of a point
образ/е́ц *м.* **1.** (*экземпляр, представляющий класс предметов*) specimen □ **подтеня́ть ~** (*для усиления контраста в микроскопии*) stain a (microscopic) specimen **2.** (*часть массы, представляющая свойства целого*) sample □ **наруша́ть ~** [**структу́ру образца́**] disturb the sample; *горн.* disturb the core; **отбира́ть ~цы́** take [obtain] samples; **получа́ть ~цы́ коло́нковым буре́нием** take cores [do coring] by the rotary method; **прока́ливать ~** calcine [ignite] the sample
абсолю́тно сухо́й ~ oven-dry sample
возду́шно-сухо́й ~ air-dry sample
~ для испыта́ний test piece, test specimen □ **выреза́ть** [**отреза́ть**] **~ для испыта́ний от ...** cut (out) a test piece from ...; **зажима́ть ~ для испыта́ний** clamp the test piece; **подверга́ть ~ для испыта́ний растяже́нию** pull the test piece
~ для испыта́ний в фо́рме (двойно́й) лопа́тки dumb-bell test piece
~ для испыта́ний, гантелеви́дный dumb-bell test piece
~ для испыта́ний, надре́занный (*для испытания на ударную вязкость*) notched (impact-test) specimen, notched (impact-test) bar
~ для испыта́ний на круче́ние torsion-test specimen, torsion-test piece
~ для испыта́ний на растяже́ние tension specimen, tension test piece
~ для испыта́ний на сжа́тие compression specimen, compression test piece
~ для испыта́ний на срез shear-test specimen, shear-test piece
~ для испыта́ний, нату́рный full-scale specimen

образ/е́ц
~ для испыта́ний на уда́рную про́чность impact-test specimen, impact-test piece
~ для испыта́ний, пло́ский test flat bar
о́пытный ~ (*первое спроектированное изделие в металле*) prototype (part, machine)
~ поро́д(ы) rock sample; (*керн*) core
представи́тельный ~ 1. representative specimen **2.** representative sample
промы́шленный ~ production prototype
~ сырья́ для промы́шленных испыта́ний (*процесса, оборудования*) trial consignment of raw material
утверждённый ~ standard piece
образова́ние *с.* **1.** (*появление, создание*) formation **2.** (*обучение*) education
~ волосны́х тре́щин crazing
~ вя́зкого пе́нистого шла́ка sponging
~ гарниса́жа (*в доменной печи*) skulling
~ го́фра на полосе́ *прок.* buckling
~ двойнико́в *крист.* twinning
~ заусе́нцев (*облоя*) finning
~ кистево́го разря́да brushing
~ кра́тера *св.* cratering
~ льда ice formation
~ надре́зов (*на валках*) *прок.* collaring
~ налёта на ко́же striking
~ на́стылей *мет.* incrustation
~ окали́ны scaling
~ пе́ны foaming
~ пы́ли dust generation
~ свобо́дного у́ровня *тепл.* evaporation to dryness
~ тре́щин cracking, crack formation
~ уса́дочной ра́ковины (*в слитке*) piping
~ це́нтров кристаллиза́ции nucleation
~ ше́йки *мет.* (*в испытательном образце при растяжении*) necking (-down)
~ электро́нно-ды́рочной па́ры *пп* electron-hole [pair] production
образо́вывать *гл.* (*вызывать появление, создавать*) form
образу́ющ/ая *ж. мат.* generator, generatrix, generating line; (*цилиндра*) element □ **высота́ ко́нуса по ~ей** slant height of a cone
~ ко́нуса generator of a cone
обральдру́к *м. полигр.* duplicating process
обрамле́ние *с.* **1.** frame(work) **2.** *изм.* bezel
~ киноэкра́на screen mask
обрамля́ть *гл.* frame
обраста́ние *с.* (*днища судна*) (marine) growth

обраста́ть *гл.* (*о днище судна*) become foul, be encrusted with marine growth
обра́т *м. текст.* reworkable waste
обрати́мость *с.* reversibility
поведе́нческая ~ *эк.* behavioral reversibility
обраща́ть *гл.* convert, transform □ **~ в нуль** make ... vanish; **~ в то́ждество** reduce ... to an identity
обраща́ться *гл.* **1.** (*вращаться вокруг своей оси*) rotate, turn (about), (*вращаться вокруг другого тела*) revolve (around) **2.** (*циркулировать, напр. в системе*) circulate **3.** (*адресоваться*) address, apply to, refer [reference] to, turn to **4.** (*становиться, превращаться*) turn into, become □ **~ в ...** *мат.* reduce to ..., become ...; **~ в нуль** vanish, become zero, go to zero **5.** (*манипулировать, пользоваться*) handle □ **~ осторо́жно** handle with care
обраще́ни/е *с.* **1.** (*вращение вокруг своей оси*) rotation; (*вращение вокруг другого тела*) revolution **2.** (*циркуляция, напр. в системе*) circulation **3.** addressing, application, reference **4.** (*превращение*) transformation, conversion **5.** (*манипулирование*) handling □ **безопа́сный в ~и** safe to handle **6.** (*к памяти, массиву или сообщению в ЭВМ для поиска и вызова информации*) access to, reference to (*storage, a file, an item*) □ **~ к масси́ву обеспе́чивается ключевы́ми слова́ми** access to the file is available through key words
~ изображе́ния по горизонта́ли lateral inversion of image
~ изображе́ния, попере́чное lateral inversion of image
~ к па́мяти reference to storage, access to memory, memory access □ **~ к па́мяти осуществля́ется че́рез ...** the memory is accessed through ...
~ к табли́це table look-up
~ к яче́йке reference to cell □ **а́дрес яче́йки па́мяти допуска́ет многокра́тное ~ к ней** the address of a storage location permits repeated reference to the same cell
~ ма́трицы matrix inversion
~ негати́ва *кфт.* (negative) reversal
~ поля́рности polarity reversal, reversal of polarity
~ ря́да *мат.* reversion [inversion] of a series
~ спе́ктра reversal of the spectrum, reversal of lines
~ фа́зы phase inversion, phase reversal
обре́з *м.* cut
~ доро́ги shoulder, wayside
~ страни́цы edge
~ страни́цы, ве́рхний top edge
~ страни́цы, корешко́вый back edge

обре́з
~ страни́цы, ни́жний lower [bottom] edge
~ страни́цы, пере́дний fore-edge
~ страни́цы, ра́шпильный rough edge
~ страни́цы, торшони́рованный chased edge
обреза́тель *м.* **и́мпульсов** pulse chopper
обреза́/ть *гл.* **1.** cut, clip; (*удалять излишки*) trim ☐ **~ кро́мку** (*напр. пластины*) edge (*e.g., a plate*) **2.** (*о двигателе*) quit ☐ **двигатель ~ет** the engine quits
обрези́нивание *с.* rubberizing, rubber coating
обрези́нивать *гл.* rubberize, coat with rubber
обрези́нка *ж.* rubberizing, rubber coating
обре́зка *ж.* cutting, clipping; (*удаление излишков*) trimming
~ бло́ка *полигр.* block trimming
~ выпрессо́вок (*облоя*) trimming of flash, deflashing
~ конца́ (*слитка*) cropping
~ ли́тников sprueing, removal of gates
~ строк *полигр.* slug cutting
~ су́чьев *лес.* abnodation
обре́зки *мн. м.*:
~ бума́ги (*оборотный бумажный брак*) paper trimmings
~ тка́ни (*в качестве наполнителя для пластмасс*) shredded cloth
обре́зчик *м.* **виногра́дной лозы́** vine pruning machine
о́брезь *ж. прок.* crop ends ☐ **кроши́ть [руби́ть] ~** chop the butts [crops, ends]; **удаля́ть ~ с блю́мса** shear (a bloom) for the (top and bottom) discard
головна́я ~ top discard
~ ко́жи leather cuttings
кро́мочная ~ side trimming, side scrap
~ сли́тка discard (*the top part of an ingot, which is rejected*)
обреше́тина *ж. стр.* purlin
конько́вая ~ ridge purlin
~ под кро́влю subpurlin
обрешётка *ж. стр.* furring
~ под штукату́рку wall furring
обруба́ть *гл. лит.* chip (away), fettle, trim ☐ **~ зуби́лом** chisel off
обру́бщик *м. лит.* fettler
о́бруч *м.* hoop ☐ **набива́ть ~и на бо́чку** hoop a cask
обруша́ть(ся) *гл. горн.* cave (in), fall
обруше́ние *с. горн.* caving, fall ☐ **вызыва́ть ~ принуди́тельно** induce caving
обру́шивать *гл.* (*зерно и т. п.*) hull, scour, shell
обру́шиваться *гл.* (*о своде печи, футеровке и т. п.*) collapse, cave in
обры́в *м.* break
~ в схе́ме *эл.* open(-circuit)
~ в цепи́ *эл.* open(-circuit)

обры́в
~ дуги́ arc extinction
~ ле́нты *текст.* breakage of the sliver
~ ро́вницы *текст.* breakage of the roving
~ фа́кела (*пламени*) flameout, loss of flame
обрыва́ть *гл.* **1.** (*разрывать, прерывать*) break ☐ **~ ряд** *мат.* cut [break] off a series **2.** (*собирать плоды, цветы и т. п.*) pick, pluck
обрыва́ться *гл. мат.* terminate, stop
обры́вок *м.* **синусо́иды** interrupted sinusoidal wave train, chopped sine-wave
обры́зг *м.* (*первый слой штукатурки*) scratch coat
обры́згивание *с.* spraying, sprinkling
обры́згивать *гл.* spray, sprinkle
обсервато́рия *ж.* observatory
внезе́мная ~ extraterrestrial observatory
высокого́рная ~ mountain observatory
косми́ческая ~ space observatory
орбита́льная ~ orbiting [orbital] observatory
обсерва́ци/я *ж. нвг.* observation ☐ **выполня́ть ~ю, напр. широты́** work an observation for, *e.g.*, latitude
обсидиа́н *м.* (*вулканическое стекло*) obsidian, volcanic glass
обсле́дование *с.* inspection, investigation, servey
обслу́живаемый *прил.* (*напр. об электростанции, радиорелейном усилителе и т. п.*) attended
обслу́живание *с.* **1.** (*клиентов, заказчиков и т. п.; в теории траффика*) service **2.** (*уход, поддержание в рабочем состоянии*) maintenance, servicing; attendance **3.** (*эксплуатация, использование*) operation
межполётное ~ (*самолёта*) turnaround servicing
~ по при́нципу «кто ра́ньше» (*в теории массового обслуживания*) first-come-first served principle
~ телефо́нных вы́зовов telephone calls service
техни́ческое ~ maintenance, servicing
техни́ческое ~ по вы́зову on-call maintenance
обслу́живать *гл.* **1.** (*клиентов, заказчиков и т. п.; в теории траффика*) service ☐ **~ кого-л.** provide service to **2.** (*поддерживать в рабочем состоянии*) service, maintain, take care of, attend (to) **3.** (*эксплуатировать, использовать*) operate
обсо́счик *м.* suction nozzle
обсою́зка *ж. кож.* foxing
обстано́вк/а *ж.* **1.** (*ситуация, условия*) circumstances, condition, situation ☐ **по ~е** as appropriate, as the situation may demand **2.** (*меблировка*) furniture

обстано́вк/а
промысло́вая ~ conditions of fishing
~ фарва́тера *мор.* buoyage (and beaconage)
обстоя́тельств/а *мн. с.* circumstances, condition, situation ☐ **по ~ам** as appropriate, as the condition may demand ☐ **в э́тих [подо́бных] ~ах** in the circumstances
обстру́гивать *гл.* plane (off)
обсту́кивани/е *с.* (*с целью контроля качества, напр. отлива*) tap test ☐ **... ~ем** by (applying) a tap test; (*с целью контроля качества сварных швов*) hammer test
обта́чивание *с.* turning (*см. тж.* **обто́чка**)
обта́чивать *гл.* turn ☐ **~ до за́данного диа́метра** turn to diameter; **~ на ко́нус** taper-turn; **~ по копи́ру** turn to template, turn from guide
обтека́емость *ж.* stream-line form; (*автомобиля*) (good) wind [air] shape ☐ **нару́шить ~** (*автомобиля*) offend the wind [air] shape
обтека́ние *с.* flow ☐ **~ вдоль те́ла** flow along [past]; **~ вокру́г [у] те́ла** flow about [around, over]; **де́лать ~ пла́вным** smoothen [streamline] the flow; **наруша́ть ~** spoil the flow; **~ пласти́ны** flow along [past] the plate; **~ про́филя крыла́** flow about [around, over] the airfoil
ламина́рное ~ laminar flow
пла́вное ~ stream-line flow
попере́чное ~ cross-flow
продо́льное ~ longitudinal flow
обтека́тел/ь *м.* **1.** *ав., авто* fairing **2.** *мор.* fairing, fairwater ☐ **закрыва́ть [снабжа́ть] ~ями что-л.** fair *smth.*
~ вту́лки возду́шного винта́ (propeller) spinner
~ гидролока́тора *англ.* asdic dome; *амер.* sonar dome
~ гребно́го винта́ propeller cone, propeller boss fairwater
~ крыла́, концево́й wing-tip fairing
~ неубира́ющегося шасси́ wheel spat
носово́й ~ *ав.* nose cone, nose fairing
носово́й ~ двигателя central bullet fairing
~ самолётной анте́нны РЛС radar (scanner) housing
~ ступи́цы возду́шного винта́ boss fairing
хвостово́й ~ *ав.* tail cone
обтека́ть *гл.* flow ☐ **~ вдоль те́ла** flow along [past]; **~ вокру́г те́ла** flow about [around, over]
обтёска *ж.* dressing
обтёсывать *гл.* dress ☐ **~ кро́мки чего-л.** to edge *smth.*; **~ по лине́йке** *дер.-об.* beard; **~ тесло́м [де́кселем]** to adze

обтира́ть *гл.* wipe
обто́чка *ж.* (*точение*) turning
~ **в патро́не** chuck turning, turning in a chuck
~ **в планша́йбе** turning on a face-plate
~ **в це́нтрах** turning between centres
~ **на ко́нус** taper turning
~ **на разме́р** turning to size
~ **по копи́ру** turning to template
~ **по шабло́ну** turning from guide
продо́льная ~ plain turning
~ **торцево́й пове́рхности** (*подрезка*) radial turning, facing
~ **фасо́нных пове́рхностей** (*обычным резцом*) contour turning; (*фасонным резцом*) contour forming
~ **цилиндри́ческих пове́рхностей** straight turning
чернова́я ~ rough turning
чистова́я ~ finish turning
обтюра́тор *м.* shutter □ ~ **перекрыва́ет свет(овы́е лучи́)** the shutter intercepts [interrupts] light (beam); ~ **по́лностью перекрыва́ет свет, проходя́щий к ка́дровому окну́** the obturator completely cuts off light from the film-gate aperture
враща́ющийся ~ rotary [rotating] shutter
ди́сковый ~ disk shutter
кони́ческий ~ conical shutter
~ **с переме́нным угло́м раскры́тия** variable shutter
цилиндри́ческий ~ barrel shutter
што́рный ~ curtain shutter
обтя́жка *ж.* (*способ формообразования из листового металла*) stretch forming
~ **загото́вки** (*вручную*) *кож.* hoisting
о́бувь *ж.* footwear
обу́гливаться *гл.* char
о́бух *м. мор.* eyebolt, lug, pad
подъё́мный ~ lifting pad
~ **топора́** butt [head] of an axe
обуче́ние *с.* training, instruction
программи́рованное ~ programmed instruction
обушо́к *м.* back (edge)
обхва́т *м.* **1.** (*толщина ствола дерева по окружности*) girth, circumference **2.** *ав.* (*ремень, крепление*) strap; (*рукоятки*) grasp
обхо́д *м.* **1.** (*место, путь вокруг чего-л.*) by-pass, detour, diversion □ **направля́ть в** ~ *свз.* divert [re-route] the traffic **2.** (*осмотр*) patrol(ling); (*путевого обходчика*) beat
~ **ко́нтура** *мат.* path-tracing □ **при ~е ко́нтура** in tracing the boundary; **соверша́ть** ~ **ко́нтура** trace around a path
путево́й ~ *ж.-д.* track patrolling
обходи́ть *гл.* **1.** (*проходить вокруг чего-л.*) go round **2.** (*проходить стороной, миновать что-л.*) by-pass, detour □ ~ **по,** ***напр.*** **дуге́ окру́жности** detour on, *e.g.*, the arc of a circle **3.** (*осматривать*) (*об обходчике*) make a beat, make a round
обхо́дчик *м.* **1.** *ж.-д.* trackwalker **2.** (*линий передачи, связи и т. п.*) patrol lineman
~ **обору́дования** engine room patrol
обши́ва *ж.* panelling
обшива́ть *гл.* (*изнутри*) line; (*снаружи*) sheathe; (*заключать в кожух*) jacket □ ~ **до́сками** plank, board up; ~ **пане́лями** panel; ~ **теплоизоля́цией** (*напр. котёл*) lag
обши́вк/а *ж.* **1.** (*материал, оболочка*) casing **2.** (*процесс*) (*изнутри*) lining; (*снаружи*) sheathing; (*заключение в кожух*) jacketing
~ **котла́** housing, casing, shell
~ **котла́, уплотни́тельная** tight shell, tight casing
листова́я ~ sheeting
~ **самолё́та** skin, covering □ **арми́ровать ~у самолё́та** reinforce the skin; **подкрепля́ть ~у самолё́та** stiffen the skin; ~ **самолё́та воспринима́ет,** ***напр.*** **нагру́зку, си́лу** the skin carries, *e.g.*, load, a force; **ста́вить ~у самолё́та** fit the skin
~ **самолё́та, ненесу́щая** non-structural skin
~ **самолё́та, несу́щая** (load-)bearing [structural] skin
~ **самолё́та, рабо́тающая** stressed skin
~ **стен ка́ркасно-обшивно́й констру́кции** (*с обеих сторон каркаса*) sheathing
~ **стен, нару́жная** (*досками со специальной формой*) siding □ **ста́вить нару́жную ~у стен внакро́й** lap the siding in laying
~ **су́дна** (*единое целое, оболочка*) shell, skin; (*совокупность деревянных досок, составляющих обшивку*) planking; (*совокупность металлических листов*) plating
~ **су́дна, бортова́я** side planking; side plating
~ **су́дна вглад**ь carvel(-laid) planking
~ **су́дна внакро́й** clinker(-laid) planking; clinker(-laid) plating
~ **су́дна, ледова́я** ice lining, ice plating, ice sheathing
~ **транше́и** poling, shoring
о́бще/е *с.* the general □ **идти́ от ~го к ча́стному** proceed from the general to the particular
обще́ственность *ж.*:
нау́чная ~ scientific community
техни́ческая ~ technical community
о́бщност/ь *ж.* generality □ **без наруше́ния ~и** without loss of generality; **без ограниче́ния ~и** without (any) loss of generality; **без поте́ри ~и** without loss of generality; **для сохране́ния ~и** preserve generality
объедине́ние *с.* union
~ **за́писей в блок** *вчт.* blocking
~ **мно́жеств** *мат.* union of sets
объединя́ть *гл.* unite, merge □ ~ **вхо́ды** ***или*** **вы́ходы** (*в электронной схеме*) tie inputs *or* outputs together (*in electronic circuit*); ~ **конструкти́вно А с Б** make A physically integral with B
объе́зд *м.* detour, circuit, roundabout way
объе́кт *м.* **1.** (*предмет*) entity, object **2.** (*промышленная единица, напр. предприятие, стройка и т. п.*) installation **3.** (*место установки или использования оборудования, аппаратуры и т. п.*) (*недифференцированный термин*) using activity; (*в зависимости от конкретной ситуации*) ship, vehicle, airplane, *etc.* □ **устана́вливать на ~е** install at the using activity
геометри́ческий ~ geometric(al) object [entity]
~ **иссле́дования** (*напр. процесс, событие, система*) subject of inquiry
иссле́дуемый ~ *авт., киб.* prototype system, prototype plant, prototype process
контроли́руемый рассредото́ченный ~ peripheral station, out-station
~ **моделі́рования** prototype system, modelled entity
неопо́знанный лета́ющий ~ [**НЛО**] unidentified flying object, UFO
протяжё́нный ~ *астр.* extended object
~ **регули́рования** (*в зависимости от конкретной обстановки*) controlled process; controlled plant; controlled entity
связно́й ~ communication installation
~ **съё́мки** *кфт.* subject, scene
управля́емый ~ controlled plant, controlled system
объекти́в *м.* **1.** (*кино-, фото- или телекамеры*) lens □ **(за)диафрагми́ровать** ~ stop down the lens; **исправля́ть** ~ **на астигмати́зм, дисто́рсию** ***и т. п.*** correct a lens for astigmatism, distortion, *etc.*; **наводи́ть** ~ **на ре́зкость** focus the lens; **просветля́ть** ~ give the lens an anti-reflection coating; **склёивать** ~ cement the lens elements **2.** (*микроскопа, телескопа*) objective lens □ ~ **помутне́л** the lens is cloudy
анаморфо́тный ~ anamorphotic [anamorphic] lens
апохромати́ческий ~ apochromat(ic lens)
ахромати́ческий ~ achromatic lens
двухли́нзовый ~ doublet (objective) lens
длиннофо́кусный ~ long focal-length [telephoto] lens
зерка́льно-ли́нзовый ~ catadioptric lens

объекти́в
зерка́льный ~ (*в микроскопах*) reflecting objective
иммерсио́нный ~ oil immersion lens
ква́рцевый ~ quartz lens
киносъёмочный ~ cinematography [motion-picture] lens
короткофо́кусный ~ short-focus lens
малосветоси́льный ~ slow lens
мени́сковый ~ meniscus lens
мягкорису́ющий ~ soft focus lens
норма́льный ~ normal [standard] lens
ортоскопи́ческий ~ distortion-free lens
панкрати́ческий ~ zoom lens
панора́мный ~ panoramic lens
проекцио́нный ~ projection lens
просветлённый ~ coated lens
светоси́льный ~ fast [high-speed] lens
~ с исправле́нием аберра́ции corrected lens
сме́нный ~ (*в дополнение к основному*) accessory lens; (*взаимозаменяемый*) interchangeable lens
~ с переме́нным фо́кусным расстоя́нием zoom lens
съёмочный ~ taking lens
~ телеско́па telescope objective (lens)
трёхли́нзовый ~ three-element [triplet] lens
фотографи́ческий ~ photographic lens
четырёхли́нзовый ~ four-element lens
широкоуго́льный ~ wide-angle lens
объекти́в-анастигма́т *м.* anastigmatic lens, anastigmat
объекти́в-аплана́т *м.* aplanat(ic lens)
объём *м.* **1.** (*геометрическая величина*) volume □ **увели́чиваться в ~е** expand **2.** (*о вынутом грунте*) bulk up (*of the soil*) **3.** (*поверок регламентных работ и т. п.*) extent (*of, e.g., maintenance*)
абсолю́тный ~ absolute volume
а́томный ~ atomic volume
~ бараба́на, парово́й *тепл.* steam space
~ вы́борки *вчт.* sample size
га́зовый ~ *тепл.* gas space
~ информа́ции body of information, body of data
и́стинный ~ real volume
ка́жущийся ~ apparent volume
коне́чный ~ final volume
~ котла́, водяно́й boiler water space
крити́ческий ~ critical volume
~ материа́ла bulk □ **во всём ~е мета́лла и т. п.** in the bulk of a metal, *etc.*
~ мёртвого простра́нства *двс* clearance volume
~ ме́ста багажа́ bulk
~ ме́ста гру́за bulk

объём
молекуля́рный ~ molecular [gram-molecular] volume
моля́рный ~ molar volume
отка́чиваемый ~ *вак.* pumped volume
парциа́льный ~ partial volume
~ передава́емый информа́ции (*самолётного ответчика*) reply code capability
~ плаву́чести *мор.* volume of flotation
~ поста́вки (*перечень или состав поставляемого оборудования*) standard schedule of supplies, standard items
~ произво́дства output
~ пусто́т void volume
~ рабо́ты volume of work
свобо́дный ~ unconfined [free] space
~ та́ры container capacity
~ ти́пов колеба́ний mode volume, mode size
~ то́пливного ба́ка, незаполня́емый ullage
~ то́пливного ба́ка, свобо́дный ullage
уде́льный ~ specific volume
~ цили́ндра, рабо́чий *двс* displacement [swept] volume
чувстви́тельный ~ sensitive [active] volume
элемента́рный ~ 1. *мат.* volume element **2.** *стат.* elementary unit
объёмно-центри́рованный *прил.* body-centred
объявле́ние *с.* **1.** (*сообщение, уведомление*) annunciation **2.** *вчт.* declaration
объявля́ть *гл.* **1.** (*доводить до сведения*) announce □ **~ о предстоя́щем разгово́ре** *тлф.* announce a call **2.** *вчт.* declare
объявля́ться *гл. вчт.* be declared □ **~ многокра́тно** be multi-declared
объясня́ть *гл.* explain □ **~ на приме́ре** explain by giving an example
ова́л *м.* oval
~ дека́ртов Cartesian oval, oval of Descartes
ова́льность *ж.* ovality, out-of-roundness
овоско́п *м.* egg tester
овоскопи́ровать *гл.* candle
овощемо́йка *ж.* vegetable rinser, vegetable washer
овощере́зка *ж.* vegetable slicer, vegetable cutter
овощесуши́лка *ж.* vegetable dehydrator
овощетёрка *ж.* vegetable grater
овощечи́стка *ж.* vegetable peeler
овсору́шка *ж.* oat clipper
овсошелуши́тель *м.* oat huller
овсю́жник *м.* wild-oat grader, wild-oats cylinder
овцево́дство *с.* sheep breeding, sheep raising
овчи́на *ж.* sheepskin

овчи́на-голя́к *ж.* sheared sheepskin
ога́рок *м.* cinder, ash
колчеда́нный ~ pyrite cinder
пири́тный ~ pyrite cinder
огиба́ние *с.* bending (around)
огиба́ющая *ж. мат.* the envelope
оги́ва *ж. мат.* ogive, ogival curve, ogive curve
огнезащи́та *ж.* fire barrier, fire curtain
огнеопа́сность *ж.* fire hazard
огнесто́йкость *ж.* fire-resistance, flame-resistance
огнетуши́тель *м.* fire extinguisher □ **~ га́сит пожа́р** a fire extinguisher smothers a fire; **да́нный ~ предназна́чен для туше́ния,** ***напр.*** **горя́щего ма́сла** this fire extinguisher is adapted to, *e.g.*, oil fires
возду́шный пе́нный ~ mechanical foam fire extinguisher
жи́дкостный ~ wetting agent fire extinguisher
пе́нный ~ foam fire extinguisher
перено́сный ~ portable fire extinguisher
порошко́вый ~ powder-type fire extinguisher
~ с незамерза́ющим раство́ром antifreezing fire extinguisher
сухо́й ~ dry powder fire extinguisher
углекисло́тный ~ CO_2 [carbon-dioxide] fire extinguisher
щёлочно-кисло́тный ~ soda-and-acid fire extinguisher
огнеупо́р *м.* refractory (material) □ **изготовля́ть ~ сухи́м прессова́нием** dry-press the refractory; **набива́ть [трамбова́ть] ~** ram the refractory (in place); **обжига́ть ~** fire the refractory; **~ противостои́т высо́кой температу́ре, не расплавля́ясь** the refractory is infusible at extreme temperatures; **ста́вить ~ в обо́ймы** encase the refractory
дина́совый ~ silica refractory
ки́слый ~ acid refractory
легкове́сный ~ light refractory
лито́й ~ cast refractory
магнезиа́льный ~ magnesia refractory
магнези́товый ~ magnesite refractory
магнезито-хроми́товый ~ (*с преобладанием магнезита*) magnesite-chrome refractory; (*с преобладанием хромита*) chrome-magnesite refractory
нейтра́льный ~ neutral refractory
неформо́ванный ~ unmoulded refractory
основно́й ~ basic refractory
пла́вленый ~ fused refractory
формо́ванный ~ moulded refractory
шамо́тный ~ fireclay
огнеупо́рность *ж.* refractoriness
огни́во *с. горн.* cap

оголо́вье *с.* (*напр. наушников*) headband

ого́нь *м.* 1. (*пламя, пожар*) fire, flame □ **гаси́ть ~** extinguish [put out] the fire; **~ га́снет** the fire dies out; **засыпа́ть ~ ине́ртной пы́лью** blanket the fire with rock [stone] dust; **подави́ть ~** smother the fire 2. (*освещение*) light □ **выходи́ть на огни́** *ав.* line up on the approach lights; **гаси́ть (освети́тельный) ~** extinguish [put out] a light; **нести́, напр. я́корный ~** *мор.* carry [display, exhibit], *e.g.*, an anchor light
аэронавигацио́нный ~ navigation [position] light
аэронавигацио́нный, хвостово́й ~ (a)stern navigation light
бакобо́ртный ~ *мор.* port position light
бортово́й, ле́вый ~ port position light
бортово́й, пра́вый ~ starboard-position light
~ ВПП *ав.* contact [runway] light □ **уви́деть [вы́йти на] огни́ ВПП** pick up the runway lights
~ ВПП, входно́й approach threshold light
гакабо́ртный ~ *мор.* after [stern] light
загради́тельный ~ obstruction light
затмева́ющийся ~ occulting light
кильва́терный ~ formation keeping light
мига́ющий ~ blinker light
опознава́тельный ~ identification light
откры́тый ~ open flame, naked light
отличи́тельный ~ *мор.* side light
отличи́тельный, ле́вый ~ *мор.* port (side) light
отличи́тельный, пра́вый ~ *мор.* starboard (side) light
пограни́чный ~ *ав.* boundary light
~ подхо́да к ВПП approach light
поса́дочный ~ landing light
~ приближе́ния *ав.* approach light
про́блесковый ~ flashing light
~ спаса́тельного жиле́та *ав., мор.* survivor locator light
ство́рный ~ *мор.* leading light; *ав.* alignment light
стоя́ночный ~ *ав.* park(ing) light
то́повый ~ *мор.* masthead [steaming, top] light
фарва́терный ~ fairway light
ходово́й ~ *мор.* running light
шта́нговый ~ *мор.* bow [head, stem] light
я́корный ~ anchor light

огра́да *ж.* fence

огради́тель *м.* guard

огражда́ть *гл.* (*напр. забором, изгородью*) fence in, put up a fence (around)

огражде́ние *с.* 1. (*забор, ограда*) fence □ **ста́вить ~ вокру́г объе́кта и т. п.** fence in an installation, *etc.* 2. (*укрытие*) enclosure 3. (*экран*) screen

огражде́ние
~ гребно́го винта́ propeller [screw] guard
защи́тное ~ protection enclosure, protective guard, safeguard
ле́ерное ~ *мор.* guard railing, life rails
~ су́дна на возду́шной поду́шке skirt
~ цепно́й переда́чи chain guard

ограниче́ни/е *с.* restriction, limitation, restraint, constraint □ **без ~й** unrestricted; **ла́мпа рабо́тает в режи́ме ~я** *элн.* the tube is operated under limiting conditions; **налага́ть ~я** *мат.* impose constraints [restrictions] (on ...); **налага́ть ~я в ви́де нера́венств** *мат.* impose inequalities on ...; **~ по разме́ру и т. п.** a limitation on ... size, *etc.*; **при нали́чии ~й** *мат.* under constraints; **снима́ть ~я** lift restrictions; **устана́вливать ~ све́рху, сни́зу на** (*какую-л. величину*) set a lower, upper bound on (*any value*)
весовы́е ~я (*автомобиля*) weight restrictions
двойственное ~ (*в противопоставлении с основным*) dual constraint
допусти́мое ~ feasible constraint
~ и́мпульсов pulse clipping
~ объёмным заря́дом space-charge limitation
основно́е ~ (*в противопоставлении с двойственным*) primal constraint
~ простра́нственным заря́дом space-charge limitation
~ сигна́ла *элн.* (signal) limiting □ **осуществля́ть ~ сигна́ла «по ве́рху»** flatten (the) positive peaks; **осуществля́ть ~ сигна́ла «по ни́зу»** flatten (the) negative peaks
~ сигна́ла отсе́чкой *элн.* limiting by cut-off
~ сигна́ла «по ве́рху» *элн.* positive limiting
~ сигна́ла по ма́ксимуму *элн.* positive limiting
~ сигна́ла по ми́нимуму *элн.* negative limiting
~ сигна́ла «по ни́зу» *элн.* negative limiting
~ сигна́ла се́точными то́ками *элн.* limiting by grid current
~ то́ка current limiting

ограни́ченность *ж.* boundedness, limitedness

ограни́ченный *прил.* bounded □ **~ почти́ всю́ду** *мат.* essentially bounded
равноме́рно ~ uniformly bounded

ограни́чивать *гл.* 1. (*ставить предел*) limit, set a limit on ... 2. bound, restrict, confine □ **~ жёстко** *мат.* confine severely; **~, напр. величину́ погре́шности све́рху** *мат.* put an upper bound on, *e.g.*, the error; **~, напр. переме́нную све́рху** *мат.* bound, *e.g.*, a variable above; **~, напр. переме́нную сни́зу** bound, *e.g.*, a variable below; **~ сигна́л по, напр. се́тке** *элн.* clip the signal at, *e.g.*, the grid

ограничи́тель *м.* 1. *элн.* limiter □ **~ рабо́тает в режи́ме ве́рхней** *или* **ни́жней отсе́чки** the limiter clips positive *or* negative peaks 2. *с.-х.* restrictor 3. *маш.* catch, stop, arrester
~ амплиту́ды amplitude limiter
входно́й ~ input limiter
~ движе́ния limit stop
двусторо́нний ~ clipper-limiter, slicer
дио́дный ~ diode limiter
~ запро́сов (*ответчика*) overinterrogation gate, demand limiter
~ и́мпульсов pulse clipper
~ напряже́ния voltage limiter
параметри́ческий ~ parametric limiter
~ перекла́дки руля́ *мор.* rudder stop(per)
~ поворо́та колёс *авто* steering lock
~ подъёма lift limiter, lift stop
полупроводнико́вый ~ semiconductor limiter
~ по ма́ксимуму peak limiter
~ ско́рости speed-limiting device, speed limiter
~ то́ка current limiter
~ хо́да (*откидной крышки, дверцы и т. п.*) restraining arm

огра́нка *ж.* 1. (*процесс*) (*ювелирных камней или стекла*) (*gem or glass*) cutting 2. (*форма*) cut
бриллиа́нтовая ~ diamond cut
~ ро́зой rose cut
ступе́нчатая ~ trap cut

огре́х *м.* *с.-х.* lapse, flaw

оде́жд/а *ж.* clothes, clothing
доро́жная ~ pavement, paving □ **вскрыва́ть доро́жную ~у** break a pavement; **доро́жная ~ шелуши́тся** the pavement spalls; **производи́ть я́мочный ремо́нт доро́жной ~ы** patch a pavement
доро́жная, асфа́льтовая ~ asphalt [surface] top
доро́жная, битумино́зная ~ black [bituminous] top, bituminous surfacing

одея́ло *с.*, **электри́ческое** electric blanket

одина́ковый *прил.* identical, equal, the same; (*о знаке или степени*) like

одина́рный *прил.* single, unary, unitary

одиннадцатери́чный *прил.* *вчт.* base eleven, unidecimal

одиннадцатиуго́льник *м.* hendecagon, unidecagon

одино́чный *прил.* single; isolated; (*о событии*) sole

одновале́нтный *прил.* univalent

одновариа́нтный *прил.* univariant

одноверши́нный *прил.* *мат.* unimodal, one-vertex, single-vertex

одновибра́тор *м.* univibrator, one-shot multivibrator
одновреме́нно *нареч.* simultaneously, all at the same time
одновреме́нность *ж.* simultaneity; (*событий*) coincidence; (*процесса*) synchronism
~ поступле́ния вы́зовов *тлф.* coincidence of calls
однозна́чно *нареч.* uniquely, in a unique fashion, in a unique manner, unambiguously
однозна́чность *ж.* unambiguity, uniqueness, single-valuedness
однозна́чный *прил.* unambiguous, unique, one-valued, single-valued
взаи́мно ~ one-one, one-to-one
однокра́тно *нареч.* once
однокра́тный *прил.* one-fold, single, unitary
однолистность *ж. мат.* univalence
одноме́рность *ж.* one-dimensionality
одноме́рный *прил.* one-dimensional
одномолекуля́рный *прил.* monomolecular
одно́-однозна́чный *прил.* one-one, one-to-one
одноо́кись *ж.* monoxide
одноосно́вный *прил.* monobasic
одноо́сность *ж.* uniaxiality
однопо́люсник *м.* unipole
одноро́дность *ж.* homogeneity, uniformity
одноро́дный *прил.* homogeneous □ **~ относи́тельно** ... homogeneous in ...
одноря́дный *прил.* single-row, unilinear; *мат.* universal
односвя́зность *ж.* simple connectedness, simple connectivity
односвя́зный *прил.* singly connected, simply connected
односторо́нний *прил.* one-sided, unilateral; (*о движении*) one-direction, one-way
однота́ктный *прил.* **1.** *элн.* single-ended **2.** *вчт.* single-cycle
одноти́пность *ж.* uniformity
одноцве́тный *прил.* monochromatic, monochrome
одночле́н *м.* term, a single term, monomial (term) □ **~, *напр.* пя́того измере́ния** term of, *e.g.*, the fifth degree, *e.g.*, fifth-degree term, term of degree, *e.g.*, five
одо́граф *м.* odograph, dead-reckoning computer
одоме́тр *м.* odometer
одонто́граф *м.* odontograph
одора́тор *м.* odorant
одориза́тор *м.* odorizer
одори́метр *м.* odorimeter
одряхле́ние *с.* ag(e)ing
оду́бина *ж.* **1.** (*вид топлива*) wood extraction chips **2.** *кож.* spent bark, spent tanning material, spent tan, tanbark waste
оже́-электро́н *м.* Auger electron
оже́-эффе́кт *м.* Auger effect
ожива́л *м.* ogive

ожида́ни/е *с.* **1.** *мат.* expectation **2.** □ **пребыва́ние** (*самолёта*) **в зо́не ~я** hold
математи́ческое ~ expectation, mean value □ **математи́ческое ~ измеря́ет положе́ние це́нтра распределе́ния** the expectation gives a measure of the location of the centre of a distribution
ожида́ть *гл.* expect □ **... как и сле́довало ~** as one would expect
ожижа́ть *гл.* liquefy
ожиже́ние *с.* liquefaction
ожижи́тель *м.* liquefier
ожо́г *м.* burn
озвуче́ние *с. кфт.* sound recording
озву́чивание *с.* (*применение ультразвука для дефектоскопии, гидролокации и т. п.*) insonification, exposure to sound [to sonic vibrations], sonic treatment
озву́чивать *гл.* **1.** (*применять ультразвук для дефектоскопии, гидролокации и т. п.*) insonify (*e.g., the work, the water*), expose to sound [to sonic vibrations] **2.** *кфт.* to record sound
о́зеро *с.* lake
озерове́дение *с.* limnology
ози́мые *мн.* winter-crops
озокери́т *м.* ozocerite, ozokerite, earth [ader] wax
озоле́ние *с.* ashing
мо́крое ~ wet combustion, wet ashing
сухо́е ~ dry combustion, dry ashing
озоли́ть *гл.* ash, reduce to ash
озо́н *м.* ozone
озона́тор *м.* ozonizer
озони́рование *с.* ozonization, ozone treatment
озоно́метр *м.* ozonometer
озонопа́уза *ж. косм.* ozonopause
озоноско́п *м.* ozonoscope
озоносто́йкость *ж.* ozone resistance
озоносфе́ра *ж.* ozonosphere
озоти́пия *ж. кфт.* ozotype process
ока́лин/а *ж.* scale □ **лома́ть ~у** break the scale; **образо́вывать ~у** raise the scale; **~ отделя́ется от ...** the scale detaches from ...; **~ пристаёт к сли́тку** the scale adheres (tightly) [sticks firmly] to the ingot; **сбива́ть ~у** break the scale; **сбива́ть ~у, *напр.* со сли́тка** descale, *e.g.*, an ingot; **смыва́ть ~у** flush (off) the scale
вка́танная ~ rolled-in scale
возду́шная ~ air scale
втори́чная ~ mill scale
кре́пкая ~ tight [tightly adhering] scale
отстаю́щая ~ exfoliating scale
печна́я ~ furnace scale
прока́тная ~ mill scale
ры́хлая ~ loose scale
сва́рочная ~ welding scale
окалинолома́тель *м.* scalebreaker
окалинообразова́ние *с.* scaling

окалиносто́йкость *ж.* resistance to scaling
окамене́ние *с.* fossilization
оканто́вка *ж.* (*вокруг люка, проёма*) shaping strip, edge former
~ бло́ка *цел.-бум.* back-stripping
~ клише́ half-tone block boxing
ока́пывать *гл.* (*напр. столбы*) bank up earth
ока́тывание *с.* (*приготовление окатышей из концентрата руды*) nodulizing, pelletizing
ока́тывать *гл.* **1.** (*приготовлять окатыши из концентрата руды*) nodulize [pelletize] (the concentrate) **2.** (*водой из брандспойта*) hose down
ока́тыш *м. мет.* pellet
окварцева́ние *с.* silicification
океа́н *м.* ocean
океаногра́фия *ж.* oceanography
океаноло́гия *ж.* oceanology
о́кисел *м.* oxide
амфоте́рный ~ amphoteric oxide
безразли́чный ~ indifferent [inert] oxide
индиффере́нтный ~ inert [indifferent] oxide
кисло́тный ~ acid oxide
~ мета́лла metal oxide
норма́льный ~ normal oxide
основно́й ~ basic oxide
промежу́точный ~ amphoteric oxide
окисле́ние *с.* oxidization, oxidation
ано́дное ~ anodic oxidation
~ валко́в *прок.* blueing
~ в нейтра́льной среде́ neutral oxidation
газофа́зное ~ gaseous oxidation
жидкофа́зное ~ liquid-phase oxidation
избира́тельное ~ selective oxidation
межкристалли́тное ~ intergranular [intercrystalline] oxidation
непо́лное ~ partial oxidation
непосре́дственное ~ direct oxidation
радиацио́нное ~ radiation oxidation
сухо́е ~ dry oxidation
твердофа́зное ~ solid-phase oxidation
фракцио́нное ~ selective oxidation
части́чное ~ partial oxidation
электролити́ческое ~ electrolytic oxidation
электрохими́ческое ~ electrochemical oxidation
окисле́ние-восстановле́ние *с.* reduction-oxidation, redox
окисли́тель *м.* oxidizer, oxidizing agent, oxidant
окисля́емость *ж.* oxidizability
~ воды́ water oxidation susceptibility
окисля́ть(ся) *гл.* oxidize
о́кись *ж.* oxide *примеры*: **~ азо́та** nitric oxide; **~ алюми́ния** alumina; **~ углеро́да** carbon monoxide; **безво́дная ~** anhydride; **во́дная ~** hydroxide; **полу́торная ~** sesquioxide

окклюди́рование *с.* occlusion
окклюди́ровать *гл.* occlude
окклю́зия *ж.* occlusion
окла́д *м. горн.* set
  дверно́й ~ timber frame
окле́ивание *с.* **карто́на** lining of board
окле́йка *ж.* **корешка́** (*книжного блока*) (case) lining
окно́ *с.* window
  ~ ахтерште́вня *мор.* propeller aperture
  брю́стеровское ~ *опт.* Brewster (-angle) window
  венециа́нское ~ picture window
  вентиляцио́нное ~ 1. *авто* ventipane, pivoted ventilation window **2.** *горн.* air [ventilation, check] door
  волново́дное ~ *рад.* waveguide window
  впускно́е ~ (*топки*) inlet [admission, intake] port
  временно́е ~ (*в системах с временным разделением каналов*) (time) slot
  выпускно́е ~ *двс* exhaust window, exhaust port
  выхлопно́е ~ (*топки*) exhaust port
  выходно́е ~ *элн.* output window
  газозабо́рное ~ *тепл.* gas-intake port
  зава́лочное ~ *мет.* charging door
  ~ золотника́ slide-valve [spool--valve] port
  ка́дровое ~ *кфт.* gate aperture, film gate
  кла́панное ~ *двс* valve port
  колошнико́вое ~ blast-furnace top opening
  конта́ктное ~ (*интегральной схемы*) contact window
  опти́ческое ~ optical window
  паровыпускно́е ~ steam port
  проду́вочное ~ *двс* scavenging port
  проекцио́нное ~ *кфт.* **1.** projector window **2.** projection port (*of projection room*)
  ~ прозра́чности spectral window
  раздвижно́е ~ sliding window
  ~ с двойны́м остекле́нием window with double glazing, double-pane window
  смотрово́е ~ peephole
  ~ с одина́рным остекле́нием window with single glazing, single-pane window
  ство́рчатое ~ folding [casement] window
  торцо́вое ~ end window
  ~ фотоприёмника, входно́е detector window
  шлаковыпускно́е ~ slag hole, cinder tap, cinder notch
  шлакоубо́рочное ~ slag door
  шуро́вочное ~ poking port
  ~ щёткодержа́теля (*электрической машины*) brush holder cavity
  э́ркерное ~ jut [oriel] window
око́вка *ж.* binding
  ~ бло́ка (*полиспаста, тали*) shell
око́вывание *с.* **валко́в** *прок.* collaring
окола́чивание *с. кож.* hammering
око́лка *ж.* (*камня*) dressing
околото́к *м. ж.-д.* line section
окомкова́ние *с. см.* **ока́тывание**
окомкова́тель *м. мет.* pelletizer, nodulizer
оконе́чность *ж.* extremity
око́нтуривание *с.* **1.** (*в мелиорации*) delimitation, contouring **2.** *горн.* mapping
оконцева́ние *с.* **ка́беля** termination of a cable
оконцева́тель *м. эл.* end terminal
оконча́ние *с.* end, finish, termination
  авари́йное ~ *вчт.* abnormal ending, ABEND, abnormal termination
  двухпроводно́е ~ two-wire termination
  ~ разгово́ра *свз.* termination of a call
око́ривать *гл.* (dis)bark, peel □ **~ (древеси́ну) лéнточным спо́собом** (dis)bark (logs) in strips; **~ (древеси́ну) места́ми** (dis)bark (logs) in patches; **~ (древеси́ну) по всей длине́ [пове́рхности]** (dis)bark (logs) in full
око́рка *ж.* **древеси́ны** disbarking
окорчёвка *ж.* uprooting
окра́с *м.* colour
окра́ска *ж.* **1.** (*процесс*) painting (*см. тж.* **окра́шивание**) **2.** (*покрытие*) paint, paintwork
  антикоррози́йная ~ rust-preventative [anti-corrosion] paint, rust--proof coating
  защи́тная ~ protective colouring
  маскиро́вочная ~ baffle [camouflage] paint
  ~ обре́за *полигр.* edge staining, edge treatment
  ~ пла́мени flame colouration
окра́шенный *прил.*:
  ~ до су́шки *кож.* straight-dyed
  ~ про́чно *кож.* strong-coloured
окра́шивание *с.* (*не путать с* крашением) painting (*not to be confused with* dyeing)
  ~ окуна́нием dip painting
  ~ распыле́нием paint spraying, spray painting
окра́шивать *гл.* **1.** (*краской*) paint □ **~ в, *напр.* чёрный *или* кра́сный цвет** paint, *e.g.*, black *or* red; **«Осторо́жно — окра́шено!»** (*предупредительная надпись*) "Wet paint!" **2.** (*придавать оттенок*) tint **3.** (*биологические образцы*) stain
окремне́ние *с.* silicification
окре́стност/ь *ж. мат.* neighbourhood, vicinity □ **в ~и то́чки** at [about] a point, in the vicinity of a point; **ряд Те́йлора в ~и то́чки p = o** a Taylor series about p = o, a Taylor series with p = o as the centre of the circle of convergence
  за́мкнутая ~ closed neighbourhood
  ~ нуля́ neighbourhood of zero
  откры́тая ~ open neighbourhood
окристаллизо́ванность *ж.* crystallinity
округле́ние *с. мат.* rounding-off
округлённо *нареч.* in round figures
округлённый *прил.* rounded(-off) □ **~ до секу́нды** rounded(-off) to the nearest second (*of arc*)
округля́ть *гл.* round (off)
окруже́ние *с.* surroundings, environment
окру́жность *ж.* circle, circumference □ **впи́сывать ~** inscribe a circle; **опи́сывать ~** circumscribe a circle
  вневпи́санная ~ excircle, escribed circle
  ~ впа́дин (*в зубчатых зацеплениях*) dedendum circle
  ~ высту́пов (*в зубчатых зацеплениях*) addendum circle
  дели́тельная ~ (*в зубчатых зацеплениях*) pitch circle
  ~ кривизны́ circle of curvature, osculating circle
  направля́ющая ~ director circle
  нача́льная ~ (*в зубчатых зацеплениях*) pitch circle
  основна́я ~ (*в зубчатых зацеплениях*) base [generating] circle
  соприкаса́ющаяся ~ osculating circle, circle of curvature
оксала́т *м.* oxalate
оксиальдеги́д *м.* hydroxyaldehyde
оксигемо́граф *м. мед.* oxyhemograph
оксигемо́метр *м. мед.* oxyhemometer
окси́граф *м. мед.* oxigraph
окси́д *м.* oxide
оксиди́метрия *ж.* oxidimetry
оксиди́рование *с.* oxidation
  электрохими́ческое ~ electrolytic oxidation
оксиди́ровать *гл.* oxidize
оксикислота́ *ж.* oxy-acid, hydroxy acid
оксиметри́я *ж.* oximetry
оксими́рование *с.* oximation
оксоси́нтез *м.* oxo process
окта́ва *ж.* octave
окта́н-корре́ктор *м. авто* octane selector
окта́нт *м.* octant
окта́эдр *м.* octahedron
октильо́н *м. англ.* thousand quadrillion; *амер.* octillion
окто́д *м.* octode
  лучево́й ~ beam octode
окульту́ривание *с. с.-х.* cultivation, amelioration, development
окуля́р *м.* eye-piece, ocular □ **па́ра ~ов микроско́па** paired eye-pieces
  ~ Гю́йгенса Huygens eye-piece
  ортоскопи́ческий ~ orthoscopic eye--piece
  отрица́тельный ~ negative eye-piece
  положи́тельный ~ positive eye-piece
  проекцио́нный ~ projection eye--piece
  ~ Ра́мсдена Ramsden eye-piece
окуна́ние *с.* dipping
окуна́ть *гл.* dip, immerse
окупа́емость *ж.* (*капиталовложений*) pay-back

окупа́ться *гл.* pay for itself, pay off
оку́ривание *с.* (*с целью борьбы с вредителями*) fumigation
окускова́ние *с.* (*руды, мелочи перед плавкой*) agglomeration (*в английском языке русскому термину* агломера́ция *соответствует только* sintering)
~ брикети́рованием (agglomeration by) briquetting
~ приготовле́нием ока́тышей (agglomeration by) pelletizing
окуско́вывать *гл.* (*руду, мелочь перед плавкой*) agglomerate (*в английском языке русскому термину* агломери́ровать *соответствует только* sinter)
оку́чивание *с. с.-х.* hilling, ridging, earthing-up, covering
оку́чник *м. с.-х.* hiller, ridging plough, coverer, ridger, earthing-up plough, banker
оледене́ние *с.* glaciation
оленево́дство *с.* deer-raising, reindeer breeding
олеогра́фия *ж.* oleography
олеоме́тр *м.* oleometer
олеорефрактоме́тр *м.* oleorefractometer
олеофи́льность *ж.* oil-receptivity, water-repellance
оли́фа *ж.* drying oil
натура́льная ~ natural drying oil
синтети́ческая ~ synthetic drying oil
о́лово *с.* tin □ **выта́пливать ~ из сли́тков** (*при рафинировании чернового олова*) liquate [sweat] tin bars
бе́лое ~ white tin
втори́чное ~ secondary tin
зернёное ~ feathered [granulated] tin
металли́ческое ~ tin metal
пая́льное ~ soldering tin
пру́тко́вое ~ bar [rod] tin
ро́ссыпное ~ stream tin
черново́е ~ pig tin
чешу́йчатое ~ flake tin
ом *м.* ohm, Ω
акусти́ческий ~ acoustic ohm
междунаро́дный ~ international ohm
механи́ческий ~ mechanical ohm
теплово́й ~ thermal [heat] ohm
омбро́граф *м.* recording rain gauge
омброме́тр *м.* ombrometer
омедне́ние *с.* copper plating
омедня́ть *гл.* copper-plate
омме́тр *м.* ohmmeter
омоложе́ние *с. с.-х.* rejuvenation
омыва́ние *с.* (*обтекание, преим. жидкостью*) flow about [around, over, past]
омыва́тель *м.* **ветрово́го стекла́** windshield squirter, windshield washer
омыва́/ть *гл.* **1.** (*обтекать, преим. о жидкости*) flow about [around, over, past] **2.** (*об охлаждающей воде или хладагенте*) pass over □ **охлажда́ющая вода́ ~ет пове́рхность руба́шки** cooling water passes over the jacket surface
омыле́ние *с.* saponification
омыли́тель *м.* saponifier
омыля́емость *ж.* saponifiability
ондо́граф *м.* ondograph
ондуля́тор *м.* (telegraph [Morse]) ink recorder, undulator
онко́граф *м. мед.* oncograph
онко́метр *м. мед.* oncometer
опада́ние *с. кож.* (*нажора голья*) pulling-down, bringing-down
опада́ть *гл. кож.* (*о нажоре голья*) pull down, fall, come down
опалесце́нция *ж.* opalescence
крити́ческая ~ critical opalescence
опа́ливание *с.* singeing
опа́лубк/а *ж. англ.* shuttering, shutters, formwork; *амер.* forms □ **отделя́ть ~у** (*от уложенного бетона*) ease the forms (*from the placed concrete*); **отрыва́ть ~у** (*от уложенного бетона*) strike the formwork (*from the placed concrete*); **снима́ть ~у** remove the forms; **снима́ть ~у с бето́на** demould concrete; **устана́вливать ~у** erect [set] (the) forms
кату́чая ~ rolling forms
крупнощитова́я ~ large-panel [large-section] forms
мелкощитова́я ~ small-panel [small-section] forms
несъёмная ~ retained formwork, permanent [retained] forms
переставна́я ~ progressive [travelling] shuttering, travelling forms
~ под кро́влю sheathing
подъёмная ~ lift shutters, climbing forms
разбо́рная ~ knock-down forms
скользя́щая ~ slip forms
~ ствола́ *горн.* shaft sheathing
щитова́я ~ panel forms
опа́сность *ж.* danger, risk, hazard □ **«~ минова́ла»** *ав.* (*сообщение диспетчера*) "now safe"
~ возникнове́ния пожа́ра fire hazard, fire risk
~ воспламене́ния ignition hazard
~ засоле́ния danger [hazard] of salinity
пожа́рная ~ fire hazard, fire risk
промы́шленная ~ industrial hazard
радиацио́нная ~ radiation hazard
~ эро́зии erosion hazard
опа́хивать *гл.* plough around
опера́нд *м. вчт.* operand
опера́тор *м.* **1.** *мат.* operator □ **де́йствовать ~ом на ...** operate on ... **2.** (*в АЛГОЛе*) statement □ **воспринима́ть ~** recognize a statement; **выполня́ть ~** satisfy a statement **3.** (*лицо, осуществляющее производственный процесс*) operator
~ безусло́вной переда́чи управле́ния GO TO statement
вло́женный ~ nested statement
~ Гамильто́на del [nabla] operator, Hamiltonian (operator)
~ Даламбе́ра Dalembertian, d'Alembertian (operator)
дежу́рный ~ *рад.* duty operator
~ Лапла́са Laplacian (operator)
~ перехо́да *мат.* transition operator
~ присва́ивания assignment statement
~ процеду́ры procedure statement
пусто́й ~ dummy statement
сме́нный, ста́рший ~ *свз.* supervisor of the shift
управля́ющий ~ control statement □ **обраба́тывать управля́ющий ~** process a control statement
~ усредне́ния averaging operator
опера́ци/я *ж.* operation □ **вы́разить ~ю че́рез штрих Ше́ффера** (*в математической логике*) express an operation in terms of the Sheffer stroke; **заверша́ть ~ю** complete an operation; **за одну́ ~ю** in one operation; **~ над ...** *мат.* operation on ...; **начина́ть ~ю** *вчт.* initiate an operation; **осуществля́ть [реализова́ть] ~ю, напр. умноже́ния** perform the operation of, *e.g.*, multiplication; **осуществля́ть [реализова́ть] ~ю умноже́ния с примене́нием, напр. сумми́рования и сдви́га** *вчт.* perform [carry out] multiplication by the combined operations of, *e.g.*, addition and shifting; **плани́ровать ~ю вхо́да-вы́хода** *вчт.* schedule an input-output [I/O] operation; **прекраща́ть ~ю** *вчт.* terminate an operation; **совмеща́ть ~и** (*напр. чтения, записи и обработки данных*) overlap (*e.g., read, write and process*) operations; **совмеща́ть (выполне́ние) ~и** *вчт.* overlap operations
арифмети́ческая ~ arithmetic(al) operation, arithmetic(s)
арифмети́ческая ~ над поря́дками exponent arithmetic(s)
арифмети́ческая ~ с двойно́й то́чностью double precision arithmetic(s)
арифмети́ческая ~ с пла́вающей запято́й floating-point arithmetic(s)
арифмети́ческая ~ с фикси́рованной запято́й fixed-point arithmetics
вычисли́тельная ~ computation
~ Г (*в алгебре логики*) Pierce stroke
~ за́писи write operation
~ запре́та inhibit operation
~ И AND operation
~ ИЛИ OR operation
логи́ческая ~ logical operation □ **реализова́ть логи́ческую ~ю аппара́турно [физи́чески]** instrument [mechanize] a logical function
маши́нная ~ computer operation
нала́дочная ~ setting-up, adjustment, tuning
~ НЕ NOT operation

операци/я
~ «НЕ — И» NAND operation
~ «НЕ — ИЛИ» NOR operation
необрати́мая ~ irreversible operation
отде́лочная ~ finishing operation
~ отноше́ния (*в АЛГОЛе*) relation(al) operator
по́лная ~ *вчт.* complete operation
произво́дственная ~ (*в обрабатывающих отраслях*) manufacturing operation; (*в перерабатывающих отраслях*) processing operation □ **плани́ровать произво́дственные ~и** schedule the operations
произво́дственная ~ обслу́живания service operation
произво́дственная, основна́я ~ productive operation
произво́дственные, вспомога́тельные ~и auxiliary operations
~ развёртывания (*в алгебре логики*) expansion
разделите́льная ~ *мет.* shearing operation
~ счи́тывания read operation
технологи́ческая ~ production operation
~ управле́ния control operation
опережа́ть *гл.* lead
опереже́ние *с.* **1.** lead, advance **2.** (*одного импульса по отношению к другому*) (pulse) advance
~ впры́ска injection advance
~ впу́ска и вы́пуска admission and exhaust lead
~ зажига́ния ignition [spark] advance □ **~ зажига́ния при прикры́том дро́сселе** spark advance in [at] part-throttle [operation]
~ зажига́ния, постоя́нное (*нерегулируемое*) set spark
~ откры́тия кла́пана valve-opening lead
~ по фа́зе phase lead
~ раска́та относи́тельно валко́в forward creep (*Примечание. Переводить* forward slip *считается неверным*)
опере́ние *с.*:
~ раке́ты fin assembly
~ раке́ты, скла́дывающееся folding fins
~ самолёта empennage
~ самолёта, вертика́льное vertical tail (surfaces), vertical tailplane
~ самолёта, высокорасполо́женное high-set empennage
~ самолёта, горизонта́льное horizontal tail (surfaces)
~ самолёта, двухкилево́е twin-fin tail (unit)
~ самолёта, крестообра́зное cruciform tail (unit)
~ самолёта, низкорасполо́женное low-set empennage
~ самолёта, однокилево́е single-fin empennage, single-fin tail (unit)
~ самолёта, разнесённое twin-fin tail (unit)
опере́ние
~ самолёта, среднерасполо́женное mid-set empennage
~ самолёта, хвостово́е tail assembly, tail unit
~ самолёта, V-обра́зное butterfly [V-] tail (unit)
опери́ровать *гл.* **с** ... *мат.* operate on ...
опеча́тка *ж.* misprint
опи́ливание *с.* filing
опи́ливать *гл.* file
опи́лки *мн.* (*металлические*) filings; (*древесные*) sawdust
опило́вка *ж.* filing
опира́ть *гл. стр., мех.* support □ **~ по ко́нтуру** support on four sides; **~ по периме́тру** support around the periphery; **~ шарни́рно** (*напр. стержень*) pivot (*e.g., a column*)
опира́/ться *гл.* **1.** *стр., мех.* bear (against); (*покоиться*) rest (on); (*на вертикальную конструкцию*) lean (against) **2.** (*о валах, колёсах и т. п.*) be carried (by) □ **вал ~ется на два подши́пника** the shaft is carried by two bearings
описа́ние *с.* description
~ пате́нта patent specification
техни́ческое ~ description (technical description *соответствует русскому* техни́ческие да́нные)
описа́тель *м. вчт.* descriptor
опи́сывать *гл.* **1.** (*излагать словесно или письменно*) describe, explain, present, set forth **2.** (*изображать геометрически*) describe □ **~ дугу́** describe [strike] an arc
о́пись *ж.* list
~ дел inventory
~ содержи́мого (*в ящике, посылке и т. п.*) note of (the) contents
оплавле́ние *с.* **1.** (*способ сварки*) *мет.* flash(ing), burn-off **2.** (*керамического материала*) fusion **3.** (*остеклование керамической поверхности*) vitrification
оплавля́/ть(ся) *гл.* (*напр. о керамическом материале*) fuse □ **~ слегка́** sweat *пример*: **пла́мя бы́стро ~ет кла́дку** the flame rapidly fuses the brickwork
опла́та *ж.* (*напр. труда, услуг и т. п.*) payment
оплета́ть *гл.* braid
оплётка *ж.* braid(ing)
металли́ческая ~ wire braiding
нитяна́я ~ textile braiding
расцве́ченная ~ coloured braiding
тру́бчатая ~ tubular braiding, braid sleeve
опло́тник *м. лес.* fence boom, bag, bag boom sticks
кольцево́й ~ round boom
оплы́вина *ж.* mud-stream, mud flow, mud avalanche
оповеща́ть *гл.* give warning (to) □ **~ звуковы́м сигна́лом** give audible warning (to)
оповеще́ние *с.* warning
опо́ек *м. кож.* calf skin, calf leather
опо́ек-велю́р *м. кож.* suéde calf, suéde calf leather, velour chrome calf
опо́ек-нубу́к *м. кож.* nubuk calf leather
опо́ек-склизо́к *м. кож.* slunk
опо́ек-сосуно́к *м. кож.* sucking calf
опознава́ние *с.* (*определение принадлежности*) identification; (*узнавание*) recognition
~ зна́ков character recognition
~ о́бразов pattern recognition
~ ре́чи speech recognition
~ «свой — чужо́й» *ав.* identification friend-or-foe, IFF
опознава́тель *м.* **1.** identifier **2.** (*в проверке кода на чётность — нечётность*) parity-check sequence
опознава́ть *гл.* (*определять принадлежность*) identify; (*узнавать*) recognize
опозна́к *м. геод., топ.* topobeacon, point of control, control survey point
опо́к/а *ж.* flask, moulding [casting] box, moulding frame □ **заполня́ть ~у формо́вочной землёй** fill the flask with (moulding) sand; **набива́ть ~у** pack [ram] moulding sand in the flask
ве́рхняя ~ cope, top box
ни́жняя ~ drag, bottom box, nowel
разъёмная ~ snap [pop-off] flask
ручна́я ~ one-man flask
сбо́рная ~ built-up moulding box
свёртная ~ bolted moulding box
составна́я ~ built-up moulding box
сре́дняя ~ cheek
съёмная ~ slip flask
ополáскиватель *м. пищ.* rinser
оползáть *гл.* creep, slide, slip
о́ползень *м.* creep, slide, landfall, soil slip, soil flow, earth fall, slump
опо́ра *ж.* support □ **служи́ть ~ой** give support (to ...)
~ баланси́ра walking beam saddle; equalizer fulcrum
~ ва́ла (shaft) bearing
~ дви́гателя engine support, engine(-mounting) bracket, engine bearer
защемлённая ~ *стр.* built-in [constrained] support
~ инструме́нта *геод.* instrument base
~ каче́ния rolling-contact bearing
~ конта́ктной се́ти contact-line support(ing structure)
~ конта́ктной се́ти, а́нкерная anchor [dead-end] (contact-line) support
~ конта́ктной се́ти, консо́льная bracket-type (contact-line) support
~ конта́ктной се́ти, перехо́дная large-span (contact-line) support
~ конта́ктной се́ти, поддéрживающая suspension (contact-line) support
~ конта́ктной се́ти, промежу́точная suspension (contact-line) support
~ конта́ктной се́ти, фи́дерная (contact-line) feeder support

опо́ра
~ котла́ boiler foot
~ ку́зова body support, body bracket, body mounting point
~ ли́нии электропереда́чи *см.* **опо́ра ЛЭП**
~ ЛЭП power transmission line support, power transmission line supporting structure
~ ЛЭП, а́нкерная anchor (dead-end] (power transmission line) support
~ ЛЭП, А-обра́зная A-frame (power transmission line) support
~ ЛЭП, ба́шенная (power transmission line) tower (support)
~ ЛЭП, ма́чтовая (power transmission line) tower (support)
~ ЛЭП, многоцепна́я multi-circuit (power transmission line) support
~ ЛЭП, односто́ечная (power transmission line) pole
~ ЛЭП, одноцепна́я single-circuit (power transmission line) support
~ ЛЭП, перехо́дная long-span (power transmission line) support
~ ЛЭП, П-обра́зная H-frame (power transmission line) support
~ ЛЭП, промежу́точная tangent-suspension (power transmission line) support
~ ЛЭП, свободностоя́щая self-supporting [rigid] (power transmission line) support
~ ЛЭП с оття́жками guyed (power transmission line) support
~ ЛЭП, углова́я (промежу́точная) angle-suspension (power transmission line) support
~ моста́ pier
неподви́жная ~ immovable support
ножева́я ~ knife-edge (support)
подви́жная ~ movable support
~ подши́пника bearing support, bearing stand, bearing [pillow] block
призмати́ческая ~ knife-edge support
пружи́нная ~ spring [flexible] support, spring cushion
~ рессо́ры spring pad
~ трубопрово́да pipe-line saddle
~ трубопрово́да, мёртвая anchorage, fixed support
~ трубопрово́да, неподви́жная anchorage, fixed support
ца́пфовая ~ trunnion bearing
шарни́рная ~ hinged support

опора́жнивать *гл.* discharge, empty, dump

опорожне́ние *с.* dump □ **за ка́ждое ~ доза́тор выдаёт определённый вес** each dump of the scale represents a fixed weight

опоя́сывать *гл.* girdle

опра́ва *ж.* holder
~ зе́ркала mirror cell
~ объекти́ва lens mount, lens cell
~ очко́в eyeglass [spectacle] frame

опра́ва
~ твердоме́ра для алма́зного наконе́чника diamond-point [Brale] chuck
~ твердоме́ра для ша́рикового наконе́чника ball chuck

опра́вка *ж.* (*для крепления обрабатываемого изделия*) mandrel; (*для крепления режущего инструмента с центровым отверстием*) arbour (*Примечание. Оба термина часто взаимозаменяемы*)
~ для воло́ки die holder, die insert
разжи́мная ~ expanding mandrel
разрезна́я ~ split mandrel
расто́чная ~ (*борштанга*) boring bar
составна́я ~ built-up [gang] mandrel
устано́вочная ~ aligning bar
фасо́нная ~ former

опра́шивать *гл.* interrogate □ **~ абоне́нта** *тлф.* answer a call; accept a call; (*при поступлении вызова*) obtain the designation of the wanted (called) party; (*по окончании разговора, оператором коммутатора*) challenge *пример*: **опроси́ть абоне́нтов и убеди́ться, что ли́ния освобождена́ [разгово́р око́нчен]** challenge the line to be sure the parties are through; **~ три́ггеры** (*в системах обработки данных и автоматического управления*) sample (the) flip-flops; **~ экипа́ж,** *напр.* **о рабо́те двигательной устано́вки** obtain a report on, *e.g.*, powerplant operation from the crew

определе́ни/е *с.* **1.** (*нахождение, установление, измерение*) determination **2.** (*дефиниция*) definition □ **по ~ю** *мат.* by definition; **подпада́ть под ~** come within the scope of a definition
~ а́зимута azimuth(al) determination, azimuth observation
астроно́мо-геодези́ческое ~ astrofix(ation), astronomical fixation
~ во́зраста (*особ. методом радиоизотопов*) dating
~ всхо́жести семя́н seedling evaluation
~ высо́т *геод.* heighting, relief determination
~ гранулометри́ческого соста́ва grading test, grain-size analysis
~ да́льности *рлк.* ranging
~ девиа́ции в полёте air swinging
~ зо́льности ash test
~ капилля́рности *текст.* capillary test
~ коэффицие́нта поле́зного де́йствия efficiency test
~ местоположе́ния *нвг.* fixing, position finding
~ огнеупо́рности fusion test
рекурси́вное ~ *мат.* recursive definition, definition by recursion
~ си́лы сцепле́ния cohesion test

определе́ни/е
~ содержа́ния шли́хты *текст.* size content test
~ твёрдости вда́вливанием indentation test
~ твёрдости по Брине́ллю Brinell hardness test
~ твёрдости по Ви́ккерсу Vickers [diamond] (pyramid) hardness test
~ твёрдости по Ге́рберту (*бомбардировкой стальными шариками*) Herbert cloudburst (hardness) test
~ твёрдости по Мо́осу (*царапанием минералами*) Mohs scratch-hardness test
~ твёрдости по Ро́квеллу Rockwell hardness test
~ твёрдости по Шо́ру (*по высоте упругого отскока бойка*) Shore (scleroscope) hardness (test)
~ твёрдости цара́панием scratch-hardness test
~ температу́ры вспы́шки flash-point test
~ цве́та colour test

определённост/ь *ж.* definiteness □ **для ~и допу́стим ...** for definiteness, assume ...
комбина́торная ~ *мат.* combinatorial definability

определён/ный *прил.* (*некоторый*) definite; (*имеющий определение*) defined; (*конкретный*) specific □ **э́та фу́нкция ~а́ на интерва́ле ...** this function is defined in the interval
всю́ду ~ *мат.* completely [everywhere] defined
положи́тельно ~ *мат.* positive defined

определи́мость *ж.* definability

определи́мый definable
стати́чески ~ statically determinate

определи́тель *м. мат.* determinant □ **раскрыва́ть ~** expand a determinant
~ Вро́нского Wronskian
~ *n*-го поря́дка determinant of order *n*, determinant of the *n*th order
функциона́льный ~ functional determinant, Jacobian

определя́/ть *гл.* **1.** (*характеризовать*) define **2.** (*измерять, находить измерением*) calculate, determine □ **~ из тригонометри́ческих вычисле́ний** calculate by trigonometry; **~ на глаз** estimate by eye; **~ по ...** 1. determine from ... *пример*: **~ сопротивле́ние по напряже́нию и то́ку** determine the resistance from the voltage and current 2. observe to check that ... *пример*: **по сигна́льной ла́мпе ~ рабо́ту вентиля́тора** observe the pilot lamp to check that the fan is operating; **~ положе́ние то́чки, геодези́ческой ста́нции *и т. п.*** locate a point, station, *etc.*; **~ ме́сто су́дна,** *напр.* **по радиопеленга́тору** obtain a fix by, *e.g.*, a radio direction finder **3.** (*находить численное значение*) evaluate **4.** (*оказывать влияние на характер, величину, поведение*)

determine, govern *пример*: **распространéние волн ~ется состоя́нием атмосфéры** wave propagation is determined by the state of the atmosphere
определя́ться *гл.* **(по ...)** (*о судне, самолёте*) obtain a fix (*by* ...)
опреснéние *с.* **воды́** desalination [desaltation] of water
опресни́тель *м.* (*воды*) **1.** (*переносный комплект*) desalting kit **2.** (*вещество*) desalter
опресня́ть *гл.* **вóду** desalinate water
опрессóвка *ж.* **1.** (*испытание под давлением*) pressure test; (*испытание под давлением воды или др. жидкости*) hydrostatic test **2.** (*заключение в оболочку, обычно пластмассовую*) moulding
опрессóвывать *гл.* **1.** (*испытывать под давлением*) subject to a pressure test; (*испытывать под давлением воды или др. жидкости*) subject to a hydrostatic test **2.** (*заключать в оболочку, обычно пластмассовую*) mould (*e.g., a resistor*)
опрóбование *с.* **1.** (*пробная эксплуатация оборудования*) test(ing), try-out **2.** (*взятие пробы, напр. воды, газа и т. п.*) sampling
~ двигателя *ав.* (*в полёте*) in-flight engine check; (*на земле*) engine ground run-up
опрóбовать *гл.* (*подвергать испытанию, проверять*) check; (*проводить пробную эксплуатацию оборудования*) test-operate
опроки́дывание *с.* **1.** turning over, tipping over **2.** (*триггера, мультивибратора и т. п.*) change of state, transfer to another state
~ изображéния reversal of the image
~ фáзы phase reversal
~ циркуля́ции reversal of circulation
опроки́дыватель *м.* tipper
~ вагонéток car dumper, car tippler
сли́тковый ~ tilting chair
опроки́дывать *гл.* turn over, tip over
опроки́дываться *гл.* **1.** (*о судне на ходу*) capsize; (*о судне во время спуска на воду*) tip **2.** (*о триггере, мультивибраторе и т. п.*) change state, snap over; (*из первоначального положения*) flop (to ...); (*в первоначальное положение*) flip back
опрóс *м.* **1.** interrogation **2.** (*в системе обегающего контроля*) scan **3.** (*метод сбора информации*) polling, survey
опры́скивание *с.* spraying, spray treatment, sprinkling
авиациóнное ~ aerial spraying
аэрозóльное ~ aerosol spraying
довсхóдовое ~ pre-emergence spraying
мелкокáпельное ~ atomized [mist] spraying
назéмное ~ ground spraying
опры́скивание
послевсхóдовое ~ post-emergence spraying
предпосевнóе ~ pre-planting spraying
предубóрочное ~ pre-harvest spraying
опры́скиватель *м.* (crop) sprayer, spraying machine
аэрозóльный ~ aerosol sprayer, fogger
вентиля́торный ~ blower sprayer
гидравли́ческий ~ hydraulic sprayer
навеснóй ~ mounted sprayer
полевóй ~ field(-crop) sprayer
рáнцевый ~ knapsack [back-pack] sprayer
самолётный ~ aircraft [air, aerial] sprayer
опры́скиватель-опы́ливатель *м.* sprayer-duster
опры́скивать *гл.* spray, sprinkle
ОПС [однополóсный сигнáл] single-sideband [SSB] signal □ **формировáть ~** generate [derive, develop] the SSB signal; **формировáть ~ многокрáтной балáнсной модуля́цией** derive the SSB signal [accomplish SSB transmission] by the balanced-modulator technique; **формировáть ~ по фазокомпенсациóнному [фазорáзностному] мéтоду** derive the SSB signal [accomplish SSB transmission] by the phase-balancing process [by phasing process, by phase-shift, by balancing circuit technique]; **формировáть ~ по фильтровóму мéтоду** derive the SSB signal by filtering; **формировáть ~ синтети́ческим спóсобом** derive the synthetic SSB signal
óптика *ж.* optics
волновáя ~ wave [physical] optics
волокóнная ~ fibre optics
геометри́ческая ~ geometrical [ray] optics
лучевáя ~ geometrical [ray] optics
физи́ческая ~ physical [wave] optics
~ Шми́дта reflective optics
электрóнная ~ electron optics, optronics
оптикáтор *м.* optical gauge
оптикоэлектрóника *ж.* optoelectronics
оптимáльность *ж.* optimality
опти́метр *м.* telescope caliper
оптимизáтор *м.* optimizer
глобáльный ~ global optimizer
оптимизáция *ж.* optimization
~ управлéния с применéнием адапти́вных модéлей control optimization with model adaptation
~ цепéй network optimization
~ цепéй, маши́нная computer-aided network optimization
óптимум *м.* optimum
оптóметр *м. мед.* optometer
оптотранзи́стор *м.* optoelectronic transistor
оптофóн *м.* optophone
оптоэлектрóника *ж.* optoelectronics
твердотéльная ~ solid-state optoelectronics
оптрóн *м.* photon-coupled pair, PCP, source-detector pair, opto-isolator
оптрóника *ж.* (*лазерная техника, голография и оптоэлектроника*) optronics
опу́дривать *гл.* dust [powder] with; (*тальком*) talc
опускáние *с.* **1.** (*перемещение вниз*) lowering, sinking **2.** (*выбрасывание*) dropping, omitting
~ колóши *мет.* drop [slip] of the charge
опускáть *гл.* **1.** (*перемещать вниз*) lower; sink □ **~ кессóн** sink a caisson **2.** (*выбрасывать, исключать, делать пропуск*) drop, omit □ **~ перпендикуля́р** drop a perpendicular; let fall a perpendicular; **~ шаг задáния** *вчт.* by-pass [skip] a job step
опускáться *гл.* descend, fall, sink
опылéние *с. с.-х.* (plant) pollination
опы́ливание *с. с.-х.* dusting
авиациóнное ~ aerial dusting
увлажнённое ~ wet dusting
электростати́ческое ~ electrostatic dusting
опы́ливатель *м. с.-х.* duster, dust applicator, dusting machine, dust blower, powder blower
óпыт *м.* **1.** (*эксперимент*) experiment □ **в результáте ~а устанáвливать какóй-л. факт** establish some fact by experiment; **~ на живóм органи́зме** experiment in vivo; **плани́ровать ~** design an experiment; **производи́ть ~** perform [conduct] an experiment **2.** (*практика, накопленные знания*) experience □ **из ~а извéстно ...** it is known from experience ...; **как показáл ~** as experience has shown [shows] ..., experience has shown [shows] that ... **3.** *стат.* test, trial
дополни́тельный ~ (*в планировании эксперимента*) replicate experiment □ **стáвить дополни́тельный ~ в цéнтре плáна** replicate the centre point of the design
достовéрный ~ significant experiment
контрóльный ~ check experiment
крити́ческий ~ critical test, experimentum crucis
лаборатóрный ~ laboratory trial
параллéльный ~ (*в регрессионном анализе*) replicate observation
показáтельный ~ model experiment
полевóй ~ field experiment
полупромы́шленный ~ pilot experiment
~ рабóты operational [service] experience, operational [service] background
~ эксплуатáции *см.* **óпыт рабóты**
оранжерéя *ж.* glass-house, green-house
орби́т/а *ж.* orbit □ **в момéнт вы́вода на ~у** at injection into orbit; **выводи́ть на ~у** inject into [establish

in, place in, put into] orbit; **выходить на ~у** achieve (its) orbit; **(летать) по ~е** orbit; **покидать ~у** [**сходить с ~ы**] (*в аварийной ситуации*) abort from orbit; **~ с периодом обращения ... и перигеем ...** the orbit has a period of ... and a perigee of ...

орбит/а
~ возвращения return orbit
~ встречи rendezvous orbit
~ захвата capture orbit
~ ожидания parking [staging, waiting] orbit
околоземная ~ near-earth orbit
окололунная ~ circumlunar orbit
парковочная ~ parking [staging, waiting] orbit
переходная ~ transfer orbit
промежуточная ~ staging orbit
стационарная ~ stationary [24-hour] orbit
~ стыковки docking orbit
~ торможения braking orbit

орган *м.* member, element
грузонесущий ~ (*конвейера*) (load-)carrying surface
дроссельный ~ constrictor, restrictor, pressure-difference [p.d.] device
заделывающий ~ *с.-х.* covering device
исполнительный ~ *авт.* actuator
~ настройки *рад.* tuning control
~ подстройки частоты строк *тлв.* horizontal hold control
рабочий ~ *с.-х.* tool
рабочий ~ землеройной машины excavating part of an earth-moving machine
регулировочный ~ control
регулирующий ~ final control element
~ реле, блокирующий blocking element
~ реле (выдержки) времени timing element
~ реле направления мощности directional element
~ реле, пусковой starting element
~ сравнения comparison element
~ управления (operating) control
~ управления, аэродинамический aerodynamic control
~ управления двигателем engine control
~ управления, струйный control jet

организация *ж.* organization
~ запоминающего устройства, числовая word-organized memory
~ памяти, (по)разрядная bit-organized memory
~ памяти, трёхмерная three-coordinate memory
~ труда, научная [НОТ] industrial engineering

организм *м.* organism, body

органолюминофор *м.* organic phosphor

оргстекло *с.* acrylic plastic

оргтехника *ж.* clerical [managerial] aids, office mechanization facilities

ордер *м.*:
архитектурный ~ order
погрузочный ~ *мор.* loading order

ордината *ж.* ordinate, *y*-coordinate

оребрение *с.* finning, fins, ribbing

ореол *м. кфт.* halo

ореолообразование *с. кфт.* halation

орешек *м.* (*сорт угля*) bean
дубильный ~ *кож.* oak nut, oak gall
чернильный ~ *кож.* oak nut, oak gall

оригинал *м. полигр.* original (copy)
~ дифракционной решётки *крист.* master grating
~ карты, издательский smooth-delineation map
~ карты, полевой field (survey) [base] sheet, map manuscript, surveying panel, survey(or's) [basic] plate
~ карты, расчленённый (colour-) separation drafting, separation drawing
~ карты, совмещённый combination block, composite [combination] drawing, composite combination plate, combination print
~ карты, составительский compilation [composite] sheet, compilation manuscript
~ карты, штриховой line original, line print, line copy
~ матрицы (*в производстве грампластинок*) master
~ матрицы, второй (*в производстве грампластинок*) mother
~ матрицы, третий (*в производстве грампластинок*) stamper
организованный ~ *полигр.* dummy
тоновый ~ continuous-tone original, continuous-tone copy
фототелеграфный ~ (subject) copy
~ функции (преобразования) (*напр. Лапласа, Фурье и т. п.*) inverse (*Laplace*, *Fourier*, *etc.*) transform □ **находить ~ функции по обратному преобразованию, *напр.* Фурье, Лапласа *и т. п.*** recover the time dependence of a function by the inverse, *e.g.*, Fourier, Laplace, *etc.* transform; **находить ~ функции преобразования Лапласа по заданному изображению** recover the original (time) function corresponding to a given Laplace transform; **находить ~ функции преобразования по его** (*напр. лапласову*) **изображению** (*в операторном исчислении*) recover an original (time) function from its (*e.g.*, *Laplace*) transform
цветоделённый ~ colour-separated copy
чёрно-белый ~ black-and-white copy

оригинал-макет *м. полигр.* make-up page

оригиналодержатель *м. полигр.* copy-holder

ориентатор *м. ав., косм.* attitude control unit
солнечный ~ astrotracker

ориентация *ж.* 1. *мат.* orientation 2. *ав., косм.* attitude control
~ радиолокационного изображения radar display stabilization
~ радиолокационного изображения по азимуту north-upwards [azimuth] stabilization
~ частей электрического соединителя connector polarization

ориентир *м.* reference point
визуальный ~ *ав.* (exterior) visual reference
контрольный ~ *ав.* check reference (point)
наземный ~ *ав.* landmark, terrestrial reference

ориентирование *с.* orientation
~ аэроснимков photo-point control
внешнее ~ *афс.* exterior [absolute] orientation; (*стереомодели*) horizontalization
внутреннее ~ *афс.* inner orientation
~ на местности terrain orientation
~ по азимуту azimuthal orientation
~ по географическому меридиану true orientation
~ по истинному меридиану true orientation
~ по магнитному меридиану magnetic orientation
стереоскопическое ~ spatial orientation
фотограмметрическое ~ photogrammetric orientation

ориентировать *гл.* orientate, orient □ **~ антенну (в направлении) на ...** orient an antenna on ...; **~ мензулу** *геод.* turn the plane-table to the desired azimuth; **~ся на местности** orient oneself with respect to (the) terrain, take one's bearings in the locality

орицикл *м. мат.* horocycle, oricycle

орнамент *м.* ornament, decorative pattern

орнитоптер *м. ав.* ornithopter

орография *ж.* orography

ороситель *м.* 1. (*разбрызгиватель*) sprinkler 2. (*оросительный канал*) irrigation cannel

орошать *гл.* 1. sprinkle, spray □ **~ ректификационную колонну, *напр.* поглотительным маслом** spray, *e.g.*, wash oil into a scrubber 2. *с.-х.* irrigate

орошени/е *с.* irrigation
~ дождеванием sprinkling, sprinkler irrigation
дренажное ~ drainage irrigation
капельное ~ drip irrigation
контурное ~ contour irrigation
лиманное ~ basin [catchwork, spring-flood] irrigation

орошéни/е
повéрхностное ~ surface irrigation
подпóчвенное ~ subsurface irrigation
~ ректификациóнной колóнны reflux □ **возвращáть часть конденсáта в кáчестве ~я ректификациóнной колóнны** feed some condensate back as reflux
~ с механи́ческим водоподъёмом lift irrigation
~ стóчными вóдами sewage [wastes] irrigation
чéковое ~ check irrigation
орт *м.* **1.** *горн.* breakthrough, cross-cut **2.** *мат.* unit vector
ортикóн *м.* orthicon
ортоводорóд *м.* orthohydrogen
ортогонализáция *ж.* orthogonalization
ортогонáльность *ж.* orthogonality
ортогонáльный *прил.* orthogonal
~ с вéсом normal (orthogonal) with respect to a weight function
ортодрóми/я *ж.* (*воображаемая линия на поверхности земного шара*) great circle; (*иногда в значении ортодромического курса следования*) great-circle course, great-circle track □ **слéдовать по ~и** follow [proceed along] a great-circle track
ортокислотá *ж.* orthoacid
ортоклáз *м.* orthoclase
ортоóсь *ж.* ortho axis, ortho diagonal
ортопозитрóний *м.* orthopositronium
ортоскóп *м.* orthoscope
ортоскопи́я *ж.* orthoscopy
ортосоединéние *с.* orthocompound
ортостереоскопи́я *ж.* orthostereoscopy
ортофотоплáн *м.* orthophotomap
ортофотоскóп *м.* orthophotoscope
ортофотосни́мок *м.* orthophoto(graph)
ортоцéнтр *м.* orthocentre (*of a triangle*)
орýдие (*труда*) implement, tool
ди́сковое ~ *с.-х.* disker, disk implement
дренáжное ~ draining implement
задненавеснóе ~ rear-mounted implement
навеснóе ~ mounted implement
отвáльное ~ mouldboard implement
передненавеснóе ~ front-mounted implement
подвеснóе ~ mid-mounted implement
полунавеснóе ~ semi-mounted implement
почвообрабáтывающее ~ tillage [tilling] implement
прицепнóе ~ trailed [drawn] implement
рыболóвное ~ fishing gear, fishing tackle
сельскохозя́йственное ~ farm [agricultural] implement
широкозахвáтное ~ wide-cut [broad-gang] implement
орудéние *с.* mineralization

осади́тель *м.* precipitator, precipitant, precipitating agent
осáдка *ж.* **1.** (*грунта*) settlement, settling **2.** (*операция кузнечно-прессового производства*) upsetting
~ колóши *мет.* charge slip
~ порóды rock sagging
~ рессóры spring camber
~ сýдна draught □ **~ сýдна характеризýет глубинý, необходи́мую для тогó, чтóбы сýдно бы́ло на плавý** draught is the depth required to float a vessel; **~ сýдна характеризýет погружéние сýдна ни́же ýровня воды́** draught is the depth that a vessel sinks when afloat
~ сýдна, баллáстная ballast draught
~ сýдна, грузовáя load draught
~ сýдна, конструкти́вная design draught
~ сýдна кормóй after draught
~ сýдна, максимáльная extreme [keel] draught
~ сýдна, наибóльшая extreme [keel] draught
~ сýдна на плавý floating [hullborne] draught
~ сýдна на подвóдных кры́льях foilborne draught
~ сýдна нóсом forward draught
~ сýдна порожнём light draught
~ сýдна, расчётная design draught
~ сýдна, срéдняя mean draught
~ сýдна, эксплуатациóнная operating [service] draught
~ ши́хты (*в доменной печи*) burden slip
осадкомéр *м.* **1.** *мор.* draught gauge **2.** *метео* precipitation [rain] gauge
осáд/ок *м.* (*получаемый в результате реакции*) precipitate; (*получаемый в результате осаждения*) sediment □ **взмýчивать ~** stir up the sediment **3.** *мн.* precipitation
аккумуля́торный ~ battery mud
атмосфéрные ~ки atmospheric precipitation
годовы́е ~ки annual precipitation
дефекациóнный ~ defaecation residue
дóнный ~ bottom sediment, bottoms
~ на фи́льтре (filter) cake □ **наращивать ~ на фи́льтре** build (up) the cake; **отдувáть ~ на фи́льтре** blow back the cake (*for take-off*); **снимáть ~ на фи́льтре** take off the cake; **срезáть ~ на фи́льтре с фильтровáльного элемéнта** shave the cake off the filtering surface
радиоакти́вные ~ки radioactive fall-out
фильтрациóнный ~ (filter) cake
осаждáемость *ж.* precipitability; sedimentation capacity
осаждáть *гл.* (*извлекать из жидкой или газообразной фазы*) precipitate
осаждáться *гл.* (*на поверхности, покрывая слоем*) deposit, lodge (on), settle (out) □ **~ на, напр. анóде** (*при электролизе*) deposit at, *e.g.*, the anode (*in electrolysis*); **~ под дéйствием си́лы тя́жести** settle out by gravity
осаждéние *с.* (*извлечение из жидкой или газообразной фазы*) precipitation; (*образование слоя на поверхности в результате осаждения*) deposition, lodging
адсорбциóнное ~ adsorptive precipitation
дрóбное ~ fractional precipitation
~ отстáиванием sedimentation, settling
свобóдное ~ gravity sedimentation
совмéстное ~ co-precipitation
электростати́ческое ~ electrostatic precipitation
осáживать *гл.* (*ковкой*) upset
осáхаривание *с.* saccharification
осáхариватель *м.* hydrolyser
~ крахмáла starch converter
освáивать *гл.* □ **~ нóвую технолóгию** bring a new (production) process to a commercial level [status]; **~ нóвые зéмли** bring new land into [under] cultivation; **~ произвóдственную мóщность** bring output [production] to the (design) figure [mark]; **~ целинý** develop virgin land
освежáть *гл.* **1.** refresh, freshen (up) **2.** (*знания*) brush up one's knowledge (of) ...
освежéние *с.* **дерни́ны** turf reconditioning
освежи́тель *м.*:
~ вóздуха air freshener
~ формóвочной земли́ revifier
освети́тель *м.* (*источник света*) illuminant, illuminator
диффýзный ~ diffuse illuminant
~ лáзера pump
~ лáзера, аксикони́ческий axicon pump
~ лáзера с плóтным заполнéнием tightly coupled laser pump
~ лáзера с плóтным расположéнием лáмпы и акти́вного тéла a pump with a flash tube closely wrapped round the laser rod
~ лáзера, сфероконическийospherocon pump
фототелегрáфный ~ exciter lamp of a facsimile-transmitter scanner
осветлéние *с.* clarification
~ воды́ water clarification
~ в потóке (*винного сырья*) stream clarification
ферментати́вное ~ (*винного сырья*) enzymic clarification
осветли́тель *м.* clarifier
осветля́ть *гл.* clarify
освéчивание *с.* (*в импульсной фотометрии*) candela-second
энергети́ческое ~ watt-second/steradian
освещáть *гл.* light, illuminate; (*подвергать воздействию света*) expose (to light)

освеще́ние *с.* **1.** (*устройство освещения*) illumination, lighting **2.** (*свет*) light **3.** (*воздействие света*) exposure to light
авари́йное ~ emergency lighting
ве́рхнее ~ overhead lighting
вну́треннее ~ interior lighting
встро́енное ~ built-in [integral] lighting
~ гологра́ммы hologram illumination
декорати́вное ~ decorative lighting
дневно́е ~ daylight illumination
доро́жное ~ highway lighting
есте́ственное ~ natural lighting
~ залива́ющим све́том flood-lighting
и́мпульсное ~ flash light, flash illumination
индивидуа́льное ~ individual lighting
иску́сственное ~ artificial lighting
киносъёмочное ~ motion-picture set lighting
ко́нтровое ~ *кфт.* back lighting
~ ла́мпами нака́ливания incandescent lighting
люминесце́нтное ~ fluorescent lighting
ме́стное ~ local lighting
мя́гкое ~ soft light
напра́вленное ~ directional lighting
нару́жное ~ exterior [outdoor] lighting
неактини́чное ~ *кфт.* safe light
о́бщее ~ general lighting
~ обще́ственных мест public lighting
опера́торское ~ *кфт.* set lighting
~ отражённым све́том indirect lighting
~ полуотражённым све́том semi-indirect lighting
потоло́чное ~ overhead illumination
промы́шленное ~ industrial lighting
~ прямы́м све́том direct lighting
~ рассе́янным све́том diffuse lighting
рекла́мное ~ display lighting
у́личное ~ street lighting
~ фотолаборато́рии room illumination
освещённость *ж.* illuminance, illumination (intensity)
освинцова́ние *с.* lead coating
освинцо́вывать *гл.* lead-plate
освобожда́ть *гл.* free, liberate, release □ **~ ВПП** *ав.* clear the runway; **~ ли́нию** *тлф.* clear the line
освобожда́ться *гл. мат.* eliminate, get rid of, become free, clear □ **~ от дробе́й** clear fractions, rid (*an equation*) of fractions; **~ от иррациона́льности** rationalize
освобожде́ние *с.* liberation, release
оседа́ние *с.* **1.** (*в результате уплотнения, напр. грунта, снега*) settling, settlement **2.** (*частиц из взвешенного раствора*) sedimentation, settling **3.** (*на поверхности, покрывая слоем*) deposition, lodging **4.** (*погружение*) sinking
оседа́ть *гл.* **1.** (*в результате уплотнения, напр. о грунте, снеге*) settle down **2.** (*о частицах из взвешенного раствора*) sediment **3.** (*на поверхности, покрывая слоем*) deposit, lodge (on), settle (out) **4.** (*погружаться вниз*) sink
осело́к *м.* whetstone, hone
осесимметри́ческий *прил.* axially symmetric
осе́чка *ж.* misfire
оско́лок *м.* fragment
~ деле́ния *яд. физ.* fission fragment
~ полимериза́ции polymer fragment
оскрёбка *ж. пищ.* scraping
ослаби́тель *м.* **1.** *эл.* attenuator **2.** *опт.* optical wedge
калибро́ванный ~ calibrated attenuator
логарифми́ческий ~ logarithmic attenuator
поглоща́ющий ~ absorbing attenuator
преде́льный ~ cut-off attenuator
регули́руемый ~ adjustable attenuator
~ СВЧ microwave attenuator
согласо́ванный ~ matched attenuator
ступе́нчатый ~ step attenuator
фотографи́ческий ~ reducer
ослабле́ние *с.* **1.** (*сигнала, колебаний, волн*) attenuation **2.** *кфт., полигр.* reduction, clearing **3.** (*винта, гайки и т. п.*) slackening
~ ва́куума loss of vacuum
~ в напра́вленном ответви́теле, перехо́дное coupling factor
~ во́лоса *кож.* hairslipping
~ контра́стности *тлв.* contrast decay
~ нака́чки depumping
~ напряже́ния slackening of tension
~ по зерка́льному кана́лу image attenuation
~ по́ля *тлв.* field reduction
~ пружи́ны slackening of a spring
~ пучка́ beam attenuation
~ сварно́го шва fillet weld concavity
~ синфа́зных сигна́лов 1. (*процесс*) common-mode rejection **2.** (*величина*) common-mode rejection ratio (*Примечание. В советской литературе для измерения данной величины используются* разы́, *в английской* — decibels)
фотографи́ческое ~ photographic reduction
ослабля́ть *гл.* **1.** (*сигнал, колебания, волны*) attenuate **2.** *кфт., полигр.* reduce **3.** (*винт, гайку и т. п.*) slacken
осланцева́ние *с.* rock [stone] dusting
осланцева́тель *м.* stone dust apparatus, stone duster
ослепле́ние *с.* blindness
ослепля́ть *гл.* (*светом*) dazzle
ослизне́ние *с.* sliming
осма́тривать *гл.* examine, inspect
о́смий *м.* osmium, Os
осмо́л *м. лес.* (*пневой*) resinous wood
осмоле́ние *с.* **1.** *хим.* resinification **2.** *двс* gumming
осмо́метр *м.* osmometer
осмометри́я *ж.* osmometry
о́смос *м.* osmosis, osmose
осмоско́п *м.* osmoscope
осмо́тр *м.* inspection, examination
вне́шний ~ visual inspection
вы́борочный ~ spot-check inspection, sampling inspection
ежего́дный ~ annual inspection
контро́льный ~ check
~ пе́ред обра́тным ре́йсом *ав.* turnaround inspection
~ пе́ред очередны́м вы́летом *ав.* between-flight inspection
периоди́ческий ~ routine [periodical] inspection
предупреди́тельный ~ preventive inspection
приёмо-сда́точный ~ acceptance inspection
профилакти́ческий ~ preventive inspection
регуля́рный ~ routine [periodical] inspection
~ самолёта лётчиком walk-around inspection
~ с разбо́ркой strip inspection
теку́щий ~ routine inspection
осна́стка *ж.* equipment, rigging
инструмента́льная ~ tooling
~ опо́р pole attachments
такела́жная ~ rigging
технологи́ческая ~ machining [machine-tool] attachments
~ це́ха shop auxiliaries
оснаща́ть *гл.* equip, fit, rig (with) □ **~ ре́жущий инструме́нт твердоспла́вными пласти́нами** use carbide inserts on the cutting edge, coat the cutting edge with cemented carbide, apply cemented carbide to the cutting edge
осно́в/а *ж.* **1.** (*опора, каркас, остов*) base **2.** (*в абстрактном или переносном значениях*) basis □ **на ~е** in terms of *пример*: **эффекти́вность проце́сса оце́нивается на ~е вы́хода проду́кта** the efficiency of the process is evaluated in terms of product yield **3.** *текст.* warp □ **навива́ть ~у** beam the warp **4.** (*краски, лака*) vehicle **5.** (*бумага-основа*) base paper
~ вкла́дыша подши́пника backing, supporting shell
геодези́ческая ~ geodetic base, geodetic datum
като́дная ~ (*в электролизе меди*) starting sheet

осно́в/а
~ киноплёнки, негорю́чая safety film base
~ фотоматериа́ла film support, film base
~ фотоматериа́ла, безопа́сная safety film base
основа́ни/е *с.* **1.** basis □ **быть [служи́ть] ~ем для,** ***напр.*** **забрако́вки** be a cause for, *e.g.*, rejection; **лежа́ть в ~и** underlie; **на ~и таки́х иссле́дований предположи́ли ...** on the basis of such studies it was assumed ... **2.** (*нижняя часть предмета или сооружения и т. п.*) base, foundation **3.** *хим.* base
~ анте́нны antenna mounting
асфа́льтовое ~ *хим.* asphalt base
документа́льное ~ (*для ремонта, замены и т. д.*) authorizing reference, authority for (*repair, change, etc.*)
доро́жное ~ base of a road
~ зу́ба (*пилы*) root of a tooth
~, иску́сственно укреплённое consolidated base, consolidated soil (base)
~ ко́да size of a code alphabet
~ ко́рпуса подши́пника bearing base
~ логари́фма logarithmic base, radix □ **по ~ю логари́фма** (*напр. 10*) to (the) base (*e.g., 10*); **при ~и логари́фма** (*напр. 10*) with base (*e.g., 10*)
~ мо́ста bridge foundation
~ нивели́ра levelling base
~ о́бода rim base
~ перпендикуля́ра foot of a perpendicular
~ печа́тной пла́ты substrate
плакиро́ванное ~ metal clad base material
~ плоти́ны foundation of a dam
~ по́дины sub-hearth
~ покры́тия *стр.* base [bed] course
полиме́рное ~ polymer base
~ полоско́вой пла́ты substrate strip plate
~ предохрани́теля fuse base
~ резьбы́ thread bottom
ре́льсовое ~ rail support
ры́хлое ~ soil base, supporting soil
си́льное ~ *хим.* strong base
~ систе́мы счисле́ния base [radix] of a number system
сла́бое ~ *хим.* weak base
ска́льное ~ *стр.* bedrock (base)
~ сте́пени *мат.* base of the power
фольги́рованное ~ foil-clad substrate
~ шкалы́ dial
осно́вность *ж.* basicity
основовяза́ние *с.* warp [tricot] knitting
осо́бенность *ж.* **1.** (*отличительная черта, свойство*) characteristic property; distinction; (special) feature **2.** *мат.* singularity
~ констру́кции detail(s) of construction, structural feature(s)

осо́бенность
устрани́мая ~ apparent [removable] singularity
осола́живание *с.* malting
осола́живатель *м.* malting substance
о́спина *ж.* pock mark
осредне́ние *с. мат.* averaging, smoothing
~ да́нных *вчт.* data smoothing
~ по вре́мени time averaging
~ по мно́жеству ensemble averaging
осреднённый:
~ по вре́мени time-averaged
~ по мно́жеству ensemble-averaged
осредни́тель *м.* averager
оставля́ть *гл.* (*покидать, напр. самолёт, судно*) abandon
остана́вливать *гл.* **1.** (*движение*) arrest, (bring to a) stop **2.** *двс* shut down
остано́в *м.* **1.** (*устройство*) stop **2.** (*прекращение работы*) stop, shut-down, outage
авари́йный ~ emergency shut-down
~ в горя́чий резе́рв *тепл.* banking shut-down, shut-down to hot reserve
~ в холо́дный резе́рв *тепл.* shut-down to cold reserve
жёсткий ~ uncushioned stop
~ ЭВМ halt □ **~ ЭВМ без возмо́жности повто́рного за́пуска** dead halt; **~ ЭВМ по,** ***напр.*** **едини́чному состоя́нию контро́льного разря́да** halt on, *e.g.*, one
остано́вка *ж.* (*прекращение работы*) stop, shut-down, outage
~ до́менной пе́чи blowing-out of a blast furnace
~ на скользя́щих пара́метрах variable pressure shut-down
пла́новая ~ scheduled outage
суха́я ~ *тепл.* dry shut-down
оста́ток *м.* **1.** remainder □ **без ~а** (*напр. делиться*) *мат.* (*e.g., divide*) without remainder [leaving a zero remainder] **2.** *хим.* residue; (*устойчивая группа атомов в соединении*) residual **3.** (*остающаяся часть в формуле состава*) balance □ **смесь состои́т из 15% А, 20% Б, оста́ток — В** the mixture contains 15% A, 20% B, the balance, C
во́дный ~ *хим.* hydroxyl
~ вре́мени полёта *ав.* time to go
кисло́тный ~ acid residual
ку́бовый ~ vat [still] residue, still bottoms
нераствори́мый ~ insoluble residue
нефтяно́й ~ petroleum residue
о́бщий ~ total residue
~ ока́лины (*не удалённые при травлении полосы*) drawn-in scale
очаго́вый ~ furnace refuse, ash residue
порубо́чный ~ slash(es)
~ ря́да *мат.* remainder of a series
сухо́й ~ solid [dry] residual, solids
~ то́плива *ав.* remaining fuel

оста́ток
~ то́плива, неиспо́льзуемый, несливаемый *ав.* trapped unusable fuel
~ то́плива, неиспо́льзуемый, слива́емый drainable unusable fuel
~ флю́са residual flux
остеклева́ние *с.* **кра́ски** hardening of ink film
остекле́ние *с.* **1.** (*вставка стёкол или совокупность стёкол*) glazing **2.** (*стекло кабины, напр. лётчика, штурмана*) transparency □ **~ самолёта должно́ обеспе́чивать доста́точную про́чность при уда́ре птиц или гра́да** aircraft transparencies must be designed to withstand [to show resistance against] impacts by birds and hailstones
остеклова́ние *с.* **1.** (*поверхности керамического изделия*) vitrification **2.** (*отверждение радиоактивных отходов*) vitrification
остеотдели́тель *м.* awner, deawner, debearder, clipper, hummeler
о́стов *м.* **1.** *стр.* skeleton, frame(work) **2.** *мат.* spanning set
~ си́мплекса *мат.* skeleton of a simplex
усто́йчивость *ж.* (*судна*) stability
авари́йная ~ damaged [impaired] stability
динами́ческая ~ dynamic (metacentric) stability
нача́льная ~ initial stability
~ неповреждённого су́дна intact stability
попере́чная ~ transverse stability
продо́льная ~ longitudinal stability
стати́ческая ~ static(al) [metacentric] stability
~ фо́рмы form stability
остриё *с.* point
~ долота́ nose of a chisel
~ ковша́ edge of a bucket
~ контрре́льса guard [check rail] point
~ криво́й *мат.* cusp
~ криво́й пе́рвого ро́да *мат.* simple cusp
многогра́нное ~ diamond point
островерши́нность *ж.* **распределе́ния** *стат.* peakedness of a distribution
острово́к *м.* **безопа́сности** (*на улице*) pedestrian [safety, traffic] island
острога́ *ж.* gaff, grappling hook, harpoon
острогу́бцы *мн.* nippers, cutting pliers
острота́ *ж.* sharpness
~ зре́ния acuity of vision, visual acuity
~ настро́йки sharpness of tuning
~ резона́нса sharpness of resonance
~ резона́нсной характери́стики sharpness of the resonance curve
оструќтуривание *с.* (*почвы*) structure formation, aggregation
остря́к *м. ж.-д.* tongue, point
накло́нный ~ inclined plane tongue
направля́ющий ~ guiding tongue
подвижно́й ~ movable point

остря́к
ре́льсовый ~ rail point
центра́льный ~ centre point
остуднева́ние *с.* gelatination, gelatinization
осту́кивание *с.* **кро́вли** *горн.* roof jowling, roof knocking
остыва́ть *гл.* cool (off), cool down
осуша́ть *гл.* **1.** (*удалять влагу*) drain, dry, dewater □ **~ зе́млю** drain land; **~ котлова́н** (*отводить воду при строительстве, напр. плотин*) unwater the site; **~ месторожде́ние** dewater a deposit **2.** (*воздух, газ, особ. в замкнутом объёме, аппаратуре и т. п.*) dehumidify, desiccate
осуше́ние *с.* **1.** (*удаление влаги*) unwatering, dewatering **2.** (*воздуха, газа, особ. в замкнутом объёме, аппаратуре и т. п.*) desiccation; dehumidification
~ земе́ль drainage
осуши́тель *м.* dehumidifier, desiccator, desiccant
осциллогра́мма *ж.* (*на осциллографе*) oscillogram, oscillograph record; (*на осциллоскопе*) CRO display
осцилло́граф *м.* (*собственно осциллограф, т. е. с записью*) oscillograph; (*неточно, часто в значении* осциллоско́п) oscilloscope
~ бло́чной констру́кции modular oscillograph
вибра́торный ~ mirror-galvanometer oscillograph
двухлучево́й ~ (*с двумя электронными пушками*) double-beam oscillograph; double-beam oscilloscope; (*с одной электронной пушкой и коммутатором*) dual-trace oscillograph; dual-trace oscilloscope
магнитоэлектри́ческий ~ mirror-galvanometer oscillograph
светолучево́й ~ mirror-galvanometer oscillograph
шле́йфовый ~ mirror-galvanometer oscillograph
электроннолучево́й ~ cathode-ray oscillograph
осциллогра́фия *ж.* oscillography
осцилломе́тр *м.* oscillometer
осцилломе́трия *ж.* oscillometry
осциллоско́п *м.* oscilloscope
двухлучево́й ~ (*с двумя электронными пушками*) double-beam oscilloscope; (*с одной электронной пушкой и коммутатором*) dual-trace oscilloscope
стробоскопи́ческий ~ sampling oscilloscope
электро́нный ~ cathode-ray oscilloscope
осцилля́тор *м.* **1.** *физ.* oscillator **2.** *св.* high-frequency [radio-frequency] injection unit
гармони́ческий ~ harmonic oscillator
гармони́ческий, лине́йный ~ linear harmonic oscillator

осцилля́тор
электросва́рочный ~ high-frequency [radio-frequency] injection unit
ос/ь *ж.* **1.** (*воображаемая линия*) axis □ **на одно́й ~и́** in line (with), in alignment (with), aligned; **по ~и́** axially, endwise; **прикла́дывать моме́нт к ~и́** apply a torque about an axis; **(враще́ние, ско́рость** *и т. п.***) относи́тельно ~и́** (rotation, velocity, *etc.*) about an axis **2.** (*деталь машины, преим. неподвижная*) axle; (*преим. подвижная*) shaft
~ абсци́сс axis of abscissas, X-axis, abscissa axis □ **откла́дывать по ~и абсци́сс** lay off as abscissa, plot on the abscissa
~ а́нкера *час.* pallet shaft
~ аппліка́т Z-axis
~ бала́нса *час.* balance shaft
~ бандажи́рованного валка́ *прок.* roll mandrel
больша́я ~ *геод.* longer [major] axis
~ бороздно́го колеса́ furrow axle
ваго́нная ~ *ж.-д.* car axle
~ валка́ *прок.* arbor, spindle
веду́щая ~ driving [guide] axle
~ ВПП *ав.* (centre) line of the runway
визи́рная ~ axis of sight
враща́ющаяся ~ live axle
~ враще́ния 1. *мат.* axis of rotation **2.** (*гироскопа*) spin axis **3.** (*руля самолёта*) hinge axis, hinge line
~ вре́мени time axis
гла́вная ~ principal axis □ **отбива́ть гла́вную ~** (*при разметке*) draw the base(-line)
двойнико́вая ~ (*кристалла*) twinning axis
действи́тельная ~ real(-number) axis, axis of reals
~ деформа́ции *сопр.* axis of strain
~ дифференциа́ла differential shaft
~ доро́ги centre-line of a road
измери́тельная ~ (*гироскопа*) sensitive axis
~ ката́ния axis of rolling
~ кача́ния axis of oscillation
колёсная ~ *ж.-д.* wheel axle
~ координа́т coordinate axis
~ кре́на *ав.* roll axis
кристаллографи́ческая ~ ***n*-го поря́дка** *n*-fold crystallographic axis
ма́лая ~ *геод.* minor [shorter] axis
мгнове́нная ~ instantaneous axis
мни́мая ~ imaginary axis, axis of imaginaries
~ напряже́ний *сопр.* axis of stresses
нача́льная ~ reference axis; initial axis
нейтра́льная ~ *мех.* neutral axis
опти́ческая ~ 1. (*прибора*) optical axis **2.** (*кристалла*) optic axis
~ ордина́т vertical scale, Y-axis, axis of ordinates □ **откла́дывать по ~и́ ордина́т** lay off as ordinate, plot on the ordinate

ос/ь
~ пла́вания axis of buoyancy, axis of flotation
побо́чная ~ secondary [auxiliary] axis
~ полево́го колеса́ *с.-х.* land axle
поля́рная ~ (*кристалла*) polar axis
пото́чная ~ *аргд.* wind axis
продо́льная ~ longitudinal axis; (*самолёта, судна*) fore-and-aft axis
~ простра́нственных координа́т solid axis
~ пути́ centre line of a track
~ пьезокриста́лла, механи́ческая mechanical axis [Y-axis] of a piezocrystal
~ пьезокриста́лла, опти́ческая optic axis [Z-axis] of a piezocrystal
~ пьезокриста́лла, электри́ческая electric axis [X-axis] of a piezocrystal
~ ры́скания *ав.* yaw axis
свя́занная ~ *аргд.* body axis
~ симме́трии axis of symmetry
строи́тельная ~ (*напр. прокатного стана, самолёта*) construction line
~ тангажа́ *ав.* pitch axis
~ фигу́ры (*гироскопа*) spin axis
~ шарни́ра hinge axis; (*деталь*) hinge pin
ота́пливать *гл.* heat
отбе́ливание *с.* (*воздействие химикатов или солнца*) bleaching
~ под кра́шение bleaching for dyeing, dyers bleaching
~ чугуна́ chilling of iron casting
отбе́ливатель *м.* bleacher
отбе́ливать *гл.* **1.** (*воздействием химикатов или солнца*) bleach **2.** □ **~ чугу́н** chill the casting, produce the chill in the iron casting
отбива́ть *гл.* **1.** (*заострять косу, лезвие и т. п.*) draw down, hammer (out) **2.** (*линию, направление*) strike (*a line, a direction*)
отби́вка *ж.* *полигр.* spacing
отбира́ть *гл.* **1.** (*сортировать*) screen, select **2.** (*извлекать*) extract □ **~ во́здух от компре́ссора** *ав.* bleed air off the compressor; **~ во́здух от ступе́ни высо́кого давле́ния** *ав.* tap high-pressure air **3.** □ **~ мо́щность** take off power
отбо́й *м.* *тлф.* ring-off □ **дава́ть ~** (*в ручных телефонах*) ring off; (*в других системах*) terminate a call; replace the handset on the rest [hook-switch] *примеры*: **дава́ть ~ по оконча́нии разгово́ра** ring off when through talking, signal for disconnection by ringing at the close of the conversation; **по оконча́нии разгово́ра абоне́нты даю́т ~** when the call is completed, the parties ring off
отбо́йка *ж.* *горн.* (*работы по отделению части горной породы от массива*) breaking; (*в руднике*) breaking ground; (*в угольной шахте*) cutting of coal

отбо́йка
~ **во́здухом** air breaking
гидравли́ческая ~ hydraulic breaking
гидровзрывна́я ~ hydraulic blasting
~ **глубо́кими сква́жинами** long-hole blasting
ма́ссовая ~ mass breaking
механи́ческая ~ shearing
~ **неглубо́кими сква́жинами** short-hole blasting
~ **по поро́де** rock-breaking, breaking the rock
~ **по руде́** ore-breaking, breaking the ore
~ **у́гля, беспла́менная** flameless coal blasting
отбо́йник *м.* impingement plate; (*в колонных аппаратах*) baffle (plate)
отбо́йщик *м. горн.* cutter
отбо́р *м.* **1.** (*сортировка*) screening, selection **2.** (*извлечение*) extraction **3.** (*воздуха от компрессора*) bleed-off **4.** *с.-х.* selection
взве́шенный ~ *мат.* weighted sampling
~ **давле́ния** (*на трубопроводе*) pressure tap
~ **мо́щности** power take-off
~ **па́ра для отопле́ния** heating steam extraction
~ **па́ра, регенерати́вный** regenerative bleed-off
~ **па́ра, технологи́ческий** process steam extraction
~ **проб** sampling
~ **щёлока** waste liquor bleeding
отборто́вка *ж.* **1.** (*загиб кромки листовой заготовки*) flanging **2.** (*кромка или борт, образованные в результате операции*) flange, flanged [raised] edge
отборто́вывать *гл.* (*загибать кромку листовой заготовки*) flange
отбрако́вка *ж.* rejection
отбрако́вывать *гл.* reject
отбра́сывание *с. мат.* rejection, deletion, dropping, omission, discarding
~ **незна́чащих нуле́й** zero-suppression
отбра́сывать *гл. мат.* reject, drop, omit, discard □ ~ **нули́** suppress zeros; ~ **оста́ток** discard the remainder; ~ **перено́с** discard the carry
отбро́сы *мн. м.* waste, refuse, garbage
городски́е ~ town refuse
промы́шленные ~ industrial waste, industrial refuse
радиоакти́вные ~ radioactive waste □ **захорони́ть радиоакти́вные** ~ bury the radioactive waste
твёрдые ~ (*все виды*) refuse
отва́л *м.* **1.** disposal area, dump; (*открытых разработок, земляных работ*) spoil bank, spoil heap □ **идти́ в** ~ go to waste, go to the dump *пример*: **хвосты́ иду́т в** ~ tailings go to waste **2.** (*рабочая часть землеройных машин—бульдозера, грейдера и т. п.*) blade
отва́л
вне́шний ~ *горн.* external dump, external spoil heap
вну́тренний ~ *горн.* internal dump, internal spoil heap
~ **плу́га** mouldboard, earthboard, breast
поро́дный ~ waste dump, rock spoil heap
~ **снегоочисти́теля** snow blade
отвалообразова́тель *м.* (*машина для перемещения в отвал*) spreader, stoker
~ **дра́ги** stacker
консо́льный ~ overburden spreader
отва́рка *ж.* **тка́ней** boil-off
отведе́ние *с.* **1.** (*удаление*) rejecting, removing **2.** (*предоставление*) allocating, assigning
отвердева́ние *с.* **1.** (*превращение в твёрдое тело*) (*о жидкости*) solidification; (*о веществах с кристаллической структурой*) crystallization **2.** (*увеличение твёрдости*) hardening
отверди́тель *м.* curing agent, hardener
отвержда́ть(ся) *гл.* cure, harden
отвержде́ние *с.* cure, curing, hardening, setting
горя́чее ~ hot curing, hot hardening
после́дующее ~ after-bake, after-hardening
предвари́тельное ~ pre-curing
холо́дное ~ cold curing, cold hardening
отве́рсти/е *с.* opening; (*под болт, заклёпку и т. п.*) hole □ ~**я не совпада́ют** the holes are unfair; **образо́вывать** ~ (*напр. сверлом*) originate a hole (*e. g., by a drill*); **открыва́ть** ~ uncover an opening; **ощу́пывать** ~ (*в перфокарте*) sense a hole (*in a punched card*); **перекрыва́ть** ~ cover an opening *пример*: **кла́пан перекрыва́ет** ~ **в седле́** the valve plate covers the opening in the valve seat; **перфори́ровать** ~ punch a hole; **прода́вливать** ~ punch a hole; **«разва́ливать»** ~ open out a hole; **развёртывать** ~ ream a hole; **совмеща́ть** ~**я** fair rivet holes to each other
болтово́е ~ bolt hole
~ **ва́ла** shaft hole
~ **в бума́ге** (*дефект*) pin-hole
вентиляцио́нное ~ ventilation opening
винтово́е ~ screw hole
~ **воло́ки** drawing die orifice
впускно́е ~ *двс* admission [intake, induction, inlet] opening, inlet [intake] port
вса́сывающее ~ *двс* suction hole; admission [intake, induction, inlet] opening, inlet [intake] port
входно́е ~ inlet
выгрузно́е ~ discharge opening
отве́рсти/е
~ **вы́работки, эквивале́нтное** *горн.* equivalent orifice of a working
высевно́е ~ *с.-х.* seed hole, feed opening
выхлопно́е ~ *двс* exhaust port
выходно́е ~ outlet
глухо́е ~ blind hole
загру́зочное ~ charging opening
заклёпочное ~ rivet hole
засыпно́е ~ charging opening
~ **истече́ния** discharge orifice
калибро́ванное ~ calibrated [gauged] orifice
~ **кла́пана, проходно́е** valve opening, valve port
контро́льное ~ locating hole
~ **ли́тника** *мет.* runner opening
ли́тниковое ~ *рез.* sprue (opening)
маслоналивно́е ~ oil-filling hole
маслоспускно́е ~ oil drain hole
ма́тричное ~ die hole
~ **моста́** aperture of a bridge, bridge opening
наливно́е ~ filling hole, filling orifice, filler (opening)
направля́ющее ~ pilot hole
несквозно́е ~ (*глухое*) blind hole
основно́е ~ (*допуски и посадки*) basic hole
отка́чное ~ exhaust hole
относи́тельное ~ *опт.* aperture ratio, relative aperture
переливно́е ~ overflow (outlet)
~ **перфоле́нты, веду́щее** centre [feed, sprocket] hole of a punched tape
~ **перфоле́нты, ко́довое** code hole of a punched tape
~ **печа́тной пла́ты, крепёжное** mounting hole of a printed board
~ **печа́тной пла́ты, металлизи́рованное** plated-through hole of a printed board
~ **печа́тной пла́ты, монта́жное** component hole of a printed board
~ **печа́тной пла́ты, фикси́рующее** location hole of a printed board
~**, полу́ченное отли́вкой** cored hole
~**, полу́ченное штампо́вкой** punched hole
приводно́е ~ *полигр.* registration [register] hole
~ **приёмника давле́ния, входно́е** pressure inlet
приёмное ~ feed opening
проду́вочное ~ blowoff hole
промы́вочное ~ (*в буре*) flushing hole
прочистно́е ~ cleanout port
разгру́зочное ~ **1.** discharge opening **2.** (*насоса*) equalizing hole
резьбово́е ~ threaded [tapped, screw] hole
~ **си́та** mesh, screen opening
сквозно́е ~ through hole
сма́зочное ~ lubricating hole, oil port
смотрово́е ~ inspection [peep] hole, inspection opening, observation port

отве́рсти/е
спускно́е ~ drain hole, drain opening
технологи́ческое ~ (*при изготовлении печатных схем*) pilot [manufacturing, fabrication] hole
то́почное ~ fire hole
устано́вочное ~ locating hole
фу́рменное ~ (*в доменной печи*) tuyere hole; (*в кислородном конвертере*) lance hole
центрово́е ~ centre hole
шуро́вочное ~ poking hole
отвёртка *ж.* screwdriver
антимагни́тная ~ nonmetallic screwdriver
углова́я ~ corner screwdriver
отвёртывать *гл.* unscrew
отве́с *м.* plumb line, (plumb) bob □ **направле́ние задаётся ~ом** the direction is assumed by a plumb line
отве́сно *нареч.* □ **ста́вить** *что-л.* **~** keep *smth.* plumb; **устана́вливать ~** *что-л.* set *smth.* plumb
отве́т *м.* answer, reply, response
ответви́тель *м.* coupler
напра́вленный ~ directional coupler
ответвле́ние *с.* branch(ing); tap
абоне́нтское ~ *тлф.* subscriber's drop
~ от трубопрово́да tee of a pipe-line
ответвля́ть *гл.* derive, tap; branch off □ **~ кана́л свя́зи** drop a channel
отве́тчик *м. свз., рлк.* transponder □ **~ выдаёт отве́т** the transponder returns the reply; **~ выдаёт отве́т на запро́с автомати́чески** the transponder answers the interrogation automatically; **опра́шивать ~** interrogate the transponder
бортово́й ~ *ав.* airborne ATC transponder
~ дальноме́рной систе́мы DME transponder
~ систе́мы опознава́ния «свой — чужо́й» *ав.* IFF transponder
~ УВД *ав.* ATC transponder
отвеча́ть *гл.* □ **~ станда́ртам** be in conformity [compliance] with standards; **~ тре́бованиям** conform to the requirements of ..., fill [fulfil] the requirements
отве́шивать *гл.* weigh out
отви́нчивать *гл.* unscrew
отво́д *м.* **1.** (*отбор*) bleed, tap(ping) **2.** (*ответвление*) tap; (*на трансформаторе*) tap □ **переключа́ть ~ы** change taps; **снабжа́ть(ся) ~ами на разли́чное напряже́ние** be tapped for (operation on) various supply voltages; **трансформа́тор име́ет ~ы на 115, 150 и 200 в** the transformer is tapped for 115, 150 and 200 V **3.** (*удаление*) rejection, removal, discharge □ **~ за борт** discharge outboard
~ пьезоэлектри́ческого резона́тора wire

отво́д
~ тепла́ heat abstraction, heat removal, heat rejection
тру́бный ~ (*фитинг*) lateral
фла́нцевый ~ flange tap
~ центробе́жного вентиля́тора, спира́льный spiral [scroll] casing, spiral [scroll] housing
~ центробе́жного компре́ссора, кольцево́й open diffuser
~ центробе́жного компре́ссора, лопа́точный vaned diffuser
~ центробе́жного компре́ссора, спира́льный volute diffuser
отводи́ть *гл.* **1.** (*удалять*) abstract, reject, remove □ **~ в сто́рону** swing *smth.* out of the way; **~ га́зы, дым и т. п.** carry fumes, smoke, *etc.*; **~ за преде́лы** *чего-л.* **(напр. газы)** carry (*e. g.*, *fumes*) outside *smth.*; **~ тепло́** abstract [reject, remove] heat **2.** (*выделять, предоставлять*) allocate, assign □ **~ устро́йства систе́мным набо́рам да́нных** assign devices to system data sets
отво́дка *ж.* shifter
~ ремня́ shifting fork
отвола́живание *с.* **1.** *пищ.* softening **2.** *кож.* moistening
отволо́жка *ж. кож.* rehydration
отги́б *м.* fold (*по кромке*) flange; (*по оси*) bend
отгиба́тель *м.* **руло́на** coil opener
отгиба́ть *гл.* fold; (*по кромке*) flange; (*по оси*) bend
отги́бка *ж.* **кро́мок** flanging
отго́нка *ж.* distillation, driving-off
~ лёгких фра́кций topping
отгоня́/ть(ся) *гл.* (*при перегонке*) distil off, top □ **лёгкие фра́кции ~ются в пе́рвую о́чередь** lighter fractions distil off first
отгружа́ть *гл.* (*напр. готовую продукцию с завода, склада и т. п.*) despatch, dispatch, ship
отгру́зка *ж.* (*напр. готовой продукции с завода, склада и т. п.*) shipment
отда́ча *ж.* **1.** (*кпд*) efficiency **2.** (*выход*) yield, output **3.** (*реакция тела*) recoil
~ аккумуля́тора по эне́ргии energy efficiency
ампе́р-часова́я ~ ampere-hour efficiency
~ анте́нны radiation efficiency
лучеиспуска́тельная ~ radiant efficiency
~ отбо́йного молотка́ back-blow of a jackhammer
~ по ёмкости capacity efficiency
~ по напряже́нию volt efficiency
~ по эне́ргии watt-hour efficiency
светова́я ~ luminous efficiency
то́ковая ~ current efficiency
~ то́пки, пряма́я ratio of radiant heat output to total boiler heat input
~ флюоресце́нции fluorescence yield
~ электро́на the loss of an electron
энергети́ческая ~ energy efficiency

отда́ча
эффекти́вная ~ effective efficiency
~ ядра́ nuclear recoil
отделе́ние *с.* **1.** (*разделение*) separation, segregation **2.** (*отгороженное помещение или часть его*) compartment, room, section; (*на заводах*) bay **3.** (*часть учреждения, предприятия*) department
~ ви́хрей vortex detachment
~ вспомога́тельных механи́змов *мор.* auxiliary machinery room
~ ко́рня *мат.* isolating of a root, root location
маши́нное ~ machine [engine] room
монта́жное ~ *полигр.* planning department
~ отгру́зки гото́вой проду́кции shipping [dispatching] department
ру́мпельное ~ *мор.* steering [tiller] compartment, steering [tiller] room
~ свя́зи [ОС] post office
~ синхроимпульсов (*от полного телевизионного сигнала*) **по амплиту́дному при́знаку** separation by amplitude (means)
~ синхросме́си от сигна́ла изображе́ния separation of the composite synchronizing signal from the camera [picture] signal
~ ступе́ни *косм.* stage separation
отдели́тель *м.* **1.** (*для жидкости, газов и т. п.*) separator **2.** *эл.* isolating switch
~ жи́дкости liquid trap
~ жи́ра fat separator
~ твёрдых части́ц solid particles separator
отде́лка *ж.* **1.** (*процесс*) finishing **2.** (*результат*) finish
~ ко́жи leather dressing, leather finishing
~ ко́жи, водосто́йкая waterproof leather dressing
лицева́я ~ facing
~ пове́рхности surface finishing
~ пове́рхности зати́ркой float finishing
противоуса́дочная ~ (*тканей*) shrink-proof finish
отделя́ть *гл.* **1.** (*разделять*) segregate, separate **2.** (*отсоединять, разъединять*) detach □ **~ ко́рень** *мат.* isolate a root; **~ листово́й мета́лл от като́дной осно́вы** strip the starting sheet; **~ (ме́сто) поврежде́ния от неповреждённой се́ти** isolate the fault from the running system
отду́лина *ж.* blister
отду́шина *ж.* (air, gas) vent; (*литейной формы*) air drain
отду́шистость *ж.* **ко́жи** break of leather
отду́шка *ж.* (*добавка к мылу*) perfume (additive)
о́тдых *м.* **мета́ллов** recovery of metals
отжа́ти/е *с.* **1.** (*перевод телеграфного ключа в разомкнутое положение*) release **2.** (*расширение значения на соответствующий сигнал в цепи*)

space (condition) □ **сигна́л формиру́ется при ∼и** the signal is produced on space
о́тжиг *м.* annealing
∼ рту́тного ве́нтиля bake-out of a mercury-arc rectifier
∼ ста́ли annealing
∼ ста́ли, диффузио́нный homogenizing (annealing)
∼ ста́ли, изотерми́ческий isothermal [short-cycle] annealing
∼ ста́ли, по́лный full annealing
∼ ста́ли, сфероидизи́рующий spheroidizing
∼ ста́ли, цикли́чный cycle annealing
∼ ста́ли, я́щичный box [close] annealing
∼ чугуна́ на ко́вкость malleablizing
∼ электрова́куумных прибо́ров firing
∼ электрова́куумных прибо́ров, предвари́тельный prefiring
∼ электрова́куумных прибо́ров, предвари́тельный, в ва́кууме prevacuum firing
∼ электрова́куумных прибо́ров, предвари́тельный, в водоро́де prehydrogen firing
отжига́ть *гл.* **1.** (*сталь*) anneal **2.** (*электровакуумные приборы*) fire **3.** □ **∼ рту́тный ве́нтиль** bake out a mercury-arc rectifier
отжи́м *м.* (*способ получения масел, соков*) expression, pressing
∼ на шне́ковом пре́ссе (*в производстве растительных масел*) screw [worm] pressing
отжима́ть *гл.* squeeze out, press out, force out, wring out
ОТК [отде́л техни́ческого контро́ля] inspection [quality control] department
отка́з *м.* **1.** refusal **2.** *т. над.* failure
безавари́йный ∼ fail-safe operation, fail-safety
∼ взры́ва misfire
внеза́пный ∼ random [unpredictable, catastrophic] failure
вре́менный ∼ temporary failure
втори́чный ∼ dependent [secondary] failure
∼, вы́званный изна́шиванием wear-out failure
зави́симый ∼ dependent [secondary] failure
конструкцио́нный ∼ design error failure
крити́ческий ∼ critical failure
незави́симый ∼ independent [primary] failure
∼ от разгово́ра *тлф.* cancellation [withdrawal] of a call
очеви́дный ∼ apparent failure
перви́чный ∼ independent [primary] failure
перемежа́ющийся ∼ intermittent failure
∼ пери́ода прирабо́тки infant failure
по́лный ∼ complete failure

отка́з
∼ по (несовпаде́нию) чётности *вчт.* parity failure
постепе́нный ∼ degradation of performance, creeping (-type) failure
преждевре́менный ∼ premature failure
скры́тый ∼ latent failure
случа́йный ∼ random [unpredictable, catastrophic] failure
уста́лостный ∼ endurance [fatigue] failure
части́чный ∼ partial failure
отка́лывание *с.* chipping-off, flaking-off, spalling
отка́тка *ж. горн.* haulage
безре́льсовая ∼ trackless haulage
кана́тная ∼ cable [rope] haulage
локомоти́вная ∼ locomotive haulage
ре́льсовая ∼ track [rail(way)] haulage
ручна́я ∼ hand tramming
самока́тная ∼ gravity haulage
отка́чивать *гл.* pump out, evacuate, exhaust □ **∼ во́ду** pump out the water; **∼ во́здух** (*для создания вакуума*) evacuate air from . . . ; **∼ конденса́т** draw away the condensate
отка́чка *ж.* pump (ing) -down, pumping-(-out), evacuation, exhaustion
отки́дка *ж.* **ло́пасти** (*гребного винта*) blade rake
отки́дывать *гл.* (*отбрасывать*) throw □ **∼ борт грузовика́** lower the side of a lorry; **∼ в сто́рону** swing *smth.* out of the way; **∼ на пе́тлях** hinge out
откла́дывать *гл.* (*наносить, напр. линию при построении графиков*) lay off □ **∼ по о́си X** lay off as abscissa, plot on the abscissa, lay off along the X-axis; **∼ по о́си Y** lay off as ordinate, plot on the ordinate, lay off along the Y-axis
о́тклик *м.* (*в теории цепей, информации, сообщений и т. п.*) response □ **∼ на . . .** response to . . .
отклоне́ние *с.* **1.** (*стрелки прибора, лучей и т. п.*) deflection **2.** (*величины*) deviation
абсолю́тное ∼ absolute deviation
боково́е ∼ *нвг.* lateral deviation
допусти́мое ∼ admissible deviation
∼ луча́, магни́тное magnetic (beam) deflection
∼ луча́, электростати́ческое electrostatic (beam) deflection
∼ отве́са за релье́ф topographical effect
∼ от зако́на взаимозаместимости *кфт.* deviation from the (Bunsen-Roscoe) reciprocity law, reciprocity failure
относи́тельное ∼ relative deviation
∼ от ра́венства прото́нов и нейтро́нов, относи́тельное neutron-excess ratio
∼ сква́жины hole deviation

отклоне́ние
сре́днее ∼ mean [average] deviation
сре́днее квадрати́чное ∼ [σ] standard deviation, σ
станда́ртное ∼ вы́борки sample standard deviation, s
станда́ртное ∼ оце́нки standard error of estimate
∼ частоты́ (*от номинала*) frequency departure (*не путать с* девиа́цией частоты́ в ЧМ — frequency deviation in FM)
отклони́тель *м.* (*инструмент для искусственного искривления скважин*) deflecting tool
отклоня́ться *гл.* deviate, depart, diverge □ **∼ от отве́сной ли́нии** get out of plumb
отключа́ть *гл.* **1.** (*отсоединять от, напр. цепи, источника питания*) disconnect **2.** (*выключать, снимать питание*) turn off, switch off, de-energize **3.** (*выводить из зацепления*) throw out of engagement, disengage
отключе́ние *с.* **1.** (*отсоединение от, напр. цепи, источника питания*) disconnection **2.** (*выключение, снятие питания*) switching-off, de-energization **3.** (*вывод из зацепления*) disengagement
откомлёвывать *гл. лес.* jump-butt
отко́рм *м. с.-х.* fattening
отко́с *м.* **1.** slope **2.** (*в мартеновской печи*) bank □ **заправля́ть ∼ы** make up [build up, repair] the banks; **нава́ривать ∼ы** frit [glaze in] the banks; **нава́ривать ∼ы песко́м** glaze on [frit] sand banks, glaze [frit] sand on the banks
∼ на́сыпи railway slope, slope of an embankment
∼ окна́ door jamb
∼ плоти́ны, верхово́й back of a dam
∼ усту́па *горн.* high wall
отко́сник *м.* back sloper
открыва́тель *м.* opener
открыва́ть *гл.* **1.** open **2.** (*обнаруживать*) detect, discover, find, uncover **3.** (*обнародовать*) disclose, reveal
откры́лок *мет.* (*пристройка*) lean-to
откры́тие *с.* **1.** opening **2.** (*обнаружение*) discovery, detection, finding **3.** (*обнародование*) disclosure
откры́тка *ж.*, **почто́вая** postcard
отку́да *нареч. мат.* whence, from which
отку́поривать *гл.* uncap, unseal, open
отку́сывать *гл.* bite off □ **∼ коне́ц** (*провода и т. п.*) snip off the end lead; **∼ куса́чками от чего-л.** trim (some material) off *smth.* with cutters
отлага́ться *гл.* deposit, lodge (on)
отла́дка *ж.* (*машины*) adjustment, tuning-up
∼ програ́ммы *вчт.* program debugging

отла́живать *гл.* adjust, tune up; (*программу*) *вчт.* debug
отла́мывать *гл.* break off, chip off
отлёт *м.* departure
отли́в *м.* 1. *мор.* ebb, low tide 2. (*дополнительный цвет или оттенок*) play
~ бума́ги sheet formation
отлива́ть *гл.* 1. *лит.*, *мет.* cast, found; *пласт.* cast, mould □ **~ в бло́ки** skim into blocks; **~ в ва́кууме** (*напр. медь*) vacuumcast (*e. g.*, *copper*); **~ в ко́киль** chill cast, cast against chills; **~ в фо́рму** *лит.* mould; **~ (фо́рму) по моде́ли** *лит.* cast [pour] against a pattern 2. (*выливать часть жидкости*) pour off
отли́вк/а *ж.* 1. *лит.*, *мет.* casting; *пласт.* casting, moulding □ **выбива́ть ~у** shake out a casting; **извлека́ть ~у из фо́рмы** strip a casting; **обдира́ть ~у абрази́вным инструме́нтом** snag a casting; **обруба́ть ~у** dress [fettle] a casting; **очища́ть ~у** clean a casting; **очища́ть ~у галто́вкой** clean a casting by tumbling 2. *цел.-бум.* pulp handsheets
бесстержнева́я ~ coreless casting
гу́бчатая ~ spongy casting
здоро́вая ~ sound casting
~ набо́ра *полигр.* type casting
недоли́тая ~ short-run casting
ноздрева́тая ~ porous casting
отбелённая ~ chilled casting
пустоте́лая ~ hollow casting
~ рези́новых печа́тных форм *полигр.* rubber plate moulding
стальна́я ~ steel casting
стано́чная ~ machine-tool casting
~ строк набо́ра *полигр.* line [slug] casting
отли́п *м.* tackiness, tack □ **суши́ть кра́ску до ~а** dry until tack-free
отлича́ться *гл.* **от нуля́** *мат.* be non--zero, be other than zero, different from zero, differ from zero
отложе́ние *с.* deposit; (*в результате отстаивания*) sediment(ation)
~ нага́ра carbon deposit, carbon build(ing)-up
отлу́п *м.* *лес.* internal annular shake, circular shakes
отма́тывание *с.* *полигр.* setoff, setting-off, offsetting
отма́чивание *с.* soaking
отме́на *ж.* cancellation
отме́тка *ж.* (*метка*) mark(er)
временна́я ~ time mark
высо́тная ~ elevation, level □ **получи́ть высо́тную ~у то́чки из нивели́ровки** establish the elevation of a point by levelling
высо́тная, абсолю́тная ~ absolute altitude, absolute elevation, absolute height
высо́тная, нулева́я ~ ground elevation, grade level
высо́тная ~ подкра́нового ре́льса top of crane rail
высо́тная ~ по́ла floor elevation

отме́тка
высо́тная, прое́ктная ~ design elevation
высо́тная ~ ре́пера bench mark elevation
~ да́льности, неподви́жная *рлк.* range mark; (*на ИКО*) calibration ring
~ да́льности, подви́жная *рлк.* range marker
калибро́вочная ~ calibration mark-(er); (*на ИКО*) calibration ring
~ ку́рса корабля́ ship's heading marker, SHM
курсова́я ~ heading marker
масшта́бная ~ *рлк.* scale marker; calibration mark(er)
~ мёртвой то́чки dead centre mark
~ механи́ческого нуля́ mechanical zero
нулева́я ~ zero mark
ре́перная ~ bench mark
синхро́нная ~ *кфт.* synchronizing mark
~ це́ли 1. (*метка*) target echo, target blip, target pip, target signal 2. (*способ представления*) target presentation
~ це́ли, амплиту́дная target presentation by deflection modulation □ **появля́ется амплиту́дная ~ це́ли** the target is indicated as the deflection of the beam
~ це́ли, разма́занная blurred target echo, blurred target blip, blurred target pip
~ це́ли, я́ркостная target presentation by intensity modulation
часто́тная ~ frequency mark(er)
~ шкалы́ scale mark
юстиро́вочная ~ adjustment mark
отме́тчик *м.* 1. (*самописец*) recorder 2. (*указатель, ориентир*) marker
~ вре́мени (*прибор*) time [timing] marker; (*электронная схема, напр. в РЛС*) time-mark generator
отмеча́ть *гл.* 1. (*помечать*) mark 2. (*замечать, учитывать*) note 3. (*на приборе*) register 4. (*в виде записи*) record
отми́н *м.* **ко́жи** break of leather
отмо́ка *ж.* *кож.* soaking process, soak(ing), softening
отму́чивание *с.* decantation; elutriation
отму́чивать *гл.* elutriate, wash, clarify, levigate
отмыва́ть *гл.* wash off, wash out
отмы́вка *ж.* 1. (*мытьё*) washing 2. (*чертежа*) tinting
~ релье́фа *карт.* relief shading
отнесе́ние *с.* reference
относи́тельно *нареч.* relatively, comparatively
относи́тельность *ж.* relativity
относи́ть *гл.* *мат.* refer (to), relate (to)
относи́т/ься *гл.* *мат.* refer (to), relate (to), apply (to) □ **А ~ся к Б, как В ~ся к Г** A is to B as C to D

отноше́ни/е *с.* (*дробь*) ratio; (*пропорция*) proportion; (*зависимость*) relation(ship) □ **в ~и ...** *мат.* in the ratio (of) ...
ангармони́ческое ~ anharmonic [cross] ratio
а́томное ~ atomic ratio
бри́дерное ~ breeding ratio
гармони́ческое ~ harmonic ratio
~ гомотети́и *мат.* ray ratio
двойно́е ~ double ratio
двучле́нное ~ binary [dyadic] relation
ди́сковое ~ (*гребного винта*) blade [disk]-area ratio
~ ж : т [жи́дкого к твёрдому] liquid-to-solid ratio
золото́е ~ golden ratio
изото́пное ~ isotopic [isotope] ratio
обра́тное ~ inverse ratio
~ сигна́л — шум signal-to-noise ratio, SN ratio, SNR
~ т : ж [твёрдого к жи́дкому] solid-to-liquid ratio
~ то́ков (*туннельного диода*) peak to valley point current ratio
~ фон — сигна́л hum-to-signal [background, noise-to-signal] ratio
ша́говое ~ (*гребного винта*) pitch ratio
отня́тие *с.* removal
отобража́ть *гл.* represent; *мат.* map into, map onto □ **~ гомомо́рфно** map homomorphally
отображе́ние *с.* representation; *мат.* mapping
~ в себя́ self-mapping
гомомо́рфное ~ homomorphous mapping
~ да́нных *вчт.* data display, data representation
~ да́нных, зна́ковое *вчт.* alphanumeric [character] (data) display
~ обстано́вки situation display
отогрева́ть *гл.* (*оттаивать, напр. замёрзший вентиль и т. п.*) thaw out
отождествле́ние *с.* identification
~ аэросни́мков photo identification
отождествля́ть *гл.* identify
отопи́тель *м.* heater
бензи́новый ~ (*керосиновый, мазутный*) combustion heater
отопле́ние *с.* heating
вну́треннее ~ *авто* interior heating
водяно́е ~ hot-water heating
возду́шное ~ warm-air heating
га́зовое ~ gas heating
лучи́стое ~ radiant [direct] heating
~ отходя́щими га́зами waste gas heating
пане́льное ~ panel heating
пароводяно́е ~ steam-water heating
парово́е ~ steam heating
парово́е ~ с ве́рхней разво́дкой downfeed system
парово́е ~ с ни́жней разво́дкой steam-heating upfeed heating
печно́е ~ stove heating

отопле́ние
радиа́торное ~ radiator hot-water heating
~ с есте́ственной циркуля́цией gravity heating
центра́льное ~ central heating
электри́ческое ~ electric heating
оторцо́вка *ж. лес.* cross-cutting, trimming
отпа́ивать *гл.* 1. (*разнимать паяное соединение*) unsolder 2. (*устраивать отвод на электролинии*) tap (a line), provide a tap 3. (*замыкать баллоны ламп или электровакуумных приборов*) seal off
отперфори́рованный *вчт.* punched, keyed (*into a card or tape*)
отпеча́ток *м.* 1. (*отображение*) imprint 2. (*изображение*) print
~ валко́в *прок.* roll mark
гля́нцевый ~ *кфт.* glazed print
~ инде́нтора indentation
~ окисли́телей oxide printing
про́бный ~ proof
раска́танный ~ *прок.* expanded mark
отпеча́тывать *гл.* 1. (*машинописным способом*) tape 2. (*типографским способом*) print 3. (*снимки*) print 4. (*оставлять след*) imprint
отпи́ливать *гл.* saw off
отпира́ние *с.* 1. (*замка*) unlocking, releasing the lock 2. (*лампы, полупроводникового прибора*) rendering the conducting 3. (*электрической схемы*) unblanking
отпира́ть *гл.* 1. (*замок*) unlock, release the lock 2. (*лампу, полупроводниковый прибор*) render conducting, drive to conduction 3. (*электрическую схему*) enable, unblank
отпотева́ние *с.* (*конденсата на поверхности*) sweating; (*конденсата на стёклах, оптике*) fogging, misting
отправи́тель *м. свз.* originator, sender
отпра́вка *ж.* 1. *свз.* sending, transmission 2. (*отгрузка*) dispatch(ing), sending, shipment
отправле́ние *с.* 1. *см.* **отпра́вка** 2. (*поезда, самолёта и т. п.*) departure 3. (*почтовое*) (item of) mail
отправля́ть *гл.* 1. *свз.* send, transmit 2. (*отгружать*) dispatch, send, ship □ **~ автодоро́жным тра́нспортом** dispatch [ship] by road [by truck]; **~ во́дным тра́нспортом** dispatch [ship] by water; **~ грузовы́м самолётом** ship by air freight; **~ железнодоро́жным тра́нспортом** dispatch by rail
отпу́гиватель *м.* **птиц** birdscarer
о́тпуск *м.* 1. (*выдача чего-л., предоставление в распоряжение*) issue, issuance 2. (*снабжение*) supply 3. (*стали*) (*предпочтительный перевод*) tempering, *тж.* drawing(-back)
~ ста́ли, высо́кий high-temperature tempering
~ ста́ли, ни́зкий low-temperature tempering
~ ста́ли, сре́дний medium-temperature tempering
отпуска́ние *с.* (*освобождение*) release
~ магнитоуправля́емого конта́кта release of a magnetically operated contact
~ реле́ drop-out [release] of a relay
~ то́рмоза release of a brake
отпуска́ть *гл.* 1. (*выпускать, освобождать*) release □ **~ педа́ль** release the pedal; **~ то́рмоз** release the brake 2. (*ослаблять, напр. крепёж*) ease off 3. (*сталь*) temper, draw(back)
отраба́тыва/ть *гл.* 1. (*норму, время, срок и т. п.*) complete [serve] one's term [time, quota], fulfil one's task 2. (*конструкцию, технологию и т. п.*) (*доводить*) develop; (*опробовать*) try out; (*оптимизировать*) optimize 3. (*в различных значениях в сервосистемах, приборах, ЭВМ и т. п.*) control in response to; follow to indicate □ **~** (*выдавать*) **величину́** respond by reproducing the information (*on, e. g., a dial*); repeat *пример*: **ка́ртушка а́зимутов ~ет ку́рсовую информа́цию** the azimuth card repeats heading information; **~ величину́ в ви́де друго́й** (re-)produce *пример*: **реша́ющее устро́йство ~ет широту́ пу́нкта в ви́де напряже́ния** the computer (re-)produces the latitude of the point as voltage; **~ в, напр. нулево́е положе́ние** drive to, *e.g.*, the null position *пример*: **сервомото́р ~ет в нулево́е положе́ние** the servo drives to the null position; **~** (*выдавать*) **выходны́е да́нные** follow to indicate output data *пример*: **принима́ющий сельси́н ~ет выходны́е да́нные** the synchro receiver follows to indicate output data; **~ математи́ческие опера́ции** (*сложение, интегрирование, дифференцирование и т. п. в вычислительном устройстве*) generate mathematical operations; **принима́ющий сельси́н ~ет входно́й сигна́л** the synchro receiver follows to indicate the input signal; **~ сигна́л оши́бки** minimize the error signal; **следя́щая систе́ма ~ет потенцио́метр по сигна́лу ЭВМ** the servo system controls the position of the potentiometer in response to a computer signal; **схе́ма ~ет на, напр. закры́тие заслонки** the circuit operates, *e. g.*, to close the shutter
отра́ва *ж.* poison
отравле́ние *с.* poisoning
~ катализа́тора catalyst poisoning
~ катализа́тора, вре́менное temporary catalyst poisoning
~ катализа́тора, постоя́нное permanent catalyst poisoning
~ реа́ктора (reactor) poisoning
отравля́ть *гл.* poison
отража́тель *м.* reflector
анте́нный ~ antenna reflector
дипо́льный ~ (*для создания радиолокационных помех*) *англ.* window; *амер.* chaff
диффу́зный ~ diffuse reflector
~ зву́ка sound baffle, sounding board
зерка́льный ~ specular [mirror] reflector
~ ка́пли (*капельного питателя стеклоформующей машины*) gob deflector
квадрати́чно-косе́кансный ~ cosecant-squared reflector
клистро́нный ~ klystron repeller
ла́зерный ~ (*в космических экспериментах*) laser ranging retro-reflector
~ молоти́льного аппара́та cut-off plate, cylinder cut-off, cut-off bar
параболи́ческий ~ parabolic reflector
~ реа́ктора (nuclear) reactor reflector
уголко́вый ~ corner reflector
~ фа́кела (*ракетного двигателя*) flame [blast, exhaust, jet] deflector
~ части́ц repeller
отража́ть *гл.* 1. (*свет, волны и т. п.*) reflect □ **~ся многокра́тно** be multiply reflected 2. (*отталкивать*) repel 3. (*отображать*) display, indicate, represent
отраже́ни/е *с.* 1. (*света, волны и т. п.*) reflection □ **име́ть ма́ксимум ~я в, напр. ультрафиоле́товом уча́стке спе́ктра** reflect at a maximum in, *e. g.*, the ultra-violet region of the spectrum 2. (*отталкивание*) repulsion 3. (*отображение*) display, indication, representation
анома́льное ~ anomalous reflection
Брэ́гговское ~ Bragg [constructive] reflection
двойно́е ~ double reflection
двунапра́вленное ~ bidirectional reflection
диффу́зное ~ *опт.* diffuse reflection
зерка́льное ~ *опт.* mirror reflection
ионосфе́рное ~ ionospheric reflection
ло́жное ~ false echo
многокра́тное ~ multiple reflection
нерегуля́рное ~ sporadic reflection
~ от земли́ *рлк.* ground echo, ground reflection, land return
~ от ме́стности *рлк.* terrain echo
~ от ме́стных предме́тов *рлк.* permanent echo
~ от морски́х волн *рлк.* sea clutter
по́лное, вне́шнее ~ total external reflection, TER
по́лное, вну́треннее ~ total internal reflection, TIR
~ радиово́лн, многокра́тное multiple [multi-hop] reflection
~ радиово́лн, однокра́тное single (-hop) reflection
~ радиово́лн от метео́рного сле́да meteor-trail reflection

отраже́ни/е
рассе́янное ~ diffuse reflection
регуля́рное ~ regular reflection
селекти́вное ~ *опт.* selective reflection
о́трасль *ж.* branch
~ промы́шленности an industry
отреза́ть *гл.* cut (off); (*отделять резом*) sever □ **~ по длине́** cut to length; **~ по разме́ру** cut to size; **~ по шабло́ну** cut to template
отре́зка *ж.* cutting off, parting
отре́зок *м.* cut, length, section
~ интегри́рования interval [range] of integration
~ криво́й portion of a curve
~ маршру́та leg [section, segment] of a route
~ маршру́та ме́жду пу́нктами поса́дки *ав.* stage
отсека́емый ~ (*кривой на, напр. оси абсцисс*) X-intercept
~ прямо́й (straight) line segment
~ ря́да Те́йлора *мат.* truncated Taylor series
отрица́ние *с. мат.* denial; (*логическая операция*) negation
~ дизъю́нкции *вчт.* nondisjunction
~ имплика́ции *мат.* nonimplication
~ конъю́нкции *вчт.* nonconjunction
~ перено́са *вчт.* no-carry
отро́сток *м.* **поко́вки** (*для захвата клещами*) tag
отру́б *м.* (*бревна*) butt
отруба́ть *гл.* chop off, cut off, clip □ **~ зуби́лом** chisel (off)
отры́в *м.* (*отделение*) breaking off, breaking away, breaking loose, separation □ **вызыва́ть [побужда́ть] ~,** ***напр.*** **пото́ка** *аргд.* induce, *e. g.*, flow separation
~ дви́гателя *ав.* engine break-away, engine breaking loose □ **в слу́чае ~а дви́гателя ...** in the event of an engine breaking loose ..., if an engine breaks loose ...
~ носово́го колеса́ ***или*** **теле́жки** (*от поверхности ВПП при разбеге*) rotation □ **~ носово́го колеса́ происхо́дит на ско́рости ...** rotation occurs [takes place] at a speed of ...
~ пла́змы detachment of plasma
~ самолёта на взлёте *англ.* unstick; *амер.* lift-off
~ электро́на electron detachment
отрыва́ть *гл.* **1.** (*отделять*) break off, break away, break loose from; detach, separate **2.** (*откапывать*) dig (up), excavate
отрыва́ться *гл.* break away, detach, separate; (*о самолёте*) *англ.* unstick; *амер.* lift off □ **~ от земли́** *ав.* break ground, leave the ground, rise off the ground, become airborne
отса́дка *ж.* (*способ обогащения полезных ископаемых*) jigging
~ в возду́шной среде́ air jigging
контро́льная ~ check jigging
кру́пная ~ coarse jigging

отса́ливание *с.* salting out
отса́сывание *с.* drawoff
отса́сыватель *м. мед.* aspirator
отса́сыва/ть *гл.* suck off, draw off □ **изли́шек жи́дкости ~ется сифо́ном** surplus liquid is drawn off by a siphon drain
отсве́т *м.* reflection, sheen
отсве́чивание *с.* glare; reflection
отсве́чивать *гл.* reflect; shine, gleam
отсе́в *м.* **1.** (*процесс*) riddling, screening, sifting **2.** (*продукт отсеивания*) riddlings, screenings
отсева́ть *гл.* screen, sift
отсе́к *м.* compartment □ **герметизи́ровать ~** (*уплотнять все швы и соединения*) make a compartment air-tight; (*создавать избыточное давление, наддув*) pressurize a compartment; **дели́ть на ~и** compartmentalize, partition into compartments; **затопля́ть ~** flood a compartment; **~ име́ет пробо́ину** a compartment is open to sea; **отстыко́вывать ~** *косм.* undock a module
бага́жный ~ *ж.-д.* luggage cupboard
водонепроница́емый ~ watertight compartment
~ ка́ртера *авто* crankcase compartment, crankcase section
~ КЛА, автоно́мный module
~ КЛА, кома́ндный command module
~ КЛА, лу́нный lunar module
~ КЛА, орбита́льный orbital module
~ КЛА, перехо́дный adapter module
~ КЛА, спуска́емый descent module
~ КЛА с тормозно́й дви́гательной устано́вкой retro-module
~ КЛА, стыко́вочный docking module
~ КЛА, техни́ческих систе́м service bay
~ КЛА, шлюзово́й airlock (module)
~ самолёта, ба́ковый tank compartment, tank section
~ самолёта, дви́гателя engine bay
~ су́дна, кормово́й stern compartment
~ су́дна, носово́й nose compartment
~ фюзеля́жа самолёта, бага́жный baggage hold, baggage section
~ фюзеля́жа самолёта, гермети́чный [герметизи́рованный] pressurized bay, pressurized compartment, pressurized section
~ фюзеля́жа самолёта, грузово́й cargo [freight] compartment, cargo [freight] hold
~ фюзеля́жа самолёта, негермети́чный [негерметизи́рованный] unpressurized compartment
~ фюзеля́жа самолёта, отделя́емый detachable compartment
отсека́тель *м.* shutoff device
отсека́ть *гл.* cut off, chop off

отсе́чка *ж.* **1.** cut-off **2.** *мн. полигр.* serifs
~ дви́гателя engine cut-off
~ па́ра steam cut-off
~ пода́чи то́плива fuel cut-off
~ то́ка *элн.* current cut-off
отска́кивание *с.* **конта́ктов** contact bounce
отска́кивать *гл.* recoil, rebound, bounce
отско́к *м.* recoil, rebound
отсла́ивание *с.* peeling; flaking, spalling
чешу́йчатое ~ flaking, spalling, spallation
~ многосло́йного материа́ла ply separation
отслое́ние *с. см.* **отсла́ивание**
отсоедине́ние *с.* **1.** *мех.* detachment; (*зубчатого зацепления*) disengagement **2.** *эл.* disconnection; (*разъединение*) isolation
отсоединя́ть *гл.* **1.** *мех.* detach; (*зубчатое зацепление*) disengage **2.** *эл.* disconnect
отсо́с *м.* suction
~ пограни́чного сло́я boundary layer suction
~ под разреже́нием vacuum suction
~ че́рез по́ристую пове́рхность porous suction
отста́в *м. полигр.* lining
отстава́ние *с.* lag
~ вы́хлопа exhaust lag
~ зажига́ния ignition lag
~ по вре́мени time lag
~ по ско́рости velocity lag
~ по фа́зе phase lag
~ раска́та от валка́ backward creep (*Примечание. Переводить* backward slip *считается неточным*)
терми́ческое ~ thermal lag
отстава́ть *гл.* **1.** lag **2.** (*отделяться*) detach itself (from), separate from
отста́ивание *с.* settling, gravity sedimentation
~ ла́текса creaming
отста́ива/ть *гл.* settle, allow *smth.* to settle □ **пу́льпа ~ется в ча́не** the pulp is allowed to settle in a vat
отста́иваться *гл.* settle, precipitate
отсто́й *м.* sediment □ **слить ~ из (то́пливной) систе́мы** draw (a cupful of gasoline) from the fuel system to remove any sediment that may be collected
~ вина́ lees
отсто́йник *м.* **1.** settling basin, settling tank, settler **2.** (*в двигателях и технологических установках*) sump
грязево́й ~ mud settler
~ ко́ксовой батаре́и hot drain tank, tar well
ма́сляный ~ oil sump
шла́мовый ~ slurry [slime] pond
отстоя́ние *с. топ.* distance, range
отстра́иваться *гл. рад.* tune away from, tune out

о́тступ *м.*, **абза́цный** (paragraph) indention
отсу́тствие *с.* absence; (*нехватка*) deficiency
~ сигна́ла no-signal □ **в ~ входно́го сигна́ла** when no input signal exists, in the no-signal condition [state]
отсчёт *м.* **1.** (*показание*) indication, reading □ **брать [производи́ть, снима́ть] ~ до ... зна́ка по́сле запято́й** read to the ... th decimal place; **дава́ть ~ по шкале́** (*о стрелке прибора*) register against the scale; **производи́ть ~ по,** *напр.* **прибо́ру, нивели́рной ре́йке** take a reading [read], *e. g.*, a meter, a graduated rod; **сбро́сить ~ на шка́лах** clear the dials; **снять неве́рный ~** misread a meter; **устана́вливать ~ на,** *напр.* **полови́не шкалы́** set for a meter indication about, *e.g.*, half-scale; **устана́вливать удо́бный ~ по прибо́ру** set the meter for a convenient indication **2.** (*выдача показаний*) read-out, display **3.** (*при квантовании величины по времени*) sample
~ по ре́йке, дальноме́рный (stadia) rod intercept, intercept on the (stadia) rod □ **брать дальноме́рный ~ по ре́йке** note [take] the intercept on the rod
зерка́льный ~ mirror [light-beam] indication
~ и́мпульсов (pulse) count
мгнове́нный ~ instantaneous reading
непосре́дственный ~ direct reading, direct indication
нулево́й ~ zero reading
~ показа́ний reading of an instrument
~ по но́ниусу vernier reading
~ по шкале́ scale reading
~ радиа́ции, фо́новый background radiation count
цифрово́й ~ digital read-out
отсчи́тыва/ть *гл.* (*брать показания прибора и т. п.*) take a reading, read a meter □ **~ от** count off from *пример*: **гармо́ника ~ется от основно́й частоты́** a harmonic is counted off from the fundamental frequency
отсыла́ть *гл.* refer (to) □ **~ чита́теля к** (*другому источнику*) the reader is referred to, refer the reader to (*another source*)
отсы́пка *ж. горн.* fill
отта́ивание *с.* thawing; (*холодильника, замороженных продуктов*) defrosting, defrostation
отта́лкивание *с.* repulsion
взаи́мное ~ mutual repulsion
электростати́ческое ~ electrostatic [Coulomb] repulsion
отта́лкивать *гл.* repel
оттачивать *гл.* sharpen
оттене́ние *с. кфт.* shading
отте́нок *м.* **1.** (*разновидность, градация, переход*) gradation **2.** (*разновидность цвета*) hue; (*в серии тонов более тёмный*) shade; (*лёгкое видоизменение цвета*) tinge; (*один из нескольких тонов того же цвета*) tint
отте́нок
~ травле́ния (*дефект*) etching shade
оттертра́л *м.* otter trawl
о́ттиск *м.* **1.** *полигр.* impression, print **2.** (*в изготовлении грампластинок*) pressing
корректу́рный ~ page proof
постоя́нный ~ controlled impression
про́бный ~ proof
релье́фный ~ raised printing, imitation embossing
совмещённый ~ registered print
чернов́ой ~ brush proof
шка́льный ~ colour comparator prints
отти́скивание *с.* **кра́ски** set-off
отто́к *м.* withdrawal
оття́гивать *гл.* **под мо́лотом** forge out
оття́жк/а *ж.* **1.** (*трос*) guy-rope, guy-wire □ **крепи́ть ~ами** guy (up) **2.** (*шлицевание проволоки для волочения*) pointing; (*конца прутка для волочения*) tagging
а́нкерная ~ anchor guy
~ де́ррика derrick guy
~ опо́ры pole guy
попере́чная ~ side guy
продо́льная ~ head guy
~ щёлока (*из варочного котла*) liquor withdrawal
отфильтро́вывать *гл.* filter off, filter out
отхо́д *м.* backward movement, withdrawal
отхо́ды *мн.* waste
бытовы́е ~ (domestic [household]) garbage
~ грохоче́ния screen reject
~ лесопиле́ния raw waste lumber
оборо́тные ~ utilizable waste
отва́льные ~ nonutilizable waste
радиоакти́вные ~ radioactive waste
~ сортирова́ния screenings
отце́живатель *м. пищ.* straining tank
отце́живать *гл.* strain off, filter
отце́п *м.* release, uncoupling
~ ваго́нов *ж.-д.* cut of cars
отце́пка *ж.* release, uncoupling
отцепля́ть *гл.* release, uncouple
отчёт *м.* account, report □ **вноси́ть ~ на рассмотре́ние,** *напр.* **коми́ссии** file a report with, e. g., a commission; **предста́вить ~ в пи́сьменном ви́де** submit a report in writing; **составля́ть ~** draw up a report
~ о хо́де рабо́т progress report
отчётность *ж.* (*отчётная документация*) paperwork □ **заполня́ть ~** make out paperwork
отчисле́ния *мн. с. эк.* deduction(s), charge(s)
амортизацио́нные ~ depreciation (charge)
отшнуро́вывание *с.* (*плазмы или дуги*) constriction, pinch
отщепля́ться *гл.* (*напр. о молекулах*) split out
отыска́ние *с.* (*максимума, минимума*) search for
отъе́зд *м.* (*эффект при киносъёмке*) pull-back
оформи́тель *м.* **кни́ги** *полигр.* book designer
оформле́ние *с.*:
~ автомоби́ля, архитекту́рное styling
~ проце́сса, аппарату́рное implementation [instrumentation, mechanization] of a process
~ результа́тов (*испытаний и т. п.*) presentation of the results
~ служе́бной документа́ции the execution of forms, records and reports
оформля́ть *гл.* **служе́бную документа́цию** execute service records
офо́рт *м. полигр.* copper-plate engraving
офсе́т *м. полигр.* offset
высо́кий ~ letterpress [relief] offset, indirect relief, indirect letterpress
глубо́кий ~ deep-etched offset
охва́т *м.* **1.** coverage, compass **2.** (*каната вокруг шкива, цепи вокруг звёздочки и т. п.*) wrap
охва́тыва/ть *гл.* **1.** embrace, envelop, encompass **2.** (*о канате, цепи и т. п.*) wrap □ **~ вал** enclose *пример*: **подши́пник ~ет вал** a bearing encloses a shaft; **~ диапазо́н** *пример*: **э́ти радиосхе́мы ~ют значи́тельную часть СВЧ диапазо́на** these circuits are effective well into the microwave range; **~ с двух сторо́н** (*одна деталь другую*) straddle *пример*: **скоба́ ~ет опо́ру с двух сторо́н** the bracket straddles the baseplate; **~ то́чку** enclose [encompass] a point *пример*: **годо́граф ~ет то́чку с координа́тами (—1, j 0)** the locus encloses [encompasses] the (—1, j 0) point; **~ шкив** pass over *пример*: **реме́нь ~ет шкив** the belt passes over a pulley
охлади́тель *м.* **1.** (*устройство*) cooler **2.** (*среда*) coolant
ба́шенный ~ cooling tower
ва́куумный ~ vacuum-type cooler
водяно́й ~ water cooler
~ во́здуха air cooler
впры́скивающий ~ injection cooler
втори́чный ~ recooler
~ вы́пара vapour [damp] condenser
закры́тый ~ enclosed cooler
змеевико́вый ~ coil-in-box cooler
каска́дный ~ cascade cooler
кожухозмеевико́вый ~ shell-and-coil cooler
кожухотру́бный ~ shell-and-tube cooler
~ конденса́та condensate cooler
многоя́русный ~ multitier cooler
низкотемперату́рный ~ low-temperature cooler
обра́тный ~ reflux condenser

охладитель
оросительный ~ drip-type [trickle] cooler
~ пара attemperator, desuperheater
пластинчатый ~ plate cooler
поверхностный ~ surface-type cooler
предвключённый ~ precooler
~ продувочной воды blow-down cooler
противоточный ~ countercurrent cooler
прямоточный ~ uniflow cooler
~ с непосредственным охлаждением direct-expansion cooler
~ с электрическим оттаиванием electric defrost cooler
термоэлектрический ~ thermoelectric cooler
трубчатый ~ multitube [pipe] cooler
туннельный ~ tunnel cooler
форсуночный ~ spray cooler
охлаждать *гл.* cool, allow to cool □ **~ся в результате контакта с ...** be cooled by contact with ...; **~ся уносом массы** *аргд.* ablate
охлаждени/е *с.* 1. cooling; (*с использованием хладотехники*) refrigeration 2. (*закалка*) quenching □ **замедлять ~** retard the cooling
адиабатическое ~ adiabatic cooling
вакуумное ~ vacuum cooling
вентиляторное ~ *авто* fan cooling □ **с вентиляторным ~ем** fan-cooled
водяное ~ water cooling □ **с водяным ~ем** water-cooled
~ водяной рубашкой water-jacket cooling
воздушное ~ air cooling □ **с воздушным ~ем** air-cooled
воздушное, принудительное ~ forced air cooling
~ в печи (*при термообработке*) furnace cooling
динамическое ~ (*двигателей*) regenerative cooling
дутьевое ~ *эл.* fan cooling
естественное ~ natural cooling, self-cooling
жидкостное ~ fluid [liquid] cooling □ **с жидкостным ~ем** liquid-cooled
~ излучением cooling by radiation
искусственное ~ artificial cooling
испарительное ~ transpiration cooling
комфортное ~ comfort cooling
конвекционное ~ convective [convection] cooling
~ лучеиспусканием radiation cooling
льдосоляное ~ ice-salt cooling
масляно-водяное ~ oil-water cooling
масляное ~ oil cooling
~ обдувом blast [blower] cooling
плёночное ~ film cooling
поверхностное ~ surface cooling
~ погружением immersion cooling

охлаждени/е
~ по замкнутому циклу closed-cycle cooling
принудительное ~ forced cooling
~ противотоком counterflow cooling
проточное ~ one-through [direct-flow] cooling
~ разбрызгиванием spray cooling
рассольное ~ brine cooling
регенеративное ~ regenerative cooling
~ с печью (*при термообработке*) furnace cooling
термоэлектрическое ~ thermoelectric cooling
транспирационное ~ transpiration cooling
~ туманом mist cooling
туннельное ~ ducted cooling
чашевое ~ pan cooling
эффузионное ~ effusion cooling
охра *ж.* ochre
охрана *ж.* guard(s)
~ окружающей среды environment control, environment protection
~ труда labour protection
охрупчивание *с.* embrittlement
охрупчивать *гл.* embrittle
оценивать *гл.* (*в стоимостном отношении; в прямом и переносном смыслах*) evaluate □ **~ *что-л.* критически** exercise judgement in interpreting *smth.*; **~ на глаз** estimate by eye; **~ по ...** judge [estimate] by ...; **~ с точки зрения** rate on *пример*: **~ оборудование с точки зрения универсальности** rate an equipment on versatility
оценка *ж.* 1. assessment, evaluation, estimation 2. *стат.* estimate
аналитическая ~ analytical estimation
балльная ~ (numerical) score
визуальная ~ visual evaluation
~ выборки sample estimate
граничная ~ bound (on, to)
граничная, верхняя ~ upper bound
граничная, нижняя ~ lower bound
грубая ~ crude estimate
интегральная ~ (*показатель качества системы автоматического регулирования*) integral criterion
интегральная, квадратичная ~ integral quadratic criterion
кадастровая ~ cadastral valuation
квадратичная ~ quadratic estimate
~ месторождения deposit evaluation, deposit estimation
несмешанная ~ (*в регрессионном анализе*) unconfounded estimate
несмещённая ~ unbiased estimate
~ по порядку величины order-of-magnitude estimate
~ руд ore evaluation
смешанная ~ (*в регрессионном анализе*) confounded estimate
смещённая ~ biased estimate
оцинковывание *с.* galvanizing
~ парами цинка vapour galvanizing

оцинковывать *гл.* galvanize, zink, zink-plate
оцифровка *ж.* numbering
оцифровывать *гл.* (*напр. шкалу*) assign numerical values
очаг *м.* (*воспламенения, реакции и т. п.*) nucleation site for (*ignition, reaction, etc.*)
~ инфекции focal point of infection
коррозионный ~ corrosion centre
~ отслоения point of separation
~ разрушения site of breakdown, seat of destruction
~ самовозгорания place of self-ignition, place of spontaneous combustion
очередн/ой *прил.* the next ... due *пример*: **~ая инспекторская поверка** the next technical inspection due
очерёдность *ж.* (*старшинство*) priority, line of seniority
очеред/ь *ж.* waiting line, queue □ **поставить на ~** enqueue; **снять с ~и** dequeue; **ставить в ~** put on the queue
~ системы пожаротушения *ав.* discharge of a fire extinguishing system □ **первая ~ (подачи огнегасительного вещества) системы пожаротушения должна включаться автоматически** the first discharge of extinguishant shall be released automatically
~ строительства (*первая, вторая и т. п.*) the (*first, second, etc.*) phase of a project
очертание *с.* outline, contour
очёс *м. с.-х., текст.* waste, combings
гребенной ~ comber waste, noil
очёсывание *с.* combing
очёсыватель *м.* combing machine
очиститель *м.* cleaner; purifier
~ балласта, механический *ж.-д.* mechanical ballast cleaner
~ корнеплодов *с.-х.* root cleaner
~ кукурузных початков corn cleaner
~ решёт screen cleaner
очистка *ж.* 1. (*удаление чего-л. ненужного, постороннего*) clearing; (*с помощью какого-л. моющего средства*) cleansing; (*преим. механическая*) cleaning 2. (*удаление верхней части, оболочки*) peeling
аспирационная ~ suction cleaning
~ в барабане (*галтовка*) drum cleaning, tumbling
~ воды water purification
~ воздуха air purification
воздушная ~ air [pneumatic] cleaning
~ газов gas cleaning
~ газов, гравитационная gas cleaning by gravity separation
~ газов, механическая gas cleaning by inertia separation
~ газов, мокрая gas scrubbing
~ газов пенным способом froth gas cleaning
~ газов, сухая dry gas cleaning

очи́стка
~ **га́зов фильтра́цией** gas cleaning by filtration
~ **га́зов, центробе́жная** cyclone gas cleaning
~ **га́зов, электри́ческая** gas cleaning by electrical precipitation
газопла́менная ~ flame cleaning
гидравли́ческая ~ hydroblasting, hydrocleaning
гидропескостру́йная ~ sand-water cleaning
дробестру́йная ~ shot-blast cleaning
~ **забо́я** face cleaning
~ **мета́лла пе́ред сва́ркой** preweld cleaning
механи́ческая ~ mechanical [power-tool] cleaning
мо́края ~ wet cleaning
~ **от кожуры́** (*плодов или овощей*) peeling
~ **от кожуры́, абрази́вная** abrasive peeling
~ **от кожуры́ в автокла́ве** retort peeling
~ **от кожуры́ горя́чей обду́вкой** hot air-blast peeling
~ **от кожуры́ инфракра́сными луча́ми** infra-red peeling
~ **от кожуры́, механи́ческая** mechanical peeling
~ **от кожуры́ о́бжигом** flame peeling
~ **от кожуры́, терми́ческая** heat peeling
~ **от кожуры́, хими́ческая** chemical peeling
~ **от ока́лины** descaling
~ **от ока́лины, газопла́менная** flame descaling
~ **от ока́лины, электроискрова́я** electric spark descaling
~ **от семя́н** seeding
~ **от су́чьев, есте́ственная** natural pruning
~ **па́мяти** memory clearing
~ **па́ром** steam cleaning
пескостру́йная ~ sand-blast cleaning, sand-blasting
пла́менная ~ flame cleaning
пневмати́ческая ~ air-blasting
~ **пове́рхности** surface cleaning
~ **раствори́телем** solvent cleaning
~ **сварно́го шва** (*от шлака и брызг*) (post)weld cleaning
~ **семя́н** seed cleaning
~ **сто́чных вод** sewage treatment
суха́я ~ dry cleaning
терми́ческая ~ flame cleaning
ультразвукова́я ~ ultrasonic cleaning
хими́ческая ~ chemical cleaning
~ **шлакови́ка́** slag removal
~ **шпу́ра** hole cleanout
~ **щелоча́ми** alkaline cleaning
щелочна́я ~ alkali cleaning
щелочна́я ~ **ма́сла** alkali-refining of oil

очи́стка
электролити́ческая ~ electrolytic cleaning

очища́ть *гл.* **1.** (*освобождать от чего-л. постороннего, ненужного*) clear (from); (*с помощью какого-л. моющего средства*) cleanse; (*преим. механически*) clean; (*воздух, воду и т. п.*) purify **2.** (*снимать, удалять верхнюю часть, оболочку*) peel □ ~ **от на́кипи** remove scale; ~ **от ржа́вчины** derust, clean from rust, rub off the rust

очки́ *мн.* eye-glasses, spectacles
защи́тные ~ goggles
защи́тные, хими́ческие ~ splash goggles
поляро́идные ~ polarizing spectacles
сва́рочные ~ welding goggles
солнцезащи́тные ~ sun glasses
стереоскопи́ческие ~ 3-D viewers
телескопи́ческие ~ telescopic spectacles

очк/о **1.** (*единица счёта при оценке в спортивных соревнованиях*) point □ **набра́ть** ***сто́лько-то*** **~ов** score *so-many* points **2.** (*отверстие*) eye **3.** (*литеры*) *полигр.* face
волочи́льное ~ drawhole
сигна́льное ~ *ж.-д.* signal field
фу́рменное ~ tuyere aperture
шлаковыпускно́е ~ cinder notch

очувствле́ние *с. кфт.* sensitization, sensitizing

оши́б/ка *ж.* **1.** (*результат ошибочного действия*) mistake **2.** (*погрешность*) error □ ~ **вкра́дывается** an error creeps [slips] in; **в преде́лах ~ок** within the (limits of) error; **вы́йти из состоя́ния ~ки** *вчт.* recover from an error; **корректи́ровать ~ку** apply a correction, correct [rectify] an error; **нака́пливать ~ки** build up [accumulate] errors; **обнару́живать ~ку** detect an error; **приводи́ть к ~ке в,** ***напр.*** **ку́рсе** cause, *e. g.*, the heading to be in error; **разбра́сывать ~ку** distribute an error; ~ **распространя́ется** an error propagates; **с ~кой** *пример*: **ко́мпас даёт показа́ния с ~кой** the compass is in error
абсолю́тная ~ absolute error
автокоррели́рованная ~ autocorrelated error
азимута́льная ~ azimuth(al) error, closure error of azimuths
арифмети́ческая ~ arithmetic error
ба́зисная ~ *геод.* base error
вероя́тная ~ probable error
~ **визи́рования** sighting error
~ **воспроизведе́ния** (*в регрессивном анализе*) replication error
~ **вы́борки** *стат.* sampling error
~ **градуиро́вки** calibration error
допусти́мая ~ tolerated error
достове́рная ~ significant error
~ **измере́ния** measurement error; *геод.* error of observation, observational error

оши́б/ка
~ **индика́ции** display error
инструмента́льная ~ instrument(al) error
квадрати́ческая ~ square error
~ **квантова́ния** quantization error
~ **квантова́ния по вре́мени** sampling error
коллимацио́нная ~ (*кипрегеля*) *геод.* index error
курсова́я ~ heading error
ли́чная ~ personal error
масшта́бная ~ scale error
маши́нная ~ (*из-за неправильной работы машины*) machine error
~ **наблюде́ния** error of observation, observation(al) error
~ **на паралла́кс** parallactic error
~ **на си́мвол** error per digit
~ **настро́йки** tuning error
нача́льная ~ initial error
незави́симая ~ independent error
неисправи́мая ~ uncorrectable error
~ **неопределённости** (*напр. в преобразовании вала в код*) ambiguity error
неопредели́мая ~ indeterminate error
несистемати́ческая ~ accidental [random] error
обнаружи́мая ~ detectable error
одино́чная ~ single [isolated] error
~ **округле́ния** round-off error
оста́точная ~ residual error
~ **отбра́сывания** truncation error
относи́тельная ~ relative error
~ **от подключе́ния** (*напр. измерительного прибора к измеряемой цепи*) connection error
~ **от подключе́ния нагру́зки** loading error
~ **отсчёта** reading error
параллакти́ческая ~ parallactic error
~ **пеленгова́ния** bearing error
перемежа́ющаяся ~ intermittent error
повторя́ющаяся ~ repetitive error
~ **по положе́нию** position error
~ **по ско́рости** velocity error
~ **по ускоре́нию** acceleration error
предвнесённая ~ inherent [inherited] error
преде́льная ~ limit of error, maximum error
~ **приближе́ния** error of approximation
системати́ческая ~ systematic error
~ **слеже́ния** tracking error
случа́йная ~ random error
среднеквадрати́чная ~ mean-(root)-square error
сре́дняя ~ mean error
статисти́ческая ~ statistical error
стати́ческая ~ position error
субъекти́вная ~ personal error
сумма́рная ~ total error
~ **счи́тывания** reading error

ошиб/ка

~ считывания кода ambiguity error

~ установки коэффициента coefficient setting error

установочная ~ alignment error; (*магнитного компаса*) lubber-line error

~ эксперимента experimental error

пример: **(находиться) в пределах ~ки эксперимента** be [lie] within the experimental error

~ эталонирования error of standardization, standardization error

ошибочность *ж.* fallibility; (*неточность*) inaccuracy

ошиновка *ж.* bus arrangement, buses

ошкуривать *гл.* (*обрабатывать шлифовальной бумагой*) 1. (*наждачной бумагой*) emery, rub with emery 2. (*стеклянной бумагой*) sand, give a sanding

ошлакование *с.* slagging

ошлаковывать *гл.* slag, form slag

ошпаривание *с. пищ.* scald(ing)

оштукатуривание *с.* (*внутреннее*) plastering; (*наружное*) stucco work

ощелачивание *с.* alkalization, alkalizing

ощупь *ж.* □ **влажный, горячий, сухой и т. п. на ~** wet, hot, dry, *etc.* to (the) touch [by touch]

ощущение *с.* sensation

~ глубины *опт.* sense of depth, deep perception

слуховое ~ auditory sensation

П

павильон *м.* pavillion

выставочный ~ exhibition hall

киносъёмочный ~ motion-picture [taking] stage

павинол *м.* pavinol (*a Soviet brand of dope-coated fabric*)

паводок *м.* flood(ing); (*резкое поднятие уровня воды в результате сильных дождей или таяния снегов*) freshet

пагинация *ж. полигр.* paging, pagination

падать *гл.* 1. drop, fall 2. (*об излучении, напр. света*) be incident on 3. (*уменьшаться*) fall off □ **~ на ...** impinge (up) on ...

падени/е *с.* 1. drop, fall 2. (*наклон, уклон*) grade, gradient, slope

~ на поверхность (*луча света или иного излучения*) incidence

~ на поверхность, косое oblique incidence

~ на поверхность, нормальное normal incidence

~ на поверхность с малым углом grazing incidence

~ напряжения voltage [IR] drop

~ напряжения в дуге (*ртутного вентиля*) arc-drop

падени/е

~ напряжения на, *напр.* **сопротивлении** a voltage drop across, *e. g.*, a resistance

~ пласта seam dip, dip of seam □ **по ~ю пласта** on dip, to the dip

~ реки the fall of the water surface

свободное ~ free fall

паёл *м. см.* **пайол**

паз *м.* 1. groove, recess, slot □ **вжать в ~ы** press into engagement with recesses 2. (*надрез, зарубка, врубка*) notch 3. (*обшивки судна; соединение вдоль кромок обшивки*) (longitudinal) seam, edge seam 4. (*под обмотку электромашины*) slot □ **укладывать в ~ы** drop in slots

ориентирующий ~ (*печатной платы*) polarizing slot

~ под обмотку электромашины, глубокий deep-bar slot

~ под обмотку электромашины, закрытый closed slot

~ под обмотку электромашины, открытый open slot

~ под обмотку электромашины, полуоткрытый semi-closed slot

~ под шип *стр.* mortice, mortise □ **выбирать ~ под шип** mortise

скошенный ~ bevelled [skewed] slot

~ шлицевого соединения (spline) groove

шпоночный ~ key slot, key way, key seat

пазник *м.* (*столярный инструмент*) grooving-plane

пазовать *гл.* 1. groove 2. (*гнездо под шип*) mortise

пазуха *ж.* (*углубление между зубьями пилы*) gullet

пай *м. эк.* share

пайка *ж.* 1. (*способ соединения металлов*) (*мягким припоем*) soldering; (*твёрдым припоем*) brazing 2. (*собирательное название паяных соединений*) soldered joints; brazed joints

~ в атмосфере водорода hydrogen brazing

~ в печах furnace [hearth] brazing

дуговая ~ arc brazing

~ заливкой припоем flow soldering; flow brazing

~ погружением dip brazing

~ погружением в расплавленный припой metal dip brazing

~ погружением в соляную ванну salt-bath dip brazing

~ серебряным припоем silver brazing

~ с индукционным нагревом induction brazing

~ с нагревом газовой горелкой torch brazing

~ с нагревом паяльной лампой blow-pipe brazing

~ с нагревом электроконтактным способом resistance brazing

ультразвуковая ~ ultrasonic soldering

пайлер *м. прок.* piler (bed)

пайнетипия *ж.* direct photography

пайол *м. мор.* bilge boards, bottom ceiling, floor ceiling

пак *м.* (*паковый лёд*) pack (ice)

пакгауз *м.* warehouse, storehouse; freight house, freight [goods] shed

пакер *м.* (*устройство для разобщения отдельных зон в нефтяных или газовых скважинах*) packer

пакет *м.* 1. (*тара*) bag 2. (*листов, пластин и т. п.*) stack □ **вскрывать ~** open the pack, separate the sheets after each rolling operation; **раскладывать ~** (*напр. листов*) *прок.* destack (*e.g., sheets*) 3. (*набор брусков или полос, напр. при получении пудлингового железа*) faggot

волновой ~ wave packet

~ дисков *вчт.* disk pack

~ для молока milk carton

~ древесины (log) pile

~ железа (*электромашин, трансформаторов и т. п.*) core □ **набирать [собирать] ~ железа** stack (up) laminations [punchings] into a core; **перебирать ~ железа** reblade the core; **расшихтовывать ~ железа** unblade the core

~ кричного железа muck bar pile

~ пиломатериалов shipping bundle

~ плоских заготовок *мет.* slab pile

стружечный ~ sandwich

трубный ~ tube bank

трубный, конвективный ~ convection (tube) bank

трубный ~ пароперегревателя superheater bank

пакетирование *с.* (*пиломатериалов*) packaging

пакетировка *ж.* (*брусков или полос, напр. при получении пудлингового железа*) faggoting

пакетовскрыватель *м.* bag opener

пакетонаполнитель *м.* bag filling machine, bag filler

пакет-пресс *м. мет.* faggoting [packing] press

пакл/я *ж.* 1. oakum □ **ставить на ~е** caulk with oakum; **щипать ~ю** pick oakum 2. (*для резьбовых соединений*) packing yarn

несмолёная ~ white oakum

пал *м.* 1. *лес.* fire, burn 2. (*причальное устройство*) mooring post 3. (*откидной стопор шпиля или кабестана*) pawl

целевой ~ controlled [planned] burn(ing)

палатк/а *ж.* tent □ **ставить ~у** pitch a tent

кислородная ~ *мед.* oxygen tent

фумигационная ~ fumigation [gas] tent

паление *с.* burning; (*опаливание*) singeing

палетка *ж. нвг., геод.* transparency

палец *м.* finger

~ водила планетарной передачи carrier pin

па́лец
выбира́ющий ~ (*в координатной системе АТС*) selecting finger
~ гу́сеницы track pin
копи́рный ~ tracer pin
~ крейцко́пфа cross-head [gudgeon] pin
~ кривоши́па crank pin
~ мотови́ла reel tine
нака́лывающий ~ picker pin
направля́ющий ~ guide pin
отводно́й ~ tracer pin, follower
~ подбо́рщика pick-up finger
поршнево́й ~ piston pin
поршнево́й, пла́вающий ~ floating piston pin
~ пусково́й рукоя́тки starting crank pin
~ тра́ка гу́сеницы track link pin, track bolt
шарни́рный ~ link [knuckle] pin
~ щёткодержа́теля brush-holder stud, brush-holder support
пали́ть *гл.* burn; (*опаливать*) singe □ **~ шпур** fire a shot
па́лка *ж.* stick
~ коси́лки, полева́я grass rod
палла́дий *м.* palladium, Pd
палоде́латель *м. с.-х.* checker, land-shaper, bund former
па́луб/а *ж. мор.* deck □ **залива́ть ~у** (*о волнении*) sweep the deck; **настила́ть ~у** lay a deck; **ска́чивать ~у** (*из шланга*) hose down the deck; **шва́брить ~у** swab (down) the deck
~ ба́ка forecastle deck
~ безопа́сности (*плавучего дока*) safety deck
ве́рхняя ~ weather deck
втора́я ~ second deck
гла́вная ~ bulkhead [main] deck
мо́стиковая ~ bridge deck
~ надстро́йки superstructure deck
ни́жняя ~ lower deck
прогу́лочная ~ promenade deck
~ ру́бки house deck
со́лнечная ~ sun deck
сре́дняя ~ middle deck
те́нтовая ~ awning [shade] deck
шлю́почная ~ boat deck
~ ю́та poop deck
па́мят/ь *ж. вчт.* memory, storage (*см. тж.* **запомина́ющее устро́йство**) □ **быстроде́йствие ~и** access time; **выводи́ть [переключа́ть] ~ с режи́ма операти́вной рабо́ты** remove a storage device from on-line computer operation; **выделя́ть ~** assign storage (space); **~ заби́та [стано́вится заби́той]** the memory is swamped; **запра́шивать ~** request (an amount of) storage; **испо́льзовать ~ в автоно́мном режи́ме** use off-line memory [storage]; **обновля́ть (содержи́мое) ~и** update memory; **освобожда́ть ~** free [release, relinquish] storage; **переходи́ть в режи́м рабо́ты по ~и [по запо́мненной ско́рости]** *ав.* go on to memory; **распределя́ть ~** allocate storage (space); **~ храни́т информа́цию** *вчт.* storage retains information

па́мят/ь
автоно́мная ~ off-line storage
акусти́ческая ~ acoustic memory
ассоциати́вная ~ associative [content-addressable] storage
~ большо́й ёмкости mass storage
бу́ферная ~ buffer storage
быстроде́йствующая ~ high-speed [fast(-access), quick(-access), rapid(-access)] memory
виртуа́льная ~ virtual storage
вне́шняя ~ external memory, external storage
вну́тренняя ~ internal memory, internal storage
гла́вная, а́дресная ~ addressable bulk storage
гла́вная, беза́дресная ~ non-addressable bulk storage
двусторо́нняя ~ read-write memory
динами́ческая ~ dynamic storage
долговре́менная ~ fixed [read-only] storage
криоэлектро́нная ~ cryoelectronic memory
магази́нная ~ stack memory, push-down [push-up] store
магни́тная ~ magnetic memory
магнитоопти́ческая ~ magneto-optical memory
ма́тричная ~ matrix memory
~ на больши́х интегра́льных схе́мах large-scale-integration [LSI] memory
~ на конденса́торах capacitor memory
~ на криотро́нах cryotron memory
~ на магни́тном бараба́не magnetic drum memory
~ на магни́тных ди́сках magnetic disk memory
~ на магни́тных плёнках magnetic-film memory
~ на тви́сторах twistor memory
~ на то́нких плёнках thin film memory
~ на тунне́льных дио́дах tunnel-diode memory
~ на ферромагни́тных серде́чниках (magnetic-)core memory, core storage
~ на цилиндри́ческих плёнках cylindrical film memory
нестира́ющаяся ~ non-erasable storage
односторо́нняя ~ read-only storage
операти́вная ~ on-line [temporary, working] storage
операти́вная ~ со стира́нием scratch-pad memory
опти́ческая ~ optical memory
основна́я ~ main memory, main storage
паралле́льная ~ parallel memory, parallel storage

па́мят/ь
после́довательная ~ serial storage
постоя́нная ~ read-only memory, ROM, fixed [permanent, read-only] storage
разруша́ющаяся ~ volatile storage □ **разруша́ющаяся ~ теря́ет храня́щуюся информа́цию при отключе́нии пита́ния** in volatile storage, stored data are lost when the applied power is removed
~ сверхбольшо́й ёмкости mass memory
~ с ма́лым вре́менем вы́борки quick-access [fast(-access), rapid(-access)] memory
~ с произво́льной вы́боркой random-access memory
стати́ческая ~ static storage
стира́ющаяся ~ erasable storage
~ ти́па Z word-organized [linear-selection, switch-driven] memory
па́ндус *м.* ramp
пане́ль *ж.* **1.** (*строительный элемент*) panel **2.** (*отделка нижней части стены, отличающаяся от верха*) panel(ling); (*деревянная*) wainscot **3.** (*тротуар*) footway, sidewalk **4.** *эл., рад.* (*элемент щита, пульта и т. п.*) panel
вы́емочная ~ *горн.* stall
гнездова́я ~ *свз.* jack panel
~ две́ри *авто* door panel
~ жёсткости *авто* stiffening panel
~ индика́ции да́нных data display panel
ключева́я ~ *тлф.* key shelf
контро́льная ~ *тлф.* supervisory panel
~ крыла́ wing panel
ла́мповая ~ *рад., элн. англ.* valve holder; *амер.* tube socket
ла́мповая, гале́тная ~ wafer socket
~ многокра́тного по́ля *тлф.* bank, section of a multiple
~ по́ла *авто* floorpan
сбо́рная ~ *стр.* precast panel
~ сво́да пе́чи *мет.* shoulder
~ с мнемони́ческой схе́мой mimic diagram panel
~ со́лнечных элеме́нтов solar-cell panel
стенова́я ~ wall panel
то́почная ~ water-wall tube section
то́почная, многозахо́дная ~ meander panel
то́почная, цельносварна́я ~ membrane panel
~ трево́жной сигнализа́ции alarm-signal panel
~ управле́ния control panel
~ экра́на water wall panel, water wall section
эксплуатацио́нная ~ (*обеспечивающая доступ*) access panel, access door
электролюминесце́нтная ~ electroluminescent [EL] screen
панорами́рование *с. тлв., кфт.* panning

панорами́ровать *гл. тлв., кфт.* pan
панто́граф *м.* 1. (*прибор для копирования чертежей*) pantograph □ **~ перече́рчивает чертежи́, *напр.* в том же масшта́бе** the pantograph copies drawings, *e. g.*, to the same scale 2. (*токосъёмное устройство трамвая, электропоезда*) pantograph (collector) □ **~ отрыва́ется [отска́кивает] от конта́ктного про́вода** the pantograph bounces off the contact wire
пантографи́рование *с.* pantography
панто́метр *м.* pantometer
папильони́рование *с.* (*земснаряда*) cross dredging
па́пка *ж.*, **ма́тричная ~** *полигр.* flong, matrix paper
па́пшер *м. полигр.* cardboard cutter
  ди́сковый ~ rotary cardboard cutter
папье́-маше́ *с.* papier-maché
пар *м.* 1. (*вещество в газообразном состоянии*) vapour; (*водяной пар при точке кипения или выше*) steam; (*испарения*) (*обычн. в мн. ч.*) fumes □ **генери́ровать ~** produce [generate] steam; **отбира́ть ~** bleed [extract] steam; **перегрева́ть ~** superheat steam; **подня́ть ~ы́** raise the steam; **по́лным ~ом** at full steam, at full power; **получа́ть [производи́ть] ~** generate steam; **продува́ть ~ом** blow [treat] with steam; **трави́ть ~ (в атмосфе́ру)** release steam (to the atmosphere) 2. *с.-х.* fallow (land)
  вла́жный ~ wet steam
  го́лый ~ open steam
  гре́ющий ~ heating steam
  мя́тый ~ exhaust steam
  насы́щенный ~ saturated vapour; saturated steam
  норма́льный ~ standard steam
  о́стрый ~ live steam
  отрабо́танный ~ waste steam
  перегре́тый ~ superheated vapour
  переохлаждённый ~ supercooled vapour; supercooled steam
  пересы́щенный ~ supersaturated vapour; supersaturated steam
  сухо́й ~ dry vapour; dry steam
  технологи́ческий ~ process steam
  энергети́ческий ~ power-generating steam
па́р/а *ж.* pair
  гальвани́ческая ~ galvanic [voltaic] couple
  золотнико́вая ~ spool-and-sleeve
  зубча́тая ~ gear set, pair of gears
  ио́нная ~ ion pair
  кинемати́ческая ~ kinematic pair □ **замыка́ть кинемати́ческую ~у** close a kinematic pair
  кинемати́ческая, вы́сшая ~ kinematic pair of higher degree [grade], higher pair of kinematic elements
  кинемати́ческая, геометри́чески за́мкнутая ~ form [body]-closed pair of kinematic elements

па́р/а
  кинемати́ческая, ни́зшая ~ lower (kinematic) pair
  кинемати́ческая, пло́ская ~ planar (kinematic) pair
  кинемати́ческая, поступа́тельная ~ rectilinear (kinematic) pair
  кинемати́ческая, сфери́ческая ~ spherical [ball-and-socket] (kinematic) pair
  кинемати́ческая, цилиндри́ческая ~ cylindrical [turning-and-sliding] (kinematic) pair
  коаксиа́льная ~ coaxial pair
  колёсная ~ wheel pair, wheelset
  коррозио́нная ~ (*при электрохимической коррозии*) corrosion couple
  ку́перовская ~ *элн.* Cooper pair
  ~ объекти́вов (*микроскопа*) paired objectives
  ~ окуля́ров (*микроскопа*) paired eyepieces
  оптро́нная ~ *элн.* photon-coupled [source-detector] pair, PCP
  ~ светоизлуча́тель — приёмник *см.* **оптро́нная па́ра**
  ~ сил (force) couple
  червя́чная ~ worm-and-worm gear
  ~ чи́сел number [two-digit] pair, 2-tuple, pair of numbers, number couples
  шнурова́я ~ *тлф.* cord circuit
  электро́нная ~ electron pair
  электро́нная, ку́перовская ~ superconducting electron pair
  электро́нно-ды́рочная ~ electron-hole pair
  электро́нно-позитро́нная ~ electron-positron pair
пара́бол/а *ж.* parabola □ **дви́гаться по ~е** move in [along] a parabola, follow [travel] a parabolic path
  куби́ческая ~ cubic(al) parabola
  ~ невесо́мости *ав., косм.* zero-G parabola
  полукуби́ческая ~ semicubical [Neil's] parabola
параболо́ид *м.* paraboloid
  ~ враще́ния paraboloid of revolution
  гиперболи́ческий ~ hyperbolic paraboloid
  эллипти́ческий ~ elliptic paraboloid
парава́н *м. мор.* paravane □ **~ отво́дит ми́ну** the paravane wards off a mine; **~ подсека́ет минре́п** the paravane cuts [severs] the mooring of a mine
параводоро́д *м.* parahydrogen
паравы́пуклый *прил.* paraconvex
парадо́кс *м.* paradox
  ~ вре́мени clock paradox
  ~ часо́в clock paradox
параизоме́р *м.* para-isomer
паракаучу́к *м.* para rubber
паракриста́лл *м.* paracrystal
паралла́кс *м.* (*явление*) parallax; (*его последствия*) parallax effect □ **учи́тывать ~** apply parallax; apply the parallax effect

паралла́кс
  абсолю́тный ~ absolute parallax
  бинокуля́рный ~ binocular parallax
  ~ инструме́нта instrumental parallax
  попере́чный ~ vertical parallax, I-parallax
  продо́льный ~ X-parallax
  стереоскопи́ческий ~ stereoscopic parallax
  фотограмметри́ческий ~ photogrammetric parallax
параллелепи́пед *м.* parallelepiped, parallelepipedon
  накло́нный ~ oblique parallelepiped
  ~ повторя́емости recurrence [repetition] parallelepiped
  прямо́й ~ right parallelepiped
  прямоуго́льный ~ rectangular parallelepiped
параллели́зм *м.* parallelism
параллелизу́емость *ж.* parallelizability
параллелогра́мм *м.* parallelogram
  ~ сил parallelogram of forces
  шарни́рный ~ parallel link mechanism
параллелото́п *м.* parallelotope
паралле́ль *ж.* parallel
  геодези́ческая ~ geodetic parallel
  земна́я ~ parallel of latitude
  небе́сная ~ parallel of altitude
  небе́сная ~ свети́ла parallel of declination
  основна́я ~ central parallel
  станда́ртная ~ standard parallel
паралле́льно *нареч.* parallel (with, to)
паралле́льность *ж.* parallelism
паралло́ид-аппара́т *м.* roller type anti-set-off unit
парамагнети́зм *м.* paramagnetism
парамагне́тик *м.* paramagnetic (substance)
пара́метр *м.* parameter □ **~ вы́шел за допусти́мые преде́лы** an off-normal condition is reached
  безразме́рный ~ non-dimensional parameter
  ~ бли́жнего поря́дка short-range order parameter
  ~ винтово́го движе́ния screw parameter
  ~ возвра́та реле́ по́сле де́йствия drop-out value
  волново́й ~ *рад.* wavelength constant
  вспомога́тельный ~ [ВП] fault-identifying variable
  входно́й ~ input parameter *пример*: **испо́льзуя «х» в ка́честве входно́го ~а табли́цы, ...** entering the table with «х», ...
  газодинами́ческий ~ gasdynamic property
  ~ да́льнего поря́дка long-range order parameter
  ~ движе́ния це́ли *рлк.* target motion rate
  ~ де́йствия реле́ pick-up value

пара́метр
~ короткоза́мкнутой це́пи (*в анализе цепей*) short-circuit admittance parameter
ма́лый ~ *авт.* perturbation
несуще́ственный ~ incidental parameter
обобщённый ~ combined parameter
определя́ющий ~ [ОП] diagnostic variable
оптимизи́руемый ~ (*в геометрическом программировании*) objective variable
~ па́ра (*обычн. мн. ч.*) steam condition(s) □ **повыша́ть ~ы па́ра** improve steam conditions
~ положе́ния parameter of location
~ пото́ка flow parameter
~ пото́ка отка́зов *т. над.* failure rate
~ разо́мкнутой це́пи (*в анализе цепей*) open-circuit impedance parameter
~ распределе́ния distribution parameter
распределённый ~ distributed parameter, distributed constant
расчётный ~ design condition, design variable
регули́руемый ~ controlled variable
регули́рующий ~ manipulated variable
режи́мный ~ operating condition
~ реле́, номина́льный rating of a relay
~ решётки lattice parameter, lattice constant
~ сло́жности complexity unit, complexity index
сосредото́ченный ~ lumped parameter, lumped constant
~ состоя́ния state variable
~ срабо́тывания (*в электромагнитном устройстве*) operate value
статисти́ческий ~ statistic(al) parameter
стохасти́ческий ~ stochastic parameter
терми́ческий ~ thermal property
термодинами́ческий ~ state variable
~ управле́ния *авт.* actuating error
физи́ческий ~ physical property
фока́льный ~ (*параболы*) latus rectum
~ це́пи, сме́шанный (*в анализе цепей*) hybrid [h-] parameter
параметриза́ция *ж.* parametrization
параме́трика *ж.* parametrics
параметри́чески *нареч.* **задава́ться** be represented parametrically, be given in parametric representation
параметро́н *м.* parametron
полупроводнико́вый ~ semiconductor parametron
тонкоплёночный ~ thin-film parametron
парапе́т *м.* parapet
параположе́ние *с.* para-position
парапроце́сс *м.* para-process
парафи́н *м.* paraffin (wax) □ **обраба́тывать ~ выпотева́нием** sweat (the) paraffin; **очища́ть ~** purify paraffin (wax)
медици́нский ~ medicinal paraffin
неочи́щенный ~ crude paraffin (wax)
нефтяно́й ~ petroleum paraffin
твёрдый ~ hard block paraffin (wax)
техни́ческий ~ commercial paraffin, commercial wax
парафинёр *м.* paraffiner, paraffin tank
парафини́рование *с.* (*пропитка*) paraffin treatment, paraffin impregnation
~ о́ттисков *полигр.* wax spraying
парафини́ровать *гл.* paraffinize, paraffin
парашю́т *м.* parachute □ **вводи́ть ~** deploy the parachute; **вы́броситься на ~е** bail out; **запу́тывать ~** foul the parachute; **надева́ть ~** wear a parachute; **~ наполня́ется во́здухом** the parachute billows; **отстре́ливать ~ от спуска́емого аппара́та** blast the parachute (system) off the descent capsule; **~ раскрыва́ется ...** the parachute breaks out ...; **раскрыва́ть ~** release the parachute; **укла́дывать ~** pack the parachute
вытяжно́й ~ auxiliary [pilot] parachute
запасно́й ~ emergency [reserve] parachute
неуправля́емый ~ unguided parachute
основно́й ~ main parachute
подкладно́й ~ seat-pack parachute
поса́дочный ~ landing parachute
свобо́дный ~ free parachute
спаса́тельный ~ recovery parachute
~ с принуди́тельным раскры́тием ку́пола automatic(-release) parachute
тормозно́й ~ *ав.* brake parachute, parabrake
управля́емый ~ steerable [guided] parachute
уче́бный ~ training parachute
хвостово́й ~ *ав.* tail parachute
ша́хтный ~ *горн.* catch gear
парашюти́ровать *гл.* parachute
парашюти́ст *м.* parachutist
парге́лий *м.* parhelion
па́рение *с.* (*выделение или образование пара*) steaming
паре́ние *с.* (*парящий полёт*) soaring; (*планёра*) soaring, hovering
~ в восходя́щем пото́ке по скло́нам *ав.* wave soaring
~ в восходя́щих пото́ках у облако́в *ав.* cloud soaring
пари́льная *ж.* vapour room
пари́ровать *гл.* arrest, counteract □ **~ тенде́нцию к кре́ну** *ав.* counteract the tendency to roll
па́рить *гл.* (*выделять пар*) steam
пари́ть *гл.* (*совершать парящий полёт*) soar; (*о планёре*) soar, hover
парк *м.* (*машин, станков и т. п.*) fleet, stock
авто́бусный ~ bus fleet
~ ваго́неток rolling stock
~ запасны́х валко́в roll inventory
парке́т *м.* parquet (flooring), parquetry (flooring) □ **укла́дывать ~ на масти́ке** lay parquet flooring in mastic; **укла́дывать ~ по [пове́рх] ...** lay parquet flooring over [on to] ...
~ «в ёлку» herring-bone parquet(ry) pattern
~ «в корзи́нку» boarded parquet(ry) pattern
набо́рный ~ glued-laminated parquet(ry)
шту́чный ~ block parquet(ry)
щитово́й ~ parquet panelling
парке́тина *ж.* parquet block
парни́к *м.* hotbed
па́рность *ж. мат.* twoness
парова́ние *с. с.-х.* fallowing, resting
парогенера́тор *м.* steam generator
пароизоля́ция *ж.* vapour seal
паро́ль *м. вчт.* password □ **вводи́ть [предъявля́ть] ~** supply a password; **запра́шивать ~** request (*e. g., an operator*) to supply a password
паро́м *м.* ferry
автомоби́льно-пассажи́рский ~ passenger-car ferry
автомоби́льный ~ automobile [car, vehicular] ferry
железнодоро́жный ~ railway [train] ferry
~ на возду́шной поду́шке hover ferry
~ на подво́дных кры́льях hydrofoil ferry
тра́нспортный ~ transport ferry
паромéр *м.* steam flowmeter
паронапряже́ние *с.* **котла́, уде́льное** rate of evaporation per unit heating surface
парони́т *м.* rubberized asbestos fabric
парообразова́ние *с.* evaporation; steam generation
пароосуши́тель *м.* steam drier
пароотдели́тель *м.* steam separator
пароохлади́тель *м.* steam attemperator
впры́скивающий ~ spray attemperator
пове́рхностный ~ surface attemperator
пароочисти́тель *м.* steam purifier
пароперегре́в *м.* superheating
пароперегрева́тель *м.* (steam) superheater
вертика́льный ~ pendent superheater
втори́чный ~ reheater
конвекти́вный ~ convection superheater
основно́й ~ primary superheater
полурадиацио́нный ~ platen superheater
промежу́точный ~ reheater
радиацио́нный ~ radiant superheater

пароперегрева́тель
~ со сме́шанным то́ком mixed-flow superheater
~ с противото́ком counter-current superheater
~ с прямото́ком co-current superheater
ши́рмовый ~ platen superheater
паропри́ёмник *м.* steam receiver
паропрово́д *м.* steam line
паропроизводи́тельность *ж.* steam rating, steam-generating capacity, steam rated capacity
паропроница́емость *ж.* water vapour permeability
парораспределе́ние *с.* steam distribution
парораспредели́тель *м.* steam distributor
парораспыли́тель *м.* steam atomizer
паросбо́рник *м.* steam collector, steam receiver
паросепара́тор *м.* steam separator
цикло́нный ~ cyclone steam separator
паросуши́тель *м.* steam drier
паротурбово́з *м.* steam-turbine locomotive
паротурбогенера́тор *м.* steam turbine generator
пароувлажне́ние *с.* steam humidification
парохо́д *м.* steamer, steamship
~ вну́треннего пла́вания inland steamer
грузово́й ~ cargo steamer
пассажи́рский ~ passenger steamer
парохо́дство *с.* **1.** (*компания, объединение*) steamship line **2.** (*пароходное сообщение*) *уст.* steam navigation
парсе́к *м.* (*внесистемная единица длины в астрономии*) parsec
па́ртия *ж.* **1.** (*в производстве*) batch, lot; (*товара*) lot **2.** (*людей, напр. геологоразведочная*) party **3.** (*игры, напр. в шахматы*) game
~ гру́за consignment
~ та́рно-шту́чного гру́за (*поднимаемая за один раз*) draft
па́рус *м.* **1.** *арх.* pendentive **2.** *мор.* sail
паруси́на *ж.* sail-cloth, canvas
па́русник *м.* (*судно*) sailboat
парфюме́рия *ж.* perfumery
паска́ль *м.*, Па (*единица давления и механического напряжения*) pascal, Pa
па́сма *ж.* lea
паспарту́ *с.* *полигр.* paste-in, tip
па́спорт *м.* certificate
~ вы́работки *горн.* chart of working
~ крепле́ния *горн.* chart of supports
~ на буровзрывны́е рабо́ты chart of blasting, blasting chart
~ пла́вки heat log
пассажи́р *м.* passenger, occupant □ **выса́живать ~ов** *ав.* let off passengers; *мор.* disembark passengers; **занима́ться ~ами** (*напр. регистрировать билеты, багаж и т. п.*) *ав.* handle passengers; **перевози́ть ~ов** (*о транспортном средстве*) carry passengers; **принима́ть ~ов** (*на борт*) *ав.* pick up [take on] passengers; *мор.* embark passengers
пассажи́р
отлета́ющий ~ departing passenger
прилета́ющий ~ arriving passenger
пассажировмести́мость *ж.* passengers capacity
пассати́жи *мн.* combination pliers
пассива́тор *м.* passivating agent, passivator
пассива́ция *ж.* *см.* **пассиви́рование**
пассиви́рование *с.* (*металлов*) passivating (treatment), passivation; (*полупроводников*) passivation
пассиви́ровать *гл.* passivate
пасси́вность *ж.* passivity
па́ст/а *ж.* paste
вулканизу́ющая ~ vulcanizing paste
герметизи́рующая ~ (*для обеспечения плотности швов и соединений*) sealant, sealing paste
~ ГОИ GOI polishing paste (*proprietary name standing for State Optical Institute*)
~ для уплотне́ния резьбовы́х соедине́ний joint paste □ **наноси́ть ~у на соедине́ние пе́ред сви́нчиванием** smear a layer of joint paste on the connection before screwing up
дово́дочная ~ lapping compound
затра́вочная ~ (*в производстве сахара*) seed slurry
звукоизоляцио́нная ~ antidrumming [antinoise] paste
нажда́чная ~ emery paste
пая́льная ~ soldering paste
полирова́льная ~ polishing paste
у́гольная ~ (*в производстве сахара*) carbon slurry
уплотня́ющая ~ sealing paste, sealant
пастеризáтор *м.* pasteurizer
~ мгнове́нного де́йствия flash pasteurizer
ороси́тельный ~ autospray pasteurizer
пастериза́ция *ж.* pasteurization
высокочасто́тная ~ radio-frequency pasteurization
дли́тельная ~ holding [holder] pasteurization
кратковре́менная ~ shocking [short-time] pasteurization
мгнове́нная ~ (при высо́кой температу́ре) flash pasteurization
~ радиоакти́вным облуче́нием radiopasteurization
пастеризова́ть *гл.* pasteurize
пасти́ровать *гл.* paste
пасту́х *м.*, **электри́ческий** (*изгородь*) *с.-х.* electrical fence
па́сынок *м.* (*столбовой опоры*) stub
пате́нт *м.* patent □ **аннули́ровать ~** cancel [revoke] a patent; **возобновля́ть ~** reinstate a patent; **выдава́ть ~** grant [issue] a patent; **выдава́ть заменя́ющий ~** re-issue a patent; **~ закрепля́ет за патентооблада́телем исключи́тельное пра́во на изобре́тение** a patent confers the right to the patent holder to exclude others from using his invention; a patent is the grant to its owner of the right to exclude others from the use of his invention; **испо́льзовать [применя́ть] ~** practise a patent; **лиша́ться ~а** forfeit a patent; **~ на** a patent for [on]; **наруша́ть ~** violate a patent; **ожида́ется вы́дача ~а** (*заявка на патент подана в такой-то стране*) the patent is pending (*in such-and-such country*); **оспа́ривать ~** contest a patent; **отка́зывать в вы́даче ~а** withhold a patent, withhold patent grant; **отка́зываться от ~а** abandon [drop] a patent; **отменя́ть ~** cancel [revoke] a patent; **охраня́ться ~ом** be covered by patent; **подава́ть зая́вку на ~** apply for a patent; **получа́ть ~ на ...** take out a patent for ...; **признава́ть ~ недействи́тельным** invalidate a patent; **продава́ть (пра́во на) ~** vend a patent; **срок де́йствия ~а истёк** the patent has expired, the patent has lapsed; **~ утра́тил си́лу за истече́нием сро́ка** the patent has expired [has lapsed, has ceased]; **~ явля́ется де́йствующим** the patent is in force
патенти́рование *с.* patenting
патентоспосо́бность *ж.* patentability
пати́на *ж.* patina
патини́рование *с.* patina-forming treatment
па́трица *ж.* *полигр.* patrix
патро́н *м.* **1.** (*зажимный*) *маш.* chuck □ **зажима́ть дета́ль в ~** clamp the work(piece) in a chuck, chuck the work(piece); **~ слу́жит для закрепле́ния загото́вки** *или* **инструме́нта** a chuck is used to hold [secure] the part *or* tool; **устана́вливать (дета́ль) в ~** mount (the part) in the chuck **2.** *свт.* lamp-holder **3.** (*для оружия*) cartridge
~ аэрдо́кс *горн.* airdox blaster
быстросме́нный ~ quick-change chuck
винтово́й ~ screw chuck
~ гидро́кс *горн.* hydrox blaster
дави́льный ~ *маш.* (spinning) mould
~ кардо́кс *горн.* cardox blaster
кулачко́вый ~ jaw chuck
ла́мповый ~ lamp-holder
ла́мповый, винтово́й ~ screwed lamp-holder
ла́мповый, штыково́й ~ bayonet lamp-holder
обжи́мный ~ (*для закатки крышек консервных банок*) squeezer
оксиликви́тный ~ *горн.* liquid-oxygen cartridge
~ перфора́тора, взрывно́й firing cartridge

патро́н
пневмати́ческий ~ air(-operated) chuck
поводко́вый ~ driver [centre] chuck
~ **постоя́нной осу́шки** dehydrator plug
~ **предохрани́теля** fuse cartridge
разжи́мный ~ expanding chuck
регенерати́вный ~ (*респиратора*) regenerative canister, carbon-dioxide absorbent chamber □ **переснаряжа́ть регенерати́вный** ~ recharge a regenerative canister; **снаряжа́ть регенерати́вный** ~ charge a regenerative canister
резьбонарезно́й ~ thread-cutting chuck
~ **руби́льной маши́ны** *лес.* chipper spout
рыча́жный ~ lever-operated chuck
самоцентри́рующий ~ self-centring chuck
тока́рный ~ lathe chuck
трёхкулачко́вый ~ three-jaw chuck
ца́нговый ~ collet chuck
~ **электрододержа́теля** electrode holder adapter
электрозажига́тельный ~ electric squib
электромагни́тный ~ magnetic chuck
патро́н-боеви́к *м.* primed (blasting) cartridge, primer □ **изгота́вливать** ~ prime an explosive cartridge, prime a (blasting) cartridge
патро́н-осуши́тель *м.* dehydrator plug
па́трубок *м.* branch pipe
впускно́й ~ inlet (pipe), inlet (connection)
вса́сывающий ~ inlet (pipe)
выпускно́й ~ outlet (pipe), outlet (connection)
коле́нчатый ~ elbow (pipe)
нагнета́тельный ~ outlet (pipe), delivery [discharge] branch
напо́рный ~ outlet (pipe), delivery [discharge] branch
перехо́дный ~ reducer
~ **турби́ны, выхлопно́й** exhaust hood
фу́рменный ~ tuyere connection
~ **центробе́жного вентиля́тора, входно́й** (fan) inlet (connection), (fan) inlet (duct)
~ **центробе́жного вентиля́тора, выходно́й** (fan) outlet (connection), (fan) outlet (duct)
па́уза *ж. свз.* spacing (interval), break, quiescent interval
бестóковая ~ no-current condition
пау́к *м. тех.* spider
паха́ть *гл.* plough, till
па́хота *ж.* ploughing, tilth, tillage
па́хт/а *ж.* buttermilk □ **слива́ть** ~**у** draw off the buttermilk
па́чка *ж.* pack, packet
~ **бума́ги** bundle [pack] of paper
~ **и́мпульсов** pulse burst

па́чка
~ **и́мпульсов отве́та** *рлк.* radar return burst
~ **оши́бок** *свз.* error burst
~ **у́гля** coal band, coal bench
~ **у́гля, ни́жняя** bottom band, lower bench
~ **фольги́** foil stack
эмульсио́нная ~ emulsion stack
пая́льник *м.* soldering iron, solderer
га́зовый ~ gas-heated soldering iron
~ **для луже́ния** tinning tool
электри́ческий ~ electric soldering iron
пая́ние *с.* (*мягким припоем*) (soft) soldering; (*твёрдым припоем*) brazing (*см. тж.* **па́йка**)
пая́ть *гл.* (*мягким припоем*) solder; (*твёрдым припоем*) braze
педа́л/ь *ж.* (foot) pedal □ **нажима́ть на** ~ step [press] on the pedal; **отпуска́ть** ~ release the pedal; **приводи́мый (в де́йствие) от** ~**и** pedal-actuated; **с управле́нием от** ~**и** pedal-operated
~ **акселера́тора** accelerator pedal, foot throttle, gas(throttle) pedal
~ **ножно́й шве́йной маши́ны** treadle
откидна́я ~ folding pedal
~ **переключе́ния переда́ч** (gear) shift pedal
~ **переключе́ния све́та фар** headlamp switch pedal
ре́льсовая ~ rail contact, rail bar
~ **систе́мы путево́го управле́ния** *ав.* rudder pedal
~ **ста́ртера** starter pedal
стре́лочная ~ *ж.-д.* detector bar
~ **сцепле́ния** *авто* clutch pedal
тормозна́я ~ brake pedal
~ **управле́ния** control pedal
педо́метр *м.* pedometer
пек *м.* pitch
буроу́гольный ~ lignite tar pitch
древе́сный ~ wood pitch
каменноу́гольный ~ coal-tar pitch
мя́гкий ~ soft(-tar) pitch
нефтяно́й ~ petroleum pitch
скоксо́ванный ~ coked pitch
твёрдый биту́мный ~ hard pitch
торфяно́й ~ peat pitch
пека́рня *ж.* bakery, bakehouse
пелена́ *ж.*:
вихрева́я ~ *аргд.* vortex sheet
вихрева́я, свёрнутая ~ *аргд.* rolled-up vortex sheet
кра́сная ~ (*зрительное ощущение при перегрузках*) *ав.* red-out
се́рая ~ (*зрительное ощущение при перегрузках*) *ав.* gray-out
струйна́я ~ *аргд.* jet sheet
чёрная ~ (*временная потеря зрения при перегрузках*) *ав.* black-out
пе́ленг *м.* bearing □ **брать** ~ **на** *что-л.* *нвг.* take [shoot] a bearing on ...; ~ **на N от M** the bearing of N from M; ~ **от A на B составля́ет, напр.** 40° A bears 40° from B; ~ **по ко́мпасу** bearing by the compass; ~ **представля́ет ортодроми́ческое направле́ние на тра́нспортное сре́дство** *нвг.* a bearing is the direction of a craft measured along a great circle

пе́ленг
и́стинный ~ true bearing
ко́мпасный ~ compass bearing
контро́льный ~ check bearing
магни́тный ~ magnetic bearing
обра́тный ~ reciprocal bearing
относи́тельный ~ relative bearing
~ **по координа́тной се́тке** grid bearing
прямо́й ~ direct bearing
~ **це́ли** *рлк.* target bearing
пеленга́тор *м.* direction finder
визуа́льный ~ bearing plate
магни́тный ~ bearing compass
самолётный ~ airborne direction finder
пеленга́ци/я *ж.* direction finding □ **проводи́ть визуа́льную** ~**ю** *чего-л.* take visual bearings to [of] an object; **производи́ть** ~**ю радиомаяка́** take bearings of a radio beacon
пеленгова́ние *с.* direction finding
пель-ко́мпас *м.* bearing compass
пе́мза *ж.* pumice (stone)
пемзобето́н *м.* pumice concrete
пемзова́ние *с.* buffing
пемзова́ть *гл.* pumice, polish with pumice □ ~ **ртуть** (*при амальгамации золота*) flour and sicken the mercury
пе́н/а *ж.* foam, froth □ **гаси́ть** ~**у** suppress foam [froth]; **переходи́ть в** ~**у** (*флотация*) froth, go into the froth *пример*: **минера́лы перехо́дят в** ~**у** the minerals froth; **снима́ть** ~**у** collect [skim] the froth
ла́тексная ~ latex froth
мы́льная ~ lather; (*для испытаний швов на плотность*) (soap) suds
серебри́стая (ци́нковая) ~ (*в производстве свинца*) silver-zinc dross, silver-zinc crust
флотацио́нная ~ froth
пенетро́метр *м.* penetrometer
гидравли́ческий ~ wash point penetrometer
ко́нусный ~ cone penetrometer
пенетроме́трия *ж.* penetrometry
пе́нистость *ж.* foaminess, frothiness
пе́ниться *гл.* foam, froth
пе́нка *ж.* scum, skimmings
ме́дная ~ copper scum, copper froth
пеноалюми́ний *м.* foam aluminium
пенобето́н *м.* foam concrete
пенобетономеша́лка *ж.* froth-generating concrete mixer
пенобетонье́рка *ж.* froth-generating concrete mixer
пеногаси́тель *м.* foam suppressor, foam killer, foam breaker, antifoam agent
пеногаше́ние *с.* foam killing, foam breaking
пеногенера́тор *м.* foam generator
пеноги́пс *м.* foamed gypsum

пеноловитель *м.* foam catcher
пенообразование *с.* foaming
пенообразователь *м.* **1.** foam generator; (*во флотации*) frother **2.** foaming agent
пенопласт *м.* foam plastic
жёсткий ~ rigid foam plastic
эластичный ~ elastic foam plastic
пенополистирол *м.* expanded polystyrene
пенорезина *ж.* foam rubber, elastomeric foam
пеносиликат *м.* cellular [foamed] silicate
пеносмеситель *м.* (*пожарное оборудование*) foammixer
пеносниматель *м.* skimmer
пеностекло *с.* foamglass, cellular glass
пеностойкость *ж.* froth resistance
пеноструктура *ж.* foam structure
пенотушение *с.* foam fire extinguishment, foam fire fighting
пентагон *м. мат.* pentagon
пентапризма *ж.* pentaprism
пентаэдр *м.* pentahedron
пентод *м.* pentode
высокочастотный ~ radio-frequency [r.f.] pentode
двойной ~ twin [double] pentode, duo-pentode
лучевой ~ beam pentode
пеньк/а *ж.* hemp □ **трепать ~у** beat [break] hemp
манильская ~ Manila hemp, abaca
смольная ~ tarred hemp
пепел *м.* ashes, cinders
пепельница *ж.* ashtray
выдвижная ~ pull-out ashtray
откидная ~ disappearing ashtray
пептизация *ж.* peptization
пептизировать *гл.* peptize
пептонизация *ж.* peptonization
пептонизировать *гл.* peptonize
первоочерёдность *ж.* top priority
пергамент *м.* parchment
животный ~ animal parchment
растительный ~ vegetable parchment
технический ~ raw hide, rawhide leather
пергаментирование *с.* parchmentizing
пергамин *м.* **1.** (*кровельный и гидроизоляционный материал*) asphalt roofing [asphalt sheathing] paper **2.** (*бумага для изготовления кальки*) glassine paper (Pergamyn — *немецкое фирм. название*)
переадресация *ж. вчт.* address modification
перебег *м.* (*инструмента*) overtravel
перебивать *гл. свз.* break in
перебивка *ж. свз.* break-in operation, break-in keying
перебирать *гл.* (*напр. двигатель*) overhaul
перебо/й *м.* fault, trouble □ **~ в подаче смазки** lubrication failure; **двигатель даёт ~и** the engine misses; **двигатель работает с ~ями** the engine misses; **работать без ~ев** operate trouble-free, operate without a hitch
перебор *м.* **1.** *мат.* exhaustive search □ **доказывать** (*напр. теорему*) **~ом** prove (*e.g., a theorem*) by exhaustion; **получать путём ~а** find by an exhaustive method [by exhaustion] **2.** *маш.* gearing, gear train
сменный ~ changewheel gear
переборка *ж.* **1.** (*вид ремонта*) overhaul **2.** (*перегородка*) bulkhead; partition **3.** *полигр.* resetting, recomposition
ахтерпиковая ~ afterpeak bulkhead
водонепроницаемая ~ watertight bulkhead
газонепроницаемая ~ gastight bulkhead
диаметральная ~ centerline bulkhead
нефтенепроницаемая ~ oiltight bulkhead
огнестойкая ~ fire-resisting bulkhead
поперечная ~ transverse bulkhead
продольная ~ longitudinal bulkhead
противопожарная ~ fire-resisting bulkhead
таранная ~ collision bulkhead
переброс *м.* (*из одного состояния в другое; об электронных схемах с двумя состояниями*) change of state; (*о триггерах*) flip-over, throw-over
переброска *ж. полигр.* image transfer
~ по воздуху (*особ. в чрезвычайных условиях*) airlift
~ стока diversion of run-off (flow)
перевал *м. мет.* bridgewall, sand dam
~ лётки доменной печи damstone
шлаковый ~ slag dam
перевалк/а *ж.* (*грузов*) transfer □ **осуществлять ~у грузов с,** *напр.* **железнодорожного на,** *напр.* **водный транспорт** transfer cargo from, *e.g.*, rail to, *e.g.*, water
~ валков roll change, roll changing
перевёрстка *ж. полигр.* re-imposition
перевод *м.* **1.** (*величин, единиц измерений и т. п.*) conversion □ **в ~е на ...** in terms of ... *пример:* **в ~е на длины волн радиодиапазон простирается ...** in terms of wavelength the r.f. range extends from ... to ... **2.** (*с одного процесса на другой, с одного режима на другой и т. п.*) change-over, shift **3.** *полигр.* transfer **4.** (*с языка на язык*) translation
анастатический ~ *полигр.* anastatic printing
блёдный ~ *полигр.* outlining
выворотный ~ (*изображения*) *полигр.* reverse transfer
литографский ~ lithographic transfer
машинный ~ machine [computer] translation
~ регистра (*печатающего устройства*) case shift
~ регистра по комбинации пробела, обратный unshift-on-space
стрелочный ~ *ж.-д.* switch
стрелочный, перекрёстный ~ lap switch
~ строки (*печатающего устройства*) line feed
~ чисел из одной системы счисления в другую conversion between number systems
переводить *гл.* **1.** (*величины, единицы измерения и т. п.*) convert **2.** (*с одного процесса на другой, с одного режима на другой и т. п.*) change over, shift **3.** *полигр.* transfer **4.** (*с языка на язык*) translate
перевозбуждение *с.* overexcitation
перевозить *гл.* carry, convey, haul, transport, ship
перевозка *ж.* carriage, conveyance, haul(age), transport(ation), shipment
~ автотранспортом carriage by road [by truck], trucking
бестарная ~ bulk carriage, bulk haulage, bulk delivery, bulk shipment
ближняя ~ short haul
~ воздухом carriage by air
встречные ~и backhaul
грузовые ~и freight traffic
дальняя ~ long haul
~ и контейнерным способом container carriage
~ морем carriage by sea
~ навалом bulk carriage, bulk shipment, bulk haulage, bulk delivery
~ пассажиров public conveyance, passenger transport(ation)
~ по железной дороге carriage by rail
~ сухопутным транспортом carriage by land
~ холодильным транспортом refrigerated transport, refrigerated shipment
переворачивание *с.*:
~ изображения image inversion
~ спина spin flipping
перевязка *ж. стр.* bond
~ «в ёлку» herring-bone bond
~ каменной кладки stone bond
~ кирпичной кладки brick bond
крестовая ~ cross bond
ложковая ~ stretcher bond
однорядная ~ single-course bond
тычковая ~ header bond
цепная ~ chain bond
перевязь *ж.* **снопа** band
перегиб *м.* (*чрезмерный гиб*) excessive bend; (*гиб с изменением направления на обратное*) reverse bend
~ каната («*колышка*») kink
~ корпуса корабля hog(ging) of a ship hull

перегиб
~ **кривой** *мат.* inflection [knee, bend] of a curve
~ **листа** *прок.* dings
~ **полосы, поперечный** coil break
~ **проката** fluting
перегибать *гл.* bend (on itself), fold (on itself), double (on itself)
перегон *м.*:
~ **дороги** section of a road
~ **пути** leg of a route
~ **транспортного средства** (*напр. с завода к получателю, от одного хозяйства к другому*) ferry trip
перегонка *ж. хим.* distillation
~ **в кипящем слое** fluidized distillation
~ **в токе инертного газа** carrier distillation
вторичная ~ redistillation
деструктивная ~ dry [pyrogenic, destructive] distillation
дробная ~ fractional distillation, distillation by fractionation
~ **из куба** stillage
контактная ~ contact distillation
молекулярная ~ molecular distillation
непрерывная ~ continuous distillation
~ **нефти** oil [petroleum] refining
низкотемпературная ~ low-temperature distillation
однократная ~ flash distillation
периодическая ~ batch distillation
~ **под вакуумом** vacuum distillation
~ **под давлением** compressive distillation
простая ~ simple distillation
прямая ~ straight-run distillation
равновесная ~ flash distillation
~ **самолётов** ferry(ing)
~ **с водяным паром** steam distillation
~ **с крекингом** cracking distillation
сухая ~ dry [pyrogenic, destructive] distillation
фракционная ~ fractional distillation
экстрактивная ~ extractive distillation
перегонщик *м.* (*лётчик*) ferry pilot
перегоня/ть *гл. хим.* distil (over) □ **все фракции** ~**ются в чистом виде** each component distils over in pure form; ~ **самолёт** ferry an aircraft
перегорание *с. эл.* burn-out, burning-out, blow-out
~ **предохранителя** blow-out of a fuse
перегорать *гл.* burn (out); (*о предохранителе*) blow
перегородка *ж.* partition
вентиляционная ~ *горн.* air partition
водонепроницаемая ~ watertight partition
воздухонепроницаемая ~ air-tight partition
перегородка
~ **дымохода** baffle
междуфазная ~ (*в выключателях-автоматах*) interphase barrier
противопожарная ~ firebreak partition
~ **теплообменника, поперечная** baffle
~ **теплообменника, продольная** pass partition plate
перегребать *гл.* (*напр. пески в классификаторе*) rake (*e.g., sands in a wet classifier*); plough [convey] (*the material*) by rakes
перегрев *м. мет.* overheat; superheat
местный ~ hot spot
~ **пара** (steam) superheat □ **терять** ~ **пара** be desuperheated
~ **пара, вторичный** reheat(ing)
~ **пара, промежуточный** reheat(ing)
перегреватель *м.* **пара** superheater
~ **пара, дренируемый** drainable superheater
~ **пара, комбинированный** radiant-and-convection superheater
~ **пара, радиационно-конвективный** radiant-and-convection superheater
перегревать *гл. мет.* overheat; superheat
перегреваться *гл.* (*при работе*) run hot
перегружатель *м.* (re-)loader
рудный ~ ore gantry
перегружать *гл.* 1. (*превышать нормальную нагрузку*) overload 2. (*перемещать грузы*) transfer cargo, transfer load
перегрузк/а *ж.* 1. (*превышение нормальной нагрузки*) overload □ **устранять** ~**у** correct (an) overload (situation), remove an overload 2. (*летательного аппарата*) load factor, g-load(ing) □ ~ **возникает ...** g(-load) is applied ... 3. (*на дороге*) blocking, congestion
~ **груза** transfer of cargo
длительная ~ sustained overload
кратковременная ~ short-time overload
манёвренная ~ manoeuvre load factor
нормальная ~ normal load factor
~ **от порывов ветра** gust load factor
~ **пассажиров** transfer of passengers
~ **по запросу** (*о самолётных ответчиках*) over-interrogation
~ **по напряжению** voltage over-load
поперечная ~ lateral load factor
~ **по току** current overload
продольная ~ longitudinal load factor
тепловая ~ thermal overload
перегруппировывать *гл.* regroup, rearrange, reorder
передавать *гл.* 1. (*предмет из рук в руки*) pass 2. *свз.* transmit, send □ ~ **«блиндом»** [**«вслепую»**] transmit (messages) in the blind, send blind; ~ **по линии связи** transmit over a communication channel; ~ **по проводам** transmit [send] by wire; ~ **по радио** transmit [send] by radio; ~ **с буквопечатающим контролем** *тлг.* type the home copy while sending 3. □ ~ **управление** *вчт.* pass [transfer] control
передатчик *м.* transmitter □ **переключить** ~ **на работу с излучением** put the transmitter on the air
бортовой ~ (*любого транспортного средства*) vehicle-borne transmitter; (*самолётный*) airborne [aircraft-borne] transmitter; (*судовой*) ship-borne [shipboard] transmitter
~ **дециметрового диапазона** UHF(-band) transmitter
~ **дискретной информации** digital (data) transmitter
~ **заградительных помех** barrage jammer
коротковолновый ~ short-wave transmitter
лазерный ~ laser transmitter
ламповый ~ *англ.* valve transmitter; *амер.* tube transmitter
мазерный ~ maser transmitter
~ **метрового диапазона** VHF (-band) transmitter
многоканальный ~ multichannel transmitter
~ **на одной боковой полосе** [**на ОБП**] SSB transmitter
радиолокационный ~ radar transmitter
радиотелеграфный ~ radiotelegraph transmitter
радиотелеметрический ~ telemetry transmitter
радиотелефонный ~ radiotelephone transmitter
резервный ~ stand-by transmitter
ретрансляционный ~ relay transmitter
~ **с амплитудной модуляцией** amplitude-modulated [AM] transmitter
~ **сантиметрового диапазона** SHF (-band) transmitter
~ **сигналов бедствия, автоматический** autoalarm-signal keyer
~ **сигналов изображения** visual [picture] transmitter
~ **с кварцевой стабилизацией частоты** crystal-controlled transmitter
~ **с относительно-фазовой манипуляцией** PDSK transmitter
~ **стартстопного телеграфного аппарата** distributor
~ **с фазовой модуляцией** phase-modulated [PM] transmitter
~ **с частотной модуляцией** frequency-modulated [FM] transmitter
телевизионный ~ television transmitter
фототелеграфный ~ facsimile transmitter

передá́ч/а *ж.* **1.** *свз.* transmission; (*передаваемая информация, сообщения*) traffic [exchange] of messages; (*особ. метод передачи в линию*) signalling □ **~ А сбрáсывает ~у Б** transmission A silences transmission B; **вести́ ~у «вслепу́ю»** send [transmit] blind; **вести́ ~у для опознава́ния** *ав.* transmit for identification; **вести́ ~у с буквопеча́тающим контро́лем** type the home copy while sending; **запи́сывать ~у** (*об операторе*) transcribe [record] a transmission [a message] **2.** (*вид излучения*) emission, transmission **3.** (*механизм передачи движения*) transmission, gear □ **на второ́й ~е** in second gear; **на пе́рвой ~е** in first gear; **на прямо́й ~е** on direct gear; **на тре́тьей ~е** in third gear; **переключа́ть ~у** *авто* change [shift] the gears; **переходи́ть на вы́сшую ~у** *авто* upshift; **переходи́ть на ни́зшую ~у** *авто* downshift; **рабо́тать че́рез повыша́ющую ~у** *мех.* be geared up; **рабо́тать че́рез понижа́ющую ~у** *мех.* be geared down **4.** (*перенос изделия на агрегатных станках*) transfer

амплиту́дно-модули́рованная ~ amplitude-modulated [AM] transmission

~ «бли́ндом» *рад.* blind transmission

веду́щаяся ~ *свз.* transmission [communication] in progress

~ в зо́не прямо́й ви́димости *рад.* line-of-sight transmission

~ да́нных с непреры́вным автомати́ческим запро́сом подтвержде́ния continuous-ARQ data communication

~ да́нных с ожида́нием подтвержде́ния stop-and-wait ARQ data communication

внестуди́йная ~ outside broadcasting; outdoor pick-up

гидравли́ческая ~ hydraulic transmission

гидродинами́ческая ~ hydrodynamic [hydraulic rotary] transmission

гидростати́ческая ~ hydrostatic [(positive-) displacement hydraulic] transmission

гла́вная ~ final drive

~ да́нных (*внутри и между ЭВМ и периферийными устройствами*) data transfer; (*по линиям связи*) data communication, data transmission

~ двумя́ боковы́ми полоса́ми double-sideband [DSB] transmission

зубча́тая ~ gearing, gear train, gear transmission

зубча́тая, винтова́я ~ crossed-axis helical [hypoid] gearing, skew gearing

зубча́тая, геликоида́льная ~ crossed-axis helical gearing

передá́ч/а

зубча́тая, гиперболо́идная ~ hyperboloid(al) gearing

зубча́тая, гипо́идная ~ hypoid gearing

зубча́тая, глобо́идная ~ globoid gearing

зубча́тая, кони́ческая ~ bevel gearing

зубча́тая, многоступе́нчатая ~ multiple gearing

зубча́тая ~ Но́викова Novikov gearing

зубча́тая, одноступе́нчатая ~ single gearing

зубча́тая, планета́рная ~ planetary [epicyclic, sun-and-planet] gear

зубча́тая, повыша́ющая ~ step-up gear(ing)

зубча́тая, понижа́ющая ~ step-down gear(ing)

зубча́тая, проста́я ~ simple gearing

зубча́тая с вне́шним зацепле́нием external gear train

зубча́тая ~ с вну́тренним зацепле́нием internal gear train

зубча́тая, торо́идная ~ toroidal-[globoid-]worm gearing

зубча́тая, цикло́идная ~ cycloidal gearing

зубча́тая, цилиндри́ческая ~ (*общий термин*) cylindrical gearing; (*с косозубыми колёсами*) helical gearing; (*с прямозубыми колёсами*) spur gearing; (*с шевронными колёсами*) herring-bone gearing

зубча́тая, цилиндри́ческая, эвольве́нтная ~ involute gearing

зубча́тая, шевро́нная ~ herring-bone gear, chevron gear drive

индика́торная, дистанцио́нная ~ 1. (*процесс*) self-synchronous remote indication transmission **2.** (*устройство*) (direct) self-synchronous transmission system

кана́тная ~ rope transmission

карда́нная ~ gimbal drive, gimbal gear

клинореме́нная ~ V-belt transmission

многокана́льная ~ multichannel transmission

многокра́тная ~ *свз.* multiplex transmission

~ на одно́й боково́й полосе́ single-sideband [SSB] transmission

~ негати́вным сигна́лом (*в фототелеграфной связи*) white transmission

~ непреры́вным излуче́нием без модуля́ции unmodulated CW transmission, unmodulated CW emission

нереверси́вная ~ unidirectional drive

плоскореме́нная ~ flat-belt [band] transmission

~ положи́тельным сигна́лом (*в фототелеграфной связи*) black transmission

передá́ч/а

про́бная ~ в полёте *ав.* signal check

про́бная, назе́мная ~ *ав.* maintenance check

про́бная ~ пе́ред вы́летом *ав.* preflight check

ре́ечная ~ rack-and-gear drive, rack gear

реме́нная ~ belt transmission

~ ре́чи (*системы передачи данных*) voice transmission (capability) □ **блоки́ровать ~у ре́чи** depress voice capability

рыча́жная ~ linkage

~ с акти́вной па́узой *свз.* nonreturn-to-zero [NRZ] signalling

~ с амплиту́дной манипуля́цией [АТ] on-off keying, on-off [A1] transmission

синхро́нная ~ (*напр. сельсинная*) synchronized transmission (system) (*as exemplified by synchro systems*)

синхро́нная, сельси́нная ~ в дифференциа́льном режи́ме differential synchro system

синхро́нная, сельси́нная ~ в индика́торном режи́ме synchro repeater [synchro direct transmission] system

синхро́нная, сельси́нная ~ в трансформа́торном режи́ме synchro control-transformer [synchro detector] system

синхро́нная, сельси́нная индика́торная ~ synchro repeater [synchro direct transmission] system

~ с относи́тельной фа́зовой манипуля́цией [ОФМ] phase-difference-shift keying [PDSK] transmission

~ с пасси́вной па́узой *свз.* return-to-zero [RZ] signalling

~ с пода́вленной несу́щей suppressed-carrier [SC] transmission

~ с части́чно пода́вленной боково́й поло́сой asymmetrical-sideband [vestigial-sideband] transmission

~ с часто́тной манипуля́цией frequency-shift-keying [FSK, F1] transmission

~ телевизио́нных изображе́ний picture [video] transmission

телегра́фная ~ telegraph transmission

~ тепла́ heat transfer

~ управле́ния *вчт.* transfer (of control) □ **~ управле́ния по,** *напр.* **отрица́тельному результа́ту** transfer (of control) on, *e.g.*, negative

~ управле́ния, безусло́вная *вчт.* unconditional transfer of control, jump

~ управле́ния, усло́вная conditional transfer of control, branch

фототелегра́фная ~ facsimile transmission

фрикцио́нная ~ friction transmission, friction gear(ing)

цветна́я ~ *тлв.* colour transmission

передáч/а
цепнáя ~ chain gear, chain(-and-sprocket) transmission; chain drive gearing, chain(-and-sprocket) drive
частóтно-модулирóванная ~ frequency-modulated [FM] transmission
червя́чная ~ worm gearing
шародúсковая ~ ball-and-disk gear(ing)
электрúческая ~ electrical transmission
электромеханúческая ~ electromechanical transmission
~ энéргии 1. (*явление в физических процессах, напр. при соударениях*) energy transfer **2.** (*электроснабжение*) power transmission
~ энéргии на постоя́нном тóке direct-current power transmission
передвигáться *гл.* move, travel □ **~ по ...** (*о транспортных средствах*) traverse *пример*: **~ по болóтистой *или* песчáной мéстности** traverse marshy *or* sandy terrain
передвижéние *с.* movement, travel
скры́тое ~ covered movement
передéл *м. мет.* process stage
кри́чный ~ bloomery process
мартéновский ~ open-hearth refining (process)
передемпфи́рование *с.* overdamping
передéрживать *гл.* **1.** hold [keep] too long **2.** *кфт.* overexpose
передéржка *ж. кфт.* overexposure
перéдник *м.* apron
передóк *м.* **1.** *трансп.* front **2.** (*у обуви*) vamp
передýвка *ж. мат.* overblowing, after-blow
переéзд *м.* **1.** moving to (*e. g., a new house*) **2.** (*место, где можно переезжать*) crossing
железнодорóжный ~ railway crossing
железнодорóжный ~ на одно́м ýровне (*на уровне рельсов*) grade [level] crossing
пережигáть *гл.* **1.** burn dead **2.** *мет.* burn
пережи́м *м.* **1.** (*сужение сечения*) pinch **2.** (*кузнечная операция*) fullering
~ свóда пéчи knuckle
пережимáть *гл.* (*сужать сечение*) pinch □ **~, *напр.* рези́новую трýбку** pinch, *e. g.,* a rubber tube
пережóг *м.* **1.** (*напр. лампочки*) burn-out **2.** *мет.* burn
перезапи́сывать *гл.* **1.** (*с одного устройства на другое*) transcribe **2.** (*исправлять, восстанавливать и т. п.*) regenerate **3.** (*с исправлением, редакцией и т. п.*) rewrite
перезáпись *ж.* **1.** (*с одного устройства на другое*) transcription **2.** (*в целях исправления, восстановления и т. п.*) re-recording, regeneration
перезáпуск *м.* (*программы*) *вчт.* restart
перезаря́д *м.* **1.** (*избыточный заряд*) overcharge **2.** (*возобновление*) recharge
перезаря́дка *ж.* **1.** *физ.* charge transfer **2.** (*возобновление*) recharging; (*камеры плёнкой*) *кфт.* reloading
~ тóрмоза brake recharging
перезаряжáть *гл.* **1.** (*зарядить избыточно*) overcharge **2.** (*возобновлять*) recharge; *кфт.* (*камеру плёнкой*) reload
перезревáть *гл.* overripen
переизлучáть *гл.* re-emit
переизлучéние *с.* re-emission
~ плáзмы release of absorbed energy by the plasma
~ свéта (*электронами*) release of absorbed energy as light
перекáл *м.* **1.** overheating, overrunning, hot shot **2.** *мет.* overtempering
перекáливать *гл.* **1.** overheat, overrun **2.** *мет.* overtemper
перекáт *м. мет.* re-rolled products
~ крóмок (*дефект*) rolled edge
перекáтка *ж.* **фóрмы** *полигр.* inking the offset plate after wash-up
перекáчивать *гл.* **1.** (*перемещать, напр. жидкость из одной ёмкости в другую*) pump (over), transfer **2.** (*создавать чрезмерное давление*) overinflate **3.** (*переполнять ёмкость*) fill above capacity, overfill
перекáчка *ж.* **1.** (*перемещение, напр. жидкости из одной ёмкости в другую*) pumping(-over), transfer **2.** (*переполнение ёмкости*) overfilling
~ энéргии energy transfer
перекáшивание *с.* distortion
перекúдка *ж.*:
~ грýнта spoil re-handling
кáбельная ~ aerial repair [aerial break-down] cable
~ клáпанов мартéновской пéчи valve reversal
проводнáя ~ jumper, (temporary) overhead span
перекúдывать *гл.* throw over □ **~ зéмлю** move earth; **~ канáт вокрýг блóка** pass a rope over a block; **~ канáт чéрез блок** pass a rope over a block
перекипáть *гл.* overboil, overcook
пéрекись *ж.* peroxide *примеры*: **~ водорóда** hydrogen peroxide; **~ ртýти** mercury peroxide
переклáд *м. горн.* cap, (ceiling) girder
~ двернóго оклáда *горн.* cross-bar
переклáдина *ж. стр.* (*поперечная балка, напр. настила*) (bridging) joist; (*балка перекрытия*) top beam
~ дверно́й рáмы door head
переклáдка *ж.*:
~ дорóжного покры́тия resurfacing
~ проводóв transposition of conductors
~ пути́ relaying of a track
~ рулéй *ав.* control-surface reversal
~ частóт *свз.* frogging
переклáдывать *гл.* **1.** (*дорожное покрытие*) resurface **2.** (*провода*) transpose **3.** (*прослаивать*) *полигр.* interleave □ **~ руль** *мор.* put the rudder over; **~ руль с бóрта на борт** *мор.* put the rudder from hard over to hard over; **~ самолёт из разворóта в разворóт** roll the airplane so as to reverse the direction of the turn
переключáем/ый *прил.* switched; (*о конденсаторах, резисторах, блоках*) switch-selectable □ **предéл измерéния изменя́ется с пóмощью ~ых сопротивлéний** ranges are obtained by switched resistors; **предусмóтрено шесть ~ых диапазóнов** six switch-selectable ranges are provided
переключáтел/ь *м.* switch □ **... поворóтом ~я** at the flick of a switch
антéнный ~ *рад.* antenna relay, antenna switch; (*антенный коммутатор*) *рлк.* duplexer
барабáнный ~ drum [barrel] switch
барометрúческий ~ baroswitch
~ бди́тельности *ж.-д.* forestalling [acknowledging] switch
бесконтáктный ~ (*не имеющий подвижных контактов*) static switch (*not to be confused with* неконтáктный переключáтель)
~ бли́жнего/дáльнего свéта *авто* antidazzle/beam switch
включáемый излучéнием ~ light-activated switch
галéтный ~ wafer switch
грозовóй ~ (*антенны*) earthing [grounding] switch
~ диапазóнов band (selector) switch
диóдный ~ diode switch
жи́дкостный ~ liquid-level (control) switch
~ защи́ты передáтчика *рлк.* ATR [antitransmit-receive] (tube) switch
~ защи́ты приёмника *рлк.* TR (tube) switch
~ канáлов channel (selector) switch
клáвишный ~ piano-key switch
кнóпочный ~ (push-)button switch
координáтный ~ cross-bar switch
~ коррéкции гироскóпа в вертикáльной плóскости erection (torque) switch
~ коррéкции гироскóпа в горизонтáльной плóскости levelling (torque) switch
крéмниевый, управля́емый ~ silicon controlled switch, SCS
крéмниевый, управля́емый ~, включáемый излучéнием light-activated silicon controlled switch
кулачкóвый ~ cam switch
~ масштáба дáльности *рлк.* range-scale (selector) switch
мáтричный ~ matrix switch
мáятниковый ~ pendulum switch
многопозициóнный ~ multi-position switch

переключа́тел/ь
многопо́люсный ~ multi-pole switch
~ на два направле́ния double-throw switch
~ направле́ния полёта относи́тельно маяка́ *ав.* to-from switch
незакора́чивающий ~ nonshorting contact switch
~ неконта́ктного де́йствия *см* **неконта́ктный переключа́тель**
неконта́ктный ~ (*срабатывает без физического контакта с преградой*) proximity switch (*not to be confused with* бесконта́ктный переключа́тель)
~ ножево́го ти́па knife(-blade) switch
оптикоэлектро́нный ~ optoelectronic [photon-activated] switch
~ оттормa̋живания *ж.-д.* reset switch
педа́льный ~ foot(-operated) switch
полупроводнико́вый ~ semiconductor switch
~ поля́рности polarity reverser
силово́й ~ power [PWR] switch
~ систе́мы обега́ющего контро́ля *авт.* scanner
скользя́щий ~ slide switch
~ со звезды́ на треуго́льник star-delta switch
солено́идный ~ solenoid(-operated) switch
твердоте́льный ~ solid-state switch
твердоте́льный ~ с выключе́нием по управля́ющему электро́ду gate turn-off [gate controlled] switch
~ телевизио́нных кана́лов, бара-ба́нный turret tuner
~ телефо́нного аппара́та, рыча́жный telephone switch-hook
транзи́сторный ~ transistor switch
~ указа́теля поворо́та trafficator [direction indicator] switch
управля́емый ~ controlled switch
ферри́товый ~ ferrite switch
четырёхсло́йный ~ four-layer [*p-n-p-n*] switch
четырёхсло́йный ~ с изоли́рованным управля́ющим электро́дом isolated gate *p-n-p-n* switch
~ числа́ витко́в трансформа́тора под нагру́зкой on-load tap changer
ша́говый ~ stepping switch
ште́псельный ~ plug switch
элеме́нтный ~ (*аккумуляторной батареи*) end-cell switch
язычко́вый ~ reed switch

переключа́ть *гл.* switch □ **~ выводы, провода́** *и т. п.* **с ... на ...** shift, *e. g.*, the connection from ... to ...; **~ ско́рость [переда́чу]** *авто* change [shift] gears; **~(ся)** (**переходить**) **с ... на ...** change (over) [shift] from ... to ...; **~ что-л. на обра́тное** reverse *smth.*

переключе́ни/е *с.* switch(ing); (*чего-л. на обратное*) reversal; (*переход с ... на ...*) change-over □ **форси́ровать ~** (*напр. логической схемы*) provide fast turn-on/turn-off, reduce switching time

переключе́ни/е
~ добро́тности (*напр. лазера*) Q-switching
~ исто́чников пита́ния (*переход с одного источника на другой*) power transfer
операти́вное ~ *эл.* routine switching
~ переда́ч [скоросте́й] *авто* gear shift, gear-change, gear-changing
~ переда́ч [скоросте́й] на рулево́й коло́нке *авто* steering-column [gear] shift
~ переда́ч [скоросте́й] отде́льным рычаго́м *авто* stick shift
~ со звезды́ на треуго́льник star-delta switching

перекомпаунди́рование *с.* overcompounding

перекомпенса́ция *ж.* 1. *эл.* overcompensation 2. *ав.* overbalancing 3. *пп* overdoping

перекомпоно́вка *ж.* lay-out modification, re-arrangement, change of configuration

переко́с *м.* 1. cocking; skewness □ **зави́нчивать с ~ом** (*напр. гайку, винт, болт*) cross-thread (*e. g., a nut, screw, bolt*) 2. (*дефект чугунной отливки*) mismatch, cross-joint
~ валко́в skewing of the rolls
~ вало́в shaft misalignment
~ изображе́ния (*в фототелеграфе*) skew in the recorded copy
~ осе́й misalignment [skewness] of axes
~ температу́р stratification of temperature
~ фо́рмы shift, cross-joint

перекра́шивать *гл.* (*восстановить покрытие*) repaint; (*изменять цвет*) change the colour

перекре́сть/е *с.* cross-hairs □ **наводи́ть ~ на** set the cross-hairs on; **наводи́ть [устана́вливать]**, *напр.* **телеско́п по ~ю** sight, *e. g.*, a telescope by cross-hairs

перекре́щивание *с.* crossing
~ валко́в crossing of rolls

перекре́щивать *гл.* cross (over)

перекристаллиза́ция *ж.* recrystallization
бести́гельная ~ floating-zone refining, zone refining without a crucible
зо́нная ~ floating-zone refining

перекристаллизо́вывать *гл.* recrystallize

перекру́чивание *с.* twisting

перекру́чивать *гл.* twist

перекрыва́/ть *гл.* 1. overlap, lap over □ **ка́ждый ряд ~ет после́дующий на 7 см** each course laps 7 cm over the second below 2. (*о мосте, пролёте и т. п.*) span, bridge (over) □ **мост ~ет ре́ку** the bridge spans a river; **путепрово́д ~ет железнодоро́жные пути́** the viaduct bridges (over) railway tracks 3. (*перехватывать, напр. световой луч*) intercept □ **~ светово́й пото́к** intercept the radiant flux [the light beam] 4. (*закрывать, напр. клапан*) shut off □ **кла́пан ~ет отве́рстие в седле́** the valve plate covers the opening in the valve seat 5. (*дорогу, подъездные пути*) block 6. (*об искровом или дуговом разряде*) spark over; arc over; flash over

перекры́тие *с.* 1. lap, overlap 2. (*моста, пролёта и т. п.*) span 3. (*искрового или дугового разряда*) spark-over, arc-over; flash-over 4. *стр.* ceiling, floor 5. (*прорана*) closure
~ аэросни́мков photo overlap
~ аэросни́мков, попере́чное lateral overlap, side-overlap
~ аэросни́мков, продо́льное fore-and-aft [forward] overlap, end lap
ба́лочное ~ beam ceiling
безба́лочное ~ girderless floor
~ величины́ (*не путать с* диапазо́ном) span (*not to be confused with* range) (*Примечание. Если прибор измеряет от —10 ед. до +20 ед.*: перекры́тие (span) = 30 *ед.*, диапазо́н (range) = —10 *до* +20 *ед.*)
грозово́е ~ lightning flashover
дугово́е ~ arc-over
~ затуха́ния attenuation span
~ золотника́ (over)lap of a slide valve
и́мпульсное ~ *эл.* impulse flashover
~ и́мпульсов pulse overlap
искрово́е ~ *эл.* sparkover
~ кла́панов (valve) overlap(ping), timing overlap
~ на прого́нах girder floor
~ (диапазон) часто́т (от ... до ...) frequency range, frequency coverage, frequency span ratio (f_{max}/f_{min})

перелёт *м.* 1. (*о самолёте — из одного пункта в другой*) flight 2. (*о самолёте при посадке*) overshoot(ing)

перели́в *м.* 1. (*перетекание жидкости через край ёмкости*) overflow 2. (*переполнение*) overfilling 3. (*устройство*) launder

перелива́ние *с.* (*перемещение жидкости из ёмкости в ёмкость*) transfer
~ кро́ви (blood) transfusion
~ эне́ргии (*через края зеркала в антеннах*) spillover

перелива́ть *гл.* 1. (*перемещать жидкость из ёмкости в ёмкость*) transfer 2. (*переполнять*) overfill 3. *лит.* recast 4. (*кровь*) transfuse
~ из ковша́ в ковш reladle

перели́вка *ж. лит.* recasting

перело́м *м.*:
~ ме́стности *геод.* change of slope
~ про́филя пути́ *ж.-д.* change of gradient

перелопа́чивание *с.* 1. (*операция, выполняемая с помощью лопаты, гребка, совка*) shovelling(-up); scooping 2. (*смена лопаток турбины*) re-blading

перелопа́чивать *гл.* **1.** (*разгребая, пересыпая, перемешивая лопатой, гребком, совком*) shovel (up), scoop **2.** (*сменять лопатки турбины*) reblade

перемагни́чивание *с.* reversal of magnetization, magnetization in a reverse sense

~ генера́тора (*намагничивание в обратной полярности*) reversal of the polarity of the field

перемагни́чивать *гл.* reverse (the sense (of) magnetization

перема́тывание *с.* rewinding

перема́тыватель *м. кфт.* rewind(er)

перема́тывать *гл.* (*ленту магнитофона, плёнку камеры, обмотки эл. машины*) rewind

перемежа́ться *гл.* occur intermittently

переме́на *ж.* change

~ зна́ка sign inversion

~ зна́ка нагру́зки reversal of load

~ зна́ка напряже́ния *мех.* reversal of stress

~ направле́ния reversal

~ поля́рности polarity reversal

~ хо́да reversal of stroke

переме́нн/ая *ж.* variable □ **~ вхо́дит (напр. в уравнение) то́лько раз** the variable appears at most once; **(за)меня́ть ~ую (в полино́ме)** make a change in variable in a polynomial; **~ые легко́ разделя́ются** the variables are readily separable; **определя́ть ~ую на интерва́ле** define a variable on [over] an interval; **отраба́тывать ~ую** operate on a variable; **присва́ивать значе́ние ~ой** assign a value to a variable; **разделя́ть ~ые** separate the variables; **ста́вить ~ую в соотве́тствие величине́** assign a value to a variable

входна́я ~ input variable

выходна́я ~ output variable

двои́чная ~ binary variable

дво́йственная ~ (*в противопоставление с оптимизируемой переменной*) dual variable

действи́тельная ~ real variable

зави́симая ~ dependent variable

зна́ковая ~ character variable

~ интегри́рования integration variable, variable of integration

ко́мплексная ~ complex variable

логи́ческая ~ logical variable

маши́нная ~ machine variable

моделиру́емая ~ problem variable

моделиру́ющая ~ analog, representation

незави́симая ~ independent variable, argument

~, опи́сывающая за́пись record variable

разделя́емая ~ separable variable

регули́руемая ~ controlled variable

свобо́дная ~ unrestricted variable; (*в математической логике*) free variable

свя́занная ~ bound variable

случа́йная ~ random variable

переме́нн/ая

~ ти́па строка́ *вчт.* string variable

~ ти́па указа́тель *вчт.* pointer variable

управля́емая ~ controlled variable

управля́ющая ~ *авт.* manipulated variable

фикти́вная ~ dummy variable

переме́нность *ж.* variability

перемести́тельность *ж.* commutativity

переме́шивание *с.* agitation, stirring

индукцио́нное ~ induction stirring

радиа́льное ~ *хим.* radial dispersion

переме́шивать *гл.* agitate, stir

перемеща́ть *гл.* (*передвигать*) move □ **~ да́нные** move data

перемеща́ться *гл.* move, migrate, travel □ **~ возвра́тно-поступа́тельно** reciprocate; **~ в сто́рону возраста́ющих величи́н, напр. напряже́ния, частоты́** move up in, *e. g.*, voltage, frequency

перемеще́ние *с.* **1.** *мех.* displacement **2.** (*перенос, передвижение*) movement, transport **3.** (*ход какого-л. элемента, частицы и т. п.*) travel

~ перфоле́нты *вчт.* (punched) tape advance

поступа́тельное ~ *мех.* translation

прямолине́йное ~ *мех.* translation

перемнож/а́ть *гл.* multiply together, multiply with □ **~, напр. А и Б** multiply, *e. g.*, A with B; **~им все чле́ны выраже́ния** multiply together all terms of the expression

перемодуля́ция *ж.* overmodulation

перемо́л *м.* grinding

перемо́тка *ж.* rewinding

~ бума́жного руло́на *полигр.* re-reeling

перемо́ченность *ж. кож.* oversoaking

перемыка́ние *с. эл.* strapping, bridging, shorting

перемыка́ть *гл.* (*ставить перемычку*) strap □ **~ конта́кты на коло́дке** strap terminals on a terminal block

перемы́чк/а *ж.* **1.** *гидр.* coffer-dam □ **~ огражда́ет котлова́н от затопле́ния** a coffer-dam excludes water from a foundation pit, a coffer-dam prevents the flow of water into a foundation pit; **устра́ивать ~у** install a coffer-dam **2.** *стр.* lintel □ **~ воспринима́ет нагру́зку от вышерасполо́женной кла́дки** a lintel supports masonry above an opening; **~ перекрыва́ет проём в стене́** a lintel spans an opening in a wall **3.** *эл.* jumper, strap

аккумуля́торная ~ cell connector

~ в ша́хтном стволе́ shaft dam

ги́бкая ~ *эл.* flexible jumper, flexible strap

двер́ная ~ door lintel

дугообра́зная ~ *свз.* U-link

ка́бельная ~ jumper [bridle] cable

короткозамыка́ющая ~ short-circuiting jumper, short □ **устана́вливать короткозамыка́ющую ~у** apply a short

перемы́чк/а

~ металлиза́ции *эл.* bonding, jumper

~ металлиза́ции, плетёная *эл.* bonding braid

набро́сная ~ rock-fill coffer-dam

намывна́я ~ hydraulic earth-fill coffer-dam

насыпна́я ~ earth-fill coffer-dam

око́нная ~ window lintel

~ печа́тной пла́ты jumper

ре́льсовая ~ *ж.-д.* track jumper

ря́жевая ~ crib-type coffer-dam

сва́йная ~ pile stockade

ша́хтная, противопожа́рная ~ stopping □ **сооружа́ть противопожа́рную ша́хтную ~у** erect a stopping

ша́хтная, противопожа́рная глинобитная ~ board-and-clay stopping □ **закла́дывать гли́ну в глинобитную противопожа́рную ша́хтную ~у** puddle clay into board-and-clay stopping

ша́хтная, противопожа́рная доща́тая ~ board stopping

ша́хтная, противопожа́рная, капита́льная (постоя́нная) ~ explosion-proof stopping

шпунтова́я ~ steel-sheet-piling coffer-dam

перенапряже́ние *с.* **1.** *эл.* overvoltage; surge **2.** *мех.* overstress, overtension

активацио́нное ~ (*в электрохимии*) activation overvoltage

атмосфе́рное ~ lightning surge

грозово́е ~ lightning surge

и́мпульсное ~ surge voltage

~ кислоро́да (*в электрохимии*) oxygen overvoltage

колеба́тельное ~ oscillatory surge

коммутацио́нное ~ switching surge

концентрацио́нное ~ (*в электрохимии*) concentration overvoltage

оми́ческое ~ (*в электрохимии*) ohmic overvoltage

перехо́дное ~ transient overvoltage

резона́нсное ~ overvoltage due to resonance

стати́ческое ~ static overvoltage

перенаселённость *ж.* overpopulation

перенасыща́ть *гл.* supersaturate

перенасыще́ние *с.* supersaturation

перено́с *м.* **1.** (*кинетические явления*) transfer, transport **2.** *мат., вчт.* carry □ **блоки́ровать ~** *вчт.* suppress carry; **~ в како́й-л. разря́д** *вчт.* carry into a digit place; **~ возника́ет** *вчт.* a carry is generated; **~ из како́го-л. разря́да** *вчт.* carry out of [from] a digit place; **~ из ста́ршего разря́да добавля́ется к мла́дшему разря́ду** *вчт.* the carry out of the most significant position [digit] is added into the least significant position [digit]; **произвести́ ~** *вчт.* forward [execute] a carry

перенос
~ вещества mass transfer, mass transport
~ вихря (скорости) vorticity transfer
групповой ~ *вчт.* block carry
двоичный ~ binary carry
десятичный ~ decimal carry
диффузионный ~ 1. *физ.* diffusive transfer 2. *кфт.* transfer diffusion, image transfer by diffusion
задержанный ~ *вчт.* delayed carry
~ заряда charge transfer
~ заряда, эстафетный relay-race charge transfer
~ излучения radiative transport, radiation transfer
каскадный ~ cascaded [step-by-step] carry
~ копии *полигр.* laying
~ копии, мокрый *полигр.* wet laying
~ копии, сухой *полигр.* dry laying
лучистый ~ radiative transport, radiation transfer
~ массы mass transfer, mass transport
~ материала (*при трении твёрдых тел*) transfer of material
межфазный ~ interphase transfer
~ металла metal transfer
молекулярный ~ molecular transport
одновременный ~ simultaneous carry
~ осей (координат) translation of (coordinate) axes
~ радиоактивности radioactivity transport
сквозной ~ *вчт.* ripple-through carry
сквозной ~ через девятки (*в десятичной системе*) standing-on-nines carry
сквозной ~ через единицы (*в двоичной системе*) standing-on-ones carry
~ тепла heat transfer, heat transport
~ фотографического изображения (на другую подложку) transfer process
циклический ~ *вчт.* end-around carry
частичный ~ partial carry
~ частоты (*в другой диапазон*) *свз.* frequency translation
~ энергии transfer of energy
~ энергии, диффузионный energy transfer by (a) diffusion (mechanism)
~ энергии, индуктивно-резонансный energy transfer by (an) inductive resonance (mechanism)
~ энергии, экситонный energy transfer by excitons [by an exciton mechanism]
переносить *гл.* 1. carry, convey □ **~ аналогию на ...** carry the analogy over to ... 2. (*массу, тепло, энергию*) transfer, transport □ **~ частоту** (*в другой диапазон*) translate a frequency; **~ член(ы) уравнения** *мат.* transpose the term(s) of an equation
переносчик *м.* carrier
~ заряда charge carrier
~ конвейера *горн.* conveyer shifter
~ частоты, гетеродинный (*в частотомере*) transfer oscillator
перенумеровывать *гл.* number; renumber
переоблучение *с.* overdosage, overexposure, overirradiation
переобогащение *с.* **горючей смеси** use of an over-rich air-fuel mixture
переоборудование *с.* 1. (*приспосабливание к нештатному использованию*) adaptation, conversion 2. (*смена оборудования*) re-equipment; (*смена оснастки*) re-tooling
переобучение *с.* conversion training
переориентация *ж.* reorientation
~ спина spin flip
переориентировка *ж.* reorientation
переохладитель *м.* subcooler, aftercooler
переохлаждение *с.* supercooling, overcooling
~ конденсата condensate depression
переоценивать *гл.* 1. (*завышать оценку*) overestimate 2. (*пересматривать оценку*) revalue, revaluate, re-appraise
переоценка *ж.* 1. (*завышенная оценка*) overestimation, overestimate 2. (*пересмотренная оценка*) revaluation, re-appraisal
перепад *м.* 1. (*разница, разность*) difference, differential; (*падение величины*) drop 2. *гидр.* (*напоров*) cross-head; (*сооружение*) drop structure
~ давления (*разность давлений*) pressure differential, differential pressure
~ напряжения (*не путать с падением напряжения*) change of voltage, pulse (*not to be confused with* voltage drop)
~ напряжения, отрицательный negative-going pulse
~ напряжения, положительный positive-going pulse
полунапорный ~ baffled outlet pipe drop
температурный ~ (*падение*) temperature drop; (*разность*) temperature difference
перепаивать *гл.* *эл.* (*восстанавливать паяное соединение*) resolder; (*менять местами соединения*) shift [interchange] connections
перепечатка *ж.* reprint
перепил *м.* *кож.* oversplitting
перепитка *ж.* **котла** overfeeding
переплав *м.* (*процесс*) remelting, refining
электрошлаковый ~ [ЭШП] electroslag remelting, electroslag refining, ESR
переплавка *ж.* remelting, smelting, refining
~ дроссов dross run
~ отходов scrap remelting
переплавлять *гл.* remelt, refine
переплёт *м.* 1. binding 2. *стр.* casement, sash
книжный ~ book binding, book cover
книжный, мягкий ~ paper back
книжный, сканный ~ decorated cover
книжный ~ с разъёмными скобами loose-leaf binding
книжный, твёрдый ~ hard cover
оконный ~ window cross casement, sash
оконный, створный ~ casement, folding sash
переплетать *гл.* 1. *текст.* interlace, interweave 2. *полигр.* bind
переплетение *с.* (*нитей*) *текст.* weave
атласное ~ satin [sateen] weave
вафельное ~ honeycomb [towel] weave
вельветовое ~ corduroy weave
ворсовое ~ pile weave
диагоналевое ~ diagonal weave
жаккардовое ~ Jacquard weave
камчатное ~ damask weave
крепoвое ~ crêpe weave
ластичное ~ rib stitch; rib weave
махровое ~ terry weave
миткалевое ~ plain [tabby] weave
полотняное ~ linen weave
репсовое ~ rep weave
саржевое ~ twill weave
сатинетовое ~ satinet [soleil] weave
суконное ~ woollen weave
трикотажное ~ loop
узорчатое ~ novelty weave
шашечное ~ check [check pattern hopsak] weave
шевронное ~ chevron weave
переплётная *ж.* bindery
переплётчик *м.* bookbinder
переполнение *с.* 1. (*заполнение ёмкостей сверх меры*) overfilling; overflow 2. *вчт.* overflow
~ калибра *прок.* overfill
~ разрядной сетки *вчт.* (word size) overflow
переполюсовка *ж.* polarity reversal
~ напряжения *жарг.* application [connection] of (the supply) voltage in reverse [in a wrong] polarity
переполюсовывать *гл.* reverse the polarity
переполяризация *ж.* repolarization
перепонка *ж.* diaphragm, membrane
перепоручать *гл.* (*напр. выполнение работ субподрядчикам*) farm out
переприём *м.* *свз.* relay operation, retransmission
реперфораторный ~ *тлг.* reperforation, reperforator switching, tape relay
ручной ~ manual retransmission
перепроизводство *с.* overproduction

перепу́ск *м.* 1. (*масла, пара*) *тепл.* cross-over 2. (*обход*) by-pass
~ щёлока *цел.-бум.* liquor transfer
перераба́тывать *гл.* 1. (*подвергать обработке, напр. сырьё в полуфабрикат или готовую продукцию*) process, work 2. (*переделывать, напр. книгу, статью*) revise 3. (*работать сверх нормы*) work overtime
перерабо́тка *ж.* 1. (*обработка, напр. сырья в полуфабрикат или готовую продукцию*) processing 2. (*переделка, напр. книги, статьи*) revision 3. (*работа сверх нормы*) overtime work
~ не́фти petroleum [oil] refining
~ соста́ва *ж.-д.* rehandling of a train
перераспределе́ние *с.* 1. redistribution 2. *хим.* disproportionation
перераспределя́ть *гл.* redistribute
перераста́/ть *гл.* build up into *пример*: **поры́вы ве́тра ~ют в шквал** gusts build up into squalls
перерасхо́д *м.* overexpenditure
~ средств (*против сметы*) cost overrun
перерасшире́ние *с.* overexpansion
перерегули́рование *с.* 1. (*превышение необходимого уровня управляющего воздействия*) overcontrol, excessive correction 2. (*заброс отклика, вызванный переходными процессами*) overshoot
пере́рез *м.* *полигр.* cut-off heading; horizontal line in a table
переры́в *м.* break, interval, pause, interruption □ **(рабо́тать) с ~ами** (operate) intermittently
~ в рабо́те service interruption
~ в радиосвя́зи из-за магни́тной бу́ри black-out in radio communications
~ снабже́ния потреби́телей interruption of service; (*электроэнергией, газом, теплом*) interruption of (*power, gas, heat*) supply
переса́дка *ж.* 1. *трансп.* transfer 2. *мед.* transplantation, graft 3. *с.-х.* replanting, transplanting, transplantation
~ ко́жи *мед.* skin grafting
переса́живать *гл.* 1. *мед.* transplant, graft 2. *с.-х.* replant, transplant
пересе́в *м.* re-seeding, re-sowing
пересека́/ть *гл.* cut (across), intersect, cross □ **ли́ния ВС ~ет ось в то́чке 0** the line BC cuts the axis at [in] point 0; **магни́тные силовы́е ли́нии ~ют витки́ кату́шки** magnetic lines of force cut the coil turns; **~ под прямы́м угло́м** cut (across) [intersect] at right angles; **~ под угло́м ... гра́дусов** cut across at an angle of (*so many*) degrees; **ра́мка ~ет магни́тные силовы́е ли́нии** the coil cuts the magnetic lines of force; **секу́щая ~ет други́е прямы́е** a transversal cuts [intersects] other lines; **у́лица А ~ет у́лицу Б** street A cuts across street B

пересека́/ться *гл.* intersect, meet □ **паралле́льные прямы́е не ~ются** parallel lines never meet; **взаимно ~** intercross
пересече́ние *с.* intersection, crossing, (*движение поперёк чего-л.*) traverse
~ доро́г cross-road, roads intersection, roads crossing
~ железнодоро́жных путе́й railroad crossing
~ железнодоро́жных путе́й, глухо́е girder-type rail crossing
~ железнодоро́жных путе́й, косо́е oblique rail crossing
~ железнодоро́жных путе́й на одно́м у́ровне grade railway crossing
~ луча́ (*в системе слепой посадки*) interception
~ мно́жеств *мат.* intersection of sets
~ проводо́в, возду́шное overhead crossing
~ собы́тий *мат.* intersection of events
переси́ливать *гл.* (*напр. автопилот, систему автоматического управления*) overpower, override
переска́кивать *гл.* jump, skip
переско́к *м.* 1. jump, skip; migration (*of atoms*) 2. (*потеря устойчивости при продольном изгибе*) *мех.* transient [non-linear] buckling
~ и́скры sparkover
~ магнетро́на mode-changing, (double) moding
~ разря́да glow transfer
~ частоты́ frequency jumping
~ электро́на electron jump
пересма́тривать *гл.* revise
пересме́нка *ж.* *разг.* shift change
пересмо́тр *м.* revision
пересоединя́ть *гл.* (*концы, провода и т. п.*) change [interchange, shift] the connections
переспро́с *м.* *свз., вчт.* request for repetition
автомати́ческий ~ automatic request for repetition (of a message), ARQ □ **де́лать автомати́ческий ~** initiate an ARQ
переспу́ск *м.* **поло́с** *полигр.* reimposition
переставля́ть *гл.* (*менять местами*) interchange; rearrange
перестано́в/ка *ж.* 1. rearrangement 2. (*комбинаторика*) permutation □ **число́ ~ок из 16 по 10 ...** the (number of) permutations of 16 taken 10 at a time
цикли́ческая ~ cyclic permutation
~ чле́нов rearrangement of terms (*of a series*)
перестано́вочность *ж.* *мат.* permutability
перестра́ивать *гл.* 1. (*переделывать, переоборудовать, реорганизовывать*) reconstruct; reorganize; overhaul 2. *рад.* 1. (*чаще всего просто настраивать*) tune (*to a particular frequency*), change [vary] the tuning 2. (*особ. о передатчиках*) change the carrier frequency
перестро́йка *ж.* 1. (*переделка, переоборудование, реорганизация*) reconstruction; rearrangement 2. *рад.* tuning; re-tuning, change of tuning
пересто́й *м.* (*леса, сельскохозяйственной культуры*) overripe, overmature
пересу́шивать *гл.* overdry
пересчёт *м.* 1. (*повторение вычисления*) recalculation 2. (*переход на другую систему единиц*) conversion □ **вести́ ~ на, напр. 2, 10** *вчт.* scale by, *e.g.*, 2, 10; **в ~е на** in terms of; **в ~е на де́ньги** in terms of money; **в ~е на, напр. год** on an, *e. g.*, annual basis; **коли́чество тра́кторов в ~е на 15-си́льные** tractor fleet in terms of 15-hp units; **при ~е на ...** on conversion to 3. (*переход на другой масштаб*) scaling
~ логари́фма change of the base of a logarithm
~ но́мера (*в транзитных соединениях*) *тлф.* (number) translation
пересчётчик *м.* *тлф.* register, director
пересчи́тывать *гл.* 1. (*делать повторные вычисления*) recalculate 2. (*переходить на другую систему единиц*) convert 3. (*переходить на другой масштаб*) scale
пересыще́ние *с.* supersaturation, oversaturation
перета́чивать *гл.* turn (down) on a lathe □ **~ кла́пан** *авто* reface a valve
перетека́ние *с.* flow; overflow, spillover; (*через неплотности*) leakage
~ со стороны́ пода́чи на сто́рону вса́сывания (*в насосе и т. п.*) backstreaming
~ че́рез зазо́ры (*в насосах и т. п.*) leakage through clearances
перетека́ть *гл.* 1. flow; overflow, spill over 2. (*напр. заряд конденсатора*) bleed from (in) to
перетира́ть *гл.* grind, mill □ **~ кра́ску** mill the paint; **~ штукату́рку** regrate the plaster
перето́к *м.* **эне́ргии по узла́м** *эл.* nodal transfer(s) of energy
перето́чка *ж.* 1. (*для восстановления формы*) turning down on a lathe (*to restore true shape*) 2. (*режущего инструмента*) regrinding; resharpening
перетра́в *м.* (*проката*) overpickling
перетяжеле́ние *с.* overweight
перетя́жка *ж.* (*узость, сужение*) constriction, neck(ing)
~ пла́змы (*плазменного столба*) sausage-type instability
переуглеро́живание *с.* excessive carburization
переустро́йство *с.* reconstruction, rearrangement, overhaul
перехва́т *м.* (*самолётов*) interception
~ сообще́ний message interception

перехва́т
~ телефо́нных разгово́ров wire tapping

перехва́тывать *гл.* intercept □ **~,** ***напр.*** **кана́т рука́ми** pass, *e. g.*, the rope with [in] hand-over-hand movement; **~ самолёты** intercept airplanes; **~ телефо́нные разгово́ры** tap wire

перехо́д *м.* **1.** transition □ **при ~е от … к** in going from … to … *пример*: **сво́йства меня́ются при ~е от углеро́да к графи́ту** the properties change in going from carbon to graphite **2.** (*часть плавания, напр. от порта до порта*) passage **3.** (*переходная часть электрического соединителя*) connector adapter
агрега́тный ~ change of state, transition from a state to another, transition between states
агрега́тный ~ жи́дкость — газ liquid-gas transition
агрега́тный ~ жи́дкость — пар liquid-vapour transition
волново́дный ~ waveguide junction
волново́дный, пла́вный ~ tapered (waveguide) transition (section)
~ в опера́ции (*элемент операции*) step, operation element
~ в полупроводнико́вом прибо́ре transition region, transition layer; junction
~ в полупроводнико́вом прибо́ре, впла́вленный alloyed junction
~ в полупроводнико́вом прибо́ре, выпрямля́ющий rectifying junction
~ в полупроводнико́вом прибо́ре, вы́ращенный grown junction
~ в полупроводнико́вом прибо́ре, диффузио́нный diffused junction
~ в полупроводнико́вом прибо́ре, невыпрямля́ющий nonrectifying [ohmic] junction
~ в полупроводнико́вом прибо́ре, неодноро́дный heterojunction
~ в полупроводнико́вом прибо́ре, обратносмещённый back-biased [reverse-biased] junction
~ в полупроводнико́вом прибо́ре, однoро́дный homojunction
~ в полупроводнико́вом прибо́ре, оми́ческий nonrectifying [ohmic] junction
~ в полупроводнико́вом прибо́ре, пла́вный graded junction
~ в полупроводнико́вом прибо́ре, прямосмещённый forward-biased junction
~ в полупроводнико́вом прибо́ре, ре́зкий abrupt junction
~ в полупроводнико́вом прибо́ре, сварно́й welded junction
~ в полупроводнико́вом прибо́ре, экспоненциа́льный exponential(ly graded) junction
~ в полупроводнико́вом прибо́ре, электро́нно-ды́рочный *p-n*-junction
~ в полупроводнико́вом прибо́ре, электрохими́ческий electrochemical junction
~ в полупроводнико́вом прибо́ре, эпитаксиа́льный epitaxial(ly grown) junction
~ в сече́нии, ре́зкий abrupt [sudden] change in cross-section
~ к друго́му основа́нию (*логарифма*) change of the base
~ к преде́лу *мат.* limit(ing) process, passing [passage] to the limit
монта́жный ~ *кфт.* scene transition; cut
~ на трубопрово́де (*переходник*) reducer
~ от изображе́ния к оригина́лу (*в преобразовании Лапласа, Фурье*) step of going from a transform to the original time function
пешехо́дный ~ (*над проезжей частью улицы*) pedestrian overpass; (*под проезжей частью улицы*) pedestrian underpass, *англ.* (pedestrian) subway
тунне́льный ~ tunnelling
тунне́льный, междузо́нный ~ band-to-band tunnelling
фа́зовый ~ change of phase, phase transition, transition from a phase to another, transition between phases
фа́зовый ~ второ́го ро́да second-kind (phase) transition
фа́зовый ~ ме́жду жи́дкими фа́зами liquid-liquid transition
фа́зовый ~ ме́жду твёрдыми фа́зами solid-solid transition
фа́зовый ~ пе́рвого ро́да first-kind (phase) transition
фа́зовый ~ твёрдое вещество́ — газ solid-gas transition
фа́зовый ~ твёрдое вещество́ — жи́дкость solid-liquid transition
~ характери́стики (*характеристической кривой*) change [reversal] of sign
~ ЭВМ transfer, jump
~ ЭВМ, безусло́вный unconditional transfer
~ ЭВМ по переполне́нию jump on overflow, overflow jump
~ ЭВМ, усло́вный conditional transfer, branch (operation) □ **усло́вный ~ выполня́ется по нулю́** conditional transfer of control is based on the zero criterion; **усло́вный ~ осуществля́ется по зна́ку числа́** conditional transfer of control depends on the sign of a number
энергети́ческий ~ (*из одного энергетического состояния* [*уровня*] *в другой*) transition (*between energy levels* [*energy states*])
энергети́ческий, безызлуча́тельный ~ nonradiative [radiationless, Auger] transition
энергети́ческий, виртуа́льный ~ virtual transition
энергети́ческий, вы́нужденный ~ induced [forced] transition
энергети́ческий, дозво́ленный ~ allowed transition
энергети́ческий, запрещённый ~ forbidden transition
энергети́ческий, затормо́жённый ~ hindered [unfavoured] transition
энергети́ческий, захва́тный ~ capture transition
энергети́ческий, излуча́тельный ~ radiative transition
энергети́ческий, индуци́рованный ~ induced transition
энергети́ческий, ква́нтовый ~ quantum transition, quantum jump
энергети́ческий, колеба́тельный ~ vibrational transition
энергети́ческий, междузо́нный ~ band-to-band transition
энергети́ческий, облегчённый ~ favoured transition
энергети́ческий ~ Оже́ Auger [nonradiative, radiationless] transition
энергети́ческий, опти́ческий ~ optical transition
энергети́ческий, разрешённый ~ allowed transition
энергети́ческий, резона́нсный ~ resonance transition
энергети́ческий, самопроизво́льный ~ spontaneous transition
энергети́ческий, сверхизлуча́тельный ~ superradiant transition
энергети́ческий ~ с вы́сшего на ни́жний у́ровень downward transition
энергети́ческий ~ с ни́жнего на вы́сший у́ровень upward transition
я́дерный ~ nuclear transition

переход/и́ть *гл.* pass □ **~** (*перерастать*) **в …** change (in)to; **~ в раство́р** pass into solution; **~ из … в …** (*о функции распределения, законе и т. п.*) go over into *пример*: **тогда́ квантовомехани́ческое распределе́ние ~ит в распределе́ние Ма́ксвелла — Бо́льцмана** then the quantum distribution goes over into the Maxwell — Boltzmann distribution; **~ к преде́лу** *мат.* pass [proceed] to the limit

перехо́дник *м.* (*промежуточный элемент между разнородными или разными по размеру элементами*) adapter
стыко́вочный ~ *косм.* docking adapter
тру́бный ~ reducer

пе́речень *м.* list

перечисли́мый *прил.* denumerable, countable, enumerable
рекурси́вно-~ recursively enumerable

переши́вка *ж.* **пути́** *ж.-д.* **1.** (*ремонт*) respiking **2.** (*переход на другую ширину колеи*) change of gauge, gauge change

переэтерифика́тор *м.* interesterificator

переэтирификация *ж.* interesterification
перигей *м. астр.* perigee
перигелий *м. астр.* perihelion
периклаз *м.*, **плавленый** (electrically) fused magnesia
перила *мн.* banisters
  ~ **моста** (bridge) parapet
периметр *м.* perimeter □ **уплотнять** (*напр дверь, люк*) **по ~у** seal hermetically around the edges
  ~ **смоченной поверхности** wetted perimeter, wetted circumference
период *м.* **1.** (*периодических явлений*) period (*интервал времени*) time (interval) □ **за ~, напр. 10 минут** over [in] a period of, *e.g.*, ten minutes; **за ~, напр. эксплуатации** during, *e.g.*, service **2.** (*перенос значения на цикл явлений, повторяющихся периодически*) cycle □ **за один ~ сигнал дважды проходит через максимум** the signal reaches its peak value twice over a cycle
  ~ **дискретности** sampling period
  ~ **износа** *т. над.* wear-out period
  ~ **кадра** *тлв.* frame period, frame time
  ~ **колебаний** period [cycle] of vibration(s), period [cycle] of oscillation(s)
  ~ **колебаний, собственный** natural period [cycle] of vibration(s)
  межремонтный ~ overhaul period, time between overhauls, TBO
  ~ **обзора** *рлк.* scanning interval
  ~ **обкатки** *авто.* running-in [breaking-in] period
  ~ **обращения** orbital period, period of revolution
  ~ **обращения к запоминающему устройству** *вчт.* memory cycle time, cycle time of a storage
  основной ~ *мат.* fundamental [primitive] period
  ~ **периодической дроби** repetend, period
  ~ **периодической системы** (*элементов*) *хим.* period □ **завершать ~ периодической системы** close [complete] a period
  ~ **повторения импульсов** pulse repetition period, pulse spacing
  ~ **полуобмена** exchange half-time
  ~ **полураспада** half-life (period), half-value period
  ~ **приработки** *т. над.* shake-down period
  пусковой ~ start-up period
  ~ **решётки 1.** (*кристалла*) lattice constant, lattice spacing **2.** (*реактора*) lattice pitch
  ~ **следования импульсов** pulse repetition period, pulse spacing
периодизатор *м. вчт.* iterator
  ~ **решения** autocycler
периодизация *ж.* **решения** *вчт.* repetitive (computer) solution
периодичность *ж.* (*во времени*) periodicity; (*в пространстве*) spacing

периодичность
  ~ **проверок** inspection interval(s)
  ~ **технического обслуживания** maintenance [servicing] interval(s)
периодограмма *ж.* periodogram
периселений *м. астр.* perilune
перископ *м.* periscope
периферия *ж. опт.* periphery
перифокус *м.* perifocus
пёрка *ж.* flat bit, flat drill
перколятор *м.* percolator; (*для цианирования золота*) percolation vat, percolator □ **заливать ~ раствором** flood the charge in the percolator
перколяция *ж.* percolation
перкуссия *ж.* percussion
перламутр *м.* mother-of-pearl, nacre
перлинь *м.* hawser, tow line
перлит *м. мет.* pearlite
  вспученный ~ expanded pearlite
  зернистый ~ divorced [globular, granular] pearlite
  пластинчатый ~ lamellar pearlite
перлитобетон *м.* perlite concrete
перлполимеризация *ж.* pearl polymerization
перль *м. полигр.* pearl, 5-point type
пермаллой *м.* (*никележелезный сплав*) permalloy
перманганат *м.* permanganate
перманентность *ж.* permanence, permanency
перматрон *м.* permatron
пермеаметр *м.* permeameter
пермендюр *м.* (*железокобальтовый сплав*) permendure
перминвар *м.* (*железоникелекобальтовый сплав*) perminvar
пермутация *ж.* permutation
пермутит *м. хим.* permutite
перо *с.* **1.** (*оперение*) feather **2.** (*писчее*) pen, stylus
  лучевое ~ beam pen
  ~ **отвала** *с.-х.* mould(-board) extension, tailpiece
  ~ **руля** rudder blade
  световое ~ light pen
  ~ **стабилизатора** (*ракеты*) stabilizer fin
  ~ **стрелки** *ж.-д.* switch tongue, point rail
  чертёжное ~ drawing pen
пероксо- peroxo-, peroxy
пероксосульфат *м.* peroxysulphate
перпендикуляр *м.* perpendicular □ **восставить ~** construct [erect] a perpendicular (to); **опускать ~** drop [let fall] a perpendicular to ...
  кормовой ~ *мор.* aft(er) perpendicular
  носовой ~ *мор.* fore [forward] perpendicular
перпендикулярность *ж.* perpendicularity
перпендикулярн/ый *прил.* perpendicular □ **быть ~ым к ...** be perpendicular to ...
перрон *м.*:
  ~ **аэропорта** apron, ramp

перрон
  ~ **аэропорта, грузовой** cargo ramp
  железнодорожный ~ platform
персистор *м.* persistor
персистотрон *м.* persistotron
персоль *м.* persalt
персонал *м.* personnel
  дежурный ~ duty personnel
  лётно-подъёмный ~ flying [flight] personnel
  обслуживающий ~ attending personnel, attendants
  ремонтный ~ maintenance personnel
  эксплуатационный ~ operating personnel
перспектив/а *ж.* **1.** (*представление объектов на рисунке, чертеже*) perspective; (*проекция*) perspective projection □ **чертить в ~е** draw in perspective **2.** (*виды, планы, расчёты на будущее*) prospect
перспектограф *м.* perspectograph
персульфат *м.* peroxysulphate
пертулинь *м. мор.* catting chain, cat(head) stopper
пертурбация *ж.* perturbation
перфожетон *м.* punch badge
перфокарт/а *ж.* punch(ed) card □ **выводить на ~ы** punch out on cards; **выравнивать ~ы** align punch(ed) cards; **выравнивать ~ы встряхиванием** joggle cards; **~ застревает** a punch(ed) card jams (is jammed); **кодировать (данные) на ~е** code (data) in (to) a card; **объединять ~ы в массив** collate cards; **осуществлять подборку и раскладку ~** collate punch(ed) cards; **откладывать ~у** (*в перфораторе*) stack a card (*in a card punch*); **подавать ~ы** feed punch(ed) cards; **пробивать (данные) на ~е** punch (data) into a card; **проверять ~ы «на просвет»** sight-check punch(ed) cards; **размечать ~у перед пробивкой** prescore a card; **сгруппировывать ~ы по одному признаку [по одной пробивке]** sort (a deck of) cards by one key [by one digit]; **считывать ~у** read a punch(ed) card; **укладывать ~ы** stack punch(ed) cards
  ~ **дуаль** dual card
  итоговая ~ summary [total] card
  контрольная ~ test card
  непарная ~ (*в операции отбора*) unmatched punch(ed) card
  парная ~ (*в операции отбора*) matched punch(ed) card
  программная ~ program card
  ~ **с краевой перфорацией** edge-punch(ed) card
  ~ **с краевыми вырезами** edge-notched card
  ~ **с электрографическими метками** mark-sensed card
  табуляторная ~ tabulating card
  управляющая ~ control punch(ed) card

перфоле́нт/а *ж. вчт.* perforated [punched] tape; *свз.* perforator [perforated] tape □ **выводи́ть на ~у** *вчт.* punch out on paper tape, produce punched tape as output; **загота́вливать ~у (для переприёма)** *свз.* prepare the tape (for retransmission); **обрыва́ть ~у (для переприёма)** *свз.* tear the tape; **продвига́ть ~у** advance the tape
бесконфети́йная ~ chadless punched tape
бума́жная ~ paper perforated tape
пятидоро́жечная ~ *вчт.* five-channel (paper) tape

перфора́тор *м.* **1.** *вчт.* punch, perforator; *свз.* perforator **2.** (*отбойный молоток*) perforator
алфави́тный ~ alphabetic punch
входно́й ~ input punch
выходно́й ~ output punch
двухходо́вый ~ parallel punch
дубли́рующий ~ (*реперфоратор*) reproducing punch, reproducer
дубли́рующий, группово́й ~ (*для переноса с главной карты на детальные*) gang punch
ито́говый ~ summary (card) punch
ка́рточный ~ card punch
кла́вишный ~ keyboard punch, key punch (machine)
контро́льный ~ by-product punch
ле́нточный ~ tape punch
одноходово́й ~ serial punch
перепи́сывающий ~ transcript punch
печа́тающий ~ (card-)punch printer
печа́тающий ~ с клавиату́рой *свз.* printing keyboard perforator
ручно́й ~ manual punch
синхро́нный ~ by-product punch
скважи́нный ~ *горн.* borehole perforator □ **заряжа́ть скважи́нный ~** load a perforator; **опуска́ть скважи́нный ~ в скважи́ну на тро́се** run a perforator in the well on a wire line; **опуска́ть скважи́нный ~ на насо́сно-компре́ссорных тру́бах** run a perforator on tubing strings; **скважи́нный ~ произво́дит вы́стрел** the perforator fires a shot; **скважи́нный ~ простре́ливает обса́дную трубу́** the perforator shoots the casing
скважи́нный бескорпусный ~ glass-jet perforator
скважи́нный, беспулево́й ~ jet perforator
скважи́нный, за́лповый ~ salvo gun perforator
скважи́нный ко́рпусный ~ tubular jet perforator
скважи́нный, кумуляти́вный ~ jet perforator
скважи́нный, пулево́й ~ bullet [gun] perforator
скважи́нный, селекти́вный ~ selective gun perforator
скважи́нный, торпе́дный ~ shell-type [torpedo] perforator

перфора́ци/я *ж.* **1.** (*отверстие, пробивка*) hole, perforation, punch **2.** (*процесс переноса информации на носитель*) punching (*data into, e.g., a card*); (*вручную*) keying (*data into a punched card*) □ **для ~и пятизна́чного числа́ тре́буется пять коло́нок** five columns are needed to punch a card with a five-digit number [a 5-digit number on a card] **3.** *горн.* perforation
бесконфети́йная ~ *свз., вчт.* chadless perforation
веду́щая ~ (*на перфоленте*) centre [feed, sprocket] holes
~ да́нных, напр. на ка́рты punching of data [information] into, *e.g.*, cards; (*с клавиатуры*) keying of data [information] into, *e.g.*, cards
~ сква́жины borehole perforation
~ сква́жины, кумуляти́вная jet perforation
~ сква́жины, пулева́я gun-fire perforation

перфори́рование *с.* **бло́ка** *цел.-бум.* block perforation
перфори́ровать *гл.* **1.** perforate **2.** (*переносить информацию на носитель*) punch; (*с клавиатуры*) key-punch
перцептро́н *м.* perceptron
перча́тк/а *ж.* glove □ **рабо́тать в ~ах** work with gloves on, wear gloves while doing work
бензомаслосто́йкая ~ oil-and-petrol-resistant glove
диэлектри́ческая ~ nonconducting [insulating] glove
ка́бельная ~ multiple cable joint
свинцо́вая ~ lead sleeve
хирурги́ческая ~ surgeons' glove
пески́ *мн. м.* (*в обогащении руд*) sands
песколо́вка *ж.* sand trap, grit catcher
пескомёт *м. лит.* (*формовочный*) sand slinger
пескомо́йка *ж.* sand washer
пескоразбра́сыватель *м.* sand sprayer
пескосортиро́вка *ж.* sand screen
пескосуши́лка *ж.* sand drier
пес/о́к *м.* sand □ **посыпа́ть ~ко́м** sand, spray with sand, strew with sand; **прока́ливать ~** ignite the sand; **рассева́ть ~ на фра́кции** grade the sand into grain sizes, screen the sand into size gradations
водоно́сный ~ water-bearing sand
водопроница́емый ~ filter sand
~ для раство́ра mortar sand
золотоно́сный ~ gold dust
зыбу́чий ~ drift sand
ква́рцевый ~ quartz [silica] sand
кру́пный ~ coarse sand
мелкозерни́стый ~ close [fine] sand
по́ристый ~ open sand
среднезерни́стый ~ medium sand
станда́ртный ~ standard sand
формо́вочный ~ moulding sand
формо́вочный, жи́рный ~ strong moulding sand

пес/о́к
формо́вочный, раздели́тельный ~ parting moulding sand
формо́вочный, то́щий ~ lean moulding sand
чи́стый ~ clean sand
шла́ковый ~ slag sand
песо́чины *мн. ж. мет.* sand marks
песо́чница *ж. ж.-д.* sander, sandbox, sand pan
пневмати́ческая ~ pneumatic sander, air sand blower
сифо́нная ~ syphon sander
пест *м.*, **па́дающий** (*толчея*) gravity stamp
пе́стик *м.* **1.** (*сцепной арматуры*) pin **2.** (*ступы*) pestle, pounder
пестици́д *м.* pesticide, pest killer □ **~ ока́зывает сде́рживающее де́йствие на рост сорняко́в** a pesticide checks weedy growth; **применя́ть ~ в ви́де, напр. порошка́** apply a pesticide as, *e.g.*, powder; **~ явля́ется сре́дством борьбы́ с ...** a pesticide is a control agent against ...
песча́ник *м.* sandstone
пета́рда *ж.* petard
сигна́льная ~ *ж.-д.* torpedo
пети́т *м. полигр.* brevier (*8 points*)
петлева́ние *с. прок.* looping
~ вручну́ю hand [manual] looping
петледержа́тель *м. прок.* looper
петлеобразова́ние *с. текст., прок.* looping
петлеобразова́тель *м. прок.* looper
боково́й ~ side looper
вертика́льный ~ uplooper
петлеотво́д *м.*, **пневмати́ческий** *мет.* air-operated drop looper
пе́тля *ж.* **1.** loop **2.** (*двери, крышки и т. п.*) hinge
бесконе́чная ~ endless loop
~ гистере́зиса hysteresis loop
~ гистере́зиса, преде́льная major hysteresis loop
~ гистере́зиса, прямоуго́льная rectangular [square] hysteresis loop
~ гистере́зиса, ча́стная minor hysteresis loop
дверна́я ~ door hinge, door butt
дверна́я, потайна́я ~ concealed door hinge
зали́вочная ~ *лит.* pouring loop
~ криво́й *мат.* loop of a curve
око́нная ~ window hinge
пружи́нная ~ (*оконная или дверная*) spring hinge
рулева́я ~ *мор.* rudder brace, rudder gudgeon
~ свя́зи *рад.* loop coupler, coupling [pick-up] loop
петрогра́фия *ж.* petrography
петрола́тум *м.* petrolatum
петроло́гия *ж.* petrology
петрохи́мия *ж.* petrochemistry
петрофи́зика *ж.* petrophysics
петушо́к *м.* (*коллектора*) *эл.* (commutator) riser, neck

печа́тание *с.* printing
~ запа́рными кра́сками *текст.* steam printing
~ магни́тными кра́сками *полигр.* magnetic ink printing
релье́фное ~ raised printing, printing in relief, imitation embossing
~ сухи́ми кра́сками dry-ink printing
~ термостати́ческими кра́сками heat-set printing
шабло́нное ~ stencil process, stenciling
печа́тать *гл.* **1.** (*типографским способом*) print **2.** (*на пишущей машинке*) type
печа́тник *м. полигр.* printer
печа́т/ь *ж.* **1.** (*средство массовой информации*) the press □ **вы́йти из ~и** come out of press, fresh from the press; **находи́ться в ~и** (*в процессе печатания*) be in the press; **поступа́ть в ~** go to press **2.** (*типографский или иной сходный процесс*) printing **3.** (*отрасль производства, издательское и типографское дело*) printing **4.** *вчт.* (*вывод на печать, распечатка*) print(-out); (*печатающее устройство*) *жарг.* printer □ **выводи́ть (выходны́е да́нные) на ~** convey [display, transcribe, print, write] (output data) on a printer *пример*: **сообще́ние об оши́бке выво́дится на ~** an error message is printed **5.** (*штамп*) seal, stamp
высо́кая ~ *полигр.* relief [letterpress] printing
глубо́кая ~ *полигр.* intaglio (printing), photogravure
глубо́кая, ра́стровая ~ *полигр.* intaglio half-tone
глубо́кая, ротацио́нная ~ *полигр.* rotogravure
офсе́тная ~ *полигр.* offset printing
пло́ская ~ *полигр.* lithography
проекцио́нная ~ *кфт.* projection printing
типогра́фская ~ letterpress printing
то́чечная ~ dot printing
трафаре́тная ~ *полигр.* stencil process, stenciling
у́зкая ~ *вчт., свз.* single-action print-out
шёлкотрафаре́тная ~ *полигр.* (silk-)screen printing
широ́кая ~ *вчт., свз.* line-a-time print-out
печ/ь *ж.* **1.** furnace □ **загружа́ть ~** charge (*e.g., a metal*) into a furnace; **~ остано́влена для сме́ны футеро́вки** the furnace is off for a relining; **~ рабо́тает на** (*напр. жидком*) **то́пливе** the furnace is fired with (*e.g., liquid*) fuel; **растáпливать ~** fire up a furnace; **топи́ть ~** fire a furnace; **футерова́ть ~** line a furnace **2.** (*для нагрева до сравнительно невысоких температур, ниже температуры плавления*) oven **3.** (*для обжига, сушки и прокаливания*) kiln **4.** (*для сушки изложниц, форм и стержней*) stove **5.** (*для выпечки хлеба, приготовления пищи*) oven **6.** (*для обогрева, особенно жилища*) stove **7.** *горн.* breakthrough, bord, rise entry, cut-through

печ/ь
агломерацио́нная ~ sintering furnace
~ бараба́нного ти́па drum-type furnace
бисква́тная ~ biscuit oven
ва́нная ~ bath [tank] furnace
ватержаке́тная ~ water jacket furnace
ва́фельная ~ wafer oven
возго́ночная ~ subliming furnace
восстанови́тельная ~ reduction furnace
враща́ющаяся ~ 1. rotating furnace **2.** rotary kiln
враща́ющаяся, бараба́нная ~ rotary drum-type furnace
вулканизацио́нная ~ vulcanizing [curing] oven
высокочасто́тная ~ high-frequency furnace
га́зовая ~ 1. gas(-fired) furnace **2.** gas(-fired) kiln; gas(-fired) oven
гартоплави́льная ~ *полигр.* type metal melting furnace
гипсообжига́тельная ~ plaster kiln
голла́ндская ~ Dutch oven
горшко́вая ~ pot furnace
дистилляцио́нная ~ distilling furnace
~ для глазурова́ния glaze kiln
~ для кальцини́рования calcining oven
~ для о́бжига кирпича́ brick kiln
~ для па́йки brazing furnace
~ для пла́вки на штейн matting furnace
~ для рафини́рования affinage furnace
до́менная ~ blast furnace (*см. тж.* **до́мна**) □ **выдува́ть до́менную ~** blow out a blast furnace; **держа́ть до́менную ~ под дутьём** keep a furnace in blast; **задува́ть до́менную ~** blow in a blast furnace
до́менная ~ с конве́йерной пода́чей belt-charged blast furnace
дровяна́я ~ wood-burning stove
дугова́я ~ electric arc furnace
жарова́я ~ direct heat oven
~, загружа́емая све́рху top-charged furnace
зака́лочная ~ hardening furnace
зейгеро́вочная ~ liquating [dross(ing)] furnace
золотоплави́льная ~ bullion furnace
известеобжига́тельная ~ lime kiln
индукцио́нная ~ induction furnace
индукцио́нная, кана́льная ~ submerged-resistor induction furnace
индукцио́нная, ти́гельная ~ coreless induction furnace
ка́мерная ~ 1. chamber furnace **2.** chamber kiln; chamber oven

печ/ь
кана́льная ~ hot-air oven
кача́ющаяся ~ tilting furnace
~ кипя́щего сло́я fluidized bed furnace
кирпичеобжига́тельная ~ brick kiln
ки́слая ~ acid-lined furnace
ко́ксовая ~ coke oven
ко́ксовая ~ с вертика́лами vertical-flued coke oven
ко́ксовая ~ с ула́вливанием хими́ческих проду́ктов chemical-recovery coke oven
ко́ксовая, узкока́мерная ~ slab coke oven
ко́ксовая, ульева́я ~ beehive coke oven
коло́дезная ~ *мет.* pit furnace
колпако́вая ~ bell(-type) furnace
кольцева́я ~ ring [annular] furnace
конве́йерная ~ travelling oven
конта́ктная ~ catalyst furnace
копти́льная ~ smoking kiln
кузне́чная ~ forging furnace
купеляцио́нная ~ cupel(ing) furnace, cupel
~ лёгкого кре́кинга viscosity breaking furnace
лите́йная ~ foundry furnace
люле́чная ~ (swinging-)tray oven
марте́новская ~ open-hearth furnace
марте́новская, ки́слая ~ acid open-hearth furnace
марте́новская, основна́я ~ basic open-hearth furnace
методи́ческая ~ continuous furnace
многопо́довая ~ multihearth furnace
многоя́русная ~ multideck oven
мусоросжига́тельная ~ incinerator
му́фельная ~ muffle furnace
нагрева́тельная ~ heating furnace; (*для слитков*) reheating furnace
~ непреры́вного де́йствия 1. continuous furnace **2.** continuous kiln
нормализацио́нная ~ normalizing furnace
обжа́рочная ~ roaster
обжигова́я ~ kiln; oven, roasting furnace, roaster; (*в производстве керамических изделий*) firing kiln □ **заде́лывать отве́рстия в о́бжиговой ~и** close the kiln
о́бжиговая, гонча́рная ~ pottery kiln
о́бжиговая, многопо́лочная ~ (*для обжига колчедана*) multishelf furnace
о́бжиговая ~ с кипя́щим сло́ем fluidized-bed [fluid-bed] roaster
о́бжиговая ~ с механи́ческим перегреба́нием mechanical calcining oven
о́бжиговая, тру́бчатая враща́ющаяся ~ tubular rotary kiln
одноя́русная ~ one-deck oven
опа́лочная ~ singeing oven
основна́я ~ basic-lined furnace
отжига́тельная ~ annealing furnace

печ/ь
отража́тельная ~ 1. reverberatory furnace 2. reverberatory kiln
~ периоди́ческого де́йствия 1. batch furnace 2. batch kiln; batch oven
плави́льная ~ melting furnace
плави́льная, ти́гельная ~ crucible melting furnace
плави́льная, ша́хтная ~ shaft melting furnace
пла́зменная ~ plasm furnace
плазменнодугова́я ~ plasm-arc furnace
пла́менная ~ combustion furnace
проби́рная ~ assay furnace
промы́шленная ~ industrial furnace
проходна́я ~ continuous furnace
~ прямо́го нагре́ва directly fired kiln
регенерати́вная ~ regenerative furnace
рекуперати́вная ~ recuperative furnace
рето́ртная ~ retort furnace
ро́торная ~ rotor furnace, rotor vessel
рудновосстанови́тельная ~ ore-smelting furnace
руднотерми́ческая ~ ore-smelting furnace
рудообжига́тельная ~ ore-roasting furnace, ore roaster
рудоплави́льная ~ smelting furnace
рыбокопти́льная ~ fish smoking kiln
сва́рочная ~ welding furnace
~ с ве́рхним отопле́нием top-fired kiln
~ с враща́ющимся по́дом 1. rotary [rotating] hearth furnace 2. rotary [rotating] hearth kiln; rotary [rotating] hearth oven
~ с выдвижны́м [выкатны́м] по́дом car-bottom [car-type] furnace
~ с вы́пуском пла́вки в два ковша́ bifurcated furnace
~ с конве́йерным по́дом 1. conveyer furnace 2. travelling sole oven
~ сопротивле́ния (*с электродами, вводимыми в шихту, которая разогревается проходящими через неё токами*) resistance furnace; (*с нагревательными элементами в виде сопротивлений, несоприкасающимися с шихтой*) resistor furnace
сталеплави́льная ~ steel melting furnace
стациона́рная ~ fixed furnace
стеклова́ренная ~ glassmaking furnace
суши́льная ~ drying kiln; drying oven
суши́льная ~ для сухаре́й rusk oven
~ с шага́ющим по́дом walking-beam furnace
терми́ческая ~ heat-treating furnace
ти́гельная ~ crucible furnace

печ/ь
толка́тельная ~ pusher-type furnace
томи́льная ~ soaking pit
тру́бчатая ~ tube furnace
тунне́льная ~ tunnel kiln; tunnel oven
углевыжига́тельная ~ charcoal kiln
форсу́ночная ~ burner-fired furnace
хлебопека́рная ~ baking oven
цельноосно́вная ~ all-basic furnace
цементацио́нная ~ case hardening furnace
цементообжига́тельная ~ cement kiln
~ цикло́нного ти́па cyclone furnace
цинкодистилляцио́нная ~ zinc (distillation) furnace
ша́хтная ~ shaft furnace
ша́хтная, сыроду́тная ~ bloomery
ша́хтная, электри́ческая ~ для хлори́рования (*в производстве магния*) electric chlorinator, chlorination furnace
шлаковозго́нная ~ (*в производстве свинца*) slag-fuming [slag-sublimation] furnace
щелева́я ~ slot-type furnace
электри́ческая ~ electric furnace
электродугова́я ~ electric arc furnace
электролити́ческая ~ electrolytic furnace
электроннолучева́я ~ electron beam furnace

пи́во *с.* beer □ **вари́ть ~** brew beer; **налива́ть ~ из бо́чки** draw a (mug of) beer; **разлива́ть ~ по буты́лкам** bottle (the) beer
бо́чечное ~ draught beer
буты́лочное ~ bottled beer
лёгкое ~ small beer

пивоваре́ние *с.* brewing, manufacture of beer

пигме́нт *м.* pigment, colouring agent □ **разводи́ть ~** (*напр. олифой*) break up a pigment (*e.g., in oil*)
кро́ющий ~ (*ингредиент краски*) body [opaque] pigment
лесси́рующий ~ glazing pigment, glazing colour
неоргани́ческий, приро́дный ~ natural [mineral] pigment, earth colour
неоргани́ческий, синтети́ческий ~ synthetic pigment
светосто́йкий ~ light-fast pigment, light-fast colour
светофильтру́ющий ~ light-absorbing pigment

пигмента́ция *ж.* pigmentation

пигменти́ровать *гл.* pigment, colour

пик *м.* 1. (*максимум*) peak 2. (*выброс*) spike
~ давле́ния pressure peak
дифракцио́нный ~ diffraction peak
ло́жный ~ ghost peak
~ нагру́зки load peak, maximum demand □ **покрыва́ть ~ нагру́зки** carry (the) peak load

пик
нере́зкий ~ diffuse peak
~ разреже́ния suction peak
резона́нсный ~ resonance peak
~ с пло́ской верши́ной flat-top peak
температу́рный ~ thermal spike

пи́ка *ж.*:
~ отбо́йного молотка́ drill [jackhammer] pick
шуро́вочная ~ straight poker

пика́п *м.* pick-up car

пик-вольтме́тр *м.* peak(-reading) voltmeter

пикелева́ние *с. кож.* pickling (process)

пи́кель *м.* pickle, rinsing solution

пи́кер *м. с.-х.* corn picker
навесно́й ~ mounted (corn) picker
прицепно́й ~ pull-type (corn) picker
самохо́дный ~ self-propelled (corn) picker

пике́т *м.* 1. (*совокупность точки и сторожка*) *геод.* stake, station 2. (*расстояние между двумя пикетами*) station distance

пикета́ж *м.* 1. stationing □ **разбива́ть ~** range out the base-line 2. *ж.-д.* 100 metre stake, 100 metre mark

пики́ровани/е *с.* dive, diving □ **входи́ть в ~** go into a dive; **выходи́ть из ~я** pull out of [recover from] a dive
круто́е ~ steep dive
отве́сное ~ vertical dive
поло́гое ~ flat dive

пикно́метр *м.* pycnometer, specific gravity bottle

пикодержа́тель *м.* (*отбойного молотка*) pick holder

пикофара́да *ж.* [пФ] (*единица электрической ёмкости*) picofarad, pF

пиктогра́фия *ж.* (*пиктографическое письмо*) pictograph

пик-трансформа́тор *м.* peaking transformer

пил/а́ *ж.* saw □ **~у́ зажима́ет в ре́зе** the saw binds in the kerf; **пра́вить ~у́** fit a saw; **разводи́ть ~у́** set a saw; **точи́ть ~у́** file a saw
абрази́вная ~ abrasive saw
ажу́рная ~ fretsaw, scroll saw
алма́зная ~ diamond saw
баланси́рная ~ swing saw
безреду́кторная ~ direct-drive saw
бенз(ин)омото́рная ~ petrol [power] saw
боча́рная ~ barrel saw
бу́гельная ~ bow saw
гонторе́зная ~ shingle saw
~ горя́чего ре́зания *мет.* hot saw
двуру́чная ~ trump saw
ди́сковая ~ circular saw
~ для ва́лки ле́са (tree) feller
~ для льда ice saw
~ для раскро́я туш carcass breaking saw
камнере́зная ~ stone saw
кана́тная ~ rope saw
кантова́льная ~ bevel saw

пила́
кромкообрезна́я ~ edging saw
кру́глая ~ ring saw
кря́жевая ~ log saw
ле́нточная ~ belt [band] saw
ле́нточная ~ с одно́й ре́жущей кро́мкой single-band saw
летучая ~ *мет.* flying saw
ло́бзиковая ~ fretsaw
лучко́вая ~ bow saw
лучко́вая, ручна́я ~ coping saw
лучко́вая, столя́рная ~ framed whipsaw, turning saw
махова́я ~ pit saw, whipsaw
ма́ятниковая ~ rocking-type saw
медици́нская ~ bone saw
механи́ческая ~ power saw
многоди́сковая ~ gang saw
ножо́вочная ~ hacksaw
обрезна́я ~ edging [skinner] saw
одноручная ~ single-handled saw
па́зовая ~ grooving saw
подвесна́я ~ swing saw
~ по де́реву wood-working saw
подрезна́я ~ coping saw
~ по мета́ллу metal-working saw
попере́чная ~ cross-cut saw
попере́чная ~ для раскряжёвки брёвен block saw
поро́дная ~ *горн.* rock saw
про́волочная ~ wire saw
продо́льная ~ cleaving [ripping, board] saw
радиа́льная ~ radial saw
ра́мная ~ frame [gate, mill] saw
раскряжёвочная ~ log saw
ручна́я ~ handsaw
рыча́жная ~ *мет.* drop saw
сала́зковая ~ sliding-frame saw
~ со вставны́ми зу́бьями inserted-tooth circular saw
~ с пласти́нками из твёрдых спла́вов carbide-tipped saw
торцо́вочная ~ trimming saw
~ тре́ния friction saw
~ холо́дной ре́зки cold saw
цепна́я ~ chain [link tooth] saw
цилиндри́ческая ~ cylinder [barrel] saw
циркуля́рная ~ circular [disk] saw
шарни́рная ~ hinge saw
шипоре́зная ~ dovetail saw
электромото́рная ~ electric saw
пиле́ние *с.* sawing
чи́стое ~ finish sawing
пилирова́ние *с.* (*в мыловарении*) soap milling
пили́ть *гл.* saw
пи́лка *ж.* 1. (*процесс*) sawing 2. (*инструмент*) saw, fret saw
пи́ллерс *м. мор.* pillar, (deck) stanchion
пило́вочник *м.* saw log
пиломатериа́л *м.* lumber, (sawn) timber □ выде́рживать ~ season the lumber; распи́ливать ~ радиа́льно quarter [quarter-saw] the lumber
бессо́ртный ~ assorted lumber
биржево́й ~ yard lumber
ме́рный ~ dimension lumber

пиломатериа́л
необрезно́й ~ edge-unsurfaced lumber
нестро́ганый ~ rough lumber
обрезно́й ~ edge-surfaced lumber
отбо́рный ~ select lumber
полуобрезно́й ~ wane scant [one-side edged] lumber
про́фильный ~ patterned lumber
~ радиа́льной распило́вки quartered lumber
столя́рный ~ factory and shop lumber
стро́ганый ~ dressed [paned, surfaced] lumber
строи́тельный ~ structural lumber
~ тангенциа́льной распило́вки tangential sawn timber
та́рный ~ cratewood, crate lumber
шпунто́ванный ~ matched lumber
пило́н *м.* pylon
пилопра́в *м.* saw fitter
пилопроду́кция *ж.* sawn timber
пило́т *м.* pilot
пилота́ж *м. англ.* aerobatics; *амер.* acrobatics □ выполня́ть ~ perform aerobatics, aerobat
вы́сший ~ higher aerobatics
просто́й ~ standard aerobatics
сло́жный ~ advanced aerobatics
пилоти́рование *с.* flying, (airplane-) handling
конта́ктное ~ (*по наземным ориентирам*) pilotage, piloting
пилоти́ровать *гл.* fly [handle] an airplane (*см. тж.* лета́ть) □ автомати́чески ~ fly an aircraft automatically
пило́т-сигна́л *м.* pilot signal
пилошта́мп *м.* saw swage, (fly) press for gulleting [re-toothing] saw
пильгерста́н *м.* pilger mill
пи́льщик *м.* sawer, sawyer, slitter
пиля́стр(а) *ж.* pilaster, column
пи-мезо́н *м.* pi-meson, pion
пинако́ид *м.* pinacoid
пино́ль *ж.* poppet [tailstock] sleeve, tail spindle
пинце́т *м.* (a pair of) forceps; (*небольшой*) (a pair of) tweezers
анатоми́ческий ~ dissecting forceps
~ для ламп *тлф.* lamp extractor
лаборато́рный ~ specimen forceps
пинч-эффе́кт *м.* pinch-effect
пио́н *м. см.* пи-мезо́н
пипе́тка *ж.* (*бытовая*) dropper; (*лабораторная*) pipette
автомати́ческая ~ automatic pipette
~ без градуиро́вки transfer pipette
~ с градуиро́вкой measuring pipette
пирами́да *ж.* 1. pyramid 2. *геод.* (*трёхгранная*) tripod signal; (*четырёхгранная*) scaffold signal
пра́вильная ~ *мат.* regular pyramid
усечённая ~ *мат.* truncated pyramid
пирано́метр *м.* pyranometer
пиргелио́метр *м.* pyrheliometer
пиргео́метр *м.* pyrgeometer

пири́т *м.* pyrite □ выщела́чивать (обожжённый) ~ leach the (roasted) pyrite; обжига́ть ~ roast pyrite
пиро- *хим.* pyro- *пример*: пиросульфа́т pyrosulphate; пирофосфа́т pyrophosphate
пиробензо́л *м.* petroleum benzene
пирobо́лт *м.* (*срезаемый пиропатроном в экстренных случаях*) explosive bolt
пиро́г *м.* 1. *мет.* cake 2. (*осадок на фильтре*) (filter) cake □ отдува́ть ~ с фи́льтра blow the cake off the filter; среза́ть ~ с фи́льтра scalp the cake off the filter
~ агломера́та sinter cake
пирогалло́л *м.* pyrogallol
пироголо́вка *ж.* explosive cap
пирографи́т *м.* pyrolytic graphite
пирозапа́л *м.* activation squib
~ раке́тного дви́гателя cartridge igniter
пирозаря́д *м.* explosive charge
пирокла́пан *м.* explosive valve
пирокоэффицие́нт *м.* pyroelectric coefficient
пироксили́н *м.* pyroxylin, collodion wool, colloxylin
пиро́лиз *м.* pyrolysis
пиромагнети́зм *м.* pyromagnetism
пирометаллу́ргия *ж.* pyrometallurgy
пиро́метр *м.* pyrometer
болометри́ческий ~ electrical-resistance pyrometer
двухцветово́й ~ bichromatic [two-colour] pyrometer
инфракра́сный ~ infra-red pyrometer
квазимонохромати́ческий ~ quasi-monochromatic pyrometer
опти́ческий ~ optical pyrometer
опти́ческий, поляризацио́нный ~ polarizing optical pyrometer
опти́ческий ~ с фотометри́ческим ку́бом photometric-cube optical pyrometer
погру́женный ~ immersion pyrometer
пока́зывающий ~ indicating pyrometer
~ по́лного излуче́ния radiation pyrometer
рефле́кторный ~ mirror pyrometer
рефра́кторный ~ lens pyrometer
самопи́шущий ~ recording pyrometer
~ с исчеза́ющей ни́тью, я́ркостный disappearing filament pyrometer
~ спектра́льного отноше́ния spectral ratio pyrometer
~ спектра́льного распределе́ния spectral distribution pyrometer
~ с постоя́нным фо́кусом fixed focus pyrometer
~ с се́рым клино́м gray wedge pyrometer
термоэлектри́ческий ~ thermoelectric pyrometer

пиро́метр
термоэлектри́ческий, самоуравнове́шивающийся ~ self-balancing thermocouple pyrometer
фотоэлектри́ческий ~ photoelectric pyrometer
фотоэлектри́ческий, интегра́льный ~ integral photoelectric pyrometer
цветово́й ~ colour pyrometer
~ части́чного излуче́ния monochromatic radiation pyrometer
пироме́трия *ж.* pyrometry
опти́ческая ~ optical pyrometry
радиацио́нная ~ radiation pyrometry
пиропатро́н *м.* explosive charge
~ сква́жинного перфора́тора ignition cartridge
пиропроводи́мость *ж.* pyroconductivity
пироско́п *м.* pyroscope
пироста́т *м.* pyrostat
пиросфе́ра *ж.* pyrosphere, barysphere
пироте́хника *ж.* pyrotechnics
пирофо́р *м.* pyrophore
пирохи́мия *ж.* pyrochemistry
пироэле́ктрик *м.* pyroelectric
пироэлектри́чество *с.* pyroelectricity
пирс *м.* pier □ **швартова́ться у ~а** (*о судне*) be berthed at a pier
пистоле́т *м.* pistol
~ бензозапра́вщика fuelling nozzle
~ для прива́рки шпи́лек stud welding gun
дю́бельный ~ dowel-driving gun
металлизацио́нный ~ metallizing [metal spraying] gun
сва́рочный ~ welding gun
сва́рочный ~ для то́чечной сва́рки spot-welding gun
пистоле́т-краскораспыли́тель *м.* paint-spraying gun
письмо́ *с.* letter
гаранти́йное ~ letter of guarantee, letter of indemnity
демоти́ческое ~ demotic writing
сопроводи́тельное ~ letter of transmittal, transmittal letter
фигу́рное ~ pictograph
пита́ни/е *с.* **1.** (*подача, напр. горючего, сырья и т. п.*) feed □ **~, напр. для реа́ктора** *хим.* feed, *e.g.*, to a column **2.** *эл.* 1. (*какая-л. энергия*) power 2. (*источник энергии*) power supply, power source □ **~ автомати́чески выключа́ется в слу́чае неиспра́вности** power automatically goes off in case of an abnormal condition; **включа́ть ~** turn on (the) power; **~ переключа́ется на запасно́й генера́тор** a stand-by generator picks up and carries (the) load(s); **переходи́ть [переключа́ться] на ~ от ...** transfer [be transferred] to ... power; **пода́ть ~ на** apply power to; **при пропада́нии ~я систе́мы ...** if electrical power is lost to the system ...; **снима́ть ~ с** remove power from; **с ~ем от батаре́и** battery-operated; **увели́чивать ~** turn up power; **уменьша́ть ~** turn down power **3.** (*снабжение, напр. энергией*) service □ **восстана́вливать ~** restore service; **восстана́вливать ~ потреби́телям** restore service to (the affected) loads **4.** (*пища*) feeding, nutrition
пита́ни/е
авари́йное ~ emergency power (supply)
автоно́мное ~ self-contained power supply
ано́дное ~ *англ.* anode feed; *амер.* plate supply
~ анте́нны antenna feed
батаре́йное ~ battery supply
бесперебо́йное ~ continuity of service □ **обеспе́чивать бесперебо́йное ~** maintain the continuity of service
~ отли́вок risering
~ от МБ *тлф.* local battery supply
~ от се́ти *англ.* mains supply; *амер.* (power-)line supply
~ от ЦБ *тлф.* central current [common-battery] supply
паралле́льное ~ *элн.* parallel [shunt] feed
после́довательное ~ *элн.* series feed
~ самотёком gravity feed
сетево́е ~ *англ.* mains supply; *амер.* line supply
~ с по́мощью ва́куума vacuum feed
~ цепе́й нака́ла filament power, filament (power) supply, A(-power) supply
пита́тель *м.* **1.** (*устройство для подачи материалов или грузов*) feeder **2.** *лит.* (*литник*) gate, ingate, runner
бараба́нный ~ drum feeder
бу́нкерный ~ bin feeder
ва́куумный ~ (*для стекломассы*) vacuum feeder
весово́й ~ weigh feeder
вибрацио́нный ~ vibrating feeder
ви́льчатый ~ sweep-fork feed, feeder tine
винтово́й ~ screw [spiral] feeder
гравитацио́нный ~ gravity feeder
~ гро́хота screen feeder
ди́сковый ~ rotary table [revolving plate] feeder; *с.-х.* disk feeder
ка́пельный ~ (*для подачи стекломассы каплями*) gob feeder
каранда́шный ~ pencil [pop] gate
кача́ющийся ~ swinging feeder
ле́нточный ~ belt(-conveyer) feeder
ло́пастный ~ rotary(-vane) feeder
лотко́вый ~ chute feeder
лотко́вый, вибрацио́нный ~ vibrating chute
объёмный ~ measure feeder
пласти́нчатый ~ apron feeder
плу́нжерный ~ plunger feeder
реме́нно-па́льцевый ~ tined belt feeder
рожко́вый ~ horn gate, horn sprue
скребко́вый ~ scraper feeder
пита́тель
сма́зочный ~ (*в смазочных устройствах*) feeder
спира́льный вертика́льный ~ screw elevator feeder
~ с принуди́тельной пода́чей power feeder
стру́йный ~ stream feeder
таре́льчатый ~ reciprocating plate feeder
транспортёрный ~ belt(-type) feeder
~ у́гольной пы́ли pulverized coal feeder
уса́дочный ~ *лит.* shrink head
цепно́й ~ chain feeder
черпако́вый ~ scoop feeder
шне́ковый ~ screw feeder
эксце́нтриковый ~ eccentric feeder
яче́йковый ~ star feeder
пита́ть *гл.* **1.** (*горючим, сырьём и т. п.*) feed, supply **2.** (*энергией*) power; (*электроэнергией*) energize
пито́метр *м.* pitometer
пито́мник *м.* nursery
лесно́й ~ forest nursery
пифаго́ров *прил.* Pythagorean
пи́чки *мн.* spikes
~ генера́ции oscillation spikes
периоди́ческие ~ regular spikes
хаоти́ческие ~ irregular spikes
пи́чков/ый *прил.* spiking *пример*: **ла́зер рабо́тает в ~ом режи́ме** the laser spikes, the spiking of the laser occurs
пи́щ/а *ж.* food □ **разноси́ть ~у** (*напр. на борту пассажирского самолёта*) dispense food
пи́щик *м.* buzzer
плав *м.* **1.** *хим.* cake of fusion, fusion cake **2.** float □ **на ~у́** afloat, on the float
пла́вани/е *с.* **1.** (*рейс*) voyage cruise □ **быть [находи́ться] в ~и** be at sea; **выходи́ть [уходи́ть] в ~** put to sea **2.** (*судовождение*) navigation, sailing **3.** (*вид спорта, умение держаться на воде*) swimming
гаранти́йное ~ shakedown cruise
кабота́жное ~ (*вид судоходства*) coastwise trade; (*один рейс*) (coastwise) trip
пе́рвое ~ (*нового судна, не считая пробных плаваний*) maiden voyage
про́бное ~ trial trip, trial run
плавба́за *ж.* mother ship
пла́вень *м.* flux, fusing agent
плави́льник *м.* melting pot
плави́льщик *м.* melter, smelter
пла́вить *гл.* (*чугун, ферросплавы и цветные металлы*) smelt; (*сталь*) melt □ **~ на возго́н** fume
пла́виться *гл.* melt, fuse
пла́вк/а *ж.* **1.** (*чугуна, ферросплавов и цветных металлов*) smelting; (*стали*) melting **2.** (*цикл от заправки плавильной печи до выпуска*) heat □ **вести́ ~у с доба́вками руды́** ore down the heat; **вести́ ~у с доба́вками чугуна́** pig up the heat; **дово-**

дить ~у finish the heat; передувать ~у overblow the heat; подвергать ~е на ... smelt *smth.* for ... *пример*: шлак подвергается ~е на черновую медь slag is smelted for blister copper; продувать ~у blow the heat

плавк/а
- автогенная ~ autogenous smelting
- бросовая ~ off-heat, lost heat
- вагранoчная ~ cupola heat
- взвешенная ~ flash smelting
- ~ в кипящем слое fluid bed [jet] smelting
- восстановительная ~ reduction smelting
- гарнисажная ~ autocrucible melting
- дуговая ~ arc melting
- захоложенная ~ cold heat
- зонная ~ zone melting
- индукционная ~ induction melting
- луночная ~ button melting
- ~ на блейштейн lead matte smelting
- ~ на концентрат concentrating smelting
- ~ на роштейн raw matte smelting
- ~ на штейн matte smelting
- ~, не попавшая в анализ diverted heat
- огневая ~ fuel-fired smelting
- отражательная ~ reverberatory process, reverberatory smelting
- перегретая ~ hot heat
- пиритная ~ pyritic smelting
- полупиритная ~ semi-pyritic smelting
- разделительная ~ top-and-bottom smelting
- раскисленная ~ deoxidized heat
- стылая ~ sticker
- тигельная ~ crucible process
- тяжеловесная ~ heavy-weight heat
- ушедшая ~ off-heat
- циклонная ~ cyclone smelting
- шахтная ~ blast smelting
- шлакующая ~ (*в цветной металлургии*) slag smelting
- ~ шлихов concentrate smelting
- электроннолучевая ~ electron-beam melting

плавкость *ж.* fusibility

плавление *с.* fusion, melting

плавность *ж.* smoothness, evenness □ придавать ~ (*напр. обшивке судна, переходам между листами обшивки и т. п.*) fair the plating

плавучесть *ж.* buoyancy

плаз *м.* mould(ing) loft, mould(ing) room □ ~ — место разбивки теоретического чертежа судна в натуральных размерах the mould(ing) loft is a place in which a vessel's structural lines are laid out to actual size

плазм/а *ж.* plasma □ возбуждать ~у activate the plasma; возмущать ~у perturb the plasma; изолировать ~у contain the plasma; ионизировать ~у полностью strip the plasma; отшнуровывать ~у constrict [pinch] the plasma; удерживать ~у (*внутри какого-л. объёма*) contain the plasma

плазм/а
- высокотемпературная термоядерная ~ high-temperature thermonuclear plasma
- ~ газового разряда gas-discharge plasma
- горячая ~ hot plasma
- ~ горячих электронов hot-electron plasma
- дуговая ~ arc plasma
- излучающая ~ emitting plasma
- изотермическая ~ isothermal plasma
- ионная ~ ion plasma
- ионосферная ~ ionospheric plasma
- люминесцирующая ~ luminescent plasma
- магнитно удерживаемая ~ magnetically confined plasma
- намагниченная ~ magnetized plasma
- неизотермическая ~ nonisothermal plasma
- нейтральная ~ neutral [quasi-neutral] plasma
- неравновесная ~ nonequilibrium plasma
- несветящаяся ~ nonluminous plasma
- несжимаемая ~ incompressible plasma
- нестационарная ~ unstable plasma
- нетепловая ~ nonthermal plasma
- неустойчивая ~ unstable plasma
- низкотемпературная ~ low-temperature plasma
- равновесная ~ equilibrium plasma
- разрежённая ~ low-density [rarefied] plasma
- распадающаяся ~ decaying plasma
- релятивистическая ~ relativistic plasma
- самообразующаяся ~ self-generated plasma
- совершенная ~ perfect plasma
- термическая ~ thermal plasma
- термоядерная ~ thermonuclear plasma
- ~ тлеющего разряда glow-discharge plasma
- токопроводящая ~ current-carrying plasma
- ударная ~ shock(-generated) plasma
- ~ ударного слоя shock-layer plasma
- электронная ~ electron plasma
- электронно-дырочная ~ electron-hole plasma

плазматрон *м.* (*плазменный генератор — не путать с* гелиевой газоразрядной лампой) plasma generator (*not to be confused with plasmatron*)

плазмогенератор *м.* plasma generator

плазмодинамика *ж.* plasma dynamics

плазмоид *м.* plasmoid

плазмон *м.* plasmon

плазмотрон *м. см.* **плазматрон**

плакат *м.*, учебный wall chart

плакирование *с.* cladding
- ~ наплавкой fusion cladding
- электродуговое ~ electric-arc overlay welding, arc cladding

плакировать *гл.* clad □ ~ электродуговым способом arc-clad

плакировка *ж. см.* **плакирование**

пламегаситель *м.* **1.** flame arrester, flame damper **2.** (*добавка к ВВ*) flame-quenching additive

пламеуловитель *м.* flame trap, flame bowl

плам/я *с.* flame □ ~ отрывается от горелки the flame lifts off the burner; регулировать ~ (*горелки*) balance the flame (*of the burner*); стабилизировать ~ (*в камере сгорания реактивного двигателя*) anchor the flame
- вихревое ~ cyclonic flame
- восстановительное ~ reducing flame
- ~ газовой горелки torch flame
- жёсткое ~ harsh flame
- запальное ~ ignition flame
- контрольное ~ pilot flame
- коптящее ~ smoky flame
- ламинарное ~ laminar flame
- мягкое ~ soft flame
- науглероживающее ~ carburizing flame
- некоптящее ~ sootless flame
- несветящееся ~ nonluminous flame
- нормальное ~ (*отрегулированное*) balanced flame
- окислительное ~ oxidizing flame
- открытое ~ naked flame
- подогревательное ~ preheating flame
- полусветящееся ~ semiluminous flame
- поющее ~ singing flame
- светящееся ~ luminous flame
- ~ с избытком кислорода excess oxygen flame
- ~ с избытком углерода soft flame
- турбулентное ~ turbulent flame
- холодное ~ cool [cold] flame
- холостое ~ idle flame
- ячеистое ~ cellular flame

пламяфотометр *м.* flame-photometer

план *м.* plan □ составлять ~ draw up a plan; уточнять ~ refine [revise] the plan
- ~ в горизонталях *геод., карт.* contour plan
- вентиляционный ~ *горн.* ventilation layout, ventilation scheme
- генеральный ~ master plot plan, general layout
- грузовой ~ cargo [loading, stowage] plan
- задний ~ *кфт.* background
- крупный ~ *кфт.* close-up, close shot
- маркшейдерский ~ *горн.* surveying plan
- общий ~ *кфт.* long shot

план
ориентацио́нный ~ *стр.* key plan
пере́дний ~ *кфт.* foreground
перспекти́вный ~ *эк.* long-term plan
~ полёта *ав.* flight plan □ **аннули́ровать [отменя́ть] ~ полёта** cancel a flight plan
произво́дственный ~ production plan
~ рабо́т work schedule
рабо́чий ~ working plan
~ расположе́ния обору́дования equipment layout
~ распределе́ния часто́т *свз.* (radio-)frequency plan
~ расстано́вки ваго́нного па́рка *горн.* rolling stock plan
~ скоросте́й (*центробежных вентиляторов, компрессоров*) velocity diagram
~ скоросте́й на вхо́де inlet-velocity diagram
~ скоросте́й на выходе outlet-velocity diagram
сре́дний ~ *кфт.* medium shot
схемати́ческий ~ diagrammatic plan
~ телефо́нной се́ти exchange area layout
укрупнённый ~ outline plan
уточнённый ~ detail plan
~ экспериме́нта design of an experiment
~ экспериме́нта, композицио́нный composite design
~ экспериме́нта, после́довательный sequential design
~ экспериме́нта, фа́кторный factorial design
~ экспериме́нта, фа́кторный по́лный full factorial design
~ экспериме́нта, части́чный fractional factorial design
~ экспериме́нта 2^k full two-level factorial experiment, 2^k design
эски́зный ~ sketch plan
планёр *м.* glider
~ самолёта airframe
учебно-трениро́вочный ~ training glider
планёр-пари́тель *м.* sailplane
плане́та *ж.* planet
ве́рхняя ~ superior planet
вне́шняя ~ outer planet
вну́тренняя ~ interior [inner] planet
иску́сственная ~ artificial planet
ма́лая ~ asteroid, planetoid
ни́жняя ~ inferior planet
плането́рий *м.* planetarium
планиме́тр *м.* planimeter
планиме́трия *ж.* planimetry, plane geometry
плани́р *м.* (*в коксовой печи*) fuel leveller, levelling bar
плани́рование *с.* **1.** *эк.* planning **2.** *ав.* glide, gliding (flight)
сетево́е ~ network planning
~ экспериме́нта design of experiments, experimental design

плани́рование
~ экспериме́нта, ротата́бельное rotatable design
~ экспериме́нта, си́мплексное simplex design
~ экспериме́нта, эволюцио́нное evolutionary operation, EVOP
плани́ровать *гл.* **1.** (*составлять план*) plan **2.** (*выравнивать поверхность*) grade **3.** *ав.* glide **4.** (*размещать, напр. оборудование*) lay out
планиро́вка *ж.* **1.** (*выравнивание поверхности*) grading, levelling **2.** (*размещение*) layout
ве́ерная ~ *стр.* fan layout
кольцева́я ~ *стр.* ring layout
откры́тая ~ *стр.* open layout
~ це́ха shop layout
планиро́вщик *м.* **1.** *с.-х.* land leveller, land smoother **2.** *вчт.* scheduler
гла́вный ~ master scheduler
~ зада́ний job scheduler
пла́нка *ж.* bar, strip
~ боковы́х уклоне́ний (*планового навигационного прибора*) *ав.* course (deviation) bar
глисса́дная ~ (*навигационно-пилотажного прибора*) glide-slope (indicating) bar
дистанциони́рующая ~ spacer bar
~ для крепле́ния де́келя *полигр.* tympan bar
зажи́мная ~ clamping plate
~ замка́ plank
ке́гельная ~ mould blade
ки́повая ~ (mooring) chock
ки́повая, закры́тая ~ closed chock
ки́повая, откры́тая ~ open chock
кольцева́я ~ (*прядильной машины*) ring-rail
курсова́я ~ (*навигационно-пилотажного прибора*) localizer (indicator) bar
монта́жная ~ *эл.* wiring strip
~ мотови́ла reel bat, reel board, reel fan, reel slat
~ нитепрово́дников *текст.* thread-guide [lappet] rail
~ ороси́теля slat
па́зовая ~ *мор.* seam strip
стыкова́я ~ *мор.* butt strip
штормова́я ~ *мор.* fiddle [storm] rack
планта́ж *м.* trenching, deep ploughing, deep breaking
дрена́жный ~ drainage trenching
планта́ция *ж.* plantation
планша́йба *ж.* faceplate, chuck plate
планше́т *м.* **1.** plotting board **2.** (*сумка*) map case
~ ме́нзулы *геод.* board (of a plane table)
~ преобразова́ния высоты́ altitude-conversion table
радиолокацио́нный ~ autoradar plot
планши́рь *м.* (*судна*) (bulwark) rail, woodrail; (*лодки*) covering board
пласт *м.* **1.** *горн.* bed, seam, stratum, formation **2.** *с.-х.* furrow slice

пласт
вертика́льный ~ vertical seam
водонепроница́емый ~ impervious stratum
водоно́сный ~ water-bearing [watery] stratum
глубокозалега́ющий ~ deep-lying seam
горизонта́льный ~ flat [flat dipping, level, horizontal] seam
крутопа́дающий ~ steeply deeping [pitch-dipping, steeply inclined] seam
мо́щный ~ thick seam
накло́нный ~ inclined [sloping] seam
нару́шенный ~ disrupted [disturbed] seam
нефтяно́й ~ oil pool □ **нефтяно́й ~ рабо́тает [эксплуати́руется] в водонапо́рном режи́ме** the oil pool produces [operates] under water drive; **нефтяно́й ~ рабо́тает [эксплуати́руется] в гравитацио́нном режи́ме** the oil pool produces [operates] under gravity drainage; **нефтяно́й ~ рабо́тает [эксплуати́руется] в режи́ме га́зовой ша́пки** the oil pool produces [operates] under gas-cap drive; **нефтяно́й ~ рабо́тает [эксплуати́руется] в режи́ме расшире́ния га́за** the oil pool produces [operates] under gas-expansion drive
подстила́ющий ~ subjacent seam
поло́гий ~ gently dipping [gently sloping] seam
сло́жный ~ composite [multiple] seam
смещённый ~ displaced seam
пластбето́н *м.* plastoconcrete
пластиге́ль *м.* plastigel
пластизо́ль *м.* plastisol
пла́стик *м.* plastic material (*см. тж.* **пластма́сса**)
термопласти́ческий ~ thermoplastic (material)
термореакти́вный ~ thermosetting plastic
пластика́т *м.* flexible [non-rigid] PVC
пластика́тор *м.* *рез.* (*машина*) kneader, kneading machine, masticator
вальцо́вый ~ (rubber) break-down machine
червя́чный ~ plasticator
пластика́ция *ж.* (*каучуков*) break-down plasticization, plasticizing, mastication
механи́ческая ~ mechanical plasticization, mastication
~ на вальца́х mill plasticization, milling, mill break-down
окисли́тельная ~ oxidative softening
повто́рная ~ remastication
предвари́тельная ~ preplasticization
терми́ческая ~ thermal plasticization, heat mastication, heat softening

пластика́ция
термоокисли́тельная ~ thermal-oxidative plasticization
пластили́н *м.* plasticine, plasticene
пласти́н/а *ж.* plate
аккумуля́торная ~ battery plate □ **покрыва́ть аккумуля́торную ~у акти́вной ма́ссой** paste the (storage-cell) plate; **формирова́ть аккумуля́торную ~у** give a plate a forming treatment
аккумуля́торная, отрица́тельная ~ negative plate
аккумуля́торная, пасти́рованная ~ pasted plate
аккумуля́торная, положи́тельная ~ positive plate
аккумуля́торная, спечённая ~ sintered plate
завихри́тельная ~ *с.-х.* whirl [swirl] plate
заземля́ющая ~ earth [ground] plate
коди́рующая ~ (*в кодирующей ЭЛТ*) aperture plate
~ **колле́ктора** *эл. маш.* (commutator) bar, (commutator) segment
монокристалли́ческая ~ single-crystal wafer
отбо́йная ~ bumper plate
отклоня́ющая ~ (*в ЭЛТ*) deflecting plate
отклоня́ющая, вертика́льная ~ (*в ЭЛТ*) Y-[vertical-deflecting] plate
отклоня́ющая, горизонта́льная ~ (*в ЭЛТ*) X-[horizontal-deflecting] plate
отража́ющая ~ baffle plate
~ **пласти́нчатого конве́йера** apron plate, pan
поликристалли́ческая ~ polycrystal(line) wafer
~ **полупроводнико́вого материа́ла** wafer, slice □ **накле́ивать ~у полупроводнико́вого материа́ла на ...** cement a wafer onto ...; **нареза́ть ~у полупроводнико́вого материа́ла на ди́ски, квадра́ты, стё́ржни** *и т. п.* dice a wafer into disks, squares, bars, *etc.*
~ **полупроводнико́вого материа́ла с акти́вными прибо́рами** active device wafer
~ **полупроводнико́вого материа́ла с изоли́рованными элеме́нтами** isolated device slice, isolated device structure
~ **полупроводнико́вого материа́ла с конденса́торами** capacitor wafer
~ **полупроводнико́вого материа́ла с микроэлеме́нтами** mictroelement wafer
~ **про́филя кулачка́** (*поворотного механизма*) cam blade (*in an indexing mechanism*)
~ **радиа́тора** radiator fin, radiator gill
~ **распредели́теля** distributor plate
~ **ротацио́нного насо́са** vane

пласти́н/а
светодели́тельная ~ *опт.* beam splitter
~ **серде́чника** *эл. маш.* core plate, core lamination, core punching
сигна́льная ~ (*в запоминающей ЭЛТ*) backplate, pick-up plate
технологи́ческая ~ **в конце́ шва** *св.* finishing tab, run-out plate
технологи́ческая ~ **в нача́ле шва** *св.* starting tab, run-in plate
~ **транспортёра** flight
~ **тре́ния** wear(ing) plate
ферри́товая ~ *вчт.* ferrite plate
ферри́товая ~ **с отве́рстиями** (*вид запоминающего элемента*) *вчт.* multiaperture ferrite plate, multiaperture device, MAD
фо́рмная, бума́жная ~ *полигр.* paper master plate
пласти́нк/а *ж.* plate
биметалли́ческая ~ bimetallic strip
голографи́ческая ~ hologram plate
граммофо́нная ~ (*см. тж.* **грампласти́нка**) gramophone record □ **запи́сывать на граммофо́нную ~у** record on disk
граммофо́нная, долгоигра́ющая ~ long-playing [LP] record
граммофо́нная, заме́дленная ~ extended-play [EP, 45-rpm] record
граммофо́нная ~ **на 45 об/мин** extended-play [EP, 45-rpm] record
граммофо́нная, обы́чная ~ ordinary [78-rpm] record
дихрои́ческая ~ dichroic plate
ква́рцевая ~ quartz plate, quartz bar
~ **криста́лла полупроводника́** wafer □ **нареза́ть ~у криста́лла полупроводника́ на,** *напр.* **ди́ски** dice a wafer into, *e.g.*, disks
~ **Лу́ммера — Ге́рке** Lummer-Gehrcke plate
плоскопаралле́льная ~ parallel-sided [plane-parallel] plate
полуво́лновая ~ half-wave plate
полусеребрёная ~ *опт.* half-silvered mirror
прижи́мная ~ pressure plate
твердоспла́вная ре́жущая неперета́чиваемая ~ throw-away cutting insert
фотографи́ческая ~ photographic plate
четвертьво́лновая ~ quarter-wave plate
пластифика́тор *м.* plasticizer, plasticizing agent, softener
высокомолекуля́рный ~ high-molecular-weight plasticizer
гидрофилизу́ющий ~ hydrophyle plasticizer
гидрофобизу́ющий ~ hydrophobe plasticizer
жи́дкий ~ liquid plasticizer
низкомолекуля́рный ~ low-molecular-weight plasticizer
полиэфи́рный ~ polyester plasticizer

пластифика́тор
хими́ческий ~ peptizer, peptizing agent
эпоксиди́рованный ~ epoxy plasticizer
пластифика́ция *ж.* plasticization
пластици́ровать *гл.* **1.** (*пластмассы*) plasticize (*в производстве каучука*) masticate
пласти́чность *ж.* **1.** plasticity **2.** (*вязкость, ковкость металла*) ductility
~ **в горя́чем состоя́нии** hot ductility
~ **в холо́дном состоя́нии** cold ductility
~ **при динами́ческой нагру́зке** dynamic ductility
~ **при заги́бе без опра́вки** free-bend ductililty
~ **при изги́бе** bend ductility
~ **при круче́нии** torsion ductility
~ **при ползу́чести** creep ductility
~ **при растяже́нии** tensile ductility
~ **при стати́ческой нагру́зке** static ductility
пластма́сс/а *ж.* plastic (material) (*см. тж.* **пла́стик**) □ **арми́ровать ~у** reinforce a plastic; **вспе́нивать ~у** foam a plastic
газонапо́лненная ~ gas-expanded plastic
изоляцио́нная ~ insulation plastic
композицио́нная ~ compounded plastic
светочувстви́тельная ~ photosensitive plastic
слои́стая ~ plastic laminate, laminated plastic
термопласти́чная ~ thermoplastic
термореакти́вная ~ thermosetting plastic
пласто́граф *м.* plastograph
пластоме́тр *м.* plastometer
выда́вливающий ~ extrusion-type plastometer
сдвигово́й ~ shear(ing) plastometer
сжима́ющий ~ compression plastometer
пласт-спу́тник *м. горн.* guiding bed
пла́стырь *м. мор.* patch
жёсткий ~ hard patch
мя́гкий ~ soft patch
пласть *ж.* (*пиломатериала*) face
вну́тренняя ~ inner face
нару́жная ~ side face
пла́та *ж.* **1.** (*денежный взнос за услуги*) pay(ment); (*оплата*) charge; (*вознаграждение*) remuneration **2.** (*диэлектрическая пластина*) board, card, plate; (*функциональный элемент на плате*) (sub)assembly
~ **за перево́зку гру́за** freight(age)
~ **мо́дульной констру́кции** *элн.* circuit card
~ **мо́дульной констру́кции с вы́водами на две сто́роны** double-ended card
печа́тная ~ printed circuit board
печа́тная, ги́бкая ~ flexible printed circuit board

плáта
печáтная, двусторóнняя ~ double-sided printed circuit board
печáтная, многослóйная ~ multilayer printed circuit board
печáтная, односторóнняя ~ single-sided printed circuit board
печáтная, фольгúрованная ~ (*напр. медью*) (*e.g., copper-*)clad (printed-circuit) board
полоскóвая ~ (*полосковой линии СВЧ*) strip plate
попённая ~ stumpage, forest tax
поразговóрная ~ *тлф.* measured [message] rate
~ по расстоя́нию *тлф.* distance rate, distance tariff
~ с зажúмами connection block, terminal strip
~ со схéмными элемéнтами component board
~ формировáния тóчной сéтки частóт (*в синтезаторе частот*) *рад.* vernier synthesizer subassembly
плáта-основáние *ж.* baseplate
платёж *м.* payment ☐ **налóженным ~óм** (to make shipments) C.O.D. [cash on delivery]
платимéтр *м.* platymeter
плáтина *ж.* **1.** platinum, Pt **2.** (*часов*) mounting plate **3.** *текст.* sinker
сырáя ~ crude platinum
платинúрование *с.* platinum plating, platinization
платинúт *м.* platinite
плáтино-ирúдий *м.* platinum-iridium
плáтино-рóдий *м.* platinum-rhodium
платинотрóн *м. рад., элн.* platinotron
платирóвка *ж. кож.* slicking
платó *с.* plateau
платфóрма *ж.* platform
амортизúрованная ~ shock-mounted platform
весовáя ~ platform [counter] scales, platform balance
вибрациóнная ~ shake table
гиростабилизúрованная ~ gyro(scope)-stabilized platform
~ грузовикá truck bed
~ жáтки header deck, header trough
железнодорóжная ~ (*подвижной состав*) flat-car; (*сооружение*) stage
железнодорóжная ~ с высóкими бортáми high sided flat-car
плафóн *м.* **1.** ceiling [dome] lamp, dome (light) **2.** *арх.* plafond
плáшка *ж.* **1.** *маш.* threading die **2.** *полигр.* solid
накáтная ~ thread-rolling die
нарезнáя ~ thread-cutting die
плашкодержáтель *м. маш.* die [hand] stock
плашкóут *м.* scow
плáшник *м.* (*крупные колотые дрова*) split billet
плексиглáс *м.* (*оргстекло*) acrylic plastic (Plexiglass — *фирм. название*)

пленá *ж.* (*дефект слитка*) scab
оксúдная ~ oxide spot
~ от насéчки валкóв (*задир*) pick-up
прокáтная ~ rolling skin
разлúвочная ~ teeming lap
слúточная ~ ingot scab
~ цветóв побежáлости flowers
плёнк/а *ж.* film ☐ **записывать на ~у** record on film; **заряжáть ~у** *кфт.* load a camera; **наносúть ~у катóдным распылéнием** sputter a film; **напылять ~у испарéнием** deposit by evaporation; **обволáкивать ~ой** film *пример*: **мáсло обволáкивает твёрдые частúцы ~ой** the oil films the solid particles; **обрабáтывать ~у** *кфт.* process the film; **осаждáть [наносúть осаждéнием] ~у** deposit a film; **проявля́ть ~у** develop the film; **стекáть тóнкой ~ой** flow in thin sheets
адсорбциóнная ~ adsorbed film
ацетáтная ~ acetate film
ацетилцеллюлóзная ~ acetate film
бесподлóжечная ~ unbacked film
брызгозащúтная ~ antispray (oil) film
высокочувствúтельная ~ high-speed [fast] film
двусторóнняя ~ duplitized film
двухэмульсиóнная ~ sandwich film
диазотúпная ~ *кфт.* diazosensitized film
диапозитúвная ~ transparency film
клéйкая ~ adhesive film
лúнзово-рáстровая ~ lenticular film
магнúтная ~ magnetic film
магнитострикциóнная ~ magnetostrictive film
малочувствúтельная ~ slow film
мелкозернúстая ~ fine-grain film
мономолекуля́рная ~ monomolecular [unimolecular] film, monomolecular layer
монтáжная ~ *полигр.* stripping film
~ на ганúце раздéла фаз interfacial film
~ на крáске (*засохшая*) paint scum
невоспламеня́ющаяся ~ safety film
негатúвная ~ negative film
непрозрáчная ~ opaque film
неэкспонúрованная ~ unexposed film
обратúмая ~ reversal [reversible] film
оксúдная ~ oxide film
ортохроматúческая ~ orthochromatic film
панхроматúческая ~ panchromatic film
паровáя ~ steam blanket, steam film
повéрхностная ~ surface film
позитúвная ~ positive film
покрóвная ~ *кож.* coating film

плёнк/а
поливинилхлорúдная ~ polyvinylchloride [PVC] film
полимéрная ~ polymer film
полиэтилéновая ~ polyethylene film
полупроводникóвая ~ semiconductor film
прозрáчная ~ transparent film
радиографúческая ~ radiographic film
растрúрованная ~ screened [pre-screened] film
резистúвная ~ resistive film
рентгéновская ~ X-ray film
ротáторная ~ *цел.-бум.* duplicating stencil paper
сверхпроводя́щая ~ superconducting film
светочувствúтельная ~ light-sensitive film
сегнетоэлектрúческая ~ ferroelectric film
склéивающая ~ glue film
~ с подлóжкой backed film
тóлстая ~ thick film
тóнкая ~ thin film
упакóвочная ~ packaging film
ферромагнúтная ~ ferromagnetic film
флюорографúческая ~ fluorographic film
~ фоногрáммы sound film
фотографúческая ~ photographic film
фоторезистúвная ~ photoresist film
цветнáя ~ colour film
целлофáновая ~ cellophane film
цилиндрúческая ~ cylindrical film
чёрно-бéлая ~ black-and-white film
эпитаксиáльная ~ epitaxial [epitaxially grown] film
плёнкодержáтель *м.* film carrier
плёнкообразовáние *с.* film-formation
плёнкообразовáтель *м.* filmforming material, filmforming agent
плеоморфúзм *м.* pleomorphism
плеохроúзм *м.* pleochroism
плéсень *ж.* mould, mildew
плéсневение *с.* moulding
плéсневеть *гл.* mould, grow mouldy, get musty
плеснестóйкость *ж.* **диэлéктрика** fungi resistance of dielectric
плéчико *с.* **лúтеры** *полигр.* shoulder
плечó *с.* shoulder
~ амортизáтора shock absorber arm
~ вертикáльного оперéния vertical-tail length
~ восстанáвливающего момéнта righting arm, righting lever
~ горизонтáльного оперéния tail-plane arm
~ динамúческой остóйчивости dynamical(-stability) arm, dynamical (-stability) lever
~ дифферентýющего момéнта trimming arm, trimming lever
~ креня́щего момéнта heeling arm, heeling lever
~ кривошúпа crank arm, crank web

плечо́
~ локомоти́ва, тя́говое locomotive run
~ мостово́й схе́мы bridge arm, arm of a bridge
~ усто́йчивого ве́са weight-stability arm, weight-stability lever
~ усто́йчивости arm [lever] of stability
~ остойчивости фо́рмы form-stability arm, form-stability lever
~ па́ры (сил) arm of (force) couple, couple [moment] arm
~ реакти́вной па́ры сил arm of resisting couple
~ рычага́ lever arm
~ сва́рочной маши́ны electrode holder
~ си́лы arm of force
~ стати́ческой остойчивости metacentric arm, statical(-stability) lever
~ схе́мы *эл., рад.* arm [branch] of a circuit
~ хвостово́го опере́ния tail length
плинт *м. тлф.* terminal [distributing] block, plinth; connecting strip
пли́нтус *м.* **1.** *стр.* plinth, skirting, skirtboard, base moulding, baseboard; *амер.* baseshoe **2.** *мор.* skirting board
плиотро́н *м.* pliotron
плиофо́рм *м.* plioform
плита́ *ж.* **1.** *стр.* plate, slab **2.** (*для приготовления пищи*) range, stove
а́нкерная ~ anchor [foundation] plate, anchor slab
арми́рованная ~ reinforced plate, reinforced slab
балластиро́вочная ~ ballasting plate
бето́нная ~ concrete slab
бордю́рная ~ curb slab
водобо́йная ~ apron (plate), apron slab
~ водосли́ва spillway slab
ги́бочная ~ bending slab
ги́псовая ~ gypsum board
гре́бневая ~ (*плотины*) crest slab
доро́жная ~ pavement [road] slab
древе́сная ~ wallboard
древесноволокни́стая ~ fiber [beaver] board
древесностру́жечная ~ wood particle [shaving, chip wood] board
дробя́щая ~ (*щековой дробилки*) breaking plate
железобето́нная ~ reinforced concrete plate
жёсткая ~ stiffened slab
ка́мбузная ~ cooking [galley] range, cooking stove
конду́кторная ~ jig plate
кро́вельная ~ roof slab
ку́хонная ~ stove [hot] plate
ку́хонная, га́зовая ~ gas cooker
ку́хонная, электри́ческая ~ electric(al) cooker, electric range
моде́льная ~ pattern plate

плита́
~ насти́ла *стр.* floor plate, floor slab
неразрезна́я ~ continuous plate, continuous slab
несу́щая ~ load-bearing slab
облицо́вочная ~ facing slab
опо́рная ~ bedplate, baseplate
охлажда́ющая ~ *пищ.* cooling slab
~ перекры́тия floor slab
~ плоти́ны, напо́рная face slab of a dam, water-bearing deck
пове́рочная ~ surface plate, surface table
по́довая ~ bottom [hearth] plate
~ подши́пника, фунда́ментная (bearing) baseplate
подъёмная ~ lifting plate
поро́говая ~ (*окна мартеновской печи*) foreplate
пра́вильная ~ dressing plate
прити́рочная ~ lapping plate
разме́точная ~ bench [marking-off] plate
рихтова́льная ~ dressing plate
слои́стая ~ sandwich plate, sandwich slab
стекляноволокни́стая ~ glass-fibre board
стенова́я ~ wallboard
столя́рная ~ laminated wood
столя́рно-ре́ечная ~ lumber core construction
тонкосте́нная ~ thin plate, thin slab
тра́нцевая ~ *мор.* transom plate
упо́рная ~ thrust [pressure] plate
фунда́ментная ~ bedplate
футеро́вочная ~ lining plate
штукату́рная ~ plaster board
пли́тка *ж.* **1.** *стр.* tile **2.** (*для приготовления пищи*) hot plate
арми́рованная ~ reinforced tile
га́зовая похо́дная ~ Primus camp stove □ **га́зовая похо́дная ~ рабо́тает на пропа́не** the Primus camp stove burns propane
ги́псовая ~ gypsum tile
глазуро́ванная ~ glazed tile
звукоизоли́рующая ~ acoustical tile
изоляцио́нная ~ insulating tile
ка́фельная ~ glazed tile, dalle
керами́ческая ~ ceramic tile
облицо́вочная ~ facing tile
огнеупо́рная ~ fire-proof [refractory] tile
подкладна́я ~ (*упорного подшипника*) thrust disk
полова́я ~ floor tile
прессо́ванная ~ pressed tile
пустоте́лая ~ hollow tile
термопла́стиковая ~ thermoplastic tile
ши́ферная ~ slate tile
шпунто́вая ~ bent tile, gutter tile
электри́ческая ~ hot plate; (*напр. для лабораторных целей*) electric heater
плитня́к *м.* flagstone

пли́ца *ж.* (*гребного колеса*) float, paddle
поворо́тная ~ feathering float, feathering paddle
плодово́дство *с.* fruit growing, fruit gardening, fruit cropping
плододроби́лка *ж.* fruit mill
плодомо́йка *ж.* fruit washing machine, fruit washer
плодоре́зка *ж.* fruit chopping machine, fruit chopper
плодосортиро́вка *ж.* fruit grader, fruit sorter
плодосуши́лка *ж.* fruit drier, fruit kiln
плодосъёмник *м.* fruit picker
плодохрани́лище *с.* fruit store, fruit storage
пло́мба *ж.* **1.** (*печать*) seal **2.** (*зубная*) filling
пломбирова́ние *с.* **1.** (*накладывание печати*) sealing **2.** (*зубов*) filling
плоскобокоре́зы *мн.* side-cutting pliers
плоскогу́бцы *мн.* flat-nosed pliers, (flat) pliers
плоскодо́нка *ж.* flat-bottomed boat
плоскоре́з *м. с.-х.* subsurface cultivator
плоскостно́ст/ь *ж.* planeness □ **полирова́ть до ~и, напр.** 2 **мкм** polish flat to, *e.g.*, 2 μm; **полирова́ть до ~и не ме́нее, напр.** **λ/4** ground flat to a quarter-wavelength
пло́скост/ь *ж.* plane (surface) □ **на ~и** on [in] a plane; **проводи́ть ~** pass [draw] a plane
а́томная ~ atomic plane, plane of atoms
~ аэросни́мка photograph(ic) [image] plane
ба́зисная ~ *кфт.* epipolar plane
ба́зовая ~ datum plane
бокова́я ~ profile plane
~ визи́рования plane of vision, sighting plane
~ враще́ния plane of rotation
~ вхо́да мета́лла в валки́ entry plane
выпрямля́ющая ~ (*пространственной кривой*) rectifying plane
~ вы́хода полосы́ из валко́в delivery plane
гла́вная ~ *мат.* principal plane
~ годо́графа locus plane
~ горизо́нта horizon plane
горизонта́льная ~ horizontal plane
~ движе́ния plane of motion
двойнико́вая ~ (*кристалла*) twinning plane
~ действи́тельного изображе́ния real image plane
диаметра́льная ~ (*судна, самолёта*) centre line (plane)
~ изги́ба flexure plane
~ изло́ма fracture plane
~ изображе́ния image [picture] plane
кардина́льная ~ *опт.* cardinal plane
карти́нная ~ *мат.* picture plane, plane of projection
каса́тельная ~ tangential plane

пло́скост/ь
керно́вая ~ *топ.* epipolar plane
~ колеба́ния plane of vibration, vibration plane
коллимацио́нная ~ collimation plane
ко́мплексная ~ complex plane
~ ко́мплексной переме́нной complex plane
~ конта́кта *стр.* contact plane
координа́тная ~ coordinate plane
~ кре́на *ав.* rolling plane
~ криста́лла crystal plane
кристаллографи́ческая ~ crystallographic plane
~ лёгкого скольже́ния plane of easy slip
~ меридиа́на meridion(al) plane
~ ми́дель-шпанго́ута midstation
~ мни́мого изображе́ния virtual image plane
накло́нная ~ inclined plane
~ напластова́ния *горн.* bedding plane
~ наруше́ния *горн.* dislocation plane
норма́льная ~ normal plane
нулева́я ~ datum [reference] plane
опо́рная ~ plane of support, supporting plane
основна́я ~ base plane
~ отраже́ния reflecting plane
~ паде́ния plane of incidence
~ паде́ния све́та plane of light incidence
~ перспекти́вы *топ.* perspective plane
~ пла́вания waterplane
~ поляриза́ции plane of polarization □ **враща́ть ~ поляриза́ции** rotate the plane of polarization
преде́льная ~ (*кристалла*) end plane
предме́тная ~ *опт.* object plane
~ преломле́ния plane of refraction
прива́лочная ~ joint [mating] face
проекти́вная ~ projective plane
~ прое́кции plane of projection, projection [projecting] plane □ **развора́чивать ~и прое́кции** open out the planes of projection
~ прока́тки rolling plane
~ разде́ла фаз interface
~ разры́ва plane of fracture
~ разъёма *лит.* jointing [parting] plane
~ ре́зания cutting plane
~ ры́скания yawing plane
~ сдви́га shear plane
~ симметри́и symmetry [principal] plane
~ спа́йности cleavage plane
спрямля́ющая ~ rectifying plane
~ сраста́ния composition plane
~ сре́за shear plane
~ сцепле́ния bonding plane
~ тангажа́ pitching plane
узлова́я ~ nodal plane
~ усто́йчивости stability plane
фа́зовая ~ phase plane
фока́льная ~ focal plane
эквипотенциа́льная ~ equipotential plane
эпиполя́рная ~ *топ.* epipolar plane
~ x, y *мат.* x, y-plane

плот *м.* raft
спаса́тельный ~ life raft □ **переходи́ть на спаса́тельный ~** board a life raft; **сбра́сывать [спуска́ть] спаса́тельный ~ на во́ду** launch a life raft
спаса́тельный, жёсткий ~ rigid life raft
спаса́тельный, надувно́й ~ inflatable life raft

плоти́н/а *ж.* dam □ **отсыпа́ть ~у из (любы́х) грунто́в** fill the dam; **подпира́ть ~ой** dam up
а́рочная ~ arch dam
бето́нная ~ concrete dam
водозабо́рная ~ intake dam
водозаде́рживающая ~ water-detention [water-check] dam
водоподъёмная ~ barrage
водосбро́сная ~ spillway [overflow] dam
водосли́вная ~ spillway [overflow] dam
высоконапо́рная ~ high-head dam
глуха́я ~ non-overflow dam
гравитацио́нная ~ gravity dam
деревя́нная ~ timber dam
деривацио́нная ~ diversion dam
земляна́я ~ plain earth dam
земляна́я, намывна́я ~ hydraulic-fill dam
земляна́я, насыпна́я ~ earth-fill dam
ирригацио́нная ~ irrigation dam
ка́менная ~ rock-fill dam
контрфо́рсная ~ buttress dam
лесоспла́вная ~ cutaway dam
масси́вно-контрфо́рсная ~ round-head buttress dam
низконапо́рная ~ low-head dam
противопа́водковая ~ high-water detention [flood-control] dam
ря́жевая ~ crib dam
ря́жевая ~ с ка́менным заполне́нием rock-crib dam
~ с водонепроница́емым ядро́м impervious-core dam
сопряга́ющая ~ connecting dam

пло́тник *м.* carpenter

плотноме́р *м.* densimeter
аэродинами́ческий ~ aerodynamic densimeter
весово́й ~ weight densimeter
га́мма-лучево́й ~ gamma-ray densimeter
динами́ческий ~ dynamic densimeter
поплавко́вый ~ float densimeter
пьезометри́ческий ~ piezometric densimeter
радиоакти́вный ~ radioactive densimeter
радиоизото́пный ~ radioisotope densimeter
стати́ческий ~ hydrostatic densimeter

пло́тность *ж.* **1.** (*количество вещества, частиц, объектов и т. п. на единицу времени, объёма и т. д.*) density **2.** (*непроницаемость*) tightness □ **проверя́ть [испы́тывать] на ~** (*швы соединений*) apply a leak test, test for leakage, test for tightness
безразме́рная ~ dimensionless density
ва́куумная ~ vacuum tightness
~ вероя́тности density [frequency distribution] function, probability density
возду́шная ~ air tightness
~ вуа́ли (*на фотоматериале*) fog density
~ движе́ния traffic density
~ древеси́ны compactness of wood
~ за́писи *вчт.* recording [writing] density
~ заполне́ния объёма (*при монтаже*) packaging density
~ инduци́рованного заря́да displacement density
~ ко́жи stuckness
~ консисте́нтной сма́зки consistency of grease
ма́ссовая ~ mass density
~ монтажа́ packaging density; component density
насыпна́я ~ bulk [apparent, packed] density
~ негати́ва negative density
~ неспечённого материа́ла (*в порошковой металлургии*) green density
~ ни́тей *рез.* number of cords
~ объёмного заря́да space-charge density
~ объёмного тепловыделе́ния heat release rate
опти́ческая ~ optical density
~ ороше́ния water concentration
~ отка́зов failure density
парова́я ~ steam tightness
~ пла́зменного шнура́ pinch density
~ по берду́ *текст.* set, porter of reed
~ по осно́ве *текст.* set of the warp, set of porter, warp texture
~ пото́ка flux density
~ по утку́ *текст.* set of the weft, density of the weft
~ распределе́ния (вероя́тностей) (probability) density function, distribution density, density of probability distribution
~ ра́стра *полигр.* screen density
~ ра́стровых то́чек *полигр.* dot density
~ тепловыделе́ния volumetric heat-release rate
~ то́ка current density
~ то́ка в электро́нном пучке́ electron beam density

плóтность
фотографи́ческая ~ photographic [blackening] density
~ фýнкции, спектрáльная (*в анализе Фурье*) Fourier transform, spectrum function
плóтный *прил.* □ **всю́ду ~** *мат.* everywhere dense; **нигде́ не ~** *мат.* nondense, nowhere dense
плотохóд *м.* timber slide, timber [raft] chute
площáдка *ж.* **1.** (*земельный участок*) site **2.** (*над уровнем пола*) platform
~ бýнкеров bunker platform
~ вагóна, тáмбурная vestibule platform
~ вагóна, тормознáя brake platform
~ для устанóвки излóжниц mould setting platform
завáлочная ~ *мет.* charging platform, charging floor
конвéртерная ~ converter platform
контáктная ~ 1. (*интегральной схемы*) bonding [termination] pad **2.** (*печатной платы*) land
лéстничная ~ landing
монтáжная ~ erection site
~ обслýживания (*котельного агрегата*) operating [firing] floor
перегрýзочная ~ transfer platform
печнáя ~ furnace stage
~ подготóвки излóжницы mould preparation stand
пробоотбóрная ~ sampling platform
разли́вочная ~ *мет.* casting platform
сбóрочная ~ assembling yard, assembling area
складскáя ~ material storage yard, storage area
сортирóвочная ~ 1. *прок.* sorting floor **2.** *лес.* sorting plant
сталеразли́вочная ~ pouring [casting, teeming] platform
стáртовая ~ firing [flight, launching] pad
строи́тельная ~ (construction) site, building site
~ устýпа *горн.* bench surface, bench area
шихтовáя ~ charge [charging] platform
шлакоперерабáтывающая ~ slag(-handling) gantry
элементáрная ~ *мат.* surface element, element of area
плóщадь *ж.* **1.** area **2.** (*городская*) square
~ антéнны antenna area
~ антéнны, дéйствующая effective area of an antenna
~ аэросни́мка, рабóчая net area of an aerial photograph
бессточная ~ drainless area
~ боковóй повéрхности lateral area
~ вóдного зéркала water-surface area

плóщадь
водосбóрная ~ catchment area
~ в светý neat [net] area
~ входнóго сечéния inlet [intake] area
~ вы́рубки cutting [cutover] area
~ выходнóго сечéния discharge area
~ ди́ска (*гребного винта*) disk area
~ ди́ска, ометáемая винтóм *ав.* propeller-disk area
~ живóго сечéния free area
жилáя ~ residential (floor) area, living (floor) area
~ застрóйки site area
затенённая ~ shaded area
затóпленная ~ inundated [flooded] area
~ зéркала горéния firebed surface area
~ излучáющей повéрхности emitting area
~ крити́ческого сечéния сóпла nozzle throat area
~ крýга area of a circle
лобовáя ~ *ав.* frontal area
~ лобовóго сопротивлéния *ав.* drag area
~ лóпасти, ометáемая blade-swept area
незатенённая ~ unshaded area
~ неопределённости *рлк.* area of ambiguity
~ несýщей повéрхности *ав.* lifting-surface area
нефтенóсная ~ oil-producing area
облучáемая ~ *рлк.* illuminated [scanned, swept] area
орошáемая ~ irrigated area
~ отражéния, эффекти́вная *рлк.* specular cross-section
~ пáрусности sail area
~ пéчи, акти́вная effective heating area
~ плáвания waterplane area
~ повéрхности surface area
~ повéрхности горéния burning-surface area
~ повéрхности раздéла interface area
полéзная ~ (*в доме, квартире*) usable area
~ поперéчного сечéния cross-section area
~ поперéчного сечéния стволá (*дерева*) basal area
посевнáя ~ sown area
~ проекти́рованной повéрхности лопастéй (*гребного винта*) projected blade area
произвóдственная ~ working [operating] area
~ развёрнутой повéрхности лопастéй (*гребного винта*) developed blade area
~ распи́ла sawn section
~ рассéяния антéнны scattering cross-section of an antenna
~ сечéния колошникá furnace-throat area

плóщадь
смóченная ~ wetted area
~ спрямлённой повéрхности лопастéй (*гребного винта*) expanded blade area
услóвная ~ (*для расчётов*) reference area
~ эпю́ры момéнтов moment area
~ эпю́ры нагрýзки area of force
плувиóметр *м. см.* **плювиóметр**
плуг *м.* plough □ **выглублять ~** raise [shallow up] a plough; **~ произвóдит вспáшку на глубинý ... см** the plough cuts to (a depth of) ... cm; **~ произвóдит вспáшку с оборóтом пластá** a plough cuts the furrow and turns it up [over]
баланси́рный ~ balance plough
баллáстный ~ ballast plough
безотвáльный ~ mould boardless plough
болóтный ~ marsh [moor] plough
виногрáдниковый ~ vine-yard plough
вы́копочный ~ excavating plough
гребнеразрáвнивающий ~ row plough
двухотвáльный ~ double-breasted [double-mould-board] plough
двухъя́русный ~ double-depth plough
ди́сковый ~ disk plough
дренáжный ~ draining [drainer] plough
зачистнóй ~ *горн.* clearing plough
канáтный ~ cable plough
корчевáльный ~ rooter
косогóрный ~ hillside plough
кротóвый ~ mole plough
кустáрниково-болóтный ~ brush-and-bog plough
лемéшный ~ share plough
леснóй ~ forestry plough
лущи́льный ~ stubble (breaking) plough, stubble breaker
многокóрпусный ~ multibottom(ed) plough
навеснóй ~ mounted plough
~ на кóнной тя́ге horse-drawn plough
оборóтный ~ reversible [alternative] plough
однокóрпусный ~ single-bottom plough
отвáльный ~ mould-board plough
плантáжный ~ trenching [deep (digger)] plough
полунавеснóй ~ semi-integral [semi-mounted] plough
прицепнóй ~ pull-type plough
рухáдловый ~ steep-bottomed plough
садóвый ~ orchard plough
самохóдный ~ self-propelled plough
снеговóй ~ snow plough
трáкторный ~ tractor plough
плýнжер *м.* plunger
гидравли́ческий ~ hydraulic ram
настрóечный ~ tuning plunger

плу́нжер
~ прессу́ющего механи́зма *с.-х.* tucker head
плуто́ний *м.* plutonium, Pu
плыву́н *м.* floating earth
плювио́граф *м.* recording rain gauge
плювио́метр *м.* rain gauge
плюмбико́н *м. тлв.* plumbicon
плюс *м.* positive sign, plus, the «+» sign □ **оди́н ~ оди́н равня́ется двум** 1 and 1 make 2, 1 plus 1 makes 2
~ исто́чника the positive [«+»] side [terminal] of the supply
плюс-ми́нус *м.* plus or minus *пример*: ±5 plus *or* minus five
плюсо́вка *ж.* foulard-dyeing machine
плюшева́ние *с. кож.* polishing
плюще́ние *с.* **1.** *мет.* flatting **2.** *с.-х.* bruising, crushing, kibbling, laminating, flattening
плющи́лка *ж.* crusher
вальцо́вая ~ roll(er) crusher, roller(-crushing) mill
пля́ск/а *ж.* **проводо́в** line-wire dancing □ **гаси́ть ~у проводо́в** damp out wire dancing; **предотвраща́ть нараста́ние ~и проводо́в** prevent wire dancing from building up
пневма́тик *м.* air(-core) [pneumatic] tyre
пневма́тика *ж.* pneumatics
пневмоавтома́тика *ж.* **1.** (*отрасль*) pneumatic control **2.** (*комплекс технических средств*) pneumatic control components
стру́йная ~ pneumonics
пневмоаккумуля́тор pneumatic accumulator
пневмоаппара́т *м.* (*в пневмоприводе*) valve
пневмо́граф *м. мед.* pneumograph
пневмода́тчик *м.* pressure pick-up
пневмозабо́йник *м.* (*для производства забойки при взрывных работах*) air-operated tamping tool
пневмозабро́с *м.* pneumatic spreading
пневмозаря́дник *м.* air-operated blast-hole loader
пневмозолоудале́ние *с.* (*процесс*) pneumatic ash handling; (*устройство*) pneumatic ash handling system
вса́сывающее ~ suction pneumatic ash handling
напо́рное ~ pressure pneumatic ash handling
пневмоизлуча́тель *м.* air-operated wave transducer
пневмока́мера *ж.* pneumonic cell
глуха́я ~ pneumonic one-port, dead-end pneumonic cell
прото́чная ~ pneumonic two-port
пневмокато́к *м.* (*шина*) pneumoroller
пневмокла́пан *м.* pressure-operated valve
пневмоколо́нка *ж.* air column
пневмокостю́м *м.* pneumatic suit
пневмомо́лот *м.* pneumatic hammer

пневмонасо́с *м.* pneumatic [air-lift] pump
пневмо́ника *ж.* pneumonics (*см. тж.* **стру́йная те́хника**)
пневмопогру́зчик *м.* blower-loader
пневмоподде́ржка *ж.* air-leg-attachment
пневмоподу́шка *ж. рез.* pneumocushion
пневмоподъёмник *м.* air-lift
пневмопри́вод *м.* pneumatic actuator
мембра́нный ~ diaphragm (pneumatic) actuator
поршнево́й ~ single-piston (pneumatic) actuator
пневморазгру́зчик *м.* discharge blower
пневмораспредели́тель *м.* air distributor
пневмореле́ *с.* **1.** (*элемент струйной пневмоавтоматики*) fluidic [pneumonic] relay **2.** (*воздушное реле*) air [pressure-operated] relay
пневмосепара́тор *м.* air separator
пневмосисте́ма *ж.* pneumatic system
пневмосопротивле́ние *с.* (*элемент пневмоники*) fluidic [pneumonic] resistor
пневмосуши́лка *ж.* pneumatic conveying dryer
пневмотрамбо́вка *ж.* air rammer
пневмотра́нспорт *м.* pneumatic transport
пневмотранспортёр *м.* pneumatic conveyer
пневмоцили́ндр *м.* air cylinder
пневмошле́м *м.* pneumatic helmet
победи́т *м.* (*металлокерамический твёрдый сплав, изготовляемый в СССР*) pobedit
побежа́лость *ж.* iridescence
побе́лка *ж.* whiting, white-washing
побуди́тель *м.* **доза́тора** agitator
пова́лка *ж.* (*конвертера*) turn(ing)-down
коне́чная ~ final turn-down
поведе́ние *с.* behaviour, conduct
асимптоти́ческое ~ asymptotic behaviour
~ в сре́днем expectation behaviour
действи́тельное ~ actual performance
~ при эксплуата́ции behaviour in service
~ систе́мы system behaviour
целеустремлённое ~ goal-seeking behaviour
пове́рка *ж.* check; inspection; test
~ калибро́вки calibration (test)
~ средств измере́ния (*нормативное значение*) calibration test(ing), follow-up calibration, periodic (re-)calibration
повёрнутый *прил.* (*примечание на чертежах, видах проекции*) displaced (*along*), revolved, rotated (*through an angle*)
повёртывать *гл.* **1.** (*менять направление*) turn **2.** (*вращать*) rotate; (*вращать в горизонтальной плоскости на оси*) swivel
повёртываться *гл.* turn

пове́рхностно-акти́вный *прил.* surface-active
пове́рхност/ь *ж.* surface; (*площадь*) area; (*плоскость*) plane, face □ **выступа́ть на ~и (в ви́де пя́тен)** bloom to the surface; **прижима́ть по всей ~и** press *smth.* down to an even bearing; **проходи́ть по ~и щёткой** go over a surface with a brush; **разрыва́ть ~** disrupt the surface; **с мати́рованной ~ью** rough-surfaced; **с мати́рованной боково́й ~ью** rough-sided
абляцио́нная ~ ablation surface
абрази́вная ~ abrasive surface
акти́вная ~ active surface
~ анте́нны, де́йствующая effective surface of an antenna
аэродинами́ческая ~ airfoil [aerodynamic] surface
ба́зовая ~ *маш.* location [datum] surface
бегова́я ~ (*шины*) running surface
~ безразли́чия indifference surface
винтова́я ~ *мат.* helical [screw] surface
вихрева́я ~ *аргд.* vortex sheath
во́дная ~ water surface
~ враще́ния surface of revolution
~ второ́го поря́дка *мат.* surface of the second order, quadric (surface), second-degree surface
вы́ровненная ~ true surface
гла́дкая ~ smooth surface
гладкотру́бная ~ bare tube surface
глисси́рующая ~ (*днища летающей лодки или глиссера*) planing bottom
~ горе́ния combustion [burning] surface
грани́чная ~ boundary surface
~ деформа́ции strain surface
диффу́зно отража́ющая ~ diffusively reflecting surface
~ забо́я, обнажённая face end
заса́сывающая ~ (*гребного винта*) suction face, suction surface
~ зацепле́ния зубча́той переда́чи surface of action
зерка́льная ~ mirror surface
~ зу́ба, бокова́я tooth surface, flank
~ зу́ба, факти́ческая рабо́чая active tooth surface
~ изло́ма surface of a fracture
изобари́ческая ~ constant-pressure [isobaric] surface
изосте́рная ~ surface of equal specific volume
изотерми́ческая ~ isothermal surface
изоэнергети́ческая ~ *физ.* constant-energy surface
изоэнтропи́ческая ~ isentropic surface
ионообме́нная ~ ion-exchange surface
~ испаре́ния evaporation surface

поверхност/ь
истирающая ~ abrasive [abrading] surface
~ касания contact surface
~ катания roll surface
каустическая ~ caustic surface
~ кожи, лицевая grain (side)
конденсирующая ~ condensing surface
коническая ~ taper(ed) [conic(al)] surface
контактная ~ contact surface
~ кристаллизации crystallization surface
линейчатая ~ *мат.* ruled surface
линейчатая, неразвёртывающаяся ~ *мат.* warped surface
лицевая ~ (*строительного камня*) face
лобовая ~ frontal surface
~ лопасти blade face
лучевоспринимающая ~ radiant heat absorbing surface
лучеиспускающая ~ radiating surface
матовая ~ 1. (*дефект поверхности*) *мет.-об.* dull surface **2.** (*краски*) flat [low-gloss] finish □ **давать матовую ~ при высыхании** dry to a flat [low-gloss] finish
межфазовая ~ interface
нагнетающая ~ (*гребного винта*) pressure face, pressure surface
~ нагрева heat transfer [heating] surface
~ нагрева, дренируемая drainable heating surface
~ нагрева, змеевиковая coil heating surface
~ нагрева, испарительная evaporating heating surface
~ нагрева, кипятильная evaporating heating surface
~ нагрева, конвективная convection heating surface
~ нагрева, недренируемая non-drainable heating surface
~ нагрева, парообразующая steam generating heating surface
~ нагрева, полурадиационная radiant-convective heating surface
~ нагрева, поперечно-обтекаемая cross-flow heating surface
~ нагрева, продольно-обтекаемая longitudinal-flow heating surface
~ нагрева, работающая под давлением pressure heating surface
~ нагрева, радиационная radiant heating surface
~ нагрева, самообдувающаяся self-cleaning heating surface
~ наименьшего искажения *опт.* surface of least confusion
~ напряжений stress surface
нелинейчатая кривая ~ *мат.* double-curved surface
ненесущая ~ *ав.* nonlifting surface
несущая ~ *ав.* lifting surface
несущая ~ головки рельса bearing surface of the rail

поверхност/ь
ограничивающая ~ bounding surface
~ одинаковой фазы equiphase surface
односвязная ~ simply connected surface
опорная ~ base [bearing, supporting] surface
опорная ~ клапана valve-seat face, valve-seat area
оптически плоская ~ *опт., элн.* optical flat
оребрённая ~ finned surface
~ отклика response surface
отражающая ~ reflecting surface
отражающая, эффективная ~ *рлк.* (target) echo area, scattering cross-section (of a target)
оформляющая ~ *пласт.* moulding surface
~ охлаждения cooling surface
парогенерирующая ~ steam generating surface
печатающая ~ *полигр.* printing surface
поглощающая ~ absorption surface
подстилающая ~ underlying surface
посадочная ~ 1. (*у детали*) mounting surface **2.** *ав.* landing surface □ **посадочная ~ — скользкая** the landing surface is slippery **посыпать посадочную ~ песком** strew the landing surface with sand
потенциальная ~ potential surface
~ проката rolled surface, surface of rolled products □ **зачищать ~ проката** condition the surface of the rolled products
пьезометрическая ~ piezometric surface
~ пятого порядка *мат.* quintic (surface)
рабочая ~ вкладыша подшипника bearing surface, shell lining
рабочая ~ наковальни face of an anvil
рабочая ~ подшипника bearing surface
рабочая ~ поршня working surface of a piston
рабочая ~ толкателя wear surface of a tappet
рабочая ~ тормозов braking surface, braking area, brake friction area
~ равной плотности surface of equal density
равнофазная ~ equiphase surface
~, развёртываемая в плоскость *карт.* developable surface
развитая ~ developed [extended] surface
~ раздела фаз interface
~ разрыва *аргд.* discontinuity surface
~ разъёма joint [parting] plane

поверхност/ь
~ распила sawn face
рулевая ~ control surface
светочувствительная ~ photosurface, light-sensitive [photosensitive] surface
свободная ~ free surface
~ скольжения sliding surface, slide face
смоченная ~ wetted surface, wetted area
смятая ~ (*дефект поверхности*) *мет.-об.* rumpled surface
сопряжённая ~ mated surface
~ спайности cleavage plane, cleavage face
срединная ~ median surface
~ срыва потока separation surface
теоретическая ~ (*корпуса судна*) moulded surface
тепловоспринимающая ~ heat absorbing surface
теплообменная ~ heat exchange surface
теплоотдающая ~ heat-release surface
~ теплопередачи heat-transfer surface
теплопоглощающая ~ heat-absorbing surface
тормозящая ~ braking surface
торцовая ~ (end) face
~ трения friction surface
узловая ~ nodal surface
~ управления *ав.* control surface
уровенная ~ datum [reference] level, datum plane, reference surface
фасонная ~ contoured surface
~ Ферми Fermi surface
фотометрическая ~ photometric surface
характеристическая ~ characteristic surface
~ четвёртого порядка *мат.* quartic (surface)
шероховатая ~ rough surface
ширмовая ~ platen surface
~ штукатурки coat of plaster □ **выравнивать ~ штукатурки** finish a coat of plaster to a true surface
эквипотенциальная ~ equipotential surface
эквифазная ~ equiphase surface
экранная ~ water-cooled [water-wall] surface

поверять *гл.* test [verify] the adjustment [calibration] of (*e.g., an instrument*) □ **~ по образцовому прибору** check against a standard instrument
повив *м.* (*кабеля*) lay
левый ~ left-hand lay
правый ~ right-hand lay
поводка *ж.* (*коробление*) warpage
поводок *м.* **1.** dog, (lathe) carrier **2.** *с.-х.* drag-bar, draw-bar, tow-bar
повозка *ж.* vehicle
поворот *м.* **1.** (*изменение направления, напр. движения*) turn **2.** (*изгиб,*

напр. трубопровода) bend 3. (*вращение*) rotation
поворо́т
ле́вый ~ left-hand turn
~ нивели́рования turning point
~ осе́й rotation of axes
~ n-го поря́дка *n*-fold rotation
пра́вый ~ right-hand turn
~ ра́стра screen rotation, screen angular shift
поворо́тливость *ж.* (*судна*) turning ability
поврежда́ть *гл.* damage, injure
поврежде́ни/е *с.* damage; (*в электрических установках*) fault (*Примечание. В советской литературе выделяют разные виды повреждений, напр.*: короткие замыкания, ненормальные режимы, перегрузки, снижение частоты, повышение напряжения. *В зарубежной такого различия не даётся*: fault, fault condition, abnormal condition *являются синонимами.*) □ **без ~й** undamaged, intact; **в ме́сте ~я** at the site of injury; **выявля́ть ~** detect a fault; **ликвиди́ровать ~** clear a fault; **определя́ть ме́сто ~я** locate a fault; (*напр. на кабеле, ЛЭП и т. п.*) localize a fault (*on a cable, a power transmission line, etc.*); **отделя́ть (ме́сто) ~я от неповреждённой се́ти** isolate the fault from the running system
механи́ческое ~ mechanical injury
~ при транспортиро́вке transport damage, damage in transit
~ при хране́нии damage in storage
радиацио́нное ~ radiation damage
повторе́ние *с.* repetition, recurrence; (*в планировании эксперимента*) replication
~ о́пыта, незави́симое *мат.* independent trial
~ ци́кла програ́ммы *вчт.* traverse of an (iteration) loop
~ цикли́ческой програ́ммы *вчт.* cycle round a loop of an instruction
повтори́тель *м.* follower
ано́дный ~ *англ.* anode follower; *амер.* plate follower
заря́дный ~ charge follower
исто́ковый ~ source follower
като́дный ~ cathode follower
эми́ттерный ~ emitter follower
повторя́емость *ж.* recurrence period, recurrence interval, repetition
повторя́/ть *гл.* 1. follow, track □ **выходно́й сигна́л ~ет входно́й** (*напр. в катодном или эмиттерном повторении*) the output (signal) follows [tracks] the input (signal) 2. (*в радиообмене, о принимающей стороне, повторяющей принятое сообщение*) read back 3. (*напр. сообщение при передаче*) repeat
повыси́тель *м.* booster
~ ва́куума vacuum augmenter
повыша́ть *гл.* raise, increase, step up
повыше́ние *с.* rise, increase
~ напряже́ния stepping-up of a voltage
~ температу́ры кипе́ния *хим.* boiling-point elevation
погаса́ние *с.* extinction
~ дуги́ arc extinction
~ пла́мени из-за переобогаще́ния rich blow-out (*loss of flame due to an excessively rich mixture*)
~ фа́кела flame failure
пога́снуть *гл.* go out
погаша́ть *гл.* extinguish, put out, quench
погаше́ние *с.* extinction, extinguishing
поги́бь *ж.* **па́лубы** deck camber
поглоти́тель *м.* 1. (*аппарат*) absorber 2. (*вещество*) absorbing medium, absorbent
абсолю́тный ~ perfect absorber
~ а́льфа-излуче́ния alpha absorber
~ вла́ги desiccant
нейтра́льный ~ *опт.* neutral absorber
~ нейтро́нов neutron absorber
~ перенапряже́ний surge absorber
селекти́вный ~ selective absorber
100%-й ~ black absorber
поглоща́емость *ж.* absorptivity
поглоща́ть *гл.* absorb
поглоще́ние *с.* absorption
~ без рассе́яния true [proper] absorption
~ в фо́не background absorption
дискре́тное ~ line [discrete] absorption
избира́тельное ~ selective absorption
и́стинное ~ true [proper] absorption
краево́е ~ edge absorption
~ кристалли́ческой решётко́й lattice absorption
лине́йчатое ~ line [discrete] absorption
межзо́нное ~ interband absorption
неизбира́тельное ~ unselective absorption
пове́рхностное ~ adsorption
повто́рное ~ re-absorption
по́лное ~ total absorption
~ полоса́ми banded absorption
~ по экспоненциа́льному зако́ну exponential absorption
преиму́щественное ~ preferential absorption
при́месное ~ impurity absorption
~ радиово́лн absorption of radio waves (*в советской литературе употребляется часто в значении* ослабле́ние — attenuation)
резона́нсное ~ resonant absorption
селекти́вное ~ selective absorption
~ с излуче́нием radiative absorption
си́льное ~ strong absorption
сла́бое ~ weak absorption
со́бственное ~ self-absorption; (*спектра*) fundamental absorption
сплошно́е ~ continuous absorption
~ сте́нками wall absorption
уде́льное ~ specific absorption
поглоще́ние
фотоэлектри́ческое ~ photoelectric absorption
эксито́нное ~ exciton absorption
пого́д/а *ж.* weather □ **запра́шивать ~у** request the weather; **лета́ть (на высо́тах) вне де́йствия ~ы** fly above the weather; **прогнози́ровать ~у** forecast the weather
пого́н *м. нефт.* distillate, fraction □ **разделя́ть на (ве́рхний и ни́жний) ~ы** split the feedstock into an overhead and a bottom product
боково́й ~ side-cut distillate
ве́рхний ~ overhead product
во́дный ~ aqueous distillate
лёгкий ~ light distillate
ни́жний ~ bottom product
погоня́лка *ж. текст.* picking stick
погре́шность *ж.* error □ **вводи́ть попра́вку на ~** allow for an error; **~ синхрониза́ции составля́ет** ***сто́лько-то*** **секу́нд** synchronization is in error by *so-many* seconds; **~ (*в чём-л.*) составля́ет (*сто́лько-то*)** (something) is in error by (*so-much, so-many*); **учи́тывать ~** allow for an error; **учи́тывать ~ на глаз** allow for an error by estimation
абсолю́тная ~ absolute error
аддити́вная ~ additive error
~ в вычисле́нии miscalculation
~ визи́рования sighting error
высо́тная ~ altitude error
гистере́зисная ~ hysteresis error
~ градуиро́вочной характери́стики calibration error
~ дискретиза́ции digitizing error; (*для квантования по уровню*) quantizing error; (*для квантования по времени*) sampling error
дополни́тельная ~ complementary error
~ измере́ния measurement error
~ инструме́нта instrument(al) error
квадра́нтная ~ quadrantal error
~ квантова́ния (*по уровню*) quantizing [quantization] error; (*по времени*) sampling error
~ ку́рса heading error
~ ме́ры error due to the standard used
ме́стная ~ site error
~ местоположе́ния position error
неустрани́мая ~ irreducible error
нулева́я ~ zero error
~ округле́ния round-off error
окта́нтная ~ octantal error
основна́я ~ basic [fundamental] error
оста́точная ~ individual deviation, residual
~ от гру́за cargo error
~ от кре́на *мор.* heeling error
~ от местоположе́ния радиоста́нции station-location error
относи́тельная ~ relative error; (*в виде дроби*) fractional error; (*в %*) percentage error; (*при наличии чис-*

ленного значения, в % от показания) ... % of the indication
погрешность
~ от подключения нагрузки loading error
~ отсчёта reading error
предельно допустимая ~ limit of error, accuracy
~ прибора instrument(al) error
приведённая ~ (*в процентах от верхнего предела*) error, % f.s.d.; error, % of the range (used); error referred to full-scale value
систематическая ~ systematic error
случайная ~ random error
средняя ~ mean error
средняя квадратическая ~ root-mean-square error, standard deviation
статистическая ~ statistical error
температурная ~ temperature error
фазовая ~ phase error
~ фиксации результата (*снятия отсчёта*) visible error
~ хода (*микрометра*) error of run
~ юстировки alignment error
погружать *гл.* **1.** (*грузить*) load **2.** (*опускать в жидкость*) immerse, submerge, dip
погружение *с.* (*опускание в жидкость*) submergence, submersion, immersion
погрузка *ж.* loading
~ в штабели stockpiling
~ грейфером grabbing
~ самотёком gravity loading
погрузчик *м.* loader
вагонеточный ~ mine-car loader
вильчатый ~ forklift
гидравлический ~ hydraulic loader
грейферный ~ clam-type loader
~ на гусеничном ходу crawler-mounted loader
~ на рельсовом ходу track-riding loader
одноковшовый ~ single-bucket loader
одноковшовый, фронтальный ~ single-bucket front-end loader
~ с вилочным захватом lift truck
штрековый ~ entry loader
погрузчик-штабелёр *м.* loader-piler
под *м.* (*печи*) bottom, hearth □ **заправлять ~** *мет.* fettle the bottom; **~ изнашивается** the bottom erodes; **набивать ~** ram (in) [pack, tamp] the bottom; **наваривать ~** burn (in) [frit, glaze in] the bottom; **наваривать ~ мартена из, *напр.* песка** sinter, *e.g.*, sand into the bottom of an open-hearth furnace; **наваривать ~ мартена песком** glaze on [frit] a sand bottom, glaze [frit] sand on the bottom of an open-hearth furnace
активный ~ effective hearth
~ вагранки (cupola) well
вращающийся ~ rotary bottom; rotating hearth

под
кислый ~ acid bottom
основной ~ basic hearth
~ шлаковика, наклонный slag slope
подаватель *м.* (*механизм*) feeder
подавать *гл.* feed □ **~ вперёд** advance; **~ дутьё** put on the blow; **~ напряжение, сигнал** *и т. п.* apply a voltage, signal, *etc.*
подавитель *м.* suppressor
~ гармоник harmonic suppressor
~ колебаний oscillation suppressor, damper
~ отражённых сигналов echo suppressor, echo killer
~ паразитных колебаний parasitic stopper
~ помех interference suppressor
~ шумов (*в приёмнике, в отсутствие сигнала*) squelch circuit (*to suppress noise in a receiver during no-signal intervals*)
подавление *с.* suppression
~ боковых лепестков *рлк., ав.* side lobe suppression, SLS
~ боковых лепестков по запросу interrogation side lobe suppression, ISLS
~ команды, элемента сообщения *и т. п.* erasure of a command, digit, *etc.*
~ ложных сигналов spurious-response rejection
~ межстанционных помех *рад.* interstation [intercarrier] noise suppression
~ мод mode suppression
~ несущей carrier suppression
~ обратной связи feedback [regeneration] suppression, antifeedback
~ радиопомех radio frequency interference [RFI] suppression
~ резонансного излучения quenching of resonance
~ синфазной помехи common-mode rejection
~ типов колебаний mode suppression
~ фона переменного тока hum suppression, hum bucking
~ шумов noise suppression
подавлять *гл.* suppress
подалгебра *ж.* subalgebra
податливость *ж.* (mechanical) compliance, pliability
акустическая ~ acoustic compliance
~ крепи yielding [pliability] of the supports
~ кровли roof flexibility
~ пружины spring compliance
податливый *прил.* compliant, pliable
подач/а *ж.* feed □ **включать ~у** *мет.-об.* throw in feed
~ бумаги (*в печатающем устройстве*) *вчт.* paper advance
~ бумаги, полистная *полигр.* sheet feeding
~ бумаги, рулонная *полигр.* reel feeding
вальцовая ~ *лес.* roll feed

подач/а
~ добавок в конвертер handling of converter additions
капельная ~ drip feed
~ кислорода в ванну сталеплавильного агрегата lancing
~ кислорода, лёгочно-автоматическая (*в респираторе*) lung-governed oxygen feed
~ краски, насосная *полигр.* pump ink feed
~ красящей ленты (*в печатающем устройстве*) *вчт.* ribbon advance
магазинная ~ *вчт.* magazine feed
механическая ~ power feed
~ насоса pump capacity
~ начального раствора по принципу параллельного тока раствора и пара *хим.* feed in co-current flow with the vapours
~ начального раствора по принципу противотока *хим.* backward flow feed in counter-flow to the vapours
~ начального раствора по принципу прямого тока *хим.* forward feed, feed in co-current flow with the vapours
~ под вакуумом vacuum feed
~ под давлением pressure [force] feed
поперечная ~ cross-feed
принудительная ~ pressure [force] feed
ручная ~ hand [manual] feed
~ самотёком gravity feed
~ строки *свз.* line advance, line feed
~ топлива fuel feed, fuel supply
~ топлива, вытеснительная pressurized fuel feed
~ топлива насосом pump fuel feed
~ топлива под давлением (*в системах вытеснения*) pressurization
~ топлива, турбонасосная turbopump injection
подбабок *м.* pile follower
подбалка *ж.* trimmer, trim joist, bolster, corbel piece
подбалочник *м.* hammer beam
подбарабанье *с. с.-х.* concave
глухое ~ closed-type concave
зубовое ~ peg-tooth concave
решётчатое ~ grate concave
подбивать *гл.* (*снабжать обивкой и т. п.*) line, pad
подбивка *ж.* lining, padding
подбирать *гл.* **1.** (*поднимать с земли, пола и т. п.*) gather, pick up **2.** (*выбирать что-л., по каким-л. признакам*) select; (*под пару, сочетать*) match □ **~ при настройке** (*примечание в электросхемах*) value to be determined during alignment, subject to adjustment
подбойка *ж.* **1.** (*вруб*) *горн.* cutting, undercutting **2.** (*инструмент*) set hammer **3.** (*нижник молота*) (bottom) swage **4.** (*трамбовка*) *ж.-д.* tamping pick
балластная ~ ballast hammer

подбо́йка
механи́ческая передвижна́я ~ power traction tamper
подбо́йник *м.* (*кузнечный инструмент*) swage
подбо́р *м.* **1.** (*выбор элементов по каким-л. свойствам*) selection **2.** (*выбор коэффициента, численных значений до удовлетворения какого-л. условия*) selection, choice, fitting □ **решение ~ом** *мат.* solution by inspection; **~ом соотве́тствующих значе́ний входны́х сопротивле́ний** R_1 **и** R_2 **...** by choice of R_1 and R_2 ..., by suitable selection of R_1 and R_2
~ гранулометри́ческого соста́ва grading
~ соста́ва (*в производстве строительных растворов и бетонов*) proportioning, mix design
~ соста́ва по ве́су proportioning [mix design] by weight
~ соста́ва по объёму proportioning [mix design] by volume
~ фра́кций grading
подбо́рка *ж. с.-х.* picking(-up)
подбо́рщик *м. с.-х.* pick-up, picker, crop collector
~ валко́в windrow pick-up
комба́йновый ~ pick-up header
пневмати́ческий ~ suction pick-up
поло́тенный ~ apron pick-up
цепо́чно-пла́нчатый ~ raddle(-type) pick-up
щёточный ~ brush pick-up
элева́торный ~ elevator(-type) pick-up
подбрю́шник *м.* **котла́** saddle, boiler cradle, belly brace
подбу́рок *м. горн.* pop hole
подва́л *м.* basement
золово́й ~ ash floor
подвальцо́вка *ж.* rerolling
подва́ривать *гл.* apply [make] a back-up weld
подва́рка *ж.* backing run
подверга́ть *гл.* subject to □ **~ возде́йствию** expose to
подверга́ться *гл.* be subjected, experience *smth.*, undergo, suffer □ **~ возде́йствию** be exposed to
подве́рженность *ж.* susceptibility
подве́с *м.*:
~ измери́тельного прибо́ра suspension
~ измери́тельного прибо́ра, бифиля́рный bifilar suspension
~ измери́тельного прибо́ра, демпфи́рующий shock(-proof) suspension
~ измери́тельного прибо́ра на ке́рнах pivot suspension
~ измери́тельного прибо́ра на растя́жках taut suspension
~ измери́тельного прибо́ра, при́зменный knife-edge suspension
ка́бельный ~ dropper, suspender, clip, sling, hanger
карда́нный ~ gimbal suspension, gimbal mount

подве́ска *ж.* suspension
~ воздухопрово́да горя́чего дутья́ hot blast main hanger
~ в трёх то́чках *авто* three-point suspension
дверна́я ~ door hanger
~ дви́гателя *авто* engine mounting
жёсткая ~ *авто* rigid suspension
ка́бельная ~ cable hanger
карда́нная ~ gimbal suspension
~ ковша́ ladle hanger
~ колёс wheel suspension
~ колёс, бесшкворнева́я ball-joint (wheel) suspension
~ колёс, зави́симая rigid-axle type suspension
~ колёс, незави́симая independent wheel suspension
~ конта́ктного про́вода, цепна́я catenary contact wire suspension
лю́лечная ~ bar suspension
~ моде́ли model suspension, model support
~ моде́ли, магни́тная (*для моделей, продуваемых в аэродинамической трубе*) magnetic model suspension
~ на винтовы́х пружи́нах helical spring suspension
~ на ножево́й опо́ре knife-edge suspension
~ на рессо́рах leaf-spring suspension
пла́вающая ~ floating suspension
~ подши́пника bearing hanger
пружи́нная ~ spring hanger
стержнева́я ~ torsion-bar suspension
тормозна́я ~ brake carrier, brake support
тру́бная ~ pipe hanger
цепна́я, двойна́я ~ catenary; heavy catenary; compound catenary suspension
~ электро́дов electrode suspension
подве́шива/ть *гл.* suspend, hang (up) □ **~ ... на ... к ...** suspend ... by ... from *пример*: **бло́ки ~ются на тя́гах к ба́лкам** blocks are suspended by tie-rods from girders
подвига́ние *с. горн.* advance
~ забо́я face advance
~ забо́я прохо́дки heading advance
~ ла́вы wall advance
~ штре́ка entry advance
подви́жность *ж.* **1.** mobility **2.** (*жидкости, расплава и т. п.*) fluidity □ **теря́ть ~** (*о жидкости*) get sluggish *пример*: **при повыше́нии температу́ры жидкость гидросисте́мы теря́ет ~** with decreasing temperature, the hydraulic fluid gets sluggish
~ бето́нной сме́си mobility [flowability] of concrete
~ вака́нсий vacancy mobility
диффузио́нная ~ diffusive mobility
дре́йфовая ~ drift mobility
~ ды́рок hole mobility
~ ио́нов ion(ic) mobility
~ носи́телей то́ка carrier mobility

подви́жность
~ Хо́лла Hall mobility
~ электро́нов electron mobility
подвиса́ние *с.* hanging
~ ши́хты suspension of the burden
подво́д *м.* supply, feed
~ во́здуха air supply
~ ли́тника sprue feed
~ ма́сла oil supply, oil feed
~ тепла́ к систе́ме absorption of heat by a system
~ то́ка current supply, conveyance of current (to ...) □ **~ то́ка к обмо́тке я́коря осуществля́ется ме́дными ши́нками** current is led into the armature through copper strips
~ то́ма (*в нужное положение*) *вчт.* positioning of a volume □ **~ то́ма осуществля́ется автомати́чески** positioning of a volume is handled automatically
подводи́ть *гл.* supply, feed □ **~ про́вод, ли́нию** take a wire, a line to, terminate a wire, a line at
подво́дка *ж.* supply, feed
~ то́ка current supply
подвозбуди́тель *м.* pilot exciter
подвпры́ск *м.* (*топлива*) secondary injection
подвулканиза́ция *ж.* semicure, scorching, precuring, prevulcanization, premature vulcanization
подвулканизо́вывать *гл.* precure, scorch, prevulcanize
подвя́ливание *с.* **ко́жи** airing-off
подга́р *м.* (*коллекторных пластин электрической машины*) burning
подги́б *м. мет.-об.* bended form
подголо́вник *м.* headrest
пристежно́й ~ *авто* tack-on headrest
подго́нка *ж.* adjustment
~ ко́нтуров tuned-circuit alignment
~ ме́тодом наиме́ньших квадра́тов least-square fit
подгоня́/ть *гл.* adjust □ **~ дета́ль по ме́сту** work a part into place; **~ к** *чему-л.* match to [with]; **~ номина́л** (*в производстве, напр. резисторов, конденсаторов*) adjust [trim] to value; **~ по разме́ру** adjust for size
подгора́ние *с.* burning
~ рези́новой сме́си scorching
подгора́ть *гл.* burn, be burned
подгота́вливать *гл.* prepare □ **~ цепь** prepare a circuit in readiness for use [operation]; arm a circuit
подгото́вка *ж.* **1.** preparation **2.** (*обучение*) training
~ изло́жниц *мет.* mould preparation
~ к рабо́те (*напр. на приборе и т. п.*) pre-starting [preliminary starting] procedure
~ кро́мок под сва́рку edge [groove] preparation
~ кро́мок под сва́рку без зазо́ра (*в вершине разделки*) closed root
~ кро́мок под сва́рку с зазо́ром (*в вершине разделки*) open root

подготóвка
лётная ~ flying training
~ **поддóнов** *лит.* bottom plate assembly
~ **руды к плáвке** ore preparation
~ **самолёта, предполётная** departure check-out procedure
~ **самолёта, предстáртовая** servicing procedure
~ **серийного производства** tooling-up for quantity production
~ **сифóнных устрóйств** *лит.* trumpet assembly
~ **химического аппарáта к очередному рабóчему циклу** change-round
~ **шáхтного пóля** development of the mine take
поддавáться *гл.* □ ~ **анáлизу, обрабóтке** *и т. п.* be amenable to ..., lend oneself to ... readily
поддающийся □ ~ **измельчéнию** comminutable; ~ **механической обрабóтке** machinable; ~ **обрабóтке** workable
поддержáние *с.* 1. (*в рабочем состоянии*) upkeep, maintenance 2. (*обслуживание*) servicing
поддéрживать *гл.* 1. (*служить опорой*) hold (up), carry, prop up, support 2. (*процесс, работу и т. п.*) sustain, maintain, keep *smth.* going
поддéржка *ж.* (*опора*) support
клепáльная ~ riveting dolly
~ **мотовила** reel post
поддиапазóн *м.* (sub-)band; (sub-) range
поддóменник *м.* bottom [furnace] house
поддомкрáчивать *гл.* jack up
поддóн *м.* (*подставка*) tray, bottom plate
аккумуля́торной батарéи battery tray
грузовóй ~ (cargo) pallet
~ **излóжницы** stool, ingot mould plate
~ **кáртера** oil pan, oil sump
~ **тáлой воды** (*в холодильнике*) defrosting [drip] tray
шлáмовый ~ sludge tray
поддувáло *с.* wind box
подéра *ж. мат.* pedal (curve)
поджáтие *с. рез.* compression
поджигáние *с.* firing, ignition
~ **игнитрóна, анóдное** anode firing
~ **игнитрóна, конденсáторное** capacitor firing
поджигáтель *м.* (*вспомогательный электрод игнитрона*) igniter (electrode) □ ~ **опýщен в ртуть катóда для зажигáния дуговóго разря́да** the igniter electrode is partly immersed in [dips into] the mercury-pool cathode (of an ignitron) to initiate an arc discharge
поджигáть *гл.* light (up); set on fire □ ~ **игнитрóн** fire an ignitron
поджимáть *гл.* □ ~ **пружиной** spring-load, be spring-loaded

подзаря́д *м.*
~ **аккумуля́торной батарéи, непрерывный** *эл.* floating [trickle] charge
подзаря́дка *ж.* boost charge
подзаряжáть *гл.* maintain the charge, recharge
подзóл *м.* 1. (*почва*) podzol 2. *кож.* lime slab 3. (*сплавленная карбонатная зола*) black ash
подзóр *м.* **кормы** (stern) counter, after [stern] overhang
пóдина *см.* **под**
подканáл *м.* subchannel
подкáпывать *гл.* undermine, dig under, dig down
подкáрмливать *гл. с.-х.* (*растения*) feed up, dress
подкасáтельная *ж.* subtangent
подкассéтник *м.* (*магнитофона*) spool holder
подкáт *м. мет.* semi-finished rolled products, semi-finished rolled stock
предéльный ~ rerolling-quality blooms, billets and slabs, billets and semi-finished products
подкáтка *ж. мет.-об.* (*кузнечная операция*) fullering, rounding-up
подкислéние *с.* acidification, acidulation
подкисля́ть *гл.* acidify
подклáдка *ж.* 1. liner, pad 2. *полигр.* cushion
противоореóльная ~ antihalo back
рéльсовая ~ rail [sole] chair, tie plate
свáрочная ~ backing [back-up] plate
стóечная ~ *стр.* foot plate
цветнáя ~ *полигр.* solid
подключáть *гл.* 1. *эл.* connect 2. *мех.* join up
подключéние *с. эл.* connection
подкóва *ж.* horseshoe
подковообрáзный *прил.* horeseshoe (-shaped)
подколóнник *м.* base of a column
подкольцó *с. мат.* subring
подкóпка *ж.* digging
подкóрмка *ж.* (*растений*) dressing, additional nutrition
авиациóнная ~ aerial top-dressing
внекорневáя ~ top-dressing, foliar application
дрóбная ~ split dressing
жидкая ~ spray [liquid] dressing
междуря́дная ~ side-dressing
минерáльная ~ mineral feeding
повéрхностная ~ top-dressing
рáзовая ~ full dressing
рядкóвая ~ row top-dressing
подкóрмщик *м.* top dresser, fertilizer applicator, plant feeder
аммиáчный ~ nitro-shooter
междуря́дный ~ side dresser
подкóс *м.* (bracing) strut, brace
~ **поперéчины** jibstay
~ **трáверсы** crossarm brace
подкрáшивать *гл.* tint, colour

подкрепля́ть *гл.* straighten, strengthen □ ~ **конструкцию** stiffen [reinforce] the structure
подкýривать *гл.* smoke, fumigate
подлéгарс *м. мор.* riser, rising, wearing
подливка *ж.* 1. (*жидкий цементный раствор*) grout 2. (*процесс*) grouting
пóдлинник (*документа*) original
подлóжка *ж.* back(ing), base
~ **гальваностереотипа** *полигр.* back-up plate
~ **интегрáльной схéмы** integrated-circuit [IC] substrate
~ **катализáтора** catalyst carrier
~ **кóжи** bed
ли́пкая ~ *полигр.* adhesive backing
~ **печáтной схéмы** printed-circuit [P.C.] substrate
~ **фотоматериáла** support, base (*см. тж.* **оснóва**)
подлокóтник *м.* arm rest
съёмный ~ stow-away arm rest
подмагни́чивание *с.* bias(ing)
высокочастóтное ~ (*в магнитофонах*) ac bias(ing)
и́мпульсное ~ ac magnetic bias(ing)
~ **постоя́нным тóком** dc magnetic bias(ing)
подмáзка *ж.* 1. (*при окраске*) first coat 2. (*при остеклении*) bed(ding); (*с внутренней стороны*) back-bed-(ding)
подмéздривать *гл. кож.* reflesh
подмётка *ж.* sole
подмнóжество *с.* subset
сóбственное ~ proper subset
подмóга *ж. стр.* header
подмодéль *ж.*, **литéйная** master [double-contraction] pattern
подмодуля́тор *м. рлк.* driver
пóдмости *мн.* scaffold(ing), falsework, trestle, subtruss □ **устанáвливать** ~ erect falsework
козловы́е ~ horse [trestle] scaffold
консóльные ~ bracket scaffold
лéстничные ~ ladder scaffold
передвижны́е ~ rolling scaffold
подвесны́е ~ suspending [cradle] scaffold
подмóстки *мн.* trestle, falsework scaffolding
подмóтка *ж. текст.* underwinding
подмы́в *м.* washing, erosion, scouring
поднаковáльня *ж.* anvil bed, anvil block, anvil stand
поднaлáдка *ж.* corrective adjustment
поднесýщая *ж.* subcarrier
~ **цветовáя** *тлв.* chrominance subcarrier
поднимáть *гл.* raise, lift, hoist □ ~ **домкрáтом** jack up
поднимáться *гл.* ascend, climb □ ~ **над повéрхностью** be lifted clear of the (*e.g.*, water) surface
поднóжка *ж.* footboard, running board, step plate
поднормáль *ж. мат.* subnormal
поднóс *м.* tray

подо́бие *с.* similarity, similitude
взаи́мное ~ similarity [similitude] relation (*between a model and the structure*)
геометри́ческое ~ geometrical similarity
гидравли́ческое ~ hydraulic similarity
гидромехани́ческое ~ hydrodynamic similarity
динами́ческое ~ dynamical similitude
кинемати́ческое ~ kinematic similitude
лока́льное ~ limited similitude
механи́ческое ~ mechanical similitude
непо́лное ~ limited similitude
по́лное ~ complete similitude
реологи́ческое ~ rheological similarity
силово́е ~ force similarity
подо́бласть *ж. мат.* subregion, subdomain
подоболо́чка *ж.*, **электро́нная** subshell
подогре́в *м.* (preliminary) heat(ing)
дополни́тельный ~ make-up heating
~ о́стрым па́ром bubble heating, heating by direct steam contact
предвари́тельный ~ preheating
предсва́рочный ~ preweld heating
промежу́точный ~ reheat
регенерати́вный ~ regenerative heating
сопу́тствующий ~ concurrent heating
ступе́нчатый ~ stage heating
подогрева́ние *с.* heating
подогрева́тель *м.* heater; preheater
~ дутья́ hot blast stove
змеевико́вый ~ coil heater
~ като́да (cathode) heater
огнево́й ~ combustion heater
~ ти́па труба́ в трубе́ double-pipe heater
эже́кторный ~ air ejector condenser
подогрева́ть *гл.* heat (up)
подо́йник *м.* milk-pail, milk bucket
подоко́нник *м.* window sill
вну́тренний ~ inside sill
нару́жный ~ outside sill
подотчётность *ж.* accountability
подо́шв/а *ж.* **1.** *горн.* bottom, floor **2.** (*обуви*) sole
~ башмака́ (*косилки*) shoe sole
~ волны́ wave hollow, wave trough
~ вы́работки floor of a working
~ карье́ра open-pit bottom
обувна́я ~ (shoe) sole, bottom, outsole □ **выра́внивать обувну́ю ~у** split the sole
обувна́я, импрегни́рованная ~ impregnated sole
обувна́я, каучу́ковая ~ crêpe sole
обувна́я, ко́жаная ~ leather sole
обувна́я, микропо́ристая ~ microcellular [microporous] sole
подо́шв/а
обувна́я, моноли́тная ~ monolith [solid] sole
обувна́я, ра́нтовая ~ Goodyear outsole
обувна́я, рези́новая ~ rubber sole
~ отко́са foot of a slope
~ плоти́ны foot of a dam
~ ре́льса rail base, rail foot
~ усту́па bench bottom
~ фунда́мента base of a foundation
подпергаме́нт *м.* imitation parchment
подпира́ть *гл.* **1.** prop up, support **2.** buttress
по́дпись *ж.*, **подрису́ночная** legend (of a figure)
подпи́тка *ж.* (*восполнение потерь воздуха, газа и т. п*). (air, gas, *etc.*) replenishment
~ котла́ make-up
подпо́р *м.* **1.** (*у плотины*) backwater, hydrostatic head **2.** *ав.* overpressure
гидростати́ческий ~ hydrostatic lift, hydrostatic upthrust
шла́ковый ~ clinker arrester, fire bridge
подпо́рка *ж.* strut, strutting piece, rest, support, chock, prop, bearer
подпосле́довательность *ж.* subsequence
подпо́чва *ж.* subsoil, undersoil
подпрессо́вка *ж.* **1.** *пласт.* prepressing, premoulding **2.** *дер.-об.* prepressing
подпрогра́мм/а *ж. вчт.* subroutine, subprogram □ **включа́ть ~у** (*в основную программу*) include; **вызыва́ть ~у** call a subroutine
библиоте́чная ~ library subroutine
~ деле́ния division subroutine
закры́тая ~ closed subroutine
~ печа́ти (*вывода на печать*) print subroutine
станда́ртная ~ standard subroutine
подпростра́нство *с. мат.* subspace
подпружи́ненный spring-loaded
подпружи́нивать *~ гл.* spring-load
подпя́тник *м.* thrust [axial] bearing
~ каче́ния rolling thrust [axial] bearing
~ скольже́ния sliding thrust [axial] bearing
подрабо́тка *ж. горн.* underworking
опережа́ющая ~ advanced underworking
~ пласта́ underworking of a seam
подразбие́ние *с. мат.* subdivision, subpartition
подразделе́ние *с. мат.* subdivision
подразделя́ть *гл.* subdivide, partition
подра́мник *м.* subframe, underframe
подра́мок *м.* subframe
подрегулиро́вка *ж.* fine adjustment
~ в полевы́х усло́виях (*в условиях эксплуатации*) field re-adjustment
подреза́ние *с.*:
~ торцо́в facing
~ усту́пов shouldering
подреза́ть *гл.* □ **~ торе́ц** (*торцевать*) *маш.* face (a workpiece); **~ усту́пы** (*на детали*) shoulder a workpiece
подре́зка *ж.* (*торцевание*) facing
~ изоля́ции на колле́кторе *эл.* undercutting (*см. тж.* **продоро́живание**)
~ листо́в (*бумаги*) trimming of sheets
~ расте́ний cutting, trimming, pruning
подре́зь *ж.* (*дефект шкуры*) butcher's cut, cut mark, gash
подрессо́ривание *с.* cushioning
подрешётка *ж.* sublattice
подро́бност/ь *ж.* detail □ **снима́ть ~и** *геод.* fill in details [the detail]
подро́ст *м.* undergrowth, advance growth
подруба́ть *гл.* hack □ **~ забо́й** undercut a face
подру́док *м.* smalls, fines
подру́чн/ый *прил.* (*сделанный из подручных средств* improvized, makeshift *в отличие от* штатного — issued) □ **анте́нна из ~ых средств** improvized [makeshift] aerial
подру́чный *м.* **сталева́ра** helper
подры́в *м.* (*взрыв*) blasting
~ кла́пана popping
подрыва́ть *гл.* **1.** (*копать*) dig down, undermine **2.** (*взрывать*) blast, explode
подрывни́к *м.* shot-firer
подря́дчик *м.* (*преим. строительных работ*) contractor
генера́льный ~ prime contractor
подса́дка *ж.* (*местное утолщение заготовки*) gathering; upsetting
подса́нки *мн.*, **трелёвочные** skidding [drag] sled
подса́сывать *гл.* draw in
подсбо́рка *ж.* subassembly
подсве́т *м.*:
~ развёртки *рлк.* intensifying, brightening
подсве́тк/а *ж.*:
~ прибо́ров instrument illumination, panel lighting
~ развёртки *рлк.* brightening, intensity gate □ **вы́бранный кана́л определя́ется по ~е экра́на ЭЛТ** the selected channel is identified by brightening the CRT display
подсве́чивание *с.* lighting
подсе́в *м.* undersow, undersowing, overdrilling
подсе́д *м. кож.* scud, fine hair
подсече́ние *с.* **руды́** ore intersection
подсе́чка *ж. горн.* undercutting
подсисте́ма *ж.* subsystem
подсла́ивание *с.* subcoating, undercoating
подсло́/й *м.* (*металлизация напылением или распылением*) precoat □ **нанесе́ние ~я** precoating
~ фотоматериа́ла intermediate layer
~ фотоматериа́ла, противоорео́льный anti-halation intermediate layer
подслу́шивани/е *с.* listening, monitoring, interception; (*перехват разгово-*

ров) wire tapping □ ~ **по** listening in on
подслу́шивать *гл.* listen, monitor, intercept; (*перехватывать разговоры*) tap the wire
подсо́с *м.* infiltration, ingress, inflow
подсо́чивать *гл.* (*деревья на латекс, скипидар*) bleed [tap] (*trees*) for (*rubber, turpentine*)
подсо́чк/а *ж.* boxing, tapping □ **вести́ ~у** (*деревьев для добычи живицы*) tap (*trees*) for (*turpentine gum*)
подста́вка *ж.* support, rest, stand
га́ртовая ~ *полигр.* metal mount
ги́псовая ~ *полигр.* gypsum mount
со́товая ~ *полигр.* honeycomb base
подставля́ть *гл.* substitute (*in, into*)
подстано́вк/а *ж. мат.* substitution (*in, into*) □ ~ **вме́сто ...** substitution for ...; **де́лать ~у** make a substitution
подста́нция *ж.* substation
высоковольтная ~ high-voltage substation
необслу́живаемая ~ non-attended [unattended] substation
понижа́ющая ~ step-down substation
преобразова́тельная ~ converter substation
распредели́тельная ~ distribution [secondary] substation
столбова́я ~ pole-mounted substation
телеуправля́емая ~ remote-controlled substation
телефо́нная ~ *англ.* sub-exchange; *амер.* suboffice
телефо́нная, вспомога́тельная ~ satellite office; satellite exchange
телефо́нная, ручна́я ~ manual suboffice
трансформа́торная ~ transformer substation
тупико́вая ~ terminal substation
тя́говая ~ traction substation
подстира́ние *с.* (*в потенциалоскопах с режимом послесвечения*) fading erasure, gradual fading
подстра́ива/ть *гл.* fine-adjust, fine-tune; (*уточнять настройку*) refine the tuning (*by a vernier*) □ ~ **частоту́ к номина́лу** cause the frequency to coincide with its assigned [nominal] value *пример*: **АПЧ ~ет частоту́ гетероди́на к номина́лу** the AFC drives the frequency of the local oscillator towards the assigned [nominal] value
подстро́йка *ж.* fine adjustment, fine tuning
~ **ко́нтуров** tuned circuit alignment
~ **частоты́** (*гетеродина*) frequency control, frequency adjustment
~ **частоты́, автомати́ческая** automatic frequency control, AFC
~ **частоты́, механи́ческая** mechanical adjustment, mechanical tuning
подстро́йка
~ **частоты́, теплова́я** thermal tuning
~ **частоты́, фа́зовая 1.** (*процесс*) phase-lock control **2.** (*схема*) phase-lock loop
подструкту́ра *ж.* substructure
подступе́нок *м.* (*лестницы*) riser
подсу́шивание *с.* predrying
подсу́шивать *гл.* dry
подсу́шка *ж.* predrying
подсчёт *м.* count
подсчи́тывать *гл.* count
подсы́пка *ж.* (*в цветной металлургии*) cushion fill
~ **балла́ста** chip packing of ballast
подта́нгенс *м.* subtangent
подтверди́ть *гл.* **приём** acknowledge the receipt of a message, acknowledge receipt
подтвержде́ние *с.* acknowledgement, confirmation
~ **зака́за** *эк.* confirmation of order
~ **приёма** receipt, acknowledgement of receipt, acquittance
эксперимента́льное ~ experimental verification
подтёки *мн. м.* **кра́ски** drips, downflows
подтеня́ть *гл.* (*образец в микроскопии*) stain (*a microscopic specimen, e.g., of low contrast*)
подтова́рник *м. лес.* rickers
подто́к *м.* inflow, seepage
подтопле́ние *с. гидр.* underflooding
подто́чка *ж.* recess, groove
~ **перемы́чки сверла́** web thinning of a drill
подтра́вливание *с.* etching
боково́е ~ *полигр.* side [lateral] etching
подтя́гивать *гл.* (*затягивать болты, винты и т. п.*) draw up tight, tighten (up)
подукло́нка *ж.* **ре́льса** rail canting
подусту́п *м. горн.* sub-bench
поду́шечка *ж.*, **ште́мпельная** ink [stamp] pad
поду́шк/а *ж.* **1.** cushion **2.** (*деталь подшипника*) pad
балла́стная ~ *ж.-д.* ballast bed
бето́нная ~ *стр.* concrete raft □ **подводи́ть бето́нную ~у под зда́ние** float a building with a concrete raft
~ **валка́** roll chock, roll chuck
возду́шная ~ air cushion □ **передвига́ться на возду́шной ~е** ride on an air cushion
возду́шная ~ у земли́ ground (air) cushion
известко́вая ~ *мет.* lime padding
~ **ка́бельной брони́** bedding
~ **моста́, пневмати́ческая** pneumatic shock absorber of a bridge
поро́дная ~ rock cushion
~ (**при́змы**) **весо́в** (knife-edge) bearing
ре́льсовая ~ rail [sole, flat] chair
~ **рессо́ры** bolster
~ **сиде́нья** seat pad, seat cushion
поду́шк/а
стре́лочная ~ *ж.-д.* switch chair
~ **то́плива** (*в топке*) fuel bed
упо́рная ~ thrust block
~ **упо́рного подши́пника** pad
фильтрова́льная ~ filter pad
флю́совая ~ *св.* flux backing
шарни́рная ~ hinged bolster
я́корная ~ anchor bed, billboard
подфа́рник *м.* side lamp, side light
подфу́нкция *ж.* minorant (function)
подхва́тывать *гл.* pick up
подхо́д *м.* approach
вероя́тностный ~ probabilistic approach
подходи́ть *гл.* **1.** (*приступать к чему-л., напр. к вопросу, проблеме, задаче*) approach, attack (*e.g., a problem*) **2.** (*оказаться годным, годиться в качестве ...*) qualify as **3.** (*являться*) □ **подойти́ к столу́ регистра́ции** *ав.* report to the registration desk
подхо́дка *ж. кож.* spring flesher, fleshing [scraping] knife, slicker
подцве́тка *ж.* **бума́ги** paper azuring
подци́кл *м.* (*работы машины*) minor cycle
подчека́нивание *с.* caulking
подчека́нивать *гл.* caulk
подчека́нка *ж.* caulking
подчёрка *ж. полигр., разг.* serif
подша́бривать *гл.* scrape (up)
подша́шка *ж. горн.* brob, glut
подши́вка *ж. стр.* boarding
~ **взакро́й** clinker boarding
подши́пник *м.* bearing □ ~ **гре́ется** a bearing runs hot; **заставля́ть ~и вибри́ровать** (*для устранения трения в приборах*) dither the bearings; ~ **изна́шивается** a bearing wears [runs] out; **перезалива́ть** ~ rebabbitt a bearing, remetal a bearing; **приша́брить** ~ scrape a bearing; **устана́вливать на ~ах ...** support in bearings
ага́товый ~ agate bearing
бакау́товый ~ pockwood bearing
водонепроница́емый ~ water-sealed bearing
гла́вный ~ main bearing
глухо́й ~ solid [bush] bearing
грębе́нчатый ~ collar bearing
двойно́й ~ double-thrust bearing
~ **двусторо́ннего де́йствия** double-thrust bearing
двухря́дный ~ double-row bearing
дейдву́дный ~ *мор.* stern (tube) bearing
~ **жи́дкостного тре́ния** film lubrication bearing
иго́льчатый ~ needle bearing
кача́ющийся ~ pendulum bearing
~ **каче́ния** rolling(-contact) [antifriction] bearing
~ **каче́ния, вту́лочный** bush rolling (-contact) bearing
~ **коле́нчатого ва́ла, концево́й** crankshaft end-journal bearing
~ **коле́нчатого ва́ла, коренно́й** *двс* crankshaft main bearing

подши́пник
~ коле́нчатого ва́ла, промежу́точный crankshaft intermediate [centre] bearing
кони́ческий ~ conical [tapered] bearing
консо́льный ~ bracket bearing
коренно́й ~ main bearing
~ му́фты сцепле́ния *авто* clutch bearing
направля́ющий ~ guide [pilot] bearing
неразъёмный ~ sleeve [solid] bearing
одина́рный ~ single-thrust bearing
однорядный ~ single-row bearing
~ односторо́ннего де́йствия single-thrust bearing
осево́й ~ axial bearing
пла́вающий ~ floating bearing
радиа́льно-упо́рный ~ radial thrust bearing
радиа́льно-упо́рный, ро́ликовый ~ taper roller bearing
радиа́льно-упо́рный, ша́риковый ~ angular ball bearing
радиа́льный ~ radial bearing
разбо́рный ~ separable bearing
разъёмный ~ split bearing
ро́ликовый ~ [ро́ликоподши́пник] roller bearing
ро́ликовый, кони́ческий ~ taper roller [conical roller] bearing
самосма́зывающийся ~ self-oiling [self-lubricating] bearing
самоустана́вливающийся ~ self-aligning bearing
~ с бочкообра́зными ро́ликами barrel-shaped roller bearing
сегме́нтный ~ (*скольже́ния*) segmental shoe [Kingsbury] bearing
~ скольже́ния plain bearing □ **~ скольже́ния выраба́тывается [изна́шивается] неравноме́рно** the (plain) bearing wears out of true; **~ скольже́ния изна́шивается равноме́рно по всей пове́рхности** the (plain) bearing wears true; **~ скольже́ния рабо́тает «всухую»** the (plain) bearing runs dry; **~ скольже́ния рабо́тает с недоста́точной сма́зкой** the (plain) bearing is barely greasy
~ скольже́ния, газодинами́ческий hydrodynamic (plain) bearing
~ скольже́ния, газостати́ческий gasostatic (plain) bearing
~ скольже́ния, гидродинами́ческий hydrodynamic (plain) bearing
~ скольже́ния, гидростати́ческий hydrostatic (plain) bearing
~ скольже́ния, опо́рный (plain) journal bearing
~ скольже́ния, упо́рный (plain) thrust bearing
~ с кольцево́й сма́зкой ring-oil bearing
~ с разъёмной обо́ймой split bearing

подши́пник
трансмиссио́нный ~ line-shaft [pillow-block] bearing; *авто* transmission bearing
~ турби́ны, промежу́точный centre bearing
упо́рный ~ thrust bearing
фла́нцевый ~ flange bearing
цилиндри́ческий ~ cylindrical bearing
ша́риковый ~ [шарикоподши́пник] ball bearing □ **устана́вливать на ша́риковых ~ах** support by (ball) bearings
шату́нный ~ crankpin [connecting rod] bearing
подшлифо́вывать *гл.* grind
подщела́чивание *с.* alkalization
подщела́чивать *гл.* alkalify
подъе́зд *м.* **1.** (*вход в здание*) entrance **2.** (*доступ к месту, путь, подводящий к чему-л.*) access, approach
подъём *м.* **1.** (*поднятие груза, предмета*) lift, hoisting **2.** (*уклон дороги*) grade, gradient **3.** *ав.* (*набор высоты*) ascent, climb **4.** (*количество груза, застропливаемое за один раз*) *мор., жарг.* draft
авари́йный ~ *горн.* emergency hoisting
гидравли́ческий ~ *горн.* hydraulic lift, hydraulic hoisting
~ гру́за load lifting, load hoisting
двухклетево́й ~ *горн.* two-cage hoisting
капилля́рный ~ capillary rise
~ кла́пана valve lift, valve stroke, valve travel
~ кро́вли pitch of the roof
~ накло́нным ски́пом inclined skip hoisting
~ пролёта clearance of a span
~ пуансо́на raising of the punch
~ сво́да пе́чи *мет.* roof rise
ски́повый ~ skip hoisting
строи́тельный ~ *мор.* camber
~ частóтной характери́стики boost(ing) of the frequency response □ **~ частóтной характери́стики относи́тельно 100 кГц не превыша́ет 1 дБ** the frequency response is not more than 1 dB up relative to 100 kHz
~ частóтной характери́стики на высо́ких часто́тах boost(ing) of the high-frequency response
~ частóтной характери́стики на ни́зких часто́тах boost(ing) of the low-frequency response
ша́хтный, двухступе́нчатый ~ two-stage hoisting
подъёмник *м.* hoist; elevator
автомоби́льный ~ auto lift, lifting-jack hoist, lift(ing) platform, car elevator
автомоби́льный, двухколо́нный ~ two-post car lift
бараба́нный ~ elevating drum
ба́шенный ~ tower hoist

подъёмник
бу́гельный ~ rope tow
ви́льчатый ~ fork lift
винтово́й ~ screw hoist
гидравли́ческий ~ hydraulic hoist
грузово́й ~ freight hoist
~ для загру́зки пе́чи furnace-charging gear
~ для пода́чи ши́хты charging hoist
до́менный ~ blast-furnace hoist
ковшо́вый ~ dump skip
~ колошнико́вого ко́нуса blast-furnace bell hoist
колошнико́вый ~ top hoist
консо́льный ~ gib hoist
кре́сельный ~ chair lift
лю́лечный ~ cradle hoist
пневмати́ческий ~ air hoist
~ ре́льсового пути́ track lifter
ски́повый ~ skip hoist
~ с опроки́дывателем tippler hoist
тра́кторный ~ tractor lift
ша́хматный ~ mine hoist
ши́хтовый ~ charging hoist
подъёмник-крючо́к *м. лит.* lifter
подыша́ть *гл.* (*напр. на линзу при чистке*) blow the breath (*e.g., on a lens for cleaning*)
подэ́ра *см.* **подера**
подэта́ж *м. горн.* sublevel
по́езд *м.* train □ **формирова́ть ~** collect traffic
авари́йный ~ break train
автомоби́льный ~ road train, truck and trailer, truck-trailer combination
балластиро́вочный ~ ballasting train
восстанови́тельный ~ wrecking train
грузово́й ~ freight train
~ да́льнего сле́дования long-distance train
курье́рский ~ express train
маршру́тный ~ route train, main tracker
ме́стный ~ accomodation [local] train
моноре́льсовый ~ на возду́шной поду́шке hovertrain
~ осо́бого назначе́ния special train
пассажи́рский ~ passenger train
пожа́рный ~ firefighting train
почто́вый ~ mail train
при́городный ~ commuter train
~ прямо́го сообще́ния through train
путеукла́дочный ~ track-laying train
рабо́чий ~ work [construction] train
ремо́нтный ~ repair train
санита́рный ~ ambulance train
ско́рый ~ fast train
строи́тельно-монта́жный ~ construction [work] train
транзи́тный ~ through train
поездо́граф *м. ж.-д.* train recorder

пожа́р *м.* fire □ **гаси́ть ~** (*в случаях, где вода не даёт нужного эффекта*) smother a fire (*in the case of fires against which an ordinary supply of water is ineffectual*); **изоли́ровать ~** isolate a fire; **изоли́ровать ~** (*в шахте*) seal off the fire; **локализова́ть ~** contain a fire; **останови́ть продвиже́ние ~а** check a fire; **потуши́ть ~** extinguish a fire; **туши́ть ~** fight a fire; **туши́ть ~ акти́вными спо́собами** (*в шахте*) control a fire by direct attack
верхово́й ~ *лес.* crown(ing) fire
~ в вы́работанном простра́нстве *горн.* gob fire
зарожда́ющийся ~ *горн.* incipient stage of a fire
лесно́й ~ forest fire
низово́й ~ *лес.* ground [low] fire
подзе́мный ~ underground fire
подзе́мный, начина́ющийся ~ incipient fire
подзе́мный, откры́тый ~ active [open] fire
ша́хтный ~ mine fire (*см. тж.* **подзе́мный пожа́р**)

пожароопа́сность *ж.* fire hazard, fire risk

пожароту́ше́ние *с.* fire-fighting

пожелте́ние *с.* (*напр. бумаги, целлюлозы*) yellowing

позади́ *нареч.* □ **находи́ться, напр. в 10 см ~ чего-л.** be, *e.g.*, 10 cm aft of *smth.*

позити́в *м. кфт.* positive
прямо́й ~ direct positive
ра́стровый ~ half-tone positive
то́новый ~ half-tone positive
цветно́й ~ colour positive
цветоделённый ~ colour separation positive
штрихово́й ~ line positive

позитро́н *м.* positron

позиционе́р *м.* positioner
пневмати́ческий ~ air-operated positioner
сва́рочный ~ positioner

позицио́нность *ж.* **ко́да** code size, code word length

пози́ци/я *ж.* 1. (*положение*) position 2. (*отсылочный номер детали или изделия в спецификации*) reference number, Ref. No, part number, Part No; (*номер позиции в спецификациях, на чертежах и т. п.*) reference number □ **обознача́ть ~ю (таки́ми-то) номера́ми** reference (a part, component) by ... numbers
~ на перфока́рте row position
перфорацио́нная ~ *вчт.* punching position
~ (разря́д) числа́ digit position

позоло́та *ж.* gilding, gilt, gold-plating

позывно́й *м. рад.* call sign, call letter

по́илка *ж.* drinker, waterbowl, drinking bowl, drinking trough, waterer

по́иск *м.* search, quest (for)
~ да́нных по словарю́ dictionary [glossary] look-up
~ да́нных по табли́це table look-up
~ информа́ции 1. (*отыскание и установление местонахождения информации*) information search 2. (*отыскание и вывод информации из устройств хранения*) information retrieval (from storage) □ **осуществля́ть ~ информа́ции, напр. в спра́вочнике** search [look up], *e.g.*, a directory
~ информа́ции, автоматизи́рованный automated information search
~ информа́ции, ассоциати́вный associative information search
~ информа́ции, маши́нный machine information search
~ ме́ста поврежде́ния fault finding, trouble tracing
~ о́птимума с ана́лизом промежу́точных результа́тов search for an optimum with repetitive analysis
~ о́птимума, слепо́й random search for an optimum
~ о́птимума, случа́йный random search(ing) for an optimum
~ после́довательным деле́нием на два binary [dichotomizing] search

по́йма *ж.* flood-plain (land), bottom land flood basin

показа́ни/е *с.* (*прибора*) reading, indication □ **дава́ть завы́шенные ~я** (*о приборе*) overread, read high; **дава́ть зани́женные ~я** (*о приборе*) underread, read low; **при отсу́тствии ~й на прибо́ре** if the meter fails to indicate; **снима́ть ~я** read an instrument, take a reading, read the indication; **ускоря́ть (сня́тие) ~я** aid rapid indication *пример*: **успокое́ние ускоря́ет ~** damping aids rapid indication; **фикси́ровать ~** note the reading [the indication], take down a reading [an indication]
~ сигна́ла *ж.-д.* signal aspect
~ сигна́ла, ло́жное *ж.-д.* phantom indication
~ сигна́ла, остано́вочное *ж.-д.* stop aspect
~ сигна́ла, откры́тое *ж.-д.* clear aspect

показа́тел/ь *м.* indicator, index □ **служи́ть ~ем чего-л.** serve as an index of ..., be [give] a measure of ...
~ адиаба́ты adiabatic exponent
аэродинами́ческий ~ aerodynamic property
~ вертика́льного ослабле́ния (*энергетической величины*) vertical extinction coefficient
водоро́дно-ио́нный ~ hydrogen ion value
водоро́дный ~ pH value
~ газоотда́чи gas yield factor
гидравли́ческий ~ hydraulic exponent

показа́тел/ь
~ глубины́ подъёма winding depth indicator
~ де́йствия взры́ва blasting factor
~ детонацио́нной сто́йкости то́плива antiknock value
~ добро́тности figure of merit, Q-factor
~ жёсткости rigidity index
~ заиле́ния silt factor
~ затуха́ния damping coefficient
~ износосто́йкости wear index
ио́нный ~ ionic index
~ испаря́емости evaporative rate
~ ка́чества проду́кции product-quality index
~ консисте́нции consistency index
~ ко́рня index of a root, index [order] of a radical
~ корро́зии corrosion index
~ корро́зии, весово́й weight corrosion index
~ корро́зии, глуби́нный corrosion depth index
~ напра́вленности directivity index
~ недоста́точности deficiency indicator
~ окисля́емости oxidation value
~ пита́тельности nutrient index
~ пласти́чности index of plasticity
~ поглоще́ния absorption coefficient
~ политро́пы polytropic exponent, polytropic index
~ преломле́ния index of refraction, refractive index
~ преломле́ния, относи́тельный relative refractive index
~ рассе́яния scattering coefficient
~ сте́пени exponent of a power, exponent, index of a power, power
~ сте́пени, дро́бный fractional exponent
~ твёрдости hardness number
~ твёрдости по́чвы soil penetration index
~ теку́чести (melt) flow index
те́хнико-экономи́ческий ~ technical-and-economic index
~ эффекти́вности кана́ла свя́зи measure of performance

пока́зывать *гл.* (*о приборе*) indicate, read □ **~ усло́вно** show schematically

пока́тость *ж.* slope, declivity

пока́чивание *с.* rocking

покида́ние *с.* (*летательного аппарата*) emergency escape

поко́вка *ж.* forging
вальцо́ванная ~ roll forging
пре́ссовая ~ press forging

поко́иться *гл.* (be at) rest; lie (on)

поко́й *м.* 1. *мех.* rest 2. *свз.* space, spacing

поколе́ни/е *с.* generation
второ́е ~ second generation □ **обору́дование, проце́сс и т. п. второ́го ~я** second-generation [follow-on] equipment, process, *etc.*

покомпоне́нтно *нареч. мат.* component-wise
покоро́бленность *ж.* (*напр. мебели, древесностружечной плиты*) warpage
покра́ска *ж.* painting, coat of paint
покро́в *м.* cover
ла́вовый ~ lava sheet
напо́чвенный ~ soil cover, soil continium, soil mantle
почвозащи́тный ~ soil-protective cover
рези́новый ~ rubber cover
тектони́ческий ~ overthrust sheet
~ шку́ры, волосяно́й *кож.* hair side
покровосдира́тель *м. с.-х.* cover eliminator
покрыва́ть *гл.* cover, coat □ **~ ме́дью** copperplate, coat [cover] with copper; **~ ни́келем** nickelplate, coat [cover] with nickel; **~ оди́н материа́л други́м** (*снаружи*) coat; (*изнутри*) line
покры́тие *с.* coat(ing) □ **наноси́ть ~ ки́стью** brush on a coat(ing); **наноси́ть ~ набры́згом [напыле́нием]** spray on a coat(ing); **сдира́ть ~** strip the coat(ing)
ано́дное ~ anodic coat(ing)
антикоррозио́нное ~ corrosion-resistant [antirust, anticorrosive] coat(ing)
водонепроница́емое ~ watertight cover
водоотта́лкивающее ~ water-repellent coat(ing)
гальвани́ческое ~ electroplating
гидрофо́бное ~ hydrophobic coat(ing)
горя́чее ~ hot-dip metal coat(ing)
гумми́рованное ~ rubberized coat(ing)
доро́жное ~ roadway covering, pavement □ **выгла́живать доро́жное ~ утюго́м со щётками** drag-broom the pavement; **меня́ть доро́жное ~** re-surface a road; **отде́лывать доро́жное ~ щётками** broom-finish the pavement; **утю́жить доро́жное ~** drag the pavement
доро́жное, асфа́льтовое ~ asphalt pavement
доро́жное, двухсло́йное ~ two (double)-course pavement
доро́жное, нежёсткое ~ nonrigid pavement
доро́жное, однсло́йное ~ one-course pavement
доро́жное, упру́гое ~ flexible pavement
защи́тно-декорати́вное ~ protective-decorative coat(ing)
защи́тное ~ protective coat(ing)
като́дное ~ cathodic coat(ing)
лакокра́сочное ~ paint coat(ing), paintwork
~ лату́нью brassing, brass plating, brass coat(ing)

покры́тие
ме́дное ~ copper plating, copper coat(ing)
металлизацио́нное ~ metallized coat(ing)
металли́ческое ~ metal plating
металли́ческое, композицио́нное ~ composite metal plating
напла́вленное ~ surfaced coat(ing)
напылённое ~ sprayed(-on) coat(ing)
нескользя́щее ~ nonskid [nonslip] coat(ing)
нетеплопрово́дное ~ low-conductivity coat(ing)
ни́келевое ~ nickel plating, nickel coat(ing)
огнезащи́тное ~ flame-retardant coat(ing)
огнеупо́рное ~ refractory coat(ing)
о́кисное ~ oxide coat(ing)
па́лубное ~ deck coat(ing), deck covering
пигме́нтное ~ *полигр.* pigment coat(ing)
~ погруже́нием dip coat(ing)
полума́товое ~ semibright coat(ing)
противогидролокацио́нное ~ *англ.* antiasdic coating; *амер.* antisonar coating
противокоррозио́нное ~ antirust [anticorrosive, corrosion-resistant] coat(ing)
противоморо́зное ~ antifreezing coat(ing)
противообраста́ющее ~ antifouling coat(ing)
противоорео́льное ~ *кфт.* antihalation backing
противорадиолокацио́нное ~ anti-radar coat(ing)
~ пути́, балла́стное ~ *ж.-д.* ballast blanket layer
рассе́ивающее ~ diffusing coating
рези́новое ~ rubber coating
светя́щееся ~ fluorescent coating
свинцо́вое ~ lead coat(ing)
силико́новое ~ silicone coat(ing)
стеклови́дное ~ vitreous coat(ing)
твердоспла́вное ~ hard facing
тугопла́вкое ~ refractory coat(ing)
~ хими́ческой обрабо́ткой chemical-conversion coat(ing)
ци́нковое ~ zinc coat(ing)
~ электро́да electrode covering, electrode coat(ing)
~ электро́да, газообразу́ющее *св.* gas-producing coating
~ электро́да, известко́вое *св.* lime coating
~ электро́да, ионизи́рующее *св.* arc-stabilizing coating
электролити́ческое ~ electrodeposited coating
электрохими́ческое ~ electrochemical plating
эма́левое ~ 1. (*процесс*) enamelling 2. (*защитный слой*) enamel

покры́шк/а *ж.* cover
автомоби́льная ~ autotyre, tyre casing □ **балансировать автомоби́льную ~у** balance the tyre; **восстана́вливать [нава́ривать] автомоби́льную ~у** re-tread [re-cap] a tyre; **ошипо́вывать автомоби́льную ~у** stud the tyre
автомоби́льная ~ для зи́мней эксплуата́ции winter [snow] tyre
автомоби́льная, кли́нчерная ~ beaded edge [clincher] tyre
автомоби́льная, ко́рдная ~ cord tyre
автомоби́льная, многосло́йная ~ multiple cord tyre
автомоби́льная, низкопро́фильная ~ oval cover, oval tyre
автомоби́льная ~ (полу)пло́ской конфе́кции flat-[drum-] built tyre
автомоби́льная, прямобо́ртная ~ beadless [straight side] tyre
автомоби́льная ~ с грунтозаце́пами ground-drip tyre
автомоби́льная, скоростна́я ~ high-speed tyre
автомоби́льная, сыра́я ~ unvulcanized [green] tyre
автомоби́льная, трёхсло́йная ~ three-ply tyre
автомоби́льная, уси́ленная ~ reinforced [fortified, heavy-duty] tyre
велосипе́дная ~ (bi)cycle tyre
де́кельная ~ *полигр.* packing
~ офсе́тного цили́ндра *полигр.* cylinder [offset, rubber] blanket
пол *м.* floor □ **настила́ть ~** lay a floor; **прибива́ть гвоздя́ми чистово́й ~ к чёрному** nail the finished floor to the subfloor; **~ скрипи́т** the floor squeaks
деревя́нный ~ timber [wood] floor
доща́тый ~ deal floor
мозаи́чный ~ inlaid floor
парке́тный ~ parquet floor, parquetry
пли́точный ~ tiled floor
чёрный ~ subfloor
чистово́й ~ finished floor
пола́ *ж. кож.* belly, flank
полага́ть *гл. мат.* put, set, let, assume, suppose
по́лдень *м.* noon
по́л/е *с.* field □ **изобража́ть ~** map a field; **индуци́ровать ~** induce a field; (*магнитное, электрическое*) **~ исчеза́ет** the field collapses; **плани́ровать [выра́внивать] ~** *с.-х.* level the field; **создава́ть** (*магнитное, электрическое*) **~** establish [set up] a field
аксиа́льное ~ axial field
акусти́ческое ~ sound [acoustic] field
~ анизотропи́и anisotropy field
~ аэродинами́ческих сил aerodynamic field
бегу́щее ~ *эл.* travelling field
безвихрево́е ~ irrotational [noncircuital] field

по́л/е
бочкообра́зное ~ barrel-shaped field
бре́мсберговое ~ *горн.* incline district
~ в бли́жней зо́не near field
~ в да́льней зо́не far field
ве́кторное ~ vector field
~ вероя́тностей probability field
вихрево́е ~ vorticity [rotational, eddy] field
~ вла́жности moisture pattern, moisture field
вне́шнее ~ external [applied] field
вну́треннее ~ internal field
волново́дное ~ waveguide field
волново́е ~ wave field
враща́ющееся ~ rotating [rotary, revolving] field
вы́емочное ~ *горн.* district, block, mining extracted area
высокочасто́тное ~ radio-frequency [r.f.] field
геомагни́тное ~ geomagnetic field
гнездово́е ~ *тлф.* jack panel, jack bank, jack field
гравитацио́нное ~ gravitational field
~ давле́ний pressure pattern, pressure field
~ дальноде́йствующих сил long-range field
двухме́рное ~ two-dimensional field
~ де́йствия инерциа́льных сил inertial space
деполяризу́ющее ~ depolarization field
~ до́пуска *маш.* tolerance zone
~ заземле́ния ground field
звуково́е ~ acoustic [sound] field
~ земли́, электри́ческое geoelectric field
~ зре́ния field of view, field of vision
~ излуче́ния radiation field
~ изображе́ния image field
~ изображе́ния, бе́лое (*в фототелеграфной связи*) picture white
~ изображе́ния, искривлённое curved image field
~ изображе́ния, чёрное (*в фототелеграфной связи*) picture black
~ карье́ра *горн.* quarry field, opencast take
колоколообра́зное ~ bell-shaped field
~ коммута́тора, ме́стное answering jack field; extension jacks
конвекцио́нное ~ convective field
консервати́вное ~ conservative field
конта́ктное ~ (*шагового искателя*) *тлф.* bank
конта́ктное, лине́йное ~ *тлф.* line bank
контро́льное ~ (*перфокарты*) control field
~ концентра́ций concentration pattern
крити́ческое ~ critical field
куло́новo ~ Coulomb [electrostatic] field

по́л/е
лётное ~ airfield
лока́льное ~ local field
магни́тное ~ magnetic field □ **в направле́нии магни́тного ~я** with the magnetic field; **магни́тное ~ исчеза́ет** the magnetic field collapses; **устана́вливаться** (*напр. о магнитной стрелке*) **в направле́нии магни́тного ~я** align itself with the field
магни́тное, вморо́женное ~ trapped magnetic field
магни́тное, земно́е ~ geomagnetic [earth magnetic, terrestrial magnetic] field
магнитостати́ческое ~ magnetostatic field
~, меня́ющееся во вре́мени time-varying field
многокра́тное ~ *тлф.* multiple jack field
молекуля́рное ~ molecular [Weiss] field
набо́рное ~ *вчт.* patch(ing) panel
~ нака́чки pumping field
намагни́чивающее ~ magnetizing field
направля́ющее ~ guide [guiding] field
~ напряже́ний *мех.* stress field
неоднoро́дное ~ nonuniform [inhomogeneous] field
непреры́вное ~ continuous field
~ объёмного заря́да space-charge field
одноро́дное ~ homogeneous [uniform] field
опти́ческое ~ optical field
осево́е ~ axial field
оста́точное ~ residual [remanent] field
отклоня́ющее ~ deflecting [deflection] field
переме́нное ~ (*по величине*) variable field; (*по направлению*) alternating field
плоскомеридиа́нное ~ meridian plane
плоскопаралле́льное ~ plane-parallel field
~ подмагни́чивания bias field
попере́чное ~ transverse field
поро́говое ~ threshold field
послеускоря́ющее ~ afteracceleration [postacceleration] field
посторо́ннее ~ extraneous [stray] field
постоя́нное ~ static [constant, stationary] field
потенциа́льное ~ potential field
преломля́ющее ~ refractive field
продо́льное ~ longitudinal field
простра́нственно-временно́е ~ space-time field
~ простра́нственного заря́да space-charge field
противоде́йствующее ~ opposing field
пульси́рующее ~ pulsating field
равноме́рное ~ uniform field

по́л/е
~ развёртки (*в фототелеграфной связи*) scanning field
размагни́чивающее ~ degaussing [demagnetizing] field
~ распределе́ния вы́зовов *тлф.* master [traffic-distributor] bank
~ рассе́яния leakage field
~ СВЧ microwave field
силово́е ~ field of forces
силово́е, цетра́льное ~ field of central force, central-force field
~ си́лы тя́жести gravity field
скаля́рное ~ scalar field
~ скоросте́й velocity field, velocity profile
~ собы́тий field of events
спира́льное ~ helical [corkscrew] field
стати́ческое ~ static [constant, stationary] field
~ страни́цы (*в книге, рукописи и т. п.*) margin
~ страни́цы, пере́днее outer margin
температу́рное ~ temperature pattern
тормозя́щее ~ retarding [decelerating] field; *эл.* brake field
~ тяготе́ния gravitational field
~, уде́рживающее (пла́зму) (plasma-)confining field
ультразвуково́е ~ ultrasonic field
~ ускоре́ний acceleration field
ускоря́ющее ~ accelerating field
установи́вшееся ~ steady-state field
цветово́е ~ colour field
ша́хтное ~ mine field, mine take
ша́хтное ~ по восста́нию mine take to the rise
ша́хтное ~ по паде́нию mine take to the dip
электри́ческое ~ electric field
электромагни́тное ~ electromagnetic field
электромагни́тное, краево́е ~ fringe (field)
электростати́ческое ~ electrostatic field
электротеллури́ческое ~ telluric [earth electric, geoelectric] field
этало́нное ~ *рад.* pattern field
я́дерное ~ nuclear field
~ я́коря *эл.* armature field

полево́дство *с.* crop husbandry, field cropping
поле́зно *нареч.* □ **чита́телю бу́дет ~ прове́рить вы́вод самостоя́тельно** it will be instructive for the reader to check [verify] the proof
поле́но *с.* stub
полёт *м.* flight □ **в ~е** in flight; **выполня́ть ~ в режи́ме ожида́ния** fly the holding pattern; **выполня́ть ~ по прибо́рам** fly on instruments [in instrument conditions]; **выполня́ть [соверша́ть] ~** fly; **заверша́ть ~** terminate a flight; **пе́ред нача́лом ~ов** prior to the first flight of the day; **по оконча́нии ~ов** after the

last flight of the day; **прерывáть ~** abort a flight
полёт
акти́вный ~ powered flight
~ в атмосфéре atmospheric flight, aerocruise
~ в болтáнку disturbed atmosphere flight
визуáльный ~ contact [visual, VFR] flight, VFR operation
~ в услóвиях аэродинами́ческого нагрéва thermal flight
~ в услóвиях невесóмости weightlessness [zero-gravity, zero-g] flight
высóтный ~ (high-) altitude flight
горизонтáльный ~ level [flat] flight
испытáтельный ~ test flight
косми́ческий ~ space flight
маршрýтный ~ (en-)route flight
~ на автопилóте auto-controlled flight
~ на гиперзвуковы́х скоростя́х hypersonic [hypervelocity] flight
~ на дáльность long-distance [long-range] flight
~ над вóдной повéрхностью overwater flight
~ на дозвуковы́х скоростя́х subsonic flight
~ на максимáльной мóщности maximum power flight
~ на околозвуковы́х скоростя́х transonic flight
~ на продолжи́тельность endurance flight
~ на режи́ме балансирóвки trimmed(-out) flight
~ на режи́ме висéния hovering flight
~ на сверхзвуковы́х скоростя́х supersonic flight
~ на тренажёре simulated flight
орбитáльный ~ orbital flight
паря́щий ~ soaring □ **совершáть паря́щий ~** soar
перевёрнутый ~ inverted flight
~ под автопилóтом auto-controlled flight
~ по инéрции coasting flight
~ по корóбочке box-pattern flight
~ по крýгу circling □ **совершáть ~ по крýгу** (*о самолёте*) be in traffic circuit, fly around the circuit
~ по ортодрóмии great-circle flight
~ по прибóрам instrument flight, IFR operation
~ по радиолучý radio-beam flight
прямолинéйный ~ straight flight □ **выдéрживать [сохраня́ть] прямолинéйный ~** maintain straight flight
рéйсовый ~ scheduled flight □ **выполня́ть рéйсовый ~** operate a scheduled flight
самостоя́тельный ~ solo flight
~ с брóшенным управлéнием controls-free [hands-off] flight
скоростнóй ~ high-speed flight
слепóй ~ instrument flight
~ с нерабóтающим дви́гателем engine-off flight

полёт
~ со скольжéнием yawed flight
~ с рабóтающим дви́гателем engine-on flight
~ с фикси́рованным управлéнием controls-fixed flight
тренирóвочный ~ practice flight
учéбный ~ training flight
«полёт» *м.* **крáски** *полигр.* ink flying, ink misting
ползýн *м.* **1.** (*крейцкопф*) crosshead **2.** (*подшипника*) sliding bearing **3.** *текст.* slide block, slide bar, slide rack, slider
~ ножá *прок.* blade head
ползунóк *м.* **1.** (*на шкале и т. п.*) cursor, runner **2.** (*контакт*) wiper, slide arm
ползучепрóчность *ж.* creep strength
ползýчесть *ж.* creep(ing), creepage
~ грýнта soil creep
сдви́говая ~ creep in shear
поли́в *м.* **1.** (*орошение*) watering, irrigation; (*из шланга*) hosing **2.** (*для образования плёнки или покрытия на подложке*) casting
~ затоплéнием flooding irrigation
~ нáпуском по полосáм gravity irrigation
поли́ва *ж.* glazing, enamel
поливинилхлори́д *м.* polyvinylchloride, PVC
поливитами́н *м.* polyvitamin
полигóн *м.* **1.** proving [testing] ground **2.** (*многоугольник*) polygon **3.** *геод.* (field) traverse, polygon, geodetic chain, triangulation chain; *жарг.* loop
баллисти́ческий ~ ballistic range
полигонизáция *ж.* polygonization
полигономéтрия *ж.* *геод.* polygonometry, polygon [traverse] measurements; (field) traverse, survey traverse
полиграфи́я *ж.* printing [graphic] arts
полидиспéрсность *ж.* polydispersity
полижелéзо *с.* (*диэлектрик*) polyiron
поликислотá *ж.* polyacid
поликонденсáция *ж.* polycondensation, condensation polymerization
поликристáлл *м.* polycrystal
полилогари́фм *м.* polylogarithm
поли́мéр *м.* polymer
высокомолекуля́рный ~ high-(molecular) polymer
горя́чий ~ hot polymer
искýсственный ~ regenerated polymer
кремнийоргани́ческий ~ organo-silicon polymer
кристалли́ческий ~ crystalline polymer
линéйный ~ linear polymer
насы́щенный ~ saturated polymer
неоргани́ческий ~ inorganic polymer
низкомолекуля́рный ~ low-molecular polymer
ориенти́рованный ~ oriented [directed] polymer

полимéр
приви́тый ~ graft-polymer
прирóдный ~ natural polymer
~ сéтчатой структýры cross-linked polymer
синтети́ческий ~ synthetic-base [synthesized] polymer
~ с разветвлённой структýрой branched polymer
стереорегуля́рный ~ stereoregular polymer
сши́тый ~ cross-linked polymer
трёхмéрный ~ three-dimensional polymer
хелáтный ~ chelate polymer
холóдный ~ cold polymer, autopolymer
элементооргани́ческий ~ hetero-organic polymer
полимеризáт *м.* polymerizate
полимеризáци/я *ж.* polymerization □ **возбуждáть ~ю** initiate polymerization
полимеризовáть *гл.* polymerize
полимери́я *ж.* polymerism
полимеробетóн *м.* organic [polymer-impregnated] concrete
полиморфи́зм *м.* polymorphism
полинóм *м.* polynomial □ **~ от x, y, z** a polynomial in x, y, z
полипропилéн *м.* polypropylene
полировáние *с.* polishing
~ до зеркáльной повéрхности buffing
хими́ческое ~ chemical smoothing
электролити́ческое ~ electrolytic polishing
полир/овáть *гл.* polish □ **~ до блéска** give a high polish, give a mirror-like polish; **~ до зеркáльной повéрхности** buff; **материáл хорошó** *или* **плóхо ~уется** a material takes a good *or* poor polish
полирóвк/а *ж.* **1.** (*обработка поверхности*) polish □ **принимáть ~у** take a polish **2.** (*доводка жидкого металла*) shaping-up
полисахари́д *м.* polysacharide
полиспáст *м.* tackle block
дифференциáльный ~ differential block
цепнóй ~ chain block
полистирóл *м.* polystyrene
политипáж *м.* *полигр.* duplicated ornament
политóп *м.* polytope
политрóпа *ж.* polytrope, polytropic curve
политýра *ж.* **1.** polishing liquid **2.** (*на ламелях коллектора*) brush film
полиуретáн *м.* polyurethane
полихрои́зм *м.* pleochroism, polychroism
полихромáтор *м.* polychromator
полихроми́я *ж.* multicolour printing
полицили́ндр *м.* polycylinder
полиэ́др *м.* polyhedron, polytope
полиэтилéн *м.* polyethylene
полиэфи́р *м.* (*простой*) polyether; (*сложный*) polyester

по́лка *ж.* shelf
~ ба́лки flange of a beam
~ гну́того про́филя leg, flange
ка́бельная ~ cable shelf, cable rack
~ о́бода (*колеса*) rim seat
полнодосту́пность *ж.* (*теория трафика*) full availabilty, full accessibility
полнот/а́ *ж.* completeness
~ зву́ка speech volume
~ сгора́ния completeness of combustion
функциона́льная ~ functional completeness □ **облада́ть функциона́льной ~ой** satisfy the requirement of functional completeness
полови́ца *ж.* floor board
полово́дье *с.* flood, high water
по́лог *м.* **лесонасажде́ния** forest canopy
поло́дия *ж.* 1. *физ.* polhode 2. *маш.*, *мех.* centrode
неподви́жная ~ *мех.* fixed [space] centrode
подви́жная ~ *мех.* moving centrode, centrode of a body
положе́ни/е *с.* 1. (*местонахождение*) location, position □ **верну́ться в,** *напр.* **вертика́льное ~** regain, *e.g.*, an upright position 2. (*состояние*) condition, state 3. (*утверждение, мысль, лежащие в основе чего-л., пункт теории, аргумент в доказательстве и т. п.*) postulate, proposition, statement
~ автосце́пки, свобо́дное disengaged position of an automatic coupler
вертика́льное ~ vertical [upright] position □ **сохраня́ть вертика́льное ~** remain upright
взаи́мное ~ relative position
~ «включено́» "ON" position
~ в мёртвой то́чке dead centre position
~ в решётке lattice position, lattice site
~ «вы́ключено» "OFF" position
вы́пущенное ~ (*шасси, закрылков*) extended [down] position
горизонта́льное ~ horizontal [level] position □ **приводи́ть** *что-л.* **в горизонта́льное ~** bring *smth.* into a level position
~ движка́ потенцио́метра, отсчётное dial setting of a potentiometer
исхо́дное ~ initial [home] position, starting point; (*искателя*) the rest position
коне́чное ~ end position
наблюдённое ~ (*судна, самолёта*) position by observation
нейтра́льное ~ neutral position
неподви́жное ~ stationary [at-rest] position
норма́льное ~ normal (position, status) □ **возвраща́ться в норма́льное ~** restore to normal
нулево́е ~ 1. (*исходное*) initial [zero] position 2. (*уравновешенное*) zero balance

положе́ни/е
нулево́е ~ весо́в equilibrium point
~ поко́я rest [home, quiescent] position
~ по́лного запа́здывания зажига́ния full-retard position
~ по́лного опереже́ния зажига́ния full-advance position
похо́дное ~ stowed position
простра́нственное ~ (*летательного аппарата*) attitude □ **определя́ть простра́нственное ~** sense the attitude; **сохраня́ть простра́нственное ~** maintain the attitude; **управля́ть простра́нственным ~ем** control the attitude
пусково́е ~ starting position
~ равнове́сия equilibrium position
~ разли́вки (*угол наклона печи*) pouring position
рассогласо́ванное ~ unmatched position □ **движки́ потенцио́метров А и Б занима́ют рассогласо́ванное ~** the positions of the wipers of the potentiometers A and B are not matched [do not match]
~ «стоп» "STOP" position
счи́сленное ~ (*судна, самолёта*) dead-reckoned [D.R.] position
фа́зовое ~ (*в фототелеграфной связи*) starting position of the scanning drum, start of a scanning line
ходово́е ~ service [running] position
~ шва при сва́рке weld(ing) position
положи́тельность *ж.* positivity, positiveness
положи́тельный *прил.* positive
по́лоз *м.* skid; (*саней*) runner
полозо́к *м.* **башмака́** (*косилки*) shoe slipper, shoe sole
полозо́к-ограничи́тель *м.* **заглубле́ния** (*плуга*) skid rest
поло́ида *ж. см.* **поло́дия**
поло́к *м.* platform
погру́зочный ~ loading platform
подви́жный ~ travelling platform
прохо́дческий ~ sinking platform
поло́мка *ж.* break-down
поло́ний *м.* polonium, Po
полос/а́ *ж.* 1. (*узкая пластинка, удлинённый кусок, напр. металла, ткани и т. п.*) strip 2. (*цветовая линия*) stripe 3. *прок.* strip □ **~ захлёстывает бараба́н мота́лки** the strip collars (around) the coiler drum; **ката́ть ~у вхолосту́ю [без обжа́тия]** dummy the strip; **~ око́вывает вало́к** the strip collars (around) a roll; **распусти́ть ~у** (*металла*) slit the strip; **свёртывать [сма́тывать] ~у в руло́н** coil a strip, form a strip into a coil 4. (*сортового металла*) bar 5. *полигр.* page 6. (*пояс, зона*) belt
биметалли́ческая ~ bimetal strip
ветрозащи́тная ~ windbreak
взлётно-поса́дочная ~ [ВПП] runway □ **освобожда́ть взлётно-поса́дочную ~у** clear the runway

полос/а́
взлётно-поса́дочная, рабо́чая ~ runway in use
горячека́таная ~ hot-rolled strip
~ движе́ния (traffic) lane
~ доро́ги, раздели́тельная centre mall, dividing [separating] strip
~ загражде́ния фи́льтра attenuation band of a filter
заземля́ющая ~ earth-continuity conductor
~ затуха́ния фи́льтра attenuation band of a filter
~ земли́, охва́ченная лучо́м самолётного радиолока́тора, аэрофотока́мерой *и т. п.* swath
интерференцио́нная ~ interference band
~ испуска́ния спе́ктра emission band
~ конта́кта *полигр.* printing nip, line of contact
концева́я ~ *полигр.* end page
лесозащи́тная ~ shelterbelt, windbreak
лётная ~ (landing) strip
~ непрозра́чности [непропуска́ния] фи́льтра suppression [stop, rejection] band of a filter
~ отчужде́ния right-of-way
пе́рвая ~ *полигр.* front page
печа́тная ~ printed page
поворо́тная ~ *с.-х.* headland
~ поглоще́ния спе́ктра absorption band
полезащи́тная ~ shelterbelt, windbreak
~ прозра́чности фи́льтра transmission band of a filter
~ пропуска́ния bandwidth □ **расширя́ть ~у пропуска́ния** (*напр. усилителя*) extend the bandwidth
~ пропуска́ния кана́ла *рад.* channel bandwidth
~ пропуска́ния фи́льтра transmission band of a filter
~ пропуска́ния, широ́кая large bandwidth
~ расфильтро́вки (*защитный промежуток*) *свз.* guard band, guard space, guard interval
~ согласова́ния *карт.* match strip
~ спе́ктра, враща́тельная rotational band
спектра́льная ~ spectral band
спускова́я ~ *полигр.* fresh page
стальна́я руло́нная ~ coiled steel strip
холоднока́таная ~ cold-rolled strip
~ часто́т *рад.* frequency band, wave range □ **распределя́ть ~у часто́т** assign a frequency band; **растя́гивать ~у часто́т** spread a frequency band
~ часто́т, бокова́я side band
~ часто́т, бокова́я, ве́рхняя upper side band
~ часто́т, бокова́я, ни́жняя low(er) side band
~ часто́т, защи́тная guard band

полос/а́
~ часто́т излуче́ния frequency band of emission
~ часто́т исхо́дных сигна́лов base-band
~ часто́т, модули́рующая base-band
~ часто́т, номина́льная service band
~ часто́т, предохрани́тельная guard band
~ часто́т, рабо́чая service band
~ часто́т, раздели́тельная guard band
полоса́тость: *ж.*
~ за счёт колеба́ния у́ровня (*в фототелеграфе*) stutter
~ на осно́ве (*дефект*) *текст.* section marks
~ по утку́ (*дефект*) *текст.* bar [stop] marks
поло́сность *ж.* streakiness, bandness, striation
полосова́ть *гл. мет.* make into bars
по́лость *ж.* space
~ водяно́й руба́шки water jacket space
~ вулканизацио́нной пресс-фо́рмы mould cavity
~ для па́ра (*в радиаторе*) steam pocket
~ кони́ческой пове́рхности nappe of a conical surface
оформля́ющая ~ (*в литье под давлением*) cavity
поршнева́я ~ (*рабочая камера поршневого гидроцилиндра*) head end
~ распредели́теля, напо́рная *с.-х.* discharge chamber
~ расслое́ния *горн.* stratification [lamination] cavity
слива́я ~ *с.-х.* exhaust chamber
~ форсу́нки nozzle chamber
~ шта́мпа *мет.* die cavity
што́ковая ~ (*рабочая камера поршневого гидроцилиндра*) rod end
поло́счатость *ж.* streakiness, striation, banding
полотёр *м.* floor polisher
поло́тнище *с.* **1.** width, breadth; panel **2.** (*пилы, ножа*) blade
полотно́ *с.* **1.** canvas, cloth **2.** (*дорожное*) roadbed **3.** (*пилы, ножа*) saw blade
абрази́вное ~ abrasive cloth
алокси́товое ~ aloxite cloth
~ анте́нны (*напр. отражающее, излучающее*) sheet of an array
асбе́стовое ~ asbestos cloth
дверно́е ~ door leaf
доро́жное ~ roadbed, roadway
железнодоро́жное ~ railway bed, railway ground work
земляно́е ~ roadbed, subgrade
излуча́ющее ~ *рад.* radiating curtain
колоснико́вое ~ grate, grating
ко́рдное ~ cord fabric
~ моста́ bridge floor

полотно́
~ подбо́рщика pick-up belt, pick-up canvas
рези́новое ~ rubber sheet
~ элева́тора (*напр. картофелеуборщика*) elevator apron
полоше́ние (*на оттиске*) *полигр.* streaking
полтора́ *числ.* one and a half, one and one half, sesqui-
полуавтома́т *м.* semi-automatic machine
дугово́й сва́рочный ~ semi-automatic arc welding machine
зато́чный ~ semi-automatic grinder
книговста́вочный ~ semi-automatic casing-in machine
круглоотливно́й ~ *полигр.* semi-automatic curved stereoplate caster
тока́рно-револьве́рный ~ semi-automatic turret lathe
тока́рный ~ semi-automatic lathe
тока́рный, многорезцо́вый ~ semi-automatic multitool lathe
тока́рный, многошпи́ндельный ~ semi-automatic multispindle lathe
тока́рный, патро́нный ~ semi-automatic chucker
фре́зерный ~ semi-automatic milling machine
шлифова́льный ~ semi-automatic grinder
полуа́лгебра *ж.* semi-algebra
полуантраци́т *м.* semi-anthracite
полуба́к *м.* forecastle
полубесконе́чный *прил. мат.* semi-infinite
полубилине́йный *прил. мат.* sesquilinear
полуби́мс *м.* half-beam
полубло́к *м.*:
~ пласти́н аккумуля́тора, отрица́тельный *эл.* negative-plate group
~ пласти́н аккумуля́тора, положи́тельный *эл.* positive-plate group
полубо́чка *ж. ав.* half-roll
полуваго́н *м.* gondola car, open wagon
полува́тман *м.* Whatman imitation paper
полувулканиза́ция *ж.* semi-cure
полугармо́ника *ж.* harmonic [multiple] of half the frequency, harmonic of one-half frequency
полугоризонта́ль *ж.* half-interval [mediate] contour
полу́да *ж.* tinning
полудо́рн *м.* (*шины*) shoulder drum
полуду́жье *с. стр.* haunch
полуду́плекс *м.* half-duplex
полузака́лка *ж.* semi-hardening
полуинвариа́нт *м. мат.* cumulant, semi-invariant
полука́др *м. тлв.* field
полука́сса *ж. полигр.* half case
полуквадра́т *м. полигр.* en quard
полуква́дрика *ж. мат.* regulus
полуке́гельная *ж.* (*шпация*) en quard, *англ.* en
полуко́жа *ж.* leather in sides, side (leather)

полуко́жник *м. кож.* overweights, heifer, kip, veal
полуко́кс *м.* semi-coke
полукоксова́ние *с.* low-temperature carbonization
полуколо́нна *ж. стр.* semi-column, half-engaged column
полукольцо́ *с. мат.* semi-ring
полукомпле́кт *м. рад., свз.* subset
передаю́щий ~ (*в системе передачи информации*) transmitter subset
приёмный ~ (*в системе передачи информации*) receiver subset
полукру́г *м. мат.* semicircle
полукру́глая *ж.* (*шпация*) en quard, *англ.* en
полукрыло́ *с.* half-wing
полуку́пол *м.* semi-dome
полума́сса *ж. цел.-бум.* raw pulp
тряпи́чная ~ rag pulp
полумикроана́лиз *м.* semi-microanalysis
полумоноко́к *м. ав.* semi-monocoque
полуму́фта *ж.* half-coupling
полунепреры́вность *ж.* semi-continuity
полуокру́жность *ж.* semicircle
полуорби́та *ж.* semi-orbit
полуо́сь 1. (*геометрическая абстракция*) semi-axis **2.** (*транспортного средства*) half-axle
больша́я ~ semi-major axis
действи́тельная ~ semi-transverse axis
~ Земли́, поля́рная polar radius
~ Земли́, экваториа́льная equatorial radius
ма́лая ~ semi-minor axis
положи́тельная ~ positive axis
фла́нцевая ~ flange half-axle
шли́цевая ~ splined half-axle
полупери́од *м.* **1.** (*временно́й интервал*) half-period **2.** (*изменения тока, напряжения и т. п. за полупериод*) half-cycle □ **во вре́мя положи́тельного ~а, напр. напряже́ния** during the positive half-cycles, *e.g.*, of voltage
полуплоскость *ж.* half-plane
полуприём *м. геод.* round
полупри́зма *ж.* hemiprism
полуприце́п *м.* semi-trailer, two-wheel(ed) trailer
низкора́мный ~ low-bed [drop-frame] semi-trailer
полуприце́п-контейнерово́з *м.* container chassis
полупроводни́к *м.* semiconductor □ **вводи́ть при́месь в ~** dope a semiconductor; **внедря́ть, напр. ио́ны в ~** implant ions in a semiconductor; **компенси́ровать ~** compensate a semiconductor; **леги́ровать ~** dope a semiconductor; **леги́ровать ~ си́льно** dope a semiconductor highly [heavily]
беспри́месный ~ intrinsic [pure] semiconductor
вы́рожденный ~ degenerate(d) semiconductor

полупроводни́к
ды́рочный ~ hole [*p*-type] semiconductor
монокристалли́ческий ~ single-crystal [monocrystalline] semiconductor
невы́рожденный ~ nondegenerated semiconductor
несо́бственный ~ extrinsic [impurity] semiconductor
объёмный ~ bulk semiconductor
одноэлеме́нтный ~ elemental [simple] semiconductor
при́месный ~ extrinsic [impurity] semiconductor
светочувстви́тельный ~ photosensitive semiconductor
сло́жный ~ compound semiconductor
со́бственный ~ intrinsic [pure] semiconductor
~ ти́па $A_{III}B_V$ III-V (compound) semiconductor
чи́стый ~ pure [intrinsic] semiconductor
электро́нный ~ electronic [*n*-type] semiconductor
элемента́рный ~ elemental semiconductor
~ *n*-ти́па electronic [*n*-type] semiconductor
~ *p*-ти́па hole [*p*-type] semiconductor
полупроду́кт *м.* intermediate product, semi-product
полупростра́нство *с.* half-space
полупряма́я *ж.* half-line, ray
полура́зность *ж.* half-difference, semi-difference
полуразре́з *м.* phantom view
полуразъём *м.* 1. connector member 2. (*вставка*) (connector) plug 3. (*колодка*) (connector) receptacle
полураска́т *м. прок.* semifeed
полураско́с *м.* knee brace
полураспа́д *м.* half-decay, half-disintegration
полуре́плика *ж.* **по́лного фа́кторного экспериме́нта** half-replicate of a full factorial design
полусло́во *с. вчт.* half-word
полуста́ль *ж.* semisteel
полустро́б *м. рлк.* gate
второ́й ~ late gate
за́дний ~ late gate
пе́рвый ~ early gate
пере́дний ~ early gate
полусу́мма *ж.* half-sum, semi-sum
полусумма́тор *м. вчт.* (*дискретный*) half-adder; (*аналоговый*) half-summer
полусфе́ра *ж.* hemisphere
полуте́ло *с.* half-body
полутолщина́ *ж.* half-thickness
полутомпа́к *м.* low brass
полуто́н *м.* half-tone
полуусто́йчивость *ж.* semi-stability
полуфабрика́т *м.* 1. (*промышленный*) semifinished item 2. *мн.* (*продукты питания*) prepared [uncooked] food (s)
полуфе́рма *ж.* semi-truss
полуфо́рма *ж.* half-mould
полуфуга́нок *м.* long plane
полуце́лый *прил. мат.* half-integer, semi-integral
полуцили́ндр *м.* semi-cylinder
получе́ние *с.* 1. (*производство, выработка*) production 2. (*поставок, грузов и т. п.*) receipt
получерпа́к *м. кож.* half-butt
полуша́рие *с.* hemisphere
се́верное ~ northern hemisphere
ю́жное ~ southern hemisphere
полуширина́ *ж.* halfwidth, halfbreadth
~ резона́нсной криво́й half-power width of a resonance curve
полуширота́ *ж.* (*на теоретическом чертеже судна*) half-breadth plan
полую́т *м. мор.* poop
по́льзование *с.* (*применение*) use
по́льзователь *м. вчт.* user
зарегистри́рованный ~ authorized user
ме́стный ~ local user
незарегистри́рованный ~ nonauthorized user
~ с вы́сшим приорите́том high-priority user
~ с ни́зшим приорите́том low-priority user
удалённый ~ remote user
по́люс *м.* 1. pole 2. (*вывод, зажим*) terminal
~ возбужде́ния *эл.* field pole
географи́ческий ~ geographic pole
геомагни́тный ~ geomagnetic pole
гла́вный ~ *эл.* main pole
дополни́тельный ~ *эл.* commutating [intermediate] pole, interpole, compole
~ зубча́того зацепле́ния pitch point
и́стинный ~ true pole
магни́тный ~ magnetic pole
~ ми́ра (*в астронавигации*) the elevated [celestial] pole
неявновы́раженный ~ *эл.* non-salient pole
одноимённый ~ like pole
основно́й ~ *эл.* main pole
отрица́тельный ~ *эл.* negative terminal
положи́тельный ~ *эл.* positive terminal
разноимённый ~ unlike [opposite] pole
се́верный ~ north pole
ю́жный ~ south pole
явновы́раженный ~ *эл.* salient pole
полюсоопредели́тель *м.* polarity indicator
поля́ра *ж. ав.* polar (diagram), polar [lift-drag] curve
поляриза́тор *м.* polarizer
поляриза́ция *ж.* polarization
анома́льная ~ anomalous [abnormal] polarization
гальвани́ческая ~ cell [electrochemical, electrolytic] polarization
дипо́льная ~ dipole polarization
поляриза́ция
диэлектри́ческая ~ dielectric polarization
доме́нная ~ domain polarization
ио́нная ~ ionic polarization
кругова́я ~ circular polarization
ле́вая ~ left-hand circular [counter-clockwise] polarization
лине́йная ~ plane [linear] polarization
магни́тная ~ magnetic polarization
миграцио́нная ~ interlayer polarization
молекуля́рная ~ molecular [molar] polarization
накло́нная ~ oblique polarization
объёмная ~ space-charge polarization
ориентацио́нная ~ orientation polarization
оста́точная ~ remanent polarization
по́лная ~ perfect [complete] polarization
попере́чная ~ cross [transverse] polarization
пра́вая ~ right-hand circular [clockwise] polarization
пьезоэлектри́ческая ~ piesoelectric polarization
релаксацио́нная ~ relaxation polarization
спонта́нная ~ spontaneous polarization
части́чная ~ partial polarization
электри́ческая ~ dielectric polarization
электро́нная ~ electronic polarization
электрохими́ческая ~ electrochemical polarization
эллипти́ческая ~ elliptical polarization
поляризо́ванность *ж.* polarization
поляризова́ть *гл.* polarize
поляризу́емость *ж.* polarizability
деформацио́нная ~ deformation polarizability
поляри́метр *м.* polarimeter
полутенево́й ~ half-shadow polarimeter
поляриметри́я *ж.* polarimetry
поляриско́п *м.* polariscope
кругово́й ~ circular polariscope
пло́ский ~ plane polariscope
стробоскопи́ческий ~ polaristrobometer
полярископи́я *ж.* polariscopy
поляристробоме́тр *м.* polaristrobometer
поля́рност/ь *ж.* polarity □ **в обра́тной ~и** in opposite polarity; **в прямо́й ~и** in straight [normal] polarity; **обраща́ть [меня́ть] ~** reverse the polarity; **определя́ть [проверя́ть] ~,** *напр.* **генера́тора** check [test], *e.g.*, a generator for polarity; **соблюда́ть ~** (*напр. при подключении приёмника к бортсети автомобиля*) observe the polarity

поля́рност/ь
~ возбужде́ния генера́тора polarity of the generator field □ **восстана́вливать ~ возбужде́ния генера́тора** flash the field of a generator
полярогра́мма *ж.* polarogram
поляро́граф *м.* polarograph
полярогра́фия *ж.* polarography
поляро́ид *м.* polarizer, polarizing filter (Polaroid — *фирм. название*)
поляро́н *м.* polaron
поляроско́п *м.* polaroscope
помазо́к *м.* **1.** brush **2.** *лит.* bosh, swab
поменя́/ть *гл.* (ex)change □ **~ места́ми** exchange *пример*: **поменя́в места́ми индукти́вности и ёмкости в схе́ме, полу́чим ёмкостную трёхто́чку** if the inductances and capacitances are exchanged in the circuit the result is a Colpitts oscillator
поме́х/а *ж.* interference; (*шум*) noise; (*внешнее воздействие*) disturbance □ **отфильтро́вывать ~у** reject an interference; **подавля́ть ~у** suppress interference
атмосфе́рные ~и atmospheric disturbance, atmospherics
вне́шняя ~ external noise
вну́тренняя ~ internal noise
высокочасто́тная ~ high-frequency noise
грозова́я ~ lightning [thunderstorm] static
загради́тельная ~ *рлк.* barrage jamming
и́мпульсная ~ impulse noise
индустриа́льная ~ industrial [man-made] noise, man-made interference
манипуляцио́нная ~ keying noise
маскиру́ющая ~ masking interference
ме́стная ~ [«ме́стник»] (*отражение от неподвижных местных объектов*) *рлк.* permanent echo
~ незатуха́ющими колеба́ниями *рлк.* continuous-wave [CW] jamming
~ немодули́рованными колеба́ниями *рлк.* continuous-wave [CW] jamming
организо́ванная ~ *рад., рлк.* jamming □ **рабо́тать без организо́ванной ~и** operate in the clear; **рабо́тать в усло́виях организо́ванной ~и** operate through jamming
отве́тная ~ *рлк.* repeater jamming
~ от взаи́мной модуля́ции intermodulation interference
~ от метеофа́кторов *рлк.* precipitation effects
~ от пове́рхности мо́ря (*отражение от моря, видимое на экране*) *рлк.* sea(-surface) clutter
~ от со́лнечного излуче́ния solar noise
~ по зерка́льному кана́лу image interference
прице́льная ~ *рлк.* spot [selective] jamming
промы́шленная ~ industrial [man-made] noise, man-made interference

поме́х/а
радиолокацио́нная ~ (*видимая на экране в результате отражения*) clutter
~ и радиолокацио́нным ста́нциям, акти́вные active electronic radar countermeasures
~и радиолокацио́нным ста́нциям, пасси́вные passive electronic radar countermeasures
синфа́зная ~ common-mode interference
случа́йная ~ random noise
теплова́я ~ thermal noise
~, уводя́щая по да́льности *рлк.* range pull-off
флуктуацио́нная ~ *элн.* fluctuation noise
хаоти́ческая ~ [«ка́ша»] *рад.* hash
помехозащищённость *ж.* noise immunity; (*в системах передачи данных*) error probability (performance)
помехоусто́йчивость *ж.* noise immunity; (*в системах передачи данных*) performance in terms of error probability
помеще́ни/е *с.* room □ **в ~и** indoors; **вне ~я** out-of-doors, outdoors; **внутри́ ~я** indoors
аккумуля́торное ~ (storage) battery room
бага́жно-грузово́е ~ (*на самолёте*) baggage-and-cargo space
бытово́е ~ [«быто́вка»] amenity [welfare] room
вы́ставочное ~ showroom
вычита́емое ~ *мор.* deducted space
~ для пассажи́ров *мор.* passenger space(s)
до́йльное ~ *с.-х.* milk(ing) room
жило́е ~ *мор.* berthing [living] space
закры́тое ~ *мор.* enclosed space
неучи́тываемое ~ *мор.* exempted space
откры́тое ~ *мор.* open space
произво́дственное ~ production (floor-) area
складско́е ~ store room
служе́бное ~ service room
черда́чное ~ garret room, attic
помно́жить *гл.* multiply
помо́л *м.* **1.** (*измельчение*) comminution; (*более грубый*) grinding; (*более тонкий*) milling **2.** (*качество или тонина помола*) (*грубый*) coarse grinding, coarse milling; (*тонкий*) fine grinding, fine milling **3.** *цел.-бум.* paper stock
жи́рный ~ well-beaten stock
~ зерна́, высо́кий high milling
~ зерна́, просто́й plain milling
~ зерна́, сортово́й high-grade milling
са́дкий ~ unbeaten stock
то́щий ~ unbeaten stock
помо́ст *м.* stage
помо́щник *м.* assistant
~ капита́на *мор.* (captain's) mate

помо́щник
~ капита́на, второ́й *мор.* second mate
~ капита́на, пе́рвый *мор.* first [chief] mate
~ кочега́ра *мор.* coal-passer, coal-trimmer
~ машини́ста assistant engine driver
по́мощь *ж.* **1.** aid, assistance, help **2.** (*пособие*) relief □ **ока́зывать ~ в слу́чае пораже́ния электри́ческим то́ком** give treatment [treat] for electric shock
пе́рвая ~ first aid □ **ока́зывать пе́рвую ~** give [render] first aid
техни́ческая ~ (*напр. при строительстве объектов*) technical assistance
по́мпа *ж.* pump
помпа́ж *м.* **1.** (*вредное явление в гидравлических машинах*) surging **2.** (*неустойчивость в системах управления*) hunting
~ компре́ссора stalling and surging
помутне́ние *с.* turbidity, cloudiness
~ плёнки *кож.* blushing
понижа́ть *гл.* bring down, lower □ **~ напряже́ние** step down a voltage; **~ поря́док ма́трицы** deflate a matrix; **~ поря́док систе́мы уравне́ний** reduce the order of a set [system] of equations; **~ сте́пень уравне́ния** depress an equation; **~ число́ оборо́тов** gear down
понижа́ться *гл.* fall, drop, diminish, decrease
пониже́ние *с.* bringing-down, lowering; reduction, decrease
~ горизо́нта *астр.* dip of the horizon
капилля́рное ~ capillary depression
~ у́ровня воды́ fall of the water table
~ у́ровня грунтовы́х вод ground water lowering
понима́ть *гл.* □ **«вас по́нял»** (*в радиообмене*) "roger"
понто́н *м.* pontoon; (*у драги*) scow, floating hull
пону́р *м.* fore [upstream] apron, upstream floor
поня́тие *с.* concept, notion
математи́ческое ~ mathematical concept
о́бщее ~ common notion
основно́е ~ basic concept
числово́е ~ numeric concept
поняти́йный *прил. мат.* notional, conceptual
попада́ние *с.* (*напр. в цель*) hit
~ вла́ги, пы́ли, гря́зи *и т. п.* (*в механизм, аппарат*) ingress of moisture, dust, dirt, *etc.* in(to) ...
попа́рно *нареч.* in pairs, pairwise
поперёк *нареч.* transverse (to), sideways
попере́чина *ж.* cross-piece, cross-member

поперечина
~ вертикáльных валкóв *прок.* vertical roll entablature
вéрхняя ~ (*стана*) *прок.* vertical entablature
~ клéти *прок.* mill separator
~ мостá bridge sleeper, bridge joist
поперéчина-вталкиватель *ж.* **заготóвок** *прок.* loader boom
поперéчина-выталкиватель *ж.* **заготóвок** *прок.* unloader boom
поперéчник *м.* **1.** (*ширина, напр. круглого предмета, пространство*) diameter **2.** (*размер, напр. частиц*) (particle) size across □ **частúцы с ~ом 50 мм** a particle size of 50 mm across
поперéчное V *с.* **крылá** *ав.* dihedral, lateral dihedral
отрицáтельное ~ downward dihedral
положúтельное ~ anhedral, upward dihedral
поплав/óк *м.* float
гидрометрúческий ~ hydrometric float
кольцеобрáзный ~ annular float
крыльевóй ~ *ав.* wing float
~кú летáющей лóдки sponsons
подкрыльный ~ (*у гидросамолёта*) inboard stabilizer, inboard stabilizing float
уравновéшивающий ~ *изм.* displacer
шаровóй ~ ball float
пополнúтель *м.* (*фотографического раствора*) replenisher
пополнять *гл.* (*увеличивать, напр. запасы провизии*) replenish; (*недостающий запас*) fill up (the short supply) □ **~ запáс тóплива** refuel
поправк/а *ж.* **1.** (*дополнение к тексту, положению*) amendment **2.** (*к измерениям, наблюдениям*) (*арифметическая*) correction; (*множитель*) correction factor □ **вводúть ~у** apply a correction; **вносúть [вводúть] ~у на ...** make a correction for ...; **вносúть [вводúть] ~у на погрéшность** allow for an error; **~ за ...** a correction for ...; **~ к ...** a correction to ...
аддитúвная ~ additive correction
азимутáльная ~ correction of azimuth
аэродинамúческая ~ position-error [aerodynamic] correction
~ Бýге (*гравиметрия*) Bouguer correction
~ в таблúце логарúфмов proportional parts
~ дальномéра, постоя́нная *геод.* stadia constant
~ за перехóд к геодезúческой лúнии correction for geodesic
~ за перехóд от дугú к хóрде *геод.* arc-to-chord correction
инструментáльная ~ instrument (-error) correction

поправк/а
~ на выступáющий стóлбик ртýти (emergent-)stem correction
~ на запаздывание lag-error correction
пóпуск *м.* *гидр.* drawdown, flush, release
пóр/а *ж.* **1.** pore □ **забивáть ~ы** bridge the pores **2.** (*дефект жести*) freckle
гáзовая ~ gas pocket
поразря́дно *нареч.* *вчт.* digit-by-digit; (*о двоичном разряде*) bit-by-bit
порéз *м.* **1.** cut, slash **2.** (*дефект*) *прок.* fracture along wrinkle
~ покры́шки óбодом rim cut(ting)
порúзма *ж.* *мат.* porism
пóристость *ж.* porosity
диффузиóнная ~ diffusion porosity
закры́тая ~ closed porosity
úстинная ~ true porosity
кáжущаяся ~ apparent porosity
мéлкая ~ *прок.* pinchers
объёмная ~ (*в огнеупорах*) bulk porosity
тóчечная ~ pinhole porosity
усáдочная ~ shrinkage porosity
пóровну *нареч.* *мат.* equally, in equal parts
порóг *м.* threshold
абсолю́тный ~ absolute threshold
~ болевóго ощущéния threshold of pain
боровкóвый ~ *мет.* breast wall, flue bridge
~ вúдимости visual perception threshold, threshold of vision
~ водослúва weir bulkhead
выходнóй ~ *мет.* skimming weir
~ генерáции oscillation [generation] threshold
~ генерáции лáзера lasing-action threshold
~ делéния *яд. физ.* fission threshold
~ детектúрования *рад.* detection threshold
~ завáлочного окнá *мет.* foreplate
~ классификáтора baffle (of a Dorr classifier)
~ кýзова *авто* (body) sill
направля́ющий ~ *гидр.* baffle
~ обнаружéния сигнáла signal-detection threshold
огневóй ~ fire bridge
~ осязáния *ак.* threshold of feeling, threshold of discomfort (*of tickle, pain*)
~ пéчи *мет.* sill; (*мартеновской печи*) baffle
~ разбóрчивости рéчи speech intelligibility threshold
~ разрушéния актúвной среды́ лáзера the damage threshold of a laser rod
~ реáкции reaction threshold, threshold of a reaction
~ рекристаллизáции, температýрный lowest temperature of recrystallization

порóг
~ слы́шимости hearing [audibility] threshold
~ сухóго дóка *мор.* sill
~ счёта counting threshold
~ твёрдости critical hardenability
тóпочный ~ baffle plate, fire [flame] bridge
~ чувствúтельности threshold sensitivity
шлáковый ~ *мет.* slag dam
~ шлю́за sill
энергетúческий ~ energy threshold
порóд/а *ж.* **1.** *горн.* rock □ **бурúть по ~е** drill through (the) rock; **~ вспýчивается** the rock swells; **~ выветривается** the rock erodes, the rock succumbs to the weather; **нарушáть ~у** dislocate [disturb] the rock; **обрýшивать ~у** cave in the rock; **смывáть ~у** sluice (off) the rock **2.** (*биологическая разновидность*) breed
абразúвная ~ abrasive rock
безрýдная ~ barren rock
вмещáющая ~ enclosing rock
водонасы́щенная ~ water-saturated rock
водонóсная ~ water-bearing rock
водоупóрная ~ waterproof [water-resisting] rock
~ вскры́ши overburden rock
газонóсная ~ gas rock
древéсная ~ wood (species)
извéрженная ~ igneous rock
интрузúвная ~ intrusive rock
коренная ~ bedrock
крéпкая ~ hard rock
кристаллúческая ~ crystalline rock
~ крóвли roof rock
материнская ~ parent rock
мя́гкая ~ soft rock
неоднорóдная ~ heterogeneous rock
однорóдная ~ homogeneous rock
осáдочная ~ sedimentary rock
основнáя ~ basic rock
перекрывáющая ~ overlying rock
подстилáющая ~ underlying [bedding] rock
пустáя ~ 1. (*в залегании*) barren [dead] rock **2.** (*при обогащении руды*) gangue
рудонóсная ~ ore-bearing rock
ры́хлая ~ loose rock
породообразовáние *с.* rockforming
порожня́к *м.* empty (*car*); *мн.* empties
порозимéтр *м.* porosimeter
порóк *м.* flaw
~ золéния *кож.* error in liming
~ консервúрования *кож.* curing damage
~ лицá *кож.* grain damage
~ отмóки *кож.* soaking damage
прижизненный ~ *кож.* growth damage
порообразовáние *с.* pore-formation
порообразовáтель *м.* blowing [expanding, foaming] agent
поропласт *м.* rigid foam (plastic), cellular plastic

по́рох *м.* (gun) powder
безды́мный ~ smokeless powder
беспла́менный ~ flashless powder
ды́мный ~ black [brown, smoke] powder
зернёный ~ chopped powder
порошо́к *м.* powder, dust □ **растира́ть в ~** powder, crush to powder
абрази́вный ~ abrasive dust
алма́зный ~ diamond dust, diamond powder
гольево́й ~ *кож.* hide powder
гранули́рованный ~ (*в порошковой металлургии*) granulated powder
зака́лочный ~ quenching powder
карбони́льный ~ (*в порошковой металлургии*) carbonyl powder
магнези́товый ~ dead-burned magnesite grain, loose dead-burned magnesite
магни́тный ~ magnetic powder
мы́льный ~ powdered soap
нажда́чный ~ emery dust
отбе́ливающий ~ bleaching powder
прессо́ванный ~ compacted powder, powder compact
прессо́вочный ~ *пласт.* moulding powder, moulding compound
противоотма́рочный ~ *полигр.* anti-set-off spray powder
стира́льный ~ powdered detergent
трави́льный ~ *полигр.* etching powder
у́гольный ~ carbon dust, carbon powder, finely divided carbon
шлифова́льный ~ grinding powder
электролити́ческий ~ electrolytic powder
порт *м.* 1. (*сооружение*) port □ **заходи́ть в ~** call at a port; **укрыва́ться в ~у** (*напр. на время шторма*) find [take] refuge in a port (*e.g., during a storm*) 2. (*отверстие в борту судна*) port(hole)
входно́й ~ entrance [gangway] port
грузово́й ~ cargo port
штормово́й ~ freeing port
порта́л *м.* 1. *арх.* doorway, portal 2. (*опора крана*) gantry
по́ртик *м.* 1. *мор.* port 2. *арх.* portico, antium
швартóвный ~ mooring port
штормово́й ~ freeing port
портландцеме́нт *м.* portland cement
быстротверде́ющий ~ high-early-strength portland cement
водоуде́рживающий ~ water-retentive portland cement
гидрофи́льный ~ water-retentive portland cement
пластифици́рованный ~ plastificised portland cement
сульфатосто́йкий ~ sulphate-resisting portland cement
портре́т *м.* portrait
обобщённый ~ *мат.* generalized portrait
фа́зовый ~ phase(-plane) portrait
пору́бка *ж.* cutting-down, felling of timber

по́ручень *м.* handrail
порционе́р *м.* proportioner
порциони́рование *с.* proportioning
по́рция *ж.* portion
по́рча *ж.* spoilage
по́ршень *м.* piston
волново́дный ~ waveguide plunger
~ гидростати́ческого пре́сса ram
~ двойно́го де́йствия double-acting piston
двухступе́нчатый ~ differential [stepped, two-diameter] piston
ди́сковый ~ disk [flat] piston
дифференциа́льный ~ differential piston
дози́рующий ~ metering plunger, metering ram
закора́чивающий ~ *рад.* short(ing plunger)
нагнета́тельный ~ pressure piston
насо́сный ~ pump piston
настро́ечный ~ tuning plunger
откры́тый ~ trunk piston
пита́ющий ~ feed piston
пла́вающий ~ floating piston
пло́ский ~ flat [disk] piston
просто́й ~ pot-type piston
разгру́зочный ~ balance [dummy] piston
~ ремо́нтного разме́ра oversize piston
ротацио́нный ~ rotary piston
~ с вы́пуклым дни́щем dome-head [arched-top, crown-head] piston
~ с двусторо́нним што́ком double-rod piston
~ силово́го цили́ндра ram
ска́льчатый ~ plunger
поршнева́ние *с.* *нефт.* swabbing
поры́в *м.* (*ветра*) (atmospheric) gust □ **входи́ть в ~** *ав.* encounter an (atmospheric) gust
боково́й ~ *ав.* sidegust
восходя́щий ~ *ав.* upgust
нисходя́щий ~ *ав.* downward gust
поря́д/ок *м.* 1. (*размещение, расположение по какому-л. признаку*) arrangement, order □ **в ша́хматном ~ке** staggered (order), staggered (arrangement); **располага́ть в возраста́ющем ~ке** arrange in ascending [increasing] order; **располага́ть в убыва́ющем ~ке** arrange in descending [decreasing] order 2. (*последовательный ход чего-л., напр. следования, выполнения*) sequence □ **не по ~ку** out of sequence 3. *мат.* (*числовая характеристика кривой, уравнения и т. п.*) order; power □ **~ка** of [in, on] the order of ..., of order ...; ***n*-го ~ка** (*о кривых*) *n*-power
~ величины́ *мат.* order of magnitude □ **на ~ величины́ бо́льше** by an order of magnitude greater; **на два ~ка величины́** by a factor of 10^2; **одного́ ~ка величины́** of the same order of magnitude
~ включе́ния *эл.* order of connection, switching sequence

поря́д/ок
~ вхожде́ния в связь (*исключая собственный обмен*) call-up procedure
~ выполне́ния *чего-л.* procedure
~ выполне́ния арифмети́ческих де́йствий *вчт.* order of evaluation, hierarchy of arithmetic operations
~ дифференциа́льного уравне́ния order [degree] of a differential equation
~ зажига́ния *двс* firing order, firing sequence
~ интерфере́нции order of interference
~ колеба́ний (*в пьезоэлектрическом резонаторе*) overtone order
~ криво́й order [degree] of a curve
~ ма́лости *мат.* order of smallness, order of infinitesimals
нулево́й ~ zeroth order
обра́тный ~ inverse [reverse] order
~ обраще́ния *вчт.* access
~ обраще́ния, принуди́тельный *вчт.* sequential [serial] access
~ обраще́ния, произво́льный random [direct] access
~ отрабо́тки, обра́тный *горн.* retreat mining
~ отрабо́тки, прямо́й *горн.* advance mining
~ пода́чи компоне́нтов то́плива *ркт.* propellant-component sequence
~ подхо́да (*самолётов к аэропорту*) approach sequence
~ рабо́ты цили́ндров *авто* firing order, firing sequence
~ разрабо́тки, восходя́щий *горн.* upward mining
~ реа́кции *хим.* reaction order, order of a reaction
~ то́чности order of accuracy
хронологи́ческий ~ chronological order
~ чередова́ния фаз phase sequence
~ числа́ *вчт., мат.* exponent (of a number), number exponent □ **выра́внивать ~ки чи́сел** *вчт.* adjust the exponents until equality is reached, adjust the exponents to make them equal, alter numbers to make their exponents the same
~ элеме́нта гру́ппы *мат.* period of an element of a group
поса́дк/а *ж.* 1. (*самолёта*) landing; (*на самолёт, на судно*) embarkation, boarding □ **запроси́ть по ра́дио разреше́ние на ~у** radio for a landing clearance; **осуществля́ть [производи́ть] ~у на ...** board, *e.g.*, a vehicle; **смягча́ть ~у** cushion the landing 2. *маш.* fit □ **собира́ть по,** *напр.* **скользя́щей ~е** assemble with [by], *e.g.*, a slide fit 3. *горн.* caving 4. *с.-х.* planting, plantation
вертика́льная ~ vertical landing
~ вне ВПП off-runway landing
вы́нужденная ~ forced landing; (*на воду*) ditching

поса́дк/а
горя́чая ~ shrink fit
~ движе́ния *маш.* easy-slide fit
жёсткая ~ hard [rough, impact] landing
~ кро́вли *горн.* roof caving
~ ла́вы *горн.* face caving
мя́гкая ~ soft landing
~ на во́ду water landing
~ на су́дно embarkation, boarding
~ на три то́чки three-point landing
~ по кома́ндам с земли́ ground-controlled [talk-down] landing
~ по прибо́рам instrument [blind] landing
~ с боковы́м ве́тром crosswind landing
свобо́дная ~ clearance fit
~ с зазо́ром clearance fit
скользя́щая ~ slide fit
~ с натя́гом interference fit
~ с неме́дленным взлётом touch-and-go landing
~ с нерабо́тающим дви́гателем dead-engine [power-off, powerless] landing
~ с пробе́гом до по́лной остано́вки full-stop landing
~ с прямо́й straight-in landing
~ с рабо́тающим дви́гателем power(ed) [power-on] landing
ходова́я ~ running fit
~ ши́ны (*на ободе*) fit of a tyre (*to the rim*)

посе́в *м.* sowing
авиацио́нный ~ aerial sowing
бороздово́й ~ furrow sowing
гнездово́й ~ hole [nest] sowing
гребнево́й ~ ridge sowing
ле́нточный ~ band sowing
перекрёстный ~ cross sowing
~ по дерни́не sod sowing
разбросно́й ~ broadcast seeding, broadcast sowing
рядово́й ~ row sowing, drill sowing, drilling
узкоря́дный ~ narrow-row sowing
широкоря́дный ~ wide-space sowing

посеребре́ние *с.* silvering, silver plating

посимво́льно *нареч.* symbol-by-symbol, character-by-character

последе́йствие *с.* aftereffect, carry-over effect
~ и́мпульса (посы́лки) tail of a pulse, pulse tail

после́довательность *ж.* sequence, series, succession □ **запомина́ть ~, напр. дета́лей для после́дующей сбо́рки** cbserve, *e.g.*, the spacer and washer assembly sequence for later installation
временна́я ~ time sequence
~ вы́борочных сре́дних *мат.* progressive average
~ вы́емки *горн.* sequence of extraction, sequence of mining
~ и́мпульсов pulse train, pulse sequence
информацио́нная ~ information [message, data] sequence
ко́довая, контро́льная ~ parity-check sequence
~ пара́метров *вчт.* flow of parameters
расходя́щаяся ~ *мат.* divergent sequence
случа́йная ~ random sequence
сходя́щаяся ~ *мат.* convergent sequence
~ фаз phase sequence
~ фаз, нулева́я zero phase-sequence, ZPS
~ фаз, обра́тная negative plase-sequence, NPS
~ фаз, пряма́я positive phase-sequence, PPS

послеи́мпульс *м.* afterpulse

послеохлади́тель *м.* aftercooler, recooler

послесвече́ние *с. тлв.* persistence
~ изображе́ния (*режим работы некоторых потенциалоскопов; не путать с послесвечением обычных люминофоров*) controlled fade-rate operation
~ разря́да discharge afterglow
~ экра́на screen persistence

посо́л *м.* salting
мо́крый ~ brine [wet] salting
стопово́й ~ kenching
сухо́й ~ dry salting

пост *м.* post, station
водоме́рный ~ water gauge station
го́рочный ~ *ж.-д.* crest [hump] tower
~ живу́чести *мор.* damage control centre
кно́почный ~ push-button station
лине́йный ~ line-service station
~ наблюде́ния look-out [observation] station
откачно́й ~ *вак.* exhaust unit
сва́рочный ~ 1. welding station **2.** (*сварщик-автоматчик*) welding operator
сма́зочный ~ greasing station
стре́лочный ~ *ж.-д.* pointsman's box, switchbox
~ управле́ния 1. control position, control desk **2.** *мор.* control station
~ управле́ния рулём *мор.* steering station
~ централиза́ции *ж.-д.* signal post, interlocking station, interlocking tower
~ шварто́вки *мор.* docking station

поста́в *м.* **1.** *с.-х.* mill **2.** *текст.* loom

поста́вк/а *ж.* (*доставка*) delivery, shipment; (*снабжение*) supply □ **осуществля́ть ~и в срок** deliver on schedule
~ «под ключ» (*напр. завода*) turnkey project

поставля́ть *гл.* (*доставлять*) deliver; (*снабжать*) supply, furnish □ **~ за дополни́тельную пла́ту** supply at an additional price; **~ по осо́бому зака́зу** supply on special order

поставщи́к *м.* (*лицо, организация, поставляющие материалы, товары*) supplier; (*продавец*) vendor

постано́вка *ж.* **зада́чи** formulation [statement] of a problem, problem statement

посте́ль *ж.* bed
га́лечная ~ boulder bed
сбо́рочная ~ *мор.* assembly jig
щебёночная ~ stone bed

постоя́нн/ая *ж.* constant □ **исключа́ть ~ую из дифференциа́льного уравне́ния** eliminate a constant from a differential equation; **с то́чностью до ~ой** up to a constant
а́томная ~ atomic constant
~ Бо́льцмана Boltzmann's constant
~ вре́мени time constant □ **конденса́тор заряжа́ется с ~ой вре́мени ...** the capacitor charges with/on a/the time constant ...
~ вре́мени затуха́ния time constant of damping; *англ.* modulus of decay
~ вре́мени, ма́лая fast time constant
~ вре́мени це́пи заря́да charging time constant
га́зовая ~ (characteristic) gas constant
га́зовая, универса́льная ~ universal gas constant
гравитацио́нная ~ gravitational constant
действи́тельная ~ real constant
~ диффу́зии diffusion constant
диэлектри́ческая ~ dielectric constant, (dielectric) permittivity
~ затуха́ния attenuation constant
~ интегри́рования constant of integration
~ иониза́ции ionization constant
~ Ке́рра Kerr constant
~ Кюри́ Curie constant
магни́тная ~ permeability of vacuum
~ Пла́нка Planck's constant
~ поте́рь ка́беля attenuation constant of a cable
~ произво́дной (*параметр закона регулирования по производной*) derivate time constant
произво́льная ~ arbitrary constant, arbitrary parameter
~ распа́да decay [disintegration] constant
~ распростране́ния propagation constant
~ решётки lattice constant, lattice spacing, lattice parameter
~ свя́зи coupling constant
~ ускоре́ния acceleration constant
фа́зовая ~ phase constant
~ Фараде́я Faraday constant, faraday
~ Хо́лла Hall constant, Hall coefficient

постоя́нн/ая
~ экрани́рования screening constant
электри́ческая ~ permitivity of vacuum
постоя́нство *с.* constancy
постпрогра́мма *ж. вчт.* post-mortem program
постредакти́рование *с. вчт.* postediting
построе́ние *с. мат.* **1.** (*процесс*) construction **2.** (*результат*) construction, structure
аксиомати́ческое ~ axiomatic structure
геометри́ческое ~ geometrical construction □ **выполня́ть геометри́ческое ~** carry out a geometrical construction
~ гра́фика construction [plotting] of a graph, construction of a plot
графи́ческое ~ graphic(al) construction
~ диагра́ммы plotting, construction of a plot, construction of a graph
~ хо́да луча́ *опт.* ray tracing
построи́тель *м.* **вертика́ли** *ав.* vertical reference
постула́т *м.* postulate
постули́ровать *гл. мат.* postulate
поступле́ние *с.* **1.** (*новых книг, публикаций*) accession **2.** (*материалов, изделий и т. п.*) *эк.* receipt **3.** (*прибытие по назначению*) arrival
по́ступь *ж.* (*гребного или воздушного винта*) advance
посу́да *ж.* vessels
хими́ческая ~ chemical utensils
хими́ческая, стекля́нная ~ chemical glassware
посыла́ть *гл.* **1.** (*отправлять*) dispatch, send **2.** (*передавать*) send, transmit
посы́л/ка *ж.* **1.** (*почтовое отправление*) (postal) parcel **2.** (*исходное допущение в рассуждениях*) premise **3.** *свз.* (im)pulse; (*в двоичных кодах*) *вчт.* bit □ **в пятиэлеме́нтном ко́де ка́ждой бу́кве соотве́тствует комбина́ция из пяти́ ~ок** in the five unit code, each code group contains five pulses
бесто́ковая ~ space [spacing] pulse; space [spacing] bit
~ вы́зова *тлф.* ringing, signalling
ко́довая, элемента́рная ~ code element, unit
нерабо́чая ~ *свз.* space
почто́вая ~ parcel □ **отправля́ть почто́вой ~ой** send (be sent) parcel post
рабо́чая ~ *свз.* mark
то́ковая ~ mark(ing) pulse; (*в двоичных кодах*) mark(ing) bit
управля́ющая ~ *тлг.* control signal
элемента́рная ~ unit element, unit interval □ **сигна́л пробе́ла име́ет дли́тельность в 1,5 элемента́рных ~ки** the word space signal may have a duration of 1.5 unit elements
посыпа́ть *гл.* (*поверхность, напр. песком и т. п.*) spread, scatter, spray (*e.g.*, *sand*) on ..., strew with (*e.g.*, *sand*)
посы́пка *ж.* (*напр. на рубероиде*) grit
пота́ш *м.* potash, potassium carbonate
потёки *мн. м.* runs, sags
потемне́ние *с.* darkening, blackening
~ плёнки (*вуаль*) *кфт.* film fogging
потенциа́л *м.* potential □ **находи́ться под,** *напр.* **положи́тельным ~ом по отноше́нию к ...** be at, *e.g.*, positive potential (relative) to ...
биоэлектри́ческий ~ action potential
ве́кторный ~ vector potential
~ возбужде́ния excitation potential
~ деиониза́ции deionization potential
~ зажига́ния (*тлеющего разряда*) firing [ignition, starting, striking, break-down] potential
запа́здывающий ~ delayed [retarded] potential
~ земли́ ground potential; *англ.* earth potential
изоба́рно-изотерми́ческий ~ Gibbs thermodynamic potential
изохо́рно-изотерми́ческий ~ Helmholtz free energy, Helmholtz thermodynamic potential
~ иониза́ции ionization potential
конта́ктный ~ contact potential
куло́новский ~ Coulomb potential
магни́тный ~ magnetic potential
норма́льный ~ normal potential
нулево́й ~ zero potential
обме́нный ~ exchange potential
обра́тный ~ reverse potential
~ объёмного заря́да space charge potential
опережа́ющий ~ advanced potential
опо́рный ~ reference potential
~ отсе́чки cut-off potential
~ погаса́ния extinction potential
~ подсве́тки intensifier potential
~ поко́я resting [quiescent] potential
~ по́ля field potential
~ по́ля сил force-field potential
~ пробо́я break-down potential
~ простра́нственного заря́да space charge potential
равнове́сный ~ equilibrium potential
~ радиолока́тора radar performance figure, RPF
~ силово́го по́ля force potential
~ сил отта́лкивания repulsive potential
~ сил притяже́ния attraction potential
~ сил тяготе́ния potential of gravitation, Newtonian potential
скаля́рный ~ scalar potential
со́бственный ~ self-potential
сумма́рный ~ compound action potential
термодинами́ческий ~ thermodynamic potential
потенциа́л
термоэлектри́ческий ~ thermoelectric potential
ускоря́ющий ~ accelerating potential
~ усло́вный нуль datum potential
хими́ческий ~ chemical potential
электри́ческий ~ electric potential
электро́дный ~ electrolytic [electrode] potential
электро́дный, динами́ческий ~ dynamic electrolytic [electrode] potential
электро́дный, равнове́сный ~ equilibrium electrolytic [electrode] potential
электро́дный, станда́ртный ~ standard electrolytic [electrode] potential
электро́дный, стати́ческий ~ static electrolytic [electrode] potential
электрокинети́ческий ~ electrokinetic [zeta] potential
электрохими́ческий ~ electrochemical potential
потенциа́л-зонд *м.* (*каротаж*) potential sonde, normal device
потенциалоско́п *м.* storage tube
потенциа́льность *ж.* potentiality
потенцио́граф *м.* potentiograph
потенцио́метр *м.* potentiometer □ **~ отраба́тывает выходно́й сигна́л усили́теля** the amplifier output positions the potentiometer (shaft)
автомати́ческий ~ self-balancing potentiometer
~, вы́веденный под шлиц screw-driver-adjustable potentiometer
~ вы́дачи да́нных data potentiometer
дека́дный ~ decade [decadic] potentiometer
коэффицие́нтный ~ coefficient-setting potentiometer
ламе́льный ~ sectionalized potentiometer
лине́йный ~ linear potentiometer
лине́йный ~ с шунти́рующими сопротивле́ниями tapped linear potentiometer
логарифми́ческий ~ logarithmic potentiometer
многовитко́вый ~ multiturn potentiometer
многооборо́тный ~ multiturn potentiometer
многото́чечный ~ multiple-point potentiometer
одновитко́вый ~ single-turn potentiometer
однооборо́тный ~ single-turn potentiometer
~ отрабо́тки pick-off [follow-up] potentiometer
подстро́ечный ~ trimmer potentiometer, trimpot
про́фильный ~ shaped(-card) potentiometer
самопи́шущий ~ recording potentiometer

потенцио́метр
~ с двойны́м реохо́рдом double slide-wire potentiometer
си́нус-ко́синусный ~ sine-cosine potentiometer
~ с ма́лым моме́нтом low-torque potentiometer
~ с непосре́дственным отсчётом direct-reading potentiometer
~ с нулево́й то́чкой grounded-centre-tap potentiometer
~ с обмо́ткой переме́нного ша́га variable-wire-spacing potentiometer
~ с профили́рованным карка́сом shaped(-card) potentiometer
~ с прямоуго́льным карка́сом rectangular card potentiometer
~ с реохо́рдом slide-wire potentiometer
~ с шунта́ми, функциона́льный tapped-potentiometer function generator
угольноплёночный ~ carbon-film potentiometer
фотоэлектри́ческий ~ photoelectric potentiometer
функциона́льный ~ function potentiometer
цифрово́й ~ digital potentiometer
электро́нный ~ electronic potentiometer
потенциоме́трия *ж.* potentiometry
потенци́рование *с.* taking antilogarithms, taking antilogs
потенци́ровать *гл.* take antilogarithms, take antilogs
поте́р/я *ж.* loss □ **без ~ь** loss-free, lossless; **восполня́ть ~и** make good (any) loss (of ...); **с (больши́ми) ~ями** lossy
безнагру́зочные ~и stand-by [no-load, idling, open-circuit] loss
~и в ве́се loss in weight
~и в воздухозабо́рнике intake loss(es)
~и в диэле́ктрике dielectric loss
~ ве́са на прока́ливание [при прока́ливании] loss on ignition
~и в желе́зе *эл.* iron loss(es)
~и в зазо́ре *эл.* gap loss
вихревы́е ~и eddy-current loss
~и в ме́ди *эл.* copper loss(es)
~и в направля́ющем аппара́те nozzle [guide-vane] loss(es)
вноси́мые ~и insertion loss
~и в объёме (*полупроводника*) bulk loss
~и в рабо́чей решётке (*турбины*) blade system loss(es)
~и в серде́чнике *эл.* core loss
~и в ста́ли iron loss(es)
~ в уно́се cinder loss
~ в шла́ке carbon loss in ashes
гидравли́ческие ~и hydraulic loss
джо́улевы ~и Joule's loss(es), I^2R-loss(es)
ди́сковые ~и disk friction loss
диэлектри́ческие ~и dielectric loss(es)
~ заря́да loss of charge

поте́р/я
~ зна́чащих разря́дов в результа́те *вчт.* loss of significance in the result
~ информа́ции loss of information
ионизацио́нные ~и ionization loss
~ компре́ссии loss of compression
конвекцио́нные ~и convection loss
концева́я ~ blade clearance [end, tip] loss
коррозио́нные ~и corrosion loss(es)
кро́мочная ~ lip loss
ме́стная ~ local loss
~ мета́лла на разбры́згивание loss of metal through splatter
~и на бой breakage loss
~ на вентиля́цию ventilation [windage] loss
~и на вихревы́е то́ки eddy-current loss
~и на вну́треннее тре́ние viscous loss
~и на гистере́зис hysteresis loss(es)
нагру́зочные ~и load loss(es), loss(es) under load
~ на дроссели́рование throttling loss
~и на излуче́ние radiation loss
~ на излуче́ние в окружа́ющую среду́ loss by radiation
~ на иониза́цию ionization loss
~и на испаре́ние loss by evaporation
~ на истира́ние abrasion loss, loss by abrasion
~ на каче́ние rolling loss
~и на кистево́й разря́д brush discharge loss
~и на коро́ну *эл.* corona loss(es)
~и на ока́лину scale loss
~и на отраже́ние reflection loss
~и на поглоще́ние absorption loss
~ напо́ра head [pressure] loss
~и на преломле́ние refraction loss
~ на проте́чку па́ра leakage [clearance] loss
~и на распростране́ние propagation loss
~и на рассе́яние scattering loss
~и на релакса́цию relaxation loss
~и на тре́ние friction loss
оми́ческие ~и ohmic [resistance] loss
~ перегре́ва *тепл.* desuperheating
~и при распростране́нии радиово́лн transmission loss
~и при распростране́нии радиово́лн, основны́е basic trasmission [path] loss
~и при растворе́нии loss on solution
~и со шла́ком loss(es) by slagging
теплов́ые ~и heat [thermal] loss
~ управля́емости loss of control
~и уте́чки leakage
~ фа́зы (*при распространении волн*) phase retardation □ **~ фа́зы за счёт ра́зности хо́да луче́й** phase retardation due to path-length difference; **~ фа́зы при отраже́нии** phase retardation in reflection
~и холосто́го хо́да stand-by [no-load, idling, open-circuit] loss
энергети́ческие ~и energy loss(es)
~ энтальпи́и outflow of enthalpy
пото́к *м.* 1. (*течение*) flow, stream □ **вверх по ~у** upstream; **возмуща́ть ~** disturb the flow [the stream]; **~ восхо́дит** the stream flows [moves] upwards, the stream ascends; **~ достига́ет крити́ческого режи́ма** *гидр.* the flow chokes; **ни́же по ~у** downstream; **~ нисхо́дит** the stream flows [moves] downwards; the stream descends; **~ па́дает (на пове́рхность)** the stream is incident (on a surface); **перекрыва́ть ~** (*напр. расплавленного металла, стекла*) **на вы́ходе из пе́чи** dam the (out)flow; **~** (*в реакторе*) **проска́льзывает** *хим.* the stream short-circuits; **~ раздва́ивается** the flow bifurcates, the flow is divided between two paths; **свя́зывать ~и** couple (the) flows; **со стороны́ набега́ющего ~а** *аргд.* windward; **срыва́ть ~** *аргд.* stall the flow; **сужа́ть [ущемля́ть] ~** constrict [restrict] the flow 2. (*количество вещества, энергии и т. п., протекающее за единицу времени*) *физ.* flux □ **захва́тывать, *напр.* магни́тный ~** trap, *e.g.*, the magnetic flux 3. (*движения*) *трансп.* traffic
адиабати́ческий ~ adiabatic flow
безвихрево́й ~ 1. *физ.* nonedding [noncirculatory, irrotational] flow 2. *ав.* clean flow
безнапо́рный ~ *гидр.* gravity [free-surface] flow
~ ве́ктора flux of a vector, vector flux
вихрево́й ~ eddy [vortex] flow
~ в котлоагрега́те circuit
~ во́здуха air flow, air current, air stream
восходя́щий ~ ascending [upward] current
вытека́ющий ~ outward flow, outflow
~ вытесне́ния *хим.* plug flow
выходя́щий ~ *хим.* exit stream
вя́зкий ~ frictional flow
гиперзвуково́й ~ hypersonic flow
двои́чный ~ binary stream
двухни́точный ~ *тепл.* double-circuit flow
дозвуково́й ~ subsonic flow
~ за винто́м, возду́шный slip stream
запылённый ~ dust-laden flow
заторможённый ~ stagnated flow
~ излуче́ния flux of radiation, radiation flux
изотерми́ческий ~ isothermal flow
~ и́мпульса momentum flux, flux of momentum
кольцево́й ~ annular flow
конвекцио́нный ~ convection current, convective flow

поток
ламинарный ~ laminar flow
магнитный ~ magnetic flux, magnetic induction □ **магнитный** ~ **спадает** the magnetic flux collapses [decays]; **магнитный** ~ **сцепляет [пронизывает] индуктивность колебательного контура** the magnetic flux links the tuned-circuit coil
невихревой ~ potential flow
нисходящий ~ descending [downward] current
основной ~ 1. main flow 2. (*напр. газа в химическом реакторе*) bulk stream
полный ~ (*количество*) total flow; (*скорость изменения количества*) total flux
поршневой ~ plug flow
~ **Пуассона** (*в теории траффика*) Poisson input(s), Poisson arrival(s)
~ **рассеяния** leakage flux
сверхзвуковой ~ supersonic flow
сверхкритический ~ supercritical flow
световой ~ luminous [light] flux
свободный ~ free [unrestricted] flow, free stream
~ **смещения** displacement flux
струйный ~ jet flow
тепловой ~ (*количество*) heat flow; (*скорость теплопередачи*) heat flux, rate of heat flow
транспортный ~ traffic [transportation] flow
~ **требований, входящий** (*в теории массового обслуживания*) input (process), arrival of units, arriving units, arrivals
турбулентный ~ turbulent flow
циркуляционный ~ circulating flow; *хим.* recycle
~ **через систему обслуживания** (*в теории массового обслуживания*) traffic (of units flowing) through a waiting system
~ **энергии** energy flux
~ **якоря** *эл.* armature flux
потокосцепление *с. эл.* magnetic-flux linkage
~ **рассеяния** leakage flux linkage
потолок *м.* ceiling
~ **вертолёта на режиме висения** hovering ceiling
~ **летательного аппарата, динамический** dynamic ceiling
~ **летательного аппарата, статический** static ceiling
~ **летательного аппарата, теоретический** absolute ceiling
~ **печи** crown of a furnace
потолочин/а *ж.* (*горной выработки*) ceiling □ **обрушивать** ~**у** cause the top to cave (in)
потребител/ь *м.* 1. (*юридическое или физическое лицо*) consumer, user 2. (*оборудование, система, особ. различных видов энергии*) load, using equipment; (*также на самолётах*) service □ **для некоторых** ~**ей необходимо повышенное напряжение** higher voltages are required for some services; **питать** ~**ей** carry (the) loads; ~**и питаются от генератора** a generator carries (the) loads
потребител/ь
второстепенный ~ *эл.* non-essential load
наиболее важный ~ essential services
технологический ~ process load
потребление *с.* 1. consumption 2. (*количество, требуемое или необходимое для покрытия нужд*) demand
~ **кислорода** oxygen demand
~ **мощности** power consumption, power drain
~ **тепла, коммунальное** dwelling heat demand
~ **тепла, технологическое** process heat demand
~ **энергии** power consumption
потреблять *гл.* consume; (*использовать*) use; (*расходовать*) expend
потребность *ж.* demand, need, requirement
~ **кислорода, биологическая** biological oxygen demand
потускнение *с.* tarnish(ing)
потухание *с.* (*погасание*) extinction
початкодробилка *ж.* corn [cob] crusher, corn [cob] grinder
початкоизмельчитель *м.* corn [cob] reducer
початкоотделитель *м.* corn [cob] snapper
початкоочиститель *м.* corn [cob] husker, husking box
початкособиратель *м.* corn [cob] picker
початок *м.* 1. *с.-х.* (corn) cob 2. *текст.* cop
почв/а *ж.* 1. *с.-х.* soil □ **выщелачивать** ~**у** leach the soil; **известковать** ~**у** chalk the soil; **окультуривать** ~**у** cultivate the soil; **удобрять** ~**у** fertilize the soil; **укреплять** ~**у** (*напр. с помощью посадок кустарника*) anchor the soil (*e.g., with bush planting*) 2. *горн.* floor, bottom, bed
почвоведение *с.* soil science
почвозацеп *м.* grouser, lug
почвообработка *ж.* cultivation, tillage
почвоуглубитель *м.* subsoiler, subsoil plough, subsoil ripper, subsoil cultivator
почерк *м.* handwriting □ **аккуратным** ~**ом** in a neat handwriting; **разборчивым** ~**ом** in a legible handwriting
~ **радиотелеграфиста** manner of keying, manner of sending, *жарг.* "fist"
спектральный ~ *элн.* spectrum signature
почернение *с.* blackening
сильное ~ heavy blackening
почленно *нареч.* termwise
почленный *прил.* term-by-term, termwise
почт/а *ж.* 1. (*учреждение*) post-office 2. (*корреспонденция*) mail 3. (*пересылка, доставка*) post, mail □ **отправлять** ~**ой** send by post [by mail]
пневматическая ~ pneumatic mail system
пошаговый *прил. мат.* step-by-step
пошлин/а *ж.* duty □ **взимать** ~**у** collect a duty; **освобождать от (уплаты)** ~**ы** exempt from duty; **устанавливать** ~**у на** ... lay [levy] a duty on ...
появление *с.* 1. (*зрительное восприятие*) appearance 2. (*возникновение*) emergence 3. (*событие, случай*) occurrence 4. (*чего-л. в результате важного открытия, напр. изобретения и т. п.*) advent
появляться *гл.* 1. (*зрительно*) appear 2. (*возникать*) emerge 3. (*случаться, происходить*) occur
пояс *м.* belt
~ **конвертера** *мет.* trunnion ring
~ **лонжерона** spar boom
~ **моста** boom of a bridge
~ **обшивки судна** (garboard) strake
~ **обшивки судна, бортовой** side strake
~ **обшивки судна, днищевый** bottom strake
~ **обшивки судна, килевой** keel strake
~ **обшивки судна, ледовый** ice strake, ice belt
~ **обшивки судна, потерянный** drop [lost] strake
~ **обшивки судна, скуловой** bilge strake
~ **обшивки судна, шпунтовой** garboard strake
~ **плавления** melting zone
предохранительный ~ safety belt
радиационный ~ (*вокруг Земли*) Van Allen radiation belt
~ **сферы** zone of a sphere
~ **фермы, верхний** top chord of a truss
~ **фермы, нижний** bottom chord of a truss
фурменный ~ *мет.* tuyere belt
часовой ~ time zone
шаровой ~ *мат.* spherical zone, zone of a sphere
швеллерный ~ *стр.* channel belt
~ **шины, беговой** *рез.* tread band
~ **шины, брекерный** *рез.* breaker strip, undertread band
поясок *м.*:
~ **волоки** *мет.* die parallel
правдоподобие *с.* likelihood
правил/о *с.* rule; *мн.* regulations; (*промышленно-отраслевые*) code
~**а безопасности** safety regulations
~**а безопасности полётов** safety-flying regulations
~ **буравчика** *эл.* right-hand screw [thumb, corkscrew, Ampere's] rule
~**а визуального полёта [ПВП]** visual flight rules, VFR

пра́вил/о
~ Де Мо́ргана (*в булевой алгебре*) De Morgan law
~ замеще́ния substitution rule
~ запре́та (*в квантовой механике*) Pauli-Fermi principle
~ зна́ков *мат.* rule [convention] of signs
~а котлонадзо́ра boiler code
~ ле́вой руки́ left-hand [Fleming's] rule
~ Ле́нца *эл.* Lenz's law
~ ло́жного положе́ния *мат.* rule [method] of false position, false-position method, regula falsi
~ площаде́й *аргд.* area rule, law of areas
~а полётов flight rules
~а полётов по прибо́рам [ППП] instrument flight rules, IFR
~ пра́вой руки́ right-hand rule
~а сопоставле́ния сообще́ния с ко́дом (*при кодировании*) encoding codebook; (*при декодировании*) decoding codebook
~ сре́дней тре́ти middle-third rule
~а те́хники безопа́сности safety regulations
~а техни́ческой эксплуата́ции желе́зных доро́г [ПТЭ] Railway Operating Rules
~а у́личного движе́ния traffic rules
~а устро́йства электроустано́вок electric installation code
~ фаз phase [Gibbs] rule
цепно́е ~ 1. (*при дифференцировании*) chain rule **2.** (*в логике*) chain inference
~ што́пора corkscrew [right-hand screw] rule
эмпири́ческое ~ empirical rule, rule of thumb

пра́вильность *ж.* **1.** (*отсутствие ошибок*) correctness **2.** (*единообразность*) regularity **3.** (*данных, записанных на каком-л. носителе*) *вчт.* validity □ **проверя́ть ~ запи́санных да́нных с по́мощью контро́ля чётности** verify validity (of recorded data) by a parity check
~ предположе́ний validity of assumptions

пра́вить *гл.* **1.** (*выпрямлять*) straighten **2.** (*отделывать, придавать нужный вид*) dress □ **~ пилу́** set (the teeth of) a saw; **~ ре́жущий инструме́нт** dress [grind] cutting tools

пра́вка *ж.* **1.** (*выпрямление*) straightening **2.** (*придание нужного вида, устранение дефектов формы*) dressing
~ инструме́нта dressing of tool

пра́во *с.* right □ **име́ть преиму́щественное ~ перед ...** take precedence over ...
~ владе́ния (*особ. недвижимостью*) title

правоме́рность *ж. мат.* legitimacy

пра́вый *прил.* right, right-hand(ed)

пребыва́ние *с.* stay □ **~, *напр.* в печи́** dwell, *e.g.*, in a furnace

превосходи́ть *гл.* □ **~ по техни́ческим *или* эксплуатацио́нным характери́стикам** out-perform

превраща́ть *гл.* change (to ...), convert, transform, turn (into); (*элементы, вещество*) transmute

превраща́ться *гл.* change, become, turn, pass into, be converted

превраще́ние *с.* change from ... into, conversion, transformation; transmutation
~ в жи́дкое состоя́ние liquefaction
фа́зовое ~ phase change, phase transition, phase transformation
хими́ческое ~ chemical transformation
~ элеме́нтов transmutation of elements
~ элеме́нтов, иску́сственное artificial transmutation, induced transformation
~ элеме́нтов, иску́сственное radioactive transmutation, radioactive transformation
~ элеме́нтов, я́дерное nuclear transmutation, nuclear transformation

превыше́ние *с.* **1.** (*избыток*) excess □ **~ над ...** excess over ... *пример*: **~ вну́треннего давле́ния над вне́шним называ́ется положи́тельным перепа́дом** excess of internal pressure over external pressure is a positive pressure differential **2.** (*по высоте*) *геод., топ.* elevation, difference of height
~ то́чек difference in level between (two) points

прегра́д/а *ж.* (*препятствие*) obstacle □ **преодолева́ть, *напр.* во́дную ~у** move across, *e.g.*, a water obstacle
защи́тная ~ protective barrier
фильтрацио́нная ~ seepage apron

предваре́ние *с.* **1.** anticipation **2.** *авт.* derivative control action
~ впу́ска preadmission

предвари́тельно *нареч.* **напряжённый** prestressed

предваря́ть *гл.* anticipate, take an anticipatory action, forestall; (*об одном действии по отношению к другому*) precede

предвулканиза́ция *ж.* scorching, precuring

предвычисле́ние *с.* **1.** *мат.* precomputation **2.** *нвг.* prediction

предвычисля́ть *гл. мат.* precompute □ **~ ме́сто** *нвг.* advance a ship's position

предгидро́лиз *м.* prehydrolysis

преддетона́ция *ж.* predetonation

преддефека́тор *м.* predefecator, prelimer

преде́л *м.* limit; (*ограничение*) bound; (*граница*) boundry □ **в ~е, *напр.* больши́х систе́м** in the limit of, *e.g.*, large systems; **в широ́ких ~ах** over a wide range; **вы́йти за ~ы** fall outside the limits; **(находи́ться) в ~ах оши́бки о́пыта** (be, lie) within the (limits of) experimental error; **переходи́ть к ~у** *мат.* pass [proceed] to the limit; **сверх ~а** beyond the limit; **~ сле́ва** *мат.* limit on the left, left-hand limit; **~ спра́ва** *мат.* limit on the right, right-hand limit; **стреми́ться к ~у** tend to the limit; **устана́вливать ~ (для)** *чего-л.* set a limit to ...

преде́л
вероя́тностный ~ probability limit
ве́рхний ~ 1. upper [superior] limit, limit superior **2.** complete limit (*of a sequence of sets*)
~ ви́димости visibility range □ **в ~ах ви́димости** within sight; **вне ~ов ви́димости** out of sight
~ воспламене́ния explosive range
~ воспламене́ния, ве́рхний upper limit of the explosive range
~ воспламене́ния, ни́жний lower limit of the explosive range
~ выно́сливости fatigue [endurance] limit, fatigue range
~ де́йствия range of action □ **находи́ться в ~ах де́йствия** be within range of action
~ дли́тельной про́чности long-term strength
довери́тельный ~ *мат.* confidence limit
~ до́пуска tolerance limit
~ измере́ния прибо́ра (*нормативное значение*) upper limit of the (instrument) range; (*обиходное значение*) range of the instrument □ **растя́гивать ~ измере́ния прибо́ра** expand the scale (of an instrument); **расширя́ть ~ измере́ния прибо́ра** extend the range (of an instrument)
~ насыще́ния saturation point
ни́жний ~ lower [inferior] limit
~ обнаруже́ния threshold of detectability, detection limit
~ пласти́чности plastic limit
~ ползу́чести creep strength, creep limit
~ пропорциона́льности proportional limit, limit of proportionality
~ про́чности ultimate strength
~ про́чности при изги́бе bending strength
~ про́чности при круче́нии torsional strength
~ про́чности при растяже́нии tensile strength
~ про́чности при сдви́ге shear strength
~ про́чности при сжа́тии compression [compressive] strength
~ про́чности, теорети́ческий ultimate strength
~ про́чности, техни́ческий proof strength
~ регули́рования control limit
~ слы́шимости limit of audibility
~ теку́чести yield point; yield strength
~ упру́гости limit of elasticity

предел
~ усталости endurance [fatigue] limit
~ устойчивости stability limit
~ фазирования (*в фототелеграфии и буквопечатающей телеграфии*) orientation range
предзаторник *м.* premasher
предиссоциация *ж.* predissociation
предкамера *ж. двс* antechamber, antichamber, prechamber, precombustion chamber
предкрылок *м. ав.* leading-edge flap
предмет *м.* **1.** (*научная дисциплина*) subject □ **впервые знакомиться с ~ом** be new to the subject **2.** (*тема*) subject, topic **3.** (*вещь*) article, item, thing, object
местный ~ detail, topo beacon, feature (of terrain), landmark
предостывочная *ж. пищ.* precooler, anteroom
предотвращение *с.* prevention
предохладитель *м.* precooler
предохранение *с.* protection
предохранитель *м.* safety device
автоматический ~ automatic cut-out
насыпной ~ quartz-sand-filled fuse
плавкий ~ (*с плавкой вставкой*) fuse □ **заряжать плавкий ~** arm a fuse; **плавкий ~ выдерживает (*такой-то*) ток** a fuse passes (*so-and-so*) current; **плавкий ~ перегорает при (*таком-то*) токе** a fuse blows [burns] at (*so-and-so*) current
плавкий, быстродействующий ~ quick-break fuse
плавкий, открытый ~ open wire fuse
пробочный ~ screw-plug cartridge fuse
роговой ~ horn-gap fuse
розеточный ~ box fuse
~ с кварцевым заполнением quartz-sand-filled fuse
~ стрелки *ж.-д.* frog [switch] guard
~ с указателем срабатывания indicating fuse
токоограничивающий ~ current-limiting fuse
трубчатый ~ cartridge fuse
управляемый ~ controlled fuse
предохранительность *ж.*:
~ взрывчатого вещества safety of an explosive
~ взрывчатого вещества по газу [по метану] safety of an explosive in gaseous mines
~ взрывчатого вещества по пыли safety of an explosive in dusty mines
предохранять *гл.* (*защищать*) protect; (*предотвращать*) prevent □ **~ от** guard [safeguard] against
предочистка *ж.* **воды** water pretreatment
предплужник *м.* skim-coulter, skimmer
предположени/е *с.* assumption, hypothesis supposition □ **исходить из ~я** make an assumption, proceed on the assumption that ...
предположительно *нареч.* supposedly, hypothetically
предпоследний *прил. мат.* penultimate, next to the last
предприятие *с.* factory, mill, plant, works □ **закрывать ~** close (down) a factory [works, plant, mill, operations]
головное ~ headquarters plant
~ общественного питания public catering establishment
~ связи telecommunication agency
предсказывать *гл.* forecast, predict □ **~ наступление события с вероятностью ...** predict an event with probability ...
представимость *ж. мат.* representability
представимый *прил. мат.* representable, may be represented by [as]
представитель *м.* representative, spokesman
~ заказчика customer's inspector
представление *с. мат., вчт.* representation
~ данных data display, data representation; (*на выходе системы*) read-out
~ данных, цифровое digital representation of data
~ числа representation of a number
~ числа в дополнительном коде (*для двоичной системы*) 2's complement representation; (*для десятичной системы*) 10's complement representation; (*для любой системы*) radix complement representation of a number
~ числа в обратном коде (*для двоичной системы*) 1's complement representation; (*для десятичной системы*) 9's complement representation; (*для любой системы*) radix-minus-one complement representation
~ числа в прямом коде straight-code [true] representation
~ числа с плавающей запятой floating-point representation of a number
~ числа с фиксированной запятой fixed-point representation of a number
представл/ять *гл.* **1.** (*быть представителем, выражать, отражать*) represent **2.** (*знакомить*) introduce, present **3.** (*показывать, демонстрировать*) present **4.** (*что-л. на рассмотрение*) submit **5.** (*в качестве примера*) exemplify □ **в качестве примера одноразмерная поверхность может быть ~ена шнуром** an one-dimensional surface may be exemplified by a piece of string **6.** (*мысленно, напр. положение линии, плоскости, тела*) visualize (*e.g., the position of a line, plane, or body*)
предтопок *м.* primary furnace
~ ВТП vertical cyclone burner
циклонный ~ cyclone burner
предупреждение *с.* (*сигнал, оповещение и т. п.*) caution, warning; (*предотвращение, упредительные меры*) prevention, forestalling
~ несчастных случаев accident prevention
~ столкновений anticollision measures
предусиление *с.* preamplification
предусилитель *м.* preamplifier
микрофонный ~ microphone preamplifier
предускорение *с.* preacceleration
предыонизация *ж.* preionization
предыскажение *с. рад., тлв.* pre-emphasis, pre-distortion
~ сигнала цветности *тлв.* pre-emphasis of the chrominance signal
предыскание *с.* preselection
двойное ~ double preselection
двойное, частичное ~ partly double preselection
предыскатель *м. тлф.* line switch
групповой ~ master switch
презервирование *с.* semi-preservation
презервы *мн.* semi-preserves
преимуществ/о *с.* advantage □ **добиться ~а** gain an advantage; **иметь ~ перед ...** take precedence over ...; **обеспечивать ~** offer an advantage; **~а распространяются на ...** advantages carry over to ... *пример*: **~а системы А распространяются на систему Б** the advantages of system A carry over to system B
ступенчатое ~ (*одной передачи над другой*) hierarchical priority
прекращать *гл.* discontinue, end, put an end to, stop, terminate □ **~ операцию** *вчт.* terminate an operation; **~ операцию аварийно** end an operation abnormally, abort an operation; **~ подачу горючего** cut off [shut off] fuel supply
прекращение *с.* discontinuation, cessation, stoppage
~ подачи, аварийное, *напр.* воды, напряжения, энергии failure of, *e.g.*, water, voltage, power
~ прохождения радиосигналов blackout
~ радиосвязи blackout
прелина *ж. кож.* rotten spot, rotten stain
преломление *с.* refraction
аномальное ~ abnormal [anomalous] refraction
~ волн wave refraction
двойное ~ double refraction, birefringence
~ звука sound [acoustic] refraction
косое ~ oblique refraction
надводное ~ overwater refraction
стандартное ~ standard refraction
преломляемость *ж.* refractability

преломля́ть *гл.* refract
пренебрега́ть *гл.* neglect; disregard, ignore □ **~ величино́й** ***x*** **по сравне́нию [ря́дом] с величино́й** ***y*** neglect *x* in comparison with *y*
пренебреже́ние *с.* neglect, disregard
пренебрежи́мо *нареч.* **ма́лый** *мат.* negligible
пренебрежи́мый *прил.* negligible
преоблада́ние *с.* **1.** predominance, prevalence **2.** (*у реле*) bias(ing)
преоблада́ть *гл.* predominate, prevail
преобразова́ни/е *с.* conversion, transformation; *мат.* manipulation, transformation □ **путём несло́жных ~й получа́ем ...** a little manipulation yields ...
алгебраи́ческое ~ algebraic transformation, algebraic manipulation
~ ана́лог — код analog-to-digital [A/D] conversion
~ ана́лог — код, время-и́мпульсное analog-to-digital [A/D] time conversion
~ ана́лог — код кодои́мпульсным ме́тодом analog-to-digital [A/D] conversion by a comparison [pulse-code] method
~ ана́лог — код ме́тодом простра́нственного коди́рования analog-to-digital [A/D] conversion by a code(d)-pattern method
~ ана́лог — код с поразря́дным уравнове́шиванием successive-approximation analog-to-digital [A/D] conversion, A/D conversion by the successive approximation method
~ ана́лог — код спо́собом взве́шивания analog-to-digital [A/D] conversion by the successive approximation method [by feedback subtraction]
~ ана́лог — код, часто́тно-и́мпульсное analog-to-digital [A/D] frequency conversion
ана́лого-цифрово́е ~ одни́м отсчётом total-value analog-to-digital [A/D] conversion
ана́лого-цифрово́е ~ после́довательным отсчётом incremental analog-to-digital [A/D] conversion
ана́лого-цифрово́е ~ сравне́нием и вычита́нием analog-to-digital [A/D] conversion by continuous comparison
ана́лого-цифрово́е ~ сравне́нием и вычита́нием с обра́тной свя́зью successive-approximation comparison analog-to-digital [A/D] conversion
бу́лево ~ Boolean transformation
взаи́мно однозна́чное ~ one-to-one transformation
~я Галиле́я Galilean transformation
~ да́нных 1. data conversion **2.** (*предварительное*) data reduction
~ дискре́тных да́нных в непреры́вные digital-to-analog conversion

преобразова́ни/е
~ звезды́ в треуго́льник *эл.* star(-to-)delta conversion, star(-to-)delta transformation
~ ко́да code conversion
конфо́рмное ~ conformal transformation
~ Лапла́са Laplace transform □ **проводи́ть ~ по Лапла́су** apply the Laplace transformation, take the Laplace transform
лине́йное ~ linear transformation
логи́ческое ~ в це́лях минимиза́ции свя́зей алгори́тма minimization by Boolean functions
~я Ло́ренца (*пространственных и временных координат*) Lorentz's transformations
~ многоуго́льник — звезда́ *эл.* mesh-star conversion
~ прое́кции *карт.* rectification of projection
~ свёртки *мат.* convolution transform
~ сигна́ла одного́ ви́да эне́ргии в друго́й (signal) transduction
~ сигна́ла одного́ ви́да эне́ргии в друго́й, оптикоэлектро́нное optic-to-electronic (signal) transduction
~ Т-обра́зной цепи́ в П-обра́зную tee-to-pi [T-to-π] transformation
~ треуго́льника в звезду́ *эл.* delta(-to-)star conversion, delta(-to-)star transformation
функциона́льное ~ *вчт.* function generation
~ Фурье́ Fourier transform
~ Фурье́, бы́строе [БПФ] fast Fourier transform, FFT
ци́фро-ана́логовое ~ digital-to-analog conversion
~ частоты́ 1. *рад.* frequency conversion **2.** (*в многоканальной связи*) frequency translation
~ частоты́, группово́е (*в многоканальной связи*) group (frequency) translation □ **осуществля́ть группово́е ~ частоты́ на несу́щей частоте́** translate the carrier
~ частоты́, двухсе́точное *рад.* double-grid injection frequency conversion
~ частоты́, индивидуа́льное (*в многоканальной связи*) channel translation
~ эне́ргии, прямо́е direct energy conversion
~ эне́ргии, термоэлектри́ческое thermoelectric energy conversion
~ эне́ргии, термоэмиссио́нное thermionic energy conversion
~ эне́ргии, электромехани́ческое electromechanical energy conversion
преобразова́тель *м.* converter
~ ана́лог — код analog-to-number converter
ана́лого-цифрово́й ~ analog-to-digital [A/D] converter, digitizer
~ вал — код shaft position encoder, shaft digitizer

преобразова́тель
~ ви́да колеба́ний mode transducer, mode transformer
вре́мя-и́мпульсный ~ time-to-pulse converter
~ да́нных (*в системе передачи данных*) data set; (*в двусторонних системах*) modem
измери́тельный ~ (*прежнее наименование* приборный датчик) (instrument) transducer
измери́тельный, биоэлектри́ческий ~ bioelectric transducer
измери́тельный ~ давле́ния pressure transducer
измери́тельный ~ механи́ческой величины́ в электри́ческую mechanical-to-electric transducer
измери́тельный, силово́й ~ force transducer
измери́тельный, тензометри́ческий ~ strain transducer
~ изображе́ний image converter
~ ко́да code converter, code translator
~ координа́т co-ordinate converter
~ мод mode changer, mode transducer, mode transformer
~ напряже́ние — код voltage-to-number converter
~ по́лного сопротивле́ния impedance transformer
пьезоква́рцевый ~ piesoelectric temperature transducer
рту́тный ~ mercury-arc converter
~ систе́мы счисле́ния radix converter
~ стро́чного станда́рта *тлв.* line-scan conversion unit
~ телевизио́нных станда́ртов television standard converter
термоэлектри́ческий ~ thermoelectric temperature transducer
~ то́ка, стати́ческий static converter
~ то́ка, тири́сторный thyristor converter
~ то́ка, электромаши́нный одноя́корный rotary converter
~ углово́го перемеще́ния в код shaft position-to-digital converter, shaft digitizer
~ у́гол — код shaft (angle) encoder
функциона́льный ~ function generator
функциона́льный, дио́дный ~ diode function generator
функциона́льный ~ на ЭЛТ cathode-ray tube function generator
функциона́льный ~ на ЭЛТ за́мкнутого ти́па photoformer
ци́фро-ана́логовый ~ digital-to-analog [D/A] converter
~ частоты́ frequency converter
~ частоты́, ве́нтильный [ПЧВ] valve-type frequency converter
~ частоты́, колле́кторный commutator-type frequency converter
~ частоты́, параметри́ческий parametric frequency converter

преобразова́тель
~ частоты́, стати́ческий [ПС] static frequency converter
~ частоты́, тиратро́нный thyratron frequency changer
~ частоты́, электромаши́нный rotary frequency changer
электроакусти́ческий ~ acoustical-electrical transducer
электронно-опти́ческий ~ electro-optical transducer, image converter tube
~ эне́ргии energy converter
~ эне́ргии, термомагни́тный thermomagnetic energy converter
~ эне́ргии, термоэмиссио́нный thermionic energy converter
~ эне́ргии, электромехани́ческий electromechanical energy converter
преобразова́тель-генера́тор *м.*, **измери́тельный** (self-)generating transducer
преобразова́тель-дви́гатель *м.*, **измери́тельный** modulating transducer
преобразо́вывать *гл.* convert □ **~ ана́логовый сигна́л в дискре́тный** digitize an analog signal; **~ уравне́ние** re-arrange an equation
преодолева́ть *гл.* overcome □ **~ давле́ние** move [work] against pressure; **~ уси́лие [сопротивле́ние] пружи́ны** overcome a spring
препара́т *м.* preparation; (*для исследований*) specimen; (*микросрез*) section □ **окра́шивать ~** stain a section
жиру́ющий ~ *кож.* oiling agent
радиоакти́вный ~ radioactive preparation
рентгеноконтра́стный ~ roentgeno-contrast preparation
препаратоводи́тель *м.* (*микроскопа*) substage
препаратодержа́тель *м.* (*микроскопа*) mounting screen
препара́тор *м.* laboratory assistant
препари́рование *с.* specimen preparation
~ набо́ра *полигр.* preparation of type form for printing
препари́ровать *гл.* prepare a specimen; (*для микроскопических исследований*) cut (off) a section
препя́тствие *с.* obstacle, obstruction, barrier □ **преодолева́ть ~** clear an obstacle, clear an obstruction
препя́тствовать *гл.* prevent, obstruct, hinder, impede; interfere, interrupt
прерыва́ние *с.* **1.** break, interruption **2.** *вчт.* interrupt(ion) □ **блоки́ровать ~** disable an interrupt(ion); **вызыва́ть ~** cause an interrupt(ion); **запреща́ть ~** disable an interrupt(ion); **разреша́ть ~** enable an interrupt(ion)
~ луча́ beam chopping
~ по вре́мени *вчт.* clock interrupt(ion), interrupt(ion) on time
~ по вы́зову суперви́зора *вчт.* supervisor [SVC] interrupt(ion)

прерыва́ние
~ по маши́нному сбо́ю *вчт.* machine check interrupt(ion)
прерыва́тель *м.* interrupter
~ вызывно́го то́ка *тлф.* ringing interrupter
~ зажига́ния *авто* breaker □ **регули́ровать ~ зажига́ния** set the breaker points
зу́ммерный ~ buzzer interrupter
игнитро́нный ~ ignitron interrupter, ignitron control
~ и́мпульсов pulse chopper
камерто́нный ~ tuning-fork interrupter
~ полимериза́ции *рез.* short-stopping agent, short-stopper
~ пучка́ beam chopper
~ пучка́ нейтро́нов neutron(-beam) chopper
~ пучка́ све́та light chopper
~ то́ка, сва́рочный welding current interrupter
фотоэлектри́ческий ~ photoelectric chopper
прерыва́ть *гл.* interrupt
преры́вность *ж.* discontinuity, break of continuity
пресeléктор *м.* *рад.* preselector
пресeléкция *ж.* preselection
пресносухо́й *прил.* *кож.* sun-dried, air-dried
пресс *м.* press
брикетиро́вочный ~ briquetting press
~ Брине́лля Brinell hardness testing machine
вальцо́вый ~ roller press
вальцо́вый ~ для фане́ры veneering rolls
винтово́й ~ screw press
вулканизацио́нный ~ *рез.* vulcanizing [curing] press
вырубно́й ~ *мет.* blanking press
вы́садочный ~ heading press
вытяжно́й ~ drawing press
ги́бочный ~ bending press
гидравли́ческий ~ hydraulic press
гидромере́йный ~ *кож.* hydraulic ironing-and-embossing machine
гидростати́ческий ~ hydrostatic press
гу́сеничный ~ *дер.-об.* caterpillar press
~ двойно́го де́йствия double-action press
двухсто́ечный ~ double-arm press
~ для ко́вки в шта́мпах drop press
~ для объёмной штампо́вки die-forging press
до́рновый ~ *рез.* arbour press
дыропробивно́й ~ punching [piercing] press
жо́мовый ~ beet pulp press
зака́лочный ~ quenching press
калибро́вочный ~ *мет.* sizing press
кле́ечный ~ gluing press
клепа́льный ~ riveting press
ко́вочный ~ forging press

пресс
кромкоги́бочный ~ flanging press, flanger
кузне́чный ~ forging press
ле́нточный ~ (*в производстве кирпича, огнеупоров и т. п.*) auger extruder
листоштампо́вочный ~ sheet-stamping press
мере́йный ~ *кож.* embossing [graining] machine
механи́ческий ~ power [mechanical] press
обрезно́й ~ *мет.-об.* trimming press
пакетиро́вочный ~ baling press
прави́льный ~ straightening [gag] press
~ просто́го де́йствия single-acting press
прошивно́й ~ (*для изготовления труб*) broaching press
пу́длинговый ~ squeezer
рихтова́льный ~ straightening press
~ Ро́квелла Rockwell hardness testing machine
ручно́й ~ hand(-power) press
сенно́й ~ hay baler, hay press
сокодави́льный ~ juicer
чека́ночный ~ coining press
челюстно́й ~ *рез.* jaw [open-side] press
червя́чный ~ screw [worm] press
шне́ковый ~ screw extruder
штампо́вочный ~ stamping press
пресс-автокла́в *м.* autoclave press
пресс-бето́н *м.* pressed concrete
пресс-изде́лие *с.* *пласт.* moulded article
пре́ссик *м.*, **скле́ечный** *кфт.* splicer
пресс-литьё *с.* die-casting
пресс-маслёнка *ж.* grease cup, grease nipple
пресс-ма́сса *ж.* moulding material
пресс-материа́л *м.* moulding material
прессова́ние *с.* **1.** (*выдавливание через матрицу*) *мет.* extrusion **2.** (*уплотнение рыхлого материала*) compaction, compacting **3.** (*в кипы, тюки*) baling **4.** *пласт.*, *рез.* moulding
~ загото́вки (*в порошковой металлургии*) compaction, compacting
~ кирпича́, полусухо́е dry-press process of brick moulding
~ мета́лла обра́тным ме́тодом inverse [reverse] extrusion
~ мета́лла прямы́м ме́тодом direct [forward] extrusion
~ пластма́сс, литьево́е transfer moulding
~ пластма́сс при ни́зком давле́нии low-pressure moulding
прессовщи́к *м.* press attendant, press operator
пресс-оста́ток *м.* *мет.* butt-end
прессосъём *м.* *пласт.* mould release
пресс-подбо́рщик *м.* *с.-х.* pick-up press, baler
пресс-порошо́к *м.* *пласт.* moulding powder

пресс-сли́ток *м.* (*для получения заготовки или изделия из металла прессованием*) extrusion billet
прессу́емость *ж.* compressibility, compactability
пресс-фильтр *м.* press-filter
пресс-фо́рм/а *ж. пласт.* mould □ **демонти́ровать ~у** strip a mould
вулканизацио́нная ~ vulcanizing [curing] mould
двухме́стная ~ two-cavity mould
~ для литья́ под давле́нием injection mould
литьева́я ~ transfer mould
многогнёздная ~ multicavity mould
отжи́мная ~ flash [overflow] mould
се́кторная ~ collapsible mould
прессшпа́н *м.* pressboard; *англ.* press-spahn
пресс-экстру́дер *м.* extruder
преувеличе́ние *с.* exaggeration; (*завышение оценки*) overestimation
преуменьше́ние *с.* underestimation
прецесси́ровать *гл.* precess
прецéссия *ж.* precession
регуля́рная ~ regular precession
при *предлог* □ **~** $r < a$ provided $r < a$; **~** $t \to \infty$ for $t \to \infty$, when $t \to \infty$, as $t \to \infty$; **~** $x = o$ when [for, with, at] $x = o$
приба́вка *ж.* (*возрастание*) increase, growth, gain; (*зарплаты*) raise
прибавле́ние *с.* 1. *см.* **приба́вка** 2. (*суммирование*) addition, adding
прибавля́ть *гл.* add, increase
приближа́ться *гл. мат.* approach, approximate
приближе́ни/е *с.* 1. (*сближение*) approach 2. (*приблизительное представление*) approximation □ **в пе́рвом ~и** as [in, on, to] a first approximation
гру́бое ~ rough approximation
коне́чно-ра́зностное ~ finite difference approximation
кусо́чно-лине́йное ~ piecewise-linear approximation
лине́йное ~ linear approximation
~ ме́тодом итера́ций approximation by iteration
нача́льное ~ (*в методах последовательных приближений или итераций*) initial [zero] estimate
непреры́вное ~ continuous approximation
~ нулево́го поря́дка zero(th)-order approximation
после́довательное ~ approximation by iteration, successive approximation
равноме́рное ~ uniform approximation
то́чечное ~ point approximation
то́чное ~ exact approximation
приближённость *ж.* degree of approximation
приближённый ~ *прил.* approximate, rough, gross, coarse, on approximation (to)

прибо́р *м.* device; instrument □ **лета́ть по ~ам** fly on instruments
анаглифи́ческий ~ *карт.* anaglyphic plotter
аспирацио́нный ~ aspirator
~ы АТС dialing equipment
ба́зисный ~ *геод.* base-line (measuring) apparatus
бешка́льный ~ non-indicating gauge
бортово́й ~ *ав.* airborne instrument
букси́рный ~ trailer coupling
водоуказа́тельный ~ water level indicator
вызывно́й ~ *тлф.* signalling [ringing] unit
вытяжно́й ~ *текст.* drawing mechanism
выходно́й ~ end intsrument, display
газоразря́дный ~ gas-discharge device, gas-discharge tube
девиацио́нный ~ *нвг.* deviation corrector
~ для испыта́ний без разруше́ния образцо́в nondestructive test [NDT] instrument
~ для отму́чивания elutriator
дозиметри́ческий ~ radiac instrument
дро́ссельный ~ constrictor, restrictor, pressure-difference [p.d.] device
~ы зажига́ния ignition equipment
измери́тельный ~ (measuring) instrument, meter □ **градуи́ровать измери́тельный ~ в едини́цах частоты́** calibrate an instrument in units of frequency, calibrate an instrument to read frequency; **градуи́ровать измери́тельный ~ по этало́ну** calibrate an instrument against [by] a standard; **измери́тельный ~ даёт завы́шенные показа́ния** an instrument overreads; **измери́тельный ~ даёт зани́женные показа́ния** an instrument underreads; **измери́тельный ~ зашка́ливает** the instrument reads off scale; **поверя́ть измери́тельный ~** check [test] the calibration of an instrument
измери́тельный, апериоди́ческий ~ dead-beat [aperiodic] instrument
измери́тельный, астати́ческий ~ astatic (measuring) instrument
измери́тельный, безынерцио́нный ~ lag-free instrument
измери́тельный, вибрацио́нный ~ vibrating-reed instrument
измери́тельный, выпрями́тельный ~ rectifier-type instrument
измери́тельный ~ выступа́ющего монтажа́ projection-mounted instrument
измери́тельный ~ детéкторной систе́мы rectifier instrument
измери́тельный, детéкторный ~ rectifier instrument
измери́тельный ~ индукцио́нной систе́мы induction-type instrument

прибо́р
измери́тельный, индукцио́нный ~ induction-type instrument
измери́тельный, индукцио́нный ~ с бегу́щим по́лем travelling-field induction instrument
измери́тельный, индукцио́нный ~ с враща́ющимся по́лем revolving-field induction instrument
измери́тельный, калориметри́ческий ~ calorimetric instrument
измери́тельный, комбини́рованный ~ multimeter
измери́тельный, компенсацио́нный ~ null-point [null-reading] instrument
измери́тельный, ла́мповый ~ vacuum-tube instrument
измери́тельный, магнитоэлектри́ческий ~ moving-coil instrument
измери́тельный, магнитоэлектри́ческий ~ с вне́шним магни́том external-magnet moving-coil instrument
измери́тельный, магнитоэлектри́ческий ~ с вну́тренним магни́том internal-magnet moving-coil instrument
измери́тельный, магнитоэлектри́ческий ~ с постоя́нным магни́том permanent-magnet moving-coil instrument
измери́тельный ~ магнитоэлектри́ческой систе́мы moving-coil instrument
измери́тельный, многопреде́льный ~ multirange instrument
измери́тельный, образцо́вый ~ reference instrument
измери́тельный, однопреде́льный ~ single-range instrument
измери́тельный ~ переме́нного то́ка a.c. instrument
измери́тельный, переносно́й ~ portable instrument
измери́тельный, пока́зывающий ~ indicating instrument
измери́тельный ~ постоя́нного то́ка d.c. instrument
измери́тельный, рабо́чий ~ working instrument
измери́тельный ~, реаги́рующий на, *напр.* амплиту́дное *или* среднеквадрати́чное значе́ние величины́ peak- *or* rms-responding meter
измери́тельный ~ с автомати́ческим переключе́нием диапазо́на измере́ний auto-ranging instrument
измери́тельный ~ с безнулево́й шкало́й suppressed-zero instrument
измери́тельный ~ с двусторо́нней шкало́й centre-zero instrument
измери́тельный ~ с зерка́льным отсчётом mirror instrument
измери́тельный ~ с непосре́дственным отсчётом scale-reading instrument
измери́тельный ~ с нулём посереди́не centre-zero instrument
измери́тельный ~ со световы́м отсчётом light-spot instrument

прибо́р
измери́тельный ~ с про́фильной шкало́й edgewise-scale instrument
измери́тельный, стре́лочный ~ pointer(-type) instrument
измери́тельный, сумми́рующий ~ totalizing instrument
измери́тельный ~ с цифровы́м отсчётом digital (measuring) instrument
измери́тельный, теплово́й ~ thermal [hot-wire] instrument
измери́тельный ~ теплово́й систе́мы thermal [hot-wire] instrument
измери́тельный, термоэлектри́ческий ~ thermo-emf [thermocouple] instrument
измери́тельный, техни́ческий ~ commercial [industrial] instrument
измери́тельный, универса́льный ~ multimeter
измери́тельный ~ уто́пленного монтажа́ flush-mounted instrument
измери́тельный, ферродинами́ческий ~ iron-cored electrodynamic [ferrodynamic] instrument
измери́тельный, щитово́й ~ switchboard instrument
измери́тельный, электродинами́ческий ~ electrodynamic [dynamometer] instrument
измери́тельный ~ электродинами́ческой систе́мы electrodynamic [dynamometer] instrument
измери́тельный ~ электромагни́тной систе́мы moving-iron instrument
измери́тельный, электромагни́тный ~ moving-iron instrument
измери́тельный, электромагни́тный ~ с кру́глой кату́шкой repulsion-type moving-iron instrument
измери́тельный, электромагни́тный ~ с пло́ской кату́шкой attraction-type moving-iron instrument
измери́тельный, электромагни́тный ~ с постоя́нным магни́том permanent-magnet moving-iron [polarized-vane] instrument
измери́тельный, электростати́ческий ~ electrostatic instrument
измери́тельный ~ электростати́ческой систе́мы electrostatic instrument
ио́нный ~ (*в противоположность вакуумному*) gas-filled device, gas-filled tube
кислоро́дный ~ oxygen apparatus
кли́пперный ~ hydrogen-filled indirectly-heated diode
кома́ндно-пилота́жный ~ [КПП] *ав.* attitude director indicator
коммутацио́нный ~ switch apparatus
контро́льно-измери́тельные ~ы instrumentation
~ контро́ля силово́й устано́вки *ав.* power-plant instrument
ламе́льный ~ *текст.* warp stop (dropper) motion

прибо́р
навигацио́нный пла́новый ~ [НПП] *ав.* horizontal situation indicator, HSI
нагрева́тельный ~ heater, heating appliance
~ ночно́го ви́дения night viewing device
нулево́й ~ null-indicator
обду́вочный ~ *тепл.* soot blower
~ обега́ющего контро́ля data logger
обслу́живающий ~ (*в теории массового обслуживания*) server
оконе́чный ~ end instrument
оптикоэлектро́нный ~ optoelectron device
освети́тельный ~ luminaire, lighting fixture; *мн.* lighting equipment
полупроводнико́вый ~ semiconductor device
регули́рующий ~ controller
самопи́шущий ~ recording instrument, recorder
самопи́шущий ~ с кругово́й диагра́ммой circular-chart recorder
самопи́шущий ~ с ле́нточной диагра́ммой strip-chart recorder
санита́рный ~ plumbing [sanitary] fixture
~ с заря́довой свя́зью [ПЗС] *элн.* charge-coupled device, CCD
сигна́льный, маневро́вый ~ shunting signal device
сигна́льный, перее́здный ~ road crossing signal [level-crossing road signal] equipment
сигна́льный, поездно́й ~ train signal equipment
сигна́льный, путево́й ~ track signal equipment
скважи́нный ~ down-hole logging instrument
~ слепо́й поса́дки [ПСП] *ав.* instrument-landing horizon-director indicator
сма́зочный, автомати́ческий ~ self-oil feeder
сма́зочный, бу́ксовый ~ *ж.-д.* journal lubricator
сцепно́й ~ *ж.-д.* draft gear, draw-gear
уда́рно-тя́говый ~ *ж.-д.* draw-and-buffer gear
уда́рный ~ *ж.-д.* buffer gear
фу́рменный ~ *мет.* tuyere apparatus
шка́льный ~ indicating instrument
электрова́куумный ~ *элн.* electronic device; (*чаще всего имеется в виду* **ла́мпа**) tube
электрова́куумный, генера́торный ~ СВЧ thermionic microwave oscillator tube
электрова́куумный, ио́нный ~ (*носители тока — ионы заполняющего газа*) gas-filled electronic device, low-[soft-]vacuum device
электрова́куумный, электро́нный ~ (*носители тока — электроны в вакууме*) (high [hard]) vacuum electronic device

прибо́р
электроизмери́тельный ~ electrical measuring instrument (*типы электроизмерительных приборов см.* **измери́тельный прибо́р**)
электроннолучево́й ~ cathode-ray tube, cathode-ray device
электроопти́ческий ~ electrooptic device
приборострое́ние *с.* instrument making, instrument engineering
при́быль *ж.* **1.** *эк.* profit **2.** *мет.* (lost) head
~ изло́жницы feeder head
лите́йная ~ riser, casting head
~ сли́тка sinkhead, discard head
прива́ривать *гл.* weld together [on, to]
приведе́ние *с. мат., физ.* reduction
~ в де́йствие actuation
~ к за́данному масшта́бу scale adjustment
~ к за́данным усло́виям reduction to reference conditions
~ корне́й к о́бщему показа́телю transforming radicals to the same index
~ к у́ровню мо́ря reduction to sea level
~ подо́бных collecting [combining] like terms
~ по мо́дулю ρ reduction mod ρ
~ сил reduction of forces
приве́с *м.* gain in weight
при́вкус *м.* flavour □ **не́которые га́зы придаю́т воде́ неприя́тный ~** some gases cause water to have disagreeable taste
посторо́нний ~ *пищ.* off-flavour
при́вод *м.* drive □ **с механи́ческим ~ом** power-driven, power-operated; **с ~ом от дви́гателя** motor-operated; **с ~ом от педа́ли** pedal-actuated, pedal-driven; **с ремённым ~ом** belt-driven
асинхро́нный ~ induction [asynchronous] motor drive
безреду́кторный ~ gearless drive
бензоэлектри́ческий ~ *англ.* petrol-electric drive; *амер.* gasoline-electric drive
бесступе́нчатый ~ variable-speed drive
валоповоро́тный ~ barring [jacking, shaft-turning] gear
ве́нтильный ~ valve actuator
гидравли́ческий ~ hydraulic drive □ **с гидравли́ческим ~ом** hydraulically operated
гидравли́ческий ~ руля́ hydraulic steering gear
группово́й ~ group drive
ди́зель-электри́ческий ~ diesel-electric drive
дистанцио́нный ~ remote drive
индивидуа́льный ~ individual drive
кана́тный ~ rope drive
карда́нный ~ universal-shaft [cardan, universal-joint] drive

при́вод
~ **кла́панного механи́зма** valve (-actuating) gear
~ **конве́йера** conveyer drive (gear)
~ **конве́йера, двухбараба́нный** tandem drive
кривоши́пно-шату́нный ~ crank drive
кулачко́вый ~ cam drive
кули́сный ~ link-motion drive
~ **на пере́дние колёса** front-wheel drive
~ **на четы́ре колеса́** four-wheel drive
непосре́дственный ~ direct drive
~ **от ва́ла отбо́ра мо́щности** power take-off [p.t.o.] drive
парово́й ~ steam drive
педа́льный ~ treadle drive
пневмати́ческий ~ pneumatic drive
промы́шленный ~ industrial drive
пружи́нный ~ spring drive
ре́ечный ~ rack-and-gear [rack-and-pinion] drive
ремённый ~ belt drive, belt transmission
рулево́й ~ steering gear
рулево́й, ло́пастный ~ vane-type steering gear
рулево́й, механи́ческий ~ mechanical steering gear
ручно́й ~ hand drive □ **с ручны́м** ~**ом** manually [hand-]operated
сельси́нный ~ synchro power drive
следя́щий ~ servo drive
соленои́дный ~ solenoid drive
тро́совый ~ cable linkage
фрикцио́нный ~ friction drive
цепно́й ~ chain drive
червя́чный ~ worm gear (drive)
шестерёнчатый ~ gear drive
эксце́нтриковый ~ cam [eccentric] drive
электри́ческий ~ electric [motor] drive □ **с электри́ческим** ~**ом** electrically [motor] operated
~ **электропрои́грывателя** turntable drive
~ **электропрои́грывателя от па́сика** belt drive

приводи́мость *ж. мат.* reducibility

привод/и́ть *гл.* **1.** (*к нормальным условиям, общему знаменателю*) reduce to □ ~ **интегра́л к табли́чному** reduce an integral to a standard form, bring an integral into a form which is tabulated; ~ **... к ви́ду ...** reduce ... to the form ..., transform ... (in)to the form ...; ~ **к о́бщему знамена́телю** reduce to a common denominator; ~ **к просте́йшему ви́ду** simplify; ~ **подо́бные** group [collect] like terms **2.** (*точно совмещать изображение, оттиски и т. п.*) *полигр.* position [bring] in register **3.** (*выходную величину к входной*) refer to □ ~ **давле́ние к этало́нному у́ровню** correct (air) pressure readings to a common datum; **дрейф нуля́ (операцио́нного усили́теля)** ~**ят к вхо́ду** the drift of an operational amplifier is referred to input; ~ **к потенциа́лу** carry to (*so-and-so*) potential, carry to the potential of ... **4.** □ ~ **в движе́ние** set in motion, actuate, drive

приво́дк/а *ж.* (*точное совмещение изображения, оттисков, красок и т. п.*) *полигр.* register, registration □ **осуществля́ть** ~**у кра́сок** register the (component) colours, bring the (component) colours in register

приводне́ние *с. ав.* water landing

приводозамыка́тель *м.*, **стре́лочный** *ж.-д.* switch-and-lock movement

привулканиза́ция *ж.* direct vulcanization; vulcanizing onto, vulcanization to

привя́зка *ж. топ., геод.* closure, conjunction, fix, fixation, referencing, tie
~ **аэросни́мков** (photogrammetric) bridging, plate conjuction, control of aerial photography
~ **зда́ний** type-design adjustment, type-design tie-in
топогеодези́ческая ~ survey control

привя́зывать *гл.* **1.** (*бечёвкой, липкой лентой*) lash on (*with twine, Scotch tape*) **2.** *геод.* refer, reference, fix □ ~ **да́нные топографи́ческой съёмки,** *напр.* **к опо́рным то́чкам** *или* **ли́ниям** refer to, *e.g.*, control points or lines; ~ **одну́ то́чку к друго́й** reference point A to point B; ~ **пике́т к ...** locate a picket with reference to; ~ **систе́му координа́т к,** *напр.* **Земле́** fix the frame of reference to, *e.g.*, the Earth

прига́р *м.*, **лите́йный** burnt-on [sticking] sand

приглуше́ние *с. рад.* muting

приго́дность *ж.* **1.** (*к эксплуатации*) serviceability **2.** (*полезность*) usefulness **3.** (*соответствие требованиям*) fitness **4.** (*уместность*) applicability, suitability

приго́дный *прил.* **1.** (*полезный*) useful **2.** (*соответствующий требованиям*) fit **3.** (*уместный, отвечающий данному применению*) applicable, suitable

приго́нка *ж.* fitting, matching, adjustment

пригоня́ть *гл.* fit, match, adjust

пригора́ние *с. пищ.* scorching
~ **поршневы́х коле́ц** seizing of piston rings, sticking of piston rings

пригора́/ть *гл.* **1.** burn fast to ... *пример*: **формо́вочная земля́** ~**ет к отли́вкам** sand burns fast to castings **2.** (*о трущихся деталях*) seize by fusion

приём *м.* **1.** (*способ*) technique, expedient, procedure **2.** (*сообщений*) reception, (*получение*) receipt □ (*в радиообмене*) **«бу́дьте на приёме»** "stand by"; **«бу́дьте на приёме** *такой-то* **ста́нции»** "stand by for *so-and-so* station"; **переключа́ться на** ~ be switched to "receive" [to reception]; **подтверди́ть** ~ **[получе́ние] сообще́ния** acknowledge (the) receipt (of a message); (*приглашение корреспондента к передаче*) **«приём!»** "over!"

приём
автоди́нный ~ autodyne reception
гетероди́нный ~ heterodyne [beat] reception
дежу́рный ~ *рад.* listening watch □ **быть на дежу́рном** ~**е** stand by, watch the frequency; **вести́ дежу́рный** ~ maintain [stand] a listening watch; **заступа́ть на дежу́рный** ~ assume a listening watch; **прекраща́ть дежу́рный** ~ relinquish the listening watch
иску́сственный ~ *мат.* implicit technique, implicit approach □ **для деле́ния применя́ется иску́сственный** ~ **с испо́льзованием мно́жителей** division can be effected by implicit techniques using multipliers
кло́пферный ~ *тлг.* sound reading
многолучево́й ~ multipath reception
~ **на разнесённые анте́нны** space-diversity reception
~ **на слух** *тлг.* sound reading, aural reception
~ **сигна́лов** (*распознание, идентификация*) signal detection
~ **сигна́лов в це́лом** signal detection by sequence estimation, signal detection with decisions taken on the basis of the entire sequence received
~ **сигна́лов, оптима́льный** optimum (signal) detection
~ **сигна́лов, поэлеме́нтный** signal detection by symbol estimation, signal detection on the basis of symbol-by-symbol estimaton, symbol-by-symbol detection
супергетероди́нный ~ superheterodyne reception
~ **с часто́тным разнесе́нием** frequency-diversity reception

приёмистость *ж.* acceleration characteristics
~ **дви́гателя** engine pick-up

приёмка *ж.* acceptance; (*получение*) receipt
~ **проду́кции** approval

приёмник *м.* **1.** *рад., рлк.* receiver □ **запере́ть** ~ block [disable] the receiver; **защища́ть** ~ **от излуче́ния переда́тчика** keep transmitter power out of the receiver; **откры́ть** ~ unblock [enable] the receiver **2.** (*сборник*) receptacle **3.** (*ёмкость*) vessel, reservoir
батаре́йный ~ battery-operated receiver
~ **возду́шного (динами́ческого) давле́ния** *ав.* pressure head
~ **возду́шных давле́ний** pitot-static tube

приёмник
всевóлновый ~ all-wave receiver
гетеродúнный ~ heterodyne receiver
детéкторный ~ crystal (detector) receiver
~ дециметрóвого диапазóна UHF receiver
дóплеровский ~ Doppler receiver
~ звýка sound [sonic] detector
избирáтельный ~ selective receiver
~ излучéния radiation detector
~ излучéния, фотогальванúческий photovoltaic detector
~ инфракрáсного [ИК-] излучéния infrared [IR] detector
~ иóнов ion collector
~ комáндных сигнáлов command receiver
контрóльный ~ monitor(ing) receiver
коротковóлновый ~ (*вещательный*) short-wave [SW] receiver; (*связной*) HF receiver
лáмповый ~ *англ.* valve receiver; *амер.* tube receiver
~ метрóвого диапазóна VHF receiver
монофонúческий ~ monaural receiver
панорáмный ~ *рад.* panoramic [sweeping] receiver
~ пóлного давлéния Pitot [pressure] head, impact [total-head, total-pressure] tube
профессионáльный ~ communication(s) receiver
~ прямóго усилéния tuned radio-frequency [TRF] receiver
радиовещáтельный ~ domestic [home] receiver
радиолокациóнный ~ radar receiver
регенератúвный ~ *рад.* regenerative receiver
~ сантиметрóвого диапазóна (*не путать с* приёмником СВЧ-диапазóна) SHF receiver (*not to be confused with* microwave receiver)
~ свéта light detector
~ световóго излучéния light detector
~ СВЧ-диапазóна (*не путать с* приёмником сантиметрóвого диапазóна) microwave receiver (*not to be confused with* SHF receiver)
связнóй ~ communication(s) receiver
селектúвный ~ selective receiver
сетевóй ~ *англ.* mains-powered receiver; *амер.* socket-powered set
~ сигнáла бéдствия, автоматúческий automatic-alarm [autoalarm] receiver
~ слежéния track(ing) receiver
~ слýжбы радиоперехвáта intercept [search] receiver
~ с питáнием переменным тóком a.c. receiver
~ с питáнием постоянным тóком d.c. receiver

приёмник
~ статúческого давлéния *ав.* static-pressure tube, static-pressure probe; (*отверстие*) static-pressure vent
стереофонúческий ~ stereophonic receiver
супергетеродúнный ~ superheterodyne (receiver)
суперрегенератúвный ~ superregenerative receiver
~ с фáзовой автоподстрóйкой частоты́ phase-lock (loop) [PLL] receiver
~ с частóтной автоподстрóйкой частоты́ AFC receiver
телевизиóнный ~ television [TV] receiver, televisor
~ тонáльного вы́зова *тлф.* voice-frequency [V.F.] receiver
~ УКВ-диапазóна (*вещательный*) FM receiver; (*связной*) (*в зависимости от используемого диапазона частот*) 30—300 MHz VHF receiver, 300—3000 MHz UHF receiver
универсáльный ~ a.c./d.c. [all-mains, universal] receiver
фототелегрáфный ~ facsimile receiver
~ электроэнéргии (electric) load, using equipment
приёмопередáтчик *м. рад.* **1.** (*одни и те же узлы используются и в приёмном и в передающем тракте; трансиверная схема*) transceiver **2.** (*комбинация конструктивно самостоятельного приёмника и передатчика*) transmitter-receiver
приёмщик *м.* inspector
прижúм *м.* clamp(ing), clip
прижимáть *гл.* (*напр. болтами*) hold down (*e.g., with bolts*) □ **~ что-л. по всей поверхности** press *smth.* to an even bearing; **~ся к, напр. повéрхности** be retained against, *e.g.*, a surface
прижóг *м.* burn
приземлéние *с.* landing; (*момент касания посадочной поверхности*) touch-down
приземля́ться *гл.* land; (*касаться посадочной поверхности*) touch down, touch the ground
прúзма *ж.* **1.** prism **2.** (*опора рычага, напр. весов*) knife-edge pivot, knife-edge (support), knife-edge fulcrum
~ Вóлластона Wollaston prism
волновóдная ~ waveguide prism
косáя ~ oblique prism
наклóнная ~ oblique prism
~ Никóля Nicol prism
оборóтная ~ reversing prism
объектúвная ~ objective prism
окуля́рная ~ eye-piece prism
~ пóлного внýтреннего отражéния total internal reflection [TIR] prism
поляризациóнная ~ polarizing prism, polarizer
~ постоя́нного отклонéния constant-deflection [constant-deviation] prism

прúзма
прáвильная ~ regular prism
прямáя ~ right(-angle) prism
~ прямóго зрéния direct-vision prism
прямоугóльная ~ right(-angle) prism
светоделúтельная ~ beam splitter
~ сравнéния comparison prism
ступéнчатая ~ echelon prism
усечённая ~ truncated prism
призматóид *м.* prismatoid
призмóид *м.* prismoid
прúзнак *м.* **1.** (*в различных значениях*) sign, indication, symptom **2.** *вчт.* control character
~ Бертрáна *мат.* Bertrand's criterion, the Bertrand test
~ блúзости свáливания *ав.* prestall warning
~ делúмости criterion of divisibility, test for divisibility
~ квитúрования *вчт.* acknowledge character
~ кóда, избирáтельный distinguishable condition, distinguishable state, distinctive feature
~ концá *вчт.* terminator
~ неисправности fault symptom
~ ошúбки *вчт.* error flag
~ состоя́ния *вчт.* flag □ **установúть ~ состоя́ния, напр. в блóке управлéния дáнными** flag, *e.g.*, the data control block
~ сходúмости test of convergence
~ тóчности *вчт.* accuracy control character
прúиск *м.* field
прикáз *м.* order □ **~ на, напр. считывание** order, *e.g.* to read
прикасáться *гл.* touch
прикáтка *ж.* roll-on; *рез.* stitching-on
прикáтывание *с.* **1.** *полигр.* lay-down **2.** *с.-х.* rolling(-down), compacting, packing
прикáтывать *гл.* roll (down, on, to), compact, pack □ **~ кры́шку консéрвной бáнки к кóрпусу** attach the top (end) to the (can) body by a seam joint; **~ пóчву** roll (down) [compact, pack] the soil
прикúдка *ж.* (rough) estimate
прикипáть *гл.* stick
приклáд *м.* (*принадлежности*) trimmings
приклéивание *с.* (*в зависимости от типа клея*) bonding; cementing; glueing; pasting; sticking
приклéивать *гл.* (*в зависимости от типа клея*) bond (on, to); cement (on, to); glue (on, to); paste (on, to); stick (on, to)
приклóн *м. полигр.* gripper edge sheet guard
прикосновéние *с. мат.* contact, touch
прикреплéние *с.* fastening, attachment, fixture
~ скóбками staple fastening
прикрепля́ть *гл.* fasten, attach, fix

прикрыва́ть *гл.* 1. (*укрывать*) cover, protect 2. (*частично закрывать, напр. отверстие, вентиль*) close (down) partly □ ~ **дро́ссель** throttle down the engine
прила́вок *м.* counter
прила́вок-витри́на *м.* display counter
~ **откры́того ти́па, охлажда́емый** open refrigerated display counter
прила́дка *ж. полигр.* press preparation for printing
прила́живание *с.* fitting, adapting, adjusting
прила́живать *гл.* fit, adapt, adjust
прилега́ние *с.* (*касание*) fit □ **обеспе́чивать равноме́рное ~ по всему́ пери́метру, напр. кры́шки к ко́рпусу** obtain [secure] an even bearing all around, *e.g.*, between the lid and case
прилега́ть *гл.* 1. (*касаться*) fit (to) □ ~ **к пове́рхности** bear against the surface; ~ **пло́тно [те́сно] к** *чему-л.* be snug against *smth.* 2. (*примыкать*) adjoin, be adjacent (to)
прили́в *м.* 1. *мор.* (high) tide 2. (*утолщение на детали*) boss, lug 3. *полигр.* fin
прилипа́ние *с.* adhesion, adherence, sticking, attachment
~ **листо́в к валка́м** *прок.* gathering
~ **при сдви́ге** *рез.* adhesion in shear
электростати́ческое ~ electrostatic adhesion, Johnson-Rahbek effect
приллиро́вать *гл.* (*удобрения, серу и т. п.*) pril (*fertilizers, sulphur etc.*)
приложе́ние *с.* 1. (*дополнение*) appendix, addition, annex, supplement 2. (*прикладывание*) application
~ **нагру́зки** application of load
~ **си́лы** application of force
прилуне́ние *с.* lunar landing
прим *м. мат.* prime, accent
прима́зывать *гл.* (*укреплять при помощи глины, ставить на замазке*) lute in place □ ~ **ало́нж к рето́рте** lute the prolong [the blue-powder pan] in place on the retort
примене́ние *с.* application, use, employment, utilization
примени́мость *ж.* applicability, usability
приме́р *м.* example, instance □ **в ка́честве ~а пока́жем ...** to illustrate, ...; **поясни́м на ~е вы́бор часто́т для переда́тчика № 1** as an example, consider the allocation of frequencies for transmitter No. 1; **рассма́тривать** *что-л.* **на ~е** illustrate *smth.* by an example, consider an example of *smth.*; **рассмо́трим примене́ние ме́тода на конкре́тном ~е** consider a specific example of (using) the method
(уче́бный) ~ с реше́нием worked example
примерза́ние *с.* freezing-on
~ **электро́да** *св.* electrode freezing

приме́рный *прил.* (*рекомендуемый, напр. о плане, списке, расположении*) suggested (*e.g., plan, list, lay-out*) (*not to be confused with* **example** *or* **exemplary**)
при́мес/ь *ж.* 1. (*вводимая намеренно*) addition, additive, admixture; *пп* dope, impurity 2. (*нежелательная*) impurity
акце́пторная ~ acceptor [*p*-type] impurity
~ **внедре́ния** interstitial impurity
вре́дные ~и detrimental [harmful] impurities
до́норная ~ donor [*n*-type] impurity
~ **замеще́ния** substitutional impurity
случа́йная ~ unintentional impurity
стехиометри́ческая ~ stoichiometric impurity
примеча́ния *мн. с.* notes, remarks
приме́шивание *с.* addition, introduction
приме́шивать *гл.* add, introduce
примина́ть *гл.* trample down
примыка́ние *с.* contiguity
~ **сосе́дних листо́в ка́рты** fit of adjacent map sheets
примыка́ть *гл.* adjoin, abut with, border on, be contiguous with
принадле́жность *ж.* accessory, adjunct
~ **для снаряже́ния заря́дов** *горн.* blasting accessory
национа́льная ~ (*напр. самолёта, корабля*) identity, nationality
принима́/ть *гл.* 1. (*назначать, напр. размеры, компоновку в проектах, расчётах*) specify, take, adopt 2. (*соглашаться*) accept 3. (*допускать*) assume □ ~ **за** 1. call *пример*: **при́мем ле́вый коне́ц лине́йки за нуль** we call the left end of the rule zero 2. *вчт.* recognize as *пример*: **сигна́л ~ется за «1»** *или* **«0»** the signal is recognized as a "1" *or* as a "0" 3. count as *пример*: **дно зо́ны проводи́мости ~ется за нуль** the bottom of the conduction band counts as the zero of kinetic energy 4. designate as ... *пример*: **положи́тельная намагни́ченность ~ется за 1** the positive flux is designated as 1
принима́ющий *м. мор.* synchro receiver, receiving synchro □ ~ **курсоуказа́ния** heading repeater indicator
принуди́тельно *нареч.* □ ~ **закрыва́ть** urge into the closed position; ~ **охлажда́ть** forced cool
принуди́тельный *прил.* forced
принужда́ть *гл.* force, urge
при́нцип *м.* principle; law □ **в ~е** in principle, basically
бло́чный ~ (*в построении математических моделей*) block-diagram method; (*в конструировании*) building block principle
~ **«большинства́»** *вчт.* majority principle

при́нцип
~ **взаи́мности** reciprocity principle, reciprocity theorem
~ **двойственности** principle of duality, duality principle
~ **дуа́льности** principle of duality, duality principle
~ **зерка́льного изображе́ния** image principle, image method
иерархи́ческий ~ (*управления в технике*) hierarchical control
~ **изомо́рфности моде́лей** principle of analogies
~ **исключе́ния** exclusion principle
~**ы конструи́рования** design philosophy
~ **ма́ксимума** *киб., авт.* maximal principle
~ **наиме́ньшего де́йствия** principle of least action, least action [Hamilton] principle
~ **наиме́ньшего принужде́ния** principle of least constraint
~ **наложе́ния** *эл.* principle of superposition, superposition theorem
~ **неопределённости** (Heisenberg) uncertainty [indetermina(n)cy] principle
~ **непреры́вности** continuity principle
~ **обеспе́чения надёжности при поврежде́нии отде́льных элеме́нтов** fail-safe concept
~ **Па́ули** (*в квантовой механике*) Pauli-Fermi principle
~ **рабо́ты** principle of operation
~ **соотве́тствия** correspondence principle
~ **суперпози́ции** superposition principle
~ **тожде́ственности** identity principle
приня́тие *с.* acceptance, adoption
~ **реше́ния** decision making
приорите́т *м.* priority □ **де́йствовать согла́сно ~у** *вчт.* handle priorities; **учи́тывать** ~ *вчт.* handle priorities
приостана́вливать *гл.* suspend
приостано́в *м.* **ЭВМ** pause, temporary program halt
приостано́вка *ж.* temporary halt, suspension
припа́ивать *гл.* (*мягким припоем*) solder (*on, to*); (*твёрдым припоем*) braze (*on, to*); (*свинец*) burn (*on, to*)
припа́с *м.* supply
разли́вочный ~ *мет.* pouring-pit refractories
сифо́нный ~ *мет.* bottom-pouring [runner] refractories
припасо́вка *ж.* fitting
припасо́вывание *с.* **криво́й** fitting of a curve, curve-fitting
припи́сывать *гл.* (*считать следствием чего-л., рассматривать в качестве причины*) attribute to, trace to □ ~ **значе́ние** assign a value (to)

припо́й *м.* solder □ **набира́ть ~ на пая́льник** let the (soldering) iron load up with solder
легкопла́вкий ~ quick solder
мя́гкий ~ (soft) solder, common [fine, medium, quick, slicker] solder
прутко́вый ~ bar [stick] solder
~ с канифо́лью, тру́бчатый rosin-core solder
твёрдый ~ hard [brazing, strong] solder
ци́нковый ~ brazing spelter
припра́вка *ж. полигр.* make-ready, overlay; underlay, interlay
припу́дривание *с.* **1.** *полигр.* powdering **2.** (*форм*) *лит.* dusting
при́пуск *м.* **1.** *маш.* allowance □ **назнача́ть ~ на ...** specify an allowance for ... **2.** *полигр.* untrimmed paper page
~ на затя́жку *кож.* lasting allowance
~ на обрабо́тку machining allowance
~ на оплавле́ние *св.* flashing allowance
~ на оса́дку *св.* upsetting allowance
~ на оторцо́вку *лес.* allowance for trim, overlength
~ на стро́чку *кож.* allowance for seaming
~ на уса́дку *лит.* shrinkage allowance
~ на усу́шку *лес.* shrinkage allowance
припы́л *м. лит.* parting compound
прираба́тываться *гл.* run in
прирабо́тк/а *ж.* **1.** run-in **2.** *т. над.* shake-down
~ сопряжённых дета́лей alignment of mating parts *пример*: **обка́тывать дви́гатель до по́лной ~и сопряжённых дета́лей** run in the engine to allow mating parts to become well aligned
прира́внивать *гл.* put [set] ... equal to ..., equate ... to ...
приращéние *с.* (*чего-л.*) an increment in ...
приро́да *ж.* **1.** nature **2.** (*характер, свойство чего-л.*) nature, character
~ све́та, волнова́я wave nature of light
~ све́та, дво́йственная dual nature [character] of light
~ све́та, корпускуля́рная corpuscular [particle] nature of light
природопо́льзование *с.* nature management
приро́ст *м.* gain, growth, increase, increment
при́руб *м. стр.* butt joint
приса́дка *ж.* addition, additive
активи́рующая ~ activator
антидетонацио́нная ~ anti-knock additive, anti-knock agent
антикоррозио́нная ~ к антифри́зу antifreeze inhibitor
антипе́нная ~ antifoam additive

приса́дка
~ в ковш *мет.* ladle addition
~ к масла́м oil additive
~ к масла́м, загуща́ющая motor oil thickener
~ к то́пливам fuel additive
леги́рующая ~ alloy(ing) addition, alloy(ing) additive
мо́ющая ~ detergent additive
противообледени́тельная ~ anti-icing additive
приса́живание *с.* addition, introduction of an addition
приса́живать *гл.* □ **~ доба́вку в, напр. ва́нну, жёлоб, излóжницу** *мет.* add [make an addition of ...] in, *e.g.*, the furnace, runner, mould
присва́ивание *с.* assignment, allocation
присва́ива/ть *гл.* (*закреплять что-то за кем-л. или чем-л.*) allocate to, assign to ... *пример*: **ка́ждой ста́нции ~ется своя́ частота́** a separate frequency is assigned to each station
присвое́ние *с.* **адресо́в** *вчт.* address assignment
присоедине́ние *с.* **1.** (*прикрепление*) attachment **2.** *хим.* (reaction of) addition **3.** *эл.* connection
~ алгебраи́ческого элеме́нта algebraic(al) adjunction
~ интегра́ла adjunction of an integral
~ электро́на к а́тому attachment of an electron to an atom
присоединя́/ть *гл.* **1.** (*прикреплять*) attach **2.** *хим.* add □ **ацетиле́н ~ет во́ду и образу́ет ацетальдеги́д** acetylene adds water to form acetaldehyde; **водоро́д ~ется к веществу́ по ... связя́м ...** hydrogen adds to a bond **3.** *эл.* connect
присо́с *м.* suction cup
приспособле́ние *с.* **1.** contrivance, gadget **2.** *маш., св.* jig, fixture
грузозахва́тное ~ load [weight] handling fixture [device]; (*для подъёма груза*) hoisting device; (*для перемещения груза*) hauling device
зака́лочное ~ (*для предотвращения коробления при охлаждении*) quenching apparatus
затыло́вочное ~ (*станка*) relieving attachment
защи́тное ~ safeguard
сбо́рочное ~ под сва́рку fit-up jig, fit-up fixture
приста́вка *ж.* attachment
анаморфо́тная ~ *кфт.* anamorphic adapter, anamorphic attachment, anamorphoser
коротково́лновая ~ short-wave adapter
магнитофо́нная ~ tape deck
панора́мная ~ *рлк., рад.* panoramic adapter
при́стань *ж.* landing (stage), pier
пристро́йка *ж.* lean-to

приступа́ть *гл.* **к** *чему-л.* proceed with, get down to (*doing smth.*)
прису́чка *ж. текст.* joining the ends
~ осно́вы piecing the warp together
присыпа́/ть *гл.* powder, sprinkle □ **~, напр. песко́м** dust, *e.g.*, with sand; **~ пове́рхность** sprinkle the surface with ... *пример*: **для защи́ты от окисле́ния пове́рхность сли́тка ~ют се́рным порошко́м** to protect ingots against oxidation, their surface is sprinkled with powdered sulphur
присы́пка *ж.* powder(ing), sprinkling
~ трубопрово́да (*при укладке в землю*) padding
притво́р *м.* (*двери, окна*) frame [rabbet] ledge
прити́р *м.* lap □ **шаржи́ровать ~ алма́зным порошко́м** charge [impregnate] the lap with diamond dust
притира́ть *гл.* lap
прити́рка *ж.* **1.** lapping **2.** (*щётки*) *эл.* grinding
~ кла́панов valve grinding, valve seating, valve setting
~ по ме́сту fitting-in, seating, setting
прито́к *м.* influx, inflow
при́толока *ж.* (*двери*) lintel
притормáживать *гл.* apply the brake(s), brake
притупле́ние *с.* dulling, blunting
~ кро́мки *св.* root face
притупля́ть *гл.* dull, blunt
притя́гивать *гл.* attract, pull (up)
притяже́ние *с.* attraction
взаи́мное ~ mutual attraction
земно́е ~ gravity, terrestrial [Earth's] attraction
капилля́рное ~ capillary attraction
куло́новское ~ Coulomb [electrostatic] attraction
магни́тное ~ magnetic attraction, magnetic pull
электростати́ческое ~ electrostatic attraction
приформо́вка *ж. рез.* vulcanizing-on, moulding-on
прифуго́вка *ж. лес.* (straight) joint(ing)
~ кро́мок edge jointing
прихва́тка *ж. св.* tack (weld)
прихва́тывать *гл. св.* tack *smth.* to *smth.*
прихо́д *м.* input
~ тепла́ (*в химический реактор*) heat input, heat generation
приходи́т/ься *гл.* **на** fall at *пример*: **одна́ из поло́с поглоще́ния ~ся на длину́ волны́ ...** one absorption band falls at a wavelength of ...
прице́п *м.* trailer
низкора́мный ~ drop-frame trailer
прице́п-да́ча *м.* carvan (trailer)
прице́п-контейнерово́з *м.* container trailer
прича́л *м.* wharf
достро́ечный ~ fitting-out wharf
причека́ *ж.* gib-and-cotter

причи́на *ж.* 1. (*мотив, основание*) reason 2. (*фактор, вызывающий определённое последствие*) cause
 ~ **неиспра́вности** cause of a trouble, cause of a fault(y condition) □ **устраня́ть ~у неиспра́вности** remove the cause of a trouble
 ~ **отка́за** cause of a failure
пришабри́зание *с.* scraping-off
пришабри́зать *гл.* fit together by scraping □ ~ **вручну́ю** hand-scrape to ...
приямо́к *м.* pit
 ~ **для ковше́й** ladle pit
 ~ **для чи́стки** clean-out pit
про́б/а *ж.* 1. (*испытание*) test □ ~ **на** ... test for ... 2. (*образец; часть от целого*) sample; (*часть или целый экземпляр*) specimen □ **набира́ть ~у** (*напр. воздуха*) collect a sample (*e.g., of an air*); **отбира́ть ~у** take a sample, sample 3. (*опыт*) trial, experiment 4. (*благородных металлов*) standard of fineness; (*клеймо пробы*) hallmark □ **устана́вливать ~у мета́лла** assay a metal
 арбитра́жная ~ official sample
 биологи́ческая ~ bio-assay
 гидравли́ческая ~ hydrostatic test
 искрова́я ~ spark test
 ~ **кали́льной тру́бкой** ignition tube test
 калориметри́ческая ~ calorimeter [calorimetric] test
 ка́пельная ~ drop test, drop analysis
 ковшо́вая ~ ladle sample
 контро́льная ~ check [control] sample
 ло́жечная ~ spoon test
 минералоги́ческая ~ **ме́тодом черты́** streak test
 ~ **на жи́рность** fat test
 ~ **на заги́б** bend test
 ~ **на зака́лку** quench test
 ~ **на за́нятость** *тлф.* busy test □ **проводи́ть ~у на за́нятость** run a busy test
 ~ **на звоно́к** *свз.* ringing test
 ~ **на знакопереме́нный изги́б** bending-unbending [reverse-bend] test
 ~ **на истира́ние** abrasion test
 ~ **на кисло́тность и щёлочность** pH-test
 ~ **на оса́дку** upsetting test
 ~ **на отборто́вку** *мет.* flange test
 ~ **на отду́шистость** *кож.* grain break test
 ~ **на переги́б** alternate bend test
 ~ **на пробива́емость** drift(ing) test
 ~ **на прока́ливаемость** hardenability test
 ~ **на разда́чу** (*трубы*) flare [expansion] test
 ~ **на са́дку** *кож.* cracking test
 ~ **на сва́риваемость** weldability test
 ~ **на свобо́дный заги́б** *св.* free-bend test
 ~ **на сгора́ние** burning test
 ~ **на сплю́щивание** (*трубы*) flattening test
 ~ **на уса́дку** *кож.* shrink(age) test
 органолепти́ческая ~ organoleptic test
 пла́вочная ~ heat sample
 представи́тельная ~ representative sample
 склероскопи́ческая ~ scleroscopic [scratch] test
 ти́гельная ~ crucible assay
 ~ **травле́нием** etch test
 усреднённая ~ averaged sample
 холоста́я ~ blank test
 ~ **Э́риксена** (*на способность листовых материалов к вытяжке*) Erichsen test
 эталóнная ~ standard sample
пробе́г *м.* 1. (*ездка*) run □ ~ **вхолосту́ю** (make) an empty [dry] run 2. (*число наезженных километров*) total kilometres logged
 испыта́тельный ~ trial run
 межремо́нтный ~ distance run between overhauls
 послепоса́дочный ~ *ав.* landing run
 ~ **части́цы** range of a particle path
 ~ **части́цы, свобо́дный** (mean) free path
 ~ **части́цы, свобо́дный, сре́дний** mean free path
 ~ **ши́ны** run of a tyre
пробега́ть *гл.* run
пробе́л *м.* 1. *полигр.* (*промежуток между словами*) space 2. (*пропуск символа, слова и т. п.*) *вчт.* blank 3. (*недостаток, упущение*) gap
пробе́лка *ж.* (*в производстве сахара*) wash(ing), wash-out, cure
 ~ **утфе́ля** fillmass washing
пробива́ние *с.* 1. *мех.* piercing, punching 2. *эл.* break-down, puncture 3. *вчт.* punching 4. *кож.* bleeding
пробива́ть *гл.* 1. *мех.* pierce, punch, perforate □ ~ **отве́рстие** punch a hole 2. *эл.* break through 3. *вчт.* punch □ ~ **ка́рту, ле́нту** *и т. п.* punch a card, tape, *etc.*
проби́в/ка *ж.* 1. (*прошивка, образование отверстий в заготовке*) *мет.* piercing 2. (*отверстие на перфокарте или перфоленте*) *вчт.* hole, perforation, punch, punched hole □ **бу́квенные да́нные перфори́руются двумя́ ~ками в одно́й коло́нке** alphabetic characters are coded by two punches in the same column; **десяти́чные чи́сла представля́ются в ви́де едини́чной ~ки в ка́ждой пози́ции** decimal digits are represented by a single punch in the appropriate row [position]; **допуска́ется одна́ ~ в ка́ждой коло́нке** only a single punch may appear in each column, information may be punched one character to a column; **осуществля́ть восприя́тие ~ок** sense (punched) holes; **счи́тывать ~ки** read the information contained in punched cards [tape], read punched cards [tape]; **счи́тывать ~ки механи́ческим прощу́пыванием** read punched cards [tape] by mechanical probes; **счи́тывать ~ки фотоэлектри́ческим спо́собом** read punched cards [tape] photoelectrically [by photoelectric cells]; **счи́тывать ~ки электроконта́ктным спо́собом** read punched cards [tape] by the electric contact method 3. (*пробивание*) *вчт.* punching
проби́рка *ж.* test tube, test glass
 градуи́рованная ~ graduated test tube
про́бит *м. мат.* probit, probability unit
про́бка *ж.* 1. (*естественный материал и закупорка из этого материала*) cork 2. (*закупорка*) plug; (*особенно из стекла или материала сосуда*) stopper
 ~ **вентиляцио́нного отве́рстия** (*аккумулятора*) vent plug
 возду́шная ~ (*в топливной или гидросистеме*) air lock
 запра́вочная ~ filling plug
 кали́берная ~ plug gauge
 кали́берная, преде́льная ~ limit plug gauge
 кали́берная, резьбова́я ~ screw plug gauge
 кони́ческая ~ conical [tapered] plug
 предохрани́тельная ~ *эл.* fuse [safety] plug, screw-plug fuse
 притёртая ~ ground stopper
 прочистна́я ~ clean-out plug
 резьбова́я ~ threaded [screw] plug
 сливна́я ~ drain plug
 смотрова́я ~ (*аккумулятора*) inspection plug
 тра́нспортная ~ jam
 шпа́льная ~ tie plug
пробле́ма *ж.* problem
проблема́тика *ж.* (*совокупность проблем*) range of problems; (*круг вопросов какого-л. лица или учреждения*) terms of reference
про́бник *м.* (*зонд*) probe; (*испытательное устройство*) tester
 аккумуля́торный ~ (high-rate) discharge tester
про́бовать *гл.* 1. (*испытывать*) test; (*на вкус, запах и т. п.*) sample, taste 2. (*пытаться*) try
пробо́ина *ж.* breach, gap, hole
пробо́й *м.* 1. *эл.* break-down, puncture 2. *стр.* cramp iron
 ~ **га́зов, опти́ческий** optical gas break-down
 зе́неровский ~ Zener break-down
 ионизацио́нный ~ ionization break-down
 лави́нный ~ avalanche break-down
 ~ **лица́** *кож.* bate pin-holes
 неразруша́ющий ~ nondestructive break-down
 обрати́мый ~ *пп* reversible [electric] break-down
 солево́й ~ *кож.* salt stippen
 теплово́й ~ thermal break-down

пробо́й
туннéльный ~ tunnel break-down
усто́йчивый ~ sustained break-down
электри́ческий ~ electrical break-down
пробо́йник *м.* drift, punch
пробоотбо́рник *м.* sampler, sampling apparatus
~ для зерна́ grain trier
~ для молока́ milk sampler
~ непреры́вного дéйствия continuous sampler
погружно́й ~ immersion sampler
пробопечáтание *с. полигр.* proof printing
пробо́рка *ж.* **осно́вы** *текст.* looming, looming-in, looming-up
пробо́рщик *м.* **осно́в** *текст.* loomer, warp drawer, reacher-in
пробуксо́вка *ж.* slip(ping), spinning
~ колёс автомоби́ля (*напр. при резком трогании с места*) wheel-spin
~ сцеплéния slipping of the clutch, clutch slip(page)
пробу́лькивать *гл.* **чéрез,** ***напр.*** **слой реагéнта** bubble through, *e.g.*, a reagent layer
провáл *м.* fall-through
~ диагрáммы напрáвленности антéнны gap ☐ **перекры́ть ~ы диагрáммы напрáвленности антéнны** fill (the) gaps in the radiation pattern
~ контáктов follow(-through)
~ на и́мпульсе pulse valley
~ то́плива чéрез колосни́к riddlings
~ частóтной характери́стики trough in the frequency response
~ чувстви́тельности sensitivity curve dip
~ чувстви́тельности приёмника blind [dead] spot
провáр *м.* **1.** *св.* fusion, penetration **2.** (*в технологии стекла*) complete melting
~ ко́рня шва root penetration
непо́лный ~ incomplete fusion, partial penetration
по́лный ~ complete fusion, full penetration
провáривание *с.* boiling
провáрка *ж.* (*варка*) *дер.-об.* boiling
провéрк/а *ж.* (*испытание*) check, test; (*осмотр*) examination, inspection ☐ **~ выполня́ется** (*проверка подтверждает правильность решения*) *мат.* the check is satisfied; **проводи́ть ~у** do [carry out, perform] a test
вы́бо́рочная ~ random inspection, spot check
~ гипо́тезы *стат.* testing of a hypothesis, hypothesis testing
~ зáнятости *свз.* busy test, test for the engaged condition
инспекцио́нная ~ technical inspection ☐ **цéлью инспекцио́нной ~и явля́ется провéрка кáчества техобслу́живания, ведéния тeхдокументáции и о́бщего состоя́ния материáльной чáсти** technical inspection checks the quality of maintenance, completeness of records and overall condition of the materiel
провéрк/а
~ модéли на адеквáтность объéкту моделиро́вания validation [test] of a model for adequacy
~ на зáнятость *тлф.* busy [engaged] test
~ на нали́чие оши́бок *вчт.* error check
~ на нечётность *вчт.* odd-parity check
~ на пло́тность [герметизáцию] leak check
~ на чётность *вчт.* even parity check
~ (*перфокарт*) на просвéт sight check
неудáчная ~ failure of a check
~ подстано́вкой check by substitution
~ прохождéния сигнáлов *рад.* signal tracing
~ рабо́ты functional check
~ расхо́да то́плива fuel-consumption test, fuel-consumption trial
~ режи́ма рабо́ты performance test
эксперимéнтальная ~ experimental check
эпизоди́ческая ~ casual inspection
провер/я́ть *гл.* check, test ☐ **~ на вы́борку** make a spot check; **~ на пло́тность посáдки** check for fit; **~ по** check *smth.* with *пример*: **~ить дáнные по спрáвочнику** check data with a reference book; **~ить прибо́р по этало́ну** check an instrument with [against] a standard
провéс *м.* sag ☐ **определя́ть ~ про́вода визи́рованием по рéйкам** sight the conductor sag over battens
провéтривание *с.* airing; *особ. горн.* ventilation
провéтривать *гл.* air; *особ. горн.* ventilate
провéшивание *с. геод.* (*установление вешек*) staking; (*установление вертикальности*) test(ing) with a plumb-line
провéшивать *гл. геод.* (*устанавливать вешки*) stake a line; (*устанавливать вертикальность*) test with a plumb-line
провисáние *с.* sag
провисáть *гл.* sag
про́вод *м.* wire; (*проводник*) conductor ☐ **задéлывать [подсоединя́ть] ~ в разъёме** terminate a wire in [to] a connector; **заплести́ ~,** ***напр.*** **вокру́г друго́го про́вода** weave the wire, *e.g.*, around another wire; **зачищáть ~** (*снимать изоляцию*) strip a wire; **крепи́ть ~ под контáктным болто́м** grip a wire under a terminal screwhead; **луди́ть ~** tin a wire; **надрезáть ~,** ***напр.*** **напи́льником** score the wire, *e.g.*, with a file; **~ прошивáет ферромагни́тный сердéчник** *вчт.* a wire runs through a magnetic core, a core is strung on a wire
про́вод
áдресный ~ *вчт.* address wire
~ антéнны, горизонтáльный flat-top of an antenna
батарéйный ~ battery lead
вво́дный абонéнтский ~ drop wire
возду́шный ~ open wire; overhead conductor
~ вы́борки (*в ЗУ матричного типа*) drive [select] wire
го́лый ~ bare wire, bare conductor
~ зажигáния *авто* ignition cable, ignition wire
заземля́ющий ~ *англ.* earth(ing) wire; *амер.* ground(ing) wire
~ запрéта (*в ЗУ матричного типа*) inhibit wire
звонко́вый ~ bell wire
изоли́рованный ~ insulated wire
калибро́ванный ~ calibrated lead
компенсацио́нный ~ compensating lead
контáктный ~ (*в электротяге*) contact [trolley] wire, contact conductor
контро́льный ~ pilot wire
координáтный ~ (*в ферритовом кубе*) *вчт.* coordinate line, coordinate wire
кро́ссовый ~ *свз.* jumper wire
лéнточный ~ strip [ribbon] conductor
линéйный ~ line conductor
~ мáлого сечéния light-gauge wire
многопро́волочный ~ stranded wire, multiwire [stranded] conductor
монтáжный ~ hookup wire
нагревосто́йкий ~ high-temperature conductor
неизоли́рованный ~ uninsulated wire
нулево́й ~ neutral wire
обмо́точный ~ magnet wire
обрáтный ~ return wire, return conductor
питáющий ~ feeder, feed wire, power lead
плетёный ~ braided wire
плю́совый ~ plus [positive] wire
подводя́щий ~ lead
по́лый ~ hollow conductor
разря́дный ~ *вчт.* bit [digit] line, digit wire
скру́ченный ~ twisted conductor
~ соединéния на мáссу *англ.* earth(ing) wire; *амер.* ground(ing) wire
~ с оплёткой braided wire
сплошно́й ~ solid conductor
станцио́нный ~ *тлф.* office wire
~ считывания (*в ЗУ матричного типа*) sense wire
съёмный ~ *вчт.* sense wire
токонесу́щий ~ current-carrying wire
троллéйный ~ trolley wire
удлини́тельный ~ extension lead
установо́чный ~ installation wire
экрани́рованный ~ *англ.* screened wire; *амер.* shielded wire

прóвод
эмалирóванный ~ enameled(-insulated) wire

проводи́мост/ь *ж.* **1.** (*явление или процесс переноса заряда*) conduction □ **основнóй тип ~и,** *напр.* **электрóнный** conduction is mainly by, *e.g.*, electrons **2.** (*количественная оценка процесса переноса заряда*) conductance
акти́вная ~ (*часть полной проводимости*) conductance (*real part of admittance*)
акти́вная, входнáя ~ input conductance
взаи́мная ~ transfer conductance
волновáя ~ characteristic admittance
ды́рочная ~ (*процесс переноса заряда*) *p*-type [hole(-type)] conduction
~ за счёт избы́точных носи́телей excess conduction
~ изоля́ции shunt conductance
иóнная ~ ionic conduction
магни́тная ~ permeance
металли́ческая ~ metallic conduction
óбщая ~ узлóв mutual conductance of nodes
односторóнняя ~ unidirectional conduction □ **обладáть односторóнней ~ью** have the property of conducting current in one direction only
перехóдная ~ indicial admittance
перехóдная, и́мпульсная ~ delta function response
повéрхностная ~ surface conduction
пóлная ~ admittance
пóлная, акусти́ческая ~ acoustic admittance
пóлная, входнáя ~ input admittance
пóлная, выходнáя ~ output admittance
пóлная, кóмплексная ~ complex admittance
пóлная ~ нагру́зки load admittance
пóлная, перехóдная ~ transfer admittance
пóлная, сóбственная ~ self-admittance
при́месная ~ impurity [extrinsic] conduction
прямáя ~ forward conductance
реакти́вная ~ susceptance
реакти́вная, ёмкостная ~ (*мнимая часть полной проводимости*) capacitive susceptance (*imaginary part of admittance*)
реакти́вная, индукти́вная ~ (*мнимая часть полной проводимости*) inductive susceptance (*imaginary part of admittance*)
сóбственная ~ intrinsic conduction
сóбственная ~ узлá self-conductance of a node
темновáя ~ dark conduction
удéльная ~ conductivity, specific conductance

проводи́мость
~ утéчки leakage conductance
~ четырёхпóлюсника, обрáтная reverse admittance of a two-port
~ четырёхпóлюсника, передáточная transfer admittance of a two-port
~ четырёхпóлюсника, прямáя forward admittance of a two-port
электри́ческая ~ conductance; (*коэффициент*) (electrical) conductivity
электрóнная ~ electron conduction, conduction by electrons, *n*-type conduction

проводи́ть *гл.* **1.** (*возглавлять*) lead **2.** (*осуществлять*) carry out, conduct **3.** (*строить, прокладывать*) lay, run **4.** (*чертить*) pass, draw (*a line, plane, etc.*) **5.** (*делать скользящее движение чем-л. по чему-л.*) pass □ **~ ножóм по повéрхности** pass the edge of a knife over a surface; **~ рукóю по повéрхности** pass the hand over a surface

провóдк/а *ж.* **1.** *эл.* wiring (*см. тж.* **электропровóдка**) **2.** (*прокладка, сооружение*) laying **3.** *прок.* guide □ **прокáтывать в ~ах** roll by guide
абонéнтная ~ *тлф.* house [internal] cable
ввóдная ~ entry guide
вну́тренняя ~ indoor [internal] wiring
врéменная ~ haywire, stopgap wiring
выводнáя ~ delivery guide
~ лéнты *полигр.* web guiding
обводнáя ~ *прок.* repeater
откры́тая ~ *эл.* open [surface] wiring
~ систéмы зажигáния *ав.* ignition harness
~ систéмы управлéния *ав.* control links
скры́тая ~ *эл.* concealed wiring
~ судóв *мор.* pilotage
электри́ческая ~ electric wiring

проводни́к *м.* **1.** *эл.* conductor **2.** (*направляющее устройство*) guide
~ вторóго рóда *эл.* ion [electrolytic] conductor
~ пéрвого рóда *эл.* electron [metallic] conductor
печáтный ~ printed conductor
сплошнóй ~ solid conductor
~ теплá heat conductor
токоподводя́щий ~ lead (wire)

провододержáтель *м.* hanger

прóвод-рельс *м.* contact [conductor] rail

прóволок/а *ж.* wire □ **калибровáть ~у** size the wire; **промывáть ~у** (*после травления кислотой при волочении*) rinse the (acid-cleaned) (coil of) wire; **ржáвить ~у** (*в процессе волочения*) sull the wire; **суши́ть ~у** (*после нанесения покрытия при волочении*) bake the (coated) (coil of) wire; **шпицевáть ~у** (*при волочении*) point the wire

прóволок/а
бáзисная, мéрная ~ *геод.* base wire
бандáжная ~ (*для клетневания*) serving wire
вязáльная ~ binding [tie] wire; (*для тюков*) baling wire
горячетя́нутая ~ hot-drawn wire
игóльная ~ needle wire
колю́чая ~ barbed wire
контрóвочная ~ safety [lock(ing)] wire
присáдочная ~ *св.* filling [filler] wire
пружи́нная ~ spring wire
стру́нная ~ piano wire
твердотя́нутая ~ hard-drawn wire
тóлстая ~ heavy-gauge wire
тóнкая ~ fine [light-gauge] wire
шплинтовáя ~ pin wire
электрóдная ~ electrode wire
электрóдная ~ в моткáх coiled electrode wire
электрóдная, порошкóвая ~ flux-cored electrode

проворáчивание *с.* turning(-through)

проворáчивать *гл.* turn through □ **~ возду́шный винт от руки́** pull the propeller through by hand; **~ двигáтель** crank [turn over] an engine

прогáр *м.* (*в реактивных двигателях*) scorching; (*топки*) blow-hole; (*камеры сгорания*) burn-out (*of the combustion chamber*)
~ стéнок пéчи wall burn-out

прогáрина *ж.* local burn

проги́б *м.* deflection, flexure, sagging
~ кóрпуса су́дна sag(ging) of a ship's hull
~ крóвли *горн.* roof deflection
~ от сóбственного вéса self-weight deflection
~ пути́ track depression
~ рéльса rail deflection
~ трубы́ *астр.* flexure of the tube

прогибáться *гл.* flex, sag

прогибомéр *м.* deflectometer

проглáживание *с.* (*устранение неровностей на поверхности*) planishing

прогнóз *м.* forecast, prediction □ **~ выполня́ется** a forecast works well
гидрологи́ческий ~ hydrological forecasting
долгосрóчный ~ long-term forecast
краткосрóчный ~ short-term forecast
~ погóды weather forecast
~ распространéния радиовóлн wave-propagation forecast

прогнози́рование *с.* prediction, forecasting
~ надёжности reliability prediction
~ откáзов failure prediction
~ ремонтопригóдности maintainability prediction

прогнози́ровать *гл.* predict, forecast

прогнози́ст *м.* forecaster

прогóн *м.* **1.** *стр.* girder, beam, purlin, bearer **2.** (*цикл работы*) run
~ лéнты tape run
~ прогрáммы *вчт.* program run

прого́н
(холосто́й) ~ *вчт.* skip □ **при нали́чии переполне́ния происхо́дит (холосто́й) ~ до** ... an overflow condition causes a skip to ...
прого́нка *ж.* **1.** (*инструмент*) *маш.* threading die, chaser **2.** (*цикл операции*) pass, run
~ ле́нты, повто́рная tape rerun
прогора́ние *с.* burning-through, burn-out
прогорка́ние *с. пищ.* rancidity
програ́мм/а *ж.* **1.** *англ.* program(me); *амер.* program **2.** *вчт.* (*последовательность команд для решения задачи*) program; (*последовательность команд для выполнения какой-л. операции*) routine □ **вызыва́ть ~у** call (in) a program; **выполня́ть ~у** execute a program; **набира́ть ~у на коммутацио́нной доске́** set up a program on a plugboard; **~ нахо́дится [размеща́ется] в** ... the program resides in ...; **отла́живать ~у** debug a program; **распеча́тывать ~у** list a program, produce a listing of the program
акти́вная ~ (*программа становится активной после загрузки и приведения в готовность к исполнению*) active program (*any program that is loaded and ready to be executed is called active*)
библиоте́чная ~ *вчт.* library routine
~ вво́да-вы́вода *вчт.* input/output [I/O] routine
ветвя́щаяся ~ *вчт.* branching program
веща́тельная ~ *тлв., рад.* (broadcast) program □ **выпуска́ть веща́тельную ~у** put a program on the air
~ в реа́льном масшта́бе вре́мени *вчт.* real-time program
вспомога́тельная ~ *вчт.* house-keeping routine
~ вы́зова суперви́зора *вчт.* S.V.C. routine
выполни́мая ~ *вчт.* executable program
гла́вная ~ *вчт.* main program
диагности́ческая ~ *вчт.* diagnostic routine □ **диагности́ческая ~ устана́вливает и локализу́ет неиспра́вности в ЭВМ** a diagnostic routine detects and isolates malfunctions in the computer
жёсткая ~ *вчт.* wired-in program
~ инициализа́ции ядра́ *вчт.* nucleus initialization program
интерфе́йсная ~ систе́мы с разделе́нием вре́мени time-sharing interface program
исполни́тельная ~ *вчт.* executive routine □ **исполни́тельная ~ осуществля́ет контро́ль за выполне́нием други́х програ́мм** an executive routine controls the execution of other routines

програ́мм/а
исхо́дная ~ *вчт.* source program
кана́льная ~ *вчт.* channel program □ **кана́льная ~ управля́ет после́довательностью опера́ций** *какого-л.* **кана́ла** a channel program controls a specific sequence of channel operations
~ лётных испыта́ний flight test program
~ маши́нного ана́лиза цепе́й *вчт.* network optimization program
метапрограмми́рующая ~ *вчт.* meta-assembly program
~ ме́тода обраще́ния *вчт.* access method routine □ **по ~е ме́тода обраще́ния осуществля́ется переда́ча информа́ции ме́жду гла́вной па́мятью и устро́йствами вво́да-вы́вода** the access method routine moves data between main storage and input/output devices
неакти́вная ~ (*программа, незагруженная или загруженная, но не готовая к исполнению, называется неактивной*) inactive program (*an inactive program is that which is loaded but not ready to be executed, or not loaded at all*)
незави́симая ~ *вчт.* stand-alone program
обраба́тывающая ~ *вчт.* processing program
~ обрабо́тки (да́нных) *вчт.* processing program
~ обрабо́тки сообще́ний *вчт.* message processing program
обслу́живающая ~ *вчт.* service routine
объе́ктная ~ *вчт.* object [target] program
оверле́йная ~ *вчт.* overlay program
~ опера́ции сортиро́вки — объедине́ния *вчт.* sort/merge program
оптимизи́рующая ~ *вчт.* optimizing program
~ оце́нки состоя́ния систе́мы *вчт.* damage assessment routine
~ пере́днего пла́на *вчт.* foreground program
~ печа́ти *вчт.* print routine
~ представле́ния информа́ции на видеодиспле́е *вчт.* graphic display program
~ прерыва́ния *вчт.* interrupt routine
пробле́мная ~ *вчт.* problem program
резиде́нтная ~ *вчт.* resident program
~ специа́льного примене́ния (*программа, написанная для пользователя или пользователем для его собственных нужд, называется программой специального применения*) application program (*an application program is that which is written for or by a user and applies to his own work*)
транзи́тная ~ *вчт.* transit routine
~ трассиро́вки *вчт.* tracing routine

програ́мм/а
~ управле́ния сообще́ниями *вчт.* message control program
управля́ющая ~ control program □ **управля́ющая ~ плани́рует обрабо́тку да́нных и осуществля́ет контро́ль за её исполне́нием** a control program schedules and supervises the performance of data processing
фо́новая ~ *вчт.* background program
програ́мма-диспе́тчер *ж. вчт.* supervisor (program), executive program
програ́мма-монито́р *ж.* monitor (program)
~ термина́ла terminal monitor program
программи́рование *с.* programming
автомати́ческое ~ automatic programming
динами́ческое ~ dynamic programming
дискре́тное ~ discrete programming
квадрати́чное ~ quadratic programming
лине́йное ~ linear programming
математи́ческое ~ mathematical programming
нелине́йное ~ nonlinear programming
целочи́сленное ~ integer programming
программи́ровать *гл. англ.* programme; *амер.* program
программи́ст *м.* programmer
програ́фка *ж. полигр.* tabular work
прогре́в *м.* warm-up
прогре/ва́ть *гл.* warm up □ **дать ~ться,** *напр.* **приёмнику в тече́ние ... мину́т** allow, *e.g.*, the receiver a warm-up period of ... minutes; **~ хорошо́,** *напр.* **двигатель, приёмник** *и т. п.* give, *e.g.*, an engine, receiver, *etc.* an ample warm-up (time)
прогре́ссия *ж.* progression
арифмети́ческая ~ arithmetic(al) progression, arithmetic(al) series
гармони́ческая ~ harmonic progression
геометри́ческая ~ geometric progression, geometric series
прода́вливание *с.* forcing through; (*отверстий*) punching
прода́вливать *гл.* force through □ **~ отве́рстие** (*напр. для заклёпки*) punch (out) a hole
продвиже́ние *с.* advance
продева́ние *с.* threading, feeding through
~ ни́ти, автомати́ческое *текст.* self-threading
продева́ть *гл.* thread, feed through □ **~ про́вод че́рез отве́рстие** feed a wire through a hole
проди́р *м.* (*дефект*) *прок.* guide scratch
продифференци́ровать *гл.* differentiate, perform a differentiation

продле́ние *с.* extension; (*срока*) prolongation; (*возобновление*) renewal
~ **ресу́рса** overhaul-period renewal
продолжи́тельность *ж.* duration, period, time (interval), time span
~ **включе́ния, ПВ** *эл.* duty cycle
~ **жи́зни 1.** life span **2.** (*особ. радиоактивных частиц*) lifetime **3.** *стат.* life expectancy
~ **и́мпульса** pulse duration, pulse length, pulse width
~ **консерви́рования** *кож.* time of cure
~ **отбо́я** *тлф.* releasing time
~ **отста́ивания** *хим.* retention time
~ **перехо́дного проце́сса** transient time
~ **пла́вки** heat time
~ **пла́вки от вы́пуска до вы́пуска** tap-to-tap time
~ **полёта** time in flight
~ **проду́вки** blowing time
~ **просто́я** down [idle] time
~ **реа́кции** reaction time
~ **сгора́ния** combustion period
~ **томле́ния** *мет.* soaking time
~ **ци́кла** duration of a cycle
~ **эксплуата́ции** in-service time
продоро́живание *с.* **колле́ктора** *эл.* slotting of the commutator
продоро́живать *гл.* **колле́ктор** *эл.* slot the commutator, undercut the mica
продува́ние *с. см.* **проду́вка**
продува́ть *гл.* blow (through), blow down □ ~ **автокла́в** blow down an autoclave; ~ **в аэродинами́ческой трубе́** (*модель самолёта, автомобиля и т. п.*) test (*a model of an airplane, a car, etc.*) in a wind tunnel; ~ **котёл** blow down a boiler; ~ **мета́лл** blow (a metal); ~ **мета́лл на ...** blow (a metal) to ...; ~ **телефо́нную тру́бку** give the handset a blow test; ~ **трубопрово́д** blow through [purge] a pipe-line; ~ **цили́ндр(ы)** (*дизеля*) scavenge the cylinder(s) (*of a Diesel engine*); ~ **штейн на черново́ю медь** blow the matte to blister copper
проду́вка *ж.* blow(-through), blow-down; (*котла, автоклава*) blow-down; (*в конвертерных процессах*) the blow; (*трубопровода*) blow-through, purge; (*цилиндров дизеля*) scavenge
аэродинами́ческая ~ wind-tunnel test(ing)
до́нная ~ *мет.* bottom blowing
дополни́тельная ~ *мет.* afterblow
~ **кислоро́дом** *мет.* oxygen lancing
повто́рная ~ *мет.* reblow
предвари́тельная ~ *мет.* foreblow
~ **све́рху** *мет.* top blow(ing)
стру́йная ~ *мет.* spray refining
~ **шпу́ра** blowing of a blast hole
проду́кт *м.* product
~ **актива́ции** *яд. физ.* activate, activation product
бро́совый ~ waste (product)
~ **взры́ва** explosion product

проду́кт
втори́чный ~ (*в процессе обогащения руды*) after-product
~ **горе́ния** combustion product, product of combustion
гото́вый ~ finished product
~ **деле́ния** *яд. физ.* fission product
~ **деструкции** *рез.* break-down product
дроблёный ~ crushed material
~ **изна́шивания** *маш.* grit
~ **коксова́ния** coke by-product
коне́чный ~ final [end] product
ку́бовый ~ *хим.* bottoms product
надрешётный ~ (*в грохочении*) the oversize, the plus material
непревращённый ~ *хим.* reactant remaining unreacted
~ **о́бжига** calcinate
оборо́тный ~ recycle
отва́льный ~ dump waste product
ото́гнанный ~ *хим.* overhead product
перви́чный ~ primary product
пищево́й ~ food(-stuff)
пищево́й, заморо́женный ~ frozen food(-stuff)
побо́чный ~ by-product
побо́чный ~ **поликонденса́ции** fragment □ **выделя́ть побо́чный** ~ **поликонденса́ции** split out a fragment in polycondensation
подрешётный ~ (*в грохочении*) the undersize, the minus material □ **подрешётный** ~ **остаётся в надрешётном проду́кте** the undersize passes over with the oversize
промежу́точный ~ *маш.* intermediate product, semiproduct; (*в процессе обогащения руды*) middlings
~ **размо́ла** ground material
~ **распа́да** *яд. физ.* decay [disintegration, decomposition] product
~ **реа́кции** *хим.* reaction product
~ **сгора́ния** combustion product, product of combustion
сгущённый ~ thickened product
сельскохозя́йственный ~ farm product, farm produce
това́рный ~ marketable (end) product, commodity product
продукти́вность *ж.* productivity
проду́кция *ж.* (*совокупность продуктов производства*) products; output
бла́ночная ~ *полигр.* blanks
валова́я ~ gross output
гото́вая ~ finished product(s)
незавершённая ~ (*находящаяся в процессе переработки или изготовления*) work in process
печа́тная ~ *полигр.* printed matter
това́рная ~ marketable products
про́дух *м.* air hole
проду́шина *ж.* air hole
прое́зд *м.* **1.** (*путь*) passage, thoroughfare **2.** (*использование транспортных средств*) travel
~ **автотра́нспортом** travel by road
беспла́тный ~ free travel

прое́зд
~ **во́дным тра́нспортом** travel by water
~ **возду́шным тра́нспортом** travel by air
~ **грузовы́м автотра́нспортом** travel by truck
~ **железнодоро́жным тра́нспортом** travel by rail
~ **морски́м тра́нспортом** travel by sea
прое́кт *м.* **1.** (*совокупность технической документации, разработанный план*) design, plans and specifications □ **строи́тельная часть** ~**а** civil-engineering design, civil-engineering aspect of a design; **технологи́ческая часть** ~**а** engineering design, engineering aspect of a design **2.** (*предварительный план, черновой вариант*) draft
рабо́чий ~ contractor design
техни́ческий ~ detail design
типово́й ~ type plan, type design □ **стро́ить** (*напр. дома*) **по типово́му** ~**у** build (*e.g., flats*) from type designs
эски́зный ~ conceptual design
проекти́вный *прил. мат.* projective
***k*-кра́тно** ~ *k*-fold projective
проекти́рование *с.* design(ing), design work
автоматизи́рованное ~ automated [computer-aided] design
~ **вычисли́тельной маши́ны** computer design(ing)
~ **констру́кций** structural design
маке́тное ~ (*электрических систем*) breadboard design
маши́нное ~ computer-aided design
оптима́льное ~ design optimization
~ **подбо́ром** cut-and-try design
предвари́тельное ~ predesign(ing)
~ **систе́мы** system design(ing)
типово́е ~ use of type [standard] designs
эксперимента́льное ~ experimental design
проекти́ровать *гл.* design
проектиро́вщик *м.* designer
прое́ктор *м.* projector
ио́нный ~ field ion microscope
картографи́ческий ~ map projector
телевизио́нный ~ television projector
электро́нный ~ field-emission microscope
прое́кция *ж.* projection □ ~ **на ...** projection on (to) ...
аксонометри́ческая ~ axonometric projection
~ **Га́усса, равноуго́льная** *карт.* Gauss conformal projection
гномони́ческая ~ *мат.* gnomonic projection
гномони́ческая, взаи́мная ~ *карт.* gnomonic reciprocal projection
зенита́льная ~ *карт.* zenithal projection

проекция
изометрическая ~ isometric projection
картографическая ~ cartographic(al) [map] projection
коническая ~ conical projection
конформная ~ *карт.* conformal projection
косая ~ oblique [skew] projection
меридиональная ~ meridional projection
~ Меркатора *карт.* Mercator projection
~ на плоскость plane projection
нормальная ~ *карт.* normal projection
обратная ~ *карт.* reciprocal projection
ортогональная ~ orthographic projection
параллельная ~ parallel projection
перспективная ~ *карт.* perspective projection
стереоскопическая ~ stereo(scopic) projection
~ точки *мат.* foot
~ траектории полёта на местность *ав.* track
центральная ~ *карт.* central projection
цилиндрическая ~ *карт.* cylindrical projection

проецирование *с.* projection

проецир/овать *гл.* project □ **~ на ...** image on ... *пример*: **изображение карты ~уется на экран** the map is imaged on the screen

проём *м.* opening
~ двери *авто* door aperture
колёсный ~ *авто* wheelcut, cutaway
оконный ~ window opening
~ перемычки (*в горноспасательных работах*) plug hole
~ световой *стр.* fenestration

прожектор *м.* **1.** (*осветительный прибор дальнего действия*) searchlight **2.** (*источник заливающего света*) floodlight **3.** (*электронная пушка электроннолучевой трубки*) electron gun
~ запоминающей трубки, воспроизводящий reading gun (of a storage tube)
~ запоминающей трубки, записывающий writing gun (of a storage tube)
магнетронный ~ magnetron injection gun
плазменный ~ plasma gun
посадочный ~ landing light
радиолокационный ~ searchlight-control radar
сигнальный ~ signalling lamp
электронный ~ (electron) gun
~ ЭЛТ, триодный triode gun

прожигание *с.* burning-through
~ отверстий, газопламенное flame drilling, oxyacetylene boring

прожог *м.* (*дефект сварки*) burn-through

прозванива/ть *гл.* **1.** (*проверять цепь на обрыв или замыкание*) test (a circuit) for continuity □ **если цепь ~ется ...** if the circuit is continuous ..., if the circuit has continuity; **~ цепь между антенной и массой** check continuity between the antenna and ground **2.** (*проверять прохождение сигналов*) ring out

прозвонка *ж.* **1.** (*проверка цепи на обрыв или замыкание*) *эл.* continuity test **2.** (*проверка прохождения сигналов*) *тлф.* ring-out, ringing-out, signalling test; (*кабелей*) wire identification

прозвучивание *с.* (*ультразвуковая дефектоскопия*) sonic test

прозор *м.* (*расстояние между колосниками*) bar spacing, opening between bars

прозрачномер *м.* (*устройство для измерения показателей ослабления света в морской воде*) transparency meter

прозрачность *ж.* **1.** (*свойство*) transparence **2.** (*величина*) transmittance, transmissivity
~ для тепловых лучей diathermancy
~ потенциального барьера barrier penetrability, penetrability of the potential barrier

прозрач/ный *прил.* **1.** (*о материале, пропускающем свет и позволяющем чётко видеть тела, находящиеся за ним*) transparent □ **~ для ...** transparent to ... *пример*: **бериллий ~ен для рентгеновских лучей** beryllium is transparent to X-rays **2.** (*о материале, пропускающем свет диффузно; тела, находящиеся за ним, различаются нечётко*) translucent

проигрывание *с.* **1.** (*звукозаписи*) playback **2.** (*ситуации, варианта в теории принятия решений, исследования операций*) acting out [playing out] an alternative decision [an alternative plan]

проигрыватель *м.* **1.** (*электропроигрывающее устройство без встроенного усилителя*) turntable **2.** (*с встроенным усилителем, электрофон*) record player, phonograph, electric gramophone

произведение *с. мат.* product □ **~ *x* на *y*** the product of *x* into *y*, the product of *x* and *y*, the product of *x* by *y*
бесконечное ~ infinite [continued] product
векторное ~ vector [cross, outer, external] product
внешнее ~ external [cross, vector, outer] product
внутреннее ~ dot [internal, inner, scalar] product
~ коэффициента усиления на ширину полосы пропускания *рад.* gain-bandwidth [GBW] product
логическое ~ logical product

произведение
прямое ~ direct [Cartesian] product
скалярное ~ scalar [inner, dot, internal] product
~ событий intersection of events
тензорное ~ tensor product, composition of tensors
частичное ~ partial product

производитель *м.* (*в противоположность потребителю*) producer; (*изготовитель*) manufacturer, maker; (*сельскохозяйственной продукции*) grower

производительность *ж.* (*интенсивность труда*) productivity; (*объём производства*) output, production; (*возможности, потенциал, особенно в процессах, не связанных с изготовлением*) capacity
~ вагоноопрокидывателя (hourly) car capacity of a car dumper
~ вентилятора capacity [duty] of a fan
годовая ~ annual production rate
~ землеройного оборудования (hourly) output of earth-moving equipment
~ источника информации source rate
~ комбайна по зерну grain output of a harvester
~ котлоагрегата rating of a boiler unit
~ мельницы grinding capacity
~ насоса pump capacity, pump delivery; (*за один ход поршня*) pump displacement
номинальная ~ rated capacity
основная ~ basic capacity
~ печи furnace capacity, furnace output, furnace throughput
~ подъёма *горн.* hoisting capacity
проектная ~ design output
сменная ~ output per shift
средняя ~ average output; average productivity
суточная ~ daily output; daily capacity
~ труда labour productivity
часовая ~ output per hour, hourly output

производить *гл.* **1.** (*изготавливать*) make, manufacture; (*особ. изделия из полуфабрикатов, напр. сваркой*) fabricate **2.** (*осуществлять*) make, carry out, conduct **3.** (*создавать*) create □ **~ математические операции** (*дифференцирование, интегрирование, расчёты вообще*) perform

производн/ая *ж. мат.* derivative □ **брать ~ую** derive, differentiate; **~ от ... по ...** derivative of ... with respect to ...
абсолютная ~ absolute derivative
аэродинамическая ~ aerodynamic derivative
~ вектора derivative of a vector

произво́дн/ая
~ второ́го поря́дка second-order derivative, derivative of the second order
~ вы́сшего поря́дка higher derivative, derivative of higher order
~ дро́бного поря́дка fractional derivative
ле́вая ~ left-hand [backward] derivative
логарифми́ческая ~ logarithmic derivative
~ по вре́мени time derivative
~ подъёмной си́лы по углу́ ата́ки lift(-curve) slope
по́лная ~ total derivative
~ по направле́нию directional derivative
~ по норма́ли normal derivative
~ *n*-го поря́дка от фу́нкции ... the *n*th derivative of a function ...
пра́вая ~ right-hand [forward] derivative
ста́ршая ~ highest derivative
~ усто́йчивости stability derivative
ча́стная ~ partial derivative
произво́дное *с. хим.* derivative
произво́дств/о *с.* 1. production □ **свёртывать ~** (*обычно постепенно*) phase out [phase back] production; **сня́тый с ~а** out of production 2. (*добыча*) production 3. (*изготовление*) manufacture, (*из полуфабрикатов*) fabrication □ **~ по за́мкнутому ци́клу** captive manufacture 4. (*отрасль*) industry
~ без вы́хода на ры́нок captive production
бонда́рное ~ cooperage
бума́жное ~ papermaking
~ в о́пытных масшта́бах pilot production
~ в промы́шленных масшта́бах production in quantity, commercial production
вспомога́тельное ~ 1. auxiliary process(es) 2. (*подразделение завода*) auxiliary department
~ га́за (*особ. природного*) gas production; (*особ. искусственного*) gas generation
до́менное ~ blast-furnace process
едини́чное ~ individual [single-unit, piece-work] production
кни́жное ~ book production
~ ко́жи leather manufacture
коксохими́ческое ~ cake and by-product process
конве́ртерное ~ converter process(es)
крупносери́йное ~ large-lot [large-scale] production
кузне́чно-пре́ссовое ~ press forging
кузне́чно-штампо́вочное ~ press forging; (*объёмная штамповка*) die forging
лесохими́ческое ~ wood chemical industry

произво́дств/о
листопрока́тное ~ (*толстого листа*) plate rolling; (*тонкого листа*) sheet rolling
лите́йное ~ foundry
марте́новское ~ open-hearth process
ма́ссовое ~ mass production
мелкосери́йное ~ small-lot [small-scale] production
моде́льное ~ pattern-making
непреры́вное ~ continuous process
~ о́буви shoe making
о́пытное ~ pilot(-scale) production
полузаводско́е ~ *хим.* pilot-scale process
пото́чное ~ flow(-line) [in-line] production
прока́тное ~ rolling
сва́рочное ~ welding fabrication; (*раздел техники*) welding engineering
сери́йное ~ (*в противовес экспериментальному или опытному*) quantity [full-scale] production; (*партиями*) batch [series] production
~ ста́ли steelmaking
тексти́льное ~ textile manufacture
~ тепла́ heat generation, heat production
труболите́йное ~ pipe casting
трубопрока́тное ~ pipe rolling
трубосва́рочное ~ pipe welding
фабри́чное ~ manufacturing, manufacture
~ фо́сфорной кислоты́ экстракцио́нным спо́собом production of phosphoric acid by the wet process
хлопчатобума́жное ~ cotton manufacture
~ чугуна́ iron making
шве́йное ~ clothing [garment] manufacture
шо́рно-седе́льное ~ saddlery
шту́чное ~ individual production
~ электри́ческой эне́ргии generation of electrical energy, electricity production
произво́льно *нареч. мат.* arbitrarily
произво́льность *ж. мат.* arbitrariness
произво́льный *прил. мат.* arbitrary, optional, unspecified, unrestricted, random
произноси́ть *гл.* □ **~** (*напр. слова*) **по бу́квам** spell out (*e.g., words normally difficult to understand*); **~ [выгова́ривать] чётко** (*напр. в радиотелефонии*) enunciate clearly [distinctly]
прока́ливаемость *ж.* hardenability; (*глубина закалки*) hardness penetration, penetration hardness
сквозна́я ~ full hardenability
прока́ливание *с.* (*удаление избыточной влаги нагревом*) calcination
~ в водоро́де hydrogen calcination
~ в во́здухе air calcination
прока́ливать *гл.* (*удалять избыточную влагу нагревом*) calcine, calcinate

прока́т *м.* 1. (*продукция, получаемая обработкой давлением в прокатных станах*) rolled stock, rolled products 2. (*кинофильмов*) release 3. (*временное пользование*) hire
кру́глый ~ rounds, round bar(s)
листово́й, то́лстый ~ plate(s)
листово́й, то́нкий ~ sheet(s)
полосово́й ~ strip
сортово́й ~ bar
сортово́й ~ зе́тового про́филя Z-bar
сортово́й, кру́пный ~ large [heavy] sections
сортово́й, ме́лкий ~ merchant-mill products
сортово́й, сре́дний ~ shapes
сортово́й ~ шпунтово́го про́филя piling bar
углово́й, неравнобо́кий ~ unequal(-leg) angles
углово́й, равнобо́кий ~ equal(-leg) angles
фасо́нный ~ structural shapes, standard sections
прока́тка *ж.* rolling
~ в закры́тых кали́брах tongue-and-groove rolling
винтова́я ~ screw rolling
~ в оболо́чках sheath rolling
~ в прово́дках guide rolling
~ в прямы́х кали́брах flat rolling
~ в ушири́тельной кле́ти broadside rolling
~ в чернов́ой кле́ти pony roughing
горя́чая ~ hot rolling
~ за оди́н про́пуск one-pass rolling
~ колёсных бандаже́й tyre rolling
коса́я ~ skew rolling
~ на ребро́ rolling on-edge
~ на у́гол angle rolling
~ паке́тами pack rolling
~ периоди́ческих про́филей die rolling
петлева́я ~ loop-mill rolling
повто́рная ~ rerolling
попере́чная ~ cross rolling
попере́чно-винтова́я ~ helical rolling
~ порошка́ (*в порошковой металлургии*) rolling of the powder
продо́льная ~ lengthwise rolling
~ свобо́дным паке́том loose-pack rolling
~ сли́тка в блю́мы cogging
~ сля́бов slabbing
~ толстолистово́й ста́ли plate rolling
~ труб на до́рне mandrel drawing
холо́дная ~ cold rolling
чернова́я ~ roughing, cogging
чистова́я ~ finish rolling
прока́тываемость *ж.* rollability
прока́тывание *с.* rolling
прока́тыва/ть *гл.* roll □ **~ в ...** roll (in)to ... *пример*: **блю́мы ~ются в загото́вки** blooms are rolled in(to) billets; **~ в обра́тную сто́рону** roll on a return pass; **~ вручну́ю** (*с ручной подачей металла в валки*) roll

by hand; ~ на обжи́мном ста́не cog down
прока́чивать гл. (*напр. масло через систему*) draw through, run through
прока́чка ж. pumping
~ ма́сла 1. (*процесс*) oil circulation 2. (*количество прокачиваемого масла за единицу времени*) oil circulation rate
~ сква́жины hole washing
~ тормозно́й систе́мы bleeding air from the brakes
проки́дка ж.:
~ челнока́ pick, shuttle throw
~ утка́ pick, shot of weft
прокла́дка ж. 1. (*уплотнительная деталь*) gasket 2. (*проставочная деталь*) spacer 3. (*операция укладки или проводки*) laying, running 4. (*патрона внутри гильзы*) filler piece 5. (*линии пути*) нвг. plotting
~ в шта́беле ле́са piling stick, piling strip
гофриро́ванная ~ corrugated gasket
гребе́нчатая ~ serrate gasket
изоляцио́нная ~ insulating pad, insulating liner
~ ка́беля cable-laying
~ ли́нии пути́ нвг. track plotting
~ ли́нии пути́ ме́тодом счисле́ния нвг. dead-reckoning [D.R.] track plotting
~ ли́нии пути́ на ка́рте нвг. track charting
~ ме́жду пиломатериа́лами crosser, gobb
~ прово́дов wire installation
регулиро́вочная ~ shim
ре́льсовая ~ tie plate
слюдяна́я ~ (*в коллекторе электромашины*) mica separator
~ трубопрово́да pipe laying
шпа́льная ~ bird [tie] pad
прокла́дывать гл. 1. (*строить графически*) plot 2. (*укладывать*) lay, run □ ~ тунне́ль drive a tunnel
прокле́ивание с. sizing
прокле́йка ж. sizing
~ на кала́ндре calender sizing
пове́рхностная ~ tub sizing
проко́вка ж. forging, hammering; (*лёгкими ударами молотка*) peening
~ пу́длинговых криц shingling
проко́вывать гл. forge, hammer □ ~ сварно́й шов upset-forge the pieces together
проко́л м. puncture
~ ба́зы транзи́стора punch-through
~ ши́ны a "flat", puncture, blow-off
проко́лка ж. (*листовой заготовки*) piercing
прокра́шивать гл. paint (thoroughly)
прокру́тк/а ж.:
~ дви́гателя (*вручную*) cranking
~ дви́гателя, холо́дная engine motoring □ дви́гатель продува́ется путём холо́дной ~и the engine is cleared by motoring without the igniter switched on
пролёжка ж. ко́жи lay(-away), leaving, ageing
~ ко́жи по́сле су́шки crousting
пролёт м. 1. (*расстояние между опорами*) span 2. (*в цехе, промышленном здании*) bay 3. (*самолёта над каким-л. пунктом местности*) fly-over, pass 4. (*дефект ткани*) weaving-over
~ а́рки chord of an arch
а́рочный ~ arch span
~ ба́лки span of a beam
ба́лочный ~ beam span
~ в свету́ span
зава́лочный ~ мет. charging bay
зачистно́й ~ мет. scalping bay
конве́ртерный ~ мет. furnace aisle
~ ле́стницы flight of stairs
~ ли́нии электропереда́чи span
~ ли́нии электропереда́чи, а́нкерный anchor span
~ ли́нии электропереда́чи, промежу́точный intermediate span
разли́вочный ~ мет. pouring [casting] bay, teeming aisle
~ челнока́ текст. shuttle flight
ши́хтовый ~ charge holding bay
~ электро́на transit of an electron, electron transit
пролета́ть гл. (*лететь мимо чего-л.*) fly past □ ~ над pass over; ~ промежу́точный пункт маршру́та [ППМ] ав. pass over a check-point; англ. pass over a waypoint; ~ сквозь fly through, traverse
проли́в(ы) мн. м. (*жидкости в результате утечки, небрежности и т. п.*) spillage
прологарифми́ровать гл. take the logarithms of (*a number*)
проло́м м. breach, gap, break
пролонга́ция ж. prolongation
проль́іска ж. лес. barking in strips
прома́зка ж. рез. spreading
прома́зывание с. spreading
прома́сливание с. бума́ги paper oiling
промежу́ток м. interval
~ ано́д — като́д (*в радиолампе*) anode-cathode path
возду́шный ~ air gap
~ вре́мени period, (time) interval, time span
~ дискре́тности sampling interval
за́мкнутый ~ мат. closed interval
~ интегри́рования interval of integration, range of integration
искрово́й ~ spark gap
~ като́д — се́тка (*в радиолампе*) cathode-grid path
~ ме́жду за́писями на носи́теле вчт. interrecord gap, IRG
полуза́мкнутый ~ partly open [partly closed] interval
пробивно́й ~ свз. disruptive distance
разря́дный ~ discharge gap
ускоря́ющий ~ acceleration gap
проме́р м. measurement
~ глубины́ гидр. sounding
промерза́ние с. frost penetration, freezing
промеря́ть гл. measure, survey
проме́тий м. promethium, Pm
проми́лле ж. мат. parts per thousand, per mil(le)
промоде́ль ж. (*литейная*) master [double-contraction] pattern
промо́и мн. пищ. washings
костеу́гольные ~ char washings
фильтр-пре́ссные ~ filterpress washings
промоти́рование с. promotion
~ катализа́тора catalyst promotion
промоти́ровать гл. promote
промо́тор м. promoter, promotor
промперегре́в м. reheat
промперегрева́тель м. reheater
промпроду́кт м. [промежу́точный проду́кт] (*в процессе обогащения руд*) middlings
промы́в м. washout; channel
промыва́ние с. washing, flushing
~ га́за gas scrubbing
промыва́тель м. washer
~ га́за gas scrubber
стру́йный ~ spray washer
центробе́жный ~ centrifugal washer
шла́мовый ~ slime washer
промыва́ть гл. wash; (*струёй жидкости, напр. систему охлаждения, подшипник*) flush (out) □ ~ с по́мощью ки́сти brush on (*kerosene, detergent, etc.*); ~ пивну́ю дроби́ну (*в фильтрационном чане*) sparge; ~ фильтр кероси́ном clean a filter by flushing with kerosene
промы́вка ж. flushing; washing
~ бурово́й сква́жины irrigation of a drill hole
~ во́здуха air scrubbing
~ дета́лей при гальваностеги́и swill
обра́тная ~ (*для очистки фильтровального элемента*) back-wash, back-flushing
~ па́ра steam washing
предпускова́я ~ preoperational cleaning
про́мысел м. trade
~ во вну́тренних во́дах inland fishery
во́дный, зверобо́йный ~ sea-hunting industry
китобо́йный ~ whale catching, whaling
китобо́йный, пелаги́ческий ~ pelagic whaling
китобо́йный, прибре́жный ~ shore whaling
~ ко́тика fur-seal fishery
морско́й ~ sea fishery
океани́ческий ~ oceanic fishery
прибре́жный ~ in-shore fishing, coast fishery
рыболо́вный ~ (*деятельность*) fishing, fishery; (*район промысла*) fishery □ вести́ рыболо́вный ~, напр. в сельдяно́м райо́не work, *e.g.*, the herring grounds
~ тресќи cod fishery
промы́шленник м. industrialist

промы́шленность *ж.* industry
авиацио́нная ~ aircraft industry
автомоби́льная ~ automotive industry
автотра́кторная ~ automotive-tractor industry
виноде́льческая ~ wine industry
га́зовая ~ gas industry
го́рная ~ mining industry
деревообраба́тывающая ~ woodworking industry
добыва́ющая ~ extractive industry
золотодобыва́ющая ~ gold-mining industry
коже́венно-обувна́я ~ leather and foot-wear industry
коксохими́ческая ~ by-product coke [chemical-recovery coke] industry
консе́рвная ~ food-canning industry
лакокра́сочная ~ paint and varnish industry
лёгкая ~ light industry
лесна́я ~ forest(ry) [wood] industry
лесохими́ческая ~ wood-chemical industry
ликёрно-во́дочная ~ alcoholic beverage industry
маслоде́льная ~ butter industry
машинострои́тельная ~ machine-building industry, *англ.* engineering
металлурги́ческая ~ metallurgy industry
мукомо́льно-крупяна́я ~ flour-and-cereals industry
мылова́ренная ~ soap industry
мя́со-моло́чная ~ dairy and meat industry
нефтеперераба́тывающая ~ petroleum (refining) industry
нефтехими́ческая ~ petrochemical industry
нефтяна́я ~ oil [petroleum] industry
обраба́тывающая ~ manufacturing industry
~ органи́ческого си́нтеза organic synthesis industry
пивова́ренная ~ brewing industry
пищева́я ~ food industry
полиграфи́ческая ~ printing [graphic arts] industry
сталелите́йная ~ steel industry
строи́тельная ~ construction industry
судострои́тельная ~ shipbuilding industry
тексти́льная ~ textile industry
тяжёлая ~ heavy industry
у́гольная ~ coal (mining) industry
хими́ческая ~ chemical industry
хлебопека́рная ~ baking industry
холоди́льная ~ refrigeration industry
целлюло́зно-бума́жная ~ wood-pulp and paper industry
шве́йная ~ tailoring industry
электро́нная ~ electronic industry

промы́шленность
электроэнергети́ческая ~ electric-power industry
промы́шленный *прил.* industrial
прони́зывать *гл.* pierce; (*о проводе, напр. через сердечник*) thread
проника́ть *гл.* penetrate □ **~ взаи́мно** interpenetrate
проникнове́ние *с.* penetration
взаи́мное ~ interpenetration
глубо́кое ~ deep penetration
~ извне́ (*напр. пыли, влаги и т. п.*) ingress (*e.g., of dust, moisture, etc.*)
проница́емость *ж.* **1.** penetrability **2.** *кож.* permeability, penetrance
~ барье́ра barrier factor, barrier penetration, barrier transparency
гидравли́ческая ~ hydraulic permeability
~ го́рных поро́д rock permeability
диэлектри́ческая ~ dielectric constant, (dielectric) permittivity
магни́тная ~ (magnetic) permeability
магни́тная, дифференциа́льная ~ *англ.* incremental permeability; *амер.* differential permeability
обрати́мая ~ reversible permeability
относи́тельная ~ relative permeability
~ по индукти́вности inner [intrinsic] permeability
~ се́тки (*радиолампы*) penetration factor, durchgriff
электри́ческая ~ permittivity
прообра́з *м. мат.* pre-image, inverse image, operand
пропада́ние *с.* loss
~ се́ти *жарг.* (*пропадание питающего напряжения*) (supply) voltage failure
~ сигна́ла (*замирание*) fade; (*полное*) failure
пропа́ивать *гл.* □ **~ швы** (*для уплотнения*) caulk (joints) by soldering
пропа́н *м.* propane
пропа́ривание *с.* steaming
~ бето́на steam curing of concrete
пропа́ривать *гл.* steam
пропа́рка *ж.* steaming
~ древеси́ны при су́шке preheating seasoning; steam drying
~ щепы́ chips steaming
пропа́хивать *гл.* plough through
пропа́шка *ж.* (through) ploughing
пропе́ллер *м.* propeller, airscrew □ **проворáчивать ~ от руки́** pull through the propeller by hand
толка́ющий ~ pusher propeller
тя́нущий ~ tractor propeller
пропи́л *м.* **1.** (*надрез*) (saw) kerf, saw cut **2.** (*соединение*) *хим.* propyl
пропи́ливать *гл.* saw through
пропилитиза́ция *ж.* propylitization
пропи́тка *ж.* impregnation
ва́куумная ~ vacuum impregnation
водоотта́лкивающая ~ water-repellent impregnation
воскова́я ~ wax impregnation

пропи́тка
~ древеси́ны wood impregnation
~ древеси́ны в горя́чей и холо́дной ва́ннах, после́довательная hot-and-cold bath treatment
~ древеси́ны, глубо́кая full-cell pressure impregnation
ка́бельная ~ cable saturant
~ спи́чечной соло́мки splint impregnation
пропи́тывать *гл.* impregnate
пропла́в *м.* (*производительность печи*) smelting rate
проплавле́ние *с. св.* penetration
~ ко́рня шва root penetration
непо́лное ~ incomplete [poor, inadequate] penetration
по́лное ~ full penetration
сквозно́е ~ through penetration
пропо́лка *ж.* weeding
огнева́я ~ flame weeding
хими́ческая ~ chemical weeding
пропорциона́льно *нареч.* vary with, proportionally with, in proportion to □ **изменя́ться ~** *чему-л.* vary with *smth.*
обра́тно ~ vary inversely as, vary inversely with, inverse to, inversely proportional to, in inverse proportion to
пря́мо ~ directly proportional to, in direct proportion to, vary as
пропорциона́льность *ж.* proportionality
обра́тная ~ inverse proportionality, inverse ratio
пряма́я ~ direct proportionality
пропорциона́льный *прил.* proportional (to)
обра́тно ~ inversely proportional
пря́мо ~ directly proportional
пропо́рция *ж.* proportion, ratio
боже́ственная ~ *мат.* divine proportions
геометри́ческая ~ geometric proportion
пропу́дривание *с. рез.* dusting, powdering
пропу́дривать *гл. рез.* dust, powder
про́пуск *м.* **1.** *прок.* pass; (*при волочении проволоки*) draft **2.** (*документ*) pass **3.** (*ошибка*) miss, omission **4.** (*течь*) leakage
~ зажига́ния misfire
«~» и́мпульса магнетро́ном mode-skipping
~ на ребро́ *прок.* edging pass
нечётный ~ *прок.* odd-numbered pass
рабо́чий ~ *прок.* live pass
~ раска́та плашмя́ *прок.* flat pass
холосто́й ~ *прок.* dummy pass
~ ча́сти програ́ммы *вчт.* skip
чётный ~ even-numbered pass
пропуска́ни/е *с.* (*проникание сквозь что-л.*) passing, passage; *физ.* transmission □ **име́ть ма́ксимум ~я,** *напр.* **в ультрафиоле́товом уча́стке спе́ктра** transmit at a maximum in,

e.g., the ultra-violet region of the spectrum
пропуска́ни/е
рассе́янное ~ diffuse transmission
~ све́та light transmission
~ че́рез фильтр filtration
пропуска́/ть *гл.* 1. (*давать проникнуть чему-л.*) pass (through), let *smth.* pass; *физ.* transmit 2. (*проводить, напр. ток*) conduct 3. (*не замечать*) omit, miss, pass *smth.* unnoticed 4. (*воду, воздух*) leak □ **прокла́дка на колле́кторе ~ет во́здух** the manifold gasket leaks air 5. (*фал, канат через блок*) rove (*a fall-line, rope*) through a block
прора́б *м.* person in charge (of work)
прора́н *м. гидр.* closure channel
прораста́ние *с.* 1. *физ.* intergrowth, penetration 2. *с.-х.* germination, sprouting
прораста́ть *гл.* 1. *физ.* intergrow 2. *с.-х.* germinate, sprout, shoot
прора́щиватель *м. с.-х.* germinator
проре́живание *с. с.-х.* thinning, gapping, singling
огнево́е ~ flame thinning
хими́ческое ~ chemical thinning
проре́живатель *м. с.-х.* thinner, chopper, thinner hoe
проре́живать *гл. с.-х.* thin
проре́зание *с.* **кана́вок** grooving
прорези́нивание *с.* (*напр. ткани*) rubberizing
двусторо́ннее ~ two-side rubberizing
односторо́ннее ~ one-side rubberizing
прорези́нивать *гл.* (*напр. ткань*) rubberize □ **~ ткань на кала́ндре** rubberize the fabric by calendering; **~ ткань на клеепрома́зочной маши́не** rubberize the fabric by spreading; **~ ткань прома́зыванием** rubberize the fabric by spreading
проре́зка *ж.* cutting, slotting
предвари́тельная ~ (*при нарезке зубьев шестерён и т. п.*) stocking, rough-cut(ting)
проре́зывать *гл.* cut (through) □ **~ кана́вки** groove; **~ пазы́** slot
про́резь *ж.* slot
проржа́веть *гл.* rust through
проры́в *м.* break(-through), burst; (*внутрь*) inrush; (*наружу*) out-break
~ плоти́ны break of a dam
~ футеро́вки lining break
~ чугуна́ break-out of molten metal
прорыва́ть *гл.* 1. (*копать*) dig (through) 2. (*разрушать препятствие, нарушать целостность*) break through, break out
проса́дка *ж.* slump, settlement
~ поро́ды subsidence of rock
проса́сывать *гл.* draw [suck] through
проса́чивание *с.* percolation, seepage, infiltration
просве́рливание *с.* drilling
просве́т *м.* 1. clearance 2. (*оконный или дверной*) aperture 3. □ **прове́рка на ~** (*перфокарт*) sight check
доро́жный ~ ground [road] clearance
~ зо́ны Френе́ля (*распространение радиоволн*) Fresnel zone clearance
просветле́ние *с.*:
~ затво́ров (*в лазерах*) bleaching
~ о́птики application of an anti-reflection coating
~ по́ля field brightening
просветля́ть *гл.* (*оптику, торцы активного тела лазера и т. п.*) make anti-reflecting, give an anti-reflection coating □ **~ органи́ческий краси́тель** (*используемый в качестве затвора в лазерах*) bleach the dye solution
просве́чивани/е *с.* 1. (*прохождение света*) translucence 2. (*дефектоскопия*) exposure to (some) radiation □ **обнару́живать вну́тренние дефе́кты ~ем, напр. га́мма-луча́ми** detect internal flaws by exposure to, *e.g.*, gamma rays
~ га́мма-луча́ми gamma-raying
радиографи́ческое ~ radiographic inspection
рентгеноскопи́ческое ~ X-ray examination, X-ray inspection, X-ray test
просве́чивать *гл.* (*в зависимости от вида радиации*) subject to radiographic test; X-ray; gamma-ray
просве́чивающий translucent
просе́ивание *с.* screening, sieving
просе́ивать *гл.* screen, sieve
про́сек *м. горн.* through-cut
про́сек/а *ж.* swath □ **прорубáть ~и че́рез лес** cut swaths through the woods
просека́ть *гл.* punch (through), notch (through)
просе́чка *ж.* (*при ковке и штамповке*) notching
проска́кивание *с.* overshoot, overswing, overtravel
~ и́скры jump of a spark
проска́кивать *гл.* **ста́нцию** (*при поиске или настройке*) *рад.* pass over a station
проска́льзывание *с.* 1. slip(page) 2. (*в химическом аппарате или реакторе*) short-circuiting
~ кана́та *горн.* slip of a rope
~ колёс wheel spin
~ ле́нты конве́йера slip of a conveyer belt
проска́льзывать *гл.* slip
проско́к *м.* overshoot, overswing, overtravel
~ магнетро́на mode skip of a magnetron
~ сигна́ла *рад.* overshoot of a signal
~ стре́лки overshoot [overswing] of a pointer
просла́ивание *с.* interleaving
просла́ивать *гл.* interleave
просле́живать *гл.* trace, track
просло́йка *ж.* interlayer
возду́шная ~ air space
гидроизоляцио́нная ~ *стр.* damp-proof course
рези́новая ~ rubber interlayer
прослу́шивание *с.* 1. (*восприятие слухом*) listening 2. (*обнаружение шумящего объекта или источника шума*) giving away one's presence by noise
~ сигна́ла опера́тором, напр. на нау́шниках aural presentation of the signal to the operator on, *e.g.*, headphones
просно́вка *ж. текст.* warp dressing, warping
просору́шка *ж.* millet scourer
прока́вка **проста́вка** *ж.* distance piece, spacer
кольцева́я ~ distance [space(r)] ring
простано́вка *ж.* **разме́ров** (*на чертеже*) dimensioning
простéнок *м.* partition
~ ко́ксовой батаре́и heating wall
простира́ни/е *с.* extent
~ месторожде́ния strike of a deposit
~ пласта́ strike of a seam □ **в крест ~я пласта́** across the strike; **по ~ю пласта́** along [on] the strike, to the strike
просто́й *м.* downtime, idle time
~ ваго́на detention of a car
~ на коне́чных ста́нциях *ж.-д.* terminal delay
~ пе́чи на вы́пуске tapping delay
просто́й *прил.* simple
взаи́мно-~ *мат.* relatively prime
простота́ *ж. мат.* simplicity
простра́нственный *прил.* space, spatial, three-dimensional
простра́нство *с.* space
~ ано́д — като́д (*в радиолампе*) anode-cathode path □ **разря́д происхо́дит че́рез ~ ано́д — като́д** discharge takes place via the anode-cathode path
ано́дное ~ anode space
безвозду́шное ~ (air) free space
бесконечноме́рное ~ *мат.* infinite-dimensional space
бессто́ечное ~ *горн.* prop-free area
ве́кторное ~ vector space
~ взаимоде́йствия interaction space
возду́шное ~ airspace
~ вы́борок *стат.* sample space
вы́работанное ~ *горн.* goaf, gob, worked-out area □ **закла́дывать вы́работанное ~** pack [stow] a goaf
~ дре́йфа (*в клистроне*) drift tube
~ дре́йфа, свобо́дное от СВЧ-по́ля field-free drift tube
еккли́дово ~ Euclidean [Cartesian] space
затру́бное ~ (*в скважине*) hole clearance
~ изображе́ний image space
~ карбюра́тора, задро́ссельное downstream side of the throttle

простра́нство
~ **карбюра́тора, преддро́ссельное** upstream side of the throttle
като́дное ~ cathode space
косми́ческое ~ outer space
косми́ческое, околоатмосфе́рное ~ preatmospheric space
косми́ческое, околозе́мное ~ circumterrestrial space
~ **котла́, водяно́е** water space of a boiler
~ **котла́, мёртвое** dead volume of a boiler
~ **котла́, огнево́е** fire box, heating [combustion] chamber of a boiler
~ **котла́, парово́е** steam space of a boiler
~ **котла́, то́почное** furnace volume of a boiler
междупа́лубное ~ tween-deck (space)
межпланéтное ~ interplanetary space
***n*-ме́рное** ~ *n*-dimensional space
многоме́рное ~ multidimensional space
неевкли́дово ~ non-Euclidean space
обобщённое ~ *мат.* generalized space
~ **отраже́ния** (*в клистроне*) reflection space
плави́льное ~ *мет.* melting chamber
призабо́йное ~ *горн.* face space, face area
пролётное ~ (*в клистроне*) drift space
свобо́дное ~ free space
~ **состоя́ний** state space
тёмное ~ dark space
тёмное, фараде́ево ~ Faraday dark space
фа́зовое ~ phase space
шла́мовое ~ (*в аккумуляторных батареях*) mud space
простре́л *м.* shooting(-through)
~ **сква́жины** ~ well shooting
простре́ливание *с.* **сква́жины** well shooting
простре́ливать *гл.* shoot through
проступа́ть *гл.* (*выступать изнутри, напр. о клее на фанере*) bleed through
про́ступь *ж.* (*ступень лестницы*) tread
просу́шивание *с.* drying
просу́шка *ж.* drying
просчёт *м.* 1. (*ошибка*) error, miscalculation 2. (*пробный расчёт или решение*) computation run
просчи́тывать *гл.* calculate, compute
протакти́ний *м.* protactinium, Pa
прота́лкивание *с.* pushing (through)
прота́лкивать *гл.* push (through), force (through)
прота́скивание *с.* pulling through
прота́скивать *гл.* pull [drag] through
прота́чивание *с.* (*на токарном станке*) turning (*on a lathe*)
~ **кана́вок** (*наружных*) grooving; (*внутренних*) recessing

прота́чивание
~ **колле́ктора** *эл.* turn-down of the commutator
прота́чивать *гл.* (*на токарном станке*) turn (*on a lathe*) □ ~ **для восстановле́ния фо́рмы** turn down to shape in a lathe
проте́з *м.* prosthesis
~ **арте́рии** arterial graft
зубно́й ~ denture
~ **коне́чности** artificial limb
протека́ние *с.* 1. (*ход процесса и т. п.*) course, flow, progress 2. (*течь*) leak(age)
протека́ть *гл.* 1. (*происходить*) take a (particular) course, proceed, progress 2. (*течь*) leak (through)
проте́ктор *м.* tread, protector □ **возобновля́ть** ~ re-tread [recap] a tyre; **насека́ть рису́нок ~а** cut the tread design
ошипо́ванный ~ studded tread
съёмный ~ detachable tread
проте́чка *ж.* leakage □ ~ **че́рез сопряже́ние, напр. «шпи́ндель—кры́шка»** leakage around the joint between, *e.g.*, the valve stem and bonnet
про́тивень *м.* pan, tray
противове́с *м.* 1. counterweight, balance mass, balance weight 2. (*антенны*) counterpoise
противовключе́ние *с.* connection in opposition; (*при торможении электродвигателя*) plugging
противовспе́ниватель *м.* antifoam agent, foam suppressor
противога́з *м.* gas mask
противодавле́ние *с.* backpressure □ **преодолева́ть** ~ work [move] against backpressure
противоде́йствие *с.* counteraction, reaction □ **ока́зывать** ~ counteract, react against, oppose
радиолокацио́нное ~ radar countermeasure(s)
противоде́йствовать *гл.* counteract, re(act) against
противоизлуче́ние *с.* counterradiation
~ **атмосфе́ры** sky [atmosphere] counterradiation
противоио́н *м.* counter ion, gegenion
противолежа́ть *гл.* subtend, be opposite to, lie opposite to
противолежа́щий subtending, lying opposite
противомягчи́тель *м.* [**усили́тель жёсткости**] (*каучуковой смеси*) rigidity promoter, antisoftener
противообледени́тель *м.* (*средство, предотвращающее образование льда*) anti-icer; (*средство, удаляющее образовавшийся лёд*) deicer
противоозоностари́тель *м.* antiozonant
противоокисли́тель *м.* antioxidant
противоотма́рывание *с. полигр.* anti-set-off
противополо́жно *нареч. мат.* opposite(ly)
пря́мо ~ diametrically opposite, diametrically opposed, exactly opposite, in polar opposition (to)
противополо́жный *прил. мат.* opposite, antithetic(al), antipodal, unlike, converse, contrary
взаи́мно ~ mutually antithetic(al)
диаметра́льно ~ diametrically opposite, antipodal
противорадиа́ция *ж.* counterradiation; (*неба*) back radiation
противоречи́вость *ж.* inconsistency, contradictoriness
противоре́ч/ить *гл.* contradict, run counter to □ **э́тот проце́сс не ~ит зако́ну сохране́ния эне́ргии** this process does not violate energy conservation
противоро́сник *м. астр.* dew cap
противосвя́зь *ж. стр.* counter-tie
противостари́тель *м.* antioxidant, antiager, age resister
противосу́мерки *мн.* antitwilight, anticrepuscular rays
противоте́ло *с.* antibody
противото́к *м.* countercurrent flow □ **вещество́ А поступа́ет в ~е с вещество́м Б** *хим.* A is (admitted in) countercurrent to B
противоуго́н *м. ж.-д.* rail anchor, anticreeping device, anticreeper; *авто* antitheft device
противоутоми́тель *м. рез.* antifatigue agent
противофа́з/а *ж.* antiphase, opposite phase □ **в ~е** out of phase, in antiphase
противофа́зность *ж.* phase opposition
про́тивоэдс *ж.* back [counter] emf
противоэлеме́нт *м. эл.* counter-electromotive-force cell, counter-cell
противою́зовый *прил. авто, ав.* non-skid, anti-skid
противоя́дие *с.* **(от)** an antidote for
проти́рка *ж.* **(лица́)** *кож.* sponging
протоатмосфе́ра *ж.* protoatmosphere
прото́к *м.* (*искусственный*) canal; (*естественный*) channel
~ **водяно́й руба́шки** passage in the water jacket
~ **стеклова́ренной пе́чи** neck of a glass furnace
протоко́л *м.* **систе́мы, сбо́рный** *вчт.* (system) hardcopy log
прото́н *м.* proton
~ **отда́чи** recoil proton
прототи́п *м.* prototype; primary standard
~ **ме́тра, междунаро́дный** international prototype meter
протра́ва *ж.* 1. *текст., кож.* mordant 2. *мет.* pickle
квасцо́вая ~ alum mordant
сума́ховая ~ sumac mordant
танни́дная ~ tannin mordant
хро́мовая ~ chrome mordant
протрави́тель *м. с.-х.* disinfectant
протра́вка *ж.* (*травление*) etching
~ **(ква́рца), гру́бая** mass [deep] etching
~ **(ква́рца), то́чная** close etching

протрáвливание *с.* **1.** *текст.*, *кож.* mordanting, treatment with a mordant **2.** *мет.* pickling
~ семя́н seed sterilization, seed treatment, seed dressing
протрáвливатель *м.* (*семян*) treater
протрáвливать *гл.* **1.** *текст.*, *кож.* mordant, treat with a mordant **2.** *мет.* pickle
протрáктор *м. нвг.* station pointer
протуберáнец *м. астр.* prominence
протуберáнц-спектроскóп *м.* prominence spectroscope
протя́гивание *с.* pulling (through)
~ прóвода wire pulling
протяжéни/е *с.* extent, length □ **на ~и,** *напр.* **нéскольких лет** over a period of, *e.g.*, several years
протяжённость *ж.* extent
протя́жка *ж. маш.* **1.** (*инструмент*) broach **2.** (*операция*) broaching
~ лéнты *вчт.* tape advance, tape transport
проу́шина *ж.* lug, ear, eye
профилáктика *ж.* preventive maintenance
профили́рование *с.* **1.** (*грунта*) *стр.* profiling, grading, blading **2.** *мет.* forming to shape
профили́ровать *гл.* **1.** (*грунт*) *стр.* grade, blade □ **~ дорóгу** bring the road to grade **2.** *мет.* form to shape
профилóграф *м.* profilograph, surface waviness [surface roughness] recorder
гидрометри́ческий ~ hydrometric profile recorder
самолётный ~ airborne profile recorder
профилóметр *м. маш.*, *мет.* roughness indicator
прóфиль *м. мет.* profile, section, shape
геологи́ческий ~ geologic(al) profile, geologic(al) section, geological cross-section
гну́тый ~ roll-formed section
гну́тый ~ с надрéзкой roll-formed notched section
гну́тый ~ с насéчкой roll-formed knurled section
гну́тый ~ с рельéфной формóвкой roll-formed embossed section
гофрирóванный листовóй ~ channeled sheet
~ давлéний pressure profile
двутáвровый ~ double-T shape; (*с узкими полками*) I-beam; (*с широкими полками*) H-beam
~ дна bathymetric chart
~ железнодорóжной ли́нии, продóльный ~ physical profile of a line
желóбчатый ~ fluted section
~ зу́ба (*шестерни*) tooth profile
~ катáния колесá *ж.-д.* wheel tread
конструкциóнный ~ *мет.* (*нормативное значение*) structural shape
~ контáктов contact profile □ **восстанáвливать ~ контáктов напи́льником** file up to restore the profile

прóфиль
кру́глый ~ *мет.* rounds
крупносóртный ~ *мет.* heavy section
~ кулачкá cam profile, cam contour
мелкосóртный ~ *мет.* light section
периоди́ческий ~ *мет.* die-rolled section
~ пéчи furnace lines
~ повéрхности surface contour
~ пóлного давлéния Pitot-pressure profile
~ пути́, поперéчный cross-section of a road
~ пути́, продóльный vertical alignment of a road
рези́новый ~ moulded rubber strip
~ скоростéй velocity profile
~ соплá nozzle contour
тáвровый ~ tee section, T-section, T-shape
углобу́льбовый ~ *мет.* bulb angle
угловóй ~ *мет.* angle
фасóнный ~ *мет.* shape
~ шва weld contour
штампóванный ~ extruded profile, extrusion
прохóд *м.* **1.** (*часть операции*) pass, run; (*при волочении*) draft **2.** (*проезд*) passage(way) **3.** (*в автобусе*) gangway; (*в самолёте*) aisle; (*на судне*) alley(way) **4.** (*пролёт*) aisle
~ в кóрне шва, пéрвый *св.* root run
~ клáпана valve passage
перекрывáющий ~ *св.* cover run
послéдний ~ *св.* final run
услóвный ~ nominal bore
чистовóй ~ *лес.* finish cut
проходи́мост/ь *ж.* **1.** (*местности*) passability **2.** (*транспортного средства*) cross-country capability □ **при услóвии хорóшей ~и** on good going
~ мéстности (*для транспорта*) trafficability
прохóдка *ж. горн.* (*в горизонтальном направлении*) drifting, driving, cutting; (*в вертикальном направлении*) sinking
~ туннéля tunneling, tunnel driving
~ шáхтного стволá shaft sinking
~ штрéка roadway [entry] driving
щитовáя ~ shield driving
прохождéние *с.* passage, transit
свобóдное ~ free passage
~ сигнáла passage of a signal
~ сигнáла чéрез помéхи signal read-through
процеду́ра *ж.* **контрóля передáчи дáнных** data link control (procedure), data-communication protocol
процéживание *с.* straining
процéживать *гл.* (*раствор, краску и т. п.*) strain
процéнт *м.* percent, percentage □ **вырaжáть(ся) в ~ах** express [be expressed] as a percentage; **десятая (сóтая** *и т. д.*) **дóля ~а** a tenth (hundredth, *etc.*) of a [one] percent; **нéсколько ~ов** a few percent; **~ от вéса** *пример*: **сплав содéржит 3% зóлота от вéса серебрá** the alloy contains 3% of silver weight as gold

процéнт
áтомный ~ atomic percent
~ брáка rejection rate
весовóй ~ percent by weight, weight percent
~ заземлéния earthing percentage
молекуля́рный ~ mole [molecular] percent
объёмный ~ percent by volume, volume percent
~ потéрь percentage loss
~ пустóт void factor
~ утéчки leakage percent
проценти́ль *ж. стат.* percentile, centile
процéсс *м.* process □ **оформля́ть ~ аппарату́рно** implement [instrument, mechanize] a process; **~ происхóдит** a process occurs; **~ протекáет ...** a process runs ...; **реализовáть ~** implement a process; *вчт.*, *киб.* instrument [mechanize] a process
аддити́вный ~ additive process
адиабати́ческий ~ adiabatic process
аммиáчно-сóдовый ~ Solvay process
~ Áякс [Áякс-процéсс] (*разновидность мартеновского процесса*) Ajax process
боздóменный ~ direct ore-reduction process
бессемéровский ~ Bessemer process
ваграночный ~ cupola process
вероя́тностный ~ probabilistic process
ветвя́щийся ~ branching process
восстанови́тельный ~ reduction process
~ вырáщивания кристáллов, эпитаксиáльный epitaxial(-growth) process
вычисли́тельный ~ computational process
~ гальванопокры́тия, щелочнóй alkaline plating process
дóменный ~ blast-furnace process
идеáльный ~ ideal process
изобари́ческий ~ isobaric [constant-pressure] process
изотерми́ческий ~ isothermal [constant-temperature] process
изохори́ческий ~ isochoric [constant-volume] process
изоэнтропи́ческий ~ isentropic process
итерациóнный ~ *вчт.* iterative process
квазистационáрный ~ quasi-stationary process
кинети́ческий ~ rate process
кислорóдно-конвéртерный ~ basic oxygen [oxygen-converter] process
конвéртерный ~ converter process
конкури́рующие ~ы competitive processes
мáрковский ~ *мат.* Markov(ian) process
мартéновский ~ open-hearth process

процéсс
мартéновский, кúслый ~ acid open-hearth process
мартéновский, основнóй ~ basic open-hearth process
моделúруемый ~ prototype process
необратúмый ~ irreversible process
непрерывный ~ continuous process
неравновéсный ~ nonequilibrium process
нестационáрный ~ non-steady process
неустановúвшийся ~ unsteady-state process
обжигáтельно-восстановúтельный ~ roasting reduction process
обратúмый ~ reversible process
обрáтный ~ inverse process
окислúтельно-восстановúтельный ~ redox process
окислúтельный ~ oxidizing process
~ ОЛП OLP converter process (*oxygen-lime-powder*)
оптимáльный ~ optimal process
~ перенóса transport [transfer] process
перехóдный ~ transient (process) □ **пóсле окончáния перехóдных ~ов ...** after all transients have died out ...
периодúческий ~ periodic process
~ плáвки с навóдкой одногó шлáка single-slag process
позитúвный ~ *кфт.* positive process
политропúческий ~ polytropic process
последубúльные ~ы post tanning
~ произвóдства production process
~ произвóдства стáли steel-making process
~ прядéния, непрерывный continuous spinning process
равновéсный ~ equilibrium process
регулúруемый ~ controlled process
регулярный ~ regular process
рóторный ~ (*в производстве стали*) rotor process
рýдный ~ pig-and-ore process
~ сгорáния combustion (process)
случáйный ~ random process
стационáрный ~ stationary process
стохастúческий ~ stochastic process
технологúческий ~ *хим.* process; *маш.* manufacturing [production] method □ **внедрять технологúческий ~** bring in a new process; **технологúческий ~ ведётся [осуществляéтся] с центрáльного пýльта** the process is run from a central control room
технологúческий, непрерывный ~ continuous process
технологúческий, периодúческий ~ batch process
типовóй ~ *хим.* unit process
томáсовский ~ basic Bessemer process
управляемый ~ controlled process
~ усреднéния averaging (process)

процéсс
установúвшийся ~ steady-state process
циркуляциóнный ~ *хим.* a process with (a) recycle
экзотермúческий ~ exothermic [exoergic] process
экзоэнергетúческий ~ exothermic [exoergic] process
эндотермúческий ~ endothermic [endoergic] process
эргодúческий ~ *мат.* ergodic process

процéссор *м.* processor
прочёс *м.* web, fleece
гребеннóй ~ top
прочёсывание *с.* combing; (*льна*) hackling
~ зáдних концóв борóдки combing of the tail end of the tuft
~ перéдних концóв борóдки combing of the head end of the tuft
прочёсывать *гл.* comb; (*лён*) hackle
прочúстка *ж.* cleaning
прочищáть *гл.* clean
прóчность *ж.* strength
вибрациóнная ~ vibration survival capability
~ в мóкром состоянии wet strength
~ в сухóм состоянии dry strength
динамúческая ~ dynamic strength
длúтельная ~ long-term strength
~ изолящии insulation strength
~ изолящии, úмпульсная impulse insulation strength
~ керамúческого издéлия, дообжигóвая green strength
~ к затяжке *кож.* fastness to lasting, fastness to nipping, fastness to pinching
конструкциóнная ~ structural strength
~ лицá *кож.* grain strength
мéстная ~ *мор.* local strength
механúческая ~ mechanical strength
~ на изгúб bending [flexural] strength
~ на излóм breaking strength
~ на изнóс resistance to wear
~ на истирáние abrasion resistance
~ на ключ *кож.* fastness to lasting, fastness to nipping fastness to pinching
~ на кручéние torsional [twisting] strength
~ на пробóй *эл.* disruptive [break-down] strength
~ на раздáвливание crushing strength
~ на разрыв breaking [rupture] strength
~ на раскáлывание cleavage [splitting] strength
~ на растяжéние tensile strength
~ на сдвиг shear strength
~ на сжáтие compressive [compression] strength
~ на скрýчивание torsional strength
~ на срез shear strength

прóчность
~ на удáр impact resistance, impact strength
óбщая ~ *мор.* overall strength
объёмная ~ (*напр. лазерных стержней, оптических элементов*) bulk strength
повéрхностная ~ surface strength
~ покрытия *кож.* coating resistance
поперéчная ~ *мор.* transverse strength
~ при изгúбе bending [flexural] strength
~ при кручéнии torsional [twisting] strength
~ при растяжéнии tensile strength
~ при сдвúге shear strength
~ при сжáтии compressive [compression] strength
~ при слóжном напряжённом состоянии combined strength
пробивнáя ~ break-down strength
продóльная ~ *мор.* longitudinal strength
удáрная ~ impact strength, resistance to impact
устáлостная ~ fatigue strength
электрúческая ~ (di)electric strength

прошивáть *гл.* (*в кузнечных операциях*) drift; (*отверстия*) *мет.-об.* broach □ **~ ферромагнúтные сердéчники прóводом** *вчт.* weave [thread] a wire through cores
прóшивень *м.* *мет.-об.* drift-pin
прошúвк/а *ж.* **1.** (*в кузнечных операциях*) drifting; (*отверстий*) *мет.-об.* broaching **2.** (*инструмент*) broach **3.** □ **наносúть обмóтку на феррúт мéтодом ~и** *вчт.* wind a core by a sewing technique
~ мáтрицы запоминáющего устрóйства weaving of a wire through a matrix

проявúтель *м.* *кфт.* developer
быстрый ~ high-energy [fast] developer
вырáвнивающий ~ compensating developer
дубящий ~ tanning developer
контрáстный ~ high-contract developer
мéдленный ~ slow [low-energy] developer
мелкозернúстый ~ fine-grain developer
мягкоработáющий ~ low-contrast developer
негатúвный ~ negative developer
нормáльный ~ normal (contrast) developer
позитúвный ~ positive developer
универсáльный ~ universal developer
фиксúрующий ~ developer-fixer
цветнóй ~ colour developer

проявлéние *с.* **1.** *кфт.* development **2.** *горн.* manifestation
~ гóрного давлéния rock pressure manifestation
машúнное ~ machine development

проявле́ние
~ неиспра́вности fault [trouble] symptom
проявля́ть *гл. кфт.* develop
пруд *м.* pond, pool
выростно́й ~ nursery [rearing] pond
малько́вый ~ fry pond
ма́точный ~ stock pond
нагу́льный ~ finishing pond
не́рестовый ~ hatchery [spawning] pond
пруд-охлади́тель *м.* (water) cooling pond
пружи́н/а *ж.* spring □ **~ закру́чивается** the spring is wound up; **закру́чивать ~у** wind up a spring; **навива́ть ~у** coil a spring, wind a spring into a coil; **навива́ть ~у на опра́вке** coil a spring about an arbour; **опира́ющийся на ~у** spring-supported; **~ ослабе́ла** the spring is slack, the spring slackens; **поджима́ть ~ой** spring-load, be spring-loaded; **преодолева́ть ~у** overcome (the force of) a spring; **приводи́мый в де́йствие ~ой** spring-controlled, spring-actuated; **~ раскру́чивается** the spring is unwound
амортизацио́нная ~ cushioning spring; *ав.* bungee spring
аретиро́вочная ~ stop [retaining] spring
баланси́рная ~ balancing spring
бу́ферная ~ buffer [damping, cushioning] spring
винтова́я ~ helical spring
вита́я ~ coil spring
возвра́тная ~ opposing [return] spring
волоско́вая ~ hair spring
~ кла́пана valve spring
коми́ческая ~ conical [helico-spiral] spring
конта́ктная ~ *эл.* contact spring
~ круче́ния torsion spring
~ мано́метра, тру́бчатая Bourdon tube, Bourdon spring
~ мано́метра, тру́бчатая, многовитко́вая, пло́ская spiral Bourdon tube
~ мано́метра, тру́бчатая, многовитко́вая, цилиндри́ческая helical Bourdon tube
~ мано́метра, тру́бчатая, одновитко́вая (Bourdon) C-tube
пло́ская ~ flat spring
погоня́лочная ~ *текст.* picker spring
подаю́щая ~ feed spring
подъёмная ~ lifting spring
предохрани́тельная ~ safety spring
противоде́йствующая ~ antagonistic [opposing] spring
~ растяже́ния (ex)tension [closed] spring
~ сжа́тия compression [open] spring
спира́льная ~ spiral spring
таре́льчатая ~ disk [Belleville] spring
тормозна́я ~ brake spring

пружи́н/а
ходова́я ~ (*часового механизма*) mainspring
цилиндри́ческая ~ cylindrical spring
пружи́нение *с.* (*при гибке*) spring back
пружи́нить *гл.* spring
пружиновыгиба́тель *м.* (*для реле*) spring adjuster
пружинодержа́тель *м.* spring hold, spring support
прут *м.* bar, rod
пруто́к *м.* bar, rod □ **протя́гивать ~ че́рез воло́ку** (*при волочении проволоки*) give the rod a draft through a drawing block
армату́рный, гла́дкий ~ plain (reinforcing) bar
армату́рный ~ периоди́ческого про́филя deformed (reinforcing) bar
би́льный ~ *с.-х.* beater bar
ботвоотводя́щий ~ *с.-х.* vine separator rod
~ нитеводи́теля *текст.* traverse rail
прессо́ванный ~ extruded bar
~ припо́я soldering stick
приса́дочный ~ welding [filler] rod
сва́рочный ~ welding [filler] rod
сва́рочный, стержнево́й ~ core(d) welding rod
пру́фер *м.* (*расстойный шкаф*) *пищ.* proofer
прыжо́к *м.* jump
гидравли́ческий ~ hydraulic jump
прыщева́тость *ж.* (*карбидная ликвация хромоникелевой стали*) pimpling
пряде́ни/е *с.* spinning □ **ручно́го ~я** hand-spun
виго́невое ~ vigogne spinning
~ из распла́ва melt spinning
~ из раство́ра solvent spinning
камво́льное ~ worsted spinning
мо́крое ~ wet spinning
~ осно́вной пря́жи warp spinning
сухо́е ~ dry spinning
уга́рное ~ waste spinning
~ уто́чной пря́жи weft spinning
филье́рное ~ funnel spinning
центрифуга́льное ~ centrifugal [box] spinning
~ ше́рсти, аппара́тное woolen [condenser] spinning
~ ше́рсти, полугребенно́е semi-worsted spinning
пряди́льня *ж.* spinnery, spinning mill
пряд/ь *ж.* strand □ **свива́ть ~и в кана́т** combine [lay] strands into rope
пря́жа *ж.* yarn
осно́вная ~ warp yarn
уто́чная ~ weft yarn
прям/а́я *ж.* straight line □ **задава́ть ~у́ю в простра́нстве,** *напр.* **уравне́ниями** determine a straight line in space, *e.g.*, by equations; **проводи́ть ~у́ю** draw [pass] a straight line
ба́зисная ~ base-line
геодези́ческая ~ geodetic line, geodesic
нагру́зочная ~ *элн.* load line

прям/а́я
направля́ющая ~ цикло́иды base of a cycloid
несо́бственная ~ *мат.* ideal line, line at infinity
~ сходи́мости axis of convergence
фронта́льная ~ frontal line
числова́я ~ number line, number scale
пря́мо *нареч. мат.* straight (forward), directly
прямолине́йность *ж.* linearity, rectilinearity, straightness
прямото́к *м.* **1.** *тепл.* parallel(-current) flow **2.** *хим.* co(n)current flow
прямоуго́льник *м.* rectangle
прясть *гл.* spin
псевдоадиаба́та *ж.* pseudoadiabat
псевдоазоти́рование *с.* pseudonitriding
псевдове́ктор *м.* pseudovector, axial vector
псевдодиэле́ктрик *м.* pseudodielectric
псевдодубле́ние *с.* pseudotannage
псевдоизомери́я *ж.* pseudoisomerism
псевдоко́д *м.* pseudocode
псевдоконста́нта *ж.* **ско́рости (реа́кции)** *хим.* pseudorate constant (of a reaction)
псевдокриста́лл *м.* pseudocrystal
псевдоморфи́зм *м.* pseudomorphism
псевдоно́рма *ж.* pseudonorm
псевдоожижа́ть *гл.* fluidize
псевдоожиже́ние *с.* **1.** *физ.* quasi-liquefaction **2.** (*в промышленных процессах*) fluidization
псевдооснова́ние *с.* pseudobase
псевдооце́нка *ж.* pseudovaluation
псевдоперио́д *м.* quasi-period
псевдопотенциа́л *м.* pseudopotential
псевдоравнове́сие *с.* pseudoequilibrium
псевдоскаля́р *м.* pseudoscalar
псевдоспла́в *м. мет.* pseudoalloy
псевдочасы́ *мн. вчт.* pseudoclock
~ ме́стного вре́мени local time pseudoclock, LTPC
24-часовы́е [су́точные] ~ twenty-four-hour pseudoclock, T4PC
шестичасовы́е ~ six-hour pseudoclock, SHPC
пси-фу́нкция *ж. мат.* psi-function
психоло́гия *ж.*, **инжене́рная** human engineering
психро́метр *м.* psychrometer
аспирацио́нный ~ aspiration [ventilation] psychrometer
дистанцио́нный ~ distant-recording psychrometer
пращево́й ~ sling [whirling] psychrometer
психрометри́я *ж.* psychrometry
псофо́метр *м.* circuit noise meter, psophometer
птицебо́йня *ж.* poultry-dressing plant
птицево́дство *с.* poultry breeding, poultry husbandry, poultry raising
птицекомбина́т *м.* poultry processing plant
птицефа́брика *ж.* poultry plant
пти́чник *м.* poultry yard, poultry house

ПТК [**переключа́тель телевизио́нных кана́лов**] TV tuner
ПТП [**переключа́тель телевизио́нных програ́мм**] TV tuner
пуа́з *м.* poise
пуансо́н *м.* punch
пуансонодержа́тель *м.* punch holder
пу́говка *ж.*, **конта́ктная** contact stud
пудлингова́ние *с.* puddling
пудлингова́ть *гл.* puddle
пу́дра *ж.* powder
пудри́лка *ж. рез.* powdering [dusting] device, duster
пудро́вка *ж. рез.* powdering, dusting
пузырёк *м.* **1.** (*сосуд*) vial **2.** (*воздушный*) (air) bubble ☐ **~ захло́пывается** the bubble collapses
  кавитацио́нный ~ cavitation bubble
  ~ у́ровня level bubble ☐ **выводи́ть ~ у́ровня на середи́ну** bring [set] the level bubble to the centre [middle] of its run, bring [set] the bubble to the central position
пузыре́ние *с.* bubbling
пузы́рчатость *ж.* blistering
пузы́рь *м.* **1.** (*вздутие*) blister **2.** (*воздушный*) (air) bubble
  га́зовый ~ gas hole, gas pocket, gas cavity
пузы́рь-взду́тие *м.* (*дефект*) *прок.* etching blister
пук *м.* **бо́чки** bulge of a cask
пульвериза́тор *м.* atomizer, sprayer
пульвериза́ция *ж.* atomization, spraying
пульверизи́ровать *гл.* atomize, spray
пу́льман *м.* Pullman car
пу́льп/а *ж.* pulp ☐ **корректи́ровать ~у** (*в производстве глинозёма*) condition the pulp
  ~ для сгусти́теля slurry feed for a thickener, thickener feed
  заило́вочная ~ (*для борьбы с пожарами или профилактики в горном деле*) flushing [slushing, silting] pulp
  закла́дочная ~ *горн.* stowing [filling] pulp
  исхо́дная ~ (*для концентрации*) feed pulp
  ру́дная ~ ore pulp
пу́льпер *м. пищ.* pulping machine, pulper
пульпово́д *м.* pulp line
пульполову́шка *ж. пищ.* pulp catcher
пульпоме́р *м.* pulp density meter
пульпонасо́с *м.* pulp [slurry, slime] pump
пульпопрово́д *м.* pulp feed-line
пульпосгусти́тель *м.* pulp thickener
пульса́р *м.* pulsar
пульса́тор *м.* pulser
пульса́ция *ж.* pulsation
  ~ вы́прямленного то́ка ripple
  ~ несу́щей carrier flutter, carrier fluctuation
  ~ пото́ка *аргд.* flow fluctuation
  хаоти́ческая ~ irregular spikes
пульси́ровать *гл.* pulsate
пульсо́метр *м.* pulsometer
пульс-па́ра *м.* double-pulse generator
пульс-реле́ *м.* pulsing relay
пульт *м.* desk
  графи́ческий ~ *вчт.* graphic terminal
  ~ дистанцио́нного управле́ния remote-control station
  измери́тельный ~ test set, tester
  испыта́тельный ~ test set, tester
  лампоиспыта́тельный ~ tube tester
  ми́кшерский ~ mixer console
  ~ настро́йки следя́щих систе́м servo system tester
  ~ переза́писи *кфт.* re-recording console
  ретуширо́вочный ~ retouching desk
  теплово́й ~ *тепл.* instrumentation board
  ~ управле́ния (*мартена, стана и т. п.*) (control) pulpit, control desk, control console ☐ **обеспе́чивать ~ управле́ния опера́тором** [**опера́торами**] man the control desk
  ~ управле́ния рулём steering console
  экра́нный ~ *вчт.* visual display unit
пу́ля *ж.* bullet
пункт *м.* **1.** point, place **2.** (*отдельное положение контракта, документа и т. п.*) item **3.** *полигр.* point
  ба́зисный ~ base station, reference point
  барометри́ческий ~ *геод.* barometrical (levelling) point
  геодези́ческий ~ (geodetic) station, survey station, ground control [geodetic] point
  гравиметри́ческий ~ gravimetric (field) station
  диспе́тчерский ~ 1. *тлм.* master station **2.** *эл.* load-dispatching centre
  кома́ндно-диспе́тчерский ~ [**КДП**] air-traffic control tower, ATC
  контроли́руемый рассредото́ченный ~ *тлм.* peripheral station, out-station
  ~ маршру́та, исхо́дный [**ИПМ**] *ав.* departure point, point of departure
  ~ маршру́та, коне́чный [**КПМ**] *ав.* point of destination
  ~ маршру́та, промежу́точный [**ППМ**] *ав. англ.* waypoint; *амер.* checkpoint
  ~ наблюде́ния, исхо́дный (*в георазведке*) base station
  ~ наблюде́ния, рядово́й (*в георазведке*) field station
  ~ назначе́ния 1. *тлф.* station [office] of destination **2.** *ав.* destination (point) ☐ **вы́йти на ~ назначе́ния** reach the destination (point)
  оконе́чный ~ (*телеграфно-телефонной сети*) tributary [local] office
  ~ опо́рной се́ти *геод.* control station ☐ **закрепля́ть ~ы опо́рной се́ти на ме́стности** mark stations
  ~ отправле́ния *тлг.* sending office
  ~ пате́нтной фо́рмулы claim
  перева́лочный ~ terminal, transfer point
пункт
  перегово́рный ~ *тлф.* (public) call office
  ~ приёма *тлг.* receiving centre, receiving office
  ремо́нтный ~ service station
  топографи́ческий ~ topographic (field) station
  триангуляцио́нный ~ triangulation point, triangulation station
  узлово́й ~ *ж.-д.* junction point
  усили́тельный ~ *свз.* repeater station, repeater office
  экипиро́вки *ж.-д.* handling plant, servicing point
пункти́р *м.* dotted [dashed] line
пункти́рник *м.* dotting instrument, dotting device
пупиниза́ция *ж.* coil loading
пу́рка *ж. с.-х.* grain tester, grain-unit scale
пурпу́р *м.* purple
  зри́тельный ~ eye purple
пуск *м.* **1.** start **2.** *ркт.* launch(ing)
  ~ в эксплуата́цию putting in operation; (*особ. аккумуляторной батареи*) placing in service
  ~ из горя́чего состоя́ния hot start
  ~ из холо́дного состоя́ния cold start
  повто́рный ~ restart
  ~ предприя́тия start-up ☐ **~ предприя́тия назна́чен** [**заплани́рован**] **на ... год** the plant is scheduled for start-up in ...; **~ предприя́тия ожида́ется в ... году́** start-up is anticipated for ...
  про́бный ~ trial start
пуска́тель *м.* starter
  кно́почный ~ push-button starter
  магни́тный ~ magnetic starter
пуска́ть *гл.* **1.** (*разрешать, давать возможность*) allow, permit, let **2.** (*приводить в действие*) run, start (up) ☐ **~ в ход** start, start the engine, start up; **~ в эксплуата́цию** (**хими́ческое**) **произво́дство** put (a process) on stream
пустота́ *ж.* **1.** vacuum; void; free space ☐ **без пусто́т** voidless; voidlessly **2.** (*полость*) hollow, cavity, pore
  торриче́ллиева ~ Torricellian vacuum
пусто́тность *ж.* **1.** vacuum **2.** hollowness
пустотообразова́тель *м.* hole-forming [void-forming] cores, hollow-core forming mandrels
пустошо́вка *ж.* (hollow) joint
пусть ... *мат.* let ... ☐ **~ дан(ы) ...** given, let ... be given ..., let there be given ...; **~ име́ем ...** suppose ..., suppose we have ...; **~ тре́буется ...** let it be required to ...
пусье́ра *ж.* (*пыль, уловленная в алонже цинковой реторты*) prolong blue powder, prolong dust
путеподъёмник *м.* track-lift, track-raising machine

путепрово́д *м.* viaduct
~ над доро́гой overbridge, overpass
путерихто́вщик *м.* track liner, track maintainer
путеукла́дчик *м.* track-laying machine
пути́на *ж.* fishing season
пут/ь *м.* **1.** (*направление*) route, course, way **2.** (*расстояние*) distance **3.** (*траектория*) path, track, trajectory **4.** (*перевозка*) transit, transportation □ **в ~и** (*при транспортировке*) in [during] transit
~ гра́фа (*в теории графов*) forward path of a graph
~ движе́ния *мех.* path of a motion
железнодоро́жный ~ (railway) track □ **раздвига́ть железнодоро́жный ~** move the tracks apart
железнодоро́жный, бесстыково́й ~ continuous welded railway track
железнодоро́жный, гла́вный ~ main track, trunk line
железнодоро́жный, грузово́й ~ freight line, freight track
железнодоро́жный, двойно́й ~ double track
железнодоро́жный, запасно́й ~ side track
железнодоро́жный ~ надви́га на сортиро́вочную го́рку hump lead track
железнодоро́жный ~ норма́льной коле́й standard-gauge track
железнодоро́жный, па́рковый ~ body [yard] track
железнодоро́жный, подъездно́й ~ approach line
железнодоро́жный, станцио́нный ~ station track
железнодоро́жный, тупико́вый ~ stub track, dead-end (track)
железнодоро́жный, узкоколе́йный ~ narrow-gauge track
железнодоро́жный, ширококоле́йный ~ wide-gauge track
~ интегри́рования patch of integration, integration path
лесоспла́вный ~ floatway
морско́й ~ shipping lane
морско́й ~ с интенси́вным движе́нием crowded shipping lane
объездно́й ~ detour
отка́точный ~ *горн.* haulage track
~ перекры́тия (*электроизолятора*) arcover path
~ проце́сса (*в термодинамике*) path; of a process
~ разря́да discharge path
ре́льсовый ~ rail track □ **передвига́ться по ре́льсовому ~и** ride a rail track
~ сле́дования route
сплавно́й ~ floating channel
~ то́ка current path
тормозно́й ~ *авто* braking [stopping] distance, braking length
~ уте́чки leakage path
~ фильтра́ции leakage path
пухоотво́д *с.-х.* lint flue
пухоотдели́тель *м.* **1.** *текст.* fly separator **2.** *с.-х.* linter
пуццола́на *ж. стр.* puzzolana
пу́чение *с.* swelling
~ гру́нта soil heaving
пучкова́ние *с.* bunching
пучкова́тель *м.* buncher
пу́чность *ж.* antinode, loop
~ волны́ crest of a wave
пуч/о́к *м.* **1.** bunch, bundle **2.** (*излучения, частиц*) beam □ **выводи́ть ~** extract [couple out] the beam; **~ дифраги́рует** the beam is diffracted; **запира́ть ~** cut off [blank] the beam; **коллими́ровать ~** collimate the beam; **отража́ть ~** reflect the beam; **преломля́ть ~** refract the beam; **прерыва́ть ~** chop [interrupt] the beam; **рассе́ивать ~** scatter the beam; **расфокуси́ровать ~** defocus the beam; **своди́ть вме́сте (разделённые) ~ки** re-unite the (separated) beams; **фокуси́ровать ~** focus the beam
а́томный ~ atomic beam
выходя́щий ~ emergent beam
и́мпульсный ~ pulsed beam
ио́нно-фокуси́рованный ~ ion-focused beam
ио́нный ~ ion beam
ка́бельный ~ loom, bunched [multi-wire] cable □ **обы́чно провода́ собира́ются в (ка́бельные) ~ки** the normal practice is to tape single-core cables together in "looms"
~ луче́й bundle [pencil] of rays □ **~ луче́й собира́ется в одно́й то́чке** a bundle of rays comes to focus at a single point; **~ луче́й собира́ется не в одно́й то́чке** (*напр. при астигматизме*) a bundle of rays comes to focus at different points
~ ме́дленных электро́нов slow-electron beam
молекуля́рный ~ molecular beam
моноэнергети́ческий ~ monochromatic [monoenergetic] beam
~ непреры́вного излуче́ния continuous-wave [CW] beam
па́дающий ~ incident beam
пла́зменный ~ plasma beam
~ проводо́в wire bunch, conductor bundle
проше́дший ~ transmitted beam
~ прямы́х *мат.* pencil of lines
расходя́щийся ~ divergent [diverging] beam
~ рентге́новских луче́й X-ray beam
~ све́та *опт.* light beam, beam of light □ **разделя́ть ~ све́та** separate [split] the light beam (into ...); **~ све́та собира́ется в фо́кусе** the light beam closes down to a point at the focus
~ силовы́х ли́ний bundle of lines of force
~ соедини́тельных ли́ний *тлф. англ.* junction group; *амер.* trunk group, multiple trunk □ **выделя́ть ~ки соедини́тельных ли́ний** segregate trunk groups
пуч/о́к
~ с ре́зкими грани́цами well-defined beam
сходя́щийся ~ convergent [converging] beam
~ труб *тепл., хим.* tube bundle
~ труб, гладкотру́бный bare-tube bank
~ труб, змеевико́вый tube-coil bank
~ труб, компа́ктный close-tube bank
~ труб, конвекти́вный convection tube bank
~ труб, коридо́рный in-line tube bank
~ труб, коте́льный tube bank
~ труб, радиа́льный radial-flow bundle
~ труб, стеснённый close tube bank
~ труб, ша́хматный staggered tube bank
у́зкий ~ pencil (beam), narrow beam
широ́кий ~ broad [extended, extensive] beam
электро́нный ~ electron beam
электро́нный ~ большо́й пло́тности high-density electron beam
электро́нный, ле́нточный ~ strip electron beam
пуше́ние *с.*:
~ бахтармы́ *кож.* fluffing
~ лица́ *кож.* buffing
пу́шка *ж.* gun
га́зовая ~ (light-)gas [high-speed] gun
~ для заби́вки лёток clay gun
~ для заде́лки лётки blast-furnace [notch] gun
ко́бальтовая ~ cobalt bomb, cobalt (irradiation) unit
пла́зменная ~ plasma gun
пушо́нка *ж.* hydrated [slaked, powder] lime
пчеладо́дство *с.* apiculture, bee-keeping, honeycraft
пче́льник *м.* apiary, beeyard, bee garden
пыж *м.* wad
пылезаво́д *м.* central coal pulverizing plant
пылезащи́та *ж.* dustproofing
пылеконцентра́тор *м.* dust concentrator
пыле́ние *с.* dusting
~ бума́ги fuzzing (of paper)
~ печа́тной кра́ски chalking
пылеобразова́ние *с.* dust formation
пылеопредели́тель *м.* dust determinator
пылеосади́тель *м.* dust precipitator, dust arrester; dust catcher
электростати́ческий ~ electrostatic dust precipitator
пылеосажде́ние *с.* dust precipitation
пылеотво́д *м. с.-х.* dust flue
пылеотделе́ние *с.* dust separation, dust collection

пылеотдели́тель *м.* dust separator, dust collector
пылепита́тель *м. тепл.* pulverized-coal feeder
бараба́нный ~ star dust feeder
ло́пастный ~ rotary-vane dust feeder
пылеподавле́ние *с.* dust suppression
пылеприготовле́ние *с. тепл.* (coal) pulverization
пылепрово́д *м. тепл.* pulverized-coal duct
пылесисте́ма *ж. тепл.* coal pulverization system
пылесодержа́ние *с.* dust content
пылесо́с *м.* vacuum cleaner, vacuum sweeper
пылеула́вливание *с.* dust separation, dust collection
пылеулови́тель *м.* dust separator, dust collector
гидравли́ческий ~ wet-type (dust) collector
инерцио́нный ~ inertia-type deduster
мешо́чный ~ baghouse, bag filter
мо́крый ~ wet-type (dust) collector
рука́вный ~ baghouse, bag filter
сухо́й ~ dry-type (dust) collector
пыли́мость *ж.* **бума́ги** flaking (of paper)
пыли́ть *гл.* dust, give up [produce] dust
пыль *ж.* dust ☐ **выноси́ть ~** (*напр. дутьём из печи*) carry off dust; **образо́вывать ~** generate dust; **~ оседа́ет** dust settles; **~ отлага́ется на ...** dust lodges on; **сма́чивать ~** wet the dust
биологи́чески агресси́вная ~ injurious dust
бурова́я ~ drill(ing) dust
взве́шенная ~ airborne dust
взры́вчатая ~ explosive dust
зо́льная ~ fly ash
колошнико́вая ~ blast-furnace dust
конденса́торная ~ zinc dust
косми́ческая ~ cosmic dust
кру́пная ~ coarse dust
нажда́чная ~ powder(ed) emery, emery powder
нетокси́чная ~ non-injurious dust
~ от взрывны́х рабо́т blasting dust
полирова́льная ~ buffings
радиоакти́вная ~ radioactive dust
ру́дная ~ ore dust
токопроводя́щая ~ current-conducting dust
тонкодиспе́рсная ~ fine dust
у́гольная ~ coal dust ☐ **нейтрализова́ть у́гольную ~ ине́ртной пы́лью** lay coal dust by rock-dusting
ци́нковая ~ blue powder
пыля́щий *прил.* dust-forming
пьедеста́л *м.* pedestal
пье́за *ж. уст.* pieza (*см.* **паска́ль**)
пьезовибра́тор *м.* piezoelectric vibrator
пьезовосприи́мчивость *ж.* piezoelectric susceptibility
пьезода́тчик *м.* piezoelectric transducer
пьезодио́д *м.* piezodiode
пьезодиэлектри́ческий *прил.* piezodielectric
пьезоква́рц *м.* piezoelectric quartz crystal
пьезокера́мика *ж.* piezoelectric ceramics
пьезомагнети́зм *м.* piezomagnetism
пьезоме́тр *м.* piezometer (tube)
пьезометри́я *ж.* piezometry
пьезомикрофо́н *м.* piezoelectric microphone
пьезомо́дуль *м.* piezoelectric modulus
пьезопередхо́д *м.* piezojunction
пьезорезона́тор *м.* piezoelectric resonator
пьезотензо́метр *м.* piezoelectric strain gauge
пьезотранзи́стор *м.* piezotransistor
пьезотропи́я *ж.* piezotropy
пьезохи́мия *ж.* piezochemistry
пьезоэле́ктрик *м.* piezoelectric (crystal)
пьезоэлектри́чество *с.* piezoelectricity
пьезоэлеме́нт *м.* piezoelectric element
~ давле́ния pressure-sensitive element
пэн *м. лес.* (skidding) pan
пята́ *ж.* thrust [end] journal, pivot
гидравли́ческая ~ (*центробежной машины*) balancing ring, balancing face
пло́ская ~ flat thrust journal
~ плоти́ны, напо́рная heel of a dam
~ сво́да *горн.* skew back
~ трубы́ haunching
шарова́я ~ spherical [ball] pivot
пятери́чно-двои́чный *прил.* quibinary
пятери́чный *прил.* quinary
пятигра́нник *м.* pentahedron
пятиуго́льник *м.* pentagon
пя́тка *ж.* heel
~ бойка́ (*грунтоноса*) (bullet) cap
~ бо́рта (*шины*) bead heel
~ иглы́ *текст.* needle butt
~ о́бода (*ши́ны*) heel of a rim
пятнадцатиуго́льник *м.* pentadecagon
пятн/о́ *с.* spot; (*грязи, жира и т. п.*) stain ☐ **выводи́ть ~а** remove stains; **выступа́ть ~ами на пове́рхности** bloom to the surface
возду́шное ~ *кож.* air stain, blister
жи́рное ~ grease stain, grease spot ☐ **удаля́ть жи́рное ~** take off a grease spot
жирово́е ~ *кож.* grease [fat] stain
запи́сывающее ~ (*в фототелеграфе*) recording spot
известко́вое ~ *кож.* lime blast, lime speck, lime stain
ио́нное ~ ion spot, ion burn
като́дное ~ (*ртутный вентиль*) cathode spot ☐ **зажига́ть като́дное ~** establish [form, initiate, produce] a cathode spot
кровяно́е ~ *кож.* blood stain
пятн/о́
ма́сляное ~ grease stain
ржа́вое ~ *кож.* rust stain
светово́е ~ light [luminous, luminescent] spot
слепо́е ~ blind [black] spot
солево́е ~ *кож.* salt stain
~ травле́ния etch pit
усто́йчивое ~ (*напр. грязи, жира и т. п.*) persistent spot

Р

рабо́т/а *ж.* **1.** (*физический процесс*) work, activity ☐ **~ по, *напр.* перемеще́нию электро́на в по́ле** the work done by the field on an electron to move it (from ... to ...); **соверша́ть ~у** do work **2.** (*качество, способ исполнения*) workmanship **3.** (*конкретное или ограниченное задание, занятие, труд*) job **4.** (*величина с качественным оттенком, показатель работы, рабочая характеристика*) performance **5.** (*функционирование*) operation, service, use ☐ **включа́ть в ~у** switch in use; **включа́ть, *напр.* генера́тор на ~у с вне́шней модуля́цией** set, *e.g.*, an oscillator for external modulation; **выключа́ть из ~ы** switch out of use; **контроли́ровать ~у** (*особ. периодически*) check the operation of ...; **контроли́ровать ~у** (*особ. непрерывно*) monitor the operation of ...; **прекраща́ть ~у автомати́чески** cease to operate automatically **6.** (*продукт труда, готовое изделие*) work
автомати́ческая ~ automatic operation
автоно́мная ~ *вчт.* off-line operation
акко́рдная ~ piece work, task work
армату́рные ~ы installation of reinforcement
асинхро́нная ~ asynchronous working
безавари́йная ~ trouble-free operation
~ без обслу́живающего персона́ла unattended operation
безотка́зная ~ no-failure operation
бесперебо́йная ~ continuity of service
бесшу́мная ~ silence in operation, silent operation
бето́нные ~ы concreting, concrete placement
брига́дная ~ team work
буровзрывны́е ~ы drilling and blasting (operations)
~ в авари́йных усло́виях emergency operation
взрывны́е ~ы shotfiring, blasting
~ в крити́ческом режи́ме critical operation
~ в откры́том ко́смосе (*выход в открытый космос*) extravehicular activity, EVA

рабо́т/а
~ **вразно́с** (*о двигателе*) racing, runaway
~ **в реа́льном масшта́бе вре́мени** *вчт.* real-time operation
вскрышны́е ~ы *горн.* overburden operations, overburden mining
~ **вы́хода электро́на,** ***напр.*** **из мета́лла** (electronic) work function, *e.g.*, of a metal □ **соверша́ть ~у вы́хода электро́на,** ***напр.*** **из мета́лла** do work on escaping, *e.g.*, from a metal
горноспаса́тельные ~ы rescue work, rescue operations
двухпо́люсная ~ *тлг. англ.* double-current working; *амер.* polar (current) working
двухсме́нная ~ two-shift operation
~ **ди́плексом** *свз.* diplex operation, diplex working
дноуглуби́тельные ~ы dredging
доро́жно-строи́тельные ~ы road-building
~ **ду́плексом** *свз.* duplex operation, duplex working
землечерпа́тельные ~ы dredging
земляны́е ~ы earth-moving, excavation, digging
земляны́е ~ы с по́мощью я́дерных взры́вов nuclear digging, nuclear excavation
индика́торная ~ indicator work
~ **ключо́м** keying, key modulation
~ **констру́кции** structural behaviour
кро́вельные ~ы roofing
круглосу́точная ~ round-the-clock operation, twenty-four-hour service
лесоперева́лочные ~ы reloading operations
лине́йные ~ы line work
маля́рные ~ы painting
механи́ческая ~ mechanical work
монта́жные ~ы erection [installation] work
~ **на борту́ косми́ческого корабля́** intravehicular activity, IVA
нала́дочные ~ы adjustment and alignment
~ **на му́фте турби́ны** shaft work
нау́чно-иссле́довательская ~ research (work)
непреры́вная ~ continuous work
норма́льная ~ normal operation
однопо́люсная ~ *тлг. англ.* single-current working; *амер.* neutral working
о́пытно-констру́кторская ~ [ОКР] research and development (work), R&D work
о́пытные ~ы development work(s)
отва́льные ~ы dumping
отде́лочная ~ finishing work
паралле́льная ~ parallel operation □ **при паралле́льной ~е,** ***напр.*** **генера́торов** with, *e.g.*, generators paralleled, . . .
периоди́ческая ~ intermittent [batch] operation
пла́новая ~ scheduled work

рабо́т/а
плоха́я ~ (*низкое качество исполнения*) poor workmanship
погру́зочно-разгру́зочные ~ы (*в промышленности*) materials handling; (*на транспорте*) cargo [freight] handling
поиско́во-спаса́тельные ~ы (*на море или суше*) search and rescue (operations)
полевы́е ~ы field work
полуду́плексная ~ *свз.* half-duplex operation
~ **по поро́де** *горн.* deadwork, stonework
~ **по схе́ме постоя́нного то́ка** *свз.* closed circuit working
промысло́вые ~ы fishing operations
разве́дочные ~ы (*для промышленной оценки месторождений полезных ископаемых*) prospecting
разде́льная ~ isolated operation □ **при разде́льной ~е,** ***напр.*** **генера́торов** with, *e.g.*, generators isolated, . . .
ро́вная ~ (*напр. двигателя*) smooth running
ручна́я ~ hand work
сверхуро́чная ~ overtime work
~ **с да́нными** *вчт.* data handling
~ **си́мплексом** *свз.* simplex [up and down] working
синфа́зная ~ in-phase operation
синхро́нная ~ synchronous [synchronized] operation
ска́льные ~ы rock excavation
сме́нная ~ shift work
совме́стная ~, ***напр.*** **армату́ры и бето́на** collaboration of, *e.g.*, steel and concrete
~ **с перебо́ями** erratic operation; *двс* rough running
~ **с разделе́нием вре́мени** *вчт.* time-sharing operation
строи́тельные ~ы civil engineering work
тока́рная ~ lathe work
~ **тона́льно-модули́рованными колеба́ниями** *свз.* MCW operation, MCW service
убо́рочные ~ы harvesting
штукату́рные ~ы (*внутренние*) plastering; (*наружные*) stuccoing
электромонта́жные ~ы electric installation work

рабо́тать *гл.* 1. work □ ~ **на,** ***напр.*** **круче́ние, растяже́ние, сжа́тие** ***и т. п.*** work [be] in, *e.g.*, twisting, tension, compression, *etc.*; ~ **по,** ***напр.*** **де́реву, мета́ллу** (*о гравёре и т. п.*) work in, *e.g.*, wood, metal (*about an engraver*) 2. (*функционировать*) function, operate, be in operation □ ~ **без обслу́живающего персона́ла** operate [work] unattended; ~ **на,** ***напр.*** **батаре́ях** operate on [from], *e.g.*, a battery; ~ **на,** ***напр.*** **периферийное устро́йство** *вчт.* be devoted to, *e.g.*, a peripheral device; ~ **при положи́тельном напряже́нии на се́тке,** ***напр.*** **трио́да** operate [run], *e.g.*, a triode with the grid positive 3. (*о машинах и т. п.*) run, be running □ ~ **без нагру́зки** *эл.* operate [run] at no-load; ~ **на холосто́м ходу́** run free, run empty, run idle, tick over

работоспосо́бность *ж.* (*человека*) fitness to work; (*машины и пр.*) serviceability
~ **взры́вчатого вещества́** strength of an explosive
части́чная ~ (*системы после отказа или сбоя*) degraded condition, degraded performance

рабо́чи/й *м.* 1. operator, worker, workman 2. *мн.* (*в собирательном смысле*) labour (force), force, manpower
верхово́й ~ *нефт.* derrickman
вспомога́тельные ~е indirect labour
высококвалифици́рованный ~ highly skilled worker
забо́йный ~ face worker, faceman, getter
квалифици́рованный ~ skilled worker
малоквалифици́рованный ~ low-skill [unskilled] worker
пове́рхностный ~ *горн.* surface worker
подзе́мный ~ *горн.* underground worker
~ **по добы́че** *горн.* pit [quarry] worker, pit [coal] miner
подсо́бный ~ shop hand, helper
произво́дственный ~ 1. production worker 2. *мн.* (*непосредственно занятые в технологическом процессе*) direct labour
путевы́е ~е maintenance force
сельскохозя́йственный ~ farm worker
~ **ски́повой я́мы** *мет.* skipman

ра́венств/о *с.* equality □ **да́нное ~ выполня́ется тожде́ственно** this is an identical equality; . . . **при усло́вии выполне́ния ~а** subject to the (following) equality
~ **заря́дов** charge equality
приближённое ~ approximate equation

равно́ *нареч. мат.* equal, is equal (to)

равновероя́тность *ж.* equiprobability

равновероя́тный *прил.* equiprobable, equally probable

равнове́си/е *с.* 1. (*состояние весов, токов, мощностей и т. п.*) balance □ **достига́ть [приходи́ть] в ~** strike a balance; **нару́шить ~** upset a balance; **при ~и** at balance; **приводи́ть в ~** balance 2. (*состояние температур, фаз и т. п.*) equilibrium □ **достига́ть ~** attain [reach] equilibrium; **находи́ться в (состоя́нии) ~я** be in equilibrium; **осуществля́ть ~** bring about equilibrium; **смеща́ть ~** accent equilibrium; **устана́вливается ~** an equilibrium is established; **устана́вливать ~** establish an equilibrium

равнове́си/е
безразли́чное ~ indifferent equilibrium
динами́ческое ~ dynamic equilibrium
засты́вшее ~ frozen equilibrium
~ **изото́пов, векову́е** secular equilibrium of isotopes
ка́жущееся ~ apparent equilibrium
кисло́тно-щелочно́е ~ acid-base equilibrium
ло́жное ~ false equilibrium
~ **ме́жду па́ром и жи́дкостью** vapour-liquid equilibrium
механи́ческое ~ mechanical equilibrium
неусто́йчивое ~ unstable [labile] equilibrium
окисли́тельно-восстанови́тельное ~ redox equilibrium
перехо́дное ~ transient equilibrium
~ **при поко́е** equilibrium at rest
~ **сил** equilibrium of forces
теплово́е ~ thermal [heat] equilibrium
терми́ческое ~ thermal [heat] equilibrium
термодинами́ческое ~ thermodynamic equilibrium
упру́гое ~ elastic equilibrium
усто́йчивое ~ stable [true] equilibrium
~ **фаз** phase equilibrium
хими́ческое ~ chemical equilibrium
равноде́йствующая *ж.* resultant
~ **систе́мы сил** resultant of a system of forces □ ~ **систе́мы сил эквивале́нтна по своему́ влия́нию (рассма́триваемой систе́ме сил)** the resultant has the same effect
равноде́нствие *с.* equinox
весе́ннее ~ vernal equinox
осе́ннее ~ autumnal equinox
равнозна́чность *ж.* equivalence
равноме́рно *нареч.* uniformly □ ~ **относи́тельно** *x* uniformly in *x*
равноме́рность *ж.* uniformity
~ **амплиту́дно-часто́тной характери́стики** *рад.* flatness of the frequency response □ ~ **амплиту́дно-часто́тной характери́стики составля́ет 3 дБ** the frequency response is flat within 3 dB
равноме́рный *прил.* uniform
равноотстоя́щий *прил.* equidistant, equally [evenly] spaced
равнопотенциа́льный *прил.* equipotential
равнораспределе́ние *с.* equipartition
равноси́льность *ж.* equivalence
равното́чный *прил.* equally accurate
равноудалённый *прил.* equidistant
равноце́нность *ж.* equivalence
равночи́сленность *ж.* equality in number
ра́вн/ый *прил.* equal □ ~**ым о́бразом** equally; ~ **по абсолю́тной величине́** equal in magnitude, equal in absolute value; ~ **по мо́дулю** equal in absolute value, equal in magnitude

равня́ться *гл.* be equal to, equal □ **приближённо** ~ approximate, be approximately equal (to)
рад *м.* (*внесистемная единица поглощённой дозы излучения*) rad
рада́р *м.* radar (*см. тж.* **РЛС**)
радиа́л-триангуля́тор *м.* radialtriangulator, aerotriangulator, aerial triangulator
радиа́л-триангуля́ция *ж.* radial (line) triangulation, radial line plotting, radial line control
радиа́н *м.* radian
радиа́тор *м.* **1.** (*нагревательный прибор*) radiator **2.** (*устройство для охлаждения полупроводникового прибора*) heat-sink □ ~ **отво́дит тепло́ от транзи́стора** the heat-sink abstracts heat from the transistor **3.** (*теплообменник в д.в.с.*) radiator □ ~ **засорён на́кипью** the radiator is furred; ~ **течёт** the radiator is leaky [is leaking]
~ **водяно́го отопле́ния** hot-water heating radiator
ма́сляный ~ oil cooler, oil radiator
~ **парово́го отопле́ния** steam-heating radiator
пли́нтусный ~ baseboard radiator
ребри́сто-тру́бчатый ~ gilled-tube [finned tubular] radiator
со́товый ~ cell(ular) [honeycomb] radiator
радиа́ция *ж.* radiation
косми́ческая ~ cosmic radiation
рассе́янная ~ diffuse [scattered] radiation
со́лнечная ~ solar radiation
ра́дий *м.* radium, Ra
радика́л *м.* **1.** *мат.* radical (sign) □ **освободи́ться от** ~**ов в знаменате́ле** rationalize the denominator; **пе́ред** ~**ом** before the radical (sign) **2.** *хим.* radical (ion)
свобо́дный ~ *хим.* free radical
ра́дио *с.* radio □ **по** ~ by radio
радиоавто́граф *м.* autoradiograph, radioautograph
радиоавтогра́фия *ж.* autoradiography, radioautography
конта́ктная ~ contact autoradiography
радиоактива́ция *ж.* radioactivation
радиоакти́вность *ж.* radioactivity
~ **в воде́** waterborne radioactivity
~ **в во́здухе** airborne radioactivity
есте́ственная ~ natural radioactivity
иску́сственная ~ artificial [induced] radioactivity
радиоакти́ний *м.* radioactinium
радиоаку́стика *ж.* radioacoustics
радиоальтиме́тр *м.* radio altimeter (*см. тж.* **радиовысотоме́р**)
радиоаппарату́ра *ж.* radio equipment
радиоастроно́мия *ж.* radio astronomy
радиобиоло́гия *ж.* radiobiology
радиобиотелеметри́я *ж.* radiobiotelemetry
радиобу́ря *ж.* noise storm

радиова́хт/а *ж.* radiowatch □ **стоя́ть** ~**у** stand a radiowatch
радиовеща́ние *с.* radio broadcast(ing)
проводно́е ~ wired radio diffusion (system)
радиови́дение *с.* microwave imaging, microwave visualization
радиови́зор *м.* thermo-microwave imager, thermo-microwave visualization system
радиоволна́ *ж.* radio wave □ ~ **испы́тывает дифра́кцию** the radio wave is diffracted; ~ **огиба́ет земну́ю пове́рхность** the radio wave bends around the Earth's surface, the radio wave follows the curvature of the globe; ~ **распространя́ется как, напр. тропосфе́рная** the radio wave is propagated by, *e.g.*, the tropospheric mode [as a tropospheric wave]
атмосфе́рная ~ atmospheric radio wave
земна́я ~ ground radio wave □ **земна́я** ~ **распространя́ется вблизи́ от пове́рхности Земли́** the ground radio wave travels along the Earth's surface
пове́рхностная ~ surface radio wave
простра́нственная ~ (*прямая и земная*) space radio wave; (*отражённая от ионосферы*) sky radio wave
пряма́я ~ direct radio wave □ **пряма́я** ~ **распространя́ется по прямолине́йным траекто́риям** the direct radio wave is propagated along the direct ray path, the direct radio wave is propagated in straight lines
тропосфе́рная ~ tropospheric radio wave
радиоволново́д *м.* radio waveguide
радиовсплеск *м.* radio pulse (*не путать с* радиоимпульсом)
радиовысотоме́р *м.* radio altimeter
~ **больши́х высо́т** high-altitude radio altimeter
и́мпульсный ~ pulse radio altimeter
~ **и́стинной высоты́** absolute radio altimeter, terrain-clearance indicator □ ~ **(и́стинной) высоты́ измеря́ет и́стинную высоту́, т. е. расстоя́ние до земно́й пове́рхности** the terrain-clearance indicator measures absolute altitude or distance above ground
~ **ма́лых высо́т** low-altitude radio altimeter
~ **с часто́тной модуля́цией** FM radio altimeter
ЧМ ~ FM radio altimeter
радиогонио́метр *м.* radiogoniometer
радиогониоско́п *м.* radiogonioscope
радиогоризо́нт *м.* radio horizon
радиогра́мма *ж.* **1.** (*сообщение, переданное по радиотелеграфу*) radiogram **2.** (*запись результатов радиографического исследования*) radiograph, radiogram
радиогра́фия *ж.* radiography
нейтро́нная ~ neutron radiography
рентге́новская ~ X-ray radiography

радиогра́фия
следова́я ~ track radiography
радиодальноме́р *м.* radio distance [radio range] finder, radio distance measuring equipment
радиодальномери́я *ж.* radio ranging, radio range finding
радиодета́ли *мн. ж.* radio parts, radio components
радиодефектоскопи́я *ж.* microwave flaw detection
радиодиапазо́н *м.* radio (-frequency) range
радиозасе́чка *ж.* radio fix
радиозо́нд *м.* radiosonde □ ~ **увлека́ется ве́тром** the radiosonde floats with the (prevailing) wind (s)
радиозонди́рование *с.* radiosonde observation
радиоизлуче́ние *с.* **1.** (*поток энергии*) radio-frequency [r.f.] radiation, r.f. emission **2.** (*процесс*) radio emission
радиоизото́п *м.* radioisotope, radioactive isotope
втори́чный ~ secondary radioisotope
доче́рний ~ daughter radioisotope
исхо́дный ~ parent radioisotope
исчеза́ющий ~ extinct radioisotope
матери́нский ~ parent radioisotope
перви́чный ~ primary radioisotope
радиои́мпульс *м.* r.f. pulse
радиоинжене́р *м.* radio engineer
радиоинтерферо́метр *м.* radiointerferometer
радиоинтроско́п *м.* microwave imager, microwave visualization apparatus
радиокана́л *м.* **1.** (*полоса частот*) radio channel **2.** (*в значении линии, использующей определённую полосу частот*) radio-communication channel, radio link
радиокомпара́тор *м.* r.f. field strength comparator
радиоко́мпас *м.* (*с неподвижной рамкой и без индикации курсового угла радиостанции*) *уст.* radio compass; (*с вращающейся рамкой и индикацией курсового угла радиостанции*) direction finder
автомати́ческий ~ **[АРК]** automatic direction finder, ADF
радиоконтро́ль *м.* **орби́ты** radio control of orbit
радио́ла *ж.* radio-phonograph combination, radiogramophone
радиола́мпа *ж. англ.* radio valve; *амер.* radio tube
радио́лиз *м.* radiolysis, radiolytic decomposition
радиоли́ния *ж.* **1.** *свз.* radio circuit, radio link **2.** (*спектральная линия*) *физ.* r.f. spectral line
втори́чная ~ scatter radio link
реле́йная ~ relay [microwave] radio link
радиолока́тор *м.* radar (*см. тж.* **РЛС**)
радиолока́ция *ж.* (*в широком смысле — работа с облучением и без облучения объекта в. ч. энергией*) radiolocation; (*работа только с облучением объекта в. ч. энергией*) radar
радиолока́ция
втори́чная ~ secondary radar
перви́чная ~ primary radar
радиолу́ч *м.* radio beam
поса́дочный ~ *ав.* landing beam
радиолю́битель *м.* radio amateur, radio ham
радиолюминесце́нция *ж.* radioluminescence
радиомаркёр *м.* marker (beacon) □ ~ **обознача́ет определённое простра́нство** a marker (beacon) designates an area around and above
бли́жний ~ boundary [inner] marker (beacon)
ве́ерный ~ fan marker (beacon)
да́льний ~ outer marker (beacon)
радиома́чта *ж.* radio mast
радиомая́к *м.* radio beacon, radiophare
всенапра́вленный ~ **1.** (*радиомаячная система навигации*) omnirange **2.** (*приводной маяк*) omnidirectional radio beacon
курсово́й ~ (*системы посадки*) localizer [on-course] beacon
маркёрный ~ marker (beacon) □ **маркёрный** ~ **предназна́чен для отме́тки фикси́рованных то́чек** на **ме́стности** the marker (beacon) designates [marks] fixed points on the ground
маркёрный, бли́жний ~ inner [boundary] marker (beacon)
маркёрный, да́льний ~ outer marker (beacon)
~ **радиомая́чной систе́мы навига́ции** radio range beacon
радиометаллогра́фия *ж.* radiometallography
радиометеоро́граф *м.* radiometeorograph
радиометеороло́гия *ж.* radiometeorology
радио́метр *м.* radiometer
по́исковый ~ survey radiometer
полево́й ~ field survey meter
термокомпенси́рованный ~ temperature-compensated radiometer
цифрово́й ~ digital radiometer
радиоме́трия *ж.* radiometry
радиомолча́ние *с.* radio silence
радионавига́ция *ж.* radio navigation
радионаправле́ние *с.* radio bearing
радионепрозра́чность *ж.* radiopacity
радионепрозра́чный *прил.* radiopaque
радионивели́рование *с.* radio-altimeter surveying
радионукли́д *м.* radionuclide, radioactive nucleus
радиообме́н *м.* radio traffic □ **вести́** ~ exchange (the) radio traffic
~ **с самолётом, те́рпящим бе́дствие** distress traffic □ **вести́** ~ **с самолётом, те́рпящим бе́дствие** handle the distress traffic
радиообнаруже́ние *с.* radio detection, radio warning
радиооборудование *с.* radio equipment, radio gear
радиопе́ленг *м.* radio bearing
и́стинный ~ true radio bearing
магни́тный ~ magnetic radio bearing
наблюдённый ~ observed radio bearing
обра́тный ~ reciprocal radio bearing
радиопеленга́тор *м.* radio direction finder □ ~ **определя́ет направле́ние прихо́да радиово́лн** a radio direction finder pinpoints the line of travel of the received (radio) waves
радиопеленга́ция *ж.* radio direction finding
радиопереда́тчик *м.* radio transmitter
радиопереда́ча *ж.* radio transmission
радиопозывны́е *мн.* radio call sign, radio call signal
радиопо́ле *с.* radio field
радиополуко́мпас *м.* hand-operated-loop direction finder
радиополяри́метр *м.* radio polarimeter
радиопоме́хи *мн. ж.* radiointerference
радиоприём *м.* radio reception
радиоприёмник *м.* radio receiver, radio set □ **заблоки́ровать [закры́ть]** ~ ungate [disable] the receiver; ~ **мо́жет принима́ть (*такие-то*) програ́ммы** the receiver can bring in (*such and such*) broadcasts; **настра́ивать** ~ align the receiver; **настра́ивать** ~ **на частоту́ *какой-л.* ста́нции** tune in a station; **откры́ть** ~ gate the receiver; **прогрева́ть** ~ allow the receiver an (ample) warm-up (time); **разблоки́ровать** ~ gate the receiver
автомоби́льный ~ car radio
~ **батаре́йного пита́ния** battery-operated radio
бортово́й ~ airborne [on-board] receiver
бытово́й (веща́тельный) ~ broadcast [home] receiver
ла́мповый ~ *англ.* valve radio (set); *амер.* tube radio (set)
монофони́ческий ~ monaural radio receiver
напо́льный ~ console radio
насто́льный ~ table-top (receiver) set
панора́мный ~ panoramic radio receiver
переносно́й ~ portable radio receiver, portable radio
~ **прямо́го усиле́ния** tuned-radio-frequency [TRF] receiver
связно́й ~ communications radio receiver
~ **сетево́го пита́ния** mains-operated radio
стереофони́ческий ~ stereophonic radio receiver
~ **с универса́льным пита́нием** ac/dc radio receiver

радиоприёмник
супергетероди́нный ~ superhet(erodyne) radio receiver
транзи́сторный ~ transistor radio
радиопрогно́з *м.* radio forecast
радиопрозра́чность *ж.* radioparency
радиопрозра́чный *прил.* radioparent
радиопротиводе́йствие *с.* (radio) countermeasure(s)
радиоразве́дка *ж.* radio reconnaissance
радиорефле́ктор *м.* radio reflector
радиорефракто́метр *м.* microwave refractometer
радиору́бка *ж.* radio room
радиосвя́зь *ж.* radio communication; (*единичный сеанс радиосвязи*) (radio) contact □ **испо́льзовать ~ для ...** use (radio) contact for ...; **наруша́ть ~** disrupt radio communication; **подде́рживать ~** maintain (radio) contact; **установи́ть ~ с ...** contact ... by radio, set up (radio) contact
внутрипоездна́я ~ inter-train radio circuit
двусторо́нняя ~ two-way radio communication
ду́плексная ~ (*режим работы*) duplex operation; (*оборудование*) duplex radio system
~ за счёт многокра́тного отраже́ния радиово́лн multihop radio communication
индивидуа́льная ~ personal radio communication
ионосфе́рная ~ ionospheric radio communication
косми́ческая ~ space radio communication
люби́тельская ~ amateur radio communication
магистра́льная ~ point-to-point radio communication
~ ме́жду корабля́ми ship-to-ship radio communication
метео́рная ~ meteor-trail scatter radio communication
многокана́льная ~ multichannel radio communication
моби́льная ~ vehicular [mobile] radio communication
одноканáльная ~ single-channel radio communication
односторо́нняя ~ one-way radio communication
радиореле́йная ~ radio-relay communication
си́мплексная ~ (*режим работы*) simplex operation; (*оборудование*) simplex radio link
телефо́нная ~ radiotelephone (service)
тропосфе́рная ~ tropospheric-scatter radio communication
фототелегра́фная ~ facsimile radio link
радиосе́ть *ж.* antenna system; radio network
радиосигна́л *м.* radio signal □ **выделя́ть ~ (из ...)** separate a radio signal (from ...); **принима́ть ~** pick up [receive] a radio signal; **принима́ть [различа́ть] ~ на фо́не шу́мов** read a radio signal through noise
радиоспектро́граф *м.* radio spectrograph; (*в диапазоне СВЧ*) microwave spectrograph
радиоспектро́метр *м.* radio spectrometer; (*в диапазоне СВЧ*) microwave spectrometer
радиоспектроско́п *м.* radio spectroscope; (*в диапазоне СВЧ*) microwave spectroscope
радиоспектроскопи́я *ж.* radiospectroscopy; (*в диапазоне СВЧ*) microwave spectroscopy
радиоста́нция *ж.* (*оборудование, службы, персонал*) radio station; (*оборудование, особ. компактное, перевозимое или переносимое*) radio (set)
авиацио́нная ~ aeronautical radio station
бортова́я ~ *ав.* aircraft radio station; *мор.* ship radio station
моби́льная ~ mobile radio station
назе́мная ~ ground radio station
передаю́щая ~ sending radio station
~, передаю́щая сигна́лы стандáртных часто́т standard frequency station
приёмная ~ receiving radio station
ра́нцевая ~ man-pack radio set
~ слу́жбы вре́мени time-signal broadcasting station
~ сре́дства спасе́ния survival-craft radio station
стациона́рная ~ fixed radio station
судова́я ~ ship radio station
телевизио́нная ~ television broadcasting station
широковеща́тельная ~ broadcasting radio station
радиоста́нция-корреспонде́нт *ж.* the station worked, the distant station
радиосто́йкость *ж.* radiation resistance
радиосхе́ма *ж.* (radio) circuit; *элн.* (electronic) circuit
радиотелегра́ф *м.* radiotelegraph
радиотелеграфи́ст *м.* radiotelegraph operator
радиотелеграфи́я *ж.* radiotelegraphy
радиотелеизмере́ние *с.* radiotelemetry, radiotelemetering
радиотелеметри́я *ж.* radiotelemetry, radiotelemetering
многокана́льная ~ multichannel radiotelemetering
радиотелеско́п *м.* radio telescope
интерференцио́нный ~ interferometer radio telescope
крестообра́зный ~ Mills cross
параболи́ческий ~ parabolic radio telescope
подви́жный ~ steerable radio telescope
радиотелеуправле́ние *с.* radio telecontrol
радиотелефо́н *м.* radio(tele)phone
радиотелефони́я *ж.* radiotelephony
радиоте́нь *ж.* radio shadow
радиотеплолока́тор *м.* thermo-microwave imager
радиотеплолока́ция *ж.* thermo-microwave imaging radar
радиотерапи́я *ж.* radiotherapy
радиотермолюминесце́нция *ж.* radiothermoluminescence
радиоте́хника *ж.* radio engineering
радиото́чка *ж.* wired-radio outlet
радиоуправле́ние *с.* radio control
радиоуровнеме́р *м.* radioisotope level gauge
радиоустано́вка *ж.* radio installation
радиофи́зика *ж.* radiophysics
ква́нтовая ~ quantum radiophysics
радиофика́ция *ж.* installation of wired radio units; installation of a public-address system
радиофотогра́фия *ж.* radiophotography
радиофотолюминесце́нция *ж.* radiophotoluminescence
радиохи́мия *ж.* radiochemistry
радиохроматогра́мма *ж.* radiochromatogram
радиохроматогра́фия *ж.* radiochromatography
радиоце́нтр *м.* radio centre
радиочасто́ты *мн. ж.* radio frequencies
высо́кие ~ [вч] (3—30 МГц) (*часть общего спектра радиочастот; не путать с* высокой частотой диапазона *или с* излучаемой высокой частотой) high frequencies, HF (*not to be confused with* the h.f. end of a range *or* the frequencies radiated)
гипервысо́кие ~ [гвч] (300 ГГц — 3 ТГц) (*часть общего спектра радиочастот*) hyperhigh frequencies, HHF
кра́йне высо́кие ~ [квч] (30—300 ГГц) (*часть общего спектра радиочастот*) extremely high frequencies, EHF
ни́зкие ~ [нч] (30—300 кГц) (*часть общего спектра радиочастот; не путать с* низкой частотой диапазона *или* низкой частотой, преобразуемой в звук в приёмнике) low frequencies, LF (*not to be confused with* the l.f. end of a range *or* the audio frequencies in a receiver)
о́чень высо́кие ~ [овч] (30—300 МГц) (*часть общего спектра радиочастот*) very high frequencies, VHF
о́чень ни́зкие ~ [онч] (3—30 кГц) (*часть общего спектра радиочастот*) very low frequencies, VLF
сверхвысо́кие ~ [свч] (3—30 ГГц) (*часть общего спектра радиочастот; не путать с* СВЧ) superhigh frequencies, SHF (*not to be confused with* microwave frequencies)
сверхни́зкие ~ [снч] (30—300 Гц) (*часть общего спектра радиочастот*) extremely low frequencies, ELF
сре́дние ~ [сч] (300 кГц — 3 МГц)

(*часть общего спектра радиочастот*) medium frequencies, MF
радиочасто́ты
ультравысо́кие ~ [увч] (300 МГц—3 ГГц) (*часть общего спектра радиочастот*) ultrahigh frequencies, UHF
радиошу́м *м.* radio noise
радиоэкраниро́вка *ж.* *англ.* radio screening; *амер.* radio shielding
радиоэлектре́т *м.* (*диэлектрический материал*) radioelectret
радиоэлектрокардиогра́фия *ж.* radio-electrocardiography
радиоэлектро́ника *ж.* radio electronics
радиоэлеме́нт *м.* radioelement, radioactive element
радиоэ́хо *с.* echo (signal)
ради́ст *м.* radio operator
ва́хтенный ~ *мор.* watch-standing (radio) operator
ра́диус *м.* radius □ **выгиба́ть [изгиба́ть] по (*малому, большому*) ~у** bend on a (*small, large*) radius
а́томный ~ atomic radius
~ взры́ва blasting radius, explosive range
~ вне́шней галте́ли round radius, radius of a round
~ вну́тренней галте́ли fillet radius
~ вписанной окру́жности radius of an inscribed circle, inradius
гидравли́ческий ~ hydraulic radius
~ гла́вной кривизны́ *геод.* radius of principal curvature
~ де́йствия (*напр. передатчика*) effective range □ **в ~е де́йствия** be within the range of ...
~ закругле́ния кро́мок edge [corner] radius
~ земли́, станда́ртный standard earth's radius
~ земли́, эффекти́вный effective earth's radius
~ ине́рции radius of inertia, radius of gyration
~ ине́рции сече́ния section radius of inertia
~ ине́рции сте́ржня (*при продольном изгибе*) radius of gyration
~ карка́са ши́ны по коро́не radius of the tyre carcass at the crown
~ каче́ния ши́ны rolling radius of a tyre
~ кривизны́ radius of curvature, first curvature (*of a space curve at a point*)
~ кривоши́па crank radius, crank throw
~ круче́ния radius of torsion
метацентри́ческий ~ metacentric radius
метацентри́ческий, дифференциа́льный ~ differential metacentric radius
метацентри́ческий, попере́чный ~ transverse metacentric radius
метацентри́ческий, продо́льный ~ longitudinal metacentric radius
~ надре́за notch radius

ра́диус
нулево́й ~ zero radius (*of a tyre*)
~ опи́санной окру́жности radius of a circumscribed circle, circumradius, long radius
~ поворо́та *авто* turning radius
поля́рный ~ radius vector (*in polar coordinates*)
~ разгру́зки экскава́тора discharge radius of an excavator
~ сходи́мости radius of convergence
~ циркуля́ции (*судна*) radius of the turning circle
~ че́рпания экскава́тора digging radius of an excavator
~ ши́ны по коро́не пе́рвого сло́я radius of the first ply at the crown of a tyre
~ экрани́рования, деба́евский Debye shielding distance
ра́диус-ве́ктор *м.* radius vector, position vector
радо́н *м.* radon, radium emanation, Rn
ра́дуг/а *ж.* rainbow □ **перелива́ющий всеми цвета́ми ~и** iridescent
ра́дужность *ж.* iridescence
раз *м.* *мат.* time □ **в два ~а бо́льше** two times [twice] as large, as much again; **в де́сять ~ ме́ньше** one-tenths (of) its (previous) value; **в не́сколько ~ бо́льше** ... is greater by several fold; **в пять ~ ме́ньше** one-fifth (of) its (previous) value
разарретирова́ть *гл.* (*гироскопический прибор и т. п.*) uncage
разбави́тель *м.* diluent; (*особ. для красок, лаков*) thinner; (*для резины*) extender
разбавле́ние *с.* dilution; (*особ. для красок, лаков*) thinning; (*для резины*) extender
изото́пное ~ isotopic [isotope] dilution (technique)
преде́льное ~ limit dilution
~ рядо́в *мат.* dilution of series
разбала́нс *м.* unbalance, disbalance, out-of-balance
разбалансирова́ться *гл.* get out of balance
разбалансиро́вка *ж.* unbalance, disbalance, out-of-balance
разбе́г *м.* **на взлёте** take-off run
разбива́ть *гл.* **1.** (*ломать, разрушать*) break **2.** (*делить на части, по рубрикам*) break down, break up, divide **3.** (*распланировав, производить посадку*) arrange, lay out **4.** (*отделять промежутками*) *полигр.* space out
разби́вк/а *ж.* **1.** (*ломка, разрушение*) break **2.** (*деление на части*) break-up, break-down, division **3.** (*планировка на местности какого-л. сооружения*) arrangement, layout □ **производи́ть ~у стройплоща́дки** peg out [stake out] the site **4.** *полигр.* spacing out □ **в ~у** spaced out
~ ба́зиса *геод.* base adjustment

разби́вк/а
~ (да́нных) в годово́м разре́зе *вчт.* annual [yearly] break-down
~ програ́ммы *вчт.* program layout
~ пути́ *ж.-д.* pegging of a track
~ се́ти опо́рных то́чек *геод.* layout of control
~ шкур break of skins
разбие́ние *с.* *мат.* division, subdivision, partition(ing)
~ на ра́вные ча́сти equipartition
~ па́мяти *вчт.* storage break-down
~ распределе́ния dissection of a distribution
разбинто́вка *ж.* *рез.* unwrapping
разбира́ть *гл.* disassemble, take apart; (*сборную конструкцию*) knock down □ **~ железнодоро́жный путь** take up the track; **~ заклёпочное соедине́ние** break a rivetted joint; **~ печь** *мет.* demolish [wreck] the furnace
разблоки́ровать *гл.* **1.** (*освобождать от механической защёлки, напр. реле*) unlatch; (*снимать блокировку, особ. электрическую, напр. в реле*) unlock **2.** (*подавать стробирующее или разрешающее напряжение*) gate
разбо́лчивать *гл.* unbolt
разбо́рка *ж.* disassembly □ **~ осуществля́ется в поря́дке, обра́тном сбо́рке** disassembly is the reverse of assembly
разбо́рный *прил.* (*о конструкции*) knock-down
разбо́рчивость *ж.* legibility
~ ре́чи (*звуковая, без учёта смыслового восприятия*) articulation; (*с учётом восприятия смысла*) intelligibility
разбра́сывание *с.* (*удобрений или ядохимикатов*) spreading, scattering
авиацио́нное ~ aerial spreading
разбра́сыватель *м.* (*удобрений или ядохимикатов*) spreader
~ валко́в swath distributor
разбро́с *м.* spread, variation(s)
~ величи́н, да́нных, *и т. п.* spread in values, data, *etc.*
~ по вре́мени time spread, time straggling
~ по дли́нам волн wavelength spread
~ по частоте́ frequency spread
~ рабо́чих характери́стик spread in performance
случа́йный ~ straggling
случа́йный ~ по эне́ргиям energy straggling
случа́йный ~ пробе́гов части́ц range straggling of particles
~ то́чек *мат.* spread of points (*on a graph*)
~ хими́ческого соста́ва желе́за variations in iron analysis
разбры́згивание *с.* **1.** (*какого-л. материала, особ. жидкого, напр. для нанесения или распределения по поверхности*) spraying, sprinkling **2.** (*напр. жидкого металла при свар-*

ке) sputter(ing) 3. (*разлёт вещества в виде брызг*) splashing
разбрызгиватель *м.* sprayer, sprinkler
разбуривание *с. горн.* drilling-out
разбухание *с.* swelling
развал *м.* (*расстройство, упадок*) break-down, dislocation; (*полный*) collapse
~ блока цилиндров Vee of the engine
~ борта *мор.* flare; (*непосредственно у палубы*) flam
~ взорванной породы disintegration of broken rock
~ колёс (wheel) camber
разваливать *гл.* unmake; pull down; demolish; break up; split □ **~ отверстие** open out a hole
развальцовк/а *ж.* flaring; (*трубы*) expanding (*отгибки кромки*) beading □ **крепить, напр. трубы ~ой** expand, *e.g.*, tubes into ...
развальцовывание *с. см.* **развальцовка**
развальцов/ывать *гл.* flare; (*трубу*) expand; (*отгибку кромки*) bead □ **трубы ~аны в трубную решётку** the tubes are expanded into the tube plate
разваривать *гл.* boil [cook] soft
разведени/е *с.* 1. (*разбавление, напр. раствора*) dilution □ **в [при] ~и** at a dilution of ... 2. (*раздвигание соприкасающихся деталей*) opening, moving apart 3. (*выращивание скота*) breeding 4. (*выращивание растений*) growing
разведка *ж.* reconnaissance
~ геофизическими методами (*полезных ископаемых*) geophysical prospecting, geophysical survey(ing)
геохимическая ~ (*полезных ископаемых*) geochemical prospecting
гравиметрическая ~ (*полезных ископаемых*) gravitational (method of) prospecting
детальная ~ (*полезных ископаемых*) exploration
магнитная ~ (*полезных ископаемых*) magnetometric prospecting
~ погоды weather reconnaissance
предварительная ~ (*полезных ископаемых*) prospecting
радиометрическая ~ (*полезных ископаемых*) radiometric [radioactive] prospecting
рыбопромысловая ~ fish reconnaissance
сейсмическая ~ (*полезных ископаемых*) seismic prospecting
~ скважинами borehole surveying
электрическая ~ (*полезных ископаемых*) electric prospecting
разверка *ж. тепл.* maldistribution, upset
развёрстка *ж. полигр.* leader layout
развёртк/а *ж.* 1. (*металлорежущий инструмент*) reamer 2. (*представление сложной пространственной поверхности на плоскости*) development □ **иметь ~у** be developable; **не иметь ~и** be nondevelopable 3. (*чертёж*) developed views 4. (*во времени*) 1. *тлв.* (*изображение*) scan(ning); (*движение луча*) sweep 2. (*в фототелеграфии*) scan(ning) □ **в ~е наблюдается разрежение и сгущение** the copy shows grouping of the recorded line; **во время обратного хода ~и** during flyback, during retrace; **во время прямого хода ~и** during trace, during scan; **осуществлять ~у масс-спектров по магнитному полю** scan the mass spectra by varying the magnetic field 5. *осцил.* time-base, sweep □ **растягивать ~у, напр. в 5 раз** expand the time-base [sweep] by, *e.g.*, × 5, extend the time-scale by, *e.g.*, a factor of 5 6. *рлк.* (*движение луча по экрану*) sweep; (*изображение, рисуемое лучом на экране*) display, indication, representation; (*след, оставляемый развёрткой*) sweep trace

развёртк/а

~ азимута azimuth sweep
~ вращающейся призмой *тлв.* rotating-prism scan(ning)
временная ~ *рлк.* time-base
~ дальности *рлк.* range sweep
ждущая ~ *осцил.* triggered time-base, triggered sweep
задержанная ~ *осцил., рлк.* delayed sweep
кадровая ~ *тлв.* frame [vertical] scan
кольцевая ~ 1. *осцил.* circular sweep 2. *рлк.* (*иногда неверно называется* круговая) (*изображение*) type I-display; (*движение луча*) circular sweep
коническая ~ tapered reamer
линейная ~ 1. *рлк.* (*изображение*) A-display; (*движение луча*) A-sweep 2. *осцил.* linear sweep
~ листа development
машинная ~ machine reamer
механическая ~ mechanical scanning
насадная ~ shell reamer
нелинейная ~ non-linear time-base, non-linear sweep
непрерывная ~ *осцил.* (*без синхронизации*) free-running sweep; (*с синхронизацией*) synchronized sweep
одноразовая ~ single-sweep time-base, single sweep
оптическая ~ optical scan(ning)
периодическая ~ *осцил.* (*без синхронизации*) free-running sweep; (*с синхронизацией*) synchronized sweep
плоскостная ~ (*в фототелеграфии*) flat-bed scan(ning)
последовательная ~ *тлв.* line-sequential scanning
прямолинейная ~ rectilinear scan(ning)
радиально-круговая ~ (*изображение*) type P-display; (*движение луча*) P-sweep

развёртк/а

радиально-круговая ~ со смещённым центром (*изображение*) off-centre type-P display
радиально-круговая ~ с растянутым центром (*изображение*) open-centre type-P display
разжимная ~ expansion reamer
растровая ~ 1. *рлк.* (*изображение*) two-dimensional [type-B] display; (*движение луча*) two-dimensional [B] sweep 2. *тлв.* raster scan(ning)
растянутая ~ *рлк.* expanded sweep
регулируемая ~ adjustable reamer
ручная ~ hand reamer
~ с винтовыми зубьями helically-fluted reamer
секторная ~ (*изображение*) sector display
~ с неравномерным масштабом deformed display
спиральная ~ *осцил., рлк.* (*движение луча*) spiral sweep
~ с прямыми зубьями straight-fluted reamer
~ с равномерным масштабом undeformed display
стартстопная ~ (*в фототелеграфии*) start-stop scan(ning)
строчная ~ 1. *рлк.* (*изображение*) two-dimensional [type-B] display; (*движение луча*) two-dimensional [B] sweep 2. *тлв.* line [horizontal] scan(ning)
~ типа «бегущий луч» *тлв.* flying-spot scan(ning)
~ типа МПМ [типа микроплан местности] (type) micro-B display
трубная ~ pipe reamer
~ угла места *рлк.* elevation sweep
цилиндрическая ~ straight reamer
черессторочная ~ *тлв.* interlaced scan(ning)
черновая ~ roughing reamer
чистовая ~ finishing reamer
экспоненциальная ~ *осцил.* exponential sweep
электронная ~ electronic scan(ning)
эллиптическая ~ elliptical time-base
развёртывание *с.* 1. (*чистовая обработка отверстий с помощью развёртки*) reaming 2. (*снятие обёртки*) unwrapping 3. (*раскатывание, напр. рулона*) uncoiling
~ оборудования станции (*особ. передвижной*) deployment, setting-up procedure
развёртывать *гл.* □ **~ изображение на передающем конце** (*в фототелеграфии*) analyse [scan] the subject copy; **~ изображение на приёмном конце** (*в фототелеграфии*) record the received copy; **~ луч** *рлк., осцил.* sweep the beam; **~ отверстие** ream a hole; **~ сложную поверхность** develop a complex surface
развес *м.* weighing □ **в ~** by weight
развесочная *ж.* weighing-room; *рез.* compounding room

разветви́тель *м.* splitter
волново́дный ~ waveguide splitter
~ мо́щности power splitter
разветвле́ние *с.* branching, ramification
разветвлённость *ж.* (degree of) branching
разветвля́ться *гл.* **1.** *мат.* branch, ramify **2.** (*о сигнале, токе*) follow distinct paths, divide [be divided] between distinct paths
разве́шивать *гл.* weigh (out)
развива́ть *гл.* develop □ **~ кана́т** untwist [unlay] a rope; **~ ско́рость...** move [travel] at a speed of ...
разви́лка *ж.* bifurcation, (*соединение*) bifurcated joint; (*труба*) Y-tube, forked tube
ка́бельная ~ (*для подсоединения кабелей*) *свз.* fanning strip
разви́нчивать *гл.* unscrew
разви́тие *с.* development; (*рост*) growth, progress, evolution □ **получа́ть большо́е ~** receive a large development effort
~ тре́щин crack propagation
разво́д *м.* **пилы́** (saw) tooth set(ting)
разводи́ть *гл.* □ **~ густотёртую кра́ску** break up the paste; **~ живо́тных** breed [grow] animals; **~ конта́кты разъёма** spread the contacts of a connector plug; **~ пилу́** set the saw teeth; **~ раство́р** dilute a solution
разво́дка *ж.* **1.** (*инструмент*) saw-setting pliers **2.** (*лица*) *кож.* setting, flattening
~ концо́в валко́в кала́ндра end displacement of the calender rolls
~ проводо́в arrangement [lay-out] of wires
~ трубопрово́дов arrangement [lay-out] of pipe-lines, piping lay-out, piping arrangement
разво́зка *ж.* delivery
разволокне́ние *с.* *кож.* separation of fibres
развора́чивать *гл.* **1.** (*снимать обёртку*) unwrap **2.** (*раскатывать рулон, бухту*) unroll, roll out **3.** (*поворачивать*) turn
развора́чиваться *гл.* (*о транспорте*) turn around □ **~ на земле́** *ав.* ground-loop; **~ по ве́тру** *ав.*, *мор.* turn downwind; **~ про́тив ве́тра** *ав.*, *мор.* turn into the wind
разворо́т *м.* **1.** turn □ **вводи́ть в ~** *ав.* enter [roll into] a turn; **выводи́ть [выходи́ть] из ~а** *ав.* roll out of a turn; **выполня́ть ~** (make a) turn; **ме́жду вторы́м и тре́тьим ~ами** *ав.* on downwind (leg); **ме́жду тре́тьим и четвёртым ~ами** *ав.* on base leg **2.** (*листа, обложки*) *полигр.* opening
второ́й ~ turn on downwind leg □ **«второ́й разворо́т вы́полнил!»** (*доклад с самолёта на КДП*) "(I'm) on down wind!"; **«доложи́ть о выполне́нии второ́го разворо́та!»** (*указание самолёту от КДП*) "report on down wind!"
разворо́т
круто́й ~ sharp [steep, tight, close] turn
~ на очередно́й прямолине́йный эта́п маршру́та *ав.* track change □ **нача́ть ~ на очередно́й прямолине́йный эта́п маршру́та** initiate a track change
пе́рвый ~ *ав.* turn on cross-wind leg
~ с набо́ром высоты́ climbing turn
~ со скольже́нием *ав.* side-slipping turn
тре́тий ~ turn on base leg
четвёртый ~ turn on [to] final
развя́зка *ж.* *рад.*, *элн.* **1.** (*уменьшение связи между цепями*) decoupling **2.** (*разделение цепей*) isolation **3.** (*ослабление волн, распространяемых в разных направлениях, или частот*) discrimination
~ вхо́да схе́мы от вы́хода input-output isolation
путева́я ~ grade-crossing elimination structure
тра́нспортная ~ grade-crossing elimination structure
частóтная ~ *рад.* **1.** (*процесс*) frequency isolation **2.** (*блок частотной развязки*) antenna duplexer
разга́р *м.* **футеро́вки** lining erosion
разгерметиза́ция *ж.* **1.** (*выход из строя уплотнений*) seal failure, loss of sealing **2.** (*результат выхода из строя герметизирующих устройств*) loss of pressure, depressurization, decompression
авари́йная ~ rapid depressurization
внеза́пная ~ *ав.* **1.** puncture (of a sealed compartment) **2.** explosive decompression (*см. тж.* **взрывна́я деко́мпре́ссия**)
~ каби́ны 1. puncture of a sealed compartment **2.** loss of cabin pressure, cabin depressurization, cabin decompression
разгиба́ть *гл.* unbend
разгла́живать *гл.* smooth □ **~ листы́ прока́та** flatten sheets
разгово́р *м.* *тлф.* **1.** (*словесный обмен сведениями между абонентами*) conversation □ **вести́ ~** hold a conversation; **вести́ ~, напр. в усло́виях шу́ма** keep up a conversation, *e.g.*, in noise **2.** (*вызов*) call □ **аннули́ровать (зака́з на) ~** cancel a call; **зака́зывать ~** put in a call; **отказа́ться от ~а** (*до установления соединения*) abandon the call; **предоставля́ть ~** set up [establish] a call; **предоставля́ть ~ при скоро́й систе́ме** complete a call "on demand"
перехо́дный ~ cross-talk
перехо́дный, вня́тный ~ intelligible cross-talk
перехо́дный, невня́тный ~ unintelligible cross-talk
разгово́р
служе́бный ~ service call
разго́н *м.* acceleration, speed-up □ **~ с ме́ста** acceleration from dead stop, acceleration from rest, starting acceleration
~ реа́ктора *яд. физ.* (reactor) runaway
разго́нка *ж.* *хим.* distillation
~ загото́вки *прок.* spread of a billet
~ набо́ра open [wide] spacing
разгоня́ть *гл.* (*набирать скорость*) bring up to speed □ *яд. физ.* **~ части́цы** accelerate particles
разгоня́ться *гл.* pick up speed
разграниче́ние *с.* delineation, demarcation
разгра́фка *ж.* **листа́ ка́рты** sheet division, interchart relationship
разграфле́ние *с.* ruling
разгреба́ть *гл.* rake
разгружа́тель *м.* unloader
разгружа́ть *гл.* (*груз*) unload; dump; (*сваливать, вываливать*) dump; (*содержимое*) discharge
разгру́зк/а *ж.* **1.** (*опорожнение*) emptying; (*вываливание, сваливание*) dumping; (*содержимого*) discharge □ **~ есть опера́ция по перева́лке гру́за на бе́рег** ***или*** **друго́е су́дно** discharge is transfer of cargo from a ship to shore *or* another vessel; **нача́ть ~у (су́дна)** break out a cargo **2.** (*уменьшение нагрузки*) (load) relief, off-loading
~ в отва́л dumping (to spoil)
~ движе́ния *трансп.* traffic relief
~ пе́чи furnace discharge, furnace unload
~ самотёком gravity discharge
разгру́зчик *м.* unloader
разгруппирова́ние *с.* (*в клистроне*) debunching
разда́вливание *с.* crushing, squashing
~ кра́ски *полигр.* feathering of ink
разда́вливать *гл.* crush, squash □ **~ про́филь** (*в профильной сварке*) squash a projection
разда́тчик *м.*:
~ во́здуха, ма́сла ***и т. п.*** air, lubricant, *etc.* servicer, air, lubricant, *etc.* dispenser
~ кормо́в feed distributor, feed dispenser
разда́ча *ж.* **1.** (*распределение*) distribution, dispensation **2.** (*увеличение периметра поперечного сечения полой заготовки*) expansion, flaring
~ трубы́ expansion [flaring] of a pipe
раздвига́ть *гл.* (*разъединять в разные стороны*) move apart; (*выдвигать одну часть из другой*) telescope
раздвое́ние *с.* bifurcation, furcation, branching, forking; splitting
~ азимута́льной отме́тки azimuth split-in, split-azimuth presentation
раздева́лка *ж.* changing room
раздева́ние *с.* **слитка** stripping

разде́л *м.* **1.** (*деление на части*) division; (*отделение друг от друга*) separation; partition **2.** (*часть целого*) section **3.** *вчт.* partition

разделе́ни/е *с.* (*деление на части*) division; (*отделение друг от друга*) separation, partition
 ~ во́здуха air separation
 ~ вре́мени *вчт.* time sharing □ **с ~ем вре́мени** (*напр. о ЭВМ*) time-shared
 ~ в тяжёлых сре́дах heavy-media separation
 ~ га́зовых сме́сей separation of gas mixtures
 гравитацио́нное ~ gravity separation
 ~ изото́пов isotope separation
 мо́крое ~ wet separation
 ~ на ме́рные ча́сти (*полос, лент*) parting
 ~ переме́нных *мат.* separation of variables
 ~ по кру́пности classifying, classification, sizing
 ~ по ма́ссе weight separation
 ~ сигна́лов, временно́е (*метод уплотнения*) *свз., тлм.* time-division multiplex(ing), time multiplex(ing)
 ~ сигна́лов по амплиту́де amplitude separation
 ~ сигна́лов по частоте́ (*метод уплотнения*) *свз., тлм.* frequency-division multiplex(ing), frequency multiplex □ **осуществля́ть переда́чу с ~ем (сигна́лов) по частоте́** transmit by frequency multiplex
 ~ синхросме́си на ка́дровые и стро́чные синхроимпульсы separation of the composite synchronizing signal into vertical and horizontal sync pulses
 ~ сухи́м путём dry separation
 ~ труда́ division of labour
 ~ фаз phase separation
 ~ фюзеля́жа на отсе́ки *ав.* compartmentation
 хроматографи́ческое ~ chromatographic fractionation
 ~ центрифуги́рованием centrifugal separation

разделённый (*напр. о цилиндре, дорожке*) *вчт.* shared

раздели́тель *м. мет.* separator
 магни́тный ~ magnetic separator
 цикло́нный ~ cyclone separator

разде́лка *ж.*:
 ~ ка́беля cable termination
 ~ кро́мок *св.* edge preparation, bevelling, grooving
 ~ ло́ма cropping
 ~ ло́ма, горя́чая hot cropping
 ~ ло́ма, холо́дная cold cropping
 око́нная ~ (*деревянная рейка для остекления окон*) glazing bead
 ~ сли́тка cropping
 ~ ту́шек *пищ.* dressing

разделя́ть *гл.* (*делить на части*) divide, part; (*отделять друг от друга*) separate; partition

раздира́ть *гл.* tear apart; (*на мелкие части, волокна и т. п.*) shred □ **~ паке́т на листы́** *прок.* open the pack, pull sheets loose from the pack, part [separate] the sheets

разди́рка *ж.*:
 ~ листо́в *прок.* parting of sheets, opening of a pack
 ~ «сва́рышей» *прок.* swording

раздробле́ние *с.* breaking, crushing

разду́бливание *с.* **1.** *кож.* stripping, detannage **2.** *полигр.* unhardening

раздува́ть *гл.* inflate, distend

разду́тость *ж.* (*напр. слитка*) bulge

разжело́бок *м.* valley

разжига́ние *с.* kindling, building [starting] up a fire

разжига́ть *гл.* kindle, build [start] up a fire

разжижа́ть *гл.* dilute; (*особ. краски, лаки*) thin

разжиже́ние *с.* dilution; (*особ. красок, лаков*) thinning
 ~ крахма́ла starch fluidification

разжима́ть *гл.* **1.** (*освобождать из зажима*) unclasp, unclamp **2.** (*разводить, напр. штырьки вилки, зев ключа и т. п.*) spread

разлага́ть *гл.* decompose, disintegrate □ **~ в ряд** *мат.* expand into a series; **~ в ряд по степеня́м *x*** develop as a series in powers of *x*, expand in a power series of *x*, express as a power series in *x*; **~ изображе́ние** (*в фототелеграфии*) analyse [scan] the subject copy; *тлв.* analyse [scan] the scene; **~ на мно́жители** to factor; **~ на составля́ющие, *напр.* ско́рость** resolve, *e.g.*, velocity into components; **~ по фо́рмуле, *напр.* Тэ́йлора** expand (a function) by its Taylor series expansion

разлага́ться *гл.* decompose

разлёт *м.* scatter(ing), spray
 ~ оско́лков деле́ния *яд. физ.* separation [divergence] of fragments

разлета́ться *гл.* (*развалиться*) fly apart, fly (to pieces); (*в различных направлениях*) scatter

разли́в *м.* **1.** (*половодье*) flood, inundation **2.** (*распространение жидкости по поверхности*) spread **3.** (*расфасовка по бутылкам*) bottling □ **... моско́вского ~а ...** bottled in Moscow

разлива́ть *гл.* **1.** pour □ **~ в бо́чки** cask; **~ по буты́лкам** (*молоко, вино и т. п.*) bottle **2.** (*проливать*) spill **3.** (*вводить металл в изложницы*) cast, pour; (*из ковша*) teem □ **~ пла́вку** (*металл одной плавки*) pour a heat

разли́вк/а *ж.* (*введение металла в изложницы*) casting, pouring; (*из ковша*) teeming □ **производи́ть ~у све́рху** top-pour; **производи́ть ~у сифо́нным спо́собом [сифо́ном]** bottom-pour
 непреры́вная ~ continuous casting
 непреры́вная, многоручьева́я ~ multiple-strand continuous casting
 ~ све́рху top [downhill] casting, top [downhill] pouring; downhill teeming
 ~ сифо́ном bottom [uphill] casting, bottom [uphill] pouring; uphill teeming
 ~ че́рез промежу́точный ковш tundish teeming

разли́вщик *м. лит.* caster, pourer

различа́ть *гл.* distinguish, discriminate, discern

различа́ться *гл.* differ

различе́ние *с.* discrimination

разли́чие *с.* distinction, difference

различи́мость *ж.* discernibility, distinguishability

разложе́ние *с.* **1.** (*распад*) decomposition, disintegration **2.** (*воздействие с целью вызвать распад*) *хим.* attack □ **~, *напр.* хло́ристого ка́лия азо́тной кислото́й** attack, *e.g.*, on potassium chloride by nitric acid
 ~ ве́ктора decomposition [resolution] of a vector
 ~ в ряд (*процесс*) *мат.* expansion into a series; (*результат*) expansion □ **~ в ряд по ...** expansion in terms of ...
 ~ в ряд Фурье́ (*процесс*) expansion into a Fourier series; (*результат*) Fourier series
 ~ в степенно́й ряд expansion into a power series, power series expansion
 ~ на мно́жители factorization, factoring
 ~ рациона́льной дро́би на просте́йшие decomposition of a fraction, decomposition (of a fraction) into partial fractions
 ~ све́та (*на спектральные составляющие*) dispersion of light
 ~ сил resolution of forces
 спектра́льное ~ spectrum analysis
 терми́ческое ~ thermal decomposition
 хими́ческое ~ chemical decomposition

разло́м *м.* fracture

размагни́чивание *с.* demagnetization
 ~ су́дна (*компенсация собственного магнитного поля судна*) degaussing

размагни́чиватель *м.* demagnetizer
 ~ су́дна degausser

размагни́чивать *гл.* demagnetize □ **~ су́дно** degauss

разма́зывание *с.* smearing, spreading

разма́зывать *гл.* smear, spread

разма́лываемость *ж.* grindability

разма́лывание *с.* grinding, milling

разма́лывать *гл.* grind, mill

разма́тывать *гл.* (*с катушки, бобины*) reel out, unreel; (*бунт, бухту*) uncoil; (*травить, сматывать*) pay out

разма́х *м.* **1.** (*масштаб, размер деятельности и т. п.*) scale, swing **2.** (*величина колебания, качания*)

swing 3. (*расстояние между крайними точками*) span
размáх
~ **крылá** wing span □ **вдоль** ~**а крылá** spanwise
~ **напряжéния** (*тока, сигнала*) peak-to-peak amplitude, peak-to-peak value
~ **подвижной щекú дробилки** throw of a crusher jaw
~ **регулятора** *мех.* throw of a governor
размáчивать *гл.* macerate, make soft by soaking
размельчáть *гл.* comminute
размельчéние *с.* comminution
размéр *м.* 1. (*величина, выражаемая в метрах или единицах, кратных ему*) dimension □ **выдéрживать** ~**ы заготóвки** *прок.* hold the billet to dimensions; **выдéрживать** ~**ы с, напр. высóкой тóчностью** hold dimensions to, *e.g.*, a high degree of accuracy; **назначáть** ~**ы** specify the dimensions; **назначáть** ~**ы** (*в пропорции от другого размера*) proportion *пример*: **высотý áрки слéдует назначáть в отношéнии [пропóрции] 1/80 от её пролёта** the rise of the arch should be proportioned to be 1/80 of the span; **наносúть** ~**ы на чертёж** dimension a drawing; **устанáвливать** ~**ы с указáнием предéлов** qualify the dimensions (of a part) with limits 2. (*безразмерная или условная величина*; *признак классификации по величине*; *номер обуви, одежды и т. п.*) size □ **быть** ~**ом с ...** be the size of ... *пример*: **блок** ~**ом со спúчечный коробóк** a unit (which is) the size of a matchbox; **кроúть, рéзать** *и т. п.* **по** ~**у** cut, *etc.* to size; **назначáть** ~ specify the size; **не по** ~**у** off-size; **обрабáтывать (тóчно) по** ~**у** machine to size
~ **в светý** clear [inner] dimension
~ **выбóрки** *стат.* sample size
габарúтный ~ overall dimension □ **габарúтные** ~**ы, напр. генерáтора составляют 180 × 180 × 17 мм** the generator is [measures] 180 × × 180 × 17 mm overall, the dimensions of the generator are 180 × × 180 × 17 mm overall
~ **единúцы** (*физической величины*) size of a unit
~ **зернá** grain size
критúческие ~**ы** critical size
линéйный ~ linear dimension
линéйный, определяющий ~ *хим.* characteristic length
модулярный ~ modular dimension
монтáжный ~ fixing dimension
номинáльный ~ nominal [basic] size
~ **пáмяти, отводúмый** (*напр. набору данных*) the amount of storage allocated to a data set
~ **пéчи** (furnace) size

размéр
~ **пиломатериáла, номинáльный** rated lumber size
~ **пиломатериáла, фактúческий** actual lumber size
~ **под ключ** width across flats
~ **поперéчного сечéния** cross-sectional dimension
~ **по полнотé** *кож.* width size
предéльный ~ limit of size, limit
предéльный, наибóльший ~ the maximum limit of a dimension
предéльный, наимéньший ~ the minimum limit of a dimension
предпочтúтельный ~ preferred size
присоединúтельный ~ mounting dimension
ремóнтный ~ repair size
свобóдный ~ free [non-mating] dimension
сопряжённый ~ mating dimension
стандáртный ~ standard size
установóчные ~**ы** mounting dimensions
~ **частúц** particle size
~ **шва** weld size
~ **ячéйки сúта** mesh dimension, screen size
размерéния *мн. с.* (*судна*) dimensions
~ **глáвные** principal dimensions
~ **глáвные, габарúтные** overall dimensions
~ **глáвные, наибóльшие** block dimensions
~ **глáвные, теоретúческие** moulded dimensions
размéрность *ж.* 1. (*физической величины*) dimensions of a quantity □ **имéть** ~, **напр. плóщади** have the dimensions, *e.g.*, of area 2. (*степень многомерности пространства*) dimensionality
размéтк/а *ж.* 1. marking-out, marking-off □ **обрабáтывать** (*деталь*) **по** ~**е** work (*a detail*) to the marking-out 2. (*знак, метка*) mark
~ **вагóнов** car marking
~ **взлётно-посáдочной полосы́** runway marking
дорóжная ~ road marking
~ **проéзжей чáсти дорóги** traffic striping
размéтчик *м.* marker
плáзовый ~ loftsman, linesman, developer
~ **цéнтров, магнúтный** magnetic centre punch
размечáть *гл.* mark out, mark off □ ~ **лист для раскрóя** lay out a plate for shearing
размéшивать *гл.* stir □ ~ **энергúчно** stir vigorously
размещáть *гл.* place; (*в определённом порядке*) arrange, dispose □ ~ **груз** (*по складским помещениям*) stow the cargo
размещéние *с.* 1. placement; (*в определённом порядке*) arrangement, disposition 2. *мат.* arrangement □

~ **из** m **по** n an arrangement of m elements taken n at a time; ~ m **различных элемéнтов из** m_0 **возмóжных** $[A^m_{m0}]$ an arrangement of m_0 elements taken m at a time 3. *вчт.* disposition 4. (*оборудования, станции и т. п.*) *эл.* siting
размещéние
~ **детáлей [заготóвок]** (*при раскрое*) location and spacing of blanks; (*в целях экономии материала*) nesting of blanks
~ **сидéний** *авто* seat lay-out
разминáть *гл.* knead
разминóвка *ж. горн.* turn-out, parting
размножáться *гл.* multiply, propagate, breed
размножéние *с.* propagation, multiplication, breeding
~ **докумéнтов** copying, copy-making, duplication
~ **нейтрóнов** neutron multiplication
~ **чертежéй** reproduction of drawings
~ **я́дерного горю́чего** (fuel) breeding
~ **я́дерного горю́чего на бы́стрых нейтрóнах** fast breeding
~ **я́дерного горю́чего на мгновéнных нейтрóнах** prompt breeding
~ **я́дерного горю́чего на мéдленных нейтрóнах** thermal breeding
размóл *м.* grinding
~ **бумáжной мáссы** pulp beating stage
грýбый ~ coarse [rough] grinding
мóкрый ~ wet grinding
сухóй ~ dry grinding
ударный ~ impact grinding
разморáживание *с.* (*холодильникá, замороженных продуктов*) defrosting
размóтка *ж.* (*с катушки, бобины*) reel-out, unreel; (*бунта, бухты*) uncoil; (*сматывание*) pay-out
размочáливать(ся) *гл.* (*разделывать на волокна*) fray
размы́в *м.* wash-out
размывáние *с.* wash-out
~ **изображéния** blurring
~ **пúка кривóй** smearing of a peak
размывáть *гл.* wash out
размыкáние *с. эл.* break(ing)
~ **контáктов** contact breaking, contact separation
~ **цéпи** interruption [opening] of a circuit
размыкáтель *м. эл.* release
винтовóй ~ *ж.-д.* screw release
~ **маршрýта** *ж.-д.* route-locking release
~ **с вы́держкой врéмени** *ж.-д.* time release
размыкáть *гл.* open; break; interrupt □ ~ **систéму** *авт.* open the (primary feedback) loop of a system; ~ **систéму по отклонéнию** *авт.* open the loop of a system at the actuating signal
размы́тие *с.*:
~ **изображéния** blurring

размы́тие
~ пи́ка криво́й smearing of a peak
~ пучка́ beam spread(ing)
размягча́ть *гл.* soften
размягче́ние *с.* softening
размягчи́тель *м.* softener
разнесе́ни/е *с.* **1.** (*метод радиопередачи и приёма*) diversity **2.** (*разделение во времени, пространстве и т. п.*) separation, spacing
временно́е ~ (*метод радиопередачи и приёма*) time diversity; (*разнесение выборок сигнала для осуществления метода*) sample separation in time, time separation of signal samples □ **при временно́м ~и испо́льзуются вы́борки сигна́ла, доста́точно разнесённые друг от дру́га по вре́мени** time diversity uses signal samples separated sufficiently in time
~ мод separation of modes, mode separation, mode spacing
поляризацио́нное ~ polarization diversity
~ по углу́ сигна́ла angle diversity
простра́нственное ~ (*метод радиопередачи и приёма*) space diversity; (*разнесение антенн для осуществления метода*) spacing of antennas, spatial separation of antennas □ **ва́жным усло́вием при испо́льзовании простра́нственного ~я явля́ется пра́вильный вы́бор ~я анте́нн** the basic requirement in space diversity is the correct choice of the spacing of the antennas in the array
~ ти́пов колеба́ний separation of modes, mode separation, mode spacing
часто́тное ~ (*метод радиопередачи и приёма*) frequency diversity; (*разнесение частот для осуществления метода*) frequency separation □ **при часто́тном ~и переда́ча одного́ сообще́ния осуществля́ется с испо́льзованием ра́зных часто́т, доста́точно разнесённых друг от дру́га** with frequency diversity, the desired message is transmitted at different frequencies separated enough from one another
~ энергети́ческих у́ровней energy level separation
ра́зница *ж.* difference □ **~ ме́жду, напр. часто́тами исто́чника и гетероди́на** difference in frequency between the source and the local oscillator
разновероя́тный *прил.* unequally probable
разнове́с *м.* (set of) weights, balance weights □ **взве́шивать ~ами** weight against weights
аналити́ческий ~ analytical weights
~ гра́ммового номина́ла gram pieces
~ дро́бных номина́лов fractionals, fractional pieces
разнови́дность *ж.* variety

разновреме́нность *ж.* time difference; (*в энергетике*) diversity
разно́га *ж.* spreader
разноро́дность *ж.* heterogeneousness, heterogeneity
разно́с *м.* **1.** (*разделение во времени, пространстве и т. п.*) separation, spacing **2.** (*неуправляемый набор скорости*) racing, runaway
~ дви́гателя racing of an engine
~ кана́лов *рад.* channel separation, channel spacing
~ часто́т *рад.* frequency separation, frequency spacing
~ часто́т, несу́щих *рад.* carrier frequency spacing
разноси́ть *гл.* **1.** (*разделять промежутками в пространстве, времени и т. п.*) separate, space apart **2.** (*набирать скорость неуправляемо*) race, run away
разносте́нность *ж.* (*напр. отливки*) variation(s) in wall thickness
ра́зность *ж.* difference □ **~ долго́т ме́ста и географи́ческого ме́ста** the difference in longitude between the observer and the geographical position of the observer; **найти́ ~ чи́сел А и Б** take the difference of A and B; **~ напряже́ния се́ти и потреби́теля** the difference in voltage between the mains and load
~ арифмети́ческой прогре́ссии common difference
~ взгля́дов *геод.* difference in length of sight
втора́я ~ *мат.* second (order) difference
~ глуби́н модуля́ции [РГМ] *ав.* difference in depth modulation, DDM
~ давле́ний pressure difference
~ для интерполи́рования вперёд *мат.* forward difference
~ для интерполи́рования наза́д *мат.* backward difference
~ долго́т *нвг.* difference of longitude, D. Long.
коне́чная ~ *мат.* finite difference
ле́вая ~ *мат.* backward difference
~ магни́тных потенциа́лов magnetic potential difference
~ меридиа́нных часте́й meridional difference of latitude
~ населённостей *пп* population difference
обра́тная ~ *мат.* reciprocal difference
~ паралла́ксов parallax difference
пе́рвая ~ *мат.* first difference
~ потенциа́лов potential difference □ **~ потенциа́лов на сопротивле́нии, в це́пи *и т. п.*** a potential difference across a resistor, circuit, *etc.*; **проходи́ть ~ потенциа́лов (*столько-то*) ...** fall through a potential difference of ...
пра́вая ~ *мат.* forward difference
психрометри́ческая ~ wet-bulb depression, psychrometric difference

ра́зность
разделённая ~ *мат.* divided difference, difference quotient
~ фаз difference in phase, phase difference
~ хо́да луча́ (*между прямым и отражённым лучом*) *физ.*, *рад.* path-length difference
~ широ́т *нвг.* difference of latitude, D. Lat.
разноти́пность *ж.* diversity [variety] of types
разнотолщи́нность *ж.* variation(s) in thickness
разобору́довать *гл.* (*снимать, демонтировать узлы*) strip (down)
разо́бранн/ый *прил.* knocked-down □ **поставля́ется в ~ом ви́де** be supplied in knock-down form
разогре́в *м.* warming up, heating up
ме́стный ~ local heat build-up
~ пе́чи furnace run-up
радиацио́нный ~ radiation heating up
разогрева́ть *гл.* warm up, heat up
разраба́тывать *гл.* **1.** work out □ **~ пробле́му** attack a problem; **~ пробле́му (определёнными) ме́тодами** attack a problem by (certain) methods **2.** (*конструкцию, процесс и т. п.*) develop **3.** (*месторождение полезных ископаемых*) exploit, mine, work
разраба́тываться *гл.* (*о детали, охватывающей другую, подвижную деталь, напр. о вкладыше подшипника*) run [work] untrue, run [work] out of true
разрабо́тка *ж.* **1.** (*проектно-конструкторская работа*) development **2.** (*месторождений полезных ископаемых*) *горн.* exploitation, mining
изыска́тельская ~ exploratory development
конструкторская ~ engineering development
~ откры́тым спо́собом opencast [openpit, strip, surface] mining
подзе́мная ~ underground [deep] mining
~ ро́ссыпи placer mining
~ технологи́ческого проце́сса process design
разрабо́тчик *м.* development engineer
разра́внивание *с.* levelling, making even, smoothing out
разра́внивать *гл.* level, make even, smooth out □ **~ ре́йкой** (*уложенный бетон*) screed
разраста́ние *с.* growth
~ тре́щин crack growth
разраста́ться *гл.* grow
разрегулиро́вка *ж.* maladjustment; (*нарушение взаимодействия между узлами, цепями и т. п.*) misalignment
разрежа́ть *гл.* rarefy
разреже́ние *с.* vacuum; rarefaction

разрежённость *ж.* rarefaction
преде́льная ~ (*вакуум-насоса*) blank-off [limiting] vacuum
разре́з *м.* 1. (*результат резки*) cut; (*продольный*) slit 2. (*на чертеже*) section(al view) □ **(вид) в ~е** (view) in section 3. (*представление данных исследования*) section 4. *горн. англ.* opencast colliery; *амер.* stripping
геологи́ческий ~ geological section
микроскопи́ческий ~ microscopic section
части́чный ~ cut-away drawing, cut-away view
разреза́ть *гл.* cut; (*вдоль*) slit □ **~ на ча́сти** part; **~ но́жницами** shear
разре́зка *ж.*, **продо́льная** *полигр.* slitting
разреша́ть *гл.* 1. (*позволять*) allow, permit; (*давать официальное разрешение*) clear □ **«разреши́те войти́ в круг?»** (*запрос с самолёта*) "request clearance to enter traffic circuit?" 2. (*различать детали или объекты, близко отстоящие в пространстве, времени и т. п.*) resolve, separate
разреше́ни/е *с.* 1. permission □ **с ~я (*такой-то*) фи́рмы** (*указание при воспроизведении текста, иллюстраций и т. п.*) courtesy (*such and such*) firm 2. (*официальный документ*) permit; (*официальное распоряжение, в том числе устное*) clearance □ **проси́ть ~я, *напр.* на рулёжку** *ав.* request, *e.g.*, taxi clearance 3. (*способность различать объекты, расположенные близко друг от друга*) resolving power, resolution
временно́е ~ time resolution
идеа́льное ~ infinite resolution
~ многозна́чности (*радионавигационной системы*) lane identification, ambiguity resolution
~ на отключе́ние це́пи clearance order
~ на произво́дство рабо́т (*документ*) permit to work
~ по эне́ргии energy resolution
углово́е ~ angular resolution
разрешённый *мат.* solved □ **~ относи́тельно ...** solved for ...
разреши́мость *ж. мат.* solvability
разреши́мый *мат.* solvable □ **~ относи́тельно ...** solvable for ...
разруша́ть *гл.* break down, crush, destroy
разруша́ться *гл.* collapse; fail; disintegrate; (*механически*) fail □ **~ в результа́те, *напр.* продо́льного изги́ба** *сопр.* fail by, *e.g.*, buckling; **~ под (*такой-то*) нагру́зкой** fail under (*such and such*) load; **~ при поте́ре про́чности** fail by loss of strength; **~ при, *напр.* сжа́тии** fail by, *e.g.*, compression
разруше́ни/е *с.* destruction, break-down; (*механическое*) failure □ **доводи́ть (испыта́ние) до ~я (образца́)** carry (a test) to failure (of a specimen)
разруше́ни/е
дли́тельное ~ delayed fracture
пласти́ческое ~ ductile failure
преждевре́менное ~ premature failure
~ при изги́бе bending failure
~ при круче́нии torsion failure
~ при растяже́нии tensile failure
~ при сжа́тии compression failure, compression fracture
~ при сре́зе shearing failure
уста́лостное ~ endurance [fatigue] failure
хру́пкое ~ brittle failure
разры́в *м.* 1. break(age); (*вместимости, герметизированного пространства*) puncture, rupture 2. (*отверстие, промежуток*) break, gap 3. *геол.* fault
~ изображе́ния *тлв.* tearing of a picture
коне́чный ~ *мат.* finite discontinuity, saltus
~ криво́й break [discontinuity, gap] in a curve □ **крива́я претерпева́ет ~ о́коло то́чки A** the curve has a break [discontinuity] near point A; **устраня́ть ~ криво́й** remove a discontinuity
~ы лица́ *кож.* grain cracks
~ пласта́ seam fracture
~ по́езда division of a train
сквозны́е ~ы *прок.* strip breakage
хру́пкий ~ brittle rupture
~ це́пи break in a circuit □ **ампер-ме́тр включён в ~ це́пи, *напр.* заземле́ния** the ammeter is connected in series with, *e.g.*, the grounding terminal; **конденса́тор образу́ет ка́жущийся ~ в це́пи постоя́нного то́ка** the capacitor is an apparent break in a d.c. circuit
разрыва́ть *гл.* break; (*электрическую цепь*) break, interrupt, open
разры́вность *ж.* discontinuity
бесконе́чная ~ infinite discontinuity
коне́чная ~ finite discontinuity
неопределённая ~ indefinite discontinuity
ступе́нчатая ~ stepwise discontinuity
разрыхли́тель *м. текст.* opener
~ гру́нта ripper
~ доза́тора agitator
~ те́ста leaven, leavening agent
разрыхля́ть *гл.* loosen
разря́д *м.* 1. (*группировка объектов*) bracket, category, division group 2. *эл.* discharge 3. *вчт.* digit, bit
атмосфе́рные ~ы atmospherics
~ едини́ц the units digit (position)
квалификацио́нный ~ skill category
~ ко́да *или* устро́йства, зна́ковый sign digit; (*двоичный*) sign bit; sign place
~ ко́да *или* устро́йства, информацио́нный information [intelligence] digit; (*двоичный*) information [intelligence] bit; information [intelligence] position
разря́д
~ ко́да *или* устро́йства, контро́льный control character; control digit; (*двоичный*) control bit; control position
~ ко́да *или* устро́йства, прове́рочный check character, check digit; (*двоичный*) check bit; check position
~ реги́стра (*каскад схемы*) stage of a register; (*по переносу значения*) digit; (*двоичный*) bit
самостоя́тельный ~ self-maintained [self-sustained] discharge
самостя́гивающийся ~ pinch effect, magnetic pinch, rheostriction
~ счётчика (*каскад схемы*) stage of a counter; (*по переносу значения*) digit; (*двоичный*) bit
~ числа́ (digit) place, position, order; symbol rank; (*в двоичной системе*) bit place, bit position □ **в за́писи числа́ ци́фры запи́саны по ~ам** in the representation of a number, the digits appear in a series of consecutive positions *or* orders; **в, *напр.* 5-й ~** into, *e.g.*, the 5th place; **из, *напр.* 5-го ~а** from [out of] the 5th place; **определя́ть ~ числа́** (*напр. при считывании*) recognize the digit position of a number
~ числа́, (бо́лее) ста́рший the higher order [the more significant] digit (position)
~ числа́, вы́сший the most significant digit (position)
~ числа́, зна́чащий significant digit (position)
~ числа́, мла́дший less significant [lower-order] digit (position)
~ числа́, ни́зший the least significant digit (position)
~ числа́, сле́дующий по старшинству́ the next higher order [the more significant] digit (position)
электри́ческий ~ (electric) discharge □ **возбужда́ть электри́ческий ~** initiate a discharge; **гаси́ть электри́ческий ~** extinguish [quench] the discharge; **подде́рживать электри́ческий ~** maintain [sustain] a discharge; **прекраща́ть электри́ческий ~** quench a discharge; **электри́ческий ~ отшнуро́вывается** the discharge is constricted [is pinched]
электри́ческий ~ в га́зе gaseous discharge
электри́ческий, га́зовый ~ gaseous discharge
электри́ческий, грозово́й ~ lightning discharge
электри́ческий, дежу́рный ~ keep-alive discharge
электри́ческий, дугово́й ~ arc discharge
электри́ческий, искрово́й ~ spark discharge

разря́д
электри́ческий, кистево́й ~ brush discharge
электри́ческий, колеба́тельный ~ oscillatory discharge
электри́ческий, коло́нный ~ columnar discharge
электри́ческий, кольцево́й ~ ring discharge
электри́ческий, коммутацио́нный ~ switching discharge
электри́ческий, коро́нный ~ corona discharge
электри́ческий, несамостоя́тельный ~ non-self-maintained discharge
электри́ческий, пове́рхностный ~ surface discharge
электри́ческий, самостоя́тельный ~ self-maintained discharge
электри́ческий, тёмный ~ dark discharge
электри́ческий, ти́хий ~ silent discharge
электри́ческий, тле́ющий ~ glow discharge
разря́дк/а *ж. полигр.* spacing □ **набира́ть в ~у** space out
~ отве́тных ко́дов *вчт.* reply rate countdown
~ посы́лок *вчт.* reply rate countdown
разря́дник *м.* **1.** (*искровой промежуток*) spark gap □ **~ пробива́ется** the spark gap breaks down **2.** (*молниезащита*) (lightning) arrester
ве́нтильный ~ valve-type (lightning) arrester
волново́дный ~ waveguide gas-filled switching tube
вставно́й ~ plug-in TR tube
га́зовый ~ gas-discharge (lightning) arrester
гребе́нчатый ~ comb lightning arrester
~ защи́ты переда́тчика *рлк.* spark-gap ATR [anti-TR] tube
~ защи́ты приёмника *рлк.* spark-gap TR [transmit-receive] tube
измери́тельный ~ measuring spark gap
коаксиа́льный ~ coaxial gas-filled switching tube
лине́йный ~ line-type lightning arrester
резона́нсный ~ gas-filled switching tube
рогово́й ~ horn arrester
стреля́ющий ~ expulsion-type (lightning) arrester
тру́бчатый ~ protector tube
узкополо́сный ~ narrow band TR
шарово́й ~ sphere gap
широкополо́сный ~ broad band TR
электро́нный ~ electronic TR
~ электростати́ческого электри́чества static eliminator
разря́дность *ж. вчт.* word length, word size
n-разря́дный *прил. мат.* n-digit

разубо́живание *с. горн.* dilution, impoverishment
разубо́живать *гл. горн.* dilute, impoverish, down-grade
разукрупне́ние *с.* subdivision
разуплотне́ние *с.* seal failure
разуплотня́ть(ся) *гл.* spring a leak, fail
разупоря́дочение *с.* disorder
~ решётки lattice disordering
разупоря́дочивать *гл.* disorder
разупрочне́ние *с.* loss of strength
разъеда́ние *с.* eating; (*воздействие извне*) attack; (*изъязвление*) pitting
во́лосо-грибко́вое ~ *кож.* hair mould sprout
~ кислото́й attack by acid
~ футеро́вки lining eating-away, lining attack, lining erosion
~ шла́ком attack by slag
разъеда́/ть *гл.* **1.** (*воздействовать извне*) attack □ **шлак ~ет футеро́вку** slag attacks the lining **2.** (*изъязвлять*) pit
разъедине́ние *с.* disconnection; release
автомати́ческое ~ *тлф.* automatic release, automatic clearing
~ при двусторо́ннем отбо́е *тлф.* last-party release
принуди́тельное ~ mandatory disconnection
~ при отбо́е со стороны́ вызыва́емого абоне́нта *тлф.* called party [called subscriber] release
~ при отбо́е со стороны́ вызыва́ющего абоне́нта *тлф.* calling party [calling subscriber] release
разъедини́тель *м. эл.* isolator, (disconnecting) switch, disconnector
заземлённый ~ earthing switch
лине́йный ~ line isolator
~ мо́щности power isolator
однопо́люсный ~ single-pole isolator
поворо́тный ~ side-break disconnecting switch
~ ру́бящего ти́па vertical-break disconnecting switch
секцио́нный ~ sectionalizer
~ с механи́ческим при́водом mechanically-operated isolator
~ с электри́ческим при́водом electrically-operated isolator
трёхпо́люсный ~ three-pole isolator
ши́нный ~ bus isolator
разъединя́ть *гл.* disconnect □ **~ ште́псельный разъём** disengage a connector
разъе́зд *м. ж.-д.* side [switching] track; passing siding, crossing point
разъём *м.* joint
~ ко́рпуса (*напр. центробежного компрессора*) casing joint □ **изгота́вливаться с ~ом ко́рпуса в горизонта́льной** *или* **вертика́льной пло́скости** have (the) casing joints in a horizontal *or* vertical plane; **компре́ссоры изгота́вливаются с ~ом ко́рпуса в горизонта́льной** *или* **вертика́льной пло́скости** compressors may have casings horizontally *or* vertically split

разъём
~ фо́рмы parting (line) of a mould
~ шта́мпа parting (plane) of a die
ште́псельный ~ *англ.* plug-and-socket; *амер.* connector (assembly) □ **разъединя́ть [отсоединя́ть] ште́псельный ~** separate a connector (assembly); **соединя́ть [подсоедини́ть, сопряга́ть] ште́псельный ~** mate a connector (assembly); **состыко́вывать ште́псельный ~** mate [engage] a plug with its receptacle [socket]; **ште́псельный ~ рассчи́тан на, напр. 8 цепе́й** the connector (assembly) carries, *e.g.*, 8 circuits; **ште́псельный ~ рассчи́тан на, напр. 120 В, 5 А** the connector (assembly) carries, *e.g.*, 120 V, 5 A
ште́псельный ~ в сбо́ре (*вставка и колодка*) connector assembly (*mated plug and receptacle*)
ште́псельный ~ для печа́тного монтажа́ printed-circuit connector (assembly)
ште́псельный, жгу́товый ~ harness connector (assembly)
ште́псельный, ка́бельный ~ cable connector (assembly)
ште́псельный, коаксиа́льный ~ coaxial connector (assembly)
ште́псельный, многоштырько́вый ~ multipin plug
ште́псельный, разрывно́й ~ umbilical connector (assembly)
раймо́вка *ж. мет.* retort residue
райо́н *м.* region; district; area
~ пла́вания navigation [sailing] area, navigation [sailing] region
рыбопромысло́вый ~ fishing grounds
райони́рование *с.* zoning
ра́кель *м. полигр.* doctor (blade)
рези́новый ~ *полигр.* squeegee
раке́т/а *ж.* (*небоевого применения*) rocket □ **выводи́ть ~у на орби́ту** inject [place] a rocket in orbit; **запуска́ть ~у** fire [launch] a rocket; **осуществля́ть слеже́ние за ~ой** track a rocket
высо́тная ~ high-altitude rocket
геофизи́ческая ~ geophysical rocket
двухступе́нчатая ~ two-stage rocket
~ для иссле́дований атмосфе́ры sounding rocket
~ для полёта в атмосфе́ре atmospheric rocket
~, запуска́емая с аэроста́та balloon-borne [balloon-launched, balloon-supported] rocket
зонди́рующая ~ sounding rocket
метеорологи́ческая ~ meteorological rocket
многоступе́нчатая ~ multi-stage rocket
~ на жи́дком то́пливе liquid-propellant rocket

ракéт/а
~ на твёрдом тóпливе solid-propellant rocket
наýчная ~ research rocket
неспасáемая ~ nonrecoverable rocket
~ одноразóвого применéния nonrecoverable rocket
одноступéнчатая ~ single-stage rocket
осветúтельная ~ flare
парашю́тная ~ parachute flare
почтóвая ~ mail(-carrying) rocket
сигнáльная ~ signal flare
ракéта-носúтель *ж.* carrier [satellite] rocket
ракéтница *ж.* flare pistol
ракетодинáмика *ж.* rocket dynamics
ракетодрóм *м.* rocket range
ракетоплáн *м.* rocket-propelled aircraft, rocket plane
рáкля *ж.* 1. *полигр.* doctor (blade) 2. *текст.* stripper 3. *рез.* spreading knife
рáковин/а *ж.* 1. (*дефект в отливке*) cavity, pit, hole 2. (*водопроводная*) sink
гáзовая ~ blow-hole
гáзовая, подкóрковая ~ subcutaneous blow-hole
коррозиóнная ~ corrosion cavity
~ы от окáлины scale pits
песóчная ~ sand hole
~ телефóна ear cap, earpiece
тóчечная ~ pin-hole
усáдочная ~ pipe, shrink hole, contraction [shrinkage] cavity □ **вывести усáдочную ~у в прибыльную часть** bring up the pipe into the sinkhead
шлáковая ~ slag blow-hole
ракóрд *м.* (*заправочный участок кинофильма или записи на магнитной ленте*) leader
~ лéнты, ведýщий leader
~ лéнты, зáдний trailer
светозащúтный бумáжный ~ backing paper
рáкурс *м.* 1. foreshortening 2. *кфт.* camera angle 3. *ав.* aspect □ **самолёт вúден под ... ~ом** the aircraft presents (*such and such*) aspect to the observer
ракýшечник *м.* shell rock
рáлли *с.* rally
рáма *ж.* frame
~ автомобúля (chassis) frame
~ вагóна carriage underframe, car frame
двернáя ~ door frame, door casing
~ двúгателя engine bed, engine frame
двухпролётная ~ double frame
двухэтáжная ~ two-story frame
~ для закреплéния дéкеля *полигр.* tympan frame
~ для сýшки кóжи leather drying frame
жёсткая ~ rigid [braced] frame
~ жёсткости bracing frame

рáма
заключúтельная ~ *полигр.* chase
~ землечерпáлки digging ladder
~ кáбельного колóдца manhole (cover) frame
колосникóвая ~ grid bearer
копировáльная ~ *полигр.* printing frame
~ корóбчатого сечéния box-type frame
лесопúльная ~ saw frame, frame saw
окóнная ~ window frame
опóрная ~ bed [supporting] frame
~ пантóграфа pantograph base
поддéрживающая ~ bearer frame
рáстровая ~ screen mount, screen holder
~ телéжки *ж.-д.* bogie [truck] frame
трýбчатая ~ tubular frame
формáтная ~ *полигр.* chase
фундáментная ~ foundation frame
шпангóутная ~ frame ring
рáмк/а *ж.* 1. frame 2. (*рамочная антенна*) loop antenna 3. (*электроизмерительного прибора*) coil □ **подвéшивать ~у на кéрнах** suspend the coil by pivots, pivot the coil; **подвéшивать ~у на подпя́тниках** suspend the coil by jewels; **подвéшивать ~у на растя́жках** suspend the coil by taut ligaments [by taut bands]; **устанáвливать ~у** (*электроизмерительного прибора*) **на кéрны** pivot the frame
визúрная ~ *геод.* finder frame
кадрúрующая ~ *кфт.* masking frame
кáдровая ~ *кфт.* gate mask
~ кáрты map margin
катýшечная ~ *текст.* creel
копировáльная ~ *кфт.* (contact) printing frame
лáмповая ~ *тлф.* lamp-jack [signal-lamp] strip, lamp-socket mounting
мáтричная ~ *полигр.* die-case, matrix case
негатúвная ~ (*увеличителя*) *кфт.* negative carrier
ремúзная ~ *текст.* heald [harness] frame
~ с гнёздами *тлф.* jack strip
~ с ключáми *тлф.* key shelf
~ с лáмпами *тлф.* lamp-jack [signal-lamp] strip, lamp-socket mounting
соединúтельная ~ *тлф.* terminal [connecting] strip
фотолúтерная ~ *полигр.* diecase, matrix case
рáмпа *ж.* manifold
кислорóдная ~ *св.* oxygen manifold, (oxygen) header
~ кóксовой батарéи inclined dock, inclined bin
ранг *м.* rank
~ мáтрицы *мат.* rank [grade] of a matrix

ранг
~ тéнзора *мат.* rank [order] of a tensor
рангóут *м.* masts and spars, sparring
рандбáлка *ж.* marginal [edge] beam
рандомизáция *ж.* randomization
рáнец *м.* knapsack, haversack
парашю́тный ~ parachute pack
~ респирáтора protective case, protective casing
рант *м.* (*по краям обуви*) welt
внýтренний ~ *вак.* inner ledge
запáечный ~ *вак.* seal shoulder
опóрный ~ *вак.* holding ledge
рáнцевый *прил.* (*напр. о радиостанции, системе жизнеобеспечения и т. п.*) backpack
рапá *ж.* natural brine
раппóрт *м. текст.* repeat
раскалённый incandescent □ **~ добелá** white hot, incandescent; **~ докраснá** red hot
раскáлываемость *ж.* cleavability, cleavage
раскáлывание *с.* cleavage, splitting
раскáлываться *гл.* cleave, split, crack
раскáт *м.* 1. *прок.* feed, (work)piece 2. *полигр.* ink distribution
раскаталогизúровать *гл. вчт.* uncatalogue
раскáтка *ж.* (*рулона*) uncoiling, unreeling; (*кабеля*) reeling out
раскáтывание *с.* *прок.* expanding; (*трубы на оправке*) plugging
~ заготóвки бандажéй becking
раскáчк/а *ж. рад., элн.* drive, driving
~ колебáний build-up of oscillation
~ усилúтеля slope □ **давáть, напр. большýю ~у усилúтеля** have, *e.g.*, a high slope
раскислéние *с. мет.* deoxidation
раскислúтель *м. мет.* deoxidizer; deoxidizing agent □ **давáть ~ в, напр. вáнну, ковш, жёлоб** make an addition of deoxidizer to, *e.g.*, the bath, ladle, tapping spout; **присáживать ~, напр. в печь** add a deoxidizer to, *e.g.*, the furnace
раскисля́ть *гл.* deoxidize
расклáдка *ж.* 1. allotment, breakdown 2. *полигр.* arrangement, copy-fitting 3. *лес.* fillet
единúчная ~ unit arrangement
~ набóрной кáссы lay of the case
расклáдчик *м. прок.* handler
расклёпывать *гл.* □ **~ гвоздь** clinch [clench] a nail; **~ конéц шпúльки** rivet over [peen down] the end of a stud
расклúнивать *гл.* wedge out □ **~ обмóтки трансформáтора** pack out transformer coils
расклинцóвка *ж.* 1. *стр.* garretting 2. (*в дорожном деле*) guttings
расклю́чка *ж.* **фóрмы** *полигр.* unlocking
раскóвка *ж.* spreading, upset forging
раскодúрование *с.* decoding
раскóл *м.* 1. cleft, crack 2. *лес.* rift 3. (*для индивидуального осмотра*

или подсчёта животных) race 4. *полигр.* loose signatures, loose sections
расколачивание *с.* **модели** *мет.* rapping of a moulding pattern
расколот *м. стр.* bunton
расконсервация *ж.* 1. (*ввод в эксплуатацию после периода бездействия*) re-activation, removal from (dead) storage 2. (*удаление антикоррозийных покрытий, упаковки и т. п.*) depreservation
расконсервировать *гл.* 1. (*вводить вновь в эксплуатацию*) re-activate; remove from (dead) storage 2. (*удалять противокоррозионную защиту*) depreserve
раскопки *мн. ж.* digging, excavation
раскорчёвка *ж.* stubbing, stumping, uprooting
раскос *м. стр.* strut, brace
ветровой ~ wind brace
обратный ~ counter brace
~, **работающий на растяжение** tension brace
~, **работающий на сжатие** compression brace
раскраска *ж.* painting
раскрашивание *с.* painting
раскрой *м.* (*размещение заготовок на материале для вырезания или вырубания деталей*) location and spacing of blanks; (*экономный*) nesting of blanks
раскружаливание *с.* striking of centres
~ **арки** striking of an arch
раскружаливать *гл.* strike (centres)
раскручива/ть *гл.* untwist, uncoil □ ~ **двигатель** drive the engine up to speed; **стартёр** ~**ет двигатель** the starter motor drives the engine up to speed
раскрыв *м.* opening
~ **антенны** antenna aperture □ **затенять** ~ **антенны** block the aperture
~ **секторального рупора** *рлк.* mouth of a sectoral horn
раскрытие *с.* opening
~ **неопределённостей** *мат.* evaluation of indeterminate forms
~ **парашюта, затяжное** delayed opening of a parachute
~ **скобок** removal of brackets, removal of grouping signs
~ **факела** flame divergence
раскряжёвка *ж.* cross-cut(ting)
раскряжёвщик *м.* cross-cutter
раскряжёвывать *гл.* buck
«раскулачить» *гл. жарг.* (*использовать одну материальную часть на запчасти для другой материальной части*) cannibalize (*a truck, a radio, etc.*)
раскупоривать *гл.* uncork, unstopper
распад *м.* decay, break-down
атомный ~ atomic decay, atomic disintegration
естественный ~ natural decay

распад
искусственный ~ induced [artificial] disintegration
~ **по экспоненциальному закону** exponential decay
радиационный ~ radiative decay
радиоактивный ~ radioactive decay, radioactive disintegration
самопроизвольный [спонтанный] ~ spontaneous decay, spontaneous disintegration
распадаться *гл.* decay, disintegrate, dissociate, decompose
распайка *ж. эл.* 1. making of soldered connections 2. (arrangement of) soldered connections
распаковывать *гл.* unpack
распалубить *гл.* (*снимать опалубку*) dismantle [strip, remove] forms
распар *м.* (*доменной печи*) bosh, lower inwall
распаривание *с.* steaming
распарка *ж.* (*натурального каучука*) decrystallizing, thawing
распахивание *с.* ploughing-up
распахивать *гл.* plough up
распашка *ж.* ploughing
распечатк/а *ж. вчт.* list(ing) output □ **получать** ~**у** *чего-л.* produce a listing of ...
~ **содержимого памяти** memory dump
распечатывать *гл.* 1. (*снимать печать, вскрывать запечатанное*) unseal 2. *вчт.* print out
распикелёвывать *гл. кож.* depickle
распил *м.* saw cut
распиливать *гл.* saw
распиловка *ж.* sawing
~ **на лесораме** frame sawing
поперечная ~ cross-cutting
продольная ~ length cutting
радиальная ~ rift sawing
тангенциальная ~ slash sawing
распирать *гл.* 1. hold apart □ ~ *напр.* **лучи антенны** hold, *e.g.*, antenna wires apart by a spreader 2. (*стойками*) *стр., мех.* strut off
расписани/е *с.* time-table □ **ходить, летать по** ~**ю** run, fly to time-table
~ **дежурств** duty schedule
~ **периодических измерений** routine test schedule
пожарное ~ *мор.* fire-station bill □ **занимать места согласно пожарному** ~**ю** take up the assigned fire stations [fire quarters]
расплав *м.* melt
загазованный ~ gassy melt
шлаковый ~ melted slag
расплавление *с.* melting-down
расплавлять *гл.* melt down
распластывать *гл.* spread
расплёскивать *гл.* spill, splash, spatter
расплетать *гл.* untwist, unplait □ ~ **канат** unlay a rope
расплыв *м.* spread
расплываться *гл.* spread, run

расплывчатость *ж.* blur (red look), diffuseness; indistinctness
расплющивать *гл.* flatten
распознавание *с.* (*узнавание*) recognition; (*опознание*) identification
~ **знаков** character recognition
~ **образов** pattern recognition
располагать *гл.* 1. (*размещать, устраивать*) arrange, dispose, place (*in a particular position*) □ ~ **в порядке,** *напр.* **возрастания степеней** arrange according to, *e.g.*, ascending powers; ~ **впритык** arrange abutting; ~ **по порядку** order, arrange in some order; ~ **члены уравнения** arrange the equation 2. (*иметь в распоряжении*) have at one's disposal
располагаться *гл.* be arranged, be disposed, be placed, be positioned □ ~ **на одной линии** be in line [lined up] with
расположение *с.* arrangement, disposition, location, lay-out, order; (*эксперимента*) geometry
взаимное ~ relative position
~ **оборудования** equipment lay-out
шахматное ~ staggered arrangement
распор *м.* 1. *стр.* outward thrust, outward pressure 2. *полигр.* defective lock-up
распорка *ж.* (*стойка*) strut; (*поперечина*) cross-bar; (*проставочный элемент*) distance bar, distance piece
кабельная ~ walling board
продольная ~ spreader
~ **цепного звена** stud
распределение *с.* 1. distribution, spreading □ ~ **по,** *напр.* **мощности, энергии** distribution in, *e.g.*, power, energy 2. *стат.* distribution
~ **амплитуд импульсов** pulse-height distribution
биномиальное ~ binomial distribution
~ **вероятностей** probability distribution
~ **во времени** distribution in time, time distribution
~ **выборок** *стат.* sample distribution
~ **вызовов** *тлф.* call distribution
~ **Гаусса** Gaussian [normal] distribution
~ **генеральной совокупности** *мат.* population distribution
~ **Гиббса** Gibbs canonical distribution
двумерное ~ *мат.* bivariate [two-dimension] distribution
дискретное ~ discrete distribution
доверительное ~ fiducial distribution
~ **зажигания** ignition timing
~ **каналов** *рад.* channel allocation
~ **корней** *мат.* location of the roots of a polynomial
линейное ~ linear distribution
~ **Максвелла** Maxwellian distribution

распределе́ние
многоме́рное ~ multidimensional distribution
~ набо́ров да́нных *вчт.* data set allocation
~ нагру́зки (*в энергетике*) load distribution
~ невя́зки *геод.* error distribution
неоднoро́дное ~ inhomogeneous [nonuniform] distribution
непреры́вное ~ continuous distribution
норма́льное ~ normal [Gaussian] distribution
норма́льное, логарифми́ческое ~ lognormal distribution
~ отка́зов failure distribution
~ оши́бок error distribution
~ па́мяти memory [storage] allocation
~ пло́тности density distribution
~ пло́тности мо́щности, спектра́льное power density spectrum
~ пло́тности эне́ргии, спектра́льное energy density spectrum
~ по эне́ргии energy distribution
~ Пуассо́на Poisson distribution
равноме́рное ~ uniform distribution
разры́вное ~ discontinuous distribution
случа́йное ~ random distribution
совме́стное ~ joint distribution
усло́вное ~ conditional distribution
~ часто́т frequency allocation
~ часто́тного спе́ктра frequency (spectrum) allocation
экспоненциа́льное ~ exponential distribution
энергети́ческое ~ distribution in energy
распредели́тель *м.* distributor
~ вы́зовов *тлф.* traffic [call] distributor, assignment switch, assignment selector
гра́бельный ~ *текст.* rake-type distributor
~ зажига́ния ignition distributor
ле́нточный ~ *текст.* belt-type distributor
~ ши́хты (*в доменной печи*) stock distributor, stock spreader
распределя́ть *гл.* distribute
распрессо́вка *ж.* pressing-out
распростране́ние *с.* **1.** propagation **2.** (*напр. выводов, теории, положения*) extention (to) □ **получа́ть ~** (*о терминологии, теории и т. п.*) gain ground, gain currency
~ акти́вности activity spread
~ радиово́лн wave propagation
~ радиово́лн, анома́льное anomalous wave propagation
~ радиово́лн, волново́дное waveguide [guided (wave)] propagation
~ радиово́лн в преде́лах прямо́й ви́димости line-of-sight wave propagation
~ радиово́лн в свобо́дном простра́нстве free-space wave propagation

распростране́ние
~ радиово́лн, да́льнее long-range wave propagation
~ радиово́лн, загоризо́нтное over-the-horizon [beyond-the-horizon, scatter] wave propagation
~ радиово́лн за счёт тропосфе́рного рассе́яния tropospheric scatter [troposcatter] wave propagation
~ радиово́лн, ионосфе́рное ionospheric wave propagation
~ радиово́лн, метео́рное meteor scatter, meteor (burst) wave propagation
~ радиово́лн, многолучево́е multipath wave propagation
~ радиово́лн, многопутево́е multipath wave propagation
~ радиово́лн, пове́рхностное ground wave propagation
~ радиово́лн путём дифракцио́нного огиба́ния вокру́г, *напр.* **препя́тствий, земно́го ша́ра** (radio) waves propagation through diffraction [bending] around, *e.g.*, obstacles, the Earth
~ радиово́лн, свобо́дное unguided propagation of (radio) waves
~ радиово́лн с однокра́тным отраже́нием от ионосфе́ры one-hop wave propagation
~ радиово́лн, станда́ртное standard wave propagation
~ радиово́лн, тропосфе́рное tropospheric wave propagation
~ радиово́лн, тропосфе́рное, да́льнее long-distance tropospheric wave propagation
~ светов́ых волн light wave propagation
распространённость *ж.* (*наличие, встречаемость*) abundance, occurrence; (*изобилие*) abundance; (*преобладание*) prevalence; (*масштаб*) extent
распростран/я́ть *гл.* (*напр. выводы, теорию, положения*) **на ...** extend to ..., carry over to ..., extend to include ... □ **уравне́ние «X» мо́жно ~ить на несоверше́нные проводники́** equation "X" may be extended to include imperfect conductors
распространя́ться *гл.* propagate; spread; (*о терминологии, теории и т. п.*) gain ground, gain currency □ **~ по прямолине́йным траекто́риям** (*о радиоволнах*) be propagated in straight lines
распры́скивать *гл.* spray, sprinkle
распрямле́ние *с.* straightening
распрямля́ть *гл.* straighten
распрямля́ться *гл.* straighten out
распуска́ть *гл.* □ **~ коне́ц кана́та** feaze a rope (end); **~ листово́й материа́л на по́лосы** split sheet into strips; **~ паруса́** heave out [set, open out] the sail
распу́шк/а *ж.* (*асбеста*) crushing □ **производи́ть ~у асбе́ста** crush asbestos, liberate [open] the fibres

распу́шк/а
~ воло́ки, входна́я die bell, die entrance
распыле́ние *с.* (*пульверизация*) atomization; (*нанесение на поверхность*) spraying; sputtering; (*порошка*) dusting
~ в электростати́ческом по́ле electrostatic spraying
~ ге́ттера *вак.* getter flash
като́дное ~ cathode sputtering
като́дное, реакти́вное ~ reactive (cathode) sputtering
~ кра́ски, безвозду́шное airless paint spraying
~ ни́ти нака́ла ла́мпы disintegration of the filament
то́нкое ~ fog [mist] spray
~ то́плива fuel atomization
распы́ливание *с. см.* **распыле́ние**
распы́ливать *гл.* (*с помощью пульверизатора*) atomize; (*наносить на поверхность*) spray; sputter; (*порошок*) dust
распыли́тель *м.* atomizer; sprayer, spray gun □ **~ превраща́ет поступа́ющую жи́дкость в ме́лкие ка́пли тума́на** the atomizer breaks up the feed into a fine mist
~ для сби́ва ока́лины па́ром steam descaling sprayer
~ карбюра́тора spray nozzle
парострру́йный ~ steam-jet atomizer; steam-jet sprayer
противоотма́рочный порошко́вый ~ *полигр.* anti-set-off spray gun
ультразвуково́й ~ ultrasonic atomizer
расса́дник *м.* nursery, seed-plot, nursery-garden, seedbed, hotbed, forcing bed
расса́сывание *с.* dispersal
~ неосновны́х носи́телей *пп.* clean-out of minor carriers
рассве́рливание *с.* drilling(-out)
рассве́рливать *гл.* drill (out)
рассе́в *м.* **1.** (*машина*) sifter **2.** (*разделение на фракции*) screening, sieving, sizing
гру́бый ~ coarse screening, preliminary [rough] sizing
кривоши́пный ~ gyratory sifter
подвесно́й ~ suspended sifter
то́нкий ~ fine screening
рассе́ивание *с.* dispersal
рассе́иватель *м.* **1.** *физ., рад.* scatterer **2.** (*света*) diffuser
дипо́льный ~ dipole scatterer
избира́тельный ~ selective diffuser
изотро́пный ~ isotropic scatterer
нейтра́льный ~ neutral [non-selective] diffuser
нето́чечный ~ extended scatterer
объёмный ~ volume [bulk] scatterer
реа́льный ~ actual scatterer
ре́леевский ~ Rayleigh scatterer
то́чечный ~ point scatterer
~ фа́ры head lamp lens, head lamp glass

рассе́ивать *гл.* 1. *физ., рад.* scatter 2. (*свет*) diffuse, disperse, scatter 3. (*мощность, энергию*) dissipate □ **~ мо́щность на ано́де** dissipate power at the plate [anode]
рассека́тель *м.* dissector
рассека́ть *гл.* cleave, dissect
рассече́ние *с.* dissection
рассе́чк/а *ж.*:
~ бёрдом reed mark, reed defect, strained reed mark
~ ствола́ ша́хты inset of a mine shaft
~ це́пи *эл., рад.* break □ **включа́ть,** *напр.* **исто́чник сигна́ла в ~у (це́пи)** insert, *e.g.*, a signal source at the break
рассе́яние *с.* 1. *физ., рад.* scattering □ **~ на** scattering by, scattering from 2. (*света*) diffusion, dispersal, scattering 3. (*мощности, энергии*) dissipation 4. (*разброс данных*) dispersion, spread □ **~ вокру́г сре́днего значе́ния** dispersion [spread] about the mean
атмосфе́рное ~ atmospheric scattering
беспоря́дочное ~ random [irregular] scattering
бриллюэ́новское ~ Brillouin scattering
брэ́гговское ~ Bragg scattering
~ в да́льней зо́не far-field scattering
~ в непрямо́м направле́нии nonforward scattering
~ в обра́тном направле́нии backward scattering
~ во вре́мени time spread, memory
~ волн в тропосфе́ре tropospheric scattering
~ в прямо́м направле́нии forward scattering
вы́нужденное ~ stimulated [induced] scattering
вы́нужденное, комбинацио́нное ~ [ВКР] stimulated Raman scattering, SRS
вы́нужденное ~ Мандельшта́ма — Бриллюэ́на [МБВР] stimulated Brillouin scattering, SBS
дифракцио́нное ~ diffraction [ordered, shadow] scattering
диффу́зное ~ diffuse scattering
ионосфе́рное ~ ionospheric scattering, ionoscatter
~ кана́ла, временно́е (*в теории сигнализаций*) channel memory
~ кана́ла, частóтное (*в теории сигнализаций*) channel dispersion
когере́нтное ~ coherent scattering
комбинацио́нное ~ Raman scattering
ко́мптоновское ~ Compton scattering
магни́тное ~ (*поток рассеяния*) (magnetic) leakage
многокра́тное ~ multiple scattering
~ мо́щности power dissipation

рассе́яние
~ мо́щности на ано́де *англ.* anode dissipation; *амер.* plate dissipation
~ мо́щности на се́тке *рад.* grid (power) dissipation
некогере́нтное ~ incoherent scattering
обра́тное ~ backward scattering
однокра́тное ~ single scattering
~ по частоте́ (*в теории сигнализаций*) frequency spread, dispersion
преиму́щественное ~ preferential scattering
резона́нсное ~ resonance scattering
рэ́леевское ~ Rayleigh (region) scattering
СВЧ ~ microwave scattering
се́рое ~ "grey" scattering
случа́йное ~ random scattering
то́мсоновское ~ Thomson scattering
тропосфе́рное ~ tropospheric scattering
упру́гое ~ shape-elastic scattering
фо́новое ~ background scattering
чи́стое ~ pure scattering
рассла́ивание *с. см.* **расслое́ние**
рассла́иваться *гл.* segregate
расслое́ние *с.* separation (*into layers*)
~ карка́са ши́ны ply separation of a tyre
~ ко́жи leather blistering
~ листа́ *прок.* exfoliation of sheet
~ луче́й (*в цветном телевидении*) colour-dot break-up
~ поро́ды rock foliation, rock lamination
~ слои́стого материа́ла delamination
рассло́й *м. мет.* sliver, spill, seam
~ от уса́дочной ра́ковины pipe seam
рассма́тривать *гл.* consider, examine; (*визуально*) observe, view, watch □ **~,** *напр.* **в микроско́п** view with [in, under], *e.g.*, a microscope; examine in, *e.g.*, a microscope; **~ в отражённом све́те** examine [view] in reflected light [reflected rays, by reflection]; **~ в проходя́щем све́те** examine [view] in transmitted light [in transmitted rays, by transmission]; **~ на просве́т** examine [view] in transmitted light [in transmitted rays]
рассмотре́ни/е *с.* consideration, examination, study □ **отложи́ть [оста́вить] до после́дующего ~я** set aside *smth.* for later study; **при ближа́йшем ~и** on closer examination
рассогласова́ни/е *с.* 1. (*различие в полном сопротивлении между отдельными частями тракта*) *рад., элн.* (impedance) mismatch 2. (*в системах автоматического регулирования*) error; (*сигнал рассогласования*) error signal □ **отраба́тывать ~** minimize the error; **устана́вливать нали́чие ~я** detect an error
рассо́л *м.* 1. brine 2. *кож.* salt water, salt liquor

рассо́л
аммиа́чный ~ ammoniacal brine
высокотемперату́рный ~ high-temperature brine
гигроскопи́чный ~ hygroscopic brine
замора́живающий ~ freezing brine
ма́точный ~ mother brine
насы́щенный ~ saturated brine
низкотемперату́рный ~ low-temperature brine
охлажда́ющий ~ cooling brine
холоди́льный ~ coolant, secondary refrigerant, refrigerating [cooling] medium
рассолопрово́д *м. горн.* brine pipe
рассредото́чение *с.* dispersal
расста́в *м. полигр.* turn-in
расстано́вка *ж.* arrangement
~ ваго́нов car spotting
~ щёток (*электрической машины*) brush stagger
расстеклова́ние *с.* devitrification
расстоя́ни/е *с.* distance □ **на ра́вном ~и** equally spaced, equidistant; **находи́ться на ~и в ... км от ...** be ... km distant from ...; **находи́ться на ~и ... км** be at a distance of ... km; **~ от А до Б** the distance A from B; **отсчи́тывать ~ по ре́йке** *геод.* intercept the interval [space] on the rod; **передвига́ть [перемеща́ть]** *что-л.* **на ~ ... м** move *smth.* a distance of ... m; **управля́ть** *чем-л.* **на ~и** control *smth.* from a distance [remotely]
безопа́сное ~ (*напр. до мели*) *мор.* safe passing distance
гиперфока́льное ~ hyperfocal distance
~ до изображе́ния image distance
~ до предме́та object distance
~ до предме́тной пло́скости object distance
дубле́тное ~ *физ.* doublet separation
и́стинное ~ actual [true] distance
ко́довое ~ signal distance
межа́томное ~ interatomic distance, atomic spacing
~ ме́жду ближа́йшими сосе́дями *крист.* nearest neighbour distance
~ ме́жду строка́ми (*в фототелеграфии*) scanning separation
~ ме́жду шпа́лами tie spacing, tie distance, sleeper pitch
~ ме́жду электро́дами electrode spacing
~ ме́жду энергети́ческими у́ровнями energy level spacing
межзрачко́вое ~ interpupillary distance
межцентрово́е ~ spacing on centres □ **размеща́ть [располага́ть] на межцентрово́м ~и,** *напр.* **1 см** space on, *e.g.*, 1-cm centres
~ наилу́чшего ви́дения normal viewing distance, least distance of distinct vision

расстоя́ни/е
~ **от нивели́ра до ре́йки** length of sight
относи́тельное ~ relative distance
~ **перево́зок** length of haul
~ **по меридиа́ну** meridian distance
~ **по отко́су** slope distance
~ **по ра́диусу** radial distance
~ **по се́тке координа́т** grid distance
~ **прямо́го ви́дения** line-of-sight distance
прямо́е простра́нственное ~ slant range
рабо́чее ~ (*микроскопа*) working distance
разря́дное ~ *эл.* arcing [striking] distance
~ **се́тка — мише́нь** (*суперортикона*) target-mesh spacing
среднеквадрати́чное ~ root-mean-square [rms] distance
тормозно́е ~ braking distance
фо́кусное ~ focal distance, focal length
фо́кусное, относи́тельное ~ f-ratio
фо́кусное, пере́днее ~ object-side focal [front focal] distance
чи́сленное ~ (*при распространении радиоволн*) numerical distance
расстра́ивать *гл.* 1. (*нарушать что-л.*) disturb, upset 2. (*нарушать настройку*) *рад.* detune □ ~ **свя́занные ко́нтуры** stagger-tune coupled circuits
расстре́л *м. горн.* bunton, divider
расстро́йка *ж.* (*состояние*) *рад., элн.* detuning; (*величина*) amount off-resonance, detuning
~ **ме́жду ко́нтурами** difference in tuning frequency, detuning
~ **свя́занных ко́нтуров, взаи́мная** staggered tuning
расстро́йство *с.* dislocation, derangement
~ **хо́да** disruption of operation
расстыкова́ть *гл.* disengage, detach, separate, unlock, move apart □ ~ **ште́псельный разъём** unmate [disengage] a connector assembly
расстыко́вка *ж.* disengagement, detachment, separation
рассу́чивать *гл.* □ ~ **кана́т** untwist [unlay] a rope
рассчи́тывать *гл.* 1. (*делать расчёт*) calculate, compute 2. (*полагаться на*) rely on
рассыпа́ть *гл.* (*разбрасывать по поверхности*) scatter; (*просыпать*) spill
рассы́пчатость *ж.* friability
раста́лкивание *с.* repulsion
раста́лкивать *гл.* push apart
раста́пливать *гл.* 1. (*разжигать*) kindle, light, start (the) fire 2. (*переводить из твёрдого в жидкое состояние*) melt
раста́чивание *с.* boring □ ~ **применя́ется с це́лью получе́ния отве́рстия за́данного диа́метра** boring enlarges the (drilled) hole to specification requirements [to specified size]
раста́чивание
алма́зное ~ diamond boring
~ **вну́тренних кана́вок** recessing
~ **на ко́нус** taper boring, boring of tapered holes
~ **на тока́рном станке́** lathe boring, boring in the lathe
чернов́ое ~ rough boring
чистово́е ~ finish boring
раста́чивать *гл.* bore □ ~ **напрохо́д** bore through
раство́р *м.* 1. (*однородная смесь с равномерным распределением одного вещества в среде другого*) solution □ **в** ~**е** in solution; **выпада́ть из** ~**а** precipitate from a solution; **истоща́ть** ~ exhaust [deplete] a solution; **образо́вывать** ~ form a solution; **осажда́ть из** ~**а** precipitate from a solution; **освежа́ть** ~ replenish a solution; **(пере)насыща́ть** ~ (super)saturate a solution; **переходи́ть в** ~ pass into solution; **(прису́тствовать) в** *каком-л.* **или конкре́тном раство́ре** in a solution *or* in the solution; **разбавля́ть** ~ dilute a solution; **сгуща́ть** ~ thicken a solution 2. (*расстояние между точками, элементами устройства и т. п.*) opening, spread
~ **ано́дно-се́точной характери́стики** plate-grid characteristic spread
~ **анте́нны** aperture of an antenna
бе́дный ~ weak solution
буро́вой ~ drilling fluid, drilling mud
бу́ферный ~ buffer solution
~ **валко́в** *прок.* roll clearance; (*слябинга*) roll spread □ **регули́ровать [устана́вливать]** ~ **валко́в** adjust the rolls for clearance, set the rolls to the (desired) clearance
ва́рочный ~ *цел.-бум.* cooking liquor
вири́рующий ~ *кфт.* toning solution
во́дный ~ aqueous solution
газообра́зный ~ gaseous solution
грамм-молекуля́рный ~ gram-molecular solution
грамм-эквивале́нтный ~ gram-equivalent solution
~ **гу́бок** *маш.* jaw opening
~ **две́ри** doorway
~ **для амальгами́рования** quickening liquid
~ **для смы́вки** *кож.* sig
доэвтекти́ческий ~ hypoeutectic solution
дубя́щий ~ tanning solution
жи́дкий ~ liquid solution
замора́живающий ~ freezing solution
заэвтекти́ческий ~ hypereutectic solution
идеа́льный ~ ideal solution
и́стинный ~ true solution
колло́идный ~ colloidal solution
~ **конта́ктов** *эл.* contact gap
раство́р
~ **ко́нуса** opening of a cone
кре́пкий ~ strong solution
ма́точный ~ mother liquor
моля́рный ~ molar solution
мы́льный ~ (*пенный*) suds
нача́льный ~ *хим.* feed (liquor), process feed, process material
незамерза́ющий ~ non-freezing solution
ненасы́щенный ~ non-saturated solution
низкозамерза́ющий ~ antifreezing solution
обраща́ющий ~ *кфт.* reversing bath
освежа́ющий ~ *кфт.* replenisher
остана́вливающий ~ *кфт.* stop bath
отбе́ливающий ~ bleaching liquor
отрабо́танный ~ spent solution
пенообразу́ющий ~ foam solution
~ **по́сле извлече́ния це́нного проду́кта** (*напр. золота*) barren liquor
~**, поступа́ющий на перерабо́тку** (*выпаривание, перегонку и т. п.*) feed, feed [process] liquor, process material
пропи́точный ~ impregnating solution
пропи́тывающий ~ (*противогнилостный*) preservative fluid
равнове́сный ~ equilibrium solution
~ **ру́пора** *рад.* flare of a horn
сла́бый ~ weak solution
солево́й ~ salt solution
спиртово́й ~ alcoholic solution
строи́тельный ~ mortar □ **ста́вить бло́ки на строи́тельном** ~**е** bed blocks on a mortar; **строи́тельный** ~ **схва́тывается ...** the mortar sets
строи́тельный, гидравли́ческий ~ hydraulic mortar
строи́тельный, гидроизоляцио́нный ~ waterproof mortar
строи́тельный, глиноцеме́нтный ~ clay-cement mortar
строи́тельный, жёсткий ~ stiff mortar
строи́тельный, жи́дкий ~ grout(ing)
строи́тельный, жи́рный ~ rich mortar
строи́тельный, зали́вочный ~ filling grout, grout filler
строи́тельный, известко́вый ~ lime mortar
строи́тельный, кла́дочный ~ masonry mortar
строи́тельный, огнеупо́рный ~ fire-clay [refractory] mortar
строи́тельный, то́щий ~ lean mortar
тампона́жный ~ *горн.* grouting mortar
твёрдый ~ solid solution
твёрдый ~ **внедре́ния** interstitial solid solution
твёрдый ~ **замеще́ния** substitution solid solution, solid solution by substitution
титру́емый ~ titrate

раство́р
титру́ющий ~ titrating solution, titrant
тони́рующий ~ *кфт.* toner
трави́льный ~ *мет.* pickling solution
тра́вящий ~ *полигр.* etching solution
упа́ренный ~ (*после завершающей стадии переработки*) *хим.* the product
упа́риваемый ~ *хим.* (process) liquor
физиологи́ческий ~ physiological solution
штукату́рный ~ (*для внутренних поверхностей*) plaster; (*для наружных поверхностей*) stucco
щелочно́й ~ alkaline solution, alkaline liquor
эвтекти́ческий ~ eutectic solution
эквивале́нтный ~ equivalent solution
эквимолекуля́рный ~ equimolecular solution
~ электроли́та electrolytic solution
этало́нный ~ standard solution
растворе́ние *с.* dissolution
ано́дное ~ anodic dissolution
электролити́ческое ~ electrodissolution
раствори́мость *ж.* solubility
взаи́мная ~ reciprocal solubility
раствори́тель *м.* solvent; (*особ. для лаков, красок*) thinner
бензи́новый ~ benzin(e)
неоргани́ческий ~ inorganic solvent
обезжи́ривающий ~ degreasing solvent
органи́ческий ~ organic solvent
экстраги́рующий ~ extractive solvent
растворово́з *м.* transit mortar [mortar-carrying] truck
растворонасо́с *м.* mortar pump
~ для бурово́го раство́ра fluid [mud] pump
растворосмеси́тель *м.* mortar mixer
растворя́ть *гл.* dissolve
растека́ние *с.* spread(ing)
растека́тель *м.* spreading agent
растека́ться *гл.* spread out □ **~ по (пове́рхности)** spread over (a surface)
расте́ние *с.* plant
кормово́е ~ fodder plant
краси́льное ~ dye plant
пищево́е ~ food plant
растениево́дство *с.* plant growing
растениепита́тель *м.* plant feeder
расти́льня *ж.* germinator, germination chamber, growing room
расти́р *м.* **кра́ски** *полигр.* ink grinding
растира́ть *гл.* rub to powder □ **~** (*толочь*) **в сту́пке** pound with a pestle; **~** (*по поверхности*), **напр.** **ма́стику** ***или*** **компа́унд до получе́ния то́нкого сло́я** rub, *e.g.*, a mastic *or* compound to a thin layer
расти́скивание *с.* **кра́ски** *полигр.* ink squeeze
расти́тельность *ж.* vegetation
расто́пка *ж.* 1. (*разведение огня*) starting (a fire) 2. (*материал для разжигания топлива*) kindling (material)
~ до́менной пе́чи lighting(-up) a furnace
растorма́живать *гл.* release the brake(s) unbrake
расто́чка *ж.* 1. (*операция*) boring (*см. тж.* **раста́чивание**) 2. (*отверстие*) bore; (*выточка*) recess
ко́нусная ~ taper(ed) bore
повто́рная ~ reboring
растр *м.* 1. *опт.* raster 2. *полигр.* screen
телевизио́нный ~ television raster
то́чечный ~ dot pattern
растре́скивание *с.* cracking
коррозио́нное ~ corrosion cracking
межкристалли́тное ~ intergranular cracking
растре́скиваться *гл.* crack
растру́б *м.* funnel, bell mouth, funneled opening □ **расходи́ться ~ом** flare (out); **с ~ом** bell-mouthed
~ па́лубного вентиля́тора *мор.* cowl □ **ориенти́ровать ~ па́лубного вентиля́тора на ве́тер** trim a cowl to the wind; **ориенти́ровать ~ па́лубного вентиля́тора под ве́тер** trim a cowl from the wind
~ ру́пора mouth of a horn
~ трубы́ hub [bell] of a pipe
растя́гивание *с.* (*удлинение*) stretching, lengthening, spreading
~ диапазо́на 1. *рад.* band spread 2. *изм.* range extension
~ до́зы *физ.* dose protraction
~ и́мпульса pulse stretching
~ пружи́ны extension of a spring
~ развёртки sweep [time-base] expansion
растя́гиватель *м.* **и́мпульса** pulse stretcher
растя́гивать *гл.* (*удлинять*) stretch, lengthen, extend, spread □ **~ банда́жное кольцо́** spread [enlarge] a band; **~ ко́жу** lay along leather; **~ развёртку осциллоско́па, напр. в 5 раз** expand [extend] the time-base [sweep] by × 5 [by a factor of 5], give a × 5 time-base [sweep] expansion
растяже́ние *с.* *сопр.* (*вид деформации стержня*) tension □ **рабо́тать на ~** work in tension
знакопереме́нное ~ alternate tension
предвари́тельное ~ pretension
~ сто́йки амортиза́тора *ав.* extension of a strut
растя́жка *ж.* 1. expansion, spreading, stretching 2. (*элемент конструкции*) tension member
~ диапазо́на bandspreading
~ измери́тельного прибо́ра taut band, taut ligament
растя́жка
кана́тная ~ guy rope, guy cable
~ паропрово́да в холо́дном состоя́нии cold spring
~ радиа́тора radiator brace, radiator stay, radiator tie rod
~ развёртки sweep [time-base] expansion
расфасо́вка *ж.* (pre)packing
расфокуси́рование *с.* *см.* **расфокусиро́вка**
расфокусиро́вка *ж.* defocusing
~ при отклоне́нии deflection defocusing
фа́зовая ~ phase defocusing
расхо́д *м.* 1. (*потребление*) consumption 2. (*количество вещества, проходящее через определённое сечение за единицу времени*) rate of flow, flow rate 3. (*диапазон отклонения штурвала, педалей и т. п.*) *ав.* travel (of the respective control) 4. (*финансовый, обычно мн.*) costs, expenses □ **покрыва́ть ~ы на, напр. амортиза́цию** bear, *e.g.*, the depreciation charges
амортизацио́нные ~ы depreciation charges
~ воды́ (*из водохранилища*) water discharge
~ воды́, забо́рный drawoff discharge
~ воды́ на вы́ходе outlet discharge
~ воды́, незарегули́рованный unregulated discharge
~ воды́, па́водочный flood discharge
~ воды́, су́точный daily discharge
~ воды́ че́рез водосли́в spillway discharge, weir flow
~ горю́чего *ав.* (*убыль из баков*) depletion of the fuel
~ ко́кса, уде́льный coke rate
ко́свенные ~ы indirect costs
ма́ссовый ~ mass flow rate
мину́тный ~ minute flow rate
накладны́е ~ы overhead charges, overhead expenses, overheads
~ на км (*напр. масла*) *авто* consumption (*e.g., of oil*) per km
~ па́ра, уде́льный steam rate
постоя́нные ~ы fixed charges
теку́щие ~ы running expenses
~ тепла́ (*из химического реактора, в противоположность приходу*) heat abstraction, heat removal
~ тепла́ на образова́ние ороше́ния флегмы *нефт.* reflux duty
~ тепла́, уде́льный heat rate
~ то́ка current consumption, current drain
~ то́плива, уде́льный *тепл.*, *мет.* fuel rate; *авто* specific fuel consumption
цехов́ые ~ы shop costs
эксплуатацио́нные ~ы maintenance charges, maintenance [operating] costs

расхо́д
~ эне́ргии на со́бственные ну́жды auxiliary [house] power requirements
~ энергоресу́рсов (*в балансе промышленного предприятия*) consumption of services, consumption of utilities (*steam, water, air, fuels, electricity, etc.*)
расходи́мость *ж.* divergence, spread
~ пучка́ angular spread of the beam, beam divergence
~ ря́да *мат.* divergence of a series
углова́я ~ angular divergence, angular spread
расходи́ться *гл.* **1.** (*разъединяться*) be separated **2.** (*отличаться*) be at variance with
расхо́дование *с.* **1.** (*потребление*) consumption (*см. тж.* **расхо́д**) **2.** (*трата*) expenditure
расхо́довать *гл.* **1.** (*потреблять*) consume **2.** (*тратить*) spend
расходоме́р *м.* flowmeter
~ Ве́нтури Venturi meter
верту́шечный ~ turbine flowmeter
весово́й ~ gravimetric flowmeter
диафра́гменный ~ orifice plate flowmeter
ма́ссовый ~ mass flowmeter
объёмный ~ volumetric flowmeter
откры́тый ~ free flowmeter
поплавко́вый ~ float type flowmeter
~ поршнево́го ти́па piston-type flowmeter
регистри́рующий ~ recording flowmeter
сильфо́нный ~ bellows flowmeter
~ с переме́нной пло́щадью проходно́го сече́ния variable area flowmeter
~ с постоя́нным живы́м сече́нием constant area flowmeter
~ с сужа́ющим устро́йством constriction flowmeter
то́пливный ~ fuel quantity indicator
ультразвуково́й ~ ultrasonic flowmeter
электро́нный ~ electronic flowmeter
расхожде́ние *с.* **1.** divergence **2.** (*разногласие*) disagreement, discrepancy
~ ве́ктора divergence of a vector
~ в результа́тах, полу́ченных ра́зными спо́собами discordance
~ пучка́ beam divergence, divergence of a beam
~ сты́ка separation of a joint
углово́е ~ angular divergence, angular spread
~ шва opening of a joint
расхола́живание *с.* cooling
расхола́живать *гл.* cool
расцве́тка *ж.* tinting, toning, colouring
~ проводо́в *эл., рад.* wire colour code
расцве́чивать *гл.* tint, tone, colour
расце́нка *ж.* estimate, estimation

расцепи́тель *м. эл.* release, trip, release [tripping] mechanism, release [tripping] device
авари́йный ~ emergency release [tripping] device
магни́тный ~ magnetic release [tripping] device
~ максима́льного то́ка overcurrent release [tripping] device
максима́льный ~ maximum-current release [tripping] device
минима́льный ~ minimum-current release [tripping] device
~ обра́тного то́ка reverse-current release [tripping] device
~ с вы́держкой вре́мени delayed release, delayed trip
теплово́й ~ thermal release [tripping] device
расце́пка *ж.* uncoupling
расцепле́ние *с.* **1.** *мех.* uncoupling **2.** *эл.* release, trip(ping)
расцепля́ть *гл.* **1.** *мех.* uncouple **2.** *эл.* release, trip
расцехо́вка *ж.* (*документ*) shop-to-shop flow sheet, shop-to-shop routing
расча́ливать *гл.* brace, guy
расча́лка *ж.* brace, guy
расчека́нивать *гл.* caulk
расчека́нка *ж.* caulking
расчёт *м.* **1.** (*в различных значениях*) account, consideration □ **принима́ть в ~** take into consideration, take into account **2.** (*вычисления*) calculation(s), computation(s) **3.** (*определение условий прочности, жёсткости и т. п., особ. аналитическими методами*) analysis **4.** (*конструирование*) design □ **во мно́гих слу́чаях ~ осно́ван на эмпири́ческих фо́рмулах** in many cases, design is based on empirical formulas
аэродинами́ческий ~ aerodynamic analysis; aerodynamic design
~ вре́мени timing
~ на про́чность strength analysis
~ по преде́льной нагру́зке ultimate load design
приближённый ~ approximate calculation
~ с запа́сом overdesign
~ систе́мы вы́поров *лит.* risering
~ с по́мощью ЭВМ computer-aided design
~ схе́мы circuit design
~ це́пи circuit design
расчехля́ть *гл.* uncover, unjacket, remove covers [jackets]
расчи́стка *ж.* clearing
~ кустáрника brush cutting, brush clearing
расчища́ть *гл.* clear (away)
расчлене́ние *с.* **электри́ческого соедини́теля** connector unmating
расшива́ть *гл.* □ **~ швы** *стр.* point (up) joints
расши́вка *ж.* (*швов*) *стр.* **1.** (*процесс*) pointing (up) **2.** (*вид шва*) pointed joint

расши́вка
во́гнутая ~ concave joint
расшире́ние *с.* expansion
алгебраи́ческое ~ algebraic extension
до́плеровское ~ Doppler broadening
~ и́мпульса pulse widening, pulse stretching
лине́йное ~ (*при нагреве твёрдых тел*) linear expansion
~ ли́ний (спе́ктра) (spectrum-)line broadening
~ объёма, относи́тельное dilation
~ объёма, уде́льное (*на единицу объёма*) dilatation
объёмное ~ (*при нагреве твёрдых тел*) volumetric expansion
оста́точное ~ permanent expansion
теплово́е ~ thermal expansion
~ шпу́ра (*путём взрыва*) hole springing
расшири́тель *м.* **1.** expander **2.** *тепл., хол.* flash box, flash tank
~ и́мпульсов pulse stretcher
~ сква́жин hole reamer
расширя́ться *гл.* expand; dilate; broaden, widen; (*о проходе или канале для воздуха, газа и т. п.*) diverge, flare out
расшифро́вка *ж.* (*данных наблюдений*) interpretation
~ ко́да decoding
~ спе́ктров identification of spectra
расшифро́вывать *гл.* (*данные наблюдений*) interpret □ **~ спе́ктры** identify spectra; **~ код** decode
расшлихто́вка *ж.* steeping, desizing
расштыбо́вщик *м. горн.* gummer
расщебёнка *ж. стр.* garretting
расще́п *м.* **1.** split **2.** (*дефект металла*) sliver
расщепи́тель *м.* splitter
~ пучка́ beam splitter
~ фаз phase splitter
расщепле́ние *с.* splitting
дубле́тное ~ *физ.* **1.** (*явление*) doubling **2.** (*величина*) doublet separation
~ криста́лла cleavage of a crystal
~ спектра́льных ли́ний spectral line splitting
~ спектра́льных ли́ний, то́нкое occurrence of a spectral line as a multiplet, separation of states having different values of spin number
~ у́ровней level splitting
расщепля́ть *гл.* split; (*кристалл*) cleave □ **~ моле́кулы на фрагме́нты** split molecules into fragments; **~ связь** cleave a bond
рафина́т *м.* refined petroleum, refined oil
рафина́ция *ж.* **ма́сел** oil refining
рафинёр *м.* refiner
~ для жи́ра fat refining tank
са́харный ~ sugar refiner
рафини́рование *с.* refining
~ в ва́кууме vacuum refining
~ в котле́ kettle refining
иоди́дное ~ iodide refining

рафини́рование
ликвацио́нное ~ liquation refining
окисли́тельное ~ oxidizing refining
~ отго́нкой distillation refining
~ (*олова*) **перелива́нием** tossing
пироме таллурги́ческое ~ fire refining
~ раскисле́нием deoxidation refining
~ свинца́, щелочно́е alkali-chloride improving, Harris process
~ сульфиди́рованием sulfidizing refining
~ хлори́рованием chlorination refining
электролити́ческое ~ electrolytic refining
рафини́ровать *гл.* refine
рацио́н *м.* ration
ра́ция *ж.* radio set, radio station
ра́чка *ж.* ratchet (drill)
ра́шкуль *м.* charcoal-pencil
ра́шпил/ь *м.* rasp (file) □ **обраба́тывать ~ем** rasp
~ по де́реву wood rasp
рвани́н/а *ж. мет.* fissure
~ы пережо́га tears of burning
сли́точные ~ы *прок.* ingot tears, primary break-down
РДНС [**ра́зностно-дальноме́рная навигацио́нная систе́ма**] phase-comparison hyperbolic system
и́мпульсная ~ time-difference hyperbolic navigation(al) system
реаге́нт *м.* reagent
дегидрати́рующий ~ dehydrating agent
дефлокули́рующий ~ deflocculating agent, deflocculant
деэмульги́рующий ~ deemulsifying agent
жироудаля́ющий ~ fat extractant
коагули́рующий ~ coagulating agent, coagulant
комплексообразу́ющий ~ complexing agent
отбе́ливающий ~ bleaching agent
пеноуничтожа́ющий ~ defoaming agent
флотацио́нный ~ flotation reagent
эмульги́рующий ~ emulsifying agent
реаги́р/овать *гл.* 1. (*вступать в реакцию*) react (with) 2. (*откликаться на*) react to, respond to □ **бу́рно ~ с ...** react violently [vigorously] with; **ме́дленно ~,** *напр.* **на управля́ющий сигна́л** be sluggish in response, *e.g.*, to a control signal; **~ на ...** (*об инструментах*) respond to ..., sense *пример*: **прибо́р чу́тко ~ует на измене́ние то́ка в цепи́** the meter readily responds to [senses] minute changes in the current around the circuit; **~ на амплиту́дное** *или* **среднеквадрати́чное значе́ние величины́** (*об измерительном приборе*) respond to the peak *or* r.m.s. value of a quantity; **~ на** *какую-л.* **величину́** sense changes in a quantity *пример*: **да́тчик ускоре́ния ~ует на ускоре́ние си́лы тя́жести** an accelerometer senses changes in the acceleration of gravity
реакта́нс *м.* reactance
реакти́в *м.* reagent, (chemical) agent
обезво́живающий ~ dehydrating agent, dehydrant
осажда́ющий ~ precipitant, precipitating agent
селекти́вный ~ selective reagent
реакти́вность *ж.* reactivity
вноси́мая ~ insertion reactance
реактопла́ст *м.* thermosetting plastic
реа́ктор *м.* reactor
биологи́ческий ~ fermenter
~ гидротрансформа́тора stator of a fluid torque converter
термоя́дерный ~ thermonuclear [fusion] reactor
хими́ческий ~ reactor, reaction vessel □ **включа́ть [вводи́ть] (хими́ческий) ~ в проце́сс** put a reactor on stream; **выводи́ть (хими́ческий) ~ из проце́сса** take a reactor off stream; **испо́льзовать (хими́ческий) ~ в за́мкнутом ко́нтуре с (други́м аппара́том)** operate a reactor in a closed circuit with ...; **масштаби́ровать (хими́ческий) ~** scale up a reactor; **разгоня́ть (хими́ческий) ~** start up a reactor
хими́ческий, диффузио́нный ~ dispersion reactor
хими́ческий ~ идеа́льного вытесне́ния plug-flow reactor
хими́ческий ~ идеа́льного смеше́ния perfect-mixing reactor
хими́ческий, плёночный ~ film reactor
хими́ческий, прото́чный ~ с меша́лкой well-stirred continuous reactor, WSCR, continuous stirred tank reactor, CSTR
хими́ческий, секциони́рованный ~ section reactor
хими́ческий ~ с комбини́рованной структу́рой пото́ка hybrid reactor
хими́ческий ~ с меша́лкой stirred reactor
хими́ческий, теплообме́нный ~ thermal exchange reactor
хими́ческий, яче́ечный ~ cascade reactor
электри́ческий, ано́дный ~ *англ.* anode reactor; *амер.* plate reactor
электри́ческий, бето́нный ~ cast-in(-concrete) reactor
электри́ческий, заземля́ющий ~ *англ.* earthing reactor; *амер.* grounding reactor
электри́ческий, защи́тный ~ protective reactor
электри́ческий, пусково́й ~ starting reactor
электри́ческий, разря́дный ~ discharge coil
электри́ческий, регулиро́вочный ~ regulating inductor

реа́ктор
электри́ческий ~ с возду́шным серде́чником air(-core) reactor
электри́ческий, сгла́живающий ~ smoothing reactor
электри́ческий ~ с желе́зным серде́чником iron-core(d) reactor
электри́ческий, токоограни́чивающий ~ current-limiting reactor
электри́ческий, ши́нный ~ bus reactor
электри́ческий, шунти́рующий ~ shunt reactor
я́дерный ~ nuclear reactor □ **обеспе́чивать (я́дерный) ~ защи́той** safeguard a reactor; **остана́вливать (я́дерный) ~** shut down a (nuclear) reactor; **остана́вливать я́дерный ~ автомати́чески в авари́йной ситуа́ции** scram a reactor; **пуска́ть (я́дерный) ~** start up a reactor; **регули́ровать (я́дерный) ~** control a reactor; **устана́вливать (я́дерный) ~ в биозащи́ту** shield a reactor; **(я́дерный) ~ вступа́ет в крити́ческий режи́м** the reactor goes critical
я́дерный, бассе́йновый ~ pool-type reactor
я́дерный ~ без отража́теля bare reactor
я́дерный, бы́стрый ~ *жарг.* fast reactor
я́дерный, во́до-водяно́й ~ water-moderated [water-cooled] reactor
я́дерный, гетероге́нный ~ heterogeneous reactor
я́дерный, гомоге́нный ~ homogeneous reactor
я́дерный ~ для получе́ния я́дерного горю́чего production [regenerative] reactor
я́дерный, испыта́тельный ~ testing reactor
я́дерный, иссле́довательский ~ research(-and-development) reactor
я́дерный, ко́рпусный ~ shell-type reactor
я́дерный ~ на бы́стрых нейтро́нах fast reactor
я́дерный ~ на ме́дленных нейтро́нах thermal [slow] reactor
я́дерный ~ на обогащённом ура́не enriched-uranium reactor
я́дерный ~ на тепловы́х нейтро́нах thermal [slow] reactor
я́дерный ~ нулево́й мо́щности zero-power reactor
я́дерный ~ о́бщего назначе́ния general-purpose reactor
я́дерный ~, охлажда́емый водо́й под давле́нием pressurized water reactor
я́дерный, промежу́точный ~ intermediate reactor
я́дерный, регенерати́вный ~ regenerative reactor
я́дерный ~ с графи́товым замедли́телем graphite-moderated reactor

реáктор
я́дерный ~ с замедли́телем moderated reactor
я́дерный ~ с кипя́щей водо́й boiling water [water-boiler] reactor
я́дерный, теплово́й ~ thermal [slow] reactor
я́дерный, шла́мовый ~ slurry reactor
я́дерный, энергети́ческий ~ power reactor
реáктор-размножи́тель *м.* breeder (reactor)
реакцио́нность *ж.* reactivity
реáкци/я *ж.* **1.** (*взаимодействие химических элементов или соединений*) reaction (with ...) □ **заде́рживать (наступле́ние) ~и** defer a reaction; **~ идёт до заверше́ния** a reaction goes to completion; **индуци́ровать ~ю** induce a reaction; **~ ме́жду А и Б** a reaction A with B; **наступа́ет энерги́чная ~** the vigorous reaction takes place, the reaction proceeds vigorously; **опро́бовать ~ю** test a reaction equation, test a reaction (in order) to confirm a hypothesis; **подверга́ть ~и** cause *smth.* to react; **подде́рживать ход ~и** sustain a reaction; **прерыва́ть [остана́вливать] ~ю** arrest a reaction; **~ (при)остана́вливается** the reaction comes to a halt; **~ протека́ет** the reaction proceeds; **~ протека́ет [прохо́дит] бу́рно** the violent reaction takes place, the reaction proceeds violently; **~ протека́ет по (*такому-то*) механи́зму** the reaction proceeds by the ... mechanism; **~ разветвля́ется** the reaction branches (off); **ускоря́ть ~ю введе́нием катализа́тора** catalyze a reaction **2.** (*на приложенную силу, нагрузку и т. п.*) reaction (to ...); (*отклик на воздействие*) response
автокаталити́ческая ~ autocatalytic reaction
аналити́ческая ~ analytical reaction
~ аннигиля́ции annihilation reaction
ано́дная ~ anodic reaction
аэродинами́ческая ~ aerodynamic [air] reaction
взрывна́я ~ explosive reaction
восстанови́тельная ~ reducing reaction
~ вытесне́ния displacement reaction
гетероге́нная ~ heterogeneous reaction
гетеролити́ческая ~ heterolytic reaction
гомоге́нная ~ homogeneous reaction
гомолити́ческая ~ homolytic reaction
~ деле́ния fission reaction
~ замеще́ния substitution reaction
~ замеще́ния, радика́льная radical substitution reaction

реáкци/я
~ замеще́ния, электрофи́льная electrophilic substitution reaction
~ захва́та capture reaction
избира́тельная ~ selective reaction
~ излуче́ния radiation [radiative] reaction
индика́торная ~ indicator test
ка́пельная ~ drop reaction, spot [filter paper] test
каталити́ческая ~ catalytic reaction
ка́чественная ~ qualitative reaction
~ колёс, бокова́я *авто* cornering force
коли́чественная ~ quantitative reaction
~ конденса́ции condensation reaction
коне́чная ~ end reaction
конкури́рующая ~ concurrent [competing, competitive] reaction
консекути́вная ~ consecutive [consequent, successive] reaction
~ на де́йствие о́ргана управле́ния *ав.* control response
~ на отклоне́ние руля́ высоты́ *ав.* response to elevator deflection
~ на отклоне́ние элеро́нов *ав.* response to aileron deflection
~ нейтрализа́ции neutralization reaction
необрати́мая ~ irreversible reaction
неуправля́емая ~ uncontrolled reaction
~ нулево́го поря́дка zero-order reaction
~ обме́на exchange reaction
обрати́мая ~ reversible reaction
обра́тная ~ reverse reaction
~ окисле́ния oxidation reaction
окисли́тельно-восстанови́тельная ~ redox reaction
~ опо́р *сопр.* reaction at (the) supports
~ осажде́ния precipitation reaction
~ отда́чи recoil reaction
паралле́льная ~ parallel [concurrent] reaction
~ пе́рвого поря́дка first-order reaction
побо́чная ~ side reaction
пове́рхностная ~ surface reaction
поро́говая ~ threshold reaction
~ присоедине́ния addition (reaction)
пряма́я ~ direct [forward, straight] reaction
~ разложе́ния decomposition reaction
самоподде́рживающаяся ~ self-sustaining reaction
~ свя́зей *сопр.* constraint reaction
селекти́вная ~ selective reaction
сопряжённая ~ coupled reaction
~ струи́ jet reaction
твердоте́льная ~ solid-state reaction
термоя́дерная ~ thermonuclear reaction
управля́емая ~ controlled reaction

реáкци/я
установи́вшаяся ~ steady [stationary] reaction
фотохими́ческая ~ photochemical [light-induced] reaction
фотоя́дерная ~ photonuclear reaction
хими́ческая ~ chemical change, chemical reaction
~ (*отклик*) це́пи *или* схе́мы response of a circuit
цепна́я ~ chain reaction
части́чная ~ partial reaction
экзотерми́ческая ~ exothermic [exoergic, heat-producing] reaction
эндотерми́ческая ~ endothermic [endoergic] reaction
я́дерная ~ nuclear reaction
~ я́дерного си́нтеза thermonuclear reaction
~ я́коря *эл.* armature reaction
реа́л *м. полигр.* rack, composing frame
реализа́ция *ж.* (*осуществление конкретной схемы*) *эл., элн., вчт.* implementation, mechanization, realization
аппарату́рная ~ *вчт.* hardware implementation, instrumentation
~ случа́йного проце́сса realization of a random process
реализова́ть *гл.* implement, mechanize, realize □ **~ схе́мно, *напр.* уравне́ние** realize, *e.g.*, an equation in circuit form; **~ фу́нкцию** *вчт., элн.* implement [instrument, mechanize] a function
реализу́емый realizable, feasible
аппарату́рно ~ *вчт.* hardware □ **аппарату́рно ~ механи́зм приорите́тов** hardware priority mechanism
програ́ммно ~ *вчт.* software □ **програ́ммно ~ счётчик** software counter
реаэра́ция *ж.* reaeration
ребо́рд/а *ж.* flange
~ колеса́ *ж.-д.* wheel flange □ **перета́чивать ~у колеса́** (*для восстановления формы*) redress the flange of a wheel
~ о́бода rim flange
ребр/о́ *с.* **1.** (*элемент конструкции*) rib **2.** (*в теплообменных устройствах*) fin, rib **3.** (*край*) edge □ **ста́вить ~о́м** stand edgewise, up-edge
~ а́рки rib of an arch
~ возвра́та *мат.* edge of regression, cuspidal edge
~ гра́фа *мат.* branch, edge
~ де́рева *мат.* link branch
~ жёсткости stiffening rib
~ крестови́ны arm of a spider
кружа́льное ~ curve piece
~ опо́ки, попере́чное chuck of a flask
охлажда́ющее ~ *хол.* cooling fin, cooling rib
охлажда́ющее, неразрезно́е ~ *хол.* continuous cooling fin
~ пиломатериа́ла arris
~ плиты́ arris of a slab

ребр/о́
~ радиа́тора fin of a radiator
~ сво́да rib of a vault
усиливающее ~ reinforcing [strengthening] rib
ревербера́тор *м.* reverberation unit
ревербера́ци/я *ж.* reverberation □ **повыша́ть ~ю в студи́йном помеще́нии** liven the studio
реверберировать reverberate
ревербероме́тр *м.* (*измеритель уровня реверберации*) reverberation-strength meter; (*измеритель длительности реверберации*) reverberation-time meter
ре́верс *м.* 1. (*механизм*) reversing gear 2. (*режим работы*) reverse, reversal □ **включа́ть ~ возду́шного винта́** reverse the propeller; **переходи́ть на ~** *ав.* go into reverse
~ руля́ *ав.* reversal of controls
~ тя́ги *ав.* thrust reversal □ **включи́ть ~ (тя́ги)** go into (the) reverse (thrust); **убра́ть ~ (тя́ги)** cancel (the) reverse (thrust); **у турбовинто́вых самолётов ~ тя́ги осуществля́ется перестано́вкой лопасте́й винта́** on turboprop aircraft thrust is reversed by giving the propeller a negative pitch setting
реверси́рование *с.* reverse, reversal
~ пода́чи feed reversal
принуди́тельное ~ positive [forced] reversal
реверси́ровать *гл.* reverse
реверси́руемость *ж.* reversibility
реве́рсор *м. эл., трансп.* reverser □ **~ меня́ет направле́ние враще́ния электродви́гателя коммута́цией цепе́й** a reverser interchanges circuits to reverse the direction of motor rotation
~ тя́ги *ав.* thrust reverser, thrust spoiler
ревизия *м.* 1. (*вид профилактики*) inspection 2. *стр.* access [inspection] eye, cleanout pipe
реву́н *м.* howler
регенера́т *м.* 1. reclaimed product 2. (*регенерированная резина*) reclaimed rubber, reclaim
регенера́тор *м.* regenerator
регенера́ция *ж.* regeneration
~ горю́чего *яд. физ.* fuel regeneration, fuel-element reprocessing
~ информа́ции в па́мяти *вчт.* regeneration [restoration] of stored information
~ криоли́та cryolite recovery
~ ма́сел oil reclaiming, oil reclamation
~ отбро́сного тепла́ waste-heat recovery
~ рези́ны reclaiming [devulcanization] of rubber, reclaiming process, reclaiming of vulcanized scrap
~ серебра́ (*из фиксажей*) *кфт.* recovery of silver
~ сигна́ла signal regeneration

регенера́ция
~ тепла́ heat regeneration, heat conservation by the regenerative method [through the use of regenerators]
~ формо́вочной сме́си *лит.* reclamation of moulding sand
~ хро́ма *кож.* chrome recovery
регенери́ровать *гл.* regenerate; recover; reclaim
реги́стр *м.* 1. *вчт.* register □ **~ рабо́тает в режи́ме едини́чного пересчёта** the register increments by one; **~ рабо́тает в режи́ме (произво́льных) перехо́дов** the register operates by executing jump instructions; **~ увели́чивает своё содержи́мое на, *напр.* едини́цу, два** the register increments by, *e.g.*, one, two; **~ уменьша́ет своё содержи́мое, *напр.* на едини́цу, два** the register decrements by, *e.g.*, one, two; **~ храни́т, *напр.* кома́нду** the register holds, *e.g.*, an instruction 2. (*заслонка системы вентиляции*) register 3. (*наборной машины, пишущей машинки, буквопечатающего аппарата*) case □ **переходи́ть с ~а на ~** shift from (one case) to (another)
~ а́дреса address register
~ а́дреса яче́йки па́мяти memory address register, M-register
~ АТС, входя́щий incoming register
~ АТС, вызыва́ющий originating register
~ АТС, исходя́щий outgoing register
~ АТС, исходя́щий пересчётный outgoing sender
бу́квенный ~ "letters" case
бу́ферный ~ buffer register
~ второ́го слага́емого addend register
и́ндексный ~ index register
~ кома́нд instruction register
многоразря́дный ~ (*по количеству разрядов числа*) multi-bit register, (*по количеству каскадов схемы*) multi-stage register
~ мно́жимого multiplicand register
~ мно́жителя multiplier register
~ модифика́ции index register
~ нака́пливающего сумма́тора accumulator register
~ на ли́ниях заде́ржки delay line register
~ на три́ггерах flip-flop register
~ обме́на transfer register, T-register
~ пе́рвого слага́емого augend register
подогрева́тельный ~ *стр.* heat register
~ прираще́ния а́дреса index register
~ произведе́ния product register
~ сдви́га shift register
сдвига́ющий ~ shift register
цифрово́й ~ "figures" case
~ числа́ number register

реги́стр
~ числа́ запомина́ющего устро́йства storage register
регистра́тор *м.* 1. (*устройство, устанавливающее наличие сигнала, изменения величины и т. п.*) detector, monitor, display 2. (*устройство, осуществляющее запись сигнала, изменений величины и т. п.*) recorder
автомати́ческий ~ automatic recorder
графи́ческий ~ graphic recorder
цифрово́й ~ 1. digital display, digital read-out 2. digital recorder
электроннолучево́й ~ 1. cathode-ray display 2. cathode-ray recorder
регистра́ция *ж.* 1. (*установление наличия сигнала, изменений величины и т. п.*) detection, monitoring, display 2. (*получение записи сигнала*) recording
кинематографи́ческая ~ cinematographic recording
магни́тная ~ magnetic recording
~ на ки́но- *или* фотоплёнку film recording
~ на ки́но- *или* фотоплёнку, пока́дровая single-shot film recording
~ на магни́тную плёнку magnetic-tape recording
фотографи́ческая ~ photographic record (ing)
регистри́ровать *гл.* (*показания*) (*визуально*) indicate, display, present; (*с записью*) record □ **~ непреры́вно** (*о самописцах*) produce [make] a running record of ...
регла́мент *м.* regulations, rule, order □ **рабо́тать в тече́ние сро́ка, предусмо́тренного ~ом** operate (normally, safely) between maintenance periods
~ техобслу́живания maintenance schedule
регламенти́р/овать *гл.* regulate, specify, quote □ **в слу́чае двух нерабо́тающих двигателей ско́рость не ~уется** no speed shall be quoted for the two-engines-inoperative case
регре́ссия *ж.* regression
лине́йная ~ linear regression
~ от мно́гих пара́метров multiple regression
~ от одного́ пара́метра regression on one variable
регули́рование *с.* 1. (*часто как синоним управления*) control 2. (*разновидность управления, целью которого является обеспечение постоянства некоторой физической величины*) regulation, regulator operation
автомати́ческое ~ automatic control
астати́ческое ~ floating [zero-static-error] control
~ вручну́ю hand control
~ движе́ния traffic control
двухпозицио́нное ~ bang-bang control (action)
дистанцио́нное ~ remote control
дро́ссельное ~ 1. (*двигателя*) throttle governing 2. (*вентилятора*)

damper control
регули́рование
изодро́мное ~ proportional-plus-integral control (action)
и́мпульсное ~ sampled-data control
~ нагру́зки load control
~ напо́ра воды́ headwater control
~ перегре́ва байпаси́рованием га́зов by-pass damper control
~ перегре́ва, впрыскова́е spray-type superheat control
~ перегре́ва, га́зовое by-pass damper control
~ перегре́ва поворо́тными горе́лками tilting burner control
~ по возмуще́нию disturbance-compensating control
~ по второ́й произво́дной second derivative control
позицио́нное ~ position control
~ по интегра́лу integral control
~ по нагру́зке load control
~ по не́скольким пара́метрам multivariable control
~ по отклоне́нию error-closing control
~ по произво́дной derivative control
програ́ммное ~ program control
пропорциона́льное ~ proportional control
прямо́е ~ self-acting control
~ расхо́да flow(-rate) control
свя́занное ~ interacting control
следя́щее ~ servo control
~ с обра́тной свя́зью feedback control
~ сто́ка run-off control
термостати́ческое ~ thermostatic control
ши́берное ~ damper control
регули́ровать *гл.* **1.** (*осуществлять регулирование как разновидность управления*) control, apply control (action) **2.** (*осуществлять регулировку*) adjust □ **~** *какую-л.* **величину́ пла́вно** adjust a quantity continuously; **~** *какую-л.* **величину́ ступе́нями** adjust a quantity in steps [stepwise]; **~ на ходу́** adjust while running; **~ по,** *напр.* **высоте́** adjust for, *e.g.*, height; **~ по ма́ксимуму** *рад., элн.* peak *пример*: **~ колеба́тельный ко́нтур по ма́ксимуму выходно́го сигна́ла** peak the resonant circuit output; **~ зажига́ние** to time ignition; **~ зазо́р конта́ктов преры-ва́теля** *авто* adjust the lash
регулиро́вк/а *ж.* **1.** (*процесс*) adjustment **2.** (*устройство или ручка органа регулировки*) control □ **все (о́рганы) ~и располо́жены на пере́дней пане́ли** all controls are arranged on the front panel
~ винто́м screw adjustment
вне́шняя ~ 1. front-panel control **2.** front-panel adjustment
вну́тренняя ~ internal adjustment
~ впры́ска injection timing
~ гро́мкости volume control

регулиро́вк/а
~ гро́мкости, автомати́ческая automatic volume control, AVC
~ гро́мкости, компенси́рованная loudness control
гру́бая ~ coarse adjustment
заводска́я ~ factory(-made) [shop] adjustment □ **наруша́ть заводску́ю ~у** lose the shop adjustment
~ зажига́ния ignition adjustment, ignition timing
~ зазо́ра clearance [gap] adjustment
~ затуха́ния attenuation control
~ избира́тельности selectivity control
~ ка́дровой синхрониза́ции *тлв.* vertical hold control
~ контра́стности *тлв.* contrast control
~ лине́йности *тлв.* linearity control
~ нака́ла *рад., элн.* filament control
~ от руки́ manual [hand] adjustment
~ «под шлиц» *жарг.* screwdriver adjustment
сте́ндовая ~ bench alignment
~ те́мбра *рад., тлв.* tone control
то́чная ~ fine adjustment
~ усиле́ния gain control (circuit)
~ усиле́ния, автомати́ческая [АРУ] automatic gain control (circuit), AGC □ **АРУ рабо́тает по сигна́лу** AGC is controlled by the signal
~ усиле́ния, автомати́ческая заде́ржанная delayed AGC
~ усиле́ния, автомати́ческая мгнове́нная instantaneous [fast-acting] automatic gain control, IAGC, FAGC
~ усиле́ния, автомати́ческая про-ста́я simple [normal] AGC
~ усиле́ния, автомати́ческая уси́ленная amplified AGC
~ усиле́ния, дифференциа́льная *рлк.* sensitivity time control, STC; time-gain (control)
~ усиле́ния, криволине́йная (*в высокочастотной телефонии*) bulge (gain) control [AGC] (circuit)
~ усиле́ния, накло́нная (*в высокочастотной телефонии*) slope(-gain) control (circuit)
~ усиле́ния, пло́ская (*в высокочастотной телефонии*) flat-gain control (circuit)
~ усиле́ния, ручна́я manual gain control
~ устано́вки колёс wheel alignment, wheel set-up
~ фа́зы *тлг.* orientation
~ фо́куса *тлф., осцил.* focus control
~ чувстви́тельности sensitivity control
~ чувстви́тельности по вре́мени *рлк.* sensitivity time control, STC
эксплуатацио́нная ~ maintenance adjustment
~ я́ркости *тлв., осцил.* brightness control
регуляриза́ция *ж.* regularization

регуля́рность *ж.* regularity
~ структу́ры regular structure
регуля́тор *м.* **1.** regulator **2.** (*скорости*) governor
автомати́ческий ~ (*в системах автоматического регулирования и управления*) (automatic) controller □ **настра́ивать (автомати́ческий) ~** set the controller (action), adjust the controller setting
автомати́ческий, астати́ческий ~ floating [zero-static-error] controller; integral action controller
автомати́ческий ~ давле́ния pressure controller
автомати́ческий ~ давле́ния «до себя́» upstream pressure controller
автомати́ческий ~ давле́ния «по́сле себя́» downstream pressure controller
автомати́ческий, двухпозицио́нный ~ bang-bang [two-position, on-off] controller
автомати́ческий ~ дискре́тного де́йствия sampled-data [sampling, periodic] controller
автомати́ческий, изодро́мный ~ proportional-plus-integral [PI-] controller
автомати́ческий, изодро́мный ~ с предваре́нием proportional-integral-derivative [PID] controller
автомати́ческий ~ и́мпульсного де́йствия sampled-data [sampling, periodic] controller
автомати́ческий ~ ко́свенного де́йствия indirect [relayed, pilot-actuated] controller
автомати́ческий ~ нагру́зки load controller
автомати́ческий ~ непосре́дственного де́йствия direct-acting [self-actuated] controller
автомати́ческий ~ непреры́вного де́йствия continuous(-action) controller
автомати́ческий ~ непрямо́го де́йствия indirect [relayed, pilot-actuated] controller
автомати́ческий, пневмати́ческий ~ air-operated [pneumatic] controller
автомати́ческий, пропорциона́льный ~ proportional controller
автомати́ческий ~ прямо́го де́йствия direct-acting [self-actuated] controller
автомати́ческий, реле́йный ~ bang-bang [two-position, on-off] controller
автомати́ческий ~ с ги́бкой обра́тной свя́зью variable feedback controller
автомати́ческий, стати́ческий ~ type-0 [nonzero-static-error] controller
автомати́ческий ~ экспози́ции *кфт.* automatic exposure control
автомати́ческий, электропневмати́ческий ~ electropneumatic controller

регуля́тор
барометри́ческий ~ *ав.* altitude [barometric (pressure)] control
~ безопа́сности overspeed governor
~ генера́тора *авто* dynamo governor; *амер.* generator regulator
~ горе́ния combustion controller
~ гро́мкости volume control
~ гро́мкости, компенси́рованный loudness control
~ давле́ния pressure regulator
~ компре́ссора, антипомпа́жный compressor-surge control
ма́ятниковый ~ pendulum governor
мембра́нный ~ diaphragm governor
~ напряже́ния voltage regulator
~ напряже́ния, индукцио́нный induction voltage regulator
~ напряже́ния, у́гольный carbon-pile voltage regulator
~ па́ра steam regulator
~ перегре́ва superheater regulator
~ пита́ния котла́ feed-water regulator
~ расхо́да flow governor
реле́йный ~ *авто* generator regulator
~ те́мбра *рад., тлв.* tone control
~ усиле́ния gain control
~ ци́кла сва́рки (resistance) welding timer
~ частоты́ строк *тлв.* horizontal hold control
~ чувстви́тельности sensitivity control
шарово́й ~ ball governor
~ я́ркости *тлв., осцил.* brightness control
редакти́рование *с.* editing
техни́ческое ~ copy editing
редакти́ровать *гл.* edit
реда́ктор *м.* 1. editor 2. *вчт.* editor (-program)
~ свя́зей *вчт.* linkage editor
реда́н *м. мор.* (planing) step □ **выходи́ть на ~** rise on the step, climb to the plane, get up on the plane; **идти́ на ~е** ride on the step, hold the plane
редистилля́ция *ж.* redistillation, rerun
редо́кс *м. хим.* redox, reduction-oxidation
редоксипотенциа́л *м.* redox potential
реду́ктор *м.* 1. (*зубчатая передача*) reduction gear; (*при оформлении в отдельный блок*) (reduction) gear box 2. (*прибор для редуцирования газа или жидкости*) pressure regulator
ацетиле́новый ~ *св.* acetylene pressure regulator
га́зовый ~ *св.* gas pressure regulator
двухка́мерный ~ multistep pressure regulator
кислоро́дный ~ *св.* oxygen pressure regulator
однока́мерный ~ one-step pressure regulator

реду́ктор
постово́й ~ *св.* welding-station pressure regulator
ра́мповый ~ *св.* central [manifold] pressure regulator
~ респира́тора reducer, reducing valve
~ фототелегра́фа gear reducer
реду́кция *ж.* reduction
~ по мо́дулю *p* *мат.* reduction mod *p*
редуци́рование *с.* 1. (*понижение давления газа или жидкости*) pressure reduction 2. (*вытяжка пруткового металла*) reduction in cross-sectional area
редуци́ровать *гл.* 1. (*понижать давление газа или жидкости*) reduce the pressure 2. (*производить вытяжку пруткового металла*) reduce the cross-sectional area
рее́стр *м.* list, catalogue
ре́ечник *м. геод.* rodman, staffman
режéктор *м.* rejector
режи́м *м.* 1. regime, condition; *вчт.* operation, mode □ **включа́ть ~** (*работы*) turn on a condition; **выключа́ть [снима́ть] ~** (*работы*) remove a condition; **переводи́ть в ~, *напр.* переда́чи** *рад.* place in, *e.g.*, the TRANSMIT condition; **переходи́ть в ~ ре́верса** go into reverse (operation); **переходи́ть с, *напр.* одного́ ~а управле́ния на друго́й** change between, *e.g.*, control modes; **рабо́тать в ~е, бли́зком к преде́льному [крити́ческому]** be in marginal operation 2. (*совокупность параметров*) conditions
авари́йный ~ emergency operation
автоколеба́тельный ~ *рад., элн.* free-running (operation)
автоно́мный ~ off-line operation, off-line mode, off-line condition □ **рабо́тать в автоно́мном ~е** (*об ЭВМ*) operate off-line
~ авторота́ции *ав.* autorotation [windmilling] regime
акти́вный ~ (*транзистора*) active region
ба́зисный ~ (*в энергетике*) base load operation
~ больши́х сигна́лов *рад., элн.* large-signal operation
бу́ферный ~ (*аккумуляторной батареи*) floating service
~ бы́стрых электро́нов *тлв.* high-velocity scanning, high-velocity-beam operation
~ ва́рки *цел.-бум.* cooking condition
взлётный ~ take-off regime
~ висе́ния *ав.* hovering, hover mode
вихрево́й ~ eddy flow
во́дный ~ water regime, hydrolycity
гаранти́йный ~ warranted performance, warranted condition
~ гига́нтских колеба́ний giant oscillations

режи́м
~ горе́ния, детонацио́нный knocking combustion
~ горе́ния, кинети́ческий kinetic combustion
~ движе́ния жи́дкости, напо́рный forced flow
~ движе́ния жи́дкости, поршнево́й plug flow
~ движе́ния жи́дкости, пузы́рчатый bubble flow
~ движе́ния жи́дкости, расслоённый stratified flow
~ заполне́ния (*водохранилища ГЭС*) rate of inflow
~ заря́да (*аккумуляторной батареи*) charging rate
~ заря́да, коне́чный finishing rate
~ заря́д — разря́д (*аккумуляторной батареи*) cycle service □ **испо́льзовать батаре́ю в ~е заря́д — разря́д** operate a battery on cycle service
и́мпульсный ~ pulsed operation
~ кипе́ния boiling condition, boiling regime
~ кипе́ния, плёночный film boiling
~ кипе́ния, пузы́рчатый nucleate boiling
кре́йсерский ~ cruising regime, cruising mode, cruising conditions
крити́ческий ~ criticality, critical conditions
~ ма́лого га́за, земно́го *ав.* ground idling conditions
~ ма́лых сигна́лов small-signal condition
~ ме́дленных электро́нов *тлв.* low-velocity scanning, low-velocity-beam operation
многомо́довый ~ multimoding, multimode operation
~ модуля́ции добро́тности Q-spoiled [Q-switched] mode
~ молча́ния (*работы усилителя*) no-signal condition, no-signal state
моноимпу́льсный ~ giant oscillations
~ нагру́зки under-load operation
надкрити́ческий ~ (*ядерного реактора*) supercriticality
напряжённый ~ heavy duty
~ незатуха́ющих колеба́ний CW mode
ненорма́льный ~ abnormal [defective, faulty] condition
нерасчётный ~ off-design condition
нестациона́рный ~ unsteady condition
номина́льный ~ design condition
~ обедне́ния (*транзистора*) depletion mode
~ обжа́тий *мет.* draughting schedule
~ обогаще́ния (*транзистора*) enhancement mode
~ ожида́ния *ав.* holding pattern □ **выполня́ть полёт в ~е ожида́ния** fly the holding pattern
оконе́чный ~ (*в радиорелейной связи*) terminal operation

режи́м
операти́вный ~ *вчт.* on-line operation
~ остано́вки shutdown condition
~ отка́чки exhaust schedule
~ переда́чи *рад.* transmit condition
~ переключе́ния добро́тности Q-spoiled mode
перехо́дный ~ transient condition
периоди́ческий ~ periodic duty
пи́ковый ~ peaking operation
~ пласта́, водонапо́рный *нефт.* water drive □ **пласт рабо́тает в водонапо́рном ~е** the oil pool produces [operates] under water drive
~ пласта́ га́зовой ша́пки *нефт.* gas-cap drive □ **пласт рабо́тает в ~е га́зовой ша́пки** the oil pool produces [operates] under gas-cap drive
~ пласта́, гравитацио́нный *нефт.* gravity drainage □ **пласт рабо́тает в гравитацио́нном ~е** the oil pool produces [operates] under gravity drainage
~ пласта́ расшире́ния га́за *нефт.* gas-expansion drive □ **пласт рабо́тает в ~е расшире́ния га́за** the oil pool produces [operates] under gas-expansion drive
~ поко́я quiescent conditions
~ полёта (*напр. по маршруту*) regime of flight, flight condition (*e.g., cruise, climb, or descent*)
~ по́лной нагру́зки full-load conditions
пони́женный ~ *рад.* reduced power conditions □ **ла́мпа рабо́тает на пони́женном ~е** the tube is under-run; **переда́тчик рабо́тает на пони́женном ~е** the transmitter operates at reduced power
~ пото́ка flow condition, flow regime, flow pattern
~ приёма *рад.* receive condition
~ прогре́ва warm-up
~ проду́вки blow-down
~ прока́тки rolling schedule
промысло́вый ~ fishing procedure
пусково́й ~ starting regime, start-up procedures
~ рабо́ты mode [type] of operation
~ рабо́ты, беспи́чковый nonspiking mode
~ рабо́ты дви́гателей *ав.* power conditions
~ рабо́ты на ра́зностной частоте́ (*параметрического усилителя*) difference mode
~ рабо́ты на сумма́рной частоте́ (*параметрического усилителя*) sum mode
~ рабо́ты, номина́льный rated duty
~ рабо́ты, переме́нный varying duty
~ рабо́ты, периоди́ческий periodic duty
~ рабо́ты, пи́чковый spiking mode
~ рабо́ты, повто́рно-кратковре́менный intermittent cycle, intermittent duty

режи́м
~ рабо́ты, полуду́плексный semi-duplex operation
RBS ~ рабо́ты самолётного отве́тчика ATC radar-beacon system operation
~ рабо́ты с мно́гими мо́дами multimoding, multimode operation
~ рабо́ты с мно́гими ти́пами колеба́ний multimoding, multimode operation
~ рабо́ты, холосто́й no-load operation
рабо́чий ~ (*вид работы, функция*) operating condition; (*совокупность параметров*) operating variables, operating conditions □ **режи́м приёма явля́ется норма́льным рабо́чим ~ом радиоприёмника** the receive condition is the normal operating conditions of the radio set
~ разделе́ния вре́мени *вчт.* time-sharing
расчётный ~ design condition
~ы ре́зания cutting conditions, cutting speeds, feeds and depths
скользя́щий ~ *авт.* zero-overshoot response
~ сма́зки relubrication intervals
~ срабо́тки (*водохранилища ГЭС*) rate of usage
~ сто́ка regime of run-off
температу́рный ~ temperature [heat] condition
температу́рный ~ транзи́стора temperature (rise) of a transistor
теплофикацио́нный ~ heat-extraction mode
~ тече́ния flow (condition)
типово́й ~ standard conditions
транзи́тный ~ *свз.* through-line operation
тяжёлый ~ heavy duty
установи́вшийся ~ steady state, steady-state conditions
~ холосто́го хо́да no-load conditions
чистоконденсацио́нный ~ nonextraction operation
эксплуатацио́нный ~ operating [working] conditions

рез *м.* cut; (*особ. пилой, резаком*) kerf
неро́вный ~ ragged cut
~ с гребешка́ми ragged cut

реза́к *м.* 1. (*широкий нож*) cutting-out knife 2. *св.* cutting torch 3. *с.-х.* chopper; cutter; (*плуга*) coulter
га́зовый ~ cutting torch, gas cutter
~ для вы́рубки подо́шв *кож.* blocker
~ для фотобума́ги print trimmer
зачистно́й ~ deseaming [scarfing] torch
многопла́менный ~ multi-nozzle cutter
ручно́й ~ hand torch
подво́дный ~ underwater gas cutter

ре́зание *с.* cutting
~ давле́нием pressure cutting
~ мета́ллов metal cutting
~ но́жницами *мет.* shearing
продо́льное ~ slitting
уда́рное ~ impact cutting

ре́зать *гл.* cut; (*продольно*) slit □ **~ ле́нту на *такую-то* ширину́** split [slit] a tape to a width of ...; **~ по ка́мню** carve in stone; **~ по шабло́ну** cut to templates

ре́зен-ли́ния *ж. мор.* rising line

резе́рв *м.* reserve □ **включа́ть [переходи́ть на] ~** change over [throw over] to the reserve [stand-by] facility
авари́йный ~ (*в энергетике*) emergency reserve
враща́ющийся ~ (*в энергетике*) spinning reserve
горя́чий ~ 1. (*в энергетике*) spinning reserve 2. *свз.* hot stand-by □ **рабо́тать в режи́ме горя́чего ~а** operate in the hot stand-by mode
нагру́женный ~ 1. *рлк.* loaded reserve 2. (*горячий*) *т. над.* hot stand-by (equipment)
ненагру́женный ~ 1. *рлк.* unloaded reserve 2. (*холодный*) *т. над.* cold stand-by (equipment)
облегчённый ~ *рлк.* reduced [warm] reserve
~ при резерви́ровании замеще́нием *т. над.* stand-by (equipment)
тёплый ~ reduced [warm] reserve
холо́дный ~ cold reserve

резерви́рование *с.* 1. (*совокупность мероприятий по повышению надёжности*) redundancy □ **обеспе́чено по́лное ~ (обору́дования)** there is full redundancy of all equipment 2. (*переход на резерв*) change-over (to stand-by facility)
группово́е ~ subassemblies redundancy
~ дубли́рованием duplication
~ замеще́нием active [replacement, stand-by] redundancy
~ замеще́нием с автомати́ческим переключе́нием automatic switchable stand-by redundancy
~ замеще́нием с кома́ндным переключе́нием command switchable stand-by redundancy
многокра́тное ~ fail-soft redundancy
о́бщее ~ system redundancy
однокра́тное ~ fail-safe redundancy
по́лное ~ complete redundancy
постанцио́нное ~ (*переход на резервное оборудование*) *свз.* individual repeater change-over
поэлеме́нтное ~ element [component] redundancy
разде́льное ~ parts [inherent] redundancy
~ с постоя́нным включе́нием *т. над.* active redundancy

резерви́р/овать *гл.* (*обеспечивать совокупность мероприятий по повыше-*

нию надёжности) provide duplicate [dual] facilities, provide stand-by facilities, operate on stand-by basis □ **второй ствол ~ует рабочий ствол** *свз.* the service-protection channel backs up the main channel

резервуа́р *м.* reservoir
балла́стный ~ ballast tank
ва́куумный ~ evacuated vessel
~ вы́держки (*для радиоактивных отходов*) decay tank
кислоро́дный ~ (*респиратора на жидком кислороде*) liquid-oxygen pack
кра́сочный ~ ink pan
напо́рный ~ head [pressure] reservoir
отсто́йный ~ settler, settling tank
пита́тельный ~ feed tank
уравни́тельный ~ surge tank

резерфо́рд *м. уст.* (*внесистемная единица активности*) rutherford, Rd

резе́ц *м.* (single-point) cutting tool □ **зажима́ть ~ в патро́н** chuck a (cutting) tool; **заправля́ть ~** dress a (cutting) tool; **зата́чивать ~** grind [sharpen] a (cutting) tool; **оснаща́ть ~ твердоспла́вной пласти́ной** carbide-tip a (cutting) tool; **отводи́ть ~** back a (cutting) tool away from the work; **подава́ть ~** feed in a (cutting) tool; **устана́вливать ~** set a (cutting) tool
алма́зный ~ diamond tool
бурово́й ~ boring bit
га́лтельный ~ filleting tool
гравирова́льный ~ *полигр.* engraving stylus, engraver's tool
~ для шипо́в tenon cutter
долбёжный ~ slotting tool
затыло́вочный ~ relieving tool
зубострога́льный ~ (gear-generating) reciprocating tool
изо́гнутый ~ gooseneck tool
кана́вочный ~ grooving [recessing] tool
обди́рочный ~ roughing tool
отогнутый, ле́вый ~ bent left-cut tool
отогнутый, пра́вый ~ bent right-cut tool
отрезно́й ~ parting-off tool
па́зовый ~ grooving [slotting] tool
подрезно́й ~ facing tool
прорезно́й ~ grooving [slotting] tool
проходно́й ~ straight-turning tool
радиусный ~ round-nose tool
расто́чный ~ boring tool
резьбонарезно́й ~ threading tool, thread cutter
~ реко́рдера (*для механической звукозаписи*) recorder [recording] (head) stylus; **~ реко́рдера образу́ет звуковы́е кана́вки на грампласти́нке** the stylus engraves sound waves on disk records
стро́гальный ~ planing tool
твердоспла́вный ~ carbide-tipped single-point tool

резе́ц
твердоспла́вный ~ с механи́ческим крепле́нием пласти́нки clamped-tip tool
тока́рный ~ lathe [turning] tool
упо́рный ~ side(-facing) tool
фасо́нный ~ form(ing) tool
фа́сочный ~ chamfering tool
фре́зерный ~ milling cutter
цельноко́ваный ~ all-forged single-point tool
ча́шечный ~ cup-tip tool
чернов́ой ~ roughing tool
чистово́й ~ finishing tool

рези́н/а *ж.* rubber □ **арми́ровать ~у, напр. тка́нью** embed, *e.g.*, a fabric in the body of (the) rubber for strength; **вулканизи́ровать ~у** vulcanize rubber; **наполня́ть ~у** fill the rubber
бре́керная ~ cushion rubber
гу́бчатая ~ (*с сообщающимися порами*) sponge rubber
диэлектри́ческая ~ dielectric rubber
~ из натура́льного каучу́ка natural rubber vulcanizate
изоляцио́нная ~ insulating rubber
листова́я ~ sheet rubber
маслобензосто́йкая ~ oil-gasoline-resistant rubber
маслосто́йкая ~ oil-resistant rubber
микропо́ристая ~ microporous rubber; (*с закрытыми порами*) microcellular rubber
морозосто́йкая ~ cold-resistant rubber
по́ристая ~ porous rubber; (*с закрытыми порами*) cellular rubber
радиационно-сто́йкая ~ radiation-resistant rubber
рентгенозащи́тная ~ X-ray protective rubber
саженапо́лненная ~ carbon black (-extended) rubber
соско́вая ~ (*для доильных машин*) teat cup liner
теплосто́йкая ~ heat-resistant rubber
ударопро́чная ~ impact-resistant rubber
цветосто́йкая ~ colour-stable rubber
электропроводя́щая ~ conductive rubber

резина́т *м.* (*соль или эфир смоляной кислоты*) resinate

резинобре́кер *м.* rubber breaker strip

рези́ст *м.* resist
~ для травле́ния мета́лла metal-etch resist
электроосаждённый ~ plated resist

рези́стор *м.* resistor
вили́товый ~ vylite resistor
вч ~ (*деталь*) r.f. resistor
гася́щий ~ damping resistor
герметизи́рованный ~ hermetically sealed [encapsulated] resistor
ди́сковый ~ disk resistor
диффузио́нный ~ diffused resistor

рези́стор
~ интегра́льной схе́мы integrated circuit resistor
керме́товый ~ cermet resistor
кре́мниевый ~ silicon resistor
металли́ческий ~ metallic resistor
металлокерами́ческий ~ cermet resistor
микроминиатю́рный ~ resistor microelement
~ микросхе́мы resistor microelement
~ на металли́ческой плёнке metal-film resistor
напылённый ~ evaporated resistor
объёмный ~ bulk resistor
оконе́чный ~ terminal [terminating] resistor
осаждённый ~ deposited resistor
переме́нный ~ variable resistor
печа́тный ~ printed resistor
плёночный ~ film resistor
полупроводнико́вый ~ semiconductor resistor
про́волочный ~ wire-wound resistor
регули́руемый ~ adjustable resistor
~ смеще́ния в цепи́ ба́зы base-bias resistor
~ с номина́лом ла́зерной подго́нки laser-trimmed resistor
~ твёрдой схе́мы solid-circuit resistor
тири́товый ~ thyrite resistor
тонкоплёночный ~ thin-film resistor
углеро́дистый ~ carbon resistor
~ уте́чки мише́ни (*в суперортиконе*) *тлв.* bleeder resistor
~ це́пи обра́тной свя́зи feedback resistor
шумя́щий ~ noisy resistor
эпитаксиа́льный ~ epitaxial resistor
эталóнный ~ standard resistor

ре́зка *ж.* cutting
автоге́нная ~ autogenous cutting
ацетиле́но-кислоро́дная ~ acetylene [oxyacetylene] cutting
~ в защи́тном га́зе gas-shielded cutting
возду́шно-дугова́я ~ air-arc [arc-air] cutting
~ выплавле́нием fusion cutting
газодугова́я ~ gas-arc cutting
газопла́менная ~ torch cutting
дугова́я ~ arc cutting
кислоро́дная ~ oxygen cutting
~ кислоро́дной горе́лкой oxygen-lance cutting
конта́ктная электри́ческая ~ resistance cutting
~ листо́в, фасо́нная sketch-shearing
маши́нная ~ machine cutting
~ но́жницами *мет.* shearing
огнева́я ~ flame cutting
паке́тная ~ stack cutting
пла́зменно-дугова́я ~ plasma arc cutting
пове́рхностная ~ *мет.* gouging
подво́дная ~ underwater cutting
~ по окру́жности circular [girth, circumferential] cutting

ре́зка
прерывистая ~ (*с непрорезанными участками*) skip cutting
продо́льная ~ slitting
про́фильная ~ profiling, profile cutting
ручна́я ~ hand [manual] cutting
ручна́я ~ по шабло́ну guided hand [manual] cutting
~ сжа́той дуго́й constricted arc cutting
~ с после́дующим подогре́вом cutting with postheating
~ с предвари́тельным подогре́вом cutting with preheating
~ у́гольной дуго́й carbon-arc cutting
электродугова́я ~ arc cutting
электроискрова́я ~ spark cutting
~ электро́нным лучо́м electron beam cutting
ре́зкость *ж.* **изображе́ния** sharpness of the picture □ **наводи́ть на ~ изображе́ния** bring into sharp focus, adjust for sharpness
~ изображе́ния в це́нтре central sharpness
~ изображе́ния по края́м marginal sharpness
резнатро́н *м.* resnatron
резо́л *м.* resol [a-stage] resin
резольве́нта *ж. мат.* resolvent (kernel)
резольво́метр *м.* resolution meter
резольвоме́трия *ж.* resolution measurements
резона́нс *м.* **1.** resonance □ **вне ~а** off resonance; **~ вы́ражен о́чень ре́зко** a very sharp resonance occurs; **настра́ивать в ~** adjust [tune] to resonance; **настро́енный в ~** resonant, tuned to resonance, tuned to resonate; **~ наступа́ет** resonance occurs; **при ~е** at resonance; **разма́зывать ~** smear out the resonance **2.** *мн.* resonance particles
магни́тный ~ magnetic resonance
механи́ческий ~ mechanical resonance
многокра́тный ~ multiple resonance
~ напряже́ний voltage resonance
нейтро́нный ~ neutron resonance
опти́ческий ~ optic resonance
основно́й ~ major [main] resonance
о́стрый ~ sharp resonance
парази́тный ~ spurious resonance
паралле́льный ~ antiresonance, parallel [current] resonance
парамагни́тный ~ paramagnetic resonance
парамагни́тный, электро́нный ~ electron paramagnetic resonance, EPR, electron spin resonance, ESR
параметри́ческий ~ parametric resonance
после́довательный ~ series resonance
со́бственный ~ natural resonance

резона́нс
субгармони́ческий ~ sub-harmonic resonance
~ то́ка current [parallel] resonance, antiresonance
~ы То́нкса — Да́ттнера Tonks-Dattner resonances, T-D resonances
ферромагни́тный ~ ferromagnetic resonance
циклотро́нный ~ cyclotron resonance
я́дерный, квадрупо́льный ~ nuclear quadrupole resonance, NQR
я́дерный, магни́тный ~ [ЯМР] nuclear magnetic resonance, NMR □ **облада́ть спосо́бностью к ЯМР** exhibit NMR
резона́тор *м.* resonator □ **~ образу́ется из ...** the resonator is formed [is constructed] from ...; **~ отзыва́ется на колеба́ния с частото́й, бли́зкой к со́бственной** the resonator responds to modes at frequencies close to its natural frequency; **перестра́ивать ~** tune the resonator; **~ соверша́ет колеба́ния на ... частоте́** the resonator oscillates at a frequency of ...; **свя́зывать ~ с исто́чником** couple a resonator to a source
акусти́ческий ~ acoustical resonator
атомнолучево́й ~ atomic-beam resonator
а́томный ~ atomic resonator
~ бегу́щей волны́ travelling-wave resonator
волново́дный ~ waveguide resonator
~ Гельмго́льца Helmholtz resonator
ква́рцевый ~ (quartz) crystal vibrator
~ клистро́на, входно́й input resonator, buncher
~ клистро́на, выходно́й output resonator, catcher
коаксиа́льный ~ coaxial resonator
кольцево́й ~ ring vibrator
~ ле́нточного ти́па strip-type resonator
магнитострикцио́нный ~ magnetostrictive resonator
многомо́довый ~ multimode resonator
объёмный ~ resonant cavity, cavity resonator
объёмный, встро́енный ~ built-in cavity
объёмный ~ нака́чки pump cavity
объёмный, неперестра́иваемый ~ fixed cavity
объёмный, опо́рный ~ reference cavity
объёмный ~ с щелево́й свя́зью slot-coupled cavity
~ ОКГ laser resonator
~, перестра́иваемый (по частоте́) tunable resonator
проходно́й ~ reentrant [transmission] resonator

резона́тор
пьезоэлектри́ческий ~ (quartz) crystal [piezoelectric] vibrator
пьезоэлектри́ческий ~ с колеба́ниями изги́ба flexure vibrator
пьезоэлектри́ческий ~ с колеба́ниями изги́ба по ширине́ width flexure vibrator
пьезоэлектри́ческий ~ с колеба́ниями сдви́га по толщине́ thickness shear vibrator
пьезоэлектри́ческий ~ с колеба́ниями сдви́га по ширине́ width shear vibrator
пьезоэлектри́ческий ~ с ко́нтурными колеба́ниями contour vibrator
~ СВЧ microwave resonator
сегнетоэлектри́ческий ~ ferroelectric resonator
сло́жный ~ compound resonator
~ Фабри́ — Перо́ Fabry-Perot [FP] resonator
этало́нный ~ reference cavity
резони́ровать *гл.* resonate
резо́рбция *ж.* resorption
результа́нт *м.* resultant
результа́т *м.* result □ **в ~е** as a result, in consequence; **(дава́ть) еди́нственный ~** (give) a unique result; **приводи́ть ~ к норма́льным усло́виям** correct (the) result to standard conditions; **~ совпада́ет с** (*предыдущими или другими расчётами и т. п.*) the result agrees [tallies] with ...; **явля́ться ~ом** result from
~ испыта́ния outcome of a trial
коне́чный ~ end result
наблюда́емый ~ observable (result)
наблюдённый ~ observed result
нормализо́ванный ~ normalized result
промежу́точный ~ partial result
результи́рующая *ж.* resultant
результи́рующий *прил.* resultant, resulting
резцедержа́тель *м.* tool-holder
быстросме́нный ~ quick-change tool-post
многоме́стный ~ (*поворотная головка*) square turret
откидно́й ~ swing tool-post, reversible tool-holder
резьб/а́ *ж.* **1.** (*винтовая поверхность как средство соединения*) thread □ **входи́ть в зацепле́ние с ~о́й** engage the thread; **забива́ть ~у́** crush a thread; **зачища́ть наре́занную (вну́треннюю) ~у́ метчико́м** chase the previously cut thread; **нака́тывать ~у́** roll a thread, produce a thread by rolling; **наре́зать ~у́** cut a thread, produce a thread by cutting; **наре́зать ~у́ метчико́м** tap a thread; **наре́зать ~у́ пла́шкой** cut threads by the die and stock; **наре́зать ~у́ червя́чной фрезо́й** cut threads by hobbing; **срыва́ть ~у́** strip a thread; **шлифова́ть ~у́** grind a thread

2. (*художественная*) carving, engraving
резьб/а́
~ Ви́творта Whitworth [inch] thread
вну́тренняя ~ internal [female] thread
двухзахо́дная ~ double(-start) thread
дюймо́вая ~ inch [Whitworth] thread
кони́ческая ~ taper thread
крепёжная ~ screw thread
кру́глая ~ round thread
кру́пная ~ coarse thread
ле́вая ~ left-hand thread
ме́лкая ~ fine thread
метри́ческая ~ metric thread
метри́ческая ~ по станда́рту ИСО ~ ISO metric thread
многозахо́дная ~ multistart thread
нару́жная ~ external [male] thread
непо́лная ~ flattened [truncated, imperfect] thread
однозахо́дная ~ single(-start) thread
~ по де́реву wood carving
~ по ка́мню stone carving
пра́вая ~ right-hand thread
прямоуго́льная ~ square [flat] thread
«пья́ная» ~ "drunken" head
трапецеида́льная ~ trapezoidal thread
треуго́льная ~ triangular thread
тру́бная ~ pipe thread
упо́рная ~ buttress thread
цилиндри́ческая ~ straight [cylindrical, parallel] thread
червя́чная ~ worm thread
резьбоме́р *м.* thread gauge
резьбоуказа́тель *м.* thread indicator
рейд *м.* roadstead, road(s) □ **~ испо́льзуется суда́ми для я́корной стоя́нки** a roadstead is an area in which vessels may anchor
лесоспла́вный ~ booming ground
откры́тый ~ open roadstead
рейзи́стор *м. рлк.* raysistor
ре́йк/а *ж.* 1. (*деревянная планка для крепления, перекрытия пазов*) batten □ **скрепля́ть ~ами** batten 2. (*разновидность пиломатериала, получаемая опиловкой кромок досок*) edging (offcut)
бордю́рная ~ *стр.* cant strip
визи́рная ~ sighting batten
водоме́рная ~ depth-stick
выбира́ющая ~ (*в АТС координатной системе*) selecting bar □ **(выбира́ющая) ~ повора́чивается выбира́ющим магни́том** the selecting bar is pivoted by the operating magnet
геодези́ческая, дальноме́рная ~ stadia rod
геодези́ческая, нивели́рная ~ geodetic levelling rod □ **нивели́рная геодези́ческая ~ применя́ется для определе́ния высо́т двух то́чек** a levelling rod is used to determine the elevations of two points; **устана́вливать нивели́рную геодези́ческую ~у по у́ровню** keep the rod plumb by (means of) a level
ре́йк/а
деревя́нная закладна́я ~ wood slip
едини́чная ~ *полигр.* unit rack
зубча́тая ~ rack □ **нареза́ть зубча́тую ~у,** *напр.* **фрезерова́нием** cut a rack by, *e.g.*, milling
зубча́тая ~ каре́тки *текст.* lifting rack
зубча́тая ~ рулево́го механи́зма *авто* steering rack
ме́рная ~ 1. *лес.* scale stick 2. *мор.* sounding stick
обрешёточная кро́вельная ~ *стр.* counter batten
стыкова́я ~ joint strip
стыкова́я, пане́льная ~ panel strip
уде́рживающая ~ (*в АТС координатной системе*) holding bar
рейс *м.* 1. *ав.* flight □ **зака́зывать ~** charter a flight; **отменя́ть ~** cancel a flight 2. *авто* run, trip 3. *ж.-д.* run 4. *мор.* sailing, passage, voyage
~ вне расписа́ния non-scheduled flight
грузово́й ~ cargo [freighting] flight
да́льний ~ long-haul flight
обра́тный ~ *ж.-д.* homeward [return] run; *авто* return trip, homeward [return] run
пассажи́рский ~ passenger flight
поро́жний ~ (*«порожняком»*) no-load trip
промысло́вый ~ fishing voyage
регуля́рный ~ scheduled service □ **соверша́ть регуля́рные ~ы** be in [on] scheduled service
транзи́тный ~ through flight
ча́ртерный ~ charter flight
ре́йсмас *см.* **ре́йсмус**
ре́йсмус *м.* surface [marking] gauge
рейстре́к *м. физ.* racetrack, race track
рейсфе́дер *м.* ruling pen □ **наполня́ть ~ ту́шью** fill a ruling pen with ink
рейсши́н/а *ж.* T-[tee-]square □ **проводи́ть ли́нии по ~е** draw lines against a T-square
~ с неподви́жной голо́вкой fixed-head T-square
~ с регули́руемой голо́вкой adjustable T-square
ре́йтер *м.* (*гирька аналитических весов*) rider
рек/а́ *ж.* river
го́рная ~ mountain river
зре́лая ~ mature river
молода́я ~ juvenile river
незамерза́ющая ~ non-freezing river
неприли́вная ~ tideless river
несудохо́дная ~ unnavigable river
подзе́мная ~ subterranean river
подледнико́вая ~ subglacial river
прили́вная ~ tidal river
равни́нная ~ lowland river
сплавна́я ~ floating river
судохо́дная ~ navigable river
рекалесце́нция *ж. мет.* recalescence
рекарбюриза́ция *ж.* (*повторное науглероживание*) recarburization
рекарбюризи́ровать *гл.* (*повторно науглероживать*) recarburize
рекла́ма *ж.* advertisement
реклама́ци/я *ж.* unsatisfactory equipment claim, unsatisfactory equipment report, UER □ **предъявля́ть ~ю** report unsatisfactory condition of the equipment, send in an UER
рекогносциро́вка *ж.* reconnaissance
рекомбина́тор *м.* recombiner
рекомбина́ция *ж.* recombination
безызлуча́тельная ~ nonradiative recombination
вы́нужденная ~ induced recombination
излуча́тельная ~ radiative recombination
межзо́нная ~ interband [band-to-band] recombination
присте́ночная ~ wall recombination
рекомбини́ровать *гл.* recombinate
реконструи́ровать *гл.* 1. (*перестраивать с целью улучшения, приспосабливать для новых нужд*) redesign, adapt, convert 2. (*восстанавливать первоначальный облик*) reconstruct, rehabilitate 3. (*модернизировать*) overhaul, update; (*в градостроительстве*) renew
реконстру́кция *ж.* 1. (*перестройка с целью улучшения*) redesign, adaptation, conversion 2. (*восстановление первоначального облика*) reconstruction, rehabilitation 3. (*модернизация*) overhaul, updating; (*в градостроительстве*) renewal
~ городски́х райо́нов redevelopment
реконцентра́ция *ж.* **рассо́ла** brine reconcentration
реко́рдер *м.* (*звукозаписывающее устройство*) cutter, mechanical recording head
рекристаллиза́ция *ж.* recrystallization
ректифика́т *м.* rectified spirit
ректифика́тор *м.* rectifier
ректифика́ция *ж.* fractional distillation, fractionation, rectification
конта́ктная ~ contact rectification
непреры́вная ~ continuous rectification
периоди́ческая ~ batch rectification
экстракти́вная ~ extraction rectification
ректифици́ровать *гл.* distill by fractionation, fractionate, rectify
рекупера́тор *м. тепл.* recuperator, recuperative heat exchanger
рекупера́ция *ж.* 1. *тепл.* recuperation 2. *хим.* recovery 3. *эл.* regeneration
рекупери́ровать *гл.* 1. *тепл.* recuperate 2. *хим.* recover 3. *эл.* regenerate
рекурре́нтный *прил. мат.* recurrent
рекурси́вность *ж. мат.* recursiveness
релакса́ция *ж.* relaxation
безызлуча́тельная ~ nonradiative relaxation

релакса́ция
~ **вну́тренних напряже́ний** (*напр. в эпитаксиальной технологии*) internal stress relief
диэлектри́ческая ~ dielectric relaxation
магни́тная ~ magnetic relaxation
~ **напряже́ний** stress relaxation
перекрёстная ~ cross relaxation
релакси́ровать *гл.* relax
релаксо́метр *м.* relaxometer
реле́ *с.* relay □ **замедля́ть** ~ slug a relay; ~ **остаётся в исхо́дном положе́нии** the relay remains unoperated; ~ **отпуска́ет** the relay drops out [releases, resets]; ~ **отпуска́ет с замедле́нием** the relay is slow to reset [to drop out]; **поста́вить** ~ **на блокиро́вку** (*механически*) latch a relay; (*немеханическим способом*) lock (up) a relay; **разблоки́ровать [снять с блокиро́вки]** ~ unlatch [release, trip] a relay; ~ **реаги́рует на ...** the relay responds to ... (*не путать с* реле́ срабатывает); ~ **самоблоки́руется** the relay locks itself on [in] the energized [operated] position; ~ **сраба́тывает** the relay picks up [operates]; ~ **сраба́тывает с замедле́нием** the relay is slow to operate; ~ **стано́вится на самоблокиро́вку** the relay locks itself on [in] the energized [operated] position, a relay holds itself energized
~ **акти́вного сопротивле́ния** resistance relay
~ **акти́вной мо́щности** active-power relay
~ **бди́тельности** *ж.-д.* acknowledging relay
~ **без замедле́ния** instantaneous relay
безъя́корное ~ (*геркон*) (hermetically) sealed reed relay
бесконта́ктное ~ static relay; (*на твердотельных элементах*) solid-state relay
~ **в закры́том исполне́нии** enclosed relay
~ **в откры́том исполне́нии** open relay
~ **в реле́йной защи́те, пусково́е** locking relay
~ **вре́мени** time(-delay) relay, timer
вызывно́е ~ (*телефонной системы ЦБ*) line relay
га́зовое ~ (*масляного трансформатора*) gas [Buchholtz] relay
~ **гаше́ния по́ля** field-decelerating relay
гла́вное ~ master relay
двухпозицио́нное ~ two-step relay
двухъя́корное ~ double armature relay
зави́симо-заме́дленное ~ inverse time-lag relay
~ **заде́ржки** delay relay
~ **за́нятости** *тлф.* busy relay
защи́тное ~ protective relay

реле́
избира́тельное ~ discriminating relay
измери́тельное ~ instrument relay
индукцио́нное ~ induction relay
исполни́тельное ~ final-control [actuator] relay
кло́пферное ~ *тлг.* sounder relay
конта́ктное ~ contact relay
~ **контро́ля** supervisory relay
коромы́словое ~ beam relay
~ **ко́свенного де́йствия** indirect action relay
логи́ческое ~ logic relay
магни́тное ~ magnetic relay
магнитоэлектри́ческое ~ magneto-electric relay
максима́льное ~ overvoltage [overcurrent] relay
максима́льно-минима́льное ~ over-and-under relay
манометри́ческое ~ pressure relay
~ **мгнове́нного де́йствия** instantaneous relay
минима́льное ~ undervoltage [undercurrent] relay
~ **мо́щности** power relay
~ **направле́ния мо́щности** power direction relay
~ **напряже́ния** voltage relay
неполяризо́ванное ~ neutral [non-polarized] relay
~ **номерника́** annunciator relay
~ **нулево́й после́довательности фаз** zero-phase-sequence relay
~ **обра́тного то́ка** reverse current relay
~ **обры́ва по́ля** field-failure relay
~ **обры́ва фа́зы** phase-failure relay
общевызывно́е ~ (*телефонной системы ЦБ*) pilot relay
~ **отноше́ния величи́н** quotient relay
~ **переключе́ния пита́ния** power-transfer relay
~ **по́лного сопротивле́ния** impedance relay
полупроводнико́вое ~ semiconductor relay
поляризо́ванное ~ polarized relay
поляризо́ванное, нейтра́льно отрегули́рованное ~ unbiased [centre-adjusted] polarized relay
поляризо́ванное ~ **с преоблада́нием** biased relay
~ **после́довательности опера́ций** sequence relay
~ **после́довательности фаз** phase sequence relay
~ **произведе́ния величи́н** product relay
~ **произво́дной** derived relay
промежу́точное ~ pilot relay
путево́е ~ track relay
~ **реакти́вного сопротивле́ния** reactance relay
~ **реакти́вной мо́щности** reactive power relay
самоблоки́рующееся ~ (*с механической блокировкой*) latching relay; (*с немеханической блокировкой*) lock-up relay

реле́
~ **с вы́держкой вре́мени** time-delay relay
~ **с зави́симой вы́держкой вре́мени** dependent time-delay relay
~ **с замедле́нием на отпуска́ние** slow-release relay
~ **с замедле́нием на сраба́тывание** slow-operate relay
~ **с защёлкой** latching relay
силово́е ~ power relay
~ **симметри́чных составля́ющих** phase-sequence relay
~ **с незави́симой вы́держкой вре́мени** independent time-lag relay
~ **с обра́тно зави́симой вы́держкой вре́мени** inverse time-lag relay
~ **с ограни́ченно зави́симой вы́держкой вре́мени** inverse time-lag relay with definite minimum
~ **сопротивле́ния** resistance relay
~ **сравне́ния то́ка** current-balance relay
~ **с ручны́м возвра́том** hand-reset [mechanically reset] relay
~ **с самоблокиро́вкой** (*с механической блокировкой*) latching relay; (*с немеханической блокировкой*) lock-up relay
~ **с самовозвра́том** self-reset [automatically reset] relay
~ **с торможе́нием** biased relay
сумми́рующее-вычита́ющее ~ add-subtract relay
теплово́е ~ thermal relay
термоста́тное ~ thermostat relay
~ **то́ка** current relay
~ **трево́жной сигнализа́ции** alarm relay
уде́рживающее ~ *тлф.* holding relay
указа́тельное ~ indicating relay
часто́тное ~ frequency relay
ша́говое ~ stepping relay
электри́ческое ~ electrical relay
электромагни́тное ~ electromagnetic relay
электромехани́ческое ~ electromechanical relay
электростати́ческое ~ electrostatic relay
язычко́вое ~ reed relay
релье́ф *м.* 1. (*географический*) terrain 2. *полигр.* relief
вымывно́й ~ wash-off relief
~ **ме́стности** lay of the ground, terrain, topography
~ **ме́стности, изре́занный** rugged topography, rough terrain
~ **ме́стности, уме́ренно холми́стый** undulating terrain
потенциа́льный ~ *вчт.* charge pattern
сва́рочный ~ projection □ **смина́ть (сва́рочный)** ~ crush [collapse, squash] a projection; **штампова́ть (сва́рочный)** ~ raise [emboss] a projection

рельéф
~ **фýнкции** *мат.* modular surface
рельéфность *ж.* relief
рельс *м.* rail □ **клеймúть** ~ brand a rail; **маркировáть** ~ mark a rail; **прáвить** ~ straighten a rail;; **расплющивать** ~**ы** (*в результате износа*) batter rails; **стыковáть** ~**ы** join rails in track
ведýщий ~ carrying [leading] rail
железнодорóжный ~ *англ.* railway rail; *амер.* railroad rail
контáктный ~ third rail
направля́ющий ~ guide [check] rail
переводнóй ~ switch rail
пошёрстный ~ trailing rail
противошёрстный ~ facing rail
путевóй ~ track rail
сварнóй, бесстыковóй ~ continuous welded rail
~ **с высóкой шéйкой** deep-webbed rail
Т-образный ~ tee rail
токопроводя́щий ~ conductor [contact, live] rail
ходовóй ~ track [running] rail
рельсовыпрямúтель *м.* rail straightener
реманéнтность *ж.* remanence
рем/éнь *м.* belt
абразúвный ~ abrasive belt
~ **безопáсности** *ав., авто* safety [seat] belt □ **застёгивать** ~**нú безопáсности** fasten the safety belts; **пристегнýть(ся)** ~**ня́ми безопáсности** be strapped in, be belted in
бесконéчный ~ endless belt
кордткáневый ~ multicord belt
кордшнуровóй ~ single-cord belt
приводнóй ~ drive [transmission] belt □ **натя́гивать (приводнóй)** ~ tighten [tension] the belt, stretch the belt taut; **(приводнóй)** ~ **двúжется в направлéнии нахлёстки** the belt runs off the lap; **(приводнóй)** ~ **набегáет** the belt climbs; **(приводнóй)** ~ **не дóлжен двúгаться прóтив нахлёстки** the belt should not run against the lap; **(приводнóй)** ~ **охвáтывает шкив** the (drive) belt wraps around the pulley; **(приводнóй)** ~ **провисáет** the belt sags; **(приводнóй)** ~ **слáбо натя́нут** the (drive) belt is running loose [is slack]; **(приводнóй)** ~ **хлóпает** the (drive) belt flaps; **сбрáсывать (приводнóй)** ~ (*со шкива*)) throw the belt (*off the pulley*); **склéивать (приводнóй)** ~ cement the (drive) belt joints; **срáщивать (приводнóй)** ~ splice the (drive) belt; **сшивáть (приводнóй)** ~ lace the (drive) belt; **устанáвливать нóвый (приводнóй)** ~ put on a new (drive) belt; **устанáвливать (приводнóй)** ~ **лицевóй сторонóй к шкúву** put on [run] a (drive) belt with the grain side (next) to the pulley

рем/éнь
приводнóй ~ **вентиля́тора** fan drive belt
приводнóй, клиновúдный ~ V-belt
приводнóй, плóский ~ flat (drive) belt
привязнóй ~ *ав.* safety [seat] belt
ремеслó *с.* handicraft
ремешóк *м.* strap
ремúз *м. текст.* harness
ремúзка *ж. текст.* shaft, leaf
ремнеткáчество *с.* belt weaving
ремóнт *м.* repair □ **в** ~**е** under repair; **выпускáть из** ~**а** release from repair
внеплáновый ~ off-schedule [unscheduled] maintenance
восстановúтельный ~ reconditioning
~ **дорóжного покры́тия, я́мочный** patch work, patching repair
капитáльный ~ overhaul
мéлкий ~ minor repair
плáново-предупредúтельный ~ scheduled preventive maintenance
плáновый ~ scheduled repair
полевóй ~ field repair
поузловóй ~ unit repair
предупредúтельный ~ (preventive) maintenance
срéдний ~ medium repair
текýщий ~ running [routine] repair
~ **футерóвки** *мет.* reline, relining
ремонтúровать *гл.* repair
ремóнтники *мн. м.* the maintenance staff
ремонтопригóдность *ж.* maintainability
рен *опт., геод.* run (*of a micrometer*)
рéний *м.* rhenium, Rh
рéнта *ж.* rent
рентáбельность *ж.* profitableness
рентгéн *м.* roentgen
рентгенмéтр *м.* roentgenmeter, R-meter
рентгеноастронóмия *ж.* X-ray astronomy
рентгенограмма *ж.* X-ray photograph, X-ray pattern, roentgenogram
~ **вращéния** rotating-crystal X-ray photograph
~ **колебáний** oscillating-crystal X-ray photograph
~ **обрáтного рассéяния** X-ray back-scattering pattern
порошкóвая ~ powder X-ray [Debye(-Sherrer) powder] pattern
рентгенóграф *м.* roentgenograph, X-ray photograph
рентгенográфия *ж.* radiography, roentgenography
рентгенодефектоскопúя *ж.* X-ray [testing] inspection, radiography
рентгенодиагнóстика *ж.* X-ray diagnosis
рентгенокиносъёмка *ж.* cine radiography
рентгенóлог *м.* radiologist
рентгенолóгия *ж.* roentgenology
рентгенолюминесцéнция *ж.* roentgenoluminescence

рентгеномéтрия *ж.* roentgenometry, X-ray dosimetry
рентгеноскопúя *ж.* X-ray radioscopy; X-ray examination
рентгенотелевúдение *с.* X(-ray) television
рентгенотéхник *м.* X-ray technician
рентгенофлюорогрáфия *ж.* X-ray fluorography
рентгéн-эквивалéнт *м.* roentgen equivalent
биологúческий ~ man [medical] roentgen equivalent, rem
физúческий ~ physical roentgen equivalent, rep
реолóгия *ж.* rheology
реóметр *м.* flow meter
реопирóметр *м.* resistance pyrometer
реостáт *м.* rheostat
водянóй ~ water rheostat
~ **возбуждéния** field rheostat
жúдкостный ~ liquid rheostat
лáмповый ~ lamp resistor
нагрýзочный ~ load rheostat
пусковóй ~ starter rheostat
рóторный ~ rotor rheostat
ýгольный ~ carbon resistor
электросвáрочный баллáстный ~ ballast resistor
реохóрд *м.* slide-wire
репеллéнт *м.* repellent, repellant
репéр *м.* bench [datum] mark
врéменный ~ temporary bench mark
потайнóй ~ secret bench mark
сбóрочный ~ *маш.* location mark
фундаментáльный ~ fundamental [first-order] bench mark
реперфорáтор *м.* 1. *тлг.* reperforator 2. *вчт.* reproducer, reproducing puncher
печáтающий ~ printer-perforator
реперфотрансмúттер *м.* reperforator-transmitter
печáтающий ~ typing reperforator-transmitter
репúтер *м.* repeater
рéплика *ж. опт., элн.* replica
~ **дифракциóнной решётки** replica grating
дрóбная ~ (*планирование эксперимента*) fractional replicate, fractional factorial design
экстракциóнная ~ extraction replica
репрогрáфия *ж.* documentary reproduction
репродýктор *м.* 1. *уст. рад.* (loud)-speaker 2. *вчт.* reproducer, reproducing puncher
репродýкция *ж.* reproduction
репродуцúрование *с.* reproduction
репродуцúровать *гл.* reproduce, copy
репульпáция *ж. горн.* repulping
репштúхель *м. полигр.* dot-raising tool
ресúвер *м.* receiver
ресинхронизáция *ж.* resynchronization
ресорбúровать *гл.* resorb, reabsorb
ресóрбция *ж.* resorption, reabsorption
респирáтор *м.* breathing apparatus □ **включáться в** ~ change over to the breathing apparatus; **выключáться**

из ~а turn off the breathing apparatus; промыва́ть ~, *напр.* от азо́та cleanse the breathing apparatus, *e.g.*, of nitrogen

респира́тор
~ для опры́скивания spray mask
лёгочно-силово́й ~ lung-governed breathing apparatus
регенерати́вный ~ closed-circuit (type of) breathing apparatus
регенерати́вный, изоли́рующий ~ (*горноспасательный*) self-contained oxygen breathing apparatus
рудни́чный ~ mine respirator
~ с лёгочным автома́том (*горноспасательный*) lung-governed breathing apparatus
фильтру́ющий ~ dust-fighting respirator

респира́тор-самоспаса́тель *м.* self-rescuer

респира́торщик *м.* (*в горноспасательных работах*) trained rescuer, rescue man

респира́ция *ж.* respiration

респиро́метр *м.* respirometer

рессо́р/а *ж.* spring □ **подтя́гивать ~у** reset a spring; **~ смягча́ет уда́ры от неро́вностей доро́ги** the spring cushions [moderates] road shocks
винтова́я ~ coil spring
листова́я ~ compound [leaf, laminated] spring
пружи́нная ~ coil spring
торсио́нная ~ torsion(al) spring

ресу́рс *м.* resource □ **выделя́ть [назнача́ть] ~** allocate [assign] a resource; **испо́льзовать ~ совме́стно** *вчт.* share a resource
(техни́ческий), гаранти́йный ~ guaranted life
(техни́ческий) ~ до пе́рвого ремо́нта original life
(техни́ческий), межремо́нтный ~ overhaul period □ **сохраня́ть работоспосо́бность в преде́лах межремо́нтного (техни́ческого) ~а** ensure safe operation between overhaul periods
(техни́ческий), назна́ченный ~ specified life
(техни́ческий), по́лный ~ service life
(техни́ческий) ~ по усло́виям выно́сливости *ав.* safe fatigue life
(техни́ческий), сре́дний ~ mean life

ретикуля́ция *ж.* *кфт.* reticulation

рето́рт/а *ж.* retort □ **обогрева́ть ~у** fire a retort; **прессова́ть ~у** (*в металлургии цинка*) extrude a retort; **устана́вливать ~ы в ряды́ по высоте́** stack up retorts
свежепрессо́ванная ~ (*в металлургии цинка*) green retort

ретрансля́тор *м.* relay (station), repeater
акти́вный ~ active repeater, receive-amplify-retransmit relay station
веща́тельный ~ relay broadcast station

ретрансля́тор
пасси́вный ~ passive reflector, passive relay station
телевизио́нный ~ television repeater, relay transmitter

ретрансля́ция *ж.* relaying
многокра́тная ~ chain relaying

рету́р *м.* *хим.* recycle

ретушёр *м.* retoucher, colour correction artist

ретуши́рование *с.* retouching

ретуши́ровать *гл.* retouch

ре́тушь *ж.* retouch(ing)
негати́вная ~ negative retouch(ing)
позити́вная ~ positive retouch(ing)
техни́ческая ~ retouch(ing)

рефера́т *м.* abstract

рефери́рование *с.* abstracting

рефери́ровать *гл.* abstract (*an article, book, etc.*)

рефлекси́вность *ж.* *мат.* reflexivity, reflexive law

рефлексогра́фия *ж.* *полигр.* reflectography

рефлексо́метр *м.* *мед.* reflexometer

рефлектогра́мма *ж.* reflectogram

рефлекто́метр *м.* reflectometer
панора́мный ~ *рад., элн.* swept [sweep-frequency] reflectometer

рефле́ктор *м.* **1.** (*металлическое или стеклянное зеркало*) reflector **2.** (*телескоп*) reflecting telescope **3.** (*элемент направленной антенны*) reflector (element)

рефракто́метр *м.* refractometer
возду́шный ~ air refractometer
дифференциа́льный ~ differential refractometer
ма́сляный ~ oil refractometer
пневмати́ческий ~ pneumatic refractometer
погружно́й ~ dipping refractometer
прецизио́нный ~ precision refractometer
проекцио́нный ~ projection refractometer
~ с фа́зовым контра́стом phase contrast refractometer
ультрафиоле́товый ~ ultra-violet refractometer

рефрактоме́трия *ж.* refractometry

рефра́ктор *м.* refracting telescope

рефра́кция *ж.* refraction
атмосфе́рная ~ atmospheric refraction
берегова́я ~ (*радиоволн*) coastal [littoral] refraction
~ волн wave refraction
за́дняя верши́нная ~ posterior vertex refraction, posterior vertex power
~ зву́ка sound [acoustic] refraction
земна́я ~ earth [terrestrial] refraction
ионосфе́рная ~ ionospheric refraction
~ на ионосфе́рном кли́не ionospheric wedge refraction

рефра́кция
~ све́та light refraction, refraction of light

рефрижера́тор *м.* refrigerator
произво́дственный ~ refrigerating factory ship

рефрижера́ция *ж.* refrigeration

реце́пт *м.* recipe, formula, formulation, composition
~ в весовы́х частя́х recipe in parts by weight

реце́птор *м.* receptor

рецептýра *ж.* compounding, formulation

реци́кл *м.* recycling

рециркули́ровать *гл.* recirculate, recycle

рециркуля́ция *ж.* recirculation, recycling
~ отхо́дов waste recycling

реша́ть *гл.* **1.** *мат.* solve □ **~ зада́чу** (*математическую*) solve a problem; (*не обязательно математическую*) handle [tackle] a problem; **~ совме́стно** solve simultaneously; **~ уравне́ние относи́тельно ...** solve an equation for ... **2.** (*выбирать курс действий*) decide □ **~ в по́льзу** decide for; **~ про́тив** decide against **3.** (*конструировать, проектировать*) design □ **~ в ви́де ...** design as ... *пример*: **опо́ра решена́ в ви́де кача́ющегося рычага́** the support is designed as a bellcrank

реше́ни/е *с.* **1.** *мат.* solution □ **да́нное уравне́ние име́ет ~ и прито́м еди́нственное** a solution of this equation is existent and unique; **заморо́зить ~** *вчт.* switch the computer to the HOLD condition; **~я сшива́ются** *вчт.* solutions join; **... существу́ет еди́нственное ~ э́того уравне́ния** a unique solution of this equation exists **2.** (*выбор курса действий*) decision □ **принима́ть ~** make a decision **3.** (*в технике, архитектуре и т. п.*) approach, design, treatment
архитекту́рное ~ (*напр. здания*) architectural treatment
~ в це́лых чи́слах integer solution
~ дифференциа́льного уравне́ния, о́бщее general [complete] solution of a differential equation
~ дифференциа́льного уравне́ния, ча́стное partial solution of a differential equation
допусти́мое ~ feasible solution
~ зада́ч problem solving
кусо́чное ~ piecewise solution
наилу́чшее ~ (*при исследовании операций*) most favourable [best] decision
наиху́дшее ~ (*при исследовании операций*) least favourable decision
нулево́е ~ trivial [zero, null] solution
~ подбо́ром solution by inspection
про́бное ~ (*процесс решения*) *вчт.* check [trial] run
техни́ческое ~ design

решéни/е
~ уравнéния, единственное unique solution
чи́сленное ~ numerical [computational] solution
решётк/а *ж.* grill; grid; grate
~ аккумуля́торной пласти́ны plate grid
~ акти́вной зóны реáктора core lattice
антéнная ~ array
антéнная, полистирóловая ~ polyrod array
антéнная ~ с электрóнным скани́рованием electronically scanned array
антéнная, фази́рованная ~ phased array
áтомная ~ atomic lattice
вентиляциóнная ~ register
~ вибрáторов, плóская planar dipole array
~ водоприёмника screen
выбивнáя, вибрациóнная ~ *мет.* vibratory knock-out grid
выбивнáя, инерциóнная ~ *мет.* inertial knock-out grid
~ громкоговори́теля louvre of a loudspeaker
деиóнная ~ *эл.* deion [deionization] grid
~ динáмика grill of a (electrodynamic) loudspeaker
дифракциóнная ~ (diffraction) grating
дифракциóнная, голограммная ~ hologram [holographic] grating
дифракциóнная, грýбая ~ coarse grating
дифракциóнная, диэлектри́ческая ~ dielectric grating
дифракциóнная, ослабля́ющая ~ attenuator grating
дифракциóнная, отражáтельная ~ reflection grating
дифракциóнная, поглощáтельная ~ absorption grating
дифракциóнная, ступéнчатая ~ echelon (grating)
колосникóвая ~ (*в топке*) fire [shutter] grate, bar screen
колосникóвая, качáющаяся ~ jigging [tipping, shaking] grate
колосникóвая, механи́ческая ~ stoker
колосникóвая, наклóнно-перетáлкивающая ~ reciprocating grate
колосникóвая ~ паровóго котлá boiler grate
колосникóвая, перетáлкивающая ~ shearing grate
колосникóвая, подви́жная ~ travelling chain grate
колосникóвая ~ с механи́ческим забрáсывателем spreader stoker
колосникóвая ~ с опроки́дывающимися колосникáми dumping grate
колосникóвая ~ с пневмати́ческим забрáсывателем pneumatic spreader stoker

решётк/а
колосникóвая ~ с поворóтными колосникáми moving grate
колосникóвая ~ с ручны́м обслýживанием hand-fired stoker
колосникóвая, ступéнчатая ~ step grate
кристалли́ческая ~ (crystal) lattice ☐ нарýшить упоря́доченность кристалли́ческой ~и disturb the (perfection of) order of a crystal lattice
кристалли́ческая, базоцентри́рованная ~ base-centred lattice
кристалли́ческая ~ Бравé Bravais lattice
кристалли́ческая, гексагонáльная плотноупакóванная ~ hexagonal close-packed lattice
кристалли́ческая, гранецентри́рованная ~ face-centered lattice
кристалли́ческая, идеáльная ~ perfect [ideal] lattice
кристалли́ческая, кубúческая ~ cubic lattice
кристалли́ческая, обрáтная ~ reciprocal lattice
кристалли́ческая, объёмно-центри́рованная ~ body-centered [space-centered, volume-centered] lattice
кристалли́ческая ~ основнóго веществá host lattice
кристалли́ческая, плотноупакóванная ~ close-packed lattice
кристалли́ческая, прострáнственная ~ space lattice
кристалли́ческая, ромби́ческая ~ (ortho)rhombic lattice
кристалли́ческая, ромбоэдри́ческая ~ rhombohedral [trigonal] lattice
кристалли́ческая, слóжная ~ composite lattice
кристалли́ческая, слои́стая ~ layer lattice
кристалли́ческая ~ с плóтной упакóвкой closed-packed lattice
кристалли́ческая, стержневáя ~ rod lattice
кристалли́ческая, тетрагонáльная ~ tetragonal lattice
кристалли́ческая ~ ти́па алмáза diamond-type lattice
~ ливнеспýска catchframe
~ лопáток (*компрессора, турбины*) vane cascade
~ монéты (*решка*) tails of a coin
напóльная ~ (*для штабелёвки грузов*) floor dunnage
предохрани́тельная ~ (*предотвращающая попадание птиц в двигатель*) *ав.* debris guard
~ притóчной вентиля́ции plenum grid
~ прóфилей (*турбины, компрессора*) blade cascade
~ радиáтора radiator grill
распредели́тельная ~ (*в головке экструдера*) *пласт.* breaker plate
спрямля́ющая ~ (*аэродинамической трубы*) wind straightener

решётк/а
~ тензодáтчика grid of a wire strain gauge
трёхмéрная ~ three-dimensional lattice
трýбная ~ tube plate, tube sheet
решéтник *м.* (*обрешетины*) lathing
решетó *с.* riddle, screen
рéшка *ж.* (*сторона монеты*) tails (of a coin)
рештáк *м. горн.* pan, chute
подвеснóй ~ suspended chute
ржавéть *гл.* rust
ржавлéние *с.* rusting
ржáвчин/а *ж.* rust ☐ снимáть ~у derust, clean from rust, rub off the rust; удаля́ть ~у derust, clean from rust, rub off the rust
ри́гель *м.* cross-bar; (*затяжка стропильной фермы*) collar beam
риги́дность *ж.* rigidity
ригидóметр *м.* rigidometer
рилёвка *ж. цел.-бум.* scoring
ри́линг-стан *м.* (*в производстве труб*) reeling mill
риотрóн *м. элн.* ryotron
рипшáйба *ж. текст.* needle dial
рирпроéктор *м. кфт.* background [process] projector
рирпроéкция *ж. кфт.* background [process] projection
рирфóн *м. кфт.* background [projection] plate
рирэкрáн *м. кфт.* back projection [process] screen
рисбéрма *ж.* (rear) apron
ри́ск/а *ж.* mark ☐ наноси́ть ~и на детáли (*при разборке*) для послéдующей сбóрки mark parts for position, mark parts to guide (re-)assembly; наноси́ть ~и на шкалé mark the dial; ~и на шкалé нанесены́ чéрез кáждые 5°, 10° *и т. п.* the dial is marked every 5°, 10°, *etc.*; совмещáть ~и match marks
~ от инструмéнта tool mark
~ от пилы́ (saw) tooth mark
~ от резцá machining mark
отсчётная ~ reference line
размéточная ~ scribe mark
сбóрочная ~ location [match] mark
рисóвка *ж. карт.* drawing, drafting
рисоотдели́тель *м.* paddy-separator, paddy-machine
рисорýшка *ж.* rice mill, rice scourer
рисошелуши́тель *м.* rice sheller
рисс *м. кож.* channel
рисýнок *м.* 1. (*нарисованное изображение*) drawing; (*иллюстрация в книге*) figure; (*схематическое изображение, набросок*) sketch 2. (*характер поверхности, сочетание линий, красок, форм*) design, pattern
~ лицá *кож.* grain pattern
~ печáтной схéмы printed-circuit pattern
~ покры́шки tread pattern, tread design
~ схéмы (*в производстве печатных схем*) circuit lay-out

рису́нок
 ~ **травле́ния** etch pattern
 ~ **шри́фта** type (face) design
ритм *м.* 1. (*равномерное чередование каких-л. элементов*) rhythm 2. (*размеренность в развитии чего-л.*) pace □ **выде́рживать** ~ keep pace; **задава́ть** ~ set pace
 су́точный жи́зненный ~ circadian cycle
ритми́чно *нареч.* □ **рабо́тать** ~ (*о предприятии*) keep the plant running at a steady pace
риф *м.* reef
рифле́ние *с.* knurl(ing)
ри́фля *ж.* riffle
рифо́рминг *м.* reforming
 каталити́ческий ~ catalytic reforming
 терми́ческий ~ thermal reforming
рифо́рминг-бензи́н *м.* reformed gasoline
рихтова́ние *с. см.* **рихто́вка**
рихтова́ть *гл.* 1. *мет.* straighten 2. *стр.* align
рихто́вка *ж.* 1. *мет.* straightening 2. *стр.* alignment
рицо́вка *ж. цел.-бум.* scratching
РЛС [**радиолокацио́нная ста́нция**] (*комплекс оборудования и служб*) radar installation, radar unit; (*собственно оборудование*) radar (equipment), radar set □ ~ **выдаёт информа́цию по,** *напр.* **да́льности** the radar provides (information on), *e.g.*, range; ~ **испо́льзуется для обеспе́чения диспе́тчерского обслу́живания возду́шного движе́ния** the radar is employed in the provision of air traffic control [ATC] service; ~ **облуча́ет цель** the radar illuminates the target; ~ **рабо́тает в автомати́ческом режи́ме** the radar operates unattended; ~ **сопровожда́ет объе́кт автомати́чески** the radar tracks the target automatically; ~ **сопровожда́ет объе́кт по,** *напр.* **углу́ ме́ста** the radar tracks the target in, *e.g.*, elevation
 ~ **автомати́ческого сопровожде́ния** target-track radar
 ~ **аэропо́рта, обзо́рная** airport surveillance radar
 бортова́я ~ *ав.* airborne radar; *мор.* shipborne radar; (*любое транспортное средство*) vehicle-born [on-board] radar
 втори́чная ~ secondary radar
 ~ **диспе́тчерская** ~ airfield control radar
 ~ **диспе́тчерской слу́жбы назе́много движе́ния в аэропорту́** airport surface detection radar
 до́плеровская ~ Doppler radar
 и́мпульсная ~ pulse(d) radar
 и́мпульсная ~ **с лине́йной ЧМ** chirp(ed) radar
 когере́нтная ~ coherent radar
 ~ **кругово́го обзо́ра** all-round looking radar

РЛС
 метеорологи́ческая ~ weather (-penetration) radar
 моноимпу́льсная ~ monopulse radar
 навигацио́нная ~ navigation(al) radar
 назе́мная ~ ground radar
 ~ **непреры́вного излуче́ния** continuous-wave [CW] radar
 обзо́рная ~ surveillance radar
 ~ **обнаруже́ния** detection radar
 панора́мная ~ panoramic radar
 пасси́вная ~ passive radar
 ~ **подсве́та це́ли** illumination radar
 ~ **по́иска и сопровожде́ния** search and track radar
 поса́дочная ~ landing (assist) radar
 ~ **предупрежде́ния столкнове́ний** anticollision [collision warning] radar
 ~ **разве́дки и целеуказа́ния** acquisition radar
 ~ **райо́нной диспе́тчерской слу́жбы** area control radar
 самолётная ~ airborne radar
 ~ **СВЧ диапазо́на** microwave radar
 ~ **с индика́тором кругово́го обзо́ра** [**ИКО**] PPI radar
 ~ **с селе́кцией подви́жных це́лей** moving-target indication [MTI] radar
 ~ **судова́я** marine radar
 ~ **управле́ния возду́шным движе́нием** [**УВД**] air traffic control [ATC] radar
 ~ **управле́ния захо́дом на поса́дку** approach control radar
ро́бот *м.* robot
робоге́хника *ж.* robotics
ров *м.* ditch
ро́вница *ж. текст., пласт.* roving
рог *м.* horn
 разря́дный ~ arcing horn
 ~ **я́коря** anchor arm
рого́жа *ж.* bast mat
рогу́лька *ж.* 1. fork, splitting 2. *текст.* flyer
ро́дий *м.* rhodium, Rh
роди́рование *с. мет.* rhodium plating
ро́за *ж. мат.* rose, rosette
 ~ **ветро́в** wind rose
 n-**лепестко́вая** ~ *n*-leafed rose
розе́тк/а *ж.* 1. rosette 2. *эл.* socket □ **включа́ть в** ~**у** plug in at a socket
 ~ **назе́много электропита́ния** ground supply socket
 сетева́я ~ *англ.* socket-outlet; *амер.* convenience-outlet
 ~ **тензода́тчиков** rosette-type strain gauge
 ште́псельная ~ socket
 ште́псельная, трёхпо́люсная ~ three-pin socket
ро́зжиг *м.* lighting (up)
 ~ **вагра́нки** lighting of a cupola
ро́злив *м.* 1. (*по бутылкам*) bottling 2. (*свойство лака*) spread
 бо́чковый ~ barreling
ро́кер *м.* rocker (arm)

ро́кот *м.* **прои́грывателя** turntable rumble, turntable growl
рол *м. полигр.* web, roll
ро́лик *м.* roll(er); (*мебельное колёсико*) castor
 бочкообра́зный ~ barrel-shaped roller
 ведо́мый ~ driven roller
 веду́щий ~ drive [transport] roller
 вито́й ~ flexible roller
 гумми́рованный ~ rubber-coated roll
 захва́тывающий ~ take-in roller
 иго́льчатый ~ needle roller
 изоляцио́нный ~ knob insulator
 ~ **киноплёнки** roll, reel
 ~ **конве́йера, направля́ющий** conveyer guide
 ~ **конве́йера, на холосто́й ве́тви** return idler of a conveyer
 ~ **коромы́сла кла́пана** valve rocker roller
 нака́тный ~ (*для получения резьбы*) thread(ing) roll; (*для рифления*) knurl(ing tool)
 направля́ющий ~ guide roller
 натяжно́й ~ tension(ing) roller
 пра́вильный ~ straightening roll
 прижимно́й ~ pressure [pinch] roller
 съёмный ~ trolley
 ~ **толка́теля** tappet [cam follower] roller
 ~ **шо́вной сва́рки** wheel electrode
роликоопо́ра *ж.*:
 ~ **конве́йера** idler
 ~ **конве́йера, ги́бкая** flexible idler
 ~ **конве́йера, жёсткая** rigid idler
 ~ **конве́йера, лотко́вая** troughing idler
 ~ **конве́йера, пло́ская** flat idler
роликоподши́пник *м.* roller bearing
ролл *м. цел.-бум.* hollander
 ма́ссный ~ paper-pulp beater, hollander
 отбе́льный ~ bleacher
 полума́ссный ~ rag beater
ро́ллер *м. пищ.* roller
ро́льганг *м.* roller conveyer, (roller) table, roller bed
 весово́й ~ scale roll table
 входно́й ~ inlet table
 выпускно́й ~ run-out [outlet, delivery] table
 жело́бчатый ~ grooved roll(er)-table
 ~ **загру́зки пе́чи** furnace charging table
 загру́зочный ~ charging roller table
 задаю́щий ~ feed table
 кача́ющийся ~ oscillating [shaking] table
 неприводно́й ~ dead roller table
 обводно́й ~ by-pass [encircling] roller table
 отводя́щий ~ run-out [outlet, delivery] table
 пакетиро́вочный ~ gathering [piling] table
 переда́точный ~ transfer table

ро́льганг
передвижно́й ~ travelling roller table
подводя́щий ~ approach table
приводно́й ~ live-roller table
рабо́чий ~ main table
разме́точный ~ marking table
сбо́рочный ~ assembly table
сбра́сывающий ~ kick-off table
холосто́й ~ dead roller table
романцеме́нт *м.* Roman cement
ромб *м.* rhomb, rhombus
ромби́чность *ж.* (*дефект формы листа*) *прок.* rhombic form
ромбо́ид *м.* romboid
ромбоэ́др *м.* rhombohedron
ронкигра́мма *ж. элн.* Ronchigram
геометри́ческая ~ geometrical Ronchigram
ро́слость *ж. мет.* spongy top
росоме́р *м. метео* drosometer
ро́спуск *м.* **1.** *авто* pole trailer **2.** *ж.-д.* breaking-up, unreeling
~ волокни́стых полуфабрика́тов *цел.-бум.* defibring
~ листо́в бума́ги *полигр.* fanning-out
~ по́езда train sorting
ро́ссыпь *ж.* placer
рост *м.* **1.** (*высота*) height □ **регули́ровать по ~у, напр. пацие́нта** adjust for *e.g.*, patient height **2.** (*увеличение*) growth
~ зерна́ мета́лла grain growth
~ криста́лла crystal growth
~ очка́ *полигр.* neck
~ шри́фта type height
ро́стверк *м.* foundation mat, raft foundation
ро́стиск *м. полигр.* incorrect imposition
рота́метр *м.* **1.** (*прибор, измеряющий скорость и расход жидкости и газа*) rotameter **2.** (*пневматический прибор для измерения линейных размеров*) air calliper gauge
пока́зывающий дистанцио́нный ~ remote indicating rotameter
регистри́рующий ~ recording rotameter
ротаплёнка *ж. цел.-бум.* duplicating stencil paper
ротапри́нт *м.* offset duplicator
ротата́бельность *ж.* (*в планировании эксперимента*) rotatability
рота́тор *м.* **1.** *элн.* rotator **2.** (*множительный аппарат*) stencil duplicator
рота́ция *ж.* **1.** *физ.* rotation **2.** *полигр.* rotary printing machine, rotary (press)
газе́тная ~ news rotary (press)
листова́я ~ sheet-fed rotary (press)
ротогравю́ра *ж.* rotogravure, rotary photogravure
ротогра́ф *м. кфт.* rotograph
ротоплёнка *ж. полигр.* rotofilm
ро́тор *м.* **1.** rotor □ **~ враща́ется, напр. в ко́рпусе** the rotor revolves, *e.g.*, in a casing; **~ враща́ется, напр. на подши́пниках** the rotor is carried [runs] in, *e.g.*, bearings **2.** *мат.* curl
ро́тор
бараба́нный ~ drum-type rotor
бичево́й ~ *с.-х.* flail-type beater, flail cylinder
~ вертолёта, гла́вный main rotor
~ гироско́па gyrowheel
~ градие́нта *мат.* curl of a gradient
~ копа́теля *с.-х.* digging reel
~ насо́са pump rotor; (*крыльчатка*) impeller
~ распредели́теля *авто* distributor rotor
~ ско́рости vorticity
~ электри́ческой маши́ны rotor □ **затормо́живать ~ электри́ческой маши́ны** (*при испытаниях*) lock the rotor; **~ электри́ческой маши́ны набира́ется из пласти́н электротехни́ческой ста́ли** the rotor is built (up) of electrical sheet steel laminations
~ электри́ческой маши́ны, гла́дкий unslotted [smooth] rotor
~ электри́ческой маши́ны, глубокопа́зный deep bar rotor
~ электри́ческой маши́ны, короткоза́мкнутый squirrel-cage rotor
~ электри́ческой маши́ны, масси́вный solid rotor
~ электри́ческой маши́ны, многофа́зный polyphase rotor
~ электри́ческой маши́ны, по́лый hollow rotor
~ электри́ческой маши́ны с «бе́личьей кле́ткой» squirrel-cage rotor
~ электри́ческой маши́ны с глубо́ким па́зом deep bar rotor
~ электри́ческой маши́ны с закры́тым па́зом closed-slot rotor
~ электри́ческой маши́ны с постоя́нными магни́тами permanent-magnet rotor
~ электри́ческой маши́ны с распределённой обмо́ткой distributed pole rotor
~ электри́ческой маши́ны с я́вно вы́раженными полюса́ми salient pole rotor
~ электри́ческой маши́ны, фа́зный wound rotor
~ электри́ческой маши́ны, явнопо́люсный salient pole rotor
ротоско́п *м.* rotoscope
ротофи́льм *м.* rotofilm
ротофо́то *с.* rotophoto
роудре́йлер *м.* (*контрейлер с комбинированной ходовой частью для передвижения по автомобильным дорогам и рельсовым путям*) road-railer
роште́йн *м.* raw matte, (copper) coarse metal
медно-ни́келевый ~ copper-nickel matte
ртуть *ж.* mercury, Hg, quicksilver □ **пемзова́ть ~** (*при амальгамации золота*) flour and sicken the mercury
ртуть
грему́чая ~ fulminating mercury, mercuric fulminate
саморо́дная ~ native mercury
руба́нок *м.* plane
двойно́й ~ (*с двойной железкой*) double-iron plane
двусторо́нний ~ double-end block plane
желобко́вый ~ capping plane
одина́рный ~ iron plane
углово́й ~ angle plane
фасо́нный ~ moulding plane
руба́шка *ж.* jacket
водяна́я ~ water jacket
ме́дная ~ *полигр.* copper shell
парова́я ~ steam jacket
рубербо́ид *м.* prepared roofing paper
руби́дий *м.* rubidium, Rb
руби́лка *ж. полигр.* lead-and-rule [lino slug] cutter
руби́льник *м.* knife(-blade) switch □ **включа́ть ~** close [cut in] a knife-(-blade) switch; **выключа́ть ~** open [cut out] a knife(-blade) switch; **~ коммути́рует цепь** a knife(-blade) switch makes and breaks [closes and opens] a circuit; **притира́ть (конта́кты) ~** a grid in a knife-(-blade) switch; **~ разрыва́ет цепь** a knife(-blade) switch breaks [opens, interrupts] a circuit; **~ рассчи́тан на ток, напр. 1000 А** the knife-(-blade) switch will [can] carry, *e.g.*, 1000 A
~ возбужде́ния field knife(-blade) switch
~ закры́того исполне́ния enclosed safety knife(-blade) switch
~ на два направле́ния double-throw knife(-blade) switch
однопо́люсный ~ single-pole knife-(-blade) switch
~ откры́того исполне́ния open knife(-blade) switch
пусково́й ~ starting knife(-blade) switch
~ с вне́шним при́водом externally operated knife(-blade) switch
~ с двойны́м разры́вом це́пи double-break knife(-blade) switch
~ с за́дним монтажо́м rear-connected knife(-blade) switch
~ с пере́дним монтажо́м front-connected knife(-blade) switch
трёхпо́люсный ~ three-pole knife (-blade) switch
руби́н *м.* ruby
руби́ть *гл.* **1.** (*на мелкие куски*) chop **2.** (*зубилом*) chisel **3.** (*деревья*) cut; (*валить деревья*) fell **4.** (*уголь из пласта*) hew
ру́бка *ж.* **1.** (*на мелкие куски*) chopping **2.** (*слесарная операция*) chisel(l)ing **3.** (*деревьев*) cutting; (*валка деревьев*) felling **4.** (*судовая надстройка*) (deck-)house
гидроакусти́ческая ~ *англ.* asdic room; *амер.* sonar room
радиолокацио́нная ~ radar room

ру́бка
рулева́я ~ wheel house
шту́рманская ~ chart house, chart room
ру́бчик *м. текст.* rib, ridge
руд/а́ *ж.* ore □ ~ **в зава́лку** ore to charge; ~ **в полиро́вку** ore to feed; **вскрыва́ть** ~**у́** (*в ходе металлургической переработки*) break down the ore; **добыва́ть** ~**у́** mine [win] the ore; **дроби́ть** ~**у́** (*крупно*) break the ore; (*средне*) crush the ore; (*мелко*) fine-crush the ore; **дроби́ть и измельча́ть** ~**у́** (*недифференцированный термин*) comminute the ore; **измельча́ть** ~**у́** grind [mill] the ore; **классифици́ровать** ~**у́ по кру́пности** classify the ore to size; **концентри́ровать** ~**у́** consentrate the ore; **обжига́ть** ~**у́** roast the ore; **обогаща́ть** ~**у́** dress the ore; **отбива́ть** [**обру́шивать**] ~**у́** (*при добыче*) break down the ore; **отса́живать** ~**у́** jig the ore, concentrate the ore by jigging; **перераба́тывать** ~**у́** extract [recover] metal from ore; **пересе́ивать** ~**у́** re-screen the ore; **просе́ивать** [**рассе́ивать**] ~**у́** screen the ore; **разбира́ть** ~**у́ вручну́ю** hand-sort [pick] the ore; **разделя́ть** ~**у́ на концентра́т и хвосты́** separate the ore into concentrate and tailings; **разубо́живать** ~**у́** impoverish [dilute] the ore; **сортирова́ть** ~**у́ по кру́пности** grade the ore to size; **флюсова́ть** ~**у́** flux the ore
бе́дная ~ poor [low-grade, lean] ore
бога́тая ~ high-grade [rich] ore
засорённая ~ contaminated ore
кру́пная ~ bulky ore
крупнокускова́я ~ lump ore
кускова́тая ~ lumpy ore
металли́ческая ~ metallic ore
недообожжённая ~ incompletely roasted ore
неметалли́ческая ~ nonmetallic ore
необожжённая ~ raw ore
обожжённая ~ roasted ore
~ **о́лова, коренна́я** vein [lode] tin
порошкова́тая ~ powdery ore
промы́шленная ~ pay(able) ore
ры́хлая ~ friable ore
рядова́я ~ **из карье́ра** run-of-the-pit ore
рядова́я ~ **из рудника́** run-of-the-mine ore
сыра́я ~ raw ore
руде́ние *с.* (*плавки*) oreing-down (of the heat)
руди́ть *гл.* (*плавку*) ore down (the heat)
рудни́к *м.* mine
рудово́з *м.* (*судно*) ore carrier
рудодроби́лка *ж.* (*первичная*) ore breaker; (*вторичная*) ore crusher
рудоотбо́рка *ж.* ore separation
рудоотдели́тель *м.* ore separator
рудоподгото́вка *ж.* ore benefication, ore dressing, ore concentration

рудоподгото́вка
гидрометаллурги́ческая ~ hydrometallurgical ore benefication
механи́ческая ~ mechanical ore dressing
терми́ческая ~ ore roasting
рудоразбо́рка *ж.* ore sorting
ручна́я ~ hand ore sorting, hand ore picking
рудораспредели́тель *м.* ore distributor
рудоспу́ск *м.* ore chute
ружьё *с.* gun
гладкоство́льное ~ plain-barrel gun
двуство́льное ~ double-barreled gun
нарезно́е ~ rifled gun
охо́тничье, промысло́вое ~ hunting [hunter's] gun
охо́тничье, спорти́вное ~ sporting gun
рук/а́ *ж.* (*в технике*) arm □ **затя́гивать от** ~**и́** screw [draw up] finger-tight; **«рука́ми не тро́гать!»** (*предупредительная надпись*) *ав.* "no hand hold!"
~ **манипуля́тора, копи́рующая** slave arm
~ **манипуля́тора, управля́ющая** master arm
рука́в *м.* **1.** (*одежды*) arm, sleeve **2.** (*шланг для подачи жидкости, сыпучих материалов и т. п.*) hose □ **полива́ть из** ~**а** water with a hose, play a hose on ... **3.** (*заготовка, напр. из резины, полиэтилена для изготовления камер, мешков и т. п.*) tubing
арми́рованный ~ armoured [reinforced] hose
бездо́рновый ~ long-length hose
брезе́нтовый ~ canvas hose
возду́шный ~ air hose
всасывающий ~ suction hose
ги́бкий ~ flexible hose
ка́мерный ~ (*заготовка для автокамер*) inner tubing
напо́рный ~ pressure hose
пожа́рный ~ fire hose
~ **с оплёткой** braided hose
сучи́льный ~ leather hose, rubbing leather
тормозно́й ~ *ж.-д.* brake coupling pipe
руководи́тель *м.*, **нау́чный** research supervisor
руково́дство *с.* **1.** (*администрация предприятия, учреждения и т. п.*) administration, management **2.** (*осуществление руководства или надзора*) supervision **3.** (*учебное пособие или подобное издание*) manual
~ **по лётной эксплуата́ции самолётов** flight manual
~ **по ремо́нту** repair manual
~ **по ухо́ду и техни́ческому обслу́живанию** maintenance manual
~ **по эксплуата́ции** service instruction(s), operator's manual
~ **рабо́тами** work supervision
ру́копись *ж.* manuscript □ **набира́ть** ~ set up a manuscript

рукоя́тк/а *ж.* handle; (*преим. круглая*) knob; (*пистолетного типа*) (pistol-)grip; (*изогнутая под прямым углом*) crank □ **отпуска́ть** ~**у** (*выпускать из руки*) let go of the handle; (*снимать, напр. с защёлки*) release the handle; **подава́ть** ~**у «на себя́»** pull the handle back; **подава́ть** ~**у «от себя́»** push the handle forward; **потяну́ть за** ~**у** pull the handle
~ **аррети́ра** caging handle
~ **блокиро́вки** locking handle
заводна́я ~ *авто* starting handle, crank arm, hand [starting] crank
поворо́тная ~ twist grip; twist knob
пускова́я ~ *авто* starting handle, crank arm, hand [starting] crank
съёмная ~ free handle
~ **управле́ния** control handle
~ **управле́ния га́зом** throttle control handle
рукоя́ть *ж.* arm (*см. тж.* **рукоя́тка**)
~ **ковша́** (*экскаватора*) dipper stick
~ **лопа́ты** (*экскаватора*) dipper stick
рулёжка *ж.* taxiing
руле́ние *с.* taxiing
руле́тка *ж.* **1.** measuring reel, tape measure **2.** *полигр.* (swivel) graver
рули́ть *гл. ав.* taxi □ ~ **в обра́тном направле́нии по ВПП** backtrack on a runway; ~ **при попу́тном ве́тре** taxi tail to wind; **«разреша́ю рули́ть!»** (*команда диспетчера*) "you are cleared to taxi!"; **«разреши́те рули́ть?»** (*запрос с самолёта*) "request taxi clearance"
руло́н *м.* roll
бума́жный ~ paper roll, paper web
~ **полосы́** *прок.* coil of strip, strip coil □ **кантова́ть** ~ **полосы́ плашмя́** downtilt a coil; **обвя́зывать** ~ **полосы́** strap a coil; **распуши́ть** ~ **полосы́** expand [open] a coil, uncoil
~ **полосы́, однополо́сный** single coil
~ **полосы́, распушённый** (*дефект формы*) loose coil
~ **полосы́, смя́тый** crumpled coil
~ **полосы́ со скла́дками** coil with folds
~ **полосы́, составно́й** built-up coil
~ **полосы́, телескопи́ческий** telescope coil
~ **полосы́, у́зкий** slit coil
~ **холоднока́таной полосы́** cold-rolled coil
руло́норазма́тыватель *м. мет.* decoiler
рул/ь *м.* **1.** *ав.* control surface □ **обраща́ть** [**реверси́ровать**] ~**и́** cross the controls; **отклоня́ть** ~ (*без уточнения функции руля*) move a control surface; **отклоня́ть** ~**и́ непра́вильно** misapply the controls; **ста́вить** ~ **нейтра́льно** put a control surface (in the) neutral; **уде́рживать** ~**и́ в отклонённом положе́нии** hold the controls in **2.** *авто* steering wheel

3. *мор.* rudder □ **перекла́дывать ~** shift the helm

рул/ь
аэродинами́ческий ~ aerodynamic control surface
баланси́рный ~ balance(d) rudder
~ ветродвигателя wind arm
~ высоты́ *ав.* elevator □ **дава́ть [отклоня́ть] ~ высоты́ вверх** apply up elevator; **дава́ть [отклоня́ть] ~ высоты́ вниз** apply down elevator; **компенси́ровать ~ высоты́** balance the elevator; **отклоня́ть ~ высоты́** apply elevator, deflect [move] the elevator
га́зовый ~ *ркт.* gas (control-)vane, jet tab
~ глубины́ (*подводной лодки*) elevator
горизонта́льный ~ (*подводной лодки*) (diving) plane
горизонта́льный, ру́бочный ~ (*подводной лодки*) fairwater [sail] (diving) plane
~ кре́на 1. *ркт.* roll control tab 2. (*элерон*) *ав.* roll control surface
навесно́й ~ hinged rudder
~ направле́ния *ав.* rudder □ **дава́ть бо́льше ~я́ направле́ния** add (more) rudder; **дава́ть (немно́го) ~я́ направле́ния вле́во** apply (some) left rudder; **дава́ть (немно́го) ~я́ направле́ния впра́во** apply (some) right rudder; **отклоня́ть ~ (направле́ния) в обра́тном направле́нии** give [apply] opposite rudder; **отклоня́ть ~ (направле́ния) по́лностью [до отка́за]** give [apply] full rudder; **убира́ть ~ (направле́ния)** remove rudder; **уменьша́ть отклоне́ние ~я́ направле́ния** remove rudder
~ направле́ния и высоты́ (*при V-образном оперении*) rudde(r)vator
носово́й ~ (*в схеме «утка»*) *ав.* canard control
подвесно́й ~ suspended [underhung] rudder
полубаланси́рный ~ semi-balanced rudder
стру́йный ~ *ркт.* jet control, attitude(-control) [control] jet
стру́йный, возду́шный ~ *ркт.* (compressed-)air jet
стру́йный ~ высоты́ antipitch [longitudinal control] jet
стру́йный ~ направле́ния jet rudder, directional control jet
стру́йный, носово́й ~ nose-mounted control jet
стру́йный, поворо́тный ~ hinged jet
стру́йный ~ систе́мы маневри́рования manoeuvring jet
стру́йный ~ систе́мы стабилиза́ции враще́ния spin control jet
управля́емый бортово́й ~ *мор.* active roll-resisting fin

румб *м.* 1. *мор., нвг.* point of the compass □ **«на два ру́мба впра́во!»** (*команда рулевому*) "right two points!", **«свет полтора́ ру́мба спра́ва по но́су!»** (*команда рулевому*) "light a point and a half on starboard bow!" 2. *геод.* bearing (*Примечание. В СССР принята следующая запись румба; пример*: ЮЗ : 47°; СВ : 54°, *за рубежом соответственно* — S 47° W; N 54° E) □ **~ отсчи́тывается к восто́ку** *или* **за́паду от се́верного** *или* **ю́жного конца́ меридиа́на** the bearing of a line is read east *or* west of the north *or* south end of the meridian; **~ — э́то у́гол, соста́вленный ли́нией с меридиа́ном** the bearing of a line is the angle it makes with the meridian

румб
гла́вный ~ cardinal point of the compass
четвертно́й ~ quadrantal point of the compass

румбатро́н *м.* rhumbatron
ру́мпель *м. мор.* tiller
ру́пор *м.* horn
бикони́ческий ~ biconical horn
коаксиа́льный ~ coaxial horn
кони́ческий ~ conical horn
отража́тельный ~ reflex horn
пирамида́льный ~ pyramidal horn
Е-плоскостно́й ~ E-plane horn
Н-плоскостно́й ~ H-plane horn
прямоуго́льный ~ rectangular horn
секториа́льный ~ sectoral horn
экспоненциа́льный ~ exponential horn

ру́сло *с.* (river) bed, course
~ кана́ла canal bed
ру́сма *ж. кож.* rhusma
ру́ст(ика) *м.* rustic, bossage
русто́вка *ж.* rustic masonry
руте́ний ruthenium, Ru
рути́л *м.* rutile
руче́й *м.* 1. (*валка*) *прок.* groove □ **~ валка́ забива́ется** the groove chokes; **~ валка́ незапо́лнен** the groove is underfilled; **заполня́ть ~ валка́** fill the groove; **переполня́ть ~ валка́** overfill the groove 2. (*машины непрерывной разливки стали*) strand
~ на бараба́не лебёдки ли́фта winding drum groove
теребильный ~ (*льнотеребилки*) pulling throat, pulling channel
~ убо́рочной маши́ны working channel
~ шта́мпа (die) impression
~ шта́мпа, заготови́тельный roughing impression
~ шта́мпа, чистово́й finishing impression

ру́чк/а *ж.* handle, grip; (*круглая*) knob
дверна́я ~ door handle; (*круглая*) door knob
~ для перено́ски carrying handle
заводна́я ~ starting handle, hand [starting] crank
~ настро́йки *рад.* tuning knob
~ приво́да (*напр. рубильника, выключателя*) operating handle

ру́чк/а
~ рулево́го управле́ния (*самолёта*) control column, control stick □ **бро́сить ~у рулево́го управле́ния** abandon the control column

ру́шить *гл.* 1. (*ломать*) wreck; (*здание*) pull [tear] down 2. (*зерно*) hull
ры́б/а *ж.* fish □ **глуши́ть ~у** stun fish; **набива́ть ~у в консе́рвные ба́нки** stuff cans with fish, stuff fish in cans; **обезгла́вливать ~у** (*при разделке*) decapitate [head] fish; **потроши́ть ~у** gut fish
ры́бина *ж.* 1. (*в трюме*) batten 2. (*на теоретическом чертеже судна*) diagonal (line), ribband line
ры́бинс *м. мор.* batten; *мн.* sparring
трю́мный ~ cargo [hold, sparring] batten
ры́бка *ж. кож.* back, crop
рыбово́дство *с.* fish culture, fish farming, pisciculture
прудово́е ~ pond pisciculture
рыболо́вство *с.* fishery
промы́шленное ~ commercial fishery
рыболока́тор *м.* fish finder
рыбонасо́с *м.* fish pump
рыбоохра́на *ж.* fish conservancy, fish protection
рыбопереработ́ка *ж.* fish processing
рыбоподъёмник *м.* fish elevator
рыборе́зка *ж.* fish cutter
рыбосуши́лка *ж.* fish drier
рыбохо́д *м.* fishway, fish chute, fish-pass, fish ladder, fish passing facility
рыбочи́стка *ж.* fish scaling machine, fish scaler, descaling machine
рыв/о́к *м.* dash, jerk, jump, kick □ *что-л.* **рабо́тает ~ка́ми** *smth.* is jerky, *smth.* moves in a series of short jumps
рым *м.* eye, ring
букси́рный ~ towing eye
подъёмный ~ hoisting [lifting] eye, hoisting ring
рым-болт *м.* eye [ring] bolt
ры́скание *с.* 1. (*транспортного средства*) yaw(ing) 2. (*подвижной системы — вокруг положения равновесия или требуемой точки*) hunting
ры́скать *гл.* 1. (*о транспортном средстве*) yaw 2. (*о подвижной системе — колебаться вокруг заданного положения*) hunt
рыскли́вость *ж.* (*судна*) ardency, yawing
ры́твина *ж.*, **доро́жная** pot hole
рыть *гл.* dig
рытьё *с.* digging
рыхле́ние *с. с.-х.* loosening, ripping
рыхли́тель *м.* 1. (*добавка к материалу*) expander 2. (*землеройная машина*) ripper
~ земснаря́да agitator
~ земснаря́да, фре́зерный cutter head
рыхли́ть *гл.* (*почву*) loosen, rip

ры́хлость *ж.* **1.** *кож.* sponginess **2.** *мет.* porosity
~ ве́рхней ча́сти (*слитка*) spongy top
уса́дочная ~ *мет.* shrinkage pipe
рыхлота́ *мет.* microporosity, shrinkage porosity
рыча́г *м.* **1.** lever **2.** (*действие или усилие, создаваемые рычагом*) leverage, purchase
~ второ́го ро́да lever of the second order
двупле́чий ~ bell-crank
заводно́й ~ *кфт.* shutter tensioning [cocking] lever
~ пе́рвого ро́да lever of the first order
~ регулиро́вки натяже́ния (*в устройствах на магнитных дисках*) *вчт.* tension arm
спусково́й ~ *кфт.* (shutter) release lever
~ съёма (*в устройствах на магнитных дисках*) *вчт.* access arm
тормозно́й ~ brake lever, brake arm
углово́й ~ angle [bell-crank] lever
упо́рный ~ thrust lever
~ управле́ния control [operating] lever □ **фикси́ровать положе́ние ~а́ управле́ния по загру́зке [по величине́ уси́лия]** *ав.* obtain indication of control positions by feel
рычажо́к *м.* lever, arm
рэн *м. см.* **рен**
рюкза́к *м.* knapsack
рябизна́ *ж. прок.* pitted surface
рябь *ж.* (*на слитке*) ripples, rippled surface; (*на шлифованной детали*) feed lines
звукова́я ~ acoustic ripple
ряд *м.* **1.** (*расположение предметов в пространстве*) row □ **располага́ть в ~** arrange in a row *пример*: **кре́сла располо́жены по, *напр.* де́вять в ~** the chairs are (arranged), *e.g.*, nine abreast **2.** (*некоторое число*) number □ **э́та идея выдвига́лась ~ом иссле́дователей** this idea has been advanced by a number of investigators **3.** *мат.* series □ **иссле́довать ~ на сходи́мость** examine [test] a series for convergence; **разложи́ть в ~** expand into a series; **разложи́ть, *напр.* в ~ Те́йлора** take, *e.g.*, a Taylor series expansion; **разложи́ть фу́нкцию, *напр.* в ~ Те́йлора** expand a function by, *e.g.*, its Taylor series expansion; **усека́ть ~** truncate a series
~ акти́ния actinium series
~ актиноура́на uranium-actinium series
бесконе́чный ~ infinite series
биномиа́льный ~ binomial series
вариацио́нный ~ variational series
временно́й ~ time series
гармони́ческий ~ harmonic progression
геометри́ческий ~ geometric progression

ряд
~ и́мпульсов pulse train
~ кирпи́чной кла́дки course of brickwork
~ кирпи́чной кла́дки, выра́внивающий levelling course of brick-work
~ кирпи́чной кла́дки, кресто́вый broken course of brickwork
~ кирпи́чной кла́дки, ложко́вый course of stretcher brickwork
~ кирпи́чной кла́дки, ни́жний base course of brickwork
коне́чный ~ finite series
мажори́рующий ~ dominant series
масшта́бный ~ *карт.* succeeding scales
~ напряже́ний electromotive series
~ непту́ния neptunium series
пе́тельный ~ *текст.* course
радиоакти́вный ~ radioactive series, radioactive [decay] chain
~ ра́дия radium series
~ раствори́мости solubility series
расходя́щийся ~ divergent series
степенно́й ~ power series
сходя́щийся ~ convergent series
термоэлектри́ческий ~ thermoelectric series
~ то́рия thorium series
~ триангуля́ции *геод.* (triangulation) chain, triangulation strip
тригонометри́ческий ~ trigonometric(al) series
~ ура́на uranium series
~ черепи́цы course of roof tile
числово́й ~ number [numerical] series
электрохими́ческий ~ electrochemical [electromotive] series
рядно́ *с.* sackcloth
ряж *м.* crib, cribwork
деревя́нный ~ timber crib

С

саги́тта *ж.* (*стрела прогиба дуги*) sagitta
сад *м.* garden
сади́ться *гл.* **1.** sit down, take a seat **2.** (*на транспортное средство*) board (*e.g., a ship*), embark **3.** (*об аккумуляторе*) run down **4.** (*о самолёте*) land **5.** (*о ткани*) shrink
са́дк/а *ж.* (*печи*) *мет.* charge, heat □ **набира́ть ~у** build up a charge; **производи́ть ~у, *напр.* загото́вок в нагрева́тельную печь** charge, *e.g.*, a heat of bars in a reheating furnace
~ вина́ wine distillation
жи́дкая ~ molten charge
~ ко́жи brittle grain
~ отпускно́й пе́чи tempering charge
садо́к *м.* **для ры́бы** fishing-crib
са́ж/а *ж.* **1.** (*продукт неполного сгорания*) soot **2.** (*сырьё для технологических процессов*) (carbon) black □ **гранули́ровать ~у в ока́тыши** pelletize (carbon) black; **~ комку́ется** (carbon) black (forms) cakes; **прессова́ть ~у** compress (carbon) black; **собира́ть ~у** (*в процессе производства*) collect (carbon) black
са́ж/а
бе́лая ~ (*аморфный кремнезём*) white black, silica white, synthetic white reinforcing filler
кана́льная ~ channel [impingement] black □ **кана́льная ~ получа́ется при непо́лном сгора́нии в диффузио́нном пла́мени** channel black is made by partial combustion in an (open) diffusion flame
печна́я ~ furnace black □ **печна́я ~ получа́ется при непо́лном сгора́нии в турбуле́нтном пла́мени** furnace black is made by incomplete combustion in a turbulent flame
терми́ческая ~ thermal black □ **терми́ческая ~ получа́ется при разложе́нии (га́за) без до́ступа во́здуха** thermal black is made by thermal decomposition in absence of air
сажа́лка *ж.* planter, plant setter
сажа́ть *гл.* plant
са́женец *м.* seedling
сажесдува́тель *м.* soot blower
сала́зки *мн.* (*для установки полустационарного оборудования*) sleds
~ направле́ний *афс.* direction slide
~ паралла́ксов *афс.* parallax slide
~ револьве́рного су́ппорта turret carriage
резцо́вые ~ tool slide
~ сиде́нья seat slide, seat rail
спусковы́е ~ *мор.* launching cradle
~ су́ппорта carriage saddle
са́линг *м. мор.* topmast crosstree
сало́н *м.* **самолёта** cabin
салото́пка *ж.* tallow-boilery, fat-melting [fat-rendering] plant
са́льник *м.* gland □ **набива́ть ~** pack a gland
башма́чный ~ (*нефтяной скважины*) bottom hole packer
водопло́тный ~ stuffing box, water-tight gland
дейдву́дный ~ *мор.* stern-tube gland, stern-tube stuffing box
жидкоплo̐тный ~ stuffing box, watertight gland
ка́бельный ~ cable gland
перебо́рочный ~ *мор.* bulkhead stuffing box
сама́н *м. стр.* straw brick
сама́рий *м.* samarium, Sm
самоблоки́рование *с. см.* **самоблокиро́вка**
самоблокиро́вк/а *ж.* (*реле*) (*механическая*) self-latching action, self-latching feature; (*немеханическая*) self-locking action, self-locking feature □ **реле́ стано́вится на ~у** the relay locks itself [locks in], the relay latches itself [latches up]
самовентиля́ция *ж.* self-ventilation; *тепл.* self-aeration
самовозбужда́ться *гл.* **1.** self-excite, be self-excited **2.** break into (un-

wanted) oscillation(s), generate (unwanted) oscillation(s)

самовозбужде́ние *с.* 1. (*нормальное состояние*) self-excitation 2. (*нежелательное состояние*) (generation of) unwanted [parasitic] oscillation(s) □ **подавля́ть ~** suppress unwanted [parasitic] oscillation(s); **предупрежда́ть ~** inhibit unwanted [parasitic] oscillation(s)
~ (*раскачка*) **колеба́ний** build-up of oscillation(s)

самовозвра́т *м.* self-reset

самовозгора́ние *с.* self-ignition

самовоспламене́ние *с.* self-ignition, autoignition

самовосстана́вливаемость *ж.* self-restorability

самовосстановле́ние *с.* self-recovery

самовраще́ние *с. ав.* autorotation; (*воздушного винта*) windmilling

самовулканиза́ция *ж.* self-vulcanization, self-curing

самовыздора́вливание *с.* **бето́на** autogenous healing [self-healing abilities] of concrete

самовыра́внивание *с.* self-regulation

самогаше́ние *с.* self-quenching

самоде́йствие *с.* self-action, self-force

самодиффу́зия *ж.* self-diffusion

самодокова́ние *с.* self-docking

самозака́лка *ж.* self-hardening

самозата́чивание *с.* self-sharpening

самоизлуче́ние *с.* spontaneous radiation

самоиндукти́вность *ж.* self-inductance

самоинду́кция *ж.* self-induction

самоинтерфере́нция *ж.* self-interference

самоиониза́ция *ж.* self-ionization, autoionization

самоиспаре́ние *с.* self-evaporation

самоканализа́ция *ж.* self-trapping

самоконтро́ль *м. вчт.* self-test, self-check □ **«включи́ть самоконтро́ль!»** (*команда*) "self-test initiate!"

самокорре́кция *ж.* self-correction

самолёт *м.* (*в соответствии с определением ИКАО*) *англ.* aeroplane; *амер.* airplane (*Примечание. Согласно ИКАО* aircraft — летательный аппарат, вертолёт *и др.*, *не подпадающие под термин* самолёт.) □ **аттесто́вывать ~ по шу́му** certificate an aeroplane for noise; **вводи́ть ~ в вира́ж** roll an aeroplane into a (banked) turn; **вести́ ~** (*о штурмане*) navigate [guide] an aeroplane; **вы́весить ~ над землёй** hold the aeroplane off the ground; **выводи́ть ~ из стро́я** disable an aeroplane, put an aeroplane out of operation [out of service]; **выра́внивать ~** (*переводить в горизонтальный полёт*) level an aeroplane; (*при посадке*) flare out an aeroplane; **заправля́ть ~ горю́чим** fuel an aeroplane; **зару́ливать ~ на стоя́нку** taxi an aeroplane to the parking area; **испы́тывать ~ в во́здухе** test-fly [fly-test] an aeroplane; **кача́ть ~ с крыла́ на крыло́** rock an aeroplane; **~ лёгок в управле́нии** the aeroplane handles well [is responsive]; **~ нахо́дится в во́здухе** the aeroplane is [becomes] airborne; **облётывать но́вый ~** fly out a new aeroplane; **~ обору́дован, *напр.* автомати́ческим радиоко́мпасом** the aeroplane carries, *e.g.*, an ADF; **опознава́ть (национа́льную принадле́жность) ~(а)** identify an aeroplane; **оставля́ть ~ в авари́йной ситуа́ции** escape from an aeroplane in an emergency; **~ отлета́ет, *напр.* в 13 ч 50 мин** the aeroplane departs at, *e.g.*, 1350 hours; **отправля́ть ~ на второ́й круг** send an aeroplane around; **~ отрыва́ется от земли́** (*при взлёте*) the aeroplane breaks ground; **отрыва́ть ~ от земли́** (*при взлёте*) lift [take] an aeroplane off the ground; **переобору́довать ~** (*напр. военный в гражданский*) convert an aeroplane; **пилоти́ровать ~** fly [handle] an aeroplane; **покида́ть ~** (*об экипаже*) abandon an aeroplane; **~ прибыва́ет, *напр.* в 16 ч 15 мин** the aeroplane arrives at 1615 hours; **~ разби́лся** the aeroplane crashed; **развора́чивать ~ по ве́тру** turn an aeroplane downwind; **развора́чивать ~ про́тив ве́тра** turn an aeroplane into the wind; **сажа́ть ~** land an aeroplane; **сажа́ть ~ по ве́тру** land an aeroplane downwind; **сажа́ть ~ про́тив ве́тра** land an aeroplane into the wind; **сажа́ть ~ с недолётом *или* с перелётом** land an aeroplane short *or* long; **~ сбаланси́рован в, *напр.* прямолине́йном полёте** the aeroplane is in trim for, *e.g.*, straight flight; **снима́ть ~ с эксплуата́ции** withdraw [remove] an aeroplane from service; **~ соверши́л авари́йную поса́дку** the aeroplane crash-landed; **ста́вить ~ на коло́дки** chock an aeroplane; **~ те́рпит бе́дствие** the aeroplane is in distress; **~ удовлетворя́ет всем тре́бованиям норм лётной го́дности** the aeroplane is fully airworthy; **устана́вливать *что-л.* на ~е** install *smth.* in an aeroplane [on board an aeroplane]; **швартова́ть ~** tie down an aeroplane

самолёт
аэрофотосъёмочный ~ photographic (survey) aeroplane
беспило́тный ~ drone
~ вертика́льного взлёта vertical take-off [VTO] aeroplane
~ вертика́льного взлёта и поса́дки [СВВП] vertical take-off and landing [VTOL] aeroplane
винтово́й ~ propeller(-driven) aeroplane
вое́нный ~ military aeroplane
высо́тный ~ high-altitude aeroplane
гиперзвуково́й ~ hypersonic aeroplane

самолёт
гражда́нский ~ civil aeroplane
грузово́й ~ cargo(-type) aeroplane
дозвуково́й ~ subsonic aeroplane
~ о́бщего назначе́ния general-purpose aeroplane
пассажи́рский ~ passenger aeroplane
пожа́рный ~ fire aeroplane
поршнево́й ~ piston-engined aeroplane
реакти́вный ~ jet aeroplane
санита́рный ~ air ambulance
~ с большо́й да́льностью полёта long-range aeroplane
сверхзвуково́й ~ supersonic aeroplane
~ с высо́кими лётными характери́стиками high-performance aeroplane
~ с двойны́м управле́нием dual-control aeroplane
сельскохозя́йственный ~ agricultural aeroplane
сери́йный ~ production aeroplane
~ с двумя́ дви́гателями twin-engine aeroplane
~ с колёсным шасси́ wheeled aeroplane
~ с крыло́м изменя́емой геоме́трии variable-geometry aeroplane
~ с лы́жным шасси́ skiplane
~ со стрелови́дным крыло́м swept-winged aeroplane
~ с поворо́тным крыло́м tilt-wing aeroplane
~ с поплавко́вым шасси́ float seaplane
спорти́вный ~ sporting aeroplane
~ с треуго́льным крыло́м delta-wing aeroplane
~ с укоро́ченными взлётом и поса́дкой short take-off and landing [STOL] aeroplane
сухопу́тный ~ landplane, land(-based) aeroplane
~ с шасси́ на возду́шной поду́шке ground-effect [air-cushion] take-off and landing aeroplane
~ ти́па «лета́ющее крыло́» flying wing
~ ти́па «у́тка» canard(-type aeroplane)
тра́нспортный ~ transport (aeroplane)
тра́нспортный, сверхзвуково́й ~ supersonic transport, SST
турбовинтово́й ~ turbo-prop aeroplane
турбореакти́вный ~ turbo-jet aeroplane
уче́бно-трениро́вочный ~ trainer (aeroplane)
уче́бный ~ school [basic trainer] aeroplane
цельнодеревя́нный ~ all-wood aeroplane
цельнометалли́ческий ~ all-metal aeroplane

самолёт-амфи́бия *м.* amphibian (aeroplane)

самолёт-буксиро́вщик *м.* tow(ing) aeroplane
самолёт-запра́вщик *м.* tanker aeroplane
самолётовожде́ние *с.* navigation of aeroplanes, aeronavigation, avigation
визуа́льное ~ operation [flying] under VFR
~ по назе́мным ориенти́рам pilotage
самолёт-опы́ливатель *м.* dusting aeroplane
самолётострое́ние *с.* aircraft industry, aircraft manufacture
самолёт-прототи́п *м.* prototype aeroplane
самомодуля́ция *ж.* self-modulation
самомульчи́рование *с.* self-mulching
самонагре́в *м.* (*напр. угля при хранении*) spontaneous heating
самонагружа́тель *м.* self-loader
самонакла́д *м.* *полигр.* (automatic) feeder, feeding apparatus
самообду́вка *ж.* self-cleaning
самообжига́ние *с.* self-baking
самооблуче́ние *с.* self-irradiation
самообраще́ние *с.* (*спектральных линий*) self-reversal
самообслу́живание *с.* self-service
самоокисле́ние *с.* spontaneous oxidation
самоориенти́рование *с.* *геод., топ.* self-alignment
самоориенти́роваться *гл.* (*напр. о колесе, роликах и т. п.*) castor
самоосветле́ние *с.* self-clarification
самоосуше́ние *с.* self-drainage
самооткрыва́ние *с.* **ключа́** *элн.* sticking of a gate
само́отпуск *м.* self-tempering
самоохлажде́ние *с.* self-cooling
самоочи́стка *ж.* self-cleaning
самопи́сец *м.* recorder
ана́логовый ~ analog recorder
бараба́нный ~ drum recorder
бортово́й ~ airborne recorder
двухкоордина́тный ~ XY-recorder
дискре́тный ~ digital recorder
знакопеча́тающий ~ printing recorder
ле́нточный ~ (*на диаграмму ленточного типа*) strip-chart recorder
магни́тный ~ magnetic recorder
многоперьево́й ~ multipen recorder
многото́чечный ~ multiple point recorder
~ с кру́глой диагра́ммой circular-chart recorder
~ с прямо́й за́писью direct-writing recorder
~ с сервопри́водом servo-operated recorder
черни́льный ~ pen [(pen-and-)ink] recorder
электри́ческий ~ electrical recorder
электро́нный ~ electronic recorder
самопоглоще́ние *с.* self-absorption
самоподава́тель *м.* self-feeder
самопроизво́льность *ж.* spontaneity
самопу́ск *м.* **1.** (*действие*) self-start **2.** (*устройство*) self-starter
саморазложе́ние *с.* spontaneous decomposition
саморазмагни́чивание *с.* self-demagnetization
саморазогре́в *м.* self-heating
саморазогрева́ние *с.* self-heating
саморазря́д *м.* (*естественный, нормальный*) standing loss, self-discharge; (*ускоренный*) local action
~ аккумуля́тора standing loss [local action] of a cell
есте́ственный ~ (*аккумуляторной батареи*) self-discharge
уско́ренный ~ (*аккумуляторной батареи*) local action
самораскисле́ние *с.* self-deoxidation
самораспростране́ние *с.* self-propagation
саморассе́яние *с.* self-scattering
саморегули́рование *с.* self-regulation
саморо́д/ок *м.* native metal ◻ **встреча́ться в ви́де ~ков** occur native
~ зо́лота gold nugget
самосва́л *м.* dump truck
~ с разгру́зкой вбок side dump truck
~ с разгру́зкой на две сто́роны two-way dump truck
~ с разгру́зкой наза́д rear-dump truck
~ с разгру́зкой на три сто́роны three-way dump truck
самосинхрониза́ция *ж.* **1.** (*параллельно работающих генераторов*) *эл.* self-synchronization **2.** *элн.* (*видов колебаний*) self-locking; (*какого-л. процесса*) self-timing
самосма́зка *ж.* self-oiling, self-lubrication
самосовпаде́ние *с.* self-coincidence
самоспаса́ние *с.* *горн.* self-rescuing
самоспаса́тель *м.* *горн.* self-rescuer, escape (breathing) apparatus
самостолкнове́ние *с.* self-collision
самостя́гивание *с.* **разря́да** pinch-effect, pinching
самота́ска *ж.* drag conveyer
самотёк *м.* gravity flow ◻ **~ом** by gravity
самотя́га *ж.* chimney effect
самоугаса́ние *с.* **дуги́** self-extinction of arc
самоуплотне́ние *с.* self-packing, self-sealing
самоустановле́ние *с.* self-adjustment, self-alignment
самоусто́йчивость *ж.* autostability
самофазиро́вка *ж.* autophasing
самофокусиро́вка *ж.* self-focusing
самохо́д *м.* (*самоходная подача в станке*) power feed
попере́чный ~ cross power feed
продо́льный ~ longitudinal power feed
самоцентри́рование *с.* self-centering (action)
санатро́н [**санаци́рованный фантастро́н**] *м.* sanatron
са́ни *мн.* sledge, sleigh
трелёвочные ~ yarding sledge
санитари́я *ж.* sanitation
производственная ~ industrial sanitation
санкаби́на *ж.* *стр.* bathroom-and-lavatory prefab(ricated) box unit
санпропускни́к *м.* disinfestation post
санте́хника *ж.* **1.** (*отрасль*) sanitary engineering **2.** (*сантехнические приборы*) plumbing fixture(s), hygiene [bathroom-and-lavatory] equipment
са́нти- (*десятичная дольная приставка для единиц измерения: 1/100 единицы*) centi-
сантиме́тр *м.* centimeter
сантипуа́з *м.* centipoise
сантисто́кс *м.* centistokes
сапу́н *м.* breather
~ ка́ртера crankcase breather
сапфи́р *м.* sapphire
САР [**систе́ма автомати́ческого регули́рования**] automatic control system of the regulator(y) type
сара́й *м.* barn
сателли́т *м.* **1.** (*зубчатое колесо планетарной передачи*) planet pinion, satellite gear **2.** (*спектральная линия*) satellite
~ дифференциа́ла differential (spider) pinion
сатини́рование *с.* satining, satin finish
сатура́тор *м.* carbonator
сатура́ция *ж.* carbonation, carbonization
сатури́рование *с.* carbonation, carbonization
САУ [**систе́ма автомати́ческого управле́ния**] automatic control system
сафья́н *м.* *кож.* morocco
са́хар *м.* sugar ◻ **извлека́ть ~ из свёклы** extract sugar from the beet; **рафини́ровать ~** refine sugar
виногра́дный ~ grape sugar, glucose
древе́сный ~ wood sugar
жёлтый ~ brown sugar
инве́ртный ~ invert sugar
плодо́вый ~ fruit sugar, fructose, levulose
солодо́вый ~ brewing sugar
фрукто́вый ~ fruit sugar, fructose, levulose
сахариме́тр *м.* saccharimeter
сахариме́трия *ж.* saccharimetry
сахари́н *м.* saccharin
сахари́стость *ж.* sucrose percentage, sugar content
са́хар-песо́к *м.* granulated sugar
са́хар-рафина́д *м.* refined sugar
са́хар-сырéц *м.* raw sugar
сбег *м.* *лес.* rise, taper(ing)
сбе́жистость *ж.* *лес.* taperingness
сберега́ть *гл.* conserve, save
сбереже́ние *с.* **обору́дования** care [upkeep] of the equipment
~ обору́дования, плохо́е abuse of the equipment
сбив *м.* **ока́лины** descaling

сбива́ть *гл.* **1.** (*отделять ударами, сшибать*) knock [strike] down **2.** (*скреплять гвоздями*) nail together **3.** (*масло*) churn (butter)
сби́вка *ж.* **нуля́** (*в сельсинах*) anti-stickoff
сближа́ть *гл.* draw [bring] together
сближа́ться *гл.* close in (on); (*сходиться*) converge
сближе́ние *с.* **1.** (*схождение*) convergence **2.** (*космических кораблей*) rendezvous
~ кро́вли и по́чвы *горн.* convergence of roof and floor
~ меридиа́нов grid convergence, grid declination
сближённость *ж.* **пласто́в** *горн.* closeness of seams
сбой *м.* **1.** (*нарушение работы объекта в результате отказа в схеме, напр. короткого замыкания, обрыва провода и т. п.*) malfunction **2.** (*состояние, возникающее в результате попытки выполнения неверной команды или обработки неверных данных*) error □ **исправля́ть ~** recover from an error (condition); **обраба́тывать ~** handle an error
аппара́тный ~ *вчт.* hardware error
~ по контро́льной су́мме *вчт.* check sum failure
~ систе́мы system failure
случа́йный ~ random failure
сбо́йка *ж. горн.* connection
сбо́лчивать *гл.* bolt together
сбор *м.* **1.** (*совокупность частей, узел*) assembly, assemblage □ **в ~е** as an assembly, as a unit; **двигатель устана́вливается в ~е** the engine is installed as a unit; **объекти́в в ~е** lens assembly **2.** (*общее количество чего-л. собранного*) yield **3.** (*собирание*) gathering
ва́ловой ~ total [gross] yield
ге́рбовый ~ *эк.* stamp duty
~ ло́ма *мет.* scrap picking
тамо́женный ~ customs duty
~ урожа́я harvest(ing)
сбо́рка *ж.* **1.** (*соединение частей, механизмов, узлов*) assembly, erection □ **~ выполня́ется в поря́дке, обра́тном разбо́рке** (the procedure for) assembly is the reverse of (the procedure for) disassembly; **~ (осуществля́ется) в обра́тном поря́дке** reassemble in reverse order **2.** (*узел, агрегат*) assembly, assemblage
~ дета́лей загото́вки *кож.* upper fitting
заводска́я ~ factory [shop] assembly
~ зажи́мов terminal block
клеева́я ~ *кож.* adhesive fitting
~ листо́в в паке́т (*при прокатке пакетом*) matching of sheet (*in pack rolling*)
~ маши́н, о́бщая final assembly
~ маши́н, пото́чная progressive assembly

сбо́рка
~ маши́н при по́лной взаимозаменя́емости дета́лей interchangeable (method of) assembly
~ маши́н, селекти́вная selective assembly
~ маши́н с подбо́ром дета́лей matched-parts assembly
~ маши́н, узлова́я component assembly
монта́жная ~ field assembly
~ на орби́те (*стыковка, монтаж КЛА или их частей*) orbital assembly, orbital [in-orbit] assembling
~ под сва́рку fit-up
предвари́тельная ~ preassembly
ши́нная ~ *эл.* busbar assembly
сбо́рник *м.* collector, receiver
~ конденса́та hotwell
сбо́рность *ж.* **строи́тельства** prefabricability of construction
сбо́рщик *м.* assembler, erector, fitter
сбра́живание *с.* fermentation
сбра́живать *гл.* ferment
сбра́сывание *с.* (*уменьшение, освобождение от чего-л.*) release; shedding
авари́йное ~ *ав.* jettisoning
~ балла́ста release of ballast
~ льда провода́ми (*линии передачи и т. п.*) ice shedding by conductors
~ нагру́зки (*в энергетике*) load shedding
принуди́тельное ~ *ав.* jettisoning
сбра́сыватель *м.* (*отцепляющее или разъединяющее устройство*) release (mechanism)
~ конве́йера tripper
плужко́вый ~ (*ленточного конвейера*) diagonal [V] plough
сбра́сывать *гл.* **1.** (*разгружать*) dump, discharge **2.** (*вызывать уменьшение чего-л., уменьшать, освобождать от крепления и т. п.*) release □ **~ газ** (*уменьшать обороты двигателя*) throttle back (the engine); **~ давле́ние** release [throw off] pressure; **~ запомина́ющее устро́йство** clear [reset] a storage (device); **~ нагру́зку** (*в энергетике*) shed a load; **~ объе́кт наблюде́ния** *рлк.* reject a target; **~ счётчик** *вчт.* clear [reset] a counter **3.** (*с какой-л. поверхности*) throw off
сброс *м.* **1.** (*разгрузка*) dump(ing), discharge **2.** (*уменьшение, освобождение от чего-л.*) release; reset; shedding **3.** (*с какой-л. поверхности*) throw-off **4.** *гидр.* discharge
~ отходя́щих га́зов disposal of waste gases, waste-gas disposal
сбыт *м. эк.* marketing □ **наблюда́ется рост ~а** sales are picking up
сваб *м. нефт.* swab
свабиро́вание *с. нефт.* swabbing
сваевыдёргиватель *м.* pile puller
сва́йка *ж.* (*инструмент для такелажных работ*) hand fid, (splicing-)fid

сва́ливани/е *с.* **1.** (*выгрузка*) dumping **2.** (*самолёта на крыло*) stall □ **гаси́ть ско́рость до ~я** slow down to stall; **попада́ть в режи́м ~я** go into a stall; **предупрежда́ть ~** avert the stall; **прекраща́ть ~** stop the stall **3.** □ **~ в ку́чу** heaping
сва́ливаться *гл.* **1.** (*падать*) drop, fall **2.** (*о самолёте*) stall (out)
сва́лка *ж.* dump, dumping ground
сва́риваемость *ж.* **1.** *св.* weldability **2.** *кож.* shrinking property
сва́ривание *с.* **1.** *св.* welding **2.** *кож.* shrinkage, scalding, shrinking process
сва́ривать *гл.* weld (together) □ **~ в ве́рхнем положе́нии** weld overhead; **~ внахлёстку** lap-weld; **~ в ни́жнем положе́нии** 1. (*стыковые швы*) weld downhand, weld flat 2. (*угловые швы*) (*одна деталь — вертикальна, другая — горизонтальна*) weld in the horizontal position; (*обе детали под углом к горизонтали — «в лодочку»*) weld in the gravity position; **~ встык** butt-weld; **~ встык при шо́вной сва́рке** butt-seam-weld; **~ встык с накла́дкой при шо́вной сва́рке** bridge-seam-weld, make a bridge-seam weld; **~ встык с оплавле́нием** flash-butt-weld; **~ га́зовой сва́ркой** gas-weld; **~ дугово́й сва́ркой** arc-weld; **~ по пери́метру** weld all around; **~ преры́вистым ро́ликовым швом** stitch-weld; **~ про́бный шов** make a practice [sample, trial] weld; **~ релье́фной сва́ркой** projection-weld; **~ то́чечной сва́ркой** spot-weld; **~ шо́вной сва́ркой** seam-weld
сва́рк/а *ж.* welding □ **вести́ ~у** conduct the welding operation; **возобновля́ть ~у** (*после перерыва*) pick up the welding; **поддаю́щийся ~е** weldable; **прерыва́ть ~у** break off the welding; **приго́дный для ~и** weldable
автомати́ческая ~ automatic [machine] welding
арго́но-дугова́я ~ argon-arc welding
а́томно-водоро́дная ~ atomic-hydrogen welding
ацетиле́новая ~ oxy-acetylene welding
~ без расплавле́ния основно́го мета́лла nonfusion welding
ве́рхняя ~ overhead welding
~ взры́вом explosion welding
вибродугова́я ~ short-circuited arc welding
~ в контроли́руемой атмосфе́ре controlled-atmosphere welding
~ в ло́дочку gravity position welding
~ внахле́стку lap welding
~ в ни́жнем положе́нии down-hand [flat] welding
водоро́дно-кислоро́дная ~ oxyhydrogen welding

сва́рк/а

~ **вольфра́мовым электро́дом в га́зовой среде́** gas-tungsten arc [GTA] welding
~ **вразбро́с** skip [wandering] sequence welding
~ **встык** butt welding
высокочасто́тная ~ high-frequency welding
га́зовая ~ gas welding
газопре́ссовая ~ pressure-gas welding
~ **го́лым электро́дом** bare-electrode welding
~ **давле́нием** pressure welding
диффузио́нная ~ diffusion welding
дугова́я ~ (electric) arc welding
дугова́я ~ **в защи́тных га́зах** gas-shielded arc welding
дугова́я ~ **в ине́ртном га́зе** inert gas arc welding
дугова́я ~ **в среде́ ге́лия** helium arc welding
дугова́я ~ **в среде́ углеки́слого га́за** CO_2-shielded arc welding
дугова́я ~ **закры́той дуго́й** hidden arc welding
дугова́я, и́мпульсная ~ pulsed [controlled-transfer] arc welding
дугова́я ~ **короткоза́мкнутой дуго́й** dip-transfer arc welding
дугова́я ~ **металли́ческим электро́дом** metallic arc welding
дугова́я ~ **ме́тодом опира́ния** (*электрода*) contact arc welding
дугова́я ~ **накло́нным электро́дом** deck arc welding
дугова́я ~ **непла́вящимся электро́дом** nonconsumable-electrode arc welding
дугова́я ~ **откры́той дуго́й** open-arc welding
дугова́я ~ **пла́вящимся электро́дом** consumable-electrode arc welding
дугова́я ~ **под флю́сом** submerged arc welding
дугова́я ~ **покры́тым электро́дом** covered-electrode arc welding
дугова́я, ручна́я ~ manual arc welding
дугова́я ~ **сжа́той дуго́й** constricted arc welding
дугова́я ~ **у́гольным электро́дом** carbon arc welding
~ **каска́дом** cascade welding
конта́ктная ~ resistance welding
конта́ктная ~ **запасённой эне́ргией** stored-energy [energy-storage] resistance welding
конта́ктная, индукцио́нная ~ induction resistance welding
конта́ктная, конденса́торная ~ capacitor stored-energy [capacitance energy-storage] resistance welding
конта́ктная ~ **оплавле́нием с оса́дкой под то́ком** flash-upset resistance welding
конта́ктная, релье́фная ~ projection resistance welding
конта́ктная, ро́ликовая ~ seam resistance welding
конта́ктная, ро́ликовая ~ **встык с накла́дкой** bridge resistance welding
конта́ктная, ро́ликовая ~ **продо́льным швом** longitudinal seam resistance welding
конта́ктная, стыкова́я ~ butt resistance welding
конта́ктная, стыкова́я ~ **оплавле́нием** flash-butt resistance welding
конта́ктная, стыкова́я ~ **сопротивле́нием** upset butt resistance welding
конта́ктная, то́чечная ~ resistance spot welding
конта́ктная, то́чечная односторо́нняя ~ indirect resistance welding
конта́ктная, шо́вная ~ seam resistance welding
конта́ктная, шо́вная попере́чная ~ circumferential seam resistance welding
конта́ктная, шо́вная ~ **с преры́вистым [ша́говым] перемеще́нием дета́лей** stitch resistance welding
конта́ктная, шо́вная ~ **встык с накла́дкой** bridge resistance welding
конта́ктная, шовностыкова́я ~ butt seam resistance welding
кузне́чная ~ forge [fire] welding
кузне́чная ~ **в ви́лку** fork forge welding
ла́зерная ~ laser welding
~ **ла́зерным лучо́м** laser welding
~ **ле́вым спо́собом** forehand [forward, left-hand] welding
лине́йная ~ seam welding
магни́тно-и́мпульсная ~ magnetic-discharge welding
металлодугова́я ~ metallic arc welding
многопостова́я ~ multiple-operator welding
многото́чечная ~ multiple-spot welding
многоэлектро́дная ~ multi-electrode welding
монта́жная ~ erection [field] welding
~ **на весу́** unsupported welding
~ **на переме́нном то́ке** a.c. welding
~ **на подъём** uphill welding
~ **на постоя́нном то́ке** d.c. welding
~ **напрохо́д** single-pass welding
~ **на спуск** downhill welding
~ **неповоро́тных сты́ков** fixed [stationary] butt welding
ни́жняя ~ downhand [flat] welding
обратноступе́нчатая ~ back-step welding
однопрохо́дная ~ single-pass welding
одното́чечная ~ single-spot welding
печна́я ~ (*в печах или горнах*) furnace pressure welding
~ **плавле́нием** fusion welding
~ **плавле́нием, терми́тная** fusion thermit welding
пла́зменная ~ plasma-arc [plasma-jet] welding
~ **пласти́ческим деформи́рованием** pressure welding
~ **пластма́сс га́зовым теплоноси́телем** hot-gas welding, hot-gas (welding) process
~ **пластма́сс, конта́ктная** hot-tool welding, hot-tool (welding) process
~ **пластма́сс, ко́нтурная** frame [pattern] welding
~ **пластма́сс нагре́тым инструме́нтом** hot-tool welding, hot-tool (welding) process
~ **пластма́сс, ша́говая** step welding
подво́дная ~ underwater welding
~ **под флю́сом** submerged arc welding
порошко́вая ~ powder welding
потоло́чная ~ overhead welding
~ **пра́вым спо́собом** backhand [backward, right-hand] welding
преры́вистая ~ intermittent welding
~ **прихва́точным швом** tack welding
~ **продо́льным швом** longitudinal welding
~ **прока́ткой** roll welding
релье́фная ~ projection welding
ремо́нтная ~ repair welding
ро́ликовая ~ seam welding
~ **све́рху вниз** downward welding
~ **с глубо́ким проплавле́нием** deep penetration welding
~ **сжа́той дуго́й** plasma-jet welding
~ **сни́зу вверх** upward welding
~ **с разде́лкой кро́мок** bevel [groove] welding
~ **тре́нием** friction welding
~ **угловы́х швов** fillet welding
у́гольно-дугова́я ~ carbon arc welding
уда́рная ~ percussion [percussive] welding
ультразвукова́я ~ ultrasonic welding
~ **ультразву́ком** ultrasonic welding
холо́дная ~ cold welding, cold bonding
~ **ша́хматным швом** staggered intermittent welding
электродугова́я ~ electric arc welding
~ **электрозаклёпками** plug welding
электроннолучева́я ~ electron-beam welding
электроннолучева́я ~ **в пла́зме** plasma electron-beam [PEB] welding
~ **электро́нным лучо́м** electron-beam welding

сва́рк/а
электрошла́ковая ~ electroslag welding
сва́рщик *м.* welder, welding operator
сва́рыш *м.* (*лист, не отделяющийся от пакета*) *прок.* sticking sheet □ **раздира́ть ~и** separate [part] the sticking sheets by swording
сва́/я *ж.* pile □ **выдёргивать ~ю** draw [extract, pull out] a pile; **забива́ть ~ю** drive a pile; **забива́ть ~ю до отка́за** drive a pile to refusal; **забива́ть ~ю до разруше́ния** overdrive a pile; **забива́ть ~ю на глубину́ ... ме́тров** drive a pile to a depth of ... metres; **забива́ть ~ю с подмыва́нием водяно́й струёй** use a water jet to assist in driving a pile; **заостря́ть ~ю** point a pile; **нара́щивать ~ю** splice a pile; **~ несёт нагру́зку** a pile bears [supports] a load; **~ опира́ется на поро́ду** a pile rests on (solid) rock; **~ передаёт нагру́зку на ...** a pile transmits loads to ...; **погружа́ть ~ю в грунт** sink a pile; **снабжа́ть ~ю наса́дкой** cap a pile; **устана́вливать ~ю** install a pile
~ без оболо́чки uncased pile
бето́нная ~ concrete pile
винтова́я ~ boring pile
вися́чая ~ friction pile
~ в оболо́чке encased [shell] pile
деревя́нная ~ timber pile
железобето́нная ~ reinforced concrete pile
забивна́я ~ precast pile
~, забі́тая с подмы́вом jetted pile
мая́чная ~ gauge [guide, leading] pile
набивна́я ~ cast-in-place pile
несу́щая ~ load-bearing pile
отбо́йная ~ fender pile
отве́сная ~ plumb pile
отко́сная ~ batter [spur] pile
подко́сная ~ raking pile
по́лая ~ hollow pile
сбо́рная ~ precast pile
сплошна́я ~ solid pile
~ с уши́ренным основа́нием blunt pile
фунда́ментная ~ foundation pile
шарни́рная ~ hinged pile
шпунтова́я ~ sheet pile
свая-сто́йка *ж.* end-bearing pile
СВВП [**самолёт вертика́льного взлёта и поса́дки**] vertical take-off-and-landing [VTOL] aeroplane
~ с поворо́тным крыло́м tilting-wing VTOL aeroplane
сведе́ние *с.*:
~ в табли́цу tabulation
~ да́нных data reduction
~ пучко́в *тлв.* beam convergence
~ пучко́в, динами́ческое *тлв.* dynamic beam convergence
свежева́ть *гл.* flay, skin
свежезамора́живать *гл.* quick-freeze
свежезаморо́женный quick-frozen

свёкл/а *ж.* beet(root) □ **выра́щивать ~у на корм** *или* **на са́хар** grow beet for fodder *or* sugar; **сажа́ть ~** plant beets; **убира́ть ~у** harvest beets
кормова́я ~ fodder beet
са́харная ~ sugar beet
столо́вая ~ table beet
свеклово́дство *с.* sugar beet growing
свеклокомба́йн *м.* beet combine
навесно́й ~ mounted(-type) beet combine
прицепно́й ~ trailed(-type) beet combine
самохо́дный ~ self-propelled beet combine
свекломо́йка *ж.* beet washer
свеклоочисти́тель *м.* beet cleaner
свеклопита́тель *м.* beet feeder
свеклопогру́зчик *м.* beet loader
свеклоподъёмник *м.* beet digger, beet lifter
свеклоре́зка *ж.* beet slicing machine, beet slicer
свеклосуши́лка *ж.* beet drier
свеклохрани́лище *с.* root [beet] storage
сверле́ние *с.* drilling
~ по конду́ктору jig drilling
ультразвуково́е ~ ultrasonic drilling
сверли́лка *ж.* hand drill
сверли́ть *гл.* drill □ **~ на глубину́, *напр.* 50 мм** drill to a depth of, *e.g.*, 50 mm; **~ на прохо́д** drill to body size
сверло́ *с.* drill; (*для дрели или коловорота*) bit □ **забива́ть ~ стру́жкой** clog the drill with chips; **~ зажима́ет в отве́рстии** the drill is jammed [seized] in a hole; **зажима́ть ~ в патро́не** chuck a drill; **зата́чивать ~** grind a drill; **~ образу́ет отве́рстие в материа́ле** the drill originates a hole in the material; **оснаща́ть ~ твёрдым спла́вом** carbide-tip a drill; **отводи́ть ~** withdraw a drill; **~ отклоня́ется от прямо́й** the drill does not run true; **подава́ть ~** feed [advance] a drill; **подава́ть ~ на определённую глубину́** feed [advance] a drill to a predetermined depth
алма́зное ~ diamond drill
бури́льное ~ drill bit
винтово́е ~ twist drill
~ для глубо́ких отве́рстий deep-hole drill
~ для кольцево́го сверле́ния trepanning drill
однокро́мочное ~ (*пушечное*) half-round drill
~, оснащённое твёрдым спла́вом carbide-tipped drill
перово́е ~ flat drill
~ по де́реву wood drill
~ под резьбу́ tap drill
руже́йное ~ gun drill
~ с двойно́й зато́чкой double-angle point drill

сверло́
~ с кони́ческим хвостовико́м taper-shank drill
спира́льное ~ twist bit
~ с цилиндри́ческим хвостовико́м straight-shank drill
центро́вочное ~ centre drill
черново́е ~ first bit
эже́кторное ~ chip ejection drill
свёртка *ж. мат.* convolution □ **~ А и Б** convolution of A with B
~ двух фу́нкций convolution of two functions
свёртка-развёртка *ж. вчт.* rollout-rollin
свёртывание *с.* **1.** *мат.* convolution, transvection **2.** (*прекращение деятельности, закрытие, напр. предприятия*) closure **3.** (*в рулон*) rolling-up
~ произво́дства phasing-out, phase-out
~ радиоста́нции (*прекращение работы без разборки, упаковки и т. п.*) closing-[shutting-] down of a radio station
свёртывать *гл.* **1.** (*закрывать, напр. предприятие*) close down □ **~ произво́дство** phase out production **2.** (*в рулон*) roll up □ **~ в бунт** coil
сверхбалло́н *м. авто* extra low-pressure [doughnut] tyre, super balloon (tyre)
сверхвозбужде́ние *с.* superexcitation
сверхдавле́ние *с.* superpressure
сверхизлуче́ние *с.* superradiant radiation
сверхкомпре́ссия *ж.* supercompression
сверхкрити́чность *ж.* supercriticality
сверхлеги́рование *с. пп.* overdoping
сверхпроводи́мость *ж.* superconductivity
сверхпроводни́к *м.* superconductor
~ второ́го ро́да type II superconductor
жёсткий ~ hard superconductor
многосвя́зный ~ multiply connected superconductor
мя́гкий ~ soft superconductor
односвя́зный ~ simply connected superconductor
~ пе́рвого ро́да type I superconductor
~ с парамагни́тными при́месями paramagnetic impurity superconductor
сверхрефра́кция *ж.* superrefraction
сверхструкту́ра *ж.* superstructure, superlattice
сверхсходи́мость *ж.* overconvergence
сверхтеку́честь *ж.* superfluidity
сверхто́к *м.* overcurrent, excess current
сверхусиле́ние *с.* overamplification
сверхчи́стый *прил.* (*о металлах*) super-pure
сверхэффекти́вность *ж.* superefficiency
сверя́ть *гл.* compare; check against ...
свес *м. стр.* overhang
~ кормы́ *мор.* after [stern] overhang, (stern) counter

свес
~ **крыши** cave
~ **но́са** *мор.* forward overhang

свет *м.* light □ **гаси́ть ~** turn off the light(s); **излуча́ть ~** emit [radiate] light; **модули́ровать ~** modulate [chop] the light (beam); **(наблюда́ть) в отражённом ~е** (observe) by reflected [incident] light; **(наблюда́ть) в проходя́щем ~е** (observe) by transmitted light; **отража́ть ~** reflect light; **«от све́та до све́та»** *жарг., тлв.* from camera to picture tube; **~ па́дает на пове́рхность** light is incident [falls] on the surface, light strikes the surface; **поглоща́ть ~** absorb light; **~ поляризу́ется** light is polarized; **преломля́ть ~** refract light; **рабо́тать в отражённом ~е** (*в микроскопии*) work with [in] reflected [incident] light; **рабо́тать в проходя́щем ~е** (*в микроскопии*) work with [in] transmitted light; **разлага́ть ~ на цвета́ (ра́дуги)** disperse light into (rainbow) colours; **рассе́ивать ~** scatter light
бе́лый ~ white light
бли́жний ~ *авто* lower beam
ве́рхний ~ *стр.* skylight
ви́димый ~ visible light
да́льний ~ *авто* upper beam
диффу́зный ~ diffused light
дневно́й ~ daylight
есте́ственный ~ natural light, daylight
~ за́днего хо́да *авто* backup light
за́дний ~ *авто* tail light
залива́ющий ~ floodlight
инфракра́сный ~ infrared light
иску́сственный ~ artificial light
когере́нтный ~ coherent light
когере́нтный, простра́нственный ~ spatially coherent light
ко́нтровый ~ *кфт.* back light
копирова́льный ~ *кфт.* printing light
кра́сный ~ danger [red] light
лаборато́рный ~ darkroom light
монохромати́ческий ~ monochromatic light
~ нака́чки ла́зера laser pumping light
напра́вленный ~ directional light
неактини́чный ~ nonactinic [safe] light
неви́димый ~ dark light
неослепля́ющий ~ antidazzle light
окружа́ющий ~ *тлв.* ambient light
ослепля́ющий ~ dazzle [glare] light
отражённый ~ reflected [incident] light
па́дающий ~ incident light
плоскополяризо́ванный ~ plane-polarized light
посторо́нний ~ stray light □ **исключи́ть попада́ние посторо́ннего ~а** exclude [keep out, shut out] stray light
проходя́щий ~ transmitted light
со́лнечный ~ sunlight
стоя́ночный ~ *авто* parking light
ультрафиоле́товый ~ ultraviolet light

свети́ло *с.* luminary

свети́льник *м.* luminaire, lighting fixture
авари́йный ~ emergency luminaire
бестенево́й ~ shadowless illuminator
взрывобезопа́сный ~ flame-proof [explosion-proof] luminaire
головно́й ~ *горн.* caplamp
декорати́вный ~ decorative luminaire
~ залива́ющего све́та floodlight
люминесце́нтный ~ fluorescent luminaire
напо́льный ~ floor lamp
насте́нный ~ wall luminaire
насто́льный ~ table lamp
подвесно́й ~ pendant luminaire
потоло́чный ~ ceiling luminaire
промы́шленный ~ industrial luminaire
ру́дничный ~ miner's lamp
ручно́й ~ hand lamp
~ у́личного освеще́ния streetlight, street lighting lantern, street luminaire

свети́мость *ж.* luminous emittance
энергети́ческая ~ radiant emittance

светлови́ны *мн. ж. мет.-об.* snakes

све́тность *ж. уст. см.* **свети́мость**

светово́д *м.* 1. *опт.* light guide, light pipe, light conductor, light conduit (*см. тж.* **светопрово́д**) 2. (*на приборах, приборных досках и т. п.*) edge-lighted [edge-illuminated] panel
~ с мати́рованной пове́рхностью transparent-core [opaque-skinned] edge-lit plastic panel

световозвраща́тель *м. опт.* cat's eye

светодальноме́р *м.* light range finder

светодели́тель *м.* beam splitter

светодио́д *м.* light-emitting diode, LED

светокоагуля́тор *м.* photocoagulator
ла́зерный ~ laser photocoagulator

светокопи́рова́ние *с.* **(диазоти́пное)** light-sensitive duplication, diazotype copying

светомая́к *м.* light beacon
аэродро́мный ~ aerodrome beacon
про́блесковый ~ flashing (light) beacon

светомодуля́тор *м.* light chopper, light modulator

светонепроница́емый *прил.* light-tight

светоотда́ча *ж.* luminous efficiency

светоприёмник *м.* light detector

светопрово́д *м.* light guide, light pipe, light conductor, light conduit
волоко́нный ~ fibre-optic light conduit
волоко́нный, многожи́льный ~ multiple fibre

светопрозра́чный *прил.* translucent

светопроница́емость *ж.* translucence

светопро́чность *ж.* (*красителя*) light-fastness, light stability

светораспределе́ние *с.* light distribution

светорассе́иватель *м.* diffusing filter

светорассе́яние *с.* diffusion of light

светоси́ла *ж.* relative aperture, aperture ratio
~ объекти́ва *кфт.* lens aperture, lens speed
~ телеско́па light-gathering power of the telescope

светособира́тель *м.* light-collector

светососта́в *м.* (*люминофор*) phosphor

светостабилиза́тор *м.* light stabilizer

светосто́йкость *ж.* light fastness

светоте́хника *ж.* lighting [illumination] engineering

светофи́льтр *м.* light [colour] filter □ **вводи́ть ~ в путь луча́** swing a (light) filter into the beam (path); **выводи́ть ~ из пути́ луча́** swing a (light) filter out of the beam (path); **подбира́ть ~** match a (light) filter
абсорбцио́нный ~ absorption (light) filter
дисперсио́нный ~ dispersion (light) filter
интерференцио́нный ~ interference light filter
контра́стный ~ contrast (light) filter
нейтра́льный ~ neutral light [neutral (density)] filter
поляризацио́нно-интерференцио́нный ~ optical interference [birefringent] filter
поляризацио́нный ~ polarizing filter
проекцио́нный ~ projector filter
субтракти́вный ~ subtractive filter
~ с у́зкой полосо́й поглоще́ния narrow cut filter
съёмочный ~ *кфт.* camera filter
цветно́й ~ colour filter
цветодели́тельный ~ colour separation filter
цветокорректи́рующий ~ colour correcting filter

светофо́р *м.* traffic light (signal)

светочувстви́тельность *ж.* (*фотоматериала*) speed
~ фотоэму́льсии emulsion speed

свеча́ *ж.* 1. (*стеариновая и т. п.*) candle 2. *уст. см.* **едини́ца си́лы све́та**
~ до́менной пе́чи (blast-furnace) gas bleeder
~ зажига́ния spark-plug, sparking plug □ **~у зажига́ния забра́сывает ма́слом** the spark-plug is fouled with oil [is oiled up]; **регули́ровать ~у зажига́ния** (re-)gap a spark-plug
зажига́тельная ~ *взр.* fuse lighter
запа́льная ~ glow [glower, heating] plug
кали́льная ~ glow [glower, heating] plug
проду́вочная ~ gas vent

свече́ние *с.* glow
ано́дное ~ anode glow
като́дное ~ cathode glow
корона́льное ~ coronal glow
~ разря́да discharge glow
свива́ть *гл.* twist (together)
свиде́тельств/о *с.* certificate □ **аннули́ровать ~** cancel a certificate; **выдава́ть ~** grant [issue] a certificate; **име́ть ~** carry [hold] a certificate; **лиша́ть ~а** revoke a certificate; **приостана́вливать де́йствие ~а** suspend a certificate
~ ка́чества certificate of quality
квалификацио́нное ~ certificate of competency
~ лётной приго́дности (*самолёта*) certificate of airworthiness
~ об испыта́нии test(ing) certificate
~ о поврежде́нии (*груза*) certificate of damage
~ о приёмке acceptance certificate
~ о происхожде́нии (*напр. товара*) certificate of origin
свилева́тость *ж.* cross grain, curly grain
свиль *м. опт.* stria, Schliere
свине́ц *м.* lead, Pb
гу́бчатый ~ spongy lead
зейгеро́ванный ~ liquated lead
листово́й ~ sheet lead
металли́ческий ~ metallic lead, lead metal
мя́гкий ~ soft lead
по́довый ~ bottom lead
ро́льный ~ sheet lead
саморо́дный ~ native lead
серебри́стый ~ rich lead
твёрдый ~ hard lead
чернови́й ~ lead bullion, black lead
чу́шковый ~ lead pig, pig lead
сви́нка *ж.* (*в пудлинговании*) muck bar
свинов́одство *с.* hog raising, pigstry
свинцева́ние *с.* leading, lead plating, lead coating
свип-генера́тор *м.* (*не путать с* генератором развёртки) swept-signal source, sweep-[swept-]frequency generator (*not to be confused with* sweep generator) □ **~ «кача́ется» в преде́лах окта́вы *или* бо́лее** the swept-signal source sweeps an octave or more; **~ рабо́тает на согласо́ванную нагру́зку** the swept-signal source is terminated in a matched load; **регули́ровать выходну́ю мо́щность ~а** level a swept-signal source
свис *м.* **лопасте́й** *ав.* blade drop
свист *м.* whistle, whistling
гетероди́нный ~ heterodyne whistle
свисто́к *м.* whistle
свищ *м.* 1. *кож.* warble hole, grub 2. *св.* blowhole, gas pocket
заро́сший ~ sore, healed grub
незаро́сший ~ open grub
откры́тый ~ open grub
свищева́тость *ж. кож.* grub damage

свобо́дно *нареч.* free □ **шестерня́ ~ враща́ется на валу́** the gear is free to rotate on its shaft
свободнопа́дающий *прил.* free-falling
свободностоя́щий *прил.* stand-alone
свобо́дный *прил.* free □ **~ от искаже́ний** distortionless; **~ от тре́ния** frictionless
свод *м.* 1. *стр.* vault 2. (*в печи*) arch, roof 3. (*образуемый сыпучими материалами, находящимися в бункерах, питателях, доменных печах и т. п.*) hang-up, bridge □ **образо́вывать ~** hang (up)
повора́чивающийся ~ (*дуговой печи*) swinging roof
~ стопы́ (*обуви*) foot arch
фу́рменный ~ tuyere arch
своди́ть *гл.* (*сближать, соединять*) bring together □ **~ в табли́цу** tabulate; **~ к нулю́** reduce to zero; **~ (полови́нки *или* два) изображе́ния в дальноме́ре** match the images
сво́дка *ж.* 1. (*документ, записка с какими-л. данными*) report 2. *полигр.* final proof 3. (*сближение, соединение*) bringing together
~ ва́хтенного журна́ла *мор.* abstract of the deck log
ито́говая ~ summary
метеорологи́ческая ~ weather report
сводообразова́ние *с.* (*свойство сыпучих материалов в бункерах, питателях, доменных печах и т. п.*) bridging
свойла́чиваемость *ж. текст.* felting property
свойла́чивать(ся) *гл. текст.* felt
сво́йств/о *с.* property □ **облада́ть каки́м-л. ~ом** have the property that ...; **придава́ть ~ чему-л.** impart a property to ...
абрази́вные ~а abrasivity
ве́нтильное ~ (*электровакуумных приборов*) electrical valve-like action
~ ма́ятника pendulosity
металли́ческое ~ metallic property
механи́ческое ~ mechanical property
мо́ющее ~ detergency
при́месное ~ *пп* extrinsic property
прочностно́е ~ strength
~ сцепле́ния cohesiveness
физи́ческое ~ physical property
хими́ческое ~ chemical property
эксплуатацио́нное ~ service property
эмиссио́нное ~ emissivity
СВЧ [сверхвысо́кие часто́ты] (*не путать с свч, т. е. сантиметровым диапазоном электромагнитного спектра*) microwaves, microwave frequencies (*not to be confused with* SHF)
СВЧ радиоме́трия *ж.* microwave radiometry
связи́ст *м.* communication man
свя́зка *ж.* 1. bundle 2. (*в алгебре логики*) connective
~ И AND connective

свя́зка
~ ИЛИ OR connective
свя́зность *ж. мат.* connectivity, connection
связу́ющ/е/е *с.* (*связующий материал*) binder
~ из пла́стиков plastic binder
~ кра́ски binder, vehicle □ **оли́фа применя́ется в ка́честве ~его кра́ски** the vehicle [binder] of a paint is a drying oil
~ полиграфи́ческой кра́ски ink vehicle
синтети́ческое ~ synthetic binder
~ тензорези́стора adhesive
свя́зыва/ть *гл.* 1. (*в пачку, пучок и т. п.*) bundle, tie together 2. (*действовать в качестве связующего материала*) bind, bond, cement (together) 3. *хим.* fix; add too; combine with □ **ацетиле́н ~ет во́ду и обра́зу́ет ацетальдеги́д** acetylene adds water to form acetaldehyde 4. (*соединять*) couple, connect, link 5. (*устанавливать связь для обмена информацией*) contact; *тлф.* put a call through 6. *текст.* knit (up)
свя́зываться *гл.* (*устанавливать связь для обмена информацией*) contact □ **~ с** contact *smb.*, establish contact with
связ/ь *ж.* 1. communication □ **вести́ ~** be engaged in communication, communicate; **входи́ть в ~ без по́иска и подстро́йки** select [work] a preset frequency [a preset station]; **входи́ть в ~ с ...** establish communication with ...; **выходи́ть из ~и** terminate (the) contact; **выходи́ть на ~** get on [go on the air] for a radio contact; **дава́ть ~ по обхо́ду** divert the traffic, reroute; **«для веде́ния ~и нажми́ танге́нту ...»** "to communicate, press the push-to-talk switch"; **зака́нчивать сеа́нс ~и** sign off; **контроли́ровать прохожде́ние ~и** monitor the copy; **начина́ть сеа́нс ~и** sign on; **переходи́ть на ~ с, *напр.* диспе́тчерской слу́жбой подхо́да** *ав.* change to, *e.g.*, approach control; **переходи́ть на ~ с, *напр.* КПД** *ав.* change to, *e.g.*, tower; **подде́рживать ~ в усло́виях поме́х [глуше́ния]** communicate through jamming; **«разреши́те зако́нчить связь?»** (*запрос с самолёта на КДП*) *ав.* "request permission to switch off my station"; **устана́вливать ~** establish communication, establish contact, contact; **«установи́те связь с КДП Шереме́тьево!»** (*распоряжение с КДП самолёту*) *ав.* "contact Sheremetevo tower!" 2. (*в атомах, молекулах, соединениях*) bond, link □ **разрыва́ть ~** split a bond; **укомплекто́вывать ~** (*напр. в атоме*) satisfy a bond *пример*: **эта ~ неукомплекто́вана** this is an unsatisfied bond

3. (*в цепях, между цепями и элементами*) *элн.* coupling □ ~ **между А и Б — ёмкостная** A is capacitively coupled (in) to B; **с като́дной ~ью** cathode-coupled 4. (*в расчётных схемах*) 1. (*ограничение*) constraint, restraint 2. (*элемент физической конструкции*) stay; tie □ **накла́дывать ~** impose a constraint, exercise a restraint, restrain 5. (*в математической логике*) union

связ/ь

авари́йная ~ emergency communication

авиацио́нная ~ aeronautical communication

автотрансформа́торная ~ tapped-coil coupling

адгезио́нная ~ adhesive bond

а́нкерная ~ anchor tie

ба́лочная ~ tie beam

бесподстро́ечная беспоиско́вая ~ *рад.* instant selection of preset [pretuned] channels [stations] □ **вести́ бесподстро́ечную беспоиско́вую ~** select [contact] a preset station

вале́нтная ~ valence bond, valence link

ветрова́я ~ wind tie

волоко́нно-опти́ческая ~ fibre-optics communication

гальвани́ческая ~ conductive [resistive] coupling

геометри́ческая ~ geometric constraint

гироскопи́ческая ~ gyroscopic coupling

глоба́льная ~ global [world-wide] communication

двусторо́нняя ~ 1. bilateral constraint 2. two-way communication

ди́плексная ~ diplex operation, diplex working

дифференциа́льная ~ *мат.* differential constraint

~ для специа́льных служб *рад.* emergency-service communication

до́норная ~ donor bond

дро́ссельная ~ impedance [choke] coupling

дро́ссельно-ёмкостная ~ impedance-capacitance coupling

ду́плексная ~ duplex operation, duplex working

ёмкостная ~ capacitive coupling

ёмкостно-резисти́вная ~ capacitance-resistance [RC-] coupling

жёсткая ~ *элн.* tight coupling

~ жёсткости *мех.* brace □ **со ~ями жёсткости** braced

~ жёсткости, рабо́тающая на растяже́ние tension brace

~ жёсткости, рабо́тающая на сжа́тие push brace

звукоподво́дная ~ underwater sonar communication

~ земля́ — самолёт ground-to-air communication

индукти́вная ~ inductive coupling

связ/ь

ио́нная ~ ionic [electrovalent] bond

като́дная ~ cathode coupling

~ КВ high-frequency [HF] communication(s)

~ ко́нтуров, ёмкостная вне́шняя series capacitive coupling

~ ко́нтуров, ёмкостная вну́тренняя shunt capacitive coupling

~ ко́нтуров, непо́лная *элн.* tapped-down connection, tapping-down □ **ко́нтур име́ет непо́лную ~ с ла́мпой** there is tapped-down connection from the tuned circuit to the tube

~ ко́нтуров, по́лная untapped connection □ **~ входно́го ко́нтура с управля́ющей се́ткой — по́лная** there is untapped connection from the input tuned circuit to the control grid, the grid is connected across the whole of the input circuit

~ ко́рпуса су́дна (strength) member of a ship's hull

корреляцио́нная ~ correlation

косми́ческая ~ space communication

кра́тная ~ multiple bond □ **присоединя́ть по ме́сту кра́тных ~ей** add to multiple bonds

крити́ческая ~ critical coupling

ла́зерная ~ laser(-beam) communication

~ ме́жду систе́мами intersystem communication

межсисте́мная ~ intersystem communication

металли́ческая ~ metallic bond

метео́рная ~ meteor burst communication

многокана́льная ~ multichannel communication

моби́льная ~ vehicular communication

неуде́рживающая ~ unilateral constraints

обра́тная ~ feedback □ **охва́тывать обра́тной ~ью** place a feedback path [loop] around [over] ..., apply feedback; **охва́тывать обра́тной ~ью большо́й глубины́** apply a large amount of feedback; **охва́тывать обра́тной ~ью** *како́й-л.* **каска́д** apply feedback to *such-and-such* stage

обра́тная, акусти́ческая ~ acoustic(al) feedback

обра́тная, вну́тренняя ~ *пп* intrinsic feedback

обра́тная, ги́бкая ~ vanishing feedback

обра́тная, ёмкостная ~ capacitive feedback

обра́тная, жёсткая ~ unity [direct] feedback

обра́тная, заде́ржанная ~ delayed feedback

обра́тная, заде́рживающая ~ delaying feedback

обра́тная, избира́тельная ~ selective feedback

связ/ь

обра́тная, изодро́мная ~ proportional-plus-integral feedback

обра́тная, индукти́вная ~ inductive feedback

обра́тная, кванто́ванная ~ quantized feedback

обра́тная, многоко́нтурная ~ multiloop feedback

обра́тная, отрица́тельная ~ negative [degenerative] feedback

обра́тная, положи́тельная ~ positive [regenerative] feedback

обра́тная ~ по напряже́нию voltage feedback

обра́тная ~ по огиба́ющей envelope feedback

обра́тная ~ по положе́нию position feedback

обра́тная ~ по произво́дной rate feedback

обра́тная ~ по ско́рости velocity [rate] feedback

обра́тная ~ по то́ку current feedback

обра́тная по ускоре́нию acceleration feedback

обра́тная ~ по часто́те frequency feedback

обра́тная, пропорциона́льная ~ proportional feedback

обра́тная, резисти́вная ~ resistive feedback

обра́тная, стабилизи́рующая ~ stabilizing feedback

одина́рная ~ single bond

односторо́нняя ~ 1. unilateral constraint 2. one-way connection, one-way operation, one-way working

оптима́льная ~ optimum coupling

опти́ческая ~ optical communication

парази́тная ~ stray [spurious] coupling

полуду́плексная ~ half-duplex operation, half-duplex working

попере́чная ~ 1. cross-linkage, cross bond 2. *мех.* transverse [cross] brace

причи́нная ~ causality

проводна́я ~ wire communication

проводна́я, в. ч. ~ carrier-current communication

пряма́я ~ feedforward

радиореле́йная ~ radio-relay communication

радиотелегра́фная ~ radiotelegraphy, radiotelegraph communication

радиотелефо́нная ~ radiotelephone (service)

реоста́тная ~ resistance coupling

реоста́тно-ёмкостная ~ resistance-capacitance [RC] coupling

~ самолёт — земля́ air-to-ground communication

~ самолёт — самолёт plane-to-plane [air-to-air] communication

сверхкрити́ческая ~ overcritical coupling

связ/ь
~ **СВЧ** (*не путать со* связью на сантиметровых длинах волн) microwave communication(s) (*not to be confused with* SHF; *in Russian usage*, СВЧ — microwaves)
~ **с высо́ким у́ровнем шу́мов** noisy communication
~ **с высо́кой информацио́нной ёмкостью** high-capacity communication
селе́кторная ~ intercom telephony
си́мплексная ~ simplex operation, simplex working
~ **с испо́льзованием (да́льнего) тропосфе́рного рассе́яния** tropospheric scatter [troposcatter] communication
сопряжённые ~**и** *хим.* conjugated bonds
спин-орбита́льная ~ spin-orbit coupling
телегра́фная ~ **1.** (*обмен*) telegraphy, telegraph communication **2.** (*соединение*) telegraph connection
телегра́фная, пряма́я междунаро́дная ~ direct international (telegraph) connection
телефо́нная ~ telephony, telephone communication, telephone service
телефо́нная, междугоро́дная ~ long-distance [toll] telephony
телефо́нная ~ **тона́льной частоты́** voice-frequency telephony
трансформа́торная ~ *элн.* transformer coupling
уде́рживающая ~ bilateral constraint
~ **УКВ** VHF/UHF communication(s)
факси́мильная ~ facsimile (service)
фототелегра́фная ~ facsimile (service)
хими́ческая ~ chemical bond
циркуля́рная ~ conference connection
цифрова́я ~ digital communication
~ **че́рез иску́сственный спу́тник Земли́** satellite-assisted communication
щелева́я ~ slot coupling
электро́нная ~ electron coupling
электростати́ческая ~ electrostatic coupling

сгиб *м.* bend
сгиба́ние *с.* bending
сгиба́ть *гл.* bend
сгла́живание *с.* **1.** smoothing **2.** *мет.* burnishing
сгла́живать *гл.* smooth out, smooth over
сгон *м.* pipe coupling, muff
сго́нка *ж.* **во́лоса** *кож.* dehairing
сгора́емость *ж.* combustibility
сгора́ние *с.* combustion □ **вызыва́ть** ~ initiate combustion; **локализова́ть** ~ confine combustion; **подде́рживать** ~ maintain combustion; **прекраща́ть** ~ extinguish combustion; **ускоря́ть** ~ accelerate combustion
адиабати́ческое ~ adiabatic combustion

сгора́ние
безды́мное ~ smokeless combustion
детонацио́нное ~ *двс* knocking combustion
ме́дленное ~ slow combustion
непо́лное ~ incomplete combustion
неравноме́рное ~ nonuniform combustion
по́лное ~ complete combustion
предка́мерное ~ precombustion
равноме́рное ~ uniform combustion
споко́йное ~ slow combustion
~ **с разложе́нием** destructive combustion
экономи́чное ~ economic(al) combustion

сгора́ть *гл.* burn (up)
сграффи́то *с. арх.* sgraffito, scratch work
сгреба́ть *гл.* rake (up)
сгусти́тель *м.* thickener
гравитацио́нный ~ gravity thickener
многока́мерный ~ multicell thickener
многоя́русный ~ multitray thickener
~ **непреры́вного де́йствия** continuous thickener
~ **периоди́ческого де́йствия** batch thickener
~ **с краевы́м при́водом** rim-driven thickener
~ **с центра́льным при́водом** suspension-shaft thickener
фильтрацио́нный ~ filter thickener
сгу́сток *м.* blob
пла́зменный ~ plasmoid
~ **части́ц** bunch of particles
~ **электро́нов** electron bunch
сгуща́ть *гл.* (*пульпу, растворы и т. п.*) thicken; (*конденсировать*) condense □ ~ **выпа́риванием** boil down, concentrate by evaporation
сгуще́ние *с.* (*пульпы, растворов и т. п.*) thickening; (*конденсированием*) condensation
~ **горизонта́лей** *карт.* closeness of contours
~ **под ва́куумом** vacuum concentration
~ **се́ти** *геод., топ.* bridging, extension of control
сдава́ть *гл.* (*вахту, дежурство*) relinquish (one's watch), be relieved (from one's watch)
сда́вливание *с.* compression; (*пережатие, напр. шланга, струи*) pinching; (*выдавливание*) squeeze
сда́вливать *гл.* compress; (*плотно окружив, сжимать, пережимать*) pinch; (*выдавливать*) squeeze
сдва́ивание *с.* doubling
сдвиг *м.* **1.** (*перемещение*) displacement, shift **2.** (*вид деформации*) *сопр.* shear(ing) □ **рабо́тать на** ~ work in shear; **разруша́ться при** ~**е** fail in shear
абсолю́тный ~ absolute shear
боково́й ~ lateral shear

сдвиг
~ **вле́во** *вчт.* shift left □ **производи́ть** ~ **вле́во,** ***напр.*** **на оди́н разря́д** shift left, *e.g.*, single-place [one (digit) position]
~ **во вре́мени** time shift □ **испы́тывать [претерпева́ть]** ~ **во вре́мени на ...** be shifted in time by ...; **со** ~**ом во вре́мени на 90°** (be) in time quadrature
~ **впра́во** *вчт.* shift right □ **производи́ть** ~ **впра́во,** ***напр.*** **на оди́н разря́д** shift right, *e.g.*, single-place [one (digit) position]
до́плеровский ~ Doppler shift
изотопи́ческий ~ isotope shift
~ **колеба́ний** (*в магнетроне*) mode shifting □ **в магнетро́не происхо́дит** ~ **колеба́ний** the magnetron shifts its mode
многоразря́дный ~ multidigit shift
~ **мо́ды** mode-shifting
~ **на не́сколько разря́дов** multidigit shift
радиа́льный ~ radial shear
~ **с разруше́нием (ча́сти) сдвига́емого числа́** *вчт.* destructive shift
~ **строк** *тлв.* line shift
~ **ти́па колеба́ний** mode-shifting
~ **у́ровней** level shift
~ **фаз** phase shift, phase difference □ **со** ~**ом фаз на 90°** (be) in phase quadrature, (be) 90-deg out of phase; **со** ~**ом фаз на 180°** (be) in anti-phase, (be) 180-deg out of phase
цикли́ческий ~ *вчт.* circular [cyclic] shift
~ **частоты́** frequency shift
чи́стый ~ simple shear
~ **щёток** *эл.* brush shift
сдвига́ть *гл.* shift □ ~ **в сто́рону мла́дших разря́дов** *вчт.* shift down; ~ **в сто́рону ста́рших разря́дов** *вчт.* shift up; ~ **наза́д** (*напр. изоляцию на проводе*) push back (*e.g., insulation on a wire*)
сдвиже́ние *с. горн.* displacement
сдви́жка *ж.* **пути́** shifting of track
сде́лка *ж.* deal
компенсацио́нная ~ (*оплата поставок, напр. сырья, готовой продукцией*) exchange [swap] deal
сде́льщик *м.* pieceworker
сде́льщина *ж. жарг.* piecework
сдира́ть *гл.* □ ~ **абрази́вом** abrade; ~ **кожуру́** peel (off); ~ **кору́** bark (a tree); ~ **кра́ску** peel (off); ~ **покры́тие с** ***чего-л.*** strip *smth.*; ~ **шку́ру** (*свежевать*) flay, skin
сдува́ть *гл.* blow away, blow off
сду́вка *ж. цел.-бум.* relief
СДЦ [селе́кция дви́жущихся це́лей] *рлк.* MTI, moving target indication
~ **в амплиту́дном режи́ме** non-coherent [amplitude-detection] MTI
~ **в фа́зовом режи́ме** coherent [phase-detection] MTI
сеа́нс *м.* session
~ **моделирования на ЭВМ** simulation run

сеа́нс
~ **переда́чи да́нных** data call
~ **свя́зи** (communication) session, contact □ **зака́нчивать ~ свя́зи** terminate the contact; **на ка́ждый ~ свя́зи предоставля́ется,** ***напр.*** **2 мину́ты** the time allotted for each contact is, ***e.g.***, 2 minutes
себесто́имост/ь *ж.* (manufacturing) cost □ **калькули́ровать ~** estimate the cost; **ни́же ~и** below cost (value); **по ~и** at cost (value), at cost (price)
по́лная ~ total cost
расчётная ~ estimated cost
сме́тная ~ estimated cost
фабри́чно-заводска́я ~ manufacturing cost
шту́чная ~ (per) unit cost
сев *м.* sowing (*см. тж.* **посе́в**)
се́вер *м.* north □ **дви́гаться на ~** travel North; **к ~у от ...** north of ...; **то́чно на ~** due north; **ука́зывать на ~** (*о магнитной стрелке*) seek North
географи́ческий ~ geographic(al) [true] north
и́стинный ~ geographic(al) [true] north
ко́мпасный ~ compass north
магни́тный ~ magnetic north
~ **по координа́тной се́тке** grid north
се́верный *прил.* **1.** (*о полушарии*) Northern **2.** (*о широте*) North; (*о направлении, курсе и т. п.*) northerly
севооборо́т м. crop rotation
сегме́нт *м.* segment □ **~ заключён ме́жду ...** the segment is contained by ... and ...; **отделя́ть [отсека́ть] ~** cut off a segment
параболи́ческий ~ segment of a parabola
пло́ский ~ segment of a circle
соплово́й ~ *тепл.* nozzle block
сфери́ческий ~ segment of a sphere
сегнетокера́мика *ж.* ferroelectric ceramics
сегнетомагне́тик *м.* magnetoelectric
сегнетоэла́стик *м.* ferroelastic
сегнетоэле́ктрик *м.* ferroelectric
сегрега́ция *ж.* segregation, liquation; (*в обогащении руд*) separation
седа́н *м.* sedan body
се́диль *м. полигр.* cedilla
седимента́тор *м.* sedimentator
седимента́ция *ж.* sedimentation
седименто́метр *м.* sedimentometer
седиментометри́я *ж.* sedimentometry
седло́ *с.* (*особая точка дифференциального уравнения*) saddle
~ **ба́ра** *горн.* jib saddle
бари́ческое ~ *метео* col
~ **кла́пана** valve seat □ **притира́ть ~ кла́пана** grind the (valve) seat
~ **о́бода** rim base, rim seat
~ **рессо́ры** spring seat
седлова́тость *ж.* **па́лубы** sheer of a deck
седлови́на *ж.* **1.** (*особая точка дифференциального уравнения*) saddle **2.** valley
~ **и́мпульса** pulse valley
сезо́н *м.* season
отопи́тельный ~ heating season
сезо́нность *ж.* seasonal fluctuation
~ **рабо́ты карье́ра** seasonal prevalence of quarry operations
се́йнер *м.* seiner
сейсми́ческий *прил.* seismic
сейсми́чность *ж.* seismicity
сейсмогра́мма *ж.* seismogram
сейсмо́граф *м.* seismograph
сейсмогра́фия *ж.* seismography
сейсмокарота́ж *м.* seismic well logging
сейсмоло́гия *ж.* seismology
инжене́рная ~ structural seismology
сейсмо́метр *м.* seismometer
сейсмометри́я *ж.* seismometry
сейсмоприёмник *м.* geophone
сейсморазве́дка *ж.* (*полезных ископаемых*) seismic prospecting; (*поисков структур*) seismic survey(ing)
сейсмоско́п *м.* seismoscope
сейсмосто́йкий *прил.* antiseismic
сейсмосто́йкость *ж.* seismic stability
сейф *м.* safe
сейш *м.* seiche
СЕКАМ (*название системы цветного телевидения Франция — СССР*) SECAM
се́канс *м.* secant
гиперболи́ческий ~ hyperbolic secant
секансо́ида *ж.* graph of sec *x*
сека́тор *м.* pruner
пневмати́ческий ~ pneumatic scissors
сека́ч *м. с.-х.* bill (hook), cutter
секве́нция *ж. мат.* sequent
секве́стр *м. эк.* sequestration
секре́тность *ж.* security; (*телефонных разговоров, радиообмена*) privacy
секре́тный *прил.* (*о работах, документах*) classified
секста́н(т) *м.* sextant □ **наблюда́ть с по́мощью ~а** observe by the sextant
гидрографи́ческий ~ surveying sextant
пузырько́вый ~ bubble sextant
групповой
сексти́ль *м. мат.* sextile
се́ктор *м.* sector
~ **га́за** *ав.* throttle [power lever] quadrant
зубча́тый ~ toothed quadrant
кругово́й ~ sector of a circle
сфери́ческий ~ sector of a sphere
секу́нда *ж.* second
а́томная ~ atomic second
углова́я ~ second of arc
эфеме́рная ~ ephemeric second
секундоме́р *м.* stopwatch, timing device
секундоме́р-хроно́граф *м.* chronograph stopwatch
секу́щая *ж. мат.* secant (line)
секциони́рование *с.* sectionalization
~ **шин** *эл.* bus sectionalization
секциони́ровать *гл.* sectionalize
се́кция *ж.* section
анте́нная ~ antenna section
~ **коммута́тора** switchboard section
~ **конве́йера** conveyer section
~ **конденса́тора переме́нной ёмкости** capacitor gang
~ **культива́тора** cultivator gang, cultivator rig
~ **механизи́рованной кре́пи** mechanized [powered] support unit
моторваго́нная ~ *ж.-д.* motor car unit
перего́нная ~ *ж.-д.* cut section
~ **перено́са изображе́ния** (*в суперииконоскопе*) *тлв.* image section
~ **плота́** brail, raft section
~ **ректификацио́нной коло́нны, отпарна́я** stripping section
~ **ректификацио́нной коло́нны, укрепля́ющая** rectifying section
селекти́вность *ж.* selectivity
~ **защи́ты** *эл.* discrimination of a protective scheme
селе́ктор *м.* selector
временно́й ~ time gate
~ **и́мпульсов** pulse discriminator
~ **и́мпульсов, амплиту́дный** pulse-height discriminator, pulse-height selector
~ **кана́лов** *тлв.* turret tuner
~ **мод** mode selector
~ **на четы́ре совпаде́ния** *вчт.* four-input AND gate
нейтро́нный ~ neutron-velocity selector, neutron chopper
окта́новый ~ *авто* octane selector
~ **по вре́мени пролёта** time-of-flight selector
поляризацио́нный ~ polarization separator
~ **пусковы́х и́мпульсов** *рлк.* trigger selector
~ **скоросте́й** velocity selector
~ **состоя́ний** state selector
строчно́й ~ *тлв.* line selector
~ **ти́пов колеба́ний** mode selector
селектро́н *м.* selectron
селе́кци/я *ж.* selection
~ **дви́жущихся це́лей [СДЦ]** *рлк.* moving target indication, MTI (*см. тж.* **СДЦ**)
~ **мод** mode selection
~ **подви́жных це́лей [СПЦ]** *рлк.* moving target indication, MTI
поляризацио́нная ~ polarization discrimination
~ **по промежу́точной частоте́** *рад.* i.f. selectivity □ **осуществля́ть осно́вную ~ю по промежу́точной частоте́** supply the bulk of i.f. selectivity
~ **ти́пов колеба́ний** mode selection
углова́я ~ (*в лазерах*) angular mode selection, beam angle narrowing
фа́зовая ~ phase selection

селе́н *м.* 1. selenium, Se 2. (*селеновый выпрямитель или выпрямительный элемент*) *жарг.* selenium rectifier
селепрово́д *м.* mudflow conduit
селесбро́с *м.* mudflow flume
сели́тра *ж.* saltpeter
сель *м.* mudflow, earth flow, sill
сельси́н *м.* synchro □ **~ отраба́тывает сигна́л оши́бки** the synchro rotates to minimize the error signal; **сбить ~ с ло́жного нуля́** apply an anti-stickoff voltage to a synchro; **согласо́вывать ~ы** bring the synchros to (the position of) correspondence
бесконта́ктный ~ permanent-magnet rotor [PMR] synchro
~ в индика́торном режи́ме indicating [direct-data-transmission] synchro
~ в трансформа́торном режи́ме synchro control transformer
~ гру́бого отсчёта coarse [low-speed] synchro
даю́щий ~ *мор.* synchro transmitter
двухотсчётный ~ two-speed synchro
дифференциа́льный ~ differential synchro
конта́ктный ~ slip ring synchro
приёмный ~ receiving synchro, synchro receiver
принима́ющий ~ synchro receiver
силово́й ~ power synchro
~ то́чного отсчёта fine [high-speed] synchro
сельси́н-анализа́тор *м.* synchro analyser
сельси́н-генера́тор synchro generator
сельси́н-да́тчик *м.* synchro transmitter
~ в трансформа́торном режи́ме synchro differential transmitter
сельси́н-приёмник *м.* receiving synchro, synchro receiver □ **~ занима́ет согласо́ванное положе́ние с сельси́ном-да́тчиком** the synchro receiver is in correspondence with the synchro transmitter
семафо́р *м.* semaphore
входно́й ~ entrance semaphore
выходно́й ~ exit semaphore
семе́йство *с.* family
~ колле́кторных характери́стик collector family
~ кривы́х family of curves
радиоакти́вное ~ radioactive family
семена́ *мн.* seeds □ **апроби́ровать ~** certify seeds; **бактеризова́ть ~** bacterize seeds; **дражи́ровать ~** coat [enrobe, pellet] seeds; **зака́ливать ~** cold-treat seeds; **зама́чивать ~** soak seeds; **калиброва́ть ~** calibrate [grade] seeds; **облуча́ть ~** irradiate seeds; **прора́щивать ~** germinate seeds; **протра́вливать ~** disinfect seeds; **скарифици́ровать ~** scarify seeds; **яровизи́ровать ~** vernalize seeds
семеново́дство *с.* seed growing, seed production
семенохрани́лище *с.* seed storagehouse

семери́чный *прил.* septenary
семигра́нник *м.* heptahedron
семио́тика *ж.* semiotics
семиуго́льник *м.* heptagon
семясуши́лка *ж.* seed dryer
семяулови́тель seed catcher, seed saver
сена́ж *м.* haylage
се́но *с.* hay □ **брикети́ровать ~** pelletize [wafer] hay; **загота́вливать ~** make hay, put hay in storage; **прессова́ть ~ в тюки́** bale hay
сенобрикетиро́вщик *м.* hay wafering machine
сеноворoши́лка *ж.* hay-tedder, swath tedder
сеновяза́лка *ж.* hay baler
сеноизмельчи́тель *м.* hay shopper
сенокопни́тель *м.* hay stacker
сеноко́с *м.* 1. hay harvesting, hay-making 2. hay-making time
сенокоси́лка *ж.* field mower
сенопогру́зчик *м.* hay-loader
сеноподбо́рщик *м.* hay pick-up
сеноподъёмник *м.* hay elevator
сеносоломоре́зка *ж.* roughage hay cutter
сеносуши́лка *ж.* hay drier
сеноубо́рка *ж.* hay-making
сенохрани́лище *с.* hay [mow] storage
сенсибилиза́тор *м.* sensitizer
опти́ческий ~ optical sensitizer
теплово́й ~ thermal sensitizer
сенсибилиза́ция *ж.* sensitization, sensitizing
опти́ческая ~ optical sensitization
хими́ческая ~ chemical sensitization
хромати́ческая ~ chromatic sensitization
сенситогра́мма *ж.* sensitogram, sensitometric strip
сенсито́метр *м.* sensitometer
сенситоме́трия *ж.* sensitometry
интегра́льная ~ integral sensitometry
спектра́льная ~ spectral sensitometry
фотографи́ческая ~ photographic sensitometry
сепара́тор *м.* separator
аккумуля́торный ~ cell [battery] separator
винтово́й ~ spiral separator
гравитацио́нный ~ gravitational separator
магни́тный ~ magnetic separator
ма́сляный ~ oil separator
моло́чный ~ cream separator
отсто́йный ~ separating tank
перечистно́й ~ *мет.* recleaning separator
плёночный ~ water-film separator
~ подши́пника bearing cage
прото́чный ~ *мет.* flow-type separator
фрикцио́нный ~ friction separator
центробе́жный ~ centrifugal separator
цикло́нный ~ cyclone separator

сепаратри́са *ж.* separatrix
сепара́ция *ж.* separation
сепари́рование *с.* separation
се́птик *м.* septic tank
се́р/а *ж.* sulphur, S □ **возгоня́ть ~у** sublime sulphur; **добыва́ть ~у ме́тодом Фра́ша** exploit sulphur [brimstone] deposits by the Frasch process; **осажда́ть ~у** precipitate sulphur; **рекупери́ровать ~у** recover sulphur; **свя́зывать ~у** combine [fix] sulphur
комова́я ~ sulphur in lumps
лету́чая ~ volatile sulphur
моноклинная ~ monoclinic sulphur
очи́щенная ~ bright sulphur
ромби́ческая ~ orthorhombic sulphur
самоpо́дная ~ native sulphur, brimstone
свобо́дная ~ free sulphur
черенко́вая ~ rod sulphur
элемента́рная ~ elementary sulphur
серводви́гатель *м.* servomotor (*см. тж.* **сервомото́р**)
сервокомпенса́тор *м.* balancing tab
кинемати́ческий ~ geared (balance) tab
пружи́нный ~ spring tab
сервокомпенса́ция *ж.* servo balance
сервомехани́зм *м.* servomechanism (*см. тж.* **следя́щий при́вод**)
сервомото́р *м.* servomotor
гидравли́ческий ~ hydraulic (servo)motor
гидравли́ческий ~ с золотнико́вым распределе́нием (spool-)valve controlled hydraulic motor
пневмати́ческий ~ pneumatic servomotor
сервопри́вод *м.* servo (drive)
сервору́ль *м.* 1. *авто* servo [assisted] steering 2. *ав.* (aerodynamic) servo-tab
сервосисте́ма *ж.* servo (system) (*см. тж.* **следя́щая систе́ма**)
сервоуправле́ние *с.* servocontrol
сервоусили́тель *м.* servoamplifier
серде́чник *м.* core □ **без ~а** coreless; **~ выполня́ется из пласти́н электротехни́ческой ста́ли** a core is made up of electrical sheet steel [iron] laminations stacked together; **набира́ть ~ из пласти́н электротехни́ческой ста́ли** build up a core from steel [iron] laminations [punchings]; **расшихто́вывать ~ трансформа́тора** unblade a transformer core; **с возду́шным ~ом** air-core(d); **сшихто́вывать ~ трансформа́тора** (*после расшихтовки*) reblade a transformer core (*after unblading*)
~ кана́та rope core
~ кана́та, волокни́стый fibre core of a rope
~ кана́та, металли́ческий wire-rope core
ле́нточный ~ *эл.* strip(-wound) core
прессо́ванный желе́зный ~ iron-dust core

серде́чник
~ составно́го валка́ *прок.* core, central part
~ с прямоуго́льной пе́тлей гистере́зиса rectangular-[square-]loop core
тороида́льный ~ *эл.* toroidal core
~ трансформа́тора transformer core
~ трансформа́тора, броневого ти́па shell-[E-]type (transformer) core
~ трансформа́тора, со́бранный встык butt-type (transformer) core
~ трансформа́тора, стержнево́го ти́па core-[C-] type (transformer) core
ферри́товый ~ magnetic core
ферри́товый, многоотве́рстный ~ multiapertured magnetic core
шихто́ванный ~ 1. (*набранный из пластин*) laminated core **2.** (*способ соединения ярма и стержней в магнитопроводе трансформатора*) interleaved [imbricated] core
~ я́коря armature core
сердцеви́на *ж.*:
~ древеси́ны pith
~ ка́беля cable core
ненауглеро́женная ~ (*цементованной стали*) sap
~ огнепрово́дного шнура́, порохова́я the powder train of fuse
~ порошко́вой про́волоки, флю́совая *св.* electrode flux core
~ радиа́тора radiator core, radiator matrix
серебре́ние *с.* silvering, silver plating
серебри́ть *гл.* silver, silver plate
серебро́ *с.* silver, Ag
~ в сли́тках silver bullion
~ высо́кой про́бы fine silver
металли́ческое ~ metallic silver, silver metal
моне́тное ~ sterling [standard] silver
~ ни́зкой про́бы low assay silver
самоpо́дное ~ native silver
серебря́нка *ж.* bright-polished carbon tool steel
середи́на *ж.* centre, middle
~ разма́ха крыла́ *ав.* mid-span
~ хо́да (*поршня*) *двс* mid-stroke, middle of a stroke
сери́фы *мн. м.* (*засечки*) *полигр.* serifs
се́ри/я *ж.* series ☐ **пойти́ в ~ю** *жарг.* be (put) in quantity production (*не путать с* серийным видом производства; *not to be confused with* lot [batch] production)
~ волн wave train
~ измере́ний run of measurements
~ и́мпульсов pulse train
~ и́мпульсов, двунапра́вленная bidirectional pulse train
~ спе́ктра spectral series
~ спе́ктра, гла́вная principal spectral series
~ спе́ктра, диффу́зная diffuse spectral series

се́ри/я
~ спе́ктра, побо́чная subordinate spectral series
сернистоки́слый *прил.* sulphite *примеры*: **~ на́трий** sodium sulphite; **~ ка́льций** calcium sulphite
серни́стость *ж.* sulphur content
серни́стый *прил.* sulphide *примеры*: **~ азо́т** nitrogen sulphide; **~ ка́дмий** cadmium sulphide
сернoки́слый *прил.* sulphate *примеры*: **~ ба́рий** barium sulphate; **~ ура́н** uranous sulphate
сероводоро́д *м.* **1.** *хим.* hydrogen sulphide **2.** *горн.* stinkdamp
сероуглеро́д *м.* carbon bisulphide
серпанти́н *м.* (*дорога*) hairpin curves
серпе́ние *с.* (*скручивание полосы*) *прок.* twisting
сертифика́т *м.* certificate
~ лётной го́дности airworthiness certificate ☐ **возобнови́ть де́йствие ~а лётной го́дности** resume an airworthiness certificate; **выдава́ть ~ лётной го́дности** issue an airworthiness certificate; **име́ть ~ лётной го́дности** carry an airworthiness certificate; **лиша́ть ~а лётной го́дности** revoke an airworthiness certificate; **приостанови́ть де́йствие ~а лётной го́дности** suspend an airworthiness certificate
~ о ка́честве certificate of quality
страхово́й ~ certificate of insurance
~ ти́па *ав.* type certificate
сертифика́ция *ж.* certification
~ по шу́му *ав.* noise certification
серьга́ *ж.* shackle
~ с болто́м clevis
сет *м.* (*величина самой широкой литеры*) set
сет-бараба́н *м.* (*монотипа*) set drum
сетево́й *прил.* (*работающий от сети*) *англ.* mains-operated; *амер.* line-operated
сетеподъёмник *м.* net lifter, net puller
се́тк/а *ж.* **1.** (*особ. проволочная, нитяная*) gauze, mesh, net **2.** (*электровакуумного прибора*) grid
армату́рная ~ reinforcing fabric
бага́жная ~ luggage net, baggage rack
географи́ческая ~ geographic(al) reticule, geographical grid, geographic(al) graph
гра́дусная ~ *карт.* grade grid
грузова́я ~ *ав.* cargo net
~ группирова́теля (*в клистроне*) buncher grid
защи́тная ~ guard mesh, guard net
искроуде́рживающая ~ *ж.-д.* spark arrester
карби́дная ~ (*ацетиленового генератора*) carbide basket
картографи́ческая ~ map graticule, map [cartographic(al), projection] grid
координа́тная ~ (coordinate) grid, map graticule

се́тк/а
~ ла́мпы *элн.* grid
~ ла́мпы, антидинатро́нная *элн.* suppressor grid
~ ла́мпы, защи́тная *элн.* suppressor grid
~ ла́мпы, като́дная *элн.* cathode [space-charge] grid
~ ла́мпы, управля́ющая *элн.* control grid
~ ла́мпы, экрани́рующая *элн.* screen grid
масшта́бная ~ (*на экране осциллоскопа, радиолокатора и т. п.*) graticule ☐ **наноси́ть масшта́бную ~у** graticulate, scribe a graticule
мелкострукту́рная ~ (*вид помехи*) *тлв.* fine-dot pattern, fine-dot structure
металли́ческая ~ metal screen
металли́ческая ~ под штукату́рку metal lath
направля́ющая ~ (*в кодирующей ЭЛТ*) quantizing wire grid
~ ните́й *геод.* cross-hairs, set of hairs, set of threads
~ отпеча́тков *прок.* net scoring
~ по грани́цам зёрен *мет.* intergranular network
~ полуто́нового изображе́ния (*в фототелеграфе*) half-tone mesh, half-tone screen
предохрани́тельная ~ 1. guard net **2.** (*предотвращающая попадание птиц в двигатель*) *ав.* debris guard
про́волочная ~ wire netting; wire screen; (*используемая в качестве фильтра*) wire gauze
про́волочная ~ на дверь (*для защиты от насекомых*) screen door
разря́дная ~ *вчт.* word length, word size ☐ **переполня́ть разря́дную ~у** exceed the word length [the word size]
ра́стровая ~ *полигр.* cross-line screen
сварна́я ~ welded mesh
структу́рная ~ structural net
типова́я ~ (*расположения бурильных скважин*) (well) pattern
тка́ная ~ wire cloth, wire gauze net
фокуси́рующая ~ focusing grid
цельнорешётчатая ~ expanded lath
ча́стная ~ narrow-meshed net
~ часто́т frequency spectrum
~ часто́т с ша́гом, *напр.* 100 кГц a, *e.g.*, 100-kHz frequency spectrum
се́т-клин *м.* (*монотипа*) type-sizing wedge
сет-цили́ндр *м.* (*монотипа*) set drum
сетча́тка *ж.* retina
сет-число́ *с.* (*коэффициент плотности монотипного шрифта*) set number
сет/ь *ж.* **1.** (*орудие лова*) net ☐ **выбира́ть ~** haul in a net; **забра́сывать ~** cast a net **2.** (*источник питания*) *эл. англ.* mains; *амер.* supply line ☐ **подава́ть ~ на, *напр.* переда́тчик** *жарг.* apply power to, *e.g.*, the transmitter, turn on power

for, *e.g.*, the transmitter, turn on, *e.g.*, the transmitter; **работать от ~и** operate on [off] mains power supplies, operate off the supply line; **снимать ~ с, *напр.* передатчика** *жарг.* remove power [supply] voltage from, *e.g.*, the transmitter 3. (*часть энергосистемы*) network 4. (*форма радиосвязи*) net(ting)

сет/ь
~ абонентского телеграфа switched public telegraph network
~ азимутальных пунктов azimuth [Laplace] control
астрономо-геодезическая ~ astro-geodetic [astrofix(ation)] network, astronomic(al) (ground) control
базисная ~ *геод.* base net
~ барометрических пунктов *геод.* aneroid (height) control
водопроводная ~ water-supply line, water-supply system
геодезическая ~ geodetic network
гидрометрическая ~ stream gauging network
~ гравиметрических пунктов gravimetric network
железнодорожная ~ railway system, railway network
~ заземления *англ.* earthing system; *амер.* grounding system
кабельная ~ (*связи*) cable system
канализационная ~ sewer(age) net
контактная ~ *ж.-д.* contact system
несимметричная ~ *эл.* unbalanced network
нивелирная ~ *геод.* level(ling) [height, vertical control] network, level(ling) control
~ обмена информацией общего пользования *англ.* public data (communication) network; *амер.* information utility network
~ обмена информацией с коммутацией каналов line-switching data exchange (communication) system
~ обмена информацией с коммутацией сообщений message-switching system
~ опорных точек *геод.* network of control, control network, (base) control
осветительная ~ lighting system, lighting network
отопительная ~ heating system
~ передачи данных data (communication) network
~ передачи данных общего пользования *англ.* public data (communication) network; *амер.* data utility network
полигонометрическая ~ polygonometric network
полносвязанная ~ fully connected network
~ радиал-триангуляции radial triangulation network, central point figure
радиотрансляционная ~ a.f. rediffusion net

сет/ь
рыболовная, дрифтерная ~ drift net
рыболовная, жаберная ~ gill net
рыболовная, объячеивающая ~ gill net
рыболовная, отцеживающая ~ impounding net
рыболовная, плавная ~ floating net
рыболовная, ставная ~ set net
~ связи communication network
~ связи общего пользования public communication network
~ связи с коммутацией каналов line-switching communication system
~ связи с коммутацией сообщений message-switching communication system
съёмочная ~ *геод.* survey network
телеграфная ~ telegraph network □ **организовывать телеграфную ~ по принципу, *напр.* зон** base [set up] a telegraph network on, *e.g.*, the zone principle
телеграфная ~ общего пользования public telegraph network
телефонная ~ telephone set
телефонная, городская ~ telephone urban set
телефонная, междугородная ~ interurban [intercity] telephone set
телефонная, международная ~ international telephone set; *амер.* overseas telephone service
телефонная, сельская ~ village telephone set
тепловая ~ heating system
~ триангуляции *геод.* triangulation network, net of triangles, network of chains
~ трилатерации *геод.* trilateration network
фотограмметрическая ~ *геод.* photogrammetric network
электрическая ~ power network

сечение *с.* section, sectional view; *физ.* cross-section □ **~ (детали) претерпевает резкий переход** there is a violent [sharp, sudden] change of cross-section; **проводить ~ через, *напр.* балку** *стр., мех.* pass a section through, *e.g.*, a beam; **~ резко меняется** the section changes abruptly
активное ~ free [active] cross-sectional area
~ в проходке *горн.* rock section
вынесенное ~ (*в черчении*) detail section
~ горизонталей *топ.* contour interval
живое ~ free cross-sectional area; open area
звучащее ~ (*сопла, насадки*) throat
золотое ~ golden section, extreme and mean ratio
коробчатое ~ box section
~ крыла, среднее *ав.* mid-span section

сечение
меридиональное ~ meridian section
миделево ~ midship section
наложенное ~ (*в черчении*) revolved section
поперечное ~ cross-section
продольное ~ longitudinal section
проходное ~ flow area, flow section
рабочее ~ net section
~ рассеяния *физ.* scattering cross-section
расчётное ~ reference section
~ рельефа *карт.* contour [vertical] interval
сжатое ~ contracted section
~ сопла, входное nozzle inlet section
~ сопла, выходное nozzle outlet section
~ сопла, критическое (nozzle) throat □ **запирать критическое ~ сопла** choke the throat
~ сопла, минимальная (nozzle) throat
~ сопла, начальное nozzle inlet section
~ ствола в проходке *горн.* excaved dimension of the shaft
~ ствола в свету *горн.* clear cross-section of the shaft

сечка *ж.* **1.** (*инструмент*) chopper 2. chaff, chop

сеялка *ж.* sower, sowing machine
гнездовая ~ hill-drop planter
дисковая ~ disk drill
~ для пропашных культур row-crop drill
зерновая ~ grain drill
квадратно-гнездовая ~ check-row planter
многорядная ~ multi-row drill
навесная ~ mounted drill
прицепная ~ trailed planter, trailed drill
пунктирная ~ single-seed drill
разбросная ~ broadcast sower
рядовая ~ drill
секционная ~ gang drill
~ точного высева precision drill
тракторная ~ tractor drill
туковая ~ fertilizer distributor
узкорядная ~ narrow-row drill
широкорядная ~ wide-row drill

сеялка-культиватор *ж.* cultivating drill

сеять *гл.* sow, plant ground with seed by sowing; (*в борозду*) drill

сжати/е *с.* **1.** (*вид деформации стержня, бруса*) compression □ **работать на ~** work in compression; **разрушаться при ~и** fail in compression 2. (*уменьшение в объёме газов*) compression 3. (*усадка, укорочение*) contraction
адиабатическое ~ adiabatic compression
~ амортизатора *ав.* contraction of a shock-absorber

сжáти/е
внецéнтренное ~ eccentric compression
~ водослива, боковóе end contraction of a spillway
~ геометрúческой фигýры oblateness
~ диапазóна грóмкости volume compression
~ Землú oblateness of the Earth
изотермúческое ~ isothermic [isothermal] compression
~ úмпульса pulse compression
обратúмое ~ reversible compression
~ (*отшнуровывание*) **плáзмы** (plasma) pinching
политропúческое ~ polytropic compression
продóльное ~ longitudinal compression
~ (*дросселирование*) **тóка** current constriction
ударное ~ shock compression
сжигáние *с.* burning
~ в кислотé acid digestion
~ мýсора incineration of rubbish
~ порýбочных остáтков slash burning
сжигáть *гл.* burn (up) □ **~ в кислотé** digest in an acid; **~ мýсор** incinerate rubbish; **~, напр. электродвúгатель, трансформáтор** burn out, *e.g.*, a motor, transformer
сжижáть *гл.* liquefy
сжижéние *с.* liquefaction
сжимáемость *ж.* compressibility
линéйная ~ linear compressibility
объёмная ~ volume compressibility
относúтельная ~ relative compressibility
сжимáтель-расширúтель *м. свз.* compressor-expander, compandor
сжимáть *гл.* **1.** (*стержень, брус*) compress **2.** (*укорачивать*) contract, constrict; squeeze together
сжимáться *гл.* contract, constrict, shrink
сзáди *нареч.* aft, back of (something) □ **находúться ~ чего-л., напр. в однóм мéтре** be, *e.g.*, one metre aft of *smth.*; **свéрху ~** on the upper rear
сигарéта *ж.* cigarette
~ без фúльтра plain cigarette
~ с фúльтром filter-tipped cigarette
сúгма-связь *ж.* sigma-bond
сúгма-фýнкция *ж.* sigma function
сигнáл *м.* signal □ **восстанáвливать ~** regenerate a signal; **восстанáвливать фóрму ~а** regenerate a signal; **~ выделяéтся, напр. на нагрýзочном сопротивлéнии** the signal is developed, *e.g.*, across the load resistor; **детектúровать ~** detect [demodulate] a signal; **задéрживать ~** delay a signal; **замéшивать [смéшивать] ~** *жарг.* combine [mix] a signal (with ...); **запоминáть ~ в инвертúрованной фóрме** *вчт.* store a signal in inverted [negated] form, store an inverted [negated] signal; **~ имéет огранúченную полосý частóт** the signal is band-limited; **инвертúровать ~** invert [negate] a signal; **~ искажáется шýмом** the signal is corrupted by noise; **квантовáть ~ по врéмени** sample a signal; **квантовáть ~ по ýровню** quantize a signal; **огранúчивать ~ свéрху** limit the signal, flatten the signal at the positive peak; **огранúчивать ~ снúзу** clip the signal, flatten the signal at the negative peak; **по ~у** in response [according] to a signal *пример*: **автопилóт управляéт самолётом по ~у от ...** the autopilot flies [controls, steers] the airplane in response [according] to a signal from ... ; **операция считывания начинáется по ~у «х»** the "x" signal initiates a read operation, the "x" signal causes a read operation to be initiated; **по ~у «х» схéма срабáтывает** the "x" signal causes the circuit to operate; **преобразóвывать анáлоговый ~ в дискрéтный** digitize an analog signal; **~ разветвляéтся в тóчке «А»** at point "A" the signal takes [follows] different paths; **~ сúльно забúт шумáми** the signal is deeply buried in noise, the signal is obscured by noise; **склáдывать ~ы А и Б** combine signals A and B, combine signal A with signal B; **согласóвывать ~ы по врéмени** time signals; **формировáть ~** generate [produce, provide] a signal
сигнáл
аварúйный ~ alarm (signal), emergency signal
акустúческий ~ audible [audio, acoustic(al)] signal
амплитýдно-модулúрованный ~ amplitude-modulated [AM] signal
~ бéдствия distress signal
вúдимый ~ visual signal
входнóй ~ input [incoming] signal
входнóй, синусоидáльный ~ (*вид стандартного испытательного сигнала*) sinusoidal excitation
вызывнóй ~ *тлф.* call [ringing] signal
выходнóй ~ output signal □ **выходнóй ~ повторяéт входнóй ~** the output (signal) follows [tracks] the input (signal)
~ гашéния ЭЛТ blank(ing) signal
геодезúческий ~ (*вышка*) observing tower
гетеродúнный ~ (*в приёмниках*) heterodyne [local-oscillator] signal, heterodyne [local-oscillator] frequency; (*в передатчиках*) injection [conversion] signal, injection [conversion] frequency
~ готóвности ready signal
~ готóвности к приёму (*в фототелеграфии*) ready-to-receive signal
~ готóвности к приёму набóра нóмера dial tone □ **абонéнту посылáется ~ готóвности стáнции к приёму набóра нóмера** a dial tone informs the user that it is proper to make the call
сигнáл
группово́й ~ (*в многоканальной связи*) composite signal
~ для вхождéния в сеть *рад.* netting call
~ забóя ошúбки *тлг.* erasure signal
~ закрытия (сеáнса) свя́зи closing-down [end-of-work] sign(al)
~ зáнятости *тлф.* (audible) busy signal, busy tone
~ зáнятости, мигáющий *тлф.* busy flash signal
~ зáписи *вчт.* write signal
запрещáющий ~ inhibit signal
~ запрóса challenging [interrogation] signal
затухáющий ~ decaying signal
звуковóй ~ audible [sound, audio] signal
звуковóй, автомобúльный ~ motor car horn
зондúрующий ~ (*в дискретных системах передачи*) sounding signal
зýммерный ~ buzzer signal
избирáтельный ~ selective signal
избы́точный ~ redundant signal
~ изображéния *тлв.* picture signal
~ изображéния и синхронизáции *тлв.* composite TV [sync-and-picture] signal
úмпульсный ~ (*результат квантования по времени*) sampled signal, signal sample
úмпульсный, входнóй ~ (*форма испытательного сигнала*) impulse input (function)
úмпульсный, выходнóй ~ (*отклик на выходной сигнал*) impulse (function) response
индивидуáльный ~ (*в многоканальной связи*) channel signal
информациóнный ~ intelligence signal
~ кáдровой синхронизáции frame [vertical] sync signal
квантóванный ~ (*по амплитуде, по уровню*) quantized signal
контрóльный ~ monitor(ing) signal
~ контрóля посы́лки вы́зова call-confirmation signal
~ концá лéнты *вчт.* end-of-tape [EOT] signal
~ концá сообщéния *вчт.* end-of-message [EOM] signal
линéйный ~ (*вид испытательного сигнала*) ramp input, ramp function
лóжный ~ spurious [false] signal
~, модулúрованный по амплитýде amplitude-modulated [AM] signal
~, модулúрованный по фáзе phase-modulated [PM] signal
~, модулúрованный по частотé frequency-modulated [FM] signal
модулúрующий ~ 1. modulating signal **2.** (*в проводной высокоча-*

стотной, а также радиосвязи — информационный сигнал до переноса в другой частотный диапазон или до модуляции несущей или поднесущей) baseband signal

сигна́л

модули́рующий, тона́льный ~ (*в системах передачи данных*) baseband signal

~ на вы́ходе телека́меры camera signal

~ недосту́пности но́мера *тлф.* out-of-order [trouble] tone

~ неиспра́вности fault signal

непреры́вный ~ analog [continuous] signal

неразбо́рчивый ~ *рад.* unreadable signal

~ обра́тной свя́зи feedback signal

~ обры́ва програ́ммы *рад.* program(me) failure alarm

объединённый ~ (*в многоканальной связи*) combined signal □ **разделя́ть объединённый ~ по кана́лам** separate the combined signal into channels

ограни́ченный ~ bounded signal

~, ограни́ченный по частоте́ band-limited signal

однополо́сный ~ [ОПС] single-sideband [SSB] signal (*см. тж.* **ОПС**)

~ опознава́ния цве́та *тлв.* (*в системе СЕКАМ*) colour identification signal

опознава́тельный ~ identification signal

опо́рный ~ reference signal

опти́ческий ~ optical signal

~ остано́вки stop sign(al)

~ отбо́я *тлф.* ringoff [clearing] signal

~ отбо́я со стороны́ вызыва́емого абоне́нта *тлф.* clear-forward signal

~ отве́та АТС (*приглашение к набору*) proceed-to-select signal

~ отве́та (*приглашение к передаче*) **ручно́й ста́нции** proceed-to-transmit signal

~ отпира́ния ЭЛТ (CRT) unblank signal

отражённый ~ echo (signal), return signal (*e.g., from the target*)

~ оши́бки error signal

~ оши́бки ориента́ции (направленно́й) анте́нны pointing error signal

~ перено́са *вчт.* carry (signal)

~ переполне́ния *вчт.* overflow signal

периоди́ческий ~ periodic signal

побо́чный ~ *рад.* spurious signal

подавля́емый ~ victim signal

~ подтвержде́ния acknowledgement [ACK] signal

пожа́рный ~ fire-alarm signal

позывно́й ~ *рад.* call sign(al), call letter

поле́зный ~ (*в противовес наводке, шумам или помехе*) legitimate [valid] signal

сигна́л

по́лный ~ *тлв.* composite colour [picture] signal

~ поме́хи (*от глушащих станций*) electronic countermeasure [ECM] signal

потенциа́льный ~ level signal

предупреди́тельный ~ warning signal

преры́вистый ~ intermittent signal

~ (*сигнальная комбинация*) **пробе́ла** space signal

простра́нственно-модули́рованный ~ spatially modulated signal

псевдослуча́йный ~ pseudorandom signal

пусково́й ~ starting signal

~ рассогласова́ния error signal

~ с акти́вной па́узой non-return-to-zero [NRZ] signal

светово́й ~ light signal; (*световое табло*) light annunciator, illuminated call-out

синфа́зный ~ common-mode [in-phase] signal

синхронизи́рующий ~ synchronizing signal

~ систе́мы поса́дки по прибо́рам, просто́й (*для международной системы*) raw ILS signal; (*для советской системы*) raw СП signal

составно́й ~ composite signal

~ с пасси́вной па́узой return-to-zero [RZ] signal

~ с пода́вленной несу́щей suppressed-carrier signal

стациона́рный ~ stationary [non-time-varying] signal

~ стира́ния оши́бки (*в буквопечатающих аппаратах*) erasure signal

строби́рующий ~ gate [gating] signal

ступе́нчатый ~ (*результат квантования по уровню*) quantized signal, quantized waveform

ступе́нчатый, входно́й ~ (*форма испытательного сигнала*) step input (function)

ступе́нчатый, выходно́й ~ (*отклик на входной сигнал*) step (function) response

~ счи́тывания *вчт.* read(ing) [sense] signal

~ тона́льного вы́зова *тлф.* call tone

~ то́чного вре́мени (standard) time signal □ **передава́ть ~ы то́чного вре́мени** (*по радио*) broadcast [distribute] (standard) time signals

трево́жный ~ alarm signal

~ уклоне́ния от ку́рса *нвг.* off-course warning

управля́ющий ~ control signal

упрежда́ющий ~ anticipatory signal

~ установле́ния соедине́ния *тлф., тлм.* call-connected signal

хрони́рующий ~ timing signal

~ цве́тности *тлв.* (*до модуляции поднесущей*) chrominance [video colour-difference] signal; (*после модуляции поднесущей*) chroma [modulated subcarrier] signal

~ цветны́х поло́с, испыта́тельный *тлв.* colour-bar-chart signal

цветово́й ~ *тлв.* colour signal

часто́тно-модули́рованный ~ frequency-modulated [FM] signal

шумово́й ~ noise (signal)

сигнализа́тор *м.* (*оповещающий*) annunciator, indicator; (*предупреждающий*) warning device; (*тревожный*) alarm

блёнкерный ~ flag indicator

~ забива́ния (*напр. высевающего аппарата*) choke warning device

~ мета́на methane [fire-damp] alarm

~ обледене́ния ice detector, ice indicator

~ отка́за failure indicator

~ перегру́зки, светово́й overload light

~ поврежде́ний fault alarm

~ превыше́ния у́ровня water level alarm

~ пропада́ния се́ти power failure indicator

~ стру́жки (*в двигателе*) chip detector

~ те́чи leakage detector

сигнализа́ци/я *ж.* **1.** (*действие*) signalling **2.** (*совокупность устройств*) signalling system **3.** (*подача оповестительных сигналов*) indication; (*подача предупредительных сигналов*) warning; (*подача тревожных сигналов*) alarm

авари́йная ~ 1. alarm signalling **2.** alarm (system)

~ (*вызов*) **в разгово́рной полосе́ часто́т** (*при передаче данных*) inband signalling

~ замыка́ния на зе́млю earth [ground] fault [fault-to-ground] signalization

защи́тная ~ protective signalling

звукова́я ~ audible signalling

~ перегре́ва temperature-rise alarm (system)

пожа́рная ~ fire-alarm (system)

~ (*вызов*) **по разгово́рному кана́лу** (*при передаче данных*) channel-associated signalling

предупреди́тельная ~ warning

предупреди́тельная, светова́я ~ warning lights

трево́жная ~ alarm (system) □ **выключа́ть трево́жную ~ю** cancel an alarm; **приводи́ть в де́йствие трево́жную ~ю** sound an alarm

трево́жная, визуа́льная ~ visual alarm

трево́жная, звукова́я ~ audible alarm

трево́жная, о́бщая ~ general alarm

сигналоноси́тель *м.* record(ing) medium

сигнату́ра *ж. полигр.* **1.** (*порядковый номер печатного листа*) signature **2.** (*углубление на литере*) nick

сиде́нье *с.* seat □ **обива́ть ∼** upholster a seat; **∼ отки́дывается** the seat reclines; **регули́ровать ∼ по накло́ну** adjust the (back of a) seat for rake
∼ води́теля driver's seat
∼ кре́сла (*в самолёте*) seat bottom
откидно́е ∼ (*складывающееся*) folding [jump] seat
пере́днее ∼ front seat
∼ с регули́руемым накло́ном (спи́нки) the seat back adjustable for rake

сиккати́в *м.* drier, drying agent

си́л/а *ж. мех.* force □ **быть в ∼е по отноше́нию к ...** (*о теореме, математическом законе*) hold [be valid] for ...; **в ∼е** in force; **∼ возде́йствует на ...** a force acts on ...; **∼ колеблется [пульси́рует, флуктуи́рует]** a force fluctuates ...; **прикла́дывать ∼у** apply a force to, exert a force on; **∼ противоде́йствует, напр. прило́женной ∼е** a force opposes, *e.g.*, the impressed force; **∼, ра́вная по величине́ и обра́тная по направле́нию** an equal and oppositely directed force; **раскла́дывать ∼у на составля́ющие** resolve a force into components; **распределя́ть ∼у** distribute a force; **скла́дывать ∼ы** combine forces; **сосредото́чивать ∼у в ...** concentrate a force at ...; **уравнове́шивать ∼ы** place forces in equilibrium, balance forces
архиме́дова ∼ buoyancy force
астази́рующая ∼ labilizing force
аэродинами́ческая ∼ aerodynamic force
аэродинами́ческая, подса́сывающая ∼ leading edge force
аэродинами́ческая, попере́чная ∼ cross-wind force
аэростати́ческая ∼ aerostatic force
бокова́я ∼ *мор.* athwartship(s) [cross, lateral] force
вале́нтная ∼ valence force
∼ ве́тра force of wind, wind force □ **∼ ве́тра составля́ет, напр. 5 ба́ллов по шкале́ Бофо́рта** wind force is, *e.g.*, 5 points on the Beaufort scale
Ван-дер-Ва́льсовы ∼ы (*межмолекулярного взаимодействия*) Van der Waals forces
взаимоде́йствующая ∼ interacting force
вибродви́жущая ∼ vibromotive force
внеце́нтренная ∼ eccentric force
вне́шняя ∼ impressed force
возвраща́ющая ∼ restoring force
возмуща́ющая ∼ disturbing [perturbing] force
враща́ющая ∼ rotary [rotational] force
вытáлкивающая ∼ (*из жидкости или газа*) buoyancy [buoyant] force
грузоподъёмная ∼ carrying [lifting] capacity

си́л/а
дальнодéйствующая ∼ long-range force
дви́жущая ∼ motive [driving] force
∼ зву́ка sound intensity
знакопереме́нная ∼ alternating force
∼ излуче́ния intensity of radiation, radiant intensity
∼ ине́рции inertial force
∼ ине́рции, махова́я fly-wheel force
каса́тельная ∼ tangential force
ко́нтурная ∼ boundary force
корио́лис(ов)а ∼ Coriolis force
короткоде́йствующая ∼ short-range force
коэрцити́вная ∼ coercive force
коэрцити́вная ∼ по враще́нию rotational coercive force
коэрцити́вная ∼ по движе́нию сте́нок wall coercive force
крити́ческая ∼ *сопр.* critical load
крутя́щая ∼ torsional force
куло́новская ∼ Coulomb force
∼ Ло́ренца (*в электромагнитном поле*) Lorentz force
лошади́ная ∼ horse-power, hp
лошади́ная, индика́торная ∼ indicated horse-power
лошади́ная, эффекти́вная ∼ effective horse-power
магнетогидродинами́ческая ∼ magnetohydrodynamic [MHD] force
магни́тная ∼ magnetic force
∼ магни́тного по́ля magnetic field strength, magnetic intensity
магнитодви́жущая ∼ [мдс] magnetomotive force, mmf
∼ межмолекуля́рного взаимоде́йствия molecular force
намагни́чивающая ∼ magnetizing force
∼, напра́вленная вверх upward force
∼, напра́вленная вниз downward force
∼, напра́вленная вперёд forward force
∼, напра́вленная наза́д rearward force
направля́ющая ∼ directive force
оконе́чная ∼ terminal load
опроки́дывающая ∼ tilting [tipping] force
опти́ческая ∼ focal [lens] power
осева́я ∼ axial thrust
∼ отда́чи recoil force
отклоня́ющая ∼ deflecting force
отрыва́ющая ∼ pull
∼ отта́лкивания (*напр. между одноимённо-заряженными частицами*) repulsive force
∼ плаву́чести buoyancy [buoyant] force
∼ пове́рхностного натяже́ния surface tension force
подъёмная ∼ *ав.* lift □ **с нулево́й подъёмной ∼ой** zero-lift; **создава́ть подъёмную ∼у** give [induce] lift

си́л/а
подъёмная, аэродинами́ческая ∼ aerodynamic lift
подъёмная, гидродинами́ческая ∼ hydrodynamic lift
подъёмная ∼ кра́на carrying [lifting] capacity of a crane
приведённая ∼ equivalent force
прило́женная ∼ superimposed [applied] force
∼ притяже́ния attractive force, force of attraction
∼ противоде́йствия opposing force
противоэлектродви́жущая ∼ back [counter] electromotive force, back [counter] emf
рабо́чая ∼ labour (force), manpower
рабо́чая, квалифици́рованная ∼ skilled labour (force)
равноде́йствующая ∼ resultant force
разреша́ющая ∼ resolving power, resolution
разруша́ющая ∼ breaking force
растя́гивающая ∼ tensile force
∼ расшире́ния expansive force
реакти́вная ∼ reaction (force), reactive force
результи́рующая ∼ resultant force
∼ све́та luminous intensity, candle power
∼ све́та, энергети́ческая intensity of radiation, radiant intensity
∼ свя́зи *физ., хим.* bonding force
составля́ющая ∼ component force
сторо́нние ∼ы extraneous [external, applied] forces
сумма́рная ∼ total force
∼ сцепле́ния cohesive force
термоэлектродви́жущая ∼ [термоэдс] thermoelectromotive force, thermo-emf
∼ то́ка strength of current
∼ тре́ния frictional force
∼ тя́ги *ав.* thrust (force)
∼ тя́ги на крюке́ drawbar capacity, drawbar horse-power
тя́говая ∼ pull
∼ тя́жести (pull of) gravity, gravitational force □ **под де́йствием ∼ы тя́жести ...** by gravity
тя́нущая ∼ tractive force, pull
уде́рживающая ∼ confining [holding] force
упру́гая ∼ elastic force
уравнове́шивающая ∼ balancing force
∼ ускоре́ния acceleration force
фотоэлектродви́жущая ∼ [фотоэдс] photoelectromotive force, photo-emf
центра́льная ∼ central force
центробе́жная ∼ centrifugal force
центростреми́тельная ∼ centripetal force
э́йлерова ∼ *сопр.* critical load
∼ электри́ческого то́ка strength of current
электродви́жущая ∼ electromotive force (*см. тж.* **эдс**)

си́л/а
~ электростати́ческого по́ля electrostatic force, electrostatic field intensity
сила́н *м.* silane, silicon hydride
силикаге́ль *м.* silica gel
силикаге́ль-индика́тор *м.* indicating gel, humidity indicator
силика́т *м.* silicate *примеры*: **~ алюми́ния** aluminium silicate; **~ на́трия** sodium silicate
силикатиза́ция *ж.* silicatization, silicification
силикатобето́н *м.* lime concrete
силикока́льций *м.* (*ферросплав*) silicocalcium
силикома́рганец *м.* (*ферросплав*) silicomanganese
силико́н *м.* silicone
силикотерми́я *ж.* silicothermic process, silicothermic reduction
силикохро́м *м.* (*ферросиликохром*) ferrochrome silicon
силици́д *м.* silicide
силици́рование *с.* siliconizing
силокса́н *м.* siloxane
силоме́р *м.* dynamometer
си́лос *м.* 1. (*наземное сооружение, обычно в виде башни*) silo (tower); (*подземное сооружение*) pit silo 2. (*корм для скота*) silage
силосова́ние *с.* ensilage
силосова́ть *гл.* silo, make silage
силосопогру́зчик *м.* silage loader
силосопрово́д *м.* silage duct
силосоразгру́зчик *м.* silage unloader
силосоразда́тчик *м.* silage feeder
силосоре́зка *ж.* silage cutter, silage chopper, silage shredder
силосотрамбо́вщик *м.* silopacker, silage packer
силосоукла́дчик *м.* silage distributor
силосохрани́лище *с.* silo
силуми́н *м.* silumin
силуэ́т *м.* **самолёта** (*на навигационных приборах*) airplane symbol, miniature airplane
сильфо́н *м.* bellows
интегри́рующий ~ integrating bellows
~ обра́тной свя́зи feedback bellows
термостати́ческий ~ thermostatic bellows
управля́ющий ~ control bellows
си́мвол *м.* 1. symbol 2. (*в кодах связи, передачи данных и т. п.*) character
~ вертика́льного табули́рования vertical tabulation [VT] character
~ возвра́та каре́тки carriage return [CR] character
~ возвра́та на оди́н знак back-space [BS] character
~ вы́хода из систе́мы переда́чи data link escape [DLE] character
~ горизонта́льного табули́рования horizontal tabulation [HT] character
~ де́нежной едини́цы currency character

си́мвол
~ едини́цы физи́ческой величины́ symbol for a unit, unit symbol, unit abbreviation
~ забо́я оши́бки delete [DEL, erase, rub-out] character
~ заполне́ния pad(ding) [fill] character
запрещённый ~ illegal character
~ запро́са enquiry [ENQ] character
~ звонка́ bell [BEL] character
~ игнори́рования ignore character
~ исключе́ния cancel [CAN] character
~ квити́рования (*подтверждения приёма*) acknowledge [ACK] character
~ квити́рования, отрица́тельный negative acknowledge [NAK] character
ко́довый ~ code character
~ конца́ носи́теля за́писи end-of-medium [EM] character
~ конца́ переда́чи end-of-transmission [EOT] character
~ конца́ те́кста end-of-text [ETX] character
~ Кро́некера *мат.* Kronecher's symbol, Kronecher delta
логи́ческий ~ logic symbol
~ нача́ла те́кста start-of-text [STX] character
непеча́таемый ~ nonprinting character
~ но́вой строки́ new line [NL] character
~ нуля́ null [NUL] character
печа́таемый ~ printable character
~ пода́чи бла́нка form feed [FF] character
~ пробе́ла space [SP] character
~ прове́рки check character
~ протя́жки на одну́ строку́ line feed [LF] character
~ разделе́ния за́писи record separator [RS] character
~ разделе́ния разря́дов unit separator [US] character
~ сме́ны реги́стра shift character
~ стира́ния оши́бки delete [DEL, erase, rub-out] character
~ управле́ния печа́тью print control character
~ управле́ния устро́йствами device control character
~ физи́ческой величины́ symbol for a quantity, quantity symbol, quantity abbreviation
функциона́льный ~ special character
симво́лика *м. мат.* symbolism, notation
ма́тричная ~ matrix notation
символи́чески *нареч. мат.* in symbols, symbolically
си́менс [См] *м.* (*единица электрической проводимости в системе СИ*) siemens, S
сими́стор *м. элн.* triac

симметра́ль *ж. мат.*:
~ отре́зка midperpendicular
~ то́чек midperpendicular
симметри́рование *с.* balancing (adjustment), symmetrization
симметри́чность *ж.* symmetry
симметри́чный *прил.* symmetric □ **~ относи́тельно ...** symmetric about ...; **~ по ...** symmetric in ...
симметри́я *ж.* symmetry
враща́тельная ~ rotation symmetry
зерка́льная ~ bilateral [mirror, reflection] symmetry
осева́я ~ axial symmetry
~ относи́тельно отраже́ния bilateral [mirror, reflection] symmetry
~ относи́тельно поворо́та rotation symmetry
~ относи́тельно смеще́ния translation symmetry
трансляцио́нная ~ translation symmetry
центра́льная ~ central symmetry
цикли́ческая ~ cyclosymmetry
си́мплекс *м.* simplex
пра́вильный ~ (*в линейном программировании, планировании эксперимента*) regular simplex
симпто́м *м.* symptom, sign
симпьезо́метр *м.* sympiezometer
сингле́т *м. физ.* singlet
сингуля́рность *ж.* singularity
синдро́м *м.* 1. syndrome 2. (*в проверке кода на чётность —.нечётность*) parity-check sequence
синева́ *ж.* **древеси́ны** blue stain, blueing
синело́мкость *ж.* (*стали*) blue brittleness
синере́зис *м.* syneresis
синклина́ль *ж.* syncline
сино́птик *м.* weather forecaster
синта́н *м. кож.* syntan
си́нтез *м.* synthesis
аперту́рный ~ aperture synthesis
гармони́ческий ~ harmonic [Fourier] synthesis
~ логи́ческого автома́та logical design of a control system
~ механи́зма, структу́рный type [number] synthesis of a mechanism
нефтехими́ческий ~ petrochemical synthesis
поро́говый ~ threshold synthesis
~ сигна́ла signal design
~ систе́мы system synthesis
термоя́дерный ~ (thermo)nuclear fusion
термоя́дерный, управля́емый ~ controlled thermonuclear fusion
синteза́тор *м.* synthesizer
гармони́ческий ~ F-synthesizer
~ часто́т frequency synthesizer
си́нтез-газ *м.* synthesis gas
синтези́ровать *гл.* synthesize
синтониза́ция *ж.* syntonization
синтонизи́ровать *гл.* syntonize, tune
си́нус *м.* sine
гиперболи́ческий ~ hyperbolic sine, sinh, sh

си́нус
интегра́льный ~ sine integral function
обращённый ~ versed sine
си́нус-ве́рзус *м.* versed sine
си́нус-гальвано́метр *м.* sine galvanometer
синусо́ида *ж.* sinusoid
затуха́ющая ~ damped sinusoid
си́нус-преобразова́ние *с.* **Фурье́** Fourier sine transform
си́нус-счётчик *м.* sine meter
синфази́рование *с.* cophasing
синфа́зность *ж.* (*в фототелеграфии*) phase coincidence □ **обеспе́чивать ~** accomplish phase coincidence
~ по́ля излуче́ния анте́нны equiphase condition of the (radiation) field
синхрогенера́тор *м.* synchronizing (signal) generator, sync generator
синхроимпульс *м.* sync pulse
синхроконта́кт *м.* *кфт.* synchronizer
синхрониза́тор *м.* synchronizer
синхрониза́ци/я *ж.* synchronization, synchronizing, timing □ **осуществля́ть ~ю с частото́й строк** *тлв.* clock at line rate
~ вспомога́тельным сигна́лом pilot synchronization
и́мпульсная ~ impulse synchronization
инерцио́нная ~ inertia(-type) synchronization
ка́дровая ~ *тлв.* vertical [frame] synchronization
~ развёртки осцилло́графа (*для периодической развёртки*) autotriggering (synchronization); (*для ждущей развёртки*) triggering
стро́чная ~ *тлв.* horizontal [line] synchronization
фа́зовая ~ phase locking
~ цвето́в *тлв.* colour synchronization
синхронизи́ровать *гл.* synchronize; (*по фазе*) phase-lock □ **~ жёстко** lock in step with *пример*: **~ элеме́нт А жёстко с элеме́нтом Б** lock element A into step with element B
синхрони́зм *м.* synchronism
синхро́нно *нареч.* in step, in synchronism
синхро́нност/ь *ж.* synchronism □ **входи́ть в ~** pull into synchronism, fall into step; **выпада́ть из ~и** fall out of synchronism, fall out of step; **приводи́ть к ~и** bring into synchronism
синхросигна́л *м.* synchronizing signal
синхроско́п *м.* synchroscope
синхросме́сь *ж.* *тлв.* composite sync pulse □ **разделя́ть ~** separate the composite sync pulse
синхротро́н *м.* synchrotron
двухпу́тный ~ two-way synchrotron
прото́нный ~ proton synchrotron, synchrophasotron

синхротро́н
~ с жёсткой фокусиро́вкой strong-focusing synchrotron
~ со сла́бой фокусиро́вкой weak-focusing synchrotron
электро́нный ~ electron synchrotron
синхрофазотро́н *м.* synchrophasotron, proton synchrotron
синхроциклотро́н *м.* synchrocyclotron
си́нька *ж.* (*копия чертежа*) blueprint
сире́на *ж.* siren
сиро́п *м.* syrup
инве́ртный ~ invert syrup
ма́точный ~ mother liquor
са́харный ~ sugar syrup □ **уváривать са́харный ~** boil down sugar syrup
сиропонаполни́тель *м.* syrup filler
систе́м/а *ж.* system □ **дубли́ровать ~у** duplicate a system; **отла́живать ~у** tune up a system; **~ функциони́рует норма́льно** *киб.* the system is well-behaved
авари́йная ~ *ав.* emergency system
~ авари́йного покида́ния (*самолёта*) escape system
автомати́ческая ~ automatic system
~ автомати́ческого регули́рования [САР] automatic-control system of the regulator(y) type
~ автомати́ческого регули́рования, де́йствующая по отклоне́нию error-actuated control system
~ автомати́ческого регули́рования, за́мкнутая closed-loop control system
~ автомати́ческого регули́рования, и́мпульсная sampling control system
~ автомати́ческого регули́рования, многоёмкостная multicapacity control system
~ автомати́ческого регули́рования, многоко́нтурная multiloop control system
~ автомати́ческого регули́рования, многоме́рная multivariable control system
~ автомати́ческого регули́рования, програ́ммная time-pattern control system
~ автомати́ческого регули́рования, разо́мкнутая open-loop control system
~ автомати́ческого регули́рования следя́щего ти́па servo-operation control system
~ автомати́ческого регули́рования со случа́йными возде́йствиями, и́мпульсная random-input sampled-data system
~ автомати́ческого регули́рования со стабилиза́цией (проце́сса) regulator-operation control system
~ автомати́ческого управле́ния [САУ] automatic-control system
~ автомати́ческого управле́ния, цифрова́я digital control system

систе́м/а
~ автоподстро́йки частоты́ [АПЧ] AFC system □ **~ АПЧ захва́тывает частоту́** the AFC system locks on to the (desired) frequency; **~ АПЧ осуществля́ет по́иск частоты́** the AFC system searches for the (desired) frequency
~ автоподстро́йки частоты́, фа́зовая [ФАПЧ] phase-lock loop, PLL
агрега́тная, унифици́рованная ~ (*советская система пневматических средств автоматики*) standard-module pneumatic instrumentation system
адапти́вная ~ adaptive system
апериоди́ческая ~ critically damped system
асинхро́нная ~ asynchronous system
астати́ческая ~ zero-constant-error system
астати́ческая ~ второ́го поря́дка Type 2 [zero-velocity-error] system
астати́ческая ~ пе́рвого поря́дка Type 1 [zero-position-error] system
~ без резерви́рования non-redundant system
~ блокиро́вки (*радиационной установки*) interlock system
~ ва́ла (*в допусках и посадках*) the basic shaft system
вентиляцио́нная ~ ventilation system
вентиляцио́нная, вытяжна́я ~ exhaust ventilation system
взаи́мные ~ы mutual systems
~ водоснабже́ния water(-supply) system
~ водоснабже́ния, оборо́тная circulating [closed-circuit] water system
~ водоснабже́ния, прямото́чная once-through [run-of-river cooling] system
~ возду́шного отопле́ния warm-air heating system
~ воспроизведе́ния (*записи*) reproduction system
~ впры́ска *двс* injection system
~ впры́ска, предка́мерная *двс* antechamber system of injection
~ впу́ска *двс* induction [intake] system
~ вы́борки *вчт.* selection system
вытяжна́я ~ exhaust system
вычисли́тельная ~ computer [computing] system
вычисли́тельная, многомаши́нная ~ multicomputer system
~ генера́тор — двига́тель Ward-Leonard speed-control system
гибри́дная ~ hybrid system
~ громкоговоря́щей свя́зи public [personnel]-address [PA] system
грузова́я ~ *мор.* cargo (handling) system
двухкомпоне́нтная ~ *хим.* two-component [binary] system
двухни́точная ~ *тепл.* two-flow system

систе́м/а
двухпроводна́я ~ *эл.* two-wire system
двухэлектро́дная ~ (*электронно-оптического преобразователя*) self-focusing (diode) system
диспе́рсная ~ disperse system
диссипати́вная ~ dissipative system
~ **дистанцио́нного управле́ния** remote control system
дифференти́ная ~ *мор.* trim system
дифференциа́льная ~ *тлф.* hybrid set
~ **дождева́ния** sprinkling system
~ **до́пусков** tolerance system
~ **до́пусков, двусторо́нняя** [**симметри́чная**], **преде́льная** bilateral system of tolerances
~ **до́пусков и поса́док** system [classification] of fits and tolerances
~ **до́пусков, односторо́нняя** [**асимметри́чная**], **преде́льная** unilateral system of tolerances
~ **дрена́жа** (*топливных баков*) *ав.* vent system
~ **едини́ц** system of units
~ **едини́ц, междунаро́дная** [**СИ**] international system of units, SI
~ **едини́ц МКГСС** *уст.* MKGSS [metre-kilogram(me)-force-second] system (of units)
~ **едини́ц МКС** MKS [metre-kilogram(me)-second] system (of units)
~ **едини́ц МКСА** MKSA [metre-kilogram(me)-mass-second-ampere] system (of units), absolute practical system of units
~ **едини́ц МКСГ** MKSG [metre-kilogram(me)-force-second-kelvin] system (of units)
~ **едини́ц МСС** MSC [metre-second-candela] system (of units)
~ **едини́ц МТС** MTS [metre-ton-second] system (of units)
~**ы едини́ц СГС** CGS [centimetre-gram(me)-second] systems (of units)
~ **едини́ц, техни́ческая** engineer's system of units
жёзловая ~ *ж.-д.* staff system
~ **жизнеобеспе́чения** *косм.* life-support (and survival) system
~ **жизнеобеспе́чения, автоно́мная** back-pack life-support system
~ **зажига́ния** ignition system
~ **зажига́ния, полупроводнико́вая** transistor(ized) ignition system
~ **зажига́ния, электро́нная** electronic ignition system
~ **заземле́ния** earth [ground] network
замедля́ющая ~ (*в электровакуумных устройствах СВЧ*) slow-wave structure; (*волноводная*) slow-wave guide; (*коаксиальная*) wave delay line
замедля́ющая, встре́чно-стержнева́я ~ interdigital [interdigitated] slow-wave structure
замедля́ющая, гребе́нчатая ~ vane-line slow-wave structure, finned slow-wave guide

систе́м/а
замедля́ющая, спира́льная ~ helical slow-wave structure
за́мкнутая ~ closed system
~ **за́писи** *вчт.* writing system
запомина́ющая ~ *вчт.* storage system
~ **затопле́ния** *мор.* flood(ing) system
~ **захо́да на поса́дку по кома́ндам с земли́** *ав.* ground-controlled-approach [GCA] system
зачи́стная ~ (*танкера*) stripping system
~ **зерка́л Фабри́ — Перо́** Fabry-Perot [FP] mirror system
зерка́льно-ли́нзовая ~ (*в микроскопе*) catadioptric system
~ **золоудале́ния** ash-handling system
~ **зо́льников** *кож.* lime yard, lime round
изоли́рованная ~ isolated system
~ **индивидуа́льного вы́зова** *свз.* paging system
инерциа́льная ~ inertial system
информацио́нная ~ information system
информацио́нно-поиско́вая ~ information retrieval system
исхо́дная ~ prototype [original] system
канализацио́нная ~ sewer(age) system
канализацио́нная, общесплавна́я ~ combined sewer(age) system
канализацио́нная, разде́льная ~ separate sewer(age) system
~ **коди́рования** coding system
колеба́тельная ~ (*преим. механическая*) vibratory [vibrating] system; (*немеханическая*) oscillatory [resonant] system
колеба́тельная, многорезона́торная ~ (*магнетрона*) multiple-cavity resonator
колориметри́ческая трёхцве́тная ~ three-colour photometric system
~ **кома́нд ЭВМ** instruction set of a computer, computer instruction set
~ **координа́т** coordinate system □ **свя́зывать** ~**у координа́т с ...** tie in a coordinate system with ..., tie a coordinate system to ...
~ **координа́т, инерциа́льная** inertial frame
~ **координа́т, лаборато́рная** laboratory coordinate system, laboratory frame of reference
~ **координа́т, ле́вая** left-handed coordinate system
~ **координа́т, ме́стная** local (coordinate) system
~ **координа́т, поко́ящаяся** rest (coordinate) system
~ **координа́т, пото́чная** *аргд.* (relative) wind coordinate system

систе́м/а
~ **координа́т, пра́вая** right-handed coordinate system
~ **координа́т, свя́занная с дви́жущимся те́лом** body axes (coordinate) system
~ **координа́т, свя́занная с Землёй** fixed-in-the-earth (coordinate) system
~ **корре́кции гироско́па** gyro monitor, (long-term) reference
~ **корре́кции гироско́па, магни́тная** magnetic gyro monitor, magnetic reference
~ **корре́кции гироско́па, ма́ятниковая** gravity gyro monitor, gravity reference
~ **криволине́йных координа́т** curvilinear coordinate system
курсова́я ~ *ав.* directional [heading [waiting] system
ли́тниковая ~ gating [pouring gate] system
магни́тная ~ magnetic system
~ **ма́ссового обслу́живания** queueing [waiting] system
~ **ма́ссового обслу́живания, сме́шанная** combined loss-delay queueing [waiting] system
~ **ма́ссового обслу́живания с ожида́нием** delay queueing [waiting] system
~ **ма́ссового обслу́живания с отка́зами** congestion queueing [waiting] system
~ **ма́ссового обслу́живания с поте́рями** loss-type queueing [waiting] system
мени́сковая ~ meniscus [Maksutov] system
~ **мер, метри́ческая** metric system
~ **мер, типогра́фская** point system
механи́ческая ~ mechanical system
механи́ческая, несвобо́дная ~ constrained material system
~ **мно́гих тел** many-body system
многокана́льная ~ *свз.* multichannel system
многокомпоне́нтная ~ multicomponent system
многоме́рная ~ multivariable system
модели́руемая ~ prototype system
мо́дульная ~ modular system
мультипле́ксная ~ multiplex system
~ **набо́ра** (*корпуса судна*) framing system
~ **набо́ра, клётчатая** cellular framing system
~ **набо́ра, попере́чная** transverse framing system
~ **набо́ра, продо́льная** longitudinal framing system
~ **набо́ра, сме́шанная** mixed framing system
~ **навига́ции** navigation system
~ **навига́ции, автоно́мная** self-contained navigation system
~ **навига́ции, гипербол́ическая** hyperbolic navigation system

систе́м/а

~ навига́ции, дальноме́рная rho-rho [ρ-ρ] navigation system
~ навига́ции, дальноме́рно-угломе́рная rho-theta [ρ-θ] navigation system
~ навига́ции, кругова́я rho-rho [ρ-ρ] navigation system
~ навига́ции, ра́зностно-дальноме́рная [РДНС] hyperbolic navigation system
~ навига́ции, угломе́рная theta-theta [θ-θ] navigation system
~ на стру́йных элеме́нтах, логи́ческая fluid logic system
~ нумера́ции *тлф.* numbering scheme
~ обду́ва стёкол *авто, ав.* demister
~ обнару́жения оши́бок *свз.* (*в передаче данных*) error detection system
~ обогре́ва стёкол *авто, ав.* defroster
~ обозначе́ний notation, symbolism
~ обозначе́ний Междунаро́дного нау́чного радиообъедине́ния URSI symbol system
~ обозначе́ния про́бы, кара́тная carat test sign system
~ обозначе́ния про́бы, метри́ческая metric test sign system
обора́чивающая ~ *опт.* erecting [inversion (optical)] system
обора́чивающая, при́зменная ~ *опт.* prism-erecting (optical) system
~ обрабо́тки да́нных data processing [dp] system
~ обрабо́тки да́нных в реа́льном масшта́бе вре́мени real-time data processing system
~ обрабо́тки да́нных, операти́вная on-line data processing system
~ обрабо́тки отхо́дов waste treatment system
~ объёмного пожаротуше́ния *мор.* fire-smothering system
однооткáзная ~ fail-safe system
опти́ческая ~ optical system, optical train
опти́ческая, зерка́льно-ли́нзовая ~ catadioptric system
~ ориента́ции *ав.* attitude control system
ороси́тельная ~ irrigation system, irrigation project
~ ороше́ния *мор.* sprinkling system
~ освеще́ния lighting (system)
осуши́тельная ~ *мор.* drain(age) system
~ отбо́ра во́здуха от компре́ссора compressor air-bleed system
~ отве́рстия (*в допусках и посадках*) the basic hole system
отклоня́ющая ~ (*в ЭЛТ*) deflecting system, deflection yoke
отклоня́ющая, ка́дровая ~ vertical (deflection) yoke
отклоня́ющая, магни́тная ~ magnetic (deflection) yoke
отклоня́ющая, стро́чная ~ horizontal [line] (deflection) yoke
~ относи́тельных едини́ц per-unit system
отопи́тельная ~ heating system
отопи́тельная ~ с разво́дкой све́рху down-feed heating system
отопи́тельная ~ с разво́дкой сни́зу up-feed heating system
~ отсчёта frame of reference, (reference) frame, reference system
~ отсчёта, инерциа́льная inertial frame of reference
~ охлажде́ния cooling system
~ охлажде́ния, возду́шная air-cooling system
~ охлажде́ния, жи́дкостная liquid-cooling system
~ охлажде́ния, испари́тельная evaporative cooling system
~ охлажде́ния, каска́дная cascade refrigeration system
~ охлажде́ния непосре́дственным испаре́нием холоди́льного аге́нта direct expansion system
~ охлажде́ния, пане́льная panel cooling system
~ охлажде́ния, рассо́льная, двухтемперату́рная dual-temperature brine refrigeration system
~ охлажде́ния, рассо́льная, закры́тая closed brine cooling system
~ охлажде́ния, рассо́льная, с испаре́нием brine spray cooling system
~ охлажде́ния с теплозащи́тной руба́шкой jacketed cooling system
~ очи́стки воды́ water purification system
~ па́мяти memory [storage] system
~ парашю́та, подвесна́я parachute harness
~ переда́чи да́нных data transmission system
~ переда́чи да́нных с обра́тной свя́зью information feedback data transmission system
~ переда́чи да́нных с коммута́цией сообще́ний и промежу́точным хране́нием store-and-forward data network
~ переда́чи да́нных с реша́ющей обра́тной свя́зью decision feedback data transmission system
~ переда́чи и́мпульсов набо́ра, шле́йфная *тлф.* loop dialling system
~ переда́чи на одно́й боково́й полосе́ и пода́вленной несу́щей single-sideband suppressed-carrier [SSB-SC] system
~ переда́чи на одно́й боково́й полосе́ с осла́бленной несу́щей single-sideband reduced-carrier [SSB-RC] system
~ пита́ния *двс* fuel system
~ пита́ния котла́ boiler-feed piping system
~ питьево́й воды́ *мор.* drinking-[portable-]water system
~ пода́чи то́плива, вытесни́тельная pressure feeding system
~ пода́чи то́плива самотёком gravity feeding system
~ пода́чи то́плива, турбонасо́сная turbopump feeding system
подви́жная ~ (*измерительного прибора*) moving element (movement *не рекомендован соответствующими стандартами*)
~ пожа́рной сигнализа́ции fire-alarm system
~ пожаротуше́ния fire-extinguishing system
~ поса́дки landing system
~ поса́дки по прибо́рам instrument landing system (*сокращение* ILS *относится к международной системе, советская система обозначается* СП-instrument landing system)
~ проду́вки *авто* scavenging system
противообледени́тельная ~ *ав.* (*для предотвращения образования льда*) anti-icing [ice protection] system; (*для удаления образовавшегося льда*) de-icing system
противопожа́рная ~ fire-extinguishing system
противото́чная ~ counter-current flow system
~ прямо́го перено́са (*электронно-оптического преобразователя*) proximity focused system
прямото́чная ~ direct-flow system
~ прямоуго́льных координа́т Cartesian [rectangular] coordinate system
~, рабо́тающая в и́стинном масшта́бе вре́мени real-time system
радиолокацио́нная, втори́чная ~ (*для работы внутри СССР*) УВД SSR system; (*отвечающая нормам ИКАО*) ICAO SSR system
радиолокацио́нная ~ с электро́нным скани́рованием electronic scanning radar system, ESRS
радиомая́чная ~ radio range
радиомая́чная, многокана́льная ~ multitrack radio range
~ радионавига́ции radio-navigation system (*см. тж.* **систе́ма навига́ции**)
развёртывающая ~ *тлв.* scanning system
~ разрабо́тки mining system, method of mining
распредели́тельная ~ distribution system
регенерати́вная ~ *тепл.* feed heating system
резерви́рованная ~ redundant system
~ ремне́й, подвесна́я (*респиратора*) harness
~ ру́бок *лес.* cutting system
самонастра́ивающаяся ~ self-adjusting system
самообуча́ющаяся ~ *киб.* learning system

систе́м/а
самоорганизу́ющаяся ~ self-organizing system
самоприспоса́бливающаяся ~ *киб.* adaptive system
самоуравнове́шивающаяся ~ self-balancing system
самоусоверше́нствующаяся ~ evolutionary system
санита́рная ~ *мор.* sanitary system
~ свя́зи communication system □ сопряга́ть ~у свя́зи, *напр.* с ЭВМ interface a communication network with, *e.g.*, a computer; уплотня́ть ~у свя́зи телегра́фными кана́лами multiplex telegraph channels on a communication link
~ свя́зи, асинхро́нная asynchronous communication system
~ свя́зи, двои́чная binary communication system
~ свя́зи, многокана́льная multichannel communication system
~ свя́зи на метео́рных вспы́шках meteor burst [meteor-scatter] communication system
~ свя́зи, разветвлённая deployed communication system
~ свя́зи с испо́льзованием да́льнего тропосфе́рного рассе́яния troposcatter communication system
~ свя́зи с испо́льзованием ионосфе́рного рассе́яния ionoscatter communication system
~ свя́зи с переспро́сом ARQ communication system
~ свя́зи, уплотнённая multiplex communication system
~ свя́зи, уплотнённая, с временны́м разделе́нием сигна́лов time division multiplex [TDM] communication system
~ свя́зи, уплотнённая, с разделе́нием по ко́дам code-division multiplex(ing) communication system
~ свя́зи, уплотнённая, с часто́тным разделе́нием сигна́лов frequency division multiplex [FDM] communication system
сельси́нная ~ synchro system
сельси́нная ~ в индика́торном режи́ме synchro-repeater [direct-transmission synchro] system
сельси́нная ~ в трансформа́торном режи́ме synchro-detector [control-transformer synchro] system
сельси́нная, двухотсчётная ~ two-speed [coarse-fine] synchro system
сельси́нная, дифференциа́льная ~ differential synchro system
сельси́нная, одноотсчётная ~ single-speed synchro system
~ сил force system
~ синхрониза́ции timing [synchronizing] mechanism
синхро́нная ~ synchronous system
следя́щая ~ servo (system)
следя́щая, позицио́нная ~ positional servo (system)

систе́м/а
следя́щая ~ с не́сколькими входны́ми возде́йствиями multi-input servo (system)
следя́щая ~ с предваре́нием predictor servo (system)
~ слеже́ния tracking system
~ слеже́ния по да́льности range tracking system
~ слеже́ния по ско́рости измене́ния да́льности range rate tracking system
~ сма́зки lubrication (system)
~ сма́зки, принуди́тельная force(-feed) lubrication (system)
~ сма́зки, разбры́згивающая splash lubrication (system)
сма́зочная ~ lubrication (system)
~ с мно́гими переме́нными multivariable system
~ сниже́ния шу́ма noise reduction system
~ с обра́тной свя́зью feedback system
Со́лнечная ~ solar system
~ сопровожде́ния tracking system
~ со свобо́дными пове́рхностями unbounded system
~ с пара́метрами, изменя́ющимися во вре́мени time variable [time-variant] system
~ с постоя́нным резерви́рованием parallel-redundant system
~ с разделе́нием вре́мени time-sharing system
~ с распределёнными пара́метрами distributed parameter system
~ с самоизменя́ющейся структу́рой self-structuring system
~ с сосредото́ченными пара́метрами lumped-parameter [lumped-constant] system
стати́ческая ~ *киб.* constant-error system; (*в следящих системах*) type O servo system
~, стати́чески неопредели́мая *мех.* statically indeterminate system
~, стати́чески определи́мая *мех.* statically determinate system
~ стира́ния (*записи*) erasing system
стохасти́ческая ~ stochastic system
сто́чная ~ *мор.* deck drain system
судова́я ~ ship system
~ с фикси́рованными грани́цами bounded system
~ счисле́ния number(ing) system, notation
~ счисле́ния, восьмери́чная octal number system, octonary notation
~ счисле́ния, двенадцатери́чная duodecimal number system, duodecimal notation
~ счисле́ния, двои́чная binary system, binary notation
~ счисле́ния, двои́чно-десяти́чная binary-coded decimal system, binary-coded decimal [BCD] notation
~ счисле́ния, девятери́чная nine number system

систе́м/а
~ счисле́ния, десяти́чная decimal number system, decimal notation
~ счисле́ния, непозицио́нная non-positional notation
~ счисле́ния, позицио́нная positional number notation
~ счисле́ния пути́, возду́шно-до́плеровская *нвг.* airborne Doppler navigator
~ счисле́ния, трои́чная ternary number system, ternary notation
~ счисле́ния, шестнадцатери́чная hexadecimal number system, hexadecimal notation
телевизио́нная светокла́панная ~ light-modulator [light-modulating] television system
телегра́фная многокра́тная ~ (*с временным распределением*) time-division multiplex (transmission), time division telegraph system
телеметри́ческая ~ telemetering system
телеметри́ческая, промы́шленная ~ industrial telemetering system
телеметри́ческая, то́ковая ~ current-type telemeter
телеметри́ческая, часто́тная ~ frequency-type telemeter
телефо́нная, автомати́ческая ~ dial telephone system
телефо́нная ~ с ручны́м обслу́живанием manual-switchboard telephone system
термодинами́ческая ~ thermodynamic system
техни́ческая ~ (*в отличие от естественных, математических и т. п.*) engineering system
~ тона́льного телеграфи́рования voice-frequency multichannel system
то́пливная ~ fuel system
то́пливная ~ с пода́чей самотёком gravity fuel system
тормозна́я ~ (*автомобиля*) brake system
трёхкомпоне́нтная ~ ternary [three-component] system
трёхпроводна́я ~ *эл.* three-wire system
трёхфа́зная ~ *эл.* three-phase system
трёхфа́зная ~ с глухозаземлённой нейтра́лью *эл.* solidly-earthed-neutral three-phase system
трёхфа́зная, симметри́чная ~ *эл.* symmetrical three-phase system
трёхфа́зная ~ с незаземлённой нейтра́лью *эл.* isolated-neutral three-phase system
трю́мная ~ *мор.* bilge system
~ тяг linkage
тя́го-дутьева́я ~ draught system
~ УВД air traffic control [ATC] system
~ управле́ния control system
~ управле́ния, автомати́ческая automatic control system

систе́м/а

~ управле́ния без па́мяти combinational (control) system

~ управле́ния возду́шным движе́нием air traffic control [ATC] system

~ управле́ния произво́дством [предприя́тием], автоматизи́рованная [АСУП] management information system, MIS

~ управле́ния с вычисли́тельной маши́ной computer control system

~ управле́ния с па́мятью sequential (control) system

~ управле́ния с предсказа́нием predictor control system

~ управле́ния технологи́ческим проце́ссом, автоматизи́рованная [АСУ ТП] (automatic) process control system

~ управле́ния, цифрова́я digital control system

управля́емая ~ (*объект управления*) controlled system, controlled plant

управля́ющая ~ (*часть системы управления*) controlling (sub-)system

упру́гая ~ (*гравиметра*) elastic system

~ уравне́ний set [system] of equations, set of simultaneous equations

~ уравне́ния объёма (*ядерного реактора*) pressurizing system

уравнове́шенная ~ balanced system

усто́йчивая ~ stable system

фа́новая ~ *мор.* flushing [sewage-disposal] system

~ физи́ческих величи́н system of physical quantities

хи́мико-технологи́ческая ~ chemical-engineering system

хими́ческая ~ chemical system

~ ЦБ-АТС *тлф.* dial system

~ цветно́го телеви́дения, совмести́мая compatible colour-television system

~ це́нтра масс centre-of-mass [centre-of-gravity, centre-of-momentum] system

~ цифрово́го управле́ния (*не путать с* числовым управлением) digital control system (*not to be confused with* numeric control system)

~ «челове́к — маши́на» man-machine system

шарни́рная ~ hinged system

шарни́рно-стержнева́я ~ hinged-rod system

шпре́нгельная ~ strutted [truss] system

~ эксплуата́ции телефо́нной свя́зи, заказна́я delay operation

~ эксплуата́ции телефо́нной свя́зи, ско́рая demand working, telephone traffic on the demand basis

экстрема́льная ~ extremal system

~ электро́дов ЭЛТ CRT electrode structure

систе́м/а

электрожезлова́я ~ *ж.-д.* (electric) token system

электрохими́ческая ~ electrochemical system

электрохими́ческая, необрати́мая ~ irreversible electrochemical system

электрохими́ческая, обрати́мая ~ reversible electrochemical system

электроэнергети́ческая ~ electric power system

~ элеме́нтов Менделе́ева, периоди́ческая Mendeleeff's [Mendeleev's, periodic] law, periodic system, periodic table

~ элеме́нтов ЦВМ computer building-block range

энергети́ческая ~ power system

энергети́ческая, еди́ная ~ power grid

энергети́ческая, объединённая ~ interconnected power system

систематиза́ция *ж.* systematization; classification

систематизи́ровать *гл.* systematize; classify

системоте́хника *ж.* systems engineering

сита́лл *м.* (*закристаллизованное стекло*) glass ceramic

си́т/о *с.* sieve □ остава́ться на ~е № ... be retained on sieve No. ...; проходи́ть че́рез ~ № ... pass through sieve No. ...

бараба́нное ~ trommel screen

~ бе́личье колесо́ squirrel cage screen

вибрацио́нное ~ vibrating screen, riddle

волосяно́е ~ hair sieve

враща́ющееся ~ rotary [revolving, gyratory] screen

кача́ющееся ~ shaking screen

крупнояче́истое ~ coarse screen

мелкояче́истое ~ close-meshed screen

молекуля́рное ~ molecular sieve

~ с квадра́тными отве́рстиями square-mesh sieve

сортиро́вочное ~ grading sieve

тка́ное ~ woven sieve

ситове́йка *ж.* sieve purifier

ситуа́ция *ж. вчт.* condition □ возника́ет кака́я-л. ~ a condition occurs

термина́льная ~ terminal condition □ возника́ет термина́льная ~ a terminal condition prevails

сифо́н *м.* siphon, dive culvert; (*для отвода жидкости, газа*) siphon drain

сифони́рование *с.* siphoning

сифони́ровать *гл.* siphon

сия́ние *с.* glow

поля́рное ~ aurora borealis, aurora polaris

се́верное ~ aurora borealis, aurora polaris

ю́жное ~ aurora australis

скаленоэ́др *м.* scalenohedron

ска́лка *ж.* 1. (*для раскатывания теста*) rolling pin 2. (*разновидность поршня*) plunger

золотнико́вая ~ slide rod

расто́чная ~ *маш.* boring bar

ска́ло *с.* (*деталь ткацкого станка*) backrest

ска́лывание *с.* spalling, spallation

терми́ческое ~ thermal spalling

ска́льпель *м.* scalpel

скаля́р *м.* scalar

скамья́ *ж.* bench

опти́ческая ~ optical bench

сенситометри́ческая ~ sensitometric bench

фотометри́ческая ~ photometer bench

электро́нно-опти́ческая ~ electron optical bench

ска́ндий *м.* scandium, Sc

скани́рование *с.* scanning

винтово́е ~ screw scanning

двухкоордина́тное ~ two-coordinate scanning

зигзагообра́зное ~ line-by-line scanning

кони́ческое ~ conical scanning

криволине́йное ~ curvilinear scanning

кругово́е ~ circular scanning

ле́нточное ~ stripwise scanning

однокоордина́тное ~ one-coordinate scanning

опти́ческое ~ optical scanning

~ поляриза́ции polarization scanning

прямолине́йное ~ rectilinear scanning

синхро́нное ~ synchronous scanning

~ с обраще́нием inversion scanning

спира́льное ~ spiral scanning

ступе́нчатое ~ step scanning

фотоэлектри́ческое ~ photoelectric scanning

электро́нное ~ electronic scanning

электроопти́ческое ~ electrooptical scanning

скани́ровать *гл.* scan

скани́стор *м.* scanistor

многопереxо́дный ~ multijunction scanistor

ска́пливаться *гл.* accumulate; (*собираться в одно целое*) aggregate; (*собираться*) congregate

скардо́вина *ж.* (*настыль в разливочном ковше*) ladle scull

скарифика́тор *м.* scarifier

скарифика́ция *ж.* scarification

ска́рмливание *с.* feeding

ска́рпель *м.* pitching chisel

скат *м.* 1. (*наклонная поверхность, пологий спуск*) slope, incline 2. *жарг., авто* wheel

~ кры́ши pitch (of a roof)

~ кры́ши в двух направле́ниях double pitch

~ кры́ши, готи́ческий gothic pitch

~ кры́ши, норма́льный ordinary pitch

скат
наибо́льший ~ *мат.* steepest line, greatest declivity
однообра́зный ~ *геод.* regular slope
поло́гий ~ flat gradient
ска́тывание *с.* **тона́рма** (*в проигрывателе*) skating
ска́тывать *гл.* **1.** (*свёртывать*) roll (up) **2.** (*спускать вниз*) roll down
скафа́ндр *м.*:
водола́зный ~ diving-dress, diving-suit, submarine armour □ **влеза́ть в водола́зный** ~ enter a diving-dress
высо́тный ~ altitude [full pressure] suit
косми́ческий ~ space suit
косми́ческий, автоно́мный ~ (*для выхода в открытый космос*) extra-vehicular (activity) [EVA] (space) suit
косми́ческий ~ **для рабо́ты на борту́ КЛА** intra-vehicular space suit
~ **подво́дного гравиме́тра** pressure housing
ска́чивание *с.*:
~ **оста́тков мета́лла** (*с подины печи*) hot-metal drainage
~ **шла́ка** (*из доменной печи*) slag flushing, slagging
~ **шла́ка, многокра́тное** multiple slagging
ска́чивать *гл.* □ ~ **шлак** (*из доменной печи*) flush slag
скачко́м *нареч.* abruptly, discontinuously, stepwise
скач/о́к *м.* jump; step; discontinuity; abrupt change □ **претерпева́ть** ~ undergo a sudden [discontinuous] change
ква́нтовый ~ quantum jump
~ **конденса́ции** condensation shock
~ **разреже́ния** expansion shock (wave)
~ **уплотне́ния** shock (wave) □ **возмуща́ть** ~ **уплотне́ния** perturb a shock (wave); **вызыва́ть** ~ **уплотне́ния** generate [produce] a shock (wave); ~ **уплотне́ния вырожда́ется** the shock (wave) decays; ~ **уплотне́ния дро́бится [разруша́ется]** the shock wave breaks (down); ~ **уплотне́ния затуха́ет** the shock (wave) decays; ~ **уплотне́ния отделя́ется от ...** the shock (wave) detaches from ...; ~ **уплотне́ния отрыва́ется от ...** the shock (wave) breaks off from ...; ~ **уплотне́ния па́дает на ...** the shock (wave) is incident on ...; ~ **уплотне́ния перемеща́ется,** *напр.* **в осево́м направле́нии** the shock (wave) is driven [travels], *e.g.*, axially; ~ **уплотне́ния присоединя́ется к ...** the shock (wave) is attached [attaches] to ...; ~ **уплотне́ния разветвля́ется** the shock (wave) branches [bifurcates, takes two paths]; ~**ки́ уплотне́ния пересека́ются** shock waves [shocks] cross; ~ **уплотне́ния распространя́ется** the shock (wave) propagates [is propagated]; ~**ки́ уплотне́ния ста́лкиваются** shock waves [shocks] collide
скач/о́к
~ **уплотне́ния, косо́й** oblique shock (wave)
~ **уплотне́ния, прямо́й** normal shock (wave)
ска́шивание *с.* **1.** (*косьба*) cutting, mowing **2.** (*фаски*) chamfering **3.** (*обработка кромки под углом в вертикальной плоскости*) bevelling **4.** (*кромки на «ус»*) scarfing
ска́шивать *гл.* **1.** (*косить*) cut, mow **2.** (*снимать фаски*) chamfer **3.** (*обрабатывать кромки под углом в вертикальной плоскости*) bevel **4.** (*срезать кромки «на ус»*) scarf
сква́жин/а *ж.* hole, well
бурова́я ~ borehole □ **бурова́я** ~ **искривля́ется** the borehole is crooked; **глинизи́ровать бурову́ю** ~**у** mud (off, up) a borehole; **зако́нчить бурову́ю** ~**у** (*закончить бурение буровой скважины*) complete a borehole; **крепи́ть бурову́ю** ~**у тру́бами** case off a borehole; **обса́живать бурову́ю** ~**у** case a borehole; **осуша́ть бурову́ю** ~**у** dry up a borehole
бурова́я ~ **ма́лого диа́метра** slim borehole
вентиляцио́нная ~ ventilation hole
взрывна́я ~ blast hole
водозабо́рная ~ water well
водопонизи́тельная ~ unwatering hole
вспомога́тельная ~ satellite hole
га́зовая ~ gas well (*см. тж.* **нефтяна́я сква́жина**)
дегазацио́нная ~ degassing hole
~ **для захороне́ния токси́чных отхо́дов** disposal well
~ **для цемента́ции** grout hole
дрена́жная ~ weep [release, relief] hole
забро́шенная ~ abandoned well
зайливающая ~ silting hole
замора́живающая ~ freezing hole
замо́чная ~ keyhole
наблюда́тельная ~ observation hole
нагнета́тельная ~ injection well
накло́нная ~ inclined hole
нача́льная ~ starter hole
нефтяна́я ~ oil well □ **бури́ть нефтяну́ю** ~**у** sink an oil well; **вводи́ть нефтяну́ю** ~**у в эксплуата́цию** bring in an oil well, bring an oil well into production; **возбужда́ть нефтяну́ю** ~**у** stimulate an oil well; **возобновля́ть эксплуата́цию нефтяно́й** ~**ы** re-establish production from an oil well; **вскрыва́ть нефтяну́ю** ~**у** perforate an oil well for production; **заверша́ть нефтяну́ю** ~**у** complete an oil well; **иссле́довать нефтяну́ю** ~**у** survey an oil well; **ликвиди́ровать нефтяну́ю** ~**у** abandon an oil well; **нефтяна́я** ~ **истоща́ется** the oil well goes dead; **нефтяна́я** ~ **начина́ет фонтани́ровать** the oil well blows out; **нефтяна́я** ~ **фонтани́рует откры́то** the oil well is out of control; **нефтяна́я** ~ **эксплуати́руется в режи́ме фонтани́рования** the oil well flows; **обводня́ть нефтяну́ю** ~**у** drown an oil well; **опро́бовать нефтяну́ю** ~**у** test an oil well; **прекраща́ть эксплуата́цию нефтяно́й** ~**ы** abandon an oil well; **ста́вить нефтяну́ю** ~**у на па́кер** set an oil well on a packer; **тампони́ровать нефтяну́ю** ~**у** grout off an oil well; **торпеди́ровать нефтяну́ю** ~**у** shoot an oil well; **цементи́ровать нефтяну́ю** ~**у** grout off an oil well
сква́жин/а
нефтяна́я, добы́чная ~ production oil well
нефтяна́я, фонтани́рующая ~ gusher (hole)
поглоща́ющая ~ dead [inverted (drainage)] well
разве́дочная ~ prospecting hole
~ **сбро́совых вод** effluent-disposal well
слепа́я ~ blind hole
тампона́жная ~ grouting hole
эксплуатацио́нная ~ operating hole
сква́жность *ж. геол.* porosity
~ **сле́дования и́мпульсов** pulse period-to-pulse duration ratio, relative pulse duration
сквозня́к *м.* draught
скеле́т *м.* skeleton
~ **гру́нта** soil skeleton
~ **номогра́ммы** skeleton of a nomogram
скетчма́стер *м. карт.* sketchmaster
скиаме́тр *м.* skiameter
скиатро́н *м.* skiatron, dark-trace tube
скин-сло́й *м.* skin layer
скин-эффе́кт *м.* skin effect
скип *м.* skip
опрокидно́й ~ dumping [tilting, tipping] skip
прохо́дческий ~ sinking skip
~ **с разгру́зкой че́рез дно** bottom-dump skip
ша́хтный ~ mine skip
скип-вагоне́тка *ж.* skip car
скипида́р *м.* turpentine
скипокле́ть *ж.* skip-cage, combined cage and skip
скирда́ *ж.* stack, rick
скирдова́ние *с.* stacking, ricking
скирдова́ть *гл.* stack, rick
скирдоре́з *м.* stack cutter
скиса́ние *с.* souring
скиса́ть *гл.* sour
скиф *м.* (*гоночная лодка*) skiff
склад *м.* storehouse
~ **гото́вой проду́кции** (*на промышленном предприятии*) stock-room
~ **ко́жи** leather stock-room
лесно́й ~ timber-yard
~ **лите́йных моде́лей** pattern loft
откры́тый ~ outdoor storage
~ **пиломатериа́лов** lumber yard
~ **сырья́** (*на промышленном пред-*

приятии) store-room, raw-material storage
склад
торго́вый ~ warehouse
склади́рование *с.* storage; (*товаров*) warehousing
склади́ровать *гл.* keep in storage; (*товары*) warehouse
скла́дка *ж.* **1.** crease, fold **2.** *мн. стр.* hipped plate constructions
зака́танная ~ (*дефект проката*) lap fold
утолщённая ~ (*на коже*) wrinkle
скла́дывать *гл.* **1.** *мат.* add (together) □ **~ в уме́** add mentally; **~ геометри́чески** add vectorially; **~ почле́нно** add termwise, add term by term **2.** (*силы, сигналы и т. п.*) combine **3.** (*свёртывать*) fold **4.** (*штабелем*) stack up, pile (up)
скле́ивать *гл.* **1.** (*скреплять клеем, преим. природного, животного или растительного происхождения*) glue (together); (*любым клеящим составом*) cement (together); (*клейстером*) paste (together) **2.** (*соединять концы, напр. киноплёнки, магнитной ленты и т. п.*) splice
скле́йка *ж.* **1.** (*скрепление клеем*) glueing together **2.** (*соединение концов*) splicing **3.** (*место, где что-л. склеено*) adhesive joint
~ внахлёстку *полигр.* lap splicing
высокочастóтная ~ (*древесины*) radio-frequency glueing
склёпывать *гл.* rivet (together)
склеро́метр *м.* sclerometer
склероско́п *м.* scleroscope
склиз *м.* slide
склон *м.* slope
~ водоразде́ла slope of a watershed
~ волны́ slope of a wave (surface)
склоне́ние *с.* declination
магни́тное ~ magnetic declination, (*предпочтительный термин*) variation (of the compass) □ **вводи́ть попра́вку на магни́тное ~** apply the correction for variation, set in variation
~ небе́сного свети́ла declination of a heavenly body
скло́нность *ж.* tendency □ **име́ть ~** tend, show a tendency to ...
скля́нка *ж.* bottle, flask
отсо́сная ~ suction bottle, suction flask
промывна́я ~ wash bottle
реакти́вная ~ reagent bottle
~ с притёртой про́бкой stoppered bottle
скоба́ *ж.* **1.** cramp, clamp, clincher **2.** (*калибр*) snap gauge **3.** *стр.* staple
букси́рная ~ towing shackle
~ водосто́чного жёлоба gutter hanger
~ ди́скового то́рмоза brake caliper
~ для крепле́ния труб pipe clip
желе́зная ~ cramp iron

скоба́
замыка́ющая ~ locking clamp
индика́торная ~ indicator clip
кали́берная ~ snap gauge
крепёжная ~ bracket, C-clamp
пло́тничная ~ dog anchor
подъёмная ~ lifting yoke
по́ручневая ~ grab handle
преде́льная ~ limit gap gauge
про́волочная ~ *полигр.* staple
С-обра́зная ~ (*для перевалки валков*) C-hook
соедини́тельная ~ (connecting) shackle
сцепна́я ~ coupling link
сцепна́я ~ тра́ктора tractor drawbar clevis
упо́рная ~ stop piece, check clamp
шарни́рная ~ hinged clip
я́корная ~ anchor chain, shackle
ско́бель *м. дер.-об.* iron plane, barking iron
ско́бк/а *ж.* bracket □ **брать [заключа́ть] в ~и** bracket, put [collect, enclose] in brackets; **выноси́ть за ~и** take out of the brackets, factor ... from ..., factor out [take out a factor]; **(выраже́ние) в ~ах** (an expression) between the brackets; **закры́ть ~и** close the brackets; **откры́ть ~и** open the brackets; **раскрыва́ть ~и** remove the brackets
квадра́тная ~ *англ.* square bracket; *амер.* bracket
кру́глая ~ parenthesis
угловы́е ~и *полигр.* French quotes
фигу́рная ~ brace
скобли́ть *гл.* scrape
скол *м.* spalling, chipping
сколь бы *нареч. мат.* however, no matter how □ **~ ма́ло ни́ было** however small, no matter how small
скольже́ние *с.* slip
боково́е ~ sideslip(ping)
враща́тельное ~ rotational slip
относи́тельное ~ slip ratio
~ раска́та *прок.* (*предпочтительный термин*) creep; (*нерекомендуемый, но встречающийся термин*) slip
~ раска́та вперёд (*опережение валка*) *прок.* forward creep
~ раска́та наза́д (*отставание от валка*) *прок.* backward creep
~ раска́та, нулево́е zero creep
скользи́ть *гл.* **1.** (*передвигаться с незначительным трением*) slide **2.** (*проскальзывать*) slip
сколь уго́дно *нареч. мат.* however, no matter how □ **~ ма́лая величина́** an arbitrary small value; **~ ма́лый, большо́й *и т. п.*** arbitrary small, large, *etc.*
скопле́ние *с.* accumulation
~ а́томов aggregate of atoms
~ га́за gas accumulation
~ дислока́ций dislocation pile-up
~ ка́пель blob of droplets
~ тра́нспортных средств traffic congestion
скорлупа́ *ж.* shell

скороподъёмность *ж. ав.* (*время набора высоты*) time-to-climb; (*вертикальная скорость*) rate of climb, climb rate
скоропо́ртящийся *прил.* perishable
скоросп́елка *ж.* early fruit
скороспе́лость *ж.* early ripening
ско́рост/ь *ж.* **1.** (*характеристика движения материального тела*) (*вектор*) velocity; (*модуль вектора, скалярная величина*) speed □ **гаси́ть ~** cancel speed; **набира́ть [нара́щивать] ~** pick up [gather] speed; **превыша́ть (безопа́сную) ~** exceed the (safety) speed limit; **разгоня́ть (-ся) до ~и** accelerate to a speed of ...; **снижа́ть ~** slow down; **теря́ть ~** lose speed **2.** (*характеристика изменения величины или состояния, протекания процесса*) rate
~ буре́ния drilling rate
весова́я ~ mass flow rate
~ ве́тра wind velocity
взлётная ~ take-off speed
возду́шная ~ air speed
возду́шная, индика́торная ~ equivalent air speed, EAS
возду́шная, индика́торная земна́я ~ *англ.* rectified air speed; *амер.* calibrated air speed, CAS
возду́шная, и́стинная ~ true air speed, TAS
возду́шная ~ по прибо́рам indicated air speed, IAS
~ воспроизведе́ния (*звукозаписи*) playback speed
~ восстановле́ния recovery rate
~ враще́ния анте́нны радиолока́тора (antenna) scan rate
~ вы́хода на автомати́ческую характери́стику *эл.* speed at the end of rheostatic starting
гиперболи́ческая ~ solar escape velocity
~ горизонта́льного полёта level (flight) speed
группова́я ~ group velocity
~ дви́гателя (*передача*) *авто* gear (*см. тж.* **переда́ча**)
~ детона́ции взры́вчатого вещества́ quickness [velocity of detonation] of an explosive
дозвукова́я ~ subsonic speed
до́плеровская ~ Doppler velocity
~ дутья́ *мет.* wind rate
~ за́писи recording [writing] speed
~ захо́да на поса́дку (landing) approach speed
~ зву́ка sound velocity
~ измене́ния *мат.* rate (of change)
~ изна́шивания wear rate
~ истече́ния outflow [discharge, exhaust] velocity
комме́рческая ~ *трансп.* schedule speed
комме́рческая, сре́дняя ~ *трансп.* block speed
~ корре́кции гироско́па torqueing rate; (*приведение в вертикаль*) erec-

tion rate; (*приведение в горизонталь*) levelling rate
скорост/ь
космическая ~ space velocity
космическая, вторая ~ escape velocity
космическая, первая ~ circular [orbital] velocity
космическая, третья ~ solar escape velocity
крейсерская ~ cruising speed
круговая ~ angular velocity
~ **манипуляции** *тлг.* keying speed
мгновенная ~ instantaneous velocity
~ **набора высоты, вертикальная** rate of climb
~ **на впуске** *двс* inlet [intake, entrance] velocity
~ **на входе** inlet [entrance] velocity
~ **на выпуске** *двс* outlet [exit, exhaust] velocity
~ **на выходе** outlet [exit] velocity
~ **на (пред)посадочной прямой** final-approach speed
~ **обегания** *тлм., авт.* acquisition [scan] rate
~ **обмена** *вчт., инф.* data rate
околозвуковая ~ transonic speed
оконечная ~ terminal velocity
окружная ~ peripheral [circumferential] velocity
~ **отрыва** *ав.* lift-off [get-away] speed
~ **передачи в цифровых системах** symbol rate
~ **передачи при телеграфировании** telegraph signalling [transmission] speed
~ **передачи при телеграфировании, рабочая** telegraph traffic speed
~ **передачи при телеграфировании, рабочая, в кодовых комбинациях за минуту** operations per minute [opm] traffic speed
~ **передачи при телеграфировании, рабочая, выражающаяся числом слов в минуту** words per minute [wpm] traffic speed
~ **передвижения** (*напр. экскаватора*) travel speed
~ **по азимуту** *рлк.* azimuth rate
~ **по дальности** *рлк.* range rate
~ **подачи** feed rate
~ **подвигания** (*забоя*) advance rate
~ **подготовки** (*запоминающей трубки*) priming rate
~ **подъёма 1.** (*из шахты*) winding speed **2.** *ав.* climb-out speed
~ **полёта** flight [flying] speed
~ **полёта по маршруту** en-route speed
посадочная ~ landing speed
~ **по углу места** *рлк.* elevation rate
проектная ~ design speed
~ **прокатки** rolling rate
~ **протяжки диаграммной ленты** chart speed

скорост/ь
~ **проходки скважины** drilling time (*per unit depth*)
путевая ~ *ав.* ground speed
радиальная ~ (*отметки на радиально-круговом индикаторе РЛС*) range rate
~ **развёртки** (*в фототелеграфии*) scanning speed; *осцил., рлк.* sweep speed
~ **разворота** *ав.* rate of turn
~ **разливки** (*жидкого металла*) pouring rate
размывающая ~ (*потока*) scouring [erosive] velocity
разносная ~ (*при которой происходит разнос двигателя*) run-away speed
~ **распада** *физ.* decay [disintegration] rate
~ **распространения волн** wave velocity
~ **распространения пламени** flame (propagation) velocity
расчётная ~ design speed
~ **реакции** rate of a (chemical) reaction, reaction velocity
~ **реакции по маршруту** route reaction rate
~ **регулирования** control rate
результирующая ~ resultant velocity
~ **рекомбинации** recombination rate
~ **релаксации** relaxation rate
релятивистская ~ relativistic velocity
~ **роста** growth rate
~ **сближения 1.** (*о самолётах*) closing [closure] rate, closing [closure] speed **2.** (*о частицах*) approach velocity
~ **сварки** welding speed
сверхзвуковая ~ supersonic speed
~ **света** velocity of light
~ **свободного падения** free-fall speed
синхронная ~ *эл.* synchronous speed
слепая ~ *рлк.* blind speed
~ **снижения** *ав.* speed of descent
~ **снижения, вертикальная** *ав.* rate of descent
~ **спутной струи** *аргд.* wake velocity
среднеквадратичная ~ root-mean-square [rms] velocity
среднеходовая ~ *трансп.* average speed between stops
~ **стирания** erasing speed
~ **счёта** (*напр. импульсов*) counting rate
~ **считывания** reading speed
~ **телеграфирования** telegraph signalling [transmission] speed
техническая ~ *трансп.* average speed between stops
угловая ~ angular velocity
угловая ~ **бортовой качки** *мор.* roll(ing) rate
угловая ~ **кабрирования** *ав.* nose-up pitch rate

скорост/ь
угловая ~ **килевой качки** *мор.* pitch(ing) rate
угловая ~ **крена** *ав.* rate of roll
угловая ~ **рыскания** *ав.* rate of yaw, yaw(ing) rate, yaw angular velocity
угловая ~ **тангажа** *ав.* rate of pitch, pitch(ing) [pitch angular] velocity
ударная ~ (*точки тела при ударном движении*) shock velocity
~ **ухода нуля** drift rate
участковая ~ *трансп.* schedule speed
фазовая ~ phase velocity
~ **фильтрования** rate of filtrate flow
характеристическая ~ (*в камере*) *ркт.* characteristic velocity
~ **хода** (*судна*) speed
~ **хода, аварийная** emergency [take home] speed
~ **хода без воза** (*буксира*) free running speed
~ **хода в полном грузу** loaded speed
~ **хода, крейсерская** cruising speed
~ **хода, наибольшая** flank speed
~ **хода на испытаниях** trial speed
~ **хода, полная** full speed
~ **хода, эксплуатационная** service speed
эволютивная ~ *ав.* control [handling, manoeuvring] speed
экономическая ~ economic(al) [endurance] speed
эксплуатационная ~ *ав.* operating speed
скорчинг *м.* (*подвулканизация*) scorching
скос *м.* **1.** (*кромки, по высоте*) bevel; (*фаска*) chamfer; (*ласка*) scarf **2.** (*расположение со взаимным смещением*) skew(ing)
~ **кромки, двойной** double bevel
~ **кромки, односторонний** single bevel
~ **пазов** slot skewing
~ **потока** *аргд.* wash
~ **потока, боковой** *аргд.* sidewash
~ **потока вверх** *аргд.* upwash
~ **потока вниз** *аргд.* downwash
скот *м.* livestock □ **забивать** ~ slaughter livestock; **клеймить** ~ brand livestock, put (the animals) to the iron; **откармливать** ~ fatten livestock; **откармливать** ~, **напр. силосом** fatten livestock on, *e.g.*, silage; **пасти** ~ graze livestock
крупный рогатый ~ cattle
мелкий рогатый ~ sheeps and goats
молочный ~ dairy cattle
мясной ~ beef cattle
племенной ~ breeder [pedigree] cattle
скотобойня *ж.* slaughter [slaughtering] house
скотоводство *с.* cattle husbandry
скошенность *ж.* skewness
скрап *м.* scrap
доменный ~ blast-furnace scrap
заводской ~ mill scrap

скрап
ковшóвый ~ ladle scrap
легковéсный ~ light scrap
лúтниковый ~ sprue-and-runner scrap
оборóтный ~ plant [domestic, home] scrap
покупнóй ~ purchased [foreign] scrap
~ с литéйного двора́ casthouse scrap
тяжеловéсный ~ heavy scrap
скрап-процéсс *м.* pig-and-scrap [scrap-and-pig] process
карбюра́торный ~ carburizer pig-and-scrap process
скребмашúна *ж.* (*для удаления щетины со свиных туш*) dehairing machine
скребнúца *ж.* groomer, comb, curry-comb, horse-comb
скребóк *м.* scraper
скрéпа *ж.* clamp, clinch, clip, tie
скрéпер *м.* scraper
гребкóвый ~ hoe-type scraper, rake scraper
кана́тный ~ cable (drag) scraper
прицепнóй ~ pull-type scraper
самохóдный ~ self-propelled scraper
самохóдный, гýсеничный ~ caterpillar scraper
самохóдный, колёсный ~ wheeled scraper
я́щичный ~ box-type scraper
скрéпер-волокýша *м.* dragging scraper
скреперова́ние *с.* scraping
скрéпка *ж.* clip
скреплéние *с.* **блóка** *полигр.* block binding
скрепля́ть *гл.* fasten
скрýббер *м.* scrubber
безнаса́дочный ~ (*распыливающий*) jet scrubber; (*разбрызгивающий*) spray scrubber
безнаса́дочный, пóлный ~ jet scrubber
механúческий ~ mechanical scrubber
мóкрый ~ wet scrubber
наса́дочный ~ packed(-bed) scrubber
плёночный ~ film scrubber
~ с наса́дкой packed(-bed) scrubber
центробéжный ~ centrifugal scrubber
скруглéние *с.* rounding-off
внýтреннее ~ (*галтель*) *мет.-об.* fillet
нарýжное ~ *мет.-об.* radius
скругля́ть *гл.* **1.** round off **2.** *мет.-об.* (*на внешней поверхности*) machine the work to a radius; (*на внутренней поверхности*) machine the work to a fillet
скрýтка *ж.* twist(ing)
скрýчиваемость *ж.* **бума́ги** (*дефект*) paper curl
скрýчивание *с.* twisting
скрýчивать *гл.* twist
скула́ *ж.* (*корпуса судна*) bilge
закруглённая ~ easy [rounded, slack] bilge
óстрая ~ sharp bilge
скýтер *м.* scooter
слабин/а́ *ж.* slack □ **выбира́ть ~ý,** *напр.* **кана́та** take up [heave in] the slack of, *e.g.*, a rope; **оставля́ть (небольшýю) ~ý,** *напр.* **в кана́те** keep (some) slack in, *e.g.*, the rope
слаблúнь *м.* *мор.* lacing line
слага́емое *с.* component, term
~ дальномéра stadia constant
~ сýммы (*любой член суммы*) summand; (*первый из двух членов суммы*) augend; (*второй из двух членов суммы*) addend
слага́ющая *ж.* **по меридиа́ну** *геод.* meridional component
слайд *м.* (*диапозитив*) slide
сла́нец *м.* shale
глúнистый ~ clay shale
горю́чий ~ oil [combustible] shale
известкóвый ~ calcareous shale
крóвельный ~ table [roofing] slate
слéва *нареч.* from the left, on the left
след *м.* **1.** trace □ **оставля́ть ~** leave a trace; **размыва́ть [сма́зывать] ~** blur the trace; **~ размы́т** the trace appears blurred **2.** (*траектория*) track **3.** (*незначительное количество*) trace **4.** (*дорожка*) trail
аэродинамúческий ~ aerodynamic trail
инверсиóнный ~ condensation trail, contrail
~ колёс wheel-track
конденсациóнный ~ condensation trail, contrail
~ лúний сдвúга stretcher strain pattern
~ ма́трицы *мат.* spur [trace] of a matrix
метеóрный ~ meteor trail
~ опа́лубки (*на бетоне*) shuttering mark
~ плóскости *мат.* trace of a plane, plane trace
спýтный ~ (*спутная струя*) wake
слéдование *с.*:
~ двойнóй тя́гой *ж.-д.* assisted running
~ резéрвом *ж.-д.* light running
слéд/овать *гл.* **1.** follow □ **как ~ует из уравнéния (...)** as follows from equation (...) **2.** *ав., мор.* proceed (to ...); (*о самолёте*) *тж.* cruise □ **~ от ... до ...** make good a track from ... until ...; **«слéдуйте визуа́льно ... !»** (*распоряжение КДП*) "cruise VFR ... !" (*instruction from control tower*)
следоуказа́тель *м.* (*трактора*) tracer
слéдствие *с.* *мат.* consequence; (*теоремы*) corollary (to ..., of ...)
слежéние *с.* *рлк.* tracking □ **осуществля́ть ~ по отражённому сигна́лу** track by (skin) echo; **осуществля́ть ~ по сигна́лу ответчика** track by transponder; **осуществля́ть ~ радиолокациóнными срéдствами** track by radar
слежéние
автоматúческое ~ automatic tracking
визуа́льное ~ visual tracking
~ по да́льности range tracking
полуавтоматúческое ~ aided tracking
~ по углý мéста elevation tracking
слёживаемость *ж.* (*рыхлых или порошкообразных материалов*) consolidation; caking; (*сыпучих или текучих материалов*) slumping
слёживаться *гл.* (*о рыхлых или порошкообразных материалах*) cake; (*о сыпучих или текучих материалах*) slump
слезнúк *м.* weather groove, water drip
слепúть *гл.* (*ослеплять*) dazzle, blind
слéпок *м.* **1.** mould, cast; copy; counterpart **2.** (*в электронной микроскопии*) replica □ **приготóвить ~ с повéрхности (образца́)** replicate the surface relief (of a specimen)
гúпсовый ~ plaster cast
слепота́ *ж.* blindness
цветова́я ~ colour blindness
слéшер *м.* (*раскряжёвочная установка*) slasher, slashing machine
слив *м.* **1.** discharge, drain, sink **2.** (*светлый продукт декантации*) decantate **3.** (*сливной жёлоб сгустителя*) overflow launder □ **удаля́ть,** *напр.* **мéлочь (вéрхним) ~ом** carry off, *e.g.*, fines by the overflow launder
вéрхний ~ (*осветлённая жидкость из сгустителя*) overflow
нúжний ~ (*осадок в сгустителе*) underflow
~ тóплива *ав.* defueling
~ тóплива, аварúйный *ав.* fuel jettisoning
~ тóплива, неаварúйный *ав.* fuel drainage
слива́ть *гл.* (*опорожнять*) empty; drain □ **~ отстóй из тóпливного ба́ка** *ав.* drain the sump of a fuel tank
слива́ться *гл.* **1.** (*соединяться*) merge **2.** (*о каплях, частицах и т. п. в более крупные*) coalesce
слúвки *мн.* cream □ **взбива́ть ~** beat cream; **снима́ть ~ с молока́** skim cream off milk
«сливкообразова́ние» *с.* (*латекса*) *рез.* creaming
«сливкообразова́тель» *м.* (*латекса*) *рез.* creaming agent
сливкоотделúтель *м.* cream separator
сливкоподготовúтель *м.* prechurner
слип *м.* (*для спуска и подъёма судов*) slip
слипа́ние *с.* adhesion, sticking together, coalescence
слипа́ться *гл.* adhere, stick together, coalesce
слиткóвóз *м.* ingot bogie, ingot buggy, ingot car

слитколома́тель *м.* ingot-breaker press
сли́т/ок *м.* ingot □ **выгружа́ть [выдава́ть] ~ из нагрева́тельной пе́чи** draw an ingot from a reheating furnace; **(за)брако́вывать ~** reject an ingot; **~ застрева́ет в излo̍жнице** an ingot sticks in its mould; **зачища́ть ~** (*без конкретизации способа*) subject an ingot to surface conditioning; **обдира́ть ~** scalp an ingot; **обжима́ть ~ на́черно** cog down an ingot; **перегрева́ть ~** burn an ingot; **прока́тывать ~ в блю́мсы** bloom an ingot; **прока́тывать ~ на обжи́мном ста́не** cog down an ingot; **раздева́ть ~** strip an ingot; **разреза́ть ~ на загото́вки** slice an ingot; **сажа́ть ~ки (в коло́дец)** charge ingots (in a soaking pit); **сажа́ть ~ (в нагрева́тельную печь) в холо́дном состоя́нии** cold-charge an ingot (into a reheating furnace)
  ~ для прессова́ния труб, по́лый cored extrusion ingot
  ~ для прока́тки rolling ingot
  ~ кипя́щей ста́ли rimmed ingot
  кузне́чный ~ forging ingot
  листово́й ~ slab ingot
  механи́чески заку́поренный ~ capped ingot
  напла́вленный ~ melted ingot
  ~ на прока́т в блю́мы blooming ingot
  непреры́вный ~ continuously cast ingot
  ~, отли́тый в изло́жницу с при́быльной надста́вкой hot-topped ingot
  перегре́тый ~ bony ingot
  про́фильный ~ shape ingot (*to be rolled directly into heavy shapes*)
  ~ с га́зовой по́ристостью blown ingot
  ~ сифо́нной разли́вки bottom-poured ingot
  ~ споко́йной ста́ли killed ingot
  ~ с уширéнием кве́рху big-end-up ingot
  ~ с уширéнием кни́зу big-end-down ingot
  фасо́нный ~ shape ingot (*cast to shape roughly resembling the finished section*)
слича́ть *гл.* □ **~ адреса́, би́ты *и т. п.*** *вчт.* match addresses, bits, *etc.*; **~ прибо́р по этало́ну** *изм.* compare an instrument against a standard
сличе́ние *с.* **частоты́ по этало́ну** frequency comparison by a standard
слия́ние *с.* **1.** (*соединение*) mergence **2.** (*рек и т. п.*) confluence, junction **3.** (*капель, частиц и т. п. в более крупные*) coalescence **4.** (*организаций, учреждений*) amalgamation, consolidation, merger
  ~ горизонта́лей *карт.* closeness of contours
  ~ спектра́льных ли́ний confluence of spectral lines
сло́во *с.* word
  бу́квенное ~ alphabetic word

сло́во
  ~ из *n* си́мволов *n*-digit word
  ключево́е ~ key word
  коди́рованное ~ code word
  маши́нное ~ machine [computer] word
  цифрово́е ~ numeric word
слог *м.* syllable
сложе́ние *с.* **1.** *мат.* addition □ **осуществля́ть [производи́ть] ~, *напр.* двух чи́сел** take the sum of, *e.g.*, two numbers; **~ осуществля́ется [произво́дится] на основа́нии, *напр.* сочета́тельного зако́на** addition proceeds by use of, *e.g.*, associative properties **2.** (*сигналов, сил и т. п.*) composition
  ~ вероя́тностей composition of probabilities
  ~ волн wave interference
  ~ вычита́нием addition by subtraction
  геометри́ческое ~ vectorial addition
  ~ движе́ний composition of motions
  логи́ческое ~ logical addition
  ~ по мо́дулю N modulo N addition □ **производи́ть ~ по мо́дулю, *напр.* 2** take the modulo, *e.g.*, 2 sum of ..., take the sum modulo, *e.g.*, 2 of ..., form the modulo, *e.g.*, 2 sum of ...
  ~ сил composition of forces
слои́стость *ж.* lamination, stratification
слой *м.* **1.** layer **2.** (*покрытие*) coat(ing) □ **наноси́ть, *напр.* то́лстый *или* то́нкий ~ кра́ски, сма́зки *и т. п.*** apply [give], *e.g.*, a heavy *or* thin coat(ing) of paint, grease, *etc.* **3.** (*многослойного материала, напр. стеклопластика, фанеры*) ply
  адсорбцио́нный ~ adsorbed layer
  акти́вный ~ active layer
  ~ атмосфе́ры, ве́рхний the upper atmosphere
  ~ атмосфе́ры, ни́жний the lower atmosphere
  ~ ба́зы транзи́стора base layer
  балла́стный ~ ballast (bed), body of ballast
  барье́рный ~ *пп* barrier layer
  ве́нтильный ~ *пп* barrier region
  вертика́льный ~ *горн.* vertical slice
  впла́вленный ~ *пп* fused layer
  ~ в подши́пниках скольже́ния, антифрикцио́нный babbitt [white metal] lining
  вырáвнивающий ~ *стр.* levelling course, levelling blanket
  вы́ращенный ~ *пп* grown layer
  ~, вы́ращенный из га́зовой фа́зы *пп* vapour-grown layer
  ~, вы́ращенный ме́тодом жидкостно́й эпитакси́и *пп* liquid-epitaxial layer, layer grown by liquid-epitaxial technique
  ~, вы́ращенный ме́тодом парово́й эпитакси́и *пп* vapour-epitaxial layer
  горизонта́льный ~ *горн.* horizontal layer

слой
  двойно́й электри́ческий ~ electric double layer
  диагона́льный ~ *горн.* diagonal slice
  дрени́рующий ~ *стр.* drainage blanket
  ~ зама́зки, подсти́лочный (*для остекления*) bed(ding) of putty
  запо́рный ~ (*варактора*) barrier layer
  ~ В ионосфе́ры B-layer
  ~ С ионосфе́ры C-layer
  ~ D ионосфе́ры D-layer, Chapman layer
  ~ Е ионосфе́ры E-layer, Kennelly-Heaviside layer
  ~ F ионосфе́ры F-layer, Appleton layer
  кипя́щий ~ fluidized bed □ **кипя́щий ~ самовыра́внивается** the fluidized bed seeks its own level
  колле́кторный ~ (*транзистора*) collector layer
  ламина́рный ~ laminar layer
  леги́рованный ~ *пп* doped layer
  ~ ле́нты (*конвейера*) belt ply
  магнитогидродинами́ческий ~ magnetohydrodynamic [MHD] layer
  накры́вочный ~ *стр.* finish(ing) coat
  ~ намо́тки *текст.* winding layer
  напла́вленный ~ *мет.* built-up layer
  напылённый ~ evaporated layer
  ~, напылённый в ва́кууме vacuum-evaporated layer
  обеднённый ~ *пп* depletion layer
  обогащённый ~ *пп* enriched layer
  о́кисный ~ oxide layer
  осаждённый ~ deposited layer
  ~, осаждённый в ва́кууме vacuum-deposited layer
  отде́лочный ~ *стр.* finish(ing) coat
  отража́ющий ~ reflecting layer
  пе́нный ~ (*при тушении пожара*) foam blanket
  перехо́дный ~ *физ.* transition layer; *пп* transition region
  пове́рхностный ~ surface layer
  пограни́чный ~ boundary layer
  подстила́ющий ~ underlayer
  ~ полови́нного поглоще́ния *физ.* half-thickness, half-value layer
  присте́нный ~ wall layer
  проводя́щий ~ conducting layer
  противоорео́льный ~ *кфт.* antihalation layer
  ~ растяже́ния (*клиновидного ремня*) top reinforcing layer
  светочувстви́тельный ~ light-sensitive layer
  связу́ющий ~ *стр.* binding [binder] course; tack coat
  ~ сжа́тия (*клиновидного ремня*) compression layer
  уто́пленный ~ (*интегральной схемы*) buried layer
  фильтру́ющий ~ filter bed
  ~ ши́ны, бре́керный breaker-strip ply of a tyre

слой
~ ши́ны, подпроте́кторный under-tread layer of a tyre
~ ши́ны, поду́шечный cushion ply of a tyre
~ штукату́рки, выра́внивающий floating coat
~ штукату́рки, отде́лочный setting coat, plaster finish
~ штукату́рки, пе́рвый rendering coat
эпитаксиа́льный ~ epitaxial [epitaxially grown] layer, epi-layer
слом *м.* wrecking, demolition
слу́жба *ж.* service
авари́йная доро́жная ~ break-down (road) service
~ вре́мени и частоты́ standard frequency and time service
диспе́тчерская, аэродро́мная ~ airdrome control
диспе́тчерская ~ подхо́да *ав.* approach control
дозиметри́ческая ~ radiation monitoring service
маркше́йдерская ~ surveying
~ мер и весо́в measure and weight service
~ пого́ды weather service
поиско́во-спаса́тельная ~ search-and-rescue service
противопожа́рная ~ fire-fighting service
радиоастрономи́ческая ~ radio astronomy service
радиовеща́тельная ~ broadcasting (radio) service
радиолокацио́нная ~ radiolocation service
~ радиосвя́зи radio service
~ радиосвя́зи, авиацио́нная aeronautical (radio) service
~ радиосвя́зи, косми́ческая space (radio) service
~ радиосвя́зи, метеорологи́ческая radio meteorological service
~ радиосвя́зи, морска́я maritime (radio) service
~ радиосвя́зи, навигацио́нная navigation (radio) service
~ радиосвя́зи, назе́мная land (radio) service
~ радиосвя́зи, подви́жная mobile (radio) service
~ радиосвя́зи, стациона́рная fixed (radio) service
санита́рно-гигиени́ческая ~ sanitation service
~ спаса́ния rescue service
~ управле́ния возду́шным движе́нием [УВД] air traffic control [ATC] service
~ широ́т *астр.* latitude service
~ электросвя́зи, авиацио́нная aeronautical telecommunication service
служи́ть *гл.* serve
слух *м.* hearing □ принима́ть на ~ (*напр. код Морзе*) copy by ear (*e.g., Morse code*); проверя́ть на ~ check by listening

слу́ча/й *м.* case; (*событие*) event
авари́йный ~ emergency
несча́стный ~ accident
несча́стный ~ со смерте́льным исхо́дом fatal accident
о́бщий ~ general case □ в о́бщем ~е in the general case
преде́льный ~ limiting case
ча́стный ~ particular case
случа́йность *ж.* (*событий, процессов*) randomness, random quality
слу́шать *гл.* listen
слы́шать *гл.* 1. hear 2. (*в радиосвязи*) read □ «(Вас) не слы́шу!» "read-(ing) you one!"; «как слы́шите (меня́)?» "how do you read (me)?"; «слы́шу (Вас)!» "read(ing) you four!"; «слы́шу (Вас) времена́ми!» "read(ing) you two!"; «слы́шу (Вас) отли́чно!» "read(ing) you five!"; «слы́шу (Вас) с трудо́м!» "read-(ing) you three!"
слы́шимость *ж.* 1. (*акустическое свойство*) audibility 2. (*в радиосвязи*) readability □ «слы́шимость хоро́шая, плоха́я» (*в ответах о слышимости при проверке или обмене*) "read you four, one"
слюд/а́ *ж.* mica □ выбира́ть ~у́ (*из пазов коллектора*) *эл.* undercut mica; измельча́ть ~у́ (*в крошку*) grind mica; калиброва́ть ~у́ grade mica
колле́кторная ~ commutator mica
листова́я ~ sheet [shell] mica
слюнособира́тельница *ж.* (*респиратора*) saliva trap
сляб *м.* slab
сляб-болва́нка *м.* dummy slab
сля́бинг *м.* slabbing mill
сма́зер *м.* smaser
сма́зк/а *ж.* 1. (*вещество*) lubricant; (*жидкая*) oil; (*консистентная*) grease □ набива́ть ~у в подши́пник pack bearings with grease; нанос́ить ~у apply [give] a coat of lubricant [oil, grease]; ~ рассла́ивается the grease settles 2. (*операция*) lubrication; (*с использованием жидкой смазки*) oiling; (*с использованием консистентной смазки*) greasing
автомати́ческая ~ self-lubrication, mechanical lubrication
антикоррози́йная ~ corrosion [rust-]preventive compound □ наноси́ть антикоррози́йную ~у зали́вкой внутрь [заполне́нием] apply the corrosion [rust-]preventive compound by slushing; наноси́ть антикоррози́йную ~у ки́стью apply the corrosion [rust-]preventive compound by brushing; наноси́ть антикоррози́йную ~у окуна́нием apply the corrosion [rust-]preventive compound by dipping; наноси́ть антикоррози́йную ~у разбры́згиванием apply the corrosion [rust-]preventive compound by spraying; наруша́ть антикоррози́йную ~у disturb the corrosion [rust-]preventive compound film

сма́зк/а
барбота́жная ~ splash lubrication
бескисло́тная ~ acid-free lubricant
бесса́жевая ~ non-black lubricant
грани́чная ~ boundary lubrication
графи́товая ~ graphite lubricant
~ для изло́жниц *мет.* mould wash
~ для форм *стр.* mould oil
жидкотеку́чая ~ fluid lubricant
защи́тная ~ (*антикоррозийная*) corrosion-[rust-]preventive compound
ка́пельная ~ drop-feed lubrication
ка́ртерная ~ oil-bath lubrication
кольцева́я ~ ring lubrication
консисте́нтная ~ grease □ компаунди́ровать консисте́нтную ~у compound a grease; консисте́нтная ~ синерези́рует the grease bleeds; набива́ть консисте́нтную ~у вручну́ю pack a grease by hand; получа́ть консисте́нтную ~у горя́чей ва́ркой boil [cook] a grease
консисте́нтная ~ на мы́льном загусти́теле soap grease
консисте́нтная, низкопла́вкая ~ low-melting point grease
консисте́нтная ~ с антиокисли́тельными приса́дками oxidation-inhibited grease
консисте́нтная, уплотни́тельная ~ sealing grease
~ ма́сляным тума́ном fog lubrication, lubrication by oil mist
морозосто́йкая ~ cold-resistant grease
~ наби́вкой конца́ми waste-packed lubrication
~ погруже́нием immersion lubrication
~ под давле́нием forced(-feed) lubrication
принуди́тельная ~ forced(-feed) lubrication
противокоррози́йная ~ corrosion [rust-]preventive compound
противоприга́рная ~ anti-stick agent
прото́чная ~ non-circulating flow lubrication
~ разбры́згиванием splash lubrication
ручна́я ~ hand lubrication
са́жевая ~ carbon-black lubricant
~ с сухи́м ка́ртером dry-sump lubrication
стру́йная ~ stream lubrication
суха́я ~ dry film lubrication
технологи́ческая, лите́йная ~ (mould-)release [parting] agent, mould release (agent)
технологи́ческая, прока́тная ~ rolling lubricant
то́чечная ~ separate lubrication
фити́льная ~ wick-fed lubrication
централизо́ванная ~ centralized lubrication
центробе́жная ~ centrifugal lubrication

сма́зк/а
циркуляцио́нная ~ circulating [circulatory] lubrication
~ **шпри́цем** shot [squirt-gun] lubrication
сма́зчик *м.* greaser, lubricator, oiler
сма́зываемость *ж.* lubricating property
сма́зывать *гл.* lubricate; (*с использованием жидкой смазки*) oil; (*с использованием консистентной смазки*) grease □ ~ **вазели́ном** smear with vaseline [with petroleum jelly]
сма́льта *ж.* smalt
сма́тывание *с.* **1.** (*наматывание*) taking up, reeling on, winding on **2.** (*разматывание*) paying out, reeling out
сма́тывать *гл.* **1.** (*наматывать что-л., напр. канат, кабель, провод и т. п. на приёмную катушку*) take up, reel on, wind up **2.** (*разматывать, отдавать*) pay out, reel out □ ~ **в бу́хту** coil; ~ **о́брезь** *прок.* ball up the discard
сма́чиваемость *ж.* wettability
сма́чивание *с.* **1.** (*проявление межмолекулярного взаимодействия на границе фаз*) *физ.* wetting **2.** (*увлажнение*) moistening, damping
сме́жник *м.* accessory [component] manufacturer, allied [parts, components] supplier
сме́жность *ж. мат.* contiguity
сме́жны/й *прил.* (*переходящий один в другой*) contiguous *пример:* ~**е зо́ны па́мяти** *выч.* contiguous storage regions
сме́на *ж.* **1.** change; (*замена*) replacement; (*при посменной организации производства*) shift **2.** (*с дежурства*) relief **3.** (*периодическая замена обслуживающего персонала*) rotation
вы́дачная ~ *горн.* cleaning shift
дневна́я ~ day shift
добы́чная ~ *горн.* production shift
~ **маршру́та** (*в полёте*) track change
~ **ма́сла** oil change
~ **ма́сла, сезо́нная** season(al) oil change
подготови́тельная ~ *горн.* maintenance [preparatory] shift
~ **ре́льсов** *ж.-д.* rail relaying, rail renewal, relaying the track
~ **футеро́вки пе́чи** reline, relining
сме́нн/ый *прил.* accessory *примеры:* ~**ая о́птика** accessory lens(es); ~ **модуля́тор** accessory modulator
смерза́ться *гл.* congeal
смесеобразова́ние *с.* mixing
вне́шнее ~ *двс* carburation
вну́треннее ~ *двс* fuel injection
втори́чное ~ secondary mixing
перви́чное ~ primary mixing
смесеприготовле́ние *с.* sand and core-sand (mixture) preparation
смеси́тель *м.* mixer
бараба́нный ~ drum [pan] mixer
ва́куумный ~ vacuum mixer
гравитацио́нный ~ gravity mixer

смеси́тель
~ **двойно́го де́йствия** duplex mixer
двухсе́точный ~ double-grid-injection [double-input] mixer
диафра́гмовый ~ orifice mixer
дио́дный ~ *рлн.* diode mixer
~ **кормо́в** food mixer
ло́пастный ~ paddle mixer
неопроки́дывающийся ~ non-tilt mixer
~ **непреры́вного де́йствия** continuous mixer
односе́точный ~ *рад.* single-input [single-grid-injection] mixer
охлажда́ющий ~ refrigerated mixer
передвижно́й ~ travelling mixer (unit)
~ **периоди́ческого де́йствия** batch-type [intermittent] mixer
пропе́ллерный ~ propeller-type mixer
ра́зностный ~ *рад.* subtractive mixer
ротацио́нный ~ rota(tiona)ry mixer
сумма́рный ~ *рад.* additive mixer
червя́чный ~ screw mixer
смеси́тель-гомогениза́тор *м.* mixer-homogenizer, homo-mixer
смес/ь *ж.* mixture; (*разных сортов вина, табака, чая и т. п. для получения желаемого букета*) blend
азеотро́пная ~ azeotropic [constant boiling] mixture, azeotrope
бето́нная ~ concrete mix □ **перемешивать бето́нную** ~ mix concrete; **придава́ть бето́нной** ~**и ну́жную удобоукла́дываемость** make a concrete mix adequately workable; **проекти́ровать бето́нную** ~ design a concrete mix; **составля́ть бето́нную** ~ proportion a concrete mix
бето́нная, жёсткая ~ dry-concrete [low-slump] mix
бето́нная, подви́жная ~ high-flow [high-slump] concrete mix
бето́нная, про́бная ~ trial concrete mix
бето́нная, това́рная ~ plant-mixed concrete
бето́нная, удобоукла́дываемая ~ workable concrete mix
бина́рная ~ binary mixture
взрывоопа́сная ~ explosive mixture
воспламени́тельная ~ ignition mixture
воспламеня́ющаяся ~ inflammable mixture
двойна́я ~ binary mixture
двухкомпоне́нтная ~ two-component mixture
двухфа́зная ~ two-phase mixture
~ **для прити́рки кла́панов** valve-grinding compound, valve-grinding paste
дубя́щая ~ tanning mixture
дыха́тельная ~ breathing mixture
еди́ная ~ *лит.* unit [system] sand
жирова́льная ~ grease mixture
замора́живающая ~ freezing mixture

смес/ь
механи́ческая ~ mechanical mixture
набивна́я ~ (*для ремонта подины печи*) rammed [tamped] mix
намазна́я ~ lime paste
насы́щенная ~ saturated mixture
неоднoро́дная ~ heterogeneous mixture
одноро́дная ~ homogeneous [uniform] mixture
охлажда́ющая ~ cooling mixture
пита́тельная ~ nutrient mixture
противопригáрная ~ parting sand □ **посыпа́ть противопригáрной** ~**ью** dust with parting sand
рабо́чая ~ *двс* fuel-air charge, (fuel-air) mixture □ **воспламеня́ть рабо́чую** ~ ignite the fuel-air charge; **обедня́ть рабо́чую** ~ impoverish [lean, weaken] the mixture; **обогаща́ть рабо́чую** ~ enrich the mixture; **переобогаща́ть рабо́чую** ~ over-rich the mixture
рабо́чая, бе́дная ~ lean [rare] mixture
рабо́чая, бога́тая ~ rich mixture
рабо́чая, переобогащённая ~ over-rich mixture
реакцио́нная ~ reaction mixture
рези́новая ~ (*исходный материал в технологическом процессе*) (rubber) stock, (rubber) mix □ **вводи́ть в рези́новую** ~ **усили́тель** activate [reinforce] the stock; **вводи́ть в рези́новую** ~ **ускори́тель** accelerate the stock; **грануди́ровать рези́новую** ~ pelletize the mix; **компаунди́ровать [наполня́ть] рези́новую** ~ compound [load] the mix, compound [load] the stock; **подвулканизи́ровать рези́новую** ~ burn the stock; **приготовля́ть рези́новую** ~ **на горя́чих вальца́х** hot-mill the stock; **приготовля́ть рези́новую** ~ **на холо́дных вальца́х** cold-mill the stock
рези́новая, бесса́жевая ~ non-black stock
рези́новая, бре́керная ~ cushion stock
рези́новая, ка́бельная ~ cable stock
рези́новая, карка́сная ~ carcass stock
рези́новая, малонапо́лненная ~ low-charged stock
рези́новая, ма́точная ~ master batch, mother stock
рези́новая ~ **на осно́ве натура́льного каучу́ка** natural rubber stock
рези́новая, невулканизо́ванная ~ uncured [green] stock
рези́новая, невыцвета́ющая ~ non-blooming stock
рези́новая, обкла́дочная ~ skim stock
рези́новая ~ **о́бщего назначе́ния** general-purpose stock
рези́новая, прома́зочная ~ friction stock
рези́новая, прослóечная ~ interlayer stock

смес/ь
резиновая, протекторная ~ tread stock
резиновая, саженаполненная ~ (carbon-)black stock
резиновая ~ с большим содержанием сажи high carbon-black stock
резиновая, сильнонаполненная ~ heavily compounded [heavy-charged] mix
резиновая ~ с пластификатором plasticized stock
резиновая, сырая ~ uncured [unvulcanized] stock
резиновая, твёрдая ~ stiff stock
резиновая, шинная ~ tyre stock
резиновая, эбонитовая ~ ebonite stock
самовоспламеняющаяся ~ *ркт.* hypergolic mixture
самотвердеющая ~ *лит.* self-hardening sand
стержневая ~ *лит.* core sand
стехиометрическая ~ stoichiometric mixture
тройная ~ ternary mixture
формовочная ~ (moulding) sand □ **освежать формовочную ~** rebond the (moulding) sand; **разрыхлять формовочную ~** aerate [fluff] the (moulding) sand; **формовочная ~ пригорает к отливке** the (moulding) sand burns (fast) to a casting
формовочная, жирная ~ strong (moulding) sand
формовочная, корковая ~ investment (moulding) compound
формовочная, наполнительная ~ filler (moulding) sand
формовочная, облицовочная ~ facing (moulding) sand □ **посыпать модель формовочной облицовочной ~ью** shake facing material over the pattern
формовочная, оборотная ~ heap (moulding) sand
формовочная, отработанная ~ used (moulding) sand
формовочная, свежеприготовленная ~ green (moulding) sand
формовочная, тощая ~ weak (moulding) sand
~ цветов colour mixture
~ цветов, аддитивная additive colour mixture
~ цветов, субтрактивная subtractive colour mixture
чистая ~ pure mixture
эвтектическая ~ eutectic mixture
эквимолярная ~ equimolar mixture
смет/а *ж.* cost estimate; cost sheet □ **составлять ~у** prepare an estimate
~ затрат на производство production estimate
предварительная ~ provisional estimate
сметчик *м.* estimator
смешени/е *с.* mixing
идеальное ~ *хим.* complete [perfect] mixing

смешени/е
~ импульсов *тлв.* pulse mixing
ламинарное ~ laminar mixing
обратное ~ *хим.* back-mixing
полное ~ *хим.* complete [perfect] mixing □ **... с полным ~ем** under condition of complete [perfect] mixing
турбулентное ~ turbulent mixing
~ цветов colour mixing
смешиваемость *ж.* miscibility
взаимная ~ intermiscibility
смешивание *с.* **1.** mixing **2.** (*разных сортов табака, вина и т. п.*) blending (*см. тж.* **смещение**)
смешивать *гл.* **1.** mix □ **~ сигналы** *рад.* mix [combine] signals **2.** (*разные сорта табака, вина и т. п. для получения желаемого букета*) blend
смещать *гл.* **1.** (*на расстояние, во времени*) shift, displace **2.** (*выводить из совмещённого или соосного положения*) misalign **3.** *элн.* (*подавать напряжение смещения*) bias □ **~ в обратном [непроводящем] направлении** to reverse-bias; **~ в прямом [проводящем] направлении** to forward-bias
смещение *с.* **1.** (*на расстояние, во времени*) shift, displacement **2.** (*выведение из совмещённого или соосного положения*) misalignment **3.** (*подача напряжения смещения*) *элн.* bias □ **снимать ~** lift the bias
автоматическое ~ self-bias, automatic bias
базовое ~ (*в импульсных генераторах*) base-line offset
~ вверх upward shift, up-shift
~ в красную сторону *физ.* red shift
~ вниз downward shift, down-shift
голубое ~ *тлв.* cyan shift
~ границ доменов (domain-)wall displacement
доплеровское ~ Doppler shift
~ заклёпочных отверстий относительно друг друга drift
~ заряда charge displacement
зеемановское ~ Zeeman displacement
изотопическое ~ isotope shift
комбинационное ~ Raman displacement
~ луча ЭЛТ beam shift
~ между валами misalignment of shafts
~ на катоде cathode bias
~ на переходе эмиттер — база emitter-base bias
~ на сетке лампы grid bias
~ на эмиттере emitter bias
~ несущей *тлв.* carrier offset
~ нуля zero drift
~ оси лопасти blade sweep
постоянное ~ fixed bias
~ спектральной линии line shift
угловое ~ angular displacement
~ узла displacement of a node, displacement of a nodal point

смещение
~ фазы phase shift
~ центра развёртки *рлк.* off-cent(e)ring
~ частоты frequency drift
~ щёток *эл.* brush displacement
электрическое ~ electric displacement
сминаемость *ж.* *текст.* creasing property
сминать *гл.* **1.** (*раздавливать*) crush, squash **2.** (*мять ткань, бумагу*) crumple, crease
смокед-шит *м.* (*высокосортный натуральный каучук*) smoked sheet
смол/а *ж.* resin □ **отверждать ~у** cure [harden] a resin
акрилатная ~ acrylate resin
алкидная ~ alkyd resin
альдегидная ~ aldehyde resin
бакелитовая ~ phenol-formaldehyde resin (Bakelite — *фирм. название*)
виниловая ~ vinyl resin
~ в стадии А A-stage [resol] resin
~ в стадии В B-stage [resitol] resin
~ в стадии С C-stage [resite] resin
глифталевая ~ glyptal resin
даммаровая ~ dammar (gum)
древесная ~ rosin, wood tar, wood resin
заливочная ~ *эл.* potting resin
ископаемая ~ fossil resin
карбамидная ~ urea resin
копаловая ~ copal resin
крезолоформальдегидная ~ cresol-based [cresol-formaldehyde] resin
кремнийорганическая ~ silicone resin
кумароновая ~ coumarone resin
литьевая ~ *эл.* cast resin
отверждённая ~ hardened resin
пентафталевая ~ pentaerythritol-modified phthalic resin
полиамидная ~ polyamide resin
поливинилхлоридная ~ (*часто, но неверно называется* полихлорвиниловая) polyvinylchloride [PVC] resin
полиэтиленовая ~ polyethylene resin
полиэфирная ~ polyester resin
природная ~ natural resin
резиловая ~ modified alkyd resin
силиконовая ~ silicone resin
синтетическая ~ synthetic resin
термопластическая ~ thermoplastic resin
термореактивная ~ thermosetting resin
фенолоальдегидная ~ phenolic resin
фенолоформальдегидная ~ phenol-formaldehyde resin
~ холодного отверждения cold-curing resin
чёрная ~ pitch
эпоксидная ~ epoxy resin

смоле́ние *с.* (*химическое превращение*) resinification; (*промазка или пропитка смолой*) tarring
смолокуре́ние *с.* tar distillation
смолообразова́ние *с.* resinification
смолоотдели́тель *м.* tar separator, tar extractor
смольё *с. лес.* resinous wood
смо́рщиваться *гл.* wrinkle; shrivel, crinkle
смо́тка *ж.* **1.** (*операция сматывания, напр. кабелей, канатов, проводов и т. п*) reeling **2.** (*смоточное устройство георазведочной станции*) reel unit, reel system
смо́тчик *м.* (*на георазведочной станции*) reelman
смыв *м.* wash-out, wash-off
~ ока́лины (*в каналах*) *мет.* scale sluicing, scale flushing
смыва́ть *гл.* wash away, wash out, wash off □ **~ водо́й из шла́нга** hose off with water
смы́вка *ж.* (*жидкость*) cleaning fluid; (*для красок*) paint remover
смыка́ть *гл.* joint, link; (*замыкать*) close □ **~, напр. полигонометри́ческие ходы́ на како́й-л. то́чке** close traverses on a point
смысл *м.* sense; (*значение*) meaning □ **в ~е, напр. Лагра́нжа** in the sense of *e.g.*, Lagrange; **в определённом ~е** in some specified sense; **в широ́ком ~е** wide-sense *пример*: **проце́сс, стациона́рный в широ́ком ~е** a wide-sense stationary process
геометри́ческий ~ geometric(al) meaning
смы́чка *ж.* joint, linking
~ я́корной це́пи length [shot] of an anchor chain
смягча́ть *гл.* **1.** (*умягчать*) soften **2.** (*делать менее резким, ослаблять*) cushion
смягче́ние *с.* **1.** (*умягчение*) softening **2.** (*ослабление*) cushioning
~ подъёма *ж.-д.* up-grade reduction
~ про́филя *ж.-д.* grade elimination, grade reduction
смя́тие *стр.* bearing stress; bearing strain
снабжа́ть *гл.* **1.** (*питать*) supply (with) ... **2.** (*обеспечивать*) provide (with ...) **3.** (*предусматривать, устраивать*) fit (with ...)
снабже́ние *с.* **1.** (*питание*) supply **2.** (*обеспечивание*) provision **3.** (*предусмотрение, устройство*) fitting
материа́льно-техни́ческое ~ logistics
~ электроэне́ргией electricity [power] service, power supply □ **обеспе́чивать бесперебо́йное ~ электроэне́ргией** give [ensure] continuity of power service
снару́жи *нареч.* on the outside, on the exterior, outwardly
снаря́д *м.* **1.** (*техническое устройство, машина*) gear, tool **2.** (*характер течения или движения, напр. пара в жидкой фазе*) slug

снаря́д
дноуглуби́тельный ~ dredge(r)
дноуглуби́тельный, рефулёрный ~ pipe-line dredge(r)
дноуглуби́тельный, самоотвозя́щий ~ hopper dredge(r)
дноуглуби́тельный, шала́ндовый ~ barge-loading dredge(r)
землесо́сный ~ suction-tube dredge(r)
землечерпа́тельный ~ (bucket) dredge(r)
землечерпа́тельный, гре́йферный ~ clam-shell dredge(r)
землечерпа́тельный, многочерпако́вый ~ elevator dredge(r)
землечерпа́тельный, одночерпако́вый ~ single scoop-bucket dredge(r)
землечерпа́тельный, шта́нговый ~ dipper dredge(r)
камнечерпа́тельный ~ rock dredge(r)
рыболо́вный ~ fishing gear, fishing tackle
сква́жный ~ borehole tool
снаряже́ние *с.* equipment; gear; outfit; tackle
снасть *ж.* gear, rope; rigging
~ бегу́чего такела́жа running rope
рыболо́вная ~ fishing tackle
снег *м.* snow
снегова́ние *с.* storage in snow
снегогенера́тор *м.* snow-making plant
снегозадержа́ние *с.* snow retention
снегозащи́та *ж.* snow fence
снегоме́р *м.* snow gauge
снегонакопле́ние *с.* snow retention
снегоочисти́тель *м.* snow-fighting vehicle, snow remover
плу́жный ~ snow crab
ро́торный ~ snow blower, rotor(y) snow plough, snow thrower
щёточный ~ snow brush
снегопа́х-валкова́тель *м.* snow ridger
снегопогру́зчик *м.* snow loader
снегота́ялка *ж.* snow melter
снегота́яние *с.* snowmelt
снегоубо́рка *ж.* snow clearance, snow removal
снегоубо́рщик *м.* snow-clearing vehicle
снижа́ть *гл.* lower; (*уменьшать*) lower, reduce □ **~ поря́док уравне́ния** reduce the order of an equation
снижа́ться *гл.* **1.** (*в физическом смысле*) go down, lower; (*о самолёте*) descend **2.** (*уменьшаться*) decrease, diminish, drop, fall
сниже́ние *с.* **1.** (*уменьшение*) decrease, reduction, drop, fall (*in magnitude*) **2.** (*ухудшение, напр. качества*) degradation **3.** *ав.* descent □ **разреша́ть ~** clear for descent; **«разреши́те сниже́ние?»** (*запрос экипажа на КПД*) "request descent clearance" (*from crew to tower*)
~ анте́нны downlead [drop] of an antenna
круто́е ~ *ав.* steep descent
~ с орби́ты de-orbiting

сниже́ние
~ (у́ровня) шу́ма noise abatement
экспоненциа́льное ~ exponential decrease
сни́зу спра́ва от ... *нареч.* to the lower right of ...
снима́ть *гл.* **1.** (*демонтировать*) remove **2.** (*кино*) (make a) film; (*фото*) (take a) photograph **3.** (*удалять*) remove □ **~ заусе́нцы** de-bur; **~ напряже́ние** *мех.* stress-relieve, treat for stress relief; **~ напряже́ние (пита́ния) с ...** *эл.* remove (supply) voltage from ..., de-energize *smth.*; **~ ока́лину, напр. со сли́тка** descale, *e.g.*, an ingot **4.** □ **~ показа́ния прибо́ра** read an instrument('s indication), take an instrument's reading(s); **~ характери́стику, напр. схе́мы** measure a circuit's response
сни́мок *м.* (*фотография*) photograph, still picture
рентге́новский ~ roentgenogram, X-ray photograph, radiograph
стереоскопи́ческий ~ stereoscopic photograph
сни́ца *ж.* short [stub] tongue, stub [steering] pole
снова́ние *с. текст.* warping
сноп *м.* sheaf, bundle □ **вяза́ть ~ы́** bind sheaves
апробацио́нный ~ *с.-х.* bundle for certification
~ брызг мета́лла shaft of metal sputter(ing)
сноповяза́лка *ж.* sheafer, (grain) binder, sheaf-binding machine
снопоно́с *м.* sheaf carrier, bundle carrier
снопоподава́тель *м.* sheaf elevator
снопосуши́лка *ж.* sheaf drier
снос *м. нвг.* drift □ **вводи́ть попра́вку на ~** offset the drift; **компенси́ровать ~** offset the drift; **определя́ть ~** take drift; **пари́ровать ~** *ав.* crab into the wind
сноси́ть *гл.* (*ломать*) demolish, tear down, pull down
сно́ска *ж.* foot-note
сня́тие *с.* **1.** (*демонтаж*) removal **2.** (*удаление*) removal
~ возбужде́ния de-excitation
~ заусе́нцев deburring
~ мета́лла (*при обработке*) removal of stock
~ накле́па relief of work hardening
~ напряже́ния 1. *мех.* stress relief **2.** *эл.* removal of voltage (from ...)
~ показа́ний прибо́ра reading an instrument
~ полу́ды detinning
~ с произво́дства (*постепенное*) phasing-out
~ с эксплуата́ции putting out of [removal from] service
соба́чк/а *ж.* dog □ **освободи́ть ~у** release the dog
зажи́мная ~ clamp dog
~ замка́ latch

собáчк/а
запóрная ~ drop catch
предохранúтельная ~ safety catch
стóпорная ~ stop catch, retaining pawl
~ тóрмоза brake pawl
~ храповикá pawl

собирáтель *м.* **1.** *с.-х.* collector, gatherer **2.** (*при флотации*) collector □ **~ закрепляéтся на [прикрепляéтся к] ...** a collector attaches itself on [to] ...
~ мáтриц *полигр.* assembling channel
~ плодóв fruit catcher, fruit gatherer

собирáть *гл.* **1.** (*узел, изделие*) assemble; (*на месте установки*) erect, mount □ **~ проводá в пучóк и перевя́зывать бечевóй** bundle wires together with cord; **~ резúновое издéлие** (*для вулканизации и т. д.*) build up a rubber article; **~ схéму провéрки, *напр.* по *рис.* 1.** *элн.* establish the test set-up shown, *e.g.*, in Fig. 1 **2.** (*накапливать*) collect **3.** (*подбирать*) pick up

соблюдáть *гл.* observe □ **~ маркирóвку** observe (the) markings; **~ поля́рность** observe (the) polarity

соблюдéние *с.* observance

сóбранный *прил.* (*об узлах, изделиях*) assembled; (*на месте установки*) erected, mounted
врéменно ~ (*о схеме*) *элн.* hay-wired
~ по схéме, *напр.* катóдного повторúтеля *элн.* ... connected as, *e.g.*, a cathode follower
предварúтельно ~ preassembled

собы́ти/е *с. мат.* event, occurrence □ **предскáзывать наступлéние ~я, *напр.* A с вероя́тностью, *напр.* 0,8** predict event, *e.g.*, A with probability, *e.g.*, 0.8
благоприя́тствующее ~ favourable event
взаимоисключáющие ~я exclusive events
достовéрное ~ certain event
маловероя́тное ~ rare event
несовместúмое ~ antithetic(al) [disjoint, incompatible] event
простóе ~ simple [elementary] event
противоположное ~ contrary [opposite] event
слóжное ~ compound [complex] event
случáйное ~ random [chance, stochastic] event
~ с нулевóй вероя́тностью null event
совместúмое ~ compatible event
целевóе ~ objective event
элементáрное ~ simple [elementary] event

совершáть *гл.* accomplish, perform □ **~ движéние** execute a motion; **~ рабóту** (do) work

совершéнств/о *с.* perfection □ **доводúть до ~а** carry to perfection
аэродинамúческое ~ aerodynamic cleanness

совместúмость *ж.* (*напр. двух или более систем*) compatibility
электромагнúтная ~ electromagnetic compatibility, EMC

совместúмый *прил.* compatible; (*согласующийся*) consistent □ **~ со свя́зями** *мат.* consistent with constraints

совмéстно *нареч. мат.* jointly, simultaneously

совмещáть *гл.* align; bring into coincidence; match; register □ **~ выполнéние операций** *вчт.* overlap operations; **~ изображéния в глазý наблюдáтеля** *опт.* bring the images into coincidence at the observer's eye; **~ отвéрстия** register [mate] holes; **~ цветá** bring the colours in register

совмещéние *с.* alignment; coincidence; match; registration
~ изображéний image registration
~ операций (*в ЦВМ*) *вчт.* overlap □ **осуществля́ть ~ операций ввóда-вы́вода с обрабóткой дáнных** allow I/O operations to overlap with data processing
стереоскопúческое ~ stereoscopic adjustment
~ цветóв colour registration

совóк *м.* scoop

совокýпность *ж.* assemblage; collection, set
генерáльная ~ *стат.* general population
~ знáний body of knowledge
~ услóвий set of conditions

совпадá/ть *гл.* coincide □ **~ во врéмени** be in synchronism, be in step; fall in the same time interval; **отвéрстия ~ют** the holes are fair, the holes are in register; **отвéрстия не ~ют** the holes are unfair, the holes are out of register; **~ по фáзе** be in phase; **результáты ~ют с тóчностью ошúбки эксперимéнта** the results agree within the experimental error; **рúски на обéих шкалáх ~ют** the lines on both scales are level with each other; **~ с ... делéнием шкалы́** register with the ... scale mark

совпадéние *с.* coincidence
~ во врéмени time coincidence
~ úмпульсов pulse coincidence
~ фаз phase coincidence

совремéнный *прил.* state-of-the-art, advanced, up-to-date

соглáсие *с.* agreement, acord; conformity □ **находúться в ~и** agree [check] with, be in agreement with, be in accord with
кáчественное ~ qualitative agreement
колúчественное ~ quantitative agreement
~ при вырáвнивании *стат.* goodness of fit

соглáсно *нареч.* □ **~ определéнию** by definition; **~ предположéнию** by hypothesis

согласовáни/е *с.* **1.** consultation □ **по ~ю с ...** in consultation with ... *пример*: **эксплуатациóнные ограничéния выбирáются по ~ю с проектирóвщиком** operating limitations are chosen in consultation with the designer **2.** *эл., рад.* match(ing) □ **обеспéчивать ~, *напр.* пóлного сопротивлéния по всемý диапазóну** obtain, *e.g.*, the impedance match over the entire band **3.** (*в гироприборах*) slaving
акустúческое ~ acoustic match(ing)
~ гирополукóмпаса с магнúтным slaving to a magnetic compass
~ нагрýзок load match(ing)
~ пóлного сопротивлéния impedance match(ing)
~ сигнáлов, временнóе timing of signals

согласóвываться *гл.* **1.** (*напр. о гипотезе с фактами, эксперименте с теорией и т. п.*) agree with, check with, tally with, be in accord with, conform (with), be in agreement (with) **2.** *эл., рад.* match

соглашéние *с.* agreement

согревáние *с.* warming up

сóда *ж.* soda
кальцинúрованная ~ soda ash
каустúческая ~ caustic soda, sodium hydroxide
кристаллúческая ~ crystal carbonate
питьевáя ~ drinking soda, sodium bicarbonate
пищевáя ~ edible soda, sodium bicarbonate

содéйствие *с.* assistance

содержáние *с.* **1.** (*тема книги, статьи и т. п.*) (table of) contents **2.** (*наличие вещества в смеси, сплаве и т. п.*) content; (*относительное*) proportion, fraction; (*процентное*) percentage, percent **3.** (*уход*) care, maintenance, upkeep
~ бактéрий, *напр.* в молокé bacteria count of, *e.g.*, milk
~ мáсла (*в масляных лаках*) oil length
~ многочлéна content of a polynomial
~ нéфти (*в сбросах в море*) effluent oil content
~ по мáссе content by mass
~ по объёму content by volume
~ спúрта, процéнтное alcoholic strength
~ углерóда в желéзе the carbon content of iron (*Примечание.* The content of carbon in iron — *русизм*)
~ углерóда в желéзе, óбщее the total carbon of iron

содержа́ние
~ углеро́да в ста́ли, оста́точное the residual carbon of steel
~ ци́фры, коли́чественное *вчт.* numerical weight of a digit
~ шелла́ка в шелла́чном ла́ке cut
~ шли́хты amount of size
~ элеме́нтов в земно́й коре́, относи́тельное abundance ratio

содерж/а́ть *гл.* **1.** (*входить в состав чего-л.*) contain; carry □ **~ в коли́честве ... % от свое́й ма́ссы** contain [carry] ... % of its mass *приме́ры*: **сталь ~ит фо́сфора в коли́честве 0,1% от свое́й ма́ссы** steel contains [carries] 0.1% of its mass of phosphorus [as phosphorus]; **руда́ ~ит воды́ в коли́честве 12% от свое́й ма́ссы** ore contains [carries] 12% of its mass as water **2.** (*заключать в себе*) include, contain; (*о вместимости*) hold **3.** (*поддерживать, сохранять в каком-л. состоянии*) maintain

содержи́мое *с.* (*напр. регистра, счётчика*) *вчт.* contents □ **выводи́ть ~ на печа́ть** take a dump of the contents; **(из)меня́ть ~** alter the contents; **распеча́тывать ~** take a dump of the contents; **увели́чивать ~ счётчика, реги́стра** ***и т. п.*** **на оди́н, два** ***и т. п.*** increment the counter, register, *etc.* by one, two, *etc.*

соедине́ни/е *с.* **1.** (*деталей болтами, сваркой, клёпкой и т. п.*) joint, connection □ **осуществля́ть ~ на прокла́дке** gasket a joint; **уплотня́ть ~ прокла́дкой** gasket a joint **2.** *эл., рад.* connection; *тлф.* call, connection, (talking) circuit □ **осуществля́ть ~ абоне́нтов** set up connections [establish communication] between subscribers; **разъединя́ть ~** disconnect the (talking) circuit, release a call; **устана́вливать ~** establish a call *приме́р*: **в автомати́ческой систе́ме установле́ние ~я происхо́дит по сигна́лам от абоне́нта** in an automatic system, calls are established by means of signals from the calling subscriber; **устана́вливать ме́стное ~** connect a local call; **устана́вливать ~ при скоростно́й систе́ме** complete a call "on demand" **3.** *хим.* compound □ **образо́вывать ~** form a compound; **получа́ть ~ из ...** derive a compound from ...; **разлага́ть ~** decompose [break up] a compound **4.** *стат.* confounding
безрезьбово́е ~ slip joint
беспа́ечное ~ solderless connection, solderless joint
беспрокла́дочное ~ gasketless joint
болтово́е ~ bolted connection, bolted joint
вертлю́жное ~ swivel coupling, swivel joint
ви́льчатое ~ *мех.* fork link
винтово́е ~ screw(ed) joint
встре́чно-паралле́льное ~ parallel-opposition connection, connection in parallel opposing
высокомолекуля́рное ~ high-molecular (weight) compound
высокополиме́рное ~ high-polymeric compound
гетероцепно́е ~ heterochain compound
гетероцикли́ческое ~ heterocyclic compound
ги́бкое ~ flexible joint
гибри́дное ~ hybrid junction
заклёпочное ~ rivetted joint □ **зачека́нить заклёпочное ~** caulk a rivetted joint
заклёпочное ~ внахлёстку lap (rivetted) joint
заклёпочное ~ встык butt (rivetted) joint
заклёпочное, стыково́е ~ butt (rivetted) joint
~ звезда́ — звезда́ *эл.* star-to-star connection
~ звездо́й *эл.* star [Y-, wye-] connection
ка́бельное ~ cable joint
карда́нное ~ cardan [universal, Hooke's] joint
клеево́е ~ adhesive joint
кле́ммовое ~ terminal [binding-post] connection
лету́чее ~ volatile compound
металли́ческое ~ metallic compound
металлооргани́ческое ~ organo-metallic compound
~ набо́ров да́нных *вчт.* data set concatenation
~ на ко́рпус *эл.* frame connection
~ накру́ткой *эл.* wire wrap connection
~ на ма́ссу *англ.* earth connection; *амер.* ground connection, ground strap
напылённое ~ (*в печатных схемах*) *рлн.* evaporated interconnection
насы́щенное ~ saturated compound
незако́нченное ~ *тлф.* incomplete circuit, incomplete connection, mutilated selection
неоргани́ческое ~ inorganic compound
неподви́жное ~ (*деталей машин*) fixed joint
непреде́льное ~ unsaturated compound
неразъёмное ~ permanent joint
низкомолекуля́рное ~ low-molecular(-weight) compound
~ обжа́тием *эл.* compression [crimp] joint, crimp connection
~ опрессо́вкой *эл.* compression joint
органи́ческое ~ organic compound
отло́женное ~ *тлф.* deferred call, call filed for a later completion
паралле́льное ~ *эл.* parallel connection
па́яное ~ (*мягким припоем*) soldered joint; (*твёрдым припоем*) brazed joint
подви́жное ~ (*деталей машин*) movable joint
после́довательное ~ *эл.* series connection
постоя́нное ~ permanent connection
преде́льное ~ saturated compound
пре́рванное ~ *тлф.* cut-off [interrupted] call
про́бное ~ *тлф.* test [tentative] call
~, рабо́тающее на растяже́ние tension joint
развальцо́ванное ~ expanded joint
разъёмное ~ detachable joint
разъёмное, ва́куумное ~ (*сопряжение*) demountable vacuum joint
растру́бное ~ faucet [bell-and-spigot] joint
резьбово́е ~ threaded connection
сварно́е ~ welded joint □ **выполня́ть сварно́е ~** make [perform, complete] a welded joint
сварно́е ~ без зазо́ра close welded joint
сварно́е ~ без ско́са кро́мок square joint
сварно́е, бесско́сное ~ square joint
сварно́е ~ внахлёстку lap joint
сварно́е, водонепроница́емое ~ watertight joint
сварно́е ~ впритьі́к tee joint
сварно́е ~ встык butt joint
сварно́е, газонепроница́емое ~ gas-tight joint
сварно́е, многото́чечное ~ multiple-spot welded joint
сварно́е, монта́жное ~ erection [field] joint
сварно́е, нахлёсточное ~ lap joint
сварно́е, пло́тное ~ tight joint
сварно́е, про́бочное ~ slotted [plug] lap joint
сварно́е ~ с двумя́ ско́сами кро́мки double-bevel [double-V] joint
сварно́е ~ с зазо́ром open joint
сварно́е ~ с накла́дкой strapped joint
сварно́е, совмещённое ~ joggled lap joint
сварно́е ~ со ско́сом кро́мок bevelled [chamfered] joint
сварно́е ~ с отборто́вкой кро́мок flanged joint
сварно́е, стыково́е ~ butt joint
сварно́е, тавро́вое ~ tee joint
сварно́е, торцо́вое ~ edge joint
сварно́е, то́чечное ~ spot weld
сварно́е, углово́е ~ corner joint
сварно́е, уси́ленное ~ reinforced joint
сме́шанное ~ *эл.* series-parallel connection
телескопи́ческое ~ telescope joint
термокомпрессио́нное ~ thermocompression bonding
транзи́тное ~ *тлф.* through [built-up] connection

соединéни/е
~ треугóльником *эл.* delta[mesh] connection
~ треугóльник — треугóльник *эл.* delta-delta connection
флáнцевое ~ flange joint
шарнúрное ~ articulated [hinge] joint, joint coupling
шарнúрное, шаровóе ~ ball-and-socket joint
шлúцевое ~ splined joint
шпóночное ~ keyed joint
шпунтовóе ~ tongue-and-groove [match, joggle] joint
штéпсельное ~ plug-and-socket connection
штыковóе ~ bayonet joint
~ S (*в нейристорах*) refractory junction
~ T (*в нейристорах*) trigger junction
соединúтель *м.* connector; coupler; (*для соединения проводов обжатием*) jointing sleeve
~ для шлáнгов hose coupler
кáбельный ~ cable connector
координáтный многокрáтный ~ *тлф.* cross-bar switch
механúческий ~ mechanical [solderless] connector
стыковóй рéльсовый ~ rail bond
соединя́ть *эл.* join, connect ☐ **~ в параллéль** *эл.* connect in parallel; **~ встрéчно** *эл.* connect in opposition; **~ встрéчно параллéльно** *эл.* connect in parallel opposition; **~ встрéчно послéдовательно** *эл.* connect in series opposition; **~ вшпунт** join by tongue-and-groove; **~ заподлицó** joint flush; **~ нáгелями** peg together; **~** (*включать*) **«на кóрпус»** [**«на зéмлю»**] connect to chassis (ground); **~ «на мáссу»** (*на самолёте*) ground to the airframe; **~ неразъёмно** *мех.* join permanently; **~ пáйкой** join by soldering, solder together; **~ параллéльно** *эл.* connect in parallel; **~ послéдовательно** *эл.* connect in series; **~ свáркой** weld together; **~ся своúм концóм с** ***чем-л.*** have its end connected to *smth.*; **~ соглáсно** *эл.* connect aiding; **~ соглáсно параллéльно ...** *эл.* in parallel aiding; **~ соглáсно послéдовательно ...** *эл.* in series aiding; **транзúстор своúм коллéктором соединён с ...** the transistor has its collector connected to ...
созревáние *с.* maturation, ripening
~ бетóна curing of concrete
вторóе ~ *кфт.* digestion, after-ripening
естéственное ~ *пищ.* natural ageing
пéрвое ~ *кфт.* ripening
~ путём охлаждéния ageing by cooling
созревáть *гл.* mature, ripen
соизмерúмость *ж.* commensurability; (*равенство или почти равенство по величине*) comparability
соизмерúмый *прил.* commensurable; (*равный или почти равный по величине*) comparable
сок *м.* **1.** juice ☐ **декантúровать ~** decant the juice; **депектинизúровать ~** depectinize the juice; **дефековáть ~** defecate the juice; **осветля́ть ~** clarify the juice; **сатурúровать ~** carbonate the juice; **упáривать ~** condense the juice **2.** (*дубильный*) *кож.* liquor
дигестиóнный ~ digestive juice
диффузиóнный ~ diffusion juice
~ для раскислéния bleach liquor
дубúльный ~ tan(ning) liquor
млéчный ~ (*каучуконоса*) milky sap
овощнóй ~ vegetable juice
отрабóтанный ~ exhausted liquor
плодóвый ~ fruit juice
тростникóвый сáхарный ~ sugar-cane juice ☐ **выжимáть сáхарный ~ из тростникá** express the juice from the sugar cane
~ флóта layer liquor
сокатализáтор *м. рез.* cocatalyst
соковáрка *ж. кож.* leach house
соковыжимáлка *ж.* juice extractor
соколовýшка *ж.* juice trap
сокóл *м.* **штукатýра** plasterer's hawk
сокомéр *м.* juice meter
сокоосветлúтель *м.* juice cleaner, juice cleaning machine
сокосбóрник *м. кож.* liquor tank
сократúмый *прил. мат.* cancellable, reducible
сокращáть *гл.* **1.** *мат.* cancel (out), reduce, divide out ☐ **~ дробь** cancel (common) factors, reduce a fraction; **~ óбщие мнóжители** cancel out [remove] common factors; **~ подóбные члéны** cancel like terms **2.** (*слово, наименование*) abbreviate
сокращéни/е *с.* **1.** (*слов, наименований*) abbreviation ☐ **обозначáть, напр. химúческие соединéния ~ями** refer to, *e.g.*, chemical compounds by their abbreviations **2.** (*уменьшение, исключение, выбрасывание*) reduction, cancellation **3.** (*сжатие, сужение*) contraction
~ дробéй reduction of fractions, reducing fractions (*to lowest terms*)
~ подóбных члéнов cancellation of like terms
служéбное ~ service abbreviation
сокращённо *нареч. мат.* compactly, in compact notation, briefly, in abbreviated form, shortly
сокращённый *прил.* **1.** reduced, abbreviated, contracted, abridged, condensed, short, compact **2.** (*о дроби*) cancelled, reduced
солдáтик *м.* (*индикаторный прибор*) *жарг.* tell-tale
соледробúлка *ж.* salt grinder
солемéр *м.* salt gauge, sali(no)meter
соленóид *м.* solenoid
сверхпроводникóвый ~ superconducting solenoid
солёность *ж.* saltiness, salinity
солеобразовáние *с.* salt formation
солеотложéние *с.* scale, scaling
солеотстóйник *м.* salt settling tank, salt settler
солестóйкость *ж.* **бетóна** salt resistance of concrete
солесушúлка *ж.* salt drier
солеустóйчивость *ж.* salt endurance, salt tolerance
солидóл *м.* cup grease
солидолонагнетáтель *м.* lubricating [grease] gun, grease pump, grease squirt
сóлидус *м.* the solidus (line)
солúльня *ж.* saltery
солиóн *м.* solion
сóлка *ж.* (*шкур*) salting
Сóлнце *с.* the Sun
возмущённое ~ disturbed Sun
úстинное ~ real [true] Sun
спокóйное ~ quiet [undisturbed] Sun
срéднее ~ mean Sun
солнцестоя́ние *с.* solstice
зúмнее ~ winter solstice
лéтнее ~ summer solstice
сóлод *м.* malt
пивовáренный ~ brewer's malt
солодóвня *ж.* malt-house
солододробúлка *ж.* malt mill, malt crusher
солодоращéние *с.* malting
барабáнное ~ drum malting
тóковое ~ floor malting, flooring
я́щичное ~ box malting
солодосушúлка *ж.* malt drier
соложéние *с.* malting
солóм/а *ж.* straw ☐ **вязáть ~у** bind straw; **измельчáть ~у** (**сéчкой**) chop straw; **прессовáть ~у** bale (up) straw
соломúт *м.* straw mat
солóмк/а *ж.*, **спúчечная** match-wood, splints ☐ **полировáть спúчечную ~у** shape the splints; **рубúть (чýрку на) спúчечную ~у** chop the splints; **уклáдывать спúчечную ~у** level the splints
соломоизмельчúтель *м.* straw chopper
соломоловýшка *ж.* (*в сахарном производстве*) straw trap
соломоподъёмник *м.* (*молотилки*) straw carrier
соломопрéсс *м.* straw press, straw baler
соломопровóд *м.* straw duct
соломосбрáсыватель *м.* straw dumper
соломосилосорéзка *ж.* straw-and-silage cutter
соломотáска *ж.* straw elevator
соломотранспортёр *м.* straw carrier
соломотря́с *м.* straw shaker, straw walker, straw separator
солóнка *ж.* salt cellar, salt shaker
солоновáтость *ж.* saltiness, saltishness, brackishness
сол/ь *ж.* salt *примеры*: **азотистокúслая ~** nitrite; **бромистоводорóдная**

~ bromide; йодистоводоро́дная ~ iodide

соль

английская ~ bitter [Epsom] salt

бертоле́това ~ Berthollet's salt, potassium chlorate

гла́уберова ~ Glauber's salt, sodium sulphate decahydrate

го́рькая ~ bitter [Epsom] salt

ки́слая ~ acid salt

нейтра́льная ~ neutral salt

осно́вная ~ basic salt

пова́ренная ~ table [common, sodium] salt

полу́торная ~ sesquisalt

сегне́това ~ Seignette's salt, potassium sodium tartrate

сре́дняя ~ neutral salt

сольва́т *м.* solvate

сольвата́ция *ж.* solvation

сольве́нт *м.* solvent

сольве́нт-на́фта *ж.* solvent naphtha

сольво́лиз *м.* solvolysis

солюбилиза́ция *ж.* solubilization

соляриза́ция *ж.* solarization

соля́риметр *м.* solarimeter

сомно́жител/ь *м.* factor, cofactor, multiplier and multiplicand □ представля́ть, *напр.* многочле́н произведе́нием ~ей factor, *e.g.*, a polynomial

сон *м.* (*внесистемная единица громкости*) sone

сона́р *м.* sonar

соно́граф *м.* sonograph

соно́метр *м.* sonometer

сообща́ть *гл.* report □ «сообщи́те да́нные о ве́тре на высоте́ ...» (*запрос с самолёта*) "request upper winds at ..."; «сообщи́те пого́ду в *таком-то* пу́нкте» (*запрос с самолёта*) "request weather for ..."; «сообщи́те усло́вия поса́дки в ...» (*запрос с самолёта*) "request landing conditions at ..."

сообще́ни/е *с.* 1. (*текст, данные*) message □ выдава́ть ~ *вчт.* generate a message; выдава́ть ~, *напр.* программи́сту *вчт.* issue a message to, *e.g.*, the programmer; запи́сывать ~ (*при радиообмене*) copy the message; передава́ть ~ по ли́нии свя́зи send a message over a communication link; регистри́ровать поступле́ние ~я *свз.* file a message 2. (*транспортное обслуживание*) service; traffic

возду́шное ~ air service

коди́рованное ~ coded message

~ об оши́бке *вчт.* diagnostic message for an error, error message □ выдава́ть ~ об оши́бке generate a diagnostic message for an error; ~ об оши́бке (обнару́женной) во вре́мя трансля́ции diagnostic message for an error (occurring) during compilation

~ о вы́лете departure message

~ о местоположе́нии position report

сообще́ни/е

телефо́нное ~ telephone communication

телефо́нное, междунаро́дное ~ international (telephone) traffic

телефо́нное, ме́стное ~ local telephone traffic

ча́стное ~ private communication *пример*: э́ти да́нные бы́ли пе́реданы в ча́стном ~и these data are from a private communication

соо́бщество *с.* community

сооружа́ть *гл.* 1. erect □ ~ канализа́цию canalize 2. (*что-л. временное, подручное*) rig up

сооруже́ни/е *с.* 1. (*процесс*) building, construction, erection 2. (*строение*) structure

авари́йное ~ dangerous structure

берегоукрепи́тельное ~ coast-protecting structure

водозабо́рное ~ (water) intake works

водоподпо́рное ~ water retaining structure

гидротехни́ческое ~ water-development works, water-development project

инжене́рное ~ engineering structure

лесонаправля́ющее ~ log guiding structure

лесопропускно́е ~ floatage canal

лесоспла́вное ~ log sluice

лине́йные ~я *св.* line structure

мостово́е ~ bridgework

наплавно́е ~ floating structure

огради́тельное ~ *гидр.* protecting structure

очистно́е канализацио́нное ~ sewage (purification) works

подзе́мное ~ underground structure

промы́шленное ~ industrial structure

противопа́водковое ~ flood control [water relief] works

путевы́е ~я permanent way equipment

рыбопропускно́е ~ fish-ladder

судопропускно́е ~ navigation pass

судохо́дное ~ navigation facilities

соосади́тель *м.* coprecipitator, coprecipitant

соосажде́ние *с.* coprecipitation

számosoсть

со́осность *ж.* alignment □ отрегули́ровать на ~ align

соотве́тствие *с.* correspondence □ быть поста́вленным в ~ correspond to ... *пример*: ка́ждому элеме́нту из (гру́ппы) G поста́влен в ~ определённый элеме́нт из (гру́ппы) H each element in G corresponds to one in H; ста́вить в ~ associate with, assign to, place [put] in correspondence with *примеры*: ста́вить граф в ~ систе́ме *мат.* associate a system with a graph; ста́вить ко́довые комбина́ции в ~ предме́там assign code combinations to objects; си́мвол «а» ста́вится в ~ с за́данной величино́й the symbol "a" is placed in correspondence with the chosen quantity; устана́вливать ~ set up a correspondence

соотве́тствие

взаи́мно-однозна́чное ~ one-to-one correspondence

о́дно-однозна́чное ~ one-to-one correspondence

~ тре́бованиям compliance with requirements □ подтверди́ть [продемонстри́ровать] ~ тре́бованиям show compliance with requirements; устана́вливать ~ тре́бованиям establish compliance with requirements

соотве́тств/овать *гл.* correspond, match □ оцифро́вка вы́водов ~ует оцифро́вке конта́ктов the wire numbers match the terminal numbers; ~ тре́бованиям comply with requirements

соотве́тствующий *прил.* corresponding; (*подходящий*) suitable

соотнос/и́ть(ся) *гл.* match up □ элеме́нты в двух набо́рах ~ятся оди́н к одному́ the elements in the two sets match up one for one

соотноше́ние *с.* relation(ship)

~ в схемати́ческом ви́де schematic relationship

лине́йное ~ linear relationship

~ «ме́жду» *мат.* betweenness (relation)

~ ме́жду ма́ссой и эне́ргией mass-energy relation

~ ме́жду напряже́нием и деформа́цией stress-strain relation

~ неопределённостей uncertainty relation

определя́ющее ~ defining relation

основно́е ~ fundamental relation

~ подо́бия similitude relationship

~ пробе́г — эне́ргия range-energy relation

прямолине́йное ~ straight-line relationship

~ составля́ющих proportions of ingredients

~ составля́ющих бето́нной сме́си proportions of a concrete mix

функциона́льное ~ functional relationship

~ цвет — свети́мость colour-luminosity relation

ча́стное ~ special relation

чи́сленное ~ numerical relation

~ Эйншт́ейна, фотохими́ческое Stark-Einstein law of the photochemical equivalence

энергети́ческое ~ energy relation

сопло́ *с.* nozzle

ввёртное ~ threaded nozzle

~ Венту́ри Venturi nozzle

водораспыли́тельное ~ water spray (nozzle)

возду́шное ~ air-blast nozzle

~ возду́шной заве́сы (*у судна на воздушной подушке*) curtain nozzle

~ возду́шной зака́лки quenching nozzle

~ впры́ска injection nozzle

сопло́
вса́сывающее ~ suction nozzle
высоконапо́рное ~ high-pressure nozzle
выхлопно́е ~ exhaust nozzle
ги́бкое ~ flexible nozzle
гиперзвуково́е ~ hypersonic nozzle
дозвуково́е ~ subsonic nozzle
~ инже́ктора jet orifice
~ кислоро́дного резака́ flame-cutting nozzle
кольцево́е ~ annular [ring] nozzle
~ Лава́ля (de) Laval nozzle
~ ма́лой тя́ги low-thrust nozzle
ме́рное ~ flow [metering] nozzle
напо́рное ~ discharge nozzle
недорасши́ренное ~ underexpanded nozzle
норма́льное ~ standard nozzle
носово́е ~ fore [forward] nozzle
осесимметри́чное ~ axisymmetric nozzle
пароструйно́е ~ steam-jet nozzle
перерасши́ренное ~ overexpanded [overexpanding] nozzle
перифери́йное ~ peripheral nozzle
пло́ское ~ two-dimensional [planar] nozzle
побуди́тельное ~ booster nozzle
поворо́тное ~ hinged nozzle
попере́чное ~ lateral nozzle
продо́льное ~ fore-and-aft [longitudinal] nozzle
простра́нственное ~ three-dimensional nozzle
профили́рованное ~ contoured nozzle
разбры́згивающее ~ spray nozzle, sprayer
расширя́ющееся ~ divergent [expansion] nozzle
реакти́вное ~ propulsive [propelling] nozzle
реакти́вное ~ без обтека́теля unshrouded propelling nozzle
реакти́вное, нерегули́руемое ~ fixed-area propelling nozzle
реакти́вное ~ реве́рсора тя́ги thrust-reverse propelling nozzle
реакти́вное ~ с обтека́телем shrouded propelling nozzle
~ сва́рочной горе́лки welding torch nozzle
сверхзвуково́е ~ supersonic nozzle
~ с вну́тренним расшире́нием internal-expansion nozzle
~ с затво́ром ~ shutt-off nozzle
~ систе́мы корректиро́вки ско́рости velocity-control jet
смеси́тельное ~ mixing nozzle
смывно́е ~ sluice [hydrojet] nozzle
стру́йное ~ jet nozzle
су́живающееся ~ converging nozzle
~ с центра́льным те́лом plug nozzle
эже́кторное ~ ejector nozzle
сополиконденса́ция *ж.* copolycondensation

сополиме́р *м.* copolymer, heteropolymer
привито́й ~ graft(ed) copolymer
сополимериза́ция *ж.* copolymerization
анио́нная ~ anion copolymerization
ио́нная ~ ion copolymerization
катио́нная ~ cation copolymerization
привита́я ~ graft(ed) copolymerization
статисти́ческая ~ random copolymerization
чередую́щаяся ~ alternating copolymerization
сопоставле́ние *с.* comparison; juxtaposition
сопоставля́ть *гл.* compare; juxtapose
соприкаса́ться *гл.* touch, be in contact (with)
соприкоснове́ние *с.* contact □ **~ происхо́дит в то́чке** have a point contact; **~ происхо́дит по ли́нии** have a line contact *пример*: **~ ме́жду ро́ликом и кулачко́м происхо́дит по ли́нии** a roller and a cam have a line contact
сопровожда́ть *гл.* accompany; *рлк.* track
сопровожде́ние *с.* accompaniment; *рлк.* tracking
автомати́ческое ~ automatic tracking
~ по а́зимуту azimuth tracking
~ по да́льности range tracking
полуавтомати́ческое ~ aided tracking
~ по углу́ ме́ста elevation tracking
ручно́е ~ hand tracking
сопротивле́ние *с.* **1.** (*свойство*) resistance; opposition □ **ока́зывать ~** offer resistance [opposition] to ... **2.** (*резистор*) resistor
акти́вное ~ *эл.* resistance
акусти́ческое ~ acoustic resistance
аэродинами́ческое ~ aerodynamic [air] drag, air resistance, resistance to air-flow
балансиро́вочное ~ *аргд.* trim drag
балла́стное ~ 1. ballast resistance **2.** ballast resistor
блокиро́вочное ~ *рлн.* by-pass resistor
брызгово́е ~ spray resistance, spray drag
~ ве́нтильного про́вода (*криотрона*) gate resistance
вихрево́е ~ *аргд.* vortex drag, vortex resistance
~ возде́йствию хими́ческих реаге́нтов resistance to attack by chemicals
~ во́здуха *аргд.* air drag, air resistance, resistance to airflow
волново́е ~ 1. *мех.* wave resistance, wave drag **2.** *эл.*, *свз.* characteristic [wave] impedance **3.** *аргд.* shock-wave drag
вре́менное ~ *сопр.* ultimate strength
входно́е ~ input resistance
~ в цепи́ возбужде́ния field resistance

сопротивле́ние
~ в цепи́ като́да 1. cathode resistance **2.** cathode resistor
~ в цепи́ се́тки 1. grid resistance **2.** grid resistor
~ вы́пуска *двс* exhaust resistance, back pressure of exhaust
выходно́е ~ output resistance
вя́зко(стно)е ~ viscous resistance, viscous drag
гася́щее ~ *эл.* **1.** damping resistance **2.** (voltage) dropping resistor
гидравли́ческое ~ *тепл.* pressure [friction] loss
гидродинами́ческое ~ hydrodynamic resistance, hydrodynamic drag
~ го́лого ко́рпуса *мор.* bare-[naked-]hull resistance
~ давле́ния pressure resistance, pressure drag
~ движе́нию tractive resistance
динами́ческое ~ (*магнитоуправляемого контакта*) dynamic contact resistance
~ дио́дного дете́ктора (*переменному току — сигналу*), **вну́треннее** diode conduction [diode slope] resistance
дифференциа́льное ~ incremental resistance
доба́вочное ~ (*измерительного прибора*) **1.** series [multiplier] resistance **2.** series resistor
ёмкостное ~ capacitive reactance, capacitive impedance
~ заземле́ния earthing resistance
заря́дное ~ charging resistor
~ затво́ра (*полевого транзистора*) gate resistance
~ изги́бу bending strength, resistance to bending
измери́тельное ~ instrument resistor
~ изно́су resistance to wear
~ изоля́ции insulation resistance
и́мпульсное ~ *мор.* momentum resistance, momentum drag
индукти́вное ~ 1. *эл.* (*полное*) inductive impedance; (*реактивное*) inductive reactance **2.** *аргд.* drag due to [from] lift, induced [lift] drag
индукти́вное ~ рассе́яния *эл.* leakage inductive reactance
~ истира́нию attrition [scuff, abrasion] resistance
~ исто́ка (*полевого транзистора*) source resistance
~ исто́чника, вну́треннее (*активное*) source resistance; (*полное*) source impedance
~ кана́ла (*полевого транзистора*) channel resistance
~ колле́ктора (*транзистора*) collector resistance
ко́мплексное ~ complex impedance, (vector) impedance
конта́ктное ~ contact resistance
~ коро́ткого замыка́ния short-circuit impedance

сопротивле́ние
~ корро́зии corrosion resistance, resistance to corrosion
~ котлоагрега́та, аэродинами́ческое draught loss
~ котлоагрега́та, га́зовое draught loss
~ котлоагрега́та, про́фильное profile drag, profile loss
~ ла́мпы переме́нному то́ку, вну́треннее *англ.* anode slope resistance; *амер.* dynamic plate resistance
~ ла́мпы постоя́нному то́ку, вну́треннее (internal) d.c. resistance
~ круче́нию torsional rigidity, torsional strength
лобово́е ~ *аргд.* drag, head [frontal] resistance
магни́тное ~ reluctance, magnetic resistance
магни́тное, уде́льное ~ specific reluctance, reluctivity
~ материа́лов strength of materials
~ на высо́ких часто́тах high-frequency resistance
~ нагру́зки load impedance
нагру́зочное ~ load resistor
~ насыще́ния saturation resistance
нача́льное ~ (*тензорезистора*) initial gauge resistance
нелине́йное ~ (*активное*) non-linear resistance; (*полное*) non-linear impedance
обра́тное ~ back resistance
объёмное ~ cubic [volume] resistance
оми́ческое ~ ohmic [d.c.] resistance
оста́точное ~ *мор.* residuary resistance, residuary drag
отрица́тельное ~ negative resistance
отса́сывающее ~ bleeder resistor
~ отсла́иванию resistance to peeling, resistance to separation
паралле́льное ~ shunt resistance
переме́нное ~ variable resistance
~ переме́нному то́ку alternating-current [a.c.] resistance
~ перехо́да *пп* junction resistance
перехо́дное ~ contact resistance
~ пове́рхностного тре́ния skin (friction) resistance
пове́рхностное ~ surface resistance
~ ползу́чести creep resistance
по́лное ~ 1. *эл.* impedance □ **по́лное ~ це́пи име́ет ёмкостный хара́ктер** the circuit exhibits a capacitive impedance; the impedance of the circuit is capacitive in its effect; **согласо́вывать по́лное ~** match impedance **2.** *мор.* total resistance, total drag
по́лное, вноси́мое ~ (*эффект активной нагрузки на сопротивление первичной цепи трансформатора, связанных контуров*) *англ.* coupled impedance; *амер.* reflected impedance
по́лное ~ в опера́торной фо́рме operational impedance
по́лное, входно́е ~ input impedance; (*в измерительных приборах*) input impedance, input RC
по́лное, выходно́е ~ output impedance
по́лное ~ на входны́х зажи́мах (*четырёхполюсника*) driving-point impedance
по́лное, переда́точное ~ (*четырёхполюсника*) transfer impedance
по́лное, переда́точное обра́тное ~ reverse transfer impedance
по́лное, переда́точное прямо́е ~ forward transfer impedance
по́лное, согласо́ванное ~ matched impedance
по́лное ~ холосто́го хо́да (*в теории цепей*) open-circuit impedance
постоя́нное ~ 1. fixed resistance **2.** fixed resistor
~ постоя́нному то́ку direct-current [d.c.] resistance
~ по́чвы soil reaction
~, приведённое (к перви́чной це́пи) (*активное*) resistance referred to (the primary side); (*полное*) impedance referred to (the primary side)
про́волочное ~ wire-wound resistor
~ продо́льному изги́бу resistance to lateral bending, buckling resistance
пусково́е ~ starting resistor
развя́зывающее ~ *свз.* decoupling resistor
~ разда́вливанию *сопр.* crushing strength
~ разры́ву rupture [breaking] strength
разря́дное ~ 1. discharge resistance **2.** discharging resistor
распределённое ~ distributed resistance
~ растяже́нию tensile strength
реакти́вное ~ reactance, reactive impedance
регулиро́вочное ~ adjusting resistance
регули́руемое ~ adjustable resistor
резона́нсное ~ (*пьезоэлектрического резонатора*) resonance resistance
~ светово́му старе́нию light-ageing resistance
~ свя́зи coupling impedance
~ сдви́гу shear(ing) strength
~ сдви́гу армату́ры в бето́не bond resistance
~ се́тки, антипарази́тное *рад.* grid suppressor
се́точное ~ grid resistor
~ сжа́тию compressive [compression] strength, resistance to compression
~ ска́лыванию cleavage strength
~ скольже́нию slip resistance
сло́жное ~ *сопр.* resistance to combined stress
~ смеще́ния *рлн.* bias resistor

сопротивле́ние
сосредото́ченное ~ lumped resistance
составно́е ~ composite resistor
~ сре́зу shear(ing) strength
~ сре́зу, вре́менное ultimate shear(ing) strength
~ сто́ка (*полевого транзистора*) drain resistance
~ те́ла *аргд.* body drag
темново́е ~ dark resistance
температу́рно-зави́симое ~ temperature-dependent resistor
теплово́е ~ thermal [heat] resistance
терми́ческое ~ thermal [heat] resistance
термометри́ческое ~ thermometer resistor
~ тре́нию friction resistance
тя́говое ~ draught resistance
~ уда́ру impact resistance, shock strength
уде́льное ~ resistivity, specific resistance
уде́льное, объёмное ~ volume resistivity
уде́льное, пове́рхностное ~ surface resistivity
управля́емое цифрово́е ~ gated resistance network
~ уста́лости fatigue resistance, endurance strength
устано́вочное ~ (*в компенсаторах*) *эл.* standardizing resistor
~ уте́чки 1. leak(age) resistance **2.** bleeder (resistor)
~ фо́рмы *мор.* form resistance, form drag
характеристи́ческое ~ characteristic impedance
~ шерохова́тости *мор.* roughness resistance, roughness drag
шунти́рующее ~ (*линейного потенциометра*) padding resistor
эквивале́нтное ~ equivalent resistance
эквивале́нтное, шумово́е ~ equivalent noise resistance
электри́ческое ~ electric(al) resistance
этало́нное ~ standard resistance

сопротивля́емость *ж.* resistance, capacity to resist
сопротивля́ться *гл.* resist, oppose, offer [present] opposition [resistance] to ...
сопряга́емость *ж.* (*напр. элементов системы*) compatibility
сопряга́/ть *гл.* **1.** *эл.* mate □ **разъёмы необходи́мо ~ согла́сно маркиро́вке** mate the connector halves according to their markings **2.** (*конденсаторы*) gang □ **~ настро́ечный конденса́тор одного́ ко́нтура с други́м** gang the tuning capacitor of a tuned circuit to that of another **3.** (*систему*) integrate with □ **но́вая систе́ма ~ется с други́ми сре́дствами радионавига́ции** the new system is

easily integrated with other navaids 4. *вчт.* interface 5. (*приборы*) tie in □ ~ **гирокомпас и автопилот** tie in the directional gyro with the autopilot 6. (*цепь*) *рад.* track *smth.* to ... □ ~, *напр.* **входную цепь антенны с в. ч. каскадом** track, *e.g.*, the antenna coupling circuit to the r.f. stage

сопряжéни/е *с.* 1. *эл.* mating □ **провéрить прáвильность ~я штéпсельных разъёмов** check the connectors for proper mating 2. (*конденсаторов*) ganging □ ~ **конденсáторов обеспéчивает управлéние от однóй (óбщей) рýчки** ganging enables tuning capacitors to be controlled from a single knob 3. (*систем*) integration □ ~ **систéм ведёт к сокращéнию числá компонéнтов** system integration reduces the component count 4. *вчт.* interface □ **под ~ем мóжет понимáться техни́ческое срéдство, обеспéчивающее связь мéжду элемéнтами систéмы** an interface may be a hardware component to link two parts of a system 5. (*приборов*) tie-in □ **провéрить ~ мéжду гироáзимутом и сопряжённой аппаратýрой** check tie-in between the directional gyro and dependent equipment (*such as autopilot*) 6. *рад.* tracking □ ~ **обеспéчивает необходи́мые частóтные соотношéния мéжду сопрягáемыми кóнтурами** tracking is the maintenance of proper frequency relationships in ganged circuits

~ **лáвы со штрéком** junction between longwall face and gate

сопряжённость *ж. мат.* conjugacy, contingency

сопряжённы/й *прил. мат.* conjugate (*to*), the conjugate of ..., apolar, adjoint

кóмплексно-~ complex conjugate, conjugate complex

попáрно-~ conjugate pair

сопýтств/овать *гл.* 1. accompany 2. (*о минералах*) be associated with, be an associate of ... □ **касситери́т чáсто ~ует вольфрáму** cassiterite is often an associate of tungsten

соразмéрно *нареч.* in proportion (*to*), in proper relation (*to*)

соразмéрность *ж.* proportionality, proper relation

соразмеря́ть *гл.* proportion, fit

сорбéнт *м.* sorbent

сорби́т *м.* sorbite

сорбитизáция *ж.* sorbitizing

сорбитизи́ровать *гл.* sorbitize

сóрбция *ж.* sorption

сормáйт *м.* sormite

сóрность *ж.*:

~ **бумáги** paper dirt

~ **целлюлóзы** chemical pulp dirt count

сорня́к *м.* weed (plant) □ **борóться с ~áми** control weeds; **подавля́ть ~и** suppress weeds; **уничтожáть ~и** kill weeds

сорóчка *ж.*, **бумáжная** (*внешняя бумажная упаковка пачки*) ream wrapper

сорт *м.* 1. (*класс качества*) grade, quality 2. (*разновидность*) kind, sort 3. (*марка*) brand

сортáмент *м.* range of sizes, range of products

~ **проводóв** wire gauge

~ **прокáта** range of rolled products

сортировáние *с.* sorting; (*преим. по классам качества, размерам и т. п.*) grading, classifying (*см. тж.* **сортирóвка**)

сортир/овá**ть** *гл.* sort; (*преим. по классам качества, размеру и т. п.*) grade, classify □ ~ **по крýпности** size, grade (the material) to size; **рудá ~ýется по цвéту, размéру и блéску кускóв** ore is sorted for the colour, size and lustre of the lumps

сортирóвка *ж.* 1. sorting; (*преим. по классам качества, размерам и т. п.*) grading, classifying 2. (*устройство*) sorter; *с.-х.* grader, classifier

воздýшная ~ air flow classifier

~ **перфокáрт** *вчт.* card sorting □ ~ **перфокáрт произвóдится путём подбóра** (a deck of) cards is sorted by matching

перфокáртная ~ *вчт.* (card) sorter

~ **по крýпности** sizing

~ **по мáссе** separation by mass

сóртность *ж.* grade, rating

~ **бензи́нов** gasoline rating

сортоиспытáние *с. с.-х.* strain testing

сортообновлéние *с. с.-х.* strain renovation

сортосмéна *ж. с.-х.* strain changing

сортрóс *м. мор.* limber rope

соскáбливать *гл.* scrape off, shave

соскáкивать *гл.* come off, run off

соскáльзывать *гл.* slide down, slip (off); run off

соскребáть *гл.* scrape off

сосредотóчение *с.* concentration

сосредотóченность *ж.* concentration

сосредотóчивать *гл.* concentrate

состáв *м.* 1. composition □ **включáть в ~** include as a component of ... *пример*: **антéнны включáются в ~ радиостáнции** antennas are included as components of the radio set; **вводи́ть в ~** be(come) part of, be(come) a member of *пример*: **разъём вхóдит в ~ блóка В-1** the connector is part of unit B-1 2. (*определённый анализом*) analysis □ **задавáть ~** specify an analysis [a composition]; ~ **«попадáет в анáлиз»** the analysis is in control 3. (*рецептура*) formula, formulation 4. (*специальная смесь*) compound 5. (*поездной*) train □ **комплектовáть поезднóй ~** gather a train

антикоррози́йный ~ corrosion preventive compound □ **наноси́ть антикоррози́йный ~, *напр.* ки́стью, погружéнием, заполнéнием, поли́вом** apply corrosion preventive compound by, *e.g.*, brushing, dipping, slushing, flow-over

состáв

аппрети́рующий ~ finishing composition

~ **бетóна** concrete mix, proportions of a concrete mix □ **проекти́ровать ~ бетóна по объёму** design a concrete mix by (the) volume (method); **уточня́ть ~ бетóна** adjust the trial proportions of a concrete mix

воспламени́тельный ~ igniter composition

гаранти́рованный ~ (*сырья*) *хим.* guaranteed analysis

герметизи́рующий ~ sealant, sealing compound

гранулометри́ческий ~ grain-size analysis; granulometric composition

закрепля́ющий ~ fixing agent, fixative

инженéрно-техни́ческий ~ technical staff

консерви́рующий ~ preservative (compound)

~ **крáски** (paint) formulation

лётный ~ flight personnel

ли́чный ~ personnel, staff

механи́ческий ~ mechanical composition

обезжи́ривающий ~ degreaser

пламягася́щий ~ extinguishant, fire-extinguishing agent

подвижнóй ~ *ж.-д.* rolling stock

пропи́точный ~ impregnating compound

противогни́лостный ~ preservative (compound)

~ **публикáции** (*напр. инструкции*) the make-up of a publication

~ **рабóчей смéси** *двс* air-fuel ratio

светя́щийся ~ luminous compound

си́товый ~ sieve analysis

спи́сочный ~ (*работающих на предприятии*) payroll

стехиометри́ческий ~ stoichiometric composition

хими́ческий ~ chemical composition, analysis □ **обы́чно ýголь имéет слéдующий хими́ческий ~** the typical analysis of coal is ...

хими́ческий ~ метáлла в ковшé ladle analysis

хими́ческий ~ метáлла, зáданный на вы́пуске tapping specification

хими́ческий ~ метáлла при вы́пуске tapping analysis

элементáрный ~ elementary composition

~ **ядрá** constitution of the nucleus

составúтельская *ж.* **растворóв** *кфт.* chemical mixing room

составлéние *с.* 1. (*документа, графика, плана и т. п.*) drawing up 2. (*смеси*) formulation 3. *мат.* composition, compilation

~ **грáфика** scheduling

составле́ние
~ карт mapping, charting, map compilation
~ програ́ммы program(me) preparation
~ сме́ты cost estimation, drawing up a cost estimate
~ табли́ц tabulation, table compiling

составля́/ть *гл.* **1.** (*документ, график, план и т. п.*) draw up **2.** (*смесь*) formulate **3.** (*часть, долю чего-л.*) make up, composite, constitute, run □ **азо́т ~ет приме́рно 78% атмосфе́рного во́здуха** nitrogen constitutes about 78 per cent of the atmosphere; **кислоро́д ~ет одну́ пя́тую часть атмосфе́рного во́здуха** oxygen in atmospheric air runs about one-fifth **4.** □ **~ у́гол** *мат.* make an angle with ...; **~ уравне́ние** set up an equation

составля́ющ/ая *ж.* component □ **разлага́ть на ~ие 1.** (*напр. силу, вектор*) resolve into components **2.** (*соединение*) decompose
~ ве́ктора vector component
гармони́ческая ~ harmonic [sinusoidal] component
~ зако́на регули́рования control-action term
квадрату́рная ~ quadrature(-phase) component
комбинацио́нная ~ intermodulation component
мни́мая ~ imaginary component
~ о́тклика component of the (system's) response
~ о́тклика, вы́нужденная forced component of the (system's) response, forced response
~ о́тклика, перехо́дная transient component of the (system's) response, transient response
~ о́тклика, свобо́дная free component of the (system's) response, free response
~ о́тклика, установи́вшаяся steady-state component of the (system's) response, steady-state response
~ по́лного сопротивле́ния, акти́вная resistive component of impedance, resistance
~ по́лного сопротивле́ния, реакти́вная reactive component of impedance, reactance
постоя́нная ~ 1. *мех.* steady component **2.** *эл.* direct component
сингуля́рная ~ *мат.* function of singularities
синусоида́льная ~ sinusoidal [harmonic] component
синфа́зная ~ in-phase component
~ то́ка акти́вная resistive [in-phase] current component
~ то́ка, вы́нужденная forced [steady-state] current component
~ то́ка, переме́нная alternating-current component

составля́ющ/ая
~ то́ка, реакти́вная reactive [quadrature] current component
~ то́ка, свобо́дная free current component
часто́тная ~ component frequency

состоя́ни/е *с.* state, condition □ **в ~и литья́** (in the) as-cast (condition); **в ~и напла́вки** (in the) as-deposited (condition); **возмуща́ть ~** (*малые возмущения*) perturb a state; (*большие возмущения*) disturb a state; **в отожжённом ~и** (in the) as-annealed (condition); **в ~и поста́вки** (in the) as-delivered (condition); **в ~и прока́тки** (in the) as-rolled (condition); **в ~и сва́рки** (in the) as-welded (condition); **в ~и термообрабо́тки** (in the) as-heat-treated (condition); **переходи́ть из нача́льного в коне́чное ~** (*в термодинамике*) change from the initial to the final state; **переходи́ть из одного́ ~я в друго́е** pass from one state to another; **по ~ю докуме́нтации на ...** as per documents in effect on ...
амо́рфное ~ amorphous state
~ балансиро́вки *ав.* trim □ **выводи́ть (самолёт) из ~я балансиро́вки** trim out (an airplane)
~ бе́дствия the distress status □ **отменя́ть ~ бе́дствия** cancel the distress status
безразли́чное ~ (*цифрового автомата, релейной цепи и т. п.*) *вчт.* don't care condition, don't care state
вака́нтное ~ unoccupied [vacant] state
вале́нтное ~ valent state
~ вещества́, агрега́тное state of aggregation of matter
взве́шенное ~ suspension □ **находи́ться во взве́шенном ~и** be suspended, be in suspension
~ «включено́» "on" state
возбуждённое ~ excited state
~ «вы́ключено» "off" state
вы́мороженное ~ frozen state
вы́рожденное ~ *пп* degenerated state
газообра́зное ~ gaseous state
~ гото́вности ready status, ready state
детермини́рованное ~ *киб.* determinate state
диспе́рсное ~ disperse state
~ «едини́ца» *вчт.* one ["1", unity] state
жи́дкое ~ liquid state
~ заря́да (*уровень заряжённости аккумулятора или батереи*) state of charge
иско́мое ~ *киб.* target state
ква́нтовое ~ quantum state
коне́чное ~ final state
кристалли́ческое ~ crystalline state
крити́ческое ~ critical state, criticality

состоя́ни/е
латéнтное ~ latent state, latency, abeyance
нагарто́ванное ~ cold-worked condition
~ нажо́ра *кож.* plumping, plumpness
~ наклёпа cold-worked condition
напряжённое ~ stressed state, state of stress
нача́льное ~ initial state
~ невесо́мости state of weightlessness, gravity-free [weightless, zero-gravity, zero-g] state
невы́рожденное ~ *пп* non-degenerate state
недосту́пное ~ inaccessible state
ненапряжённое ~ limp state
необрати́мое ~ irreversible state
непроводя́щее ~ non-conducting state
неравнове́сное ~ non-equilibrium state
неупоря́доченное ~ disordered state
неустанови́вшееся ~ unsteady state
неусто́йчивое ~ unstable [labile] state
«нуль» ~ *вчт.* zero ["0"] state
обрати́мое ~ reversible state
~ ожида́ния *вчт.* wait state □ **переходи́ть в ~ ожида́ния** go into a wait state
~ оста́точной намагни́ченности remanent state
~ отсе́чки cut-off state
парообра́зное ~ vaporous state
перенасы́щенное ~ supersaturated state
переохлаждённое ~ supercooled state
~ поко́я rest □ **(быть) в ~и поко́я** (be) at rest, quiescent state
преде́льное ~ 1. limiting state **2.** *т. над.* final condition
промежу́точное ~ intermediate state
рабо́чее ~ running [working] order, serviceable condition □ **поддéрживать в рабо́чем ~и** maintain (*the plant*) in a satisfactory state of operation [in proper working order]
равнове́сное ~ equilibrium state, state of equilibrium
распла́вленное ~ molten state
сверхпроводя́щее ~ superconducting state
свобо́дное ~ free state
~ с высо́ким потенциа́лом *вчт.* high level □ **устана́вливать в ~ высо́кого потенциа́ла** bring to high level; **устана́вливаться в ~ высо́кого потенциа́ла** go high
~ с высо́кой добро́тностью high-Q state
свя́занное ~ bound state
~ с ни́зким потенциа́лом *вчт.* low level □ **устана́вливать в ~ ни́зкого потенциа́ла** bring to low level; **устана́вливаться в ~ ни́зкого потенциа́ла** go low
со́бственное ~ eigenstate

состояни/е
твёрдое ~ solid state
упорядоченное ~ ordered state
установившееся ~ steady state
устойчивое ~ stable state
уточнённое ~ *вчт.* sense
~ элемента памяти state of a storage element □ **опрашивать ~** [**производить опрос ~я**] **элемента памяти** interrogate [sense the state of] a storage element; **распознавать ~ элемента памяти** sense the state of a storage element
энергетическое ~ energy state
энергетическое, незаполненное ~ unfilled [unoccupied, vacant] (energy) state
энергетическое, основное ~ ground (energy) state
энергетическое, разрешённое ~ allowed (energy) state
состоятельность *ж. мат.* consistency
состоятельный *прил. мат.* consistent
состоять *гл.* consist (of), be made up (of), comprise
сострагивать *гл.* plane off
сострихать *гл.* shear off
состыковывать *гл.* **1.** *косм.* dock **2.** *эл.* mate, join □ **~ штепсельный разъём** mate [engage] a plug with its receptacle [socket]
состязание *с.* **1.** contest, competition **2.** (*релейных элементов*) *киб., авт.* race
сосуд *м.* vessel
~ аккумулятора storage-cell jar
вакуумный ~ vacuum tank
~ высокого давления (high-)pressure vessel
герметизирующий ~ (*для транспортировки радиоактивных веществ*) containment vessel
~ Дьюара Dewar flask
измерительный ~ measuring vessel, graduate
калориметрический ~ calorimeter vessel
мерительный ~ *тепл.* measuring tank
мерный ~ measuring vessel, graduate
поглотительный ~ absorption vessel
приёмный ~ receiver
разделительный ~ separation vessel
реакционный ~ reaction vessel
сообщающиеся ~ы communicating vessels
уравнительные ~ы levelling vessels
сотн/я *ж.* one hundred □ **показывать ~и метров** indicate [read] in units of 100 metres
сотопласт *м.* (*теплоизоляционный материал*) honeycombed plastic
сотрясение *с.* shaking, jarring, vibration
соударение *с.* collision, encounter
соф(ф)ит *м.* bank of lights, bank of lamps
софокусный *прил.* confocal
сохнуть *гл.* dry
сохранение *с.* **1.** preservation **2.** *физ.* conservation **3.** (*уход*) maintenance, upkeep, care **4.** (*содержимого и т. п.*) *вчт.* saving
~ заряда charge conservation, conservation of charge
~ импульса conservation of momentum
~ массы conservation of mass
~ углов *мат.* preservation of angles
~ энергии conservation of energy
сохранность *ж.* preservation
сохраняемость *ж.* keeping quality
сохраня/ть *гл.* **1.** keep (up), preserve **2.** *физ.* conserve **3.** (*ухаживать*) maintain, take care of **4.** (*содержимое и т. п.*) *вчт.* save **5.** (*документы, ведомости и т. п.*) retain □ **протоколы ~ются в течение двух лет, а затем уничтожаются** records are retained for 2 years, following which they are destroyed; **~ тару, упаковку для повторного использования** save packaging material for re-use
сочетани/е *с.* combination □ **~я из** m **элементов по** n combinations of m elements taken n at a time; **использовать устройство X в ~и с устройством Y** use device X in conjunction with device Y
сочетательность *ж. мат.* associativity
сочетать *гл.* combine
сочетаться *гл.* combine, blend
сочиться *гл.* (*вытекать по каплям, прерывисто*) trickle, dribble; (*о соке деревьев*) bleed; (*проступать наружу, просачиваться*) ooze
сочленение *ж.* **1.** (*устройство*) joint **2.** (*процесс*) articulation, jointing
шарнирное ~ articulated joint
сочленять *гл.* articulate, joint
сошник *м.* (*сеялки*) boot, colter, opener
союзка *ж.* (*деталь обуви*) vamp
спад *м.* **1.** decay, fall **2.** *эк.* slump, depression
~ вершины импульса, абсолютный (absolute) droop [sag] of a pulse
~ вершины импульса в %% percentage droop [sag] of a pulse
~ импульса droop [sag] of a pulse; (*часто, но неточно* — задний фронт импульса) trailing edge
~ кривой dip of a curve
~ температуры temperature drop
~ частотной характеристики roll-off of the frequency response □ **~ частотной характеристики не превышает 3 дБ относительно 100 кГц** the frequency response is not more than 3 dB down relative to 100 kHz
~ частотной характеристики в области верхних частот drooping high-frequency response
спадать *гл.* decay, decrease, fall, drop, diminish
спай *м.* **1.** (*соединение материалов*) seal **2.** (*в термопарах*) junction
спай
~ металла со стеклом glass-to-metal seal
стеклянный ~ glass seal
~ термопары junction of a thermocouple, thermojunction
~ термопары, горячий hot junction
~ термопары, рабочий hot junction
~ термопары, свободный cold junction
~ термопары, холодный cold junction
спайдер *м. нефт.* spider
спардек *м.* (*самая верхняя палуба*) spardeck
спаривать *гл.* pair; match
спариваться *гл. физ.* pair
спасание *с.* rescue
спасать *гл.* rescue
спек *м.* cake, sinter
спекаемость *ж.* caking quality
~ глины fusibility of clay
~ угля coking quality
спекание *с.* **1.** caking; (*огнеупорных материалов*) baking; (*при агломерации, в порошковой металлургии*) sintering; (*при образовании клинкера*) clinkering **2.** (*остекловывание*) vitrification
активированное ~ activated sintering
высокотемпературное ~ high-temperature sintering
жидкофазное ~ liquid phase sintering
~ контактов *эл.* sticking of contacts
~ микрофона burning [packing] of a microphone
низкотемпературное ~ presintering
повторное ~ high-temperature sintering
~ под давлением pressure sintering
твердофазное ~ solid-phase sintering
циклическое ~ cyclic sintering
спекать(ся) *гл.* cake; (*об огнеупорных материалах*) bake; (*при агломерации, в порошковой металлургии*) sinter; (*при образовании клинкера*) clinker
спектр *м.* spectrum
абсорбционный ~ absorption spectrum
акустический ~ acoustic spectrum
амплитудный ~ amplitude spectrum
амплитудный ~ импульсов pulse-height spectrum
вращательный ~ rotational spectrum
~ высокого разрешения fine spectrum
~ действия антибиотика antibiotic spectrum
динамический ~ dynamic spectrum
дискретный ~ discrete [line] spectrum
дифракционный ~ diffraction [grating] spectrum

спектр
~ до́плеровских часто́т Doppler spectrum
~ звука acoustical spectrum
интерференцио́нный ~ interference spectrum
искажённый ~ distorted spectrum
~ испуска́ния emission spectrum
~ колеба́ний vibration spectrum
~ комбинацио́нного рассе́яния Raman spectrum
лине́йчатый ~ line [discrete] spectrum
~ ли́ний возмуще́ния *аргд.* Mach-line pattern
~ обтека́ния *аргд.* flow pattern
опти́ческий ~ optical spectrum
~ поглоще́ния absorption spectrum
полоса́тый ~ band spectrum
~ пропуска́ния transmission spectrum
равноэнергети́ческий ~ equal-energy [equienergy] spectrum
радиочасто́тный ~ radio(-frequency) spectrum
~ сверхто́нкого расщепле́ния hyperfine spectrum
~ скоросте́й velocity spectrum, velocity distribution
сло́жный ~ complex spectrum
со́лнечный ~ solar spectrum
сплошно́й ~ continuous spectrum
~ сравне́ния comparison [standard] spectrum
уда́рный ~ (*в ударном движении*) shock spectrum
уда́рный ~ последе́йствия residual shock spectrum
уда́рный, теку́щий ~ initial shock spectrum
характеристи́ческий ~ characteristic spectrum
~ часто́т frequency spectrum □ **перемеща́ть ~ часто́т из ... в ...** translate the frequency spectrum from ... to ...; **трансформи́ровать [перенос́ить] ~ часто́т** shift [translate] the frequency spectrum
~ часто́т, разгово́рный voice frequency spectrum
~ шу́мов noise spectrum
эмиссио́нный ~ emission spectrum
~ эне́ргий energy spectrum, energy distribution
я́дерный ~ nuclear spectrum
~ я́дер отда́чи recoil spectrum
спектра́льный ~ *прил.* spectral
спектрогелио́граф *м.* spectroheliograph
спектрогелиоско́п *м.* spectrohelioscope
спектрогра́мма *ж.* spectrogram
спектро́граф *м.* spectrograph
дифракцио́нный ~ diffraction [grating] spectrograph
и́мпульсный ~ pulse spectrograph
магни́тный ~ magnetic spectrograph
опти́ческий ~ optical spectrograph
при́зменный ~ prism spectrograph
рентге́новский ~ X-ray spectrograph

спектро́граф
эмиссио́нный ~ emission spectrograph
спектрогра́фия *ж.* spectrography
спектрокомпара́тор *м.* spectral [wave-length] comparator, spectrocomparator
спектро́метр *м.* spectrometer
абсорбцио́нный ~ absorption spectrometer
высокочасто́тный ~ radio-frequency [r.f.] spectrometer
двухлучево́й ~ double-beam spectrometer
дифракцио́нный ~ diffraction [grating] spectrometer
звуково́й ~ acoustical [sound] spectrometer
~ излуче́ний radiation spectrometer, spectroradiometer
интерференцио́нный ~ interference spectrometer
инфракра́сный ~ infra-red spectrometer
ионизацио́нный ~ ionization spectrometer
квадрупо́льный ~ quadrupole spectrometer
ли́нзовый ~ lens spectrometer
магни́тный ~ magnetic spectrometer
опти́ческий ~ optical spectrometer
парамагни́тный, электро́нный ~ electron paramagnetic spectrometer
парамагни́тный, я́дерный ~ nuclear paramagnetic spectrometer
~ по́лного поглоще́ния total-absorption spectrometer
рентге́новский ~ X-ray spectrometer
~ со скрещёнными поля́ми crossed-field spectrometer
я́дерно-резона́нсный ~ nuclear-resonance spectrometer
спектрометри́я *ж.* spectrometry
спектропиро́метр *м.* spectropyrometer
спектрополяри́метр *м.* spectropolarimeter
спектрополяриметри́я *ж.* spectropolarimetry
спектрорадио́метр *м.* spectroradiometer
спектросенсито́метр *м.* spectrosensitometer
спектроско́п *м.* spectroscope
~ прямо́го зре́ния direct-vision spectroscope
спектроскопи́я *ж.* spectroscopy
абсорбцио́нная ~ absorption spectroscopy
адсорбцио́нная ~ adsorption spectroscopy
~ излуче́ний radiation spectroscopy
инфракра́сная ~ infra-red spectroscopy
ла́зерная ~ laser spectroscopy
магни́тная ~ magnetic spectroscopy
опти́ческая ~ optical spectroscopy
рентге́новская ~ X-ray spectroscopy
~ СВЧ microwave spectroscopy

спектроскопи́я
сцинтилляцио́нная ~ scintillation spectroscopy
ультрафиоле́товая ~ ultra-violet spectroscopy
я́дерная ~ nuclear spectroscopy
спектрофото́метр *м.* spectrophotometer
спектрофотоме́трия *ж.* spectrophotometry
спектрохи́мия *ж.* spectrochemistry
спе́лость *ж.* ripeness, maturity
восковая ~ (*хлебных злаков*) waxy ripeness
моло́чная ~ (*хлебных злаков*) milky ripeness
по́лная ~ (*хлебных злаков*) complete ripeness
~ по́чвы, физи́ческая tilth
~ ле́са, техни́ческая technical exploitability of forest
спель *ж.* (*в цветной металлургии*) refining foam
графи́тная ~ kish
спермаце́т *м.* spermaceti, cetaceum
специализа́ция *ж.* specialization
специализи́роваться *гл.* specialize
специали́ст *м.* specialist, expert
специа́льность *ж.* **1.** (*профессия*) (*преим. производственная*) trade, vocation; (*преим. учёная*) profession **2.** (*специализация*) speciality; (*специализированный продукт, характерный для фирмы или производства*) specialty
специа́льн/ый *прил.* **1.** special **2.** (*соответствующий данному применению, требованию*) suitable □ **для э́той систе́мы тре́буется ~ая анте́нна** this system requires a suitable antenna
специфика́ция *ж.* parts list, identification table of parts
~ материа́лов bill [list] of materials
отгру́зочная ~ shipping specification
специфи́чность *ж.* specificity
спецоде́жда *ж.* working clothes, overalls
спидве́й *м.* speedway, dirt-track racing
спидобаро́граф *м. ав.* VH recorder
спидо́метр *м.* speedometer, speed indicator
спи́лок *м. кож.* split (leather)
спин *м. физ.* spin □ **меня́ть ориента́цию ~а** flip the spin
детонацио́нный ~ detonation spin
кана́ловый ~ channel spin
полуце́лый ~ half-integer spin
це́лый ~ integer spin
~ ядра́ nuclear spin
спинвале́нтность *ж.* spin valency
спи́нка *ж.*:
~ ло́пасти *ав.* suction face of a blade
~ сиде́нья seat-back
~ сиде́нья, регули́руемая adjustable seat-back
спино́р *м. мат.* spinor
спин-фу́нкция *ж. мат.* spin function

спира́л/ь *ж.* spiral, helix □ **приближа́ться по ~и к,** *напр.* **це́нтру** spiral onto, *e.g.*, the centre; **сходи́ться,** *напр.* **к то́чке А по спира́ли** converge, *e.g.*, to point A on a spiral path
  ~ Архиме́да *мат.* spiral of Archimedes, Archimedean [Archimedes'] spiral
  вво́дная ~ lead-in spiral
  гиперболи́ческая ~ reciprocal [hyperbolic] spiral
  двойна́я ~ double spiral, double helix
  ~ Корню́ *мат.* spiral of Cornu, Cornu spiral, clothoid
  крута́я ~ steep [fast] spiral
  ле́нточная ~ tape helix
  логарифми́ческая ~ logarithmic [logistic, equiangular] spiral
  нагрева́тельная ~ heating coil
  параболи́ческая ~ parabolic(al) [Fermat's] spiral
  пло́ская ~ flat spiral
  ~ ро́ста (*в кристаллографии*) spiral growth pattern
спира́льность *ж.* helicity
спиро́граф *м.* spirograph, recording respirometer
спиро́метр *м.* spirometer
спироско́п *м.* spiroscope
спирт *м.* alcohol
  абсолю́тный ~ absolute alcohol
  безво́дный ~ absolute alcohol
  ви́нный ~ ethyl alcohol, ethanol
  древе́сный ~ wood [methyl] alcohol, methanol
  мети́ловый ~ methyl [wood] alcohol, methanol
  нашаты́рный ~ spirit of hartshorn, spirit of ammonia, ammonia solution, ammoniacal liquor, ammonium hydroxide
  станда́ртный ~ proof spirit
  твёрдый ~ solid alcohol
  хле́бный ~ grain alcohol
  этиловый ~ ethyl alcohol, ethanol
спирто́вка *ж.* alcohol lamp
спиртоме́р *м.* alcohol gauge
спиртоме́трия *ж.* alcoholometry
спирт-ректифика́т *м.* rectified alcohol
спирт-сыре́ц *м.* crude alcohol
спи́сок *м.* 1. (*перечень*) list □ **вноси́ть в ~** put on the list 2. (*рукописная копия*) copy 3. (*документ*) record
  ~ абоне́нтов telephone directory
  магази́нный, обра́тный ~ *вчт.* push-down list
  магази́нный, прямо́й ~ *вчт.* push-up list
  ~ повторе́ний *вчт.* iteration list
  ~ фо́ндов (*в архиве*) list of funds
спи́сывание *с.* (*изъятие из эксплуатации по негодности*) writing off
  ~ ваго́нов *ж.-д.* car checking
  ~ девиа́ции ко́мпаса *ав.* compass swing(ing) □ **производи́ть ~ девиа́ции ко́мпаса** do the compass swing(ing)
  ~ соста́вов *ж.-д.* train checking

спи́ц/а *ж.* 1. (*колеса*) spoke □ **меня́ть ~ы в колесе́** re-spoke a wheel 2. (*вязальная*) knitting needle
спи́чечница *ж.* matchbox holder
спи́чк/а *ж.* match □ **заже́чь ~у** strike a match; **поднести́ (зажжённую) ~у к фитилю́, расто́пке и т. п.** hold [set] a (burning) match to the wick, the kindling, *etc.*
  безопа́сная ~ safety match
сплав *м.* 1. alloy 2. (*леса*) floating
  алюми́ниевый ~ aluminium alloy
  алюминийсодержа́щий ~ aluminium-bearing alloy
  антифрикцио́нный ~ antifriction alloy
  бе́лый ~ white metal
  бери́ллиевый ~ beryllium alloy
  вольфра́мовый ~ tungsten alloy
  ~ высо́кого уде́льного сопротивле́ния (high-)resistance alloy
  высококоэрцити́вный ~ high-coercitivity alloy
  высоколеги́рованный ~ high alloy
  двойно́й ~ binary alloy
  двухкомпоне́нтный ~ binary alloy
  деформи́руемый ~ (*поддающийся обработке давлением*) wrought alloy
  дисперсио́нно-тверде́ющий ~ age-hardenable alloy
  ~ для литья́ под давле́нием die-casting alloy
  ~ для нагрева́тельных элеме́нтов resistance-element alloy
  ~ для постоя́нных магни́тов permanent magnet alloy
  ~ для спа́йки со стекло́м glass-seal alloy
  ~ для твёрдой па́йки brazing alloy
  ~ для термопа́р thermocouple alloy
  доэвтекти́ческий ~ hypoeutectic alloy
  жаропро́чный ~ high-temperature alloy, superalloy
  жаросто́йкий ~ heat-resistant alloy
  желе́зный ~ iron alloy, ferroalloy
  железоуглеро́дистый ~ iron-carbon alloy
  заэвтекти́ческий ~ hypereutectic alloy
  зерка́льный ~ mirror alloy
  износосто́йкий ~ wear-[abrasion-] resistant alloy
  кислотоупо́рный ~ acid-resistant alloy
  ко́вкий ~ wrought alloy
  конструкцио́нный ~ structural alloy
  корозионносто́йкий ~ corrosion-resistant alloy
  лёгкий ~ light(-weight) alloy
  легкopла́вкий ~ fusible alloy
  линоти́пный ~ linotype alloy
  лите́йный ~ cast(ing) alloy
  магнитномя́гкий ~ magnetically soft alloy

сплав
  магнитотвёрдый ~ magnetically hard alloy
  магни́тный ~ magnetic alloy
  металлокерами́ческий ~ cermet
  молево́й ~ (*леса*) drift floating
  низколеги́рованный ~ low alloy
  низкопла́вящийся ~ low-melting (-temperature) alloy
  плотово́й ~ (*леса*) rafting
  ~ повы́шенной про́чности high-strength alloy
  подши́пниковый ~ bearing alloy, bearing metal
  прецизио́нный ~ precision alloy
  ~ с высо́ким оми́ческим сопротивле́нием high-resistance alloy
  ~ с высо́кой температу́рой плавле́ния high-melting temperature alloy
  ~ с ни́зкой температу́рой плавле́ния low-melting temperature alloy
  специа́льный ~ special-property alloy
  спечённый ~ sintered alloy
  твёрдый ~ hard alloy, diamond substitute □ **арми́ровать,** *напр.* **ре́жущий инструме́нт твёрдым ~ом** hard-face, *e.g.*, a cutting tool; **наплавля́ть твёрдый ~,** *напр.* **на ре́жущий инструме́нт** deposit a hard surface on, *e.g.*, a cutting tool
  твёрдый, лито́й ~ cast carbide alloy
  твёрдый, металлокерами́ческий ~ cemented [sintered] carbide alloy
  термомагни́тный ~ thermomagnetic alloy
  типогра́фский ~ type-metal alloy
  трёхкомпоне́нтный ~ ternary alloy
  тройно́й ~ ternary alloy
  тяжёлый ~ (*псевдосплав высокой прочности*) heavy alloy
  ферромагни́тный ~ ferromagnetic alloy
  ~ цветны́х мета́ллов non-ferrous alloy
  четвертно́й ~ quaternary alloy
  четырёхкомпоне́нтный ~ quaternary alloy
  эвтекти́ческий ~ eutectic alloy
  эвтекто́идный ~ eutectoid alloy
сплавле́ние *с.* (*разных металлов*) alloying; *св.* fusion
  по́лное ~ complete fusion
сплавля́ть *гл.* 1. (*получать сплав*) alloy; (*соединять посредством плавления*) fuse together 2. (*лес*) float (*logs, timber*) □ **~ лес в пери́од па́водка** float timber on the floodwaters
спла́вщик *м.* raftman, wood-floater
спла́чивать *гл.* (*плотно соединять*) join, joint
сплёсень *м.* splice (joint)
сплёснивание *с.* splicing
сплёснивать *гл.* splice, make a splice
сплета́ть *гл.* braid, plait, splice
сплоск *м.* (*золотопромывного шлюза*) clean-up

сплóтка *ж.* **1.** (*стык*) straight joint **2.** (*при лесосплаве*) bundling

сплóшность *ж.* continuity □ **нарушáть ~, напр. покры́тия** disturb, *e.g.*, the coating

сплю́снутость *ж.* oblateness

сплю́щенность *ж.* flatness

сплю́щивание *с.* flattening

~ бáка (*в результате воздействия наружного давления*) *ав.* collapse of a (fuel) tank

спóдок *м* (*нижняя часть литейной формы*) drag

спóйлер *м. ав.* interceptor (*см. тж.* **интерцéптор**)

сполáскивание *с.* rinsing

сполáскивать *гл.* rinse

сползáние *с.* **1.** (*по поверхности*) slide, sliding **2.** (*в приборах*) drift

~ нуль-пу́нкта *геод.* (instrument) drift

~ строк *тлв.* line crawl

~ частоты́ настрóйки frequency drift

сползáть *гл.* **1.** (*по поверхности*) slide **2.** (*в приборах*) drift □ **~ с частоты́ настрóйки** drift out of tune

спóсоб *м.* **1.** fashion, manner, way **2.** (*технологический процесс*) process, method, practice

~ гидромеханизáции (*в строительстве плотин*) hydraulic fill method

графи́ческий ~ (*напр. решения или анализа*) graphical method

~ дóступа к дáнным (*не путать с методом доступа*) *вчт.* (data) access tehnique (*not to be confused with* access method)

~ защемлéния *стр.* form of constraint

~ испытáния test(ing) technique

~ конфéкции покры́шек, дóрновый core-type building method

~ конфéкции покры́шек, полудóрновый shoulder-drum tyre building method

мóкрый ~ (*в производстве кирпича*) wet-mud process

~ очи́стки воды́, электромагни́тный electromagnetic water treatment

~ перевóда пигмéнтной кóпии, мóкрый *полигр.* wet laying

~ перевóда пигмéнтной кóпии, сухóй *полигр.* dry laying

пласти́ческий ~ (*в производстве кирпича*) soft-mud process

~ подстанóвки *изм.* substitution method

полусухóй ~ (*в производстве кирпича*) stiff-mud process

~ получéния желéза, внедóменный nonblast-furnace (route of) iron-making

~ получéния сéрной кислоты́, бáшенный tower sulphuric acid process

~ получéния сéрной кислоты́, кáмерный chamber sulphuric acid process

~ получéния сéрной кислоты́, контáктный contact sulphuric acid process

~ получéния сéрной кислоты́, нитрóзный nitrous sulphuric acid process

~ получéния сóды, аммиáчный ammonium soda [Solvay] process

~ получéния стáли steel-making process, steel-making technique, steel-making practice

~ получéния стáли в электропечáх electric steel-making

~ получéния стáли, кислорóдно-конвéрторный oxygen steel-making

~ приготовлéния тéста, безопáрный straight dough method

~ приготовлéния тéста, опáрный sponge dough method

~ производства (production) process, technology, practice □ **внедря́ть ~ произвóдства** install [introduce] a (production) process *пример*: **на двух предприя́тиях был внедрён автомати́ческий ~ произвóдства покóвок** an automatic forging process has been installed [introduced] in two factories

~ прокáтки, бáлочный beam (method of) rolling

~ прокáтки в закры́тых кали́брах tongue-and-groove (rolling) method

~ прокáтки в наклóнных кали́брах diagonal (method of) rolling, angular (method of) rolling

~ прокáтки в прямы́х кали́брах flat [slab-and-edging] (method of) rolling

~ прокáтки, пакéтный pack rolling

~ прокáтки, плоскоребровóй flat-and-edge [edging] (method of) rolling

~ прокáтки, рулóнный coil rolling

~ прокáтки с изги́бом butterfly (method of) rolling

противотóчный ~ counter-flow process

~ прохóдки ствола́ shaft sinking (method)

~ прохóдки туннéля марчевáнами poling-board method of tunneling

~ прохóдки туннéля, откры́тый cut-and-cover method of tunneling

~ прямóго восстановлéния (*железа из руды*) direct reduction process

~ разрабóтки *горн.* mining (method)

~ разрабóтки, откры́тый open-cut [open-cast] mining (method)

~ разрабóтки, подзéмный underground mining (method)

~ регенерáции рези́ны rubber regeneration process

~ регенерáции рези́ны, вóдно-нейтрáльный water-cooking rubber regeneration process

~ регенерáции рези́ны, щелочнóй alkali rubber regeneration process

~ свáрки (*см. тж.* **свáрка**) welding process

сокращённый ~ short-cut method

~ сухóго прессовáния (*в производстве кирпича*) dry-press process

~ шлифóвки врезáнием plunge grinding

спосóбность *ж.* ability, capability, capacity, power □ **~ восстанáвливаться** recoverability; **обладáть ~ю, напр. поглощáть гáзы** have a capacity for, *e.g.*, absorbing [taking up] gases, have the property of, *e.g.*, absorbing [taking up] gases; **~ преодолевáть подъём** *авто* hill-climbing ability, hill-climbing capacity, hill-climbing performance; **проявля́ть ~ к ...** show the (cap)ability to do ... [for doing ...]; **~ расслáиваться** segregability; **~ смéшиваться** miscibility

включáющая ~ (*контактов переключателей, реле и т. п.*) making capacity

вя́жущая ~ cementing [binding] power

~ двигателя к холóдному зáпуску cold-starting ability, cold-starting performance

~ деформáции deformability

дисперги́рующая ~ dispersion capacity, dispersive ability, dispersive power

дубя́щая ~ tanning property

задéрживающая ~ retentivity

избирáтельная ~ selectivity

излучáтельная ~ emissive [radiating] power

изоляциóнная ~ insulating value

ионизи́рующая ~ ionizing power, ionizing capacity

исправля́ющая ~ *тлг.* margin, (printing) range

~ к волочéнию drawability

~ к дли́тельным перегру́зкам sustained overload capacity

~ к закáливанию hardenability

клéящая ~ adhesive ability

~ к прилипáнию cohesiveness

~ крáски, крóющая hiding [covering] power of paint □ **придавáть крóющую ~ крáске** give body to a paint

~ к сжáтию compressibility

~ к усáдке shrinkability

нагру́зочная ~ load-carrying capacity

окисли́тельная ~ oxidation power

окисли́тельно-восстанови́тельная ~ redox power

оструктури́вающая ~ (*почвы*) structure-forming capacity

отключáющая ~ (*контактов переключателей, реле и т. п.*) breaking [interrupting] capacity

перегру́зочная ~ overload capacity

проникáющая ~ penetrability, penetrating power

пропускнáя ~ (carrying) capacity

спосо́бность
пропускна́я ~ водосли́ва spillway capacity
пропускна́я ~ водосли́ва для па́водковых вод flood-carrying capacity of a spillway
пропускна́я ~ доро́ги road [traffic] capacity
пропускна́я ~ кана́ла canal capacity
пропускна́я ~ ста́нции 1. *ж.-д.* terminal capacity 2. *тлф.* traffic-carrying capacity
пропускна́я ~ ствола́ *горн.* shaft capacity
пропускна́я ~ трубы́ pipe capacity
пропускна́я, эксплуатацио́нная ~ (*слов в минуту*) *тлг.* traffic speed, wpm; traffic-carrying capacity, wpm
разреша́ющая ~ resolving power, resolution
разреша́ющая ~ по а́зимуту azimuth resolution
разреша́ющая ~ по вре́мени time resolution
разреша́ющая ~ по да́льности range resolution
разреша́ющая ~ по углу́ ме́ста elevation resolution
разреша́ющая ~ по эне́ргии energy resolution
разреша́ющая ~ счётчика и́мпульсов resolving time of a pulse counter
растворя́ющая ~ dissolving power
реакцио́нная ~ reactivity
ре́жущая ~ cutability
связу́ющая ~ binding [cementing] power
сма́зывающая ~ lubricating power, lubricity
сма́чивающая ~ wetting power
теплоаккумули́рующая ~ heat-storage capacity
теплотво́рная ~ calorific power, calorific value
теплотво́рная, вы́сшая ~ high [gross] heat(ing) [calorific] value
теплотво́рная, ни́зшая ~ low [net] heat(ing) [calorific] value
уде́рживающая ~ holding capacity
уплотня́ющая ~ sealing capacity
эгализи́рующая ~ levelling property
экстраги́рующая ~ extractive power, extractivity
эмульги́рующая ~ emulsifying power

спосо́бный *прил.* able to do, capable of doing □ **~ к деле́нию** fissionable; **~ к обрабо́тке ре́занием** machinable

спра́ва *нареч.* (*где*) at [on] the right; (*откуда*) from the right □ **~ све́рху** at the right top; from the right top; **~ сза́ди** at the right rear; from the right rear; **~ сни́зу** at the right bottom; from the right bottom; **~ спе́реди** at the right front; from the right front

справедли́вость *ж. мат.* validity

справедли́в/ый *прил. мат.* correct, good, true, valid □ **быть ~ым в большо́м** be true in the large; **быть ~ым в ма́лом** be true locally; **быть ~ым в отноше́нии ...** hold true for ... *пример*: **э́то положе́ние ~о и в отноше́нии други́х слу́чаев** this proposition holds true for other cases, too; **остава́ться ~ым** remain valid

спра́вочная *ж.* inquiry desk

спра́вочник *м.* reference book, handbook

спре́дер *м.* (*борторасширитель для автомобильных покрышек*) spreader

спре́ер *м.* (*душевое устройство для охлаждения нагретых деталей в индукционных установках*) sprayer

спрессо́вывать *гл.* compact, press

спри́нклер *м.* sprinkler

спринцева́ние *с.* (*опрыскивание*) sprinkling; (*впрыскивание*) syringing

спрос *м.* demand □ **~ на ...** demand for ...; **по́льзоваться ~ом** be in demand; **удовлетворя́ть ~** meet the demand

спры́скивать *гл.* sprinkle, be sprinkled, spray

спрямле́ние *с.* straightening
~ криво́й *мат.* rectification of a curve

спрямля́емость *ж.* **криво́й** *мат.* rectifiability of a curve

спуск *м.* 1. (*движение вниз*) descent □ **допуска́ть к ~у в ша́хту** be allowed to go underground 2. (*уклон*) downgrade □ **преодолева́ть ~ при торможе́нии дви́гателем** *авто* move downgrade against the engine 3. (*устройство типа лотка или жёлоба*) chute 4. (*выпуск, сброс, разгрузка*) discharge, release 5. *полигр.* imposition 6. *час.* escapement 7. (*судна, катера и т. п. на воду*) launching
а́нкерный ~ anchor escapement
винтово́й ~ spiral chute
~ в сква́жину trip in the hole □ **отбира́ть не́сколько образцо́в за оди́н ~ в сква́жину** collect several samples on a single trip in the hole
до́нный ~ bottom discharge
~ доро́ги falling gradient
~ запру́женной воды́ release of impounded water
~ затво́ра *кфт.* shutter release
круто́й ~ steep descent
ли́вневый ~ gully, gutter
наискоре́йший ~ (*в градиентных методах оптимизации*) steepest descent (*in the gradient methods of optimization*)
плани́рующий ~ *ав.* gliding descent
пожа́рный ~ tube-fire escape
~ по спира́ли *ав.* spiral descent
спира́льный ~ spiral chute
~ сто́чных вод discharge of sewage
~ фа́ски *полигр.* bevelling
~ шла́ка (slag) flush(ing), slag run-off, slag removal

спуска́ть *гл.* 1. (*перемещать сверху вниз*) descend 2. (*выпускать, сбрасывать, разгружать*) discharge, release; (*жидкость*) drain □ **~ во́ду** drain (off) the water; **~ ма́сло** drain (off) the oil 3. (*по лотку, жёлобу*) chute 4. (*судно, катер и т. п. на воду*) launch 5. (*опускать*) lower □ **~ трубы́, напр. обса́дные, в сква́жину** run a string of, *e.g.*, casing in a well

спу́тник *м. астр., косм.* satellite □ **возвраща́ть ~ для повто́рного испо́льзования** recover a satellite; **~ враща́ется по земно́й орби́те** the satellite orbits the Earth; **запуска́ть ~** launch a satellite; **запусти́ть ~ на орби́ту** inject [place] a satellite in orbit; **~ кача́ется** the satellite wobbles; **~ кувырка́ется** the satellite tumbles; **следи́ть за ~ом** track a satellite; **спусти́ть ~ с орби́ты** de-orbit a satellite; **стабилизи́ровать ~ по простра́нственному положе́нию** attitude-stabilize a satellite
есте́ственный ~ natural satellite
~ Земли́ Earth satellite
иску́сственный ~ artificial [man-made] satellite
метеорологи́ческий ~ weather satellite
обита́емый ~ habitable [manned] satellite
связно́й ~ communication satellite
связно́й, акти́вный ~ active communication satellite
связно́й, пасси́вный ~ passive communication satellite
связно́й, ретрансляцио́нный ~ [re]peater communication satellite
синхро́нный ~ synchronous [st]ationary, 24-hour] satellite
стациона́рный ~ stationary [24]-hour, synchronous] satellite
телевизио́нный ~ television satellite
управля́емый ~ manoeuvrable satellite

СПЦ [**селе́кция подви́жных це́л**[ей]] *рлк.* moving target indication, M[TI] (*см. тж.* **СДЦ**)

сраба́тываемость *ж.* (*износ*) rate [of] wear, wearability

сраба́тывание *с.* 1. (*расход*) deple[tion] 2. (*износ*) wear 3. (*работа,* [дей]*ствие*) operation 4. (*воды из в*[одо]*хранилища*) draw-down
~ вследствие тре́ния abrasive [wear]
ло́жное ~ false operation □ **ло́**[жное] **~ по, напр. шу́му** false oper[ation] from [due to], *e.g.*, noise
~ реле́ operation of a relay
чёткое ~ positive action

сраба́тывать *гл.* (*работать, фун*[кцио]*нировать*) operate □ **~ чётк**[о op]erate with positive action

сравне́ни/е *с.* comparison □ **п**[о] **~ю с ...** in comparison with ...

сра́внивать *гл.* 1. (*проводить с*[равне]*ние*) compare (with); parallel

2. (*приводить к одному уровню*) level
сравни́мость *ж.* comparability
сравни́мый *прил.* comparable
сраста́ние *с.* intergrowth
двойнико́вое ~ (*кристаллов*) twinning
сраста́/ться *гл.* grow together, intergrow, make a firm union with □ **оса́док про́чно ~ется с осно́вой** the deposit makes a firm union with the starting sheet
сра́щивание *с.* jointing; (*канатов, кабелей, лент, кино- или магнитной плёнки*) splicing
~ **ка́беля** cable splicing
~ **проводо́в** wire connection, wire jointing
сра́щивать *гл.* join; (*канаты, кабели, ленты, кино- или магнитную плёнку*) splice
сред/а́ *ж.* medium; (*окружающая*) environment; (*воздушная или газовая*) atmosphere
агресси́вная ~ corrosive medium; corrosive atmosphere
акти́вная ~ active medium
анизотро́пная ~ anisotropic medium
безграни́чная ~ unbounded medium
~ **без поте́рь** loss-free medium
бесконе́чная ~ infinite medium
весо́мая ~ ponderable medium
~ **в зо́не сва́рки** welding atmosphere
взрывоопа́сная ~ explosive atmosphere
во́дная ~ aqueous medium
восстанови́тельная ~ reducing medium
га́зовая ~ gaseous atmosphere
галто́вочная ~ tumbling medium, tumbling material
гиротро́пная ~ gyrotropic medium
гре́ющая ~ heating medium
дисперги́рующая ~ continuous phase
дисперсио́нная ~ disperse [dispersive, dispersion] medium
диффузио́нная ~ diffusion medium
диэлектри́ческая ~ dielectric medium
дугогаси́тельная ~ arc-extinguishing medium
жи́дкая ~ liquid medium
зака́лочная ~ quenching medium
замедля́ющая ~ moderating medium
защи́тная ~ shielding medium, shielding atmosphere
излуча́ющая ~ emitting medium
изотро́пная ~ isotropic medium
инве́рсная ~ (*мазера, лазера*) inverted population, population inversion □ **инве́рсная** ~ **выгора́ет** the inverted population is depleted; **обедня́ть инве́рсную ~у́** deplete the population inversion; **получа́ть инве́рсную ~у́** invert the population
ине́ртная ~ inert atmosphere

сред/а́
коррозио́нная ~ corrosive medium
магни́тная ~ magnetic medium
магнитоакти́вная ~ magnetoactive medium
магнитоопти́ческая ~ magneto-optic medium
науглеро́живающая ~ (*газовая*) carburizing atmosphere
неоднoро́дная ~ heterogeneous [non-homogeneous] medium
обезуглеро́живающая ~ decarburizing atmosphere
однoро́дная ~ homogeneous medium
окисли́тельная ~ oxidizing atmosphere
окружа́ющая ~ environment
опти́ческая ~ optical medium
отража́ющая ~ reflecting medium
охлажда́ющая ~ coolant, cooling medium
передаю́щая ~ transmitting medium
печна́я ~ furnace atmosphere
пло́тная ~ dense medium
поглоща́ющая ~ absorbing medium
преломля́ющая ~ refracting medium
проводя́щая ~ conducting medium
промежу́точная ~ intervening medium
протяжённая ~ extended medium
рабо́чая ~ (*рабочего места человека-оператора*) working environment
рабо́чая, комфо́ртная ~ relative comfortable working environment
рабо́чая, относи́тельно дискомфо́ртная ~ relative discomfortable working environment
рабо́чая, сверхэкстрема́льная ~ super-extreme working environment
рабо́чая, экстрема́льная ~ extreme working environment
раздели́тельная ~ *изм.* isolation medium
разрежённая ~ rare [rarefied] medium
регули́руемая ~ (*контролируемая*) controlled atmosphere
самофокуси́рующая ~ self-focusing medium
сплошна́я ~ continuum, continuous medium
~ **с поте́рями** lossy medium
~ **с часто́тно-временны́м рассе́янием** dispersive medium with memory, time-frequency spread medium
теку́чая ~ (*жидкая или газообразная*) fluid medium
теплопередаю́щая ~ heat-transfer medium, heat-transfer material
уплотня́ющая ~ sealing medium
фильтру́ющая ~ filter medium
электроопти́ческая ~ electrooptic medium
средневзве́шенный *прил.* weighted average
среднегодово́й *прил.* annual average
сре́дне/е *с.* mean, average □ **в ~м** on the average; (*в теории вероятностей и её приложениях*) in the mean; **вы́ше ~го** above average; **(находи́ть) ~ по ...** (compute) the average over ... *пример*: **найти́ ~ по всем у́ровням** compute the average over all levels; **ни́же ~го** under average
сре́дне/е
~ **арифмети́ческое** arithmetic mean
~ **гармони́ческое** harmonic mean, harmonic average
~ **геометри́ческое** geometric mean, geometric average
и́стинное ~ true mean
~ **квадрати́чное** mean square
~ **по вре́мени** time average
~ **по мно́жеству** ensemble average
~ **пропорциона́льное** mean proportional
среднеквадрати́ческий *прил.* root-mean-square, rms
среднеквадрати́чный *прил.* root-mean-square, rms
среднекуби́ческий *прил.* root-mean-cube, rmc
среднеме́сячный ~ *прил.* monthly average
среднесу́точный *прил.* daily average
среднечасово́й *прил.* hourly average
сре́дний *прил.* 1. (*о значении*) average, mean 2. (*о положении*) centre, central, middle 3. (*о качестве*) medium
сре́дник *м. полигр.* inter-column space
~ **двере́й** door cross-rail
~ **окна́** window pillar, window mullion
сре́дств/о *с.* 1. (*вещество, химикат и т. п.*) agent 2. (*устройство, орудие, приспособление*) aid, facility, means 3. (*от чего-л. или против чего-л.*) remedy (for) 4. *мн.* (*возможности*) resourses
абсорби́рующее ~ absorbent
~**а авари́йного покида́ния самолёта** escape facilities
авари́йно-спаса́тельные ~а survival gear
активи́рующее ~ activating agent, activator
анестези́рующее ~ anaesthetic, pain-killer □ **анестези́рующее ~ ока́зывает де́йствие на ...** an anaesthetic exerts its action on ...
анестези́рующее ~ ме́стного де́йствия local anaesthetic
анестези́рующее ~ о́бщего де́йствия general anaesthetic
антикоррозио́нное ~ corrosion-preventive compound
антисепти́ческое ~ antiseptic
антистати́ческое ~ antistatic agent
аппара́тные ~а *вчт.* hardware
бюдже́тные ~а budgetary funds
~**а взрыва́ния** blasting supplies
водоотнима́ющее ~ dehydrating agent, dehydrant
водооттáлкивающее ~ water repellent
~ **воспламене́ния** ignition agent
восстана́вливающее ~ reducing agent

сре́дств/о
вспе́нивающее ~ frothing [foaming] agent
вспомога́тельные ~а supporting equipment
газообразу́ющее ~ blowing agent
дезинфици́рующее ~ disinfectant
дезодори́рующее ~ deodorant
~ для нажо́ра *кож.* plumping agent
дубя́щее ~ tanning agent
желатини́рующее ~ gelling agent
зака́лочное ~ hardening [quenching] medium
защи́тное ~ protective means
~а земно́го обеспе́чения ground support (facilities)
консерви́рующее ~ curing agent, preservative
~а микроскопи́ческой те́хники microscopy accessories
мо́ющее ~ detergent, cleansing agent
навигацио́нные ~а navigation aids, navaids
обезбо́ливающее ~ anaesthetic, pain-killer
обезвола́шивающее ~ depilating agent, depilator
обезжи́ривающее ~ degreasing agent, degreaser
обеззо́ливающее ~ *кож.* deliming agent
~а обеспе́чения поса́дки, взлёта *и т. п.* aids to landing, take-off, landing aids, take-off aids, *etc.*
обесцве́чивающее ~ decolourizing agent, decolourant
окисли́тельное ~ oxidizer
омыля́ющее ~ saponifying agent, saponifier
опу́дривающее ~ dusting agent
осажда́ющее ~ precipitating agent
отбе́ливающее ~ bleaching agent, bleach
отпу́гивающее ~ repellent
охлажда́ющее ~ cooling agent, coolant
пенообразу́ющее ~ frothing [foaming] agent
полиру́ющее ~ polish
привлека́ющее ~ attractant
програ́ммные ~а (*математическое обеспечение*) *вчт.* software
~а произво́дства means of production
пропи́точное ~ impregnating agent
противодетони́рующее ~ antidetonant, antiknock dope
противомо́льное ~ moth-proofing agent
противообледени́тельное ~ (*для предотвращения обледенения*) anti-icing compound; (*для снятия льда*) de-icing compound
противоотма́рочные ~а *полигр.* antisetoff means
радиолокацио́нные ~а radar aids
радионавигацио́нные ~а radio navigation(al) aids
радиотехни́ческие ~а (*по обеспечению* ...) radio aids (*to* ...)
~а радиоэлектро́нного противоде́йствия electronic counter-measure equipment
раздели́тельное ~ separating [parting] agent
~а свя́зи communication facilities
сма́зочное ~ lubricant
спаса́тельные ~а rescue facilities, aids to survival
техни́ческие ~а (*напр. автоматики*) hardware components
тра́нспортное ~ vehicle; (*при землеройных работах*) hauling unit; *мн.* transport facilities, transportation (facilities)
~а управле́ния control means
фина́нсовые ~а funds ☐ **выделя́ть фина́нсовые ~а** *кому-л.* allocate funds to ...

срез *м.* **1.** (*разрушение при сдвиге*) shear(ing) ☐ **рабо́тать на ~** work in shear **2.** (*разрез*) cut, section
биологи́ческий ~ biological section
двойно́й ~ double shear(ing)
косо́й ~ bevel [chamfer, oblique] cut
микроскопи́ческий ~ microscopic section ☐ **окра́шивать (микроскопи́ческий) ~** stain a (microscopic) section
ни́зкий ~ *с.-х.* close cut
одина́рный ~ single shear(ing)
продо́льный ~ longitudinal shear(ing)
просто́й ~ simple shear(ing)
~ сопла́ nozzle exit section
X-~ (*кристалла*) X-cut
Y-~ (*кристалла*) Y-cut, parallel cut

среза́ть *гл.* **1.** shear **2.** (*разрезать, резать*) cut ☐ **~ заподлицо́** cut flush (*with*)

сродство́ *с.* affinity ☐ **~,** *напр.* **мета́лла к кислоро́ду** affinity, *e.g.*, of a metal for oxygen
хими́ческое ~ chemical affinity

срок *м.* **1.** (*дата*) date ☐ **в кратча́йший ~** at the earliest possible date; **назнача́ть [намеча́ть, устана́вливать] ~(и),** *напр.* **нача́ла рабо́т** assign, *e.g.*, a starting date; **переноси́ть на бо́лее по́здний ~** postpone **2.** (*период*) period, time (interval), term ☐ **~ истека́ет,** *напр.* **6 мая** the term expires on, *e.g.*, May 6; **~ом на,** *напр.* **10 дней** for a term of, *e.g.*, 10 days; **(поставля́ть) в ~** (deliver) on term; **продлева́ть ~** extend the term
~ амортиза́ции depreciation period
~ аре́нды term of lease (*не путать с* terms of lease — условия аренды)
~ выполне́ния due date ☐ **устана́вливать ~ выполне́ния зака́зов** put due dates on orders
~ гара́нтии guaranty [guarantee, warranty] period ☐ **~ гара́нтии (составля́ет),** *напр.* **оди́н год** the guaranty [warranty] is valid for, *e.g.*, one year

срок
~ го́дности application time; working life
~ де́йствия (*какого-л. документа*) duration ☐ **~ де́йствия** *какого-л.* **докуме́нта истека́ет че́рез год со дня вы́дачи** *such and such* document expires one year after it has been issued; **~ де́йствия сертифика́та лётной го́дности,** *напр.* **5 лет** the duration of the airworthiness certificate is, *e.g.*, 5 years
дли́тельный ~ long term
~ заверше́ния (*чего-л.*) deadline, completion [finishing] date ☐ **устана́вливать ~ заверше́ния** set the deadline for ...; **~ заверше́ния строи́тельства** completion [finishing] date of a project, deadline for the completion of a project
~ защи́тного де́йствия респира́тора service time [service period] of a breathing apparatus, respiratory-protection period
коро́ткий ~ short term
~ нача́ла (*чего-л.*) starting date
~ но́ски wearing period, wearing time
~ окупа́емости *эк.* pay-back [pay-off] period
~ опла́ты due date
~ очередно́й прове́рки due date of the next inspection
пла́новый ~ schedule date
~ платежа́ payment date
после́дний ~ (*напр. для подачи документов, заявок и т. п.*) closing date
~ поста́вки delivery date ☐ **выполня́ть ~и поста́вки** meet delivery dates; **сокраща́ть ~и поста́вки** shorten the delivery dates
~ разрабо́тки (*от чертежа до производства*) lead time
~ слу́жбы service life
~ слу́жбы, межремо́нтный overhaul period
~ слу́жбы (*аппаратуры*), **ожида́емый** life expectancy
~ сме́ны ма́сла oil-change period
~ хране́ния shelf [storage] life
~ хране́ния проду́ктов (пита́ния) storage life for food
~ хране́ния проду́ктов (пита́ния), преде́льный storage limit(s) for food
~ хране́ния фа́йлов *вчт.* file expiration date

сро́сток *м.* **1.** (*частиц*) aggregation **2.** (*вид соединения частей*) joint, splice
ка́бельный ~ cable joint, cable splice
~ ремня́ belt splice
сварно́й ~ welded joint
скру́ченный ~ twist [spliced, splayed] joint

сруб *м.* block [log] house, log cabin

срыв *м.* **1.** (*нарушение нормального хода, режима*) break-down, upset **2.** (*отрыв, отделение*) *аргд.* separation
~ генера́ции *элн.* suppression of oscillation
~ колеба́ний (*в сверхрегенеративном приёмнике*) quenching
~ пла́мени flame-out
~ пото́ка *аргд.* stall(ing)
~ пото́ка с лопасте́й (*в центробежных машинах*) 1. (*местный, в одной или двух ступенях*) stall 2. (*по всему компрессору*) surge
~ фа́кела flame-out
срыва́ть *гл.* **1.** (*нарушать нормальный ход, режим*) upset, disturb **2.** (*снимать*) tear (off), strip □ **~ генера́цию** *элн.* kill [suppress] oscillations; **~ резьбу́** strip thread
ссы́лк/а *ж.* reference □ **со ~ой на ...** with reference to ... *пример*: **приводи́ть цита́ты со ~ой на конкре́тный исто́чник** key quotations to the specific source
ссыпа́ть *гл.* dump, discharge, unload □ **~ в мешки́** bag
ссыха́ться *гл.* dry up, shrink, shrivel
стабилиза́тор *м.* **1.** *авт.* stabilizer; regulator **2.** (*самолёта*) stabilizer; (*ракеты*) fin **3.** (*дисперсных систем, полимеров*) stabilizer
гироскопи́ческий ~ gyroscopic stabilizer
~ гру́нтов soil stabilizer
~ давле́ния ма́сла oil pressure stabilizer
~ диспе́рсных систе́м dispersion stabilizer
~ коро́нного разря́да corona stabilizer tube
~ напряже́ния voltage regulator
~ напряже́ния, автомати́ческий у́гольный carbon-pile voltage regulator
~ напряже́ния, компенсацио́нный degenerative(-type) voltage stabilizer
~ напряже́ния паралле́льного ти́па shunt-control voltage stabilizer
~ напряже́ния после́довательного ти́па series-control (voltage) stabilizer
~ напряже́ния с враща́ющейся кату́шкой moving-coil voltage regulator
~ напряже́ния с проходно́й ла́мпой series-tube voltage regulator, series-tube voltage stabilizer
~ напряже́ния с у́гольным столбо́м, электромагни́тный carbon-pile voltage regulator
~ напряже́ния, ферромагни́тный saturable [saturated] voltage regulator
~ напряже́ния, феррорезона́нсный ferroresonance voltage regulator
~ напряже́ния, электро́нный electronic voltage regulator, electronic voltage stabilizer

стабилиза́тор
нео́новый ~ neon stabilizer tube
~ тле́ющего разря́да glow stabilizer tube, gas-filled stabilizer diode
~ то́ка current regulator
хвостово́й ~ *ав.* tailplane
~ частоты́ frequency control (circuit)
стабилиза́ци/я *ж.* stabilization; (*особ. в управлении*) regulation
~ враще́нием *косм.* spin stabilization
~ высоты́ *ав.* altitude hold, altitude stabilization
гиросилова́я ~ fly-wheel control
гироскопи́ческая ~ gyro(scopic) stabilization
~ гру́нтов soil stabilization
курсова́я ~ *ав.* heading hold
~ мо́щности power levelling
~ напряже́ния voltage regulation, voltage stabilization
~ нулево́го у́ровня, автомати́ческая (*в операционном усилителе*) chopper stabilization
~ простра́нственного положе́ния *косм.* attitude hold
~ ско́рости *ав.* speed hold
~ то́ка current stabilization
~ усиле́ния gain stabilization
~ фа́зы phase lock
~ частоты́ frequency stabilization, frequency control
~ частоты́, ква́рцевая crystal (frequency) control □ **с ква́рцевой ~ей частоты́** crystal-controlled
стабилизи́ровать *гл.* stabilize; regulate
стабилитро́н *м.* stabilizer diode (Stabilitron — *фирм. название*)
газоразря́дный ~ gas-filled stabilizer diode
ио́нный ~ gas-filled stabilizer diode
~ коро́нного разря́да corona stabilizer tube
кре́мниевый ~ silicon (Zener) diode
опо́рный ~ (*ионный*) gas-filled voltage-reference [VR] diode; (*полупроводниковый*) Zener diode
полупроводнико́вый ~ crystal stabilizer [Zener] diode
~ тле́ющего разря́да glow(-discharge) VR tube (*Примечание. В режиме стабилизации* VR — voltage regulator; *в режиме источника опорного напряжения* VR — voltage reference)
стабилово́льт *м.* gas-filled voltage regulator [VR] tube
стаби́льность *ж.* stability
долговре́менная ~ long-term [long-time] stability
кратковре́менная ~ short-term [short-time] stability
~ разме́ров dimensional stability
~ частоты́ frequency stability
стаби́стор *м.* (*полупроводниковый диод для стабилизации постоянного напряжения*) stabistor

став *м.* (*конвейера*) flight
~ вентиляцио́нных труб ventilation column
~ водоотли́вных труб pump column
~ рештако́в panline
ста́вень *м.* shutter, blind
складно́й ~ folding shutter
ста́вить *гл.* put, set □ **~ на кра́ске болт, винт и т. п.** secure [safety] a bolt, screw, *etc.* with (a drop of) paint, apply a drop of paint (in order) to hold a bolt, screw, *etc.* in place; **~ о́пыт** conduct [make] an experiment
ста́дия *ж.* stage, phase
нача́льная ~ initial stage
~ реа́кции step of a reaction, reaction step
~ реа́кции, лимити́рующая controlling step of a reaction
стаж *м.* **1.** length of service **2.** experience
стажёр *м.* probationer
стажи́рование *с.* probation
стака́н *м.* **1.** (*для питья*) glass **2.** (*лабораторный*) beaker **3.** (*деталь машины или механизма*) barrel, cup, sleeve
бу́ферный ~ *ж.-д.* buffer box, buffer casing
до́йльный ~ teat cup □ **надева́ть до́йльный ~ на сосо́к** fit a teat cup over a (cow's) teat
ме́рный ~ measuring sleeve
~ подпя́тника sleeve
~ подши́пника bearing body
~ скважи́нного насо́са bucket of a well pump
~ сталеразли́вочного ковша́ ladle nozzle
хими́ческий ~ beaker
~ цо́коля base shell
~ цо́коля, направля́ющий base skirt
стака́нчик *м.*:
бума́жный ~ paper cup
ва́фельный ~ ice-cream cup
экрани́рующий ~ *рад.* shield can
ста́кер *м.* (*штабелировочный конвейер*) stacker
ста́ксель *м.* *мор.* stay sail
сталагми́т *м.* stalagmite
сталакти́т *м.* stalactite
сталева́р *м.* steelmaker
сталево́з *м.* teeming ladle car
сталелите́йщик *м.* steel founder
сталеплави́льщик *м.* steelmaker
ста́лкиватель *м.* pusher
~ бума́ги *полигр.* jogger
кривоши́пный ~ crank-type pusher
~ обре́зков *мет.* crop(-end) pusher
ста́лкивать *гл.* push [kick] (off); *полигр.* jog
ста́лкиваться *гл.* collide
сталь *ж.* steel □ **азоти́ровать ~** nitride steel; **алити́ровать ~** aluminize steel; **вакууми́ровать ~** treat (molten) steel under vacuum; **вари́ть ~** *жарг.* make steel; **ворони́ть ~** blue steel; **выплавля́ть ~** make steel; **гофри́ровать ~** corrugate steel; **за-**

калять ~ harden steel; (*охлаждать в целях закалки*) quench steel; **катать ~ в горячем состоянии** hot-roll steel; **катать ~ в холодном состоянии** cold-roll steel; **легировать** ~ alloy steel; **нагартовывать** ~ work-harden steel; **нагревать** ~ reheat steel; **науглероживать** ~ carburize steel; **нормализовать** ~ normalize steel; **обрабатывать ~ термомеханически** ausform steel; **омеднять** ~ copper-plate steel; **отжигать** ~ anneal steel; **отпускать** ~ temper steel; **оцинковывать** ~ galvanize steel; **пакетировать** ~ fagot steel; **передувать** ~ overblow steel; **пережигать** ~ burn steel; **плакировать** ~ clad steel; **подвергать ~ термообработке** heat-treat steel; **поставлять ~ по механическим свойствам** market steel on the basis of physical specifications; **поставлять ~ по химическому составу** market steel on the basis of chemical specifications; **продувать ~ полностью** blow steel fully; **разливать ~ (в изложницы)** cast steel, pour [teem] steel into moulds; **раскислять** ~ deoxidize steel; **рифлить** ~ checker steel; **стабилизировать** ~ stabilize steel; **травить** ~ pickle steel; **успокаивать** ~ kill steel; **хромировать ~ химическим способом** chromate steel; **хромировать ~ электролитическим способом** chrome-plate steel; **цементировать** ~ case-harden steel

сталь

- **авиационная** ~ aircraft steel
- **автоматная** ~ free-cutting steel
- **алмазная** ~ extra-hard steel
- **арматурная** ~ reinforcing-bar steel; (*вид проката*) reinforcing bars
- **аустенитная** ~ austenitic steel
- **бессемеровская** ~ Bessemer steel
- **брусковая** ~ *уст.* (square) bar steel
- **быстрорежущая** ~ high-speed steel
- **булатная** ~ Damascus steel, damascene
- **высоколегированная** ~ high-alloy steel
- **высокоуглеродистая, высокомарганцовистая** *и т. п.* ~ high-carbon, high-manganese, *etc.* steel
- **дамасская** ~ Damascus steel, damascene
- **динамная** ~ dynamo steel
- **дисперсионно-твердеющая** ~ precipitation-hardening steel
- **доэвтектоидная** ~ hypoeutectoid steel
- **жаропрочная** ~ high-temperature steel
- **жаростойкая** ~ heat-resistant steel
- **заклёпочная** ~ rivet steel
- **заэвтектоидная** ~ hypereutectoid steel
- **износостойкая** ~ wear-resisting steel
- **инструментальная** ~ tool steel
- **квадратная** ~ squares

сталь

- **кипящая** ~ *англ.* rimming steel; *амер.* rimmed steel
- **кислая** ~ acid steel
- **кислотостойкая** ~ acid resisting steel
- **клапанная** ~ valve steel
- **конвертерная** ~ converter steel
- **конструкционная** ~ structural steel
- **корпусная** ~ hull plate
- **коррозионностойкая** ~ corrosion-resistant steel
- **котельная** ~ boiler steel
- **кремнистая** ~ silicon steel
- **круглая** ~ rounds
- **легированная** ~ alloyed [alloy-treated] steel
- **малоуглеродистая** ~ low-carbon steel
- **марганцевая** ~ manganese steel
- **мартеновская** ~ open-hearth steel
- **мартенситная** ~ martensitic steel
- **мартенситностареющая** ~ maraging steel
- **многослойная** ~ ply steel
- **мягкая** ~ mild [soft] steel
- **недораскисленная** ~ rising steel
- **нелегированная** ~ plain (carbon) steel
- **немарочная** ~ off-grade steel
- **нержавеющая** ~ stainless steel
- **низколегированная** ~ low-alloyed steel
- **низкоуглеродистая** ~ low-carbon steel
- **обручная** ~ hoop iron
- **основная** ~ basic steel
- **перлитная** ~ pearlitic steel
- **~ поверхностной прокаливаемости** shallow-hardening steel
- **подшипниковая** ~ bearing steel
- **полосовая** ~ (*не путать со* стальной полосой) strip steel (*not to be confused with* steel strip)
- **полуспокойная** ~ semikilled steel
- **прокатная, угловая** ~ angles
- **прокатная, угловая неравнобокая** ~ unequal angles
- **прокатная, угловая равнобокая** ~ equal angles
- **простая** ~ plain steel
- **профильная** ~ steel shapes
- **пружинная** ~ spring steel
- **прутковая** ~ rod steel; (*вид проката*) rods
- **рельсовая** ~ rail steel
- **рослая** ~ rising steel
- **самозакаливающаяся** ~ air-hardening steel
- **сварочная** ~ weld steel
- **~ сквозной прокаливаемости** through-hardening steel
- **спокойная** ~ killed steel
- **судостроительная** ~ shipbuilding steel
- **текстурованная** ~ grain-oriented steel
- **тигельная** ~ crucible steel
- **толстолистовая** ~ plate steel; (*вид проката*) (steel) plate(s)

сталь

- **толстолистовая, фасонная** ~ sketch plate(s)
- **тонколистовая** ~ sheet steel; (*вид проката*) steel sheet
- **топочная** ~ fire-box steel
- **трансформаторная** ~ transformer steel
- **трубная** ~ pipe steel
- **углеродистая** ~ carbon steel
- **фасонная** ~ structural shape(s)
- **ферритная** ~ ferritic steel
- **хромистая** ~ chromium steel
- **цементная** ~ cement steel
- **швеллерная** ~ channels
- **шестигранная** ~ hexagonal steel, hexagons
- **штамповая** ~ die steel
- **штрипсовая** ~ skelp steel
- **электрическая** ~ electrical steel (*см. тж.* **электросталь**)
- **электротехническая** ~ electrical-sheet [silicon-sheet] steel

сталь-армко *ж.* ingot [Armco] iron, Armco steel

стальбетон *м.* steel concrete

сталь-серебрянка *ж.* silver steel

стамеска *ж.* wood chisel

стан *м.*:

- **волочильный** ~ drawbench
- **~ горячей прокатки** hot(-rolling) mill
- **~ для стыковой сварки труб** butt-weld pipe mill
- **прокатный** ~ (rolling) mill
- **прокатный, балочный** ~ beam mill
- **прокатный, бандажный** ~ tyre mill
- **прокатный, двухвалковый** ~ duo [two-high] (rolling) mill
- **прокатный, двухклетевой** ~ two-stand mill
- **прокатный, двухниточный** ~ double-strand mill
- **прокатный ~ для прокатки листов пакетом** pack mill
- **прокатный ~ для сортовых фасонных профилей** shape mill
- **прокатный, дрессировочный** ~ skin(-rolling) mill
- **прокатный дуо-**~ duo [two-high] mill
- **прокатный, заготовочный** ~ billet mill
- **прокатный, калибровочный** ~ sizing mill
- **прокатный, крупносортный** ~ heavy merchant mill
- **прокатный, мелкосортный** ~ small-section mill
- **прокатный, многоклетевой** ~ multi-stand mill
- **прокатный, многониточный** ~ multi-strand mill
- **прокатный, непрерывный** ~ continuous (rolling) mill
- **прокатный, нереверсивный** ~ non-reversing mill
- **прокатный, обжимной** ~ blooming [cogging] mill

стан

прока́тный, отде́ло… ный ~ finisher, finishing mill
прока́тный, петле… о́й ~ looping mill
прока́тный, пилигр… и́мовый ~ Pilger (rolling) mill
прока́тный, полосо… ово́й ~ strip mill
прока́тный, прутко́… вый ~ (wire-)rod mill
прока́тный, редук… цио́нный ~ sinking mill
прока́тный, рельс… обáлочный ~ rail-and-structural s… eel mill
прока́тный, ре́ль… совый ~ rail(-rolling) mill
прока́тный, сорт… ово́й ~ section mill
прока́тный ~ с… проводка́ми guide (rolling) mill
прока́тный, сутý… ýночно-заготови́тельный ~ sheet-ba… r and billet mill
прока́тный, сутý… ýночный ~ sheet-bar mill
прока́тный, тол… столистово́й ~ plate mill
прока́тный, то… нколистово́й ~ sheet mill
прока́тный, у… ниверса́льный ~ universal mill
прока́тный, ч… истово́й ~ finishing mill
прока́тный, … штри́псовый ~ skelp mill
профилиро́во… чный ~ shaping mill
решётный ~ *… с.-х.* sieve [shoe] boot, riddle case
тру́бный ~ … tubular mill
тру́бный … **~-автома́т** plug(-type) mill
тру́бный ~ … **для бесшо́вных труб** seamless-tub… e mill
тру́бный ~ … **косо́й прока́тки** skew-roll piercin… g mill
тру́бный, р… аскатно́й ~ reeling mill
трубопрока́… тный ~ tube [pipe] mill
трубопрока́… тный, калибро́вочный ~ sizing roll… ing mill, sizer
трубопрока́… тный, обкатно́й ~ reeling mill
трубопрок… а́тный, прошивно́й ~ piercing r… olling mill
трубопрок… а́тный, редукцио́нный ~ tube-reduc… ing rolling mill
трубосва́р… очный ~ tube-welding mill
трубофор… мо́вочный ~ tube-forming mill
шаропро… ка́тный ~ ball-rolling mill

станда́рт … *м.* standard □ **выпуска́ть [изготáв… ливать] согла́сно [по] ~у № …** m… ake to standard No …; **отвеча́ть ~… ~у** comply with [conform to] a sta… ndard
вре́менн… ый ~ tentative standard
госуда́р… ственный ~ [ГОСТ] All-Union … state standard
отрасле… во́й ~ [ОСТ] branch standard
~ пред… прия́тия [СТП] factory standard

станда́рт
шрифтово́й ~ *полигр.* type specification
стандартиза́ция *ж.* standardization
стандартизи́ровать *гл.* standardize
стани́на *ж.* bed (frame), frame
~ дви́гателя engine bed
~ кле́ти (*прокатного стана*) housing
~ ста́тора (*электромашины постоянного тока*) stator frame, yoke
~ электромаши́ны постоя́нного то́ка field [main] frame, field ring, field housing
станио́ль *м.* tin foil
станкострое́ние *с.* machine-tool industry
стан/о́к *м.* 1. (*машина для обработки*) machine (tool) □ **~ допуска́ет обрабо́тку изде́лий любо́го разме́ра** the machine(-tool) accommodates workpieces of any size; **нала́живать ~** set up a machine; **обраба́тывать на ~ке** (*резанием*) machine; **обслу́живать ~ок** attend to a machine *пример*: **оди́н рабо́чий обслу́живает 5 ~ко́в** one operator attends to 5 machines; **рабо́тать на ~ке** operate a machine 2. (*опора, основание*) bed(frame), frame
агрега́тный ~ transfer machine; "building-block" machine (tool)
балансиро́вочный ~ balancing machine
болторе́зный ~ bolt-threading machine
бурово́й ~ drilling rig
бурово́й ~ враща́тельно-шне́кового буре́ния auger-drilling rig
бурово́й ~ дробово́го буре́ния chilled shot drilling rig
бурово́й ~ коло́нкового буре́ния drifter [column] drilling rig
бурово́й ~ пневмоуда́рного буре́ния air-powered percussive drilling rig
бурово́й ~ терми́ческого буре́ния flame-jet drilling rig
бурово́й ~ уда́рно-кана́тного буре́ния churn drilling rig
бурово́й ~ шаро́шечного буре́ния roller-bit [rotary, self-propelled roller-bit] drilling rig
бурозапра́вочный ~ jackmill
винторе́зный ~ screw-cutting machine
волочи́льный ~ draw(ing) bench, drawing machine
гайконарезно́й ~ nut-cutting machine
ги́бочный ~ bending machine
дави́льный ~ spinning lathe
деревообраба́тывающий ~ wood-working machine
~ для прити́рки кла́панов valve grinder
~ для чепракова́ния голья́ *кож.* splitting horse
дово́дочный ~ lapping [microfinishing] machine

стан/о́к
долбёжный ~ (*по металлу*) slotting machine, slotter; (*по дереву*) mortising machine, mortiser
зака́точный ~ beading machine
запа́ячный ~ (*в производстве электровакуумных приборов*) sealing-in machine
зато́чный ~ tool-grinding machine
затыло́вочный ~ relieving machine
зубодолбёжный ~ gear shaper
зуборе́зный ~ gear-cutting machine
зубострога́льный ~ gear planer
зубофре́зерный ~ gear-hobbing machine, gear hobber
зубошлифова́льный ~ gear-grinding machine
калёвочный ~ moulding machine, moulder
каширова́льный ~ *полигр.* backing machine, backer
клепа́льный ~ rivetting machine, rivetting press
копирова́льный ~ 1. *мет.-об.* duplicating machine 2. *кфт.* printer
копирова́льный, конта́ктный ~ contact printer
корректу́рный ~ galley press
кромкозаги́бочный ~ flanging machine
кромкообру́бочный ~ trimmer
кромкострога́льный ~ edge planing machine
кругли́льный ~ rounding machine, rounder
литогра́фский печа́тный ~ hand press for offset lithography
лущи́льный ~ rotary peeler, rotary veneer machine, veneer-cutting lathe
металлообраба́тывающий ~ (*со снятием металла*) metal-removal machine tool
металлоре́жущий ~ metal-cutting machine tool
мультипликацио́нный ~ animation stand
насто́льный ~ bench-type machine tool
обрезно́й ~ edging [trimming] machine
око́рочный ~ (dis)barking machine, debarker
опило́вочный ~ filing machine
оплёточный ~ braider
остри́льно-запра́вочный ~ pull-in pointer
отрезно́й ~ cutting-off machine
отрезно́й, ано́дно-механи́ческий ~ electrolitically assisted cutting-off machine
пазова́льный ~ groove-cutting machine
перево́дный ~ transfer press
пи́льный ~ sawing machine
плющи́льный ~ flattening mill
полирова́льный ~ 1. *мет.* buffing machine 2. *дер.-об.* polishing machine
прави́льный ~ straightener
припра́вочный ~ make-ready press

стано́/к
прити́рочный ~ lapping machine
продо́льно-ре́жущий ~ slitting machine, slitter
протяжно́й ~ broaching machine
прошивочный ~ broaching machine
пряди́льный ~ spinning loom
раскряжёвочный ~ circular log cross-cut [block] saw, log cutter
расто́чный ~ boring machine, borer
рашке́тный ~ *полигр.* proof press
резьбонака́тный ~ thread-rolling machine
резьбонарезно́й ~ thread-cutting lathe
рейконарезно́й ~ rack-cutting machine
ретушева́льныий ~ retouching desk
рифто́вочный ~ riffling machine
рихтова́льный ~ levelling machine, straightener
сверли́льный ~ drilling machine, drill
сверли́льный, револьве́рный ~ turret drilling machine, turret drill
скобли́льный ~ stereo-type shaver
скоропеча́тный ~ engine press
сплото́чный ~ *лес.* bundling machine
строга́льный ~ planing machine, planer
~ **с числовы́м управле́нием** numerically controlled [N/C] machine tool
тка́цкий ~ loom
тока́рный ~ lathe
тока́рный, патро́нный ~ chucking lathe
тока́рный, револьве́рный ~ turret lathe
тока́рный, фасо́нный ~ shaping lathe, forming lathe
тока́рный, центрово́й ~ centre lathe
торцо́вочный ~ cross-cut [butting, cut-off] saw
точи́льный ~ grinder, sharpener
трубоволочи́льный ~ tube-drawing bench
трубоги́бочный ~ pipe-bending machine
трубонарезно́й ~ pipe-threading machine
труборе́зный ~ pipe-cutting machine
уто́рный ~ barrel [stave] crozing machine
фальцо́вочный ~ squeezing machine, squeezer
фанеролущи́льный ~ wood-peeling machine
фаце́тный ~ bevelling-and-trimming machine
фланцезаги́бочный ~ flanging machine
форма́тный ~ dimensioning saw
формо́вочный ~ moulding machine
фре́зерный ~ milling machine, miller
фре́зерный, бесконсо́льный ~ compound-table milling machine

стан/о́к
фре́зерный, карусе́льный ~ rotary-table milling machine
фре́зерный, консо́льный ~ knee-type milling machine
фре́зерный, копирова́льный ~ routing machine
фугова́льный ~ jointing machine
хонингова́льный ~ honing machine, honer
центрова́льный ~ centring machine
цепопро́бный ~ chain testing machine
цоколёвочный ~ basing [base filling] machine
шерохова́льный ~ *рез.* buffing machine
шипоре́зный ~ dovetailing [tenon-making] machine
шлифова́льно-прити́рочный ~ honing machine, honer
шлифова́льный ~ 1. grinding machine, grinder 2. *дер.-об.* sand-papering machine, sander
электроискрово́й ~ electrospark discharge machine
электроэрозио́нный ~ electrical-discharge [electroerosion] machine
стано́чник *м.* machine(-tool) operator
ста́нци/я *ж.* station □ **вызыва́ть** ~**ю** *рад.* call (up) a station; **настра́иваться на** ~**ю** *рад.* tune in a station; **опознава́ть** ~**ю** *нвг., рад.* identify a station; **развёртывать** ~**ю** deploy [set up] a station; **свёртывать** ~**ю** (*прекращать работу*) close down a station; (*размонтировать*) dismantle a station
~ **абоне́нтского телегра́фа** (tele)-printer exchange (office)
~ **абоне́нтского телегра́фа ручно́й систе́мы** manually operated (tele)-printer exchange office
~ **авиацио́нной слу́жбы свя́зи** aeronautical telecommunication station
автозапра́вочная ~ *англ.* petrol station; *амер.* gas(-filling) station
автомати́ческая ~ (*радио, энергетическая*) unattended station
а́томная ~ atomic [nuclear] power station
ацетиле́новая ~ *св.* acetylene generator [gas] house
бароме́трическая ~ barometric(al) station
бензозапра́вочная ~ *англ.* petrol station; *амер.* gas(-filling) station
бортова́я ~ *ав.* airborne station; *мор.* shipborne station; (*сухопутная*) vehicle-borne [vehicular] station
ведо́мая ~ (*гиперболической системы навигации*) slave station
веду́щая ~ (*гиперболической системы навигации*) master (station)
ветроэлектри́ческая ~ windmill-electric generating unit, windmill-electric generating [wind-electric] plant
взрывна́я ~ *горн.* explosion [blasting] station

ста́нци/я
водоочистна́я ~ water-treatment plant
воздуходу́вная ~ *мет.* blowing house
выпарна́я ~ evaporator plant
газораспредели́тельная ~ gas-distribution station
гелиоэлектри́ческая ~ solar power station
гидроакусти́ческая ~ *англ.* asdic; *амер.* sonar
гидроэлектри́ческая ~ (*см. тж.* **гидроэлектроста́нция**) water-power [hydroelectric] station
горноспаса́тельная ~ mine-rescue station
железнодоро́жная ~ railway [railroad] station
железнодоро́жная, коне́чная ~ terminal, end station
железнодоро́жная, лине́йная ~ line [way] station
железнодоро́жная ~ **назначе́ния** receiving station, station of destination
железнодоро́жная ~ **отправле́ния** dispatch station
железнодоро́жная, пассажи́рская ~ passenger station, passenger depot
железнодоро́жная, перегру́зочная ~ trans-shipping station
железнодоро́жная, переда́точная ~ transfer station, transfer depot
железнодоро́жная ~ **прибы́тия** arrival [entry] station
железнодоро́жная ~ **припи́ски** home station, home terminal
железнодоро́жная, сортиро́вочная ~ railway sorting yard
железнодоро́жная, това́рная ~ goods station, freight terminal, goods yard
железнодоро́жная, тупико́вая ~ stub [head] station
железнодоро́жная, узлова́я ~ junction station, junction [base] depot, multiple junction
заря́дная ~ (*аккумуляторных батарей*) battery-charging station
ионосфе́рная ~ ionospheric observation [observing] station, ionospheric sounding station
исходя́щая ~ *тлф., тлг.* originating [sending] office
карота́жная ~ well-logging instrument truck, well-logging set, well-logging unit
кислоро́дная ~ oxygen plant
кно́почная ~ push-button station
компре́ссорная ~ compressor plant, compressor station
косми́ческая ~ space probe, space station
косми́ческая, орбита́льная ~ orbital space probe
косми́ческая, пилоти́руемая ~ manned space probe
межплане́тная ~ interplanetary probe

ста́нци/я
метеорологи́ческая ~ meteorological [weather] station
мусоросжига́тельная ~ garbage-disposal plant
назе́мная ~ ground station
насо́сная ~ pumping plant, pump-house
натяжна́я, винтова́я ~ (*конвейера*) screw take-up
натяжна́я, грузова́я ~ (*конвейера*) vertical gravity take-up
океанографи́ческая ~ oceanographic station
~ **откры́той компоно́вки** (*оборудование расположено под открытым небом*) outdoor station, outdoor plant
~ **отправле́ния** *тлф., тлг.* originating [sending] office
~ **очи́стки сто́чных вод** sewage water treatment plant
~ **очи́стки технологи́ческой воды́** process water treatment plant
передаю́щая ~ 1. *рад.* transmitting station 2. *тлф., тлг.* originating [sending] office
передвижна́я ~ mobile station
приёмная ~ 1. *рад.* receiving station 2. *тлф., тлг.* receiving office
радиовеща́тельная ~ radio broadcast station
радиовеща́тельная, трансляцио́нная ~ radio broadcast relay station
радиолокацио́нная ~ radar installation, radar unit (*см. тж.* **РЛС**)
радиометри́ческая ~ radiometry station
радиопеленга́торная ~ radio direction-finding station
~ **радиореле́йной ли́нии, оконе́чная** terminal station, final terminal, terminal repeater
~ **радиореле́йной ли́нии, промежу́точная** [**трансляцио́нная**] repeater [relay] station, repeater [relay] transmitter
~ **радиореле́йной свя́зи, узлова́я** (*только с выделением части каналов*) drop repeater [relay] station; (*с ответвлением линий*) branching repeater [relay] station
радиофототелегра́фная ~ facsimile radio station
ретрансляцио́нная ~ repeater [relay] station
(ре)трансляцио́нная, телевизио́нная ~ television repeater [relay] station
самолётная ~ (*как функциональная единица авиационной службы связи, в отличие от оборудования*) aircraft station □ **самолётная** ~ **обя́зана находи́ться на дежу́рном приёме на протяже́нии всего́ полёта** each aircraft station will maintain continuous watch during flight
самолётная, радиометри́ческая ~ airborne radiometry set

ста́нци/я
самолётная, радиотеплолокацио́нная ~ airborne radiometry set
телеметри́ческая ~ telemetering station
телефо́нная ~ telephone central office, telephone exchange
телефо́нная, автомати́ческая ~ automatic [dial] telephone office, automatic telephone exchange, ATX (*см. тж.* **АТС**)
телефо́нная ~ **ручно́го обслу́живания** manually operated exchange
телефо́нная, транзи́тная ~ tandem [via] office, tandem [through switching] exchange
телефо́нная, центра́льная ~ main telephone exchange
~ **техни́ческого обслу́живания** service station, servicing depot
~ **тропосфе́рной свя́зи** tropo relay station
тя́говая ~ traction station
шумопеленга́торная ~ passive sonar
электри́ческая ~ (electric) power station (*см. тж.* **электроста́нция**)
ста́нция-корреспонде́нт *ж.* (*любая станция, с которой собственная станция ведёт радиообмен*) the station worked □ **в формуля́ре необходи́мо ука́зывать ста́нцию-корреспонде́нта и вре́мя рабо́ты** entries in the station log should include every station worked and time
ста́пель *м.* 1. *мор.* building berth, building ways 2. *авто, св.* jig 3. *полигр.* pile
высо́кий ~ deep pile
накладно́й ~ feeder pile
приёмный ~ delivery pile
сбо́рочный ~ assembly jig
сва́рочный ~ welding jig
ста́пель-блок *м. мор.* building block
ста́пель-па́луба *ж.* dock floor, pontoon deck
ста́рени/е *с.* ageing □ **подверга́ть** ~**ю** age
есте́ственное ~ natural ageing
деформацио́нное ~ strain ag(e)ing, age hardening
иску́сственное ~ artificial ageing
мартенси́тное ~ *мет.* maraging
механи́ческое ~ strain ageing
окисли́тельное ~ oxidative [oxygen] ageing
~ **от наклёпа** strain ageing
радиацио́нное ~ radiation ageing
светово́е ~ light ageing
теплово́е ~ heat [thermal] ageing
уско́ренное ~ accelerated [quick] ageing
старе́ть *гл.* age
старн-по́ст *м. мор.* propeller post, sternpost, (stern-frame) inner post
старт *м.* 1. start 2. *ав.* take-off position □ **выру́ливать на** ~ taxi to take-off position
исполни́тельный ~ line-up take-off position

старт
предвари́тельный ~ holding take-off position
ста́ртер *м.* starter
аэродро́мный ~ ground starter
возду́шный ~ compressed-air starter
стартсто́п *м. тлг.* start-stop □ **рабо́тать (в режи́ме)** ~**а** operate start-stop [on the start-stop basis]
старшинство́ *с.* 1. (*по стажу, положению, возрасту*) seniority 2. (*приоритет во времени или последовательности*) precedence
стати́в *м. тлф.* bay, frame, rack
стати́зм *м.* (*в системах регулирования и управления*) constant-error behaviour, constant-error response
ста́тика *ж.* statics
~ **жи́дкостей** hydrostatics
~ **жи́дкостей и га́зов** statics of fluids
стати́стик *м.* statistician
стати́стика *ж.* statistics
~ **больши́х вы́борок** *мат.* macrostatistics
вариацио́нная ~ analysis of variance
ква́нтовая ~ quantum statistics
класси́ческая ~ classical statistics
~ **ма́лых вы́борок** *мат.* microstatistics
математи́ческая ~ mathematical statistics
~ **хи-квадра́т** *мат.* chi-square [χ^2] statistics
стати́чески *нареч.*:
~ **неопредели́мый** statically indeterminate
~ **определи́мый** statically determinate
ста́тор *м.* stator
статоско́п *м.* statoscope, altitude control
статья́ *ж.* 1. (*публикация*) paper, article 2. (*раздел договора, контракта и т. п.*) clause 3. (*калькуляционная*) cost item, item of cost
стациона́рность *ж.* stationarity
стациона́рный *прил.* stationary
~ **в широ́ком смы́сле** *мат.* wide-sense stationary
~ **по отноше́нию к ...** (*в теории вероятности*) stationary in ...
ствол *м.* 1. (*дерева*) trunk 2. *свз.* group, channel; (*в радиорелейной связи*) broadband channel; basic r.f. channel 3. (*ружья*) barrel 4. (*шахты*) shaft □ **проходи́ть** ~ sink a shaft
~ **га́зовой горе́лки** *св.* blowpipe handle
пожа́рный ~ high-pressure fire-fighting hose, (fire-)hose barrel, (fire-)hose lance
резе́рвный ~ (*в радиорелейной связи*) protection broadband channel
створ *м.* 1. *нвг.* transit □ **в** ~**е,** *напр.* **маяка́** in transit of, *e.g.*, a lighthouse 2. *геод.* range (line) □ **за-**

крепля́ть ~ ве́шками mark a range by poles, set stakes on the range line
створ
~ плоти́ны dam location, dam site
ство́рка *ж.* flap, door
~ две́ри door leaf, door wing
~ рейсфе́дера blade of a ruling pen
стеари́н *м.* stearine
стеати́т *м.* steatite
сте́бель *м.* stalk
стеблеизмельчи́тель *м.* stalk cutter
стеблекорчева́тель *м.* stalk puller
стеблеотво́д *м.* stalk ejector
стега́ть *гл.* (*строчить*) stitch; (*утеплять ватой, пером или пухом с последующей прострочкой*) quilt
стежо́к *м.*:
~ внаки́дку *полигр.* saddle stitch
~ вта́чку *полигр.* side stitch
холосто́й ~ *полигр.* idle stitch
стек *м.* *вчт.* stack □ **засыла́ть, *напр.* да́нные в ~** stack, *e.g.*, data away; **обраще́ние к ~у осуществля́ется ...** a stack is accessed ...
стека́ть *гл.* drain off, run off
стекле́ние *с.* *кож.* scouring
стекли́ть *гл.* (*вставлять стёкла, напр. в окна*) glaze
стекло́ *с.* glass □ **арми́ровать ~** reinforce glass; **вставля́ть (око́нные) стёкла** glaze, set glass windows, fit windows with glass; **выдува́ть ~** blow glass; **вытя́гивать [тяну́ть] ~** draw glass; **грани́ть ~** cut glass; **заглуша́ть ~** opacify glass; **закаля́ть ~** temper glass; **мати́ровать ~** frost glass; **обезга́живать ~** degas glass; **отжига́ть ~** anneal glass; **полирова́ть ~** polish glass; **(по)серебри́ть ~** silver glass; **прессова́ть ~** press glass; **прока́тывать ~** roll glass; **~ разруша́ется** glass shatters; **~ разруша́ется без оско́лков** glass does not break into fragments [splinters]; **спека́ть ~** sinter [frit] glass; **трави́ть ~** etch glass; **шлифова́ть ~** grind glass
алюмоборосилика́тное ~ aluminoborosilicate glass
арми́рованное ~ wire glass
безоско́лочное ~ non-splintering [safety] glass
бесцве́тное ~ (*не путать с* прозрачным стеклом) clear glass (*not to be confused with* transparent glass)
боросилика́тное ~ borosilicate glass
буты́лочное ~ bottle glass
ветрово́е ~ windshield, windscreen
витри́нное ~ plate glass
водоме́рное ~ water-level gauge glass
вулкани́ческое ~ volcanic glass
ды́мчатое ~ smoked [obscure] glass
жаросто́йкое ~ heat-resistant glass
жи́дкое ~ water glass, sodium silicate solution
закристаллизо́ванное ~ glass ceramic

стекло́
защи́тное ~ (*для остекления автомобилей*) safety glass; (*для осциллографов, телевизоров*) faceplate
зерка́льное ~ plate glass
известко́вое ~ lime glass
кали́йное ~ potassium glass, potassium silicate glass
ква́рцевое ~ quartz glass, vitreous silica glass
~ кероси́новой ла́мпы chimney
контро́льное ~ eye [feed, sight] glass
листово́е ~ sheet glass
лито́е ~ cast glass
лобово́е ~ (*фонаря кабины*) windshield, windscreen
маслоуказа́тельное ~ oil gauge glass
ма́товое ~ focusing screen
ме́рное ~ (liquid-level) gauge glass
многосло́йное ~ laminated glass
моло́чное ~ opal glass
на́триевое ~ soda (ash) glass, sodium silicate glass
небью́щееся ~ shatter-proof glass
неоди́мовое ~ neodymium-doped glass
неоргани́ческое ~ inorganic glass
непрозра́чное ~ opaque glass
око́нное ~ window glass, window pane
окра́шенное ~ stained [tinted] glass
опа́ловое ~ opal glass
опти́ческое ~ optical glass
органи́ческое ~ acrylic plastic
очко́вое ~ eye glass, spectacle lens
пло́ское ~ *стр.* flat glass
покро́вное ~ cover glass
полупрозра́чное ~ translucent glass
посу́дное ~ dish [dishware] glass
предме́тное ~ (*в микроскопии*) (microscopic) slide
прозра́чное ~ transparent glass
пуленепробива́емое ~ bullet-resisting [bullet-proof] glass
пустоте́лое ~ hollow glass
раствори́мое ~ soluble glass
рифлёное ~ rippled [ribbed, grooved, corrugated] glass
светорассе́ивающее ~ diffusing glass
свинцо́вое ~ lead glass
силика́тное ~ soda-lime glass
сло́истое ~ laminated glass
смотрово́е ~ sight glass
~ с про́волочной се́ткой wire glass
строи́тельное ~ structural glass
строи́тельное, про́фильное ~ structural glass shapes
сульфа́тное ~ sulphate of soda glass
~ с фа́ской bevelled glass
та́рное ~ container glass
теплозащи́тное ~ heat-resisting glass
термосто́йкое ~ heat-resistant glass
термоупрочнённое ~ heat-strengthened glass

стекло́
техни́ческое ~ industrial glass
увеличи́тельное ~ magnifying glass, magnifier
уви́олевое ~ uviol glass
узо́рчатое ~ figured [patterned] glass
указа́тельное ~ glass gauge
фасо́нное ~ moulded glass
филигра́нное ~ reticulated glass
фотохро́мное ~ photochromic glass
хи́мико-лаборато́рное ~ chemical glass
цветно́е ~ coloured glass
электрова́куумное ~ electron-tube glass
ячеи́стое ~ cellular glass
стеклобло́к *м.* glass block
стеклобо́й *м.* broken glass, cullet
стеклова́ние *с.* vitrification
стеклова́та *ж.* glass wool
стеклова́ть(ся) *гл.* vitrify
стеклови́дность *ж.* glassiness, vitreousness
стекловолокни́т *м.* glass-fibre-base laminate
стекловолокно́ *с.* glass fibre
стекло́граф *м.* grease pencil
стеклогра́фия *ж.* screening
стеклоду́в *м.* glass blower
стеклокера́мика *ж.* glass ceramic
стеклома́т *м.* glass mat
стеклонаполни́тель *м.* glass filler
стеклообогрева́тель *м.* defroster, windshield heater
стеклоомыва́тель *м.* windscreen washer
стеклоочисти́тель *м.* windscreen [windshield] wiper
стеклопаке́т *м.* multiple glass [multiple glazed] unit
стеклопла́стик *м.* glass-reinforced plastic
стеклоподъёмник *м.* glass-frame riser, window [door glass] regulator, window opener
стеклопрофили́т *м.* structural glass shapes
стеклоре́з *м.* glazier's diamond
стеклорого́жка *ж.* (*из целого стекловолокна*) glass fibre mat; (*из рубленого волокна*) chopped glass strand mat
стеклота́ра *ж.* glass containers
стеклотекстоли́т *м.* glass-cloth-base laminate
стеклотка́нь *ж.* glass cloth
стеклочуло́к *м.* glass braid
стекмаши́на *ж.* steak frenching machine
стеко́льщик *м.* glazier
стели́ть *гл.* (*расстилать*) spread
стелла́ж *м.* rack
стелла́ж-холоди́льник *м.* *мет.* cooling bed
кана́тный ~ rope-driven hot bed
ре́льсовый ~ rail-type cooling bed
стелли́т *м.* stellite
сте́лька *ж.* welt, inner sole, insole
втачна́я ~ sewn-in sock

сте́лька
прошивна́я ~ machine-sewn insole
стелю́ги *мн. ж.* (*стеллаж для охлаждения горячего проката*) hot bed, hot rack
стем *м. мор.* stem
стен/а́ *ж.* wall □ **возводи́ть ~у** erect [make, raise] a wall; **облицо́вывать ~у** (*работающей облицовкой*) face a wall; (*неработающей облицовкой*) veneer a wall; **перевя́зывать ~у** bond a wall (to ...); **придава́ть ~е́ жёсткость** stiffen a wall
вну́тренняя ~ interior wall
~ вы́работки *горн.* wall of a working □ **осту́кивать ~у вы́работки** jowl the wall of a working
глуха́я ~ blank [dead] wall
заполня́ющая ~ curtain [filler, inclosure, panel] wall
капита́льная ~ main wall
моноли́тная ~ cast-in-place [cast-in-situ] wall
нару́жная ~ exterior wall
ненесу́щая ~ non(load-)bearing wall
несу́щая ~ (load-)bearing wall
облицо́ванная ~ (*с работающей облицовкой*) faced wall; (*с неработающей облицовкой*) veneered wall
подпо́рная ~ retaining wall
~ ручно́й кла́дки masonry wall
~ ручно́й кла́дки, кирпи́чная brick masonry wall
самонесу́щая ~ self-bearing wall
сбо́рная ~ prefabricated wall
фунда́ментная ~ foundation [foot] wall
стенд *м.* stand
вибрацио́нный ~ shaker, shaker device, shaker unit
~ для балансиро́вки balancing stand
~ для испыта́ний дви́гателей engine test bed
~ для испыта́ний на раскру́тку spin pit
~ для предвари́тельного напряже́ния армату́ры *стр.* prestressing bed
испыта́тельный ~ test rig, test bed
пло́ский ~ (*для изготовления железобетонных изделий*) casting bed
разли́вочный ~ *мет.* casting stand
сбо́рочный ~ assembly stand, assembly jig
электромагни́тный ~ *св.* gripping plate
сте́нка *ж.* wall
~ ба́лки web of a beam
~ волново́да (wave)guide face, (wave)guide side, (wave)guide wall
забра́льная ~ (*водозаборного сооружения*) boom
шпунтова́я ~ sheet piling
стеногра́мма *ж.* stenogram
стеногра́фия *ж.* stenography
стено́п *м.* stenopic camera, camera obscura
сте́нсель *м.* stencil
сте́ньга *ж. мор.* topmast

сте́пен/ь *ж.* **1.** (*в значениях: размах, масштаб, уровень и т. п.*) degree, extent, level □ **в значи́тельной ~и** largely, to a considerable extent, to a considerable degree; **в ме́ньшей ~и** to a lesser extent, to a lesser degree; **в не́которой ~и** somewhat, to some extent, to some degree **2.** (*произведение нескольких равных сомножителей*) power □ **возводи́ть в ~** exponentiate, raise to (some) power **3.** *мех.* degree
~ возде́йствия (*каких-л. факторов*) severity of (exposure to)
~ делигнифика́ции *цел.-бум.* pulp cooking degree
~ диспе́рсности degree of dispersion
~ диспе́рсности, колло́идная colloidal dispersion, colloidal range of dimensions
~ диссоциа́ции degree of dissociation
~ дробле́ния reduction ratio
дро́бная ~ *мат.* fractional power
~ интегра́ции (*интегральных схем*) scale of integration
~ когере́нтности, ко́мплексная normalized coherence function
~ ко́рня index of a radical
~ многочле́на degree [order] of a polynomial
~ насыще́ния (*биполярного транзистора*) saturation coefficient
~ обжа́тия *прок.* percent reduction
~ окисле́ния oxidation level
~ очи́стки (*газа*) separation efficiency
~ покры́тия (*в адсорбции*) coverage
~ полимериза́ции degree of polymerization, D.P.
~ помехозащищённости (*вычислительного объекта*) noise protection level
~ помехоусто́йчивости (*вычислительного объекта*) noise immunity level
~ помо́ла (*бумажной массы*) freeness value
~ превраще́ния *хим.* fractional conversion
~ представле́ния *мат.* dimensionality of a representation
~ приближе́ния degree of approximation
~ проклеи́йки бума́ги paper sizing degree
~ расшире́ния expansion ratio
~ резерви́рования *т. над.* redundancy level
~ свобо́ды *мех.* degree of freedom
~ сжа́тия compression ratio
~ сто́йкости ко́жи temper of leather
~ суже́ния contraction ratio
~ су́хости (*пара*) dryness factor, dryness fraction
~ терми́ческого влия́ния *мет.* thermal efficiency
~ то́чки *мат.* degree of a point

сте́пен/ь
~ то́чности degree of accuracy
~ уравне́ния degree [order] of an equation
~ це́лостности *мат., киб.* degree of wholeness
~ черноты́ (*излучающего тела*) emissivity factor
степс *м.* **ма́чты** mast bed, mast step
стерадиа́н *м.* (*единица телесного угла в системе СИ*) steradian
стереоавто́граф *м.* stereoautograph
стереоголографи́я *ж.* stereoholography
стереогра́мма *ж.* axonometric chart
стереограммéтрия *ж.* stereogrammetry
стерео́граф *м.* stereograph
стереогра́фия *ж.* stereography
стереоизоме́р *м.* stereoisomer, stereomer
стереоизомери́я *ж.* stereoisomerism
стереокарто́граф *м.* stereocartograph
стереокомпара́тор *м.* stereocomparator
стереоме́тр *м.* stereometer
стереоме́трия *ж.* solid geometry, stereometry
стереомикроско́п *м.* stereoscopic microscope
стереомоде́ль *ж.* stereoscopic model, stereomodel, stereo-overlap, three-dimensional presentation
иллюзо́рная ~ imaginary stereoscopic model, virtual stereomodel
мни́мая ~ imaginary stereoscopic model, virtual stereomodel
стереопа́ра *ж.* stereo(scopic) pair
стереопрое́ктор *м.* stereoprojector
стереорисо́вка *ж.* stereo compilation
стереоско́п *м.* stereoscope
зерка́льный ~ mirror stereoscope
стереоскопи́я *ж.* stereoscopy
стереосни́мок *м.* stereoscopic photograph
стереотемплéт *м.* stereotemplet
стереоти́п *м.* stereo(type)
стереотипи́рование *с.* stereotyping
стереотипи́ровать *гл.* stereotype
стереоти́пия *ж.* stereotyping
стереотруба́ *ж.* stereoscopic telescope
стереофи́льм *м.* stereo(scopic) film
стереофони́я *ж.* stereophonic effect, stereophonic sound
стереофотограммéтрия *ж.* stereophotogrammetry
стереохи́мия *ж.* stereochemistry
стереоэффе́кт *м.* stereoscopic effect
стерженщи́к *м. лит.* coremaker
сте́ржень *м.* **1.** bar, rod **2.** (*вертикальный*) *стр.* column □ **заде́лывать ~, напр. одни́м концо́м** fix a column at, *e.g.*, one end; **опере́ть ~, напр. одни́м концо́м** pivot a column, *e.g.*, at one end
~ авари́йной защи́ты (*ядерного реактора*) safety rod
~ автомати́ческого регули́рования (*ядерного реактора*) (automatic) control rod
армату́рный ~ (reinforcement) bar

стéржень
арматýрный ~ периоди́ческого прóфиля deformed bar
~ винтá body of a screw
гńбкий ~ slender column
~ иглы́ needle stem, needle shank
измери́тельный ~ (*индикаторного глубиномера*) test-point
~ клáпана valve spindle, valve stem
компенси́рующий ~ (*ядерного реактора*) shim rod
литéйный ~ (mould) core □ **зачищáть [притирáть] литéйный ~** grind a core; **покрывáть литéйный ~ слóем графи́та** dust a core with graphite; **суши́ть литéйный ~** bake a core
литéйный, сырóй ~ green-sand core
магни́тный ~ *эл.* magnetic core
направля́ющий ~ guide pin, guide rod
натяжнóй ~ tension rod
~ поплавкá float spindle
~ (с пáстой) для шáриковых рýчек ball pen refill
~ стóпора *мет.* stopper rod
~ стрýйного течéния jet-stream core
тóнкий ~ slender column
тя́говый ~ drawbar, pull bar
ýгольный ~ (*электродуговой лампы*) carbon
стерилизáтор *м.* sterilizer
стерилизáция *ж.* sterilization
~ облучéнием irradiation sterilization
тепловáя ~ heat sterilization
~ тóками высóкой частоты́ high-frequency sterilization
~ ультрафиолéтовыми лучáми ultra-violet sterilization
~ фильтрáцией filter sterilization
холóдная ~ cold sterilization
стерилизовáть *гл.* sterilize
стери́льность *ж.* sterility
стерн/я́ *ж. с.-х.* stubble □ **лущи́ть ~ю** break [scuffle] the stubble
стетоскóп *м.* stethoscope
стехиомéтрия *ж.* stoichiometry
стилóметр *м.* metallurgical photometric spectroscope (Steelometer — *фирм. название*)
стилоскóп *м.* metallurgical spar [arc] spectroscope (Steeloscope — *фирм. название*)
стиль *м.* **1.** style, manner, fashion **2.** (*ручного перфоратора*) stylus
сти́мул *м. киб.* stimulus, excitation, drive
световóй ~ light stimulus
цветовóй ~ colour stimulus
стимули́рование *с.* **1.** stimulation; (*поощрение, поддержка*) encouragement **2.** *эк.* incentive
стимули́ровать *гл.* **1.** stimulate; (*поощрять, поддерживать*) encourage **2.** *эк.* use incentives
стимуля́тор *м.* stimulator, stimulant
~ рóста растéний plant growth stimulant

стимуля́тор
такти́льный ~ *элн.* tactile stimulator
стирáемость *ж.* erasability
стирáние *с.* **1.** (*записи, напр. на магнитной ленте*) erasure **2.** (*механическим действием*) rubbing **3.** (*изнашивание*) abrasion
стирáть *гл.* **1.** (*запись, напр. на магнитной ленте*) erase **2.** (*механическим действием*) rub (off), rub out, efface, wipe out **3.** (*мыть*) wash
сти́рка *ж.* washing, laundering
стирóл *м.* styrene
стог *м.* rick, stack
стоговóз *м.* stack mover
стогометáтель *м.* hay-stacker, stacker, ricker
стóжить *гл.* make haystack, stack, rick
стóимост/ь *ж.* cost □ **калькули́ровать ~** estimate costs; **~ью на,** *напр.* **1000 рублéй** *e.g.*, 1000 roubles' worth of ... *пример*: **закýплено оборýдование ~ью на 1000 рублéй** 1000 roubles worth of equipment was bought
конéчная ~ final cost
óбщая ~ total cost
~ основны́х фóндов, ликвидациóнная salvage value of assets
~ основны́х фóндов, первоначáльная original value of assets
первоначáльная ~ initial [original] cost
~ переговóров (connection) charge □ **~ переговóров определя́ется продолжи́тельностью переговóров и расстоя́нием мéжду абонéнтами** charges are based on time and distance
~ провóза freight charge
~ произвóдства fabrication cost, cost of production
~ рабóчей си́лы labour cost
смéтная ~ estimated cost
страховáя ~ insurable value
стóйк/а *ж.* **1.** (*в теории механизмов и машин*) fixed [stationary base] member **2.** (*элемент конструкции*) post, pillar **3.** (*для размещения аппаратуры*) *свз.* bay, rack □ **смонти́рованный на ~е** rack-mounted **4.** *горн.* prop, support
амортизациóнная ~ shock(-absorber) strut
ввóдно-кáбельная ~ cable-terminating bay
дверня́ ~ door pillar, door post
кáбельная ~ potted cable outlet, bootleg; *тлф.* cable (support) rack
~ кýзова *авто* pillar, window post
лéерная ~ *мор.* rail stanchion
~ лесóв *стр.* scaffold pole
микрофóнная ~ microphone stand
~ перебóрки *мор.* bulkhead stanchion
~ пери́л baluster, rail post
подши́пниковая ~ bearing pedestal
рудни́чная ~ pit prop
рудни́чная, винтовáя ~ threaded prop

стóйк/а
рудни́чная, гидравли́ческая ~ hydraulic prop, hydraulic jack
рудни́чная, подáтливая ~ yielding prop
рудни́чная, распóрная ~ anchor prop, anchor jack
рудни́чная, упóрная ~ anchor prop, anchor jack
тéнтовая ~ *мор.* awning stanchion
~ тонáльной коммутáции voice-frequency patching bay
фальшбóртная ~ *мор.* bulwark stanchion
стóйк/ий *прил.* (*о материале, конструкции*) ... -proof, ... -resistant □ **быть ~им в ...** *хим.* resist attack by ...; **мáгний стóек в хрóмовой кислотé** magnesium resists attack by chromic acid; **не быть ~им в ...** *хим.* be liable to attack by ..., not to resist attack by ...; **мáгний не стóек в вóдных раствóрах солéй** magnesium is liable to attack by aqueous salt solutions
стóйкость *ж.* **1.** (*к воздействию*) resistance to **2.** (*к износу*) durability **3.** (*постоянство свойств, качества*) stability
~ к дéйствию агресси́вных сред resistance to attack by corrosive media
~ к дéйствию плéсени mould [fungus] resistance
~ при хранéнии stability in storage
терми́ческая ~ thermal stability
сток *м.* **1.** (*движение жидкости*) discharge, flow, run-off; (*объёмный расход жидкости*) run-off [discharge] volume □ **зарегули́ровать ~** regulate the run-off **2.** (*устройство для направления потока*) discharge channel
безнапóрный ~ free-surface [gravity] flow
~ воды́ water flow □ **по ~у воды́** *стр.* with the pitch of the roof *пример*: **идти́ по ~у воды́** (*о швах кровли*) run with the pitch of the roof (*of the roof seams*)
возврáтный ~ regeneration flow
дождевóй ~ rainfall run-off
дренáжный ~ drainage effluent
жи́дкий ~ sludge liquor, liquid effluent
зарегули́рованный ~ (*рек, водохранилищ*) regulated run-off
ли́вневый ~ storm run-off
незарегули́рованный ~ natural flow
пáводковый ~ flood flow, flood run-off
повéрхностный ~ surface run-off
~ полевóго транзи́стора drain of a field-effect transistor
речнóй ~ river run-off
стокомéр *м.* flowmeter
стокрáтный *прил.* hundred-fold, centuple
стокс *м.* (*единица кинематической вязкости в системе СГС*) stokes

стол *м.* table
амальгамационный ~ amalgamating table, amalgamator
браковочный ~ *текст.* inspector's [cloth-inspection] table
вибрационный ~ vibrating table
встряхивающий ~ jolting table
делительно-поворотный ~ rotary indexing table
~ для закрепления заготовок work table
зарядный ~ *горн.* charging stand, charging table
~ испытательной машины на твёрдость anvil
конфекционный ~ (*для сварки пластмассовых изделий*) assembly (work) table
концентрационный ~ concentrator
красочный ~ *полигр.* ink plate
монтажный ~ *кфт.* editor
наборный ~ *полигр.* type case
обогатительный ~ table classifier
перемоточный ~ *кфт.* rewind(ing) table
подборочный ~ *полигр.* collation table
приёмный ~ *полигр.* delivery stacker, delivery table
прокладочный ~ *мор.* plotting table
разбраковочный ~ inspection table
разделочный ~ (*в камбузе*) galley-dresser; (*на кухне*) serving table
разметочный ~ *мор.* laying-out table
рудоразборный ~ ore-picking table
сотрясательный ~ *с.-х.* shaking table
чертёжный ~ drawing table, drawing desk
штурманский ~ chart table
столб *м.* pole, post □ **гудронировать ~** tar a pole; **ставить ~** set a pole
анкерный ~ anchor pole
водяной ~ water column
~ ворот gate post
~ дуги *эл.* arc column
~ жидкости (*в измерительных приборах*) liquid column
манометрический ~ manometric column
напорный ~ pressure column
натяжной ~ *свз.* anchoring pole
ртутный ~ mercury column
свободностоящий ~ detached pier, detached [self-supported] pole
угловой ~ corner post
фонарный ~ lamp post, lamp pole
фундаментный ~ foundation [bearing] post
~ шихты stock column
столбец *м.* (*таблицы, матрицы и т. п.*) column
столбик *м.* **1.** pole, post **2.** (*на гистограммах*) bar **3.** *мат.* column
~ для оттяжки guy stub
маркёрный ~ marking post
петельный ~ *текст.* wale
столбостав *м.* pole-setting machine
столик *м.* table

столик
~ микроскопа (microscopic) stage
обводной ~ *топ.* tracing [plotting] table
предметный ~ (microscopic) stage
столик-экран *м.* **фотоувеличителя** enlarger easel
столкновение *с.* collision □ **предупреждать ~** *ав., мор.* avoid a collision, steer an anti-collision course
касательное ~ grazing collision
лобовое ~ head-on collision
многократное ~ multiple collision
неупругое ~ inelastic [non-elastic] collision
обменное ~ exchange collision
скользящее ~ grazing collision
столовая *ж.* (*общественная, напр. на производстве*) canteen; (*в квартире*) dining room
столяр *м.* (bench) carpenter, joiner
столярка *ж. жарг.* **1.** (*совокупность столярных изделий в строительстве, напр. дома*) millwork **2.** (*столярная мастерская*) jointer's shop
столяр-краснодеревщик *м.* cabinet maker
стоп *м.* stop; rest □ **быть [оставаться] «на ~е»** (*о телетайпе или буквопечатающем телеграфном аппарате*) *жарг.* be at rest
стопа *ж.* stack, pile
~ бумаги *полигр.* ream, pile
стоп-анкер *м. мор.* kedge [stern, stream] anchor
стопка *ж.* stack, pile
~ перфокарт punch deck, punch stack
стоп-кадр *м. кфт.* still
стоп-кран *м.* emergency stop valve
стопор *м.* detent, keeper, lock, retainer
винтовой ~ *мор.* screw stopper
палубный ~ *мор.* deck stopper
~ походного положения stow(ing) lock
~ промежуточного сталеразливочного ковша tundish stopper
пружинный ~ spring lock
рулевой ~ *мор.* rudder brake
~ сталеразливочного ковша stopper □ **~ сталеразливочного ковша течёт [протекает]** the stopper runs
цепной ~ *мор.* chain stopper
шкальный ~ dial lock
~ шлаковой лётки bott
стопорить *гл.* lock
стоп-сигнал *м.* stop light
стоп-стержень *м.* (*ядерного реактора*) shut-down [scram] rod
сторожок *м. геод.* witness mark
сторон/а *ж.* **1.** (*пространство, расположенное по бокам или краям чего-л.*) side □ **по ту ~у** (*дальняя от наблюдателя*) on the far side (of ...); **по эту ~у** (*ближайшая к наблюдателю*) on the near side (of ...) **2.** (*направление*) direction □ **в ~у возрастающих величин** (*напр. частоты, напряжения*) move up in (*e.g., frequency, voltage*); **в ~у уменьшающихся величин** (*напр. частоты, напряжения*) move down in (*e.g., frequency, voltage*) **3.** (*одна из поверхностей, один из боков*) side □ **... ~ой вверх** with the ... side up(ward) *пример*: **крашеной ~ой вверх** with the painted side up(ward); **... ~ой вниз** with the ... side down **4.** (*линия, ограничивающая геометрическую фигуру*) side □ **квадрат со ~ой, равной *x*** a square of side *x* **5.** □ **показывать со ~ы ...** show (*something*) as viewed from the ... end *пример*: **переключатель показан со ~ы ручки** the switch is shown as viewed from the knob end
сторон/а
абонентская ~ *тлф.* subscriber's [drop] side
~ бумаги, верхняя paper felt side
~ бумаги, сеточная paper wire side
~ верхнего бьефа *гидр.* upstream side
внешняя ~ outside
водяная ~ 1. (*нагревательной поверхности*) water side **2.** (*парового насоса*) water end
волосяная ~ (*шкуры*) hair side
~ впуска (*жидкости, газа*) inlet (side)
~ вращения (*направление вращения*) sense [direction] of rotation
~ всасывания suction side
~ входа entry side
~ выпуска 1. (*жидкости, газа*) outlet (side) **2.** (*плавки*) tapping side
~ высокого вакуума (*диффузионного насоса*) fine side
~ высокого давления high-pressure side
~ высокого давления турбины high-pressure end of a turbine
~ высокого напряжения (*напр. трансформатора*) *англ.* high-tension [H.T.] side; *амер.* high-voltage [H.V.] side
~ выхлопа exhaust side
~ загрузки charging side
~ кожи, бахтарменная flesh side of leather
~ кожи, лицевая grain [hair] side of leather
~ кожи, мездровая flesh side of leather
~ коксовой батареи, коксовая coke [delivery, discharge] side
~ коксовой батареи, машинная pusher side
~ коксовой печи, коксовая coke [delivery, discharge] end
~ коксовой печи, машинная pusher end
левая ~ left(-hand) side
лицевая ~ face; front; (*ткани*) right side
~ Луны, видимая visible [near] side of the Moon
~ Луны, обратная far [hidden, reverse] side of the Moon

сторон/á
~ монéты side, face
~ монтажá *эл., рад.* wiring side; (*печатной схемы*) conductor side
навéтренная ~ windward side
~ нагнетáния (*напр. насоса*) pressure [delivery] side
~ нúзкого давлéния low-pressure side
~ нúзкого давлéния турбúны low-pressure end of a turbine
~ нúзкого напряжéния (*напр. трансформатора*) *англ.* low-tension [L.T.] side; *амер.* low-voltage [L.V.] side
~ плотúны, верховáя upstream side of a dam
~ плотúны, напóрная upstream side of a dam
~ плотúны, низовáя downstream side of a dam
подвéтренная ~ leeward side
прáвая ~ right(-hand) side
~ предéльного калúбра, непроходнáя [бракóвочная] "no-go" side of a limit gauge
~ предéльного калúбра, проходнáя [приёмная] "go" side of a limit gauge
~ прóфиля зýба, нерабóчая coast side of a tooth
~ прóфиля зýба, рабóчая drive side of a tooth
~ рáвенства member of an equality
разлúвочная ~ *мет.* pouring [casting] side
~ разрежéния suction side
~ растяжéния (*напр. балки*) tension side
растянутая ~ (*напр. балки*) tension side
~ сбегáния (*ленты конвейера*) slack side
~ сжáтия (*напр. балки*) compressive side
~ трансформáтора, повышáющая step-up side of a transformer
~ трансформáтора, понижáющая step-down side of a transformer
~ треугóльника side [leg] of a triangle
~ убóрочной машúны, полевáя crop side
~ углá arm [side] of an angle
~ уравнéния side of an equation
~ швa, внéшняя face of a weld
~ швa, лицевáя face of a weld
~ швa, обрáтная back of a weld
эмульсиóнная ~ *кфт.* emulsion side
стратéги/я *ж.* (*в теории игр*) strategy □ **~ A доминúрует над ~ей Б** strategy A dominates strategy B; **выбирáть ~ю** pick a strategy, choose among strategies
беспрóигрышная ~ safe strategy
генерáльная ~ master strategy
допустúмая ~ admissible strategy
~ минимáкса minimax strategy
оптимáльная ~ optimal strategy
~ пóиска search strategy

стратéги/я
~ решéний decision strategy
смéшанная ~ mixed strategy
чúстая ~ pure strategy
стратификáция *ж.* stratification
стратопáуза *ж.* stratopause
стратоплáн *м.* stratoplane
стратостáт *м.* stratosphere [stratospheric] balloon
стратосфéра *ж.* stratosphere
страховáние *с.* insurance
~ жúзни life insurance
страховáть *гл.* **1.** (*производить страхование*) insure **2.** (*предупреждать, защищать от чего-л. нежелательного*) (safe-)guard against
стрéйнер *м.* (*червячная машина с фильтрующей головкой*) *рез.* strainer
~ с гранулúрующей голóвкой strainer-pelletizer
~ с листýющей голóвкой strainer-slabber
стрейнúрование *с. рез.* straining
стрейнúровать *гл. рез.* strain, put through a strainer
стрел/á *ж.* **1.** (*для метания из лука или сходная по форме*) arrow **2.** (*грузоподъёмной или землеройной машины*) boom □ **опускáть *или* поднимáть ~ý** lower *or* raise the boom; **поворáчивать ~ý** (*в горизонтальной плоскости*) swing the boom; **поворáчивать ~ý на 360°** swing the boom around a full circle [through 360°]; **склáдывать ~ý в похóдное [трáнспортное] положéние** stow the boom; **сочленя́ть ~ý с мáчтой шарнúрно** pivot the boom to the mast; **увелúчивать вы́лет ~ы́** extend the boom
~ буровóй карéтки *горн.* rig boom
грузовáя ~ *мор.* cargo boom, derrick (boom)
~ копрá ram guide
~ погрýзчика loader arm
~ подъёма (*арки, фермы, свода*) rise
~ провéса прóвода sag of a conductor
~ прогúба sag
~ прогúба рессóры spring camber, spring deflection
спусковáя (упóрная) ~ *мор.* dagger [dog] shore
~ экскавáтора jib [boom] of a power shovel
стрелá-укóсина *ж.* gib
стрéлк/а *ж.* **1.** (*на чертеже, рисунке*) arrow(-head), arrowed line **2.** (*измерительного прибора*) pointer □ **арретúровать ~у** cage the pointer; **~ двúжется по шкалé** the pointer moves over [across] the scale; **~ двúжется скачкáми** the pointer hesitates at some points of the scale; **~ остан́авливается на ... делéнии шкалы́** the pointer comes to a stop [will stay at rest] over the ... scale mark; **~ отклоня́ется по шкалé** the pointer moves across [over, along] the dial; **разарретúровать ~ у** uncage the pointer **3.** *ж.-д.* switch, point

стрéлк/а
автоматúческая ~ automatic switch
входнáя ~ entrance switch
выходнáя ~ end [exit] switch
~ зáданного путевóго углá (*планового навигационного прибора*) course arrow
~ кóмпаса compass needle, needle of a compass □ **~ кóмпаса укáзывает на сéвер** the compass needle seeks North
магнúтная ~ magnetic [compass] needle □ **магнúтная ~ располагáется в направлéнии, совпадáющем с магнúтным меридиáном [вдоль магнúтного меридиáна]** the compass needle lines up with the magnetic north
~, механúчески управля́емая power-operated switch
~ часóв hand □ **по часовóй ~е** clockwise; **прóтив часовóй ~и** counter-clockwise, anti-clockwise
~ часóв, минýтная minute hand
~ часóв, часовáя hour hand
стреловúдност/ь *ж.* **крылá** (*самолёта*) wing sweep □ **с обрáтной ~ью (крылá)** sweptforward, forward-swept; **с прямóй ~ью (крылá)** backswept, sweptback; **увелúчивать ~ (крылá)** sweep (the wings) back [aft]; **уменьшáть ~ (крылá)** sweep (the wings) forward
~ (крылá), изменя́емая (в полёте) variable sweep
~ (крылá), прямáя sweepback, positive sweep
стрéлочник *м.* switchman, switchtender
стреля́ть *гл.* shoot, fire
стремúться *гл.* **к** (*нулю, бесконечности и т. п.*) *мат.* tend to (*zero, infinity, etc.*) □ **~ к предéлу почтú всю́ду** tend effectively to a limit
стрéмя *с.* **водостóчной трубы́** pipe clip, leader strap
стремя́нка *ж.* (*лестница*) rung [step] ladder
~ рессóры spring clip, spring U-bolt, spring centre band, spring centre clamp
стренд *ж.* plain-laid rope, strand
стригáль *м.* shearer
стригáльня *ж.* shearing shed
стригáльщик *м.* shearer
стрúжка *ж. с.-х.* shearing
стриктéйнер *м.* articulated container trailer
стрúкция *ж.* striction
стрúмер *м.* streamer
стрúнгер *м.* stringer
стрúппер *м. мет.* (ingot) stripper
стрúппер-кран *м. мет.* (ingot) stripper, ingot stripping crane, stripper-crane
стрипперовáние *с. мет.* ingot stripping
стричь *гл. с.-х.* shear

строб *м.* gate, strobe
~ да́льности range gate
двойно́й ~ double gate
заде́ржанный ~ delayed gate
у́зкий ~ narrow gate
ультрау́зкий ~ [УУС] narrow-narrow [N²] gate
строб-и́мпульс *м.* strobe [gating, gate] pulse
строби́рование *с.* gating
строби́ровать *гл.* gate, strobe
стробогенера́тор *м.* gate generator
стробоско́п *м.* stroboscope
строб-реле́ *м.* relay gate
строга́ние *с.* 1. *дер.-об., мет.* planing 2. *кож.* shaving
строга́ть *гл.* 1. *дер.-об., мет.* plane □ **~ на́черно** plane rough 2. *кож.* shave
стро́г/ий *прил. мат.* rigorous *пример:* **~ое доказа́тельство** a rigorous proof
стро́го *нареч. мат.* rigorously □ **дока́зывать ~** prove rigorously
стро́гость *ж. мат.* the rigour
строе́ние *с.* (*сооружение*) structure; (*здание*) building
~ железнодоро́жного пути́, ве́рхнее permanent way, track structure
~ железнодоро́жного пути́, ни́жнее ground work
~ моста́, ве́рхнее superstructure of a bridge
~ моста́, ни́жнее substructure of a bridge
~ моста́, пролётное framework [superstructure] of a bridge
стро́жка *ж.* 1. *св.* gouging 2. *кож.* slicking
ацетиле́но-кислоро́дная ~ oxyacetylene-flame gouging
возду́шно-дугова́я ~ arc-air gouging
газопла́менная ~ flame [gas] gouging
дугова́я ~ arc gouging
кислоро́дная ~ oxygen gouging
~ у́гольной дуго́й carbon-arc gouging
строи́тель *м.* builder, constructor
строи́тельство *с.* 1. (*деятельность*) construction 2. (*возведение сооружений, зданий*) development, project 3. (*отрасль народного хозяйства*) civil engineering 4. (*место, где производится постройка*) building site
доро́жное ~ highway engineering
жили́щно-гражда́нское ~ construction engineering
~ индустриа́льными ме́тодами industrialized construction
полносбо́рное ~ prefabrication construction
промы́шленное ~ industrial engineering
стро́ить *гл.* 1. (*в различных значениях*) build, construct 2. (*график, кривую*) plot 3. □ **~ гипо́тезу** frame [form] a hypothesis

стро/й *м.* commission, operation □ **вступа́ть в ~** go into operation, become operational, go on line; **выводи́ть из ~я** put out of commission [operation, order]; **выходи́ть из ~я** fail, get out of order
стро́йка *ж.* 1. (*возведение сооружений, зданий*) development, project 2. (*место, где производится постройка*) building site
стройплоща́дка *ж.* building site
строк/а́ *ж.* 1. (*текста*) line □ **изъя́ть ~у́** delete a line; **начина́ть с но́вой ~и́** indent, begin a new paragraph [a fresh item]; **передвига́ть [переходи́ть] на сле́дующую ~у́** feed a line; **пропуска́ть ~у́** skip a line 2. (*таблицы, матрицы и т. п.*) row □ **вычёркивать ~у́** (*напр. из матрицы*) strike out a row (*out of a matrix*) 3. *вчт.* string
~ би́тов *вчт.* bit string
~ зна́ков *вчт.* character string
контро́льная ~ *полигр.* check line
кра́сная ~ break line, paragraph
~ развёртки *тлв.* scan line
стро́нций *м.* strontium, Sr
строп *м.* sling □ **крепи́ть ~ на гру́зе** attach [secure] a sling to the load
грузово́й ~ cargo sling
цепно́й ~ *мор.* chain sling
стропа́ *ж.*:
~ парашю́та cord; (*крепящаяся к куполу*) shroud line
~ парашю́та, вытяжна́я (*в случае принудительного раскрытия*) static line
~ парашю́та, рифо́вочная reefing cord
~ парашю́та, центра́льная axial cord
стропи́ло *с.* rafter
стропи́ть *гл.* **груз** apply [attach, secure] hoist(ing) slings to the load
струбци́на *ж.* cramp; (*на элероны, рули и т. п.*) control-surface [gust] lock
струг *м.* 1. (*землеройная машина*) plough 2. (*ручной инструмент для работы по дереву*) adz(e) □ **обраба́тывать (древеси́ну) ~ом** dub a timber 3. *кож.* shaver
быстрохо́дный ~ rapid plough
~ для сыромя́ти *кож.* whitener
фане́рный ~ veneer planer
струевыпрями́тель *м.* straightening vane(s)
стру́жк/а *ж.* chip □ **дроби́ть ~у** crush chips; **лома́ть ~у** break chips; **отделя́ть ~у** separate chips; **снима́ть про́бную ~у** (*при обработке резанием*) run [make] a test cut
стружкоудале́ние *с.* chip disposal
стру́йка *ж.*, **элемента́рная** stream-line; filament
стру́йник *м. ав.* control jet
структу́ра *ж.* structure
~ а́льфа-фа́зы alpha structure
анизотро́пная ~ anisotropic structure
аустени́тная ~ austenitic structure

структу́ра
волокни́стая ~ fibrelike [fibrous] structure
встречноштырева́я ~ *элн.* interdigitated [interdigital] structure
гексагона́льная плотноупако́ванная ~ close-packed hexagonal structure
гребе́нчатая ~ comb structure
дендри́тная ~ dendritic [arborescent] structure
~ деформи́рованного мета́лла wrought structure
замедля́ющая ~ *элн.* slow-wave circuit, slow-wave structure
~ запомина́ющего устро́йства storage organization
здоро́вая ~ sound structure, soundness
зерни́стая ~ granular structure
зо́нная ~ energy-band structure
итерати́вная ~ (*релейного устройства*) iterative switching network
~ кома́нды *вчт.* instruction format
кристалли́ческая ~ crystalline structure
крупнозерни́стая ~ coarse-grain(ed) structure
лита́я ~ cast structure
макроскопи́ческая ~ macroscopic structure, macrostructure
мелкозерни́стая ~ fine grain structure
~ мета́лл — диэле́ктрик — мета́лл — полупроводни́к metal-insulator-metal-semiconductor [MIMS] structure
~ мета́лл — диэле́ктрик — полупроводни́к metal-insulator-semiconductor [MIS] structure
~ мета́лл — нитри́д — полупроводни́к metal-nitride-semiconductor [MNS] structure
~ мета́лл — о́кисел — полупроводни́к metal-oxide-semiconductor [MOS] structure
микроскопи́ческая ~ microscopic structure, microstructure
мозаи́чная ~ mosaic structure
нитеви́дная ~ filamentary structure
объёмно-центри́рованная ~ body-centred structure
плана́рная ~ planar structure
~ пове́рхности texture
поликристалли́ческая ~ polycrystalline structure
поло́счатая ~ banded structure
~ полупроводни́к — мета́лл — полупроводни́к semiconductor-metal-semiconductor [SMS] structure
~ пото́ка flow pattern
пра́вильная ~ regular structure
разупоря́доченная ~ disordered structure
решётчатая ~ lattice structure
сверхто́нкая ~ hyperfine structure
слои́стая ~ layer structure
сто́лбчатая ~ columnar structure
стеклова́тая ~ *горн.* glass structure
стро́чечная ~ *мет.* lineage structure
то́нкая ~ fine structure
то́чечная ~ dot structure

структу́ра
удлинённо-пласти́нчатая ~ bladed structure
упоря́доченная ~ ordered structure
эпитаксиа́льная ~ epitaxial structure
ячеи́стая ~ cellular structure
структури́рование *с.* structurization
струна́ *ж.* string
~ реохо́рда *эл.* slide wire
стру/я́ *ж.* jet □ **бить ~ёй** jet, squirt, spout forth in jets; **возмуща́ть ~ю** disturb the jet; **закру́чивать ~ю** swirl the jet; **отклоня́ть ~ю** deflect the jet; **~ распада́ется** the jet disintegrates; **~ расширя́ется** the jet diverges [expands]; **~ су́живается** the jet converges
вентиляцио́нная ~ ventilation stream □ **опроки́дывать вентиляцио́нную ~ю** *горн.* reverse (the) ventilation (stream)
водосли́вная ~ nappe, (falling) sheet of water
~ во́здуха (*в шахте*), **исходя́щая** return ventilation current, return ventilation air
~ во́здуха (*в шахте*), **поступа́ющая** intake ventilation current, intake ventilation air
дозвукова́я ~ subsonic stream, subsonic jet
звукова́я ~ sonic stream, sonic jet
пла́зменная ~ plasma jet
реакти́вная ~ reaction [propulsive] jet
ре́жущая ~ *св.* cutting jet
сверхзвукова́я ~ supersonic stream, supersonic jet
сме́шивающаяся ~ mixing jet
спу́тная ~ *ав.*, *мор.* wake
спу́тная ~ возду́шного винта́ propeller slipstream, propwash
спу́тная ~ крыла́ wing wake
спу́тная ~ реакти́вного самолёта jet wash
~ тече́ния flow filament
турбуле́нтная ~ turbulent jet
эжекти́рующая ~ inducing jet
стря́хивать *гл.* shake off, shake down; (*напр. осаждённую пыль*) dislodge [detach] (*e.g.*, *dust deposit*) from ...
сту́день *м.* jelly, gelatin(e)
грему́чий ~ blasting gelatin(e)
сту́дия *ж.* studio
~ звукоза́писи sound-recording studio
радиовеща́тельная ~ radio broadcast studio
телевизио́нная ~ television studio
стук *м.* knock
стул *м.* stool
~ накова́льни anvil block
сту́па *ж.* mortar
ступе́нчато *нареч.* stepwise
ступе́нчатость *ж.* gradation
~ выходно́го сигна́ла granularity
ступе́н/ь *ж.* **1.** (*часть системы*) stage **2.** (*элемент процесса, величина из ряда величин*) step □ **~ями** in steps

ступе́н/ь
акти́вная ~ (*турбины*) impulse stage
~ воздухоподогрева́теля, пе́рвая primary air-heater
~ вре́мени защи́ты *эл.* time grading
~ иска́ния *тлф.* selection stage
~ испари́теля *тепл.* effect
~ ле́стницы stair step
поса́дочная ~ *косм.* landing module
~ раке́ты stage □ **~ (раке́ты) выгора́ет** the stage burns out; **~ (раке́ты) отделя́ется** the stage separates [is separated]; **~ (раке́ты) отрабо́тала** the stage has burned out; **стыкова́ть ~и (раке́ты)** mate stages
~ раке́ты, ма́ршевая sustainer
~ реа́кции reaction step, reaction stage
ступе́нька *ж.* step
ступи́ца *ж.* (*колеса*) hub
~ возду́шного винта́ propeller boss
~ рулево́го колеса́ steering wheel boss
сту́пка *ж.* mortar
стык *м.* (*вид соединения или соединение*) (*для элементов типа балок, колонн и т. п. — соединение в торец; для панелей, листов обшивки судна и т. п. — вертикальное соединение по боковым кромкам*) butt (joint) □ **заде́лывать ~** pack [seal] a joint; **зама́зывать ~** lute a joint; **зацементо́вывать ~** (*заливать раствором*) grout a joint; **перекрыва́ть ~ накла́дкой** strap a butt (joint); **подпира́ть ~** support a joint; **развальцо́вывать ~** (*напр. под чеканку*) open a butt (*e.g.*, *for caulking*); **разноси́ть [разбра́сывать] ~и** (*располагать в шахматном порядке*) stagger butt joints; **уплотня́ть ~** pack [seal] the joint; **уплотня́ть ~ прокла́дкой** gasket a joint; **чека́нить ~** caulk a butt (joint)
армату́рный ~ bar [rod] joint
косо́й ~ skarf joint
монта́жный ~ field joint
~ навесу́ suspended joint
попере́чный ~ cross joint
ре́льсовый ~ rail joint
стыкова́ть *гл.* **1.** join; butt-joint **2.** □ **~ КЛА** (*на этапе сближения*) dock spacecraft; (*на этапе соединения*) mate spacecraft; **~ ступе́ни (раке́ты)** mate stages **3.** □ **~ (ште́псельный) разъём** *эл.* mate the connector halves, mate the plug and socket
стыко́вка *ж.* **косми́ческих лета́тельных аппара́тов [КЛА]** (*этап сближения*) docking; (*этап соединения*) mating
стюа́рд *м.* *ав.*, *мор.* steward, *ав.* *тж.* cabin attendant
стюарде́сса *ж.* *ав.* (*официальный термин*) cabin attendant; (*неофициальный термин*) air hostess
стя́гивание *с.* **1.** (*уменьшение в размере*) contraction, shrinkage; (*особ. потока, струи*) constriction □ **~ в то́чку** contraction to a point **2.** (*применение стяжек*) bracing **3.** (*концов чего-л.*) tightening
стя́жка *ж.* **1.** *мех.* tie, rod, brace, stay **2.** *стр.* covering
ваго́нная ~ car coupler
винтова́я ~ turn buckle
про́волочная ~ stay wire
рессо́рная ~ spring clamp, spring-leaf retainer, spring hoop
субгармо́ника *ж.* subharmonic
сублима́т *м.* sublimate
сублима́ция *ж.* sublimation
сублими́ровать *гл.* sublimate
субподря́дчик *м.* subcontractor
субпроду́кт *м.* *пищ.* by-product
субсиди́ровать *гл.* subsidize
субси́дия *ж.* subsidy
субста́нция *ж.* substance
субстра́т *м.* substrate, substratum
субструкту́ра *ж.* substructure
субти́тр *м.* *кфт.* sub-title
сугли́нок *м.* loam
су́дн/о *с.* ship, vessel (*в сочетаниях — равнозаменяемы*) □ **бункерова́ть ~** fuel a ship; **~ вы́брошено на бе́рег** the ship is stranded; **выве́шивать ~ на ста́пель-бло́ках** fair a vessel plumb [set a vessel in an upright position] on the blocks; **выса́живать(ся) с ~а** disembark [put ashore, land] from a vessel, leave a vessel; **грузи́ть ~** load a vessel; **заклады́вать (но́вое) ~** lay down a (new) vessel, lay the keel for a new vessel; **~ име́ет оса́дку, напр. 15 фу́тов** a vessel draws, *e.g.*, 15 feet; **~ нахо́дится в до́ке** the ship is lying at a dock; **~ (нахо́дится) на прико́ле** the ship is lying idle [is laid up]; **обшива́ть (деревя́нное) ~ до́сками** plank a ship; **обшива́ть (деревя́нное) ~ до́сками вгладь** carvel a ship, plank a ship with carvel work; **~ остана́вливается** the ship brings herself to rest; **~ отвали́ло от прича́ла** the ship drew out from her berth; **~ перела́мывается** the ship breaks her back; **поднима́ть (затону́вшее) ~** raise [salvage] a (sunken) vessel; **~ по́лностью снаряжено́ и оснащено́ (для пла́вания)** the vessel [ship] is all found [is well found]; **придава́ть ~у удобообтека́емую фо́рму** streamline the ship; **~ принима́ет на борт мно́го воды́** the vessel ships a good deal of water; **проводи́ть ~ в у́зкостях, кана́лах и т. п.** con a vessel; **разбира́ть ~ на лом** break up a ship; **разгружа́ть ~** discharge a vessel; **расцве́чивать ~ фла́гами** dress a ship; **~ сади́тся на опо́ры до́ка** the dock takes the ship's weight; **сажа́ть ~ на опо́ры до́ка** shore a vessel in a dock; **снять ~ с ме́ли** heave off the ship; **спуска́ть ~ на́ воду** launch a vessel, set a vessel afloat; **ста́вить ~ в док** dock a ship; **ста́вить ~ на прико́л** lay up a vessel; **ста́вить ~**

на ро́вный киль bring a ship on an even keel; **ста́вить ~ на я́корь** bring a ship to an anchor; **~ та́щится на я́коре** the ship drags her anchor; **~ те́рпит бе́дствие** the vessel is in distress; **~ че́рпает во́ду** a vessel ships water

су́дн/о
а́томное ~ nuclear-powered vessel
букси́рное ~ tug(boat), towboat
винтово́е ~ screw(-propelled) vessel
водоналивно́е ~ water carrier, water (transport) vessel
возду́шное ~ (*официальный термин ИКАО для атмосферных летательных аппаратов, напр. самолётов, вертолётов, автожиров и т. п.; не путать с* дирижаблем) aircraft (*not to be confused with* airship)
вспомога́тельное ~ (*промыслового флота*) auxiliary ship
гидрографи́ческое ~ surveying vessel
госпита́льное ~ hospital vessel
грузово́е ~ cargo vessel, freighter
~ для подво́дных иссле́дований underseas exploration ship
дноуглуби́тельное ~ dredging craft
добыва́ющее ~ (*для водного промысла*) catching vessel
затону́вшее ~ sunk ship, the wreck
зверобо́йное ~ sealer
ка́бельное ~ cable ship
кабота́жное ~ coasting vessel
китобо́йное ~ whaler, whaling boat
конте́йнерное ~ container ship
кра́новое ~ crane ship
ледоко́льное ~ ice-breaker (ship)
лесосплавно́е ~ timber-carrying vessel
лоцме́йстерское ~ boyage vessel
~ на возду́шной поду́шке hovercraft, hovership
надво́дное ~ surface vessel
наливно́е ~ tanker
~ на подво́дных кры́льях [СПК] hydrofoil craft
нау́чно-иссле́довательское ~ research ship
нау́чно-промысло́вое ~ fishery research vessel
нефтебурово́е ~ drilling vessel
нефтеналивно́е ~ oil tanker, oil-carrying vessel
обраба́тывающее ~ (*промыслового флота*) factory ship
океанографи́ческое ~ oceanographic ship
о́пытовое ~ experimental vessel
пассажи́рское ~ passenger ship
патру́льное ~ (*промыслового флота*) patrol vessel
~ пого́ды weather ship
подво́дное ~ submarine (vessel)
пожа́рное ~ fire-boat
приёмно-тра́нспортное ~ (*промыслового флота*) fish transport ship
прогу́лочное ~ pleasure boat
проме́рное ~ sounding vessel
промысло́вое ~ catching vessel

су́дн/о
промысло́вое, обраба́тывающее ~ factory ship
ре́йсовое ~ liner
рефрижера́торное ~ refrigerator ship
рыболо́вное ~ fishing vessel
рыбоохра́нное ~ fisheries patrol vessel
~ сбо́рной констру́кции fabricated ship
~ секцио́нной постро́йки fabricated ship
спаса́тельное ~ rescue vessel
спорти́вное ~ sports vessel
сухогру́зное ~ dry-cargo ship
торго́вое ~ merchant ship
тра́нспортное ~ transport ship
тре́йлерное ~ trailer ship

судове́рфь *ж.* shipyard, dockyard
судовожде́ние *с.* navigation, ship handling
~ в у́зкостях pilotage in narrow waters
~ по ориенти́рам navigation by pilotage
судомонта́жник *м.* shipwright
судоподъём *м.* ship salvaging
судоподъёмник *м.* canal-lift
судоремо́нт *м.* ship repair
судострое́ние *с.* shipbuilding
судострои́тель *м.* shipbuilder
судохо́дство *с.* navigation
сужа́ться *гл.* (*о проходе или канале для жидкости, газа, о струе жидкости, газа*) converge
суже́ние *с.* (*в поперечном сечении*) contraction, constriction, reduction; (*сход на конус*) taper
~ и́мпульса pulse narrowing
~ крыла́ wing taper (ratio)
относи́тельное ~ (percentage) reduction of area
относи́тельное ~ при разры́ве reduction of area at fracture
~ попере́чного сече́ния образца́ (*образование шейки*) necking
~ струи́ constriction [contraction] of a jet
су́живать(ся) *гл.* (*в поперечном сечении*) contract, constrict; (*сходить на конус*) taper
сукру́тина *ж. текст.* snarl, corkscrew
сулема́ *ж.* mercury-chloride sublimate
султа́н *м.* (*напр. дыма, пара*) plume (*of, e.g., smoke, steam*)
сульфа́т *м.* sulphate
сульфата́ция *ж.* sulphation, sulphating
~ пласти́н аккумуля́тора sulphation of the plates, accumulation of lead sulphate in the plates □ **происхо́дит ~ пласти́н аккумуля́тора** the battery develops sulphated plates [is sulphated]
сульфати́ровать *гл.* sulphate
сульфи́д *м.* sulphide
сульфиди́рование *с.* sulphurizing
сульфи́рование *с.* sulphurization

сульфи́ровать *гл.* sulphurize, sulphonate
сульфи́т *м.* sulphite
сульфита́тор *м.* sulphitator, sulphiter, sulphitation tank
сульфита́ция *ж.* sulphitation, sulphiting
сульфито́метр *м.* sulphitometer
сульфи́т-целлюло́за *ж.* sulphite pulp
сульфогру́ппа *ж.* sulpho group
сульфокислота́ *ж.* sulphonic acid
сульфона́т *м.* sulphonate
сульфони́рование *с.* sulphonation
сульфосо́ль *ж.* sulphosalt
су́мах *м.*, **коже́венный** tanner's sumach
сумахи́ровать *гл. кож.* retan with sumach
су́мерки *мн.* twilight
астрономи́ческие ~ astronomical twilight
гражда́нские ~ civil twilight
навигацио́нные ~ nautical twilight
су́мка *ж.* bag
~ для инструме́нта tool bag
парашю́тная ~ parachute bag
су́мм/а *ж.* sum □ **брать ~у по всем це́лым значе́ниям (от ... до ...)** take the sum over all integers (from ... to ...); **дава́ть в ~е ...** add up to ...; **получа́ть ~у, *напр.* трёх чи́сел** form the sum of, *e.g.*, three numbers; **составля́ть в ~е, *напр.* 12** add up to, *e.g.*, 12
алгебраи́ческая ~ algebraic sum
арифмети́ческая ~ arithmetic(al) sum
~ ве́кторов vector sum
геометри́ческая ~ vector sum
ито́говая ~ (sum) total □ **образова́ть ито́говую ~у** develop a total
контро́льная ~ check sum, checksum
логи́ческая ~ logical sum
~ невя́зок *геод.* accumulated discrepancy, accumulated divergence
оконча́тельная ~ final sum
~ по мо́дулю 2 modulo 2 sum
части́чная ~ partial sum
сумма́тор *м.* (*аналоговый*) summer; (*цифровой*) adder
амплиту́дный ~ Kirchhoff [amplitude] adder
двои́чный ~ binary adder
десяти́чный ~ decimal adder
и́мпульсно-компенсацио́нный ~ pulse-bucking adder
~ кольцево́го ти́па ring(-type) adder
~ на га́нновских прибо́рах Gunn-effect adder
нака́пливающий ~ (adder-)accumulator, counter-type adder
~ на три вхо́да three-input adder
одноразря́дный ~ one-digit [single-digit] adder
~ паралле́льного де́йствия parallel adder
по́лный ~ full adder
~ поря́дков чи́сел exponent adder

сумма́тор
~ после́довательного де́йствия serial adder
~ пото́ков *гидр.* flow summarizing valve
~ с автомати́ческой отрабо́ткой servo-operated summer
~ с двумя́ вхо́дами two-input adder
цифрово́й ~ digital adder
~ чи́сел number adder
электроннолучево́й ~ cathode-ray tube adder
сумма́тор-вычита́тель *м.* adder-subtracter
сумми́рование *с.* summation □ **производи́ть ~ по всем значе́ниям** take [make, extend] the summation with respect to all values; **производи́ть ~ по мо́дулю 2** take a modulo 2 sum, take a sum to modulo 2; **производи́ть ~ по пове́рхности** extend [make, take] the summation over a surface
сумми́ровать *гл.* sum (up), add together □ **~ по ...** sum with respect to ..., sum over ...; **~ по всем значе́ниям фу́нкции** sum over all values of a function; **~ с положи́тельным зна́ком** add (a number) positively
сумми́руемость *ж.* summability
сумми́руемый *прил.* summable
супераэродина́мика *ж.* superaerodynamics
супервидико́н *м.* supervidicon
супергетероди́н *м.* superhet(erodyne) receiver
супергру́ппа *ж.* (*в многоканальной в. ч. связи*) supergroup
суперикоиоско́п *м.* image iconoscope
суперкавита́ция *ж.* supercavitation
суперкала́ндр *м.* supercalender
суперлюминесце́нция *ж.* (*лазера*) superfluorescence
суперма́ркет *м.* supermarket
суперобло́жка *ж.* dust jacket
суперортико́н *м.* image orthicon
~ с больши́м расстоя́нием се́тка — мише́нь wide-spaced image orthicon
~ с ма́лым расстоя́нием се́тка — мише́нь close(ly)-spaced image orthicon
суперпарамагнети́зм *м.* superparamagnetism
суперпози́ция *ж.* superposition
суперрегенера́тор *м.* superregenerator □ **гаси́ть ~** quench the superregenerator
~ с отде́льным генера́тором вспомога́тельной частоты́ separate-quench superregenerator
суперрефра́кция *ж.* superrefraction
суперструкту́ра *ж.* superstructure
суперфи́ниш *м. мет.* supefinish
суперфинишёр *м. пищ.* superfinisher
суперфиниши́рование *с. мет.* superfinish
суперфосфа́т *м.* superphosphate □ **выде́рживать ~** age [cure, mature] superphosphate; **гранули́ровать ~** (*окатыванием*) pelletize superphosphate; (*вырезкой перфолистами*) granulate superphosphate; **~ затвердева́ет** superphosphate hardens; **обесфто́ривать ~** de-fluorinate superphosphate; **обогаща́ть ~** enrich superphosphate; **перелопа́чивать ~** (*при хранении в кучах*) shovel superphosphate (*while in piles*); **~ ретрогради́рует** superphosphate undergoes reversion; **сва́ливать ~ в ку́чи [в штабеля́]** pile superphosphate; **~ слёживается** superphosphate cakes; **сме́шивать ~** (*без добавки других компонентов*) mix superphosphate; (*для получения многокомпонентных смесей*) blend superphosphate
суперфосфа́т
аммиа́чный ~ ammoniac superphosphate
аммонизи́рованный ~ ammoniated superphosphate
гранули́рованный ~ granular [granulated] superphosphate
двойно́й ~ triple superphosphate; (*иногда*) double superphosphate (*Примечание. Советская классификация не совпадает с зарубежной*)
оса́дочный ~ sludge superphosphate
просто́й ~ simple superphosphate
суперцентрифу́га *ж.* supercentrifuge
суперэмитро́н *м. англ.* superemitron; *амер.* image iconoscope
су́песь *ж.* sand loam
супина́тор *м.* arch support
супли́рование *с.* (*шёлка*) soupling, boiling-off
су́п(п)орт *м.* (*токарного станка*) carriage
бокові́й ~ side-hung carriage
поворо́тный ~ swivel carriage
попере́чный ~ reach-over carriage
револьве́рный ~ (*металлообрабатывающего станка*) turret
~ шлифова́льного станка́ wheel-head
сургу́ч *м.* sealing wax
сурди́на *ж.* so(u)rdine, mute, muffler
сурдока́мера *ж.* isolation chamber
су́рик *м.* minium
желе́зный ~ iron minium, red ocher
свинцо́вый ~ red lead
суровьё *с.* raw [untreated] fabric
суррога́т *м.* substitute
сурьма́ *ж.* antimony, Sb
сурьмя́нистый *прил.* antimonide
суса́ль (*сусальное золото*) *ж.* (artificial) leaf-gold, (artificial) gold leaf □ **изготовля́ть ~** beat gold into leaf
су́сло *с.* wort
сусломе́р *м.* mustmeter
суспе́нзи/я *ж.* suspension □ **находи́ться в ~и** be suspended, be in suspension; **переходи́ть в ~ю** pass into suspension
~, загружа́емая в центрифу́гу feed slurry
су́тки *мн.* day, twenty-four hours
астрономи́ческие ~ astronomical day
су́тки
гражда́нские ~ civil [legal] day
звёздные ~ sidereal day
со́лнечные ~ solar day
со́лнечные, и́стинные ~ apparent solar day
со́лнечные, сре́дние ~ mean solar day
суту́нка *ж.* sheet billet, sheet bar
суфлёр *м.* (*сапун*) breather
суфли́рование *с. двс* breathing, venting
суфля́р *м.* (*источник бурного выделения метана в шахте или газа из горных пород*) blower, feeder
суффо́зия *ж.* suffosion
~ ма́ссы piping by heave
суха́рь *м. маш.* block
~ щёковый дроби́лки toggle seat
сухопа́рник *м.* steam heater, boiler-steam dome
сухосоле́ние *с. кож.* dry salting
су́хость *ж.* dryness; aridity
суче́ние *с.* twisting, roving; (*шёлка*) throwing
сучкова́тость *ж.* knottiness
сучкоре́зка *ж.* lopping shears
сучкору́б *м.* knot bumper, knotter
сучо́к *м.* knot
су́ш/а *ж.* land □ **выса́живаться на ~у** land
суше́ние *с.* drying
суши́лка *ж.* drier, dryer □ **~ рабо́тает периоди́чески** the drier handles the material in batches, the drier operates intermittently
бараба́нная ~ drum drier
ба́шенная ~ drying tower
ва́куумная ~ vacuum drier
вальцо́вая ~ (*одновальцовая*) film drum drier; (*двухвальцовая*) roller drier
возду́шная ~ air drier
высокочасто́тная ~ high-frequency drier
индукцио́нная ~ high-frequency drier
ка́мерная ~ chamber [compartment] drier
конвекти́вная ~ convection drier
конта́ктная ~ contact drier
ле́нточная ~ continuous-belt [conveyer-band] drier
~ непреры́вного де́йствия continuous drier
~ непрямо́го де́йствия indirect-heat drier
парова́я ~ steam drier
~ периоди́ческого де́йствия batch drier
петлева́я ~ loop drier
пневмати́ческая ~ pneumatic [flash] drier
противото́чная ~ counter-current drier
~ прямо́го де́йствия direct-heat drier
прямото́чная ~ co-current drier
радиацио́нная ~ infra-red drier
распыли́тельная ~ spray drier

суши́лка
~ с за́мкнутой циркуля́цией closed-circuit [recirculation] drier
~ с кипя́щим сло́ем fluidized-bed drier
~ с меша́лками agitated pan
~ с нагре́вом отходя́щим тепло́м waste heat drier
сублимацио́нная ~ freeze drier
таре́льчатая ~ plate drier
теорети́ческая ~ ideal drier
тру́бчатая ~ rotary (steam-)tube drier
тунне́льная ~ tunnel drier
центробе́жная ~ centrifugal drier
ша́хтная ~ shaft drier
суши́ло *с.* drying oven, drying kiln
суши́ть *гл.* dry □ **~ на шеста́х** pole-dry
су́шк/а *ж.* drying □ **ускоря́ть ~у** promote drying
атмосфе́рная ~ (*не путать с воздушной сушкой*) atmospheric drying (*not to be confused with* air drying)
аэрофонта́нная ~ (*целлюлозы*) flash drying
ва́куумная ~ vacuum drying
возду́шная ~ air drying □ **возду́шной ~и** air-dried
индукцио́нная ~ high-frequency drying
~ инфракра́сными луча́ми infra-red drying
ка́мерная ~ chamber [compartment] drying
конвекти́вная ~ convection drying
конта́ктная ~ contact drying
печна́я ~ oven-drying
радиацио́нная ~ radiant(-heat) drying
распыли́тельная ~ spray drying
транспирацио́нная ~ (*древесины на лесосеке*) transpiration drying
хими́ческая ~ chemical drying
суще́ственно *нареч.* **отли́чный от нуля́** appreciably different from zero
существова́ние *с.* existence
~ в це́лом *мат.* global existence
~ (и еди́нственность) реше́ния existence (and uniqueness) of a solution
сфе́ра *ж.* sphere
небе́сная ~ celestial sphere
сфе́рики *мн.* spherics, sferics
сфери́чность *ж.* 1. sphericity 2. (*гранул катализатора*) spherical shape factor
сферо́ид *м.* spheroid, ellipsoid of revolution
сфероидиза́ция *ж.* spheroidizing, spheroidization
сферо́метр *м.* spherometer
сферометри́я *ж.* spherometry
сфигмо́граф *м.* sphygmograph, pulse-recording device
сфигмомано́метр *м.* sphygmomanometer
схват *м.* gripping device, grab, (grab) tongs

схва́тывание *с.* 1. (*механическое действие, захват*) drip(ping), grab(bing) 2. (*затвердевание вяжущих материалов*) set(ting) □ **замедля́ть ~ бето́на** retard the set(ting) of concrete; **предотвраща́ть ~ бето́на** inhibit the set(ting) of concrete; **ускоря́ть ~ бето́на** promote the set(ting) of concrete
схва́тываться *гл.* (*о вяжущих материалах*) set □ **~ за** (*какой-то период времени*) set in (*so many hours*)
схе́м/а *ж.* 1. (*графическое изображение, чертёж*) diagram 2. (*совокупность элементов и цепей связи*) circuit; (*разновидность какой-л. схемы*) circuit design □ **возбужда́ть ~у** drive a circuit; **запуска́ть ~у** trigger a circuit; **подгота́вливать ~у** arm a circuit, set up a circuit in readiness for operation; **... со́бран по ~е ёмкостной трёхто́чки ...** connected in the Hartley oscillator circuit; **составля́ть ~у** draw (up) a circuit; **существу́ет не́сколько схем супергетероди́нного приёмника** superhets come in several circuit designs 3. (*изображение, образ действия, последовательность событий*) scheme, plan
автоди́нная ~ autodyne circuit
~ автомати́ческой подстро́йки частоты́ [АПЧ] automatic frequency control [AFC] circuit
анало́говая ~ analog circuit
~ ано́дного повтори́теля see-saw circuit
~ антисовпаде́ний anticoincidence circuit
бала́нсная ~ balanced circuit
~ Берну́лли (*в теории вероятностей*) Bernoulli trials
ве́нтильная ~ gate (circuit)
~ вентиля́ции ventilation (system), ventilation plan
~ вентиля́ции, за́мкнутая closed-circuit ventilation (system)
~ вентиля́ции, осева́я axial ventilation (system)
~ вентиля́ции, протяжна́я open-circuit ventilation (system)
~ вентиля́ции, радиа́льная radial ventilation (system)
~ включа́ющее ИЛИ inclusive OR circuit
~ вычисле́ния computational scheme, pattern of calculation
~ вычита́ния subtract(ion) circuit
~ гаше́ния луча́ blanking circuit
герметизи́рованная ~ potted circuit
гибри́дная ~ hybrid circuit
двухта́ктная ~ push-pull circuit
двухта́ктная ~ с о́бщим като́дным сопротивле́нием long-tailed pair
~ деле́ния dividing circuit
~ деле́ния на́ два divide-by-two circuit, binary scaler
дифференци́рующая ~ differentiating circuit
~ заде́ржки delay circuit

схе́м/а
~ замеще́ния equivalent circuit
заостря́ющая ~ peaking circuit
запомина́ющая ~ memory [storage] circuit
~ запре́та (*логический элемент*) NOT-AND [NAND] circuit, NOT-AND [NAND] gate, inhibitor circuit, inhibit gate
~ за́пуска trigger circuit
~ засве́та развёртки *рлк.* intensifier gate circuit
~ И AND circuit, AND gate
~ И — И AND-to-AND circuit
~ И — ИЛИ AND-to-OR circuit
~ ИЛИ OR circuit, OR gate
~ ИЛИ — И OR-to-AND circuit
~ ИЛИ — ИЛИ OR-to-OR circuit
и́мпульсная ~ pulse circuit
~ И — НЕТ NOT-AND [NAND] circuit, NOT-AND [NAND] gate
интегра́льная ~ integrated circuit □ **помеща́ть интегра́льную ~у в ко́рпус** encase an integrated circuit
интегра́льная, больша́я ~ [БИС] large-scale integrated [LSI] circuit
интегра́льная, гибри́дная ~ hybrid integrated circuit, hybrid IC, HIC
интегра́льная, моноли́тная ~ monolithic integrated circuit, MIC
интегра́льная, осаждённая ~ deposited integrated circuit
интегра́льная, плана́рная эпитаксиа́льная ~ planex integrated circuit
интегра́льная, полупроводнико́вая ~ semiconductor integrated circuit
интегра́льная ~ СВЧ диапазо́на microwave integrated circuit
интегра́льная ~ с инжекцио́нным возбужде́нием integrated-injection-logic [I^2L] circuit
интегра́льная, толстоплёночная ~ thick-film integrated circuit
интегри́рующая ~ integrating circuit, integrating network
~ исключа́ющее ИЛИ exclusive OR circuit, exclusive or [nonequivalent] element
каско́дная ~ cascode circuit
квадрату́рная ~ quadrature network
кинемати́ческая ~ mechanical diagram
кольцева́я ~ ring circuit
коммутацио́нная ~ diagram of connections; wiring diagram
компоно́вочная ~ lay-out diagram
~ корре́кции часто́тной характери́стики compensating network
~ корре́кции часто́тной характери́стики, проста́я series frequency compensating network
~ корре́кции часто́тной характери́стики, сло́жная shunt frequency compensating network
криотро́нная ~ cryotron circuit
логи́ческая ~ (*материальный объект*) logic(al) (circuit); (*совокупность логических элементов*) logic system □ **стро́ить логи́ческую ~у**

на ба́зе реле́ mechanize the logic system with relays
схе́м/а
логи́ческая ~ без па́мяти combinational logic network
логи́ческая, дио́дная ~ diode logic circuit
логи́ческая, дио́дно-транзи́сторная ~ diode-transistor logic, DTL
логи́ческая, микроминиатю́рная ~ micrologic circuit
логи́ческая ~ на магни́тных серде́чниках core logic
логи́ческая ~ на параметро́нах parametron logic
~ логи́ческая ~ на поро́говых элеме́нтах threshold logic
логи́ческая ~ на транзи́сторах и рези́сторах resistor-transistor logic
логи́ческая, потенциа́льная ~ level logic
логи́ческая, рези́сторно-транзи́сторная ~ resistor-transistor logic
логи́ческая ~ с па́мятью sequential logic circuit, sequential logic network
логи́ческая, транзи́сторная ~ с непосре́дственными свя́зями direct-coupled transistor logic
маке́тная ~ breadboard model
ма́тричная ~ matrix circuit
микроминиатю́рная ~ microminiature [micromin] circuit
микроэлектро́нная ~ microelectronic circuit
мнемони́ческая ~ mimic diagram
многофункциона́льная ~ multifunction circuit
модели́рующая ~ analog circuit
мо́дульная ~ modular(ized) circuit
молекуля́рная ~ molecular circuit
монта́жная ~ wiring diagram, wiring lay-out
мостова́я ~ *эл.* bridge circuit
~ набо́ра зада́чи, структу́рная *вчт.* problem set-up
нагля́дная ~ pictorial diagram
~ нака́чки pump(ing) circuit
~ на не́скольких криста́лликах multichip circuit
~ на не́скольких чи́пах multichip circuit
~ на то́лстых плёнках thick-film circuit
~ на то́нких плёнках thin-film circuit
~ на транзи́сторах transistor circuit
~ НЕ NOT circuit, NOT gate
невзаи́мная ~ unilateral [nonreciprocal] network
~ НЕ И NOT AND [NAND] circuit, NOT AND [NAND] gate
~ НЕ ИЛИ NOT OR circuit, NOT OR gate
нелине́йная ~ non-linear circuit, non-linear network
~ несовпаде́ния non-coincidence [anticoincidence] circuit

схе́м/а
~ образова́ния дополне́ния (числа́) *вчт.* complementer
~ образова́ния дополни́тельного ко́да (числа́) *вчт.* 2's complementer
~ образова́нил обра́тного ко́да (числа́) *вчт.* 1's complementer
~ обра́тной корре́кции *рад.* deemphasis circuit
~ обра́тной свя́зи feedback circuit
~ объедине́ния OR circuit, OR gate
однолине́йная ~ *эл.* single-line diagram, single-line scheme
однота́ктная ~ single-ended circuit
опти́ческая ~ (*напр. микроскопа*) optical train
переключа́ющая ~ switch(ing) [commutation] circuit
переключа́ющая ~ на криотро́нах cryotron switching [commutation] circuit
пересчётная ~ scaler, scaling circuit
пересчётная, бина́рная ~ scale-of-two circuit, binary scaler
пересчётная, дека́дная ~ scale-of-ten circuit, decade scaler
пересчётная, кольцева́я ~ ring scaler
пересчётная ~ с коэффицие́нтом пересчёта N scale-of-N circuit, modulo-N scaler
печа́тная ~ printed circuit
печа́тная, микроминиатю́рная ~ microprinted circuit
~ пита́ния, одноните́чная *тепл.* single-run feeding system
~ пита́ния, паралле́льная *рад.* parallel feed □ **~ пита́ния ано́дной це́пи ла́мпы — паралле́льная** parallel feed is used in the anode circuit
плана́рная ~ planar circuit
пневмати́ческая ~ pneumatic circuit
~ повтори́теля (*логический элемент*) OR circuit, OR gate
поро́говая ~ threshold circuit
потенциа́льная ~ level circuit
принципиа́льная ~ 1. (*изображение*) schematic (diagram); (*неэлектрическая, напр. механического устройства*) (simplified) line diagram; (*пневматического или гидравлического устройства*) flow diagram (of an apparatus) **2.** (*материальный объект*) fundamental [basic] circuit arrangement
~ прове́рки test set-up □ **собра́ть ~у прове́рки по рис. 1** establish the test set-up shown in Fig. 1
~ прове́рки чётности parity checker
~ произво́дственного проце́сса, маршру́тная plant flow diagram, route sheet
~ прока́тки rolling schedule
противоколеба́тельная ~ antihunt circuit
противоме́стная ~ *тлф.* antisidetone circuit
~ проце́сса, технологи́ческая 1. (*диаграмма*) flow chart, flow sheet, flow diagram **2.** (*размещение производственного оборудования*) plant layout

схе́м/а
~ пупиниза́ции *свз.* loading scheme
пускова́я ~ 1. *тепл.* start-up system **2.** *элн.* trigger circuit
пускова́я, однора́зовая ~ *элн.* single-shot trigger circuit
развя́зывающая ~ *свз.* isolation network
~ разделе́ния separation circuit
~ разноимённости exclusive OR circuit; exclusive OR [non-equivalence] element
~ распа́да *физ.* decay [disintegration] scheme
~ расположе́ния lay-out diagram
~ расположе́ния ламп *рад.* tube-location diagram
~ распределе́ния па́мяти memory allocation scheme
регенерати́вная ~ regenerative [positive feedback] circuit
реже́кторная ~ rejector circuit
релаксацио́нная ~ relaxation circuit
реле́йно-конта́ктная ~ (relay) switching circuit
~ самолёта, аэродинами́ческая airplane configuration
~ с двумя́ усто́йчивыми состоя́ниями bistable circuit
~ селе́кции дви́жущихся це́лей moving target indicator [MTI] canceller
~ с заземлённой се́ткой grounded-grid [common-grid] circuit
~ с заземлённым като́дом grounded-cathode [common-emitter] circuit
~ с заземлённым колле́ктором grounded-collector [common-collector] circuit
~ с заземлённым эми́ттером grounded-emitter [common-emitter] circuit
симметри́чная ~ symmetrical circuit
~ синхрониза́ции sync(hronizing) circuit
~ синхрониза́ции, гла́вная master clock
~ с като́дной свя́зью cathode-coupled circuit
скеле́тная ~ skeleton diagram
~ сма́зки lubrication diagram, lubrication chart
~ смеще́ния це́нтра развёртки off-centring circuit
собира́тельная ~ OR circuit, OR gate
~ с о́бщей като́дной нагру́зкой, парафа́зная long-tail-pair circuit
~ совпаде́ния AND [coincidence] circuit, AND gate
~ с одни́м усто́йчивым состоя́нием monostable circuit
~ соедине́ний (diagram of) connections

схе́м/а
~ соедине́ния трансформа́тора winding connection(s)
спускова́я ~ *элн.* trigger circuit
~ сравне́ния comparison circuit
~ с разделе́нием сигна́лов по частоте́ (*форма организации связи или системы*) frequency-division multiplex [FDM] working
стабилизи́рующая ~ stabilizing circuit
структу́рная ~ block diagram
сумми́рующая ~ (*дискретных сигналов*) add(ing) circuit; (*аналоговых сигналов*) summing circuit
~ счёта (*последовательность арифметических и логических операторов в алгоритме ЭВМ*) path of control
счётная ~ counting circuit
твердоте́льная ~ solid-state circuit
твердоте́льная, эпитаксиа́льная ~ epitaxial solid circuit
Т-обра́зная ~ T-circuit, T-network
~ токопрохожде́ния signal-flow diagram
толстоплёночная ~ thick-film circuit
тонкоплёночная ~ thin-film circuit
транзи́сторная ~ transistor(ized) circuit
~ трёхто́чки, ёмкостная Colpitts oscillator (circuit)
~ трёхто́чки, индукти́вная Hartley oscillator (circuit)
~ удвое́ния doubling circuit, doubler
~ удлине́ния и́мпульсов pulse stretcher
~ умноже́ния multiply(ing) circuit
~ умноже́ния на́ два multiply-by-2 circuit
~ управле́ния control circuit
усредня́ющая ~ averaging circuit, averager
~ фа́зовой автомати́ческой подстро́йки частоты́ [ФАПЧ] phase-lock loop, PLL
фазовраща́тельная ~ phase-shifting network
фикси́рующая ~ clamp(ing) circuit, clamper
формиру́ющая ~ shaping circuit, shaper
функциона́льная ~ functional (block) diagram; *вчт.* logic diagram
цепна́я ~ ladder circuit, ladder [recurrent] network
эквивале́нтная ~ equivalent circuit
~ экскава́ции *горн.* excavation scheme
электри́ческая ~ circuit diagram
электро́нная ~ electronic circuit
~ электропрово́дки wiring diagram
~ энергети́ческих у́ровней energy-level diagram
схемати́чность *ж.* sketchness
схемоте́хника *ж.* circuit engineering
схлёстывание *с.* **проводо́в при раска́чивании** swinging cross, whipping of wires

схло́пывание *с.* (*кавитационного пузырька*) collapse
сход *м.* **1.** *мат.* vanishing point **2.** (*при рассеве материала*) tailings, tails
сходи́мость *ж. мат.* convergence, convergency □ **замедля́ть** *или* **ускоря́ть ~ проце́сса итера́ции** cause the iteration (process) to converge slowly *or* quickly; **иссле́довать (ряд) на ~** test [examine] (a series) for convergence
~ в сре́днем convergence in the mean
~ по вероя́тности convergence in probability
~ по ме́ре convergence in measure
сходи́ть *гл.* □ **~ на нет** decrease to zero; **~ с орби́ты** deorbit
сходи́ться *гл. мат.* converge □ **~ в основно́м** converge weakly; **~ в сре́днем** converge in the mean; **~ к ...** converge to ...; **~ по вероя́тности (к ...)** converge in probability (to ...)
схо́дни *мн.* gangboard, gangplank, gangway
схо́дственный *прил.* (*в теории подобия*) analogous
схожде́ние *с.* convergence
~ колёс toe-in
~ колёс, обра́тное toe-out
СЦБ [сигнализа́ция, централиза́ция и блокиро́вка] signals and interlocking
сце́живание *с.* decantation, elutriation
сце́живать *гл.* decant, elutriate, filter off
сце́пка *ж. с.-х.* hitch(ing); *авто, ж.-д.* coupler, coupling
сцепле́ни/е *с.* **1.** (*состояние или процесс*) engagement, mesh **2.** (*муфта сцепления*) *авто* clutch □ **включа́ть ~** put the transmission in gear, engage clutch; **~ включи́лось** *или* **не включи́лось** the transmission went *or* did not go in gear; **выключа́ть ~** disengage clutch; **~ проска́льзывает** the clutch slips; **~ рабо́тает ре́зко** the clutch is harsh [is fierce]; **с включённым ~ем** in gear; **с выключенным ~ем** out of gear; **~ схва́тывает** the clutch grubs **3.** (*связь*) adhesion, bond
~ автомоби́ля, ди́сковое disk clutch
~ автомоби́ля, фрикцио́нное friction clutch
~ автомоби́ля, центробе́жное centrifugal clutch
~ алгори́тма algorithm concatenation
~ бето́на с армату́рой bond [adhesion] between concrete and steel
ги́бкое ~ flexible coupling
~ части́ц (*напр. при обжиге*) coalescence of particles
~ ши́ны с доро́гой road grip [road-holding capacity] of a tyre
сцепля́емость *ж.* adhesiveness, cohesion
сцепля́ть *гл.* couple, clutch

сцепля́ться *гл.* **1.** engage, mesh **2.** (*о частицах*) stick together; (*о частицах материала, напр. при обжиге*) coalesce
сце́пщик *м.* coupler
сцинтигра́мма *ж.* scintigram
сцинтилло́граф *м.* scintillograph
сцинтилля́тор *м.* scintillator, scintillating phosphor
~ с коро́тким вре́менем высве́чивания fast scintillator
сцинтилля́ция *ж.* scintillation
сча́лка *ж.* **се́кций** (*при лесосплаве*) raft section bracing
счёт *м.* **1.** (*подсчёт*) count(ing) □ **вести́ ~ в обра́тном направле́нии** count down; **вести́ ~ в прямо́м направле́нии** count up **2.** (*квитанция*) bill □ **вы́писать ~** make out a bill **3.** □ **за ~** *чего-л.* at the expense of ...
обра́тный ~ count-down
прямо́й ~ count-up
фо́новый ~ background count
счётность *ж.* countability, denumerability
счётчик *м.* counter; (*преим. механический*) register; (*электроэнергии*) meter □ **гаси́ть ~** *вчт.* clear [reset] a counter; **~ рабо́тает на вычита́ние** a counter counts down; **~ рабо́тает на сложе́ние** a counter counts up; **сбра́сывать ~** clear the (indications of the) counter; **~ счита́ет по основа́нию,** *напр.* 8 the counter has a scale of, *e.g.*, 8, this is a modulo, *e.g.*, 8 counter
~ акти́вной эне́ргии watt-hour [active-energy] meter
~ а́льфа-части́ц alpha counter
~ ампе́р-часо́в ampere-hour meter
~ вре́мени time meter
га́зовый ~ gas meter
газоразря́дный ~ gas-discharge counter □ **гаси́ть газоразря́дный ~** quench the counter
~ Ге́йгера — Мю́ллера Geiger-Müller [G-M] counter, G-M tube
двои́чно-десяти́чный ~ binary coded decimal [BCD] counter
двои́чный ~ binary [scale-of-two, radix two] counter
двои́чный ~ по мо́дулю, *напр.* 8 scale of, *e.g.*, 2^3 [scale of, *e.g.*, eight, modulo, *e.g.*, 8] binary counter
дека́дный ~ decade counter, scale-of-ten counter
~ и́мпульсов pulse counter
индукцио́нный ~ induction meter
ионизацио́нный ~ ionization counter
~ ка́дров *кфт.* frame [film] counter
~ коли́чества электри́чества ampere-hour meter, quantity-meter
кольцево́й ~ ring counter
контро́льный ~ monitor counter
кристалли́ческий ~ crystal counter
~ на декатро́нах decade-tube counter (Decatron — *фирм. название*)

счётчик
~ на три́ггерах flip-flop counter
несамогася́щийся ~ non-self--quenched counter
~ оборо́тов revolution counter
~ оста́вшихся ка́дров *кфт.* zeroing frame counter, frame down-counter
~ по́лной эне́ргии volt-ampere-hour [apparent-energy] meter
~ по сбро́сам resettable counter
пропорциона́льный ~ proportional counter
прото́чный (га́зовый) ~ (gas-)flow [flow-type] counter
~ реакти́вной эне́ргии var-hour [reactive-energy] meter
реверси́вный ~ reversible [up-down] counter
самогася́щийся ~ self-quenched counter
сумми́рующий ~ totalizing meter
сцинтилляцио́нный ~ scintillation counter
~ с часовы́м механи́змом clock meter
торцо́вый ~ end-window counter
фотоэлектри́ческий ~ photoelectric counter
~ части́ц particle counter
черенко́вский ~ Čerenkov counter
~ числа́ заме́сов *стр.* batch counter
электро́нный ~ electronic counter
~ электроэне́ргии electricity meter
этало́нный ~ standard meter
счёты *мн.* abacus, counting frame
счисле́ние *с.* (*система счисления*) number system, notation
~ пути́ *нвг.* dead reckoning, DR □ **производи́ть ~ пути́ ме́ста** obtain a fix on the course by dead reckoning
~ пути́, су́точное the day's work
счисли́тель *м.*:
~ пути́ dead-reckoning computer
~ траекто́рии полёта, навигацио́нный flight-path computer
счита́/ть *гл.* 1. (*пересчитывать*) count □ **~ в обра́тном направле́нии** count down; **~ в прямо́м направле́нии** count up; **~ дво́йками** *мат.* count by twos 2. (*рассматривать*) consider, regard, treat □ **~ усло́вно** consider by convention; **усло́вно ~ется, что потенциа́л като́да ра́вен нулю́** the cathode is considered by convention to be at zero potential
счи́тывание *с.* reading, read-out, sensing; (*с магнитного носителя*) playback
~ зна́ков character sensing
~ информа́ции information read-out
~ информа́ции без разруше́ния nondestructive read-out
~ информа́ции ме́тодом переключе́ния то́ков current-switching mode of operation
~ информа́ции ме́тодом совпаде́ния то́ков coincident-current mode of operation

счи́тывание
~ информа́ции с разруше́нием destructive read-out
~ коро́ткими и́мпульсами pulse read-out, pulse sensing
опти́ческое ~ optical reading
~ переме́нным то́ком a.c. excitation (for read-out)
~ попере́чным по́лем transverse-field excitation (for read-out), quadrature-field [transverse-field] read-out, quadrature-field [transverse-field] sensing
радиочасто́тное ~ r.f. read-out, r.f. sensing
фотоэлектри́ческое ~ photoelectric reading, photoelectric sensing
электри́ческое ~ electrical sensing
счи́тывать *гл.* read (out), sense □ **~ пробив́ки** *вчт.* read (the information contained in) punched cards *or* tapes; **~ пробив́ки механи́ческим прощу́пыванием** read punched cards *or* tapes by mechanical probes; **~ пробив́ки электроконта́ктным спо́собом** read punched cards *or* tapes by the electric contact method
сшива́/ть *гл.* 1. sew [stitch] together 2. *вчт.* join □ **реше́ния ~ются** solutions join
сши́вка *ж.* 1. (*соединение двух частей, напр. ремня, ленты*) lacing, joint 2. (*в фототелеграфии*) (*устройство*) clamp bar, clip; (*положение, соответствующее сшивке*) clip position, dead sector
~ ремня́ belt lacing
съезд *м.* (*спуск*) *горн.* cross-over; *ж.-д.* access track
съём *м.* 1. (*демонтаж*) removal, dismantling 2. (*выход продукции*) output 3. (*отход рафинирования свинца*) dross □ **удаля́ть ~** draw the dross
~ в.ч. эне́ргии (*устройство в СВЧ лампах*) r.f. [radio frequency] transducer
жи́рный ~ wet dross
~ ко́да code reading □ **осуществля́ть ~ ко́да** (*напр. с кодирующего диска*) pick off the code (*e.g., from the coding disk*)
~ ма́сла (*в производстве растительных масел*) removal of the oil
~ мета́лла (*при механической обработке*) removal of metal □ **~ мета́лла осуществля́ется ...** metal is removed by ...
~ с квадра́тного ме́тра по́да пе́чи output per sq. m of hearth area
сухо́й ~ dry dross
~ тепла́ heat pick-up
съёмк/а *ж.* 1. *геод.*, *топ.* survey □ **обосно́вывать ~у** control a survey; **производи́ть ~у** survey 2. (*фотографическая*) photography; (*кинематографическая*) filming, shooting
аэрофотограмметри́ческая ~ aerophotogrammetric survey

съёмк/а
аэрофототопографи́ческая ~ aerophototopography
буссо́льная ~ compass survey
высокоскоростна́я ~ high-speed photography
высокото́чная ~ high-accuracy survey
геодези́ческая ~ geodetic survey
геологи́ческая ~ geologic survey
геомагни́тная ~ geomagnetic(al) survey
гидрографи́ческая ~ hydrographic(al) survey
глазоме́рная ~ exploratory [approximate, eye, rough] survey, sketching
гравиметри́ческая ~ gravimetric survey
дальноме́рная ~ stadia survey, telemetry
дета́льная ~ detail survey □ **обосно́вывать дета́льную ~у опо́рными то́чками** control detailed survey by accurately located points
инжене́рная ~ engineer(ing) [site] survey
инструмента́льная ~ instrument(al) survey
крупномасшта́бная ~ large-scale survey
лесна́я ~ forest survey
магнитометри́ческая ~ magnetometer survey
маркше́йдерская ~ mine [underground] survey
маршру́тная ~ route [strip] survey
мелкомасшта́бная ~ small scale survey
ме́нзульная ~ plane-table survey
полева́я ~ field survey
полигонометри́ческая ~ traverse (survey), polygonometry
по́чвенная ~ soil mapping, soil survey
рекогносциро́вочная ~ reconnaissance survey
тахеометри́ческая ~ tacheometric(al) [stadia transit] survey, tacheometry
теллурометри́ческая ~ tellurometer survey
теодоли́тная ~ theodolite [traverse, transit] survey
топографи́ческая ~ topographic(al) survey
съёмник *м.* puller, remover
сыпня́ *ж.*:
~ на пла́ву *кож.* lay-away
~ на́сухо *кож.* layer
сыпу́честь *ж.* looseness
сыпу́чий *прил.* granular
сыпь *ж.*, **ру́дная** ore fines
сыре́ть *гл.* grow damp, grow moist
сыро́й *прил.* 1. (*необработанный*) raw 2. (*влажный*) damp, wet 3. (*не подвергшийся тепловой обработке*) raw, uncooked

сыромя́ть *ж.* (*кожа*) bridle [fat-tanned, green, rawhide] leather, rawhide
сырьё *с.* raw [starting, basic] material
алма́зное ~ rough diamonds
дистилля́тное ~ feed naphtha
дистилля́тное ~ для кре́кинга clean cracking feed
~ для клеева́ренного произво́дства glue stock
жирово́е ~ (*в производстве мыла*) fat stock □ **измельча́ть жирово́е ~ ножа́ми** hash the fat stock
исхо́дное ~ (*напр. нефтеперегона*) feedstock
кожевенное ~ (raw)hide
непищево́е ~ non-edible raw material
пищево́е ~ edible raw material
сэ́бин *м.* (*внесистемная единица звукового поглощения*) sabin
сэ́ндвич *м.* (*слоистая конструкция или структура*) sandwich

Т

Т 1. (*условное обозначение десятичной кратной приставки* — те́ра, 10^{12}; *см.* **те́ра-**) **2.** *ав.* T, tee
поса́дочное Т landing T, landing tee □ **перелете́ть поса́дочное Т** (*при приземлении*) overshoot the (landing) T; **приземли́ться с недолётом до поса́дочного Т** undershoot the (landing) T
таба́к *м.* tobacco □ **выра́щивать ~** grow [raise] tobacco; **лома́ть ~** (*табачные листья*) pick tobacco (leaves), strip tobacco (leaves); **нани́зывать ~** string tobacco (leaves); **~ пло́хо гори́т** tobacco has poor burning qualities; **сме́шивать ~** (*разные сорта для получения нужных вкусовых качеств*) blend tobacco(s); **суши́ть ~** cure tobacco (leaves); **суши́ть ~ в дыму́** flue-cure tobacco (leaves); **суши́ть ~ на во́здухе** air-cure tobacco (leaves)
жева́тельный ~ chewing tobacco
культу́рный ~ smoking tobacco
кури́тельный ~ smoking tobacco
ню́хательный ~ snuff (tobacco)
сигаре́тный ~ cigarette tobacco
сига́рный ~ cigar tobacco
тру́бочный ~ pipe tobacco
табаково́дство *с.* tobacco farming
та́бель *м.* **1.** (*таблица, список чего-л. в определённом порядке*) table **2.** (*доска с жетонами или карта, указывающая время заступления на работу и ухода с работы*) time clock card; (*ведомость посещения*) attendance record
~ иму́щества table of authorized items
та́бельн/ая *ж.* clock-house □ **отме́титься в ~ой** beat the time

таблети́рование *с.* tableting, pelletizing; *пласт.* preforming (*Примечание. В производстве пластмасс* preforming *может означать тж.* брикетрование)
табле́тка *ж.* tablet, pellet; *пласт.* preform (*Примечание. В производстве пластмасс* preform *может означать тж.* **брикет.**)
ге́ттерная ~ getter pellet
табли́ц/а *ж.* table □ **оты́скивать да́нные по ~е** look up a quantity in a table; **своди́ть в ~у** tabulate; **составля́ть ~у** compile a table
~ включе́ний *вчт.* switching table
~ы водяно́го па́ра, междунаро́дные International Steam Tables
~ вы́держек *кфт.* exposure table
~ вычита́ния subtraction table
гипсометри́ческая ~ altitude-pressure table
глуха́я ~ *полигр.* boxed table
градуиро́вочная ~ calibration chart
девиацио́нная ~ deviation chart, deviation card
~ до́пусков и поса́док table of fits and tolerances
закры́тая ~ *полигр.* boxed table
имплика́нтная ~ table of prime implicants
~ интегра́лов integral [integration] table, table of integrals
испыта́тельная ~ *тлв.* test chart, test pattern
испыта́тельная ~ для прове́рки чёткости изображе́ния *тлв.* resolution test chart
испыта́тельная ~ для прове́рки разреша́ющей спосо́бности *тлв.* resolution test chart
испыта́тельная, поло́сная ~ *тлв.* bar pattern
испыта́тельная, факси́мильная ~ facsimile test pattern
~ и́стинности *вчт.* truth table
~ логари́фмов table of logarithms
навигацио́нная ~ navigation table
~ настро́йки АВМ *вчт.* set-up sheet
~ оригина́лов и изображе́ний по Лапла́су Laplace transformation pairs table
откры́тая ~ *полигр.* open table
~ отыска́ния и устране́ния поврежде́ний troubleshooting chart
~ перево́да [пересчёта] мер conversion table
~ перехо́дов и вы́ходов *вчт.* state table
~ пла́зовых ордина́т *мор.* table of offsets
~ позывны́х *рад.* call(-sign) table
~ попра́вок correction table
~ распределе́ния часто́т frequency allocation table
~ расцве́тки проводо́в wire colour code
~ реше́ний *киб.* decision table
сво́дная ~ summary table
~ сложе́ния addition table

табли́ц/а
~ служе́бных сокраще́ний *рад.* (radio) brevity code
~ сопряжённости при́знаков *мат.* contingency table
~ состоя́ний (*релейного устройства*) truth table, table of combinations
спра́вочная ~ reference table
статисти́ческая ~ statistical table
тариро́вочная ~ calibration table
тригонометри́ческая ~ trigonometric table
~ умноже́ния multiplication table
~ усло́вных зна́ков list of symbols
~ устано́вки пода́ч (*закреплена на станке*) feed index plate
~ ши́хты (*доменной плавки*) burden sheet
табли́чка *ж.* plate; *ав.* placard
~ да́нных *ав.* data placard
~ ограниче́ний (*напр. по скорости полёта*) limitation placard
па́спортная ~ nameplate, rating plate
~ с обозначе́нием фу́нкции прибо́ра (*в промышленности*) station-index plate
табло́ *с.* panel
информацио́нное ~ information board
путево́е ~ *ж.-д.* track model, track indicator
путево́е, светово́е ~ *ж.-д.* illuminated track indicator
светово́е ~ (*одиночное*) illuminated call-out; (*набор индикаторных лампочек*) annunciation panel, light annunciator
светово́е ~ номероуказа́теля *тлф.* call indicator
светово́е, обобщённое ~ *ав.* light-plate, light panel
табули́рование *с.* tabulation
табулягра́мма *ж.* *вчт.* totals printout, tabulation
табуля́тор *м.* **1.** *вчт.* tabulating machine, tabulator **2.** (*в пишущих машинках*) tabulator
таво́т *м.* (lubricating) grease
таво́тница *ж.* (*маслёнка для консистентной смазки*) grease cup; (*шприц для консистентной смазки*) grease gun
тавре́ние *с.* (*клеймение животных*) branding
тавро́ *с.* brand mark
таз *м.* basin, pan; *текст.* can
та́ймер *м.* timer
таймта́ктор *м.* time-sequence contactor
тайпотро́н *м.* character-display shaped-beam storage tube (Typotron — *фирм. название*)
такела́ж *м.* rigging □ **устана́вливать ~** fit [install, set up] (pieces of) rigging
бегу́чий ~ running rigging
сплавно́й ~ *лес.* floating implements
~ ста́на *мет.* mill tackle

такела́ж
станово́й ~ (*для речного плота*) stop rigging
стоя́чий ~ standing rigging
тормозно́й ~ (*для речного плота*) brake rigging
такела́жник *м.* rigger
такела́жница *ж.* (*судно*) *лес.* rigging-bearing boat
та́кс/а *ж.* rate (of charge) □ **(пла́та) по ~е** fixed charge
такса́тор *м.* estimator, valuer
такса́ци/я *ж.* evaluation □ **проводи́ть ~ю древостоя́** appraise [valuate] a stand of trees [a stand of timber]
~ ле́са forest estimation, forest (e)valuation
такси́ *с.* taxi-cab
такси́ровать *гл.* estimate, evaluate
такси́ст *м. жарг.* taxi-driver, taxi-man
таксо́метр *м.* taximeter
таксомото́р *м.* taxi-cab
таксофо́н *м.* coin-box telephone
такт *м.* **1.** (*часть цикла, шаг, этап*) beat, step □ **цикл за́писи осуществля́ется за два ~а** the write cycle occupies two beats [occurs in two steps] **2.** (*временно́й интервал, задаваемый хронирующим устройством или сигналами*) clock period, clock time □ **задава́ть ~** establish the clock time **3.** (*ход поршня*) *двс* cycle, stroke
~ впу́ска admission [suction] stroke
~ вы́пуска exhaust stroke
~ рабо́ты ЭВМ machine cycle (time)
~ рабо́ты ЭВМ, сквозно́й major clock cycle, major clock time
~ рабо́ты ЭВМ, ча́стный minor clock cycle, minor clock time
~ расшире́ния expansion stroke
~ сжа́тия compression stroke
~ систе́мы ИКМ (*в телеметрии*) telemetry frame
та́лер *м. полигр.* bed, table
та́ллий *м.* thallium, Tl
тало́н *м.* coupon; ticket
~ на телефо́нный разгово́р call order ticket
поса́дочный ~ *ав.* boarding pass, boarding card
та́лреп *м.* turnbuckle
тал/ь *ж.* hoist, pulley, tackle
механи́ческая ~ power hoist
передвижна́я ~ movable hoist
пневмати́ческая ~ [пневмота́ль] air-operated hoist
ручна́я ~ hand hoist, hand pulley
стациона́рная ~ fixed hoist
шлю́почные ~и boat falls
электри́ческая ~ electric hoist
тальк *м.* talc(um)
та́мбур *м.* vestibule
тамо́жня *ж.* custom-house
та́мплет *м.* steel-ingot section
тампо́н *м.* (*затычка, пробка*) plug; (*промокательный*) wad
тампона́ж *м.* (*скважины*) plugging; (*тампонажным цементом*) grouting
тампони́рование *с. см.* **тампона́ж**
тампони́ровать *гл.* (*скважину*) plug up □ **~ сква́жину цеме́нтом** groute a well
танга́ж *м. ав., мор.* pitch □ **по ~у** in pitch
~ с увеличе́нием угла́ nose-up pitch
~ с уменьше́нием угла́ nose-down pitch
та́нгенс *м.* tangent, tan, tg
гиперболи́ческий ~ hyperbolic tangent, tanh, th, tgh
~ угла́ диэлектри́ческих потéрь the loss tangent [the dissipation factor] of a dielectric
~ угла́ накло́на к о́си абсци́сс, каса́тельной к криво́й slope of the curve
та́нгенс-буссо́ль *ж.* tangent compass
тангенсо́ида *ж.* tangensoid, tangent curve
танге́нта *ж. рад.* press-to-talk [push-to-talk] switch
та́ндем *м.* tandem
танде́р *м.* (*винтовая стяжка*) *ав.* turnbuckle
танк *м.* (*бак, цистерна, отсек для хранения или транспортировки жидкостей*) tank
балла́стный ~ *мор.* ballast tank
грузово́й ~ cargo tank
~ для пи́ва, ла́герный beer storage tank
зака́лочный ~ freezing tank
охлади́тельный ~ cooling [chill] tank
приёмный ~ receiving tank
рассо́льный ~ brine tank
сливно́й ~ collecting tank
судово́й ~ tank
та́нкер *м.* tanker
та́нкер-бункеро́вщик *м.* bunkering tanker
та́нкер-рудово́з *м.* ore(-bulk)-oil carrier
танни́н *м.* tannin
танта́л *м.* tantalum, Ta
танти́ль *м. стат.* tantile
та́р/а *ж.* container □ **отправля́ть (груз) в про́чной ~е** ship [dispatch] (the goods) strongly crated
аркти́ческая ~ arctic container
влагонепроница́емая ~ moisture-proof container
возвра́тная ~ reusable container
гермети́чная ~ hermetically sealed container
группова́я ~ multipack
жёсткая ~ rigid container
закры́тая ~ closed container
инвента́рная ~ returnable [reusable] container
индивидуа́льная ~ unit pack
крупногабари́тная ~ large-size container
многооборо́тная ~ returnable container
морска́я ~ sea-service container
откры́тая ~ open-top container
та́р/а
охра́нная ~ (*для транспортировки радиоактивных веществ*) shielding container
плёночная ~ film packing
пло́тная ~ tight packing
потреби́тельская ~ market container
прозра́чная ~ transparent container
пыленепроница́емая ~ dust-proof container
разбо́рная ~ demountable [knock-down] container
ра́зовая ~ disposable [throwaway] container
решётчатая ~ crate
складна́я ~ collapsible container
тра́нспортная ~ shipping [transit] container
тара́н *м.* **1.** *мех.* ram **2.** *кож.* taran
гидравли́ческий ~ hydraulic ram
таре́лка *ж.* plate
бу́ферная ~ *ж.-д.* buffer disk, buffer head
высева́ющая ~ *с.-х.* feed plate
~ кла́пана valve plate, valve disk
~ коло́нны (*ректификационной*) *хим.* tray
~ коло́нны, идеа́льная ideal plate
~ коло́нны, испаря́ющая ~ boiler tray
~ коло́нны, колпачко́вая bubble-cap tray
~ коло́нны, обогаща́ющая enriching [rectifying] plate
~ коло́нны, отводна́я draw-off tray
~ коло́нны, отпарна́я stripping plate
~ коло́нны, пита́тельная feed tray, feed plate
~ коло́нны, прова́льная perforated tray
~ коло́нны, реа́льная real plate
~ коло́нны, си́тчатая sieve tray, sieve plate
~ коло́нны, теорети́ческая theoretical plate
~ лентоукла́дчика, ве́рхняя *текст.* coiler head, coiler cover
тари́рование *с.* (*первоначальное*) calibration; (*поверка показаний*) calibration test, calibration check
тари́ровать *гл.* calibrate
тари́ф *м.* rate, tariff
грузово́й ~ *ав.* cargo tariff
льго́тный ~ reduced tariff
пассажи́рский ~ *ав.* fare, passenger tariff
тарифика́ция *ж.* job rating
тарифици́ровать *гл.* rate a job
тароматериа́л *м.* container material
тарта́ние *с. уст., нефт.* bailing
тарта́ть *гл. уст., нефт.* bail (out)
та́ста *ж.* (*клавиша пишущей машинки*) key
тастату́ра *ж.* (*совокупность клавиш*) key set; (*клавиатура*) keyboard
тауrа́т *м.* (*противоросник телескопа*) dew cap
тауме́тр *м.* tau-meter
таутоме́р *м.* tautomer

таутомери́я *ж.* tautomerism
таутохро́на *ж. мат.* tautochrone
таутохрони́зм *м.* tautochronism
тахео́метр *м.* tacheometer, transit instrument, distance-measuring theodolite
тахеоме́трия *ж.* tacheometry
тахогенера́тор *м.* tacho(meter) generator
  асинхро́нный ~ induction tacho(meter) generator
  асинхро́нный ~ с короткоза́мкнутым ро́тором squirrel-cage (rotor) tacho(meter) generator
  асинхро́нный ~ с по́лым ро́тором drag cup (rotor) tacho(meter) generator
  ~ переме́нного то́ка alternating-current [a.c.] tacho(meter) generator
  ~ постоя́нного то́ка direct-current [d.c.] tachogenerator
  ~ с постоя́нным магни́том permanent magnet field tacho(meter) generator
тахо́граф *м.* tachograph, recording tachometer
тахodинамо *с.* tacho(meter) generator
тахо́метр *м.* **1.** (*измеритель частоты вращения*) tachometer **2.** *вчт.* (*часто, но неточно, в значении тахогенератор*) tacho(meter) generator
  магни́тный ~ permanent-magnet-field tachometer
  ~ с по́лным ро́тором, асинхро́нный drag-cup tachometer
  стробоскопи́ческий ~ strobotac, stroboscopic tachometer
  фрикцио́нный ~ friction tachometer
  центробе́жный ~ centrifugal tachometer
  часово́й ~ clockwork tachometer
  электри́ческий ~ electric tachometer
  электро́нно-счётный ~ electronic counting-type [digital] tachometer
тахометри́я *ж.* tachometry
та́чка *ж.* wheel barrow
  землеко́пная ~ navvy barrow
тащи́ть *гл.* (*тянуть*) pull; (*на буксире*) tow; (*волочить*) drag
та́ять *гл.* thaw; melt
тверде́ние *с.* **1.** (*переход из жидкого в твёрдое состояние*) solidification **2.** (*рост твёрдости*) hardening
  ~ бето́на hardening [maturing] of concrete
  возду́шное ~ air hardening
  дисперсио́нное ~ age [precipitation] hardening
  ~ при наклёпе work [strain] hardening
тверде́ть *гл.* **1.** (*переходить из жидкого в твёрдое состояние*) solidify **2.** (*набирать твёрдость*) grow hard **3.** (*о материалах, напр. бетоне*) cure, mature, harden
твердоме́р *м.* hardness gauge, hardness tester
твёрдость *ж.* hardness □ **определя́ть ~ мета́лла путём вда́вливания** test the hardness of a metal by the indentation method
твёрдость
  ~ на вда́вливание indentation hardness
  ~ на истира́ние abrasion hardness
  ~, определя́емая цара́панием scratch hardness
  ~ по Брине́ллю Brinell hardness (number), BHN
  ~ по Ви́ккерсу Vickers hardness (number), diamond pyramid hardness (number) □ **~ составля́ет приме́рно 2,500 едини́ц по шкале́ Ви́ккерса** the hardness is about 2,500 Vickers
  ~ по Кну́пу Knoop hardness (number)
  ~ по Ма́ртенсу scratch hardness (number)
  ~ по Ро́квеллу Rockwell hardness (number) □ **~ достига́ет 65 едини́ц по шкале́ С Ро́квелла** the hardness ranges up(wards) to Rockwell C 65
  ~ по склероско́пу rebound [scleroscope] hardness (number)
  ~ по шкале́ Мо́са Mohs' scratch hardness (number)
  ~ по Шо́ру Shore hardness (number)
  склерометри́ческая ~ Shore hardness (number)
твердоте́льный *прил.* solid-state
твинде́к *м.* tweendeck
тви́стор *м. вчт.* twistor
твори́ло *с.* **(для раство́ра)** *стр.* mortar trough
тёклость *ж.* **во́лоса** *кож.* hair slipping
текс *м.* (*внесистемная единица линейной плотности для характеристики толщины волокон и нитей*) *текст.* tex
тексро́п *м.* texrope
текст *м.* text
  основно́й ~ *полигр.* body matter
тексти́ль *м.* textile
текстоли́т *м.* fabric [cloth]-based laminate
тексту́ра *ж.* texture; (*металлов*) grain orientation
  волни́стая ~ rumpled structure
  ~ древеси́ны texture [figure] of wood
  кристалли́ческая ~ crystal texture
  лучи́стая ~ beam texture
  магни́тная ~ magnetic texture
  неупоря́доченная ~ haphazard structure
текстура́тор *м.* texturator
текстури́рование *с.* **ни́ти** texturing of thread
текстуро́ванный *прил.* (*о металле*) grain-oriented
текстуро́метр *м.* texturometer
текто́ника *ж.* tectonics
теку́честь *ж.* **1.** (*жидкостей*) (*свойство обратное вязкости*) fluidity **2.** (*металла*) yield **3.** (*некристаллических твёрдых веществ, пластмасс, смол и т. п.*) flow
  ~ рабо́чей си́лы labour turnover
теку́щий *прил. мат.* current, running
телеавтома́тика *ж.* automatic telecontrol
телевеща́ние *с.* television broadcasting
телеви́дени/е *с.* television □ **передава́ть по ~ю** televise
  ~ без вы́хода в эфи́р closed-circuit television, CC TV
  ~ в диапазо́не дециметро́вых волн ultra-high-frequency television, UHF TV
  ~ в диапазо́не метро́вых волн very-high-frequency television, VHF TV
  веща́тельное ~ broadcast television
  голографи́ческое ~ hologram television
  за́мкнутое ~ closed-circuit television, CC TV
  косми́ческое ~ space television, space TV
  монохро́мное ~ monochrome [black-and-white] television
  объёмное ~ three-dimensional [3-D] television
  подво́дное ~ underwater television
  прикладно́е ~ industrial-institutional television, ITV
  проекцио́нное ~ projection television
  стереоскопи́ческое ~ stereoscopic television
  учёбное ~ educational television
  цветно́е ~ colour television
  цветно́е ~ с одновре́менной переда́чей цвето́в simultaneous colour television
  цветно́е ~ с после́довательной переда́чей цвето́в sequential colour television
  чёрно-бе́лое ~ black-and-white [monochrome] television
  шко́льное ~ class-room television
  электро́нное ~ all-electronic television
телеви́зор *м.* television [TV] receiver, television [TV] set □ **настра́ивать ~** align a TV set; **осуществля́ть прове́рку ~а** test a TV set; **проводи́ть техобслу́живание ~а** service a TV set
  транзи́сторный ~ transistor(ized) televisor, transistor TV set
  ~ цветно́го изображе́ния colour-television receiver, colour TV set
  ~ чёрно-бе́лого изображе́ния black-and-white TV set
телегра́мма *ж.* telegram
  входя́щая ~ incoming message
  доплатна́я ~ "collect" telegram, a telegram sent "collect"
  исходя́щая ~ outgoing message
  опла́ченная ~ paid telegram, a telegram sent "paid"
  проста́я ~ ordinary telegram
  сро́чная ~ urgent message
телегра́ф *м.* **1.** (*вид связи*) telegraph service **2.** (*предприятие связи*) telegraph office
  абоне́нтский ~ switched telegraph (service), (tele)printer exchange system, (tele)printer exchange service

телегра́ф
абоне́нтский ~ автомати́ческой систе́мы [АТА] automatic (tele)printer exchange system, automatic switched telegraph service
абоне́нтский ~ ручно́й систе́мы [АТР] manually operated (tele)-printer exchange system
маши́нный ~ *мор.* engine(-room) telegraph
рулево́й ~ *мор.* steering telegraph
тона́льный ~ voice-frequency telegraph
швартóвый ~ *мор.* docking telegraph

телеграфи́рование *с.* telegraphy; (*метод посылки сигналов в линию, использования канала и т. п. в сочетании с определяющим словом*) keying, signalling, operation, working
абоне́нтское ~ switched-channel telegraph service
автоматизи́рованное ~ (*с реперфоратором и трансмиттером*) automatic telegraphy
~ без печа́тного контро́ля переда́чи sending "blind", operation with the home copy suppressed
буквопеча́тающее ~ printing telegraphy
буквопеча́тающее, старт-сто́пное ~ start-stop-printing telegraphy
в. ч. ~ high-frequency carrier telegraphy
двухпо́люсное ~ *англ.* double-current signalling, double-current transmission; *амер.* polar working
двухчасто́тное ~ two-tone frequency keying
многокра́тное ~ multiplex telegraphy, multiplex working
многокра́тное ~ с временны́м разделе́нием сигна́лов time-division multiplex [TDM] transmission, time-division multiplex [TDM] working
многокра́тное ~ с часто́тным разделе́нием сигна́лов frequency-division multiplex [FDM] transmission, frequency-division multiplex [FDM] working
надтона́льное ~ superaudio telegraphy
однопо́люсное ~ *англ.* single-current signalling; *амер.* single-current transmission, neutral working
относи́тельное фа́зовое ~ [ОФТ] phase-difference-shift keying, PDSK
~ по схе́ме постоя́нного то́ка closed-circuit signalling
~ по схе́ме рабо́чего то́ка open-circuit signalling
~ с амплиту́дной манипуля́цией на немодули́рованных колеба́ниях CW [on-off keying] telegraphy
~ с амплиту́дной манипуля́цией на тона́льно модули́рованных колеба́ниях MCW telegraphy

телеграфи́рование
~ с печа́тным контро́лем operation (*of a teleprinter*) with the home copy printed
~ с прове́ркой «на себя́» "local test" signalling
тона́льное ~ voice-frequency carrier telegraphy
фа́зовое ~ phase-shift keying, PSK
фазора́зностное ~ phase-difference-shift keying, PDSK
часто́тное ~ frequency-shift keying, FSK

телеграфи́ровать *гл.* telegraph, send a telegram
телеграфи́ст *м.* telegraph operator, telegrapher, telegraphist
телеграфи́я *ж.* telegraphy (*виды телеграфии см. тж.* **телеграфи́рование**)
беспроводна́я ~ radio telegraphy
проводна́я ~ wire telegraphy

теле́жка *ж.* trolley, truck, bogie, dolly
аккумуля́торная ~ storage-battery [electric] truck
букси́рная ~ towing trolley
веду́щая ~ *ж.-д.* leading [pilot] truck
~ возду́шно-трелёвочной устано́вки cable travelling crab
~ волочи́льного ста́на draw carriage
~ для зава́лки ло́ма scrap charging car
~ для изло́жниц *мет.* (ingot-)mould car
~ для перево́зки (*напр. валков*) handling car
загру́зочная ~ *мет.* charging car
за́дняя ~ *ж.-д.* rear truck
ковшо́вая ~ *мет.* ladle car
конте́йнерная ~ *ав.*, *мор.* over-the-road trailer
кра́новая ~ crane trolley
~ ленточнопи́льной устано́вки carriage
~ лесопи́льной ра́мы saw carriage
му́льдовая ~ pan car
~ опера́тора (*для кино- или телесъёмок*) dolly
опроки́дывающаяся ~ tipping car
переда́точная ~ *мет.* transfercar
пере́дняя ~ *ж.-д.* leading [pilot] truck
по́довая ~ *мет.* bottom carriage, hearth bogie
подъёмно-тра́нспортная ~ lift truck
пускова́я ~ *ав.* launching trolley
путеизмери́тельная ~ *ж.-д.* track measuring truck
разли́вочная ~ *мет.* teeming truck, casting car
ручна́я ~ hand truck
сбра́сывающая ~ (*на конвейере*) tripper
свива́льная ~ (*в канатном производстве*) traveller
ски́повая ~ skip car
ста́ртовая ~ *ав.* launching trolley
~ те́ндера *ж.-д.* tender truck

теле́жка
технологи́ческая ~ handling dolly, handling trolley
тра́нспортная ~ (*на грузовых дворах, портах и т. п.*) freight truck; (*в промышленности*) industrial truck □ **тра́нспортная ~ испо́льзуется для перево́зки багажа́** the truck handles baggage; **тра́нспортная ~ с подъёмной платфо́рмой** lifting-platform [lift-] truck; **тра́нспортная ~ транспорти́рует шту́чные гру́зы** the truck moves [conveys, transports] unit loads
ходова́я ~ (*канатной дороги*) carriage
~ челно́чного ти́па *мет.* shuttle carriage
~ шасси́ *ав.* bogie
шла́ковая ~ *мет.* slag car
шле́пперная ~ *мет.* drag carriage
шле́пперная, сбра́сывающая ~ drag-on carriage
шле́пперная, укла́дывающая ~ drag-off carriage

теле́жка-медве́дка *ж.* trundle
теле́жка-штабелёр *ж.* piling car
телеза́пись *ж.* television recording
телеизмере́ние *с.* telemetering, telemetry □ **осуществля́ть ~ чего-л.** telemeter *smth.*
телека́мера *ж.* television [TV] camera, telecamera
телекаранда́ш *м.* *рлк.* (photoelectric) light gun, light pen
телекинопереда́тчик telecine transmitter
телекинопрое́ктор *м.* film scanner
телекиноустано́вка *ж.* telecine unit
телеконтро́ль *ж.* telemetry and supervisory indication
телеметри́я *ж.* telemetry, telemetering
цифрова́я ~ digital telemetry
телемеха́ника *ж.* teleautomatics (*Примечание. Точного эквивалента русскому термину в английском языке нет. В английской литературе часто в значении* телемеха́ника *используется* telemetry.)
телеобрабо́тка *ж.* **да́нных** data teleprocessing
телеобслу́живание *с.* supervision, supervisory control
телеобъекти́в *м.* telephoto lens
телепереда́ча *ж.* (*преим. под постоянной рубрикой*) (TV) program; (*преим. разовая*) telecast
телепиро́метр *м.* telepyrometer
телесвя́зь *ж.* telecommunication
телесигнализа́ция *ж.* supervisory [remote] indication
телеско́п *м.* telescope □ **гиди́ровать ~** guide a telescope; **наблюда́ть в ~** watch [view] in a telescope; **наводи́ть ~ на ...** set a telescope on ..., point a telescope at ...; **наводи́ть ~ с то́чностью,** *напр.* **до углово́й мину́ты** direct a telescope to, *e.g.*, the nearest minute of arc; **перекла́дывать [переводи́ть] ~** re-

verse a telescope; **перекла́дывать ~ в ла́герах** replace a telescope in the supports
телеско́п
~ Галиле́я Galilean telescope
зерка́льно-ли́нзовый ~ reflecting--refracting telescope
зерка́льный ~ reflecting telescope, reflector
зерка́льный ~ Нью́тона Newtonian telescope
Кассегре́новский ~ Cassegrainian telescope
~ Ке́плера Keplerian telescope
ли́нзовый ~ refracting telescope, refractor
~ Максу́това Maksutov [meniscus] telescope
мени́сковый ~ meniscus [Maksutov] telescope
назе́мный ~ ground-based telescope
~ Шми́дта Schmidt telescope
телескопи́я *ж.* telescopy
телесъёмка *ж.* telephotography
телета́йп (*оборудование*) teleprinter (Teletype — *фирм. название*); (*система*) (tele)printing service, printing telegraph (*Note. The Russian term applies to all makes*) □ **~ печа́тает на,** *напр.* **ле́нте** the teleprinter imprints on, *e.g.*, tape
телеуправле́ние *с.* telecontrol
диспе́тчерское ~ supervisory control
телефи́льм *м.* television film
телефо́н *м.* **1.** (*преобразователь электрических колебаний в звук*) earphone; (*в микротелефонной трубке*) (telephone) receiver **2.** (*сокращённое название телефонного аппарата*) telephone set, telephone instrument, *разг.* telephone □ **звони́ть по ~у** telephone, ring up; **производи́ть зака́з по ~у** telephone in an order **3.** (*сокращённое название телефонной связи*) telephony, telephone service, telephone system
автомати́ческий ~ dial telephone set
безбатаре́йный ~ sound-powered telephone set
головно́й ~ headphone
ка́псюльный ~ inset receiver
конденса́торный ~ capacitor receiver
междугоро́дный ~ long-distance telephone service, long-distance telephone system
междунаро́дный ~ international telephone service
насте́нный ~ wall telephone set
насто́льный ~ desk telephone set
паралле́льные ~ы coupled telephone sets
противоме́стный ~ antisidetone telephone set
пьезоэлектри́ческий ~ piezoelectric receiver
ручно́й ~ hand telephone set
~ систе́мы МБ local-battery telephone set

телефо́н
~ систе́мы ЦБ common-battery telephone set
~ с ме́стным эффе́ктом sidetone telephone set
спа́ренный ~ call transfer-relay telephone set
ча́шечный ~ ear-cap, earpiece
электре́тный ~ electret earphone
электродинами́ческий ~ electrodynamic receiver
электромагни́тный ~ electromagnetic receiver
телефо́н-автома́т *м.* coin-box telephone
телефони́ровать *гл.* telephone
телефони́ст *м.* (*ручного коммутатора*) *англ.* telephonist; *амер.* switchboard operator
телефони́я *ж.* telephony
автомати́ческая ~ dial telephony
высокочасто́тная ~ high-frequency [carrier frequency] telephony
многокана́льная ~ carrier(-current) telephony
тона́льная ~ voice-frequency [v.f.] telephony
телефоногра́мма *ж.* telephone message
телефономе́трия *ж.* telephonometry
телефотогра́фия *ж.* **1.** (*техника*) telephotography **2.** (*снимок*) telephotograph
телефото́метр *м.* telephotometer
телефотоме́трия *ж.* telephotometry
телефотосъёмка *ж.* telephotography
телеце́нтр *м.* television [TV] centre
теллу́р *м.* tellurium, Te
теллуро́метр *м.* tellurometer
те́л/о *с.* body □ **заряжа́ть ~** charge a body; **наэлектризо́вывать ~** electrify a body; **погружа́ть ~** immerse [submerge] a body; **придава́ть ~у обтека́емую фо́рму** streamline a body
абсолю́тно твёрдое ~ perfectly rigid body
абсолю́тно упру́гое ~ perfect elastic body
абсолю́тно чёрное ~ blackbody, perfect [total, complete] radiator
абсолю́тно шерохова́тое ~ perfectly rough body
~ враще́ния body of revolution
гла́дкое ~ smooth body
жёсткое ~ rigid body
жи́дкое ~ liquid (body)
зату́пленное ~ *аргд.* blunt(-nosed) body
идеа́льное ~ perfect [ideal] body
~ каче́ния (rolling) solid of revolution; (*деталь подшипника*) ball, roller
материа́льное ~ body
метео́рное ~ meteoric body, meteoroid
~ нака́ла luminous element; lamp filament
наса́дочное ~ *хим.* packing
небе́сное ~ celestial [heavenly] body
несу́щее ~ lifting body

те́л/о
пла́вающее ~ floating body
плохообтека́емое ~ high-drag body
посторо́ннее ~ foreign body
проводя́щее ~ conducting body
рабо́чее ~ working medium
ру́дное ~ ore body
самоизлуча́ющее ~ self-luminous body
~ с больши́м лобовы́м сопротивле́нием high-drag body
светя́щееся ~ luminous body
свободнопа́дающее ~ free-falling body
се́рое ~ *опт.* grey body
~ с ма́лым волновы́м сопротивле́нием low-wave-drag body
~ с ма́лым лобовы́м сопротивле́нием low-drag body
составно́е ~ compound body
стеклови́дное ~ (*глаза*) vitreous humor, vitreous body
твёрдое ~ 1. (*агрегатное состояние*) solid **2.** *мех.* rigid body
твёрдое, кристалли́ческое ~ crystalline solid
твёрдое, магнитоакти́вное ~ magnetoactive solid
теку́чее ~ fluid (body)
теплопереда́ющее ~ heat-transfer medium
термометри́ческое ~ bulb fluid
то́нкое ~ thin [slender] body
фотометри́ческое ~ solid of light distribution
центра́льное ~ *аргд.* centre body, central body
чёрное ~ black body, perfect [total, complete] radiator
теломе́р *м.* (*продукт теломеризации*) telomer
теломериза́ция *ж.* (*полимеризация с участием реагента теломеризации*) telomerization
те́льфер *м.* telpher
тембр *м.* **1.** timbre, tone colour, musical quality **2.** (*маркировка регулировки на проигрывателе*) tone
темне́ть *гл.* darken
темни́тель *м.* **све́та** *кфт.* dimmer
темнот/а́ *ж.* darkness, the dark □ **в ~е** in darkness, in the dark
темп *м.* tempo, pace; rate □ **задава́ть ~** set the pace
~ вы́дачи да́нных data rate
~ охлажде́ния rate of cooling
~ прогре́ва rate of heating
~ разви́тия pace of development □ **определя́ть ~ разви́тия** set the pace of development
~(ы) ро́ста rate of growth *пример*: **~ы ро́ста хозя́йства во мно́гом определя́ются масшта́бом капиталовложе́ний** capital may well determine the rate of growth of the national economy
те́мпера *ж.* tempera
температу́р/а *ж.* (*степень нагретости*) temperature; (*точка превращения, перехода в другое состояние и т. п.*)

point, temperature □ **зави́сящий от ~ы** temperature-dependent; **замеря́ть [измеря́ть] ~у** take [measure] the temperature; **не зави́сящий от ~ы** temperature-independent; **не чувстви́тельный к ~е** temperature-insensitive; **отсчи́тывать ~у от то́чки нуля́** reckon temperature from zero; **~ па́дает** the temperature falls; **подде́рживать ~у ... гра́дусов** hold [maintain] a temperature of ... deg; **~ поднима́ется** the temperature rises; **при ~е ... гра́дусов** at a temperature of ... degrees *пример*: **вода́ кипи́т при ~е 100° С** water boils at a temperature of 100° C; **регистри́ровать [фикси́ровать] ~у,** *напр.* **во́здуха** (*отмечать зрительно*) note [observe, read] the temperature of, *e.g.*, the air; (*с записью на бумаге*) record the temperature of, *e.g.*, the air; **регули́ровать ~у** (*автоматически*) control temperature; (*вручную*) adjust temperature; **чувстви́тельный к ~е** temperature-sensitive

температу́р/а

абсолю́тная ~ absolute temperature

адиабати́ческая ~ adiabatic temperature

атмосфе́рная ~ atmospheric temperature

безразме́рная ~ dimensionless temperature

~ бе́лого кале́ния white heat □ **нагрева́ть до ~ы бе́лого кале́ния** raise to white heat

ви́димая ~ apparent temperature

~ возго́нки sublimation temperature

~ воспламене́ния ignition temperature, fire point

~ восстановле́ния reduction temperature

~ вспы́шки flash point

~ вы́пуска ста́ли tap temperature

~ вырожде́ния degeneracy temperature

~ горе́ния combustion temperature

~ горя́чей штампо́вки forging temperature

~ дово́дки *мет.* finishing temperature

~ дутья́ air-blast temperature

~ желатиниза́ции gelatinization temperature

~ жидкотеку́чести free-flowing temperature

~ зака́лки hardening temperature; quenching temperature

~ замерза́ния freezing point

~ замора́живания freezing temperature

~ застыва́ния solidification [congelation] temperature

~ затвердева́ния hardening temperature

~ излуче́ния radiation temperature

ио́нная ~ ion temperature

~ испаре́ния vaporization temperature

температу́р/а

исхо́дная ~ reference temperature

~ каландри́рования calendering temperature

~ каплепаде́ния drop temperature, drop(ping) point

~ кипе́ния boiling point

~ ко́вки forging temperature

ко́мнатная ~ room [indoor] temperature

~ компари́рования standardization temperature

~ конденса́ции condensation point

коне́чная ~ final temperature

~ конца́ кипе́ния final boiling point

~ кра́сного кале́ния red heat

~ кра́шения dyeing temperature

криоге́нная ~ cryogenic temperature

~ кристаллиза́ции solidification temperature

крити́ческая ~ critical temperature, critical point

~ крити́ческого перехо́да characteristic transition temperature

~ Кюри́ Curie temperature

лета́льная ~ lethal temperature

~ ли́квидуса liquidus temperature

~ льдообразова́ния ice formation point

междунаро́дная практи́ческая ~ Ке́львина Kelvin temperature

междунаро́дная практи́ческая ~ Це́льсия Celsius temperature

ми́нусовая ~ subzero temperature

~ на вхо́де intake [inlet] temperature

~ на вы́ходе outlet temperature

~ нагре́ва (*под термообработку*) reheat temperature

~ насыще́ния saturation temperature

~ нача́ла кипе́ния initial boiling [bubble] point

нача́льная ~ initial temperature

неустанови́вшаяся ~ transient temperature

~ ни́же нуля́ subzero temperature

~ ни́же то́чки замерза́ния subfreezing temperature

нулева́я ~ zero temperature

~ ожиже́ния liquefaction temperature

~ окружа́ющей среды́ ambient temperature

~ отвержде́ния hardening temperature

~ о́тжига annealing temperature

~ о́тпуска tempering temperature

~ па́йки soldering temperature

~ парообразова́ния vaporization temperature

~ перегре́ва superheat temperature

~ перехо́да transition temperature

~ плавле́ния melting point

плюсова́я ~ above-zero temperature

пове́рхностная ~ (sur)face temperature

~ пове́рхностного тре́ния skin-friction temperature

температу́р/а

~ по вла́жному термо́метру wet-bulb [moist-bulb] temperature

повы́шенная ~ elevated temperature

~ полимериза́ции polymerization temperature

~ по́лного торможе́ния пото́ка total [stagnation] temperature

~ по мо́крому термо́метру wet-bulb [moist-bulb] temperature

~ помутне́ния cloud temperature, cloud point

постоя́нная ~ constant [fixed] temperature

~ по сухо́му термо́метру dry-bulb temperature

потенциа́льная ~ potential temperature

преде́льная ~ limiting [ceiling] temperature

~ прессова́ния pressing temperature

приведённая ~ reduced temperature

приземна́я ~ ground temperature

~ прока́тки rolling temperature

психометри́ческая ~ wet-bulb [moist-bulb] temperature

рабо́чая ~ operating [working] temperature

равнове́сная ~ equilibrium temperature

радиацио́нная ~ radiation temperature

~ радиоизлуче́ния radio temperature

~ разли́вки *мет.* casting [pouring] temperature

~ размягче́ния softening temperature

~ реа́кции reaction temperature

~ рекристаллиза́ции recrystallization temperature

~ са́дки *мет.* charging temperature

~ самовоспламене́ния autoignition [spontaneous ignition] temperature

~ сва́рки welding heat

~ свёртывания coagulation [curdling] temperature

~ сгора́ния (*в сечении сопла*) *ркт.* combustion temperature

~ сгуще́ния stock point

~ сжиже́ния liquefaction temperature

~ спека́ния sintering temperature

станда́ртная ~ standard temperature

статисти́ческая ~ statistic(al) temperature

стати́ческая ~ static temperature

~ стеклова́ния (*полимеров*) glass transition temperature

сумма́рная ~ total temperature

~ схва́тывания setting temperature

~ та́яния melting point

~ теку́чести flow temperature, flow point

термодинами́ческая ~ thermodynamic temperature

~ торможе́ния stagnation temperature

температу́р/а
то́чечная ~ point [spot] temperature
~ упоря́дочения order-disorder transition temperature
установи́вшаяся ~ steady-state temperature
~ фа́кела flame temperature
~ фо́на background temperature
~ формова́ния moulding temperature
~ футеро́вки *мет.* lining temperature
характе́рная ~ representative temperature
~ хране́ния storage temperature
~ хру́пкости brittle(ness) temperature
цветова́я ~ colour temperature
шумова́я ~ noise temperature
эвтекти́ческая ~ eutectic temperature
эвтекто́идная ~ eutectoid temperature
эквивале́нтная ~ equivalent temperature
электро́нная ~ electron temperature
энергети́ческая ~ total radiation temperature
эффекти́вная ~ effective temperature
я́дерная ~ nuclear temperature
~ я́дерного си́нтеза fusion [thermonuclear] temperature
я́ркостная ~ brightness [luminance] temperature

температуропрово́дность *ж.* thermal diffusivity
температуросто́йкость *ж.* temperature stability, heat stability
темпера́ция *ж.* temperament, temperation
темпери́рование *с.* tempering
темпери́ровать *гл.* temper
темперо́метр *м.* tempermeter
те́мплет *м.* template, templet
тенде́нци/я *ж.* tendency, trend □ **проявля́ть ~ю к, *напр.* растре́скиванию** show tendency to, *e.g.*, crack(ing), tend to, *e.g.*, crack
те́ндер *м.* 1. *ж.-д.* tender, tank 2. *мор.* tender
тендериза́ция *ж. пищ.* tenderization
тендеро́метр *м. пищ.* tenderometer
тене́ние *с. полигр.* tinting
тензанемо́метр *м.* strain-gauge anemometer
тензо́граф *м.* recording strain gauge
тензогра́фия *ж.* strain micrography
тензода́тчик *м.* strain gauge (transducer) □ **изгота́вливать ~ в плёнке кле́я** encase a strain gauge in cement; **накле́ивать ~ на иссле́дуемую дета́ль** cement [bond] a strain gauge to the stressed member [surface]; **устана́вливать ~** mount a strain gauge
~ в ви́де розе́тки rosette-type strain gauge

тензода́тчик
накле́иваемый ~ bonded strain gauge
ненакле́иваемый ~ unbonded strain gauge
~ оми́ческого сопротивле́ния resistance strain gauge
плёночный ~ (thin-)film strain gauge
прива́риваемый ~ weldable strain gauge
про́волочный ~ wire strain gauge
пьезоэлектри́ческий ~ piezoelectric strain gauge
фо́льговый ~ foil strain gauge

тензомессдо́за *ж.* strain gauge dynamometer
тензо́метр *м.* strain-measuring device; (*особ. неэлектрический*) extensometer
~ Гугенбе́рга, механи́ческий Huggenberger (ex)tensometer
тензометри́рование *с.* strain measurement
тензометри́ровать *гл.* measure strain
тензометри́я *ж.* strain measurement
те́нзор *м. мат., мех.* tensor
антисимметри́ческий ~ antisymmetric [alternating] tensor
кососимметри́ческий ~ antisymmetric [alternating] tensor
~ *n*-го ра́нга tensor in *n* dimensions
симметри́ческий ~ symmetrical tensor
транспони́рованный ~ conjugate tensor

тензорези́стор *м.* resistance strain gauge
полупроводнико́вый ~ semiconductor strain gauge
проводнико́вый ~ metallic strain gauge
термокомпенси́рованный ~ temperature compensated strain gauge

тензоэффе́кт *м.* tensity resistive effect
тент *м.* canvas; canopy; *авто* drop-head, hood, canvas top; (*маркиза*) awning
тень *ж.* shade, shadow □ **отбра́сывать ~** cast a shadow
аэродинами́ческая ~ wind shadow
«ветрова́я ~» *метео* windless region
«дождева́я ~» *метео* rainless region
звукова́я ~ sound shadow
~ негати́ва shadow in the negative
со́бственная ~ *мат.* shade

теодоли́т *м.* theodolite □ **наводи́ть ~ на ...** bring a theodolite to sight on ...; **переставля́ть ~** reset a theodolite
опти́ческий ~ micrometer [microoptic, microscopic, optical (reading)] theodolite
повтори́тельный ~ repeating theodolite, repeater □ **повтори́тельный ~ позволя́ет измеря́ть углы́ повто́рно** the repeating theodolite is used for repeating angles
просто́й ~ direction theodolite

теодоли́т-нивели́р *м.* theodolite-level
теоре́м/а *ж.* theorem □ **дока́зывать ~у, *напр.* спо́собом от проти́вного** prove a theorem, *e.g.*, by contradiction; **~ о ...** a theorem on ...
~ а́лгебры, основна́я the fundamental theorem of algebra
~ Аполло́ния theorem of Appolonius
~ Бабине́ Babinet's principle
~ Безу́ the remainder theorem
~ Берну́лли (*в теории вероятностей*) (*не путать с* уравне́нием Берну́лли *из гидродинамики*) Bernoulli's problem (*not to be confused with* Bernoulli's law *or* theorem of fluid flow)
~ взаи́мности *эл.* reciprocity theorem
~ Ви́нера — Хи́нчина (*в теории информации*) Wiener-Khintchine theorem
~ дуа́льности duality theorem
~ живы́х сил work-kinetic energy theorem
~ Жуко́вского Kutta-Joukowski theorem
~ запа́здывания shift theorem
~ Кастилья́но theorem of Castigliano
~ Клайпеперо́на Clapeyron's theorem
~ компенса́ции *эл.* compensation theorem
~ ко́синусов cosine law
~ Коши́ о вы́четах Cauchy residue theorem
~ Ма́ксвелла о взаи́мности перемеще́ний Maxwell's reciprocal theorem
~ наложе́ния *эл.* superposition theorem, principle of superposition
~ об акти́вном двухпо́люснике Thévenin's [Helmholtz's] theorem
~ об измене́нии кинети́ческой эне́ргии principle of energy
~ об измене́нии коли́чества движе́ния principle of momentum
~ обрати́мости тече́ний reverse-flow theorem
обра́тная ~ converse (of a theorem), converse theorem
~ об эквивале́нтном генера́торе Thévenin's [Helmholtz's] theorem
~ о движе́нии це́нтра масс principle of motion of centre of mass
~ о минима́ксе minimax theorem
~ о постоя́нстве потокосцепле́ния constant-flux-linkage theorem
~ о сре́днем mean-value theorem, first law of the mean
~ отсчётов (*в теории информации*) sampling theorem
~ о центра́льном преде́ле central limit theorem
~ подо́бия similarity [similitude] theorem
~ По́йнтинга Poynting('s) theorem
~ равновероя́тности equal probability theorem
~ разложе́ния expansion theorem

теоре́м/а
~ си́нусов theorem of sines, law of sines
~ соотве́тственных состоя́ний theorem of corresponding states
~ стаби́льности равнове́сия criterion of equilibrium stability
~ суперпози́ции *эл.* superposition theorem
~ умноже́ния (*в теории вероятностей*) product rule
~ Ште́йнера parallel axis [Steiner's] theorem
эргоди́ческая максима́льная ~ maximal ergodic theorem
теоретизи́ровать *гл.* **(о ...)** theorize (*about* ...)
теоре́тико-вероя́тностный *прил.* probability-theoretic, probabilistic
теоре́тико-группово́й *прил.* group-theoretic(al)
теоре́тико-мно́жественный *прил.* set-theoretic(al)
теоре́тико-числово́й *прил.* number-theoretic
теорети́чески *нареч.* theoretically, by theory
тео́ри/я *ж.* theory □ **выдвига́ть ~ю** advance [propose] a theory; **объясня́ть** *что-л.* **на основа́нии тео́рии** explain *smth.* on a theory; **отказа́ться от ~и** abandon a theory; **отклоня́ть ~ю** reject a theory; **подтвержда́ть ~ю эксперимента́льно** verify a theory by experiment; **принима́ть [признава́ть] ~ю** accept a theory
~ автомоде́льности similarity theory
~ адсо́рбции Брунау́эра — Эмме́тта — Те́ллера BET theory of adsorption
~ Ба́рдина — Ку́пера — Шри́ффера [БКШ] Bardeen-Cooper-Schrieffer [BCS] theory
~ больши́х сигна́лов large signal theory
~ бу́левых а́лгебр Boolean calculus
~ вероя́тностей theory of probability, probability theory
~ Ви́нера prediction theory
~ возмуще́ний *мат.* perturbation theory
~ второ́го приближе́ния second-order theory
~ вы́борочного ме́тода *стат.* (*не путать с* отсчётами *в теории сообщений*) theory of sampling
~ вы́четов residue theory
~ гра́фов *мат.* graph theory
~ групп *мат.* group theory, theory of groups
~ двойственности duality theory
~ доказа́тельства proof theory
~ Друде́ — Ло́ренца *элн.* Drude-Lorentz theory
~ игр *мат.* theory of games, game(s) theory
~ информа́ции general theory of communication, information theory

тео́ри/я
ква́нтовая ~ quantum theory
~ кисло́т и основа́ний acid-base theory
класси́ческая ~ classical theory
~ крыла́ airfoil theory
лучева́я ~ ray theory
~ ма́лых сигна́лов small signal theory
~ ма́ссового обслу́живания queueing [waiting-line] theory
~ ме́ры *мат.* measure theory
~ мно́жеств set theory
~ надёжности reliability theory
~ наибо́льших деформа́ций ultimate strain theory
~ относи́тельности theory of relativity
~ относи́тельности, о́бщая general theory of relativity, general relativity
~ относи́тельности, специа́льная special theory of relativity
~ очереде́й queueing [waiting-line] theory
~ оши́бок error analysis
~ перено́са transport theory
~ подо́бия similarity theory
~ по́ля field theory
~ разме́рностей dimensional theory
~ регули́рования control theory
~ реле́йных схем switching-circuit theory
~ све́та, волнова́я wave theory of light
~ све́та, ква́нтовая quantum theory of light
~ све́та, корпускуля́рная corpuscular theory of light
~ соедине́ний combinatorial mathematics, combinatorics
~ сравне́ний congruence theory
~ статисти́ческих оце́нок theory of estimation
~ столкнове́ний collision theory
стро́гая ~ rigorous theory
~ твёрдых тел, зо́нная band theory of solids
~ теплопереда́чи heat-transfer theory
~ управле́ния control theory
~ упру́гости theory of elasticity
~ усто́йчивости stability theory
феноменологи́ческая ~ phenomenological [formal] theory
форма́льная ~ formal theory
~ цве́тности theory of colour value
~ цепе́й circuit [network] theory
~ чи́сел theory of numbers, number theory
тепли́ца *ж.* hothouse, greenhouse
гидропо́нная ~ hydroponic greenhouse
тепло́ *с.* heat □ **аккумули́ровать ~** store heat; **высвобожда́ть ~** liberate [release] heat; **испо́льзовать ~** utilize heat; **отводи́ть ~** take away heat, abstract [draw off] heat from; **~ перено́сится от горя́чего те́ла к холо́дному** heat flows [is transferred] from hot to cold; **поглоща́ть ~** absorb heat; **подводи́ть ~** supply heat; **преобразо́вывать ~ в ...** convert heat (in)to ...; **производи́ть ~** generate heat; **рекупери́ровать (отбро́сное) ~** recover [reclaim] (waste) heat
тепло́
джо́улево ~ Joule(an) heat
избы́точное ~ surplus [excess] heat
конвекти́вное ~ convection heat
лучи́стое ~ radiant heat
низкопотенциа́льное ~ low-grade heat
оста́точное ~ residual heat
отбро́сное ~ waste heat
отходя́щее ~ waste heat
~ отходя́щих га́зов waste-gas heat
побо́чное ~ by-product heat
радиоге́нное ~ radiogenic heat
располага́емое ~ available heat
скры́тое ~ latent heat
физи́ческое ~ sensible heat
теплови́дение *с.* infra-red [IR] imaging
теплови́зор *м.* infra-red [IR] imager
тепловлагообме́н *м.* heat-and-moisture exchange
теплово́з *м.* diesel locomotive
~ с электри́ческой переда́чей diesel electric locomotive
тепловосприя́тие *с.* heat reception, heat absorption
тепловыделе́ние *с.* heat release
теплоёмкость *ж.* heat capacity
а́томная ~ atomic heat capacity
и́стинная ~ true heat capacity
моля́рная ~ molar [molecular] heat capacity
объёмная ~ heat capacity per unit volume
уде́льная ~ specific heat
уде́льная ~ в изобари́ческом проце́ссе specific heat at constant pressure
уде́льная ~ в изохори́ческом проце́ссе specific heat at constant volume
теплозащи́та *ж.* heat shield
теплоизоля́тор *м.* heat insulator
теплоизоля́ция *ж.* thermal [heat] insulation
тепломе́р *м.* heat flow meter
теплонапряжённость *ж.* heat-release rate, thermal factor, heat density
теплоноси́тель *м.* heat-transfer agent, heat-transfer medium
холоди́льный ~ coolant, secondary refrigerant, refrigerating [cooling] medium
теплоноси́тель-замедли́тель *м.* coolant-moderator
теплообме́н *м.* heat exchange; (*теплопередача*) heat transfer
адиабати́ческий ~ adiabatic heat exchange
конвекти́вный ~ convective heat transfer
лучи́стый ~ radiant heat transfer

теплообме́н

~ при испаре́нии vaporization heat exchange

теплообме́нник *м.* heat exchanger □ **~ передаёт тепло́ от среды́ с более высо́кой температу́рой к среде́ с бо́лее ни́зкой температу́рой** a heat exchanger transfers heat from a hotter to a colder medium

абоне́нтский ~ domestic heat converter

двухтру́бный ~ double-pipe heat exchanger

змеевико́вый ~ coil heat exchanger

кожухотру́бный ~ shell-and-tube heat exchanger

многоходово́й ~ multipass heat exchanger

оросительный ~ spray-type heat exchanger

парога́зовый ~ steam-to-gas heat exchanger

паропарово́й ~ live-steam reheater

пласти́нчатый ~ plate(-type) heat exchanger

плёночный ~ film-type heat exchanger

погружно́й ~ submersible [immersed] heat exchanger

противото́чный ~ counter-current heat exchanger

прямото́чный ~ co(n)current heat exchanger

регенерати́вный ~ regenerative heat exchanger

рекуперати́вный ~ recuperative heat exchanger

смеси́тельный ~ direct contact heat exchanger

~ с перекрёстным то́ком cross-flow heat exchanger

спира́льный ~ helical heat exchanger

~ с пла́вающей голо́вкой float-head heat exchanger

~ с ребри́стой пове́рхностью finned [ribbed] heat exchanger

~ с руба́шками jacketed heat exchanger

~ с U-обра́зными тру́бками U-tube heat exchanger

~ ти́па «труба́ в трубе́» double-pipe heat exchanger

теплообразова́ние *с.* heat generation

теплообразова́тель *м.* heat generator

теплоотво́д *м.* **1.** (*процесс*) heat abstraction, heat removal **2.** (*устройство*) *пп* heat sink

теплоотда́ча *ж.* convective heat exchange, convective heat transfer

теплопеленга́тор *м.* heat direction finder

теплопереда́ча *ж.* heat transfer □ **~ мо́жет происходи́ть под де́йствием трёх фа́кторов** heat transfer may occur by three mechanisms; **~ происхо́дит в результа́те, *напр.* теплопрово́дности** heat transfer occurs, *e.g.*, by conduction

теплопереда́ча

~ излуче́нием radiative heat transfer, heat transfer by radiation

конвекти́вная ~ convective heat transfer, heat transfer by convection

теплопере́па́д *м.* heat drop

теплоперехо́д *м.* heat transfer

теплопоглоти́тель *м.* heat absorber

теплопоглоще́ние *с.* heat absorption

теплоподво́д *м.* heat supply, heat input; (*в термодинамике*) absorption of heat by a system

теплопоступле́ние *с.* heat input

теплопоте́ри *мн. ж.* heat losses

теплопотребле́ние *с.* heat consumption

теплоприёмник *м.* heat absorber; (*потребитель*) heat load

теплоприхо́д *м.* heat input, heat generation

теплопрово́д *м.* heat (pipe-)line

теплопроводни́к *м.* heat conductor

теплопрово́дность *ж.* (*вид теплопередачи*) heat conduction; (*коэффициент теплопроводности*) thermal conductivity

теплопрозра́чность *ж.* diathermancy, diathermaneity

теплопроизводи́тельность *ж.* calorific [heating] power, heating capacity, heating efficiency

теплопроница́емость *ж.* permeability to heat

теплосе́ть *ж.* heat-supply system

теплоснабже́ние *с.* heat supply

централизо́ванное ~ district heating

теплосодержа́ние *с. уст.* (*см.* **энтальпи́я**) heat content

теплосто́йкость *ж.* heat stability

теплота́ *ж.* heat

вне́шняя ~ external heat

~ вну́треннего тре́ния viscous heat

вну́тренняя ~ internal heat

~ испаре́ния evaporation heat

~ образова́ния (*какого-л. вещества*) heat of formation

~ парообразова́ния heat of vaporization

~ перегре́ва heat of superheat

~ плавле́ния melting heat

по́лная ~ total heat

~ сгора́ния (*топлива*) heat of combustion, heat [calorific] value of a combustible

~ сгора́ния, вы́сшая high heat value

~ сгора́ния, ни́зшая low heat value

скры́тая ~ latent heat

уде́льная ~ specific heat

физи́ческая ~ sensible heat

теплотво́рность *ж.* calorific [heat] value

теплоте́хник *м.* heat [combustion] engineer

теплоте́хника *ж.* heat engineering, heat technology

теплоусто́йчивость *ж.* high-temperature [thermal] stability

теплофи́зика *ж.* thermal physics

теплофика́ция *ж.* power-and-heat generation, power-and-heat supply

теплофи́льтр *м.* heat filter, heat shield

теплохо́д *м.* motor vessel, motor ship

теплочувстви́тельность *ж.* thermal [heat] sensitivity

теплоэлектроцентра́ль [ТЭЦ] *ж.* thermoelectric [power-and-heating, heat-electric generation] plant

теплоэнерге́тика *ж.* (*отрасль техники*) heat power engineering; (*отрасль промышленности*) heat power industry

тепля́к *м.* warming room, winter shelter

те́ра- (*десятичная кратная приставка, означающая* 10^{12}) tera *пример*: **1 терава́тт [1 ТВт]** 1 terawatt, 1 TW; **1 тераО́м, [1 ТОм]** 1 teraohm, 1 T

те́рбий *м.* terbium, Tb

тереби́лка *ж.* puller

тереби́ть *гл.* pull (about), pluck, pick □ **~ лён** pull flax

тербле́ние *с.* pulling, plucking, picking

тере́ть *гл.* **1.** (*вызывать потёртость*) rub, chafe **2.** (*на тёрке*) grate **3.** (*перемалывать, истирать*) grind

тёрка *ж.* **1.** (*кухонная*) grate **2.** *стр.* (mason's) float **3.** *с.-х.* rasp, grater, grinder, huller, hulling mill

~ для овоще́й vegetable shredder

механи́ческая ~ power float

~ штукату́ра darby

тёрка-перети́р *ж. пищ.* recrusher

термализа́ция *ж.* thermalization

термализова́ть *гл.* thermalize

терма́лло́й *м.* (*железоникелевый термомагнитный сплав*) Fe-Al-Ni alloy (Thermalloy *относится к сплавам этого типа, производимым вне СССР*)

те́рмин *м.* term □ **вводи́ть (но́вый) ~** coin a (new) term; **... как вытека́ет из (само́го) ~а, ...** as the term implies, ...; **(э́тот) ~ не рекоменду́ется (употребля́ть)** (this) term is deprecated; **(э́тот) ~ отно́сится к ...** (this) term applies [refers] to ...

термина́л *м. вчт.* terminal □ **арендова́ть ~** lease a terminal; **~ выдаёт запро́с** (*на справочные сведения*) the terminal sends an inquiry (*for reference data*); **~ выдаёт предупреди́тельное сообще́ние** the terminal displays [flashes] a warning; **~ заверша́ет сеа́нс** (*напр. ввода, обмена данных*) the terminal logs off; **~ начина́ет сеа́нс** (*напр. ввода, обмена данных*) the terminal logs on; **~ обеспе́чивает до́ступ к ЭВМ** the terminal provides access to an (associated) computer; **~ обраща́ется к ЭВМ** the terminal accesses a computer

акти́вный ~ active terminal

~ вво́да-вы́вода input-output [I/O] terminal

виртуа́льный ~ virtual terminal, terminal image

термина́л
~ дистанцио́нного вво́да зада́ний remote job entry terminal
дистанцио́нный ~ remote terminal
неавтоно́мный ~ on-line terminal
паке́тный ~ batch terminal
паке́тный, дистанцио́нный ~ remote batch terminal
пасси́вный ~ passive terminal
перфока́рточный ~ punched card terminal
разу́мный ~ (*в системе передачи данных*) intelligent terminal
~ с разделе́нием вре́мени time-sharing terminal
телета́йпный ~ teleprinter terminal
экра́нно-клавиату́рный ~ CRT/keyboard terminal
экра́нный ~ CRT (display) terminal, visual CRT terminal
терминоло́гия *ж.* terminology, nomenclature
термио́н *м.* thermion
терми́ст *м. мет.* heat-treater
терми́стор *м.* thermistor, temperature-sensitive resistor
~ с положи́тельным температу́рным коэффицие́нтом positive TC thermistor
терми́т *м.* thermit(e)
термоана́лиз *м.* thermal analysis
термоанемо́метр *м.* hot-wire anemometer
термоантраци́т *м.* thermoanthracite
термобарока́мера *ж.* thermal vacuum [thermal pressure] chamber
термобаро́метр *м.* thermobarometer
термобатаре́я *ж.* thermopile
термобатигра́ф *м.* thermobathygraph
термобу́р *м.* heat drill
термовакуумме́тр *м.* thermal conductivity vacuum gauge
термовулканиза́т *м.* heat vulcanizate
термовулканиза́ция *ж.* thermal [heat] vulcanization
термовыключа́тель *м.* thermostatic switch
термогазоанализа́тор *м.* thermal gas analyser
термогальвано́метр *м.* thermogalvanometer
термогенера́тор *м.* thermogenerator
термогигро́граф *м.* thermohygrograph, recording thermohygrometer
термогигро́метр *м.* thermohygrometer
термогигроста́т *м.* thermohygrostatic chamber
термогидро́граф *м.* thermohydrograph
термоглубоме́р *м.* combination thermometer/depth gauge
термогра́мма *м.* thermogram
термо́граф *м.* thermograph, (self-)recording thermometer
термодина́мика *ж.* thermodynamics
~ необрати́мых проце́ссов thermodynamics of irreversible processes
о́бщая ~ general thermodynamics
техни́ческая ~ engineering thermodynamics

термодина́мика
физи́ческая ~ physical thermodynamics
хими́ческая ~ chemical thermodynamics
термодиффу́зия *ж.* thermal diffusion
термози́т *м.* (*шлаковая пемза*) slag pumice, bloated slag
термозитобето́н *м.* slag concrete
термозо́нд *м.* thermal probe
термоизлуча́тель *м.* heat [thermal] radiator
термоизоля́ция *ж.* thermal [heat] insulation
термокарота́ж *м.* temperature well logging, temperature well survey
термокато́д *м.* hot [thermionic] cathode
термокомпенса́ция *ж.* temperature compensation
термокомпре́ссия *ж.* thermocompression
термокомпре́ссор *м.* thermocompressor
термокра́ска *ж. полигр.* heat setting ink
термо́лиз *м.* thermolysis, decomposition by heat
термолюминесце́нция *ж.* thermoluminescence
термомагнети́зм *м.* thermomagnetism
термо́метр *м.* thermometer □ **градуи́ровать ~ по части́чному погруже́нию** graduate a thermometer for partial immersion; **заде́лывать ~** (*в конструкцию*) embed a thermometer (*into a structure*); **подверга́ть ~ пове́рке** (*с выдачей поверочного свидетельства*) certify a thermometer
абсолю́тный ~ absolute thermometer
акусти́ческий ~ acoustic thermometer
бeшка́льный ~ non-indicating thermometer
биметалли́ческий ~ bimetal thermometer
брониро́ваный ~ armoured thermometer
га́зовый ~ gas thermometer
га́зовый ~ постоя́нного давле́ния constant-pressure thermometer
га́зовый ~ постоя́нного объёма constant-volume thermometer
глубоково́дный опроки́дывающийся ~ deep-sea reversing thermometer
дилатометри́ческий ~ solid-expansion thermometer
дистанцио́нный ~ remote-indicating thermometer
~ для ни́зких температу́р low-reading thermometer
жи́дкостный ~ liquid thermometer
жи́дкостный, стекля́нный ~ liquid-in-glass thermometer
квадрупо́льный я́дерный ~ nuclear-quadrupole-resonance thermometer
конденсацио́нный ~ vapour-pressure thermometer
конта́ктный ~ contact thermometer
магни́тный ~ magnetic thermometer

термо́метр
максима́льный ~ maximum thermometer
манометри́ческий ~ filled-system thermometer
медици́нский ~ medical thermometer
метастати́ческий ~ Beckmann thermometer
минима́льный ~ minimum thermometer
норма́льный ~ standard thermometer
образцо́вый ~ standard thermometer
па́лочный ~ engraved-on-stem thermometer
пове́рочный ~ control thermometer
пращево́й ~ sling thermometer
~ психро́метра, вла́жный wet-bulb thermometer
~ психро́метра, сухо́й dry-bulb thermometer
пьезоква́рцевый ~ quartz thermometer
радиацио́нный ~ optical [radiation] thermometer
рту́тный ~ mercury thermometer
рту́тный, стекля́нный ~ mercury-in-glass thermometer
самопи́шущий ~ thermograph, (self-)recording thermometer
~ с вло́женной шкало́й enclosed-scale thermometer
~ сопротивле́ния resistance thermometer
стекля́нный ~ glass thermometer
стержнево́й ~ stick thermometer
термошумово́й ~ thermal noise thermometer
термоэлектри́ческий ~ (*В соответствии с последним ГОСТО'ом*) thermocouple (*Примечание. Английскому термину* thermo-emf thermometer *соответствует русский термин* термоэлектрический комплект.)
техни́ческий ~ industrial thermometer
электри́ческий ~ electric thermometer
электроконта́ктный ~ electric-contact thermometer
термометри́я *ж.* thermometry
термообрабо́тка *ж.* thermal [heat] treatment
высокотемперату́рная ~ high-temperature [high-heat] treatment
~ для сня́тия (оста́точных) напряже́ний (heat treatment for) stress-relief
~ для стабилиза́ции структу́ры спла́ва stabilizing treatment
~ на твёрдый раство́р solution treatment
повто́рная ~ reheat treatment
термоокисли́тельный *прил.* thermal-oxidative
термоо́смос *м.* thermoosmosis
термопа́р/а *ж.* thermocouple □ **заключа́ть ~у в защи́тную тру́бку**

sheathe [enclose] a thermocouple in a protective covering; **компари́ровать ~у** standardize a thermocouple

термопа́р/а

~ без экрани́рования unshielded thermocouple

бесконта́ктная ~ (*в термопреобразователе*) insulated thermocouple

ва́куумная ~ vacuum thermocouple

дифференциа́льная ~ differential thermocouple

защищённая ~ sheathed thermocouple

~ из благоро́дных мета́ллов noble-metal thermocouple

~ из неблагоро́дных мета́ллов base-metal thermocouple

конта́ктная ~ (*в термопреобразователе*) contact thermocouple

малоинерцио́нная ~ quick-response thermocouple

незащищённая ~ bare thermocouple

отсо́сная ~ aspirating thermocouple

платинородиевая-пла́тиновая ~ platinum to platinum-rhodium [platinum vs. platinum-rhodium] thermocouple

пове́рхностная ~ pad-type thermocouple

погружна́я ~ immersion thermocouple

радиацио́нная ~ radiation thermocouple

тонкоплёночная ~ thin-film thermocouple

удароусто́йчивая ~ shock-proof thermocouple

экрани́рованная ~ shielded thermocouple

термопа́уза *ж.* thermopause

термоплазмо́лиз *м.* thermoplasmolysis

термопла́ст thermosoftening plastic [thermoplastic] material

термопластика́ция *ж.* thermoplastication, heat softening

термополимериза́ция *ж.* thermopolymerization

термопреобразова́тель *м.* (*сочетание термопар(ы) и нагревателя*) thermal converter, thermal element (*Примечание. Русский термин* термоэлеме́нт *означает* термопа́ра.)

бесконта́ктный ~ insulated-couple thermal converter

конта́ктный ~ contact-couple thermal converter

термоприёмник *м.* temperature [thermal] detector, temperature transmitter

терморегуля́тор *м.* temperature control(ler); (*в термостатах*) thermostatic switch

терморези́стор *м.* temperature-sensitive resistor (*в технике СВЧ измерений*) bolometer (*Примечание. Русский термин* боло́метр *соответствует английскому* barretter.)

термореле́ *с.* thermal relay

термостабилиза́ция *ж.* heat setting

термостаби́льность *ж.* thermal [heat] stability

термостаре́ние *с.* thermal [heat] ageing

термоста́т *м.* **1.** thermostat, thermostatic switch **2.** (*сосуд или шкаф с постоянной температурой*) constant-temperature cabinet

высокотемперату́рный ~ pyrostat

ква́рцевый ~ *элн.* crystal oven

термостати́рование *с.* thermostatting

ключево́е ~ thermostatic (-on/off) temperature control

непреры́вное ~ temperature control

термостерилиза́ция *ж.* thermosterilization

термосто́йкость *ж.* thermal [heat] stability, heat resistance

термостри́кция *ж.* thermostriction

термосфе́ра *ж.* thermosphere

термото́к *м.* thermoelectric current

термоупру́гость *ж.* thermoelasticity

термоусто́йчивость *ж.* thermal [heat] stability, heat resistance

термохи́мия *ж.* thermochemistry

термохроми́зм *м.* (*изменение цвета с изменением температуры*) thermochromism

термохроми́рование *с.* diffusion chromizing

термошка́ф *м.* heat chamber, heating cabinet, oven

термощу́п *м.* thermal probe

те́рмоэдс *ж.* thermoelectromotive force, thermo-emf

термоэласти́чность *ж.* thermoelasticity

термоэлектри́ческий *прил.* thermoelectric

термоэлектри́чество *с.* thermoelectricity

термоэлектро́д *м.* thermocouple wire

термоэлектро́нный *прил.* thermionic

термоэлеме́нт *м.* thermocouple, thermojunction (*Примечание. Английскому термину* thermal element *соответствует русский термин* термопреобразова́тель.)

термоя́дерный *прил.* thermonuclear

терпе́н *м.* terpene

террако́та *мн.* (*керамические изделия*) terra-cotta

архитекту́рная ~ architectural terra-cotta, ceramic veneer

террико́ник *м. горн.* refuse [spoil] heap, refuse dump

террито́ри/я *ж.* territory; (*завода, предприятия*) premises □ **на, напр. сове́тской ~и** in, *e.g.*, Soviet territory

тёс *м.* deal

теса́ть *гл.* cut, hew, dress, square

те́сла *ж.* (*единица магнитной индукции в системе СИ*) tesla, T

тесло́ *с.* (*плотничный инструмент*) addice, adze

тест *м.* test

психотехни́ческий ~ ability test

те́стер *м.* tester

ла́мповый ~ tube tester

тест-купо́н *м.* (*печатной платы*) test coupon

те́сто *с. пищ.* dough □ **меси́ть ~** knead dough; **обмина́ть ~** punch dough; **раска́тывать ~** roll dough; **раска́тывать ~ в листы́** sheet dough

гли́няное ~ puddled clay

жи́дкое цеме́нтное ~ grout, cement slurry

известко́вое ~ lime paste, lime putty

ки́слое ~ leavened dough

пре́сное ~ unleavened dough

тестодели́тель *м.* dough dividing machine, dough divider

тестомеси́лка *ж.* dough kneading [dough mixing] machine, dough kneader

тестораска́тка *ж.* dough roller

тест-програ́мма *ж.* test program

тест-табли́ца *ж.* test pattern

тест-фи́льм *м.* test film

те́та-фу́нкция *ж.* theta function

тетива́ *ж.* (*лука*) (bow) string, *стр.* string board, stringer

тетра́дь *ж.* **1.** copy-book, note-book **2.** *полигр.* section, signature

тетра́эдр *м.* tetrahedron, triangular pyramid

тетро́д *м.* tetrode

двойно́й ~ twin-tetrode, double tetrode

мо́щный лучево́й ~ beam power tetrode

плоскостно́й ~ junction tetrode

полево́й ~ field-effect tetrode

полево́й ~ с изоли́рованным затво́ром insulated gate (field-effect) tetrode, IG (field-effect) tetrode

полупроводнико́вый ~ semiconductor [solid-state, transistor] tetrode

полупроводнико́вый, плоскостно́й ~ junction transistor tetrode

~ с като́дной се́ткой space-charge grid tetrode

электрохими́ческий ~ solion tetrode

тефигра́мма *ж.* tephigram

тефло́н *м.* (*политетрафторэтилен*) PTFE (polytetrafluorethylene) (Teflon — *фирм. название*; *советский аналог* — фтороплáст-4)

техне́ций *м.* technetium, Tc

те́хник *м.* technician

те́хник/а *ж.* **1.** (*совокупность средств*) equipment, facilities, materiel, plant, machinery **2.** (*область деятельности*) engineering, technology **3.** (*методика, приём*) technique, method, procedure

авиацио́нно-электро́нная ~ avionics

~ безопа́сности safety engineering

вычисли́тельная ~ 1. computer facilities **2.** computer engineering □ **внедря́ть вычисли́тельную ~у в** (*напр. отрасль, производство*) computerize (*e.g.*, *an industry, a process*)

дезактивацио́нная ~ decontamination equipment

доро́жная ~ 1. road(-building) machinery **2.** road engineering

те́хник/а
криоге́нная ~ cryogenic engineering
организацио́нная ~ clerical [managerial] aids, office mechanization facilities
стру́йная ~ fluidics
ультразвукова́я ~ ultrasonics
~ экспериме́нта experimental technique
электро́нная ~ electronics, electronic engineering
я́дерная ~ 1. nuclear plant 2. nuclear engineering, nuclear technology
те́хникум *м.* secondary technical school
техно́лог *м.* industrial engineer; product engineer; (*в перерабатывающих отраслях*) process engineer
технологи́чность *ж.* adaptability to (streamlined) manufacture
~ материа́ла workability
технологи́чный *прил.* adaptable to streamlined production (methods)
техноло́гия *ж.* 1. (*научная дисциплина*) production [manufacturing] engineering 2. (*совокупность методов обработки, изготовления и т. п.*) production [manufacturing] process, know-how (practice) 3. (*метод, способ*) technology
~ вы́плавки ста́ли steelmaking practice
~ изготовле́ния manufacturing methods; fabrication practice
~ интегра́льных схем integrated-circuit [IC] technology
плана́рная ~ *пп* planar technology
~ произво́дства (production) practice *пример*: **~ до́менного произво́дства** blast-furnace operation practice
~ машинострое́ния manufacturing engineering
~ сва́рки welding techniques and procedures, welding practice
судострои́тельная ~ shipyard practice
хими́ческая ~ chemical engineering
течеиска́тель *м.* leak detector
тече́ни/е *с.* current; flow; *арго.* (*поток*) stream □ **вверх по ~ю** upstream; **вниз по ~ю** downstream; **возмуща́ть ~** disturb the flow; **замедля́ть ~** retard the flow; **ограни́чивать ~** restrict the flow; **по ~ю** with the stream; **про́тив ~я** against the stream; **~ рассла́ивается** the flow stratifies [is stratified]
адиабати́ческое ~ adiabatic [isentropic] flow
безвихрево́е ~ potential [clean] flow
безнапо́рное ~ (*жидкости*) voluntary [gravity] flow
безуда́рное ~ shock-free flow
бесциркуляцио́нное ~ non-circulatory [non-circular] flow
вихрево́е ~ eddy [vortex(-type)] flow

тече́ни/е
возду́шное ~ air flow
волново́е ~ wave flow
встре́чное ~ counterflow
вы́нужденное ~ forced flow
вя́зкое ~ viscous [frictional] flow
гиперзвуково́е ~ hypersonic flow
диабати́ческое ~ diabatic flow
диссипати́вное ~ dissipative flow
дозвуково́е ~ subsonic flow
засты́вшее ~ frozen flow
звуково́е ~ sonic flow
изотерми́ческое ~ isothermal flow
изоэнтропи́ческое ~ isenthropic flow
кавитацио́нное ~ cavity flow
ламина́рное ~ laminar flow
~ мета́лла flow of a metal
морско́е ~ sea [ocean] current
напо́рное ~ (*жидкости*) enforced [pumped] flow
непреры́вное ~ continuous flow
неразры́вное ~ continuous flow
несвобо́дное ~ restricted flow
несжима́емое ~ imcompressible flow
нестациона́рное ~ non-steady-state flow
ни́жнее ~ *метео* undercurrent
обра́тное ~ reverse [backward] flow; *хим.* backstreaming
одноме́рное ~ one-dimensional flow
околозвуково́е ~ transonic flow
осесимметри́чное ~ axial-symmetric [axisymmetric] flow
перехо́дное ~ transient flow
пласти́ческое ~ plastic flow
пло́ское ~ plane [two-dimensional] flow
побо́чное ~ subsidiary flow
~ под де́йствием си́лы тя́жести gravity flow
попере́чное ~ cross-flow
поршнево́е ~ plug flow
потенциа́льное ~ potential [clean] flow
~ при растяже́нии flow in tension
~ при сдви́ге flow in shear
про́бковое ~ slug flow
простра́нственное ~ three-dimensional flow
пуазе́йлевское ~ (*ламинарное течение в капилляре*) Poiseuille flow
равноме́рное ~ uniform flow
разры́вное ~ discontinuous [non-continuum] flow
сверхзвуково́е ~ supersonic flow
сверхкрити́ческое ~ supercritical flow
свобо́дное ~ unrestricted [free] flow
скользя́щее ~ slip flow
стациона́рное ~ steady flow
стру́йное ~ jet flow
субкрити́ческое ~ subcritical flow
турбуле́нтное ~ turbulent flow
установи́вшееся ~ steady flow
те́чка *ж.* chute
теч/ь *ж.* leak(age) □ **дава́ть ~** spring a leak; **заде́лывать [устраня́ть] ~** stop a leak; **обнару́живать ~** detect a leak; **при нали́чии ~и ма́сла из дви́гателя, ...** if the engine leaks oil, ...; **с ~ью** leaky
течь *гл.* 1. (*протекать, напр. через неплотности*) leak □ **~ че́рез, напр. уплотне́ние *или* соедине́ние** leak around, *e.g.*, a seal *or* a joint 2. (*протекать, струиться в каком-л. направлении*) flow
ти́гель *м.* 1. (*сосуд для плавления*) crucible, melting pot 2. *полигр.* platen
лаборато́рный ~ assay crucible
лите́йный ~ foundry crucible
~ Ну́тча Nutch crucible
плави́льный ~ melting crucible
тик *ж.* (*древесина*) teak wood
тиксотропи́я *ж.* thixotropy
ти́мберс *м. мор.* timber
тинкту́ра *ж.* tincture
тинто́метр *м. пищ.* tintometer
тиоко́л *м.* (*полисульфидный каучук*) thiokol
тиосоедине́ние *с.* thiocompound
тиосульфа́т *м.* thiosulphate
тип *м.* type
~ взаимоде́йствия *физ.* interaction mode, mode of interaction
~ волны́ wave mode
~ деле́ния (*ядра*) fission mode
~ колеба́ний (oscillation) mode □ **возбужда́ть ~ колеба́ний** excite a mode; **подде́рживать ~ колеба́ний** sustain a mode; **рабо́тать на *каком-л.* ~е колеба́ний** (*об устройстве или схеме*) excite in a ... mode; **синхронизи́ровать ~ колеба́ний** lock a mode; **(э́тот) ~ колеба́ний конкури́рует с ...** (this) mode competes with ...; **(э́тот) ~ колеба́ний самосинхронизи́руется ...** (this) mode is self-synchronizable ...
~ колеба́ний, акти́вный active mode
~ колеба́ний, вы́рожденный degenerate mode
~ колеба́ний, домини́рующий dominant mode
~ колеба́ний, квазивы́рожденный quasi-degenerate mode
~ колеба́ний, неаксиа́льный angular (dependent) mode
~ колеба́ний, одино́чный single mode
~ колеба́ний, основно́й fundamental mode
~ колеба́ний, парази́тный spurious mode
~ колеба́ний, свя́занный coupled mode
~ колеба́ний, со́бственный eigenmode
~ колеба́ний, «ше́пчущий» "whispering" mode
~ переда́чи emission type *пример*: **~ переда́чи A_0 *или* A_1** *рад.* A_0 *or* A_1 (type of) emission, A_0 *or* A_1 transmission
поря́дковый ~ *мат.* order type (*in set theory*)

тип
~ распа́да decay mode, mode of disintegration
~ су́дна class of a ship
типиза́ция *ж.* (*метод стандартизации*) (use of) type designs, type-design practice
типи́чность *ж.* **сортова́я** *с.-х.* varietal uniformity
типогра́фия *ж.* printing house, print shop, printery
типоло́гия *ж.* typology
типоме́тр *м. полигр.* type gauge
типоме́трия *ж. полигр.* point system
типоразме́р *м.* standard size
тира́ж *м.* run, circulation
повто́рный ~ reprint
тиражеусто́йчивость *ж.* **печа́тной фо́рмы** plate life, plate durability
тиратро́н *м.* thyratron □ **~ запира́ется** the thyratron extinguishes; **~ отпира́ется** the thyratron fires; **прогрева́ть ~ (для испаре́ния рту́ти)** run in the thyratron (in order to vaporize the mercury)
водоро́дный ~ hydrogen thyratron
~ дугово́го разря́да (hot-cathode) thyratron
и́мпульсный ~ pulse thyratron
индика́торный ~ indicator thyratron
логи́ческий ~ thyratron gate
рту́тный ~ mercury-vapour thyratron
~ тле́ющего разря́да glow [cold-cathode] thyratron
электрометри́ческий ~ electrometric thyratron
тире́ *с. выч.* dash
тиристо́р *м.* thyristor □ **включа́ть ~** activate [trigger, turn on] a thyristor; **выключа́ть ~** disable [turn off] a thyristor
мо́щный ~ power thyristor
силово́й ~ power thyristor
тири́т *м* silicon carbide varistor (Thyrite — *фирм. название*)
ти́скальщик *м. полигр.* proof-maker, proofing hand
ти́сканье *с. полигр.* proof pulling, proof-making
тиски́ *мн.* **1.** vice **2.** (*гребнечесальной машины*) nippers
верста́чные ~ bench vice
винтовы́е ~ screw vice
гидравли́ческие ~ hydraulic vice
зажи́мные ~ grip vice
кузне́чные ~ blacksmith's vice
маши́нные ~ machine vice
паралле́льные ~ parallel vice
пневмати́ческие ~ pneumatic vice
ручны́е ~ hand vice
слеса́рные ~ bench vice
тисне́ние *с. полигр.* stamping
бескра́сочное ~ blind stamping
блинто́вое ~ blind stamping
конгре́вное ~ relief stamping
кра́сочное ~ ink stamping
релье́фное ~ relief stamping
~ фольго́й foil stamping
тита́н *м.* **1.** *хим.* titanium, Ti **2.** (*водонагреватель*) storage water heater
электри́ческий ~ electric storage heating installation
титр *м.* titre, titration standard; metric number □ **определя́ть ~** titrate
титра́нт *м.* titrant
титра́тор *м.* titrator
титри́метр *м.* titrimeter
титрова́ние *с.* titration
амперометри́ческое ~ amperometric titration
высокочасто́тное ~ high-frequency titration
гравиметри́ческое ~ gravimetric titration
индика́торное ~ colour-indicator titration
кисло́тно-осно́вное ~ acid-base titration
колориметри́ческое ~ colorimetric titration
комплексометри́ческое ~ complexation titration
кондуктометри́ческое ~ conductometric titration
кулонометри́ческое ~ coulometric titration
нефелометри́ческое ~ nephelometric titration
обра́тное ~ back titration
окисли́тельно-восстанови́тельное ~ redox titration
~ по замеще́нию substitution titration
поляромерти́ческое ~ polarometric titration
~ по оста́тку precipitation titration
потенциометри́ческое ~ potentiometric [electrometric] titration
прямо́е ~ direct titration
термохими́ческое ~ thermometric titration
турбидиметри́ческое ~ turbidimetric titration
фотометри́ческое ~ photometric titration
фотонометри́ческое ~ photonometric titration
фототурбидиметри́ческое ~ photo-turbidimetric titration
электрометри́ческое ~ electrometric titration
титрова́ть *гл.* titrate
титро́метр *м.* titrimeter
титрометри́я *ж.* titrimetry, titrometry
ти́тул *м. полигр.* title
тишина́ *ж. ак.* silence
ткань *ж.* cloth, fabric □ **грунтова́ть ~** ground cloth; **гумми́ровать ~** rubberize fabric; **набива́ть ~ по шабло́нам** block-print [plate-print] textiles; **настила́ть ~** spread cloth; **обраба́тывать ~ про́тив возде́йствия воды́** waterproof fabric; **обраба́тывать ~ про́тив мо́ли** moth-proof fabric; **прорези́нивать ~** rubberize fabric; **~ сохраня́ет скла́дку** the fabric retains the crease
ткань
асбе́стовая ~ asbestos cloth, asbestos fabric
бре́керная ~ breaker fabric
бытова́я ~ (*точного соответствия нет*) apparel [household, consumer-type] fabric (*Примечание.* Household fabric *не включает* одёжную ткань.)
ворсова́я ~ pile cloth
гофриро́ванная ~ goffered cloth
~ для сит bolting cloth
жгу́товая ~ roving fabric
~ из стекловолокна́ glass-fibre cloth
камво́льная ~ worsted cloth
ко́рдная ~ cord fabric
мо́ющаяся ~ washable fabric
оби́вочная ~ upholstery fabric
одёжная ~ apparel fabric
переплётная ~ bookbinder's [binding] cloth
про́волочная ~ wire cloth, wire fabric
синтети́ческая ~ synthetic fabric
суро́вая ~ grey cloth, crude fabric
тексти́льная ~ wooven fabric
техни́ческая ~ industrial fabric
узо́рчатая ~ fancy cloth
фильтрова́льная ~ filter cloth
хлопчатобума́жная ~ cotton cloth
шёлковая ~ silk cloth
шерстяна́я ~ woolen cloth, wool fabric
ткать *гл.* weave
ткач *м.* weaver, webber
тка́чество *с.* weaving
тле́ние *с.* **1.** smouldering **2.** (*распад, гниение*) decay, decomposition
Т-обра́зный T-shaped
това́р *м.* commodity, merchandise, goods, wares
беловы́е ~ы *бум.* stationery
канцеля́рские ~ы stationery
парфюме́рные ~ы perfumes, perfumery
шту́чные ~ы piece goods
това́рность *ж.* marketability
тогда́ и то́лько тогда́ *мат.* if and only if, when and only when
тожде́ственно *нареч.* identically
тожде́ственный *прил.* identical (*to, with*)
то́ждество *с.* identity □ **обраща́ться в ~** become identical, reduce to an identity
ток *м.* **1.** *эл.* current □ **вызыва́ть ~** cause a current to flow; **выпрямля́ть ~** rectify current; **~ замыка́ется по це́пи че́рез ...** the current takes the path through ...; **наводи́ть [индуци́ровать] ~** induce a current; **~ напра́влен к узлу́** current enters a node; **~ напра́влен от узла́** current leaves a node, **~ ответвля́ется** the current divides; **под ~ом** (to be) alive; **(по ла́мпе) протека́ет ~ в ... мА** (the tube) draws a current of ... mA; **потребля́ть ~** draw current; **преобразо́вывать переме́нный ~ в**

постоя́нный convert alternating to direct current; **преобразо́вывать постоя́нный ~ в переме́нный** invert direct to alternating current; **трансформи́ровать ~ из перви́чной во втори́чную обмо́тку** (*трансформатора*) induce secondary current **2.** (*течение, поток*) current, flow; stream **3.** *с.-х.* (*площадка для молотьбы*) thrashing floor

ток

~ абсо́рбции (*диэлектрика*) absorption current
акти́вный ~ active current
~ ано́да *англ.* anode current; *амер.* plate current
безопа́сный ~ (*для человека*) let-go current
~ бе́лого по́ля (*в фототелеграфии*) white current
блужда́ющий ~ stray [vagabond] current
вихрево́й ~ eddy current
~ во вне́шней цепи́ external current
~ во втори́чной обмо́тке secondary current
~ возбужде́ния (*в электромашинах*) exciting [excitation, field] current; (*радиосхемы*) drive current
~ вольтме́тра, нача́льный residual [standing] (meter) current □ **компенси́ровать нача́льный ~ вольтме́тра** balance out [back off, buck] the residual [standing] current
~ в перви́чной обмо́тке primary current
встре́чный ~ back [reverse] current
входно́й ~ input current
~ вы́борки (*матричной памяти*) *вчт.* drive [selection] current
вызывно́й ~ *тлф.* ringing current
вы́прямленный ~ rectified current
~ высо́кой частоты́ r.f. current
выходно́й ~ output current
де́йствующий ~ root-mean-square [rms] current
~ дре́йфа drift current
ды́рочный ~ hole current
ёмкостный ~ capacitive current
~ замыка́ния на зе́млю fault-to-earth current
~ за́писи *вчт.* write current
~ запре́та *вчт.* inhibit current
заря́дный ~ charging current; (*режим заряда батареи*) charge rate
затуха́ющий ~ decaying current
земно́й ~ telluric [earth, terrestrial] current
инжекцио́нный ~ injection current
ионизацио́нный ~ ionization current
ио́нный ~ ion current
испыта́тельный ~ test current
като́дный ~ cathode current
колеба́тельный ~ oscillating current
конвекцио́нный ~ convection current
ко́нтурный ~ loop [mesh] current
~ коро́ткого замыка́ния short-circuit current

ток

коррозио́нный ~ corrosion current
крити́ческий ~ critical current
лави́нный ~ avalanche current
лине́йный ~ (*с линейной зависимостью*) linear current; (*в многофазных цепях*) line current
максима́льный ~ peak current
мгнове́нный ~ instantaneous current
многофа́зный ~ polyphase current
~ нагру́зки load current
~ нака́ла filament [heater] current
намагни́чивающий ~ magnetizing current
~ насыще́ния saturation current
несинусоида́льный ~ non-sinusoidal current
несу́щий ~ carrier current
~ неустанови́вшегося режи́ма transient current
номина́льный ~ rated [nominal] current
номина́льный ~ автомати́ческого выключа́теля current rating
обме́нный ~ exchange current
~ обра́тной свя́зи feedback current
обра́тный ~ back [reverse] current
о́бщий ~ (*в анализе цепей*) line current
объёмный ~ steady volume current
~, ограни́ченный простра́нственным заря́дом space-charge-limited [SCL] current
однофа́зный ~ single-phase current
операти́вный ~ (*используемый в цепях управления*) control current
оста́точный ~ residual current
~ отключе́ния автомати́ческого выключа́теля interrupting (current) rating
~ отпуска́ния (*реле*) drop-out [release] current; (*электронных схем или устройств*) turn-off current
паразі́тный ~ spurious [parasitic, stray, sneak] current
паралле́льный ~ parallel flow
~ перегру́зки overload current
переме́нный ~ alternating current, a.c.
перехо́дный ~ transient current
периоди́ческий ~ periodic current
пилообра́зный ~ saw-tooth current
пироэлектри́ческий ~ pyroelectric current
~ пита́ния feed [supply] current
пла́вящий ~ fusing current
~ пла́змы plasma current
пове́рхностный ~ surface current
~ поврежде́ния (*в электроустановках*) fault current □ **размыка́ть ~ поврежде́ния** interrupt [switch] the fault current
~ подмагни́чивания bias current
~ поко́я (*в радиолампах*) quiescent current; (*в телеграфии*) spacing current
~ по́лной вы́борки *вчт.* full-select current
по́лный ~ total current

ток

положи́тельный ~ positive current
~ полувы́борки *вчт.* half-select current
~ поляриза́ции polarization current
постоя́нный ~ (*по величине*) constant current; (*по знаку*) direct current, d.c.
~ поте́рь loss current
потребля́емый ~ consumption current
предпробо́йный ~ prebreak-down current
предразря́дный ~ (*газоразрядной лампы*) preconduction current
~ предыониза́ции preionization current
преры́вистый ~ intermittent current
принуждённый ~ forced [steady-state] current
~ проводи́мости conduction current
~ простра́нственного заря́да space-charge current
прямо́й ~ forward current
пульси́рующий ~ pulsating current
пусково́й ~ starting current
~ пучка́ beam current
рабо́чий ~ 1. *тлг.* mark(ing) current **2.** *эл.* (*не путать с* то́ком срабатывания) operating current (*not to be confused with* operate current) □ **устана́вливать рабо́чий ~ компенса́тора** *изм.* standardize the potentiometer
~ развёртки sweep current
разгово́рный ~ *тлф.* speaking current
разря́дный ~ 1. discharge current **2.** *вчт.* digit current
реакти́вный ~ reactive current
~ рекомбина́ции recombination current
~ самоинду́кции self-inductance current
сва́рочный ~ welding current
свобо́дный ~ free current
се́точный ~ grid current
си́льный ~ strong [heavy] current
синусоида́льный ~ sinusoidal [harmonic] current
синфа́зный ~ in-phase current
синхронизи́рующий ~ synchronizing current
сквозно́й ~ (*диэлектрика*) steady leakage current
сла́бый ~ weak current
~ смеще́ния 1. (*физическая величина, характеризующая магнитное действие переменного электрического поля*) displacement current **2.** (*подаваемый на сетку радиолампы*) bias current
~ сраба́тывания operate current
ста́ртовый ~ starting current
сторо́нний ~ extraneous current
~ счи́тывания *вчт.* read current
теллури́ческий ~ telluric [earth, terrestrial] current
темново́й ~ dark current

ток
~ теплово́го возбужде́ния thermal agitation current
термоэлектри́ческий ~ thermocurrent
термоэлектро́нный ~ thermionic current
трёхфа́зный ~ three-phase current
тунне́льный ~ tunnel current
~ управле́ния, неотпира́ющий (*симистора*) gate non-trigger current
~ управле́ния, отпира́ющий (*симистора*) gate trigger current
уравни́тельный ~ circulating current
усло́вный ~ (*условное направление тока*) (*в анализе цепей*) conventional current, conventional flow
~ установи́вшегося режи́ма steady-state current; (*в анализе цепей*) steady-state [forced] current
~ уте́чки leakage current
фа́зовый ~ phase current
флуктуацио́нный ~ random current
~ фотокато́да photocathode current
фотоэлектри́ческий ~ photo(electric) current
~и Фуко́ Foucault [eddy] currents
~ холосто́го хо́да (*без нагрузки*) no-load current; (*в анализе цепей*) open-circuit current
~ части́чной вы́борки *вчт.* partial-select current
~ чёрного по́ля (*в фототелеграфии*) black current
числово́й ~ *вчт.* word current
шумово́й ~ (*полевого транзистора*) noise current
электри́ческий ~ electric current ☐ **подводи́ть электри́ческий ~ к сва́риваемым дета́лям** convey (welding) current to the workpieces
электро́нный ~ electron(ic) current
~ эми́ссии emission current
~ я́коря armature current
то́карь *м.* turner
токовраща́тель *м.* pole changer
токоограничи́тель *м.* current-limiting circuit breaker
токоотво́д *м.* (*отпайка*) current tap; (*в потенциометре*) shunt
токоподво́д *м.* (current) lead
то́чечный ~ point contacts
токоприёмник *м.* **1.** (*токосъёмник*) current collector **2.** (*потребитель электроэнергии*) load, utilizing equipment
дугово́й ~ collector bow
пантогра́фный ~ pantograph collector
токопрохожде́ние *с.* path of current flow; (*сигналов*) path of signal flow ☐ **прове́рить ~ по це́пи** trace a circuit
токораспределе́ние *с.* current distribution
токосъём *м.* current pick-off
токосъёмник *м.* current collector
токси́н *м.* toxin
токси́чность *ж.* toxicity

тол *м.* (*тринитротолуол*) trinitrotoluene
толка́тель *м.* pusher
~ блю́мов bloom pusher
вагоне́точный ~ car [tub] pusher
~ ве́рхнего де́йствия up pusher
винтово́й ~ screw-and-nut pusher
гидравли́ческий ~ hydraulic pusher
~ кла́пана valve tappet, valve lifter, valve follower ☐ **~ кла́пана набега́ет на кулачо́к** the (valve) follower moves to the high part [point] of a cam; **~ кла́пана сбега́ет с вы́ступа кулачка́** the (valve) follower moves to the low part [point] of the cam
~ ни́жнего де́йствия down pusher
~ огнетуши́теля plunger
печно́й ~ furnace pusher
толка́ть *гл.* push
толка́ч *м.* *мор.* pushboat, pusher
толо́чь *гл.* pound, crush, grind
толуо́л *м.* toluene
толчея́ *ж.* **1.** pounding machine, pounder; pestle [crushing] mill; (*падающий пест*) gravity stamp **2.** (*беспорядочное волнение моря*) broken water
толчо́к *м.* kick, throw
~ ка́беля (*в результате протекания тока*) kicks of a cable
то́лщ/а *ж.*: ☐ **по всей ~е** across the whole width of ...
защи́тная ~ protective covering
толщина́ *ж.* thickness ☐ **измеря́ть ~у́** gauge thickness; **нара́щивать ~у́ покры́тия** build up the thickness of a coat
~ вытесне́ния displacement thickness
~ излуча́ющего сло́я га́за beam length
~ ли́теры *полигр.* width of a type
относи́тельная ~ (*профиля или крыла*) *ав.* thickness(-chord) ratio
~ пиломатериа́ла sawn timber depth
~ полосы́ (*листа*) *мет.* gauge of plate
~ полосы́ пе́ред прока́ткой ingoing gauge
~ полосы́ по́сле прока́тки outgoing gauge
~ полосы́ при вхо́де (*в валки*) entry thickness
~ полосы́ при вы́ходе (*из валков*) outgoing thickness
~ полупоглоще́ния half-thickness
~ поте́ри и́мпульса momentum thickness
~ поте́ри эне́ргии energy thickness
~ сво́да depth of a vault
~ сле́да развёртки *элн.* width of the sweep trace
~ сло́я атмосфе́рных оса́дков *ав.* (*напр. на ВПП*) precipitation depth
~ сло́я плави́льных материа́лов *мет.* bed depth
~ сте́нок пор (*кокса*) cell wall thickness

толщина́
~ чертёжной ли́нии weight [width] of a line
~ шва *св.* throat thickness
~ шва, расчётная *св.* effective throat thickness
~ шла́кового сло́я slag depth
~ штриха́ (*в фототелеграфии*) scanning-line width
толщиноме́р *м.* thickness gauge, calipers
бесконта́ктный ~ non-contacting thickness gauge
бе́та-лучево́й ~ beta thickness gauge
га́мма-лучево́й ~ gamma-thickness gauge
изото́пный ~ radioisotope thickness gauge
индика́торный ~ dial thickness gauge
рентге́новский ~ X-ray thickness gauge
ультразвуково́й ~ ultrasonic thickness gauge
электро́нный ~ electronic thickness gauge
толь *ж.* roofing felt
том *м.* *вчт.* volume ☐ **задава́ть ~** specify a volume; **идентифици́ровать ~ по ме́тке** identify a volume by its label; **инициализи́ровать ~** initialize a volume; **осуществля́ть подво́д ~а в ну́жное положе́ние** position a volume; **присва́ивать ~у поря́дковый но́мер** assign a serial number to a volume; **снабжа́ть ~ ме́ткой** label a volume; **снима́ть ~** demount a volume; **устана́вливать ~** mount a volume; **устана́вливать ~ в ну́жное положе́ние** position a volume
~ на магни́тной ле́нте (magnetic) tape volume
~ прямо́го до́ступа direct-access volume
томаси́рование *с.* basic Bessemer process
томасшла́к *м.* Thomas slag
томбу́й *м.* *мор.* anchor buoy
томи́ть *гл.* **чугу́н** (*в томильных колодцах*) soak; (*вызывать структурные изменения*) graphitize, malleabelize
томле́ние *с.*:
~ табака́ tobacco withering
~ чугуна́ (*в томильных колодцах*) soaking; (*структурные превращения*) graphitizing, malleabelizing
томпа́к *м.* (*сплав латуни, цинка и меди*) tombac
тон *м.* **1.** (*звук*) tone, note **2.** (*цветовой*) hue **3.** *кфт.* tone
~ бие́ний beat tone, beat note
высо́кий ~ high-pitch tone
зу́ммерный ~ buzzer tone
ни́зкий ~ low-pitch tone
основно́й ~ fundamental tone
отве́тный ~ *тлф.* answer tone
просто́й ~ pure (musical) tone
се́рый ~ grey tone
чи́стый ~ pure tone

тона́льность *ж.* tonality
тона́рм *м.* (*звукоснимателя*) tone arm, pick-up arm
тонатель́е *с. кфт.* scoring stage
тонва́ген *м. кфт.* sound truck
тоне́ние *с. полигр.* tinting
то́ника *ж. ак.* key-note
тонина́ *ж.* fineness, dispersity
~ помо́ла milling fineness, milling dispersity
~ пря́жи fineness [thinness] of yarn
тони́рование *с. кфт.* toning
тонковолокни́стый *прил.* fine-fibred
тонкодиспе́рсный *прил.* finely dispersed
тонкозерни́стый *прил.* fine-grain(ed)
тонкоизмельчённый *прил.* finely divided, finely ground
то́нна *ж.* (*метрическая*) tonne; (*неметрическая*) ton
реги́стровая ~ registered ton
тонна́ж *м.* tonnage
реги́стровый ~ registered tonnage
то́нна-си́ла *ж.* [тс] ton-force
тонне́ль *см.* **тунне́ль**
тоновоспроизведе́ние *с.* tone reproduction
тоно́метр *м.* tonometer
тонометри́я *ж.* tonometry
тонсту́дия *ж. кфт.* sound studio
тонштихель *м. полигр.* engraver's hand tool
топ *м. мор.* top, head
топа́з *м.* topaz
топена́нт *м.* lift, jigger
топена́нт-блок *м.* topping lift block
топена́нт-шке́нтель *м.* topping line
топи́ть *гл.* **1.** (*топливом*) fire, stoke; (*обогревать*) heat **2.** (*суда*) sink
то́пка *ж.* furnace
автомати́ческая ~ mechanical stoker
вихрева́я ~ swirling-type furnace
высоконапряжённая ~ high-duty furnace
двухка́мерная ~ double furnace
ка́мерная ~ chamber furnace
~ ко́мпасной карту́шки compass-card jewel cone
механи́ческая ~ (mechanical) stoker
~ на жи́дком то́пливе oil-fired furnace
пылеу́гольная ~ pulverized coal furnace
~ с ве́рхней пода́чей то́плива top feed furnace
~ с жи́дким шлакоудале́нием liquid-bath furnace
~ с забра́сывателем то́плива, слоева́я spreader stoker
~ с накло́нной решёткой sloping-grate stoker
~ с ни́жней пода́чей то́плива underfeed stoker
~ с сухи́м шлакоудале́нием dry-bottom furnace
~ с цепно́й решёткой travelling-grate stoker

то́пка
фа́кельная ~ torch furnace, fire-box
цикло́нная ~ cyclone furnace
ша́хтная ~ shaft(-type) furnace
то́плив/о *с.* fuel, combustible □ **вводи́ть приса́дки в ~** dope fuel; **выжига́ть ~** (*перед аварийной посадкой*) burn off the fuel (*before emergency landing*); **выраба́тывать ~ из ба́ков в (*каком-л.*) поря́дке** *ав.* deplete [use] the fuel tanks in a ... sequence; **~ детони́рует** the fuel detonates, the fuel causes knocking (*in the engine*); **дозаправля́ться ~ом** refuel, refill the tank; **загуща́ть ~** *ав.* thicken fuel; **заправля́ться ~ом** fuel up, fill up the tank; **набира́ть ~** fill (up), tank, fuel; **перека́чивать ~** *ав.* transfer fuel; **подава́ть ~** feed fuel; **пролива́ть ~** spill (some) fuel; **~ прорыва́ется (в ка́ртер)** the fuel blows by; **рабо́тать на жи́дком, твёрдом, газообра́зном ~е** burn liquid, solid, gaseous fuel; **слива́ть ~** *ав.* dump the fuel, defuel; **слива́ть ~ авари́йно** *ав.* jettison the fuel; **сме́шивать ра́зные сорта́ ~а** blend fuels
авиацио́нное ~ aviation fuel
автомоби́льное ~ automotive [motor] fuel
беззо́льное ~ ash-free fuel
взрывобезопа́сное ~ safety fuel
водоро́дное ~ hydrogen fuel
вспомога́тельное ~ back-up fuel
высококалори́йное ~ high-calorific fuel
высокоокта́новое ~ high-octane fuel
высокосо́ртное ~ high-grade fuel
газообра́зное ~ gas(eous) fuel
ди́зельное ~ diesel fuel
~ для реакти́вных дви́гателей jet fuel, jet propellant
жи́дкое ~ liquid fuel
ископа́емое ~ fossil fuel
иску́сственное ~ prepared [artificial] fuel
кусково́е ~ lump fuel
лёгкое ~ light fuel
лету́чее ~ volatile fuel
малозо́льное ~ low-ash fuel
мото́рное ~ motor fuel
недетони́рующее ~ antiknock fuel
низкокалори́йное ~ low-calorie fuel
низкосо́ртное ~ low-grade fuel
~ обы́чного ка́чества regular fuel
органи́ческое ~ organic fuel
основно́е ~ main fuel
~ повы́шенного ка́чества premium fuel
приро́дное ~ natural fuel
пылеу́гольное ~ pulverized coal (fuel)
раке́тное ~ (*не путать с* горю́чим) propellant (*not to be confused with* fuel) □ **подава́ть раке́тное ~ вытесне́нием** pressurize the propellant
раке́тное, металлосодержа́щее ~ metal propellant
расто́почное ~ starting fuel

то́плив/о
реакти́вное ~ jet (engine) fuel
самовоспламеня́ющееся ~ hypergolic fuel
синтети́ческое ~ synthetic fuel
сла́нцевое ~ shale fuel
~ с приса́дками doped fuel
твёрдое ~ solid fuel
~ торго́вого со́рта commercial fuel
тра́кторное ~ tractor fuel
тяжёлое ~ heavy fuel
углеводоро́дное ~ hydrocarbon fuel
усло́вное ~ equivalent fuel, fuel equivalent
электрохими́ческое ~ electrochemical fuel
энергети́ческое ~ power-generating fuel
этало́нное ~ standard fuel
я́дерное ~ nuclear fuel □ **воспроизводи́ть я́дерное ~** breed nuclear fuel
топливозапра́вщик *м.* bowser, fueller
топливоме́р *м.* fuel-contents gauge, fuel-quantity indicator
топливопода́ча *ж.* fuel supply
топливопрово́д *м.* fuel line
топливохрани́лище *с.* fuel storage depot
топля́к *м.* (*затонувшее бревно*) sinker, sinken log, snag, deadhead, jil-pole bobber
топогра́мма *ж.* topogram
топо́граф *м.* topographer
топогра́фия *ж.* topography
тополо́гия *ж.* topology
алгебраи́ческая ~ algebraic topology
~ систе́мы *вчт.* system topology
топопривя́зк/а *ж.* survey control □ **осуществи́ть ~у** establish survey control
топо́р *м.* ax(e)
бонда́рный ~ hollow adz(e)
лесору́бочный ~ felling [falling] axe, wood-chopper
пло́тничный ~ bench [broad] axe
пожа́рный ~ fire axe
~ с гвоздодёром claw hatchet
топо́рик *м.* hatchet
топори́ще *с.* axe handle
топохи́мия *ж.* topochemistry
тор *м. мат.* torus
тор/е́ц *м.* (end) face □ **подреза́ть ~** *мет.-об.* face a work-piece; **упира́ться ~цо́м в ...** abut against ...
~ ди́ска disk face
неро́вный ~ (*дефект*) *прок.* uneven end
ско́шенный ~ (*дефект*) *прок.* end chamfer
~ у́гольного забо́я buttock
~ шестерни́ gear face
то́рий *м.* thorium, Th
тори́ровать *гл.* thoriate
тори́стор *м.* magnetic(-plated) rod
торкре́т-бето́н *м.* air-placed [gunned] concrete
торкрети́рование *с.* concrete spraying
торкрети́ровать *гл.* gun-concrete

торкре́т-пу́шка *ж.* pneumatic concrete gun

торможе́ние *с.* **1.** (*применение тормозов*) braking **2.** (*задерживание, замедление*) deceleration, retardation
аэродинами́ческое ~ aerodynamic deceleration, aerobraking
~ вихревы́ми то́ками eddy-current braking
внутридиффузио́нное ~ pore-diffusion resistance
вя́зкое ~ viscous drag
~ дви́гателем *авто* engine braking
динами́ческое ~ dynamic braking
диффузио́нное ~ diffusion(al) resistance
индукцио́нное ~ induction drag
механи́ческое ~ mechanical braking
~ парашю́том parachute braking
пла́вное ~ gradual braking
постепе́нное ~ gradual braking
~ противовключе́нием plugging
ре́зкое ~ hard braking
рекуперати́вное ~ regenerative braking
реоста́тное ~ rheostatic braking
~ с аккумули́рованием эне́ргии energy storage braking
э́кстренное ~ emergency braking
электри́ческое ~ electrical braking
электри́ческое ~ противото́ком plugging
электромагни́тное ~ (electro)magnetic braking

то́рмоз *м.* brake □ **~ визжи́т** *жарг.* the brake squeals; **включа́ть ~** apply the brake; **~ «мя́гкий»** *авто* the brake feels "spongy"; **освободи́ть [отпусти́ть] ~** release the brake; **~ прихва́тывает** the brake drags; **~ «прова́ливается»** the brake pedal drops; **прока́чивать ~á** bleed the brakes, bleed (trapped) air from the brake system; **ста́вить на ручно́й ~** set the parking brake; **~ теря́ет эффекти́вность** (*при повторном резком торможении*) the brake fades (*on repeated severe stops*)
авари́йный ~ emergency brake
автомати́ческий ~ automatic brake; (*самозаклинивающийся*) self-energizing brake
аэродинами́ческий ~ aerodynamic brake
бараба́нный ~ drum brake
быстроде́йствующий ~ quick-acting brake
возду́шный ~ air brake
гидравли́ческий ~ hydraulic [fluid, oil, liquid] brake
~ двойно́го де́йствия double-acting brake
двухколо́дочный ~ two-shoe [double-block] brake
динамометри́ческий ~ dynamometric brake
ди́сковый ~ disk brake
дифференциа́льный ~ differential brake

то́рмоз
инерцио́нный ~ overrunning brake
кана́тный ~ cable [rope] brake
карда́нный ~ transmission [propeller shaft] brake
клиново́й ~ wedge brake
колёсный ~ wheel [hub] brake
коло́дочный ~ block [shoe] brake
коло́дочный, ре́льсовый ~ (rail) track block brake
кулачко́вый ~ cam brake
ле́нточный ~ belt [contracting (band), strap] brake
магни́тный ~ magnetic brake
механи́ческий ~ power [mechanical] brake
ножно́й ~ foot(-operated) [pedal] brake
пневмати́ческий ~ compressed-air [pneumatic] brake
предохрани́тельный ~ safety brake
ручно́й ~ lever [hand] brake
стоя́ночный ~ parking brake
трансмиссио́нный ~ transmission [rope] brake
фрикцио́нный ~ friction brake
храпови́чный ~ ratchet brake
центробе́жный ~ centrifugal brake
цепно́й ~ chain brake
электри́ческий ~ electrical brake
электромагни́тный ~ electromagnetic brake

тормози́ть *гл.* brake, apply the brakes

торо́ид *м. мат.* toroid

торо́сы *мн.* (ice) hummock

торпе́да *ж.* (*для прострела скважины*) string shot
кумуляти́вная ~ jet casing cutter

торпеди́рование *с.* **сква́жин** hole torpedoing

торпе́до *с.* **ку́зова** cowl, scuttle

торпотро́н *м.* torpotron

торр *м.* (*внесистемная единица давления*) torr, T

торсиогра́мма *ж.* torsiogram

торсио́граф *м.* torsiograph

торсио́метр *м.* torsiometer, torquemeter

торсио́н *м.* torsion bar
пласти́нчатый ~ laminated torsion bar

торф *м.* peat □ **брикети́ровать ~** briquette peat; **грануля́ровать ~** granulate peat; **добыва́ть ~ фрезо́й** mill peat; **компости́ровать ~** composte peat; **прессова́ть ~** press peat
верхово́й ~ high-moor peat
высокозо́льный ~ high-ash peat
низи́нный ~ valley peat
низкозо́льный ~ low-ash peat

торфодобы́ча *ж.* peat extraction

торфоре́зка *ж.* turf cutter

торфофреза́ *ж.* peat rotary tiller, peat rototiller

торф-сыпе́ц *м.* crumbling peat

торфя́ник *м.* peat bed; (*болото торфяное*) peat bog, peat moor

торцева́ние *с.* (*обработка торцов*) facing

торцева́ть *гл.* (*обрабатывать торцы*) face; (*обрабатывать кромку под прямым углом*) square up

торцо́вка *ж.* **1.** (*обработка торцов*) facing **2.** *дер.-об.* cross-cut(ting), trimming

торше́р *м.* floor lamp

то́стер *м.* toaster

тотализа́ция *ж. мат.* totalization

точе́ние *с.* (*токарная обработка*) turning
алма́зное ~ diamond turning
~ по де́реву wood turning
прецизио́нное ~ precision turning; (*тонкое*) fine turning

то́чечно *нареч. мат.* pointwise

точи́ло *с.* grindstone, whetstone
нажда́чное ~ emery grinder
насто́льное ~ bench grindstone

точи́ть *гл.* **1.** (*затачивать*) grind, sharpen **2.** (*обтачивать на токарном станке*) turn

то́чк/а *ж.* **1.** *мат.* point □ **в ~е** at (the) point ...; **взять отме́тку ~и** *геод.* take a point, determine [establish] the elevation of a point; **исходи́ть из ~и** issue [radiate, extend, emanate] from a point; **переводи́ть ~у из положе́ния x_0 в положе́ние x_1** *киб.* steer x_0 to x_1; **с вы́кинутой ~ой** punctured (*e.g., of an interval*) **2.** (*графический знак*) dot **3.** (*температурный предел*) point **4.** (*затачивание*) grinding, sharpening
~ аэросни́мка, гла́вная principal point of an aerial photograph □ **находи́ть гла́вную ~у аэросни́мка** locate the principal point of an aerial photograph
ба́зисная ~ base mark, base point
барометри́ческая ~ barometrical (levelling) point
бесконе́чно удалённая ~ point at infinity, infinite point, infinity
взаи́мно обра́тная ~ inverse point
взаи́мно сопряжённая ~ conjugate point
~ визи́рования point of sight, aiming [bearing, sighting] point
внеосева́я ~ extra-axis point
~ воды́, тройна́я triple point of water
~ воспламене́ния ignition point
~ вспы́шки flash point
~ вхо́да в програ́мму *или* **подпрогра́мму** *вчт.* entry point to a program *or* a subprogram
~ вы́хода на орби́ту point of injection into orbit
гла́вная ~ principal point
диакрити́ческая ~ (*на кривой намагничивания*) diacritical point
~ зажига́ния firing point
~ заме́ра measuring point; measuring station
~ замерза́ния freezing point
~ застоя́ *мех.* stagnation point
~ затвердева́ния solidification point

то́чк/а
~ затвердева́ния зо́лота gold point
~ затвердева́ния серебра́ silver point
~ зени́та zenith point
зерка́льная ~ mirror point
~ зре́ния point of view, standpoint
иденти́чная ~ *топ.* conjugate [homologous image, matching] point
~ изло́ма криво́й breakpoint
изобража́ющая ~ representative point
изоли́рованная ~ isolated point, acnode
~ испаре́ния evaporating [vaporization] point
исхо́дная ~ datum [reference] point, origin; *геод., топ.* main base, head-of-the-line, initial [starting] point
кардина́льная ~ *опт.* cardinal point
~ каса́ния point of tangency
~ каса́ния Земли́ (*самолётом*) touch-down point
~ кипе́ния boiling point □ **повыша́ть ~у кипе́ния** elevate the boiling point (of ...); **понижа́ть ~у кипе́ния** depress the boiling point (of ...)
~ кипе́ния, нача́льная initial boiling point
~ конверге́нции *геод., карт.* convergence point
конденсацио́нная ~ condensation point
коне́чная ~ 1. *геод., топ.* finishing [terminal] point **2.** (*титрования*) end point
~ конта́кта contact point
контро́льная ~ check point
кра́тная ~ multiple point
крити́ческая ~ 1. critical point **2.** *аргд.* stagnation point
крити́ческая ~ при охлажде́нии *мет.* A_r-point
~ Кюри́, магни́тная Curie point, magnetic transition temperature
~ магистра́ли, нача́льная *геод.* initial mark of the base (line)
материа́льная ~ material point, particle
мёртвая ~ 1. (*трубопровода*) anchoring point **2.** (*движения поршня*) dead centre
мёртвая, ве́рхняя ~ top dead centre
мёртвая, ни́жняя ~ bottom dead centre
~ минима́льного подхо́да the closest point of approach
~ ми́нимума то́ка (*туннельного диода*) valley point
~ наблюде́ния *геод., топ.* point of observation, point of sight, point of view, aiming point
~ нади́ра nadir point, photographic nadir
~ насыще́ния saturation point
нейтра́льная ~ neutral point
~ неопределённости *мат.* ambiguous point
неосо́бая ~ *мат.* regular [nonsingular] point
нивели́рная ~ point of level(ling), level(l)ing point
нулева́я ~ null [zero] point
нулева́я, иску́сственная ~ *эл.* artificial earthing point
опо́рная ~ (point of) control
опо́рная, высо́тная ~ vertical control point
опо́рная, пла́новая ~ horizontal [plan] control point
~ опо́ры point of support, point of bearing, supporting point, fulcrum
~ осажде́ния precipitation point
осо́бая ~ *мат.* singular point, singularity
~ отбо́ра электропита́ния (*особ. для бытовых приборов*) convenience outlet
отождествлённая ~ conjugate [homologous image, matching] point
~ отры́ва пото́ка *аргд.* separation [break-away] point
~ переги́ба криво́й inflection point, point of inflection
~ пересече́ния intersection [cross-] point, point of intersection
~ перехо́да transition point
~ перехо́да в жи́дкую фа́зу liquefaction point
~ плавле́ния melting [fusion] point
~ поворо́та turning point
пограни́чная ~ boundary point
~ подключе́ния (*в теории цепей*) terminal
~ поко́я stationary [rest] point, point of rest
полигонометри́ческая ~ transit [traverse, polygonometric] point
~ полови́нной мо́щности half-power point
~ помутне́ния cloud point
потенциа́льно заземлённая ~ *англ.* virtual earth; *амер.* virtual ground
~ превраще́ния transformation point
~ привя́зки *геод., топ.* point of reference, junction [tie] point
~ приложе́ния нагру́зки load point
~ приложе́ния подъёмной си́лы lift centre, centre of lift
~ приложе́ния си́лы point of application, force point
рабо́чая ~ (*на характеристике радиолампы*) operating [quiescent, Q] point
~ равнове́сия equilibrium point
~ разветвле́ния branch point; (*на структурных схемах систем регулирования*) (data) take-off point
~ разветвле́ния схе́мы junction point of a network
~ размягче́ния softening point
~ разры́ва непреры́вности *аргд.* discontinuity (point)
ра́стровая ~ *полигр.* screen [half-tone] dot
ре́перная ~ 1. datum [reference] point **2.** (*термометра*) fixed point
~ росы́ dew point
сварна́я ~ spot weld, weld spot
~ сво́да, вы́сшая roof crown
седлова́я ~ *мат.* saddle point
~ сма́зки lubrication point
~ с нулевы́м потенциа́лом point at zero potential, datum point
соотве́тственная ~ *топ.* conjugate [homologous image, matching] point
сопряжённая ~ conjugate point
сре́дняя ~ midpoint
сре́дняя ~ на обмо́тке (*напр. трансформатора*) centre tap
~ сры́ва пото́ка *аргд.* separation [burble] point
~ стеклова́ния glass-transition point
~ стоя́ния *геод., топ.* point of observation, point of sight, point of view, aiming point
сумми́рующая ~ (*в операционном усилителе*) summing junction
~ схо́да *мат.* vanishing point
счисли́мая ~ *нвг.* dead-reckoning [D.R.] position
~ та́яния melting point
~ теку́чести flow point
тройна́я ~ triple point
узлова́я ~ *мат.* nodal point, node
установо́чная ~ work point
~ шарни́ра hinge point
эвтекти́ческая ~ eutectic point
эквивале́нтная ~ (*в титровании*) equivalence point

то́чно *нареч.* exactly, precisely, accurately

то́чность *ж.* (*степень приближения к истинной величине*) accuracy; (*точность представления или воспроизведения*) precision □ **наруша́ть ~** disturb accuracy; **с ~ю до** accurate within ..., accurate up to ..., correct to ..., to the accuracy with which ..., to an accuracy of ..., accurate to ... decimal places; **с ~ю до 0,001** to three decimal places; **с ~ю до зна́ка** up to a sign, to within algebraic sign, except for sign; **с ~ю до постоя́нной** up to a constant
~ воспроизведе́ния (*звука*) fidelity
двойна́я ~ *вчт.* double precision
жела́емая ~ desired precision
за́данная ~ given accuracy
~ измере́ний accuracy of measurement
одина́рная ~ *вчт.* single precision
относи́тельная ~ relative precision
~ отсчёта accuracy of reading
~ разме́ров dimensional accuracy
~ регули́рования control accuracy
~ систе́м автомати́ческого управле́ния accuracy of control

то́чность
~ устано́вки частоты́ генера́тора (frequency) settability of an oscillator
то́чный *прил.* exact, precise, accurate
ковариа́нтно ~ *мат.* coexact
тра́веллер *м.*, **береговой** harbour portal crane
тра́верз *м.* beam □ **на ~е** (be) abeam
тра́верс *м.* *гидр.*, *геод.* traverse
тра́верса *ж.* cross-piece
~ конта́ктного про́вода contact-wire cross-arm
~ опо́ры *эл.* cross-arm, pole arm
~ опо́ры, односторо́нняя *эл.* side arm
~ опо́ры, отбо́йная *эл.* guard arm
~ подъёмного устро́йства spreader
~ се́тки (*радиолампы*) grid support, grid tab
~ щёткодержа́теля brush rocker arm
трави́тель *м.* **1.** (*средство для обработки материалов с целью выяснения их структуры, получения рисунка на стекле и т. п.*) etching agent, etchant **2.** (*средство для очистки металлических полуфабрикатов от окалины*) pickling agent
трави́ть *гл.* **1.** (*обрабатывать материал для выяснения структуры, для получения рисунка на стекле и т. п.*) etch **2.** (*очищать металлические полуфабрикаты от окалины*) pickle **3.** □ **~ кана́т** pay out rope
«тра́вка» *ж.* *рлк.* grass
травле́ние *с.* **1.** (*химическая обработка для выяснения структуры, получения рисунка на стекле и т. п.*). etching **2.** (*химическая обработка для очистки металлических полуфабрикатов от окалины*) pickling
ано́дное ~ anodic pickling
бе́лое ~ white pickling
~ в га́зовой среде́ gas pickling
~ в раство́рах wet etching
глубо́кое ~ deep etching, deep-etch process
ио́нное ~ ionic etching
като́дное ~ cathodic pickling
кисло́тное ~ acid pickling
корректу́рное ~ *полигр.* re-etching, re-biting
кру́глое ~ *полигр.* round [finishing] etching
магни́тное ~ magnetic etching
многоступе́нчатое ~ composite etching
~ набры́згиванием spray etching
оборо́тное ~ reverse etching
однопроце́ссное ~ powderless etching
~ паке́тами batch pickling
пла́зменное ~ *пп* plasma etching
све́тлое ~ white pickling
~ с испо́льзованием фоторези́ста photoresist etching
стру́йное ~ jet etching
сухо́е ~ dry etching
теплово́е ~ thermal etching

травле́ние
теплово́е ~ излуче́нием ла́зера laser-induced thermal etching
~ то́чек dot-etching
холо́дное ~ cold etching
чернове́ ~ black pickling
чи́стое ~ finishing [fine] etching
электролити́ческое ~ electrolytic etching
~ электро́нным лучо́м electron beam etching
электрохими́ческое ~ electrochemical pickling
эмульсио́нное ~ powderless etching
травокоси́лка *ж.* mower
травоотдели́тель *м.* grass separator
траекто́граф *м.* trajectory tracer
траекто́ри/я *ж.* trajectory, path, track □ **выводи́ть на ~ю** place [establish] in a trajectory
баллисти́ческая ~ ballistic trajectory
~ взлёта take-off path
~ взлёта, чи́стая take-off net flight [flying] path
ви́димая ~ trajectory, apparent path
~ ви́хря vortex path
восходя́щая ~ ascending [ascent] trajectory, ascending path
~ вы́хода из по́ля тяготе́ния *косм.* escape trajectory, escape path
гипербол́ическая ~ hyperbolic trajectory
~ движе́ния mechanical trajectory
~ захо́да на поса́дку approach path
криволине́йная ~ curved trajectory, curved path
кругова́я ~ circular path
крута́я ~ steep trajectory
~ максима́льной да́льности полёта maximum-range trajectory
~ ма́ршевого полёта cruise path
~ набо́ра высоты́ climb(ing) trajectory
накло́нная ~ inclined trajectory
насти́льная ~ flat trajectory, flat path
нисходя́щая ~ descent trajectory, descending path
~ облёта Луны́ circumlunar trajectory
орби́тная ~ orbital path
отло́гая ~ flat [straight] trajectory
параболи́ческая ~ parabolic trajectory
~ пасси́вного полёта coasting path
плани́рующая ~ gliding path
~ полёта flight [flying] path
~ полёта, чи́стая net flight [flying] path
поло́гая ~ flat [low] trajectory, flat path
поса́дочная ~ *ав.* landing path
прямолине́йная ~ straight path
~ радиолуча́ radio path
~ свобо́дного полёта free(-flight) trajectory
~ то́чки (*в теории механизмов и машин*) the path described by a point

трайболо́гия *ж.* tribology
трак *м.* track (link), track shoe
тракт *м.* **1.** (*маршрут, путь прохождения*) path **2.** (*часть сложной радиоэлектронной схемы*) section
возду́шный ~ air path
волново́дный ~ waveguide transmission line
~ высо́кой частоты́ *рад.* front end, RF section
га́зовый ~ flue gas path
звуково́й ~ sound section, sound channel
коаксиа́льный ~ coaxial transmission line
~ нака́чки *элн.* pump(ing) circuit
~ ни́зкой частоты́ *рад.* a.f. section
пароводяно́й ~ water-steam circuit
~ переда́чи изображе́ния *тлв.* television video channel
~ переда́чи, электроакусти́ческий (*микрофонно-телефонного устройства*) electroacoustic receiving path
~ промежу́точного перегре́ва *тепл.* reheat circuit
~ прохожде́ния да́нных data path □ **испо́льзовать ~ прохожде́ния да́нных с разделе́нием вре́мени** (time-)share a data path
прямо́й ~ (*в противоположность цепи обратной связи*) forward circuit, forward path
пылевозду́шный ~ *тепл.* pulverized coal conveying system
разгово́рный ~ *тлф.* talking path
~ сверхвысо́кой частоты́ microwave section
~ сигна́ла signal(-flow) path
~ топливопода́чи fuel conveying system
тра́ктор *м.* tractor □ **~ мо́жет испо́льзоваться для перемеще́ния (прицепны́х) ору́дий** a tractor may be used to pull [push] (hitched) accessories; **~ мо́жет испо́льзоваться для приведе́ния в де́йствие ору́дий** a tractor may serve as a prime mover for accessories; **~ мо́жет испо́льзоваться для устано́вки (навесны́х) ору́дий** a tractor may serve as a mount [as a carrier] for (mounted) accessories
боло́тный ~ swamp tractor
болотохо́дный ~ swamp tractor
виногра́дниковый ~ vineyard tractor
высококли́ренсный ~ high-clearance tractor
гу́сеничный ~ crawler tractor (Caterpillar — *фирм. название*)
ди́зельный ~ diesel(-engined) tractor
колёсный ~ wheel tractor
крутосклóнный ~ hillside tractor
лесохозя́йственный ~ forestry tractor
низкокли́ренсный ~ low-clearance tractor

тра́ктор
~ о́бщего назначе́ния general-purpose tractor
промы́шленный ~ industrial truck
пропашно́й ~ row-crop tractor
садо́во-огоро́дный ~ lawn-and-garden tractor
садо́вый ~ garden tractor
сва́рочный ~ welding tractor, self-propelled welding head
~ с газогенера́торным дви́гателем producer gas tractor
сельскохозя́йственный ~ farm tractor
~ с карбюра́торным дви́гателем вну́треннего сгора́ния *англ.* petrol tractor; *амер.* gasoline tractor
трелёвочный ~ logging tractor
универса́льно-пропашно́й ~ universal tractor
трактори́ст *м.* tractor driver, tractor operator
тракторострое́ние *с.* tractor industry
тра́ктор-тяга́ч *м.* haulage [towing, traction] tractor
трактри́са *ж. мат.* tractrix
трал *м.* (*рыболовный*) trawl
близнецо́вый ~ pair [twin] trawl
гидрографи́ческий ~ surveying trawl
до́нный ~ bottom [demersal] trawl
квартро́пный ~ quarter rope trawl
пелаги́ческий ~ pelagic trawl
планкто́нный ~ plankton trawl
пове́рхностный ~ surface floating trawl
~, рабо́тающий с одного́ су́дна one-boat trawl
разноглуби́нный ~ mid-water trawl
тра́ление *с.* trawling
бортово́е ~ side trawling
кормово́е ~ stern trawling
трамблёр *м.* ignition distributor
трамбова́ние *с.* ramming, tamping, stamping, compacting
трамбо́вка *ж.* tamper, stamp, tamping plate, compactor
трамва́й *м. англ.* tram(-car); *амер.* street car
трамп *м. мор.* tramp (vessel)
транзи́стор *м.* transistor □ **быть вы́полненным по́лностью на ~ах** be fully transistorized; **включа́ть ~ по схе́ме,** *напр.* **с о́бщей ба́зой** connect a transistor in, *e.g.*, a common-[grounded-]base circuit; **запира́ть ~** drive a transistor to cut-off, cut off [turn off] a transistor; **испо́льзовать ~ в акти́вном режи́ме [в акти́вной о́бласти]** bring a transistor into its active region; **~ нахо́дится [рабо́тает] в режи́ме насыще́ния [в о́бласти насыще́ния]** the transistor is at saturation; **~ нахо́дится [рабо́тает] в режи́ме обедне́ния** the transistor operates in the depletion mode; **~ нахо́дится [рабо́тает] в режи́ме отсе́чки [в о́бласти отсе́чки]** the transistor is (operating) at cut-off; **отпере́ть ~** render a transistor conductive, turn on a transistor
транзи́стор
анало́говый ~ analog transistor
~ бегу́щей волны́ travelling-wave transistor
бездре́йфовый ~ diffusion transistor
биполя́рный ~ bipolar transistor
бу́синковый ~ bead transistor
ва́куумно-осаждённый ~ vacuum deposited transistor
вы́ращенный ~ grown(-junction) transistor
высокочасто́тный ~ high-frequency transistor
герма́ниевый ~ germanium transistor
~ двойно́го леги́рования double-doped transistor
двухба́зовый ~ double-base transistor
двухколле́кторный ~ double-collector transistor
двухэми́ттерный ~ double-emitter transistor
дискре́тный ~ discrete transistor
диффузио́нный ~ (*изготовленный по диффузионной технологии*) diffused transistor (*не путать с* бездре́йфовым транзи́стором diffusion transistor, *где* diffusion *указывает на характер движения носителей*)
~ для логи́ческой схе́мы logic transistor
~ для переключа́тельных схем switching(-type) transistor
дре́йфовый ~ drift transistor
изоли́рованный ~ (*в монолитной интегральной схеме*) isolated transistor
интегра́льный ~ integrated transistor
кана́льный ~ field-effect [unipolar] transistor
конверсио́нный ~ post-alloy diffused transistor
кре́мниевый ~ silicon transistor
лави́нный ~ avalanche transistor
~, леги́рованный зо́лотом gold-doped transistor
МДП-~ insulated-gate field-effect transistor, IGFET
МДП-~ с индуци́рованным кана́лом induced-channel insulated-gate field-effect transistor, induced-channel IGFET
МДП-~ с проводя́щим кана́лом conductive-channel insulated-gate field-effect transistor, conductive-channel IGFET
ме́за-~ mesa transistor
микросплавно́й ~ microalloy transistor
~ микросхе́мы transistor microelement
МОП-~ metal-oxide-semiconductor transistor, MOS-transistor, MOSFET
МОП-~, рабо́тающий в режи́ме обедне́ния depletion-mode metal-oxide-semiconductor transistor, depletion-mode MOS-transistor, depletion-mode MOSFET
транзи́стор
МОП-~, рабо́тающий в режи́ме обогаще́ния enhancement-mode metal-oxide-semiconductor transistor, enhancement-mode MOS-transistor, enhancement-mode MOSFET
мо́щный ~ power transistor
~ на криста́ллике chip transistor
напылённый ~ evaporated transistor
обра́тнодиффузио́нный ~ outdiffused transistor
обратнооплáвленный ~ meltback transistor
обращённый ~ inverse transistor
однокра́тно диффузио́нный ~ single-diffused transistor
одноперехо́дный ~ unijunction transistor
оптикоэлектро́нный ~ electrooptical transistor, optotransistor
плана́рный ~ planar transistor
плоскостно́й ~ junction transistor
пове́рхностно-барье́рный ~ surface-barrier transistor
пове́рхностно-сплавно́й ~ surface-alloy transistor
полево́й ~ field-effect transistor, FET □ **запере́ть полево́й ~ по управля́ющему электро́ду** gate off a FET; **отпере́ть полево́й ~ по управля́ющему электро́ду** gate on a FET
полево́й ~ с двумя́ затво́рами double-gate field-effect transistor, double-gate FET
полево́й ~ с затво́ром на гетероперехо́де heterojunction-gate field-effect transistor, heterojunction-gate FET
полево́й ~ с изоли́рованным затво́ром insulated-gate field-effect transistor, IGFET
полево́й ~ с индуци́рованным кана́лом induced-channel field-effect transistor, induced-channel FET
пролётный ~ transit-time transistor
сверхминиатю́рный ~ subminiature transistor
СВЧ ~ microwave transistor
~ с гетеропереxо́дом heterojunction transistor
~ с инже́кцией носи́телей injection-type transistor
сплавно́й ~ alloy transistor
~ с пла́вным перехо́дом graded-junction transistor
~ с ре́зкими перехо́дами abrupt-junction transistor
~ с эми́ттером встре́чно-штырево́й констру́кции interdigitated transistor, IT
~ с эми́ттером гребе́нчатого ти́па interdigitated transistor, IT
~ таблéточного ти́па tab transistor
~ *p—n—p*-ти́па *p-n-p*-transistor
~ *p—n—p—n*-ти́па *p-n-p-n*-transistor

транзи́стор
толстоплёночный ~ thick-film transistor
тонкоплёночный ~ thin-film transistor
то́чечный ~ point(-contact) transistor
тунне́льный ~ tunnel transistor
тя́нутый ~ grown-junction transistor
униполя́рный ~ unipolar [field-effect] transistor
управля́ющий ~ control transistor
четырёхсло́йный ~ four-layer transistor
четырёхэлектро́дный ~ four-electrode transistor
эпитаксиа́льный ~ epitaxial transistor
транзисториза́ция *ж.* transistorization
транзи́т *м.* 1. transit □ **~ом (че́рез)** in transit (through) 2. *свз.* through-line operation, through traffic, through routing of circuits, routing of through circuits
транзити́вность *ж.* transitivity, transitiveness, transitive law
транзитро́н *м.* transitron
трансверса́ль *м.* transversal
трансверса́льность *ж.* transversality
трансду́ктор *м.* transducer
~ ви́да колеба́ний mode transducer
транско́дер *м.* transcoder
трансли́р/овать *гл.* 1. *рад., тлв.* broadcast 2. *свз.* relay, broadcast 3. *тлг.* repeat (into) □ **часть кана́лов ~уется в други́е це́пи** some channels are repeated into other circuits
трансля́тор *м. вчт.* translator (program), compiler (program)
трансля́ци/я *ж.* 1. *рад., тлв.* broadcast(ing) 2. *тлг.* repeater 3. *вчт.* compilation □ **зака́нчивать ~ю** complete compilation; **отменя́ть ~ю** reset compilation; **прекраща́ть ~ю** terminate compilation 4. (*проводная от радиоузла*) wired-radio relay service 5. (*параллельный перенос*) *физ.* translation
двусторо́нняя ~ two-way repeater
ду́плексная ~ duplex repeater
оконе́чная ~ terminal repeater
полуду́плексная ~ half-duplex repeater
проста́я ~ non-regenerative repeater
регенерати́вная ~ regenerator
си́мплексная ~ single-line back-and-forth repeater
трансми́ссия *ж.* transmission, power drive
автомати́ческая ~ *авто* automatic gear-box, automatic transmission
бесступе́нчатая ~ stepless transmission
гидравли́ческая ~ hydraulic transmission
гидромехани́ческая ~ hydromechanical transmission
ремённая ~ belt drive, belt transmission

трансми́ссия
ступе́нчатая ~ fixed-ratio transmission
фрикцио́нная ~ friction drive, friction transmission
цепна́я ~ chain drive, chain transmission
трансми́ттер *м. тлг.* (tape-)transmitter
трансозо́нд *м.* transosonde
транспози́ция *ж.* transposition
транспони́рование *с.* transposition
транспони́ровать *гл.* transpose
тра́нспорт *м.* 1. (*перенос, напр. количества движения, вещества*) *физ., хим.* transport, transfer □ **витами́н К та́кже был вовлечён в ~ водоро́да** vitamin K has also been implicated in hydrogen transport 2. (*перемещение, перевозка, передвижение грузов, людей*) transport 3. (*перевозочные средства*) (*сухопутный*) vehicles; (*морской*) craft, vessels □ **е́здить, *напр.* возду́шным, морски́м, автомоби́льным, железнодоро́жным ~ом** travel by, *e.g.*, air, water [sea], road, rail; **отправля́ть, *напр.* возду́шным, железнодоро́жным** *и т. п.* **~ом** dispatch by, *e.g.*, air, rail, *etc.*; **перевози́ть, *напр.* возду́шным, железнодоро́жным *и т. д.* ~ом** carry [move] by, *e.g.*, air, rail, *etc.*
автомоби́льный ~ automobile [road] transport
безре́льсовый ~ off-track vehicles
внутризаводско́й ~ factory conveyance and hoisting (facilities), materials-handling (equipment)
внутрицехово́й ~ shop [department] conveyance and hoisting (facilities), materials-handling (equipment)
возду́шный ~ air transport
гидравли́ческий ~ hydraulic transport
городско́й ~ urban [town] transport
грузово́й ~ freight transport
гужево́й ~ cartage
железнодоро́жный ~ railway transport
~ ли́чного по́льзования private transport
морско́й ~ sea transport
~ о́бщего по́льзования common carrier
обще́ственный ~ public transport(ation)
пассажи́рский ~ passenger transport
пневмати́ческий ~ pneumatic transport
промы́шленный ~ industrial conveyance and hoisting (facilities), materials-handling (equipment)
речно́й ~ river transport
трубопрово́дный ~ pipe-line transport
холоди́льный ~ refrigerated transportation
транспорта́бельность *ж.* transportability

тра́нспорт-бето́н *м.* transit-mixed concrete
транспортёр *м.* 1. conveyer (*см. тж.* **конве́йер**) 2. (*вид автомобиля*) carrier
~ для шла́ковых ковше́й slag-ladle road transporter
формиру́ющий ~ *дер.-об.* forming conveyer
транспорти́р *м.* protractor
тахеометри́ческий ~ tacheometric(al) protractor
транспорти́рование *с.* transportation, carriage, conveying, haulage
транспорти́ровать *гл.* transport, carry, convey □ **~ по тру́бам, *напр.* нефть, газ** pipe, *e.g.*, oil, gas
транспортиро́вк/а *ж.* transportation, carriage, conveying, haulage □ **при ~е** in transit, while in shipment
трансура́ны *мн. м.* transuranium elements
трансферка́р *м.* (*саморазгружающийся электромоторный полувагон*) transfer car
трансферши́на *ж. эл.* transfer bus
трансфлю́ксор *м.* secondary-aperture (ferrite) core (Transfluxor — *фирм. название*)
трансфока́тор *м.* zoom lens
трансформа́тор *м.* transformer □ **залива́ть ~ компа́ундом** pot a transformer; **~ повыша́ет напряже́ние** a transformer steps up voltage; **подверга́ть ~ о́пыту коро́ткого замыка́ния** subject a transformer to the short-circuit test; **подверга́ть ~ о́пыту холосто́го хо́да** subject a transformer to the open-circuit test; **~ понижа́ет напряже́ние** a transformer steps down voltage
балла́стный ~ ballast transformer
бронево́й ~ shell-type transformer
бу́стерный ~ booster transformer
возбуди́тельный ~ excitation transformer
вольтодоба́вочный ~ booster transformer
враща́ющийся ~ 1. (*в силовых цепях*) rotary transformer 2. (*в сервосистемах, системах передачи, напр. угловых координат и т. п.*) synchro [induction] resolver
враща́ющийся, си́нусно-ко́синусный ~ (sine-cosine) synchro resolver
вту́лочный ~ bushing transformer
входно́й ~ input transformer
высоково́льтный ~ high-voltage transformer
высокочасто́тный ~ r.f. transformer
выходно́й ~ output transformer
~ герметизи́рованного исполне́ния sealed transformer
герметизи́рованный ~ sealed transformer
гидродинами́ческий ~ (*гидротрансформатор*) hydrodynamic torque converter
грозоупо́рный ~ lightning-proof transformer

трансформа́тор
двухобмо́точный ~ double-wound transformer
дифференциа́льный ~ differential transformer
~ **для вну́тренней устано́вки** indoor transformer
~ **для нару́жной устано́вки** outdoor transformer
ёмкостный ~ capacitor transformer
заземля́ющий ~ *англ.* earthing transformer; *амер.* grounding transformer
защи́тный ~ protective transformer
звонко́вый ~ bell transformer
измери́тельный ~ instrument transformer
и́мпульсный ~ pulse transformer
испыта́тельный ~ test(ing) transformer
каска́дный ~ cascade transformer
компенси́рованный ~ autocompounded transformer
лине́йный ~ *свз.* repeating coil, line transformer
маслонапо́лненный ~ oil-filled transformer
ма́сляный ~ oil-immersed transformer
многообмо́точный ~ multiwinding transformer
мо́щный ~ high-power transformer
нагру́зочный ~ loading transformer
~ **нака́ла** filament [heater] transformer
~ **напряже́ния** voltage transformer
насыща́ющийся ~ saturating [saturable] transformer
~ **ни́зкой частоты́** audio-frequency [a.f.] transformer
однофа́зный ~ single-phase transformer
опрессо́ванный ~ moulded transformer
отса́сывающий ~ sucking transformer
передвижно́й ~ mobile transformer
~ **переме́нного напряже́ния** variable voltage transformer
~ **переме́нного то́ка** variable current transformer
перехо́дный ~ interstage transformer
печно́й ~ furnace transformer
пик-~ peak(ing) transformer
повыша́ющий ~ step-up transformer
подстанцио́нный ~ substation transformer
~ **по́лного сопротивле́ния** impedance transformer
понижа́ющий ~ step-down transformer
~ **постоя́нного напряже́ния** constant-voltage transformer
~ **постоя́нного то́ка** constant-current transformer
преобразова́тельный ~ converter transformer

трансформа́тор
~ **промежу́точной частоты́** *рад.* intermediate-frequency [IF] transformer
промежу́точный ~ (*тока*) intervening transformer
проходно́й ~ bushing-type transformer
пусково́й ~ starting transformer
путево́й ~ *ж.-д.* track transformer
развя́зывающий ~ isolation transformer
раздели́тельный ~ isolation transformer
регулиро́вочный ~ regulating transformer
регули́руемый ~ variable-ratio transformer
резона́нсный ~ tuned transformer
сва́рочный ~ welding transformer
сва́рочный, многопостово́й ~ multioperator transformer
сва́рочный, однопостово́й ~ single operator transformer
~ **с возду́шным охлажде́нием** air-cooled transformer
~ **с возду́шным серде́чником** air-core transformer
~ **СВЧ, волново́дный** waveguide transformer
~ **СВЧ, коаксиа́льный** coaxial transformer
~ **свя́зи** coupling transformer
~ **с дутьём** *англ.* air-blast transformer; *амер.* forced-air-cooled transformer
~ **с есте́ственным возду́шным охлажде́нием** *англ.* air-natural transformer; *амер.* self-cooled transformer
~ **с желе́зным серде́чником** iron-core transformer
~ **с иску́сственным возду́шным охлажде́нием** *англ.* air-blast transformer; *амер.* forced-air-cooled transformer
силово́й ~ power transformer
симметри́рующий ~ *рад.* balanced-(-to-unbalanced) transformer, balun transformer
~ **со́бственных нужд** house transformer
согласу́ющий ~ matching transformer
~ **со сре́дней то́чкой** centre-tap transformer
~ **с отво́дами** tapped transformer
~ **с переключе́нием отво́дов под нагру́зкой** on-load tap-changing transformer
стержнево́й ~ core-type transformer
столбово́й ~ pole-type (distribution) transformer
~ **строчно́й развёртки** *тлв.* line transformer
сумми́рующий ~ summing transformer
сухо́й ~ dry-type transformer
телефо́нный ~ telephone transformer

трансформа́тор
~ **то́ка** current transformer
узкополо́сный ~ narrow-band transformer
уплотнённый ~ protected [sealed] transformer
фазосдвига́ющий ~ phase-shifting transformer
~ **частоты́** frequency transformer
ши́нный ~ bus-bar transformer
широкополо́сный ~ broad-band transformer

трансформа́ция *ж.* transformation; conversion

трансформи́рование *с.* transformation; conversion
~ **фотосни́мка** rectification, restitution, transformation

трансформи́ровать *гл.* transform; convert □ ~ **фотосни́мок** rectify, restitute, transform

трансценде́нтность *ж.* transcendence, transcendency

трансценде́нтный *прил.* transcendental

трансъю́нкция *ж.* transjunction

траншеекопа́тель *м.* trencher, trenching machine □ ~ **мо́жет рабо́тать по любо́й по́чве** a trenching machine is capable of digging any type of soil
ра́мный ~ ladder-type trenching machine
ро́торный ~ wheel-type trenching machine

транше́/я *ж.* trench, ditch □ **закла́дывать** ~**ю на** (*таку́ю-то*) **глубину́** carry a trench to a depth of ..., carry down a trench *so-many* metres into ...
дрена́жная ~ drainage ditch
ка́бельная ~ cable trench
капита́льная ~ *горн.* permanent trench
разве́дочная ~ *горн.* exploratory trench
разрезна́я ~ *горн.* working trench
си́лосная ~ silage trench

трап *м.* 1. (*лестница*) gangway, ladder 2. (*газонефтяной сепаратор*) trap
вну́тренний ~ interior ladder
забо́ртный ~ accomodation ladder
надувно́й ~ *ав.* inflatable escape chute
поса́дочный ~ *ав.* boarding ramp
сходно́й ~ companion ladder, companion way

трап-ба́лка *ж.* ladder davit

трапецеида́льный ~ *прил.* trapezoidal

трапе́ция *ж.* trapezoid; trapezium

тра́сс/а *ж.* route
возду́шная ~ airway □ **перегружа́ть возду́шную** ~**у** (over)crowd an airway
~ **доро́ги** alignment of a road
~ **дренажа́** drainage path
ка́бельная ~ cable routing
~ **ка́бельной канализа́ции** conduit [duct] run, duct route

тра́сс/а
~ ли́нии электропереда́чи [ЛЭП] (line) route ☐ **размеча́ть направле́ние ~ы ЛЭП** set out [lay out] the line of route
трансса́нт *м.* (*лицо, на которое выставлена тратта*) *эк.* drawee
трасса́т *м.* (*лицо, выставившее тратту*) *эк.* drawer
трассёр *м.* flare
трасси́рование *с.* laying-out, tracing; *ж.-д.* location (survey)
трасси́ровать *гл.* lay out, trace ☐ **~ програ́мму** *или* **процеду́ру** *вчт.* trace [print (out)] a program *or* a procedure trace
тра́тта *ж.* (*переводный вексель*) bill of exchange, draft
тра́улер *м.* trawler
~ бли́жнего ло́ва near water trawler
бортово́й ~ side(-set) trawler
~ да́льнего ло́ва distant water trawler
кормово́й ~ stern trawler
морози́льный ~ refrigerating [freezing] trawler
посо́льный ~ (fish) salting trawler
~ с бортовы́м тра́лением side(-set) trawler
~ с кормовы́м тра́лением stern trawler
~ сре́дней да́льности ло́ва middle water trawler
филе́йный ~ (fish) filleting trawler
трафаре́т *м.* 1. (*приспособление для шрифтовых или маркировочных работ*) stencil 2. (*полученная по трафарету надпись*) stencilled legend 3. (*перенос значения по функции на надписи, сделанные на прикрепляемых табличках*) placard 4. (*в производстве печатных схем*) mask
плёночный ~ *полигр.* knife-cut film stencil
тра́ффик *м.* traffic
тре́бование *с.* 1. requirement; standard(s) 2. (*спрос*) demand ☐ **~ к** a requirement for [to] 3. (*в теории массового обслуживания*) unit ☐ **(входя́щее) ~ получа́ет отка́з** the (arriving) unit is rejected [lost]
жёсткое ~ stringent requirement
обяза́тельное ~ mandatory requirement
техни́ческие ~я specifications
трево́га *ж.* alarm
ло́жная ~ false alarm
пожа́рная ~ fire alarm
эффекти́вная ~ valid alarm
трезву́чие *с. ак.* triad; *англ.* common chord
трезу́бец *м.* trident
~ Нью́тона *мат.* trident of Newton
тре́йлер *м.* trailer
трейлерово́з *м.* (*трейлерное судно*) trailer ship
трек *м.* 1. (*след заряженной частицы*) *физ.* track 2. (*дорожка*) track
тре́кинг *м.* (*повреждение поверхности диэлектрика пробоем*) tracking
трекингосто́йкость *ж.* (*диэлектрика*) tracking resistance
трелева́ть *гл.* log, haul ☐ **~ лесоматериа́лы на передка́х** *или* **поло́зьях** bob logs; **~ во́локом** (*по земле*) snake logs, skid
трелёвка *ж.* logging, hauling
~ во́локом skidding
гужева́я ~ animal logging
лебёдочная ~ drum logging
лебёдочная, назе́мная ~ ground lead logging
подвесна́я ~ cableway [sky-line] logging
тра́кторная ~ tractor logging
тро́совая ~ cable logging
тренажёр *м.* 1. (*учебное устройство*) trainer 2. (*моделирующее устройство*) simulator
косми́ческий ~ space(-environment) [space mission] simulator
лётный ~ flight trainer
пилота́жный ~ flight simulator
тренд *м. мат.* trend
тре́нзель *м.* tumbling [tumbler] gear
тре́ни/е *с.* friction, rubbing ☐ **без ~я** friction-free, frictionless; **~ о, *напр.* сте́нки** (*трубопровода*) friction on, *e.g.*, the walls, wall friction; **ско́рость относи́тельного движе́ния при ~и** rubbing speed, velocity of sliding; **~ ста́ли по ...** friction of steel on ...
~ без сма́зки dry friction
~ верче́ния pivoting friction
вне́шнее ~ external [contact] friction
вну́треннее ~ internal friction, viscosity
грани́чное ~ *маш.* friction of boundary [greasy] lubrication
~ движе́ния dynamic friction
жидкостно́е ~ friction of complete [fluid, viscous] lubrication
~ каче́ния rolling friction
~ каче́ния с проска́льзыванием friction of sliding and rolling
кинети́ческое ~ friction of motion, kinetic friction
опо́рное ~ static [rest] friction, friction of rest
пове́рхностное ~ surface friction
~ поко́я static [rest] friction, friction of rest
полужи́дкостное ~ friction of incomplete [semifluid, mixed] lubrication
~ при вхо́де в атмосфе́ру *косм.* re-entry friction
~ прилипа́ния sticking friction
приповерхностное ~ skin friction
~ при прока́тке rolling friction
~ скольже́ния sliding friction
стати́ческое ~ static [rest] friction, friction of rest
сухо́е ~ dry friction
тре́ни/е
тормозя́щее ~ drag friction
турбуле́нтное ~ turbulent friction
тренирова́ть *гл.* 1. *т. над.* train 2. (*в металловедении*) age 3. (*электровакуумные приборы*) pre-burn
трениро́вка *ж.* 1. *т. над.* training 2. (*в металловедении*) ageing 3. (*электровакуумных приборов*) pre-burning
трено́га *ж.* 1. (*подставка*) tripod 2. (*подъёмное устройство*) derrick crane
трено́жник *м.* tripod
трепа́ло *с. текст.* beater, scutcher, swingle
иго́льчатое ~ carding beater
пла́ночное ~ bladed beater
трепа́льщик *м. текст.* shaker, breaker
трепа́ние *с. текст.* beating, scutching, swingling
тре́пел *м.* tripoli (earth)
треск *м.* crackling (noise)
конта́ктный ~ *рад.* scratches
оловя́нный ~ *мет.* tin cry
тре́скаться *гл.* crack; crackle
трест *м.* (*промышленное объединение*) trust
треста́ *ж.* (*льняная или конопляная солома*) stock, treated plant fibres
третни́к *м.* (*припой*) common tin-lead [quick] solder
треуго́льник *м.* triangle ☐ **вписывать ~** (*в окружность*) inscribe a triangle (*into a circumference*); **реша́ть ~** solve a triangle; **соединя́ть обмо́тки** *или* **фа́зы в ~** *эл.* connect windings *or* phases in a delta; **стро́ить ~** construct a triangle
астрономи́ческий ~ parallactic [polar-zenith-star, navigational] triangle
вписанный ~ inscribed triangle
геодези́ческий ~ geodetic triangle
координа́тный ~ triangle of reference
косоуго́льный ~ oblique triangle
~ на пло́скости plane triangle
~ напряже́ний voltage triangle
~ невя́зки *геод., топ.* triangle of errors, error triangle
опи́санный ~ circumscribed triangle
остроуго́льный ~ acute(-angled) triangle
параллакти́ческий ~ parallactic [polar-zenith-star, navigational] triangle
поля́рный ~ polar triangle
~ проводи́мостей admittance triangle
прямоуго́льный ~ right(-angled) triangle
равнобе́дренный ~ isosceles triangle
равновели́кий ~ equidimensional triangle
равносторо́нний ~ equilateral [equiangular] triangle
разносторо́нний ~ scalene triangle
~ сил triangle of forces

треуго́льник
~ скоросте́й *нвг.* wind triangle, triangle of velocities
~ сопротивле́ний impedance triangle
сфероиди́ческий ~ ellipsoidal [spheroidal] triangle
~ то́ков current triangle
тупоуго́льный ~ obtuse(-angled) triangle
цветово́й ~ *тлв.* colour triangle
треуго́льный *прил.* triangular, trigonal
треф *м. прок.* (*валка*) wobbler
трёха́томный *прил.* triatomic
трёхвале́нтный *прил.* trivalent
трёхгра́нник *м.* trihedral, trihedron
сопровожда́ющий ~ moving trihedral
трёхзна́чный *прил.* three-digit
трёхкра́тный *прил.* triple, three-fold
трёхме́рность *ж.* three-dimensionality
трёхме́рный *прил.* three-dimensional
трёхо́кись *ж.* trioxide
трёхосно́вный *прил.* tribasic
трёхразме́рный *прил.* three-dimensional
трёхразря́дный *прил.* three-digit
трёхто́чка *ж.:*
ёмкостная ~ *рад.* Colpitts oscillator, Colpitts circuit
ёмкостная ~ с ква́рцем в це́пи ано́да *рад.* Pierce oscillator, Pierce circuit
индукти́вная ~ *рад.* Hartley oscillator, Hartley circuit
трёхцве́тность *ж.* trichromatism; (*в кристаллах*) trichroism
трёхчле́н *м.* trinomial
трёхчле́нный *прил.* trinomial
тре́щин/а *ж.* crack □ **~ы слива́ются** cracks join together; **~ прогресси́рует** a crack propagates, a crack grows across (the section)
волосна́я ~ hair(-line) crack, craze
горя́чая ~ (*дефект чугунной отливки*) shrinkage crack
деформацио́нная ~ strain crack
зака́лочная ~ hardening crack; quenching crack
зарожда́ющаяся ~ incipient crack
коррозио́нная ~ corrosion crack
~ нагре́ва fire crack
~ от огнево́й зачи́стки scarfing crack
попере́чная ~ cross crack
продо́льная ~ longitudinal crack
разветвлённая ~ star crack
раска́танная ~ expanded crack
терми́ческая ~ thermal [hot] crack
торцо́вая ~ cross-cut end crack
трави́льная ~ pickling crack
уса́дочная ~ contraction crack
уста́лостная ~ fatigue crack
~ усу́шки *лес.* shrinkage crack
холо́дная ~ (*дефект чугунной отливки*) cold crack
шлифо́вочная ~ grinding crack
трещинова́тость *ж.* (*горных пород*) jointing

трещинообразова́ние *с.* cracking, crazing
заме́дленное ~ delayed cracking
трещиносто́йкость *ж.* (*железобетонных конструкций*) crack resistance
трещо́тка *ж.* ratchet
триа́да *ж.* ternary, triad
триа́к *м.* bidirectional triode thyristor, triac
триангули́ровать *гл.* triangulate
триангуля́тор *м.* triangulator
триангуля́ция *ж.* triangulation, horizontal angulation, trigonometrical survey
аналити́ческая ~ analytical triangulation
графи́ческая ~ graphic(al) triangulation
~ на ме́стности field [terrestrial] triangulation
~ на пло́скости plane triangulation
радиогеодези́ческая ~ radio triangulation
сфери́ческая ~ spherical triangulation
триацета́т *м.* triacetate
триб *м.* pinion
~ ве́ксельного колеса́ minute wheel pinion
це́вочный ~ lantern pinion
три́бка *ж.* pinion
триболюминесце́нция *ж.* triboluminescence
трибоме́тр *м.* tribometer, friction gauge
трибоме́трия *ж.* tribometry, friction gauging
трибоэлектри́чество *с.* triboelectricity
триве́ктор *м.* trivector, three-vector
тривиа́льность *ж.* triviality
тригатро́н *м.* trigatron
три́ггер *м.* flip-flop □ **гаси́ть ~** reset a flip-flop, set a flip-flop to zero; **~ засыпа́ет** a flip-flop sticks; **~ нахо́дится в неопределённом положе́нии** a flip-flop hovers indefinitely (between its stable states); **~ однозна́чно перехо́дит в одно́ из усто́йчивых состоя́ний** a flip-flop sets [resets] clearly; **~ опроки́дывается** a flip-flop changes state; **перебро́сить [перевести́] ~ в противополо́жное состоя́ние** trigger a flip-flop to the opposite state; **устано́вка ~а произво́дится по вхо́ду 1** the flip-flop is set by a signal applied to the "1" input
динами́ческий ~ dynamic flip-flop
запреща́ющий ~ inhibit flip-flop
~ на МОП-структу́рах MOS flip-flop
насы́щенный ~ saturating flip-flop
~ на транзи́сторах transistor flip-flop
ненасы́щенный ~ nonsaturating flip-flop
опти́ческий ~ optical flip-flop
~ перено́са carry flip-flop

три́ггер
пневмати́ческий ~ gas-operated flip-flop
~ прерыва́ния interrupt flip-flop
~ с комбини́рованным за́пуском R-S-T flip-flop
~ со счётным вхо́дом T [complement, toggle, trigger] flip-flop
~ со счётным захо́дом T [complement, toggle, trigger] flip-flop
~ с разде́льным вхо́дом (*связь по постоянному току*) set-reset [R-S] flip-flop; (*связь по переменному току*) J-K flip-flop
стати́ческий ~ static flip-flop
счётный ~ T [complement, toggle, trigger] flip-flop
тригидра́т *м.* trihydrate
триги́ра *ж.* threefold axis of symmetry
тригона́льный *прил.* trigonal
тригонометри́ческий *прил.* trigonometric(al)
тригономе́трия *ж.* trigonometry
~ на пло́скости plane trigonometry
сфери́ческая ~ spherical trigonometry, spherics
тригпу́нкт *м. геод.* trigpoint, triangulation [trigonometrical] point
три́ер *м.* pocket-type grain cleaner, pocket-type grain grader
три́жды *нареч. мат.* three times, thrice, triply, threefold
тризи́стор *м.* trisistor
трикота́ж *м.* **1.** (*полотно*) knitted fabric **2.** (*изделия*) knitted goods
техни́ческий ~ industrial knitted fabric
трилатера́ция *ж.* trilateration, long-range triangulation
трили́стник *м. мат.* trifolium, three-leaved figure
триллио́н *м. англ.* billion; *амер.* trillion
трилонометри́я *ж.* trilonometry
тримара́н *м.* trimaran
три́ммер *м.* **1.** *ав.* trimming tab **2.** (*подстроечный конденсатор*) trimmer capacitor **3.** (*метательный конвейер*) trimmer conveyer **4.** *дер.-об.* trimming machine
~ руля́ высоты́ elevator trimming tab
~ руля́ направле́ния rudder trimming tab
триморфи́зм *м.* trimorphism
трини́стор *м.* trinistor
тринитросоедине́ние *с.* trinitro compound
тринитротолуо́л *м.* trinitrotoluene
тринитроцеллюло́за *ж.* trinitrate
трино́м *м.* trinomial
трио́д *м.* triode
генера́торный ~ transmitting triode
двойно́й ~ twin [double, duo-] triode
ио́нный ~ gas-filled triode
кана́льный ~ field-effect transistor
маячко́вый ~ lighthouse triode
одноцо́кольный ~ single-end triode

трио́д
полево́й ~ field-effect transistor
полупроводнико́вый ~ transistor
полупроводнико́вый, плоскостно́й ~ junction transistor
полупроводнико́вый, то́чечный ~ point-contact transistor
полупроводнико́вый, четырёхсло́йный ~ four-layer transistor
тунне́льный ~ tunnel transistor
усили́тельный ~ amplifier [amplifying] triode
трио́кись *ж.* trioxide
три́плекс *м.* 1. (*процесс*) triplex process 2. (*устройство*) triplexer 3. (*трёхслойное стекло*) triplex glass
трипле́т *м.* triplet; set of three
трисектри́са *ж.* trisectrix
трисе́кция *ж.* trisecting, trisection
три́тий *м.* tritium, T
трито́н *м.* 1. *физ.* triton 2. *ак.* tritone
трихотоми́я *ж.* trichotomy
трихрои́зм *м.* trichroism
триэ́др *м.* trihedron, trihedral
~ **осе́й** coordinate trihedral
тро́ганье *с.* start-off
~ **с ме́ста** *авто* getaway, taking-off
тро́гаться *гл.* start off; (*об автомобиле*) get under way, take off
тро́ичный *прил.* (*о системе исчисления*) ternary, base-three, radix-three
тро́йка *ж.* **чи́сел** triple, triplet (of numbers), triad of numbers, three-tuple
тройни́к *м.* T-joint, tee-joint
волново́дный, двойно́й ~ hybrid [magic] tee, hybrid [magic] T, hybrid junction
волново́дный, одина́рный ~ tee junction, waveguide tee
двойно́й ~ *элн.* E-H tee
тролле́й *м.* trolley
тролле́йбус *м.* trolleybus
троллейво́з *м.* trolley car
троости́т *м.* troostite
троостосорби́т *м.* troosto-sorbite
тропикоусто́йчивость *ж.* tropical resistance
тропопа́уза *ж.* tropopause
тропосфе́ра *ж.* troposphere
трос *м.* (wire) rope, cable □ **заклады́вать** ~ **в блок** (*напр. тали*) place a rope in a block (*e.g., of a tackle*); **распусти́ть [распуши́ть] коне́ц** ~**а** broom (the end of) a wire rope; ~ **рвётся** a cable parts
а́нкерный ~ anchoring wire
~ **Бо́удена** Bowden cable
букси́рный ~ towing rope, towing cable, tow(ing) line
вытяжно́й ~ (*парашютный*) rip cord
грозозащи́тный ~ (*на воздушной ЛЭП*) overhead ground-wire cable
~ **для протя́гивания ка́беля** drawing-in wire
заде́рживающий ~ *ав.* arresting cable

трос
защи́тный ~ (*на воздушной ЛЭП*) earth-wire
~ **крепле́ния бойка́ грунтоно́са** retrieving wire
несу́щий ~ carrier cable
подде́рживающий ~ suspension [messenger] strand, catenary, bearer cable
подъёмный ~ hoisting rope
сигна́льный ~ signal (wire) rope
тормозно́й ~ brake cable
тя́говый ~ pull rope
тро́сик *м.*, **спусково́й** *кфт.* cable release
трососто́йка *ж.* earth wire support
трости́ть *гл. жарг.* (*сращивать канат, кабель*) splice
троти́л *м.* trinitrotoluene
тротуа́р *м.* side-walk, pedestrian way
дви́жущийся ~ moving side-walk
трохо́ида *ж. мат.* trochoid
удлинённая ~ prolate cycloid
укоро́ченная ~ curtate cycloid
трохоида́льный *прил. мат.* trochoidal
трохотро́н *м.* trochoid-path electron-beam counter tube (Trochotron — *фирм. название*)
троя́нка *ж.* tooth chisel
труб/а́ *ж.* (*для транспортировки и т. п.*) pipe, (*собирательно*) piping; (*в различных системах, в теплообменниках и котлах, в машиностроении*) tube, (*собирательно*) tubing □ **гнуть** ~**у́** bend a pipe [a tube]; **плю́щить** ~**у́** flatten a pipe [a tube]; **разда́ть** ~**у́** expand a pipe [a tube]; **сва́ривать** ~**ы** weld pipes [tubes]; ~ **смина́ется** a pipe [a tube] collapses; **соединя́ть** ~**ы** join pipes [tubes]; **тяну́ть** ~**ы** draw pipes [tubes]; **фланжи́ровать [фланцева́ть]** ~**у́** flange the ends of a pipe [a tube]
асбоцеме́нтная ~ asbestos-cement pipe
аэродинами́ческая ~ wind [aerodynamic] tunnel, (air) tunnel □ **продува́ть в аэродинами́ческой** ~**е́** test *smth.* in a wind tunnel, subject *smth.* to wind-tunnel testing
безнапо́рная ~ nonpressure pipe
~ **без наре́зки** bare pipe
бесшо́вная ~ seamless pipe
бури́льная ~ drill pipe □ **опуска́ть бури́льную** ~**у́** (*в скважину*) run a drill pipe in (*a borehole*); **поднима́ть бури́льную** ~**у́** (*из скважины*) pull a drill pipe out (*of a borehole*)
вентиляцио́нная ~ vent tube, ventilation [air] duct, air conduit
~ **Венту́ри** Venturi tube
вестова́я ~ vent pipe
вихрева́я ~ *тепл.* vortex tube
водонапо́рная ~ pressure-water pipe
водоопускна́я ~ downcomer
водоотво́дная ~ drain-pipe

труб/а́
водоперепускна́я ~ water circulator
водопрово́дная ~ water-supply pipe
водопропускна́я ~ pipe culvert
водосто́чная ~ drain-pipe
воздуходу́вная ~ blast pipe
возду́шная, кольцева́я ~ (*доменной печи*) bustle pipe
волни́стая ~ corrugated pipe
волочёная ~ drawn pipe
впускна́я ~ intake [inlet, admission] pipe
вса́сывающая ~ suction pipe
выпускна́я ~ exhaust [outlet] pipe, exhaust stack
выхлопна́я ~ exhaust [outlet] pipe, exhaust stack
выхлопна́я ~ **реакти́вного дви́гателя** jetpipe
га́зовая ~ gas pipe
гельмпорто́вая ~ rudder tube, rudder well
гидродинами́ческая ~ water tunnel
глазуро́ванная ~ glazed pipe
~ **глуши́теля** muffler pipe
горячека́таная ~ hot-rolled pipe
горячетя́нутая ~ hot-drawn pipe
дейдву́дная ~ *мор.* stern tube
~ **для подво́дного бетони́рования** tremie pipe
дрена́жная ~ drain-pipe
дымова́я ~ chimney, chimney [smoke] stack; (*на судне*) (smoke) funnel, smoke stack
дымова́я ~ **воздухонагрева́теля** stove chimney
дымога́рная ~ fire [smoke] tube
жарова́я ~ (*парового котла*) flue [furnace] tube; flame tube
железобето́нная ~ reinforced-concrete pipe
забо́рная ~ intake pipe
загру́зочная ~ charging [feeding] pipe
зри́тельная ~ (*в геодезических и др. инструментах*) telescope □ **зри́тельная** ~ **наведена́ на ве́ху A** the telescope sights stake A; **наводи́ть зри́тельную** ~**у́ на ве́ху C** sight the telescope to stake C
зри́тельная, веду́щая ~ guiding telescope
зри́тельная, перекладна́я ~ reversible telescope
~ **ка́бельной канализа́ции** cable duct
~ **ка́бельной канализа́ции, бло́чная** multiple (cable) duct
~ **ка́бельной канализа́ции, одино́чная** single (cable) duct
~ **ка́бельной канализа́ции, паке́тная** multiway (cable) duct
кавитацио́нная ~ cavitation tunnel
канализацио́нная ~ sewer pipe
ка́таная ~ rolled pipe
керами́ческая ~ earthenware [stoneware] duct, clay conduit
кипяти́льная ~ steam-generating [steaming] tube

труб/а́
клёпаная ~ rivet(t)ed pipe
колле́кторная ~ manifold pipe
коло́нковая ~ core barrel
компенсацио́нная ~ expansion pipe
контро́льная ~ tell-tale pipe
лита́я ~ cast pipe
машинострои́тельная ~ mechanical tubing
металли́ческая ~ metal pipe
напо́рная ~ pressure pipe
насо́сно-компре́ссорная ~ (*для скважин*) tubing string
обводна́я ~ by-pass pipe
обра́тная ~ return pipe
отводна́я ~ (*внутренней канализации*) soil [waste] stack
отводя́щая ~ outlet [discharge] tube
отса́сывающая ~ (*гидротурбины*) *англ.* draught tube; *амер.* draft tube
отса́сывающая, изо́гнутая ~ elbow-type draught tube
парова́я ~ steam pipe
перебро́сная ~ crossover pipe, upflow tube
перегово́рная ~ speaking [voice] tube
переливна́я ~ overflow pipe
перехо́дная ~ reducing pipe
пла́менная ~ flame tube
погру́женная ~ immersion [drowned] pipe
подзо́рная ~ spy-glass
прито́чная ~ influent pipe
проду́вочная ~ blow-off tube
пролётная ~ (*клистрона*) drift tube
промывна́я ~ wash [flushing] pipe
пылеотводна́я ~ dust trunk
разводна́я ~ circulation [distribution] pipe
растру́бная ~ inserted-joint pipe
ребри́стая ~ finned tube
сварна́я ~ welded pipe
сифо́нная ~ siphon pipe
~ сква́жины, обса́дная casing
смывна́я ~ flushing pipe
~ со швом seam pipe
спускна́я ~ discharge [outlet] pipe; blow-off pipe
~ с резьбо́й threaded pipe
стальна́я ~ steel pipe
толстосте́нная ~ thick-walled tube
тонкосте́нная ~ thin-walled tube
транспорти́рующая ~ conveying pipe
фа́новая ~ sewage pipe
фасо́нные ~ы shaped tubing, shaped [non-circular section] tubes
флА́нцевая ~ flanged pipe
холоди́льная ~ refrigeration pipe
холоднока́таная ~ cold-rolled pipe
холоднотя́нутая ~ cold-drawn pipe
цельноко́ваная ~ forged pipe
цепна́я ~ chain (locker) pipe
циркуляцио́нная ~ circulating pipe; (*в выпарном аппарате*) downcomer
чугу́нная ~ cast-iron pipe
шла́мовая ~ wash pipe
экра́нная ~ water-wall tube

труб/а́
я́корная ~ hawse pipe
тру́бк/а *ж.* tube □ **наде́ть (изоляцио́нную) ~у на про́вод** slip a sleeve over a wire; **пережа́ть ~у** pinch a tube
ва́куумная ~ vacuum tube
~ ве́ктора tube of force
~ Венту́ри Venturi tube
вихрева́я ~ *мат.* vortex (tube)
волосна́я ~ capillary tube
газозабо́рная ~ gas probe
газонапо́лненная ~ gas(-filled) tube
гальвани́ческая ~ (*для взрывных работ*) electric squib
гидрометри́ческая ~ impact-pressure tube
грунтова́я ~ (*для взятия проб грунта морского дна*) coring tube
дыха́тельная ~ breather
жиклёрная ~ jet tube
запа́льная ~ ignition tube
и́мпульсная ~ pulse tube
капилля́рная ~ capillary (tube), (*в респираторе, к манометру*) connecting tube
~ магни́тной инду́кции tube of magnetic flux
микротелефо́нная ~ handset
напо́рная ~ pressure tube
нео́новая ~ neon tube
окуля́рная ~ eyepiece tube, eye [ocular] lens, eyepiece (slide)
отка́чная ~ exhaust tube
~ Пито́ Pitot [impact] tube
~ по́лного напо́ра Pitot [impact] tube
~ по́ля tube of force, field tube
~ пото́ка flux tube
~ Пра́ндтля Prandtl tube
~ Престо́на Preston tube
распо́рная ~ spacing [distance, stay] tube
расходоме́рная ~ flow tube
рентге́новская ~ X-ray tube
рентге́новская, микрофо́кусная ~ microfocus X-ray tube
рентге́новская ~ с ано́дом простре́льного ти́па through-target X-ray tube
рентге́новская, терапевти́ческая ~ therapeutical X-ray tube
силова́я ~ tube of force
~ стати́ческого давле́ния static-pressure tube
стеклоду́вная ~ blow-pipe
счётная ~ counter tube
счётная, самогася́щая ~ self-quenched counter tube
счётная ~ с вне́шним гаше́нием externally quenched counter tube
телевизио́нная, передающая ~ camera tube
телевизио́нная, передающая ~ с бе́гающим пятно́м flying spot tube
телевизио́нная, передающая ~ с фотосопротивле́нием photoconductive camera tube

тру́бк/а
телевизио́нная, приёмная ~ picture tube, kinescope
телевизио́нная, приёмная, трёхлучева́я ~ three-gun picture tube
телевизио́нная, приёмная, трёхпроже́кторная ~ three-gun picture tube
телевизио́нная, приёмная, трёхцве́тная ~ tricolour picture tube
телефо́нная ~ handset
~ то́ка 1. *аргд.* fluid [flux, stream] tube **2.** *эл.* tube of current
~ у́ровня bubble (level) tube, bubble level vial
ускори́тельная ~ (*генератора нейтронов*) accelerating tube
электроннолучева́я ~ [ЭЛТ] (cathode-ray) tube, CRT
электроннолучева́я, запомина́ющая ~ (cathode-ray) storage tube
электроннолучева́я, запомина́ющая, полуто́новая ~ half-tone storage tube
электроннолучева́я, запомина́ющая ~ прямо́го ви́дения display storage tube
электроннолучева́я, запомина́ющая с барье́рной се́ткой barrier-grid storage tube
электроннолучева́я, запомина́ющая ~ с отклоне́нием луча́ deflection(-type) storage tube
электроннолучева́я, запомина́ющая ~ с хране́нием заря́да charge storage tube
электроннолучева́я, зна́ковая ~ character display cathode-ray tube
электроннолучева́я, коди́рующая ~ cathode-ray tube [CRT] (en)coder
электроннолучева́я, многопроже́кторная ~ multigun cathode-ray tube
электроннолучева́я, ра́стровая ~ raster scope
электроннолучева́я ~ с волоко́нной о́птикой fibre-optics cathode-ray tube
электроннолучева́я ~ с пло́ским экра́ном flat-faced cathode-ray tube
электроннолучева́я ~ с темново́й за́писью dark-trace cathode-ray tube, skiatron
трубоги́б *м.* pipe [tube] bender
трубодержа́тель *м.* pipe support, tube holder
труболо́вка *ж.* pipe [tube] grab, pipe [tubing] catcher
трубоочисти́тель *м.* pipe [tube] cleaner
трубопрово́д *м.* pipe-line □ **забива́ть [засоря́ть] ~** clog a pipe-line; **заглуша́ть ~** blank off a pipe-line; **присыпа́ть ~** (*при укладке в землю*) pad the pipe-line (*when laying into ground*)
балла́стный ~ *мор.* ballast (pipe-) -line
впускно́й ~ intake pipe-line, intake manifold
вса́сывающий ~ suction pipe-line

трубопрово́д
выпускно́й ~ outlet [discharge] manifold
~ **высо́кого давле́ния** high-pressure pipe-line
выхлопно́й ~ exhaust [discharge] pipe-line
~ **горя́чего во́здуха** hot-air pipe-line, hot-air main, hot-air duct
грузово́й ~ cargo (pipe-)line
дрена́жный ~ drainage pipe-line
закла́дочный ~ stowing [stowage] pipe-line
зачистно́й ~ stripping (pipe-)line
ка́бельный ~ cable conduit, cable duct
напо́рный ~ pressure piping, pressure [head] conduit, pressure pipe-line
~ **непреры́вной проду́вки** continuous blow-down pipe-line
~ **ни́зкого давле́ния** low-pressure pipe-line
перепускно́й ~ crossover pipe-line; by-pass
пита́тельный ~ feed pipe-line
подводя́щий ~ supply [feed] pipe-line
~ **подпи́тки** make-up pipe-line
проду́вочный ~ blow-off line
промывно́й ~ wash [flushing] pipe-line
противопожа́рный ~ fire main, fire pipe-line
сифо́нный ~ siphon piping
спускно́й ~ drainage pipe-line
~ **техни́ческой воды́** utility water pipe-line
технологи́ческий ~ industrial [process] pipe-line
тра́нспортный ~ transmission pipe-line
трубопрока́тка *ж.* pipe [tube] rolling
трубораспшири́тель *м.* pipe [tube] expander
труборе́з *м.* pipe [tube] cutter
трубоукла́дчик *м.* pipe-layer, pipe laying machine
трубча́тка *ж.* (*трубчатый перегонный аппарат*) pipe still
трубшта́г *м. мор.* funnel shroud, funnel stay
трудоёмкий *прил.* labour-consuming
трудоёмкость *ж.* labour input, labour content, working hours
~ **по́иска неиспра́вности** working hours of failure shooting
~ **профила́ктики** working hours of preventive maintenance
~ **устране́ния неиспра́вности** working hours of repair
трюм *м.* hold
грузово́й ~ cargo hold
охлажда́емый ~ refrigerated hold
тря́пка *ж.* rag
~, **не оставля́ющая во́рса** lint-free rag
тря́ска *ж.* shaking, jolting
уда́рная ~ jarring
трясти́ *гл.* shake, jolt, jar

ту́бус *м.* tube
~ **микроско́па** drawtube
~ **объекти́ва** lens barrel
перехо́дный ~ *кфт.* sleeve mount
~ **радиолокацио́нного индика́тора** viewing hood
фокуси́рующий ~ *кфт.* focusing barrel
тугопла́вкий *прил.* refractory, high-melting
тугопла́вкость *ж.* refractoriness
ту́ер *м.* chain tug, chain vessel
ту́з(ик) *м.* two-oar dinghy, scull(er)
тузлу́к *м.* salt brine
тузлукова́ние *с.* brining
тузлукова́ть *гл.* salt by steeping in brine, brine
тук *м.* (solid) mineral fertilizer
тукодроби́лка *ж.* fertilizer disintegrator, fertilizer crusher, fertilizer grinder
тукомеша́лка *ж.* fertilizer mixer
тукопрово́д *м.* fertilizer (drill) tube
тукоразбра́сыватель *м.* fertilizer spreader
ту́лий *м.* thulium, Tm
тума́н *м.* fog □ **засе́ивать** ~, ***напр.* криста́ллами льда** seed fog with, *e.g.*, dry ice pellets; **рассе́ивать** ~ disperse fog; ~ **сгуща́ется** the fog thickens
иску́сственный ~ artificial fog
тума́нность 1. fogginess **2.** *астр.* nebula
туманообразова́тель *м.* fog generator
туманоулови́тель *м.* mist eliminator
ту́мба *м.*, **прича́льная** bollard
ту́мблер *м.* toggle switch
туннели́рование *с. элн.* tunnelling
~ **че́рез барье́р** barrier tunnelling
тунне́л/ь *м.* tunnel □ **производи́ть прохо́дку** ~**я** drive a tunnel; **проходи́ть** ~ drive a tunnel; **проходи́ть** ~ **щито́м** bore a tunnel
гидротехни́ческий ~ hydraulic tunnel
~ **гребно́го ва́ла** propeller shaft tunnel
железнодоро́жный ~ railroad tunnel
морози́льный ~ freezing tunnel
напо́рный ~ power conduit, penstock
охлажда́ющий ~ cooling tunnel
пешехо́дный ~ subway
прямото́чный ~ straight-through tunnel
тра́нспортный ~ vehicular traffic tunnel
шла́ковый ~ cinder tunnel
ту́пик *м. кож.* blunt knife
тупи́к *м.* line end
тупо́й *прил.* blunt
тура́чка *ж.* (*брашпиля*) *мор.* warping drum
турбидиме́тр *м.* turbidimeter
турбидиме́трия *ж.* turbidimetry
турби́на *ж.* turbine
акти́вная ~ impulse turbine

турби́на
акти́вно-реакти́вная ~ impulse-reaction turbine
водяна́я ~ water turbine
га́зовая ~ gas turbine
гидравли́ческая ~ hydroturbine (*см. тж.* **гидротурби́на**)
гла́вная ~ *мор.* main [propulsion] turbine
~ **за́днего хо́да** *мор.* astern [reverse] turbine
ковшо́вая ~ Pelton turbine
конденсацио́нная ~ condensing turbine
ло́пастно-регули́руемая ~ adjustable propeller blade turbine
многоко́рпусная ~ multi-cylinder [multi-casing] turbine
многоступе́нчатая ~ multi-stage turbine
осева́я ~ axial-flow turbine
парова́я ~ steam turbine
парова́я ~ **Кина́ст** reentry [repeated-flow] (steam) turbine
парова́я ~ **с дро́ссельным парораспределе́нием** throttling (steam) turbine
~ **Пе́лтона** Pelton turbine
~ **пере́днего хо́да** *мор.* ahead turbine
поворо́тно-ло́пастная ~ Kaplan turbine
предвключённая ~ topping [superposed] turbine
пропе́ллерная ~ propeller-type wheel turbine
радиа́льная ~ radial-flow turbine
радиа́льно-осева́я ~ Francis turbine
реакти́вная ~ reaction turbine
~ **со́бственных нужд** house turbine
~ **с противодавле́нием** back-pressure turbine
~ **с регули́руемым отбо́ром** extraction turbine
судова́я ~ marine turbine
теплофикацио́нная ~ extraction turbine
~ **То́мана** adjustable propeller blade turbine
~ **Фре́нсиса** Francis turbine
турбоагрега́т *м.* turbine-driven [turbo-generator] set
турбобу́р *м.* turbo-drill
турбовентиля́тор *м.* turbo-fan
турбово́з *м.* turbo-locomotive
турбовозбуди́тель *м.* turbo-exciter
турбовоздуходу́вка *ж.* air turbo-blower
турбогенера́тор *м.* turbine(-driven) generator, turbo-generator
турбодета́ндер *м.* turbo-expander
турбокомпре́ссор *м.* turbo-compressor; (*газотурбинного двигателя*) gas generator, gas producer; (*поршневого двигателя*) turbo-supercharger
турбонагнета́тель *м.* turbo-supercharger
турбонадду́в *м.* turbo-supercharging
турбонасо́с *м.* turbo-pump

турбостроéние *с.* turbine manufacture
турбостроúтель *м.* turbine builder
турбосушúлка *ж.* turbo-drier
турбоустанóвка *ж.* turbine plant
турбохóд *м.* turbo-vessel
турбохолодúльник *м.* cooling turbine
турбоэлектрохóд *м.* turbo-electric ship, turbo-electric vessel
турбулéнтность *ж.* turbulence
турбулéнтный *прил.* turbulent
турбулизáтор *м.* vortex generator, turbolator, swirl vane, turbulence stimulator
турбулизáция *ж.* turbulization
турбулизúровать *гл.* create turbulence
турéль *ж.*:
  ~ объектúва *кфт.* lens turret assembly
  трёхобъектúвная ~ three-lens turret assembly
турникéт *м.* turnstile
тускнéть *гл.* become dim, become dull, tarnish
тутовóдство *с.* mulberry growing
туф *м.* tuf, tufa
туфобетóн *м.* tuffcrete
тýхнуть *гл.* 1. (*портиться*) putrefy, get spoiled 2. (*гаснуть*) go out
тýш/а *ж.* carcass
тушéние *с.* 1. (*огня*) fire suppression, fire fighting 2. (*кокса*) quenching
тушúть *гл.* 1. (*огонь*) extinguish, put out 2. (*свет*) turn off (light) 3. (*кокс*) quench
тушь *ж.* India(n) [China, Chinese] ink
  чертёжная ~ drawing [drafting] ink
тысяч/а *ж.* thousand □ **на ~у** per mil
тычóк *м.* (*в кладке*) *стр.* header, binder, bonder
тэ́та *ж.* theta, θ
тэ́та-пинч *м.* *элн.* theta-pinch
тэ́та-фýнкция *ж.* theta function
ТЭЦ [**теплоэлектроцентрáль**] thermoelectric [power-and-heating, heat electric generation] plant
тю́бик *м.* collapsible tube
тю́бинг *м.* tubbing
тюк *м.* bale □ **упакóвывать в ~ú** bale
тюковáние *с.* baling
тюковáть *гл.* bale
тюкометáтель *м.* bale ejector
тюкопогрýзчик *м.* bale loader
тюкоподъёмник *м.* bale lifter
тюкоуклáдчик *м.* bale stacker
тю́лька *ж.*, **шпáльная** sleeper block
тюфя́к *м.* mattress, mat
тя́г/а *ж.* 1. (*соединительный элемент рычажной системы*) tie(-rod), link 2. (*в топочных и вентиляционных устройствах*) *англ.* draught; *амер.* draft □ **опрокúдывать ~у** invert the draught; **побуждáть ~у** induce [force] the draught 3. (*сила, передаваемая движителю*) propulsion; (*для наземного транспорта*) traction; (*для воздушного транспорта*) thrust □ **развивáть ~у в ... кг** deliver a thrust of ... kg
тя́г/а
  аккумуля́торная ~ battery traction
  буксúрная ~ tow-rod, tow-bar
  вéрхняя ~ *с.-х.* (*рыхлительного оборудования*) upper arm
  взлётная ~ take-off thrust
  ~ вóздуха air draught
  ~ воздýшного винтá propeller thrust
  восходя́щая ~ up(ward) draught
  гужевáя ~ cart traction
  естéственная ~ natural draught
  искýсственная ~ forced [induced] draught
  канáтная ~ rope haulage
  кóнная ~ horse traction
  ~ несýщего винтá (*вертолёта*) rotor thrust
  нúжняя ~ *с.-х.* (*рыхлительного оборудования*) lower arm
  обрáтная ~ reverse thrust
  паровáя ~ steam traction
  паровóзная ~ steam locomotive traction
  пóлная ~ full [total] thrust
  приведённая ~ standard thrust
  принудúтельная ~ forced [induced] draught
  располагáемая ~ available thrust
  реактúвная ~ jet thrust; jet propulsion
  реверсúвная ~ reverse(d) thrust, retrothrust
  ~ руля́ высоты́ *ав.* elevator control
  ~ руля́ поворóта *ав.* rudder control
  тепловóзная ~ diesel locomotive operation, diesel locomotive traction
  теплоэлектрúческая ~ diesel-electric traction
  трáкторная ~ tractor traction
  удéльная ~ specific thrust, specific impulse
  электрúческая ~ electric traction
тягáч *м.* truck tractor, prime mover
  аварúйный ~ break-down [wreck] tractor
  аккумуля́торный ~ battery-powered tractor
  буксúрный ~ tow tractor
  дúзельный ~ diesel(-engined) tractor
  контéйнерный ~ (*для тележек*) container tractor
тяговооружённость *ж.* thrust-to-weight ratio
тягомéр *м.* draught gauge; draught meter
  дифференциáльный ~ differential draught meter
  колокóльный ~ bell-type draught meter
тяготéние *с.* gravitation, gravity
  равномéрное ~ *тлф.* uniform gravitation
тяготéть *гл.* gravitate
тягýчесть *ж.* tenacity, toughness
тяж *м.* (tension) bar
  сцепнóй ~ drag bar
тя́жесть *ж.* weight, gravity
  абсолю́тная ~ absolute gravity
  относúтельная ~ relative gravity
тя́жка *ж.* *кож.* staking
тянýть *гл.* draw, stretch; pull, haul
тя́пка *ж.* (*мотыга*) hoe; (*секач*) chopper, cleaver

У

уáйт-спирúт *м.* white spirit
убегáние *с.* *элн.* runaway
  теплово́е ~ thermal runaway
  ~ тóка current runaway
  ~ электрóнов runaway of electrons
убедúться *гл.* □ **~ в том, что ...** check to see that ..., determine that ..., make sure that ..., examine to make sure that ...; satisfy oneself that ... *примеры*: **чтóбы ~ в э́том, необходúмо ...** (*сделать то-то*) to see (that) this (is so), (*proceed so-and-so*), to be convinced of this, (*do this or that*); **пéред начáлом передáчи стáнция должнá ~ в том, что ...** before transmitting every station will satisfy itself that ...
убéжище *с.* shelter □ **укрывáться в ~** take shelter
убирáть *гл.* 1. (*чистить*) clean; (*приводить в порядок*) tidy 2. (*удалять*) remove, take away 3. (*вывозить, сваливать после удаления*) dispose of 4. (*шасси, закрылки и т. п.*) *ав.* retract 5. (*урожай*) harvest
убóй *м.* **скотá** 1. (*на месте*) butchering 2. (*на бойнях*) slaughter(ing)
убóрка *ж.* 1. (*чистка*) cleaning 2. (*удаление*) removal, taking-away 3. (*вывоз, сваливание, захоронение после удаления*) disposal 4. (*шасси, закрылков и т. п.*) *ав.* retraction
  ~ урожáя harvesting
  ~ урожáя, вы́борочная selective harvesting
  ~ урожáя, однофáзная direct [single-stage] harvesting
  ~ урожáя, раздéльная windrow [swath, two-phase, two-stage, subsequent pick-up] harvesting
убóрная *ж.* lavatory, water-closet, WC
убóрщик *м.* 1. caretaker; *амер.* janitor 2. (*сельскохозяйственная машина*) harvester
  самохóдный ~ self-propelled harvester
убывáни/е *с.* decrease □ **в поря́дке ~я** *мат.* in decreasing order, in the order of decreasing; (*о прогрессии*) in descending order
  наибóлее крутóе ~ greatest rate of decrease
  экспоненциáльное ~ *мат.* exponential decrease

убыва́ть *гл.* decrease, diminish, fall off □ **~ по зако́ну** $e^{(-Ax)}$ diminish as exp(—Ax)

у́быль *ж.* (*потери*) loss(es) □ **покрыва́ть [восполня́ть] ~** make up for loss(es); replenish
есте́ственная ~ natural loss(es)

убы́т/ок *м.* loss; (*превышение расхода над приходом*) deficit □ **в ~** at a loss; **возмеща́ть ~** make good [repair] a loss; **нести́ ~** bear a loss; **повле́чь (за собо́й) ~** entail a loss; **покрыва́ть ~** cover [meet] a loss; **приня́ть на себя́ ~** accept the loss; **с ~ком** at a loss *пример*: **продава́ть с ~ком** to sell at a loss; **терпе́ть ~ки** incur [suffer, sustain] losses

убы́точный *прил.* unprofitable

ува́ливаться *гл.* □ **~ под ве́тер** (*о судне*) fall off

ува́льчивость *ж.* (*судна*) slackness

ува́р *м.* cooking losses

УВД [**управле́ние возду́шным движе́нием**] air traffic control, ATC

уведомле́ни/е *с.* advice, notice □ **впредь до дальне́йшего ~я** until further notice; **при соотве́тствующем ~и** under due advice
заблаговре́менное ~ prior notice

уведомля́ть *гл.* advise, give notice □ **~ о ...** advise of ..., *пример*: **~ опера́тора об оконча́нии разгово́ра** *тлф.* advise the operator of the termination of a call

увеличе́ни/е *с.* 1. (*в числе, количестве*) increase □ **враща́ть ру́чку регулиро́вки** *или* **управле́ния в сто́рону ~я** advance a control *or* an adjustment; **~ вы́пуска проду́кции** an increase in output; **~ на,** *напр.* **5%** an increase of, *e.g.*, 5%, a 5% increase *пример*: **ожида́ется ~ вы́пуска проду́кции на 5%** an increase of 5% in output is expected, a 5% increase in output is expected 2. (*в силе, тяге, мощности и т. п.*) augmentation 3. (*линзы, объектива и т. п.*) magnification, magnifying power □ **~ в 5 крат** a magnification of 5 power [... of 5 diameters], a X5 [5X] magnification; **испо́льзуется объекти́в с ~ем 30ˣ** a lens with a magnification of 30 power [30 diameters] is used, a 30X (X30) lens is used 4. (*изображения при печати, проецировании*) enlargement 5. (*дискретное, на малую величину*) *мат., физ.* increment
~ ве́са gain in weight
лине́йное ~ *опт.* linear magnification
по́лное ~ (*микроскопа*) compound magnification
~ прода́жи [сбы́та] gain in sales
сумма́рное ~ overall magnification
~ тя́ги thrust augmentation
углово́е ~ *опт.* angular magnification

увеличе́ни/е
электро́нное ~ *тлв.* electron(ic) magnification

увели́чивать *гл.* 1. (*число, количество*) increase □ **~ во (сто́лько-то) раз** increase *so-many* times; increase *n*-fold; **~ вы́пуск проду́кции в 10 раз** increase output 10 times [ten-fold]; **~ на ...** increase by ...; **~ оборо́ты дви́гателя** *ав.* open up the engine 2. (*силу, тягу, мощность*) augment 3. (*о линзе, объективе и т. п.*) magnify □ **~ в 5 крат** give 5X magnification [a magnification of 5 diameters] 4. (*изображение при печати, проецировании*) enlarge 5. (*дискретно, на малую величину*) *мат., физ.* increment □ **~ содержи́мое счётчика, реги́стра и т. п. на оди́н, два и т. п.** *вчт.* increment the counter, register, *etc.* by one, two, *etc.*

увели́чива/ться *гл.* increase, grow □ **~ по ...** increase in *пример*: **сигна́л ~ется по частоте́** the signal increases in frequency

увеличи́тель *м.* enlarger (*см. тж.* **фотоувеличи́тель**)

уве́ренн/ый *прил.* 1. positive *пример*: **~ое сраба́тывание** positive action 2. consistent, reliable *пример*: **~ приём** *рад.* consistent [reliable] reception

увлажне́ние *с.* 1. (*увеличение содержания влаги*) humidification, humidifying 2. (*лёгкое смачивание*) moistening, damp(en)ing, wetting

увлажни́тель *м.* (*воздуха*) humidifier
стру́йный ~ jet-type humidifier
форсу́ночный ~ spray-type humidifier

увлажня́ть *гл.* 1. (*увеличивать содержание влаги*) humidify 2. (*смачивать*) moisten, damp(en), wet □ **~ тря́пку спи́ртом** moisten [dampen, wet] a rag with alcohol

увлека́ть *физ.* entrain, carry along

увлече́ние *с. физ.* entrainment

УВМ [**управля́ющая вычисли́тельная маши́на**] control computer

уво́д *м.*:
~ изображе́ния (*на экране*) *тлв.* image drift
~ колёс, боково́й *авто* wheel slipping
~ ло́пасти возду́шного винта́ propeller (blade) rake
~ о́си отве́рстия (*при сверлении*) drill run-off
~ самолёта (*при посадке под воздействием боковых нагрузок*) sideways deflection of an airplane
~ стре́лки измери́тельного прибо́ра drift of the pointer

увя́зывать *гл.* correlate (with), gear (to), tie in (with) □ **цехо́вые гра́фики должны́ ~ся с общезаводски́м** department schedules should be correlated with [geared to, tied in with] the master schedule

уга́р *м.* 1. *св.* burning loss; (*при плавке*) melting loss 2. *мн. текст.* waste

угаса́ние *с.* extinction

углево́д *м.* carbohydrate

углеводоро́д *м.* hydrocarbon
алицикли́ческий ~ alicyclic hydrocarbon
аромати́ческий ~ aromatic hydrocarbon
ацикли́ческий ~ acyclic hydrocarbon
насы́щенный ~ saturated hydrocarbon
ненасы́щенный ~ unsaturated hydrocarbon, olefine (hydrocarbon)
непреде́льный ~ unsaturated hydrocarbon, olefine (hydrocarbon)
преде́льный ~ saturated hydrocarbon

углево́з *м.* coal carrier

угледержа́тель *м.* arc-lamp carbon holder

угледроби́лка *ж.* coal crusher

углежже́ние *с.* charcoal-burning

углекислота́ *ж.* carbonic acid, carbon dioxide

углемо́йка *ж.* coal washer

углепода́тчик *м.*, **механи́ческий** stoker

углеро́д *м.* carbon, C
амо́рфный ~ amorphous carbon
~ графи́та graphitic carbon
графитизи́рованный ~ graphitized carbon
~ карби́да carbide carbon
несвя́занный ~ free carbon
радиоакти́вный ~ radiocarbon
свобо́дный ~ free carbon
свя́занный ~ fixed carbon
серни́стый ~ carbon bisulphide
четырёхбро́мистый ~ tetrabromomethane
четырёхио́дистый ~ tetraiodomethane
четырёхфто́ристый ~ tetrafluoromethane
четырёххло́ристый ~ carbon tetrachloride

углеродопла́сты *мн. м.* carbon-filled plastics

углесо́с *м.* coal pump

у́гли *мн. м.* (*угольные электроды для дуговых ламп*) carbons □ **меня́ть ~** renew the carbons

углов/о́й *прил.* angular *примеры*: **~ гра́дус** degree of arc; **~а́я мину́та** minute of arc

угломе́р *м.* 1. *маш.* protractor □ **~ измеря́ет углы́ дета́лей конта́ктным ме́тодом** a protractor tests the angle between two surfaces of a workpiece 2. *геод.* goniometer
комбини́рованный ~ combination set
но́ниусный ~ vernier protractor

углубле́ние *с.* 1. (*низкое место, впадина*) depression, hollow, valley

2. (*выемка в поверхности*) recess 3. (*русла реки, траншей и т. п.*) deepening

уго́дно *нареч.* □ **как ~** *мат.* arbitrarily, anyhow, as one pleases; **сколь ~ вели́к** however large

у́г/ол *м.* **1.** (*фигура, образованная двумя сторонами*) *мат.* angle □ **~ в, напр.** 65° an angle of, *e.g.*, 65°; **дели́ть ~ попола́м** bisect an angle; **~, заключённый ме́жду ...** the angle contained by ...; **образо́вывать ~** form an angle *пример*: **две сто́роны образу́ют ~** two sides form an angle; **образо́вывать ~ с ...** make an angle with ...; **~ опира́ется на хо́рду** the angle is subtended by the chord; **откла́дывать ~** lay off an angle; **поверну́ть(ся) на ~ ...** turn [rotate] through [by] an angle of ...; **под ~о́м ... гра́дусов к о́си** at an angle of ... degrees with an axis; **проводи́ть [стро́ить] ~, напр. по транспорти́ру** draw an angle, *e.g.*, with a protractor; **составля́ть ~** make an angle of ... with; **~ стя́гивается дуго́й** the angle is sustended by the arc 2. (*место пересечения двух предметов, двух сторон, стык двух стен и т. п.*) corner

апертýрный ~ angular aperture, aperture angle

~ ата́ки *аргд.* angle of attack, angle of incidence

~ ата́ки ди́сковой бороны́ *с.-х.* angle of harrow

~ ата́ки, докрити́ческий angle of incidence below stalling

~ ата́ки, закрити́ческий angle of incidence beyond stalling

~ ата́ки, крити́ческий angle of attack of maximum lift, angle of stall

брэ́гговский ~ Bragg angle

вале́нтный ~ valence angle

ве́кторный ~ vectorial angle

вертика́льный ~ vertical angle

~ взма́ха ло́пасти (*несущего винта*) *ав.* flapping angle

~ визи́рования angle of sight, angle of view

~ внедре́ния (*ковша экскаватора*) angle of dig (*of an excavator bucket*)

вне́шний ~ exterior angle

вну́тренний ~ interior angle

~ возмуще́ний *аргд.* Mach angle

вписанный ~ inscribed angle

~ враще́ния angle of rotation

вспомога́тельный ~ (*резца, в плане*) side cut angle

~ вхо́да entrance [inlet] angle

~ вхо́да ватерли́нии angle of entrance of a water-line

входя́щий ~ *геод.* reentering (reentrant) angle

~ вы́хода outlet [exit] angle

~ вы́хода ватерли́нии angle of run of the water-line

у́г/ол

~ вы́хода (волны́) angle of departure of a wave

~ галопи́рования (*наземного транспорта*) angle of pitch

геоцентри́ческий ~ geocentric(al) angle

гла́вный ~ (*резца, в плане*) plan approach angle

~ глисса́ды glide slope

~ голо́вки зу́ба (*конической шестерни*) addendum angle

~ давле́ния (*в зубчатом зацеплении*) pressure angle

двугра́нный ~ dihedron, dihedral angle

~ дели́тельного ко́нуса pitch cone angle

диастимометри́ческий ~ *геод.*, *опт.* deviating [stadia] wedge

дирекцио́нный ~ *карт.* direction [position] angle; grid azimuth, y-azimuth

~ диффере́нта *мор.* trim angle

~ диэлектри́ческих потéрь dielectric loss angle

дополни́тельный ~ (*дополняет до 90°*) complementary angle; (*дополняет до 180°*) supplementary angle; (*дополняет до 360°*) conjugate angle □ **~ AOB явля́ется дополни́тельным к ~лу́ BOC** angle AOB is the complement of angle BOC; **~ 35° явля́ется дополни́тельным к ~лу́ 55°** 35° is complementary to 55°, 55° is complementary to 35°

~ дре́йфа *мор.* drift [leeway] angle

~ есте́ственного отко́са angle [slope] of repose

за́дний ~ (*резца*) end-clearance angle; (*сверла*) lip-relief angle; (*рыхлителя*) heel clearance

за́дний, вспомога́тельный ~ end rake angle

за́дний, гла́вный ~ side rake angle

~ зажига́ния (*тиратрона*) firing angle

~ зазо́ра clearance angle

~ зака́та диагра́ммы стати́ческой усто́йчивости *мор.* angle of vanishing stability

~ закру́чивания twist [torsion] angle

~ заостре́ния зу́ба (*сверла*) lip [wedge] angle; (*пилы*) angle of tooth point

~ запа́здывания по фа́зе lag angle

~ засе́чки *геод.* angle of crossing, intersection angle

~ы́ зато́чки резца́ tool angles

~ захва́та (*валков*) *прок.* angle of bite; (*щековой дробилки*) nip angle

защи́тный ~ (*троса заземления ЛЭП*) shielding angle

~ зе́ва (*валков*) *прок.* angle of bite

у́г/ол

~ зре́ния angle of view

~ зубча́того зацепле́ния pressure angle

~ изги́ба bend angle

~ килева́тости *мор.* deadrise [rise-of-floor] angle

~ конверге́нции angle of convergence

~ ко́нусности taper [cone, included-cone] angle

координа́тный ~ quadrantal angle, quadrant

~ кре́на 1. *ав.* (*при развороте*) angle of bank; (*в прямолинейном полёте*) angle of roll **2.** *авто* roll [lean] angle **3.** *мор.* (*в статике*) heeling angle; (*в качке*) roll(ing) angle

~ кривизны́ angle of curvature

крити́ческий ~ critical angle

курсово́й ~ *нвг.* relative bearing

курсово́й ~ радиоста́нции [КУР] *нвг.* radio bearing

~ Ма́ха Mach angle

межплоскостно́й ~ (*кристалла*) interfacial angle

мёртвый ~ *авто* dead angle

~ ме́ста (angle of) elevation

~ ме́стности angle of site

~ наблюде́ния observation [viewing] angle

~ наиме́ньшего отклоне́ния (*призмы*) angle of minimum deflection

~ накло́на (*кривой, траектории и т. п.*) slope

~ накло́на винтово́й кана́вки (*сверла*) angle of flute helix

~ накло́на о́си обо́ймы щёткодержа́теля *эл.* contact bevel angle

~ накло́на судово́го тра́па angle of attack

~ накло́на траекто́рии полёта slope of the flight path □ **увели́чивать ~ накло́на траекто́рии полёта** steepen the slope of the flight path

на́крест лежа́щий ~ alternate angle

~ напластова́ния *горн.* bedding angle

направля́ющий ~ direction angle

~ напыле́ния (*между осью струи и покрываемой поверхностью*) spraying angle

~ насыще́ния (*дросселя с насыщением*) firing angle

~ но́жки зу́ба dedendum angle

~ обзо́ра angle of aspect, angle of view, angle of sight

~ обруше́ния *горн.* inbreak angle

~ обхва́та (*шкива ремнём*) angle of contact, wrapping angle

~ опереже́ния angle of lead, advance angle, angle of advance

о́стрый ~ acute angle

~ отки́дки ло́пасти (*гребного винта*) rake angle

~ отклоне́ния руля́ высоты́ elevator angle

~ отклоне́ния руля́ направле́ния rudder angle

у́г/ол
~ отклоне́ния элеро́на aileron angle
~ отко́са angle of slope, angle of repose
~ отсе́чки *элн. англ.* angle of (anode) current flow; *амер.* operating angle □ **~ отсе́чки составля́ет 90°** the angle of current flow [operating angle] is 180° (*Примечание. При переводе величина угла умножается на два.*)
~ отстава́ния angle of lag
~ паде́ния 1. (*света, волны и т. п.*) angle of incidence **2.** *горн.* pitch angle, angle of dip
пере́дний ~ (*резца*) rake
пло́ский ~ plane [flat] angle
~ поворо́та (*транспортного средства*) turning angle
~ поворо́та стрелы́ (*крана*) angle of swing of a boom
~ подъёма (*линии витка*) helix angle
~ по́лного вну́треннего отраже́ния critical angle for total reflection
~ по́лной поляриза́ции angle of polarization, Brewster angle
по́лный ~ (*360°*) perigon, round angle
~ положе́ния position angle, angle of situation, angle of site
поля́рный ~ (*в системе полярных координат*) vectorial angle
пополни́тельный ~ (*до 180°*) supplementary angle □ **~ ABC и ~ CBD явля́ются пополни́тельными** angle ABC and angle CBD are supplementary to each other; **~ AOC явля́ется пополни́тельным к ~лу́ BOC** angle AOC is the supplement of angle BOC; **~ в 135° явля́ется пополни́тельным для ~ла́ 45°** 135° is supplementary to 45°, 45° is supplementary to 135°
~ поса́дки (*рессоры*) seat angle
~ посту́пи (*гребного винта*) advance angle
~ пота́птывания (*наземного транспорта*) angle of roll
~ поте́рь *эл.* loss angle
~ поте́рь диэле́ктрика dielectric loss angle
преде́льный ~ *опт.* critical angle
~ приведе́ния related [reference] angle
~ при верши́не apex [apical, vertex] angle
~ при верши́не в пла́не (*резца*) nose angle
~ привя́зки *геод.* angle of connection
~ при́змы, отклоня́ющий angle of a prism, prism angle
прилежа́щий ~ adjacent angle
~ при обра́тной засе́чке *геод.* back [reciprocal] angle, back bearing
~ при основа́нии base angle
~ притека́ния *аргд.* flow incidence

у́г/ол
~ пролёта (*электрона*) transit angle
простра́нственный ~ solid angle
противолежа́щий ~ opposite angle
~ проходи́мости, за́дний *авто* angle of departure
~ проходи́мости, пере́дний *авто* angle of approach
прямо́й ~ (*90°*) right angle
путево́й ~ *нвг.* course
путево́й, за́данный ~ course set, course required, Co. Req.
путево́й, и́стинный ~ true course
путево́й, факти́ческий ~ *англ.* course made good
~ рабо́чего ко́нуса воло́ки drawing taper
~ разва́ла бло́ков included angle of cylinders
~ разва́ла бортов су́дна angle of flare
~ разва́ла кла́панов included angle of valves
~ разва́ла колёс angle of camber
развёрнутый ~ straight [flat] angle
~ разворо́та angle of turn
~ разде́лки кро́мок *св.* groove [bevel] angle
~ разно́са (*факела*) divergence angle
~ раскры́ва ЭЛТ bulb angle of a CRT
~ распыле́ния стру́й spray-cone angle
~ рассе́яния angle of deflection, scattering angle
~ рассогласова́ния *авт.* error angle
~ раство́ра анте́нны beamwidth of the antenna
~ раство́ра диагра́ммы напра́вленности анте́нны на у́ровне полови́нной мо́щности beamwidth at [between] half-power points
~ раство́ра ко́нуса opening of a cone
~ раство́ра пучка́ *элн.* beam angle
ра́стровый ~ *полигр.* screen angle
~ растру́ба angle of flare
~ расхожде́ния divergence angle
~ расхожде́ния электро́нного пучка́, полови́нный (*в ЭЛТ*) half-angle subtended by the beam
~ ре́зания (*резца*) cutting angle
~ ре́зания, за́дний relief angle, clearance
~ ре́зания, пере́дний hock angle
~ рыхле́ния *с.-х.* ripping angle
~ сближе́ния меридиа́нов angle of convergence, convergent [mapping, theta] angle
~ сва́ливания (*самолёта*) angle of stall
~ сви́вки кана́та lay angle of a rope
~ сдви́га фаз phase shift
~ скольже́ния (*по наклонной плоскости*) angle of slide; (*гребного винта*) slip angle
~ скольже́ния волны́ (*между падающим лучом и поверхностью*) grazing angle of a wave

у́г/ол
~ ско́са кро́мки bevel angle
сме́жный ~ adjacent angle □ **~ ABC явля́ется сме́жным (по отноше́нию) к ~лу́ CBD** angle ABC is adjacent to angle CBD
~ сно́са angle of drift
соотве́тственный ~ corresponding angle
сре́занный ~ (*дефект формы листа*) *прок.* cut angle
~ сры́ва пото́ка *аргд.* angle of stall
теле́сный ~ solid angle
тупо́й ~ obtuse angle
~ упрежде́ния lead angle
~ упрежде́ния сно́са *ав.* crab angle □ **устраня́ть ~ упрежде́ния сно́са** decrab, kick off drift
~ устано́вки, нивелиро́вочный (*крыла, хвостового оперения и т. п.*) *англ.* rigging angle of incidence; *амер.* incidence
фа́зовый ~ phase angle
центра́льный ~ central angle
часово́й ~ *астр.* hour angle
ша́говый ~ (*гребного винта*) pitch angle
~ы Э́йлера Eulerian angles
экваториа́льный ~ equator angle
уголо́к *м.* **1.** (*металлический прокатный или прессованный профиль*) angle **2.** (*деталь*) angle piece **3.** *полигр.* galley
гну́тый ~ roll-formed angle
~ жёсткости stiffening angle
за́гнутый ~ *прок.* turned-in angle
крепя́щий ~ fastening angle
монта́жный ~ seat angle
неравнобо́кий ~ unequal angle
окаймля́ющий ~ curb angle
равнобо́кий ~ equal angle
фаце́тный ~ *полигр.* patent base, patent block
~ фюзеля́жа, ко́нтурный fuselage finishing angle
у́г/оль *м.* **1.** (*топливо*) coal □ **~ вы́ветривается** the coal slacks, the coal is (readily) affected by weathering; **добыва́ть ~** work [mine] coal; **дроби́ть ~** crush coal; **коксова́ть ~** carbonize coal; **нава́ливать ~** load coal; **обогаща́ть ~** clean [wash] coal; **ота́пливать ~лём** fire with coal; **отбива́ть ~** break coal; **подруба́ть ~** cut coal; **рабо́тать на ~ле** burn coal; **сжига́ть ~** burn coal; **сортирова́ть ~** grade [size] coal; **~ спека́ется** coal bakes [cakes] **2.** (*материал*) carbon
акти́вный ~ activated [active] carbon
беспла́менный ~ blind coal
бу́рый ~ brown coal, lignite
га́зовый ~ gas [fiery] coal
длиннопла́менный ~ candle [long-flame] coal
древе́сный ~ charcoal
жи́рный ~ fat [rich] coal

ýг/оль
ископáемый ~ fossil coal
кáменный ~ (*часто, но неточно, любой ископаемый уголь*) coal; (*в точном словоупотреблении — уголь средней степени метаморфизма*) bituminous coal
коксýющийся ~ coking coal
короткоплáменный ~ short-flame coal
костянóй ~ bone char
кузнéчный ~ forge coal
кусковóй ~ lump coal
некоксýющийся ~ noncoking coal
необогащённый ~ raw coal
неспекáющийся ~ free-burning [nonbaking, noncaking] coal
обесцвéчивающий ~ decolourizing carbon
обогащённый ~ cleaned coal
пылевúдный ~ pulverized coal
ретóртный ~ retort carbon
рядовóй ~ run-of-mine coal
~ с высóким содержáнием золы́ high-ash coal
~ с высóким содержáнием летýчих high-volatile coal
~ с нúзким содержáнием летýчих low-volatile coal
спекáющийся ~ baking [caking] coal
тóщий ~ lean coal
электрóдный ~ electrode carbon
энергетúческий ~ power-generating [steaming] coal

угóльник *м.* 1. (*чертёжный инструмент*) triangle □ **перемещáть [передвигáть] ~ по рейсшúне** slip a triangle on a T-square; **приклáдывать ~ к рейсшúне** set [hold] a triangle against a T-square 2. (*деталь*) angle piece 3. (*отвод трубы*) elbow
~ ватервéйса gutter [waterway] angle (bar)
обдéлочный ~ boundary angle (bar)
повéрочный ~ *маш.* try square
скуловóй ~ bilge [chine] angle (bar)
стрúнгерный ~ deck stringer angle (bar)

угóн *м.*:
~ путú displacement of a track
~ рéльса rail movement, rail creeping, sliding of a rail

удалéние *с.* 1. (*изъятие*) removal 2. (*расстояние*) distance
~ отхóдов waste disposal
~ препя́тствий clearance (of obstacles)

удалённый *прил.* 1. (*изъятый*) removed 2. (*на расстоянии*) distant, remote
бесконéчно ~ infinitely far (*from*), infinitely distant, (at) infinity

удаля́ть *гл.* (*изымать*) remove □ **~ жировóе пятнó** take off a grease spot; **~ из цúкла** *хим.* withdraw from the cycle

удáр *м.* 1. (*одного тела о другое, соударение*) impact, shock, impulsive force □ **выдéрживать ~** stand up to an impact; **противостоя́ть ~у** stand up to an impact; **смягчáть ~** cushion an impact 2. (*молотом, кулаком и т. п.*) blow, stroke □ **наносúть ~** deliver [strike] a blow 3. (*сильный толчок о что-л., напр. при наезде*) bump 4. (*стук*) knock
абсолю́тно неупрýгий ~ perfectly inelastic collision
абсолю́тно упрýгий ~ perfectly elastic collision
гидравлúческий ~ water hammer
гóрный ~ rock bump, rock burst
косóй ~ oblique impact; glancing collision
~ мóлнии lightning stroke
неупрýгий ~ inelastic collision
нецентрáльный ~ eccentric impact
прямóй ~ head-on [straight-line] impact
~ самолёта при посáдке the shock of an aircraft upon landing, landing impact
теповóй ~ heat [thermal] shock
упрýгий ~ elastic collision
центрáльный ~ central impact

удáрник *м.* (*напр. молотка*) striker
удвоéние *с.* doubling
удвóитель *м.* doubler
удержáние *с. см.* **удéрживание**
удéрживание *с.* 1. (*в замкнутом объёме, в каких-л. пределах*) confinement, containment 2. (*в памяти, системе и т. п.*) retention
~ плáзмы plasma containment, plasma confinement
~ плáзмы магнúтным пóлем magnetic confinement

удéрживать *гл.* 1. (*в замкнутом объёме, в каких-л. пределах*) confine, contain □ **~ на ýровне 10 м** keep [hold] down to about 10 m; **~ от проворáчивания** (*при затяжке гаек*) grip parts (*when the nuts are turned tight*) 2. (*в памяти, системе и т. п.*) retain 3. (*ограничивать*) restrain

УДК [**универсáльная десятúчная классификáция**] UDC, universal decimal classification

удлинéние *с.* elongation; extension
абсолю́тное ~ absolute elongation
относúтельное ~ elongation
относúтельное ~ в процéнтах percent(age) elongation
относúтельное ~ крылá *ав.* aspect ratio of the wing
относúтельное ~ фюзеля́жа *ав.* fineness ratio of the fuselage
~ при разры́ве elongation at rupture
удéльное ~ elongation per unit length
~ цéпи *хим.* elongation of the chain

удлинúтель *м.* 1. extension (piece) 2. (*электрический шнур*) extension cord 3. *свз.* pad, attenuator, attenuation network

удлинúтель
~ чертёжного цúркуля lengthening bar

удлиня́ть *гл.* elongate; (*наращивать длину*) lengthen; extend
удлиня́ться *гл.* elongate, lengthen; (*растягиваться*) stretch □ **~ на ... процéнтов** elongate ... per cent
удобообрабáтываемость *ж.* workability
удобообтекáемый *прил.* (correctly) streamlined, well-streamlined
удобочитáемость *ж.* readability, legibility
удобочитáемый *прил.* readable, legible

удобрéни/е *с.* 1. (*органическое*) manure; (*минеральное*) fertilizer 2. (*внесение удобрения*) fertilization, use of fertilizer □ **вносúть ~** apply a fertilizer; **~ слёживается** the fertilizer cakes; **смéшивать ~я** blend fertilizers; **усвáивать ~** (*о растениях*) appropriate [assimilate] a fertilizer
азóтное ~ nitrogen fertilizer
бактериáльное ~ bacterial fertilizer
гранулúрованное ~ granular fertilizer
жúдкое ~ liquid fertilizer
зелёное ~ green manure
калúйное ~ potash fertilizer
кóмплексное ~ combined [compound] fertilizer
кóстное ~ bone fertilizer
минерáльное ~ mineral fertilizer
органúческое ~ organic fertilizer
порошкообрáзное ~ pulverized fertilizer
приллúрованное ~ prilled fertilizer
промы́шленное ~ processed fertilizer
слóжное ~ complex fertilizer
смéшанное ~ mixed fertilizer
суспензиóнное ~ suspension fertilizer
усвоя́емое ~ (*в усвояемом виде*) fertilizer in available form
фóсфорное ~ phosphate fertilizer

удобря́ть *гл.* fertilize, apply a fertilizer

удóбств/о *с.* (*использования, обслуживания и т. п.*) convenience; (*комфорт*) comfort; (*лёгкость*) ease □ **~ в обращéнии** ease of handling; **в цéлях ~а** for convenience
~ управлéния ease of control

удовлетворя́ть *гл.* (*уравнению*) satisfy; (*условию*) fulfil □ **~ тождéственно** satisfy identically; **~ трéбованиям** fulfil [comply with, satisfy] requirements

удостоверéние *с.* certificate
квалификациóнное ~ certificate of competence

удостоверя́/ть *гл.* certify □ **настоя́щим ~ется, что ...** this is to cer-

tify that ...; ~ подлинность authenticate; ~ подлинность подписи authenticate a signature
удостоверяться *гл.* (*убеждаться в чём-л.*) check to see (that ...), determine (that ...), (examine to) make sure (that ...)
ужимина *ж.* (*дефект чугунной отливки*) expansion scab
узел *м.* 1. *маш.* unit, assembly 2. *мор.* knot 3. *физ.* node, nodal point
~ **волны** node [nodal point] of a wave
железнодорожный ~ railway [branching] junction
кислородоподающий ~ (*респиратора*) feed-gear
~ **колебания** node of an oscillation
коммутационный ~ *тлф., тлг.* switching centre, switching point, (*иногда*) exchange □ **коммутационный ~ имеет полное соединение** a switching centre is fully interconnected; **коммутационный ~ имеет соединение от каждого к каждому** a switching centre is interconnected from each one to each other
коммутационный, транзитный ~ tandem switching point
~ **контроля** (*карточного перфоратора*) check station
~ **крепления** attachment point, attach [attachment] fitting, mounting attachment, joint
~ **кристаллической решётки** point [site] of the lattice
~ **кристаллической решётки, незаполненный** vacant lattice site
морской ~ (*способ завязывания каната*) knot
~ **нагрузки** (*чаще в теоретическом плане*) load node; (*в реальном смысле*) load centre
~ **перфорации** (*карточного перфоратора*) punch(ing) station
печатный ~ (*печатная плата с подсоединёнными элементами*) printed board assembly
полосковый ~ (*на полосковых линиях передачи СВЧ энергии*) strip line junction
~ **расходящихся действий** (*в сетевом планировании*) backward node
сборочный ~ (sub)assembly
сварной ~ weldment, welded assembly
~ **связи** communication(s) centre
~ **структурной схемы системы регулирования** (data) take-off point
~ **сходящихся действий** (*в сетевом планировании*) forward node
~ **считывания** (*напр. устройства чтения перфокарт*) read(ing) station
унифицированный ~ (*по конструкции или функциональной схеме*) building block

узел
шарнирный ~ hinged joint
~ **электрической цепи** node of an electric circuit
узкость *м. мор.* narrow water(s)
узлоловитель *м. текст.* knot catcher
узор *м.* pattern
дифракционный ~ fringe pattern
интерференционный ~ interference pattern
морозный ~ flowers
муаровый ~ moiré pattern
сетчатый ~ reticulation
узость *ж.* narrowness
указани/е *с.* (*инструкция*) direction(s), instructions; (*замечание практического характера*) hint, suggestion □ **впредь до (особых) ~й** until (further) advised; **выполнять ~я** follow the directions *пример*: **рабочий не выполнил точно всех данных ему ~й** the worker did not follow precisely the directions; **нарушать ~я** violate directions [instructions]; **~я по** (*уходу, применению и т. п.*) directions for (*care, use, etc.*); **получать ~я от ...** be advised by ...; **следовать ~ю** follow [observe, obey] directions [instructions]; ... **согласно ~ям** as directed, as prescribed by instructions, in compliance with instructions
~ **мер безопасности** safety precautions
указатель *м.* 1. indicator 2. *вчт.* pointer
~ **авиагоризонта** attitude indicator
~ **(бокового) скольжения** *ав.* sideslip indicator
~ **вертикальной скорости** (*вариометр*) altitude-rate indicator
~ **вертикальной скорости подъёма** rate-of-climb indicator
~ **вертикальной скорости снижения** rate-of-descent indicator
~ **включения ближнего света** *авто* low-beam indicator
~ **включения дальнего света** *авто* high-beam indicator
~ **вызовов** *тлф.* call indicator
~ **высоты в кабине** cabine altitude indicator
~ **выхода предохранителя из строя** *эл.* blown fuse indicator
~ **геометрической высоты** *ав.* height indicator
~ **глубины** *горн.* depth indicator
~ **давления** pressure gauge, pressure indicator
дистанционный ~ remote indicator
дорожный ~ road sign □ **выставлять дорожный** ~ post a road sign, mark a road
~ **заглубления** *с.-х.* depth indicator
~ **качества рабочей [топливной] смеси** *ав.* fuel-mixture indicator
~ **курса** *ав.* directional [heading] indicator

указатель
~ **курса и курсового угла, совмещённый** *ав.* radio magnetic heading indicator
~ **места** *ав.* position indicator
~ **места при штилевой прокладке** *ав.* air position indicator
~ **направления полёта относительно радиомаяка** to-from indicator
~ **направления посадки** landing-direction indicator
~ **отклонения от заданной линии пути** *ав.* flight-path deviation indicator
~ **перегрузки** g-load indicator
~ **переполнения** overflow indicator
~ **поворота и скольжения** *ав.* turn-and-slip indicator
~ **поворота, световой** *авто* illuminated direction indicator, illuminated trafficator
~ **положения рулей** *ав.* (control) surface (position) indicator
~ **сочленения** (*электрического соединения*) engagement indicator
~ **уровня засыпи** (*в доменной печи*) stock(-line) indicator
~ **числа М** *ав.* Mach(-number) indicator
~ **числа оборотов двигателя** engine rpm indicator
укатывать *гл.* roll; (*грунт*) compact (*soil*) by rolling
укладка *ж.* 1. (*прокладка, установка*) placement, laying, installation 2. (*упаковка*) 1. (*контейнер, оболочка*) (packing) case, (packing) bag 2. (*процесс*) packing
~ **бетона** concrete placement
~ **в кучу** piling, heaping
~ **в стопу** stacking
~ **в штабель** piling
~ **диапазона (частот)** (frequency) alignment, alignment for tracking
~ **кабеля** cable laying
~ **листов в стапель** *полигр.* stacking
~ **пути** *ж.-д.* track laying
~ **спичек** match filling
~ **труб** pipe laying, pipe installation
укладчик *м.*:
~ **асфальта** asphalt spreader
~ **бетона** concrete placer
~ **грузов на поддон** palletizer
~ **заготовок, слябов, листов *и т. п.*** billet, slab, plate, *etc.* piler
~ **пути** tracklayer
укладывать *гл.* 1. (*прокладывать, устанавливать*) lay, place, install □ ~ **бетон** place concrete; ~ **в валки** place in windrows; ~ **в стопу** stack; ~ **слоями** place in layers; ~ **трубы** lay [install] pipes 2. (*упаковывать*) pack
укладываться *гл.* (*упаковываться*) pack up □ ~ **в график** be on schedule, keep schedule; ~ **на длине L** (*о волнах*) be (present) along the

length L; ~ **на прямо́й** *мат.* fall on a straight line
укло́н *м.* grade, gradient, slope □ **преодолева́ть** ~ climb [negotiate] a grade; **преодолева́ть ~ в ... гра́дусов** take a grade [handle a slope] of ... degress; **смягча́ть** ~ ease the grade
~ **дрена́жной трубы́** fall of the drain
~ **кры́ши** slope [pitch] of the roof
~ **ле́стницы** slope of stairs
~ **моде́ли, лите́йный** pattern draft
обра́тный ~ adverse gradient
поло́гий ~ easy grade, easy gradient
~ **ре́жущей кро́мки** *мет.* shear (angle)
~ **труб** pitch of pipes
штампо́вочный ~ draft
уклоне́ние *с.* **1.** (*отклонение от заданной величины*) departure, deviation **2.** (*во избежание столкновения, удара, встречи с грозовым фронтом и т. п.*) avoidance, evasion
боково́е ~ *нвг.* cross-track deviation, cross-track error
уклономе́р *м.* inclinometer, declinator
гироскопи́ческий ~ gyrolevel
ма́ятниковый ~ pendulum clinometer
уклоноуказа́тель *м. ж.-д.* gradient board, gradient indicator
уклю́чина *ж.* oarlock, rowlock
уко́вка *ж.* reduction of area (in forging), forging reduction ratio
укомплекто́вывать *гл.* complete; (*людьми*) staff (with ...) (*см. тж.* **комплектова́ть**)
укора́чивание *с.* shortening
укора́чивать *гл.* shorten
укоро́чение *с.* shortening
уко́сина *ж.* jib
перекидна́я ~ reversible jib
переставна́я ~ adjustable jib
укрепле́ние *с.* reinforcement, strengthening
~ **бе́рега** bank consolidation
~ **фунда́мента** underpinning
укрепля́ть *гл.* reinforce, strengthen
укрупне́ние *с.* (*слияние*) *эк.* amalgamation, merger
~ **зерна́** *мет.* coarsening of the grain
укрупня́ться *гл.* **1.** (*о зёрнах металла*) coarsen **2.** (*о частицах*) stick together to produce larger particles
укрыва́ть *гл.* cover, protect, shelter □ ~ **от возде́йствия,** ***напр.*** **пого́дных усло́вий** shelter [protect] against exposure to, *e.g.*, the weather
укрыва́ться *гл.* take shelter
укры́вистость *ж.* (*краски или пигмента*) *стр.* hiding power
укры́вка *ж. с.-х.* covering(-in)
укры́вщик *м. с.-х.* coverer
~ **бурто́в** clamp coverer
укры́тие *с.* shelter, cover
радиопрозра́чное ~ *рлк.* radar dome, radome

уку́пориватель *м.* capper, capping machine
~ **для буты́лок** bottle capper
ула́вливание *с.* catching, collecting, trapping; (*с целью дальнейшего использования*) recovery, reclamation
~ **пы́ли** dust suppression, dust arresting
~ **электроли́та** solution recovery
ула́вливать *гл.* catch, collect, trap
улету́чивание *с.* volatilization
улету́чиваться *гл.* volatilize
ули́тка *ж.* (*компрессора, насоса*) scroll (casing), volute chamber
у́лица *ж.* street
стре́лочная ~ *ж.-д.* switch [deverging] tracks, ladder track
уло́в *м.* catch, haul □ **обраба́тывать** ~ prepare the catch; **перераба́тывать** ~ treat the catch
улови́тель *м.* catcher, collector, trap
улучша́ть(ся) *гл.* improve
улучше́ние *с.* **1.** improvement **2.** (*вид термообработки стали*) martempering
~ **коэффицие́нта мо́щности** power factor correction
~ **сходи́мости** *мат.* acceleration of convergence
ультрааку́стика *ж.* supersonics, ultrasonics
СВЧ ~ microwave ultrasonics
ультразву́к *м.* ultrasound, ultrasonics
ультралюминесце́нция *ж.* ultraluminescence
ультрамикроана́лиз *м.* ultramicroanalysis
ультрамикровесы́ *мн.* ultramicrobalance
ультрамикро́метр *м.* ultramicrometer
ультрамикроско́п *м.* ultramicroscope
ультрамикроскопи́я *ж.* ultramicroscopy
ультрафи́льтр *м.* ultrafilter
ультрафильтра́ция *ж.* ultrafiltration
ультрацентрифу́га *ж.* ultracentrifuge
у́мбра *ж.* umber
жжёная ~ burnt umber
уменьша́емое *с.* minuend
уменьша́ть *гл.* decrease, diminish, reduce □ ~ **вдво́е** halve, cut in half; ~ **в,** ***напр.*** **пять раз** reduce to, *e.g.*, one-fifth (*of its former value*), reduce by a factor of, *e.g.*, 5, reduce in (the) ratio, *e.g.*, 5; ~ **в четы́ре ра́за** quarter, reduce to one-fourth [one-quarter] of its original size
уменьша́ться *гл.* diminish, decrease, drop, fall, decline, reduce □ ~ **по зако́ну,** ***напр.*** $e^{(-Ax)}$ diminish as, *e.g.*, exp(—Ax)
уменьше́ни/е *с.* decrease, reduction □ **враща́ть ру́чку регулиро́вки** ***или*** **управле́ния в сто́рону ~я** retard a control *or* an adjustment
дро́бное ~ *полигр.* proportional reduction
~ **жёсткости спе́ктра** spectrum degradation

уменьше́ни/е
лине́йное ~ *полигр.* linear reduction
опти́ческое ~ reduction
~ **подви́жности** *мех.* immobilization
пропорциона́льное ~ scaling-down
~ **шу́ма** noise abatement
умножа́ть *гл.* multiply (by, into) □ ~ **все чле́ны уравне́ния на** ***како́е-л.*** **число́** ***или*** **коэффицие́нт** multiply an equation through by a factor *or* coefficient; ~ **сле́ва** premultiply, multiply from the left; ~ **спра́ва** postmultiply, multiply from the right
умноже́ние *с.* multiplication □ **реализова́ть ~ с примене́нием опера́ций сумми́рования и сдви́га** *вчт.* perform multiplication by the combined operations of addition and shifting
анало́говое ~ analog multiplication
вре́мя-и́мпульсное ~ *вчт.* time-division multiplication
втори́чно-электро́нное ~ secondary-emission multiplication
колле́кторное ~ collector multiplication
лави́нное ~ avalanche multiplication
логи́ческое ~ logical multiplication
~ **на обра́тную величину́** reciprocal multiplication
~ **на постоя́нный коэффицие́нт** multiplication by constant
~ **носи́телей заря́да** carrier multiplication
параметри́ческое ~ reactance multiplication
сокращённое ~ abridged [short (cut)] multiplication
~ **с хране́нием перено́са** stored carry multiplication
~ **частоты́** frequency multiplication
умно́житель *м.* multiplier
анало́говый ~ analog multiplier
вре́мя-и́мпульсный ~ time-division multiplier
двухквадра́нтный ~ two-quadrant multiplier
итерацио́нный ~ iterative multiplier
логарифми́ческий ~ logarithmic multiplier
~ **напряже́ния** voltage multiplier
одноквадра́нтный ~ one-quadrant multiplier
опти́ческий ~ optical multiplier
параметри́ческий ~ reactance multiplier
потенциометри́ческий ~ potentiometer multiplier
сдво́енный ~ paired multiplier
тензометри́ческий ~ strain-gauge multiplier
фотоэлектро́нный ~ photomultiplier tube, multiplier phototube
цифрово́й ~ digital multiplier
~ **частоты́** frequency multiplier

умнóжитель
четырёхквадрáнтный ~ four-quadrant multiplier
электроннолучевóй ~ electron-beam multiplier
электрóнный ~ electron multiplier
умолчáни/е *с. вчт.* default □ **по ~ю** by default
умoрéние *с. кож.* killing
барабáнное ~ drum killing
окýночное ~ dip killing
щёточное ~ brush killing
умфóрмер *м. эл.* dynamotor
паровóй ~ steam jet booster
умывáльник *м.* (*раковина*) hand-wash basin, hand-wash bowl
умягчáть (*воду*) *гл.* soften
умягчéние *с.* **воды́** water softening, removal of water hardness
~ воды́ едконáтровым мéтодом caustic soda softening
~ воды́ известкóво-сóдовым мéтодом raw-water softening by the lime-soda process, lime-soda water softening
~ воды́ катионúтовым мéтодом removal of hardness by cation exchange
~ воды́ реагéнтным мéтодом chemical softening of water, chemical treatment for removal of hardness
~ воды́ терми́ческим мéтодом water softening by thermal evaporation
умягчи́тель (*воды*) *м.* softener
унивалéнтность *ж.* univalence
универсáл *м.* (*тип кузова*) *авто* estate-car [station-wagon] body
универсáльный *прил.* universal
уникáльный *прил.* unique
унипoля́рный *прил.* unipolar
унисóн *м.* unison
унитáз *м.* water-closet pan, closet basin
унификáция *ж.* unification
унифици́рованный *прил.* 1. (*о терминологии*) consistent 2. (*о частях, узлах и т. п.*) unified
уничтожáть *гл.* 1. annihilate, destroy, exterminate; (*сносить*) demolish □ **~ иррационáльность в числи́теле** rationalize the denominator 2. (*нейтрализовать, компенсировать*) cancel (out) □ **~ся взаи́мно** (*о напряжениях, токах и т. п.*) cancel out, cancel one another [each other]; (*о лучах или волнах в явлениях интерференции*) interfere destructively
уничтожéние *с.* 1. annihilation; destruction, extermination 2. (*нейтрализация, компенсация, сокращение*) cancellation
унóс *м.* 1. (*увлечение частиц*) carry-over, entrainment; (*жидкости паром*) priming *пример*: **~ мéлочи в отходя́щих гáзах** carry-over of fines in the effluent gas stream 2. (*частицы золы и топлива*) fly ash

унóс
~ мáссы *аргд.* ablation
~ мáссы в крити́ческой тóчке *аргд.* stagnation ablation
упакóвка *ж.* 1. (*процесс*) packing, packaging 2. (*средство для защиты продукции от повреждений и потерь*) package
аркти́ческая ~ arctic package
~ áтомов, неплóтная loose packing of atoms
~ áтомов, плóтная close packing of atoms
~ в мешки́ sacking, bagging
~ в я́щики crating
морскáя ~ maritime package
~ с высóкой плóтностью (*деталей в электронных схемах*) high-density packaging
тропи́ческая ~ tropical package
~ штáбельного ти́па (*микромодулей*) cordwood packaging
~ этажéрочного ти́па (*микромодулей*) cordwood packaging
упакóвщик *м.* packer
упакóвывание *с.* packaging
упакóвывать *гл.* pack (up) □ **~ в ки́пы** bale; **~ в мешки́** bag, sack; **~ в тáрные я́щики** crate; **~ в тюки́** bale
упáривание *с.* evaporation, boiling down, concentration by boiling
~ дóсуха evaporation to dryness
упáривать *гл.* evaporate, boil down □ **~ дóсуха** evaporate to dryness
упёк *м.* baking loss
упеpизáтор *м.* (*аппарат для стерилизации молока инжекцией пара*) uperizer
упеpизáция *ж.* (*способ стерилизации молока*) uperization
уплотнéни/е *с.* (*устройство, предотвращающее или уменьшающее утечку*) packing, seal □ **предусмáтривать,** ***напр.*** **резúновое ~ по разъёму** have [provide], *e.g.*, a rubber seal around a joint
аксиáльное ~ axial seal
бессáльниковое ~ packless seal
вáкуумное ~ vacuum seal
вáкуумное, ножевóе ~ knife-edge vacuum seal
~ возврáтно-поступáтельного соединéния reciprocating motion connection seal
воздухонепроницáемое ~ air-tight seal
вóйлочное ~ felt(-ring) seal, felt packing
~ вращáтельного соединéния rotary seal
~ вращáющегося контáкта rotary seal □ **~ вращáющегося контáкта изготáвливается в ви́де проклáдки, плóтно прилегáющей к вáлу** a rotary seal is a gasket made to be a tight fit on the shaft
герметúчное ~ tight seal
гидравли́ческое ~ hydraulic [water] seal

уплотнéни/е
готóвое ~ (*не требующее дополнительной обработки при монтаже*) finishing seal
~ грýнтов soil compaction, soil consolidation
~ грýнтов каткáми soil compaction by rolling
гýбчатое ~ foam seal
защи́тное ~ protecting seal
~ канáлов, временнóе *свз.* time division multiplex, TDM
~ канáлов, частóтное *свз.* frequency division multiplex, FDM
~ колебáтельного соединéния oscillating motion connection seal
кольцевóе ~ O-ring seal
кóнусное ~ taper(ed)-surface [wedge-type] seal
лабири́нтное ~ labyrinth packing, labyrinth (seal) (*см. тж.* **лабиринт**)
~ ли́нии свя́зи multi-channel operation; (*при временнóм или частотном разделении*) multiplex(ing), multiplex working □ **аппаратýра предназнáчена для ~я ли́нии свя́зи,** ***напр.*** **тремя́ телефóнными канáлами** the apparatus is designed to derive three telephone circuits from a communication line; **рабóтать без ~я ли́нии свя́зи** operate on a clear-channel [clear-frequency] basis; **рабóтать с ~ем ли́нии свя́зи** operate on a multi-channel basis
~ ли́нии свя́зи, асинхрóнное *англ.* asynchronous multi-channel operation; *амер.* asynchronous multiplex
~ ли́нии свя́зи, временнóе *англ.* multi-channel operation on a time-division basis; *амер.* time-division multiplex, TDM
~ ли́нии свя́зи, втори́чное use of a carrier telephone system for non-telephonic services (*telegraph, facsimile, etc.*)
~ ли́нии свя́зи по мéтоду временнóго разделéния сигнáлов *англ.* multi-channel operation on a time-division basis; *амер.* time-division multiplex, TDM
~ ли́нии свя́зи по мéтоду уравновéшенного мостá 1. (*с использованием несимметричной искусственной цепи*) simplexed [half-phantom, earthed-phantom] working 2. (*с использованием симметричной искусственной цепи*) phantom-circuit working
~ ли́нии свя́зи по мéтоду частóтного разделéния сигнáлов *англ.* multi-channel operation on a frequency-division basis; *амер.* frequency-division multiplex, FDM
~ ли́нии свя́зи, частóтное *англ.* multi-channel operation on a frequency-division basis; *амер.* frequency-division multiplex, FDM
мембрáнное ~ diaphragm (seal)
~ неподви́жных соединéний static connection seal

уплотне́ни/е
ножево́е ~ featheredge seal
пло́ское ~ (*напр. в клапанах*) plain-[flat-]surface seal
~ подви́жных соедине́ний dynamic connection seal
радиа́льное ~ radial seal
рези́новое ~ rubber seal, rubber packing
са́льниковое ~ stuffing box [gland] seal
~ телевизио́нного спе́ктра (*в цветном телевидении*) (colour-signal) band sharing
упру́гое ~ elastic seal
фла́нцевое ~ flange packing
часто́тное ~ (*спектра телевизионного сигнала*) frequency interleaving, trequency interlace
уплотни́тель *м.* 1. (*грунта*) compactor 2. (*для дверей, окон*) weather strip
уплотня́/ть *гл.* 1. pack, seal □ **кры́шка ~ется рези́новым кольцевы́м про́филем** the cover, when closed, seals on a moulded rubber ring; **~** (*напр. дверь*) **по периметру** seal (hermetically) around the edges 2. (*грунт*) compact, consolidate 3. (*линию связи*) operate (a communication line) on a multi-channel basis; *англ.* use a line for multi-channel [multiplex] operation [working]; *амер.* apply multiplex equipment to a line □ **~ ли́нию свя́зи втори́чно** derive a (non-telephonic) channel on a carrier telephone system; **~ радиокана́л други́ми ви́дами свя́зи** multiplex other facilities on (to) a radio channel; **~ телефо́нную ли́нию,** *напр.* **12-ю кана́лами в. ч. телеграфи́и** apply, *e.g.*, 12 channels of carrier telegraph to a telephone circuit; **~,** *напр.* **телефо́нный кана́л многокана́льной систе́мой телеграфи́рования** equipt a telephone channel with, *e.g.*, a multi-channel carrier telegraph system
уплотня́ться *гл.* (*слёживаться, напр. о сыпучих материалах*) pack, cake
уплоще́ние *с. мат.* flattening
упо́р *м.* stop, rest □ **до ~а** against the stop; as far as (it) will go
~ большо́го ша́га (*воздушного винта*) coarse-pitch stop
~ две́ри (*в автомобиле*) door hold-open rod
~ ди́ска номеронабира́теля *тлф.* finger stop
~ для ног (*в автомобиле*) foot rest
за́дний ~ back stop
концево́й ~ end stop
~ ма́лого ша́га (*воздушного винта*) fine-pitch stop
~ но́жниц *прок.* (shears) gauge
~ педа́ли pedal stop
передвижно́й ~ sliding stop
регули́руемый ~ adjustable stop
упо́рка *ж.* tool rest

упоря́дочение *с.* ordering
~ ко́дов code adjustment
~ масси́ва *вчт.* array ordering
по́лное ~ complete [perfect] ordering
~ спла́ва alloy ordering
упоря́доченность *ж.* degree of order
упоря́доченный *прил.* ordered
вполне́ ~ well-ordered, normally ordered
упоря́дочивать *гл.* order, arrange in an ordered fashion; *вчт.* arrange in sequence □ **~ по ...** *вчт.* order with respect to ...; **~ по,** *напр.* **и́мени** *вчт.* arrange in sequence by, *e.g.*, name
употребле́ни/е *с.* use □ **входи́ть в ~** come into use; **выходи́ть из ~я** fall into disuse, pass out of use
управи́тель *м.* **частоты́** (*в АПЧ*) *рад.* reactance control circuit
~ частоты́ на реакти́вной ла́мпе *рад.* reactance-tube control circuit
управле́ни/е *с.* 1. (*экономическое, административное*) management 2. (*технической системой, процессом, производством*) control □ **брать ~,** *напр.* **самолётом на себя́** (*о пилоте*) take over control, *e.g.*, of the aeroplane; **восстана́вливать ~** regain [restore] control; **выходи́ть из-под ~я** go [run] out of control; **дубли́ровать ~** duplicate (the) control(s); **~ перево́дит то́чку из положе́ния x_0 в положе́ние x_1** *киб.* control steers x_0 to x_1; **передава́ть ~ ...** transfer control to ...; **~ перехо́дит к сле́дующему опера́тору** *вчт.* control passes to the next statement; **рассредото́чивать [децентрализо́вывать] ~** segregate (the) control; **с ва́куумным ~ем** vacuum-operated, vacuum-controlled; **с ~ем на расстоя́нии** remotely controlled; **теря́ть ~** lose control 3. (*использование рулевого устройства*) steering, handling
авари́йное ~ emergency control
автомати́ческое ~ automatic control
автоно́мное ~ off-line control
безынерцио́нное ~ infinitely fast control
бесступе́нчатое ~ continuous [stepless] control
бу́стерное ~ power-assisted [boost] control
~ вво́дом-вы́водом (*данных*) input-output [I/O] control
~ ве́ктором тя́ги thrust vector control
~ возду́шным движе́нием [УВД] air traffic control, ATC
гидравли́ческое ~ hydraulic control
голосово́е ~ voice-activated control
~ да́нными *вчт.* data control □ **осуществля́ть ~ да́нными** control [manage] data

управле́ни/е
~ да́нными, монопо́льное exclusive data control
~ движе́нием traffic control
~ движе́нием поездо́в train dispatching
двойно́е ~ dual controls
двухпозицио́нное ~ on-off [two-position] control
двухпроводно́е ~ twin wire control
диспе́тчерское ~ 1. (*в энергетике*) supervisory control 2. *ж.-д.* dispatcher control
дистанцио́нное ~ remote [distance] control
дифференциа́льное ~ differential control
~ запа́сами *киб.* inventory control
и́мпульсное ~ *авт.* sampled-data control
кла́вишное ~ piano-key control
кно́почное ~ push-button control
контро́ллерное ~ master switch control
ме́стное ~ local control
монопо́льное ~ *вчт.* exclusive control □ **снять монопо́льное ~** release exclusive control
ножно́е ~ pedal operation
операти́вное ~ on-line [real-time] control
оптима́льное ~ optimal control
~ от одно́й ру́чки ganged [single-knob] control
педа́льное ~ pedal control
~ полётом flight control
~ по ра́дио radio control
програ́ммное ~ programmed control
рулево́е ~ steering
ручно́е ~ manual [hand] control, hand operation
~ самолётом control [handling] of an airplane □ **восстана́вливать ~ самолётом** recover [regain] control of the airplane
~ самолётом, попере́чное lateral control, control in roll □ **элеро́ны обеспе́чивают попере́чное ~ самолётом** the ailerons give control in roll
~ самолётом при движе́нии по аэродро́му ground handling of the airplane
~ самолётом, продо́льное control in pitch, longitudinal control
сенсо́рное ~ (feather-)touch control
фа́зовое ~ phase control
централизо́ванное ~ centralized control
цифрово́е ~ (*не путать с* числовы́м управле́нием) digital control (*not to be confused with* numerical control)
цифрово́е, прямо́е ~ [ПЦУ] direct digital control, DDC
числово́е ~ (*не путать с* цифровы́м управле́нием) numerical control

(*not to be confused with* digital control)
управлéни/е
электрóнное ~ electronic control
управля́емость *ж.* controllability, manageability
~ автомоби́ля car handling, car behaviour
~ летáтельного аппарáта aircraft controllability, aircraft handling
управля́ть *гл.* 1. (*экономикой*) manage 2. (*процессом, производством*) control 3. (*рулевым устройством*) steer, handle
упреждéни/е *с.* lead; (*угловое*) lead angle (*по времени*) lead time □ **(дéйствовать) с ~ем** allow a lead
упрочнéние *с.* 1. *мет.* hardening 2. *пласт.* reinforcement
~ азоти́рованием hardening by nitriding
деформациóнное ~ strain hardening
~ закáлкой quench hardening
~ наплáвкой hard-facing
повéрхностное ~ surface [superficial] hardening
~ при старéнии age-hardening, precipitation hardening
термохими́ческое ~ surface impregnation
~ цементáцией case-hardening
~ циани́рованием cyanide hardening
упрочни́тель *м.* reinforcer, reinforcing agent
упрочня́емый, терми́чески hardenable by heat-treatment
упрочня́ть *гл.* reinforce, strengthen; *мет.* harden; *пласт.* reinforce
упрощáть *гл.* simplify
упрощéни/е *с.* simplification; (*в доказательствах, выводах и т. п.*) simplifying assumption □ **для ~я рассмóтрим** as a simplification, consider
упрýгость *ж.* 1. (*свойство тела восстанавливать форму и объём*) elasticity 2. (*пара*) pressure
~ вторóго рóда elasticity of shear
вя́зкая ~ viscous elasticity
~ диссоциáции *физ.* dissociation pressure
замéдленная ~ viscous elasticity
~ на изги́б elasticity of flexure, transverse elasticity
~ на растяжéние elasticity of elongation, longitudinal elasticity
~ на сдвиг elasticity of shear
~ на сжáтие elasticity of compression
~ насы́щенного пáра saturated [saturation] vapour pressure
объёмная ~ bulk [cubic(al), volume] elasticity, compressibility
остáточная ~ residual elasticity
~ пáра vapour pressure
~ пéрвого рóда elasticity of elongation, longitudinal elasticity

упрýгость
~ при кручéнии torsional elasticity
~ при сжáтии elasticity of compression
~ растворéния solution tension
совершéнная ~ perfect elasticity
~ фóрмы elasticity of form
электри́ческая ~ electric elasticity
урабóтка *ж.* **основы** *текст.* shrinkage [shrinking] of the warp, warp take-up
уравнéни/е *с.* equation □ **~ ви́да ...** an equation of the form ...; **входи́ть в** ~ appear in the equation, enter into the equation; **выводи́ть** ~ derive an equation; **запи́сывать** ~ **относи́тельно,** *напр.* **стáршей производнóй** write an equation to solve for, *e.g.*, the highest derivative; **~ имéет еди́нственное решéние** the equation has a unique solution; **опрóбовать ~ по óпытным дáнным** check [test] an equation against experimental data; **~ относи́тельно,** *напр.* x an equation in, *e.g.*, x; **по ~ю** according to the equation; **подбирáть ~,** *напр.* **к гипотети́ческому механи́зму реáкции** fit an equation, *e.g.*, to a postulated reaction mechanism; **превращáть ~ в тóждество** reduce an equation to an identity; **приводи́ть ~ к слéдующему ви́ду** reduce an equation to the following form; **~, разреши́мое относи́тельно,** *напр.* x an equation solvable for, *e.g.*, x; **разреши́ть ~ относи́тельно,** *напр.* **стáршей производнóй** re-write an equation to solve for, *e.g.*, the highest derivative; re-write an equation with, *e.g.*, the highest derivative (on the left-hand side); **разреши́ть ~ относи́тельно,** *напр.* x re-arrange an equation to solve for, *e.g.*, x; **решáть ~ относи́тельно,** *напр.* x solve the equation for, *e.g.*, x; **решáть ~я совмéстно** solve equations simultaneously; **решáть с пóмощью ~я** solve by equation; **~ с одни́м неизвéстным** an equation in one unknown; **соотвéтствовать ~ю** fit an equation; **составля́ть** ~ formulate [form, set up, write] an equation; **~ стéпени** *n* an equation of degree *n* [of the *n*th degree], an *n*th-degree equation; **транспони́ровать ~я** transpose equations; **удовлетворя́ть ~ю** satisfy an equation
~ адиабáты adiabatic equation
алгебраи́ческое ~ algebraic equation
~ балáнса balance (equation)
~ бари́ческой тендéнции tendency equation
~ Бернýлли Bernoulli's theorem
биквадрáтное ~ biquadratic, biquadratic [quartic] equation
~ Бóльцмана Boltzmann equation
~ Ван-дер-Ваáльса Van der Waals' equation

уравнéни/е
вековóе ~ secular equation
вéкторное ~ vector equation
~ в конéчных рáзностях difference equation
~ вóдного балáнса hydrologic [hydrolicity] equation
волновóе ~ wave equation
~ в пóлных дифференциáлах total [exact differential] equation
~ вторóй стéпени quadratic [second-degree] equation
~ Гáмильтона canonical equation of motion
~ Ги́ббса-Гельмгóльца equation of maximum work
~ горéния combustion equation
~ дáльности дéйствия рлк стáнции, основнóе (radar) range equation
~ движéния equation of motion
~ движéния жи́дкости flow equation
~ динáмики equation of motion, dynamic(al) equation
диофáнтово ~ Diophantine equation
дифференциáльное ~ differential equation
дифференциáльное ~ в пóлных дифференциáлах exact (differential) equation
дифференциáльное ~ вторóго поря́дка second-order differential equation
дифференциáльное ~ в чáстных производных partial differential equation
дифференциáльное, обыкновéнное ~ ordinary differential equation
дифференциáльное ~ пéрвого поря́дка first-order differential equation
дифференциáльное, стохасти́ческое ~ stochastic differential equation
дифференциáльное ~ управлéния control differential equation
дифференциáльно-рáзностное ~ differential-difference equation
~ диффýзии diffusion equation
интегрáльное ~ integral equation
интегрáльное ~ пéрвого рóда integral equation of the first kind
интегрáльное ~ Фредхóльма Fredholm equation
интегродифференциáльное ~ integro-differential equation
исхóдное ~ input [original] equation
калибрóвочно-инвариáнтное ~ gauge-invariant equation
канони́ческое ~ canonical equation
квадрáтное ~ quadratic equation
квадрáтное, непóлное ~ pure quadratic (equation), incomplete quadratic (equation)
квадрáтное, пóлное ~ affected quadratic (equation), general form of a quadratic equation
кинети́ческое ~ rate [kinetic] equation

уравнéни/е

~ Клапейрóна Clapeyron equation
~ колúчества движéния momentum equation
конéчно-дифференцúруемое ~ finitely differentiable equation
~ кóнтурных тóков mesh-current [loop-current] equation
кубúческое ~ cubic equation
линéйное ~ linear equation □ ~ станóвится линéйным относúтельно, *напр.* врéмени the equation becomes linear in, *e.g.*, time
логарифмúческое ~ logarithmic equation
~ Мáксвелла Maxwell's equation
масштáбное ~ *вчт.* transformation equation
материáльное ~ *элн.* constitutive relation
мáтричное ~ matrix equation
машúнное ~ *вчт.* machine equation
~ *n*-го порядка equation of the *n*th order, *n*th-order equation
~ *n*-й стéпени *n*th-degree equation, equation of degree *n*
неоднорóдное ~ inhomogeneous [nonhomogeneous] equation
неопределённое ~ indeterminate equation
~ непрерывности continuity equation
неприводúмое ~ irreducible equation
~ неразрывности continuity equation
однорóдное ~ homogeneous equation
окислúтельно-восстановúтельное ~ oxidation-reducton equation
оперáторное ~ operator equation
основнóе ~ basic equation
~ параболúческого тúпа parabolic equation
параметрúческое ~ parametric equation
~ пéрвого порядка first-order equation
~ пéрвой стéпени simple equation
~ перемéнного тóка equation for an alternating current
~ перенóса transport [transfer] equation
~ погранúчного слóя boundary-layer equation
~ пóля field equation
~ правдоподóбия likelihood equation
~ преобразовáния transformation equation
провéрочное ~ (*на чётность*) parity(-check) equation
~ прямóй в отрéзках intercept form of [for] the equation of a straight line
~ прямóй с угловым коэффициéнтом slope-intercept form of [for] the equation of a straight line
~ Пуассóна adiabatic equation

уравнéни/е

~ равновéсия equilibrium equation
~ радиолокáции, основнóе radar equation
~ радиолокáции, основнóе, для свобóдного пространства free-space radar equation
~ размéрностей dimensional equation
рáзностное ~ difference equation
~ регрéссии regression equation □ проверять ~ регрéссии на адеквáтность по критéрию Фишера test the adequacy [validity] of the regression equation on the basis of Fisher's variance ratio
~ регулúруемого объéкта *авт.* plant [process] equation
релятивúстское ~ relativistic equation
~ связи constraint equation
скалярное ~ scalar equation
скоростнóе ~ rate [kinetic] equation
~ согласовáния цветóв colour match equation
сопряжённое ~ adjoint equation
~ состояния equation of state, characteristic equation
~ состояния идеáльного гáза Clapeyron equation
~ сохранéния conservation equation
~ сохранéния момéнта колúчества движéния angular momentum [moment-of-momentum] equation
~ сохранéния энéргии energy equation
~ с разделяющими(ся) перемéнными equation with variables separable, separable equation
~ стéпени *n* an equation of degree *n*, an *n*th-degree equation, an equation of the *n*th degree
степеннóе ~ exponential equation
стехиометрúческое ~ stoichiometric equation
телегрáфное ~ telegrapher's equation
тéнзорное ~ tensor equation
~ теплового балáнса heat balance equation
~ теплопровóдности heat [heat conduction, heat transfer] equation
~ течéния flow equation
тóчное ~ exact equation
~ траектóрии path equation
трансцендéнтное ~ transcendental equation
тригонометрúческое ~ trigonometric equation
~ узловых потенциáлов *эл.* nodal-voltage equation
функционáльное ~ functional equation
характеристúческое ~ characteristic equation
химúческое ~ chemical equation
~ хóда лучéй *опт.* ray-tracing equation

уравнéни/е

цветовóе ~ trichromatic equation
~ Шрéдингера Schrödinger (wave) equation
~ Эйлера для трéния канáта по цилúндру capstan equation
~ Эйнштéйна для внéшнего фотоэффéкта Einstein photoelectric equation
эллиптúческое ~ elliptic(al) equation
эмпирúческое ~ empirical equation

урáвнивание *с.* **1.** equalization **2.** *геод.* adjustment
аналитúческое ~ mathematical adjustment
графúческое ~ graphic(al) adjustment
группóвое ~ adjustment by groups
~ по направлéниям adjustment by directions
~ по углáм adjustment by angles

урáвнивать *гл.* **1.** equalize **2.** *геод.* adjust

уравнúтель *м.* equalizer
линéйный ~ line equalizer
~ перемéнного тóка a.c. balancer
~ постоянного тóка d.c. balancer
~ потенциáла potential equalizer
статúческий ~ static balancer
тормознóй ~ brake equalizer, brake compensator

уравновéшенность *ж.* equilibrium, balance
динамúческая ~ dynamic [running] balance
статúческая ~ standing balance

уравновéшивание *с.* (*балансировка*) balancing

уравновéшивать *гл.* (counter)balance □ ~ грýзом balance by counterweight; ~ дéйствующие сúлы place significant forces in equilibrium

ураган *м.* hurricane

урáн *м.* uranium, U

урáт *м.* urate

урéз *м.* **воды** shore line

уретáн *м.* urethane

ýров/ень *м.* **1.** (*прибор*) level □ **проверять ~ test the level for adjustment; **поменять местáми концы ~ня** reverse [turn] the level end-for-end; **стáвить рéйку по ~ню** keep a rod plumb by a level **2.** (*стéпень величины, значимости и т. п.*) level □ **доводúть ~ до ...** bring up the level to ...; bring up the level flush with ...; **долúть до нормáльного ~ня** top up the level; **измерять ~ в бáке** gauge a tank; **над ~нем землú** above ground level, above grade; **на однóм ~не с ...** flush [level] with ...; **не допускáть превышéния ~ня выше отмéтки ПÓЛНО** never carry the level above the FULL mark; **привязывать ~** *элн.* clamp [fix] the level; **располагáться на ~не** *чего-л.* be located on the level of ...; **устанáв-**

ливаться на постоя́нном ~не level off
у́ров/ень
акце́пторный ~ acceptor level
~ бе́лого *тлв.* white level
~ бланки́рования *тлв.* blanking level
бруско́вый ~ block level
~ возбужде́ния excitation level
возбуждённый ~ excited level
~ высо́ких вод high-water level
~ гаше́ния *тлв.* blanking level
геодези́ческий ~ geodetic level
гидростати́ческий ~ hydrostatic level
~ гро́мкости loudness level
~ грунто́вых вод ground water table, ground water level
дискре́тный ~ discrete level
довери́тельный ~ *мат.* confidence level
до́норный ~ *пп* donor level
~ за́писи recording level
запо́лненный ~ *вчт.* occupied level
~ заря́да (*аккумулятора*) the state of charge
~ за́сыпи (*доменной печи*) stock line
~ звуково́го давле́ния sound level
~ земли́ *стр.* grade
~ зна́чимости significance level, level of significance
~ излуче́ния radiation level
~ изоля́ции insulation level
~ инве́рсии (*населённости*) inversion level
~ инве́рсии, поро́говый inversion threshold
~ инже́кции *пп* injection level
~ интегра́ции integration level
~ интенси́вности intensity level
~ иониза́ции ionization level
ионизи́рованный ~ ionized level
~ квантова́ния quantization level
~ кисло́тности acidity level
~ коди́рования (*в кодирующей ЭЛТ*) quantum [quantizing] level
контро́льный ~ reference level
~ ме́женных вод low-water level
~ мо́ря sea level □ **над ~нем мо́ря** above sea level; **приводи́ть к ~ню мо́ря** reduce to sea level
~ мо́ря, сре́дний mean sea level
~ мо́щности power level
~ нака́чки *элн.* pumping level
~ нивели́ра, приставно́й striding level
~ нивели́ра, пузырько́вый bubble (level) □ **установи́ть (пузырько́вый) ~ нивели́ра в нуль-пу́нкт** centre the bubble
нулево́й ~ 1. (*исходный*) *геод.* datum (reference) level **2.** *эл.* zero level
~ ограниче́ния *элн.* limiting level
~ осве́щённости illumination level
~ отсе́чки cut-off level
~ перегру́зки overload level

у́ров/ень
~ переда́чи transmission level
~ перехо́дного разгово́ра cross-talk level
подпо́рный ~ [ПУ] *гидр.* pond [headwater] level
~ поме́х noise level
поро́говый ~ threshold level
~ прилипа́ния *физ.* capture [trapping] level
при́месный ~ *пп* impurity level
~ разря́да (*аккумулятора*) the state of discharge
ра́мный ~ frame level
~ с отве́сом carpenter's level
спиртово́й ~ spirit level
~ стоя́нки (*землеройной машины*) the natural surface of the ground (*on which the earth-moving machine rests*)
~ Та́мма Tamm state
~ тона́льного вы́зова *тлф.* call tone volume
~ управле́ния *вчт.* level of the hierarchy
~ устано́вки (*экскаватора*) natural ground, the natural surface of the ground (*on which the machine rests*)
~ Фе́рми Fermi level
~ фо́на hum [background noise] level
форси́рованный ~ surcharged reservoir level
~ «черне́е чёрного» *тлв.* blacker-than-black level
~ чёрного *тлв.* black level
энергети́ческий ~ *физ.* (energy) level □ **достра́ивать энергети́ческий ~ по́лностью** complete a level; **занима́ть энергети́ческий ~** occupy a level; **заполня́ть энергети́ческий ~** fill a level; **находи́ться на энергети́ческом ~не** reside at a ... level; **переходи́ть с ~ня на ~** move [jump] from a level (in)to a level
энергети́ческий, враща́тельный ~ rotational level
энергети́ческий, глубо́кий ~ deep(-lying) state
энергети́ческий, за́нятый ~ occupied [filled] level
энергети́ческий, запо́лненный ~ filled [occupied] level
энергети́ческий ~ захва́та trapping level
энергети́ческий, изоли́рованный ~ single level
энергети́ческий, колеба́тельный ~ vibrational level
энергети́ческий, наибо́лее глубо́кий ~ innermost level
энергети́ческий, незапо́лненный ~ empty [vacant, unoccupied] level
энергети́ческий, низколежа́щий ~ low-lying level
энергети́ческий, основно́й ~ ground level
энергети́ческий, пове́рхностный ~ surface level

у́ров/ень
энергети́ческий, при́месный ~ impurity level
этало́нный ~ reference level
уровнегра́ф *м.* level recorder
уровнеме́р *м.* level gauge, level indicator
автомати́ческий ~ automatic level gauge
мембра́нный ~ diaphragm level indicator
поплавко́вый ~ float-type level indicator
радиоакти́вный ~ radioactive level gauge
радиоизото́пный ~ radioactive level gauge
ре́ечный ~ dip-stick
электри́ческий ~ electrical-contact level indicator
электро́нный ~ electronic level gauge
ус *м.* nib, tab, tongue
уса́дк/а *ж.* shrinkage □ **дава́ть ~у** shrink
~ амортизацио́нной сто́йки *ав.* compression [closure] of a shock(-absorber) strut
возду́шная ~ (*глиняных изделий*) air shrinkage
лине́йная ~ linear shrinkage
лите́йная ~ casting shrinkage
объёмная ~ volume shrinkage
огнева́я ~ (*глиняных изделий*) fire shrinkage
уса́дочность *ж.* shrinking property
усва́ивать *гл.* assimilate
усвое́ние *с.* assimilation
усека́ть *гл.* truncate
усече́ние *с.* truncation
у́сик *м.* **ко́мпасной карту́шки** wire filament
усиле́ние *с.* **1.** (*механическое*) strengthening, reinforcement, beefing-up **2.** (*сигнала*) *рад.*, *элн.* (*процесс*) amplification; (*количественная оценка*) gain (factor) □ **~ не зави́сит от частоты́** the gain remains flat with frequency; **обеспе́чивать равноме́рное ~ по диапазо́ну** give a flat gain over the (frequency) range; **~ происхо́дит в основно́м по промежу́точной частоте́** amplification takes place largely at the intermediate frequency
~ анте́нны antenna gain
~ анте́нны, испо́льзуемое realized (antenna) gain
вноси́мое ~ insertion gain
втори́чно-электро́нное ~ *элн.* secondary-emission multiplication
га́зовое ~ *элн.* gas amplification, gas multiplication
дифференциа́льное ~ *тлв.* differential gain
~, допусти́мое по сви́сту *тлф.* singing margin
~ на сре́дней частоте́ диапазо́на midfrequency gain
нулево́е ~ zero gain

усилéние
óбщее ~ total [overall] amplification; overall gain
параметри́ческое ~ parametric [reactance] amplification
~ по мóщности power amplification; power gain
~ по напряжéнию voltage amplification; voltage gain
~ по тóку current ampification; current gain
предвари́тельное ~ preamplification
равномéрное ~ flat [uniform] gain
фотографи́ческое ~ intensification
~ шва *св.* weld reinforcement; (*с обратной стороны*) root reinforcement □ **~ шва плáвно перехóдит в основнóй метáлл** the weld reinforcement blends smoothly with parent metal
уси́ливать *гл.* **1.** (*механически*) strengthen; reinforce; beef up **2.** *рад. элн.* amplify, boost **3.** (*звук*) reinforce (*sound*)
уси́ливаться *гл.* gain in strength [in magnitude, in size]
уси́лие *с.* effort; (*сила*) force □ **воспринимáть ~** take (the) force; **прилагáть ~** apply force to, exert force on
буксирóвочное ~ towing force
ветровóе ~ wind force
~ зажи́ма clamping force
замыкáющее ~ locking force
~ на педáли руля́ поворóта *ав.* (rudder) pedal force
~ на рулевýю колóнку *ав.* stick force
~ на рычаги́ управлéния *ав.* control force
~ на себя́ (*на ручку управления*) backward force
~ на штурвáл от элерóнов aileron control force, force on the aileron control
~ на электрóдах *св.* electrode force
~ осáдки *св.* upset [platen] force
осевóе ~ axial force
~ отвóда *св.* return force
~ от себя́ (*на ручку управления*) forward force
~ подáчи *св.* forward force
~ прокóвки *св.* forging force
разрушáющее ~ breaking [break-down, collapsing] force
разры́вное ~ breaking load
растя́гивающее ~ tension, tensile stress
свáрочное ~ welding force
~ сдви́га shearing force
сжимáющее ~ compressive force
скáлывающее ~ shearing force
~ торможéния braking effort
тя́говое ~ tractive [traction] force; (*ремня, привода и т. п.*) pull
усили́тель *м.* amplifier □ **корректи́ровать ~ по высóкой частотé** compensate the h.f. response of an amplifier; **корректи́ровать ~ по ни́зкой частотé** compensate the a.f. response of an amplifier; **перевозбуждáть ~** overdrive an amplifier; **~ рабóтает в режи́ме клáсса А** the amplifier operates class A
усили́тель
антéнный ~ antenna amplifier
апериоди́ческий ~ nonselective [untuned] amplifier
~ бегýщей волны́ travelling-wave amplifier
~ вертикáльного отклонéния (*в осциллографии*) Y-[vertical deflection] amplifier
~ видеои́мпульсов video amplifier
~ воспроизведéния playback amplifier
~ высóкой частоты́ (*как часть радиоприёмника или радиопередатчика*) *англ.* high-frequency [h.f.] amplifier; *амер.* radio-frequency [r.f.] amplifier
~ гармóник harmonic amplifier; selective amplifier
~ гася́щих и́мпульсов blanking amplifier
гидравли́ческий ~ hydraulic amplifier
~ горизонтáльного отклонéния (*в осциллографии*) X-[horizontal deflection] amplifier
двухкаскáдный ~ two-stage amplifier
двухкóнтурный ~ double-tuned amplifier
двухтáктный ~ push-pull amplifier
дифференциáльный ~ differential amplifier
дифференци́рующий ~ differentiating amplifier
дрóссельный ~ *англ.* choke-capacitance-coupled amplifier; *амер.* impedance-coupled amplifier
~ зáписи recording amplifier
золотникóвый ~ spool-valve amplifier
избирáтельный ~ selective amplifier
измери́тельный ~ instrument amplifier
~ изображéния image intensifier
и́мпульсный ~ pulse amplifier
инвéрсный ~ sign inverter
интегри́рующий ~ integrator, integrating amplifier
иóдистый ~ *полигр.* iodine intensifier
кáдровый ~ *тлф.* frame [vertical] amplifier
каскóдный ~ cascode amplifier
квáнтовый ~ quantum-mechanical amplifier
квáнтовый ~ инфракрáсного диапазóна IRaser, iraser
квáнтовый ~ опти́ческого диапазóна laser (*см. тж.* **лáзер**)
квáнтовый ~ СВЧ диапазóна maser (*см. тж.* **мáзер**)
~ клáсса А class A amplifier
усили́тель
~ клáсса В class B amplifier
~ клáсса С class C amplifier
клистрóнный ~ klystron amplifier
лáмповый ~ *англ.* valve amplifier; *амер.* vacuum-tube amplifier
линéйный ~ (*с линейной характеристикой*) linear amplifier; (*установленный в линии*) line amplifier
логарифми́ческий ~ logarithmic amplifier
магни́тный ~ magnetic amplifier
магни́тный, дифференциáльный ~ centre-tap magnetic amplifier
магни́тный ~ по схéме удвоéния [схéме удвои́теля] doubler(-circuit) magnetic amplifier
магни́тный, самонасыщáющийся ~ self-saturating magnetic amplifier
масштáбный ~ *вчт.* scaler
~ МДМ *вчт.* chopper amplifier
мéдный ~ *полигр.* copper intensifier
микрофóнный ~ microphone [speech] amplifier
минерáльный ~ *пласт.* mineral filler
многокаскáдный ~ multistage amplifier
~ мóщности power amplifier
~ на дрóсселях *англ.* choke-coupled amplifier; *амер.* impedance-coupled amplifier
~ на интегрáльных схéмах integrated circuit amplifier
~ на криотрóнах cryotron amplifier
~ на лáмпе обрáтной волны́ backward-wave tube amplifier
~ напряжéния voltage amplifier
~ на расстрóенных кóнтурах stagger-tuned amplifier
~ на сопротивлéниях RC-[resistance-] coupled amplifier
~ на транзи́сторах transistor(ized) amplifier
~ на туннéльном диóде tunnel-diode amplifier
~ ни́зкой частоты́ (*часть радиоприёмника или передатчика*) *англ.* low-frequency [l.f.] amplifier; *амер.* audio-frequency [a.f.] amplifier
однокаскáдный ~ one-stage amplifier
однокóнтурный ~ single-tuned amplifier
однотáктный ~ single-ended amplifier
оконéчный ~ final amplifier
операциóнный ~ operational amplifier □ **собирáть операциóнный ~ по схéме, *напр.* дифференци́рования** connect an operational amplifier as, *e.g.*, a differentiator
операциóнный ~ с автомати́ческой стабилизáцией нулевóго ýровня chopper-stabilized d.c. amplifier, drift-corrected amplifier
óптико-электрóнный ~ optoelectronic amplifier

усили́тель

параметри́ческий, двухко́нтурный ~ (*выходная частота больше частоты сигнала*) up-converter; (*выходная частота меньше частоты сигнала*) down-converter

параметри́ческий, невзаи́мный ~ nonreciprocal parametric amplifier

параметри́ческий, невы́рожденный ~ nondegenerate parametric amplifier

параметри́ческий, одноко́нтурный ~ parametric amplifier

парафа́зный ~ paraphase amplifier

~ передающей ка́меры *тлв.* camera amplifier

пневмати́ческий ~ pneumatic amplifier

~ постоя́нного то́ка direct-current [d.c.] amplifier

потенциа́льный ~ level amplifier

предвари́тельный ~ preamplifier

~ промежу́точной частоты́ intermediate-frequency [i.f.] amplifier

радиотрансляцио́нный ~ distribution amplifier

~ развёртки (*в осциллографии*) timebase amplifier

резисти́вный ~ RC-coupled amplifier

резона́нсный ~ tuned amplifier

~ рентге́новского изображе́ния X-ray image intensifier

реоста́тный ~ RC-coupled [resistance-coupled] amplifier

реша́ющий ~ operational amplifier

~ с ано́дной нагру́зкой common [grounded]-cathode amplifier

~ сверхвысо́кой частоты́ microwave amplifier

сверхрегенерати́вный ~ superregenerative amplifier

~ с заземлённой се́ткой common [grounded]-grid amplifier

~ с заземлённым ано́дом common [grounded]-plate amplifier

~ с заземлённым като́дом common [grounded]-cathode amplifier

~ сигна́ла оши́бки *авт.* error(-signal) amplifier

~ сигна́лов да́льности *рлк.* range amplifier

~ силово́го при́вода torque amplifier

~ с като́дной нагру́зкой common [grounded]-plate amplifier

~ следя́щей систе́мы servo amplifier

~ с лине́йной характери́стикой linear amplifier

~ с модуля́тором и демодуля́тором *вчт.* chopper amplifier

~ с непосре́дственной свя́зью direct-coupled amplifier

~ с обра́тной свя́зью feedback amplifier

~ с о́бщей ба́зой common [grounded]-base amplifier

~ с о́бщим колле́ктором common [grounded]-collector amplifier

усили́тель

~ с о́бщим эми́ттером common [grounded]-emitter amplifier

~ со скрещёнными поля́ми crossed-field amplifier

~ с разделённой нагру́зкой split-load amplifier

~ с распределёнными пара́метрами distributed [transmission-line] amplifier

~ с расстро́енными ко́нтурами stagger-tuned amplifier

стробиро́ванный ~ gated amplifier

стро́чный ~ *тлв.* line [horizontal] amplifier

стру́йный ~ fluidic amplifier

сумми́рующий ~ summer, summing amplifier

~ с часто́тной корре́кцией frequency-compensated amplifier

~ счи́тывания reading [sense, sensing] amplifier

~ счи́тывания — за́писи reading-writing amplifier

твердоте́льный ~ solid-state amplifier

телефо́нный ~ telephone repeater

телефо́нный, транзи́тный ~ (*в в. ч. телефонии*) through-line repeater

телефо́нный, четырёхпро́водный ~ four-wire repeater

телефо́нный, шнурово́й ~ cord-circuit repeater

трансляцио́нный ~ (*в системе громкоговорящей связи*) public-address [personnel-address, PA] amplifier

трансформа́торный ~ transformer-coupled amplifier

~ у́зких селе́кторных и́мпульсов narrow-gate amplifier

узкополо́сный ~ narrow-band amplifier

управля́ющий ~ control amplifier

фотоэлектри́ческий ~ photoelectric amplifier

широкополо́сный ~ wide-band [broad-band] amplifier

электромаши́нный ~ [ЭМУ] control generator, rotary (power) amplifier

электромаши́нный ~ с попере́чным по́лем cross-field control generator

электромаши́нный ~ с продо́льным по́лем direct-field control generator

электрометри́ческий ~ charge amplifier

электро́нный ~ electronic amplifier

усили́тель-ограничи́тель *м.* amplifier-limiter

ускоре́ни/е *с.* (*быстрота измерения скорости*) acceleration; (*разгон*) acceleration, speed-up □ **вызыва́ть ~** cause [induce, produce] an acceleration; **под (воз)де́йствием ~я** under acceleration; **раскла́дывать ~** (*на составляющие*) resolve an acceleration (*into components*); **регули́ровать ~ по вре́мени** to time acceleration; **скла́дывать ~я** combine accelerations

ускоре́ни/е

боково́е ~ lateral acceleration

~ бортово́й ка́чки roll(ing) acceleration

вековое ~ *астр.* secular acceleration

вертика́льное ~ vertical acceleration

~ вертика́льной ка́чки heave [heaving] acceleration

~ в направле́нии «голова́ — но́ги» *ав., косм.* downward [footward, head-to-foot] acceleration

~ в направле́нии «грудь — спина́» *ав., косм.* backward [chest-to-back, front-to-back] acceleration

~ в направле́нии «но́ги — голова́» *ав., косм.* headward [foot-to-head] acceleration

~ в направле́нии «спина́ — грудь» *ав., косм.* forward [back-to-chest] acceleration

~ в перехо́дном режи́ме transient acceleration

~ враща́тельного движе́ния rotary acceleration

горизонта́льное ~ horizontal acceleration

долговре́менное ~ sustained [long-term] acceleration

и́мпульсное ~ impulsive acceleration

каса́тельное ~ tangential acceleration

~ килево́й ка́чки pitch(ing) acceleration

кориолисово ~ Coriolis [complementary] acceleration

кратковре́менное ~ short-term acceleration

~ криволине́йного движе́ния curvilinear acceleration

лине́йное ~ linear acceleration

мгнове́нное ~ instantaneous acceleration

~ на прямо́й переда́че *авто* direct-drive acceleration

нараста́ющее ~ progressive acceleration

неравноме́рное ~ non-uniform acceleration

норма́льное ~ (*составляющая полного ускорения*) normal acceleration

осево́е ~ axial acceleration

отрица́тельное ~ negative acceleration, deceleration

переноси́мое ~ (*напр. человеком, конструкцией*) g-tolerance

поворо́тное ~ Coriolis [complementary] acceleration

попере́чное ~ lateral [transverse] acceleration

~ поступа́тельного движе́ния translatory acceleration, acceleration of translation

продо́льное ~ axial acceleration

~ прямолине́йного движе́ния rectilinear acceleration

ускорéни/е
равнодéйствующее ~ resultant acceleration
равномéрное ~ uniform acceleration
~ равнопеременного движéния uniform acceleration
радиáльное ~ radial(-path) acceleration
~ рыскания yaw(ing) acceleration
~ свобóдного падéния free fall acceleration
~ силы тяжести *уст. см.* **ускорéние свобóдного падéния**
~ тангажá pitch(ing) acceleration
тангенциáльное ~ tangential acceleration
угловóе ~ angular acceleration
удáрное ~ shock acceleration
удáрное, пиковое ~ shock acceleration peak value
установившееся ~ steady-state acceleration
центробéжное ~ centrifugal acceleration
центростремительное ~ centripetal acceleration
~ частиц particle acceleration
~ частиц, индукциóнное inductive acceleration
~ частиц, секториáльное areal [sectorial] acceleration
~ частиц, электростатическое electrostatic acceleration

ускоритель *м.* accelerator
~ взлёта *ав.* assisted take-off unit
~ взлёта, ракéтный rocket assisted take-off [RATO] unit
~ взлёта, реактивный jet assisted take-off [JATO] unit
~ вулканизáции vulcanization accelerator
высокоактивный ~ *пласт.* rapid accelerator
~ замéдленного дéйствия delayed action accelerator
~ заряженных частиц charged-particle accelerator
~ заряженных частиц, высоковóльтный high-voltage accelerator
~ заряженных частиц, импульсный pulsed accelerator
~ заряженных частиц, индукциóнный induction accelerator, betatron
~ заряженных частиц, линéйный linear accelerator
~ заряженных частиц на высóкие энéргии high-energy accelerator
~ заряженных частиц, резонáнсный resonant accelerator
~ заряженных частиц с жёсткой [сильной] фокусирóвкой strong-focusing accelerator
~ заряженных частиц со встрéчными пучкáми double clashing-beam accelerator
~ заряженных частиц со слáбой фокусирóвкой weak-focusing accelerator

ускоритель
~ заряженных частиц с перемéнно-градиéнтной фокусирóвкой alternating-gradient accelerator
~ заряженных частиц, циклический cyclic (orbit) accelerator
~ заряженных частиц, электрóнный electron accelerator
~ заряженных частиц, электростатический constant-potential [electrostatic] accelerator
~ катáлиза promoter, catalysis accelerator
малоактивный ~ *пласт.* slow-acting accelerator
органический ~ organic accelerator
плáзменный ~ plasma accelerator
~ протóнов proton accelerator
ракéтный ~ rocket booster, accelerating rocket (engine); boost motor
~ схвáтывания (*бетона*) setting accelerator

ускорять *гл.* accelerate, speed up

услóви/е *с.* condition □ **в [при] таких ~ях ...** under such conditions ...; **из ~я, чтóбы ...** such that ... *пример*: **выбирáть, напр. величину сопротивлéния из ~я, чтóбы ...** choose, *e.g.*, the value of a resistor such that ...; **имитировать, напр. ~я невесóмости** simulate, *e.g.*, zero-g [zero gravity] conditions; **нарушáть ~** violate a condition; **при ~и, что ...** subject to the restriction that ..., given that ..., provided that ..., on condition that ..., subject to the condition that ..., with the proviso that ...; **при прóчих рáвных ~ях** other conditions [other things] being equal; **при схóдных ~ях** under similar conditions; **стáвить ~ем** stipulate, condition, postulate; **удовлетворять ~ям** satisfy conditions
аварийные ~я emergency □ **в аварийных ~ях** in an emergency
атмосфéрные ~я atmospheric conditions, atmospheric environment
безразличное ~ *вчт.* don't care condition
~ Вýльфа — Брэ́гга *физ.* Bragg equation, Bragg law
высóтные ~я high-altitude environment
~ гармонического балáнса *элн.* Barkhausen criterion for oscillation
граничные ~я boundary conditions □ **установить граничные ~я** establish boundary conditions
достáточное ~ sufficient [sufficiency] condition
~я задáчи statement of a problem □ **по ~ям задáчи** under the conditions of the problem
климатические ~я (*в технических данных*) environmental conditions
конéчное ~ terminal condition
~я контрáкта terms of the contract □ **по ~ям контрáкта** under the terms of the contract

услóви/е
~я космического прострáнства space environment
краевые ~я boundary conditions
~ максимáльности *мат.* maximum [ascending chain] condition
метеорологические ~я weather conditions
метеорологические, прóстые ~я *ав.* visual meteorological conditions, VMC, visual flight rules [VFR] weather conditions
метеорологические, слóжные ~я *ав.* instrument meteorological conditions, IMC, instrument flight rules [IFR] weather conditions
~ минимáльности *мат.* minimum [descending chain] condition
~я нагружéния conditions of loading
наихýдшие ~я worst-case conditions
начáльное ~ initial condition □ **начáльное ~ по ...** the initial condition on ...
~ непрерывности continuity condition
~ неразрывности continuity condition
нерасчётные ~я off-design conditions
нормáльные ~я normal conditions □ **приводить к нормáльным ~ям** reduce to normal conditions
~ нормирóвки normality condition
ограничивающее ~ constraint
окружáющие ~я the environment
~я óпыта experimental conditions, experimental arrangement
~ ортогонáльности orthogonality condition
предéльное ~ limiting condition
производственные ~я working conditions
рабóчие ~я working [service] conditions; (*оборудования, прибора*) operating environment
~я соглашéния terms of the contract
технические ~я [ТУ] specifications, Specs.
технические, врéменные ~я tentative specifications
технические ~я на испытáния test specifications
установившиеся ~я steady-state conditions
фáзовое ~ для генерáции в ОКГ phase relationship for lasing action
~я хранéния storage conditions
~я эксплуатáции service [operating] conditions; (*для красок, лаков и т. п.*) exposure □ **в ~ях эксплуатáции** in the field, under field conditions *пример*: **прибóр не трéбует регулирóвок в ~ях эксплуатáции** the instrument calls for no adjustment in the field
~я эксплуатáции, обычные regular service conditions

усло́виться *гл. мат.* agree, make the convention that ...
усло́вно *нареч.* 1. by convention, conventionally □ **дета́ли пока́заны ~** components are shown schematically (and do not duplicate physical positions); **~ направле́ние электри́ческого то́ка принима́ется ...** by convention [conventionally] the direction of current flow is ...; **пока́зывать ~ повёрнутым на 90°** (*на чертеже*) show revolved through 90° 2. (*часто в значении* произво́льно) arbitrarily □ **~ [произво́льно] при́мем ёмкость ковша́ ра́вной ...** arbitrarily, let the ladle capacity be... 3. (*часто в значении* вре́менно, пока́, до уточне́ния) tentatively □ **~ [пока́] при́мем, что ёмкость ковша́ (бу́дет) равна́ ...** tentatively, let the ladle capacity be ...
усло́вный *прил.* 1. conventional; (*ограниченный каким-л. условием, отвечающий каким-л. условиям*) conditional 2. (*произвольный*) arbitrary 3. (*временный, предварительный*) tentative
усложне́ние *с.* complication
усложня́ть *гл.* complicate
услу́ги *мч. ж.* service(s)
коммуна́льные ~ (public) utilities, (public) service(s)
~ свя́зи, специа́льные special telephone service
усмотре́ни/е *с.* discretion □ **по ~ю отве́тственного лица́** at the discretion of the responsible person concerned
усоверше́нствование *с.* improvement; development; (*модернизация*) bringing-up to date
усоверше́нствовать *гл.* improve, develop, perfect; (*модернизировать*) update, bring up to date
усови́к *м.* rail wing
успока́ивать *гл.* 1. (*колебания*) damp(en) 2. (*плавку в ванне*) kill
успокое́ние *с.* 1. (*колебаний*) dampening 2. (*плавки в ванне*) killing
успокои́тель *м.* (*демпфер*) damper
~ бортово́й ка́чки roll damping device, roll stabilizer
возду́шный ~ *изм.* air dash-pot
~ ка́чки ship stabilizer
~ ка́чки, акти́вный active stabilizer
~ ка́чки, пасси́вный passive stabilizer
~ килево́й ка́чки pitch damping device
~ колеба́ний (*особ. в измерительных приборах*) dash-pot
ма́сляный ~ *изм.* oil dash-pot
электромагни́тный ~ *изм.* eddy-current damper
усредне́ние *с.* (*величин*) averaging; (*сглаживание*) smoothing
~ по анса́мблю ensemble averaging
~ по вре́мени time averaging

усредне́ние
~ по гру́ппе group averaging
~ по мно́жеству ensemble averaging
~ про́бы partitioning
~ руд ore blending
усредни́тель *м.* 1. averager 2. (*резервуар в системе водоочистки*) balancing [equalizing] reservoir
усредня́ть *гл.* (*находить среднее*) average; (*сглаживать*) smooth(en) □ **~ [сгла́живать] входны́е пара́метры по, напр. ско́рости** smooth inputs by, *e.g.*, speed; **~ соста́в ши́хты** blend the charge
уста́в *м.* statute, rules, regulations, code of regulations
уста́вка *ж.* setting, set point
~ авари́йной сигнализа́ции alarm setting
нача́льная ~ (*интерполятора*) data point
~ реле́ на отпуска́ние release [drop-out] setting, release [drop-out] value
~ реле́ на сраба́тывание operate [pick-up] setting, operate [pick-up] value
уста́лость *ж.* (*материалов*) fatigue
коррозио́нная ~ corrosion fatigue
~ мета́лла fatigue of metal
механи́ческая ~ mechanical fatigue
~ при изги́бе bending fatigue
~ при круче́нии torsional fatigue
~ при растя́гивающем напряже́нии tensile fatigue
~ при сжа́тии compression fatigue
~ при уда́ре impact fatigue
терми́ческая ~ thermal fatigue
устана́вливать *гл.* 1. (*собирать, монтировать*) install, mount, set up; (*вертикально*) erect; (*преимущественно внутрь чего-л.*) build [fit] into; set in □ **~ ку́зов на шасси́** drop a body on a chassis; **~ леса́** *стр.* erect scaffolds 2. (*величину, показание*) adjust, set, fix □ **~ в едини́цу, в нуль** *вчт.* set to unity, to zero; **~ на нуль** zeroize; **~, *напр.* напряже́ние по прибо́ру** adjust [set], *e.g.*, the voltage on [by] a meter; **~ отсчёт на полови́не, одно́й тре́ти *и т. п.* длины́ шкалы́ с по́мощью потенцио́метра** set a potentiometer for a meter indication about half-scale, one-third of the scale, *etc.*; **~ преде́л** set a limit on *smth.* 3. (*в какое-л. положение*) place, position □ **~ в удо́бное положе́ние** position conveniently; **~ равнове́сие** reach [attain] equilibrium; **~ удо́бный отсчёт по потенцио́метру** set a potentiometer for a convenient meter indication 4. (*создавать, осуществлять*) establish, set up □ **~, *напр.* систе́му едини́ц** establish [set up] a system of units; **~ соедине́ние** *тлф.* establish [put through] a call, establish [set up] a connection, complete a call 5. (*соосно*) align, line up 6. (*определять, оценивать, измерять*) ascertain, determine
устана́вливаться *гл.* 1. (*о величине, после переходных процессов*) reach the steady state [a steady-state value] 2. (*о магнитной стрелке*) align □ **~ в направле́нии магни́тного по́ля** align itself with the field
устано́в/ка *ж.* 1. (*оборудование*) installation; (*агрегат*) plant, set; (*в зависимости от производства, получения какого-л. продукта, материала и т. п.*) plant 2. (*процесс сборки, монтажа*) installation, erection, mounting, assembly 3. (*регулировка величины по прибору*) adjustment; (*конкретной величины*) setting
абсорбцио́нная ~ absorption plant, absorption unit
~ авари́йного пита́ния emergency power supply unit
агломери́рующая ~ sintering plant
бо́йлерная ~ heating-water converter plant
бурова́я ~ drilling rig
быстрозамора́живающая ~ quick-freeze plant
~ валко́в roll adjustment; roll setting
ветроэнергети́ческая ~ wind-driven electric plant
винтомото́рная ~ *ав.* power plant
водоподготови́тельная ~ water-treatment system
водоумягчи́тельная ~ water softener
возду́шно-трелёвочная ~ flying machine, aerial skidder
вулканизацио́нная ~ vulcanizing plant
выпарна́я ~ evaporator system
выпарна́я, многоко́рпусная ~ multiple-effect evaporator battery, multiple-effect evaporator system
выпарна́я, одноко́рпусная ~ single-effect evaporator system
выпарна́я, прямото́чная ~ forward-feed evaporator battery, forward-feed evaporator system
выпарна́я ~ с паралле́льным пита́нием parallel-feed evaporator battery, parallel-feed evaporator system
выпарна́я ~ с паралле́льным то́ком (*не путать с* устано́вкой паралле́льного пита́ния) forward-feed evaporator battery, forward-feed system (*not to be confused with* a parallel-feed system)
выпарна́я ~ с противото́ком backward-feed evaporator battery, backward-feed evaporator system
~ высотоме́ра *ав.* altimeter setting
~ высотоме́ра по давле́нию на аэродро́ме *ав.* QFE setting
~ высотоме́ра по давле́нию на у́ровне мо́ря QNH setting
газогенера́торная ~ gas generator, gas-generating plant

устано́в/ка
газотурби́нная ~ gas-turbine plant
генера́торная ~ generating plant, generating set
гидрогенизацио́нная ~ hydrogenation unit
гидросилова́я ~ water-power plant
гребна́я ~ *мор.* propulsion plant
дви́гательная ~ propulsion system, power plant, power unit
дви́гательная, турби́нная ~ turbine propulsion unit
дегазацио́нная ~ decontamination plant
дезинфекцио́нно-душева́я ~ disinfecting shower unit
ди́зельная ~ diesel (engine) plant
ди́зель-электри́ческая ~ diesel-electric plant
~ для вакууми́рования *мет.* degassing plant
~ для вакууми́рования в ковше́ *мет.* ladle degassing plant
~ для кондициони́рования во́здуха *см.* **устано́вка кондициони́рования во́здуха**
~ для приготовле́ния формо́вочного песка́ sand-conditioning plant
~ для размора́живания thawer, defroster
~ для сублимацио́нной су́шки freeze-drier, freeze-drying plant
дождева́льная ~ sprinkler installation, sprinkler system
дозиро́вочная ~ *стр.* proportioning plant
до́йльная ~ milking installation, milking plant
до́йльная ~ для дое́ния в молокопрово́д pipe-line milking installation
до́йльная ~ для дое́ния во фля́ги in-churn milking outfit
до́йльная, передвижна́я ~ movable milking installation
до́йльная, стациона́рная ~ parlour milking installation
до́йльная ~ ти́па ёлочка herring-bone (milking) bail
дробестру́йная ~ shot-blast unit
~ жи́дкого азо́та liquid-nitrogen (production) plant
~ жи́дкого во́здуха liquid-air (production) plant
индукцио́нная электротерми́ческая ~ induction (electrothermic) plant
~ интерва́лов (*в печатающем устройстве*) *вчт.* line adjustment
испари́тельная ~ evaporator installation
испыта́тельная ~ test unit
кислоро́дная ~ oxygen plant
компле́ктная ~ package plant
компре́ссорная ~ compressor plant
~ кондициони́рования во́здуха air conditioning installation, air conditioning plant, air conditioner
кормоприготови́тельная ~ feed-processing plant
корообди́рочная ~ *дер.-об.* barker

устано́в/ка
коте́льная ~ boiler installation, boiler plant
криоге́нная ~ cryogenic plant
лаборато́рная ~ laboratory-scale plant
ла́зерная, голографи́ческая ~ hololaser
модели́рующая ~ simulator
морози́льная ~ freezing installation, freezing plant
мусоросжига́тельная ~ (refuse) incinerator
нагрева́тельная ~ heating installation, heating plant, heating unit
насо́сная ~ pump(ing) plant
~ на фо́кус focusing
~ непреры́вного о́тжига continuous annealing installation
~ непреры́вной разли́вки continuous casting plant
~ нивели́ра level set-up, level setting □ **... тре́буется не́сколько ~ок нивели́ра ...** several level set-ups [level settings] may be necessary
~ нулевы́х у́ровней (*в операционном усилителе*) zero adjustment, zero setting, balance check, balancing
~ нуля́ zero adjustment
обеспы́ливающая ~ dust catcher, dust-collecting plant
обессо́ливающая ~ (*в водообработке*) demineralizing plant
о́бжиговая ~ *мет., хим.* calcining [roasting] plant; (*в производстве огнеупоров и др. керамических изделий*) burning [firing] plant
обраба́тывающая ~ processing plant
~ опо́р *эл.* support erection
опресни́тельная ~ (water-)desalinating plant
о́пытная ~ (*не путать с* экспериме́нтальной устано́вкой) pilot(-scale) plant (*not to be confused with* experimental plant)
ороси́тельная ~ sprinkler installation, sprinkler system
освети́тельная ~ lighting installation, lighting plant, lighting equipment
отопи́тельная ~ heating installation, heating plant
~ паралле́льного пита́ния parallel-feed system
паросилова́я ~ steam power plant
паротурби́нная ~ steam-turbine plant
перего́нная ~ distillation plant, distillation unit
пла́зменная, электродугова́я ~ arc-heated plasma chamber
~ подтона́льного телеграфи́рования *англ.* sub-audio telegraph set; *амер.* composite set
подъёмная ~ hoisting plant
~ пожароту́шения extinguishing installation
~ по перерабо́тке processing plant

устано́в/ка
~ по перерабо́тке тряпья́ rag-processing plant
предвари́тельная ~ presetting
~ предвари́тельного охлажде́ния precooler
промы́шленная ~ commercial [full-scale] plant
пускова́я ~ *косм.* launcher
пылеприготови́тельная ~ coal-pulverizing plant
пылеулови́тельная ~ dust removal [dust collecting] plant
радиацио́нная ~ radiation plant
радиацио́нно-биологи́ческая ~ [РБУ] radiobiological plant
радиацио́нно-физи́ческая ~ [РФУ] radiophysical plant
радиацио́нно-хими́ческая ~ radiochemical plant
радиоизото́пная ~ radioisotope plant
радиолокацио́нная ~ radar installation
резе́рвная ~ stand-by plant
рентге́новская ~ X-ray apparatus
рефрижера́торная ~ refrigerating plant
сва́рочная ~ welding unit
сва́рочная, двухпостова́я ~ two-operator welding unit
сва́рочная, однопостова́я ~ single-operator welding unit
силова́я ~ propulsion system, power plant, power unit □ **осуществля́ть компле́кта́цию силово́й ~ки** build up a power plant; **разукомплекто́вывать силову́ю ~ку** tear down a power plant
силова́я, винтомото́рная ~ engine-propeller power plant
силова́я, возду́шно-реакти́вная ~ air-breathing power plant
силова́я, вспомога́тельная ~ auxiliary power unit, APU
смеси́тельная ~ mixer, mixing plant
~ столбо́в pole setting, poling
телевизио́нная ~ TV camera unit
теплосилова́я ~ thermal power plant
термоопресни́тельная ~ thermal desalting plant
~ техни́ческого кислоро́да tonnage oxygen plant
трави́льная ~ *мет.* pickling installation
трубосва́рочная ~ tube [pipe]-welding plant
турби́нная ~ turbine plant
турбогенера́торная ~ turbine-generator set, turbogenerator
хи́мико-технологи́ческая ~ chemical engineering plant
хи́мико-технологи́ческая, полузаводска́я ~ pilot(-scale process) plant
хи́мико-технологи́ческая, сте́ндовая ~ bench-scale (process) plant

устано́вка
хлопкоочисти́тельная ~ cotton cleaner, gin
хлора́торная ~ chlorination plant
холоди́льная ~ refrigerating plant
эксперимента́льная ~ experimental plant
электри́ческая ~ electrical installation
энергосилова́я ~ power plant
установле́ние *с.* **1.** (*создание, осуществление*) establishment **2.** (*определение, измерение*) determination
~ **соедине́ния** *тлф.* setting-up a call, completion of a call
~ **соедине́ния, прямо́е** straight-forward trunking
усто́й *м.* (*моста*) abutment
кача́ющийся ~ hinged abutment
обсыпно́й ~ buried abutment
ря́жевый ~ log-crib abutment
сбо́рный ~ collapsible abutment
скры́тый ~ secret [dead] abutment
усто́йчивость *ж.* **1.** (*неизменность*) stability □ **наруша́ть** ~ disturb stability; **повыша́ть** ~ enhance [improve] stability; **придава́ть** ~ impart stability, stabilize; **сохраня́ть** ~ maintain stability; **ухудша́ть** ~ degrade [impair] stability **2.** (*невосприимчивость к воздействиям*) insensitivity (*to*), immunity (*to*), resistance (*to attack by*) □ **придава́ть** ~ **к возде́йствию** *чего-л.* make resistant to ..., render *smth.* immune to ...
апериоди́ческая ~ dead-beat stability
асимптоти́ческая ~ (*следящей системы*) absolute stability
аэродинами́ческая ~ aerodynamic stability
бокова́я ~ lateral(-directional) stability
~ **в длиннопериоди́ческом режи́ме** *ав.* long-period stability
~ **в короткопериоди́ческом режи́ме** *ав.* short-period stability
~ **в полёте** *ав.* inflight stability
~ **в свобо́дном полёте** free-flight stability
~ **в упру́гой о́бласти** elastic stability
гидродинами́ческая ~ hydrodynamic stability
~ **движе́ния** dynamic [motion] stability
~ **деформа́ции** strain stability
динами́ческая ~ dynamic stability
есте́ственная ~ inherent stability
~ **изображе́ния** *кфт.* screen steadiness
~ **ка́дра** *кфт.* picture steadiness
~ **к истира́нию** abrasion resistance
~ **к корро́зии** corrosion resistance
~ **к лоще́нию** glazing resistance
~ **к теплово́му старе́нию** heat-ageing resistance
~ **к утомле́нию** fatigue resistance

усто́йчивость
механи́ческая ~ mechanical stability
~ **нагру́зки** *эл.* load stability
~ **на ку́рсе сле́дования** *ав.* course(-keeping) stability
~ **на режи́ме балансиро́вки** *ав.* trim stability
~ **на режи́ме висе́ния** (*вертолёта*) hovering stability
~ **по ку́рсу** heading stability
попере́чная ~ *ав.* roll(ing) stability, stability in roll
~ **при фла́ттере** *ав.* flutter stability
продо́льная ~ *ав.* stability in pitch, longitudinal [pitch(ing)] stability
путева́я ~ *ав.* directional stability
~ **равнове́сия** stability of equilibrium, static stability
радиацио́нная ~ radiation resistance
со́бственная ~ inherent stability
стати́ческая ~ static stability, stability of equilibrium
структу́рная ~ structural stability
~ **су́дна на возду́шной поду́шке, вертика́льная** hovering stability
~ **су́дна на возду́шной поду́шке, горизонта́льная** heave stability
терми́ческая ~ thermal stability
термодинами́ческая ~ thermodynamic stability
термомехани́ческая ~ thermomechanical stability
~ **тече́ния** flow stability
упру́гая ~ elastic stability
фа́зовая ~ phase stability
ферментати́вная ~ resistance to enzymes
флю́герная ~ weathercock [arrow] stability
хими́ческая ~ chemical stability, chemical resistance
~ **частоты́** frequency stability (*чаще в значении* неусто́йчивость) □ ~ **частоты́ составля́ет,** *напр.* 5×10^{-6} frequency stability is five parts in a million [five parts in 10^6]
электродинами́ческая ~ electrodynamic stability
энтропи́йная ~ entropic stability
усто́йчив/ый *прил.* **1.** *хим.* (*о материале*) resistant to(wards) ... □ ~ **к возде́йствию ...** proof against (the action of ...) *пример*: **ка́бельная изоля́ция должна́ быть** ~**ой к возде́йствию ма́сла** the cable insulation should be proof against oil; **ма́гний усто́йчив по отноше́нию к кисло́там** magnesium is highly resistant towards acids **2.** □ ~ **по ...** *мат.* stable in the sense of ...
вну́тренне ~ *мат.* internally stable
~ **динами́чески** dynamically stable
устра́ивать *гл.* (*предпринимать шаги, планировать*) arrange; (*организовывать*) organize □ ~ **доро́гу** lay a road; ~ **доро́жную оде́жду** pave; ~ **кры́шу** install a roof

устране́ние *с.* elimination, removal; (*подавление*) suppression
~ **девиа́ции ко́мпаса** compass compensation
~ **неиспра́вностей** trouble-shooting
устрани́мый *прил.* eliminable, removable
устраня́ть *гл.* eliminate, remove, clear □ ~ **девиа́цию ко́мпаса** compensate a compass; ~ **дефе́кт** correct [eliminate] a trouble; ~ **коро́ткое замыка́ние** clear a short-circuit; ~ **неиспра́вность** correct [remove] a trouble [malfunction]; ~ **перегру́зку** correct [remove] overload; ~ **причи́ну неиспра́вности** remove the cause of a trouble [malfunction]; ~ **уте́чку** stop a leak(age)
устремля́ть *гл.* let *smth.* ... approach ..., allow *smth.* ... to approach ..., make *smth.* ... approach ..., let *smth.* ... increase toward ..., let *smth.* ... decrease toward ...
устро́йств/о *с.* **1.** (*приспособление, механизм и т. п.*) apparatus, arrangement, device, equipment, facility, means, gear **2.** (*конструкция, расположение*) arrangement, design □ **благодаря́ тако́му** ~**у ...** by this arrangement, ...
~ **авари́йной сигнализа́ции** alarm (device)
~ **автомати́ческого выра́внивания** *с.-х.* self-levelling device
автоно́мное ~ self-contained unit
автосцепно́е ~ automatic coupler equipment
амортизи́рующее ~ shock absorber
анало́говое ~ analog device
анало́говое, вычисли́тельное ~ analog computing device
анте́нное ~ (*собственно антенна, привод и опора*) scanner (assembly)
~ **АПВ** *эл.* automatic (circuit) recloser (*см. тж.* **АПВ**)
арифмети́ческое ~ *вчт.* arithmetic unit
ба́зовое ~ (*в приборах со сменными блоками втычного типа*) mainframe
балансиро́вочное ~ balancer
блоки́рующее ~ interlock
бры́згальное ~ spraying device
буквопеча́тающее ~ *полигр.* character printing device; *вчт.* alphabetic printer
букси́рное ~ towing arrangement, towing gear
бу́ферное ~ buffer (unit)
валоповоро́тное ~ barring [jacking, shaft-turning] gear
~ **вво́да** *вчт.* input device, input unit, input reader; (*перфокарточное*) card reader
~ **вво́да-вы́вода** *вчт.* input-output [I/O] device
взве́шивающее ~ weigher
видеоконтро́льное ~ [ВКУ] picture monitor
визи́рное ~ *кфт.* finder system

устройств/о

визи́рное, зерка́льное беспаралла́ксное ~ *кфт.* (through-the-lens) reflex view-finder system
вне́шние ~**а** *вчт.* peripheral equipment
водозабо́рное ~ water intake
водозабо́рное, высоконапо́рное ~ high-pressure water intake
водозабо́рное, низконапо́рное ~ low-pressure water intake
водоотво́дное ~ drainage facility
воздухоспускно́е ~ air bleeder
встря́хивающее ~ (*в пылевых фильтрах*) rapping gear
входно́е ~ input device, input unit
~ **вы́вода** *вчт.* output device, output unit; (*с записью*) output writer; (*с печатью*) output printer; (*перфокарточное*) (output) card punch
выводно́е ~ *полигр.* sheet delivery apparatus, delivery unit
выпрямля́ющее ~ rectifier (unit)
вытяжно́е ~ exhaust system
вычисли́тельное ~ computer, computing device
вычисли́тельное, навигацио́нное ~ navigation [flight] computer
газоочистно́е ~ gas-cleaning system, gas scrubber
грузово́е ~ *мор.* cargo(-handling) gear
грузоподъёмное ~ hoisting apparatus, hoisting gear
дальноме́рное ~ distance-measuring device; ranging unit
декоди́рующее ~ decoder
декомпрессио́нное ~ decompressor
демпфи́рующее ~ damping device, damper; *изм.* dash-pot
дифференци́рующее ~ *вчт.* differential analyser
~ **для маркиро́вки прово́дов** wire-marking machine
~ **для продо́льной ре́зки ле́нты** *полигр.* slitting machine
дози́рующее ~ metering device; (*отвешивающее, отмеривающее и т. п.*) measuring equipment
дрена́жное ~ drain(age) system
дугогаси́тельное ~ *эл.* arc control device
забо́рное ~ intake
загру́зочное ~ charging device
задаю́щее ~ *авт.* reference-input element, reference-input unit, control-point setting device
~ **заде́ржки** delay device
зажи́мное ~ clamping [holding] device
заземля́ющее ~ earthing [grounding] connection
запомина́ющее ~ *вчт.* storage, memory; *англ.* store □ **выводи́ть из запомина́ющего** ~**а** retrieve from storage [from memory]; **засыла́ть в запомина́ющее** ~ transfer to [enter into] storage [memory]; **обраща́ться к запомина́ющему** ~**у** access storage [memory]
запомина́ющее, автоно́мное ~ off-line storage, off-line memory
запомина́ющее, ана́логовое ~ analog storage, analog memory
запомина́ющее, ассоциати́вное ~ associative [content-addressable] memory
запомина́ющее ~ **без разруше́ния информа́ции (при счи́тывании)** nondestructive (read-out) storage, NDRO storage, nondestructive memory
запомина́ющее, бу́ферное ~ buffer storage, buffer memory
запомина́ющее, быстроде́йствующее ~ quick-access [rapid-access] storage, quick-access [rapid-access] memory
запомина́ющее, вне́шнее ~ [ВЗУ] external storage, external memory
запомина́ющее, вну́треннее ~ internal storage, internal memory
запомина́ющее, вспомога́тельное ~ auxiliary storage, auxiliary memory
запомина́ющее, динами́ческое ~ dynamic storage, dynamic memory
запомина́ющее, долговре́менное ~ permanent storage, permanent memory
запомина́ющее, магни́тное ~ magnetic storage, magnetic memory
запомина́ющее, магнитострикцио́нное ~ magnetostrictive (delay-line) storage, magnetostrictive (delay-line) memory
запомина́ющее, ма́тричное ~ matrix storage, matrix memory
запомина́ющее ~ **на бараба́нах** drum storage
запомина́ющее ~ **на ди́сках** disk storage, disk memory
запомина́ющее ~ **на ле́нтах** tape storage, tape memory
запомина́ющее ~ **на магни́тных ка́ртах** magnetic card storage, magnetic card memory
запомина́ющее ~ **на магни́тных плёнках** magnetic-film storage, magnetic-film memory
запомина́ющее ~ **на магни́тных серде́чниках** magnetic-core storage, magnetic-core memory
запомина́ющее ~ **на перфоле́нтах** punch tape storage
запомина́ющее ~ **на три́ггерах** flip-flop storage, flip-flop memory
запомина́ющее ~ **на ферри́товых серде́чниках** (ferrite) core storage, (ferrite) core memory
запомина́ющее ~ **на электроннолуче́вых тру́бках** cathode-ray tube memory, cathode-ray tube storage
запомина́ющее, односторо́ннее ~ read-only memory, ROM
запомина́ющее, операти́вное ~ on-line storage, on-line memory
запомина́ющее, опти́ческое ~ optical storage, optical memory
запомина́ющее, оптоэлектро́нное ~ optoelectronic (data) storage, optoelectronic (data) memory
запомина́ющее, после́довательное ~ serial(-access) storage, serial(-access) memory
запомина́ющее, постоя́нное ~ permanent [fixed] storage, permanent [fixed] memory
запомина́ющее, рабо́чее ~ working storage, working memory
запомина́ющее ~ **с бы́строй вы́боркой** quick-access [rapid-access] memory
запомина́ющее ~ **с нестира́емой за́писью** nonerasable storage, nonerasable memory
запомина́ющее ~ **со стира́емой за́писью** erasable storage, erasable memory
запомина́ющее ~ **с поразря́дной вы́боркой** bit-organized memory
запомина́ющее ~ **с произво́льной вы́боркой** random access storage, random access memory
запомина́ющее ~ **с прямо́й вы́боркой** (*слов или чисел*) word-organized [word-selection] storage, word-organized [word-selection] memory
запомина́ющее ~ **с разруше́нием информа́ции** volatile storage, volatile memory
запомина́ющее ~ **с совпаде́нием то́ков** coincident-current storage, coincident-current memory
запомина́ющее ~ **статúческого ти́па** static storage
запомина́ющее ~ **с центра́льным проце́ссором** on-line storage, on-line memory
запомина́ющее, три́ггерное ~ flip-flop storage, flip-flop memory
запомина́ющее, цикли́ческое ~ circulating [cyclic] storage, circulating [cyclic] memory
запомина́ющее, электроннолучево́е ~ cathode-ray tube memory
заря́дное ~ charging unit, charger
заря́дное, аккумуля́торное ~ battery charger
защи́тное ~ protection device; (*преимущественно механическое*) safe-guard
звукозапи́сывающее ~ sound recorder
золосмывно́е ~ ash sluicing device
золотопромы́вочное ~ gold washer
золоулови́тельное ~ fly-ash collector
измери́тельное ~ measuring device
индика́торное ~ *рлк.* display unit, indicator (unit), (radar) scope
интегри́рующее ~ integrator
ка́бельное ~ cable (hauling) gear
кернова́тельное ~ *нефт.* catcher, (split-ring) core lifter, spring lifter, core gripper
коди́рующее ~ coding device, (en)-coder

устро́йств/о

колошнико́вое ~ (blast-furnace) top arrangement
колошнико́вое, загру́зочное ~ top charging gear
контро́льное ~ monitor(ing device)
концево́е, ка́бельное ~ cable termination
копирова́льное ~ (*пантограф*) pantograph
корректи́рующее ~ 1. *авт.* compensator, compensating device, compensating network, equalizer □ **предусма́тривать корректи́рующее ~, *напр.* в цепи́** use [place] a compensator around, *e.g.*, a circuit **2.** *полигр.* error correcting device
кра́новое ~ (*бурильной машины*) crown block
ле́ерное ~ *мор.* life lines, life rails
лентопротя́жное ~ tape transport, tape-moving device
листовыводно́е ~ *полигр.* sheet delivery apparatus
листоотдели́тельное ~ *полигр.* sheet-separating unit
логи́ческое ~ logic unit
микрофо́нно-телефо́нное ~ microphone-earphone device
мно́жительно-дели́тельное ~ multiplication-division unit
мно́жительное ~ multiplier unit
модели́рующее ~ simulator
модели́рующее ~ в и́стинном масшта́бе вре́мени real-time simulator
набо́рное ~ (*телетайпа или старт-стопного телеграфного аппарата*) selector mechanism
нагру́зочное ~ loading device
нажимно́е ~ (*прокатного стана*) screw-down mechanism
нака́тное ~ *полигр.* inking unit
накладно́е ~ *полигр.* laying-in apparatus
намо́точное ~ coiler, winding machine
натяжно́е ~ (*для регулирования длины полосы*) *прок.* bridle, bridling equipment; (*ремённой или иной передачи*) tensioning device; (*конвейера*) take-up
натяжно́е, винтово́е ~ (*конвейера*) screw take-up; (*ремённой или иной передачи*) screw tensioner
натяжно́е, входно́е ~ *прок.* entry bridle
натяжно́е, выходно́е ~ *прок.* exit bridle
натяжно́е ~ цепно́й переда́чи chain tightener
~ обега́ющего контро́ля data logger
~ обрабо́тки да́нных data processor
~ обрабо́тки информа́ции data-processing unit
оконе́чное ~ terminal
оповести́тельное ~ annunciator
опу́дривающее ~ *пласт.* duster, powdering device

устро́йств/о

ороси́тельное ~ spraying device, spraying system
освети́тельное ~ lighting unit
основно́е ~ *вчт.* primary device
отклоня́ющее ~ deflector; (*в осциллоскопах, кинескопах*) deflection yoke
отсо́сное ~ *тепл.* aspirator
паропромы́вочное ~ steam washer, steam scrubber
переговóрное ~ intercom, intercommunication(s) system, interphone system
переговóрное, самолётное ~ (aircraft) intercommunication [interphone] system
перезапи́сывающее ~ transcriber
переключа́ющее ~ switching device
переключа́ющее ~ регулиро́вки напряже́ния под нагру́зкой on-load tap-changer
петлево́е ~ *прок.* looper
печа́тающее ~ printer
печа́тающее, автоно́мное ~ off-line printer
печа́тающее ~ бараба́нного ти́па drum-type printer
печа́тающее, бу́квенно-цифрово́е ~ alpha(nu)merical printer
печа́тающее, выходно́е ~ output printer
печа́тающее ~ колёсного ти́па wheel printer
печа́тающее, ма́тричное ~ wire-matrix impact printer
печа́тающее, неавтоно́мное ~ on-line printer
печа́тающее, операти́вное ~ (*работающее в системном режиме*) on-line printer
печа́тающее, постро́чно ~ line [line-at-a-time] printer
печа́тающее, ротацио́нное ~ on-the-fly printer
печа́тающее, цепно́е ~ chain printer
печа́тающее, цифрово́е ~ numeric(al) printer
печа́тающее, шта́нговое ~ bar printer
печа́тающее, электромехани́ческое ~ electromechanical printer
печа́тающее, электро́нное ~ electronic printer
печа́тающее, электростати́ческое ~ electrostatic printer
пита́ющее ~ feeding device, feeder
погру́зочно-разгру́зочные ~а handling facilities
~ подгото́вки входны́х да́нных *вчт.* input preparation equipment
подпи́точное ~ *тепл.* make-up system
подъёмное ~ hoisting equipment, hoisting gear
предохрани́тельное ~ (*механического типа*) (safe)guard
приводно́е ~ drive

устро́йств/о

противообледени́тельное ~ (*предотвращающее образование льда*) anti-icing device; (*удаляющее образовавшийся лёд*) de-icer
противоотма́рочное ~ *полигр.* offset preventing unit
противоперегру́зочное ~ *ав.* anti-g device
противопомпа́жное ~ antisurge device
противоуго́нное ~ anti-theft device
пусково́е ~ starting device, starter
путевы́е ~а wayside apparatus, track arrangement
радиопередаю́щее ~ radio transmitter
радиоприёмное ~ radio receiver
развёртывающее ~ scanner, scanning system
развёртывающее ~ бараба́нного ти́па (*в фототелеграфии*) drum-type scanner
развёртывающее ~ плоскостно́го ти́па (*в фототелеграфии*) flat-bed scanner
развёртывающее ~ ти́па «бегу́щий луч» (*в фототелеграфии*) flying-spot scanner
разгру́зочное ~ unloading installation, discharging device
раскатно́е ~ 1. *полигр.* inker unit **2.** *эл.* reeling-out unit
раска́точное ~ *рез.* unwinding device
~ распознава́ния зна́ков character recognition machine
~ распознава́ния о́бразов pattern recognition machine
распредели́тельное ~ *эл.* switch-gear
распредели́тельное, закры́тое ~ *эл.* indoor switch-gear
распредели́тельное, компле́ктное ~ *эл.* factory-assembled switch-gear
распредели́тельное, откры́тое ~ *эл.* outdoor switch-gear
распредели́тельное ~ сбо́рного ти́па *эл.* cubicle-type switch-gear
распы́ливающее ~ sprayer unit
рассти́лочное ~ *с.-х.* spreading device
расто́почное ~ lighting-up equipment
~ регистра́ции произво́дственных да́нных process data logger
регули́рующее ~ regulator [governor] device
резе́рвное ~ stand-by facility, back-up device
рулево́е ~ *мор.* steering gear
рыбозащи́тное ~ fish protection structure
рыбопропускно́е ~ fish pass
~ СДЦ с однокра́тным вычита́нием single(-subtraction) canceller
сма́зочное ~ lubricator
смеси́тельное ~ mixing device, mixer

устро́йств/о
согласу́ющее ~ matching device
спаса́тельное ~ *мор.* life-saving appliance
спусково́е ~ 1. *мор.* launching arrangement **2.** *кфт.* (shutter) release
сра́внивающее ~ comparator
ста́лкивающее ~ (*с конвейера*) tripper
станцио́нные ~а station accomodation, station facilities
стира́ющее ~ eraser
сто́порное ~ (*сталеразливочного ковша*) stopper-rod device
сужа́ющее ~ *гидр.* restriction, contraction
сумми́рующее ~ (*аналоговое*) summer, summator; (*цифровое*) adder
сцепно́е ~ coupler
счётно-реша́ющее ~ computing device, computer
счётно-реша́ющее, навигацио́нное ~ navigation computer
счи́тывающее ~ *вчт.* reader, reading machine
счи́тывающее, алфави́тно-цифрово́е ~ alphanumeric reader
счи́тывающее, опти́ческое ~ optical reader
счи́тывающее ~, рабо́тающее с бума́жным носи́телем paper reader
счи́тывающее, фотоэлектри́ческое ~ photoelectric reader
счи́тывающее, электромехани́ческое ~ electromechanical reader
телеизмери́тельное ~ telemetering device
тормозно́е ~ (*для спуска судна на воду*) arresting [checking] arrangement
транскоди́рующее ~ transcoder
тягодутьево́е ~ draft system
тя́нущее ~ (*волочильного стана*) draw-out equipment
увлажни́тельное ~ *лес.* humidifier
~ ультразвуково́й сва́рки ultrasonic welding [bonding] machine
уплотни́тельное ~ sealing device
~ управле́ния control unit
~ устано́вки нуля́ (*регулятора*) origin-shift device
устано́вочное ~ adjusting device, adjuster
фазосдвига́ющее ~ phase shifter
фокуси́рующее ~ focuser
фотопеча́тающее ~ photoprinter
хрони́рующее ~ timer, synchronizer
цветодели́тельное ~ *полигр.* colour separator
цейтра́ферное ~ *кфт.* time-lapse mechanism
цепенатяжно́е ~ chain tightener
цифрово́е ~ digital device
чита́ющее ~ (*для чтения текстов*) *вчт.* reader, reading machine
швар́то́вное ~ mooring gear, mooring arrangement
шле́пперное ~ *прок.* transfer arrangement

устро́йств/о
шлю́почное ~ (*для спуска на воду*) boat(-handling) gear
шумозащи́тное ~ на приём *тлф.* receiving-and-antinoise device
экипиро́вочное ~ *ж.-д.* servicing facilities
электро́нное ~ electronic device
электропрои́грывающее ~ («*вертушка*») turntable
я́корное ~ anchor(-handling) gear
я́корно-швартóвное ~ ground tackle
усту́п *м.* **1.** shelf, ledge **2.** *горн.* bench **3.** *мет.-об.* shoulder □ **подреза́ть ~** (*на детали*) shoulder a work-piece
~ усто́я abutment ledge
у́стье *с.* mouth
~ рвани́ны apex of a tear
~ ствола́ *горн.* shaft collar
~ то́пки stoke hole
~ тре́щины mouth of a crack
~ фу́рмы nose of a tuyere
~ ци́нковой рето́рты nose of a zinc retort
~ што́льни entrance of an adit
усу́шка *ж.* **1.** (*потеря веса*) drying loss **2.** (*процесс*) drying-up
~ древеси́ны shrinkage of wood
усы́ *мн. м.* (*нитевидные монокристаллы*) whiskers
усыха́ть *гл.* dry up, shrivel
ута́пливать *гл.* recess, sink
у́тварь *ж.* utensils
утвержда́ть *гл.* assert, affirm, state
утвержде́ние *с.* assertion, statement
и́стинное ~ true statement
ло́жное ~ false statement
обра́тное ~ the converse
утепле́ние *с.* (*не путать с* обогре́вом) (wrapping *or* jacketing for) warmth-keeping (*not to be confused with* heating)
утепли́тель *м.* warmth-keeping jacket, warmth-keeping lagging
утепля́ть *гл.* encase [jacket, lag] for warmth-keeping
уте́чк/а *ж.* leak(age) □ **дава́ть [име́ть] ~у** leak; **обнару́живать ~у** locate [spot] a leak(age)
~ ва́куума vacuum leak(age)
~ в гидросисте́ме hydraulic leak(age)
~ га́за в атмосфе́ре gas leak(age) to atmosphere
~ га́за ***или*** **паро́в из за́мкнутого простра́нства** egress of fumes *or* vapours
~ давле́ния pressure loss
~ на зе́млю ground leak(age)
~ на ко́рпус 1. *рад., элн.* leak(age) to chassis ground **2.** *эл.* leak(age) to frame
пове́рхностная ~ surface leak(age)
утилиза́ция *ж.* (*скрапа, лома*) salvaging; (*отбросного тепла*) waste [wastage] recovery; (*отходов*) reclamation

утилизи́ровать *гл.* (*скрап, лом*) salvage; (*отбросное тепло*) recover; (*отходы*) reclaim
утили́та *ж.* *вчт.* utility (program)
утильрези́на *ж.* scrap rubber
утильсырьё *с.* scrap (material), waste material(s), recoverable refuse
у́тка *ж.* **1.** *мор.* belaying cleat **2.** (*аэродинамическая схема самолёта*) canard (configuration)
утлега́рь *м.* *мор.* jib-boom
уто́к *м.* weft
утолща́ть *гл.* thicken, build up in thickness
утолще́ние *с.* increased thickness; (*вздутие, выпуклость*) swell(ing), bulge; (*по краю*) bead
~ пограни́чного сло́я boundary layer growth
утомле́ние *с.* fatigue
динами́ческое ~ dynamic fatigue
зри́тельное ~ eye fatigue, eye strain
утомля́ть *гл.* fatigue, tire
утоне́ние *с.* thinning
~ листово́го материа́ла при вы́тяжке ironing
уто́п *м.* (*затонувшие лесоматериалы*) sinkage
утопи́тель *м.* **поплавка́** float depressor
уто́пленный *прил.* (*в конструкцию*) buried, recessed; (*впотай*) countersunk; (*заподлицо*) flush (with)
уто́р *м.* (*кольцевой паз внутри бочки, чана*) chime
уто́рник *м.* *лес.* grooving tool
уто́чина *ж.* *текст.* weft
уточне́ние *с.* refinement, redetermination, revision
~ зада́чи refinement of a problem
уточня́ть *гл.* refine, redetermine, revise, define more exactly, render more precise; correct, make specific, improve the accuracy of ... □ **~ да́нные** ascertain data; **~ наименова́ние** *вчт.* qualify the name; **~ соста́в бето́на** adjust the trial proportions
утра́ивать *гл.* triple, treble
утрамбо́вывать *гл.* ram, tamp, pack
утрое́ние *с.* tripling, trebling
утро́итель *м.* trebler, tripler
~ частоты́ frequency tripler
утру́ска *ж.* spillage
утфелемеша́лка-кристаллиза́тор *м.* crystallizing tank, crystallizer
у́тфель *м.* dry sugar boiling
утю́г *м.* (*для глажения ткани*) (flat) iron, (pressing) iron
доро́жный ~ drag planer
доро́жный ~ со щётками broom drag
электри́ческий ~ electric iron
утю́жить *гл.* (*гладить*) iron, press □ **~ доро́жное покры́тие** drag a pavement
утяжеле́ние *с.* **1.** charging, loading **2.** *текст.* weighting

утяжели́тель *м.* 1. *горн.* weighting material; *нефт.* mud weighting material 2. *кож.* filler
утяжеля́ть *гл.* charge, load, make heavy, weight
утя́жина *ж. мет.* shrinkage cavity
уха́живать *гл.* (*обслуживать, содержать*) attend to, service
у́хо *с.* (*приспособление*) ear, lug
буксиро́вочное ~ towing lug
ухо́д *м.* 1. (*обслуживание, содержание*) care, upkeep, servicing, attendance, maintenance □ **не тре́бующий ~а** maintenance-free 2. (*отклонение*) drift
~ гироско́па в результа́те враще́ния Земли́ apparent precession
~ гироско́па, постоя́нный long-time gyro drift
~ гироско́па, со́бственный drift
~ за бето́ном curing (of) concrete
~ на второ́й круг *ав. англ.* overshoot; *амер.* go-around procedure □ **выполня́ть ~ на второ́й круг** go round; carry out the missed approach procedure; carry out the baulked landing procedure
~ на второ́й круг с захо́да missed-approach procedure
~ на второ́й круг с поса́дки baulked landing procedure
~ частоты́ frequency drift, frequency departure
ухудше́ние *с.* deterioration, decline, impairment, worsening
~ эксплуатацио́нных показа́телей degradation of performance, loss in performance
уча́ст/ок *м.* section; (*производственный*) bay
~ взлёта (*взлётной траектории*) take-off leg
лесозаготови́тельный ~ logging unit
лине́йный ~ *эл.* line section
лите́йный ~ foundry bay
~ маршру́та *ав.* leg
~ па́мяти area
~ па́мяти для приёма вводи́мой информа́ции input area
~ па́мяти для хране́ния выводи́мой информа́ции output area
~ па́мяти, непреры́вный contiguous storage area
перепри́ёмный ~ *свз.* repeater leg
~ програ́ммы, цикли́ческий *вчт.* iteration loop
~ радиореле́йной ли́нии hop of a radio-relay link
~ це́пи *эл.* subcircuit
~ це́пи, повреждённый *эл.* faulty subcircuit □ **снима́ть напряже́ние с повреждённого ~ка це́пи** de-energize a faulty subcircuit
уче́ние *с.* 1. training, drill, studies 2. (*теория*) theory, teaching
пожа́рное ~ fire drill
учёт *м.* 1. (*в различных значениях*) account □ **без ~а** ignoring *пример*: **без ~а потерь мо́щность составля́ет ...** ignoring losses, the power is ...; **при пра́вильном ~е напряже́ния безопа́сны** stresses are not troublesome if properly provided for; **при ~е** allowing for *пример*: **при ~е ослабле́ния потéри мо́гут ...** allowing for attenuation, the loss may be ...; ... **с ~ом, напр. уравне́ния (а)** subject to, *e.g.*, equation (a) 2. (*бухгалтерский*) (cost) accounting □ **производи́ть ~** take stock (*of goods*) 3. (*ведение документации*) record-keeping 4. (*регистрация отпущенной электроэнергии, газа и т. п.*) metering; (*выставление счетов*) billing 5. (*подачи воды, газа, тепла и т. п. по квартирам, зданиям*) (*water, gas, steam*) costing (system)
учётчик *м.* 1. accountant 2. (*документации*) record-keeper
учи́тыва/ть *гл.* 1. take account of ..., take into account, allow for □ **~ влия́ние** *какого-л.* **фа́ктора на результа́т измере́ния** correct for a factor in the result; **не ~я** disregarding, ignoring; **~ться с по́мощью ...** be accounted for by, be taken into account by means of ... *пример*: **возде́йствие среды́ учи́тывается с по́мощью ря́да фа́кторов** the influence of the medium is taken into account by means of certain factors; **движе́ние заря́дов ~ется проница́емостью** the motions of charges are taken into account by the permittivity 2. (*осуществлять бухгалтерский учёт*) keep account of 3. (*вести документацию*) keep records 4. (*регистрировать отпущенную электроэнергию, газ и т. п.*) meter 5. (*дисконтировать*) *эк.* discount
уширéние *с.* broadening, spread widening
аппарату́рное ~ instrumental broadening
боково́е ~ *прок.* lateral spread
до́плеровское ~ Doppler broadening
~ ли́нии *физ.* line broadening
~ луча́ *рлк.* beam spread, beam divergence
попере́чное ~ *прок.* lateral spread
~ пучка́ *рлк.* beam spread, beam divergence
свобо́дное ~ *прок.* free [unrestricted] spread
~ сопла́ expansion [nozzle area] ratio
~ спектра́льной ли́нии line spreading
стеснённое ~ *прок.* restricted [suppressed] spread
теплово́е ~ thermal broadening
уда́рное ~ collision broadening
ушири́тель *м. горн.* reamer
~ дрена́жно-кротово́го ору́дия mole expander, mole follower
~ дрена́жно-кротово́го ору́дия, шарово́й mole ball
~ зу́ба рыхли́теля cutter wing
ушир́яться *гл.* broaden, diverge, spread
ушко́ *с.* eye, eyelet, ear; lug
~ га́лева *текст.* end [heald end] loop
натяжно́е ~ tightening ear
~ рессо́ры spring eye
уще́рб *м.* damage, injury, harm, detriment □ **в ~** to the detriment (of), to the prejudice (of); **~ в результа́те недода́чи эне́ргии** cost of energy [power] not supplied, cost of supply lost; **наноси́ть ~** damage, injure, impair
уязви́мость *ж.* vulnerability (to)

Ф

фа́брика *ж.* 1. factory 2. (*часть металлургического комбината*) plant
агломерацио́нная ~ sintering plant
бума́жная ~ paper mill
картона́жная ~ carton factory
конди́терская ~ confectionery
консе́рвная ~ cannery
ме́бельная ~ furniture factory
о́бжиговая ~ roasting plant
обогати́тельная ~ concentrating [dressing] mill
обувна́я ~ shoe [foot-ware] factory
~ приготовле́ния ока́тышей pelletizing plant
пряди́льная ~ spinning mill
таба́чная ~ tobacco processing plant
тка́цкая ~ weaving mill
трикота́жная ~ knitting mill
хлопкопряди́льная ~ cotton spinning mill
фабрика́т *м.* product, ware
фаденшти́хель *м. полигр.* dot-raising tool
фа́з/а *ж.* 1. (*в теории колебаний и волн, термодинамике, электротехнике*) phase □ **в ~е** in phase; **не в ~е** out of phase; **обеспе́чивать опереже́ние по ~е** advance a phase; **осажда́ть** *какую-л.* **~у** precipitate a phase, cause a phase to precipitate; **отлича́ться [различа́ться] по ~е** differ [be different] in phase; **отстаю́щий по ~е** lagging [retarding] in phase; **противополо́жный по ~е** opposite in phase, out of phase by π, in anti-phase; **сдви́нутый по ~е** out of phase; displaced in phase; **совпада́ющий по ~е** in phase 2. (*стадия, этап*) phase, stage □ **устана́вливать ~у** *вчт.* set a phase, set the (*so-and-so*) phase condition
беспоря́дочная ~ random phase
во́дная ~ aqueous phase
временна́я ~ time phase
га́зовая ~ gas(eous) phase
газообра́зная ~ gas(eous) phase
грани́чная ~ boundary phase

фа́з/а
диспе́рсная ~ disperse(d) [discontinuous] phase
дифференциа́льная ~ *тлв.* differential phase
жи́дкая ~ liquid phase
~ за́паха, втора́я middle note
~ за́паха, пе́рвая first note, topnote
~ за́паха, тре́тья basic [lingering, residual] note
исполни́тельная ~ (*программы или команды*) *вчт.* execute phase
испра́вная ~ *эл.* sound [healthy] phase
конденси́рованная ~ condensed phase
~ кристаллиза́ции crystallization phase
кристалли́ческая ~ crystal(line) phase
~ Луны́ phase of the Moon, lunar phase
мёртвая ~ *хим.* dead [weak] phase
метастаби́льная ~ metastable phase
нача́льная ~ (*периодического колебания*) epoch (angle), initial phase
неиспра́вная ~ *эл.* faulty [faulted] phase
нейтра́льная ~ neutral phase
непреры́вная ~ (*в дисперсионных средах*) continuous phase
норма́льная ~ (*несверхпроводящая*) normal phase
обра́тная ~ reversed phase
одноро́дная ~ continuous phase
основна́я ~ master phase
отрица́тельная ~ minus phase
парова́я ~ vapour phase
парообра́зная ~ vapour phase
перехо́дная ~ transition phase
~ поко́я dwell phase
положи́тельная ~ plus phase
произво́льная ~ arbitrary phase
промежу́точная ~ intermediate phase
противополо́жная ~ opposite [reversed] phase, antiphase
ра́бочая ~ (*стартстопного телеграфного аппарата*) range
~ рассе́яния scattering phase
~ раствори́теля solvent phase
расще́пленная ~ split phase
сверхпроводя́щая ~ superconducting phase
си́гма-~ *мет.* sigma phase
сопряжённая ~ conjugate phase
стациона́рная ~ stationary phase
стеклови́дная ~ vitreous phase
твёрдая ~ solid phase
фази́рование *с.* phasing(-in) □ **осуществля́ть ~** (*в фототелеграфии*) bring about phase coincidence
фази́ровать *гл.* phase
фазиро́вка *ж.* phasing(-in)
~ трансформа́торов paralleling of transformers
фазитро́н *м.* phasitron
фазовраща́тель *м.* phase shifter, phase inverter
индукцио́нный ~ Helmholtz-coil phase shifter
~ с подви́жной диэлектри́ческой пласти́нкой dielectric-vane phase shifter
~ с удлини́телем ли́нии line-stretcher phase shifter
фазовыра́вниватель *м.* phase equalizer
фазо́граф *м.* phasograph
фазоинве́ртор *м.* phase inverter
фазоиндика́тор *м.* phase monitor
фазокомпенса́тор *м.* phase compensator, phase advancer, phase equalizer
фазокомпенса́ция *ж.* phase compensation
фазо́метр *м.* phase-meter, power-factor indicator
фазомодуля́тор *м.* phase modulator
фазопреобразова́тель *м.* phase converter
фазорасщепи́тель *м.* phase splitter, phase separator
фазорасщепле́ние *с.* phase splitting
фазорегуля́тор *м.* phase shifter
фазотро́н *м.* phasotron, synchrocyclotron, frequency-modulated cyclotron
фазотропи́я *ж.* phasotropy, dynamic isomerism
фазоуказа́тель *м.* phase(-sequence) indicator
фазоустанови́тель *м. тлг.* range [margin] adjuster
фазочувстви́тельный *прил.* phase-sensitive
файл *м. вчт.* file □ **закрыва́ть ~** close a file; **открыва́ть ~** create [open] a file; **проверя́ть ~ на достове́рность** check [verify] a file for validity
вспомога́тельный ~ optional file
основно́й ~ master file
~ с истёкшим сро́ком хране́ния expired file
~ с неистёкшим сро́ком хране́ния unexpired file
файншт́ейн *м.* converter matte
фа́кел *м.* **1.** torch, flare **2.** (*пламени*) jet, tongue **3.** *св.* envelope [outer] flame □ **~ уменьша́ется** the flame drops
веерообра́зный ~ *св.* fan-shaped flame
высокотемперату́рный ~ hot flame
~ выхлопны́х га́зов *ав.* tail cone, exhaust flame
дальнобо́йный ~ long flame
~ дви́гателя engine plume, flame pattern
~ дуги́ *св.* arc flame
пусково́й ~ pilot [initial, starter] flame, pencil of flame, starting torch
~ раке́тного дви́гателя rocket blast
~ распы́ла spray cone
растопо́чный ~ pilot [ignition] flame
светя́щийся ~ luminous flame
факси́миле *с.* facsimile
фа́ктис *м.* factice, oil rubber
бе́лый ~ white factice
све́тлый ~ white factice
тёмный ~ dark [black, brown] factice
чёрный ~ dark [black, brown] factice
фа́ктор *м.* factor (*см. тж.* **коэффицие́нт**)
амплиту́дный ~ amplitude [crest, peak] factor
анаморфо́тный ~ *опт.* anamorphosing factor, anamorphic ratio
~ы вне́шней среды́ на рабо́чем ме́сте (*воздействующие на человека*) environment factors
га́зовый ~ *нефт.* gas factor
~ деле́ния (*судна*) factor of subdivision
~ интенси́вности 1. force factor **2.** (*света*) beam factor
~ му́тности turbidity factor
определя́ющий ~ determining factor
~ повторя́емости *крист.* multiplicity factor
поляризацио́нный ~ polarization factor
режи́мный ~ operation condition, operation factor
~ светофи́льтра filter factor
~ симметри́и symmetry factor
стери́ческий ~ steric factor
структу́рный ~ structure factor
структу́рный, геометри́ческий ~ (*в физике твёрдого тела*) form factor
структу́рный, электро́нный ~ electron structure factor
температу́рный ~ temperature factor
~ фо́рмы *эл.* form factor
челове́ческий ~ (*совокупность физиологических и психологических особенностей человека, оказывающих влияние на эффективность его деятельности в системе человек — машина*) human factor
факториа́л *м. мат.* factorial
двойно́й ~ double factorial
факториза́ция *ж. мат.* factorization
факторизу́емость *ж. мат.* factorability
факторизу́емый *прил. мат.* factorable
факто́рия *ж.* trading station
фа́ктор-мо́дуль *м.* factor [difference] module
фа́ктор-простра́нство *с.* factor [quotient, coset] space
факту́ра *ж.* pattern, texture
~ лицево́й пове́рхности (*строительного камня*) face finish
~ лицево́й пове́рхности (*строительного камня*), **боро́здчатая** corrugated (face) finish
~ лицево́й пове́рхности (*строительного камня*), **то́чечная** pointed (face) finish
фал *м. мор.* halyard, halliard □ **~ пропу́щен че́рез блок** the fall-line is rove through a block

фал
~ для выхода в космос fly-away [EVA] umbilical cord
сигнальный ~ flag [signal] halyard
фалец *м.*, **дверной** frame ledge of door
фалинь *м. мор.* (boat's) painter
фалреп *м. мор.* manrope, side rope
фальсификация *ж. пищ.* adulteration
фальстем *м. мор.* stem apron
фальц *м.* **1.** *полигр.* fold **2.** *дер.-об.* rabbet □ **выбирать ~** rabbet **3.** (*кровельный шов*) seam □ **уплотнять ~** clinch a seam tight
лежачий ~ flat seam
ножевой ~ blade fold
поперечный ~ cross fold
продольный ~ length [longitudinal] fold
стоячий ~ standing seam
фальцаппарат *м. полигр.* folding apparatus, folder
двухворончный ~ double former folder
журнальный ~ magazine folder
~ переменного формата variable folder
~ ротационной печатной машины rotary folder
фальцбейн *м. полигр.* hand folder
фальцгобель *м.* fillister, rabbet-plane
фальцевание *с. полигр. см.* **фальцовка**
фальцевать *гл.* **1.** *полигр.* fold **2.** *дер.-об.* rabbet
фальцмашина *ж.* folder, folding machine
двойная ~ double-sixteen folder
двухтетрадная ~ double-sixteen folder
кассетная ~ buckle section folder
комбинированная ~ combination parallel and right-angle folder
ножевая ~ knife folder
фальцнож *м. полигр.* folding blade
фальцовка *ж.* **1.** *полигр.* folding **2.** (*инструмент*) *дер.-об.* fillister, rabbet-plane **3.** (*операция*) *дер.-об.* rabbeting
~ «гармошкой» accordion folding
двухсгибная ~ 8-page signature folding
односгибная ~ 4-page signature folding
параллельная ~ parallel folding
перпендикулярная ~ right-angle folding
трёхсгибная ~ 16-page signature folding
четырёхсгибная ~ 32-page signature folding
фальцовщик *м. полигр.* folder
фальчик *м. полигр.* hinge
фальшборт *м. мор.* bulwark
фальшдержавка *ж. ав.* dummy sting, dummy strut, dummy support
фальшкиль *м. мор.* false keel, keel shoe
фальшфейер *м. мор.* blue light
фанера *ж.* (*клеёная*) plywood; (*однослойная*) veneer

фанера
армированная ~ reinforced veneer
венированная ~ veneered stock, plywood plus
водостойкая ~ water-proof veneer
декоративная ~ figured veneer
клеёная ~ plywood, scaleboard
лущёная ~ cut veneer
металлизированная ~ metal-faced veneer
многослойная ~ multiply plywood
ножевая ~ sliced veneer
огнестойкая ~ fire-proof veneer
пилёная ~ sawn [sawed] veneer
резаная ~ sliced veneer
~, склеенная горячим способом resin-bonded plywood
строганая ~ sliced veneer
фанерование *с.* veneering
фантастрон *м.* phantastron
ФАПЧ [**фазовая автоматическая подстройка частоты**] **1.** (*действие*) phase-lock control; (*режим захвата и удержания синхронизации*) lock-(on) mode **2.** (*устройство*) phase-lock loop, PLL
фара *ж.* head-light, head-lamp
авиационная, взлётно-посадочная ~ take-off and landing lamp
авиационная, посадочная ~ landing lamp □ **«обозначьте себя ~ми!»** (*команда с КДП самолёту*) "show landing lights!"
авиационная, посадочно-рулёжная ~ land/taxi lamp
авиационная, рулёжная ~ taxi light
~ ближнего света auxiliary head-light
~ дальнего света head-light
добавочная ~ auxiliary head-light
задняя ~ reversing light
неослепляющая ~ nonglare [antiglare, antidazzle] head-light
поворотная ~ swivelling head-light
противотуманная ~ fog head-light, anti-fog head-lamp
~ с козырьком hooded head-lamp
убирающаяся ~ flip-up head-lamp, retractable (head-)lamp
утопленная ~ built-in [recessed] head-light, faired-in head-lamp
фарада *ж.* (*единица электрической ёмкости в системе СИ*) farad, F
фарадей *м.* (*внесистемная единица электрического заряда*) faraday, Faraday constant
фарадизация *ж.* faradization, faradism
фарадметр *м.* faradmeter, capacitance meter
фарватер *м.* fairway
фаринограмма *ж.* farinogram
фаринограф *м.* farinograph, farinometer
фаринотом *м.* farinotom
фармакология *ж.* pharmacology
фармакопея *ж.* pharmacopoeia

фармакохимия *ж.* pharmaceutical chemistry
фармацевт *м.* pharmaceutist
фармацевтика *ж.* pharmacy
фартук *м.* apron
~ комбайна hinged baffle
~ крыла *авто* mudguard [fender] flap, fender apron, mud cover
~ молотилки bluff board, deflector curtain
~ подбарабанья concave deflector
~ рабочего стола bench apron
~ соломотряса check flap, check board, straw check, grain check canvas
~ станка (lathe) apron
фарфор *м.* porcelain, china
китайский ~ China porcelain
«костяной» ~ bone china
литой ~ wet-process porcelain
мягкий ~ soft [fused] china, soft-paste porcelain
прессованный ~ dry-process porcelain
твёрдый ~ hard(-paste) porcelain, hard china
формованный ~ wet-process porcelain
фриттовый ~ fritted porcelain
цирконовый ~ zircon porcelain
яшмовый ~ jasperated china
фаршемешалка *ж.* mince meat mixer
фасад *м.* front, facade, face □ **~ом к ...** front on ...
боковой ~ side face, flank front
выступающий ~ avant-corps
главный ~ principal front
задний ~ back elevation
~ здания elevation [face] of building
передний ~ front elevation
торцовый ~ flank front
фасетка *ж. опт.* facet
фаск/а *ж.* **1.** *стр.* facet, chamfer, face [level, chamfered] edge; *арх.* fascia □ **снимать ~у** chamfer **2.** *полигр.* bevel
фасовать *гл.* pack; fill □ **~ по весу** pack [fill] by weight; **~ по объёму** pack [fill] by volume
фасовка *ж.* packing; filling
фасонирование *с.* forming, shaping
фасонный *прил.* shaped
фау-код *м.* Barker code
фаут *м. лес.* flaw
фаутный *прил.* (*о древесине*) doty
фахверк *м.* framed structure, framework, framing
деревянный ~ half-timbered framework, timber framing
кирпично-деревянный ~ post-and-pan framing
фацет *м. полигр.* bevel
фацетирование *с. полигр.* bevelling
фашина *ж.* fascine, faggot, brush
анкерная ~ anchoring fascine
погружённая ~ water fascine
фашинизация *ж.* reinforcement with fascines

фаэто́н *м.* phaeton, convertible, drop-head coupé, tourer
фая́нс *м.* faience, earthenware
гли́нистый ~ clay faience
известко́вый ~ lime faience
полевошпа́тный ~ feldspar faience
санита́рный ~ sanitary ware
твёрдый ~ hard faience
хозя́йственный ~ household faience
худо́жественный ~ ornamental faience
фе́динг *м.* fading, fade
~ тормозо́в brake fading
фе́мто ... (*десятичная дольная приставка, означающая 10^{-15}*) femto, f
фемтоме́тр *м.* **[ФМ]** (*внесистемная единица длины*) *яд. физ.* femtometer, fm
фен *м.* drying fan, hand hair drier
фени́л *м.* phenyl
фенитиза́ция *ж.* fenitization
фенокриста́лл *м.* phenocryst
фено́л *м.* phenol
фенопла́ст *м.* phenolic plastic
фе́рма *ж.* **1.** *стр.* truss, girder **2.** *с.-х.* farm
а́рочная ~ arched girder
ба́лочная ~ girder
вися́чая ~ suspension girder
животново́дческая ~ stock-rearing [stock-raising] farm
животново́дческая, племенна́я ~ breeding stock-rearing farm
животново́дческая, това́рная ~ commercial farm
зверово́дческая ~ beast breeding farm
конево́дческая ~ horse breeding farm
консо́льная ~ cantilever truss
моло́чная ~ dairy farm
мя́со-моло́чная ~ meat and milk production farm
неразрезна́я ~ continuous girder
ни́зкая ~ low truss
овощево́дческая ~ vegetable farm
овцево́дческая ~ sheep-producing [sheep-rearing] farm
одностое́чная ~ king-post truss
пло́ская ~ plane girder, flat truss
полигона́льная ~ polygonal truss
продо́льная ~ lateral truss
простра́нственная ~ space truss, space framework
птицево́дческая ~ poultry farm
ра́мная ~ frame girder
раско́сная ~ girder frame
решётчатая ~ trellis [lattice] girder, lattice work
решётчатая, пряма́я ~ trussed rafter
свиново́дческая ~ hog [pig]-raising farm
сквозна́я ~ through truss, trussed girder
сквозна́я, ба́лочная ~ braced girder
~ с криволине́йным по́ясом curved-rib truss
~ с кривы́м по́ясом bow girder

фе́рма
стати́чески неопредели́мая ~ statically indeterminate truss
стати́чески определи́мая ~ statically determinate truss
~ с треуго́льной решёткой simple framework
строи́тельная ~ erection truss
стропи́льная ~ principal
стропи́льная, а́рочная ~ arched principal
стропи́льная ~ с затя́жкой couple-close truss
шарни́рная ~ hinged truss, pin-connected frame
шпре́нгельная ~ trussed girder
ферме́нт *м.* ferment, enzyme
фермента́ция *ж.* fermentation
ферментёр *м.* fermenter
ферменти́ровать *гл.* ferment
ферментогра́мма *ж.* fermentogram
ферменто́граф *м.* fermentograph
ферменто́метр *м.* fermentometer
фе́рми *м.* *уст.* *см.* **фемтоме́тр**
фе́рмий *м.* fermium, Fm
фермио́н *м.* fermion
фермово́з *м.* girder-carrier truck, frame-carrier lorry
ферни́ко *м.* (*железокобальтоникелевый сплав*) fernico
ферра́т *м.* ferrate
ферри́д *м.* (*геркон на феррите*) ferreed
ферримагнети́зм *м.* ferrimagnetism
ферримагне́тик *м.* ferrimagnetic (material)
ферри́стор *м.* ferristor
ферри́т *м.* ferrite
избы́точный ~ proeutectoid ferrite
куби́чески-центри́рованный ~ body-centered ferrite
поликристалли́ческий ~ polycrystalline ferrite
свобо́дный ~ free [hypoeutectoid] ferrite
слои́стый ~ laminated ferrite
~ со структу́рой шпине́ли spinel ferrite
~ с прямоуго́льной пе́тлей гистере́зиса square-loop ferrite
ферромагни́тный ~ ferrogarnet
ферри́т-грана́т *м.* iron garnet
~ гадоли́ния gadolinium iron garnet, GIG
~ евро́пия europium iron garnet, EIG
~ и́ттрия yttrium iron garnet, YIG
~ те́рбия terbium iron garnet, TIG
ферритиза́тор *м.* ferrite former, ferritizer
ферр(о)- (*составная часть сложных слов, обозначающая отношение к железу*) ferro-
ферроалюми́ний *м.* ferroaluminium
ферробо́р *м.* iron boron, ferroboron
феррована́дий *м.* ferrovanadium
ферровольфра́м *м.* ferrotungsten

феррогидродина́мика *ж.* ferrohydrodynamics
ферроко́бальт *м.* ferrocobalt
ферроко́кс *м.* ferrocoke
ферромагнети́зм *м.* ferromagnetism
ферромагне́тик *м.* ferromagnet, ferromagnetic (material)
ферромагнитогра́фия *ж.* ferrography
ферромагно́н *м.* ferromagnon, spin wave
феррома́рганец *м.* ferromanganese
ферро́метр *м.* ferrometer, ferrograph
ферромолибде́н *м.* ferromolybdenum
феррони́кель *м.* ferronickel
ферронио́бий *м.* ferroniobium
ферропла́тина *ж.* ferroplatinum
феррорезона́нс *м.* ferroresonance
ферросилика́т *м.* ferrosilicate
ферросиликохро́м *м.* ferrochrome silicon
ферросиликоцирко́ний *м.* zirconium ferrosilicon
ферросили́ций *м.* ferrosilicium, ferrosilicon
ферроспла́в *м.* ferroalloy
ферроти́пия *ж.* ferrotype
ферротита́н *м.* ferrotitanium
ферроура́н *м.* ferrouranium
феррофо́сфор *м.* ferrophosphorus
феррохро́м *м.* ferrochrome, ferrochromium
переде́льный ~ foundry ferrochrome
ферроце́рий *м.* ferrocerium
ферроцирко́ний *м.* ferrozirconium
ферто́инг *м.* *мор.* mooring swivel
фесто́н *м.* **1.** (*печи*) slag [furnace outlet] screen **2.** *арх.* festoon
фетр *м.* felt
фехра́ль *м.* ferro-aluminium high-resistance alloy
фи́бра *ж.* fibre
вулканизи́рованная ~ vulcanized fibre
листова́я ~ fibreboard
стекля́нная ~ glass fibre
то́нкая ~ fish paper
фибри́ллы *мн.* *полигр.* fibrils
фибробето́н *м.* fibrous concrete
фиброли́т *м.* fibreboard, fibre mat
акусти́ческий ~ acoustical fibre mat
цеме́нтный ~ cement fibre mat
фигу́р/а *ж.* *физ.* figure, pattern, form, shape
видманштéттеновы ~ы *астр.* Widmanstaetten figures
~ деформа́ции strain figure
~ Земли́ Earth's figure, shape of the Earth
интерференцио́нная ~ (*в осциллоскопии*) Lissajous figure
криволине́йная ~ curvilinear figure
~ы Лиссажу́ (*в осциллоскопии*) Lissajous figures
непра́вильная ~ irregular figure
пло́ская ~ plane figure
подо́бные ~ы similar figures
по́люсная ~ pole figure

фигу́р/а
порошко́вая ~ powder pattern, powder figure
симметри́чная ~ regular figure
~ травле́ния etch pattern
~ уда́ра percussion figure
фигура́ция *ж.* figuration
фи́дер *м.* feeder (cable); (*фидерная линия*) feeder line, feeder
анте́нный ~ antenna feeder
двухпроводно́й ~ twin feeder
кача́ющийся ~ reciprocating feeder
коаксиа́льный ~ coaxial [concentric] feeder
коаксиа́льный, клинообра́зный ~ tapered coaxial line
многофа́зный ~ polyphase transmission line
настро́енный ~ resonant feeder
ненастро́енный ~ nonresonant feeder
однопроводно́й ~ single-wire feeder
откры́тый ~ open-wire feeder
полуволново́й ~ half-wave transmission line
симметри́чный ~ balanced feeder
фи́зик *м.* physicist
фи́зика *ж.* physics
~ атмосфе́ры aerophysics
а́томная ~ atomic physics
~ а́томного ядра́ nuclear physics
~ высо́ких давле́ний high-pressure physics
~ высо́ких эне́ргий high-energy physics
~ Земли́ geophysics
ква́нтовая ~ quantum physics
класси́ческая ~ classical physics
косми́ческая ~ cosmic [space] physics
~ криста́ллов crystal physics
~ мета́ллов physics of metals
молекуля́рная ~ molecular physics
~ мо́ря marine physics
нейтро́нная ~ neutronics, neutron physics
~ пла́змы plasma physics
прикладна́я ~ applied physics
статисти́ческая ~ statistical physics
~ твёрдого те́ла solid-state physics
теорети́ческая ~ theoretical [pure] physics
хими́ческая ~ chemical physics
эксперимента́льная ~ experimental physics
~ элемента́рных части́ц elementary-particle physics
я́дерная ~ nuclear physics
фи́зик-а́томник *м.* nuclear physicist
фикса́ж *м.* fixer, fixative
бы́стрый ~ rapid [high-speed] fixer
дубя́щий ~ hardening fixer
ки́слый ~ acid fixer
фиксати́в *м.* fixative
фикса́тор *м.* **1.** (*приспособление*) fixing arm, fixing rod, catch, lock; locator, index (pin) **2.** (*в системах импульсного и прямого цифрового управления*) hold element, hold circuit
фикса́тор
~ две́ри door lock striker
~ переключе́ния переда́ч gear lock
фикса́ция *ж.* **1.** (*закрепление*) fixing, clamping, location **2.** *хим.* fixation **3.** *кфт.* registration, recording **4.** (*метод экстраполяции в импульсных системах*) holding; (*схема фиксации*) holding circuit, boxcar generator
дио́дная ~ *тлв.* diode clamping
~ напряже́ний *мех.* stress freezing
отрица́тельная ~ *тлв.* negative clamping
положи́тельная ~ *тлв.* positive clamping
синхронизи́рованная ~ *тлв.* synchronized clamping
хими́ческая ~ chemical fixation
фикси́ровать *гл.* **1.** fix, clamp, locate, stop, lock, secure, make fast **2.** *кфт.* record, register □ **~ в определённом положе́нии** (*напр.* *винтом*) clamp in position (*e.g.*, *by a screw*)
филе́тка *ж.* *полигр.* fillet
филёнк/а *ж.* panel(ling), slat □ **обшива́ть ~ой** panel
филигра́нь *ж.* filigree
филье́ра *ж.* **1.** *мет.* die **2.** (*в производстве химических волокон*) spinneret
твердоспла́вная ~ carbide die
фильм *м.* film, motion picture (*см. тж.* **кинофи́льм**)
фильми́стор *м.* metal-film resistor (Filmistor — *фирм. название*)
фильмоко́пия *ж.* motion-picture print
фильмоско́п *м.* film strip projector
фильмоста́т *м.* storage cabinet
фильмота́йп *м.* filmotype
фильмоте́ка *ж.* film library
фильмохрани́лище *с.* film vault
фильмпа́к *м.* film pack
фильтр *м.* filter, strainer □ **~ выделя́ет,** ***напр.*** **поле́зный сигна́л** the filter selects, *e.g.*, the desired signal; **забива́ть ~** choke a filter; **~ име́ет характери́стику, обра́тную характери́стике це́пи** the filter is matched to the inverse of the line's [circuit's] characteristic; **очища́ть ~ обра́тной промы́вкой** clean a filter by back-flushing, back-flush a filter; **~ подавля́ет,** ***напр.*** **остальны́е часто́ты** the filter rejects [suppresses], *e.g.*, the other frequencies; *хим.* **промыва́ть ~ обра́тной струёй** backwash a filter
абсорбцио́нный ~ absorption filter
акусти́ческий ~ acoustic filter
амальгамацио́нный ~ amalgam squeezer
амплиту́дный ~ amplitude filter
аниони́товый ~ anion exchanger
аэрозо́льный ~ aerosol filter
бактериа́льный ~ bacteriological [germ-proofing] filter
фильтр
бараба́нный ~ drum filter
барье́рный ~ polishing filter
беззо́льный ~ ashless filter
безнапо́рный ~ gravity(-type) filter
безынерцио́нный ~ inertialess filter
бензи́новый ~ *англ.* petrol filter, petrol strainer; *амер.* gasoline filter, gasoline separator
биологи́ческий ~ biological filter, biofilter
~ ве́рхних часто́т *элн.* high-pass filter
водоро́д-катиони́товый ~ H-cation exchanger
возду́шный ~ air filter
во́йлочный ~ felt filter
волново́й ~ wave filter, wave trap
вса́сывающий ~ suction filter
выра́внивающий ~ equalizer network
~ высо́ких часто́т *рлн.* high-pass filter
выходно́й ~ output filter
га́зовый ~ gas filter
~ гармо́ник harmonic filter
Г-обра́зный ~ L-section filter
грави́йный ~ gravel filter
гребе́нчатый ~ *эл.* comb filter
~ гру́бой очи́стки strainer, coarse filter
гу́бчатый ~ sponge filter
двухзве́нный ~ two-section filter
ди́сковый ~ disk filter
дискре́тный ~ discrete [quantized] filter
дискримина́торный ~ discriminator
дро́ссельный ~ choke (output) filter
ёмкостно-резисти́вный ~ capacitance-resistance filter
загражда́ющий ~ rejection [suppression] filter
закры́тый ~ pressure-type filter
запира́ющий ~ rejection [suppression] filter
иго́льчатый ~ needle filter
избира́тельный ~ selective filter
индивидуа́льный ~ (*в многоканальной связи*) channel filter
~ индустриа́льных поме́х *рад.* radio-interference (suppression) filter
интерференцио́нный ~ interference filter
иони́товый ~ ion exchanger
иони́товый ~ сме́шанного де́йствия mixed-bed (ion) exchanger
ионообме́нный ~ ion exchanger
ионообме́нный, мембра́нный ~ ion-exchange membrane (filter)
канализацио́нный ~ sewerage filter
ка́пельный ~ percolation bed, drop [trickling] filter
катиони́товый ~ cation exchanger
катионообме́нный ~ cation exchanger

фильтр
квазиопти́ческий ~ quasi-optical filter
ква́рцевый ~ quartz [crystal] filter
керами́ческий ~ ceramic filter
кизельгу́ровый ~ kieselghur filter
коаксиа́льный ~ coaxial filter
корректи́рующий ~ compensating [correcting] filter, equalizer
лине́йный ~ line filter
листово́й ~ (*в химии и в обогащении руд*) leaf filter
листово́й, ва́куумный ~ Butters filter
магни́тный ~ magnetic filter
ма́сляный ~ oil filter, oil cleaner
ма́сляный, полнопото́чный ~ full-flow oil filter
ме́дленный ~ (*в водоснабжении*) low-rate [standard] trickling filter
мелкопо́ристый ~ fine filter
мембра́нный ~ membrane filter
мембра́нный, молекуля́рный ~ molecular membrane filter
мешо́чный ~ bag filter
многозве́нный ~ ladder-type filter
моло́чный ~ milk sieve, milk clarifier
монохроматизи́рующий ~ monochromatic filter
~ **на железоиттриевом грана́те** YIG filter
намывно́й ~ *тепл.* precoat filter
~ **на пове́рхностных во́лнах** surface-wave filter
напо́рный ~ pressure filter
напра́вленный ~ directional filter
на́трий-катиони́товый ~ Na-cation exchanger
нейтра́льно-се́рый ~ neutral filter
нейтра́льный ~ neutral filter
непреры́вный ~ continuous filter
~ **ни́жних часто́т** *элн.* low-pass filter
~ **Ну́тча** Nutch-filter
обезжеле́зивающий ~ deironing filter
обеспло́живающий ~ biological filter, biofilter
обра́тный ~ reciprocal [inverse] filter
однозве́нный ~ single-mesh filter
однопото́чный ~ single-flow ion exchanger
однослойный ~ single-bed ion exchanger
оптима́льный ~ optimum detecting [optimal] filter
опти́ческий ~ optical filter
отса́дочный ~ jigging screen
отса́сывающий ~ trap circuit, shorting filter
параметри́ческий ~ parametric filter
патро́нный ~ cartridge filter
перестра́иваемый ~ *элн.* tuneable filter

фильтр
периоди́ческий ~ equal-element [periodic] filter
~ **периоди́ческого де́йствия** batch-type filter
перколяцио́нный ~ percolating filter, percolator
песо́чный ~ sand filter
пласти́нчатый ~ leaf filter
П-обра́зный ~ pi-section filter
поглоща́ющий ~ absorbent filter
поло́сно-загражда́ющий ~ band-elimination filter
полосово́й ~ band-pass filter
полосово́й, индивидуа́льный ~ (*в многоканальной связи*) channel band-pass filter
по́ристый ~ depth filter
порошко́вый ~ powder filter
предвключённый ~ prefilter
~ **промежу́точной частоты́** *рад.* i.f. transformer (*Примечание. В американской и английской литературе этот фильтр рассматривается как трансформатор.*)
противоды́мный ~ antismoke filter
противопоме́ховый ~ noise [interference] filter
пылево́й ~ dust filter
пьезокерами́ческий ~ piezoelectric ceramic filter
пьезоэлектри́ческий ~ piezoelectric filter
равноэлеме́нтный ~ equal-element [periodic] filter
~ **радиово́лн** electric wave filter
раздели́тельный ~ separation [isolation] filter; (*в многоканальной связи*) channel separation filter
режéкторный ~ rejection [suppression] filter
резона́нсный ~ resonant [tuned] filter
резона́торный ~ resonator [cavity] filter
ротацио́нный ~ rotary filter
рука́вный ~ bag filter
самоочища́ющийся ~ self-cleaning filter
~ **с бесконе́чной па́мятью** infinite memory filter
сверхвысокочасто́тный ~ microwave filter
свечево́й ~ candle filter
СВЧ ~ microwave filter
сгла́живающий ~ ripple [brute-force] filter
~ **с дополня́ющей характери́стикой** inverse(-response) filter
селекти́вный ~ selective filter
сетево́й ~ supply-line [power supply] filter
се́тчатый ~ screen [gauze] filter
~ **сква́жины** hole filter
скла́дчатый ~ folded filter
~ **скоросте́й (нейтро́нов)** velocity filter
ско́рый ~ (*в водоснабжении*) high-rate trickling filter

фильтр
~ **с круты́м сре́зом** sharp cut-off filter
согласо́ванный ~ matched filter
~ **сосредото́ченной селе́кции** (*в УПЧ*) multiple-tuned transformer
~ **с отрица́тельной обра́тной свя́зью** inverse-feedback filter
твердоте́льный ~ solid circuit [solid-state] filter
теплово́й ~ *опт.* heat filter
теплозащи́тный ~ heat filter, heat shield
~ **ти́па *k*** *элн.* constant-*K* filter
~ **ти́па *m*** *элн.* *m*-derived filter
~ **ти́пов колеба́ний** mode (selection) filter
тка́невый ~ fabric [cloth] filter
Т-обра́зный ~ T-section filter
то́нкий ~ fine filter
~ **то́нкой очи́стки** fine filter
то́пливный ~ fuel filter
~ **тру́бчатого коло́дца** (*в водоснабжении*) wellpoint screen
тру́бчатый ~ pipe filter
у́гольный ~ charcoal filter
узкополо́сный ~ narrow-band filter
фа́зовый ~ all-pass filter
цветно́й ~ colour filter
центробе́жный ~ centrifugal filter
цепно́й ~ iterative filter
цифрово́й ~ digital(-data) [numerical] filter
часто́тный ~ frequency filter
четвертьво́лновый ~ quarter-wave filter
широкополо́сный ~ wide-band filter
щелево́й ~ edge filter
электри́ческий ~ electrical wave filter
электростати́ческий ~ (*в системе пылеосаждения*) electrostatic precipitator

фильтра́т *м.* filtrate, filter liquor
фильтра́ция *ж.* filtration, filtering
~ **в пото́ке** bulk filtration
гру́бая ~ screening, rough filtration
двукра́тная ~ double filtration
капилля́рная ~ capillary percolation
контро́льная ~ afterfiltration
осветли́тельная ~ clarification filtration
осмоти́ческая ~ osmotic filtration
отде́лочная ~ polishing filtration
перколяцио́нная ~ percolation
~ **под давле́нием** pressure filtration
~ **под разреже́нием** antigravity filtration
предвари́тельная ~ prefiltration
простра́нственная ~ spatial [multidimensional] filtering
стерилизу́ющая ~ sterilization filtration
~ **фо́на** *тлв.* hum filtering
фильтр-влагоотдели́тель *м.* filter-drier

фильтрова́ние *с.* filtration, filtering
центробе́жное ~ centrifugal filtration
фильтрова́ть *гл.* filtrate
фильтродержа́тель *м.* filter holder, filter ring
фильтр-отсто́йник *м.* gravitation [gravity] filter
фильтр-пре́сс *м.* pressure filter, filter press
ка́мерный ~ chamber filter press
ра́мный ~ plate-and-frame pressure filter, plate-and-frame filter press, frame filter press
~ с вну́тренним сбо́ром фильтра́та *мет.* closed discharge filter press
фильтр-про́бка *м.* wave trap
фильтр-развя́зка *м. рад.* decoupling filter
фильтру́емость *ж.* filterability
финанси́рование *с.* financing
финанси́ровать *гл.* finance
фи́нишер *м.* finisher, finishing machine, float bridge, spreading-and--compacting machine
вибрацио́нный ~ vibrofinisher
фиоле́товый *прил.* (*индикатор химической реакции*) violet
пирокатехи́новый ~ pyrocatechin violet
фи́рма *ж.* firm, company
фирни́с *м. полигр.* non-drying mineral oil vehicle
канифо́льный ~ rosin oil vehicle
нефтяно́й ~ asphalt vehicle
фити́ль *м.* wick; fuse
~ для сма́зки oil [lubricator] wick
фи́тинг *м.* (pipe) fitting
перехо́дный ~ adapter
фитотро́н *м.* (*установка для выращивания растений в искусственных условиях*) phytotron
фитохи́мия *ж.* phytochemistry
фиш-бло́к *м. мор.* fish block
фи́шка *ж.* **1.** *мат.* block, dib, fish, counter **2.** *эл.* connector
~ для закры́тия многокра́тного гнезда́ *свз.* multiple peg
запо́рная ~ *свз.* locking-type plug
фиш-та́ли *мн. мор.* fish tackle
флаг *м.* **ма́ятникового сигна́ла** *ж.-д.* banner
флагду́к *м. мор.* bunting, flag cloth
флагшто́к *м.* flagstaff
флажо́к *м.* (*датчик сигнала*) flag indicator, operation indicator
сигна́льный ~ signal flag
фламби́рование *с.* flaming, flame sterilization
фла́нец *м.* flange
глухо́й ~ blank [blind, fixed] flange
дро́ссельный ~ choke flange
закры́тый ~ dead flange
изоли́рующий ~ insulating flange
колошнико́вый ~ (*доменной печи*) top ring
крепёжный ~ mounting flange
ло́жный ~ (*при калибровке валков*) *мет.* counter flange

фла́нец
~ опо́рного изоля́тора *эл.* base fitting of a support [post] insulator flange
опо́рный ~ bearing flange
откры́тый ~ live flange
перестано́вочный ~ adjusting flange
перехо́дный ~ adapter (flange)
прива́ренный ~ welded flange
развёрнутый ~ flared-out flange
свобо́дный ~ loose [slip-on] flange
соедини́тельный ~ connecting [coupling, joint] flange
устано́вочный ~ adjusting flange
фланжи́ровать *гл.* flange
фланжиро́вка *ж.* flanging
фланк *м.* (*срез вершин зубьев при изготовлении зубчатых колёс, предназначенных для работы с высокой частотой*) flank
фланцева́ть *гл.* flange
флатаре́зка *ж. полигр.* sheeting machine
фла́ттер *м.* flutter
изги́бно-крути́льный ~ flexure-torsion flutter
~ при гиперзвуковы́х скоростя́х hypersonic flutter
~ при околозвуковы́х скоростя́х transonic flutter
~ при сверхзвуковы́х скоростя́х supersonic flutter
рулево́й ~ control(-surface) flutter
~ с бегу́щей волно́й travelling wave flutter
~ систе́мы с двумя́ степеня́ми свобо́ды binary flutter
срывно́й ~ stall(ing) flutter
фле́гма *ж. хим.* reflux
флегматиза́тор *м.* phlegmatizer
флегматиза́ция *ж.* phlegmatization
флегматизи́ровать *гл.* phlegmatize
флейц *м.* (*кисть*) grainer brush
флексогра́фия *ж.* flexography
флексо́д *м. рлн.* flexode
плоскостно́й ~ junction flexode
то́чечно-конта́ктный ~ point-contact flexode
флексо́метр *м.* flexometer
флексу́ра *ж.* flexure
флеро́н *м. арх.* poppyhead
флешеприёмник *м. с.-х.* tea-pluck gatherer
фли́гель *м.* outbuilding, wing
фли́кер-фото́метр *м.* flicker photometer
фли́кер-шумы́ *мн. м.* flicker noise
фли́кер-эффе́кт *м.* flicker effect
фли́нт(глас) *м.* flint(glass), lead glass
лёгкий ~ light flint
тяжёлый ~ dense flint
флобафе́н *м.* phlobaphene
фло́кены *мн.* (*пороки стали*) flakes
фло́кула *ж.* floccula
флокули́ровать *гл.* flocculate
флокуля́нт *м.* flocculant
флокуля́тор *м.* flocculator
флокуля́ция *ж.* flocculation

флома́стер *м.* soft-[felt-]tip pen (Flomaster — *фирм. название*)
флор *м. мор.* floor
флорти́мберс *м. мор.* floor timber
флот *м.* **1.** *мор.* fleet **2.** *кож.* colour, colouring vat, layer
морско́й ~ marine
промысло́вый ~ fish fleet
речно́й ~ river craft
торго́вый ~ merchant marine, merchant shipping
флота́тор *м.* flotation plant operator
флота́ция *ж.* flotation
анио́нная ~ anionic flotation
беспе́нная ~ nonfrothing flotation
ва́куумная ~ vacuum flotation
втори́чная ~ secondary flotation
гру́бая ~ rough flotation
избира́тельная ~ selective [differential] flotation
коллекти́вная ~ bulk flotation
ма́сляная ~ (*с использованием масла*) oil flotation
обра́тная ~ opposite flotation
оки́сленная ~ oxide flotation
основна́я ~ rough flotation
очи́стная ~ scavenging flotation
пе́нная ~ foam [froth] flotation
перечистна́я ~ cleaner flotation
плёночная ~ film [skin] flotation
пневмати́ческая ~ air flotation
после́довательная ~ stage flotation
противото́чная ~ countercurrent flotation
пряма́я ~ direct flotation
селекти́вная ~ selective [differential] flotation
флоти́лия *ж.* flotilla
флоти́ровать *гл.* float
флотогравита́ция *ж.* table flotation
флуати́рование *с.* (*строительного камня или бетона*) fluating
флуктуа́ци/я *ж.* fluctuation
беспоря́дочная ~ irregular fluctuation
гетерофа́зная ~ heterophase fluctuation
долговре́менная ~ long-term fluctuation
~ интенси́вности сигна́ла signal strength fluctuation
квадрати́чная ~ (mean) square fluctuation
кратковре́менная ~ short term fluctuation
~и радиолокацио́нного э́хо-сигна́ла radar jitter
случа́йная ~ random fluctuation
статисти́ческая ~ statistical fluctuation
теплов́ые ~и thermal fluctuations
~ це́ли target scintillation
электри́ческие ~и electrical fluctuations
флуктуи́ровать *гл.* fluctuate
флуоресце́нция *ж.* fluorescence
резона́нсная ~ resonance fluorescence

флуоресце́нция
рентге́новская ~ X-ray fluorescence
сверхизлуча́тельная ~ superradiant fluorescence
сенсибилизи́рованная ~ sensitized fluorescence
спонта́нная ~ spontaneous fluorescence
уда́рная ~ impact fluorescence
флуоресци́ровать *гл.* fluoresce
флуоресци́рующий fluorescent
флуори́метр *м. см.* **флуоро́метр**
флуоро́метр *м.* fluorimeter
фотоэлектри́ческий ~ photoelectric fluorimeter
флуороме́трия *ж.* fluorimetry
флуороско́п *м.* fluoroscope
флуорохро́м *м.* (*люминесцирующее вещество*) fluorochrom
флювио́граф *м.* fluviograph
флюга́рка *ж.* **1.** (*надставка над печной трубой*) hood, cap **2.** *мор.* badge, *мн.* arms
флю́гер *м.* **1.** vane, wind [weather] vane, weather [wind] cock **2.** (*рыхлительного оборудования*) swinging clevis
флюги́ровани/е *с.* (*винта*) *ав.* feathering □ **выводи́ть** (*винт*) **из ~я** unfeather the air screw; **переходи́ть на ~** (**винта́**) go feathering [windmilling]
флюидиза́ция *ж.* fluidization
флюксме́тр *м.* fluxmeter, magnetic-flux meter
флюксо́р *м. вчт.* fluxor
флюори́т *м.* (*плавиковый шпат*) fluorite
флюоро́граф *м.* fluorograph
флюорогра́фия *ж.* fluorography; X-ray fluorography, mass miniature radiography
флюоро́метр *м.* fluorometer
флюороско́п *м.* fluoroscope
флюс *м.* flux □ **покрыва́ть ~ом мета́лл** flux the metal
бескислоро́дный ~ *св.* oxygen-free flux
высококремни́стый ~ high-silica flux
глинозёмистый ~ alumina flux
гранули́рованный ~ granulated [granular] flux
~ для га́зовой сва́рки gas-welding flux
~ для твёрдой напла́вки hard-facing flux
~ для цинкова́ния galvanizing flux
ки́слый ~ acid flux
кремнезёмистый ~ silica flux
лите́йный ~ foundry flux
~ мо́крой грануля́ции water-shorted flux
нейтра́льный ~ neutral flux
основно́й ~ basic flux
пая́льный ~ (*для пайки мягким припоем*) soldering flux; (*для пайки твёрдым припоем*) brazing flux
сва́рочный ~ welding flux

флюс
сухо́й ~ (*защитный покров*) dry flux
флюсова́ние *с.* fluxing
флю́тбет *м.* (*плотины*) apron, spillway dam, spillway
фля́г/а *ж.* flask, can
моло́чная ~ milk can □ **опола́скивать моло́чные ~и** rinse milk cans
флягоопроки́дыватель *м.* can tipper
флягоподъёмник *м.* can lifter
флягопропа́риватель *м.* milk-can steamer
фок *м. мор.* fore sail
фок-ма́чта *ж.* foremast
фокогра́мма *ж. опт.* knife-edge photograph
фоко́метр *м.* focometer, focimeter
фоко́н *м.* (*в волоконной оптике*) focon
фо́кус *м.* focus, focal point □ **не в ~е** out of focus, defocused
аэродинами́ческий ~ aerodynamic centre
аэродинами́ческий ~ крыла́ aerodynamic centre of a wing, aerodynamic focus, mean aerodynamic centre
гла́вный ~ principal focus, focal point
действи́тельный ~ real [true] focus
~ для зелёных луче́й green focus
за́дний ~ back [rear, image-side] focus
кольцево́й ~ ring [annular] focus
лине́йный ~ line focus
мни́мый ~ virtual [apparent] focus
опти́ческий ~ focal spot
о́стрый ~ fine focus
параксиа́льный ~ paraxial focus
пере́дний ~ front [object-side] focus
переме́нный ~ variable focus
~ *n*-го поря́дка *мат.* *n*th focal point
пра́вильный ~ proper spiral point
прямо́й ~ *тлв.* prime [Newtonian] focus
сагитта́льный ~ sagittal focus
сопряжённый ~ conjugate focus
то́чечный ~ point focus
усто́йчивый ~ (*в фазовых характеристиках*) stable focus
электро́нный ~ (*фокус электронной системы*) electron focus
фокуси́рование *с.* focusing (*см. тж.* **фокусиро́вка**)
фокуси́ровать *гл.* focus, bring into focus □ **~, *напр.* изображе́ние** bring [throw], *e.g.*, an image into (sharp) focus
фокусиро́вка *ж.* focusing
вертика́льная ~ vertical focusing
втори́чная ~ secondary focusing
~ высо́кого поря́дка high-order focusing
га́зовая ~ gas focusing
двойна́я ~ double focusing
динами́ческая ~ dynamic focusing

фокусиро́вка
жёсткая ~ (*потока частиц в ускорителе*) strong focusing
знакопереме́нная ~ alternating-gradient focusing
ио́нная ~ space-charge focusing
магни́тная ~ (electro)magnetic focusing
мя́гкая ~ weak focusing
~ на бесконе́чность infinity focusing
одноро́дная ~ weak focusing
~ по направле́нию directional focusing
~ по ско́рости velocity focusing
~ по эне́ргии energy focusing
~ пучка́ beam focusing
си́льная ~ strong focusing
сла́бая ~ weak focusing
то́чечная ~ point focusing
углова́я ~ angular focusing
фа́зовая ~ phase focusing
электромагни́тная ~ electromagnetic focusing
~ электро́нов electron focusing
электростати́ческая ~ electrostatic focusing
фо́лио *с. полигр.* folio
фольга́ *ж.* foil
алюми́ниевая ~ aluminium foil
ме́дная ~ copper foil
оловя́нная ~ tin foil
руло́нная ~ roll foil
свинцо́вая ~ lead foil
фон *м.* **1.** hum, background (noise) □ **испра́вленный** [**скомпенси́рованный**] **на ~** background-corrected **2.** (*внесистемная единица уровня громкости звука*) phon
есте́ственный ~ natural (radioactivity) background
непреры́вный ~ (*сигнал, слышимый в равносигнальной зоне радиомаячной системы*) steady monotone, *жарг.* the beam
~ от подогре́ва *свз.* heater hum
~ переме́нного то́ка alternating-current hum
~ помеще́ния room background
радиацио́нный ~ radiation background
радиоакти́вный ~ radioactive background
рирпроекцио́нный ~ *кфт.* background [projection] plate
стациона́рный ~ steady background
фона́рик *м.* **электри́ческий** flash-light
фона́рь *м.* **1.** (*осветительный прибор*) lantern, lamp, light **2.** (*надстройка над кровельным покрытием*) skylight, lantern
аэрацио́нный ~ aeration lantern
батаре́йный ~ flashlight; *англ.* torch
боково́й ~ *авто* side-lamp, side-light, side cluster
вентиляцио́нный ~ ventilation window
габари́тный ~ side-lamp, side-light, side cluster

фона́рь
~ **за́днего хо́да** *авто* back-up light, reverse light, reverse lamp
за́дний ~ taillight, tail [rear] lamp
зени́тный ~ clerestory, garret window
~ **каби́ны лётчика** cockpit canopy
карма́нный ~ flash-light
кло́тиковый ~ *мор.* truck light
~ **неактини́чного све́та, фотолабора́то́рный** ~ safelight lamp
~ **освеще́ния номерно́го зна́ка** number plate [licence plate] light
попере́чный ~ lateral lantern
про́блесковый ~ flasher
продо́льный ~ longitudinal lantern
проекцио́нный ~ projector
светово́й ~ *стр.* lantern light
~ **сква́жинного перфора́тора** *горн.* cage of a borehole perforator
стоя́ночный ~ *авто* parking light, parking lamp
стре́лочный ~ *ж.-д.* switch lamp
ше́довый ~ saw-tooth skylight
фонд *м.* fund
амортизацио́нный ~ depreciation [sinking] fund □ **создава́ть амортизацио́нный** ~ set aside fund to compensate for depreciation, set up a depreciation [sinking] fund
жили́щный ~ housing facilities
~ **за́работной пла́ты** wages fund
~ **накопле́ния** accumulation fund
~ **потребле́ния** consumption fund
резе́рвные ~**ы** emergency [reserve] funds
семенно́й ~ seed stock
фондоотда́ча *ж.* capital productivity
фони́рование *с. полигр.* tinting
фоногра́мма *ж.* **1.** phonogram **2.** *кфт.* sound track
магни́тная ~ magnetic sound track
многокана́льная ~ multiple sound track
одноканá́льная ~ single sound track
стереофони́ческая ~ stereophonic sound track
фотографи́ческая ~ photographic [optical] sound track
цветна́я ~ dye sound track
фоно́граф *м.* phonograph
фонокардио́граф *м.* phonocardiograph
фоно́метр *м.* phonometer
фоно́н *м.* phonon, lattice-vibration quantum
акусти́ческий ~ acoustic phonon
высокочасто́тный ~ high-frequency phonon
инфракра́сный ~ infra-red phonon
низкочасто́тный ~ low-frequency phonon
опти́ческий ~ optical phonon
теплово́й ~ thermal phonon
фонопо́р *м.* phonopore
фоноско́п *м.* phonoscope
фоноте́ка *ж.* stock library
фонотелеме́трия *ж.* phonotelemetry
фонта́н *м.* **1.** (*сооружение*) fountain **2.** (*струя, столб жидкости*) spout

фонта́н
нефтяно́й ~ (oil) gusher
фонтани́рование *с.* spouting, gushing
фонтани́ровать *гл.* spout, gush
фонта́нчик *м.*, **питьево́й** drinking fountain
фонту́ра *ж. текст.* needle bed
форва́куум *м.* forevacuum, initial vacuum
форгра́йфер *м.* (*бумагопроводящий механизм*) *полигр.* shoofly
форе́з *м.* phoresis
фо́рзац *м. полигр.* end sheet, end leaf, end paper
выклейно́й ~ cloth joined end paper
оканто́ванный ~ backlined end sheet
приклейно́й ~ pasted-in end sheet
пришивно́й ~ inserted end paper
прошивно́й ~ sewed-in end sheet
форка́мера *ж.* pre-combustion chamber, prechamber
форки́ль *м. ав.* dorsal fin fairing
форконта́кт *м.* preliminary catalytic purifier
форконтакти́рование *с.* preliminary catalytic purification
форлю́к *м. мор.* forehatch
фо́рм/а *ж.* **1.** form, shape □ **выде́рживать** ~**у**, **напр. при обрабо́тке** keep true to shape, *e.g.*, in machining; ~ **изде́лия претерпева́ет ре́зкие измене́ния** the product shows discontinuities in shape; **име́ть** ~**у** be (in) the form [shape] of, be shaped as, take the form of; **по** ~**е** *пример*: **выреза́ть запла́ту по фо́рме, напр. ба́ка** form a patch to fit the contour, *e.g.*, of the tank; **пра́вильной** ~**ы** of a regular shape; **придава́ть** ~**у** shape, form; **принима́ть** ~**у сосу́да** (*о жидкости*) conform to the shape of the (containing) vessel; **сде́ланный в** ~**е** *чего-л.* made to the shape of a ...; **сохраня́ть** ~**у** hold (its) shape **2.** (*вид, тип процесса*) mode **3.** *мат.* quantic **4.** (*бланк установленного образца*) form, blank □ **заполня́ть** ~**у № ...** execute form No ...; **подава́ть** (*напр. заявку*) **по** (**устано́вленной**) ~**е** execute an application [request] form; **по** ~**е № ...** on form No ... *пример*: **заявле́ние, соста́вленное по** ~**е № ...** an application on form No ...
аналити́ческая ~ analytical form
ана́логовая ~ analog form
бето́нная ~ form □ **разбира́ть** *или* **снима́ть** (*напр. бетонную*) ~**у** remove the form(s); **собира́ть** (*напр. бетонную*) ~**у** erect (the) forms
во́гнутая ~ (*поверхности бочки валка*) *мет.* concave camber
~ **волны́** wave shape, waveform
вы́пуклая ~ (*поверхности бочки валка*) *мет.* convex camber
дизъюнкти́вная ~ (*в логике*) disjunctive form

фо́рм/а
дизъюнкти́вная, норма́льная ~ disjunctive normal form
дискре́тная ~ digital form
~ **для ва́куумного формова́ния, негати́вная** *пласт.* female mould
~ **для ва́куумного формова́ния, позити́вная** *пласт.* male form
~ **для выдува́ния** blow mould
~ **для изготовле́ния изде́лий окуна́нием** *или* **мака́нием** *рез.* dipping mould
~ **для изготовле́ния ти́глей** mould matrix
~ **для литья́ в ко́киль** chill mould
~ **для литья́ по выплавля́емым моде́лям** investment mould
~ **для литья́ под давле́нием** die mould, moulding [pressure casting] die
~ **для литья́ под давле́нием, многогнёздная** multiple-cavity die
~ **для литья́ под давле́нием, одногнёздная** single-cavity die
~ **для определе́ния жидкотеку́чести мета́лла, спира́льная** Saeger spiral
~ **за́писи** *мат.* notation □ **в опера́торной** ~**е за́писи** in operational notation
квадрати́чная ~ *мат.* quadratic form, quadric quantic, form of degree two
~ **ко́мплексного числа́, алгебраи́ческая** rectangular form of a complex number
~ **ко́мплексного числа́, тригонометри́ческая** polar form of a complex number, trigonometric form of a complex number
~ **конта́кта** *эл.* (contact) profile □ **восстана́вливать** ~**у конта́кта напи́льником** file up a contact to restore the profile
конъюнкти́вная ~ (*в логике*) conjunctive form
конъюнкти́вная, норма́льная ~ conjunctive normal form
~ **крыла́ в пла́не** wing planform
~ **ку́зова** body shape, appearance
лите́йная ~ mould, casting [foundry] mould □ **наноси́ть кра́ску на лите́йную** ~**у** apply the mould wash, wash a mould a parting mixture; **отлива́ть в** ~**у** mould, cast; **покрыва́ть лите́йную** ~**у сло́ем, напр. графи́та** dust a mould with, *e.g.*, graphite; **хорошо́ заполня́ть** (**лите́йную**) ~**у при литье́** cast well
лите́йная, безопо́чная ~ boxless mould
лите́йная, ги́псовая ~ gypsum mould
лите́йная, гли́няная ~ loam mould
лите́йная, землянá́я ~ loam mould
лите́йная, металли́ческая ~ metal [chill] mould
лите́йная, многокра́тная ~ long-life [permanent] mould

фо́рм/а
литéйная, многокрáтно испóльзуемая ~ long-life [permanent] mould
литéйная, оболóчковая ~ shell mould
литéйная, песчáная ~ sand mould
литéйная, песчáная, закры́тая ~ closed sand mould
литéйная, песчáная, откры́тая ~ open sand mould
литéйная, повéрхностно подсýшенная ~ skin-dried mould
литéйная ~ по выплавля́емым модéлям investment mould
литéйная, подсýшенная ~ partially dried mould
литéйная, рáзовая ~ temporary mould
литéйная, сóбранная ~ complete mould
литéйная, стержневáя ~ core mould
литéйная, сухáя ~ baked [dried] mould
литéйная, сырáя ~ green-sand mould
литьевáя ~ *пласт.* casting mould
литьевáя, поршневáя ~ plunger mould
мылохолоди́льная ~ soap-cooling frame
неправи́льная ~ irregular shape
обтекáемая ~ streamline contour, aerodynamic [streamline] form, streamline shape ☐ **придавáть обтекáемую ~у** streamline, give a streamline form
опти́чески акти́вная ~ optically active form
отливнáя ~ (*наборной машины*) mould
отливнáя, линоти́пная ~ linotype mould
отливнáя, モноти́пная ~ monotype mould
отливнáя, универсáльная ~ universal mould wheel
печáтная ~ (printing) plate ☐ **закáтывать печáтную ~у** (*переводной или копировальной краской*) roll up a plate; **накáтывать крáску на печáтную ~у** roll a form
печáтная ~ для высóкой печáти relief plate
печáтная ~ для глубóкой печáти intaglio plate
печáтная ~ для офсéтной печáти offset plate
печáтная ~ для тиснéния embossing plate
печáтная ~ для трафарéтной печáти screen stencil
печáтная, контрóльная ~ master plate
печáтная, кóнтурная ~ skeleton form
печáтная, маши́нная ~ plate
печáтная, оригинáльная ~ original plate
печáтная, стереоти́пная ~ stereotype plate

фо́рм/а
печáтная, текстовáя ~ type form
печáтная, фототи́пная ~ collotype plate
печáтная, шрифтовáя ~ type form
печáтная, эталóнная ~ master plate
плýнжерная ~ *пласт.* plunger mould
подви́жная ~ slip form
полубилинéйная ~ *мат.* sesquilinear form
прáвильная ~ regular shape
предварённая ~ (*в логике*) prenex form
присоединённая ~ *мат.* adjoint form, concomitant
разбóрная ~ *стр.* collapsible form
~ распáда *яд. физ.* decay mode, mode of disintegration
~ с обогревáемым ли́тником *пласт.* hot-runner mould
совершённая ~ (*в логике*) expanded form
~ с одни́м впускны́м ли́тником *пласт.* single gate mould
сокращённая ~ (*в логике*) contracted form
тупикóвая ~ (*в логике*) irredundant form
~ фáкела flame pattern
~ фáкела распы́ла тóплива fuel-injection pattern
хлéбная ~ loaf mould
черновáя ~ (*в стекольном производстве*) parison mould (glass)
формализáция *ж.* formalization
формализи́ровать *гл.* formalize
формали́зм *м.* formalism
математи́ческий ~ mathematical formalism
формали́н *м.* formalin, formaldehyde solution
формальдеги́д *м.* formaldehyde, methylene oxide, formol
формáт *м.* **1.** size, form **2.** *вчт.* format ☐ **задáние ~а** formatting
~ издáния format
~ издáния вполови́ну газéтного tabloid
~ издáния в четвёртую дóлю листá quarto
~ изображéния *тлв.* aspect [picture] ratio
~ листá sheet size
~ листá, пóлный broadsheet
~ óттиска printing size
~ полосы́ набóра measure
~ с пóлем счёта *вчт.* count-data format
~ с пóлем счёта и с пóлем ключá *вчт.* count-key-data format
~ строки́ measure
формáтор *м.* shaper; expander
~ ши́ны tyre shaper
формáтор-вулканизáтор *м.* shaper-vulcanizer
формблóк *м.* (*напр. в обтяжке*) *рез.* punch
формировáние *с.* forming, formation
~ и́мпульсов pulse forming, pulse shaping

формировáние
~ поездóв making-up of trains
предвари́тельное ~ *тлв.* preshaping
~ пучкá beam forming
~ сигнáла signal normalization
~ тóка current rise, current growth
~ шлáка slag formation
формировáтель *м.* **1.** (*импульсов*) shaper, former, reshaper **2.** (*в запоминающем устройстве*) driver
~ зáписи write driver
~ и́мпульсов pulse shaper
~ и́мпульсов вы́борки (*в запоминающем устройстве*) drive-pulse generator
разря́дный ~ digit driver
~ сéтки частóт [ФСЧ] чéрез 0,1; 1; 5 МГц 0,1-, 1-, 5-MHz spectrum generator
~ сигнáла signal conditioner
~ синхронизи́рующих и́мпульсов clock driver
~ счи́тывания read driver
~ тáктовых и́мпульсов clock driver, timing-pulse distributor, waveform generator
формировáть *гл.* form, shape
формовáние *с. пласт.* moulding, forming, shaping; (*в производстве кирпича и других керамических изделий*) moulding
~ без выпрессóвок flashless moulding
вáкуумное ~ vacuum moulding
выдувнóе ~ blow moulding
горя́чее ~ hot moulding
~ из экструди́руемых заготóвок extrusion moulding
~ кирпичá, пласти́ческое soft-mud process of brick moulding
контáктное ~ contact (pressure) moulding
~ макáнием dip moulding
~ окунáнием dip moulding
~ отли́вкой *пищ.* casting
~ под давлéнием pressure moulding
послéдующее ~ postforming
~ раздýвом blow moulding
рóторное ~ rotor moulding
~ с вы́тяжкой stretch moulding
~ спекáнием sinter moulding
~ холодногнýтых прóфилей cold roll forming
холóдное ~ *пласт.* cold moulding
центробéжное ~ centrifugal [rotational] moulding
~ эласти́чным мешкóм (*в автоклаве*) bag moulding
электролити́ческое ~ electroforming
формовáть *гл.* mould, shape
формóвка *ж. мет.* moulding, shaping
~ безопóчная flaskless [removable flask, snap-flask] moulding
~ в гли́не clay [loam] moulding
верстáчная ~ bench moulding
~ в опóках flask [box] moulding
~ в песчáно-гли́нистой смéси sand moulding

формо́вка
~ **в по́чве** floor [hearth] moulding
~ **в сте́ржнях** core moulding
~ **в съёмных опо́ках** removable flask moulding
маши́нная ~ machine moulding
~ **на встря́хивающей маши́не с допрессо́вкой** jolt-squeeze machine moulding
~ **на встря́хивающей маши́не с перекидны́м столо́м** jolt roll-over machine moulding
~ **на встря́хивающей маши́не с поворо́тным столо́м и допрессо́вкой** jolt-squeeze turntable machine moulding
опо́чная ~ flask [box] moulding
пескомётная ~ (*с уплотнением смеси пескомётом*) sand-throwing machine moulding
~ **по выплавля́емым моде́лям** investment moulding
~ **по газифици́руемым моде́лям** gasifiable pattern moulding
~ **по контро́льным сече́ниям** strickle moulding with gauges
~ **по моде́ли** pattern moulding
~ **по скеле́тным моде́лям** skeleton pattern moulding
~ **по сухо́му** dry sand moulding
~ **по сыро́му** green sand moulding
по́чвенная ~ pit moulding
~ **по шабло́ну** template [strickle, sweep] moulding
~ **рту́тного ве́нтиля под то́ком** bake-out of a mercury-arc rectifier
ручна́я ~ hand moulding
~ **с перекидны́м болва́ном** turn-over moulding
~ **сте́ржней** core moulding
стопо́чная ~ stack(ing) moulding
ступе́нчатая ~ staged moulding
~ **с уплотне́нием сме́си прессова́нием** squeeze machine moulding
~ **тру́бной загото́вки** skelping
я́мная ~ pit moulding
формо́вочная *ж.* moulding room
формо́вщик *м.* moulder, mould operator
формодержа́тель *м. полигр.* plate clamp, plate holder, mould wheel
формоизмене́ние *с. мет.* forming
формопла́ст *м.* formoplast, remoulding plastic material
формореа́л *м.* (*шкаф для хранения досок с набором*) *полигр.* form rack
форму́емость *ж.* mouldability
фо́рмул/а *ж.* **1.** formula (*мн.* formulae) □ **в ви́де фо́рмул** by formulae *пример*: **изображе́ние полинуклеоти́дных цепо́чек в ви́де фо́рмул о́чень громо́здко** the representation of polynucleotide chains by formulae is clumsy; **входи́ть в ~у** enter into [in] a formula, enter a formula; **выводи́ть ~у** derive [develop, deduce] a formula; **по ~е** by formula, from the formula; ~ **примени́ма к x** x can be handled by (*such and such*) formula [equation] **2.** (*состав, напр. удобрения*) formulation

фо́рмул/а
асимптоти́ческая ~ asymptotic formula
барометри́ческая ~ barometric height formula
~ **Бе́йеса** *т. над.* Bayes' formula
~ **Берну́лли** (*в теории вероятностей*) Bernoulli distribution
~ **бино́ма Нью́тона** binomial formula
~ **Вайцзе́ккера** *яд. физ.* Weizsäcker's formula
валова́я ~ molecular formula
~ **Га́усса** Gauss formula
~ **де-Бро́йля** (*в квантовой механике*) de Broglie relation, de Broglie equation
интерполяцио́нная ~ interpolation formula
~ **интерполяцио́нная, Бе́сселя** Bessel's interpolation formula
~ **интерполяцио́нная, Лагра́нжа** Lagrange's interpolation formula
~ **интерполяцио́нная, Нью́тона** Newton's interpolation formula
~ **интерполяцио́нная, Нью́тона, обра́тная** Newton's backward interpolation formula
~ **интерполяцио́нная, Нью́тона, пряма́я** Newton's forward interpolation formula
исхо́дная ~ assumption formula
итерацио́нная ~ iterative formula
квадрату́рная ~ quadrature formula
колёсная ~ *авто, ж.-д.* wheel arrangement
~ **корне́й квадра́тного уравне́ния** quadratic formula
~ **мо́щности** horse-power formula
~ **обра́тного перехо́да** reverse formula
~ **обра́тного преобразова́ния** inversion formula
о́пытная ~ empirical [experimental] formula
основна́я ~ basic formula
~ **оце́нки** *стат.* estimator
~ **Пла́нка** *физ.* Planck radiation formula, Planck distribution law
~ **подо́бия для турби́н** law of proportionality for homologous turbines
~ **разме́рности** dimensional formula
~ **расчёта несу́щей спосо́бности сва́и** pile capacity formula
~ **расчёта сопротивле́ния сва́и** pile driving formula
расчётная ~ design formula
рекурре́нтная ~ recurrence formula
рекурси́вная ~ recursion formula
стехиометри́ческая ~ stoichiometric formula
~ **строе́ния** *физ.* atomic formula
структу́рная ~ structural [constitutional] formula
~ **сумми́рования** summation formula

фо́рмул/а
то́чная ~ exact formula
~ **Френе́ля** Fresnel's (reflection) formula
хими́ческая ~ chemical formula
хими́ческая, структу́рная ~ structural [constitutional] chemical formula
хими́ческая, эмпири́ческая ~ empirical chemical formula
цепна́я ~ chain formula
~ **Эйнште́йна для фотоэффе́кта** Einstein photoelectric equation
формули́ровать *гл.* formulate, enunciate
формулиро́вка *ж.* statement, formulization
~ **зада́чи** formulation [statement] of a problem
формуля́р *м.* **1.** (*книга*) log, logbook **2.** (*бланк*) data card, form **3.** (*библиотечный*) library card
форм-фа́ктор *м.* form [shape, crest] factor
форпи́к *м. мор.* forepeak
форполиме́р *м.* prepolymer
форпре́сс *м.* pre-press
форпрессова́ние *с.* pre-pressing
форпрессо́вка *ж.* pre-pressing
форса́ж *м.* power augmentation □ **включа́ть** ~ *ав.* put in [light, turn on] the afterburner; **на ~е** *ав.* in afterburner *пример*: **набира́ть высоту́ на ~е** climb in afterburner; **с включённым** *или* **вы́ключенным ~ем** with the afterburner on *or* off
форси́рование *с.* (*переключение логических и других схем*) forcing, boosting, speed-up
форси́ровать *гл.* force, boost, speed up □ ~ **вре́мя включе́ния** speed up (e.g., *a transistor*) in turn-on; ~ **вре́мя отключе́ния** provide speed-up in turn-off
форсиро́вка *ж.* forcing, boosting, speed-up
форсу́нка *ж.* **1.** (*для двигателей внутреннего сгорания*) injector, (fuel) nozzle, atomizer, jet **2.** (*для печных и топливных агрегатов*) (atomizing) burner, atomizer
вихрева́я ~ swirl [vortex] injector, swirl nozzle, swirl [vortex] atomizer
~ **втори́чного впры́ска** postinjector
двухкана́льная ~ dual-orifice nozzle
двухкомпоне́нтная ~ doublet injector
двухступе́нчатая ~ two-stage injector
мазу́тная ~ fuel nozzle, fuel atomizer
механи́ческая ~ mechanical atomizing burner
нефтяна́я ~ oil atomizer, oil burner
однокомпоне́нтная ~ monopropellant injector
парова́я ~ steam-atomizing burner

форсу́нка
паростру́йная ~ steam jet injector, steam jet atomizer
пневмати́ческая ~ air-atomizing burner
пускова́я ~ starting jet, starting nozzle
ротацио́нная ~ rotating atomizer
~ с коаксиа́льным впры́ском coaxial(-streams) injector
~ с комбини́рованным спо́собом распы́ла composite jet
~ с кони́ческим фа́келом conical-flame burner
~ смеси́тельная mixing nozzle
~ со ста́лкивающимися стру́ями impinging-jets [impinging-streams] injector
~ с перепу́ском то́плива spill nozzle
~ с предвари́тельным сме́шиванием компоне́нтов premix injector
~ с противото́чным впры́ском backshot [contra] injector
стру́йная ~ spray injector, spray atomizer
то́пливная ~ fuel-injection nozzle, fuel injector, spray(ing) nozzle
~ уда́рного де́йствия splash-plate spray nozzle
центробе́жная ~ centrifugal atomizer
штифтова́я ~ pintle nozzle, pintle-type atomizer
щелева́я ~ split (jet) injector, slot atomizer
фо́рточка *ж.* **1.** air vent **2.** *полигр.* side head(ing), let-in note
ФОРТРА́Н (*язык программирования*) FORTRAN
фортра́п *м. мет.* whirl separator
форфри́шер *м. мет.* preliminary refining mixer
форште́вень *м. мор.* stem, stempost
форшто́с *м. мет.* adapter
фосфа́т *м.* phosphate *примеры*: **~ аммо́ния** ammonium phosphate; **~ ка́лия** potassium phosphate; **~ на́трия** sodium phosphate
втори́чный ~ secondary phosphate
ки́слый ~ acid phosphate
колло́идный ~ bone [colloidal] phosphate
минера́льный ~ inorganic phosphate
норма́льный ~ normal [tertiary] phosphate
обесфто́ренный ~ fluorine-free phosphate
обогащённый ~ concentrated phosphate
органи́ческий ~ organic phosphate
перви́чный ~ primary phosphate
пла́вленый ~ fused phosphate
техни́ческий ~ technical phosphate
трети́чный ~ tertiary phosphate
фосфата́ция *ж. пищ.* phosphatation
фосфати́рование *с.* phosphate treatment, phosphatization, phosphatizing
фосфатшла́к *м.* phosphate [basic] slag
фосфи́д *м.* phosphide
фосфи́н *м.* phosphine
фосфи́т *м.* phosphite
фосфоги́пс *м.* phosphogypsum
фо́сфор *м.* **1.** (*химический элемент*) phosphorus, P **2.** (*заимствованное название любого люминофора*) phosphor
бе́лый ~ white phosphorus
жёлтый ~ yellow phosphorus
кра́сный ~ red phosphorus
кристалли́ческий ~ crystalline phosphorus
металли́ческий ~ metallic phosphorus
пурпу́ровый ~ purple [red] phosphorus
фиоле́товый ~ violet phosphorus
чёрный ~ black phosphorus
фосфоресце́нция *ж.* phosphorescence
фосфоресци́ровать *гл.* phosphoresce
фосфорили́рование *с.* phosphorylation
фосфори́т *м.* phosphorite, phosphate rock
фосфоритова́ние *с.* rock phosphatization
фосфороге́н *м.* phosphorogen
фосфорогра́фия *ж.* phosphorophotography
фосфороско́п *м.* phosphoroscope
фосфосульфита́ция *ж. пищ.* phosphosulphitation
фот *м. уст.* (*единица освещённости и светимости в системе СГС*) phot, centimeter-candle, ph
фотико́н *м.* (*передающая трубка*) *тлв.* photicon
фотоактива́ция *ж.* photoactivation
фотоаппара́т *м.* (photographic) camera □ **заряжа́ть *или* разряжа́ть ~, *напр.* при дневно́м све́те** load *or* unload the camera, e.g., in daylight
зерка́льный ~ reflex camera
зерка́льный, однообъекти́вный ~ single-lens reflex camera
крупноформа́тный ~ large size process camera
малоформа́тный ~ miniature camera
микроформа́тный ~ sub-miniature camera
миниатю́рный ~ sub-miniature camera
пласти́ночный ~ plate camera
плёночный ~ film camera
подво́дный ~ underwater camera
репродукцио́нный ~ reproduction [copying, process] (still) camera
репродукцио́нный, вертика́льный ~ vertical process camera
репродукцио́нный, горизонта́льный ~ floor-type [overhead] process camera
репродукцио́нный, двухко́мнатный ~ *полигр.* darkroom process camera
репродукцио́нный, подвесно́й ~ *полигр.* suspension-type process camera
складно́й ~ folding camera
фотоаппара́т
стереоскопи́ческий ~ stereo(scopic) camera
широкоплёночный ~ roll-film camera
фотоаппарату́ра *ж.* photographic equipment
фотоателье́ *с.* photographic studio
фотобие́ние *с.* photobeat
фотобла́нк *м.* (*в фототелеграфии*) record sheet
фотобума́га *ж.* photographic paper
бромосере́бряная ~ (silver) bromide paper
высокочувстви́тельная ~ fast paper
гля́нцевая ~ glossy paper
контра́стная ~ contrast paper
малочувстви́тельная ~ slow paper
ма́товая ~ matt paper
негати́вная ~ negative paper
позити́вная ~ positive paper
сверхконтра́стная ~ high-contrast paper
~ с ви́димой печа́тью daylight [printing-out] paper
~ с обраще́нием reversal paper
~ со съёмным сло́ем stripping paper
~ с проявле́нием developing-out paper
цветна́я ~ colour (photographic) paper
чёрно-бе́лая ~ black-and-white paper
фотовари́стор *м.* photovaristor
фотовозбужде́ние *с.* photoexcitation
фотовосстановле́ние *с.* photoreduction
фотовспы́шка *ж.* flash bulb
фотогелио́граф *м.* photoheliograph
фотогенера́тор *м.* photogenerator
низкочасто́тный ~ photoaudio generator
фотоги́д *м. астр.* photoelectric guiding device
фотогидро́лиз *м.* photohydrolysis
фотогравю́ра *ж.* photogravure
фотогра́мма *ж.* photogram
фотограмме́трия *ж.* photogrammetry
электро́нная ~ electronic [nonphotographic] photogrammetry
фото́граф *м.* photographer
фотографи́рование *с.* photographing, photography
возду́шное ~ aerial photography, aerophotography (*см. тж.* **аэрофотосъёмка**)
~ микрообъе́ктов photomicrography
подво́дное ~ underwater photography
ра́стровое ~ *полигр.* half-tone photography
~ теневы́м ме́тодом shadow photography
фотографи́ровать *гл.* photograph
фотогра́фия *ж.* **1.** (still) photography **2.** (*фотоснимок*) (still) photograph, still picture **3.** (*фотоателье*) photographic studio
безли́нзовая ~ lensless photography

фотогра́фия
документа́льная ~ documentary photography
изобрази́тельная ~ pictorial photography
инфракра́сная ~ infra-red photography
момента́льная ~ snapshot photography
подво́дная ~ underwater photography
прикладна́я ~ applied photography
стереоскопи́ческая ~ stereoscopic photography
тенева́я ~ shadowgraph
техни́ческая ~ technical photography
худо́жественная ~ artistic photography
цветна́я ~ 1. colour photography 2. colour photograph
чёрно-бе́лая ~ 1. black-and-white photography 2. black-and-white photograph
электро́нная ~ electronic photography
я́дерная ~ nuclear photography
фотода́тчик *м.* photosensor
фотоделе́ние *с. яд. физ.* photofission
фотодете́ктор *м.* photodetector
фотодимериза́ция *ж.* photodimerization
фотодио́д *м.* photodiode, semiconductor [solid-state] photodiode
дре́йфовый ~ drift photodiode
кре́мниевый ~ silicon photodiode
лави́нный ~ avalanche photodiode
плана́рный ~ planar photodiode
плоскостно́й ~ junction photodiode
пове́рхностно-барье́рный ~ surface-barrier [Schottky] photodiode
~ **с боковы́м освеще́нием** edge-illuminated photodiode
~ **с гетеропереxо́дом** heterojunction photodiode
~ **с запира́ющим сло́ем** depletion-layer photodiode
тонкоплёночный ~ thin-film photodiode
то́чечный ~ point-contact photodiode
тя́нутый ~ grown(-junction) photodiode
~, **формо́ванный излуче́нием ла́зера** laser-formed photodiode
фотодиссоциа́ция *ж.* photodissociation, photodecomposition
фотоза́пись *ж.* photographic recording, photorecording
скоростна́я ~ moving-image camera [high-speed (motion-picture)] photography, streak camera photorecording
фотозатво́р *м.* camera shutter
фотои́мпульс *м.* photoimpact
фотоиониза́ция *ж.* photoionization
фотоисто́чник *м.* (*источник фоторождённых частиц*) photosource
фотока́лька *ж.* paper negative
фотока́мера *ж.* photographic camera
спу́тниковая ~ satellite photographic camera
фотока́рта *ж.* photographic map, photomap
фотокарто́граф *м.* photocartograph, photomapper
фотоката́лиз *м.* photocatalysis
фотокатализа́тор *м.* photocatalyst
фотокато́д *м.* photocathode, photoelectric cathode
моза́ичный ~ mosaic photocathode, mosaic electrode
полупрозра́чный ~ semitransparent photocathode
сплошно́й ~ photocathode
фотоклистро́н *м.* photoklystron, cavity-type photodiode
фотоко́жа *ж.* camera bellows leather
фотоколори́метр *м.* photocolorimeter
фотоколориме́трия *ж.* photocolorimetry
фотоконденса́ция *ж.* photocondensation
фотокопи́рование *с.* photographic copying, photocopying
фотоко́пия *ж.* photocopy
фотолаборато́рия *ж.* photographic darkroom
фотола́мпа *ж.* photographic lamp, photolamp
фото́лиз *м.* photolysis
фотолитогра́фия *ж.* photolithography
фотолюминесце́нция *ж.* photoluminescence
фотома́ска *ж. элн., вчт.* photographic mask, photomask
фотоматериа́л *м.* photographic material
фотома́трица *ж.* type-transparency matrix
фотомезо́н *м.* photomeson
фотометео́р *м. астр.* photographic meteor
фото́метр *м.* photometer
визуа́льный ~ visual photometer
интегри́рующий ~ integrating photometer
инфракра́сный ~ infra-red photometer
клиново́й ~ wedge photometer
контра́стный ~ contrast photometer
мига́ющий ~ flicker photometer
многокана́льный ~ multichannel photometer
~ **одновре́менного сравне́ния** equal-brightness photometer
пла́менный ~ flame photometer
пове́рхностный ~ surface photometer
поляризацио́нный ~ polarization photometer
распредели́тельный ~ distribution [radial] photometer
рентге́новский ~ X-ray photometer
светорассе́ивающий ~ light-scattering photometer
скани́рующий ~ scanning photometer
фото́метр
~ **со сме́жными поля́ми** equal-brightness photometer
ступе́нчатый ~ variable-diaphragm photometer
субъекти́вный ~ visual photometer
тенево́й ~ shadow photometer
тру́бчатый ~ tube photometer
ультрафиоле́товый ~ ultra-violet photometer
физи́ческий ~ (*не визуальный*) physical photometer
фотоэлектри́ческий ~ photoelectric photometer
шарово́й ~ sphere [globe] photometer
электро́нный ~ electronic photometer
фотометри́рование *с.* photometric measurement
фотометри́ровать *гл.* scan photometrically
фотоме́трия *ж.* photometry
визуа́льная ~ visual photometry
звёздная ~ stellar photometry
многоцве́тная ~ multicolour photometry
пла́менная ~ flame photometry
субъекти́вная ~ visual photometry
физи́ческая ~ physical photometry
фотографи́ческая ~ photographic photometry
фотомикроско́п *м.* photographic microscope
фотомодуля́тор *м.* photomodulator
фотомонта́ж *м.* composite photograph, photomontage, photomosaic
фото́н *м.* photon
аннигиляцио́нный ~ annihilation photon
излучённый ~ emitted photon
~ **нака́чки** pump photon
па́дающий ~ incident photon
поглощённый ~ absorbed photon
~ **распа́да** decay photon
рассе́янный ~ scattered photon
скаля́рный ~ scalar photon
теплово́й ~ thermal photon
шумово́й ~ noise photon
фотонабо́р *м.* photocomposition, photosetting
фотонапряже́ние *с.* photoelectric voltage
фотонегати́в *м.* photographic negative
фотонейтро́н *м.* photoneutron
фотообъекти́в *м.* photographic objective, camera lens
фотоокисле́ние *с.* photooxidation
фотооксиди́рование *с.* photooxidation
фотоо́птика *ж.* photographic optics
фотоорigина́л *м.* photomaster
фотоотпеча́ток *м.* photographic print
фотоотщепле́ние *с.* photodetachment
фотопавильо́н *м.* photographic studio
фотопа́мять *ж.* photostore
фотоперехо́д *м.* phototransition
фотопеча́ть *ж.* photographic printing
фотопи́к *м.* photopeak, photoline
фотопио́н *м.* photopion

фотопла́н *м.* airplan, photoplan, negative map, photomap, aerophotographic(al) [aerophotogrammetric] plan
фотопласти́нка *ж.* (photographic) plate, photoplate
высокочувстви́тельная ~ fast plate
гологра́ммная ~ hologram photoplate
диапозити́вная ~ lantern (slide) plate
малочувстви́тельная ~ slow plate
мокроколлодио́нная ~ wet plate
рентге́новская ~ X-ray plate
~ с голограммой hologram photoplate
я́дерная ~ nuclear(-track) plate
фотоплёнка *ж.* (photographic) film □ **~ скру́чивается** (*в поперечном направлении*) the film curls
кату́шечная ~ roll film
негати́вная ~ negative film
обрати́мая ~ reversal [reversible] film
пло́ская ~ cut [flat] film
позити́вная ~ positive film
растри́рованная ~ film with the lattice-work of the crossed lines
ро́ликовая ~ roll film
форма́тная ~ cut [flat] film
цветна́я ~ colour photographic film
чёрно-белая ~ black-and-white film
фотопоглоще́ние *с.* photoabsorption, absorption of light
фотополимериза́ция *ж.* photopolymerization
фотоприёмник *м.* photodetector
фотопроводи́мость *ж.* **1.** (*явление*) photoconduction **2.** (*величина*) photoconductivity
фотопроводни́к *м.* photoconductor
объёмный ~ bulk photoconductor
фотопрото́н *м.* photoproton
фоторадиосвя́зь *ж.* facsimile radio link
фоторазве́дка *ж.* photoreconnaissance, photographic reconnaissance
фоторасщепле́ние *с.* (*атомного ядра*) photodisintegration
фоторези́ст *м.* photoresist (material)
жи́дкий ~ liquid photoresist
заду́бленный ~ hardened photoresist
засве́ченный ~ exposed photoresist
обра́тный ~ negative photoresist
пласти́ческий ~ plastic photoresist
полимеризо́ванный ~ hardened photoresist
прямо́й ~ positive photoresist
фоторези́стор *м.* photoresistor, photoconductor
фотореле́ *с.* photorelay, photoelectric [light] relay
~ вре́мени photoelectric timer, phototimer
резисти́вное ~ photoresistance-cell relay
селе́новое ~ selenium-cell relay
эмиссио́нное ~ photoemissive relay
фоторепроду́кция *ж.* photographic reproduction, photoreproduction

фоторо́бот *м.* "identikit" picture
фоторожде́ние *с.* **части́ц** photoreproduction of particles
фоторужьё *с.* photographic gun
фотосенсибилиза́ция *ж.* photosensitisation
фотоси́нтез *м.* photosynthesis
фотосинхрониза́ция *ж.* phototiming
фотосло́й *м.* photosensitive [photoconductive] layer
фотосмеси́тель *м.* *элн.* photomixer, optical mixer
фотосни́мок *м.* (still) photograph, still picture (*см. тж.* **фотогра́фия**)
фотосопротивле́ние *с.* **1.** (*прибор*) photoresistor, photoresistance [photoconductive] cell **2.** (*явление*) photoresistance
фотостаре́ние *с.* light ageing
фотоста́т *м.* *полигр.* photostat
фотостереóграф *м.* photostereograph
фотостереоизомериза́ция *ж.* photostereoisomerization
фотостерилиза́ция *ж.* *пищ.* photosterilization
фотосхе́ма *ж.* photo assembly, photographic index
фотосчётчик *м.* photoelectric counter
фотосъёмка *ж.* photography, photographing (*см. тж.* **фотографи́рование**)
документа́льная ~ documentary photography, photographic documentation
иссле́довательская ~ research photography
комбини́рованная ~ composite photography
момента́льная ~ instantaneous photography
регистрацио́нная ~ photoinstrumentation
стереоскопи́ческая ~ stereoscopic photography
цветна́я ~ colour photography
цейтра́ферная ~ time-lapse photography
чёрно-белая ~ black-and-white photography
фототаймер *м.* phototimer
фототе́ка *ж.* stills library
фототелегра́мма *ж.* wirephoto, radiophoto
фототелегра́ф *м.* facsimile
~ с за́писью на фотобума́гу *или* **плёнку** photofacsimile
~ с откры́той за́писью, штрихово́й direct-recording facsimile
фототелеграфи́я *ж.* facsimile, phototelegraphy, telephoto
фототелеско́п *м.* phototelescope
фототелефони́я *ж.* phototelephony
фототеодоли́т *м.* phototheodolite, field [ground photogrammetric, ground surveying] camera, camera-read theodolite
фототе́хника *ж.* photographic [photo] technique
фототи́пия *ж.* phototype, collotype

фототири́стор *м.* light-activated silicon controlled switch, light-activated SCS, light-activated thyristor
фототóк *м.* photocurrent, photoelectric current
фототопогра́фия *ж.* phototopography
фототравле́ние *с.* photoetching
фототранзи́стор *м.* phototransistor, light-transistor, electrooptical transistor
кана́льный ~ photoconductive field-effect transistor, photoconductive FET
полево́й ~ photoconductive field-effect transistor, photoconductive FET
фототрансформа́тор *м.* transformation [rectifying] apparatus, plotting [rectifying] camera
фототрансформи́рование *с.* correcting distortion
фототрафаре́т *м.* *пп* artwork
фототриангуля́тор *м.* phototriangulator, aerotriangulator, aerial triangulator
фототриангуля́ция *ж.* phototriangulation, aerotriangulation
аналити́ческая ~ analytic aerotriangulation
пла́новая [пло́ская, плоскостна́я] ~ plane aerotriangulation
простра́нственная ~ spatial aerotriangulation
фототрио́д *м.* phototriode
фотоувеличи́тель *м.* photographic enlarger
~ с автомати́ческой фокусиро́вкой automatic focusing enlarger
фотоумножи́тель *м.* photomultiplier, electron multiplier phototube
фотоупру́гость *ж.* photoelasticity
фотоустано́вка *ж.*, **спу́тниковая** satellite camera
фотофоре́з *м.* photophoresis
фотохимика́ты *мн.* *м.* photographic chemicals
фотохи́мия *ж.* photochemistry
фотохро́м *м.* photochrome
фотохроми́зм *м.* photochromism
фотоцинкогра́фия *ж.* photozincography, photoengraving, photoetching
фоточа́сы *мн.* clockwork timer, darkroom clock
фоточувстви́тельность *ж.* photoelectric sensitivity, photosensitivity
фотошабло́н *м.* mask □ **совмеща́ть ~** align a mask
фотоэдс *ж.* photoelectromotive force, photo-emf
фотоэкспоно́метр *м.* (photographic) exposure meter
фотоэлектре́т *м.* (*диэлектрический материал*) photoelectret
фотоэлектри́чество *с.* photoelectricity
фотоэлектролюминесце́нция *ж.* photoelectroluminescence
фотоэлектро́н *м.* photoelectron
фотоэлеме́нт *м.* photocell, photoelectric cell, phototube

фотоэлеме́нт
~ бегу́щей волны́ travelling-wave phototube
бромосере́бряный ~ silver-bromide photocell
ва́куумный ~ vacuum photocell
ве́нтильный ~ barrier-layer cell, barrage photocell
ве́нтильный ~ с тыловы́м фотоэффе́ктом back-effect photocell
ве́нтильный ~ с фронта́льным фотоэффе́ктом front-effect photocell
газонапо́лненный ~ gas [gas-filled, gas-discharge] photocell
герма́ниевый ~ germanium photocell
кре́мниевый ~ silicon photocell
меднюза́кисный ~ cuprous oxide [cuprox] photocell
~ на поликристалли́ческой плёнке polycrystalline film photocell
~ на полупроводнико́вом сте́ржне crystal bar photocell
плоскостно́й ~ junction photocell
плоскостно́й, вплавно́й ~ alloy junction photocell
плоскостно́й ~ с лову́шкой hook junction photocell
плоскостно́й, сплавно́й ~ alloy junction photocell
пове́рхностно-барье́рный ~ surface-barrier photocell
полупроводнико́вый ~ semiconductor photocell
расщеплённый ~ split photocell
рези́стивный ~ photoconductive cell
~ с вне́шним фотоэффе́ктом emission [outer-effect] photocell, photoemissive cell
~ с вну́тренним фотоэффе́ктом inner-effect photocell; photoconductive [photoresistance] cell
~ с гетеропереходо́м heterojunction photodetector
селе́новый ~ selenium photocell
се́рно-ка́дмиевый ~ cadmium-sulphide photocell
~ с запира́ющим слоем barrier-layer cell
~ с о́кисью ме́ди copper-oxide photovoltaic element
~ с по́лным поглоще́нием све́та black-body photocell
~ с управля́ющим электро́дом three-electrode cell
то́чечно-конта́ктный ~ point-contact photocell
то́чечный ~ point-contact photocell
тя́нутый ~ grown junction photocell
це́зиевый ~ caesium phototube
электролити́ческий ~ electrolytic photocell, photolytic cell
эмиссио́нный ~ emission [outer-effect] photocell, photoemissive cell

фотоэми́ссия *ж.* **1.** (*явление*) photoemission **2.** (*свойство*) photoemissivity

фотоэми́ттер *м.* photoemitter

фотоэму́льсия *ж.* photographic emulsion, photoemulsion
толстосло́йная ~ nuclear emulsion
я́дерная ~ nuclear emulsion

фотоэффе́кт *м.* photoeffect, photoelectric effect
ве́нтильный ~ barrier-layer [photoelectric, photovoltaic] effect
~ в запира́ющем сло́е barrier-layer [photoelectric, photovoltaic] effect
вне́шний ~ outer photoemissive effect
вну́тренний ~ inner photoemissive effect, photoconductive effect
избира́тельный ~ selective photoeffect
селекти́вный ~ selective photoeffect

фотра́н *м. пп.* (*р-п-р-п-переключатель*) photran

фрагме́нт *м.* fragment

фрагмента́ция *ж.* fragmentation, fission

фрактогра́фия *ж.* fractography

фракту́ра *ж. полигр.* fracture type

фракциона́тор *м.* **древе́сной ма́ссы** fibre classifier

фракциони́рование *с.* fractionation
ме́лкое ~ superfractionation

фракциони́ровать *гл.* fractionate

фра́кци/я *ж.* fraction; (*ширококипящая неочищенная и неректифицированная*) distillate □ **отбира́ть [отгоня́ть] ~ю** run off fraction
бокова́я ~ side-cut distillate
высокодиспе́рсная ~ fine fraction
высокомолекуля́рная ~ high-polymeric fraction
выходя́щая ~ effluent fraction
гли́нистая ~ clay fraction
головна́я ~ head fraction
~ грохоче́ния size fraction
гру́бая ~ coarse fraction
~ и́ла silt fraction
ключева́я ~ key fraction
колло́идная ~ colloidal fraction
лёгкая ~ light fraction; light distillate
лету́чая ~ volatile fraction
молекуля́рная ~ molecular fraction
низкокипя́щая ~ low-boiling fraction
низкомолекуля́рная ~ low-polymeric fraction
отбира́емая ~ effluent fraction
песча́ная ~ sand fraction
~ по пло́тности density [specific gravity] fraction
~ по разме́ру части́ц *или* **зёрен** size fraction
промежу́точная ~ intermediate fraction
~ пря́мой го́нки straight run
~ терми́ческого кре́кинга thermal naphtha
то́нкая ~ fine fraction
тяжёлая ~ heavy fraction, heavy [last] cut
у́зкая ~ narrow [close-cut] fraction
хвостова́я ~ tail fraction

фра́кция
широ́кая ~ wide fraction; long distillate

фраму́га *ж.* fanlight; (*над дверью*) transom

франки́рование *с.* (*грузов, корреспонденции и т. п.*) franking

фра́нко- franco, free of charge

фра́нко-бо́рт *м.* free on board, f.o.b.

фра́нко-ваго́н *м.* free on rail, f.o.r.

фра́нций *м.* francium, Fr

фрахт *м.* freight

фрахтова́ние *с.* chartering, affreightment, freightage

фрахтова́ть *гл.* freight, charter

фрега́т *м.* frigate

фрез/а́ *ж.* **1.** (milling) cutter, mill □ **обраба́тывать ~о́й** mill **2.** *с.-х.* tiller
двухуглова́я ~ double-angle milling cutter
ди́сковая ~ side milling cutter, side mill
ди́сковая, двусторо́нняя ~ half-side milling cutter
ди́сковая, зубоpе́зная мо́дульная ~ disk-type gear milling cutter
ди́сковая, па́зовая ~ slot milling cutter
ди́сковая, резьбова́я ~ single-thread milling cutter
ди́сковая, трёхсторо́нняя ~ side (-and-face) milling cutter
~ для нареза́ния кана́вок ме́тчиков, развёрток и свёрл fluting cutter
доро́жная ~ road harrow
зубоpе́зная ~ gear milling cutter
зуботехни́ческая ~ *мед.* dental cutter
кони́ческая ~ conical milling cutter
концева́я ~ end milling cutter, end mill
крупнозу́бая ~ coarse-tooth milling cutter
лету́чая ~ (*однозубая*) fly cutter
мелкозу́бая ~ fine-tooth milling cutter
мо́дульная ~ gear cutter
мо́дульная, па́льцевая, зубоpе́зная ~ end-mill type gear cutter
наса́дная ~ (*дисковая и др.*) arbour-type milling cutter; (*торцовая*) shell-type face mill
одноуглова́я ~ single-angle milling cutter
~, оснащённая пласти́нками из твёрдых спла́вов carbide-tipped milling cutter
отрезна́я ~ cutting-off saw
па́зовая ~ grooving cutter
па́зовая ~ с разнонапра́вленными зу́бьями staggered-tooth side milling cutter
по́чвенная ~ (rotary) tiller, rotary cultivator, rototiller
по́чвенная, боло́тная ~ rotary tiller for bogs

фрез/á
пóчвенная, дúсковая ~ rotary disk hoe
пóчвенная, леснáя ~ forest rotary tiller
пóчвенная, огорóдная ~ garden rotary tiller
пóчвенная, пропашнáя ~ inter-row rotary cultivator
прорезнáя ~ metal slitting saw
прямозýбая ~ straight-flute milling cutter
резьбовáя ~ thread milling cutter
резьбовáя, гребéнчатая [многонúточная] ~ multiple-thread milling cutter
садóвая ~ garden rotary cultivator
самохóдная ~ *с.-х.* self-propelled rotary tiller
~ **с винтовы́ми зýбьями** helical-flute milling cutter
~ **с затылóванными зýбьями** form-relieved milling cutter
торфянáя ~ peat cutter
торцóвая ~ face milling cutter
угловáя ~ angle milling cutter
фасóнная ~ form milling cutter
фасóнная ~ **с вóгнутым прóфилем** concave form milling cutter
фасóнная ~ **с вы́пуклым прóфилем** convex form milling cutter
фуговáльная ~ jointing cutter
хвостовáя ~ shank-type milling cutter, shank-type end mill
цéльная ~ solid milling cutter
цилиндрúческая ~ plain [cylindrical] milling cutter
цилиндрúческая, сдвóенная прáвая ~ interlocking right-hand plain milling cutter
червя́чная ~ hob(bing) cutter, hob
червя́чная, двухзахóдная ~ two-thread [double-start] hob
червя́чная, зуборéзная ~ gear hob
червя́чная, однозахóдная ~ single-thread [-start] hob
шлúцевая ~ metal slitting saw; (*для шлицевых валиков, червячная*) spline hob
шпóночная ~ keyway milling [cotter mill] cutter
фрезá-летýчка *ж.*, **червя́чная однозýбая** single-tooth fly-cutting hob
фрезá-развёртка *ж.* hole boring cutter
фрезеровáние *с.* **1.** *мет.-об.* milling, cutting **2.** *с.-х.* rotary cultivation, rotatilling, rotary tillage **3.** *дер.-об.* shaping operation
~ **канáвок** (*у метчиков, развёрток и свёрл*) fluting, milling of flutes
плóское ~ plane milling
~ **по подáче** climb [down] milling
~ **пóчвы** rotary cultivation, rototilling, rotary tillage
~ **прóтив подáчи** conventional [up] milling
торцóвое ~ face milling

фрезеровáние
торцóвое, несимметрúчное ~ asymmetrical face milling
торцóвое, симметрúчное ~ symmetrical face milling
фасóнное ~ form milling
цилиндрúческое ~ peripheral milling
фрезеровáть *гл.* mill □ ~ **фасóнно** route (a work)
фрезерóвщик *м.* milling machine operator
фрезтóрф *м.* milled peat
фреóн *м.* freon
фрéска *ж.* fresko
фрéттинг-коррóзия *ж.* fretting corrosion
фригорúметр *м.* frigorimeter, coolmeter
фригóрия *ж. уст.* (*внесистемная единица количества холода*) thermie
фриз *м. арх.* frieze
фрúзер *м.* freezer, ice cream freezer
фрикциóн *м.* (friction) clutch
фрúтта *ж.* (glass) frit
фрúттер *м. тлф.* acoustic shock absorber
фритю́рница *ж.* deep-fryer
фришевáние *с. мет.* purification, purifying, refining
фришевáть *гл. мет.* refine
фронт *м.* front
атмосфéрный ~ atmospheric front
~ **возмущéний** Mach front
волновóй ~ wave-front
волновóй, восстанóвленный ~ reconstructed wave-front
волновóй, опóрный ~ reference wave-front
волновóй ~ **с постоя́нной фáзой** uniform-phase wave-front
~ **волны́** wave-front
~ **воспламенéния** flame front
грозовóй ~ thundery front
~ **забóя** face line □ **рабóтать на забóе ширóким** ~**ом** work a long face line
~ **úмпульса** (*может относиться к переднему и заднему фронту при соответствующем определении*) edge; (*в значении только переднего фронта*) leading edge (*Примечание. В этом случае* зáдний фронт *по-русски называется* «срез».)
~ **úмпульса, зáдний** trailing edge
~ **úмпульса, перéдний** leading edge
~ **ионизáции** ionization front
крутóй ~ **(волны́)** steep front
очúстный ~ *горн.* front of working face
~ **плáмени** flame front
~ **погрýзки** *горн.* loading area
поля́рный ~ *метео* polar front
~ **рабóт дéйствующих устýпов** *горн.* front of acting benches
~ **рабóт карьéра** front of a strip mine, front of a quarry, front of an opencast mine
~ **разгрýзки** *горн.* unloading area
~ **разрежéния** rarefaction front

фронт
~ **сжáтия** compression front
~ **скачкá уплотнéния** wave [shock] front
~ **спýтной струú** *аргд.* wake front
тёплый ~ *метео* warm front
~ **удáрной волны́** shock (-wave) [pressure] front
холóдный ~ *метео* cold front
фронтáль *ж.* frontal [V principal] line, V parallel, vertical
фронтúспис *м. полигр.* frontispiece
фронтогенéз *м. метео* frontogenesis
фронтóлиз *м. метео* frontolysis
фронтóн *м.* fronton
фруктовóз *м.* (*судно*) fruit carrier
фруктосушúлка *ж.* fruit dryer
фтор *м.* fluorine, F
фторúды *мн. м.* fluorides
фторúрование *с.* fluorination
фторúровать *гл.* fluorinate
фторкаучýк *м.* fluorine(-containing) rubber, fluoroelastomer
фтороводорóд *м.* hydrogen fluoride
фторомéтрия *ж.* fluorometry
фтороплáст *м.* fluoroplastic
фтороплáст-4 (*советский эквивалент* тефлона) polytetrafluorethylene, PTFE
фторофóрм *м.* trifluoromethane
фторпроизвóдные *мн. ж.* fluorine derivatives
фторэластомéр *м.* fluoroelastomer
фугáнок *м.* jointing [shooting, smoothing] plane
бочáрный ~ cooper's bench plano
фугáсность *ж.* fougasseness
фуговáние *с.* jointing
фуговáть *гл.* **1.** joint **2.** (*утфель*) *пищ.* spin
фугóвка *ж.* (*утфеля*) *пищ.* spinning
фуксúн *м.* fuchsin, magenta
фульминáты *мн. м.* fulminates
фумигáнт *м.* fumigant
фумигáтор *м.* fumigator, smoker, gassing machine, fumigant applicator
фумигáция *ж.* fumigation
фунгицúд *м.* fungicide
фундáмент *м.* foundation, substructure, base (footing)
бетóнный ~ concrete foundation □ **подводúть бетóнный** ~ float the site with a concrete raft
~ **в вúде плиты́** slab foundation
~ **в вúде рóстверка** floating [raft] foundation
~ **глубóкого заложéния** deep foundation
жёсткий ~ rigid foundation
~ **инструмéнта** instrument base
квадрáтный ~ square foundation
кессóнный ~ caisson footing
кольцевóй ~ ring foundation
консóльный ~ cantilever footing
лéнточный ~ strip foundation; continuous footing
~ **машúн** machine bearer, machine foundation
~ **на естéственном основáнии** direct foundation

фунда́мент
~ на опускны́х коло́дцах shaft foundation
~ неглубо́кого заложе́ния shallow foundation
непреры́вный ~ continuous footing
отде́льный ~ isolated foundation, isolated footing
пило́нный ~ pier footing
пло́ский ~ flat foundation
~ под сте́ны foundation walls
прямоуго́льный ~ rectangular footing
сва́йный ~ piles foundation
сейсмосто́йкий ~ earthquake-proof foundation
сплошно́й ~ mat footing
спусково́й ~ *мор.* ground ways
ступе́нчатый ~ benched foundation
~ с уши́ренным основа́нием spread footing
ша́хтный ~ pit foundation
фуникулёр *м.* funicular
функто́р *м.* functor
функциона́л *м.* functional
функциона́льность *ж.* functionality
функциони́рование *с.* functioning
функциони́ровать *гл.* function
фу́нкци/я *ж.* function □ **~ А перехо́дит в ~ю Б** (the) function A goes into (the) function B; **воспроизводи́ть ~ю** approximate [implement, mechanize, realize] a function; ***y* есть ~ от *x y*** is a function of *x*; **задава́ть ~ю нея́вно** *или* **я́вно** define a function implicitly *or* explicitly; **иссле́довать ~ю на ма́ксимумы и ми́нимумы [на экстре́мумы]** examine [test] a function for maxima and minima; **~ обраща́ется в нуль** a function vanishes; **~ определя́ется в о́бласти ...** a function is defined on an interval; **~ периоди́чна по, *напр.* *t*** a function is periodic in, *e.g.*, *t*; **~ периоди́чна с пери́одом T** a function is periodic with period T; **преобразо́вывать ~ю по Лапла́су** apply the Laplace transformation to a function, take the Laplace transform of a function; **прибли́зить сло́жную ~ю бо́лее просто́й** approximate a complex function by a simpler one; **прибо́р мо́жет выполня́ть сле́дующие ~и** the instrument offers the following services
а́белева ~ Abelian function
автокорреляцио́нная ~ autocorrelation function
адди́тивная ~ additive function
амплиту́дная ~ *тлв.* amplitude function
аналити́ческая ~ analytical function
ана́логовая ~ analog function
аннули́рующая ~ nullifier
аркгиперболи́ческая ~ arc-hyperbolic [antihyperbolic, inverse hyperbolic] function

фу́нкци/я
~ без ограниче́ний unconstrained function
~ Бе́сселя Bessel's function
~ большинства́ majority function
бу́лева ~ Boolean function
ве́кторная ~ vector function
вероя́тностная ~ distribution [probability] function
весова́я ~ weighting function
весова́я ~ поме́хи *тлв.* noise weighting function
~ взаи́мной когере́нтности mutual coherence function
~ влия́ния influence [Green's] function
~ возбужде́ния excitation [drive] function
возраста́ющая ~ increasing function
волнова́я ~ wave function
~ вы́годы *киб.* objective [return] function
вы́рожденная ~ confluent function
вычисли́мая ~ computable function
~ Га́мильтона Hamiltonian function
гармони́ческая ~ harmonic (function)
гиперболи́ческая ~ hyperbolic function
действи́тельная ~ real-valued function
действи́тельно-зна́чная ~ real-valued function
~ де́йствия *мех.* action function
де́льта-~ delta function
диссипати́вная ~ dissipative function
доброка́чественная ~ well-behaved function
до́норная ~ (*атома*) donor function
за́данная ~ prescribed function
задаю́щая ~ driving function
~ запомина́ния storage function
~ запре́та inhibit function
~ изоба́рного потенциа́ла isobaric potential function
и́мпульсная ~ impulse function
интегри́рующая ~ integrator
~ и́стинности truth function
квадрати́чная ~ quadratic function
~ кисло́тности acidity function
классифици́рующая ~ discriminant function, discriminator
ко́мплексная ~ complex(-valued) function
корреляцио́нная ~ correlation function
***n*-кра́тно дифференци́руемая ~** *n* times differentiable function
~ крите́рия test function
~ Лагра́нжа Lagrangian function
~ Лежа́ндра Legendre function
лине́йная ~ linear function
лине́йно-возраста́ющая ~ ramp function
логарифми́ческая ~ logarithmic function
логи́ческая ~ logical function

фу́нкци/я
логи́ческая ~ включа́ющее ИЛИ inclusive OR function
логи́ческая ~ И AND function
логи́ческая ~ И—ИЛИ AND-to-OR function
логи́ческая ~ ИЛИ OR function
логи́ческая ~ исключа́ющее ИЛИ exclusive OR function
логи́ческая ~ НЕ NOT function
~ логи́ческого сложе́ния logical addition function
~ логи́ческого умноже́ния collate function
мажори́рующая ~ majorant
~ Матьё Mathieu's function
многозна́чная ~ multiple valued function
моното́нная ~ monotonic function
невычисли́мая ~ noncomputable function
~ неопределённости ambiguity [Woodward] function
непреры́вная ~ continuous function
нечётная ~ odd function
нея́вная ~ implicit function
обобщённая ~ generalized function
обра́тная ~ inverse function
обра́тная, гиперболи́ческая ~ inverse hyperbolic [arc-hyperbolic, antihyperbolic] function
обра́тная, тригонометри́ческая ~ inverse trigonometric [antitrigonometric] function
ограни́ченная ~ bounded function
однозна́чная ~ single-valued function
опо́рная ~ function of support, support [supporting] function
~ отсчётов (*в теории сообщений и теории информации*) sampling function
первоо́бразная ~ antiderivative, primitive
переда́точная ~ transfer function □ **реализова́ть переда́точную ~ю на ...** implement the transfer function with ...
переда́точная, дискре́тная ~ sampled-data transfer [pulse transfer] function
переда́точная ~ нелине́йного элеме́нта describing function
переда́точная, опти́ческая ~ optical transfer function
переда́точная ~ по возде́йствию actuating transfer function
переда́точная ~ по возмуще́нию the transfer function to [on] the extraneous signal
переда́точная ~ по входно́му сигна́лу the transfer function to [on] the input signal
переключа́тельная ~ switching function
~ перехо́да (*цифрового автомата*) transition [next-state] function
перехо́дная ~ unit step function
периоди́ческая ~ periodic function
□ **разлага́ть периоди́ческую ~ю на**

слага́емые гармо́ники ме́тодом ана́лиза Фурье́ resolve a periodic function into harmonic components by Fourier analysis
фу́нкци/я
пилообра́зная ~ saw-tooth function
~ пло́тности density function
~ пло́тности состоя́ний density-of-states function
подынтегра́льная ~ integrand function, integrand
показа́тельная ~ exponential function
поро́говая ~ threshold function
порожда́ющая ~ generator
потенциа́льная ~ potential function
потенциа́льная ~ скоросте́й velocity potential function
~ правдоподо́бия likelihood function
~ преобразова́ния transfer function
произво́дная ~ derived function
производя́щая ~ generating function
произво́льная ~ arbitrary function
проста́я ~ simple function
~ разбие́ния partition function
~ распределе́ния distribution function; *стат.* frequency function
~ распределе́ния вероя́тности probability distribution function
~ распростране́ния propagation function, propagator
~ рассе́яния scattering function
рациона́льная ~ rational function
регуля́рная ~ well-behaved function
рекурси́вная ~ recursive function
реша́ющая ~ decision function
~ ри́ска risk function
силова́я ~ force function
синусоида́льная ~ sine function
~ скачко́в saltus [step, jump] function
сло́жная ~ composite function
случа́йная ~ random function
со́бственная ~ eigenfunction, characteristic [fundamental] function
~ с ограниче́нием constrained function
~ с ограни́ченным измене́нием function of bounded variation
~ состоя́ния function of state, point function
спектра́льная ~ spectrum, spectral function, integrated spectrum
степенна́я ~ power function
ступе́нчатая ~ step [jump] function
сфери́ческая ~ spherical [surface] harmonic, spherical function
~ то́ка stream [flow] function
трансценде́нтная ~ transcendental function
тригонометри́ческая ~ trigonometrical function
~ управле́ния control function
фи-~ Э́йлера phi function, Euler's ϕ-function (*of an integer*)

фу́нкци/я
характеристи́ческая ~ characteristic [fundamental] function, eigenfunction
~ хране́ния storage function
це́лая ~ entire [integral] function
целева́я ~ (*в исследовании операций*) (*для каждого решения по каждой цели*) efficiency function; (*для каждого решения по всем целям*) effectiveness function
цилиндри́ческая ~ Bessel's function
чётная ~ even function
экспоненциа́льная ~ exponential function
~ эне́ргии Ги́ббса Gibbs function
эргоди́ческая ~ ergodic function
фу́нкция-аргуме́нт *м.* inner function
фурго́н *м.* van
бага́жный ~ *англ.* luggage van, *амер.* baggage van
фу́рма *ж.* lance; (*в доменной печи*) tuyere
ве́рхняя ~ overhead tuyere
водоохлажда́емая ~ water-cooled lance; water-cooled tuyere
возду́шная ~ air tuyere
втори́чная ~ secondary lance
зашлако́ванная ~ blind [sluggish] tuyere
~ кислоро́дного конве́ртера basic oxygen furnace lance
ни́жняя ~ bottom tuyere
сво́довая ~ roof lance
~ цилиндри́ческого ти́па straight-type lance
фурниту́ра *ж.* accessories, fittings
фурфуро́л *м.* furfural
футерова́ть *гл.* line
футеро́вк/а *ж.* 1. *мет.* lining □ меня́ть ~у, *напр.* пе́чи reline, *e.g.*, a furnace 2. *полигр.* lining up end sheets (*to cover boards*)
бесшо́вная ~ seamless lining
бокова́я ~ side lining
вре́менная защи́тная ~ flash lining
деревя́нная ~ timber lining
дина́совая ~ silica lining
доломи́товая ~ dolomite lining
ки́слая ~ acid lining
магнези́товая ~ magnesite lining
набивна́я ~ rammed [tamped] lining
огнеупо́рная ~ refractory [firebrick] lining
основна́я ~ basic lining
полупостоя́нная ~ semi-permanent lining
постоя́нная ~ permanent lining
смолодоломи́товая ~ tar-dolomite lining
спечённая ~ sintered lining
сцементи́рованная ~ sintered lining
термоизоляцио́нная ~ heat-insulating lining
углеро́дистая ~ carbon lining
шамо́тная ~ fire-clay lining
~ ша́хты shaft lining

футеро́вк/а
шлакоусто́йчивая ~ slag-resistant lining
футля́р *м.* 1. housing, case, casing jacket, sheath, barrel 2. (*для хранения книг*) slipcase, slipcover
~ телеви́зора cabinet
футо́кс *м. мор.* futtock, foothook
футуроло́гия *ж.* future research
футшто́к *м.* foot [tide, depth] gauge
фьюмингова́ние *с.* fuming
фюзеля́ж *м.* fuselage
ба́лочно-стри́нгерный ~ semimonocoque fuselage
ба́лочный ~ beam-type fuselage
фе́рменный ~ truss fuselage
фюзе́н *м.* fusain, mother of coal

Х

хавтоно́метр *м. полигр.* half-tone meter
хаз *м. кож.* (horse) butt
хаоти́ческий *прил.* random, chaotic
хаоти́чность *ж. физ.* randomness, chaotic state
хара́ктер *м.* character, nature; behaviour; pattern □ име́ть [проявля́ть] закономе́рный ~ have a set pattern; случа́йного ~а of (a) random nature
гидродинами́ческий ~ (*потока жидкости или газа*) flow pattern(s)
ёмкостный ~ (*о цепях или их элементах*) (be) capacitive in effect, (exhibit) capacitive reactance □ входно́е сопротивле́ние ли́нии име́ет ёмкостный ~ the input impedance of the line is capacitive in its effect; the line exhibits a capacitive input reactance
~ изно́са wear pattern
~ корро́зии corrosion pattern
~ негла́вный *мат.* nonprincipal character
~ перено́са мета́лла *св.* (*через дугу*) metal transfer characteristic
~ пла́мени flame condition
~ прохожде́ния сигна́ла че́рез звено́ систе́мы response of a system element
равноме́рный ~ (*протекания процесса*) steady rate
радиоакти́вный ~ radioactive nature
случа́йный ~ *мат.* random in character, nature, *etc.*, irregular pattern □ явле́ния но́сят случа́йный ~ events lack any regular pattern, events occur at random
характеризова́ть *гл.* characterize
характериз/ова́ться *гл.* 1. evaluate (in terms of) *пример*: густота́ пу́льпы ~у́ется отноше́нием жи́дкого к твёрдому the density of the pulp is evaluated in terms of the liquid to solid ratio 2. specify by *пример*: ка́ждая то́чка ~у́ется расстоя́нием от

условного нуля́ each point is specified by its distance from the reference datum 3. define [to be defined] by *пример*: **положе́ние то́чки на пло́скости ~у́ется расстоя́нием и направле́нием** the position of a point in a plane is defined by a length and a direction
характерио́граф *м.* curve tracer
характери́стик/а *ж.* **1.** characteristic; (*машины*) performance □ **получа́ть ~у из уравне́ния [по уравне́нию]** generate a characteristic by an equation; **снима́ть ~у** measure a characteristic, measure a response; **стро́ить ~у** construct [plot] a characteristic; **стро́ить ~у, *напр.* в координа́тах** $V_a — I_a$ construct a curve of, *e.g.*, I_a against V_a, plot, *e.g.*, I_a against V_a; **~ явля́ется нечётной** the characteristic has odd-function symmetry; **~ явля́ется чётной** the characteristic has even-function symmetry **2.** (*характеристическая кривая*) (characteristic) curve □ **снима́ть ~у по то́чкам** measure a characteristic by the point-by-point method **3.** (*как определение понятия, явления, величины*) characterization
амплиту́дная ~ (*не путать с* амплитудно-частотной характеристикой) amplitude(-ratio) characteristic (*not to be confused with* the amplitude response *or* the amplitude — vs. — frequency characteristic)
амплиту́дно-часто́тная ~ 1. (*зависимость абсолютного значения векторной величины от частоты*) amplitude(-frequency) characteristic **2.** (*изменение усиления или ослабления с частотой*) (amplitude-)frequency response, amplitude response
аналити́ческая ~ analytical characteristic
ано́дная ~ *англ.* anode characteristic; *амер.* plate characteristic
ано́дно-се́точная ~ *англ.* mutual characteristic (*of a valve*); *амер.* transfer characteristic (*of a tube*)
антидетонацио́нная ~ (*топлива*) antiknock rating
аперту́рная ~ (*передающей телевизионной трубки*) resolution characteristic
аэродинами́ческие ~и aerodynamic characteristics, aerodynamics, aerodynamic data
аэродинами́ческие, расчётные ~и design aerodynamic characteristics
ба́зовая ~ (*транзистора*) base characteristic
баллисти́ческие ~и ballistic characteristics
~ без нагру́зки unloaded (no-load) characteristic
безразме́рная ~ dimensionless characteristic
ве́берампе́рная ~ flux-current characteristic

характери́стик/а
~ вентиля́тора fan characteristic; fan performance curve
~ вентиля́тора, индивидуа́льная individual fan characteristic
~ вентиля́тора, теорети́ческая theoretic(al) fan characteristic
~ вентиля́тора, универса́льная universal fan characteristic
вентиляцио́нная ~ (*шахты*) ventilation characteristic
взлётно-поса́дочные ~и take-off and landing characteristics
влагоразря́дная ~ moisture discharge characteristic
вне́шняя ~ external characteristic
возраста́ющая ~ (*вид кривой на графике*) upward (sloping part of a) characteristic (curve)
вольт-ампе́рная ~ volt-ampere [voltage-current] characteristic
во́льтовая ~ (*фотоприёмника*) voltage characteristic
~ вре́мени сраба́тывания (*реле*), **зави́симая** dependent time-lag
~ вре́мени сраба́тывания (*реле*), **незави́симая** independent time-lag, definite (operating) time
~ вре́мени сраба́тывания (*реле*), **ограни́ченно зави́симая** inverse time with definite minimum, definite minimum inverse operating time
временна́я ~ time response
времято́ковая ~ current-time curve
входна́я ~ input characteristic
высо́тные ~и altitude characteristics
выходна́я ~ output characteristic
гистере́зисная ~ hysteresis characteristic
графи́ческая ~ characteristic curve
~ группирова́ния *свз.* bunching characteristic
~и двигателя engine performance
дете́кторная ~ (*частотного детектора*) response curve, transfer characteristic (*of a discriminator*)
детонацио́нная ~ (*топлива*) knock rating, knock value
динами́ческая ~ 1. dynamic characteristic; dynamic response **2.** *авто* performance curve
дио́дная ~ diode characteristic
~ добро́тности Q characteristic
жёсткая ~ *эл.* flat characteristic
~ зажига́ния firing characteristic
~ запира́ния (*электронной лампы*) cut-off characteristic
заря́дная ~ charge characteristic
~ затуха́ния attenuation characteristic
идеализи́рованная ~ idealized characteristic
~ избира́тельности *рад., тлв.* selectivity characteristic
калибро́вочная ~ calibration curve; (*аналитическое выражение*) calibration equation
квадрати́чная ~ square-law characteristic

характери́стик/а
~ квазиконфо́рмного отображе́ния *мат.* dilatation ratio
кинемати́ческая ~ motion characteristic
колёсная ~ system of wheels, arrangement of wheels, wheel arrangement
колле́кторная ~ (*транзистора*) collector characteristic
~ коро́ткого замыка́ния short-circuit characteristic
коррозио́нная ~ corrosion performance
куло́н-во́льтная ~ charge-voltage characteristic
кусо́чно-лине́йная ~ piecewise linear characteristic
~и ЛА в движе́нии кре́на *ав.* roll(ing) characteristics
~и ЛА в движе́нии тангажа́ *ав.* pitch(ing) characteristics
лётные ~и flight data, flight performance, flight characteristics
лине́йная ~ linear characteristic; linear response
логарифми́ческая ~ log-log characteristic
магни́тная ~ magnetic characteristic, B-H curve
механи́ческая ~ speed-torque characteristic
~ моде́ли, часто́тная *аргд.* model response
модуляцио́нная ~ modulation [drive] characteristic
мя́гкая ~ *эл.* drooping characteristic
нагру́зочная ~ load characteristic
~ напра́вленности directional characteristic, directivity pattern
~ нараста́ния перехо́дного проце́сса *элн.* transient response
~ насо́са pump [head-capacity] characteristic
насыща́ющая ~ *физ.* saturation characteristic
~ насыще́ния saturation characteristic
обра́тная ~ (*выпрямителя*) back characteristic; (*диода*) reverse characteristic
~ отраже́ний от по́чвы *рад.* ground echo pattern
~ отраже́ния зву́ка echoing characteristic
~ «от све́та до све́та» *тлв.* overall transfer characteristic
па́дающая ~ *эл.* drooping characteristic
пассивацио́нная ~ (*металла*) passivation property
перегру́зочная ~ overload characteristic; *ав.* g-load curve
~ переда́чи *тлв.* transfer characteristic
~ переда́чи полутоно́в *тлв.* gray-[half-] tone response
~ перекрыва́ющего разря́да *эл.* flashover characteristic

характери́стик/а

перехо́дная ~ (*при любом возмущении*) transient response; (*при единичном ступенчатом возмущении*) unit-step (function) response

~ по зерка́льному кана́лу *рад.* image response

по́лная ~ total characteristic

поло́гая ~ quiet (characteristic) curve

полуто́новая ~ half-tone characteristic

~ послесвече́ния decay [persistence] characteristic

~ по сосе́днему кана́лу *рад.* adjacent-channel response

~ пото́ка *аргд.* flow conditions

простра́нственно-частóтная ~ spatial frequency response

~ про́филя, аэродинами́ческая airfoil characteristic

пускова́я ~ starting characteristic

рабо́чая ~ operating [working, performance] characteristic, performance (curve)

~ разго́на *хим.* transient response

размо́льная ~ (*напр.* угля) grindability index

~ раке́тного то́плива propellant performance

расчётная ~ estimated performance

~ реа́кции response

~ реа́кции систе́мы *авт.* (*аналитическое выражение*) response (function) of a system; (*графическое представление*) response (characteristic) of a system, response (curve) of a system

~ реа́кции систе́мы на едини́чное ступе́нчатое возмуще́ние *авт.* unit-step (function) response of a system

~ реа́кции систе́мы на и́мпульсное возмуще́ние *авт.* impulse (-function) response of a system

~ реа́кции систе́мы на лине́йно-возраста́ющее возмуще́ние *авт.* ramp-function response of a system

~ реа́кции систе́мы на показа́тельное возмуще́ние *авт.* exponential-function response of a system

~ регули́рования control performance

реологи́ческая ~ *гидр.* flow characteristic

светова́я ~ *опт.* light characteristic; (*передающей ТВ трубки*) light transfer characteristic

~ «свет — сигна́л» (*передающей ТВ трубки*) transfer characteristic

се́риесная ~ *эл.* series [rising] characteristic

~ се́ти *тепл.* system head curve

се́точная ~ *элн.* grid characteristic

се́точно-ано́дная ~ inverse mutual [transfer, grid-plate, grid-anode] characteristic; (*по напряжению*) control characteristic

характери́стик/а

~ «сигна́л — свет» (*приёмной трубки*) transfer characteristic

~ систе́мы, амплиту́дно-фа́зовая (*годограф частотной характеристики*) *авт.* transfer locus of a system

~ систе́мы, перехо́дная *авт.* unit-step response (function) □ **перехо́дная ~ систе́мы име́ет апериоди́ческий хара́ктер** (*выходная ордината стремится к установившемуся значению монотонно*) the system has [shows] an aperiodic [overdamped] transient [unit-step] response; (*имеет одич экстрениум и не пересекает установившегося значения*) the system has [shows] a critically damped transient [unit-step] response; **перехо́дная ~ систе́мы име́ет колеба́тельный хара́ктер** the system has an oscillatory unit-step response

~ систе́мы, часто́тная амплиту́дная (*модуль частотной характеристики*) *авт.* amplitude-ratio [gain] (vs. frequency) response (characteristic) of a system

~ систе́мы, часто́тная амплиту́дная логарифми́ческая *авт.* log-magnitude plot [log-magnitude curve] of a system

~ систе́мы, часто́тная веще́ственная *авт.* real (part of the) frequency response of a system

~ систе́мы, часто́тная логарифми́ческая (*в координатах* lg ω — — lg $\phi(i\omega)$) *авт.* Bode diagram

~ систе́мы, часто́тная мни́мая *авт.* imaginary (part of the) frequency response of a system

~ систе́мы, часто́тная фа́зовая (*аргумент частотной характеристики*) *авт.* phase (vs. frequency) response (characteristic) of a system

~ систе́мы, часто́тная фа́зовая логарифми́ческая (*в координатах* φ — — lg ω) *авт.* phase-angle [phase-shift] (vs. log-frequency) plot of a system

сквозна́я ~ *киб.* through characteristic

скоростна́я ~ velocity characteristic; (*шины*) speed performance

со́бственная ~ inherent characteristic

спада́ющая ~ (*вид кривой на графике*) downward sloping (part of a) characteristic

спектра́льная ~ spectral (response) characteristic, spectral response (function)

срывна́я ~ *аргд.* stalling characteristic

стати́ческая ~ static characteristic

сте́ндовая ~ test-bench characteristic

ступе́нчатая ~ staircase characteristic

счётная ~ counter characteristic curve; counting response

характери́стик/а

~ телека́меры, спектра́льная spectral [taking] characteristic of a TV camera

температу́рная ~ temperature characteristic

теплова́я ~ thermal response

техни́ческая ~ technical data

то́ковая ~ current characteristic

~ турби́ны steam consumption diagram, Willans line

тя́говая ~ tractive characteristic

~и уде́льной про́чности strength-weight properties

~ управле́ния control characteristic

~и управля́емости *авто* handling characteristics, handling behaviour

усреднённая ~ averaged characteristic

уста́лостная ~ fatigue characteristic

фа́зово-часто́тная ~ phase(-frequency) characteristic

фо́новая ~ background characteristic

ходовы́е ~и *ж.-д.* rolling characteristics

~ холосто́го хо́да *эл.* no-load characteristic; (*в теории цепей и связи*) open-circuit characteristic

часто́тная ~ *элн.* frequency response □ **зава́л часто́тной ~и, напр. на высо́ких часто́тах** drop of amplification [gain roll-off] at, *e.g.*, high frequencies; **корректи́ровать [подня́ть] часто́тную ~у, напр. усили́теля** compensate the frequency response of, *e.g.*, an amplifier; **корректи́ровать [подня́ть] часто́тную ~у усили́теля, напр. по высо́ким часто́там** give an amplifier, *e.g.*, a high boost, apply, *e.g.*, high-frequency compensation to an amplifier, raise amplifier gain at the high-frequency end of the range; **корректи́ровать [подня́ть] часто́тную ~у усили́теля, напр. по ни́зким часто́там** apply, *e.g.*, low-frequency compensation to an amplifier, raise amplifier gain at the low-frequency end of the range; **часто́тная ~ име́ет неравноме́рность, напр. 3 дБ по диапазо́ну** the frequency response is flat within 3 dB over the bandwidth; **часто́тная ~ равноме́рна до, напр. 1 МГц** the frequency response is flat up to, *e.g.*, 1 MHz

часто́тная, равноме́рная по диапазо́ну ~ bandpass response □ **схе́ма име́ет равноме́рную по диапазо́ну часто́тную ~у** the circuit has [shows] a bandpass response

числова́я ~ numerical characteristic

~ чувстви́тельности sensitivity characteristic

шумова́я ~ noise performance

шунтова́я ~ shunt characteristic

характери́стик/а
эквивале́нтная ~ total [lumped] characteristic
эксплуатацио́нная ~ operating characteristic
эмиссио́нная ~ emission characteristic
характро́н *м.* shaped-beam character display tube (Charactron — *фирм. название*)
ха́ртли *м.* (the) hartley □ **оди́н ~ определя́ет коли́чество информа́ции, ра́вное одному́ равновероя́тному значе́нию из десяти́** a hartley is a unit of information content equal to one of ten equiprobable values
хастелло́й *м.* (*коррозионно стойкий сплав*) nickel-molybdenum alloy; nickel-chrome-molybdenum alloy (Hastelloy — *фирм. название*)
хват/а́ть *гл.* (*что-л. на какой-то период времени*) last (for) (*so many years*) □ **запа́сов ~ит на 10 лет** stock will last (for) 10 years
хво́рост *м.* brushwood, dry branches
хвост *м.* **1.** (*концевая часть*) tail; (*инструмента*) shank, tang, stem **2.** *мат.* tail, remainder **3.** *мн.* (*в обогащении руд*) tailings, rejects □ **возвраща́ть ~ы в проце́сс** recycle tailings; **отбра́сывать ~ы** discard tailings; **подверга́ть ~ы повто́рному рассе́ву** rescreen tailings
~ ветродви́гателя wind rudder
ви́льчатый ~ straddle-type root
~ и́мпульса pulse tail
~ коме́ты comet's tail
~ криво́й tail of a curve
кру́пные ~ы coarse tailings
ла́сточкин ~ dovetail
~ лопа́тки (*турбины*) blade root
ме́лкие ~ы fine tailings
мо́крые ~ы wet tailings
~ напи́льника shank of a file
отва́льные ~ы final [discardable] tailings
~ы отса́дки jig(ging) tailings
~ы перечи́стки cleaner tailings
~ по́езда trail end of a train
~ спла́ва *лес.* tail end
сумма́рные ~ы overall tailings
сухи́е ~ы dry tailings
Т-обра́зный ~ T-shape root
~ы флота́ции flotation tailings
флотацио́нные ~ы́ flotation tailings
хвостикодроби́лка *ж.* (*в производстве сахара*) beet tail chopper
хвостиколову́шка *ж.* (*в производстве сахара*) beet tail(ing) catcher, beet tail(ing) separator
хвостови́к *м.* (*инструмента*) shank, tang, stem
~ автосце́пки *ж.-д.* coupler socket, coupler bar
~ бу́ра bit shank
~ ва́ла, веду́щий *авто* drive [driving] end
~ конта́кта wiring tail
~ лопа́тки (*турбины*) blade root
~ таре́лки кла́пана stem

хвостови́к
~ форште́вня stem foot
~ электри́ческого соедини́теля (*печатной платы*) termination point
хвостово́й *прил.* **1.** (*задний*) rear **2.** (*остаточный*) residual
хвостохрани́лище *с.* tailing dump, tailing pond
хе́дер *м. с.-х.* header, cutting table
платфо́рменный ~ (cutting) platform
полнопрямото́чный ~ full-width straight-through table
шне́ковый ~ auger cutting table
хелатоме́трия *ж.* chelatometry
хела́ты *мн. м.* chelates
хемилюминесце́нция *ж.* chemiluminescence
хемо́лиз *м.* chemolysis
хемопа́уза *ж.* chemopause
хемореоло́гия *ж.* chemorheology
хемоси́нтез *м.* chemosynthesis
хемо́смос *м.* hemosmosis
хемосорбе́нт *м.* chemical adsorbent, chemisorbent
хемосо́рбция *ж.* chemisorption, chemosorption, chemical adsorption
хемосо́рбция-хемодесо́рбция *ж.* two-site chemisorption
хемосфе́ра *ж.* chemisphere
хе́скер *м. с.-х.* (corn) husker
хе́скер-пи́ккер *м. с.-х.* husker-picker
хе́скер-шре́дер *м. пищ.* husker-shredder
хи-квадра́т *м. мат.* chi square
химводоочи́стка *ж.* chemical water treatment
химиза́ция *ж.* chemicalization
хими́зм *м.* chemistry, (chemical) behavior, chemical activity
хи́мик *м.* chemist
химика́лии *мн.* chemicals
химика́т *м.* chemical
хи́мико-технологи́ческий *прил.* chemical engineering
хи́мик-техно́лог *м.* chemical-process engineer, chemical-reaction engineer
хими́ческий *прил.* chemical
хи́мия *ж.* chemistry
агрономи́ческая ~ agriculture chemistry
аналити́ческая ~ analytical chemistry
~ воды́ chemistry of water
~ высо́ких температу́р high-temperature chemistry
геологи́ческая ~ geochemistry
ква́нтовая ~ quantum chemistry
колло́идная ~ colloid(al) chemistry, chemistry of colloids
косми́ческая ~ cosmic chemistry, cosmochemistry
лаборато́рная ~ experimental chemistry
неоргани́ческая ~ inorganic chemistry
~ ни́зких температу́р low-temperature [cryogenic] chemistry
о́бщая ~ general chemistry
органи́ческая ~ organic chemistry

хи́мия
пневмати́ческая ~ pneumatic chemistry
прикладна́я ~ applied chemistry
промы́шленная ~ industrial chemistry
радиацио́нная ~ radiochemistry, radiation chemistry
~ се́льского хозя́йства agricultural chemistry
~ твёрдого те́ла chemistry of solids
теорети́ческая ~ theoretical chemistry
техни́ческая ~ industrial chemistry
фармацевти́ческая ~ pharmaceutical chemistry
физи́ческая ~ physical chemistry
я́дерная ~ nuclear chemistry
химосто́йкость *ж.* chemical endurance
химотро́ника *ж.* chemotronics
хира́льность *ж.* (*в квантовой механике и стереохимии*) chirality, handedness
хладаге́нт *м.* coolant, refrigerant, refrigerating [cooling] medium
хладноло́мкий *прил.* cold-short, cold-brittle
хладноло́мкость *ж.* cold shortness, cold brittleness
хладосто́йкий *прил.* cold-resistant
хладосто́йкость *ж.* cold resistance
хладотеку́честь *ж.* (*пластмасс, смол и т. п.*) cold flow
хладотра́нспорт *м.* cold [refrigerated] transport
хлеб *м.* **1.** bread **2.** *мн.* corn [grain] crops, cereals □ **выпека́ть ~** bake [make] bread
ки́слый ~ sour [leavened] bread
ози́мые ~а́ winter grain crops
пре́сный ~ unleavened bread
пшени́чный ~ white [wheaten] bread
ржано́й ~ rye bread
яровы́е ~а́ spring grain crops
хлебозаво́д *м.* bakery
хлебозаво́д-автома́т *м.* automatic bakery
хлебопека́рня *ж.* bakehouse, bakery
хлеборе́зка *ж.* bread slicing machine, bread slicer
хлебоубо́рка *ж.* grain harvest
хлопково́дство *с.* cotton farming, cotton growing, cotton culture
хлопкоочисти́тель *м.* gin, cotton cleaner
хлопкоочи́стка *ж.* ginning
хлопкоубо́рка *ж.* cotton picking
хло́пок *м.* cotton □ **выра́щивать ~** grow [farm] cotton; **моты́жить ~** hoe a cotton crop; **обраба́тывать ~** (*порошкообразными ядохимикатами*) dust a cotton crop with a pesticide, (*жидкими ядохимикатами*) spray a cotton crop with a pesticide; **очища́ть ~** gin [clean] cotton; **производи́ть ~** produce cotton; **сажа́ть ~** plant cotton; **убира́ть ~** pick [harvest] cotton

хло́пок
длинноволокни́стый ~ long-staple cotton
коротковолокни́стый ~ short-staple cotton
хлоп/о́к *м.* puff
~ки́ в карбюра́торе backfiring [popping] in the carburettor
звуково́й ~ *аргд.* sonic bang
сверхзвуково́й ~ supersonic bang
хло́пок-сыре́ц *м.* raw cotton
хлопу́шка *ж.* **1.** *кфт.* sound slate, clapper board **2.** (*дверь*) *жарг., тепл., хим.* explosion door
хлопчатобума́жный *прил.* cotton
хлопьеви́дный *прил.* flaky, flocculent, flocky
хлопьеобразова́ние *с.* flocculation
хло́пь/я *мн.* flocs, flakes □ **в ви́де ~ев** in the form of flakes, flocculent
хлор *м.* chlorine, Cl
акти́вный ~ active chlorine
газообра́зный ~ chlorine gas, gaseous chlorine
жи́дкий ~ liquid chlorine
о́бщий ~ total chlorine
оста́точный ~ residual chlorine
свобо́дный ~ free chlorine
свя́занный ~ fixed chlorine
электролити́ческий ~ electrolytic chlorine
хлора́т *м.* chlorate
хлора́тор *м.* chlorinator
хлорбензо́л *м.* chlorobenzene
хлоргидрохино́н *м.* chlorhydroquinone
хлорзамещённый *прил.* chlorine-substitution
хлори́д *м.* chloride
хлоридовозго́нка *ж.* chloridation
хлоридо́метр *м.* chloridometer
хлори́рование *с.* chlorination
~ воды́ water chlorination
~ до то́чки перело́ма breakpoint chlorination
~ на свету́ photochlorination
хлори́ровать *гл.* chlorinate
хлористоводоро́дный *прил.* hydrochloride
хло́ристый *прил.* chloride
хлори́т *м.* chlorite
хлоритиза́ция *ж.* chloritization
хлоркаучу́к *м.* chlorinated rubber
хло́рность *ж.* (*воды*) chlorinity
хло́рный *прил.* chloride
хлоро́кись *ж.* oxychloride
хлороме́трия *ж.* chlorometry
хлоропре́н *м.* chloroprene, 2-chloro-1,3-butadiene
хлорофо́рм *м.* chloroform, trichloromethane
хлорпоглоща́емость *ж.* (*воды*) chlorine absorptivity, chlorine absorbing capacity
хлорсодержа́щий *прил.* chlorine-containing
хлыст *м. лес.* full-length log, tree length □ **размеча́ть ~** mark a full-length log
хмелево́дство *с.* hop growing
хмелеотдели́тель *м.* hop separator
хмелесеро́вня *ж.* hop sulphitation chamber
хмелесуши́лка *ж.* hop kiln, hop drier
хмелецеди́льник *м.* hop strainer
хо́бот *м.* (*горизонтально-фрезерного станка*) yoke; (*сварочной машины*) arm
~ зава́лочной маши́ны *мет.* charging bar, (charging) ram, charging peel
~ передвижно́го упо́ра *мет.* gauge head
ход *м.* **1.** (*движение*) motion, move, movement □ **во вре́мя ~а су́дна** while the ship is underway; **на ~у́** (*напр. регулировать*) (*e.g., adjust*) on the go; **свои́м ~ом** (*о судне, автомобиле и т. п.*) under its own power **2.** (*перемещение механизма*) throw, travel; (*поршня, ползуна*) stroke; (*резьбы*) lead **3.** (*работа, эксплуатация*) operation, service, action □ **пуска́ть в ~** put into operation, put into service, put into action; **рабо́тать на холосто́м ~у́** idle, run idle, run without load; **содержа́ть на ~у́** (*напр. машины и т. п.*) keep (*e.g., machines, etc.*) in operation [in service, on the go] **4.** (*в теплообменном устройстве*) pass **5.** (*развитие чего-л.*) progress, course **6.** (*скорость*) rate, speed **7.** (*место, через которое проходят*) passage; (*вход*) entrance, entry **8.** (*изменение или характер изменения какой-л. физической величины, как правило, в зависимости от другой*) behaviour, change, dependence, variation **9.** *геод., топ.* computation course, computation line, route, traverse **10.** (*вид движения в транспортных средствах; существует только в сочетаниях с определяющими словами*) □ **на гу́сеничном ~у́** on tracks, tracked, track-laying; **на колёсном ~у́** on wheels, wheeled
азимута́льный ~ azimuth(al) motion
~ амортиза́тора travel □ **при ~е растяже́ния амортиза́тора** during extension ...; **при ~е сжа́тия амортиза́тора** during contraction ...
~ бата́на *текст.* path of lay, stroke of lathe
~ без толчко́в smooth motion
бесшу́мный ~ silent [noiseless] running
~ вверх upstroke, upward [ascending] stroke
~ вниз downstroke, downward [inward, descending] stroke
~ впу́ска *двс* suction [admission, intake, charging] stroke
временно́й ~ time dependence, time variation, variation (*of smth.*) with time
~ вса́сывания *двс* suction [admission, charging, intake] stroke
ход
~ вы́пуска *двс* outstroke, exhaust stroke
высо́тный ~ *физ.* altitude curve, height dependence, altitudinal variations
двойно́й ~ double stroke
~ до́менной пе́чи run [operation] of a blast furnace
~ зави́симости variation, dependence □ **~ зави́симости, напр. x от y** plot of x as a function of y, behaviour of x with (variations in) y, variations in x with y
за́дний ~ reverse movement; reverse [backward] running; *ж.-д.* moving back, return motion; (*поршня, ползуна*) back stroke
за́мкнутый ~ *геод.* closed circuit
зо́льный ~ *кож.* lime round
~ иглы́ (*распылителя в топливной аппаратуре дизелей*) needle lift
~ каре́тки 1. *вчт.* carriage movement **2.** *текст.* pitch of the coil
~ конта́ктов contact travel
~ криво́й (*имеется в виду кривая как таковая*) trend [shape, run] of a curve; (*имеется в виду какая-л. физическая величина, представленная кривой*) *пример*: **~ криво́й ано́дного то́ка в зави́симости от се́точного напряже́ния пока́зывает, что ...** a plot of anode current against grid voltage shows that ..., the manner in which anode current varies with grid voltage shows that ..., the behaviour of anode current with (variations in) grid voltage shows that ...
лесоспла́вный ~ floating route
ли́тниковый ~ sprue
~ луча́ *опт.* ray path (length) □ **стро́ить ~ луча́** set up [trace] a ray
магистра́льный ~ *геод.* main [primary, principal] traverse
ма́лый ~ *мор.* low [slow] speed
~ маши́ны machine running
мёртвый ~ (*зазор в механизме*) backlash, lost motion, play, free travel, slack
~ нагнета́ния *двс* pressure stroke
неравноме́рный ~ irregular [discontinuous, uneven] running
нивели́рный ~ line of levels, level(ling) line
обра́тный ~ reverse [return] motion; reverse [backward] running; back stroke
одина́рный ~ single stroke
~ педа́ли *авто* pedal stroke, pedal travel
~ педа́ли сцепле́ния, свобо́дный clutch pedal clearance, free travel of the clutch pedal
пере́дний ~ forward motion; forward running; *мор.* advancing, aheading
перекидно́й ~ (*коксовой печи*) cross-over flue

ход

~ пéчи run [operation, working] of a furnace □ **расстрóить ~ пéчи** disturb [upset] the operation of a furnace

~ пéчи, горя́чий hot run of a furnace

~ пéчи, неро́вный erratic [irregular] operation of a furnace

~ пéчи, расстрóенный disturbed operation of a furnace

~ пéчи, рóвный smooth [regular] operation of a furnace

~ пéчи, сты́лый cold working of a furnace

~ пéчи, ти́хий slow run [slow operation] of a furnace

~ пéчи, холóдный cold run of a furnace

~ пилообрáзного напряжéния *элн.* stroke of a sawtooth voltage

~ пилообрáзного напряжéния, обрáтный *элн.* return stroke of a sawtooth voltage

~ пилообрáзного напряжéния, прямóй *элн.* forward stroke of a sawtooth voltage

~ пилообрáзного напряжéния, рабóчий *элн.* working stroke of a sawtooth voltage

~ плáвки progress of a heat

плáвный ~ smooth running

~ плу́га plough travel, plough draught

~ подвéски suspension movement

полигонометри́ческий ~ traverse, polygon(al) [polygonometric] traverse, polygonal course

пóлный ~ *мор.* full speed

рабóчий ~ *двс* working [power] stroke

~ развёртки (*осциллоскопа, РЛС индикатора и т. п.*) sweep motion

~ (развёртки), обрáтный retrace (motion) of the sweep, flyback

~ (развёртки), прямóй forward motion of the sweep, active phase of the sweep scan

~ расширéния *двс* expansion [working, combustion, firing] stroke; (*амортизатора*) extension

сáмый мáлый ~ *мор.* dead slow speed

сáмый пóлный ~ *мор.* flank speed

свобóдный ~ free [easy] running, free travel; free wheeling

~ сжáтия compression [pressure] stroke; (*рессоры или пружины*) bump stroke; (*амортизатора*) contraction

спокóйный ~ smooth [quiet] running

срéдний ~ *мор.* half [moderate] speed

су́точный ~ daily [diurnal] variation □ **су́точный ~ магни́тного склонéния** diurnal changes in magnetic variation

теодоли́тный ~ field [theodolite] traverse

ход

тóпочный ~ (furnace) flue

холостóй ~ idle [free, light, loose, no-load] running, idle [no-load] stroke □ **при холостóм ~е** *эл.* at no-load

~ часóв daily rate (of a time piece)

~ часóв, отрицáтельный rate of losing

~ часóв, положи́тельный rate of gaining

частóтный ~ (*какой-л. физической величины*) variations with frequency □ **перепáд мóщности определя́ется частóтным ~ом перехóдного ослаблéния ответви́теля** the change in power is determined by variations in the dynamic attenuation of the coupler with frequency

частóтный ~ оши́бки the difference in error between the limiting frequencies

частóтный ~ усилéния plot of gain as a function of frequency, frequency dependence of gain, variations in gain with frequency

шу́мный ~ noisy running

~ электрóнного лучá, обрáтный flyback, return trace, retrace □ **гаси́ть обрáтный ~ электрóнного лучá** eliminate [suppress, blank] the flyback [return trace, retrace]

~ электрóнного лучá, обрáтный по вертикáли vertical flyback

~ электрóнного лучá, обрáтный по горизонтáли horizontal flyback

~ электрóнного лучá, обрáтный по кáдру frame flyback

~ электрóнного лучá, обрáтный по строкé line flyback

~ я́коря armature travel

ходи́мость *ж.* **ши́ны** tyre life

хóдкость *ж.* **су́дна** propulsive quality of a ship

ходóк *м. горн.* passageway, manway, travelling way

вентиляциóнный ~ air passage, air conduit

косови́чный ~ gateway

людскóй ~ passageway, manway, travelling way

полевóй ~ stone passageway

ходоуменьши́тель *м.* reducing [reduction] gear

хозя́йство *с.* **1.** (*оборудование и оснащение*) equipment; facilities; supply **2.** *эк.* economy

весовóе ~ weighing equipment, weighing facilities

водопровóдное ~ water-supply (equipment)

водянóе ~ water handling facilities

гáзовое ~ gas equipment, gas supply, gas-fuel handling facilities

инструментáльное ~ tool stock

коммунáльное ~ public service(s), public utilities

леснóе ~ forestry

нарóдное ~ national economy

насóсное ~ pumping equipment

хозя́йство

печнóе ~ furnace equipment

плáновое ~ planned economy

путевóе ~ *ж.-д.* track facilities

сéльское ~ agriculture, farming

тóпливное ~ fuel handling equipment, fuel handling facilities

трáнспортное ~ transport equipment, transportation facilities

холл *м.* entrance hall

хóлод *м.* cold

аккумули́рованный ~ accumulated cold

естéственный ~ natural cold

иску́сственный ~ refrigeration

холоди́льник *м.* **1.** refrigerator, cooler □ **оттáивать [разморáживать] ~** defrost a refrigerator **2.** (*склад*) cold-storage [refrigeration] warehouse, cold [refrigeration] store **3.** *мет.* cooler, cooling bed, cooling bank, cooling table; (*в литейной форме*) chill

береговóй ~ coastal cold-storage warehouse

~ винтовóго ти́па *мет.* screw-type cooling table

гáзовый ~ gas cooler

~ гóрна *мет.* hearth cooling stave

двусторóнний ~ *мет.* double cooling bed

домáшний ~ domestic [household] refrigerator

домáшний, встрóенный ~ built-in domestic refrigerator

домáшний, двухкáмерный ~ two-compartment domestic refrigerator

домáшний, компрéссорный ~ compression domestic refrigerator

домáшний, настéнный ~ wall-type domestic cooler

домáшний, термоэлектри́ческий ~ thermoelectric domestic refrigerator

домáшний, электри́ческий ~ electric(-operated) domestic refrigerator

~ дóменной пéчи, жёлобный channel cooler

~ дóменной пéчи, плитовóй cooling plate

~ заплéчиков дóменной пéчи bosh cooler, bosh cooling [boshplate] box, bosh cooling plate

многоэтáжный ~ multistorey cold storage

низкотемперату́рный ~ frozen food refrigerator

одноэтáжный ~ single-storey cold storage

промежу́точный ~ intercooler

~ рéечного ти́па *мет.* notch bar [racking type] cooling bed, cooling conveyer rack

рóликовый ~ *мет.* roller-type cooling bed

тру́бчатый ~ *мет.* shell-and-tube cooler

фу́рменный ~ tuyere cooler

цепнóй ~ (*с направляющими опорными брусьями*) *мет.* chain skid (cooling) bank

холоди́льник
~ ша́хты, плитово́й (*доменной печи*) stack cooler
~ шла́ковой лётки cinder [slag-notch] cooler
холоднока́таный *прил.* cold-rolled
холоднокле́паный *прил.* cold-rivet(t)ed
холоднообрабо́танный *прил.* cold-worked
холоднотя́нутый *прил.* cold-drawn, cold-finished
холо́дный *прил.* cold
холодоноси́тель *м.* coolant, refrigerant, refrigerating [cooling] medium
втори́чный ~ secondary coolant
перви́чный ~ primary coolant
промежу́точный ~ intermediate coolant
холодопроизводи́тельность *ж.* refrigerating capacity, refrigerating [cooling] power, refrigeration output, refrigerating [cooling] effect
холодоснабже́ние *с.* refrigeration supply
холодосто́йкость *ж.* cold endurance
холст *м.* linen; (*для живописи*) canvas
мешо́чный ~ sack cloth
хому́т *м.* **1.** (*элемент машины или механизма*) yoke **2.** (*деталь крепления кабелей, проводов, труб и т. п.*) clamp, clip □ **крепи́ть провода́ ~а́ми** hold (the) wires in place with clamps **3.** *с.-х.* horse-collar
~ автосце́пки, тя́говый coupler yoke
~ для брони́ (*электрокабеля*) armour grip
~ для шла́нга hose clip
ка́бельный ~ cable clamp
направля́ющий ~ guide yoke
тру́бный ~ 1. (*обсадных труб*) casing clamp **2.** pipe clamp
хому́тик *м.* clamp, clip □ **обжима́ть ~, *напр.* вокру́г про́вода** compress [crimp] a clip [a clamp] around, *e.g.*, a wire; **прихва́тывать [крепи́ть] *что-л.* ~ом** hold down with a clip [with a clamp]
обы́чный ~ (*токарный*) ordinary lathe dog
самозажи́мный ~ (*токарный*) self-clamping lathe dog
хон *м.* hone
хонингова́ние *с.* honing (process)
хонингова́ть *гл.* hone
хо́ппер *м.* (*грузовой железнодорожный вагон*) hopper car
хо́ппер-доза́тор hopper-batcher
хо́рда *ж.* chord; (*дуги*) span
концева́я ~ *ав.* tip chord
корнева́я ~ *ав.* root chord
~ ло́пасти blade chord
осева́я ~ *ав.* centre chord
расчётная ~ *ав.* reference chord
сре́дняя аэродинами́ческая ~ aerodynamic mean chord
сре́дняя геометри́ческая ~ standard mean chord
~; стя́гивающая у́гол *мат.* subtense

хране́ни/е *с.* storage □ **сдава́ть *что-л.* на ~** turn in *smth.* for storage; **снять с ~я** remove from storage; **ста́вить на ~** place in storage
беста́рное ~ bulk storage
бу́нкерное ~ bin storage
~ в законсерви́рованном состоя́нии dead storage
~ в надзе́мном храни́лище above-ground storage
~ в подзе́мном храни́лище subsurface storage
~ вре́мени *астр.* time-keeping
~ в фа́йле [в масси́ве] *вчт.* filing
~ да́нных data storage
динами́ческое ~ *вчт.* dynamic storage
долгосро́чное ~ long-term [prolonged] storage
закры́тое ~ (*в помещении*) indoor storage
~ информа́ции information [data] storage
краткосро́чное ~ short-time storage
нава́льное ~ bulk storage
~ на́сыпью bulk storage
низкотемперату́рное ~ freezer storage
складско́е ~ warehousing
стати́ческое ~ (*информации*) static storage
холоди́льное ~ cold [cool, refrigerated] storage
храни́лище *с.* storehouse, storage
~ из синтети́ческой плёнки, надувно́е bubble barn
криоге́нное ~ (*для хранения криопродуктов*) cryogenic storage
кры́тое ~ shed storage
~ радиоакти́вных отхо́дов radioactive wastes storage
храни́ть *гл.* store □ **~ груз** store a cargo; **~ при вла́жном режи́ме** store moist
храп *м.* (*складной гак*) crampo(o)n
храпови́к *м.* **1.** (*в значении храповой механизм*) ratchet-and-pawl (mechanism), ratchet-and-pawl gear **2.** (*в значении храповое колесо*) ratchet (wheel)
~ номеронабира́теля *свз.* dial ratchet
~ пусково́й рукоя́тки *авто* starting ratchet, starting crank jaw, starting crank claw
тормозно́й ~ brake ratchet
храпо́к *м.* (*донный клапан*) suction basket
хром *м.* **1.** chromium, Cr **2.** (*кожа*) chrome (leather) **3.** chrome pigment
хрома́ль *м.* (*жароупорный сплав*) chrome-aluminium alloy
хромнси́ль *м.* (*хромомарганцовокремнистая сталь*) chromansil
хрома́т *м.* chromate
хромати́зм *м.* chromatism, chromatic aberration
хромати́рование *с.* chromate treatment, chrom(at)izing

хроматогра́мма *ж.* chromatogram
хромато́граф *м.* chromatograph
хроматогра́фия *ж.* chromatography
абсорбцио́нная ~ absorption chromatography
адсорбцио́нная ~ adsorption chromatography
бума́жная ~ paper chromatography
вытесни́тельная ~ displacement chromatography
газоабсорбцио́нная ~ gas-absorption chromatography
га́зовая ~ gas chromatography
газожи́дкостная ~ gas-liquid chromatography
двухме́рная ~ dimeric chromatography
жи́дкостная ~ liquid chromatography
ионообме́нная ~ ion exchange chromatography
капилля́рная ~ capillar [column] chromatography
коло́ночная ~ column chromatography
кольцева́я ~ annular [circular] chromatography
комплексообразова́тельная ~ chelation chromatography
кристаллизацио́нная ~ crystallization chromatography
оса́дочная ~ precipitation chromatography
потенциометри́ческая ~ potentiometric chromatography
прояви́тельная ~ elution chromatography
радиа́льная ~ radial [circular] chromatography
распредели́тельная ~ partition chromatography
тонкосло́йная ~ thin-layer chromatography
фронта́льная ~ frontal chromatography
эксклюзио́нная ~ exclusion chromatography
электрофорети́ческая ~ electrophoretic chromatography
элюе́нтная ~ elution chromatography
хроматометри́я *ж.* chromatometry
хроматоско́п *м.* chromatoscope
хроматро́н *м.* chromatron
хроме́ль *м.* chromium-nickel alloy (Chromel — *фирм. название*)
хроми́рование *с.* **1.** chromium [chrome] plating **2.** (*хромовое дубление*) chroming, chrome tanning
диффузио́нное ~ chromizing
диффузио́нное, га́зовое ~ gas chromizing
диффузио́нное, жи́дкостное ~ chromizing in a molten bath
диффузио́нное, твёрдое ~ chromizing by the powder process
хроми́рованный *прил.* **1.** chromium-plated; (*диффузионным способом*) chromized, chromatize **2.** (*о коже*) chrome-tanned

хроми́ровать *гл.* chromium-plate; (*диффузионным способом*) chromize, chromatize
хромиро́вка *ж.* (*хромированные детали, отделка в целом*) chromium-work; (*совокупность хромированных деталей на автомобиле*) bright-work
хроми́т *м.* chromite, chrome-iron ore
хромоалити́рование *с.* chrome aluminizing; *амер.* chrome-calorizing
хро́мовый *прил.* (*использующий металлический хром или относящийся к нему*) chromium; (*о химических соединениях*) chromic
хромогравёр *м.* chromolithographer
хроможелати́н *м.* bichromated gelatine
хромолитогра́фия *ж.* chromolithography
хромомагнези́т *м.* chrome magnesite
хромоме́тр *м.* chromometer, colorimeter
хромоско́п *м.* chromoscope
хромосфе́ра *ж.* (*слой атмосферы*) chromosphere
хромотро́пия *ж.* chromoisomerism, chromotopy
хромофо́р *м.* chromophore
хромофотогра́фия *ж.* colour photography
хромофото́метр *м.* colorimeter, chromophotometer
хромофототи́пия *ж.* chromotypography
хро́мпик *м.* potassium bichromate, potassium dichromate
хрониза́тор *м. элн.* timer, synchronizer, synchronization equipment
самосинхронизи́рующийся ~ *рлк.* self-synchronous [internally synchronized] timer
~ **с вне́шней синхрониза́цией** *рлк.* master-oscillator [externally synchronized] timer
~ **с вне́шним генера́тором** *рлк.* master-oscillator [externally synchronized] timer
~ **с вну́тренней синхрониза́цией** *рлк.* self-synchronous [internally synchronized] timer
хрони́рование *с.* timing, synchronization
избира́тельное ~ selective timing
хрони́ровать *гл.* time, synchronize
хроногра́мма *ж.* chronogram
хроно́граф *м.* chronograph
печа́тающий ~ printing chronograph
хроногра́фия *ж.* chronography
хроноло́гия *ж.* chronology
хроно́метр *м.* chronometer
авиацио́нный ~ aerochronometer
конта́ктный ~ contact chronometer
морско́й ~ marine chronometer
хронометра́ж *м.* motion-time [stop-watch] study
хронометри́я *ж.* chronometry
хроноско́п *м.* chronoscope
хронотермо́метр *м.* chronothermometer
хронотро́н *м.* chronotron
хру́пкость *ж.* brittleness; (*охрупчивание*) embrittlement; (*непрочность*) friability
водоро́дная ~ hydrogen embrittlement, pickle brittleness
коррозио́нная ~ corrosion [corroding] brittleness, corrosion embrittlement
~ **от вну́тренних напряже́ний** notch embrittlement
отпускна́я ~ temper brittleness
~ **плёнки** *кож.* finish break
радиацио́нная ~ radiation embrittlement
теплова́я ~ thermal [hot] embrittlement
~ **у́гля** coal brittleness
уда́рная ~ impact brittleness
шла́ковая ~ slag brittleness
щелочна́я ~ caustic (em)brittlement
хруста́лик *м.* (*глаза*) crystalline lens
хруста́ль *м.* (*стекло*) crystal, flint glass; (*изделия*) cut glass
го́рный ~ rock crystal
худо́жник-конструкто́р *м.* (industrial) [engineering] designer

Ц

ца́нга *ж.* collet, fingered bushing; (*цанговый патрон*) *маш.* collet chuck □ ~ **зажима́ет предме́т** a collet grips a piece; ~ **разжима́ется** a collet opens; ~ **сжима́ет(ся)** a collet closes
цапо́н-лак *м.* nitrocellulose lacquer
ца́пф/а *ж.* (*часть оси или вала, опирающаяся на подшипник*) journal, neck; (*палец, шип*) pin; (*обычно сплошная*) gudgeon, pivot; (*обычно полая*) trunnion □ ~ **опира́ется на подши́пник** a trunnion is carried by a bearing; **повора́чиваться вокру́г ~ы** rotate [be rotated] about a trunnion
веду́щая ~ *ж.-д.* driving pin
~ **гироско́па** pivot of a gyro
гребе́нчатая ~ collar journal
~ **ковша́** trunnion of a ladle
~ **конве́ртера** trunnion of a converter
кони́ческая ~ conical [taper(ing)] journal
концева́я ~ end journal
~ **прока́тного валка́** neck
пустоте́лая ~ hollow trunnion
упо́рная ~ thrust journal
шарова́я ~ spherical journal, ball pin; ball gudgeon
цара́пание *с.* scratching
цара́пать *гл.* scratch
цара́пин/а *ж.* scratch (mark), score □ **выявля́ть [обнару́живать] ~у** detect a scratch; **заполирова́ть ~у** polish out a scratch; **подкра́сить ~у** touch up a scratch (with paint); ~ **прохо́дит насквозь че́рез,** *напр.* **защи́тную плёнку** a scratch cuts through, *e.g.*, a protective film
цара́пин/а
неглубо́кая ~ shallow scratch
~**ы от захва́тывающих приспособле́ний** (*на листах стали*) catcher marks
~ **от прово́дки** (*при прокатке*) guide scratch
пове́рхностная ~ surface scratch □ **удаля́ть пове́рхностную ~у** remove a surface scratch
чёрная ~ (*дефект стали*) black scratch
ца́рга *ж.* side-bar, side-beam
цвет *м.* colour □ **воспроизводи́ть** ~ reproduce a colour; **задава́ть [опи́сывать]** ~ specify a colour; **кра́сить в,** *напр.* **кра́сный** ~ paint (*something*), *e.g.*, red; **передава́ть** ~ (*при воспроизведении*) render a colour; **приводи́ть ~а** (*обеспечивать совпадение нескольких цветов на одном изображении*) bring colours in(to) registry [registration]; **различа́ть** ~ discern [distinguish, perceive] a colour; **сме́шивать** ~ **(с други́м)** blend a colour (with another); **сме́шивать ~а,** *напр.* **R, G и B для получе́ния ~а C** match C by mixing R, G and B
ахромати́ческий ~ achromatic colour
~ **«бе́лая ночь»** (*название краски, особенно для автомобильных кузовов*) off-white colour
бле́дный ~ pale colour
голубо́й ~ (*напр. в телевидении, фотографии*) cyan
дополни́тельный ~ complementary colour
~ **изображе́ния** *тлв.* picture colour
интерференцио́нные ~а interference colours
ка́жущийся ~ *тлв.* apparent colour
~**а кале́ния** temperature colours, colour heat scale
контрасти́рующий ~ contrast colour
насы́щенный ~ saturated colour
нелиня́ющий ~ fast colour
ненасы́щенный ~ pale [nonsaturated] colour
~ **объе́кта съёмки** *тлв.* scene colour
~ **оригина́ла** original colour
основно́й ~ (*напр. красный*) (*e.g.*, *red*) primary (colour)
~**а побежа́лости** temper colours
~ **пове́рхности** (*поверхностный*) surface colour
~ **предме́та** object colour
пурпу́рный ~ purple (colour), (*более научный термин*) magenta
равноэнергети́ческий ~ equal-energy colour
реа́льный ~ *тлв.* real [physical] colour
се́рый ~ *опт.* achromatic [grey] colour

цвет
сло́жный ~ compound colour
составля́ющий ~ component colour
спектра́льный ~ spectral colour
теорети́ческий ~ nonphysical colour
ту́склый ~ dead colour
фикти́вный ~ fictitious [nonphysical] colour
фо́новый ~ background colour
хромати́ческий ~ chromatic colour
этало́нный ~ reference [standard] colour
цветно́й *прил.* 1. (*о поверхности, предмете*) coloured; (*о цвете и его эффектах*) chromatic 2. (*о металле*) non-ferrous
цве́тность *ж.* colour, chromaticity
~ воды́ (*при пробе*) colour (*of a water sample*)
цветове́дение *с.* colour science
цветово́й *прил.* chromatic
цветовосприя́тие *с.* colour perception
цветовоспроизведе́ние *с.* colour reproduction
аддити́вное ~ additive colour reproduction
субтракти́вное ~ subtractive colour reproduction
цветоделе́ние *с.* colour separation
фотоэлектри́ческое ~ photoelectric colour separation
электро́нное ~ photoelectric colour separation
цветодели́тель *м.* colour separator
цветозамеща́емый *прил.* allochromatic
цветоизменя́емость *ж.* allochroism, change of colour
цветоме́р *м.* colorimeter
~ для муки́ flour colour grader
цветометри́я *ж.* colorimetry
цветонасы́щенность *ж.* colour saturation
цветопереда́ча *ж.* colour rendition
цветоразличе́ние *с.* colour discrimination
цветосто́йкость *ж.* colour fastness
цветоусто́йчивость *ж.* colour fastness
цветочувстви́тельность *ж.* colour sensitivity
це́вка *ж.* cog, cogwheel [pin] tooth
цеди́лка *ж.* filter, strainer
цеже́ние *с.* straining
це́зий *м.* caesium, Cs
цекова́ние *с.* *маш.* spotfacing □ **~ осуществля́ется для получе́ния пло́скости с чи́сто обрабо́танной пове́рхностью под голо́вку винта́** spotfacing forms a true seat for the underside of a screw head
цеко́вка *ж.* 1. (*операция*) spotfacing 2. (*инструмент*) spotfacer
целеуказа́ние *с.* *рлк.* target indication
це́лик *м.* 1. *горн.* pillar □ **оставля́ть ~** establish a pillar [a barrier] 2. (*визира оптического инструмента*) sight(ing point)
барье́рный ~ barrier (pillar)

це́лик
междука́мерный ~ interchamber [intervening] pillar
междуэта́жный ~ level pillar
надштре́ковый ~ sill [stump] pillar
околоство́льный ~ shaft pillar
опо́рный ~ support pillar
предохрани́тельный ~ protective [protecting, safety] pillar
противопожа́рный ~ fire pillar
~ у штре́ка stub pillar
целико́м *нареч.* 1. all, wholly □ **вы́полненный ~ из алюми́ния ...** all-aluminium ... 2. (*без разборки*) as a unit □ **насо́с снима́ется ~** the pump is taken down as a unit
целина́ *ж.* virgin soil, virgin land
целлофа́н *м.* 1. (*упаковочный*) cellulosic packing material, cellulosic packing film 2. (*защитное покрытие*) cellulosic coating (Cellophane — *фирм. название*) 3. (*оболочка для колбасных изделий*) cellulose casing
целлофани́рование *с.* *полигр.* laminating
целлуло́ид *м.* celluloid
целлюло́з/а *ж.* 1. (*клетчатка*) cellulose 2. (*целлюлозная масса*) cellulose pulp □ **обезво́живать ~у** dewater (the) cellulose; **обесцве́чивать ~у** decolorize (the) cellulose; **облагора́живать ~у** refine (the) cellulose; **отбе́ливать ~у** bleach (the) cellulose; **очища́ть ~у** purify (the) cellulose; **проце́живать ~у** strain (the) cellulose; **формова́ть ~у в полотно́** form (the) cellulose into a continuous sheet
виско́зная ~ rayon [viscose] cellulose
длинноволокни́стая ~ long-fibre cellulose
~ для хими́ческого произво́дства chemical cellulose
древе́сная ~ wood cellulose
древе́сная ~ для произво́дства бума́ги (*бумажная масса*) woodpulp
кормова́я ~ fodder cellulose
коротковолокни́стая ~ short-fibred cellulose
сульфа́тная ~ sulphate cellulose
сульфи́тная ~ sulphite cellulose
това́рная ~ market [commercial] cellulose
хло́пковая ~ cotton [linters] pulp, cotton linters
щелочна́я ~ alkali(ne) [sodium] cellulose
це́л/ое *с.* the whole; (*число*) integer, whole number □ **в ~ом** on the whole; **как еди́ное ~** as a unit; **составля́ющий одно́ ~ с ...** made [integral] solid with ...
за́мкнутое ~ *мат.* closed entity
кра́тное ~ integral multiple
целокра́тн/ый *прил.* integral multiple □ **A ~o B** A is an integral multiple of B

це́лостность *ж.* integrity □ **прове́рить ~ предохрани́телей** check to ensure that the fuses are intact
структу́рная ~ *хим.* structural integrity
целочи́сленный *прил.* integral, integer, integral-valued, whole-number(ed)
це́л/ый *прил.* whole, entire
цел/ь *ж.* 1. *рлк.* target □ **взять ~** (*на сопровождение*) acquire a target, take over a target for tracking; **захва́тывать ~** lock on a target; **имити́ровать ~** simulate a target; **облуча́ть ~** illuminate a target; **обнару́живать ~** detect a target; **опознава́ть ~** identify a target; **определя́ть координа́ты ~и** locate a target in range and bearing; **сопровожда́ть ~** track a target; **строби́ровать ~ по, напр. да́льности** gate a target in, *e.g.*, range 2. objective, purpose; service; target □ **прибо́р мо́жет быть испо́льзован для сле́дующих ~ей** the instrument can [will] offer the following services, the instrument can serve the following objective [purposes]
группова́я ~ multiple target
ка́жущаяся ~ virtual target
ло́жная ~ false target
неви́димая ~ out-of-sight target
неподви́жная ~ fixed [stationary] target
прослу́шиваемая ~ audible target
протяжённая ~ extended target
радиолокацио́нная ~ radar target
расщеплённая ~ split target
~ сло́жная (несоставна́я) complex target (*such as ship, aircraft, structures, which are large but smaller than the illuminated region*)
~ составна́я, протяжённая compound target (*target consisting of many independent scattering elements, such as rain, vegetation, which fill the volume illuminated by a pulse packet*)
то́чечная ~ pin-point target
трёхме́рная ~ three-dimensional target
уединённая ~ isolated target
цельнока́таный *прил.* solid-[seamless-, one-piece-] rolled
цельноко́ваный *прил.* solid-[seamless-, one-piece-] forged
цельнолито́й *прил.* cast in block, unit-cast
цельнометалли́ческий *прил.* all-metal
цельносварно́й *прил.* all-welded
цельностально́й *прил.* all-steel
цельнотя́нутый *прил.* seamless
це́льный *прил.* 1. (*из одного вещества, из одного куска*) integral, one-piece, solid 2. (*о молоке*) whole, unskimmed; (*неразбавленный*) undiluted
цеме́нт *м.* cement □ **выде́рживать ~** (*напр. после помола клинкера и до засыпки в мешки*) to season cement (*e.g., after grinding of the clinker*

and prior to bagging); **затворя́ть ~, напр. водо́й** temper cement with, *e.g.*, water; **получа́ть ~ то́нким измельче́нием обожжённой до спека́ния сырьево́й сме́си** obtain cement by finely pulverizing the clinker; **~ схва́тывается** cement sets; **~ схва́тывается, напр. бы́стро или ме́дленно** cement sets [takes], *e.g.*, fast, quickly *or* slowly; **~ тверде́ет** cement hardens; **упако́вывать ~ в мешки́** to bag cement

цеме́нт
асбе́стовый ~ asbestos cement
асфа́льтовый ~ asphaltic cement
~ без доба́вки plain cement
безуса́дочный ~ noncontracting cement
бе́лый ~ (stainless) white cement
быстросхва́тывающийся ~ rapid-setting [quick-setting, fast-setting] cement
быстротверде́ющий ~ high-early-strength cement
водонепроница́емый ~ water-proof cement
высокопро́чный ~ high-strength cement
высокощелочно́й ~ high-alkali cement
гидрофо́бный ~ hydrophobic cement
ги́псовый ~ gypsum cement
гипсошла́ковый ~ gypsum-slag cement
глинозёмистый ~ alumina cement
доро́жный ~ road [pavement] cement
зубно́й ~ dental cement
известко́во-шла́ковый ~ lime-slag cement
кислотоупо́рный ~ acid-proof cement
кла́дочный ~ masonry cement
кли́нкерный ~ neat [straight] cement
лаборато́рный ~ laboratory cement
медленносхва́тывающий ~ slow-setting cement
медленнотверде́ющий ~ low-early-strength cement
напряга́ющий ~ self-stressing cement
на́трово-силика́тный ~ sodium-silicate cement
низкощелочно́й ~ low-alkali cement
огнеупо́рный ~ refractory [fire] cement
песча́нистый ~ sand cement
пластифици́рованный ~ plasticized cement
пуццола́новый ~ puzzolan cement
расширя́ющийся ~ expanding cement
расширя́ющийся, гипсоглинозёмистый ~ gypsum-alumina expanding cement
~ с доба́вками blended cement
~ с замедли́телем retarded cement
~ с ма́лым содержа́нием и́звести low-limed cement
~ с ма́лым содержа́нием шла́ка low-slag cement
сме́шанный ~ blended cement
~ с ни́зкой экзотерми́ей low-heat cement
~ Соре́ля Sorel cement
сульфа́тно-шла́ковый ~ sulphate-slag cement
сульфатосто́йкий ~ sulphate-resistant cement
тампона́жный ~ oil-well cement
това́рный ~ finished cement
ту́фовый ~ tufa cement
тяжёлый ~ weighted cement
цветно́й ~ coloured cement
чи́стый ~ neat cement
шла́ковый ~ slag cement
шлакоизвестко́вый ~ slag-lime cement

цемента́ция *ж.* **1.** (*грунта*) *стр.* (pressure) grouting; (*по смежности понятий*) grout injection (*by extension of the concept of grouting*) □ **~ (гру́нта) осуществля́ется нагнета́нием, напр. цеме́нтного раство́ра в сква́жины** the rock condition is corrected by injecting, *e.g.*, cement grout into (drilled) holes **2.** (*химико-термическая обработка стали*) (*стадия науглероживания*) carburizing, (*редко*) carburization; (*полный процесс: науглероживание и закалка*) casehardening with carbon **3.** (*цветных металлов*) electrolytic precipitation
~ в твёрдом карбюриза́торе pack carburizing
га́зовая ~ gas carburizing
~ гру́нта гли́нистым раство́ром clay grouting
~ гру́нта цеме́нтным раство́ром cement grouting
жи́дкостная ~ liquid carburizing

цементи́рование *с. стр.* (pressure) grouting

цементи́ровать *гл.* **1.** *стр.* grout **2.** *мет.* carburize; caseharden **3.** (*в цветной металлургии*) precipitate by electrolysis

цементи́т *м.* cementite
глобуля́рный ~ globular [divorced] cementite
зерни́стый ~ globular [divorced] cementite
избы́точный ~ excess cementite
свобо́дный ~ free cementite
сфероидизи́рованный ~ spheroidized cementite

цементово́з *м.* (*автомобиль*) cement truck; (*судно*) cement carrier

цеме́нт-пу́шка *ж.* cement [concrete] gun

цен/а́ *ж.* price; (*стоимость*) value □ **запра́шивать ~у** ask for a price; **~ повы́силась** the price has advanced; **повыша́ть ~у** raise a price; **~ пони́зилась** the price has eased [has receded]; **снижа́ть ~у** reduce a price; **~ упа́ла** the price has fallen; **~ установи́лась [ста́ла усто́йчивой]** the price has hardened; **уступа́ть в ~е́** concede on the price

цен/а́
ве́рхняя ~ (*в теории игр*) upper pure value
~ деле́ния гальвано́метра galvanometer constant, sensitivity of a galvanometer
~ деле́ния шкалы́ *изм.* multiplying factor, value of a division, scale factor, scale multiplier, least division, least graduation □ **~ деле́ния шкалы́ ... гра́дусов** the scale reads to ... degrees
заку́почная ~ procurement [purchasing] price
~ за нали́чные (*при продаже*) cash price
~ игры́ *мат., вчт.* value [worth] of a game
максима́льная ~ (*разрешённая властями*) price ceiling, ceiling [maximum] price
минима́льная ~ (*самая низкая*) bottom [minimum] price
~ на усло́вии «сто́имость и фрахт» price c. and f. (*cost and freight*)
~ не́тто net(t) price
опто́вая ~ wholesale price
покупна́я ~ buying price
~ по прейскура́нту list price
~ по це́ннику tag price
расчётная ~ accounting price
ро́зничная ~ retail price
~ «сиф» price c.i.f. (*cost, insurance and freight*)
сопостави́мые ~ы comparable prices
~ со ски́дкой discount price
~ с по́шлиной duty-paid price
твёрдая ~ (*«без торга»*) fixed price
~ фас price f.a.s. (*free alongside ship*)
~ фоб price f.o.b. (*free on board*)
~ фра́нко-борт price f.o.b. (*free on board*)
~ фра́нко вдоль бо́рта су́дна price f.a.s. (*free alongside ship*)

цензури́рование *с. мат., стат.* censoring

цензури́ровать *гл. мат., стат.* censor

це́нность *ж.* value, worth

це́нтнер *м.* centner

центр *м.* **1.** centre; central point □ **в ~ах** on centres *пример*: **шлифова́ть в ~ах** grind on centres; **вне ~а** out-of-centre; **нака́лывать ~** (*для проведения окружности*) prick off a centre; **помещённый в ~е** centrally located, centrally positioned; **(расстоя́ние) ме́жду ~ами** centre-to-centre (distance), (distance) on centres; **с ~ом в то́чке, напр. А** with point A as centre; **устана́вливать по ~у** mount on centre; **устана́вливать со смеще́нием от ~а** mount off centre **2.** (*напр. кристалла*) nucleus
актива́торный ~ activation centre
акти́вный ~ active centre

центр
акце́пторный ~ acceptor centre
~ архитекту́рного оформле́ния автомоби́ля styling centre
веду́щий ~ (*токарный*) driving centre
~ величины́ *мор.* centre of buoyancy, centre of cavity, centre of displacement
~ вневпи́санной окру́жности excentre (of a triangle)
~ впи́санной в треуго́льник окру́жности incentre of a triangle, orthocentre of a triangle
~ враще́ния centre of rotation
~ вы́борки *мат., стат.* centre of a sample
вычисли́тельный ~ computing [computation] centre, computer bureau
~ гармони́ческого движе́ния centre of harmonic motion
геодези́ческий ~ centre of a beacon
~ гомоте́тии centre of similitude, homothetic centre
~ гра́ни face centre
~ гру́ппы *мат.* centre [central] of a group
~ давле́ния centre of pressure □ **~ давле́ния — это то́чка пересече́ния результи́рующей си́лы давле́ния на крыло́ с пло́скостью хорд крыла́** *ав.* the centre of pressure is the point where the resultant aerodynamic force cuts the chord line of an airfoil
~ да́льней косми́ческой свя́зи deep-space communications centre
~ движе́ния centre of motion
~ де́йствия centre of action
~ деформа́ции strain centre
диагности́ческий ~ diagnostic centre
до́норный ~ donor centre
~ жёсткости *ав.* elastic centre
за́дний ~ (*токарный*) tailstock centre
закладно́й ~ *геод.* lower [underground] centre
~ захва́та *пп* trapping site
~ захва́та ды́рки hole trapping site
~ захва́та электро́на electron trapping site
~ зо́ны генера́ции клистро́на centre of a klystron mode
~ изги́ба flexural centre
~ инве́рсии centre of inversion
~ ине́рции centre of mass, centre of inertia
информацио́нно-вычисли́тельный ~ data-processing [dp] (computer) centre
~ кача́ний (*физического маятника*) centre of oscillation
~ колеба́ний centre of oscillation
колёсный ~ wheel spider, wheel centre
коммутацио́нный ~ *свз.* switching centre, switching office □ **соедини́ть коммутацио́нные ~ы по при́нципу «ка́ждый с ка́ждым»** connect switching centres each to all others by direct circuits

центр
коммутацио́нный, гла́вный ~ regional switching centre, regional switching office
коммутацио́нный, областно́й ~ primary outlet
коммутацио́нный, райо́нный ~ toll centre
~ конденса́ции condensation centre
~ кре́на roll centre
~ кре́на, мгнове́нный instantaneous (roll) centre
~ кривизны́ centre of curvature
~ кристаллиза́ции crystallization centre, nucleus of crystallization
~ круче́ния centre of twist, shear centre
~ ли́нзы, опти́ческий centre of lens
~ люминесце́нции luminescence [luminescent] centre
~ масс centre of mass, centre of inertia
мгнове́нный ~ instant(aneous) centre
неподви́жный ~ (*токарный*) dead centre
~ обрабо́тки да́нных data processing centre
обра́тный ~ (*токарный*) reverse [female] centre
~ окра́ски colour centre
~ опи́санной окру́жности circumcentre
опти́ческий ~ optical centre
~ паралле́льных сил centre of parallel forces
пере́дний ~ (*токарный*) headstock centre
~ перемеще́ния centre of movement
~ пита́ния *эл.* main substation
пла́вающий ~ (*токарный*) floating centre
~ поворо́та, мгнове́нный instantaneous centre of turn
~ подве́са centre of suspension
~ подо́бия centre of similitude, homothetic centre
~ пото́ка core of flow
~ приведе́ния reduction centre
~ прилипа́ния *пп* trap(ping) centre
при́месный ~ impurity site
~ проекти́рования *мат.* centre of projection; station point
~ прое́кций centre of projection, projection centre
промежу́точный ~ (*станция или установка*) intermediate centre
~ проявле́ния development nucleus, development centre
~ пучка́ *мат.* vertex of a pencil
~ равнове́сия centre of equilibrium
радика́льный ~ *мат.* radical centre
рассе́ивающий ~ scattering centre
~ регули́рования control centre
~ рекомбина́ции recombination centre

центр
~ свече́ния luminescence [luminescent] centre
~ сил centre of force
силово́й ~ centre of force
~ симметри́и centre of symmetry
~ си́мплекса midpoint of a simplex
сре́занный ~ (*токарный*) half-centre
~ сры́ва пото́ка separation centre
таре́льчатый ~ (*токарный*) disk centre
телевизио́нный ~ television centre
~ тя́жести centre of gravity
~ уда́ра centre of percussion
~ управле́ния control centre
~ управле́ния возду́шным движе́нием air-traffic control centre
~ ускоре́ний acceleration centre
~ циркуля́ции су́дна centre of the turning circle of a vessel
~ шарни́ра fulcrum
централиза́тор *м.* **1.** *мат.* centralizer **2.** *ж.-д.* interlocker
централиза́ция *ж.* **1.** centralization **2.** *ж.-д.* interlocking
автомати́ческая ~ automatic interlocking
диспе́тчерская ~ centralized traffic control, CTC
ключева́я ~ key interlocking
кно́почная ~ push-button interlocking
маршру́тная ~ route control interlocking
механи́ческая ~ mechanical interlocking
реле́йная ~ all-relay interlocking
~ стре́лок и сигна́лов switches-and-signals interlocking
электри́ческая ~ all-electric interlocking
централизова́ть *гл.* centralize
центра́тор *м. опт.* centring mount
центри́рование *с.* **1.** (*операция по выверке с осью и т. п.*) alignment **2.** (*совмещение с центром*) centring
~ вало́в shaft alignment
~ луча́ *тлв.* beam alignment
центри́ровать *гл.* **1.** (*выверять с осью*) align **2.** (*совмещать с центром*) centre
центрифу́га *ж.* centrifuge, centrifugal machine
вертика́льная ~ vertical centrifuge
горизонта́льная ~ horizontal centrifuge
осади́тельная ~ sedimentation centrifuge, centrifugal sedimentor
осветли́тельная ~ (*в сахарной промышленности*) polisher
отсто́йная ~ sedimentation centrifuge, centrifugal sedimentor
саморазгружа́ющаяся ~ self-discharging centrifuge
~ с вибрацио́нной вы́грузкой vibrating [oscillating] centrifuge
~ со шне́ковой вы́грузкой scroll-discharge centrifuge

центрифу́га
~ с пульси́рующей вы́грузкой reciprocating-pusher discharge centrifuge
трубча́тая ~ tubular centrifuge
фильтру́ющая ~ filtering centrifuge, centrifugal filter
шла́мовая ~ slurry centrifugal separator
центрифуга́л *м.* centrifugal reel
центрифуга́т *м.* centrifugate
центрифуги́ровани/е *с.* centrifuging, centrifugation □ **подверга́ться ~ю** be subjected to centrifugation, be centrifuged
отсто́йное ~ sedimentation centrifuging
противото́чное ~ counter-streaming centrifuging
прото́чное ~ streaming centrifuging
фильтрова́льное ~ filtration centrifuging
центрифуги́ровать *гл.* centrifuge
центробе́жный *прил.* centrifugal
центрова́ние *с. маш.* centre-drilling
центрова́ть *гл. маш.* drill centres
центро́вк/а *ж.* **1.** *маш.* centre-drilling **2.** *аэ.* centre-of-gravity (position), centre-of-gravity location □ **при преде́льно за́дней ~е** with the centre of gravity [c.g.] on the aft limit; **при преде́льно пере́дней ~е** with the centre of gravity [c.g.] on the forward limit; **производи́ть ~у** position [locate] the centre of gravity **3.** (*операция по выверке с осью и т. п.*) alignment □ **производи́ть ~у** align **4.** (*совмещение с центром*) centring □ **производи́ть ~у** to centre
центро́ид *м.* centroid
центро́ида *ж.* centrode
неподви́жная ~ fixed centrode, centrode of space
подви́жная ~ moving centrode, centrode of body
центроида́льный *прил.* centroidal
центро́идный *прил.* centroid
центропла́н *м.* centre (wing) section
центросимметри́чный *прил.* centrally symmetrical, centrosymmetrical
центростреми́тельный *прил.* centripetal
центроте́хника *ж.* hierarchical control
центу́рий *м.* centurium, Cn
цеп *м.* flail (knife)
измельча́ющий ~ chopper flail
молоти́льный ~ threshing flail
шарни́рный ~ free-swinging flail
цепо́чка *ж.* chain; *эл., элн.* network
~ ве́кторов *рлк.* vector train
дифференци́рующая ~ *элн.* differentiating network
интегри́рующая ~ *элн.* integrating network
~ превраще́ний transformation chain
~ радиоакти́вных распа́дов (radioactive-) decay [(radioactive-) disintegration] chain

цеп/ь *ж.* **1.** *мех., мат., хим.* chain **2.** *эл.* (electric) circuit; *элн.* circuit, network □ **брать ~ на прове́рку** *свз.* take a circuit for testing; **вводи́ть [включа́ть] в ~** (*без конкретизации цепи*) *эл., элн.* bring in(to) circuit, (*конкретная цепь*) bring in(to) the (*e.g., field*) circuit; **включа́ться в ~** *свз.* cut in a circuit; **держа́ть ~ под напряже́нием** hold [keep] a circuit alive; **заземля́ть ~** *англ.* earth a circuit; *амер.* ground a circuit; **замыка́ть ~** *эл., элн.* complete [close] a circuit; **защища́ть ~** protect a circuit; **защища́ть ~ пла́вким предохрани́телем** fuse a circuit; **защища́ть ~ предохрани́телем на,** *напр.* 6 A fuse a circuit for, *e.g.*, 6 A; **~ зумми́рует** the circuit sings [is singing]; **изоли́ровать ~** (*с помощью изоляционных материалов*) insulate a circuit (*this refers to use of insulating materials*); (*от воздействия, напр. другой цепи; не путать с применением изоляционных материалов*) isolate a circuit (*e.g., from other circuits; not to be confused with insulation*); **коммути́ровать ~** *эл., элн.* switch a circuit; **компенси́ровать ~** (*для устранения амплитудных и фазовых искажений*) *свз.* equalize [condition] a circuit; **нагружа́ть ~** *эл., элн.* load [put load on] a circuit; **нара́щивать ~** *свз.* extend a circuit; **обесто́чивать ~** de-energize a circuit; **организова́ть ~ (свя́зи)** obtain [construct] a circuit *пример*: **несимметри́чная иску́сственная ~ организу́ется с по́мощью лине́йных трансформа́торов** a simplex circuit is obtained by means of repeating coils; **освобожда́ть ~** *свз.* release a circuit; **подгота́вливать ~** *эл., элн., свз.* prepare a circuit in readiness for use [for operation], arm a circuit; **прозва́нивать ~** test a circuit for continuity; **производи́ть замыка́ние ~и по постоя́нному то́ку** (*в передаче данных*) complete a d.c. connection over the local loop; **~ рабо́тает на,** *напр.* **индукти́вную нагру́зку** *эл., элн.* a circuit operates into, *e.g.*, an inductive load; **размыка́ть ~** *эл., элн.* open [break] a circuit; **скре́щивать ~и возду́шной ли́нией свя́зи** transpose the circuits of an overhead communication line; **уплотня́ть ~** (*с помощью искусственных цепей или без конкретизации метода*) *свз.* use a circuit for multichannel operation; (*временным или частотным разделением*) multiplex a circuit, use a circuit for multiplex operation; **уплотня́ть ~ вре́менны́м разделе́нием сигна́лов** *свз.* operate [work] a circuit in time-division multiplex; **уплотня́ть ~ переда́чей че́рез сре́дние то́чки лине́йных трансформа́торов** *свз.* operate on a simplexed [half-phantom, earthed-phantom] circuit; **уплотня́ть ~,** *напр.* **тремя́ вч телефо́нными кана́лами** *свз.* carry [establish, set up], *e.g.*, three carrier telephone channels over a single line; **уплотня́ть ~ часто́тным разделе́нием сигна́лов** *свз.* operate [use, work] a circuit in frequency-division multiplex

цеп/ь
~ авари́йной защи́ты *эл.* safety circuit
~ авари́йной сигнализа́ции *эл.* alarm circuit
автоколеба́тельная ~ *элн.* astable circuit
акти́вная ~ *эл.* active circuit
а́нкерная ~ anchor [tension] chain
ано́дная ~ *элн.* anode [plate] circuit
апериоди́ческая ~ *элн.* aperiodic circuit
арендо́ванная ~ *свз.* leased wire [private line] circuit
безро́ликовая ~ rollerless chain
бесшу́мная ~ noiseless [silent] chain
~ блокиро́вки *эл.* blocking [lock-out, holding] circuit
бло́чная ~ block chain
боковая ~ *хим.* side chain
букси́рная ~ tow chain
вертлю́жная ~ buckle chain
взаи́мная ~ reciprocal circuit
~ вне́шней нагру́зки *эл.* external load circuit
вне́шняя ~ *эл.* external circuit
вну́тренняя ~ *эл.* internal circuit
~ возбужде́ния *элн.* excitation [drive] circuit
~ возвра́та (*в исходное положение*) *элн.* reset circuit
~ возвра́та че́рез зе́млю *эл.* ground return circuit
возду́шная ~ *эл.* open-wire [overhead] circuit
втори́чная ~ *эл.* secondary circuit
вту́лочная ~ sleeve-type chain
вту́лочная, безро́ликовая ~ combination chain
вту́лочно-ро́ликовая ~ (bush) roller chain
вту́лочно-ро́ликовая ~ двойно́го ша́га double-pitch roller chain
вту́лочно-ро́ликовая ~ норма́льного ша́га standard pitch roller chain
вту́лочно-ро́ликовая, трёхрядная ~ triple strand roller chain
входна́я ~ *эл., элн.* input circuit
высева́ющая ~ *с.-х.* feed chain
~ высо́кого напряже́ния *эл.* high-tension [high-voltage] circuit
выходна́я ~ *эл.* output circuit
гла́вная ~ *эл.* main circuit
~ гла́вного то́ка *эл.* main [power] circuit
~ гла́вной переда́чи *авто* final drive chain
~ гла́вных вале́нтностей main valency chain

цеп/ь

Г-обра́зная ~ *эл., элн.* L-network, L-section network
грузова́я ~ lifting [loading] chain
гу́сеничная ~ track [crawler] chain
двухпро́водная ~ *эл.* two-wire circuit
двухшарни́рная, ре́жущая ~ *горн.* double-hinged cutting chain
демпфи́рующая ~ *эл., элн.* damping [antihunt] circuit
дешифру́ющая, частóтно-избира́тельная ~ *эл., элн.* frequency-selective filter circuit
дифференци́рующая ~ *элн., вчт.* differentiating circuit
длиннозве́нная ~ long-link chain
~ для подве́ски бадьи́ *горн.* kibble chain
дуа́льная ~ *эл.* dual [electrical] network □ **~ А является дуа́льной по отноше́нию к ~и Б** circuit A is a dual of circuit B
ду́плексная ~ *свз.* duplex circuit
~ заде́ржки *элн.* delay circuit, delay network
за́дняя ~ rear chain
~ зажига́ния ignition circuit
зажи́мная ~ gripping chain
~ заземле́ния се́тки ла́мпы *элн.* grid return
заземлённая ~ *англ.* earthed circuit; *амер.* grounded circuit
~ за́писи *вчт.* write [writing] circuit
заря́дная ~ *эл.* charging circuit
~ защи́ты *эл.* protective circuit
землеме́рная ~ *геод.* surveyor's chain
зубча́тая ~ toothed chain
~ из звéньев с присоедини́тельными ла́пками attachment chain
измери́тельная ~ *элн., изм.* measuring circuit
индукти́вная ~ *эл.* inductive circuit
интегри́рующая ~ *вчт., элн.* integrating circuit
интегродифференци́рующая ~ *вчт., элн.* integro-differentiating circuit
иску́сственная, несимметри́чная ~ (*не путать с* симплексной цепью) *свз.* simplexed [half-phantom, earthed-phantom] circuit (*not to be confused with* simplex)
иску́сственная, симметри́чная ~ *свз.* phantom circuit
ка́бельная ~ *свз.* cable circuit
кинемати́ческая ~ kinematic chain
ковшо́вая ~ (*экскаватора*) bucket chain
конве́йерная ~ conveyer chain
контро́льная ~ *эл.* monitoring [control] circuit
короткозве́нная ~ short-link chain
корректи́рующая ~ *элн.* compensating circuit
кра́новая ~ crane chain
круглозве́нная ~ round-link chain
крючко́вая ~ hook-link chain

цеп/ь

ле́нточная ~ band chain
линéйная ~ *эл., элн.* line [link, linear] circuit
магни́тная ~ *эл.* magnetic circuit
магни́тная, неразветвлённая ~ *эл.* undivided magnetic circuit
~ манипуля́ции *свз.* keying circuit
~ Ма́ркова *мат.* Markov(ian) chain
~ межкаска́дной свя́зи *элн.* interstage circuit
ме́рная ~ *геод.* surveyor's [poll] chain
многозве́нная ~ *эл.* iterated [ladder] network
многоря́дная ~ multiple strand chain
многофа́зная ~ *эл.* polyphase circuit
молекуля́рная ~ molecular chain
~ навесно́го устро́йства, блокиро́вочная *с.-х.* linkage check chain
~ нагру́зки *эл., элн.* load circuit
~ нака́ла *элн.* filament [heater] circuit
~ нака́чки *элн.* pump(ing) circuit
направля́ющая ~ guide chain
неза́мкнутая ~ *эл.* open [incomplete] circuit
неиспра́вная ~ *эл., элн.* inoperative [faulty] circuit, circuit out of order
нелине́йная ~ *эл.* nonlinear circuit
неразветвлённая ~ 1. *эл.* series circuit **2.** *хим.* unbranched chain
неуплотнённая ~ *свз.* single-channel circuit
обвя́зочная ~ (*для грузов*) sling chain
обесто́ченная ~ *эл.* dead circuit
обра́тная ~ *эл.* return circuit
~ обра́тной свя́зи *эл., элн.* feedback circuit, feedback path
~ обра́тной свя́зи с временно́й заде́ржкой *эл., элн.* delayed feedback circuit
окисли́тельно-восстанови́тельная ~ *хим.* redox chain
основна́я ~ 1. *эл.* main circuit **2.** *хим.* main chain **3.** (*по отношению к фантомной*) *свз.* side circuit
~ ответвле́ния *свз.* tap circuit
ответвлённая ~ *свз.* derived [branch] circuit
~ отключе́ния *эл., элн.* disabling circuit
~ отпира́ния *эл., элн.* enabling circuit
паралле́льная ~ *эл.* parallel circuit
пасси́вная ~ *эл.* passive circuit, passive network
первичная ~ *эл.* primary circuit
~ пере́дней переда́чи primary drive chain
~ переме́нного то́ка *эл.* alternating-current [a.c.] curcuit
~ перено́са *вчт.* carry circuit
~ Пика́ра *свз.* simplexed [half-phantom, earthed-phantom] circuit
плана́рная ~ *пп* planar circuit

цеп/ь

пласти́нчатая ~ leaf [laminated] chain
плоскозве́нная ~ link chain
побо́чная ~ *эл.* parasitic circuit
П-обра́зная ~ *эл.* pi-network, pi-section network
подаю́щая ~ pick-up chain
подводя́щая ~ gathering chain
подка́пывающая ~ digger chain
подъёмная ~ hoisting chain
полиме́рная ~ polymer chain
после́довательная ~ *эл.* series circuit
~ постоя́нного то́ка direct-current [d.c.] circuit
предохрани́тельная ~ safety [check, stop] chain
приводна́я ~ driving [sprocket] chain
~ противоскольже́ния antiskid [non-skid, tyre] chain
пряма́я ~ *хим.* straight chain
~ прямо́го вы́зова *свз.* ring-down circuit
пускова́я ~ starting circuit; *элн.* trigger circuit
~ ра́венств *мат.* continued equality
разбо́рная ~ dismountable [detachable] chain
разветвлённая ~ 1. *эл.* parallel circuit **2.** *хим.* branched chain
развя́зывающая ~ *эл.* isolation [isolating] network
разгово́рная ~ *тлф.* talking circuit □ **устана́вливать разгово́рную ~** establish [set up] a talking circuit
раздели́тельная ~ *эл.* isolating circuit
~ размыка́ния маршру́тов *ж.-д.* route release circuit
разря́дная ~ *эл.* discharge circuit
~ реаги́рующих веще́ств reaction chain
реакти́вная ~ *эл.* reactive circuit
~ регули́рования *авт.* control circuit
ре́жущая ~ *горн.* cutting chain
ре́жущая ~ цепно́го канавокопа́теля trenching chain
резерви́рующая ~ *т. над.* redundant circuit
резона́нсная ~ *эл.* resonant circuit
реле́йная ~ *эл.* relay circuit
ре́льсовая ~ track circuit, ground return
ре́льсовая, двухни́точная ~ double-rail track circuit
ре́льсовая, за́мкнутая ~ closed track circuit
ре́льсовая, и́мпульсная ~ half-wave track circuit
ре́льсовая, норма́льно-за́мкнутая ~ closed track circuit
ре́льсовая, норма́льно-разо́мкнутая ~ open track circuit
ре́льсовая, одноии́точная ~ single-rail track circuit
реша́ющая ~ *вчт.* computing network

цеп/ь
ро́ликовая ~ roller chain
~ с акти́вным сопротивле́нием resistive circuit
~ самоблокиро́вки *эл.* self-holding circuit
сва́рочная ~ welding circuit
~ с возвра́том че́рез зе́млю earth-return circuit
~ свя́зи *свз.* communication circuit; (*между каскадами или приборами*) coupling circuit
~ сдви́га *вчт.* shift(ing) circuit
силова́я ~ *эл.* power circuit
симметри́чная ~ *эл.* balanced circuit
~ синхрониза́ции *элн.* sync circuit
сквозна́я ~ *свз.* built-up [through] circuit
скребко́вая ~ flight chain
служе́бная ~ *свз.* order [engineer's] circuit
~ смеще́ния *элн.* bias circuit
соедини́тельная ~ coupling chain
~ сопряже́ния *хим.* conjugated chain
составна́я ~ *эл.* composite [compound] circuit
~ с отво́дами *эл.* tapped circuit
~ с переме́нными во вре́мени пара́метрами *эл.* time-varying (electric) network
~ сравне́ния *вчт.* comparison circuit
~ с распо́рками stud chain
~ с распределёнными пара́метрами *эл.*, *элн.* distributed-parameter [distributed-constant] circuit
~ с сосредото́ченными пара́метрами lumped-parameter [lumped-constant] circuit
строби́рующая ~ *элн.* gate circuit
сумми́рующая ~ *вчт.* add(ing) circuit
суперфанто́мная ~ *свз.* double phantom [superphantom] circuit
суперфанто́мная ~ с возвра́том че́рез зе́млю *свз.* earth-return double phantom circuit
~ суперфанто́мная, телегра́фная double phantom balanced telegraph circuit
~ сце́пки coupling chain
~ с чи́сто акти́вным сопротивле́нием purely resistive circuit
~ счи́тывания *вчт.* read(ing) circuit
~ то́ка current circuit □ **~ то́ка замыка́ется че́рез ...** the current takes the path through ...
~ толка́теля *горн.* haul chain
~ толка́теля, ро́ликовая *горн.* haul roller chain
тормозна́я ~ 1. drag [locking] chain **2.** (*в пневматических и гидравлических устройствах*) braking circuit
транзи́тная ~ *свз.* built-up [through] circuit
транспортёрная ~ conveyer chain
транспортёрная ~ со скребка́ми paddled conveyer chain

цеп/ь
трёхфа́зная ~ three-phase circuit
тя́говая ~ hauling [haulage, pull] chain
~ тя́говых дви́гателей traction motor circuit
~ у́зких строб-и́мпульсов *рлк.* narrow-gate circuit
~ ультрау́зких строб-и́мпульсов N^2-gate circuit
~ управле́ния *эл.*, *элн.* control circuit
уравнове́шенная ~ *эл.* balanced circuit
фазоинверти́рующая ~ *элн.* phase-inverting circuit
фазосдвига́ющая ~ *элн.* phase-shifting circuit
фанто́мная ~ *свз.* phantom circuit
фанто́мная, телегра́фная ~ с возвра́том по земле́ earth-return phantom circuit
феррорезона́нсная ~ *эл.* ferroresonance circuit
физи́ческая ~ *свз.* physical circuit
хрони́рующая ~ *элн.* clock [timing] circuit
шарни́рная ~ articulated-link [pintle] chain
шарни́рная ~ из пло́ских зве́ньев flat-link chain
шарни́рная, ре́жущая ~ *горн.* cutting link chain
штырева́я ~ pintle chain
шумя́щая ~ *свз.* noisy circuit
шунти́рующая ~ *эл.* shunt circuit
эквивале́нтная ~ *эл.* equivalent circuit
электри́ческая ~ (electric) circuit
электровзрывна́я ~ electroblasting chain
электростати́ческая ~ electrostatic circuit
электротя́говая ~ electric traction circuit
я́корная ~ *мор.* anchor chain, anchor cable □ **выбира́ть я́корную ~** heave on the chain
~ я́коря *эл.* armature circuit
цепь-волоку́ша *ж.* (*уменьшает скорость плота при лесосплаве*) brake chain
церези́н *м.* ceresin (wax)
це́рий *м.* cerium, Ce
цех *м.* shop, department, plant
бессеме́ровский ~ Bessemer plant
~ блю́минга blooming mill department
бонда́рный ~ cooperage shop
брошюро́вочный ~ book-stitching shop
вагоноремо́нтный ~ carriage repair shop
вспомога́тельный ~ service shop, service department
~ вулканиза́ции vulcanization shop, vulcanization department
гальвани́ческий ~ electroplating shop

цех
~ глубо́кой печа́ти gravure department
деревообраба́тывающий ~ wood-working shop
до́менный ~ blast-furnace plant
дуби́льный ~ tan room, tanyard
заготови́тельный ~ blanking shop
зо́льный ~ *кож.* lime yard
инструмента́льный ~ tool(maker's) shop, toolroom
кала́ндровый ~ calendering shop
кислоро́дно-конве́ртерный ~ oxygen-converter plant
консе́рвный ~ canning [preserving] shop
кормоприготови́тельный ~ feed preparation shop
кузне́чный ~ forge shop
лите́йный ~ foundry
луди́льный ~ tinning plant
марте́новский ~ open-hearth plant
механи́ческий ~ machine shop
моде́льный ~ pattern shop
монта́жный ~ erecting shop; (*монтажа электропроводки*) wiring shop
набо́рный ~ composing room
о́пытный ~ pilot shop
основно́й ~ (*в отличие от вспомогательных*) producing [production] department (*contrasts with service departments*)
~ отгру́зки гото́вой проду́кции shipping department
отде́лочный ~ 1. finishing shop, finishing department **2.** *кож.* currying shop
переде́льный ~ *прок.* rerolling department
переплётный ~ book bindery, bookbinding department
печа́тный ~ pressroom, printing department
подготови́тельный ~ *рез.* stock-preparation shop
прока́тный ~ rolling-mill shop
разли́вочный ~ *мет.* casting plant
ремо́нтный ~ repair [maintenance] shop
сбо́рочный ~ assembling [assembly] shop, assembling department
сва́рочный ~ welding shop
сталелите́йный ~ steel(-casting) department
сталеплави́льный ~ steel-making plant
терми́ческий ~ heat-treating department
фо́рмный ~ *полигр.* plateroom, plate department
формо́вочный ~ moulding shop
~ холо́дной листово́й штампо́вки sheet-metal pressworking shop
~ холодной объёмной штампо́вки cold-die-forging shop
~ цветно́го литья́ non-ferrous foundry
чугунолите́йный ~ iron foundry
электроремо́нтный ~ electrical repair shop

цех
электросталеплави́льный ~ electric-furnace (melting) shop
~ электроста́нции, коте́льный boiler department
~ электроста́нции, маши́нный engine [turbine] department
~ электроста́нции, турби́нный turbine department
циа́н *м.* **1.** (*газ*) cyanogen **2.** cyan
циана́т *м.* cyanate
циани́д *м.* cyanide
циани́н *м.* (*пигмент*) cyanin; (*краска*) cyanine
цианйрование *с.* **1.** (*метод извлечения золота и серебра*) cyanidation, cyanide process **2.** (*химико-термическая обработка стали*) (*первый этап — насыщение азотом*) cyaniding; (*полный процесс, включая закалку*) casehardening by cyaniding, casehardening with cyanides
~ по́лным и́ловым проце́ссом (*о золоте*) all-slime cyanidation, all-slime leaching
цианистоводоро́дный *прил.* hydrocyanic; hydrocyanide
циа́нистый *прил.* cyanic
циановодоро́д *м.* hydrogen cyanide
циано́метр *м.* cyanometer
цианоти́пия *ж.* cyanotype
циботаксис *м.* cybotaxis
цикл *м.* (*временной или пространственный интервал повторения событий*) cycle; (*промежуток времени*) period □ **восстана́вливать ~** reset the cycle; **опи́сывать ~ в прямо́м** ***или*** **обра́тном направле́нии** (*в термодинамике*) traverse a cycle in the direct *or* reverse sense; **опи́сывать ~ по часово́й стре́лке** ***или*** **про́тив часово́й стре́лки** (*в термодинамике*) traverse a cycle clockwise *or* anti-clockwise; **рабо́тать ~ами** to cycle; **соверша́ть ~** to cycle **2.** *вчт.* loop; loop of instructions □ **выходи́ть из ~а** come out of a loop; **повторя́ть ~** cycle a loop (of instructions); **повторя́ть ~ многокра́тно** cycle round a loop repeatedly
~ автома́та повто́рного включе́ния *эл.* recloser sequence
бина́рный ~ binary cycle
вло́женный ~ nested loop
водоро́дный ~ *яд. физ.* hydrogen-helium cycle
~ в ци́кле loop-within-loop
~ вы́борки кома́нды *вчт.* instruction cycle
вы́емочный ~ *горн.* cycle of coal getting, winning cycle
~ выполне́ния кома́нды *вчт.* execution cycle
~ дви́гателя engine cycle
~ движе́ния cycle of motion
~ д. в. с. со сгора́нием при постоя́нном давле́нии Diesel cycle
~ д. в. с. со сгора́нием при постоя́нном объёме Otto cycle
двухта́ктный ~ two(-stroke) cycle

цикл
действи́тельный ~ actual [real] cycle
за́мкнутый ~ 1. closed cycle □ **включа́ть (обору́дование) в за́мкнутый ~** run (a machine) in closed circuit with (another machine); **рабо́тать в за́мкнутом ~е с ...** be close-circuited with **2.** closed loop
~ за́писи *вчт.* write cycle
~ за́пуска д. в. с. cranking cycle
идеа́льный ~ (*в термодинамике*) ideal cycle
итераци́онный ~ iteration loop □ **выполня́ть итераци́онный ~** traverse an iteration loop
~ Карно́ (*в термодинамике*) Carnot cycle
~ Карно́, обра́тный (*в термодинамике*) reverse Carnot cycle
~ Карно́, прямо́й (*в термодинамике*) Carnot cycle
кинемати́ческий ~ kinematic cycle
кома́ндный ~ *вчт.* instruction cycle
криоге́нный ~ (*в термодинамике*) cryogenic cycle
~ ла́вы wall cycle
магни́тный ~ magnetic cycle
магнитогидродинами́ческий ~ (*в газодинамике*) magnetohydrodynamic [MHD] cycle
маши́нный ~ *вчт.* machine cycle
маши́нный, основно́й ~ *вчт.* basic machine cycle
~ нагре́ва (*в термодинамике*) heating cycle
~ намагни́чивания cycle of magnetization
~ намагни́чивания, преде́льный *эл.* major cyclic hysteresis loop
~ напряже́ний *мех.* stress cycle
неза́мкнутый ~ open cycle
нейтро́нный ~ *яд. физ.* neutron cycle
необрати́мый ~ (*в термодинамике*) irreversible cycle
непреры́вный ~ (*в термодинамике*) uninterrupted cycle
обрати́мый ~ (*в термодинамике*) reversible cycle
~ обраще́ния к па́мяти *вчт.* memory [storage] cycle
окисли́тельно-восстанови́тельный ~ oxidation-reduction cycle
основно́й ~ (*в термодинамике*) basic cycle
охва́тывающий ~ outer loop
~ охлажде́ния cooling cycle
пароводяно́й ~ water-flow cycle; water-steam circuit
парово́й ~ vapour cycle
парога́зовый ~ supercharged boiler [exhaust-fired-boiler] cycle
паросилово́й ~ steam power cycle
паротурби́нный ~ steam turbine cycle
~ перемагни́чивания cycle of magnetization

цикл
~ пла́вки от вы́пуска до вы́пуска tap-to-tap cycle
повто́рный ~ recycle
~ по́иска *вчт.* search cycle
поса́дочный ~ *горн.* cycle of caving, caving cycle
преде́льный ~ *эл.* limit cycle
~ програ́ммы *вчт.* loop of instructions
~ програ́ммы, бесконе́чный *вчт.* (*напр. в результате ошибки*) infinite loop (of instructions)
прото́нный ~ proton-proton chain
прохо́дческий ~ sinking cycle
~ рабо́ты (*напр. оборудования*) operation period
~ рабо́ты вяза́льного аппара́та *текст.* knotting cycle
~ рабо́ты запомина́ющего устро́йства *вчт.* storage cycle
рабо́чий ~ 1. working [running] cycle **2.** *вчт.* machine cycle
разо́мкнутый ~ 1. open cycle **2.** open loop
~ Ра́нкина *тепл.* Rankine cycle
регенерати́вный ~ *тепл.* regenerative cycle
регенерати́вный, преде́льный ~ *тепл.* complete regenerative cycle
~ Ре́нкина *тепл.* Rankine cycle
~ с воспламене́нием от сжа́тия Diesel cycle
сло́жный ~ 1. (*в термодинамике*) compound cycle **2.** loop-within-loop
~ со втори́чным перегре́вом па́ра reheat cycle
~ с одни́м отбо́ром па́ра one-point extraction cycle
~ со сгора́нием при постоя́нном давле́нии Diesel cycle
~ со сгора́нием при постоя́нном объёме Otto cycle
~ с промежу́точным перегре́вом па́ра reheat cycle
~ стира́ния *вчт.* erase cycle
су́точный ~ diurnal cycle
~ счи́тывания *вчт.* read cycle
~ счи́тывания и за́писи *вчт.* read-write cycle
теорети́ческий ~ (*в термодинамике*) theoretical [ideal] cycle
теплово́й ~ thermal cycle
термодинами́ческий ~ thermodynamic cycle
углеро́дный ~ *яд. физ.* carbon(-nitrogen) cycle
холоди́льный ~ refrigeration cycle
холоди́льный, абсорбцио́нный ~ absorption refrigeration cycle
холоди́льный, компрессио́нный ~ compression refrigeration cycle
~ хрони́рования *элн.*, *вчт.* timing cycle
четырёхта́ктный ~ *двс* four-stroke cycle
циклева́ние *с.* scraping
циклёвка *ж.* scraping
цикли́да *ж.* cyclide

циклиза́ция *ж. хим.* cyclization, ring formation
внутримолекуля́рная ~ intrachain [intramolecular] cyclization
межмолекуля́рная ~ interchain cyclization
цикли́ческий *прил.* cyclic(al); (*о координатах*) ignorable; (*повторяемый неоднократно*) iterative
цикли́чность *ж.* cyclicity
циклогра́мма *ж.* sequence diagram; (*о временном цикле*) timing diagram, cyclogram
кругова́я ~ cyclogram
цикло́граф *м.* cyclograph
цикло́ида *ж.* cycloid
циклокаучу́к *м.* cyclorubber
цикломе́р *м.* cyclometer, cycle timer, cycle counter
цикло́н *м.* **1.** *метео* cyclone **2.** (*машина*) cyclone (separator)
батаре́йный ~ multiclone
внутрибараба́нный ~ internal cyclone steam separator
сепарацио́нный ~ cyclone steam separator
сепарацио́нный, выносно́й ~ external cyclone steam separator
циклополиме́р *м.* cyclopolymer
циклополимериза́ция *ж.* cyclopolymerization, cyclic polymerization
циклотро́н *м.* cyclotron
и́мпульсный ~ pulsed cyclotron
~, рабо́тающий в и́мпульсном режи́ме pulse-operated cyclotron
циклофо́н *м. элн.* beam-switching tube, electron-beam commutator (Cyclophon — *фирм. название*)
ци́кля *ж.* **1.** scraper **2.** *кож.* sleeker, slicker
цили́ндр *м.* **1.** *мат.* cylinder **2.** *маш.* cylinder; barrel; drum □ **заключа́ть ~ в, *напр.* водяну́ю руба́шку** water-jacket a cylinder, enclose a cylinder in a water jacket; **орёбрива́ть ~** fin [rib] a cylinder; **отлива́ть ~ы в бло́ке** *авто* cast cylinders in block [en bloc]; **продува́ть ~** vent a cylinder to (the) atmosphere, blow a cylinder; **располага́ть ~ы в ряд** arrange the cylinders in line; **располага́ть ~ы в ша́хматном поря́дке [«вразбе́жку»]** stagger the cylinders; **располага́ть ~ы V-обра́зно** give the cylinders a V(-shaped) arrangement, to Vee the cylinders; **растачивать ~** (*при ремонте*) re-bore a cylinder; **ремонти́ровать ~ со сме́ной ги́льзы** re-line a cylinder
вертика́льный ~ vertical [upright] cylinder
выносно́й ~ external [independent] cylinder
~, вы́полненный за одно́ це́лое с голо́вкой *авто* blind-end cylinder
выпускно́й ~ *текст.* discharging [delivery] roller
~ высо́кого давле́ния high-pressure cylinder

цили́ндр
~ высо́кого давле́ния турби́ны high-pressure cylinder, high-pressure turbine
вытяжно́й ~ *текст.* drawing roller
гидравли́ческий ~ впры́ска *пласт.* injection cylinder
гидравли́ческий ~ при́вода пре́сса *с.-х.* ram drive cylinder
~ гидроподъёмника hydraulic lift(ing) [hydraulic ram] cylinder
~ гидроуправле́ния hydraulic control cylinder
горизонта́льный ~ horizontal cylinder
градуи́рованный ~ graduated [measuring] cylinder
дели́тельный ~ (*цилиндрического прямозубого колеса*) pitch cylinder
~ для пластика́ции plasticating cylinder
загру́зочный ~ (*на ручке управления или штурвале*) *ав.* control feed cylinder
иго́льный ~ *текст.* needle cylinder
кругово́й ~ *мат.* circular cylinder
ме́рный ~ graduated [measuring] cylinder
~ механи́зма выра́внивания levelling cylinder
~ механи́зма опроки́дывания dump cylinder
нажимно́й ~ pressure roller
накло́нный ~ oblique cylinder; (*двигателя*) inclined cylinder
~ насо́са pump barrel
неподви́жный ~ fixed cylinder
~ ни́зкого давле́ния low-pressure cylinder
~ ни́зкого давле́ния турби́ны low-pressure cylinder, low-pressure turbine
односте́нный ~ single-shell cylinder
оппози́тные ~ы opposed cylinders
отдели́тельный ~ *текст.* detaching roller
отде́лочный ~ finishing cylinder
~ы, отли́тые в одно́м бло́ке block-cast cylinders
~ы, отли́тые попа́рно twin-cast cylinders
отли́тый отде́льно ~ separately cast [single-cast] cylinder
офсе́тный ~ offset [blanket, transfer] cylinder
~, охлажда́емый водо́й water-cooled cylinder
~, охлажда́емый во́здухом air-cooled cylinder
параболи́ческий ~ parabolic cylinder
парово́й ~ steam cylinder
переда́точный ~ *полигр.* offset [transfer, blanket] cylinder
печа́тный ~ *полигр.* impression cylinder
пита́ющий ~ *текст.* feed roller
подающий ~ *полигр.* feed(-in) cylinder

цили́ндр
~ подъёма жа́тки table lift ram, platform adjustment cylinder
подъёмный ~ lift cylinder
прессу́ющий ~ (*машины для литья под давлением*) *мет.* injection [shot] cylinder
~ при́вода пита́теля feed drive cylinder
прижи́мный ~ (*штампа*) hold-down cylinder
противолежа́щие ~ы opposed cylinders
раскатно́й ~ *полигр.* drum roller
~ы, располо́женные лине́йно in-line cylinders
~ы, располо́женные ря́дно in-line cylinders
ребри́стый ~ ribbed [finned] cylinder
~ регулиро́вки высоты́ мотови́ла reel height control ram
~ регулиро́вки положе́ния мотови́ла reel control ram
светособира́ющий ~ *опт.* light-collecting cylinder
~ с водяно́й руба́шкой *авто, мех.* (water-)jacketed cylinder
силово́й ~ (actuating) power cylinder, ram
силово́й, гидравли́ческий ~ hydraulic power cylinder, hydraulic ram
силово́й ~ двухсторо́ннего де́йствия double-acting [two-way] (power) cylinder
силово́й ~ односторо́ннего де́йствия one-way [single-acting] cylinder
силово́й, подъёмный ~ elevating ram
~ с мо́крой ги́льзой wet-liner [wet-sleeve] cylinder
~ с охлажда́ющими рёбрами finned cooled cylinder
~ с полусфери́ческой ка́мерой сгора́ния dome-head [hemispherical-head] cylinder
~ сре́днего давле́ния турби́ны intermediate-pressure cylinder, intermediate-pressure turbine
~ с сухо́й ги́льзой dry-liner [dry-sleeve] cylinder
ступе́нчатый ~ double-diameter cylinder
суши́льный ~ drying cylinder
тормозно́й ~ brake cylinder
тормозно́й, гла́вный ~ brake master [main brake] cylinder
тормозно́й, колёсный ~ wheel(-braking) cylinder
тормозно́й, рабо́чий ~ wheel cylinder
трие́рный ~ indented separator cylinder
~ турби́ны, двухко́рпусный double-shell cylinder
~ турби́ны, двухпото́чный double-flow cylinder
~ турби́ны, однопото́чный single-flow cylinder

цили́ндр
~ турби́ны, трёхпото́чный three-flow cylinder
~ управле́ния *мех.* control cylinder
~ управле́ния жа́ткой table control ram
~ Фараде́я *эл.* Faraday cup, Faraday cylinder
фо́рмный ~ *полигр.* form [plate] cylinder
фрикцио́нный ~ friction cylinder
~ экстру́дера barrel cylinder
цилиндро́ид *м.* cylindroid
цинк *м.* zinc, Zn
гранули́рованный ~ mossy [granulated] zinc
листово́й ~ sheet zinc
рафини́рованный ~ high-grade zinc
техни́ческий ~ commercial zinc
цинка́т *м.* zincate
цинки́т *м.* zincite, red zinc ore, ruby zinc, spartalite
цинкова́ние *с.* **1.** (*нанесение цинкового покрытия на стальные или чугунные изделия*) galvanizing **2.** (*диффузионное насыщение цинком поверхностных слоёв стальных изделий*) sherardizing
~ горя́чим спо́собом hot(-dip) galvanizing, galvanizing by the hot process
~ распыле́нием распла́вленного ци́нка galvanizing by the metal-spraying [metalization] process
электролити́ческое ~ electrolytic galvanizing, galvanizing by electrodeposition, galvanizing by the cold process
цинкова́ть *гл.* galvanize
цинкогра́фия *ж.* zincography
цино́вка *ж.* mat
цину́бель *м.* (*вид рубанка*) scraper plane
цирко́ний *м.* zirconium, Zr
циркули́рование *с.* circulation
~ ва́нны *мет.* circulation of a bath
циркули́ровать *гл.* circulate
ци́ркул/ь *м.* (*чертёжный*) (a pair of) compasses □ **враща́ть ~** turn the compasses; **откла́дывать разме́р ~ем** lay off a dimension with a compass [with a divider]
дели́тельный ~ (a pair of) divider(s)
кругово́й ~ (a pair of) bow compasses
па́дающий, чертёжный ~ drop-pen compasses
пропорциона́льный ~ proportional dividers □ **пропорциона́льный ~ позволя́ет уменьша́ть** *или* **увели́чивать снима́емые разме́ры** proportional dividers reduce *or* enlarge the scale on which dimensions are transferred
разме́точный ~ (a pair of) divider(s) □ **разме́точный ~ испо́льзуется для перено́са разме́ров** *или* **откла́дывания,** *напр.* **окру́жностей** a divider is used to transfer dimensions *or* to lay out *or* scribe, *e.g.*, circles; **раздвига́ть,** *напр.* **разме́точный ~** set a divider
ци́ркуль-измери́тель *м.* (a pair of) divider(s)
циркуля́нт *м.* circulant
циркуля́р *м. тлф.* (*вид связи*) conference call; (*цепь, образуемая при этом*) conference circuit □ **соедини́ть [включа́ть] в ~** connect (*e.g.*, *subscribers*) in a conference circuit [for a conference call]
циркуля́рка *ж. жарг.* (*пила*) circular saw
циркуля́тор *м. элн.* circulator
опти́ческий ~ optical circulator
~ СВЧ microwave circulator
трёхпле́чий ~ three-port circulator
ферри́товый ~ ferrite circulator
ферри́товый ~, испо́льзующий эффе́кт Фараде́я Faraday-rotation ferrite circulator
ферри́товый ~ на смеще́нии по́ля field-displacement ferrite circulator
ферри́товый ~ ти́па звезды́ Y ferrite circular
четырёхпле́чий ~ four-port circulator
циркуля́ция *ж.* **1.** circulation **2.** *хим.* recycling **3.** *вчт.* looping □ *аргд.* **~ вокру́г,** *напр.* **про́филя** circulation about an airfoil; **~ по,** *напр.* **за́мкнутому ко́нтуру** circulation, *e.g.*, around a closed path
безвихрева́я ~ irrotational circulation
~ ве́кторного по́ля (*вдоль замкнутой кривой*) circulation of a vector field (*around a closed path*)
~ воды́ water circulation
~ во́здуха air circulation
есте́ственная ~ natural [gravity] circulation
конвекцио́нная ~ convection(al) circulation
меридиона́льная ~ meridional circulation
~ по окру́жности circulation round a circumference
попере́чная ~ transverse circulation
принуди́тельная ~ forced [induced] circulation
принуди́тельная, многокра́тная ~ controlled circulation, recirculating type of forced circulation
противото́чная ~ counterflow circulation
~ самотёком natural [gravity] circulation
свобо́дная ~ free circulation
~ ско́рости (velocity) circulation
~ су́дна circulation path [turning circle] of a vessel
теплова́я ~ thermal circulation
терми́ческая ~ thermal circulation
цис- (*приставка перед названием геометрических изомеров с пространственно сближёнными заместителями*) cis-
циссо́ида *ж.* cissoid
циссоида́льный *прил.* cissoidal
цисте́рн/а *ж.* tank
балла́стная ~ *мор.* ballast tank □ **зата́пливать балла́стную ~у** flood a ballast tank; **продува́ть балла́стную ~у** blow out a ballast tank
бортова́я ~ *мор.* side tank
бортова́я, подпа́лубная ~ *мор.* topside tank
дифференти́ная ~ *мор.* trim(ming) tank
~ для воды́ water tank
~ для наво́зной жи́жи liquid-manure tank
~ для транспорти́рования transportation tank
~ для удобре́ний fertilizer tanker
железнодоро́жная ~ tank car
кре́новая ~ (*на ледоколе*) heeling tank
ле́тняя ~ (*на танкере*) summer tank
ма́сляная ~ lubricating oil tank
междудо́нная ~ *мор.* double-bottom tank
междупа́лубная ~ tweendeck tank
моло́чная ~ milk tank
нефтяна́я ~ *ж.-д.* oil tank wagon
па́лубная ~ deck tank
передвижна́я ~ mobile tank
подпа́лубная ~ underdeck tank
~ пре́сной воды́ *мор.* fresh water tank
расхо́дная ~ *мор.* daily supply [service] tank
расшири́тельная ~ (*на танкере*) expansion tank
стациона́рная ~ storing [holding] tank
сто́чная ~ *мор.* bilge [drain] tank
то́пливная ~ *мор.* fuel (oil) tank
цисте́рна-жижеразбра́сыватель *ж.* liquid manure spreading tank
цисте́рна-цементово́з *ж.* cement tank wagon
цифербла́т *м.* dial (plate)
светя́щийся ~ luminous dial
цифи́рница *ж. полигр.* numbers case
ци́фра *ж.* digit, figure, cipher, numeral
ара́бская ~ Arabic figure, Arabic numeral
восьмери́чная ~ octal digit
~ второ́го разря́да second-order [second-position, second place] digit
двои́чная ~ binary digit, bit
десяти́чная ~ decimal digit
десяти́чная, двои́чно-коди́рованная ~ binary-coded decimal [BCD] digit
зна́ковая ~ sign digit
зна́чащая ~ nonzero [significant] digit
зна́чащая, са́мая ста́ршая ~ most significant [highest-order] digit
контро́льная ~ check digit
~ мла́дшего разря́да low-order digit

ци́фра
~ **набо́ра, десяти́чная** *свз.* ten digit
~ **набо́ра, едини́чная** *свз.* unit digit
ненулева́я ~ nonzero digit
~ **разря́да деся́тков** tens digit
~ **разря́да едини́ц** units digit
ри́мская ~ Roman figure, Roman numeral
~ **са́мого мла́дшего разря́да** lowest-order [least-significant] digit
~ **са́мого ста́ршего разря́да** most-significant [highest-order] digit
~ **сле́дующего мла́дшего разря́да** next-lower-order [next less significant] digit
~ **сле́дующего ста́ршего разря́да** next-higher-order [next more significant] digit
~ **ста́ршего разря́да** high-order digit
ци́церо *м. полигр.* cicero, pica
цоколёвка *ж. элн.* (*лампы*) basing [base-connection, pin-connection] diagram
цо́кол/ь *м.* **1.** *стр.* socle **2.** (*электролампы*) *англ.* cap; *амер.* base; (*радиолампы*) base □ **производи́ть нама́зку ~я ла́мпы** fill the cap
~ **анте́нны** antenna mounting
восьмиштырько́вый ~ octal base
двухштырько́вый ~ bipin base
миниатю́рный ~ miniature cap
~ **«миньо́н»** candelabra cap
резьбово́й ~ screw base
семиштырько́вый ~ seven-pin base
~ **трубы́** chimney base
штифтово́й ~ bayonet cap
штыково́й ~ bayonet cap
цуг *м.*:
~ **волн** wave train, wave packet
~ **и́мпульсов** pulse train, pulse group
цуна́ми *с.* tsunami

Ч

чаево́дство *с.* tea culture, tea farming, tea growing
чаедро́билка *ж.* tea cutter
чай *м.* tea □ **выра́щивать [производи́ть]** ~ farm [grow, produce] tea; **обира́ть [обрыва́ть]** ~ (*ча́йный куст*) pluck tea (leaves); **собира́ть [убира́ть]** ~ (*ча́йный лист*) pick tea (leaves)
чан *м.* vat, tank, tub
броди́льный ~ fermentation vat, fermenting tub, fermenter
виноде́льческий ~ wine vat
~ **для вы́держки** *пищ.* holding vat, holding tank
~ **для выма́чивания** soaking vat, steeping tank
~ **для пивно́го су́сла, фильтрацио́нный** lauter tank, lauter tub
~ **для тузлукова́ния шкур** hide curing vat
чан
дрожжерасти́льный ~ yeast-growing vat, yeast culture [yeasting] tank
дуби́льный ~ tanning vat
замо́чный ~ soaking vat, steeping tank
запа́рный ~ steaming vat, steamer
зато́рный ~ mash vat, mash tub
зо́льный ~ *кож.* liming pit
краси́льный ~ *текст.* dye vat
купа́жный ~ *пищ.* blend tank
мо́ечный ~ *пищ.* washing vat, washing tank
оса́дочный ~ *горн.* precipitator, precipitation [sedimentation] tank
отбе́льный ~ *текст.* bleaching vat, bleaching tank
отмо́чный ~ *кож.* soaking pit
отсто́йный ~ settler
посо́лочный ~ salting tank, salting tub
~ **со́кового хо́да** *кож.* colouring vat, colour pit
~ **с фильтру́ющим дном** filter-bottom tank
фильтрацио́нный ~ filter vat, straining tank
шпари́льный ~ scalding vat, scalding tank
час *м.* hour □ **... в ~** per hour *приме́р*: **пресс выдаёт, *напр.* 15 загото́вок в ~** the press turns out, *e.g.*, 150 blanks per hour; **налета́ть (*сто́лько-то*) ~о́в** accumulate [log] (*so many*) flight [flying] hours; **сигна́лы передаю́тся ро́вно че́рез ~ ка́ждый ~** the signals are transmitted on the hour every hour
лётный ~ flight [flying] hour
~ **наибо́льшей нагру́зки** busy hour
часозаня́тие *с.*, **телефо́нное** telephone call-hour
часоме́р *м.* (*измери́тель нарабо́тки в часа́х*) hourmeter
части́ц/а *ж.* **1.** particle; (*в тео́рии электромагни́тных волн*) corpuscle □ **~ы взаи́мно отта́лкиваются** particles repel one another; **~ы взаи́мно притя́гиваются** particles attract one another; **~ враща́ется вокру́г свое́й оси́** a particle spins [revolves about its axis]; **~ враща́ется вокру́г, *напр.* ядра́** a particle revolves around, *e.g.*, the nucleus; **выбива́ть ~у, *напр.* из а́тома** knock [eject] a particle out of, *e.g.*, an atom; **высвобожда́ть ~у** liberate [release, give up] a particle; **~ запа́здывает** a particle is delayed; **заряжа́ть ~у** charge a particle; **канализи́ровать ~ы** channel particles; **~ налета́ет *на что-л.*** a particle strikes *smth.*, a particle is incident on *smth.*, a particle impinges on *smth.*; **~ не вылета́ет [не мо́жет вы́лететь], *напр.* из а́тома** a particle remains confined, *e.g.*, within an atom; **~ рассе́ивает, *напр.* свет** a particle scatters, *e.g.*, light; **рассе́ивать ~ы** scatter particles; **~ы соударя́ются** particles collide; **ускоря́ть ~ы** accelerate particles **2.** (*в физи́ческой хи́мии*) species
части́ц/а
акти́вная ~ reactive species
бо́лее короткоживу́щая ~ shorter living particle
~ **большо́й эне́ргии** high-energy [energetic] particle
бомбарди́руемая ~ target [struck] particle
бомбарди́рующая ~ projectile, bombarding particle
бы́страя ~ fast [high-speed] particle
вылета́ющая ~ outgoing [emerging] particle
горя́чая ~ hot particle
~ **гру́нта** soil particle
диспе́рсная ~ disperse(d) particle
длиннопробе́жная ~ long-range particle
дочёрняя ~ product particle
заря́женная ~ charged particle
иноро́дная ~ foreign particle
ионизи́рующая ~ ionizing particle
каска́дная ~ cascade particle
коллоидная ~ colloidal particle
короткоживу́щая ~ short-lived [short-living] particle
короткопробе́жная ~ short-range particle
лави́нная ~ cascade particle
левовинтова́я ~ left(-handed) particle
магни́тная ~ magnetic particle
~ **ма́лой эне́ргии** low-energy particle
мельча́йшая ~ ultimate particle
наибо́лее короткоживу́щая ~ shortest-lived particle
налета́ющая ~ incident [impinging, incoming] particle
невылета́ющая ~ confined particle
незаря́женная ~ uncharged particle
неионизи́рующая ~ nonionizing particle
нейтра́льная ~ neutral particle
непроника́ющая ~ nonpenetrating particle
несвя́занная ~ unbound particle
~ **несгоре́вшего твёрдого то́плива** (*напр. раке́тного дви́гателя*) sliver
несма́чиваемая ~ unwettable particle
неусто́йчивая ~ decaying [unstable] particle
первичная ~ primary particle
правовинтова́я ~ right(-handed) particle
~ **при́меси** foreign particle
про́бная ~ test particle
проника́ющая ~ penetrating particle
~ **пы́ли** dust particle
радиоакти́вная ~ radioactive particle

части́ца
реакционноспосо́бная ~ reactive species
релятиви́стская ~ relativistic particle
свобо́дная ~ unbound [free] particle
свя́занная ~ bound particle
стабилизи́рованная ~ trapped [stabilized] species
стра́нные ~ы strange particles
ударя́емая ~ struck particle
ударя́ющая ~ bombarding [incident] particle
усто́йчивая ~ stable particle
~ Хи́ггса Higgs particle
элемента́рная ~ fundamental [elementary] particle
я́дерная ~ nuclear particle
я́дерно-акти́вная ~ nuclearly active particle
я́дерно-неакти́вная ~ nuclearly inactive particle

части́чно *нареч.* **1.** (*не полностью*) partially □ **кла́пан ~ перекрыва́ет диа́метр трубы́** valve partially closes the pipe bore **2.** (*на какую-то долю, в какой-то доле*) partly, in part □ **э́тот сплав состои́т ~ из неблагоро́дных мета́ллов** this alloy is made partly [in part] of base metals

ча́стно/е *с.* **1.** (*в отличие от общего*) the particular □ **идти́ от о́бщего к ~му** proceed from the general to the particular **2.** *мат.* quotient □ **~ от деле́ния А на Б** the quotient of A and B, the quotient A/B; **~ от деле́ния ... на ...** the quotient obtained when ... is divided by ..., the quotient of ... by ...

ча́стност/ь *ж.* detail, particular feature □ **в ~и** in particular

частоко́л *м.* picket fence

ча́стость *ж.*:
~ отка́зов *т. над.* mission success rate
~ собы́тий *т. над.* relative frequency

частот/а́ *ж.* frequency □ **захва́тывать ~у́** (*напр. о системе АПЧ*) *рад.* lock on a frequency (*e.g., in AFC*); **настра́иваться на ~у́ зара́нее [предвари́тельно]** *рад.* preset [preselect] a frequency; **настра́иваться на ~у́ f** *рад.* tune to frequency f; **перемеща́ть ~у́** (*из одного диапазона в другой*) *свз.* translate a frequency (*from band to band*); **переходи́ть на другу́ю ~у́** *рад.* shift to another frequency; **присва́ивать ~у́** allocate a frequency; **рабо́тать на ~е́** *рад.* operate at [on] a frequency of ...; **сме́шивать ~о́ты f_1 и f_2** *рад.* beat frequency f_1 against frequency f_2, heterodyne f_1 and f_2; **уде́рживать ~у́** (*напр. о системе АПЧ*) *рад.* hold on to a frequency (*e.g., in AFC*)
~ автоколеба́ний free-running frequency

частот/а́
~ бие́ний beat frequency
бли́зкие ~о́ты closely spaced frequencies
бокова́я ~ side frequency
~ возбужде́ния *рад.* driving frequency; (*энергетического уровня*) exciting frequency
~ волны́ wave frequency
~ враще́ния *мех.* rotational speed
~ вы́борки (*в теории информации*) sampling rate
~ вы́зовов *свз.* calling frequency, calling rate
высо́кие ~о́ты [вч] (3—30 МГц) high frequencies, HF
~ гармо́ник harmonic frequency
гася́щая ~ *рад.* quenching frequency
~ генера́тора колеба́ний *элн.* oscillator frequency □ **затя́гивать ~у́ генера́тора колеба́ний** (*в результате колебаний полного сопротивления нагрузки*) pull the oscillator frequency; (*в результате колебаний анодного тока или напряжения*) push the oscillator frequency
~ генера́ции *элн.* oscillation [oscillating] frequency
~ генера́ции ла́зера laser frequency
~ генера́ции ма́зера maser frequency
гипервысо́кие ~о́ты [гвч] band-12 frequencies, decimillimetric-wave frequencies (*Примечание. Точного эквивалента в английском языке нет.*)
гиперзвукова́я ~ hypersonic frequency
гиромагни́тная ~ Larmor (gyromagnetic) frequency
гироскопи́ческая ~ gyrofrequency, cyclotron frequency
грани́чная ~ 1. frequency limit, limit(ing) frequency (*см. тж.* **преде́льная частота́**) **2.** *элн.* (*в большинстве случаев имеется в виду на уровне половины мощности сигнала; в противном случае делается оговорка*) cut-off frequency (*unless otherwise specified, the value of half-power is meant*)
грани́чная, ве́рхняя ~ upper frequency limit
грани́чная, ве́рхняя ~ ли́нии *элн.* cut-off frequency of a line
грани́чная, ве́рхняя ~ на у́ровне полови́нной мо́щности upper half-power frequency
грани́чная ~ (*полосы пропускания, напр. усилителя*) **на у́ровне полови́нной мо́щности** half-power frequency
грани́чная, ни́жняя ~ на у́ровне полови́нной мо́щности lower half-power frequency
грани́чная ~ усили́теля (*на уровне $\sqrt{2}$ максимального усиления*) *рад.* cut-off frequency of an amplifier (*where the gain of an amplifier falls below 0.707 times the maximum gain*)

частот/а́
далёкие ~о́ты widely spaced frequencies
дискре́тная ~ (*фиксированная*) (*в радиосвязи*) *англ.* spot frequency; *амер.* fixed frequency □ **набира́ть дискре́тную ~у́** set up a spot frequency
диффузио́нная ~ diffusion frequency
до́плеровская ~ Doppler frequency, Doppler shift
дро́бная ~ fractional frequency
задающая ~ driving frequency
~ замира́ния (*радиосигнала*) rate of fading
запасна́я ~ alternate frequency
~ заполне́ния и́мпульса *рлк.* basic [carrier] frequency
звукова́я ~ *рад.* audio frequency, af, AF; acoustical [sound] frequency
звукова́я, ни́зкая ~ *ак.* bass (frequency)
зерка́льная ~ *рад.* image frequency
~ излуче́ния ла́зера laser frequency
~ излуче́ния ма́зера maser frequency
инфразвукова́я ~ infrasonic [subsonic] frequency
~ ка́дров *тлв.* frame [vertical] frequency
ка́дровая ~ *тлв.* frame [vertical] frequency
~ кадросме́н (*в кинематографе*) picture frequency, film speed
ка́жущаяся ~ (*волны*) *мор.* encounter frequency
квазиопти́ческая ~ quasi-optical frequency
~ квантова́ния (*сигнала по времени*) sampling rate
~ килево́й ка́чки pitch frequency
~ киносъёмки camera frequency, camera speed
~ колеба́ний (*механических и особ. электрических*) oscillation frequency; (*механических*) vibration frequency
комбинацио́нная ~ heterodyne frequency
ко́мплексная ~ complex frequency
контро́льная ~ (*ВЧ связь*) pilot frequency
кра́йне высо́кие ~о́ты [квч] (30—300 ГГц) *рад.* extremely-high frequencies, EHF
кра́йне ни́зкие ~о́ты (0,3—3 кГц) *рад.* extremely low frequencies, ELF
кра́тная ~ multiple frequency
крити́ческая ~ *эл.* critical frequency
крити́ческая ~ волново́да cut-off frequency of a waveguide
кругова́я ~ angular [radian, circular] frequency, angular velocity
магнитогидродинами́ческая ~ magnetohydrodynamic frequency

частот/á
магнитоплáзменная ~ magneto-plasma frequency
максимáльно применúмая ~ [МПЧ] (*для ионосферной радиосвязи*) maximum usable frequency, MUF
мгновéнная ~ instantaneous frequency
~ мерцáний *тлв.* flicker frequency
минимáльно применúмая ~ (*для ионосферной радиосвязи*) lowest-useful (high) frequency, LUF
~ модулЯции modulating [modulation] frequency
~ молéкулы, вращáтельная molecular rotation frequency
~ накáчки *элн.* pump frequency
~ настрóйки *рад.* resonant [tuning] frequency □ **при значúтельном отклонéнии ~ы настрóйки приёмника от номинáльной ...** when the resonant frequency of the receiver is greatly in error with respect to the assigned frequency ...; **сползáть [уходúть] с ~ы настрóйки** drift out of tune; **удéрживать [поддéрживать] ~у настрóйки** remain on tune; **устанáвливать ~у настрóйки зарáнее** preset [preselect] desired frequency
несýщая ~ carrier frequency □ **формировáть несýщую ~у** (*напр. передатчика*) generate the (*e.g.*, *transmitter*) carrier (frequency)
нúзкие ~óты [нч] (30—300 кГц) *рад.* low frequencies, LF
номинáльная ~ (*особ. при расчётах*) rated frequency; (*в значении* выделенная, установленная *и т. п.*) assigned frequency
нулевáя ~ zero frequency
~ обращéния к пáмяти operation rate of storage
оптúческая ~ optical [light] frequency
основнáя ~ (*в теории колебаний*) basic [base] frequency; fundamental frequency
~ откáзов failure rate
относúтельная ~ relative frequency
~ отсéчки cut-off frequency
óчень высóкие ~óты [овч] (30—300 МГц) *рад.* very-high frequencies, VHF
óчень нúзкие ~óты [онч] (3—30 кГц) *рад.* very-low frequencies, VLF
~ переключéний switching frequency
перехóдная ~ *элн.* crossover [transition] frequency
плáзменная ~ plasma frequency
плáзменная, иóнная ~ ion plasma frequency
плáзменная, критúческая ~ plasma cut-off
плáзменная, предéльная ~ plasma cut-off
~ повторéния repetition frequency, repetition rate, recurrence rate

частот/á
поднесýщая ~ subcarrier (frequency)
подтонáльная ~ subsonic [infrasonic, subaudio] frequency
~ полéй *тлв.* field frequency
~ полукáдров *тлв.* field frequency
~ поперéчных колебáний (*в аэродинамике*) frequency in roll, roll frequency
порóговая ~ threshold frequency
предварúтельно устанóвленная ~ preset frequency
предéльная ~ limiting frequency (*см. тж.* **гранúчная частотá**)
предéльная ~ усилéния (*транзистора*) **по тóку** (*в схеме с общей базой*) alpha [α] cut-off frequency; (*в схеме с общим эмиттером*) beta [β] cut-off frequency
~ преобразовáния conversion frequency
~ прецéссии precessional frequency
присвóенная ~ allocated [authorized] frequency
~ продóльных колебáний (*в аэродинамике*) frequency in pitch, pitch frequency
промежýточная ~ intermediate frequency
промы́шленная ~ commercial [mains] frequency
~ проникновéния penetration frequency
прострáнственная ~ spatial frequency
прострáнственная, отрицáтельная ~ negative spatial frequency
прострáнственная, положúтельная ~ positive spatial frequency
~ пульсáции (*слабо пульсирующего тока*) ripple frequency
рабóчая ~ operating [operational] frequency; (*для ионосферной радиосвязи*) traffic [working] frequency
рабóчая, оптимáльная ~ [ОРЧ] (*для ионосферной радиосвязи*) optimum traffic frequency, OTF; optimum working frequency, OWF
~ развёртки (*изображения*) *тлв.* scanning frequency; (*луча*) *тлв.*, *элн.* sweep frequency
~ развёртки, вертикáльная *тлв.* vertical scanning frequency
разговóрная ~ voice frequency
рáзностная ~ difference frequency
~ рассéяния scattering frequency
~ режéкции rejection [notch] frequency
резонáнсная ~ resonance [resonant] frequency
~ рисýнка (*в фототелеграфии*) picture frequency □ **~óты рисýнка поступáют в канáл свЯзи** the picture frequencies are transmitted into the line
сверхвысóкие ~óты 1. (*обычно в сокращении* СВЧ; *не путать с* свч *радиодиапазона*) microwave frequencies (*in Russian usage the term is usually abbreviated and written in upper-case letters. The lower-case term applies only to the SHF band.*) **2.** [свч] (3—30 ГГц) (*сокращение свч относится только к сантиметровому диапазону*) super-high frequencies, SHF

частот/á
сверхнúзкие ~óты [снч] (30—300 Гц) extremely low frequencies, ELF, band 2 frequencies (*frequencies from 30 to 300 Hz*)
~ свобóдных колебáний (*колебательного контура*) natural resonant frequency
~ сéти network frequency
~ сигнáла signal frequency
синхронизúрующая ~ sync(hronizing) frequency; *вчт.* clock frequency
синхрóнная ~ synchronous frequency
~ сканúрования scanning frequency
~ скольжéния *эл.* slip frequency
~ слéдования úмпульсов pulse repetition [pulse recurrence] frequency, pulse recurrence rate
~ слéдования пúчков spike frequency
слы́шимая ~ audio [acoustical] frequency
сóбственная ~ natural frequency
~ событúя (*в теории вероятностей*) frequency (of event)
сопряжённая ~ break [corner] frequency; *авт.* (*в АХЧ*) corner frequency (*in a Bode diagram*)
~ соударéний collision frequency
срéдние ~óты [сч] (300 кГц — 3 МГц) *рад.* medium frequencies, MF
~ срéза (*фильтра*) *элн.* cut-off frequency
~ срéза САР *авт.* crossover frequency
~ сры́ва колебáний *рад.* quench frequency
~ строк *тлв.* line [horizontal] frequency
стрóчная ~ *тлв.* line [horizontal] frequency
суммáрная ~ sum frequency
~ суперизáции *рад.* quench frequency
тáктовая ~ *вчт.*, *изм.* clock rate, clock frequency
тонáльная ~ voice [speech] frequency, VF
~ тóчек *тлв.* dot frequency
угловáя ~ angular [radian, circular] frequency, angular velocity
ультравысóкие ~óты [увч] (300 МГц — 3 ГГц) *рад.* ultra-high frequencies, UHF
ультразвуковáя ~ ultrasonic frequency
~ усилéния по тóку, предéльная current-amplification cut-off frequency, current-gain cut-off frequency

частот/а́

формáнтная ~ formant frequency
~ фóрмы волны́ *мор.* wave number
характеристи́ческая ~ characteristic frequency
холостáя ~ (*в параметрическом усилителе*) idler frequency
хрони́рующая ~ timing frequency
центрáльная ~ (*напр. полосы частот*) central [centre] frequency
цикли́ческая ~ angular [radian, circular] frequency, angular velocity
циклотрóнная ~ cyclotron frequency
эталóнная ~ standard frequency

частотá-подстáвка *ж. рад.* injection [conversion] frequency

частóтно-модули́рованный frequency-modulated, FM

частóтный *прил.* frequency

частотоме́р *м.* frequency meter
вибраци́онный ~ *эл.* (vibrating-) reed frequency meter
гетероди́нный ~ *элн.* (*до СВЧ*) heterodyne frequency meter; (*на СВЧ*) heterodyne wavemeter
гетероди́нный ~ с перенóсчиком частоты́ *элн.* transfer oscillator frequency meter
камертóнный ~ tuning-fork frequency meter
конденсáторный ~ capacitor charge/discharge frequency meter
резонáнсный ~ resonance-type frequency meter; tuned-circuit-type frequency meter; (*по принципу поглощения мощности при резонансе*) absorption frequency meter
~ СВЧ microwave frequency meter, microwave wavemeter
тонáльный ~ audio-frequency meter
цифровóй ~ digital frequency meter, counting-type electronic frequency meter, frequency counter
электрóнно-счётный ~ digital frequency meter, counting-type electronic frequency meter, frequency counter
электрóнно-цифровóй ~ digital frequency meter, counting-type electronic frequency meter, frequency counter
электрóнный ~ electronic frequency meter, electronic frequency counter
язычкóвый ~ *эл.* (vibrating-) reed frequency meter

част/ь *ж.* **1.** part, piece; (*доля*) portion, fraction □ ~я́ми portion-wise; **восстанáвливать** ~ (*ремонтом*) recondition a part; **подбирáть** ~и (**друг к дру́гу**), *напр.* **по размéру** match parts for, *e.g.*, size; **подогнáть** [**пригонять**] ~и (**друг к дру́гу**) mate [match] parts **2.** (*машины, агрегата*) section, unit **3.** (*уравнения*) member, side □ **в прáвой** ~**и уравнéния** on [in] the right side of the equation **4.** (*элемент*) *стр.* member, part

част/ь

~ аэрофотоаппарáта, кáмерная camera body
~ аэрофотоаппарáта, объекти́вная lens cone
быстроизнáшиваемые ~и wearing parts
весовáя ~ part by weight
взаимозаменяéмые ~и *маш.* interchangeable parts
~и в комплéкте assorted parts, a kit of parts
возду́шная ~ (*взлётной или посадочной дистанции или траектории*) airborne part
~ высóкого давлéния (*паровой турбины*) high-pressure section
выступáющая ~ prominent [projecting] part, part extending over *smth.*; *мн.* (*корабля*) appendages
зáдняя ~ rear part; (*кузова автомобиля*) afterbody
запасны́е ~и spare [replacement] parts, spares □ **пополня́ть запасны́е** ~**и** replenish (the stock of) spares
зарáмочная ~ (*карты*) (*по бокам*) edge; (*сверху и снизу*) border, margin
зарáмочная, востóчная ~ right-hand edge of a map sheet
зарáмочная, зáпадная ~ left-hand edge of a map sheet
зарáмочная, сéверная ~ top border [margin] of a map sheet
зарáмочная, ю́жная ~ bottom border [margin] of a map sheet
испари́тельная ~ (*котлоагрегата*) evaporating section
~ комáнды, áдресная *вчт.* address part of an instruction
~ комáнды, модифици́руемая *вчт.* indexing part of an instruction
~ кóмплексного числá, действи́тельная real part of a complex number
~ кóмплексного числá, мни́мая imaginary part of a complex number
кормовáя ~ (*судна*) stern
~ крылá, консóльная outboard wing
~ крылá, корневáя wing root
~ крылá, оживáльная ogive
~ крылá, отъёмная [ОЧК] detachable part
~ крылá, перéдняя leading edge assembly
~ крылá, хвостовáя trailing edge assembly
~ ЛА, головнáя forebody, nose (part)
~ ЛА, кормовáя afterbody
~ ЛА, носовáя forebody, nose (part) □ **с заострённой носовóй** ~**ью** sharp-nosed; **с зату́пленной носовóй** ~**ью** blunt-nosed
~ локомоти́ва, экипáжная locomotive underframe
материáльная ~ matériel, equipment, physical facilities

част/ь

неподви́жная ~ stationary [static] part
нераздéльная ~ (*чего-л*). integral part (*of smth.*) □ **голóвка является нераздéльной** ~**ью болтá** the head is an integral part of a bolt
нерастворúмая ~ insoluble part
несу́щая ~ (*конструкции*) load-carrying [load-bearing] part, load-carrying [load-bearing] member
~ ни́зкого давлéния (*паровой турбины*) low-pressure section
носовáя ~ (*судна*) bow
~ обмóтки, лобовáя *эл.* coil end
опóрная ~ (*конструкции*) bearing part, bearing member
отдéлочная ~ finishing part
перéдняя ~ front, forepart
~ повéрхности нагрéва, вéрхняя радиациóнная top section of a radiant heating surface
~ повéрхности нагрéва, горя́чая hot section of a heating surface
подаю́щая ~ (*врубовой машины*) haulage end, haulage unit
подви́жная ~ (*измерительного прибора*) movement, moving element □ **крепи́ть подви́жную** ~ **на кéрнах в подпя́тниках** mount the movement on pivots and jewel bearings [jewels]; **крепи́ть подви́жную** ~ **на растя́жке** support the moving element on taut bands [on taut suspensions]
подфюзеля́жная ~ *ав.* belly section
~ пóезда, хвостовáя tail piece of a train
~ потóка, вышерасполóженная upstream flow
~ потóка, нижерасполóженная downstream flow
проéзжая ~ дорóги roadway
~ произведéния, млáдшая minor product
~ произведéния, стáршая major product
протóчная ~ (*гидротурбины*) setting; (*парового котла*) flow passage
рабóчая ~ кали́бра gauging member of a gauge
рабóчая ~ шкалы́ the effective range of a scale
разрóзненные ~и odd parts
рéжущая ~ (*врубовой машины*) cutting end, cutting unit
смéнная ~ replacement part
соедини́тельная ~ connector, connecting piece; *мн.* fittings
~ сóпла, расширя́ющаяся divergent [expanding] section of a nozzle
~ сóпла, сужáющаяся convergent section of a nozzle
сопловáя ~ (*двигателя*) nozzle end
составнáя ~ (*сама входит в состав другой*) component (part), constituent (part); (*обычно смесей*) ingredient

част/ь
~ сре́днего давле́ния (*паровой турбины*) intermediate-pressure section
~ то́плива, горю́чая combustible matter of a fuel, dry-mineral-matter-free fuel; *ркт.* fuel component of a propellant
~ то́плива, минера́льная mineral matter of a fuel
~ уравне́ния side of an equation □ перенести́, *напр.* из ле́вой ~и уравне́ния в пра́вую transpose a term from, *e.g.*, the left- to the right-hand side; приравня́ть, *напр.* ле́вую ~ уравне́ния к нулю́ equate, *e.g.*, the left-hand side to zero, set the left-hand side equal to zero
~ уравне́ния, ле́вая left(-hand) side of an equation, left(-hand) [first] member of an equation
~ уравне́ния, пра́вая right(-hand) side of an equation, right(-hand) [second] member of an equation
~ фюзеля́жа, за́дняя rear fuselage
~ фюзеля́жа, носова́я forward [front] fuselage
хвостова́я ~ 1. (*КЛА или самолёта*) tail □ с зату́пленной хвостово́й ~ью blunt-based; с клинови́дной хвостово́й ~ью wedge-tail(ed) 2. (*котла*) cooler parts
ходова́я ~ (*автомобиля*) running gear, undercarriage
~ числа́, дро́бная fractional part of a number
~ числа́, це́лая integral part of a number
~ числа́, цифрова́я mantissa (*in a floating-point calculation*)
~ ши́ны, бегова́я tread section of a tyre
~ ши́ны, бортова́я bead (section) of a tyre
~ ши́ны, плечева́я shoulder section of a tyre
~ ште́псельного разъёма, отве́тная mating (part of a) connector
~ электри́ческого соедини́теля, ви́лочная plug connector
~ электри́ческого соедини́теля, перехо́дная connector adapter
~ электри́ческого соедини́теля, розе́точная socket connector

часы́ *мн.* (*любые*) timepiece; (*карманные или ручные*) watch; (*остальные*) clock □ заводи́ть ~ wind (up) a clock; ~ отстаю́т a timepiece loses; переводи́ть ~ вперёд *или* наза́д set the watch forward *or* backward; ~ с 8-дне́вным заво́дом 8-day windup clock; ~ торо́пятся [ухо́дят вперёд] the timepiece gains; установи́ть ~ по, *напр.* моско́вскому вре́мени set one's watch according to, *e.g.*, Moscow time
антимагни́тные ~ nonmagnetic watch
астрономи́ческие ~ astronomical clock
а́томные ~ atomic clock
га́зовые ~ wet-gas meter
дoро́жные ~ travel clock
звёздные ~ sidereal clock
индика́торные ~ dial indicator
камерто́нные ~ tuning fork clock
ква́рцевые ~ quartz-crystal [crystal-controlled] clock
ма́ятниковые ~ (free) pendulum clock
молекуля́рные ~ molecular clock
нару́чные ~ wristwatch
песо́чные ~ sand glass
процеду́рные ~ medical clock
радиомая́чные ~ time-signal radio [time-signal broadcasting] station
со́лнечные ~ sun-clock, sundial
судовы́е ~ ship's clock
~ с цифровы́м отсчётом digital clock
та́бельные ~ portal time clock
ша́хматные ~ chess-clock
щитовы́е ~ instrument-panel [switchboard] clock
электри́ческие ~ electric clock
электро́нные ~ electronic clock

часы́-хроно́метр *мн.* time-keeper, timepiece

ча́ша *ж.* bowl
ли́тниковая ~ pouring basin
~ пита́теля (*для стеклоформующих машин*) feeder bowl
~ по́йлки *с.-х.* drinking trough

ча́шка *ж.* cup, bowl
~ анемо́метра anemometer cup
~ баро́метра (*ртутного*) barometer cistern
~ весо́в scale [balance] pan
выпари́тельная ~ evaporating dish
~ звонка́ bell gong
~ кла́пана valve cup
~ Пе́три Petri dish
~ сиде́нья *авто, ав.* seat pan, seat bucket
~ фи́льтра filter cup

чек *м. эк. англ.* cheque; *амер.* check □ акцептова́ть ~ accept a cheque; выпи́сывать ~ на ... банк draw a cheque on the ... bank; кросси́ровать ~ cross a cheque; ~ на су́мму ... рубле́й a cheque for ... roubles; опла́чивать ~ cash a cheque; получа́ть по ~у cash a cheque

чека́ *ж.* cotter [catch, lock] pin
вытяжна́я ~ *ав.* rip pin
натяжна́я ~ tightening key, adjusting cotter, gib
предохрани́тельная ~ safety pin
разводна́я ~ split cotter
срезна́я ~ shear pin

чека́н 1. (*для выдавливания рельефа*) embossing [coining] die 2. (*для уплотнения соединений*) caulking tool

чека́нить *гл.* 1. (*выдавливать рельеф*) emboss, coin 2. (*уплотнять соединение*) caulk; (*проковкой*) peen 3. (*деньги и т. п.*) mint, coin

чека́нк/а *ж.* 1. (*листоштамповочная операция*) embossing, coining 2. (*уплотнение соединения*) caulking; (*проковкой*) peening □ к ~е прибега́ют для уплотне́ния, *напр.* клёпаных соедине́ний caulking is used, *e.g.*, to make rivet(t)ed joints pressure-tight
калибро́вочная ~ sizing
~ моне́т coining, mintage

чека́нщик *м.* caulker

челно́к *м.* shuttle
двойно́й ~ two-thread shuttle
дугово́й ~ bow shuttle
зондиро́вочный ~ (*буровой снаряд для зондирования торфяной залежи*) sounding shuttle
ро́ликовый ~ fly [flying] shuttle
скользя́щий ~ sliding shuttle

челове́ко-де́нь *м.* man-day

челове́ко-сме́на *ж.* manshift

челове́ко-ча́с *м.* man-hour

че́люсть *ж. маш.* jaw (plate)
бу́ксовая ~ horn block, pedestal horn, horn plate
~ гре́йфера grab bucket shell, grab bucket scoop

чепра́к *м. кож.* saddle-cloth, butt, double bend

червово́дня *ж.* silk-worm nursery

червото́чина *ж.* worm-hole

червя́к *м. маш.* worm
~ винтово́го насо́са helix, impeller
~ винтово́го насо́са, замыка́ющий idler helix, idler impeller
~ винтово́го насо́са, рабо́чий drive [actuating] helix, drive [actuate] impeller
глобо́идный ~ hour-glass worm, Hindley screw
двухзахо́дный ~ two-thread [double-thread] worm
двухходово́й ~ two-thread [double-thread] worm
многозахо́дный ~ multithreaded worm
многоходово́й ~ multithreaded worm
однозахо́дный ~ one-thread [single-thread] worm
одноходово́й ~ one-thread [single-thread] worm
самотормозя́щий ~ irreversible worm
эвольве́нтный ~ involute worm

черда́к *м.* attic, garret

чередова́ние *с.* 1. alternation 2. *вчт.* interleaving, interlacing
~ ко́дов (*запроса, ответа*) code interlace, code interlacing

чередова́ть *гл.* 1. alternate 2. *вчт.* interleave, interlace

чередова́ться *гл.* alternate

черено́к *м.* (*инструмента*) shank; (*ножа*) haft, grip

черепи́ц/а *ж.* tile □ крыть ~ей tile
бортова́я ~ margin tile
ва́льмовая ~ hip tile
гли́няная ~ clay tile
желобча́тая ~ channel tile
конько́вая ~ ridge [gable] tile
кро́вельная ~ roof(ing) tile

черепи́ц/а
пло́ская ~ plane tile, shingle
цеме́нтная ~ cement tile
шпунтова́я ~ gutter tile
черне́ние *с.* (*стали*) blackening
~ набо́ра preparation of type form for printing
черни́ла *мн.* ink
гектогра́фские ~ hectographic ink
магни́тные ~ magnetic ink
несмыва́емые ~ indelible ink
симпати́ческие ~ sympathetic [secret] ink
хими́ческие ~ indelible ink
чернота́ *ж.* blackness
чёрный *прил.* black
абсолю́тно ~ (absolute) black
чернь *ж.* (*гравировка на металле*) niello
черпа́к *м.* scoop, bucket
че́рпание *с.* scooping
че́рпать *гл.* scoop
черта́ *ж.* line, dash, bar, stroke, (*над математическим выражением*) vinculum
дро́бная ~ line in a fraction, fraction bar, fraction stroke
курсова́я ~ (*на компасе*) lubber line
~ над си́мволом (*напр. для обозначения векторной величины, среднего и т. п.*) overscribed bar
чертёж *м.* drawing □ **изготовля́ть по ~у́** make from drawing; **копи́ровать ~ на ка́льке** trace a drawing on tracing paper *or* tracing cloth; **подпи́сывать ~** letter a drawing, produce lettering on a drawing; **подпи́сывать ~ от руки́** produce lettering [letter] freehand; **разбива́ть ~ в натура́льных разме́рах** *мор.* develop a vessel's true lines, lay out a vessel's true lines to full size on the mould-loft floor; **размеча́ть ~ на плазу́** *мор.* develop [lay out] a drawing to full size on a (shipyard) mould-loft floor; **чита́ть ~** read blueprints
~ в натура́льную величину́ full-size drawing
~ в разре́зе sectional drawing
~ в увели́ченном масшта́бе enlarged drawing
габари́тный ~ outline drawing
деталиро́ванный ~ detail(ed) drawing
дета́льный ~ detail(ed) drawing
изометри́ческий ~ isometric drawing
монта́жный ~ assembly [erection, mounting] drawing
рабо́чий ~ shop [working] drawing
разме́точный ~ layout drawing
сбо́рочный ~ assembly drawing
~ с разме́рами dimensioned drawing
строи́тельный ~ construction plan
схемати́ческий ~ schematic diagram(me), sketch
теорети́ческий ~ (*корабля*) lines drawing

чертёж
устано́вочный ~ installation drawing
эски́зный ~ sketch, draft
этало́нный ~ master drawing
чертёжник *м.* draftsman, draughtsman
черти́лка *ж.* scriber, marking tool, marking awl
черти́ть *гл.* draw
черче́ние *с.* drawing
геометри́ческое ~ geometric drawing
машинострои́тельное ~ machine drawing
полево́е ~ field sketching
проекцио́нное ~ projection drawing
техни́ческое ~ engineering drawing
топографи́ческое ~ topographical drawing
чеса́ние *с.* (*на кардочесальных машинах*) carding; (*на гребнечесальных машинах*) combing
чёт *м. мат.* even (number)
че́тверть *ж.* **1.** quarter **2.** (*круга*) quadrant **3.** *стр.* closer (brick)
~ оборо́та quarter of a turn
четвертьво́лновый *прил.* quarter-wave (length)
чёткий *прил.* **1.** (*об изображении*) sharply [well] defined **2.** (*о срабатывании, напр. реле*) positive
чётко *нареч.* □ **сраба́тывать ~** operate with positive action, operate smartly *пример*: **конта́кты сраба́тывают ~** the contacts close smartly
чёткость *ж.* (*изображения*) sharpness; (*фотографического или телевизионного изображения*) definition
вертика́льная ~ vertical definition
~ в угла́х изображе́ния *тлв.* corner detail
горизонта́льная ~ horizontal definition
~ сраба́тывания positive action
чёт-нечёт *м. мат.* odd-even
чётно-нечётный *прил.* even-odd
чётность *ж.* **1.** *мат.* evenness, property of being even **2.** (*в квантовой механике*) parity □ **сохраня́ть ~** conserve parity
вну́тренняя ~ intrinsic parity
отрица́тельная ~ (*то же, что и нечётность*) odd parity
положи́тельная ~ even parity
~ состоя́ния parity of a wave function
чётно-чётный *прил.* even-even
чётный *прил.* even(-numbered)
четы́режды *нареч.* four times, fourfold
четырёха́томный *прил.* (*о спирте*) tetratomic, tetrabasic; (*об основании*) tetraacid
четырёхвале́нтный *прил.* tetravalent
четырёхгра́нник *м.* tetrahedron
четырёхгра́нный *прил.* tetrahedral
четырёхзамещённый *прил.* tetrasubstituted

четырёхзна́чный *прил.* (*о функции*) four-valued; (*о числе*) four-digit, four-figure; (*о таблице*) four-digit, four-place
четырёхколёсный *прил.* four-wheel(ed)
четырёхкра́тный *прил.* fourfold
четырёхли́стный *прил. мат.* four-sheeted
четырёхме́рный *прил.* four-dimensional
четырёхме́стный *прил.* four-seater
четырёхосно́вный *прил.* (*о кислоте*) tetrabasic, tetratomic
четырёхпо́люсник *м.* two-port, four-terminal network
акти́вный ~ active two-port, active four-terminal network
взаи́мный ~ reciprocal [reversible] two-port, reciprocal four-terminal network
Г-обра́зный ~ L-section four-terminal network
лине́йный ~ linear two-port, linear four-terminal network
минима́льно-фа́зовый ~ minimum-phase two-port, minimum-phase four-terminal network
невзаи́мный ~ nonreciprocal two-port, nonreciprocal four-terminal network
нелине́йный ~ nonlinear two-port, nonlinear four-terminal network
обрати́мый ~ reciprocal two-port, reciprocal [reversible] four-terminal network
пасси́вный ~ passive two-port, passive four-terminal network
П-обра́зный ~ pi-[П-, π-] section two-port
симметри́чный ~ bilateral network
Т-обра́зный ~ T-section four-terminal network
четырёхразря́дный *прил. мат., вчт.* four-digit, four-place
четырёхуго́льник *м.* quadrangle, quadrilateral, tetragon; (*на диаграмме*) box
геодези́ческий ~ geodetic quadrangle, braced quadrilateral
непло́ский ~ warped [skew] quadrilateral
четырёхчле́н *м.* quadrinomial
чех/о́л *м.* cover, jacket; bag □ **заката́ть ~** roll up the cover; **удали́ть во́здух из ~ла́** (*ПВХ плёнки*) deflate the (PVC) bag to a minimum air volume; **уложи́ть ~** stow the cover
брезе́нтовый ~ canvas bag
чечеви́ца *ж. опт.* lens
чешуеотдели́тель *м. пищ.* descaler
чи́зель-культива́тор *м.* chisel
чикл *м.* (*дикий натуральный каучук*) chicle
чи́кса *ж. мор.* (mast) cheek
чини́ть *гл.* **1.** repair, mend **2.** (*делать острым*) sharpen
чип *м. элн.* chip
беско́рпусный ~ unpackaged chip
дио́дный ~ diode chip
кре́мниевый ~ silicon chip

чип
перевёрнутый ~ flip chip
~ с защёлкой flip chip
~ с интегра́льными схе́мами integrated circuit chip
чи́сла-близнецы́ *мн. с. мат.* number-twins, prime twins
чи́сленно *нареч.* numerically
чи́сленность *ж.* (total) number, quantity, size □ **~ю** in number
~ вы́борки *стат.* sample size
чи́сленный *прил.* numerical
числи́тель *м.* numerator
числи́тельное *с.* numeral, number
коли́чественное ~ cardinal number
поря́дковое ~ ordinal, ordinal number
чи́слиться *гл.* □ **~ за [под] но́мером** be itemized under No. ...
числ/о́ *с.* **1.** (*совокупность предметов и т. п.*) count, number **2.** (*математическое представление исчислимого количества*) number □ **вводи́ть ~ (в счётную маши́ну)** key [enter] a number into (a calculator); **изобража́ть ~** represent a number; **обознача́ть ~** express a number; **~ ..., о́бщее** total of ...; **округля́ть ~** round off a number; **представля́ть ~ в дополни́тельном ко́де** *вчт.* cast a number in true complement form; **представля́ть ~ в обра́тном ко́де** *вчт.* cast a number in base [radix] minus one's complement form; **представля́ть ~ в прямо́м ко́де** *вчт.* cast a number in sign-and-magnitude [in sign-and-absolute value] form; **представля́ть двои́чное ~ в дополни́тельном ко́де** *вчт.* cast a binary number in 2's complement form; **представля́ть двои́чное ~ в обра́тном ко́де** *вчт.* cast a binary number in 1's complement form; **представля́ть десяти́чное ~ в дополни́тельном ко́де** *вчт.* cast a decimal number in 10's complement form; **представля́ть десяти́чное ~ в обра́тном ко́де** *вчт.* cast a decimal number in 9's complement form; **сбра́сывать ~а (на счётной маши́не)** clear the calculator; **составля́ть (*такое-то*) ~** be in (*such-and-such*) number *пример*: **~ кана́лов (составля́ет) четы́ре** the channels are four in number; **усека́ть ~** truncate a number **3.** (*в таблицах*) (*не путать с №№ п/п*) No. of ... **4.** (*количество*) quantity □ **проверя́ть ~, *напр.* болто́в** check, *e.g.*, the bolts for correct count
~ А́ббе Abbe number
~ Авога́дро Avogadro number
арифмети́ческое ~ arithmetic number, absolute number
а́томное ~ atomic number
ацето́новое ~ acetone number
~ без зна́ка *вчт.* unsigned number
безразме́рное ~ dimensionless [nondimensional, pure] number
~ Берну́лли Bernoulli number

числ/о́
~ Ве́бера Weber number
веще́ственное ~ real number
взаи́мно-просты́е ~а coprime numbers, relatively prime numbers
водоро́дное ~ hydrogen number
водяно́е ~ (*калориметра*) water equivalent
волново́е ~ wave number
гидрокси́льное ~ hydroxyl number
~ Грасго́фа Grashoff number
~ Гре́ца Graetz number
двои́чно-десяти́чное ~ binary coded decimal [BCD] number
двои́чное ~ binary number
двои́чно-пятери́чное ~ biquinary number
~ двойны́х ходо́в в мину́ту strokes per minute, s.p.m.
десяти́чное ~ decimal (number)
десяти́чное, двои́чно-коди́рованное ~ binary coded decimal [BCD] number
докрити́ческое ~ *мех.* subcritical number
дро́бное ~ fraction, fractional [broken] number
закрити́ческое ~ *мех.* beyond-critical [supercritical] number
***n*-зна́чное ~** *n*-digit number
золото́е ~ the golden number
изотопи́ческое ~ isotopic number
имено́ванное ~ denominate(d) number
иррациона́льное ~ irrational (number), surd (number)
ио́дное ~ iodine number, iodine value
~ кавита́ции cavitation number
кардина́льное ~ cardinality, cardinal number
~ Карма́на Karman number
ква́нтовое ~ quantum number
ква́нтовое, азимута́льное ~ azimuthal quantum number
ква́нтовое, вну́треннее ~ inner quantum number
ква́нтовое, гла́вное ~ first [principal] quantum number
ква́нтовое, магни́тное ~ magnetic quantum number
ква́нтовое, спи́новое ~ spin quantum number
кислоро́дное ~ oxygen number
кисло́тное ~ acid number
ко́мплексное ~ complex number
координацио́нное ~ coordination number
кра́тное ~ multiple
кру́глое ~ round number
~ Ло́кка Lock number
~ Лошми́дта Loschmidt number
~ Лью́иса Lewis number
~ М Mach (number), M number □ **с ~о́м М = 3** triplesonic
ма́ссовое ~ *яд. физ.* mass [nucleon] number
~ Ма́ха Mach (number), M number

числ/о́
~ Ма́ха, гиперзвуково́е hypersonic M number
~ Ма́ха, дозвуково́е subsonic M number
~ Ма́ха, околозвуково́е transonic M number
~ Ма́ха, сверхзвуково́е supersonic [over-one] M number
~ мест (*в транспортном средстве, зрительном зале и т. п.*) seating capacity
мни́мое ~ imaginary (number)
многозна́чное ~ multidigit [multiplace] number
натура́льное ~ natural number
~ нейтрализа́ции neutralization number
~ нейтро́нов (*в ядре*) neutron number
ненормализо́ванное ~ nonnormalized number
неотрица́тельное ~ nonnegative number
нечётное ~ odd number
нормализо́ванное ~ standard [normalized] number, a number in normal form
~ Ну́ссельта Nusselt number
~ оборо́тов rotational speed
~ оборо́тов в мину́ту revolutions per minute, r.p.m.
~ оборо́тов двигателя engine speed
~ оборо́тов двигателя на холосто́м ходу́ idling speed
~ оборо́тов, уде́льное specific speed
~ обраще́ний, допусти́мое (*в электростатических запоминающих трубках*) selection ratio
~ обраще́ний ме́жду регенера́циями (*в электростатическом запоминающем устройстве*) read-around number, read-around ratio
~ окисле́ния oxidation number
окта́новое ~ octane number, octane value, octane rating
~ омыле́ния saponification number, saponification value
ордина́льное ~ ordinal (number)
отвлечённое ~ dimensionless [nondimensional, pure] number
относи́тельные ~а directed [signed, algebraic] numbers
отрица́тельное ~ negative number
~ Пекле́ Peclet number
переводно́е ~ (*в физической химии*) transference number
переда́точное ~ 1. *мех.* gear ratio □ **переда́точное ~ ме́жду зубча́тыми колёсами А и Б равно́ 60 : 1** gears A and B are geared by 60 to 1; **переда́точное ~ от А к Б составля́ет 1 : n** (*в сервомеханизмах*) A is geared 1 : n to B **2.** *эл.* gain
переда́точное ~ два к одному́ two-to-one ratio, two-to-one gear
~ переда́ч number of gears
пе́рекисное ~ peroxide number

числ/о́
~ перено́са 1. (*в физической химии*) transport number **2.** *мат.* carry quantity
пермангана́тное ~ (*целлюлозы*) permanganate number
пифаго́ровы ~а Pythagorean numbers, Pythagorean triples
подкоренно́е ~ radicand
поря́дковое ~ ordinal; ordinal [serial] number
~ Пра́ндтля Prandtl number
~ проду́ба *кож.* tanning number
просто́е ~ prime number
равнооста́точные ~а congruent numbers
~ разря́дов в реги́стре register length
рациона́льное ~ rational (number)
~ Рейно́льдса Reynolds number
~ Рейно́льдса, крити́ческое transition Reynolds number
~ Ре́йхерта — Ме́йссля Reichert-Meissl number
рода́новое ~ thiocyanogen number, thiocyanogen value
случа́йные ~а random numbers □ **выраба́тывать случа́йные ~а** *вчт.* generate random numbers
составно́е ~ composite number
спиртово́е ~ alcohol number
~ с пла́вающей запято́й floating-point number
~ Строуха́ла Strouhal number
~ Стэ́нтона Stanton number
~ с фикси́рованной запято́й fixed-point number
~ твёрдости hardness number
~ твёрдости по Брине́ллю Brinell (hardness) number
~ твёрдости по Ви́ккерсу Vickers (hardness) number
~ твёрдости по Мо́осу Mohs (hardness) number
~ твёрдости по Ро́квеллу Rockwell (hardness) number
~ теорети́ческих таре́лок theoretical plate number
~ Фараде́я Faraday constant, faraday
фигу́рные ~а figurate numbers
фле́гмовое ~ *хим.* reflux ratio
~ Фру́да Froude number
це́лое ~ integer, integral [whole] number
це́лое, ко́мплексное ~ complex [Gaussian] integer
цета́новое ~ cetane number
чётное ~ even number
чи́сто мни́мое ~ pure imaginary (number)
~ Ше́рвуда Sherwood number
~ Шми́дта Schmidt number
~ Э́йлера Euler number
эфи́рное ~ ester number, ester value
чи́стик *м.* **ди́ска** (*дисковой бороны*) disk scraper
чи́стить *гл.* clean; (*прокат матерчатыми валиками*) bran
чи́стка *ж.* cleaning, cleansing, clearing, purging
~ голья́ *кож.* scudding
чи́сто *нареч. мат.* purely, pure
чистоде́л *м.* burnisher, burnishing tool
чистота́ *ж.* cleanliness, cleanness, purity
абсолю́тная ~ absolute purity
ви́димая ~ apparent [gravity] purity
~ возбужде́ния excitation purity
~ зо́ны Френе́ля (*в распространении радиоволн*) Fresnel zone clearance
~ пове́рхности surface finish, surface roughness
сортова́я ~ *с.-х.* purity of a variety
~ цве́та (*в колориметрии*) purity of a colour, colour purity
~ цве́та, колориметри́ческая colorimetric purity
чи́ст/ый *прил.* **1.** clean, pure □ **быть ~ым,** *напр.* **по се́ре** carry as little sulphur as practicable **2.** *мат.* pure, net
чита́бельность *ж.* (*напр. приборов*) readability
член *м. мат.* term, member
~ библиоте́ки *вчт.* member of a library
~ бо́лее высо́кого поря́дка higher(-order) term
~ вы́сшего поря́дка highest(-order) term
~ мно́жества element [member] of a set
о́бщий ~ general term
оста́точный ~ remainder (term)
~ отноше́ния, пе́рвый antecedent
~ отноше́ния, после́дующий succedent, consequent
~ отноше́ния, предыду́щий antecedent
подо́бные ~ы like [similar] terms □ **группирова́ть подо́бные ~ы уравне́ния** collect similar terms of an equation; **сокраща́ть подо́бные ~ы уравне́ния** cancel similar [like] terms of an equation
~ после́довательности member of a sequence
~ пропо́рции term of a proportion, proportional
~ пропо́рции, кра́йний extreme term of a proportion
~ пропо́рции, сре́дний mean proportional
~ ря́да term of a series □ **оставля́ть ~ы ря́да** retain terms of a series; **отбра́сывать ~ы ря́да** discard [suppress] terms of a series
свобо́дный ~ absolute [constant, free] term
ста́рший ~ highest degree(d) term; term of highest degree; (*многочлена*) leading coefficient
~ уравне́ния term of an equation □ **переноси́ть ~ы уравне́ния из одно́й ча́сти в другу́ю** transpose terms from one to the other member [side] of an equation
член
~ уравне́ния, свобо́дный absolute term of an equation
члени́ть *гл.* divide into parts
чо́кер *м.*, **трелёвочный** *лес.* choker
чо́ппер *м.* (*шипорез*) *рез.* chopper
чрен *м.* **для со́ли, выпарно́й** salt (evaporating) pan
чте́ни/е *с.* reading □ **при пе́рвом ~и** on first reading *пример*: **при пе́рвом ~и э́тот разде́л мо́жет быть опу́щен** (*напр. в учебнике, — рекомендация студенту*) this section may be omitted on first reading
чувстви́тельность *ж.* sensitivity
абсолю́тная ~ absolute sensitivity
~ весо́в sensitivity [sensitiveness] of balance
динами́ческая ~ dynamic sensitivity
излуча́тельная ~ radiant sensitivity
изотопи́ческая ~ (*масс-спектрометра*) abundance sensitivity
~ к до́пуску tolerance sensitivity
~ к ИК излуче́нию infra-red [IR] sensitivity
~ к облуче́нию radiosensitivity, radiosusceptibility, dosage sensitivity, irradiance responsivity
контра́стная ~ *кфт.* contrast sensitivity
~ к освещённости (*фотоприёмника*) illumination responsivity
монохромати́ческая ~ monochromatic sensitivity
~ обнаруже́ния detection sensitivity
относи́тельная ~ relative sensitivity
~ по давле́нию pressure sensitivity
по́лная ~ total sensitivity
~ по напряже́нию voltage sensitivity
~ по отклоне́нию deflection sensitivity
поро́говая ~ threshold sensitivity
~ по то́ку current sensitivity
преде́льная ~ threshold [ultimate, limiting] sensitivity
приведённая ~ (*измерительного прибора*) factor of merit
~ приёмника, реа́льная minimum discernible signal of a receiver
светова́я ~ light [luminous] sensitivity
спектра́льная ~ spectral response
стати́ческая ~ static sensitivity, static responsivity
~ счётчика по мо́щности starting power of a meter
~ телефо́нного аппара́та к вызывно́му то́ку response of a telephone set to a ringing tone
электроакусти́ческая ~ (*линии связи*) electroacoustic response

чувстви́тельный *прил.* sensitive, sensible
~ к измене́нию температу́ры temperature-sensitive
~ к измене́нию эне́ргии energy-sensitive
чуга́ль *м.* aluminium cast iron
чугу́н *м.* **1.** (*первичный продукт доменного производства*) pig iron □ **выпуска́ть ~** (*из доменной печи*) tap pig iron (*from a blast furnace*) (*Примечание. В контексте* pig iron *заменяется термином* the metal.); **модифици́ровать ~** inoculate pig iron; **разлива́ть ~** cast [pour, teem] pig iron, cast the metal **2.** (*продукт вторичной плавки*) cast iron
бе́лый ~ white cast iron
высоколеги́рованный ~ high-alloy cast iron
высокопро́чный ~ high-duty [high-strength] cast iron
~ горя́чего хо́да hot-blast [hot-blown] pig iron
древесноу́гольный ~ charcoal pig iron
зерка́льный ~ mirror [specular] iron, spiegeleisen
ко́вкий ~ malleable cast iron
ко́ксовый ~ coke pig iron
крупнозерни́стый ~ (very) open-grained pig iron
леги́рованный ~ alloy cast iron
лите́йный ~ (*идущий в чугунолитейное производство*) foundry pig iron; (*получаемый в литейном производстве*) cast iron
малофо́сфористый ~ low-phosphorus pig iron
машинострои́тельный ~ engineering cast iron
мелкозерни́стый ~ fine-grained pig iron
модифици́рованный ~ inoculated [modified] cast iron
некондицио́нный ~ off(-analysis) [off-grade] pig iron
нема́рочный ~ ungraded pig iron
низкокремни́стый ~ dry pig iron
ноздрева́тый ~ porous [open-grained] cast iron
отбелённый ~ chilled cast iron
переде́льный ~ (conversion) [steel-making] pig iron
полови́нчатый ~ mottled cast iron
приро́дно-леги́рованный ~ natural alloyed pig iron
се́рый ~ grey cast iron
твёрдый ~ (*при загрузке в конвертер*) cold pig iron
чугуново́з *м.* hot-metal ladle
чугунолите́йщик *м.* iron founder
чуло́к *м.* sleeve
ка́бельный ~ (*для протягивания кабеля в канализацию*) cable grip
чура́к *м.* cut log
чу́шк/а *ж. мет.* pig, ingot □ **отлива́ть ~и** pig, cast into pigs

Ш

ша́бер *м.* **1.** scraper **2.** (*ракля*) *цел.-бум.* doctor □ **~ снима́ет (мета́лл) пло́хо** *или* **хорошо́** a scraper cuts slowly *or* rapidly; **снима́ть ~ом** scrape off, remove by scraping
двуру́чный ~ two-handed scraper
желобча́тый ~ fluted scraper
изо́гнутый ~ («*крючок*») hook scraper
механи́ческий ~ (*электрический или пневматический*) power scraper
пло́ский ~ (*ручной*) flat scraper
пневмати́ческий ~ air scraper
полукру́глый ~ half-round [curved] scraper
прямо́й ~ straight scraper
ручно́й ~ hand scraper
слеса́рный ~ machinist's scraper
трёхгра́нный ~ (*ручной*) cant [three cornered, three-square] scraper
электромехани́ческий ~ electric scraper
шабло́н *м.* **1.** *маш.* (profile) gauge, template, templet, form □ **по ~у** (*размечать, сверлить и т. п., напр., отверстия*) ... by a template, to a template **2.** *вчт.* (*при редактировании данных*) picture
враща́ющийся ~ *лит.* turning strickle
галте́льный ~ fillet gauge
~ для заде́лки кры́льев ши́ны tyre bead former
~ для зато́чки и устано́вки резьбовы́х резцо́в centre gauge
~ для земляно́го полотна́ batter gauge
~ для обре́зки доски́ *дер.-об.* face mould
~ для пил saw gauge
~ для устано́вки резцо́в tool-setting gauge
ка́бельный ~ *тлф.* lacing board
~ кали́бра (*валка прокатного стана*) pass templet
клиново́й ~ angular [taper] gauge
ко́нтурный ~ outline template
конько́вый ~ (*для кровли*) ridge cap
крестообра́зный ~ *текст.* cross gauge
протяжно́й ~ *лит.* sweep (template), drawing strickle, drawing template
про́фильный ~ template, form [shape, profile] gauge
путево́й ~ *ж.-д. амер.* rail [track] gauge; *англ.* gauge template
ра́диусный ~ radius gauge
разме́точный ~ face template
резьбово́й ~ screw pitch [thread] gauge, thread template
сва́рочный ~ welding gauge
скребко́вый ~ *лит.* sweep, drawing strickle, drawing template
устано́вочный ~ adjuster gauge
шабло́н
фасо́нный ~ curve(-drawing) gauge
формо́вочный ~ *лит.* strickle board, sweep template
центрово́й ~ *маш.* centre gauge
шпанго́утный ~ (*снимаемый с плаза или плазовой доски*) frame mould; (*для переноса формы шпангоута на гибочную плиту*) frame set
шабло́н-высотоме́р *м. маш.* centre-height gauge
шаблонодержа́тель *м.* template holder
шабо́т *м.* (*ковочного или штамповочного молота*) anvil block
шабре́ни/е *с.* scraping □ **подгоня́ть (одну́ часть к друго́й) ~ем** fit (one part to another) by scraping, fit (two parts) together by scraping; **подгоня́ть (ча́сти) ~ем** fit (parts) by scraping
ша́брить *гл.* scrape
шабро́вка *ж.* scraping (*см. тж.* **шабре́ние**)
шаг *м.* **1.** (*при ходьбе*) pace, step **2.** (*ступень, стадия в работе машины или механизма*) step **3.** (*резьбы, зубьев, воздушного и гребного винта*) pitch □ **переводи́ть (возду́шный винт) на большо́й ~** put (the propeller) in coarse pitch; **переводи́ть (возду́шный винт) на ма́лый ~** put (the propeller) in fine pitch; **увели́чивать ~ (возду́шного винта́)** put (the propeller) in coarse pitch; **уменьша́ть ~ (возду́шного винта́)** put (the propeller) in fine pitch **4.** (*интервал*) spacing **5.** (*операция программы*) *вчт.* step □ **выполня́ть ~** execute [perform] a step; **выполня́ть ~ по кома́нде [сигна́лу] ручно́го управле́ния** perform a step in response to a manual operation; **иниции́ровать ~** cause a computer to execute one operation
большо́й ~ *маш.* coarse pitch
~ винта́ lead of a screw
~ винтово́й ли́нии lead of a helix
~ возду́шного винта́ propeller pitch
~ возду́шного винта́, геометри́ческий geometric(al) pitch
~ возду́шного винта́, динами́ческий zero-thrust pitch
~ возду́шного винта́, изменя́емый variable pitch
~ возду́шного винта́, отрица́тельный negative [reverse] pitch
~ возду́шного винта́, переставно́й adjustable pitch
~ возду́шного винта́, реверси́вный reversible pitch
~ возду́шного винта́, тормозя́щий braking pitch
~ возду́шного винта́, флю́герный feathered pitch
~ гребно́го винта́, геометри́ческий geometric(al) pitch
~ гребно́го винта́, гидродинами́ческий hydrodynamic pitch

шаг
~ гребно́го винта́, конструкти́вный design pitch
~ гребно́го винта́, номина́льный nominal pitch
~ гребно́го винта́, эффекти́вный effective [virtual] pitch
~ ди́сков (*дисковой бороны*) spacing of disks
~ зада́ния *вчт.* job step □ **возобновля́ть ~ зада́ния** restart a job step; **выбира́ть ~ зада́ния** (*для выполнения*) select a job step (*for execution*); **выполня́ть ~ зада́ния** execute a job step; **заверши́ть ~ зада́ния** complete a job step; **инициирова́ть ~ зада́ния** initiate a job step; **опуска́ть ~ зада́ния** bypass a job step; **прекраща́ть ~ зада́ния** terminate a job step; **присва́ивать ~у зада́ния устро́йств вво́да-вы́вода** allocate I/O devices for (to) a job step; **пропуска́ть ~ зада́ния** skip a job step
~ заклёпочного соедине́ния pitch of rivets, rivet spacing, centre-to-centre spacing of rivets
~ зацепле́ния pitch of a gear
~ зацепле́ния, диаметра́льный diametral pitch of a gear
~ зацепле́ния, окружно́й circular pitch of a gear
~ зацепле́ния, основно́й base pitch
~ зацепле́ния по хо́рде дели́тельной окру́жности chord(al) pitch of a gear
~ зу́бьев tooth pitch
~ инду́кции *мат.* induction step
~ интегри́рования integration step
итерати́вный ~ *мат., вчт.* iteration
~ ка́дра (*в кинематографе*) pull-down
~ кату́шки *эл.* coil pitch
~ квантова́ния по амплиту́де quantization step
~ квантова́ния по вре́мени sampling interval
~ колле́ктора *эл.* commutator pitch
~ конта́ктов contact spacing
~ кристалли́ческой решётки crystal lattice spacing
кру́пный ~ *маш.* coarse pitch
ма́лый ~ *маш.* fine pitch
ме́лкий ~ *маш.* fine pitch
~ обмо́тки *эл.* winding pitch
~ оплете́ния *рез.* pitch of braiding
~ отве́рстий (*в перфоленте*) row pitch
~ па́льцев (*режущего аппарата*) *с.-х.* finger spacing
~ пилы́ tooth spacing
~ пода́чи (*в фототелеграфе*) line advance (*Примечание. В англо-американской литературе* line advance — *величина, обратная величине, принятой в советской литературе.*)
~ подвига́ния *горн.* web
~ подвига́ния подры́вки *горн.* ripping web

шаг
~ по колле́ктору *эл.* commutator pitch
по́люсный ~ *эл.* pole pitch
~ полюсо́в *эл.* pole pitch
~ по норма́ли к эвольве́нте *маш.* normal pitch of the involute
попере́чный ~ *маш.* back [transverse] pitch
~ поса́дки кро́вли *стр.* spacing of roof breaks
про́бный ~ (*в градиентных методах оптимизации*) exploratory step, exploratory move □ **возобновля́ть про́бный ~** resume an exploratory step; **прекраща́ть про́бный ~** discontinue an exploratory step
продо́льный ~ *маш.* long pitch
~ пупиниза́ции *свз.* (loading) coil spacing
рабо́чий ~ (*в градиентных методах оптимизации*) pattern step, pattern move
~ разбие́ния *мат.* subinterval
~ развёртки (*в фототелеграфе*) line advance (*Примечание. В англо-американской литературе* line advance *измеряется в линиях на единицу длины. В советской литературе — длиной на линию.*)
~ ра́зности *мат.* difference interval
~ распределе́ния *мат.* span of a distribution, distribution step
~ резьбы́ *маш.* pitch of a (screw) thread, thread pitch
~ сварны́х то́чек pitch of a spot weld
~ скру́тки (*кабеля*) lay [pitch] of a strand
~ соедине́ния pitch of a joint
~ спира́ли lead of a helix
~ сре́дней винтово́й ли́нии (*не путать с* шагом резьбы) lead of a screw thread (*not to be confused with* the pitch of a (screw) thread)
~ табли́цы spacing [step] of a table
~ транспози́ции *эл., свз.* transposition interval
~ ходово́го винта́ *маш.* lead-screw pitch
~ це́пи *маш.* chain pitch, pitch of a chain
ша́говый *прил.* (*о режиме работы*) step-by-step
шагоме́р *м.* **1.** pedometer **2.** *маш.* pitch gauge
шагрени́рование *с. кож.* pebbling, pebble-graining, shagreening
шагре́нь *ж.* (*кожа*) shagreen
ша́йба *ж.* washer
~ Гро́вера spring washer
~ для раста́лкивания моде́ли *лит.* rapping plate
дро́ссельная ~ throttling orifice, orifice plate
измери́тельная ~ orifice plate
изоляцио́нная ~ *эл.* insulating washer
контро́вочная ~ lock washer

ша́йба
концева́я ~ (*подводного крыла или руля*) boundary [end] plate
кулачко́вая ~ cam
нажи́мная ~ *эл.* V-[vee-]ring □ **пласти́ны колле́ктора крепя́тся нажи́мными ~ми** the commutator segments [bars] are held in place by V-rings
нажи́мная, ко́нусная ~ V-[vee-]ring
предохрани́тельная ~ safety washer
пружи́нная ~ spring [lock] washer
пылезащи́тная ~ *с.-х.* sand collar
разрезна́я ~ horseshoe [C-type, slot(ted)] washer
~ распы́ливающего наконе́чника *с.-х.* nozzle orifice [spray] disk
расходоме́рная ~ *изм.* orifice plate
сто́порная ~ lock washer
~ с у́сиками tab washer
тя́говая ~ *маш.* sheave
уплотни́тельная ~ sealing washer
упо́рная ~ thrust washer
устано́вочная ~ spacer
флю́совая ~ *св.* ferrule
эксце́нтриковая ~ eccentric disk
шакша́ *ж. кож.* manure, dung, puer
шакшева́ние *с. кож.* manure-treatment, puering
шала́нда *ж.* scow
грунтоотво́зная ~ dump scow, hopper barge
шамо́т *м.* chamotte, grog, fired refractory material (*e.g., firebrick, crushed pottery, etc.*) □ **измельча́ть ~** crush grog; **недообжига́ть ~** underburn grog; **обжига́ть ~** burn [calcine, fire] grog
шамотобето́н *м.* castable refractory
шампаниза́ция *ж.* champagnization
шандо́ры *мн. ж.* stop logs
ша́нсы *мн. м. мат.* odds
нера́вные ~ long odds
почти́ ра́вные ~ short odds
ра́вные ~ equal odds
ша́пк/а *ж.* **1.** *мат.* cap **2.** *полигр.* head-line
~ броже́ния *хим.* krausen, cap of fermentation pomace
га́зовая ~ *нефт.* gas-cap □ **га́зовая ~ сжима́ется** the gas-cap shrinks; **зака́чивать газ в га́зовую ~у** repress the gas cap; **(рабо́тать) в режи́ме га́зовой ~и** (operate) under the gas-cap drive
шар *м.* sphere
возду́шный ~ balloon (*см. тж.* **аэроста́т**) □ **возду́шный ~ набира́ет высоту́** the balloon ascends [climbs]; **возду́шный ~ развива́ет подъёмную си́лу за счёт га́за в оболо́чке** the balloon receives its sustention from the buoyancy of the gas it contains; **возду́шный ~ спуска́ется [теря́ет высоту́]** the balloon descends
запа́льный ~ hot bulb
земно́й ~ the Globe
кали́льный ~ hot bulb

шар
о́гненный ~ (*при атомном взрыве*) fire ball
светоме́рный ~ integrating [Ulbricht] sphere
уравнове́шенный ~ *метео* constant-level balloon
шаржи́р-маши́на *ж. мет.* charging machine
шаржи́рование *с. мет.* charging
шар-зо́нд *м.* sounding balloon □ **запуска́ть ~** send a sounding balloon aloft
радиоветрово́й ~ rawinsonde balloon
ша́рик *м.* ball
~ шарикоподши́пника ball-bearing ball
шарикоподши́пник *м.* ball bearing (*см. тж.* **подши́пник**)
шарни́р *м.* hinge □ **монти́ровать [ста́вить] на ~е** hinge; **наве́шивать** *что-л.* **на ~ах** hang *smth.* by hinges; **отки́нуть** *что-л.* (*вперёд, назад, вниз, вверх и т. п.*) **на ~ах** swing *smth.* (*forward, back, down, up, etc.*) on its hinges
~ без тре́ния frictionless hinge
болтово́й ~ pin hinge, pin joint
вертика́льный ~ *ав.* lag [drag] hinge
врезно́й ~ blind hinge
горизонта́льный ~ *ав.* flapping [delta] hinge
~ Гу́ка Hooke's [cardan] joint
жёсткий ~ fixed joint
карда́нный ~ cardan (Hooke's) joint
карда́нный, двойно́й ~ double Hooke's joint
~ навесно́го устро́йства link(age) point
~ навесно́го устро́йства, шарово́й hitch ball
осево́й ~ *ав.* feathering hinge
~ подве́ски колёс suspension joint
продо́льный ~ *ав.* feathering hinge
расшири́тельный ~ expansion hinge
~ рулево́й тя́ги steering connection, steering joint
узлово́й ~ tie-bar [multiple] joint
универса́льный ~ universal joint
шарово́й ~ ball(-and-socket) joint
шкворнево́й ~ swivel joint
шаро́шка *ж.* **1.** *маш.* milling cutter, burr mill **2.** (*в бурении*) (rock) roller [rolling cutter, rotary] bit **3.** (*фрикционный цилиндр машины для роликовой сварки*) friction roll
шар-пило́т *м.* pilot balloon
шарья́ж *м.* overthrust sheet
шасси́ *с.* **1.** *авто* chassis **2.** *ав. англ.* undercarriage; *амер.* landing gear; (*общий термин для сухопутных и гидросамолётов*) alighting gear □ **выпуска́ть ~** extend [lower] the landing gear; **~ «скла́дывается»** (*в аварийной ситуации или самопроизвольно*) the landing gear collapses; **ста́вить ~ на замо́к в у́бранном положе́нии** lock up the landing gear, lock the landing gear in the "Up" position; **ста́вить ~ на замо́к в вы́пущенном положе́нии** lock down the landing gear, lock the landing gear in the "Down" position; **убира́ть ~** retract the landing gear; **«шасси́ у́брано!»** "wheels up!"; **«шасси́ вы́пущено!»** "wheels down!" (*доклад командиру корабля*) **3.** *рад.* chassis **4.** (*прибора*) mount(ing), rack
шасси́
вездехо́дное ~ cross-country chassis
велосипе́дное ~ *ав.* bicycle landing gear
~ высо́кой проходи́мости cross-country chassis
двухсекцио́нное ~ two-piece chassis
длиннoба́зное ~ long-wheelbase chassis
колёсное ~ wheel landing gear
лы́жное ~ ski landing gear
многоколёсное ~ bogie landing carriage
неубира́ющееся ~ fixed(-type) landing gear
низкора́мное ~ low-built chassis
~ платфо́рменного ти́па platform chassis, platform frame
~ повы́шенной проходи́мости cross-country chassis
поплавко́вое ~ floatation landing gear
прицепно́е ~ trailer chassis
самохо́дное ~ tool carrier
сбра́сываемое ~ detachable landing gear
~ с коро́ткой ба́зой short-wheelbase chassis
~ с незави́симой подве́ской четырёх колёс all-independent [full sprung] chassis
~ с ни́зкой грузово́й платфо́рмой low-loading [low-level] chassis
~ с носовы́м колесо́м nose-wheel landing gear
~ с тру́бчатой ра́мой tubular chassis
~ с хвостовы́м колесо́м tailwheel landing gear
~ с хребто́вой ра́мой backbone chassis
теле́жечное ~ bogie landing gear
убира́ющееся ~ retractable landing gear
~ экскава́тора power-shovel mounting
шатёр *м. стр.* hip roof
шатиро́вка *ж. карт.* shading
шату́н *м.* connecting rod □ **~ передаёт уси́лие от по́ршня к коле́нчатому ва́лу и обра́тно** the connecting rod transmits force in either direction between the piston and the crankshaft
вилкообра́зный ~ forked connecting rod
ви́льчатый ~ forked connecting rod
шату́н
вну́тренний ~ inside connecting rod
вспомога́тельный ~ auxiliary connecting rod
гла́вный ~ master connecting rod
~ двутавро́вого сече́ния I-section connecting rod
дополни́тельный ~ auxiliary connecting rod
нару́жный ~ outside connecting rod
прицепно́й ~ knuckle [articulated] connecting rod
прямо́й ~ straight connecting rod
смещённый ~ offset connecting rod
сочленённый ~ link connecting rod
~ с шарни́рной голо́вкой hinged-type connecting rod
тру́бчатый ~ tubular connecting rod
ша́хт/а *ж.* **1.** *горн.* mine, pit; (*уго́льная*) colliery □ **зата́пливать ~у** flood [inundate] a mine; **истоща́ть ~у** deplete a mine; **~ обва́ливается [обру́шивается]** the mine collapses, the mine caves in; **обустра́ивать ~у** develop a mine; **прекраща́ть эксплуата́цию ~ы** abandon a mine; **эксплуати́ровать ~у** work a mine **2.** (*печи*) shaft, (*доменной печи*) stack **3.** (*судна*) trunk **4.** (*лифта*) well **5.** (*трубчатый проводник для в. ч. цепей*) *жарг., рад.* tubular conductor **6.** *косм.* silo
безде́йствующая ~ idle mine
вентиляцио́нная ~ **1.** air pit **2.** *мор.* ventilating trunk
га́зовая ~ (*опасная по газу*) gassy [gaseous, foul] mine
гидромеханизи́рованная ~ hydromine, hydromechanized mine
де́йствующая ~ operating [productive] mine
~ зерносуши́лки grain column
конвейеризо́ванная ~ conveyer mine
~ лю́ка *мор.* hatch(way) trunk
механизи́рованная ~ machine-worked mine
нега́зовая ~ naked-flame [naked-light, non-gassy] mine
плави́льная ~ (*в ферросплавном производстве*) smelting shaft
помётная ~ manure pit
разве́дочная ~ exploring mine
расшири́тельная ~ (*танкера*) expansion trunk
ста́ртовая ~ *косм.* silo
~ суши́лки *с.-х.* drying column
у́гольная ~ coal mine, colliery
шла́ковая ~ *мет.* ash pit
шлакосмывна́я ~ *мет.* ash pit, feed chamber
эксперимента́льная ~ test mine
шахтёр *м.* miner
ша́шка *ж.* **1.** *взр.* blasting cartridge **2.** *ркт.* grain
сигна́льная ~ *ав.* flare pot
шва́бра *ж.* mop, swab
шва́брить *гл. мор.* swab
шварт *м. мор.* sheet-anchor
шварто́в *м.* **1.** *мор.* mooring line, mooring rope □ **отда́ть ~ы** cast

off; **стоя́ть на ~ах** to be moored **2.** *ав.* picket, tie-down
шварто́вать *гл.* **1.** *мор.* moor **2.** *ав.* tie down
шварто́вка *ж.* **1.** *мор.* mooring **2.** *ав.* picket(ing), mooring, tie-down
швелева́ние *с.* low-temperature carbonization, low-temperature distillation
шве́ллер *м.* channel
автомоби́льный ~ car-building channel
гну́тый ~ roll-formed channel
неравнопо́лочный ~ unequal channel
прессо́ванный ~ extruded channel
равнопо́лочный ~ equal channel
строи́тельный ~ structural channel
судострои́тельный ~ ship-building channel
швельга́з *м.* low-temperature-distillation gas
швельша́хта *ж.* low-temperature carbonization shaft (*of gas producer*)
шверт *м. мор.* centreboard, drop [sliding] keel
швертбо́т *м.* centreboarder, centreboard boat
швицева́ние *с. кож.* tainting, staling (process)
швыря́лка *ж. с.-х.* throwing-fork potato raiser, potato spinner
ше́вер *м. маш.* shaver
шевинго́вание *с. маш.* shaving
шевре́т *м. кож.* chevrette, lamb leather
шевро́ *с. кож.* glazed kid leather, goat leather
ше́йк/а *ж.* (*сужение в поперечном сечении*) neck □ **образова́ние ~и** necking
~ колéнчатого ва́ла, коренна́я main (bearing) journal
~ колéнчатого ва́ла, шату́нная crank pin, crankpin
~ оси́ axle journal, axle neck
~ прока́тного валка́ roll neck
~ ре́льса rail web
~ ствола́ (*шахты*) *горн.* shaft mouth
~ телефо́нного ште́пселя plug ring
шату́нная ~ *двс* crankpin
шёлк *м.* (*натуральный*) silk; (*искусственный*) rayon □ **выва́ривать ~** boil [degum] silk; **прясть ~** spin silk; **разма́тывать ~** reel silk; **утяжеля́ть ~** weight silk
ацета́тный ~ acetate [cellulose-acetate] rayon
виско́зный ~ viscose rayon
кручёный ~ reeled-and-thrown silk
медноаммиа́чный ~ cupra-ammonium rayon
натура́льный ~ natural [pure] silk
триацета́тный ~ triacetate rayon
шелкови́на *ж.* (*элементарная шёлковая нить*) silk thread, silk strand, silk filament
шелкови́ца *ж.* mulberry (tree)
шелко́вка *ж. полигр.* silk paper
шелково́дство *с.* sericulture, silk culture, silk farming
шелкогра́фия *ж.* silk screen printing
шёлкокруче́ние *с.* silk (reeling and) throwing
шёлкомота́лка *ж.* silk reel(ing machine), silk filature
шелкопря́д *м.* silkworm □ **выводи́ть [разводи́ть] ~** hatch [breed] the silkworm; **выка́рмливать ~** tend [rear] the silkworm; **~ выделя́ет нить шёлка** the silkworm spins a strand [thread] of silk; **~ линя́ет** the silkworm moults, the silkworm sheds (its) skin
шёлкопряде́ние *с.* silk spinning
шёлкотка́чество *с.* silk weaving
шёлк-сырéц *м.* raw silk □ **скру́чивать ~** throw raw silk
шелла́к *м.* shellac □ **растворя́ть ~ в спи́рте** cut the shellac in alcohol
сырцо́вый ~ seed lac
шелуха́ *ж. с.-х.* hull, husk
шелуше́ние *с. с.-х.* hulling, husking, shelling, scouring
мо́крое ~ wet scouring
сухо́е ~ dry scouring
шелуши́тель *м. с.-х.* hulling machine, huller, sheller
шелы́га *ж.* (*верхняя часть свода*) vault head
шельтерде́к *м. мор.* shelter deck
шельф *м. мор.* shelf
шенно́н *м.* (*внесистемная единица измерения количества информации*) shannon
ше́пинг *м. уст.* (*поперечно-строгальный станок*) shaper
шерардиза́ция *ж. мет.* sherardization, sherardizing
ше́ргень *м. мор.* declivity board
шерохова́тость *ж.* **(пове́рхности)** (surface) roughness, degree of roughness
абсолю́тная ~ absolute roughness
относи́тельная ~ relative roughness
шерстемо́йка *ж.* **1.** (*процесс*) wool washing, wool scouring **2.** (*установка*) wool washer, wool-scouring plant, wool-washing mill
шерстопряде́ние *с.* wool spinning
шерстотка́чество *с.* wool weaving
шерст/ь *ж.* wool □ **начёсывать ворс на ~и** (*шерстяной ткани*) raise the nap on woollen fabric; **промыва́ть ~** scour wool; **стричь ~** shear wool; **ува́ливать ~** (*шерстяную ткань*) full woollen fabric
~ дли́нного шта́пеля long-staple wool
древе́сная ~ wood wool
~ коро́ткого шта́пеля short-staple wool
натура́льная ~ (*до переработки*) virgin wool
шерхе́бель *м.* (*вид рубанка*) jack plane
шест *м.* pole, rod, stick
ме́рный ~ measuring stick
шестёрка *ж.* (*число, цифра*) (the) six; (*группа из шести элементов*) hexad
шестерн/я́ *ж.* **1.** (*нормативное значение — меньшее из двух сопряжённых зубчатых колёс*) pinion **2.** (*нестрогое словоупотребление в значении* зубчатое колесо) gear (wheel) (*см. тж.* **зубча́тое колесо́**) **3.** *авто* (*и смежные области*) gear □ **включа́ть ~ю** (*в коробке передач*) shift in a gear; **~ вхо́дит в зацепле́ние** (*с другой*) a gear engages [meshes, goes into engagement with] (*another gear*); **~ вхо́дит в зацепле́ние с уда́ром** a gear clashes; **~ выхо́дит из зацепле́ния** (*с другой*) a gear disengages [unmeshes, goes out of engagement with] (*another gear*); **~ нахо́дится в постоя́нном зацепле́нии с ...** a gear is in constant mesh [in constant engagement] with ...; **~и, находя́щиеся в зацепле́нии** meshing gears
ведо́мая ~ gear; driven gear
веду́щая ~ pinion; drive gear
веду́щая, веретённая ~ *текст.* spindle drive gear
веду́щая ~ перви́чного [веду́щего] ва́ла (*коробки передач*) main drive gear
веду́щая ~ промежу́точного ва́ла (*коробки передач*) transmission countershaft [transmission layshaft] drive gear
~ второ́й переда́чи гла́вного [втори́чного] ва́ла (*коробки передач*) main shaft 2nd speed gear
~ второ́й переда́чи промежу́точного ва́ла (*коробки передач*) countershaft 2nd speed gear
вытяжна́я ~ *текст.* draft pinion, draft wheel
~ гла́вной переда́чи, ведо́мая final-drive wheel
~ гла́вной переда́чи, веду́щая final drive pinion
~ за́днего хо́да reverse gear, reverse pinion
~ за́днего хо́да, промежу́точная reverse idler gear
~ зубча́той ре́йки rack pinion
кони́ческая ~ bevel pinion
~ коро́бки переда́ч transmission gear
коро́нная ~ crown gear
крути́льная ~ *текст.* twist wheel
мота́льная ~ *текст.* winding [star, ratchet] wheel
наса́дная ~ (*шестерённых валков*) pinion ring
~ пе́рвой переда́чи гла́вного [втори́чного] ва́ла (*коробки передач*) main shaft 1st speed gear
~ пе́рвой переда́чи промежу́точного ва́ла (*коробки передач*) countershaft 1st speed gear
передвижна́я ~ sliding gear
планета́рная ~ *маш.* planetary [planet] pinion

шестерн/я́
полусева́я ~ axle shaft [differential side] gear
~ понижа́ющей переда́чи step-down gear
~ постоя́нного зацепле́ния constant-mesh gear
~ при́вода агрега́тов auxiliaries drive gear
~ при́вода ма́сляного насо́са oil pump drive gear
~ при́вода распредели́тельного ва́ла camshaft drive gear
промежу́точная ~ *авто* intermediate [idle] gear, idler
распредели́тельная ~ timing gear
распредели́тельная ~ на колéнчатом валу́ crankshaft timing gear
распредели́тельная ~ на распредели́тельном валу́ camshaft timing gear
со́лнечная ~ (*планетарной передачи*) sun gear, sun wheel
~ тре́тьей переда́чи гла́вного [втори́чного] ва́ла (*коробки передач*) main shaft 3rd speed gear
~ тре́тьей переда́чи промежу́точного ва́ла (*коробки передач*) countershaft 3rd speed gear
центра́льная ~ (*планетарной передачи*) sun gear, sun wheel
цилиндри́ческая, прямозу́бая ~ *маш.* spur pinion
шестигра́нник *м.* hexahedron, six-sided polyhedron
шестигра́нный *прил.* hexahedral
шестидесятери́чный *прил.* sexagesimal, base-60
шестикра́тный *прил.* sixfold, sextuple
шестиме́рный *прил.* six-dimensional
шестипо́люсник *м.* six terminal [three-port] network
шестисторо́нний *прил.* hexagonal, six-sided
шестиуго́льник *м.* hexagon, sexangle
шестиуго́льный *прил.* six-sided, hexagonal
шестнадцатери́чный *прил.* hexadecimal
шестови́на *ж.* pole
шеф-монта́ж *м.* contract supervision
шеф-пило́т *м.* chief pilot
ши́бер *м.* **1.** gate, slide valve, damper; slide **2.** *полигр.* looper
возду́шный ~ air damper
выдвижно́й ~ sliding gate
до́нный ~ (*в обогащении*) discharge gate
~ дутья́ blast [waste] gate
~ дымово́й трубы́ stack [chimney] damper, chimney (slide) valve
~ лю́ка *горн.* stopper board
~ магистра́льного бо́рова, дымово́й main stack damper
отсека́ющий ~ gate-type shut-off [shut-off gate] valve, cut-off gate
отсечно́й ~ gate-type shut-off [shut-off gate] valve, cut-off gate
перекидно́й ~ flap gate
пло́ский ~ gate-type slide valve

ши́бер
регули́рующий ~ (*цепной колосниковой решётки*) regulating door
ши́ло *с.* awl, prick(er)
пло́ское ~ brad-awl
сапо́жное ~ cobbler's awl
типогра́фское ~ bodkin
ши́льдик *м.* (*эксплуатационная надпись*) *жарг.* designation strip; *эл.*, *рад.* circuit [control] label
ши́мми *м.* shimmy
шимми́рование *с.* shimming
ши́н/а *ж.* **1.** (*пневматическая*) *англ.* tyre; *амер.* tire □ **арми́ровать ~** reinforce a tyre; **восстана́вливать ~у** remould [retread] a tyre; **~ глисси́рует на мо́крой доро́ге** the tyre hydroplanes on a wet road; **е́хать на спу́щенной ~е** drive on the rim; **испо́льзовать ~ы ме́ньшего** *или* **увели́ченного разме́ра** undertyre *or* overtyre a car [truck]; **монти́ровать ~у** apply a tyre (to the rim), fit a tyre; **нава́ривать ~у** recap [retread] a tyre (casing); **надева́ть ~у** mount [fit] a tyre; **надува́ть [нака́чивать] ~у** inflate a tyre; **~ недока́чана** the tyre is underinflated; **ошипо́вывать ~у** insert studs in a tyre; **~ перека́чана** the tyre is overinflated; **произошёл разры́в ~ы** a tyre has burst; **проколо́ть ~у** puncture a tyre; **(рва́ная) ~ «моло́тит»** a (burst) tyre is flailing; **спуска́ть во́здух из ~ы** flatten a tyre; **~ спусти́ла** the tyre is flat [went flat]; **уси́ливать ~у** fortify a tyre **2.** *эл.* bus(bar) **3.** *вчт.* wire, line (*Примечание. В советской литературе термин* шина *относится к одному проводу*; *в англо-американской — к совокупности проводов и соответствует русскому термину* магистраль. *Если в магистрали один провод, термины могут совпадать. Примеры*: **а́дресная магистра́ль** address bus; **ко́довая ши́на а́дреса** address wire) **4.** *полигр.* ink rail
беска́мерная ~ tubeless tyre
беско́рдная ~ cordless tyre
бесшу́мная ~ silent tyre
~ большо́й грузоподъёмности heavy-duty [high-capacity] tyre
~ возбужде́ния drive wire, drive line
~ втори́чной це́пи secondary circuit bus
входна́я ~ input line
~ вы́борки (*в памяти*) drive wire, select(ion) line
~ высо́кого давле́ния high-pressure tyre
выходна́я ~ output line
гла́вная ~ main bus
грузова́я ~ *англ.* lorry tyre; *амер.* truck tire
грузова́я ~ для тяжёлых усло́вий рабо́ты heavy-duty tyre
~ грузово́го лю́ка, запира́ющая *мор.* hatch-locking bar

ши́н/а
~ грузово́го лю́ка, прижи́мная *мор.* hatch-clamping bar
~ двуска́тного колеса́, вну́тренняя inner [inside] tyre
~ двуска́тного колеса́, нару́жная outer [outside] tyre
~ для бездоро́жья off-the road tyre
~ для движе́ния по сне́гу и гря́зи mud-and-snow tyre
заземля́ющая ~ earthing busbar
запасна́я ~ spare tyre
~ запре́та inhibit(ing) wire, inhibit(ing) line
и́мпульсная ~ pulse bus
ка́мерная ~ tubed tyre
кли́нчерная ~ clincher [beaded edge] tyre
ко́довая ~ а́дреса address wire, address bus
ко́довая ~ числа́ number [data] wire, number [data] line
ко́рдная ~ cord tyre
масси́вная ~ solid-rubber tyre
нескользя́щая ~ anti-skid tyre
~ ни́зкого давле́ния low-pressure [balloon] tyre
низкопро́фильная ~ oval [low cross-section, low section height] tyre
обходна́я ~ transfer busbar
о́бщая ~ common bus
ответви́тельная ~ branch [tee-off] bus
отходя́щая ~ outgoing bus
~ перви́чной це́пи primary circuit bus
~ перено́са carry line
~ пита́ния power line
пневмати́ческая ~ pneumatic [air] tyre
~ повы́шенной проходи́мости cross-country tyre
~ повы́шенной про́чности reinforced tyre
поду́шечная ~ cushion tyre
проколосто́йкая ~ puncture-proof tyre
~ прямоуго́льного сече́ния rectangular bus
~ радиа́льного ти́па radial tyre
резе́рвная ~ reserve bus
рези́новая ~ rubber tyre
самозаклéивающаяся ~ (*при проколе*) self-sealing tyre
сбо́рная ~ collecting bus
~ сбро́са reset line
~ с грунтозаце́пами adhesive(-type) [ground-grip, traction-type] tyre
сдво́енные ~ы dual [twin] tyres
~ с двойны́м проте́ктором dual-tread tyre
сигна́льная ~ signal wire, signal line
собира́тельная ~ collecting bar
~ счи́тывания sense wire, sense line
числова́я ~ number (transfer) line, word line
~ электроста́нции station bus
ши́на-балло́н *ж.* balloon tyre

ши́на-эла́стик *ж.* cushion tyre
ши́нка *ж. эл.* (*заземляющая, соединительная*) (*ground, connecting, etc.*) tie
ги́бкая ~ flexible tie
конта́ктная ~ (*в реле, контакторе и т. п.*) contact arm
~ металлиза́ции bonding conductor, bonding braid
шиноги́б *м.* busbar bender
шинодержа́тель *м.* **1.** *эл.* bus support, busbar clamp **2.** *авто* tyre holder
шинопрово́д *м. эл.* bus duct
закры́тый ~ metalclad bus duct
магистра́льный ~ busway
распредели́тельный ~ distribution bus duct
ште́псельный ~ plug-in bus duct
шип *м.* **1.** tenon, tongue **2.** (*звук при продувании микротелефонной трубки*) "sh-h-h" sound **3.** (*звук, напр. в наушниках*) *рад.* hissing (sound), hissing (noise) **4.** *авто* (anti-skid) stud, (anti-skid) spike
вставно́й ~ loose tongue, inserted tenon
двойно́й ~ *дер.-об.* double tenon
~ для соедине́ния моде́ли *лит.* pattern dowel
косо́й ~ tapered tenon
~ ла́сточкин хвост dovetail
опо́рный ~ supporting journal, supporting pivot
~ поворо́тного стола́ pin [roller] of an index(ing) table
потайно́й ~ stub tenon
прямо́й ~ corner tenon
сквозно́й ~ through tenon
углово́й ~ angle tenon
шипе́ние *с. ак.* hissing (sound), rushing (sound)
шипе́ть *гл. ак.* hiss
шире́ние *с.* **тка́ни** cloth stretching; cloth tentering
ширин/а́ *ж.* width, breadth □ **по ~е́** edgewise, on edge
~ борозды́ furrow width
габари́тная ~ *маш.* overall width
диффузио́нная ~ diffusion breadth
~ забо́я face width
~ захва́та (*сельскохозяйственного орудия*) width, coverage
~ захва́та, рабо́чая effective [working] width
~ зо́ны охлажде́ния *мет.* cooling range
~ зу́ба *маш.* tooth width, face width of a tooth
~ и́мпульса pulse width, pulse length
~ кали́бра *прок.* width of a groove
~ кана́ла *рад.* channel width
~ коле́й *авто* wheel spacing; *ж.-д.* track gauge
~ ле́нты *вчт.* tape width
~ ли́нии излуче́ния ла́зера laser linewidth
~ ли́нии излуче́ния ма́зера maser linewidth

ширин/а́
~ ли́теры width of a type
~ луча́ *рлк.* beam width
~ (*диаграммы направленности антенны*) **на полови́нной мо́щности** beam width at [between] half-power points
~ о́бода *авто* rim width
~ очка́ *полигр.* width of type
~ полосы́ *рад.* bandwidth, BW
~ полосы́ модули́рующего сигна́ла *рад.* base bandwidth
~ полосы́ пропуска́ния *рад., элн.* bandwidth, BW
~ полосы́ часто́т bandwidth, BW
~ полосы́ шумо́в *рад., элн.* noise bandwidth
~ призабо́йного простра́нства width of (longwall) face area
~ прока́тываемого материа́ла breadth of rolled material
~ пропи́ла saw kerf
~ пропуска́ния кана́ла *свз.* channel width
~ проте́ктора tread width
~ пучка́ *элн.* beam width
~ разреше́ния *элн., опт.* resolution width
~ резона́нса resonant width
~ спектра́льной ли́нии line width
~ спектра́льной ли́нии, есте́ственная intrinsic line width
~ строби́мпульса gate width
~ строки́ *тлв.* line width
~ су́дна beam athwartship
~ су́дна, наибо́льшая extreme breadth of a vessel
~ су́дна по ватерли́нии beam [breadth] of a vessel on waterline
~ су́дна, теорети́ческая moulded beam [moulded breadth] of a vessel
углова́я ~ *опт.* angular width
~ фро́нта погру́зки *горн.* clean-up range
~ энергети́ческого у́ровня energy level width
ши́рма *ж.* **1.** *опт.* screen, blind, shield **2.** *тепл.* platen
широковеща́ние *с.* broadcast(ing)
широкоизлуча́тель *м.* **1.** wide-angle luminaire **2.** *кфт.* flood lamp **3.** *авто* wide-beam [broad-beam] (head)lamp, wide-spread light
широкопо́ло́сность *ж.* **сигна́ла** signal bandwidth-duration product; (*для ЧМ сигнала*) frequency deviation-duration product
широт/а́ *ж.* **1.** (*географическая*) latitude □ **на се́верной** *или* **ю́жной ~е́** 50° in latitude 50° north *or* south, at 50° north *or* south **2.** *мат.* range, width
астрономи́ческая ~ astronomical [celestial] latitude
~ вы́борки *вчт.* sample range, range of a sample
высо́кие ~ы high latitudes
гелиоцентри́ческая ~ heliocentric latitude

широт/а́
географи́ческая ~ geographic(al) [terrestrial] latitude
геодези́ческая ~ geodetic [spheroidal] latitude
геомагни́тная ~ geomagnetic latitude
геоцентри́ческая ~ geocentric latitude
изометри́ческая ~ isometric [conformal] latitude
и́стинная ~ true latitude
магни́тная ~ magnetic latitude
небе́сная ~ celestial latitude
ни́зкие ~ы low latitudes
параметри́ческая ~ parametric [geometric(al), reduced] latitude
приведённая ~ reduced [geometric(al), parametric] latitude
се́верная ~ northern latitude
селенографи́ческая ~ selenographic latitude
фотографи́ческая ~ exposure latitude
фотографи́ческая, поле́зная ~ effective exposure latitude
эквивале́нтная ~ authalic [equal-area] latitude
эклипти́ческая ~ ecliptic [celestial] latitude
~ экспози́ций exposure latitude
ю́жная ~ southern latitude
ширстре́к *м. мор.* sheer strake
шить *гл.* sew; (*сшивать*) stitch
шитьё *с. цел.-бум., полигр.* sewing, stitching
брошю́рное ~ centre-fold sewing [stitching] of self-covered books
~ бума́жного бло́ка stitching of a paper block
~ внаки́дку про́волокой centre [saddle] stitching
~ вразъём flexible sewing
~ вта́чку block [flat, side] stitching
переплётное ~ centre-fold sewing [stitching] of cased-in books
спира́льное ~ wire binding
ши́фер *м.* (*натуральный*) slate; (*волнистый асбестоцемент; не путать с натуральным шифером*) corrugated asbestos board
шифр *м.* code, cipher
шифра́тор *м.* (en)coder
шифрова́ть *гл.* (en)code, cipher
ши́хт/а *ж.* charge, blend, mixture; (*в системе водоочистки*) bed; (*доменной печи*) burden □ **зава́ливать ~у** (*в печь*) charge a furnace; **~ зави-са́ет** the charge hangs, the charge forms a scaffold; **оса́дка ~ы** slip of the burden; **~ оса́живается** the burden slips; **подбира́ть [рассчи́тывать] соста́в ~ы** burden a blast furnace, collect [make up] the charge; **приготовле́ние ~ы** burden preparation; **усредня́ть соста́в ~ы** blend the charge
агломерацио́нная ~ sintering [sinter-feed] mixture, sinter burden
вагра́ночная ~ cupola mixture

ши́хт/а
~ **до́менной пе́чи** blast-furnace burden
основна́я ~ basic stock
самопла́вкая ~ self-fluxing charge
самофлюсу́ющая ~ self-fluxing charge
~ **с высо́ким содержа́нием агломера́та** high-sinter charge
~ **с высо́ким содержа́нием ло́ма** high-scrap charge
углеводоро́дная ~ (*для полимеризации*) hydrocarbon charge

шихта́рник *м.* stockyard, bedding plant

шихтова́ние *с.* blending, mixing; (*доменной печи*) burdening

шихтова́ть *гл.* blend, mix; (*доменную печь*) burden; restore (*bent or distorted*) parts to shape

ши́шка *ж. лит.* core

шишкосуши́лка *ж. лит.* core drier

шкал/а́ *ж.* (*нормативное значение — совокупность делений, отметок, оцифровки у измерительного устройства*) scale; (*ненормативное — употребление для основания шкалы*) scale-plate, dial □ **градуи́ровать ~у́** calibrate a scale; **дви́гаться по ~е́** (*о стрелке прибора*) move over [across, along] the scale [dial]; ~ **отградуи́рована че́рез ка́ждые 5°, 10° и т. п.** the dial is marked every 5°, 10°, *etc.*; ~ **оцифро́вана че́рез ка́ждые 5°, 10° и т. п.** the dial is numbered every 5°, 10°, *etc.*; **оцифро́вывать ~у́** assign numerical values to the scale; **поверя́ть ~у́** verify a scale, check the calibration of a scale; **рабо́чая часть ~ы́** the effective range of a scale; **растя́гивать ~у́** expand [spread] a scale; **сжима́ть ~у́** compress a scale; **стре́лка дви́жется по ~е́** the pointer moves over the scale; ~ **те́сная** the scale is (over)crowded
азимута́льная подви́жная ~ *нвг.* rotating compass card, rotating compass rose (*of a horizontal situation indicator*)
~ **а́томных весо́в** atomic-weight scale
безно́ниусная ~ direct-drive dial
безнулева́я ~ suppressed-zero scale
~ **Бомé** Baumé (hydrometer) scale
~ **Бофо́рта** Beaufort wind scale
~ **ви́димости** *метео* visibility scale
~ **вре́мени** time scale
~ **высо́т** *карт.* scale of height, altitude scale
~ **глуби́н** (*напр. сверления*) depth scale
~ **гро́мкости** loudness scale
~ **грохоче́ния** *мет.* mesh scale
~ **давле́ний** pressure scale
~ **да́льности** *рлк.* range scale
двусторо́нняя ~ centre-zero scale
~ **длин волн** wavelength scale
дугова́я ~ arc scale
~ **звёздных величи́н** magnitude scale
~ **звёздных температу́р** stellar temperature scale
зерка́льная ~ mirror scale
квадрати́чная ~ square-law scale
~ **кисло́тности** acidity scale
~ **классифика́ции** *мет.* size scale
колориметри́ческая ~ colour scale
кругова́я ~ circular scale
логарифми́ческая ~ logarithmic scale
~ **настро́йки** *рад.* tuning dial
но́ниусная ~ vernier dial
~ **отноше́ний** (*в обработке данных, в статистике*) ratio scale
~ **отсчёта** reference scale
оце́ночная ~ estimation scale
пиргелиографи́ческая ~ *астр.* pyrheliographic scale
полукру́глая ~ semicircular [fan] dial
~ **промежу́точных тоно́в** *полигр.* calibrated step wedge
про́фильная ~ edge-wise scale
прямолине́йная ~ straight scale
равноме́рная ~ evenly divided [uniform, linear] scale
~ **расстоя́ний** *кфт.* scale of distance
се́рая ~ *опт.* grey scale
~ **се́рых тоно́в** *опт.* grey scale
~ **сит** mesh gauge
сме́нная ~ snap-in scale
~ **с но́ниусом** vernier scale
~ **сходи́мости** *ав.* convergence scale
~ **твёрдости** hardness scale
температу́рная ~ temperature scale □ **постро́ить температу́рную ~у́** (*в практическом плане*) realize a temperature scale; (*в теоретическом плане*) define a temperature scale
температу́рная, абсолю́тная ~ absolute temperature scale
температу́рная, междунаро́дная ~ **1927 го́да [МТШ-27]** international temperature scale of 1927, ITS-27
температу́рная, междунаро́дная практи́ческая ~ **1948 го́да** (*до 1960 года*) international temperature scale of 1948, ITS-48; (*после 1960 года*) international practical temperature scale of 1948, IPTS-48
температу́рная, междунаро́дная практи́ческая ~ **1968 го́да [МПТШ-68]** international practical temperature scale of 1968, IPTS-68
температу́рная, термодинами́ческая ~ thermodynamic temperature scale
температу́рная, термодинами́ческая абсолю́тная ~ absolute thermodynamic temperature scale
температу́рная, термодинами́ческая ~ **Ке́львина** Kelvin's thermodynamic temperature scale
температу́рная, термодинами́ческая ~ **Це́льсия** Celsius thermodynamic temperature scale
температу́рная ~ **термо́метра магни́тной восприи́мчивости [ТШТМВ]** the Berkley-CMN-T-1973 scale
термометри́ческая, абсолю́тная ~ absolute thermometric scale
~ **фокуси́рования** focusing scale
цветова́я ~ *полигр.* colour [chromatic] scale
~ **электромагни́тных волн** electromagnetic spectrum
энергети́ческая ~ energy scale

шкаф *м.* cabinet
батаре́йный ~ *свз.* battery box, battery cabinet
вво́дный ~ *эл.* entrance bay
кле́ммный ~ terminal-block cabinet
копирова́льный ~ *полигр.* printing cabinet
несгора́емый ~ (*сейф*) safe
пита́ющий ~ *свз.* power supply cabinet
распредели́тельный ~ (*кабельный*) distribution cabinet
рассто́йный ~ *пищ.* proofer
реле́йный ~ *свз.* relay box
~ **с вызывны́ми ключа́ми** *свз.* district call box
суши́льный ~ drying cabinet, desiccator, drying oven; (*для кино- или фотоплёнки*) drying cabinet, drying box
теплово́й ~ *пищ.* thermal cabinet
~ **управле́ния** *эл.* control cabinet
холоди́льный ~ refrigerated [reach-in] cabinet
холоди́льный, встро́енный ~ built-in refrigerator
холоди́льный, низкотемперату́рный ~ frosted food [low-temperature] cabinet, food freezer, food froster
холоди́льный ~ **с автомати́ческим отта́иванием** self-defrost cabinet

шквал м. squall

шкво́рень *м.* pivot, pin, bolt, pintle
поворо́тный ~ king [knuckle] pin
~ **шарни́ра** *или* **пе́тли** hinge pin

шкив *м.* (*в ремённой или канатной передаче*) pulley; (*в полиспасте*) sheave □ **пропуска́ть, напр. кана́т вокру́г ~а** pass, *e.g.*, a rope over a pulley
вариа́торный ~ variable-speed pulley
ведо́мый ~ driven pulley
веду́щий ~ drive [driving] pulley
вы́пуклый ~ crown pulley
жело́бчатый ~ sheave (wheel)
кана́тный ~ rope sheave
консо́льный ~ end pulley
моноли́тный ~ solid pulley
направля́ющий ~ guide pulley
натяжно́й ~ tension [tightening] pulley
~ **отбо́ра мо́щности** power take-off pulley
~ **под клиновы́е ремни́** V-belt pulley
~ **под пло́ский реме́нь** flat-belt pulley

шкив
приводно́й ~ drive [driving] pulley
рабо́чий ~ drive [driving] pulley
разъёмный ~ split pulley
~ ремённой переда́чи belt pulley
ремённый ~ belt pulley
~ со ступи́цей и о́бодом clamp-hub pulley
ступе́нчатый ~ step pulley
теребильный ~ *с.-х.* pulling drum
тормозно́й ~ brake pulley, friction plate
~ тре́ния friction pulley
холосто́й ~ idle [loose, free, dead] pulley
шкив-махови́к *м.* fly-wheel pulley
шкимушга́р *м. мор.* spun yarn
шки́мушка *ж. мор.* spun yarn
шки́перская *ж.* boatswain's store
шку́р/а *ж.* (*крупная*) hide; (*мелкая*) skin; (*обычно невыделанная*) pelt □ **консерви́ровать ~у** cure hides; **обраба́тывать ~у сухи́м посо́лом** dry-salt hides; **отма́чивать ~у** soak hides; **подверга́ть ~у мо́крому посо́лу** wet-salt hides; **сдира́ть ~у** hide, skin; **тузлукова́ть ~у** soak hides in brine
бору́шистая ~ ribbed hide
парна́я ~ fresh hide
пре́сно-суха́я ~ sun-dryed hide
шку́рить *гл.* (*обрабатывать поверхность соответствующим видом шлифовальной шкурки*) sand-paper; work with emery cloth
шку́рка *ж.* **1.** (*меха, особ. необработанная*) pelt; (*обработанная*) skin **2.** (*абразив*) (*на бумажной основе*) abrasive paper; (*на тканевой основе*) abrasive cloth
шлифова́льная ~ (*на бумажной основе*) emery paper; (*на тканевой основе*) emery cloth
шлифова́льная, песча́ная ~ (*на бумажной основе*) sand paper; (*на тканевой основе*) sand cloth
шлифова́льная, стекля́нная ~ (*на бумажной основе*) glass paper; (*на тканевой основе*) glass cloth
шлагба́ум *м.* bascule barrier, roadway gate, turnpike
шлак *м.* slag; cinder □ **вовлека́ть [захва́тывать] ~** (*о металле*) entrap slag; **~ вспе́нивается** slag foams; **вспу́чивать ~** bloat [expand] slag; **выпуска́ть ~** tap slag; **гаси́ть ~** quench slag; **гранули́ровать ~** granulate slag; **дораба́тывать ~** re-treat slag; **наводи́ть ~** build up [form] slag; **~ пе́нится** slag foams; **переводи́ть** (*напр. примесь*) **в ~** slag off (*e.g. an impurity*); **пла́вить ~ на возго́н** fume slag; **~ прикрыва́ет ва́нну жи́дкого мета́лла** the slag blankets the hot metal; **~ распада́ется [рассыпа́ется]** slag disintegrates [flakes]; **ска́чивать ~** (*из доменной печи*) flush slag (*from a blast furnace*); **снима́ть ~ с ва́нны мета́лла** skim the (moulten) bath clean; **~ сплавля́ется** slag fuses; **удаля́ть ~ с пове́рхности** skim the slag

шлак
бе́лый ~ white slag
бога́тый ~ rich slag
ваграно́чный ~ cupola slag
ве́рхний ~ (*сталеплавильный*) flushing slag; (*доменный*) early slag
восстанови́тельный ~ reducing slag
вя́зкий ~ heavy [viscous] slag
глинозёмистый ~ aluminous slag
горше́чный ~ first-run slag
горя́чий (спе́лый) ~ rich slag
желе́зистый ~ ferriferrous slag
жидкоподви́жный ~ free-running slag
жидкотеку́чий ~ fluid slag
защи́тный ~ protecting slag
зелёный ~ fresh slag
зерни́стый ~ grainy slag
известко́вистый ~ limey slag
известко́вый ~ lime slag
карби́дный ~ carbide slag
ки́слый ~ acid slag
~ ко́ксовой пла́вки coke slag
коне́чный ~ final [finishing, remaining, tap] slag
кри́чный ~ refinery slag
легкопла́вкий ~ fusible slag
марте́новский ~ open-hearth slag
ме́дный ~ copper scum
ни́жний ~ roughing slag
оборо́тный ~ return slag
окисли́тельный ~ oxidizing slag
оловя́нный ~ tin dross, tin skimmings
основно́й ~ basic slag
оста́точный ~ remaining slag
первичный ~ (*конвертерный*) first slag; (*доменный*) early slag
рафини́рованный ~ (*в производстве сварочного железа*) refinery slag
сва́рочный ~ hearth cinder
~ со спе́лью kish slag
спе́лый ~ matured slag
~, спуска́емый самотёком running slag
стеклови́дный ~ glassy [scoury] slag
~ твёрдой консисте́нции dry slag
твёрдый ~ solid slag
тома́совский ~ basic slag
то́почный ~ cinder
тугопла́вкий ~ refractory slag
хими́чески акти́вный ~ reactive slag
хими́чески неакти́вный ~ nonreactive slag
чёрный ~ black slag
шлакобето́н *м.* (expanded-)slag concrete
шлакова́ние *с.* **1.** slagging **2.** (*колосниковой решётки*) clinkering
шлакова́та *ж.* slag wool
шлакова́ть *гл.* slag
шлакови́к *м.* slag chamber, slag pocket
шлако́вина *ж.* (*дефект слитка*) slag patch, slag inclusion, slag pocket
шлако́вня *ж.* slag pot
шлаково́з *м.* slag car
шлаково́йлок *м.* slag felt
шлакодроби́лка *ж.* slag breaker; clinker breaker
шлакообразова́ние *с.* slag-making, slag-formation; slagging; clinker formation
шлакообразова́тель *м.* slag-forming constituent
шлакоотва́л *м.* ash-disposal area
шлакоотдели́тель *м.* slag separator
шлакоотсто́йник *м.* slag basin
шлакопортландцеме́нт *м.* portland blastfurnace slag cement
шлакопрово́д *м.* slag sluice, slag discharge, slag pipe-line
шлакоудале́ние *с.* slag disposal, slag removal
шлакоуловитель *м.* slag catcher, skim(ming) gate
шлакоусто́йчивость *ж.* slag-resistance, resistance to corrosive action of slag
шлакоцеме́нт *м.* slag cement
шлам *м.* slurry, slime, mud, pulp; (*в результате, главным образом, химических процессов*) sludge; (*отложения в паровых котлах*) sludge □ **выпада́ть в ~** pass into the slime; **обезво́живать ~** dewater the slime; **сгуща́ть ~** thicken the slime
абрази́вный ~ abrasive slurry
ано́дный ~ anode slime, anode sludge
втори́чный ~ *горн.* secondary slime
гу́бчатый ~ slime sponge
каустизацио́нный ~ *цел.-бум.* lime sludge
кра́сный ~ (*при обработке боксита*) red mud
первичный ~ *горн.* primary slime
ру́дный ~ ore slime, ore slurry
электроли́тный ~ electrolytic slime
шламообразова́ние *с.* sliming, sludging, slurrying
шламоотдели́тель *м.* sludge remover, slime separator
шламоотсто́йник *м.* slime [slurry] tank
шламосбо́рник *м.* sludge settling tank, slurry sump
шланг *м.* hose (pipe) □ **полива́ть из ~а** play a hose on ...; **смыва́ть** *что-л.* **из ~а** hose off *smth.*
брониро́ванный ~ wire-armoured hose
водяно́й ~ water hose
возду́шный ~ air hose
вса́сывающий ~ suction hose
ги́бкий ~ flexible hose
гофри́рованный ~ corrugated [concertina] hose
грузово́й ~ (*на танкере*) cargo hose
~ для прока́чивания то́рмоза hydraulic brake drain tube
дюри́товый ~ rubberized-fabric hose (Durite — *фирм. название*)
забо́рный ~ suction hose

шланг
моло́чный ~ milk hose, milk tube
напо́рный ~ pressure hose
~ опры́скивателя, нагнета́тельный spray hose
пневмати́ческий ~ air hose
пожа́рный ~ fire hose
поливно́й ~ spray hose
шлейф *м.* **1.** (*пламени, дыма*) plume **2.** *элн.* stub □ **закора́чивать ~** short(-circuit) a stub; **размыка́ть ~** open(-circuit) a stub **3.** *свз.* loop **4.** (*сигнала или кривой*) tail **5.** (*в шлейфовом осциллографе*) mirror galvanometer
ёмкостный ~ capacitive stub
закора́чивающий ~ shorting stub
измери́тельный ~ measuring loop
коаксиа́льный ~ coaxial stub
компенси́рующий ~ compensating stub
крепя́щий ~ supporting stub
настро́ечный ~ resonant [tuning] stub
согласу́ющий ~ matching stub
тылозо́й ~ backing stub
фази́рующий ~ phasing stub
четвертьво́лновый ~ quarter-wave stub
широкополо́сный ~ broad-band stub
шлейф-борона́ *ж.* float, clod smasher, drag, planker, slicker
шлейф-вибра́тор *м. элн.* folded dipole
шлейф-дипо́ль *м. элн.* folded dipole
шлейфова́ние *с. с.-х.* smoothing, harrowing with a float
шлем *м.* helmet
гермети́ческий ~ *ав.* pressurized helmet
защи́тный ~ crash helmet
~ конве́ртера *мет.* nose
шлемофо́н *м.* (*шлем, снабжённый наушниками и ларингофонами или микрофоном*) communication helmet; (*устройство без шлема*) interphone headset
шле́ппер *м.* (*механизм прокатного стана*) transfer (bed), transfer table, skid, transfer (handling) [pull-over] gear
кана́тный ~ rope transfer
отводя́щий ~ pull-off transfer
подводя́щий ~ pull-on transfer
ре́ечный ~ rack transfer
~ с захва́тками dog [sweep arm] transfer
~ с ре́льсовым насти́лом skid transfer
цепно́й ~ chain transfer
шли́кер *м.* **1.** (*в производстве огнеупороз*) slip **2.** *мет.* dross
шли́рен-ме́тод *м.* schlieren method
шли́рен-фотогра́фия *ж.* schlieren-photography
шлиф *м.* (micro)section metallographic specimen
косо́й ~ *пп* angle lap(ping)
шлифова́ние *с.* **1.** (*абразивным кругом*) grinding; (*абразивной шкуркой*) sanding, polishing **2.** *кож.* buffing, smoothing
шлифова́ние
~ без пода́чи на глубину́ tarrying
врезно́е ~ infeed grinding
высокопроизводи́тельное ~ high-velocity grinding
кру́глое, вну́треннее ~ internal grinding
кру́глое, вну́треннее просто́е ~ ordinary internal grinding
кру́глое, нару́жное бесце́нтровое ~ centreless cylindrical grinding
кру́глое, нару́жное ~ в це́нтрах centre-type cylindrical grinding
кру́глое, нару́жное глуби́нное ~ full-depth cylindrical grinding
кру́глое, нару́жное ~ с попере́чной пода́чей (*по методу врезания*) plunge-cut cylindrical grinding
кру́глое, нару́жное ~ с продо́льной пода́чей traverse cylindrical grinding
ле́нточное ~ band [belt] grinding
пло́ское ~ surface grinding
пло́ское ~ перифери́ей кру́га surface grinding with the periphery of a straight wheel
пло́ское ~ по при́нципу карусе́льных станко́в rotary-type [rotary-table] surface grinding
пло́ское ~ по при́нципу продо́льно-стро́гальных станко́в planer-type [reciprocating-table] surface grinding
пло́ское ~ торцо́м кру́га surface grinding with the face of a cup [cylinder, segmental] wheel
скоростно́е ~ high-velocity grinding
чи́стое ~ finish grinding
электрохими́ческое ~ electrochemical grinding
шлифова́ть *гл.* **1.** (*абразивным кругом*) grind; (*абразивной шкуркой*) sand □ **~ вручну́ю** hand-grind, grind by hand; **~ на́черно** *маш.* rough-grind, grind rough; **~ на́чисто** *маш.* finish by grinding, grind for finishing **2.** *кож.* buff, smooth
шлифо́вка *ж.* **криста́ллов** *пп* lapping of crystals
шлих *м.* heavy concentrate
шлихова́ть *гл. мет.* planish
шлихт *м. кож.* moon [perching] knife
шли́хта *ж. текст.* size, dressing
шлихтова́ние *с. текст.* sizing, dressing, slashing
шлиц *м. маш.* **1.** (*поперечная канавка на головке, напр. винта*) slot **2.** (*продольная канавка на валу*) spline, feather
крестообра́зный ~ Philips slot
~ под отвёртку screwdriver slot
регулиро́вочный ~ screwdriver slot of a control □ **вста́вить отвёртку в ~ настро́йки** insert a screwdriver so as to engage the screwdriver slot of the tuning control
ро́ликовые ~ы roller splines
шлицева́ть *гл.* slot, slit, make slits, groove; (*на валах*) mill splines
шлюз *м.* **1.** (*регулятор*) sluice; (*судоходный*) lock **2.** (*для обогащения полезных ископаемых*) sluice box □ **промы́вка на ~ах** *горн.* sluicing **3.** (*в электроннолучевой плавке*) lock
амальгамацио́нный ~ apron plate, plate sluice, plate amalgamator
ва́куумный ~ vacuum lock
ве́рхний ~ (*в шлюзовой лестнице*) head lock
возду́шный ~ 1. (*при углублении шахтного ствола*) air sluice **2.** air lock
~ в по́чве (*при гидравлическом способе разработки*) *горн.* ground sluice
га́зовый ~ gas lock
двухка́мерный ~ double-lift [tandem] lock
двухни́точный ~ twin locks
двухступе́нчатый ~ double-lift [tandem] lock
многока́мерный ~ flight lock
многоступе́нчатый ~ flight lock
навигацио́нный ~ navigation lock
ни́жний ~ (*в шлюзовой лестнице*) tail lock
однока́мерный ~ single-lift lock
однони́точный ~ single-lane lock
одноступе́нчатый ~ single-lift lock
па́водковый ~ flood [tide] gate
па́рные ~ы twin locks
рыбохо́дный ~ fish-passing lock
судохо́дный ~ shipping [navigation] lock
шлюзова́ние *с.* locking, lockage
шлюп *м.* sloop
шлюпба́лк/а *ж.* (boat) davit □ **выва́ливать ~у** swing out the davit, swing the davit outboard; **зава́ливать ~у** swing in the davit, swing the davit inboard
шлю́пка *ж.* boat
надувна́я ~ inflatable boat
па́русная ~ sail(ing) boat
спаса́тельная ~ lifeboat
шлюпта́ли *мн.* boats falls, davit falls
шля́мбур *м.* jumper, drift
шля́пка *ж.* head, cap
~ гвоздя́ nail head
~ чеса́льной маши́ны *текст.* flat
шмуцро́ль *м. полигр.* travelling tympan
шмуцти́тул *м.* half [false, bastard] title
шнек *м.* **1.** auger; screw **2.** screw [auger, spiral] conveyer
аспирацио́нный ~ aspiration worm
выгрузно́й ~ delivery [discharge, emptying, unloading] screw [spiral] conveyer
дози́рующий ~ metering screw [spiral] conveyer
загру́зочный ~ feed(ing) [loading] screw [spiral] conveyer
зерново́й ~ grain screw [spiral] conveyer

шнек
колосово́й ~ tailings screw [spiral] conveyer
пылево́й ~ *тепл.* pulverized-coal screw conveyer
разгру́зочный ~ emptying [unloading] screw [spiral] conveyer
разда́точный ~ *с.-х.* distributing screw [spiral] conveyer
распредели́тельный ~ *с.-х.* distributing screw [spiral] conveyer
ре́жущий ~ *с.-х.* cutting auger conveyer
секцио́нный ~ *пласт.* sectional screw conveyer
смеси́тельный ~ *с.-х.* mixing screw [spiral] conveyer
шно́ркель *м. см.* **шно́рхель**
шно́рхель *м.* snorkel, snort-tube
шнур *м.* cord
~ аппара́та (*абонента*) *тлф.* instrument cord
бикфо́рдов ~ *уст. см.* **огнепрово́дный шнур**
воспламени́тельный ~ igniter cord
ги́бкий ~ *тлф.* tinsel cord
детони́рующий ~ demolition [detonating] cord, detonating fuse
коммутацио́нный ~ *тлф.* patching cord
микротелефо́нный ~ receiver cord
многожи́льный ~ multiple cord
наби́вочный ~ *маш.* packing cord
~ номеронабира́теля *тлф.* dial cord
огнепрово́дный ~ safety [Bickford, blasting] fuse
одножи́льный ~ single cord
перено́сный ~ *тлф.* jack cord
~ пита́ния *эл.* power cord
пла́зменный ~ plasma filament, pinch
розе́точный ~ *тлф.* instrument cord
сетево́й ~ *эл.* power [line] cord
удлини́тельный ~ *эл.* extension cord
уплотня́ющий ~ *маш.* packing cord
устано́вочный ~ *эл.* appliance cord
шов *м.* **1.** seam □ **без шва** seamless **2.** (*в кирпичной или каменной кладке*) joint □ **заде́лывать ~** make off [stop] a joint; **заполня́ть ~ раство́ром** grout a joint; **располага́ть швы вразбе́жку** break joints; **расшива́ть ~** point a joint; **уплотня́ть ~ чека́нкой** caulk a joint **3.** (*сварной*) weld **4.** (*кровельный*) seam □ **конопа́тить ~** tighten a seam **5.** (*заклёпочный*) joint
барье́рный ~ *мор.* crack arrester, crack stopper
~ в замо́к, кро́вельный lock seam
деформацио́нный ~ movement [functional] joint
заклёпочный ~ rivet(ed) joint □ **зачека́нивать заклёпочный ~** caulk a rivet(ed) joint; **конопа́тить заклёпочный ~** tighten a rivet(ed) joint
заклёпочный ~ внахлёстку lap riveted joint
заклёпочный ~ впри́тык [встык] (*ненормативный термин*) butt rivet(ed) joint
заклёпочный, двухря́дный ~ double-rivet(ed) joint
заклёпочный, двухсре́зный ~ double-shear rivet(ed) joint
заклёпочный, многосре́зный ~ multiple-shear rivet(ed) joint
заклёпочный, одноря́дный ~ single-row rivet(ed) joint
заклёпочный, односре́зный ~ single-shear rivet(ed) joint
заклёпочный, пло́тный ~ tight rivet(ed) joint
заклёпочный, про́чный ~ strength rivet(ed) joint
заклёпочный ~ с двумя́ накла́дками double-cover-plate butt (riveted) joint
заклёпочный ~ с одно́й накла́дкой single-cover-plate butt (riveted) joint
заклёпочный, ша́хматный ~ staggered rivet(ed) joint
клеево́й ~ *рез.* glue line
компенсацио́нный ~ (*при сжатии*) control [contraction] joint; (*при расширении*) expansion joint
откры́тый ~ *стр.* exposed joint
~, па́яный (мя́гким припо́ем) soldered seam
~, па́яный (твёрдым припо́ем) brazed seam
сварно́й ~ 1. (*металл, заполняющий разделку и соединяющий свариваемые детали*) weld □ **выгла́живать сварно́й ~** dress a weld to a smooth profile; **выполня́ть сварно́й ~** make a weld; **заверши́ть сварно́й ~** complete a weld; **зачища́ть сварно́й ~ шлифова́нием** dress a weld by grinding; **контроли́ровать ка́чество сварно́го шва** check a weld; **контроли́ровать ка́чество сварно́го шва без разруше́ния образца́** inspect [test] a weld non-destructively; **контроли́ровать ка́чество сварно́го шва рентге́ном** radiograph a weld for defects; **контроли́ровать сварно́й ~ на нали́чие тре́щин ме́тодом кра́сок** crack-detect a weld by the penetrant-dye method; **оплавля́ть пове́рхность сварно́го шва** wash a weld; **оплавля́ть сварно́й ~** wash a weld; **применя́ть сварно́й ~ для выполне́ния** *какого-л.* **соедине́ния** apply a weld to a joint; **проко́вывать сварно́й ~** (*в контактной сварке*) upset-forge the components [pieces] together; **смыка́ть [замыка́ть] (кольцево́й) сварно́й ~** link up a (circumferential) weld **2.** (*схематическое представление, линия шва*) (welded) seam □ **все сварны́е швы резервуа́ра выполня́ются электрошла́ковой сва́ркой** all seams on the vessel are electroslag-welded; **е́сли выполне́ние сварно́го шва с двух сторо́н затруднено́, ...** where a seam is not accessible for welding from both sides, ...
шов
сварно́й ~ без дефе́ктов sound weld
сварно́й ~ без усиле́ния flush weld
сварно́й ~, вы́полненный ме́тодом короткозамкнуто́й дуги́ dip-transfer weld
сварно́й ~, выполня́емый в заводски́х усло́виях shop weld
сварно́й ~ двусторо́нний double-sided weld
сварно́й ~ кольцево́й circumferential [girth] weld
сварно́й ~ конта́ктной сва́рки resistance weld
сварно́й ~ конта́ктной сва́рки, релье́фный (resistance) projection weld
сварно́й ~ конта́ктной сва́рки, ро́ликовый (resistance) seam weld
сварно́й ~ конта́ктной сва́рки, ро́ликовый, преры́вистый (resistance) stitch weld
сварно́й ~ конта́ктной сва́рки, стыково́й ~ resistance upset(-butt) weld
сварно́й ~ конта́ктной сва́рки, стыково́й с оплавле́нием resistance flash(-butt) weld
сварно́й ~ конта́ктной сва́рки, то́чечный (resistance) spot weld
сварно́й ~ корнево́й root weld, root run of a weld
сварно́й ~ многопрохо́дный multi-pass [multirun] weld
сварно́й ~ многосло́йный multiple-bead [multilayer] weld
сварно́й ~ монта́жный (*выполняемый на стройплощадке*) field [erection] weld
сварно́й ~ непреры́вный continuous weld
сварно́й ~ ни́жний downhand [flat] weld
сварно́й ~ облегчённый concave weld
сварно́й ~ однопрохо́дный single-pass [single-run] weld
сварно́й ~ односторо́нний single-sided weld
сварно́й ~ пло́тный (pressure-) tight weld
сварно́й ~ подва́рочный back-up weld
сварно́й ~ попере́чный circumferential [girth] weld
сварно́й ~ потоло́чный overhead weld
сварно́й ~ преры́вистый intermittent weld
сварно́й ~ прихва́точный tack (weld)
сварно́й ~ про́бный test weld
сварно́й ~ проплавно́й full-penetration weld
сварно́й ~ прорезно́й slot weld

шов
сварно́й ~ про́чно-пло́тный composite weld
сварно́й ~ про́чный strength weld
сварно́й ~ равнопро́чный (*с основным металлом*) full-strength weld
сварно́й ~ с за́данным проплавле́нием controlled penetration weld
сварно́й ~ с неглубо́ким прова́ром shallow weld
сварно́й ~ с по́лным проплавле́нием complete-penetration weld
сварно́й ~ стыково́й *англ.* butt weld; *амер.* groove weld
сварно́й ~ стыково́й, без зазо́ра closed butt [closed groove] weld
сварно́й ~ стыково́й, без ско́са кро́мок square-butt [square-groove] weld
сварно́й ~ стыково́й, по отборто́вке flange (butt) weld
сварно́й ~ стыково́й, с зазо́ром open-butt [open-groove] weld
сварно́й ~ стыково́й, со ско́сом кро́мок bevel-butt [bevel-groove] weld
сварно́й ~ стыково́й, торцево́й edge weld
сварно́й ~ стыково́й, торцево́й, с отборто́вкой кро́мок flanged(-preparation) weld
сварно́й ~ тавро́вого соедине́ния tee (butt) [T-(-butt)] weld
сварно́й ~ углово́го соедине́ния corner weld
сварно́й ~ углово́й fillet weld
сварно́й ~ углово́й, в ло́дочку gravity(-position) fillet weld
сварно́й ~ углово́й, ни́жний *англ.* inclined fillet weld; *амер.* horizontal fillet weld (*Примечание*: downhand *и* flat *относятся только к* стыковым швам)
сварно́й ~ углово́й, норма́льный flush fillet weld
сварно́й ~ углово́й, тавро́вого соедине́ния T-fillet weld
сварно́й ~ углово́й, фла́нговый longitudinal [side] fillet weld
сварно́й ~ уси́ленный convex [reinforced] weld
сварно́й ~ ша́хматный staggered weld
температу́рный ~ (*на расширение*) expansion joint; (*на сжатие*) contraction joint
технологи́ческий ~ *стр.* construction joint
уса́дочный ~ shrinkage strip
шо́мпол *м.* **1.** (*для замера уровня*) dip-rod **2.** (*для уплотнения сыпучего материала*) ram rod
шоопи́рование *с.* shooping, Schoop process
шо́ртенинг *м. пищ.* shortening
шорто́метр *м. пищ.* shortometer
шоссе́ *с.* highway; motor road (*Примечание. Нормативный русский термин в научно-технической литературе* — автомоби́льная доро́га.)
шофёр *м.* driver
шпага́т *м.* (binder) twine
шпаклева́ть *гл.* fill (low spots on the surface to be painted) with putty
шпаклёвка *ж.* **1.** (*процесс*) filling with putty **2.** (*материал*) underpaint [hard] putty, filler
шпа́л/а *ж. англ.* sleeper; *амер.* tie □ **меня́ть ~ы** renew sleepers; **~ пло́тно прилега́ет к балла́сту** a sleeper is well bedded; **подбива́ть ~у** tamp a sleeper in place; **подтя́гивать ~у** nip a sleeper; **укла́дывать ~у** lay a sleeper
железобето́нная ~ concrete sleeper
железобето́нная, предвари́тельно-напряжённая ~ prestressed reinforced concrete sleeper
прямоуго́льная ~ rectangular sleeper
стыкова́я ~ joint sleeper
цельнобруско́вая ~ rectangular sleeper
цельнобруско́вая, трапецеида́льная ~ bevelled rectangular sleeper
шпалоподбо́йка *ж.* tie tamper, sleeper tamping machine
механи́ческая ~ power [mechanical] tie tamper
пневмати́ческая ~ air-type [pneumatic] tie tamper
шпалоподтя́жка *ж.* tie nipping machine, tie nipper
шпалоразгру́зчик *м.* tie handler
шпалоукла́дчик *м.* tie layer, tie-laying machine
шпанго́ут *м. мор.* (transverse) frame □ **выгиба́ть [гнуть] ~** bend a frame; **выса́живать ~** joggle a frame; **~ пло́тно прилега́ет к нару́жной обши́вке** a frame fays flat against (the) outer plating; **устана́вливать ~ы** raise the frames
бортово́й ~ side frame
вспомога́тельный ~ *ав.* secondary frame
герметический ~ *ав.* pressure bulkhead
дни́щевый ~ bottom frame
кольцево́й ~ *ав.* ring frame
~ крепле́ния лонжеро́на *ав.* spar frame
поворо́тный ~ cant frame
промежу́точный ~ intermediate frame
~ с выкруткой boss frame
силово́й ~ *ав.* main frame
составно́й ~ built-up frame
стыково́й ~ attachment frame
твинде́чный ~ tweendeck frame
теорети́ческий ~ station, frame line
трю́мный ~ hold frame
узлово́й ~ *ав.* belt frame
уси́ленный ~ deep frame
уши́ренный ~ web frame
хвостово́й ~ *ав.* stern frame
це́льный ~ solid frame
шпари́тель *м. пищ.* scalding machine, scalder
шпа́рка *ж.* scalding
шпару́тка *ж. текст.* temple
шпару́тка
ва́личная ~ roller temple
ди́сковая ~ penny temple
клещева́я ~ nipper temple
кольцева́я ~ ringed temple
шпат *м.* spar
желе́зный ~ siderite
исла́ндский ~ Iceland spar
плавико́вый ~ fluorite, fluor, fluorspar
полево́й ~ feldspar
шпа́тель *м.* (*художника*) palette [pallet] knife; *стр.* putty knife; (*гончара*) pallet; *полигр.* slice
шпатлёвка *ж. см.* **шпаклёвка**
шпа́ция *ж.* **1.** *полигр.* space **2.** *мор.* (frame) spacing
практи́ческая ~ frame spacing
теорети́ческая ~ station spacing
шпе́йза *ж.* (*побочный продукт в цветной металлургии*) speiss
шпенёк *м.* pin, peg
шпига́т *м. мор.* drain [scupper] hole, scupper
шпи́гель *м.* **1.** (*зеркальный чугун*) spiegel [specular] iron **2.** *кож.* shell
шпил/ь *м.* **1** (*судовая лебёдка*) (anchor) capstan □ **взять ~ на пал** pawl the capstan; **отха́живать на ~е** heave back; **ходи́ть на ~е** heave the capstan **2.** (*здания*) spire, steeple
шпи́льк/а *ж. маш.* stud (bolt) □ **затя́гивать ~у и га́йку** screw a stud and nut tight; **крепи́ть ~ами** hold (*smth.*) in position by studs; **крепи́ть на ~ах** bolt [fasten] over studs; **на друго́й коне́ц ~и нави́нчивается га́йка** the other end of a stud receives a nut; **одни́м концо́м ~ вви́нчивается в дета́ль** one end of a stud is inserted into a tapped hole in the part; **~ пло́тно вхо́дит в резьбово́е отве́рстие** a stud fits tightly in(to) a tapped hole; **среза́ть ~у** shear a stud; **ста́вить** (*ввинчивать*) **~и** set studs; **устана́вливать на ~ах** mount over studs [stud bolts]
~ вытяжно́го тро́са (*парашюта*) rip pin
~ для кату́шек *текст.* bobbin skewer
~ ко́мпасной карту́шки *нвг.* compass-card point [pivot]
конта́ктная ~ *эл.* contact stud
предохрани́тельная ~ *маш.* safety-lock pin
стеко́льная ~ *стр.* glaziers' point
сто́порная ~ stop pin
шпингале́т *м.* (door *or* window) fastener
шпи́ндель *м.* spindle (*not to be confused with* an arbour *or* mandrel)
~ веретена́ *текст.* spindle blade
~ кла́пана valve stem
~ пилы́ saw spindle
~ прока́тного ста́на mill spindle
~ прока́тного ста́на, ве́рхний top spindle

шпи́ндель
~ **прока́тного ста́на, зубча́тый** gear-type spindle
~ **прока́тного ста́на, ни́жний** bottom spindle
~ **прока́тного ста́на с гидравли́ческим уравнове́шиванием** hydraulic balanced spindle
~ **прока́тного ста́на с грузовы́м уравнове́шиванием** weight-balanced spindle
~ **прока́тного ста́на, тре́фовый** wobbler spindle
регулиро́вочный ~ regulating spindle
соедини́тельный ~ coupling spindle
хлопкоубо́рочный ~ cotton- picking spindle
шплинт *м.* cotter pin, split pin □ **вставля́ть ~ в отве́рстие** insert a cotter pin into a hole; **разводи́ть** ~ spread apart a cotter [split] pin; **среза́ть** ~ shear a cotter [split] pin
шплинтова́ть *гл.* cotter-pin, secure [lock] with a cotter pin
шпон *м.* **1.** *дер.-об., стр.* (sheet of) veneer □ **лущи́ть** ~ rotary-cut [peel off] (a sheet of) veneer; **строга́ть** ~ slice (a sheet of) veneer **2.** *полигр.* lead, composing [setting] rule, space-line, riglet
лущёный ~ rotary-cut (sheet of) veneer
пилёный ~ sawn (sheet of) veneer
стро́ганый ~ sliced (sheet of) veneer
шпо́нк/а *ж.* key □ **выбива́ть ~у** drift out a key; **~ закла́дывается в паз** a key engages [enters] a groove; **крепи́ть [фикси́ровать]** *что-л.* **~ой** (*напр. на валу*) key *smth.* (*e.g., onto a shaft*); **сажа́ть на ~у** key; **ста́вить ~у** seat a key
врезна́я ~ sunk key
врезна́я, клинова́я ~ draw [gib-head] key
затяжна́я ~ interference-fit key
клинова́я ~ taper(ed) key
кони́ческая ~ tapered pin
кру́глая ~ round pin
~ **на лы́ске** flat key
направля́ющая ~ feather [spline] key
незатяжна́я ~ keying-fit key
призмати́ческая ~ sunk key
сегме́нтная ~ Woodruf [semi-circular] key
скользя́щая ~ sliding key
~ **с контрклино́м** fox key
тангенциа́льная ~ tangent key
фрикцио́нная ~ friction [saddle] key
цилиндри́ческая ~ round pin
шпор *м.* (*мачты*) heel
шпо́ра *ж.* lug; (*колеса трактора*) grouser, wheel lug
шпре́нгель *м. стр.* subdiagonal, strut frame
шпринг *м.* spring (rope)
шприц *м.* injector; (*медицинский*) syringe; (*для густой смазки*) grease gun, squirt-gun
колба́сный ~ sausage stuffer
колба́сный, ва́куумный ~ vacuum sausage stuffer
колба́сный, гидравли́ческий ~ hydraulic sausage stuffer
колба́сный, пневмати́ческий ~ compressed air sausage stuffer
колба́сный, поршнево́й ~ piston-type sausage stuffer
медици́нский, автомати́ческий ~ auto-injector
посо́лочный ~ *пищ.* pickle injector
по́чвенный ~ soil injector
сма́зочный ~ lubricating gun
сма́зочный, ручно́й ~ hand lubricator
шприцева́ние *с.* **1.** *авто* gun-greasing **2.** *пласт.* extrusion
~ **колба́сным фа́ршем** sausage stuffing
шприц-маши́на *ж. пласт.* extruder, (screw) extrusion machine
шприцу́емость *ж.* (*материала*) *пласт.* extrudability
шпры́нка *ж.* **челнока́** shuttle peg, shuttle cock
шпу́ля *ж. текст.* spool, bobbin
шпуля́рник *м. текст.* bobbin holder
шпунт *м.* **1.** *стр.* (*шпунтовое ограждение*) sheet piling, cutoff wall; (*шпунтовая свая*) sheet pile □ **забива́ть** ~ drive a sheet pile **2.** *стр.* tongue □ **соедине́ние в** ~ tongue and groove joint **3.** *мор.* rabbet, bearding **4.** *мет.* piling bar
прямо́й ~ straight web piling bar
~ **с замка́ми** lock sheet piling bar
шпунтгу́бель *м. см.* **шпунту́бель**
шпунти́на *ж.* sheet pile
шпунтова́ние *с.* rabbeting; tonguing and grooving
шпунтова́ть *гл.* rabbet, tongue
шпунтови́к *м.* match plane, hammer-head chisel
шпунту́бель *м.* (*рубанок*) rabbet plane
шпур *м.* blast-hole □ **забу́ривать** ~ collar a blast-hole; **производи́ть забо́йку ~а** stem a blast-hole, fill a blast-hole with stemming
вертика́льный ~ vertical hole
вру́бовый ~ cut hole, snubber (hole)
горизонта́льный ~ horizontal [flat] hole
ка́мерный ~ chambered hole
накло́нный ~ angled [inclined] hole
непростре́ленный ~ straight hole
отбо́йный ~ main [outer] hole
шре́дер *м. пищ.* shredding machine, shredder
шрифт *м.* (*типографский*) (printing) type; (*чертёжный*) lettering
готи́ческий ~ Gothic [black-letter, Old English] type
гражда́нский ~ Russian [civil] type
декорати́вный ~ fancy [decorative, ornamental] type
шрифт
дидо́товский ~ Didot (type)
«дубо́вый» ~ extra bold grotesque
~ **жи́рного начерта́ния** heavy faced [extra bold] type
заголо́вочный ~ headline [title] type
имитацио́нный ~ imitation type
ко́нтурный ~ contour [skeleton, outline] type
косо́й ~ slanting [oblique] type
~ **курси́вного начерта́ния** Italic type
лати́нский ~ Roman type
накло́нный ~ sloping type
норма́льный ~ standard type
~ **полужи́рного начерта́ния** medium-[bold-]faced type
~ **прямо́го начерта́ния** Roman type
~ **све́тлого начерта́ния** light-[lean-]faced type
станда́ртный ~ standard type
ти́тульный ~ title type
у́зкий ~ condensed type
«чужо́й» ~ wrong fount type
шати́рованный ~ shaded type
широ́кий ~ broad type
штрихо́ванный ~ shaded type
шрот *м. с.-х.* ground oil-cake, solvent cake
шрот-эффе́кт *м. элн.* shot effect, shot [Schottky] noise
штабелёвка *ж. см.* **штабели́рование**
штабелёр *м.* stacker, piler; (*для укладки грузов на поддоны*) palletizer
~ **для досо́к** lumber stacker
~ **для отбрако́ванных листо́в** (*в прокатном производстве*) reject stacker
разгру́зочный ~ unstacker, unpiler
штабелеразбо́рщик *м.* unstacker, unpiler
штабели́рование *с.* piling, stacking, stockpiling
штабели́ровать *гл.* pile (up), stack (up), stockpile
шта́бель *м.* pile, stack
~ **из микромо́дулей** micromodule stack
~ **пиломатериа́лов** lumber pile
шта́бик *м. см.* **шта́пик**
штаг *м. мор.* stay
штаке́тник *м.* picket boards
штамп *м.* **1.** (*в сборе*) press tool, die **2.** (*в черчении*) title block
~ **выда́вливания** extruding die
вырезно́й ~ blanking die
вырубно́й ~ blanking die
вы́садочный ~ heading [upsetting, upsetter] die
высечно́й ~ notching die
вытяжно́й ~ (*для глубокой вытяжки*) drawing die
ги́бочный ~ bending die
зави́вочный ~ coiling die
закры́тый ~ closed press tool, closed die
зачистно́й ~ shaving die
калибро́вочный ~ sizing die
ко́вочный ~ forging die

штамп
кромко(за)ги́бочный ~ beading [flanging] die
многоручьево́й ~ multiple impression die
молотово́й ~ hammer die
обжимно́й ~ swaging die
обрезно́й ~ (*для удаления облоя*) trimming die
одноручьево́й ~ single-impression die
отбортóвочный ~ outward flanging die
откры́тый ~ open press tool, open die
~ после́довательного де́йствия progressive [follow] die
пробивно́й ~ piercing die
просечно́й ~ dinking die
~ просто́го де́йствия single-stage die
проши́вочный ~ piercing die
разда́точный ~ bulging die
раздели́тельный ~ shearing die
сбо́рочный ~ assembling die
склёпочный ~ riveting die
скру́чивающий ~ curling die
~ совмещённого де́йствия compound die
фальцо́вочный ~ seaming die
фасо́нный ~ shaping die
формообразу́ющий ~ forming die
чека́ночный ~ embossing die, coining press tool, coining die
штампмаши́на *ж. пищ.* stamp(ing) machine, stamper
штампова́ть *гл.* (die-)stamp
штампо́вка *ж.*:
~ взры́вом explosive forming
~ выда́вливанием extruding
высокоэнергети́ческая ~ high-energy-rate shaping, high-energy-rate forming
листова́я ~ (*тонкого листа*) sheet-metal stamping, sheet forming; (*толстого листа*) plate forming
~ на па́дающем мо́лоте drop stamping
объёмная ~ die forging □ **объёмная ~ ведётся [осуществля́ется] в нагре́том состоя́нии изде́лия** a die forging is formed hot
фасо́нная ~ profile stamping
холо́дная ~ (*листовая*) cold stamping; (*объёмная*) cold forging
штамподержа́тель *м.* die holder
шта́нга *ж.* rod
бури́льная ~ bore [boring, drill] rod
запра́вочная ~ *ав.* flight refueling probe
изоли́рующая ~ *эл.* insulating [hook] stick, insulating rod
~ ко́нуса (*засыпного аппарата домны*) bell rod
нажи́мная ~ (*сошника*) push rod
направля́ющая ~ (*многовибраторной антенны*) boom (of an array)
~ опры́скивателя *с.-х.* spray boom, spray bar

шта́нга
~ опры́скивателя, виногра́дниковая vineyard boom
~ опры́скивателя, полева́я field rod pipe, open field boom
~ опры́скивателя, садо́вая orchard boom
~ опры́скивателя, скла́дывающаяся folding boom
~ опры́скивателя, телескопи́ческая telescopic boom
~ опры́скивателя, широкозахва́тная broadcast boom
~ печно́го выта́лкивателя *мет.* peel bar
подкрыльева́я ~ (*для опрыскивания с самолётов*) underwing boom
~ приёмника возду́шных давле́ний *ав.* Pitot-static tube boom
распо́рная ~ *маш.* spreader (bar)
соедини́тельная ~ coupling bar, coupling rod
~ ста́лкивателя (*обрезков проката*) push-off arm
~ толка́теля (*печи*) *мет.* pusher bar, push-out bar, pusher ram
~ толка́теля (*печи*), **передвижна́я** travelling bar
тя́говая ~ *трансп.* dragbar, pull rod
управля́ющая ~ (*гребного винта*) actuating [control] rod
~ шта́нгового культива́тора rotary weeding rod
~ шта́нговой кре́пи bolt roof
штангенглубиноме́р *м.* depth gauge
штангензубоме́р *м.* gear-tooth gauge
~ с но́ниусом vernier gear-tooth caliper
штангенинструме́нт *м.* beam-type measuring tools
штангенре́йсмус *м.* height gauge
~ с но́ниусом vernier height gauge
штангенци́ркуль *м.* calliper square, slide calipers; (*измерительный с нониусом*) vernier caliper; (*чертёжный*) beam compass
шта́нец *м.* (*штанцевый нож*) cutting [specimen] die, stamping knife
штанцева́ние *с.* stamping-out
штапелеизмери́тель *м.* stapling apparatus
штапели́рование *с. текст.* stapling
шта́пель *м. текст.* staple
шта́пик *м.* bead, strip, mould(ing fillet); (*стекольный*) glazing bead, glaziers' mould
штати́в *м.* stand; (*для лабораторной посуды*) upright, rack; (*в виде треноги*) tripod
~ для ти́глей crucible holder
нагру́дный ~ *кфт.* shoulder-pod
шта́тн/ый *прил.* issued, standard (*в отличие от* подручного — makeshift, improvised) □ **е́сли ~ая анте́нна недоста́точна ...** if the issued [standard] aerial system is not adequate ...
шта́уфер *м.* grease cup

штейн *м.* matte □ **пла́вить (ме́дную руду́) на ~** smelt (copper ore) to produce matte
бе́дный ~ poor [low-grade] matte
бога́тый ~ high-grade matte
обогащённый ~ concentrated matte
сыро́й ~ green matte
то́щий ~ low-grade matte
ште́ккер *м.* (jack) plug
~ коммутацио́нного шнура́ patch-tip, patchplug
штемпелева́ть *гл.* stamp; (*почтовую корреспонденцию*) postmark
ште́мпель *м.* stamp; (*почтовый*) postmark
ште́нгель *м.* (*лампы*) exhaust tube
ште́псел/ь *м.* plug □ **вставля́ть ~ в розе́тку** insert a plug into a socket; **расстыко́вывать ~ от розе́тки** unmate a plug and socket; withdraw a plug from a socket; **состыко́вывать ~ с розе́ткой** mate a plug and a socket; **шнур зака́нчивается ~ем** a cord is terminated in [with] a plug
вызывно́й ~ *тлф.* calling [signaling, ringing] plug
двухпо́люсный ~ double-contact [two-pin] plug
заря́дный ~ (*аккумуляторной батареи*) charging plug
испыта́тельный ~ *тлф.* test plug
многопо́люсный ~ multiple-contact [multiple-pin] plug
однопо́люсный ~ one-pole [single-pin] plug
опро́сный ~ *тлф.* answering plug
переключа́ющий ~ *тлф.* change-over plug
ре́льсовый ~ *ж.-д.* bond plug
штифтово́й ~ pin plug
шти́вка *ж.* (*укладка груза в трюме судна*) stowage
штиль *м.* calm
штирбо́рт *м. мор.* starboard
штифт *м.* pin; dowel
выта́лкивающий ~ ejecting plug
кони́ческий ~ taper(ed) pin
копи́рный ~ follower, tracer
~ молоти́льного аппара́та threshing peg
~ молоти́льного бараба́на threshing cylinder tooth
направля́ющий ~ guide pin
~ подбараба́нья *с.-х.* threshing concave tooth
предохрани́тельный ~ safety [retention, preventer, shear] pin
приводно́й ~ *полигр.* register pin
призо́нный ~ set [fitting, steady] pin
ре́перный ~ locating dowel
соедини́тельный ~ (*устанавливается поперёк вала*) glut (pin)
~ с пропи́лом slotted [notched] pin
сто́порный ~ lock [catch, retention, safety] pin
упо́рный ~ stop pin; (*индикатора*) feeler

штифт
установочный ~ register [set, locating] pin
центрирующий ~ register [set, locating] pin
~ цоколя *эл.* base pin
штифтовать *гл.* fix by pins [dowels] □ **~ посадочные места** control locations by dowels
штихель *м.* (*гравёрный инструмент*) burin
штихмас *м.* **1.** (*нутромер*) inside micrometer **2.** (*измерительная лента*) measuring rod
шток *м.* **1.** rod **2.** *горн.* boss, stock
выдвижной ~ *маш.* retractable rod
~ выключения сцепления clutch release rod
~ золотника valve spindle, valve rod, valve shaft
~ клапана *двс* valve stem
лежачий ~ lying [flat] stock
~ поршня *двс* piston rod
~ толкателя (*клапана*) *авто* push [tappet] rod
тормозной ~ *авто* brake push rod
~ якоря *мор.* anchor stock
штоклак *м.* stick lac
штольн/я *ж.* adit, side drift □ **~ находится в проходке** an adit is in working; **проходить ~ю** work an adit
вентиляционная ~ air adit
водоотливная ~ drainage adit
вспомогательная ~ auxiliary adit
главная ~ main adit
наклонная ~ inclined adit
нижняя ~ deep adit
ответвлённая ~ side adit
штопор *м.* **1.** corkscrew **2.** *ав.* spin □ **входить в ~** enter [go into] a spin; **выходить из ~а** go out of [recover from] a spin; **по ~у** with the spin *пример*: **отклонять рули по ~у** deflect the controls with the spin; **против ~а** against the spin; **сваливаться [срываться] в ~** snap [fall] into a spin; **управлять ~ом** control a spin
крутой ~ steep spin
левый ~ left(-handed) spin
неустойчивый ~ oscillatory spin
нормальный ~ normal [tail] spin
перевёрнутый ~ inverted [outside] spin
плоский ~ flat spin
правый ~ right(-handed) spin
устойчивый ~ stable spin
штопорить *гл. жарг. ав.* spin
штора *ж.* blind, shutter; (*фотоаппарата*) blind
~ радиатора radiator blind
штормтрап *м.* rope [sea, storm] ladder
штоссель *м.* (*в зубодолбёжном станке*) ram
штраба *ж. маш.* toothing, batter
штрек *м.* drift, heading
штрипс *м. прок.* (*полоса*) strip; (*трубная заготовка*) skelp

штрипс
~ со скошенной кромкой beveled-edge skelp
штрих *м.* **1.** *мат.* prime □ **все символы со ~ами** all primed symbols **2.** (*в черчении*) dash **3.** *опт.* line □ **разрешающая способность составляет** (*столько-то*) **~ов на мм** the resolving power is (*so-many*) lines per mm **4.** (*на шкале прибора*) line, mark(ing) □ **наносить ~и на шкалу** mark a scale, scribe marks on a scale **5.** (*дифракционной решётки*) slit, ruling □ **наносить ~и на дифракционной решётке** scribe slits on [to rule] a grating **6.** *полигр.* (*элемент литеры*) stroke
~ буквы, основной thick [heavy] stroke
~ буквы, соединительный thin stroke, hairline
двойной ~ double prime, double accent
~ дифракционной решётки line ruling, ruled groove
начальный ~ (*на логарифмической линейке*) initial index
~ Шеффера *мат.* Sheffer stroke operation
штриховать *гл.* **1.** (*в черчении*) cross-hatch, line, section-line □ **одинаковые сечения должны ~ся одинаково** the same sectional views must be section-lined identically **2.** *карт.* shade (*e.g., a hill*)
штриховк/а *ж.* **1.** hatching, shading **2.** (*окатка рубчика*) *полигр.* creasing
~ дифракционной решётки ruling □ **наносить ~у дифракционной решётки** rule slits, rule a grating
штрихпунктир *м.* dot(-and)-dash line
штук/а *ж.* piece □ (*столько-то рублей*) **за ~у** (*so-many roubles*) a piece (*Примечание. При переводе на английский язык следует опускать слово* piece *в том случае, когда имеется в виду какое-л. количество и особ. в таблицах*) *пример*: **винтов ... три ~и** screws ... 3 (three), 3 screws
штукатур *м.* plasterer
штукатурить *гл.* (*внутри здания*) plaster, apply plaster, finish in [with] plaster; (*снаружи здания*) stucco, finish in [with] stucco □ **~ «под шубу»** *или* **иной орнамент** rough-cast, parget
штукатурка *ж.* (*для внутренних работ*) plaster; (*для наружных работ*) stucco □ **выравнивать ~у** dub the plaster; **наносить ~у** apply the plaster
асбестовая ~ asbestos plaster
газонепроницаемая ~ gas-tight plaster
гипсовая ~ gypsum plaster, gypsum cement
звукопоглощающая ~ acoustical plaster

штукатурка
известковая ~ lime plaster
орнаментная ~ pargeting
сухая ~ wall board, plaster board
цементная ~ cement plaster
штурвал *м.* **1.** *мор.* steering wheel; *ав.* control wheel **2.** (*для управления заслонками в трубопроводах*) handwheel
штурман *м.* navigator
штуртрос *м. мор.* steering [tiller] line, wheel [steering, tiller] rope
штуф *м.* lump of coal, lump of ore
штуцер *м.* **1.** (*место соединения*) (connection) point, (pipe) connection, union; (*особ. для резиновых шлангов*) coupling □ **всё соединение осуществляется с помощью ~ов, рассчитанных на трубы диаметром ...** all connections are by means of unions taking ... dia piping [tubing]
штучный *прил.* (*сделанный в одном экземпляре или по отдельному заказу*) custom-made
штыб *м. горн.* culm, slack, coal dust
антрацитовый ~ anthracite culm
штык *м.* **1.** (*для уплотнения сыпучих материалов*) ram rod **2.** (*чугуна, меди*) bar, pig
штыкование *с.* (*сыпучих материалов*) rodding
штырь *м.* pin
волноводный ~ waveguide post
настроечный ~ *рад.* tuning post
~ опоки, направляющий loose moulding box pin
полюсный ~ (*аккумуляторной батареи*) battery terminal
~ разъёмного контакта male contact
рулевой ~ *мор.* rudder pintle
~ связи (*в волноводе*) coupling probe
сцепной ~ *с.-х.* drawbar [hitch] pin
~ цоколя (*лампы*) base pin
штепсельный ~ pin
шуба *ж.* (*фактура тёсаного камня*) rock face
шуга *ж.* sludge (ice), cream ice, slush
шугосброс *м.* sludge ice chute
шум *м.* noise □ **борьба с ~ом** noise abatement; **~ возникает** noise arises from ..., noise has its source in ...; **~ искажает сигнал** *свз.* noise corrupts the signal; **заглушать ~** damp out (the) noise; **заглушать ~,** *напр.* **выхлопа** muffle, silence, *e.g.*, exhaust; **ослаблять ~** abate noise; **ослаблять энергию [силу] ~а** abate noise; **поглощать ~** deaden sound; **работать [принимать сигнал] в условиях ~а** *или* **~ов** read through noise; **~ сильно забивает сигнал** signals are obscured by noise
аддитивный ~ additive noise
акустический ~ acoustic noise
аппаратурные ~ы receiver noise

шум
атмосферный ~ atmospheric noise
аэродинамический ~ aerodynamic noise
белый ~ white noise
высокочастотный ~ r.f. noise
~ выхлопа *авто* exhaust noise, exhaust roar
~ы Галактики galactic noise
гауссов ~ Gaussian noise
гауссовский ~ Gaussian noise
генерационно-рекомбинационный ~ generation-recombination [gr] noise
дробовой ~ shot noise, Schottky noise, shot effect
избыточный ~ excess noise
импульсный ~ impulse noise
кавитационный ~ cavitation noise
~ы канала channel noise
~ы квантования quantization noise
квантовый ~ quantum noise
космический ~ cosmic noise
~ы лазера laser noise
~ лампы *англ.* valve noise; *амер.* tube noise
линейный ~ circuit noise
~ы мазера maser noise
модуляционный ~ modulation noise, noise behind the signal
~ы накачки pump noise
~ы неба sky noise
~ы несущей carrier noise
~ы окружающей среды ambient noise
~ от сети power-supply noise, mains hum
~ перехода junction noise
~ плазмы plasma noise
свистящий ~ hissing [whistling] noise
СВЧ ~ы microwave noise
случайный ~ random noise
собственные ~ы internal [intrinsic] noise
собственные ~ы приёмника receiver noise
~ы солнечного радиоизлучения solar (radio) noise
суперный ~ *рад.* superregenerative hiss
тепловой ~ thermal [Johnson] noise
~ тока current noise
фазовый ~ phase noise
фликкер-~ flicker noise
фоновый ~ background noise, hum (noise)
фотонный ~ photon noise
~ цепи 1. *рад.* circuit noise 2. *авто* chain rattle
электрические ~ы electric noise
шумность *ж.* noisiness
шумоглушитель *м. эл.* noise silencer, noise limiter, noise suppressor
шумоизмеритель *м.* noise analyser
шумомер *м.* sound level meter
шумопеленгатор *м.* passive sonar
шумоподавление *с.* noise suppression
шумопонижение *с.* noise reduction
шумостойкость *ж.* noise stability
шум-фактор *м.* noise factor, noise figure
шумящий (*о лампе, линии и т. п.*) noisy
шунт *м.* shunt □ включать ~ом к линии *эл., элн.* connect [place] across the line; ~ом к линии *эл., элн.* across the line
измерительный ~ instrument shunt
индуктивный ~ inductive shunt
магнитный ~ magnetic shunt
резонансный ~ resonant shunt
универсальный ~ universal shunt
шунтирование *с.* shunting; by-passing
шунтировать *гл.* shunt; by-pass □ ~ по, *напр.* высокой частоте by-pass for, *e.g.*, RF [r.f.]
шуровать *гл.* poke, rabble
шуровка *ж.* 1. (*действие*) poking, rabbling 2. stirring device, stirrer, rabble, poker
шуруп *м.* wood screw
шуруповёрт *м.* screwdriver
шурф *м.* (open test) pit, boring □ пробить ~ sink a boring
разведочный ~ prospecting [test] pit
эксплуатационный ~ working pit
шурфование *с.* pitting
шхуна *ж.* schooner

Щ

щебень *м.* crushed [broken] rock, crushed [broken] stone; (*в свободном словоупотреблении означает щебёночный балласт*) (broken-stone) ballast □ использовать ~ в качестве заполнителя для бетона use crushed [broken] stone for concrete aggregate; подбивать [уплотнять] ~ (*под шпалами*) hammer [tamp] the ballast; рассевать ~ screen crushed [broken] stone; рассевать ~ для удаления чрезмерно крупных кусков scalp crushed [broken] stone; рассевать ~ на фракции screen crushed [broken] stone into size ranges; сортировать ~ grade crushed [broken] stone
щебнеочиститель *м. ж.-д.* ballast cleaner
щека *ж.* cheek(-piece)
~ автосцепки coupler guard arm
~ дробилки jaw plate, crusher jaw
~ дробилки, неподвижная fixed [stationary] jaw
~ дробилки, подвижная movable [swing(ing)] jaw
~ коленчатого вала crank web, (crank) cheek
~ кривошипа crank web, (crank) cheek
~ початкоотрывателя stripper bar
щеколда *ж.* latch, lock, bar, catch
щёлок *м.* lye, liquor □ варить в ~е lye; обрабатывать в ~е digest in lye; осветлять ~ clarify (the) lye

щёлок
варочный ~ cooking liquor
кислый ~ acid liquor
крепкий ~ strong liquor
натронный ~ soda lye
отработанный ~ spent lye
подмыльный ~ nigre
промывной ~ wash liquor
свежий ~ fresh liquor
щелочение *с.* alkaline washing
щёлочепрочность *ж.* alkali resistance
щёлочестойкий *прил.* alkali-proof, alkali-resistant
щелочной *прил.* alkaline
щёлочность *ж.* alkalinity, causticity
общая ~ total alkali(nity)
щёлочь *ж.* alkali □ обработка ~ю alkalization
едкая ~ caustic alkali
щелчки *мн. м. свз.* clicks □ подавлять ~ в телефонном аппарате mute the clicks in the set
щел/ь *ж.* slot; *опт.* slit □ вводить ~ в луч (света) swing [place, position] a slit in(to) the beam (path); возбуждать ~, *напр.* волноводом *или* объёмным резонатором *рад., рлк.* excite a slot by, *e.g.*, a waveguide *or* a cavity; входить в ~ (*о свете*) enter a slit; выводить ~ из луча (света) swing a slit out of the beam (path); выходить из ~и (*о свете*) emerge from a slit; закрывать ~ cover a slit; (испытывать дифракцию) на ~ (diffract) on a slit; *рад.* (diffract) on [around] a slot; открывать ~ uncover a slit; проделать ~, *напр.* в волноводе *рад.* cut a slot, *e.g.*, in a waveguide; ~ пропускает свет a slit let light (pass) through; проходить через ~ (*о свете*) pass through a slit; согласовывать ~ с ... match a slot with ...
визирная ~ *геод.* aperture sight
~, возбуждаемая волноводом waveguide-fed slot
~, возбуждаемая объёмным резонатором cavity-fed slot
волноводная ~ waveguide slot
входная ~ entrance slit
высевная ~ *с.-х.* seeding slot
выходная ~ output [exit] slit
двойная ~ double slit, slit pair
диафрагмирующая ~ defining slit
~ для монет *тлф.* coin slot
зарубная ~ *горн.* kerf, slot
коллимирующая ~ collimating slit
кольцевая ~ *рад.* annular slot
~ купола *астр.* dome slit, shutter opening
одинарная ~ single slit
полуволновая ~ (*волновода или объёмного резонатора*) half-wave (length) slot
поперечная ~ *рад.* transverse slot
продольная ~ *рад.* longitudinal slot
прямоугольная ~ *рад.* rectangular slot

щел/ь
~ свя́зи coupling slot
скани́рующая ~ scanning slit
смотрова́я ~ vision slit, peephole
энергети́ческая ~ *элн., физ.* energy gap
щеп/а́ *ж.* **1.** *дер.-об.* chips □ **руби́ть (древеси́ну) на ~у** chop (wood) into chips; **сортирова́ть ~у** screen chips **2.** (*топливо*) hog fuel
щепоулови́тель *м.* wood catcher
щети́на *ж.* bristle
щётк/а *ж.* brush □ **~и болта́ются в держа́телях** *эл.* the brushes are slack in their holders; **~ дви́жется по колле́ктору** *эл.* the brush rides the commutator; **~и дребезжа́т** *эл.* the brushes chatter; **~у закли́нило в гнезде́ щёткодержа́теля** a brush is wedged in its box guide; **зачища́ть ~у шку́ркой** *эл.* sandpaper a brush; **~ подгора́ет** *эл.* a brush is pitted; **прижима́ть ~у к пласти́не коммута́тора** *эл.* press a brush against a commutator bar [segment]; **притира́ть ~у к колле́ктору** *эл.* bed [fit, seat] a brush to the commutator; **~и стуча́т** the brushes chatter; **устана́вливать ~и** (*в определённое положение*) *эл.* position [locate, set] the brushes; **устана́вливать ~у впереди́ нейтра́ли** *эл.* give a brush a forward lead; **устана́вливать ~у позади́ нейтра́ли** *эл.* give a brush a backward lead, pull a brush backward
~ для механи́ческой чи́стки труб *мет.* go-devil
~ для очи́стки решёт *с.-х.* screen brush
~ для прочи́стки дымога́рных труб tube brush, smoke pipe brush
~ для прочи́стки кана́лов (*кабельной канализации*) duct cleaner
~ для чи́стки напи́льников file cleaner
~ иска́теля *тлф.* wiper
~ иска́теля, паралле́льная *тлф.* bridging wiper
ка́рдная ~ *текст.* card file
колле́кторная ~ slip-ring brush
коммути́рующая ~ commutating brush
контро́льная ~ *эл.* pilot brush
металли́ческая ~ wire brush
многосло́йная ~ *эл.* sandwich brush
неразрезна́я ~ *эл.* solid brush
отрица́тельная ~ *эл.* cathodic brush
ощу́пывающая ~ *вчт.* sensing brush
положи́тельная ~ *эл.* anodic brush
~ потенцио́метра wiper
разрезна́я ~ *эл.* split brush
сло́истая ~ *эл.* dual grade brush
счи́тывающая ~ *вчт.* read(ing) brush
у́гольная ~ *эл.* carbon brush
щёткодержа́тель *м. эл.* brush holder

щипе́ц *м.* (*здания*) gable
щипцы́ *мн.* (*медицинские, лабораторные*) forceps; (*кузнечные*) tongs
~ для льда ice tongs
~ для маркиро́вки уше́й (*у животных*) ear marker
обжи́мные ~ *мет.* crimper
щит *м.* **1.** (*защитное устройство*) screen, guard, shield, board **2.** (*управления*) panel, board
ветрово́й ~ wind board, wind guard, windscreen
грязево́й ~ splash guard, splash board, mudguard
диспе́тчерский ~ instrument panel, instrument board
коммутацио́нный ~ *вчт.* patchboard
~ переключе́ний *тлф.* distributing [cross-connecting] frame
~ подбо́рщика *с.-х.* pickup cover
поджи́мный ~ (*уборочных машин*) plant compressor, pressure plate
подши́пниковый ~ *эл.* end bracket, end shield
прохо́дческий ~ tunnel shield
распредели́тельный ~ *эл.* distribution [distributing] board, feeder switchboard
рассти́лочный ~ (*льнотеребильной машины*) spreading board
~ управле́ния *эл.* control [operating] panel, control [operating] board
щито́к *м.* **1.** (*защитное устройство*) blind, shield **2.** (*приборный*) panel **3.** *ав.* (*закрылок*) flap
аппара́тный ~ *свз.* patch board
~ возду́шного то́рмоза *ав.* air-brake flap
~ для направле́ния недомоло́та tail-board
~ для отво́да ботвы́ vine fender
~ для отво́да корневи́щ trash fender
контро́льный ~ *эл.* instrument panel
подопо́чный ~ *лит.* bottom plate
предохрани́тельный ~ (*напр. сварщика*) face shield
~ регулиро́вки ширины́ валка́ *с.-х.* windrowing curtain
сва́рочный ~ welding hand screen
тормозно́й ~ *ав.* brake flap
~ управле́ния control panel
формо́вочный ~ moulder screen
~ шле́ма *ав., косм.* helmet visor
щуп **1.** (*мерная пластина для проверки зазоров*) feeler (gauge), clearance gauge **2.** (*в копировальных станках*) tracer **3.** (*для измерения уровня жидкости*) dip stick **4.** (*измерительного прибора*) (test) prod □ **закороти́ть ~ы** short the test prods together; hold the test prods in contact with each other
ручно́й ~ handspike
щупло́ *с.* (*ткацкого станка*) feeler

Э

эбони́т *м.* ebonite, hard rubber, vulcanite
микропо́ристый ~ cellular [expanded] ebonite
эбуллиоско́п *м.* ebullioscope
эбуллиоскопи́я *ж.* ebullioscopy
эвакуа́ция *ж.*:
авари́йная ~ *ав.* emergency evacuation
эвапоро́граф *м.* evaporograph, atmograph, recording evaporimeter
эвапоро́метр *м.* evaporimeter
эвдио́метр *м.* eudiometer
эвдиоме́трия *ж.* eudiometry
эвкли́дов *мат.* Euclidean
ЭВМ [**электро́нная вычисли́тельная маши́на**] electronic computer □ **модели́ровать,** ***напр.*** **проце́сс на ~** simulate, *e.g.*, a process on a computer; **~ обраба́тывает да́нные** a computer processes [operates on] data; **~ осуществля́ет диало́г с по́льзователем** the computer carries on a dialog with the user; **~ осуществля́ет управле́ние технологи́ческим проце́ссом** the computer controls a process; **отла́живать ~** debug a computer; **программи́ровать ~** program a computer; **~ рабо́тает в двои́чной систе́ме счисле́ния** the computer computes in the scale of two; **~ рабо́тает в режи́ме диало́га** the computer carries on a dialog with the user; **~ реша́ет зада́чи** a computer solves problems; **реша́ть (зада́чу) на ~** solve (a problem) on a computer; **... с по́мощью ~** (*напр. обучение*) computer-assisted (*e.g.*, *instruction*); **... с по́мощью ~** (*напр. проектирование*) computer-aided (*e.g. design*); **(*такая-то*) ~ совмести́ма с ...** (*such-and-such*) computer is compatible with ...
ана́логовая ~ analog (electronic) computer
асинхро́нная ~ asynchronous (electronic) computer
~ второ́го поколе́ния a second-generation (electronic) computer
гла́вная ~ (*в многомашинных системах*) host (electronic) computer
комбини́рованная ~ (*аналоговые и цифровые элементы в одной ЭВМ*) hybrid computer; (*соединение самостоятельных АВМ и ЦВМ*) mixed computer (system), combined A/D computer system
~ на параметри́ческих элеме́нтах parametric (electronic) computer
~ одновре́менного де́йствия simultaneous (electronic) computer
~ паралле́льного де́йствия parallel (electronic) computer
~ пе́рвого поколе́ния a first-generation (electronic) computer
~ пере́днего кра́я front-end (electronic) computer

ЭВМ
~ поочерёдного действия serial (electronic) computer
~ последовательного действия sequential (electronic) computer
~, работающая в реальном масштабе времени real-time (electronic) computer
~ с байтовой адресацией byte-addressable (electronic) computer
~ с естественным порядком выполнения команд consecutive sequence (electronic) computer
синхронная ~ synchronous (electronic) computer
~ с произвольным порядком выполнения команд arbitrary sequence (electronic) computer
~ с разделением времени time-sharing (electronic) computer
~ третьего поколения a third-generation (electronic) computer
узловая ~ (*в многомашинных системах*) node (electronic) computer
цифровая ~ digital (electronic) computer

эвольвент/а *ж.* involute (curve) □ **воспроизводить ~у** develop [derive] an involute (curve); **получать ~** develop [derive] an involute (curve); **профиль зуба очерчен по ~е основного круга** the tooth profile [tooth curve] is the involute of the basic circle

эвольвентный *прил.* (*о зубчатом зацеплении*) involute (*gearing*), involute (*system of gearing*); (*о профиле зубьев*) involute (*gear teeth*)

эвольвентомер *м.* involute measuring machine

эволюта *ж.* evolute

эволюция *ж.* evolution

эвристика *ж. мат.* heuristics

эвристический *прил. мат.* heuristic(al)

эвтектика *ж.* 1. *лит.* eutectic 2. (*эвтектический лёд*) eutectic (brine) ice
двойная ~ two-component [binary] eutectic
тройная ~ three-component [ternary] component

эвтектический *прил.* eutectic

эвтектоид *м.* eutectoid

эвтектоидный *прил.* eutectoid

эгутёр *м.* (*сетчатый валик в бумагоделательной машине*) dandy roll

эджер *м.* (*клеть с вертикальными валками в прокатном стане*) edger, edger mill
~ встроенного типа integral-type edger
отдельно стоящий ~ detached edger
~ с вертикальными валками vertical edger
~ с горизонтальными валками horizontal edger

эдс [**электродвижущая сила**] electromotive force, emf □ **~ вызывает ток** the emf causes a current to flow; **компенсировать ~** balance out [back, buck] an emf; **наводить ~** induce an emf; **прикладывать ~** apply an emf to, impress an emf on; **трансформировать приложенную ~ во вторичную обмотку** induce an emf in the secondary winding by transformer action

эдс
~ аккумулятора open-circuit [no-load] voltage of cell
~ взаимоиндукции emf of mutual induction
обратная ~ back [counter] emf
~ самоиндукции emf of self-induction

эжектор *м.* ejector
водоструйный ~ water-jet ejector
двухступенчатый ~ two-stage ejector
мусорный ~ garbage ejector
низконапорный ~ low-head ejector
отсасывающий ~ exhaust ejector
паровой ~ steam-jet ejector
пароструйный ~ steam-jet ejector
пусковой ~ starting ejector

эжектор-смеситель *м.* mixing ejector

эжекция *ж.* ejection

эзерфоль *м. полигр.* roll-leaf

эйдофор *м. тлф.* light-modulator large-screen TV system (Eidophor — *фирм. название*)

эйконал *м.* eikonal
точечно-угловой ~ point-angle eikonal
точечный ~ point eikonal
угловой ~ angle eikonal

эйнштейний *м.* einsteinium, Es

экватор *м.* equator □ **на ~е** at the equator; **отсчитывать, *напр.* широту к северу от ~а** reckon, *e.g.*, latitude north from [of] the equator; **отсчитывать от ~а, *напр.* широту** reckon, e.g., latitude from the equator; **пересечь ~** cross the equator
галактический ~ galactic equator
географический ~ geographical equator
геодезический ~ geodetic equator
геомагнитный ~ geomagnetic equator
земной ~ terrestrial equator
истинный ~ true equator
магнитный ~ magnetic equator, aclinic line
небесный ~ celestial [equinoctial] equator, equinoctial line
~ эллипсоида вращения *мат.* equator of an ellipsoid of revolution

экваториал *м.* equatorial, equatorial telescope □ **~ вращается вокруг полярной оси** an equatorial rotates a polaxis; **устанавливать ~ на небесный объект по его склонению** elevate *or* depress an equatorial according to the position in declination of the (celestial) body observed

экваториальный *прил.* equatorial

эквиангармонический *прил. мат.* equianharmonic

эквиареальный *прил. мат.* equiareal

эквиаффинный *прил. мат.* equiaffine

эквивалент *м.* equivalent
~ антенны *англ.* artificial [dummy] aerial; *амер.* artificial [dummy] antenna □ **~ антенны имитирует реальную антенну** a dummy aerial simulates a real aerial
водный ~ water equivalent
воздушный ~ air equivalent
~ затухания attenuation equivalent
механический ~ света mechanical equivalent of light
механический ~ тепла mechanical equivalent of heat, Joule's equivalent
~ нагрузки *эл., элн., рад.* dummy load
относительный ~ relative equivalent
~ передачи *свз.* transmission equivalent
~ рентгена, биологический [бэр] roentgen-equivalent-man, rem
~ рентгена, физический [фэр] roentgen-equivalent-physical, rep
тепловой ~ thermal [heat] equivalent
тепловой ~ работы thermal equivalent of work
фотохимический ~ photochemical equivalent
химический ~ chemical equivalent
цветовой ~ colour equivalent
целочисленный ~ *вчт.* integral equivalent
электрохимический ~ electrochemical equivalent
эндосмотический ~ endosmotic equivalent
энергетический ~ energy equivalent

эквивалентность *ж.* 1. equivalence 2. (*в колориметрии*) match □ **устанавливать ~ между, *напр.* двумя цветами** establish a match between, *e.g.*, two colours

эквивалентный *прил.* equivalent

эквиденситометрия *ж.* equidensitometry

эквидистантность *ж.* equidistance

эквидистантный *прил.* eduidistant

эквимолекулярный *прил.* equimolecular, equimolar

эквимолярный *прил.* equimolar, equimolecular

эквипартиция *ж. мат.* equipartition

эквипотенциал *м. геод.* equipotential surface

эквипотенциаль *ж.* equipotential line

эквипотенциальный *прил.* equipotential

эквифазный *прил.* equiphase

экер *м.* right-angle mirror
зеркальный ~ mirror [optical, reflecting] square
призменный ~ prism square

экзальтация *ж.* (*молекулярной*) **рефракции** optical exaltation

экзамена́тор *м.* **у́ровней** *геод.* level checker, bubble-level tester
экземпля́р *м.* copy □ **в двух** *или* **трёх ~ах** (*о документах*) in duplicate *or* triplicate; **печа́тать (на маши́нке) в двух, трёх, четырёх ~ах** type in duplicate, triplicate, quadruplicate
про́бный ~ specimen
сигна́льный ~ press proof
экзе́ргия *ж.* exergy
экзерги́ческий *прил.* exergic
экзобиоло́гия *ж.* exobiology
экзо́смос *м.* exosmosis
экзосфе́ра *ж.* exosphere
экзотерми́чность *ж.* exothermicity
экзоэнергети́ческий *прил.* exoe(ne)rgic
экипа́ж *м.* **1.** *мор.* company, crew; *ав.* crew □ **быть в соста́ве ~а** be on the crew **2.** (*локомотива*) locomotive underframe
сменя́ющий ~ (*на авиатрассах большого протяжения*) relief crew
экипиро́вка *ж.* **локомоти́ва** locomotive servicing
эклиме́тр *м.* clinometer
экли́птика *ж.* ecliptic
экологи́ческий *прил.* ecological
эколо́гия *ж.* ecology
экономайзер *м.* **1.** (*элемент котельного агрегата*) economizer (*of a steam power plant*) **2.** (*элемент карбюратора*) economizer (*of a carburetter*)
водяно́й ~ economizer
гладкотру́бный ~ *тепл.* plain-tube economizer
двухпото́чный ~ *тепл.* two-flow economizer
змеевико́вый ~ *тепл.* continuous-tube economizer
кипя́щий ~ *тепл.* steaming economizer
некипя́щий ~ *тепл.* nonsteaming economizer
низкотемперату́рный ~ *тепл.* low-level economizer
радиацио́нный ~ *тепл.* radiant economizer
ребри́стый ~ *тепл.* extended-surface economizer
эконометрика *ж.* econometrics
эконометри́ческий *прил.* econometric
эконо́мика *ж.* **1.** (*учебная и научная дисциплина*) economics **2.** (*народное хозяйство*) economy
математи́ческая ~ mathematical economics
~ промы́шленности industrial economics
~ се́льского хозя́йства agrarian [agricultural] economics
экономи́ст *м.* economist
экономи́чность *ж.* (economical) efficiency, economy; (*показатель двигателя, машины и т. п.*) economical operation
эконо́мия *ж.* **1.** (*область знания*) economics **2.** (*бережливость, экономное обращение*) economy **3.** (*сбережение чего-л.*) saving
эконо́мия
~ вре́мени saving of time
~ в сто́имости произво́дства a saving in cost
~ материа́ла saving in material
~ мо́щности saving of power, saving of energy
полити́ческая ~ political economy; political economics
~ то́плива fuel economy; fuel saving
экра́н *м.* **1.** *элн., тлв., рад. англ.* screen; *амер.* shield **2.** (*топочный*) water wall **3.** *полигр.* copyholder
акусти́ческий ~ (*громкоговорителя*) acoustical [sound] baffle
биологи́ческий защи́тный ~ biological shield
боково́й ~ side water wall
гладкотру́бный ~ bare-tube water wall
~ для защи́ты от рентге́новского излуче́ния X-ray screen
заземлённый ~ *англ.* earth screen; *амер.* ground shield
звуково́й ~ (*громкоговорителя*) baffle
~ кинеско́па (*поверхность, на которой образуется изображение*) picture-tube [kinescope] face; (*слой люминофора*) phosphor (screen) □ **прожига́ть ~ кинеско́па** burn a spot in the screen
~ индика́тора display screen
люминесце́нтный ~ (*поверхность, на которую нанесён люминофор*) luminescent [phosphor] screen; (*слой люминофора*) phosphor (screen)
люминесце́нтный ~ без послесвече́ния nonpersistent phosphor (screen)
люминесце́нтный ~ с послесвече́нием persistent phosphor (screen)
магни́тный ~ magnetic screen
~ мембра́нного ти́па membrane-type water wall
металлизи́рованный ~ (*напр. ЭЛТ*) metal-backed screen
моза́ичный ~ *элн., тлв.* mosaic screen
насте́нный ~ water wall
ошипо́ванный ~ refractory-faced [studded tube] water wall
плавнико́вый ~ fin-tube water wall
~ плоти́ны (*противофильтрационное устройство*) screen
пло́тный ~ membrane(-type) water wall
проекцио́нный ~ projection screen
просве́чивающий ~ (*во флюороскопии или флюорографии*) fluorescent screen
~ с больши́м вре́менем послесвече́ния long-persistence phosphor (screen)
свинцо́вый ~ (*рентгеновской установки*) lead screen
~ с ма́лым вре́менем послесвече́ния short-persistence phosphor (screen)
экра́н
~ с тёмным изображе́нием dark-trace screen
телевизио́нный ~ television screen
теплово́й ~ *опт.* thermal [heat] screen
уси́ливающий ~ intensifying screen
утеплённый ~ refractory-faced water wall
фазосдвига́ющий ~ phase-changing screen
~ фотоувеличи́теля enlarger easel
цельносварно́й ~ membrane-type water wall
электромагни́тный ~ electromagnetic screen □ **электромагни́тный ~ защища́ет схе́му от проникнове́ния электромагни́тного по́ля** an electromagnetic screen keeps stray electromagnetic field out of the circuit
~ ЭЛТ (*поверхность, на которой образуется изображение*) (CRT) screen, face; (*слой люминофора*) phosphor (screen)
~ ЭЛТ, алюминизи́рованный aluminium-backed (phosphor) screen
экраниро́вка *ж.* **ка́беля** («*плетёнка*») cable braid(ing)
экраноплан *м.* ground-effect machine
эксга́устер *м.* exhauster, suction [exhaust] fan
мо́крый ~ wet suction fan
эксгаусти́рование *с.* exhaustion
эксгаусти́ровать *гл.* exhaust
эксика́тор *м.* exiccator, desiccator
эксито́н *м. физ.* exciton
экситро́н *м.* (*ртутный вентиль*) excitron
экскава́тор *м.* excavating machine (*Примечание. Термин* экскаватор *в обобщающем смысле следует переводить* excavating machine, *так как не все виды экскаваторов соответствуют тому понятию, которое на английском языке имеет термин* excavator. *Официального деления экскаваторов на* одноковшовые и многоковшовые, *как принято в СССР, зарубежом нет. Подразумевается, что* power shovel *или* backhoe *может быть только* одноковшовым, *а* wheel-type trenching machine — *только* многоковшовым.)
вскрышно́й ~ stripping shovel
гу́сеничный ~ crawler-mounted power shovel; crowler-mounted wheel-type trenching machine
колёсный ~ wheel-mounted [rubber-tyre-mounted] power shovel
многоковшо́вый, цепно́й ~ ladder-type trenching machine
~ на автомоби́льном шасси́ truck-mounted power shovel
~ на гу́сеничном ходу́ crawler(-mounted) power shovel; crawler(-mounted) wheel-type trenching machine
~ на пневмати́ческом ходу́ wheel-mounted [rubber-tyre-mounted] power shovel

экскава́тор
одноковшо́вый, полноповоро́тный ~ full-revolving shovel
одноковшо́вый ~ ти́па обра́тная лопа́та (back) hoe, back [pull] shovel
одноковшо́вый ~ ти́па пряма́я лопа́та (*без противопоставления другим типам одноковшовых экскаваторов*) power shovel; (*при необходимом противопоставлении*) push [forward] shovel
отва́льный ~ stripping shovel
полноповоро́тный ~ full-revolving shovel
ро́торный, отва́льный ~ wheel excavator
ро́торный, транше́йный ~ wheel-type trenching machine
транше́йный ~ trencher, trenching machine, trench excavator, ditcher
транше́йный, цепно́й ~ ladder-type trenching machine
универса́льный ~ convertible shovel
шага́ющий ~ walking excavator
экскава́ция *ж.* excavation
гидравли́ческая ~ hydraulic excavation, hydraulicking
экспа́ндер *м.* expander
экспеди́тор *м.* forwarding agent
экспеди́ция *ж.* (*по отправке грузов*) dispatch room; (*по доставке грузов*) forwarding service
экспериме́нт *м.* experiment, test, trial □ **гипо́теза согласу́ется с ~ом** the postulated hypothesis fits experimental data; **плани́ровать ~** design an experiment; **проводи́ть ~** carry out [conduct, make, perform] an experiment
акти́вный ~ active experiment
вы́борочный ~ *стат.* sampling experiment
дополни́тельный ~ replicate experiment □ **ста́вить дополни́тельный ~ в це́нтре пла́на** replicate the centre point of the design
едини́чный ~ *стат.* single experiment
контро́льный ~ check experiment
паралле́льный ~ *стат.* replicate experiment □ **паралле́льный ~ в це́нтре пла́на** replication at the centre point of the design; **проведе́ние паралле́льного ~ а** replication
пасси́вный ~ passive experiment
фа́кторный, дро́бный ~ *стат.* fractional factorial experiment
фа́кторный ~ на двух у́ровнях two-level factorial experiment
фа́кторный, по́лный ~ full factorial experiment
фа́кторный ~ с двумя́ переме́нными two-factor factorial experiment
эксперимента́льно *нареч.* by experiment □ **подтверди́ть, напр. гипо́тезу ~** verify, *e.g.*, a hypothesis by experiment
эксперимента́льный *прил.* experimental
эксперимента́тор *м.* experimentor
экспериментирование *с.* experimentation
эксперименти́ровать *гл.* experiment
экспе́рт *м.* expert
эксперти́за *ж.* examination
экспира́тор *м.* expirator
эксплика́ция *ж. карт.* legend
эксплуата́нт *м.* (*эксплуатирующая организация*) *ав.* operator
эксплуатацио́нники *мн. м.* the operating staff
эксплуата́ци/я (*использование*) use, usage, operation; (*поддержание в рабочем состоянии*) maintenance □ **вводи́ть в ~ю** put into operation, put into service; **в проце́ссе ~и необходи́мо ...** while the instrument, equipment, *etc.*, is in use, do ... ; **в усло́виях ~и ...** under field conditions; **го́дный к ~и** serviceable, operable; **гото́вый к ~и** ready for use, ready for service; **нахо́дится в ~и** *хим.* be on stream; **прекраща́ть ~ю у́гольного, нефтяно́го и др. месторожде́ний** abandon a coal field, an oil field, *etc.*; **при ~и** (*имеется в виду использование*) during use of ... ; (*имеется в виду техобслуживание*) in the course of maintenance; **просто́й в ~и** (*имеется в виду использование*) simple to operate, simple to run; (*имеется в виду техобслуживание*) simple to attend to, simple to maintain, simple to service; **пуска́ть в ~ю** *хим.* put on stream; **снима́ть с ~и** remove from [take out of, place out of] service, put out of operation
кратковре́менная ~ short-term service
о́пытная ~ 1. trial operation 2. *хим.* pilot-plant operation
продолжи́тельная ~ long-term service
промы́шленная ~ commercial operation
~ самолёта с, напр. травяны́х аэродро́мов operation of an airplane from, *e.g.*, grass surfaces
техни́ческая ~ operation
эксплуати́ровать *гл.* 1. (*использовать*) use, operate, run 2. (*поддерживать в рабочем состоянии*) attend to, maintain
экспози́метр *м.* exposure meter
экспози́ция *ж.* 1. *кфт.*, *тлв.* exposure 2. arrangement (display) of exhibits
относи́тельная ~ relative exposure
повто́рная ~ double exposure
экспона́т *м.* exhibit
экспоне́нт *м. мат.* exponent
экспоне́нта *ж. мат.* exponential curve
экспоненциа́льный *прил.* exponential
логарифми́чески ~ log-exponential
экспони́рование *с.* exposure
двойно́е ~ double exposure
многокра́тное ~ multiple exposure
экспоно́метр *м.* exposure meter
визуа́льный ~ visual exposure meter
опти́ческий ~ visual exposure meter
фотоэлектри́ческий ~ photo-electric exposure meter
экспонометри́я *ж.* exposure metering
э́кспорт *м.* export □ **на ~** for export
экспортёр *м.* exporter
экспорти́рование *с.* exportation
экспорти́ровать *гл.* export
экспре́сс *м.* express train
экспре́сс-ана́лиз *м.* proximate analysis
экспре́сс-лаборато́рия *ж.* proximate analysis laboratory
экспре́сс-ме́тод *м.* proximate method
экстензо́метр *м.* extensometer
зерка́льный ~ mirror extensometer
эксте́нзор *м. мат.* extensor
экстенси́вность *ж.* extensiveness
экстенси́вный *прил.* extensive
экстенсо́граф *м. пищ.* extensograph
экстенсо́метр *м. пищ.* extensometer
эксти́нкция *ж.* extinction
атмосфе́рная ~ atmospheric extinction
межзвёздная ~ interstellar extinction
экстирпа́тор *м. с.-х.* extirpator, weeder
экстирпа́ция *ж. с.-х.* extirpation, weed extermination
экстраги́рование *с.* (*см. тж.* **экстра́кция**) extraction □ **~ с по́мощью, напр. летучи́х растворителе́й** extraction with, *e.g.*, volatile solvents, solvent extraction
экстраги́ровать *гл.* extract
экстра́кт *м.* extract
~ для наполне́ния *кож.* filling extract
дуби́льный ~ tanning extract
расти́тельный ~ vegetable extract
экстра́ктор *м.* extractor, extraction apparatus, extraction unit
экстра́кция *м.* 1. extraction 2. (*в производстве фосфорной кислоты*) attack
жи́дкостная ~ liquid-liquid extraction
~ жи́дкостью жи́дкости liquid-liquid extraction
~ жи́дкостью твёрдого те́ла solid-liquid extraction
избира́тельная ~ selective extraction
противото́чная ~ counter-current [cross-current] extraction
~ растворителями solvent extraction
расщепи́тельная ~ split extraction
фракциони́рованная ~ fractional extraction
экстрапа́р *м.* vapour
экстраполи́рование *с.* extrapolation (*from ... to ...*)

экстраполи́ровать *гл.* extrapolate (*to*) □ **~ в бу́дущее** extrapolate to the future; **~ на ...** extrapolate to ...

экстраполяци/я *ж.* extrapolation (*from ... to ...*) □ **найти́ ~ей** find by extrapolation

экстрато́к *м.* extra current

экстрема́ль *ж.* extremal
  ло́маная ~ broken(-line) extremal
  ~ с углублёнными то́чками extremal with corners

экстре́мум *м.* extreme, extremum, bend [extreme] point □ **достига́ть ~а** reach an extremum; **минова́ть ~** miss an extremum; **~ нахо́дится внутри́ о́бласти** an extremum lies [occurs] within a region; **~ нахо́дится, напр. на грани́це** an extremum is located on, *e.g.*, a boundary; **находи́ть ~** find an extremum; **определя́ть местонахожде́ние ~а** locate an extremum; **«проскочи́ть» ~** miss an extremum
  относи́тельный ~ relative extremum
  усло́вный ~ conditional extremum

экструда́т *м.* (*экструдируемая заготовка*) extrudate, extruded article

экстру́дер *м.* extruder, extruding machine, extrusion press
  многочервя́чный ~ multi-screw extruder
  одночервя́чный ~ single-screw extruder
  червя́чный ~ screw extruder

экструди́ровать *гл.* extrude

экстру́зия *ж.* extrusion, extrusion moulding
  автотерми́ческая ~ autothermal extrusion
  адиабати́ческая ~ adiabatic extrusion
  ~ с зака́лкой quench-tank extrusion

эксуда́т *м.* exudate

эксуда́ция *ж.* exudation

эксце́нтрик *м.* eccentric, cam
  ~ за́днего [обра́тного] хо́да reverse [rear, backward] eccentric
  ~ пере́днего хо́да forward eccentric
  распредели́тельный ~ distributing eccentric
  регули́руемый ~ variable [adjustable] eccentric

эксцентрисите́т *м.* eccentricity
  ~ ве́ктора тя́ги *ркт.* thrust misalignment
  ~ орби́ты orbit eccentricity
  ~ э́ллипса eccentricity of an ellipse

эксцентри́ческий *прил.* eccentric, off-centre

эксце́сс *м. мат.* excess, kurtosis □ **с ~ом ме́ньше норма́льного** platykurtic
  норма́льный ~ normal kurtosis
  ~ пло́тности распределе́ния kurtosis of a frequency curve

эктипогра́фия *ж.* braille (writing)

эла́стик *м.* **1.** (*нить*) stretch thread **2.** (*пряжа*) stretch yarn **3.** (*ткань*) stretch fabric

эласти́чность *ж.* elasticity
  каучукоподо́бная ~ rubber elasticity
  ~ по (упру́гому) отско́ку rebound elasticity

эласти́чный *прил.* elastic, resilient

эластовискози́метр *м.* elastovisco(si)meter

эластодина́мика *ж.* elastodynamics

эластоме́р *м.* (*высокомолекулярное соединение*) elastomer

эласто́метр *м.* elastometer

эластопласто́метр *м.* elastoplastometer

элева́тор *м.* elevator
  ~ «гуси́ная ше́я» *пищ.* goose-neck elevator
  загру́зочный ~ feed(ing) elevator
  зерново́й ~ grain elevator
  ковшо́вый ~ bucket elevator
  лю́лечный ~ cradle elevator
  ни́жний ~ (*линотипа*) first elevator
  по́лочный ~ flight [shelf] elevator
  шне́ковый ~ auger-type [screw] elevator

элево́н *м.* elevon

элега́з *м.* SF_6 gas

электре́т *м.* electret

электриза́тор *м.* electrizer

электриза́ция *ж.* electrization
  ~ бума́ги static-charge accumulation by paper
  ~ влия́нием electrization by induction
  ~ соприкоснове́нием contact electrization
  ~ тре́нием triboelectrification

электризова́ть *гл.* electrize, electrify

эле́ктрик *м.* electrician

электрифика́ция *ж.*:
  ~ желе́зных доро́г use of electric traction on railways, adaptation of railways to electric traction
  ~ се́льского хозя́йства adaptation of farming to the use of electric power, use of electric power in farming

электрифици́ровать *гл.* adapt to (the use of) electric power

электри́ческий *прил.* electric(al)

электри́чество *с.* electricity
  атмосфе́рное ~ atmospheric electricity
  гальвани́ческое ~ galvanic electricity
  грозово́е ~ thunderstorm electricity
  динами́ческое ~ dynamic electricity
  свобо́дное ~ free electricity
  свя́занное ~ latent [disguised, dissimulated] electricity
  стати́ческое ~ static electricity
  стати́ческое, отрица́тельное ~ negative [resinous] electricity
  стати́ческое, положи́тельное ~ positive [vitreous] electricity
  ~ тре́ния frictional electricity

электроаку́стика *ж.* electroacoustics

электроана́лиз *м.* electroanalysis

электроанало́гия *ж.* electrical analogy

электроанемо́метр *м.* hot-wire anemometer

электроаппарату́ра *ж.* electric(al) apparatus, electric(al) equipment

электроаэрозо́ль *ж.* electrically charged [ionized] aerosol

электробалласте́р *м.* electric ballasting machine

электробри́тва *ж.* electric-powered shaver

электробу́р *м.* electric drill

электровале́нтность *ж.* electrovalence, electrovalency

электровале́нтный *прил.* electrovalent

электровибра́тор *м.* electric vibrator, electrovibrator

электрово́з *м.* electric locomotive
  аккумуля́торный ~ storage-battery [accumulator] locomotive
  конта́ктный ~ trolley-wire locomotive
  магистра́льный ~ main line electric locomotive
  маневро́вый ~ switching [shunting] electric locomotive
  ~ на переме́нном то́ке alternating current electric locomotive
  ~ на постоя́нном то́ке direct current electric locomotive
  ру́дничный ~ mine electric locomotive
  ~ с преобразова́телями converter electric locomotive

электровоспламени́тель *м. горн.* electric fuse, igniter

электровосстановле́ние *с.* electroreduction

электровыделе́ние *с.* (*металла*) electrowinning

электрогазодина́мика *ж.* electrogasdynamics

электрогенера́тор *м.* electric generator

электрогидрокла́пан [ЭГК] *м.* solenoid-operated hydraulic valve

электроглянцева́тель *м. кфт.* hot glazer

электро́граф *м.* electrograph

электрогра́фия *ж.* electrography

электро́д *м.* electrode □ **вживля́ть ~** implant an electrode; **напыля́ть ~** *элн.* deposit an electrode by evaporation; **обма́зывать ~** *св.* coat [cover] an electrode; **отвести́ ~ от сва́риваемой дета́ли** withdraw an electrode from the work; **перемеща́ть ~ вдоль и попере́к шва** give an electrode weaving motion, advance an electrode in a weaving pattern; **подава́ть ~ в сва́рочную зо́ну** advance [feed] an electrode into the weld pool; **поднести́ ~ к сва́риваемой дета́ли (и косну́ться её)** touch an electrode to the work; **«чи́ркать» ~ом** *жарг.* (*по детали для зажигания дуги*) match-strike an electrode (*against the work to start an arc*)
  акти́вный ~ active [discharge] electrode
  амальга́мный ~ amalgam electrode

электро́д
биполя́рный ~ bipolar electrode
водоро́дный ~ hydrogen electrode
возбужда́ющий ~ (*индуктивного аттенюатора*) launching coil
~ вспомога́тельного разря́да keep-alive electrode, ignitor
вспомога́тельный ~ auxiliary electrode
втори́чно-эмитти́рующий ~ dynode, secondary-emission electrode
га́зовый ~ gas cell
графити́рованный ~ graphitized electrode
графи́товый ~ graphite electrode
жи́дкий ~ liquid electrode
~ зажига́ния starting electrode
замедля́ющий ~ decelerating electrode
~ затво́ра (*полевого транзистора*) gate (electrode)
~ игнитро́на, поджига́ющий ignitor [igniter] electrode
~ исто́ка (*полевого транзистора*) source (electrode)
ка́пельный ~ dropping (mercury) electrode
коаксиа́льный ~ coaxial electrode
корони́рующий ~ corona-forming electrode
непла́вящийся ~ nonconsumable electrode
неполяризу́ющийся ~ non-polarizable electrode
непреры́вный ~ continuous electrode
норма́льный ~ normal [standard] electrode
нулево́й ~ null electrode
обрати́мый ~ reversible electrode
отклоня́ющий ~ deflecting electrode
пла́вящийся ~ consumable electrode
подсве́чивающий ~ intensifier electrode
послеускоря́ющий ~ intensifier electrode, post-deflection [post-accelerating] electrode
принима́ющий ~ (*индуктивного аттенюатора*) pick-up coil
пусково́й ~ starting electrode
расхо́дуемый ~ consumable electrode
рту́тный ~ mercury electrode
самоспека́ющийся ~ self-baking [self-sintering] electrode
самоспека́ющийся, набивно́й ~ rammed self-baking electrode
сва́рочный ~ welding electrode, welding rod
сва́рочный, арми́рованный ~ sheathed electrode
сва́рочный, го́лый ~ (*без покрытия*) bare [uncoated] electrode
сва́рочный ~ для дугово́й сва́рки arc-welding electrode
сва́рочный ~ для напла́вки building-up electrode
сва́рочный ~ для сва́рки под водо́й underwater electrode

электро́д
сва́рочный ~ для то́чечной сва́рки spot-welding electrode
сва́рочный, изо́гнутый ~ offset electrode
сва́рочный, коленообра́зный ~ cranked electrode
сва́рочный, ле́нточный ~ strip electrode
сва́рочный, по́лый ~ (*для приварки шпилек*) hollow electrode
сва́рочный, ро́ликовый ~ roller electrode
сва́рочный ~ с газообразу́ющим покры́тием gas-shielded [shielded arc] electrode
сва́рочный ~ с обма́зкой covered electrode
сва́рочный ~ со шлакообразу́ющим покры́тим flux-coated electrode
сва́рочный, токоподводя́щий ~ (*при одиночной сварке*) contact electrode
сва́рочный, тру́бчатый ~ tubular [core(d)] electrode
сва́рочный, фити́льный ~ cored electrode
сва́рочный, шту́чный ~ (*для ручной сварки*) stick electrode
~ сравне́ния reference electrode
станда́ртный ~ standard [normal] electrode
~ сто́ка (*полевого транзистора*) drain (electrode)
токоподводя́щий ~ current-carrying electrode
~ то́пливного элеме́нта, газодиффузио́нный gas-diffusion electrode
~ то́пливного элеме́нта, двухкарка́сный double-skeleton electrode
~ то́пливного элеме́нта кла́панного ти́па valve electrode
~ то́пливного элеме́нта, по́ристый porous electrode
то́пливный ~ fuel [hydrogen] electrode
у́гольный ~ carbon electrode
управля́ющий ~ control electrode
ускоря́ющий ~ accelerating electrode
фокуси́рующий ~ focusing electrode
экрани́рующий ~ shield(ing) electrode
эми́ттерный ~ (*транзистора*) emitter electrode
эмитти́рующий ~ emitting electrode

электродви́гател/ь *м.* (electric) motor □ **включа́ть ~** start [switch on, turn on, energize) a motor; **защища́ть ~** protect a motor; **защища́ть ~ пла́вким предохрани́телем** fuse a motor; **испо́льзовать ~ с недогру́зкой** run a motor light; **~ облада́ет сво́йствами обрати́мости** a motor can operate as a generator; **отключа́ть [выключа́ть] ~** stop [de-energize, switch off, turn off] a motor; **охлажда́ть ~ принуди́тельно** force-cool a motor; **~ развива́ет (*тако́й-то*) враща́ющий моме́нт** an electric motor develops a torque of ... (kgm); **сжечь ~** burn a motor; **ста́вить ~ под нагру́зку** put load on a motor, load a motor; **управля́ть ~ем** control a motor

электродви́гател/ь
асинхро́нный ~ induction [asynchronous] motor
асинхро́нный, синхронизи́рованный ~ synchronous induction motor
асинхро́нный ~ с короткоза́мкнутым ро́тором squirrel-cage induction motor
асинхро́нный ~ с фа́зным ро́тором *англ.* slip-ring induction motor; *амер.* phase-wound (-rotor) motor
бесколле́кторный ~ commutatorless [brushless] motor
бесщёточный ~ brushless motor
брызгозащищённый ~ splash-proof motor
вентили́руемый ~ ventilated motor
ве́нтильный ~ thyratron motor
взрывозащищённый ~ explosion-proof [flame-proof] motor
встра́иваемый ~ built-in motor
газонепроница́емый ~ gas-tight motor
гистере́зисный ~ hysteresis motor
гребно́й ~ main propulsion motor
гребно́й ~ авари́йного хо́да *мор.* emergency propulsion motor
двухпо́люсный ~ bipolar motor
закры́тый ~ totally enclosed motor
колле́кторный ~ commutator motor
конденса́торный ~ capacitor-start motor
короткоза́мкнутый ~ squirrel-cage motor
многофа́зный ~ polyphase motor
нереверси́вный ~ non-reversible motor
неявнопо́люсный ~ nonsalient-pole [round-rotor] motor
однофа́зный ~ single-phase motor
~ переме́нного то́ка alternating current [a.c.] motor
погружно́й ~ submersible motor
~ постоя́нного то́ка direct-current [d.c.] motor
пусково́й ~ starting motor
реакти́вный ~ reaction motor
реду́кторный ~ gearmotor
репульсио́нный ~ repulsion induction motor
~ с бе́личьей кле́ткой squirrel-cage motor
~ с двойно́й бе́личьей кле́ткой double squirrel-cage motor
се́риесный ~ series(-wound) motor
~ с жёсткой характери́стикой constant-voltage [flat-response] motor
синхро́нный ~ synchronous motor
~ с конта́ктными ко́льцами slip-ring motor
следя́щий ~ servo motor
~ с мя́гкой характери́стикой drooping-response motor
~ с печа́тной обмо́ткой printed circuit motor

электродви́гател/ь
~ с после́довательным возбужде́нием series(-wound) motor
~ с принуди́тельным возду́шным охлажде́нием forced-air-cooled motor
~ с регули́руемой ско́ростью враще́ния adjustable [variable] speed motor
~ с самовентиля́цией self-ventilated motor
~ с сегме́нтным ро́тором segmental-rotor motor
~ с фа́зным ро́тором phase-wound (rotor) motor
тя́говый ~ traction motor
универса́льный ~ universal motor
фла́нцевый ~ flange(-mounted) motor
ша́говый ~ step(ping) motor
шунтово́й ~ shunt(-wound) motor
щитово́й ~ endshield-mounted motor
явнопо́люсный ~ salient-pole motor
электродетона́тор *м.* electric blasting cap, electric detonator, electric fuze
~ заме́дленного де́йствия delay electric blasting cap
~ короткозаме́дленного де́йствия millisecond [msec] delay electric blasting cap
~ мгнове́нного де́йствия instantaneous electric blasting cap
электро́д-заземли́тель *м. англ.* earth electrode; *амер.* ground electrode
электродиа́лиз *м.* electrodialysis
электродиализа́тор *м.* electrodialyzer
электродина́мика *ж.* electrodynamics
косми́ческая ~ cosmic(al) electrodynamics
электродинами́ческий *прил.* electrodynamic
электродинамо́метр *м.* electrodynamometer
электродисперги́рование *с.* electrodispersion
электродиспе́рсия *ж.* electrodispersion
электродиффу́зия *ж.* electrodiffusion
электродержа́тель *м.* electrode holder
~ клещево́го ти́па tong-type electrode holder
несу́щий ~ electrode mast
~ подвесно́го ти́па suspension-type electrode holder
~ цепно́го ти́па chain-type electrode holder
электро́д-опра́вка *м.* (*машины для роликовой сварки*) electrode bar
электродре́ль *ж.* electric drill
электрозажига́лка *ж.* electric lighter
электрозака́лка *ж.* electrohardening
электрозаклёпка *ж.* plug weld
сквозна́я ~ rivet weld
электрозапа́л *м.* electric primer
электрозо́ль *м.* electrosol
электроизгородь *ж. с.-х.* electric fence
электроинду́кция *ж.* electric induction
электроинкуба́тор *м.* electric incubator
электроинструме́нт *м.* electro-driven [power] tools
электрокаме́н *м.* electrical fireplace
электрокапилля́рность *ж.* electrocapillarity
электрока́р *м.* storage-battery [battery-powered, battery-operated] truck
электрокардио́граф *м.* electrocardiograph
многокана́льный ~ multichannel electrocardiograph
одноканальный ~ single-channel electrocardiograph
электрокардиогра́фия *ж.* electrocardiography
электрокарто́н *м.* electric-grade cardboard
электроката́лиз *м.* electrocatalysis
электрокатализа́тор *м.* electrocatalyst
электрока́утер *м.* electrocauter
электрокимо́граф *м.* electrokymograph
электрокине́тика *ж.* electrokinetics
электрокла́пан [ЭК] *м.* solenoid-operated valve
электроклассифика́тор *м. горн.* electric classifier
электроклассифика́ция *ж. горн.* electric classification
электрокоагуля́ция *ж.* electrocoagulation
электроконве́ктор *м.* electric convection heater, electric convector
электрокорро́зия *ж.* electrocorrosion
электрокору́нд *м.* manufactured [synthetic] corundum
норма́льный ~ aluminium-oxide abrasive
электрокотёл *м.* electric boiler
электрокристаллиза́ция *ж.* electrocrystallization
электрола́мпа *ж.* electric lamp, electric bulb
электролебёдка *ж.* electric winch
электро́лиз *м.* electrolysis □ **подверга́ть ~у** electrolyze
вну́тренний ~ internal electrolysis
электролиза́ция *ж.* electrolyzing
электролизёр *м.* electrolyzer
электроли́т *м.* electrolyte □ **долива́ть ~** top up the electrolyte; **~ затверде́л** the electrolyte (has) solidified; **измеря́ть пло́тность ~а** *жарг.* take (specific) gravity readings; **истоща́ть ~** deplete the electrolyte; **контроли́ровать ~** test the electrolyte; **происхо́дит уте́чка ~а** some electrolyte is lost by spillage; **расплеска́ть [проли́ть] ~** spill electrolyte
бина́рный ~ binary electrolyte
ки́слый ~ acid electrolyte
колло́идный ~ colloidal electrolyte
органи́ческий ~ organic electrolyte
отрабо́танный ~ foul [spent] electrolyte □ **восстана́вливать отрабо́танный ~** regenerate spent electrolyte
распла́вленный ~ fused [molten] electrolyte
си́льный ~ strong electrolyte
сла́бый ~ weak electrolyte
электроли́т
твёрдый ~ solid electrolyte
тройно́й ~ ternary electrolyte
щелочно́й ~ alcaline electrolyte
электролитоноси́тель *м.* electrolyte carrier
электроло́в *м.* electrical fishing
электролову́шка *ж.* **для насеко́мых** electrocutor trap
электролуже́ние *с.* electrotinning
электролюминесце́нция *ж.* electroluminescence
электромагнети́зм *м.* electromagnetism
электромагни́т *м.* electromagnet □ **включа́ть ~** energize an electromagnet; **выключа́ть ~** de-energize an electromagnet; **~ отпуска́ет** an electromagnet releases; **~ притя́гивает** an electromagnet attracts [pulls]
бронево́й ~ pot [shell-type] electromagnet
включа́ющий ~ closing electromagnet
~ враще́ния (*шагового искателя*) horizontal magnet
втяжно́й ~ plunger electromagnet
выключа́ющий ~ disconnecting electromagnet
исполни́тельный ~ driving [control] electromagnet
кра́новый ~ lifting electromagnet
подковообра́зный ~ horseshoe electromagnet
~ подъёма (*шагового искателя*) vertical magnet
подъёмный ~ lifting electromagnet
поляризо́ванный ~ polarized electromagnet
расцепля́ющий ~ release magnet
сверхпроводнико́вый ~ superconducting magnet
~ с откидны́м я́корем clapper-type electromagnet
стержнево́й ~ bar magnet
сцепля́ющий ~ clutch magnet
тормозно́й ~ brake electromagnet
тя́говый ~ tractive electromagnet
электромаши́на *ж.* electric machine
обрати́мая ~ combined motor-generating unit
электромашинострое́ние *с.* the electric machine industry; electric machine engineering
электромегафо́н *м.* electric megaphone
электрометаллурги́я *ж.* electrometallurgy
электро́метр *м.* electrometer
абсолю́тный ~ absolute electrometer
бина́нтный ~ binant electrometer
динами́ческий ~ dynamic electrometer
динами́ческий, конденса́торный ~ dynamic condenser electrometer
капилля́рный ~ capillary [Lippmann] electrometer
квадра́нтный ~ quadrant electrometer

электро́метр
ла́мповый ~ vacuum-tube electrometer
многока́мерный ~ multiple electrometer
самопи́шущий ~ electrograph
стру́нный ~ string [filament] electrometer
язычко́вый ~ vibrating-reed electrometer
электрометри́я *ж.* electrometry
электромеха́ника *ж.* electromechanics
электромоби́ль *м.* electric motor car, battery-driven vehicle
электромонта́жник *м.* construction [erection] electrician
электромонтёр *м.* linesman, electrician
электромото́р *м. уст. см.* электродви́гатель
электромоты́га *ж.* electrical tiller
электро́н *м.* 1. electron □ ~ы бомбарди́руют, *напр.* мише́нь electrons bombard, *e.g.*, the target; выбива́ть ~ knock out an electron; ~ вырыва́ется под де́йствием па́дающего све́та the electron is liberated by the action of incident light, incident light causes the electron to be ejected (*e.g., from the surface*); ~ дви́жется по криволине́йной траекто́рии an electron follows a curved trajectory; захва́тывать ~ capture an electron; испуска́ть ~ eject [emit] an electron; ~ы образу́ют сгу́стки (*в клистроне*) the electrons gather in bunches, the electrons are bunched (*in a klystron*); осуществля́ть отры́в ~а от а́тома extract [dislodge] an electron from an atom; рассе́ивать ~ы scatter electrons; ~ы ста́лкиваются electrons collide 2. (*группа магнитных сплавов*) electron
а́томный ~ atomic electron
~ бе́та-распа́да beta-decay [disintegration] electron
блужда́ющий ~ vagabonding [roaming] electron
бы́стрый ~ fast(-moving) [high-speed] electron
~ вале́нтной зо́ны valence band electron
вале́нтный ~ valence electron
влета́ющий ~ incoming [oncoming, ingoing] electron
вне́шний ~ outer(-shell) [peripheral] electron
вну́тренний ~ inner(-shell) electron
втори́чный ~ secondary electron; (*в электронном умножителе*) multiplier electron
вылета́ющий ~ outgoing [outcoming] electron
вы́рожденный ~ degenerate electron
~ высо́кой эне́ргии high-energy [hard] electron
горя́чий ~ hot electron
избы́точный ~ excess electron

электро́н
коллективизи́рованный ~ collective electron
конверсио́нный ~ conversion electron
~ы ку́перовской па́ры Cooper pair electrons
~ ма́лой эне́ргии low-energy electron
ме́дленный ~ slow(-moving) [low-speed] electron
неспа́ренный ~ unpaired electron
орбита́льный ~ orbital [planetary] electron
~ отда́чи Compton (recoil) electron
перви́чный ~ primary electron
почти́ свобо́дный ~ quasi-free electron
~ проводи́мости conduction [conductivity] electron
релятиви́стский ~ relativistic electron
свобо́дный ~ free [unbound, mobile] electron
свя́занные ~ы bound [fixed] electrons
~ свя́зи bonding electron
туннели́рующий ~ tunneling electron
фо́новый ~ background electron
электронагре́в *м.* electric heating
электронагрева́тель *м.* electric heater
электронасо́с *м.* electric pump
электро́н-во́льт *м.* electron-volt, eV
электро́ника *ж.* electronics
авиацио́нная ~ avionics
аэрокосми́ческая ~ aerospace electronics
геофизи́ческая ~ geoscience electronics
интегра́льная ~ integrated electronics
ква́нтовая ~ quantum electronics
косми́ческая ~ space electronics, astrionics
криоге́нная ~ cryogenic [low-temperature] electronics
молекуля́рная ~ molecular electronics, moletronics
параметри́ческая ~ parametric electronics
полупроводнико́вая ~ semiconductor electronics
промы́шленная ~ industrial electronics
СВЧ ~ microwave electronics
силова́я ~ power electronics
~ твёрдого те́ла solid state electronics
техни́ческая ~ engineering electronics
тонкоплёночная ~ (thin-)film electronics
транзи́сторная ~ transistor electronics
функциона́льная ~ functional electronics
я́дерная ~ nuclear electronics
электронограмма *ж.* electron diffraction pattern

электроно́граф *м.* electron diffractometer, electron-diffraction apparatus
электроногра́фия *ж.* electron diffractometry
электрообеспы́ливание *с.* electric dust suppression
электрообеспы́ливатель *м.* electric dust suppressor, electric dust catcher
электрообогре́в *м.* (*помещения*) electric heating
электрообогрева́тель *м.* electric heater
электрооборудование *с.* electrical equipment
взрывозащищённое ~ flame-proof [explosion-proof] electrical equipment
взрывозащищённое, искробезопа́сное ~ intrinsically safe electrical equipment
взрывозащищённое, маслонапо́лненное ~ flame-proof oil-filled electrical equipment
электрооглуше́ние *с.* скота́ electrical cattle stunning
электроокра́ска *ж.* electrocoating
электроо́птика *ж.* electrooptics
электроосажде́ние *с.* electrodeposition, electrolytic precipitation
электроо́смос *м.* electro(endo)osmosis
электроотопле́ние *с.* electric heating
электроотрица́тельность *ж.* electronegativity
электроочи́стка *ж.* electrical cleaning, electrical precipitation
электропа́йка *ж.* (*мягким припоем*) electric soldering; (*твёрдым припоем*) electric brazing
электропасту́х *м.* electric fence
электропереда́ча *ж.* power transmission
да́льняя ~ long-distance power transmission
электропе́чь *ж.* electric furnace
ва́куумная ~ vacuum furnace
ва́куумная ~ с нерасхо́дуемым электро́дом nonconsumable-electrode vacuum furnace
ва́куумная ~ с расхо́дуемым электро́дом consumable-electrode vacuum furnace
дугова́я ~ (electric-)arc furnace
дугова́я ~ ко́свенного де́йствия indirect-arc electric furnace
дугова́я ~ прямо́го де́йствия direct-arc electric furnace
дугова́я ~ прямо́го де́йствия с непроводя́щей поди́ной direct-arc non-conducting hearth electric furnace
дугова́я ~ с закры́той дуго́й submerged-arc electric furnace
индукцио́нная ~ induction furnace
индукцио́нная, кана́льная ~ cored induction furnace
индукцио́нная, ти́гельная ~ crucible [coreless] induction furnace
пла́зменно-дугова́я ~ plasma furnace
~ сопротивле́ния (*с отдельными термонагревателями*) resistor furnace; (*нагревательным элементом служит шихта*) resistance furnace

электропе́чь
~ шла́кового перепла́ва electroslag refining [ESR] furnace
электроннолучева́я ~ electron-beam furnace
электропила́ *ж.* electric saw
электропирозапа́л *м.* electric squib
электропиропатро́н *м.* electric squib
электропита́ние *с.* (electric) power supply
электропла́вка *ж.* electric melting
электроплу́г *м.* electric plough
электропневмокла́пан [ЭПК] *м.* solenoid-operated pneumatic valve
электропогру́зчик *м.* electric loader
электропо́езд *м.* electric train
при́городный ~ commuter [suburban] electric train
электропокры́тие *с.* **1.** (*процесс*) electroplating, electrodeposition **2.** (*покрытие*) electroplate, electrodeposit
электрополимериза́ция *ж.* (*покрытий*) electropolymerization
электрополиро́вка *ж.* electropolishing, electrolytic polishing
электроположи́тельность *ж.* electropositivity
электропри́вод *м.* electric [motor] drive □ **с ~ом** electrically driven
автоматизи́рованный ~ automatic electric drive
аккумуля́торный ~ battery drive
ве́нтильный ~ rectifier drive
ио́нный ~ gas-tube drive
~ переме́нного то́ка alternating-current [a.c.] drive
~ постоя́нного то́ка direct-current [d.c.] drive
реверси́вный ~ reversible electric drive
регули́руемый ~ controlled-velocity electric drive
следя́щий ~ servo drive
~ с постоя́нной ско́ростью враще́ния constant speed electric drive
~ с часто́тным регули́рованием adjustable-frequency electric drive
тири́сторный ~ thyristor drive
часто́тно-регули́руемый ~ variable-frequency electric drive
ша́говый ~ step motor drive
электро́нный ~ electronic drive
электропроводи́мость *ж.* **1.** (*процесс, явление*) electric(al) conduction (*см. тж.* **электропрово́дность**) **2.** (*величина, обратна сопротивлению*) conductance; (*тж. но неточно — удельная проводимость*) conductivity
электропрово́дк/а *ж.* wiring □ **производи́ть монта́ж ~и** install (the) wiring
вну́тренняя ~ indoor wiring
втори́чная ~ control [secondary] wiring
втори́чная, внещитова́я ~ general control wiring
~ на кли́цах cleat(ed) wiring
~ на ро́ликах reel-insulator wiring
откры́тая ~ open [surface] wiring
скры́тая ~ flush wiring

электропрово́дк/а
щитова́я ~ panel wiring
электропрово́дность *ж.* **1.** (*явление, процесс*) electric(al) conduction **2.** (*величина, обратная сопротивлению*) conductance; (*удельная: обратна удельному сопротивлению*) conductivity
ды́рочная ~ hole conduction
ио́нная ~ ionic conduction
молекуля́рная ~ molecular conduction
моля́рная ~ molar conduction
при́месная ~ impurity [extrinsic] conduction
со́бственная ~ intrinsic conduction
электро́нная ~ electron conduction
электропро́игрыватель *м.* (*без усилителя или только с предварительным усилителем, без акустической системы*) turntable; (*с встроенным усилителем и акустической системой; более правильно* — электрофо́н) electric record player, electric gramophone
электрорадио́метр *м.* electroradiometer
электрорazве́дка *ж.* geophysical prospecting by electric means
электроре́зка *ж. мет.* electrical cutting
электрорентгеногра́фия *ж.* X-ray xerography, xeroradiography
электросва́рка *ж.* electric welding
дугова́я ~ electric-arc welding
конта́ктная ~ resistance welding
электросва́рщик *м.* electric welder
электросверло́ *с.* electric drill
электросвя́зь *ж.* electric communication, telecommunication
электросепара́ция *ж.* electrostatic separation
электросе́ть *ж.* (electricity supply) network
городска́я ~ urban network
заводска́я ~ industrial network
за́мкнутая ~ meshed network
ка́бельная ~ cable network
кольцева́я ~ ringed network
многофа́зная ~ polyphase network
петлева́я ~ loop network
пита́ющая ~ supply network
радиа́льная ~ radial network
~ с глухозаземлённой нейтра́лью system with a solidly earthed neutral
~ с заземлённой нейтра́лью earthed neutral system
~ с изоли́рованной нейтра́лью isolated neutral system
электроси́нтез *м.* electrosynthesis
электроско́п *м.* electroscope
дозиметри́ческий ~ radioscope
~ с зерка́льным отсчётом reflection reading electroscope
электроскопи́я *ж.* electroscopy
электроснабже́ние *с.* (electric-)power supply
бесперебо́йное ~ uninterrupted power supply, continuity of electric power supply

электросопротивле́ние *с.* (electrical) resistance
электроста́ль *ж.* (*сталь, выплавленная в электропечах; не путать с электротехнической сталью*) electric furnace steel (*not to be confused with* electrical sheet steel)
электроста́нция *ж.* electric power station
а́томная ~ atomic [nuclear] power plant
ба́зисная ~ base-load power station
ветрова́я ~ wind-power station
газомазу́тная ~ gas-and-oil-burning power station
газотурби́нная ~ gas-turbine power station
геотерма́льная ~ geothermal power plant
гидроаккумули́рующая ~ [ГАЭС] hydroelectric pumped storage power plant
ди́зельная ~ diesel power plant
конденсацио́нная ~ condensation [condensing] power plant
локомоби́льная ~ locomobile power plant
~ на жи́дком то́пливе oil-burning power plant
~ на твёрдом то́пливе coal-burning power plant
паротурби́нная ~ steam-turbine power plant
передвижна́я ~ mobile electric power station
пи́ковая ~ peak(-load) power station
плаву́чая ~ floating power station
прили́вная ~ [ПЭС] tidal power plant
промы́шленная ~ industrial (service) power plant
~ с магнитогидродинами́ческим генера́тором [с МГД-генера́тором] magnetohydrodynamic [MHD] power plant
теплова́я ~ steam power plant, fuel-fired steam plant, thermal power station
теплофикацио́нная ~ heat-electric generating plant
электростарте́р *м.* electric starter
электроста́тика *ж.* electrostatics
электростимуля́тор *м.* electrostimulator
электростри́жка *ж. с.-х.* electrical shearing
электростри́кция *ж.* electrostriction
электросуши́лка *ж. пищ.* electric drier
электросчётчик *м.* electric(al) meter
электрота́ль *ж.* (electric) monorail (hoist), electric hoist, electric wire rope hoist
электротензомесдо́за *ж.* strain-gauge dynamometer
электротерми́я *ж.* electrothermics
электротермообрабо́тка *ж.* electric heat-treatment
электроте́хник *м.* electrician

электроте́хника *ж.* electrical engineering
электроти́пия *ж.* electrotyping
электротя́га *ж.* electric traction
электроу́гли *мн. м.* electric carbons
электроустано́вка *ж.* electrical installation
закры́тая ~ indoor electrical installation
освети́тельная ~ lighting installation
откры́тая ~ outdoor electrical installation
промы́шленная ~ industrial electrical installation
силова́я ~ electric(al) power plant, electric(al) power unit
электроутю́г *м.* electric iron
электрофарфо́р *м.* electric-grade porcelain
электрофи́льтр *м.* electrostatic [electric] precipitator
двухпо́льный ~ two-stage (electrostatic) precipitator
многопо́льный ~ multistage (electrostatic) precipitator
мо́крый ~ irrigated (electrostatic) precipitator
пласти́нчатый ~ plate(-type) (electrostatic) precipitator
пласти́нчатый, вертика́льный ~ vertical-flow (electrostatic) precipitator
пласти́нчатый, горизонта́льный ~ horizontal-flow (electrostatic) precipitator
тру́бчатый ~ pipe(-type) [tubular] (electrostatic) precipitator
электрофо́н *м.* (*электропроигрыватель с встроенным усилителем; акустическая система может быть встроенной и отдельной*) electric gramophone, electric record player; (*блочной конструкции*) audiosystem
электрофоре́з *м.* electrophoresis
электрoформо́вка *ж.* electroforming
электрофотогра́фия *ж.* electro-photography, xerography
электрофотолюминесце́нция *ж.* electrophotoluminescence
электрофото́метр *м.* photoelectric [electronic] photometer
звёздный ~ photoelectric star photometer
электрофреза́ *ж.* electric rotary tiller
электрохи́мия *ж.* electrochemistry
электрохирурги́я *ж.* electrosurgery
электрохо́д *м. мор.* (*дизельный*) diesel-electric ship; (*турбинный*) turbo-electric ship
электрохроматогра́фия *ж.* electrochromatography
электрочасы́ *мн.* electric clock
втори́чные ~ slave (electric) clock
гла́вные ~ master [main] (electric) clock
электрошлифова́ние *с.* electrolytic grinding
электроштабелёр *м.* electric stacker
электрощито́к *м.* power panel, electrical distribution box
электроэлектре́т *м.* electroelectret
электроэндоо́смос *м.* electro(endo)osmosis
электроэнерге́тика *ж.* **1.** (*отрасль науки и техники*) electrical power engineering **2.** (*промышленность*) power industry
электроэне́ргия *ж.* electric power, electric energy
эле́ктрум *м.* (*самородный металл*) electrum
элеме́нт *м.* **1.** (*составная часть чего-л.*) element, component **2.** (*химический источник тока*) cell **3.** (*устройство, прибор*) device, unit; (*иногда*) element **4.** *мат.* element, quantity; (*треугольника*) part **5.** (*списка выходов, макрокоманды*) *вчт.* entry
~ аккумуля́торной батаре́и storage(-battery) [accumulator] cell
аккумуля́торный ~ storage(-battery) [accumulator] cell
акти́вный ~ active element, active component
~ аналити́ческой фу́нкции element of an analytic function
ана́логовый ~ analog element
~ анте́нны (aerial [antenna]) element
~ анте́нны, акти́вный radiating [directly excited] element
~ анте́нны, пасси́вный passive [parasitically excited] element
арми́рующий ~ *стр.* reinforcing element
бесконе́чно удалённые ~ы *мат.* points at infinity, ideal points
~ы букв, выступа́ющие ascenders
~ы букв, свиса́ющие descenders
~ вероя́тности probability element
~ Весто́на Weston standard cell
~ ви́хря vortex element
влагочувстви́тельный ~ humidity-sensitive element
воспринима́ющий ~ sensing element, sensor
воспринима́ющий, опти́ческий ~ optical sensor
входно́й ~ input element
~ вы́борки sample unit
~ вы́борочного пла́на *мат.* plot
выходно́й ~ output element
~ вычисли́тельной маши́ны computer element
вычисли́тельный ~ computer element; (*в аналоговой технике*) computing element
гальвани́ческий ~ galvanic cell
гальвани́ческий, возду́шно-цинко́вый ~ air-zinc cell
гальвани́ческий, га́зовый ~ gas cell
гальвани́ческий, контро́льный ~ pilot cell
гальвани́ческий, концево́й ~ end cell
гальвани́ческий, концентрацио́нный ~ concentration cell

элеме́нт
гальвани́ческий, необрати́мый ~ irreversible cell
гальвани́ческий, обрати́мый ~ reversible cell
гальвани́ческий, перви́чный ~ primary cell
гальвани́ческий, у́гольный ~ carbon cell
гистере́зисный ~ hysteretic element
~ гла́вной диагона́ли определи́теля *мат.* leading element in a determinant
~ да́нных data element, data item
двоичный ~ *вчт.* binary cell
двухпозицио́нный ~ *вчт., элн.* two-position [two-stable state] element
дискре́тный ~ discrete element, discrete component
доче́рний ~ *физ.* daughter element
~ жи́дкости fluid element
жи́дкостный ~ wet cell
~ заде́ржки delay element
~ запомина́ющего устро́йства storage [memory] element
запомина́ющий ~ storage [memory] element, storage [memory] cell (*Не путать с* ячейкой памяти. *Not to be confused with* storage register, storage location) □ **запомина́ющий ~ нахо́дится в (состоя́нии) «0» *или* «1»** the storage [memory] cell is in a "0" *or* a "1" state; **устана́вливать запомина́ющий ~ в (состоя́ние) «0» *или* «1»** set the storage [memory] cell to a "0" *or* "1" state
звукоизлуча́ющий ~ acoustic radiating element
звукоприёмный ~ sound pick-up element
~ И AND element
избы́точный ~ redundant element
измери́тельный ~ measuring element
~ изображе́ния *тлв.* picture element, elemental area
~ ИЛИ OR element
иммерсио́нный ~ (*полупроводникового фотоприёмника*) immersion element
и́мпульсный ~ *авт.* sampler
инверти́рующий ~ inverting element
интегра́льный ~ *элн.* integrated (circuit) element
исхо́дный ~ *физ.* parent element; original element
коммутацио́нный ~ *элн.* switching element
~ констру́кции *стр.* member
~ констру́кции, несу́щий bearing member
~ констру́кции, попере́чный cross member
~ констру́кции, продо́льный longitudinal member
~ констру́кции, рабо́тающий на изги́б member in bending

элеме́нт
~ констру́кции, рабо́тающий на круче́ние member in torsion
~ констру́кции, рабо́тающий на растяже́ние member in tension
~ констру́кции, рабо́тающий на сжа́тие compressional member, (compression) strut
~ констру́кции, рабо́тающий на срез member in shear
~ констру́кции, уси́ливающий reinforcing member, stiffener
конта́ктный ~ *эл.* contact element, contact electrode
криоге́нный ~ cryogenic element
леги́рующий ~ 1. *мет.* alloying element 2. *пп* doping element
логи́ческий ~ (*ЦВМ*) logic element, gate □ **набо́р логи́ческих ~ов облада́ет функциона́льной полното́й** the set of gates is functionally complete
логи́ческий, запомина́ющий ~ storage [memory, sequential] element
логи́ческий ~ И AND gate, AND circuit
логи́ческий ~ ИЛИ OR gate, OR circuit
логи́ческий ~ ИЛИ — НЕ NOR gate, NOR circuit
логи́ческий ~ И — НЕ NAND gate, NAND circuit
логи́ческий, комбинацио́нный ~ combinational [decision, memoryless] element, gate
логи́ческий, мажорита́рный ~ majority (logic) element
логи́ческий, микроминиатю́рный (мо́дульный) ~ micrologic element
логи́ческий ~ НЕ NOT [inverter] gate, NOT [inverter] circuit
логи́ческий, поро́говый ~ threshold element
логи́ческий, реша́ющий ~ decision [memoryless, combinational] element, gate □ **выходно́й сигна́л реша́ющего логи́ческого ~а определя́ется комбина́цией входны́х сигна́лов** the output of a decision element is produced by a combination of inputs
магни́тный ~ magnetic element
магни́тный, многоды́рочный ~ magnetic multiaperture element
~ ма́ссы element of mass
матери́нский ~ *физ.* parent element
ма́тричный ~ *мат.* matrix element, element of a matrix
ме́стный ~ local (galvanic) cell
~ микросхе́мы integrated-circuit [IC] element
~ мише́ни (*в ЭЛТ*) target element
мо́крый ~ wet cell
монокристалли́ческий ~ single-crystal element
навесно́й ~ *элн.* interconnection [discrete interconnected] component
нагрева́тельный ~ heating element
~ на твёрдом те́ле solid-state element

элеме́нт
невзаи́мный ~ nonreciprocal [unidirectional] element
нелине́йный ~ non-linear element
нерабо́чий ~ *вчт.* inactive entry
несо́бственные ~ы *мат.* points at infinity, ideal points
норма́льный ~ (*как мера эдс*) standard cell
норма́льный, насы́щенный ~ saturated standard cell
норма́льный, ненасы́щенный ~ unsaturated standard cell
обра́тный ~ *мат.* inverse
~ объёма *мат.* volume element, element [differential] of volume, cell
опо́рный ~ (*отсчёта или сравнения*) reference element
оптикоэлектро́нный ~ optoelectronic element
опти́ческий ~ автомоби́льной фа́ры (lamp) sealed-beam unit, headlamp insert
опти́ческий, реле́йный ~ photorelay, photoelectric [light] relay, photoswitch
~ы орби́ты elements of an orbit
параметри́ческий ~ *элн.* parametric element
печа́тающие ~ы *полигр.* printing areas
печа́тный ~ *вчт.* printed component
плёночный ~ *элн.* (thin-)film component
~ пове́рхности *мат.* surface element
поглоща́ющий ~ *элн.* dissipative element
~ подве́ски spring unit
~ подве́ски, упру́гий springing medium
полоско́вый ~ *элн.* strip element
при́месный ~ *пп* impurity element
пробе́льный ~ *полигр.* spacing material
~, рабо́тающий в преде́льном режи́ме *элн.* marginal component
развёртывающий ~ *тлв.* picture element, elemental area □ **выделя́ть развёртывающий ~ на передава́емом изображе́нии** (*в фототелеграфе*) scan the subject-copy
~ ра́стра *тлв.* picture element, elemental area
ра́стровый ~ *тлв.* picture element, elemental area
резе́рвный ~ *т. над.* redundant element
~ свя́зи *рад., элн.* coupling element
связу́ющий ~ *хим.* binder
сегнетоэлектри́ческий ~ ferroelectric element
~ с жи́дким электроли́том wet cell
силово́й ~ 1. *маш.* load-bearing element 2. *стр.* load-bearing member
~ следя́щей систе́мы *авт.* servo element
со́лнечный ~ solar cell
со́лнечный, кре́мниевый ~ silicon solar cell

элеме́нт
со́лнечный, тонкоплёночный ~ thin-film solar cell
сопряжённый ~ *мат.* transform
стру́йный ~ *авт.* fluidic element
сумми́рующий ~ *вчт.* adding element
сухо́й ~ dry cell
~ы сфери́ческого треуго́льника circular parts
~ы сфе́ры *мат.* median section; gore
схе́мный ~ circuit element
тепловыделя́ющий ~ (*реактора*) fuel element
термоэлектри́ческий ~ thermocouple, thermojunction (*см. тж.* **термопа́ра**)
ти́тульные ~ы кни́ги front matter
тонкоплёночный ~ thin-film component
то́пливный ~ fuel cell
~ траекто́рии *астр., косм.* elements of a trajectory
управля́емый ~ *авт.* controlled element
управля́ющий ~ *авт.* control element
ферри́товый ~ ferrite element
ферри́товый, разветвлённый ~ multipath ferrite structure
ферромагни́тный ~ ferromagnetic element
фильтру́ющий ~ filter element
фильтру́ющий, во́йлочный ~ felt filter element
~ форма́та (*данных*) *вчт.* format item
фотовольтаи́ческий ~ photovoltaic cell
фотогальвани́ческий ~ photovoltaic cell
фотохими́ческий ~ photochemical cell
фотоэлектри́ческий ~ photocell, photoelectric cell
функциона́льный ~ *элн.* functional element
хими́ческий ~ chemical element
хими́ческий, лёгкий ~ light element
хими́ческий, радиоакти́вный ~ radioactive element
хими́ческий, редкоземе́льный ~ rare earth element
хими́ческий ~ с больши́м а́томным но́мером high-Z element
хими́ческий ~ с ма́лым а́томным но́мером low-Z element
хими́ческий, трансура́новый ~ transuranium element
хими́ческий, тяжёлый ~ heavy element
~ це́пи circuit element
чувстви́тельный ~ sensing element, sensor
электролити́ческий ~ electrolytic cell
электронагрева́тельный ~ electric heating element
электронагрева́тельный, тру́бчатый ~ tubular electric heating element

элемента́рный *прил.* **1.** (*об анализе, движении*) elemental; (*о частицах, химическом процессе*) elementary **2.** *мат.* elementary; (*о дроби*) partial; (*о событии*) simple
элеме́нт-индика́тор *м.* indicator element
элеро́н *м.* aileron □ **~ зависа́ет** the aileron droops; **осуществля́ть вну́треннюю компенса́цию ~а** balance an aileron internally; **отклоня́ть ~ы** apply ailerons; **отклоня́ть ~ы вверх** raise the ailerons; **отклоня́ть ~ы вниз** depress the ailerons; **отклоня́ть ~ы на полови́ну по́лного угла́** apply half ailerons; **отклоня́ть ~ы по́лностью** apply full ailerons; **отклоня́ть ~ы по што́пору** put ailerons with the spin; **отклоня́ть ~ы про́тив што́пора** put ailerons against the spin
 дифференциа́льный ~ differential aileron
 концево́й ~ wingtip aileron
 пла́вающий ~ floating aileron
 щелево́й ~ slot-lip aileron
э́ллинг *м.* *мор.* slipway; *ав.* airship hangar
 судоподъёмный ~ railway slip, slipway
 судострои́тельный ~ covered-in berth
э́ллипс *м.* ellipse
 аберрацио́нный ~ aberration(al) ellipse
 нутацио́нный ~ nutational ellipse
 параллакти́ческий ~ parallactic ellipse
 ~ поляриза́ции polarization ellipse
 ~ рассе́яния dispersion [concentration] ellipse, ellipse of concentration
эллипсо́граф *м.* ellipsograph
эллипсо́ид *м.* ellipsoid
 ~ враще́ния ellipsoid of revolution, spheroid
 ~ враще́ния, междунаро́дный international ellipsoid of rotation
 ~ деформа́ций strain ellipsoid
 земно́й ~ earth ellipsoid
 ~ ине́рции inertia [Poinsot] ellipsoid
 ~ напряже́ний stress ellipsoid
эллипти́ческий *прил.* elliptic(al)
 враща́тельно ~ spheroidal
эллипти́чность *ж.* ellipticity
 ~ волново́да waveguide ellipticity, axial ratio
элонга́ция *ж.* elongation
ЭЛТ [**электроннолучева́я тру́бка**] *ж.* cathode-ray tube, CRT □ **~ взрыва́ется** a CRT implodes; **запира́ть ~** (*напр. на время обратного хода луча*) blank the CRT (*e.g., during flyback*); **~ отобража́ет информа́цию** a CRT displays data; **~ отка́чивают до высо́кого ва́куума** a CRT is evacuated to a high [hard] vacuum
 двухлучева́я ~ double beam CRT
 запомина́ющая ~ storage tube

ЭЛТ
 знакопеча́тающая ~ (*со знаковой индикацией*) character-display CRT, shaped-beam tube
 индика́торная ~ radar display [radar indicator] CRT
 осциллографи́ческая ~ oscilloscope CRT
 ~ прямо́го ви́дения electrical-to-visual [display, direct-view] storage tube
 ~ с барье́рной се́ткой barrier-grid tube
 ~ с за́писью тёмной тра́ссой dark-trace CRT
 ~ с послеускоре́нием луча́ postacceleration [PA] CRT
 телевизио́нная, приёмная ~ (TV) picture tube, kinescope
 ~ ти́па «графеко́н» scan-conversion tube
элюа́т *м.* eluate
элюи́рование *с.* elution, elutriation
элюи́ровать *гл.* elute
элюэ́нт *м.* eluent
эмагра́мма *ж.* emagram
эмали́рование *с.* enameling
эма́л/ь *ж.* **1.** (vitreous) enamel, porcelain enamel □ **наноси́ть ~** apply enamel; **обжига́ть ~** fire (a coat of enamel); **наплавля́ть ~ на мета́лл** fuse (a coat of enamel) to metal **2.** (*вид краски*) (organic) enamel (*Примечание. Нормативный термин для этого значения* — эмалевая краска) □ **не́которые ~и при высыха́нии даю́т ма́товую пове́рхность** some enamels dry to a flat finish; **~ образу́ет при высыха́нии твёрдую глянцеви́тую плёнку** enamel dries to a glossy solid; **придава́ть ~и ма́товость** flatten an enamel coating; **~ растека́ется и образу́ет гла́дкое покры́тие** enamel flows out to a smooth coat; **суши́ть ~ в пе́чи** cure enamel by backing
 алки́дная ~ alkyd (organic) enamel
 ~ возду́шной су́шки air-drying (organic) enamel
 глуха́я ~ opaque (vitreous) enamel
 ~ горя́чей су́шки baking (organic) enamel
 грунтова́я ~ ground-coat [undercoat] (vitreous) enamel
 ма́сляная ~ oleoresin (organic) enamel
 нитроцеллюло́зная ~ nitrocellulose enamel
 ~ печно́й су́шки baking (organic) enamel
 покро́вная ~ cover-coat (vitreous) enamel □ **наноси́ть покро́вную ~ по грунтово́й ~и** apply a cover enamel coat over a ground coat
 ~ по ста́ли sheet-steel (vitreous) enamel
 ~ по чугуну́ cast-iron enamel
 прозра́чная ~ transparent (vitreous) enamel

эма́л/ь
 ~ холо́дной су́шки air-drying (organic) enamel
эмальпро́вод *м.* enameled [enamel insulated] wire
э́ман *м.* (*внесистемная единица концентрации радиоактивных веществ*) eman
эмана́ция *ж.* (radioactive) emanation
emaníрование *с.* emanating
эмано́метр *м.* emanometer
эмбле́ма *ж.* emblem
 фи́рменная ~ (*на автомобиле*) identifying plaque
эми́ссия *ж.* emission
 автоэлектро́нная ~ autoelectronic [field, cold] emission
 ано́дная ~ anode [positive(-ion)] emission
 втори́чная ~ secondary emission
 избира́тельная ~ selective emission
 и́мпульсная ~ pulsed emission
 ио́нная ~ ion emission
 ~ като́да cathode emission
 перви́чная ~ primary emission
 самопроизво́льная ~ spontaneous emission
 ~ се́тки grid emission
 термоио́нная ~ thermoionic [thermal electron] emission
 термоэлектро́нная ~ thermoionic [thermal electron] emission
 тунне́льная ~ tunnel emission
 уде́льная ~ specific emission
 фотоэлектро́нная ~ photoemission, external photoelectric effect
 холо́дная ~ autoelectronic [field, cold] emission
 электро́нная ~ electron emission
эмити́ровать *гл.* emit
эми́ттер *м.* (*область и электрод транзистора*) emitter
 втори́чно-электро́нный ~ secondary-electron emitter
 ~ неосновны́х носи́телей minority emitter
 о́бщий ~ common emitter
 ~ основны́х носи́телей majority emitter
 пла́зменный ~ plasma emitter
 термоэлектро́нный ~ thermoionic emitter
 тунне́льный ~ tunnel emitter
эмпи́рика *ж.* empiricism
эмпири́ческий *прил.* empirical
эмули́ровать *гл.* *вчт.* emulate
эмульга́тор *м.* emulsifying agent
 анионоакти́вный ~ anionic emulsifying agent
 катионоакти́вный ~ cationic emulsifying agent
эмульги́рование *с.* emulsification □ **~ мо́жет происходи́ть самопроизво́льно** emulsification may occur spontaneously
эмульги́ровать *гл.* emulsify
эму́льсия *ж.* emulsion □ **~ желатини́руется** an emulsion turns to a gel; **~ испы́тывает обраще́ние фаз** an emulsion inverts (into the opposite

type); ~ рассла́ивается an emulsion separates into layers; стабилизи́ровать ~ stabilize an emulsion
эму́льсия
би́тумная ~ emulsified asphalt
во́дная ~ aqueous emulsion
~ **для охлажде́ния валко́в** roll coolant
~ **для сма́зки пове́рхности валко́в** (*при холодной прокатке*) rolling oil
доро́жная ~ road emulsion
жирова́я ~ *кож.* fat liquor
колло́идная ~ colloidal emulsion
лиофи́льная ~ liophilic emulsion
лиофо́бная ~ liophobic emulsion
ма́сляная ~ oil emulsion
ма́сляная ~ **для опры́скивания** *с.-х.* oil(-based) spray
нефтяна́я ~ oil emulsion
обра́тная ~ water-in-oil [W/O] emulsion
пряма́я ~ oil-in-water [O/W] emulsion
сма́зочно-охлажда́ющая ~ (*при резании металла*) cutting fluid
усто́йчивая ~ true emulsion
фотографи́ческая ~ photographic emulsion
фотографи́ческая, высокочувстви́тельная ~ fast emulsion
фотографи́ческая, крупнозерни́стая ~ coarse-grain(ed) emulsion
фотографи́ческая, малочувстви́тельная ~ slow emulsion
фотографи́ческая, мелкозерни́стая ~ fine-grain(ed) emulsion
фотографи́ческая, несенсибилизи́рованная ~ colour-blind [ordinary, unsensitized] emulsion
фотографи́ческая, сенсибилизи́рованная ~ colour-sensitive emulsion
фотографи́ческая, светочувстви́тельная ~ light sensitive emulsion
фотографи́ческая, я́дерная ~ nuclear emulsion
эмульсо́ид *м.* emulsoid
эмуля́тор *м. вчт.* emulator
энантиомо́рф *м.* enantiomorph
энантиоморфи́зм *м.* enantiomorphism
энантиотропи́я *ж.* enantiotropy, enantiotropism
энграна́ж *м.* (*в часовом механизме*) depth
эндека́эдр *м. крист.* hendecahedron
эндовибра́тор *м.* cavity resonator, endovibrator
эндоге́нный *прил.* endogene, endogenic
эндомо́рф *м.* endomorph
эндоморфи́зм *м.* endomorphism
эндомо́рфный *прил.* endomorphic
эндоморфо́з *м.* endomorphism
эндоско́п *м.* endoscope
эндотерми́ческий *прил.* endothermic, endothermal, endoergic
энерге́тик *м.* power engineer
энерге́тика *ж.* 1. (*обобщающий термин: отрасль науки и техники, производство и применение*) power 2. (*отрасль науки и техники*) power engineering 3. (*производство*) power generation, the power industry (*Примечание. Производные термины в гнезде для краткости даны с ведущим термином только в первом значении. Однако, они могут относиться как ко второму, так и к третьему значениям термина.*)
энерге́тика
а́томная ~ nuclear [atomic] power
ветрова́я ~ wind power
теплова́я ~ (*теплоэнергетика*) thermal power
я́дерная ~ nuclear [atomic] power
эне́рги/я *ж.* 1. energy □ **выводи́ть** ~**ю (из ла́зера) диффракцио́нным ме́тодом** couple out the laser output by diffraction; **выделя́ть [высвобожда́ть]** ~**ю** give off [give out, liberate, release] energy; **нака́пливать** ~**ю** accumulate [store] energy; **отбира́ть** ~**ю** extract energy; **передава́ть** ~**ю** (*от одного тела к другому*) transfer energy (*from one body to another*); **поглоща́ть** ~**ю** absorb energy; **подводи́ть** ~**ю к ...** deliver energy to ...; **превраща́ть** ~**ю** (*из одного вида в другой*) convert energy (*from one to another*); **приобрета́ть** ~**ю** acquire energy; **сообща́ть** ~**ю** energize 2. (*нестрогое или прикладное словоупотребление, особ. в народном хозяйстве*) power □ **выраба́тывать [производи́ть]** ~**ю** generate [produce] power; **запаса́ть** ~**ю** accumulate [store] power; **передава́ть** ~**ю** (*особ. электрическую*) **на расстоя́ние** transmit power (*especially electric*) over a distance; **преобразо́вывать** ~**ю** convert power; **распределя́ть** ~**ю** distribute power; **снабжа́ть** ~**ей** supply power
~ **адсо́рбции** adsorption energy
~ **активáции** activation energy
а́томная ~ 1. atomic energy 2. nuclear power
взаи́мная ~ mutual energy
~ **взаимоде́йствия** (*частиц*) interaction energy
~ **взаимообме́на** exchange energy
вну́тренняя ~ internal energy
внутрия́дерная ~ nuclear [atomic] energy
во́дная ~ water [hydroelectric] power
~ **возбужде́ния** (*атомов*) excitation energy
~ **враще́ния** rotation energy
гидравли́ческая ~ hydraulic power
гравитацио́нная ~ gravitational energy
~ **деле́ния (ядра́)** fission energy
~ **деформа́ции** strain energy
~ **дисперсио́нного взаимоде́йствия** dispersion energy
~ **диссоциа́ции** dissociation energy
звукова́я ~ acoustic [sound] energy
избы́точная ~ excess [extra] energy
излуча́емая ~ radiant energy
эне́рги/я
~ **ионизáции** ionization energy
кинети́ческая ~ kinetic energy
кинети́ческая ~ **враще́ния** angular kinetic energy
кинети́ческая, уде́льная ~ **пото́ка** kinetic energy of the fluid flow per unit volume
~ **колеба́ний** vibrational [vibratory] energy
корреляцио́нная ~ correlation energy
косми́ческая ~ cosmic energy
крити́ческая ~ critical energy
~ **куло́новского взаимоде́йствия** Coloumb energy
лучи́стая ~ radiant energy
магни́тная ~ magnetic field energy
~ **магни́тного по́ля** magnetic field energy
магнитоупру́гая ~ magnetoelastic energy
~ **межмолекуля́рного взаимоде́йствия** intermolecular [molecular interaction] energy
механи́ческая ~ mechanical energy
нулева́я ~ zero-point energy
~ **нулево́й то́чки** zero-point energy
обме́нная ~ exchange energy
~ **обме́нного взаимоде́йствия** exchange energy
орбита́льная ~ orbital energy
оста́точная ~ residual energy
~ **отда́чи** recoil energy
~ **отта́лкивания** repulsive [repulsion] energy
~ **перехо́да** transition energy
пове́рхностная ~ surface energy
пове́рхностная ~ **разруше́ния** *рез.* fracture surface energy
~ **пове́рхностного натяже́ния** capillary energy
~ **поко́я** (*частицы*) rest energy
~ **по́ля анизотропи́и** anisotropy energy
поро́говая ~ threshold energy
~ **поступа́тельного движе́ния** translational [translatory] energy
потенциа́льная ~ potential energy
потенциа́льная ~ **деформа́ции** strain energy
потребля́емая ~ 1. energy input 2. power consumption
~ **притяже́ния** attraction energy
промежу́точная ~ intermediate energy
~ **пучка́** beam energy
~ **радиоизлуче́ния** radio(-frequency) energy
~ **разруше́ния** *горн.* crushing energy
~ **разруше́ния, уде́льная** *горн.* specific crushing energy
~ **разры́ва, уста́лостная** fatigue tensile energy
~ **распа́да** decay [disintegration] energy
резона́нсная ~ resonance [resonant] energy
~ **ро́ста** growing capacity

энéрги/я
световáя ~ luminous [light] energy
свобóдная ~ free [available] energy
свя́занная ~ bound [unavailable] energy
~ свя́зи binding energy
скры́тая ~ latent energy
~ смешéния energy of mixing
сóбственная ~ self-energy
сóлнечная ~ 1. solar energy 2. solar power
~ состоя́ния energy of state
~ столкновéний collision(al) energy
теплова́я ~ 1. heat [thermal] energy 2. thermal power
~ теплово́го движéния thermal-motion energy
термся́дерная ~ thermonuclear power
~ удáра impact energy
удéльная ~ specific energy
упру́гая ~ elastic (strain) energy
~ упру́гой деформáции strain energy
~ фотóна photon energy
хими́ческая ~ chemical energy
электри́ческая ~ 1. electric energy 2. electric power
~ электри́ческого пóля electrical field energy
электромагни́тная ~ electromagnetic energy
~ электромагни́тного пóля electromagnetic energy
электростати́ческая ~ electrostatic energy
~ электростати́ческого взаимодéйствия electrostatic energy
я́дерная ~ nuclear power
энергобалáнс *м.* power balance
энергоблóк *м.* power(-generating) unit
энерговооружённость *ж. ав.* power to weight ratio
~ трудá power availability per worker, (electric) power availability per man, (electric) power supplied per job
энергоёмкий *прил.* (*об отрасли промышленности, технологическом процессе и т. п.*) power-intensive
энергомашинострое́ние *с.* 1. (*отрасль техники*) power-plant engineering 2. (*отрасль промышленности*) the power plant industry
энергообмéн *м.* (*в энергосистемах*) power interchange
энергооборýдование *с.* power equipment
энергообъединéние *с.* power pool
энергопитáние *с.* power supply
энергопóезд *м.* railway mobile power plant
энергопотреблéние *с.* power consumption
бытовóе ~ domestic power consumption

энергоресу́рсы *мн. м.* 1. power resources 2. (*в балансе промышленного предприятия*) utilities
энергосистéма *ж.* power system
еди́ная ~ power grid
объединённая ~ interconnected power system
промы́шленная ~ industrial power system
райóнная ~ single-area interconnection, single-area interconnected power system
энергоснабжéние *с.* power supply □ **обеспéчивать бесперебóйное ~** maintain continuity of service [of power supply]
энкáустика *ж.* encaustic, encaustic painting
энтáльпия *ж.* enthalpy
энтероскóп *м.* enteroscope
энтропи́/я *ж.* entropy □ **с перемéнной ~ей** nonhomoentropic; **с постоя́нной ~ей** homoentropic
избы́точная ~ excess entropy
информациóнная ~ (*в теории информации*) informational entropy
магни́тная ~ magnetic entropy
моля́рная ~ molar entropy
обобщённая ~ (*в теории информации*) generalized entropy
остáточная ~ residual entropy
относи́тельная ~ (*в теории информации*) relative entropy
парциáльная ~ partial entropy
пóлная ~ total entropy
стандáртная ~ standard entropy
удéльная ~ specific entropy
услóвная ~ conditional [conditioned] entropy
эпидиаскóп *м.* epidiascope
эпилирóвка *ж. кож.* topping
эпиморфи́зм *м.* epimorphism, epimorphic mapping
эпискóп *м.* episcope
эпитáксия *ж.* epitaxy
жи́дкостная ~ liquid epitaxy
~ из паровóй фáзы vapour epitaxy
эпитрохóида *ж.* epitrochoid
эпицéнтр *м.* epicentre
эпици́кл *м.* epicycle
эпициклóида *ж.* epicycloid
эпоксиди́рование *с.* epoxidation
эпокси́дный *прил.* epoxy
эпоксисоединéние *с.* epoxide
эпю́р *м. см.* **эпю́ра**
эпю́р/а *ж.* 1. (*чертёж*) orthographic epure, projection, orthographic representation 2. (*график*) curve; diagram
~ момéнтов moment curve
~ напряжéния (*тока*) voltage (current) waveform □ **снять ~у напряжéния** take waveform(s)
~ распределéния давлéния pressure profile
~ распределéния нагру́зки loading diagram
~ распределéния скоростéй velocity diagram, velocity profile

эпю́р/а
~ распределéния температу́р temperature profile
э́рбий *м.* erbium, Er
эрг *м.* (*единица работы, энергии, количества теплоты в системе СГС*) erg
эргóграф *м.* ergograph
эргоди́ческий *прил.* ergodic □ **~ по отношéнию к ...** ergodic in ...
эргоди́чность *ж. мат.* ergodicity
эргóметр *м.* ergometer
эргометри́я *ж.* ergometry
эргонóмика *ж. англ.* ergonomics; *амер.* human engineering
эрдóкс *м. горн.* airdox
э́ркер *м.* bay [bow] window, oriel
эрлáнг (*внесистемная единица интенсивности телефонной нагрузки*) erlang
эрли́фт *м.* airlift
эрми́тов *прил.* hermitian, Hermitian
эрми́товость *ж.* hermicity, Hermitian character, Hermitian property, Hermitian nature
эроди́рованность *ж.* erodibility
эроди́ровать *гл.* erode
эрóзия *ж.* erosion
эрстéд *м.* (*единица напряжённости магнитного поля в системе СГС*) oersted
эрстедмéтр *м.* oersted meter
эскалáтор *м.* escalator
эскáрп *м.* escarp(ment)
эски́з *м.* sketch, rough drawing, outline □ **вы́полнить [набросáть] ~ чего-л.** draw a sketch of ..., sketch *smth.*; **~ от руки́** freehand sketch
эстакáда *ж.* 1. (*тип строительной конструкции*) trestle 2. (*транспортное сооружение — переводится в зависимости от функции; прямого эквивалента в английском языке нет*) (*мост*) scaffold bridge; (*путепровод*) flyover, overpass
бáлочная ~ beam [girder] trestle
бу́нкерная ~ bin trestle, high-line bunkers
железнодорóжная ~ railway overpass
конвéйерная ~ conveyer gallery
крáновая ~ crane trestle
пешехóдная ~ pedestrian overcrossing, pedestrian overpass
разбóрная передвижнáя ~ portable sectional trestle
рáмная ~ frame trestle
тоннéльная ~ tunnel trestle
этáж *м.* 1. (*единица деления здания по горизонтали*) storey, story □ **(здáние) в пять ~éй** a five-storey building 2. (*совокупность комнат, квартир и т. п. на одном уровне*) floor □ **на, напр. четвёртом ~é** on the, *e.g.*, 5th floor 3. *горн.* floor, level
вéрхний ~ 1. upper storey; upper floor 2. (*двухэтажного автобуса*) upper [top] deck
вторóй ~ second storey; *англ.* first floor; *амер.* second floor

этáж
нúжний ~ lower storey; ground [lower] floor
пéрвый ~ first storey; *англ.* ground floor; *амер.* first floor
подвáльный ~ lower storey, basement
этажéрка *ж.* (*в микроэлектронике*) stack
этáжность *ж.* number of stories
эталóн *м.* **1.** standard □ **значéние дáнного ~а устанáвливается по ~у на бóлее высóком ýровне повéрочной схéмы** a given standard is traceable to one at a higher echelon of the calibration hierarchy; **~ обеспéчивает хранéние (узакóненной) единúцы** *какой-л.* **величинý** a standard serves to preserve the value of an (adopted) unit; **поверя́ть по ~у** verify against a standard; **сличáть ~ы** intercompare standards; **~ слýжит для передáчи размéра единúцы срéдствам измерéния** a standard serves to transfer the size of a unit to instruments in the lower echelon of the calibration hierarchy; **снабжáть ~ сертификáтом** certify a standard; **учреждáть [устанáвливать] ~** establish a standard **2.** *опт.* etalon
вторúчный ~ secondary standard, substandard
государственный ~ national standard
групповó**й ~** collective standard
междунарóдный ~ international prototype standard
одинóчный ~ individual standard
первúчный ~ primary [basic] standard □ **первúчный ~ обеспéчивает наивы́сшую тóчность воспроизведéния дáнной единúцы** a primary [basic] standard reproduces a given unit to the highest level of accuracy attainable at the present state of the art
рабóчий ~ working standard
специáльный ~ special standard
~ сравнéния comparison standard
эталонúрование *с.* calibration against a primary [basic] standard
эталóн-кóпия *м.* transfer standard
эталóн-свидéтель *м.* witness standard
этáн *м.* ethane
этанóл *м.* ethanol, ethyl alcohol
этáп *м.* stage, step
~ захóда на посáдку approach
~ захóда на посáдку, конéчный final approach
~ захóда на посáдку, начáльный initial approach
~ конструúрования engineering stage □ **э́тот станóк нахóдится на ~е конструúрования** this machine is in the engineering stage
~ маршрýта *ав.* route leg, route stage
~ проектúрования drawing-board stage □ **э́тот объéкт нахóдится на ~е проектúрования** this project is in its drawing-board stage
э́твеш *м.* (*внесистемная единица градиента гравитационного поля и его составляющих*) eötvös
этерификáция *ж.* (*образование простого эфира*) etherification; (*образование сложного эфира*) esterification
этернúт *м.* (*кровельный материал*) asbestos shingle(s)
этикетúровать *гл.* label, tag
этикéтка *ж.* label, tag
этикетозахвáтчик *м.* label picker
этúл *м.* ethyl
этилацетáт *м.* ethyl acetate
этилбензóл *м.* ethyl benzene
этилéн *м.* ethylene
этиленгликóль *м.* ethylene glycol
этиленоксúд *м.* ethylene oxide
этилúрование *с.* ethylation
этилúровать *гл.* ethylate
этилцеллюлóза *ж.* ethyl cellulose
этиолóгия *ж.* (*наука о причинах появления тех или иных явлений в науке и технике*) etiology
эфемерúда *ж.* ephemeris
эфúр *м.* **1.** (*простой*) ether, (*сложный*) ester *примеры*: **винúловый ~** vinyl ether, vinyl ester; **дифенúловый ~** diphenyl ether, diphenyl ester; **этúловый ~** ethyl ether, ethyl ester, *но*: **~ азóтной кислоты́** nitrate; **~ алюмúниевой кислоты́** aluminate; **~ кремнёвой кислоты́** silicate **2.** *рад.* the air □ **без вы́хода в ~** without putting the transmitter on the air; **выходúть в ~** go on the air, put the transmitter on the air
эффéкт *м.* effect; (*в регрессионном анализе и в уравнении регрессии*) term
аниóнный ~ anionic effect
антéнный ~ antenna effect
армúрующий ~ reinforcing effect
áрочный ~ (*в порошковой металлургии*) bridging
~ асиммéтрии asymmetrical effect
~ Бáрнета (*магнитомеханическое явление*) Barnett effect
береговóй ~ shore effect
бинаурáльный ~ binaural [stereophonic] effect
~ блúзости proximity effect
~ взаúмной компенсáции cancellation [cancelling] effect
~ взаимодéйствия 1. interaction term **2.** *арго.* cross-coupling effect
~ взаимодéйствия, двойнóй second-order interaction term
~ взаимодéйствия, тройнóй third-order interaction term
~ взры́ва blast effect
~ взры́ва, дробя́щий the rending effect [action] of an explosion
~ выгорáния ды́рок *элн.* hole burning effect
гальванúческий ~ galvanic effect
гальваномагнúтный ~ galvanomagnetic [magnetogalvanic] effect

эффéкт
гиромагнúтный ~ gyromagnetic effect
гироскопúческий ~ gyroscopic effect
~ горя́чих электрóнов hot-electron effect
гравитациóнный ~ gravitation effect
гранúчный ~ *физ.* boundary effect
двумéрный ~ two-dimensional effect
~ Джóуля — Тóмсона Joule-Thomson effect, (*часто в значении* коэффициент Д. — Т.) Joule-Thomson coefficient
динатрóнный ~ *элн.* dynatron effect, secondary electron emission
долгóтный ~ (*в космических лучах*) longitude effect
~ Дóплера *физ.* Doppler effect
~ Дóрна (*седиментационный потенциал*) Dorn effect
дробовóй ~ *элн.* shot effect, shot noise, Schottky effect
~ затенéния shadow effect
~ земнóй подýшки *ав.* ground effect
изотопúческий ~ isotope effect
изотóпный ~ isotope effect
индуктометрúческий ~ inductometric effect
индукциóнный ~ induction [inductive] effect
ионизациóнный ~ ionization effect
калáндровый ~ *пласт.* calender effect
канáльный ~ *рад.* ducting
квантовомеханúческий ~ quantum-mechanical effect
квáнтовый ~ quantum effect
~ Комптóна (*в квантовой механике*) Compton effect
~ Коттóн — Мутóна *опт.* Cotton-Mouton effect, Cotton-Mouton birefringence
краевóй ~ fringe [edge] effect
магнитоакустúческий ~ magneto-acoustic effect
магнитоиóнный ~ magnetoionic effect
магнитокалорúческий ~ magnetocaloric effect
магнитострикциóнный ~ magnetostriction [magnetostrictive] effect
магнитоэлектрúческий ~ magnetoelectric effect
масштáбный ~ (*в теории подобия*) scale effect
маховóй ~ *мех.* flywheel effect
~ Мéйснера Meissner effect
механокалорúческий ~ mechanocaloric effect
микрофóнный ~ microphonism, microphonics
~ напрáвленного проявлéния *кфт.* directional effect
~ насыщéния *астр.* effect of confusion
обмéнный ~ *физ., хим.* exchange effect

эффект
~ объёмного заряда space-charge effect
~ Оже (*фотоионизация атома*) Auger effect
~ ориентации *пласт.* orientation effect
островной ~ (*в электронной лампе*) shadow forming effect
парниковый ~ (*в астрофизике*) greenhouse effect
пинч-~ (*в физике плазмы*) pinch effect, magnet [cylindrical] pinch, rheostriction
пироэлектрический ~ pyroelectric effect
поверхностный ~ 1. *мех.* surface effect **2.** *эл.* skin effect
поверхностный, флуктуационный электрический ~ flicker effect
~ Пойнтинга — Робертсона *астр.* Poynting-Robertson effect
пороговый ~ *элн.* threshold effect
~ последействия *элн.* after-effect
~ прерывистого освещения *кфт.* intermittency effect
пристеночный ~ *гидр.* wall effect
псевдостереофонический ~ pseudo-stereophonic effect
пьезомагнитный ~ piezomagnetic effect
пьезооптический ~ piezooptic effect
пьезоэлектрический ~ piezoelectric effect
релятивистский ~ relativistic effect
световой ~ luminous effect
скин-~ *эл.* skin effect
~ы смежных мест *кфт.* border effects
солевой ~ salt(ing) effect
стереоскопический ~ stereoscopic [relief] effect □ **производить [создавать] стереоскопический ~** produce the impression of an object seen in solid relief
стереофонический ~ stereophonic [binaural] effect
стробоскопический ~ stroboscopic effect
температурный ~ temperature effect
тензорезистивный ~ tensoresistive effect, tensoresistance
тепловой ~ thermal effect
термический ~ thermal effect
термомагнитный ~ thermomagnetic effect
термомеханический ~ thermomechanical effect
термоупругий ~ thermoelastic effect
термоэлектрический ~ thermoelectric effect
туннельный ~ *элн.* tunnel effect
фликкер-~ *элн.* flicker effect
~ фокусировки *элн.* focusing effect
фотомагнитный ~ photomagnetic effect
фотоэлектрический ~ photoelectric effect
фотоэлектрический, вентильный ~ photovoltaic effect
фотоэлектрический, внешний ~ outer photoelectric [photoemissive] effect
фотоэлектрический, внутренний ~ inner photoelectric [photoconductive] effect
фотоэлектрохимический ~ photo-electrochemical effect
~ Холла *пп* Hall effect
широтный ~ (*в космических лучах*) latitude effect
~ Шотки *элн.* Schottky effect, shot effect, shot noise
шрот-~ *элн.* shot effect, shot noise, Schottky effect
~ Штарка (*в квантовой электронике*) Stark [electric field] effect
~ экранирования screening effect
электрооптический ~ electrooptic effect
электростатический ~ electrostatic effect
электрострикционный ~ electrostrictive effect
эффективность *ж.* efficiency, effectiveness, efficacy
геометрическая ~ (*лазерного осветителя*) light-trapping efficiency
~ усилителя *рад.* gain-bandwidth product
эффективный *прил.* effective, efficient
эффектор *киб.* (*исполнительный орган или элемент*) effector
эффузия *ж.* effusion
молекулярная ~ molecular effusion
эхо *с.* **1.** (*сигнал*) echo □ **задерживать ~** delay an echo; **~ запаздывает** an echo is delayed; **~ от ...** an echo from ... **2.** (*явление*) echoing
ближнее ~ close [near(-end)] echo
вторичное ~ second-trace [second-trip] echo, second time around echo
гармоническое ~ harmonic echo
ложное ~ false echo
метеорное ~ meteor echo
многократное ~ multiple (reflection) echo, multiple trip [flutter] echo
радиолокационное ~ radar echo □ **получить радиолокационное ~ от ...** bounce radar echoes [signals] off ...
спиновое ~ (nuclear) spin echo
электрическое ~ electric echo
эхограмма *ж.* echogram
эхограф *м.* echograph
эхо-заградитель *м.* echo suppressor
эхо-камера *ж.* echo chamber
эхоледомер *м.* ice fathometer
эхо-локатор *м.* active sonar
эхо-локация *ж.* echo ranging
эхолот *м.* sonic depth finder, echo sounder □ **действие ~а основано на измерении времени прохождения звука (от днища судна) до дна и обратно** the echo sounder works on the principle of measuring the time elapsed between transmission of a sound towards and its return from the sea-bottom
эхо-лотирование *с.* echo sounding
эхо-резонатор *м.* echo box
эхо-сигнал *м. рлк.* echo [target] signal □ **ослаблять ~** attenuate an echo (signal)
эшелетт *м. опт.* echelette □ **нарезать ~** rule an echelette
эшелле *с.* echelle grating
~ со скрещённой дисперсией echelle grating crossed with a prism
эшелон *м.* **1.** *опт.* echelon **2.** *ав.* flight level □ **выполнять полёт на** (*таком-то*) **~е** maintain flight level
~ Майкельсона Michelson echelon
отражательный ~ reflection echelon
пропускающий ~ transmission echelon
эшелонирование *с. ав.* separation
боковое ~ lateral separation
~ во времени separation in (unit of) time
~ по высоте altitude [level, vertical] separation

Ю

юбка *ж. маш., мет.* skirt
~ газогенератора fuel bell
~ изолятора petticoat, shell, cup, shed
~ капота *ав.* cowl(ing) shutter
~ поршня piston skirt, piston cup
~ поршня с прорезом split piston skirt, slotted piston skirt
стабилизирующая ~ *ркт.* flare, stabilizing skirt
юг *м.* south □ **к ~у от ...** south of ...; **показывать на ~** (*о компасной стрелке*) seek South
географический ~ true south
истинный ~ true south
магнитный ~ magnetic south
юз *м.* skid □ **двигаться ~ом** skid; **парировать ~** correct a skid
юстировка *ж.* adjustment, alignment, positioning
~ номинала (*напр. в тонкоплёночных элементах*) adjustment [trimming] to value
~ камеры *тлв.* camera alignment
~ магнита adjustment of a magnet
~ пучка *элн.* positioning of a beam
юстирование *с. см.* **юстировка**
юстировать *гл.* adjust, align, position
ют *м. мор.* aftercastle, poop
юферс *м. мор.* dead eye
юфть *ж.* Russian leather

Я

я́блоко *с.*:
~ старнпо́ста sternpost bossing
~ шарни́ра Гу́ка casing of a joint
явле́ние *с.* phenomenon, *мн.* phenomena; effect
ма́ссовое ~ (*в теории вероятностей*) mass phenomenon
~ мёртвой фа́зы *мет.* dead effect
~ перено́са transport [transfer] phenomenon
~ резона́нса resonance condition, condition of resonance
я́вный *прил. мат.* explicit
ягодомо́йка *ж.* berry washing machine, berry washer
яд *м.* poison
~ катализа́тора, вре́менный temporary catalyst poison
~ катализа́тора, постоя́нный permanent catalyst poison
~ ко́мплексного де́йствия complex action poison
конта́ктный ~ contact poison
произво́дственный ~ industrial poison
радиоакти́вный ~ radiation poison
я́дерный *прил.* nuclear
ядови́тый *прил.* poisonous, toxic
ядопрово́д *м. с.-х.* toxic-matter tube
ядохимика́т *м. с.-х.* pesticide (*см. тж.* **пестици́д**)
ядр/о́ *с.* 1. core 2. *физ.* nucleus, *мн.* nuclei; (*атомное ядро без валентных элементов*) core, kernel □ **возбужда́ть ~** excite a nucleus; **поляризова́ть ~** polarize a nucleus; **~ распада́ется** a nucleus decays [disintegrates]; **экрани́ровать ~** shield a nucleus
а́томное ~ (atomic) nucleus
бесспи́новое ~ *физ.* spin-zero nucleus
~ ви́хря *аргд.* vortex core
~ гала́ктики galactic nucleus
го́лое ~ bare nucleus
~ дейте́рия deuteron, deuton
де́лящееся ~ (*любым процессом*) fissionable nucleus; (*медленными нейтронами*) fissile nucleus
~ дислока́ции *крист.* dislocation core
доче́рнее ~ daughter [product] nucleus
~ древеси́ны core of wood
~ заро́дыша *крист.* germ nucleus
~ Земли́ earth core
зерка́льные ~а mirror nuclei
изоба́рное ~ isobaric nucleus
изоме́рное ~ isomeric nucleus
инфинитезима́льное ~ *мат.* infinitesimal nucleus
исхо́дное ~ mother nucleus
~ коме́ты nucleus of a comet, cometary nucleus
короткоживу́щее ~ short-lived nucleus
~а кристаллиза́ции crystallization centres

ядр/о́
лёгкое ~ light nucleus
~ лине́йного преобразова́ния *мат.* null space of linear transformation
маги́ческое ~ *мат.* magic(-number) nucleus
матери́нское ~ *мат.* parent [original] nucleus
мы́льное ~ kettle wax, neat soap
нечётное ~ odd-mass nucleus
нечётно-нечётное ~ odd-odd nucleus
нечётно-чётное ~ odd-even nucleus
~ основа́ния *стр.* core of a foundation
~ отда́чи recoil nucleus
перви́чное ~ primary nucleus
~ пла́мени *св.* flame cone; *ркт.* flame kernel
~ плоти́ны core of a dam
~ после́довательности *мат.* core of a sequence
~ пото́ка *гидр.* flow core
радиоакти́вное ~ radionuclide, radioactive nucleus
разреша́ющее ~ *мат.* resolvent, resolvent [reciprocal] kernel
~ сварно́й то́чки spot weld nugget
сверхзвуково́е ~ *аргд.* supersonic core
~ сече́ния *мех.* core of a (cross) section
~ с избы́тком нейтро́нов neutron-rich nucleus
сло́жное ~ compound nucleus
~ с недоста́тком нейтро́нов neutron-deficient nucleus
~ с нечётным заря́дом odd-charge nucleus
~ с нечётным ма́ссовым число́м odd-mass nucleus
составно́е ~ compound nucleus
~ с чётным заря́дом even-charge nucleus
~ с чётным ма́ссовым число́м even-mass nucleus
~ три́тия triton
чётное ~ even-mass nucleus
чётно-нечётное ~ even-odd nucleus
чётно-чётное ~ even-even nucleus
ядро́-мише́нь *с.* target nucleus
ядро́-проду́кт *с.* daughter [product] nucleus
я́зва *ж.*, **коррозио́нная** (corrosion) pit
язы́к *м.* language □ **формализова́ть ~** *вчт.* formalize a language
алгебраи́ческий ~ algebraic language
алгоритми́ческий ~ algorithmic language
входно́й ~ input [source] language
выходно́й ~ object [target] language
информацио́нно-поиско́вый ~ [ИПЯ] information retrieval language
информацио́нный ~ information language
исхо́дный ~ source language

язы́к
ко́довый ~ code language
~ матема́тики mathematical language, mathematical terms
маши́нно-незави́симый ~ computer-independent language
маши́нно-ориенти́рованный ~ computer-oriented language
маши́нный ~ machine language, machine code
~ оригина́ла source language
~ перево́да target language
~ пла́мени body of flame, tail
пробле́мно-ориенти́рованный ~ problem-oriented language
~ программи́рования program(ming) language
~ тепла́ *метео* warmth tongue
~ хо́лода *метео* cold tongue
~ центробе́жного компре́ссора (*вентилятора*) cut-off sheet
этало́нный ~ reference language
язы́к-посре́дник *м.* intermediate language
язычо́к *м.* 1. *маш.* lug, tab 2. *ак.* reed
~ вяза́льной иглы́ latch
якобиа́н *м. мат.* Jacobian (determinant)
я́корница *ж.* (*судно*) anchor-bearing boat
я́кор/ь *м.* 1. *мор.* anchor □ **снима́ться с ~я** weigh the anchor; **срыва́ться с ~я** (*о судне*) break adrift; **ста́вить (судно́) на ~** bring (a ship) to an anchor; **убира́ть ~** stow the anchor 2. *эл.* armature □ **перебро́сить ~ реле́** move over the armature
бараба́нный ~ drum [cylindrical] armature
~ без серде́чника coreless armature
гла́дкий ~ (*без пазов*) smooth-core armature
ди́сковый ~ disk armature
кольцево́й ~ ring armature
неполяризо́ванный ~ nonpolarized [neutral] armature
неявнопо́люсный ~ non-salient-pole armature
осево́й ~ axial armature
по́лый ~ hollow armature
поляризо́ванный ~ polarized armature
~ с вентиляцио́нными кана́лами hole [perforated] armature
~ со стержнево́й обмо́ткой bar-wound armature
~ с паза́ми slotted armature
~ с просто́й обмо́ткой single-wound armature
судово́й, адмиралте́йский ~ admiralty common anchor
судово́й, бешто́ковый ~ stockless anchor
судово́й, грибови́дный ~ mushroom anchor
судово́й, двула́пый ~ double-fluked anchor
судово́й, однола́пый ~ one-fluke anchor

я́кор/ь
судово́й, плаву́чий ~ drift [floating, sea, water] anchor, drogue, sea drag
судово́й ~ с враща́ющимися ла́пами swinging-fluke anchor
судово́й ~ со складны́ми ла́пами folding [portable] anchor
судово́й, станово́й ~ bower (anchor)
судово́й, што́ковый ~ stock(ed) anchor
шарово́й ~ ball armature
явнопо́люсный ~ (salient-)pole armature
ял *м.* (*шлюпка*) yawl
я́лик *м.* (*шлюпка*) scull(er), skiff, wherry
я́ловка *ж. кож.* cowhide leather
я́ма *ж.* **1.** pit; (*выбоина на дороге*) pot-hole **2.** (*для хранения чего-л., напр. силосная, угольная*) bunker **3.** (*для техобслуживания автомобилей, локомотивов*) pit
возду́шная ~ air pocket
выгребна́я ~ cesspool, cesspit
~ для ока́лины scale pit
компо́стная ~ compost pit
литейная ~ casting [foundry] pit
петлева́я ~ (*в прокатном производстве*) looping pit
потенциа́льная ~ *элн.* potential well
сило́сная ~ silo pit
скипо́вая ~ *мет.* skip pit
у́гольная ~ coal bunker
шла́ковая ~ *мет.* slag [cinder] pit
я́ма-отсто́йник *ж. мет.* settling pit
я́мка *ж.*, **поса́дочная** hole
ямокопа́тель *м.* hole digger, hole-borer, earth borer
го́рный ~ hill-side earth borer
садо́вый ~ orchard earth borer
янта́рь *м.* amber
яркоме́р *м.* brightness meter
визуа́льный ~ visual brightness meter
объекти́вный ~ photoelectric photometer
субъекти́вный ~ visual photometer
фотоэлектри́ческий ~ photoelectric photometer
я́ркость *ж.* **1.** (*субъективная*) *тлв.* brightness **2.** (*фотометрическая*) *тлв.* luminance **3.** (*наименование ручки управления на телевизоре, осциллографе и т. п.*) "brightness"
~ фо́на background brightness

ярлы́к *м.* label, tag
бага́жный ~ baggage label
ярмо́ *с.* (*магнита, реле, трансформатора и т. п.*) yoke
я́рус *м.* **1.** tier; (*в театре*) circle **2.** (*ряд горизонтально расположенных предметов*) tier, layer **3.** (*моста*) deck **4.** (*рыболовная снасть*) long-line **5.** *мн.* (*таблицы*) *полигр.* decks
~ моста́, ве́рхний upper deck of a bridge
~ моста́, ни́жний lower storey of a bridge
я́сли *мн. с.-х.* feeding rack
я́хта *ж.* yacht
го́ночная ~ racing yacht
кре́йсерская ~ cruising yacht
па́русная ~ sailing yacht
прогу́лочная ~ pleasure yacht
яче́йк/а *ж.* **1.** cell **2.** *мат.* mesh, cell **3.** (*сети*) mesh
ано́дная ~ (*при электролизе с диафрагмой*) anode kettle
биполя́рная ~ bipolar cell
~ волново́да waveguide cell
~ высева́ющего ди́ска seed cell
~ Ке́рра Kerr cell
~ па́мяти *вчт.* (*не путать с запоминающим элементом — один разряд ячейки*) storage location, storage register (*not to be confused with* memory [storage] cell — *one bit or stage of a location or register*) □ **обраща́ться к ~е па́мяти** reference [address] a storage location; **определя́ть ~у па́мяти по а́дресу** locate a storage location by its address; **~ па́мяти определя́ется а́дресом** a storage location is identified by an address; **сло́во соде́ржится в ~е па́мяти с а́дресом ...** the word is contained in [at] address ...
~ па́мяти, рабо́чая *вчт.* working register
~ па́мяти, станда́ртная standard location, standard register
ра́стровая ~ *тлв.* screen cell
реле́йная ~ *эл.* relay unit
~ три́ера *с.-х.* pocket
ультразвукова́я ~ ultrasonic cell
~ фа́зового простра́нства phase space cell
ферриттранзи́сторная ~ *элн.* ferrite transistor cell
~ фи́льтра *маш.* filter cell
~ шрифтово́й ка́ссы *полигр.* compartment

яче́йк/а
электролити́ческая ~ *эл.* electrolytic cell
электроопти́ческая ~ *элн.* electrooptic cell
элемента́рная ~ (**кристалли́ческой решётки**) *физ.* lattice [unit, elementary] cell
ячменеотбо́рник *м.* barley cylinder, barley separator
я́шма *ж.* jasper
я́щик *м.* box, case, crate, container; chest
агитацио́нный ~ (*флотационной машины*) *мет.* agitation section
аккумуля́торный ~ *эл.* accumulator box, accumulator case
балла́стный ~ *с.-х.* ballast box
вещево́й ~ (*в салоне автомобиля*) glove compartment
возду́шный ~ (*спасательной шлюпки*) air box
выдвижно́й ~ drawer □ **выдвижно́й ~ заеда́ет** the drawer balks and grabs
~ для инструме́нтов instrument box, tool box, tool kit, tool chest, tool tray
~ для о́тжига *мет.* annealing pot
~ для цемента́ции *мет.* carburizing [case-hardening] box
зерново́й ~ grain box
кали́льный ~ *мет., кер.* annealing box
кана́тный ~ *мор.* cable chain locker
кра́сочный ~ *полигр.* ink fountain
обогати́тельный ~ *мет.* separation box
па́лубный ~ deck trunk
по́чвенный ~ soil box
распредели́тельный ~ *эл.* distribution box
расса́дный ~ seedling box
~ се́ялки drill box
сигна́льный ~ *ж.-д.* signal case
сортиро́вочный ~ *мет.* separation box
стержнево́й ~ *мет.* core box
стержнево́й, откры́тый ~ plain-frame core box
стержнево́й, разъёмный ~ split core box
тёплый ~ (*в системе питания котла*) hot well
цементацио́нный ~ *мет.* carburizing box
шпа́льный ~ *ж.-д.* tie space, ballast box
ящикоукла́дчик *м.* case loader

Борис Васильевич
КУЗНЕЦОВ
Наум Исаакович
ПЕРЛОВ
Георгий Никифорович
ЯНКОВСКИЙ
и др.

РУССКО-АНГЛИЙСКИЙ ПОЛИТЕХНИЧЕСКИЙ СЛОВАРЬ

Редакция
научно-технических изданий
на английском языке
Зав. редакцией
Т. А. ХАРИСАНОВА
Ведущий редактор
М. К. ЕФРЕМОВА
Редакторы:
Н. З. ГОЛОВИНА
И. И. МОШЕНЦЕВА
Е. В. СПИРИНА
Переплет художника
В. Б. ЕФИМОВА
Художественный редактор
Б. А. ВАЛИТ
Технический редактор
Э. С. СОБОЛЕВСКАЯ
Корректоры:
Н. А. АЛЕКСЕЮК
М. А. ЛУПАНОВА

ИБ № 958

В ИЗДАТЕЛЬСТВЕ «РУССКИЙ ЯЗЫК»
готовятся к изданию научно-технические словари на английском языке:

Игнатьев Б. И., Юдин М. Ф. **Англо-русский словарь по метрологии и технике точных измерений.** Под ред. В. И. Кипаренко, канд. техн. наук Л. К. Исаева.

Словарь содержит около 20 тыс. терминов и терминологических сочетаний по метрологической деятельности, законодательной метрологии, технической метрологии. Включена основная терминология по 30 видам измерений: линейных и угловых, массы, механических, электрических и магнитных, температурных, тепловых, ионизирующих излучений, световых, оптических и др.

В конце словаря даны сокращения и указатель русских терминов.

Рассчитан на специалистов, научных и инженерно-технических работников, преподавателей, студентов и переводчиков, работающих с научно-технической литературой по метрологии.

Англо-русский сельскохозяйственный словарь. Под ред. члена-корреспондента ВАСХНИЛ В. Г. Козловского и канд. биол. наук Н. Г. Ракипова.

Словарь включает около 60 тыс. терминов. Терминология, представленная в словаре, охватывает все области сельского хозяйства: животноводство, ветеринария, земледелие и растениеводство (общее и частное), сельскохозяйственная техника, мелиорация, агропочвоведение, механизация и электрификация сельского хозяйства, экономика и организация сельского хозяйства.

Англо-русский словарь по прикладной геофизике. Под ред. канд. техн. наук Б. В. Гусева.

Словарь содержит около 30 тыс. терминов, относящихся к разделам прикладной геофизики: сейсморазведка, магниторазведка, гравиразведка, геофизические исследования в скважинах.

Кроме того, в словарь входит некоторый лексический материал, относящийся к смежным областям знаний: общей геологии, тектонике, геологическим методам поисков и разведки месторождений полезных ископаемых, эксплуатации месторождений.

Русско-английский нефтепромысловый словарь. Под ред. Д. Е. Столярова.

Издаваемый впервые словарь содержит около 20 тыс. терминов. В словарь включена терминология по вопросам, связанным с разработкой месторождений нефти и газа, в том числе по нефтепромысловой геологии и разведке на нефть и газ, бурению и добыче нефти и газа, по нефтепромысловым машинам и механизмам, буровому и эксплуатационному инструменту, аппаратуре и оборудованию для геофизических методов исследования скважин, нефтепромысловой технике безопасности, контрольно-измерительным приборам, автоматике, телемеханике, электронике, а также по первичной переработке нефти и газа, их хранению и транспортировке.

ДЛЯ ЗАМЕТОК

ДЛЯ ЗАМЕТОК